电子信息优秀译著系列

雷 达 手 册

（原书第三版·中文增编版）

Radar Handbook
（Third Edition）

［美］ Merrill I. Skolnik 主编

马　林　孙　俊　方能航　韩长喜　编译

电子工业出版社
Publishing House of Electronics Industry
北京·BEIJING

内 容 简 介

本书是查阅雷达技术的各种体制、所使用的技术及有关参考文献的权威手册。本书共 27 章，具体内容包括雷达概述，动目标显示（MTI）雷达，机载动目标显示（AMTI）雷达，脉冲多普勒（PD）雷达，战斗机多功能雷达系统，雷达接收机，自动检测、自动跟踪和多传感器融合，脉冲压缩雷达，跟踪雷达，雷达发射机，固态发射机，反射面天线，相控阵雷达天线，雷达截面积，海杂波，地物回波，合成孔径雷达（SAR），星载遥感雷达，气象雷达，高频超视距雷达（HFOTHR），地面穿透雷达，民用航海雷达，双基雷达，电子反对抗，雷达数字信号处理，雷达方程中的传播因子，雷达系统与技术发展趋势。

本书适合从事雷达研究、生产、使用的技术人员和大专院校师生使用。

Merrill I. Skolnik
Radar Handbook, Third Edition
ISBN:978-0-07-148547-0
Original edition copyright ©2008 by McGraw-Hill Companies Inc. All rights reserved.
Simple Chinese translation edition copyright © 2022 by Publishing House of Electronics Industry Co., LTD. All rights reserved.

本书封面贴有 McGraw Hill 公司防伪标签，无标签者不得销售。

版权贸易合同登记号 图字：01-2008-2047

图书在版编目（CIP）数据

雷达手册：原书第三版：中文增编版/（美）美林·I. 斯科尼克（Merrill I. Skolnik）主编；马林等编译. —北京：电子工业出版社，2022.2
（电子信息优秀译著系列）
书名原文：Radar Handbook（Third Edition）
ISBN 978-7-121-42904-0

Ⅰ.①雷… Ⅱ.①美… ②马… Ⅲ.①雷达-手册 Ⅳ.①TN95-62

中国版本图书馆 CIP 数据核字（2022）第 021538 号

责任编辑：刘海艳
印　　刷：天津千鹤文化传播有限公司
装　　订：天津千鹤文化传播有限公司
出版发行：电子工业出版社
　　　　　北京市海淀区万寿路 173 信箱　邮编：100036
开　　本：787×1092　1/16　印张：70.75　字数：1811.2 千字
版　　次：2003 年 7 月第 1 版（原著第 2 版）
　　　　　2022 年 2 月第 2 版（原著第 3 版）
印　　次：2025 年 5 月第 4 次印刷
定　　价：468.00 元

凡所购买电子工业出版社图书有缺损问题，请向购买书店调换。若书店售缺，请与本社发行部联系，联系及邮购电话：（010）88254888，88258888。
质量投诉请发邮件至 zlts@phei.com.cn，盗版侵权举报请发邮件至 dbqq@phei.com.cn。
本书咨询联系方式：lhy@phei.com.cn。

出 版 说 明

《雷达手册》（以下简称《手册》）第一版出版于 1970 年，第二版出版于 1990 年，第三版出版于 2008 年。《手册》的第一、二版在我国也相继有中译本出版发行，特别是 2003 年由空军司令部雷达兵部组织的第二版中译本受到了雷达界的广泛欢迎。考虑到第二版与第三版出版相隔已近 20 年，期间的电子通信技术得到迅速发展变化，大量新技术也应用到雷达系统，雷达领域也出现了许多新进展，所以《手册》的第三版有了大量的修改与补充，主要增加的新技术有：

（1）改进的信号处理、数据处理及多功能雷达中的数字技术；

（2）有源相控阵雷达系统；

（3）高频超视距雷达；

（4）改进的探测杂波中动目标方法；

（5）逆合成孔径雷达；

（6）高精度星载雷达高度计；

（7）超宽带雷达；

（8）大功率、宽带速调管；

（9）大功率、高工作温度宽禁带晶体管；

（10）低副瓣非线性脉冲压缩等。

本书每章后的参考文献都是十分宝贵的文献资源，并且也增加了许多新作者参与编写，相当于近年出版各种文集的精华和权威论述，对我国研制新型雷达的研究人员有重大参考价值，也是使用、维护人员和研究所管理人员必备的参考书。

本次中文增编版由编译者增加了第 27 章"雷达系统与技术发展趋势"。

参与本次编译的有马林、孙俊、方能航、韩长喜、陈玲，由于水平有限，书中难免会有错误和不妥之处，敬请读者指正。

编译者

主 编 简 介

　　Merrill I. Skolnik 曾担任美国海军研究实验室雷达分部主管超过 30 年。在此之前，他在麻省理工大学林肯实验室、国防分析研究所和电子通信公司研究分部参与了雷达的技术发展研究。他是 McGraw-Hill 广受欢迎的《雷达系统导论》一书的作者。该书已出第三版。他同时也是《雷达应用》一书的主编和 IEEE 学报的前编辑。他在（美国）约翰霍普金斯大学获得工学博士学位，也在那里获得了电子工程的工学学士及硕士学位。他是美国国家工程科学院的院士、IEEE 会士、IEEE Dennis J.Picard 雷达技术与应用奖的首位获奖者。

本书其他作者

Jame J. Alter　（美国）海军研究实验室（第 25 章）

Stuart J. Anderson　澳大利亚科学与技术局（第 20 章）

W. G. Bath　（美国）约翰霍普金斯大学应用物理实验室（第 7 章）

Michael T. Borkowski　（美国）雷声（Raytheon）公司（第 11 章）

Jeffrey O. Coleman　（美国）海军研究实验室（第 25 章）

Michael E. Cooley　（美国）诺斯罗普·格鲁曼（Northrop Grumman）公司电子系统部（第 12 章）

David Daniels　ERA 科技（第 21 章）

Daniel Davis　（美国）诺斯罗普·格鲁曼公司（第 12 章）

James K. Day　（美国）洛克希德·马丁（Lockheed Martin）公司（第 3 章）

Michael R. Ducoff　（美国）洛克希德·马丁公司（第 8 章）

Alfonso Farina　（意大利）SELEX 系统集成公司（第 24 章）

William G. Fedarko　（美国）诺斯罗普·格鲁曼公司（第 4 章）

Joe Frank　（美国）约翰霍普金斯大学应用物理实验室（第 13 章）

Vilhelm Gregers-Hansen　（美国）海军研究实验室（第 2 章）

James M. Headrick　（美国）海军研究实验室，已退休（第 20 章）

Dean D. Howard　（美国）国际电报电话工业公司顾问（第 9 章）

R. Jeffery Keeler　（美国）国家大气研究中心（第 19 章）

Eugene F. Knott　Tomorrow's 研究（第 14 章）

Carlo Kopp　（澳大利亚）莫纳什大学（第 5 章）

David Lynch, Jr.　DL 科学公司（第 5 章）

Richard K. Moore　（美国）堪萨斯州大学（第 16 章）

Andy Norris　导航系统方面的顾问（第 22 章）

Wayne L. Patterson　（美国）空间和海上作战系统中心（第 26 章）

Keith Raney　（美国）约翰霍普金斯大学应用物理实验室（第 18 章）

John D. Richards　（美国）约翰霍普金斯大学应用物理实验室（第 13 章）

Robert J. Serafin　（美国）国家大气研究中心（第 19 章）

William W. Shrader　Shrader 联盟（第 2 章）

Merrill Skolnik　（第 1 章和第 10 章）

Fred M. Staudaher　（美国）海军研究实验室，已退休（第 3 章）

John P. Stralka　（美国）诺斯罗普·格鲁曼公司（第 4 章）

Roger Sullivan　（美国）防御分析研究所（第 17 章）

Byron W. Tietjen （美国）洛克希德·马丁公司（第 8 章）
G. V. Trunk （美国）约翰霍普金斯大学应用物理实验室（第 7 章）
Thomas A. Weil （第 10 章）
Lewis B. Wetzel （美国）海军研究实验室，已退休（第 15 章）
Nicholas J. Willis 技术服务公司，已退休（第 23 章）
Michael E. Yeomans （美国）雷声（Raytheon）公司（第 6 章）
马林、孙俊、方能航、韩长喜（第 27 章）

原 著 序

　　雷达是电子工程系统的一个重要例子。在大学工科课程中，人们通常把重点放在诸如电路设计、信号、固态器件、数字处理、电子设备、电磁场、自动控制和微波等电子工程的基本工具上。然而，在电子工程实践的现实世界中，这些只是构成一些为有用目的而开发的不同类型系统的技术、分机或子系统。除了雷达和其他的传感器系统，电子系统包括通信、控制、能源、信息、工业、军事、导航、娱乐、医药和其他一些系统。这些是电子工程实践的对象。如果没有它们，就不会需要电子工程师了。然而实践的工程师在涉及制造一个新型的电子工程系统时，常常需要依靠获取他（她）所学工科课程之外的知识。例如雷达工程师，需要理解构成一部雷达的主要元器件及分系统，同时要理解它们是如何协同工作的。《雷达手册》试图对这个任务有所帮助。除了雷达系统设计者之外，希望那些负责采购新型雷达系统、使用和维护雷达的工程师，以及管理工程师的人，同样能发现《雷达手册》对完成此类任务有所帮助。

　　《雷达手册》的第三版是雷达在民用及军用领域的发展和运用在用途和技术改进方面不断发展的一个明证。以下是自第二版问世以来，在雷达领域出现的众多新进展中的一部分：

- 数字技术大量用于改进的信号处理、数据处理、判决、灵活的雷达管理以及多功能雷达中。
- 多普勒气象雷达。
- 地面动目标显示 GMTI。
- 由 MIT 林肯实验室获得的丰富的试验用于描述低视角地杂波的数据库，取代了第二次世界大战以来广泛使用的杂波模型。
- 认识到低掠射角微波海面回波主要由所谓的"海面峰"所致。
- 采用固态组件的有源孔径相控阵雷达系统，又称为有源电扫描阵列（AESA），它对需要管理功率及空间覆盖范围的某些多功能雷达应用具有吸引力。
- 用雷达探索行星。
- 基于计算机预测在真实环境中电磁波传播性能的方法。
- 高频超视距雷达的实际应用。
- 改进的探测杂波中动目标方法，包括空时自适应处理。
- 逆合成孔径雷达目标识别的实际应用。
- 干涉合成孔径雷达（InSAR），用来获得已分辨出的散射体的高度，或在 SAR 场景图像中检测地面动目标。
- 高精度星载高度计，以厘米级的精度测量大地水平面。
- 探地超宽带雷达及类似应用。

- 改进的大功率、宽带速调管功率源，基于集束谐振腔以及多注速调管。
- 宽禁带半导体的出现，因为其大功率和高工作温度，使更高的性能成为可能。
- 基于回旋管大功率毫米波产生器的出现。
- 低副瓣的非线性调频脉冲压缩。
- 计算机代替操作者成为信息提取和决策者。

以上未按任何特定次序排列，也不应认为是自本书第二版出版以来雷达领域中出现的所有进展的列举。有一些第一、二版《雷达手册》中现在关注者少的主题，没有包括在这一版中。

各章的作者都是各自领域的专家，他们被告知可假定他们那章的读者具备一般的雷达知识，读者甚至可以是雷达领域中另一专业的专家，但不一定很了解该章作者所写的主题。

可以设想因《雷达手册》已出版很长时间了，前面两版本的各章作者不是全部都可能参加第三版的写作。许多上两版的作者已经退休或离开我们了。第三版二十六章中有十六章的作者或共同作者没有参加前两版的写作。

所有章节艰难的写作工作由各章专家作者们独立完成。因此《雷达手册》的价值是奉献了其时间、知识和经验的作者们的勤奋和专长的结果，使这个手册成为雷达系统工程师和那些雷达系统的开发、生产和使用者们桌面上有用的工具书。我十分感激所有作者，对他们的出色工作和为各自任务花费的大量时间。正是各章作者使手册获得成功。我对他们表达真诚的感谢。

如前两版中陈述的一样，我希望读者在引证和参考本书的资料时，能提到有关各章作者的姓名，而不是只提及《雷达手册》的主编。

Merrill I. Skolnik
美国马里兰州巴尔的摩市

目　录

第 1 章　雷达概论 1
  1.1　雷达简介 1
      雷达基本组成 2
      雷达发射机 3
      雷达天线 3
  1.2　雷达类型 4
  1.3　从雷达回波可获取的信息 6
      距离 6
      径向速度 6
      角方向 7
      尺寸及形状 7
      雷达中带宽的重要性 7
      信噪比 8
      在多个频率上工作 8
      雷达中的多普勒频移 8
  1.4　雷达方程 9
  1.5　雷达频率的字母频带名称 11
  1.6　工作频率对雷达的影响 12
      高频（HF, 3～30 MHz） 12
      甚高频（VHF, 30～300 MHz） 12
      超高频（UHF, 300MHz～1GHz） 13
      L 波段（1.0～2.0GHz） 13
      S 波段（2.0～4.0GHz） 13
      C 波段（4.0～8.0GHz） 14
      X 波段（8.0～12.0GHz） 14
      Ku、K 和 Ka 波段（12.0～40.0GHz） 14
      毫米波波段 14
      激光雷达 15
  1.7　雷达命名规范 15
  1.8　雷达过去的一些进展 16
  1.9　雷达应用 17
      军事应用 17
      环境遥感 17
      空中交通管制 18
      其他应用 18

1.10	雷达系统方案设计	18
	一般指导方针	19
	雷达方程在方案设计中的作用	19
参考文献		20

第 2 章 动目标显示（MTI）雷达 … 21

2.1	引言	21
2.2	MTI 雷达介绍	22
	MTI 方框图	23
	动目标检测器（MTD）方框图	25
2.3	对动目标的杂波滤波器响应	28
2.4	杂波特性	29
	频谱特性	29
	幅度特性	34
2.5	定义	36
	改善因子（I）	36
	杂波衰减	37
	信杂比（SCR）改善（I_{SCR}）	37
	杂波中可见度（SCV）	38
	杂波间可见度（ICV）	38
	滤波器失配损耗	39
	杂波可见度因子（V_{oc}）	39
2.6	改善因子的计算	39
2.7	杂波滤波器的最优设计	43
2.8	MTI 系统杂波滤波器设计	47
	参差的设计方法	53
	反馈和脉冲间参差	56
	参差对改善因子所产生的限制	56
	时变加权	57
	速度响应曲线第一凹点的深度	58
2.9	气象雷达 MTI 滤波器设计	59
2.10	杂波滤波器组设计	63
	滤波器的经验设计	64
	切比雪夫滤波器组	64
	快速傅里叶变换滤波器组	67
	使用约束的最佳化技术的滤波器组设计	67
2.11	接收机限幅引起的性能降低	69
2.12	雷达系统稳定性要求	75
	系统不稳定性	75
	量化噪声对改善因子的影响	81

    与脉冲压缩有关的考虑 ································· 82
 2.13 动态范围和 A/D 转换方面的考虑 ····························· 85
 2.14 自适应 MTI ··· 87
 2.15 雷达杂波图 ··· 89
 2.16 速度灵敏度控制（SVC） ·· 93
    SVC 的概念 ··· 93
    距离和距变率模糊分辨率 ····································· 94
 2.17 适用于 MTI 雷达系统的几点考虑 ····························· 96
    硬件考虑 ··· 96
    环境上的考虑 ··· 99
 参考文献 ··· 103

第 3 章 机载动目标显示（AMTI）雷达 ························ 106
 3.1 采用机载 MTI 技术的系统 ·· 106
 3.2 覆盖范围的考虑 ·· 107
 3.3 AMTI 性能驱动因素 ·· 107
 3.4 平台运动和高度对 MTI 性能的影响 ·························· 108
    斜距对多普勒偏移的影响 ····································· 109
    时间平均杂波相干机载雷达（TACCAR） ··············· 110
    平台运动的影响 ··· 112
 3.5 平台运动的补偿（垂直天线孔径方向上的） ··············· 113
    电子偏置相位中心天线 ······································· 113
    天线副瓣内的功率 ··· 114
 3.6 扫描运动的补偿 ·· 116
    补偿方向图的选择 ··· 118
 3.7 平台运动与扫描运动同时补偿 ·································· 119
 3.8 平台前向运动补偿 ·· 122
 3.9 时空自适应运动补偿 ··· 123
    引言 ·· 123
    最佳自适应加权（McGuffin） ······························ 124
    空时自适应处理结构的分类（Ward） ···················· 125
    多普勒前单元天线空时自适应处理 ······················· 125
    多普勒前波束-空间的空时自适应处理 ·················· 127
    多普勒后单元天线空时自适应处理 ······················· 128
    多普勒后波束空间的空时自适应处理 ···················· 128
    实现上的考虑 ·· 129
    性能比较 ·· 129
 3.10 多重谱的影响 ··· 130
 3.11 AMTI 雷达系统示例 ·· 131
 参考文献 ··· 131

第 4 章 脉冲多普勒（PD）雷达 ·················· 133
4.1 特性和应用 ·················· 133
术语 ·················· 133
应用 ·················· 134
脉冲重复频率 ·················· 134
脉冲多普勒频谱 ·················· 135
模糊和脉冲重复频率（PRF）的选择 ·················· 137
距离波门 ·················· 139
时间基线的定义 ·················· 140
基本组成 ·················· 141
4.2 PD 杂波 ·················· 144
概述 ·················· 144
固定雷达的地物杂波 ·················· 145
运动雷达的地物杂波 ·················· 145
杂波回波：通用方程 ·················· 146
主瓣杂波 ·················· 146
主瓣杂波的滤波 ·················· 147
杂波瞬态抑制 ·················· 147
高度线杂波的消隐 ·················· 148
副瓣杂波 ·················· 148
离散副瓣杂波 ·················· 148
4.3 动态范围及稳定度要求 ·················· 152
动态范围 ·················· 152
稳定度要求 ·················· 155
4.4 距离及多普勒解模糊 ·················· 158
多重离散 PRF 测距 ·················· 158
解多普勒模糊 ·················· 160
高 PRF 测距 ·················· 160
4.5 模式及波形设计 ·················· 162
目标搜索 ·················· 162
目标跟踪 ·················· 164
多目标跟踪（MTT） ·················· 165
4.6 测距性能 ·················· 165
雷达距离方程 ·················· 165
系统损耗 ·················· 166
虚警概率 ·················· 170
探测概率 ·················· 171
缩略语表 ·················· 173
参考文献 ·················· 175

第 5 章 战斗机多功能雷达系统 ... 179

5.1 引言 ... 179
多功能雷达结构 ... 180
多功能战斗机雷达软件结构 ... 183
距离多普勒情况 ... 184
有源电扫阵列（AESA） ... 185

5.2 典型任务和模式 ... 187
空-面任务剖面 ... 187
空-面模式序列 ... 187
各模式的波形变化 ... 188
空-空任务剖面 ... 189
空-空模式序列 ... 190
定时结构 ... 191

5.3 空-空模式的描述和波形 ... 192
空-空搜索、截获和跟踪——中重频 ... 192
中重频——典型距离-多普勒盲区图 ... 193
中重频选择的算法 ... 193
距离选通高重频 ... 195
RGHPRF 选择的算法 ... 197
非合作空中目标识别 ... 197
气象规避 ... 198
空中数据链 ... 199
雷达孔径数据连接 ... 200
信标会合和队形保持 ... 201
大功率-孔径干扰 ... 201

5.4 空地模式说明及波形 ... 202
地形跟随和地形规避 ... 202
地形高度评估 ... 203
地形数据库融合 ... 203
海面搜索、截获和跟踪 ... 204
逆合成孔径雷达（ISAR） ... 204
空对地测距 ... 206
精确速度更新 ... 206
监听或被动收听 ... 206
多普勒波束锐化（DBS） ... 206
合成孔径雷达 ... 208
DBS 或 SAR PRF，脉冲长度和压缩选择 ... 209
地面动目标显示（GMTI）和跟踪（GMTT） ... 210
对地面动目标设门限 ... 211
典型 GMT 武器投放 ... 212

· XV ·

　　　　导弹性能评估、跟踪和更新 ………………………………………………… 213
　　　　AGC、校准和自测 …………………………………………………………… 213
　参考文献 ……………………………………………………………………………… 214

第 6 章　雷达接收机 …………………………………………………………………… 219
　6.1　雷达接收机的组成 …………………………………………………………… 219
　6.2　噪声和动态范围的考虑 ……………………………………………………… 221
　　　　定义 ………………………………………………………………………… 222
　　　　计算 ………………………………………………………………………… 224
　6.3　带宽考虑 ……………………………………………………………………… 225
　　　　定义 ………………………………………………………………………… 225
　　　　重要特性 …………………………………………………………………… 225
　　　　去斜处理 …………………………………………………………………… 226
　6.4　接收机前端 …………………………………………………………………… 227
　　　　组成 ………………………………………………………………………… 227
　　　　特性对雷达性能的影响 …………………………………………………… 227
　　　　辐射频谱的寄生失真 ……………………………………………………… 227
　　　　混频器的寄生响应 ………………………………………………………… 228
　　　　混频器寄生效应图 ………………………………………………………… 228
　　　　镜像抑制混频器 …………………………………………………………… 229
　　　　放大器和混频器的特性 …………………………………………………… 230
　6.5　本振 …………………………………………………………………………… 230
　　　　本振的功能 ………………………………………………………………… 230
　　　　稳定本振的不稳定性 ……………………………………………………… 230
　　　　相参振荡器和定时的不稳定性 …………………………………………… 235
　　　　雷达的整机不稳定性 ……………………………………………………… 235
　　　　低噪声频率源 ……………………………………………………………… 236
　　　　频率合成技术 ……………………………………………………………… 236
　　　　频率切换后的相位相参 …………………………………………………… 236
　　　　去斜处理 …………………………………………………………………… 237
　6.6　增益控制 ……………………………………………………………………… 237
　　　　灵敏度时间控制（STC） …………………………………………………… 237
　　　　杂波图自动增益控制 ……………………………………………………… 237
　　　　可编程增益控制 …………………………………………………………… 237
　　　　增益归一化 ………………………………………………………………… 238
　　　　自动噪声电平控制 ………………………………………………………… 238
　　　　增益控制部件 ……………………………………………………………… 238
　6.7　滤波 …………………………………………………………………………… 239
　　　　雷达整机系统的滤波 ……………………………………………………… 239
　　　　匹配滤波 …………………………………………………………………… 239
　　　　接收机滤波 ………………………………………………………………… 239

滤波器特性 ·· 240
　　　距离副瓣 ·· 242
　　　通道匹配要求 ·· 243
　6.8　限幅器 ·· 243
　　　应用 ··· 243
　　　特性 ··· 243
　6.9　I/Q 解调器 ·· 244
　　　应用 ··· 244
　　　实现 ··· 245
　　　增益或相位的失衡 ·· 245
　　　时间延迟和频率响应失衡 ·· 246
　　　I、Q 通道的非线性 ·· 247
　　　直流偏置 ·· 247
　6.10　A/D 转换器 ·· 247
　　　应用 ··· 248
　　　数据格式 ·· 248
　　　Delta-Sigma 转换器 ··· 248
　　　性能特性 ·· 249
　　　输入噪声电平和动态范围 ·· 250
　　　A/D 转换器采样时钟稳定性 ·· 251
　6.11　数字接收机 ·· 252
　　　数字下变频 ·· 253
　　　希尔伯特变换器 ·· 254
　　　I/Q 误差 ·· 255
　　　用多速率处理和多相滤波器实现数字下变频 ······································ 255
　　　多通道接收机考虑 ·· 256
　6.12　双频工作 ·· 257
　　　优点 ··· 257
　　　实现方法 ·· 258
　6.13　波形产生与上变频 ·· 258
　　　直接数字频率合成器 ·· 258
　　　倍频器 ·· 259
　　　波形上变频 ·· 260
　参考文献 ··· 260

第 7 章　自动检测、自动跟踪和多传感器融合 ·· 262
　7.1　引言 ··· 262
　7.2　自动检测 ··· 262
　　　最佳检测器 ·· 262
　　　实用检测器 ·· 263
　　　虚警控制 ·· 270

　　　　目标分辨率 ·· 277
　　　　自动检测小结 ·· 279
　7.3　自动跟踪 ·· 279
　　　　航迹文件 ·· 281
　　　　雷达检测接受 ·· 281
　　　　用关联的检测更新现有航迹 ·· 282
　　　　Kalman 滤波的调整 ·· 286
　　　　跟踪坐标系的选择 ·· 288
　　　　对付目标运动改变的自适应滤波 ·· 289
　　　　已接受的检测和现有航迹的关联 ·· 290
　　　　新航迹形成 ·· 294
　　　　雷达调度及控制 ·· 297
　7.4　雷达组网 ·· 298
　7.5　不相似传感器的融合 ·· 300
　　　　IFF 融合 ·· 301
　　　　雷达 - DF（定向）方位选通脉冲融合 ·· 301
　参考文献 ·· 304

第 8 章　脉冲压缩雷达 ·· 309
　8.1　引言 ·· 309
　8.2　脉冲压缩波形类型 ·· 310
　　　　线性调频（LFM） ·· 310
　　　　非线性调频波形（NLFM） ·· 318
　　　　相位编码波形 ·· 322
　　　　时间 - 频率编码波形 ·· 329
　8.3　影响选择脉冲压缩系统的因素 ·· 331
　8.4　脉冲压缩的实现与雷达系统实例 ·· 331
　　　　数字波形产生 ·· 332
　　　　数字脉冲压缩 ·· 332
　　　　脉冲压缩雷达实例 ·· 333
　　　　展宽脉冲的压缩 ·· 334
　　　　展宽脉冲压缩雷达实例 ·· 337
　附录 ·· 339
　　　　信号分析总结 ·· 339
　　　　雷达发射波形 ·· 340
　　　　匹配滤波器 ·· 341
　　　　滤波器匹配损失 ·· 341
　　　　模糊函数 ·· 342
　　　　匹配滤波器时间响应 ·· 342
　　　　时间延迟和多普勒频率中目标分辨的条件 ·· 343
　参考文献 ·· 343

第9章 跟踪雷达 ··· 347

- 9.1 引言 ··· 347
- 9.2 单脉冲（同时形成多个天线波束）··· 349
  - 比幅单脉冲 ··· 349
  - 比相单脉冲 ··· 356
  - 电扫相控阵单脉冲 ··· 357
  - 双通道单脉冲 ··· 358
  - 锥扫单脉冲 ··· 359
- 9.3 扫描和波束转换 ··· 360
- 9.4 跟踪雷达的伺服系统 ··· 361
- 9.5 目标捕获和距离跟踪 ··· 363
  - 捕获 ··· 363
  - 距离跟踪 ··· 364
  - 第 n 次发射之后才返回的跟踪 ··· 366
- 9.6 特殊单脉冲技术 ··· 367
  - 双波段单脉冲 ··· 367
  - 镜面扫描的天线（逆卡塞格伦）··· 367
  - 轴上跟踪 ··· 368
- 9.7 误差源 ··· 368
- 9.8 目标引起的误差（目标噪声）··· 369
  - 幅度噪声 ··· 369
  - 角度噪声（闪烁）··· 372
  - 距离噪声（距离闪烁）··· 376
  - 多普勒闪烁及谱线 ··· 377
- 9.9 其他引起误差的外部因素 ··· 378
  - 多路径 ··· 378
  - 正交极化能量引起的串扰 ··· 380
  - 对流层传播 ··· 381
- 9.10 内部的误差源 ··· 382
  - 接收机热噪声 ··· 382
  - 其他内部误差源 ··· 382
- 9.11 误差来源总结 ··· 383
  - 角度测量误差 ··· 383
  - 距离测量误差 ··· 385
  - 性能的局限 ··· 386
- 9.12 误差减小技术 ··· 386
  - 多路径误差的减小 ··· 386
  - 目标角度与距离闪烁的减小 ··· 386
  - 内部产生的误差的减小 ··· 387

参考文献 ··· 387

第 10 章　雷达发射机 ····· 390

10.1　引言 ····· 390
发射机在雷达系统中的作用 ····· 390
雷达发射机的类型 ····· 390
放大器与振荡器的对比 ····· 392

10.2　线性注放大器 ····· 392
速调管 ····· 393
多注速调管（MBK） ····· 394
行波管（TWT） ····· 395
降压集电极 ····· 397
速调管和行波管的变种 ····· 397

10.3　磁控管 ····· 399
同轴磁控管 ····· 400
磁控管的局限性 ····· 401
民用航海雷达用磁控管 ····· 401

10.4　正交场放大器 ····· 402

10.5　回旋管 ····· 402

10.6　发射机频谱控制 ····· 403
减小寄生信号输出 ····· 404
减小超过$(\sin x)/x$的频谱振幅 ····· 404
用整形脉冲改善频谱 ····· 404
多普勒雷达中的频谱噪声 ····· 405

10.7　栅控管 ····· 405
同轴管 ····· 405
恒效率放大管（CEA） ····· 406
栅控管的应用 ····· 406

10.8　调制器 ····· 407

10.9　射频功率源的选择 ····· 408
关于不同雷达真空管用途的扼要看法 ····· 409
雷达发射机用固态放大器 ····· 410

参考文献 ····· 411

第 11 章　固态发射机 ····· 414

11.1　引言 ····· 414

11.2　固态器件的优点 ····· 414

11.3　固态器件 ····· 417
技术和结构 ····· 417
峰值和平均功率限制 ····· 420
硅双极结型晶体管 ····· 421
硅横向扩散金属氧化物半导体场效应晶体管（LDMOS FET） ····· 422
GaAs PHEMT ····· 424

		宽禁带半导体	426
	11.4	固态集中式发射机的设计	427
		放大器和模块设计	428
		功率合成	430
		幅度和相位敏感度	432
		谱辐射	432
	11.5	固态相控阵发射机的设计	432
		微波单片集成电路（MMIC）	433
		收/发组件特性	436
	11.6	固态系统实例	438
		铺路爪（UHF 频段预警雷达）	438
		AN/SPS-40 舰载搜索雷达	439
		RAMP（L 波段空中交通管制发射机）	441
	参考文献		442

第 12 章 反射面天线 ··· 444

12.1	引言	444
	雷达反射面天线的作用	444
	天线波束扫描	444
	雷达反射面天线的优点和应用	444
	反射面天线的分类	445
	本章结构	445
12.2	基本原理和参数	446
	孔径增益与损耗	447
	方向性增益和馈源损耗	447
	孔径场分析方法	447
	锥削效率	448
	溢出损失	448
	馈源遮挡	449
	增益优化	449
	表面泄漏损失	452
	表面公差损耗	454
	馈源偏移	455
	支杆遮挡	455
12.3	反射面天线的结构	456
	抛物反射面天线	457
	抛物柱面天线	458
	赋形反射面	459
	多反射面天线	460
	球反射面	463
12.4	反射面的馈源	464

· XXI ·

　　　　基本馈源 ·· 465
　　　　单脉冲馈源 ·· 465
　　　　阵列馈源 ·· 467
　　12.5 反射面天线分析 ·· 469
　　　　反射面天线的物理光学分析法 ··· 469
　　　　反射面天线的几何光学分析法（包括 GTD 和 UTD） ································ 471
　　　　反射面天线的全波分析法 ··· 471
　　　　反射面天线设计和分析的计算程序 ··· 471
　　12.6 机械设计方面的考虑 ·· 473
　　　　安装是机械设计着重考虑的因素 ··· 473
　　　　质量、体积、折叠、展开和精密机械指向系统 ··· 474
　　　　环境因素及相应考虑 ·· 475
　　　　天线罩 ··· 476
　致谢 ··· 477
　参考文献 ·· 477

第 13 章 相控阵雷达天线 480

　13.1 引言 ·· 480
　　　　相控阵雷达 ·· 480
　　　　阵列扫描 ·· 485
　13.2 阵列理论 ··· 487
　　　　二元阵 ··· 487
　　　　线阵 ··· 488
　　　　单元因子和平面阵增益 ·· 490
　13.3 平面阵列和波束控制 ··· 492
　　　　平面阵列 ·· 492
　　　　单元配相运算 ·· 495
　13.4 孔径匹配和互耦 ·· 495
　　　　孔径匹配的重要性 ··· 495
　　　　互耦的影响 ·· 496
　　　　单元波瓣 ·· 497
　　　　稀疏阵 ··· 498
　　　　自由空间的阻抗变化 ·· 499
　　　　互耦和表面波 ·· 499
　　　　阵列模拟器 ·· 500
　　　　扫描阻抗变化的补偿 ·· 501
　　　　小阵 ··· 501
　13.5 低副瓣相控阵 ·· 502
　　　　照射函数 ·· 502
　　　　误差的影响 ·· 503
　　　　随机误差 ·· 504

13.6 量化效应	507
相位量化	507
周期误差	508
13.7 相控阵的带宽	510
孔径效应	511
馈电效应	512
宽瞬时带宽	514
时延网络	516
13.8 馈电网络（波束形成器）	517
光学馈电系统	517
强制馈电	517
串联馈电	518
并联馈电	519
子阵	520
13.9 移相器	521
二极管移相器	521
铁氧体移相器	522
13.10 固态组件	523
13.11 多个同时的接收波束	524
13.12 数字波束形成	525
13.13 辐射方向图置零	526
13.14 有源相控阵天线校准	528
13.15 相控阵系统	529
洛克希德·马丁公司的相控阵雷达	529
诺斯罗普·格鲁门公司的相控阵雷达	532
雷声公司的相控阵雷达	534
参考文献	536

第14章 雷达截面积

14.1 引言	542
七种基本回波机制	543
14.2 回波功率的概念	544
RCS 的定义	544
RCS 特性举例	545
14.3 RCS 预估方法	555
精确方法	555
近似方法	558
14.4 RCS 测量方法	563
一般要求	563
室外测试场	566
室内测试场	567

14.5	雷达回波抑制	570
	雷达波吸收材料	570
	整形	572
	低雷达截面积运载工具	573
参考文献		576

第 15 章　海杂波 … 579

15.1	引言	579
15.2	海表面	580
	海波频谱	581
	一般性的海表面描述方法	582
	破碎海浪和其他海表面的扰动	583
15.3	海杂波的经验特性	584
	杂波统计	585
	一般趋势	586
	海杂波与风速、风向的关系	588
	海杂波在大入射余角时的情况	591
	海杂波在小入射余角时的情况	592
	海杂波在极小入射余角时的情况	594
	高频和毫米波频率的情况	595
	海杂波谱	595
	其他环境因素的影响	598
15.4	海杂波理论和模型	601
	基于整体边界值问题的理论	602
	海表面特征的散射	606
	海表面几何学的含义	607
	数字方法	609
	实验室研究的角色	609
15.5	总结和结论	610
参考文献		610

第 16 章　地物回波 … 617

16.1	引言	617
	理论和经验论的相对重要性	618
	现有的散射数据	619
16.2	影响地物回波的参数	619
16.3	理论模型及其局限性	621
	地面描述	621
	简化的模型	622
	物理光学模型	623
	小扰动和双尺度模型	624
	其他模型	625

16.4 地物回波的衰落 ·········· 626
  衰落速率的计算 ·········· 627
  检波的效应 ·········· 629
  动目标表面 ·········· 630
16.5 地物回波测量技术 ·········· 631
  连续波和调频连续波系统 ·········· 631
  测距系统 ·········· 633
  连续波-多普勒散射仪 ·········· 633
  测量精度所需的独立抽样 ·········· 634
  接近垂直入射的问题 ·········· 635
  地面的和直升机散射仪和频谱仪 ·········· 636
  由图像测得的散射系数 ·········· 638
  双基地测量 ·········· 638
16.6 散射系数的一般模型（杂波模型） ·········· 638
16.7 散射系数数据 ·········· 644
  粗糙度、潮湿度和植被覆盖的影响 ·········· 645
  土壤湿度 ·········· 647
  植被 ·········· 649
  雪 ·········· 650
  海冰 ·········· 653
16.8 测极化法 ·········· 655
16.9 掠射附近的散射系数数据 ·········· 658
16.10 成像雷达判读 ·········· 659
参考文献 ·········· 661

第17章 合成孔径雷达（SAR） ·········· 670

17.1 SAR 的基本原理 ·········· 670
17.2 SAR 的早期历史 ·········· 670
17.3 SAR 的分类 ·········· 671
  聚焦合成孔径雷达的先驱 ·········· 671
  聚焦合成孔径雷达的分类 ·········· 672
  合成孔径雷达分辨率的改善 ·········· 674
17.4 合成孔径雷达的分辨率 ·········· 674
  距离分辨率 ·········· 674
  横向分辨率 ·········· 676
  合成孔径雷达分辨率总结 ·········· 676
17.5 合成孔径雷达的关键方面 ·········· 677
  等距离线和等速度线 ·········· 677
  运动补偿 ·········· 679
  倾斜平面和地平面 ·········· 679
  合成孔径雷达对脉冲重复频率（PRF）的要求 ·········· 680

· XXV ·

	距离徙动	681
	其他处理功能	682
17.6	SAR 图像质量	682
	点扩散函数（Point-Spread Function）	682
	信噪比（Signal-To-Noise Ratio，SNR）	683
	积分副瓣比（Integrated Sidelobe Ratio，ISLR）	684
	乘性噪声比（Multiplicative Noise Ratio，MNR）	684
	SAR 图像与光学图像的对比	684
17.7	SAR 公式小结	687
17.8	SAR 的特殊应用	688
	极化 SAR（Polarimetric SAR）	688
	SAR 图像中的运动目标	688
	SAR 图像中的振动目标	691
	目标高度的测量	692
	阴影	693
	簇叶穿透（Foliage-Penetration）SAR	697
参考文献		698

第 18 章　星载遥感雷达 702

18.1	展望	702
	动机	702
	涵盖和未涵盖的主题	702
	轨道的基本特性	703
	对硬件的评论	705
	本章的组织	705
18.2	合成孔径雷达（SAR）	705
	飞行系统	706
	其他星载 SAR	712
	星载 SAR 设计相关的问题	716
	模糊限制下的潜力挖掘	721
	多通道：干涉测量和极化	723
	应用	727
18.3	高度计	727
	概观	728
	飞行系统	730
	轨道方面的考虑	734
	理论基础	735
	测地卫星（Geosat）：测地任务	738
	CryoSat：冰层测量任务	739
18.4	行星探测雷达	740
	飞行系统	740

　　　　雷达对行星上冰的探索 743
　　　　Magellan：创新的金星成像器 744
　　　　混合极化结构 747
　18.5 散射计 748
　　　　矢量风的提取 749
　　　　测量精度 750
　　　　趋势 750
　　　　飞行系统 750
　　　　Aquarius 753
　18.6 雷达探测器 753
　　　　地表探测飞行系统 754
　　　　大气和电离层探测飞行系统 756
　参考文献 757

第19章 气象雷达 766
　19.1 引言 766
　19.2 气象目标的雷达方程 767
　19.3 设计考虑因素 770
　　　　衰减的影响 770
　　　　距离和速度模糊 775
　　　　地杂波的影响 776
　　　　典型的气象雷达设计 776
　　　　极化测量雷达 780
　　　　雷达校正 780
　19.4 信号处理 781
　　　　频谱矩量的估算 781
　　　　测量精度 783
　　　　脉冲压缩 784
　　　　白化 785
　　　　短驻留时间谱（最大熵） 785
　　　　处理器实现 785
　19.5 操作应用 786
　　　　降雨测量 786
　　　　强暴风雨告警 788
　19.6 研究上的应用 792
　　　　双极化/波长雷达 792
　　　　多雷达系统 792
　　　　快速扫描（相控阵）雷达 794
　　　　机载雷达 795
　　　　星载雷达 796
　　　　晴空风廓线雷达 796

  参考文献 ... 798

第20章 高频超视距雷达（HFOTHR） ... 807

20.1 引言 ... 807
20.2 雷达方程 ... 810
20.3 影响天波雷达设计的因素 ... 812
   高频雷达与微波雷达之间的主要差别 ... 812
   天波雷达设计的含义 ... 814
20.4 电离层和无线电波传播 ... 816
   电离层结构 ... 817
   电离层易变性 ... 818
   模型及应用 ... 821
   计算方面和射线描迹 ... 822
   其他模型和传播问题 ... 823
20.5 HF雷达的波形 ... 823
20.6 发射系统 ... 824
   发射机 ... 824
   天线 ... 825
20.7 雷达截面积 ... 827
20.8 杂波：来自环境的回波 ... 829
   地球表面回波 ... 829
   地杂波 ... 830
   海杂波 ... 830
   雷达海洋学 ... 833
   海况、波谱和海风评估 ... 835
   流星余迹和电离层中其他不规则性造成的散射 ... 837
20.9 噪声、干扰和频谱占用 ... 838
   频谱占用图 ... 839
   噪声模型 ... 841
20.10 接收系统 ... 843
   天线 ... 843
   接收机 ... 843
   校准 ... 845
20.11 信号处理和跟踪 ... 846
   信号分析和目标探测 ... 846
   跟踪 ... 849
20.12 雷达资源管理 ... 850
20.13 雷达性能建模 ... 851
   NRL-ITS雷达性能模型 ... 852
   Jindalee雷达性能模型 ... 861
   其他建模方法 ... 862

附录　HF 表面波雷达 ··· 863
　　　　一般特性和能力 ··· 863
　　　　HFSWR 系统的传播考虑因素 ·· 865
　　　　散射：目标和杂波 ·· 867
　　　　性能建模 ·· 868
　　参考文献 ·· 869

第 21 章　地面穿透雷达

21.1　引言 ·· 877
21.2　在物质中传播的物理特性 ··· 881
　　　引言 ·· 881
　　　衰减 ·· 882
　　　反射 ·· 883
　　　杂波 ·· 884
　　　极化 ·· 884
　　　速度 ·· 884
　　　色散 ·· 885
　　　深度分辨率 ·· 885
　　　平面分辨率 ·· 886
21.3　建模 ·· 886
21.4　材料性质 ·· 890
21.5　地面穿透雷达系统 ·· 892
21.6　调制技术 ·· 892
　　　时域雷达 ·· 893
　　　频域雷达 ·· 894
　　　伪随机编码雷达 ··· 895
21.7　天线 ·· 895
21.8　信号和图像处理 ··· 899
21.9　应用 ·· 903
21.10　许可 ·· 906
参考文献 ·· 907

第 22 章　民用航海雷达

22.1　引言 ·· 909
22.2　挑战 ·· 910
　　　环境的挑战 ·· 910
　　　探测性能 ·· 911
　　　垂直波束分裂 ·· 913
　　　移动的平台 ·· 914
22.3　国际标准 ·· 914
22.4　技术 ·· 916
　　　天线 ·· 916

· XXIX ·

		射频天线头	918
		探测与处理	919
		固态 CMR	920
22.5		目标跟踪	922
22.6		用户界面	923
		海图雷达	925
22.7		与 AIS 的集成	926
22.8		雷达信标	928
		雷达信标	928
		SART	929
		雷达目标增强器	930
22.9		验证测试	930
22.10		船舶跟踪服务	931
附录		早期的 CMR	933
		与航海雷达相关的缩略语表	934
致谢			935
参考文献			935

第 23 章 双基雷达 938

23.1	概念和定义	938
23.2	坐标系	939
23.3	双基雷达方程	941
	基准距离概念	941
	距离方程	941
	卡西尼卵形线	942
23.4	应用	944
23.5	双基多普勒关系	949
	目标多普勒	949
	多普勒等值线	950
23.6	目标定位	951
	双基定位	951
	多基定位	952
23.7	目标截面积	953
	伪单基 RCS 区	953
	双基 RCS 区	954
	双基 RCS 区中闪烁的减小	954
	前向散射 RCS 区	954
23.8	表面杂波	956
	双基散射系数	956
23.9	独特的问题和要求	958
	波束同步扫描	958

非合作式射频（RF）环境 ·· 961
　参考文献 ·· 963
第 24 章　电子反对抗 ·· 970
　24.1　引言 ··· 970
　24.2　术语 ··· 970
　24.3　电子支援措施（ESM） ··· 971
　24.4　电子对抗措施（ECM） ··· 973
　24.5　ECCM 技术的目的及分类法 ··· 975
　24.6　与天线有关的 ECCM 技术 ··· 977
　　　副瓣消隐（SLB）系统 ··· 978
　　　副瓣对消（SLC）系统 ··· 980
　　　联合使用 SLB 和 SLC ·· 983
　　　自适应阵列天线 ·· 985
　　　子阵级上的自适应 ··· 989
　　　超分辨 ··· 992
　24.7　与发射机有关的 ECCM ··· 994
　24.8　与接收机有关的 ECCM ··· 995
　24.9　与信号处理有关的 ECCM ·· 996
　　　相参处理 ··· 996
　　　CFAR ··· 997
　24.10　操作与部署技术 ·· 998
　24.11　ECCM 技术的应用 ·· 999
　　　监视雷达 ··· 999
　　　跟踪雷达 ·· 1001
　　　相控阵雷达 ··· 1003
　　　成像雷达 ·· 1007
　　　超视距雷达 ··· 1010
　24.12　ECCM 和 ECM 效能 ··· 1012
　　　干扰和箔条环境中的雷达方程 ·· 1013
　首字母缩略词一览表 ·· 1014
　致谢 ·· 1016
　参考文献 ··· 1017
第 25 章　雷达数字信号处理 ··· 1027
　25.1　引言 ·· 1027
　25.2　接收通道处理 ·· 1028
　　　信号采样基础 ·· 1028
　　　数字下变频（DDC） ·· 1031
　　　信号采样方面的考虑 ·· 1038
　　　数字多波束的波束形成 ··· 1039
　　　数字脉冲压缩 ·· 1041

· XXXI ·

25.3	发射通道处理		1042
	直接数字综合器（DDS）		1042
	数字上变频（DUC）		1043
25.4	DSP 工具		1043
	相移		1043
	数字滤波器与应用		1046
	离散傅里叶变换（DFT）		1052
25.5	设计中的考虑		1053
	时间依赖性		1054
	硬件实现技术		1054
25.6	总结		1056
	致谢		1057
	参考文献		1057

第 26 章　雷达方程中的传播因子 F_p 1058

26.1	前言		1058
26.2	地球大气层		1058
	结构和特性		1058
	对流层		1059
26.3	折射		1059
	折射指数		1059
	折射率和对流层中的修正折射率		1059
26.4	标准传播		1060
	正常/标准折射		1060
	自由空间传播		1060
	多径干扰和表面反射		1061
	绕射		1061
	对流层散射		1062
26.5	异常传播		1062
	亚折射		1062
	超折射		1062
	俘获		1063
	大气管道		1063
	表面管道		1065
	蒸发管道		1066
	抬高的管道		1067
26.6	传播建模		1067
	球形扩展或自由空间传播模型		1068
	有效地球半径模型		1069
	波导模型		1069
	抛物线方程模型		1069

　　　　混合模型 ·· 1070
　26.7　EM 系统评估程序 ··· 1071
　26.8　AREPS 雷达系统评估模型 ··· 1075
　26.9　AREPS 的雷达显示 ·· 1076
　参考文献 ·· 1078

第27章　雷达系统与技术发展趋势 ·· 1080
　27.1　引言 ·· 1080
　27.2　下一代战争对雷达系统的需求 ·· 1080
　　　　下一代战争的定义 ··· 1080
　　　　下一代战争的特点 ··· 1080
　　　　下一代战争对雷达系统的需求 ·· 1081
　27.3　面向下一代战争的雷达系统 ·· 1082
　　　　面向下一代战争的预警探测体系 ·· 1082
　　　　面向下一代战争的雷达系统 ·· 1083
　27.4　面向下一代战争的雷达技术 ·· 1085
　　　　基于新理论、新机理、新频段的雷达系统 ·· 1085
　　　　基于新型阵列的雷达系统 ·· 1088
　　　　雷达信息处理技术 ··· 1090
　　　　前沿交叉学科技术 ··· 1091
　　　　雷达基础支撑技术 ··· 1092
　27.5　结束语 ·· 1093
　参考文献 ·· 1093

第1章 雷达概论[①]

1.1 雷达简介

雷达是一种电磁传感器，用来对反射性物体检测和定位。其工作可归纳如下：

（1）雷达通过天线辐射电磁能量，使其在空中传播。
（2）部分辐射的能量被离雷达某个距离上的反射体（目标）截获。
（3）目标截获的能量重新辐射到许多方向上。
（4）一部分重新辐射的（回波）能量返回至雷达天线，并被雷达天线所接收。
（5）在被接收机放大和合适的信号处理后，在接收机的输出端做出目标回波信号是否存在的判决。此时，目标的位置和可能其他有关目标的信息就得到了。

雷达辐射的一种常用波形是一串窄的类似矩形的脉冲。例如，中距离雷达用来探测飞机的波形可以描述为持续 1 微秒（1μs）的短脉冲；脉冲间隔可能为 1ms（因此脉冲重复频率为 1kHz）；雷达发射机峰值功率可能为 1 兆瓦（1MW）；由这些数据得出发射机的平均功率为 1 千瓦（1kW）。1kW 的平均功率可能比一个"典型"教室中电灯的功率要小。我们假设这部作为例子的雷达工作在微波[②]频段的中部，例如从 2.7～2.9GHz，这是民用机场监视雷达的典型频段。其波长约为 10cm（简单起见取整数）。使用合适的天线，这样一部雷达可以探测到距离[③]50～60n mile 左右的飞机。雷达从目标接收到的回波功率可以在很宽范围的值上变化，但为了示范的目的，我们任意假设典型的回波信号可具有 10^{-13}W 的功率。如果辐射的功率是 10^6W（1MW），则此例中目标回波信号功率与雷达发射机功率的比为 10^{-19}，或接收回波比发射信号低 190dB。这是发射信号和一个可检测的接收回波信号幅度之间巨大的差别。

一些雷达需要在短到像棒球场上从本垒到投手间的距离上检测目标（为测量投出球的速度），而其他雷达则需要在大到至最近的行星的距离上工作。因此，雷达可能小到足够握在手中，或大到足够占据许多个足球场的空间。

雷达目标可能为飞机、舰船或者导弹；也可能为人、鸟、昆虫、降雨、晴空空气湍流、电离的媒质、地表特征（植被、山脉、道路、河流、机场、建筑、围墙、电线杆等）、海洋、冰层、冰山、浮标、地下特征、流星、极光、宇宙飞船及行星。除测量目标距离和角度方向外，雷达通过确定距离随时间的变化率或从回波的多普勒频移中提取径向速度来确定目标的相对速度。如果在一段时间内测量动目标的位置，则可以得到目标轨迹或航迹，从中可以判

---

① 本章是为那些对雷达不太熟悉的读者而写的简要概览，对那些熟悉雷达的读者，可视为温习。
② 微波泛泛地定义为使用波导作为传输线以及使用腔体或分布的电路而不是集总参数元件作为谐振电路的那些频率。微波雷达频率可以从 400MHz 到约 40GHz，但这不是严格的界限。
③ 在雷达中，距离（range）通常表示雷达到目标的距离（distance）。距离的其他词典定义也在此处使用。

定目标的绝对速度和运动方向，于是可以对其未来的位置做出预测。合适设计的雷达可以判定目标的尺寸和形状，甚至可以识别不同类型的目标。

雷达基本组成

图 1.1 是一个非常初等的基本框图，示出一部雷达中经常见到的子系统。**发射机**，图中示为功率放大器，为雷达执行的特定任务产生合适的波形。它的平均功率可能小到毫瓦也可能大到兆瓦（平均功率比峰值功率能更好地表明雷达性能指标）。多数雷达使用短脉冲波形，以便一部天线可在时间分享的基础上用来发射和接收。

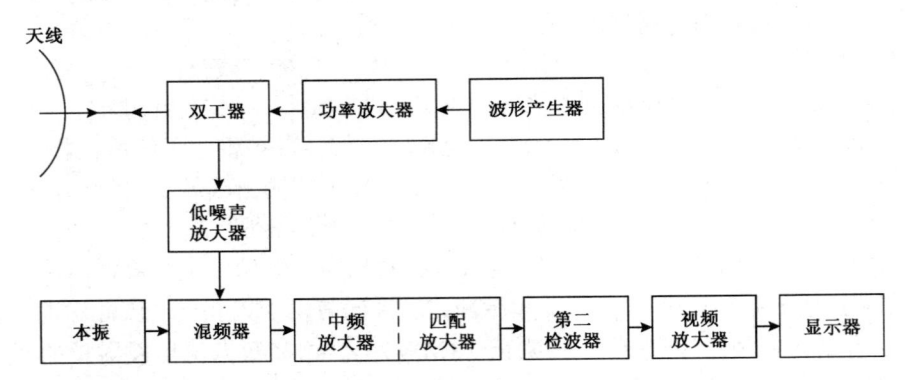

图1.1 采用功率放大器作为发射机（图上部）和用超外差接收机（图下部）的简单的雷达框图

双工器的功能允许使用单个天线在发射机工作时保护敏感的接收机不被烧坏并且引导收的回波信号到接收机而不是发射机。

天线是把发射能量辐射到空间然后在接收时收集回波能量的设备。天线几乎总是定向的，把能量辐射到窄波束中，以此聚集功率同时可以判定目标的方向。一个发射时产生窄定向波束的天线，在接收时通常具有大的面积，以便从目标收集微弱的回波信号。天线不仅在发射时聚集能量和在接收时收集回波能量，而且还可作为一个空间滤波器，提供角度分辨和其他能力。

接收机将接收到的微弱信号放大到可检测到其存在的电平。因为噪声是雷达做出可靠检测判决并提取目标信息的最终制约，要注意保证接收机自身产生很低的内部噪声。大部分雷达工作在微波频段，影响雷达性能的噪声通常来自接收机的第一级，在图 1.1 中示为**低噪声放大器**。许多雷达应用中对检测的限制是不需要的环境回波（称为**杂波**），这时接收机要有足够大的动态范围，以避免杂波使接收机饱和，从而严重影响到需要的动目标的检测。接收机的**动态范围**，通常用分贝表示，定义[1]为接收机能以某些规定性能工作的最大和最小输入功率电平的比。最大信号电平可能由能允许的接收机响应非线性效应设定（例如，接收机开始饱和的信号功率），而最小信号电平则可能为最小可检测信号。**信号处理器**，通常位于接收机的中频部分，可描述为接收机从不需要的会降低检测性能的信号中分离出需要信号的部分。信号处理包括使输出信噪比最大的**匹配滤波器**，也包括当杂波比噪声大时使移动目标信杂比最大的多普勒处理。多普勒处理能分离不同的动目标或从杂波中分离出动目标。**检测判决**在接收机输出端做出，当接收机输出超过预定的门限时就宣告存在目标。如果门限设置过低，接收机噪声会造成过多的虚警。如果门限设置过高，可能检测到的目标会漏掉。决定判决门限电平的准则是如此设定门限，使其产生可接受的预定的由接收机的噪声产生的平均虚警率。

在检测判决做出后，就可以确定目标的轨迹，即在一段时间上测得的目标位置的轨迹。这是**数据处理**的一个例子。处理过的目标检测信息或轨迹可显示给操作者；或用来自动引导导弹到目标；或雷达输出可以经过进一步处理以提供目标性质的其他信息。**雷达控制器**保证雷达的不同部分协同工作，例如它给雷达的不同部分按需要提供定时信号。

雷达工程师有可提供良好多普勒处理的**时间**、提供良好距离分辨率的**带宽**、提供大天线的**空间**及提供远距离性能和精确测量的**能量**等资源。影响雷达性能的外部因素包括**目标特性**，可能通过天线进入的**外界噪声**，来自大地、海洋、鸟群或降雨等无用的**杂波**回波，来自其他电磁辐射源的**干扰**；地球表面和大气造成的传播效应。这里提及这些因素是为了强调它们在雷达的设计和应用中非常重要。

雷达发射机

雷达发射机不仅必须能够产生在最大距离上检测期望目标需要的峰值和平均功率，而且要能产生特定应用所需要的合适波形和稳定性的信号。发射机可以是振荡器或放大器，但后者通常有更多的优点。

雷达中使用过很多类型的功率源（参见第 10 章）。磁控管功率振荡器在一个时期曾经非常流行，但现在除民用航海雷达（参见第 22 章）以外几乎不用。由于磁控管相对低的平均功率（1~2kW）和差的稳定性，对需要在远距离强杂波中检测小动目标的应用，其他的功率源通常更合适。磁控管功率振荡器是**正交场管**的一个例子。与之相关的还有在过去某些雷达中使用过的**正交场放大器**（CFA），但是它在重要的雷达应用中也受到限制，特别是需要在杂波中检测动目标的场合。大功率速调管及行波管（TWT），是**线性电子注管**的例子。雷达常在大功率时采用此类管子，二者都有多普勒处理需要的合适的大带宽及稳定性，因此一直很流行。

固态放大器，例如晶体管，也在雷达中使用，特别是在相控阵雷达中。尽管单个晶体管功率较低，但阵列天线的多个辐射单元的每一个都可利用多个晶体管以达到许多雷达应用需要的大功率。使用晶体管放大器时，雷达要设计成能在这种设备工作时需要的高占空比上工作，雷达需要使用要求脉冲压缩的长脉冲及可在长短距离上进行探测所需要的多种不同宽度的脉冲。因此，固态发射机的使用对雷达系统的其他部分会有影响。在毫米波段可以用**回旋管**作为放大器或振荡器获得大功率。长时间以来，**栅极控制真空管**在 UHF 和低频雷达中具有优势，然而对更低频雷达人们的兴趣越来越少。

尽管不是每个人都会同意，一些雷达系统工程师在有选择时，会考虑把速调管放大器作为大功率现代雷达的首选，如果它的使用对应用合适的话。

雷达天线

天线是雷达与外界联系的部分（参见 12 和 13 章）。它实现多种目的：（1）发射时集中能量，即有定向性并具有窄波束宽度；（2）收集来自目标的回波能量；（3）提供目标角位置测量；（4）提供角度上分辨（或分离）目标的空间分辨率；（5）观测期望的空域。天线可以是机械扫描的抛物反射面、机械扫描的平面相控阵或机械扫描的端射天线。它可以是电扫描的相控阵，使用配置有分支馈线或空间馈电的馈源把单部发射机功率分配到每个阵元上，或是电扫描的相控阵，它的每个阵元采用一个固态"袖珍"雷达（也称为**有源孔径相控阵**）。每种天线都有其特殊的优点和限制。一般而言，天线越大越好，但对其尺寸会有实际上的限制。

1.2 雷达类型

尽管有多种方式表征雷达，我们在此以可能区分不同类型雷达的主要特征来进行表征。

脉冲雷达

这种雷达发射重复的几乎是矩形的脉冲串。它可称为雷达的规范形式，没有其他语句来定义雷达时人们往往想到的就是它。

高分辨率雷达

高分辨率可以在距离、角度或多普勒速度坐标上获得，但是高分辨通常意指雷达具有高的距离分辨率。一些高分辨雷达距离分辨率为几分之一米，也可能小到几厘米。

脉冲压缩雷达

这种雷达使用脉内调制（通常为频率或相位调制）的长脉冲获得长脉冲的能量及短脉冲的分辨率。

连续波 CW 雷达

这种雷达采用连续的正弦波。它几乎总是使用多普勒频移来检测移动目标或测量目标的相对速度。

调频-连续波 FM-CW 雷达

这种连续波雷达使用波形的频率调制实现距离测量。

监视雷达

尽管词典不会用这种方式定义"监视"，监视雷达是一种检测目标存在（例如飞机或舰船）并在距离和角度上确定其位置的雷达。它也能持续观测目标一段时间以获得目标的轨迹。

动目标显示（MTI）雷达

这是一种脉冲雷达，它通过使用通常没有距离模糊的低脉冲重复频率（PRF）在杂波中探测动目标。它在多普勒域确实是模糊的，导致所谓的盲速。

脉冲多普勒雷达

有两种脉冲多普勒雷达分别采用高或中 PRF。它们都使用多普勒频移从杂波中提取动目标。**高 PRF 脉冲多普勒雷达**在多普勒域没有模糊（盲速），但它确实有距离模糊。**中 PRF 脉冲多普勒雷达**在距离和多普勒域都存在模糊。

跟踪雷达

这种雷达提供目标轨迹或航迹。跟踪雷达可进一步分为 STT、ADT、TWS 及相控阵跟踪器，具体如下：

（1）单目标跟踪器（STT）：它在足够高的数据率上跟踪单个目标，提供机动目标精确的跟踪。"典型"的重访时间为 0.1s（数据率为每秒 10 次测量）。它可采用单脉冲跟踪方法在角坐标上获得精确跟踪信息。

（2）自动检测及跟踪（ADT）：这是监视雷达进行的跟踪。它通过使用天线多次扫描测量得到的目标位置，实现对大量目标的跟踪。它的数据率没有 STT 高。重访时间为 1～12s，视应用情况而定。

（3）边扫描边跟踪（TWS）：通常雷达在一维或二维角度一个较小的区域上进行监视，以在有限的角度观测区域上提供所有目标位置信息的快速更新率。在过去，TWS 曾用在引导飞机着陆的地基雷达、某些类型的火控雷达及军用机载雷达中。

（4）相控阵跟踪器：电扫描相控阵能以高数据率（几乎"连续地"）跟踪多于一个目标。它也可有类似 ADT 的性能，以低数据率同时跟踪多个目标。

成像雷达

这种雷达产生目标或场景的二维图像，例如地表的一部分和它上面的物体。这些雷达通常位于移动平台上。

侧视机载雷达（SLAR）

这种机载侧视成像雷达提供距离上的高分辨率，并通过使用窄波束天线获得角度上的适当分辨率。

合成孔径雷达（SAR）

SAR 是一种相参[①]成像雷达，位于移动载体上，利用回波信号的相位信息获得在距离及横向距离上的高分辨场景图像。常使用脉冲压缩获得高距离分辨率。

逆合成孔径雷达（ISAR）

ISAR 是一种相参成像雷达，利用高距离分辨率和目标的相对运动获得多普勒域的高分辨率，以在横向距离维上获得分辨率。它可位于移动或静止载体上。

火力控制雷达

这个名称常用于防空袭的单目标跟踪雷达。

制导雷达

这种雷达通常位于导弹上，使导弹"寻的"，或自行引导到目标上。

---

① 相参指雷达信号相位用作雷达处理的重要组成部分。

天气（气象）观测

这种雷达探测、识别并测量降雨率、风速和风向，并观测其他有重要气象意义的气象情况。可能是一部特殊雷达或监视雷达的一种功能。

多普勒气象雷达

这是一种气象观测雷达，利用移动的气象效应造成的多普勒频移判别风，判别出可以指示危险气象状况例如龙卷风及下爆气流的风切变（当风刮向不同方向时），以及其他气象效应。

目标识别

在某些情况下，识别雷达所观测到的目标类型（例如，汽车而不是飞鸟），或识别目标的特定类型（汽车而不是卡车，或八哥而非麻雀），或从一类目标中识别出另外一类目标（巡洋舰而非油轮）可能是非常重要的。用于军事目的时，常称为**非合作的目标识别**雷达（NCTR），而不是合作识别系统，如 IFF（敌我识别）。当目标识别包括自然环境的某些部分时，就是通常所知的**遥感**（环境）雷达。

多功能雷达

如果把上述雷达视为提供某个雷达功能的，则多功能雷达设计成能提供多于一种的功能，通常在时分的基础上，在某个时间只执行一个功能。

还有许多其他方式可描述雷达，包括陆基、海基、机载、星载、机动、可运输、空中交通管制、军用、地表穿透、超宽带、超视距、测量、激光（或光）雷达、工作频段（UHF、L、S 等）及用途等。

1.3 从雷达回波可获取的信息

除非获得目标的某些信息，否则对目标的探测没有多少价值。同样，不探测到目标，目标信息也没有意义。

距离

通过测量以光速传播的雷达信号到达目标并返回的时间，雷达可判定距目标的距离。这可能是常规雷达最突出的特性。在远距离上测量目标的距离，其他传感器都达不到雷达的测量精度（基本上，在长距离，雷达的精度是由人们所掌握的传播速度的数据精度所限制的）。在短的距离上，测距精度可达几厘米。为了测量距离，在发射波形上必须引入某种**时间标志**。时标可以是一个短脉冲（信号的幅度调制），也可以是醒目的频率或相位调制。距离测量的精度取决于雷达信号带宽：带宽越宽，精度越高。因此，**带宽**是距离精度的基本度量。

径向速度

目标的径向速度可通过在一段时间内的距离变化率获得，也可以通过测量多普勒频移获得。对径向速度的精确测量需要时间。因此**时间**是描述径向速度测量质量的基本参数。动目标的速度和运动方向可从其轨迹获得，而轨迹可来自一段时间内对目标位置的测量。

角方向

一种判定目标方向的方法是确定扫描天线回波信号幅度最大时对应的天线角度。这通常需要具有窄波束的天线（高增益天线）。一部带有旋转天线波束的对空监视雷达通过这种方式判定角度。一维角方向上目标的角度也可以用两个天线波束判定，这两个波束在角度上稍微错开，然后比较每个波束接收的回波幅度。如果同时需要测量方位和俯仰角，则需要四个波束。第 9 章中讨论的单脉冲跟踪雷达是一个很好的例子。角度测量的精度取决于天线的电尺寸，即以波长数给出的天线尺寸。

尺寸及形状

如果雷达在距离或角度上有足够的分辨率，它能提供高分辨维上的目标尺寸测量。距离通常是具有分辨率的维上的坐标值。横向距离上的分辨率（由距离乘以天线波束宽度给出）可以通过具有极窄波束宽度的天线获得。然而天线波束宽度大小是有限的，所以通过这种方法获得的横向距离分辨率不像距离分辨率那样好。横向距离维上的高分辨率可以基于 SAR（合成孔径雷达）或 ISAR（逆合成孔径雷达）通过多普勒域获得，参见第 17 章的讨论。为了通过 SAR 或 ISAR 获得横向距离分辨率，雷达和目标间必须有相对运动。当距离和横向距离上都有足够的分辨率时，不仅能够获得两个正交坐标上目标的尺寸，有时也能分辨目标的形状。

雷达中带宽的重要性

带宽基本上代表信息，因此，它在许多雷达应用中非常重要。雷达中遇到的带宽有两种类型：一是**信号带宽**，是由信号脉宽或信号内调制决定的带宽；二是**可调带宽**。一般，脉宽为 τ 的简单正弦波脉冲的信号带宽为 $\frac{1}{\tau}$（脉冲压缩波形，在第 8 章讨论，能有比脉宽倒数大很多的带宽）。大带宽对在距离上分辨目标，对精确测量目标距离，以及对提供识别不同类型目标的有限能力都是需要的。对减轻跟踪雷达中的**闪烁效应**，对基于雷达到目标双程直接信号和雷达到地表到目标的双程地表散射信号之间的时延（距离）差测量飞机海拔高度（也称为**多径高度测量**），以及对提高目标信杂比，高距离分辨率也都很有用。在军事系统中，高距离分辨率可用来对密集编队飞行的飞机进行计数，也可用来识别及挫败一些类型的欺骗性对抗措施。

可调带宽提供了在一种可利用的宽频谱范围内改变（调谐）雷达信号频率的能力。这可用来降低工作在相同频段雷达之间的相互干扰，也可使敌方的电子对抗措施效力降低。工作频率越高，越容易获得大的信号带宽及可调带宽。

对雷达可用带宽的限制是政府管理部门对频谱的控制（在美国是联邦通信委员会，在国际上是国际电信联盟）。在第二次世界大战雷达获得成功之后，雷达被允许在超过三分之一的微波频段工作。随着"无线"时代许多频谱商业用户的出现及其他需要电磁频谱的服务，近年来这个可用频谱空间已经显著减少了。因此，雷达工程师日益感受到更小的可用频谱空间和对许多雷达成功应用非常重要的带宽分配的限制。

信噪比

所有雷达测量的精度和对目标的可靠探测取决于比率 E/N_0,其中 E 是雷达处理的接收信号总能量,N_0 是接收机单位带宽的噪声功率。因此,E/N_0 是雷达能力的重要度量。

在多个频率上工作

雷达能在多个频率上工作有重要益处[2]。**频率捷变**通常指在脉间使用多个频率。**频率分集**通常与分布在宽的范围内的多个频率,有时超过一个雷达波段的使用有关。频率分集可同时在每个频率上同时或几乎同时工作。它已经用于几乎所有的民用空中交通管制雷达上。脉冲到脉冲频率捷变与多普勒处理(为探测杂波中的动目标)不相容,但频率分集可以。频率捷变和频率分集的频率范围都比宽度为 τ 的单个脉冲的固有带宽大很多。

俯仰零点填充

雷达在单个频率工作会导致天线俯仰方向图分裂,这是由于直达信号(雷达到目标)和地表散射信号(雷达到地表到目标)之间的干涉造成的。方向图分裂,指的是在一些俯仰角(零点)上覆盖减少而在一些角度(瓣)上信号增强。频率的改变会改变零点和瓣的位置,因此在一个宽的频带上工作,俯仰零点会被填充,雷达不容易丢失目标回波信号。例如通过一个宽带实验雷达 Senrad(工作频带 850~1400MHz)的测量,显示出当仅使用单个频率时,信号-扫描比(实验测定的单次扫描探测概率)在特定的观测条件下为 0.78;而当雷达工作在 4 个不同的大大分散的频率时,信号-扫描比为 0.98,频率分集带来了显著的提高[2]。

提高的目标探测概率

复杂目标例如飞机的雷达截面积,随着频率改变会发生巨大的变化。在某些频率,雷达截面积小,而在另外一些频率截面积大。如果雷达在单个频率上工作,可能会导致小的目标回波而产生漏警;在数个不同的频率上工作,雷达截面积会变化,可能小也可能大,但相比采用单个频率时成功探测的可能性更大。这是几乎所有的空中交通管制雷达使用两个频率上分得足够开的载频的原因之一,通过在两个间隔足够宽的频率上工作,可保证目标回波不相关,从而提高探测可能性。

降低敌方对抗措施效力

任何成功的军用雷达都预期会碰到敌方对手采取对抗措施来降低其效力。在宽的频带上工作比仅在单个频率上工作使对抗措施更困难。对噪声干扰,以不可预测的方式在一个宽频带内改变频率,将使干扰机不得不在宽的频率范围内分散其功率从而降低落入雷达信号带宽内的敌方干扰信号强度。在宽频带上采用频率分集也会让敌方截获接收机或反辐射导弹难以探测和定位雷达信号(但不是不可能)。

雷达中的多普勒频移

多普勒频移的重要性,第二次世界大战以后不久在脉冲雷达中开始被注意,在许多雷达应用中都成了日益重要的因素。如果多普勒效应不存在的话,现代雷达就不会这么引人关注

或有用。多普勒频移 f_d 可写为

$$f_d = 2v_r/\lambda = (2v\cos\theta)/\lambda \tag{1.1}$$

式中，$v_r = v\cos\theta$ 是目标的相对速度（相对于雷达），单位为 m/s；λ 是雷达波长，单位为 m；v 是目标绝对速度，单位为 m/s；θ 是目标方向和雷达波束之间的夹角。在 3%的精度上，多普勒频率约等于 v_r(kn) 除以 λ(m) 赫兹。

多普勒频移广泛用于从静止杂波中分离出动目标，参见第 2~5 章的讨论。这类雷达称为 MTI（动目标显示）、AMTI（机载动目标显示）及脉冲多普勒雷达。所有的现代空中交通管制雷达、重要的军用陆基雷达、机载空中监视雷达及军用战斗机雷达都利用多普勒效应。然而在第二次世界大战中，没有一种脉冲雷达用多普勒。CW（连续波）雷达也利用多普勒效应探测移动目标，但这种目的的 CW 雷达已不再像从前那样流行。HF OTH（高频超视距）雷达（参见 20 章）如不使用多普勒，就无法完成在地球表面带来的大量杂波中探测移动目标的任务。

另一种依赖于多普勒频移的重大雷达应用是气象观测，例如本章前面提到的美国国家气象服务的 Nexrad 雷达。

SAR 和 ISAR 都可通过它们对多普勒频移的使用进行描述（参见 17 章）。机载多普勒导航雷达同样基于多普勒频移。使用多普勒通常对雷达发射机的稳定性有更高的要求，也增加了信号处理的复杂性，然而为了得到多普勒提供的巨大好处，这些要求人们乐于接受。需要提及的是，多普勒频移是雷达能够测量速度的关键能力，如同交警在保持车辆限速和其他测速应用时努力使用的一样。

1.4 雷达方程

雷达距离方程（或称雷达方程）不仅适合评估距离作为雷达特性的函数的目的，作为设计雷达系统的向导也很有用。雷达方程的简单形式可写为

$$P_r = \frac{P_t G_t}{4\pi R^2} \times \frac{\sigma}{4\pi R^2} \times A_e \tag{1.2}$$

为了描写所发生的物理过程，上式右侧写成三个因子的乘积。第一个因子是增益为 G_t 的天线辐射的功率为 P_t、在**离雷达距离 R** 处的功率密度。第二个因子的分子是目标截面积 σ，它的单位是面积（例如平方米），并且是目标返回雷达方向的能量的度量。第二个因子的分母表示回波信号能量在返回向雷达的途径上随距离的发散程度。前两项的乘积表示每平方米上返回到雷达的功率。注意目标的雷达截面积 σ 是由这个方程定义的。有效孔径面积为 A_e 的接收天线截获返回雷达回波的功率 P_r 的一部分。如果雷达的最大作用距离 R_{max} 定义为当接收功率 P_r 等于雷达最小可检测信号 S_{min} 时的雷达作用距离，则雷达方程的这个简单形式可写为

$$R_{max}^4 = \frac{P_t G_t A_e \sigma}{(4\pi)^2 S_{min}} \tag{1.3}$$

一般，大多数雷达用同一天线兼作发射和接收。由天线理论，天线发射增益 G_t 与有效接收孔径面积 A_e 的关系式为 $G_t = 4\pi A_e/\lambda^2$。式中，λ 是雷达信号的波长。将该式代入式（1.3）可得到雷达方程的另外两种有用形式（此处未给出）：一种仅用增益代表天线，另一种仅用有效孔径代表。

雷达方程的简单形式具有指导性，但因为忽略了许多因素而不太有用。最小可检测信号 $S_{\min}$ 受到接收机噪声的限制，可表示为

$$S_{\min} = kT_0 BF_n(S/N)_1 \tag{1.4}$$

式中，kT_0B 是所谓的理想欧姆导体的热噪声；k 是玻耳兹曼常数；T_0 是基准温度 290K；B 是接收机带宽（通常是超外差式接收机的中频级带宽）。乘积 $kT_0 = 4\times10^{-21}$ W/Hz。为考虑实际（非理想）接收机引入的附加噪声，热噪声表达式乘以接收机噪声系数 F_n，它定义为实际接收机输出噪声与理想接收机输出噪声的比。为使接收信号能被检测到，它必须大于接收机噪声的 $(S/N)_1$ 倍。信噪比 $(S/N)_1$ 的值是在仅有一个脉冲时要求的值。它必须足够大以获得需要的虚警概率（虚警是噪声超过接收机门限）和探测概率（在多种雷达图书[3, 4]中能找到）。然而，雷达通常在做出检测判决前处理多个脉冲。我们假设雷达波形是一串重复的矩形脉冲。这些脉冲在检测判决前被积累（加在一起）。为了考虑这些积累的信号，雷达方程的分子乘以因子 $nE_i(n)$，其中 $E_i(n)$ 是 n 脉冲积累的效率。积累效率的值可以在标准参考书中找到。

P_t 是雷达脉冲峰值功率。平均功率 P_{av} 是雷达探测目标能力的更好度量，经常用关系式 $P_t = P_{av}/f_p\tau$ 代入雷达方程，其中 f_p 是脉冲重复频率，τ 是脉宽。地表和大气能严重影响电磁波传播并改变雷达的覆盖和性能。在雷达方程中用分子上的因子 F^4 考虑这些传播效应，参见第 26 章的讨论。把以上这些代入雷达方程得到

$$R_{\max}^4 = \frac{P_{av}GA_e\sigma nE_i(n)F^4}{(4\pi)^2 kT_0 F_n f_p (S/N)_1 L_s} \tag{1.5}$$

在式（1.5）的推导过程中，假设了 $B\tau \approx 1$，这在雷达中通常成立。加上了大于 1 的因子 L_s，称为系统损耗，来考虑发生在雷达中的各种损耗。系统损耗可以会很大。如果忽略它可能会导致由雷达方程预测的距离估计误差很大（考虑**所有**的雷达系统损耗后，L_s 达到 10~20dB 属于正常）。

式（1.5）适用于观测目标足够长的时间，以接收到 n 个脉冲的雷达。更基本上，它适用于对目标的照射时间 t_0 等于 n/f_p 的雷达。例如，一部跟踪雷达持续观测某个目标 t_0 时间。然而这个方程在以重访时间 t_s 观测某个立体角 Ω 的监视雷达中需要修正（空管雷达的重访时间可能为 4~12s）。因此，监视雷达有了附加限制，即必须在给定时间 t_s 内完成对立体角为 Ω 的空域的搜索。重访时间等于 $t_0(\Omega/\Omega_0)$，其中 $t_0 = n/f_p$ 而 Ω_0 是天线立体角波束宽度（立体弧度），它与天线增益有近似关系 $G = 4\pi/\Omega_0$。于是式（1.5）中的 n/f_p 可以用相等的 $4\pi t_s/G\Omega$ 代替，得到监视雷达方程为

$$R_{\max}^4 = \frac{P_{av}A_e\sigma E_i(n)F^4}{4\pi kT_0 F_n(S/N)_1 L_s} \times \frac{t_s}{\Omega} \tag{1.6}$$

雷达设计者无法控制重访时间 t_s 或角度覆盖范围 Ω，这些主要由雷达需要执行的任务决定。雷达截面积也由雷达应用决定。如果监视雷达需要大的作用距离，必须有足够的 $P_{av}A_e$ 乘积。正因如此，监视雷达性能的通用衡量是它的**功率孔径积**。注意，频率没有明显出现在式内。然而频率的选择会通过其他方式**隐含**地进入。

正如监视雷达方程与传统的雷达方程（1.5）或其简单形式方程（1.2）不相同，每种特定的雷达应用通常要采用与其具体情况相配合的雷达方程。当来自地面、海面或气象的杂波回波大于接收机噪声时，也需要对雷达方程进行修正，以考虑此时对检测的限制是杂波而非噪

声。也可能发生的是，雷达的探测能力在覆盖范围的某些区域内由杂波限制，在别的区域由噪声限制。这会导致两组不同的雷达特性，一组对噪声优化，另一组对杂波优化；于是在雷达设计中通常不得不在二者间折中。当雷达探测能力受敌方噪声干扰限制时，需要另一种不同类型的雷达方程。

1.5 雷达频率的字母频带名称

使用精确数值描述某种类型雷达的工作频带常常不方便。对许多军用雷达，雷达的工作频带通常是保密的。因此，使用字母代表雷达的工作频段是很有帮助的。IEEE（电气和电子工程师协会）已经正式把雷达字符波段命名标准化，见表1.1。

表 1.1 IEEE 标准的雷达频带命名法[5]

波段名称	标称频率范围	据国际电信联盟Ⅱ区规定的雷达频率范围
HF	3～30MHz	
VHF	30～300MHz	138～144MHz 216～225MHz
UHF	300～1000MHz	420～450MHz 890～942MHz
L	1.0～2.0GHz	1215～1400MHz
S	2.0～4.0GHz	2.3～2.5GHz 2.7～3.7GHz
C	4.0～8.0GHz	4.2～4.4GHz 5.25～5.925GHz
X	8.0～12.0GHz	8.5～10.68GHz
Ku	12.0～18.0GHz	13.4～14.0GHz 15.7～17.7GHz
K	18.0～27.0GHz	24.05～24.25GHz 24.65～24.75GHz
Ka	27.0～40.0GHz	33.4～36.0GHz
V	40.0～75.0GHz	59～64GHz
W	75.0～110GHz	76～81GHz 92～100GHz

表 1.1 的说明[6]

国际电信联盟（ITU）为无线电定位（雷达）指定了电磁频谱中特定的频段。这些频段列于表 1.1 的第三列。它们适用于包括北美、南美在内的 ITU 第Ⅱ区。其他两个 ITU 区的划分略有不同。例如，L 波段雷达的工作频率仅能在国际电信联盟指定的 1215～1400MHz 的范围内工作，然而即使在这个范围内，还有进一步的限制。一些 ITU 指出的频带，被严格限制用途。例如，4.2～4.4GHz 频段保留给机载雷达高度表（少数频率除外）。ITU 官方没有在 HF 波段正式给雷达分配频率，但大多数 HF 雷达同其他电磁服务共享频段。毫米波雷达的字符表示为 mm，在此区域内有分配给雷达的几个频带，但这里没有列出。尽管 ITU 对毫米波的官方描述是 30～300GHz，实际上 Ka 波段[①]雷达的技术与微波波段的而不是 W 波段的技术更为接近。在毫米波雷达领域内工作的人常常认为其频率下限是 40GHz 而不是"法定"的下限 30GHz，以承认在技术和应用上的巨大差别才是毫米波雷达的特征。**微波**在此标准中还未定义，但是这个术语通常用于工作在 UHF 到 Ka 波段的雷达。使用字符命名对于非雷达领域的工程师可能不方便的原因，是最初在第二次世界大战期间选它来描述雷达波段。那时保密很重要，因此选择字母代表不同的波段让人很难猜到究竟使用的是什么频率。而在雷达周围工作的人，在对雷达字符波段的使用上很少有问题。

曾用过其他的字符来描述电磁频谱，但是它们对雷达不合适，绝不应当用在雷达上。其中一种使用字母 A、B、C 等，最初是为进行电子对抗演习而设计的[7]。上面提到的 IEEE 标准中声明说"这些字符和雷达实践不一致，不应用来描述雷达频段"。因此，可能会有 D 波段干扰机，但绝不会有 D 波段雷达。

1.6 工作频率对雷达的影响

雷达已在低至 2MHz（刚好高于 AM 广播频段）的频率上工作过，也在高至数百 GHz（毫米波段）频率上工作过。雷达更常用的频带可能为 5MHz～95GHz 以上，这是一个巨大的频率范围，所以应该可以预期的是雷达技术、性能及应用会显著依赖于雷达工作的频段而变化。不同频段的雷达通常具有不同的性能和特性。一般，在低频段易于获得远程性能，因为在低频易于获得大功率发射机和物理上巨大的天线。另一方面，在更高的雷达频率上，容易完成距离和位置的精确测量，因为更高的频率能提供更宽的带宽（它决定距离精度和分辨率），以及在给定天线物理尺寸时更窄的波束（它决定角精度和角分辨率）。下面简要介绍不同波段的雷达应用。然而相邻波段的区别在实践中没有显著差别，在特性上可能会有重叠。

高频（HF, 3～30 MHz）

HF 频段的主要用途是被雷达用来探测远程目标（标称可达到 2000n mile），方法是利用高频电磁波能量被远离地表的电离层折射的特性。无线电爱好者称这为**短波传播**并用它来在远距离上通信。HF 雷达的目标可能是飞机、舰船和弹道导弹，以及来自海面本身的回波（可提供驱动海面的风向及风速的信息）。

甚高频（VHF, 30～300 MHz）

20 世纪 30 年代开发的大多数早期雷达都工作在该频段，因为在当时这些频率代表无线电技术的前沿。它对远程空中监视和探测弹道导弹是很好的频率。在这些频率上，地球表面特别是水面散射的反射系数会非常大，所以直达信号和面反射信号之间的相长干涉会显著增大 VHF 雷达的作用距离。然而，当有这种效应使作用距离翻倍时，会有伴随而来的相消干涉减少作用距离，这是由于在某些仰角上，天线方向图有深的零点。同样，相消干涉会导致低空上差的覆盖。雷达利用多普勒频移探测杂波中的动目标时在低频上经常会更好，因为多普

---

① Ka 波段的波长范围为 8.3～9mm，这使它有资格落在"法定"的毫米波定义的范围内，但很勉强。

勒模糊（导致盲速）在低频段要少得多。VHF 雷达不受雨杂波困扰，但受来自流星的电离和极光的多次时间折叠回波的影响。在 VHF 频段，飞机的雷达截面积一般比在更高的频率上大。VHF 雷达在获得同样的距离性能时比工作在更高频段上的雷达花费要少。

尽管甚高频雷达对远程监视有许多诱人的优点，但也有很多严重的局限。俯仰上的深零点及差的低空覆盖之前已经提到了。分配给 VHF 雷达的可用频谱宽度很窄，因此距离分辨率经常很差。天线波束宽度通常比微波频段的宽，因此角精度和分辨率也差。VHF 频段中拥挤着许多重要的民用服务，如电视和调频广播，这进一步减少了雷达可用的频谱空间。通过天线进入雷达的外部噪声电平在 VHF 频段比微波频段高。工作在 VHF 频段，雷达的主要局限可能是在这个拥挤的频段中获得合适频谱空间的困难。

尽管有局限，VHF 对空监视雷达在苏联曾广泛使用，因为苏联国土广大，而 VHF 雷达的低廉，对提供疆域这么广阔国家的空中监视很有吸引力[8]。据说苏联生产了大量的 VHF 对空监视雷达——一些有着非常巨大的尺寸和远的作用距离，但多数是可容易运输的。有意思的是 VHF 机载拦截雷达曾在第二次世界大战中被德国广泛使用。例如，Lichtenstein SN-2 机载雷达在不同型号中工作在 60～100MHz 上。在这些频率上的雷达不受称为**箔条**（也称为**窗口**）的对抗措施的影响。

超高频（UHF，300MHz～1GHz）

工作在甚高频雷达的许多特点在一定程度上也适合于超高频。UHF 特别适合于机载预警雷达系统（AEW）中的机载 AMTI（动目标检测）雷达（参见第 3 章），也适合于探测和跟踪卫星和弹道导弹的远程雷达。在这个波段的上段可找到远程舰载对空监视雷达和测量风速及风向的雷达（称为**风廓线雷达**）。

地面穿透雷达（GPR），是所谓超宽带（UWB）雷达的例子，参见第 21 章。它宽的信号带宽有时同时覆盖 VHF 和 UHF 波段。这种雷达的信号带宽可能从 50MHz 延伸到 500MHz。宽的带宽对获得好的距离分辨率是需要的。低频率对允许雷达能量穿透地面传播是需要的（尽管如此，在典型土壤中传播衰减迅速，因而简单的机动 GPR 作用距离可能仅有几米）。这个距离适合定位掩埋在地下的电线、管线和其他物体。如果雷达要发现位于地表但被树木遮盖的目标，也需要同 GPR 所用类似的频段。

L 波段（1.0～2.0GHz）

L 波段是远程（200n mile）地对空警戒雷达首选的频段，用于空中交通管制的雷达［美国联邦航空局（FAA）命名为 ARSR］是个好的例子。随着频率的升高，雨对性能的影响开始变得显著，所以雷达设计者需要致力于在 L 波段和更高波段上降低雨的影响。这个波段对远程探测卫星和防御洲际弹道导弹也具有吸引力。

S 波段（2.0～4.0GHz）

在机场区域内监视空中交通的机场监视雷达（ASR）工作在 S 波段。它的典型作用距离为 50～60n mile。如果需要三坐标雷达（决定距离、方位角和俯仰角的雷达），在 S 波段可以实现。

之前说过，远程监视雷达在低频率上性能更好，而对目标位置的精确测量在高频率上性能更好。如果只能用一部雷达在一个工作频段内工作，则 S 波段是一个好的折中。有时使用 C 波段作为达到两方面功能的雷达的频段选择也是可接受的。AWACS（机载预警和控制系统）机载空中监视雷达也工作在 S 波段。通常多数雷达应用工作在具有最佳性能的特定波段。然而，在机载空中监视雷达的例子中，AWACS 位于 S 波段而美国海军的 E2 AEW 预警机工作在 UHF 波段。尽管频率上如此不同，据说两种雷达有差不多的性能[9]（这对每种应用都有一个最佳频段的说法是个例外）。

Nexrad 气象雷达工作在 S 波段。它对观测气象是好的频率，因为更低的频率会产生微弱得多的雨回波（因雨回波随频率的 4 次方变化），而更高的频率在雨中传播时会产生衰减而无法对降雨率进行精确测量。有工作在比 S 波段更高频率上的气象雷达，但这些雷达的作用距离通常比 Nexrad 的小，或许可用于特定的气象雷达应用而不像 Nexrad 那样可以提供精确的气象测量。

C 波段（4.0~8.0GHz）

C 波段介于 S 波段和 X 波段之间，有二者之间的特性。通常优先使用 S 和 X 波段而不是 C 波段，尽管过去 C 波段有很多重要的应用。

X 波段（8.0~12.0GHz）

X 波段是军事上比较常用的雷达波段。X 波段广泛用于起拦截、战斗和攻击（地面目标）等角色的军用机载雷达中，参见第 5 章的讨论。它在基于 SAR 和 ISAR 的成像雷达中也很流行。X 波段适合于民用舰载雷达、机载恶劣气象规避雷达、机载多普勒导航雷达和警用测速仪。导弹导引系统有时也位于 X 波段。工作于该频段的雷达的尺寸适宜，所以适合于注重机动性和轻质量而非远距离的应用场合。X 波段雷达的可用带宽较宽，用比较小的天线可产生窄波束宽度，这些都是高分辨率雷达应用的重要考虑因素。

因为 X 波段的高频率，雨有时会成为降低 X 波段系统性能的重要因素。

Ku、K 和 Ka 波段（12.0~40.0GHz）

在更高的雷达频率上，天线物理尺寸减小，一般更难产生大的发射机功率。因此，X 波段之上频段的雷达的距离性能一般不如 X 波段的雷达。军用机载雷达有 X 波段的，也有 Ku 波段的。对必须要有小的尺寸而不需要远距离的雷达应用，这些频段具有吸引力。机场表面探测设备（ASDE），通常在大型机场控制塔的顶端可以找到，工作在 Ku 波段，主要因为它比 X 波段有更好的分辨率。在原先的 K 波段中，在 22.2GHz 处有一条水蒸气吸收线，这导致的衰减在一些应用中是个严重的问题。这个问题当 K 波段雷达在第二次世界大战期间研制开始以后被发现，这就是后来引入 Ku 和 Ka 波段的原因。雨杂波会限制该波段雷达的性能。

毫米波波段

尽管这个频段很宽，多数毫米波雷达感兴趣的频率位于 94GHz 附近，此处的大气衰减有一个极小值（称为窗口，是指相对于其附近的频率衰减小的区域，94GHz 附近的窗口和整个微波频段一样宽）。如上面所提到的，对雷达的目的，毫米波范围实际上一般从 40GHz 甚至更高的频率开始。毫米波雷达的技术和环境的传播效应不仅不同于微波雷达，而且通常有更多的限制。不同于微波波段雷达所经历的衰减，毫米波雷达信号即使在洁净的空气中传播也会有很大的衰减。衰减在毫米波段是变化的。94GHz 窗口中的衰减实际上比大气 22.2GHz 处的水蒸气吸收线还要高。在 60GHz 氧气吸收线处的单程衰减约为 12dB/km，基本上排除了雷达在其邻近频率的应用。雨的衰减对毫米波波段也是一种限制。

对毫米波雷达感兴趣的主要原因是因为它作为研究和有成果的应用的前沿带来的挑战。它的好的特点在于它是采用宽带宽信号的极好场所（有大量的频谱空间）；雷达可使用小的天线得到高距离分辨率和窄波束；敌方难以对军用雷达使用电子对抗措施；它使位于这些频率的军用雷达比低频率的雷达有低的被截获概率。在过去，毫米波发射机平均功率无法超过数百瓦——通常要低得多。回旋管上的进展（参见第 10 章）使得可以产生比传统的毫米波功率源大几个数量级的平均功率。因此，获得大功率不再成为限制。

激光雷达

激光器在频谱的光学和红外区可以产生可用的功率。它可使用宽带宽（极短脉冲）并具有非常窄的波束宽度，而天线孔径比微波段的小很多。大气和雨的衰减非常高，因此在恶劣天气中的性能十分有限。接收机噪声由量子效应而不是热噪声决定。由于几种原因，激光雷达的应用有限。

1.7 雷达命名规范

按军用标准 MIL-STD-196D 规定，美国军用电子设备（包括雷达）是根据联合电子类型命名系统（JETDS）来命名的。名称的字母部分由字母 AN、一条斜线和适当选择的另外三个字母组成。三个字母表示设备的安装位置、设备类型和设备用途。三个字母之后是一个破折号和一个数字。数字对三个字母的特殊组合按顺序指定。表 1.2 列出曾用于雷达命名的字母。

表 1.2 与雷达有关的 JETDS 字母命名

安装位置（第一个字母）	设备类型（第二个字母）	设备用途（第三个字母）
A 有驾驶员的飞机	L 电子对抗设备	B 轰炸
B 在水下运动的物体，潜艇	P 雷达	D 测向、侦察和/或警戒
D 无人驾驶运载工具	S 专用设备或组合设备	G 火力控制
F 地面固定	W 武器特有设备（未包括在其他类型中的）	N 导航
G 地面通用		Q 专用或组合
K 水陆两用		R 接收
M 地面上可移动		S 探测和/或测距、测向、搜索
P 便携式		T 发射
S 水面舰艇		W 自动飞行或遥控
T 地面上可运输		X 识别和辨认
U 一般用途		Y 监视和控制（火控和空中交通控制）
V 地面车载		
W 水面和水下的组合		
Z 有人和无人驾驶空中运输工具的组合		

设备每经一次修改就在原型号后附加一个字母（A、B、C 等），但设备的每次修改都应保持它的可互换性。名称后括号中的 V 表示设备是可改变的系统（指那些通过增加或减少装置、组件和单元，抑或它们的组合可改变功能的系统）。当名称后加上破折号、字母 T 和数字则表明设备是用于训练的。除美国外，加拿大、澳大利亚、新西兰和英国的电子设备也用 JETDS 命名规范，为这些国家保留了特定的数字组。更多的信息可以从因特网上的 MIL-STD-196D 中找到。

联邦航空局使用以下的术语来对空中交通管制雷达命名。

（1）ASR（机场监视雷达）；
（2）ARSR（空中航路监视雷达）；
（3）ASDE（机场表面探测雷达）；
（4）TDWR（终端多普勒气象雷达）。

字母后的数字表示该类雷达的特定型号（按顺序）。

美国国家气象局（NOAA）研发的气象雷达用 WSR 表示。WSR 后的数字表明雷达开始服役的时间。例如，WSR-88D 是 1988 年开始服役的 Nexrad 多普勒雷达。字母 D 表明它是多普勒气象雷达。

1.8 雷达过去的一些进展

下面简单列出了雷达技术和性能在 20 世纪中一些主要的进展，按不很精确的年代顺序排列，如下所示：

（1）第二次世界大战之前和第二次世界大战期间，开发为防空部署在地面、舰船和军用飞机上的 VHF 雷达。

（2）第二次世界大战早期微波磁控管的发明和波导技术的应用，以获得能在微波频段工作的雷达，从而可使用更小和机动性更强的雷达。

（3）MIT 辐射实验室在第二次世界大战期间存在的五年中开发了超过 100 种不同的雷达型号，为微波雷达奠定了基础。

（4）Marcum 的雷达检测理论。

（5）速调管和行波管放大器的发明和发展，提供了稳定性好的大功率源。

（6）使用多普勒频移来检测淹没于杂波中的移动目标。

（7）适于空中交通管制的雷达的开发。

（8）脉冲压缩。

（9）单脉冲跟踪雷达有高的跟踪精度，以及比以前的跟踪雷达对电子对抗措施有更好的抵御能力。

（10）合成孔径雷达，对地面场景和地面上的物体成像。

（11）机载动目标显示（AMTI），用于在有杂波情况下远程机载空中监视。

（12）稳定的元件、子系统和超低副瓣天线，使可大量抑制无用杂波的高 PRF 脉冲多普勒雷达（AWACS）成为可能。

（13）高频超视距雷达，把飞机和舰船的探测距离扩大了一个数量级。

（14）数字处理，从 20 世纪 70 年代早期对雷达性能的改善有重大影响。

（15）监视雷达的自动检测和跟踪。
（16）电扫描相控阵雷达的批量生产。
（17）逆合成孔径雷达（ISAR），提供目标成像，如对舰船等非合作目标识别需要的图像。
（18）多普勒气象雷达。
（19）太空雷达，适于对如金星等行星进行观测。
（20）计算机对复杂目标雷达截面积的精确计算。
（21）多功能机载军用雷达，体积和质量相对小，适于安装在战斗机前端，具有执行大量不同的空-空和空-地任务的功能。

以上是对雷达过去一些主要发展的一点观点。其他人或许有不同的看法。并非每种重大的雷达成就都包括在内。如果包括本书其他章节的内容，这个列表可能会更长并包含更多的例子。但是这个列表已足以显示出对雷达性能改进很重要的进展类型。

1.9 雷达应用

军事应用

因为防御重型军用轰炸机的需要，在20世纪30年代发明了雷达。对雷达军事上的需要或许是雷达最重要的应用及其主要进展（包括民用雷达的进展）的来源。

军用雷达的主要用途曾是地面、海面和机载空中防御。离开雷达，实施成功的空中防御是不切实际的。在空中防御中，雷达用来进行远程监视、低海拔"弹出"目标的短距探测、武器控制、导弹制导、非合作目标识别和战斗损伤评估。许多武器中的近炸引信也是雷达的一个例子。对军用防空雷达成功的一个极好度量是在反抗其有效性的方法上花费的大量金钱。这包括电子对抗措施和其他方面的电子战、寻的雷达信号的反辐射导弹及低截面积飞机和舰船。雷达在军事上也用在对地面、海面的侦察及海洋监视中。

在战场上，要求雷达具有执行空中监视（包括对飞机、直升机、导弹和无人机的监视）、空中拦截武器控制、敌方武器定位（迫击炮、火炮和火箭）、入侵人员检测和空中交通管制等任务的功能。

自从20世纪50年代末出现弹道导弹的威胁后，使用雷达进行弹道导弹防御一直受到关注。远程、高超声速和弹道导弹的小目标尺寸使这个问题具有挑战性。在太空没有防御飞机时的自然杂波问题，但是弹道导弹会出现在大量的外部诱饵中，还伴有其他的由袭击者所发射的用来伴随载有战斗部的再入体的对抗措施。基本的弹道导弹防御问题变成更是目标识别问题，而不是探测和跟踪问题。弹道导弹迫近的预警需要，导致执行这种任务功能的一些不同类型雷达的出现。类似的，也部署了能探测和跟踪卫星的雷达。

雷达的一个非军用的相关任务是探测和拦截毒品运输。有几种类型的雷达可满足这种需要，包括远程高频超视距雷达。

环境遥感

环境遥感的主要应用是气象观测雷达，如Nexrad系统，它的输出经常在电视天气预报上看到。也存在垂直方向风廓线雷达，判定作为海拔函数的风速和风向，它通过探测洁净空气中非常微弱的雷达回波完成以上任务。位于机场周围的是终端多普勒气象雷达（TDWR）系统，可以对危险风切变进行预警（风切变由所谓**下爆气流**气象效应导致，常伴有严重暴风雨）。在小型和大型飞机前端常有特殊设计的气象规避雷达，对飞行中的危险或不适航天气进行预警。

另一种成功的遥感雷达是下视星载高度计雷达，它以非常高的精度测量全球范围的**水准面**（平均海面高度，在全球不尽相同）。过去曾尝试用雷达判定土壤湿度和评估农作物状况，但是没有能提供足够的精度。星载或机载成像雷达被用来帮助船只在覆盖冰层的北极海域进行有效导航，因为雷达能指示哪些类型的冰层船只容易穿透。

空中交通管制

现代空中旅行的高度安全性部分是因为雷达对空中交通的有效、高效和安全的控制。大机场采用机场监视雷达（ASR）观测机场附近的空中交通情况。这类雷达也提供附近的气象信息，以便引导飞机绕开不适航的天气。大机场也有一部称为机场表面探测设备（ASDE）的雷达以观察并安全地控制地面上的飞机和机场车辆交通情况。为控制机场之间的航线上的空中交通，在全球范围部署了远程空中航线监视雷达（ARSR）。空中交通管制雷达信标系统（ATCRBS）不是雷达，而是用来识别飞行中飞机的合作系统。它使用类似于雷达的技术，最初基于军用的 IFF（敌我识别）系统。

其他应用

雷达一种很重大的应用（提供任何别的方法无法获得的信息）是使用一部能穿透永远遮蔽金星表面的云层的成像雷达对行星金星表面的探索。一种使用最广泛而且最便宜的雷达是民用海用雷达，在世界范围内用于对舰船的安全导航。一些读者无疑遇到过高速公路警察使用 CW 多普勒雷达测量车辆的速度。探地雷达用来寻找埋于地下的公用管线，也被警察用来定位掩埋的物体和尸体。考古学家曾用它确定从何处开始寻找埋藏的文物。雷达对鸟类学家和昆虫学家更好地理解鸟类和昆虫的迁徙也有帮助。雷达也证明可以探测地下石油和天然气沉积上面的气体渗出[10]。

1.10 雷达系统方案设计

雷达系统设计涉及许多方面。但在一种以前不存在的新型雷达可以制造之前，需要进行**方案设计**以引导实际开发。方案设计基于能满足顾客或雷达使用者对雷达的要求。方案设计努力的成果是提供一份雷达方程和相关的方程中雷达特性和可能采用的子系统（发射机、天线、接收机和信号处理等）的一般特性的清单。雷达方程可用作雷达系统设计者可采用的多种选择和折中的重要指南，以确定一个满足期望要求的合适的方案。本节简要归纳雷达系统工程师如何开始一部新型雷达的方案设计。并没有进行方案设计的固定的程序。每个雷达公司和每位雷达设计工程师都有自己的风格。此处描述的是某一种雷达方案设计途径的简短归纳。

一般指导方针

应该提及的是，至少有两种途径可能用来产生满足一些特定雷达应用要求的新型雷达系统。一种方法基于利用一些新发明、新技术、新器件或新知识的优势。第二次世界大战早期微波磁控管的发明就是这样的一个例子。在磁控管出现后，雷达设计就与以前不一样了。另一种可能更普通的雷达系统方案设计方法，是从新型雷达必须达到的目的开始，检查能达到期望性能的可用的多种途径，仔细评估每种途径，然后在操作上和财政约束的范围内选择最好的满足要求的一个途径。简短地讲，它可能由以下步骤组成：

（1）描述要求或需要解决的问题：这来自雷达客户或使用者的观点。

（2）客户和系统工程师之间的互动：目的是为了探讨各种折中，这客户可能不知道，可能会让客户更好地获得他需要的同时又避免过多的花费或风险。不幸的是，雷达潜在使用者和雷达系统工程师之间的互动在竞争性的采购中不总是能进行的。

（3）识别和研究可能的解决方案：这包括理解不同的可能解决方案的优点和局限。

（4）选择最优或准最优解决方案：在许多工程努力中，最优并不意味着最好，因为最好的可能太贵和在需要的时间内无法获得。此处使用的**最优**，是指在给定的一组假设下最好。工程常会要达到准最优，而非最优。选择首选的解决方案应当基于一个完善定义的准则上。

（5）所选择方法的细节描述：根据雷达特性和采用的子系统类型进行方案描述。

（6）分析和评估被提议的设计：这是为了检验所选方法的正确性。

当进行这个过程时，可能到达一个"死胡同"，于是必须重新开始——有时不止一次。必须重新开始在一个新的设计努力过程中很寻常。

不可能为进行雷达设计提出一个唯一的一套方针。如果那是可能的话，雷达设计就可以全部交由计算机完成了。因为经常缺乏完整的信息，为了成功，多数工程设计在某一阶段需要设计工程师的 判断和经验。

雷达方程在方案设计中的作用

雷达方程是雷达系统方案设计的基础。雷达方程的一些参数是由雷达需要完成的任务决定的，而其他的参数可能由客户单方面决定——当然那需要小心进行。客户通常是描述雷达目标性质、雷达工作环境、尺寸和质量的限制、雷达信息的用途及其他约束的那个人。雷达系统工程师由这些信息决定目标雷达截面积，满足雷达使用者要求的作用距离、角精度和天线重访时间。一些参数，如天线增益，可能受多个要求或需要的影响。例如，一个特定的天线的波束宽度可能受跟踪精度、临近目标分辨率、特定雷达应用允许的最大天线尺寸、雷达期望距离的要求及雷达频率选择等影响。雷达频率通常受许多方面的影响，包括可用的工作频率。雷达频率可能是最后选择的雷达参数了——在进行了许多其他的折中以后。

参考文献

[1] *IEEE Standard Dictionary of Electrical and Electronic Terms*, 4th Ed. New York: IEEE, 1988.

[2] M. I. Skolnik, G. Linde, and K. Meads, "Senrad: an advanced wideband air-surveillance radar," *IEEE Trans.*, vol. AES-37, pp. 1163–1175, October 2001.

[3] M. I. Skolnik, *Introduction to Radar Systems*, New York: McGraw-Hill, 2001, Fig. 2.6.

[4] F. E. Nathanson, *Radar Design Principles*, New York: McGraw-Hill, 1991, Fig. 2.2.

[5] This table has been derived from IEEE Standard Letter Designations for Radar-Frequency Bands, IEEE Std. 521-2002.

[6] Specific radiolocation frequency ranges may be found in the "FCC Online Table of Frequency Allocations," 47 C.F.R. § 2.106.

[7] "Performing electronic countermeasures in the United States and Canada," U.S. Navy OPNAVINST 3430.9B, October 27, 1969. Similar versions issued by the U.S. Air Force, AFR 55-44; U.S. Army, AR 105-86; and U.S. Marine Corps, MCO 3430.1.

[8] A. Zachepitsky, "VHF (metric band) radars from Nizhny Novgorod Research Radiotechnical Institute," *IEEE AES Systems Magazine*, vol. 15, pp. 9–14, June 2000.

[9] Anonymous, "AWACS vs. E2C battle a standoff," *EW Magazine*, p. 31, May/June 1976.

[10] M. Skolnik, D. Hemenway, and J. P. Hansen, "Radar detection of gas seepage associated with oil and gas deposits," *IEEE Trans*, vol. GRS-30, pp. 630–633, May 1992.

第 2 章 动目标显示（MTI）雷达

2.1 引言

本章陈述位于地表的雷达，如站点在陆地上或舰船上的雷达。对于机载雷达，平台的快速运动对设计和性能有很大的影响，参见第 3、4、5 章的讨论。

动目标显示（MTI）雷达的基本理论，如同前几版《雷达手册》中所讲的一样，没有本质上的改变。然而 MTI 雷达的性能却得到了很大改进，主要由于四方面的进展：（1）雷达子系统，如发射机、振荡器和接收机稳定性的提高；（2）接收机和模/数（A/D）转换器动态范围的提高；（3）更快更强的数字处理；（4）对 MTI 的局限有更清楚的认识，并意识到需要的解决方法，即要求 MTI 系统与环境相适应。这 4 个方面的进展使许多年前曾经考虑过、有时尝试过但无法实施的复杂技术变得可实用。例如，过去超越当时已有技术水平的速度指示相干积累（VICI）[1]和相干记忆滤波器（CMF）[2, 54]等。

尽管这些进展已经使 MTI 性能有很大改进，然而仍然没有 MTI 雷达全部问题的完美解答，设计一个 MTI 系统仍然既是一门科学又是一门艺术。当前的问题例子包括：当接收机具有大的动态范围时，系统不稳定性的局限会造成更多的杂波残留（相对于系统噪声），从而造成虚警探测；应用杂波图来防止来自杂波残留的虚警探测在固定的雷达系统上工作得很好，但很难例如在舰载雷达上实施，因为随着舰艇的移动，每个杂波单元的方位和距离发生改变，应用杂波图后会造成更多的残留。降低杂波图的分辨率以对付快速变化的杂波残留，会大大降低杂波内可见度（见本章下文），而杂波内可见度是最少受到人们赞赏的成功的 MTI 工作秘诀。

MTI 雷达必须在包含强静止杂波、鸟、蝙蝠、昆虫、天气、汽车和大气管道的环境中工作。大气管道，又称**反常传播**，导致来自地表的杂波回波出现在很远的距离上，这加剧了鸟和汽车带来的问题，也导致对几百千米外静止杂波的探测。

本章中的杂波模型是几种必须处理的杂波类型的近似。精确的定量数据，如每种杂波的精确频谱和幅度、鸟的精确数目或单位面积上的点反射体数（如水塔或油井铁架）并不重要；因为 MTI 雷达设计者必须制造一个鲁棒的系统，不管真实遇到的杂波偏离杂波模型多少，系统都应很好地工作。

MTI 雷达可以用旋转的天线或固定孔径电扫描（相控阵）天线。旋转天线可采用连续波，使用有限脉冲响应滤波器（FIR）或无限脉冲响应滤波器（IIR）处理；或采用一组相干处理间隔（CPI）组成的批波形。这样的波形在 FIR 中以 N 个脉冲为一组进行处理（本章经常使用的术语 **MTI 滤波器**，是一个类的命名，包括 FIR 和 IIR）。有限的目标照射时间要求使用批处理方案。

有许多成功 MTI 技术的不同组合，但是任何特定的 MTI 系统必须有一个基于天线参数、发射机、波形、信号处理和工作环境的总体方案。

为了提供对环境的更好理解，本章列举了一些多年前的平面位置显示器（PPI）照片，这些环境图片很难在现代雷达中看到，但它们比任何语言描述都能更好显示出 MTI 的工作、鸟、昆虫和大气管道。特别要请读者注意的是 2.11 节："适用于 MTI 雷达系统的一些考虑"。这一节提供对 MTI 系统几十年的发展中学到的关于硬件和环境方面的经验和教训的深入了解。

2.2 MTI 雷达介绍

MTI 雷达的目的是抑制来自建筑物、山、树、海和雨之类的固定或慢动的无用目标信号，并且保留对如飞机之类的运动目标信号的检测或显示。图 2.1 是一对平面位置显示器（PPI）的照片，说明一部 MTI 雷达的效果。从中心亮点到平面位置显示器的最边缘为 40n mile，距离刻度环间距为 10n mile。其中，左图是正常的视频显示，主要显示了固定的目标回波；右图示出了 MTI 雷达抑制杂波的效果。在天线扫描 3 次的时间内，右图的照相机快门始终是打开的，因此飞机目标呈现为连续的 3 个回波。

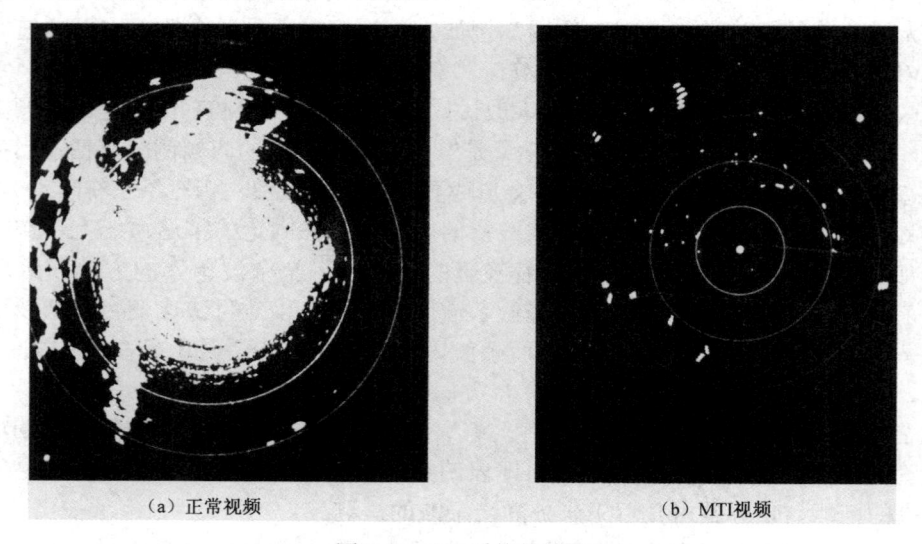

(a) 正常视频　　　　　　　　(b) MTI视频

图 2.1　MTI 系统的效果

这两张照片显示了 MTI 系统的效果。在天线连续转 3 圈的时间内，由于照相机的快门一直是打开的，所以在右面的照片上，飞机显示为相邻的 3 个亮点。PPI 的量程是 40n mile

MTI 雷达利用动目标带给回波的多普勒频移来区分动目标和固定目标。在脉冲雷达系统中，这种多普勒频移表现为相继返回的雷达脉冲间回波信号的相位变化。假设雷达所辐射的射频脉冲能量被一幢楼房（固定目标）和飞向雷达站的一架飞机（动目标）所反射。反射回波脉冲需经一定的时间方能返回雷达。雷达然后发射第二个射频脉冲，楼房反射的回波信号仍将经历完全相同的时间后返回。但是从运动的飞机反射回的信号返回所经历的时间却稍微少一些，因为在两个发射脉冲之间，飞机已向雷达的方向靠近了一段距离。回波信号返回雷达所需的准确时间并没有根本性的重要性，重要的是脉冲间的时间是否变化。时间的变化（对飞机目标而言，数量级为几毫微秒）可以用回波信号的相位与雷达基准振荡器相位之间的比较来确定。如目标在脉冲间发生移动，则回波脉冲的相位就会发生变化。

图 2.2 是一种相干 MTI 雷达的简化框图。射频振荡器向发射脉冲的脉冲放大器馈送信号。同时，射频振荡器还用作确定回波信号相位的相位基准。在发射脉冲的间隔时间内，相位信息存储在脉冲重复间隔（PRI）存储器中，并且和当前一个接收脉冲的相位信息相减。只有当回波信号为动目标回波时，减法器才有输出。

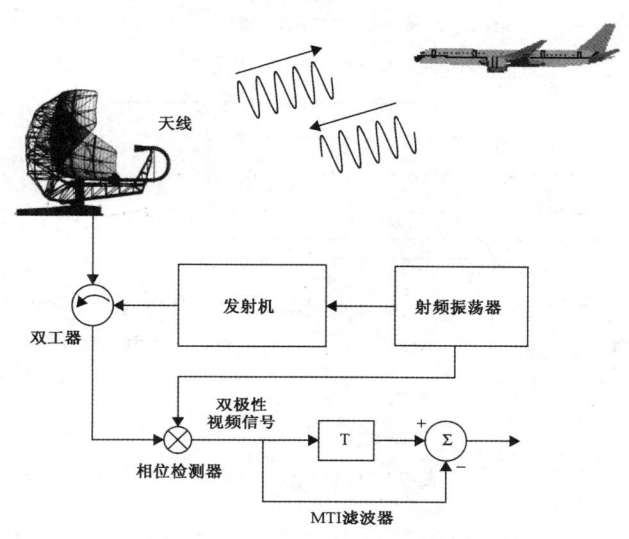

图 2.2 相干 MTI 雷达的简化框图

MTI 方框图

图 2.3 是一幅更完整的 MTI 雷达方框图，此框图对现代的空中交通管制雷达是有代表性的。该雷达工作在 L 或 S 波段，典型脉冲间隔为 1~3ms，当采用真空管放大器，如速调管时脉宽为几微秒；当使用固态发射机时，为进行脉冲压缩，脉宽为几十微秒。接收信号由低噪声放大器（LNA）放大，然后通过与稳定本振混频经一个或多个中频（IF）下变频。接收机输出端接中频带通限幅器保护后面的 A/D 转换器，并防止 A/D 饱和。在早期 MTI 系统中，中频限幅器起到有意限制动态范围以降低 MTI 输出杂波残留的目的。接收信号然后通过 A/D 转换器转换成同相和正交分量（I 和 Q），方法是使用一对相位检测器或直接采样，参见 2.13 节。同相分量（I）和正交分量（Q）输出是中频信号幅度和相位的函数，过去称为双极性视频，但更确切的说法是接收信号的复包络。由单个发射脉冲所接收到的双极性视频回波信号如图 2.4 所示，其中包括了杂波和点目标。如果点目标在运动则多个发射脉冲的重叠双极性视频回波信号如图 2.5 所示。

框图 2.3 的其余部分示出余下需要进行的处理，以使动目标能显示在 PPI 上或送至目标自动提取器。A/D 输出的同相和正交分量存储于 PRI 存储器中，并与前一个发射脉冲的 A/D 输出相减。这种实现方法代表了最基本的两脉冲 MTI 对消器，以一个 FIR 滤波器的形式实现。如 2.8 节中讨论的一样，实际雷达中使用的 MTI 对消器是高阶滤波器，有时采用 IIR 滤波器实现。

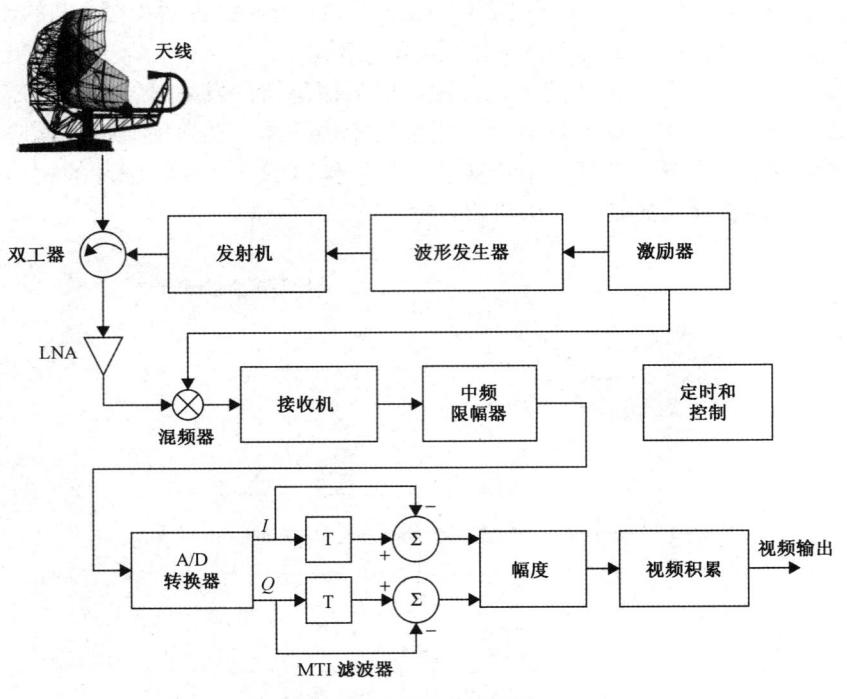

图 2.3　MTI 系统框图

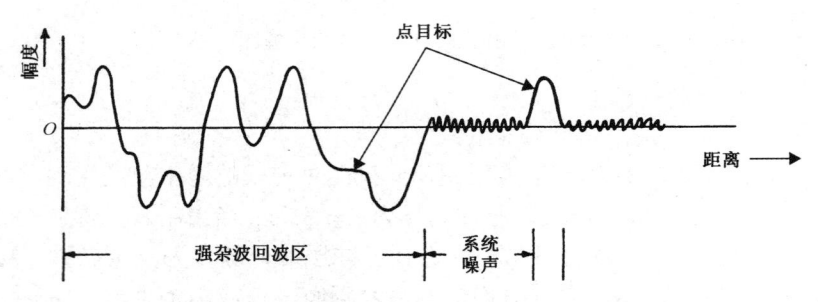

图 2.4　双极性视频信号（从单个发射脉冲来的回波）

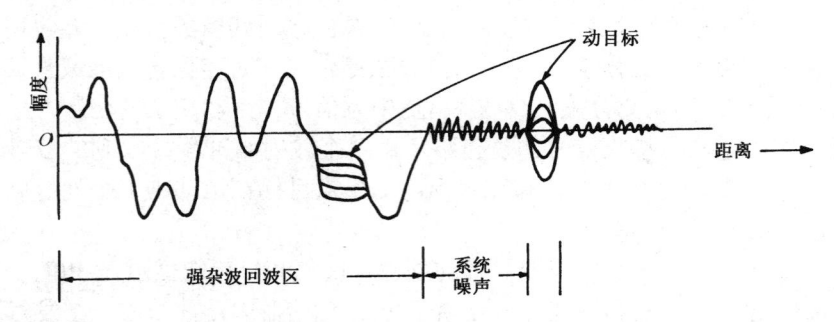

图 2.5　双极性视频信号（从接续的多个发射脉冲来的回波）

减法器的输出还是一个双极性信号，其中包含动目标、系统噪声和少量杂波残留（如果杂波对消不完全的话）。然后计算同相和正交信号的大小（$\sqrt{I^2+Q^2}$），并通过 D/A 转换为模拟视频在 PPI 上显示。数字信号也可以送至自动目标检测电路。PPI 的动态范围（信号峰值与噪声均方根值之比）限制在 20dB 左右。

MTI 雷达系统抑制静止杂波的关键特性来自相继发射脉冲回波信号的相位不发生大的变化，在后来复杂的雷达系统当中，有时这一点会被忽略。静止杂波只要有少到两个回波脉冲就可以通过上面描述的相减处理被消除，甚至在每个发射脉冲有频率调制或其他调制时也是这样，只要调制在脉冲之间是相同的。这里想要说明的是 MTI 系统工作不依赖于目标与杂波之间的频率分辨。提供频率分辨需要长得多的目标照射时间，而不是间隔一个 PRI 的两个脉冲。这么长的照射时间是下面将要介绍的动目标检测（MTD）的基本特征之一。

动目标检测器（MTD）方框图

20 世纪 70 年代中期数字信号处理技术的进步，第一次让提高传统的 MTI 性能可以实现：（1）安装一组并行的 FIR 滤波器以提高输出信杂比；（2）取消过去使用的中频限幅器，代之以高分辨率杂波图以进行有效的虚警率控制。尽管这些方案在多年前就曾使用速度指示相干积累（VICI）[1]或用相干记忆滤波器（CMF）[2, 54]实现多普勒滤波器组，以及用存储管或磁鼓存储器实现杂波图尝试过，但正是 MIT 林肯实验室的改进机场监视雷达的工作导致了第一个现在称为动目标检测（MTD）雷达的工作的例子[3, 4]。这种方法的理论和期望益处已在 1972 年的两份报告中描述[5]，它们提供了理解和实际实现 MTD 概念的数学基础。

使用第二代 MTD II 处理器取代三脉冲 MTI 处理器后，ASR-7 机场监视雷达预计的杂波中可见度改善如图 2.6 所示。

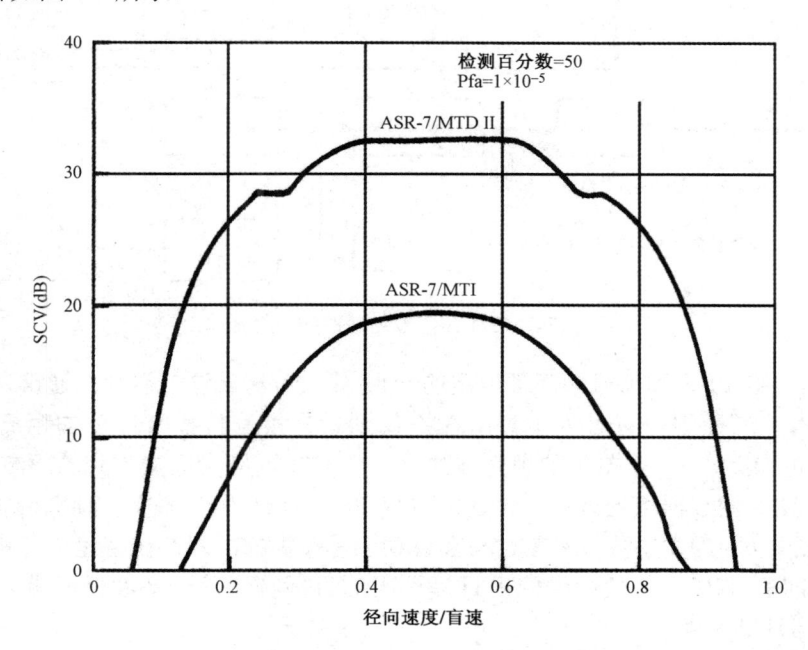

图 2.6　三脉冲 MTI 和 MTD II 杂波中可见度的比较

一部分改善是由于采用了 8 脉冲多普勒滤波器来代替仅有 3 脉冲的 MTI 对消器；另一部

分改善是允许 MTD 处理器有更大的动态范围，以及依靠杂波图在杂波电平超过雷达最大杂波抑制能力的地方抑制杂波残留。

MTD II 信号处理器的方框图如图 2.7 所示。提供了并行处理通道，一路通过 2 脉冲 MTI 对消器和 7 脉冲多普勒滤波器组处理动目标；一路通过零速滤波器处理静止目标（"零多普勒"）。利用"零速滤波器"的输出建立一个高分辨率的杂波图，杂波图的值被用来设定两个处理通道的门限。在动目标通道中，由杂波图获得的门限按期望的杂波衰减比例下降。除用杂波图建立的门限之外，传统的用恒虚警率建立的门限也用来抑制动杂波（雨）和干扰。检测输出，称为**初始目标输出**，在每个单独的处理间隔 CPI，经过这样的处理后获得。图 2.8 所示为生成凝聚目标报告和处理这些目标报告得到的航迹输出显示在空中交通管制系统上所需要的附加处理。

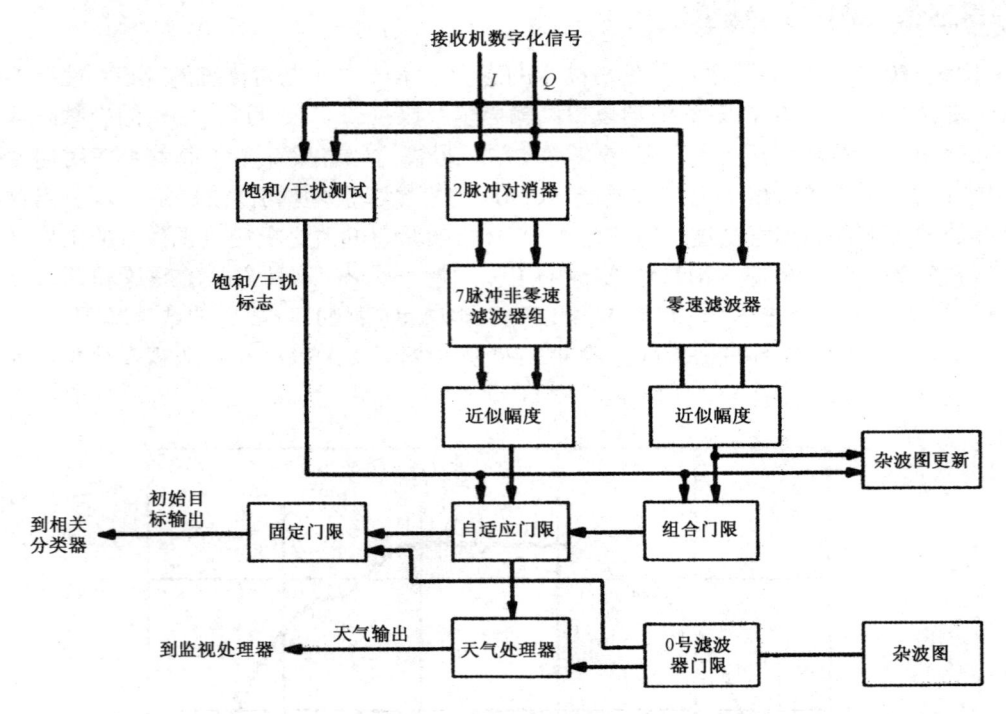

图 2.7 MTD II 信号处理器的方框图

MTD 雷达发射 PRF 和信号频率都恒定的一组 N 个脉冲。这一组脉冲通常称为一个**相关处理间隔（CPI）**或**脉组**。有时为了抑制在不规则（异常）传播时出现的距离模糊杂波回波，在 CPI 内也加上 1~2 个附加的填充脉冲。一个 CPI 间隔期间接收到的回波经 N 脉冲有限冲激响应（FIR）滤波器组处理后，雷达可改变 PRF 和/或射频（RF）频率再发射另一 CPI 间隔的 N 个脉冲。因为大多数搜索雷达在多普勒上是模糊的，即存在盲速，若相邻的相干驻留期间采用不同的 PRF，将使相继照射目标期间的目标响应落于滤波器通带内的不同频率上，从而消除盲速的影响。

每个多普勒滤波器都设计在不重叠的多普勒频带中能对目标响应，并且可抑制掉其他多普勒频率上的杂波源。这种方法使每个多普勒滤波器中的相干信号积累最大，与单个 MTI 滤波器相比，可在更宽的多普勒频率范围内实现杂波衰减。因此，一个或多个杂波滤波器能抑制不同多普勒频率上的多个杂波源。图 2.9 是用 MTD 多普勒滤波器组抑制同时存在的地杂波和气象杂波（W_x）的一个实例。从图中可看出，滤波器 3 和 4 能明显抑制这两个杂波。

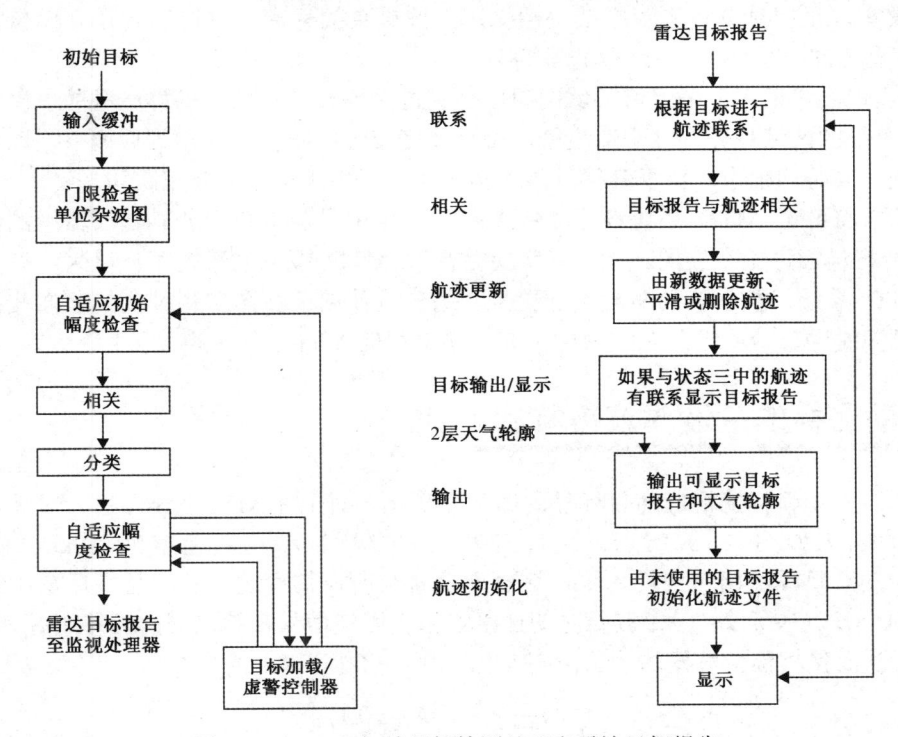

图 2.8　MTD II 初始目标检测处理和雷达目标报告

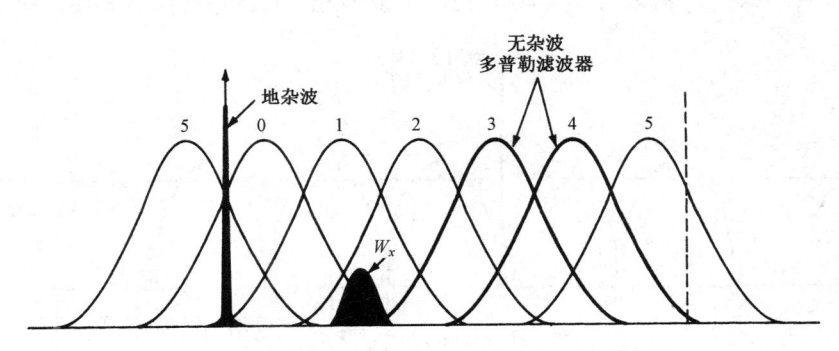

图 2.9　使用多普勒滤波器组对多个杂波源抑制

每个多普勒滤波器的输出经包络检波，再经一个单元平均恒虚警处理器处理，从而可抑制掉滤波器不能完全滤除的由距离扩展产生的杂波剩余。

如本章后面所述的那样，常规的 MTI 检测系统输出的杂波剩余是否能降低到接收机噪声电平或更小，取决于雷达接收机中频部分精心控制的动态范围。但有限的动态范围却有不良后果，即导致附加的杂波谱扩展，从而降低杂波抑制能力。

在 MTD 中，在多普勒滤波后，使用一个或多个高分辨率的杂波图将杂波剩余降为接收机噪声电平（或将检测门限提高到杂波剩余电平之上）。这就消除了对中频动态范围进行限制的必要，因此可按 A/D 转换器所能支持的最大值设定中频动态范围。由此，可得到一个有这样一种杂波抑制能力的系统方案，它仅受限于雷达系统稳定度、接收机－处理机的动态范围和杂波的谱宽。采用高分辨率数字杂波图抑制杂波剩余的思想，可追溯到建立模拟式的使用存储管之类的 MTI 系统时人们所做的早期努力。

MTD 实现还包括"……保留区域门限以控制过多虚警，特别是鸟群造成的虚警。每个大约 16 平方英里的区域被分为几个速度带。每个速度带的门限在每次扫描后调整，以获得期望的虚警限制，同时门限也不至于升得过高以至于无法对小飞机建立起跟踪状态。"[4]

随后的节将讨论 MTD 系统设计的特殊问题。2.10 节将讨论多普勒滤波器组的设计和性能，2.15 节将详细讨论杂波图。从林肯实验室开发 MTD 概念的最初工作以来，许多有不同细节的 MTD 系统已从最初的概念发展出来。另外，使用杂波图抑制过度的杂波残留，而不是通过故意限制动态范围控制杂波残留，在许多新型的 MTI 系统中得到采用。

2.3 对动目标的杂波滤波器响应

MTI 系统对动目标的响应随目标径向速度而变化。对上述 MTI 系统而言，对噪声功率增益归一化的响应如图 2.10 所示。由图可知，固定目标和径向速度为±89kn、±178kn、±267kn、…的动目标输出响应均为零。这些速度就是所谓的**盲速**。它们是目标在相邻发射脉冲间移动 0、1/2、1、3/2、…个波长时的速度。这使回波信号在脉冲间的相移刚好为 360°或其整倍数，从而使相位检波器的输出没有变化。盲速可按下式计算。

$$V_B = k\frac{\lambda f_r}{2} \qquad k = \pm 0,1,2,\cdots \tag{2.1}$$

式中，V_B 是盲速，单位为 m/s；λ 是发射波长，单位为 m；f_r 是脉冲重复频率，单位为 Hz。

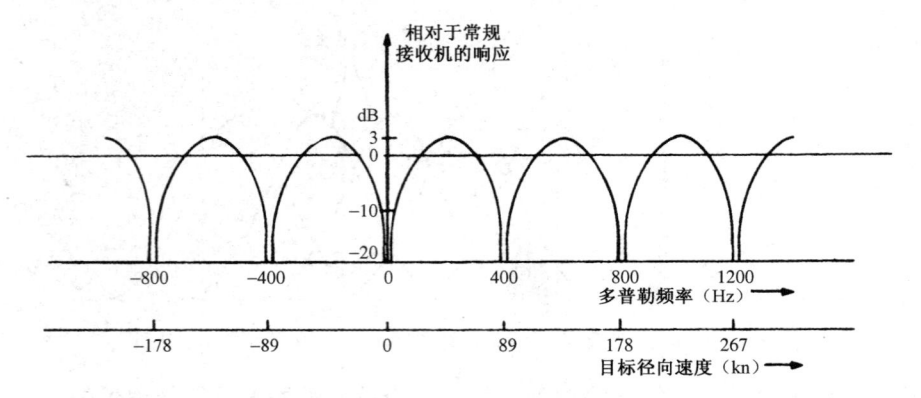

图 2.10 MTI 系统的响应曲线（雷达工作频率为 1300MHz，重复频率为 400Hz）

比较方便的用另一组单位的方程式为

$$V_B(\text{kn}) = k\frac{0.29 f_r}{f_{\text{GHz}}} \qquad k = \pm 0,1,2,\cdots \tag{2.2}$$

式中，f_r 是 PRF，单位为 Hz；f_{GHz} 是发射频率，单位为 GHz。由速度响应曲线可看出，速度在两个盲速中间的目标响应要比常规接收机的响应大一些。

速度响应曲线的横坐标也可标为多普勒频率。目标的多普勒频率可由下式计算。

$$f_d = \frac{2V_R}{\lambda} \tag{2.3}$$

式中，f_d 是多普勒频率，单位为 Hz；V_R 是目标径向速度，单位为 m/s；λ 是发射波长，单位为 m。由图 2.10 可见，系统盲速的多普勒频率出现在 PRF 的整数倍上。

2.4 杂波特性

MTI 或 MTD 雷达要求的杂波抑制依赖于杂波环境特性、特定目标探测要求和雷达主要的设计特性，例如距离和角度分辨率及工作频率。雷达抑制杂波的能力取决于雷达波形、信号处理、可用动态范围和雷达系统的总体稳定性。本节将对雷达杂波的关键特性及其对 MTI 雷达设计的影响进行归纳。

频谱特性

多数文献中对杂波频谱特性的讨论都暗含假设，即雷达发射持续、恒定 PRF 的波形。脉冲发射机发射宽度为 τ 的简单矩形脉冲时，其频谱如图 2.11 所示。包络（$\frac{\sin U}{U}$）的频谱宽度由发射脉冲的宽度确定，第一对零点出现在 $f_0 \pm 1/\tau$ 的频率上，单根谱线按 PRF 间隔隔开。这些谱线正好落在如图 2.10 所示和 MTI 滤波器响应的各个盲速相同的频率上。因此，从理论上讲，用一个对消器就能够完全对消图中所示的这种具有理想频谱线的杂波信号。但实际上，由于杂波的运动（如被风刮动的树木和海面上的波浪）和搜索雷达的天线转动或平台运动，杂波信号的谱线将被展宽。由于这些展宽了的谱线，所以就无法在 MTI 系统中将杂波完全对消。

过去常假设杂波回波具有高斯形功率谱密度，可用标准差 σ_v 和速度均值 m_v（二者单位都是 m/s）[6]来表征。使用高斯模型，图 2.11 中的每根谱线将和下面的谱卷积。

$$S_G(f) = \frac{1}{\sqrt{2\pi}\sigma_f} \exp\left(-\frac{(f-m_f)^2}{2\sigma_f^2}\right) \tag{2.4}$$

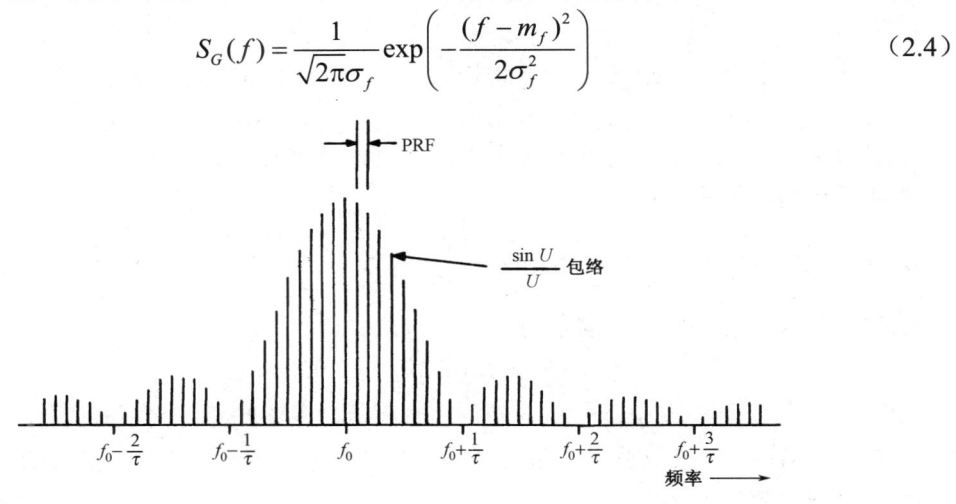

图 2.11 脉冲发射机频谱

这个频谱归一化到具有单位功率，速度参数通过多普勒方程转换为 Hz。

$$m_f = \frac{2m_v}{\lambda}$$

$$\sigma_f = \frac{2\sigma_v}{\lambda} \tag{2.5}$$

式中，λ 是雷达波长。可用谱的 3dB 宽度 B_3 代替标准差 σ_v 来确定功率谱，如下：

$$S_G(f) = \frac{\sqrt{4\ln 2}}{\sqrt{\pi}B_3} \exp\left(-\frac{4(\ln 2)f^2}{B_3^2}\right) \tag{2.6}$$

式中

$$B_3 = \sqrt{8\ln 2}\,\sigma_f = 2.3548\sigma_f \tag{2.7}$$

早期导致对高斯模型[6]的普遍采用的实验结果，是在雷达设备稳定性有限的条件下，谱的形状有时是从平方律检波回波计算的视频频谱推导得出的。

到 20 世纪 70 年代中期，得到了新的实验结果[7, 8]，结果显示频谱比高斯模型下降得慢。这导致基于多项式表示的新频谱模型，使用如下方程：

$$S_{\text{POLY}}(f) = \frac{n\sin\left(\dfrac{\pi}{n}\right)}{\pi B_3} \cdot \frac{1}{1+\left(\dfrac{2|f|}{B_3}\right)^n} \tag{2.8}$$

频谱的外形由整数 n 决定，为使前两个谱矩存在，n 必须大于或等于 4。这个频谱典型的值是 $n=4$，于是得

$$S_{\text{POLY}}(f) = \frac{\sqrt{8}}{\pi B_3} \cdot \frac{1}{1+\left(\dfrac{2|f|}{B_3}\right)^4} \tag{2.9}$$

频谱标准差和其 3dB 宽度的关系由下式给出。

$$B_3 = 2\sigma_f \tag{2.10}$$

这个模型的潜在问题是频谱边缘对应于杂波内部运动非常大的径向速度分量。

在 20 世纪 90 年代，MIT 林肯实验室进行了大量的测量，采用非常稳定的雷达设备获得了地杂波谱更精确的数据，并在有周密控制的条件下采集了数据[9]。这些新的结果导致地杂波谱的指数模型，如下所示。

$$S_{\text{EXP}}(f) = \frac{\ln 2}{B_3} \exp\left(-\frac{2\ln 2}{B_3}|f|\right) \tag{2.11}$$

这里 3dB 谱宽可用标准差表示为

$$B_3 = \sqrt{2}(\ln 2)\sigma_f = 0.9803\sigma_f \tag{2.12}$$

Billingsley[9]使用参数 g、v_c 和 β 分别代表高斯、多项式和指数频谱模型。此外，多项式模型还需要指数 n。选择这些参数是为了简化频谱外形的函数描述。通过频谱宽度（m/s）的标准差，这些参数可定义为

$$g = \frac{1}{2\sigma_v^2} \quad \text{——高斯谱}$$

第 2 章 动目标显示（MTI）雷达

$$v_c = \sqrt{2\ln 2}\,\sigma_v \quad \text{——多项式谱}(n=4) \tag{2.13}$$

$$\beta = \frac{\sqrt{2}}{\sigma_v} \quad \text{——指数谱}$$

假设 $\sigma_v = 0.25\text{m/s}$，这对应于有风的状况，图 2.12 对三种杂波谱进行了比较。Billingsley[9] 指出，三种模型在上面 30~40dB 的范围内符合很好，但在杂波谱密度的低值部分差别很大。

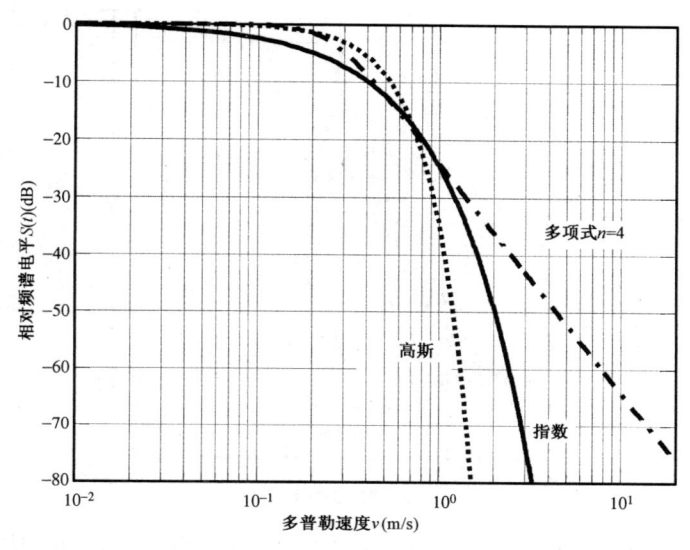

图 2.12 高斯、指数和多项式谱的比较，均方根谱展开 $\sigma_v = 0.25\text{m/s}$

来自森林区域不同风速时地杂波频谱扩展的估计值见表 2.1。表中的值基于 Billingsley 的参数 β，但附加了几列表示对应的均方根频谱扩展（m/s）。一个测量的地杂波谱例子如图 2.13 所示。频谱外形参数 β 的值可估计为频谱上部边缘的斜率（dB/m/s）除以 10/ln10。图中加上了 β 的值。

表 2.1 不同风速时频谱扩展的测量值（J. B. Billingsley © William Andrew Publishing Inc. 2002）

风 条 件	风速 (m/h)	指数 ac 形状参数 β(m/s)$^{-1}$ 典型	最坏情况	均方根频谱宽度 σ_v(m/s) 典型	最坏情况
软风	1~7	12	—	0.12	—
微风	7~15	8	—	0.18	—
大风	15~30	5.7	5.2	0.25	0.27
狂风(est.)	30~60	4.3	3.8	0.33	0.37

由 Billingsley[9] 的数据推算出的地杂波谱展宽的均方根值与之前的研究结果符合得很好。或许可以肯定地说，地杂波谱的多项式模型在 -40dB 以下的频谱值太悲观了，因此雷达在需要分析大的杂波衰减值时应避免使用该模型。

而对指数模型的情况，如 Billingsley 所介绍的，符合得比较好。于是指数模型已被广泛接受作为雷达性能预测最精确的模型。在线性刻度上高斯和指数模型的比较如图 2.14 所示，由图可见二者频谱宽度的差即使在非常低的电平（-80dB）上也不超过 2 倍。对许多分析而言，这相对于由扫描调制引起的附加杂波谱展宽几乎微不足道。因此，许多情况下，简单的高斯模型可继续用于 MTI 和 MTD 的性能分析。在有怀疑的情况时，高斯模型谱展宽可以加倍以估计可获得的余量。

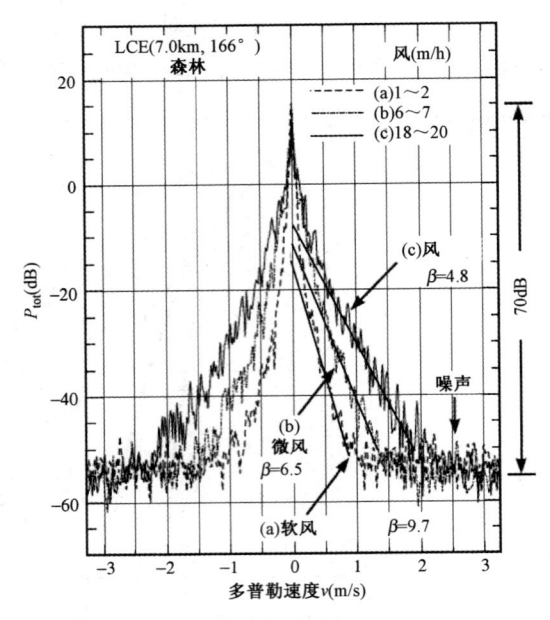

图 2.13 来自森林的杂波频谱的测量值。加上了几种不同的风速和 β 的估计值
(J. B. Billingsley[9] © William Andrew Publishing Inc. 2002）

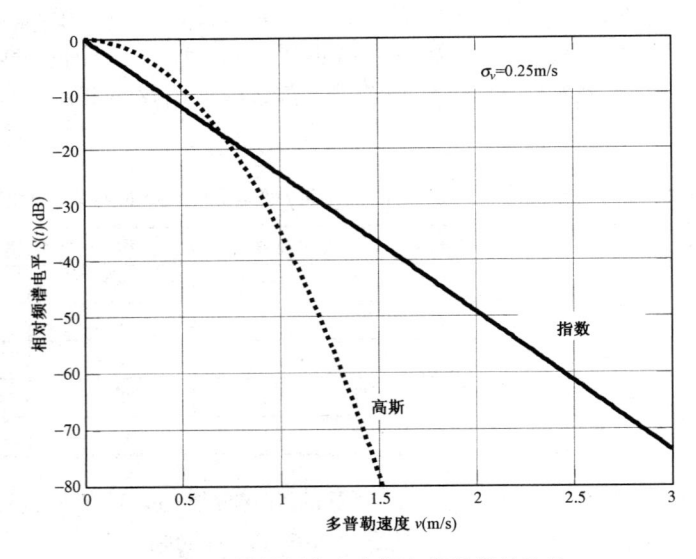

图 2.14 线性刻度上高斯和指数谱的比较

Nathanson 和 Reilly[10]指出，雨的杂波频谱宽度主要是由湍流和风切变（风速随高度而变）引起的。他们的测量结果表明，对湍流而言，其典型平均值 σ_{vt} =1.0m/s，而风切变 σ_{vs} =1.68m/(s/km)。若在垂直波束中充满雨滴时，则表示风切变影响的一个方便的方程是

$\sigma_{vs} = 0.04R\theta_{e1}$m/s。这里，$R$ 是至降雨区的距离（n mile），θ_{e1} 是单程半功率点垂直波束宽度（°）。举例来说，用垂直波束宽度4°，观察距离为25n mile 的降雨区时，雨的$\sigma_{vs}=4.0$m/s，则总的频谱展宽为 $\sigma_v = \sqrt{\sigma_{vt}^2+\sigma_{vs}^2} = \sqrt{1.0^2+4.0^2} = 4.1$m/s。除上述频谱展宽之外，雨及箔条还有一个平均速度，这一点在设计 MTI 系统时是必须考虑的。

以 m/s 表示的杂波频谱宽度与雷达的工作频率无关。杂波功率谱的标准偏差σ_f(Hz)为

$$\sigma_f = \frac{2\sigma_v}{\lambda} \quad \text{Hz} \tag{2.14}$$

式中，λ 是发射波长，单位为 m；σ_v 是杂波的标准偏差，单位为 m/s。

由于双程天线方向图对回波信号的幅度调制[11]，天线扫描也会引起杂波功率谱的展宽，最后杂波标准偏差为

$$\sigma_f = \frac{\sqrt{\ln 2}}{\pi} \cdot \frac{f_r}{n} = 0.265\frac{f_r}{n} \quad \text{Hz} \tag{2.15}$$

式中，f_r 是雷达的脉冲重复频率；n 是在单程天线方向图 3dB 点之间命中目标的脉冲数。这个公式是由高斯波束方向图推导出来的，但它基本上与实际的波束形状或所采用的孔径照射函数无关。

若对 PRF 归一化，则扫描所产生的杂波谱展宽为

$$\sigma_f T = \frac{0.265}{n} \tag{2.16}$$

式中，$T=1/\text{PRF}$，是脉冲周期。

杂波内部运动和天线扫描调制的合成的频谱展宽效应必须由各自频谱的卷积得到。当两种谱都是高斯形时，卷积的结果谱仍为高斯形，标准差为二者标准差平方和的平方根。

通过对高斯谱双边的尾部和指数谱在谱标准差乘以 k 的范围外进行积分，可以得到为达到需要的改善因子 I 所需要的 MTI 凹口宽度的一个大概但保守的估计。图 2.15 是一条这样的曲线，它基于图 2.14 中所示的杂波频谱。尽管这个方法仅对具有阶跃函数通带的理想 MTI 滤波器是严格正确的，但它可作为 MTI 滤波器设计的一个初步向导。

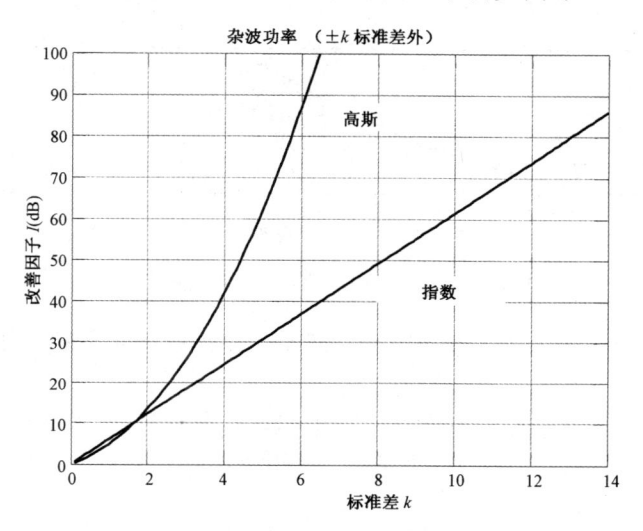

图 2.15 谱双边尾部杂波功率和标准差 k 倍的关系

幅度特性

为了预测 MTI 系统的性能，和目标信号竞争的杂波幅度是应当知道的。杂波幅度取决于雷达分辨单元的大小、雷达工作频率和杂波反射系数。预期的杂波雷达截面积可用反射系数和分辨单元体积（或面积）的乘积来表示。

对于用地面雷达观测的地杂波

$$\bar{\sigma} = A_c \sigma^0 = R\theta_{az}\frac{c\tau}{2}\sigma^0 \tag{2.17}$$

式中，$\bar{\sigma}$ 是雷达平均反射截面积，单位为 m^2；A_c 是被照射到的杂波面积，单位为 m^2；R 是到杂波区的距离，单位为 m；θ_{az} 是单程半功率方位波束宽度，单位为弧度；c 是传播速度，$c=3\times10^8$m/s；τ 是半功率雷达脉冲宽度（匹配滤波器之后），单位为 s；σ^0 是地面的平均反射系数，单位为 m^2/m^2。

对于诸如箔条或雨之类的体杂波，平射截面积为

$$\bar{\sigma} = V_c \eta = R\theta_{az}\theta_{el}H\frac{c\tau}{2}\eta \tag{2.18}$$

式中，V_c 是雷达照射到的杂波体积，单位为 m^3；η 是杂波的反射率系数，单位为 m^2/m^3。体积 V_c 可根据杂波高度 H 的范围（m）、杂波方位角范围 $R\theta_{az}$ 和雷达距离分辨单元 τ 进行计算。若整个垂直波束内都充满了杂波，则 $H=R\theta_{el}$，此处，θ_{el} 是仰角波束宽度，R 是到杂波的距离，单位为 m，c 是传播速度。

应指出，对地杂波而言，从一个分辨单元到下一个分辨单元 σ^0 可能发生明显的变化。根据 Barton[12]，σ^0 的典型分布如图 2.16 所示。从同一参考资料得到的 σ^0 和 η 的典型数据见表 2.2。杂波反射系数更多的内容参见 Billingsley[9]。

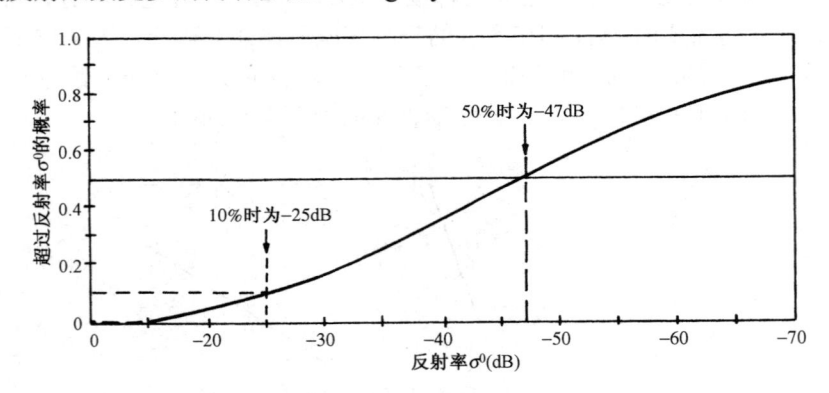

图 2.16　S 波段典型的地面强杂波反射率分布

由于 σ^0 和 η 的估计不够精确，因此这些公式不包括天线波束形状因子。关于雨反射率的测量在雷达气象学专著中有更精确的公式[13]。

除分布式杂波目标外，还有许多表现为点的目标，如无线电天线铁塔、水塔和高层建筑等。这些点目标雷达反射截面积的典型值通常为 $10^3 \sim 10^4 m^2$，典型密度稍后示于图 2.18。该图引自 Billingsley[9]，附加星号的点来自 Ward[14]。

图 2.17（a）是某监视雷达（分辨单元尺寸为 1.3°×2μs）观测到的所有杂波的 PPI 显示

画面。其观测地点是加拿大安大略省的 Lakehead 山区，PPI 距离量程设置为 30n mile。图 2.17（b）所示是超出雷达最小可见信号（MDS）电平 60dB 的杂波。

表 2.2 杂波反射系数的典型数据*

杂 波	反射系数 λ (m) η (m^{-1})	条 件	频带 λ (m)	典型条件下的杂波参数			
				L 0.23	S 0.1	C 0.056	X 0.032
陆地（不包括点杂波）	σ^0=0.00032/λ（最差时为 10%）	……	σ^0dB	−29	−25	−22	−20
点杂波	σ=10^{4}m^2	……	σm^2	10^4	10^4	10^4	10^4
海浪（蒲福风级 K_B，角度 E）	σ^0dB=−64+6K_B+(sin$E$)dB−λdB	4 级海浪（浪高 6 英尺），E=1°	σ^0dB	−51.5	−47.5	−44.5	−42.5
箔条（单位体积质量固定）	η=3×10$^{-8}\lambda$	……	η (m)$^{-1}$	7×10^{-9}	3×10^{-9}	1.7×10^{-9}	10^{-9}
雨（降雨率 r, mm/h）	η=6×10$^{-14}r^{1.6}\lambda^{-4}$（匹配的极化）	r=4mm/h	η (m)$^{-1}$	2×10^{-10}	5×10^{-9}	5×10^{-8}	5×10^{-7}

* 摘自 Barton[12]。

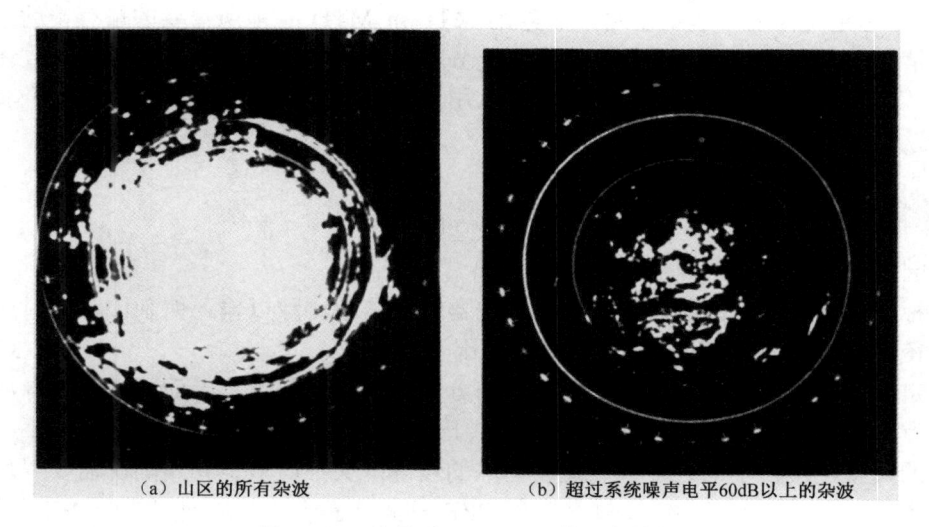

（a）山区的所有杂波　　　　　　　（b）超过系统噪声电平 60dB 以上的杂波

图 2.17　PPI 显示，30n mile 的距离量程

注意图 2.17（b）中的杂波呈斑点状，包括强的固定点状目标回波和连片状目标回波。重要的是这些连片状目标已不再拉得很宽。在 10n mile 处从五点到七点之间的角度内的山正面回波只是一条线。若 MTI 雷达不能将正好在山脉上空飞行的飞机显示出来，则当天线在下一次扫过目标时，由于飞机不是飞近就是飞远，雷达就能将飞机显示出来。这部雷达的平面位置显示器的分辨率达不到其信号处理电路的分辨率，因此，成片杂波就还有很多较弱的区域没有在照片上显示出。而在这些较弱的区域中，由于 MTI 雷达杂波间的可见度（在 2.5 节中定义），雷达还能检测到目标。

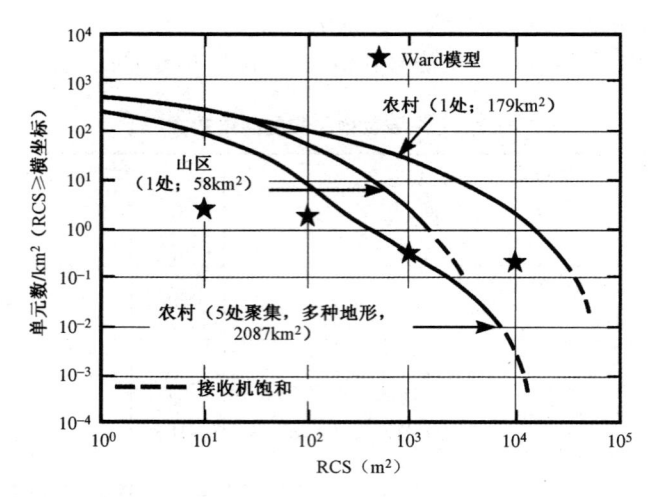

图 2.18 典型点杂波散射体密度（J. B. Billingsley [9]© William Andrew Publishing Inc. 2002）

2.5 定义

IEEE 雷达定义标准[15]提供了对许多量化 MTI 和 MTD 性能所需要的量有帮助的定义，但在有些情况下，原始定义的含糊和没有区分分布式杂波与点杂波性能差异，导致许多术语模棱两可。本节给出了一些主要的定义并尝试用注解澄清一些潜在的模糊。对每个名词引用了 IEEE 定义，并伴有讨论。

改善因子（I）

改善因子的 IEEE 定义：

动目标显示（MTI）改善因子：杂波滤波器输出信杂比除以输入信杂比，并对所关心的全部目标径向速度取平均。同义词：**杂波改善因子**。

这个定义假设杂波在多个距离单元上均匀分布。这种情况下，上面的定义在脉冲压缩前和后同样有效。对点杂波这个定义仅适于脉冲压缩后使用，并可能得到改善因子不同的值。这个定义的真正困难在于缺乏多普勒速度间隔的精确定义，而多普勒间隔在需要"均匀"平均时要用到。起先，这个平均假设包含多个 PRF 间隔，基于传统的使用单个 MTI 滤波器的低 PRF 雷达。由于这个原因，《雷达手册（第二版）》提供的 MTI 改善因子（I）的定义使用多普勒（MTI）滤波器的噪声增益作为归一化因子。现代雷达越来越多地使用多普勒滤波器组，从而导致使用 IEEE 定义时，其中信杂比改善的平均仅在多普勒滤波器峰值响应附近一个窄区域内进行。此时，多普勒滤波器的相干积累增益自动加到传统 MTI 改善因子的值上，预示更好的雷达性能。

因为时常需要杂波抑制的定义，以量化雷达固有的稳定性的极限，除了任何附加的相干增益之外，有时使用 IEEE 杂波衰减的定义更可取。本章中，**改善因子**和**杂波衰减**将会同义地使用。当包括多普勒滤波器的相干增益时，将使用术语**"信杂比改善"**。

杂波衰减

杂波衰减的 IEEE 定义：

杂波衰减（CA）：在动目标显示（MTI）或多普勒雷达中，处理器输入信杂比与输出信杂比的比。注意：在 MTI 中，将会得到一个单独的 CA 值，而在多普勒雷达中，CA 值将随着不同目标的多普勒滤波器变化。在 MTI 中，如果目标在速度上均匀分布，CA 将等于 MTI 改善因子。参见 MTI 改善因子。

这里，假设"处理器"指 MTI 滤波器或多普勒滤波器组中的一个单独的多普勒滤波器。基于这个定义，杂波衰减为

$$CA = \frac{P_{CIN}}{P_{COUT}} \cdot \frac{P_{NOUT}}{P_{NIN}} \tag{2.19}$$

式中，P_{CIN} 和 P_{COUT} 是 MTI 滤波器输入和输出杂波功率；相应的，P_{NIN} 和 P_{NOUT} 是相应的噪声功率。如 IEEE 定义中指出的一样，CA 的值非常可能由于与具体杂波和滤波器响应特性会在多普勒滤波器组中的滤波器至滤波器之间变化。

在上面的讨论中，暗含了假设杂波回波是平稳的并在距离上是分布的。上面的定义在脉冲压缩前后都有效。对单个点杂波，如同在实际雷达稳定性测量中常用到的一样，杂波衰减的定义为了得到相同结果必须做以下改变：

杂波衰减（CA），点杂波：在动目标显示（MTI）或多普勒雷达中，处理器输入端接收的点杂波的总能量与输出端点杂波残留总能量的比，乘以处理器噪声增益。

基于这个定义的点杂波的杂波衰减在脉冲压缩前后也与有相同频谱特性的分布式杂波获得的 CA 值相等。

对单个点杂波（如角反射器）CA 的实际测量，按上面的定义，总能量必须在每个多普勒滤波器的输入和输出端进行积累。能量的计算最好在脉冲压缩之前进行，因为未压缩脉冲的精确脉宽已知，因此积分窗口精确已知。如果在脉冲压缩之后进行，能量积分的不确定性可能会由于脉冲压缩滤波器的暂态响应而出现。

信杂比（SCR）改善（I_{SCR}）

对于使用多个多普勒滤波器的系统，如 MTD，每个多普勒滤波器也有一个相干增益 $G_C(f)$，在滤波器峰值处有值 G_{Cmax}。由于单个目标回波相干叠加，因此多普勒滤波器的相干增益等于滤波器输入端和输出端信号-热噪声比的增量。同样的，相干增益值会在滤波器之间因为潜在的多普勒滤波器特性差异而不同。这些相干增益的值包括滤波器的失配损耗，但不包括相邻滤波器的跨接损耗。第 i 个滤波器的杂波衰减 CA_i 和相干增益 $G_{Cmax,i}$ 的乘积，成为信杂比（SCR）改善的定义：

$$I_{SCR,i} = CA_i G_{Cmax,i} \tag{2.20}$$

在 **IEEE 词典**中[15]没有这个词条，但通常使用下列定义：

信杂比改善（I_{SCR}）：多普勒滤波器组输出信杂比与输入信杂比的比，作为目标多普勒频率的函数计算。

这个定义不包括单个滤波器上的任何多普勒平均，也不为雷达多普勒处理器提供单个品质因素，因为每个滤波器可能有不同的杂波衰减和相干增益值。

由于每个多普勒滤波器具有作为目标多普勒频率函数的相干增益,信杂比改善的平均值可通过对所有滤波器在其对应的目标多普勒频率范围上平均而确定:

$$\bar{I}_{\text{SCR}} = \frac{1}{f_N - f_0} \left[\int_{f_0}^{f_1} \text{CA}_0 G_{C,0}(f) \text{d}f + \int_{f_1}^{f_2} \text{CA}_1 G_{C,1}(f) \text{d}f + \cdots + \int_{f_{N-1}}^{f_N} \text{CA}_{N-1} G_{C,N-1}(f) \text{d}f \right] \quad (2.21)$$

具体的频率可符合逻辑地选为单个多普勒滤波器之间的交叉点频率。这种计算此时包括目标多普勒跨接损耗效应并代表多普勒处理器的单一品质因素。为简化计算,**平均信杂比改善**可定义为有限项和式:

$$\bar{I}_{\text{SCR}} = \frac{1}{N} \sum_{i=0}^{N-1} \text{CA}_i G_{C\max,i} \quad (2.22)$$

上式中需要加上多普勒跨接损耗。

杂波中可见度(SCV)

IEEE 对杂波中可见度的定义:

杂波中可见度:在指定的探测概率和虚警概率下,目标回波功率可以比同时检测到的杂波功率小但仍能被检测时的两种功率之比。注意:目标功率和杂波功率是对单个脉冲回波测量的,并且假设所有目标的径向速度都同样可能。

雷达系统的杂波中可见度(SCV)是衡量雷达能检测叠加在杂波信号上的动目标的能力的一种度量。杂波中可见度为 20dB 的雷达可从比目标回波信号强 100 倍的杂波中检测出飞行的目标。注意上面的定义暗含有以下假设,即信号和杂波都在脉冲压缩之后观测。两部雷达的 SCV 不能在相同的工作环境中进行性能比较,因为每部雷达的目标杂波比与雷达的分辨单元的大小成比例,而且还可以是雷达工作频率的函数。因此,在一个分布式杂波环境中,要得到相同的检测性能,则脉冲宽度为 10μs、波束宽度为 10°雷达的杂波中可见度就需要比脉冲宽度为 1μs、波束宽度为 1°雷达的杂波中可见度大 20dB。

当用 dB 表示时,雷达的杂波中可见度则要比改善因子小一个杂波可见度因子 V_{oc}(见下面的定义)。

杂波间可见度(ICV)

IEEE 对杂波间可见度的定义:

杂波间可见度:雷达检测出现在强杂波之间的分辨单元中的动目标的能力;通常用于动目标显示(MTI)或脉冲多普勒雷达。注意:雷达距离和/或角度分辨率越高,杂波间可见度越好。

雷达的杂波间可见度(ICV)是依靠雷达分辨强杂波区和弱杂波区的能力在强点状杂波之间检测目标的能力的一种度量。一部高分辨率的雷达,即使杂波中可见度较低(基于平均杂波),仍可在强的杂波点间得到一些可利用的区域,在这些区域内目标杂波比足以进行目标检测。为了获得杂波间可见度,雷达就必须配备具有 CFAR 功能的装置来对付强杂波剩余。老式的 MTI 系统采用中频限幅来实现 CFAR 处理,而 MTD 系统则采用高分辨率杂波图来实现。杂波间可见度的定量定义还没有数学表达。

滤波器失配损耗

IEEE 对滤波器失配损耗的定义：

滤波器失配损耗：滤波器输出信噪比相对于匹配滤波器输出信噪比的损耗。

假设所有的脉冲幅度相等，则 N 脉冲滤波器可获得的最大信噪比是单个脉冲信噪比的 N 倍。当加权用于抑制杂波和控制滤波器的副瓣时，最大输出信噪比将降低。滤波器失配损耗就是滤波器组采用加权后所引起的最大输出信噪比的下降量。采用二项式加权的 3 脉冲 MTI 滤波器，滤波器失配损耗为 0.51dB，而采用二项式加权的 4 脉冲对消器的失配损耗则等于 0.97dB。

杂波可见度因子（V_{oc}）

IEEE 对杂波可见度因子的定义：

杂波可见度因子：在自动检测电路中，对给定虚警概率，能提供规定探测概率的检波前信杂比。

注意：在 MTI 系统中，是对消后或多普勒滤波后的信杂比。

杂波可见度因子是目标信号必须超过杂波剩余的比值，以便目标检测能在不出现导致虚警的杂波剩余情况下进行。系统必须提供一个门限，目标回波将超过门限，而杂波剩余则低于该门限。

2.6 改善因子的计算

若采用 Barton 的方法[17]，则对于有限冲激响应、二项式加权的 MTI 对消器不同的实现方法（见 2.8 节），以具有高斯形频谱、零均值杂波为背景的最大改善因子 I 为

$$I_1 \approx 2\left(\frac{f_r}{2\pi\sigma_f}\right)^2 \tag{2.23}$$

$$I_2 \approx 2\left(\frac{f_r}{2\pi\sigma_f}\right)^4 \tag{2.24}$$

$$I_3 \approx 2\left(\frac{f_r}{2\pi\sigma_f}\right)^6 \tag{2.25}$$

式中，I_1 是单路延迟相干对消器的 MTI 改善因子；I_2 是双路延迟相干对消器的 MTI 改善因子；I_3 是三路延迟相干对消器的 MTI 改善因子；σ_f 是高斯杂波功率谱的均方根频率扩展，单位为 Hz；f_r 是雷达的重复频率，单位为 Hz。若将用于扫描调制的 σ_f 值 [见方程（2.15）] 代入上述 I 的计算公式，就得到扫描调制对 I 所产生的限制，即

$$I_1 \approx \frac{n^2}{1.39} \tag{2.26}$$

$$I_2 \approx \frac{n^4}{3.84} \tag{2.27}$$

$$I_3 \approx \frac{n^6}{16.0} \tag{2.28}$$

这些关系如图 2.19 所示。上述推导假设系统为线性系统，也就是说，假设天线扫过点目标时，回波信号的电压包络与天线的双程电压方向图完全一致。正如 2.11 节中所论述的那样，对某些在波束宽度内照射目标次数比较少的 MTI 系统，这种线性系统的假设可能是不现实的。

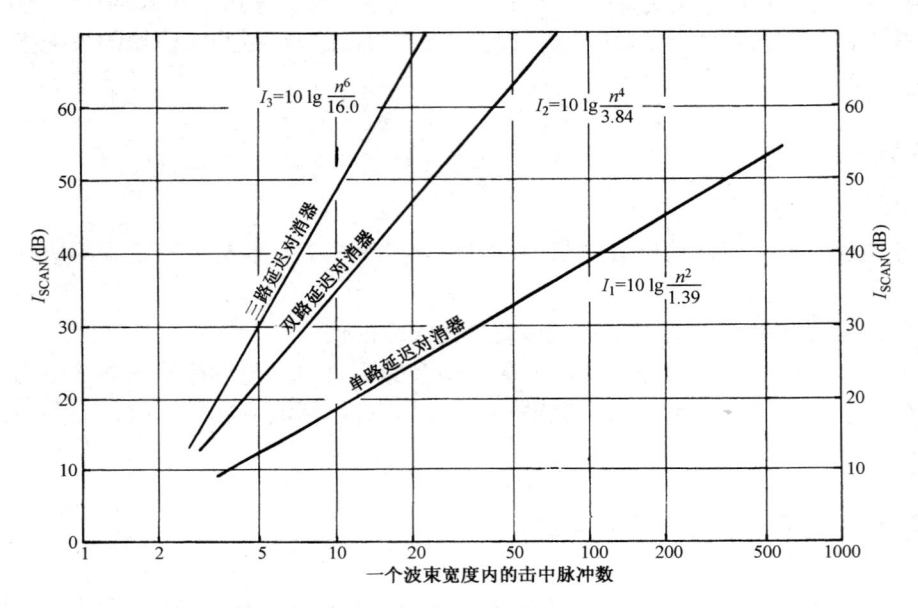

图 2.19　有扫描调制时，MTI 理论上的改善因子；高斯形状的天线方向图
（n 为在单程半功率波束宽度内的脉冲数）

扫描限制不适用于步进扫描的雷达，如相控阵雷达。但要指出的是在滤波器得到有用信号输出之前，雷达必须发射足够多的脉冲来初始化滤波器。例如，对 3 脉冲二项式加权对消器，前两个发射脉冲用于初始化对消器，直到第 3 个脉冲发射后才能得到有用的输出信号。反馈或无限冲激响应（IIR）滤波器由于暂态稳定下来的时间过长，不能用于步进扫描式雷达。

将适当的 σ_f 值代入式（2.23）～式（2.25），可求出由于杂波内部起伏对改善因子 I 的限制。若令 $\sigma_f = 2\sigma_v/\lambda$，其中 σ_v 为杂波的均方根速度扩展，则对不同类型的杂波，I 的限制可作为波长 λ 和脉冲重复频率 f_r 的函数而画成曲线。对单路、双路和三路延迟的二项式加权的对消器，这些曲线如图 2.20～图 2.22 所示。图中所给出的 V_B 值是雷达的第一盲速（或假如在不使用重复频率参差时，某参差重复频率系统的第一盲速 V_B），显示的降雨和箔条的改善因子是在假设降雨和箔条的平均速度已得到补偿的条件下得出的，因而回波信号正好处在对消器抑制凹口的中心。若不补偿，则 MTI 就不可能或几乎不可能对降雨和箔条的抑制有任何的改善。

另外两种进一步对改善因子 I 的限制是脉冲之间的重复频率参差及因扫描和杂波内部运动导致的杂波谱扩展的影响。这两种限制值已画在图 2.23 和图 2.24 中，曲线适用于所有的对消器，无论是单路还是多路的（关于这两种限制值的推导和用时变加权函数来加以避免的方法参见 2.8 节中的"参差设计方法"）。

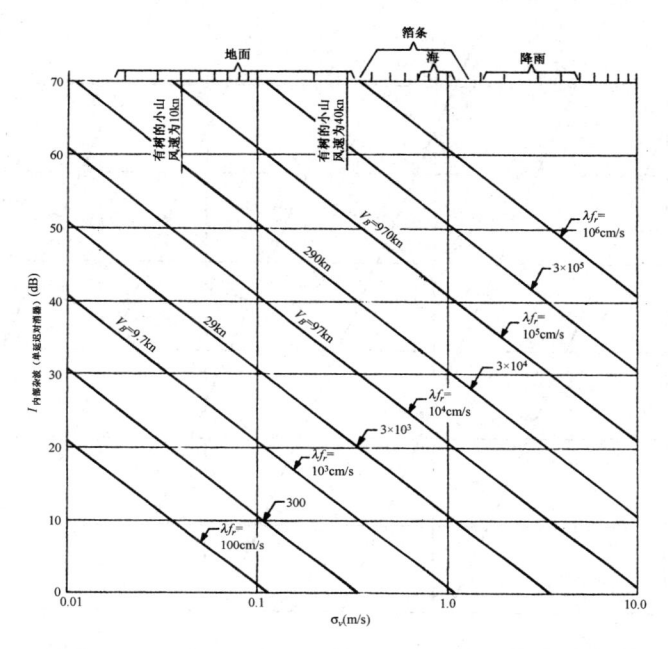

图 2.20　用双脉冲二项式加权对消器时 MTI 改善因子与杂波均方根速度扩展的关系

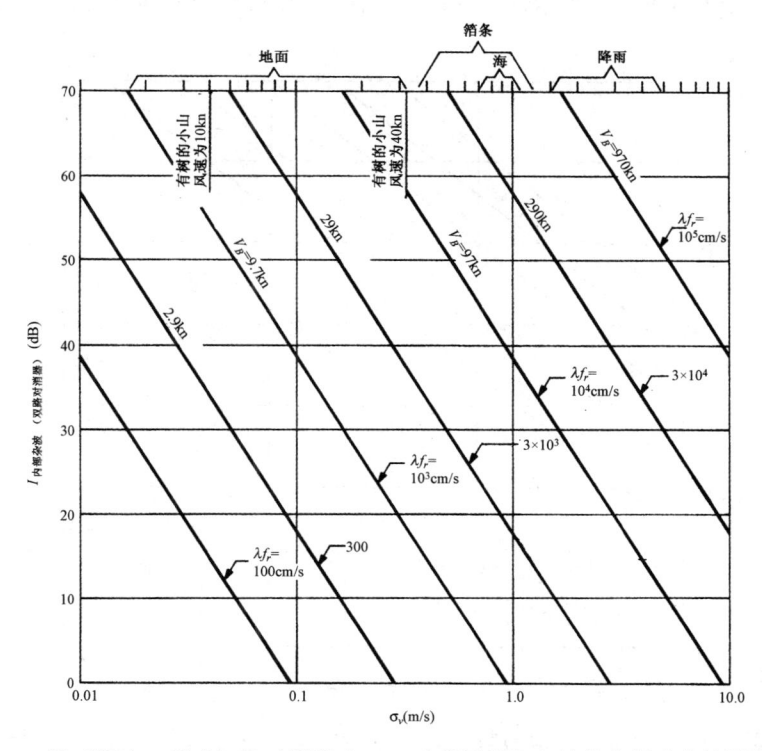

图 2.21　用三脉冲二项式加权对消器时 MTI 改善因子与杂波均方根速度扩展的关系

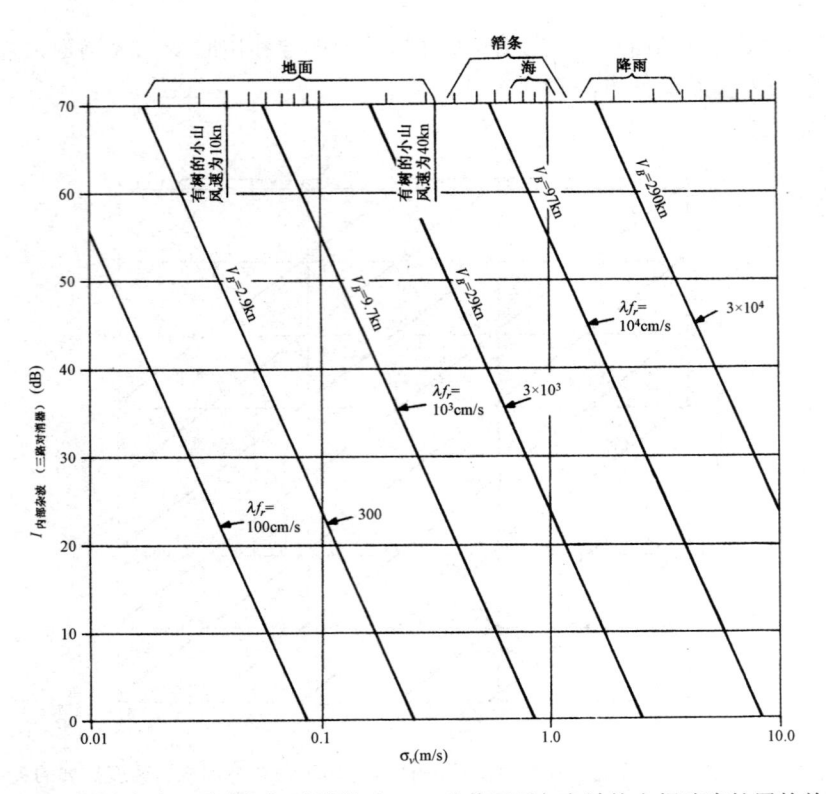

图 2.22 用四脉冲二项式加权对消器时 MTI 改善因子与杂波均方根速度扩展的关系

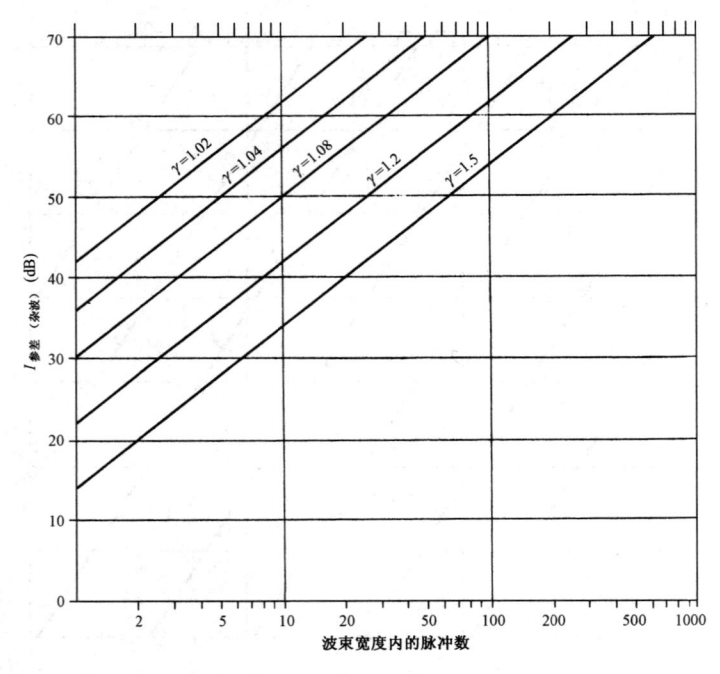

图 2.23 由于脉冲之间重复周期参差和扫描的影响，MTI 改善因子的近似限制值
$I(\mathrm{dB})=20\lg[2.5n/(\gamma-1)]$，$\gamma$=最大周期/最小周期（适用于所有对消器）

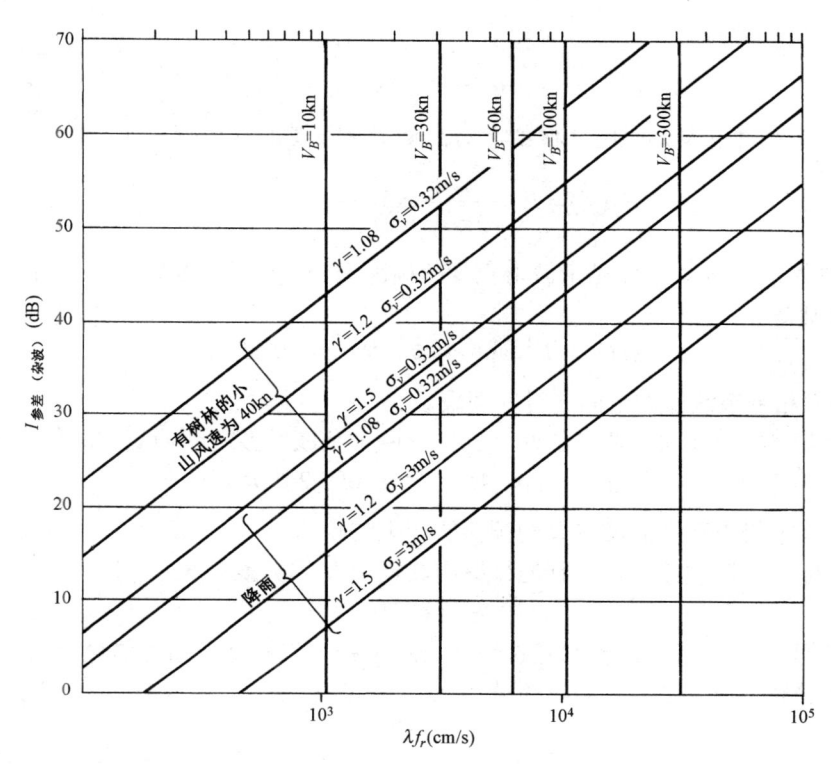

图 2.24 由于脉冲之间重复周期参差和杂波内部运动的影响，MTI 改善因子的近似限制值
$I(dB)=20\lg[0.33/(\lambda-1)(\gamma f_r/\sigma_v)]$，$\gamma$=最大周期/最小周期（适用于所有对消器）

2.7 杂波滤波器的最优设计

在高斯噪声中检测信号的统计理论提供了雷达杂波滤波器最优设计的基础。这些理论上的结果对实际的 MTI 或 MTD 系统的设计者是非常重要的，重要性在于它们建立了在精确规定的杂波背景下系统所能达到的检测性能的上限。但是必须指出，由于实际杂波回波特性（功率电平、多普勒频移、频谱形状、频谱宽度等）的易变性，任何系统若想真正接近在杂波中检测目标的最佳滤波器的性能，都必须采用自适应方法。自适应方法必须估计未知杂波的统计特性，然后再实现相应的最佳滤波器。这种自适应 MTI 系统的一个例子参见 2.14 节。

对于几微秒宽的单个雷达脉冲，由于飞行目标运动产生的多普勒频移仅是信号带宽很小的一部分，因而不能采用常规的 MTI 和脉冲多普勒处理。众所周知，经典的单个脉冲"匹配"滤波器可实现白噪声背景下雷达的最佳检测性能。对于具有与雷达发射脉冲相同频谱的杂波回波来说，匹配滤波器不再是最佳的，就是设计了一个经过改进的最优滤波器，对输出信杂比的改善通常也是很小的。

当雷达发射信号的宽度（无论是连续波 CW 还是 N 个相同的重复脉冲串）与预期目标多普勒频移的倒数相当或更大时，传统的白噪声匹配滤波器（或相干积累器）和对抑制伴随噪声优化的滤波器之间的差异变得显著。杂波的特性可用 N 个杂波回波的协方差矩阵 $\boldsymbol{\Phi}_C$ 来表征。如果杂波的功率谱用 $S_C(f)$ 表示，则相应的自相关函数为 $R_C(t_i-t_j)$，于是 $\boldsymbol{\Phi}_C$ 的元素

可表示为

$$\Phi_{ij} = R_C(t_i - t_j) \tag{2.29}$$

式中，t_i 是第 i 个脉冲的发射时间。例如，对高斯形杂波谱而言，有

$$S_C(f) = P_C \frac{1}{\sqrt{2\pi}\sigma_f} \exp\left[-\frac{(f-f_d)^2}{2\sigma_f^2}\right] \tag{2.30}$$

式中，P_C 是总的杂波功率；σ_f 是杂波谱宽度的标准偏差；f_d 是杂波的平均多普勒频移。相应的自相关函数则是

$$R_C(\tau) = P_C \exp(-4\pi\sigma_f^2\tau^2)\exp(-j2\pi f_d \tau) \tag{2.31}$$

式中，τ 是两个相继杂波回波之间的时间间隔。

对于时间上分离为脉间周期 T 的两个脉冲，两个杂波回波之间的复相关系数是

$$\rho_T = \exp(-4\pi\sigma_f^2 T^2)\exp(-j2\pi f_d T) \tag{2.32}$$

式中，第二个因子代表杂波回波多普勒频移所产生的相移。

对已知目标多普勒频移，接收到的目标回波能用 N 维矢量来表示。

$$s = A_S \cdot f \tag{2.33}$$

式中，A_S 是信号幅度，而矢量 f 的元素为 $f_i = \exp[j2\pi f_s t_i]$。根据上面的信号和杂波的描述，已证明[18]最佳多普勒滤波器的权系数由下式给出。

$$w_{\text{opt}} = \Phi_C^{-1} s \tag{2.34}$$

相应的信杂比改善为

$$I_{\text{SCR}} = \frac{w_{\text{opt}}^T s \cdot s^{T*} w_{\text{opt}}^*}{w_{\text{opt}}^T \Phi_C w_{\text{opt}}^*} \tag{2.35}$$

式中，星号表示复数共轭；上标 T 是转置算子。例如，对于具有高斯形频谱且归一化宽度 $\sigma_f T = 0.1$ 的零多普勒杂波，所确定的最佳滤波性能如图 2.25 所示。这个例子假设相干处理间隔（CPI）等于 9 个脉冲，通过设定杂波电平高于噪声电平 100dB，忽略了由于热噪声对系统产生的限制。

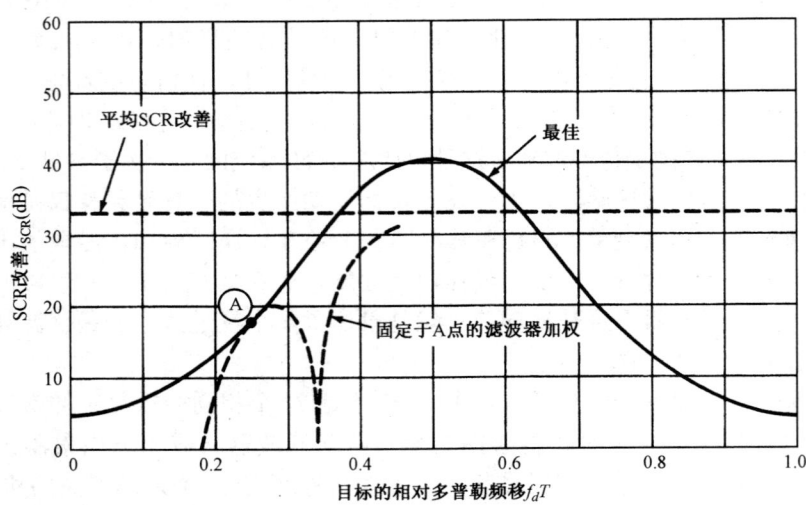

图 2.25 高斯形杂波谱和 CPI 为 9 个脉冲时，最佳的信杂比改善（I_{SCR}）（设杂噪比为 100dB）

必须牢记，最佳加权的式（2.34）对每个不同的目标多普勒频移所产生的结果是不同的，因而即便在杂波特性精确已知的条件下，也需要大量的并行滤波器来逼近最佳性能。例如，对如图 2.25 所示的标示为 A 点的一个特定的目标多普勒频率所设计的最佳滤波器响应如图中虚线所示。在距设计的多普勒频率约±5%处，其性能开始明显低于最佳性能。

图 2.25 还画出了一根标明为"平均信杂比改善"的水平线，它表示跨越一个多普勒间隔的最佳信杂比曲线所对应的平均电平，也可看作多重滤波器多普勒处理器的一个品质因素，这有些类似于对单个多普勒滤波器所定义的 MTI 改善因子。在图 2.26 中，计算出了几个不同 CPI 值情况下的最佳平均 I_{SCR}，它是归一化频谱宽度的函数。这些结果可作为在 2.9 节中所讨论的实际多普勒处理器设计的参考。注意，若 $\sigma_f T \approx 1$，则平均信杂比改善仅是由于 CPI 间隔内所有脉冲的相干积累的结果。

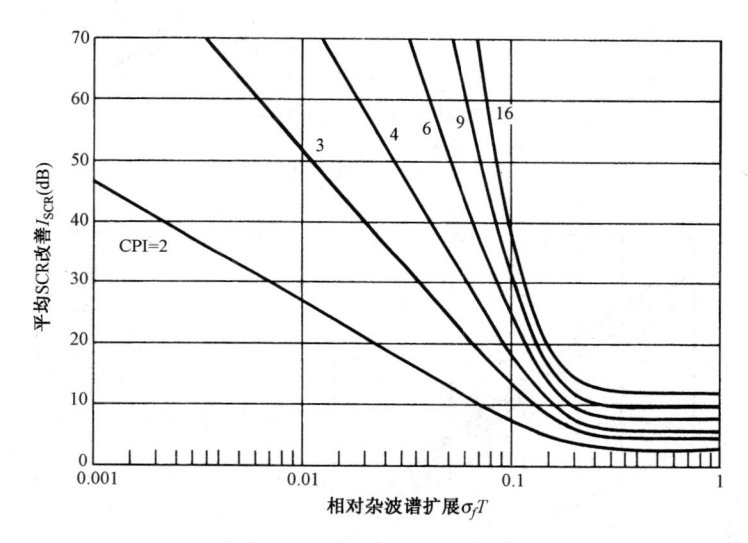

图 2.26　高斯形杂波谱情况下最佳 SCR 改善平均值的参考曲线

MTI 滤波器也可以根据以下准则设计，即在特定的目标多普勒上使信杂比改善最大化。然而，这种设计常常使它在其他目标多普勒上的性能为次佳。唯一的例外是双脉冲 MTI 对消器[19]，它对所有目标多普勒提供最佳性能。

设计最佳 MTI 滤波器的一个更具吸引力的途径是最大化其改善因子（或杂波衰减）。用改善因子作为准则来设计最佳 MTI 滤波器的起点是由式（2.29）给出的杂波回波协方差矩阵。正如 Capon[20]所证明的，最佳 MTI 的权系数是对应杂波协方差矩阵的最小特征值的特征向量，并且 MTI 改善因子等于最小特征值的倒数。2.4 节中介绍的三种地杂波频谱模型的最佳改善因子就是通过这种途径计算的。

对高斯形杂波谱，最佳改善因子如图 2.27 所示，它是均方根相对频谱宽的函数，并假设了谱具有零均值。示出了对 N 为 2～32 阶对消器的计算结果。

对于多项式杂波谱，最佳改善因子如图 2.28 所示，仍然是均方根相对频谱宽的函数，并假设谱具有零均值。

最后，对于指数杂波谱模型，最佳改善因子如图 2.29 所示，同样作为均方根相对频谱宽的函数，假设谱具有零均值。

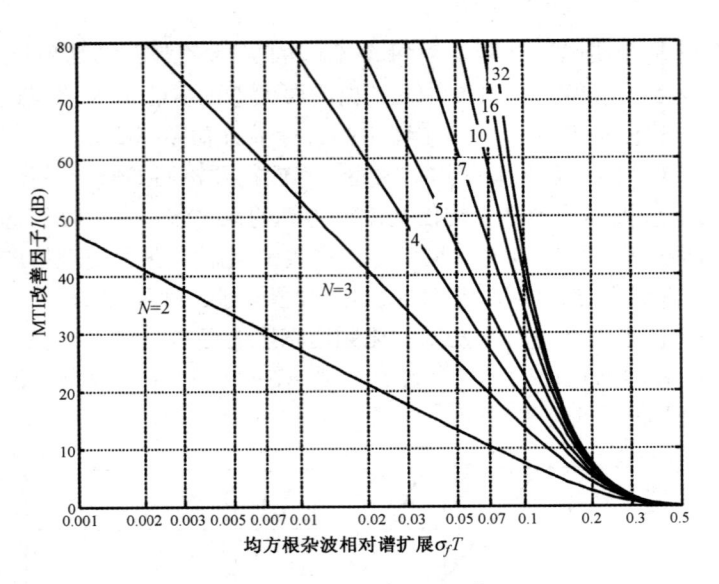

图 2.27 高斯谱模型最佳改善因子

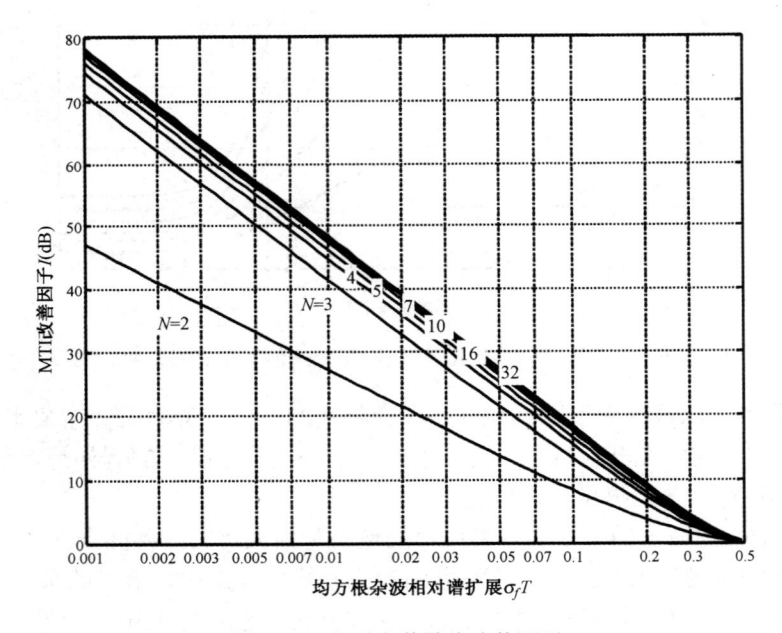

图 2.28 多项式谱最佳改善因子

图 2.30 是对不同相对杂波谱扩展的各种不同数值，采用最佳加权与采用二项式系数加权两种情况下的 MTI 改善因子的比较，示出的改善因子是 CPI 间隔内脉冲数的函数。这些结果同样是在假设杂波具有高斯形频谱的条件下获得的。对于 MTI 中脉冲数的典型值（3~5）而言，二项式系数具有极好的"鲁棒性（robust）"，并且它的性能与最佳性能的差别在几分贝以内。还必须强调的是，任何实现在性能上逼近最佳性能的 MTI 对消器的尝试都必须采用自适应技术，它实时地估计杂波特性。若估计出错，则它的性能可能比二项式加权 MTI 对消器的性能差。

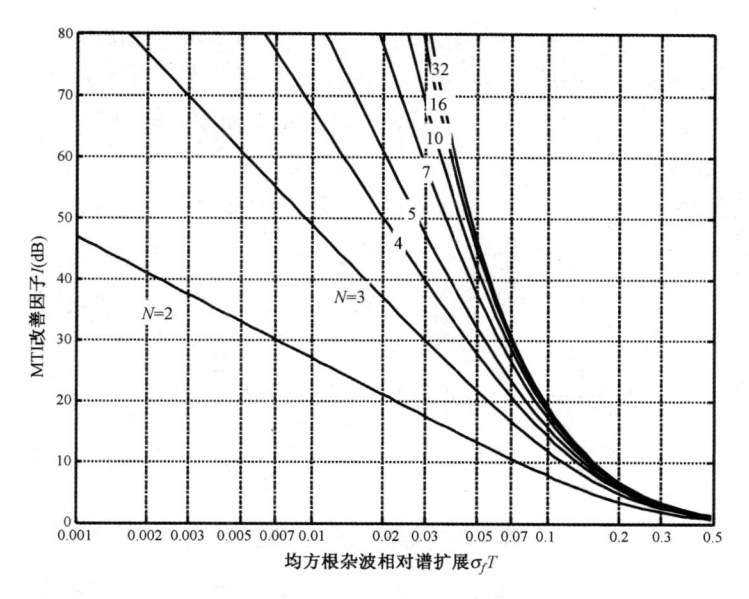

图 2.29 Billingsley 指数谱最佳改善因子

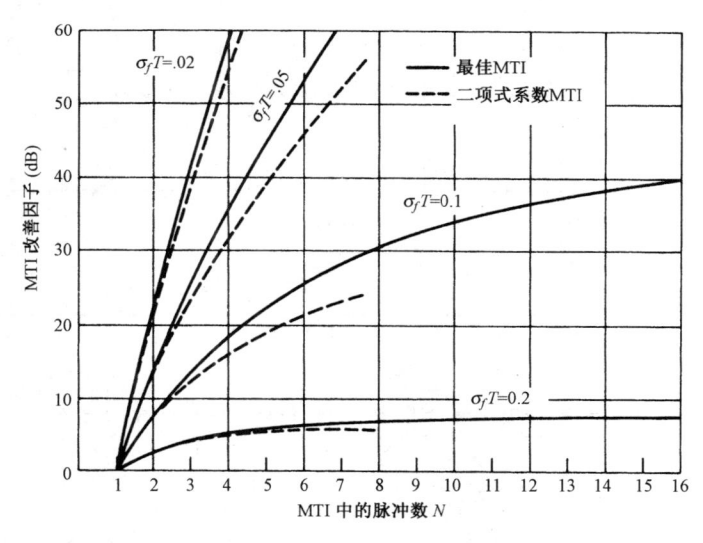

图 2.30 高斯形杂波谱情况下二项式加权 MTI 改善因子和最佳加权 MTI 改善因子的比较

2.8 MTI 系统杂波滤波器设计

在 2.3 节的图 2.2 和图 2.3 所示的 MTI 方框图中采用的是单路延迟[①]对消器，曾详细讨论过其响应。可能采用多延迟线和在延迟线周围引入反馈和/或前馈的方法来改变 MTI 系统对

---

① 这里用延迟代表 MTI 滤波器的脉冲间隔存储器。单延迟的 FIR 滤波器是一个双脉冲滤波器。对反馈滤波器（IIR），称其为双脉冲（或三脉冲等）是不合适的，因为它们需要一定数目的脉冲才能达到稳态。

不同速度目标的响应。只有前馈路径的滤波器称为有限冲激响应（FIR）滤波器，包含反馈的滤波器称为无限冲激响应（IIR）滤波器，或递归滤波器。多路延迟对消器具有比单路延迟更宽的杂波抑制凹口。较宽的抑制凹口包含杂波谱的更大部分，因而可增加对给定杂波频谱分布可达到的 MTI 改善因子。

图 2.31 所示为适用于任何 MTI 滤波器的通用框图模型。这个模型被称为"直接形式 2"，或规范形式，参见 Robiner 等所著的术语概览[21]。

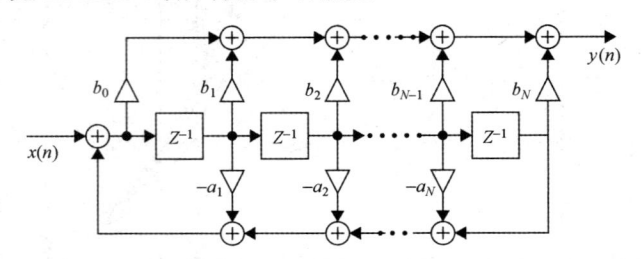

图 2.31　任意 MTI 滤波器设计的直接形式 2 或规范形式

由图 2.31 可见，MTI 滤波器可分成如图 2.32 所示的二阶段滤波器的级联。

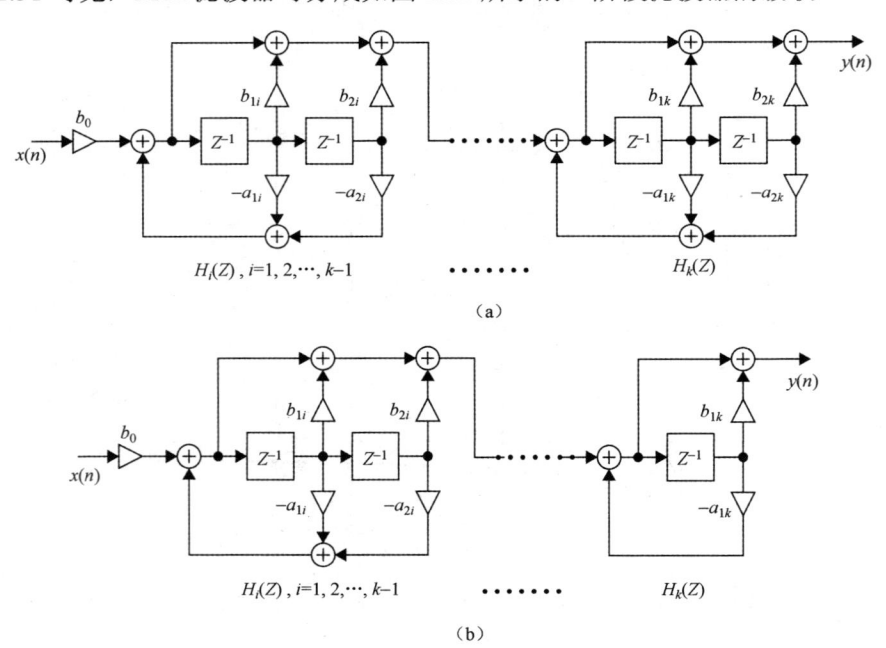

（a）

（b）

图 2.32　MTI 滤波器作为二阶滤波器段的级联：（a）偶数阶和（b）奇数阶，一阶滤波器在最后

当若干个单路延迟前馈对消器串联时，总的滤波器电压响应是 $k2^n\sin^n(\pi f_d T)$。其中，k 是目标幅度；n 是延迟线数；f_d 是多普勒频率；T 是脉冲周期[22]。级联的单路延迟对消器可重新排列成一个横向滤波器，每个脉冲的权系数是带有交变符号的二项式系数：两脉冲为 1 和-1；三脉冲为 1、-2 和 1；四脉冲为 1、-3、3 和-1，等等。改变二项式前馈系数和/或增加反馈可改变滤波器的特性。本章所提及的二项式加权对消器是指具有 $2^n\sin^n(\pi f_d T)$ 传输函数的对消器。这种类型 MTI 对消器的方框图如图 2.33 所示。

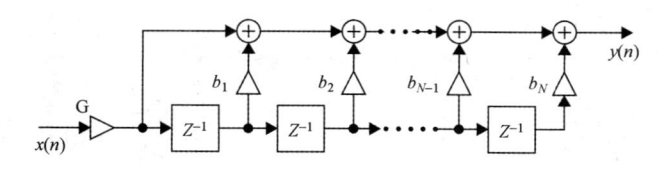

图 2.33　N 阶 FIR MTI 对消器框图

图 2.34～图 2.36 分别是由单路、双路和三路延迟对消器所获得的典型的速度响应曲线。图中还画出了假设的对消器结构及相应的 Z 平面零极点图。Z 平面是 S 平面[23]梳状滤波器的等效面，即将 S 平面的左半平面变换到以 $Z=0$ 为圆心的单位圆内的等效面。零频率位于 $Z=1+j0$ 处。对稳定性的要求是传递函数 Z 的全部极点都要位于单位圆内，而零点则可分布在任何位置。

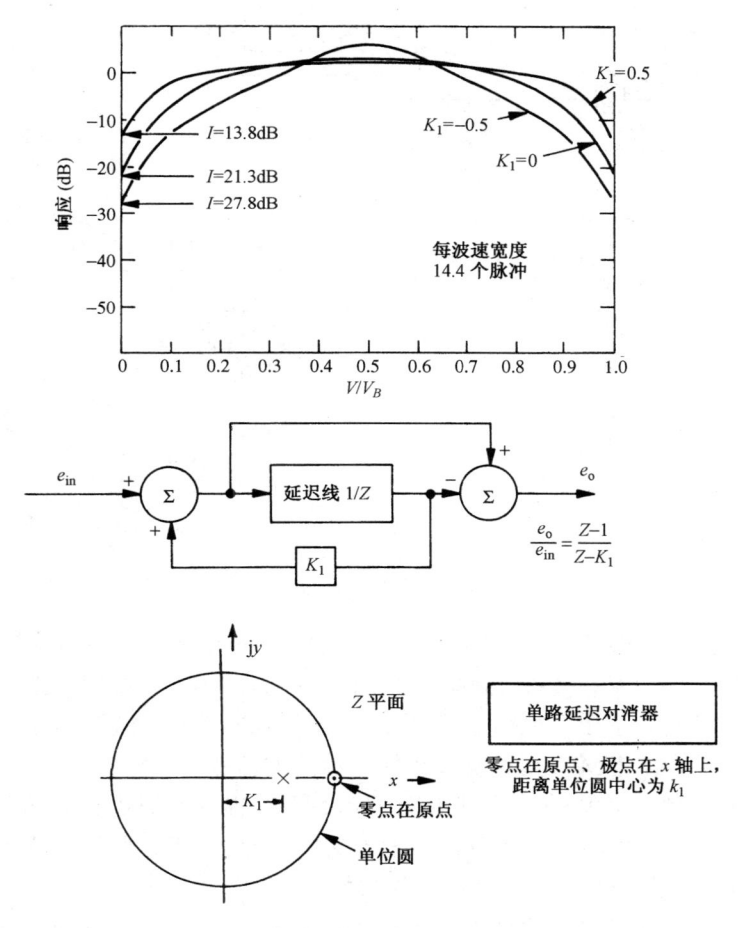

$$\frac{e_o}{e_{in}} = \frac{Z-1}{Z-K_1}$$

图 2.34　单路延迟对消器

单路延迟对消器
零点在原点、极点在 x 轴上，距离单位圆中心为 k_1

这些速度响应曲线是针对在每个波束宽度内有 14.4 个回波脉冲的搜索雷达计算出的。假设了天线的波束形状为 $(\sin U)/U$，曲线第一对零点之外取为 0。除了十分接近盲速的地方，这些曲线的形状基本上与每个波束宽度内的回波脉冲数或假定的波束形状无关。

图中曲线标注:
- $K_1=0.5, K_2=0$
- $K_1=0.2, K_2=0.6$
- $K_1=0, K_2=0$
- $K_1=0.2, K_2=-0.6$

响应值:
- $I=28.5\text{dB}$
- $I=37.7\text{dB}$
- $I=39.9\text{dB}$
- $I=46.0\text{dB}$

每波束宽度 14.4 个脉冲

$$\frac{e_\text{o}}{e_\text{in}} = \frac{(Z-1)^2}{Z^2-(K_1+K_2)Z+K_1}$$

双路延迟对消器

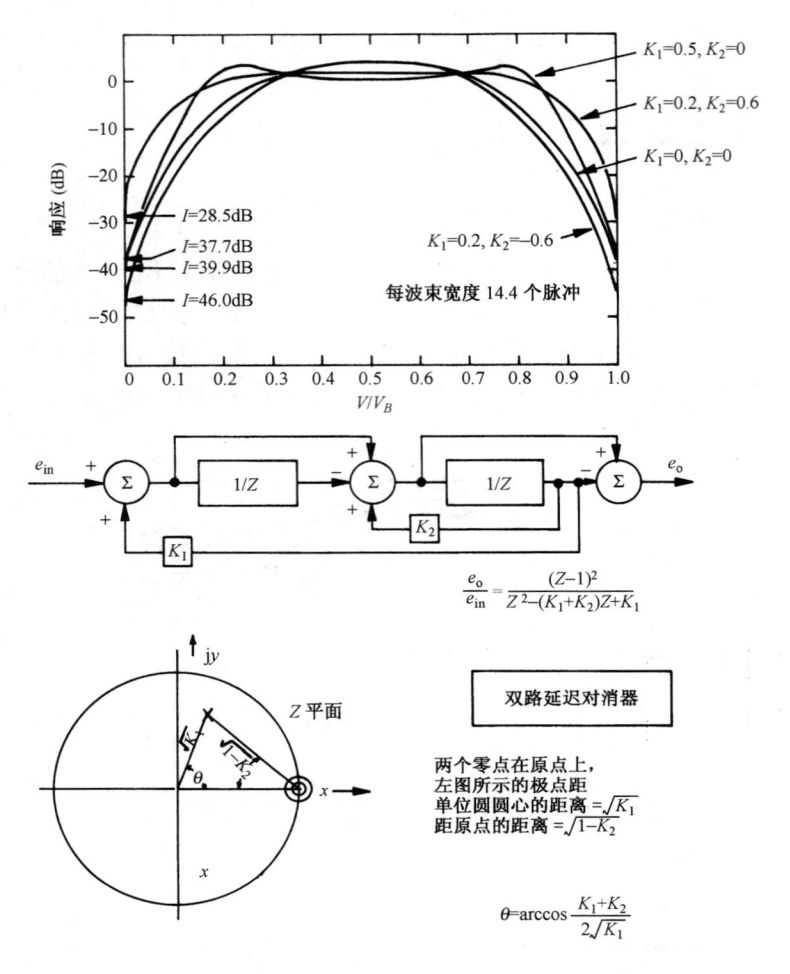

两个零点在原点上，
左图所示的极点距
单位圆圆心的距离 $=\sqrt{K_1}$
距原点的距离 $=\sqrt{1-K_2}$

$$\theta = \arccos\frac{K_1+K_2}{2\sqrt{K_1}}$$

极点位置 $K_1=0.5$、$K_2=0$ 时的情况

图 2.35 双路延迟对消器

标有"响应"的纵坐标表示对同一个目标 MTI 接收机的单个脉冲信号-噪声输出与普通线性接收机信号-噪声响应之间的相对关系。因此，所有的响应曲线都对给定的对消器的平均增益归一化。曲线和纵坐标的交点表示在线性系统中处理点状杂波时的 MTI 改善因子 I 的负分贝值。

由于这些曲线显示的是 MTI 对消器每个输出脉冲的信号-噪声响应，因此带 MTI 处理扫描雷达的所积累的有效独立脉冲数目减少所引起的固有损耗就看不出。假设有大的脉冲数目，3 脉冲对消器的损耗为 1.4dB，5 脉冲对消器的损耗为 2.1dB。此外，若 MTI 不采用正交通道（参见 2.13 节），还会有 1.5~3dB 的附加损耗。

曲线的横坐标 V/V_B 代表目标速度 V 与盲速（$V_B=\lambda f_r/2$）的比值。其中，λ 为雷达波长；f_r 为雷达的平均 PRF。横坐标也可解读为目标多普勒频率与雷达平均 PRF 的比值。

所示的这些对消器结构不是最一般的可能的前馈、反馈网络。需要用成对的延迟来安排零点和极点的位置（在 Z 平面实轴之外）。在所示的这些结构中，零点被限制在单位圆内。为移走单位圆上的零点，以控制滤波器通带响应平坦性，需要类似图 2.46（参见本章）所示椭圆滤波器的结构。所示的三路延迟线对消器中的两个零点可沿着 Z 平面内的单位圆周移动。与将 3 个零点都保持在原点的对消器相比,移动零点对于特定杂波谱扩展的 MTI 改善因子可提高 4dB 或 5dB[25]。

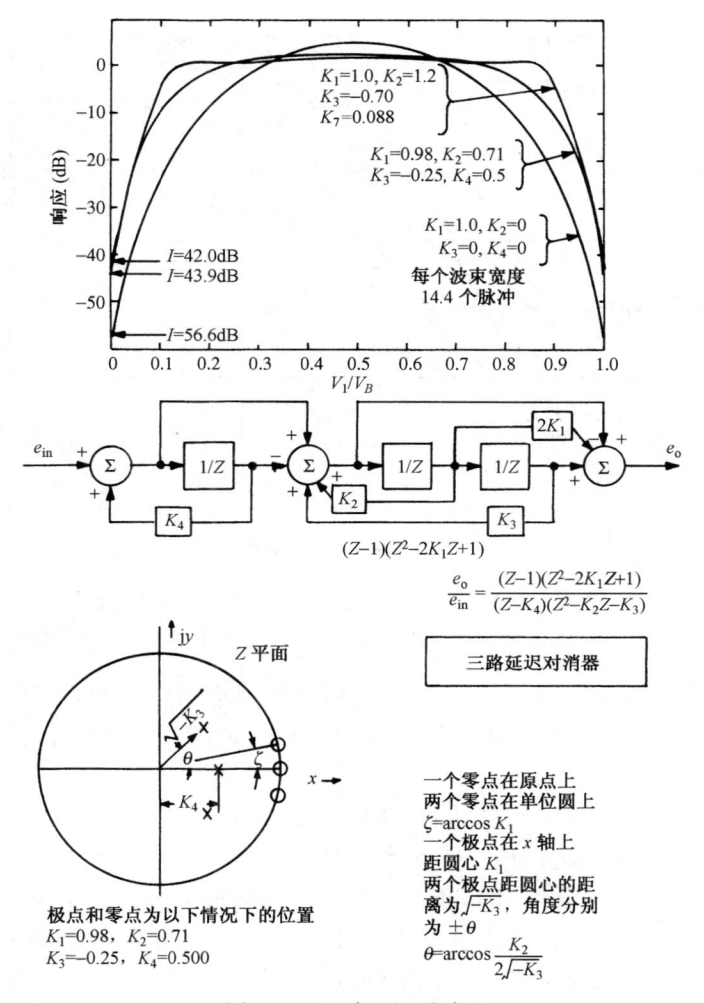

图 2.36 三路延迟对消器

注意不同的二项式加权对消器抑制凹口的宽度。如果以相对于平均响应的−6dB 为测试点,则单路对消器对全部多普勒频率的抑制为 24%,双路延迟为 36%,而三路延迟则为 45%。以双路延迟对消器为例,抑制 36%的多普勒频率就意味着限制系统单次扫描探测概率的长期平均值为 64%。反馈对消器可用来使抑制凹口变窄,而且不会使改善因子降低太多。若采用反馈来提高改善因子,则单次扫描的探测概率会变差。

图 2.37 显示了带反馈的对消器由于扫描对改善因子 I 的限制。这些曲线是在假设天线的方向图只存在于$(\sin U)/U$ 第一对零点之间的情况下计算出的。

图 2.37 所示的无反馈曲线与图 2.19 所示的具有高斯形状方向图的理论曲线几乎完全相同(显示反馈对三路延迟对消器影响的是一条曲线而不是直线,这是因为在 3 个零点中,已有两

个零点不在原点上,并且根据波束宽度内有 14 个脉冲的实际情况,它们已沿单位圆移动了最佳量。因此,当波束宽度内有 40 个脉冲时,这两个零点由于离原点太远而不起太大的作用)。

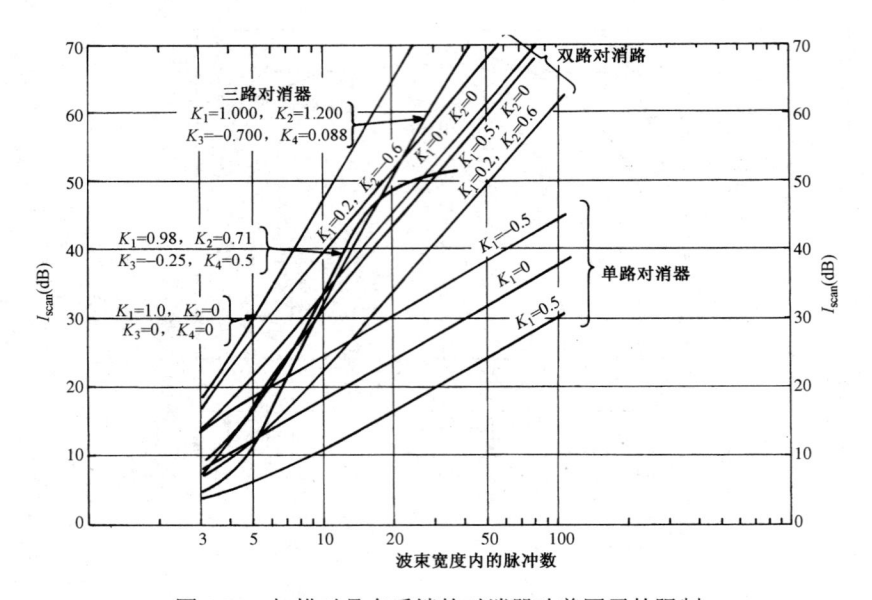

图 2.37　扫描对具有反馈的对消器改善因子的限制
曲线是在假定天线方向图只存在于(sinU)/U 第一对零点之间时,由计算机计算出来的

理论上,采用数字滤波器来合成几乎任何形状的速度响应曲线是可能的[26]。前面已提到,对 Z 平面上的每对零点和每对极点,都需要两段延迟线。零点位置用前馈路径控制,而用反馈路径控制极点位置。

速度响应曲线的成形可以仅用前馈而不用反馈来实现。不采用反馈的主要优点是这时对消器具有很好的瞬态响应,这是相控阵或系统存在脉冲式噪声干扰时的一项重要的考虑因素。如果相控阵雷达需使用反馈对消器,则在对消器的瞬态响应还未下降到容许的电平之前,波束就已经改变了位置,因而许多脉冲不得不去掉。人们已提出一种初始化技术来缓解这种现象[27],但仅部分地降低了瞬态到稳定的时间。若只使用前馈,则在波束移动后仅有 3 个或 4 个脉冲要被去掉。采用前馈控制速度响应曲线的形状的缺点是,对每个用于形成速度响应的零点都需一根附加的延迟线和一个附加的发射脉冲。图 2.38 画出了只用前馈形成的四脉冲对消器的速度响应曲线和其 Z 平面图。图中同时还画出了五脉冲前馈对消器和三脉冲反馈对消器的速度响应曲线。在画出的对消器中,无论杂波谱扩展程度为多少,三脉冲反馈对消器的改善因子均比四脉冲前馈对消器大约高 4dB。

图中显示的五脉冲对消器被 Zverev[29]描述为线性相位[28]MTI 滤波器。4 个零点分别位于 Z 平面实轴上的+1、+1、−0.3575 和−2.7972 处。许多关于滤波器综合的文献都描述线性相位的滤波器,但对 MTI 应用而言,线性相位并不重要。如图 2.38 所示,若采用非线性相位滤波器,只需要较少的脉冲就可以得到几乎和线性相位滤波器相同的响应曲线。由于在波束照射目标期间可利用的脉冲数是固定的,一个也不应浪费,所以人们应当选用那些只使用较少脉冲数的非线性相位滤波器。

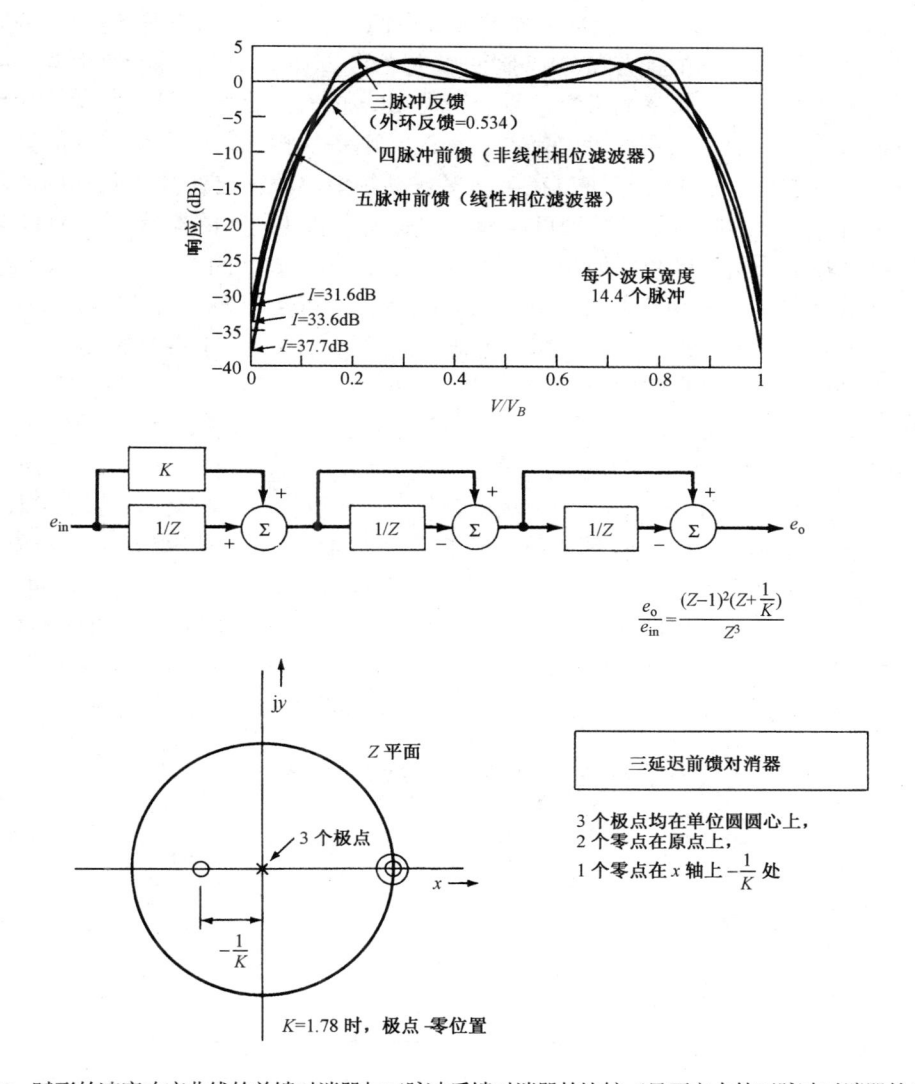

图 2.38 赋形的速度响应曲线的前馈对消器与三脉冲反馈对消器的比较（见正文中的五脉冲对消器的参数）

参差的设计方法

可改变雷达脉冲之间的间隔以改动相当于 MTI 系统盲速的目标速度。可以在扫描之间、脉冲之间或驻留之间（每次驻留是波束宽度的一部分）改变脉冲的间隔。每种方法都各有优点。在扫描之间改变脉冲间隔方法的优点是易于制造稳定的发射机，并且时间上多次时间折叠的杂波在功率放大器 MTI 系统中被对消。为了使没有参差的 MTI 系统很好地工作，要求的发射机的稳定性是一个重大的挑战。在脉冲之间或驻留之间进行参差工作的雷达，要使发射机能够充分稳定地工作就更为困难。一般，脉冲间参差用在 MTI 处理上，而驻留间参差则用在 MTD（滤波器组）处理上。

对许多 MTI 应用而言，首选脉冲间参差或驻留间参差而不是扫描间参差[1]。例如，若采用扫描之间脉冲参差和用一个具有 36%抑制凹口宽度的二项式加权三脉冲对消器，则在每次扫描时，仅仅由于对多普勒频率的考虑，就会丢失 36%的有用目标信号。在某些应用场合，这可能是不能容许的。而在采用脉冲之间的参差时，则每次扫描均能在所关注的全部多普勒频率上获得良好的响应。此外，还可以在某些多普勒频率上获得比在扫描到扫描的基础上用这些脉冲间隔所能得到的响应更好的速度响应，这是因为脉冲之间的参差会在 MTI 滤波器通带内产生多普勒频率分量的缘故。如图 2.23 和图 2.24 所示，脉冲间参差可能会使系统能达到的改善因子降低。但是，这种降低可能并不太多，或者说可用下面介绍的时变加权来加以消除。脉冲间参差的另一个优点是允许去掉对消器中的反馈（用于缩小盲速的凹口），从而消除了反馈滤波器的瞬态响应平息问题。

最佳参差比的选择取决于必须无盲速的速度范围和速度响应曲线上第一个零点可允许的深度。在许多应用场合下，4 周期的参差比为最好，并且通过对第一盲速（用 V/V_B 表示）加上数字 –3、2、–1、3（或 3、–2、1、–3）的方法，即可得出一组很好的参差比。因此，如图 2.41[2] 所示，当第一盲速出现在 $V/V_B = 14$ 附近时，参差比为 11:16:13:17[3]［交替使用长的和短的周期可保持发射机的占空比尽可能不变，同时又能保证在第一零点（$V=V_B$）处有好的响应］。图 2.39 和图 2.42 是另外两种 4 周期速度响应曲线。如果用 4 种脉间周期使第一凹点太深，就可用五种脉间周期，其参差比可通过对第一盲速加上 –6、+5、–4、+4、+1 的数字来获得。图 2.40 是 5 种脉冲间隔时的响应曲线。第一凹点的深度可由下面要讲到的图 2.45 来预测。

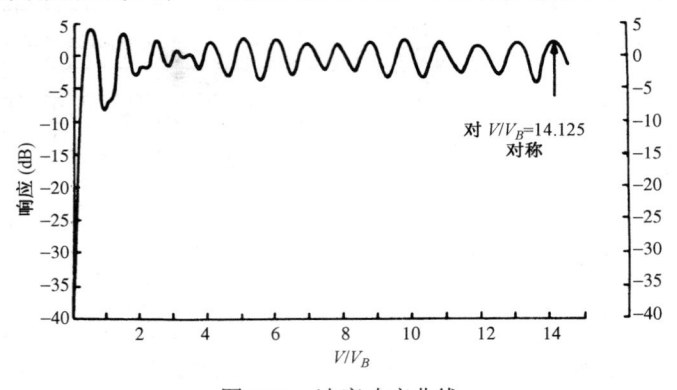

图 2.39　速度响应曲线

双路对消器，无反馈，脉冲间隔比为 25:30:27:31

---

① 在脉冲间参差和驻留间（MTD）操作之间的选择是一个系统方案决策——两者都有优点。例如，脉冲间参差无法对消模糊距离间隔中的杂波；而驻留间参差使用一个额外的脉冲（又称填充脉冲），可以对消二次距离间隔的杂波。

② 此处绘制的所有速度响应曲线表示扫描雷达对消器在目标照射期间输出脉冲平均功率响应。如果此处参差结合批处理使用，如在相控阵雷达中，这些曲线不能用于一个单独的输出。例如，如果参差比为 11:16:13:17:11，并采用三脉冲 FIR 滤波器，则需要发射 6 个脉冲，脉冲间隔为 11:16:13:17:11，并在后 4 个脉冲发射之后对滤波器输出功率求和，以得到与这些曲线等效的响应。

③ 注意整数 11、13、16 和 17 之间所有组合的一阶差分为 1、2、3、4、5、6。这个参差序列的"完美差分设置"对脉冲响应曲线的相对平坦是关键的。

第 2 章 动目标显示（MTI）雷达

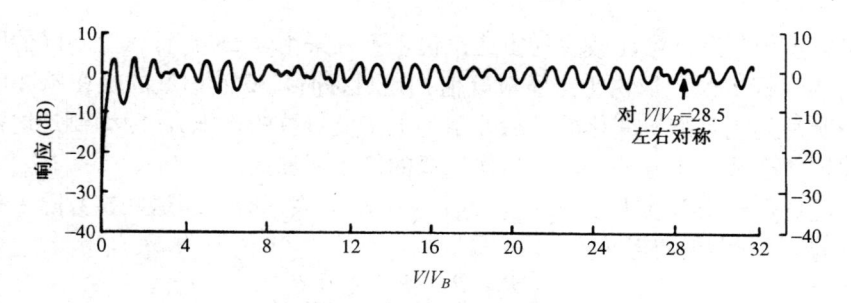

图 2.40 速度响应曲线

三脉冲二项式对消器，脉冲间隔比为 51:62:53:61:58

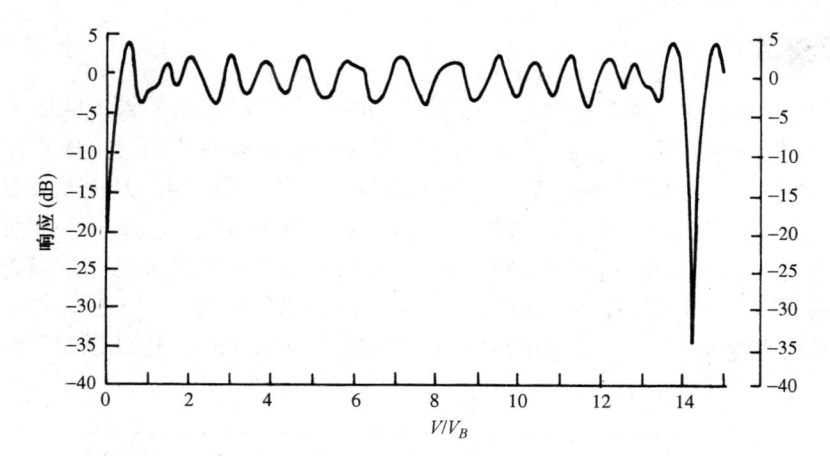

图 2.41 速度响应曲线

三脉冲二项式对消器，脉冲间隔比为 11:16:13:17

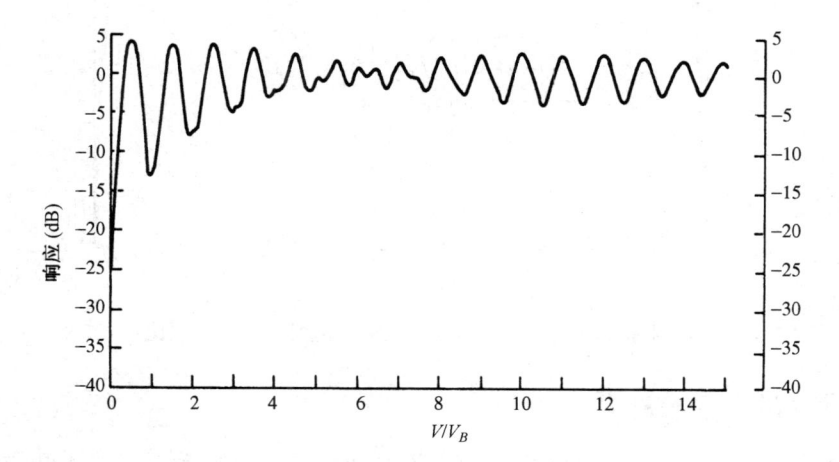

图 2.42 速度响应曲线

三脉冲二项式对消器，脉冲间隔比为 53:58:55:59

一直到 $V/V_B = 53$ 为止，曲线上没有低于 5dB 的凹点。第一盲速在 $V/V_B = 56.25$ 处

对在波束宽度内的脉冲数比较少的雷达来说，不宜采用 4 或 5 种以上不同的脉冲间隔，因为这时对单个目标的响应取决于当波束峰值扫过目标时，峰值扫过的是在脉冲序列的哪一部分。不希望脉冲间隔是随机变化的（除非用为电子反对抗的措施），因为要是这样的话，其零点深度就会比 4 个或 5 个脉冲间隔的最佳选择的值还要深些。

当脉冲间隔比用一组互质的整数（$R_1, R_2, R_3, \cdots, R_N$）表示时（即这些整数除 1 外，没有其他公约数），则其第一真正的盲速为

$$\frac{V}{V_B} = \frac{R_1 + R_2 + R_3 + \cdots + R_N}{N} \tag{2.36}$$

式中，$R_1, R_2, R_3, \cdots, R_N$ 是设定的整数组；V_B 是对应于平均脉间周期的盲速。速度响应曲线对于由式（2.36）所得到数值的一半是对称的。

反馈和脉冲间参差

当采用脉冲间参差时，反馈的效果就降低了。参差会在对消器的最大响应频率上（或其附近）使信号多普勒频率受到调制。调制的量与目标多普勒频率的绝对值成正比。因此，当飞机的速度为 V_B 时，对消器的响应基本上和所用反馈无关。图 2.43 是在波束宽度内的脉冲数为 14.4 个、参差比为 6:7:8 时，反馈对双路延迟对消器影响的一组曲线。所使用的反馈值是在图 2.35 中无参差时速度响应曲线所用的几个数值。如果不用脉冲之间的参差而改用扫描之间的脉冲间隔参差，则当目标速度为 V_B，且在 3 次扫描的情况下，无反馈均方根响应将是 –12.5dB。然而在速度为 V_B 时，脉冲间参差的合成响应仅为 –6dB，这就说明了脉冲间参差的好处。

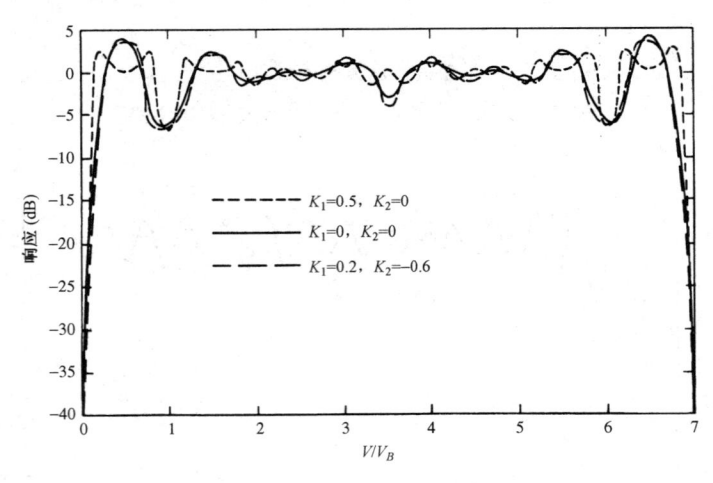

图 2.43　反馈对速度响应曲线的影响（双路对消器，脉冲间隔比为 6:7:8）

参差对改善因子所产生的限制

在使用脉冲间参差时，接收杂波样本的不等时间间隔会限制系统可能达到的改善因子。前面已多次提到的图 2.23 和图 2.24 所示的曲线，它们给出了脉冲之间的参差和天线扫描或杂波内部运动对改善因子 I 的大致限制情况。现加以推导和解释。

如果线性波形 $V(t)=c+at$ 被等时间间隔采样，且此间隔与常数 c 或斜率 a 无关的话，则双

路延迟对消器可以将线性波形完全对消（附加的延迟对消器可完全对消附加的波形衍生部分，如三路延迟对消器能完全对消 $V(t)=c+at+bt^2$。具有两种脉冲间隔参差的系统以不相等的时间间隔对线性波形取样，因此对消器就会有剩余电压输出。该电压与斜率 a 成正比，而与 (γ–1) 成反比（此处 γ 为间隔比）。该剩余电压所显现的多普勒频率出现在雷达系统的平均重复频率的一半处，也就是在二项式加权对消器的最大响应的频率上出现。

在扫描雷达中，杂波信号相位或振幅的变化率是与波束宽度内的脉冲数 n 成反比的。因此，当用计算机模拟来确定比例常数时，参差对改善因子 I 的限制大约为

$$I \approx 20\lg\left(\frac{2.5n}{\gamma-1}\right) \text{ dB} \tag{2.37}$$

这一特性已画在图 2.23 中。

图中曲线适用于所有多路延迟对消器，给出的限制数值与大多数实际参差比所经受的限制值相当吻合。下面举一个精度的例子：一个在波束宽度内有 14.4 个脉冲的四脉冲二项式加权对消器且脉冲间隔比为 6:9:7:8 的系统，参差对改善因子 I 的限制是 36.5dB。在相同的情况下，由曲线查出的限制是 37.2dB。但是，必须注意，当脉冲间隔比由 6:9:7:8 变为 6:8:9:7 时，实际的限制是 41.1dB，比曲线上指示的数值小 3.9dB。这是因为，在 6:9:7:8 的脉冲间隔比时的主调制，看起来就像一个出现在最大速度响应处的目标；而在 6:8:9:7 的脉冲间隔比时的主调制，则像一个出现在最大速度响应一半处的目标。由于希望能在尽可能短的周期内将发射机的占空系数加以平均，故在实际的系统中就可能选 6:9:7:8 的脉冲间隔比。

一旦求出了由于扫描和参差对改善因子 I 限制的表示式（2.37）后，即可确定由于杂波内部运动和参差而对改善因子 I 的限制。如果（此式从式（2.14）和式（2.15）推出）将

$$n = \frac{\sqrt{\ln 2}}{2\pi} \cdot \frac{\lambda f_r}{\sigma_v} = 0.1325 \frac{\lambda f_r}{\sigma_v} \tag{2.38}$$

代入式（2.37），则有

$$I = 20\lg\left(\frac{2.5}{\gamma-1} \cdot \frac{0.1325\lambda f_r}{\sigma_v}\right) = 20\lg\left(\frac{0.33\lambda f_r}{(\gamma-1)\sigma_v}\right) \tag{2.39}$$

式中，λ 是波长；f_r 是平均 PRF；σ_v 是散射元的均方根速度扩展范围。

对于风速为 40kn 时的多树小山和降雨的情况如图 2.24 所示。这种对 MTI 改善因子的限制与所用的对消器的类型式无关。

时变加权

对消器的前馈通道用时变加权代替二项式加权，即可避免由脉冲间参差对于改善因子所产生的限制。时变加权对 MTI 的速度响应曲线不会产生明显的影响。是否值得采用比较复杂的时变加权，取决于主要的限制是否由参差所造成。对于双路延迟对消器，参差的限制经常与没有参差时基本对消器的性能差不多相同；而对三路延迟对消器，参差限制通常是主要的。

假定发射脉冲串和对消器结构如图 2.44 所示。在时间间隔 T_N 内，当发射脉冲 P_N 的回波被接收时，双路延迟对消器的加权应为

$$A = 1 \qquad C = \frac{T_{N-2}}{T_{N-1}} \qquad B = -1-C \tag{2.40}$$

(a) 脉冲串

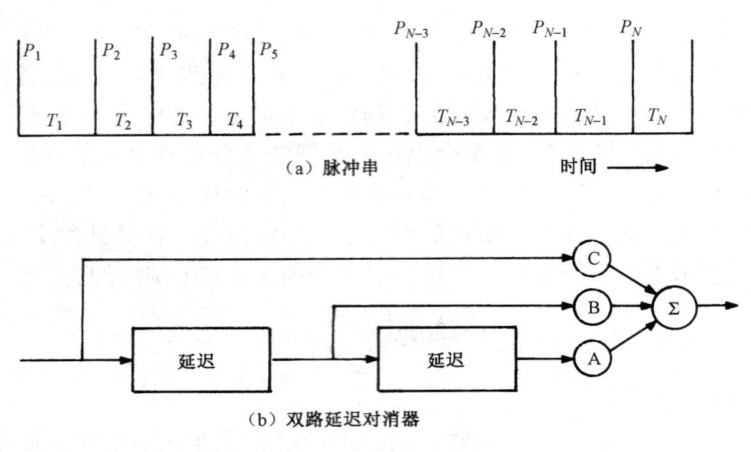

(b) 双路延迟对消器

图 2.44 时变加权的使用

而三路延迟对消器的加权则应为

$$A=1 \qquad C=1+\frac{T_{N-3}+T_{N-1}}{T_{N-2}} \qquad B=-C \qquad D=-1 \qquad (2.41)$$

这些加权是在假设对消器可完全对消掉线性波形 $V(t)=c+at$，以参差率采样，且参差率与常数 c 或斜率 a 的数值无关时推导出来的（正如在本节一开始就指出的，在无参差的系统中，具有二项式加权的多路延迟对消器可以完全对消掉 $V(t)=c+at$）。

在上述两种情况中，选取 $A=1$ 是随意的。在三路延迟对消器中，设置 $D=-1$ 就会消除平方项 bt^2 的二阶校正的机会，如果 D 也是时变的，则可以做到。计算机的计算结果已表明，在大多数实用系统中，并没有必要让 D 变化。

速度响应曲线第一凹点的深度

在选择系统参数时，能知道速度响应曲线中所预期的前几个凹点深度是很有用的。如前所述，凹点深度基本不受反馈的影响而且凹点深度还与所采用的对消器类型（不论是单路延迟、双路延迟还是三路延迟对消器）无关，也和波束宽度内的脉冲数无关。图 2.45 所示的是所预期的凹点深度和最大与最小脉冲间隔比 γ 之间的近似关系。

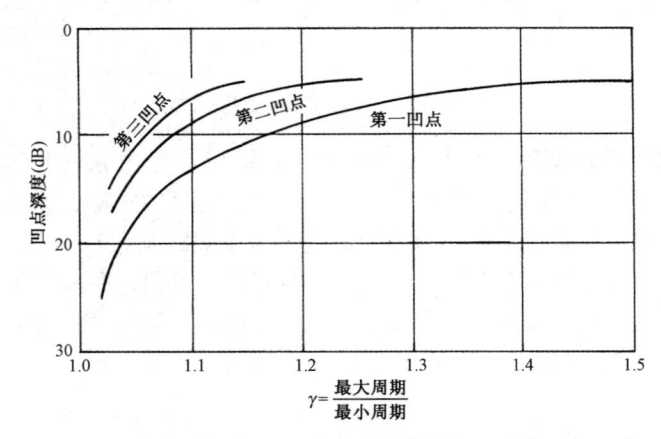

图 2.45 脉冲间参差 MTI 速度响应曲线上凹点的近似深度

2.9 气象雷达 MTI 滤波器设计

MTI 滤波器用于气象雷达低俯仰角处,以防止天气估计被地面杂波回波污染,这对保持天气强度和降水率的精确测量也很重要。达到这两个目标需要具有窄静止杂波抑制凹口和平坦通带的 MTI 滤波器。使用非常窄的杂波凹口甚至允许测量零均值径向速度的天气降水率,尽管有些偏差[①]。这类测量之所以可能,是因为天气通常有宽的频谱扩展,一般值为 1~4m/s;而静止杂波的频谱扩展要窄得多,一般值小于 0.5m/s。

几种使用 MTI 滤波器的气象雷达例子:

(1) **多普勒气象雷达**(NEXRAD/WSR-88)。带有旋转天线,能测量降雨率、多普勒速度和湍流、总降雨量并提供龙卷风预警。

(2) **终端多普勒气象雷达**(TDWR)。带有旋转天线,设计成能探测机场附近飞机着陆路线和起飞路线上的严重风切变。

(3) **机场监视雷达**。带有旋转天线,为终端区域空中交通管制而设计,但具有第二功能,即探测和监视着陆路线和起飞路线上恶劣天气和风切变。

(4) **相控阵雷达**。采用固定的电扫描天线,为多个功能设计,如导弹探测和空中交通管制,同时用于测量降雨率。

作为一个例子,我们描述 TDWR 中使用的椭圆 MTI 滤波器设计。TDWR 是用于机场的 C 波段雷达,用来探测下爆气流、微爆气流及预测风向。椭圆滤波器是无限冲激响应(IIR)滤波器,对给定的杂波抑制凹口电平(宽度和深度)、通带纹波及延迟环段的数目(参见奥本海默和谢弗[28]),有最陡的从抑制凹口到通带的过渡带。椭圆滤波器可后接脉冲对处理[13],以估计天气平均速度和频谱宽度(湍流)。椭圆滤波器有两个缺点。第一,瞬态响应平息时间长。对于扫描气象雷达,从发射机开始发射脉冲到杂波衰减达到 50~60dB 大约需要扫描四个波束宽度的时间。第二,如果输入杂波信号在中频接收机达到限幅电平,杂波残留会出现显著的瞬时增加。现以最初 TDWR 雷达采用的一个椭圆滤波器作为一个例子。

TDWR 工作在 C 波段(5.60~5.65GHz)。天线旋转速度为 4.33r/min,单程波束宽度为 0.55°。PRF 为 1066Hz。针对这些参数设计的椭圆滤波器改善因子为 57.2dB。HBW(每单程 3dB 波束宽度脉冲数)为 22.6。对以上参数的椭圆滤波器技术条件为:归一化阻带边缘 $\sigma_f T = 0.03492$;通带边缘 $\sigma_f T = 0.07350$;阻带衰减比滤波器峰值响应低 58dB;通带纹波 = 2.0dB。为满足这些要求,滤波器需要 4 个延迟段,可用两个级联的 2 个延迟段实现,如图 2.46 所示。

---

① 这里所用的偏差一词是指由于 MTI 滤波器杂波凹口和不平坦造成的测量雷达反射率的误差。当天气有宽的频谱扩展而滤波器杂波的凹口窄时,则由 MTI 滤波器引入的测量误差最小。反过来,当天气频谱宽度窄及天气径向速度接近于零的时候,对天气反射率的测量会存在很大误差。在雷达降水率估计和雨量器测量之间的差别还存在其他来源,此处没有提及,例如雨的空间和时间分布。

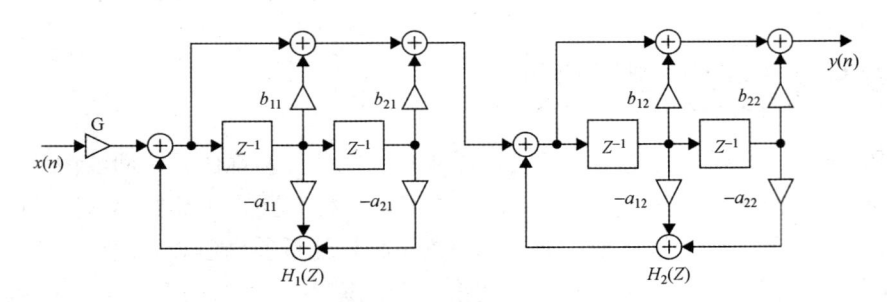

图 2.46 TDWR 中使用的 4 延迟椭圆滤波器

滤波器系数为

$$a_{11} = -0.901\,933 \quad a_{12} = -1.701\,983$$
$$a_{21} = 0.420\,985 \quad a_{22} = 0.914\,913$$
$$b_{11} = 1.000\,000 \quad b_{12} = 1.000\,000$$
$$b_{21} = -1.992\,132 \quad b_{22} = -1.958\,290$$

该滤波器计算出的地杂波改善因子为 58dB（HBW 为 22.6），对天气回波径向速度 v=0m/s，对应于 1m/s 和 4m/s 的频谱扩展，偏差分别为–10dB 和–2dB。

图 2.47 所示为椭圆滤波器对 CW 的响应和对 1m/s 及 2m/s 均方根频谱扩展天气回波的响应。对计算该响应采用的参数，对应 $f_dT=1$ 的不模糊多普勒间隔为 28.4m/s。

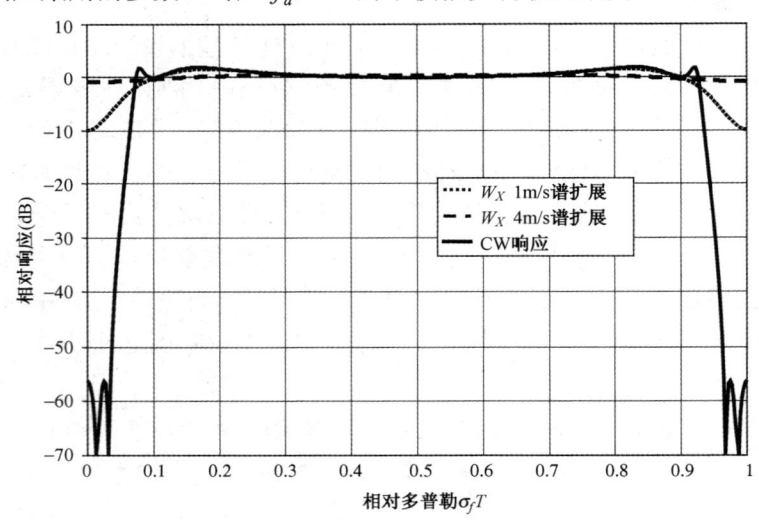

图 2.47 椭圆滤波器对 CW 的响应和对 1m/s 以及 2m/s 均方根频谱扩展天气回波的响应

图 2.48 所示为当天线扫过点杂波，例如水塔时，该滤波器的时域响应。图中显示了加到椭圆滤波器上的输入和其输出中的残留。图中假设高斯形天线方向图。对图中所示序列算出的（滤波器总输入杂波功率除以总输出杂波残留功率，对滤波器噪声增益归一化）改善因子为 58dB。

接下来的三幅图假设 $(\sin x)/x$ 形天线方向图，但是从这些图获得的结果实际上与假设的波束形状是无关的。图 2.49 所示为当天线方向图零点正好扫过杂波点，发射机开始发射时的滤波器响应。杂波残留的单个样本比峰值杂波低 60dB 以上。这个序列的改善因子为 57dB。

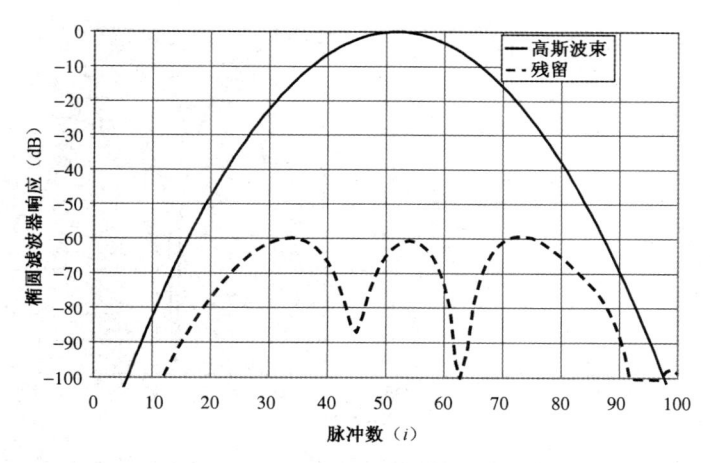

图 2.48 天线扫过点目标时,时域杂波输入和输出残留

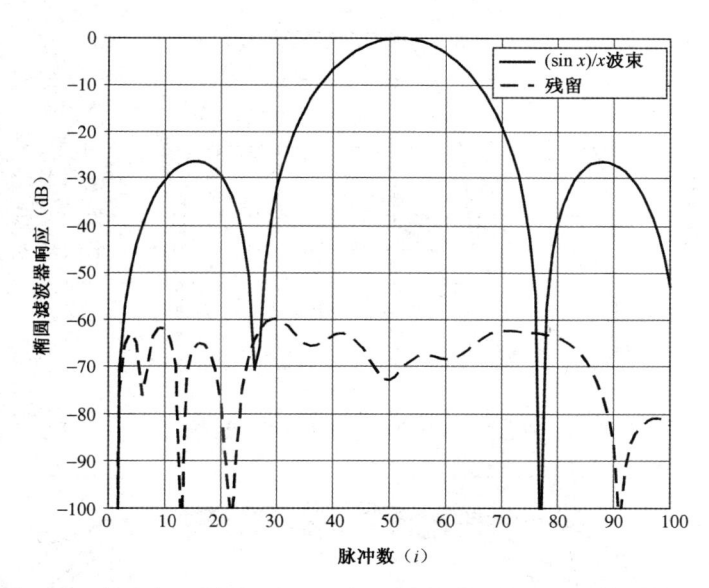

图 2.49 杂波输入和椭圆滤波器的杂波残留。雷达在脉冲 1 开始发射

图 2.50 所示为天线波束峰值扫过杂波点时发射机开始发射的残留。从发射机开始发射,到发射 49 个脉冲以后,残留仅衰减了 27dB。残留衰减至−60dB 至少还需要 50 个脉冲。因此,当发射机开始发射,到收集有用数据,需要至少 90 个脉冲的平息时间。

图 2.51 所示为当点杂波超过中频限幅电平 6dB 时对回波信号的影响。当信号达到限幅电平时,残留阶跃增加了约 30dB。TDWR 使用杂波图来归一化来自超过限幅电平强点杂波的残留。

机场监视雷达的天气模式由一个 ASR-11(用于机场空中交通管制的 S 波段雷达)中使用的 5 脉冲有限冲激响应(FIR)滤波器进行示范。滤波器主要是为对飞机的动目标检测(MTD)而设计的,但特别注意了为精确天气反射系数估计提供平坦的通带响应。滤波器组(对 HBW = 17)如图 2.52 所示,系数见表 2.3。滤波器的选择基于杂波图中存储的杂波幅度信息。滤波器按 CPI 在距离单元上选择。

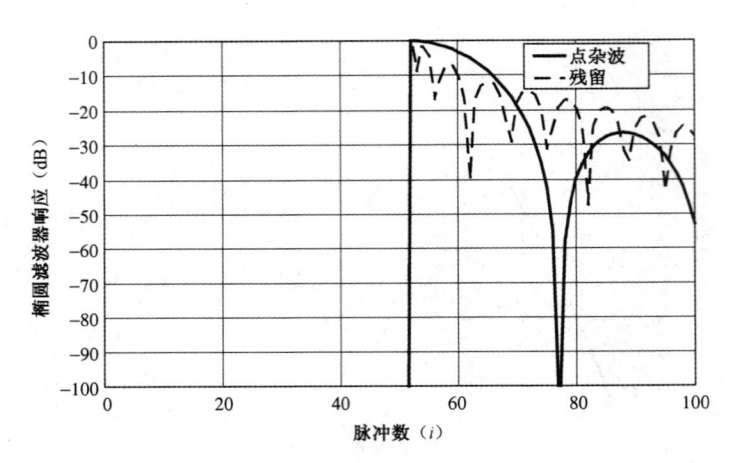

图 2.50　杂波输入和椭圆滤波器残留。雷达在脉冲 51 开始发射

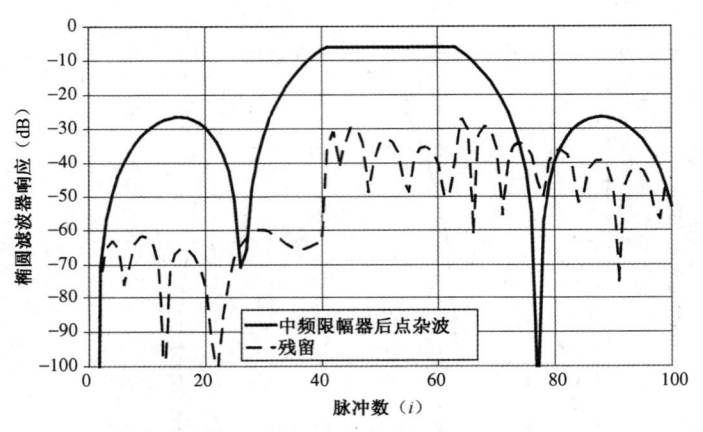

图 2.51　限幅对椭圆滤波器的影响

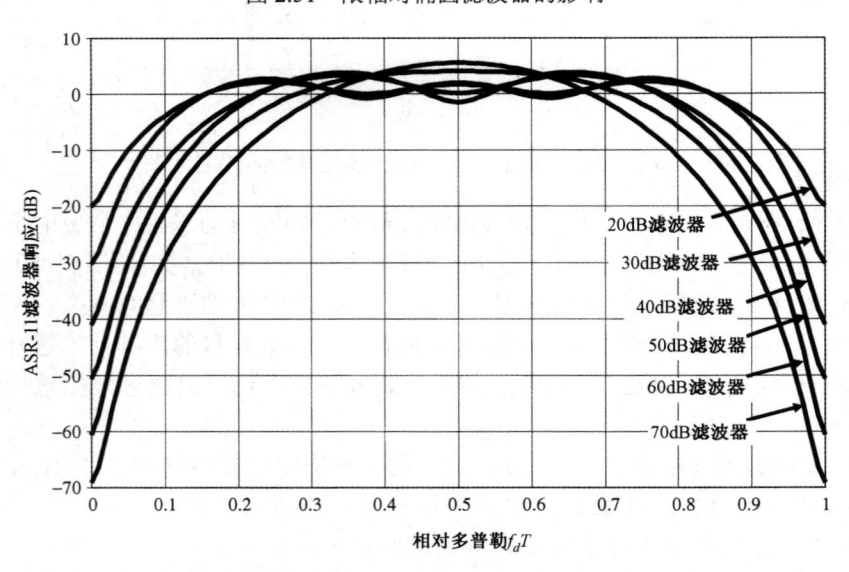

图 2.52　ASR-11 FIR 低 PRF（f_r=855pps）滤波器对静止杂波的响应（HBW = 17）。计算所用参数中，不模糊多普勒间隔（fT=1）为 45.8m/s

表 2.3　ASR：ASR-11 5 脉冲低 PRF FIR 滤波器系数

滤波器	系数 1	系数 2	系数 3	系数 4	系数 5
20dB	0.798 12	−0.506 87	−0.292 97	−0.083 40	0.115 28
30dB	0.678 44	−0.629 07	−0.287 00	0.008 15	0.248 10
40dB	0.501 78	−0.802 91	0.068 99	0.306 85	−0.068 07
50dB	0.392 35	−0.784 85	0.216 13	0.378 51	−0.200 21
60dB	0.285 02	−0.754 01	0.585 29	−0.036 61	−0.079 56
70dB	0.177 66	−0.584 40	0.702 78	−0.359 20	0.063 22

这些 FIR 杂波滤波器具有用 5 脉冲和指出的静止杂波抑制程度能获得的最窄的抑制凹口。然而凹口比椭圆滤波器显著地宽。因此，当天气径向速度为零时，它们测量天气强度时有更大的偏差。

对于相控阵雷达，可应用类似上面描述的 ASR-11 使用的 FIR 滤波器。如果相控阵雷达的时间预算允许，这些滤波器可以设计为可利用多于 ASR-11 中使用的每相干处理间隔（CPI）5 个脉冲。使用的脉冲越多，抑制凹口越窄，这样零径向速度降雨的估计偏差就越小。

2.10　杂波滤波器组设计

如 2.2 节讨论的，MTD 采用的波形包括 N 个脉冲相同 PRF 和相同射频频率的相干处理间隔（CPI）。从一个 CPI 到下一个 CPI 的脉冲重复频率和可能射频频率是变化的。在这一约束条件下，只有选用有限冲激响应（FIR）滤波器才是设计滤波器组唯一实际的选择（无论是 PRF 还是射频频率改变后，反馈滤波器需要一些脉冲回波才能平息，这种滤波器显然是不实际的）。

在监视雷达波束照射目标期间，可利用的脉冲数是由诸如波束宽度、PRF、需扫描的空域和所要求的数据更新率等系统参数和系统要求决定的。一旦给定了照射到目标的脉冲数，设计师就必须决定在此驻留期间须有多少个 CPI 和每个 CPI 内有多少个脉冲。要想进行折中通常是困难的。设计师希望在一个 CPI 中使用更多的脉冲，以便能采用更佳的滤波器，但也希望有尽可能多的 CPI。多个 CPI（以不同的脉冲重复频率或不同射频工作）可改善系统的检测性能，而且能提供用于确定目标真实径向速度所需的信息[30]。

在多普勒滤波器组中，单个滤波器的设计是在频率副瓣要求和滤波器相干积累增益之间的一个折中。对一个给定的 CPI 长度来说，所要求的多普勒滤波器数目必须是硬件复杂性和滤波器交叠处的跨接损耗间的一个折中。最后，若要求在零多普勒（地杂波）处具有高的杂波抑制能力，有时还会需要引入特殊的设计约束条件。

当一个 CPI 内的脉冲数大于或等于 16 时，有系统的设计步骤和快速傅里叶变换（FFT）算法的有效实现特别有吸引力。通过在单个相干处理间隔中采用恰当的时域回波加权函数，很容易控制频域副瓣。另外，覆盖整个多普勒空间（等于雷达 PRF）所需要的滤波器的数量（等于变换阶数）可独立选择，与 CPI 无关，详见后面所述。

当 CPI 变小（小于或等于 10）时，为了获得较好的总性能，研究单个滤波器的特殊设计，使其满足不同多普勒频率上特定的杂波抑制要求就变得非常重要。在受特定通带和阻带约束的 FIR 滤波器设计中，尽管有某些系统的方法，但是对较小的 CPI 而言，直截了当的方法是凭试验调整每个滤波器的各个零点，直到获得所需要的响应为止。下面给出一个这种滤波器设计的实例。

滤波器的经验设计

以下是六脉冲 CPI 滤波器经验设计的一个实例（每个 CPI 的 6 个脉冲可由系统上的考虑，如照射目标的时间决定）。由于滤波器要使用 6 个脉冲，只有 5 个零点可用于滤波器设计，可利用的零点数等于脉冲数减 1。滤波器的设计过程包括设置各个零点，以得到符合规定的约束条件的滤波器组响应。下面的实例是由一个交互式计算机程序得出的，该程序可移动滤波器的零点直到得到希望的响应为止。假定的滤波器要求如下：

（1）在动目标滤波器的杂波抑制凹口（相对于目标的峰值响应）中，响应为–66dB；

（2）对速度介于多普勒模糊频率范围的±20%间的箔条杂波抑制为–46dB；

（3）在此设计中，仅采用 5 个滤波器；

（4）在 5 个滤波器中，3 个用于抑制固定杂波和对动目标响应，另两个则响应零多普勒频率目标和其模糊点（用好的固定杂波滤波器，需要用两个或更多个相干滤波器来覆盖零速响应的凹口）。

基于以上考虑即可构造滤波器组。

图 2.53（a）是所设计的滤波器对在多普勒通带中央的目标响应的曲线。零速附近的副瓣比峰值小 66dB，因此在零多普勒频率 5%之内有很好的杂波抑制性能，–46dB 的副瓣有±16%的箔条杂波抑制性能。由于只有 5 个可用零点的限制，所以这种滤波器对±20%的多普勒频移不能提供–46dB 的抑制。

图 2.53（b）是滤波器对尽可能接近于零多普勒频率的目标的响应曲线。此时，零多普勒响应为–66dB。若在零多普勒附近设置两个零点，则所提供的零多普勒杂波响应是–66dB。0.8～1.0 多普勒之间的滤波器副瓣提供规定的 46dB 的箔条杂波抑制。这个滤波器的镜像用于第 3 个移动多普勒滤波器（镜像滤波器的系数是原滤波器系数的复共轭）。

图 2.53（c）是第一个对零多普勒响应的滤波器的设计曲线。这里的考虑是要将滤波器组的多普勒跨接损耗减到最小（这就决定了最大值位置），并要在 0.8 多普勒频移处对箔条杂波的响应下降到 46dB，并且失配损耗要最小。失配损耗最小化是通过允许在 0.3～0.8 多普勒频移之间的副瓣上升到所需的高度来实现的（在这个区域内若将副瓣降低，则失配损耗增加），第二个零多普勒滤波器是它的镜像。

图 2.53（d）是滤波器组的合成响应曲线。注意，滤波器的峰值相当均匀地分布。第一个零多普勒滤波器和第一个运动多普勒滤波器之间的下陷要比其他的大，主要是因为在上列限制下，不可能移动第一多普勒滤波器到更接近零速的位置。

切比雪夫滤波器组

对于在 CPI 中脉冲数较多的情况，希望有一个更加系统的滤波器设计方法。如果多普勒滤波器的设计准则选定为要求主响应之外的滤波器副瓣响应低于规定电平（即提供恒定的杂波抑制电平），同时使滤波器响应宽度最小，那么基于切比雪夫分布的滤波器设计就是最佳方案。在天线文献中能找到基于切比雪夫分布的特性和设计方法。九脉冲 CPI 和一个 68dB 副瓣电平的切比雪夫滤波器设计例子如图 2.54 所示。通过给滤波器系数加一个线性相位项，就能将滤波器的频率响应峰值定位于任意位置。

（a）响应 $fT=0.5$ 目标的六脉冲滤波器

（b）响应 $fT=0.3$，$fT=0.8$ 目标的六脉冲滤波器（可滤除固定杂波）

（c）响应 $fT=0.8$ 目标的六脉冲滤波器（可滤除 $fT=0.8$ 的箔条）

（d）5个六脉冲滤波器组成滤波器组的合成响应曲线

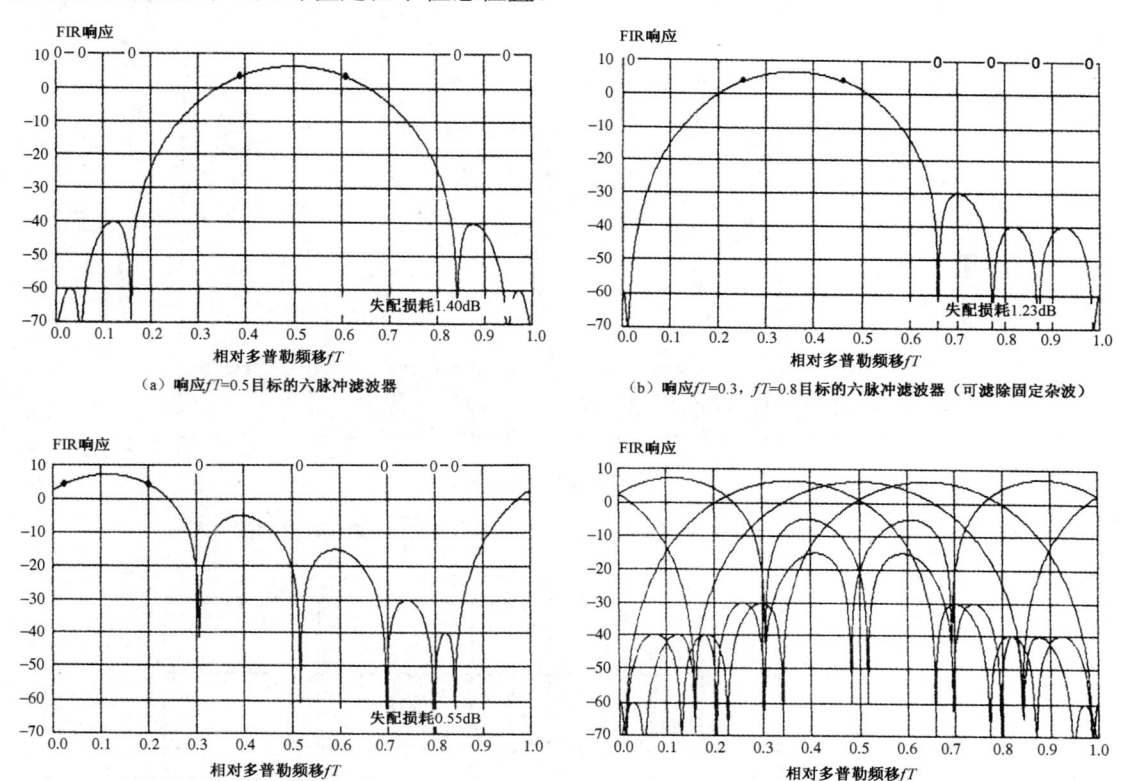

图 2.53　六脉冲滤波器的目标响应

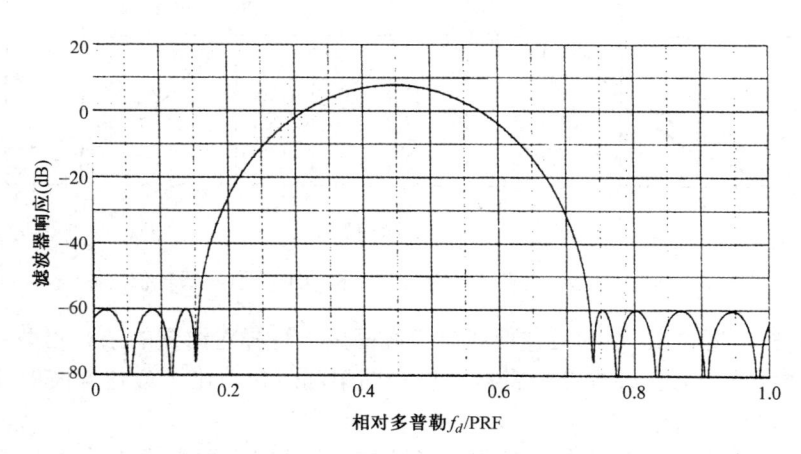

图 2.54　68dB 多普勒副瓣的切比雪夫 FIR 滤波器设计

实现能覆盖全部多普勒频率所需的滤波器总数，是设计时权衡滤波器交叠处的跨接损耗和实现复杂程度之间的得失的一个选择。图 2.55 是一个用 9 个均匀间隔的滤波器组成的完整的多普勒滤波器组响应曲线。对图 2.55 中考虑的杂波模型，这一滤波器组的性能如图 2.56 所示。此图显示对于零多普勒的杂波，信杂比改善和目标多普勒频率的函数关系。在每个目标多普勒频率处只画出了能提供最大改善的滤波器的响应。

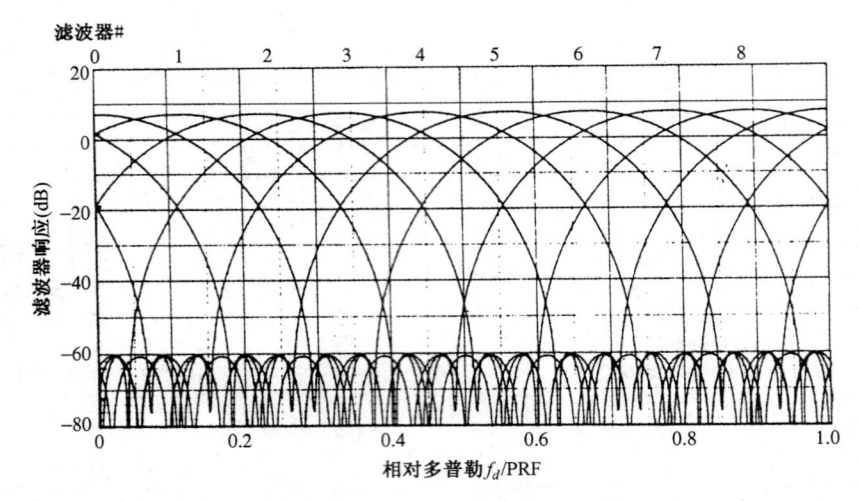

图 2.55　CPI 为 9 脉冲时 68dB 切比雪夫多普勒滤波器组响应曲线

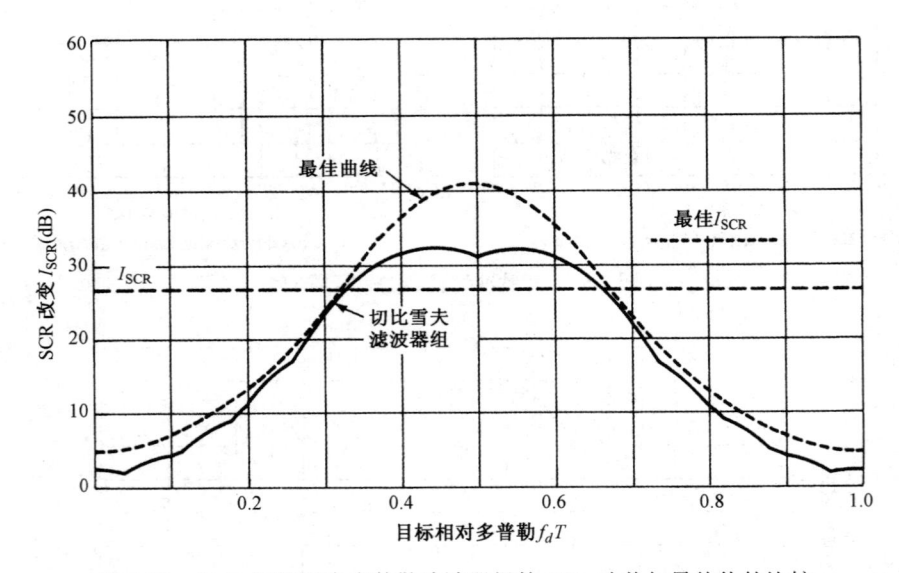

图 2.56　68dB 切比雪夫多普勒滤波器组的 SCR 改善与最佳值的比较

为了便于比较，图 2.56 中的最佳曲线用虚线画出，这样对给定的杂波模型，可给出切比雪夫滤波器设计性能如何良好程度的直接评价。图中同时也给出了最佳滤波器和切比雪夫滤波器组二者的平均 SCR 的改善程度。

最后，图 2.57 是作为杂波谱相对扩展的函数的 68dB 切比雪夫滤波器组的平均 SCR 改善和最佳值曲线（出自图 2.26）。由于在滤波器组中的滤波器数量有限，因此若有多普勒频移引入到杂波回波中，则对平均 SCR 的改善程度会有小的影响。图中的斜线阴影部分不仅说明了这种影响，它还显示了对所有可能的多普勒频移情况下平均 SCR 改善程度的上限和下限。这种上限和下限将随多普勒滤波器组中所用滤波器个数的减少而增大。

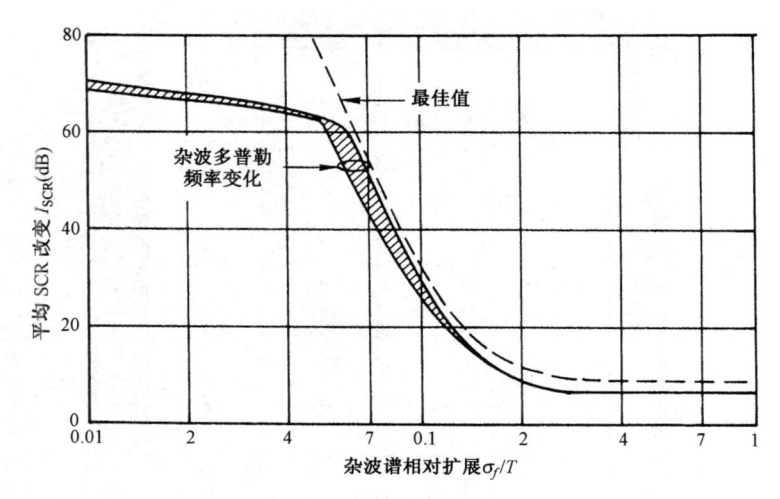

图 2.57　图 2.55 所示的 68dB 切比雪夫多普勒滤波器组的平均 SCR 改善
CPI = 9 脉冲，最佳值取自图 2.26

快速傅里叶变换滤波器组

对数量大的并行多普勒滤波器，可以通过使用 FFT（快速傅里叶变换）算法大大简化硬件的实现。这种算法的使用将滤波器组中的所有滤波器约束成具有相同的响应，而且滤波器要均匀地沿多普勒轴分布。但对给定的 CPI 尺寸所实现的滤波器数目是可以改变的。例如，根据所需滤波器响应（例如切比雪夫响应）将接收回波适当加权后，可以用额外的零值（也称为充零）将接收数据延伸，从而实现更多数目的滤波器。

使用约束的最佳化技术的滤波器组设计

当 CPI 中含有大数目的脉冲时，用 FIR 代替昂贵的 FFT 来实现多普勒滤波器组，通过使用合适的数字滤波器设计技术，可以实现更令人满意的 FIR 滤波器响应。目标和前面讨论的经验滤波器设计追求的类似，但可以设计出具有大数目抽头的滤波器，来满足严格的技术要求。

作为一个例子，考虑一个 S 波段（3.0GHz）雷达的多普勒滤波器组设计，其 CPI 包含 $N=25$ 个脉冲，PRF 为 6kHz。假设雷达要求对静止地杂波的抑制为 80dB，对动杂波（雨）的抑制为 50dB。为设计滤波器，需要低于这些要求 10dB 的杂波衰减，以保持因为杂波残留造成的灵敏度损失低于 1dB，并且又因为每个多普勒滤波器会有约 $10\lg25=14\text{dB}$ 的相干增益，这也必须添加到滤波器设计要求中。对上述雷达参数，总的 S 波段多普勒空间为 300m/s。假设地杂波抑制区间为±4m/s，动杂波抑制范围为±30m/s，这时所有多普勒滤波器设计的约束对其峰值归一化后如图 2.58 所示。

使用一个由海军研究实验室 Dan P. Scholnik 博士开发的信号处理工具箱，设计出了满足以上约束的多普勒滤波器组。第一个滤波器如图 2.59 所示，其峰值定位于离约束框左边缘尽可能近的地方，横坐标对总可用多普勒空间归一化。

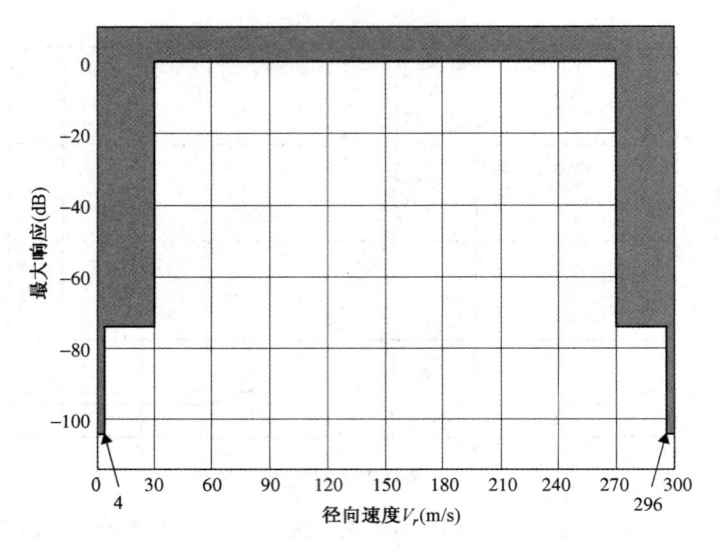

图 2.58　多普勒滤波器设计约束

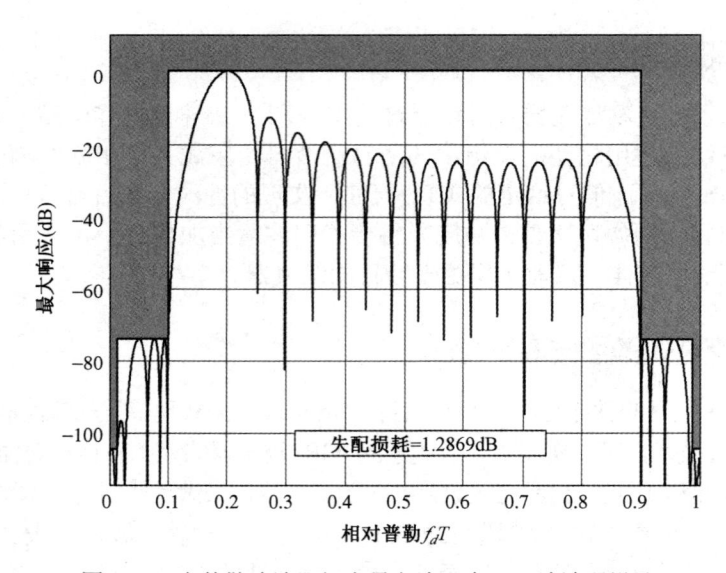

图 2.59　多普勒滤波器组中最左边一个 FIR 滤波器设计

　　这个滤波器的失配损耗 L_m=1.29dB，远低于一个 105dB 切比雪夫滤波器的失配损耗（L_m=3.0dB）。对其余的滤波器，使用了 D=1/25=0.04 的相对间隔，但为了使多普勒跨接损耗最小化，这个间隔也可以减小。滤波器组中的第三个滤波器如图 2.60 所示。此时的失配损耗已经减小到 0.71dB。最后，完整的多普勒滤波器组如图 2.61 所示。这个滤波器组可以用零多普勒附近附加的滤波进行扩展，但这些附加滤波器不能满足上面讨论的设计约束。此处描述的定制多普勒滤波器组设计的主要好处是失配损耗的降低。上面设计的 16 滤波器组，平均失配损耗为 $\overline{L}_m$=0.66dB，与可选用的 105dB 的加权切比雪夫滤波器组相比，损耗降低了 2.3dB。

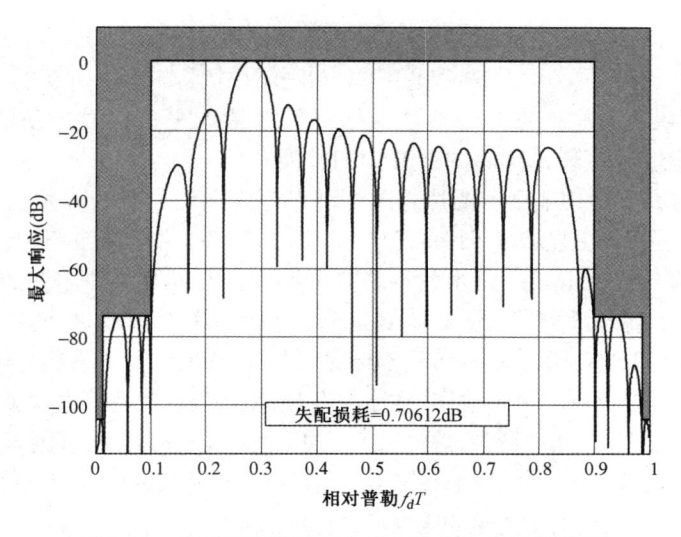

图 2.60 多普勒滤波器组中第三个 FIR 滤波器设计

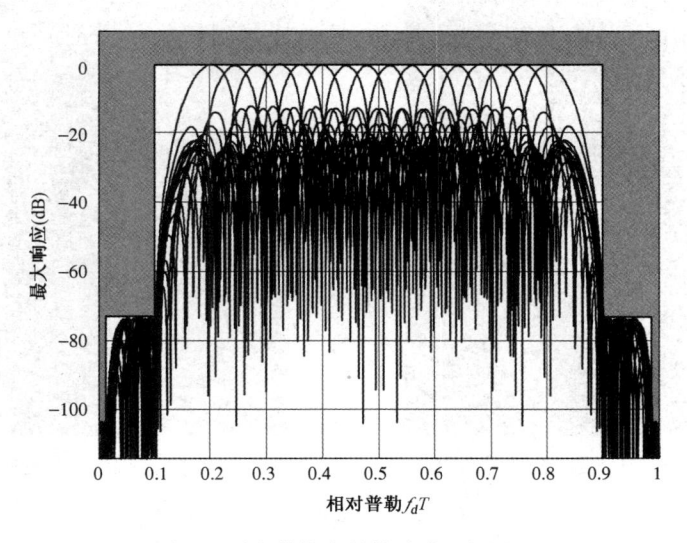

图 2.61 完整的多普勒滤波器组设计

2.11 接收机限幅引起的性能降低

本章的某些节（特别是 2.2 和 2.12 节）已经讨论了 IF 带通限幅器：
（1）作为防止接收杂波信号超过 A/D 转换器动态范围的措施；
（2）归一化由系统不稳定性造成的 MTI 杂波残留；
（3）归一化由扫描或风吹动造成的静止杂波频谱扩展。

当杂波超过限幅电平时，会有一些偶然的杂波残留毛刺，过去，这些残留毛刺的能量通过进一步降低限幅电平进行抑制。当使用限幅器来归一化杂波残留毛刺的能量时，MTI 系统的平均改善因子会剧烈恶化。2.6 节中扫描雷达 I（改善因子）的方程是基于线性理论的。然而外场测量已经表明，许多扫描的多路延迟 MTI 雷达系统的性能远远没有达到预期的系统性能。这些情况的发生是因为采用了 IF 带通限幅器来抑制由限幅动作引起的残留毛刺的能量。本节后面将说明使用二元检测方案而不是大幅降低限幅电平，在发生杂波限幅的分辨单元中，可以用来保持接近线性理论预测的杂波抑制性能。

图 2.62 所示的 MTI 的 PPI 显示图片是限制动态范围如何调整杂波剩余的例子。其中，距离环间距是 5n mile。显示器上显示出了许多飞鸟。在图 2.62（a）中，剩余杂波在 3n mile 内很强，向外后逐渐减弱，直到 10n mile 处才差不多完全消失。在两幅图中，MTI 的改善因子都是 18dB，但是对消器的输入动态范围（峰值信号-噪声有效值比）在两图间从 20dB 变到 14dB。在图 2.62（a）中一架飞过最初 5n mile 杂波区的飞机，无论其雷达截面积有多大，都检测不到。但是在图 2.62（b）中，如果目标与杂波截面积之比足够大，就能检测出来。虽然这个例子是许多年以前的[31]，但原理仍然没有变，即使当前的 MTI 改善因子已经提高了几十分贝。限制 IF 动态范围仍然是归一化由于系统不稳定性产生的杂波残留或归一化由系统造成的杂波谱扩展的有效方法。不论雷达用不用脉冲压缩，这一点都成立。

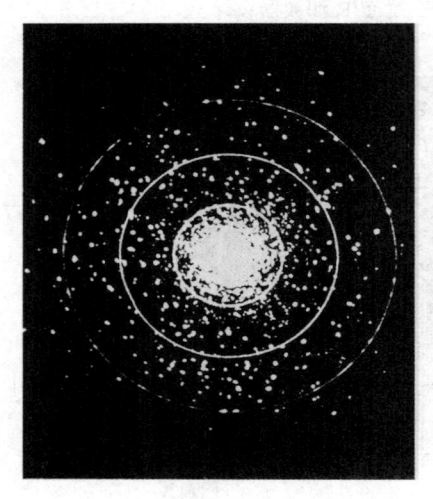

（a）改善因子为 18dB，输入动态范围为 20dB 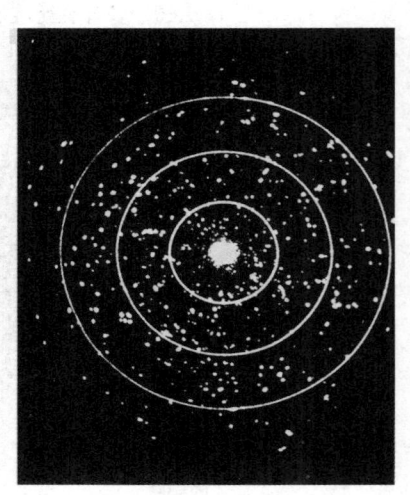　　　（b）改善因子为 18dB，输入动态范围为 14dB

图 2.62　限幅器的影响

在研制为了控制由杂波剩余所产生虚警的现代杂波图之前，或最近提出的采用二元积累减轻脉冲状残留[32]的建议之前，在 MTI 雷达中，利用中频限幅是最关键的控制虚警方法。然而，这种限幅严重地影响了用受扫描限制的、多路延迟对消器所能获得的改善。这是由于超过限幅电平的杂波的谱扩展所造成的。一部分附加的杂波谱分量来自当杂波达到限幅电平时，回波包络中的突然不连续[33]。图 2.63 所示为一个在波束宽度内有 16.4 个回波的雷达中出现这种现象在时域中的例子。图左边所示的点目标没有超出限幅电平，图右边所示的点目标超出限幅电平 20dB。注意，在这个例子中，对双路延迟对消器而言，改善因子 I 降低了 12.8dB；对三路延迟对消器而言，改善因子 I 降低了 26.5dB。这种计算的准确结果取决于所假设的天线方向图的形状（在此例中，假设天线方向图为$(sinU)/U$，并只截取第一对零点内的部分）。这里有一个可比的分布杂波限幅后的谱扩展[34, 35]。图 2.64～图 2.66 显示了作为 σ/L 的函数的二、三、四脉冲对消器所期望的平均改善因子。其中，σ/L 是均方根杂波幅度与限幅电平之比；N 是单程半功率波束宽度内的回波脉冲数。

图 2.63　限幅器造成的改善因子限制

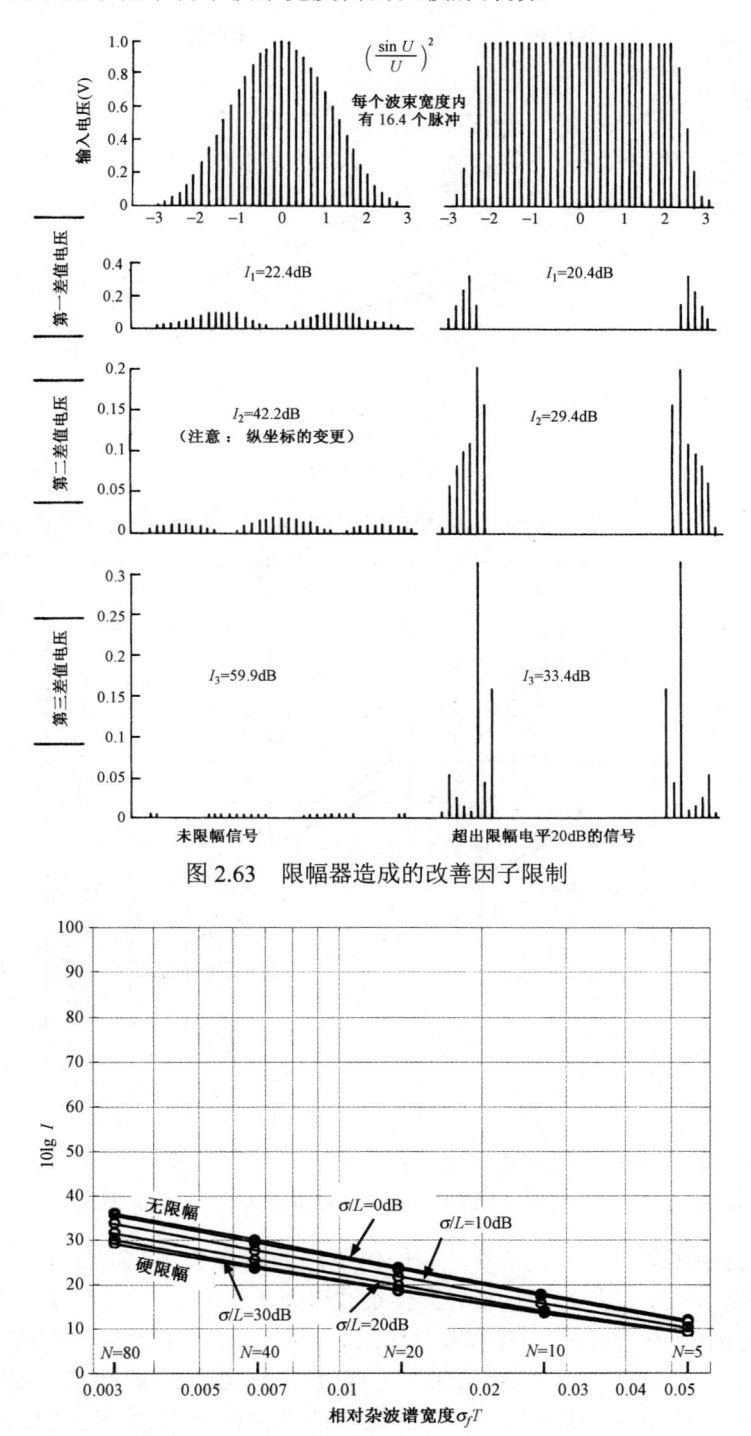

图 2.64　2 脉冲对消器平均改善因子限制与限幅程度和杂波频谱扩展的关系

（引自 T. M. Hall and W. W. Shrader[32] © IEEE 2007 and H. R. Ward and W. W. Shrader[34] © IEEE 1968）

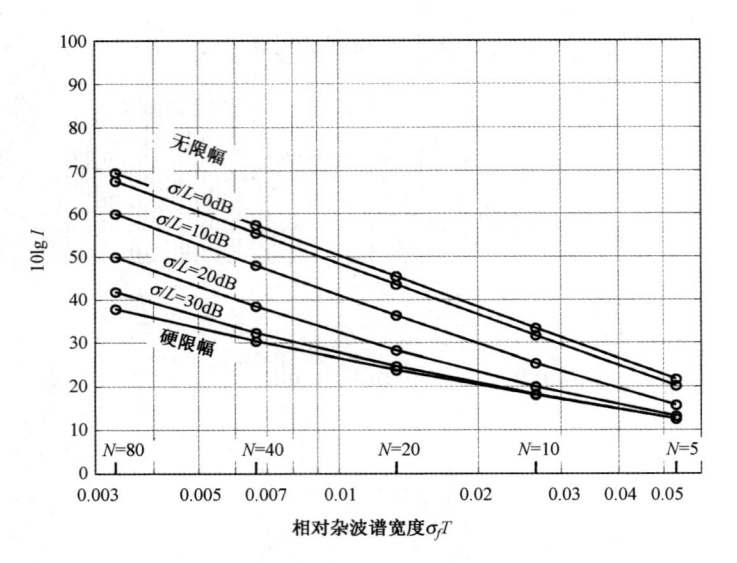

图 2.65　3 脉冲对消器平均改善因子限制与限幅程度和杂波频谱扩展的关系
（引自 *T. M. Hall and W. W. Shrader*[32] © IEEE 2007 and *H. R. Ward and W. W. Shrader*[34] © IEEE 1968）

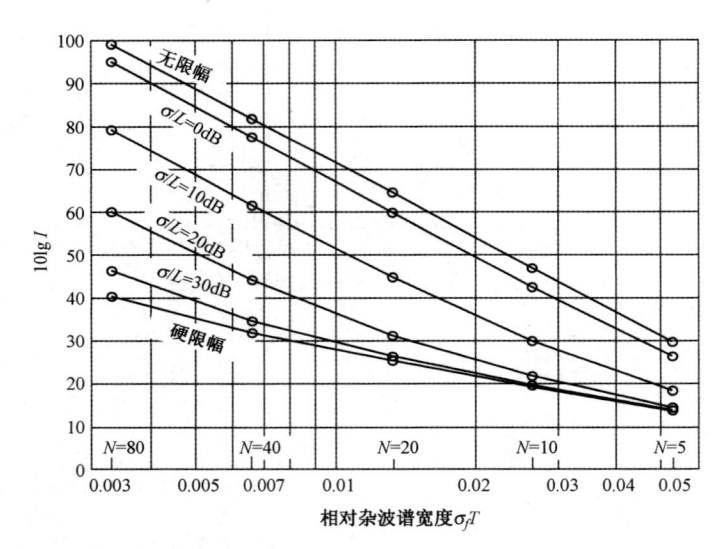

图 2.66　4 脉冲对消器平均改善因子限制与限幅程度和杂波频谱扩展的关系
（引自 *T. M. Hall and W. W. Shrader*[32] © IEEE 2007 and *H. R. Ward and W. W. Shrader*[34] © IEEE 1968）

一个来自仿真的硬限幅分布式杂波残留的例子，引自 Hall and Shrader[32]。图 2.67 是一个每波束宽度回波数 $N=20$ 的扫描雷达部分线性杂波序列的极坐标图。这个线性杂波序列是来自一个分布式杂波的距离单元上 65 个接续复电压回波。图 2.68 所示为这个序列的相位和幅度。

如果这个杂波序列比限幅电平高 40dB，并通过一个 10V IF 限幅器，仅有相位信息会保留下来。每个脉冲的幅度将都为 10V。当限幅后的杂波序列通过一个三脉冲对消器（系数为 1、-2、1）时，输出的残留如图 2.69（a）所示。相应的脉冲间改善因子如图 2.69（b）所示。

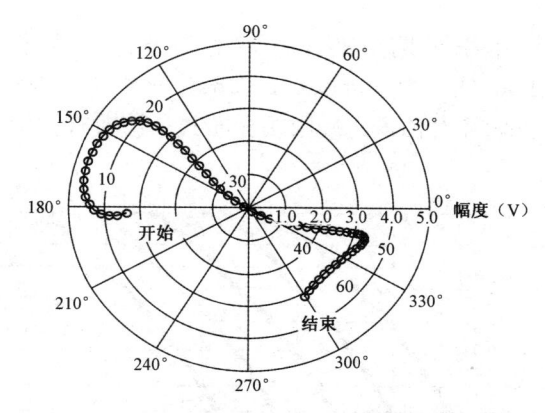

图 2.67 线性杂波序列的极坐标图，每波束宽度回波数 $N=20$

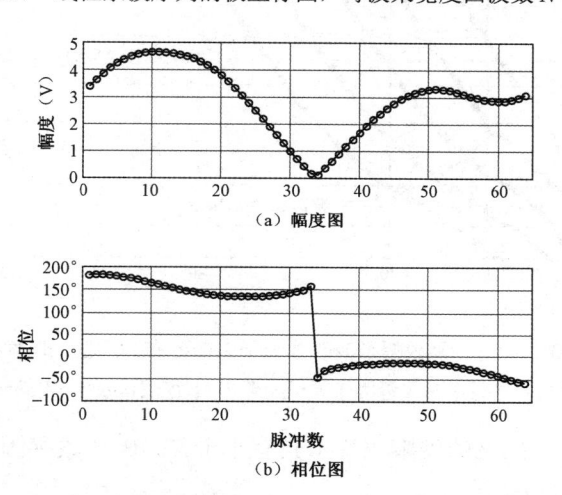

（a）幅度图

（b）相位图

图 2.68 线性杂波序列的幅度和相位图，每波束宽度回波数 $N=20$

（a）三脉冲对消器残留

（b）硬限幅杂波序列的改善因子

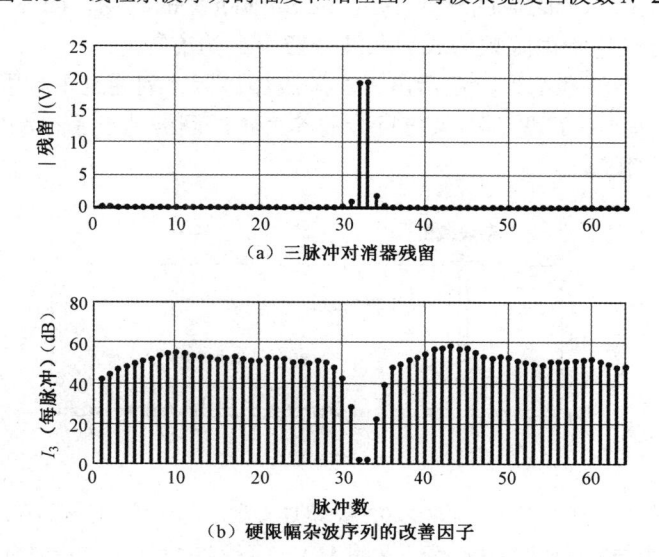

图 2.69 三脉冲对消器残留和硬限幅杂波序列的改善因子，每波束宽度回波数 $N=20$

（引自 *T. M. Hall and W. W. Shrader*[32] © *IEEE 2007*）

对于一个 $N=20$ 线性系统，期望的三脉冲对消器改善因子［来自式（2.27）］为 $I_3=n^4/3.84=42.6$dB。在图 2.96（b）中，可以看到大部分脉冲都达到了这个改善因子 I_3，仅有两个脉冲的 I_3 值非常低。三脉冲对消器对硬限幅分布式杂波改善因子 I_3 分布的统计如图 2.70 所示[32]。

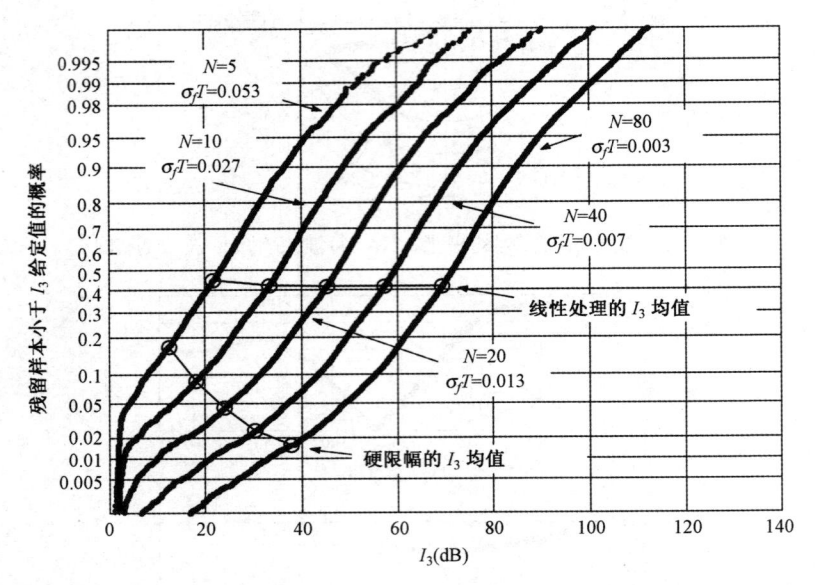

图 2.70 每波束宽度回波数不同时，硬限幅杂波改善因子 I_3 的分布和均值。作为参考，也显示了线性处理 I_3 的均值（I_3 是三脉冲 MTI 对消器的改善因子）（引自 T. M. Hall and W. W. Shrader[32] © IEEE 2007）

注意：对 $N=20$，不到 5%的硬限幅样本具有小于 24dB 的改善因子，而几乎 60%的样本都超过了线性系统期望的 I_3。

以前在图 2.69 中所示的时域图导致 Hall 和 Shrader[32]的结论，即在 MTI 滤波器输出采用 M/N 二元检测器可以排除由限幅造成的杂波残留引起的虚警。

图 2.71 除显示了杂波残留外，还示出了在杂波加目标序列通过中频限幅处理之前，目标回波叠加在分布式杂波上。可见许多来自目标的单个脉冲回波超过了检测门限，而仅有 4 个杂波残留脉冲超过了门限。

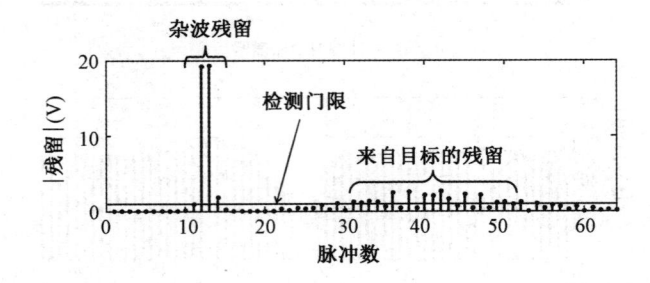

图 2.71 硬限幅的分布式杂波序列（$N=20$）经 MTI 处理后，且有一目标加在杂波序列上时，残留毛刺与目标回波大相径庭。采用 M/N 二元检测器可以抑制杂波而保留目标（引自 T. M. Hall and W. W. Shrader[32] © IEEE 2007）

总结：

（1）MTI 改善因子在多数限幅杂波单元中超过线性处理获得的平均改善因子；

（2）具有低 MTI 改善因子的单元可以通过二元检测处理抑制掉；

（3）因此，甚至在杂波超过 IF 动态范围的区域内也能获得出色的 MTI 性能。

注意：此处对二元检测的讨论是针对实杂波的频谱分布的，即在限幅前在时域内观看时杂波矢量具有平滑的幅度和相位变化。这与系统不稳定性造成的类似噪声的杂波变化是有区别的，此时系统动态范围应当进行限制，以防止不稳定残留超过系统噪声电平。

2.12 雷达系统稳定性要求

系统不稳定性

不仅天线扫描和杂波频谱对 MTI 可获得的改善因子有影响，而且系统的不稳定性也会限制 MTI 的性能。这些不稳定性是由下列因素引起的：稳定本振和相干振荡器的不稳定性；发射机脉冲之间的频率变化（当使用脉冲振荡器时）或发射机脉冲之间的相位变化（当使用功率放大器时）；相干振荡器不能完全锁定到基准脉冲的相位上；脉冲的时间抖动、幅度抖动及 A/D 转换器的量化噪声[36, 37]。

先来考虑相位的不稳定性。如果相邻接收回波脉冲的相位与相干振荡器的相位相比较，例如说有 0.01rad 的相位差，则可获得的改善因子的极限值为 40dB。0.01rad 的杂波矢量变化相当于有比杂波弱 40dB 的目标矢量叠加在杂波之上，如图 2.72 所示。

在图 2.73 所示的功率放大器 MTI 系统中，发射脉冲之间的相位变化可以是由脉冲放大器引起的。功率放大器引起相位变化的最常见原因是高压电源的纹波。其他相位不稳定原因包括发射管灯丝交流电压不稳及诸如脉冲间参差造成的电源负载不均匀等。

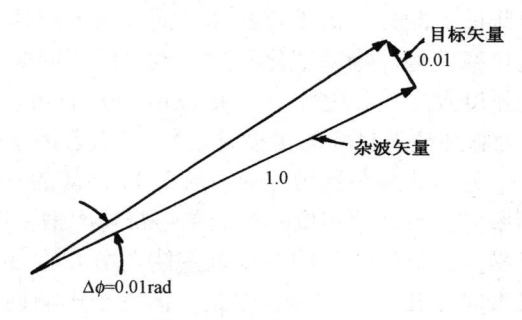

图 2.72 相位的不稳定

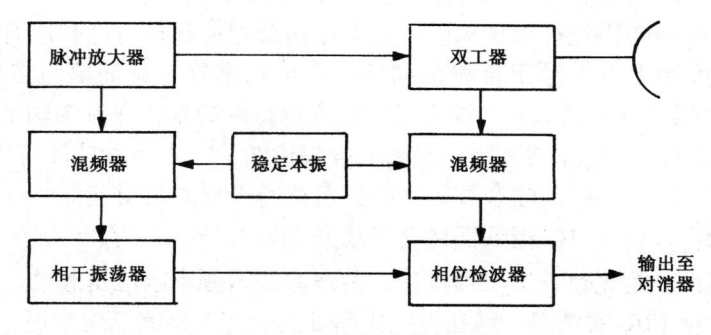

图 2.73 功率放大简化框图

在图 2.74 所示的脉冲振荡器系统中，脉冲之间的频率变化导致在一个发射脉冲期间相位不同步。相位不同步就是在脉冲持续期间，发射脉冲相位相对于参考基准振荡器相位的变化。如果一直到发射脉冲结束时相干振荡器是完全锁定的，那么在发射脉冲期间总相位不同步为 0.02rad 时，可获得改善因子的平均极限值是 40dB。在微波振荡器中，脉冲之间的频率变化主要是由于高压电源的纹波引起的。在脉冲振荡系统中，若脉冲之间相干振荡器的锁定有 0.01rad 的相位差，则改善因子极限值为 40dB（如别处指出的，脉冲内部来自脉冲振荡器的频率变化如果在脉冲之间精确重复的话，不会对改善因子造成限制）。

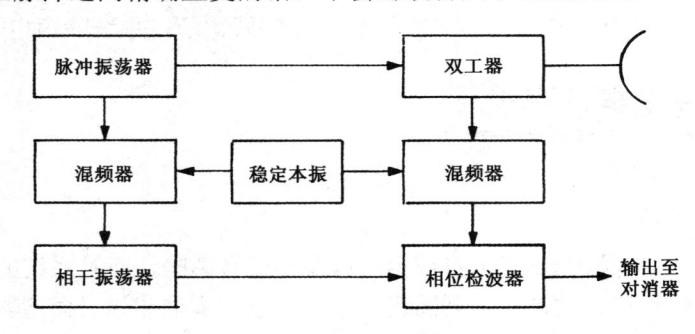

图 2.74 脉冲振荡器简化框图

接续发射脉冲之间稳定本振和相干振荡器频率的变化造成的设备不稳定性导致的对改善因子的限制，是杂波距离的函数。这些变化可以用两种方式来表征。所有振荡器都有一个噪声频谱。此外，由于容易调谐而采用的腔体振荡器的噪声是颤噪的，因此其频率可能按音频变化率变化。频率变化导致的改善因子限制，是振荡器在接续脉冲发送和接收时间之间运行的弧度数之差。因此，如果 $2\pi\Delta f T=0.01\text{rad}$（此处 Δf 为在两发射脉冲之间振荡器的频率变化，T 为脉冲往返目标的传播时间），则改善因子的限制是 40dB。

为估计振荡器相位噪声对 MTI 性能的影响，有 4 个步骤。第一步，确定作为偏离载波的频率值的函数的相位噪声的单边带功率谱密度[38, 39]。第二步，将此谱密度增大 6dB。这计入了噪声的双边带影响杂波剩余使之增大的 3dB，以及因发射和接收期间振荡器噪声的影响又增大的 3dB。第三步，根据下面三个影响调整上面确定的振荡器相位噪声谱密度：（1）基于所关注的杂波双程距离延迟而来的相关性的相位噪声自对消；（2）杂波滤波器频率响应的噪声抑制；（3）接收机通带的频率响应噪声抑制。第四步，对已调整的相位噪声谱密度在整个通带上积分。其结果即振荡器噪声对改善因子造成的限制。

与其数值上对残留噪声进行这种积分，如果振荡器相位噪声特性和所有对相位噪声的调整在分贝-对数刻度图上近似地用直线来描绘，则可以进行一种简单得多的分析。当假设 MTI FIR 滤波器采用二项式系数时，这个过程就变得特别简单。在频率轴上和直线相交的点叫**转折频率**。这种简化的过程，类似于 Vigneri 等提出的[40]，在下面的段落进行描述。

三项调整的第一项——所关注杂波距离的振荡器噪声自对消引起的——在低频段在低于转折频率 $f=1/(\sqrt{2}T_R\pi)$ 处每 10 倍频程将噪声减少 20dB。式中，$T_R=2R/c$，是杂波回波时延；R 是杂波距离；c 是光速。第二项校正，杂波滤波器频率响应引起的，如前所述假设使用了用二项式加权的 FIR 对消器，其在很低频率处的响应对单路延迟来说，响应每 10 倍频程噪声下降 20dB；双路延迟每 10 倍频程噪声下降 40dB；三路延迟每 10 倍频程噪声下降 60dB 等。作为一个例子，双路延迟 MTI 滤波器使用的近似如图 2.75 所示。该 MTI 响应峰值

为 $4/\sqrt{6} \approx 4.26\text{dB}$，导致平均噪声增益为 1，直线近似沿着低频率渐进线一直到 0dB 电平，这产生于 $fT = 0.249$，在所有更高的频率上保持在恒定的 0dB 电平上。在高频率上 0dB 近似的理由是振荡器频谱密度更加接近恒量，以及在 MTI 响应一个周期上的平均值是 1。对其他二项式系数 MTI 对消器响应下降开始的转折频率，对单路延迟而言是 $fT = 0.225$，双路延迟是 0.249，三路延迟是 0.262，四路延迟是 0.271。

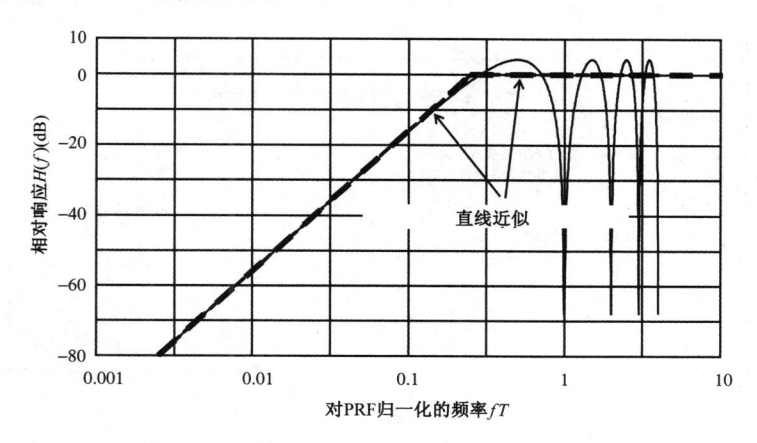

图 2.75 双路延迟二项式 MTI 对消器直线近似

例如，考虑一个具有单边带相位噪声谱密度的振荡器，如图 2.76 所示。假设所有振荡器噪声的贡献量都合成在这条曲线上。由于双边带都对系统稳定性有影响，而功率积分仅对正频率进行，使单边带噪声增加 3dB。又由于振荡器在上变频至发射信号和到接收机下变频过程中都引入噪声，又使单边带噪声增加了 3dB。

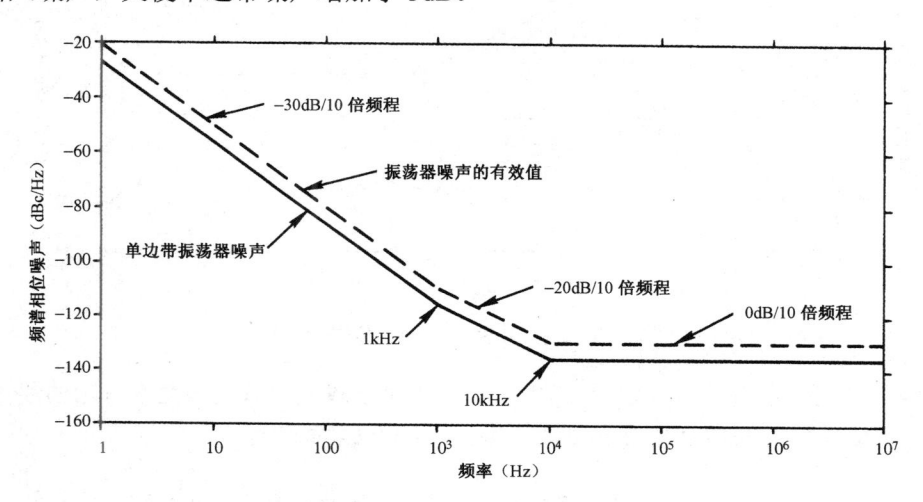

图 2.76 微波振荡器的单边带相位噪声谱密度和有效噪声密度

图 2.77 所示为根据系统响应进行的频谱修正：

（1）第一项修正考虑了由到杂波的距离所引起的相关性［假设杂波距离约等于 50n mile（92.6km），于是转折频率为 365Hz］；

（2）第二项修正由假定是三脉冲二项式加权对消器所致，雷达脉冲重复频率为 360Hz，此时转折频率为 0.249×360 = 90Hz；

（3）第三项修正由假设了接收机通带为相对于中频上的中心频率在–3dB 点之间从–500kHz 延伸到+500kHz（总通带为 1MHz 引起），并由一双极点滤波器决定。由此接收机通带响应在 500kHz 的转折频率以 40dB/10 倍频程下降。

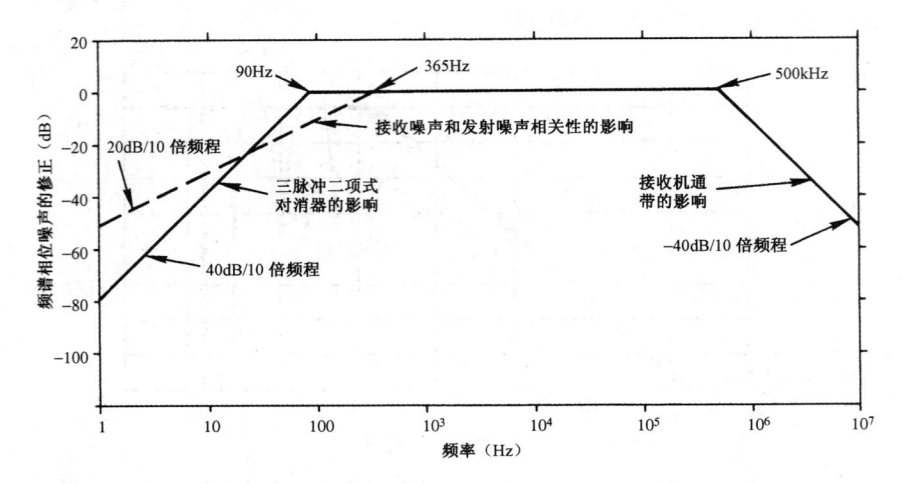

图 2.77 基于系统参数的对微波振荡器相位噪声的修正（系统参数见书中内容）

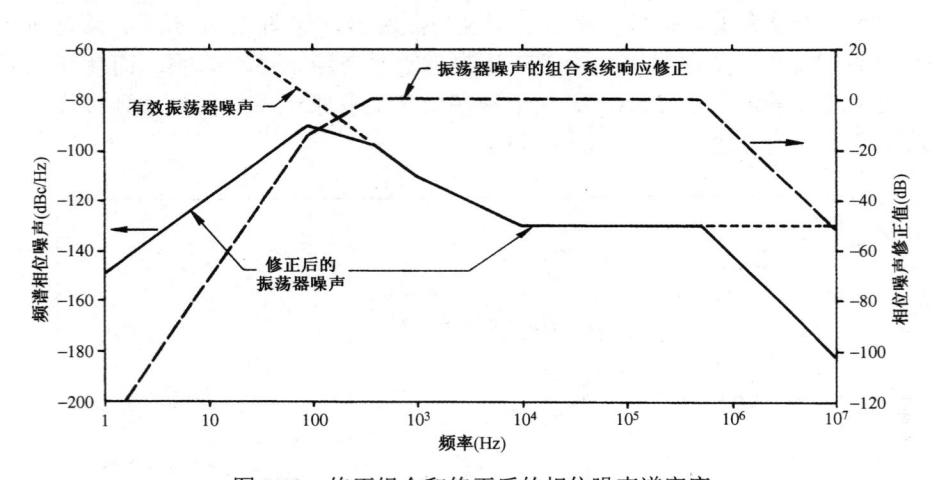

图 2.78 修正组合和修正后的相位噪声谱密度

经过修正的相位噪声谱密度如图 2.78 所示。相对于载波，总噪声功率可由曲线下面的噪声功率的积分来决定。每段功率谱密度随频率变化的方程为

$$S(f) = S_1 \left(\frac{f}{f_1}\right)^\alpha \quad f_1 \leqslant f \leqslant f_2 \tag{2.42}$$

式中，f_1 和 f_2 是这一段的起始和终点频率；$S_1(\text{Hz}^{-1})$ 是相对于载频的相位噪声谱密度在这一段起始处的功率谱密度；α 是该段的斜率，单位是 lg 单位/10 倍频程。注意图 2.78 中 dBc/Hz 值对应于 $10\lg(S)$。接着，令 $S_2(\text{Hz}^{-1})$ 表示相对于载频的相位噪声谱密度在终点处的功率谱密度，则斜率定义为：

$$\alpha = \frac{\lg(S_2/S_1)}{\lg(f_2/f_1)} \quad (2.43)$$

斜率（dB/10倍频程）等于10α。这一段贡献的相应噪声功率为

$$P = \begin{cases} \dfrac{S_1}{f_1^\alpha} \cdot \dfrac{1}{1+\alpha}\left[f_2^{\alpha+1} - f_1^{\alpha+1}\right] & \text{对所有 } \alpha \neq -1 \\ \dfrac{S_1}{f_1^\alpha}\left[\ln(f_2) - \ln(f_1)\right] & \text{对 } \alpha = -1 \end{cases} \quad (2.44)$$

表2.4给出了这个例子的积分结果。在计算出所有段的积分功率后，先对它们求和，然后转化为dBc。最终结果，–66.37dBc，就是由振荡器噪声导致的对改善因子I的限制。对I_{SCR}（dB）的限制是I（dB）加上目标积累增益（dB）。

表2.4 图2.76的相位噪声谱密度积分值，计入如图2.78所示的图2.77的调整

段	f_1(Hz)	f_2(Hz)	斜率 (dB/10倍频程)	斜率 α	S_1(dBc/Hz)	S_2(dBc/Hz)	积分功率 (W)	积分功率 (dBc)
1	1	90	30.0	3	–149.4	–90.8	0.188E-7	–77.25
2	90	365	–10.0	–1	–90.8	–96.9	0.105E-6	–69.80
3	365	1 000	–30.0	–3	–96.9	–110.0	0.323E-7	–74.91
4	1.0e3	1.0e4	–20.0	–2	–110.0	–130.0	0.900E-8	–80.46
5	1.0e4	5.0e5	0.0	0	–130.0	–130.0	0.490E-7	–73.10
6	5.0e5	1.0e7	–40.0	–4	–130.0	–182.0	0.167E-7	–77.78
总积分噪声功率							0.231e-6	–66.37

发射脉冲的时间抖动会使MTI系统的性能变坏。时间抖动会使脉冲的前沿及后沿对消失败，而每一个未被对消的部分的幅度为$\Delta t/\tau$。这里，Δt为时间抖动量；τ为发射脉冲宽度。总的剩余功率为$2(\Delta t/\tau)^2$，因此，由于时间抖动对改善因子所产生的限制为$I = 20\lg[\tau/(\sqrt{2}\Delta t)]$（dB）。对改善因子的这种限制是基于CW发射脉冲的，并基于假定接收机带宽与发射脉冲持续时间相匹配而得出的。在脉冲压缩雷达系统中，接收机带宽要比时间带宽积宽$B\tau$倍，于是在脉冲的每端杂波剩余功率按$B\tau$积成比例增大。线性调频脉冲压缩系统对改善因子I的限制这时是$I = 20\lg[\tau/(\sqrt{2}\Delta t\sqrt{B\tau})]$。脉冲压缩雷达系统采用相位编码波形时，就应将上式中的因子2再乘以波形中的子脉冲数。例如，对于有13个子脉冲的Barker码来说，对改善因子I的限制为

$$I = 20\lg[\tau/(\sqrt{2\times 13}\Delta t\sqrt{13})] \quad \text{dB} \quad (2.45)$$

脉冲宽度的抖动产生的剩余为时间抖动剩余的一半，并且有

$$I = 20\lg\frac{\tau}{\Delta\text{PW}\sqrt{B\tau}} \quad \text{dB} \quad (2.46)$$

式中，ΔPW是脉冲宽度的抖动。

发射脉冲的幅度抖动也会对改善因子产生限制，这时有

$$I = 20\lg\frac{A}{\Delta A} \quad \text{dB} \quad (2.47)$$

式中，A 是脉冲的幅度；ΔA 是脉冲之间的幅度变化。因为总会出现很多达不到限幅电平的杂波，故即使在对消器前采用限幅的系统中，此种限制也仍然成立。但是，在大多数的发射机中，当频率稳定度或相位稳定度满足了要求之后，幅度的抖动是不大的。

在 A/D 转换器中，取样时间的抖动也会限制 MTI 的性能，如果脉冲压缩在 A/D 转换之前进行或没有脉冲压缩，则这种限制为

$$I = 20\lg \frac{\tau}{J\sqrt{B\tau}} \quad \text{dB} \tag{2.48}$$

式中，J 是定时的抖动；τ 是发射脉冲宽度；$B\tau$ 是时间带宽乘积。如果脉冲压缩在 A/D 转换之后进行，则限制为

$$I = 20\lg \frac{\tau}{JB\tau} \quad \text{dB} \tag{2.49}$$

对可得到的 MTI 改善因子的各项限制已归纳在表 2.5 内。这时假设了各项不稳定的峰-峰值是在脉冲到脉冲之间发生的，在脉冲间进行参差 MTI 操作时往往如此。若已知不稳定性为随机的，则在这些公式中的峰值可用脉冲之间峰-峰值的均方根代替，所得出的结果基本上与 Steinberg 的结果相同[41]。

表 2.5 不稳定性造成的限制

脉冲之间的不稳定源性	对改善因子的限制
振荡器相位噪声	见正文中的讨论
发射机的频率	$I = 20\lg[1/(\pi\Delta f \tau)]$
稳定本振或相干振荡器的频率	$I = 20\lg[1/(2\pi\Delta f T)]$
发射机的相位漂移	$I = 20\lg(1/\Delta\phi)$
相干振荡器的锁定	$I = 20\lg(1/\Delta\phi)$
脉冲定时抖动	$I = 20\lg[\tau/(\sqrt{2}\Delta t\sqrt{B\tau})]$
脉冲宽度抖动	$I = 20\lg[\tau/(\Delta\text{PW}\sqrt{B\tau})]$
脉冲幅度抖动	$I = 20\lg(A/\Delta A)$
A/D 取样抖动	$I = 20\lg[\tau/(J\sqrt{B\tau})]$
脉冲压缩在 A/D 之后时，A/D 取样抖动	$I = 20\lg[\tau/(JB\tau)]$
式中，Δf 为脉冲间的频率变化；τ 为发射脉冲宽度；T 为往返目标的传播时间；$\Delta\phi$ 为脉冲间的相位变化；Δt 为定时间抖动；J 为 A/D 取样时间抖动；$B\tau$ 为脉冲压缩系统的时间带宽乘积（对不调频脉冲而言，$B\tau=1$）；ΔPW 为脉冲宽度的抖动；A 为脉冲幅度（V）；ΔA 为脉冲间的幅度变化	

如果不稳定出现在某些已知的频率上，如高压电源的纹波，则有关不稳定的影响可按在等效多普勒频率上的目标在 MTI 系统速度响应曲线上的响应来确定。例如，当响应比最大响应低 6dB 时，则对改善因子 I 的限制差不多要比由表 2.5 的公式计算出的限制小 6dB。如果全部不稳定源是互相独立的，并且通常都是这种情况，则各剩余杂波功率可相加，以确定对 MTI 性能的总限制。

脉冲内的频率或相位变化如能从脉冲到脉冲准确地重复出现，则它们就不会对 MTI 的良好运作产生什么干扰。唯一应当关心的是，如果在发射脉冲时间内相位有漂移或相干振荡器或稳定本振有失调而使得回波脉冲与调谐好的中频频率有显著的失谐时，则灵敏度就会降低。如果容许在脉冲内有 1rad 的相位漂移，则系统的失谐即可高达 $1/(2\pi\tau)$Hz，并且仍旧不

会使 MTI 的性能变坏。

为了举例说明对脉冲内的稳定性的要求，我们以一部频率为 3000MHz、发射 2μs 的 CW 脉冲的雷达为例，要求是没有单项系统不稳定性会将 100n mile 距离上的 MTI 改善因子限制到低于 50dB，即电压比为 316:1。发射机的脉间的均方根频率变化（若采用脉冲振荡器）必须小于

$$\Delta f = \frac{1}{316\pi\tau} = 504\text{Hz} \tag{2.50}$$

即稳定度约为 2×10^{-7}。

发射机的脉间均方根相移变化（若采用功率放大器）必须小于

$$\Delta\phi = \frac{1}{316} = 0.00316\text{rad} = 0.18° \tag{2.51}$$

稳定本振或相干振荡器的频率在接续脉冲之间的时间内的变化必须小于

$$\Delta f = \frac{1}{316(2\pi)(100\times12.36\times10^{-6})} = 0.4\text{Hz} \tag{2.52}$$

即对稳定本振（频率约为 3GHz）而言，短期频稳度为 10^{-10}；而对相干振荡器（假定中频为 30MHz）而言，短期频稳度为 10^{-8}。

相干振荡器（若采用脉冲振荡器）必须锁定在下述范围内。

$$\Delta\phi = \frac{1}{316} = 0.00316\text{rad} = 0.18° \tag{2.53}$$

脉冲定时的抖动必须小于

$$\Delta t = \frac{\tau}{316\sqrt{2}\sqrt{1}} = \frac{2\times10^{-6}}{316\sqrt{2}} = 4.5\times10^{-9}\text{s} \tag{2.54}$$

脉冲宽度的抖动必须小于

$$\Delta\text{PW} = \frac{\tau}{316\sqrt{1}} = \frac{2\times10^{-6}}{316} = 6\times10^{-9}\text{s} \tag{2.55}$$

脉冲幅度的变化必须小于

$$\frac{\Delta A}{A} = \frac{1}{316} = 0.00316 = 0.3\% \tag{2.56}$$

A/D 取样的时间抖动必须小于

$$J = \frac{\tau}{316\sqrt{1}} = \frac{2\times10^{-6}}{316} = 6\times10^{-9}\text{s} \tag{2.57}$$

以上各项要求中，振荡器相位噪声可能是主要的。然而，在大带宽（窄压缩后脉冲）系统中，定时间抖动要求变得很重要，并且可能要求在系统关键部位采用专门的时钟再生电路。

量化噪声对改善因子的影响

A/D 引入的量化噪声会对 MTI 所能获得的改善因子产生限制。考虑如图 2.79 所示的常规的视频 MTI 系统。因为峰值信号电平受到线性限幅放大器的控制，相位检波器输出的峰值偏移量是已知的，因此设计的 A/D 应能覆盖此偏移量。如果 A/D 采用 N 位，并且相位检波器的输出从 $-1\sim+1$，则量化间隔为 $2/(2^N-1)$。由 A/D 所引入的信号电平偏差的均方根值为 $2/[(2^N-1)\sqrt{12}]$。当信号达到相位检波器的全部偏移时，将 A/D 转换器对信号电平的影响代入表 2.5 的公式，就可求出对 MTI 改善因子的限制，即

$$I = 20\lg \frac{A}{\Delta A} = 20\lg\left\{\frac{1}{[(2^N-1)\sqrt{3.0}]^{-1}}\right\} = 20\lg[(2^N-1)\sqrt{3.0}] \tag{2.58}$$

因为两个正交通道都产生独立的 A/D 噪声，故对全距离信号改善因子的平均限制为

$$I = 20\lg[(2^N-1)\sqrt{3.0/2}] = 20\lg[(2^N-1)\sqrt{1.5}] \tag{2.59}$$

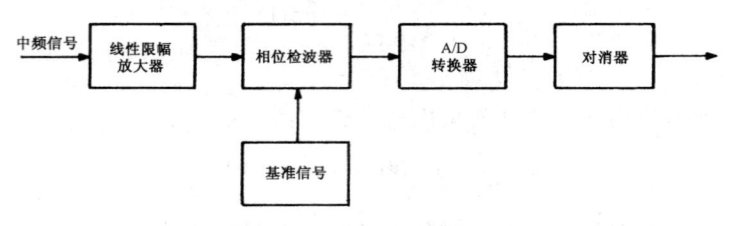

图 2.79　数字 MTI 方案

正常情况下信号并不达到 A/D 转换器的全部量程，这时量化对 I 的限制要相对重些。例如，如果设计一个系统使所关心的最强杂波平均电平比 A/D 转换器峰值小 3dB，则对 I 的限制会成为 $20\lg[(2^N-1)\sqrt{0.75}]$（见表 2.6）。

表 2.6　A/D 量化对 I 限制的典型值

位数 N	对 MTI 改善因子 I 的限制（dB）
10	59.0
11	65.0
12	71.0
13	77.0
14	83.0
15	89.1
16	95.1

对 A/D 量化噪声的讨论中假定了 A/D 转换器为理想的。特别是在高变换速率的情况下，许多 A/D 转换器是不理想的。这又引起比这里预计的更严重的系统限制（见 2.13 节）。

与脉冲压缩有关的考虑[①]

当 MTI 系统与脉冲压缩技术一起使用时，则系统在杂波中检测目标的性能可能和一部发射等效的窄脉冲系统的性能一样好，也可能不如一部发射同样宽度的 CW 脉冲的系统的性能好。杂波环境的类型、系统的不稳定性和所使用的信号处理方式决定系统性能的好坏程度落在上述两个极端情况之间的何处。除非对系统的不稳定性和杂波频谱扩展有专门的对付措施，否则 MTI-脉冲压缩雷达系统在杂波环境下就可能完全不能工作。

脉冲压缩接收机与 MTI 一起使用的理想情况如图 2.80（a）所示[②]。如果脉冲压缩系统是

---

① A/D 后所有的信号处理都是数字式的。然而，以模拟方式描述和刻画信号处理更有意义。

② 此图及后面的图所显示的中频带通限幅器（《雷达手册（第二版）》，pp.3.30～3.32）具有这样的幅度输出特性：对从噪声电平到限幅器最高输出电压 6dB 以内的输入信号电压，输出是线性的；然后输出电压平滑地过渡到最高输出电压[32]。输入信号的相位被精确保留。无论滤波器是以模拟电路或是数字算法实现的，这种限幅器特性都存在。

完善的，则被压缩后的脉冲看起来就像雷达在发射和接收窄脉冲一样，而 MTI 的处理也和好像没有用脉冲压缩时相同。实际上，由于三个基本的原因，压缩脉冲是有时间副瓣的。第一个原因是波形和系统的设计，包括有的分机可能与频率成非线性关系等。这些副瓣将是稳定不变的，也就是说，从一个脉冲到下一个脉冲它们会准确地重复出现，因而可以在 MTI 对消器中对消。这里假设了雷达系统是全相干的，如 2.17 节中的规则 3 所要求的。出现脉冲压缩副瓣的第二个原因是系统的不稳定性，如本地振荡器噪声、发射机时间抖动、发射管噪声及 A/D 转换器抖动。这些副瓣类似噪声，并且与杂波幅度成正比。它们不能在 MTI 对消器中对消。第三个产生副瓣的来源是发射机电源中的高频纹波。

如果发射机电源中有高频 AC-DC（交流–直流）和/或 DC-DC（直流–直流）转换器，而转换器的频率分量没有足够滤除，如成对回波理论[42]所预测的，会有在距离上偏移杂波的离散时间副瓣。成对回波副瓣也具有等于转换频率的多普勒频率。这个频率（f_{conv}）将混叠入 PRF（f_r）多普勒间隔，位于频率 f_{dop}（$f_{dop} = \mathrm{mod}(f_{conv}, f_r)$）处。除非高频转换器与 PRF 的整数倍同步，此时 $f_{dop} = 0$，否则这些副瓣不会对消。

假设类似噪声的副瓣分量比峰值发射信号低 50dB。类似噪声的分量并不能在 MTI 系统中被对消，因此对每一个超过系统门限 50dB 或更多一些的杂波区域来说，其剩余的部分就会超过检测门限。如果杂波超过门限 70dB，则 MTI 系统的剩余输出就要超过检测门限 20dB，于是就使 MTI 失效。图 2.80（b）表示了这种影响。

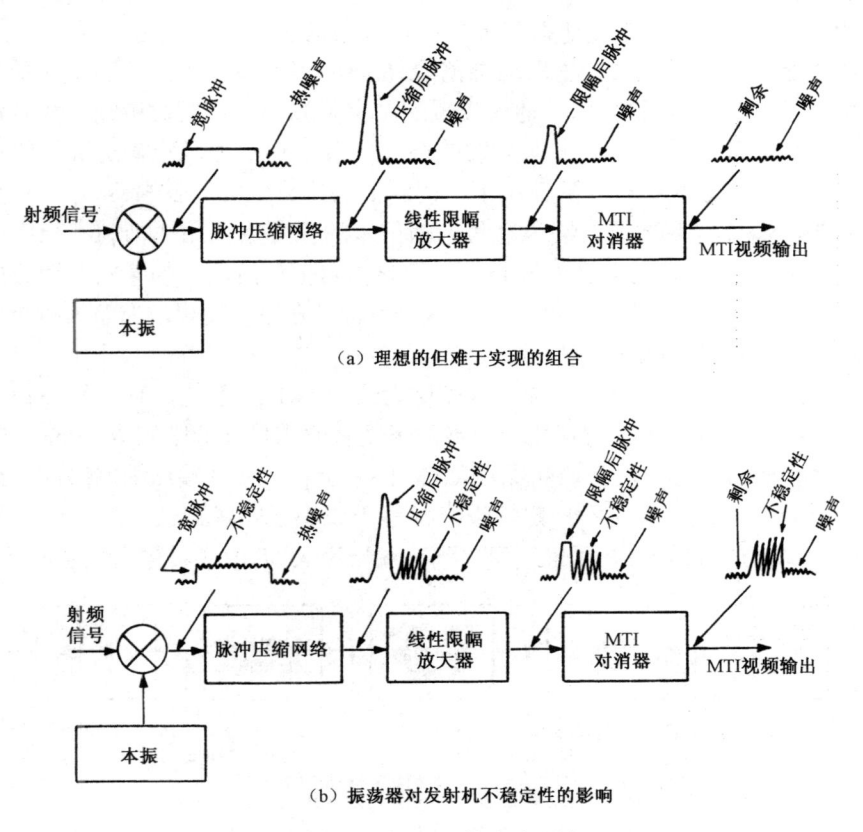

图 2.80 有 MTI 的脉冲压缩

为保证这种类似噪声的脉冲压缩副瓣在 MTI 对消器之后不超过系统噪声，系统稳定性设计预算必须保证不稳定性造成的副瓣电平低于接收系统的动态范围。接收系统动态范围最终决定于（在精心设计的系统中）A/D 转换器之前的中频带通限幅器。如果无法控制系统不稳定性低于系统动态范围，则需要减小系统动态范围［一种可供减小动态范围的选择是依靠信号处理后的单元平均恒虚警率（CA-CFAR）处理器，来提供一个能压制残留噪声的门限，但这种方法的有效性取决于残留噪声是否完全是类似噪声的，而这不太可能］。

在处理了不稳定的脉冲压缩副瓣后，还有必要控制由杂波频谱扩展或低频的发射机电源纹波造成的残留的检测。这可通过限制输入到对消器的最高信号幅度完成。上面描述的处理过程如图 2.81 所示。

在系统和杂波不稳定性所加的限制的范围内，已经有一种方法很成功地使 MTI 系统的性能达到最佳，如图 2.81 所示（在以下的讨论中，发射机噪声用来代表所有可能引起类似噪声的脉冲压缩时间副瓣的系统不稳定性）。

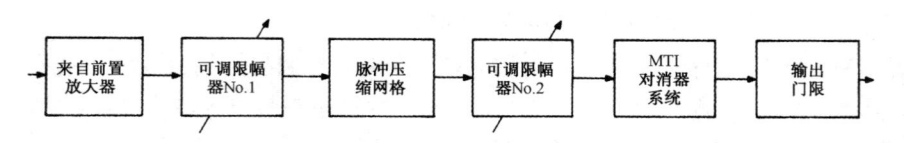

图 2.81　实际的 MTI 脉冲压缩组合

设置限幅器 1 是为了将系统动态范围限制在杂波峰值和杂波不稳定性噪声之间的范围内。设置限幅器 2 则是为了使其输出端动态范围等于所期望的 MTI 改善因子（受杂波频谱扩展或低频的发射机电源纹波所限制）。通过设置这两个限幅器可使发射机噪声和其他不稳定因素（如量化噪声和杂波的内部运动）所引发的杂波剩余分别与对消器输出端的前端热噪声相等。这样就可以在不使虚警率过大的情况下，得到最大的灵敏度。限幅器 1 是对付系统不稳定性的非常有效的恒虚警率装置，因为它与杂波信号的强度成正比地抑制不稳定性噪声，但在杂波信号不强时，并不对噪声进行抑制。尽管限幅器把杂波区中的某些有用目标部分地或全部地抑制掉了，但有些目标仍未被抑制掉；这些目标是在系统输出端有杂波剩余的情况下如果不用限幅器本来能够检测到的目标。

作为一个具体的例子，考虑一个脉冲压缩比为约 30dB 的系统，且系统不稳定性噪声比载频功率约低 28dB。假设 MTI 对消器的改善因子受杂波谱扩展的限制为 30dB。在上述系统参数条件下，能得到最好性能的接收机系统如图 2.82 所示。在脉冲压缩网络的输出端，不论对分布杂波还是点状杂波，系统不稳定性噪声都等于或小于热噪声。峰值杂波信号将从高于热噪声 28dB（对均匀分布的杂波而言）变化到比热噪声大 58dB（对强点状杂波而言）。

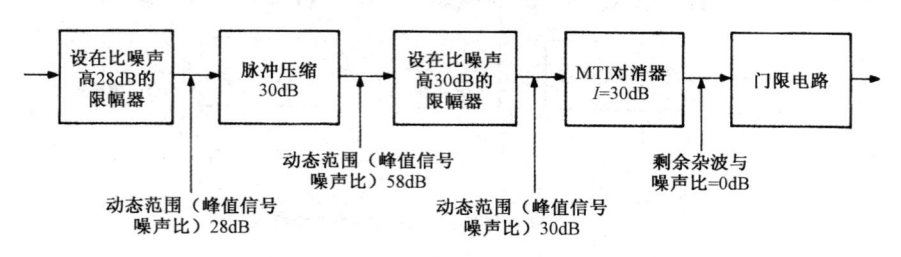

图 2.82　有脉冲压缩的 MTI

因为 MTI 对消器要求把杂波衰减 30dB，提供了限幅器 2 来防止强杂波的剩余超过门限。如没有限幅器 2，在对消器输入端超过噪声 58dB 的强的点状反射器会使对消器输出端有超过噪声 28dB 的剩余杂波。这就无法与飞机目标区分。

如发射机的噪声比上述假设值低 15dB，则限幅器 1 就应设置为比热噪声高 43dB，这时对目标的抑制就要少得多。因此，尽管 MTI 的改善因子由于杂波的内部运动而仍然被限制为 30dB，但在强的杂波区内及其附近，目标的可检测性却有所改善。

总之，类似噪声的脉冲压缩副瓣和未被压缩脉冲的宽度决定了脉冲压缩 MTI 系统的有效性。已建立的一些系统由于发射机噪声和宽的未压缩脉冲的共同作用不能检测出地杂波中或其附近的飞机目标。某些现有的脉冲压缩系统没有有意地提供上述两个分开的限幅器，但是系统仍旧工作，因为电路已足够地限制了它的动态范围。其他系统，例如那些为了恒虚警处理的系统，在脉冲压缩前有意加了硬限幅，没有杂波剩余问题，但要承受杂波区域中目标被大大抑制的后果。

使用限幅器之外的另一选择是使用杂波图联合 CA-CFAR。杂波图对工作在固定频率上的固定雷达效果很好，但对其他不一样的雷达效果要差一些。CA-CFAR 很有用，即使对有中频限幅器的系统也一样，因为杂波残留和系统噪声的结合只有小的变化（几 dB）。需要再次强调的是，如果没有限幅器，在杂波残留和系统噪声之间会有几十 dB 的差别。

2.13 动态范围和 A/D 转换方面的考虑

将雷达 IF 信号准确转换成代表复包络的数字值是实现现代数字信号处理器的重要一步。在要求的动态范围内，A/D（模/数）转换必须保留幅度和相位的线性，对雷达系统总噪声温度影响要小，并且没有不期望的虚假响应。

随着 A/D 转换器技术的发展，使得把模拟中频信号直接转换为相应的数字复数表示成为可能，而不用经过先把中频信号下变频至基带同相（I）和正交（Q）分量，并在这两个通道中个各自使用一个各自独立的 A/D 转换器的中间步骤。

一个直接 IF A/D 转换器流图如图 2.83 所示，一起显示的还有转换过程中信号的频谱表示。IF 输入（中心频率为 f_{IF}）首先通过一个带通滤波器，以保证其后的 A/D 转换中只发生可以忽略的混叠。在图 2.83 的右边，上面第一幅图显示了 IF 滤波器输出端的正负信号频谱分量。频谱的正分量对应于复包络，它需要转换为数字 I 和 Q 信号。滤波器的输出成为 A/D 转换器的输入，其采样率为 f_{AD}。图中也再次显示了 A/D 转换器输出的频谱，这只要把原先的从负无穷到正无穷的 IF 频谱用周期 f_{AD} 替换就可以得到。在此例中，假设了 A/D 转换速率为 $f_{AD} = \frac{4}{3} f_{IF}$。这个 A/D 转换器采样率的最佳选择保证频谱的负分量与正分量最小可能的交叠。

当 A/D 采样率与雷达中频有如下关系[43]时，产生可能的最小交叠，其关系为

$$f_{AD} = \frac{4 f_{IF}}{2M - 1} \tag{2.60}$$

式中，M 是大于 1 的整数。因此，最佳采样率为 $4 f_{IF}$、$1.3333 f_{IF}$、$0.8 f_{IF}$、$0.57 f_{IF}$ 等。对应的最大非混叠（或奈奎斯特）带宽为 $B_{NQ} = f_{AD}/2$。因此这个值是 A/D 转换器输入端 IF 带通滤波器最大可允许截断带宽。没有严格的必要使用式（2.60）给出的 A/D 转换器采样频率，

但其他的值会导致可用的奈奎斯特带宽小于 $f_{AD}/2$。这显示在图 2.84 中了，其中归一化奈奎斯特带宽作为相对的 A/D 转换采样率的函数显示。从图 2.84 可见当使用了位于任意两个最佳值中点的 M 值时，直接转换方案会失效。

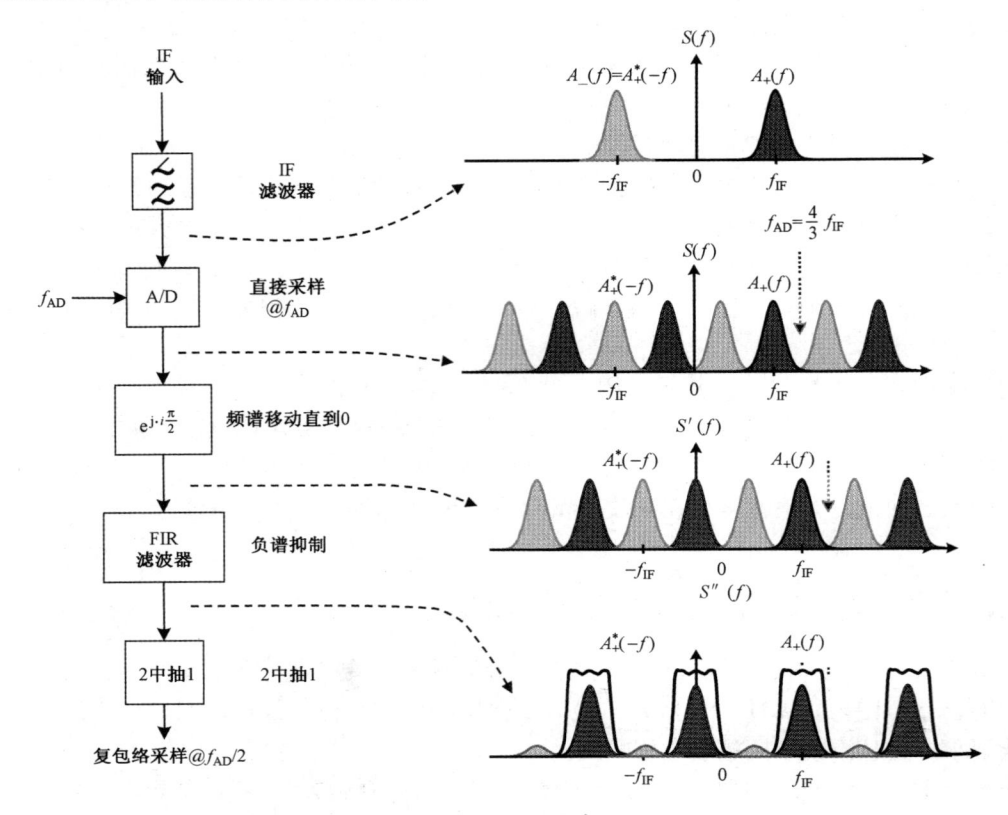

图 2.83 直接对中频信号采样的 A/D 转换的实现

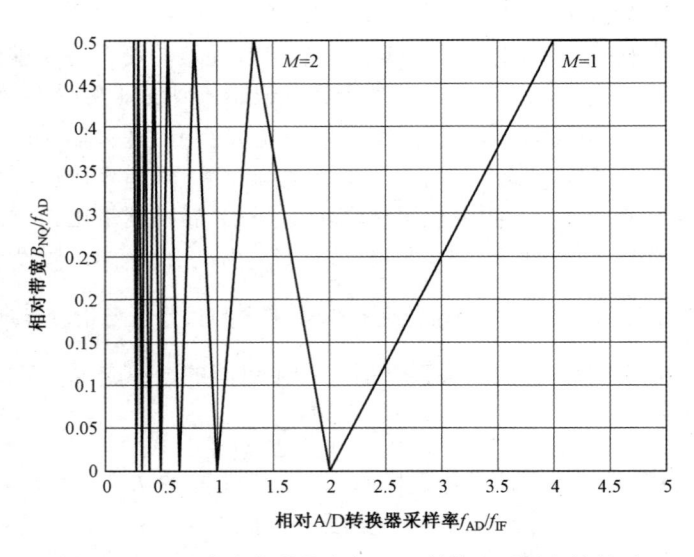

图 2.84 可用奈奎斯特带宽与 A/D 转换器采样率的关系

在 A/D 转换器输出端，信号采样仍然是实数值的。为提取与频谱正分量对应的复包络 $2A_+(f-f_{IF})$，需要把 A/D 转换器输出端的频谱下移频率 f_{IF}。这对应于乘以时间序列 $u(i)=\mathrm{e}^{-ji\frac{3\pi}{2}}$。等效地，通过乘以时间序列 $u(i)=\mathrm{e}^{ji\frac{\pi}{2}}$，零频率以下的复包络频谱也可以上移至零频率。这导致如图 2.83 中所示的，对应于以零频率为中心的复包络的期望频谱，但信号仍旧包含不需要的负频率分量（浅色线）。这个频率转换的结果是信号现在变成是复值的了。然后，运用一个具有近似矩形响应的 FIR 带通滤波器抑制负频率分量，如图 2.83 右边最下边一幅图所示。期望的采样的复包络表示现在已经实现了，但这是在原始采样率 f_{AD} 上实现的。如果需要，这个过采样最后可以通过按 2 中抽 1 去掉，如图 2.83 中最后一步所示。

A/D 转换器一般通过参考等于 A/D 采样率带宽的信噪比（SNR）表征其性能。通常这个信噪比不会如期望的由 A/D 转换器位数决定的那样高。有时 A/D 转换器的实际性能用其有效位数刻画，有效位数小于实际位数，与能达到的 SNR 对应。A/D 转换器的 SNR 给能达到的改善因子设定了一个上限。

2.14 自适应 MTI

当从杂波返回的回波多普勒频率在雷达输入端未知时，就需要采用特殊的技术来保证有令人满意的杂波抑制。如 2.10 节中所讨论的那样，多普勒滤波器组通常用来对付动杂波是有效的。这就要求在杂波可能出现的区域内各个滤波器均设计成具有低副瓣，而且每个滤波器后面都有合适的 CFAR 处理电路，以抑制不需要的剩余杂波。当需用单个 MTI 滤波器来实现杂波抑制时，则必须使用自适应技术来保证杂波落在 MTI 抑制凹口中。时间平均杂波相干机载雷达（TACCAR）是自适应 MTI 的一个例子[31]。它最初是为机载雷达而研制的。在许多应用场合，自适应 MTI 需要进一步考虑那些出现在同一距离和同方向上的、具有不同径向速度的多个杂波源的情况。

通常杂波回波的多普勒频移是由风场造成的。早期在 MTI 中的补偿方法是使相干振荡器频率按平均风速和风向作为方位的函数呈正弦变化。但这种方法不能令人满意，因为在一个大的地域范围内风场均匀甚为罕见，同时由于因风切变的缘故（对雨杂波和箔条尤为重要），风速通常还是高度的函数。为对付单个杂波源，需要实现的是允许 MTI 杂波抑制凹口作为距离的函数移动。图 2.85 是实现这种自适应 MTI 的一个例子。相位误差电路将对一次扫描到下一次扫描的杂波回波进行比较。通过一个具有对时间常数平滑的闭合回路，由误差信号控制相干振荡器输出处的移相器，以消除脉冲间的多普勒频移。一定要注意，由于进入 MTI 的第一次扫描被取作基准，任何作为距离函数的相移偏差都与扫描次数成比例增加。最终偏差将超过闭合回路的响应速度，这时 MTI 必须重新复位。因此，为保证上述情况不会发生，此类闭合回路自适应 MTI 必须工作在脉冲的有限集（批）上。如果要求 MTI 和频率捷变相结合，则这种批模式工作也是需要的。

如果由于地杂波、气象或箔条回波同时出现而造成两种模式的杂波，那么自适应 MTI 可以用如图 2.86 所示的方法来实现，即在一个固定杂波凹口的 MTI 后再加一个自适应 MTI。在 MTI 的固定（零多普勒）杂波凹口部分所用的零点数取决于需要的改善因子和地杂波的频谱扩展情况。一般固定凹口 MTI 可能会用 2 或 3 个零点。对 MTI 的自适应部分而言，一个全数字实现方案如图所示，此时测量从第一个对消器输出的杂波的脉冲至脉冲间相移，并在给定数目距离单元范围内进行平均。这个估算出的相移与前一次扫描应用于数据上的相移相加，得出新的相移并应用于当前数据上。

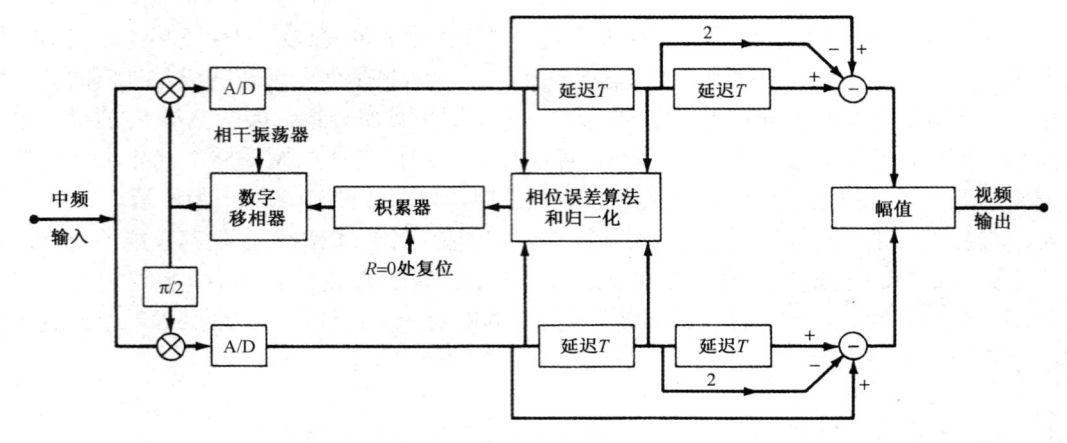

图 2.85 闭环数字式自适应 MTI 框图

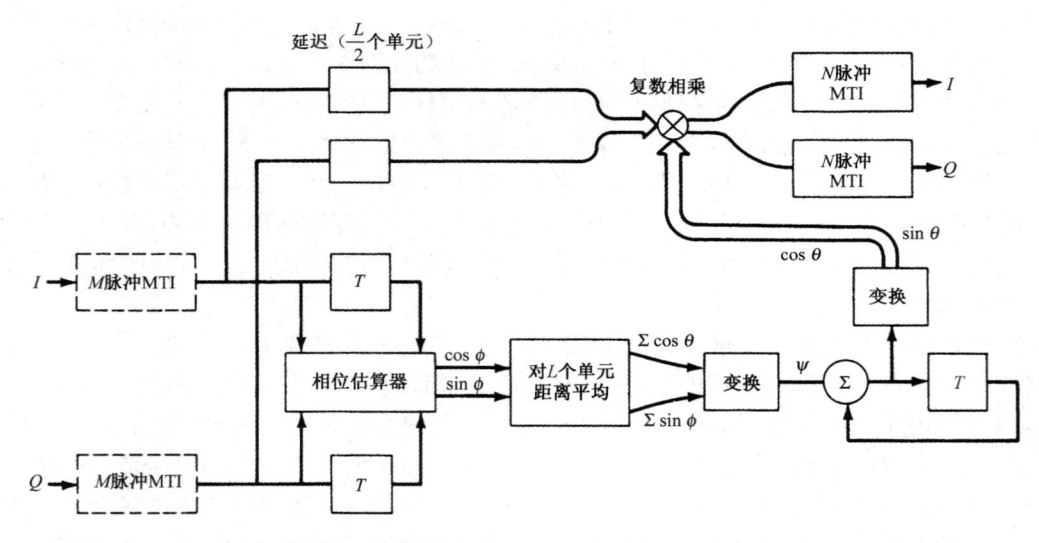

图 2.86 用于消除同时存在的固定杂波和动杂波的开环数字式自适应 MTI 框图

由于相位表达的 2π 模糊度在每个距离单元中测量的相位其 I、Q 分量必须分别完成距离平均。然而，扫描至扫描间所加相位偏移的累积必须对相位直接进行，并按模 2π 计算。自适应 MTI 部分的零点数仍然由需要的改善因子和杂波谱扩展来决定。相移以复数积的形式用于输入数据，这就再次要求将相角变换到直角坐标。这种变换很容易在只读存储器中以查表法来实现。

当用如上所述数字手段引入多普勒频移时，原始输入数据的 I、Q 表达精度变得相当重要。任何直流偏移、幅度失衡、正交相位误差或非线性都将导致不希望的边带在对消器输出端作为杂波剩余出现。A/D 转换方面的考虑已在 2.13 节中讨论过。

在以上所述的自适应 MTI 的实现中，基于事先对杂波抑制要求的评估，分配给两个对消器多少个零点是固定的。其唯一可能的变化是，如在指定的径向上没有地杂波、气象杂波或箔条杂波，则将其中的一个 MTI 对消器（或二者都）完全旁路掉。如果能把零点的个数作为距离的函数动态地分配给每一个杂波源，就可以得到一个更为有效的系统。这就是如下所讨论的用更复杂的自适应算法来实现全自适应 MTI。这种自适应 MTI 可以提供接近于如 2.7 节中所讨论的最佳性能。

为了说明这些备选的 MTI 实现方法之间的性能差异，下面研究一个特定的例子。假定地杂波回波出现在归一化频谱扩展为 $\sigma_f T = 0.01$ 的零多普勒处，而箔条杂波回波出现在归一化多普勒频移 $f_d T = 0.25$ 处，且归一化频谱扩展 $\sigma_f T = 0.05$。地杂波与箔条杂波的功率之比记为 Q（dB）。本例不考虑热噪声。在两种情况下，假定滤波器零点总数都等于 3。对于零点固定分配的自适应 MTI 来说，两个零点位于零多普勒处，余下的一个放置于箔条杂波的中央。在最佳的 MTI 中，零点位置选择成使整个改善因子最大。比较的结果如图 2.87 所示。它给出了作为功率比 Q（dB）的函数的最佳 MTI 改善因子和自适应 MTI 改善因子。当 Q 很小以至于箔条杂波占优势时，则将全部 MTI 滤波器零点用来对消箔条杂波就能实现重大的性能改善。Q 值大时，性能的差异是假设第 3 个零点的位置固定在箔条杂波多普勒频率处所造成的。实际上，当地杂波剩余在第一对消器的输出中开始占优势时，自适应 MTI 就将第 3 个零点移到地杂波处。最佳 MTI 的零点位置如图 2.88 所示。可以看出，当地杂波的相对电平变得很小时，零点由零多普勒处的地杂波向箔条杂波多普勒处移动。

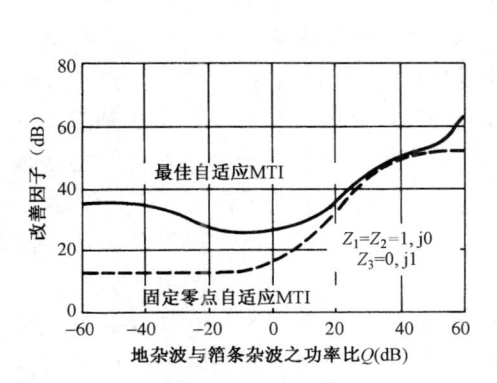

图 2.87 最佳和自适应 MTI 作为固定杂波和动杂波功率比 Q 的函数时的性能比较

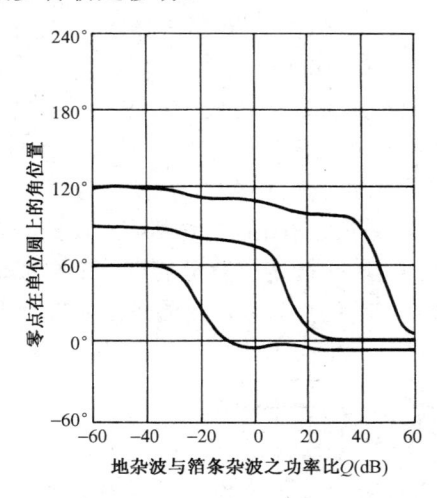

图 2.88 用于对付固定杂波和动杂波的最佳 MTI 滤波器的三个零点的位置

2.15 雷达杂波图

在许多 MTI 雷达的应用中，即使采用了灵敏度时间控制（STC）、改善了的雷达分辨率，以及在接近地平线处采取降低天线增益等技术以降低杂波回波电平，接收机的杂波噪声比仍会超过系统改善因子的限制。因此，为防止 PPI 显示饱和/或在自动目标检测（ATD）系统中产生过大的虚警率，对 MTI 对消器之后的杂波剩余必须进一步抑制。

为对付空间均匀分布的杂波源，如雨、海杂波或箔条走廊，MTI 滤波器后随单元平均 CFAR 处理器（CA-CFAR）通常可以提供良好的杂波剩余抑制。如果杂波幅度的概率分布不属于高斯形，为了在杂波区边缘处改进抑制杂波剩余的有效性，有时还给 CA-CFAR 增加一些特殊的内容，诸如选大或两参数（比例和形状）归一化逻辑。然而，当杂波回波明显不均匀时（像典型的地物杂波情况），单元平均 CFAR 的性能就不能令人满意了，必须采用其他方法来将杂波剩余抑制到噪声电平。

这个问题的传统答案是在 MTI 滤波器之前有意地降低接收机的动态范围，使之与系统最大改善因子的数值一样。此时，从理论上讲，输出杂波剩余应不高于接收机噪声电平，并且不会产生虚警。实际上，为对付地物杂波回波而引入中频限幅将导致额外的改善因子限制，该内容已在 2.11 节中讨论过。由此，为使输出杂波剩余有所希望的效果而限制中频动态范围，限幅电平必须设置在线性系统改善因子极限值以下 5~15dB。最终结果是，MTI 雷达必须牺牲某些杂波抑制能力以换取对输出虚警率的控制。

因为地物杂波散射体的回波通常在空间上是固定的，因此从扫描到扫描出现在同一距离和方位上，所以人们很早就意识到可采用适当的记忆电路来存储杂波剩余，然后通过相减或增益归一化的方法把相继扫描的输出剩余杂波消除掉。这就是所谓的区域 MTI 的基本原理。已经尝试过许多方案以实现一个有很长时间跨度的记忆电路。成功的主要障碍是缺乏适合的记忆技术。很久以来存储管是唯一可行的备选件，但其分辨率和记录精确度不足，缺乏同时读/写的能力，并且不稳定。大容量半导体存储器的开发是技术上的突破，它使设计实用的区域 MTI 成为现实。**区域 MTI** 就是现今所称的**杂波图**，这两个术语都可使用，但杂波图更为大家所乐用。

杂波图可以认为是 CFAR 的一种类型，它用参考样本估计杂波（或杂波剩余）电平。这些参考样本是先前多次扫描时在待测单元中采集的。因为飞机目标从一次扫描到下一次扫描通常要移动几个分辨单元，所以参考采样不太可能会受目标回波污染。换句话说，通过使平均时间（用过去的扫描次数表示）较长，偶然性的目标回波影响就能减至最小。虽然杂波图的主要目的是防止固定位置上的离散杂波或杂波剩余所产生的虚警，但是在设计杂波图时还必须考虑缓慢移动的点杂波，目的是比如抑制飞鸟回波或者是因为雷达在运动平台上（比如说船）。

如图 2.89 所示，杂波图存储器通常是由按距离与方位单元的均匀格子组成的。每一杂波图单元一般有 8~16 位存储，以便处理其输入端信号的全动态范围，这使它在一个强目标正飞过杂波点时能被检测（有时这称为**超杂波可见度**）。每一个单元的尺寸要兼顾所需的存储量和某些性能特征。这些性能特征是所谓截止速度（不会被杂波图抑制的最小目标速度）、瞬态响应和由杂波图产生的灵敏度损失（类似于 CFAR 损失）。杂波图最小单元的大小受雷达分辨率单元的大小限制。

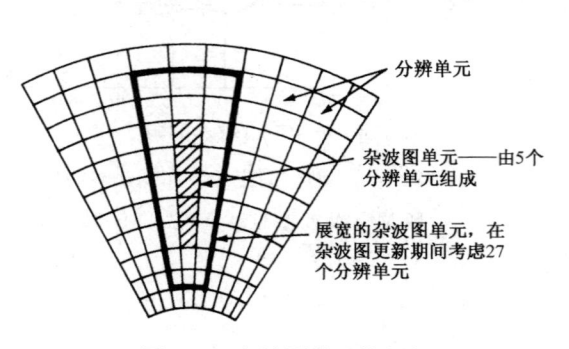

图 2.89 杂波图单元的定义

每一个杂波图单元都被前几次扫描落在其边界内（或附近）的雷达回波（或剩余杂波）更新。为节约存储，单元通常由使用以下形式的简单递归滤波器（单极点）来更新。

$$y(i) = (1-\alpha)y(i-1) + \alpha x(i) \tag{2.61}$$

式中，$y(i-1)$为前一次扫描的杂波图幅度；$y(i)$为更新的杂波图幅度；$x(i)$是当前扫描的雷达输出；常数α决定递归滤波器的存储量。根据输出$x(i)$检测目标的判据是

$$x(i) \geq k_T y(i-1) \tag{2.62}$$

式中，门限常数k_T按所需的虚警率来选择。另一方法是，根据杂波图存储的信息对雷达输出进行归一化处理，以获得输出$z(i) = x(i)/y(i-1)$，有必要的话还可做进一步的处理。类似于单元平均CFAR处理器的实现方法，幅度$x(i)$可以用线性的、平方律的或者对数的检波器获得。

因杂波图而产生的检测能力损失类似于CFAR损失，CFAR损失已在文献中对不同条件做了分析。对于用平方律检波器的单次击中的检测的情况，杂波图损失的分析已由Nitzberg提出[44]。这些及其他分析结果可以综合为杂波图损失L_{CM}的一根杂波图损失通用曲线，它是杂波图比值x/L_{eff}的函数，如图2.90所示。这里，x根据$P_f=10^{-x}$确定所需的虚警概率，而L_{eff}为杂波图中平均的以往的观测有效数目，定义为

$$L_{eff} = \frac{2-\alpha}{\alpha} \tag{2.63}$$

例如，$P_f=10^{-5}$、$\alpha=0.125$时，因为这时$x=5$、$L_{eff}=15$，杂波图损失$L_{CM}=1.8$dB。图2.90也给出常规的单元平均CFAR的损失曲线[45]，其所有参考样本都是均匀加权的。如果对每次扫描用不止一个噪声和/或杂波幅度来更新杂波图内容，那么L_{eff}的值就应成比例地增加。还需要指出的是，多数雷达通过发射多个脉冲并使用某种形式的视频积累来检测目标，因此如果使用图2.90所示单个脉冲的结果构建的杂波损失图，则杂波损失的结果会太大。

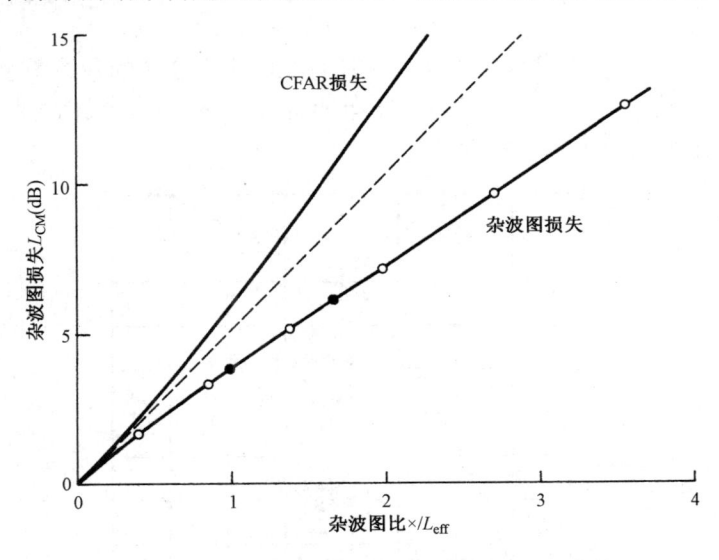

图2.90 决定杂波图引起的检测损失的通用曲线

典型的杂波图实现的性能分析已在Khoury和Hoyle的文章[46]中讨论过。根据这一文献，对一个按瑞利概率密度函数从扫描至扫描起伏的高于热噪声20dB的点状杂波源且滤波常数$\alpha=0.125$的情况下，假定在每个杂波图单元中进行4次回波的非相干积累，则典型的瞬态响应曲线如图2.91所示。横坐标是雷达扫描次数，纵坐标为点状杂波源的探测概率。因为点杂波与热噪声有同样的幅度统计特性，所以输出虚警率渐近地达到$P_f=10^{-6}$。

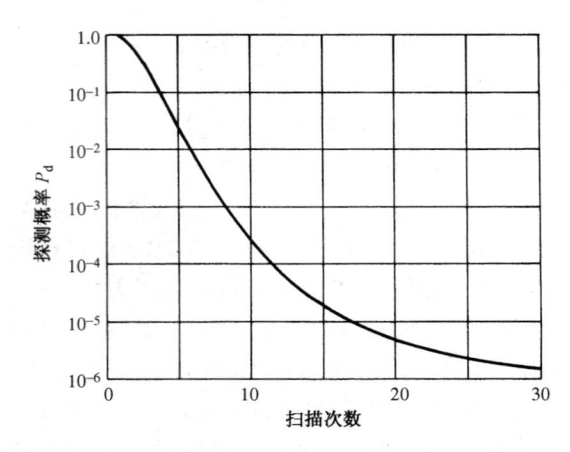

图 2.91 基于 Swerling Ⅱ类点状杂波模型的杂波图瞬态响应

对慢动杂波源（如鸟类），当杂波源穿过两个杂波图单元间的边界时，其检测概率可能增加。为防止这种情况发生可采用一种扩展技术，即对杂波图每一单元的更新不仅用到落在边界内的雷达回波，而且还要用到邻近的距离与方位单元内的回波。通过采用这样的扩展技术，能够获得杂波图的速度响应的附加的控制程度。

包含有这种扩展的杂波图速度响应曲线实例如图 2.92 所示。杂波图单元的距离范围是 5μs，雷达分辨率单元为 1μs，非相干积累脉冲数 $n=4$，滤波常数 $\alpha=0.125$，更新间隔为 5s，SNR=20dB。对每一次扫描，杂波图单元用落在杂波图单元内的 5 个距离单元中的回波幅度和来自杂波图单元前一个、后一个雷达分辨率单元中的幅度来更新。

从图 2.92 可以看出，按此特殊方案实现扩展，从阻带到通带的杂波图速度响应特性略显平缓。部分原因是杂波图单元相对于雷达分辨单元有较大的尺寸。采用一种有附加扩展的精细格子杂波图会有更好的速度响应特性。

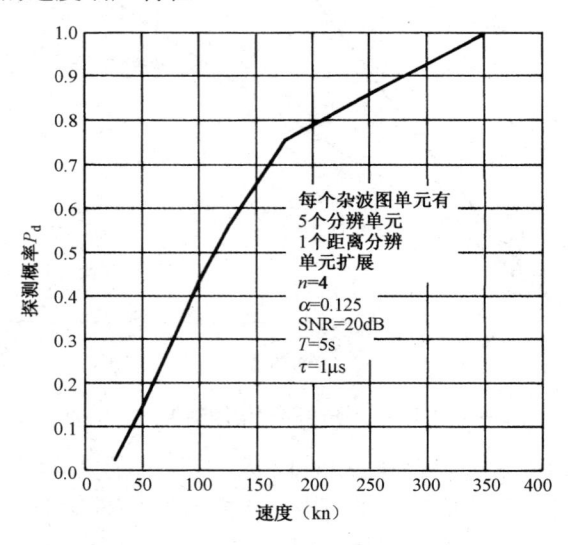

图 2.92 杂波图的速度响应

本节所讲的这类幅度杂波图一个潜在的问题是，飞在小目标前面的大目标可能造成足够大的杂波图积累从而抑制了小目标。解决在自动跟踪系统中这个问题的一个方法就是，用航迹预测波门来禁止用新（目标）幅度对杂波图进行更新。

2.16 速度灵敏度控制（SVC）

在 20 世纪 80 年代中期，几位雷达研究者已经意识到，通过在照射目标期间，使用多重 PRF 驻留估计目标不模糊径向速度的信号处理算法正变得可以实现。这些径向速度估计可以用来改善对慢速运动目标（例如鸟）的虚警控制[30, 47]。当这种径向速度测量与相应的截面积估计相结合时，使用所谓的速度灵敏度控制（SVC）算法[48]，一种强有力的区别慢速运动鸟类和低截面积导弹判别法成为可能。

SVC 的概念

当雷达必须在无用的目标回波（例如大型鸟类或鸟群）中探测飞机和导弹目标时，可用速度灵敏度控制。判决目标存在与否的准则基于径向速度和视在 RCS（雷达截面积）二者的结合。期望的目标可能具有比单只鸟或鸟群（在单个雷达分辨单元中）小的 RCS。因此，分辨目标除 RCS 外，需要一个附加的参数。可利用的参数是目标径向速度。鸟的一般飞行速度为 40kn 或更低，而感兴趣的目标通常具有 100kn 或更高的空速。如果雷达可以在单个 CPI（相干处理间隔）中进行不模糊的多普勒测量，例如±160kn，雷达在三个或更多相继不同 PRF 的 CPI 中，就能判定每种雷达回波的真实径向速度。

SVC 算法[48]的接受准则与要接受或拒绝的目标类型（飞机、导弹、鸟等）有关。一般来说，准则接受具有低或高径向速度的大目标。目标视在雷达截面积越小，能被接受就必须要有越高的径向速度。真实径向速度和视在截面积轮廓之比，用于接受飞机和导弹目标而拒绝鸟类目标。因此，具有高径向速度但 RCS 非常小的威胁目标，可以立刻确认，而具有低径向速度的鸟类目标则被抑制。一个典型的 SVC 接受/拒绝算法如图 2.93 所示。

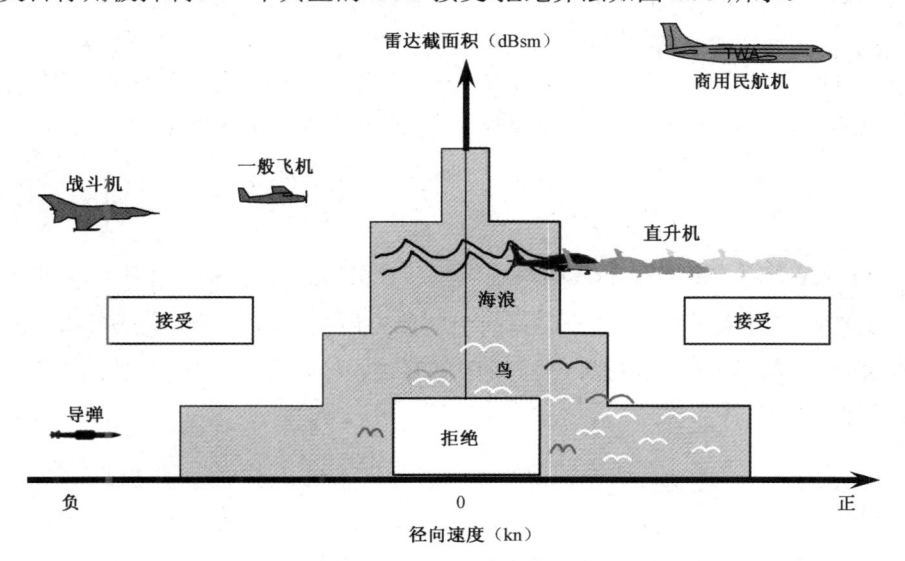

图 2.93 SVC 接受/拒绝准则图示

为获得±160kn 的多普勒空间，必须使用距离模糊的 PRF。这需要 PRF 在 L 波段为近似 1400Hz，在 S 波段 3300Hz，在 X 波段 11 000Hz（相应的不模糊距离为 58n mile、27n mile、5n mile）。选择 PRF 的权衡是在密集目标环境中，当试图使用不同 PRF 解出真实速度时，可能产生"仙波"[①]。除了"仙波"问题，多重距离模糊会导致目标不得不同所有距离上的杂波竞争。特别是远距离上的目标需要同第一个或多个距离间隔上的强杂波回波竞争。

因为"仙波"问题，为使距离模糊最小化同时保留充足的多普勒空间，雷达最适合应用 SVC 目标分辨技术的频率是 1400MHz 或更低的射频频率。

距离和距变率模糊分辨率

为应用 SVC 算法，真实距离和径向速度（距变率）必须通过距离模糊的和多普勒模糊的波形进行判定。这需要来自同一目标的多重检测。假设有一多普勒滤波器组由 n 脉冲 FIR 滤波器构成，并假设处理的驻留由 3 个 CPI 组成。3 个 CPI 必须使用不同的 PRF，也可能采用不同的 RF 频率（不同的 RF 频率，使目标 RCS 统计模型由 Swerling 1 变成 Swerling 2，因此对高检测概率，需要较少的雷达能量）。CPI 必须有：（1）足够的发射脉冲，以使最远距离上感兴趣的目标和杂波都有 n 个回波（足够填充 n 脉冲滤波器）；（2）一个附加的脉冲以判定速度（下面有更多讨论）。

真实距离判定

检测到一个目标并同时判定其真实距离最直接的方式，是在每个 CPI 中，确定在多普勒滤波器组输出处所有的"初始"检测。为此，假设每个多普勒滤波器输出通过合适的杂波图门限和单元平均 CFAR 进行处理，以控制虚警率。对每个峰值检测，将利用相邻的幅度获得一个精确的模糊距离估计，以 $\hat{r}_i$ 表示。其中，下标指 CPI 数目。还有，从和上面描述的峰值检测对应的具体多普勒滤波器，回波相位（θ_{1i}）被存储。此外，从同样的滞后（或超前）检测滤波器组一个脉冲重复间隔（PRI）的同样的第二个多普勒滤波器组获得的相应的相位 θ_{2i}，也进行存储。这解释了为什么实现 SVC 概念需要一个 $n+1$ 脉冲的 CPI。对一个 CPI 中的每个初始检测，计算目标直到最大测量距离 R_{max} 的所有可能距离的集合：

$$\hat{R}_i = \hat{r}_i + mR_{PRI,i} \qquad m = 0,1,2,\cdots,m_{max}$$
$$m_{max} = \text{int}(R_{max}/R_{PRI,i}) + 1 \qquad i = 1,2,3 \tag{2.64}$$

式中，$R_{PRI,i}$ 是对应于第 i 个 CPI 的模糊距离间隔。在处理驻留中来自所有 CPI 的初始检测都被处理后，从所有 CPI 得到的 $\hat{R}_i$ 都分类到一个单独的列表中。如果一簇三个初始检测具有的可能探测距离位于模糊距离估计标准差二或三倍的误差窗口之内，则在此簇内可找到一个最终的距离检测和目标的真实距离。

[①] "仙波"发生在当目标（或噪声尖峰）处在不同非模糊距离上，但折叠到同一个但不正确的真实距离单元中时。这时速度分辨算法给出一个错误的结果，于是"仙波"可能被判定为威胁目标。

真实径向速度判定

对每个真实目标检测,接下来必须使用类似上面描述的对距离的处理,以估计不模糊径向速度。为此,必须在每个 CPI 中,在对应于模糊初始目标检测的距离上获得模糊目标径向速度的精确估计 $f_{d,i}$。这个频率估计问题已经由许多学者进行了研究,并确定最佳方案为最大似然估计方法[49]。对一个脉冲数为 n 的 CPI 中,单个脉冲信噪比为 S_1 时,多普勒频率估计精度的克拉美劳界限为

$$\frac{\sigma_f}{\text{PRF}} = \frac{\sqrt{6}}{2\pi\sqrt{S_1 n(n^2-1)}} = \frac{0.3898}{\sqrt{S_1 n(n^2-1)}} \tag{2.65}$$

因为最大似然估计过程一般需要长时间的计算,所以人们很期望有估计多普勒频率的简化途径。McMahon 和 Barrett[50]给出了这样一种方法,即在按一个脉冲重复周期分开的时刻对多普勒滤波器输出进行采样,测量采样的相位,来估计多普勒频率①。归一化的多普勒频率估计为

$$\frac{f_{d,i}}{\text{PRF}} = \frac{\theta_{1,i} - \theta_{2,i}}{2\pi} \tag{2.66}$$

对应的径向速度为

$$\hat{v}_i = \frac{f_{d,i}\lambda}{2} \tag{2.67}$$

在多数关注的情况中,这种多普勒频率估计的精度同最大似然估计一样好。以 k 表示式(2.65)的分子,对多普勒滤波器使用不同加权函数时的相位差分估计的仿真归纳在图 2.94 中。从中可见相位差分估计方法的性能在使用中等程度泰勒加权函数时最好。对均匀加权,该方法将比最大似然方法差很多。加权严重时常数 k 的增加是因为加权导致 SNR 损失的结果。

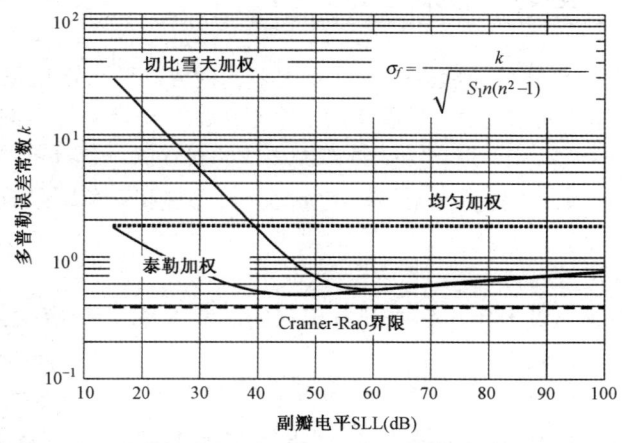

图 2.94 多普勒滤波器组采用不同加权函数时,相位差分多普勒频率估计器的性能

---

① 这个方法最早由美国海军研究实验室的 Dr. Ben Cantrell 引入,并引起作者(McMahon 和 Barrett)的关注。

然后使用与解距离模糊时采用的类似方法，把关注的最大负和正径向速度之间所有可能的径向速度，在每个 CPI 中列出来：

$$\hat{V}_i = \hat{v}_i + mV_{B,i} \quad m = -m_{\max}, -(m_{\max}-1), \cdots, 0, 1, 2, \cdots, m_{\max}$$
$$m_{\max} = \text{int}(V_{\max}/V_{B,i}) + 1 \quad i = 1, 2, 3 \tag{2.68}$$

式中，$V_{B,i} = \text{PRF}_i \lambda/2$，是第 i 个 CPI 的盲速。从所有 CPI 得到的可能目标径向速度都分类到一个单独的列表中，如果至少 2 个可能的速度位于多普勒频率估计标准差 2 或 3 倍的间隔之内，则在此处可找到一个最可能的真实径向速度。一簇几乎相等的速度的接近程度，结合对该簇有贡献的 CPI 的数目，可用作不模糊径向速度估计可靠性的度量。

评论

上面判定真实距离和真实径向速度的方法，是对有 3 个 CPI 的驻留进行描述的，并假设了每个目标对 3 个 CPI 中的每个都有回波。实际上，这个假设并不总是成立的，因此实际的实现或许会选择例如 4 或 5 个 CPI 组成的驻留，然后根据其中 3 个回波最好的编组判定距离和速度。实际实现必须基于系统参数和每个驻留可能分配到的时间。

CPI 的 PRF 应选择成使虚假径向速度判决的可能性最小。一种选择 PRF 的方法类似于参差 PRF 操作中脉冲间隔比的选择（参见 2.8 节）。例如，如果工作在平均 RF 频率为 1300MHz 上，平均 PRF 为 1400Hz（模糊速度为 312kn），覆盖速度范围为 ±2500kn 时，约有 16 个多普勒模糊需要覆盖。使用 PRF 参差中采用的因子–3、2、–1、3，四个不同 PRF 的脉冲间隔比为 13、18、15、19。这些比的平均值为 16.25。计算出的 PRF 为16.25×1400/13、16.25×1400/18、16.25×1400/15 和16.25×1400/19，相应的 PRF 约为 1750Hz、1264Hz、1517Hz 和 1197Hz。

2.17 适用于 MTI 雷达系统的几点考虑

MTI 雷达的系统设计比信号处理机的设计有更多的内容。整个雷达系统（发射机、天线及各种工作参数）的设计都必须作为 MTI 雷达的一个组成部分协调进行。例如，只有当雷达的本机振荡器工作极稳定，发射机几乎没有脉间频率或相位的抖动时，优秀的 MTI 方案才能工作得令人满意。此外，系统必须在由许多无用目标例如鸟类、昆虫和汽车所组成的环境中成功工作。

硬件考虑

本节中，总结了在该领域多年工作中开发出来的，与 MTI 设计有关的规则和事实。
规则如下：
（1）工作在恒定占空比上。
（2）交流–直流和直流–直流功率稳压器[1]同步到 PRF 的谐波上。
（3）把系统设计为全相干的[2]。

---

[1] 功率稳压器接受直流或交流输入并提供稳压的直流输出。
[2] "全相干" 在规则（3）中进行描述。

（4）在 A/D 转换器之前提供 IF 限幅器。

（5）警惕振动和音频噪声。

事实如下：

（1）基本的 MTI 方案不需要通过长时间对目标的照射以从静止杂波中分离出目标来。MTI 系统是通过相减处理来抑制静止杂波的，同时保留动目标。

（2）发射机脉内的不规则性如果在脉冲间精确重复，则对 MTI 性能没有影响。

规则（1）

工作在恒定占空比上。发射机不管是单个大功率管，还是分布式的（例如具有多个发射接收单元的有源相控阵），应工作在恒定占空比上。这允许发射机电源的瞬态效应在脉冲之间是相同的。恒定占空比特别适用于固态发射机设备，允许设备发热和冷却在脉冲之间是一致的。有时恒定占空比工作模式不可能实现，但有不同的技术可以用来逼近这个期望的条件。考虑一个 MTD 波形，其中一个 CPI 由 n 个脉冲组成，n 个脉冲以恒定 PRI 发射。下一个 CPI 使用另一个 PRI。通过与 PRI 变化成比例地改变发射脉冲宽度，可以维持恒定占空比。如果使用了脉冲压缩，压缩脉冲的距离分辨率可以通过改变脉冲压缩波形维持。在 CPI 之间，如果需要采用精确相同的波形和 RF 脉冲宽度，例如采用速调管发射机时，速调管的电子束脉冲可以改变，以在 RF 脉冲宽度保持恒定时，维持恒定电子束占空比。对于比较长的 PRI，这会浪费部分电子束脉冲能量，但电源的平均功率负载保持恒定。同样的技术可以用于固态设备，即改变漏电压脉冲持续时间，但保持恒定 RF 脉冲。在具有不同 PRI 的 CPI 之间可使用二阶修正，即用一个过渡 PRI，其长度是两个 PRI 的均值。对于相控阵雷达，如果 CPI 之间的波束过渡时间长于 1 个 PRI，在过渡时间内保持发射机按恒定占空比发射脉冲是很重要的。如果无法维持恒定占空比，或在静止期后开始发射时，在期望获得好的 MTI 性能之前，发射机、电源及发热效应必须有时间稳定下来。稳定时间长度依赖于系统参数和要求。

规则（2）

将交流-直流和直流-直流功率稳压器同步到 PRF 的谐波上。当交流-直流和/或直流-直流功率稳压器用于为发射设备提供电压时，转换器频率（及其谐波）必须充分衰减，以使它们不会调制发射脉冲的相位。如果稳压器频率无法充分衰减，它们的频率需要与 CPI 中 PRF 的整数倍同步，以使调制在脉冲之间精确重复，这样就会和静止杂波一样对消掉。

规则（3）

把系统设计为全相干的。所有的频率和时钟信号需要从单个主振荡器产生。这么做使整个系统相干，而混频器产物在脉冲之间会一样，因此可在 MTI 滤波器中对消掉。当无法保持这种所有频率的相干时，杂波残留就会发生，必须对其进行量化，以判定杂波残留是否处在可接受的电平上。由非同步的本振导致残留出现的一个突出的地方是在脉冲压缩的副瓣中。如果来自静止杂波回波的脉冲压缩副瓣在脉冲之间变化，它们不会对消。这种相干性问题由泰勒[51]进行了更深入的讨论。

规则（4）

在 A/D 转换器之前提供 IF 限幅器。MTI 雷达要求 A/D 转换器之前要有 IF 带通限幅器。限幅器防止任何杂波超过 A/D 的动态范围。这个要求对正交 I/Q 采样或直接 A/D 采样后构建的 I/Q 数据都存在。限幅器必须设计成使幅度到相位的转换最小化，不管信号电平超过限幅电平多少。如果杂波使 A/D 饱和，I/Q 数据会显著污染。当限幅器防止 A/D 饱和时，信号以一种受控的方式限幅，但在约 90% 的时间内，仍然能有好的杂波抑制。

规则（5）

警惕振动和音频噪声。许多 RF 设备容易受振动和音频噪声影响。一个对波导吹风的空调风扇，因为信号的相位调制，已经导致改善因子的降低。振动可导致振荡器的相位受到调制。音频噪声可从风冷用风扇产生，而振动可来自甲板或机载雷达平台。例如，速调管和固态模块之类的元件，可能对振动有意料之外的敏感性。RF 连接器必须是可靠的。可以使用减振装置，把元件与座舱结构进行隔离。推荐对所有的 RF 元件，在其工作配置和使用时的振动环境中进行相位稳定性测试。

事实（1）

基本的 MTI 方案不要求有足够长的照射时间以便用时间上不变的滤波器从静止杂波中分离目标。MTI 系统是通过相减处理抑制静止杂波的，且同时保留动目标。一个使用双脉冲对消器的 MTI 系统要求发射机仅发射两个接续的、一样的脉冲，系统就能抑制稳定的静止杂波。来自第二个脉冲的雷达回波与第一个脉冲的回波相减。这个相减过程的结果是固定杂波被消掉了，而动目标得以保留。不使用第一个脉冲的输出，使这种类型的 MTI 滤波器是时变的。当然，杂波滤波器可以比双脉冲对消器[①]更复杂，但原理是一样的，即静止杂波通过对消器传递特性的零点被抑制。这使相控阵雷达得以通过短时间驻留[②]获得好的杂波抑制。

事实（2）

发射机脉内的不规则性如果在脉冲间精确重复，则对 MTI 性能没有影响。发射脉冲应该是相同的。发射脉冲有脉内幅度或频率调制没有关系，只要调制在脉冲间精确重复。如果发射机电源的电压在脉冲之间发生变化，发射脉冲将不会相同，导致的变化必须进行量化，以判定对改善因子的限制是否在系统的稳定性预算之内。然而，如果脉冲之间的唯一差异是绝对相位（不是脉冲之间的脉内变化），则可能有一些缓解措施。下面给出一种补偿发射机脉冲相位微小变化的方法。林肯实验室把最初的 TDWR 波形变为一种 MTD 类型的波形（最初的 TDWR 波形是每次天线旋转中使用恒 PRF，通过椭圆滤波器进行处理）。他们接着改动系统"……用附近一个水塔作为目标达到 65dB 杂波抑制"[52]。TDWR 采用速调管发射机。对速调管，当调制器电压变化 1%Δ-E/E 时，造成的典型相位推移为 10°。稳定性预算分配给发射机的对改善因子的限制为 75dB，这就要求均方根脉冲-脉冲电源电压变化小于 10^{-5}。当雷达在

[①] 杂波滤波器必须根据系统参数设计，以抑制"固定"杂波的径向速度，参见 2.4 节和 2.6 节。
[②] 已经发现某些相控阵雷达对杂波的抑制很差，经常是因为没有遵循规则（1）。

CPI 间改变 PRF（MTD 波形需要）时，发射机电源无法满足这个要求。因此，测量了每个发射脉冲的实际相位，测量的值用来校正该 PRI 内接收信号的相位。这种技术引起从模糊距离上接收的天气信号相位产生微小摄动，但不会影响速度估计（对来自模糊距离上的杂波信号，它的确会降低改善因子，但对于 TDWR 操作，这个降低被认为是可接受的）。

环境上的考虑

本讨论包含对设计探测人造飞行目标的现代监视雷达的人员有用的基本信息。物理定律结合环境，使设计 MTI 监视雷达时不得不进行很多折中。问题与鸟类、昆虫、汽车、远程静止杂波及近和远距气象杂波[53]的无用回波有关。现代雷达的水平可以改善这些问题，但都伴有一些负面效果（许多无用的点目标回波具有与期望目标类似的特性，而无用回波的数目可能比期望目标多数千倍）。

当出现反常或管道传播（此处使用的**反常传播**，指雷达能量沿弯曲的地表传播，导致同时可探测到远距离上的静止和动杂波）时，这些问题会加剧。图 2.95（引自 Shrader[53]）是新泽西亚特兰大市附近平原乡村的 PPI 图，来自位于 50 英尺塔上的 ARSR-2 雷达。在正常传播时，期望的视线约为 10n mile，但杂波实际达到 100n mile。可以看到跨越海湾内水路的桥梁，偶尔会接收到来自模糊距离上的远距离杂波和天气回波。雷达系统必须有能处理这些情况的特性。例如，如果使用脉冲间参差，距离模糊的杂波将不会对消，于是在接收到距离模糊杂波的方位角上，必须增加 PRI 或采用恒 PRI。这里需要预先警告许多雷达设计者易犯的错误。例如，面对跟踪 20 个目标的要求，设计者可能不会意识到，感兴趣的 20 个目标的回波可能被数千个无用目标的回波所淹没。

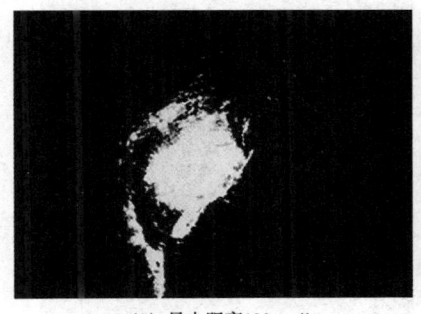

(a) 最大距离100n mile　　　　　(b) 最大距离50n mile

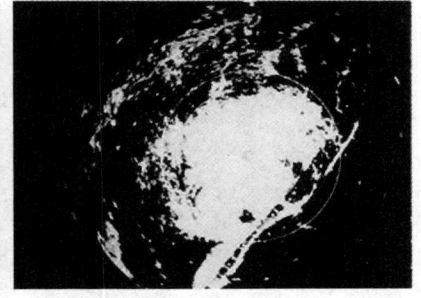

图 2.95　反常传播（管道）

典型的远程空中交通管制雷达有足够的灵敏度，可在 50 英里距离上探测到单只大鸟，如一只乌鸦、海鸥或秃鹰（RCS 约为 $0.01m^2$）。如果雷达分辨单元内有许多这样的鸟，则合成的 RCS 会增加。分辨单元中有 10 只大鸟时，合成的 RCS 为 $0.1m^2$。当发生多径反射时，如在海面上雷达波束对准地平线时，鸟类 RCS 将有高达 12dB 的增强，10 只鸟的鸟群的视在 RCS 将大于 $1m^2$。如果每平方英里内有一只鸟（或鸟群），则在 30 英里以内就会有 3000 只鸟的雷达回波。

对抗无用目标采用的技术如下：

（1）时间灵敏度控制（STC）：用于消除低 PRF 雷达（即常规操作中没有距离模糊的雷

达）中的低 RCS 目标。

（2）高仰角增益增强的天线。

（3）双波束天线——近距接收的波束指向地平线上方，远距离接收时波束降低对准地平线。

（4）采用杂波图的 MTD 技术。也可算出小距离-方位角扇区内的检测数，如果算出发生过多检测，调高每个扇区的检测门限。

（5）采用足够高的 PRF，以使所有径向速度低于 40kn 的目标被去掉。

（6）速度灵敏度控制（SVC），去掉低径向速度的小目标，同时接受具有高径向速度的目标和大型目标。

多数空中交通管制雷达，在感兴趣目标的最小 RCS 为 $1m^2$ 或更大时，采用技术 1 到 4 的结合。期望目标可能类似或小于一只鸟的 RCS 时，采用技术（5）和技术（6）。

技术（1）

STC 是具有不模糊距离 PRF（PRF 足够低，以使到目标和杂波的距离是不模糊的）雷达中抑制鸟类和昆虫回波的传统方法。STC 降低雷达在近距离上的灵敏度，然后在距离增加时增加灵敏度，通常使用距离四次方法。这将不允许探测到视在雷达截面积比如说小于 $0.1m^2$ 的目标。图 2.96 显示了 STC 在对付鸟类时是多么有效。这些 PPI 图像来自一个位于俄克拉荷马州的 L 波段 ARSR（空中航线监视）雷达。注意大部分的鸟类回波被消掉了，但不是 100%。图 2.97 显示了 STC 对付蝙蝠和昆虫[①]的效果。电视台天气预报展示的典型多普勒雷达图像经常用人工干预去掉鸟类、蝙蝠及昆虫。

(a) 有MTI时看见的鸟　　(b) MTI结合STC时看见的鸟

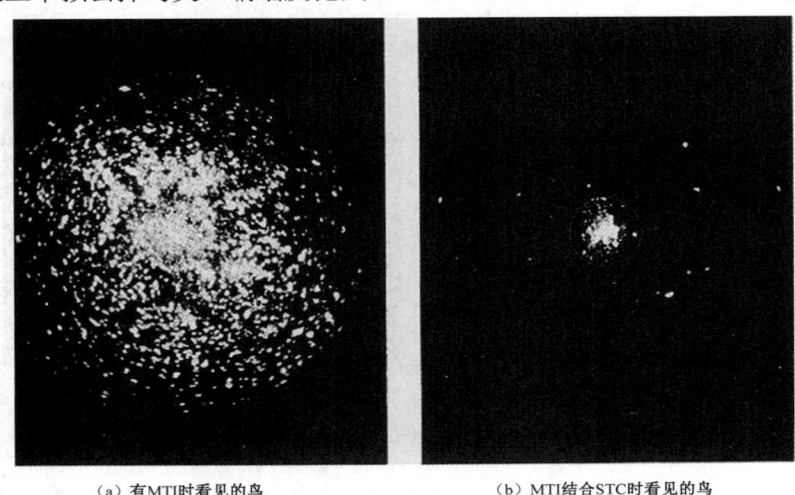

图 2.96　距离 25n mile，STC 能大量减少显示出的鸟数量

技术（2）

STC 对于雷达波束峰值附近不要的生物回波效果很好，但当同余割平方天线波束配合使用时解决了一个问题，但却又引起另一个问题：因为高仰角处的天线增益低，对高仰角上有

---

① 白天的鸟类回波和夜晚的蝙蝠和昆虫回波经常可以实时观察到——程度依赖于当年的天气和时节——在 NOAA 互联网站点的 NEXRAD（WSR-88D）看到的气象雷达图像。

用目标的灵敏度也降低了。解决这个问题的方法就是提高在高仰角上的天线增益，使其大大地高于余割平方天线方向图的增益要求。这样一来，不但补偿了使用灵敏度时间控制电路后出现的问题，而且还可以改善高仰角上的目标–杂波的信号比，从而提高了 MTI 的性能。这个解决方法所付出的代价是，损失了可能达到的天线峰值增益。这种方法的一个说明如图 2.98 所示，它是 ARSR-2 型雷达天线方向图和相应的自由空间覆盖。图中例子的峰值增益损失约为 2dB，是由提高高仰角覆盖而引起的。STC 和增强高仰角覆盖的结合，的确对昆虫和鸟类很有效，但不能消除汽车和卡车回波。因为车辆的雷达截面积等于或超过许多希望的飞机目标的截面积。

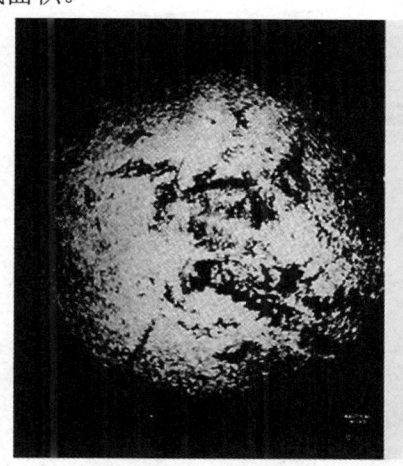

(a) 有MTI时看见的蝙蝠和昆虫　　(b) MTI结合STC时看见的蝙蝠和昆虫

图 2.97　距离 25n mile,，有和没有 STC 时昆虫的显示

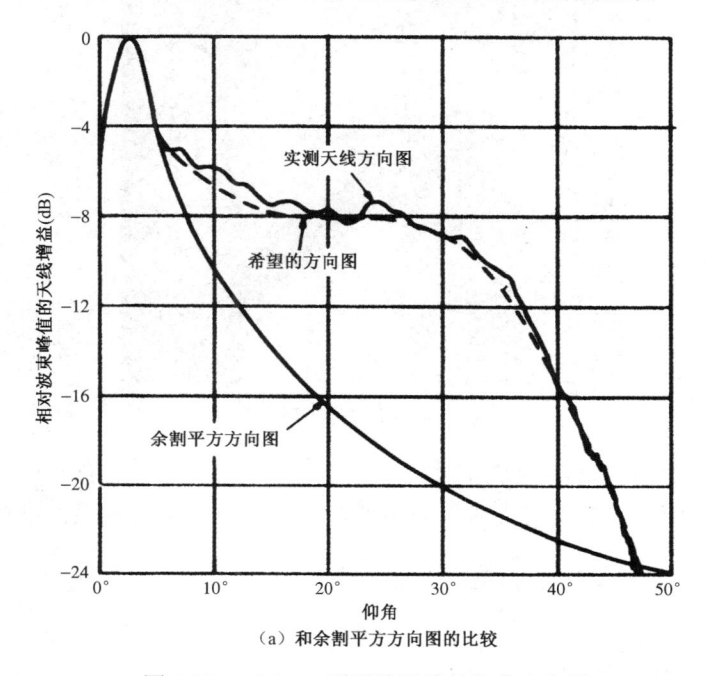

(a) 和余割平方方向图的比较

图 2.98　ARSR-2 型雷达天线的仰角方向图

(b) 自由空间的覆盖范围

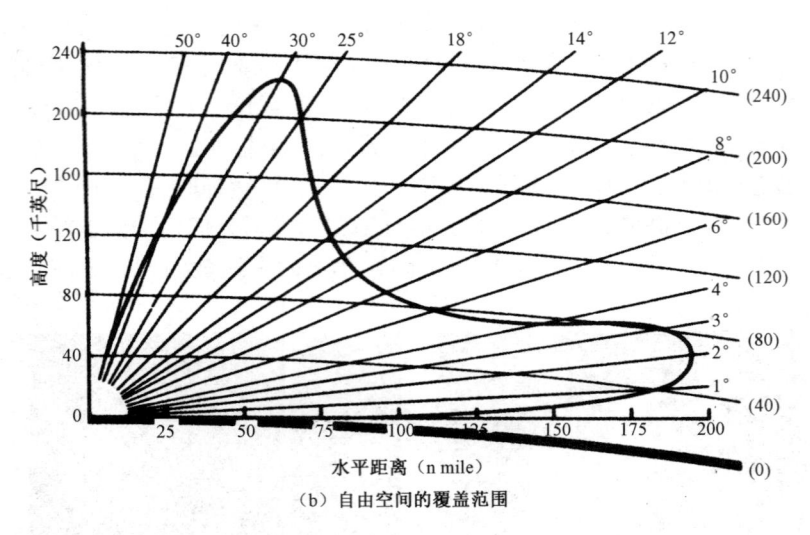

图 2.98　ARSR-2 型雷达天线的仰角方向图（续）

技术（3）

双波束技术减少来自非常低仰角处遇到的车辆交通工具（和许多鸟类、蝙蝠及昆虫）回波。雷达用基本波束发射能量，但在接收近距离回波时使用高仰角的波束，而基本波束则用来在远距离上接收。图 2.99 显示了在发射馈电喇叭下面，有第二个只接收高仰角波束的天线馈电喇叭。有效双路天线方向图如图 2.100 所示。

图 2.99　双波束天线

如前面提到的，上面的这些技术（STC、双波束天线及某些 MTD 的变种）目前在许多空中交通管制雷达上使用。双波束天线也采用了一些高仰角增益的增强，以对抗 STC 的高仰角效应。

技术（4）

MTD 方法已在 2.2 节中进行过描述。

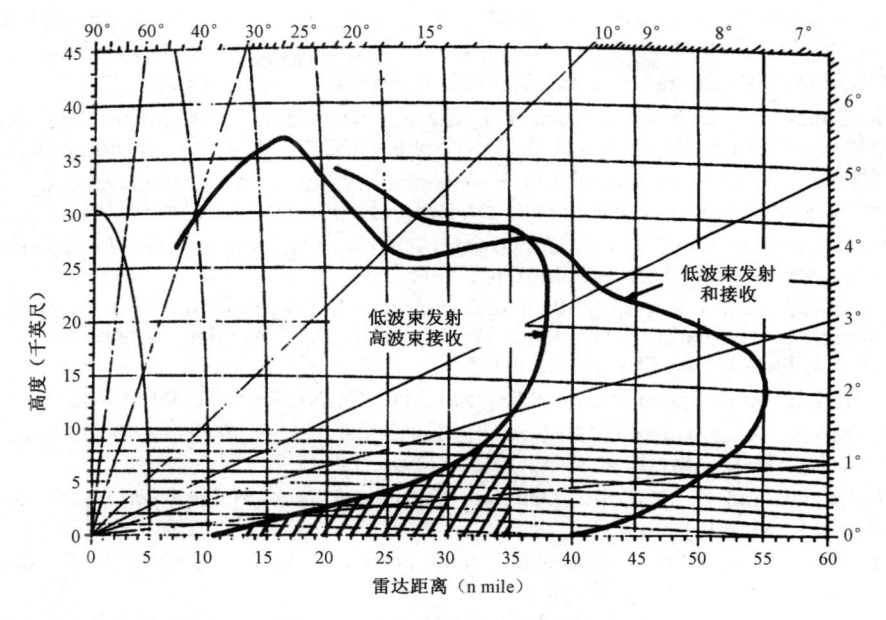

图 2.100 双波束天线获得的覆盖的例子

技术（5）

一种强力技术，用于消除径向速度低于约±40kn 的目标，导致总的抑制间隔为 80kn。为保持对速度的抑制不超过可用多普勒空间的 25%，模糊速度必须是大约 320kn。这要求在 L 波段上 PRF 为 1400Hz、S 波段 PRF 为 3300Hz 及 X 波段 PRF 为 11 000Hz（对应的不模糊距离分别为 58n mile、27n mile 和 5n mile）。这个技术的主要挑战是来自多个模糊距离上的静止杂波回波和所有感兴趣的目标一起折叠至一次距离间隔内。因此，必须提供出色的杂波抑制，以防止折叠杂波压制感兴趣的目标（可能位于任何真实距离上）。

技术（6）

SVC，如 2.16 节描述的，在需要区分非常低 RCS 目标和低速杂波（如鸟类、昆虫和海面）时使用。可以采用稍微比技术 5 中使用的更低的 PRF，因为逻辑允许保留许多更低径向速度的目标，如果它们的 RCS 足够大的话。SVC 仍然抑制鸟类杂波，但保留例如快速接近的有威胁的低 RCS 导弹，同时保留更大截面积的低径向速度飞机。

参考文献

[1] S. Applebaum, "Mathematical description of VICI," General Electric Co., Syracuse, NY, Report No. AWCS-EEM-1, April 1961.

[2] S. M. Chow, "Range and doppler resolution of a frequency-scanned filter," *Proc. IEE*, vol. 114, no. 3, pp. 321–326, March 1967.

[3] C. E. Muehe, "New techniques applied to air-traffic control radars," *Proc. IEEE*, vol. 62, pp. 716–723, June 1974.

[4] R. J. Purdy et al., "Radar signal processing," *Lincoln Laboratory Journal*, vol. 12, No. 2, 2000.

[5] R. J. McAulay, "A theory for optimum MTI digital signal processing," MIT Lincoln Laboratory, Lexington, MA, Report no.1972-14 Part I, Part II, Supplement I, February 22, 1972.

[6] E. J. Barlow, "Doppler radar," *Proc. IRE,* vol. 37, pp. 340–355, April 1949.

[7] W. L. Simkins, V. C. Vannicola, and J. P. Royan, "Seek Igloo radar clutter study," Rome Air Development Center, Report No. Rept. TR-77-338 (DDC AD-A047 897), October 1977.

[8] W. Fishbein, S. W. Graveline, and O. E. Rittenbach, "Clutter attenuation analysis," US Army Electronics Command, Fort Monmouth, NJ, Report No.ECOM-2808, March 1967.

[9] J. B. Billingsley, *Low-Angle Radar Land Clutter—Measurements and Empirical Models*, Norwich, NY: William Andrew Publishing, 2002.

[10] F. E. Nathanson and J. P. Reilly, "Radar precipitation echoes—Experiments on temporal, spatial, and frequency correlation," The Johns Hopkins University, Applied Technology Laboratory, Report No. Tech. Memo TG-899, April 1967.

[11] D. K. Barton, *Radar System Analysis*, Englewood Cliffs, NJ: Prentice-Hall, 1964.

[12] D. K. Barton, "Radar equations for jamming and clutter," in *Supplement to IEEE Trans.* AES-3, EASCON'67 Tech. Conv. Rev, November, 1967, pp. 340–355.

[13] R. J. Doviak and D. S. Zrnic, *Doppler Radar and Weather Observations*, Orlando, FL: Academic Press, 1984.

[14] H. R. Ward, "A model environment for search radar evaluation," in *EASCON '71 Convention Record*, New York, 1971, pp. 81–88.

[15] IEEE, "IEEE Standard Radar Definitions," Radar Systems Panel, IEEE Aerospace and Electronics Systems Society, Report No. IEEE Std 686-1997, 1999.

[16] D. K. Barton and W. W. Shrader, "Interclutter visibility in MTI systems," in *IEEE EASCON '69 Tech. Conv. Rec.*, New York, NY, October 1969, pp. 294–297.

[17] D. K. Barton, *Modern Radar System Analysis*, Norwood, MA: Artech House, 2005, pp. 228–230.

[18] L. Spafford, "Optimum radar signal processing in clutter," *IEEE Trans.*, vol. IT-14, pp. 734–743, September 1968.

[19] L. A. Wainstein and Y. D. Zubakov, *Extraction of Signals From Noise*, New York: Dover, 1970.

[20] J. Capon, "Optimum weighting functions for the detection of sampled signals in noise," *IRE Trans. Information Theory*, vol. IT-10, pp. 152–159, April 1964.

[21] L. R. Rabiner et al., "Terminology in digital signal processing," *IEEE Trans. on Audio and Electroacoustics*, vol. AU-20, no. 5, pp. 322–337, December 1972.

[22] M. I. Skolnik, *Introduction to Radar Systems*, 3rd Ed., New York: McGraw-Hill, 2001, p. 117.

[23] H. Urkowitz, "Analysis and synthesis of delay line periodic filters," *IRE Trans. Circuit Theory*, vol. CT-4, no. 2, pp. 41–53, June 1957.

[24] W. M. Hall and H. R. Ward, "Signal-to-noise ratio loss in moving target indicator," *Proc. IEEE*, vol. 56, pp. 233–234, February 1968.

[25] W. W. Shrader and V. Gregers-Hansen, "Comments on 'Coefficients for feed-forward MTI radar filters'," *Proc IEEE*, vol. 59, pp. 101–102, January 1971.

[26] W. D. White and A. E. Ruvin, "Recent advances in the synthesis of comb filters," in *IRE Nat. Conv. Rec.* vol. 5, pt. 2, New York, NY, 1957, pp. 186–200.

[27] R. H. Fletcher and D. W. Burlage, "Improved MTI performance for phased array in severe clutter environments," in *IEEE Conf. Publ. 105*, 1973, pp. 280–285.

[28] A. V. Oppenheim and R. W. Schafer, *Digital Signal Processing*, Englewood Cliffs, NJ: Prentice-Hall, Inc., 1975, p. 223.

[29] L. Zverev, "Digital MTI radar filters," *IEEE Trans.*, vol. AU-16, pp. 422–432, September 1968.

[30] Ludloff and M. Minker, "Reliability of velocity measurement by MTD radar," *IEEE Trans.*, vol. AES-21, pp. 522–528, July 1985.

[31] W. W. Shrader, "MTI Radar," Chap. 17 in *Radar Handbook*, M. I. Skolnik (ed.), New York: McGraw-Hill, 1970, pp. 17–19.

[32] T. M. Hall and W. W. Shrader, "Statistics of clutter residue in MTI radars with IF limiting," in *IEEE Radar Conference*, Boston, MA, April 2007, pp. 01–06.

[33] G. Grasso, "Improvement factor of a nonlinear MTI in point clutter," *IEEE Trans.*, vol. AES-4, November 1968.

[34] H. R. Ward and W. W. Shrader, "MTI performance degradation caused by limiting," in *EASCON '68 Tech. Conv. Rec.*, (supplement to *IEEE Trans.* vol. AES-4), November 1968, pp. 168–174.

[35] G. Grasso and P. F. Guarguaglini, "Clutter residues of a coherent MTI radar receiver," *IEEE Trans.*, vol. AES-5, pp. 195–204, March 1969.

[36] T. A. Weil, "Applying the Amplitron and Stabilotron to MTI radar systems," in *IRE Nat. Conv. Rec.*, vol. 6, pt. 5, New York, NY, 1958, pp. 120–130.

[37] T. A. Weil, "An introduction to MTI system design," *Electronic Progress*, vol. 4, pp. 10–16, May 1960.

[38] D. B. Leeson and G. F. Johnson, "Short-term stability for a doppler radar: Requirements, measurements, and techniques," *Proc. IEEE*, vol. 54, pp. 329–330, February 1966.

[39] Hewlett Packard Product Note 11729B-1, March 1984.

[40] R. Vigneri et al., "A graphical method for the determination of equivalent noise bandwidth," *Microwave Journal*, vol. 11, pp. 49–52, June 1968.

[41] D. Steinberg, "Chapters," Chaps.1–4 in *Modern Radar: Analysis, Evaluation, and System Design*, R. S. Berkowitz (ed.), New York, NY: John Wiley and Sons, 1966.

[42] J. R. Klauder, "The theory and design of chirp radars," *Bell System Technical Journal*, vol. XXXIX, no. 4, pp. 745–809, July 1960.

[43] W. Rice and K. H. Wu, "Quadrature sampling with high dynamic range," *IEEE Trans. Aerospace and Electronic Systems*, vol. AES-18, no. 4, pp. 736–739, November 1982.

[44] R. Nitzberg, "Clutter map CFAR analysis," *IEEE Trans.*, vol. AES-22, pp. 419–422, July 1986.

[45] V. Gregers Hansen, "Constant false alarm rate processing in search radars," in *Radar—Present and Future*, IEE Conf. Publ. no. 105, London, UK, October 1973.

[46] N. Khoury and J. S. Hoyle, "Clutter maps: Design and performance," in *IEEE Nat. Radar Conf.*, Atlanta, GA, 1984.

[47] G. V. Trunk et al., "False alarm control using doppler estimation," *IEEE Trans. Aerospace and Electronic Systems*, vol. AES-26, pp. 146–153, January 1990.

[48] W. W. Shrader, inventor, "Sensitivity Velocity Control," U.S. Patent 5,134,410, July 1992.

[49] C. Rife and R. R. Boorstyn, "Single-tone parameter estimation from discrete-time observations," *IEEE Trans. Information Theory*, vol. IT-20, no. 5, pp. 591–598, September 1974.

[50] D. R. A. McMahon and R. F. Barrett, "An efficient method for the estimation of the frequency of a single tone in noise from the phases of discrete Fourier transforms," *Signal Processing*, vol. 11, pp. 169–177, 1986.

[51] J. W. Taylor, "Receivers," Chap. 3 in *Radar Handbook*, 2nd Ed., M. I. Skolnik (ed.), New York: McGraw-Hill, 1990, pp. 323–325.

[52] J. Y. N. Cho et al., "Range-velocity ambiguity mitigation schemes for the enhanced terminal doppler weather radar," in *31st Conference on Radar Meteorology*, Seattle, WA, 2003, pp. 463–466.

[53] W. W. Shrader, "Radar technology applied to air traffic control," *IEEE Trans. Communications*, vol. 21, no. 5, pp. 591–605, May 1973.

[54] W. W. Shrader, "MTI radar," Chap. 17 in *Radar Handbook*, M. I. Skolnik (ed.), New York: McGraw-Hill, 1970, pp. 17–56.

第 3 章 机载动目标显示（AMTI）雷达

3.1 采用机载 MTI 技术的系统

机载搜索雷达最初是为远程侦察机探测舰艇研制的。第二次世界大战后期，美国海军研制了几种机载预警（AEW）雷达，用于探测从舰艇天线雷达威力区之下飞近特遣舰队的低空飞行飞机。在增大对空和对海面目标的最大探测距离方面，机载平台的优点是显而易见的，只要考虑下述情况就很清楚了。高度为 100 英尺的天线桅杆，其雷达视线距离只有 12n mile；而与其相比，飞机高度为 25 000 英尺时，雷达视线距离则为 195n mile。

航空母舰搭载的 E-2D 飞机（见图 3.1）使用机载预警雷达作为它的机载战术数据系统中的主要传感器。为能检测海杂波和地杂波背景中的小型空中目标需要这种视界很宽的雷达。由于其首要任务是检测低空飞行的飞机，因此这种雷达就不能靠抬高天线波束的仰角来消除杂波。AMTI 雷达系统就是在考虑这种情况下开发出来的[1-3]，它们与第 2 章中探讨的用于地面雷达的 MTI 系统相似[1,4-6]。

图 3.1 带有旋转天线罩的 E-2D 机载预警机

机载预警雷达的任务要求有 360°方位角覆盖和具有远距离探测能力。需要 360°角方位覆盖是因为一般要求机载预警雷达系统在预先不知道空中目标位置的情况下首先实施探测。机载预警雷达系统通常是在低频段中开发的——这可以通过查看监视雷达的距离方程式得到理解：

$$R_{\max} = \frac{P_\alpha A_e \sigma_t}{(4\pi)kT_0 F_n L(S/N)_0} \cdot \frac{t_s}{\Omega} \qquad (3.1)$$

式中，t_s 是扫描时间；Ω 是监视空域覆盖要求（方位角与仰角的积）。

只要雷达（在方位和俯仰上）的波束宽度小于监视区域，这个方程式就不与频率直接相关。但是，这个方程中的主要参数是与频率相关的。特别是较低频率通常在低空目标和（对某些目标类型的）目标 RCS 的传播损耗方面具有优势。结果导致机载预警雷达系统频率在超高频 L 波段和 S 波段上开发。

在截击机火控系统中，AMTI 雷达系统还被用来捕捉和跟踪目标。在这种应用中，雷达仅需抑制指定目标附近的杂波。因此，可以在目标所处的距离和角度扇形区内将雷达优化。MTI 系统也可以装在侦察机或战术歼击机上用来探测地面运动的车辆。

高平台高度、机动性、高速度的环境条件及对尺寸、质量、功耗的限制对 AMTI 雷达设计师提出了一系列独特的问题。本章将专门探讨机载条件下特有的对这些问题的考虑。

3.2 覆盖范围的考虑

搜索雷达一般要求有 360° 方位角覆盖。这种覆盖范围在飞机上是很难达到的，其原因在于将天线突出于机外安装将会产生大的空气阻力、稳定性和结构方面的问题。当要求大垂直覆盖范围时，飞机机身和垂直安定面将使天线方向图变形和受遮挡。对战术要求的分析可看出，可能只需要覆盖一定的扇形区即可。但是这个扇形区相对于机头方向应该在整个 360° 范围内可以定位。这样才能满足下列各种情况下对覆盖范围的要求，即反转航线、遇强风有大偏航角、相对于风定位地面轨迹、非标准工作状态及进出基地时仍然工作的覆盖要求。

然而在 20 世纪 90 年代和 21 世纪之初已研制出了许多可以在机载平台上实现相控阵能力的系统。诺德鲁普·格鲁曼公司在波音 737-700 飞机上为澳大利亚"楔尾计划"研制的多功能电扫阵列（MESA）雷达就是一个例子（见图 3.2）。正在为 E-2D（海军 E-2C 飞机的后续型号）飞机上的 AN/APY-9 雷达开发一种将机扫和电扫结合的替代解决方案。

图 3.2 天线安装在机身上的波音 737-700 "楔尾" 飞机

3.3 AMTI 性能驱动因素

AMTI 系统性能主要取决于杂波回波运动（平台运动、天线扫描运动和杂波内部运动）产生的效应、用于提高目标检测和杂波最大对消的处理技术，以及雷达硬件稳定性的限制等。本章将讨论运动效应及各种处理技术的性能。

3.4 平台运动和高度对 MTI 性能的影响

MTI 可以区分空中动目标和固定的地或海杂波。然而，在飞行状态下，杂波相对飞机是运动的。可用诸如 TACCAR（时间平均杂波相参机载雷达）的技术补偿杂波平均径向速度。这项技术试图使来自主瓣杂波的最大回波以零多普勒频率为中心，从而用同样以零多普勒频率为中心的简单 MTI 滤波器就可以消除主瓣杂波。

如图 3.3 所示，杂波的视在径向速度为 $V_r = -V_g \cos\alpha$。式中，V_g 是平台地速，即相对于地面的飞行速度；α 是到地面上一点的视线与飞机速度矢量之间的夹角。图 3.4 所示为沿地面相等径向速度的轨迹。为使该图归一化，假定地面为一平面，归一化的径向速度 $V_n = V_r/V_g$ 表示为方位角 ψ 和归一化地面距离 R/H 的函数，此处 H 是飞机高度。

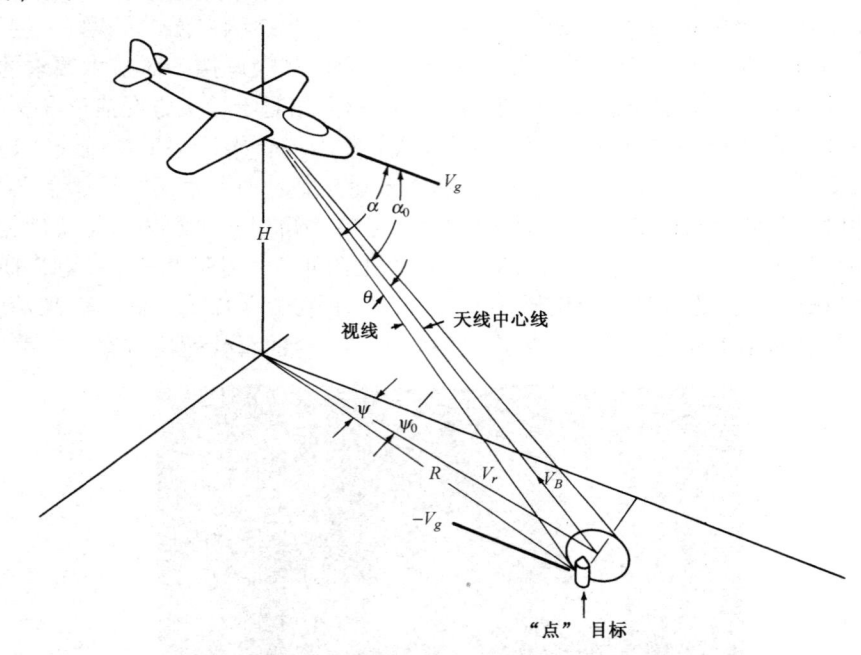

图 3.3 几何关系图。α_0 是天线指向角；α 是视线角；θ 是偏离天线中心线的角度；V_g 是飞机地速；V_r 是点目标的径向速度；V_B 为沿天线中心线（瞄准线）的径向速度；ψ_0 是天线方位角；ψ 是方位角；R 是到点目标的地面距离；H 是飞机高度

与天线指向角 α_0 所确定的等径向速度 V_B（见图 3.3）对应的单一杂波多普勒频率不同，雷达"看到"的是一段连续速度区间。这就形成了一定距离上的频谱，其形状由与地面相交的天线方向图、杂波的反射率及波束中的速度分布所决定。此外，因为在特定方位角 ψ 上 V_r 是随距离变化的，所以频谱的中心频率和形状也是随距离和方位角 ψ_0 变化的。

当天线指向前方时，主要效应是由 α_0 随距离变化而引起的中心频率的相应变化。当天线指向与飞机垂直时，主要效应是天线波束宽度内的速度分布。以上两者分别称为斜距效应和平台运动效应。

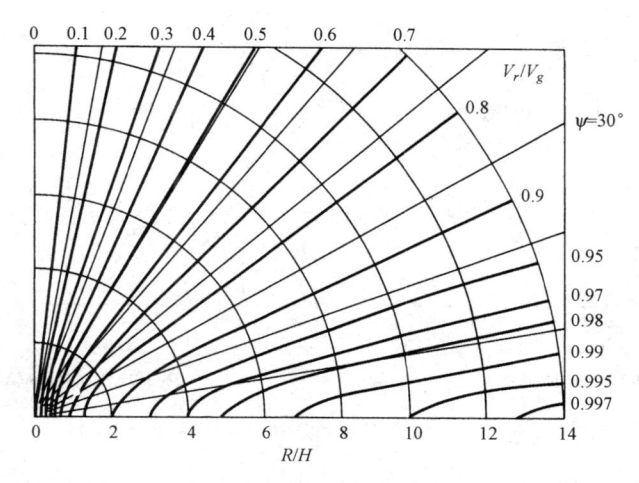

图 3.4 作为飞机距离高度比 R/H 和方位角 ψ 的函数的归一化等径向速度 V_r/V_g 的轨迹

斜距对多普勒偏移的影响

天线瞄准线的速度 V_B 是沿天线中心线（瞄准线）方向上的地速分量，为 $-V_g\cos\alpha_0$。如果杂波面和飞机在同一个平面（共面）上，则这个分量等于 $-V_g\cos\psi_0$，而与距离无关。实际瞄准线速度与共面的瞄准线速度之比值定义为归一化瞄准线-速度比。

$$\text{VBR} = \frac{\cos\alpha_0}{\cos\psi_0} = \cos\phi_0 \tag{3.2}$$

式中，ϕ_0 是天线中心线偏离水平面的俯角。图 3.5 是弯曲地球上的不同飞行高度下，归一化瞄准线-速度比与斜距的关系曲线。对小于 15n mile 的斜距来说，变化是很急剧的。

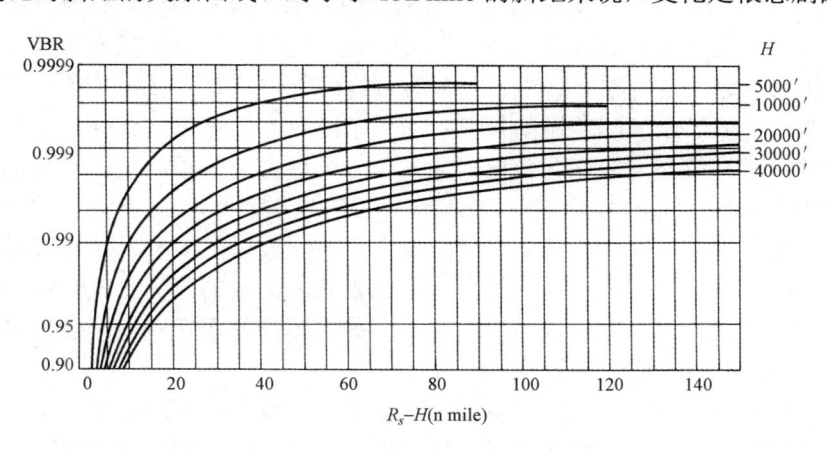

图 3.5 对不同的飞机高度，归一化瞄准线速度比 VBR 与斜距 R_s 和飞机高度 H 之差的关系曲线

人们希望杂波频谱的中心落在 AMTI 滤波器的凹口（即最小响应区）内以得到最大的杂波抑制。这只要把雷达信号的中频或射频偏移一个量即可完成，该偏移量等于杂波频谱的平均多普勒频率。雷达移动时，由于杂波的中心频率随距离和方位变化，故需采用诸如下面所述的 TACCAR 之类的开环或闭环控制系统，使滤波器凹口跟踪多普勒偏移频率。

图 3.6（a）所示为已知天线响应的接收杂波谱示例。图 3.6（b）所示为 TACCAR 频率偏

移将主瓣杂波转移到零多普勒。

(a) 没有TACCAR频率偏移

(b) 有TACCAR频率偏移

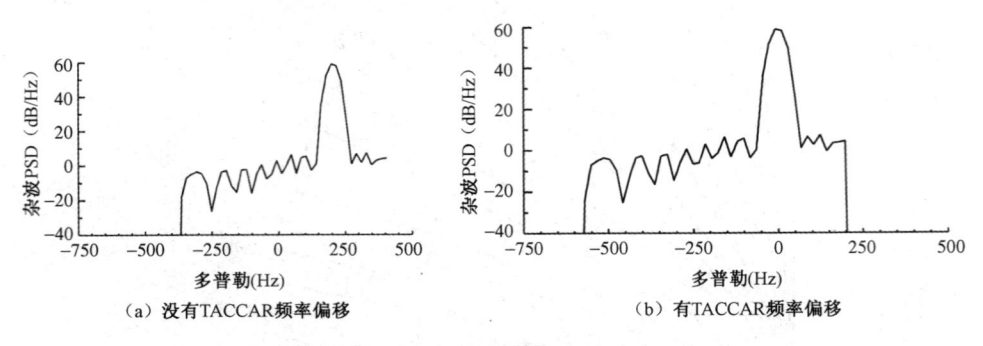

图 3.6　由天线方向图得到的杂波功率谱密度（PSD）

时间平均杂波相干机载雷达（TACCAR）

　　麻省理工学院林肯实验室最初是为解决 AMTI 雷达问题而研制时间平均杂波相干机载雷达的。对时间平均杂波相干机载雷达的要求和实施随使用的杂波对消处理类型而变化。在试用了许多其他的方法后，他们发现，如果用杂波回波而不是用发射脉冲来相锁雷达的杂波滤波器，就能使杂波中心位于滤波器阻带内。由于散射体位置在方位上是分布的，杂波相位在不同距离单元间是变化的。因此有必要在尽量长的间隔内来平均杂波回波。时间平均杂波相干机载雷达这个名称用来描述杂波回波谱中心对准零滤波器频率。由于这项技术能够补偿各类系统单元漂动及因海流、箔条、气象杂波引起的平均多普勒频率偏移，因此它不仅可用于机载雷达，也用于舰载和地面雷达中。

　　图 3.7 是时间平均杂波相干机载雷达的原理框图。杂波误差信号通过测量杂波回波的脉间相移 $\omega_d T_p$ 得出，它是一个非常灵敏的误差信号。经平均的误差信号控制压控相干主振荡器（COMO），它决定雷达的发射频率。相干主振荡器的频率，经如图 3.7 中所示的自动频率控制（AFC）环路，受控于系统基准振荡频率。当无杂波时，这提供一个稳定的频率基准。一个来自飞机惯性导航系统和天线伺服系统的输入信号提供了一个预测的多普勒频移。这些输入使时间平均杂波相参机载雷达系统能提供一个窄带的校正信号。

　　由于杂波信号的噪声特性、要控制系统跨过弱杂波回波区的需要及不对真实目标多普勒频移响应的要求，使得控制系统通常跟踪特定雷达距离间隔内的方位变化。这个间隔的最大距离的选择应使杂波成为这一间隔内的主要信号。最小距离的选择应能排除平均频率与所关心区域内的频率明显不同的那些信号。

　　提供这种频率偏移的另外方法可以用数字激励器，或者在接收端实施。在某些应用中，必须运用多个控制环路，每一环路覆盖一个特定的距离间隔或者按距离改变偏移频率。如在接收端（而不是发射端）实现频率偏移这就是可能的。在任一给定的距离上，滤波器凹点实际处于某一个频率上，而杂波频谱的中心却处于另一个频率上。两频率之差产生一个多普勒偏移误差，如图 3.8 所示。杂波频谱将伸入更多的滤波器通频带内，于是杂波改善因子将变坏。如果 MTI 滤波器是诸如空-时自适应处理（在本章后面讨论）的自适应滤波器，则对时间平均杂波相干机载雷达控制回路所要求的精度可以放宽。这是因为自适应滤波器将调整到接收信号并优化杂波对消。

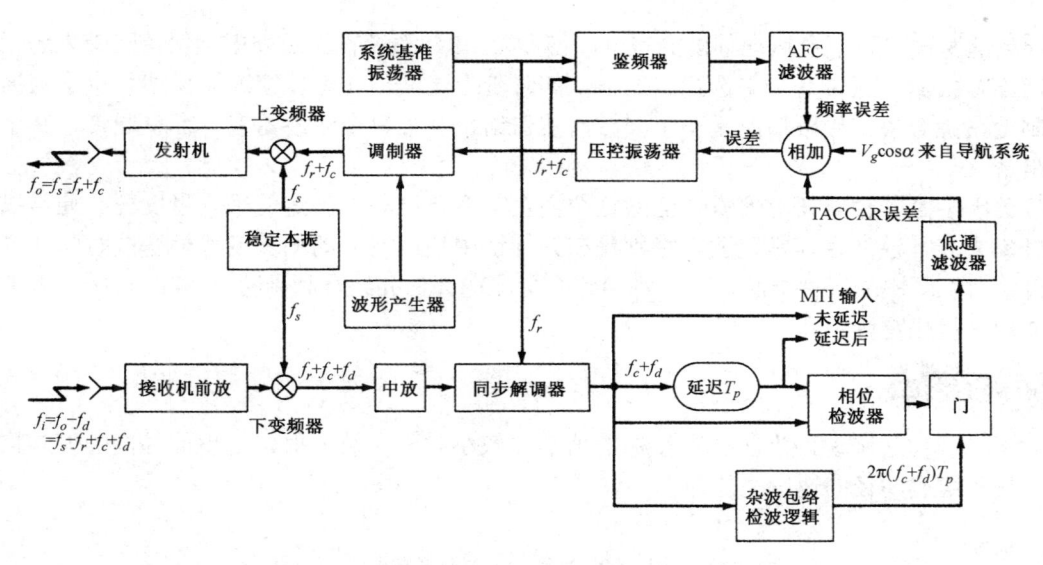

图 3.7 时间平均杂波相参机载雷达控制环路信号流程框图

在没有自适应调整的情况下，图 3.9 所示为对不同杂波频谱宽度，单延迟和双延迟对消器的改善因子 I 与凹点偏移误差对 PRF 之比的关系曲线。值得庆幸的是，在偏移误差最大的探测范围的前向扇区内，平台运动的频谱很窄。对频谱宽度为 PRF 3%的输入杂波频谱双延迟对消器，当偏移误差为 PRF 的 1%时，可获得的改善为 26dB。如果雷达频率为 10GHz、PRF 为 1kHz、地速为 580kn，则凹口必须保持在 0.29kn 之内，即 $0.005V_g$ 内。

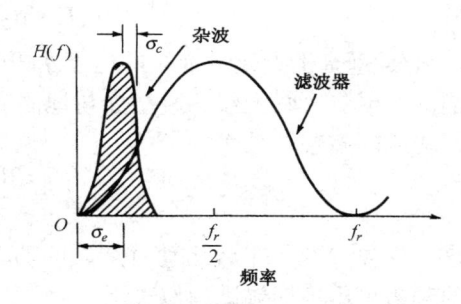

图 3.8 多普勒偏移误差的影响（f_r = PRF）

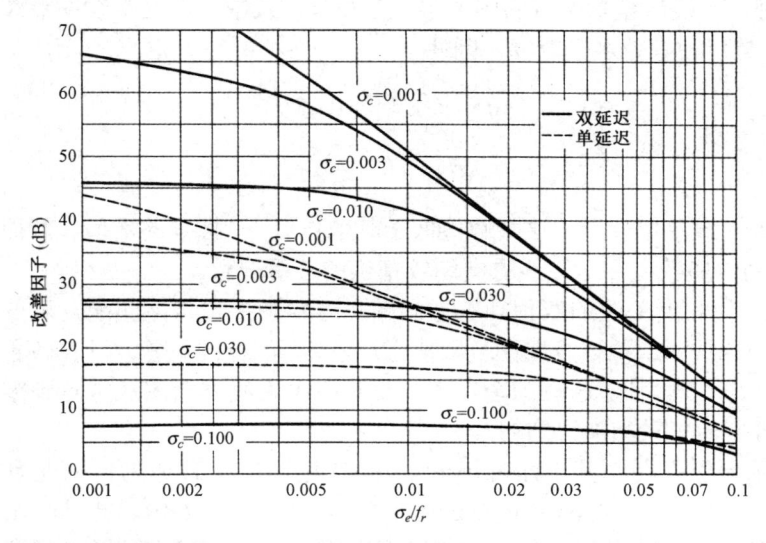

图 3.9 对应于不同杂波频谱宽度 σ_c 时，改善因子 I 与归一化多普勒偏移误差 σ_e 之间的关系曲线

因为这些要求及平台运动频谱的宽度，使参差 PRF 系统首先必须根据保持阻带来进行选择，而不是根据使通带变平来选择。同样，高阶延迟滤波器（有反馈或无反馈）也是根据阻带抑制度来综合的。极限情况是一个窄带滤波器组，其中每个滤波器有一个窄通带，其余部分为阻带。

改善因子是一种重要的度量，但除这个由全部多普勒频率确定的平均量度外，通常以多普勒频率来表征性能也非常重要，特别是在处理链中使用嵌入的相参多普勒滤波时是这样。在通过多普勒频率表征性能时，可以利用整个探测链评估并结合利用跨过 MTI 盲区的多 PFR 参差波形来优化雷达设计。

平台运动的影响

对于机载雷达来说，当 θ 和俯角 ϕ_0 的值都比较小时，杂波散射体呈现的径向速度与同一距离天线瞄准线的径向速度之差为

$$\begin{aligned} V_e &= V_r - V_B \\ &= V_g \cos\alpha_0 - V_g \cos\alpha \\ &= V_g [\cos\alpha_0 - \cos(\alpha_0 + \theta)] \\ &= V_x \sin\theta + 2V_y \sin^2(\theta/2) \end{aligned} \tag{3.3}$$

式中，V_x 是垂直于天线瞄准线的速度水平分量；V_y 是沿着天线瞄准线的速度分量；θ 是偏离天线瞄准线或包含瞄准线的垂直面与地面交线的方位角。当 α_0 为偏离地面航向若干个波束宽度时，相应的多普勒频率为

$$f_d = \frac{2V_x}{\lambda}\sin\theta \approx \frac{2V_x}{\lambda}\theta \tag{3.4}$$

这一现象导致了平台运动时杂波的功率频谱，它在方位上被天线双程功率方向图加权。真实的频谱可用高斯频谱近似表示

$$H(f) = e^{-\frac{1}{2}(f_d/\sigma_{pm})^2} = e^{-2(V_x\theta/\lambda\sigma_{pm})^2} \approx G^4(\theta) \tag{3.5}$$

当 $\theta = \theta_a/2$ 时，天线双程功率方向图 $G^4(\theta)$ 为 0.25。式中，θ_a 是半功率点波束宽度，可用 λ/a 近似表示；a 是口径有效水平宽度，因此

或

$$e^{-1/2(V_x/a\sigma_{pm})^2} = 0.25$$

$$\sigma_{pm} = 0.6\frac{V_x}{a} \tag{3.6}$$

式中，V_x 和 a 以一致单位表示。这个数值低于其他作者[4, 5]推导的数值。然而，这个数值却与本章作者分析的实验数据和对天线方向图较精确的分析一致。

利用将高斯近似和所关注的双程功率方向图在方向图指定点上匹配，可取得更精确的参量 σ_{pm} 值，并用统计技术或拟合方向图及数值方法确定 θ 的标准偏差。计算改善因子时，把合成的剩余功率平均一下即可，这些剩余功率是将对应于天线方向图从零点到零点之间的每一特定 θ 值上的信号旋转矢量相加得到的。

图 3.10 所示为以孔径在其平面内每个脉冲间间隔 T_p 位移作为自由变量的平台运动对 MTI 改善因子的影响。位移 5.4%将把双延迟改善因子减少到 30dB。此时，如果系统的 PRF 为 1000Hz、天线孔径为 10 英尺，相应的速度则为 325kn。对单延迟系统，对于 30dB 的性能

极限，位移必须保持在 1.1%之内。

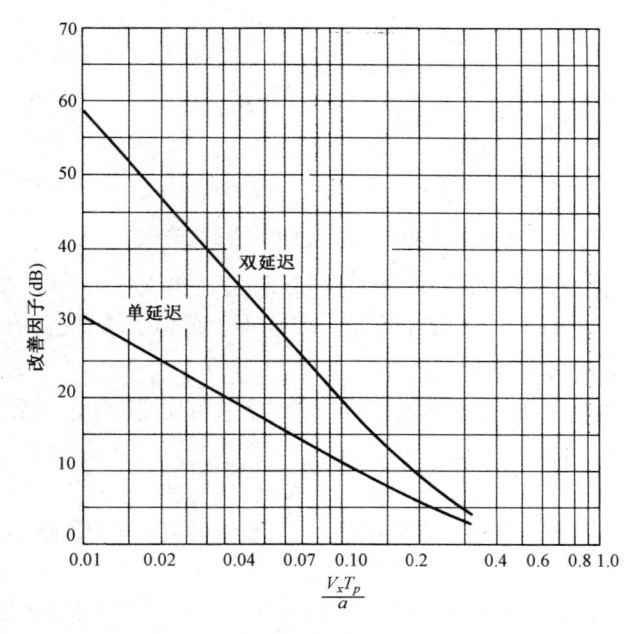

图 3.10 平台运动对目标改善因子的影响。
图中显示改善因子与每一脉冲间隔对天线水平孔径位移之比 V_xT_p/a 的函数关系

3.5 平台运动的补偿（垂直天线孔径方向上的）

平台运动的有害影响可物理上或用电子方法沿孔径平面偏置天线的相位中心来消除，这叫作**偏置相位中心天线（DPCA）技术**[7-11]。此外，为了用通过电子方法偏置天线相位中心的自适应滤波器改进杂波对消，还专门研制了某些形式的空–时自适应处理。

电子偏置相位中心天线

图 3.11（a）所示为雷达接收机看到的某个基本散射单元产生的脉冲间相移。接收信号的幅度 E_1 正比于双程天线的场强。其相位超前为

$$2\eta = 2\pi f_d T_p = \frac{4\pi V_x T_p \sin\theta}{\lambda} \tag{3.7}$$

式中，f_d 是散射体的多普勒频移［见式（3.4）］；T_p 是脉冲间间隔。

图 3.11（b）所示为一种校正相位超前 η 的方法。施加一个理想校正信号 E_c，使其相位比接收信号超前 90°，而比下一个接收信号滞后 90°。为了精确补偿，应满足下列关系式

$$E_c = E_1 \tan\eta = \Sigma^2(\theta)\tan\frac{2\pi V_x T_p \sin\theta}{\lambda} \tag{3.8}$$

这里假设采用了与单脉冲跟踪雷达相似的一种双波瓣天线方向图。使用了两部接收机，一部提供和信号 $\Sigma(\theta)$，另一部提供差信号 $\Delta(\theta)$。差信号用于补偿平台运动的影响。

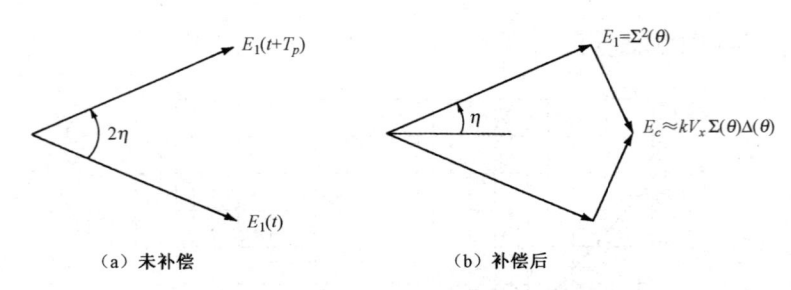

图 3.11 由平台运动产生的点散射体回波的相位矢量图

如果系统设计成发射和方向图 $\Sigma(\theta)$、接收和方向图 $\Sigma(\theta)$ 及差方向图 $\Delta(\theta)$，那么在设计速度上，可以把接收信号 $\Sigma(\theta)\Delta(\theta)$ 用作校正信号。实际用于近似 E_c 的校正信号是 $k\Sigma(\theta)\Delta(\theta)$，式中，$k$ 是接收机和差通道的放大系数比。

均匀照射单脉冲天线阵[12]的差信号 Δ 是对和信号正交的，其幅度关系为

$$\Delta(\theta) = \Sigma(\theta)\tan\left(\frac{\pi W}{\lambda}\sin\theta\right) \tag{3.9}$$

式中，W 是两个半个天线的相位中心间距。因此，选择 $W=2V_xT_p$ 和 $k=1$，可达到完美对消的效果。

实际上，和方向图是基于探测系统要求的波束宽度、增益和副瓣而选定的。而差方向图 $\Delta(\theta)$ 则独立综合，由雷达平台的设计速度和容许副瓣电平而定。在单独的分支馈电结构中把天线单元组合起来即可实现这两个方向图。

图 3.12 所示为一个双延迟对消器的理想改善因子与归一化孔径移动的关系曲线。图示的改善因子是对一个点散射源在天线两零点波束宽度内改善因子的平均。一种情况是增益比值 k 在脉冲间位移的每个数值上都最佳化。另一种补偿的情况是，最佳增益比值 k 近似取为脉冲间平台运动的线性函数 kV_x。

双延迟系统的方框图如图 3.13 所示。若为单延迟系统，则没有第二个延迟线和第二个相减器。保持相参性、增益和相位平衡及定时通常所需要的电路没有画出。速度控制 V_x 是双极性的，当天线指向角由飞机左舷变换到右舷时，必须能把每一个通道的 $\Delta(\theta)$ 信号的极性颠倒过来。

图中的混合放大器有两个输入端，用于接收 $\Sigma(\theta)$ 和 $j\Delta(\theta)$ 信号，并相对 $\Sigma(\theta)$ 通道把 $\Delta(\theta)$ 通道放大 kV_x 倍。输出端产生两个放大的输入信号的和与差。由于偏置相位中心天线是补偿复信号的，所以无论是振幅还是相位信息都必须保持。因而，这些操作通常在射频或中频上进行。如果进行同步检波和模数转换，并将每个信号的分量当作复矢量处理也可使用数字补偿。在和、差信号经混合放大器处理之前，电路工作应保证是线性的。这种单个脉冲的合并以后，实际的双路对消就可采用任一种常规 MTI 处理技术来完成。

天线副瓣内的功率

由于有从天线副瓣返回的杂波功率，机载系统抑制杂波的能力是有限的。整个 360° 方位方向图看到的速度范围为 $-V_g \sim +V_g$。补偿电路对速度只补偿了一个对应于天线瞄准线速度 V_B 的量，但是由于通过副瓣接收的回波，获得了对应于 $2V_g$ 整个范围的多普勒频率。对于低 PRF 机载系统来说，这些多普勒频率可覆盖 PRF 的数倍，因而副瓣功率被折叠到滤波器中。

第3章 机载动目标显示（AMTI）雷达

这项限制是天线指向角、MTI 滤波器响应和副瓣形状的函数。如果副瓣在方位上分布比较好，则可将副瓣返回的功率平均值作为性能的度量。

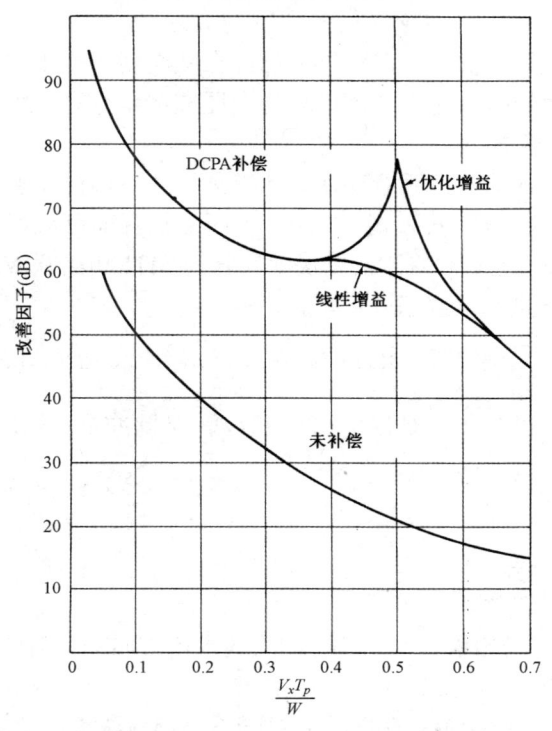

图 3.12 采用相位中心偏置天线补偿时，MTI 改善因子与水平相位中心间隔（W）和水平天线孔径在每一脉冲间隔内的位移之比（V_xT_p/W）的函数关系。$W = 0.172a$，式中，a 是水平孔径长度

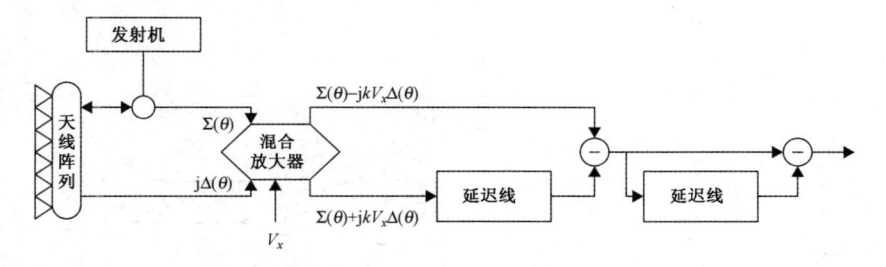

图 3.13 简化的双延迟偏置相位中心天线组成图

由于副瓣产生的改善因子的极限值为

$$I_{副瓣极限} = \frac{K \int_{-\pi}^{\pi} G^4(\theta)\mathrm{d}\theta}{\int_{副瓣} G^4(\theta)\mathrm{d}\theta} \tag{3.10}$$

式中，下面的积分取在主瓣区之外；主瓣的影响应包括在平台运动改善因子之内；常数 K 是 MTI 滤波器的噪声归一化系数（单延迟时 $K = 2$，双延迟时 $K = 6$）；$G^4(\theta)$ 是地表的平面内的天线双程功率方向图。

前一小节所描述的偏置相位中心天线性能可以根据方向图或等效的口径分布函数[8]进行分析。如果运用方向图，则可将方向图函数运用到整个 360°范围内或者像求并联阻抗值的方

法一样，将相位中心偏置天线的主瓣和副瓣区的改善因子合并，求得综合性能，即

$$\frac{1}{I_{总}} = \frac{1}{I_{副瓣}} + \frac{1}{I_{相位中心偏置天线}} \tag{3.11}$$

如果运用孔径分布进行分析，则在分析中已经自然包括了副瓣的影响。但必须留心，假如运用天线阵列或反射面的函数而不考虑单元方向图或馈电分布的加权时，则固有的副瓣方向图可掩盖掉主瓣补偿的效果。

再次可见，性能与多普勒的关系对评估雷达整体探测性能的重要性。对给定多普勒滤波器通带，对映射到通带内的角度取等式（3.10）下面的积分即可近似获得天线副瓣所限制的性能。噪声规一化项（k），也必须修改，以反映三脉冲 MTI 和级联 N 脉冲多普勒滤波器组情况下的 MTI 和多普勒滤波器组的级联噪声增益，即

$$N_g(k) = 6\sum_{i=1}^{N} W_i^2 - 8\sum_{i=1}^{N-1} W_i W_{i+1} \cos(2\pi k/N) + 2\sum_{i=1}^{N-2} W_i W_{i+2} \cos(4\pi k/N);\ k=0, N-1 \tag{3.12}$$

式中，W_i 是多普勒滤波器权重，对双脉冲 MTI 和级联 N 脉冲多普勒滤波器组则有

$$N_g(k) = 2\sum_{i=1}^{N} W_i^2 - 2\sum_{i=1}^{N-1} W_i W_{i+1} \cos(\pi k/N);\ k=0, N-1 \tag{3.13}$$

3.6 扫描运动的补偿

图 3.14（a）所示为天线扫描时一个典型的天线主瓣方向图和对两个接续脉冲点散射源的响应。可以看出，返回的信号将相差 $\Delta G^2(\theta)$。结果，由于扫描的缘故，信号不能完全对消。在对整个主波瓣，取这些差影响 $\Delta G^2(\theta)$ 的积分可获得扫描对改善因子影响的平均值为

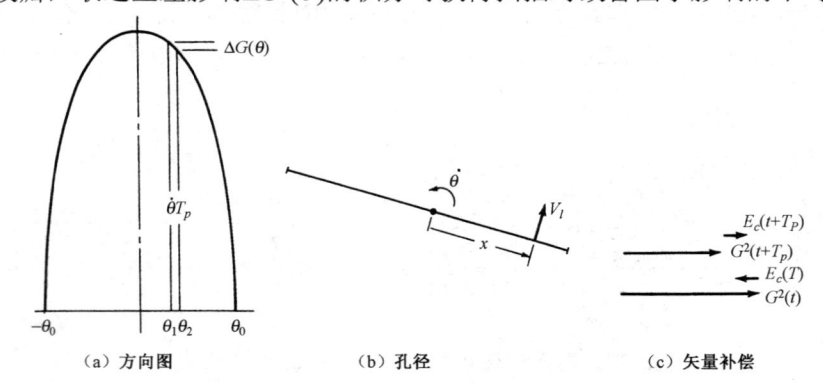

图 3.14 天线扫描的各种影响：(a) 从天线方向图看到的由于散射点方位的视在变化，$\theta_2-\theta_1=\dot{\theta} T_p$；(b) 从口径照射函数看到的由于散射点在 x 位置相对于天线的视在移动，$V_1=x\dot{\theta}$；(c) 两个接收矢量的步进扫描补偿

单延时对消时：

$$I_{扫描} = \frac{2\int_{-\theta_0}^{\theta_0} |G(\theta)|^2 \mathrm{d}\theta}{\int_{-\theta_0}^{\theta_0} |G(\theta + T_p\dot{\theta}) - G(\theta)|^2 \mathrm{d}\theta} \tag{3.14a}$$

双延迟对消时：

$$I_{扫描} = \frac{6\int_{-\theta_0}^{\theta_0} |G(\theta)|^2 \, d\theta}{\int_{-\theta_0}^{\theta_0} |G(\theta+T_p\dot\theta) - 2G(\theta) + G(\theta-T_p\dot\theta)|^2 \, d\theta} \qquad (3.14b)$$

式中，θ_0 是主波瓣零点；$G(\theta)$ 是双程电压方向图。

为了在频域内处理扫描运动，可分析由扫描天线观察到的杂波视在速度，以确定多普勒频率。因杂波的相对运动，可认为天线阵中每一单元或连续孔径的每一增量部分都接收到一个多普勒频移的信号。任一单元接收的功率均与该单元双程孔径功率分布函数 $F_2(x)$ 成正比。

除所有单元观察到的由于平台运动产生的速度外，每个单元还看到由于单元转动产生的视在杂波速度，如图 3.14（b）所示。这种视在速度沿孔径呈线性变化，因此可将双程孔径分布映射到频域中。由于天线扫描，得到的功率频谱为

$$H(f) = F_2\left(\frac{\lambda f}{2\dot\theta}\right) \qquad 0 \leq f \leq \frac{a\dot\theta}{\lambda} \qquad (3.15)$$

式中，$\dot\theta$ 是天线转动速率；a 是天线水平孔径。该功率频谱可近似用高斯分布表示，其标准偏差为

$$\sigma_c = 0.265 \frac{f_r}{n} = 0.265 \frac{\dot\theta}{\theta_a} \approx 0.265 \frac{a\dot\theta}{\lambda} \qquad (3.16)$$

式中，λ 和 a 同单位；θ_a 是单程半功率点波束宽度；n 是每一个波束宽度内的回波脉冲数；近似式 $\theta_a \approx \lambda/a$ 代表给出可接受的副瓣电平的一种天线分布。

可看到，天线方向图脉冲间的增益差为

$$\Delta G^2(\theta) = \frac{dG^2(\theta)}{d\theta}\Delta\theta = \frac{dG^2(\theta)}{d\theta}\dot\theta T_p \qquad (3.17)$$

式（3.16）说明[7, 13]：应使用与 $\Delta G^2(\theta)$ 符号相反的校正信号，如图 3.14（c）所示，把半个校正信号加到一个脉冲上，而从另一个脉冲上要减去另半个校正信号。因而

$$校正信号 = \frac{\Delta G^2(\theta)}{2} = \frac{\dot\theta T_p}{2}\frac{d\Sigma^2(\theta)}{d\theta} = \dot\theta T_p \Sigma(\theta)\frac{d\Sigma(\theta)}{d\theta} \qquad (3.18)$$

式中，用 $\Sigma^2(\theta)$ 代替了 $G^2(\theta)$。雷达发射一个和方向图 $\Sigma(\theta)$，而用差方向图 $\Delta(\theta)$ 接收，从而接收的信号正比于两者的乘积。如果把差方向图的接收信号作为校正信号，则可得出

$$E_c = \Delta(\theta)\Sigma(\theta) \qquad (3.19)$$

比较式（3.18）和式（3.19），我们看出，为使 E_c 近似校正信号，差方向图应为

$$\Delta(\theta) = \dot\theta T_p \frac{d\Sigma(\theta)}{d\theta} \qquad (3.20)$$

和方向图的导数与差方向图相似之处在于主波瓣的零点 $-\theta_0$ 处为正值，在天线中心线上减小到零值，然后变成负值直到 θ_0 为止。

从图 3.13 可以看出：扫描补偿的线路基本上与偏置相位中心天线的相同，其不同点在于所加的差信号与和信号是同相的，并放大一个量，这个放大量由每一脉冲间间隔的天线转动角来确定。

如果将每一通道都出现的发射信号 $\Sigma(\theta)$ 均略去，则所需的信号为 $\Sigma(\theta) \pm l\dot{\theta} T_p \Delta(\theta)$。式中，$l$ 选成使两个通道能最大抑制杂波的放大量之比。所需差方向图的斜率由扫描图形的导数来确定，它与偏置相位中心天线的准则不同。由于这种系统是在电气上对-对脉冲按顺序把天线指向稍微偏向瞄准线的前边和后边，因而从相邻回波中取得一对超前和滞后脉冲，以得到天线保持静止的效果，这种技术通称为**步进扫描补偿**。

图 3.15 所示为 Dickey 和 Santa[7]得到的单延迟对消的改善因子曲线。

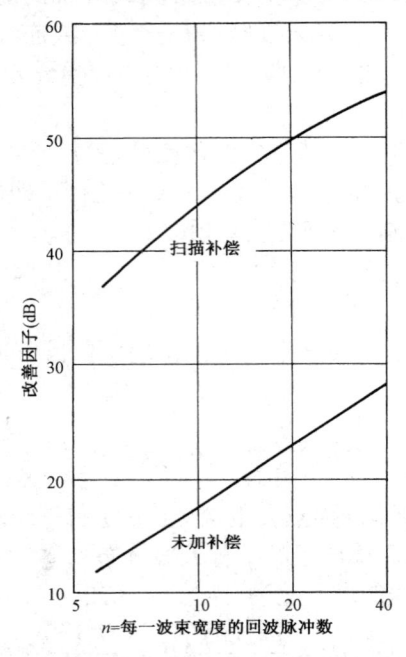

图 3.15　单路延迟对消器步进扫描补偿的动目标改善因子与每个波束宽度内
回波脉冲数的函数关系，天线方向图为 $(\sin x)/x$

补偿方向图的选择

补偿方向图的选择取决于系统性能要求的高低、使用的 MTI 滤波的形式、平台运动速度、扫描速率和常规雷达参数要求的特性（如分辨率、失真度、增益、副瓣等）。比如，对单延迟对消相位中心偏置天线系统，指数型方向图及其相应的差方向图是极好的，然而用双延迟对消时，它就不能令人满意。这是因为单延迟对消器要求在邻近瞄准线附近实际方向图与所需方向图之间有最好的匹配，而双延迟对消则要求在波束肩部有最好的匹配。步进扫描补偿通常要求差方向图的峰值接近于和方向图的零点附近以获得匹配。

Grissetti 等人[13]已经证明，对步进扫描补偿来说，单延迟对消的改善因子作为回波脉冲数的函数以 20dB/10 倍频程而增加；对一阶导数[①]型步进扫描补偿，改善因子增加率为 40dB/10 倍频程；对一阶和二阶导数的补偿，改善因子增加率为 60dB/10 倍频程[②]。因此受对扫描速率

---

① $\Delta G^2(\theta)/2$ 所要求的补偿可由 $G^2(\theta)$ 的泰勒级数展开式推出。在前面的讨论中，我们只采用了一阶导数。若采用更高阶导数，则可得到更好的校正信号。

② 采用更高阶导数，则可得到更好的校正信号。

限制的地面系统,应该改善补偿方向图而不是用高阶 MTI 对消器。但是,机载雷达主要受飞机运动的限制,既需要对在地面杂波背景中工作进行补偿,又需要更好的对消器。在海杂波背景中,雷达系统性能主要受速度频谱谱宽或平台运动的影响,而不是扫描的影响。对后一种情况,是应用相位中心偏置天线,还是步进扫描补偿,取决于某些特定的系统参数。

3.7 平台运动与扫描运动同时补偿

在每次扫描回波脉冲数较多的 AMTI 系统中,对未加补偿的双对消器而言,扫描是次要的限制条件。然而,相位中心偏置天线系统的性能在扫描时会大大降低。这是因为在用于平台运动补偿的差方向图上有了扫描的调制。

因为相位中心偏置天线系统是把差方向图与和方向图正交相加以补偿相位误差,而步进扫描是把差方向图与和方向图同相相加以补偿幅度误差,所以用适当比例的差方向图与和方向图既做同相相加又作正交相加,就可能将这两种技术合起来。比例系数选择成可在扫描和平台运动条件下使改善因子达到最大。

图 3.16 是双延迟(三脉冲)AMTI 雷达的矢量关系图。和方向图 Σ 接收的第一对脉冲(三脉冲 MTI 的第一个和第二个脉冲)之间的相位超前量为

$$2\eta_1 = \frac{4\pi T_p}{\lambda} \left[V_x \left(\sin\theta_2 - \sin\frac{\omega_r T_p}{2} \right) + V_y \left(\cos\frac{\omega_r T_p}{2} - \cos\theta_2 \right) \right] \quad (3.21)$$

第二对脉冲(三脉冲 MTI 的第二个和第三个脉冲)之间的相位超前量为

$$2\eta_2 = \frac{4\pi T_p}{\lambda} \left[V_x \left(\sin\theta_2 + \sin\frac{\omega_r T_p}{2} \right) + V_y \left(\cos\frac{\omega_r T_p}{2} - \cos\theta_2 \right) \right] \quad (3.22)$$

式中,θ_2 是接收第二个脉冲时杂波单元的方向相对于天线指向的角度;ω_r 是天线扫描速率;接收信号 Σ_i 和 Δ_i 的下标表示脉冲接收顺序。

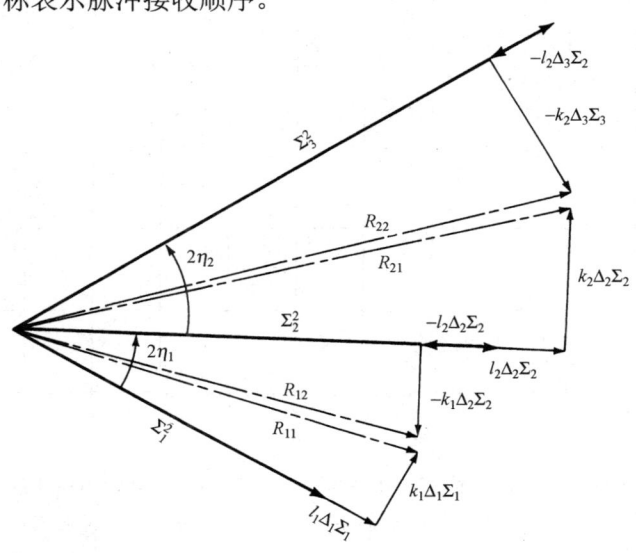

图 3.16 扫描和运动同时补偿的矢量图

差方向图Δ用来产生用于扫描运动的同相校正信号和平台运动的正交校正信号。这个过程产生了一组合成信号 R_{ij}，下标 i 表示脉冲对，j 表示脉冲对内的分量。由于 η_1 不等于 η_2，因此每个脉冲对需要不同的加权值。k_1 是第一脉冲对的正交校正权值；k_2 是第二脉冲对的正交校正权值；l_1 是第一脉冲对的同相校正权值；l_2 是第二脉冲对的同相校正权值；这些权值的优化是使通过天线方向图主要部分（通常选在主瓣两个第一零点间）的总剩余功率最小实现的。

图 3.17 所示为一个 20 个波长的天线孔径的和、差主瓣方向图。图 3.18 是杂波剩余的实例，这时水平孔径宽度 a 在每个脉冲间间隔 T_p 上的位移 $V_n=V_xT_p/a$，等于 0.04，且孔径端部在每个脉间间隔转动的波长数 $W_n=a\omega_rT_p/2\lambda$，等于 0.04。相应的改善因子为 52dB。

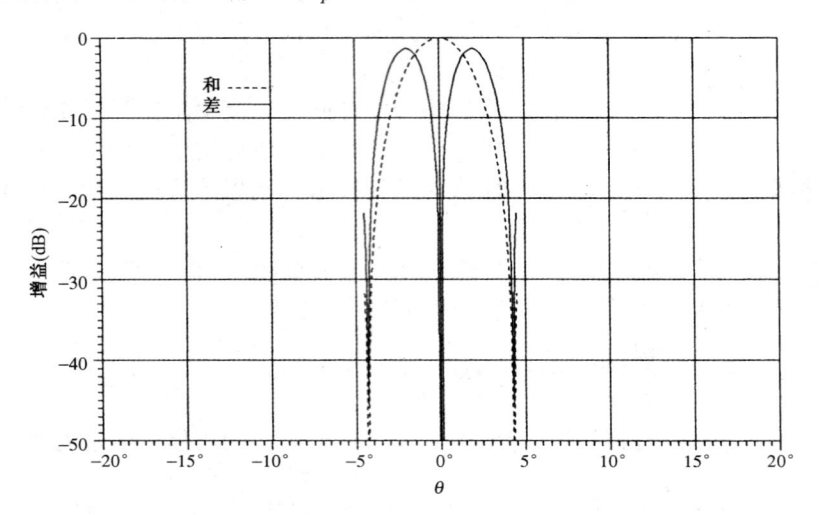

图 3.17 用于确定偏置相位中心天线性能的和、差方向图

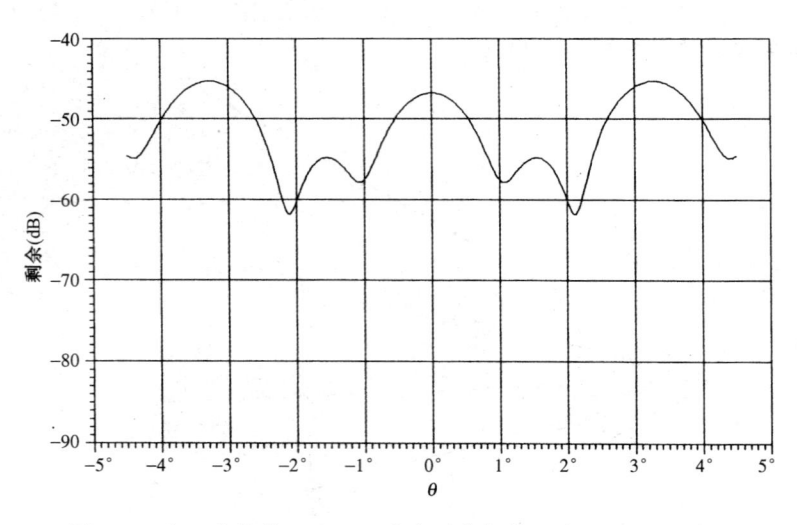

图 3.18 归一化位移 V_n = 0.04 和归一化扫描运动 W_n = 0.04 时，相位中心偏置天线系统的杂波剩余与角度的关系曲线

图 3.19 所示为改善因子随归一化平台运动 V_n 在以不同归一化扫描位移 W_n 为参数时的变

化关系。W_n=0 时为非扫描情况。图 3.17 所示为对 20 个波长孔径方向图计算的改善因子。

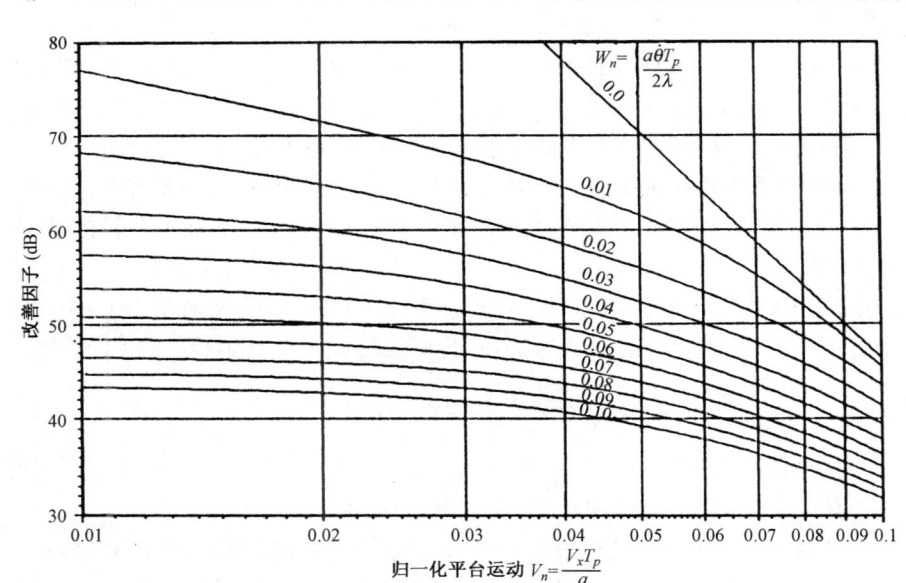

图 3.19 偏置相位中心天线改善因子随归一化平台运动 V_n 在以不同归一化扫描运动 W_n 为参数时的变化关系

Andrews[14]研究出了一种平台运动补偿的优化处理过程，即采用直接来旋转矢量以代替正交校正。这个过程确定了两种补偿方向图的天线馈电系数：一个是 $C_1(\theta)$，加在和方向图 $\Sigma(\theta)$ 上馈入未延迟对消器通道；另一个是 $C_2(\theta)$，加在和方向图上并馈入延迟通路，如图 3.20 所示。这种处理是为单延迟对消器和非扫描天线开发的。Andrews 使用这种处理方法将包括主瓣和副瓣区在内的整个天线方向图的剩余功率最小化。

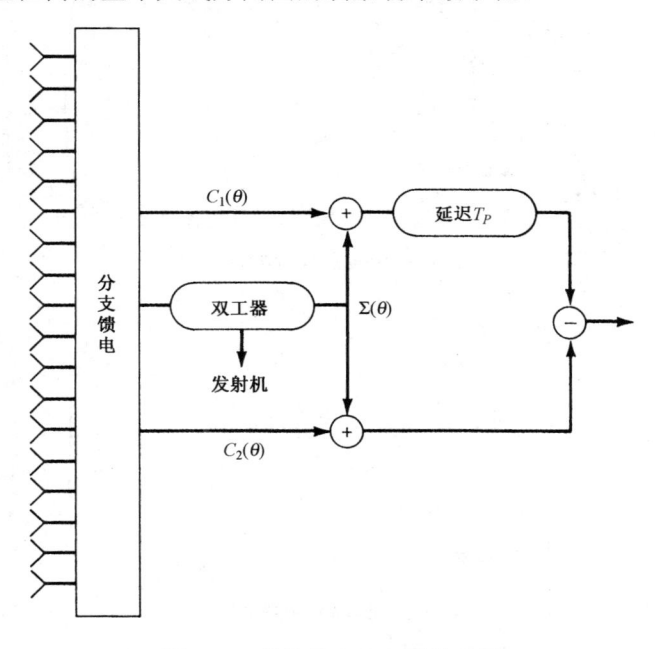

图 3.20 优化的 DPCA 相位补偿

3.8 平台前向运动补偿

前面几节讨论了平行于天线孔径面的平台运动分量的补偿，时间平均杂波相干机载雷达（TACCAR）消除了垂直于天线孔径的平台运动的平均分量。前 Wheeler 实验室研制了重合相位中心技术（CPCT）[15]来消除由于垂直于孔径的速度分量和平行于孔径的速度分量所造成的频谱扩展。为消除平行孔径的分量可运用文献[8]中的偏置相位中心天线方向图综合技术，即建立两个形状相似，但相位中心物理上偏置的照射函数。消除垂直于孔径的分量可通过创造性地扩展这一概念来实现。

当天线指向前方时，平台运动造成的频谱宽度式（3.3）的第一项趋向于零。但当天线接近飞机地面轨迹的若干波束宽度时，式（3.3）的第二项就占主导地位。在此区域内

$$f_d \approx \frac{4V_y}{\lambda}\sin 2(\theta/2) \approx \frac{V_y\theta^2}{\lambda} \tag{3.23}$$

它产生一个比侧向运动产生的频谱窄得多的单边频谱。对中速运动的平台和低频（UHF）雷达而言，这个效应可以忽略，于是不需要补偿。

当需要补偿这种效应时，天线相位中心对交替接收脉冲必须被偏置在孔径的一前一后，以便相位中心对运动平台是重合的。对每个脉冲的相位中心进行必要的偏置还能够扩展这种技术至两个以上的脉冲。为保持有效的 PRF，偏置必须补偿双程传输路径。为实现这种偏置，要利用近场天线原理。选择所需的孔径分布后，即可计算出离原点某一距离上的近场相位和幅度。如果此场被用作实际照射函数，就可以在物理天线后同样距离上以所需的分布函数形成一虚拟孔径。图 3.21（a）[15]所示为形成位于物理孔径后的均匀虚拟分布所需的幅度

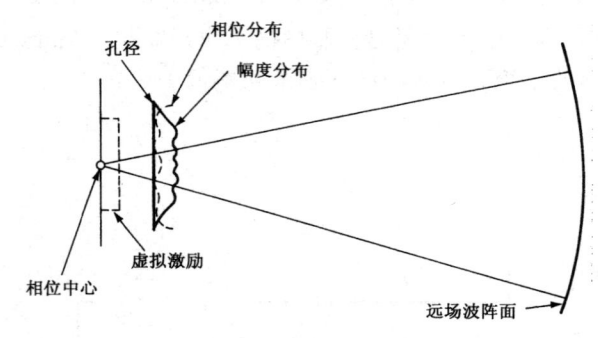

(a) 相位中心偏置在物理孔径后

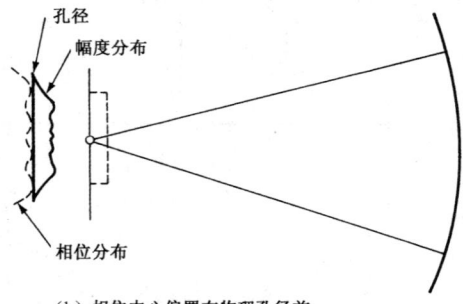

(b) 相位中心偏置在物理孔径前

图 3.21　相位中心移动的重合相位中心技术的概念 [15]

和相位分布。可以证明，如果照射函数反相，即 $\phi'=-\phi$，则所需的虚拟分布函数就移动到孔径之前，如图 3.21（b）所示。

实际上，性能要受产生所需照射函数的能力限制。如图 3.21 所示，随着位移的增加，由于波束扩展，需要大的孔径尺寸来产生所需的虚拟孔径尺寸。由于沿视线方向的实际位移随仰角变化，所以校正信号的有效性也随仰角变化。在较高飞行速度上和高频雷达中，这种影响尤为显著。为使其性能保持不变，可随距离、高度和速度的变化改变校正因子的大小，甚至补偿方向图的幅值。

图 3.22 说明了重合相位中心技术（CPCT）系统的理论 MTI 性能，它是波束指向和对用来设计补偿方向图的脉冲间运动归一化的脉冲间运动的函数。（**对消比**定义为输入杂波功率和输出杂波剩余功率的比值）。90°轴上的尖峰对图 3.12 所示的优化偏置相位中心天线性能来说是典型的。

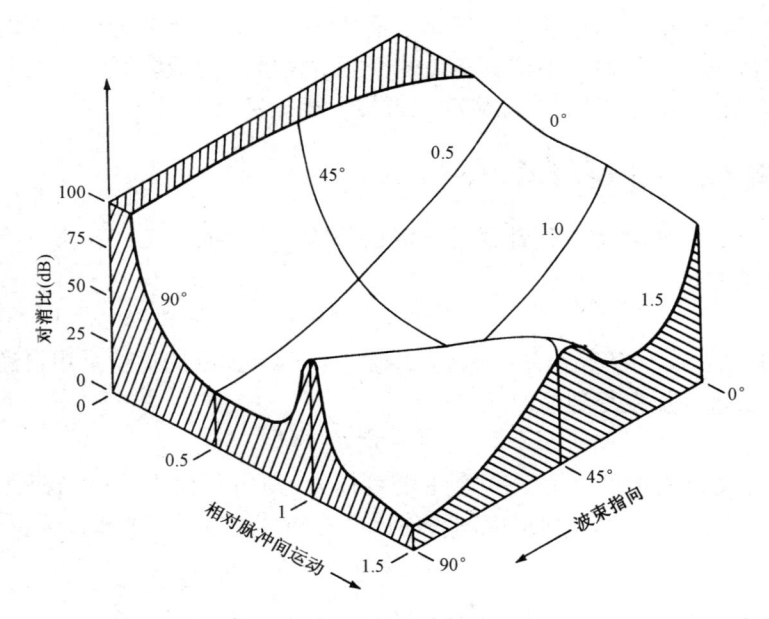

图 3.22　重合相位中心技术对消比与相对脉冲间运动和波束指向的关系[15]

3.9　时空自适应运动补偿

引言

前面已描述了补偿天线运动的几种方法。所有这些技术都是在雷达设计阶段用于一组特定的工作参数上的。通常用自动控制来调整权值，使权值在工作条件下调到设计值左右。

数字雷达技术和廉价高速处理器的发展促成了动态时空自适应阵列处理（STAP）的应用[16]，它不断地综合一组沿阵列方向及垂直阵列方向偏置阵列相位中心的天线方向图来获得最大的信杂比。**空间自适应阵列**处理将同一时刻、不同空间位置天线单元接收到的阵列取样信号进行组合。**时间自适应阵列**处理将同一空间位置（例如反射器天线输出）、不同时刻，如自适应 MTI 雷达的几个脉冲周期接收到的一列取样信号进行组合。时空自适应阵列处理将不同时刻和不同空间位置取样的二维信号阵列进行组合。时空自适应处理是一个内容相对广泛的主题，可应用性不局限在本章的机载动目标显示雷达中。时空自适应处理的首要动机是改进杂波对消性能，以及将雷达空间处理（天线副瓣控制和副瓣干扰对消）与其时间杂波对消处理更好地结合。

评估用 STAP 改进杂波对消的可用性必须在本章开始时提及的 AMTI 雷达杂波对消的主要性能具体限制条件下进行。时空自适应处理可以增进雷达的运动补偿性能，通常在雷达前端处理非色散误差时比非自适应技术更稳健。时空自适应处理并不直接处理杂波内部运动的影响、天线扫描运动影响或者其他硬件稳定性对杂波对消性能的影响。雷达设计师需要在得出时空自适应处理会提高性能的结论之前，评定特定应用背景下的主要限制条件。

时空自适应处理能将杂波对消（时间）与空间干扰对消集成于一体的能力对于许多雷达系统都是非常重要的，无论这些系统一般是否需要面对故意干扰或无意（或偶尔）电磁干扰（EMI）。时空自适应处理与通常不能具有最佳干扰对消解法的级联解法（例如，模拟副瓣对消器后接数字偏置相位中心天线和/或 MTI 滤波器）相差甚大。

最佳自适应加权（McGuffin[17]）

最佳线性估计由要求自适应估计误差与观察矢量 $\underline{r}$ 正交而决定。在本推导中假设了稳态条件，于是正交条件是

$$E\{\underline{r}\ \varepsilon^*\} = 0 \tag{3.24}$$

式中，$E\{\}$ 为期望值；ε 为估计误差；$*$ 为复共轭。自适应加权的估计是用自适应加权估计值对接收的信号矢量进行加权得到的。

$$\hat{s} = \underline{\hat{w}}'\ \underline{r} \tag{3.25}$$

如果 d 被定义为需要的信号（一个主瓣目标），则由下列式子可以获得估计误差。将式（3.25）代入式（3.26），解出自适应加权估计值得到最佳自适应加权的需要条件。

$$\varepsilon = \hat{s} - d = \underline{\hat{w}}'\underline{r} - d$$

$$E\{\underline{r}(d^* - \underline{r}'\hat{w})\} = 0 = E\{\underline{r}d^*\} - \underline{R}_r\hat{w} \tag{3.26}$$

或

$$\hat{w} = \underline{R}_r^{-1} E\{\underline{r}d^*\} \tag{3.27}$$

式中，$\underline{R}_r = E\{\underline{r}\ \underline{r}'\}$。需要的信号（$d$），可以通过位于主瓣的目标信号矢量 $\underline{s}$ 和未适应的波束加权矢量 $\underline{b}$ 表示：$d = \underline{b}\ \underline{s}'$。然后将其代入式（3.27），得

$$\hat{w} = \underline{R}_r^{-1} \underline{R}_s \underline{b} \tag{3.28}$$

式（3.28）等效于 Widrow[18]给出的最小均方误差加权等式，已经证明该等式[19, 20]是将信号干扰比最大化的最佳设置。但是，这里采用的是复变量，而不是实变量。干扰协方差矩阵可以进一步用个别的噪声、干扰、杂波和信号的贡献描述：

$$\underline{R}_r = N\underline{I} + \underline{K}_z + \underline{R}_s \tag{3.29}$$

式中，N 是接收机噪声功率；$\underline{K}_z$ 是杂波（时间相关的）加干扰（空间相关的）的协方差矩阵；$\underline{R}_s$ 是信号协方差矩阵。

空时自适应处理结构的分类（Ward[21]）

在雷达系统中应用式（3.28）得到的自适应加权方程式有大量的选项和复杂情况。选项范围从针对一个全部可用天线单元和相干处理间隔（CPI）内的所有脉冲的全自适应解法，一直到有减少自由度的更为实际的解法。全自适应解法也会在实际工作中遇到问题，如果干扰环境不好（例如均匀杂波）的话。此外，Brennan 规则[22]表明：要获得最佳结果 3dB 以内的自适应解法需要为自适应加权估计进行 $2N$（N 为自由度数量）次独立干扰采样。如果天线大小为几十或几百个单元，CPI 长度为几十或几百个脉冲，自由度数会迅速变得很大，导致不仅对给定的自适应加权解法产生相当复杂的自适应加权处理，而且还会产生获得足够的杂波和干扰样品的支持方面的更困难的问题。

由此，研究各种嵌入雷达设计方案中的空时自适应处理结构选项非常重要。作为一个开始，图 3.23 中显示一种全自适应天线阵结构。这是一种线性阵天线，具有分布的发射机和连接到每个天线单元上的数字接收机。自适应加权解法基于长度 M（天线单元）乘以 N（脉冲）的至少 $2 \times N \times M$ 个矢量样品开发。开发出的自适应加权解应用于相同天线单元和数据脉冲的接收信号。自适应加权响应通常在探测处理前由多普勒滤波（相干累积）进行处理。

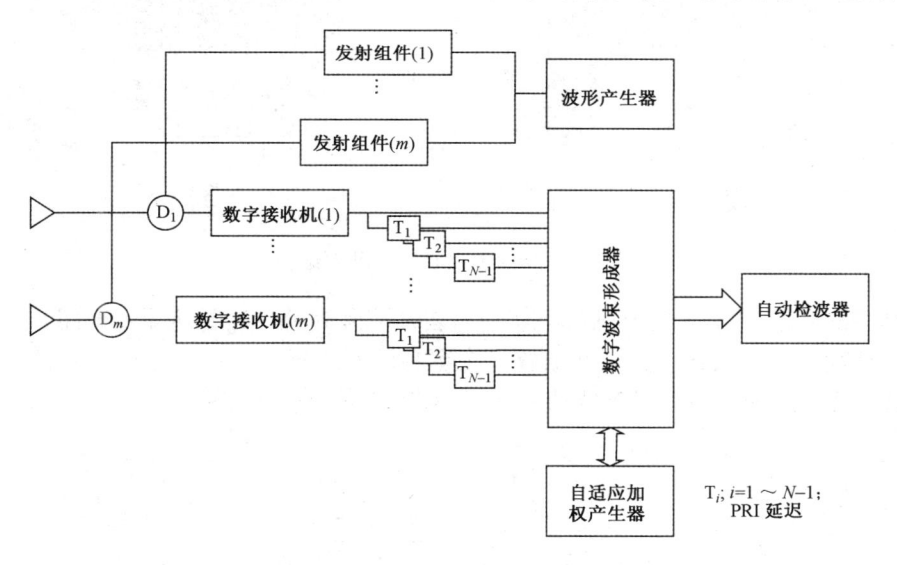

图 3.23 空时自适应处理雷达框图

Ward[21] 描述了一种广义变换矩阵后接相关的空时自适应处理结构的可能空时自适应处理结构。图 3.24 中给出了四类空时自适应处理结构。适当的空时自适应处理机设计方案需要依据所考虑的天线孔径类型和大小、考虑的波形——尤其是每个相干处理间隔内的脉冲数，最为重要的是要对消的干扰（杂波和干扰）而进行权衡。一般，为使变换和自由度减少有用，最后得到的自由度必须大于干扰的秩。

多普勒前单元天线空时自适应处理

从概念上讲，通过减少空时自适应处理中的时间自由度数，同时在空间上仍处理整个孔径，可以最简单地减少自由度。这与级联了多普勒滤波的常规 MTI（或偏置相位中心天线）

结构类似。我们将这种结构称为多普勒前单元级空时自适应处理结构。对于这种结构的三脉冲情况，有 $3M$ 个自由度。在这种结构中，平台运动补偿采取在三个时间上分离的波束中调整天线相位中心的一般形式。

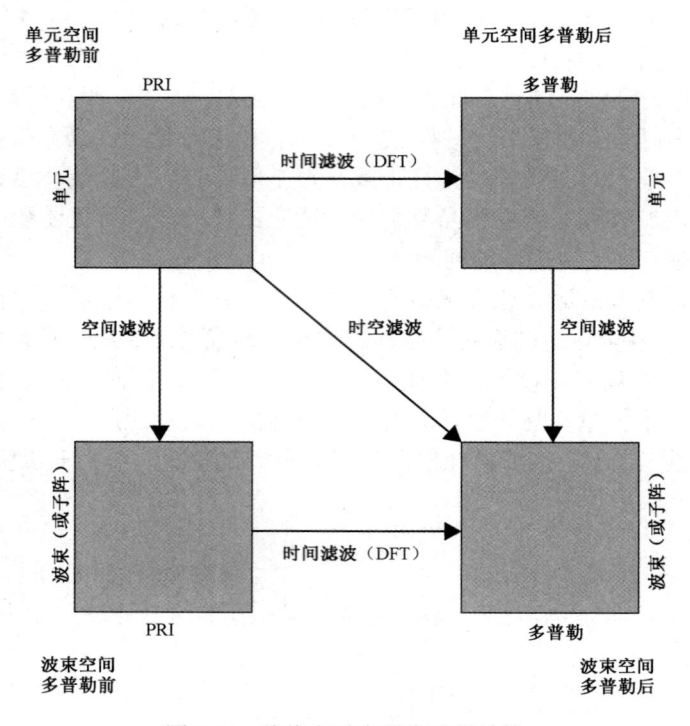

图 3.24　降维空时自适应处理结构

图 3.25 所示为一种有多普勒前单元级空时自适应阵列处理的雷达原理框图。每个发射机通道的输出及其对应的天线单元之间放置一个单独的双工器。雷达中还可能包括用高功率移相器进行电子波束扫描的线路或有低功率波束扫描线路的发射组件。

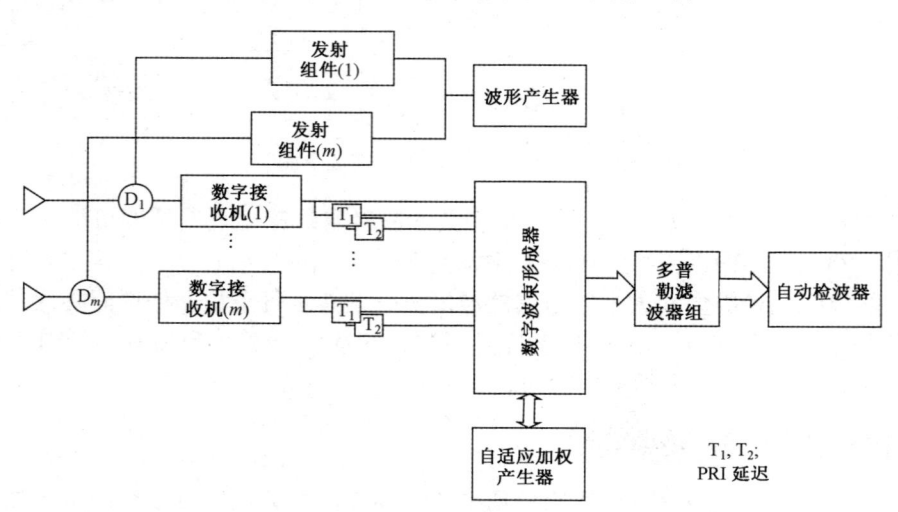

图 3.25　空时自适应处理框图：多普勒前单元空间结构

在接收时，每个双工的输出送入其自己的数字接收机。数字接收机输出信号通过 PRI 延迟，产生时间上位移的数据样本。对单元和时间延迟信号的整个集合进行采样，用于产生自适应加权值。可能有各种算法由式（3.28）产生自适应加权的估计值。相当简单的最小二乘方算法通常产生相当缓慢的收敛速率。其他算法[19, 23]可以加速适应速度，但需要更复杂的线路。这样的例子包括递归最小二乘方算法，用 Gram-Schmidt 正交化法进行 Q-R 分解，或者 Householder 变换。自适应加权值然后加在接收信号上，并形成波束以产生三个和通道探测波束：不延迟的波束、延迟一个 PRI 的波束和延迟两个 PRI 的波束。这些波束又相加，形成最终空时自适应处理加权探测波束。

图 3.26 是孔径平行于雷达平台速度矢量情况下这三个波束如何进行运动补偿的简单视图。第一个脉冲回波的相位中心用孔径加权提前，第二个脉冲回波的相位中心实际上由于静态加权而没有变化，第三个脉冲回波的相位中心由孔径加权延迟。在理想的天线方向图情况下，且对于给定的平台运动，孔径大得足够调整相位中心，则这三个孔径表现为好像相对彼此静止。在这三个脉冲间进行杂波对消不再受限于平台运动的影响——这就是平台运动补偿技术的主要目的。

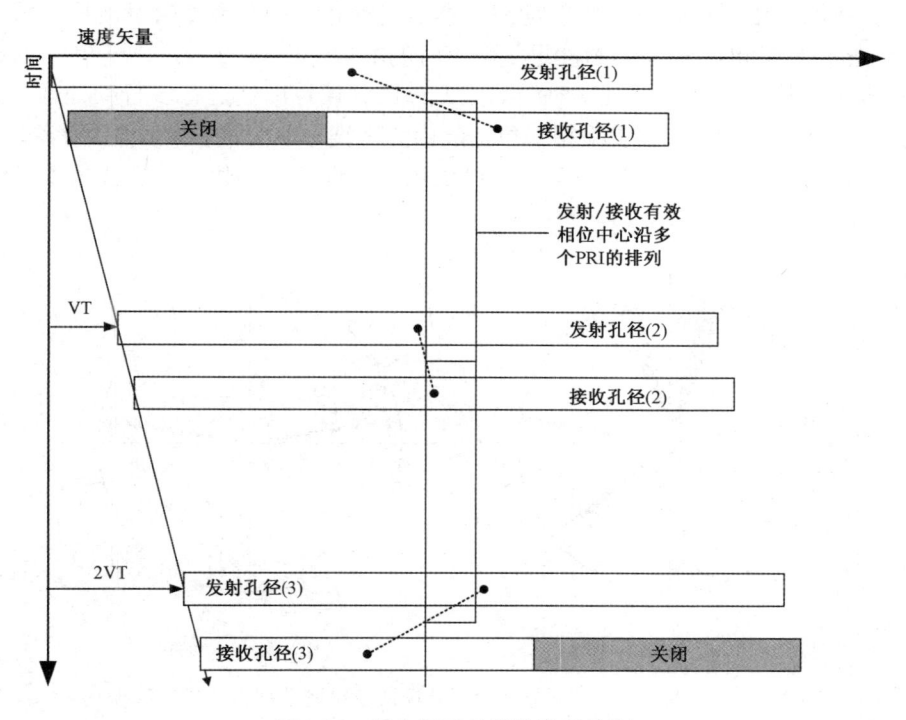

图 3.26 平台运动补偿的孔径控制

当然，这个最简单的条件仅仅是说明性的，因为天线单元的性能通常不能完全一致，平台运动补偿不仅要处理孔径平面内的运动，也要处理与孔径正交的运动。

多普勒前波束-空间的空时自适应处理

即将研究的第一类变换是空间上定向的，产生波束-空间的空时自适应处理结构。对许多大型孔径而言，通常需要这种变换。这种变换的范围可从简单的列波束形成到叠加子阵再到诸如巴特勒矩阵的波束-空间变换。一般的目标是减少空间自由度，同时仍能提供天线阵列的允许充分杂波对消的响应，以及也可以用于对消定向干扰的波束。最后得到的波束响应必须在空间上跨越杂波和干扰，以使这种变换有效。例如，如果由于平台运动的影响使雷达杂波对消性能受主瓣杂波剩余的推动，则波束响应必须跨越雷达主瓣，并提供自由度以在阵列主瓣内进行运动补偿。此外，为了对消定向干扰（干扰或随机的电磁干扰），波束响应也必须跨越该干扰的空间方向。一个这类变换的简单示例为副瓣对消结构，在这种结构中波束变换产生一个和通道主瓣，并从孔径中选择单元作为副瓣对消器。

多普勒后单元天线空时自适应处理

第二类变换导致多普勒后空时自适应处理结构。如同这个名称的含义那样，天线单元的信号首先进行多普勒滤波，然后进行空时自适应处理。这类结构的动机是，产生的空时自适应处理可以独立处理一部分杂波干扰问题，即隔离到单一多普勒滤波器中剩余的杂波问题。对于雷达系统而言，这项技术在杂波环境和波形选择产生雷达脉冲重复频率内有无模糊杂波回波时更为有效。图 3.27 所示为两个例子，第一个具有模糊多普勒杂波，第二个具有非模糊多普勒杂波。该图示出了通过单个多普勒滤波器后仍然存在的杂波多普勒响应的天线角度。图 3.27（a）所示为 300Hz 模糊的脉冲重复频率时的响应，图 3.27（b）所示为一种超高频雷达在 2000Hz 上非模糊脉冲重复频率时的响应。该图强调，即使进行多普勒处理，给定的多普勒滤波器仍然可以包括来自大量不相邻角间隔内的杂波回波。这种从 PRI 到多普勒空间的变换技术与多普勒前结构相比，在整个空时自适应处理性能上的优势是在无模糊多普勒杂波情况下更突出。

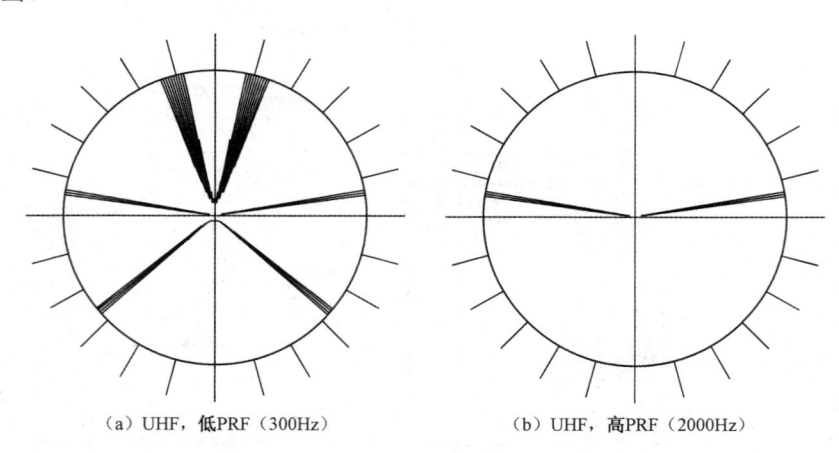

（a）UHF，低PRF（300Hz）　　　（b）UHF，高PRF（2000Hz）

图 3.27　杂波多普勒映射到单个多普勒滤波器通带时的天线指向角

在这种结构中，PRI 参差的多普勒滤波器输出信号要求保持一组时间自由度。修改后的框图如图 3.28 所示，每个天线单元和 PRI 延迟上有多个多普勒滤波器组。

多普勒后波束空间的空时自适应处理

在进行空时自适应处理前进行多普勒和空间两种变换即可产生第 4 类变换。

恰当的结构上的解取决于雷达设计上的限制条件。在决定是否从单元变换到波束或子阵时，天线单元数和波束形成的要求是关键的驱动因素。在决定在多普勒滤波之前还是之后进行空时自适应处理时，波形和杂波对消的要求是关键的驱动因素。此外，关于减少自由度的总的变换的决定取决于雷达的干扰的秩。在设计过程中需要注意的一点是，如果在雷达设计中变换是固定的，则使自由度超过总干扰的秩非常重要。

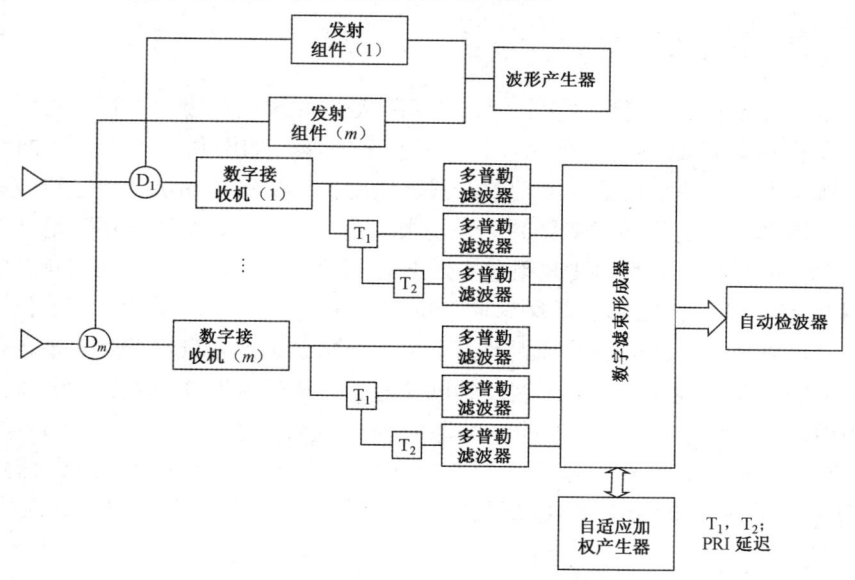

图 3.28　单元空间多普勒后 STAP 结构

实现上的考虑

如上所述，在空时自适应处理方案中减少自由度的变换和技术非常重要，不仅是因为处理上的要求，还是因为为了获得适当的空时自适应处理性能，需要有约两倍于自由度数的次数进行采样支持。

与常规杂波对消结构相比，良好对消杂波的基本硬件要求保持不变，即低相位噪声、低脉冲抖动等。因为空时自适应处理结构使雷达设计师可以获得更高的理论杂波对消性能，对硬件的要求变得更为严格。除上述基于时间的硬件要求外，也有基于空间上的二阶的硬件要求。如图 3.26 所示，平台运动补偿在空时自适应处理方案中导致对接续脉冲的不同孔径加权。虽然一般而言，匹配良好的空间通道（天线和接收机）由干扰对消和天线副瓣电平决定，但平台运动补偿的需要产生了二阶的要求。如果天线与接收机通道匹配不良，由不同孔径照射函数（见图 3.26）产生的最终和通道波束就不是足够匹配的，以提供主瓣和副瓣杂波对消。

性能比较

给定空时自适应处理结构的数量和对应的雷达系统设计方案，则很难进行一般的空时自适应处理的性能比较。通常，空时自适应处理可以稳健地解决杂波和干扰问题，并合理地（对天线单元和时间上位移的回波应用幅度和相位调制）帮助减轻硬件的不匹配影响。一般而言，为了解决时间延迟自适应加权问题，为自适应加权需要用第三维量——"快速时间"或临近距离采样的距离单元回波进行更复杂的设计。这种延伸会极大地增加计算量，并进一步增加前面所述的采样支持问题的负担。

在评估雷达设计并在各种波形和空时自适应处理技术之间进行折中时，非常有必要在分析中包括主要的驱动因素，如信号带宽、杂波内部运动、平台运动、天线扫描运动、可用的来自非均匀和非平稳背景的采样支持量，以及诸如影响自适应加权解法的大目标样本数等其他影响。

3.10 多重谱的影响

机载搜索雷达可能在雷达视线距离接近最大感兴趣的距离的高度上工作。这样在整个感兴趣的作用距离范围内都可能出现海或地杂波。其他杂波源，如雨和箔条可能和面杂波同时存在。在大多数情况下，这些杂波源是运动的，其速度由平均高空风速决定，且杂波源具有的平均多普勒频率与地面杂波的平均多普勒频率差别很大。如果 MTI 滤波器跟踪地（海）杂波，那么具有不同平均多普勒频率的杂波源频谱就处于 MTI 滤波器的通带内。在 UHF 波段的系统中，20kn 的速度差异相当于 30Hz。该频率通常位于 PRF 为 300Hz 的雷达系统的传统 AMTI 凹口滤波器之外。可采用一个辅助的单延迟对消器与一个单延迟或双延迟的主对消器级联。主对消器跟踪平均地速，并抑制地（海）杂波。辅助单延迟对消器跟踪次要杂波源并抑制它。由于两个对消器的通带和阻带重叠，所以每个杂波源的 MTI 改善因子是它们频谱的间隔的函数。

图 3.29 所示为由两个单对消器组成的双对消器的改善因子，每个单对消器跟踪一个频谱。可见，当频谱间隔从 0～1/2 PRF 变化时，性能将从等效于双对消器的性能降为半 PRF 时的单对消器的性能。

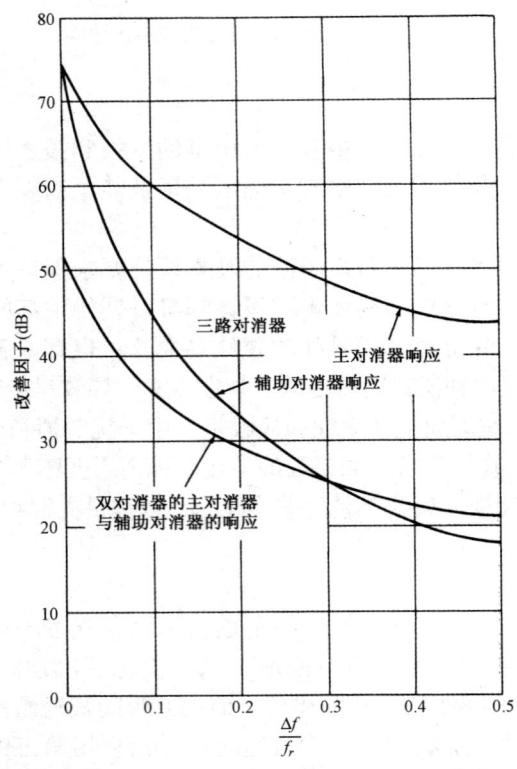

图 3.29 跟踪两个频谱的双凹口对消器的动目标改善因子 I 与归一化频谱间隔 $\Delta f/f_r$ 的关系曲线
（归一化的频谱宽度 σ_c/f_r=0.01）

三路对消器是由一个跟踪主频谱的双延迟对消器和一个跟踪次要频谱的单延迟对消器组成的。主系统的性能从三路延迟对消器的变化到低于双延迟对消器的性能。辅助系统的性能从三路对消器的变化到低于单对消器的性能。

3.11 AMTI 雷达系统示例

洛克希德·马丁公司为美国海军研制的 AN/APY-9 雷达就是一种用于执行机载预警雷达任务的 AMTI 雷达示例。该雷达的关键特征是：固态分布式发射机，机扫和电扫的旋转天线，数字接收机，空时自适应处理，数字脉冲压缩，以及用于支持空时自适应处理样品选择过程的相干积累和辅助处理。

如本章开头所述，AN/APY-9 雷达使用旋转天线罩内由机械和电子扫描的天线，满足机载预警雷达监视覆盖要求。有三种扫描工作模式：(1) 以操作者选定的扫描速率进行机械扫描；(2) 方位电子扫描，以机械瞄准线作为雷达的输入；(3) 在操作者可选的方位区域内有附加电子扫描的机械扫描。

发射波形包括用时间平均杂波相参调制将主瓣杂波对准零多普勒频率。但由于雷达实现自适应杂波对消（空时自适应处理），对时间平均杂波相参要求的复杂性是明显小于对传统雷达系统的。没有必要包括将闭环调整加到时间平均杂波相参的调制频率上。在空时自适应处理中获得最佳的 AMTI 杂波对消滤波器，而不是调整主瓣杂波的位置以适合 AMTI 滤波器。

为了在这部雷达中实现空时自适应处理和电扫描，相控阵天线的所有 18 个单元都在发射和接收时进行处理。固态发射机提供进行电子扫描用的低功率移相控制，后面在每个 18 路通道中接功率放大。这些功放通过 18 路旋转铰链连接到相控阵的 18 个单元上。18 个通道中，发射/接收通过环流器实现隔离。18 路通道信号通过 18 个接收机分别处理，最终以 18 路数字基带信号馈入空时自适应处理子系统。

作为空时自适应处理结构的一部分，雷达利用电子手段进行平台运动补偿。该雷达实现单元–空间多普勒前空时自适应处理结构。产生自适应加权值加到 18 路接收通道上，形成三个波束（和、$\Delta_{方位}$ 和全向），方法是通过在三个脉冲上对 18 路接收通道加权并求和，来提供同时杂波和干扰对消。自适应加权算法与雷达工作参数相匹配，并用自适应知识辅助的采样方案加强，将复杂、不均匀杂波和干扰背景下的系统性能最大化。在数字波束形成后进行多普勒滤波。

本章中讨论的其他功能由于对性能没有限制，所以在这种雷达应用中不需要，例如扫描运动补偿和多频谱 AMTI 杂波对消。

参考文献

[1] R. C. Emerson, "Some pulsed doppler MTI and AMTI techniques," Rand Corporation Rept. R-274, DDC Doc. AD 65881, March 1, 1954. (Reprinted in Reference 6.)
[2] T. S. George, "Fluctuations of ground clutter return in airborne radar equipment," *Proc. IEE* (London), vol. 99, pt. IV, pp. 92–99, April 1952.
[3] F. R. Dickey, Jr., "Theoretical performance of airborne moving target indicators," *IRE Trans.*, vol. PGAE-8, pp. 12–23, June 1953.

[4] R. S. Berkowitz (ed.), *Modern Radar: Analysis, Evaluation and System Design*, New York: John Wiley & Sons, 1966.

[5] D. K. Barton, *Radar Systems Analysis*, Englewood Cliffs, NJ: Prentice-Hall, 1964.

[6] D. C. Schlerer (ed.), *MTI Radar*, Norwood, MA: Artech House, Inc., 1978.

[7] F. R. Dickey, Jr. and M. M. Santa "Final report on anticlutter techniques," General Electric Company Rept. R65EMH37, March 1, 1953.

[8] D. B. Anderson, "A microwave technique to reduce platform motion and scanning noise in airborne moving target radar," *IRE WESCON Conv. Rec.*, vol. 2, pt. 1, 1958, pp. 202–211.

[9] "Final engineering report on displaced phase center antenna," vol. 1, March 26, 1956; vols. 2 and 3, April 18, 1957, General Electric Company, Schenectady, NY.

[10] H. Urkowitz, "The effect of antenna patterns on performance of dual antenna radar moving target indicators," *IEEE Trans.*, vol. ANE-11, pp. 218–223, December 1964.

[11] G. N. Tsandoulis, "Tolerance control in an array antenna," *Microwave J.*, pp. 24–35, October 1977.

[12] K. G. Shroeder, "Beam patterns for phase monopulse arrays," *Microwaves*, pp. 18–27, March 1963.

[13] R. S. Grissetti, M. M. Santa, and G. M. Kirkpatrick, "Effect of internal fluctuations and scanning on clutter attenuation in MTI Radar," *IRE Trans.*, vol. ANE-2, pp. 37–41, March 1955.

[14] G. A. Andrews, "Airborne radar motion compensation techniques: Optimum array correction patterns," Naval Res. Lab. Rept. 7977, March 16, 1976.

[15] A. R. Lopez and W. W. Ganz, "CPCT antennas for AMTI radar, vol. 2: Theoretical study," Air Force Avionics Lab. Rept. WL1630.22, AD 51858, June 1970. (Not readily available.)

[16] L. E. Brennan., J. D. Mallett, and I. S. Reed, "Adaptive arrays in airborne MTI radar," *IEEE Trans.*, vol. AP-24, pp. 607–615, September 1976.

[17] A. L. McGuffin, "A brief assessment of adaptive antennas with emphasis on airborne radar," General Electric Company, Aircraft Equipment Division, August 1981.

[18] B. Widrow and S. D. Stearns. *Adaptive Signal Processing*, New Jersey: Prentice-Hall, Inc., 1985.

[19] S. P. Applebaum, "Adaptive arrays," *IEEE Trans.*, vol. AP-24, pp. 585–598, September 1976.

[20] L. E. Brennan, E. L. Pugh, and I. S. Reed, "Control loop noise in adaptive array antennas," *IEEE Trans.*, vol. AES-7, March 1971.

[21] J. Ward, "Space time adaptive processing for airborne radar," MIT Lincoln Laboratory Technical Report #1015, December. 13, 1994.

[22] L. E. Brennan and F. M. Staudaher, "Subclutter visibility demonstration," Technical Report RL-TR-92-21, Adaptive Sensors Incorporated, March 1992.

[23] R. A. Monzingo and T. W. Miller, *Introduction to Adaptive Arrays*, New York: John Wiley & Sons, 1980.

第 4 章　脉冲多普勒（PD）雷达

4.1　特性和应用

脉冲多普勒雷达最主要的好处在于其具有在大幅度杂波背景下检测出小幅度运动目标的能力。

术语

依靠多普勒效应提高检测目标能力的雷达称为多普勒雷达[1]。当雷达和目标之间存在相对径向距离变化率或相对径向速度时，多普勒效应就表现出来。当雷达发射的信号被具有径向速度的目标反射后，则目标回波信号的载频相对于雷达发射载频发生了偏移。对于单基地雷达而言（即发射机和接收机在一个地方），雷达信号的往返距离是发射机与目标之间距离的两倍。多普勒频移 f_d 是雷达载波波长 λ、雷达与目标间相对径向速度（径向距离变化率）V_{relative} 的函数，表述为 $f_d = -2V_{\text{relative}}/\lambda$，此处 $\lambda = c/f$ 是波长，c 是光速，f 是载频。当目标远离雷达运动时，相对径向速度或径向距离变化率，定义为正值，因此这时多普勒频移是负值。

多普勒雷达可以是连续波（CW）①雷达，也可以是脉冲雷达。连续波雷达仅观测目标反射信号载频相对于发射信号的多普勒频移。而脉冲系统通过使用一串具有固定或确知载频相位关系的射频相参脉冲串测量多普勒频移。相参性将脉冲串的频谱能量集中在以脉冲重复频率（PRF）为间隔的离散谱线上。正是这种间隔分布的谱线结构允许进行多普勒频移的测量。

利用脉冲发射的多普勒雷达比连续波雷达要复杂得多，但它具有突出的优点。最主要的就是接收机中的时间波门。时间波门能够消隐发射机的直接泄漏以防止其漏入并损坏接收机，从而发射和接收能共用一部天线。然而共用天线不适用于 CW 雷达，因为这要求收/发之间有满足不了的隔离度。脉冲雷达也能使用距离波门，这是一种特殊形式的时间波门，它将脉冲间的时间段分成单元或**距离波门**。每个单元的时间跨度通常小于或等于发射脉冲带宽的倒数。距离波门能减少与目标回波竞争的过多的接收机噪声，并实现脉冲延时测距（测量发射脉冲和接收回波信号间的时间）。

发射脉冲信号的多普勒雷达历史上分类为**动目标显示（MTI）雷达**或**脉冲多普勒雷达**。MTI 一般通过设置滤波器阻带对准强杂波集中的谱区来过滤相参脉冲串的回波信号，从而实现杂波抑制。具有多普勒频移位于阻带外的运动目标回波，则通过滤波器后进行检测处理。另一方面，脉冲多普勒雷达则通过在感兴趣多普勒频带外抑制杂波回波和其他回波而对感兴趣多普勒频带内的目标则进行分辨和增强。上述功能一般是用一组接续的多普勒滤波器来实现的。这个滤波器组形成于相参脉冲串的两根谱线之间，其中一根谱线是脉冲串频谱的中心

---

① 为便利读者，在本章末有一个本章中所定义的缩写词表。

线。距离选通位于多普勒滤波器组之前。每一个多普勒滤波器的带宽反比于经处理后形成多普勒滤波器组的相参脉冲串的持续时间。上述的处理形成对整个接收脉冲串的匹配滤波器[2, 3]。

MTI 和脉冲多普勒雷达具有下列共同的特点：

（1）相参发射和接收，即发射脉冲和接收机本振都与一个高稳定的自由运行的振荡器信号同步；

（2）通过相参处理抑制主瓣杂波，以提高目标的检测能力和帮助进行目标识别或分类。

MTI 雷达也可用多普勒滤波器组来实现，这样就将历史上对 MTI 和脉冲多普勒雷达的描述混淆了。因此本书将定义 MTI 雷达为低重频，在雷达的设计测距范围内能实现不模糊脉冲延时测距的雷达。不模糊距离 R_u 为 $c/(2f_R)$，在此 c 是光速，f_R 是 PRF。PRF 导致在距离测量范围内存在距离模糊的雷达称为脉冲多普勒雷达，本章主要讨论脉冲多普勒（PD）雷达。

应用

脉冲多普勒技术主要应用于需要在强杂波背景下检测出运动目标的雷达系统中。表 4.1 列举了其典型的应用和要求[4-12]。本章主要介绍机载 PD 雷达，尽管基本原理对于地基 PD 雷达来说也是适用的。在此仅考虑单基地雷达。

表 4.1 PD 的典型应用和要求

雷达应用	要求
机载或星载监视	探测距离远；距离数据精确
机载截击或火控	中等探测距离；距离、速度、角度数据精确
地面上监视	中等探测距离；距离数据精确
战场监视（低速目标检测）	中等探测距离；距离和速度数据精确
导弹寻的头	探测距离近；速度、角度变化率数据精确；有可能无需真实的距离信息
地面武器控制	探测距离近；距离和速度数据精确
气象	速度分辨力高
导弹告警	探测距离近；非常低的虚警率

脉冲重复频率

利用多普勒效应的脉冲雷达通常分为三类：低、中、高重频 PD 雷达。低 PRF 雷达指的是感兴趣的探测距离不模糊而径向速度（多普勒频率）通常高度模糊的雷达。同上所述，这类雷达称为**动目标显示**（MTI）雷达。尽管 MTI 雷达和 PD 雷达的工作原理是相同的，但通常并不把它列入 PD 雷达之中[13]。

与低 PRF 雷达相反的是高 PRF 雷达，它能实现在感兴趣径向速度范围内不模糊多普勒测量，但通常在距离上高度模糊。中 PRF 雷达在距离及多普勒上都是模糊的[14-17]。中、高重频的混合使用，通称高-中 PRF 雷达（下文中将讨论），其特征为在感兴趣径向速度段内仅有一重速度模糊。就本章而言，脉冲多普勒雷达是对处于中 PRF 至高 PRF 频段内的任何重频、在相参处理过程中都存在距离模糊的雷达。

MTI 和 PD 雷达的对比见表 4.2。下表针对设计成检测另一架飞机的应用场合。上文中没有定义的术语将在本章的下文中定义。这种应用通常称为**空-空**应用。

表 4.2 空-空 MTI 雷达和 PD 雷达的比较

	优　　点	缺　　点
低 PRF **MTI** 距离不模糊 速度模糊	（1）根据距离可区分目标和杂波； （2）前端灵敏度时间控制 STC 抑制近距离副瓣杂波，将降低对动态范围的要求	（1）多重盲速； （2）通常不能测量目标的径向速度； （3）对地面运动目标抑制能力低
中 PRF **脉冲多普勒体制** 距离模糊 多普勒模糊	（1）对目标的所有情况都有良好的性能； （2）有良好的地面动目标抑制能力； （3）可以测量目标的径向速度； （4）距离遮挡比高 PRF 时小	（1）副瓣杂波可限制雷达性能； （2）要求解模糊； （3）必需低天线副瓣； （4）要求对离散地面目标副瓣回波的抑制
高 PRF **脉冲多普勒体制** 距离模糊 多普勒不模糊	（1）检测高径向速度目标仅受热噪声限制； （2）唯一的多普勒盲区在零速； （3）有良好的地面动目标抑制能力； （4）可以测量目标的径向速度	（1）低径向速度目标检测能力有限； （2）有距离遮挡； （3）高度距离模糊，不能利用脉冲延时测距； （4）由于有距离折叠，因此要求稳定性高

表 4.3 列举了使用不同脉冲多普勒波形的 X 波段机载火控雷达典型的 PRF 频段及对应的**发射占空比**（发射脉冲宽度和脉冲之间间隔的比例）。记住：雷达的工作载频、所要求的探测距离及速度覆盖，共同决定一个 PRF 算是中、高-中或高的。另外，现代的多功能雷达一般采用多种 PRF 中的多种波形来完成各种任务。

表 4.3 X 波段（10GHz）机载火控雷达的典型参数

脉冲多普勒波形	PRF	发射占空比
中 PRF	10～40kHz	5%～10%
高-中 PRF	60～100kHz	10%～20%
高 PRF	120～300kHz	15%～50%

脉冲多普勒频谱

PD 雷达的发射频谱由位于载频 f_0 和边带频率 $f_0 \pm if_R$ 上的若干离散谱线组成。其中，f_R 是 PRF；i 是整数。频谱的包络由脉冲的形状决定。对常用的矩形脉冲而言，其频谱的包络是 $(\sin x)/x$。

如果用一部以恒定速度飞行的机载雷达，则来自固定目标的接收频谱的谱线的多普勒频移正比于雷达平台和目标之间的径向速度。双程多普勒频移为 $f_d = 2V_R/\lambda \cos\psi_0$。式中，$\lambda$ 是雷达波长；V_R 是雷达平台的速度；ψ_0 是速度矢量和至目标视线之间的夹角［注意，对于静止目标而言，相对径向速度（距离变化率）是 $V_{\text{relative}} = -V_R \cos(\psi_0)$，因此这个多普勒频移的表述与本章开始的形式一致］。图 4.1 所示为来自分布式杂波（诸如地物回波或云雨杂波）和离散目标（诸如飞机、汽车、坦克等）回波的频谱。

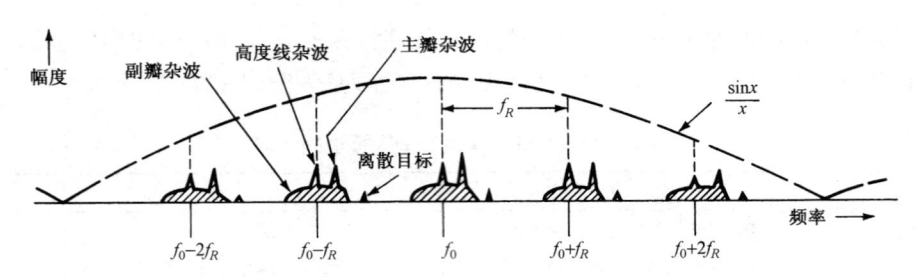

图 4.1 水平运动平台的杂波和目标频谱

图 4.2 所示为当雷达平台以速度 V_R 水平移动时的无折叠频谱,即没有来自相邻 PRF 谱线的频谱折叠。无杂波区定义为不可能存在地物杂波的频谱区(对中 PRF,由于频谱折叠通常不存在无杂波区)。宽度为 $4V_R/\lambda$ 的副瓣杂波区包含由天线副瓣进入的地杂波功率,虽然在此区域的一部分其杂波功率可能低于噪声功率。位于 $f_0 + 2V_R/\lambda \cos\psi_0$ 的主瓣杂波区,包含天线主瓣以离速度矢量角度测量的扫描角 ψ_0 碰到地面所产生的强回波。当主瓣照射到雨或箔条云时,也会产生强的雨或箔条杂波。此外,由风产生的运动,回波频谱在频域上会发生位移和/或展宽。

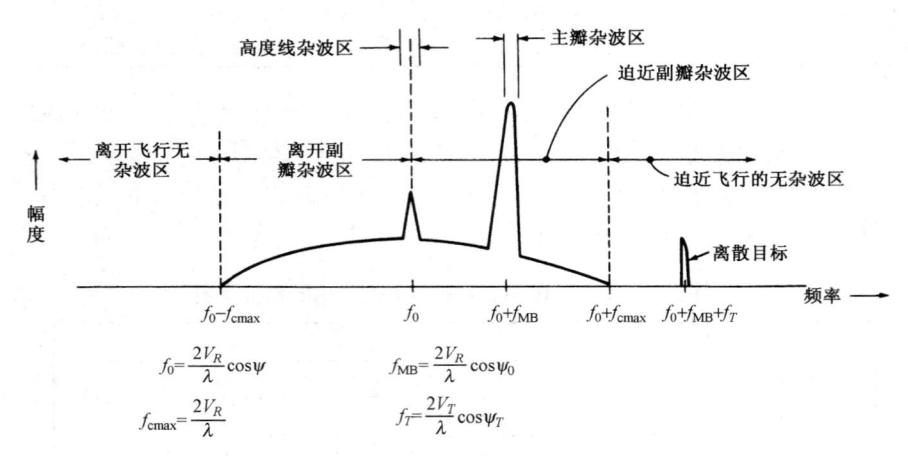

图 4.2 无折叠频谱图(无杂波跟踪)

高度线杂波是由雷达平台正下方几乎垂直入射的地面所产生的杂波。若雷达平台的垂直方向上的速度分量为零,则高度线杂波落在零多普勒频移处。主瓣中的离散目标回波的频谱位于 $f_T = f_0 + 2V_R/\lambda \cos\psi_0 + 2V_T/\lambda \cos\psi_T$ 处。式中,V_T 是目标速度;ψ_T 是雷达目标视线和目标速度矢量之间的夹角。图 4.2 所示的各频谱分量还会随距离的变化而变化,以后还将讨论(注意 $V_T \cos\psi_T$ 的方向假定与 $V_R \cos\psi_0$ 相反,因此相对距离变化率为 $V_{\text{relative}} = -V_T \cos\psi_T - V_R \cos\psi_0$,与本章开始所述的多普勒频移的定义一致)。

图 4.3 所示为各种不同的杂波多普勒频率区。它们是天线主瓣方位和雷达与目标之间相对速度的函数,再次是对无折叠频谱而言的。纵坐标是目标速度的径向或视线分量,以雷达平台的速度为单位,因而主瓣杂波区位于零速度处,而副瓣杂波区频率的边界随天线方位成正弦变化。这就给出了目标不伴有副瓣杂波的多普勒区域。例如,若天线主瓣方位角为 0°,则任一迎头目标($V_T \cos\psi_T > 0$)都没有副瓣杂波伴随;反之,若雷达尾追目标($\psi_T = 180°$

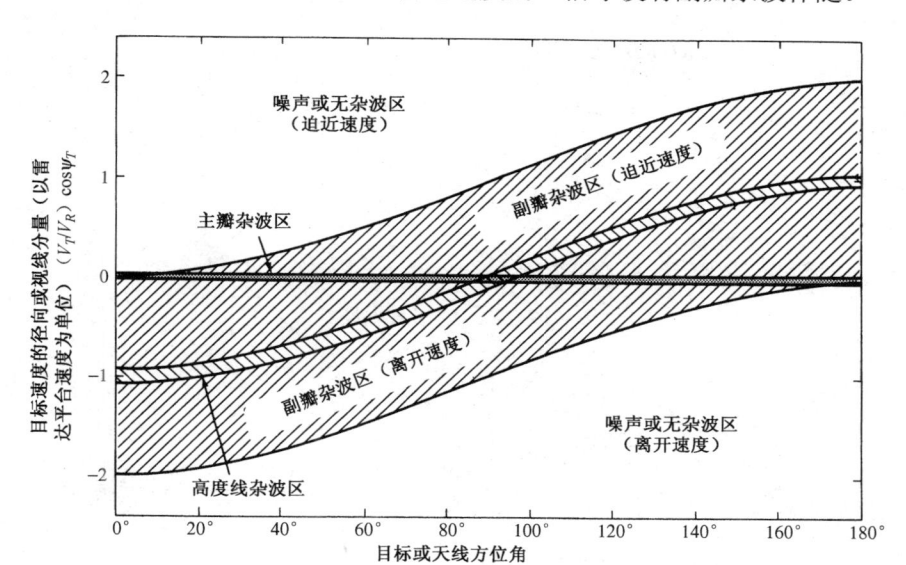

和 $\psi_T = 0°$），则目标的径向速度必须大于雷达速度的 2 倍才没有副瓣杂波伴随。

图 4.3　杂波区和无杂波区与目标速度和方位的关系

注：高度线杂波区和主瓣杂波区的宽度随条件而变；由雷达平台速度矢量至天线视向或至目标视线的角度测量方位角；水平运行情况。

无副瓣杂波区和副瓣杂波区还可以用如图 4.4 所示的目标姿态角来表示[18]。这里假设截击几何图为雷达和目标都沿直线飞向一截获点。当雷达速度 V_R 和目标速度 V_T 给定时，雷达观测角 ψ_0 和目标的姿态角 ψ_T 是常数。图的中心为目标，并且指向位于圆周上雷达的角度为姿态角。姿态角和观测角满足关系式 $V_R \sin\psi_0 = V_T \sin\psi_T$，定义为截击航向。迎头飞行时，目标的姿态角为 0°，尾追时则为 180°。对应于副瓣杂波区和无副瓣杂波区之间的边界的姿态角是雷达-目标之间速度比的函数。在图 4.4 中给出了 4 种情况。情况 1 是雷达和目标的速度相等，并且在目标速度矢量两侧、姿态角从迎头到 60° 都是能观测到目标的无副瓣杂波区。同样，情况 2～情况 4 的条件是目标速度为雷达速度的 0.8 倍、0.6 倍和 0.4 倍。在这三种情况中，在相对目标速度矢量达±78.5°的角度内能无副瓣杂波地观测到目标。再次，上述的情况都假设了截击航路。很明显，无副瓣杂波区内目标的姿态角总是位于波束姿态角的前方。

模糊和脉冲重复频率（PRF）的选择

PD 雷达在距离上是模糊的，有可能多普勒频率也是模糊的。如前所述，不模糊距离 R_u 为 $c/(2f_R)$。其中，c 是光速；f_R 是 PRF。

如果被观测的机载目标径向速度位于 $V_{T,\max,\text{opening}}$（远离目标，正距离变化率）及 $-V_{T,\max,\text{closing}}$（接近目标，负距离变化率）之间，则若想在速度上不模糊（数值及符号，即正或负），那么最小的脉冲重复频率值 $f_{R,\min}$ 为

$$f_{R,\min} = 2(V_{T,\max,\text{opening}} + V_{T,\max,\text{closing}} + V_g)/\lambda \tag{4.1}$$

式中，V_g 是要抑制的慢速地面运动目标的速度上限。V 指的是速度，或是距离变化率的大小。

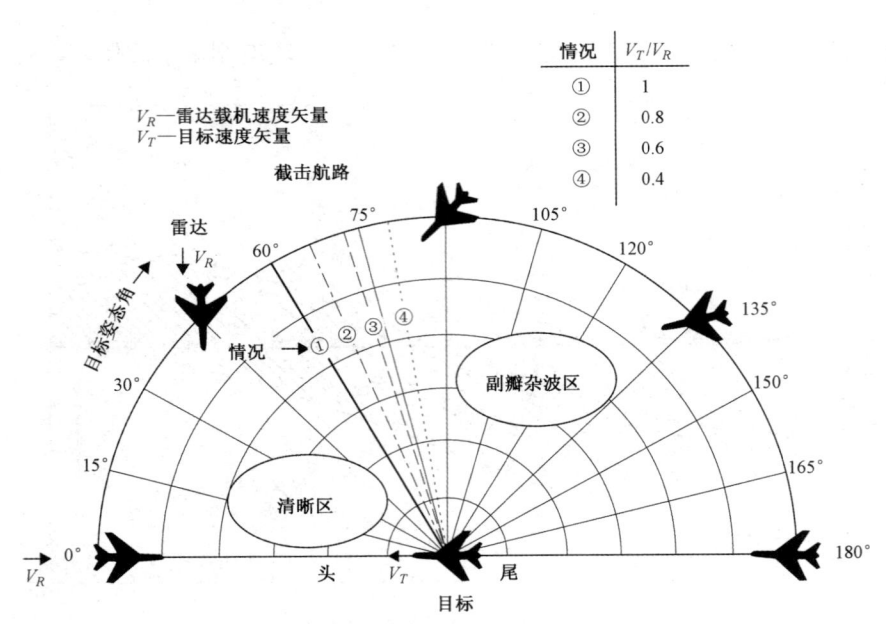

情况	V_T/V_R
①	1
②	0.8
③	0.6
④	0.4

注意：目标位于图形的中心，雷达平台位于圆周上

图 4.4 无副瓣杂波区与目标视角的关系图

然而，某些 PD 雷达采用仅速度数值上不模糊的 PRF，即 $f_{R,\min} = 2\left[\max(V_{T,\max,\text{opening}} + V_{T,\max,\text{closing}}) + V_g\right]/\lambda$，并利用目标驻留期间内多重 PRF 检测来解决多普勒符号上的模糊问题。这些雷达归属为**高-中 PRF 雷达**。如果过去的高 PRF（没有速度模糊）雷达的老定义扩展为可允许多普勒符号的模糊，也可以归类为高 PRF 雷达。这种较低的 PRF 不仅可保留高 PRF 在零多普勒频率附近只有一个盲速区的优点，而且还使目标距离测量变得容易些。在现代机载雷达的空空搜索方式下，高-中 PRF 逐渐占据主导地位。

高 PRF 和中 PRF 之间的选择涉及许多方面的考虑，如发射脉冲占空比限制、是否有脉冲压缩、信号处理能力、测量精度要求等，但通常取决于目标全姿态可检测性的需要。全姿态覆盖要求良好的尾追性能，此时目标多普勒频率位于副瓣杂波区中并接近于高度线。在高 PRF 雷达中，距离折叠使距离维几乎无清晰区，因此降低了目标的探测能力。若采用较低的或中 PRF，则距离上的清晰区增大，但这是以在高 PRF 时，位于无杂波区的高多普勒目标的速度折叠为代价的。例如，图 4.5 所示为在同一高度和载机速度条件下两个不同 X 波段波形所对应的在距离-多普勒坐标上的杂波加噪声与噪声之比。距离坐标表示不模糊距离间隔 R_u，频率坐标表示 PRF 间隔，图中主瓣杂波、高度线和副瓣杂波区清晰可辨。在两种波形下，通过对发射频率一定的频偏，将主瓣杂波置于直流处。中 PRF 频谱（PRF=24kHz）中存在一个副瓣杂波低于热噪声从而能获得较好尾追目标检测能力的距离-多普勒区。采用 69kHz 的高 PRF 波形有相当严重的杂波折叠，尾追目标几乎在所有距离段上都必须同副瓣杂波抗衡，但是无杂波区范围要大得多。

因为用中 PRF 时在距离和多普勒频率上杂波都是折叠的，因此需要采用多重 PRF 来取得令人满意的探测概率，以解决距离模糊和多普勒模糊。多重 PRF 可移动无杂波区的相对位置以达到对目标的全姿态覆盖。由于副瓣杂波通常覆盖人们感兴趣的多普勒频率区，因此低于噪声的副瓣杂波区和整个距离-多普勒空间之比是雷达高度、雷达速度和天线副瓣电平的函数。

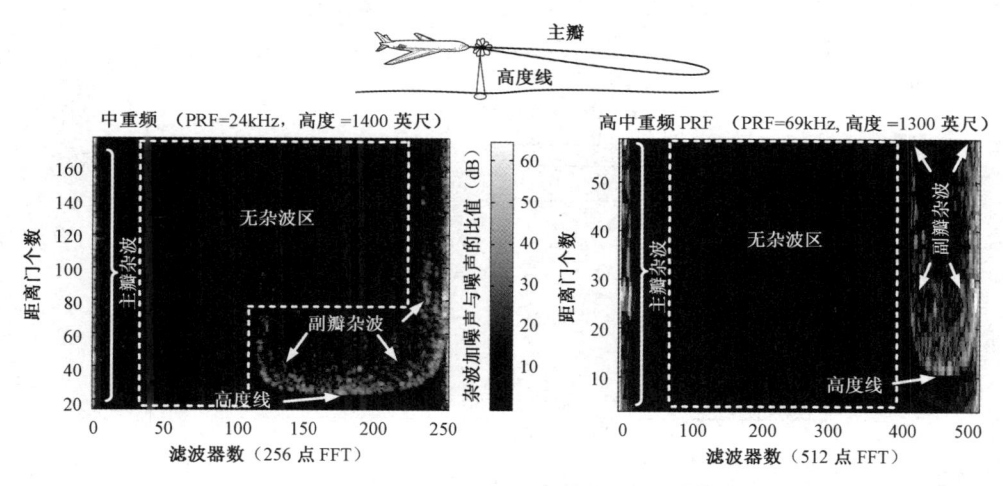

图 4.5 在距离-多普勒空间上的杂波加噪声与噪声之比

若采用高 PRF 波形，则由于在不模糊距离间隔内（假定目标多普勒仍然与副瓣杂波抗争）有副瓣杂波折叠，因此距离清晰区也就没有了。然而，在如图 4.3 和图 4.4 所示的无副瓣杂波的多普勒区中，目标的可检测性仅受限于热噪声，与雷达高度、速度和副瓣电平无关。对最恶劣的主瓣杂波情况而言，这就要求系统稳定性的边带远低于噪声。因此，尽管中 PRF 可提供全姿态的目标覆盖，但是目标有可能在全姿态上都要与副瓣杂波抗争；而用高 PRF，目标姿态角在波束姿态前方时无副瓣杂波。

对于具有足够高径向速度的目标而言，高 PRF 一般比中 PRF 性能优越。由于发射机在发射脉冲期间要保持脉冲幅度和相位的特性，发射脉冲的宽度不能过大。对于既定的发射脉冲宽度和峰值功率，有更高 PRF 的波形将有更大的发射占空比，由此导致更高的平均发射功率。对给定的相参处理时间，就有更多的能量照在目标上，这就提高了目标的可检测性。因此，高 PRF 通常用于远距离搜索高速接近的运动目标。

距离波门

距离波门将发射脉冲之间的时间间隔分成许多小单元或距离波门。距离选通能消除过多的同信号抗争的接收机噪声及杂波，并可实现目标跟踪和测距。距离波门通常与发射脉冲的带宽相匹配。在监视雷达中，利用一组接收波门来检测可能出现在脉冲间隔之间任何距离位置上的目标。图 4.6 画出了一般的情况，即波门间隔 τ_s、波门宽度 τ_g 及发射脉冲宽度 τ_t 均不相等。令 $\tau_g = \tau_t$ 可使得目标回波信噪比最大，由此测距性能最优。令 $\tau_g > \tau_s$，将产生距离波门重叠因而可减小距离波门跨接损耗（见 4.6 节），但如果在解模糊之前不对来自于跨越在不同距离波门上的目标回波的接续检测进行"结团"就会增加出现距离幻影的可能。利用距离波门测距可实现与波门大小同一量级的测距精度（150m/μs），但通过求取幅度质心的方法可将精度提高到波门大小的几分之一。

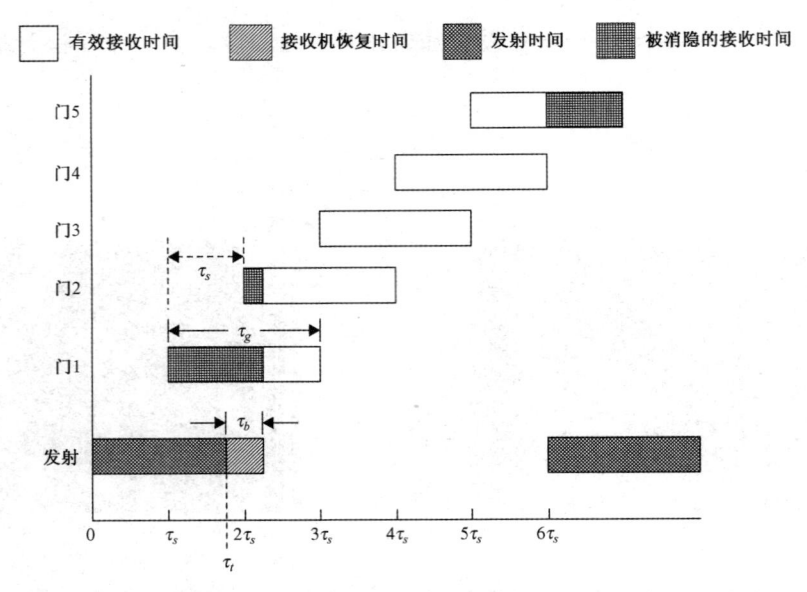

图 4.6　等间隔分布于发射脉冲间隔内的距离波门示例，有 50%重叠
τ_b 代表发射脉冲之后让接收机/保护开关恢复的额外消隐时间

时间基线的定义

脉冲多普勒雷达以不同的时间尺度工作。不同的组织对基于时间的参数有其各自的术语定义。因此，在这里对本章所用的时间基线术语进行定义。

图 4.7 列举了不同的时间尺度。从最底层开始：一串相参脉冲以某一脉冲重复频率（PRF）发射。脉冲之间的时间间隔为**脉冲间周期**（IPP），它是 PRF 的倒数。IPP 中用来接收回波的时间段被分割成距离波门。**发射占空比**是发射脉冲宽度与 IPP 的比值。一串相参脉冲的持续时间称为**相参处理间隔**（CPI）。相参处理在每一个距离波门内形成一组多普勒滤波器，因而对于每一个 CPI 而言，就产生了距离-多普勒图，类似于图 4.5 所示。

具有相同 PRF 的多个 CPI，但可能其发射载频不同，可以通过**检波后积累**（PDI）的方法实现非相参积累。如果采用调频测距模式，那么非相参积累的所有 CPI 必须具有相同的调频斜率。这些 CPI 的集合就是**一视**。在一视处理中，对距离-多普勒单元进行检测。

具有不同 PRF 或调频斜率的多视处理用来解距离及（或）多普勒模糊。这些多视的组合称为**驻留**。驻留均与某一天线视线或**波束位置**对应。每一驻留产生一组目标报告。

一行指的是在固定仰角位置上波束沿方位向扫过的一根线。在搜索模式下，在一个指定区域或空域中多行**栅格式**的波束扫描形成**一幅**。一幅可能包含多行。典型情况是，在每一个扫描幅

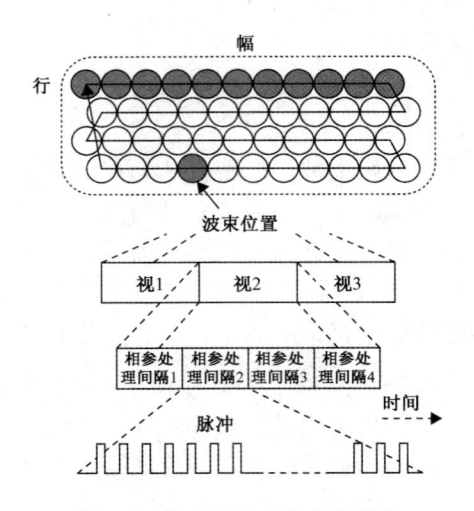

图 4.7　脉冲雷达驻留时间基线

中，天线将访问每一个波束位置一次。

基本组成

图 4.8 所示是 PD 雷达的代表性组成。雷达采用在任务处理器控制下的数字信号处理。雷达包括天线、收/发设备、信号处理机及数据处理机。雷达控制处理器接收来自机载系统[如惯性导航系统（INS）]的输入指令及通过任务处理器传送来的操纵员控制指令作为主控器完成对雷达硬件的控制。

相参处理要求所有的下变频过程，包括最后的至基带转换，都必须在发射和接收脉冲间保证良好的相位相参性。所有的本地振荡器的相位都与同一个用来产生发射信号的**主振荡器**相参。基带上的**同相（I 路）**及**正交（Q 路）**分量分别代表复数信号的实部和虚部。相位矢量图中该复数的辐角代表发射和接收脉冲间的相位差。复数的模值或幅度与接收回波信号的强度成正比。

主振器

主振器提供实现全机同步所必需的自激振荡的高稳定参考正弦信号。

同步器

同步器为雷达系统的各个分机提供精准定时的选通及时钟，以保证发射脉冲及其相应接收脉冲的时间配准。这种低抖动的定时信号用来控制发射功率放大器的开/关，从而形成发射脉冲串、发射时接收机的消隐及距离波门。

参考信号发生器

参考信号发生器输出固定频率的时钟信号及本地振荡信号（LO）。

频综器

频综器产生发射载频及第一本振（LO_1）信号频率。同时，还给载频及第一本振信号提供频率捷变。

杂波偏移振荡器

杂波偏移振荡器将发射信号的载频进行微小的偏移，以使接收时的主瓣杂波处于零多普勒频率，或者是变换成基带信号后的直流处（DC）。将接收机第一本振信号频率进行频偏也能取得同样的效果。随着杂波落在 DC 处，由接收机某些非线性产生的寄生信号，例如混频器内部互调制产物及视频谐波等也落在 DC 附近，因此，可以和位于 DC 处的主瓣杂波一起去除[19]。所施加的频偏是天线主瓣视线相对于平台速度矢量角度的函数，这个过程也称为**杂波定位**。

输出发生器

输出发生器产生脉冲的射频（RF）发射信号，这就是发射驱动信号，该信号被功率放大器放大后传送至发射天线发射出去。

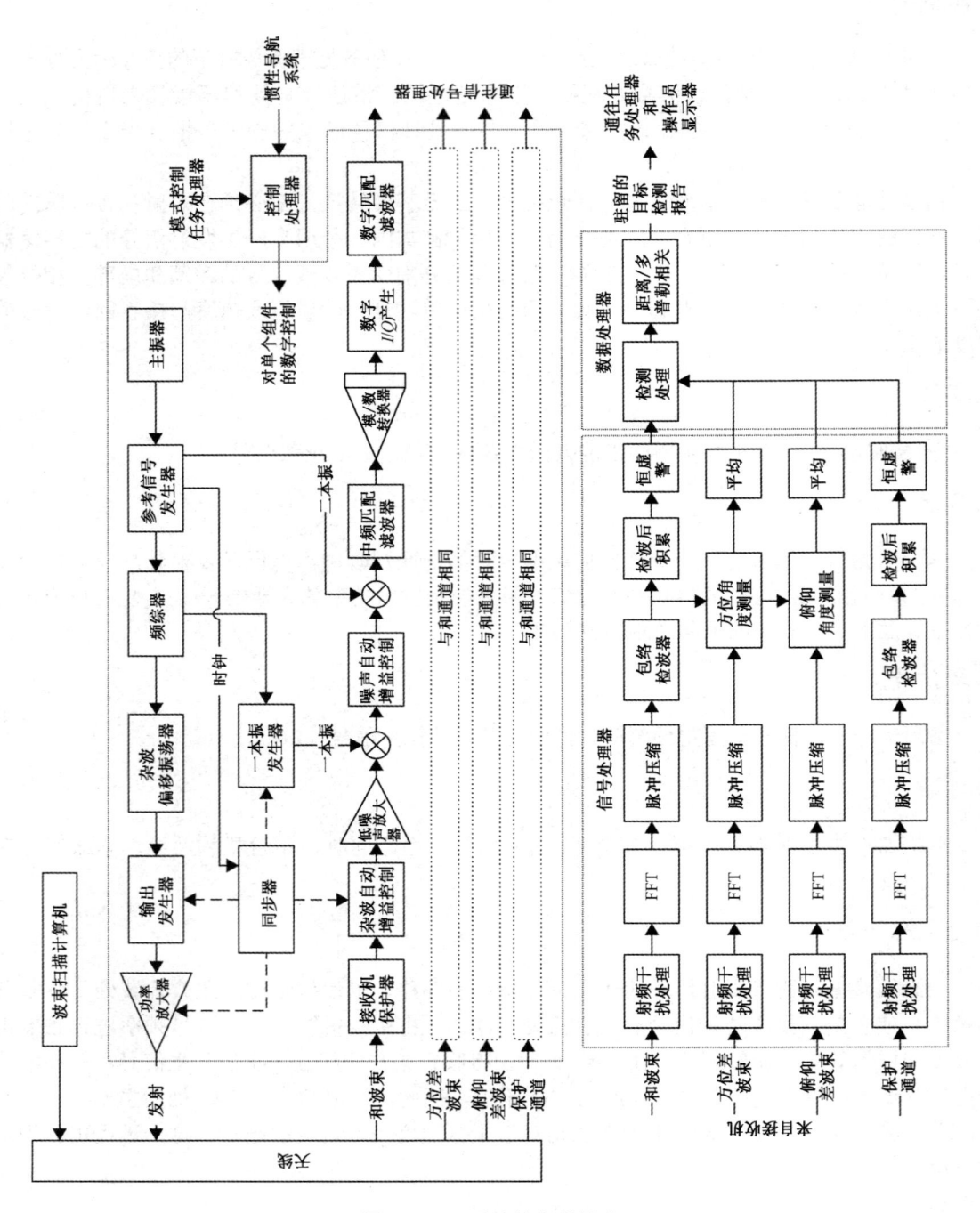

图 4.8　PD 雷达的典型组成

天线

天线可以机械扫描或电扫描。现代 PD 雷达已发展到使用有源电扫阵列天线（AESA）[20]。AESA 的每一个天线单元中都有一个收/发（T/R）组件，它由发射的功率放大器、接收用低噪声放大器（LNA）、衰减器及移相器组成。

如果天线是收/发共用的，那么就必须有双工器。双工器通常是无源器件，例如环流器。它实际上把天线在发射机和接收机之间进行切换。因为通常铁氧体环流器的隔离度不过 20~25dB，可能有相当大的功率泄漏进入接收机。

天线可以形成多种波束。发射波束通常采用均匀孔径照射以使得对目标的辐射能量最大，而接收和波束（Σ）采用低副瓣加权以减少地杂波。和波束（Σ）用于目标检测，其作用类似于空域滤波器，一般它是在副瓣区中抗衡杂波的第一道防线。为有助于目标跟踪，通常要求测角精度优于天线的波束宽度。利用单个脉冲获得对目标的高精度测角的技术称为**单脉冲测角**。单脉冲测角可以分为比幅或比相测角，由于在给定信噪比条件下比相测角具有更高的角精度，优选使用比相单脉冲。比相单脉冲通过将天线一分为二，把各自相位中心相减形成的Δ或差波束来实现测角。所形成的方位差波束（Δ_{AZ}）、俯仰差波束（Δ_{EL}）分别用来实现方位、俯仰测角[21]。受控于雷达主控器的自校准程序保证接收通道间的幅度和相位匹配从而可以进行精确的单脉冲测角。还形成一个近似全向性的保护波束用来实现副瓣检测匿影（见 4.2 节）。

接收机保护器（R/P）

接收机保护器是一个快速响应的低损耗、大功率开关，可防止由天线双工器泄漏过来的大功率发射机输出信号损坏高度灵敏的接收机前端。为了使跟在发射脉冲之后的距离波门中的灵敏度损失减至最小，接收机保护器必须具有快速恢复的能力。R/P 可以是气体放电管，高功率的 RF 使得其中的气体电离从而起到保护的作用。二极管限幅器可以替代气体放电管或与之联合使用。R/P 可以是反射式的或吸收式的，但是必须具有低插入损耗以减少对接收通道噪声系数的影响。

杂波自动增益控制（CAGC）

CAGC 衰减器用来抑制来自于 R/P 的发射机泄漏进入接收机（从而避免接收机被饱和，因饱和会延长发射机关断后的恢复时间），也用来控制进入接收机信号的功率大小。进入接收机的信号功率保持在饱和电平之下，通常在搜索时采用杂波 AGC，在单目标跟踪时采用目标 AGC，以防止产生影响雷达性能的寄生信号。

噪声自动增益控制（NAGC）

NAGC 衰减器用来设置接收机中的热噪声电平以获得所要求的动态范围，见 4.3 节。衰减程度根据周期性校准时的噪声测量结果来确定。

数字预处理

高速、大动态范围模/数转换器（A/D）的出现实现了中频采样和数字基带转换。通过数字乘积检波器（DPD），接收机的数字中频采样输出直接下变频成为基带（DC）信号[22]。DPD 的一大优点就是良好的 I/Q 镜像抑制度。

I/Q 信号通过脉冲匹配滤波器中的数字部分。中频匹配滤波和数字匹配滤波的联合使用形成接收机的单个脉冲匹配滤波器。

数字信号处理

在数字预处理后，有一个多普勒滤波器组用来实现主瓣杂波抑制和相参积累。如果射频干扰（RFI）是脉冲式的，且与雷达时钟不同步，经常可以在相参积累之前就能被检测出来。对检测出 RFI 的 IPP（脉间间隔）中的距离单元中的信号，可进行"修复"处理以防止输出频谱污染。滤波器组通常利用快速傅里叶变换（FFT）实现；但是，在滤波器个数较少时，可采用离散傅里叶变换（DFT）。对滤波器可以进行适当的加权处理以压低滤波器副瓣。通过测量信号峰值电平（通常是主瓣杂波）以及动态选择多普勒加权可以自适应地确定加权程度。

如果发射脉冲上采用脉冲压缩调制以增加目标上的能量，那么可以在多普勒滤波器组之前或之后进行数字脉冲压缩。在滤波器组之后进行脉冲压缩的优点是通过选择适应于每个多普勒滤波器的多普勒偏置的脉冲压缩匹配函数，可在很大程度上去除多普勒效应对脉冲压缩的影响。但是，这样的处理加重了信号处理的计算量。

通过线性的（$\sqrt{I^2+Q^2}$）或平方律（I^2+Q^2）检波器形成 FFT 输出信号的包络。传统上，人们用线性检波器来控制定点处理器的动态范围。平方律检波器更适用于某些现代的浮点处理器。在每个距离波门-多普勒滤波器的输出在多个 CPI 周期上线性相加时可采用检波后积累（PDI）。和通道的每一个距离多普勒单元 PDI 的输出与由恒虚警率（CFAR）[23, 26]处理所决定的检测门限相比较。信号幅度超过 CFAR 门限的单元标为有信号检测。

Δ_{AZ} 及 Δ_{EL} 通道的处理是类似的，不同之处如图 4.8 所示。对已经宣称检测到目标的距离-多普勒单元，Δ_{AZ}/Σ 及 Δ_{EL}/Σ 的虚部用于单脉冲比相测角，分别估计目标相对于和通道主瓣中心的方位及俯仰角。对于每一次相参一视，都计算出角度估计值，然后对 PDI 处理过程中多个非相参积累的 CPI 进行平均。

保护通道的处理与和通道类似。保护通道的作用是实现副瓣检测消隐，如 4.2 节所述。

后处理

在 CFAR 处理后进行检测编辑，包括对副瓣离散杂波的抑制逻辑，检测编辑之后还要在一个驻留时间内对多视进行距离及速度解模糊。最终的目标检测输出包括目标的不模糊距离、速度、角度及它们的估计精度，传送给雷达任务处理器用于目标跟踪及操作员显示。

4.2　PD 杂波

概述

来自各种散射体的杂波回波对 PD 雷达的设计影响很大，同样也会影响对点目标的探测概率。这些杂波散射体包括地貌（地面和水面）、气象（雨、雪等）和箔条。由于 PD 雷达通常所使用的天线具有一个高增益的主瓣，所以当雷达俯视时，主瓣杂波是雷达所处理的最大信号。窄波束将主瓣杂波的频率范围限制在多普勒频谱的一个较小的频段内。天线方向图的其他部分由副瓣组成，产生副瓣杂波。这种杂波通常远小于主瓣杂波，但却覆盖很宽的频段。来自雷达正下方地面的副瓣杂波（高度线杂波）常常较大，这是因为地面在大入射角时反射系数大、地面的反射几何面积较大和离地面的距离近。在副瓣杂波区中，只要杂波接近或是超过接收机噪声电平，对目标的测距性能都将下降。可采用多重 PRF 在距离-多普勒图中移动目标（相对于杂波）从而避免由于强杂波电平所产生的完全盲距或盲频。这种相对移动是由距离和多普勒模糊的折叠产生的。若某个 PRF 使杂波和目标折叠到相同的距离和多普勒上，那么 PRF 只要有足够大的改变就能将目标和杂波分开。

固定雷达的地物杂波

当雷达相对于地面是固定的时，固定的主瓣杂波和副瓣杂波相对于发射频率都具有零多普勒频移。只要有一部分主瓣照射地面，则与主瓣杂波相比，副瓣杂波通常较小。可以像脉冲雷达中那样来计算杂波，然后作为 PRF 的函数在距离上折叠。

运动雷达的地物杂波

当雷达以速度 V_R 运动时，杂波在频域上是散开的。图 4.2 是雷达做水平运动时的情况。对在距离和多普勒上都是模糊的中 PRF 雷达，图 4.9 画出了杂波在距离和多普勒上的折叠。雷达平台向右飞行，速度为 1000kn，俯冲角为 10°。图中每个狭窄的环形（等距离线）区域确定在所选定距离波门内产生杂波的地面区域。5 个双曲线状的狭窄条形区域是对所选定的多普勒滤波器中产生杂波的区域。有阴影的相交叉部分是在所选定的距离波门和多普勒滤波器单元中都产生杂波的区域。每个这样的区域所产生的杂波功率取决于指向该区域的天线增益和该区域的反射特性。

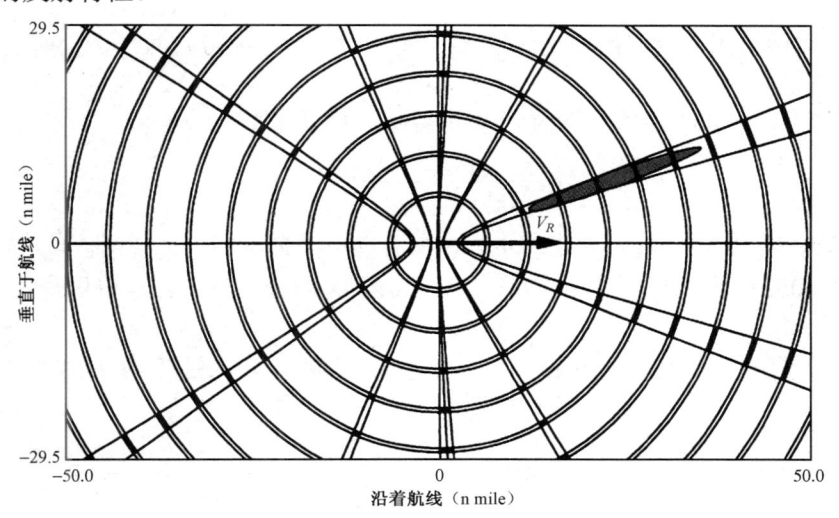

图 4.9 距离波门和多普勒滤波区的平面图

雷达高度为 10 000 英尺；速度向右 1000kn；俯冲角为 10°；雷达波长为 3cm；
PRF 为 15kHz；距离波门宽度为 6.67μs；4 个波门；多普勒滤波器中心频率为 2kHz；
带宽为 1kHz；波束宽度为 5°（环形）；主瓣方位为 20°；俯角为 5°

主瓣照射到位于地面航迹左侧的椭圆形区域。由于椭圆形区域整个位于滤波器范围内，所以主瓣杂波落在该滤波器中，而所有其他滤波器则接收到副瓣杂波。4 个距离环与主瓣椭圆形区域相交，因此在这个距离波门中的主瓣杂波是上述这 4 个区域所接收到信号的矢量和。由于这种距离的高度折叠，因此所有距离波门内的杂波几乎相等。

如果主瓣在和平台同样的运动方式下在方位上 360°扫描，则主瓣杂波频率将在频域内扫描。于是主瓣杂波在所选定的滤波器内将出现 10 次（每条双曲线区出现两次），其间，滤波器将接收到来自全部交叉阴影区的副瓣杂波。对发射频率进行适当的杂波偏移（偏移量随主瓣方位而改变），如同 4.1 节所述，就可将主瓣杂波的多普勒频率移至 0 或者 DC 处。

杂波回波：通用方程

来自距离 R 处，增量面积为 dA 的单杂波块的杂波噪声比为

$$C/N = \frac{P_{av}G_T G_R \lambda^2 \sigma^0 dA}{(4\pi)^3 R^4 L_C k T_s B_n} \tag{4.2}$$

式中，P_{av} 是平均发射功率；G_T 是杂波块方向的发射增益；G_R 是杂波块方向的接收增益；λ 是工作波长；σ^0 是杂波后向散射系数；L_C 是杂波损耗因子；k 是玻耳兹曼常数，$k=1.38054\times10^{-23}$ W/(Hz/K)；T_s 是系统噪声温度（K）；B_n 是多普勒滤波器带宽。

L_C 指的是适用于分布的地面杂波的损耗因子，而不是对于离散、可分辨的点目标的损耗因子，关于这两种损耗详见 4.6 节所述。

来自每个雷达分辨单元的杂波噪声比是式（4.2）的积分。其积分区域是地面上每个模糊单元的距离和多普勒范围[27-31]。在某些简化条件下，积分可以用闭合的解析式表示[32]，但通常都要采用数值积分。

主瓣杂波

在式（4.2）中，用有阴影的交叉面积（$\frac{c\tau}{2\cos\alpha} R\theta_{az}$）代替 dA 并对在主瓣内的所有的阴影面积相加的方法，可近似得到主瓣杂波功率与噪声功率比[33]

$$C/N = \frac{P_{av}\lambda^2 \theta_{az}(c\tau/2)}{(4\pi)^3 L_C k T_s B_n} \sum \frac{G_T G_R \sigma^0}{R^3 \cos\alpha} \tag{4.3}$$

式中，求和限为发射波束和接收波束较小者俯仰方向上的顶端和底端边沿；θ_{az} 是方位半功率点波束宽度（rad）；τ 是压缩后的脉冲宽度；α 是杂波区的掠射角；其他变量与式（4.2）中的相同。

如果主瓣打到地平线以下，那么由于平台运动产生的主瓣杂波频谱 6dB（峰值下）宽度 Δf 近似为[34]

$$\Delta f = \frac{2V_R}{\lambda}\left\{\theta_B \cos\phi_0 \sin\theta_0 + \frac{\theta_B^2 \cos\phi_0 \cos\theta_0}{8} + \frac{c\tau \sin^3\phi_0 \cos\theta_0}{2h\cos\phi_0}\right\} \tag{4.4}$$

式中，V_R 是雷达地速；λ 是射频波长；θ_B 是 3dB 单程天线方位波束宽度（rad）；ϕ_0 是相对于当地地平线的主瓣下俯角（rad）；θ_0 是主瓣相对于水平速度矢量的方位角度（rad）；τ 为压缩后的脉冲宽度；h 是雷达高度。

当主瓣在方位上的角度比半个方位波束宽度还大时（$|\theta_0| \geq \theta_B/2$），主瓣杂波功率谱密度可以用标准偏差 $\sigma_c = 0.3\Delta f$ 的高斯形函数来建模。

主瓣杂波的滤波

在采用数字信号处理的 PD 雷达中，抑制主瓣杂波的方法有两种：其一是在多普勒滤波器组前加延迟线杂波对消器（MTI 滤波器）；其二是使用通过加权处理获得的低副瓣滤波器组[35]。无论哪种方法，其主瓣杂波区附近的滤波器都被消隐，以使主瓣杂波的虚警最小。在多普勒域中，被消隐的区域称为主瓣杂波凹口。

量化噪声和复杂性与滤波器加权损耗间的折中确定选择哪种方法。若使用对消器，则对滤波器的加权要求比仅用滤波器组的加权要求要宽松些。这是因为，如果主瓣杂波是最大的信号，则对消器降低了进入多普勒滤波器组的动态范围要求。若不采用对消器，则必须用较重的加权来降低副瓣电平，以使对主瓣杂波的滤波器响应低于热噪声电平。这种加权增大了滤波器的噪声带宽，因而使信噪比损耗增大。

选择合适的加权因子实际是折中考虑主瓣杂波抑制和目标信噪比优化。为了实现动态的折中，可以通过在 IPP 周期内测量回波峰值电平（通常是主瓣杂波），然后选择或计算运用于 CPI 周期上的最优加权因子的方法实现与主瓣杂波电平自适应的滤波器加权。另一种适用于高-中或高 PRF 雷达系统的技术是通过卷积两个加权函数生成混合滤波器加权。结果是得到的滤波器加权损耗小得多，远区副瓣低，代价是近区副瓣较高。

为了评估主瓣杂波对目标检测性能的影响，必须了解要进行目标检测的每一个滤波器处的杂噪比。对于某些特定杂波电平而言，通用的衡量方法就是改善因子 I。如果不采用 MTI 滤波器而是采用多普勒滤波器组，那么对于每一个多普勒滤波器来说改善因子定义为多普勒滤波器输出端的信杂比与输入端信杂比的比值[36]。信号假定位于多普勒滤波器中心。考虑到滤波器加权的影响，多普勒滤波器的改善因子[37]为

$$I(K) = \frac{\left[\sum_{n=0}^{N-1} A_n^2\right]}{\sum_{n=0}^{N-1}\sum_{m=0}^{N-1} A_n A_m \exp\{-2[\pi(n-m)\sigma_c T]^2\}\cos[2\pi K(n-m)/N]} \tag{4.5}$$

式中，A_i 是 IPP 加权系数，$0 \leq i \leq N-1$；N 是 CPI 内 IPP 个数；σ_c 是杂波频谱的标准偏差；K 是滤波器序号（$K=0$ 为直流滤波器）；T 是脉冲间间隔。

杂波瞬态抑制

当用多个 PRF 测距法而改变 PRF 时，或当用线性调频测距法而改变调制斜率时，或当射频载波发生改变时，如果不做适当处理，则杂波回波的瞬态变化会引起雷达性能的降低[38]。由于在 PD 雷达中，杂波在距离上通常是模糊的，因而随着从远的模糊距离上（一直到地平线）接收到杂波回波，每下一个脉冲间周期（IPP）内的杂波功率增加。这种现象称为"空间充电"（space charging）。注意，虽然在"充电"期间所接收到的杂波回波的数目增加，但是由于从不同地块返回的杂波回波的相位关系是随机的，所以杂波回波信号的矢量和实际上可能减小。

如果采用杂波对消器（MTI 滤波器），则在"空间充电"完成之前，对消器的输出不可能平息到稳态值。因此，在信号送往滤波器组之前必须留有平息时间。所以每次观测

（CPI）可得到的相参积累时间等于总观测时间减去"空间充电"时间和瞬态平息时间之和。用稳态的输入值给对消器进行"预充电"可消除平息时间[39]。其方法是改变对消器的增益，使所有延迟线均在第一个脉间周期内达到稳态值。

若不采用对消器，则可在完成"空间充电"后将信号送往滤波器组，从而相参积累时间就等于总观测时间减去"空间充电"时间。

高度线杂波的消隐

机载脉冲雷达正下方地面的反射回波称为高度线杂波。由于平坦地形的镜面反射、大几何面积和地面离雷达较近，因而这种回波信号能够非常大。它们位于 PD 频谱的副瓣杂波区内。

由于高度线杂波比漫散的副瓣杂波大很多，而且通常频谱宽度也较窄，因此通常可采用以下两种方法来滤除：其一是使用可防止检测高度线杂波专用的 CFAR 电路；其二是使用跟踪器-消隐器除去最后输出的高度线杂波。后一种方法采用闭环跟踪器来把距离波门和速度波门定位在高度线杂波附近，并消隐掉那些受影响的距离-多普勒区域。注意：在极低的高度上，张在第一个距离波门上的角度很大，因此频谱宽度也展宽了。

副瓣杂波

如果下半球内的天线方向图是已知的，则用式（4.2）可计算出每个距离波门的完整杂波谱。在系统初步设计时，准确的增益函数可能是未知的，因而可采用一种行之有效的近似方法是假设副瓣辐射具有各向同性，且增益为常数 G_{SL}。

离散副瓣杂波

诸如建筑物之类的地面大型物体（离散物体）的回波，经天线的副瓣进入接收机，并表现成好像是在主瓣中的较小动目标的回波，这是机载 PD 雷达的一个固有特性。在中 PRF 雷达中，通常希望它具有全姿态目标性能，而因为这些回波会与有用目标相抗争，所以这是一个十分严重的问题。在高 PRF 雷达中，几乎没有无副瓣杂波的距离区，所以多普勒频谱中的副瓣杂波区通常不做处理（因为在这些区域中，目标检测能力严重下降）。其次，在高 PRF 雷达中，特别是在较高的高度上，分布的副瓣杂波和离散的回波的相对幅度使得在副瓣杂波区中离散杂波是检测不到的。

RCS 为 σ 的副瓣离散目标的视在 RCS，$\sigma_{app} = \sigma G_{SL}^2$。其中，$G_{SL}$ 为相对于主瓣的副瓣增益。大尺寸的离散目标在地面上出现的密度低，而小的则密度高。表 4.4 列出了它的一种模型。该模型中通常假设雷达的工作频率较高。因此实际上，$10^6 m^2$ 的离散目标极少见，$10^5 m^2$ 有时出现，而常见的是 $10^4 m^2$ 的离散目标。

表 4.4　离散杂波模型

雷达截面积（m^2）	密度（每 $mile^2$）
10^6	0.01
10^5	0.1
10^4	1

检测和消除由离散副瓣杂波产生的虚警有两种方法，即保护通道和检波后灵敏度时间控制（STC）。下面将分别加以讨论。

保护通道

保护通道的工作原理是通过比较两个并行接收通道的输出,其中一个与主天线连接,另一个与保护天线连接(如图 4.8 所示,分别为和通道和保护通道),以判断接收的信号是来自主瓣还是来自副瓣[40-44]。保护通道使用一个宽波束天线,理想上其方向图高于主天线的副瓣。两个信道的回波在主通道中有检测的每一个距离单元、每一个多普勒滤波器单元中进行比较。对这些距离–多普勒单元,当保护接收机中的副瓣回波较大时,检测的回波就被抑制(消除);如主瓣回波大,则其检测就通过。

图 4.10 是保护通道的方框图。CFAR 电路后(在理想条件下,两个通道是相同的)有 3 个门限,即主通道门限、保护通道门限及主通道与保护通道信号比门限。这些门限的检测逻辑也示于图 4.10 中。

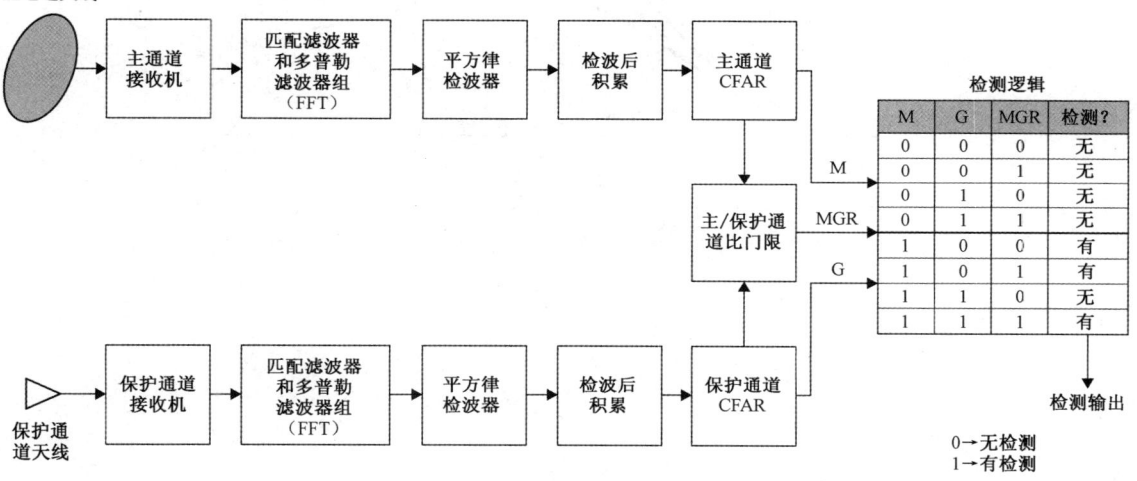

M	G	MGR	检测?
0	0	0	无
0	0	1	无
0	1	0	无
0	1	1	无
1	0	0	有
1	0	1	有
1	1	0	无
1	1	1	有

0 → 无检测
1 → 有检测

图 4.10 双通道副瓣消隐器框图

由于主通道和保护通道比较而产生的消隐将影响主通道的目标可检测性,影响的程度是门限设置的函数。门限设置是由副瓣杂波引起的虚警与主通道检测性能损失间的折中。图 4.11 是对一个不起伏目标回波的例子。图中,纵坐标是副瓣消隐器最后输出的检测概率,横坐标是主通道中的信噪比(SNR)。图 4.12 所示的 B^2 是保护通道 SNR 与主通道 SNR 之比。目标位于主瓣内时,B^2 值小;而在副瓣峰值处时,B^2 值则大,约为 0dB。在该例中,对主瓣中目标而言,由于保护通道的消隐作用,约有 0.5dB 的可检测性损耗。

理想情况下,保护天线增益方向图在除主瓣方向外的所有方向上都超过主天线的增益方向图,从而使雷达通过副瓣检测到的目标数最小。如果不是那样,则如图 4.11 及图 4.12 所示,从主瓣天线方向图上的副瓣峰点处来的目标回波将在主信道内具有较大的检测概率,这将形成虚警。

检波后 STC

在解模糊处理中,由于回波输出在距离上是相关的,因此在每一个距离相关处理中都要进行检波后 STC 或 RCS 门限处理。在 STC 范围内距离相关但落在 STC 门限以下的目标回波有可能是副瓣离散杂波，可以被消隐或从相关处理中去除（并避免与其他目标产生鬼影）。

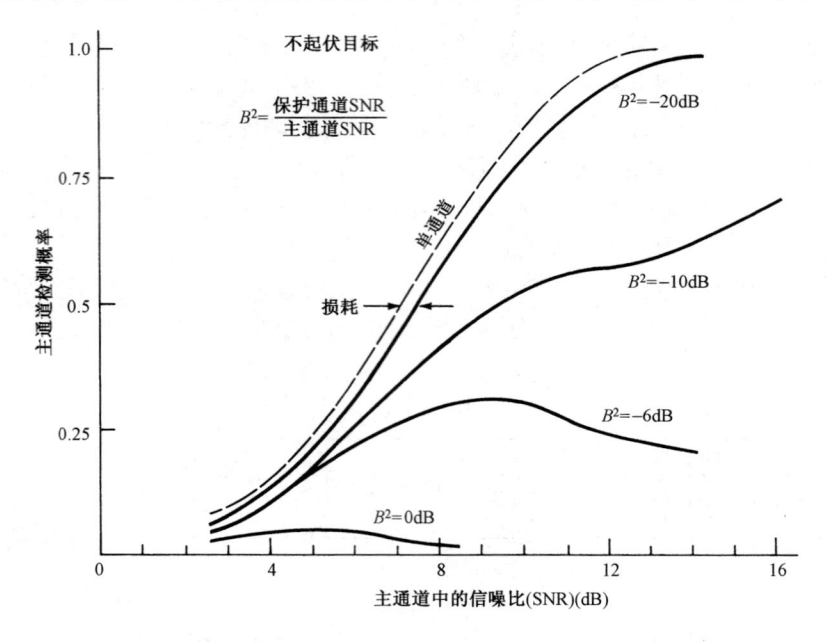

图 4.11 采用保护通道的检测概率与信噪比之间的关系曲线

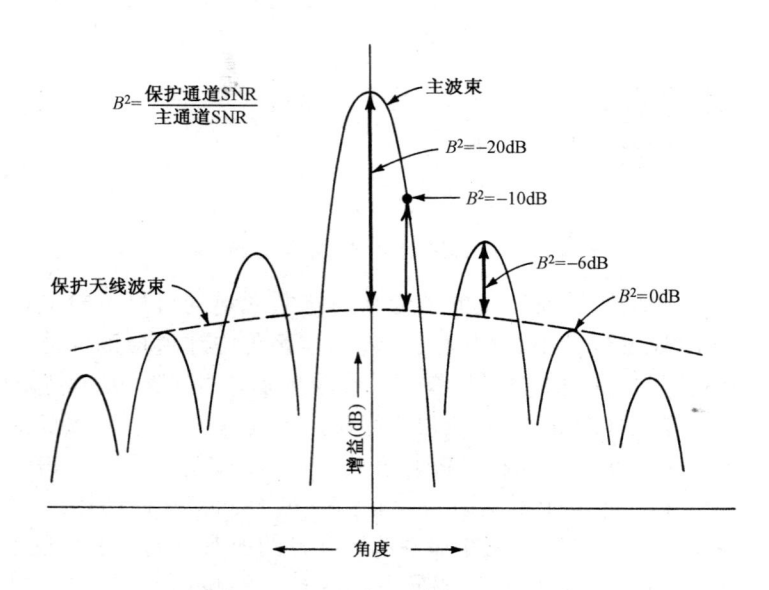

图 4.12 主天线和保护天线的方向图

检波后 STC 的逻辑框图如图 4.13 所示[45]。基本上，CFAR 的输出数据将在距离上相关（解）3 次。每个相关器采用 M/N 准则。例如，8 个 PRF 中要求输出 3 次检测来计算不模糊距离。由于目标多普勒频率是模糊的，所以不使用多普勒相关。头两次相关的结果用于消隐来自最后一个距离相关器输出的可能是离散的副瓣回波。在此采用了 3 个距离相关器，其中第一个，A 相关器用来解额定距离范围（如 10n mile）内的距离模糊。超出此额定距离，检测到离散副瓣回波的概率是很低的。第二个相关器，B 相关器则用于解同一个额定距离之内的距离模糊。但是，在目标进入 B 相关器之前，目标回波的幅度受一个随距离变化的门限（STC 门限）的处理。在每一个距离单元中，将 A 相关器和 B 相关器的相关结果进行比较，如果一个距离波门在 A 相关器中相关，而在 B 相关器中不相关，则第 3 个相关器 C 将该距离波门消隐掉。相关器 C 用于解所关心的最大作用距离内的距离模糊。

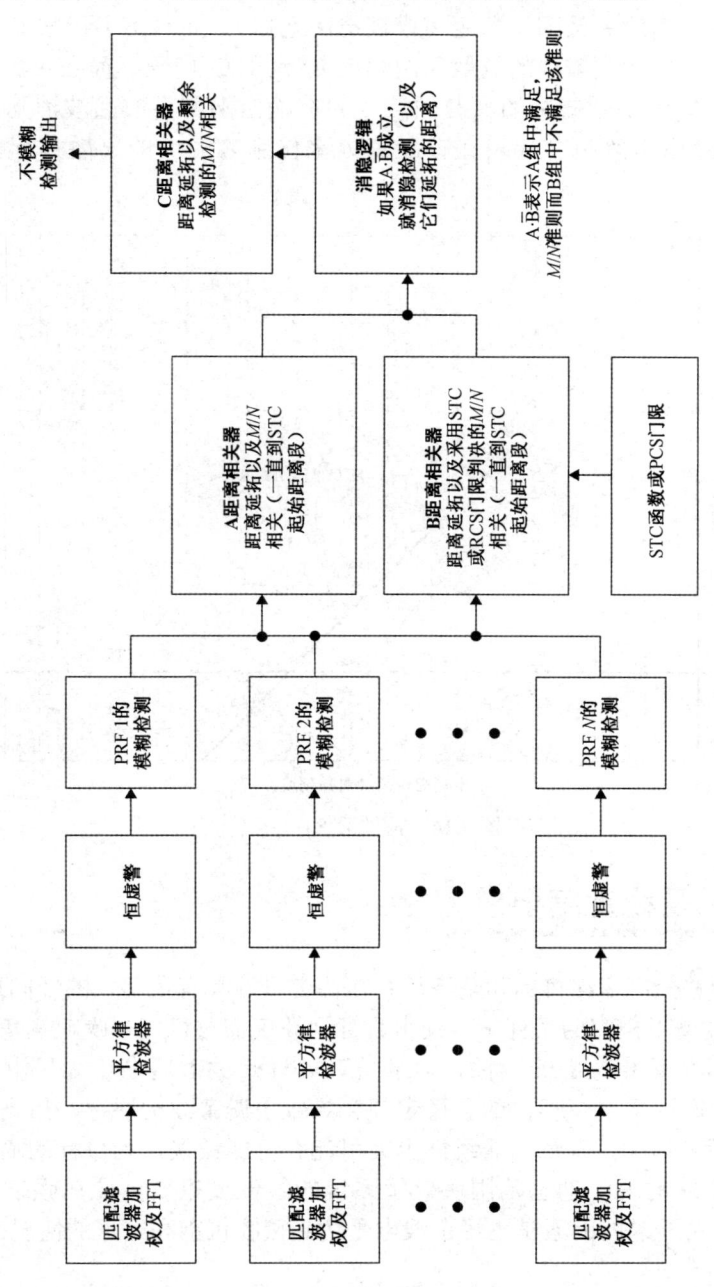

图 4.13　采用检波后 STC 或 RCS 门限处理的单通道副瓣消隐逻辑框图

另外一种方法是在距离相关处理中用一个等效的 RCS 门限代替随距离而改变的 STC。对每一个可能的不折叠的距离（从最短的距离开始）计算 RCS 然后和 RCS 门限比较。距离上相关，但低于 RCS 门限的检测被阻止和其他的检测相关（所有它们不折叠的距离也被阻止进行相关）。

图 4.14 说明了检波后 STC 处理的原理。图中画出了主瓣目标回波和一个在副瓣中的大离散目标与不模糊距离的关系图（即距离模糊已解之后），还画出了正常 CFAR 门限和 STC 门限与距离的关系。如在副瓣中的离散回波幅度低于 STC 门限，而在主瓣中的回波幅度则高于门限，雷达就能识别副瓣中的离散回波，并在输出端将离散回波消隐掉，而保留主瓣中的目标。STC 起作用的距离代表在该距离处来自副瓣的大的离散目标回波已经超过了 CFAR 门限。

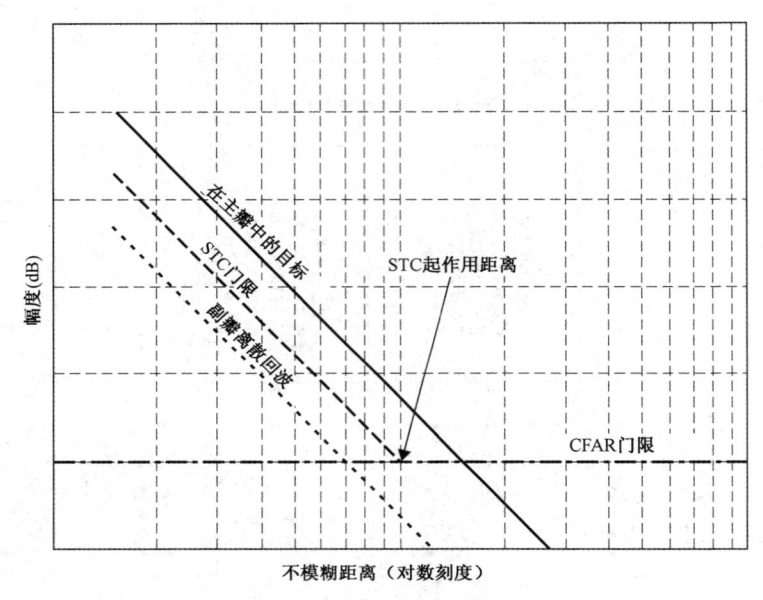

图 4.14　检波后 STC 电平

4.3　动态范围及稳定度要求

多普勒处理能够分离运动目标和杂波，并在假定目标具有足够大的径向速度（$>2V_R/\lambda$）、PRF 足够高、杂波谱不模糊的条件下，使得目标回波仅需与机内热噪声竞争便被检测。相参性，即脉冲间信号载频相位的一致性，对多普勒处理是关键所在。如果没有仔细的系统设计，在相参积累时间内幅度及相位的不稳定都会导致主瓣杂波谱展宽，抬高无杂波区内目标检测必须抗衡的噪声基底。系统的非线性也会引起有可能被误认为目标的离散的回波谱中的寄生信号分量。系统的瞬时动态范围决定了系统的线性度以及由此在强杂波环境下的灵敏度。驱动对稳定性的要求的因素是主瓣杂波电平达到接收机饱和电平的情况。

动态范围

本节讨论的动态范围，可称作**瞬时动态范围**，是指在出现饱和（限幅）或增益受限之前，接收机和信号处理器工作的高于热噪声的线性范围。如果发生饱和，就会产生假信号导致系统性能下降。例如，如果主瓣杂波引起饱和，则假的信号频率会在通常无主瓣杂波的多普勒通带内出现，并产生虚警。为防止在搜索状态下的主瓣杂波饱和或单目标跟踪状态下的目标饱和，经常采用自动增益控制（AGC）。但是，采用 AGC 会降低系统灵敏度，因此最好有大的瞬时动态范围。如果在累积期间距离波门中出现了饱和，则在多距离波门系统中将该波门的检测屏蔽就是一种选择。如果没有使用 MTI 滤波器，那么可考察每一个距离波门的多普勒滤波器组的输出来判定是否存在由于强杂波导致杂噪比超过动态范围而生成虚假信号产生的虚警检测并随后加以处理。类似的判决逻辑也可用在饱和的距离波门上，用来判定滤波器组内的最大信号是否落在通带内还是代表饱和的杂波信号。峰值落在多普勒通带内的饱和信号可代表近距离处的有效目标，而无需经受副瓣消隐逻辑。

当搜索一个小的低飞目标时，由于主瓣杂波的存在，因此对动态范围的要求最高。这时，要求系统在有杂波条件下保持最高的灵敏度，以获得最大的目标探测概率。

对 PD 雷达动态范围的要求由主瓣杂波确定，它不仅是诸如功率、天线增益等雷达基本参数的函数，而且还是雷达离地高度和低飞目标 RCS 的函数。作为一个例子，图 4.15 画出了对一部中 PRF 雷达在模糊距离间隔内，即距离折叠后出现的最大杂波噪声比（C/N_{max}）。它是雷达高度和主瓣中心到地的距离的函数。注意，杂波噪声比是 A/D 处测量的均方根功率比值。峰值的功率比值将高出 3dB。杂波的幅度是随时间起伏的，可以用随机过程建模。杂噪比是上述过程对时间的均值。图 4.15 中假定了天线方向图是一个笔状波束而杂波反射系数模型是常量 γ 模型[46]。天线波束指向对应于目标距离的地面。在较远距离（小下视角）的情况下，杂波随着天线高度的升高而减小，这是因为与地面相交的主瓣部分变小而使得距离折叠减弱的缘故。在较近距离的情况下，由于地面杂波块面积的逐渐变大，因此使得杂波随天线高度的升高而增大。尽管图 4.15 是针对中 PRF 雷达系统画出的，但高 PRF 雷达的曲线与此相似。

图 4.15 还画出了在给定目标雷达截面积和接收机动态范围无限制的情况下，单次扫描探测概率 P_d 与距离的关系曲线。对图中所举的实例而言，在增益出现任何限制（即使用 AGC）前，如果希望对低飞目标的探测概率 P_d 至少要达到 80%，则由主瓣杂波电平 C/N_{max} 要求的动态范围在 1000 英尺高度时是 53dB，在 5000 英尺高度时是 44dB，在 15 000 英尺高度时是 41dB。显而易见，期望的探测概率越高或雷达的高度越低，所需求的动态范围就越大。此外，如果给定的目标 RCS 减小，则在相同探测概率要求下的动态范围就要求增大，因为如图 4.15 所示的探测概率-距离曲线向左平移了。

在使用数字信号处理的 PD 雷达中，通常选择动态 A/D 转换器范围满足或优于由最大杂噪比（C/N_{max}）及系统稳定度决定的系统动态范围。峰值动态范围定义为，能被线性处理的最大峰值正弦信号电平与热噪声均方根电平的比值。峰值动态范围与 A/D 转换器的幅度位数有关，其关系为

$$\left[\frac{S_{max}}{N}\right]_{dB} = 20\lg(\frac{2^{N_{AD,amp}}-1}{[\text{noise}]_{quanta}}) \tag{4.6}$$

式中，$[S_{max}/N]_{dB}$ 是相对于均方根噪声的最大输入峰值正弦电压电平（dB）；$N_{AD,amp}$ 是 A/D 转换器幅度位数（不包括符号位）；$[\text{noise}]_{quanta}$ 是 A/D 转换器处的热噪声均方根电压，单位为

quanta。A/D 转换器处的热噪声均方根电压值通过 quanta 给出，一个 quanta 代表 A/D 的单位量化电平。

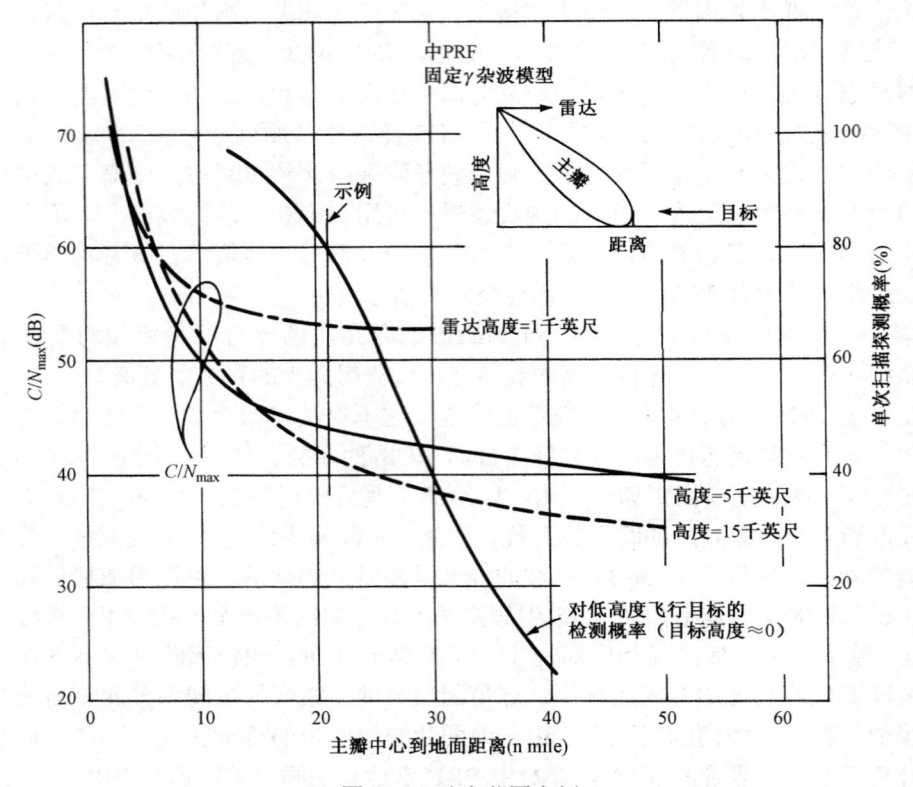

图 4.15 动态范围实例

由上述的关系式，并假设 A/D 转换器限制了动态范围，就可确定 A/D 转换器的规模。还须考虑另一个因素，即要允许主瓣杂波在其均方根值上下波动的余量。由于主瓣杂波随时间波动的统计特性高度依赖于所观测的杂波类型，如海杂波或来自市区的杂波（它们通常是未知的），因此时常假定其最大电平高于其均方根值 10～12dB（其中包括了正弦信号峰值与均方根值之间 3dB 的差异）。因此，主瓣杂波所确定的 A/D 转换器的幅度位数为

$$N_{\text{AD,amp}} \geq \text{CEIL}\left[\frac{\left[(C/N)_{\max}\right]_{\text{dB}} + \left[\text{fluc\_margin}\right]_{\text{dB}} + 20\lg\left[[\text{noise}]_{\text{quanta}}\right]}{6}\right] \quad (4.7)$$

式中，CEIL(x) 为大于等于 x 的最小整数。A/D 转换器每增加 1 位，那么 A/D 转换器所允许的瞬时动态范围增加约 6dB[47]。

对图 4.15 所示的实例，在 1000 英尺高度，最大的 C/N 是 53dB，热噪声是 1.414 个量化单位值（3dB），波动余量是 10dB，则 A/D 转换器至少需要 11 位（加 1 个符号位），也就是一共 12 位以取得 63dB 的峰值 A/D 动态范围。图 4.16 上半部分说明动态范围，下半部分说明以下讨论的对稳定度的要求。

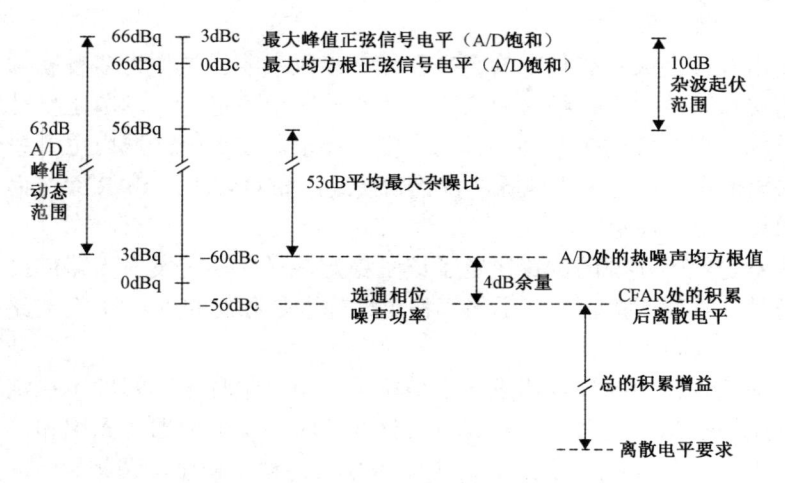

图 4.16 动态范围和稳定性电平

稳定度要求

为了达到 PD 系统理论上的杂波抑制、目标检测和目标跟踪性能，基准频率、定时信号和信号处理电路必须是极其稳定的[48-52]。在绝大多数情况下，主要关心它们的短期稳定度，而不是长期的稳定度。长期稳定度主要影响测速精度、测距精度或寄生信号（由 PRF 谐波产生的寄生信号），但做到满足要求比较容易。短期稳定度指在雷达回波往返的时间内或在信号相参积累期间信号的变化情况。最严格的稳定度要求与主瓣杂波上产生的寄生调制边带有关，这些边带抬高系统噪声基底或能像目标一样出现在目标检测电路中。因此，主瓣杂波与接收机输出端的系统噪声之最大比值（C/N），包括上面讨论过的波动余量是决定稳定度要求的主要参数。

要实现目标检测，目标回波必须同杂波及噪声抗衡。假定期望的目标具有足够大的径向速度，那么在采用脉冲多普勒体制的雷达系统中，目标回波将位于多普勒频谱的无杂波区。现在这类目标仅需同系统噪声竞争。这些噪声可以是加性或乘性噪声。在低性能雷达中，加性噪声倾向于掩盖乘性噪声。

对于雷达系统而言，加性噪声可以是外部噪声，例如大气噪声（天空温度）、地面噪声（黑色物体辐射）、干扰机等；也可以是内部的，例如热噪声。热噪声也称为是 **Johnson 噪声、高斯噪声**。称为高斯噪是因为热噪声电压概率密度分布服从高斯分布的特性。热噪声始终存在于雷达接收机中，并且它最终限制了雷达的灵敏度。加性噪声源的绝对电平由噪声源本身及其与雷达的关系决定。合理的系统设计能够将热噪声降低到乘性噪声，成为限制雷达灵敏度的主要因素的程度。

乘性噪声的主要特点是有时变的幅度［幅度调制（AM）］或有时变的相位［相位调制（PM）或频率调制（FM）］。乘性噪声的绝对幅度取决于上有乘性噪声寄生的信号（载波）本身的强度。乘性噪声的来源包括频率不稳定性、供电系统的纹波及噪声、$1/f$ 噪声、定时抖动及不需要的混频调制产物（**离散的**或**毛刺形的**）。乘性噪声通过改变回波信号的幅度或相位调制雷达回波，存在于所有雷达回波中，尤其在主瓣杂波这样的强回波信号中尤为突出。这种调制表现在频域中就是寄生调制边带。随机乘性噪声展宽载频的频谱。离散乘性噪声源产生的离散谱线可以导致虚警。

系统稳定度由双程合成系统频率响应来表征,该频率响应是作为多普勒频率的函数的非起伏目标回波的幅频特性。系统频率响应应由多普勒通带确定[53]。本节主要针对远离载频从而位于地面动目标凹口之外的多普勒频率稳定度的要求。在这个区域内主要关心的是确定相位噪声基底的白相位噪声。对于空地脉冲多普勒模式,如 GMTI 及 SAR 系统而言,主要需考虑低频(靠近载频)处的稳定度。

雷达系统内不稳定因素源的位置决定了该不稳定性是否通过发射支路或接收支路,还是两者影响回波信号。发射或接收支路上的不稳定性称为是**独立的**。对收/发支路都造成影响的不稳定因素则称为是**共同的**。

由于本振驱动接收机中的混频器进入压缩状态,由调幅导致的幅度不稳定通常认为是独立的。而且,在压缩状态下发射机通常高效工作(此时功率放大器达到饱和,尽管输入存在小的波动,还是提供恒定的输出功率)。与调幅带来的不稳定相比,调相导致的不稳定更为严重。因此,本节主要讨论相位扰动:随机相位噪声和离散正弦信号(寄生信号)。

随机相位噪声

寄生在强信号上的随机相位噪声能够掩盖幅度较小的目标回波。当接收机中的强信号使得 A/D 饱和时,设计目标是规定系统相位噪声使其远低于热噪声(使得 A/D 饱和的信号是雷达接收机能够线性处理的最大信号)。于是,雷达灵敏度由热噪声(总是存在的),加上由相位噪声引起的总噪声电平的少量增加所限制。

振荡器及其他组件的相位噪声通常规定为寄生在连续波上的乘性噪声,或连续波相位噪声。在脉冲多普勒雷达中,发射的波门阻断连续波形成脉冲波形。**选通的**相位噪声是选通连续波相位噪声的结果。脉冲(选通的)信号的频谱与连续波的有所不同。其产生的噪声,即选通噪声,可与连续波噪声相差很大,尤其是对低占空比波形和位于载频附近的噪声是这样。在雷达系统中,最好在和雷达所用相同选通条件下对设备进行噪声测量。某些设备,例如高功率发射机,不能连续工作,只能对选通的噪声进行测量。选通的相位噪声谱是多个以 $\pm nf_R$ 为中心的连续波相位噪声谱复制件的和,在此 f_R 是重频,n 是整数。在重复频率带宽 f_R 内,总的选通的相位噪声是发射脉冲带宽内连续波相位噪声的总和。就稳定度要求而言,利用选通的相位噪声推导对系统的要求,再转换为对某些器件例如振荡器的连续波相位噪声的要求。在假定连续波相位噪声是白噪声的条件下,连续波相位噪声基底通常要小于选通噪声乘以 PRF 与发射带宽之比。

由相位噪声导致的灵敏度损失可通过例如由主瓣杂波这样的强信号的相位噪声边带产生的在"无杂波"多普勒滤波器中系统噪声基底的抬升来量化。灵敏度损失表述为总噪声(热噪声加相位噪声)超过热噪声的量,如方程(4.8)所示。比热噪声低 4dB 的选通的相位噪声导致大约 1.5dB 的灵敏度损失。这是在假定主瓣杂波高到 A/D 饱和电平的最坏条件下得出的。4.1 节所述的 CAGC,一般用来调节杂波的平均功率使其低于 A/D 饱和电平(调节的量通常是所预期的杂波起伏范围)。采用 CAGC 后,灵敏度损失通常可以控制在小于或等于计算的最恶劣情况下的值。

$$[灵敏度损失]_{dB} = 10\lg\left(1 + \frac{选通的相位噪声功率密度}{热噪声功率密度}\right) \qquad (4.8)$$

表 4.5 列举了 180kHz 重频波形条件下对相位噪声基底要求的计算结果。假定了要用 12 位 A/D 转换器（符号位加 11 位幅度位）量化的杂波电平，如图 4.16 所示。发射脉冲时宽 1.75μs，由于没有采用脉冲压缩，发射脉冲带宽大约为 0.5MHz。热噪声功率的均方根值是 IPP 的接收期间的热噪声基底。上述功率电平采用 dBc 为单位，即噪声功率与载频幅度之比的以分贝为单位的比值。热噪声功率密度通用 PRF 带宽除功率获得。设置比热噪声基底低 4dB 的最大选通的相位噪声基底最多导致 1.5dB 的灵敏度损失。连续波相位噪声基底于是可由选通的相位噪声基底乘以 PRF 与发射带宽的比值得到。

表 4.5 连续波相位噪声功率谱基底计算

参数	数值（dB）	单位	注释
A/D 处热噪声功率	−60.0	dBc	12 位 A/D（符号位+11 位）热噪声功率设置为 1.414 量化单位（quanta）
1/PRF 带宽	−52.6	dB/Hz	180kHz 重频波形
A/D 处热噪声功率密度基底	−112.6	dBc/Hz	
相位噪声与热噪声的比值	−4.0	dB	至多 1.5dB 的灵敏度损失余量
选通的相位噪声功率密度基底	−116.6	dBc/Hz	
PRF 与发射带宽的比值	−5.0	dB	0.5MHz 发射脉冲带宽 1.75μs 脉冲宽度有/没有脉冲压缩
连续波相位噪声密度基底	−121.6	dBc/Hz	

对系统级连续波相位噪声基底的要求（−121.6dBc/Hz）分别分配到各个硬件单元上。百分比是根据经验和与分系统设计师协商后得出的。一种可能的分配情况见表 4.6。

表 4.6 分系统相位噪声分配

分系统		分配		对共同源的调整（dB）	要求（dBc/Hz）
		百分比	dB		
发射机		20.0%	−7.0	0.0	−128.6
激励源	AM	12.5%	−9.0	0.0	−130.6
	FM	37.5%	−4.3	−3.0	−128.9
接收机		20%	−7.0	0.0	−128.6
同步器		10%	−10.0	−3.0	−134.6
系统		100%			−121.6

离散量

某些离散边带来源于电源的纹波和对数字时钟的拾取。理想情况是在 CFAR 输入端将累积的离散边带控制在噪声之下以避免被误检测成为虚警。在我们规定对离散相位噪声的要求时，必须考虑所有相参和检波后积累的结果。

共同的离散量受到作用于发射与接收支路的部件间时延的影响。时延可以改变来自发射支路与来自接收支路的寄生调制频率的相位之间的相关性[54]。在距离不模糊的低 PRF（或 MTI）波形情况下，这能降低对共同的离散相位噪声的要求。但是，对严重距离模糊的中

PRF 或高 PRF 波形，假定发射及接收支路共同的噪声在下变频过程中非相参叠加。结果共同的离散噪声功率增加 3dB。

表 4.7 列出了对于独立及共同的离散相位噪声的系统要求。和表 4.5 一样，假定了最大杂波电平要求 12 位的 A/D 转换器，且 A/D 处热噪声均方根值为 1.414 量化单位。采用 2048 个脉冲相参积累形成多普勒滤波器组。为降低多普勒滤波器的副瓣，加上了 90dB 的切比雪夫加权，但它带来约 2.66dB 的相参积累信噪比损失。为实现目标检测，采用 3 个 CPI 进行检波后的非相参积累，大约能获得积累得益 $10\lg\left(N_{\text{PDI}}^{0.8}\right)$ dB，即 3.82dB。这导致检波器处的热噪声电平为 −94.3dBc。设置了离散相位噪声比热噪声低 4dB 的余量，以满足由离散量引起假信号但仍要低虚警的要求。对共同的离散噪声的要求比取成对独立离散噪声的要求严格 3dB。

表 4.7 对离散电平要求的计算

参数		数值（dB）	单位	注 释
	A/D 处热噪声功率	−60.0	dBc	12 位 A/D（符号位+11 位）热噪声功率设置为 1.414 量化单位
总积累得益	相参积累脉冲个数	33.1	dB	每 CPI 中 2048 个脉冲相参积累
	多普勒滤波器加权	−2.66	dB	90dB 切比雪夫加权损耗
	非相参积累 CPI 个数	3.82	dB	3 个 CPI 的非相参积累 每一视 $10\lg\left(N_{\text{PDI}}^{0.8}\right)$
CFAR 处的热噪声功率		−94.3	dBc	积累后的有效噪声电平
离散量相对于热噪声的余量		−4.0	dB	提供由离散量导致，但仍是低的虚警 P_{FA}
独立离散量的要求		−98.3	dBc	
共同离散量的要求		−101.3	dBc	比独立离散量少 3dB

4.4 距离及多普勒解模糊

中 PRF 及高 - 中 PRF 波形通常利用多重离散 PRF 测距实现解距离模糊，对于高 PRF 波形，多采用线性调频测距的方法。

多重离散 PRF 测距

从几个模糊距离测量值计算真正距离的技术如下。相继测量每个 PRF 的模糊距离，然后通过距离**延拓**及相关处理来消除距离模糊。距离延拓产生一个对应每个实际检测的距离范围加上一组整数[0⋯K]乘上非模糊距离间隔的矢量：

$$R_{\text{延拓}} = R_{\text{模糊}} + \frac{c}{2f_R}[0\cdots K] \tag{4.9}$$

式中，$c/(2f_R)$ 是不模糊距离间隔；c 是光速；f_R 是重频；整数集合 $[0\cdots K]$ 称为距离模糊数，K 由最大测距范围所决定（$K = \text{CEIL}(2R_{\max}f_R/c)$）。对每一个延拓的距离进行扫描，并且在几视间运用相关滑窗处理，产生距离相关，如图 4.17 所示。在此例中，对应于 PRF1 的相关距离模糊数（第 5 个相返时间）为 4，对应 PRF2、PRF3 模糊数均为 3。IPP 长度（表述为每 IPP 中的距离波门个数）通常保持互质（只有 1 为公因子），以实现最大可能距离上的不模糊测距。

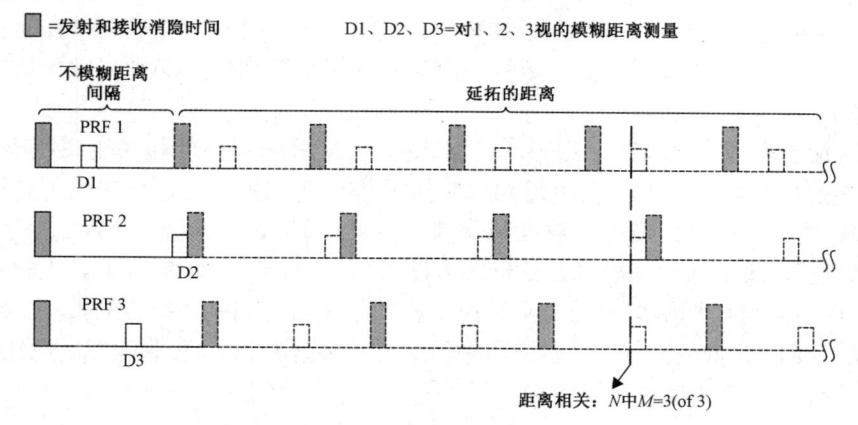

图 4.17 三重 PRF 距离相关的例子

检测目标的相关处理的逻辑是在一个驻留时间内 N 重 PRF 中至少有 M 次检测报告（对于中和高－中 PRF 波形而言，一般要求 $M \geqslant 3$）。如果相关处理得出的距离并非是目标的真实距离，那就出现了距离幻影。上述情况通常发生在单视处理中有不止一次的目标检测。如果在单视处理中目标检测与另一类不一样的目标发生了相关，或者对于同一个目标的多次检测间发生了多次相关（即多个未延拓距离落在相关窗内），也会出现幻影现象。

一种有效的搜索和延拓检测的相关的方法是**粗分段**，如图 4.18 所示。这里，对距离模糊的检测首先求取幅度质心，然后如以前所讨论的那样进行距离延拓，并且将距离延拓的结果储存在一个阵列中。阵列的每一元素都对应一个粗分段，该分段尺寸小于或等于最短的 IPP。在一个驻留时间内搜索所有 PRF 的等长粗分段，并采用相关窗处理。在图 4.18 中，粗分段长度设置为 9 个距离波门（最短的 IPP 长度），第 5 个粗分段包含 3 个 PRF 中符合±0.3 个距离波门相关条件的目标检测。当延拓的目标距离落在特定的粗分段间隔外时，该分段就是空

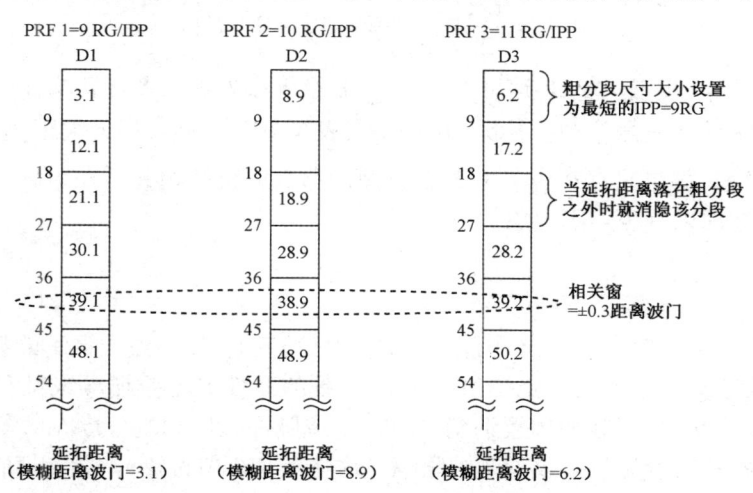

图 4.18 采用距离延拓、幅度质心、粗分段模糊检测的距离相关。
本例中，距离波门尺寸对于所有 3 个 PRF 都是相同的

的。这种方法的突出优点是能够动态调整距离相关窗的大小,并且容易实现补偿驻留期间由于雷达平台运动和目标运动导致的距离变化（如果在此项处理之前已完成多普勒解模糊）。除此之外,在一个驻留时间内所用的多重 PRF 中距离波门的尺寸也可以变化,在这种情况下,在距离延拓和搜索/相关的过程之前,单视中测量到的模糊距离波门必须先转化成共同的距离单位（例如米）。

可以用附加的准则来排除距离幻影,例如选择 M/N 比值最高的相关距离,选择 M 个检测中方差最小的检测判决,或者采用最大似然技术[55]。在相关处理过程中也可利用各个相关值的 RCS 计算值排除来自副瓣的离散虚警检测,如 4.2 节所述（检波后 STC）。

通过多普勒和/或单脉冲分段联合处理的方法可以进一步减轻幻影现象。先解多普勒模糊（距离相关处理前）可以把检测数减少到落在多普勒相关窗内的检测报告的数量。通常对于做不到这一点的 PRF 较低的中 PRF 系统,采用距离和多普勒相关处理可以减少幻影。当在一个驻留时间内有多个检测报告时,采用单脉冲技术对在角度上可分辨的目标进行距离分段,也可以减少幻影。

典型的中 PRF 或高-中 PRF 脉冲多普勒雷达采用在一个驻留时间内遍历 N 个（通常为 5~8 个）重频的方法。中 PRF 通常在频域几乎覆盖一个倍频程以实现良好的频域清晰度和对地面运动目标的抑制。然而高-中 PRF 固有很高的多普勒清晰度（因它们仅仅在符号上模糊）,因此采用的一组 N 个 PRF 中 PRF 的伸展范围远小于一个倍频程。对两种波形而言,在选择 PRF 时还要考虑在副瓣杂波区的清晰度（某些 PRF 可能在模糊的距离间隔的一部分中被杂波遮蔽）以及在解模糊处理中尽量减少幻影的出现。

解多普勒模糊

对中 PRF 波形来说,解多普勒速度模糊是必要的。解多普勒模糊同解距离模糊的方法类似,即延拓和相关处理。如图 4.19 所示,速度延拓就是对检测到的模糊径向速度增加一组带符号的整数倍的 PRF 速度（第一盲速）,即

$$V_{\text{延拓}} = \frac{f_R \lambda}{2}\left(\frac{F_{\text{centroid}}}{N_{\text{FFT}}} + [-J \cdots 0 \cdots K]\right) \quad (4.10)$$

式中, $f_R \lambda / 2$ 代表第一盲速（PRF 速度）; F_{centroid} 是经聚心处理的多普勒滤波器序号; N_{FFT} 是多普勒滤波器组中的滤波器个数; $[-J \cdots 0 \cdots K]$ 代表覆盖感兴趣目标最大正负多普勒-速度范围的多普勒模糊数。如果只存在少量多普勒模糊,那么多普勒相关可在距离相关处理之前或和距离相关同时处理以减少幻影现象。

高 PRF 测距

在高 PRF 系统中,解距离模糊是通过调制发射信号和观测回波中调制的相移来实现的。调制的方法包括连续或离散地改变 PRF、载波射频的线性或正弦调频或某种形式的脉冲调制,如脉宽调制（PWM）、脉冲位置调制（PPM）或脉冲幅度调制（PAM）等。在这些调制方法中,由于遮挡和跨接导致接收调制被限幅（这将在 4.6 节讨论）,脉宽调制和脉冲位置调制有很大的误差,且脉冲幅度调制在接收机和发射机中都难以实现。因此,在这里不做进一步的讨论。

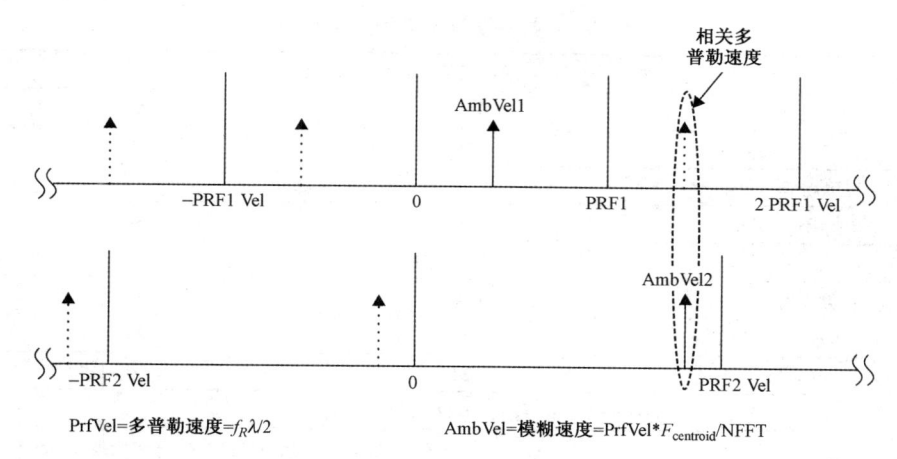

图 4.19　对两个一视进行的多普勒速度相关。模糊检测延拓至最大的正速度和负速度

线性载频调频

线性载频调频（FM）可以用来测距。这种使用调制和解调方法来获取目标距离的原理和连续波调频雷达（FM-CW）测距的原理相同，只不过发射的信号是脉冲信号而已。

假设波束扫过目标的驻留时间分成了两个一视：第一个一视中，雷达发射脉冲不调频，测量目标的多普勒频移；第二个一视中，雷达发射信号的频率以变化率 $\dot{f}$ 沿一个方向线性变化（即在频率上增加或减少）。在至目标的往返期间，本振的频率已经发生变化，因而，目标回波除有多普勒频移外，还有与距离成正比的频移。求出这两个二视中目标回波的频率差 Δf，则目标距离 R 可用下式计算，即

$$R = \left| \frac{c \Delta f}{2 \dot{f}} \right| \tag{4.11}$$

若天线波束宽度内有不止一个目标，则在一个驻留时间内仅有两个频率调制段会有产生距离幻影的问题。例如，当两个目标出现在不同多普勒频率上时，频率调制期间所观测到的两个频率不能不模糊地和两个无频率调制期间所观测到的两个频率配对。为避免这类现象的发生，采用三段调频方案，即无频率调制段、频率上升调制段和频率下降调制段。从这 3 个段选择回波求距离，它们应满足的关系为

$$f_1 < f_0 < f_2 \tag{4.12}$$
$$f_1 + f_2 = 2f_0 \tag{4.13}$$

式中，f_0、f_1 和 f_2 相应是上述 3 个段的观测频率。然后，由式（4.11）可得到目标的距离，式中，

$$\Delta f = f_2 - f_0 \quad 或 \quad (f_2 - f_1)/2 \quad 或 \quad f_0 - f_1 \tag{4.14}$$

表 4.8 是它的一个例子。

如果波束照射目标驻留期间遇到不止两个目标，则又会出现幻影回波。因为当频率调制斜率数为 N 时，只能同时无幻影地检测 $N-1$ 个目标。然而，在实践中这并不是一个十分严重的问题，因为在单个波束宽度内同时出现多个目标通常都是暂时现象。

表 4.8　3 种斜率频率调制测距举例

有两个目标 A、B；调频斜率为 24.28MHz/s			
目标		A	B
距离（n mile）		10	20
多普勒频率（kHz）		21	29
调频频移（kHz）		3	6
观测到的频率			
f_0，无频率调制（kHz）		21	29
f_1，上升调频（kHz）		18	23
f_2，下降调频（kHz）		24	35

满足式（4.12）及式（4.13）的可能的频率组合

f_1	f_0	f_2	$2f_0$	f_1+f_2	是否是目标	距离（n mile）
18	21	24	42	42	是	10
18	21	35	42	53	不是	
18	29	35	58	53	不是	
23	29	35	58	58	是	20

随着频率调制斜率的增大，测距的精度也会得到改善，因为能比较精确地测量观测到的频率之差。然而，频率调制斜率受到对杂波展宽的考虑的限制，因为在调频期间，杂波在频域上会变得模糊不清，并可出现在通常无杂波的频率区内[57]。性能比较优良的是不调频、正斜率调频、双正斜率调频体制，它能避免目标回波与主瓣杂波相抗衡而影响检测性能。线性频率调制测距的精度可合理地达到 1～2 英里数量级。

4.5　模式及波形设计

现代多功能脉冲多普勒雷达采用多种工作模式以实现例如搜索及跟踪等各类任务。每种模式都选取能实现不同目标特性的检测和测量的最优波形。

例如，雷达操作员可选一种搜索模式并且划定了雷达光栅式搜索的空域，如图 4.7 所示。然后在雷达计算机中将有效目标检测信息转化为航迹。这些航迹需要定期地用跟踪模式更新。更新的周期取决于所要求的精度。对威胁度等级较高或为进行交战需要进行火控制导的目标，高跟踪精度是必需的。对于威胁度较低的目标仅需常规的警戒信息，不需要高跟踪精度。

目标搜索

两种主要的搜索模式是**自主搜索**和**引导搜索**。在自主搜索方式下，操作员指定搜索的距离、方位和俯仰范围，雷达便在每幅时间内对覆盖该空域的每一个波束位置进行一次搜索。覆盖一幅的时间称为重访或帧时间，**帧时间**应尽可能短以提高目标检测的积累概率。

现代雷达系统可以利用机上或机外的引导来提高利用引导搜索时截获目标的概率。引导搜索模式根据引导参数的精度调整搜索空域和波形选择。

采用电子扫描阵列（ESA）天线的雷达能够将多种功能（跟踪、引导搜索、校准等）与自主搜索交织进行。雷达计算机的资源调度器必须保证最长帧时间不能在一次搜索帧内还包含了其他功能时被超过。

对机载脉冲多普勒雷达，自主搜索有两种子模式：**前视角搜索**和**全视角搜索**。前视搜索设计成检测具有高接近速度因而不需同主瓣及副瓣杂波竞争的迎头敌对目标。前视角搜索采用高占空比的高 PRF 波形，以使驻留在目标上的能量最大化并且提供较远的探测距离。前视搜索波形包括**速度搜索**（VS）、**高 PRF 边搜索边测距**（HRWS）和**告警/确认**方式。全视角搜索可以采用单一的高-中 PRF 波形以获得较好的与副瓣杂波竞争的目标检测性能，或者使用前视搜索高 PRF 波形与中 PRF 波形的结合实现副瓣杂波区的目标检测，例如中 PRF 边搜索边测距（MRWS）。

速度搜索（VS）

VS 是一种检测多普勒频移不模糊（有可能符号模糊），但不测距的高 PRF 搜索波形。这是一种经典的高 PRF 波形。发射占空比尽可能做得高以提高探测距离。接收机可能采用距离选通设计以匹配发射信号的带宽，但是不实现测距。

VS 的一次驻留指的是在给定 PRF 条件下的一次单视。在目标预期的最大加速度的界限下最大化相参积累时间。对幅度起伏统计特性服从斯威林 I 型及 II 型的目标以及在多个搜索帧内来袭目标的积累检测概率进行 VS 的优化。

高 PRF 边搜索边测距

如同 VS，HRWS 也采用高 PRF 波形。但是，如同 4.4 节所述，用线性载波调频测距来测距。此方法的测距精度取决于调频斜率。实现测距的代价是要为每一次驻留花费帧时间在增加不同的 FM 斜率上。

告警/确认

采用 ESA 的雷达系统的波束灵活性允许使用序列检测技术[58]。这种技术的一种简化形式就是告警/确认[59, 60]。告警/确认方式的目的是在控制虚警及尽量缩短搜索帧时间的同时实现高的灵敏度。只在用短驻留时间的**告警**波束已经检测到目标的波束位置上发射时间较长的**确认驻留**进行测距。告警/确认方式能够实现采用 HRWS 经典波形的距离测量，而无需在每个波束位置上花费时间来发射线性调频测距驻留。确认驻留也可用来控制虚警率，使得告警驻留比常规 VS 灵敏度更高。

告警阶段用来在帧中每一个波束位置上搜索目标的存在。这时使用的 VS 波形采用低检测门限，相应有数秒量级的虚警时间。较低的检测门限增加灵敏度。当告警驻留宣告检测到目标后，就安排一个确认波束到告警波束的指向位置。如果在告警驻留检测中可用单脉冲测量技术，那么就可将确认波束的指向对准检测到目标的方向以减少波束形状损失。确认驻留一般采用 HRWS 波形，且仅在告警驻留提示的检测到目标的多普勒频率滤波器为中心的窗内进行检测判决。确认驻留产生的检测必须同告警检测相对应才能宣告有有效目标。确认驻留用来控制虚警率并且实现检测到的目标测距。告警/确认波束的检测门限设计应使得总虚警时间与常规搜索的虚警时间相同（几分钟一次虚警）。除告警和确认驻留采用相同 PRF 之外，二者之间的间隔时间或**潜伏期**，还应做得尽可能短以避免有效的告警检测在确认驻留期间被遮挡的现象。

较短的潜伏期还使得相关告警/确认的运用成为可能。在此，假定了目标服从 Swerling I 型起伏模型。这意味着当告警/确认采用相同射频频率时，目标 RCS 在两次驻留期间内基本维持不变[61]，于是能在积累检测概率方面提高目标的探测距离。

中 RPF 边搜索边测距（MRWS）

中 RPF 波形用来探测有可能在 HRWS 中无法检测到的同副瓣杂波相竞争的目标。MRWS 能够在大搜索角度范围内探测穿越雷达视线的前方目标，但这类目标具有低径向速度，因此其回波位于副瓣杂波区内。并且在追踪交战状态（进攻战机的头部指向目标目前位置的前方）下 MRWS 还能检测尾随姿态下的目标。MRWS 实现全面战场态势预警（反映周围的战术环境），但其探测距离低于具有更高占空比仅受限于热噪声 HRWS 波形的目标检测距离。

MRWS 波形采用 M/N 检测处理，典型的处理方法是 3/7 检测。每一个 MRWS 驻留由 N 视组成，其中每一视都采用不同的 PRF。要求至少有 M 次检测才能实现目标距离及速度解模糊。检测门限的设置应满足约一分钟一次虚警的要求。

MRWS 的有效性取决于能否在要求距离上检测到目标，同时又能抑制离散杂波的能力。结合使用低双程天线副瓣及 4.2 节所述的方法，如保护通道消隐和检波后 STC，能降低离散副瓣杂波的虚警。

MRWS 也利用脉冲压缩技术来减少同目标竞争的副瓣杂波量。较低的 PRF 减少了遮挡现象，也降低了杂波距离折叠的量。不同驻留期间内发射载频的不同使目标回波服从 Swerling I 和 Swerling III 分布从而提高了积累检测概率。在一个驻留期间内不同单视之间的频率分集则会使得目标回波服从 Swerling II 和 Swerling IV 分布，从而更加适合于高单次扫描检测概率。

MRWS 也能用高–中 PRF 实现。其特点是对于感兴趣的最大目标多普勒速度而言，这种波形的多普勒覆盖是不模糊的，但是多普勒符号是模糊的。由此而来的由主瓣杂波产生的单个盲速允许产生一个杂波抑制凹口，其宽度可以和用来抑制主瓣杂波或地面运动目标的杂波抑制凹口相比，但仍不会对感兴趣的目标产生多普勒盲速。M/N 的测距方法比 HRWS 中采用的线性调频测距精度更高。在一次驻留中所用的 PRF 数要选择成能实现设计的距离中的解模糊。

目标跟踪

目标跟踪是通过测量目标距离、距离变化率、方位及俯仰角实现的。距离测量是通过对目标回波进行距离选通及聚心，并在跟踪器中进行距离解模糊的方法实现的。距离变化率（即多普勒）的测量是在多普勒滤波器组中对目标多普勒回波聚心完成的。角度测量可以采用多种方法，如单脉冲、序列波瓣转换或圆锥扫描等，但单脉冲测角是目前最为优选的。跟踪器建立以每一个测量值为中心的处理窗，或是一组接续的多个距离–多普勒单元实现检测与已存在的航迹的关联。跟踪器通常利用一个九态卡尔曼滤波器（位置、速度和加速度）在惯性坐标系下估计目标的运动参数。

多目标跟踪（MTT）

多目标跟踪可用多种方式完成。第一种方法是**边扫描边跟踪**（TWS）。该方法使用频率调制或多重 PRF 测距的常规的搜索模式，并在计算机中储存被检测到的目标的距离、角度和多普勒频率。然后，利用这些检测目标的数据形成和更新跟踪文件。天线以常规的搜索模式扫描，并用更新跟踪文件的检测结果进行扫描间相关处理。虽然跟踪精度不如单目标跟踪模式，但它能在一个很大的空域内同时跟踪多个目标。

多目标跟踪的第二种方法是**边扫描边停顿**。这种方法特别适用于电扫描天线。它采用正常的搜索模式扫描，在搜索检测到目标时则停止扫描，并在短暂的时间内进入单目标跟踪模式。该方法的优点是距离、角度和多普勒频率测量精度比采用天线扫描方法的高，但搜索给定空域的时间变长。

转至跟踪模式

转至跟踪模式，也可称为跟踪截获，用来确认搜索目标的检测及需要时提供更高精度的距离测量。如果成功检测到目标，雷达计算机就起始一个跟踪文件。跟踪截获的波形参数取决于产生目标检测的搜索波形类型。跟踪截获波形的检测门限应设置成能抑制虚警，并且满足虚警时间 1 小时小于 1 次的要求。

对跟踪截获模式，来自 VS 方式的搜索检测要求用 HRWS 波形完成距离测量。跟着 HRWS 及告警/确认波形的是采用 M/N 测距的高 PRF 驻留以获得必要的单 PRF 航迹更新的测距精度。搜索检测的不模糊 HRWS 距离测量用来解距离模糊。对 MRWS 检测，采用另一个 MRWS 驻留来实现跟踪截获。一旦起始了跟踪文件，就用几次快速航迹更新用于巩固这条航迹。

当更新单目标跟踪信息时，可以采用单 PRF 波形。在搜索阶段进行距离和/或速度解模糊，如果有必要，在转跟踪阶段也可这样做。利用由跟踪器提供的不模糊的目标距离和目标速度预测，就可选择单个 PRF 使它能以很高概率避免距离和速度遮挡。驻留时间的长短必须进行自适应地调整以提供对目标有足够的驻留能量，以使得目标回波的信噪比能提供跟踪器所要求的测量精度。这种自适应的跟踪更新波形允许在跟踪多个目标时维持搜索再访时间不变。

4.6 测距性能

可用雷达距离方程来决定脉冲多普勒雷达的性能。距离方程必须考虑损耗因素，包括系统损耗及环境损耗。这些损耗会降低到达检波器的回波幅度。探测概率（P_d）取决于目标信噪比及虚警概率（P_{FA}），而虚警概率本身又是波形参数的函数。虚警概率是针对每个距离-多普勒单元的，它决定检测门限。这种按每个单元的概率是从规定的系统虚警时间计算得到的。

雷达距离方程

当信号处于无杂波的多普勒区域内时，雷达的测距性能仅受系统噪声的限制。在距离为 R 目标处，检波后积累之前检波器处的距离多普勒单元中的信噪功率比为

$$SNR = \left(\frac{R_0}{R}\right)^4 \quad (4.15)$$

$$R_0 = \left(\frac{P_{av}G_T G_R \lambda^2 \sigma_T}{(4\pi)^3 k T_s B_n L_T}\right)^{1/4} \quad (4.16)$$

式中，R_0 是信噪比等于 1 时的距离；σ_T 是目标雷达截面积；L_T 是适用于目标的损耗；其他参数的定义见式（4.2）。在数值上，用来计算目标信噪比的损耗 L_T 比式（4.2）中用来计算杂噪比的净损耗 L_C 大。L_T 包括例如遮挡损耗、距离波门跨接损耗、多普勒滤波器跨接损耗、CFAR 损耗和保护通道消隐损耗等，这些损耗适用于可分辨的目标，但不适用于分布式杂波。

目标信噪比（SNR）表示目标回波包络（对线性检波为 $\sqrt{I^2+Q^2}$ 或对平方检波为 I^2+Q^2）与仅仅是噪声的包络的比值。包络是在整个相参匹配滤波过程（发射脉冲匹配滤波、脉冲压缩和相参多普勒滤波）结束后测量的。因此 SNR 与一个 CPI 相对应。

系统损耗

下面讨论采用数字信号处理的 PD 雷达所固有的但不一定是独有的某些损耗。某些损耗可能体现在雷达距离方程的一些变量中。必须要留心要考虑到所有的系统损耗，但要避免出现重复估算。大部分从前端的损耗对目标及杂波都适用，以下将指出仅适用于目标的损耗。

射频发射支路损耗

这项损耗主要是发射机或射频功率放大器与天线辐射器间的射频欧姆损耗，它包括连接器、环流器及天线辐射单元导致的损耗。

天线罩损耗

大多数雷达都需要配装一个天线罩以保护天线不因环境因素而影响性能，同时也可起到与载机平台共形的作用。天线罩造成的损耗与天线扫描角相关。该项损耗要考虑发射和接收二者的损耗（即双程损耗）。

传播损耗

雷达波在大气层中传播会产生损耗，尤其是雷达工作在较高的频段时损耗更大。该项损耗由距离、高度及气象因素共同决定，也是双程损耗。传播损耗主要不是系统损耗，而是环境损耗，但是它可与其他损耗合并构成雷达距离方程中的净损耗。

扫描损耗

当电扫描天线阵列的主波束从正面开始偏离法线时，天线增益有所衰减。随波束扫描偏离法线，ESA 孔径的投影面积会减少。该投影面积以扫描角（锥角）余弦的形式减少。辐射单元间的互耦会进一步减少有效面积。扫描损耗在发射和接收时都要考虑。

波束形状损耗

这项仅与目标有关的损耗指的是当目标不处于波束峰值位置时,目标方向上的增益损失。波束形状损耗定义为当目标均匀分布在波束覆盖范围内时要获得与目标处于波束中心相同的检测概率所必需的功率或 SNR 的增加。该项损耗主要用于对搜索探测距离性能的计算中。

射频接收支路损耗

该项损耗与射频发射支路损耗类似,但其还包括天线阵面与第一级低噪声放大器之间的欧姆损耗。此项损耗可包括在接收机系统噪声系数或系统噪声温度值中。

中频匹配滤波器损耗

脉冲多普勒波形的匹配滤波器包括接收机中的模拟中频匹配滤波器以及后续的匹配发射脉时宽的 A/D 采样的数字积累。与接收支路中的理想匹配滤波器相比,中频滤波器损耗量化模拟中频匹配滤波器带来的损耗。

量化噪声损耗

量化噪声损耗是由 A/D 转换处理过程中所引入的噪声,以及由信号处理电路中有限字长的截断效应产生的[62]。该项损耗也可归入接收机噪声系数中。

脉冲压缩失配损耗

脉冲压缩失配损耗是由于为了降低时间(距离)副瓣而有意引入的脉冲压缩滤波器的失配产生的。

遮挡和距离波门跨接损耗

脉冲多普勒波形产生的固有严重距离模糊可能会导致在发射脉冲期间接收机消隐时,对目标回波的遮挡。在采用多个距离波门的系统中,目标回波可能会跨接在距离波门上从而使得单个距离波门的脉冲匹配滤波器输出幅度下降。由于遮挡及距离波门跨接,由式(4.16)计算所得的距离 R_0 有可能等于 0 和最大值之间的任何数值,这取决于目标回波在脉冲间隔中的确切位置。

图 4.20 表明了在 IPP 期间,遮挡及距离波门跨接对 IPP 周期内对脉冲匹配滤波器输出造成的影响。此处假定每个距离波门均与发射脉冲带宽匹配,对于不调制的脉冲(不采用脉冲压缩调制)而言,带宽等于脉宽的倒数。因此,参照图 4.6,距离波门宽度 τ_g 等于发射脉宽 τ_t。图 4.20 中 IPP 等于 $5\tau_g$。上图的曲线对应距离波门间隔 τ_s 等于 τ_g 的情况。距离波门跨接损耗可以通过距离波门重叠的方法降低,但是代价是要增加硬件及处理。下图代表距离波门重叠 50%($\tau_s = \tau_g/2$)的情况。作为回波延迟函数的脉冲匹配滤波器的最大输出通过相对电压及功率表述。"电压"曲线示出了每个距离波门的匹配滤波器和回波卷积的积累效应。对单个距离波门,这就是两个矩形脉冲的卷积,这会产生一个三角形的卷积响应。为计算损

耗，必须采用功率（即电压平方）表述匹配滤波器输出。

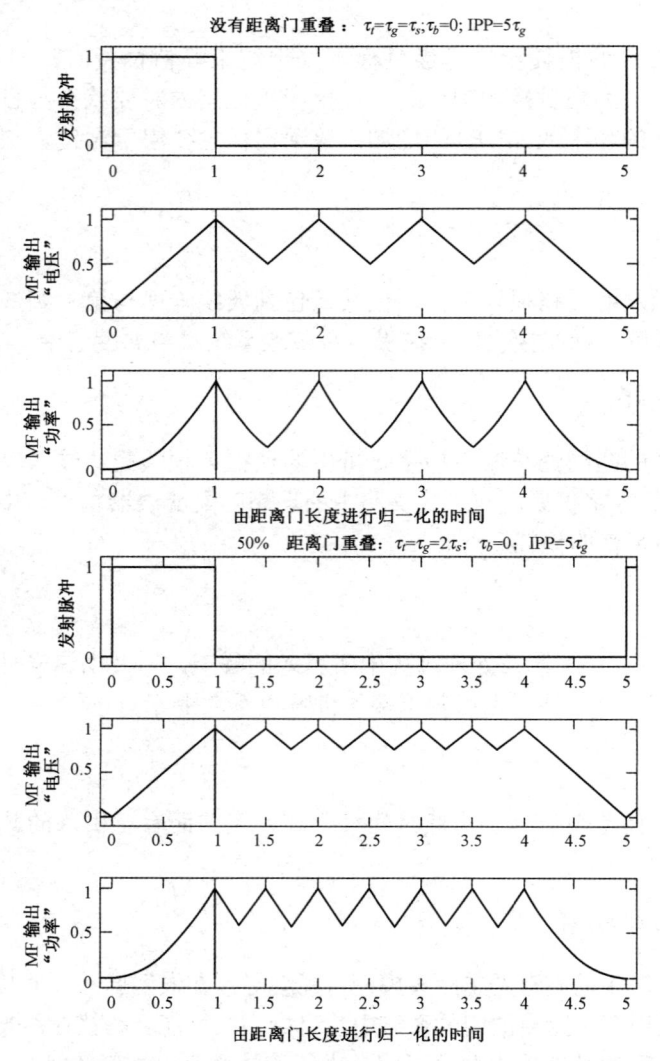

图 4.20 遮挡及距离波门跨接损耗的概念。每幅图中，顶上第一行曲线画出了以 20%占空比发射的一个 IPP 期间内的发射脉冲，第二行曲线表明 IPP 期间内作为距离模糊的目标回波函数的最大脉冲匹配滤波器（MF）输出的相对电压值，第三行曲线是以相对功率表述的滤波器输出

当采用高 PRF 而产生了严重距离模糊时，目标距离延迟在帧之间必须认为是随机的，在 IPP 期间均匀分布。遮挡及距离波门跨接对距离性能的影响可以通过以下方法计算：

（1）利用无遮挡时波形的探测曲线（P_d 与 S/N 的关系曲线），选择特定感兴趣的 S/N_0 及其对应的探测概率 $P_{d,0}$；

（2）用一个与 IPP 期间内作为模糊距离函数的匹配滤波器相对输出"功率"相关的因子减小 S/N_0（见图 4.20 的第三行曲线）；

（3）从无遮挡探测曲线中作为 IPP 期间内模糊距离的函数，用减小后的 S/N 计算相应的新 P_d；

（4）在 IPP 期间内对新的 P_d 求平均。

结果是一条反映遮挡及距离波门跨接平均效应的新的探测曲线。对于某一固定的 P_d 而言，无遮挡探测曲线与有遮挡探测曲线之间的 S/N 差异就是平均的遮挡及距离波门跨接损耗。该项差异代表存在遮挡及距离波门跨接时，要取得与无遮挡的匹配波门所接收的发射脉冲时相同的探测概率所必须增加的信噪比。由于探测概率的曲线形状改变了，所以损耗取决于所选择的探测概率，这画在 4.21 中。必须将遮挡及距离波门跨接一起计算才能获得精确的结果。

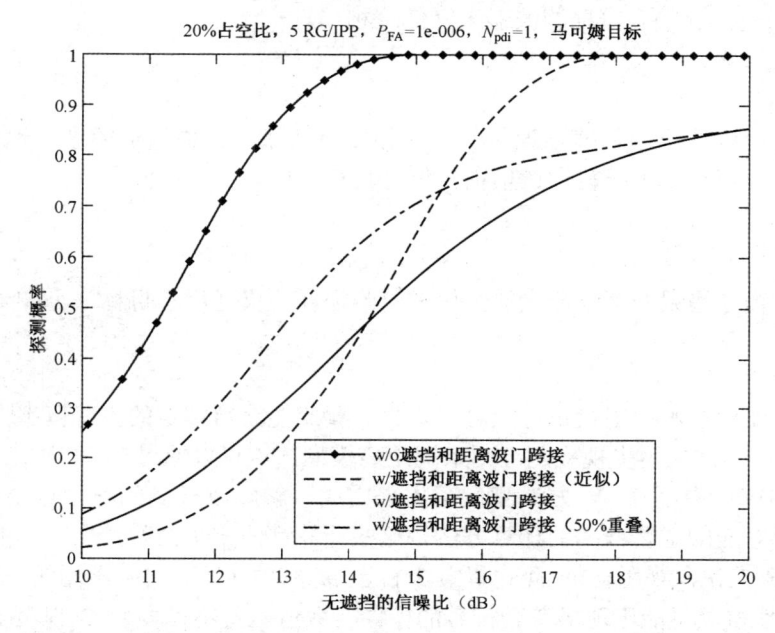

图 4.21 有无遮挡及距离波门跨接的检测性能比较。采用式（4.17）计算的近似的性能也反映在本图中。所示为采用 50%重叠距离波门时的遮挡及跨接损耗

一种不太精确的近似比较脉间平均信噪比与匹配条件下的信噪比。在 IPP 期间分布有 N 个接续的距离波门，并且每个距离波门均与发射脉冲宽度匹配的情况下，近似的平均遮挡和跨接损耗为[63]

$$\text{近似遮挡和距离波门跨接损耗} = \frac{12N}{7N-6} \tag{4.17}$$

式（4.17）中假定了发射的是无调制的矩形脉冲，并且采用与发射脉宽匹配的接收波门进行接收。在此没有距离波门重叠。N 个距离波门中的第一个在发射脉冲期间被消隐。由图 4.21 可以看出，这种近似仅对 P_d 约 50%时有效。

还有几个其他的细节没有反映在图 4.21 中。如图 4.6 所示，第一个有效的接收距离波门的一部分（以及有可能 IPP 期间内最后距离波门的一部分）通常被消隐以避免接收发射-接收（接收-发射）转换时的瞬态效应。另外，如对发射脉冲采用脉冲压缩调制，距离波门宽度要减少以与发射脉冲带宽相匹配。在计算遮挡及距离波门跨接损耗时这些影响都要考虑进去。

多普勒滤波器加权损耗

因为滤波器副瓣加权使多普勒滤波器的噪声带宽增加，从而导致了这项损耗。这种损耗

可用多普勒滤波器噪声带宽的增加来考虑，而不作为单独的一项损耗考虑。

多普勒滤波器的跨接损耗

由于目标并不总是位于多普勒滤波器的中心，因而造成了多普勒滤波器的跨接损耗。假设目标多普勒频率在一个滤波器频率范围内是均匀分布的，就可算出该损耗，而且它是多普勒滤波器副瓣加权的函数。可以通过对接收到的数据补零（以增加计算量为代价）和用更多点数 FFT 形成高度重叠的多普勒滤波器来降低这种损耗。

CFAR 损耗

这是由检测门限非理想估值与理想的门限相比所造成的。估计值的波动迫使门限均值高于理想门限值，因而产生了损耗。该项损耗仅对目标适用。

保护消隐损耗

这是由保护通道错误的消隐造成的主信道检测损耗，仅适用于目标（见图 4.11）。

虚警概率

雷达探测性能由检测门限决定，检测门限又设置成能获得规定的虚警概率[64-68]。如同 4.4 节所述，PD 雷达通常采用多视检测准则来解距离模糊。这可以通过在 HRWS 波形中用线性调频测距或 MRWS 中用 M/N 方法测量距离来完成。解距离模糊的方法也决定了每一个距离 - 多普勒单元对应的虚警概率的计算方法。这些计算都假定了由噪声所限制的环境。

对于 HRWS 来说，采用在 m 视驻留中 2 视至 m 视线性调频斜率不同的方法，m 通常为 3。PRF 足够高使得仅可能出现多普勒符号的模糊（数值本身不模糊）。2 视至 m 视处理得到的检测信息必须在多普勒上同无斜率调制的第一视检测结果相关。多普勒相关窗的大小设置成等于由线性调频测距产生的对应最大目标距离的多普勒频偏。如果仅在多普勒域进行相关，那么对特定虚警时间的每一距离 - 多普勒单元的 P_{FA} 为

$$P_{FA} = \frac{1}{N_r}\left(\frac{T_d \ln 2}{\binom{m}{n} N_f N_{FM}^{m-1} T_{FR}}\right)^{1/m} \qquad (4.18)$$

式中，N_r 是每 IPP 期间内处理的独立距离采样的个数；N_f 是多普勒通带内可见的独立多普勒滤波器个数（非消隐滤波器数/FFT 加权因子）；T_d 是多重 PRF 的总驻留时间，包括检波后积累时间（如果有的话）、间隔改变和休止时间；n 是一次驻留时间内的视数；m 是目标检测判决要求的检测次数（对典型的 HRWS 驻留，$n=3$、$m=3$）；$\binom{m}{n}$ 是二项式系数，等于 $n!/[m!(n-m)!]$；T_{FR} 是虚警时间（按 Marcum 的定义，这就是如果虚警概率为 0.5，则在虚警报告时间内至少出现一次虚警。它可与虚警报告之间的平均时间 T_{AVG} 相关，关系式为 $T_{FR} \approx T_{AVG} \ln 2$）；$N_{FM} = k_{FM,max}(2R_{max}/c)$，是多普勒相关窗内的独立多普勒滤波器个数；$k_{FM,max}$ 是最大的线性调频率；R_{max} 是最大雷达测量距离。

告警/确认方式通过在告警驻留中允许加大虚警概率增加系统灵敏度而依靠确认驻留抑制虚警。告警/确认的组合设计成可以提供与常规波形相同的虚警报告时间 T_{FR}。考虑到为了执行确认驻留以抑制虚警检测，允许幅时间内虚警概率有规定的微小的增长百分数 F，增长量级大约为 5%～10%。当采用 VS 告警驻留及 3 视 HRWS 确认驻留时，告警/确认驻留内每一距离-多普勒单元的虚警概率 $P_{FA,a}$ 及 $P_{FA,c}$ 分别为

$$P_{FA,a} = \frac{T_{d,a} \ln 2}{N_{r,a} N_{f,a} T_{FR,a}}$$

$$P_{FA,c} = \frac{1}{N_{r,c}} \left(\frac{2T_{d,c} \ln 2}{N_{f,\text{cue}} N_{FM}^2 T_{FR}} \times \frac{F+1}{F} \right)^{1/3}$$

(4.19)

式中，$T_{d,a}$ 是总的告警驻留时间；$N_{r,a}$ 是告警驻留内每 IPP 期间处理的独立距离采样的个数；$N_{f,a}$ 是告警驻留多普勒通带内可见的独立多普勒滤波器个数；$T_{FR,a} = T_{d,c}/F$ 是告警驻留的虚警报告时间；$T_{d,c}$ 是总的确认驻留时间；F 是分配给确认驻留的幅时间增加的百分数（5%～10%）；$N_{r,c}$ 是确认驻留内每 IPP 期间处理的独立距离采样的个数；$N_{f,\text{cue}}$ 是以告警驻留检测到的目标提示的多普勒频率为中心的处理窗内独立的多普勒滤波器个数；N_{FM} 是确认驻留线性调频测距的多普勒相关窗内独立的多普勒滤波器数目；T_{FR} 是告警/确认总的虚警报告时间。

MRWS 波形采用的 M/N 测距方法要求在距离上进行相关处理，因此可以看成是一种二进制检测器。MRWS 一般是中 PRF 波形，存在距离及多普勒模糊。在每一视处理中利用多普勒抑制杂波，由于跟踪器能利用后续驻留的检测判定目标所在的距离波门，因此有可能不需要进行解多普勒模糊。MRWS 采用的典型 M/N 是 8 视中有 3 次检测（$m = 3$，$n = 8$）。对只进行距离维相关的处理，每一距离-多普勒单元中的虚警概率 P_{FA} 为

$$P_{FA} = \frac{1}{N_f} \left[\frac{T_d \ln 2}{\binom{m}{n} N_{ru} T_{FR}} \right]^{1/m}$$

(4.20)

式中，N_{ru} 是输出不模糊距离间隔（显示器上的距离/距离波门宽度）中独立距离采样个数。

为了更好地抑制虚警，MRWS 可采用多普勒相关。如果同时使用距离及多普勒相关，所要求的 P_{FA} 为

$$P_{FA} = \left[\frac{T_d \ln 2}{\binom{m}{n} N_{fu} N_{ru} T_{FR} W^{m-1}} \right]^{1/m}$$

(4.21)

式中，N_{fu} 是在不模糊多普勒频域内独立的多普勒滤波器数；W 是加在跟在起始检测之后的检测上的相关窗宽度（以多普勒滤波器数表示）。

探测概率

利用每一距离-多普勒单元的虚警概率 P_{FA}，可以计算在给定目标 SNR、非相参积累的 CPI 个数（N_{pdi}）及假定的目标 RCS 起伏模型条件下的单视探测概率（P_d）[69]。由给定的 P_d 计算所

要求的 SNR 的逆问题可以通过近似的方法得到[70]。通用探测方程已经发表，它们能够提供相当准确的计算结果[71]，这里加以复制。我们再次假设目标处于受限于高斯分布的噪声的环境中。

在给定每距离 - 多普勒单元的 P_{FA} 及非相参积累个数 N_{pdi} 的单视处理条件下，作为 SNR 函数的 Marcum 目标（非起伏目标）探测概率 P_d 可近似表述为

$$P_d\left(\mathrm{SNR}, P_{\mathrm{FA}}, N_{\mathrm{pdi}}\right) = \frac{1}{2}\mathrm{erfc}\left(\sqrt{-0.8\ln\left[4P_{\mathrm{FA}}(1-P_{\mathrm{FA}})\right]} + \sqrt{\frac{N_{\mathrm{pdi}}}{2}-\frac{1}{2}} - \sqrt{N_{\mathrm{pdi}}\mathrm{SNR}+\frac{N_{\mathrm{pdi}}}{2}-\frac{1}{2}}\right)$$

(4.22)

式中，erfc(·) 是补误差函数。对 Marcum（非起伏）目标，所要求的作为 P_d 函数的 SNR 为

$$\mathrm{SNR}_{\mathrm{reqd}}\left(P_d, P_{\mathrm{FA}}, N_{\mathrm{pdi}}\right) = \frac{\eta^2}{N_{\mathrm{pdi}}} + \frac{2\eta}{N_{\mathrm{pdi}}}\sqrt{\frac{N_{\mathrm{pdi}}}{2}-\frac{1}{4}}$$

(4.23)

式中，

$$\eta = \sqrt{-0.8\ln\left[4P_{\mathrm{FA}}(1-P_{\mathrm{FA}})\right]} - \mathrm{sign}(0.5-P_d)\sqrt{-0.8\ln\left[4P_d(1-P_d)\right]}$$

对 Swerling 起伏目标模型，P_d 及所要求的 SNR 可分别近似为

$$P_d\left(\mathrm{SNR}, P_{\mathrm{FA}}, N_{\mathrm{pdi}}, n_e\right) = K_m\left(\frac{K_m^{-1}\left(P_{\mathrm{FA}}, 2N_{\mathrm{pdi}}\right) - 2\left(N_{\mathrm{pdi}} - n_e\right)}{\dfrac{N_{\mathrm{pdi}}}{n_e}\mathrm{SNR}+1}, 2n_e\right)$$

(4.24)

$$\mathrm{SNR}\left(P_d, P_{\mathrm{FA}}, N_{\mathrm{pdi}}, n_e\right) = \left[\frac{K_m^{-1}(P_d, 2n_e) - 2(N_{\mathrm{pdi}} - n_e)}{K_m^{-1}(P_d, 2n_e)} - 1\right]\frac{n_e}{N_{\mathrm{pdi}}}$$

(4.25)

式中，

$$n_e = \begin{cases} 1, & \text{对 Swerling 1 目标(2 个自由度的}\chi^2\text{分布)} \\ N_{\mathrm{pdi}}, & \text{对 Swerling 2 目标(}2N_{\mathrm{pdi}}\text{个自由度的}\chi^2\text{分布)} \\ 2, & \text{对 Swerling 3 目标(4 个自由度的}\chi^2\text{分布)} \\ 2N_{\mathrm{pdi}}, & \text{对 Swerling 4 目标(}4N_{\mathrm{pdi}}\text{个自由度的}\chi^2\text{分布)} \end{cases}$$

$K_m(x,d) = 1 - P\left(\dfrac{d}{2}, \dfrac{x}{2}\right)$ 是 χ^2 分布残存函数[72]；$K_m^{-1}(p,d)$ 是逆 χ^2 分布残存函数；

$$P(\alpha, x) = \frac{\gamma(\alpha, x)}{\Gamma(\alpha)} = \frac{\int_0^x t^{\alpha-1}\mathrm{e}^{-t}\mathrm{d}t}{\int_0^\infty t^{\alpha-1}\mathrm{e}^{-t}\mathrm{d}t}$$ 是正则化的低阶不完全 γ 函数。

通常，数学计算软件的工具包都包含 χ^2 分布 $K_m(x,d)$ 及其逆分布 $K_m^{-1}(p,d)$ 的积分[73]。

若在一个驻留周期内采用 M/N（二进制）检测，就采用每个单视的探测概率（$P_{d,\mathrm{look}}$）计算一个驻留的探测概率（$P_{d,\mathrm{dwell}}$）。当驻留要求在 n 次单视处理中有 m 次检测作为目标检测的判据，那么 $P_{d,\mathrm{dwell}}$ 就是

$$P_{d,\mathrm{dwell}} = \sum_{k=m}^{n}\binom{k}{n}P_{d,\mathrm{look}}^k\left(1-P_{d,\mathrm{look}}\right)^{n-k}$$

(4.26)

为得到告警/确认检测方式的性能,作为 SNR 函数的告警驻留的 P_d 及确认驻留的 P_d 要分别计算。为考虑告警/确认波形多普勒滤波器的带宽差异,必须注意对 SNR 进行归一化处理。将告警驻留与确认驻留的归一化的探测概率相乘即可得到告警/确认驻留的联合探测概率 P_d 与 S/N 的关系曲线。如果要得到更为准确的结果,还必须要考虑告警/确认驻留间的潜伏期。

搜索探测性能通常由累积探测概率($P_{d,\text{cum}}$)来表征。$P_{d,\text{cum}}$ 定义为向雷达靠近的目标到达指定距离时至少被雷达检测一次的概率。$P_{d,\text{cum}}$ 仅对接近雷达的目标定义。第 k 次扫描或帧的累积探测概率为

$$P_{d,\text{cum}}[k] = 1 - \prod_{i=1}^{k}\left[1 - P_{d,\text{ss}}[i]\right]$$
$$= P_{d,\text{cum}}[k-1] + P_{d,\text{ss}}[k]\left(1 - P_{d,\text{cum}}[k]\right) \tag{4.27}$$

式中,$P_{d,\text{ss}}[k]$ 是第 k 次扫描的单次扫描探测概率。单次扫描探测概率的累积是从目标处于 $P_{d,\text{ss}}$ 大约为5%的距离上开始计算的。对于累积探测性能而言存在最优搜索帧时间,必须进行折中考虑。短的帧时间限制了单次驻留时目标上的能量,从而降低了单次探测概率 P_d。而长的帧时间则允许目标在多次重访期间更接近雷达,因此降低了积累得益。图 4.22 说明了单次扫描探测概率和累积探测概率之间的差别。

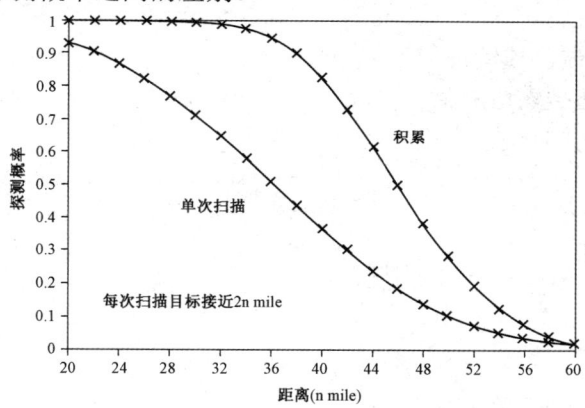

图 4.22 对径向速度固定的目标,单次扫描 P_d 和累积 P_d 与距离的函数关系

受杂波限制的情况

上述讨论都假设目标落在多普勒频带中那些仅受噪声限制的区域中(即无杂波区中)。如果目标落在副瓣杂波区内,那么测距性能会降低,这是因为与目标抗争的总功率(系统噪声加杂波)增大了的缘故。但是通过把 R_0 表示为信号等于副瓣杂波加上系统噪声时的距离,上述讨论也适用于副瓣杂波区[74-76]。由于目标探测区内的杂波发生变化时,门限也随之变化的缘故,故 CFAR 损耗也可能更高。受限于副瓣杂波的探测性能更为准确的计算还必须包括适合的杂波 RCS 起伏模型及 CFAR 的处理技术[77]。

缩略语表

AESA——有源电扫阵列

A/D——模/数转换
AGC——自动增益控制
AM——幅度调制
CAGC——杂波自动增益控制
CFAR——恒虚警率
CNR——杂波噪声功率比
CPI——相参处理间隔
CW——连续波
Δ_{AZ}——方位差波束（用于单脉冲角度估计）
Δ_{EL}——俯仰差波束（用于单脉冲角度估计）
dBc——相对于载频的 dB 值
DC——直流
DFT——离散傅里叶变换
DPD——数字乘积检波器
ESA——电扫阵列
FFT——快速傅里叶变换
FM——频率调制
FM-CW——频率调制的连续波
HRWS——高重频边搜索边测距
I——同相分量
IF——中频
INS——惯性导航系统
IPP——脉冲间周期
LNA——低噪声放大器
LO——本振
MF——匹配滤波器
MRWS——中重频边搜索边测距
MTI——动目标显示
MTT——多目标跟踪
NAGC——噪声自动增益控制
PAM——脉冲幅度调制
P_d——探测概率
PC——脉冲压缩
PDI——检波后积累（非相参积累）
P_{FA}——虚警概率
PM——相位调制
PPM——脉冲位置调制
PRF——脉冲重复频率
PWM——脉冲宽度调制
Q——正交分量

RCS——雷达截面积
RFI——射频干扰
rms——均方根
RF——射频
R/P——接收机保护器
RWS——边搜索边测距
Σ——和接收波束（用于目标检测的主要波束）
SLB——副瓣消隐器
SNR——信噪功率比
STC——灵敏度时间控制
TWS——边扫描边跟踪
T/R——发射/接收
VS——速度搜索

参考文献

[1] *IEEE Standard Radar Definitions,* IEEE Std 686–1997, 1997, p. 20.
[2] D. C. Schleher, *MTI and Pulsed Doppler Radar,* Norwood, MA: Artech House, Inc., 1991, pp. ix–x.
[3] F. E. Nathanson, *Radar Design Principles,* 2nd Ed. New York: McGraw-Hill, 1991, pp. 471–472.
[4] M. I. Skolnik, *Introduction to Radar Systems,* Chapter 3, 3rd Ed. New York: McGraw-Hill, 2000.
[5] G. W. Stimson, *Introduction to Airborne Radar,* Chapter 3 & Part X, 2nd Ed., Raleigh, NC: SciTech Publishing, Inc., 1998.
[6] P. Lacomme, J. Hardange, J. Marchais, and E. Normant, *Air and Spaceborne Radar Systems: An Introduction.,* Chapter 2, Norwich, NY: William Andrew Publishing, LLC, 2001.
[7] S. A. Hovanessian, *Radar System Design and Analysis*, Chapter 12, Norwood, MA: Artech House, Inc., 1984.
[8] M. I. Skolnik, *Radar Applications*, New York: IEEE Press, 1988.
[9] R. J. Doviak, D. S. Zrnic, and D. S. Sirmans, "Doppler weather radar," in *Proceedings of the IEEE,* vol. 67, no. 11, 1979, pp. 1522–1553.
[10] P. Mahapatra, *Aviation Weather Surveillance Systems: Advanced Radar and Surface Sensors for Flight Safety and Air Traffic Management,* London, UK: The Institution of Electrical Engineers, 1999.
[11] K. C. Overman, K. A. Leahy, T. W. Lawrence, and R. J. Fritsch, "The future of surface surveillance-revolutionizing the view of the battlefield," in *Record of the IEEE 2000 International Radar Conference,* May 7–12, 2000, pp. 1–6.
[12] Defense Science Board, Future DoD Airborne High-Frequency Radar Needs/Resources, Office of the Under Secretary of Defense for Acquisition and Technology, Washington, DC, April 2001.
[13] M. I. Skolnik, *Introduction to Radar Systems,* 3rd Ed. New York: McGraw-Hill, 2002, pp. 171–172.
[14] G. W. Stimson, *Introduction to Airborne Radar,* 2nd Ed. Raleigh, NC: SciTech Publishing, Inc., 1998, pp. 329–333.
[15] F. C. Williams and M. E. Radant, "Airborne radar and the three PRFs," *Microwave Journal,* July 1983 and reprinted in M. I. Skolnik, *Radar Applications*. New York: IEEE Press, 1988, pp. 272–276.

[16] D. C. Schleher, *MTI and Pulsed Doppler Radar*, Artech House, Inc., 1991, pp. 59–73.

[17] G. Morris and L. Harkness, *Airborne Pulsed Doppler Radar*, 2nd Ed. Norwood, MA: Artech House, Inc., 1996, p. 4.

[18] W. H. Long and K. A. Harriger, "Medium PRF for the AN/APG-66 radar," in *Proceedings of the IEEE*, vol. 73, issue 2, February 1985, pp. 301–311.

[19] B. Cantrell, "ADC spurious signal mitigation in radar by modifying the LO," in *Proceedings of the 2004 IEEE Radar Conference*, April 26–29, 2004, pp. 151–156.

[20] H. Hommel and H. Feldle, "Current status of airborne active phased array (AESA) radar systems and future trends," in *2005 IEEE MTT-S International Microwave Symposium Digest*, June 12–17, 2005, pp. 1449–1452.

[21] S. M. Sherman, *Monopulse Principles and Techniques*, Norwood, MA: Artech House, Inc., 1984.

[22] L. E. Pellon, "A double Nyquist digital product detector for quadrature sampling," *IEEE Transactions on Signal Processing*, vol. 40, issue 7, pp. 1670–1681, July 1992.

[23] G. Minkler, *CFAR: The Principles of Automatic Radar Detection in Clutter*, Baltimore, MD: Magellan Book Company, 1990.

[24] R. Nitzberg, *Radar Signal Processing and Adaptive Systems*, Chapter 7, Norwood, MA: Artech House, Inc., 1999.

[25] M. Weiss, "Analysis of some modified cell-averaging CFAR processors in multiple-target situations," *IEEE Transactions on Aerospace and Electronic Systems*, vol. AES-18, no.1, pp. 102–144, January 1982.

[26] P. P. Gandhi and S. A. Kassam, "Analysis of CFAR processors in nonhomogeneous background," *IEEE Transactions on Aerospace and Electronic Systems*, vol. 24, no. 4, July 1988.

[27] J. Farrell and R. Taylor, "Doppler radar clutter," *IEEE Transactions on Aeronautical & Navigational Electronics*, vol. ANE-11, pp. 162–172, September 1964 and reprinted in D. K. Barton, *CW and Doppler Radars*, Section VI-2, Vol. 7. Norwood, MA: Artech House, Inc., 1978, pp. 351–361.

[28] L. Helgostam and B. Ronnerstam, "Ground clutter calculation for airborne doppler radar," *IEEE Transactions on Military Electronics*, vol. MIL-9, pp. 294–297, July–October 1965.

[29] A. L. Friedlander and L. J. Greenstein, "A generalized clutter computation procedure for airborne pulse doppler radars," *IEEE Transactions on Aerospace and Electronic Systems*, vol. AES-6, pp. 51–61, January 1970 and reprinted in D. K. Barton, *CW and Doppler Radars*, Section VI-3, Vol. 7, Norwood, MA: Artech House, Inc., 1978, pp. 363–374.

[30] M. B. Ringel, "An advanced computer calculation of ground clutter in an airborne pulse doppler radar," in *NAECON '77 Record*, pp. 921–928 and reprinted in D. K. Barton, *CW and Doppler Radars*, Section VI-4, Vol. 7. Norwood, MA: Artech House, Inc., 1978, pp. 375–382.

[31] R. L. Mitchell, *Radar Signal Simulation*, Chapter 11, Norwood, MA: Artech House, Inc., 1976.

[32] J. K. Jao and W. B. Goggins, "Efficient, closed-form computation of airborne pulse doppler clutter," in *Proceedings of the 1985 IEEE International Radar Conference*, Washington, DC, 1985, pp. 17–22.

[33] W. A. Skillman, *SIGCLUT: Surface and Volumetric Clutter-to-Noise, Jammer and Target Signal-to-Noise Radar Calculation Software and User's Manual*, Norwood, MA: Artech House, Inc., 1987, pp. 1–4.

[34] D. C. Schleher, *MTI and Doppler Radar*, Norwood, MA: Artech House, Inc., 1991, pp. 131–135.

[35] F. J. Harris, "On the use of windows for harmonic analysis with the discrete Fourier transform," in *Proceedings of the IEEE*, vol. 66, no. 1, January 1978, pp. 51–83.

[36] W. A. Skillman, *Radar Calculations Using the TI-59 Programmable Calculator*, Norwood, MA: Artech House, Inc., 1983, p. 308.

[37] R. E. Ziemer and J. A. Ziegler, "MTI improvement factors for weighted DFTs," *IEEE Transactions on Aerospace and Electronic Systems*, vol. AES-16, pp. 393–397, May 1980.

[38] H. R. Ward, "Doppler processor rejection of ambiguous clutter," *IEEE Transactions on Aerospace and Electronic Systems*, vol. AES-11, July 1975 and reprinted in D. K. Barton, *CW and Doppler Radars*, Section IV-11, Vol. 7. Norwood, MA: Artech House, Inc., 1978, pp. 299–301.

[39] R. H. Fletcher and D. W. Burlage, "An initialization technique for improved MTI performance in phased array radar," in *Proceedings of the IEEE*, vol. 60, December 1972, pp. 1551–1552.

[40] D. H. Harvey and T. L. Wood, "Design for sidelobe blanking systems," in *Proceedings of the 1980 IEEE International Radar Conference*, Washington, DC, 1980, pp. 410–416.

[41] L. Maisel, "Performance of sidelobe blanking systems," *IEEE Transactions on Aerospace and Electronic Systems*, vol. AES-4, pp. 174–180, March 1968.

[42] H. M. Finn, R. S. Johnson, and P. Z. Peebles, "Fluctuating target detection in clutter using sidelobe blanking logic," *IEEE Transactions on Aerospace and Electronic Systems*, vol. AES-7, pp. 147–159, May 1971.

[43] A. Farina, *Antenna-based Signal Processing Techniques for Radar Systems*, Chapter 3, Norwood, MA: Artech House, Inc., 1992, pp. 59–93.

[44] D. A. Shnidman and S. S. Toumodge, "Sidelobe blanking with integration and target fluctuation," *IEEE Transactions on Aerospace and Electronic Systems*, vol. 38, np. 3, pp. 1023–1037, July 2002.

[45] D. H. Mooney, "Post Detection STC in a Medium PRF Pulse Doppler Radar," U.S. Patent 4,095,222, June 13, 1978.

[46] F. E. Nathanson, *Radar Design Principles*, 2nd Ed. New York: McGraw-Hill, Inc., 1991, pp. 281–282.

[47] J. B. Tsui, *Digital Techniques for Wideband Receivers*, 2nd Ed., Raleigh, NC: SciTech Publishing Company, 2004, pp. 163–166.

[48] L. P. Goetz and W. A. Skillman, "Master oscillator requirements for coherent radar sets," in *IEEE-NASA Symposium on Short Term Frequency Stability*, NASA-SP-80, November 1964.

[49] R. S. Raven, "Requirements for master oscillators for coherent radar," in *Proceedings of the IEEE*, vol. 54, February 1966, pp. 237–243 and reprinted in D. K. Barton, *CW and Doppler Radars*, Section V-I, Vol. 7, Artech House, Inc., Norwood, MA, 1978, pp. 317–323.

[50] R. S. Raven, Correction to "Requirements for master oscillators for coherent radar," in *Proceedings of the IEEE*, vol. 55, issue 8, August 1967, p. 1425.

[51] M. Gray, F. Hutchinson, D. Ridgely, F. Fruge, and D. Cooke, "Stability measurement problems and techniques for operational airborne pulse doppler radar," *IEEE Transactions on Aerospace and Electronic Systems*, vol. AES-5, pp. 632–637, July 1969.

[52] A. E. Acker, "Eliminating transmitted clutter in doppler radar systems," *Microwave Journal*, vol. 18, pp. 47–50, November 1975 and reprinted in D. K. Barton, *CW and Doppler Radars*, Section V-3, Vol. 7. Norwood, MA: Artech House, Inc., 1978, pp. 331–336.

[53] J. A. Scheer and J. L. Kurtz, *Coherent Radar Performance Estimation*, Norwood, MA: Artech House, Inc., 1993, pp. 158–159.

[54] S. J. Goldman, *Phase Noise Analysis in Radar Systems Using Personal Computers*, Chapter 2, New York: John Wiley & Sons, Inc, 1989.

[55] G. V. Trunk and M. W. Kim, "Ambiguity resolution of multiple targets using pulse-doppler waveforms," *IEEE Transactions on Aerospace and Electronic Systems*, vol. 30, no. 4, pp. 1130–1137, October 1994.

[56] F. E. Nathanson, *Radar Design Principles*, 2nd Ed. New York: McGraw-Hill, Inc., 1991, pp. 449–452.

[57] M. B. Ringel, "The effect of linear FM on the ground clutter in an airborne pulse doppler radar," in *NAECON '79 Record*, vol. 2, Dayton, OH, May 15–17, 1979, pp. 790–795.

[58] F. E. Nathanson, *Radar Design Principles*, 2nd Ed. New York: McGraw-Hill, Inc., 1991, pp. 120–123.

[59] G. W. Stimson, *Introduction to Airborne Radar*, 2nd Ed. Mendham, NJ: SciTech Publishing, Inc., 1998, pp. 506–507.

[60] P. L. Bogler, *Radar Principles with Applications to Tracking Systems*, New York: John Wiley & Sons, Inc., 1990, pp. 262–266.

[61] R. A. Dana and D. Moraitis, "Probability of detecting a Swerling I target on two correlated observations," *IEEE Transactions on Aerospace and Electronic Systems*, vol. AES-17, no. 5, pp. 727–730, September 1981.

[62] R. E. Ziemer, T. Lewis, and L. Guthrie, "Degradation analysis of pulse doppler radars due to signal processing," in *NAECON 1977 Record*, pp. 938–945 and reprinted in D. K. Barton, *CW and Doppler Radars*, Section IV-12, Vol. 7, Norwood, MA: Artech House, Inc., 1978, pp. 303–312.

[63] P. Lacomme, J. Hardange, J. Marchais, and E. Normant, *Air and Spaceborne Radar Systems: An Introduction*, Norwich, NY: William Andrew Publishing, LLC, 2001, pp. 150–151.

[64] J. I. Marcum, "A statistical theory of target detection by pulsed radar," *IEEE Transactions on Information Theory*, vol. IT-6, pp. 59–267, April 1960.

[65] P. Swerling, "Probability of detection for fluctuating targets," *IEEE Transactions on Information Theory*, vol. IT-6, pp. 269–308, April 1960.

[66] L. F. Fehlner, "Target detection by a pulsed radar," Report TG 451, Johns Hopkins University, Applied Physics Laboratory, Laurel, MD, 2 July 1962.

[67] D. P. Meyer and H. A. Mayer, *Radar Target Detection: Handbook of Theory and Practice*. New York: Academic Press, 1973.

[68] J. V. DiFranco and W. L. Rubin, *Radar Detection*, Norwood, MA: Artech House, Inc., 1980.

[69] J. V. DiFranco and W. L. Rubin, *Radar Detection*, Norwood, MA: Artech House, Inc., 1980, pp. 287–445.

[70] D. A. Shnidman, "Determination of required SNR values," *IEEE Transactions on Aerospace and Electronic Systems*, vol. 38, no. 3, pp. 1059–1064, July 2002.

[71] D. K. Barton, "Universal equations for radar target detection," *IEEE Transactions on Aerospace and Electronic Systems*, vol. 41, no. 3, pp. 1049–1052, July 2005.

[72] M. Evans, N. Hastings, and B. Peacock, *Statistical Distributions*, 3rd Ed. New York, John Wiley & Sons, Inc., 2000, p. 13.

[73] W. H. Press, S. A. Teukolsky, W. T. Vetterling, and B. P. Flannery, *Numerical Recipes in C: The Art of Scientific Computing*, 2nd Ed. Cambridge, UK: Cambridge University Press, 1992, pp. 213–222.

[74] D. Mooney and G. Ralston, "Performance in clutter of airborne pulse MTI, CW doppler and pulse doppler radar," in *1961 IRE Convention Record*, vol. 9, part 5, 1961, pp. 55–62 and reprinted in D. K. Barton, *CW and Doppler Radars*, Section VI-1, Vol. 7. Norwood, MA: Artech House, Inc., 1978, pp. 343–350.

[75] M. B. Ringel, "Detection range analysis of an airborne medium PRF radar," in *IEEE 1981 NAECON Record*, Dayton, OH, 1981, pp. 358–362.

[76] P. E. Holbourn and A. M. Kinghorn, "Performance analysis of airborne pulse doppler radar," in *Proceedings of the 1985 IEEE International Radar Conference*, Washington, DC, 1985, pp. 12–16.

[77] D. A. Shnidman, "Radar detection probabilities and their calculation," *IEEE Transactions on Aerospace and Electronic Systems*, vol. 31, no. 3, pp. 928–950, July 1995.

第 5 章 战斗机多功能雷达系统

5.1 引言

  尽管雷达在性能和稳定性方面有超过半个多世纪的改进，大多数雷达在部署、操作和维护方面仍需要重大的努力。其次，功率孔径积的大小从没有达到所需的那么大。前向投影面积和航空电子设备的质量在大多数战斗机参数中代价巨大。这些参数驱使了用户、买方和设计师在单部雷达及其辅助处理设备中要求实现更多的功能。结果是，大多数现代战斗机雷达都是多功能型的，具备雷达、导航、着陆辅助、数据链和电子对抗（ECM）等功能[1, 2]。赋予雷达多功能性的主要因素是首次在 20 世纪 70 年代中期引进的由软件确定的信号和数据处理[3-6]。软件的可编程性允许雷达使用相同的 RF 硬件执行多种系统工作模式。此外，现代导航辅助设备性能优良，使得每一种雷达模式可由雷达所在的地球几何位置决定，且几乎所有波形参数几乎都可根据当地条件进行设定[7, 9]。现代雷达经常是以网络为中心的，使用通信网络并向其提供数据。配置良好的网络具有自己的网际协议（IP）地址。

  多功能性与天线类型无关。实际上，机械扫描的 AN/APG-65、70 和 73 雷达已经在作战中演示了多功能性[7]。但用有源电扫描天线（AESA）阵更容易实现多功能。图 5.1 所示为 F/A-18E/F 战斗机上的多功能有源电扫描天线雷达，天线阵上盖着保护罩。这个有源电扫描天线具备的一定外形形状并上翘，用于对某些工作模式提供帮助并将朝敌方雷达的反射减到最小[8]。

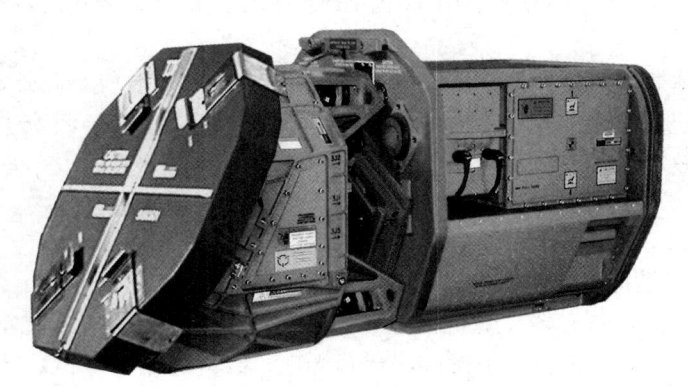

图 5.1 AN/APG-79 多功能有源电扫天线雷达[12]

  本章重点讲述多功能战斗机雷达（MFAR）发射什么信号和为什么需要这些信号。后者从典型任务开始，这个任务示出产生雷达每种工作模式和波形的几何关系，列出了代表性的雷达工作模式，并示出了现代机载雷达的典型工作模式的交替与定时。前者的答案由典型波形变化和几个例子提供。这些例子并非来自任何单一的一部雷达，而是几部现代雷达的组合。图 5.2 所示为多功能战斗机雷达的一般概念。该图示出，经常在大多数微波波段内利用的相同的射频（RF）硬件和处理综合体在时间上的多工操作，以实现空－空（A-A）、空－面（A-S）、电子战（EW）和通信功能[9, 11]。有时，如果使用一种共用波形，可以同时实现多功能。

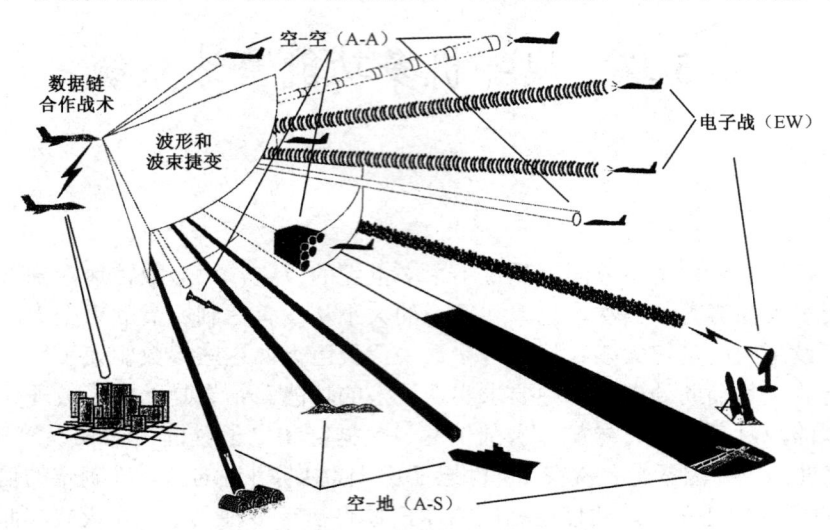

图 5.2 多功能战斗机雷达中空-空、空-地和电子战功能的交替[9]

天线孔径通常具有多个相位中心，使雷达能为空时自适应处理（STAP）[13]、偏置相位中心天线（DPCA）处理、常规单脉冲角度跟踪、干扰置零和带外到达角（AOA）估计等进行测量。相位中心的最佳放置位置是一种重要的设计折中。一个相位中心就是一个天线孔径的通道，它们在空间上是偏置的并对入射的电磁波的波前提供部分或完全独立的测量。例如，一维相位单脉冲有两个相位中心，而二维相位单脉冲有四个相位中心，偏置相位中心天线有两个或更多个相位中心，配备有保护喇叭用于副瓣抑制的雷达有两个相位中心，而自适应天线阵可能有许多个相位中心[13-16]。STAP 是出现包括时间和空间的非白噪声时，对匹配滤波器经典理论的扩展。

武器系统的总体要求通常倾向于多功能雷达使用 X 或 Ku 波段。此外，多功能雷达的孔径及其相关的发射机通常是飞机上尺寸最大的，因此可以获得在同一个波段内干扰敌方雷达和数据链的最高有效辐射功率（ERP）。

多功能雷达结构

图 5.3 是一种多功能战斗机雷达的方框图示例。现代一体化航空电子设备组合的方案模糊了传统雷达功能与其他传感器、对抗措施、武器和通信之间的界限（见本章后面的图 5.12 和图 5.14）。它包括一套微波和射频设备，一套光电、红外、紫外（EO）设备，一套存储管理设备，一套显控设备，多个冗余飞行器管理设备和多个冗余处理器组合。

每个微波和/或射频孔径可能有某些嵌入式的信号调节，随后多路传输到标准化的通用设计的射频、滤波器、频率源、模/数转换（A/D）、输入/输出（I/O）和控制模块。类似设计方案用于光电（EO）传感器、存储管理、飞行器管理、飞行员和飞行器之间接口及一体化的核心处理设备等。在核心处理与传感器之间存在着大量数据传输，用于提供指向、提示、跟踪和多传感器探测融合等。这种方法的目的是创造一个传感器与功能之间计算资源灵活分配的共享体。

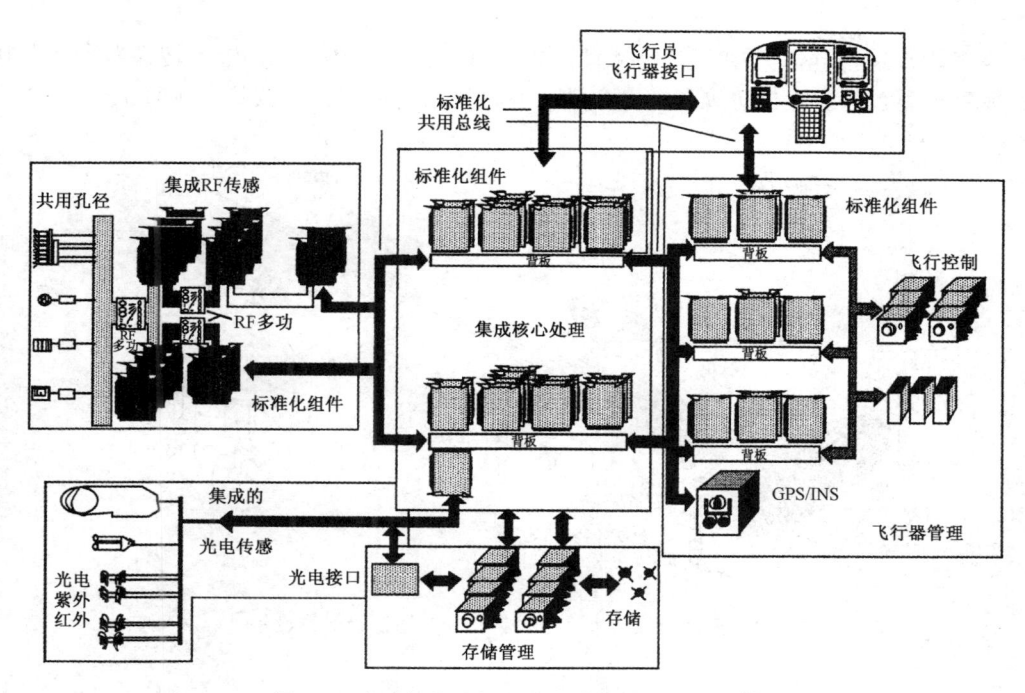

图 5.3　多功能战斗机雷达与其他传感器融合[2]

传感器中可能包括专用运动传感设备，但长期导航由飞行器管理的全球定位系统和惯性导航系统（GPS/INS）提供。雷达上的运动传感设备必须在相干处理周期之内感知发射波长几分之一的位置。这通常使用诸如加速计和陀螺仪等高采样速率的惯性传感器实现。惯性导航系统通常使用卡尔曼滤波技术对陀螺仪和加速计的输出进行积分来估计飞机在全球坐标空间中的位置。这类系统中所累积的误差可以利用 GPS 更新数据进行校正，也可以利用雷达或光电传感器测量的已知参照点进行校正。

在航空电子设备中可遍布着几十或成百个存储程序的装置。这些低等级的功能设备用标准总线连接，总线可以是光纤或金属线；而可编程装置由软件操作环境调用程序控制。这种结构的目标是要有标准接口、更少的独特组件和单一等级维护。

图 5.4 所示为一个战斗机上可能的一套微波和射频孔径设备。飞行器上分布的天线孔径可多达 20 个，在几倍倍频程上完成雷达、数据链、导航、导弹告警、定向、干扰和其他功能[2]。分布在飞机上的孔径可指向上、下、前、后、左、右各个方向。某些孔径由于频率和几何关系一致，可共用于完成通信、无线电导航和识别（CNI）及敌我识别（IFF）功能。例如 JTIDS/Link 16 和 Link 22 等数据链可与 GPS 及 L 波段卫星通信（L SATCOM）共用一些孔径。电子战孔径天生必须是宽带的，可与雷达告警接收机（RWR）、雷达辅助设备和某些类型的 CNI 共用。

各种孔径通过飞机上的总线实现信号调节、控制并和其余处理程序连接，其余处理或者在如图 5.5 所示的公用处理器联合体中进行，或者在分布于飞机各个部分的联合处理器中进行。很重要的一类标准化组件包括基本定时和可编程事件产生器（PEG），它生成脉冲重复频率（PRF）、模/数转换（A/D）采样、脉冲和脉冲串宽度、消隐门、波束重指命令和其他同步的实时中断所需的精确定时。第二类标准化组件包括射频和中频（IF）放大和混频。第三类包括低噪声频率综合器,其中可能包括直接数字频率综合(DDS)。模/数转换器和控制接口组件是最后一类。总线连接协议和速度必须具有足够余量以保证无故障、实时工作。

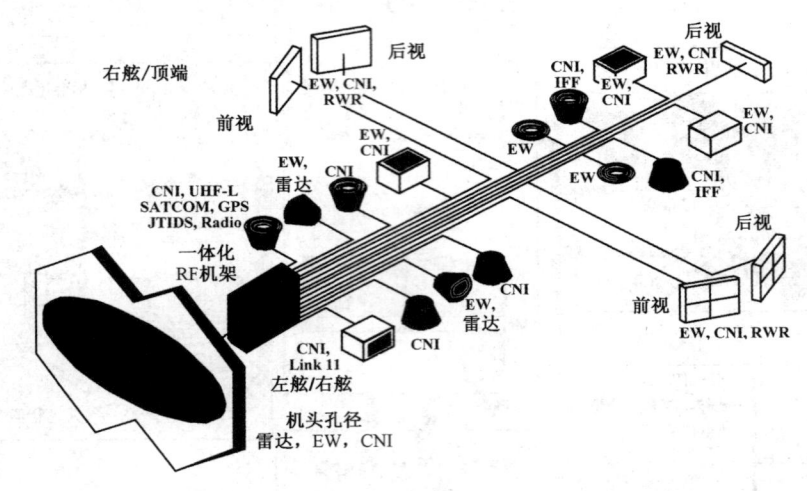

图 5.4　多功能战斗机雷达射频孔径共用低级射频设备[2]

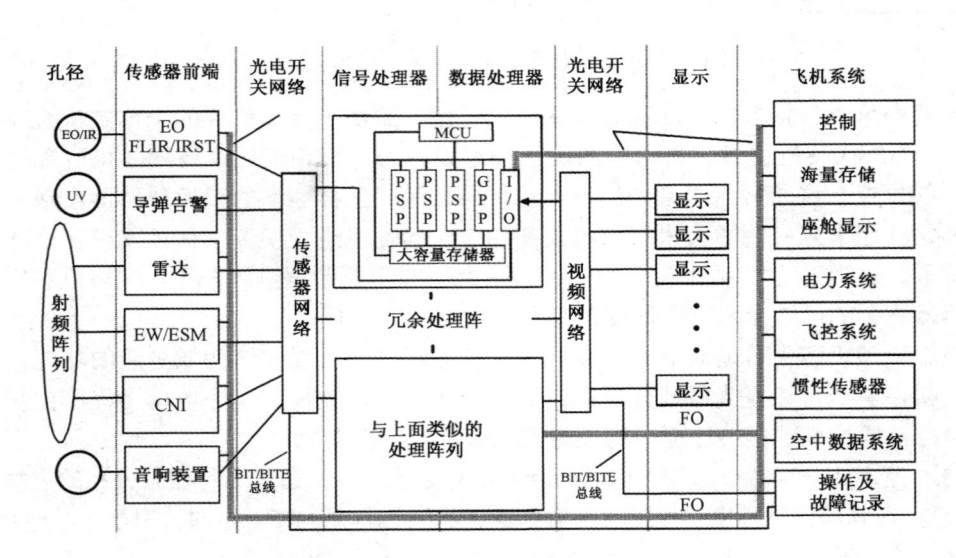

图 5.5　多功能战斗机雷达处理流程图[2]

特定传感器模式的功能原理框图和运转然后叠加在这种软硬件基础架构之上。特定模式在应用程序中以个人电脑处理文字相同的方式实现。进一步类推,关于个人电脑软硬件不可靠的经验要求图 5.3 所示类型的系统必须有冗余、纠错、可信赖,在出现故障时不失效,且配备严格的程序执行安全性。这将是一项非常有挑战性的系统工程任务,需要大量的数学保证和系统测试,与目前商用个人电脑的实践完全不同。

图 5.5 所示为一个类似于图 5.3 所示的概念性多功能战斗机雷达一体化核心处理器及其对应的接口,其中存在多个冗余处理阵列(包含用非成块化开关网络连接的标准组件)。内外总线除相互连接各个处理阵列外,还连接至其他成套设备、传感器、控制和显示。

通常，既有并行电信号总线，又有串行光纤总线，这取决于速度和其在飞机中的总长度[2]。信号与数据处理器组合包括多个处理器和存储实体，这可以在一个单芯片上，也可以在多个独立芯片上，取决于产量、复杂性、速度、高速缓存尺寸等。每个处理器阵列可能包括可编程信号处理器（PSP）、通用处理器（GPP）、大容量存储器（BM）、输入/输出（I/O）和主控单元（MCU）。PSP 对传感器数据阵列进行信号处理。GPP 进行大量存在条件转移的处理。MCU 除向 PSP、GPP 和 BM 发出程序外，还管理整个执行和控制。每个芯片的典型处理速度是 6000MIP（10^6 条指令/秒），但在不远的将来可能将达到 32GIPS（10^8 条指令/秒）[17]。时钟频率受芯片上信号传播速度的限制，已达到 4GHz，在不远的将来将可达到 10GHz[18]。传感器处理已经达到了成功算法的开发比执行该算法所需计算能力更重要的程度。

多功能战斗机雷达软件结构

许多战斗机系统操作不当会产生危害。如前所述，软件必须彻底测试、纠错、数学上可信赖和在出现故障时不失效，并配备严格的程序执行安全性。最重要的方面之一是严格遵守结构化的程序结构。需要一个基于目标的层次结构，即每一级从属于上一级，且子程序需要时以严格的顺序调用。还要求子程序从不调用自身（递归编码）或调用位于其执行等级的其他子程序。子程序（目标）应被上级调用，接收从上一级（母级）来的执行参数，并将结果返馈调用级[94]。图 5.6 和图 5.7 为一种这样的软件结构的示例。这类软件可以在图 5.5 所示的硬件中执行。

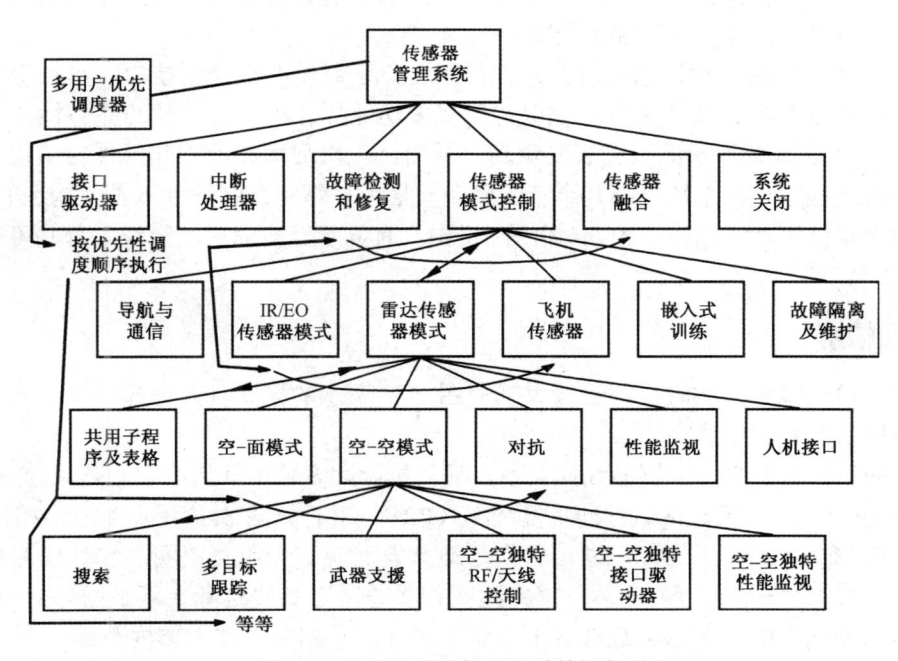

图 5.6 多功能战斗机雷达结构化软件

多功能雷达通过交错进行数据收集支持多个活动（或模式）。监视、轨迹更新和地图是这些活动的例子。支撑每种活动所需的软件映射到特定的客户模块上，如图 5.7 所示。每种客户模块负责维护其自身的目标数据库，负责申请孔径使用。申请通过提交天线工作申请完成，天线工作申请既规定了该使用的波形（怎样做），也规定了申请的优先级和紧迫性。

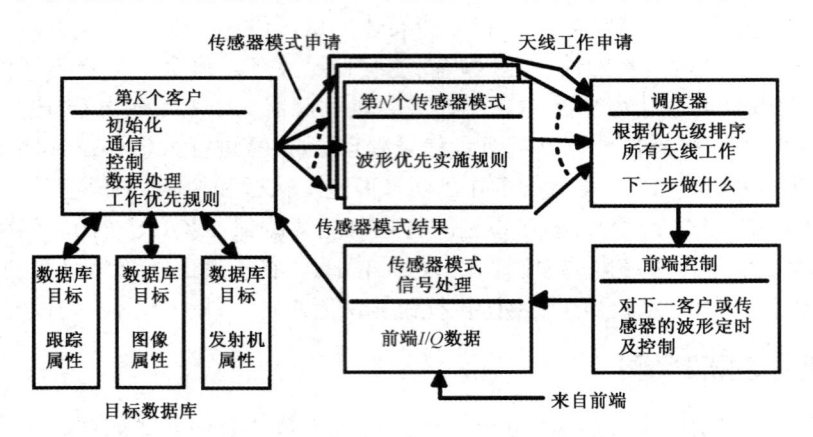

图 5.7　多功能战斗机雷达优先级调度

调度器在每次数据收集的间隔执行调度，并根据收到的天线工作申请的优先级和紧迫性决定下面该做的工作。这样便使孔径一直忙碌并对最新的活动申请做出响应。在调度器选择了天线工作之后，前端（发射与接收）硬件得到配置，同相和正交（I/Q）数据被收集并发送到信号处理器。在信号处理器中，数据以传感器模式定义的方式处理，信号处理器的结果返还给提出申请的客户。这样通常会产生数据库更新和/或客户对新的天线工作的需求。使用这种模块化方式可以在任意时刻添加新活动。

虽然这种结构复杂，软件包括成百万行代码，但是通过严格控制接口、正规配置管理过程，以及正规验证和确认软件工具可以保持现代多功能战斗机雷达软件的完整性。此外，大部分子程序受如图 5.7 所示的只读表格驱动，从而，飞机战术、能力和硬件的演化无需重新写入验证过的子程序。在系统可能几十年的生命周期内，每年升级软件版本（构造）。每个子程序也必须有表格驱动的纠错。图 5.6 和图 5.7 中没有显示众多的更低等级，总共可能有几千个子程序。

距离多普勒情况

现代雷达可以奢侈地实时交替进行大部分图 5.2 所示的模式，并选择最佳时机或飞机位置调用任务所需的每种模式[7, 9]。

图 5.8 所示为每次必须求解的几何关系。战斗机脉冲多普勒几何的中心是以速度 V_a 在地球表面高 h 处行进的飞机。雷达脉冲重复频率（PRF）引起如图 5.8 所示的一系列距离（1、2、3、4）和多普勒（x、y、z）模糊，它们与地球表面交叉为距离"圈"和等值多普勒"双曲线"（由于地球是一个大致的球体，固定距离和多普勒等高线实际上不是圆环或双曲线）。雷达天线方向图通常既与地球边缘交叉于主瓣，也交叉于副瓣。在主瓣内距离为 R_t、速度为 V_t 的目标可能必须在有距离和多普勒模糊时观测。在短时间内仅能观察到目标视线方向的速度 V 目标视线方向。雷达设计师的问题是在目标杂波几何中选择最佳波形。历史上，波形事先选择并做成雷达软硬件的组成部分。大多数现代机载雷达实时解这个几何关系，并连续选择最佳可用的频率、PRF、脉冲宽度、发射功率、扫描图形等。

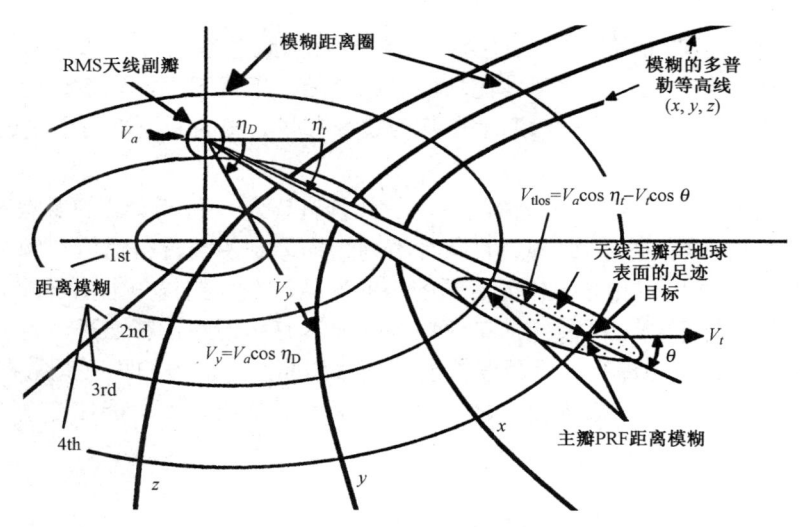

图 5.8 攻击机脉冲多普勒几何图[7, 9]

不幸的是，波形具体的细节不可预测，对并不确切了解飞机-目标-地球速度几何集合和操作者或任务软件要求的操作模式时更是如此。这导致测试异常困难；幸运的是，测试设备得到长足发展。在雷达集成实验室中，使用对整个几何图和外部世界实时仿真的硬件在环内测试被广泛采用。

有源电扫阵列（AESA）

虽然多功能雷达已经实际采用机扫和电扫天线，但完全多功能雷达使用每个辐射元有一个发射-接收通道（T/R）的有源电扫阵列[1]。有源电扫阵列的优点是快速自适应波束形成和捷变、提高的功率效率、改进的模式交替、同时多武器支持及降低的被观测性[19-23]。或许有源电扫阵列成本和复杂性的一半位于发射-接收通道。但是，馈电网络、波束扫描控制器（BSC）、有源电扫阵列电源和冷却分系统（气冷或液冷）也是同样重要的[9, 11]。

用有源电扫阵列的主要推动力是微波集成电路的技术发展水平[1]。这产生于大多数半导体技术成本下降和性能的增高之后。每个 T/R 通道具有自诊断特性，可以探测出故障并通告波束控制器，以进行故障补偿。有源电扫阵列如果在波束控制器中进行了恰当补偿，可以以极微弱的性能下降容忍多达 10%的故障[24]。

从多功能战斗机雷达的观点看，最重要的参数是：高到足以支持小于 1/2 波长间距的体积密度、高到足以支持 $4W/cm^2$ 的辐射功率密度、大于 25%的辐射与初级功率效率、几个 GHz 的发射带宽和几乎为发射时两倍的接收带宽、至少足以提供-50dB 副瓣的幅相校准和控制、足以提供 50dB 功率管理的幅度控制、足以支持杂波下可见度要求的噪声性能、最后是允许在 1ms 的小部分时间内进行波束重新指向/调整的充足存储与计算能力。快速波束调整要求每个 T/R 通道使用高速总线。

有源电扫阵列的主要优点之一是具有在短时间（几十 ms）内对功率和空域覆盖的管理能力。通常另一个优点是在已知数量的初级功率下噪声系数更低，且辐射功率更高。这是因为射频路径长度可以短得多，由此产生的前端损耗更少。每个辐射单元的带宽通常被设计成很宽，由典型有源电扫阵列的一个 T/R 通道驱动。多功能雷达电扫天线阵列中一般包括几千个通道，每个通道除包括明显的 RF 功能外，还包括第一级功率调节、滤波、逻辑和校准表等。阵列中的某些通道专门用于实现其他功能，如校准、干扰置零、副瓣消隐、接近的导弹数据链、带外定向等[19, 25-27]。同时，通常在阵列边缘有些无源的通道，用于改进副瓣及 RCS 图形[8]。

图 5.9 所示为相同初级输入功率情况下，一部具有离开万向节安装的低噪声放大器和高功率行波管发射机的常规机扫雷达与具有两种不同扫描体制的实时自适应有源电扫阵列之间的比较。有源电扫阵列由于如图 5.1 所示的固定的安装，在大扫描角上由于阵列具有较低的投影孔径面积而使性能下降。机械扫描在任意方向上具有相同的投影面积，且在大扫描角只有稍许天线罩损耗，这略微提高其大角度性能。虽然如此，有源电扫阵列通常在±50°方位扫描范围内更胜一筹[9, 11, 28]。一般而言，战斗机由于运动学的原因不可能在这个方位外的远距离进行作战。

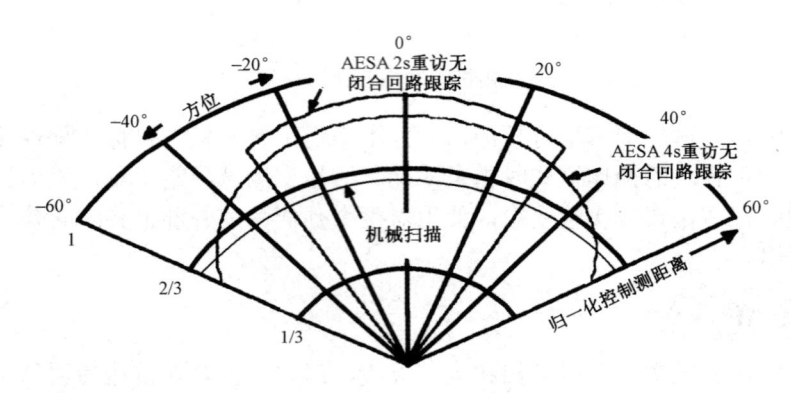

图 5.9 有源电扫阵列管理比较示例[9]

图 5.9 所示的性能差异源于三个因素：由于去掉万向节扫描所占空间使安装的孔径在飞机水平视野内的净投影面积增大了 20%；由于损耗更低和效率更高使辐射功率高至 2:1 倍；在低噪声放大器前损耗降低 60%。另外一个主要优势是搜索空域可动态改变，以适合实时的战术情景，如图 5.9 所示[28]。

馈电网络虽然平凡却至关重要。在单管发射机中，馈线很重，因为它必须以低损耗运送高功率。有源电扫阵列馈线由于通常需要输送小于 10W 的 RF 或光信号，可使用更小的同轴电缆、带状线、微带线或用光纤中的 RF 调制光来发射和接收 RF 信号。然而，由于必须驱动几千个放大器，所以 RF 馈电分配放大器仍然需要大量直流电源。由于自适应阵列性能所必须的多相位中心需要多个馈电系统，所以成本、质量和复杂性仍然是个问题。通常，一旦网络中形成了一个子阵，子阵就被数字化和多工输出，进行自适应信号处理。

另一个重要功能是波束指向控制（BSC）。BSC 除空时自适应操作[29-33]外，还进行波束控制所需的阵列校准、故障单元补偿[8, 24]及波束扫描的幅相设置。BSC 通常用个人电脑中的通用处理类型进行超高速增量幅相计算和 T/R 组件接口硬件的结合来实现。高速飞机平台上的扫描和自适应操作都需要非常短反应时间（例如，感知到需要与第一个目标脉冲之间的时间通常为 1ms）的波束控制。

最后，有源电扫阵列需要大量的电源[1]。历史上电源是重、热、不可靠的。即使最好的系统虽然经过几十年的开发，仍然只具有 10%～25%的总电源效率（输出的 RF 功率和初级功率之比）。典型有源电扫阵列的 T/R 通道需要低电压和大电流。这在没有高功率轻型超导体（本手册写作时没有）情况下不得不用大型导线。这也需要整流器非常低的压降和稳压器。冷却通常是一个严重的性能上的负担。通常，电源是分布的，以改进可靠性和容故障性。经常，功率变换器在高至几百 MHz 的开关频率下工作，以降低磁性器件和滤波器件的尺寸，有时，开关频率与雷达主时钟同步。

5.2 典型任务和模式

空－面任务剖面

任何现代战斗机的模式结构源于任务剖面[7, 9]。图 5.10 所示为一次空－面（A-S）攻击的典型任务剖面。任务剖面从起飞开始，接着飞向目标并最终返回出发点。一路上，飞机使用各种模式：导航、搜索和截获目标、跟踪目标、投放武器、评估作战损伤、进行对抗、监视并标定其性能。有源电扫阵列已经演示了具有同时多武器投放能力[22]。

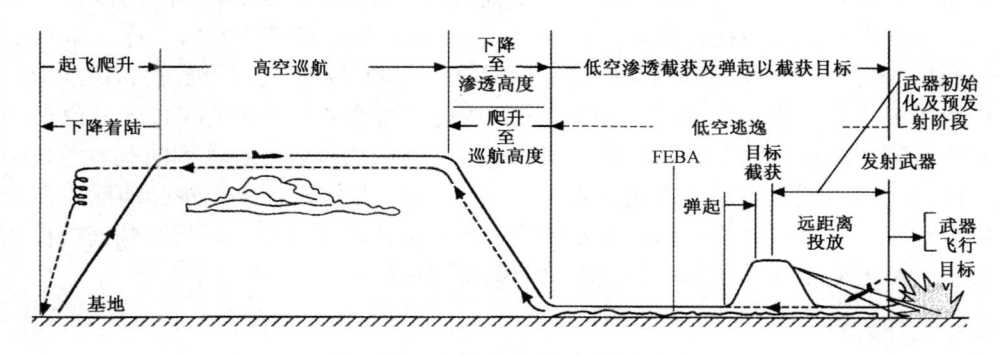

图 5.10 典型空－面任务剖面[7, 9]

空－面模式序列

任务自然地产生战斗机雷达空－面模式序列的需要[7, 9]，如图 5.11 所示。每一类作战主要包含该功能所需的模式，但很多模式将在任务其他过程中启动。在图 5.11 所示的每种模式中，存在将高度、到目标距离、地球表面上的天线足迹、目标和杂波相对多普勒、可用驻留时间、预计的目标统计行为、发射频率和需要的分辨率之间这一特殊组合的优化。显然，每种模式必须不破坏需要的一定的任务隐身度[34-37]。现代战斗机是以网络为中心的，并与其他系统交换大量信息。战斗机的僚机、支援机和面节点可以实时交换完整的数据和任务的信息，以便于任务执行。战斗机及其僚机可以协调模式执行，使得在需要 1min 形成的高分辨地图模式期间，僚机可以执行空－空搜索和跟踪，以保护两架飞机。

一些模式用于几种作战类型，例如实波束地图（RBM）、固定目标跟踪（FTT）、多普勒波束锐化（DBS）、合成孔径雷达（SAR）等，SAR 不仅导航使用，也用于对固定目标的截获和武器投放[38-43]。SAR 也可用于探测用帆布和少量泥土覆盖的土木工事中或战壕中的目标，这些目标用光电或红外传感器是看不到的。类似地，空－面测距和精确速度校正

（PVU）除用于导航外，也可进行武器支援以改进投放精度[7, 9]。

```
                         空-面模式序列
     ┌──────────┬──────────┼──────────┬──────────┐
    导航       对抗    搜索和锁定目标  目标跟踪   性能监测
```

- 导航
  - 实波束地图
  - 多普勒波束锐化（DBS）
  - 合成孔径雷达（SAR）
  - 信标搜索
  - 空面测距
  - 精确速度更新（PVV）
  - 地形跟随与规避（TF/TA）
- 对抗
  - ECCM序列
  - 辐射控制
  - 自适应干扰对消
  - 高功率干扰（HiPwrJam）
- 搜索和锁定目标
  - 合成孔径雷达（SAR）
  - 海面搜索（SSS）
  - 逆SAR（ISAR）
  - 地面动目标显示（GMTI）
  - 空面数据链
- 目标跟踪
  - 固定目标跟踪（FTT）
  - 地面动目标跟踪（GMTT）
  - 信标跟踪
  - 海面跟踪（SST）
- 性能监测
  - 内置测试（BIT）
  - 内置自测（BIST）
  - 服务导向的BIT
  - 连续BIT
  - AGC/校准

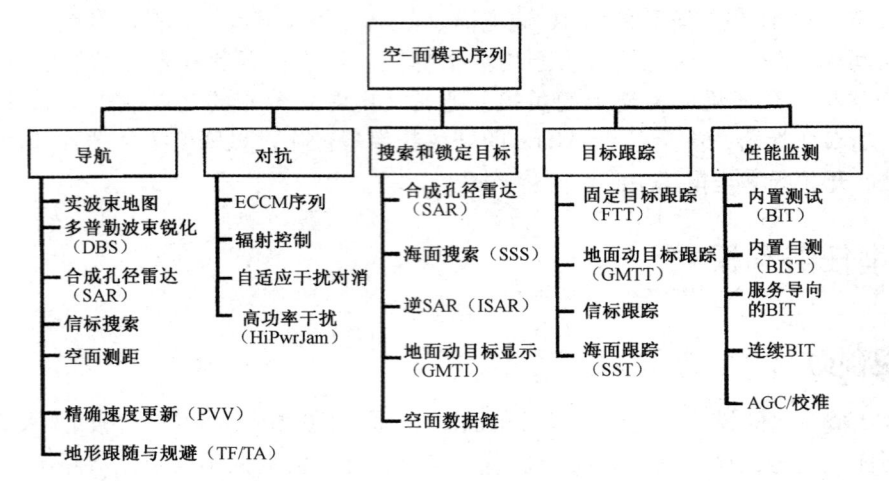

图 5.11　战斗机空-空雷达模式序列[7, 9]

地形跟随和地形规避（TF/TA）用于在低海拔或山区地形时的导航。海面搜索（SSS）、海面跟踪（SST）和逆合成孔径雷达（ISAR）主要用于截获和识别舰船目标（本章后面介绍）。地面动目标显示（GMTI）和地面动目标跟踪（GMTT）主要用于截获和识别地面车辆目标，但也可用于识别战区内军队和物资的大型调动。高功率干扰（HiPwrJam）由于 AESA 天生具有带宽宽、波束可捷变、高增益和高功率特性而成为有源电扫阵列的有效对抗手段。有源电扫阵列也可以通过雷达实现远距离空-地（A-S）数据链，主要进行地图成像。由于通过一部雷达可能有成千种波长和几百万增益上的变化，所以通常需要相对频繁的自动增益控制和校正（AGC/CAL）。为这种功能优化的模式在任务执行过程中启动。

各模式的波形变化

虽然特定波形难以预计，但是典型的波形变化可以在观察大量现有空-面雷达系统性能的基础上列表表示。表 5.1 给出了以雷达模式为函数的可观测到的参数范围。列出的参数范围包括 PRF、占空比、脉冲压缩比、独立频率的视数、每相干处理周期（CPI）的脉冲数、发射带宽和目标驻留时间（T_{OT}）内的脉冲总数。

显然，大多数雷达不包括全部这些变化，但是许多战斗机中现有模式表明它们有表列参数变化范围的一大部分。大多数战斗机雷达由于工作在近乎完全类似的或一样的系统附近，所以都是频率捷变的。频率在一个 CPI 内通常以一种严密受控、完全相干的方式变化[8]。由于下一脉冲的相位和频率可以预测而使这一点成为进行某类干扰的弱点。有时为弥补这个缺点，使频率序列从具有已知自相关特性的预设例如弗兰克码、Costas 码、Viterbi 码、P 码等[16]变为伪随机序列。复数宽带频率代码的主要难点在于，相控天线阵中的移相器必须在脉冲内或脉冲之间的基础上改变，这使波束指向控制和绝对 T/R 通道相位延迟大为复杂。另一个挑战是在脉冲重复周期和脉冲变化超过 100:1 的范围时需要将电源的相位牵引最小化。多功能战斗机雷达系统不仅在 PRF 和脉冲宽度上剧烈变化，通常也展现出大的瞬时带宽和总带宽。与大带宽一起的是长时间相干积累的需要。这项要求自然产生了极其稳定的主控振荡器和超低噪声频率综合器[44]的需要。

表 5.1　A-S 模式中的典型波形参数[7, 9]

雷达模式	PRF (kHz)	脉宽 (μs)	占空比 (%)	脉冲压缩比	频率视数	每个 CPI 上的脉冲数	发射带宽 (MHz)	T_{OT} 内的脉冲总数
实波束地图	0.5～2	1～200	0.1～10	1～200	1～4	1～8	0.2～10	8～100
多普勒波束锐化	1～4	1～60	0.3～25	13～256	1～4	20～800	5～25	20～1.6k
SAR	1～10	3～60	1～25	32～16 384	1～4	70～20k	10～500	150～100k
A～S 测距	1～8	0.1～10	0.1～10	1～256	4～8	1～8	1～50	5～100
PVU	2～100	1～25	0.01～25	1～16	4～32	20～1024	1～10	5～1000
TF/TA	2～20	0.1～10	0.05～5	1～32	16～64	1～8	3～15	20～60
海面搜索	0.5～2	1～200	1～20 000	4～32	1～8	0.2～500	8～100	
ISAR	1～25	1～60	0.1～10	13～256	1～4	20～256	5～100	20～1000
GMTI	3～10	2～60	0.1～25	1～256	1～4	20～256	0.5～15	20～550
固定目标跟踪	2～20	0.1～10	0.1～25	1～256	4～8	1～8	1～50	20～1000
GMTT	2～16	2～60	0.1～25	1～256	1～4	20～256	0.5～15	20～1000
海面跟踪	2～20	1～200	0.1～10	1～200	1～4	20～256	0.2～10	20～1000
高功率干扰	50～300	3～10	10～50	13～512	1～8	1～8	1～100	200～2k
Cal/A.G.C.	0.5～20	0.1～200	0.01～50	1～16 384	1～8	8～64	0.2～500	8～64
A～S 数据链	8～300	0.8～20	1～100	13～32 768	1～75	100～500	0.5～250	1.3k～80k

空-空任务剖面

就像空-面任务一样，现代战斗机空-空任务的模式结构源自其任务剖面[45]。图 5.12 所示为空-空（A-A）模式的典型任务剖面。这种任务剖面以从机场或航空母舰起飞开始，通过连续飞行穿透到敌方作战空域，搜索待攻击的空中目标，最终返回到起点。飞机在飞行路径上使用了各种模式进行导航；与指挥、控制、通信、情报、监视、侦察（C3ISR）设备交换数据；搜索和捕获空中目标；跟踪并根据威胁分辨良性目标；投放武器；逃离和进行反对抗；监视和校正其性能，并返回基地。

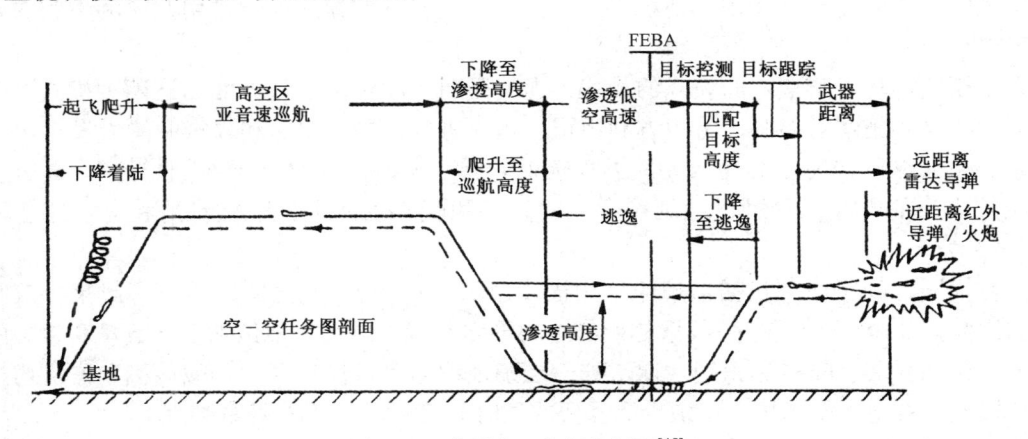

图 5.12　典型空-空任务剖面[45]

空-空模式序列

类似地，空-空任务自然产生雷达对相应模式序列的需求，如图 5.13 所示[46, 47]。在雷达传感器和空-空模式软件层面上，存在着自适应的任务优先选择，以保证最重要的处理器优先，保证飞行员选择的威胁首先得到服务。无源模式与有源工作交错进行，以改进生存能力、进行无源跟踪和敌我识别。图 5.13 所示的每种模式都进行实时优化，将高度、目标距离、目标威胁密度、天线在地球表面上的足迹、目标和杂波相对多普勒、可用驻留时间、目标的预计统计特性、发射频率和所需分辨率进行优化组合[9, 11]。

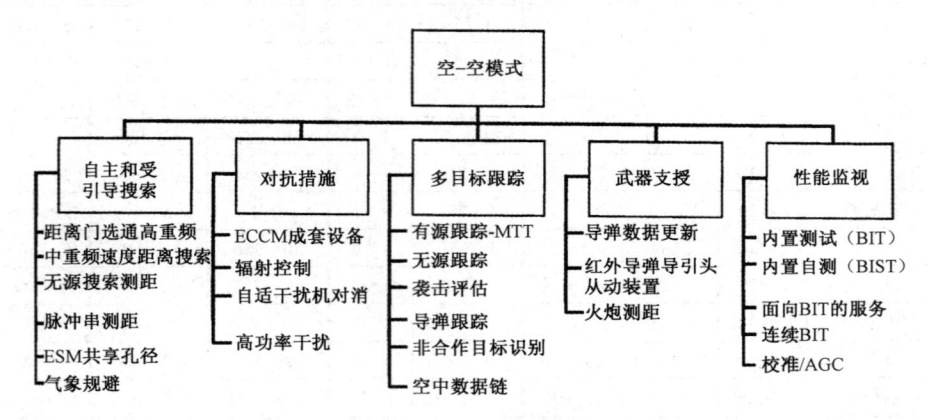

```
                            空-空模式
    ┌──────────┬──────────┬──────────┬──────────┬──────────┐
  自主和受   对抗措施   多目标跟踪   武器支援   性能监视
  引导搜索
  ──────    ──────    ──────     ──────     ──────
  距离门选通高重频  ECCM成套设备  有源跟踪-MTT  导弹数据更新  内置测试(BIT)
  中重频速度距离搜索  辐射控制     无源跟踪      红外导弹导引头  内置自测(BIST)
  无源搜索测距   自适干扰机对消  袭击评估       从动装置     面向BIT的服务
  脉冲串测距   高功率干扰   导弹跟踪       火炮测距     连续BIT
  ESM共享孔径           非合作目标识别             校准/AGC
  气象规避             空中数据链
```

图 5.13 空-空模式序列[9]

"自主和受引导的搜索"模式类型包括战斗机雷达最常用的大多数模式。通常有两种距离波门选通高重频（HPRF）模式：主要用于最远探测距离的速度搜索（VS）模式和使用某种调频测距形式来估算目标距离的边搜索边测距（RWS）模式。有一种中重频（MPRF）模式，可以进行全姿态速度-距离搜索（VRS），代价是远距离性能较差。此外，还有两种无源模式：无源搜索和测距，在这两种模式中，雷达探测并估计至辐射源或双基（僚机或支援机）照射的目标的距离和角度，与 ESM 共享孔径，这时 RF 和处理设备探测、估计波形参数，并进行记录为以后使用。无源搜索可以与提示脉冲串测距结合，以更好地估计辐射源位置。扩展空域搜索是一种利用其他机上或机外传感器提示的模式，通常用在一种不利的几何关系下[85]。

许多模式和功能与空-面模式的一样，尤其是对抗和性能监视方面。这两种模式中非常重要的一点是实施辐射控制，将敌方利用雷达辐射进行探测、跟踪和攻击的能力最小化[16]。如果不小心，这些辐射很容易成为敌方反辐射导弹（ARM）的强制导信号[50, 51]。具有多个独立相位中心的天线孔径既可以利用合适的硬件和软件功能进行干扰对消和自适应杂波对消[14, 27, 29-33]。

多目标跟踪的子序列包括常规的边扫描边跟踪（TWS），无源跟踪辐射源或来自双基地辐射的回波，使用/不使用导弹数据链或信标的导弹跟踪，以及几种识别目标数量和类型的模式：编队评估和非合作目标识别（通常被不准确地称为"目标识别"）。战斗机和僚机通过网络协调模式，以使两架飞机在识别目标需要的长时间段内具有环境感知能力。

另一类重要战斗机模式类别是武器支援。导弹数据更新是测量导弹和目标的位置、速度和加速度，以便于用统计上独立的测量值来传递对准信息及导弹飞行状况。导弹数据更新用数据链提供最新目标信息和未来的运动预计。红外导弹从动设备共同校正雷达和导引头。由于机炮有效距离很短，机炮测距要求雷达感知机炮的火力区域，预计角速度，并测量到目标的距离用于尝试火力[9]。雷达也可在开火过程中跟踪炮弹。

在自由空间与 A/D 转换器之间有成千的相位度数。温度、时间和制造公差之间的结合产生了对自校正、测试、故障检测、故障诊断和所需修正措施的需求，这些由性能监视软件子序列完成。

定时结构

表 5.1 和表 5.2 中剩余参数的意义可以用战斗机雷达的典型定时结构说明[7, 8, 9]。图 5.14 所示为一种按时间基线顺序进展的现代雷达定时结构。图 5.14 的第一行示出了一个特定模式覆盖所感兴趣空域的典型扫描周期。一个全扫描周期的时间跨度是 1～5s。在总扫描周期时间内，存在多个时间间隔为十分之几秒的扫描空域条带。一条就是一个沿单一角度轨道的扫描段，如本章后面的图 5.20 所示。每条包括多个几百微秒的波束位置，这些位置在飞行过程中计算以最佳地覆盖所选空域。每个波束周期又包括一个或多个雷达模式或子模式，例如表 5.1 或表 5.2 中包括的以及画在图 5.6 中最下一行的模式/子模式。这些模式不会每次都启动，取决于飞机与设定目标组之间的几何布局。

表 5.2　A-A 模式的典型波形参数

雷达模式	PRF (kHz)	脉宽 (μs)	占空比 (%)	脉冲压缩比	频率视数	每个 CPI 上的脉冲数	瞬时带宽 (MHz)	T_{OT} 内的脉冲总数
距离选通高重频	100～300	1～3	10～30	1～13	1～4	500～2000	0.3～10	1500～6000
中重频	6～20	1～20	1～25	5～526	1～4	30～256	1～10	250～2000
脉冲串测距	3～20	2～60	0.1～25	1～256	1～4	20～256	0.5～15	20～550
有源跟踪	8～300	0.1～20	0.1～25	1～256	4～8	1～64	1～50	20～1000
袭击评估	2～16	2～60	0.1～25	1～256	1～4	20～256	0.5～15	20～1000
非合作目标识别	2～20	1～200	0.1～10	1～16 384	1～4	20～256	0.2～100	20～1000
高功率干扰	50～300	3～10	1～50	13～512	1～8	1～8	1～100	200～2000
校准/AGC	2～300	0.1～60	0.01～50	1～16 384	1～8	8～64	0.2～500	80～64
空中数据链	10～300	1～20	1～33	1～16	1	100～500	0.1～1	100～500
火炮测距	10～20	0.1～0.5	0.1～1	1～5	1～4	4～32	1～10	4～128
气象规避	0.5～5	1～50	1～10	1～13	1～4	1～8	0.1～5	1～16

模式时间分解为几个相干处理周期（CPI）。一个相干处理周期按图 5.14 中底行所示进行分段。示出的特例是 FTT、GMTT、PVU 或空 - 地测距中可能使用的跟踪，如前面图 5.10 和后面图 5.32 和图 5.38 所示。相干处理周期包括频率改变，平息时间，保证频带不受干扰的被动接收，不有意辐射但经常存在一些 RF 辐射泄漏的校正，发射大量脉冲的间隔中设置接收机增益的自动增益控制（AGC）周期，以及最终形成距离、多普勒和角度判别的两个时间周期。这些 CPI 经常但非总是具有恒定的功率、频率序列、PRF 序列、脉冲宽度、脉冲压缩和带宽[7, 8, 9]。

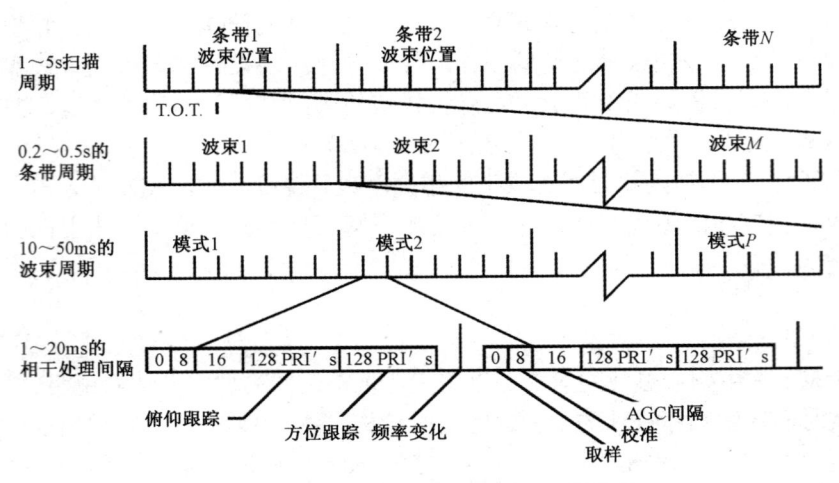

图 5.14 典型多功能雷达定时序列[7, 8, 9]

5.3 空-空模式的描述和波形

空-空搜索、截获和跟踪——中重频

考察一下几种模式是如何产生和处理的是有教益的，用以理解波形为什么必须是这样的。中重频用远距离探测性能（见本章后面的图 5.21）交换全姿态目标探测能力[28, 52, 53]。通常在交替扫描中交错使用高重频和低重频波形（见图 5.20），以改进总体性能[28, 54, 55]。经过三十多年对优化设置的研究，大部分现代中重频模式对目标驻留期间有 8 次检测时用 8～20kHz 的 PRF 范围[44, 56-61]。选定这些 PRF 可以将距离和速度盲区最小化，同时保证只有稀疏目标的空间内目标距离和多普勒回波的无模糊分辨[62, 63, 64]。距离盲区就是那些目标受发射脉冲遮蔽的区域。速度或多普勒盲区就是那些由于主瓣杂波和地面动目标滤波器凹口而抑制掉的速度或多普勒。目标探测要求 8 个 PRF 中至少有 3 次检测，同时在最远距离所有 PRF 都清晰。PRF 选择准则通常要求 96% 的 PRF 集合清晰，也就是说，对于最小的规定目标和在整个规定的距离多普勒范围内，必须有至少特定数目的 PRF（一般是 3 个）有高于门限的回波。

图 5.15 所示为一种典型的处理流程图。每个 PRF 处理周期不等，但其平均值为最佳值，如图 5.17 所示。为抑制虚假目标[25]，主通道和保护通道都要处理。在这种过程前可能已经进行了某些 STAP 处理，但传统的副瓣和主瓣杂波的限制小于地面运动目标的限制，因地面运动目标具有非常大的截面积和外多普勒（也就是多普勒远得超过主瓣杂波，使探测不受杂波回波的限制）。中重频通常具有少量的脉冲压缩（1:1～169:1），可能仍然需要多普勒补偿[65]。主通道和保护通道以相同的方式处理。显然，两种频谱差异很大，需要进行不同的虚警和噪声集估计。这会产生不同的门限设置。用多通道来评估干扰和选择 ECCM 策略。检查主通道探测用于查出 GMT 以及将 GMT 检测在距离和多普勒上向质心集中（由于距离或多普勒回波可能跨越多个门，这些回波在多个门内的质心必须根据每个门的幅度和跨越门的数量

进行估计）。保护通道进行探测后，其用了门限后的结果用于对主通道结果进行选通，以得到最终击中、错过计数。真实目标在距离和多普勒中分辨，提供给显示器并用于 TWS 相关和跟踪[8]。

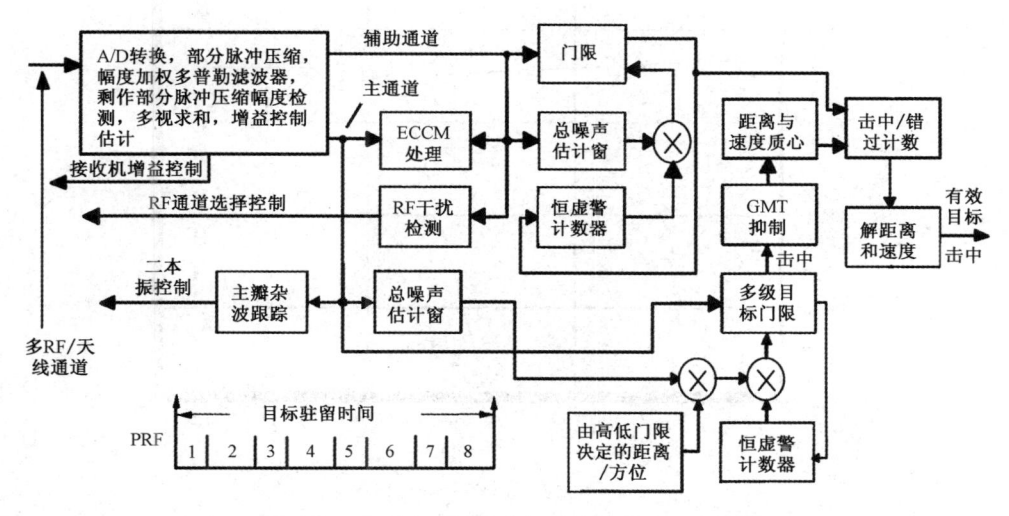

图 5.15　典型多功能战斗机雷达阵列处理流程[8]

虚警是大多数雷达模式中至关重要的问题。热噪声虚警通常由恒虚警率门限、相符探测、带有频率捷变的探测后积累进行抑制。杂波虚警由自适应孔径锥削、低噪声前端硬件、大动态范围 A/D、杂波抑制滤波（包括 STAP）、脉冲压缩副瓣抑制、多普勒滤波器副瓣控制、保护通道处理、雷达罩反射瓣补偿、角速率测试（见图 5.37 和角速率测试示例中的"边缘区域"）和自适应 PRF 选择进行抑制。

中重频——典型距离 - 多普勒盲区图

例如，图 5.16 所示 X 波段 150km、100kHz 距离 - 多普勒覆盖范围内的典型中重频集合。这个集合用于 3°天线波束宽度、300m/s 自身（携带雷达战斗机）速度和偏离速度矢量30°的角度。PRF 集合是 8.88、18.85、12.04、12.82、14.11、14.80、15.98 和 16.77kHz。历史上，中重频集合在设计过程中计算并在运用过程中保持恒定；而现代多功能雷达的计算能力强大到可以根据场景几何关系和视角实时选择 PRF 集合。图 5.16 中所产生的集合对于单目标来说，平均 8 个重频中有 5.6 个是清晰的。除两个较小的多普勒区域外，所有重频在最大距离上都清晰，这提供了在设计距离上最大的探测能力和最小损耗。对于某些脉冲压缩波形，重叠损耗几乎是线性的，并且即使部分重叠仍然可以进行较短距离的探测。重叠损耗指的是发射脉冲过程中当接收机不能工作时接收功率的减少，这通常是高占空比波形中最大的单项损耗。但坏消息是平均探测功率损耗略高于 3dB（见图 5.21）。

中重频选择的算法

显然，实时选择 PRF 需要几条规则以接近最终集合。然后是通过少量迭代挑出最佳集合。对于中重频，距离和速度盲区都非常重要[52, 65]：首先，软件必须挑选一个中心 PRF，其他 PFR 都偏移在这个 PRF 周围，以满足需要的可见度准则；其次，PRF 集合都应在最大设计距离内清晰,使探测损耗最小。

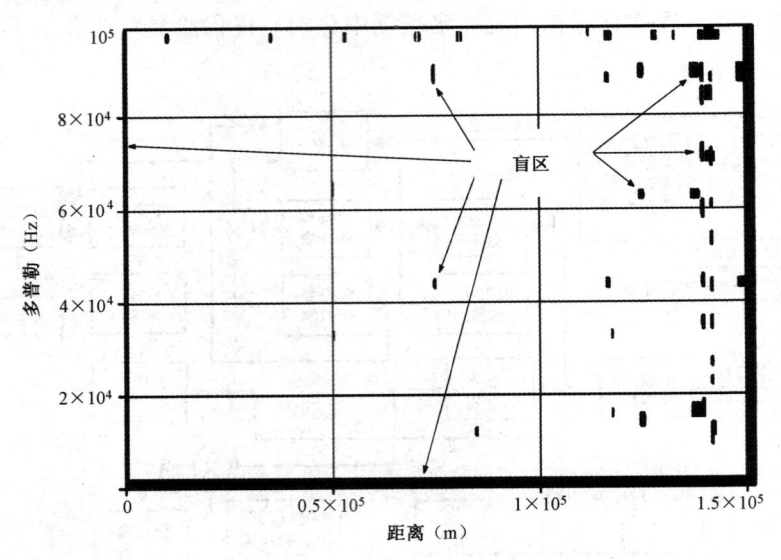

图 5.16 中重频距离-速度盲区

图 5.17 所示为一种选择中心频率的示例准则,也就是最高可见度概率(P_V)[45]。在示例中,单一 PRF 的距离(P_R)和多普勒(P_D)目标可见度概率的乘积(P_V)的峰值近似 0.47,因此其他 PRF 必须填上以达到 96%或更高的清晰程度。其他几种需考虑的因素包括多普勒和距离盲区以及重叠和副瓣杂波。即使使用 STAP,副瓣杂波仍是最主要的限制条件[67, 68, 93]。副瓣和主瓣杂波都可以用意味更长驻留时间和更高发射带宽的窄多普勒和/或窄距离单元(也就是分辨单元)最小化。

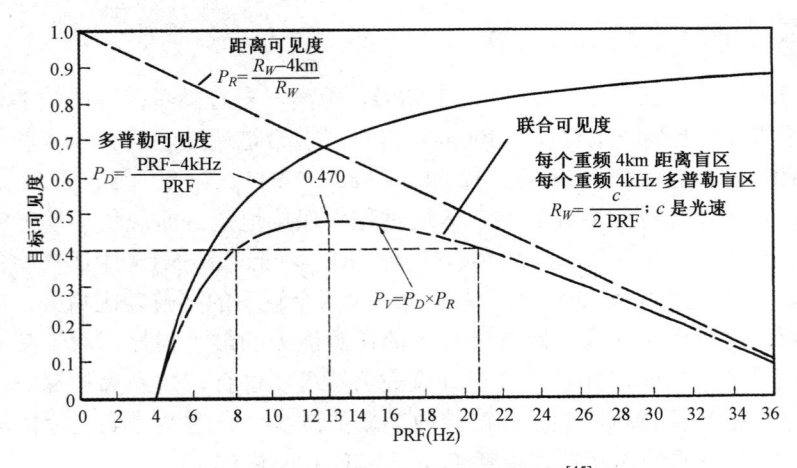

图 5.17 中重频中心 PRF 选择示例[45]

式(5.1)中给出了一种中重频时选择 PRF 集合的方法示例。基本思路是找到代表所需最大清晰距离的时间间隔 T_A,随后选择一个在最大距离内所有 PRI 都清晰的集合,这可通过用 9~17 之间的一个整数除 T_A 实现。这个集合在距离-多普勒空间内一般不会具有 96%的清晰度。偶除数的 PRI 可少量迭代进行改变以实现要求的可见性。归一化的目标信噪比(TP)

随横跨损耗和重叠损耗剧烈变化（见图 5.18）。待优化的函数是 TP$_{k或j}$ 的门限版本。

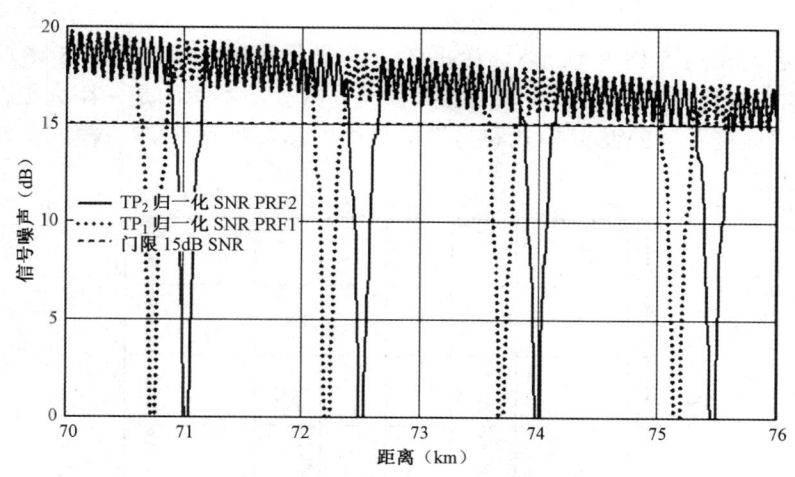

图 5.18 靠近最大距离时距离波门高重频重叠和横跨示例

例如，门限方案可以是每个 PRI 信噪比 15dB 和对全部 PRI 进行 8 取 3。经常对每个 CPI 和 PRI 使用多个不同的门限。较低门限对较高数量的击中是可允许的[28]。应注意的是，重叠和横跨等在通常信噪比足够大的较近距离上具有小得多的影响。这种选择技术的另一种偶然好运的影响是，随着各个 PRI 距离清晰区变小，多普勒清晰区变大，可充满两维空间内的盲区。

$$T_A = 2\left(\frac{R_c}{c} + \tau_p\right), \text{PRI}_k = \frac{T_A}{C_1 + 2k}, \text{PRI}_j = \frac{T_A}{C_2 + 2j + \delta_j}$$

$$\text{TP}_{k或j}(f, r) = \frac{C_3}{r^4} V_{盲}\left[\text{mod}(f, 1/\text{PRI}_{k或j})\right] R_{盲}\left[\text{mod}(r, \text{PRI}_{k或j})\right]$$

(5.1)

式中，R_c 是设计最大清晰距离；c 是光速，$c = 2.9979 \times 10^8$ m/s；τ_p 是发射脉宽；k 和 j 是指数，例如 $0, \cdots, 4$；C_1 是奇数，例如 9；C_2 是偶数，例如 12；δ_j 是得到可见度大于 96% 的小扰动，例如 $0.1, \cdots, 0.3$；$V_{盲}$ 是描述重叠和横跨的 f 的函数；$R_{盲}$ 是描述重叠和横跨的 r 的函数；C_3 是代表距离方程其余部分的常数；f 是频率；r 是距离；mod 是以第二个变量为模的第一个变量。

距离选通高重频

距离选通高重频（RGHPRF）性能在探测高速接近目标时明显更佳（距离波门经常小于距离分辨单元或门）[44, 54, 55, 70]。RGHPRF 对接近的低截面目标可得到最远的探测距离[71]。需要超低噪声的频率参考源来改进低 RCS 目标的杂波下可见度，甚至使用 STAP。距离选通显著改进副瓣杂波抑制，允许在更低的平台高度上工作。RGHPRF 对接近的目标探测性能的主要限制是重叠（雷达回波出现在接收机关闭的发射脉冲期间）和距离波门横跨损耗（距离波门采样时间错过雷达回波波峰）[15]。图 5.18 所示为高性能 RGHPRF 情况中近乎最大距离时具有重叠和横跨损耗的 TP$_i$。这种模式被优化用于刚好超过 75km 最大距离外的低横截面目标。此特例具有重叠的距离波门，使横跨损耗最小和有两个 PRF 使接近最大距离时至少有一个清晰的 PRF。这些 PRF 是 101.7kHz 和 101.3kHz。占空比为 10%，具有需要的 15dB 检测信噪比。对全部可能目标位置和接近的目标多普勒平均,这种模式下的损耗是小到让人惊讶的 0.4dB。

图 5.19 所示为和图 5.18 中波形对应的距离-多普勒盲区曲线。与图 5.16 所示的中重频曲线相比,距离清晰区域显著增加(以及相应损耗)减少。不幸的是,距离很模糊。通常,RGHPRF 边搜索边测距(RWS)模式和与性能最高的速度搜索(VS)模式交错进行,对先前探测到的目标进行测距。

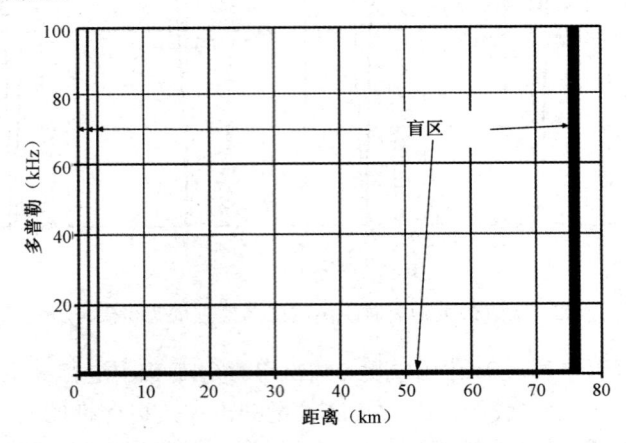

图 5.19　与图 5.18 波形对应的 RGHPRF 距离-速度盲区

经常,RWS 是三阶段 RGHPRF,其中恒定频率和两个线性调频频率(三角形上下或向上更斜向上)用于解稀疏目标空间中的距离和多普勒。在低空时,即使使用 STAP 处理,副瓣杂波仍然限制了所有目标的性能,尤其是离去的目标。这种限制产生了另一种与 RGHPRF 交替使用的模式需求。幸运的是,离去目标的时间线更长(净速度更小),且交战距离更短(武器接近率太慢)。

经常在一般性搜索中,中重频 VRS(中重频速度-距离搜索)与图 5.20 所示的高重频 VS 和 RWS 交替进行,以提供全姿态探测。不幸的是,RWS 和 VRS 都具有较近的探测距离。RGHPRF 可以进行全姿态探测,但由于副瓣杂波使尾后性能明显很差。即使使用显著改进副瓣杂波抑制的 STAP,RFHPRF 的低空尾后探测也很差[44, 45, 55]。

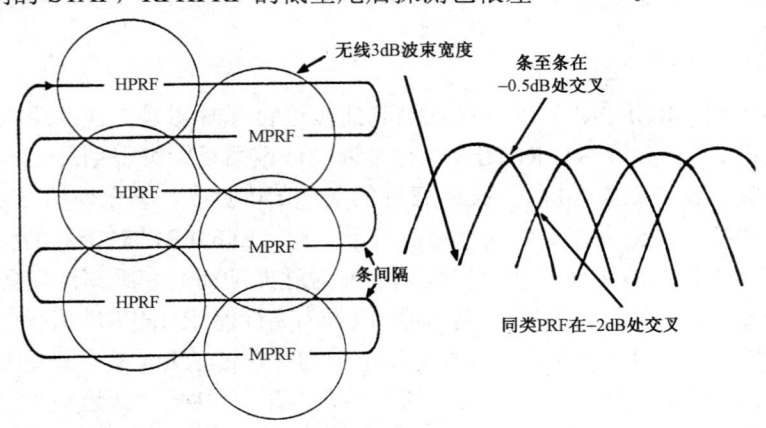

图 5.20　高重频和中重频交替进行全姿态探测[45]

图 5.21 所示为一个给定最大发射机功率、功率孔径积以及典型天线和天线罩一体化副瓣时以高度为函数自变量时高重频和中重频比较的例子。在高空和迎头时,由盲区、横跨、折叠杂波、处理和设门限损耗产生的差异超过 11dB[9, 11, 28]。

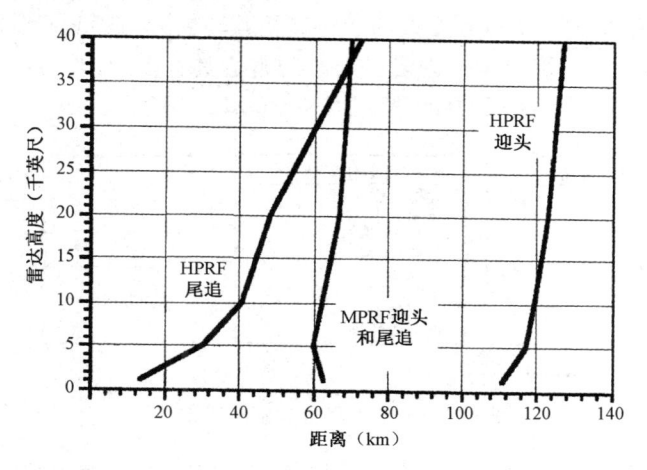

图 5.21 高重频和中重频比较[9]

RGHPRF 选择的算法

首先,同中重频情况一样,所有 PRF 应在最大设计距离上清晰。其次,所有 PRF 应对感兴趣的最大多普勒清晰。式(5.2)给出了一种可能的选择准则。虽然细节十分不同,但选择 PRF 的基本原理是优化远距离清晰区域。

$$T_A = \frac{2R_c}{c} + \tau_p 、 \text{PRI}_A = \frac{0.25\lambda}{V_a + V_t} \text{ 和 } I = \text{ceil}\left[\frac{T_A}{\text{PRI}_A}\right]$$
$$\text{PRI}_1 = \frac{T_A}{I} \text{ 和 PRI}_2 = \text{PRI}_1\left[\frac{c\tau_p}{R_c} + 1\right]$$
(5.2)

式中,R_c 是最大设计清晰距离;c 是光速,$c=2.9979\times10^8$m/s;τ_p 是发射脉宽;λ 是发射波长;ceil 是大于变量值的下一整数;V_a 和 V_t 分别是感兴趣飞机和目标的最大速度。

非合作空中目标识别[72]

多功能战斗机雷达目标识别(TID)识别目标类型,但并不是唯一的识别。诸如 JTIDS、IFF 和 RF 标记等合作目标识别方法是唯一的。TID 取决于雷达信号标记探测特性与发射和其他传感器的融合。五种最常用的 TID 信号标记是单脉冲范围(类似于图 5.25 中的示例)、谐振、高分辨距离(HRR)剖面、多普勒扩展、可以转换为距离剖面的步进频率波形调制或多频率(SFWM/MFR)以及逆合成孔径雷达(ISAR)[16, 45]。单脉冲范围可以估计长度和宽度,并分离间隔紧密的飞机。高距离分辨剖面也可以区别紧密编队飞行的目标,以及区别目标和导弹。假如目标高度已知或已猜出,则对单目标的高距离分辨剖面就可以进行辨别。如果高度已知,就可以将主要散射特性的长度、宽度和位置投影到距离剖面上。主要的民用和军用飞机和舰船的类型数最多几千种,易于存储在存储器中。但不幸的是,识别仅限于粗分类,而不是区分 MIG-29M2 和 MIG-29S(即使航展观察员可以轻易发现其中的显著差异)[89]。

多普勒、谐振、步进（SFWM）和多频（MFR）信号标记的基本观念或者是由诸如引擎压缩机、涡轮、转子或螺旋桨叶片等运动部分反射引起的调制，或者是由诸如机身、机翼、天线或储油器等沿飞机或飞行器等散射体相互作用引起的调制。SFWM/MFR 信号标记与高距离分辨信号标记紧密相关（傅里叶变换易于将其相互转换），它们遇到同样的高度估计的限制。多频率（MFR）的主要优点是，许多已部署的雷达具有多通道，且对于单目标的多通道间转换相对容易。图 5.22 中概括了识别过程的简化版本。

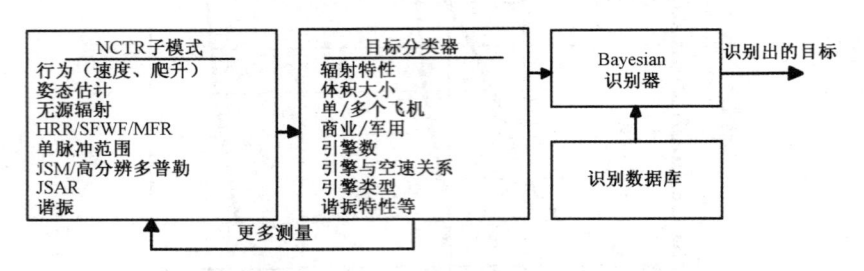

图 5.22　非合作目标识别子模式[45]

多普勒信号标记需要高多普勒分辨率，这通常容易实现并仅受到驻留时间的限制。引起多普勒扩展的单个散射体很小，因此识别通常限于最大距离的一部分（一般为 1/2）。喷气发动机引擎调制（JEM）是多普勒信号标记的一个子集，是一种出色的目标识别方法。即使使用同种类型发动机的飞机在发动机使用方面也常常有变化，例如压缩机叶片的数量或发动机数目，所以可以进行独特的类型识别。由于多重在飞机上的跳跃、摇摆和速度变化，使得 JEM 实际图像并不太清晰，但将每条线靠近质心会改善信号标记评估。最后一种目标识别方法是 ISAR，将在另一节涉及。ISAR 对飞机和舰船都有效。图 5.23 是一个典型的尾部半空间空–空 ISAR 图像。对上述每一种信号标记识别方法进行融合可以极好地进行非合作目标识别。

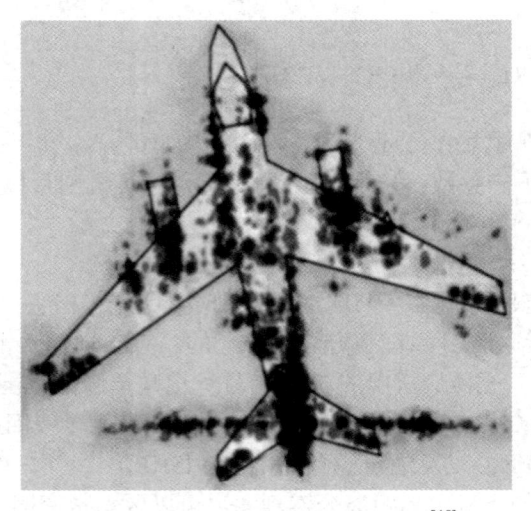

图 5.23　空－空 ISAR 示例 TA-3B[45]

气象规避

许多飞机具有单独的气象雷达。气象规避在常规地包含在现代战斗机雷达中。战斗机雷达的正常工作频率对于气象探测和规避不是最佳的[15]，主要是因为缺乏对风暴的穿透深度和降低的工作距离。然而，利用复杂的大气衰减补偿和多普勒方法可以很好地探测天气，以警示和规避风暴。主要挑战是补偿风暴前沿的后向散射并调整衰减，以便观察到风暴内部，评估其剧烈程度。测量每个单元的后向散射，计算能量余量，估计下一个单元的衰减，然后测量下一单元的后向散射等。当单元中的功率降至噪声电平时，认为该单元以后的单元为盲区。由于风暴的穿透距离不大，所以多功能战斗机雷达气象模式通常有措施，在气象显示器上标记出最后可见的或可靠距离。这就使飞行员不飞入认为没有气象信息的黑暗区域。

空中数据链

多功能战斗机雷达是传感器及信息资源网络（C^3ISR 网），有时也称为全球信息栅格（GIG）的一部分。雷达和飞机数据链的主要用途是提供整体情况认知[21]。通过利用机内和机外传感器融合，驾驶舱内可以显示出整个空中和地面图像。这幅图像可以是来自其他类似平台上雷达传感器（僚机或支援机）的数据和观察者目视报告的综合。由于现代战斗机是以网络为中心的，使用机内和机外可用的一切，以网络为中心的工作要求极高水平的数据交换与数据融合，用于展示给操作者。雷达模式可以通过数据链实时在多架飞机之间调度。

两种有关高性能飞机数据链的主要用途是，从武器或传感器平台向第二平台或地面站传输高带宽图像，以及低带宽文本、瞄准数据、引导和内务命令的传输[74-79]。大量数据链与武器有关。选择用于传输这种数据和其他数据的波形一定不能对数据链任何一端的平台信号标记有影响[8, 34-37]。

战斗机上有大量的数据链。表 5.3 给出了一架战斗机平台上可能有的空中数据链。尽管这样，雷达或其孔径的一部分经常用于做数据链，尤其用于飞行中的导弹以及和平时期空中交通管制询问的响应。通常使用脉冲幅度（包括开关）、脉冲位置、相移和频移调制。链路可以是单向的，也可以是双向的。某些导弹要求半主动照射、参考信号，以及从导弹和目标跟踪所获得的中程命令数据。来去导弹的数据通常是一种雷达工作频带内或附近的加密相位编码。在某些情况下，频道是在工厂随机选定的并以硬件方式植入导弹内部。频道一般正好在发射前选定或告知雷达。如果数据链频率大大低于雷达波段，通常有少量位于较低频率上的辐射器预埋在雷达孔径中。如果频率极为接近雷达波段，则使用雷达孔径或孔径的一部分。

表 5.3 空中数据链[80]

链　路	频　段	数据率（kb/s）	ECCM
ARC-164	UHF	1.8	远程
ARC-126	UHF	1.8	远程
ARC-201	VHF	8	中程
ARC-210	VHF/UHF	8	中远程
TADIL	UHF-L	1.8～56.6	中远程
JTIDS	L	28.8～56.6	中程
JTIDS LET	L	383.6～1180.8	中程
JTRS	VHF-X	1.8～1544	中远程
TADIXS	UHF	9.6	中程

续表

链　路	频　段	数据率（kb/s）	ECCM
MFAR	X-Ku	2～105	中远程
Milstar	UHF, Ku-Ka	4.8～1544	远程
TCDL	X-Ku	1000～256 000	中程

雷达孔径数据连接[81]

　　历史上，多功能战斗机雷达中预埋的数据链功能用于导弹中程制导。一种正在出现的应用是将雷达孔径作为高功率、高增益主数据链天线使用，数据链发射和接收与其他模式交替进行。大多数通用数据链设备的主要限制是与全向、常常共享的天线孔径和有限功率电平相关的低功率孔径乘积性能。这限制了可以获得的数据传送速率，而无论通道带宽多宽。一个连带问题是宽波束孔径固有的易于被截获与受干扰的弱点。X 或 Ku 波段多功能战斗机雷达可以用几度的主瓣宽度发射几千瓦范围内的功率电平，提供高数据率以及对干扰和截获的显著抵抗力。已经证实，使用一个生产型有源电扫阵列和一种改进的通用数据链（CDL）波形可以发射大于 500Mb/s 的数据率和接收高达 1Gb/s 的数据率[82]。使用有代表性的多功能战斗机雷达参数建模显示，在多功能战斗机雷达性能、平台高度、对流层条件之下和前向散射效应条件下，性能极限在 400n mile 以上距离之内为几 Gb/s 的吞吐量[81]。

　　由于存在相对于链路另一端的运动，实现数据链需要精确的天线指向。一种技术涉及带外数据链通道的使用，例如用 JTIDS 进行 GPS 位置更新[83]。由于链路的几何关系的动态变化，必须对多普勒频移进行主动补偿。一个相关问题是时间上的同步，用以分配发射和接收窗口以及与时间基准同步。当必须使用现有波形时，会产生挑战。这时现有孔径调度算法可以分配发射或接收的时间[81]。

　　为了获得非常高的吞吐量，发射和接收路径中的相位线性度非常关键，因为数据传输波形依赖于调制，而调制像许多雷达模式一样复杂。这也可以影响锥削函数的选择，因为相位在主瓣波前上的角度上的变化会导致性能降低。当多功能战斗机雷达为相位扫描式时，与 SAR 约束条件类似，孔径充满和副瓣控制效应会限制可以使用的孔径带宽。前者是因为将主瓣定向需要的单元相位角不同于所用调制的远区副瓣的单元相位角[81]。

　　小带宽数据链可以使用整个雷达带宽来改进加密和信干比（信号对干扰的比）。然而，由于武器上的数据链奔向目标，而目标会不可避免地努力保护自己。当武器接近目标时，信干比会非常不利。由于发射更多功率进行烧穿不可能，所以通常需要天线对干扰置零。显然，来去武器的数据也必须有效加密，防止飞行中的武器被接管[8]。

　　与雷达在传输的不同波束和/或频率上时间同步，可将信息发送到飞向目标的一个或多个导弹上。显然，稳定通信所需的全部随机频率分集、扩展频谱和加密应包括在信息上[78]。每个导弹通过图像或内务数据用一个已知但随机偏移的频率和时间答复。再次，需使用一个尽可能可靠的波形，但由于基带数据和链路几何关系可能完全不同，使得数据压缩、分集和加密也可能不同。

　　导弹数据链波形通常必须隐秘并在目标方向上剧烈衰减，因为一种对抗策略是目标上的欺骗性重发干扰机。包括链路两端之间的距离加大和多普勒效应等的高精度时间和频率同步，会通过使受伤害窗口变窄而显著减弱干扰的有效性。时间和频率同步也会将捕获或再捕获时间最小化。

使用数据链的飞机相对链路的另一端是运动着的，因此链路几何关系在时间、频率、姿态和高度上是连续变化的。信号处理器会产生导引头或数据链发射的波形。信号处理器也测量目标距离、角度、多普勒等，并将这些数据提供给其他平台。多功能战斗机雷达信号处理器发送运动感知和导航估计值来校正测量值，跟踪、编码和解码数据链信息，并进行干扰置零。

信标会合和队形保持

大多数现代军用飞机依赖于飞行中加油来执行多种任务。这需要在所有气象条件下以及队形保持状态下与加油机会合，直至当前被加油的飞机加油后离开。这可能涉及探测加油机上的编码信标、雷达跟踪加油机和其他近处的飞机。队形保持距离可以在 30~1000m 之间。特殊的短距雷达模式通常用于这个目的。常常使用低功率、短脉冲或 FM-CW 波形。盲目加油通常需要 1m 精度和 30m 最小距离。

大功率 - 孔径干扰

图 5.24 所示为多功能战斗机雷达大功率 - 孔径干扰的基本概念[9, 11, 71, 84]。

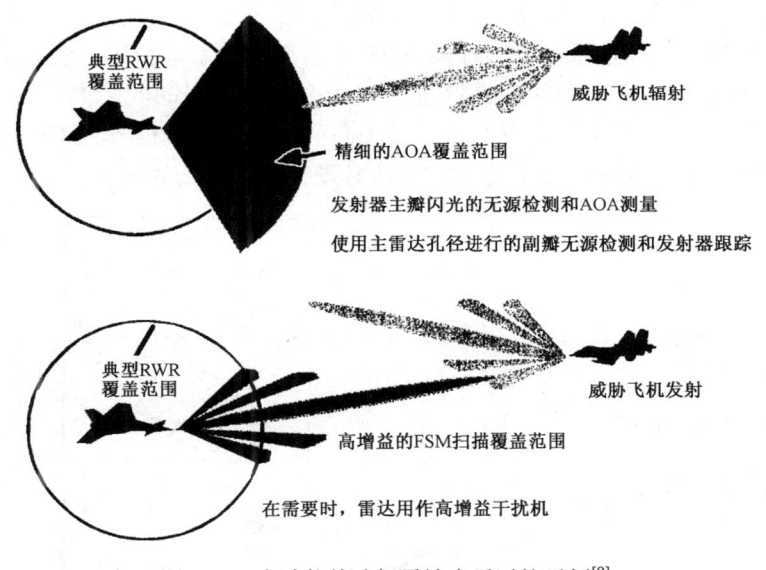

图 5.24　多功能战斗机雷达电子对抗示例[9]

一个无论是地面还是机载的威胁发射机首先被雷达告警接收机（RWR）功能（可能只不过是一种在图 5.4 所示 RF 和处理架构上的应用覆盖）的球形覆盖区域探测和识别。如果这种截获位于雷达视场（FOV）内，则用主雷达孔径可以进行精细的到达角（AOA）和可能的脉冲串测距，如图 5.24 的顶部所示。随后使用头部的孔径进行高增益电子支援措施（ESM）并记录发射器的主瓣或副瓣。如果根据机上的威胁表、当前交战规则或任务计划确定有干扰，则可使用高增益头部孔径来启动基于对应的机上技术表格的高功率密度干扰[84]。由于敌方雷达也可能是一个多功能阵列，因此要求利用威胁表根据其表视的统计特性分类。用 PRF、脉冲宽度和脉冲串包络等老式匹配效果不佳，因为波形变化太多。基于雷达的典型头部孔径有效辐射峰值功率（ERPP）可以轻易地超越 75dBW，通常足够应对威胁雷达[39, 85]。例如，假设一个 10GHz 带内信号，-3dBi 的威胁副瓣和-110dBW 的威胁灵敏度，则在 20km 处可产生高于最小灵敏度 60dB 的干扰脉冲。显然，在附近的副瓣或主瓣内，对 60dB 的脉冲距离会大得多[84]。

5.4 空地模式说明及波形

地形跟随和地形规避

下一示例是地形跟随、地形规避（TF/TA），如图 5.25 所示。在地形跟随中，天线沿飞机速度矢量方向扫描几个垂直条并产生一个有时在 E 显示器上显示给飞行员的高度距离剖面。根据飞机的机动能力，在图 5.25 所示的上弯曲线表示一个 1g 加速度（此处 g 为重力加速度）机动控制线的控制剖面[86-88]。如果这条概念上的线在任意距离上与地面相交，则自动进行向上机动。也存在一条概念上的下推线，图中没有示出，会产生一个相应的向下机动。现代雷达的控制剖面是自动的，因为人类飞行员不拥有规避所有可能已探测的障碍的反应（能力）。

在地形规避（TA）中，天线在水平面内扫描（如图 5.25 左上所示），然后评估几个高度平面的切面并在方位－距离显示器上（如图 5.25 右下所示）呈现给飞行员。地形规避扫描图形显示了飞行高度附近或更高处的所有地形以及一个低于设置的间晰高度（一般为 500 英尺）的切面[86]。图 5.25（左下和右下）显示了飞向两座山的飞机位置几何图以及显示给飞行员的对应高度切面。这允许飞行员手动或自动转弯飞行来保持低高度。

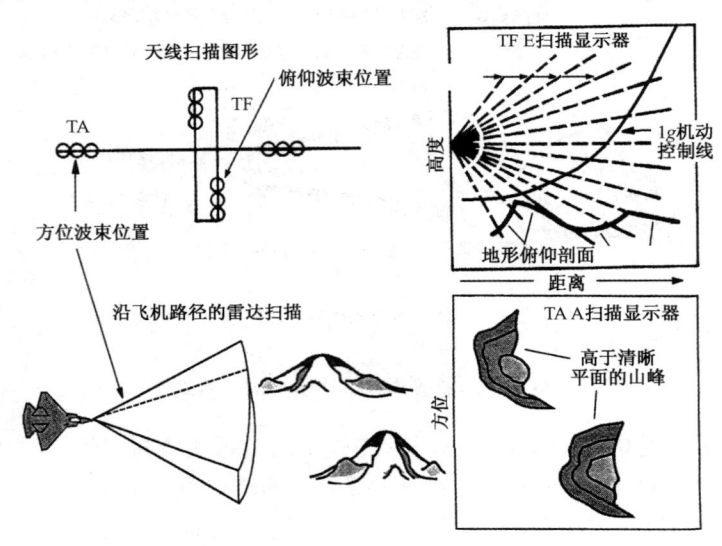

图 5.25 TF/TA 模式的例子[8]

TF/TA 允许飞机利用地形做掩护进行低空渗透，从而防止被较早探测到。TF/TA 是隐身的重要方面，即使当高度并不太低时也是这样，因为低空会产生地形遮蔽和许多有类似截面积的竞争目标[8]。

地形高度评估

TF/TA 的某些特性是需要的扫描图形，获得沿飞行路径方向可能闪烁目标高度的有效估计值所需的独立频率视数，以及距离覆盖范围。由于地形高度是通过测量俯仰角进行估计的，所以角精度至关重要。距离范围虽然不太，但需要多个重叠波束和多个波形。图 5.26 所示为一种计算地形高度的方法[8]。如图所示，它包括在多个脉冲上测量每个单独波束位置的质心和范围，并估计每个波束中的地形顶端。计算方法总结在式（5.3）中。

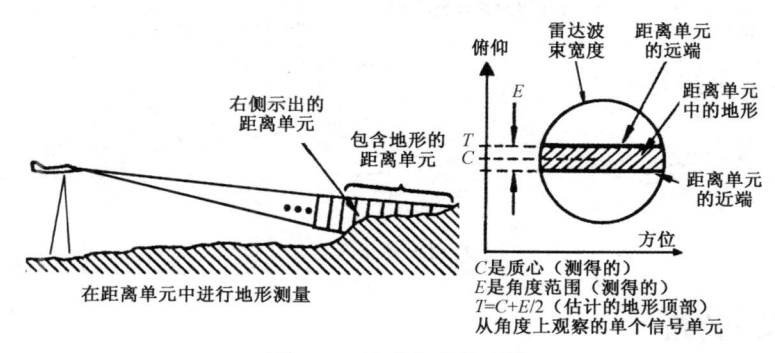

图 5.26 地形高度估计[8]

$$P_r = \sum_i |S_i|^2 \text{ 接收功率}, \quad C_r = \text{Re}\left\{\frac{\sum_i S_i \times D_i}{P_r}\right\} \text{ 质心}$$

$$E_r^2 = \frac{\sum_i |D_i|^2}{P_r} - C_r^2 \text{ 范围平方}, \quad T = C_r + 0.5 \times E_r \text{ 地形高度估计} \quad (5.3)$$

式中，S_i 是一个单脉冲和测量值；D_i 是对应的俯仰单脉冲差测量值。

通常，距离 - 俯仰剖面在多段中用分别的 PRF 和脉冲宽度测量。最低 PRF 用于测量俯仰扫描顶部剖面的最远距离部分。它使用最大的脉冲压缩比（16:1～32:1）。每个波束位置重叠约 90%，且每个波束内的多频视产生多达 64 个独立的视。俯仰扫描底部的最近距离使用无脉冲压缩的短脉冲以及一个视数相同的更高 PRF。一个 T_{OT} 内的脉冲都是从重叠波束中照射一个点的所有脉冲。在对波束求和来从全部波束估计地形高度之前，对每个重叠波束必须补偿天线视角[8]。地形的雷达截面积可能很低（例如，冰雪覆盖的无树地形），因此可以对一些脉冲进行相干积累，以改进多达 8 个脉冲的 CPI 的信噪比，见表 5.1 中的 TF/TA 条目。

地形数据库融合

为了安全以及隐身的原因，有源雷达测量与预先存储的地形数据库融合[87]。图 5.27 所示为和存储数据进行融合的 TF/TA 测量的一般概念。

有源雷达可以在几英里外进行测量。立即使用的地形数据可能扩展到 10 英里。地形数据库不能完全是当前的，可能包含某些系统性误差。例如，由于数据库是预先准备的，不可能包括以后建造的连接塔台或竖立结构的线缆高度。为达到每次任务小于 10^{-6} 坠毁概率的最低可能飞行轨迹，预存数据与有源雷达测量值融合和验证。低坠毁概率也需要一些软硬件冗余。此外，当飞机直接在某种地形上空飞行时，融合的地形剖面用 RF 和处理器综合体中的雷达高度计功能（TERCOM/TERPROM）进行验证。通常，在根据世界数字地形高度数据库（DTED）执行任务前，预存的数据以所需的分辨率产生。

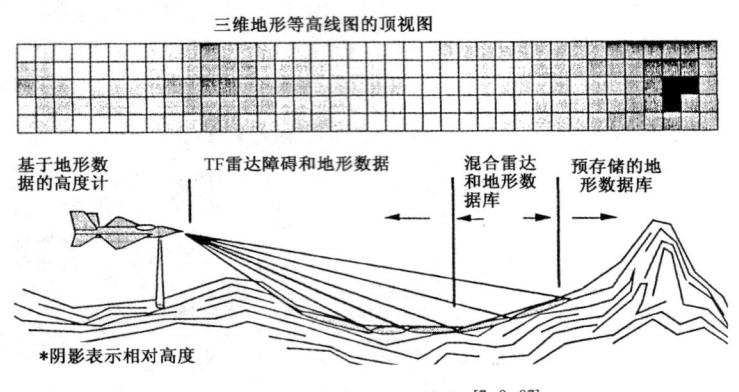

图 5.27　TF/TA 地形融合 [7, 8, 87]

海面搜索、截获和跟踪

海面搜索、截获和跟踪面向三类目标：海面舰只、接近海面的潜水艇或正在通气的潜艇通气管和海面搜救。跟踪是用反舰导弹攻击的前提。虽然大多数舰只是大型雷达目标，但它们相对地面车辆和飞机移动较慢。此外，海杂波除"尖峰"特性外，还会显示出海浪运动和风推动的海的杂波。这些事实通常需要高分辨率和多时或多频视，来滤除海杂波，以获得稳定的探测与跟踪[16, 45]。如果目标是大型海面舰只，则 RCS 可能是 $1000m^2$，可用 30m 的距离分辨率进行搜索和截获。如果目标是潜望镜或救生筏内的人员，而由于 RCS 可能小于 $1m^2$，则可能使用 0.3m 的分辨率，于是滤波尤其重要。DPCA 和多普勒处理通常与传统的明亮（高于背景 20dB 或更多）目标探测法交替进行。通常使用意味着比较较高脉冲压缩比的低 PRF，见表 5.1。扫描速率通常很慢，每条 10s。

高距离分辨率剖面可以像识别飞机一样用于识别船只[72]。这自然具有先前所述的相同弱点，姿态或高度必须已知。如果高度已知，则大散射体可以成像为距离剖面，并与每个单元内的船只功率回波相关。图 5.28 是一个舰船的距离剖面示例。当剖面在距离中是稳定时，这些剖面通常在跟踪中产生。

海面船只或近海面的潜艇的尾迹产生了一段时间内的大截面，但需要 10~100s 的海面稳定积累时间[16, 45]来检测。使用运动补偿多普勒波束锐化（DBS）模式可以进行稳定的地表面积累。

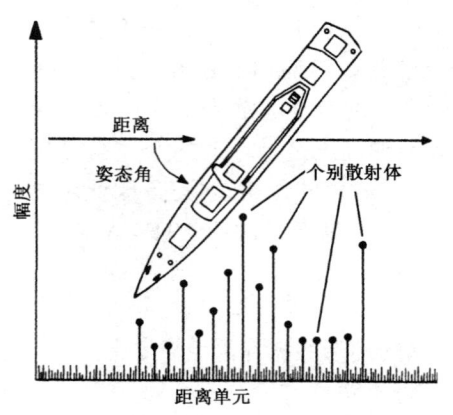

图 5.28　距离剖面船只识别[45]

逆合成孔径雷达（ISAR）

一种更可靠的船只识别方法是逆合成孔径雷达（ISAR）[16, 72]。基本思路是固定目标的运动可以分解成对目标视线的平移和转动。转动使物体上的相位改变有不同的变化率。对相位变化差可以进行匹配滤波，对距离单元中的单个散射体分辨。从概念上讲，这种匹配滤波器与用于匹配相位码脉冲压缩波形的滤波器没有差异。这是所有 SAR、RCS 距离成像、观测到的几何目标加速度、转台成像和 ISAR 的基础。

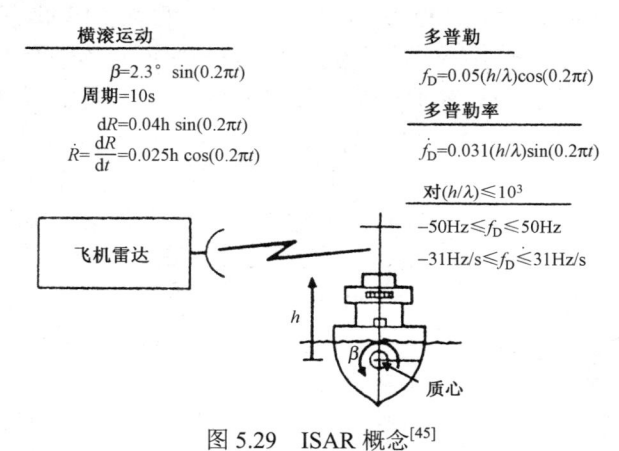

洋面上的船只关于其重心表现出摇摆、俯仰和横滚运动。例如，图 5.29 中给出了船只在宁静海面表现出的 ±2.3° 横滚运动，周期 10s。几乎大型战舰上所有散射体的运动都在雷达观测者看来投影成椭圆段的圆弧上运动[45]。对于雷达观测者而言，与横滚摇摆运动有关的距离变化 dR 是散射体高于质心高度 h 的函数。每个横滚（摇摆、俯仰）运动的散射体在高度 h 上的近似距离变化率是图 5.29 所示的 R 的时间导数。对一个具有合理副瓣的给定期望横向距离分辨率Δr_c，β 必须等于 $\Delta r_c/\lambda$。对于示例，5 英尺横向距离分辨率可用 10s 的观察时间获得。对应的多普勒和多普勒变化率如图 5.29 所示。

横滚运动
$\beta = 2.3° \sin(0.2\pi t)$
周期=10s
dR=0.04h $\sin(0.2\pi t)$
$\dot{R} = \dfrac{\mathrm{d}R}{\mathrm{d}t} = 0.025h\cos(0.2\pi t)$

多普勒
$f_D = 0.05(h/\lambda)\cos(0.2\pi t)$

多普勒率
$\dot{f}_D = 0.031(h/\lambda)\sin(0.2\pi t)$

对$(h/\lambda) \leqslant 10^3$
$-50\mathrm{Hz} \leqslant f_D \leqslant 50\mathrm{Hz}$
$-31\mathrm{Hz/s} \leqslant \dot{f}_D \leqslant 31\mathrm{Hz/s}$

图 5.29 ISAR 概念[45]

对于主要散射体高于质心不超过 85 英尺的船只，X 波段多普勒的范围为 ±50Hz，其变化率为 ±31Hz/s。只要图像分辨率不要求太大，每个多普勒距离单元可以使用对每个散射体的假设的运动进行匹配滤波，形成船只的图像。每个距离单元可以包括已知横滚平面内的船只上的多个散射体，它们可以用不同的相位史进行区分。然而，俯仰轴上相同距离和横滚高度的散射体不能分辨。虽然俯仰和摇摆运动较慢，但它们也存在，并可以在其他类似平面内分离。

相当好的图像搭配经验上丰富的雷达操作者可以识别出大多数海面战舰。使用预存船只剖面的识别辅助可以在许多情况下识别出舷号。图 5.30 是一艘登陆突击艇的简单 ISAR 图像。雷达在这种情况中从船首 30km 处以 6° 掠射角照射船只。明亮的散射体显示出可以通过感知大型回波部分地减少的横向距离副瓣，然后应用这幅图像中已经用的幅度加权和显示压缩。多幅 ISAR 图像的积累会显著改进质量。

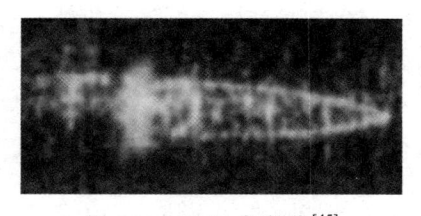

图 5.30 ISAR 舰船像[45]

空对地测距

空对地测距经常用于对火炮、无动力炸弹的瞄准以及对利用短距离导引头对付固定目标或慢运动目标的导弹的瞄准。目标用诸如 GMTI、DBS、SAR 或 SSS 等其他模式进行探测和指定。被指定目标在距离和角度上进行跟踪，以提供精确的目标距离和角度。跟踪可以是开环或闭环的。在武器发射前后会将估计值提供给武器。根据目标距离诸如激光器等其他指示器可与雷达相互交替使用。雷达和其他指示器都会受到大气折射的影响，尤其是低空时，需要评估折射和补偿。

精确速度更新

精确速度更新（PVU）用于对惯性平台的导航校正。虽然 GPS 更新通常用于多种情况下的导航，但军用飞机不能完全依靠 GPS 的可用性。此外，惯性传感器用于填充 GPS 测量之间的间隔，即使在最佳环境下也是如此。惯性传感器在短时间段内非常好，但速度漂移是一个主要的长时间误差源，例如 1km/h 每分钟积累 16.6m 误差。雷达模式为良好运行可需要 0.1km 的位置精度。

PVU 一般使用三个或四个天线波束位置进行速度测量，如图 5.31 所示[15]。这种模式直接模仿专用雷达多普勒导航仪。这是一个三步速度测量过程。第一步，自动获得地面的距离。第二步，经常使用类似于式（5.3）所示的单脉冲判别式和距离聚集质心进行精确距离测量。第三步，也利用向质心聚集，并使用多普勒和/或距离变化率进行视线速度 V_{LOS} 测量。由于照射片地面上的地形可能会升高或下降引起速度误差，所以估计和使用地形坡度来校正估计的速度。

卡尔曼滤波器（一种自适应地合并目标估计模型和误差模型的递归滤波器[10]）用于进行更好的飞机速度估计。虽然这个过程可以在陆地或水面上进行，但

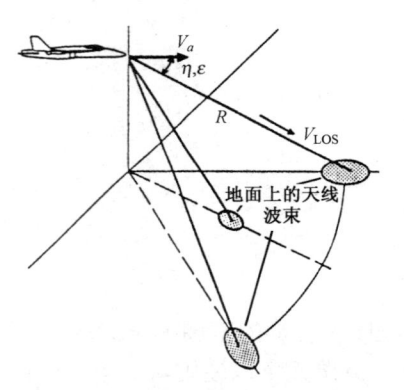

图 5.31 精确速度更新概念[45]

洋流使水面上测量的精度很差。这种速度测量可以为各种惯性平台（飞机、武器和雷达）提供飞行中转移的校正。一组输出值被提供给任务管理计算功能，包括东北向下（NED）速度误差和统计精度估计。

监听或被动收听

大多数模式具有一种称为"监听"的前驱子程序，在雷达选定工作通道发射前对该通道进行被动探测。探测结果可能是一种友方干扰器、干扰机或一种不在意的干扰器，例如有故障的民用通信应答器[99]。依照作者经验，最后一种示例是最常见的。故障应答机表现为一个百万平米的目标并不罕见。

多普勒波束锐化（DBS）[16, 45, 97]

DBS 与 SAR 非常类似，因为两者都使用天线主瓣内的多普勒扩展来产生横向波束方向

的更高分辨率[8, 9, 28, 52]。主要差异是角度覆盖量、波束扫描、分辨率、数据收集时间以及每个距离多普勒单元中的匹配滤波精度。DBS 图像可能利用 1s 时间来收集 70°的角度数据。几英尺分辨率的 X 波段 SAR 图像依靠与飞机速度矢量的角度，可能要几十秒钟来收集数据。在图 5.32 中以定性方式比较了 DBS 和 SAR。

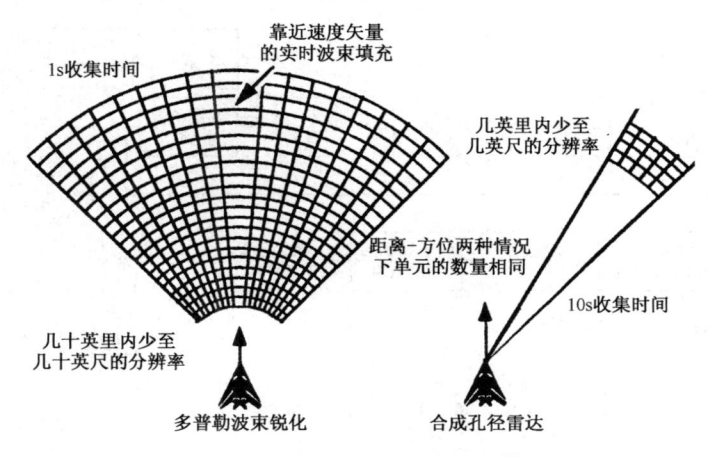

图 5.32 DBS 与 SAR 的比较[9]

由于波束的位置靠近速度矢量，多普勒扩展较小，所以为获得相同的分辨率必须增加相干驻留时间。通常，随着波束靠近飞机速度矢量，存在从较短相干处理周期（CPI）和较长探测后积累（PDI）向较长 CPI 和较短 PDI 的转换。接近迎头时驻留时间是不可接受的，于是这时扫描中心用实时波束成像填充。实时波束使用相同的距离分辨率，但由于使用整个波束的回波，所以需要某些幅度均衡来提供整个图像上的均匀对比度和亮度。因为等距离线和等多普勒线在接近飞机速度矢量（见图 5.8）时并不正交，对多普勒扩展（距离闭合和相位史方面）进行匹配滤波方面进行了某些努力。另一方面，SAR 通常在每个距离 - 多普勒单元中（相对所需的分辨率和相位史）是完全匹配的。

图 5.33 所示为 DBS 模式中可能见到的信号处理过程。它包括多往返时间回波（MTAE）抑制、改进副瓣的幅度加权、预求和、FFT 滤波器组、每个可用滤波器输出的幅度检波、后接探测后积累的正确对地面稳定的位置中的每个滤波器输出的放置，以及恒定亮度和动态范围的显示定标。模糊回波依据入射余角可能与需成像的区域竞争。经常，使用灵敏度时间控制（STC）和脉冲间相位编码的结合来抑制多次往返时间回波（MTAE）[8, 16, 62, 63]。图 5.33 的右下方所示为作为偏离速度矢量的波束位置的函数的预求和量和检测后积累的量。对每个不同的角度，都有一个与不同的波束内多普勒扩展。因此，为了保持恒定的波束锐化比，必须对每个波束位置使用不同的预求和量。**预求和**就是在实天线波束内用基本上是低通滤波器形成不聚焦的合成波束（也就是说很少或不企图对表面上的点的精确相位史进行匹配）。如果不使用和每个角度对应的检测后积累进行补偿，则会产生不同的目标亮度和对比度，如图 5.33 所示。

多频的视用于降低图像中的斑点，因此对不同的频率进行检测后积累。CPI 是预求和率乘以滤波器采样数（一般为 128～800）。每个 CPI 在 PRF 方面可具有小量变化，用以简化处理并补偿飞机机动。飞机可能在收集时间内飞行 1000 英尺。在大多数 SAR 和 DBS 处理中存在大量运送延迟,结果是处理后的回波必须进行纠正(也就是进行几何失真的补偿),运动补偿,并成像在适当的空间角度和距离位置上。由于 DBS 通常对大片区域成像,以提供整个地面情况感知,所以整个距离覆盖区通常是被多个俯仰波束和距离条带的覆盖。这对操作者是显而易见的,但需要不同的 PRF、脉宽、滤波器形状和驻留时间。

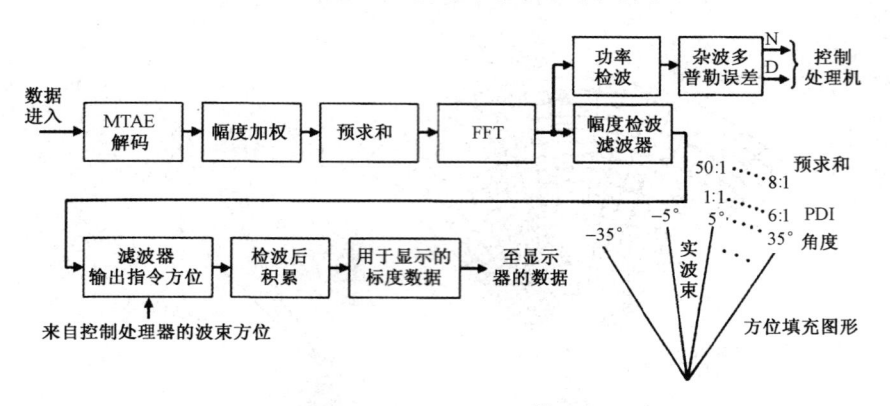

图 5.33 DBS 处理[8]

虽然多功能雷达包括一个非常稳定的时间参考,但是地形高度变化率的不确定性、折射、高空风和特别长的相干积累时间使得要测量杂波多普勒误差与预计频率的关系,以保持恰当的聚焦和单元配准,如图 5.33 中右上所示。SAR 中也完成类似的功能。

合成孔径雷达

像 DBS 的情况一样,SAR 是一种多速滤波问题,也就是说输入采样率高于输出采样率的滤波器级联,如图 5.35 所示,这需要特别谨慎地对待距离和方位滤波器副瓣。一般而言,地面上的各个脉冲的间隔选择成比所需的最终分辨率更靠近。由于表面上每个点在脉冲间在距离单元上移动相当明显的部分,所以可以进行线性距离闭合和相位修正[38, 40-42, 66, 69, 91]。输入信号,即图 5.34 中的点 A 显示为 A 点的频谱,它关于图 5.35 左侧的 PRF 折叠。

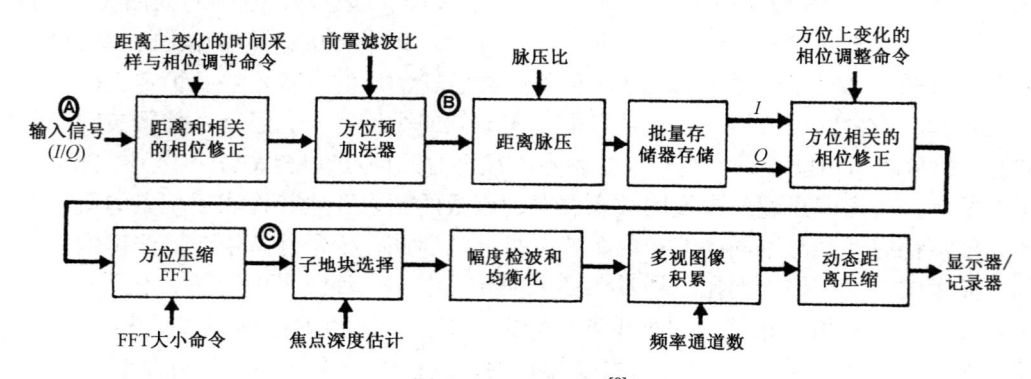

图 5.34 SAR 处理[8]

随后应用预求和,形成一个未聚焦的合成波束或主瓣地面回波(见图 5.34 中的点 B)中的滤波器,这会改进方位副瓣并将频谱收窄,如图 5.35 中的中间图形所示。预求和器的输出用可接受的滤波器混淆一致的较低速率 f_s 进行再次采样。随后,假定发射脉冲和距离条幅相比很长,进行距离脉冲压缩。如果使用线性调频,则部分"伸展"脉冲压缩处理在距离压缩功能中进行,其余在极坐标格式处理中进行。图 5.34 中 C 点所示的解线性调频以及部分滤波的或压缩的输出可用一个新的 f_s 进行再次采样,如图 5.35 中右图的 C 点所示。不管怎样,方位上变化的相位调整和单元成像(这补偿数据收集时间内发生的显著运动造成的测量空间角度和距离闭合测量的变化)必须在方位滤波(有时因为与相位匹配脉冲压缩相似而称为压缩)前进行。方位压缩的输出示在 C 点。由于大气效应和局部升降地形可能导致散焦,所以对复数的 SAR 输出图像必须检查焦点深度并常常需要自动聚焦。再次聚焦后,图像进行幅度检波和柱状图平均来保持均匀的亮度。该图像与其他需要几何校正和运动补偿的视图集成。整个图的动态范围会轻易大于 60dB。一般座舱显示器的动态范围值限制在 15～25dB,于是通常要进行动态范围压缩,例如将图像幅度转化为它的对数。

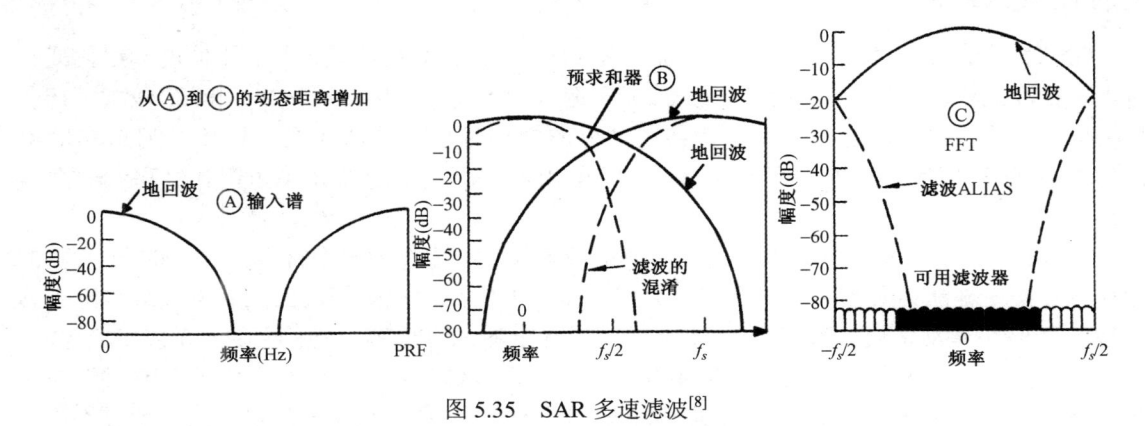

图 5.35 SAR 多速滤波[8]

DBS 或 SAR PRF,脉冲长度和压缩选择

对于每个 SAR 或 DBS 几何关系,必须计算发射脉冲宽度、脉冲重复周期和脉冲压缩比。式(5.4)给出了一个可能的选择准则集合[45]。

通常,距离条幅前的最近一个距离模糊选择在主瓣外,远到至少 20dB 以下,包括 R^4 效应。经常在 SAR 中,发射脉冲远大于距离条幅 $R_{条幅}$。显然,在每种情况中,选择最近的整数时钟周期和最近的方便脉冲压缩比,因为式(5.4)中的值仅仅碰巧是时钟整数。

脉冲重复周期(PRI)为

$$\frac{\lambda}{2V_a U_0 B_{方位}\sin\theta} \geqslant \text{PRI} \geqslant \frac{2(R_1 - R_{最小} + R_{条幅} + R_p)}{c}$$

脉冲宽度:

$$R_p \leqslant 占空比_{最大} \times \text{PRI} \times c$$

最小允许模糊距离:

$$R_{最小} \approx h\csc(\varepsilon + U_1 B_{俯仰}/2) \qquad (5.4)$$

距离条幅是和几何关系和测量范围相关的:

$$R_{条幅} \leqslant h\left[\csc(\varepsilon - B_{俯仰}/2) - \csc(\varepsilon + B_{俯仰}/2)\right]$$

$$且\ R_{条幅} \leqslant R_{最大条幅}$$

式中，λ 是发射波长；h 是飞机高度；$B_{方位}$ 和 $B_{俯仰}$ 是方位和俯仰半功率波束宽度；θ 和 ε 是速度矢量和天线波束中心之间的角度；R_1 是到第一距离单元的距离；V_a 是飞机速度，$R_{条幅}$ 是距离条幅长度；$R_{最大条幅}$ 是最大测量距离条幅；$R_{最小}$ 是距允许的最近的模糊距离；占空比$_{最大}$是允许的占空比；R_p 是以距离为单位的发射脉冲长度；c 是光速；U_0、U_1 是预定功率切断的波束宽度乘积因子。

例如，假设 V_a=300m/s，λ=0.03m，h=5000m，θ=0.5，ε=0.1，$B_{方位}$、$B_{俯仰}$=0.05，U_0、U_1=2.3，$R_{条幅}$=2km，$R_{最小}$=32km，需要的成像距离 R_1=50km，占空比$_{最大}$=0.25。选择第一个猜测 R_p=8000m，则 186μs＜PRI＜906μs，$R_{最小}$=213μs，下一个允许的模糊将在 400μs 路过条幅，因此，213μs 或 400μs 的 PRI 将会相应使用约 50μs 或 100μs 的发射脉冲。

地面动目标显示（GMTI）和跟踪（GMTT）

GMTI 是地面运动目标的探测和截获。GMTI 和 GMTT 雷达模式具有不同的一组挑战。首先，目标探测通常是容易的部分；大部分人造目标和许多天然的运动目标 RCS 较大（10～1000m^2）。不幸的是，还有许多具有移动部分的静止目标，如通风机、风扇、河道和输电线等[93]它们产生视在虚警。通常慢速运动的车辆具有快速运动部分（如直升机和农业灌溉设备）。

许多区域有大量的车辆以及可能是车辆的散射体。一般在视野中有多至 20 000 个真实的运动目标。处理能力必须足以处理和区分成千上万的以高信噪比超过门限者以及成百上千感兴趣的目标。通常多假设跟踪[10]滤波器组要同时跟随几百个感兴趣的目标。在大多数情况下，所有目标必须被跟踪，随后根据多普勒频谱（直升机对轮式车辆对跟踪的车辆对扫描天线）、测量的位置变化率（通风设备位置不变）以及相一致的轨迹（例如没有路的地方不可能有 60m/h 的地面车辆）进行识别[94]。此外，感兴趣的车辆可能具有需要内部杂波处理的相对较低径向速度（也就是说，深入在主瓣杂波内，使探测只能限于多普勒滤波）[16]。

图 5.36 为 GMTT 的处理方框图。虽然存在进行内杂波处理的其他方式，但图 5.36 给出了基于多相位中心的处理方案。对多通道或相位中心进行数字化和脉冲压缩。定期的校正信号用于产生一个针对所有频率、天线波束控制和通道的增益、相位和波束控制的校正表，随后用于每个通道的数字化的测量。对平台机动或偏移的精度到波长几分之一的运动补偿加在这些数据上。进行粗略两维 FFT，后接空时自适应计算，并加上滤波器加权来抑制某些杂波和干扰。可能使用 DPCA 杂波对消在常规 FFT 中进行高分辨率多普勒滤波[90, 96, 97]。多普勒滤波器输出用于形成为精确测量多普勒中心频率用的主瓣杂波误差鉴别，以提供波长几分之一的运动补偿。对每个距离波门，主瓣杂波的频率位置并不相同，因此滤波器输出顺序必须调整，以产生一个到门限检波器的共同输入。多普勒滤波器组的输出也应用到进行地面动目标探测的多级门限检波器上，这与"地面动目标设门限"中描述的检波器类似。对每个已探测到的运动目标形成和鉴别函数与差鉴别函数并存储在缓冲存储器内，以改进目标跟踪和地理位置精度。

经常，PRF 在距离和多普勒上都模糊，但在主瓣内和附近副瓣内不模糊（也就是说，在主瓣内和附近副瓣内仅有一个距离或多普勒模糊间隔）。PRF 的选择类似于空－空 MPRF。通常使用较少的 PRF，一般为四或五个[97]。低入射余角时，距离模糊可能在主瓣内。2/4 或 3/5 是通常的最终检测准则。PRF 一般为 4～8kHz。常用编码波形以抑制与感兴趣区域竞争的天线主瓣外的模糊回波。10 英尺距离单元的尺寸常用于匹配最小感兴趣的车辆和减少背景杂波。地面动目标识别可能需要 0.25 英尺的分辨率。由于飞机将进行有意和无意的机动，所以天线照射必须对地面稳定[94]。

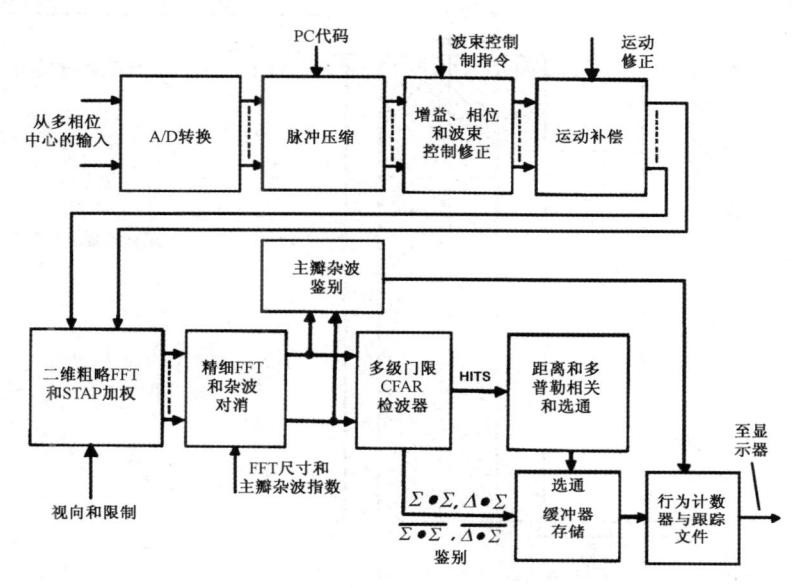

图 5.36 地面动目标探测处理[8]

对地面动目标设门限

典型的多级门限具有几个独特的特性。除明显的虚警确认特性（一种双门限方法，即一个用较低的第一门限提名雷达回波为可能的目标，然后由更高的门限用回波观测进行确认）外，也使用多相位中心鉴别和近副瓣门限乘法器[94]。即使应用 STAP，杂波的非高斯特性也要求在主瓣内和近副瓣内有较高门限[98]。门限穿越与距离和多普勒进行相关及缓冲，并用对应的相位中心鉴别，送入跟踪滤波器或活动计数器。

有 3 个设门限区：主瓣由杂波限制的检测、近副瓣由杂波限制的检测和由热噪声限制的检测。感兴趣的近表面目标经常在长时间内具有每小时几英里的径向速度，迫使地面运动目标的检测在主瓣杂波内进行。相位单脉冲、DPCA 或 STAP 处理允许对许多慢速运动目标进行一阶对消。不幸的是，杂波通常不具有性能良好的统计痕迹，为了保持恒定的虚警率，必须对杂波内部目标提升门限。多普勒滤波器组的输出可被认为是一个两维距离 - 多普勒图像。因为杂波对消不充分，所以仍然存在部分不进行运动补偿就要完全抛弃的主瓣杂波[98]。

图 5.37 所示为一种基于这些概念之上的设门限方案示例。距离 - 多普勒空间被分解为距离单元和多普勒滤波器网格。网格中的每个单元可以是具有总共 256 个网格单元的 64×64 距离 - 多普勒单元。一些接近主瓣杂波（图中的 MLC）的网格位置仅用于形成主瓣杂波鉴别，否则抛弃。每个网格单元中的单元（示例中的 64^2）在和及差通道中整体平均（EA）。清晰区域（热噪声限制区）中一个网格中的每个单元中的功率与作为该网格中 EA 函数的门限 $P_{TH1}(EA)$ 做比较。在附近副瓣的杂波内，形成一个鉴别式 C_S，用于在设门限前进行附加杂波对消。门限 $P_{TH2}(EA)$ 仍是该网格中 EA 的函数，是杂波统计的预先知晓量。虽然仅描述了一

个门限，实际上在击中之前使用了两个门限，且其对应的鉴别式传到跟踪文件中。所有低门限击中传到活动计数器。虽然这种门限方案看来很复杂，但它的探测能力效率很高。

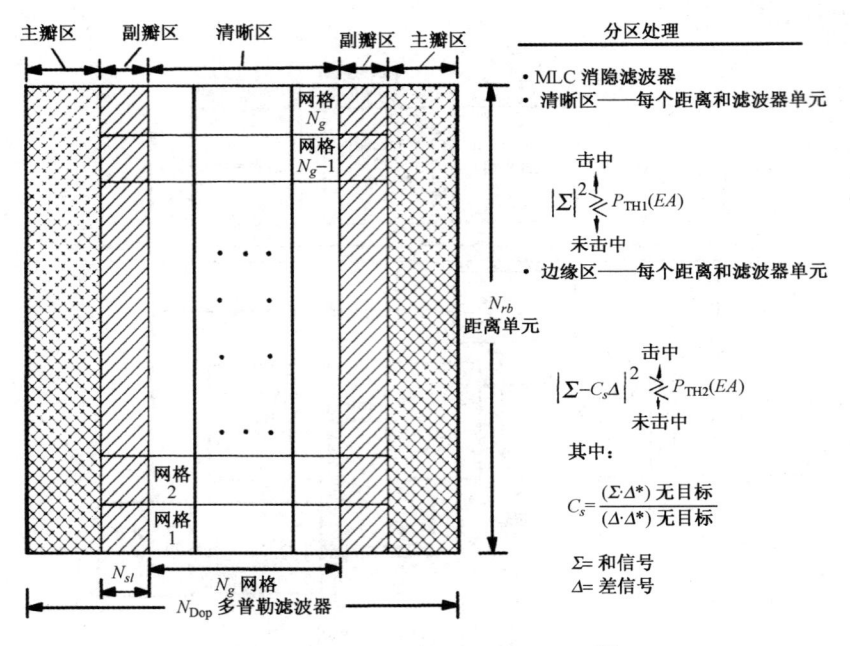

图 5.37　多区域地面动目标设门限[8]

典型 GMT 武器投放

如前所述，导弹制导要求同时跟踪目标和导弹（同样适于炮瞄雷达的炮弹，**炮瞄**是英国在第二次世界大战中发明的术语，指高射炮用雷达瞄准）。距离精度至少要高于角度精度一个数量级。必须使用某种方法改进武器投放的角精度。图 5.38 给出了 GMT 武器投放的处理流程图的例子。在这种情况下跟踪了三种不同类别的目标或导弹。可以使用单个波形来跟踪静止、杂波内或外的运动目标以及导弹或炮弹。每一类回波根据其距离和多普勒位置，分别进行跟踪和地理定位[94]。

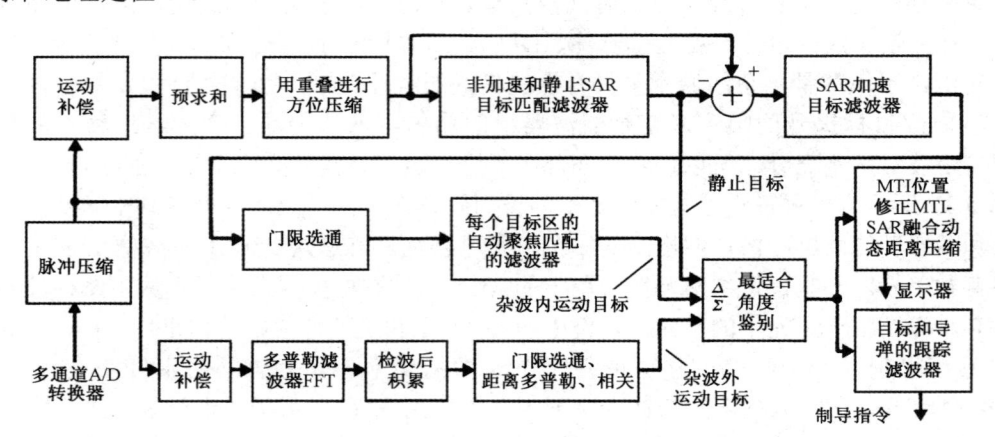

图 5.38　典型 GMT 武器制导[8]

有几种常见的地理定位类型，其中许多是基于 DTED 或地图数据的使用上的。图 5.39 给出了一种使用地图数据的方法。对每个目标计算其误差椭圆及其离心率。如果离心率小于某个任意的门限（例如，相对于 0.866），计算 3Σ 椭圆中路段的最小垂直距离。如图中所示，垂直截距可能不再路段内，将被舍弃。对有效路段距离的最短距离将被选为 GMT 位置。如果离心率大于门限，则比较在 3Σ 内具有椭圆长轴截距的路段，并选择最短距离。显然，也必须应用一些其他筛除法。例如，一些路径不能支持高速，且坦克不一定在路上。

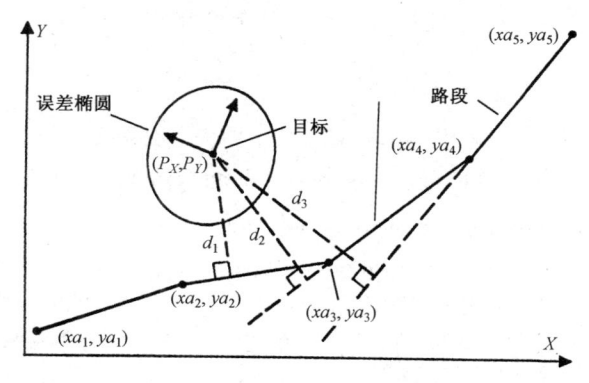

图 5.39　地图支持下的 GMT 地理定位[94]

一种常用的 SAR-MTI 显示器被提供给操作员。此外，制导命令或误差根据测量值推导，并提供到飞行的导弹或火炮引导计算机的下行链路，以给开展下一轮开火用。短时间相干变化的检测可用于从杂波内慢速运动目标中分离出静态目标。短时间相干变化检测是一种在几小时内取两幅相干同频 SAR 图像进行注册并按像素互相关的方法。快速运动目标范畴通常包括目标以及炮弹或导弹。

导弹性能评估、跟踪和更新

导弹中程制导通常包括评估导弹性能、测量目标和导弹位置、预测各个的路径以及为将来最佳截获目标而更新到导弹的所得数据。它也包括对目标类型和姿态的最新估计，用于最佳引爆。导弹通常发送其运行状况、本身测量值、剩余燃料量和目标截获数据[74]，如果有的话。当导弹靠近数据链飞机（可能是或不是发射平台）时，通信通常通过不是主多功能天线的孔径进行。随着距离变远，则使用主多功能天线孔径。由于数据链飞机是机动的，使用导弹方向上有最大投影面积的孔径。至导弹的带宽很窄，可以有冗余并高度加密，以提供良好的反干扰（A/J）保护。如果包括图像，则发自导弹的上传线路的带宽相对较宽，将具有相对较低的 A/J 性能。如果干扰机偏移目标，自适应 MFAR 主孔径可以改进较宽频带的导弹上行链路的 A/J 性能。在导弹端，导弹上的天线可有干扰置零功能，以改进下行链路的 A/J 性能[43, 85]。

AGC、校准和自测

通常在一个新模式的开始时，作战飞行计划（OFP）执行者启动在每个扫描条末端或每秒一次调用校准以及自测子程序。于是执行一系列子程序，它们使用注入天线的信号测量通道间的相位和增益不平衡性。由于大多数 RF 前端的非线性特性，所以这个过程通常对一定范围的输入幅度、频率和 AGC 设置进行。对于像 TF/TA 这样的模式，进行一整套偏置角诊断，测试整个测量、处理和飞行控制链路的完整性，以保证将每次飞行在出现干扰或零件故障时将其引起的坠毁概率降低到 10^{-6} 以下。

此外，还启动两级内置测试：作为任务起始的一部分进行的操作已作好准备的测试和由维护人员为响应操作者的失效报告而进行的故障隔离测试。两种测试要花费很长的时间，非常彻底。在最好的情况下，特定的航线（flight line）或一级维护可替换组件以高概率识别。这类组件随后送至修理站进行替换、修理、故障跟踪和/或回收。对于具有极低故障率的组件，即使组件很贵，但通常进行替换和回收比修理更便宜。

参考文献

少量付费即可从作者得到讲义和其他文章。文中所提到文章的受版权限制的 Adobe Acrobat 格式版本可发 E-mail 至 davidlynchjr@ieee.org 和carlo.kopp@iinet.net.au索取。

[1] C. Kopp, "Active electronically steered arrays," 2002, http://www.ausairpower.net.

[2] Joint Advanced Strike Technology Program, "Avionics architecture definition 1.0," U.S. DoD public release, unlimited distribution and use, pp. 9, 11, 31,32, 1994.

[3] D. Eliot (ed.), *Handbook of Digital Signal Processing*, San Diego, CA: Academic Press, 1987, pp. 364–464, 527–589, 590–593, 594–631.

[4] L. Tower and D. Lynch, "Pipeline High Speed Signal Processor," U.S. Patent 4,025,771, 5/24/1977.

[5] L. Tower and D. Lynch, "System for Addressing and Address Incrementing of Arithmetic Unit Sequence Control System," U.S. Patent 4,075,688, 2/21/1978.

[6] L. Tower and D. Lynch, "Pipelined microprogrammable control of a real time signal processor," in *IEEE Micro6 Conference*, June 1973, p. 175.

[7] D. Lynch, "Radar systems for strike/fighter aircraft," presented at *AOC Third Radar/EW Conference Proceedings*, Unclassified paper in classified proceedings available from author by request, February 12–13, 1997.

[8] D. Lynch, *Introduction to RF Stealth,* Raleigh, NC: SciTech Publishing, 2004, pp. 446–451, 82–84, 198–221, 467–470 492–501, 504–531.

[9] D. Lynch et al., "Advanced avionics technology," Evolving Technology Institute Short Course Notes, November 1994.

[10] S. S. Blackmun, *Multiple Target Tracking with Radar Applications*, Dedham, MA: Artech House, 1986, pp. 25–44, 281–298.

[11] D. A. Fulghum and D. Barrie, "Radar becomes a weapon," *Aviation Week & Space Technology*, pp. 50–52, September 5, 2005.

[12] Image Courtesy Raytheon Company, cleared for public release, 265-SPR127.05.

[13] M. Streetly, *Radar and Electronic Warfare Systems*, 1999–2000, 11th Ed., Coulsdon, Surrey, UK: Janes Information Group, 1999, pp. 250–254.

[14] R. Nitzberg, *Radar Signal Processing and Adaptive Systems*, Norwood, MA: Artech House, 1999, pp. 199–202, 207–236, 267–290.

[15] W. K. Saunders, "CW and FW radar"; F. M. Staudaher, "Airborne MTI"; W. H. Long, D.H. Mooney, and W. A. Skillman, "Pulse doppler radar"; R. J. Serafin, "Meteorological radar," *Radar Handbook*, 2nd Ed., M. Skolnik (ed.), New York: McGraw Hill, 1990, pp. 14.37–14.39, 16.8–16.28, 17.33–17.35, 23.5–23.13.

[16] P. Lacomme, J-P. Hardange, J-C. Marchais, and E. Normant, *Air and Spaceborne Radar Systems: An Introduction*, Norwich, NY: William Andrew Publishing, 2001, pp. 329–335, 371–425, 171–176, 469.

[17] J. Davis, "Sun intros eight–core processor," *Electronic News*, Reed Elsevier, November 14, 2005.

[18] Altera Corporation, "Stratix II FPGA's," November 2005, http://www.altera.com.
[19] D. A. Fulghum, "Deep look," *Aviation Week and Space Technology*, January 17, 2005.
[20] D. A. Fulghum, "Future radar," *Aviation Week and Space Technology*, October 4, 2004.
[21] M. Peck and G. W. Goodman, Jr., "Agile radar beams," *C4ISR Journal*, pp. 22–28, May 2005.
[22] "Raytheon's APG-79 AESA radar for the F/A-18 Super Hornet sets a new standard as it delivers multiple JDAMs simultaneously on target," *MarketWatch*, December 5, 2005.
[23] M. Selinger, "U.S. Navy eyes 'growth plan' for Super Hornet's AESA radar," *Aerospace Daily and Defense Report*, December 6, 2005.
[24] R. E. Hudson, S. O. AKS, P. P. Bogdanovic, and D. D. Lynch, "Method and System for Reducing Phase Error in a Phased Array Radar Beam Steering Controller, U.S. Patent 4,924,232, 5/8/1990.
[25] R. Hill, D. Kramer, and R. Mankino, "Target Detection System in a Radar System Employing Main and Guard Channel Antennas," U.S. Patent 3875569, 4/1/1975.
[26] R. Monzingo and T. Miller, *Introduction to Adaptive Arrays*, New York: John Wiley & Sons, 1980, pp. 78–279.
[27] R. Klemm, "Adaptive airborne MTI: An auxiliary channel approach," *IEE Proceedings*, vol. 134, part F, no. 3, p. 269, 1987.
[28] S. Aks, D. D. Lynch, J. O. Pearson, and T. Kennedy, "Advanced modern radar," Evolving Technology Institute Short Course Notes, November 1994.
[29] Work performed by L. Griffiths and C. Tseng, "Adaptive array radar project review," Hughes Aircraft IR&D, performed at USC, July 18, 1990.
[30] C. Ko, "A fast adaptive null-steering algorithm based on output power measurements," *IEEE Transactions on Aerospace and Electronic Systems*, vol. 29, no. 3, pp. 717–725, July 1993.
[31] H. Wang, H. Park, and M. Wicks, "Recent results in space-time processing," in IEEE National Radar Conference 1994, pp. 104–109.
[32] J. Ward, "Space-time adaptive processing for airborne radar," MIT Lincoln Laboratory Report 1015, approved for unlimited public distribution.
[33] N. M. Greenblatt, J. V. Virts, and M. F. Phillips, "F-15 ESA medium PRF design," Hughes Aircraft IDC No. 2312.20/804, January 9, 1987, unclassified report.
[34] D. Schleher, "Low probability of intercept radar" in *IEEE International Radar Conference*, 1985, p. 346.
[35] E. Carlson, "Low probability of intercept techniques and implementations," in *IEEE National Radar Conference*, 1985, p. 51.
[36] Groger, "OLPI-LPI radar design with high ARM resistance," in *DGON 7th Radar Conference* 1989, p. 627.
[37] D. Lynch, "Real time radar data processing," presented at IEEE Solid State Circuits 4.10 Committee, Digital Filtering Meeting, New York, October 30, 1968.
[38] D. Craig and M. Hershberger, "FLAMR operator target/OAP recognition study," Hughes Aircraft Report No. P74-524, January 1975, Declassified 12/31/1987.
[39] D. C. Schleher, *Electronic Warfare in the Information Age*, Norwood, MA: Artech House, 1999, pp. 279–288, 133–199.
[40] S. Hovanessian, *Introduction to Synthetic Array and Imaging Radars*, Dedham, MA: Artech House, 1980, Chapter 5.
[41] J. Curlander and R. McDonough, *Synthetic Aperture Radar Systems and Signal Processing*, New York: Wiley & Sons, 1991, pp. 99–124, 427–535.
[42] J. Kovaly, *Synthetic Aperture Radar*, Dedham, MA: Artech House, 1976, pp. 72–79, 118–123, 249–271.

[43] B. Lewis, F. R. Kretschmer, and W. W. Shelton, *Aspects of Radar Signal Processing*, Dedham, MA: Artech House, 1986, pp. 267–290.

[44] M. Radant, D. Lewis, and S. Iglehart, "Radar sensors," UCLA Short Course Notes, July 1973.

[45] D. Lynch, J. O. Pearson, and E. Shamash, "Principles of Modern radar," Evolving Technology Institute Short Course Notes, June 1988.

[46] J. Frichel and F. Corey, "AN/APG-67 Multimode Radar Program," in *IEEE NAECON 1984*, p. 276.

[47] R. Nevin, "AN/APG-67 multimode radar performance evaluation," in *IEEE NAECON 1987*, p. 317.

[48] D. Lynch, "SLOSH filter processing," presented at IEEE AU Symposium on Digital Filters, Harriman, NY, January 1970.

[49] Treffeisen et al., "Obstacle Clearance System for Aircraft," U.S. Patent 3,530,465, 9/22/1970.

[50] *International Defense Review- Air Defense Systems*, Geneva, Switzerland: Interavia, 1976, pp. 61–103.

[51] C. Kopp, "Missiles in the Asia-Pacific," *Defence Today*, http://www.ausairpower.net/DT-Missile-Survey-May-05.pdf.

[52] G. Stimson, *Introduction to Airborne Radar*, 2nd Ed., Mendham, NJ: SciTech Publishing, 1998, pp. 355–381, 463–465, 431–437.

[53] J. Clarke, "Airborne radar" Parts 1 & 2, *Microwave Journal*, p. 32 and p. 44, January 1986 and February 1986.

[54] E. Aronoff and D. Kramer, "Recent developments in airborne MTI radars," Hughes Aircraft Report, presented at IEEE Wescon 1978.

[55] D. Kramer and G. Lavas, "Radar System with Target Illumination by Different Waveforms," U.S. Patent 3866219, 2/11/1975.

[56] D. Mooney, "Post-Detection STC in a Medium PRF Pulse Doppler Radar," U.S. Patent 4095222, 6/13/1978.

[57] E. Frost and L. Lawrence, "Medium PRF Pulse Doppler Radar Processor for Dense Target Environments," U.S. Patent 4584579, 4/22/1986.

[58] W. Long and K. Harriger, "Medium PRF for the AN/APG-66 radar," in *IEEE Proceedings*, vol. 73, no. 2, p. 301.

[59] E. Aronoff and N. Greenblatt, "Medium PRF radar design and performance," Hughes Aircraft Report, presented at IEEE National Radar Conference 1975.

[60] H. Erhardt, "MPRF processing functions-issue 2," Hughes Aircraft IDC, October, 18, 1977, unclassified report.

[61] J. Kirk, "Target Detection System in a Medium PRF Pulse Doppler Search/Track Radar Receiver," U.S. Patent 4079376, 3/14/1978.

[62] K. Gerlach, "Second time around radar return suppression using PRI modulation," *IEEE Transactions on Aerospace and Electronic Systems*, vol. AES-25, no. 6, pp. 854–860, November 1989.

[63] L. Durfee and W. Dull, "MPRF Interpulse Phase Modulation for Maximizing Doppler Clear Space," U.S. Patent 6518917, 2/11/2003.

[64] S. Hovanessian, "An algorithm for calculation of range in multiple PRF radar," *IEEE Transactions on Aerospace & Electronic Systems*, vol. AES-12, no. 2, March 1976, pp. 287–290.

[65] G. Morris, *Airborne Pulse Doppler Radar*, Norwood, MA: Artech House, 1988.

[66] R. Schlolter, "Digital realtime SAR processor for C & X band applications," in *IGARSS 1986*, Zurich, vol. 3, p. 1419.

[67] R. Klemm, "Airborne MTI via digital filtering," in *IEE Proceedings*, vol. 136, part F, no. 1, 1989, p. 22.

[68] Technology Service Corp., "Adaptar space-time processing in airborne radars," TSC-PD-061-2, February 24, 1971, unclassified report.

[69] D. Lynch, "Signal processor for synthetic aperture radar," presented at SPIE Technical Symposium East 1979, paper no. 180-35.

[70] J. Harmon, "Track before detect performance for a high PRF search mode," in *IEEE National Radar Conference* 1991, pp. 11–15.

[71] J. R. Guerci, *Space-Time Adaptive Processing for Radar*, Norwood, MA: Artech House, 2003, pp. 6, 11–28, 51–74.3.

[72] P. Tait, *Introduction to Radar Target Recognition*, Bodmin, Cornwall, UK: IEE, 2005, pp. 105–217, 317–347.

[73] P. Peebles, *Radar Principles*, New York: John Wiley & Sons, 1998, pp. 318–349, 599–614.

[74] E. Eichblatt, *Test and Evaluation of the Tactical Missile*, Washington, DC: AIAA, 1989, pp. 13–39, 52–54.

[75] R. Macfadzean, *Surface Based Air Defense System Analysis*, self-published, 1992 & 2000, pp. 213–243.

[76] M. Robin and M. Poulin, *Digital Television Fundamentals*, 2nd Ed., New York: McGraw-Hill, 2000, pp. 345–425.

[77] W. Pratt, *Digital Image Processing*, New York: Wiley & Sons, 1978, pp. 662–707.

[78] M. Simon, J. Omura, R. Scholtz, and B. Levitt, "Low probability of intercept communications," Chapter 4 in *Spread Spectrum Communications Handbook*, New York: McGraw-Hill, 1994, pp. 1031–1093.

[79] W. Gabriel, "Nonlinear spectral analysis and adaptive array superresolution techniques," NRL Report 8345, 1979, approved for unlimited public distribution.

[80] J. Asenstorfer, T. Cox, and D. Wilksch, "Tactical data link systems and the Australian defense force (ADF)-technology developments and interoperability issues," Defense Science and Technology Organisation Report, DSTO-TR-1470, approved for public release.

[81] C. Kopp, "The properties of high capacity microwave airborne ad hoc networks," Ph.D. dissertation, Monash University, Melbourne, Australia, October 2000.

[82] J. Katzman, *Defence Industry Daily*, http://www.defenseindustrydaily.com/2005/12/electricks-turning-aesa-radars-into-broadband-comlinks/index.php.

[83] C. Nakos, S. Baker, J. J. Douglass, and A. R. Sarti, "High speed data link," Australia Patent PCT/AU97/00255, WO 97/41450, DSTO Tactical Surveillance Systems Division, Salisbury, Australia, November 1997.

[84] D. A. Fulghum, "See it, jam it, kill it" *Aviation Week & Space Technology*, pp. 24, 25, May 30, 2005.

[85] D. C. Schleher, *Introduction to Electronic Warfare*, Dedham, MA: Artech House, 1986, pp. 280–283, 109–128.

[86] Case, Jr. et al., "Radar for Automatic Terrain Avoidance," U.S. Patent 3,815,132, 6/4/1974.

[87] H. L. Waruszewski, Jr., "Apparatus and Method for an Aircraft Navigation System Having Improved Mission Management and Survivability Capabilities," U.S. Patent 5,086,396, 2/4/1992.

[88] Barney et al., "Apparatus and Method for Adjusting Set Clearance Altitude in a Terrain Following Radar," U.S. Patent 4,760,396, 7/26/1988.

[89] R. Jaworowski, "Outlook/specifications military aircraft," *Aviation Week and Space Technology*, pp. 42–43, January 17, 2005.

[90] F. Harris and D. Lynch, "Digital signal processing and digital filtering with applications," Evolving Technology Institute Short Course Notes, 1971–1983, pp. 366, 744–748, February 1978.

[91] R. Fabrizio, "A high speed digital processor for realtime SAR imaging," in *IGARSS 1987*, Ann Arbor MI, vol. 2, p. 1323.

[92] T. Cullen and C. Foss (eds.), *Janes Land-Based Air Defence 2001–2002*, Coulsdon, Surrey, UK: Janes Information Group, 2001, pp. 129–134.

[93] R. Klemm, "New airborne MTI techniques," in *International Radar Conference London*, 1987, p. 380.

[94] "Pave mover TAWDS design requirements," Hughes Aircraft Specification, November 1979, unclassified, unlimited distribution.

[95] J. Pearson, "FLAMR signal to noise experiments," Hughes Aircraft Report No. P74-501, December 1974, declassified 12/31/1987.

[96] E. O. Brigham, *The Fast Fourier Transform*, New York: Prentice Hall, 1974, pp. 172–197

[97] D. Lynch, et al., "LPIR phase 1 review," Hughes Aircraft Report, 1977, unclassified report.

[98] J. O. Pearson, "Moving target experiment and analysis," Hughes Aircraft Report No. P76-432, pp. 5–15, 22–35, December 1976, declassified 2/28/94.

[99] K. Rogers, "Engineers unlock mystery of car-door device failures," *Las Vegas Review Journal*, August 19, 2004, p. 1B.

第 6 章　雷达接收机

6.1　雷达接收机的组成

雷达接收机的功能是以提供有用回波和无用干扰之间有最大鉴别率的方式对雷达发射的回波进行放大、滤波、下变频和数字化。干扰不仅包含雷达接收机本身产生的噪声，还包含从银河系、邻近雷达、通信设备和可能干扰机所接收到的能量。雷达本身辐射的能量被无用目标（如雨、雪、鸟群、昆虫、大气扰动和金属箔条等）散射的部分也可以归类为干扰，并通常归类为杂波。当机载雷达用作测高计或进行地形测绘时，其他飞机就是无用的目标，而地面是有用的目标。对气象雷达来说，大地、建筑物和飞机是杂波，而雨或雪是有用的目标。通常雷达是用于探测飞机、船只、地面车辆或人员的，从气象、海面或地面产生的反射则归类为杂波干扰。

虽然雷达接收机包括的范围是有点任意的，但本章将讨论图 6.1 所示的作为接收机的各个组成部分。雷达激励器产生各种发射波形以及本振（LO）、时钟和定时信号等。因为雷达激励器的这些功能通常与雷达接收机紧密结合，所以图 6.1 也包括了激励器并将在本章讨论。图 6.1 的目的是要阐明一部现代雷达接收机和激励器的典型功能。

几乎所有的雷达接收机都以图 6.1 所示的超外差原理工作。通过这种结构，接收机对信号进行滤波以从无用的干扰中分离出需要的目标信号来。信号经过少量的放大后，与本振频率混频后变成中频。在混频过程中达到最终的中频可能需要一次以上的变频，以避免碰到严重的镜频和寄生频率问题。超外差接收机改变本振频率来跟随发射机频率调谐的任何改变，以便不影响中频滤波。由于信号在中频占有较宽的百分比带宽，这简化了接收机的滤波操作。这些优点证明是如此突出，致使其他竞争的接收机形式实际上已消失了。

在传统天线系统中，接收机输入信号来自双工器。它允许一部天线可由发射机和接收机共享。在有源阵列天线系统中，接收机输入信号来自接收波束形成网络。有源阵天线包括放在形成接收波束之前的低噪声放大器。虽然通常认为这些低噪声放大器属于天线而不属于接收机，但本章仍将讨论它们。

方框图 6.1 包括了在射频输入端的时间灵敏度控制（STC）衰减器，也可用可调节的射频衰减器替代。两者都可扩展比 A/D 转换器动态范围更大的动态范围。6.6 节将更详细讨论射频衰减器。STC 衰减器通常跟随着一个射频放大器，经常称为低噪声放大器（LNA）。这个低噪声放大器以很小的噪声系数提供足够大的增益，使后面级联的部件对整个雷达噪声系数造成的恶化最小。如果在接收机之前在天线中就提供了足够大的增益，有可能取消这一级增益。射频滤波器用来抑制包含射频镜像频率在内的带外干扰。下变频到中频后，中频带通滤波器用来抑制无用信号和设置接收机模拟处理的带宽。中频还提供额外的增益来补偿损失、将信号放大到后续处理需要的电平和设置 A/D 转换器所需的正确信号电平。中频限幅器用来对造成 A/D 转换器过载的大信号进行适当的限幅。

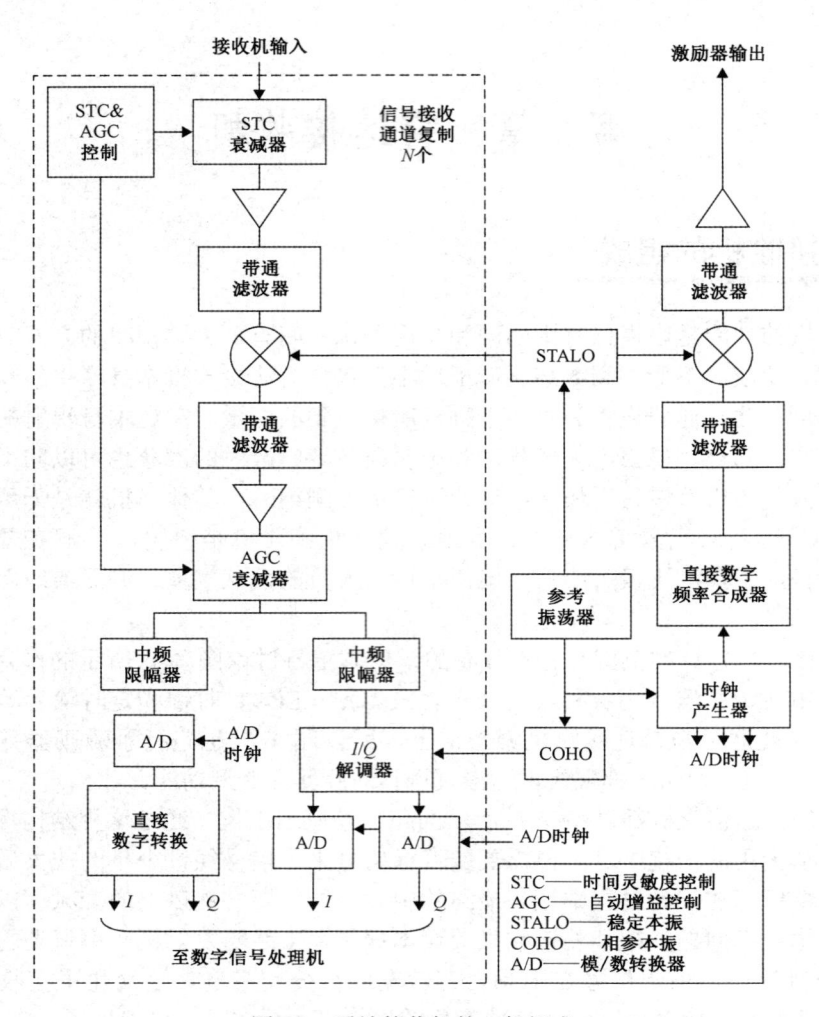

图 6.1 雷达接收机的一般组成

图 6.1 给出了数字化的两种主要方法，即（1）中频采样和（2）模拟 I/Q 解调加基带 A/D 转换。一般，接收机不会同时采用这两种技术。在经济上有可能进行数字信号处理之前，接收机采用模拟处理来完成诸如单脉冲比较等一系列功能。目前这些功能已在数字域内完成。对这些功能的模拟处理细节感兴趣的读者可参见本《雷达手册》的第一和第二版[1, 2]。

除了最简单的雷达之外几乎所有的雷达都需要一个以上的接收机通道。图 6.1 仅示出了一个接收机通道，相同的通道可以根据雷达系统的需要进行任意数量的复制。用于获得精确角度信息的典型单脉冲雷达一般有三个接收机通道，即和通道、方位差通道和俯仰差通道。另外，许多军用雷达系统还包括一个副瓣匿影通道和几个副瓣对消通道来抗干扰。自数字波束形成雷达出现以来，需要的接收机通道数量呈现大幅度的增加。现在有些雷达系统甚至需要几百路接收机通道，并且要求多通道之间具有较好的幅度和相位一致性和跟踪。6.11 节将讨论接收机通道的跟踪和均衡。

稳定本机振荡器（STALO）为接收机提供下变频需要的本振信号频率和为激励器提供上变频需要的本振信号频率。为了保证严格相参的工作，稳定本机振荡器锁定在一个较低的参考频率上，这个参考频率振荡器（在图 6.1 中示为参考振荡器）用作接收机和激励器内所有时钟及振荡器，例如相参本振（COHO）等的基准。时钟产生器为 A/D 转换器和直接数字频率合成器提供时钟信号并提供雷达收/发间隔定时信号的基准。

图 6.1 中的直接数字频率合成器（DDS）用来产生发射波形。DDS 通常是在上变频到射频输出之前的中频上产生波形。激励器中的滤波需要用于抑制直接数字频率合成器输出的杂散信号和无用的混频产物。通常要求射频放大器提供射频增益来将激励信号放大到发射机或相控阵天线需要的足够大的驱动电平。

几乎所有的现代雷达系统都采用数字信号处理来完成各种功能，其中包括脉冲压缩和在脉间信号速度或相位变化的基础上从干扰中将有用目标分辨出来等。以前，一般采用声表面波（SAW）器件等色散延迟线模拟处理来完成脉冲压缩。模拟脉冲压缩基本上已经被数字脉冲压缩替代。在信号带宽非常宽的情况下，在后续数字脉冲压缩之前还可能采用模拟去斜处理（见 6.3 节）来减小信号带宽。

这里的讨论主要集中于接收机的模拟处理和脉冲信号数字化等功能上，这些功能还要保证失真最小以使得后续数字信号处理获得的雷达性能最优。数字信号处理功能通常不认为是接收机的一部分。

6.2 噪声和动态范围的考虑

接收机本身所产生的内部噪声能够淹没接收的微弱回波。这种噪声是对雷达作用距离的基本限制之一。内部噪声既可表示为噪声温度也可表示为噪声系数。

雷达接收机的噪声温度或噪声系数已降低到对选择其他接收机方案不再有显著影响的程度。虽然通常认为，噪声参数是雷达接收机的第一特性指标，然而，很少雷达采用可能获得最低噪声的接收机，因为这样一种选择会大大牺牲某些其他特性，所以这种第一特性的看法是自相矛盾的。

放弃低噪声方案很少是由于费用的考虑。降低对天线增益或发射机功率的要求所节约的费用，必然大大超过一部低噪声接收机所增加的费用。其他至关重要的性能特性决定了对接收机前端的选择：

（1）动态范围和对过载的敏感性；
（2）瞬时带宽和调谐范围；
（3）相位和幅度的稳定性。

在接收机的噪声系数和动态范围之间必须采取折中。为了使混频器本身的噪声影响减小，可在混频器之前采用一个射频放大器，这又必然要涉及在混频器级处的系统噪声电平的增加。即使射频放大器本身有足够大的动态范围，但还是会影响混频器的动态范围，见下表。

	例 1	例 2	例 3
前端噪声与混频器噪声之比	6dB	10dB	13.3dB
混频器动态范围的损失	7dB	10.4dB	13.5dB
混频器噪声引起的系统噪声温度增加	1dB	0.4dB	0.2dB

对 A/D 转换器输入端的噪声电平的设置也适用同样的考虑。传统上，系统设计师认为，A/D 转换器的噪声是对总系统噪声电平的单独的贡献，和接收机噪声是不一样的，要在系统一级加以考虑。今天，A/D 转换器的噪声一般已经作为接收机总噪声的一部分考虑，因此，重要的是了解 A/D 转换器的噪声是否包括在描述整个接收机噪声的系数指标之中。

在有源阵列天线和许多传统天线中，低噪声放大器（LNA）建立接收机输入端之前的系统噪声基底。天线噪声通常设置成远大于接收机噪声基底，因此，接收机噪声对整个系统噪声影响不大。再一次，在接收机的噪声系数和动态范围之间必须采取折中。

定义

动态范围表示接收机能按预期的进行工作的信号强度范围。它需要规定一个最小信号电平（通常是噪声基底）、一个可能导致与预期特性可以有某些可允许偏差但仍能处理的最大信号电平和所需处理的信号形式。这些参数将在后面各章节中通过各种特性定义。

现代雷达系统越来越依赖于后面连接数字信号处理的线性接收机通道，因这可提高系统的灵活性和有近似理想的信号检测特性等。以前，采用各种限幅或用对数接收机来完成各种信号处理功能，因此，必须定义这些接收机输出的相对于理想非线性响应的允许误差。

具有某种形式增益控制的接收机必须区分其瞬时动态范围和通过程控增益变化所获得的总的动态范围。

接收机输入噪声电平

因为许多雷达系统在接收机输入端之前有低噪声放大器，所以必须了解和规定接收机输入端噪声电平。这种噪声电平是由天线的噪声温度和其总噪声增益或损失设定的。噪声电平既可按给定带宽内的均方根功率来规定，也可按噪声功率谱密度来规定。

系统噪声

系统噪声电平是天线和接收机噪声的合成。一般，接收机输入噪声超过其内部噪声，从而接收机对系统的噪声温度或噪声系数影响不大。因此当我们定义诸如信噪比等动态范围参数时，必须明确参考噪声电平是接收机噪声还是整个系统噪声。

感兴趣的最小信号

过去，最小信号定义成最小可检测信号或最小可分辨信号。然而，由于数字信号处理技术的广泛应用，这样的定义已经变得不是很通用了。接收机输出的数字信号处理允许检测远低于接收机噪声基底电平的信号，因此，最小可检测电平取决于信号处理性能。

信噪比（SNR）

SNR 是信号电平与噪声电平之比。SNR 通常以分贝（dB）数来表示。接收机最大信噪比由链路中每个部件引入的噪声和能处理的最大信号确定。由于 A/D 转换器通常是最终限制因素，所以通常要选择好前面的部件和增益分配，以保证最大信噪比由 A/D 转换器性能决定。6.10 节和 6.11 节将更详细地讨论 A/D 转换器与接收机信噪比之间的关系。

无虚假信号动态范围（SFDR）

SFDR 是最大信号电平与接收机内部产生的最大杂散信号电平之比。SFDR 通常以分贝（dB）数来表示。这个参数由许多因素确定，其中包括混频器内部互调杂散（将在 6.4 节更详细地描述）、接收机本振信号中的杂散、A/D 转换器的性能和可能导致无用信号耦合到接收机通道的泄漏通道等。

相互调制失真（IMD）

相互调制（互调）失真是一个导致产生输入信号基本频率的线性组合的频率的非线性过程。二阶和三阶互调是最经常规定的，并且接收机的性能常常用双音二阶和三阶输入截获点来定义。截获点是互调产物等于两个基本信号产物的外推的电平。

若输入信号频率是 f_1 和 f_2，二阶互调失真产生的信号频率为 0、f_1-f_2、f_1+f_2、$2f_1$ 和 $2f_2$；三阶互调失真产生的信号频率为 $2f_1-f_2$、$2f_2-f_1$、$2f_1+f_2$、$2f_2+f_1$、$3f_1$ 和 $3f_2$。对于窄带信号，只有三阶互调产物 $2f_1-f_2$ 和 $2f_2-f_1$ 才落在带内，因此，通常主要关注的是三阶互调失真。这些三阶互调产物的功率电平由下式给出：

$$P_{2f_1-f_2} = 2P_{f_1} + P_{f_2} - 2P_{IP} \tag{6.1}$$

$$P_{2f_2-f_1} = P_{f_1} + 2P_{f_2} - 2P_{IP} \tag{6.2}$$

式中，P_{f_1} 是频率为 f_1 的输入信号功率，单位为 dBm；P_{f_2} 是频率为 f_2 的输入信号功率，单位为 dBm；P_{IP} 是三阶互调截获点，单位为 dBm。

互调会产生各种不利的影响。例如：
（1）杂波回波的互调引起杂波多普勒频谱展宽，从而导致目标遮蔽；
（2）由于带外干扰信号互调出现带内无用信号，从而导致产生假目标；
（3）带内信号互调产物不能通过线性对消技术容易地消除，从而导致对干扰敏感。

互调失真在整个接收机链路的各个环节都会出现。从而，取决于信号频率相对于不同的射频、中频和视频滤波器带宽之差，接收机输入互调截获点有很大的不同。由于不同的信号对接收机的影响不同，因此必须区分对带内互调失真和带外互调失真的要求。

交叉调制失真

交叉调制是由三阶互调引起的，由此引起信号的幅度调制（AM）。典型的例子是，一个在工作频带之内但在信号调谐带宽之外的干扰信号调制到有用的信号上。下式给出了对有用信号幅度调制的百分比（%d）[3]：

$$\%d = \%u \frac{4P_U}{P_{IP} + 2P_U} \tag{6.3}$$

式中，%u 是无用信号的幅度调制百分比；P_U 是无用信号功率；P_{IP} 是三阶截获点。

交调将会导致幅度较大的调制的带外干扰对杂波和目标回波的调制，从而使杂波对消性能和距离副瓣性能变差。

1dB 压缩点

接收机的输入 1dB 压缩点是对其最大线性信号能力的一种度量。定义为接收机功率增益比小信号线性增益小 1dB 时的接收机输入信号功率电平。放大器、混频器和接收机链路中的其他部件中的增益压缩都可以使接收机增益压缩。一般，如 6.8 节所述，通过中频放大，最终一级的限幅将接收机设计成具有受控的增益压缩。

A/D 转换器满量程

A/D 转换器满量程电平决定了可以被数字化的最大电平。一般，接收机提供受控的限幅（见 6.8 节）来阻止信号电平超过 A/D 转换器满量程电平。为了阻止由于部件公差变化引起的过载，实际中，一般考虑使限幅的电平低于 A/D 转换器满量程 1dB 以下。

信号形式

确定动态范围要求时，关注的是多种形式信号：分布目标、点目标、宽带噪声干扰和窄带干扰等。如果雷达采用相位编码信号，译码器前的接收机部分将不像对分布地物杂波那样严格地限制点目标的动态范围。编码脉冲的带宽时间乘积表示译码器从点目标得到的附加动态范围。反之，如果雷达装有带宽过宽的射频放大器，则宽带噪声干扰可对雷达的动态范围严加限制。

当低噪声放大器（LNA）放到天线中时，在形成接收波束之前所达到的副瓣电平取决于所有 LNA 的增益和相位特性相似的程度。因为匹配非线性的特性是不实际的，所以在这种结构中动态范围就特别重要了。如果通过副瓣进入接收机的强干扰信号（山地回波、其他雷达脉冲、电子干扰）超出了低噪声放大器的动态范围，因副瓣变差，其影响将大大增加。低噪声放大器是一种宽频带装置，易受在整个雷达工作频段范围内以及经常在该频段外的干扰的影响。虽然带外干扰在接收机后面各级中被滤除，但强干扰信号仍会使杂波在低噪声放大器中失真，降低多普勒滤波器的有效性，造成虚警。许多干扰源的非重复性使得这种造成虚警的原因难以查找。在采用数字波束形成的现代雷达结构中，接收机通道的任何一级中的非线性都将产生类似的问题。

系统校正技术和自适应波束形成技术可以补偿线性增益和相位的偏差。但是，对于上述低噪声放大器的非线性情况，当非线性失真的原因来自数字化带宽之外时，补偿非线性特性是不实际的或是不可能的。

计算

为了防止噪声系数或动态范围的意外变差，必须对接收机所有部分进行精确计算。动态范围不适当会使雷达接收机易受干扰影响，引起饱和或过载，遮蔽或淹没有用的回波。这样一种计算的数值表的格式（典型的例子见表 6.1）能允许迅速找出那些影响噪声或限制动态范围的部件。"典型"值在表中用作说明。

第 6 章 雷达接收机

表 6.1 噪声和动态范围特性

	输入	STC衰减器	放大器	带通滤波器	混频器	带通滤波器	放大器	AGC衰减器	限幅器	A/D转换器
部件的噪声系数（dB）		3.0	5.0	0.5	6.5	5.0	4.0	6.0	14.0	
部件的增益（dB）		−3.0	12.0	−5.0	−6.5	−0.2	20.0	−6.0	0.0	
部件输出三阶截获点（dBm）		43.0	32.0	50.0	20.0	50.0	38.0	40.0	30.0	
部件输出 1dB 压缩点（dBm）		30.0	18.0	40.0	10.0	40.0	23.0	30.0	−1.0	
总增益（dB）		−3.0	9.0	8.5	2.0	0.0	20.0	14.0	14.0	
总噪声系数（dB）		3.00	8.00	8.01	8.33	9.13	9.86	9.88	10.29	
总输出三阶截获点（dBm）		43.0	32.0	31.4	18.8	16.8	34.3	28.1	25.9	
总输出 1dB 压缩点（dBm）		30.0	18.0	17.5	7.4	5.4	21.0	14.9	−1.1	
接收机噪声电平（dBm/Hz）		−174.0	−157.0	−157.5	−163.7	−164.9	−144.1	−150.1	−149.7	
系统噪声电平（dBm/Hz）	−149.0	−152.0	−139.0	−140.4	−146.9	−148.9	−128.9	−134.9	−134.9	
带宽（MHz）		1000	1000	100	100	10	10	10	10	
A/D 信噪比（dB）（Nyquist 带内）										70.0
A/D 采样速率（MHz）										100.0
A/D 满量程电平（dBm）	−14.0	−17.0	−5.0	−5.5	−12.0	−14.0	6.0	0.0	0.0	0.0
A/D 噪声电平（dBm/Hz）										−147.0
相对于 A/D 噪声的系统噪声（dB）										12.1
最大点杂波或最大信号电平（dBm）	−20.0	−23.0	−11.0	−11.5	−18.0	−20.0	0.0	−6.0	−6.0	

6.3 带宽考虑

定义

部件的瞬时带宽是指该部件在规定的精度范围内能同时处理两个或两个以上信号的频带。当术语**瞬时带宽**用作雷达接收机的一个参数时，指的是接收机内包括射频、中频、视频和数字滤波组合决定的最终频带宽度。

当接收机采用去斜处理（本节后段定义）时，射频处理带宽比中频带宽大得多。因此，术语**瞬时带宽**可能引起混淆。采用**射频波形带宽**、**本振线性调频带宽**和**中频处理带宽**等术语可以避免混淆。去斜处理中用的 RF 带宽、LO 带宽和 IF 带宽之间的相互关系后面将详细说明。

调谐范围指的是部件工作性能指标不变坏的通频带。通常采用调节本振频率和调节射频滤波器特性来完成调谐。雷达工作的频率范围常常被称为**工作频带**。

重要特性

雷达必然工作在有许多电磁辐射源的环境中，这些电磁辐射源可能遮蔽由雷达自己发射而反射回来的相当微弱的回波。对这些干扰的敏感性取决于接收机的性能，即当干扰源为窄带时，接收机抑制干扰频率的能力；或是在干扰源具有脉冲特性时，接收机迅速恢复的能力。因此，必须关心接收机在频域和时域的响应。

一般来说，关键的响应由接收机的中频部分确定，这将在 6.7 节中讨论。不过，不能仅仅使接收机射频部分具有宽的带宽就忽视它。6.2 节讨论了当干扰为宽带噪声时，带宽过宽就会怎样使动态范围付出代价。更可能的是，当带外的强干扰源（例如其他雷达、电视台或微波通信线路）如允许它达到高频部分，就会使混频器过载，或者借助于混频器的一个寄生响应被转换到中频。

在超外差接收机中，理想的混频器的工作和乘法器一样，产生一个与两个输入信号乘积成正比的输出。如果没有非线性和不平衡的影响，这些混频器只产生两个输出频率，即等于两个输入频率的和与差的两个频率。混频器的非线性和不平衡将在 6.4 节中讨论。

最好的雷达接收机具有与辐射频谱和硬件限制相当的最窄的射频瞬时带宽，以及良好的频率响应和冲击脉冲响应。宽的调谐范围提供避开干扰的灵活性，但是，如果干扰是有意的，例如干扰机的情况，就需要脉间变频。采用 PIN 二极管可切换微波滤波器或电子调谐的钇铁石榴石滤波器就可以达到这种频率捷变。如果射频滤波位于射频放大之前，滤波器的插入损耗将一个 dB 降低一个 dB 地影响接收机的噪声系数。这是为达到更重要的目的，在噪声温度上做出的另一牺牲。

去斜处理

去斜处理是一项常用于处理宽带线性调频波形的技术。这项技术的优点是能使有效中频信号带宽大大减小，从而使数字化和随后的数字信号处理能工作在更容易达到的采样频率上。通过加给接收机第一本振一个与预期的雷达回波时间相一致的匹配的线性调频波形，可使得感兴趣的有限距离窗内的目标回波的中频波形的带宽大幅减小。如果允许用有限距离窗，充分减小了的处理带宽就允许采用更经济的 A/D 转换及随后的数字信号处理。与在整个射频信号带宽内进行数字化相比，较低采样频率的 A/D 转换器可达到的动态范围会更大。

如果一本振信号的调频斜率等于点目标回波信号的调频斜率，去斜处理接收机输出的是一个固定频率$\Delta tB/T$。这里，Δt 是回波信号与本振线性调频信号的时间差，B/T 是波形斜率（调频带宽/脉冲宽度）。尽管经常采用的大带宽百分数可能使多普勒频率在脉冲持续期内变化较大，但去斜处理期间目标多普勒频率保持不变，其输出频率偏移等于这个多普勒频率。

不考虑目标多普勒的影响，要求的 RF 信号带宽等于发射波形带宽。假定 RF 信号带宽为 B_R，接收的脉冲宽度为 T_R，距离范围为 ΔT，那么，所需 LO 参考波形持续期为

$$T_L = T_R + \Delta T \tag{6.4}$$

LO 参考调频波形带宽为

$$B_L = \frac{T_R + \Delta T}{T_R} B_R \tag{6.5}$$

IF 处理带宽为

$$B_I = \frac{\Delta T}{T_R} B_R \tag{6.6}$$

6.4 接收机前端

组成

雷达的**前端**由一个带通滤波器和低噪声放大器及后随的下变频器组成。雷达频率向下变换成中频，在中频，才物理上可能实现具有较理想带通特性的滤波器。混频器本身和它前面的电路一般都有比较宽的带宽。改变本振频率，即可完成接收机在预选器或混频器带宽所限定范围内的调谐。有时，为了限制在 LNA 内有交叉调制失真的影响，接收机在 LNA 之前还包括滤波。即使在 LNA 之前有滤波，为了抑制放大器镜频上的噪声，在 LNA 和混频器之间仍然需要第二个滤波器。没有这个滤波器，宽带 LNA 的噪声贡献将加倍。

接收机前端也可能包括一个限幅器。这个限幅器用来防止接收机电路由于高功率造成的损坏。高功率既可能是发射机的泄漏也可能是另一个系统（如一部邻近的雷达）干扰的结果。6.8 节将详细讨论前端限幅器。

雷达或接收机前端常常包括如图 6.1 所示的某种形式的增益或衰减控制。6.6 节将详细讨论增益控制。

特性对雷达性能的影响

接收机前端的特性在 3 个方面影响非相参脉冲雷达的性能。前端引入的噪声会增加雷达噪声温度，降低灵敏度，限制可检测到目标的最大作用距离。强信号下的前端饱和可能限制系统的最小作用距离或处理强干扰的能力。最后，前端寄生特性影响对带外干扰的敏感性。

相参雷达的性能更要受混频器寄生特性的影响。在脉冲多普勒雷达中，会降低距离和速度精度；在 MTI 雷达中，会损害对固定目标的对消能力；而对高分辨力脉冲压缩系统，则会使距离副瓣升高。

辐射频谱的寄生失真

雷达接收机的部件会恶化发射机的辐射频谱，产生载频的谐波或寄生多普勒谱，这使许多雷达工程师感到惊讶。两者经常都要求低于载波 50dB 以上。这是因为谐波会对其他电子设备产生干扰。而对寄生多普勒电平的要求是由通过多普勒滤波抑制杂乱干扰的要求决定的。

在发射机产生的大功率下呈现非线性的任何器件都将产生谐波分量并把这些谐波送到天线。接收机的保护二极管或空气放电开关是设计成在发射脉冲期间非线性的，以将入射的能量反射回天线。隔离器或环行器经常用来吸收大部分反射回来的基波能量，但对谐波通常作用不大。此外，这些铁氧体器件是非线性的，它们自身也会产生谐波。

任何一个过程如果不在每个发射脉冲中精确地重复就会产生寄生多普勒分量。接收机气体保护开关在大功率发射脉冲作用下电离，但在脉冲的前沿电离开始或后续发展过程中，存在某些小的统计上的变化。在要求杂波抑制度较高的雷达中（50dB 以上），有时需要在接收通道中既加环行器又加隔离器来防止这个变化的反射功率被辐射出去。

混频器的寄生响应

理想的混频器的工作相当于一个乘法器，只产生一个与两个输入信号乘积成比例的输出。频率为 f_R 的输入 RF 信号被频率为 f_L 的 LO 信号频率上搬移或调制。平衡混频器用来使变频损耗和无用寄生响应最小。在有源混频器中，采用晶体管完成调制，而在需要增大动态范围的无源混频器中，采用肖特基二极管或其他固态器件（如 MESFET）来完成调制。

输出信号频率（f_R+f_L 和 f_R-f_L）是两个输入频率的和与差。实际中，所有的混频器都会产生频率为 $\pm nf_L \pm mf_R$（这里 m 和 n 为整数）的无用交调寄生响应[4]。这些寄生产物对雷达性能的影响程度取决于混频器的类型和雷达的整体性能要求。分析混频器的寄生响应电平并不容易，接收机设计师通常需要用混频器特性测量数据产生的表来预计混频器的寄生响应电平。

混频技术的进步已经导致了各种各样的商用装置，它们采用平衡、双平衡和双双平衡拓扑结构。这些产品能覆盖 IF、LO 及 RF 的很宽的频率范围和大范围的性能特性。

混频器寄生效应图

图 6.2 示出了混频器最高到六阶的寄生分量。这张寄生效应图使系统设计者对究竟哪些输入频率和带宽的结合不会产生强的低阶寄生分量的情况能一目了然。这样的图表在设计初期确定最佳 IF 和 LO 频率时是最有用的。一旦频率关系被确定，通常用计算机分析寄生响应来确保在整个 LO 频率和 RF 及 IF 带宽范围内无寄生响应的性能。

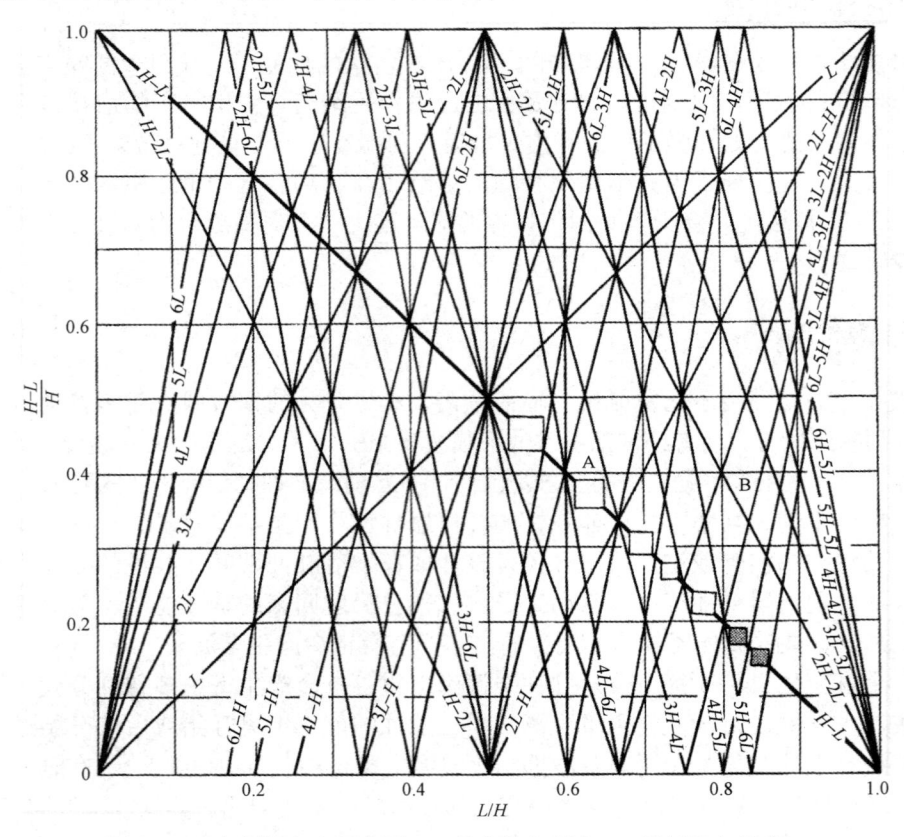

图6.2 下变频器寄生效应图（H 是高输入频率，L 是低输入频率）

图 6.2 中的粗线表示期望的信号并表现归一化输出频率$(H-L)/H$ 随归一化输入频率 L/H 的变化。图上其他各线表示无用的寄生信号。为了简化该图的使用，较高的输入频率以 H 表示，较低的输入频率以 L 表示。

图 6.2 中用方块标出了七个特别有用的区域。区域 A 表示以 L/H=0.63 为中心可得到的最宽无寄生带宽，以此说明该图的使用。适用的射频通带在 0.61～0.65 之间，相应的中频通带为 0.35～0.39。然而，0.34($4H-6L$)的寄生中频频率和 0.4($3H-4L$)的寄生中频频率产生在射频通带的两端。瞬时射频带宽的任何延伸都会产生中频频率的重叠，且这种情况不能由中频滤波改正。$4H-6L$ 和 $3H-4L$ 的寄生频率，像所有寄生中频频率一样，是由三阶或更高阶互调制产生的。

在任一标出的区域中，可用的无寄生的带宽约为中心频率的 10%或$(H-L)/10H$。因此要求带宽宽的接收机应当采用位于其中一个区域中心的高中频。对低于$(H-L)/H=0.14$ 的中频而言，寄生频率产生于幂级数模型中相当高的高次方项，因此，它的幅度低到常常可被忽略不计。基于以上原因，低中频一般能提供更好的寄生响应抑制。

这种寄生效应图也示出了寄生输入响应。一个较强的寄生输入响应产生于 B 点，在 B 点，$2H-2L$ 乘积在中频通带产生一个混频器输出，其输入频率为 0.815。所有 $N(H-L)$形式的乘积都可能产生讨厌的寄生响应。这些频率必须在射频级滤掉，以防止它们进入混频器。如果在混频之前不能进行足够的滤波，那么，落在工作频带内的寄生产物就不可能再被滤掉，这将严重恶化系统性能。

当两个或多个带外输入信号相互调制产生一个位于射频通带内的第三频率时，就会出现图上没有预示出的寄生响应。

镜像抑制混频器

一个常规的混频器有两个输入响应。该响应产生在高于和低于本振频率而和 LO 频率的间隔与中频相等的二个点上。称为**镜像**的一个不用的响应，可被图 6.3 所示的镜像抑制或单边带混频器抑制掉。射频电桥在本振输入端到两个混频器之间产生 90° 相位差。这种相位差对混频器中频输出的影响是使得在一个边带中相移+90°，而在另一个边带中相移–90°。另一个加或减 90° 的电桥，使高边带信号在一个输出端相加，而在另一端相减。对带宽宽的情况，中频电桥是全通型的。实际中，若没有滤波，镜像抑制混频器很难独自提供足够高的镜像响应抑制。在这种情况下，可将镜像抑制混频器与一个镜频抑制滤波器结合应用，以减小对滤波器镜频抑制度的要求。

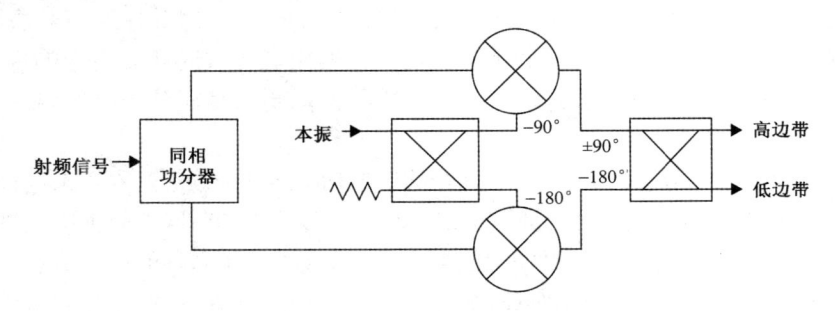

图 6.3 镜像抑制混频器

放大器和混频器的特性

放大器和混频器最常用的性能参数指标是它们的噪声系数、放大器增益、变频损耗、1dB 压缩点和三阶互调截获点。有时，对于带宽非常宽的信号，还需要二阶互调截获点指标。需要注意的是，放大器的压缩点和三阶互调截获点通常规定在输出端，而混频器的这些参数则规定在输入端。

混频器的其他指标还包括本振驱动功率、端口隔离度和信号混合互调电平。本振驱动功率指标定义为混频器为满足其性能指标所需要的本振功率。一般来说，本振功率越高，1dB 压缩点和三阶互调截获点就越高。为了满足大动态范围要求，雷达接收机常常需要高本振驱动功率混频器。端口隔离度用来确定没有频率变换的混频器端口之间直接耦合的功率电平。信号混合互调电平定义为前面讨论过的 $\pm nf_L \pm mf_R$ 寄生信号电平。

6.5 本振

本振的功能

超外差接收机利用一个或几个本振和混频器把信号变换成便于滤波和处理的中频信号。改变第一本振频率，可对接收机进行调谐而不会影响接收机的中频部分。接收机之内以后的中频频移通常是由附加本振完成的，附加本振的频率一般是固定的。这些本振通常也用在激励器中，将已调制波形上变频到射频后输出给发射机。

在许多早期的雷达中，本振的唯一功能是把输入信号频率变换成正确的中频。然而，许多现代雷达系统要对目标的一串回波进行相参处理。本振实质上是作为一个定时标准，用这个标准来测量回波延迟，以提取距离信息，且距离信号的精度小到一个波长的若干分之一。这种处理方法需要在整个雷达系统中有高度的相位稳定性。

稳定本振的不稳定性

通常称为**稳定本振**（STALO）的第一本振一般对接收机和激励器稳定性具有最大的影响。但是，在评估总的性能时，其他因素不应该被忽略。当代 STALO 振荡器性能的进展和现代雷达对杂波对消苛刻的要求意味着所有振荡器的相位噪声和 A/D 及 D/A 转换器和及 T/R 选通脉冲时钟的定时抖动都可能有重要影响。

稳定本振的短期频率稳定性要求一般用相对于载频（dBc）的器件噪声来表征，通过相位噪声谱来规定，并在频域测量。长期频率稳定性一般用老化时间和环境影响来表征，通过频率漂移规定，用阿伦方差[5]技术测量。典型的长稳指标要求是在某个时段内的绝对频率容差或最大频率偏差。

应该指出，相位噪声的测量通常按上下两个边带的功率之和的双边带噪声来进行，但更普遍的是用单边带（SSB）值来定义指标。通过减去 3dB，可以将双边带噪声转换成单边带噪声值。只有叠加性的信号或噪声或相关的幅度和相位噪声分量才会产生不对称的边带功率。

由于一般 STALO 的幅度调制（AM）电平与相位噪声（在相对于载频的较小的偏差频率处）相比较小，并且经过限幅后可进一步减小，所以幅度调制通常不是一个重要因素。

由于现代混频器工作在标准驱动电平时的变频增益对于 LO 功率变化不敏感,这通常大大降低了 STALO 幅度调制的影响。

对于需要高灵敏度的系统,如果在接收机链路中发生了 AM 噪声无意变换到 PM 噪声,AM 噪声将会有破坏性。这个过程可产生于次优器件偏置技术,这里,大幅度信号或噪声产生一个相位偏移,从而导致有另外的相位噪声加到接收机链路中。

振动灵敏度

除了 STALO 在良好环境下产生的相位噪声以外,不希望的相位调制来源有电源纹波和杂散信号以及风扇和电机的机械振动或声振动等及其他源的影响。特别是在有高强度振动的机载环境条件下,振动的影响可以是很严重的。振荡器的振动灵敏度定义为分数频率振动灵敏度,一般称为**加速度灵敏度**。一般定义成一个常数值。实际中,灵敏度随振动频率有较大的变化,并且在不同的轴向上也不同。可用式(6.7)来确定每个轴向上的振动对振荡器相位噪声的影响[6]。

$$L(f_v) = 20\lg\left[\frac{\Gamma_i f_0 \sqrt{\gamma_i(f_v)}}{f_v}\right] \quad \text{dBc/Hz 单边带 1Hz 带宽中} \quad (6.7)$$

式中,f_v 是振动频率,单位为 Hz;f_0 是振荡器频率,单位为 Hz;Γ_i 是 i 轴方向上振荡器分数频率振动灵敏度,单位为 g^{-1};$\gamma_i(f_v)$ 是 i 轴方向上振动频率为 f_v 的振动功率谱密度,单位为 g^2/Hz(g 为重力加速度)。

式(6.8)示出 STALO 三个轴向上合成的均方根振动灵敏度。

$$|\Gamma| = \sqrt{\Gamma_x^2 + \Gamma_y^2 + \Gamma_z^2} \quad (6.8)$$

对距离的依赖性

大多数现代雷达用稳定本振在激励器中产生上变频信号和在接收机中进行下变频。正是稳定本振的双重应用导致对杂波的距离的依赖性,同时使某些无意的相位调制分量增大 6dB。关键频率是在发射和接收来自特定距离的杂波回波之间的时间段内使相位改变 180°的奇数倍的频率。

这种依赖于距离的滤波性特性的数学表达式为

$$|F_R(f_m)|^2 = 4\sin^2(2\pi f_m R/c) = 4\sin^2(\pi f_m T) \quad (6.9)$$

式中,f_m 是调制频率,单位为 Hz;R 是距离,单位为 m;c 是传播速度,$c=3\times10^8$m/s;T 是时间延迟,单位为 s,$T=2R/c$。

在低调制频率上,短时间延迟可承受较强干扰,如图 6.4 所示的两种情况。因此,需要对几种时间延迟或距离计算对稳定本振的稳定性的影响。

振荡器电路中的固有反馈过程产生的近载波的相位调制噪声通常在近载波的相位调制中占主导地位。在振荡器环路带宽内,噪声斜率特性为 $1/f$(每 10 倍频程下降 10dB)的振荡器环路内部噪声贡献将近载波噪声经反馈机制增大了 20dB,即噪声斜率特性变为 $1/f^3$(每 10 倍频程下降 30dB)。在环路带宽外,一直到平坦的热噪声基底之前,振荡器噪声特性恢复为 $1/f$。在偏离载频较远处,诸如在 STALO 信号链路中的放大器等其他部件对噪声也有较大的影响。放大器的影响，取决于这些放大器所处的位置，要么在接收机和激励器中产生共同的相位调制（相关噪声），要么仅仅将相位噪声加到接收机或激励器上（不相关噪声）。不相关噪声或非共同噪声不受上述距离相关因子影响，所以必须单独考虑。除了接收机和激励器信号链路中的放大器之外，其他较大的非共同噪声的来源是在上变频之前的激励器波形上的噪声。

由 STALO 下变频之后的无用 SSB 相位噪声是非共同相位噪声与由距离因子减小的共同相位噪声的之和。

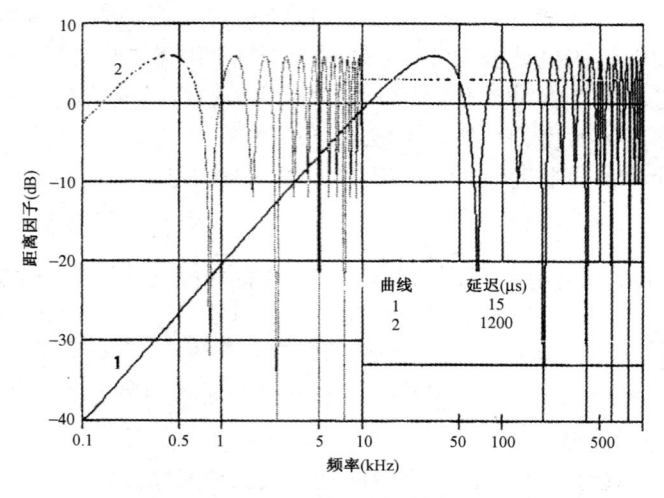

图 6.4　距离延迟对杂波对消的影响

图 6.5 所示为典型的共同相位噪声及非共同相位噪声分量和由此得到的混频器输出相位噪声，混频器输出的相位噪声用下式计算：

$$L'(f) = L_C(f)|F_R(f)|^2 + L_U(f) \tag{6.10}$$

式中，$L_C(f)$ 是与接收机和激励器共同的 STALO 单边带相位噪声谱；$L_U(f)$ 是与接收机和激励器不相关的 STALO 单边带相位噪声；$F_R(f)$ 是距离相关因子。

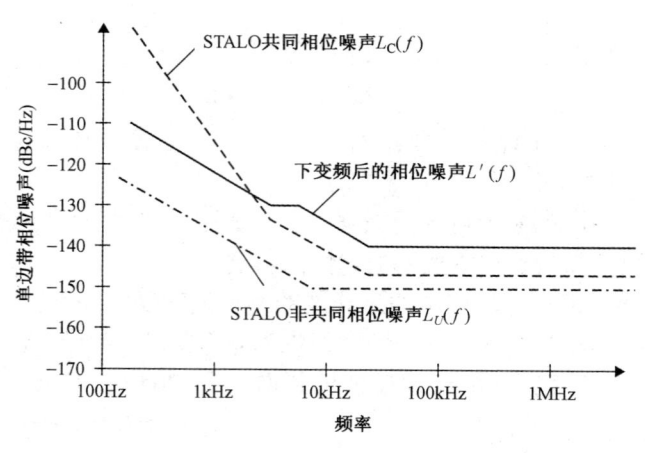

图 6.5　相位噪声分量

残余功率和 MTI 改善因子

由于接收机和信号处理机以后各级的响应是多普勒调制频率的函数,所以可以将这些滤波器的响应与混频器输入端的频谱相结合来获得输出频谱。在 MTI 系统中,通常用 MTI 改善因子来描述杂波抑制能力。MTI 改善因子 I 定义为杂波滤波器输出信杂比除以杂波滤波器输入处的信杂比,并对所关心的全部目标径向速度取平均。STALO 对 MTI 改善因子的限制可以表达为 STALO 功率与由它在 MTI 滤波器输出产生的回波调制谱总积分功率之比。图 6.6 所示为包括 MTI 滤波和接收机对残余功率谱滤波的总的滤波的影响。

式(6.11)给出了由于 STALO 相位噪声产生的残余功率积累。

$$P_{\text{residue}} = \int_{-\infty}^{\infty} |H(f)|^2 L'(f) df \quad (6.11)$$

式中,$H(f)$ 是归一化到 0dB 噪声增益的接收机滤波器和多普勒滤波器的综合响应;$L'(f)$ 是式(6.10)定义的下变频后的相位噪声。

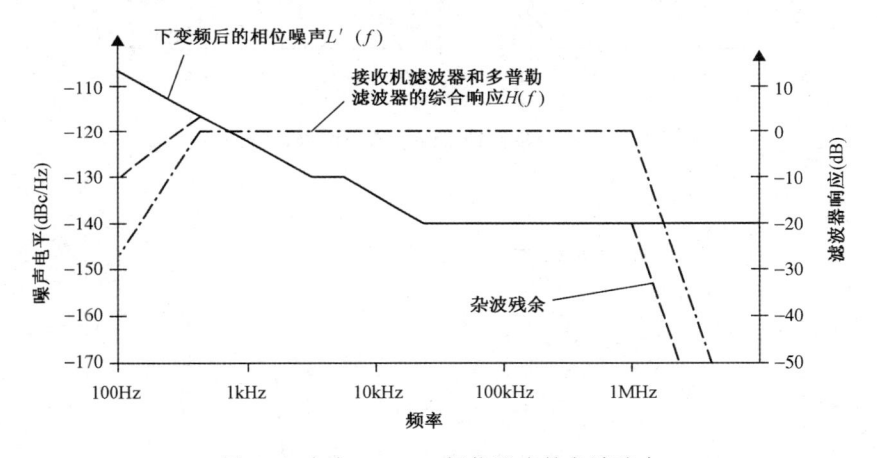

图 6.6 来自 STALO 相位噪声的杂波残余

式(6.12)给出了 STALO 相位噪声对 MTI 改善因子的限制。

$$I = -10\lg P_{\text{residue}} \quad (6.12)$$

如果雷达采用一个以上多普勒滤波器,应该分别对每个滤波器计算 STALO 不稳定性的影响。

脉冲多普勒处理

在脉冲多普勒系统中,雷达以固定的脉冲重复频率(PRF)发射脉冲串,并在数字信号处理机内对以该脉冲重复频率分离的采样进行多普勒处理。如图 6.7 所示,以 PRF 对接收机输出的采样将会产生在 PRF 间隔上相位噪声谱周期性的混叠。图中每条曲线都代表接收机输出的相位噪声,其中包括接收机滤波影响和 PRF 倍数的偏移。用式(6.13)计算出了图 6.8 所示的每个混叠分量产生的合成相位噪声。这个抽样的相位噪声谱图提供了一个比较不同 LO 相位噪声曲线及其对系统总性能的相对影响的方法。

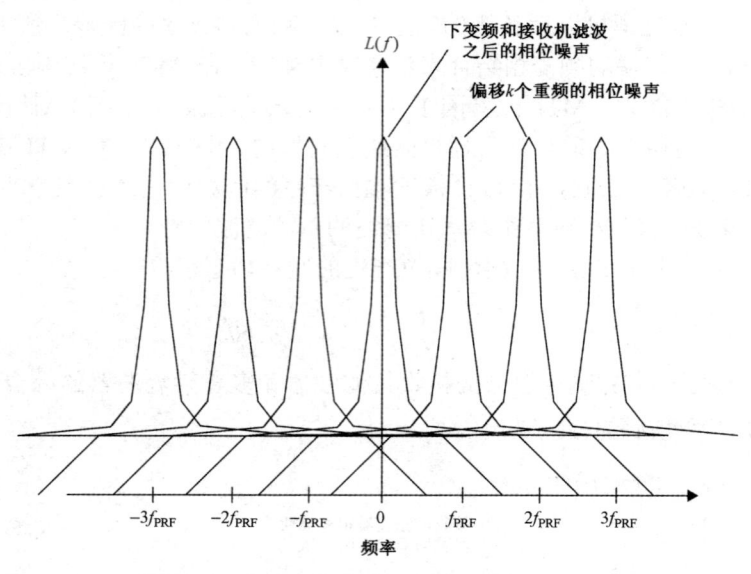

$$\hat{L}(f) = \sum_{k=-\infty}^{\infty} \left[L'(f + kf_{\text{PRF}}) \left| H(f + kf_{\text{PRF}}) \right|^2 \right] \tag{6.13}$$

图 6.7 脉冲多普勒系统中的相位噪声混淆

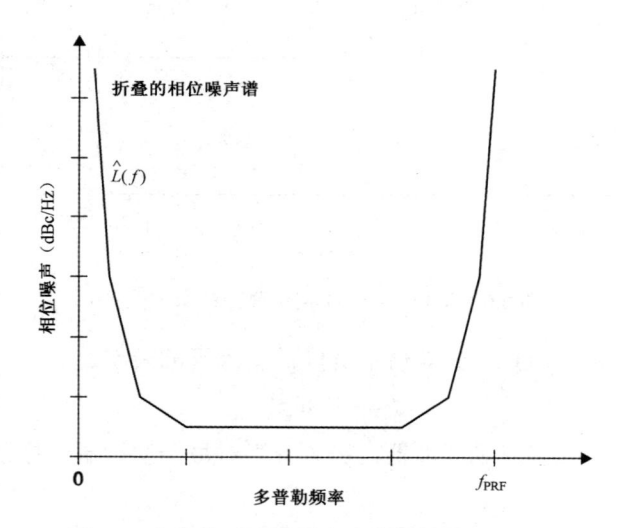

图 6.8 由相位噪声混淆产生的抽样相位噪声谱

正弦调制

随机调制和正弦调制都对雷达性能有影响。正弦调制可对雷达性能有较大影响,虽然它们造成雷达性能恶化的程度常取决于它们和雷达的 PRF 的关系及它们相对于随机调制的大小。这些不希望的正弦调制的例子包括不可滤除的带内寄生产物和接收机或激励器内信号源之间隔离度不够造成的泄漏等。除了外部干扰源,雷达设计师还必须考虑内部信号源。MTI 和脉冲多普勒雷达对任何不相参的内部振荡器都特别敏感。不相参振荡器指的是输出的每个激励脉冲相位都不相同。因此，寄生信号对每个回波的影响不同，从而导致系统杂波抑制能力变差。真正全相参雷达通过一个频率参考产生所有的频率，包括脉冲间周期。这个全相参架构保证期望频率及所有内部产生的杂散信号都相参，这就避免了杂波抑制性能的恶化。

许多雷达是准相参的。这些雷达在发射和接收时采用相同的振荡器，但发射和接收之间不一定相参。结果是，目标的相位保持常数，但许多杂散信号的相位在脉间发生变化。在这种架构中，为了使可能误作假目标的杂散出现次数最小，信号隔离和频率关系是非常关键的。

相参振荡器和定时的不稳定性

本章关于稳定性讨论的大部分篇幅集中在作为接收机不稳定的主要来源的稳定本振上。但是，诸如二本振、相参振荡器（COHO）（如果用的话）、A/D 和 D/A 转换器时钟抖动等其他不稳定性来源都可能变得重要。随着采样频率和中频频率越来越高，A/D 和 D/A 转换器时钟抖动影响就越来越大。6.10 节和 6.13 节描述 A/D 和 D/A 转换器时钟的相位噪声和抖动的影响。由于用来完成收/发开关的选通脉冲对信号没有直接影响，选通脉冲的抖动与 A/D 时钟的抖动相比影响较小。但是，如果诸如收/发开关或功率放大器等部件有一个很长持续期的瞬态响应，开关时间上的定时抖动就可转换成一个发射机或接收机信号的相位调制。

雷达的整机不稳定性

雷达不稳定性的主要来源通常是接收机与激励器的共同相位噪声及非共同相位噪声和发射机的相位噪声。无论是通过基于相似的装置的测量还是预测，只要能获得这三个分量的多普勒频谱，通过对接收机、激励器的共同噪声频谱（经过距离依赖效应修正后的）和其他分量的频谱进行卷积，就可得到稳定杂波回波的频谱估计。然后将得到的频谱通过接收机滤波器滤波，并进行积累来得到由稳定本振和发射机等因素产生的剩余功率。这些方法可用来分析现有雷达不稳定性的来源，或在设计阶段预测雷达性能，并允许给雷达的关键分机和分系统分配稳定度的要求。

对雷达整机不稳定性的测量可通过雷达天线搜索照射一个稳定的点杂波反射体来进行，该反射源应产生接近于（但低于）接收机动态范围极限的回波。在很多雷达阵地要找到适合的杂波源很困难，而在另外的情况下通过终止天线旋转来进行这种试验又是不可取的。在这种情况下，可用微波延迟线来给接收机输送一个发射脉冲的延迟样本。这种简单测量中包含了除延迟线回路之外的所有不稳定性来源。重要的是要认识到定时抖动不会对回波脉冲所有部分产生相同的影响，通常对脉冲中心的影响最小。因此，对回波（包括回波前沿和后沿）进行多点数据采样是很关键的。雷达整机不稳定性是多普勒滤波器输出多种剩余功率的总和与多普勒滤波器输入功率总和之比除以这些位置接收机噪声的比值。稳定性是这种比值的倒数，通常情况下都用分贝表示。

在用相位编码发射和脉冲压缩的接收机的雷达中，距离副瓣区域的剩余和压缩脉冲的剩余可能很明显。这些剩余是由宽发射脉冲期间的相位调制而不仅仅是由脉冲与脉冲之间的相位调制产生的。这种雷达稳定性测量必须运用大量数据点以得到对距离上分布的杂波合理的答案。

除了接收机激励器和发射机的幅度和相位噪声外，机械扫描天线主要产生幅度调制。因此，合成效应是分别由每个因素产生的剩余功率的总和。

低噪声频率源

许多雷达系统工作在一个非常宽的射频范围内，因此需要多点本振频率，通常采用频率合成产生。频率合成是采用倍频、分频和混频等从一个参考频率合成产生所需频率的过程。振荡器是任何频率合成方法的基本部件。石英晶体振荡器历史上一直是最通用的源技术。采用双转角晶体（SC、IT 等）的 VHF 晶体振荡器能够提供比单轴晶体振荡器更大的功率电平。只有特殊旋转轴才有的这些性能使得双转角晶体 VHF 晶体振荡器具有更低的相位噪声和更好的抗振动性。常常用 VHF 源的倍频来产生需要的雷达 RF 频率。但是，这个倍频过程将导致相位噪声性能恶化 $20\lg(M)$dB，其中 M 是倍频系数。已探索了诸如声表面波（SAW）振荡器等各种其他的源技术来改善相位噪声性能。SAW 振荡器能够获得更低的远离载频的相位噪声，主要是因为其工作频率更高，需要达到雷达 RF 相同输出频率的倍频系数更小。

在需要与其他雷达通信或与飞行中导弹进行通信的雷达中，常常需要精确的频率定时。典型的情况是，一部搜索雷达探测到目标，然后叫一部精确跟踪雷达排队等待跟踪。通过将低相位噪声雷达振荡器锁相到一个由铷振荡器或 GPS 接收机产生的更低频率上，可以获得这些应用需要的精确定时。在这种架构中，参考振荡器的长稳优于雷达振荡器，而雷达振荡器的短稳优于参考振荡器。锁相环结构，可通过在两种源稳定性交叉的偏置频率上选择锁相环带宽来建立，以利用两种技术的优势。在典型的雷达和参考振荡器技术中，锁相环带宽通常在 100Hz～1kHz 频率偏置范围。

频率合成技术

最常用的频率合成技术是直接合成技术、数字直接合成技术和倍频技术。直接合成通过各种频率信号的倍频和混频得到需要的输出频率。6.13 节将讨论数字直接合成和倍频技术。常规的锁相频率合成器有时也用，但它们的捷变频时间和相位平息响应通常不能满足雷达接收机和激励器的苛刻要求。锁相环更可能用来将固定高频振荡器锁相到稳定频率参考上，以保证接收机和激励器内部的所有振荡器相参和获得长稳与短稳的最佳平衡。

频率切换后的相位相参

远程雷达常常发射一串脉冲，这个脉冲串在接收到其中第一个脉冲回波之前发完。脉冲串可能工作在几个频率上，这就要求 LO 频率在脉冲之间切换。如果回波要进行相关处理，那么必须控制 LO 信号的相位，使得每次切换到特定频率上的 LO 信号的相位与如果不切换时的相位相同。这种需求驱动着 LO 频率的产生技术。通过一个参考频率来产生所有频率并不能保证在频率切换时相位相参。相位模糊的三种源是分频器、直接数字合成器和压控振荡器（VCO）。分频器输出信号的相位可能是 N 个相位的任意一个，这里 N 为分频比。分频器切换可能导致 $2\pi/N$ 的相位模糊。如果在频率合成过程中采用分频器，那么分频器必须一直工作，不切换输入频率或分频比以避免这种相位模糊。数字直接合成器（DDS）既可用来直接产生 LO 频率也可用来在上变频之前产生调制波形。当要求脉间相位相参时，在每个脉冲开始时要将每个脉冲的初始相位复位到零。如果所有 LO 频率都是脉冲重复频率的倍数，每个脉冲的相位将相同。VCO 可以用来产生一个可调谐的 LO，但为了改善稳定性它通常锁相到另一个稳定源上。必须小心地设计用来达到锁相的调谐电压设计和滤波器电容技术，以保证电压和储存电荷快速建立。否则，即使 VOC 将相位锁定，但转移过程中残余电压的衰变也将表现为被称为**调谐后漂移**的隐伏相位模糊。

去斜处理

如 6.3 节所述，在去斜处理中，为了减小中频信号的带宽，LO 信号频率被调制成与接收信号类似的线性调频波形。通常采用一个倍频器提高和增大窄带线性调频波形的频率和带宽来获得宽带线性调频波形。倍频器不仅倍乘输入信号的相位失真，而且其自身的相位失真经常也较大。LO 线性调频信号的相位失真对压缩后脉冲性能影响较大。这种相位失真要么使得压缩后的脉冲形状失真，要么使得副瓣性能变差（见 6.13 节）。采用将一个测试目标注入接收机，然后在其输出端测量相位波动的方法可以测量相位误差。通过以不同模拟距离注入目标来测量相位误差，可以分离接收机 LO 和测试目标的相位误差。如 6.13 节所述，若采用数字直接合成器，可以容易地校正接收机 LO 的相位失真。

6.6 增益控制

灵敏度时间控制（STC）

搜索雷达检测幅度变化很大的回波，经常要大到超过固定增益接收机的动态范围。不同的雷达截面积、不同的气象条件和不同的距离将引起不同的回波强度。其中，距离对雷达回波的影响超过其他因素，但可以用一种称为**灵敏度时间控制（STC）**的技术来减轻。STC 使雷达接收机的灵敏度随时间变化，从而使被放大后的雷达回波强度与距离无关。

STC 将使发射编码波形雷达的压缩后脉冲的时间副瓣变差。平缓的 STC 变化通常是允许的，但在近距离，衰减的变化率可能很大。采用 STC 的大多数现代雷达都用数字式 STC 控制，但这将导致近距离的大步进衰减，除非采用高数字化率。由于作为衰减函数的过度相位变化可以对距离副瓣产生很大影响，STC 衰减器的相位稳定性也是一个重要的考虑因素。

杂波图自动增益控制

在某些雷达中，山峦杂波或城市杂波能形成超过接收机动态范围的回波。这种杂波所占据的空间区域通常是雷达覆盖区中相当小的一部分，因此杂波图自动增益控制（AGC）被用来代替 STC。杂波图 AGC 由数字地图控制，它记录多次扫描中每一个杂波图单元里杂波的平均幅度，并在必要的地方调整接收机增益以保证杂波回波低于接收机饱和电平。

可编程增益控制

在诸如强杂波、强干扰或近距离模式等许多环境下，可能希望减小增益。相对于 STC 或杂波图控制，固定衰减常常是更可取的。例如，由于目标的距离模糊，高 PRF 的脉冲多普勒雷达就不能允许 STC。附加的衰减可用来增加接收机大信号处理能力或减小它的灵敏度，这可通过操作员手动或自动编程设定。

增益归一化

接收机的增益会随着元件公差、频率响应、温度变化和老化而变化。雷达截面积测量、单脉冲精密测角、接收机动态范围最大化和噪声电平控制等都需要精密的接收机增益控制。数字增益控制允许在雷达休止期内或规划的校正方式期间，用注入测试脉冲来校正接收机增益。校正系数可作为一个指令衰减量、工作频率和所需温度的函数存储起来。一段时间上的测量也可用来估计元件的老化和在接收机性能恶化超过允许范围之前预计出其故障。精密的增益控制对单脉冲角度测量的接收机通道来说是很重要的。单脉冲接收机是通过比较两个或两个以上波束同时接收到的回波幅度来准确地判断目标的方位或仰角位置的。因为增益太小会导致噪声系数恶化，而增益太大又会导致大信号超过 A/D 满量程或产生不要的增益压缩和交调或互调失真，所以用精密的增益控制将接收机动态范围最大化。

自动噪声电平控制

AGC 的另一个广泛用途是保证 A/D 转换器处有理想的接收机噪声电平。比 A/D 转换器的量化增量小得多的噪声将使灵敏度受到损失，这一点将在 6.10 节叙述。在远距离范围内（常超出雷达的设计测量范围）或某些计划的周期内对噪声取样。如果雷达在进行任何放大之前就有射频灵敏度时间控制（RF STC）的话，则可设置到最大衰减来以最小的（和可预计的）对系统噪声温度的影响将外部噪声最小化。大多数雷达在 STC 之前采用放大器，所以，它们不能在不增加噪声电平的条件下衰减外部干扰。噪声电平校正算法的设计应允许在极限距离上有可允许的外部干扰和暴风雨或山峰的回波。

另一个涉及在 STC 之前进行放大的问题是 STC 衰减器输出的噪声电平随距离变化。在近距离，A/D 输入的噪声电平可能低于量化间隔。另外，为了获得恒虚警，希望接收机输出噪声电平是一个不随距离变化的常数。为了克服这个问题，采用在 STC 衰减器之后注入噪声。经常，为了补偿 STC 衰减器之后减小的噪声，在中频采用一个噪声源和衰减器来注入附加的噪声。噪声注入的数字控制与 STC 衰减的同步可保证 A/D 转换器输入噪声电平基本上为常数。

增益控制部件

现代大多数雷达都用数字方法实现增益控制。数字增益控制可校正每一个衰减量，以确定实际衰减量与通过在休止期注入测试信号测得的要求衰减量的差别。

过去，增益可控放大器被广泛用来控制和调节接收机增益。现在，这种方法在很大程度上已被在接收机链路中分布的数字开关或模拟（电压或电流）控制的衰减器的方法代替。可变衰减器比可变增益放大器有许多优点。可变衰减器通常具有更大的带宽、更高的增益控制精度、更好的相位稳定性、更大的动态范围和更快的开关速度。

选择电压控制衰减器还是数字开关衰减器取决于多个性能参数之间的折中。数字开关衰减器通常具有最高的衰减精度、更短的开关时间、更好的幅度及相位稳定性、更大的带宽、更大的动态范围和更好的耐高功率能力。通过 D/A 转换器控制的电压或电流控制衰减器通常具有更高的分辨率和更小的插入损耗。

接收机常常在 RF 和 IF 都用增益控制衰减器。RF 衰减用来在出现大目标回波时进行动态范围扩展。通过将衰减器设置到尽可能靠近前端,通过使大部分接收机部件的增益压缩和互调或交调失真最小可以处理大信号。使用前端衰减的缺点是:与后置衰减相比,它通常对接收机噪声系数有更大的影响。当加入衰减的目的就像 STC 一样是降低接收机灵敏度时,衰减对噪声系数的影响通常不是问题。在接收机噪声系数不允许恶化的情况下,常用后端衰减或中频衰减来调节接收机增益来补偿由部件变化引起的接收机增益变化。

6.7 滤波

雷达整机系统的滤波

滤波是雷达鉴别有用回波和多种干扰的主要手段。接收机和后续数字信号处理机中的各种各样滤波器完成滤波。大多数雷达在天线波束移向另一个方向之前,向目标发射多个脉冲,而接收到的多个回波是以某种方式结合起来的。回波可以通过相干积累结合,也可以采用不同的多普勒处理技术(包括 MTI),将有用信号与杂波分离。从雷达系统的观点来看,这些都是滤波功能。在现代雷达中,这些功能是通过对接收机输出的 I/Q 数据进行数字信号处理来完成的。这些功能在本书的其他章节另有叙述。接收机内部滤波的目的是抑制带外干扰和以最小误差将接收信号数字化,以便用数字信号处理进行最佳滤波。

匹配滤波

虽然现在匹配滤波通常属于数字信号处理功能,但这里对这个概念的解释完全是为了完整性。系统总的滤波器响应选成使雷达性能最佳。如果用一个频率响应为 $H(\omega)$ 的滤波器处理在功率谱密度为 $N_0/2$ 的白噪声中的频谱为 $X(\omega)$ 的信号,T 时刻的输出信噪比(SNR)为[7]

$$\chi = \frac{\left| \dfrac{1}{2\pi} \int_{-\infty}^{\infty} X(\omega) H(\omega) e^{j\omega T} d\omega \right|^2}{\dfrac{N_0}{4\pi} \int_{-\infty}^{\infty} |H(\omega)|^2 d\omega} \tag{6.14}$$

从使信噪比最大角度来看,理想滤波器是在 T_M 时刻获得最大信噪比的匹配滤波器,其频率响应为

$$H_M(\omega) = X^*(\omega) e^{-j\omega T_M} \tag{6.15}$$

偏离理想滤波器响应 $H_M(\omega)$ 将导致信噪比减少,称为**失配损耗**。目标多普勒或为了使别的参数(如距离副瓣)最小而选择的不同于匹配滤波器的频率响应等都会造成失配损耗。

常常需要修改接收机滤波以适应使用的不同波形。当雷达采用带宽变化较大的不同波形时,为了使对数字信号处理数据吞吐量要求最小,可能会采用不同的 I/Q 数据率。对于不同的数据率,为了避免超过 Nyquist 率的信号混叠,需要调节接收机滤波。虽然雷达调节滤波以适应波形带宽,但通常不在接收机内实现匹配滤波,这个功能一般在数字信号处理中实现。

接收机滤波

在接收机链路中的不同节点都需要滤波,包括在射频、中频及基带(如果采用)滤波和

在十中抽一（降低采样率）之前的数字滤波。I/Q产生时也需要滤波作为其整体的一部分。

6.4节已阐述过寄生响应是如何在混频过程中产生的。即使在混频器输入端干扰信号与回波频率是分得很开的，但是这些干扰信号仍有可能变换为中频的。雷达抑制这种无用干扰的能力取决于混频器之前的滤波和混频器本身的质量。

射频滤波的主要功能是抑制由第一下变频产生的镜频响应。虽然镜像抑制混频器可以实现镜像抑制，但其最大的镜像抑制度通常不满足要求，还需使用另外的镜像抑制滤波器。镜频抑制问题仍是有些接收机不将回波频率一步直接变换为最后中频的原因。

如果下变频器的输入-输出频率比小于10，则混频器的其他寄生输出通常会变得更严重。寄生效应图（见图6.2）显示了有某些频率比的选择可提供宽度约10%中频的无寄生频带。第一中频用得高，就能够消除镜频问题，并提供无寄生效应的宽调谐频带。但是，混频器前面的滤波依然是重要的，因为邻近的寄生响应是低阶的，它能从混频器产生强输出。射频滤波是重要的还因为它能够在带外干扰信号产生接收机互调失真或交调失真之前就对其进行衰减。

如果接收机工作带宽占射频较大的百分比，可能需要一些开关式的或可调谐的射频滤波来抑制通过工作带宽的镜频响应。选择开关滤波还是可调谐滤波取决于接收机的开关速度、线性和稳定性要求。开关滤波器具有最短的响应时间、非常好的线性和稳定性，但其体积和开关部件的插损较大。

另一种有时用在大工作带宽比的方法是首先将输入射频信号上变频到一个比射频工作频带更高的中频上。这种方法几乎完全消除了镜频响应问题，并允许使用一个覆盖整个工作带宽的RF滤波器。在高中频进一步下变频到可数字化或基带变换的低中频之前，可进行与信号带宽相匹配的窄带滤波。

在采用中频采样或基带变换的接收机中，中频滤波是用来确定A/D转换之前的接收机带宽的主要滤波动作。在中频采样的接收机中，中频滤波器用作抗混叠滤波器和限制进入A/D转换器的信号带宽。在采用基带变换的接收机中，中频滤波器确定了接收机带宽。为了防止由于I和Q通道之间滤波器的差异引起的I/Q失衡，中频滤波器后面的视频滤波应有更宽的带宽。

在中频采样接收机中，数字滤波通常是确定接收机最终带宽的主要手段，并且提供为防止I/Q数据率的十分之一取样时抗混叠的要求。数字滤波可以精确控制，几乎可使它适合任何通带和阻带抑制的要求。所使用的数字滤波器通常是线性相位有限冲击响应数字滤波器（FIR），并且它们也能特制用来补偿射频和中频模拟滤波器通带内幅度和相位响应的波动。

滤波器特性

滤波器响应可用频率响应$H(\omega)$或脉冲响应$h(t)$完全地表征。但通常用以下描述的一些参数来规定它们的响应。数字滤波器可以用同样的参数来描述。因为可以精确表达，数字滤波器更常用传输函数$H(z)$或脉冲响应$h(n)$来描述。

关键的通频带特性是插入损耗、带宽、带内幅度及相位波动和群时延。常常用3dB带宽来定义带宽。但是，如果要求通频带带内波动较小，带宽也可能例如定义为0.5 dB或1dB带宽。对距离副瓣和通道一致性有潜在影响的主要参数是相对于插损的通频带带内幅度波动。相位波动是相对于最佳拟合线性相位规定的，对距离副瓣和通道一致性的影响与幅度波动类似。理想情况下，线性相位滤波器的群时延（相位随频率的变化率）是一个常数。群时延的绝对值对距离副瓣性能没有影响，但在单脉冲系统、副瓣对消器和数字波束形成系统中，必须严格控制或补偿通道之间的相对群时延。

虽然阻带抑制度显然是一个重要参数，但是过渡带陡直的滤波器的相位和脉冲响应特性可能不理想。图 6.9 所示为 3dB 带宽相同的 6 个不同的 5 阶低通滤波器的幅度响应[8]。与其他滤波器相比，切比雪夫滤波器（0.1dB 和 0.01dB 波动）具有平坦的通带响应和更好的带外抑制度。但如图 6.10 和图 6.11 所示，切比雪夫滤波器的相位（群时延）和脉冲响应特性较差。

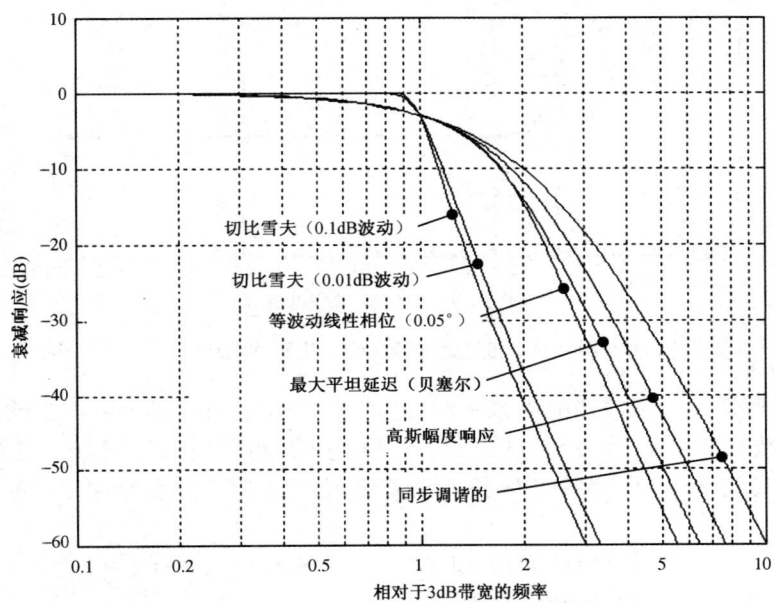

图 6.9　低通滤波器的幅度响应

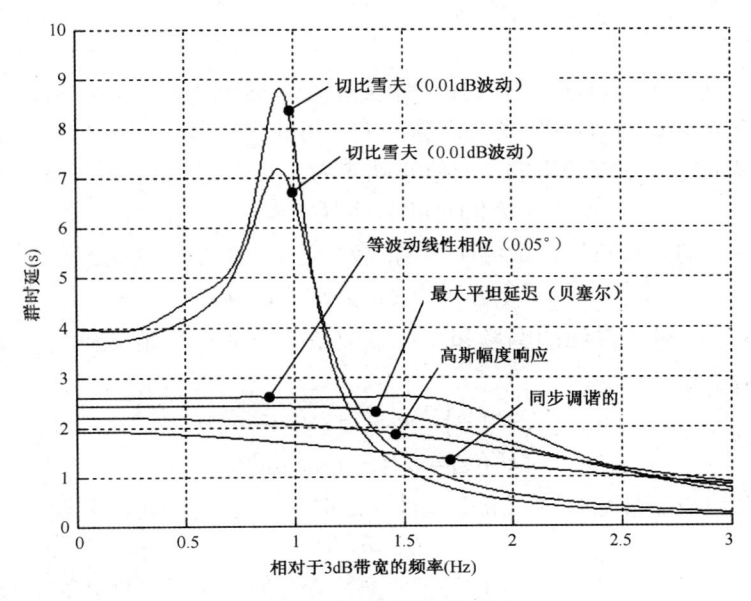

图 6.10　低通滤波器的群时延响应

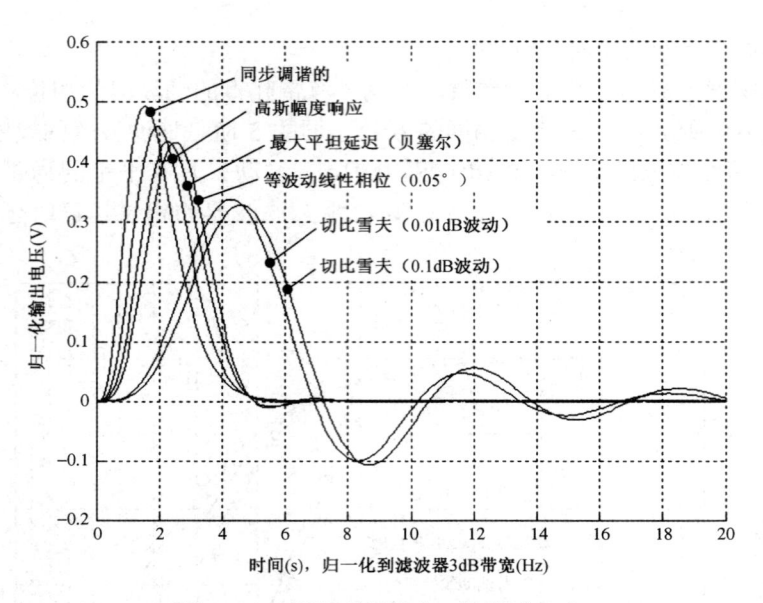

图 6.11 低通滤波器的归一化脉冲响应

数字滤波器可以是有限冲击响应数字滤波器（FIR），也可以是无限冲击响应数字滤波器（IIR）。FIR 滤波器除具有线性相位响应特性外，由于其有限响应较好，通常是优选的。用式（6.16）定义的对称冲击脉冲响应条件[9]或式（6.17）定义的反对称冲击脉冲响应条件都可实现线性相位。

$$h(n) = h(M-1-n) \quad n=0,1,\cdots,M-1 \quad (6.16)$$

式中，M 是 FIR 滤波器冲击脉冲响应长度。

$$h(n) = -h(M-1-n) \quad n=0,1,\cdots,M-1 \quad (6.17)$$

距离副瓣

滤波器响应的误差可能会恶化脉冲压缩距离副瓣。通过将滤波器冲击脉冲响应 $h(t)$ 加上一个比主脉冲响应 $h(t)$ 低 $20\lg(\alpha)$dB 的延迟脉冲响应可获得已修正响应 $h'(t)$，由该响应可看出滤波器响应对距离或时间副瓣的影响。已修正响应为

$$h'(t) = h(t) + \alpha h(t-T_0) \quad (6.18)$$

利用傅里叶变换的时移特性，最终频率响应为

$$H'(\omega) = H(\omega) + \alpha e^{-j\omega T_0} H(\omega) \quad (6.19)$$

因而，当 α 值较小时，最终的幅度和相位响应是一个被正弦相位和幅度调制的原先滤波器的幅度和相位响应

$$|H'(\omega)| = |H(\omega)|(1+\alpha\cos(\omega T_0)) \quad (6.20)$$

$$\angle H'(\omega) = \angle H(\omega) - \alpha\sin(\omega T_0) \quad (6.21)$$

所以，如果在滤波器带宽 B 内有 n 个纹波，在时刻 T_0 出现的距离副瓣为

$$T_0 = n/B \quad (6.22)$$

假设压缩脉冲宽度为 $1/B$，值 $n<1$ 将把距离副瓣放在目标回波主瓣内，从而导致主瓣响应失真。

通道匹配要求

多通道雷达接收机通常要求通道之间一定程度上的幅度和相位一致。为了有效地工作，副瓣对消通道之间必须有良好的一致性。增益和相位的固定偏差不影响副瓣对消性能，但是，带内相位和幅度小的波动都会产生较大影响。例如，为了获得 40dB 的对消比，要求接收机带内增益一致性小于 0.1dB。滤波器是信号带内幅度和相位波动的主要来源，因为放大器和混频器相对来说是比较宽带的。以前，通过用幅度和相位响应严格一致的一组匹配的滤波器来满足副瓣对消的通道一致性和带内平坦度的要求。由于现代数字信号处理在数字信号处理机中采用 FIR 滤波器均衡（见 6.11 节）或频率域校正来校正通道之间的不一致和带内波动，所以接收机允许采用不是严格匹配的滤波器。

6.8 限幅器

应用

限幅器用来保护接收机免遭损害和控制接收机中可能产生的饱和。当接收到的信号使接收机的某几级达到饱和，而接收机的这几级又没有专门设计成能对付这种饱和时，在信号消失后出现的畸变会严重影响雷达的性能，而且工作条件的失常会持续一段时间。视频级是最易受到伤害的而且比中频级有更长的恢复时间，因此通常在中频最后的一级包含有一个限幅器，设计用来在限幅信号消失后立即快速恢复到正常的运行状态。在 A/D 转换器之前的限幅也是为了防止信号超过满量程时发生失真。虽然 A/D 转换器通常在中等过载后可以快速恢复，但是失真将恶化诸如数字脉压和杂波抑制等信号处理性能。用中频限幅，A/D 转换器之前的带通滤波器滤除了这些谐波，使限幅带来的损失最小。

所有的雷达都包括一些收/发（T/R）装置，以保护接收电路免遭高功率发射信号的损害。在许多系统中，接收机前端也要求有一个 RF 限幅器。这个限幅器用来防止接收机电路因来自天线的高功率造成的损坏。这个高功率可能是发射期通过 T/R 的泄漏，也可能是干扰机或别的雷达系统的干扰。这些限幅器通常设计成对远高于接收机要处理的最大的信号进行限幅。

过去，人们用限幅器完成各种模拟信号处理功能。例如，采用具有 80dB 限幅范围的硬限幅器来对加在接收机上的噪声限幅。本《雷达手册》第二版[1]3.10 节描述了包括相位检波器和相位单脉冲接收机等的硬限幅器的应用。现代雷达大都设计成将线性工作范围最大化，限幅器只是用来处理在极端情况下不可避免的超大信号。

特性

理想限幅器的特性是，当输入信号幅度增长到限幅开始的电平时，其输出随着输入线性变化，当输入信号幅度达到和超过限幅电平期间，输出为常数。另外，理想限幅器的插入相位在各种输入功率电平下为常数，且具有瞬脱离限幅后的恢复时间。带通限幅器的输出波形为正弦波，而宽带限幅器的输出波形接近于方波。非理想特性的限幅器在许多方面都可能恶化雷达性能。

限幅电平之下的线性度

在接收机通道内加限幅器级的一个主要缺点是限幅器固有是非线性的。因为任何限幅器都是逐渐进入到限幅的,所以限幅器常常是接收机通道线性工作区内的非线性最大来源,并且会产生严重的带内信号互调失真。因此,主要的限幅级通常设置在具有最大的带外干扰滤波性能的末级中频级上。较低的工作频率允许实现较理想的限幅器特性。

限制幅度均匀性

任何单级的限幅器在输入信号幅度变化范围很大时都不能呈现固定的输出。如果考虑一个完全对称的在电压 $\pm E$ 削波的单级限幅器的话,有一个原因很明显。对于一个正弦输入,限幅门限点的输出信号为

$$v_0 = E\sin(\omega t) \tag{6.23}$$

当限幅器完全饱和,且输出波形为矩形时,输出信号由傅里叶级数表达为

$$v_0' = \frac{4E}{\pi} \sum_{n=1,3,5,\ldots}^{\infty} \frac{1}{n}\sin(n\omega t) \tag{6.24}$$

由上式可见,输出功率在基频上增加了 $20\lg(4/\pi)=2.1\text{dB}$。

实际中,幅度性能也受每一级限幅的输入和输出之间电容性耦合、晶体管与二极管中的电荷储存和 RC 时间常数(它使偏压随信号电平而变)的影响。由于这些原因,在需要有良好的幅度均匀性时,要使用级联两级或更多级的限幅器。

相位一致性

主要工作在线性区的现代雷达不很关心限幅器的插入相位随信号幅度的变化。但是,在限幅期间插入相位保持为常数的限幅器将保持有限幅的杂波或干扰存在时的目标回波相位。限幅器随信号的幅变化而变化的相移通常与它的工作频率成正比。

恢复时间

限幅器的恢复时间是表示限幅器在限幅信号过后其回到线性工作状态快慢的度量。在雷达受到脉冲式的干扰时,快速的恢复时间是很重要的。

6.9 *I/Q* 解调器

应用

I/Q 解调器也称为正交通道接收机、正交检波器、同步检波器或相参检波器等,实现中频信号到复数表示的零频 $I+jQ$ 信号的频率变换。用一对 A/D 转换器对同相(I)和正交(Q)的基带信号进行数字化可以无信息损失地表示中频信号的幅度和相位。采用何种数字信号处理算法处理最终得到的数字 *I/Q* 数据取决于雷达的类型和工作模式。诸如脉冲压缩、多普勒处理和单脉冲比较等处理都需要幅度和相位信息。现代雷达中数字信号处理占优势导致了对 Nyquist 率采样的数据的广泛需求。在许多现代雷达系统中,如 6.10 节和 6.11 节所述,

采用中频采样和后续数字信号处理来完成基带变换和数字 I/Q 信号形成。在实现中频采样的 A/D 转换器尚不能同时满足带宽和动态范围要求的宽带系统中，仍然使用 I/Q 解调器。

实现

图 6.12 所示为一个 I/Q 解调器的基本原理框图。

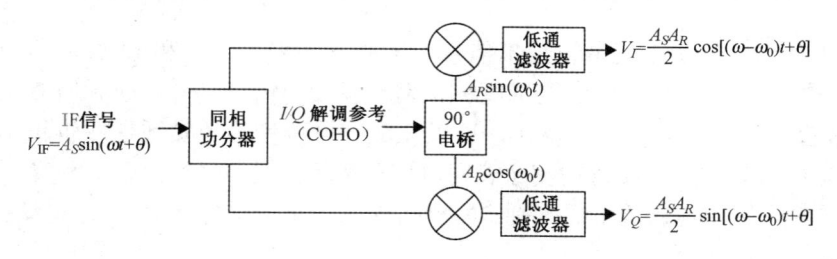

图 6.12 I/Q 解调器

图中，式（6.25）表示的中频信号功分到一对混频器或模拟乘法器，混频器 LO 端口分别接入一对由参考频率信号或相参振荡器产生的正交信号。式（6.26）表示该正交信号的复数形式。式（6.27）是在不考虑混频器和功分器插损情况下混频器输出的复数表达式。用理想低通滤波器滤除式（6.27）中第二项（和频），就获得式（6.28）表示的 I/Q 解调器输出。

$$V_{IF} = A_S \sin(\omega t + \theta) = \frac{A_S}{2j}(e^{j(\omega t+\theta)} - e^{-j(\omega t+\theta)}) \quad (6.25)$$

$$V_{COHO} = A_R[\sin(\omega_0 t) + j\cos(\omega_0 t)] = jA_R e^{-j\omega_0 t} \quad (6.26)$$

$$V_{IF}V_{COHO} = \frac{A_S}{2}(e^{j(\omega t+\theta)} - e^{-j(\omega t+\theta)})A_R e^{-j\omega_0 t} = \frac{A_S A_R}{2}e^{j[(\omega-\omega_0)t+\theta]} - \frac{A_S A_R}{2}e^{-j[(\omega+\omega_0)t+\theta]} \quad (6.27)$$

$$V_I + jV_Q = \frac{A_S A_R}{2}\cos[(\omega-\omega_0)t+\theta] + j\frac{A_S A_R}{2}\sin[(\omega-\omega_0)t+\theta] = \frac{A_S A_R}{2}e^{j[(\omega-\omega_0)t+\theta]} \quad (6.28)$$

下面要解释，在实现 I/Q 解调器时，为了获得最大的镜像抑制，必须保持 I 和 Q 通道高度的平衡性。混频器必须有直流耦合的中频输出端口，并且对有用差频及无用和频都有良好的匹配。采用双工滤波器可以获得良好的和频匹配。需要用视频滤波来抑制混频器和频输出和视频放大器输出的宽带噪声。否则，宽带噪声将通过 A/D 转换器的采样过程折叠到基带，从而导致接收机噪声系数恶化。常常需要视频放大将信号电平放大到 A/D 转换器满量程电平和实现混频器与 A/D 转换器之间的阻抗匹配。

习惯上，约定 I 信号相位导前 Q 信号相位时，雷达信号多普勒频率为正（目标接近）。在接收机内用高于 RF 的 LO 频率进行频率变换时，将导致多普勒频率倒置。所以，为了正确地获得接收机输出端 I 和 Q 的关系，必须研究每次变换。幸运的是，可以在接收机或信号处理机内很容易地通过切换数字 I 和 Q 数据或改变 I 或 Q 符号来改正 I 和 Q 的不正确关系。

增益或相位的失衡

如果 I 通路和 Q 通路的增益不正好相等，或者它们的相参振荡相位基准不正好相差 π/2 弧度，则频率为 ω 的单一输入信号会在希望频率 $(\omega-\omega_0)$ 处和镜像频率 $-(\omega-\omega_0)$ 处都产生输出。式（6.29）和式（6.30）表示增益或相位不平衡产生的镜像。对小误差，如果电压增益比是$(1\pm\Delta)$或者相位基准相差$(\pi/2\pm\Delta)$弧度，那么频率为$-\omega_d$的寄生镜像与频率为ω_d的所需输出相比，电压是$\Delta/2$倍，功率是$\Delta^2/4$倍或$20(\lg\Delta)-6\mathrm{dB}$。

$$V_I + \mathrm{j}V_Q = E\cos(\omega_d t) + \mathrm{j}(1+\Delta)E\sin(\omega_d t) = \left(1+\frac{\Delta}{2}\right)E\mathrm{e}^{\mathrm{j}\omega_d t} - \frac{\Delta}{2}E\mathrm{e}^{-\mathrm{j}\omega_d t} \quad (6.29)$$

$$V_I + \mathrm{j}V_Q = E\cos(\omega_d t) + \mathrm{j}E\sin(\omega_d t + \Delta) = \cos\left(\frac{\Delta}{2}\right)E\mathrm{e}^{\mathrm{j}\left(\omega_d t+\frac{\Delta}{2}\right)} - \sin\left(\frac{\Delta}{2}\right)E\mathrm{e}^{-\mathrm{j}\left(\omega_d t+\frac{\Delta+\pi}{2}\right)} \quad (6.30)$$

如图 6.13 所示，历史上用调节模拟信号通道的方法来实现 I 和 Q 通道的相位和增益较正。通过改变中频增益或 I 和 Q 通道的视频增益可以较正增益误差。视频增益控制会加大视频电路的非线性，必须小心实现。现在，可以在数字域更精确地实现这些较正。

对 IF 带宽中心处的信号频谱的测量表明对增益和相位失衡进行补偿的程度。然而，如下所述，对整个 IF 带宽内镜像能量的抑制实际上可能大大小于这种在 IF 中心测量的结果。

时间延迟和频率响应失衡

如果 I 通道和 Q 通道响应在整个信号带宽内不相同，就会出现与频率相关的无用镜像响应。因为在中频上对 I 通道和 Q 通道的影响相同，所以最佳的通带滤波应在中频上而不是在基带上。为了使产生的镜像信号最小，视频滤波器带宽应比中频带宽宽的一半还宽，并用精密器件控制。在式（6.29）和式（6.30）中用$\Delta(\omega)$代替Δ，就得到增益和相位误差产生的与频率相关的镜像分量。类似地，在式（6.30）中用$\omega\Delta T$代替Δ，就得到 I 通道和 Q 通道时间延迟失衡产生的镜像分量。如图 6.13 所示，少量的时间延迟失衡可以通过在 A/D 采样时钟内增加时延来校正。大的时间延迟校正可能会产生数字 I、Q 数据的对准问题，应该避免。在 A/D 采样时钟内增加时延时，必须小心避免增加抖动，因时钟抖动会恶化 A/D 转换器的 SNR 性能。也可以在数字域实现有效的时延校正。如果需要校正与频率相关的增益和相位失衡，最容易和有效的方法是：在数字域用 I、Q 数据的 FIR 滤波或在频率域将校正作为雷达信号处理的一部分来完成。

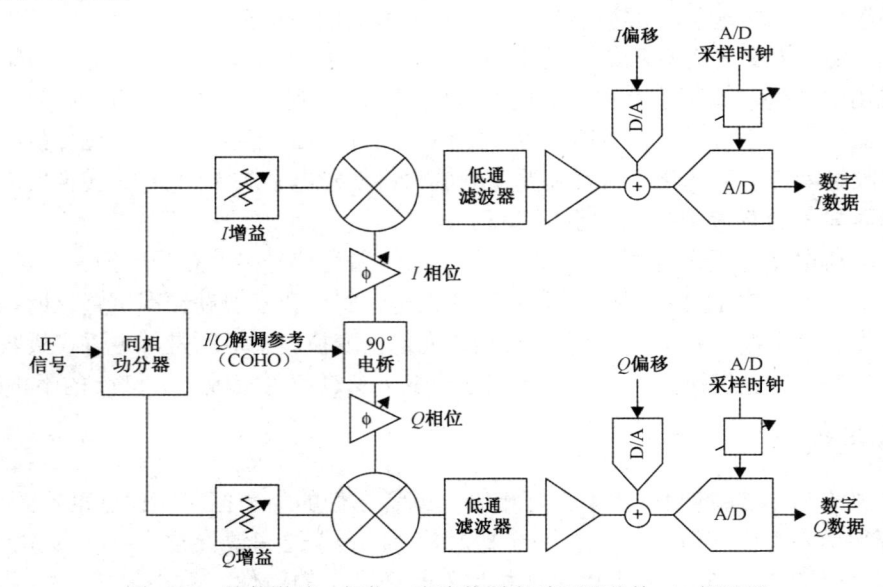

图 6.13 具备增益、相位、直流偏置和时延调节的 I/Q 解调器

I、*Q* 通道的非线性

部件的容差常常导致 *I* 和 *Q* 通路有不同的非线性，这会产生各种寄生多普勒分量。
理想的输入信号为

$$V = A\mathrm{e}^{\mathrm{j}\omega_d t} = I + \mathrm{j}Q \tag{6.31}$$

每个视频通路的响应可用幂级数表示。为了简单，只考虑对称的失真。包含剩余增益失衡 *Δ* 的 A/D 的输出为

$$V'_{IQ} = V'_I + \mathrm{j}V'_Q \tag{6.32}$$

$$V'_I = V_I - aV_I^3 - cV_I^5 \tag{6.33}$$

$$V'_Q = (1+\Delta)V_Q - bV_Q^3 - dV_Q^5 \tag{6.34}$$

将式（6.33）和式（6.34）代入式（6.31）就得到表 6.2 中所列的多普勒频谱成分的幅度。要注意的是，如果 *I* 和 *Q* 的非线性是相同的（*a=b*, *c=d*），则在 -5ω 和 $+3\omega$ 上的寄生分量将不会出现，镜像（$-\omega$）将与输入信号幅度成比例。在零多普勒频率上的寄生信号不是由直流偏置产生的，它是以上公式中被忽略的偶次非线性的结果。-3 次谐波是非线性所产生的主要寄生分量。

表 6.2　由 *I/Q* 的非线性产生的寄生信号分量

信 号 频 率	频谱分量的幅度
-5ω	$A^5(c-d)/32$
-3ω	$A^3(a+b)/8 + 5A^5(c+d)/32$
$-\omega$	$A(\Delta/2) + 3A^2(a-b)/8 + 5A^5(c-d)/16$
（输入）ω	$A(1+\Delta/2) - 3A^2(a+b)/8 - 5A^5(c+d)/16$
$+3\omega$	$A^3(a-b)/8 + 5A^5(c-d)/32$
$+5\omega$	$A^5(c+d)/32$

直流偏置

A/D 转换器输出的平均值的偏置会使小信号和接收机噪声失真，除非多普勒滤波器抑制了这个分量。

没有多普勒滤波器的接收机的虚警控制有时会由于 LSB（最低有效位）中的小部分误差而变差，因此，在 A/D 的模拟输入端进行校正更可取。如图 6.13 所示，可以用 A/D 转换器输出数据的数字处理来测量 DC 偏置和用 D/A 转换器来校正。假如 A/D 输入端的 DC 偏置没有大到可用动态范围的严重损失，也可以在数字域实现有效的校正。

采用中频采样可大大地减小或消除前面所述的许多 *I/Q* 解调器误差。由于这个优点加上硬件的减少，就是中频采样（见 6.10 节和 6.11 节）正在成为主要方法的理由。

6.10　A/D 转换器

高速 A/D 转换器是现代雷达系统接收机的一个关键部件。雷达数据的数字处理的广泛应

用导致要求转换器同时具备高速采样和大动态范围。

A/D 转换器将连续的时间模拟信号转换成离散的时间数字信号。这个过程包括时间域采样，即连续时间信号转换到离散时间信号和连续的模拟电压转换成离散的固定长度的数字字的量化。为了限制雷达性能下降，必须使采样和量化过程产生的误差最小。另外，诸如叠加性噪声、采样抖动和量化误差等都会导致非理想 A/D 转换。

应用

采用一对转换器对一个 I/Q 解调器输出的 I、Q 数据进行数字化的传统方法在许多情况下正在被数字接收机结构所替代。数字接收机采用一个 A/D 转换器加上数字信号处理形成 I、Q 数据。6.11 节描述数字接收机技术。

虽然划分界限有些任意且随着技术进展而变化，通常还是将雷达接收机划分为宽带和大动态范围的。不同的雷达功能对其中某个参数更加强调。例如，成像雷达要求大带宽，而脉冲多普勒雷达要求大动态范围。由于经常要求雷达在各种有不同的带宽和动态范围要求的模式下工作，所以在不同的工作方式下，常常采用不同类型的 A/D 转换器和不同的采样速率。

数据格式

A/D 转换器最常用的数字数据格式是二进制补码和二进制反码[10]。

二进制补码是最流行的表达带符号整数的数据格式。在补码的数据格式中，补码由计算给定数每位的补值并加一算出。补码中最大有效位称为符号位。如果符号位是 0，数值为正；如果符号位是 1，数值为负。电压二进制补码可用下式表示。

$$E = k(-b_N 2^{N-1} + b_{N-1} 2^{N-2} + b_{N-2} 2^{N-3} + \cdots + b_1 2^0) \qquad (6.35)$$

式中，E 是模拟电压；N 是二进制数字的位数；b_i 是第 i 个二进制数字的状态；k 是量化电压。

二进制反码是二进制补码的编码格式。在反码的数据格式中，最负的数用全 0 表示，最正的数用全 1 表示。零用 MSB 位（最大有效位）为 1 加上全 0 表示。电压二进制反码用下式表示。

$$E = k(b_{N-1} 2^{N-1} + b_{N-1} 2^{N-2} + b_{N-2} 2^{N-3} + \cdots + b_1 2^0) \qquad (6.36)$$

Grey 码[10]也被用在某些高速 A/D 转换器中，以减少数字输出转换对 A/D 转换器性能的影响。这种 Grey 码使得只要改变单一数字就能完成全部的邻近转换。

Delta-Sigma 转换器

Delta-Sigma 转换器与传统的奈奎斯特率转换器不同，它将过采样与噪声整形技术结合起来，以在感兴趣的带宽内改善 SNR。采用低通噪声整形还是带通噪声整形取决于应用。为了获得很低的杂散性能，传统的奈奎斯特率转换器要求很严的容差，而 Delta-Sigma 转换器潜在的无杂散动态范围（SFDR）和信噪比（SNR）更大。需要用数字滤波和抽取才能产生常规处理器能处理的各种数据速率。如第 6.11 节所述，这个功能既可以作为 A/D 转换器功能的一部分，也可集成到产生数字 I、Q 数据的数字下变频功能中去。

性能特性

A/D 转换器的主要性能特性是采样率或可用带宽、分辨率和信号可精确数字化的范围。分辨率受到噪声和失真的限制，可以用多种参数描述。

采样率

对于一个带限信号，只要采样率（f_s）超过 2 倍信号带宽和信号带宽没有跨越奈奎斯特频率（$f_s/2$）及其整数倍（$Nf_s/2$），就可以对它进行无混叠失真的采样。

在传统基带方法中，通常以能满足奈奎斯特准则的最小速率进行采样。因为基带 I 和 Q 信号的带宽（$B/2$）等于 IF 信号带宽的一半，只要采样率正好大于 IF 信号带宽即可（见图 6.14）。

为在中频采样，要求采样频率至少是 IF 带宽的两倍。但是，为了减轻抗混叠滤波和减小 A/D 转换器量化噪声的影响，通常采用过采样。如图 6.15 所示，实现中频采样的采样信号常常位于第二奈奎斯特域或更高的奈奎斯特域。

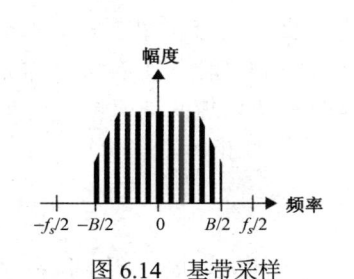

图 6.14　基带采样

图 6.15　在第二奈奎斯特采样域的中频采样

宣称分辨率

A/D 转换器的宣称分辨率是每个样本的输出数据位数。奈奎斯特率转换器的满量程电压范围为 $V_{FS} = 2^N Q$。式中，N 是宣称分辨率，Q 是最低有效位（LSB）的量化电平。

信噪比（SNR）

SNR 是均方根信号幅度和 A/D 转换器均方根噪声功率的比值。一个理想的 A/D 转换器只存在量化误差。如果输入信号相对于量化间隔足够大且与采样信号不相关，量化误差基本上是随机的并假设为白色。均方根量化噪声是 $Q/\sqrt{12}$，一个理想 A/D 转换器的信号量化噪声比（SQNR）为

$$\text{SQNR(dB)} = 6.02N + 1.76 \tag{6.37}$$

实际的 A/D 转换器除了量化误差还有包括热噪声和孔径抖动等在内的附加误差。如果这些误差可表征为白色的，它们就可与量化噪声合成得到信噪比比理想转换器的理论信噪比低。由于各种 A/D 转换器误差的机制与输入信号的电平和频率有关，在预计的整个输入范围内表征部件是重要的。对于现代高速 A/D 转换器，采样频率每增加一倍其可获得的信噪比就下降 1 位（6dB），而信号过采样与滤波和抽取对抽样率加倍只有半位（3dB）的信噪比改善。因此，在大动态的应用场合，采用最高采样率刚刚满足应用要求的 A/D 转换器，可获得最佳的性能。

无杂散动态范围（SFDR）

SFDR 是单音信号幅度与最大的杂散信号幅度之比，单位通常为 dB。与 SNR 类似，A/D 转换器的杂散性能与输入信号的幅度和频率有关。杂散信号频率也与输入信号的频率有关，其最大值一般是由低次谐波或其混叠产生的。采用深度过采样（$f_s \gg B/2$）率进行中频采样时，可以通过相对于信号频率来选择采样频率，使得无用的杂散信号落在感兴趣的信号带宽之外来避免最大的杂散信号。如果可避免最大的杂散，那么落在感兴趣带宽之内的杂散分量电平就比规定的 SFDR 更加重要。同样，在预计的工作条件范围内表征部件的特点是重要的。

A/D 转换器杂散信号对雷达性能的影响取决于被处理的波形和进行的数字信号处理。在应用大时间带宽积的线性调频波形时，由于脉冲压缩过程抑制了编码与有用信号不匹配产生的杂散，所以杂散信号的影响不大。在多普勒应用场合，由于杂散会产生各种频率的多普勒分量，而这些分量可能用杂波滤波方法滤除不掉，所以杂散信号的影响非常令人关注。

信噪失真比（SINAD）

SINAD 是均方根信号幅度与 A/D 转换器均方根噪声加上失真的比值。加上失真的噪声包括除直流和直到奈奎斯特频率外的所有频谱分量。SINAD 是 A/D 转换器一个有价值的品质因数。但在数字接收机应用中，由于那些最大的杂散分量可能落在感兴趣的信号带宽之外，所以 SINAD 不是针对具体应用鉴别相互竞争的 A/D 转换器的一个必要指标。

有效位数（ENOB）

通常用术语有效位数（ENOB）来表示一个 A/D 转换器的真实性能。如下所示，在文献[11]中，采用术语 SINAD 和 SNR 来表达 ENOB。因此，使用这个术语时，重要的是要区分不同的定义。

$$N_{eff} = [\text{SINAD(dB)} - 1.76]/6.02 \qquad (6.38)$$
$$N_{eff} = [\text{SNR(dB)} - 1.76]/6.02 \qquad (6.39)$$

双音互调失真（IMD）

双音互调失真 IMD 也是接收机应用中的重要指标。测量 IMD 时，采用两个幅度之和不超过 A/D 转换器满量程的不同频率正弦输入信号。与放大器的 IMD 类似，A/D 转换器大的失真通常是二阶或三阶 IMD 产物。但是，由于 A/D 转换器失真机理的复杂性，通过测量输入截获点不容易预计和表征 IMD 产物的幅度。

输入噪声电平和动态范围

为了在动态范围和系统噪声基底之间获得最佳的折中，关键是要精确地设置 A/D 转换器相对于其噪声电平的输入噪声电平。过高的 A/D 转换器输入噪声电平，将损失可用动态范围；过低的输入噪声电平，将使系统总的噪声基底变差。为了白化量化噪声，A/D 转换器的输入总噪声电平必须足够大。当均方根（rms）输入噪声等于最低有效位（LSB）的量化电平（Q）时，可以获得这种效果。另外，为了使得 A/D 转换器噪声对系统噪声影响最小，输入噪声功率谱密度应该足够大。量化噪声对总噪声的影响用下式表示[7]。

第 6 章 雷达接收机

$$\frac{\tilde{\sigma}^2}{\sigma^2} = 1 + \frac{Q^2}{12\sigma^2} \qquad \sigma \geqslant Q \tag{6.40}$$

典型的工作点在 $\sigma/Q = 2$ 到 $\sigma/Q = 1$ 的范围内，由量化造成的相应的噪声功率分别下降 0.09dB 和 0.35dB。

实际中，高速 A/D 转换器的 SNR 常常是 A/D 转换器的噪声比理论的量化噪声大得多的情况。此外，A/D 转换器的输入信号带宽可能比奈奎斯特带宽小得多。在中频带采样应用中，当中频采样时，中频带宽常常小于奈奎斯特带宽的 1/4，这是个重要因素。如图 6.16 所示，在这种情况下，为了白化量化噪声，总输入噪声和 A/D 转换器噪声必须足够大；且输入噪声功率谱密度应该比 A/D 转换器的噪声功率谱密度大得多。在有些情况下，可能会加入带外噪声来白化 A/D 转换器噪声和杂散信号，然后通过后续的数字信号处理来抑制带外噪声。

在接收机带宽为 B_R 和采样频率为 f_s 条件下，数字滤波之后的系统最终信噪比为

$$\mathrm{SNR}_{\mathrm{SYS}}(\mathrm{dB}) = \mathrm{SNR}_{\mathrm{ADC}}(\mathrm{dB}) + 10\lg\left(\frac{f_s}{2B_R}\right) - 10\lg(S_{\mathrm{IF}}/S_{\mathrm{ADC}}) \tag{6.41}$$

式中，$S_{\mathrm{IF}}/S_{\mathrm{ADC}}$ 是 A/D 转换器输入信号噪声功率谱密度与 A/D 转换器噪声功率谱密度之比。由 A/D 转换器噪声引起的总灵敏度损失为

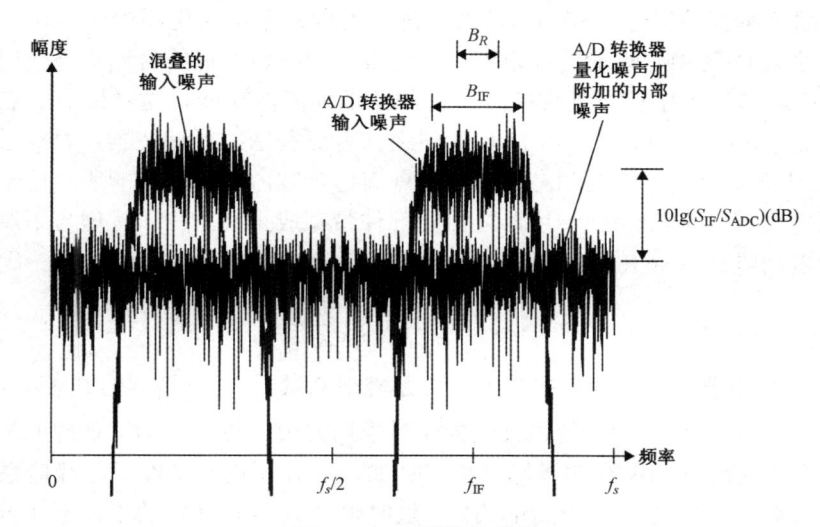

$$L(\mathrm{dB}) = 10\lg(1 + S_{\mathrm{ADC}}/S_{\mathrm{IF}}) \tag{6.42}$$

图 6.16 IF 采样噪声谱

A/D 转换器采样时钟稳定性

为了充分利用 A/D 转换器的能力，A/D 转换器采样时钟的稳定性是关键。样本到样本在采样间隔中所存在的变化称为**孔径不确定性**或**孔径抖动**，它产生与输入电压的变化率成正比的采样误差。对正弦输入信号，只由孔径不确定性所产生的信噪比为[12]

$$\mathrm{SNR}(\mathrm{dB}) = -20\lg(2\pi f \sigma_j) \tag{6.43}$$

式中，f 是输入信号频率；σ_j 是均方根孔径抖动。

类似地，采样时钟信号中的近载频噪声边带会转移到被采样的输入信号边带上，但减少

$20\lg(f/f_s)$dB。例如，在某中频采样应用时，若采样频率为输入信号频率的 3/4，采样时钟近载频相位噪声将转移到 A/D 转换器输出数据信号中，转移到输出数据信号中的噪声减少 2.5dB。

6.11 数字接收机

随着能对中频信号直接采样的高速 A/D 转换器的出现，数字接收机架构已几乎全部代替传统模拟 I/Q 解调。在数字接收机中，用一个 A/D 转换器对接收信号数字化，然后采用数字信号处理完成将 I、Q 下变频到基带。采样频率的不断提高有时可无需第二次下变频和有可能直接进行雷达射频采样。与传统的模拟 I/Q 解调相比，中频采样的优点是：

（1）I 和 Q 不平衡几乎消除；
（2）直流电平漂移几乎消除；
（3）通道不一致性减小；
（4）线性度更好；
（5）带宽和采样率选择更加灵活；
（6）滤波器误差范围小，相位线性、抗混叠滤波性能更好；
（7）器件的价格低、尺寸小、质量轻且功耗小。

由于中频越高越容易进行下变频和滤波处理，所以，希望采用高中频。但是，应用的中频频率越高，对 A/D 转换器性能的要求就越高。数字接收机的最终目标是直接射频采样。在直接射频采样中，通过数字信号处理完成所有的调谐和滤波功能。这样做的优点是几乎可以完全消除模拟硬件。但是，除非在 A/D 转换器之前有可调谐射频滤波器，否则直接射频采样的 A/D 转换器还必须有足够大的动态范围来处理雷达带宽内同时出现的所有信号。通常，进入 A/D 转换器的干扰功率与 A/D 转换器之前的部件带宽成正比。在干扰信号下避免饱和所要求的 A/D 转换器信噪比（SNR）为

$$\text{SNR}_{\text{ADC}}(\text{dB}) = 10\lg\left(\frac{P_I C^2}{N_{\text{ADC}}}\right) \tag{6.44}$$

式中，P_I 是 A/D 转换器输入端的干扰功率；C 是峰值系数；N_{ADC} 是 A/D 转换器噪声。

峰值系数是在 A/D 转换器满量程范围内相对于均方根干扰电平的可处理的峰值电平。设置峰值系数是为了使超过满量程的概率很小。例如，在高斯噪声条件下，峰值系数为 4，对应的峰值电平为 4σ（比均方根电平高 12dB），这时每个 A/D 转换器的采样不超过满量程的概率为 0.999937。

设置进入 A/D 转换器的系统噪声的功率谱密度比 A/D 转换器噪声的功率谱密度高 R(dB) 时给出

$$R(\text{dB}) = 10\lg\left(\frac{f_s N_{\text{SYS}}}{2B_{\text{IF}} N_{\text{ADC}}}\right) \tag{6.45}$$

式中，N_{SYS} 等于在带宽 B_{IF} 内 A/D 转换器输入的系统噪声。

将式（6.44）和式（6.45）合并，得到所需要的 SNR 为

$$\text{SNR}_{\text{ADC}}(\text{dB}) = 10\lg\left(\frac{2P_I C^2 B_{\text{IF}}}{f_s N_{\text{SYS}}}\right) + R(\text{dB}) \tag{6.46}$$

有各种数字信号处理方法可以实现用中频采样的 A/D 转换器数据来形成基带 I、Q 数字信号[7]。下面讨论两种方法。

数字下变频

图 6.17 所示为数字下变频方法。图中，A/D 转换器对中频信号进行采样，采样信号移频到基带，经数字低通滤波和抽取形成基带 I、Q 数字信号。图 6.18 显示了数字下变频过程中每一步的信号频谱。在连续时间域 [见图 6.18（a）]，频率单位为 Hz，用 F 表示；在离散时间域 [见图 6.18（b）~（e）]，频率单位为弧度（每个采样），用 ω 表示。图 6.18（a）显示了频谱以 F_0 Hz 为中心的输入模拟信号 $x(t)$。A/D 变频器以频率 F_s 采样对 $x(t)$ 采样，产生时

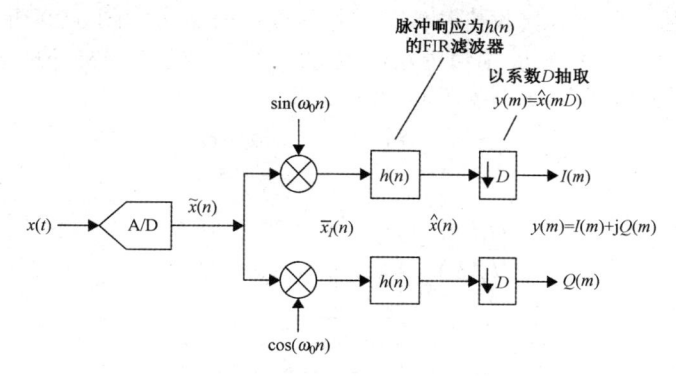

图 6.17 数字下变频结构

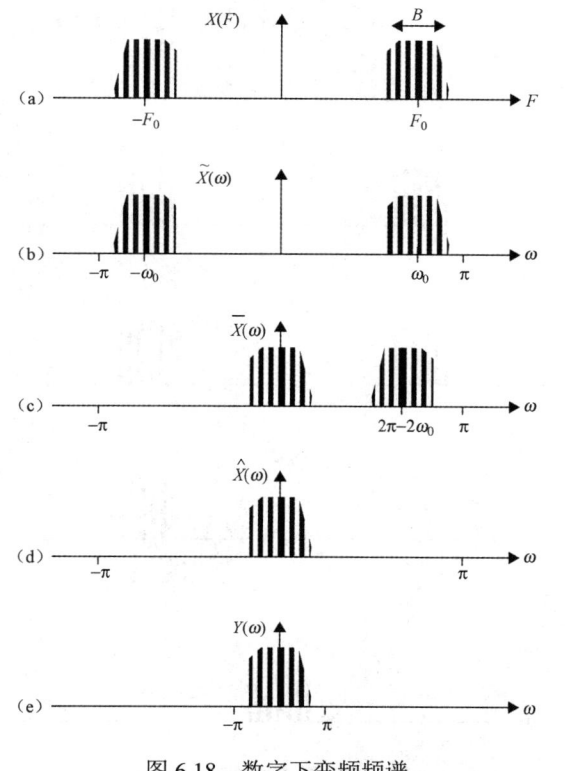

图 6.18 数字下变频频谱

间序列 $\tilde{x}(n)$ 和频谱 $\tilde{X}(\omega)$，该离散信号频谱以 ω_0 为中心，并在以 $-\omega_0$ 为中心处有一镜像。用参考信号 $\mathrm{e}^{-\mathrm{j}\omega_0 n}$ 与 A/D 转换器输出信号进行复数乘法，相当于信号以 ω_0 弧度每采样旋转，得到中心移到零点的频谱 $\bar{X}(\omega)$。如果 $\omega_0 > \pi/2$，无用的镜像中心点移到 $-2\omega_0$；如果 $\omega_0 \leqslant \pi/2$，无用的镜像中心点移到 $-2\omega_0+2\pi$。然后，用脉冲响应为 $h(n)$ 的 FIR 滤波器滤除镜像，就获得频谱为 $\hat{X}(\omega)$ 的输出 $\hat{x}(n)$。最后，通过每隔 D 个样本抽取实现降低采样率。如果滤波器响应 $H(\omega)$ 在频率 $|\omega| \geqslant \pi/D$ 之外有足够的抑制，那么将可忽略抽取过程中的混叠和信息损失。

希尔伯特变换器

图 6.19 所示为另一种数字接收机结构，其相应的信号频谱如图 6.20 所示。希尔伯特变换数字接收机采用由 FIR 滤波器 $h_1(n)$ 和 $h_2(n)$ 构成的希尔伯特变换器来处理 A/D 转换器输出信号 $\tilde{x}(n)$，FIR 滤波器 $h_1(n)$ 和 $h_2(n)$ 的频率响应为

$$|H_1(\omega)| \approx |H_2(\omega)| \approx 1 \qquad |\omega - \omega_0| \leqslant B \qquad (6.47)$$

和

$$\frac{H_1(\omega)}{H_2(\omega)} \approx \begin{cases} -\mathrm{j}, & |\omega - \omega_0| \leqslant B \\ \mathrm{j}, & |\omega + \omega_0| \leqslant B \end{cases} \qquad (6.48)$$

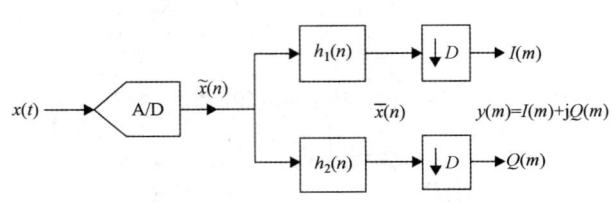

图 6.19 希尔伯特变换结构

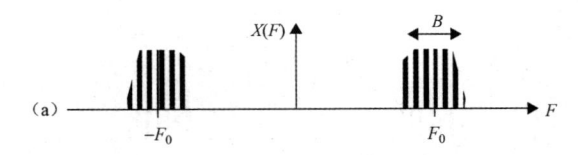

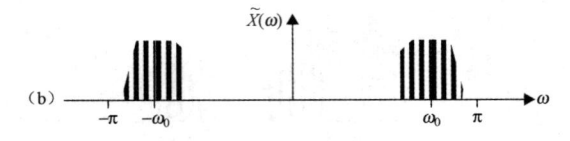

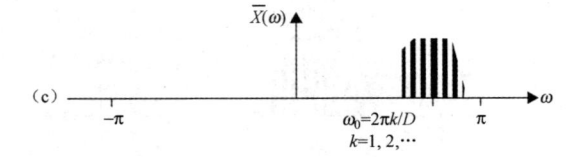

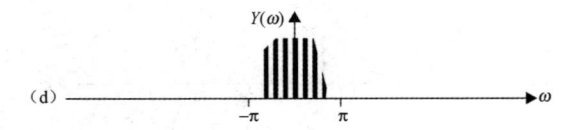

图 6.20 希尔伯特变换数字接收机频谱

滤波器输出形成频率以 ω_0 为中心的有用复值信号 $\bar{x}(n)$，同时滤除以为 $-\omega_0$ 为中心的镜像。最后一级进行频移和通过每隔 D 个样本的抽取实现降低采样率。如果频谱 $\bar{X}(\omega)$ 以 $\omega_0 = 2\pi k/D, k=1,2,...,$ 为中心，抽取将使 $Y(\omega)$ 的中心移到零点；如果滤波器响应在频率 $|\omega \pm \omega_0| \geq \pi/D$ 处有足够的抑制，那么抽取过程中将可忽略混叠和信息损失。

I/Q 误差

数字的 I、Q 形成并不像常说的那样不产生无误差信号，而是产生误差足够小的信号，其误差可以忽略。不平衡的主要原因是非理想滤波器响应。为了使通带内增益一致和阻带增益为零，需要无限多个抽头。而在绝大部分应用中，有足够的处理资源将误差降低到可忽略的水平。滤波器的有限长度系数字会产生非理想滤波器响应。通常可忽略其对通带的影响，但会导致滤波器阻带抑制的严重失真，从而影响 I/Q 平衡。

用多速率处理和多相滤波器实现数字下变频

有许多由这些基本方法变化而来的数字下变频方法。特定的实现数字下变频的方法经常采用能使乘法运算量最小的有效方法，因乘法运算比加法运算占用的资源多得多。多速率处理和多相滤波是两种用来减轻 FIR 滤波器处理负担的技术[13]。图 6.21 所示为用多速率处理的数字下变频方法。图中第一个 FIR 滤波器 $h_1(n)$ 提供足够大的抑制，以阻止第一路减小 D_1 倍的抽取引起的混叠；第二个 FIR 滤波器 $h_2(n)$ 不仅能减小由第二次抽取产生的混叠，而且能用来校正第一个 FIR 滤波器 $h_1(n)$ 频响引起的通带内的纹波或降落。如果抽取率比较大，可以采用两级以上的抽取。

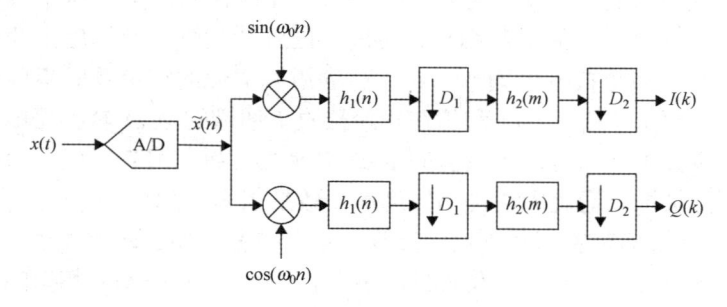

图 6.21 数字下变频结构

级联累积梳状（CIC）抽取滤波器[14]是一种常用的第一级滤波器，CLC 滤波器可以不用乘法器实现。这些滤波器在阻带内对由于提取在通带上产生混叠的频率具有抑制作用。由于这种滤波器造成的通带下降相对较大和阻带抑制缓慢，因此这种滤波器之后通常跟随一个既能校正 CIC 通带下降又具有理想阻带抑制响应的 FIR 滤波器。抽取因子为 D 的 k 阶 CIC 滤波器的传输函数为

$$H_K(z) = \left[\sum_{m=0}^{D-1} z^{-m}\right]^K = \left[\frac{1-z^{-D}}{1-z^{-1}}\right]^K \tag{6.49}$$

多相滤波器是一个以 $1/D$ 采样速率工作的滤波器组，该滤波器组将输入信号分路到 D 个子滤波器。在数字接收机中，多相滤波器是一种实现 FIR 滤波加抽取的高效率计算方法。多

相滤波方法只计算实际需用的样本，而不是计算所有的滤波器输出样本，然后只用每隔 D 的一个样本。图 6.22 和式（6.50）确定如何在多相结构中实现脉冲响应为 $h(n)$ 的滤波器和后随抽取因子为 D 的抽取。"分路器"将输入信号 $x(n)$ 分路到 D 个并行通道。"分路器"依次输出样本按逆时针方向旋转，进入并行滤波器组中的每一个，这些滤波器以降低的采样率工作。所有 FIR 滤波器输出相加产生输出信号 $y(m)$。这种结构的好处是能够容易实现以 F_X/D 速率的并行处理。

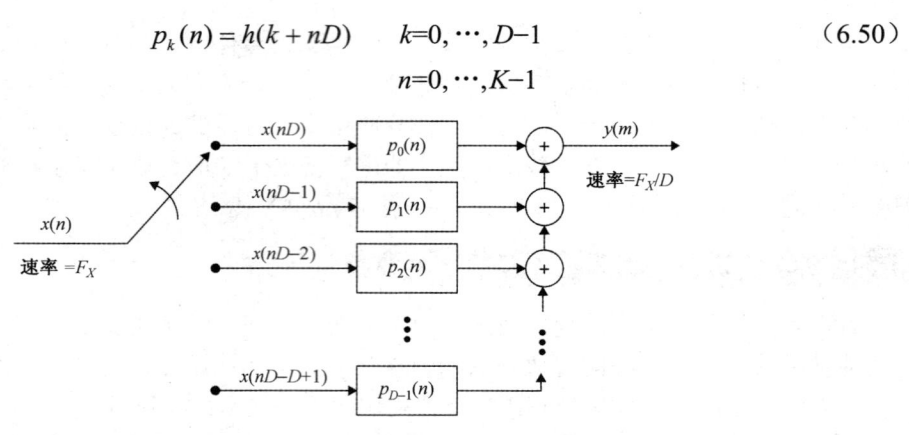

$$p_k(n) = h(k+nD) \quad k=0,\cdots,D-1 \quad (6.50)$$
$$n=0,\cdots,K-1$$

图 6.22 采用多相滤波器抽取

多通道接收机考虑

现代雷达系统很少只有一个接收机通道。例如，单脉冲雷达需要两个或更多的通道来处理和与差信号。另外，通道之间必须相参、时间上同步和相位上及幅度上严格匹配等。数字波束形成系统要求有许多个接收机通道，对这些通道有类似的相参及同步要求和严格的幅相一致性要求。相参性要求决定了 LO 和用在每路接收机通道的 A/D 转换器的时钟信号相对相位稳定性。时间同步要求意味着每个通道的 A/D 转换器时钟信号在时间上对齐和对每个通道在相位上同相地进行抽取。通道间相位和幅度不一致是因为 A/D 转换器之前和内部的模拟电路不一致。如果 IF 滤波器带宽相对于数字接收机带宽较宽，那么通道间误差将主要是一个在整个接收机带宽内为常数的增益和相位偏差。通常，只要进行对 I/Q 数据的复数相乘就能一次校正幅度和相位偏差并满足单脉冲应用时通道一致性的要求。在诸如副瓣对消或数字波束形成等对通道一致性要求更高的应用中，可以采用 FIR 滤波器均衡来校正接收机带宽内依赖于频率的波动。FIR 滤波器均衡既可在形成 A/D 数据的 FIR 滤波之后完成也可和这些滤波器合在一起实现。应该指出的是，为了在接收机带宽内校正频率和相位波动，要求对 I 和 Q 数据加上具有复系数的 FIR 滤波器。通常，用来形成 I/Q 的实系数滤波器具有关于零频对称的响应。而一般情况下，中频滤波器频响误差的校正要求非对称频域校正，这只能在基带用复加权系数实现。

多接收机通道必须一致的程度取决于特定的系统要求。虽然现代系统通常具备一定程度的通道均衡功能，但通道间增益、相位和定时必须保持合理的一致性，以便既能采用数字处理完成通道均衡又不过多消耗处理资源。另外，通道作为时间和温度的函数的相对稳定性必须能保证在两次校正时间间隔内校正后的结果维持足够有效。

数字波束形成系统需要大量的接收机通道。在这种应用中，尺寸、质量、功耗和成本是关键的考虑因素。

6.12 双频工作

优点

双频工作（频率分集）在于由两个接收机同时处理两个发射频率的回波。为了避免峰值功率 6 dB 的增加，发射在时间上通常是不重叠的。因为大部分发射机工作在饱和状态，所以同时发射多个频率将会产生较大的发射互调失真。

图 6.23 所示为探测 Swerling Ⅰ 型目标时，双频工作在灵敏度上的得益随探测概率 P_D 的增加而增加的情况。例如，当 P_D 为 90% 时，双频工作总信号功率要比单频的低 2.6dB。推导图 6.23 时有如下假设：

（1）两个频率点回波在检测判决之前，在电压或功率上相加，而不是进行单独的检测判决。

（2）两个频率的间隔足以使它们的 Swerling Ⅰ 型起伏相互独立，这取决于在距离维上目标的物理长度 l_r。最小的频率间隔为 $150\text{MHz}/l_r\text{(m)}$；对于长度 6m（20 英尺）以上的飞机，25 MHz 将完全保持双频工作的得益。

（3）两个脉冲中发射的能量相等。在 P_D 为 90% 时，2:1 的不平衡仅牺牲 0.2dB 的得益。

线性调频和非对称非线性调频都产生一个作为多普勒频率函数的由于距离多普勒耦合产生的距离偏移。在两个接收机中，这些距离偏移必须匹配到压缩脉冲宽度的一小部分的程度；否则，双频工作提高灵敏度的优点就不能完全达到，而且距离精度也会降低。

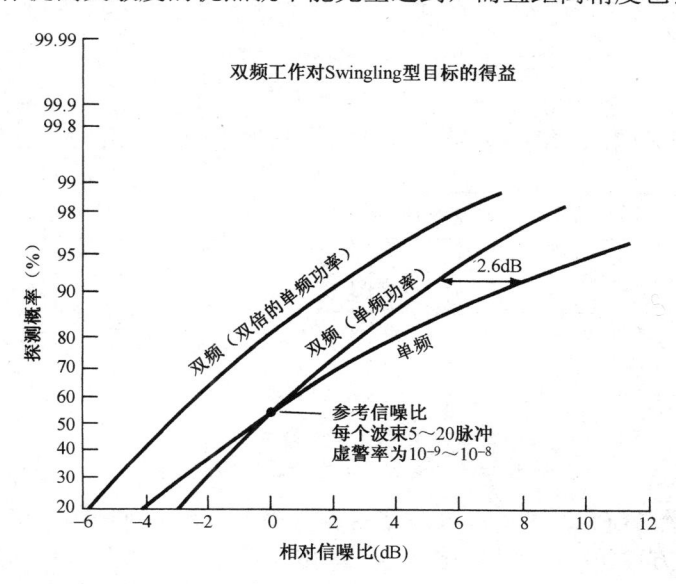

图 6.23 双频工作可提高接收机的灵敏度

实现方法

用多种方法可以实现双频工作（频率分集）。接收机通道完全复制通常是最贵的方法，但在频率间隔很大时，可能需要这种方法。一个更通用的方法是在第一中频处分离频率，这样做不需要完全复制射频前端或第一本振。可以采用分离的第二本振或 I/Q 解调器参考频率来处理不同的频率。在采用高速中频采样时，也可以用一个 A/D 转换器同时数字化两个信号然后用数字信号处理实现频率分离。不论采用哪种方法，必须留心提供足够大的动态范围和良好的线性度，以避免由于互调失真导致雷达性能恶化。

6.13 波形产生与上变频

激励器的功能是产生波形和上变频。这些功能与接收机功能紧密相关。要求接收机与激励器相参是两者紧密相关的一个主要因素。通常节省了硬件，接收机和激励器共用相同的 LO 频率。与接收机向数字化构架方向转变类似，激励器的各种功能已逐步使用数字方法实现。

直接数字频率合成器

直接数字频率合成器[15]（DDS）采用数字技术产生波形。与模拟技术相比，在频率稳定性、精确度、捷变频和通用性等多方面有很大的改进。如下所述，对 DDS 的主要限制是噪声和杂散信号。图 6.24 所示为一般 DDS 的原理框图。包含频率累加器和相位累加器的双累加器结构使得 DDS 可以产生连续波（CW）、线性调频（LFM）、非线性调频（分段线性）、调频（FM）和调相的多种波形。在产生连续波时，常数频率字（数字化的频率）输入到相位累加器中，产生一个线性相位序列，线性相位序列被截断后送入正弦（或余弦）查找表，正弦查找表将相应的正弦信号值输出到数/模转换器中。频率分辨率取决于相位累加器的位数和时钟频率。输出频率为

$$f_{\text{out}} = \frac{M_f f_{\text{clk}}}{2^{N_\phi}} \qquad (6.51)$$

式中，M_f 是输入到相位累加器的频率字；f_{clk} 是相位累加器时钟频率；N_ϕ 是相位累加器位数。

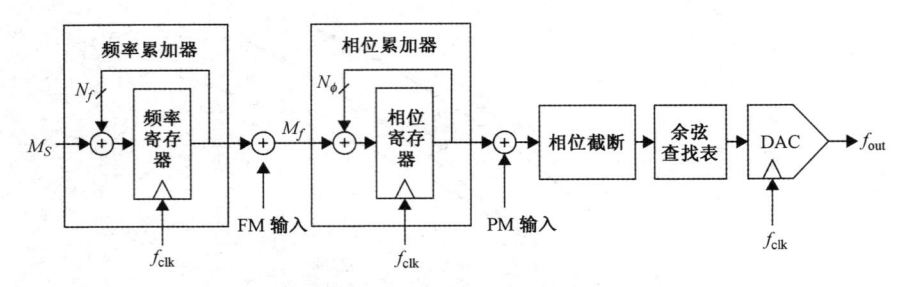

图 6.24 直接数字频率合成器原理框图

在产生线性调频（LFM）波时，向频率累加器输入一个常数调频斜率字（数字化的调频斜率），产生一个平方律相位序列从相位寄存器输出。在产生分段线性或非线性调频波形时，向频率寄存器输入一个时变斜率字。频率累加器既可以采用与相位累加器相同的时钟频率也可以采用约数频率，以获得更精细的斜率分辨率。如果两个累加器使用相同的时钟频率，调

频斜率为

$$\frac{\Delta f_{\text{out}}}{\Delta t} = \frac{M_S f_{\text{clk}}^2}{2^{N_f}} \tag{6.52}$$

式中，M_S 是输入到频率累加器的调频斜率字；N_f 是频率累加器的位数。

在频率调制（FM）和相位调制（PM）端口上加上时变输入可以产生调频波形和调相波形。

相位截断误差、D/A 转换器量化误差和非线性误差等由于它们的确定性都产生杂散信号。由于 DDS 产生的杂散信号频率是数字结构和编程频率的函数，所以可以较准确地预计杂散信号频率[16]。杂散信号的大小较难预估，因为主要杂散信号的大小是 D/A 转换器非线性度的函数。

产生连续波时，D/A 转换器输入序列每隔 2^k 个样本重复。这里 2^k 为 2^{N_ϕ} 和 M_f 的最大公约数。因此，杂散信号只出现在下列频率上。

$$f_{\text{spur}} = \frac{n f_{\text{clk}}}{2^K}, \qquad n=0,1,2,\cdots \tag{6.53}$$

在 M_f 不含因子 2 的极端情况下，杂散频率间隔为 $f_{\text{clk}}/2^{N_\phi}$。例如，对于 1GHz 时钟频率和 32 位字长的频率累加器，杂散频率间隔只有 0.23Hz。在大多数情况下，相互如此接近的杂散信号不可能从噪声中区分出来。相反，选择 M_f 的数值包含大因子 2^N，就会产生相对较大的杂散间隔。例如，采用 640MHz 时钟可产生 10MHz 整数倍的频率，就会在 10MHz 的整数倍上出现所有杂散信号分量。

DDS 杂散信号对雷达性能的影响取决于杂散信号的特征和雷达所用处理方法。由于 DDS 杂散的调频斜率与有用信号的调频斜率不同，使用大时间带宽乘积的调频波形一般对 DDS 杂散信号不敏感。这样杂散信号在脉冲压缩期间就受到抑制。

在脉冲多普勒应用中，杂散信号很令人关注。但是，通过使 DDS 产生的每一个波形的初始相位相同，可以减少杂散的影响。产生每个脉冲时重新复位 DDS，就保证了每次输入到 D/A 转换器的数字序列相同。其结果是 DDS 输出只包含 PRF 整数倍上的频率分量。

为了减小 DDS 杂散电平，已经提出或采用了多种减小有限字长影响的抖动注入技术。由于抖动注入技术有可能对雷达性能有害，所以必须仔细考虑这些技术及其要处理的杂散的影响。采用抖动将使杂散信号随机化，导致输出到 D/A 转换器的数字序列在脉间波动，这在多普勒应用中是不希望的结果。

DDS 的数字部分并不产生真正的随机误差。唯一不确定性的误差是 D/A 转换器内部时钟抖动或叠加性的热噪声性能和相位噪声对输入时钟信号影响的结果。

D/A 转换器内部时钟抖动产生输出信号相位调制，调制度与输出频率成正比。类似地，时钟输入信号上的相位噪声被转移到输出信号上，但减小 $20\lg(f_{\text{out}}/f_{\text{clk}})$dB。D/A 转换器叠加性的热噪声与输出信号频率无关，但同时产生相位和幅度噪声分量。

倍频器

倍频增加信号的频率和带宽。在产生本振连续波频率时经常采用倍频。本振输出的所有频率通常以一个低频参考频率为基准。倍频还具有获得那些不能直接用现有 DDS 装置产生的宽带调频信号的能力。如图 6.25 所示，倍频器是通过对输入信号相位乘上整数倍频因子 M 来实现倍频的。由于实际中这个过程通常包括某种形式的限幅，倍频器输出信号幅度 $\overline{A}(t)$ 的波动比输入信号幅度 $A(t)$ 的波动要小。

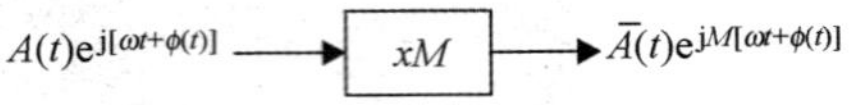

$$A(t)e^{j[\omega t+\phi(t)]} \longrightarrow \boxed{xM} \longrightarrow \bar{A}(t)e^{jM[\omega t+\phi(t)]}$$

图 6.25　倍频器工作原理

因为倍频过程将输入信号相位变化放大了 M 倍，所以输入相位噪声杂散相位调制增加了 $20\lg M$ dB 倍。类似地，作为频率函数的信号相位波动也被放大。这些波动在信号滤波中产生，并可能存在于输入信号中。对于线性调频信号，这可能导致距离副瓣性能的严重恶化。另外，实际倍频器也可能随频率有较大相位上的波动。如果输入信号相位失真为

$$\phi(f) = \beta \sin\left(\frac{2\pi nf}{B}\right) \tag{6.54}$$

式中，β 是峰值相位纹波；B 是输入波形带宽；n 是相位纹波的周期数。

那么倍频器输出的失真将在时间 $\pm n/MB$ 点上产生距离副瓣，其相对于回波主瓣的幅度为 $20\lg(M\beta/2)$ dB。作为一个例子，若采用一个八倍频器产生一个距离副瓣优于 35dB 的线性调频波形，则要求输入信号的峰到峰相位纹波小于 $0.5°$。

可以用诸如阶跃恢复二极管倍频或锁相环等技术来实现倍频器。在要求带宽百分比大且建立时间快时，最通用的技术是采用二倍频器或低阶倍频器级联。这种形式的倍频器还具有近乎理想的相位噪声性能，但由于在倍频每级之间有滤波器，会有随频率变化很大的相位调制。

为了产生具有低距离副瓣性能的宽带线性调制信号，常常采用倍频器输入波形预失真技术。如果倍频器由作为输入频率函数的输出相位失真 $\phi(\omega)$ 表征，那么在输入信号进行相位为 $-\phi(\omega)/M$ 的预失真将会补偿倍频器的响应。通过产生调频波形的 DDS 加上相位调制，可以很精确地实现线性调频波形的预失真。

波形上变频

激励器波形的上变频与接收机内的下变频类似。同样，对混频器的杂散和镜像抑制的也适用类似的实际考虑。一个外加的严重挑战是本振（LO）泄漏的抑制。本振泄漏抑制一般要对射频滤波器加上苛刻的滤波器抑制要求。对于宽调谐范围，这常常需要采用开关滤波器组。

参考文献

[1] M. I. Skolnik, *Radar Handbook*, 2nd Ed., New York: McGraw Hill, 1990.

[2] M. I. Skolnik, *Radar Handbook*, 1st Ed., New York: McGraw Hill, 1971.

[3] R. E. Watson, "Receiver dynamic range: Part 1," Watkins Johnson Company, Technical Note, vol. 14, no 1, January/February 1987.

[4] B. C. Henderson, "Mixers in microwave systems (Part 1)," Watkins Johnson Company, Technical Note, vol.17, no.1, January/February 1990.

[5] D.W. Allan, H. Hellwig, P. Kartaschoff, J. Vanier, J. Vig, G. M. R. Winkler, and N. F. Yannoni, "Standard terminology for fundamental frequency and time metrology," in *Proceedings of the 42nd Annual Frequency Control Symposium*, Baltimore, MD, June 1–4, 1988, pp. 419–425.

[6] P. Renoult, E. Girardet, and L. Bidart, "Mechanical and acoustic effects in low phase noise piezo-electric oscillators," presented at IEEE, 43rd Annual Symposium on Frequency Control, 1989.

[7] M. A. Richards, *Fundamental of Radar Signal Processing*, New York: McGraw-Hill, 2005.

[8] A. I. Zverev, *Handbook of Filter Synthesis*, New York: John Wiley and Sons, Inc., 1967.

[9] A. V. Oppenheim and R. W. Schafer, *Discrete-Time Signal Processing*, New York: Prentice Hall Inc., 1989.

[10] W. Kester, *The Data Conversion Handbook*, London: Elsevier/Newnes, 2005.

[11] R. H. Walden, "Analog-to-digital converter survey and analysis," *IEEE Journal on Selected Areas in Communications*, vol. 17, no. 4, pp. 539–550, April 1999.

[12] B. Brannon, "Sampled systems and the effects of clock phase noise and jitter," Analog Devices Inc., Application Note, AN-756, 2004.

[13] J. G. Proakis and D. G. Manolakis, *Digital Signal Processing*, 2nd Ed., New York: Macmillan, 1992.

[14] E. B. Hogenauer, "An economical class of digital Filters for decimation and interpolation," *IEEE Transactions on Acoustics, Speech and Signal Processing*, vol. ASSP-29, no. 2, April 1981.

[15] J. Tierney, C. M. Radar, and B. Gold, "A digital frequency synthesizer," *IEEE Trans*. AU-19, pp.43–48, March 1971.

[16] H. T. Nicholas III and H. Samueli, "An analysis of the output spectrum of direct digital frequency synthesizers in the presence of phase-accumulator truncation," *Proceedings. 41st annual Frequency Control Symposium*, USERACOM, Ft. Monmouth, NJ, May 1987, pp. 495–502.

第 7 章 自动检测、自动跟踪和多传感器融合

7.1 引言

随着数据处理速度加快和数字硬件价格降低及尺寸减小,雷达变得越来越自动化,从而除了最简单的雷达外,在绝大多数雷达上,都有自动检测和跟踪(ADT)系统。

在本章中,将讨论警戒雷达的自动检测、自动跟踪和多传感器融合技术,包括各种可提供目标增强的非相参积累器,虚警和目标抑制的设门限技术,以及估测目标位置和分辨目标的算法。然后,给出整个跟踪系统的综述,接着讨论其各个分部,例如跟踪航迹起始、相关逻辑、跟踪滤波器及机动跟随逻辑等。最后,以介绍多传感器融合和雷达组网作为本章的结束,其中包括单基地和多基地系统。

7.2 自动检测

20 世纪 40 年代,Marcum[1]首次将统计决策理论应用在雷达上,而后 Swerling[2]将其拓展到对起伏目标的检测上。他们研究了许多在高斯噪声内的非相参检测目标的统计问题(注:如果同相和正交分量分别是高斯分布的,那么包络就是瑞利分布的,而功率是指数分布的)。Marcum 的最重要的结果是:在等信号幅度的假设情况下,一个对 N 个包络检波样本(线性或平方律检波的)求和的检测器,可得到探测概率(P_D)与信噪比(S/N)的关系曲线。虽然对于相控阵雷达,等幅假设是成立的;但对于旋转雷达,当波束扫过目标时,回波信号幅度将被天线方向图所调制。许多作者对各种检波器进行了研究,进行了检测性能和角度估计值与最佳值的比较。本节后面将给出许多这样的结果。

在对检测器的初期研究工作中,假设环境是已知和均匀的,这样就可以使用固定的门限。然而,对于不使用极好的相参处理的固定门限系统,实际雷达环境(例如包括陆地、海洋和雨的)将引起极多的虚警。为解决非相参、虚警问题,可采用自适应设置门限、非参量型检测器和杂波图三种主要方法。自适应门限设置和非参量型检测器都是以假设被检测距离单元附近的一小段区域存在均匀性为依据的。自适应门限法假设除少数未知参量(如均值和方差)外,噪声密度是已知的。然后用周围参考单元来估计这些未知参数,于是得到基于估测密度的门限。和各参考单元一起,非参量型检测器通过对检验样本排序(从最小到最大)来得到恒虚警率(CFAR)。在所有样本(检验的和参考的)都是来自未知密度函数的独立的样本假设下,检测样本排序服从均匀分布,这样就可以设定产生 CFAR 的门限。杂波图存储各个距离-方位单元的背景电平平均值,若在某一距离-方位单元内有新的值超过平均背景电平一个特定量,那么就说,在这一个距离-方位单元里发现了目标。

最佳检测器

雷达检测是一个二元假设测试问题,问题中 H_0 表示无目标存在的假设,H_1 表示有目标

存在的假设。尽管有几个准则（如最优化的定义）可用来解决这个问题，但最适合于雷达的是 Neyman-Pearson[3]准则。该准则为：对于一个给定的虚警概率 P_{fa}，通过对似然比 L [L 由式（7.1）定义] 与确定 P_{fa} 的适当门限 T 进行比较，使探测概率 P_D 达到最大。如果

$$L(x_1,\cdots,x_n) = \frac{p(x_1,\cdots,x_n|H_1)}{p(x_1,\cdots,x_n|H_0)} \geq T \tag{7.1}$$

就宣称目标存在，式中，$p(x_1,\cdots,x_n|H_1)$ 和 $p(x_1,\cdots,x_n|H_0)$ 分别是 n 个样本 x_i 在有目标和无目标情况下的联合概率密度函数。对于线性包络检波器，样本在 H_0 的条件下具有瑞利密度，在 H_1 的条件下具有 Ricean 密度，于是似然比检测器简化为

$$\prod_{i=1}^{n} I_0\left(\frac{A_i x_i}{\sigma^2}\right) \geq T \tag{7.2}$$

式中，I_0 是零阶修正贝塞尔函数；σ^2 是噪声功率；A_i 是第 i 个脉冲的目标幅度，它与天线功率方向图成正比。对于小信号（$A_i \ll \sigma$），检测器简化为平方律检波器：

$$\sum_{i=1}^{n} A_i^2 x_i^2 \geq T \tag{7.3}$$

对于大信号（$A_i \gg \sigma$），检测器简化为线性检波器：

$$\sum_{i=1}^{n} A_i x_i > T \tag{7.4}$$

Marcum[1]首先研究了等幅信号（$A_i=A$）情况下的检测器，随后多年许多人持续进行了研究。下面是与这些检测器有关的最重要的事实：

（1）在 P_D、P_{fa} 和 n 的较宽范围内，线性检波器和平方律检波器的检测性能是相似的，只有不到 0.2dB 的差别。

（2）由于扫描雷达的回波信号被天线方向图调制，为了使信噪比最大而积累许多未加权（即 $A_i=1$）的脉冲时，仅有处于半功率点间 84%的脉冲应被积累，于是天线波束形状因子（ABSF）为 1.6dB[4]。ABSF 是将为等幅信号产生的检测曲线用于扫描雷达时，波束中心上的信噪比必须减少的数量。

（3）线性检波器的折叠损耗比平方律检波器[5]的损耗可能大几分贝（见图 7.1）。当不希望的噪声样本和有用的信号加噪声样本一起积累时，折叠损耗就是为保持 P_D 和 P_{fa} 不变的信号增加。N 是积累的信号样本数目，M 是积累的外来噪声样本数目，折叠比 $\rho=(M+N)/N$。

（4）大多数的自动检测器不仅要能检测目标，还要能对目标的方位位置进行角度估计。Swerling[6]用 Cramer-Rao 下限计算了最佳估计的标准偏差，结果如图 7.2 所示，图中绘制的是归一化标准偏差和波束中心信噪比的关系曲线。这个结果适用于中等数量的或大量的被积累脉冲，最佳估计则涉及发现回波及天线方向图导数相关性为零的位置。虽然这种估计很少施行，但它的性能可用简单估计逼近。

实用检测器

有许多不同的检测器（经常称**积累器**）用来积累当雷达扫过某一目标时的各个回波信号。几种最通用的检测器如图 7.3 所示[7]。反馈积分器[8, 9]和双极点滤波器[10, 11]是所需数据存储量最小的检测器。尽管这些检测器在老式雷达中仍然能被找到，但它们很有可能不会应用在现代雷达中，因此本书将不再对其讨论。虽然图 7.3 中所示的所有检测器都由移位寄存器

构成，但通常它们是用随机存储器实现的。这些检测器的输入可以是线性视频、平方律视频或对数视频。因线性视频可能是最常用的，所以各种检测器的优缺点都以这种视频输入进行讨论。

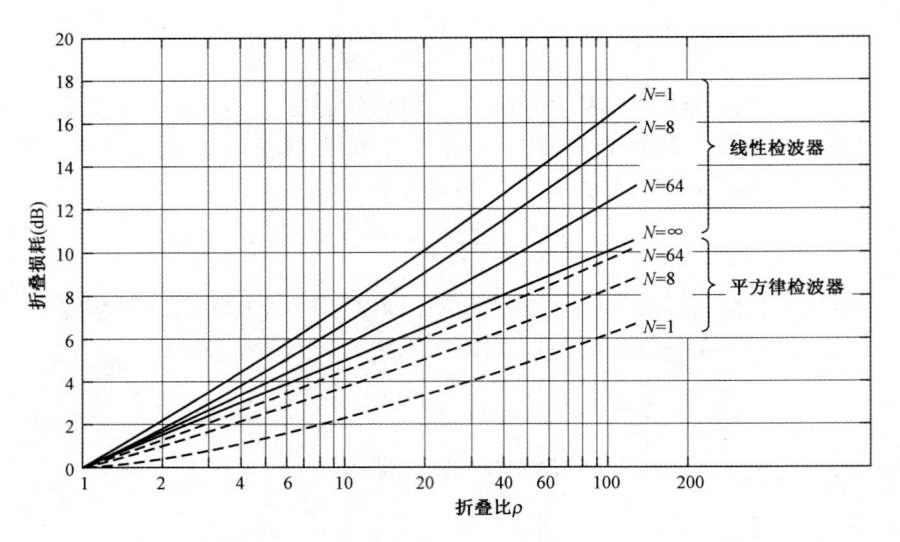

图 7.1 虚警概率为 10^{-6}、探测概率为 0.5 时，折叠损耗与折叠比的关系曲线[5]

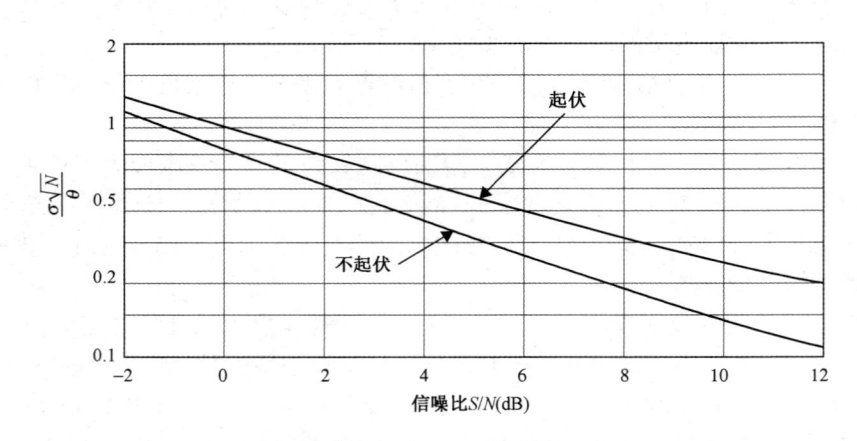

图 7.2 使用 Cramer-Rao 下限法对起伏和不起伏目标的角度估计。
σ 是估计误差的标准偏差，N 是 3dB 波束宽度内（其值为 θ）的脉冲数，S/N 是波束中心信噪比[6]

滑窗

图 7.3（a）所示的滑窗检测器在每个距离单元内对 n 个脉冲序贯求和，其数学表达式为
$$S_i = S_{i-1} + x_i - x_{i-n} \tag{7.5}$$
式中，S_i 是前 n 个脉冲在第 i 个脉冲处之和；x_i 是第 i 个脉冲。对于 $n \approx 10$，这种检测器的性能[12]仅比由式（7.3）给出的最佳检测器差 0.5dB。它的检测性能可以用一个 1.6dB 的 ABSF 和等幅脉冲的标准检测性能曲线得到。由滑窗求和的最大值或由通过检测门限的第一个脉冲和最后一个脉冲中点值得到的两种角度估计结果仅存在 $n/2$ 个脉冲偏移，该偏移量极

易校正。这两个估测器的估计误差的标准偏差比由 Cramer-Rao 下限所规定的最佳估计高 20%。这种检测器的缺点是容易受到干扰；也就是说，从干扰中来的一个大样本就能引起一个误检测。这个问题可以通过软限幅的方法使它达到最小。

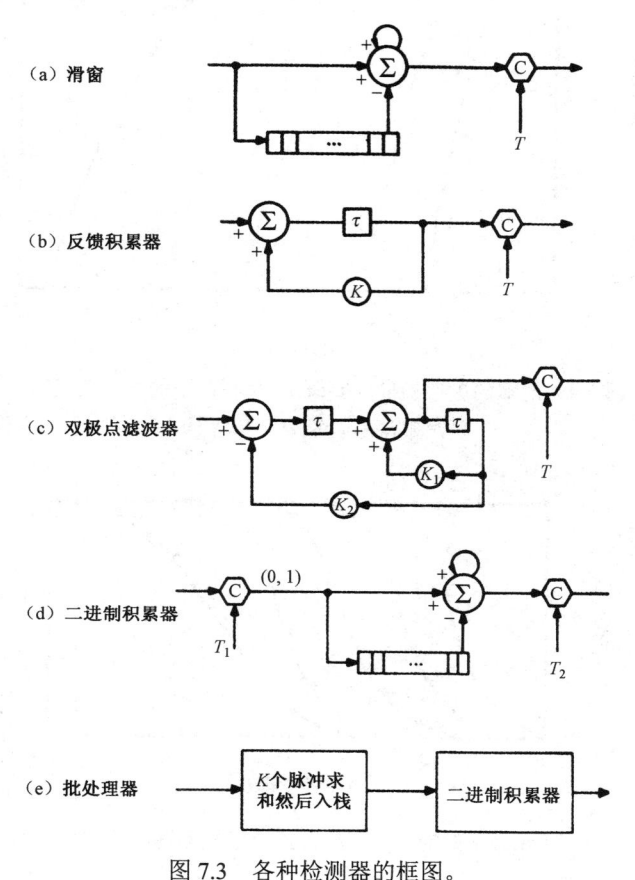

(a) 滑窗

(b) 反馈积累器

(c) 双极点滤波器

(d) 二进制积累器

(e) 批处理器

图 7.3　各种检测器的框图。
字母 C 表示比较，τ 表示时延，环路代表反馈[7]

前面讨论的检测性能是基于目标出现在滑窗中央的假设上的。在实际情况中，当雷达扫过目标时，对每个脉冲都要作出判定，这些判定是高度相关的。Hansen[13]曾对 N=2、4、8 和 16 个脉冲的实际情况进行过分析，并计算出如图 7.4 所示的检测门限，对应的检测性能如图 7.5 所示，角度精度如图 7.6 所示。将 Hansen 对连续扫描的计算和对单点的计算进行比较，可得出这样的结论：对每个脉冲作出判定可以得到 1dB 的性能改善。波束分裂方法的角误差大约比最佳估计高 20%。对于大信噪比，波束分裂法和最大回波法的精度（均方根误差）将受脉冲间隔限制[8]，精度将逼近

$$\sigma(\hat{\theta}) = \Delta\theta/\sqrt{12} \tag{7.6}$$

式中，$\Delta\theta$ 是连续两个发射脉冲间的角度偏转。若每个波束宽度内的脉冲数很少，则角度精度就很差。例如，若脉冲分开 0.5 个波束宽度，那么 $\sigma(\hat{\theta})$ 以 0.14 个波束宽度为界。然而，利用雷达回波幅度可以得到更高的精度。目标角度的精确估计由下式给出：

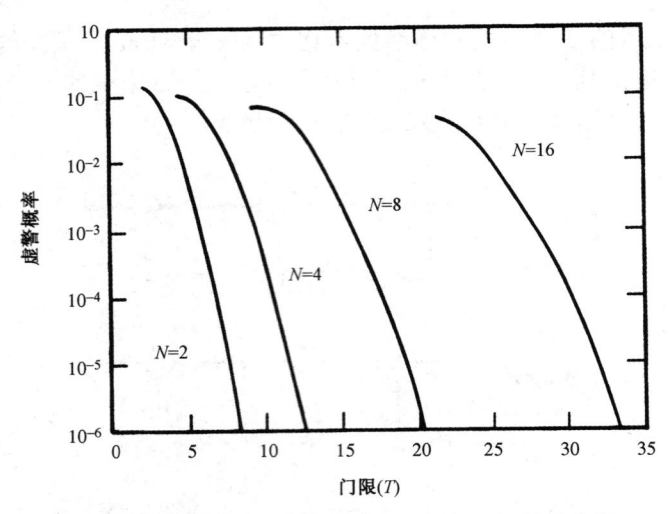

图 7.4 滑窗的单次扫描虚警概率 P_{fa} 与门限的关系曲线。
噪声服从 $\sigma=1$ 的瑞利分布[13]

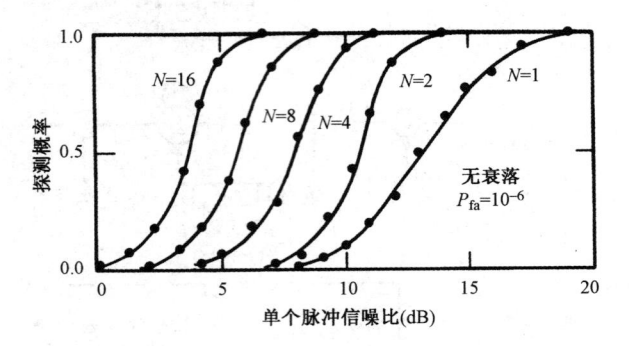

图 7.5 在无衰落的情况下，模拟式滑窗检测器的检测性能[13]

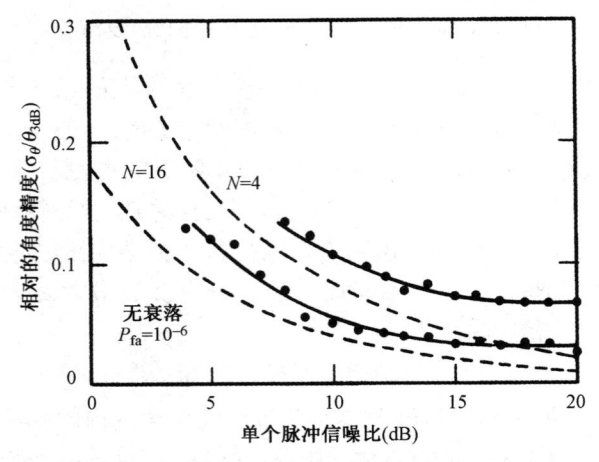

图 7.6 在无衰落的情况下，用波束分裂法得到的角估计精度。
虚线是 Swerling[6] 计算得出的下限，点是模拟结果[13]

$$\hat{\theta} = \theta_1 + \frac{\Delta\theta}{2} + \frac{1}{2a\Delta\theta}\ln(A_2/A_1) \tag{7.7}$$

式中，

$$a = 1.386/(\text{波束宽度})^2 \tag{7.8}$$

A_1 和 A_2 分别是发生在角度 θ_1 和 $\theta_2=\theta_1+\Delta\theta$ 处的回波样本的两个最大幅度值。由于这个估计应位于 θ_1 和 θ_2 之间，而式（7.7）并不能总得到这个估计，故若 $\hat{\theta}<\theta_1$ 时，应将 $\hat{\theta}$ 设置成等于 θ_1；若 $\hat{\theta}>\theta_2$ 时，应将 $\hat{\theta}$ 设置成等于 θ_2。对于每个波束宽度内只有两个脉冲（$n=2$）的情形，这个估计器的精度如图 7.7 所示。这个估计方法也可以用于多波束系统对目标仰角的估计，此时 θ_1 和 θ_2 是两个相邻波束的仰角，而 A_1 和 A_2 是其对应的幅度。

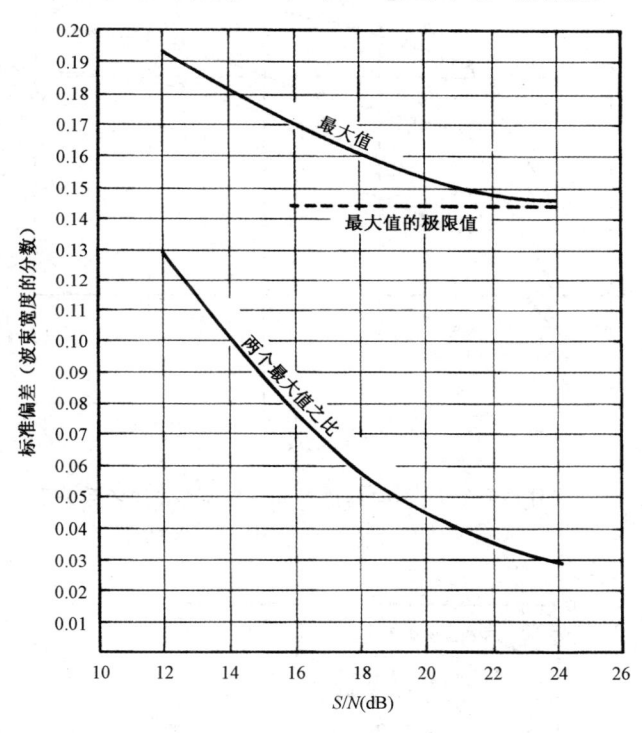

图 7.7 对两个分离 0.5 个波束宽度的脉冲进行估计时的角度精度

二进制积累器

二进制积累器也称双门限检测器、M/N 检测器或序列检测器（参见本节后面的"非参量型检测器"部分），已有许多人研究过它[14-18]。如图 7.3（d）中所示，小于门限 T_1 的输入样本值量化为 0，大于门限 T_1 的输入样本值量化为 1。最后 N 个 0 和 1 加起来后（用滑动窗）与第二个门限 $T_2=M$ 进行比较。对于数量大的 N，由于对数据的硬限制，这个检测器的性能大约比滑窗检测器小 2dB，角度估计误差大约比 Cramer-Rao 下限高 25%。Schwartz[16]证明，为得到最大的 P_D，当 $10^{-10}<P_{fa}<10^{-5}$ 和 $0.5<P_D<0.9$ 时，在 0.2dB 的范围内，M 的最佳值可由下式确定。

$$M = 1.5\sqrt{N} \tag{7.9}$$

当仅有噪声存在时,超过门限 T_1 的概率 P_N 的最佳值,已由 Dillard[18]计算得到,如图 7.8 所示。相应的门限 T_1 为

$$T_1 = \sigma(-2\ln P_N)^{1/2} \qquad (7.10)$$

P_D 为 0.5 和 0.9 时,最佳(M 的最佳值的)二进制积累器与其他积累器性能的比较如图 7.9 和图 7.10 所示。

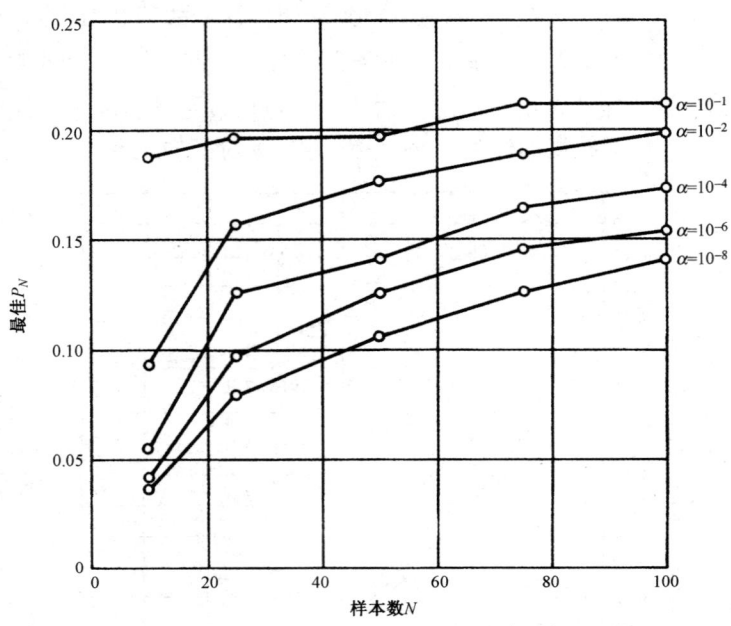

图 7.8 最佳概率值 P_N 与样本数 N 和虚警概率 α 的函数关系。每个脉冲服从 S/N=0dB 的 Ricean 分布[18]

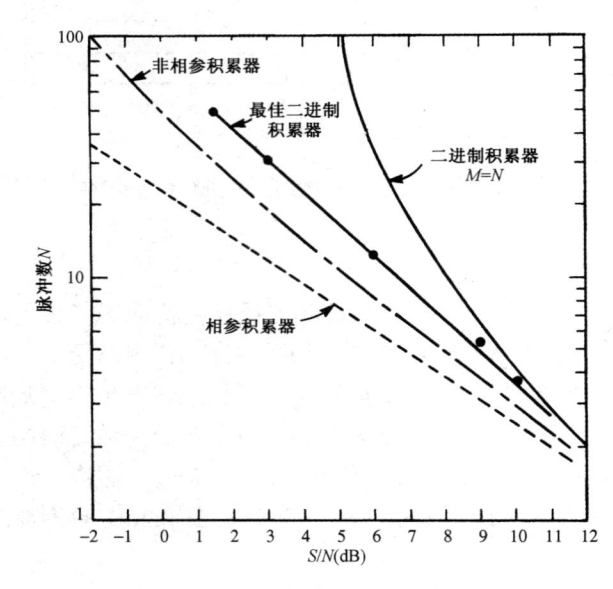

图 7.9 二进制积累器(M–N)与其他积累器性能的比较(P_{fa}=10^{-10},P_D=0.5)[16]

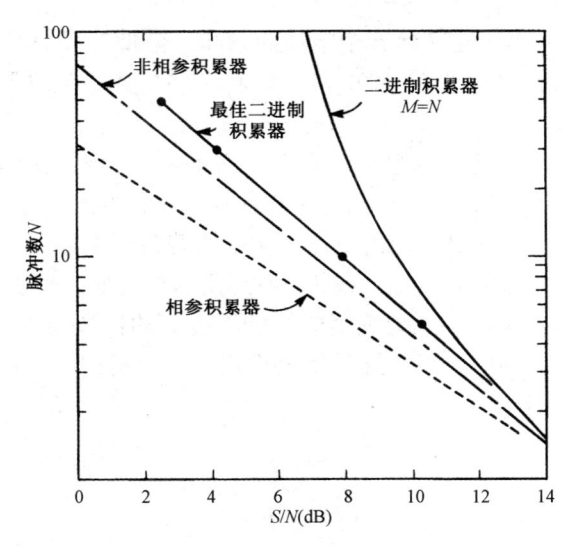

图 7.10 二进制积累器（M/N）与其他积累器性能的比较（$P_{fa}=10^{-10}$，$P_D=0.90$）[16]

二进制积累器被运用在许多雷达上，其原因是：（1）二进制积累器易于实现；（2）它忽略了干扰毛刺，这些毛刺会影响直接利用信号幅度的积累器；（3）当噪声为非瑞利分布时，二进制积累器工作得尤其好[19]。在 $N=3$ 时，把最佳二进制积累器（3/3）、二进制积累器（2/3）和滑窗检测器在对数-正态分布干扰的情况下（干扰为非瑞利分布的例子，此时回波的对数是高斯分布的）进行比较，得到图 7.11。最佳二进制积累器的性能比滑窗检测器要好得多。Schleher 计算出在对数-正态分布干扰情况下 $N=3$、10 和 30 时，对应的最佳值（M）分别为 3、8 和 25[19]。

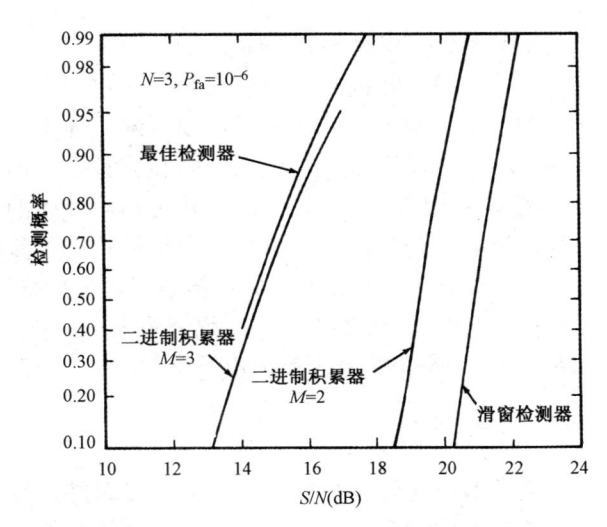

图 7.11 在对数-正态分布干扰的情况下（$\sigma=6$dB），各种检测器的比较（$N=3$，$P_{fa}=10^{-6}$）[19]

批处理器

当 3dB 波束宽度中的脉冲数目很大时，批处理器［如图 7.3（e）］是非常有用的。若

3dB 波束宽度中有 kN 个脉冲，先进行 k 个脉冲的求和（分批），求和后小于门限 T_1 的为 0，大于门限 T_1 的为 1。然后将最后的 N 个 0 和 1 求和，并与第二个门限 M 进行比较。它等效于把批幅度通过滑窗检测器。

和二进制积累器一样，批处理器很容易实现，它不受干扰毛刺的影响，并且当噪声具有非瑞利密度分布时，工作得特别好。此外，与二进制积累器相比，批处理器有要求存储空间更小，检测性能更好，角度估计更精确的特点。例如，若目标上返回 80 个回波脉冲，每 16 个脉冲为一批处理，把这个结果量化为 0 或 1，然后用 3/5 准则（或 2/5 准则）的二进制积累器判定目标。在大量脉冲积累时，批处理器的检测性能大约比滑窗差 0.5dB。Johns Hopkins 大学的应用物理实验室[20]成功地实现了这种批处理器。为获得比下限高出大约 20%的角度估计值 $\hat{\theta}$，要使用 $\hat{\theta}$ 的下列表示式。

$$\hat{\theta} = \frac{\sum B_i \theta_i}{\sum B_i} \quad (7.11)$$

式中，B_i 是批的幅度；θ_i 是与批中心对应的方位角。

虚警控制

在有杂波的情况下，如果对前面讨论过的积累器采用固定门限会产生大量的检测数，使雷达系统中的跟踪计算机达到饱和且工作混乱。因此，必须注意以下四个重要的因素：

（1）跟踪系统必须与自动检测系统结合起来（唯一的例外是显示检测的多次扫描时）。

（2）为在不启动太多的虚警跟踪的情况下形成跟踪所需的整体最小信噪比，检测器的 P_{fa} 应与跟踪系统匹配（见本章稍后的图 7.38）。

（3）如果雷达跟踪计算机能去掉随机虚警和不感兴趣的目标（如固定目标），则在积累器中可不考虑它们的去除问题。

（4）可用扫描间处理去掉固定点杂波或 MTI 的杂波剩余。

在固定门限检测系统中，通过设置较高的门限可限制虚警数。不幸的是，这样会降低在低噪声（杂波）回波区域内的目标灵敏度。解决上述问题（降低虚警）主要用过三种方法：自适应门限、非参量型检测器和杂波图方法。自适应门限和非参量型检测器假设在围绕测试单元（称为参考单元）的距离单元中的样本是独立的并且是相同分布的。另外，通常假设时域的采样是独立的；这两种检测器都是检测在测试单元内是否存在比参考单元内大得多的回波。杂波图允许在空间有变化，但要求杂波在多次的扫描中（典型扫描数为 5~10 次）必须是平稳的，杂波图为每一个距离-方位单元存储一个平均背景电平。若在某一个距离-方位单元内有新的值超过平均背景电平的一个特定量，那么就判定该距离-方位单元内有一个目标。

自适应门限

自适应门限设置技术的基本假设是除了少数几个未知的参量外，噪声的概率密度是已知的。周围参考单元然后用于估计未知参数，于是获得基于估计参量的门限。最简单的自适应检测器如图 7.12 所示，是 Finn 和 Johnson 研究[21]过的单元平均 CFAR（恒虚警率）。若噪声服从瑞利分布，即 $p(x)=x\exp(-x^2/2\sigma^2)/\sigma^2$，那么只需估计参量 σ（σ^2 是噪声功率），并且门限具有 $T = K\sum x_i = Kn\sqrt{\pi/2}\hat{\sigma}$ 的形式，式中，$\hat{\sigma}$ 是 σ 的估计值。然而，由于 T 是根据估计值 $\hat{\sigma}$

设置的，所以它有误差，因此 T 就必须比由已知 σ 计算得到的门限大一些。提高门限在目标灵敏度上会引起损耗，这个损耗被称为 CFAR 损耗，这种损耗的计算结果归纳在表 7.1 中[22]。从表中可以看到，参考单元数较少时，由于对 σ 的估计较差，损耗较大。故人们更愿意使用大数目的参考单元，但如果这样做，就有可能与均匀性假设（即所有的参考单元都是统计上相似的）相悖。一个好的粗略估计办法就是，用足够多的参考单元使 CFAR 损耗低于 1dB，同时不让参考单元超出测试单元两边的范围，超出会违背均匀性假设。不幸的是，对于特定的雷达来说，这一点有可能做不到。

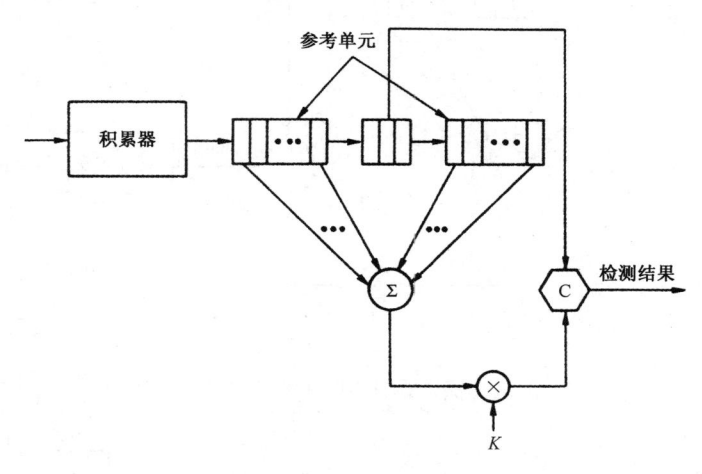

图 7.12　单元平均 CFAR（字母 C 表示比较）[7]

表 7.1　$P_{fa}=10^{-6}$ 及 $P_D=0.9$ 时的 CFAR 损耗[22]

积累的脉冲数	各种不同数目参考单元的损耗（dB）					
	1	2	3	5	10	∞
1	…	…	15.3	7.7	3.5	0
3	…	7.8	5.1	3.1	1.4	0
10	6.3	3.3	2.2	1.3	0.7	0
30	3.6	2.0	1.4	1.0	0.5	0
100	2.4	1.4	1.0	0.6	0.3	0

若不能确定噪声是否服从瑞利分布，最好对单个脉冲设置门限并用如图 7.13 所示的二进制积累器。这种检测器通过设置 K 以 0.1 概率输出为 1，从而容忍噪声密度分布的变化，而利用 7/9 准则能够得到 $P_{fa} \approx 10^{-6}$。虽然噪声可能不是瑞利分布的，但它在 10% 的范围内是非常类似瑞利分布的。另外，可以用基于几次扫描数据的反馈技术来控制 K，以达到在一次扫描或在扇区内保持所需的 P_{fa}。这演示了一般的规则：在不同环境中要保持一个低的 P_{fa}，自适应门限设置必须放在积累器的前面。

若噪声功率从脉冲到脉冲变化（就如同在有干扰时实施频率捷变的情况一样），那么每个脉冲均须先进行 CFAR 处理，然后再积累。虽然用二进制积累器可进行这种 CFAR 处理，分析[23, 24]表明，图 7.14 所示的比率检测器是一种更好的检测器。比率检测器对信噪比求和，即

$$\sum_{i=1}^{n} \frac{x_i^2(j)}{\frac{1}{2m}\sum_{k=1}^{m}[x_i^2(j+1+k)+x_i^2(j-1-k)]} \tag{7.12}$$

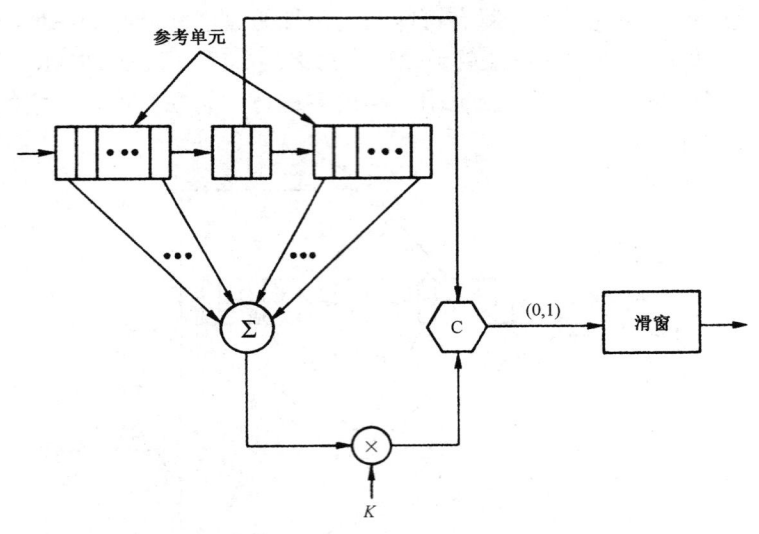

图 7.13 二进制积累器的实现（字母 C 表示比较）[7]

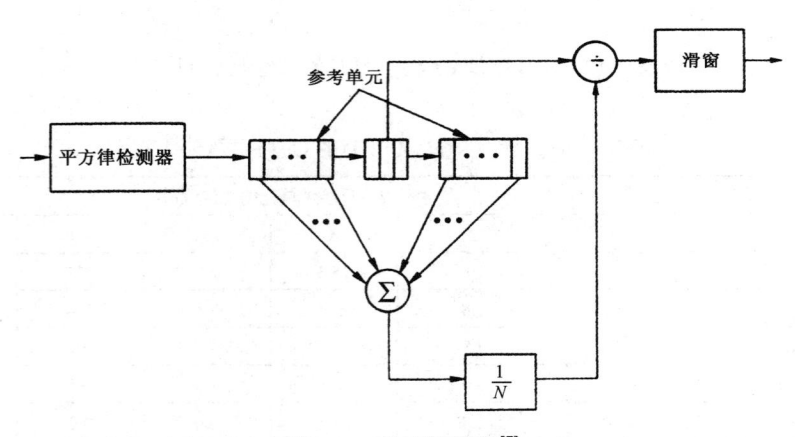

图 7.14 比率检测器[7]

式中，$x_i(j)$ 是在第 j 个距离单元中的第 i 个检测脉冲的包络；$2m$ 是参考单元的数目。分母是用最大似然估计法得到的每个脉冲的噪声功率 σ_i^2。即使只有少数几个回波具有高信噪比，比率检测器也可检测出目标来。不幸的是，这种方法在有窄脉冲干扰的情况下，会使比率检测器宣告有虚警。当有窄脉冲干扰时，为了减少虚警的数目，可用软限幅[24]的方法限制各个脉冲的功率比，使干扰的功率足够小，以便减少虚警。比率检测器与其他常用检测器的比较如图 7.15 和图 7.16 所示，图 7.15 所示为非起伏目标的曲线，图 7.16 所示为起伏目标的曲线。图 7.17 所示为每个脉冲在干扰功率有 20dB 变化的副瓣干扰情况下的典型性能曲线。通过用第二次检测来确定窄脉冲干扰是否存在，可以得到检测性能大约在有限幅和无限幅的比率检测器的中间性能。

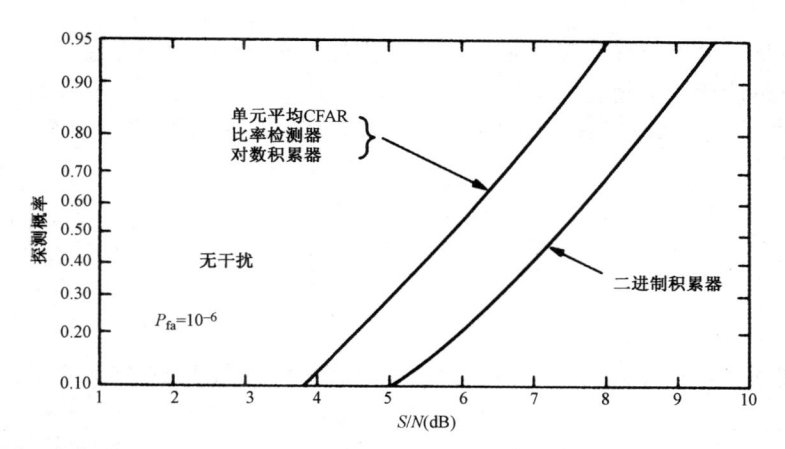

图 7.15 单元平均 CFAR、比率检测器、对数积累器及二进制积累器每个脉冲的信噪比与探测概率的关系曲线。非起伏目标，$2m=16$ 个参考单元，$N=6$，$P_{fa}=10^{-6}$ [24]

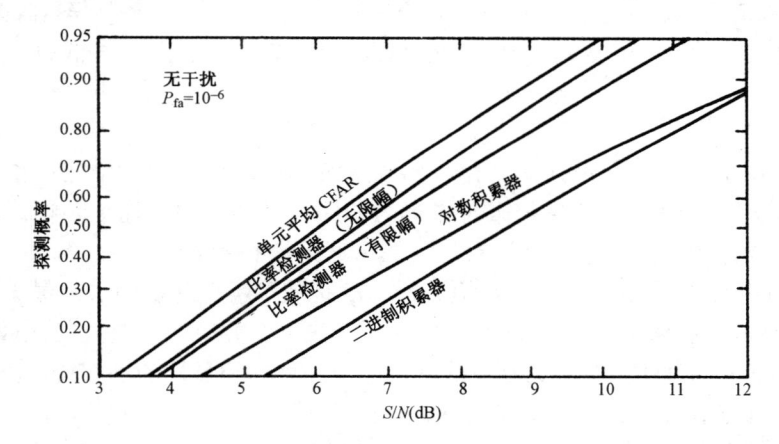

图 7.16 单元平均 CFAR、比率检测器、对数积累器及二进制积累器信噪比与探测概率的关系曲线。瑞利分布、脉间起伏目标，$N=6$，$2m=16$ 个参考单元，$P_{fa}=10^{-6}$ [24]

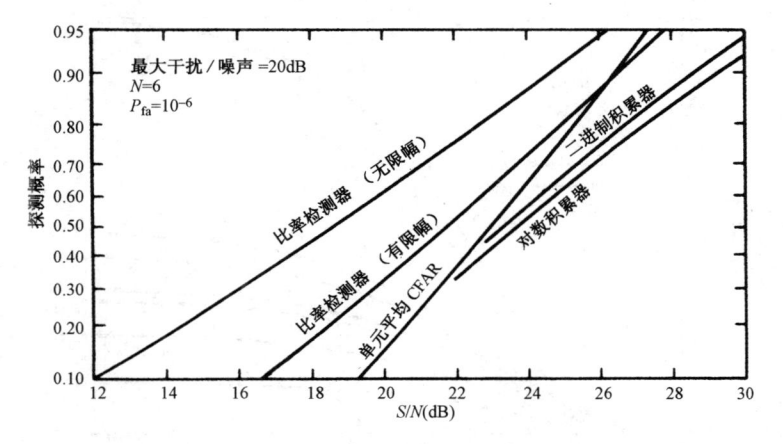

图 7.17 单元平均 CFAR、比率检测器、对数积累器及二进制积累器的信噪比与探测概率的关系曲线。瑞利分布、脉间起伏目标，$2m=16$ 个参考单元，$P_{fa}=10^{-6}$，最大干扰噪声比为 20dB [25]

若噪声样本概率密度不服从瑞利分布，例如服从 χ^2 分布或对数正态分布，就有必要估计多个参量，于是自适应检测器就会更复杂一些。通常要估计均值和方差两个参量，所用门限的形式是 $T = \hat{\mu} + K\hat{\sigma}$。样本均值是容易得到的。但通常如式（7.13）的标准偏差估计很难实现。

$$\hat{\sigma} = \left[\frac{1}{N}\sum(x_i - \hat{\mu})^2\right]^{1/2} \tag{7.13}$$

式中，

$$\hat{\mu} = \frac{1}{N}\sum x_i \tag{7.14}$$

因此，有时用易于实现的平均偏差，因为它更鲁棒。它由下面式（7.15）定义。

$$\sigma = A\sum|x_i - \hat{\mu}| \tag{7.15}$$

有一点需要说明，与一个双参数门限相关联的 CFAR 损耗大于与单参数门限关联的损耗（表 7.1 所列），因此双参数门限很少使用。

若各噪声样本相关，就不能使二进制积累器产生低的 P_{fa}。此时，二进制积累器就不适用于这种情况。然而，若相关时间小于批处理周期，用批处理器无需修改就能得到一个低的 P_{fa}。

目标抑制

目标抑制是由于参考单元中存在其他目标或杂波剩余所引起的可检测性损失。解决这个问题有两种基本方法：（1）在计算门限时去掉大的回波[25-27]；（2）通过限幅或用对数视频来减小大回波的影响。所用的技术应是针对特定的雷达系统和所处环境的。

Rickard 和 Dillard[26]提出了一类 D_K 检波器，K 是从参考单元中消去的最大样本个数。单一平方律检测脉冲，对 Swerling II 目标的 D_0（无消去）与 D_1、D_2 进行的比较如图 7.18 所示，图中 N 是参考单元的数目，β 是在测试单元中干扰目标和目标的功率比，(m, n) 中的 m 和 n 分别表示的是 m 型 Swerling 目标和 n 型 Swerling 干扰目标。图 7.18 表明，有一个干扰目标时，P_D 不随 S/N 增加而达到 1。如何从参考单元中消去超出一定门限的目标的方法将在"非参量型检测器"小节中简单讨论[25]。

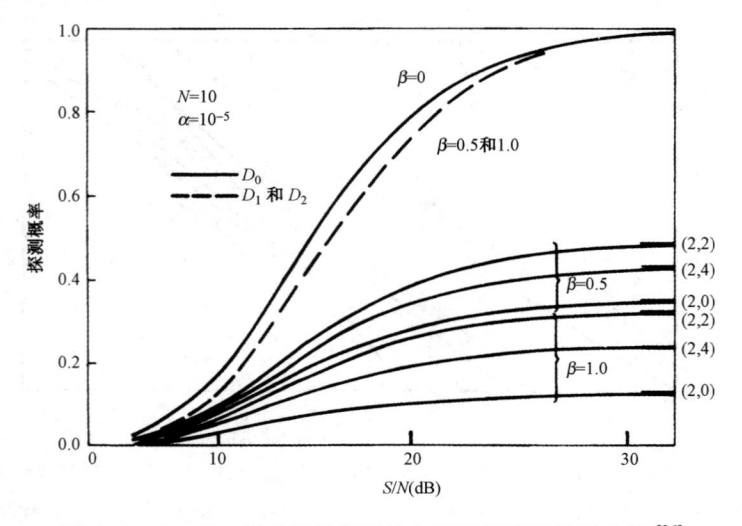

图 7.18　Swerling II 目标的信噪比与探测概率的关系曲线 [26]

Finn[27]研究了参考单元跨越两个连续的不同"噪声场景"的问题（例如热噪声、海杂波和地杂波等）。基于样本，他估计了两类噪声场景的统计参数及它们之间的分离点。然后，只有那些处在包含测试单元的噪声场中的参考单元才被用于计算自适应门限值。

抑制干扰的另一种方法是用对数视频。相比于线性视频，取对数使参考单元中的大样本对门限产生的影响变小。用对数视频信号而不是线性视频，10 个脉冲的积累只产生 0.5dB 的损耗，100 个脉冲积累产生 1.0 dB 的损耗[28]。对数 CFAR 的实现框图如图 7.19 所示[29]。在许多系统中，不用图 7.19 中的反对数这部分。为了保持和线性视频同样的 CFAR 损耗，对数 CFAR 的参考单元数 $M_{\log}$ 应为

$$M_{\log} = 1.65 M_{\lin} - 0.65 \tag{7.16}$$

式中，$M_{\lin}$ 是线性视频的参考单元数。对数视频对目标抑制的效果将在本节的后面进行讨论（见本章后续的表 7.2）。

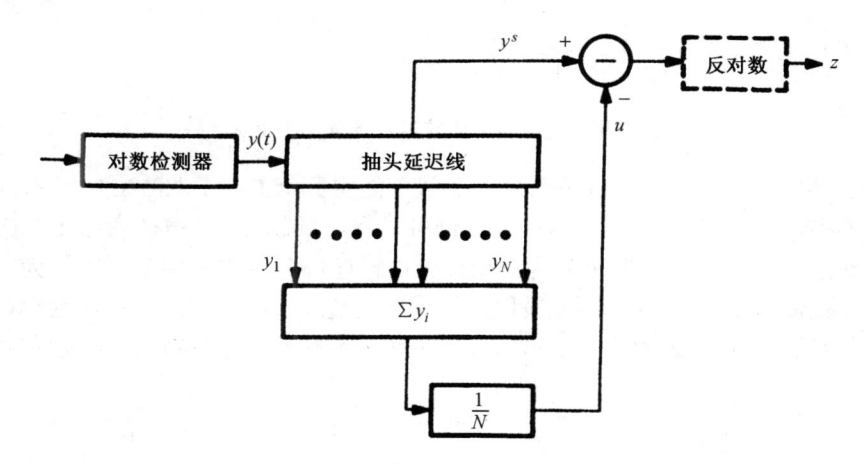

图 7.19 单元平均对数 CFAR 接收机的框图[29]

非参量型检测器

通常用参考单元和测试样本一起排序，可以得到非参量型检测器的 CFAR[30, 31]。所谓排序即将样本从小到大排列，把最小的用序列值 0 代替，次小的用序列值 1 代替，……最大的用序列值 $n-1$ 代替。假设所有样本都独立服从同一分布，但分布类型是未知的，测试样本取这 n 个值中任一个的概率都相等。例如，参见如图 7.20 所示的排序列器，测试单元与其相邻的 15 个单元进行比较。在这组 16 个单元中，因为每个测试样本取最小样本（或其他样本）的概率相同，即测试样本取任何序列值 0,1,2,…,15 中之一的概率为 1/16。一个简单的序列检测器通过将序列值与门限 K 比较，若序列值比 K 大就产生 1，否则产生 0。然后，将这些 0 和 1 进行滑窗求和。这种检测器产生约 2 dB 的 CFAR 损耗，但只要时间样本是独立的，这种检测器对任何未知的噪声密度都能够获得固定的 P_{fa}。这种检测器已被引入 ARTS-3A 型后续处理器中，与联邦航空管理局的机场监视雷达（ASR）一起使用。这种检测器的主要缺点是，它很容易受到目标抑制的影响（例如，若一个大目标在参考单元内，那么测试单元就不能接收到最高的序列值）。

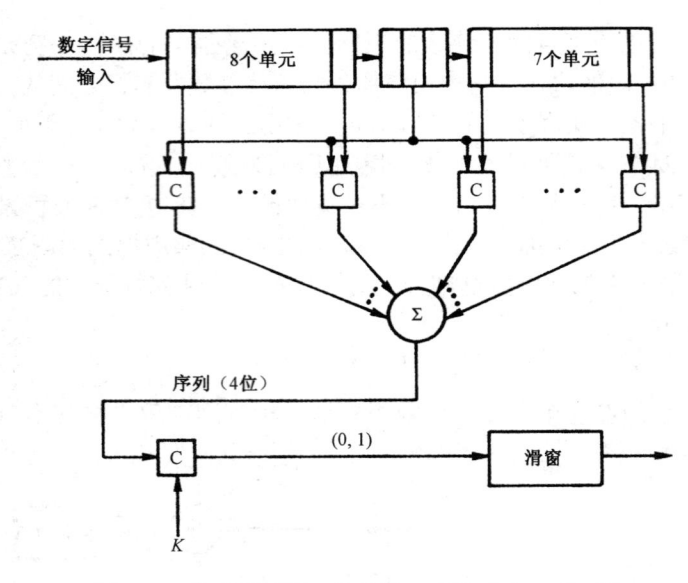

图 7.20 序列检测器：比较器 C 的输出为 0 或 1 [7]

若各个时间样本是相关的，用序列检测器就不能得到 CFAR。图 7.21 所示为一种修正（改进）型序列检测器，它在时间样本相关时仍可以保持低的 P_{fa}，被称为修正广义符号检验（MGST）处理器[25]。这种检测器可分为三个部分：排序部分、积累部分（图中为一个双极点滤波器）和门限部分（判决处理）。如果积累的输出值超过了两个门限，就认为存在目标。第一个门限是固定的（在图 7.21 中等于 $\mu+T_1/K$），并且在各参考单元是独立，同分布的情况下产

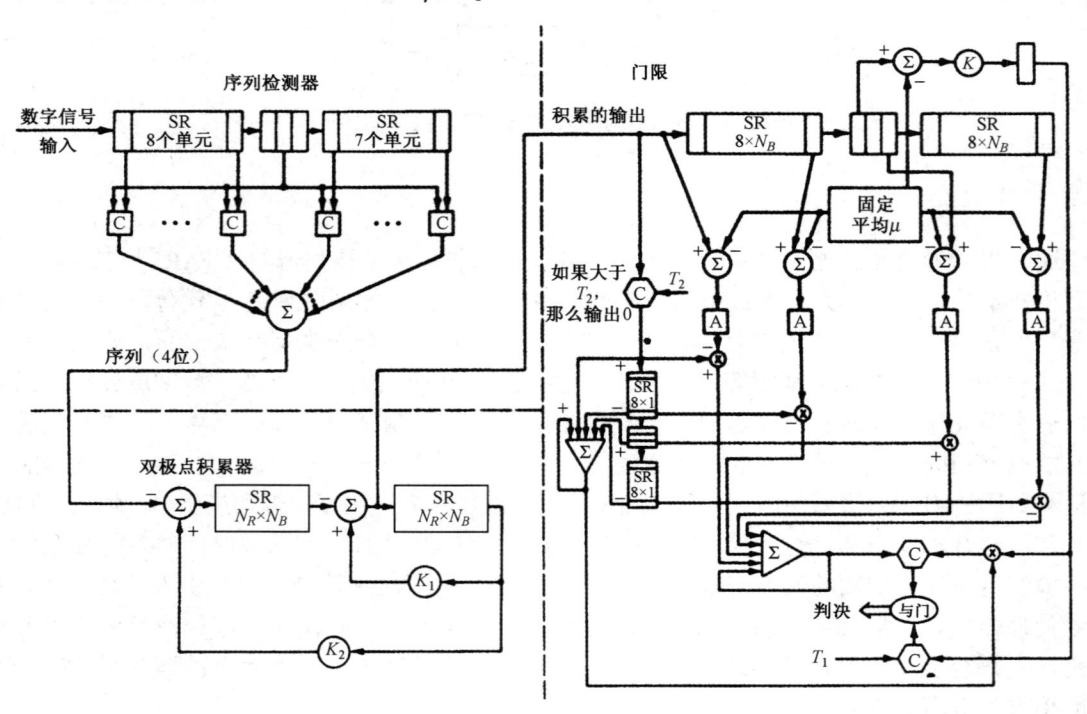

图 7.21 修正广义符号检验处理器 [25]

生 $P_{fa}=10^{-6}$。第二个门限是自适应的，并且在各参考单元是相关的情况下仍保持低的 P_{fa}。这种检测器用平均偏差来估计相关样本的标准偏差，这时参考单元中无用的目标已用预置门限 T_2 从估值中除去。

所有非参量型检测器的主要缺点是：(1) 它们有比较大的 CFAR 损耗；(2) 在处理相关样本时存在困难；(3) 会损失幅度信息，而幅度信息对目标和杂波来说可以是非常重要的判别指标[32]。例如，在杂波区内一个大的回波（$\sigma \geqslant 1000\text{m}^2$）可能仅是杂波渗漏。参见 7.3 节的"雷达检测接收"。

杂波成图

杂波图使用自适应设置门限，所设置门限值从雷达测试单元前几次扫描的回波得到，而不是从雷达当前扫描的周围参考单元的回波得到。这种技术对于基本静止的环境（例如，反地杂波的陆基雷达）特别有用，因为雷达在杂波之间也具有可见度——雷达能在强杂波之间探测目标。林肯（Lincoln）实验室[33]在它的 MTD 中非常有效地使用了杂波图作为零多普勒滤波器。第 i 个单元的判决门限 T 为

$$T = AS_{i-1} \tag{7.17}$$

其中杂波用一个简单的反馈积累器预估。

$$S_i = KS_{i-1} + X_i \tag{7.18}$$

式中，S_i 是平均背景电平；X_i 是在第 i 个单元中的回波；K 是确定杂波图时间常数的反馈系数；A 是决定虚警概率 P_{fa} 的常数。在 ASR 雷达中应用的 MTD 的 K 值为 7/8，因为这个值可以有效地对最后 8 个扫描进行平均。杂波图的目的是在无杂波区域探测出会被多普勒处理器除去的路过目标。杂波图主要用在具有固定频率的陆基雷达上。虽然杂波图也可用于具有频率捷变的雷达和运动平台（例如船上的雷达）上，但在那些环境中并不同样有效。

目标分辨率

在自动检测系统中，单个大目标有可能被检测（即通过检测门限）许多次，例如，在邻近距离单元、方位波束和仰角波束中都有可能检测出这个目标。所以，自动检测系统有这样的算法：将各个检测融合为一个质心检测。大多数设计出的算法几乎都不会把一个单目标错分为两个目标。这种处理导致了较差的距离分辨率。常用的融合算法[34]是邻近检测融合算法，这种邻近检测融合算法判决一次新的检测是否与以前确定了的一组邻近检测信号相邻近。如果一个新的检测与以前的邻近检测信号中任一检测相邻近，就把这个新的检测加到邻近检测组中去。如果两次检测的三个参数（距离、方位、仰角）中有两个一样，而另外一个参数只相差一个分辨单元（如距离单元 ΔR、方位波束宽度 θ 或仰角波束宽度 γ），那么这两个检测就是相邻的。

对下述三种一般检测程序的分辨率进行过仿真比较[34]，它们分别是具有 $T = \hat{\mu} + A\hat{\sigma}$ 的线性检测器、具有 $T = B\hat{\mu}$ 的线性检测器和具有 $T = C + \hat{\mu}$ 的对数检测器。常数 A、B、C 是为了使所有检测器都有相同的 P_{fa}。μ 和 σ 的估计值 $\hat{\mu}$ 和 $\hat{\sigma}$ 可由以下方法获得：(1) 选所有参考单元；(2) 选参考单元中的超前或滞后的一半，二者中选其平均值较低的那一个。第一个仿真包含间距为 1.5、2.0、2.5 或 3.0 个距离单元的两个目标，第三个目标与第一个目标有 7.0 个距离单元的间距。仿真结果表明，在间距 2.5 或 3.0 个距离单元时，对空间两个靠近的目标

可分辨得很好，这时对具有 $T = \hat{\mu} + A\hat{\sigma}$ 特性的线性检测器，两个目标都探测到概率（P_{D2}）小于 0.05；对具有 $T = B\hat{\mu}$ 特性的线性检测器的探测概率为 $0.15 < P_{D2} < 0.75$；而对数探测器的探测概率为 $P_{D2} > 0.9$。第二个仿真仅涉及两个目标，是为了研究目标抑制对对数视频的影响，结果见表 7.2。当两个目标的信噪比 S/N 为 20dB 时得到最大的探测概率 P_{D2}。如果其中一个信噪比大于另一个，抑制就会发生——要么是目标 1 抑制目标 2，要么反之。从表中还可以看到，当仅用具有较小平均值的半数参考单元计算门限时，对小信噪比目标（10～13dB），性能有所提高。图 7.22 所示为仅用具有较小平均值的半数参考单元的对数检测器的分辨能力。只有当两个等幅目标距离上相距 2.5 个脉宽以上时，它们的分辨概率才能达到 0.9 以上。

表 7.2 两个相距 1.5、2.0、2.5 或 3.0 个距离单元目标的对数视频信号同时检测两个目标的探测概率*

设门限技术	目标间距	2 号目标的 S/N 值				
		10	13	20	30	40
所有的参考单元	1.5	0.00	0.04	0.00	0.00	0.00
	2.0	0.00	0.22	0.54	0.14	0.10
	2.5	0.04	0.24	0.94	0.62	0.32
	3.0	0.00	0.24	0.88	0.92	0.78
具有最小平均值的参考单元	1.5	0.00	0.00	0.00	0.00	0.02
	2.0	0.10	0.32	0.44	0.12	0.04
	2.5	0.18	0.58	0.98	0.46	0.28
	3.0	0.22	0.66	0.98	0.82	0.74

*1 号目标的 S/N 值为 20 dB，2 号目标的 S/N 值为 10、13、20、30、40 dB [34]。

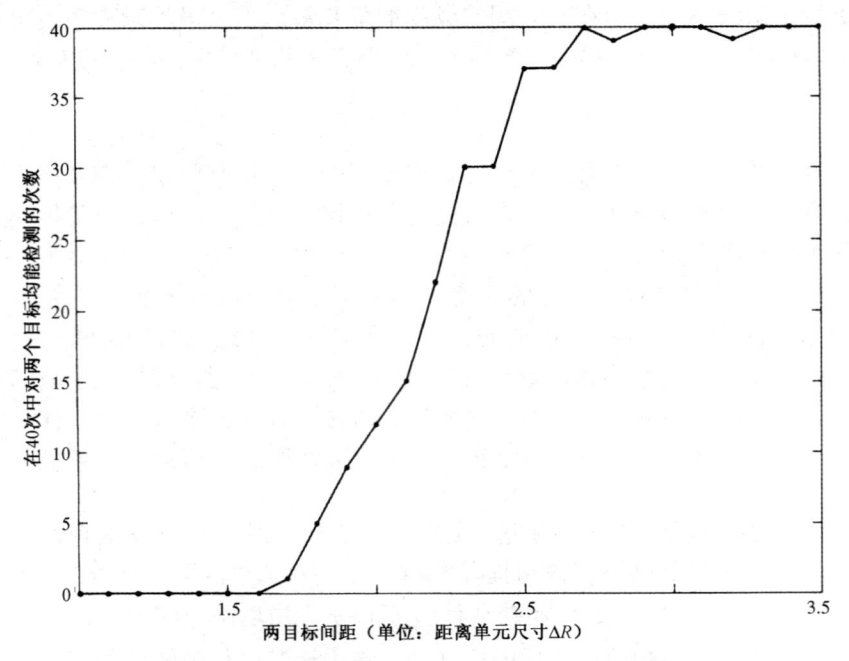

图 7.22 采用具有较小平均值的半数参考单元的对数检测器的分辨能力[34]

假设对于脉冲宽度而言，目标是小的，并且脉冲波形已知，那么，就可以通过将已知的脉冲波形与接收数据的拟合，并将剩余方差与一个门限进行比较的方法来提高分辨能力[35]。若只有一个目标，那么剩余应当只是噪声因此应很小。若有两个或多个目标，剩余将包含从剩下目标来的信号并且应很大。在 $S/N=20dB$ 的情况下，两个目标分辨的结果如图 7.23 所示。目标的间距在 1/4～3/4 脉冲宽度内变化时，目标分辨概率可达到 0.9，而虚警概率仅有 0.01，但这要依赖于两个目标之间的相对相位差。另外，也可通过处理多脉冲来进一步改善处理的结果。

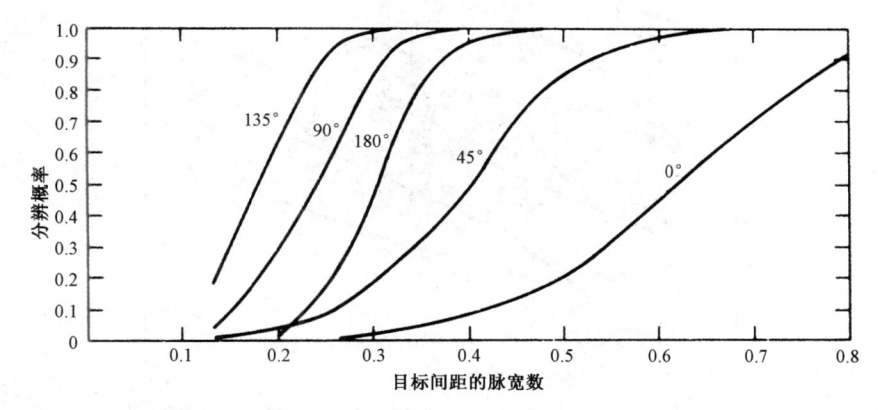

图 7.23 分辨概率与目标间距的关系曲线。虚警概率 0.01；每脉冲宽度采样率ΔR=1.5 个样本；目标强度，$A_1=A_2$=20dB，并无起伏；相位差为 0°、45°、90°、135°、180° [35]

自动检测小结

当只有 2～4 个样本（脉冲）时，应使用二进制积累器来避免由于干扰带来的虚警。当有中等数量的脉冲（5～16 个）时，应使用二进制积累器或滑窗积累器。若脉冲数量大（超过 20 个），应使用批处理器。若样本是独立的，可用具有单参量（均值）的门限；若样本是相关的，既可用双参量（均值和方差）门限，也可用基于一个扇区的自适应单参量门限。但是这些准则仅能作为一般的指导原则，我们**极力推荐**这样的方法：在选择一个检测器之前，应从关心的环境上收集和分析雷达视频；在计算机上模拟各种检测器的处理过程，并对实测数据进行测试。

许多现代雷达使用相参处理来滤去杂波。为了将前面对非相参处理的讨论应用到相参处理上，多普勒处理器中一个距离-多普勒单元内的单个相参处理间隔（CPI）的积累输出可以看成一个单个的非相参脉冲。因为通常都需要三个模糊的测量（检测）来滤去距离和多普勒模糊[36, 37]，所以可发射 4～8 个 CPI，于是通常有 4～8 个非相参脉冲可供处理。

7.3 自动跟踪

航迹表明相信已出现一个物理物体或"目标"并被雷达实际检测到。当由许多可信方式雷达检测指出目标确实存在（而不是有一系列虚警）时，并且已过去了足够时间，使得能计算出目标运动状态（通常指位置和速度），一个自动跟踪系统就会形成一条航迹。因此，跟踪的目的在于将由目标检测、虚警和杂波组成的（时延）检测图［见图 7.24（a）］转成由真实目标航迹、偶尔的错误航迹以及航迹位置与目标实际位置的偏差所组成的航迹图[见图7.24（b）]。

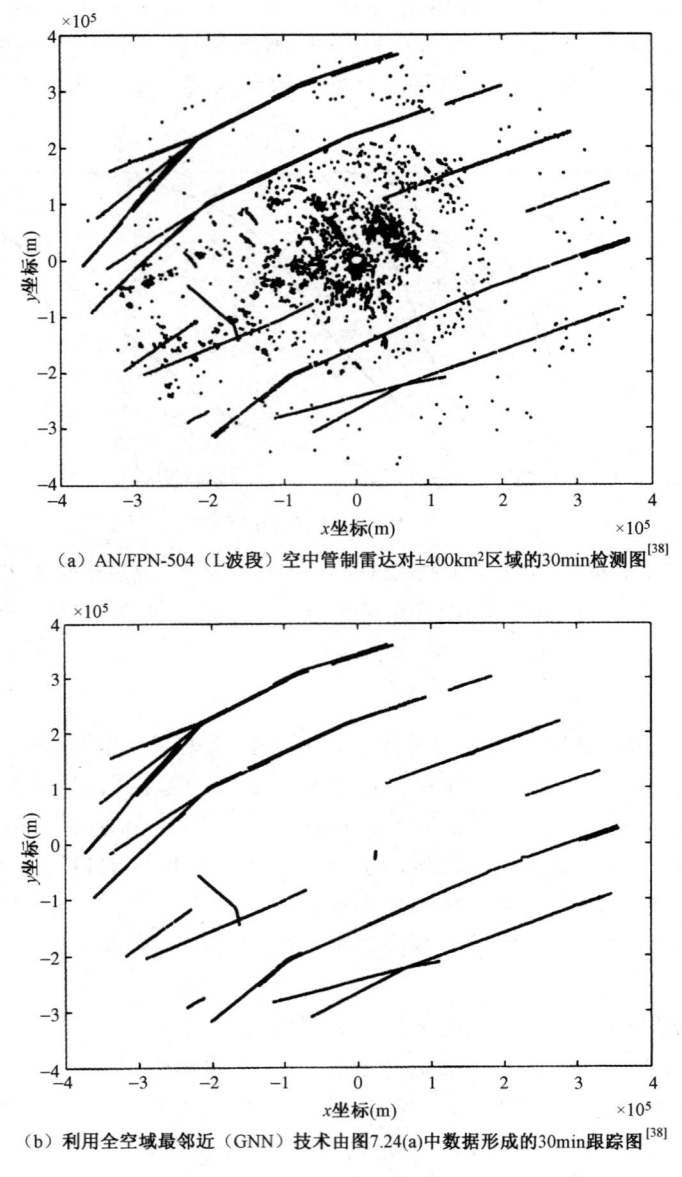

（a）AN/FPN-504（L波段）空中管制雷达对±400km²区域的30min检测图[38]

（b）利用全空域最邻近（GNN）技术由图7.24(a)中数据形成的30min跟踪图[38]

图7.24 检测图和跟踪图

图7.24（a）和图7.24（b）也显示了自动跟踪的一些难点。检测是对目标作出的，但当目标有起伏或者相同分辨单元内出现多目标时，一些检测将会丢失，相反由于杂波或噪声会有一些额外的检测出现。

自动跟踪一般可以分为图7.25所示的5步：

（1）雷达检测接受：为插入到跟踪过程中而接受检测或拒绝检测。该步是为了控制错误航迹率。

（2）将接受的检测与现有航迹关联。
（3）利用关联的检测，更新现有航迹。
（4）用非关联的检测，产生新航迹。
（5）雷达调度和控制。

自动跟踪过程的结果是产生一个包含每个被检测目标航迹状态的航迹文件。

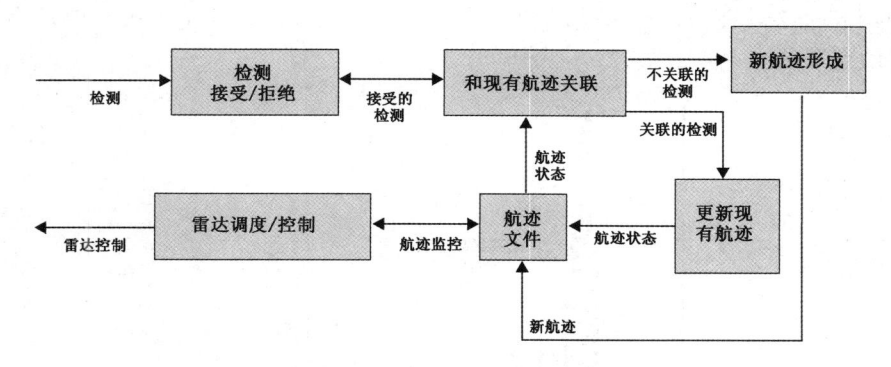

图 7.25　自动跟踪过程框图

如图 7.25 所示，在所有这些功能之间存在一个反馈环，使得准确更新现有航迹的能力会自然而然影响现有航迹与检测关联的能力。另外，正确关联检测和现有航迹的能力也会影响跟踪精度以及正确区分现有和新航迹的能力。检测接受/拒绝这一步利用来自关联功能的反馈信息，这种功能测量雷达不同覆盖范围内的检测活动。一些更为严格的接受准则将会应用到活动更多的区域。

航迹文件

当计算机建立了一条航迹时，就给它指定了一个航迹号。所有与这条给定航迹有关的参数都引用这个航迹号。典型的航迹参数包括平滑过的预测位置、速度、加速度（如果有的话）、最后一次更新的时间、航迹质量、信噪比；如果使用 Kalman 滤波，则还有协方差矩阵（包含所有航迹的坐标位置精度和它们之间所有的统计相关）和航迹历程（最后 n 次检测）。航迹和检测可在不同方位扇区内、连接列表中和其他数据结构中存取，以便能有效地进行相关联处理[39]。除了航迹文件，还将保留一个杂波文件。对每一个固定的或慢运动目标的回波，给定一个杂波号。与杂波点有关的所有参数就通过这个杂波号引用。另外，每一个杂波号在方位上也指定一个扇区以便有效地进行相关联处理。

雷达检测接受

雷达系统没有或不只有有限的相参处理时，并不是所有自动检测器宣称的检测结果都用于跟踪过程。相反，许多检测（接触）结果都被一种称作**活动控制**的过程过滤掉了[32, 40]。这种处理方法的基本思想是，利用检测信号特征和检测活动图降低检测率至形成航迹可接受的程度。而检测图是通过在图 7.25 所示的航迹处理的一点上计数非相关探测（与现有航迹无关的探测）而建立的。

对许多雷达回访的信号的计数进行平均以获得统计上的意义。通过对检测信号所含特征

（例如幅度和信噪比）重新设置一个门限来在一不可接受的高活动区域中降低其灵敏度。若检测结果落在航迹门之内（即门中心定在肯定的航迹的预测位置上），那么在任何情况下都不可对检测结果进行抑制。图 7.26 所示为这个过程的例子，这时在跟踪过程中存在大量雨杂波探测，从而可能使跟踪过程过载。在该情况下，活动控制就能在不滤去许多真实目标检测情况下，有效地抑制大多数的杂波检测。但是因为这种处理方式基本上是有控地降低雷达的灵敏度，因此使用起来必须谨慎。检测活动地区的图一定要准确，为的是仅仅在要求用该图的区域内发生灵敏度降低。

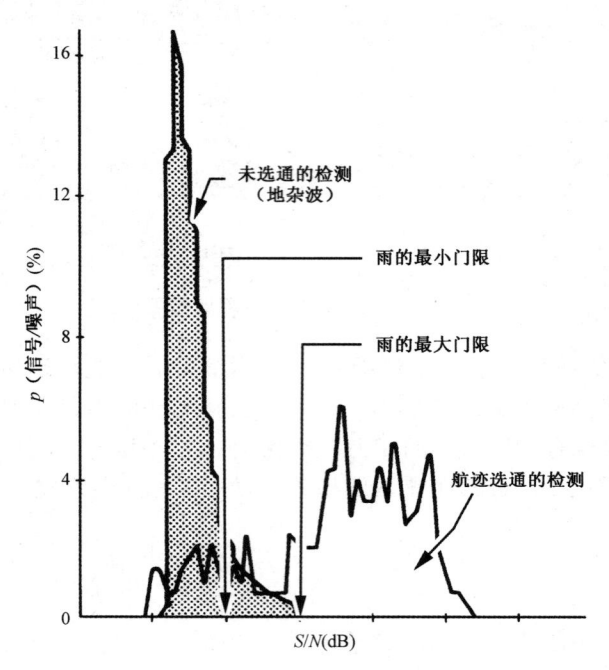

图 7.26 雨杂波中利用信噪比测试进行活动控制有效性的信噪比检测柱状图。非选通检测通常代表杂波，选通的检测通常代表目标。在该情况中，重设门限成功滤去了大量的雨杂波，而保留了大多数目标[32]

用关联的检测更新现有航迹

更新航迹状态最简单的方法是α-β滤波[41]，它可由下列三式描述：

$$x_s(k) = x_p(k) + \alpha[x_m(k) - x_p(k)] \tag{7.19}$$

$$v_s(k) = v_s(k-1) + \beta[x_m(k) - x_p(k)]/T \tag{7.20}$$

$$x_p(k+1) = x_s(k) + v_s(k)T \tag{7.21}$$

式中，$x_s(k)$是滤波后的位置；$v_s(k)$是滤波处理后的速度；$x_p(k)$是预测的位置；$x_m(k)$是实际测量的位置；T 是检测之间的时间；α 和 β 分别是位置和速度增益。选择（α, β）是一种设计上的折中。小的增益在每个检测方向上只能作小的修正。结果是跟踪滤波器对噪声较不敏感，但对机动反应较为迟缓，这背离了假定的目标模型。反过来，大的增益会带来较大的跟踪噪声，但对机动响应较为迅速。利用表 7.3 中的公式，作为α和β的函数，各种误差很容易计算。

表7.3 作为跟踪增益 α 和 β 函数的跟踪误差

误 差 源	稳态跟踪误差	位 置 上	速 度 上
雷达检测噪声（标准偏差σ）	滤波后跟踪状态的标准偏差	$\sigma\left[\dfrac{2\alpha^2+\beta(2-3\alpha)}{\alpha([4-2\alpha-\beta])}\right]^{1/2}$	$\dfrac{\sigma}{T}\times\left[\dfrac{2\beta^2}{\alpha[4-2\alpha-\beta]}\right]^{1/2}$
雷达检测噪声（标准偏差σ）	预计跟踪状态标准偏差	$\sigma\left[\dfrac{2\alpha^2+\alpha\beta+2\beta}{\alpha([4-2\alpha-\beta])}\right]^{1/2}$	$\dfrac{\sigma}{T}\times\left[\dfrac{2\beta^2}{\alpha[4-2\alpha-\beta]}\right]^{1/2}$
恒定机动（单位g）	滤波后航迹状态中的滞后（偏移）	$aT^2\dfrac{(1-\alpha)}{\beta}$	$aT\left(\dfrac{\alpha}{\beta}-\dfrac{1}{2}\right)$
恒定机动（单位g）	预计航迹状态中的滞后（偏移）	$\dfrac{aT^2}{\beta}$	$aT\left(\dfrac{\alpha}{\beta}+\dfrac{1}{2}\right)$

为了在雷达跟踪时调整 α-β 滤波，可以利用雷达参数来计算表 7.3 中的跟踪误差。它们是跟踪增益 α 和 β 的函数。然后选择能最好满足应用所需的增益。例如，考虑具有 50m 距离测量精度和 2s 的固定更新间隔的雷达。让该雷达系统的应用是要跟踪一个线性移动但偶尔会以 1g（9.8m/s²）不可预计机动的目标。为简单起见，假设 α 和 β 之间存在 Benedict-Bornder 固定关系 $[\beta=\alpha^2/(2-\alpha)]^{[41]}$。

滤波器的位置精度可通过表 7.3 中的公式计算，并示于图 7.27 中。当目标不机动时，用预想跟踪状态的标准方差度量的精度随着跟踪增益 α 降至 0 而单调上升。相反地，当目标以

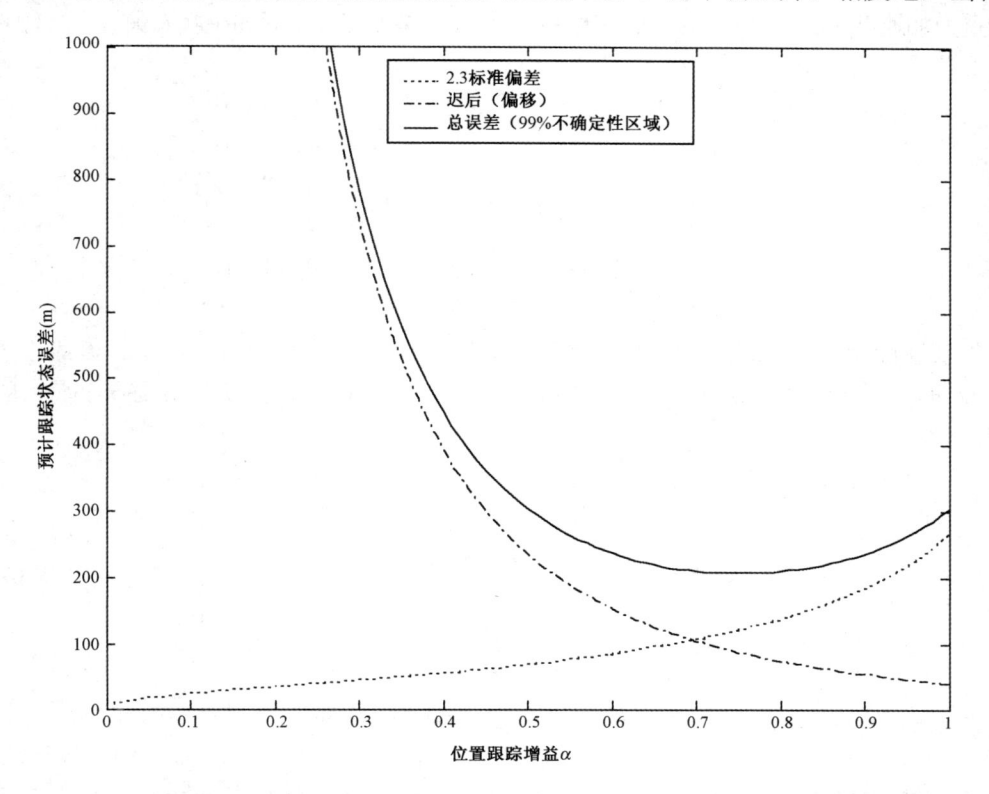

图 7.27 α-β 雷达跟踪滤波器调节例，通过选择增益使总误差最小（雷达参数：跟踪精度 50m，更新时间间隔 2s。目标参数：1g 未知机动；增益关系 $[\beta=\alpha^2(2-\alpha)]$）

$1g$ 的加速度机动时,以预想跟踪状态的时延(或恒定误差)所测算的精度,则随着跟踪增益 α 增大至 1 而单调上升。整个跟踪误差可以定义成由于随机和恒定误差之和造成的有 1% 的时间超过它的误差。在 $0.6<\alpha<0.9$ 范围内总距离跟踪误差最小,其极小值出现在 $\alpha \approx 0.75$ 处。如果机动的测量精度是主要关心的,那么可以将滤波器调至 0.75,从而对 $1g$ 的加速度达到最低的整体误差。利用表 7.3 中的方程计算例如图 7.27 所示的曲线,同样的技术可以被应用到很多其他雷达跟踪问题。

对于简单的跟踪问题,应用时选择固定增益的 α-β 滤波通常就足够了。但许多更复杂的跟踪问题需要可变的跟踪增益(例如,跟踪开始时使用大增益,检测丢失或到航迹距离下降时也需要大增益来得到较小的角度噪声)。Kalman 滤波就是一种根据情况计算所需增益的系统的方法[42, 43]。若随机过程满足高斯分布,Kalman 滤波就可使均方预计误差(MSE)最小。针对极坐标系、笛卡儿坐标系和地心坐标系中一维、二维和三维的物体运动姿态,以及三维、二维或一维的雷达测量,都可以用不同的公式来表述 Kalman 滤波。为叙述方便,这里以一个三坐标雷达在笛卡儿空间的三维跟踪问题为例。一个目标的运动状态方程表达式为

$$X(t_{k+1}) = \phi(t_k)X(t_k) + A(t_k) + A_p(t_k) \tag{7.22}$$

式中,$X(t_k)$ 是 t_k 时刻的目标状态矢量,它包含位置和速度分量;$\phi(t_k)$ 是一段时间中线性移动目标的转移矩阵;$T_k = t_{k+1} - t_k$ 是从时刻 t_k 到时刻 t_{k-1} 的时间;$A(t_k)$ 是由机动或大气拖曳引起的未知加速度带来的目标状态改变;$A_p(t_k)$ 是可修正的已知加速度引起的目标状态改变,例如自由落体的重力加速度或科里奥利加速度引起的目标物体状态改变。本问题中状态矢量和传输矩阵的各分量为[44]

$$X(t_k) = \begin{vmatrix} x(t_k) \\ \dot{x}(t_k) \\ y(t_k) \\ \dot{y}(t_k) \\ z(t_k) \\ \dot{z}(t_k) \end{vmatrix} \qquad \phi(t_k) = \begin{vmatrix} 1 & T_k & 0 & 0 & 0 & 0 \\ 0 & 1 & 0 & 0 & 0 & 0 \\ 0 & 0 & 1 & T_k & 0 & 0 \\ 0 & 0 & 0 & 1 & 0 & 0 \\ 0 & 0 & 0 & 0 & 1 & T_k \\ 0 & 0 & 0 & 0 & 0 & 1 \end{vmatrix} \tag{7.23}$$

未知加速度 $A(t_k)$ 均值为 0,并由其协方差矩阵 $Q(t_k)$ 表征。如果把未知机动看成一谱密度为 qg/Hz 的白噪声过程,那么加速度就能被每次雷达检测所采样,从而得到一个离散的协方差矩阵:

$$Q(t_k) = q \begin{vmatrix} T_k^3/3 & T_k^2/2 & 0 & 0 & 0 & 0 \\ T_k^2/2 & T_k & 0 & 0 & 0 & 0 \\ 0 & 0 & T_k^3/3 & T_k^2/2 & 0 & 0 \\ 0 & 0 & T_k^2/2 & T_k & 0 & 0 \\ 0 & 0 & 0 & 0 & T_k^3/3 & T_k^2/2 \\ 0 & 0 & 0 & 0 & T_k^2/2 & T_k \end{vmatrix} \tag{7.24}$$

观测方程将 t_k 时刻雷达的实际测量值 Y_k 与目标状态相关联。

$$Y_k = h(X(t_k)) + n_k \tag{7.25}$$

式中,n_k 是雷达测量噪声,其协方差矩阵 $\Re_k$ 由雷达的距离、方位、俯仰和多普勒测量精度组成。

$$\Re_k = \begin{vmatrix} \sigma_r^2 & 0 & 0 & 0 \\ 0 & \sigma_\theta^2 & 0 & 0 \\ 0 & 0 & \sigma_\varphi^2 & 0 \\ 0 & 0 & 0 & \sigma_D^2 \end{vmatrix} \quad (7.26)$$

函数 h 是依据所选坐标系（见后文的表 7.5）将测量值与 t_k 时刻的状态相关联的坐标转换。为了使用 Kalman 滤波，h 在航迹状态附近近似为一线性函数：

$$h(X) = h(\hat{X}(t_{k+1}|t_k)) + H[X - \hat{X}(t_{k+1}|t_k)] \times (X - \hat{X}(t_{k+1}|t_k)) \quad (7.27)$$

式中，H 是 h 的梯度。每个坐标系都有自身的对 H 的近似。例如如果状态坐标系是以雷达为中心的三维笛卡儿坐标系组成的，那么与 H 相乘即能将笛卡儿坐标 (x, y, z) 变到极测量坐标（距离、方位、俯仰、多普勒），且

$$H = \begin{bmatrix} \dfrac{x}{r} & \dfrac{y}{r} & \dfrac{z}{r} & 0 & 0 & 0 \\ \dfrac{y}{x^2+y^2} & \dfrac{-x}{x^2+y^2} & 0 & 0 & 0 & 0 \\ \dfrac{-xz}{r^2\sqrt{x^2+y^2}} & \dfrac{-yz}{r^2\sqrt{x^2+y^2}} & \dfrac{\sqrt{x^2+y^2}}{r^2} & 0 & 0 & 0 \\ \dfrac{\dot{x}r - x\dot{r}}{r^2} & \dfrac{\dot{y}r - y\dot{r}}{r^2} & \dfrac{\dot{z}r - z\dot{r}}{r^2} & \dfrac{x}{r} & \dfrac{y}{r} & \dfrac{z}{r} \end{bmatrix} \quad (7.28)$$

式中，$r = \sqrt{x^2 + y^2 + z^2}$ 为距离。

雷达跟踪时用的 Kalman 滤波方程这时就是（α-β）滤波方程的推广，而这里的 α 和 β 应随时间变化。Kalman 滤波的更新过程如下所述。

首先，基于已知时刻 t_k 前的所有测量预测一个 t_{k+1} 时刻的状态 $X(t_{k+1})$ 的新状态估值 $\hat{X}(t_{k+1}|t_k)$ 和它的协方差

$$\hat{X}(t_{k+1}|t_k) = \phi(t_k)X(t_k) + A_p(t_k) \quad (7.29)$$

$$P(k+1|k) = \phi(t_k)P(k|k)\phi(t_k)^T + Q(t_k) \quad (7.30)$$

然后，利用第 $(k+1)$ 个雷达测量值更新目标状态及其协方差

$$\hat{X}(t_{k+1}|t_{k+1}) = \hat{X}(t_{k+1}|t_k) + K_k[Y_{k+1} - H(t_{k+1})\hat{X}(t_{k+1}|t_k)] \quad (7.31)$$

$$P(k+1|k+1) = [I - K_{k+1}H(t_{k+1})]P(k+1|k) \quad (7.32)$$

其中，Kalman 增益为

$$K_{k+1} = P(k+1|k)H^T(t_{k+1})[H(t_{k+1})P(k+1|k)H^T(t_{k+1}) + \Re_k]^{-1} \quad (7.33)$$

因为增益是用先前的所有更新时间和精度计算的，所以在检测丢失时增益会自动增加，从而可以给已知较为准确的检测以更大的权值，并且当航迹老化时自动降低，以反映已滤波的检测值。例如，对于一个零随机加速度，$Q_k=0$，和常数检测协方差矩阵 $\Re_k$，在第 k 次扫描时，α-β 滤波可通过如下设置等效为 Kalman 滤波。

$$\alpha = \frac{2(2k-1)}{k(k+1)} \quad (7.34)$$

和

$$\beta = \frac{6}{k(k+1)} \tag{7.35}$$

这样，随着时间的推移，α 和 β 趋近于 0，这就给新的样本施加了深度的滤波。实际雷达应用中 $Q_k>0$，从而跟踪增益最终稳定成一非零值，称为**稳定状态下的跟踪增益**。

雷达跟踪时，应用 Kalman 滤波，通常要对所需滤波程度、选择跟踪坐标系和使滤波器适应目标运动状态改变（例如机动、弹道飞行的不同阶段等）进行折中考虑。

Kalman 滤波的调整

雷达跟踪时，采用 Kalman 滤波的最大优点是能够提供计算增益的系统方法，而缺点是计算增益时假设具有随机扰动的目标的线性移动 [见式（7.22）]。大多数实际雷达跟踪问题都牵涉到非线性运动目标，它们往往以更复杂的方式偏离线性运动（例如航向修正、地形跟随、躲避性机动和大气拖曳等）。而 Kalman 滤波通过选择未知随机机动的协方差矩阵 $Q(t_k)$ 来调整以适合实际的雷达跟踪问题。这种选择的目的是在仍使用简单的 Kalman 随机扰动模型的情况下，对所感兴趣但运动方式较复杂的目标得到所能达到的最佳跟踪性能。例如在一维稳定航迹状态的简单例子中，测量的协方差矩阵仅是一个简单、恒定的测量方差，$\Re_k = \sigma_m^2$，两个检测之间的时间间隔是常数 $R_k = T$。在这种情形之下，式（7.29）至式（7.33）所描述的 Kalman 滤波得到的增益是航迹滤波无量纲参数 γ_{track} 的函数：

$$\gamma_{\text{track}} = \frac{qT^3}{\sigma_m^2} \tag{7.36}$$

因为由协方差矩阵 $\Re$ 以及检测间隔 T 表征的雷达测量精度是雷达本身的设计参数，所以 $Q(t_k)$ 的选择就是航迹滤波器设计中的自由度。表 7.4 归纳了调整 Kalman 滤波的方法。

表 7.4 根据实际雷达跟踪问题而调整 Kalman 滤波的不同方法之间的比较

机 动 模 型	Q 子矩阵	稳态增益关系和跟踪指数	调 整 方 法	特　　性
模型 1：白噪声（频谱密度 qg^2/Hz）加速度由雷达测量采样[45]	$q\begin{vmatrix} T_k^3/3 & T_k^2 \\ T_k^2 & T_k \end{vmatrix}$	$\beta = \sigma - 3\alpha - \sqrt{3\alpha - 36\alpha + 3b}$ 和 $\gamma_{\text{track}} = \frac{qT^3}{\sigma_m^2}$	改变 q 以增大/减小增益和利用表 7.3 中的方程得到要求的性能	很好地适应可变的测量率。响应机动，但不在滤波器稳定性的边缘
模型 2：在每个测量间隔加速度随机变化。加速度变化的标准偏移是 σ_a[46, 47]	$\sigma_a^2 \begin{vmatrix} T_k^4 & T_k^3/2 \\ T_k^3/2 & T_k^2 \end{vmatrix}$	$\beta = 2(2-\alpha) - 4\sqrt{1-\alpha}$ 和 $\gamma_{\text{track}} = \frac{\sigma_a^2 T^4}{\sigma_m^2}$	改变 σ_a 以增大/减小增益和利用表 7.3 中的方程得到要求的性能	对机动的响应极好，但在滤波器稳定性的边缘工作。较高的雷达测量率实际上会导致精度较低的航迹[48]
模型 3：在每个测量间隔速度的随机变化	$\sigma_v^2 \begin{vmatrix} 0 & 0 \\ 0 & 1 \end{vmatrix}$	$\beta = \frac{\alpha^2}{(2-\alpha)}$ 和 $\gamma_{\text{track}} = \frac{\sigma_v^2 T^2}{\sigma_m^2}$	改变 σ_v 以增大/减小增益和利用表 7.3 中的方程得到要求的性能	关于滤波器稳定性非常保守
模型 4：有白噪声 $j[(g/s)^2$/Hz]的恒加速目标由雷达测量采样。（jerk 是加速度变化率）[50, 51]	$j\begin{vmatrix} \dfrac{T_k^5}{20} & \dfrac{T_k^4}{8} & \dfrac{T_k^3}{6} \\ \dfrac{T_k^4}{8} & \dfrac{T_k^3}{3} & \dfrac{T_k^2}{2} \\ \dfrac{T_k^3}{6} & \dfrac{T_k^2}{2} & T_k \end{vmatrix}$	稳态增益计算见文献[49] 和 $\gamma_{\text{track}} = \frac{jT^5}{\sigma_m^2}$	当目标已知/预期要加速时选择这种模型	对恒定加速为零滞后，但噪声误差大得多[50]

续表

机动模型	Q 子矩阵	稳态增益关系和跟踪指数	调整方法	特 性
模型 5：恒定、确定的加速 $a(g)$。滤波器的目标是使滞后最小，加上 C 个标准偏移[51, 52]	Q 子矩阵不适用。而应假定恒定的抛物线运动 $\frac{1}{2}at^2$	$\beta = 2(2-\alpha) - 4\sqrt{1-\alpha}$ 和 $\gamma_{\text{track}} = \dfrac{a^2T^4}{c^2\sigma_m^2}$	改变 a 以增大/减小增益和利用表 7.3 中的方程得到要求的性能	对于最坏的确定的机动情况用随机机动滤波器使误差最小

从图 7.28 中可以看到，选择 $Q(t_k)$ 和由此 γ_{track} 就可以唯一确定它的作为 γ_{track} 的函数的稳态跟踪增益值。我们可以看到，假设较大的机动（较大的 q、α_a 或 a）、较大的更新间隔 T 或者非常高的雷达测量精度（较小的 $\Re$）将会导致较大的跟踪增益。表 7.4 中，第 1、2、3 和第 5 种 $Q(t_k)$ 模型的位置增益 α 几乎是相同的，而速度增益 β 差别很大。对于加速度在每次测量间隔内的随机变化（模型 2），增益将增加到滤波器稳定度的极限 $(\alpha, \beta) = (1, 2)$。因此该模型以雷达测量噪声带来的较大跟踪误差为代价产生最能减小机动时延的滤波增益。而对于

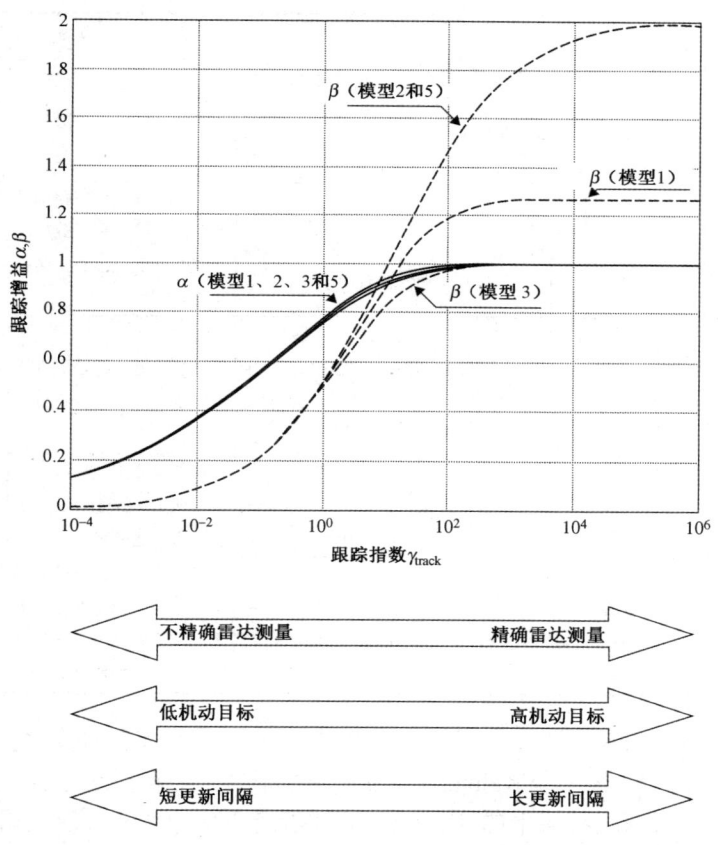

图 7.28 稳定跟踪增益 α、β 之间的关系，不同 $Q(t_k)$ 对应于目标未知变化所作的不同假设。
模型 1：在每一测量间隔内对白噪声加速度采样。模型 2：在每一测量间隔内加速度的随机变化。
模型 3：在每一测量间隔内速度的随机变化。模型 5：恒定加速度。未示出模型 4，因为它是一个 3 增益模型

每个测量间隔内速度上的随机变化（模型 3），增益会增加到 $(\alpha,\beta)=(1,1)$，这从滤波稳定性观点来看是非常保守的。对于被雷达测量采样的白噪声加速度（模型 1），增益将会是一种折中的选择，增加到 $(\alpha,\beta)=(1,3-\sqrt{3})$。因为该模型是一种连续时间的加速度采样，当更新间隔是变化的时候最好使用这个模型，因为当更新时间变化时目标不大会有所机动。

根据方差减少比例和跟踪时延，表 7.3 中的式子可用来计算滤波性能。调整参数 γ_{track} 就能够得到所需噪声和时延之间的平衡。

跟踪坐标系的选择

Kalman 滤波假设目标是线性运动的且目标坐标系和雷达检测之间存在线性关系。然而当目标在笛卡儿坐标系 (x, y, z) 中很可能以接近线性方式运动时，雷达对目标的定位测量却是在极坐标系内进行的（距离、角度和多普勒效应）。因此，一般需要为滤波折中选择一种坐标系。表 7.5 列出了不同选择之间的设计权衡。

表 7.5 在不同坐标系中应用 Kalman 滤波的优缺点

Kalman 滤波器坐标系格式	计算的增益坐标系 [式（7.32）、式（7.33）] 和状态更新坐标系式 [（7.31）]	状态预测坐标系 [式（7.29）、式（7.30）]	协方差传播的方法	优点	缺点
极坐标 Kalman 滤波器	极坐标	极坐标	式（7.29）到式（7.33）在极坐标系中	滤波器协方差被精确计算，状态误差高斯分布。可使用小于三维的雷达探测能	在状态传播中引入伪加速
笛卡儿/地球中心的 Kalman 滤波器[53]	笛卡儿/地球中心坐标	笛卡儿/地球中心坐标	式（7.29）到式（7.33）在笛卡儿/地球中心的坐标系中	状态传播是线性的（无伪加速）	因非线性变换，滤波器协方差不完全正确
扩展/双坐标 Kalman 滤波器[54]	极坐标	笛卡儿/地球中心坐标	式（7.29）到式（7.33）在极坐标系中	状态传播是线性的（无伪加速）。容易适应小于三维的雷达探测	要求频繁的坐标变换
无迹 Kalman 滤波器[55]	极坐标或笛卡儿/地球中心坐标	笛卡儿/地球中心坐标	由传播多状态推断的协方差	状态传播是线性的（无伪加速）。滤波器协方差比传统方法更精确——特别对于长的外推时间	较复杂但不一定较多的计算

极坐标系下的 Kalman 滤波很少使用，因为在该坐标系下状态的传播会引起伪加速。而笛卡儿坐标系或地球坐标系下的 Kalman 滤波工作得很好，但在雷达进行一维或二维测量时存在着困难。扩展的或双坐标系下的 Kalman 滤波能避免伪加速，并能适用于任意维的雷达测量。笛卡儿坐标系和地球坐标系都牵涉到非线性变换，这将会导致跟踪精度的不准确计算。当预测时间较长或者所需结果精度很高时，这些 Kalman 滤波协方差计算中的不完整性将会是非常显著的，而跟踪误差会是十分非高斯分布的。粒子滤波通常通过传播大量来自状态转换先前分布来的样本（粒子）来估算以后状态的分布，而这些后分布是不要求具有高斯

分布形式的。所以在粒子滤波过程中，甚至可以采用多模分布作为先分布，再实现为后分布，而这需要大量的计算。

无迹 Kalman 滤波[55]通过将选择的主要节点传过滤波器更有效地计算跟踪精度。这种无迹 Kalman 滤波利用一组 $2L+1$ 个采样点来近似计算协方差矩阵。这里 L 指状态维数。采样点通过一个任意变换函数传播，然后用它们来重建一个高斯分布的协方差矩阵。这项技术的优点是能将协方差准确地表示成泰勒级数展开三阶的精度。结果所计算的跟踪精度（至少到第三阶）将不受非线性的影响。

对付目标运动改变的自适应滤波

在计算跟踪增益时，为了数学上的方便，Kalman 滤波假定目标线性运动但被一随机机动所扰动的模型。然后，大多数雷达目标并不以随机机动方式运动，而是有时线性运行，然后又不可预计地机动。使滤波适应目标运动变化（例如机动、弹道再入大气等）的挑战在于使 Kalman 滤波随时间适应目标运行模型，以使得到的跟踪精度要高于单一模型的。最简单的适应方法是使用机动探测器来监控跟踪滤波器的剩余（测量与预测位置之间的差）。大的相关的剩余往往代表有机动（背离滤波模型）。在探测到机动后，就增加 Kalman 滤波模型中的机动的谱密度 q，最终形成高跟踪增益和较好的机动跟随。

一个更为复杂的方法是同时使用多个有不同的目标运动模型的 Kalman 滤波器，通常指不同的 q 值或不同的目标运动方程（例如恒定加速度或恒定速度）。图 7.29 是一组多个并行滤波器的示意图，图中所有的滤波器都被同样的有关测量数据馈入。在每一个检测时刻 t_k，必须有一个滤波器的输出选做航迹状态以用于检测至航迹的关联。

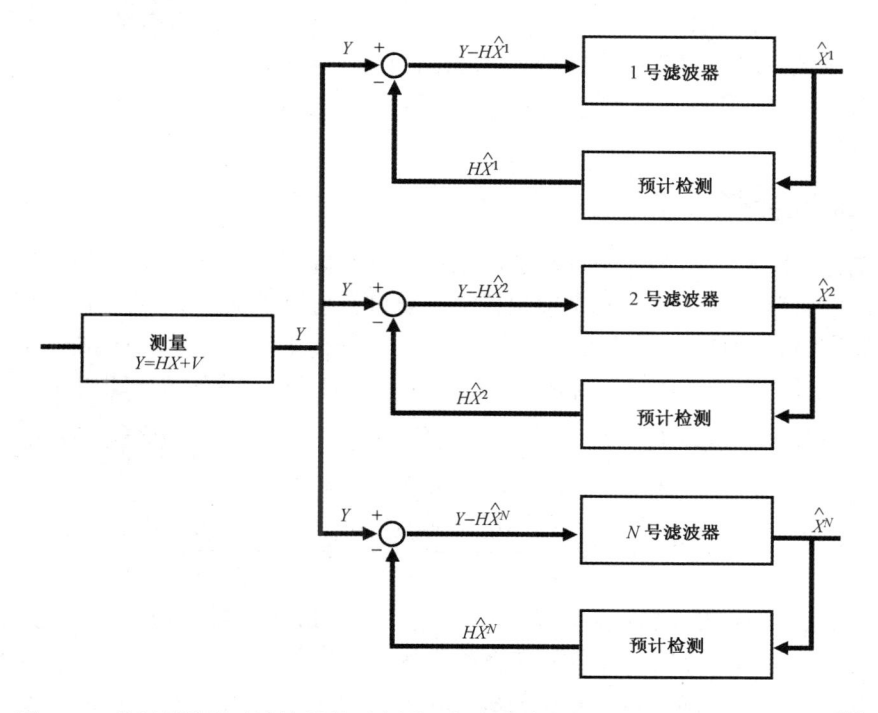

图 7.29 并行雷达跟踪滤波器组示意图。每个滤波器使用不同的目标运动模型[44]

一种利用多种目标运动模型的系统方法是图 7.30 所示的多模型交互法（IMM）[56]。多种模型同时但并不独立地运行，而是存在着一个混合的模型状态。第 i 个模型的更新方程不仅依赖于该模型的状态还与所有其他模型的状态相关。这些状态通过推断目标从一个运动模型转变到另一运动模型的概率而混合起来。

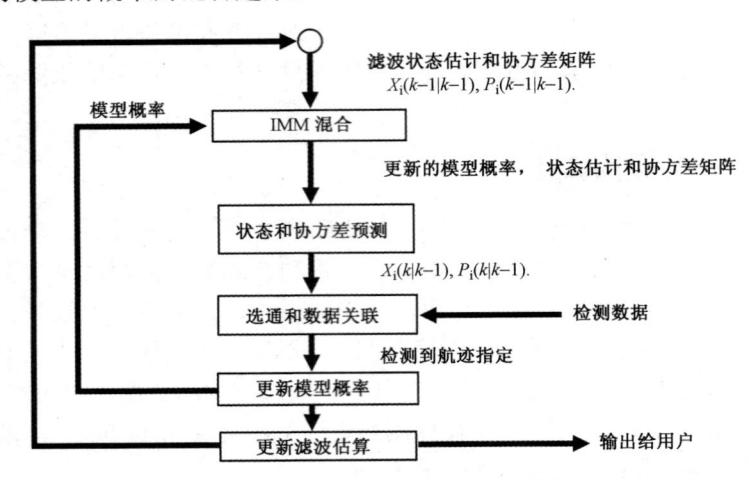

图 7.30　多模式交互法流程图 [44]

考虑这样一个例子，雷达对经历明显不同飞行阶段的弹道导弹进行跟踪：推进、大气层外飞行和重新进入大气。每个飞行阶段都有各自明显不同的目标模型[57]。在推进阶段，目标不断地加速和增加速度。这个加速度是未知的，必须估计。在大气外飞行阶段，目标以已知的重力加速度下降。在重新进入大气层的过程中，目标继续下降，但会经历一个由弹道系数（与目标形状、质量有关的未知目标参数）引起的阻力减速过程。一个 IMM 滤波器能够以单一滤波器输出方式在不同飞行阶段之间进行系统模型转移。图 7.31 所示为这样一种 IMM 滤波器应用的模型概率。

已接受的检测和现有航迹的关联

为了正确地分配雷达检测给现有航迹，从而能够正确更新航迹文件中的航迹状态需要用到检测至航迹的关联。分配的基础是度量检测与航迹在可测参数上的接近程度，例如距离、角度、多普勒和目标特征（如果可能）上的差异等。统计距离可作为现有的检测至航迹坐标上的差异值的加权的合并来计算。在最一般的情况下，这是一个复数的二次型：

$$D^2 = \left(Y_{k+1} - h\hat{X}(t_{k+1}|t_k)\right)\left[H(t_{k+1})P(k+1|k)H^T(t_{k+1}) + R_k\right]^{-1}\left(Y_{k+1} - h\hat{X}(t_{k+1}|t_k)\right)^T \quad (7.37)$$

对大多数单雷达跟踪问题，上式可简化为简单的加权的相加

$$D^2 = \frac{(r_m - r_p)^2}{\sigma_r^2 + \sigma_{pr}^2} + \frac{(\theta_m - \theta_p)^2}{\sigma_\theta^2 + \sigma_{p\theta}^2} + \frac{(\varphi_m - \varphi_p)^2}{\sigma_\varphi^2 + \sigma_{p\varphi}^2} + \frac{(D_m - D_p)^2}{\sigma_D^2 + \sigma_{pD}^2} \quad (7.38)$$

式中，$(r_m, \theta_m, \varphi_m, D_m)$ 是测量的距离、方位、仰角和多普勒值，精度为 $(\sigma_r, \sigma_\theta, \sigma_\varphi, \sigma_D)$；$(r_p, \theta_p, \varphi_p, D_p)$ 是自动跟踪距离、方位、仰角和多普勒预测值，精度为 $(\sigma_{pr}, \sigma_{p\theta}, \sigma_{p\varphi}, \sigma_{pD})$。预测精度是雷达跟踪滤波器的附带产品。因为距离精度通常要比方位精度高得多，所以必须采用统计距离而不是欧几里得距离。

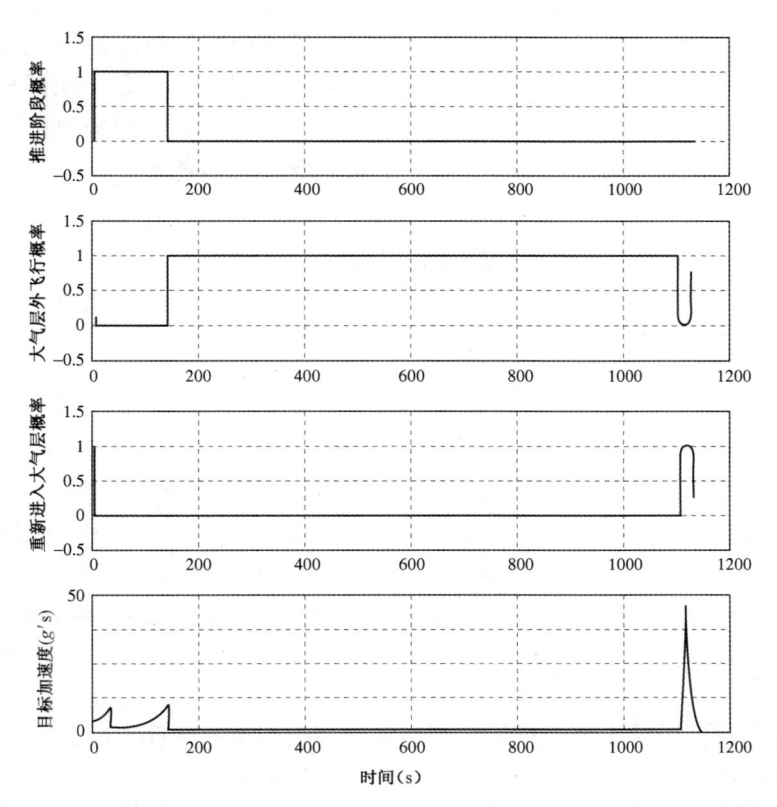

图 7.31 应用 IMM 滤波器跟踪弹道导弹得到的模型概率：(a) 目标运动是推进阶段的概率；(b) 目标运动是在大气层外的概率；(c) 目标运动是重新进入大气层的概率[57]

当目标之间间隔较大，并且处在一个空旷的环境里，只有一个目标检测对具有小的 D^2，这时关联是很明显的。所以检测至航迹关联的设计主要要考虑目标与目标或者目标与干扰间距较小时的更为困难的情况。图 7.32 所示为一个目标之间或目标杂波之间小间距的普通情形。在三个现有航迹的预测位置附近建立了三个关联门。进行三次检测，但如何分配这些检测却并不明显：2 个检测在门 1 内；3 个检测在门 2 内而 1 个检测在门 3 内。表 7.6 列出了跟踪门内的所有检测以及检测与航迹之间的统计距离。

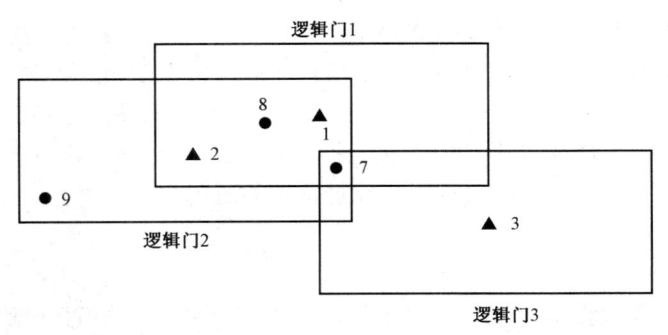

● 检测位置

▲ 预测位置（相关门的中心）

图 7.32 处在邻近区域中的多次检测与多次航迹关联问题的例子[7]

最近邻分配法是解决此类问题最常用的方法。最近邻分配法最简单的形式是对接收数据按序处理。每当产生一个新检测时，就将它分配给一个与它具有最小统计距离的航迹。所以，如果检测 9 被第一个接收到，那么它会分配给航迹 2。然而，更好的处理方法是稍稍延迟这种关联处理，以便让附近区域内的所有检测都接收到、储存起来，并以此产生一个关联表，见表 7.6（这暗含了相控阵如何扫描扇区）。

表 7.6　图 7.32 所示例子的关联表[7]

航 迹 编 号	检测序号 7	检测序号 8	检测序号 9
1	4.2	1.2	∞
2	5.4	3.1	7.2
3	6.3	∞	∞

现在可将最近邻分配法运用到关联表中，方法是找出在检测和航迹之间的最小统计距离，建立关联并从表中删除该检测和航迹（行和列）。重复此过程，直到表中没有检测和航迹剩下。应用该算法到表 7.6，将得到检测 8 更新航迹 1、检测 7 更新航迹 2、而航迹 3 没更新。更好的分配方法可用更为复杂的处理算法得到。这里介绍三种最常用的复杂算法：

全域最近邻算法（GNN）

全域最近邻算法同时考虑整个统计距离矩阵，并进行某一度量的最小化，譬如为进行完全分配的所有统计距离之和。可以使用 Munkres 算法完成这种优化[58]。Munkres 算法可以得到最小化问题的精确解，但很少使用，因为其计算速度很慢。一种计算上更有效的精确解的方法是 Jonker，Volgenant，Castanon（JVC）算法[59]。JVC 算法对于稀疏的分配矩阵（这在实际雷达跟踪问题中是很可能的）更为有效。有报告指出，使用该方法速度上能提升 30～1000 倍。另一种有效的次优算法是拍卖（Auction）算法，它将航迹看成是"拍卖"给了检测，如果有更多的检测参与竞争，那就能不断给航迹分配更高的价值[60]。图 7.33 列出了对 Munkres、JVC 和 Auction 三种稀疏数据优化的比较[61]。JVC 和 Auction 算法大大加快了计算速度。虽然 Auction 算法较为简单，所需代码行数也较少，但通常 JVC 算法所需时间更少。

概率数据关联算法

另一种方法是概率数据关联算法（PDA）[62-64]，它不试图将航迹分配给检测，而是利用所有的附近的加权检测来更新航迹，而这些权值由正确关联的航迹概率决定。因为 PDA 算法依靠错误关联基本上被"平均掉"，所以当航迹间隔足够远，而使附近检测都仅由空间随机噪声或杂波引起时和当跟踪增益较小（即当航迹指数 γ_{track} 较小）时，该方法最有效。联合概率数据关联（JPDA）[65]算法是 PDA 的拓展，能处理更靠近的目标。

多假设算法

最复杂的算法是多假设算法[66-68]，对于每一次可能的检测，所有（或很多）航迹都会形成和更新。在表 7.6 中，对应于检测 8、7 和无检测，航迹 1 会变成三个航迹（或假设）。每个航迹都要执行一次 Kalman 滤波更新，并可选作为与下一组检测的关联。很多航迹都会被系统地滤除，只留下最可能的。图 7.34 所示为运用多假设算法对单个目标跟踪的例子。在这个例子中，形成了许多假设，但经过接续的测量间隔，成功地留下一根正确的航迹，其他的都被滤去了。

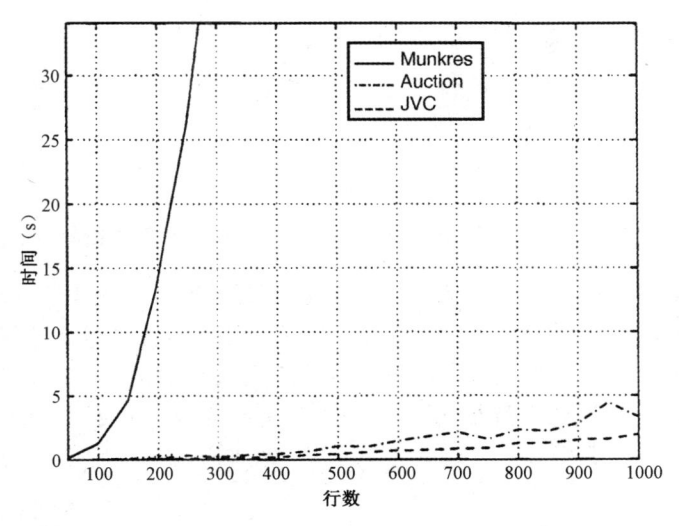

图 7.33　Munkres、JVC 和 Auction 算法计算时间的对比。随着分配矩阵行数的增加，Munkres 算法所需的计算时间飞速增加；而 JVC 和 Auction 算法增加的较为缓慢[61]

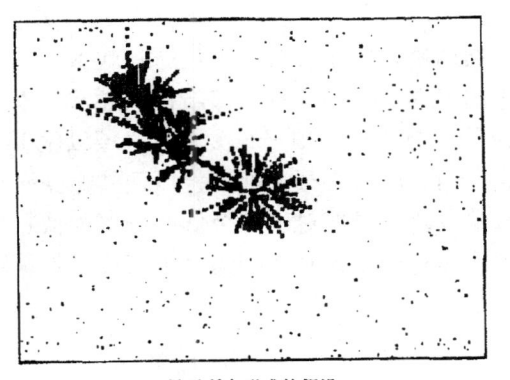

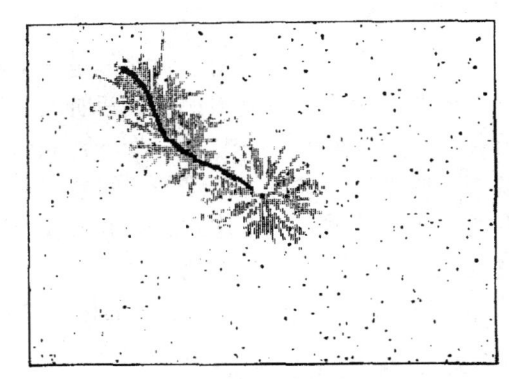

（a）显示所有形成的假设　　　　　　　　　（b）显示仅选择一条假设

图 7.34　利用多假设算法对 90 次扫描模拟雷达数据进行跟踪的例子，它模拟了包含一个目标和许多虚警的雷达数据[69]

更复杂算法的可应用区域由两个参数决定：杂散检测λ的密度（单位面积或体积内的检测数）和无量纲跟踪滤波参数γ_{track}。图 7.35 画出了该可应用区域。当λ和γ_{track}较小时，大多数跟踪系统都使用简单的最近邻跟踪，因没必要采用其他方法。随着λ的增加，错误关联判决的风险加大，但此时如果γ_{track}依然很小，风险就会减小。而在另一极端，当λ和γ_{track}都很大时，如果不对雷达设计参数进行修改从而减小错误关联，这类跟踪问题基本上将无法解决。图中还有一个复杂关联有价值的中间区域。这个区域的宽度是由问题本身特定情况决定的。当γ_{track}很大而输出的微小延迟能够容忍时，那么这个可应用区域会非常小，于是只有非常简单的多假设方法（将航迹分为最多一个或两个假设）才是最佳方法。

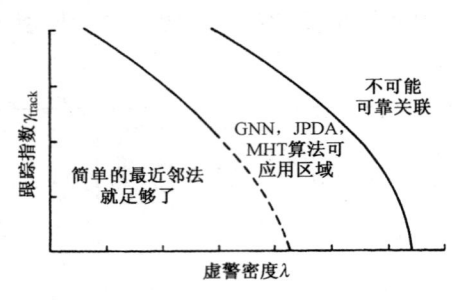

图 7.35　不同检测至航迹关联算法的可应用性由虚警密度和无量纲跟踪参数 γ_{track} 决定[70]

当 γ_{track} 较小时，可以用 PDA/JPDA 算法来在极高虚警密度情况下工作。如果能够容忍输出的明显延迟，可形成许多假设（见图 7.34），并能够处理多几个量级的检测。Blackman 和 Popoli[44]进行了大量比较性研究。一项使用非常近距离飞行器的飞行记录数据的研究表明，GNN、JPDA 和 MHT 之间的差异很小[38]。但理论预测显示，在可处理的杂波检测中，其密度可以有几个量级上的差别[44]。

新航迹形成

这里有两类航迹形成算法：

前向跟踪算法

该算法基本上是在时间上向前传送一个假设，循环检查"相似目标"的运动状态。不与点杂波或航迹相关的检测用来形成新航迹。如果检测不含多普勒信息，那新检测通常用于预测位置（在某些军事系统中，假设一个径向返航速度），且必须使用一个大相关区域以做下一次观察。假设目标具有可能感兴趣的最大速率，这个相关区域必须足够大，以便能截获到对目标的下一次检测。一个通常的航迹形成准则是五中取四，虽然对于一个低虚警率和低目标密度区域，五个有三个检测就可以了。然而，当雷达具有一个短时间间隔内可有许多检测机会的电扫能力时，那就需要大得多的检测数。

后向跟踪或"批"算法

该算法同时考虑所有的检测，试图将检测和"相似目标"的图形进行匹配。事实上这能够通过建立大量匹配滤波器来实现，就像图 7.36 所示的回顾处理[71]中做的那样，或者采用形成多假设和将其传播的前向跟踪过程。

就像雷达自动探测是探测概率和虚警概率的折中，新航迹形成就是航迹形成速度与不代表感兴趣的物理目标的航迹形成错误航迹的概率之间的折中。有两种错误航迹。（1）不感兴趣的真实目标航迹。例如如果关注的目标是飞机，那一只小鸟的航迹就是错误航迹。（2）由自动跟踪过程把航迹错误关联起来的从不同目标而来的非相关检测组成的航迹。例如，从几个不同固定杂波点而来的检测，由于在一段时间内被关联起来从而形成一个错误移动航迹。

防止不感兴趣目标航迹的办法是实际形成所有它们的航迹，同时长时间观察它们从而区别它们属于不感兴趣的目标。例如，对一只小鸟，集中大量的检测，提高航迹中的速度精度从而可以清楚地判断对该航迹是否感兴趣。所以，要迟后公布新航迹，直到有足够的时间来准确区分它为止。该精度可由观察目标时间 T_{obs} 和雷达基本参数决定：

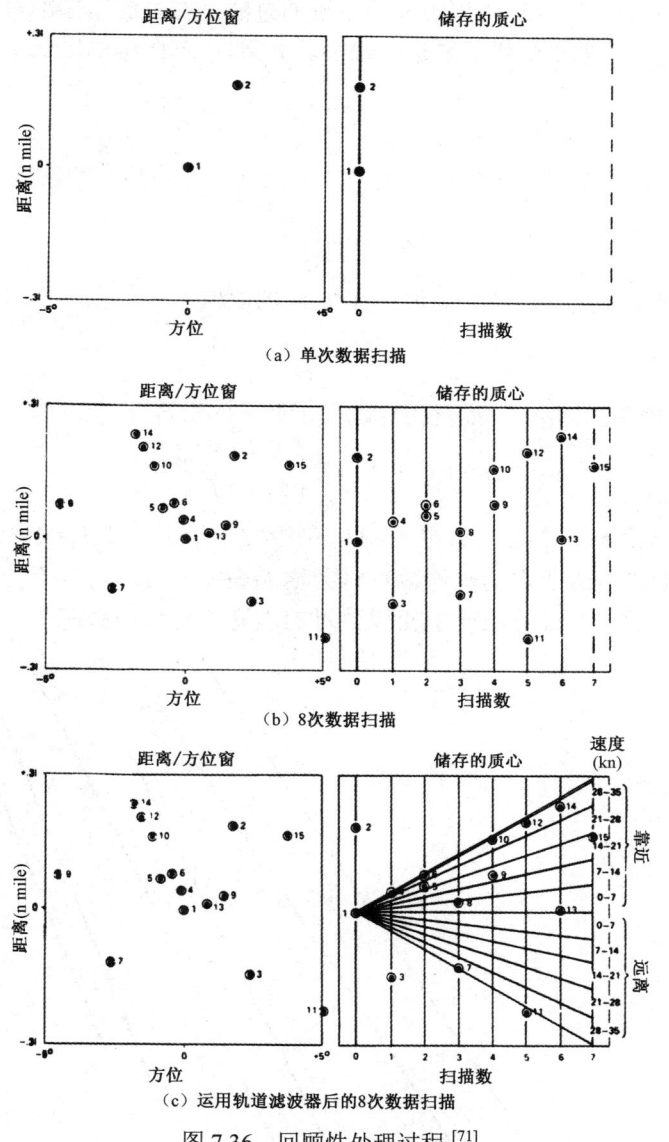

(a) 单次数据扫描

(b) 8次数据扫描

(c) 运用轨道滤波器后的8次数据扫描

图 7.36 回顾性处理过程[71]

T——接续检测时间间隔；
σ——感兴趣的一维上的精度；
M——用来形成航迹的检测数目；
$N \approx (T_{obs}/T)+1$——检测机会数目。
速度精度由下式给出[72]。

$$\sigma_v = \frac{\sigma}{T_{obs}} \times \left[\frac{12(N-1)}{N(N+1)} \right]^{1/2} \tag{7.39}$$

上式中最主要的设计参数是雷达精度和观测时间（更高精度或者更长时间将允许得到更为精确的速度测量）。在观测时间内作出更多次检测也能提高精度，但仅以平方根方式提高。

防止杂波区 G 内由不同目标错误组成的航迹的办法是在足够紧凑的时间内作出足够多的检测，从而使 $E[N_{FT}]$，即期望的错误航迹数很小。如果在一 D 维的区域 G 内有 N_C 次检测的平均值，那么[73]

$$E[N_{FT}] = \lambda_F \times \lambda_P^{M-2} \times N_C^M \times \gamma(D,N,M) \tag{7.40}$$

式中，λ_F 是在一次检测间隔内目标所能运动的空间范围尺寸与整个杂波区 G 尺寸的比值。

$$\lambda_F = \frac{(V_{MAX})^D}{G} \tag{7.41}$$

而 λ_P 是雷达分辨单元尺寸与整个杂波区尺寸 G 的比值。

$$\lambda_P = \frac{\tau_1 \cdots \tau_D}{G} \tag{7.42}$$

τ_i 是第 i 维的分辨率"距离"，而 $\gamma(D,N,M)$ 表示如下的组合：

$$\gamma(D,N,M) = (N-1)^D \binom{N-1}{M-1} 2^{D(M-1)} \tag{7.43}$$

图 7.37 所示为运用式（7.40）到式（7.43）的例子，雷达参数 $\lambda_F=2\times10^{-3}$ 和 $\lambda_P=10^{-5}$。增加五选三或八选五形成航迹所需的检测数目将会增加虚警密度，可容忍的密度可增加多于一个量级。前向跟踪和后向跟踪算法产生相似数目的虚警。但后向跟踪算法能够处理更为模糊

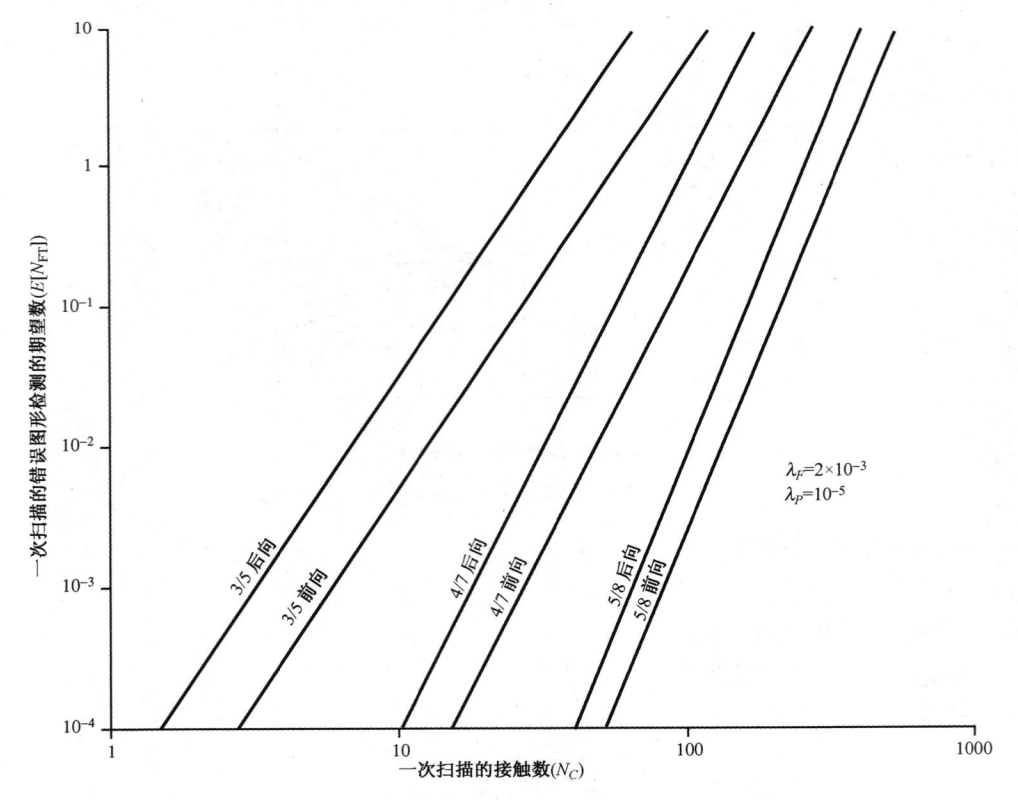

图 7.37 错误航迹的预期数目随 (M/N) 形成准则的变化 [73]

的情况（例如虚警密度λ可比或大于$λ_F$和$λ_P$）。这些模糊情况下，前向算法在一次航迹形成或推进门（promotion gate）内将有多次检测，这时为可靠形成航迹要采用多假设法。

设计航迹形成过程时必须和自动检测过程共同考虑。分给航迹形成的时间较长（高M/N）将允许雷达检测过程使用较低的检测门限，从而得到较高的雷达灵敏度。对于任何一组给定的雷达参数，M/N航迹形成准则和杂波幅度的概率分布，存在一个最优的虚警概率，它可使检测目标需要的信噪比最小。图7.38所示为对八个扫描航迹形成过程的优化。

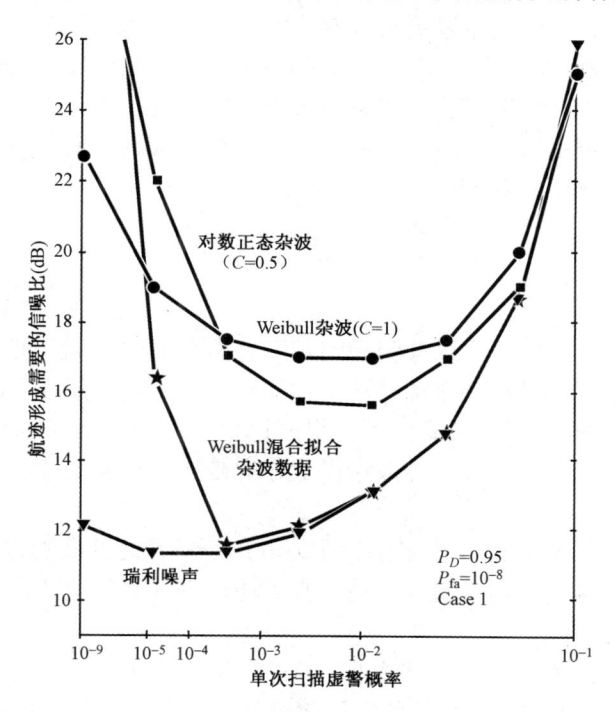

图7.38 自动检测和自动跟踪过程一起作用时的整体灵敏度。可优化单次扫描虚警概率来提供杂波幅度不同概率分布情况下最低的要求的信噪比[74]

很低的单次扫描虚警概率允许较快地形成航迹。但如果允许较长延时，那检测门限可以降低，从而得到杂波非高斯分布时的高灵敏度。

雷达调度及控制

雷达跟踪系统与雷达调度和控制功能之间的交互作用对机械转动雷达影响较小，但对相控阵雷达至关重要。对于机械转动雷达来说，通常所作的只是将跟踪门反馈给信号处理机。跟踪门总是用来便利关联过程，并可以用来在门内降低检测门限和（或）在门内修正接触准入逻辑（例如修正控制杂波图的规则）。

跟踪系统和相控阵雷达的交互作用要大得多。对于跟踪，相控阵的重大优势是在航迹的起始方面[75, 76]。相控阵采用一种确认机制来快速启动跟踪。也就是在相关处理之后，所有非关联的检测产生出确认驻留来确认新航迹的存在。初始确认驻留采用同一波形（频率和PRF，如果是脉冲多普勒波形），但可能增加能量。分析表明：发射确认能量增加3dB（如将目标置于确认波束的中心，那也可有附加的能量）能够显著地提高确认概率[76]。此外，确认驻留应尽快发射以保持 Swerling I 型起伏模型（即如果目标起伏产生一个大回波并被最初检测到，那确认驻留将会看到同样大小的回波）。在确认之后，几秒内的一系列起始航迹保持驻留用来形成一个准确的状态矢量。对于相控阵雷达调度中，与跟踪有关的优先级的完整讨论已经超出了本简述的范围。但还是值得提及一些一般性的规则：（1）确认驻留应该比除武器控制之外的其他所有功能具有更高的优先级；（2）低优先级航迹（例如远距离上的航迹）可以用搜索检测更新；（3）高优先级航迹应该比空间监视具有更高的优先级。高优先级航迹的更新率应该是使单次跟踪驻留就足以更新航迹。实际的更新率还依赖于许多其他因素，例如目标最大速度和机动能力、雷达波束宽度（波束可能变坏）、雷达至航迹的距离、预测位置的精度。如果需要用一次脉冲多普勒驻留来更新杂波中的航迹，那么所选择的波形应将目标置于模糊距离多普勒检测空间的中心附近。最后，因为航迹状态矢量可用于滤去模糊，所以能用模糊的距离多普勒检测来更新航迹。

7.4 雷达组网

理想上，单部雷达就能够可靠地检测和跟踪所有感兴趣的目标。然而，环境和物理定律经常不允许这样。一般来说，没有哪部单部雷达能够给出完整的监视和跟踪图。雷达组网是这一问题的有效解决方案，在某些情况下，组网比仅使用一部非常高性能的雷达能成本更低。雷达组网系统通常以共享何种雷达数据以及它们是如何相关的和融合的来表征。融合雷达数据最常用的两种方式如下：

（1）检测至航迹融合（图 7.39 上半部所示）利用所有雷达的检测将每个检测和组网的航迹关联。于是，整个检测流（到目前为止的）都可能用来计算航迹状态，以便根据最近的一次检测作出关联的决定。

（2）航迹至航迹融合（图 7.39 下半部所示）将每次检测和单部雷达航迹状态关联，仅用该雷达的检测计算。然后单部雷达航迹状态彼此聚集，得到一个组网的航迹状态。

什么方法有利于聚集数据的设计上的决策，取决于雷达和相关的目标。当雷达具有小的检测率从而在数据流中存在间隙或者在稀疏的数据流中存在间隔时，检测至航迹关联效果显然更好。在这些情况下，用多数据流计算得到的航迹状态远比仅用单个数据流计算得精确，因为多数据流能够填充检测间隙并在检测率小的期间恢复高度一致的数据率。通过画出对应于单部跟踪和多部雷达跟踪的检测率和不确定航迹区域（ROU）的关系，图 7.40 给出了对目标衰落的灵敏度。ROU 定义成以 99% 概率包括误差的距离：

$$ROU = 2.3（检测噪声引起的跟踪误差）+（目标机动引起的跟踪误差）$$

用表 7.3 中的公式能够计算所有情形。

当探测概率远低于 1 的时候，检测至航迹融合更为准确。这一点由下列事实容易解释，即如果可用两个源，那么可观的数据中断的概率就会显著降低。有了更为精确的航迹，对检测可以使用更严格的关联准则。

如果偏移不能有效地滤除，那么与单个雷达的航迹关联会更有利，因为根据航迹的定义它本身是没有偏移的。如果偏移不能保持成小于 ROU，那么在高探测概率时，在单个雷达关联之后紧接一个航迹至航迹关联更好。

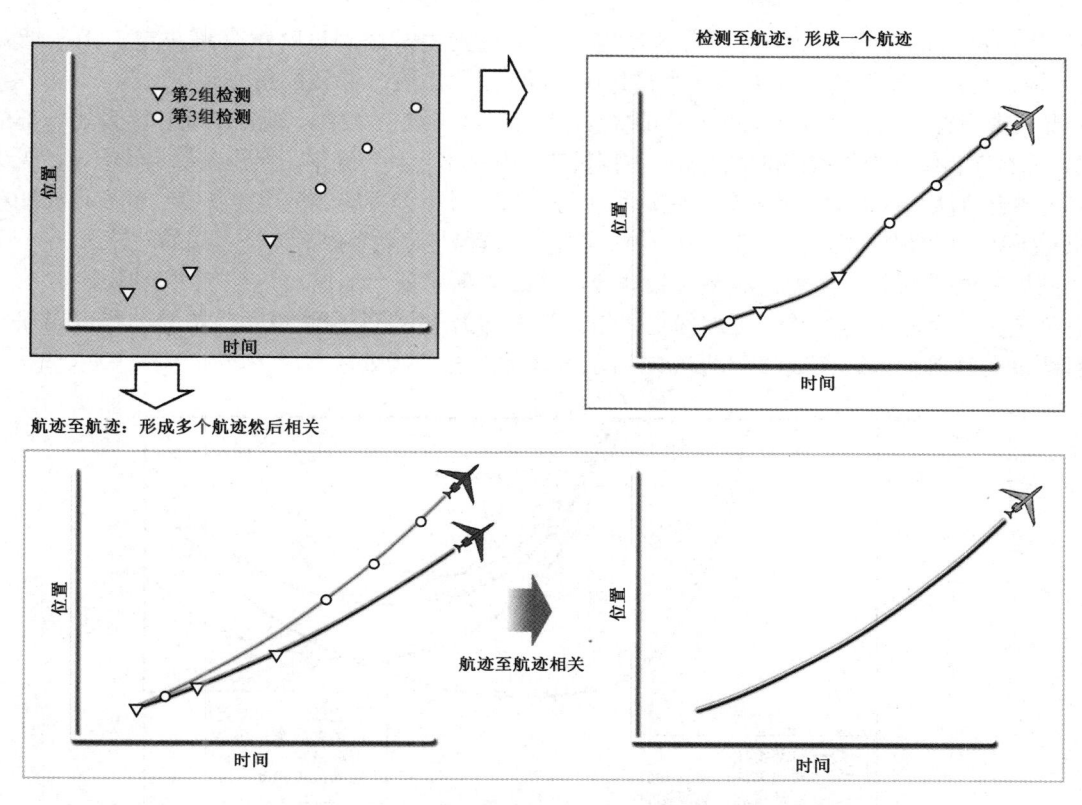

图 7.39 雷达组网中数据融合的两种通常方法：检测至航迹和航迹至航迹[77]

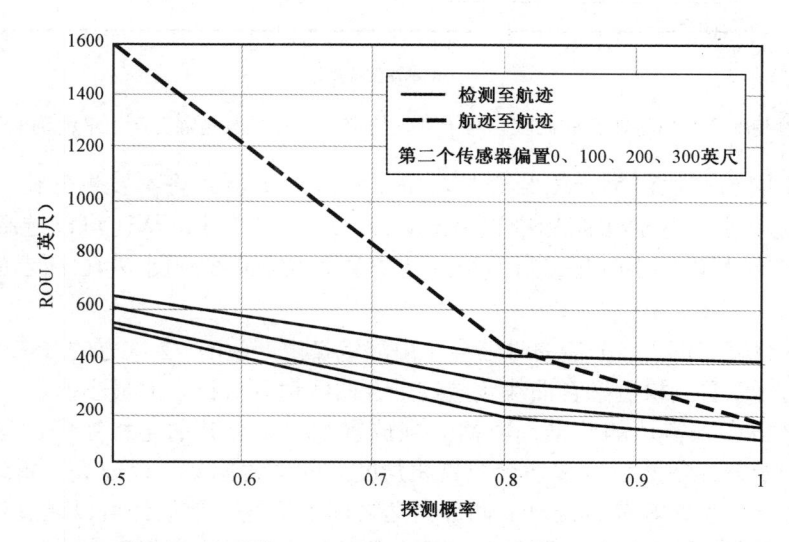

图 7.40 检测至航迹和航迹至航迹关联的比较。对于衰落（$P_d<1$）目标，前者更优；而对于大传感器偏置和不衰落目标，后者更优[77]

有可能对使用相同数据带宽交换雷达数据的航迹融合与检测融合的精度作一个简单比较。当 ROU 画成是位置增益 α 的函数图形时就会形成如图 7.41 所示单个雷达的"浴缸"型曲线。"浴缸"的左边主要由延时分量决定，而右边则由雷达测量噪声分量决定。由于增益（水平轴）可由设计者选择，因此单个雷达的 ROU 是"浴缸"曲线的最小点。

现在考虑在一指定维上两部雷达的融合。如果在这一维上其中一部的 ROU 仅为另一部的 1/10，那么在该维上更为准确的雷达将会占据优势，并基本上决定结果。至少在稳定状态下，无论用何种融合方法，都能更为容易地产生这种优势。另一种更为有趣的情况是各雷达都有可比的精度和更新率，从而得到可比的 ROU。这种情况将更加清楚地表明各融合方法之间的差异。

例如，假设两部雷达由检测融合相联合，那么更新率就会加倍。这会使时延减少 4 倍，从而可选择一个较小的增益（更加优化"浴缸"左边），以减少由测量噪声带来的跟踪误差。最后结果是从单个雷达曲线移到图 7.41 所示的检测融合曲线处。

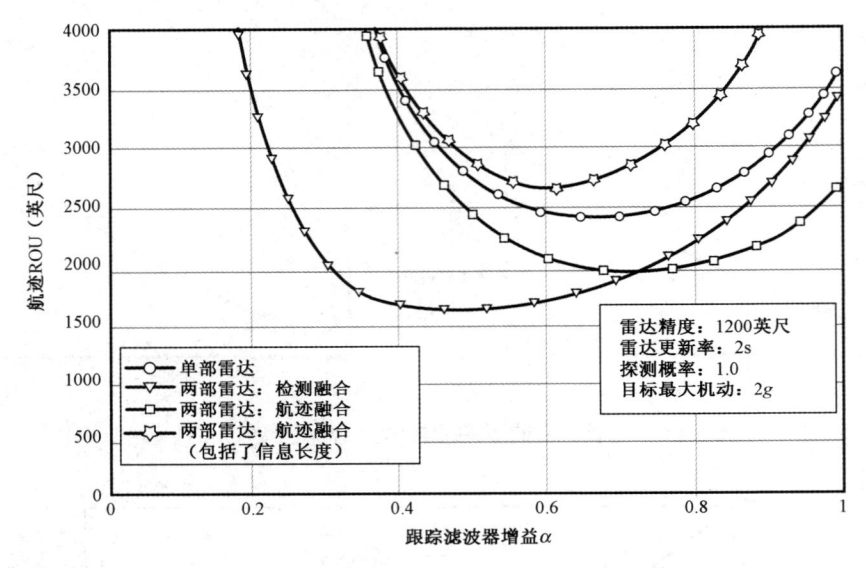

图 7.41 检测融合与航迹融合的比较。对于吸气的空中目标，检测融合产生最精确的航迹[77]

而当两部相同的雷达由融合相结合时，每个航迹的更新率将不发生变化，由此延时不变。但是由测量噪声引起的跟踪标准误差会以 $\sqrt{2}$ 次方倍递减，从而可以选择较大的增益（优化"浴缸"右边）以减小时延。最后结果是从单个雷达曲线到图 7.41 所示的航迹融合曲线的移动。

如果目标有显著的机动，4 倍的时延会比由测量噪声产生的 $\sqrt{2}$ 次方的跟踪误差影响更为显著。所以我们可以看到检测融合曲线比航迹融合曲线达到低得多的最小值。

为了合并来自多部雷达的数据，数据必须放置在一个公共的坐标系中。这个过程称为**栅格锁定**，并涉及规定雷达位置和估计距离和角度上的雷达偏差。以前关于雷达定位的难题现在可通过全球定位系统轻易解决。而两部雷达之间的雷达偏差估计可以通过对两部雷达有大量检测数目的所有航迹在预计和测量的坐标上的差异长期平均来得到。

7.5 不相似传感器的融合

许多传感器都可以融合，如雷达、敌我识别器（IFF）、空中交通管制雷达信标系统

（ATCRBS）、红外系统、光学系统和声学系统。最容易集成的传感器是电磁传感器，如雷达、IFF 和噪声源或发射源的脉冲选通器。

IFF 融合

雷达数据与军用 IFF 数据的融合问题比两部雷达数据融合要容易一些。究竟是检测（点迹）融合还是航迹融合由应用决定。在战争情况下，用检测融合时可询问目标几次，对目标识别，然后将其与雷达航迹关联起来。此后，就不必再次询问目标。然而，用 ATCRBS 进行空中交通管制的情况下，雷达每扫描一次，就可对目标询问一次，由此可以进行检测融合或航迹融合。

雷达 - DF（定向）方位选通脉冲融合

Coleman[79]及在他之后 Trunk 和 Wilson[80, 81]考虑过，在发射机上用 DF（定向）方位选通脉冲进行雷达航迹相关处理。Trunk 和 Wilson 考虑过将每一个 DF 航迹要么与雷达航迹不关联，要么只与 m 条雷达航迹中的一条关联这样一个问题。在他们的表述中，有 K 个 DF 角度航迹，每一个航迹都由不同数目的 DF 测量数据所确定；同样，有 m 条雷达航迹，每一条都由不同数目的雷达检测决定。由于每个目标上可有多个发射机（即每一条雷达航迹可以与多条 DF 航迹关联），每次 DF 航迹关联可单独考虑，这就导致了 K 个分离的关联问题。因此，一个等效的问题是，给定由 n 个 DF 方位测量结果确定的一条 DF 航迹，可以将这条 DF 航迹不和任何雷达航迹相关联或与 m 条雷达航迹中的一条相关联，其中第 j 条雷达航迹由 m_j 个雷达检测确定。将 Bayes 方法和 Neyman-Pearson 准则结合起来，并且假设 DF 检测误差通常是独立的，服从均值为 0，方差为常数 σ^2 的高斯分布，并有极个别不满足此假设的点（即大的误差，不由高斯型分布密度描述），Trunk 和 Wilson 认为决策应基于的概率为

$$P_j = Z \geqslant d_j \text{的概率} \tag{7.44}$$

式中，Z 是具有 n_j 个自由度的 χ^2 分布；d_j 由下式给出。

$$d_j = \sum_{i=1}^{n_j} \min\{4, [\theta_e(t_i) - \theta_j(t_i)]^2 / \sigma^2\} \quad j = 1, \cdots, m \tag{7.45}$$

式中，n_j 是在和第 j 条雷达航迹存在时间重叠的时间间隔上的 DF 测量次数；$\theta_e(t_i)$ 是在 t_i 时刻的 DF 检测数据；$\theta_j(t_i)$ 是在 t_i 时刻雷达航迹 j 的预测方位；系数 4 则是考虑到例外的 DF，将其平方误差限制到 $4\sigma^2$。使用以 P_{max} 和 P_{next} 标出的两个最大的 P_j 以及门限 T_L、T_H、T_M 和 R，就产生下列判决和判决规则。

（1）强相关：在 $P_{max} \geqslant T_H$ 和 $P_{max} \geqslant P_{next}+R$ 时，DF 信号与具有最大的 P_j（即 P_{max}）的雷达航迹一致。

（2）试相关：在 $T_H > P_{max} \geqslant T_M$ 且 $P_{max} \geqslant P_{next}+R$ 时，DF 信号可能与具有最大的 P_j（即 P_{max}）的雷达航迹一致。

（3）与某些航迹的试相关：在 $P_{max} \geqslant T_M$ 但 $P_{max} \leqslant P_{next}+R$ 时，DF 信号有可能与某个雷达航迹一致（但不能确定是哪一条）。

（4）试不相关：$T_M > P_{max} > T_L$ 时，DF 信号有可能不与任何雷达航迹一致。

（5）强不相关：$T_L \geqslant P_{max}$ 时，DF 信号与任何雷达航迹都不一致。

较低的门限 T_L 决定了正确的雷达航迹（即与 DF 信号相关的雷达航迹）被从进一步的考虑不正确地消除的概率。如果希望正确航迹被消除的概率为 P_R，可以通过设置 $T_L = P_R$ 得到。门限 T_H 设置成与 P_{fa} 相等，其中 P_{fa} 定义为当 DF 信号不属于雷达航迹时，一个 DF 信号与某一条雷达航迹错误相关的概率。门限 T_H 是所考虑的雷达航迹和真实（DF）位置之间方位差 μ 的函数。在 $\mu = 1.0\sigma$ 和 $\mu = 1.5\sigma$，$P_{fa} = 0.01$ 时，仿真结果确定的门限 T_H 如图 7.42 所示。在高低门限之间有一个"试"区域，中间门限将这个"试"区域分为试相关区域和试不相关区域。设置这个门限的基本原理是，对于某个特定的方位差 μ，设置两个相关误差概率相等。用仿真确定了门限 T_M，也如图 7.42 所示。

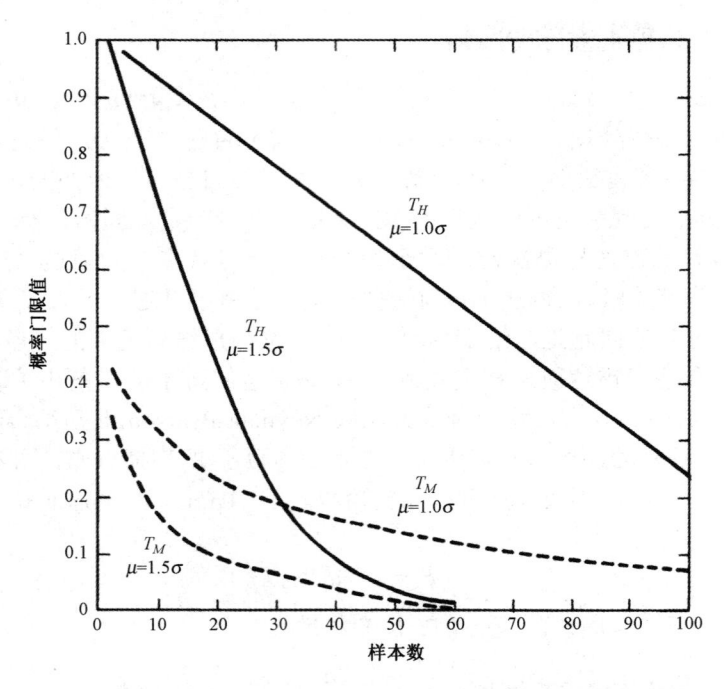

图 7.42　两个不同间隔的高门限（实线）和中门限（虚线）与样本数的关系曲线[66]

当有两条或更多的雷达航迹互相靠得很近时，概率余量 R 能保证选择正确的 DF 和雷达关联（避免快速地改变判决）。通过推迟判决时间，直到两个最大关联概率之差为 R 时，就可得到正确的选择。根据 $P_e = P(P_{max} \geqslant P_{next} + R)$，确定关联误差概率 P_e 可确定 R 的值，其中 P_{max} 对应于不正确的相关，P_{next} 对应于正确相关。概率余量 R 是 P_e 和雷达航迹分离度 μ 的函数。当 $\mu = 0.25\sigma$、$\mu = 0.50\sigma$、$\mu = 1.00\sigma$ 时，在 $P_e = 0.01$ 的情况下，用仿真确定的概率余量 R 如图 7.43 所示。由于各条曲线都相交，对任意 μ，对 n 中的每一个值，通过将 R 设置成等于任何曲线的最大值，就可以保证 $P_e = 0.01$。

用仿真和记录数据评估了算法。当雷达航迹间相距有数个检测误差的标准差时，可以很快地作出正确的判决。然而，如果雷达的航迹之间相当接近，通过时间延迟判决直到积累了足够多的数据就可避免误差。图 7.44 和图 7.45 所示为记录数据的一个有趣例子。图 7.44 示出控制飞机的雷达（方位）测量的结果，以及在控制飞机的邻近处，随机出现的 4 架飞机的雷达测量结果和控制飞机上雷达的 DF 测量结果。关联的概率有或没有限幅都示于图 7.45 中。一开始，一架随机出现的飞机具有最高的关联概率；然而，因为 P_{max} 超过 P_{next} 的量小于概率余量，所以没有作确定的判决。经过第 14 次 DF 测量后，发射器就与控制飞机发生了强相关。但是，在第 18 次 DF 测量时，得到了一个很差的测量结果（局外点），如果不用限幅技术，强相关会下降为试相关。若用了限幅技术，则会维持正确的判决。

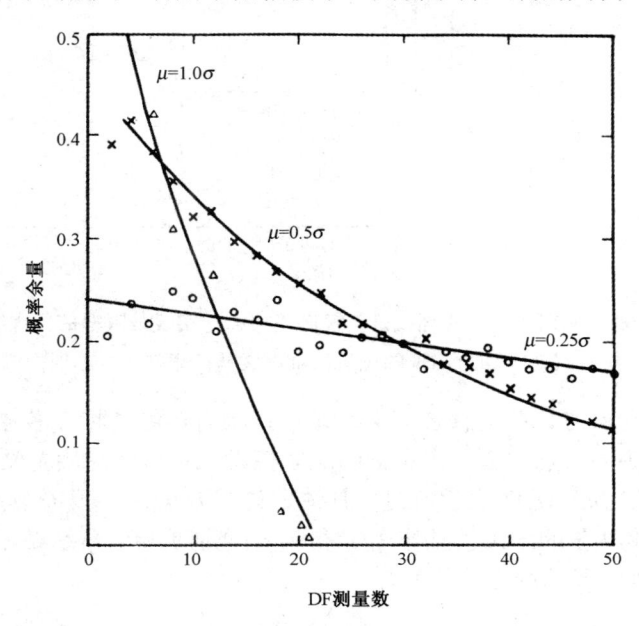

图 7.43　3 个不同目标分离的概率余量与 DF 测量值的关系曲线。
标记有○、×、△的点分别为 $\mu=0.25\sigma$、$\mu=0.5\sigma$、$\mu=1.0\sigma$ 的仿真结果[80]

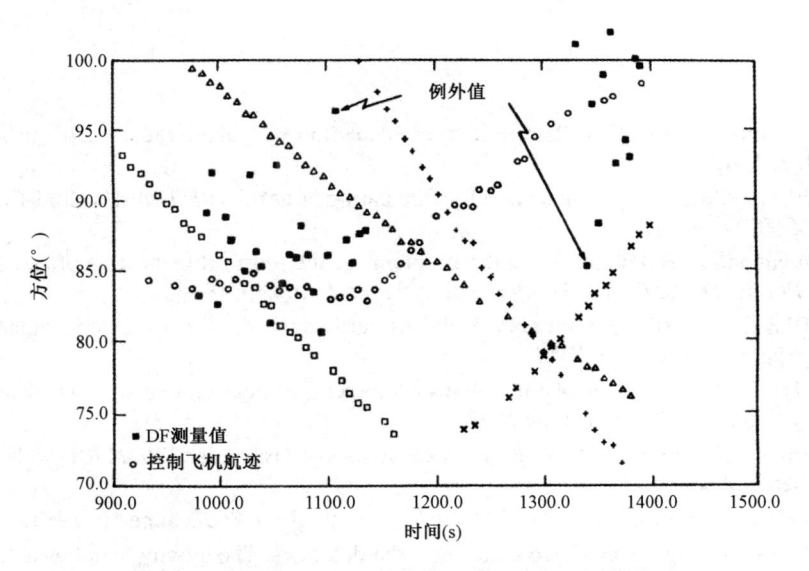

图 7.44　控制飞机上的雷达检测结果和 DF 测量值。
标记有■、△、+、×的点分别表示在控制飞机邻近处偶然出现的 4 架飞机的雷达检测结果[80]

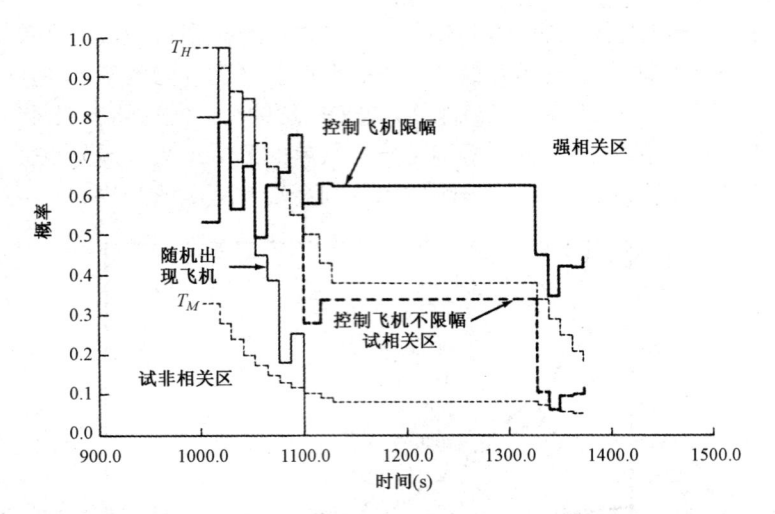

图 7.45 实验数据的关联概率图。粗黑线是为控制飞机的；实线是限幅的；虚线是不限幅的；细实线是有随机出现的飞机；细虚线是门限 T_M 和 T_H [80]

在有多条雷达航迹和 DF 信号源的复杂环境中，极有可能是将许多 DF 信号分配到和可能与之关联的雷达航迹的类别中去。为了消除这些模糊，可以考虑用多站 DF 工作模式。将以前的方法扩展为多站操作是直截了当的。具体地说，若 $\theta_{e1}(t_i)$ 和 $\theta_{e2}(t_k)$ 分别是相对雷达站 1 和雷达站 2 的 DF 角度测量的结果，且若 $\theta_{j1}(t_i)$ 和 $\theta_{j2}(t_k)$ 分别是相对雷达站 1 和雷达站 2 的雷达航迹 j 的角度估计位置，多站均方误差就是

$$d_j = \sum_{i=1}^{n_{1j}} \min\{4, [\theta_{e1}(t_i) - \theta_{j1}(t_i)]^2 / \sigma_1^2\} + \sum_{k=1}^{n_{2j}} \min\{4, [\theta_{e2}(t_k) - \theta_{j2}(t_k)]^2 / \sigma_2^2\} \quad (7.46)$$

于是就可用以前所描述的方法，用式（7.46）定义 d_j，而不是由式（7.45）定义。

参考文献

[1] J. I. Marcum, "A statistical theory of target detection by pulsed radar," *IRE Trans.*, vol. IT-6, pp. 59–267, April 1960.

[2] P. Swerling, "Probability of detection for fluctuating targets," *IRE Trans.*, vol. IT-6, pp. 269–300, April 1960.

[3] J. Neyman and E. S. Pearson, "On the problems of the most efficient tests of statistical hypotheses," *Philos. Trans. R. Soc. London*, vol. 231, ser. A, p. 289, 1933.

[4] L. V. Blake, "The effective number of pulses per beamwidth for a scanning radar," *Proc. IRE*, vol. 41, pp. 770–774, June 1953.

[5] G. V. Trunk, "Comparison of the collapsing losses in linear and square-law detectors," *Proc. IEEE*, vol. 60, pp. 743–744, June 1972.

[6] P. Swerling, "Maximum angular accuracy of a pulsed search radar," *Proc. IRE*, vol. 44, pp. 1146–1155, September 1956.

[7] G. V. Trunk, "Survey of radar ADT," Naval Res. Lab. Rept. 8698, June 30, 1983.

[8] G. V. Trunk, "Comparison of two scanning radar detectors: The moving window and the feedback integrator," *IEEE Trans.*, vol. AES-7, pp. 395–398, March 1971.

[9] G. V. Trunk, "Detection results for scanning radars employing feedback integration," *IEEE Trans.*, vol. AES-6, pp. 522–527, July 1970.

[10] G. V. Trunk and B. H. Cantrell, "Angular accuracy of a scanning radar employing a 2-pole integrator," *IEEE Trans.*, vol. AES-9, pp. 649–653, September 1973.

[11] B. H. Cantrell and G. V. Trunk, "Corrections to 'angular accuracy of a scanning radar employing a two-pole filter'," *IEEE Trans.*, vol. AES-10, pp. 878–880, November 1974.

[12] D. C. Cooper and J. W. R. Griffiths, "Video integration in radar and sonar systems," *J. Brit. IRE*, vol. 21, pp. 420–433, May 1961.

[13] V. G. Hansen, "Performance of the analog moving window detection," *IEEE Trans.*, vol. AES-6, pp. 173–179, March 1970.

[14] P. Swerling, "The 'double threshold' method of detection," Project Rand Res. Mem. RM-1008, December 17, 1952.

[15] J. V. Harrington, "An analysis of the detection of repeated signals in noise by binary integration," *IRE Trans.*, vol. IT-1, pp. 1–9, March 1955.

[16] M. Schwartz, "A coincidence procedure for signal detection," *IRE Trans.*, vol. It-2, pp. 135–139, December 1956.

[17] D. H. Cooper, "Binary quantization of signal amplitudes: effect for radar angular accuracy," *IEEE Trans.*, vol. Ane-11, pp. 65–72, March 1964.

[18] G. M. Dillard, "A moving-window detector for binary integration," *IEEE Trans.*, vol. IT-13, pp. 2–6, January 1967.

[19] D. C. Schleher, "Radar detection in log-normal clutter," in *IEEE Int. Radar Conf.*, Washington, DC, 1975, pp. 262–267.

[20] "Radar processing subsystem evaluation," vol. 1, Johns Hopkins University, Appl. Phys. Lab. Rept. FP8-T-013, November 1975.

[21] H. M. Finn and R. S. Johnson, "Adaptive detection mode with threshold control as a function of spacially sampled clutter-level estimates," *RCA Rev.*, vol. 29, pp. 141–464, September 1968.

[22] R. L. Mitchell and J. F. Walker, "Recursive methods for computing detection probabilities," *IEEE Trans.*, vol. AES-7, pp. 671–676, July 1971.

[23] G. V. Trunk and J. D. Wilson, "Automatic detector for suppression of sidelobe interference," in *IEEE Conf. Decision & Control*, December 7–9, 1977, pp. 508–514.

[24] G. V. Trunk and P. K. Hughes II, "Automatic detectors for frequency-agile radar," in *IEE Int. Radar Conf.*, London, 1982, pp. 464–468.

[25] G. V. Trunk, B. H. Cantrell, and F. D. Queen, "Modified generalized sign test processor for 2-D radar," *IEEE Trans.*, vol. AES-10, pp. 574-582, September 1974.

[26] J. T. Rickard and G. M. Dillard, "Adaptive detection algorithms for multiple-target situations," *IEEE Trans.*, vol. AES-13, pp. 338–343, July 1977.

[27] H. M. Finn, "A CFAR design for a window spanning two clutter fields," *IEEE Trans.*, vol. AES-22, pp. 155–168, March 1986.

[28] B. A. Green, "Radar detection probability with logarithmic detectors," *IRE Trans.*, vol. IT-4, March 1958.

[29] V. G. Hansen and J. R. Ward, "Detection performance of the cell average log/CFAR receiver," *IEEE Trans.*, vol. AES-8, pp. 648–652, September 1972.

[30] G. M. Dillard and C. E. Antoniak, "A practical distribution-free detection procedure for multiple-range-bin radars," *IEEE Trans.*, vol. AES-6, pp. 629–635, September 1970.

[31] V. G. Hansen and B. A. Olsen, "Nonparametric radar extraction using a generalized sign test," *IEEE Trans.*, vol. AES-7, September 1981.

[32] W. G. Bath, L. A. Biddison, S. F. Haase, and E. C. Wetzlar, "False alarm control in automated radar surveillance systems," in *IEE Int. Radar Conf.*, London, 1982, pp. 71–75.

[33] C. E. Muehe, L. Cartledge, W. H. Drury, E. M. Hofstetter, M. Labitt, P. B. McCorison, and V. J. Sferrino, "New techniques applied to air-traffic control radars," *Proc. IEEE*, vol. 62, pp. 716–723, June 1974.

[34] G. V. Trunk, "Range resolution of targets using automatic detectors," *IEEE Trans.*, vol. AES-14, pp. 750–755, September 1978.

[35] G. V. Trunk, "Range resolution of targets," *IEEE Trans.*, vol. AES-20, pp. 789–797, November 1984.

[36] G.V. Trunk and S. M. Brockett, "Range and velocity ambiguity resolution," in *IEEE National Radar Conf.*, Boston, 1993, pp. 146–149.

[37] G.V. Trunk and M. Kim, "Ambiguity resolution of multiple targets using pulse-doppler waveforms," *IEEE Trans.*, vol. AES-30, pp. 1130-1137, October 1994.

[38] H. Leung, Z. Hu, and M. Blanchette, "Evaluation of multiple radar target trackers in stressful environments," *IEEE Trans. Aerospace and Electronic Systems*, vol. 35, no. 2, pp. 663–674, 1999.

[39] B. H. Cantrell, G. V. Trunk, and J. D. Wilson, "Tracking system for two asynchronously scanning radars," Naval Res. Lab. Rept. 7841, 1974.

[40] W. D. Stuckey, "Activity control principles for automatic tracking algorithms," in *IEEE Radar 92 Conference*, 1992, pp. 86–89.

[41] T. R. Benedict and G. W. Bordner, "Synthesis of an optimal set of radar track-while-scan filtering equations," *IRE Trans.*, vol. AC-7, pp. 27–32, 1962.

[42] R. E. Kalman, "A new approach to linear filtering and prediction problems," *J. Basic Eng. (ASME Trans.*, ser. D), vol. 82, pp. 35–45, 1960.

[43] R. E. Kalman and R. S. Bucy, "New results in linear filtering and prediction theory," *J. Basic Eng. (ASME Trans.*, ser. D), vol. 83, pp. 95–107, 1961.

[44] S. Blackman and R. Popoli, *Design and Analysis of Modern Tracking Systems*, Boston: Artech, 1999.

[45] R. A. Singer, "Estimating optimal tracking filter performance for manned maneuvering targets," *IEEE Trans.*, vol. AES-6, pp. 472–484, 1970.

[46] B. Friedland, "Optimum steady state position and velocity estimation using noisy sampled position data," *IEEE Trans.* vol. AES, p. 906, 1973.

[47] P. Kalata, "The tracking index: A generalized parameter for $\alpha-\beta$ and α, β, γ target trackers," IEEE Trans. Aerospace and Electronic Systems, AES-20, pp. 174–182, 1984.

[48] W. D. Blair and Y. Bar-Shalom, "Tracking maneuvering targets with multiple sensors: Does more data always mean better estimates?" *IEEE Trans. Aerospace and Electronic Systems*, vol. 32, pp. 450-456, 1996.

[49] F. R.Castella, "Analytical results for the x,y Kalman tracking filter," *IEEE Trans. Aerospace and Electronic Systems*, November 1974, vol. 10, pp.891-894,

[50] R. F. Fitzgerald, "Simple tracking filters: Steady-state filtering and smoothing performance," *IEEE Trans. Aerospace and Electronic Systems*, vol. AES-16, pp. 860–864, 1980.

[51] G. J. Portmann, J. Moore, and W. G. Bath, "Separated covariance filtering," in *Rec. IEEE 1990 International Radar Conference*, 1990, pp. 456–460.

[52] P. Mookerjee and F. Reifler, "Reduced state estimator for systems with parametric inputs," *IEEE Trans. Aerospace and Electronic Systems*, vol. 40, no. 2, pp. 446–461, 2004.

[53] A. S. Gelb, *Applied Optimal Estimation*, Cambridge, MA: MIT Press, 1974.

[54] F. R. Castella, "Multisensor, multisite tracking filter," *IEE Proc. Radar, Sonar Navigation*, vol. 141, issue 2, pp. 75–82, 1994.

[55] E. A. Wan, R. van der Merwe, and A. T. Nelson, "Dual estimation and the unscented transformation," in *Advances in Neural Information Processing Systems 12*, Cambridge: MIT Press, 2000, pp. 666–672.

[56] G. A. Watson and W. D. Blair, "IMM algorithm for tracking targets that maneuver through coordinated turns," *SPIE, Signal and Data Processing of Small Targets*, vol. 1698, pp. 236–247, 1992.

[57] R. Cooperman, "Tactical ballistic missile tracking using the interacting multiple model algorithm," in *Proc. Fifth International Conference on Information Fusion*, vol. 2, 2002, pp. 824–831.

[58] C. L. Morefield, "Application of 0–1 integer programming to multi-target tracking problems," *IEEE Trans.*, vol. AC-22, pp. 302–312, 1977.

[59] R. Jonker and A. Volgenant, "A shortest augmenting path algorithm for dense and sparse linear assignment problems," *Computing*, vol. 38, no. 4, pp. 325–340, 1987.

[60] D. Bertsekas, "The auction algorithm for assignment and other network flow problems: A tutorial," *Interfaces*, vol. 20, pp. 133–149, 1990.

[61] I. Kadar, E. Eadan, and R. Gassner, "Comparison of robustized assignment algorithms," *SPIE*, vol. 3068, pp. 240–249, 1997.

[62] Y. Bar-Shalom and E. Tse, "Tracking in a cluttered environment with probabilistic data association," *Automatica*, vol. 11, pp. 451–460, 1975.

[63] S. B. Colegrove and J. K. Ayliffe, "An extension of probabilistic data association to include track initiation and termination," in *20th IREE Int. Conv. Dig.*, Melbourne, Austrailia, 1985, pp. 853–856.

[64] S. B. Colegrove, A. W. Davis, and J. K. Ayliffe, "Track initiation and nearest neighbors incorporated into probabilistic data association," *J. Elec. Electron. Eng. (Australia), IE Aust. and IREE Aust.*, vol. 6, pp. 191–198, 1986.

[65] Y. Bar-Shalom and T. Fortmann, *Tracking and Data Association*, Orlando, FL: Academic Press, 1988.

[66] R. W. Sittler, "An optimal association problem in surveillance theory," *IEEE Trans.*, vol. MIL-8, pp. 125–139, 1964.

[67] J. J. Stein and S. S. Blackman, "Generalized correlation of multi-target track data," *IEEE Trans.*, vol. AES-11, pp. 1207–1217, 1975.

[68] G. V. Trunk and J. D. Wilson, "Track initiation of occasionally unresolved radar targets," *IEEE Trans.*, vol. AES-17, pp. 122–130, 1981.

[69] W. Koch, "On Bayesian MHT for well separated targets in densely cluttered environment," in *Proc. IEEE International Radar Conference*, 1995, pp. 323–328.

[70] D. J. Salmond, "Mixture reduction algorithms for target tracking in clutter," *SPIE, Signal and Data Processing of Small Targets*, vol. 1305, pp. 434–445, 1990.

[71] R. J. Prengaman, R. E. Thurber, and W. G. Bath, "A retrospective detection algorithm for extraction of weak targets in clutter and interference environments," in *IEEE Int. Radar Conf.*, London, 1982, pp. 341–345.

[72] N. Levine, "A new technique for increasing the flexibility of recursive least squares smoothing," *Bell System Technical Journal*, pp. 819–840, 1961.

[73] W. G. Bath, M. E. Baldwin, and W. D. Stuckey, "Cascaded spatial correlation processes for dense contact environments," in *Proc. RADAR 1987*, 1987, pp. 125–129.

[74] R. J. Prengaman, R. E. Thurber, and W. G. Bath, "A retrospective detection algorithm for extraction of weak targets in clutter and interference environments," in *IEEE Int. Radar Conf.*, London, 1982, pp. 341–345.

[75] E. R. Billam, "Parameter optimisation in phased array radar," in *Radar 92*, Brighton, UK, 12–13 October 1992, pp. 34–37.

[76] G. V. Trunk, J. D. Wilson, and P. K. Hughes, II, "Phased array parameter optimization for low-altitude targets," in IEEE 1995 International Radar Conference, May 1995 pp. 196–200.

[77] W. Bath, "Tradeoffs in radar networking," in *Proc. IEE RADAR 2002*, 2002, pp. 26–30.

[78] J. R. Moore and W. D. Blair, "Practical aspects of multisensor tracking," in *Multitarget-Multisensor Tracking: Applications and Advances*, Vol. III, Boston: Artech House, 2000.

[79] J. O. Coleman, "Discriminants for assigning passive bearing observations to radar targets," in *IEEE Int. Radar Conf.*, Washington, DC, 1980, pp. 361–365.

[80] G. V. Trunk and J. D. Wilson, "Association of DF bearing measurements with radar tracks," *IEEE Trans.*, vol. AES-23, 1987, pp. 438–447.

[81] G. V. Trunk and J. D. Wilson, "Correlation of DF bearing measurements with radar tracks," in *IEEE Int. Radar Conf.*, London, 1987, pp. 333–337.

第8章 脉冲压缩雷达

8.1 引言[①]

脉冲压缩雷达发射脉冲宽度为 T、峰值功率为 P_t、使用频率或相位调制进行编码的长脉冲,以获得与相同持续时间的未编码脉冲相比大得多的带宽 B[1]。发射脉冲宽度的选择成满足目标探测或跟踪要求的、由 $E_u = P_t T$ 给定的单个脉冲发射能量。用脉冲压缩滤波器对接收的回波进行处理产生一个窄的压缩脉冲响应,其主瓣宽度不依赖于发射脉冲的持续时间,大约为 $1/B$。

图 8.1 所示为一个基本脉冲压缩雷达的方框图。编码的脉冲在波形产生器中以低功率电平产生,并用一个功率放大器发射机放大至所需的峰值发射功率。接收的信号被混频到中频(IF)并被 IF 放大器放大。然后使用一个脉冲压缩滤波器对信号进行处理,该滤波器由一个匹配滤波器组成,以达到最大信噪比(SNR)。如下面将讨论的,如果需要,则匹配滤波器后面接一个加权滤波器以降低时间副瓣。脉冲压缩滤波器的输出送至一个包络检波器,由视频放大器放大,并显示给操作者。

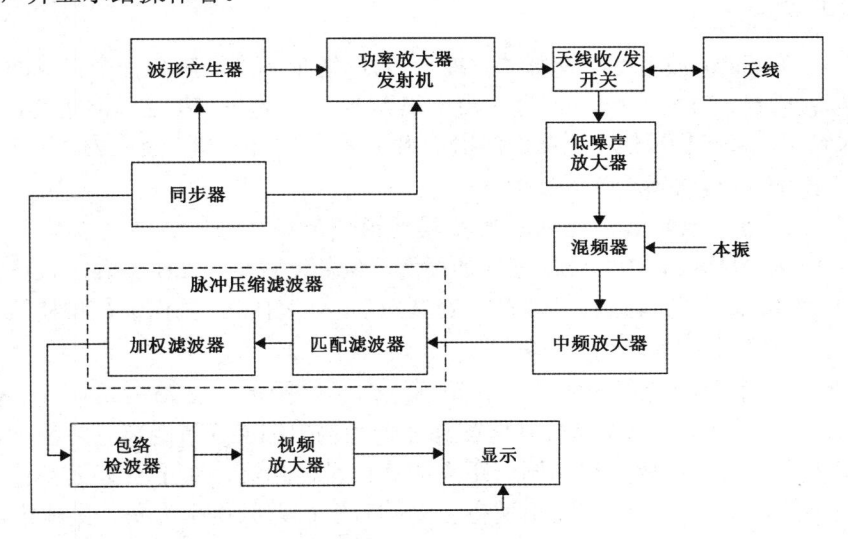

图 8.1 基本脉冲压缩雷达的方框图

发射脉冲宽度与压缩后的脉冲主瓣宽度之比被定义为脉冲压缩比。脉冲压缩比大约为 $T/(1/B)$ 或 TB,其中 TB 定义为波形的时宽-带宽积。通常,脉冲压缩比和时宽-带宽积比 1 大得多。

---

① 文中使用了 Edward C. Farnett 和 Geoge H. Stevens 先前在 Merrill I. Skolnik 编辑的《雷达手册(第二版)》(1990)中"脉冲压缩"章节中准备的材料,作者对此表示感谢。

使用脉冲压缩能提供一些性能优势。脉冲压缩获得了长脉冲雷达系统的远作用距离，同时又保持了使用不编码窄脉冲雷达的距离分辨率。所需的发射能量可通过增加波形脉冲宽度确立，而不会超越对发射机峰值功率的限制。不增加脉冲重复频率（PRF）就可增加雷达的平均功率，所以不减少雷达的非模糊距离。另外，对于不同于编码发射信号的干扰信号，雷达的抗干扰性更强。

匹配滤波器输出端的压缩脉冲的主瓣有时间或距离副瓣，该副瓣在时间间隔 T 里出现在压缩脉冲的最大峰值前后。时间副瓣会隐藏目标，而如果使用一个未编码的窄脉冲，则可以分辨出来。在某些情况下，诸如相位编码波形或非线性调频波形，仅使用匹配滤波处理就能得到可接受的时间副瓣电平。然而，对于线性调频波形的情况，匹配滤波器后通常跟随一个加权滤波器以降低时间副瓣电平。在这种情况下，加权滤波器与只使用匹配滤波处理相比会有信噪比的损失。

8.2 脉冲压缩波形类型

下列几节描述线性和非线性调频波形、相位编码波形及时-频编码波形的特性。将讨论声表面波（SAW）器件在线性调频（LFM）波形脉冲压缩中的应用。本章最后的附录中归纳了波形的信号分析技术、匹配滤波器特性及所用的波形自相关和模糊函数的定义。

线性调频（LFM）[1,2]

线性调频，或 chirp 波形有一个脉冲宽度为 T 的矩形幅度调制和一个在脉冲上扫频带宽为 B 的线性频率调制。LFM 波形的时宽-带宽积等于 TB，这里 TB 是脉冲宽度和扫频带宽的乘积。对于大时宽-带宽积数值，匹配滤波器输出端压缩脉冲的 3dB 宽度为 $\tau_3 = 0.886/B$。压缩脉冲的时间副瓣峰值电平为 –13.2dB。

如 8.1 节中所述，通常要求在匹配滤波器后跟一个频域加权滤波器以减小时间副瓣电平，其代价为 SNR 的降低和压缩脉冲宽度的展宽。例如，使用 40dB 泰勒加权可将时间副瓣峰值电平从 –13.2dB 减小到 –40dB，同时在 SNR 中引入 1.15dB 的损失。加权的压缩脉冲的 3dB 宽度从 $\tau_3 = 0.886/B$ 增加到 $\tau_3 = 1.25/B$。

LFM 波形有一个刃状的模糊函数，其轮廓近似于椭圆形，主轴由线 $v = \alpha\tau$ 确定，这里 $\alpha = \pm B/T$ 是 LFM 的斜率。这个特性在匹配滤波器的输出端引入了距离-多普勒耦合。假设线性调频斜率为正，这个特性使得与同一距离的静止目标相比，对于具有正多普勒频率的目标，匹配滤波器的输出峰值在时间上出现得更早；若线性调频斜率为负，则输出峰值在时间上出现得更晚。

LFM 波形的压缩脉冲形状和 SNR 对多普勒频移不敏感。因此，不需要实现多个匹配滤波器以覆盖期望的目标多普勒频移范围。

LFM 波形定义

LFM 波形是一种单个脉冲带通信号，定义为

$$x(t) = A\mathrm{rect}(t/T)\cos[2\pi f_0 t + \pi\alpha t^2] \qquad (8.1)$$

式中，T 是脉冲宽度；f_0 是载波频率；α 是 LFM 斜率，并且矩形函数（rect）定义为

$$\text{rect}(x) = \begin{cases} 1, |x| < 1/2 \\ 0, |x| > 1/2 \end{cases} \tag{8.2}$$

LFM 的斜率由 $\alpha = \pm B/T$ 给出，这里加号适用于正的 LFM 斜率（术语中称为 up-chirp），负号适用于负的 LFM 频率（down-chirp）。幅度调制为 $a(t) = A\text{rect}(t/T)$，且相位调制为时间的二次函数

$$\phi(t) = \pi \alpha t^2 \tag{8.3}$$

频率调制定义为对载波频率 f_0 的瞬时频率偏移，用相位调制表示为

$$f_i(t) = \frac{1}{2\pi} \frac{d\phi}{dt} \tag{8.4}$$

一个 LFM 波形的频率调制是线性的，其斜率等于 α，则

$$f_i(t) = \alpha t = \pm (B/T)t, \quad |t| \leqslant T/2 \tag{8.5}$$

式中，正号用于正的 LFM 斜率，负号用于负斜率。LFM 波形的复包络由幅度和相位调制函数表达为

$$u(t) = A\text{rect}(t/T)e^{j\pi \alpha t^2}$$

图 8.2 所示为一个 LFM 带通信号的例子，其脉冲宽度为 $T = 10\mu s$，扫频带宽 $B = 1\text{MHz}$，时宽-带宽积等于 TB=10。LFM 斜率为 $B/T = 0.1\text{MHz}/\mu s$。LFM 波形的瞬时频率在脉冲持续时间内在 1.5～2.5MHz 间变化，这由连续信号从正值相继过零点的间隔减小指示出[①]。

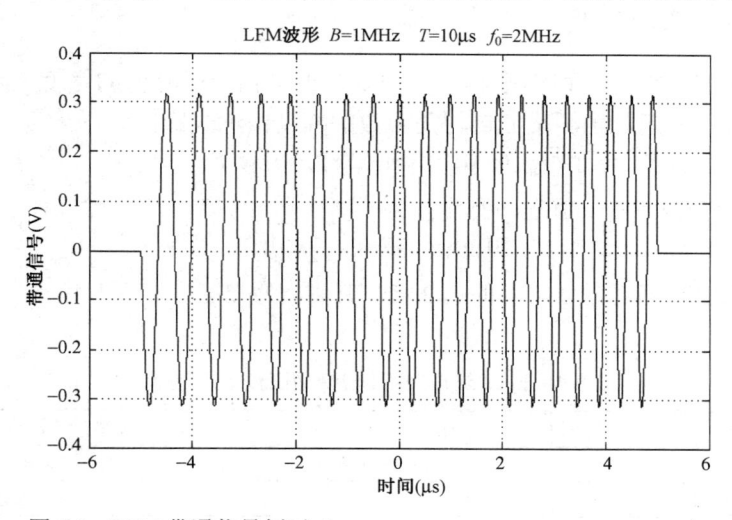

图 8.2 LFM 带通信号例子（$T = 10\mu s$，$B = 1\text{MHz}$，$f_0 = 2\text{MHz}$）

LFM 波形频谱[1-3]

在小时宽-带宽积的情况下，LFM 波形的频谱对频率存在明显的幅度变化。对于大时宽-带宽积，频谱的幅度接近于 $\text{rect}(f/B)$。

---

① 在图 8.2 中用低值的载波频率和时宽-带宽积来说明脉冲上瞬时频率的变化。

$$u(t) = \frac{1}{\sqrt{T}} \text{rect}(t/T) e^{j\pi\alpha t^2} \tag{8.6}$$

$$|U(f)| \approx \text{rect}(f/B) \quad \text{对于 } TB \gg 1$$

LFM 频谱由复数菲涅尔积分对的形式表示，且小 TB 情况下出现的幅度波动称为**菲涅尔波动**。

LFM 波形的模糊函数

一个 LFM 波形的波形自相关函数和模糊函数由下式给出。

$$\chi_u(\tau, f_d) = [1-|\tau/T|]\text{sinc}[(f_d - \alpha\tau)T(1-|\tau/T|)]\text{rect}(\tau/2T)e^{-j\pi f_d \tau} \tag{8.7}$$

$$\Psi_u(\tau, f_d) = [1-|\tau/T|]^2 \text{sinc}^2[(f_d - \alpha\tau)T(1-[\tau/T])]\text{rect}(\tau/2T) \tag{8.8}$$

式中，sinc 函数定义为

$$\text{sinc}(x) = \sin(\pi x)/(\pi x)$$

匹配滤波器对一个多普勒频移为 f_d 的目标的时间响应可通过将 $\tau = -t$ 代入自相关函数得到。

$$y(t) = \chi_u(-t, f_d) = [1-|t/T|]\text{sinc}[(f_d + \alpha t)T(1-|t/T|)]\text{rect}(t/2T)e^{j\pi f_d t} \tag{8.9}$$

LFM 距离 - 多普勒耦合

LFM 波形表现出距离 - 多普勒耦合，这会引起压缩脉冲的峰值在时间上移动一个正比于多普勒频率的量。与一个静止目标的峰值响应相比，对于正的 LFM 斜率，峰值出现在较早的时间 $t = -f_d T/B$。对于正的 LFM 斜率，模糊函数的峰值移动至 $\tau = f_d T/B$。

时间延迟和距离分辨率宽度

时间延迟分辨率宽度等于模糊函数在一个指定电平相对于峰值的宽度。在大时宽 - 带宽的情况下，沿相对时间延迟轴测量的自相关函数的幅度由下式给出。

$$|\chi_u(\tau, 0)| \approx |\text{sinc}(B\tau)|, \quad |\tau| \ll T$$

x dB 时间延迟分辨率在 τ 值之间测量，为

$$20\lg|\text{sinc}(B\tau)| = -x(\text{dB})$$

距离分辨率等于相应时间延迟分辨率的 $c/2$ 倍，其中 c 为光速。表 8.1 包含了 LFM 波形分辨率宽度的小结。

表 8.1 LFM 波形时间延迟和距离分辨率宽度

主瓣宽度	时间延迟分辨率（s）	距离分辨率（m）
3.01dB	$\tau_3 = 0.886/B$	$\Delta R_3 = 0.886c/B$
3.9dB	$\tau_{3.9} = 1/B$	$\Delta R_{3.9} = c/2B$
6.02dB	$\tau_6 = 1.206/B$	$\Delta R_6 = 1.206c/2B$
10.0dB	$\tau_{10} = 1.476/B$	$\Delta R_{10} = 1.476c/2B$

LFM 波形例子

图 8.3 所示为在多普勒频移[①]为 -0.5MHz、0Hz 和 0.5MHz，时宽 $T = 10\mu s$，扫频带宽

---

① 对于微波雷达，这些多普勒频移的值很大，选择这些多普勒频移值是为了说明距离 - 多普勒耦合的影响。

第 8 章 脉冲压缩雷达

$B = 1\text{MHz}$，LFM 斜率 $\alpha = B/T = 0.1\text{MHz}/\mu\text{s}$ 的情况下，作为相对时间延迟 τ 的函数的自相关函数的幅度。一个 $f_d = B/2 = 0.5\text{MHz}$ 的多普勒频移导致相关函数的峰值移动到 $\tau = f_d T/B = 5\mu\text{s}$。图 8.4 所示为脉冲带宽增加到 $100\mu\text{s}$ 时产生的 LFM 斜率等于 $0.01\text{MHz}/\mu\text{s}$ 的波形的结果。在这种情况下，0.5MHz 的多普勒频移将自相关函数的峰值移动到 $\tau = 50\mu\text{s}$，与 $10\mu\text{s}$ 的脉冲宽度的结果相比增加了 10 倍。

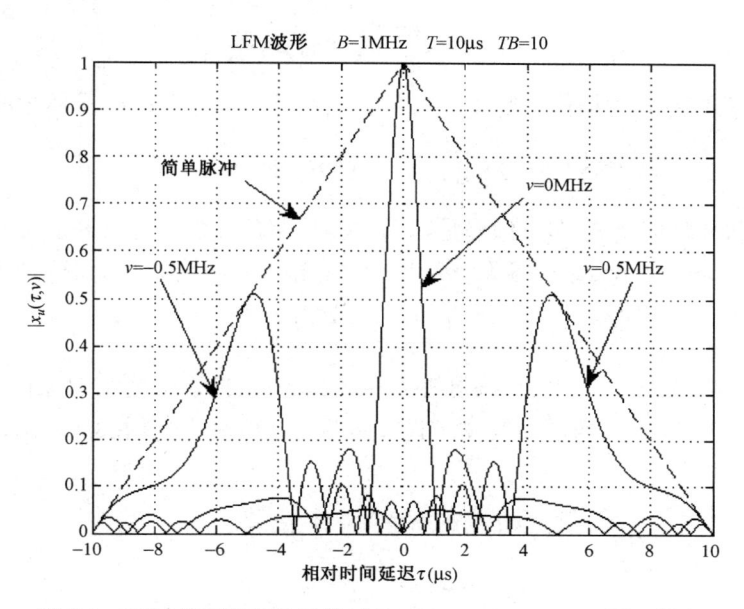

图 8.3 LFM 波形自相关函数（$T = 10\mu\text{s}$，$B = 1\text{MHz}$，$TB = 10$）

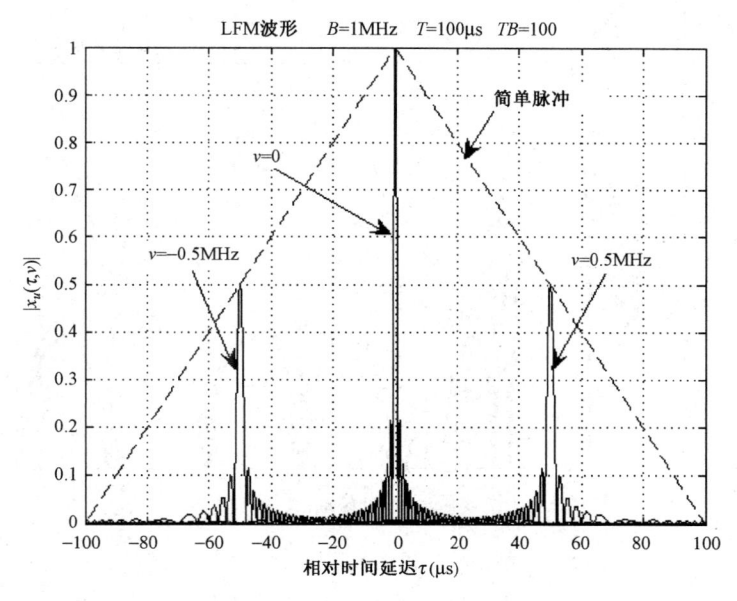

图 8.4 LFM 波形自相关函数（$T = 100\mu\text{s}$，$B = 1\text{MHz}$，$TB = 100$）

为减小 LFM 时间副瓣所进行的频域加权[1, 2, 4]

在匹配滤波器后可用一个频域加权滤波器来降低时间副瓣。泰勒加权提供了对理想 Dolph-Chebyshev 加权的一个可实现的近似。对一给定的时间副瓣电平峰值，Dolph-Chebyshev 加权的主瓣宽度最小。泰勒加权滤波器的等价低通滤波器的频率响应为

$$W(f) = 1 + 2\sum_{m=1}^{\bar{n}-1} F_m \cos\left(2\pi \frac{mf}{B}\right) \tag{8.10}$$

式中，F_m 是泰勒系数且 $\bar{n}$ 为加权函数中的项数。加权滤波器输出端的压缩脉冲响应为

$$y_0(t) = \mathrm{sinc}(Bt) + \sum_{m=1}^{\bar{n}-1} F_m[\mathrm{sinc}(Bt+m) + \mathrm{sinc}(Bt-m)] \tag{8.11}$$

如下所论，压缩脉冲响应[式（8.11）]是基于这样一个假设的，即 LFM 波形的时宽－带宽积远远大于 1（$TB \gg 1$）。Klauder 等人[1]给出了泰勒加权的滤波器匹配损失，即

$$L_m = 1 + 2\sum_{m=1}^{\bar{n}-1} F_m^2 \tag{8.12}$$

图 8.5 所示为三种频域加权类型的压缩脉冲响应的比较：曲线 A 为均匀加权，其中 $W(f) = 1$（匹配滤波器处理）；曲线 C 为泰勒加权，其时间副瓣峰值电平为$-40\mathrm{dB}$（$\bar{n} = 6$）；曲线 B 为海明加权，其中

$$W(f) = 1 + 2F_1 \cos\left(2\pi \frac{mf}{B}\right) \tag{8.13}$$

$F_1 = 0.4259$

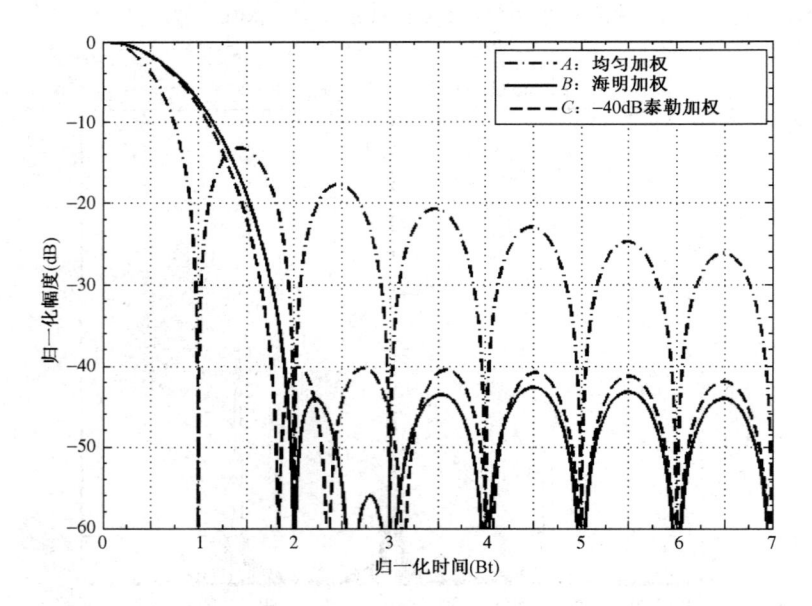

图 8.5　三种频域加权函数的压缩脉冲形状比较

$-40\mathrm{dB}$ 的泰勒加权（$\bar{n} = 6$）的泰勒系数如下所列[5]：

$F_1 = 0.389116$

$$F_2 = -0.00945245$$
$$F_3 = 0.00488172$$
$$F_4 = -0.00161019$$
$$F_5 = 0.000347037$$

表 8.2 列出了三种加权函数类型的时间副瓣峰值电平、3dB 和 6dB 的压缩脉冲宽度和滤波器匹配损失。应用−40dB 泰勒加权可将时间副瓣峰值电平从−13.2dB 减小到−40dB，并将滤波器匹配损失从 0dB 增加到 1.15dB。当使用−40dB 泰勒加权时，压缩脉冲的 3dB 主瓣宽度从 0.886/B 增加到 1.25/B。海明加权的 3dB 和 6dB 主瓣宽度及匹配滤波损失与−40dB 泰勒加权近似相同。

表 8.2　LFM 加权滤波器的比较

加 权 函 数	时间副瓣峰值电平（dB）	3dB 主瓣宽度，τ_3	6dB 主瓣宽度，τ_3	匹配滤波器损失（dB）
均匀	−13.2	0.886/B	1.21/B	0
泰勒(−40dB，$\bar{n}=6$)	−40	1.25/B	1.73/B	1.15
海明	−43	1.30/B	1.81/B	1.34

这些结果均假设 LFM 波形的时宽 - 带宽积远远大于 1，因此时间副瓣性能不受 LFM 波形频谱中菲涅尔幅度波动的限制。Cook 和 Paolillo[3] 及 Cook 和 Bernfeld[2] 分析了菲涅尔幅度波动，以及脉冲上升时间和下降时间对时间副瓣电平的影响。Cook 和 Paolillo[3] 描述了一种相位预失真技术，这种技术减小了菲涅尔幅度波动，使得时宽 - 带宽积相对较小的 LFM 波形也能获得低时间副瓣。

雷达设备失真源也会给可能得到的时间副瓣电平带来限制，Klauder 等人[1] 及 Cook 和 Bernfeld[2] 对此进行了讨论。成对回波分析的方法被用来评估幅度和相位失真对时间副瓣电平的影响。典型的频域幅度和相位失真是由滤波器和传输线反射引起的。由 Cook 和 Bernfeld 命名为**调制失真**的时域幅度和相位失真可能由高功率发射机放大器的电源纹波引起[2]。

泰勒加权与余弦平方加基座加权的比较

图 8.6（a）所示为余弦平方加基座加权的锥削系数 F_1、基高 H 与副瓣峰值电平之间的关系曲线。对给定的副瓣峰值电平，从理论上讲，泰勒加权在它所具有的距离分辨率和信噪比性能有优势，如图 8.6（b）和图 8.6（c）所示。

用于 LFM 脉冲压缩的 SAW 器件

声表面波（SAW）器件由安装在压电基片上的输入换能器和输出换能器组成。换能器通常用叉指型器件实现，叉指型器件由沉积在声波媒质表面的金属薄膜组成。金属薄膜呈手指状（见图 8.7），并决定了单元的频率特性。输入换能器将电信号转化为声波，并且有超过 95%的能量沿媒质的表面传播。输出换能器抽取一部分表面声波并将它转换回电信号。

对特定的雷达应用来说，SAW 器件[6-8] 独特的特性决定了它的有用性。它代表了现代雷达中使用的为数不多的模拟处理器件中的一种。SAW 器件的优点是紧凑的尺寸，大带宽，具有可根据特定的波形设计换能器的能力，器件能覆盖所有距离，对给定设计再生费用低。SAW 方法的主要缺点是波形的长度有限。因为在一个 SAW 器件的表面，声波以 3～15mm/μs 的速度前进，所以对于单向通过，一个 250mm 石英器件（大约是最大可能的尺寸了）的单次通过可用延迟大约为 70μs[9]。另外，由于每个 SAW 器件只能用于一种特定波形，所以每一种波形都得采用不同的设计。

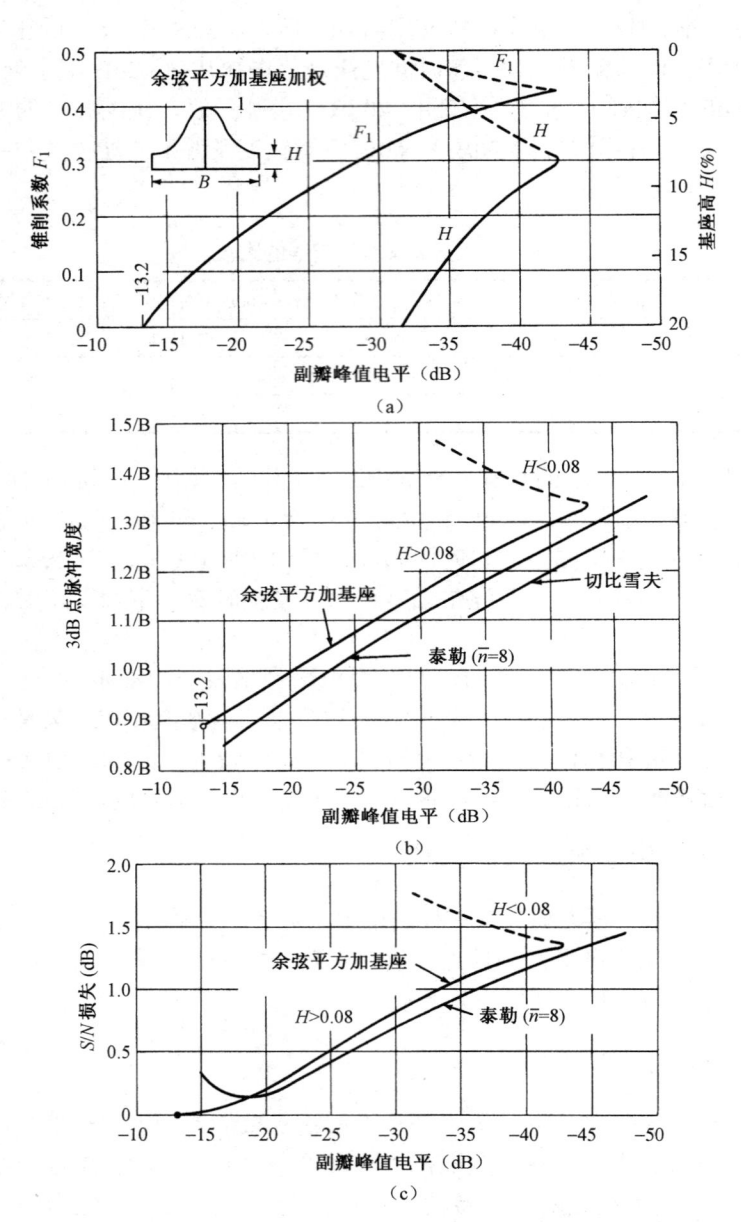

图 8.6 （a）锥削系数、基座高度与副瓣峰值电平关系图；（b）压缩后脉冲宽度与副瓣峰值电平关系图；（c）SNR 损失与峰值副瓣电平关系图

SAW 脉冲压缩器件的带通特性取决于叉指型换能器指状物的位置或表面腐蚀的栅格。图 8.7 所示为三种设计滤波器方法。图 8.7（a）所示为使用一个宽带输入换能器和一个频率

选择（色散）输出换能器。当输入端有脉冲输入，输出脉冲初始输出一个低频率并在脉冲后面频率逐渐增大（基于输出换能器电极的间隔）。这就得到向上调频（up-chirp）波形，同时它还是向下调频（down-chirp）发射波形的匹配滤波器。在图 8.7（b）中输入换能器与输出换能器均是色散的，其所得到的脉冲响应与图 8.7（a）所示的相同。对给定的晶体材料和长度，采用图 8.7（a）和图 8.7（b）的方法获得的脉冲宽度相等，且限于声波横穿晶体所需的时间。图 8.7（c）所示的是反射阵列压缩（RAC）法[10]，实质上，在相同的晶体长度上它能使脉宽加倍。在 RAC 中，输入和输出换能器具有很宽的带宽。蚀刻在晶体表面的频率灵敏栅格电极反射一部分表面波信号到输出换能器上。栅格耦合对表面波能量影响不大。除脉冲宽度增大了一倍外，RAC 的脉冲响应与图 8.7（a）和图 8.7（b）的相同。总之，由这三种方法得到相似的脉冲响应。

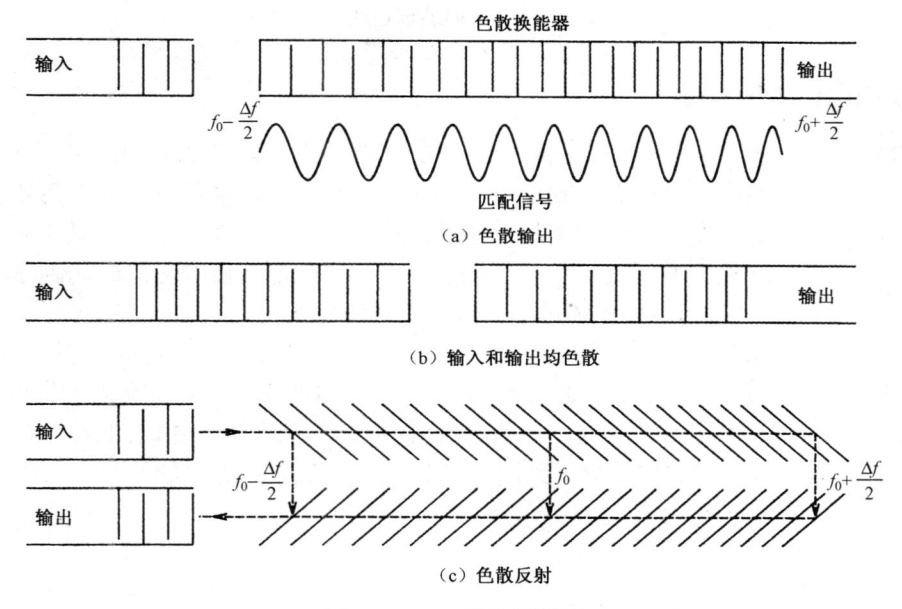

图 8.7 SAW 换能器类型

图 8.8 是具有色散输入和输出换能器的 SAW 脉冲压缩器件的示意图。由于 SAW 器件的能量主要集中在表面波中，而体波器件的能量要穿过晶体，所以 SAW 方法比体波器件效率高。表面波的传播速度介于 1500～4000m/s，这取决于晶体的材料，而且允许紧凑器件有大的延迟。为减少声波的反射和反射产生的杂散响应，晶体的四周必须采用声波吸收材料。频率的上限取决于叉指型换能器所能达到的加工精度。由于 SAW 器件的最小工作频率大约为 20MHz 而且受晶体的限制，所以响应的中心频率必须是载波频率。利用不同长度的指形电极，SAW 匹配滤波脉冲压缩器件能实现频域加权，并且这种内部加权可修正 FM 频谱的菲涅尔波动[11]。通过修正，BT 低至 15 的线性调频波的时间副瓣可达-43dB。副瓣抑制电平取决于时宽-带宽积、使用的加权函数和 SAW 器件的加工误差。对于 TB 在 5～15 之间，已经获得了低至-35dB 的副瓣电平，TB 积高至 2000 的也能达到[12]副瓣电平好于-40dB[13]。SAW 器件的动态范围受到晶体材料非线性的限制，但是已经达到大于 90dB 的动态范围。最常用的 SAW 材料是石英、铌酸锂和铌酸钽。

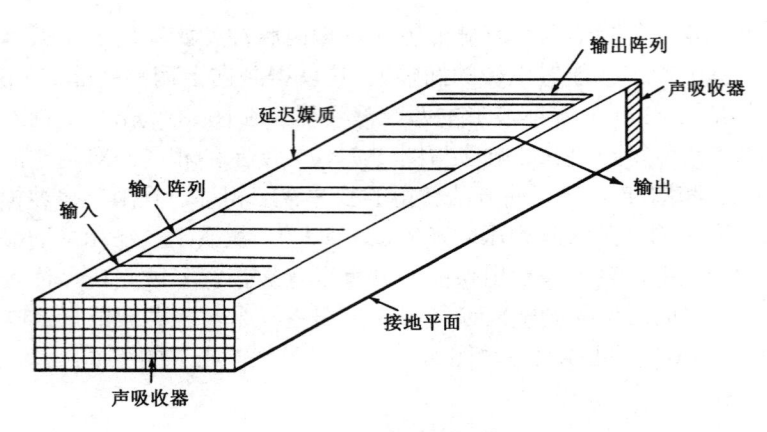

图 8.8　表面波延迟线

非线性调频波形（NLFM）

与 LFM 相比，非线性 FM 波形具有一些明显优点[14, 16]。因为人们可通过调频方式的设计，使其产生所希望的具有所需时间副瓣电平的频谱形状，所以非线性调频波形不需频域加权来抑制时间副瓣。通过在脉冲两端增加频率调制变化的速率，在中心附近减小频率调制变化的速率，可以得到这种整形。它锥削波形频谱，使得匹配滤波器响应的时间副瓣减小[16]。这样就避免了与频域加权（如对 LFM 波形）有关的信噪比损失。

如果采用对称的频率调制［见图 8.9（a）］和时域幅度加权来降低频率副瓣，则非线性 FM 波形可得到图钉状的模糊函数（见图 8.10）。一般对称波形的频率具有以下特点：在脉冲的前半部分，频率随时间递增（或递减）；在脉冲的后半部分，频率随时间递减（或递增）。用对称波形的一半可形成非对称波形［见图 8.9（b）］。但是非对称波形保留了线性 FM 波形的一部分距离多普勒耦合。

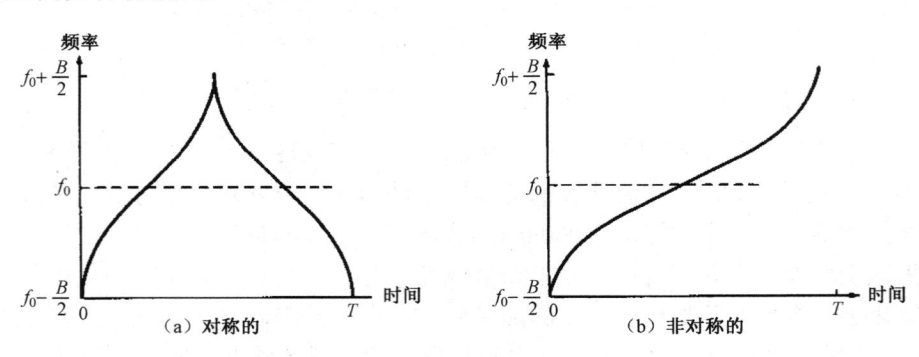

图 8.9　对称和非对称的非线性调频波形

非线性 FM 波形的一个主要缺点是它的多普勒敏感性比 LFM 高。当存在多普勒频移时，与 LFM 的时间副瓣电平相比，脉冲压缩后的 NLFM 时间副瓣电平倾向于增加。在本节后面所示的图 8.14 和表 8.3 说明了一个典型 NLFM 脉冲的这种性能。

NLFM 波形的这种特性使得有时必须用多个在多普勒频移上有偏置的匹配滤波器进行处理以达到所需的时间副瓣电平。因为模糊函数的多普勒敏感性，所以非线性调频波形适用于距离和多普勒频率大概已知的跟踪系统，其目标多普勒频移可以在匹配滤波器中进行补偿。例如，非对称 NLFM 波形可用于 MMR 系统，它可探测并跟踪如迫击炮、火炮与火箭等武器。

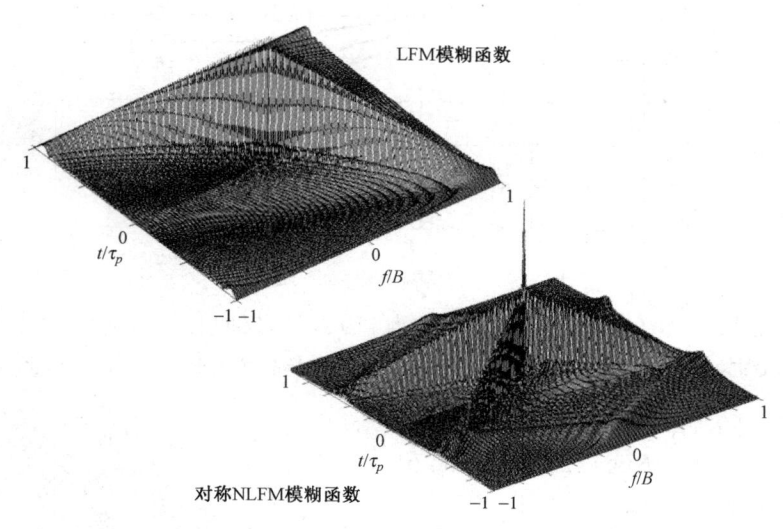

图 8.10　线性调频波形模糊函数与对称 NLFM 波形的比较

例如，为了获得泰勒-40dB 压缩的脉冲响应，一个带宽为 B 的非对称 NLFM 波形的频率-时间（频率调制）函数为[14]

$$f(t) = B\left(\frac{t}{T} + \sum_{n=1}^{7} K_n \sin\frac{2\pi nt}{T}\right) \tag{8.14}$$

式中系数为

$K_1 = -0.1145$

$K_2 = 0.0396$

$K_3 = -0.0202$

$K_4 = 0.0118$

$K_5 = 0.0082$

$K_6 = 0.0055$

$K_7 = -0.0040$

其他在雷达中应用过的 NLFM 波形包括非对称基于正弦和基于正切的波形[①]。对于基于正弦的波形，时间与频率调制之间的关系为

$$\frac{t}{T} = \frac{f}{B} + \frac{k}{2\pi}\sin(2\pi f/B) \qquad 对 -B/2 \leqslant f \leqslant B/2 \tag{8.15}$$

式中，T 是脉冲宽度；B 是扫频宽度；k 是时间副瓣电平控制因子。

k 的典型值为 0.64 和 0.70，其时间副瓣电平分别为-30dB 和-33dB。对于这种非线性调频波形，图 8.11 画出了不同的 TB 积情况下作为时间副瓣控制因子 k 的函数的时间副瓣峰值电平。

---

① 由美国纽约州锡拉丘兹市洛克希德·马丁海运和传感器系统公司的 Edwin M. Waterschoot 提供。

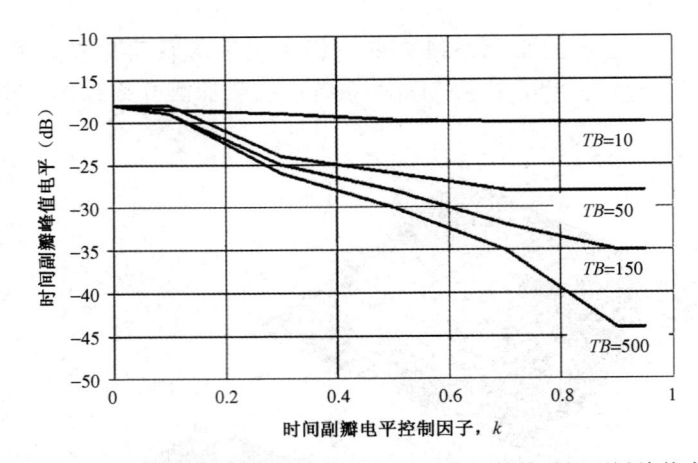

图 8.11 基于正弦的 NLFM 波形作为 k 因子的函数的时间副瓣峰值电平
（由美国纽约州锡拉丘兹市洛克希德·马丁海运和传感器系统公司的 Peter H. Stockmann 博士提供）

一个基于正切的频率调制 – 时间函数由下式给出

$$f(t) = B\tan(2\beta t/T)/(2\tan\beta) \quad 对 -T/2 \leqslant t \leqslant T/2 \tag{8.16}$$

式中，T 是脉冲宽度；B 是扫频带宽；β 定义为

$$\beta = \tan^{-1}\alpha, \quad 0 \leqslant \alpha \leqslant \infty$$

式中，α 为时间副瓣电平控制因子。

当 α 为 0 时，基于正切的 NLFM 波形简化为一个线性调频波形。然而，因为压缩后脉冲倾向于产生畸变，所以 α 不能做得任意大。Collins 和 Atkins[15]讨论了基于正切的 NLFM 的一种扩展形式，其频率调制函数是基于正切的项和线性频率调制项的一个加权和。

图 8.12 所示为一个 $k=0.6$ 的基于正弦的 NLFM 波形、一个 $\alpha = 2.5$ 的基于正切的 NLFM 波形和一个 LFM 波形的频率调制 – 时间函数。

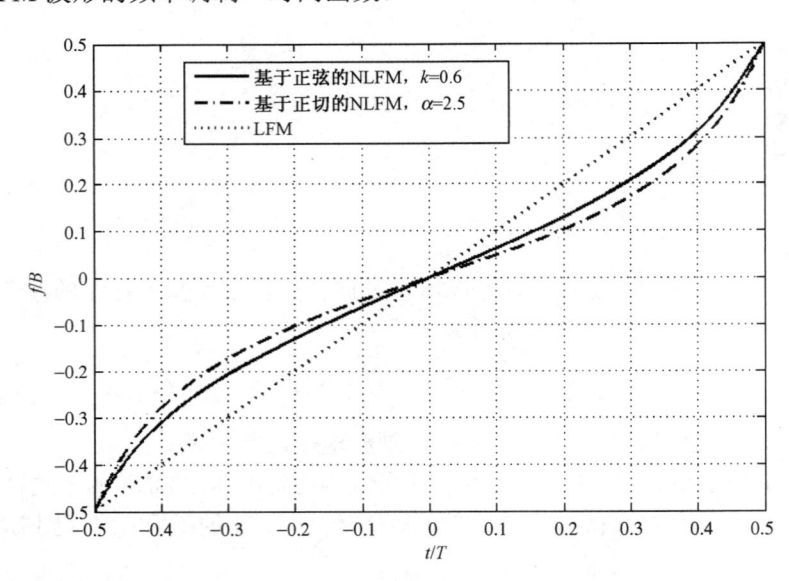

图 8.12 基于正弦的 NLFM、基于正切的 NLFM 和 LFM 波形的频率调制 – 时间函数

NLFM 波形对多普勒频移的敏感性可以在图 8.13 中看到,其中显示了有多普勒频移情况下,一个基于正弦的 NLFM 波形的匹配滤波器输出。

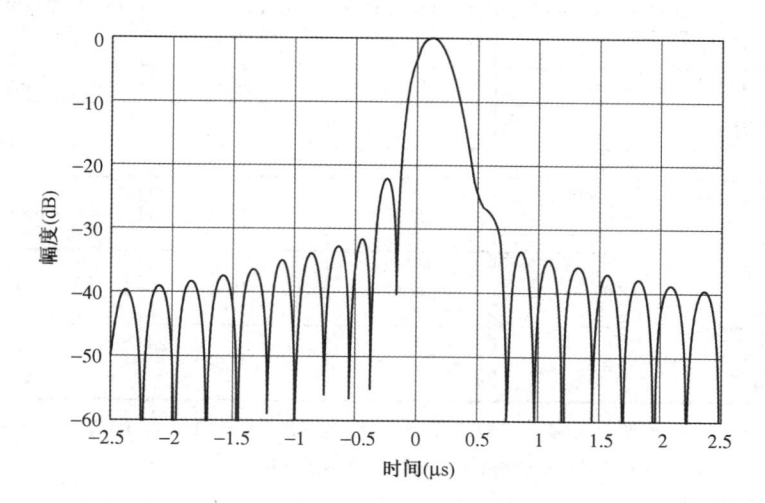

图 8.13 径向速度为 500m/s、S 波段、44μs 脉宽、5MHz 带宽的基于正弦的 NLFM 波形的匹配滤波器输出(由美国纽约州锡拉丘兹市洛克希德·马丁海运和传感器系统公司的 Edwin M. Waterschoot 提供)

图 8.14 所示为一个基于正弦的 NLFM 波形的模糊函数。我们可以注意到这个模糊函数比 LFM 波形的模糊函数性质上更像图钉形状,这说明这种波形比 LFM 波形对多普勒更敏感。

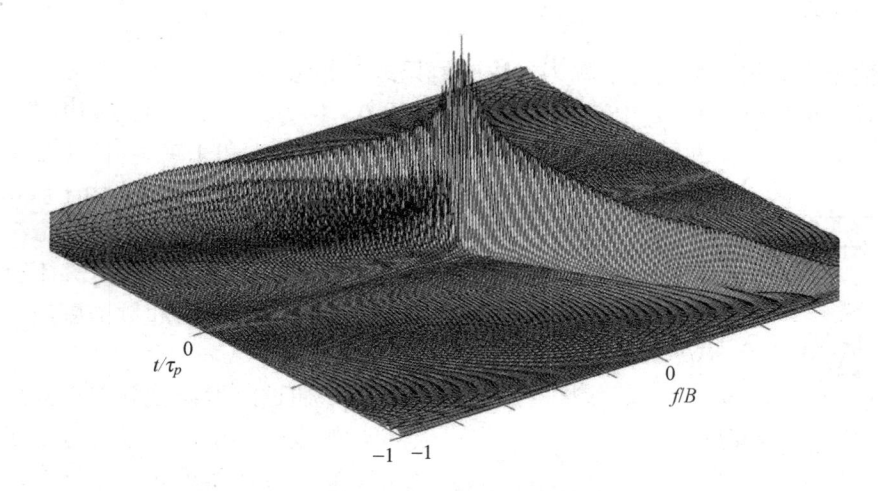

图 8.14 一个基于正弦的对称 NLFM 波形的模糊函数

对于不同的目标径向速度,在时间副瓣峰值电平和平均电平及 SNR 损失方面,表 8.3 给出了 NLFM 波形与加权和不加权的 LFM 波形的比较。NLFM 波形在 SNR 损失和时间副瓣峰值电平(TSL)方面比 LFM 波形表现出了更好的性能。对高径向速度,LFM 的 TSL 电平没有明显变差,这说明 LFM 对多普勒的容忍性高。

表 8.3　线性 FM 与非线性 FM 波形的性能比较*

加权	目标径向速度（m/s）*	峰值 TSL（dB）	平均 TSL（dB）**	滤波器匹配损失（dB）
不加权的 LFM	0	−13.32	−36.59	0
不加权的 LFM	±300	−13.32	−36.56	0.024
有−33dB 泰勒加权的 LFM	0	−32.43	−49.27	0.843
有−33dB 泰勒加权的 LFM	±300	−32.25	−49.25	0.845
$k=0.70$，基于正弦的 NLFM	0	−32.67	−48.97	0
$k=0.70$，基于正弦的 NLFM	±300	−26.07	−47.99	0.038

* 这个比较中使用了一部 S 波段雷达，其发射脉宽为 44μs，带宽为 5MHz。以 Hz 表达的多普勒频移为 $f_d=-(2/\lambda)V_r=-20V_r$，其中 V_r 是以 m/s 表达的径向速度（对离开的目标 $V_r>0$）。

** TSL 功率比的平均值。

相位编码波形

在相位编码波形中，脉冲被划分成许多持续时间为 $\delta=T/N$ 的子脉冲，这里 T 是脉冲宽度，N 是子脉冲的个数。相位编码波形的特性由应用在每个子脉冲上的相位调制表征。

二进制相位编码

使用两种相位的相位编码波形称为二进制编码或二相编码。一个二进制相位编码波形幅度为常数，有两个相位值 0° 或 180°。二进制编码由 0、1 序列或+1、−1 序列组成。信号的相位依照码元序列：0 和 1 或+1 和−1 在 0° 和 180° 间交替变换，如图 8.15 所示。由于频率通常不是子脉冲宽度倒数的整倍数，因此，编码信号在相位反转点上一般是不连续的。这并不会影响它的时间副瓣，但是确实会引起频谱副瓣电平的一些增加[17]。

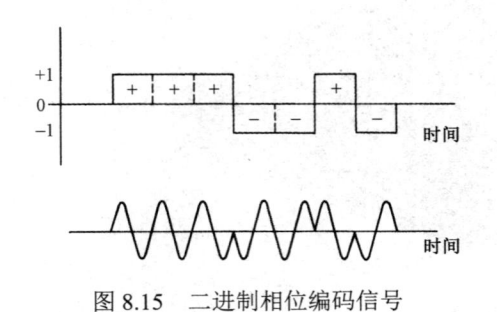

接收后，通过匹配滤波处理得到压缩脉冲。压缩脉冲半幅度点的宽度名义上等于子脉冲的宽度。因此，距离分辨率就正比于一个码元（一个子脉冲）的持续时间。时宽 - 带宽积和脉冲压缩比等于波形中子脉冲的数目，即编码中码元的数目。

图 8.15　二进制相位编码信号

最佳二进制编码

最佳二进制编码是对给定编码的长度，其非周期性自相关函数的副瓣峰值是最小可能值的二进制序列。码的自相关函数或零多普勒响应呈现低副瓣是脉冲压缩雷达所需要的。动目标的响应与零多普勒响应是不同的。如果匹配滤波器仅基于零多普勒响应，那么会导致时间副瓣的增加。最后，当多普勒频移变得很大时，匹配滤波响应的性能将变差。使用能覆盖多普勒频移可能范围的匹配滤波器组可减轻这种影响。因为与单一匹配滤波器相比，这种方法的计算量大得多，所以较老的雷达系统不倾向于使用滤波器组。然而，随着现代雷达系统运算能力的增加，使这种方法越来越有吸引力。

巴克码

巴克码是一种特殊的二进制码[18]。巴克码是时间副瓣峰值电平等于 $-20\lg N$ 的二进制编码，这里 N 是编码长度。副瓣区域的能量这时最小并且均匀分布[19]。巴克码是唯一能达到这种电平的均匀相位编码[20]。表 8.4 列出所有已知的巴克码。目前只找到了长度为 2、3、4、5、7、11 和 13 的二进制巴克码[21-24]。

使用巴克码的脉冲压缩雷达的最大时宽-带宽积限于 13[26]。图 8.16 所示为零多普勒频移的长度为 13 的巴克码的自相关函数，上面叠加了所有可能的 13 位二进制序列的自相关函数。可以看到在所有可能的编码中，巴克码的时间副瓣电平最低。

表 8.4 已知的二进制巴克码[25]

长 度	编 码
2	11,10
3	110
4	1101,1110
5	11101
7	1110010
11	11100010010
13	1111100110101

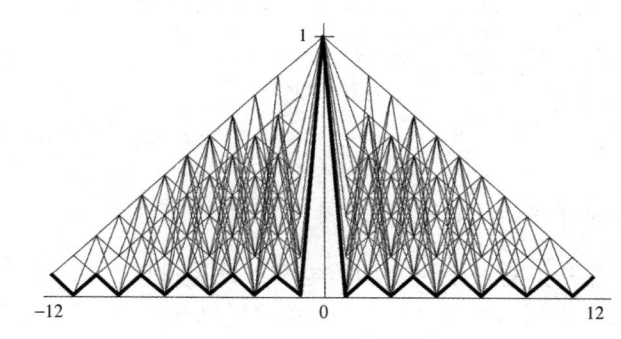

图 8.16 零多普勒频移时所有 13 位编码序列自相关函数的叠加（巴克码以黑粗线加以强调）

同构

一个二进制码可用其四个同构形式之一来表示，它们具有相同的自相关特性。这四种形式是码元自身、反码（相反顺序的码）、补码（1 变成 0，0 变成 1）和反补码。对称码与其反码是相同的。

最大长度序列

最大长度序列的结构与随机序列相似，因而具有理想的自相关函数。这些序列经常被称为**伪随机噪声（PRN）序列**。在历史上，这些序列用移位寄存器的 n 级产生，选择一些抽头输出用作反馈（见图 8.17）。如果选择适当的反馈连接，则输出的是最长序列，它就是在序列重复之前所能形成的最长的 0 和 1 的序列。最长序列的长度为 $N = 2^n - 1$，其中 n 是移位寄存器产生器的级数。

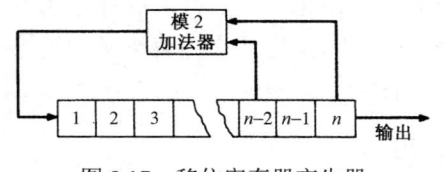

图 8.17 移位寄存器产生器

通过研究素多项式和不可约多项式，可以确定提供最长序列的反馈连接。Peterson 和 Weldon 给出了这些多项式的一览表[27]。

虽然最大长度序列有一些理想的自相关特性，但与其他二进制编码相比，最大长度序列并不能保证得到最低的时间副瓣。对此有一个 15 位序列的例子。图 8.18（a）是 15 位编码每种可能组合的自相关时间副瓣峰值电平的一个柱状图。图 8.18（b）是同样的，但仅针对 15 位编码长度中的最大长度序列［图 8.18（a）的一个子集］。图 8.18（a）中的最低时间副瓣电平是−17.5dB。由图 8.18（b）可见最大长度序列的最低副瓣仅为−14dB。

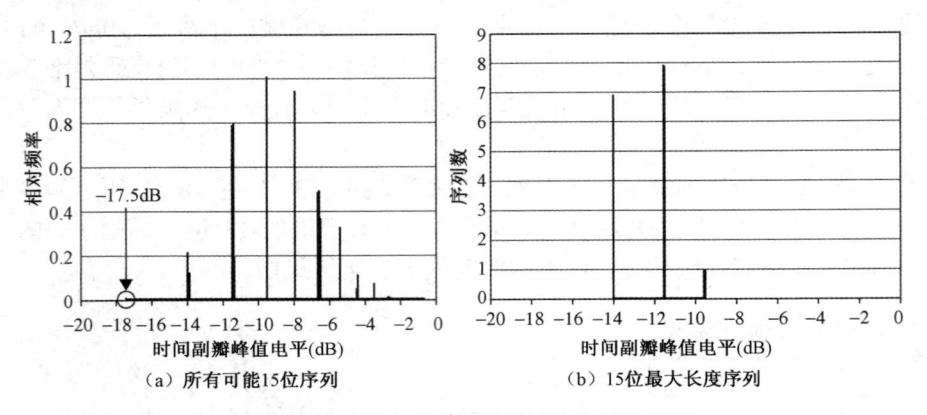

图 8.18　15 位序列时间副瓣峰值电平柱状图

最小副瓣峰值编码

那些具有最小时间副瓣电平但是超过巴克码的时间副瓣电平（$-20\lg N$）的二进制编码称为最小副瓣峰值编码[29]。这些编码通常用计算机搜索技术寻找。Skolnik[28]与 Levanon 和 Mozeson[29]针对不同的序列长度给出了这些编码及相应的时间副瓣电平。

互补序列

互补序列由相等长度为 N 的两个序列组件，它们的非周期自相关函数副瓣在幅度上相等，但符号相反。两个自相关函数之和的峰值为 $2N$，副瓣电平为 0。在实际应用中，两序列必须在时间、频率或极化方式上分开，这使雷达回波有去相关，因此，副瓣不可能完全对消。所以，互补序列在脉冲压缩雷达中并没有得到广泛应用。

多相编码

脉冲压缩也可采用由多个相位组成的波形。多相编码可以被看作一个复数序列，其码元幅度为 1，但相位可变[30]。其子脉冲的相位在多个值之间变化，而不像二进制相位编码仅在 0°和 180°间变化。这种编码倾向于成为线性调频波形的离散近似，因此具有相似的模糊函数和多普勒频移特性。自相关函数也相似，峰值副瓣比大约为 $\sqrt{N}$。

法兰克码

法兰克码对应于一个线性调频波形的阶跃相位近似[31]。这里，脉冲分成 M 组，每组进一

步分成 M 个子脉冲。因此法兰克码的总长度为 M^2，对应的压缩比为 M^2。通过使用如下的矩阵技术，法兰克多相码[33]推导出子脉冲的相位序列：

$$\begin{bmatrix} 0 & 0 & 0 & \cdots & 0 \\ 0 & 1 & 2 & \cdots & (M-1) \\ 0 & 2 & 4 & \cdots & 2(M-1) \\ \vdots & \vdots & \vdots & \vdots & \vdots \\ 0 & (M-1) & 2(M-1) & \cdots & (M-1)^2 \end{bmatrix} \tag{8.17}$$

矩阵的元表示基本相移 $2\pi/M$ 的乘积系数，这里 M 是一个整数。对应于矩阵阵元 (m,n) 的相移可写成

$$\phi_{m,n} = \frac{2\pi}{M}(m-1)(n-1), m=1,\cdots,M, n=1,\cdots,M \tag{8.18}$$

$M=4$ 的法兰克码矩阵的例子给出如下：

$$\frac{\pi}{2}\begin{bmatrix} 0 & 0 & 0 & 0 \\ 0 & 1 & 2 & 3 \\ 0 & 2 & 4 & 6 \\ 0 & 3 & 6 & 9 \end{bmatrix} = \frac{\pi}{2}\begin{bmatrix} 0 & 0 & 0 & 0 \\ 0 & 1 & 2 & 3 \\ 0 & 2 & 0 & 2 \\ 0 & 3 & 2 & 1 \end{bmatrix} = \begin{bmatrix} 0 & 0 & 0 & 0 \\ 0 & 90° & 180° & 270° \\ 0 & 180° & 0° & 180° \\ 0 & 270° & 180° & 90° \end{bmatrix}$$

将矩阵的行连接起来就得到了 16 个子脉冲的各个相位。图 8.19 所示为上述例子中法兰克码的相位调制特性。注意子脉冲间的相位台阶如何在长度等于 4 的子脉冲组间增加。这种特性可被认为是二次相位调制的阶跃相位近似。

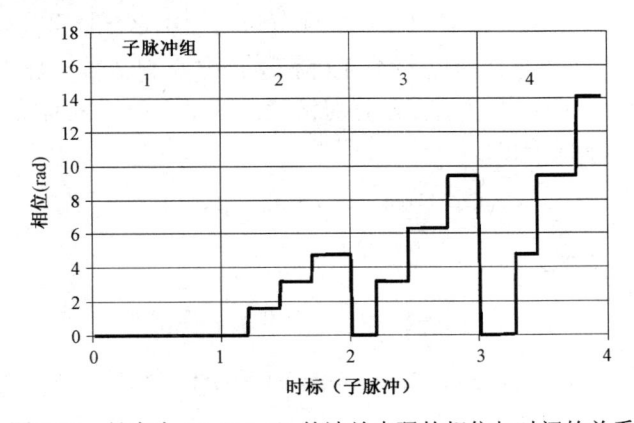

图 8.19　长度为 16（$M=4$）的法兰克码的相位与时间的关系

当 M 增加时，峰值副瓣-电压比接近于 $(\pi M)^{-1}$。这对应于相似长度的伪随机序列有大约 10dB 的提高。模糊函数大致上看起来比较像 LFM 波形的刃状（脊），与伪随机序列的图钉形状不同（见图 8.20）。不过，在多普勒频移与波形带宽的比值较小的情况下，对于合理的目标速度可以得到好的多普勒响应。

Lewis 和 Kretschmer 编码（P1，P2，P3，P4）

Lewis 和 Kretschmer 研究了 P1、P2、P3 和 P4 多相位编码[33, 35]。这些编码是 LFM 脉冲压缩波形的阶跃近似[34]，其距离副瓣低，且具有与 LFM 编码一样的多普勒容忍性。P1 和 P2

编码是法兰克码的修正版本，其 DC 频率项在脉冲中心而不是起始处。对于数字雷达系统中遇到的在脉冲压缩前的接收机带宽限制，它们能够更加容忍。与法兰克码一样，P1 编码包含 M^2 个码元，但是第 i 个码元与第 j 个组之间的关系表示为[35]

$$\phi_{i,j} = -(\pi/M)[M-(2j-1)][(j-1)M+(i-1)] \tag{8.19}$$

式中，i 和 j 是 $1 \sim M$ 间的整数。

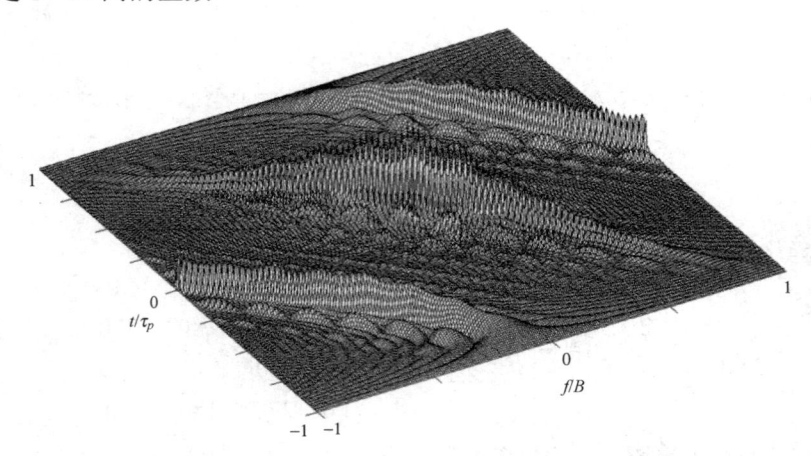

图 8.20　长度为 64（$M=8$）的法兰克码的模糊函数

P2 编码是类似的，但是相位是对称的，具有如下性质：

$$\phi_{i,j} = \{(\pi/2)[(M-1)/M] - (\pi/M)(i-j)\}[M+1-2j] \tag{8.20}$$

基本上，P3 和 P4 编码是通过将一个 LFM 波形变换到基带而导出的[35]。它们比法兰克、P1 或 P2 编码的多普勒容忍度更高，且对雷达系统中出现的压缩前带宽限制的容忍度也更高。P3 编码的相位由下式给出：

$$\varphi_n = \frac{\pi}{N} n^2 \qquad n = 0, \cdots, N-1$$

P4 编码的相位关系类似：

$$\phi_n = \frac{\pi n^2}{N} - \pi k \qquad 0 \leqslant n \leqslant N$$

表 8.5 总结了法兰克码、Lewis 和 Kretschmer P1 到 P4 多相编码的相位及自相关特性。

表 8.5　法兰克码、Lewis 和 Kretschmer 多相编码的相位及自相关特性总结

多相编码	相　位	相位与时间关系特性 （以 $N=64$ 为例）	自相关（dB） （以 $N=64$ 为例）
Frank	$\dfrac{2\pi}{N}(i-1)(j-1)$ $i=1,2,3,\cdots,N$ $j=1,2,3,\cdots,N$		

续表

多相编码	相位	相位与时间关系特性（以 $N=64$ 为例）	自相关（dB）（以 $N=64$ 为例）
P1	$\dfrac{-\pi}{M}[M-(2j-1)]$ $\cdot [(j-1)M+(i-1)]$ 对第 j 组中的第 i 个元素		
P2	$\{(\pi/2)[(M-1)/M]$ $-(\pi/M)(i-j)\}$ $\cdot [M+1-2j]$ 对第 j 组中的第 i 个元素		
P3	$\dfrac{\pi}{N}n^2$ $n=0,\cdots,N-1$		
P4	$\dfrac{\pi n^2}{N}-\pi k$ $0\leqslant n\leqslant N$		

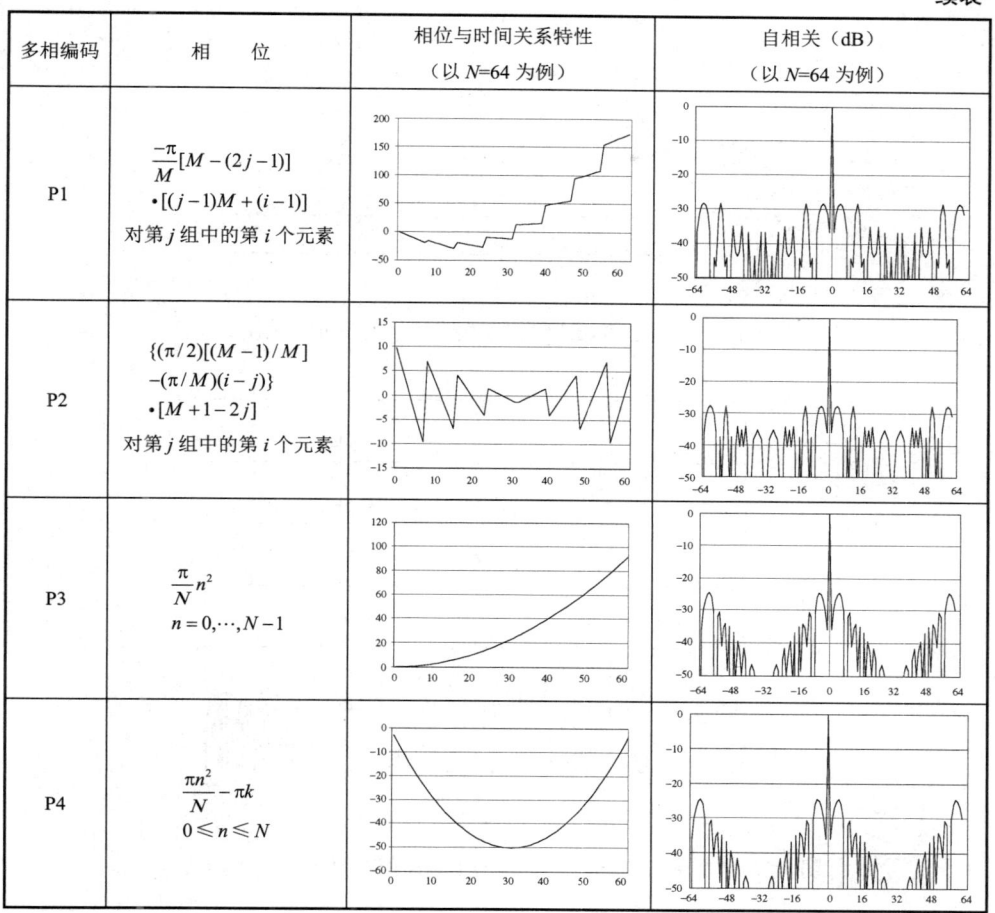

$P(n,k)$ 多相编码

前面讨论的多相编码是从 LFM 波形导出的，而 $P(n,k)$ 编码则是从 NLFM 波形加权函数的相位特性的阶跃近似导出的[20]。加权函数如下

$$W(f)=k+(1-k)\cos^n\left(\dfrac{\pi f}{B}\right) \tag{8.21}$$

式中，k 和 n 是加权函数的参数；B 是波形的扫频带宽，且 $-B/2\leqslant f\leqslant B/2$。这是对基座高度为 k 的 $\cos^n$ 加权。当 $n=2$，$k=0.08$ 就得到海明加权。

对于 $n=2$ 的情况，可对加权函数进行积分得到下面的时间与频率之间的关系[31]

$$\dfrac{t}{T}=\dfrac{f}{B}+a\sin(2\pi f/B), \text{ 其中 } a=(1-k)/2(1+k) \tag{8.22}$$

它与之前讨论的基于正弦的 NLFM 很类似。这种特殊的编码称为从非线性频率来的相位（PNL）[31]，图 8.22 所示为一个脉宽为 100μs、带宽为 1MHz、$a=0$ 且 $f_d=0$ 的波形自相关函数。可见时间副瓣电平低于-32dB。

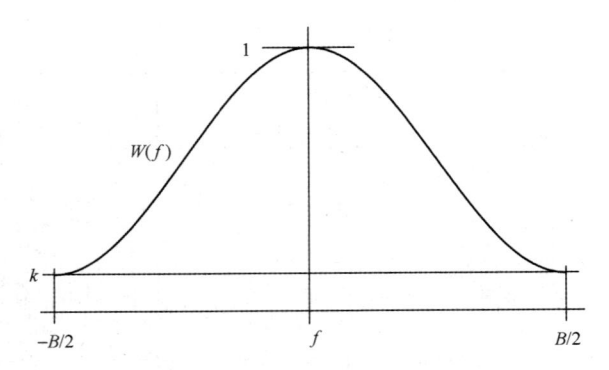

图 8.21　基座上的 $\cos^n$ 加权函数（所示的是 $n=2$ 情况）

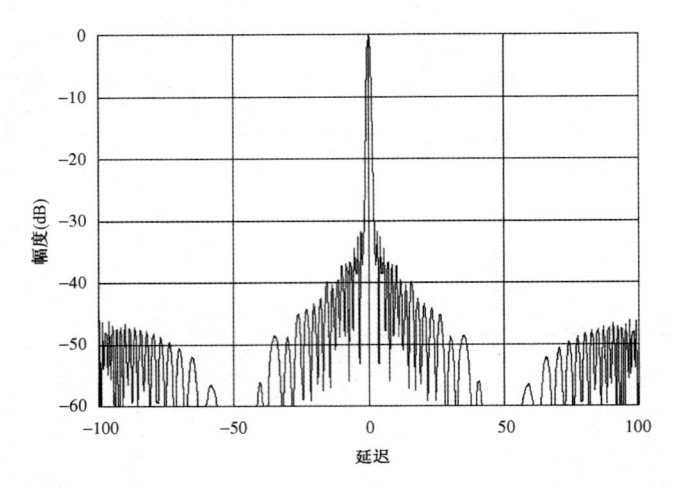

图 8.22　$TB=100$、$a=0.7$、$f_d=0$ 的 $100\mu s$ PNL 脉冲自相关函数

模糊函数与 NLFM 讨论中示出的类似，图 8.23 中做了放大，以便更清楚地看出多普勒频移的实际值，多普勒频移对脉冲压缩波形的影响。

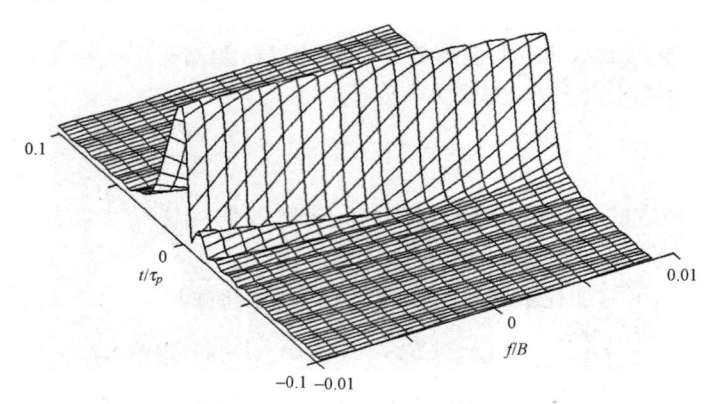

图 8.23　脉宽为 $100\mu s$、$a=0.7$ 且 $B=1$MHz 的 PNL 模糊函数的放大视图

当多普勒频移从零移开时，峰值降低，且一侧的靠近的时间副瓣电平开始增加，或另一侧的开始增加。注意：f/B 比值等于 0.01 对应于一个载频为 S 波段的速度约为 1 马赫的目标

的多普勒频移。

一般来说，对于 $P(n,k)$ 波形，加权函数的积分给出了时间与频率调制之间的关系，如式（8.23）所示。

$$\frac{t}{T} = \frac{1}{\pi} \int_{-\frac{\pi}{2}}^{\frac{\pi f}{B}} [k + (1-k)\cos^n(x)] \mathrm{d}x \qquad (8.23)$$

由于频率调制正比于相位的时间导数，所以可以通过频率对时间的积分得到相位。然而，频率表达式不是很容易得到的，所以通常通过数值计算得到[31]。

四相编码

四相编码是一种相位连续的相位编码波形。四相编码[36, 37]基于使用半余弦形状的子脉冲，相邻子脉冲间相位的变化是±90°的倍数。与矩形子脉冲相位编码波形相比，余弦加权使得频谱跌落更快，匹配滤波损失更低，距离采样损失更小（见表8.6）。

表8.6 四相波形性能总结[36]

	四 相 编 码	矩形子脉冲编码
发射频谱-40dB 宽度	$5/\delta$	$64/\delta$
下降（δ=子脉冲持续时间）	12dB/倍频程	6dB/倍频程
距离采样损失	0.8dB	2.3dB
滤波器匹配损失	0.1dB	0.5dB

时间-频率编码波形

时间-频率编码波形（见图8.24）由一串 N 个脉冲组成，并且每个脉冲频率不同[38]。一般，频率是等间隔的，且脉冲幅度相等。这种形式的周期性波形的模糊函数由分布在时间或频率上的一个中心尖峰和几个小尖峰组成。虽然这在实际中得不到，但它的目的是为了造出一个具有高分辨率、图钉状的中心尖峰，而且尖峰周围是空旷的；然后在高分辨的中心尖峰处完成测量。距离分辨率或压缩后脉冲宽度由所有脉冲的总带宽决定，多普勒分辨率由波形持续期 T 的倒数决定。例如，该类的一个典型波形包含 N 个相邻脉冲。每个脉冲宽度为 τ，其频谱宽度为 $1/\tau$，这些频谱在频域中并排放在一起，因而消除了合成频谱的间隙。由于此时波形的带宽为 N/τ，所以压缩后脉冲宽度的标称值为 τ/N。它们的关系归纳见表8.7。

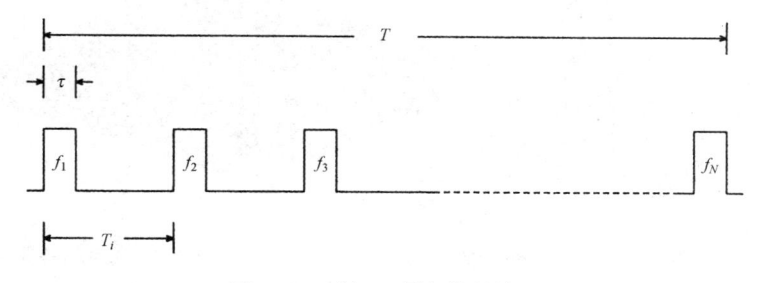

图8.24 时间-频率编码波形

表 8.7 在时间和频率上相邻的 N 个脉冲

波形时宽，T	$N\tau$
波形带宽，B	N/τ
时宽带宽乘积，TB	N^2
压缩脉冲宽度，1/B	$\tau/N=T/N^2$
多普勒分辨率，1/T	$1/N\tau$

通过改变波形的基本参数，如脉冲串的幅度加权值、脉冲重复间隔的参差及单个脉冲的频率或相位编码，可对高分辨中心尖峰区以及模糊曲面的总体结构进行整形[39]。

Costas 编码

Costas 编码是频率编码波形中的一类，具有接近理想的距离和多普勒副瓣特性[40, 41]。换句话说，它们的模糊函数接近于理想的图钉形，既提供了多普勒信息又给出了距离信息（见图 8.25）。除了靠近原点的几个副瓣，所有其他副瓣的幅度都为 $1/M$。靠近原点的一些副瓣的幅度大约有两倍大，即大约为 $2/M$，这是 Costas 编码的特性。Costas 编码的压缩比大约为 M[42]。

Costas 编码是一簇 M 个相邻未编码脉冲波形的脉冲串，每个波形的频率不同，该频率从 M 个等间隔排列的频率有限集合[43]中挑选出来且被相干处理。频率产生的顺序严重影响脉冲串的模糊函数性质。如果频率是单调增加或单调减小的，那波形就是线性调频的阶跃近似，其模糊函数中有一个脊（见图 8.25）。为了获得接近图钉形状的模糊函数，则频率的顺序要更随机一些。频率的顺序就是编码，它是通过一类特别的 $M×M$ Costas 阵列生成的。Costas[41, 44]提出了选择这些频率顺序的一种技术，可以获得更可控的距离和多普勒副瓣。图 8.25 所示为一个长度为 10 的 Costas 编码实例及它与阶跃线性调频的比较，还给出了说明每个波形序列顺序的表格。

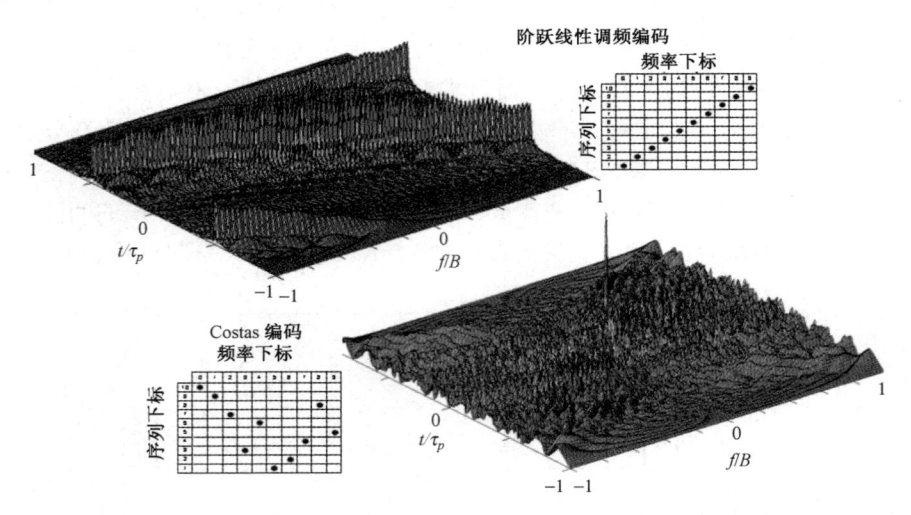

图 8.25 N=10 阶跃线性与 Costas 序列的模糊函数的比较，显示了的频率顺序的影响[40]

8.3 影响选择脉冲压缩系统的因素

脉冲压缩系统的选择牵涉到波形类型及其产生和处理方法的选择。本章中关于脉冲压缩实现的小节讨论了产生和处理脉冲压缩波形的方法。这里的讨论将着重于波形本身。而影响是否选择某种特定波形的主要因素通常是雷达对多普勒的容忍度及时间副瓣电平的要求。

表 8.8 中归纳了三种 FM 类型的影响因素，三种类型是 LFM、NLFM 和相位编码波形。系统性能比较的前提是假设目标信息是通过处理单个波形来提取的，这与多脉冲处理不同。符号 B 和 T 分别代表发射波形的带宽和脉冲宽度。

在多普勒频移不够的应用中，如静止目标或切向目标，距离分辨率是发现杂波中目标的主要手段。脉冲压缩波形有比不编码波形提高了的距离分辨率，因而有更好的杂波抑制性能。由于距离分辨率正比于带宽的倒数，所以带宽较宽的脉冲压缩波形可以提供更好的杂波抑制性能。

表 8.8 LFM、NLFM 和相位编码的性能特性比较

因素	线性 FM	非线性 FM	二相编码	多相编码
多普勒容忍度	忍受多普勒频移范围达±B/10。由距离-多普勒耦合引入了 f_dT/B 的时间移动。多普勒频移大时，时间副瓣性仍能保持优秀	对多普勒适当不敏感，因而允许目标速度达 1 马赫。由对非对称 NLFM 的距离-多普勒耦合，引入了 f_dT/B 的时间移动。因此在 ATC 雷达中常用。对于高速目标需要多个调谐的脉冲压缩器	对多普勒频移高度敏感。高多普勒频移时，主瓣响应减小，时间副瓣增加（这是图钉状模糊函数的特性）。因此用于低速目标和时宽-带宽积小的情况	对多普勒频移最敏感。高多普勒频移时，主瓣响应减小，时间副瓣增加（这是图钉状模糊函数的特性）。因此用于低速目标和时宽-带宽积小的情况。较长的相位编码波形比较短的相位波形对多普勒更敏感
时间副瓣电平	为获得好的时间副瓣，需要适当加权、高时宽-带宽积、小幅相误差	对非对称 NLFM，如果对 NLFM 相位有适当编码，高时宽-带宽积，足够小幅相误差，那么可得到优越的时间副瓣。增加 NLFM 相位加权引入了增加的径向速度敏感性	由编码决定的良好时间副瓣	比二相编码波形的时间副瓣好
总体性能	经常用于高速目标（>>1 马赫）。可获得特别宽的带宽	应用一般限于主目标径向速度小于 1 马赫的情况。多个调谐的匹配滤波器的计算量通常在实际中不可实现	一般见于低多普勒频移的应用	一般见于低多普勒频移的应用

8.4 脉冲压缩的实现与雷达系统实例

本节描述脉冲压缩波形的产生和处理，并给出使用这些处理技术的雷达系统实例。脉冲压缩雷达中使用的器件和技术还在不断进步。数字和 SAW 技术的重大进步很明显，使得可以实现多种脉冲压缩波形类型。由于计算速度的成倍提高，以及存储单元尺寸的减小和速度

的提高，数字方法得到了兴旺发展。叉指形换能器[45]的发明，由于可将电信号高效转换成声能或将声能转换为电信号，所以扩展了 SAW 技术。

数字波形产生

图 8.26 所示为雷达波形产生的数字方法[46]。相位控制单元提供同相分量 I 和正交分量 Q 的数字样本，然后将数字转化为模拟等价物。这些相位样本确定了所需波形的基带分量，或确定了低频载波上的波形分量。如果波形是在载波上，则不需平衡调制器，滤波后的分量将直接相加。采样和保持电路用于消除 D/A 转换器的非零转换时间所产生的过渡瞬态。低通滤波器用来平滑（或内插）波形采样之间的模拟信号分量，从而得到更高波形采样率的等效波形。$I(t)$ 分量调制 0° 的载波信号，$Q(t)$ 分量调制 90° 相移的载波信号。0° 调制载波与 90° 调制载波之和就是所需的波形。如前所述，当数字相位采样值包含载波分量时，则 I 分量和 Q 分量的中心就在载波频率处，且低通滤波器可用位于 IF 载波中心的带通滤波器代替。

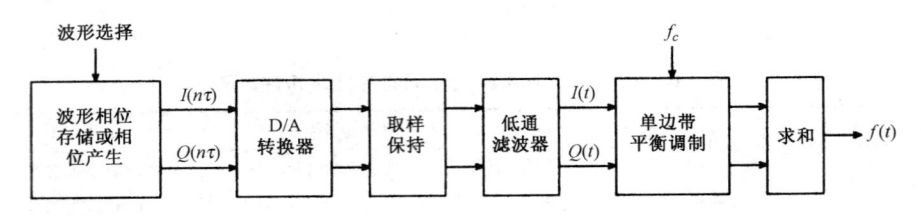

图 8.26 数字波形产生方框图

当想要线性调频波形时，相位采样遵循二次方模式，可用两个串联的数字积分器产生。第一个积分器输入的数字指令确定二次方的相位函数，第二个积分器的指令是第一个积分器的输出加上所需的载波频率。该载波可以用第一个积分器的初始值确定。需要的波形初始相位是第二个积分器的初始值，要不就加至第二个积分器的输出上。

随着数字技术的发展，在单独一片集成电路芯片上于 IF 或 RF 载波频率直接产生波形已成为可能，并且也实用。这种技术称为**直接数字合成**，或 **DDS**，它涉及以高采样率产生波形和对输出滤波。这些器件通过累加相位信息产生波形，累加的相位信息被用来查找波形值（通常为正弦波形）。波形通过 D/A 转换器转为模拟信号并被滤波。通过使用适当的相位调制特性，这种方法可以产生各种波形类型（例如 LFM、NLFM 及 CW 波形）。例如，模拟器件 AD9858 直接数字合成器[47]使用一个 10 位 D/A 转换器，可工作在高达 1GHz 的内部时钟速度（D/A 转换器更新速度）。

数字脉冲压缩[48-50]

数字脉冲压缩技术常规地用于雷达波形的匹配滤波。通过对任意波形的数字卷积或通过对线性调频波形进行展宽处理，可以实现匹配的滤波器。

数字脉冲压缩具有独特的特点，这些特点决定了数字脉冲压缩在某种特定雷达应用中的可接受程度。为了扩展距离覆盖范围，数字匹配滤波通常要求多个重叠的处理单元。数字方法的优越性在于对长脉宽的波形不会有问题，在宽范围的工作条件下结果特别稳定，且同一实现方法可用于处理多种波形类型。

在许多系统中，用来提取 I 和 Q 基带分量的模拟乘积检波器已经被数字下变频技术所取代。这种方法中，在接收机最终中频输出端对 A/D 转换器的采样值进行数字信号处理以实现复包络序列估计，而不是将基带模拟 I 和 Q 分量分开进行 A/D 转换[51-53]。数字下变频的优势在于其性能不受模拟乘积检波器硬件中存在的幅相不平衡的限制。

图 8.27 说明了为脉冲压缩波形提供匹配滤波器的两种数字信号处理方法。在两种情况下，输入信号都是由数字下变频或每个基带通道中模拟乘积检波器后跟 A/D 转换来形成的复包络序列。图 8.27（a）所示为一个时域卷积处理器的数字实现，它可为任意雷达波形提供匹配滤波性能。在这种方法中，通过数字下变频后的复包络输入序列与匹配滤波器脉冲响应序列的卷积，在时域完成离散时间卷积。由于时域卷积的计算量很大，所以图 8.27（b）从计算量的角度给出了一个更经济的方法，这个方法用频域处理完成卷积。

（a）时域数字脉冲压缩处理器

（b）频域数字脉冲压缩处理器

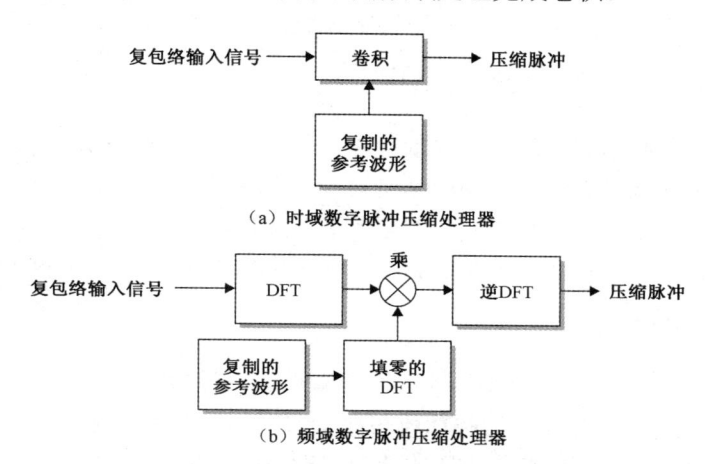

图 8.27 为脉冲压缩波形提供匹配滤波器的两种数字信号处理方法

频域数字脉冲压缩处理器的工作原理是两个序列时域卷积的离散傅里叶变换（DFT）等于每个序列的离散傅里叶变换的乘积。如果一个处理器提供 M 个距离采样，则为得到一个非周期的卷积，DFT 的长度必须大于 M 加上参考波形中的采样数再减一。在参考波形 DFT 中增加的 M 个采样要填零。为了延长作用距离，必须重复进行处理，并且相邻的处理要延迟 M 个距离采样，方法是用重叠保留卷积技术[49, 54]。这种处理器能用于任何波形，并且参考信号可在多普勒频率上有偏置，从而实现在该多普勒频率上的匹配滤波器。

脉冲压缩雷达实例

许多正在研制和已部署的雷达使用一些前面讨论的脉冲压缩波形。数字信号处理技术的进步使得可以实现更多种类的波形。例如，雷达系统不再局限于 LFM 波形；相反，雷达系统的能力可以大大扩展，以利用与非线性 FM 波形有关的更复杂处理。

AN/TPS-59 和 AN/FPS-117 监视雷达[55]

AN/TPS-59 和 AN/FPS-117 是一类使用 LFM 波形的 L 波段远程监视雷达。天线在方位上机械转动，在俯仰上进行笔状波束电扫描。发射使用两个时间上排序的不同频率的 LFM 脉冲，以产生 Swerling II 目标统计特性。两种雷达均采用频域数字脉冲压缩处理。

空中监视与精密进场雷达系统

空中监视与精密进场雷达系统（ASPARCS）的目的是提供下一代空中交通管制（ATC）雷达，作为洛克希德·马丁公司构建的 ATC 雷达的多任务监视雷达（MMSR）家族中的一部分。由于感兴趣目标的多普勒频移相对较低（小于 1 马赫），所以它使用非线性 FM 波形。与 AN/FPS-117 雷达一样，该系统采用频域数字脉冲压缩处理。

多任务雷达

多任务雷达（MMR）的设计目的是用来探测和跟踪迫击炮、火炮和火箭。这种雷达使用基于正弦波形的非线性 FM 波形。同样采用数字频域脉冲压缩处理。

ASR-12 下一代固态空中交通管制雷达[56]

ASR-12 终端机场监视雷达发射 55μs 的脉冲，其峰值功率为 21kW，可提供 1.16J 的单个脉冲发射能量。采用非线性调频，脉冲压缩比为 55，可获得相当于不编码 1μs 脉冲的距离分辨率。滤波器匹配损失小于 0.6dB，在生产的硬件上测量的典型时间副瓣电平为 –58dB。使用数字脉冲压缩。还使用了 1.1μs 的不编码脉冲以覆盖距离间隔 0.5～5.5n mile 的目标。

展宽脉冲的压缩[57-60, 62]

展宽脉冲的压缩是一种对宽带波形进行线性调频脉冲压缩的技术，它使用一个带宽远小于波形带宽的信号处理器，且没有信噪比或距离分辨率损失。展宽脉冲压缩用于单一目标或分布于以一选定距离为中心的相对较小的距离窗内的多个目标。

图 8.28 是展宽脉冲压缩系统的方框图。LFM 波形的扫频带宽为 B，脉冲宽度为 T，LFM 斜率为 α。参考波形以时间延迟 τ_R 产生，扫频带宽为 B_R，脉冲宽度为 T_R，线性调频斜率为 α_R。参考波形时间延迟通常由对选定目标在距离窗内的距离跟踪得出。图 8.29 中的相关混频器（CM）[62, 63]将接收到的信号与参考波形产生器的输出进行带通相乘。然后由带通滤波器（BPF）选出 CM 输出的低边带部分。

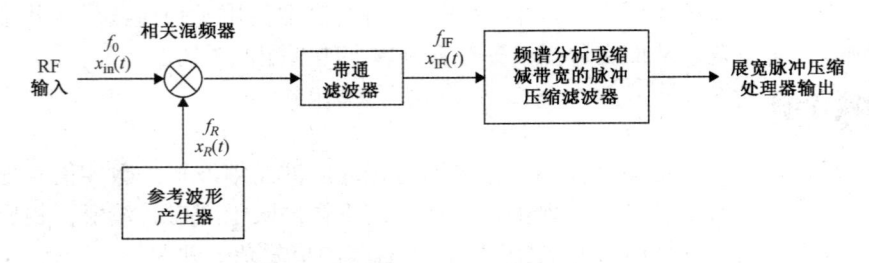

图 8.28 展宽脉冲压缩系统方框图

当发射与参考波形的 LFM 斜率相等时（$\alpha = \alpha_R$）进行频谱分析。如果参考波形 LFM 斜率小于发射波形的 LFM 斜率（$\alpha < \alpha_R$），则要进行缩减带宽的脉冲压缩处理。在这种两种情况下，所需的处理带宽 B_p 都比波形带宽小得多。

图 8.29 所示为在发射与参考波形 LFM 斜率相等的情况下，展宽脉冲压缩的原理。在展

宽脉冲压缩系统方框图中，在三点上画出了作为时间函数的瞬时频率：（1）相关混频器输入；（2）相关混频器 LO（参考波形产生器输出）；（3）相关混频器输出（带通滤波器的输出）。在相关混频器的输入端显示了三个 LFM 目标信号：目标 1 相对于参考波形的时间偏移为零；目标 2 在时间上比参考波形早；目标 3 在时间上较晚。在每种情况下，目标信号的 LFM 斜率均等于 B/T。加在 CM 的 LO 端的参考波形其 LFM 斜率等于 $B_R/T_R = B/T$。

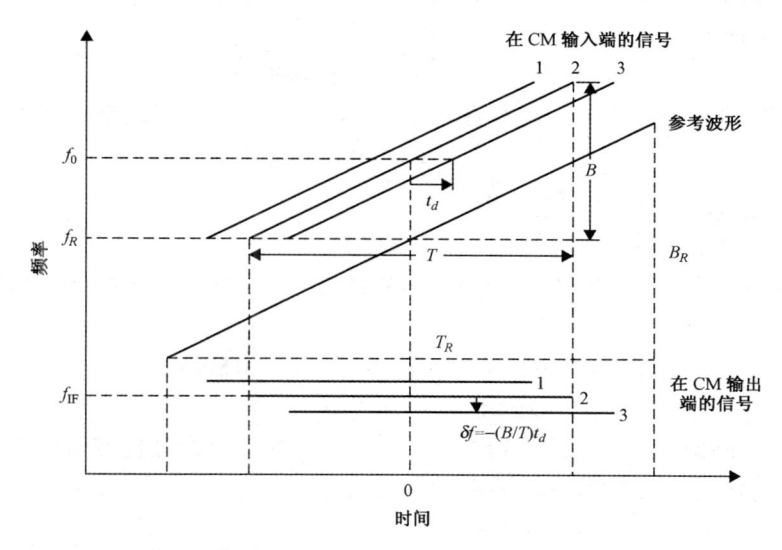

图 8.29　展宽脉冲压缩的相关混频器信号（根据 Roth 等人[61]）

相关混频器输出端的瞬时频率是 CM 输入端的瞬时频率与 LO 端口的瞬时频率之间的差值。结果是三个目标信号的 CM 输出信号是不编码脉冲（脉冲化的 CW 信号），其对混频器 IF 输出 f_{IF} 的频率偏移由下式给出

$$\delta f = -\left(\frac{B}{T}\right)t_d \tag{8.24}$$

式中，t_d 是相对于参考波形中点测量的信号的中点的时间延迟。对于所示的例子，其 RF 载波频率高于参考波形载波频率，一个正的时间延迟导致一个负的频率偏移。这时相关混频器输出端的信号通过频谱分析处理在频域上进行分辨。

频谱分析处理的一种典型实现包括：在 CM 后到最终中频（IF）的第二次频率变换、抗混叠滤波、使用模/数转换器（ADC）在 IF 最终端的直接采样、得到复包络序列的数字下变频（DDC）、时域加权及通过填零的 FFT 进行频谱分析[64]。以前的实现采用模拟乘积检波器提取 I 和 Q 基带信号，在 I 和 Q 基带通道中使用独立的 ADC。

相关混频器输出信号分析

在 CM 输入端接收到的来自点目标来的信号为

$$x_{in}(t) = A\text{rect}(\frac{t-\tau}{T})\cos[2\pi(f_0+f_d)(t-\tau)+\pi\alpha(t-\tau)^2] \tag{8.25}$$

式中，A 是幅度；T 是发射脉冲宽度；f_0 是载波频率；f_d 是多普勒频移；τ 是信号时间延迟；α 为发射波形的 LFM 斜率。加在 LO 端口的参考波形为

$$x_R(t) = 2\mathrm{rect}\left(\frac{t-\tau_R}{T_R}\right)\cos[2\pi f_R(t-\tau_R) + \pi\alpha_R(t-\tau_R)^2] \tag{8.26}$$

式中，T_R 是脉冲宽度；f_R 是载波频率；τ_R 是参考波形时间延迟；α_R 是参考波形的 LFM 斜率（$\alpha_R \leq \alpha$）。

相关混频器如同一个带通乘法器一样工作，输出为 $x_{\mathrm{in}}(t)x_R(t)$。相关混频器的 IF 输出用下面的恒等式进行评价

$$2\cos x\cos y = \cos(x+y) + \cos(x-y)$$

式中等式右边第一项对应于混频器输出的上边带，第二项对应于下边带。上边带被带通滤波器抑制，得到

$$\begin{aligned}x_{\mathrm{IF}}(t) = &A\mathrm{rect}\left(\frac{t-\tau}{T}\right)\mathrm{rect}\left(\frac{t-\tau_R}{T_R}\right)\\ &\cdot\cos[2\pi f_{\mathrm{IF}}(t-\tau) + 2\pi f_d(t-\tau) + 2\pi\alpha_R(\tau_R-\tau)(t-\tau) + \pi(\alpha-\alpha_R)(t-\tau)^2 + \phi]\end{aligned} \tag{8.27}$$

式中，$f_{\mathrm{IF}} = f_0 - f_R$ 为 IF 载波频率（假设 $f_0 > f_R$），且载波相移为

$$\phi = -2\pi f_R(\tau-\tau_R) - 2\pi\alpha_R(\tau-\tau_R)^2$$

IF 信号是有缩减斜率 $\alpha-\alpha_R$ 的 LFM 波形（$\alpha-\alpha_R$ 是和乘余弦自变量中二次项相乘的因子），相对于 IF 载波频率 f_{IF} 的频率偏移由下式给出。

$$\delta f = f_d + \alpha_R(\tau_R - \tau) \tag{8.28}$$

要求参考波形的时长超过发射脉冲宽度，以避免由不包括在参考波形内的目标回波引起的 SNR 损失。

相等的发射和参考波形 LFM 斜率

当发射和参考波形 LFM 斜率相等时（$\alpha = \alpha_R$），中频信号为不编码脉冲，其频率偏移为

$$\delta f = f_d + \alpha(\tau_R - \tau) \tag{8.29}$$

通过频谱分析对频率偏移进行测量，并用下式所表示的量将频率偏移转换成相对于参考波形的目标时间延迟和距离。

$$\begin{aligned}\Delta\tau &= \tau - \tau_R = -\frac{\delta f}{\alpha}\\ \Delta r &= (R - R_0) = \frac{c}{2}\Delta\tau\end{aligned} \tag{8.30}$$

式中，$R_0 = c\tau_R/2$ 是相对于参考波形时间延迟的距离。

Kellog[65]描述了在展宽处理中应用时域加权的其他考虑，给出了对硬件误差的补偿技术的细节。Temes[66]分析了信号与加权函数之间时间失配的影响。

不相等的发射和参考波形斜率

一个对波形的频率斜率不相等时的展宽处理器要求在相关混频器输出端进行剩余线性调频的脉冲压缩。斜率为 $\alpha_{\mathrm{in}} - \alpha_R$ 的线性调频信号在目标距离上出现，它在频率上偏离 IF 载波频率 $\alpha_R(\tau_R - \tau)$。由于 LFM 波形的距离 - 多普勒耦合，所以这个目标的视在时间延迟为

第8章 脉冲压缩雷达

$$\tau_{\text{app}} = -\alpha_R(\tau_R - \tau)/(\alpha - \alpha_R) \tag{8.31}$$

这个结果可被解读成对压缩后的脉冲产生了一个时间扩展因子 $\alpha_R/(\alpha - \alpha_R)$。和 LFM 斜率相等的情况一样，距离窗的宽度取决于能达到的处理带宽。

展宽处理距离分辨率宽度

使用时宽等于发射脉宽的矩形窗进行频谱分析时，6dB 频率分辨率宽度为

$$\Delta f_6 = \frac{1.21}{T} \tag{8.32}$$

由展宽处理得到的 6dB 时间延迟分辨率通过将 Δf_6 除以 α 变换成时间延迟单位而得

$$\tau_6 = \frac{\Delta f_6}{(B/T)} = \frac{1.21}{B} \tag{8.33}$$

因此，展宽处理获得的 6dB 分辨率宽度与 LFM 波形匹配滤波器得到的一样。6dB 距离分辨率宽度为

$$\Delta R_6 = 1.21 \frac{c}{2B} \tag{8.34}$$

在频谱分析处理中使用时域加权来减小压缩脉冲的时间副瓣，并在多个目标出现在距离窗内时提高分辨率性能。例如，使用海明时域加权将时间副瓣峰值电平从 −13.2dB 减小到 −42.8dB，而 6dB 频率分辨率宽度增加到 $\Delta f_6 = 1.81/T$。海明加权的 6dB 距离分辨率宽度为

$$\Delta R_6 = 1.81 \frac{c}{2B} \quad (\text{海明加权}) \tag{8.35}$$

距离窗宽度

距离窗宽度由频谱分析的带宽和发射波形的 LFM 斜率确定。假设时间窗宽度为 Δt，展宽处理带宽为 B_p。时间窗边缘的目标产生的频率偏移等于处理带宽的一半：

$$\frac{B}{T}\frac{\Delta t}{2} = \frac{B_p}{2}$$

或

$$\Delta t = T \frac{B_p}{B} = \frac{B_p}{(B/T)} \tag{8.36}$$

距离窗宽度为

$$\Delta r = \frac{cT}{2}\frac{B_p}{B} = \frac{c}{2}\frac{B_p}{(B/T)} \tag{8.37}$$

展宽脉冲压缩雷达实例

本节描述三部采用展宽脉冲压缩系统的雷达实例。

远程成像雷达[62, 63]

远程成像雷达（LRIR）是一部 X 波段雷达，展宽处理带宽分别为 0.8、1.6 和 3.2MHz。宽带波形的扫频带宽为 1000MHz，脉宽约为 250μs，LFM 斜率为 $B/T \approx 1000\text{MHz}/250\mu\text{s} =$

4MHz/μs。3.2MHz 处理带宽下的距离窗宽度为

$$\Delta r = \frac{c}{2}\frac{B_p}{(B/T)} = \frac{150\text{m}/\mu\text{s} \times 3.2\text{MHz}}{4\text{MHz}/\mu\text{s}} = 120\text{m}$$

毫米波雷达

Abouzahara 和 Avent[64]描述了位于 Kwajalein Atoll 的毫米波雷达（MMW）的展宽处理实现。MMW 雷达工作在 35GHz 的载波频率，最大扫频带宽为 1000MHz，脉冲宽度为 50μs。发射波形的 LFM 斜率为

$$\alpha = \frac{B}{T} = \frac{1000\text{MHz}}{50\mu\text{s}} = 20\text{MHz}/\mu\text{s}$$

展宽处理带宽为 $B_p = 5\text{MHz}$。展宽处理时间窗宽度为

$$\Delta t = \frac{5\text{MHz}}{20\text{MHz}/\mu\text{s}} = 0.25\mu\text{s}$$

参考波形脉宽为 $T_R = 50 + 0.25 = 50.25\mu\text{s}$，以避免处于距离窗边缘目标的 SNR 损失。参考波形扫频带宽和距离窗宽度分别为

$$B_R = 20\text{MHz}/\mu\text{s} \times 50.25\mu\text{s} = 1005\text{MHz}$$

$$\Delta r = \frac{c}{2}\Delta t = 150\text{m}/\mu\text{s} \times 0.25\mu\text{s} = 37.5\text{m}$$

在频谱分析处理中在 50μs 脉宽上运用海明加权的 6dB 距离分辨率宽度为

$$\Delta R_6 = 1.81\frac{c}{2B} = 1.81\frac{150\text{m}/\mu\text{s}}{1000\text{MHz}} = 0.27\text{m}$$

丹麦眼镜蛇（Cobra Dane）宽带脉冲压缩系统[67]

表 8.9 中总结了为 Cobra Dane 雷达开发的宽带脉冲压缩系统的特性。

表 8.9　Cobra Dane 宽带脉冲压缩系统特性（改编自 Filer 和 Hartt[67]©IEEE 1976）

特　　征	值
发射 LFM 带宽	1175～1375MHz
参考 LFM 带宽	1665～1865MHz*
发射波形扫频带宽，B	200MHz
参考波形扫频带宽，B_{ref}	200MHz*
发射脉宽，T	1000μs
参考脉宽，T_{ref}	1000μs*
发射波形 LFM 斜率	0.2MHz/μs 上调频（up-chirp）
压缩后脉宽（−3dB），τ_3	3.75 英尺
时宽－带宽积，TB	200 000
时间副瓣电平	−30dB
目标距离窗	240 英尺
距离采样个数	400
距离采样间隔	0.6 英尺

续表

特 征	值
第一中频（在相关混频器输出端）	490MHz
第二中频	60MHz
展宽处理带宽 B_p	100kHz
A/D 转换器采样频率	1MHz（在 I 和 Q 基带通道中）

*不包括由 240 英尺距离窗引起的脉宽和扫频带宽扩展。

附录

信号分析总结[68-70]

表 8.10 总结了信号分析的定义和关系。表 8.11 显示了 Woodward 的傅里叶变换规则和变换对[69]。这些关系简化了信号分析技术的应用。在大多数情况下，不必直接进行积分来评估傅里叶变换或逆变换。

表 8.10 信号分析的定义和关系

1	$x(t)$ 的傅里叶变换（频谱）	$X(f) = \int_{-\infty}^{\infty} x(t) e^{-j2\pi ft} dt$
2	频谱 $X(f)$ 的傅里叶逆变换	$x(t) = \int_{-\infty}^{\infty} X(f) e^{j2\pi ft} df$
3	信号 $x(t)$ 和 $h(t)$ 的卷积	$y(t) = x(t) * h(t)$ $= \int_{-\infty}^{\infty} x(\tau) h(t-\tau) d\tau = \int_{-\infty}^{\infty} x(t-\tau) h(\tau) d\tau$
4	滤波器频率响应	$H(f) = Y(f) / X(f)$
5	欧拉恒等式	$e^{j\theta} = \cos\theta + j\sin\theta$
6	用复指数表达的正弦和余弦函数	$\cos\theta = (e^{j\theta} + e^{-j\theta})/2$ $\sin\theta = (e^{j\theta} - e^{-j\theta})/j2$
7	帕斯瓦尔定理（上标星号表示复共轭）	$\int_{-\infty}^{\infty} x(t) y^*(t) dt = \int_{-\infty}^{\infty} X(f) Y^*(f) df$ $\int_{-\infty}^{\infty} \|x(t)\|^2 dt = \int_{-\infty}^{\infty} \|X(f)\|^2 df$
8	矩形函数	$\text{rect}(t) = \begin{cases} 1, \|t\| < 1/2 \\ 0, \|t\| > 1/2 \end{cases}$
9	sinc 函数	$\text{sinc}(f) = \sin(\pi f)/(\pi f)$
10	重复算子	$\text{rep}_T[x(t)] = \sum_{n=-\infty}^{\infty} x(t-nT)$
11	梳状算子	$\text{comb}_F[X(f)] = \sum_{n=-\infty}^{\infty} X(nF) \delta(f-nF)$
12	delta 函数的采样特性	$\int_{-\infty}^{\infty} x(t) \delta(t-t_0) dt = x(t_0)$
13	柯西 - 许瓦兹不等式	$\left\| \int_{-\infty}^{\infty} f(x)g(x) dx \right\|^2 \leq \int_{-\infty}^{\infty} \|f(x)\|^2 dx \int_{-\infty}^{\infty} \|g(x)\|^2 dx$, 当且仅当 $f(x) = k_1 g^*(x)$ 时等号成立

表 8.11 傅里叶变换规则与变换对

	信 号	频 谱	注 释
1	$x(t)$	$X(f)$	傅里叶变换对
2	$Ax(t)+Bu(t)$	$AX(f)+BU(f)$	线性
3	$x(-t)$	$X(-f)$	信号时间反转
4	$x^*(t)$	$X^*(-f)$	信号共轭
5	dx/dt	$j2\pi f X(f)$	时域微分
6	$-j2\pi t x(t)$	dX/df	频域微分
7	$x(t-\tau)$	$X(f)\exp(-j2\pi f\tau)$	信号时移
8	$x(t)\exp(j2\pi f_0 t)$	$X(f-f_0)$	信号频移
9	$x(t/T)$	$|T|X(fT)$	时间尺度变换
10	$x(t)*y(t)$	$X(f)Y(f)$	时域卷积
11	$x(t)y(t)$	$X(f)*Y(f)$	时域相乘
12	$\text{rep}_T[x(t)]$	$|1/T|\text{comb}_{1/T}[X(f)]$	Woodward 重复算子
13	$\text{comb}_T[x(t)]$	$|1/T|\text{rep}_{1/T}[X(f)]$	Woodward 梳状算子
14	$X(t)$	$x(-f)$	时频互换性（对偶性）
15	$\delta(t)$	1	时域 delta 函数
16	1	$\delta(f)$	频域 delta 函数
17	$\text{rect}(t)$	$\text{sinc}(f)$	时域矩形函数
18	$\text{sinc}(t)$	$\text{rect}(f)$	频域矩形函数
19	$\exp(-\pi t^2)$	$\exp(-\pi f^2)$	高斯时间函数

雷达发射波形[2, 68, 71-73]

雷达中使用的发射波形是带通信号，可表达为

$$x(t)=a(t)\cos[2\pi f_0 t+\phi(t)] \tag{8.38}$$

式中，$a(t)$是幅度调制，单位为 V；$\phi(t)$是相位调制，单位为 rad；f_0是载波频率，单位为 Hz。与载波周期（$1/f_0$）相比，频率和相位调制函数的变化缓慢。因此 $x(t)$ 是一个窄带信号，其带宽与载波频率相比很小。

复包络

$x(t)$ 的复包络为

$$u(t)=a(t)e^{j\phi(t)} \tag{8.39a}$$

带通信号用复包络表示成

$$u(t)=\text{Re}[x(t)e^{j2\pi f_0 t}] \tag{8.39b}$$

雷达回波的复包络表示[73]

从点目标来的雷达回波信号为

$$s_r(t)=A_r a(t-t_d)\cos[2\pi(f_0+f_d)(t-t_d)+\phi(t-t_d)] \tag{8.40}$$

式中，A_r是无量纲幅度比例因子；t_d是目标时间延迟，单位为 s；f_d是目标多普勒频移，单位为 Hz；$a(t)$是幅度调制，单位为 V；$\phi(t)$是相位调制，单位为 rad；f_0是发射载波频率，

单位为 Hz。$s_r(t)$ 的复包络为

$$u_r(t) = A_r \mathrm{e}^{-\mathrm{j}2\pi f_0 t_d} u(t-t_d) \mathrm{e}^{\mathrm{j}2\pi f_d(t-t_d)} \tag{8.41}$$

项 $u(t-t_d)$ 是发射波形在时间上延迟 t_d 的复包络。复指数 $\exp[\mathrm{j}2\pi f_d(t-t_d)]$ 表示线性相位调制和时间的关系,它以多普勒频移 f_d 加在接收回波信号上。载波相移为 $\theta_c = -2\pi f_0 t_d$。

时间延迟和多普勒频移用目标距离和距离变化率表示为 $t_d = 2R/c(\mathrm{s})$,$f_d = -(2/\lambda)V_r (\mathrm{Hz})$,其中 R 为目标距离,单位为 m,$V_r = \mathrm{d}R/\mathrm{d}t$ 为距离变化率(对靠近目标为负),c 为光速,$\lambda = c/f_0$ (m) 为载波波长。

匹配滤波器[2, 74]

对在白噪声中接收的信号,匹配滤波器可达到最大输出信噪比。信号 $u(t)$ 的匹配滤波器频率响应为

$$H_{\mathrm{mf}}(f) = k_1 U^*(f) \mathrm{e}^{-\mathrm{j}2\pi f t_1} \tag{8.42}$$

式中,k_1 是任意复常数;$U(f)$ 是 $u(t)$ 的频谱。时间延迟 t_1 需要超过 $u(t)$ 的持续时间,以得到一个对负时间为零的因果脉冲响应。匹配滤波器脉冲响应为

$$h_{\mathrm{mf}}(t) = k_1 u^*(t_1 - t) \tag{8.43}$$

频率响应为 $H(f)$ 的滤波器输出端的峰值信噪比与平均噪声功率的比值定义为

$$(S/N)_o = \frac{A_o^2}{\sigma_{n_o}^2} \tag{8.44}$$

式中,A_o 是信号峰值处匹配滤波器输出信号的幅度;$\sigma_{n_o}^2$ 是匹配滤波器输出噪声功率。匹配滤波器输出 SNR 为①

$$(S/N)_{\mathrm{mf}} = \frac{2E}{N_0} \tag{8.45}$$

式中,E 是匹配滤波器输入端的接收带通信号能量,单位为 J;N_0 是匹配滤波器输入端的单边噪声功率谱,单位为 W/Hz。

滤波器匹配损失

滤波器匹配损失 L_m 是信号没有用匹配滤波器进行处理时产生的信噪比损失。滤波器匹配损失定义为

$$L_m = \frac{(S/N)_{\mathrm{mf}}}{(S/N)_o} \tag{8.46}$$

式中,$(S/N)_o$ 是频率响应为 $H(f)$ 的滤波器输出端的信噪比;$(S/N)_{\mathrm{mf}}$ 是匹配滤波器的信噪比。滤波器匹配损失也可表示为

$$L_m = \frac{(2E/N_0)}{(S/N)_o} \tag{8.47}$$

式中,匹配滤波器信噪比为 $(S/N)_{\mathrm{mf}} = (2E/N_0)$。滤波器匹配损失 $\geqslant 1$,对匹配滤波器,

---

① 文献中也用过信噪比的另一种定义,其中波形峰值处的信号功率在一个载波周期上进行了平均[75, 76]。在这种情况下,平均信号功率为峰值信号功率的一半,于是匹配滤波器输出 SNR 为 E/N_0。

$L_m = 1$。用分贝表示的滤波器匹配损失为 $L_m(\text{dB}) = 10\lg L_m$，对匹配滤波器其等于 0。

模糊函数[2, 71, 72, 77-79]

复包络为 $u(t)$ 的发射波形的自相关①函数定义为

$$\chi_u(\tau, f_d) = \int_{-\infty}^{\infty} u(t) u^*(t+\tau) e^{j2\pi f_d t} dt \tag{8.48}$$

式中，τ 是相对时间延迟；f_d 是多普勒频移。对于距离上比参考目标远的目标，相对时间延迟为正；对于靠近的目标（负距离变化率），多普勒频移为正。复包络 $u(t)$ 归一化为单位能量：

$$\int_{-\infty}^{\infty} |u(t)|^2 dt = 1 \tag{8.49}$$

模糊函数 $u(t)$ 的定义为自相关函数的幅度平方：

$$\Psi_u(\tau, f_d) = |\chi_u(\tau, f_d)|^2 \tag{8.50}$$

模糊函数解读为延迟 - 多普勒（$\tau - f_d$）平面上的一个表面。模糊函数的最大值出现在原点（$\tau = f_d = 0$），为 1。

$$\Psi_u(\tau, f_d) \leqslant \Psi_u(0,0) = 1 \tag{8.51}$$

对任意波形 $u(t)$，其模糊表面下的体积都为 1。

$$\int_{-\infty}^{\infty} \int_{-\infty}^{\infty} \Psi_u(\tau, f_d) d\tau df_d = 1 \tag{8.52}$$

在一般情况下，当复包络的能量是不归一化到单位 1 时，原点处模糊函数的值等于 $(2E)^2$，其中 E 是对应于 $u(t)$ 的带通信号的能量，且模糊函数下的体积也等于 $(2E)^2$。归一化条件等价于假设带通发射波形的能量等于 0.5J。

匹配滤波器时间响应

对多普勒频移为 f_d 的目标，其匹配滤波器的时间响应可用自相关函数表示。$k_1 = 1$，$t_1 = 0$ 的匹配滤波器脉冲响应为

$$h_{\text{mf}}(t) = u^*(-t) \tag{8.53}$$

假设匹配滤波器输入信号具有零时间延迟和 f_d 的多普勒频移，则

$$s(t) = u(t) e^{j2\pi f_d t} \tag{8.54}$$

将 $s(t)$ 与匹配滤波器脉冲响应 $h_{\text{mf}}(t)$ 卷积得到匹配滤波器输出信号 $y(t)$ 为

$$y(t) = \int_{-\infty}^{\infty} u(t') u^*(t'-t) e^{j2\pi f_d t'} dt' \tag{8.55}$$

将这个结果与自相关函数的定义比较，发现匹配滤波器响应可表示为

$$y(t) = \chi_u(-t, f_d) \tag{8.56}$$

由此，对多普勒频移为 f_d 的目标，其匹配滤波器时间响应是自相关函数的时间反转。

---

① 文献中对这个函数的名称没有标准化。Woodward[69]用的名称是相关函数。Spafford[80]用的名称是时间 - 频率自相关函数。文献中对被积函数中 τ 和 f_d 前的符号也有所不同。本章中用的是 Sinsky 和 Wang[78]中提议的标准化的定义。

时间延迟和多普勒频率中目标分辨的条件 [72, 78]

假设两个雷达散射截面相同的目标出现在同一角度位置。第一个目标（称为**参考目标**）位于延迟-多普勒平面的原点，具有零相对时间延迟和零多普勒频率；第二个目标位于相对时间延迟为 τ 的位置，且多普勒频率为 f_d。当第二个目标在距离上比参考目标远时相对时间延迟为正，当目标靠近时多普勒频率为正。对参考信号匹配滤波器输出功率正比于模糊函数，为

$$P_{ref} = \Psi_u(0,0) = 1 \tag{8.57}$$

对第二个目标在参考目标峰值处进行估计的匹配滤波器输出功率为

$$P_2 = \Psi_u(\tau, f_d) \tag{8.58}$$

位于延迟-多普勒平面上 $\Psi_u(\tau, f_d) \approx 1$ 处的第二个目标不能与参考目标区别开来。

参考文献

[1] J. R. Klauder, A. C. Price, S. Darlington, and W. J. Albersheim, "The theory and design of chirp radars," *Bell Syst. Tech. J.*, vol. 39, pp. 745–808, July 1960.

[2] C. E. Cook and M. Bernfield, *Radar signals: An Introduction to Theory and Application*, New York: Academic Press, 1967.

[3] C. E. Cook and J. Paolillo, "A pulse compression predistortion function for efficient sidelobe reduction in a high-power radar," *Proc. IEEE*, pp. 377–389, April 1964.

[4] T. T. Taylor, "Design of line-source antennas for narrow beamwidth and low sidelobes," *IRE Trans.*, vol. AP-3, pp. 16–28, January 1955.

[5] R. C. Hansen, "Aperture theory," in *Microwave Scanning Antennas*, vol. I, R. C. Hansen (ed.), New York: Academic Press, 1964, chap. 1.

[6] H. Gautier and P. Tournois, "Signal processing using surface-acoustic-wave and digital components," *IEEE Proc.*, vol. 127, pt. F, pp. 92–93, April 1980.

[7] A. J. Slobodnik, Jr., "Surface acoustic waves and SAW materials," *Proc. IEEE*, vol. 64, pp. 581–594, May 1976.

[8] T. W. Bristol, "Acoustic surface-wave-device applications," *Microwave J.*, vol. 17, pp. 25–27, January 1974.

[9] J. W. Arthur, "Modern SAW-based pulse compression systems for radar applications," *Electronics & Communications Engineering Journal*, December 1995.

[10] R. C. Williamson, "Properties and applications of reflective-array devices," *Proc. IEEE*, vol. 64, pp. 702–703, May 1976.

[11] G. W. Judd, "Technique for realizing low time sidelobe levels in small compression ratio chirp waveforms," *Proc. IEEE Ultrasonics Symp.*, 1973, pp. 478–481.

[12] A. Pohl, C. Posch, F. Seifert, and L. Reindl, "Wideband compressive receiver with SAW convolver," *1995 IEEE Ultrasonics Symposium*, pp. 155–158.

[13] X. Shou, J. Xu, H. Wang, and Q. Xu, "SAW pulse compression systems with lower sidelobes," *1997 Asia Pacific Microwave Conference*, pp. 833–835.

[14] T. Murakami, "Optimum waveform study for coherent pulse doppler," *RCA Final Rept.*, prepared for Office of Naval Research, Contract Nonr 4649(00)(x), AD641391, February 28, 1965.

[15] T. Collins and P. Atkins, "Nonlinear frequency modulation chirps for active sonar," *IEE Proc.-Radar, Sonar Navig.*, vol. 146, no. 6, pp. 312–316, December 1999.

[16] L. R. Varschney and D. Thomas, "Sidelobe reduction for matched range processing," *2003 IEEE Radar Conference*, pp. 446–451.

[17] N. Levanon and E. Mozeson, *Radar Signals*, New York: IEEE Press, John Wiley & Sons, Inc., 2004, pp. 106, 145.

[18] R. H. Barker, "Group synchronization of binary digital systems," *in Communication Theory*, W. Jackson (ed.), New York: Academic Press, 1953, pp. 273–287.

[19] P. J. Edmonson, C. K. Campbell, and S. F. Yuen, "Study of SAW pulse compression using 5×5 Barker codes with quadriphase IDT geometries," *1988 IEEE Ultrasonics Symposium*, pp. 219–222.

[20] T. Felhauer, "Design and analysis of new P(n,k) polyphase pulse compression codes," *IEEE Transactions on Aerospace and Electronics Systems*, vol. 30, no. 3, pp. 865–874, July 1994.

[21] R. Turyn and J. Stover, "On binary sequences," *Proc. Am. Math. Soc.*, vol. 12, pp. 394–399, June 1961.

[22] D. G. Luenburger, "On Barker codes of even length," *Proc. IEEE*, vol. 51, pp. 230–231, January 1963.

[23] R. Turyn, "On Barker codes of even length," *Proc. IEEE* (correspondence), vol. 51, p. 1256, September 1963.

[24] L. Bomer and M. Antweiler, "Polyphase Barker sequences," *Electronics Letters*, vol. 23, no. 23, pp. 1577–1579, November 9, 1989.

[25] H. Meikle, *Modern Radar Systems*, Norwood, MA: Artech House, 2001, p. 258.

[26] B. L. Lewis, "Range-time-sidelobe reduction technique for FM-derived polyphase PC codes," *IEEE Transactions on Aerospace and Electronics Systems*, vol. 29, no.3, pp. 834–863, July 1993.

[27] W. W. Peterson and E. J. Weldon, Jr., *Error Correcting Codes*, Cambridge: M.I.T. Press, 1972, app. C.

[28] M. I. Skolnik, *Introduction to Radar Systems*, 3rd Ed., New York: McGraw Hill, 2001, p. 367.

[29] N. Levanon and E. Mozeson, *Radar Signals*, New York: IEEE Press, John Wiley & Sons, Inc., 2004, pp. 106–109.

[30] L. Bömer and M. Antweiler, "Polyphase Barker sequences," *Electronics Letters*, vol. 25, no. 23, pp. 1577–79, November 9, 1989.

[31] W-D. Wirth, *Radar Techniques Using Array Antennas*, IEE Radar, Sonar, Navigation and Avionics Series 10, London: The Institution of Electrical Engineers, 2001.

[32] R. L. Frank, "Polyphase codes with good nonperiodic correlation properties," *IEEE Trans.*, vol. IT-9, pp. 43–45, January 1963.

[33] B. L. Lewis and F. F. Kretschmer, Jr., "A new class of polyphase pulse compression codes and techniques," *IEEE Trans.*, vol. AES-17, pp. 364–372, May 1981. (See correction, IEEE Trans., vol. AES-17, p. 726, May 1981.)

[34] B. L. Lewis, "Range-time-sidelobe reduction technique for FM-derived polyphase PC codes," *IEEE Transactions on Aerospace and Electronics Systems*, vol. 29, no.3, pp. 834–863, July 1993.

[35] B. L. Lewis and F. F. Kretschmer, Jr., "Linear Frequency Modulation Derived Polyphase Pulse Compression Codes," *IEEE Trans. on Aerospace and Electronics Systems*, AES-18, no. 5, pp. 636–641, September 1982.

[36] J. W. Taylor and H. J. Blinchikoff, "Quadriphase code-a radar pulse compression signal with unique characteristics," *IEEE Trans. Aerospace and Electronic Systems*, vol. 24, no. 2, pp. 156–170, March 1988.

[37] H. J. Blinchikoff, "Range sidelobe reduction for the quadriphase codes," IEEE Trans. Aerospace and Electronic Systems, vol. 32, no. 2, April 1996, pp. 668–675.

[38] N. Levanon, "Stepped-frequency pulse-train radar signal," *IEE Proc-Radar Sonar Navigation*, vol. 149, no. 6, December 2002.

[39] A. W. Rihaczek, *Principles of High-Resolution Radar*, New York: McGraw-Hill Book Company, 1969, chap. 8.

[40] J. P. Donohue and F. M. Ingels, "Ambiguity function properties of frequency hopped radar/sonar signals," *Proc. of the 1989 Southeastcon*, session 10B6, pp. 85–89.

[41] J. P. Costas, "A study of a class of detection waveforms having nearly ideal range-doppler ambiguity properties," *Proc. of the IEEE*, vol. 72, no. 8, August 1984.

[42] B. R. Mahafza, *Radar Systems Analysis and Design using MATLAB, 2000*, Boca Raton: Chapman & Hall/CRC, 2000.

[43] B. M. Popvik, "New construction of Costas sequences," *Electronic Letters*, vol. 25, no.1, January 5, 1989.

[44] M. I. Skolnik, *Introduction to Radar Systems*, 3rd Ed., New York: McGraw Hill, 2001, pp. 355–57.

[45] D. P. Morgan, "Surface acoustic wave devices and applications," *Ultrasonics*, vol. 11, pp. 121–131, 1973.

[46] L. O. Eber and H. H. Soule, Jr., "Digital generation of wideband LFM waveforms," *IEEE Int. Radar Conf. Rec.*, 1975, pp. 170–175.

[47] AD9858 1-GSPS direct digital synthesizer data sheet, Rev. A, 2003, Analog Devices, Norwood, MA (available at www.analog.com).

[48] J. K. Hartt and L. F. Sheats, "Application of pipeline FFT technology in radar signal and data processing," *EASCON Rec.*, 1971, pp. 216–221; reprinted in David K. Barton, *Radars*, vol. 3, Ann Arbor: Books on Demand UMI, 1975.

[49] P. E. Blankenship and E. M. Hofstetter, "Digital pulse compression via fast convolution," *IEEE Trans. on Acoustics, Speech and Signal Processing*, vol. ASSP-23, no. 2, pp. 189–222, April 1975.

[50] L. W. Martinson and R. J. Smith, "Digital matched filtering with pipelined floating point fast Fourier transforms (FFTs)," *IEEE Trans. on Acoustics, Speech and Signal Processing*, vol. ASSP-23, no. 2, pp. 222–234, April 1975.

[51] L. E. Pellon, "A double Nyquist digital product detector for quadrature sampling," *IEEE Trans. on Signal Processing*, vol. 40, no. 7, pp. 1670–1680.

[52] G. A. Shaw and S. C. Pohlig, "I/Q baseband demodulation in the RASSP SAR benchmark," Project Report RASSP-4, Massachusetts Institute of Technology, Lincoln Laboratory, 25 August 1995, http://www.ll.mit.edu/llrassp/documents.html.

[53] M. A. Richard, "Digital I/Q," Section 3.7.3 in *Fundamentals of Radar Signal Processing*, New York: McGraw-Hill, 2005.

[54] L. R. Rabiner and B. Gold, *Theory and Application of Digital Signal Processing*, Englewood Cliffs, NJ: Prentice-Hall, Inc., 1975, chap. 2.

[55] J. J. Gostin, "The GE592 solid-state radar," *IEEE EASCON 1980*, pp. 197–203.

[56] E. L, Cole, P. A DeCesare, M. J. Martineaus, R. S. Baker, and S. M. Buswell, "ASR-12: A next generation solid-state air traffic control radar," *IEEE 1998 Radar Conference*, pp. 9–14.

[57] W. J. Caputi, Jr., "Stretch: A time-transformation technique," *IEEE Trans.*, vol. AES-7, pp. 269–278, March 1971.

[58] W. J. Caputi, "A technique for the time-transformation of signals and its application to directional systems," *The Radio and Electronic Engineer*, pp. 135–142, March 1965.

[59] W. J. Caputi, "Swept-heterodyne apparatus for changing the time-bandwidth product of a signal," U.S. Patent 3283080, November 1, 1966.

[60] W. J. Caputi, "Pulse-type object detection apparatus," U.S. Patent, November 21, 1967.

[61] K. R. Roth, M. E. Austin, D. J. Frediani, G. H. Knittel, and A. V. Mrstik, "The Kiernan reentry measurements system on Kwajalein Atoll," The Lincoln Laboratory Technical Journal, vol. 2, no. 2, 1989.

[62] D. R. Bromaghim and J. P. Perry, "A wideband linear fm ramp generator for the long-range imaging radar," *IEEE Trans, Microwave Theory and Techniques*, vol. MTT-26, no. 5, pp. 322–325, May 1978.

[63] G. R. Armstrong and M. Axelbank, "Description of the long-range imaging radar," Project Report PSI-85, Massachusetts Institute of Technology, Lincoln Laboratory, November 16, 1977.

[64] M. D. Abouzahra and R. K. Avent, "The 100-kW millimeter-wave radar at the Kwajalein Atoll," *IEEE Antennas and Propagation Magazine*, vol. 36, no. 2, pp. 7–19, April 1994.

[65] W. C. Kellog, "Digital processing rescues hardware phase errors," *Microwaves & RF*, pp. 63–67, 80, November 1982.

[66] C. L. Temes, "Sidelobe suppression in a range channel pulse-compression radar," *IRE Trans.*, vol. MIL-6, pp. 162–169, April 1962.

[67] E. Filer and J. Hartt, "COBRA DANE wideband pulse compression system," *IEEE EASCON '76*, 1976, pp. 61-A–61-M.

[68] S. Stein and J. J. Jones, *Modern Communication Principles with Application to Digital Signaling*," New York: McGraw-Hill, 1967.

[69] P. M. Woodward, *Probability and Information Theory with Application to Radar*, Pergamon Press, 1960.

[70] D. Brandwood, "Fourier Transforms," in *Radar and Signal Processing*, Boston: Artech House, 2003.

[71] G. W. Deley, "Waveform design," in *Radar Handbook*, M. I. Skolnik (ed.), 1st Ed., New York: McGraw-Hill, 1970.

[72] A. I. Sinsky, "Waveform selection and processing" in *Radar Technology*, E. Brookner (ed.), Boston: Artech House, 1977, Chap. 7.

[73] C. W. Helstrom, *Statistical Theory of Signal Detection*, 2nd Ed., Pergamon Press, 1968.

[74] G. L. Turin, "An introduction to matched filters," *IRE Trans. Inform. Theory*, vol. IT-6, pp. 311–329, June 1960.

[75] D. K. Barton, *Modern Radar System Analysis and Modeling*, Canton, MA: Artech House Inc, 2005, Chap. 5, p. 197.

[76] F. E. Nathanson, J. P. Reilly, and M. N. Cohen, *Radar Design Principles: Signal Processing and the Environment*, 2nd Ed. New York: McGraw-Hill, 1991. chap. 8, p. 357.

[77] A. W. Rihaczek, "Radar signal design for target resolution," *Proc. IEEE*, vol. 53, pp. 116–128, February 1965.

[78] A. I. Sinsky and C. P. Wang, "Standardization of the definition of the ambiguity function," *IEEE Trans. Aerospace and Electronic Systems*, pp. 532–533, July 1974.

[79] IEEE standard radar definitions, IEEE Std 686-1990, The Institution of Electrical and Electronic Engineers, New York, NY, 1990. The ambiguity function is defined on page 55 using the standardized definition given by Sinsky and Wang.

[80] L. J. Spafford, "Optimum radar signal processing in clutter," *IEEE Trans. Information Theory*, vol. IT-14, no. 5, pp. 734–743, September 1968.

第9章 跟踪雷达

9.1 引言

典型的跟踪雷达发射笔形波束,以接收单个目标的回波,并跟踪目标的方位、距离或/和多普勒频率。其分辨单元由其天线波束宽度、发射脉冲宽度(采用脉压时有效脉冲宽度可以较窄)和/或多普勒带宽决定。其分辨单元与搜索雷达的分辨单元相比通常较小,用来排除来自其他目标、杂波和干扰等不需要的回波信号(电子波束扫描的相控阵跟踪雷达可以通过顺序驻留和测量每个目标而跟踪多个目标,同时排除其他回波或信号源)。

由于跟踪雷达波束窄,通常是几分之一度至 1°或 2°,因此它常常依赖于搜索雷达或其他目标位置来源的信息来捕获目标,即在开始跟踪之前,将它的波束对准目标或置于目标附近。在锁定目标或闭合跟踪环之前,波束可能需要在有限的角度区域内扫描,以便将目标捕获在波束之内,并使距离跟踪波门的中心位于回波脉冲处。该波门起着快速"接通/关闭"的开关作用,它在目标回波脉冲的上升沿处使接收机"接通",而在目标回波脉冲结束时使接收机"关闭"以便排除不想要的回波信号。距离跟踪系统完成保证波门中心对准目标回波的任务,将在 9.5 节讲述。

跟踪雷达的主要输出是由其波束指向角和距离跟踪波门的位置所决定的目标位置。其角度位置是从天线跟踪轴上的同步机或编码器获得的数据(或是从电子扫描相控阵雷达的波束指向计算机获得的数据)。在某些情况下,跟踪滞后是通过把来自跟踪环的跟踪滞后误差电压转换成角度单位来度量的。为了实时校正跟踪滞后误差,通常在角度轴位置数据中加上或减去这个数据。

跟踪雷达系统的种类很多,其中有的能同时完成监视和跟踪两种作用。本章将详细讨论的是一种得到广泛应用的陆基跟踪雷达系统。它有一个安装在旋转平台上的笔形波束天线。其方位和仰角位置由伺服电动机驱动来跟随目标[见图 9.1(a)]。通过检测回波波前的到达角来确定指向误差,并以放置天线的指向使目标保持位于波束中心来校正。同时精密跟踪多个目标的现代需求促使电扫阵列单脉冲雷达的发展。该雷达有能力使其波束在多个目标之间脉冲间进行转换。图 9.1(b)中所示的 AN/MPS-39 就是一个高度多功能的电扫单脉冲导弹靶场测量雷达的例子。

精密跟踪雷达主要应用于武器控制和导弹靶场测量。在这两种用途中,通常都要求高精度并对目标的未来位置做精确的预测。跟踪雷达的最早使用是火炮控制。它测量目标的方位、仰角和距离,并根据这些参数的变化率算出目标的速度矢量,并预测其未来的位置。用此信息移动火炮瞄准目标并设定引信时间。跟踪雷达在为导弹控制提供制导信息和控制指令方面起着类似的作用。

（a）AN/FPQ-6 C 波段单脉冲精密跟踪雷达安装在弗吉尼亚的国家航空和宇宙航行局的沃洛普斯岛站上。其天线口径为 29 英尺，额定跟踪精度为 0.05 毫弧度（均方根值）

（b）AN/MPS-39 C 波段电扫相控阵多目标跟踪雷达（MOTR）安装在白沙导弹靶场
（AN/MPS-39 照片由白沙导弹靶场和洛克希德·马丁公司提供）

图 9.1　跟踪雷达举例

在导弹靶场测量时，用跟踪雷达的输出来测量导弹的轨迹并预测其未来的位置。在导弹发射阶段，用跟踪雷达不断计算导弹的弹着点，以免导弹发射故障影响靶场安全。如果弹着点接近居民区或其他重要区域，就摧毁该导弹。导弹靶场测量雷达通常配合使用信标（脉冲转发器）来提供点源回波——通常其脉冲是延迟的以便将其与目标回波分开——其信噪比高，以便实现精确跟踪（角精度为0.05密位，距离精度为5m）。

本章将介绍单脉冲（用比相或比幅方法同时形成多个天线波束）、圆锥扫描和顺序天线波束转换等跟踪雷达技术，重点放在比幅单脉冲（同时形成多个天线波束）雷达上。

9.2 单脉冲（同时形成多个天线波束）

圆锥扫描和顺序天线波束转换跟踪技术对回波幅度起伏和幅度干扰（见9.3节）是敏感的。这是研制一种能同时提供对角误差敏感所需的所有波束的跟踪雷达的主要原因。这需要在单个脉冲上同时比较各波束的输出，从而消除回波幅度随时间变化的影响。做到这一点的技术最初叫作同时形成多个天线波束，这是这种技术的描述性名称。后来想出了**单脉冲**这个术语，指的是能在单个脉冲上得到角误差信息的能力。它已成为这种跟踪技术的通用名称，哪怕天线波束是同时产生的并可采用连续波雷达来完成单脉冲跟踪。

最初的单脉冲跟踪雷达的天线效率低，微波电路复杂，因为那时波导式的信号合成电路还是相当新的技术。现在这些问题已解决了，使用现代的紧凑和现成电路的单脉冲雷达在性能上很容易超过扫描和波束转换系统。单脉冲技术本身就固有进行高精度测角的能力，因为它的馈源结构紧凑，其信号通道短而且刚性安装，无活动部分。这才使得有可能研制出满足导弹靶场测量雷达0.003°角跟踪精度需求的笔形波束跟踪雷达。

本章专门讲述跟踪雷达，但是单脉冲技术也在其他系统中运用，如自动寻的装置、测向机及一些搜索雷达。绝大多数的单脉冲基本原理及局限性也适用于所有的应用场合，更多的介绍参见文献[1]和[2]。

比幅单脉冲

要形象地理解比幅单脉冲接收机工作的方法是研究在天线聚焦平面上的回波信号[3]。回波被聚焦成一个有限尺寸的"亮点"。当目标在天线轴线上时，该"亮点"对准聚焦平面的中心；而当目标偏离轴线时，"亮点"偏离中心。天线馈源位于焦点上，来接收来自轴线上的目标的最大能量。

比幅单脉冲馈源设计成能检测"亮点"离开聚焦平面中心的任何横向位移。例如，采用四个方形喇叭的单脉冲馈源，其中心放在焦点上。它是对称的，当"亮点"落在中心时四个喇叭中的每一个喇叭收到的能量均相等。如果目标离开轴线，就会使"亮点"移动，于是在各喇叭中的能量就会不平衡。雷达通过比较在各个喇叭中激起的回波信号幅度来检测目标的位移。这是靠采用微波混合电路使两对喇叭的输出相减来完成的。这样就形成了一种敏感器件，只要目标离开轴线，就引起了不平衡，就会有信号输出。常规的方形四喇叭馈源所用的射频电路（见图9.2）从右边一对输出中减去左边一对输出以检测方位角方向上的任何不平衡，同时从下面一对输出中减去上面一对输出以检测仰角方向上的任何不平衡。此外，该电路还将四个喇叭的输出全部加起来得到和信号在探测、单脉冲处理及距离跟踪时用。

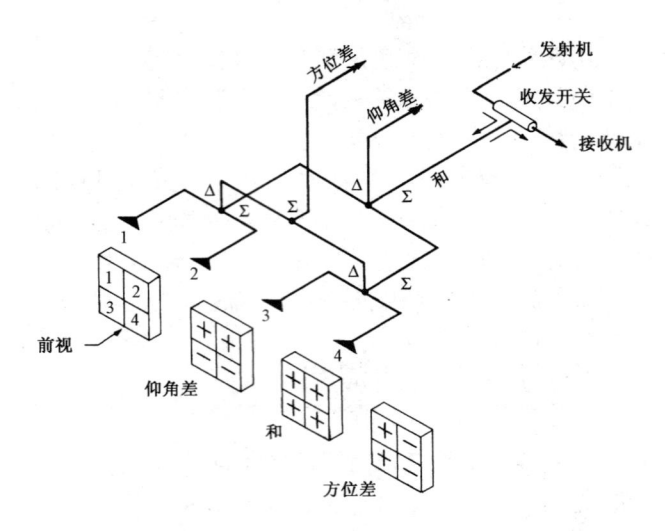

图 9.2 四喇叭单脉冲馈源的微波比幅电路

图 9.2 中所示的比较器进行喇叭馈源输出的加减，以得到单脉冲的和、差信号。这可以用混合 T 型或魔 T 波导器件说明。它们是四端口器件，在其基本形式中，输入口和输出口在位置上是相互垂直的。现已开发出方便的"折叠"结构的魔 T 波导接头，它是非常紧凑的比较器组件。这些器件及其他类似四端口器件的性能在文献[1]的第 4 章中有描述。

相减器的输出称为**差信号**。当目标在轴线上时，差信号为零。随着目标偏离天线轴线的位移增加，差信号的幅度就会增加。当目标从中心的一边变到另一边时，差信号的相位改变 180°。4 个喇叭输出的总和提供一个参考信号，以便即使目标回波信号在大动态范围内变化时控制角跟踪灵敏度（每度误差的电压伏数）使其保持稳定。这是通过为了进行稳定的自动角跟踪而保持和信号输出与角跟踪回路增益恒定的自动增益控制（AGC）实现的。

图 9.3 是典型的单脉冲雷达的框图。和信号、仰角差信号、方位差信号采用同一个本振各自变换成中频（IF），以便在中频上仍维持相对的相位关系。将中频和信号检波后输出，变成视频输出给测距机。测距机测定并跟踪所需目标回波的到达时间，并提供波门脉冲以使雷达接收通道只在预期有回波的短暂时间内接通。

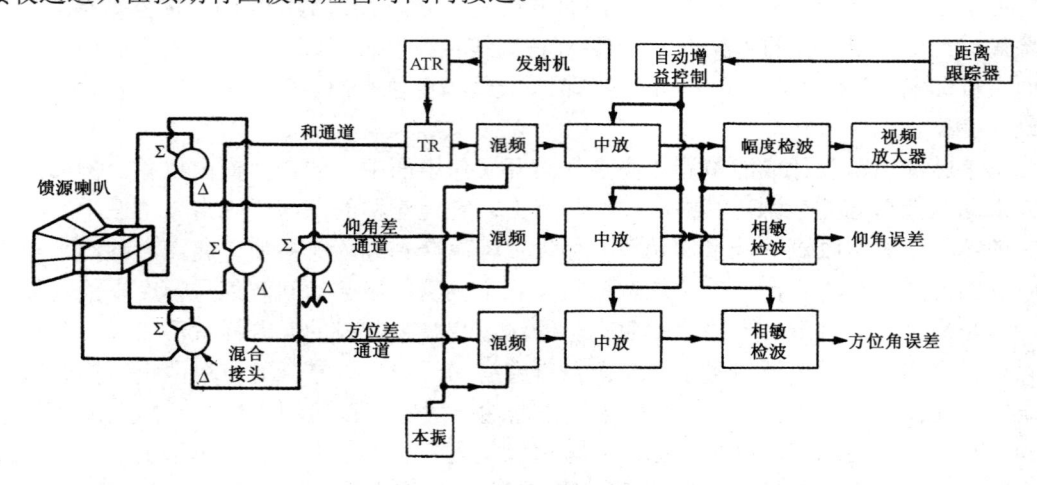

图 9.3 常规单脉冲跟踪雷达框图

经过波门选通的视频用来产生正比于Σ信号或|Σ|的 AGC 直流电压来控制三路中放通道增益。即使目标回波信号在很大的动态范围内变化，AGC 通过控制增益或除以|Σ|也能使角跟踪灵敏度（每度误差的电压伏数）不变。为了稳定的自动角跟踪，必须用 AGC 保持角跟踪环路的增益不变。某些单脉冲系统，如双通道单脉冲可用对数检波器提供瞬时 AGC 或进行归一化，这将在本节后面部分叙述。

中频和信号输出还给相位检波器提供一个参考信号。相位检波器从差信号中获得角跟踪误差电压。相位检波器实质上是一个求点积器件，产生的输出电压为

$$e = \frac{|\Sigma||\Delta|}{|\Sigma||\Sigma|}\cos\theta \quad \text{或} \quad e = \frac{\Delta}{|\Sigma|}\cos\theta \tag{9.1}$$

式中，e 是角误差检波器输出电压；$|\Sigma|$ 是和信号的幅度；$|\Delta|$ 是差信号的幅度；θ 是和差信号之间的相位角。

点积误差检测器只是文献[1]的第 7 章中所述的众多单脉冲误差检测器中的一种。

通常，在雷达经过正确调节之后，θ 值不是 0°就是 180°。而检波器的相敏特性的唯一目的就是在 $\theta=0°$ 和 $\theta=180°$ 时，分别给角误差检波器输出正或负极性，以便指示伺服驱动天线座的方向。

在脉冲跟踪雷达中，角误差检波器输出是双极性的视频。也就是说，视频脉冲的幅度正比于角误差，而其极性（正、负）对应于误差的方向。这个视频一般通过一个采样和保持电路进行处理，使电容器充电到峰值视频脉冲的电平并将电荷保持到下一个脉冲为止。下一个脉冲到达时电容就放电并再充电到新的脉冲电平。经过适当低通滤波，将输出直流误差电压给伺服放大器，用以校正天线的位置。

三通道比幅单脉冲跟踪雷达是最常用的单脉冲系统。但是，这 3 个信号可以用其他方法合并，以便采用双通道接收系统（这点将在本节后面叙述），它在目前某些地空导弹系统（SAM）中已得到应用。

单脉冲天线馈源技术

单脉冲雷达的馈源有多种构成形式。也有用高阶波导模的单孔径天线来提取角误差敏感差信号的。馈源设计中有许多折中，因为不可能同时满足和、差信号最佳，副瓣电平又低，极化形式可以选择而且设计简单等要求。所谓**简单**，不仅指成本低而且还指要用不复杂的电路，这是为提供一个瞄准线稳定性好的宽带系统来满足精密跟踪的要求所必需的（**瞄准线**是天线的电轴，即天线波束内的某一个角度方向，当信号源放在该角度位置时角误差检波器输出为零）。

现在描述某些典型的单脉冲馈源，用以说明各种性能因素的基本关系和所涉及的折中，以及如何用一种馈源结构使较重要的因素最佳但牺牲了其他方面的性能[4]。从最原始的四喇叭方形馈源以来，已经出现了许多新的结构，其目的是在一个设计周到的单脉冲雷达所要求达到的全部馈源特性上都具有良好的性能。

最原始的四喇叭方形单脉冲馈源效率不高，因为差信号的最佳馈源尺寸大约是和信号最佳尺寸的 2 倍[5]。因而，常用一个中间尺寸来兼顾差信号与和信号。文献[1]中介绍了这种折中的最佳四喇叭方形馈源尺寸。该尺寸是使接收机热噪声所引起的角误差最小为基础的。然

而，如果主要考虑副瓣，则可能要用其他尺寸。

四喇叭方形馈源的局限性在于和及差信号电场无法独立控制。如果要独立控制，**理想的情况**应近似于图 9.4 所示，即在误差敏感平面上差信号尺寸的大小是和信号尺寸的 2 倍[5]。

麻省理工学院（MIT）林肯实验室使用过的接近理想程度的一项技术，采用 12 喇叭馈源（见图 9.5），整个馈源被分成小块。微波电路为和、差信号选择必要的部分以达到这种理想情况。它的一个缺点是这种馈源需要一个非常复杂的微波电路，且馈源中被划分出的四喇叭馈源部分，每部分都是一个四单元的阵列。由于在 H 面内出现两次电场峰值，因此阵列将在 H 面产生很大的馈源副瓣。另一方面，由于其尺寸的原因，12 喇叭馈源并不适用于在焦点馈电的抛物面或反射阵。焦点馈源通常很小，以便产生宽的方向图，而且必须紧凑以避免天线孔径阻挡。在某些情况下，所需要的小的最佳尺寸低于波导截止尺寸，为了避免截止，需要在波导口径内填充电介质。

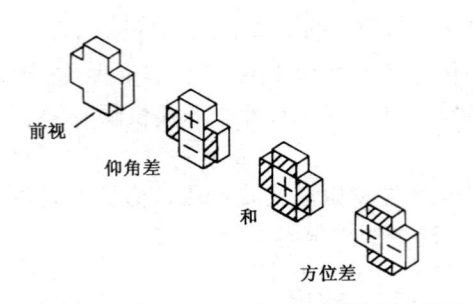

图 9.4 对和、差信号而言近似理想的馈源电场分布

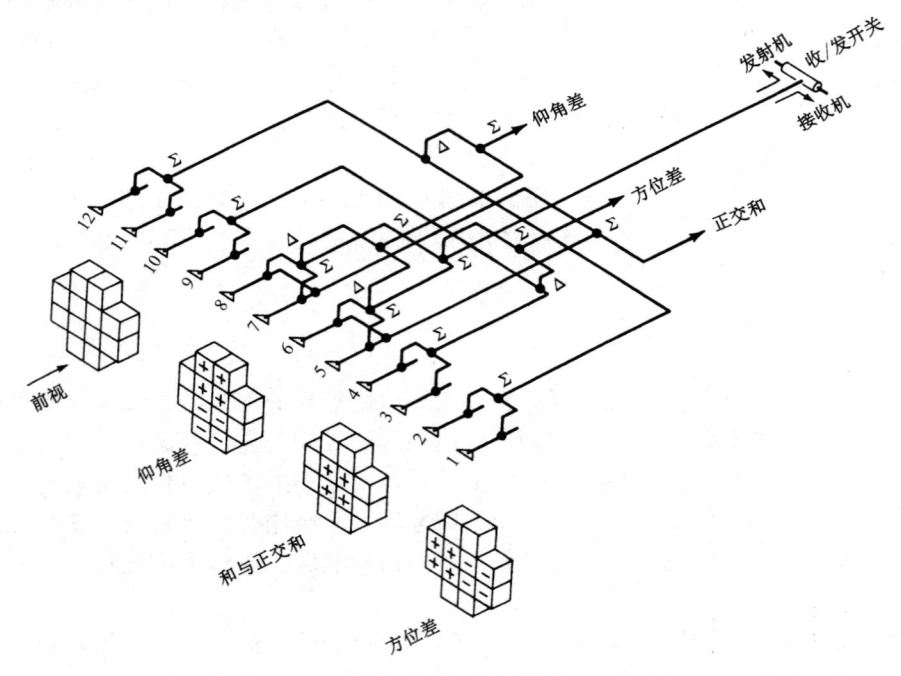

图 9.5 12 喇叭馈源

为了能独立地控制和信号与差信号的电场，较具有实际意义的单脉冲天线馈源设计方法采用高阶波导模而非多喇叭。这种方法简单得多，并有非常好的灵活性。RCA 公司[7, 8]采用的三模双喇叭馈源将 E 平面隔膜回缩，从而使 TE_{10} 和 TE_{30} 模能在如图 9.6 所示的双倍宽度的无隔膜区内被激励和传播。在隔膜处，双峰电场用 TE_{10} 和 TE_{30} 模的组合在中心相减而在 TE_{30} 模外部峰值处相加。但是，由于两种模以不同的速度传播，因此在沿着 2 倍宽度的波导

向前传播后,将达到这样的一个点,即双模在中心相加而在 TE$_{30}$ 模的外端峰值处相减。结果使和信号电场像所需的那样集中在馈源孔径的中心。

这种和信号电场的成形与差信号 E 电场无关。差信号电场是两个 TE$_{10}$ 模信号肩并肩地达到如图 9.6 所示的隔膜处时不同相,在隔膜处变成 TE$_{20}$ 模,且朝着喇叭孔径传播,使用所希望的整个喇叭宽度。TE$_{20}$ 模式在隔膜所在的波导中心处电场为零,并不受隔膜的影响。

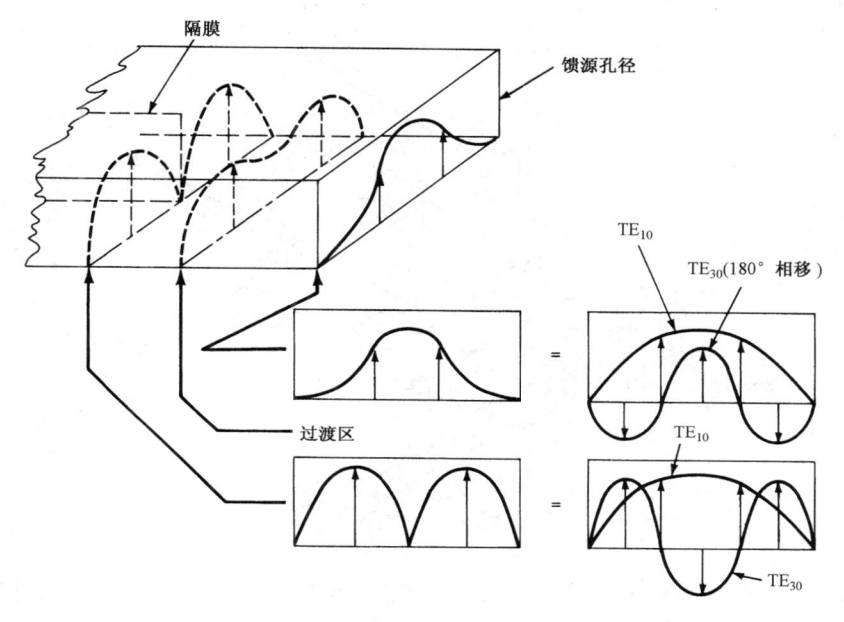

图 9.6　用回缩隔膜形成和信号电场

馈源的进一步发展是四喇叭三模馈源,如图 9.7 所示[5]。这种馈源使用如上所述的同样的方法,但增加了顶部和底部喇叭。这使 E 平面的差信号耦合到所有的 4 个喇叭并使用馈源的整个高度。和信号只使用中间的两个喇叭以便把 E 平面的电场限制成理想的形状。使用较小顶部和底部馈源是一个朝馈源中心聚集电场更简单的方法,在此并不需要整个喇叭宽度。

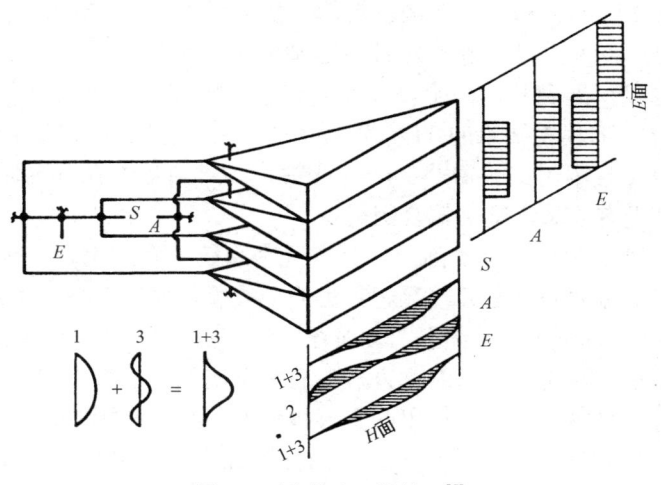

图 9.7　四喇叭三模馈源[5]

迄今所述的馈源适用于线性极化方式。当抛物线天线需要圆极化时，可使用方形或圆形截面的喇叭喉部。每一个喇叭的垂直和水平分量都是分开的，而且为每个极化都提供比较器。来自比较器的和、差信号以 90°的相对相位进行合成，以得到圆极化。把前面描述的馈源用于圆极化需要极复杂的波导电路。因此使用了如图9.8所示的五喇叭馈源。

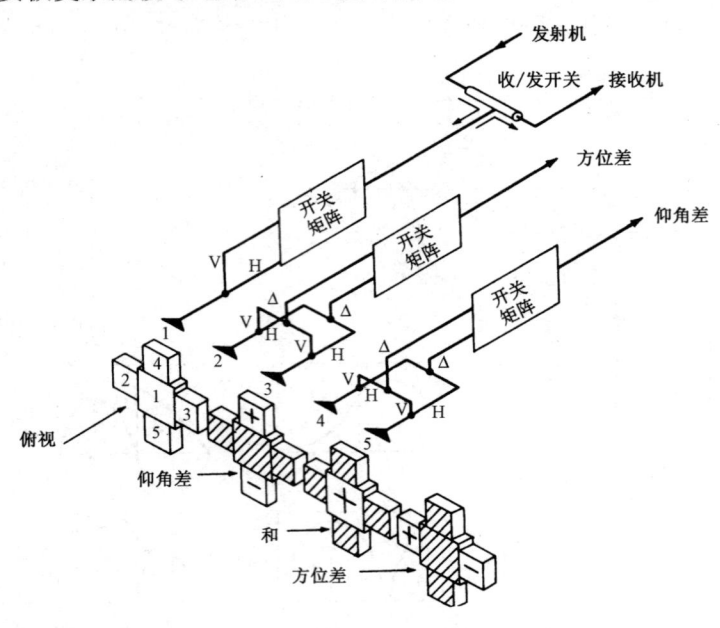

图9.8 耦合两种线极化成分并用开关矩阵合成选择出水平线极化、垂直线极化或圆极化的五喇叭馈源

选择五喇叭馈源是因为比较器简单，对每一种极化，它仅仅只需要两个魔 T（或混合 T）。两个线性极化分量都形成和、差信号，在 AN/FPQ-6 雷达中，它们在用于选择极化的波导开关中进行合成，开关选择或水平输入分量或垂直输入分量或者以 90°的相对相位对它们合成以得到圆极化。因为和喇叭占据了差信号所需的空间，所以这种馈源并不提供最佳的和及差信号电场。通常使用一个较小尺寸的和信号喇叭以进行兼顾。在复杂性和效率之间，五喇叭馈源是一个切合实际的选择。许多测量雷达，如 AN/FPQ-6、AN/FPQ-10、AN/TPQ-18、AN/MPS-36[7, 8]及 AN/TPQ-27 战术精密跟踪雷达都使用了它[9]。

多模馈源技术可以扩展到其他高阶模以便对误差敏感和使电场成形[10-12]。差信号包含在不对称模中，如对 H 平面误差敏感的 TE_{20} 模及对 E 平面误差敏感的 TE_{11} 和 TM_{11} 模的组合。这些模提供了差信号，且不用比较器[10]。一般来说，模耦合器件在分离对称和不对模式上均有很好的性能，而且没有显著的交叉耦合问题。

多波段单脉冲馈源结构是切合实际的，且在几个系统中有应用。一个简单的例子是合成 X 波段和 Ka 波段的单脉冲抛物面天线雷达。对每个波段均使用单独的常规馈源，Ka 波段馈源作为一个卡塞格伦（Cassegrain）馈源，X 波段馈源在焦点处[13]。卡塞格伦副反射面是双曲形栅网，它高效反射水平极化波，但对垂直极化波是透明的。它被取向为对 X 波段焦点处的馈源是透明的，而对从抛物面顶点延伸出的垂直极化 Ka 波段馈源则是反射的。

不同微波频率的单脉冲馈源喇叭也可以用同心馈源喇叭来组合。多波段馈源组可能牺牲效率，但能用一部天线满足多波段的要求。

AGC（自动增益控制）

为了使角度跟踪的闭环伺服系统保持稳定，雷达必须保证环路增益是常数，而与目标尺寸、距离无关。问题来自天线的单脉冲差信号既正比于目标偏离天线轴的角位移又正比于回波信号幅度。对于给定的跟踪误差，误差电压随回波幅度和目标距离变化，从而引起环路增益相应的变化。

AGC 用于消除角误差检波器输出随回波幅度的变化，并保持固定的跟踪环路增益。图 9.9 所示为一种典型的 AGC 技术。它用于单角坐标跟踪体制。AGC 系统检测和信号的峰值电压，并提供正比于峰值信号电压的负直流电压。负电压被反馈到中频放大级，用于当信号增强时使增益降低。AGC 环路的高增益等效于将中频输出除以一个正比于其幅度的因子。

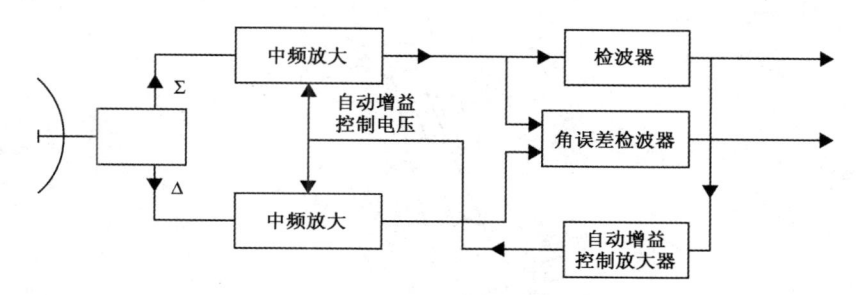

图 9.9 单脉冲跟踪中的自动增益控制

在三通道单脉冲雷达中，所有 3 个通道都受自动增益控制电压控制，它有效地完成对和信号或回波幅度的除法。基本上，常规的自动增益控制在脉冲重复周期内保持增益不变。另外，和通道的自动增益控制使和回波脉冲幅度归一化，以类似地保持距离跟踪伺服环路稳定。

假定为乘积检波器的角误差检波器输出为

$$|e| = k\frac{\Delta\Sigma}{|\Sigma||\Sigma|}\cos\theta \tag{9.2}$$

式中，$|e|$ 是角误差电压的振幅。点源目标的相位被调整到 0° 和 180° 时的结果为

$$|e| = \pm k\frac{\Delta}{|\Sigma|} \tag{9.3}$$

作为角闪烁现象的一部分，复杂目标可能会引起其他相位关系[1]。上述正比于差信号与和信号之比的误差电压就是所需要的角误差检波器的输出。它提供了一个固定的角误差灵敏度[1]。

由于自动增益控制的带宽有限，某些快速信号起伏将对 $|e|$ 调制，但长时间平均的角灵敏度仍为常数。这些起伏基本上来自目标反射率 $\sigma(t)$ 的快速变化，也即来自目标的振幅闪烁。对 $|e|$ 的随机调制会导致额外的角噪声分量，这会影响 AGC 带宽的选择。

在圆锥扫描雷达中，AGC 也类似地使角误差灵敏度不变。圆锥扫描雷达中的一个主要限制是 AGC 带宽必须比扫描频率低得多，以防止 AGC 电路将含有角误差信息的调制也消除掉了。

比相单脉冲

第二种单脉冲技术采用多个天线,其指向目标的波束是重叠(不叉开)的。如图 9.10 所示,比较来自这些天线信号的相位可内插得到目标角在波束内的位置(为简明起见只画出单个坐标的跟踪器)。如果目标处在天线瞄准轴线上,则各个孔径的输出将是同相的。当目标以某个方向偏离轴线时,相对相位就有变化。因每个孔径中的信号幅度是相同的,所以角误差相位检波器的输出只取决于相对相位(见图 9.11)。在一个通道中,相位检波器调整成移相 90°,以使它在目标处于轴线上时输出为零,而在目标有角位移时输出增加,极性则对应于误差的方向。

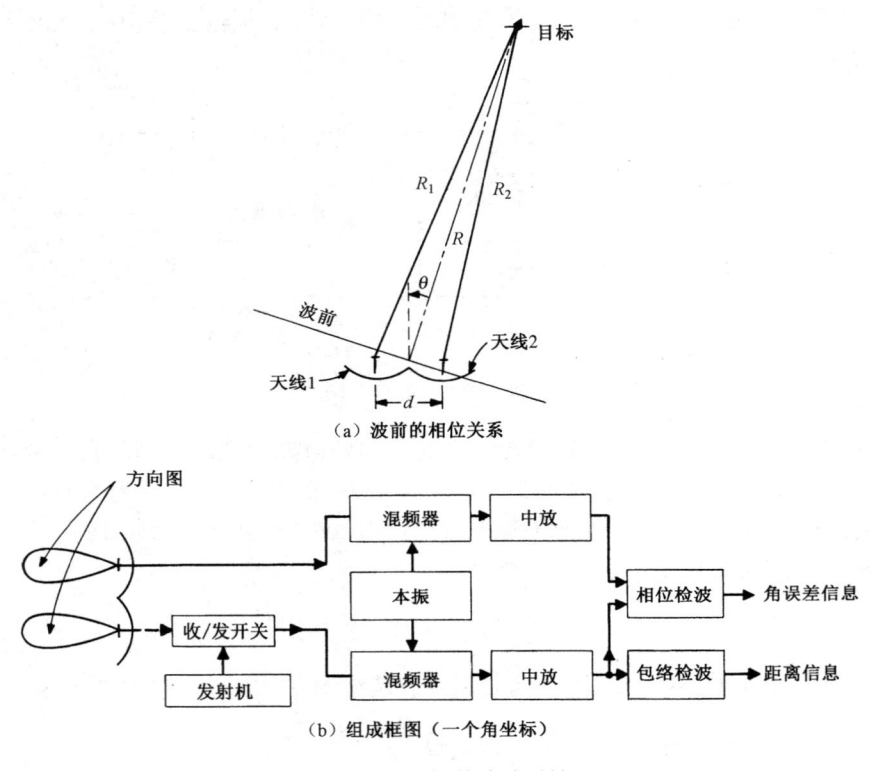

图 9.10 比相单脉冲雷达

典型的平面分支馈电相控阵比较孔径两半的输出,属于相位比较单脉冲类。然而,比幅和比相单脉冲的基本信号处理是相似的,但是对和、差信号而言,整个阵列孔径上的幅度分布的控制保持效率和低副瓣。

图 9.10 所示为用比相单脉冲进行一个角坐标跟踪的天线和接收机。在混频器和中放中产生的任何相移都会导致系统的瞄准线移动。同比幅单脉冲相比较,用分开孔径的比相单脉冲的缺点是难以保持瞄准线稳定和难以对和、差信号二者都提供所需的锥削天线照射。从天线输出到比较器电路的路径较长,使比相系统更易受机械过载或挠曲、受热不均匀等因素而引起瞄准线变化。

提高瞄准线稳定性的技术之一是在高频上用无源电路将两个天线的输出组合起来以获得

和、差信号，如图 9.11 所示。这些信号可以像一般比幅单脉冲接收机一样进行处理。如图 9.11 所示的系统可以提供一个相当好的差通道照射锥削，因为每个天线上的电场都是平滑变化的。但是，用两个天线激励和信号会形成一个双峰、同相的电场分布，由于它看起来像一个二元天线阵，因而会产生较高的副瓣。孔径重叠可使这个问题减轻，但是要以牺牲角灵敏度和天线增益为代价。

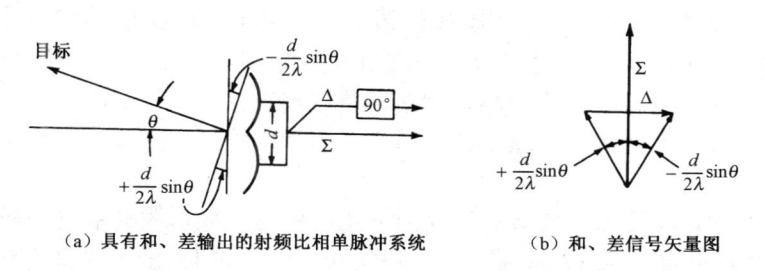

（a）具有和、差输出的射频比相单脉冲系统　　（b）和、差信号矢量图

图 9.11　在高频上用无源电路将两个天线的输出组合起来以获得和、差信号

电扫相控阵单脉冲

专用于单个目标跟踪的跟踪雷达具有精度非常高、作用距离远的性能，例如 AN/FPQ-6[14-16][见图 9.1（a）]，其额定精度为 0.05 毫弧度。采用高功率、高增益天线（52dB）和特殊的跟踪技术后，它们已成为精密跟踪卫星和完成类似任务的主力。然而，大多数现代任务都需要精密跟踪多个同时存在的目标，因而使用多个单目标跟踪雷达的成本太高。电扫相控阵技术的发展导致可以实现对多个同时存在的目标进行高精度单脉冲跟踪。方法是在脉间或脉组的基础上将波束切换到每一个目标上。为了得到每个脉冲上的角数据，并在几个目标分享脉冲和功率时保持适当的数据率必须用单脉冲跟踪。第 13 章中将详细介绍电扫相控阵；然而，为研究采用单脉冲相控阵天线的跟踪雷达的角跟踪性能需要对阵列的一些特性进行特别考虑。

光学馈电单脉冲电扫阵列

光学馈电单脉冲阵列包括透镜阵列和反射阵列（见第 13 章），它通过普通的单脉冲馈源进行光学馈电。AN/MPQ-39[17][见图 9.1（b）]就是安装在一个两个轴的天线座上的天线用光学馈电的阵列透镜的例子。典型的瞬时电子角度覆盖±45°，到视野的几乎±60°锥，这可以通过移动天线座到多目标的中心或跟踪目标进入到不同的区域来实现。有些军用系统，例如瞬时视角为±60°锥的爱国者就是固定在其车子上，没有天线座，而根据需要用车子的移动来改变其角覆盖范围。空间馈电阵列的优点是：

（1）可使用常规的单脉冲微波喇叭馈源。

（2）在采用优化的线极化单脉冲馈源（见图9.7）馈电方案时有着可选不同线极化的天线单元的可能，并且也有可选接收极化形式的阵列单元可用。这就避免了典型的折中方案以及极化控制的单脉冲馈源的较大的复杂性（见图9.8）。

（3）电扫阵列透镜还可以从发射馈源喇叭再聚焦到接收时的相邻的接收馈源喇叭上。这样可以允许通过单个喇叭源发射高功率，从而简化接收机与发射功率的隔离问题。

（4）阵列有较高灵活性，可使整个阵列上的辐射能量的幅度分布优化，以降低副瓣。

大多数电扫相控阵的缺点将在第13章介绍。其中包括阵列相移单元中的损耗、常规相位控制单元的瞬时带宽的局限性（采用特殊的实时延迟相移可改进）、由于步进相移造成的相位量化误差（第13章）、单个射频频带的限制（多频段阵列需要采用有重大折中的特殊技术），以及当波束扫离该阵列法向时性能的逐步下降。来自相位步进的量化误差对于单脉冲雷达很令人关注，因为它会给阵列的电轴带来相应的随机步进误差。如第13章中所述，量化误差与移相单元数和 2^P 成反比，式中 P 是每个单元中相位控制的位数。从而，有 4000～8000 个移相器，移相位数为 4 或更大的高精度跟踪雷达的最终电轴误差步长小，大约在 0.1 毫弧度或更小的量级上。电轴误差基本上是随机的而通过平均可以进一步降低。有意采用相位步进抖动有助于平均。

光馈技术会导致馈源能量围绕天线孔径面漏过；但是这样形成的漏过副瓣可通过在馈源和阵列孔径之间的吸收圆锥来消除。在 AN/MPQ-39〔见图 9.1（b）〕中可看到吸收圆锥。然而，冷却也是需要的，正如从吸收圆锥周围可看出有冷却线管。

高精度单脉冲应用中进一步令人关心的是电轴的漂移，它会在整个阵列表面造成相位和温度变化，这会造成透镜失真。整个阵列面上的热分布的大变化是由通过移相单元的发射高功率和电子相位控制系统引起的。从而，需要高精密跟踪的场合可能都需要特殊的冷却技术来保持整个孔径上的温度恒定。

分支馈电单脉冲电扫相控阵

分支馈电阵列是通过把发射信号通过传输线分和再分到多个辐射单元的阵列，一般是分到多个单元的子阵上来馈电的。虽然这种技术会导致体积笨重和实现成本更高，但有经过阵列结构的信号通道可灵活控制的优点，参见第13章。另外一个优点是能发射非常高的峰值功率而没有通过单根传输线传播整个峰值功率的限制。这是通过在分支馈电阵列上把高功率放大器放在分配功率到子阵的地方实现的。这样就允许高峰值功率放大器的输出在空间相加以满足远程跟踪和在多个同时目标之间功率共享的需要。

并行功率放大器配置还为克服宽角扫描时典型相控阵的瞬时窄带宽提供了实际可行的方法。整个阵列的瞬时带宽需要每个阵列单元和目标之间的通道长度相等，这就需要许多波长大小的相位控制或在大扫描角上、在阵列单元上进行等效的时间延迟。然而，这种控制对典型相控阵辐射单元来讲损失太大；结果，典型的相控阵单元只提供达 360° 或一个波长的相位控制（受限于可允许的损耗），以使来自每个单元的信号近似同相地到达目标。不幸的是，这个捷径只对窄瞬时带宽适用。如上所述，并行工作的功率放大器提供了一个低功率的驱动级，这时可以允许时间延迟控制的高损耗，于是可得到宽瞬时带宽，如第13章所述。时间延迟可以像在不同线长度之间转换的辐射单元中所使用的二极管移相器一样调节相位进行控制。更长的时间延迟传输线同样可以由二极管开关来控制，以便提供大的瞬时带宽，使得可以使用宽带的窄脉冲来满足跟踪雷达应用中距离分辨率的要求。

双通道单脉冲

单脉冲雷达可以设计成用三个以下的常规中频通道构成。例如：通过把和、差信号合并在两个中频通道中然后将和信号输出及两个差信号输出分别在其输出端恢复。这些技术在一些自动增益控制或其他处理技术中有优点，但是其代价是信噪比降低，角数据率降低，而且在方位和仰角信息之间可能存在交叉耦合。

双通道单脉冲接收机[18]将和、差信号在射频上合并，如图 9.12 所示。微波分解器是一种圆柱形波导中的机械旋转的射频耦合回路。方位和仰角差信号在该波导中被激励，电场极化定向在 90°。耦合器中的能量包括两个差信号，它们被耦合成该耦合器的角度位置（$\omega_s t$）的正弦和余弦，其中 ω_s 是旋转的角度速率。混合电路把合成后的差信号 Δ 以旋转的角速率和 Σ 信号合成。除它们的调制函数差 180°外，（$\Sigma+\Delta$）和（$\Sigma-\Delta$）输出每一个都类似于圆锥扫描跟踪器的输出。

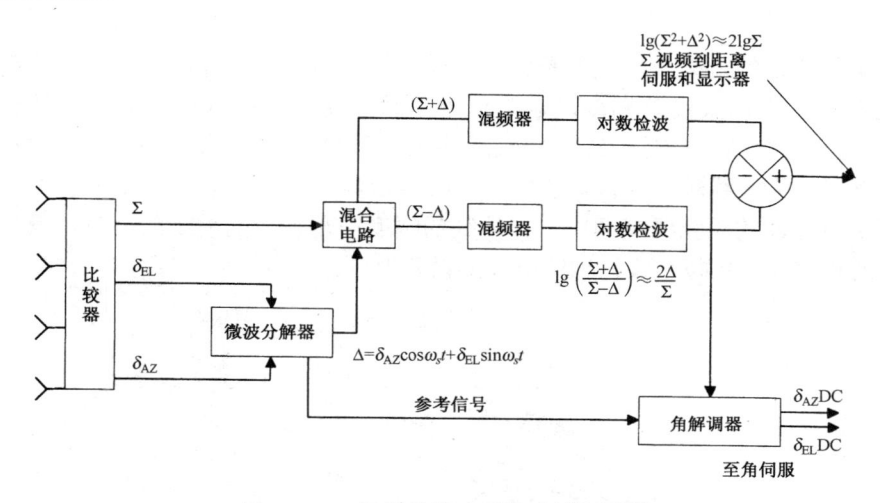

图 9.12　双通道单脉冲雷达系统框图[18]

在一个通道损坏的情况下，这种雷达能像仅在接收时进行波束扫描的圆锥扫描雷达一样工作，其性能基本上与圆锥扫描雷达相同。两个通道的角误差信息彼此反相，其优点是接收信号中的信号起伏在提取角误差信息的中频输出（即检波后相减器）中抵消。对数中放实质上起瞬时 AGC 的作用，给出所需的恒定的由和信号归一化的差信号角误差灵敏度。检波后的 Δ 信息是双极性的视频，误差信息就包含在它的正弦包络里。用角解调方法将此信号分解成两个分量，即方位和俯仰的误差信息。利用从旋转耦合器的驱动装置来的参考信号，解调器从 Δ 中取出正弦和余弦分量，以给出方位和俯仰的误差信号。由微波分解器产生的调制作用对测量雷达的应用是有影响的，因为它在信号中增添了频谱分量，以致使这种雷达在可能要增加脉冲多普勒跟踪能力时遇到困难。

只用两个中频通道，该系统就可提供瞬时自动增益控制而且在任一个通道损坏时系统仍可工作，但其性能下降。但是，在接收机的输入端的信噪比有 3dB 损失，虽然这个损失可以通过和信号信息的相参叠加部分得到补偿。微波分解器的设计必须使这个器件损耗最小，而且需要精密匹配的中频通道使方位和仰角通道之间的交叉耦合最小。在某些现代化系统中，通过使用铁氧体开关器件代替机械旋转耦合器可改进分解器的性能。

锥扫单脉冲

锥扫单脉冲（也称为**带补偿扫描**）是一种由单脉冲和圆锥扫描[19, 20]组合起来的雷达跟踪技术。即，一对天线波束斜向天线轴线的相反方向，且像一对圆锥扫描雷达波束一样旋转。由于它们同时存在，因此可以从一对波束获取单脉冲信息。测到单脉冲信息的那个平面是旋转的。因此，仰角和方位信息是顺序的，而且必须分开来以便在每个跟踪坐标中使用。锥扫单脉冲具有可避免由于幅度闪烁而造成误差的单脉冲的优点，而且只需要两个接收机。然而。它也有下列几个缺点：角数据率低，机械复杂（要提供一对旋转天线馈源喇叭和到喇叭的耦合）。

9.3 扫描和波束转换

雷达角跟踪使用的最先一种技术是将天线波束在仰角上在目标的上下偏置，而在方位上在目标的左右偏置来比较波束幅度，这类似于单脉冲雷达的同时波束，差别是时间上有顺序。这可通过连续进行圆锥扫描来完成，如图 9.13 所示[21]，或顺序上下、左右进行波束转换并观察其幅度差作为天线轴移开目标的度量。圆锥扫描的信号输出（见图 9.14）一般是所接收到的目标回波脉冲的正弦幅度调制。该调制的幅度是角误差的大小的度量，而相对于扫描波束旋转角的相位表示由每个跟踪轴所引起的误差部分。

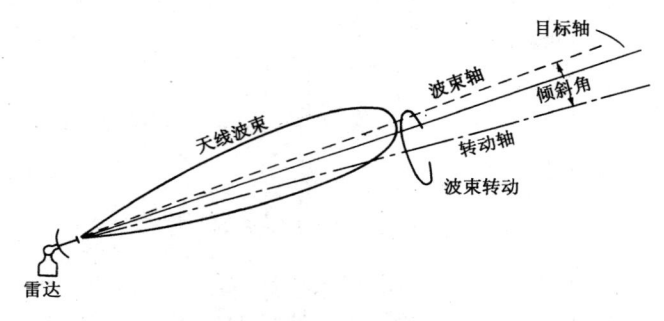

图 9.13 圆锥扫描跟踪

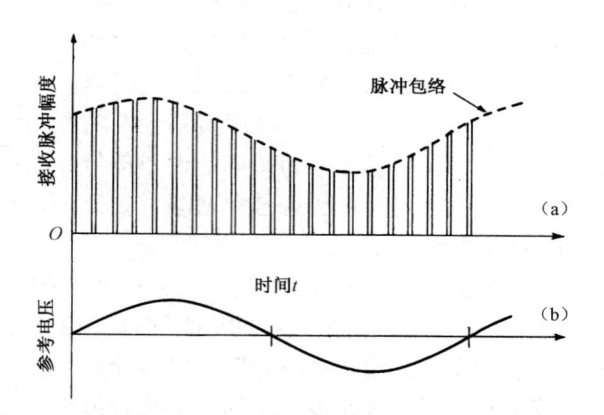

图 9.14 （a）圆锥扫描雷达所接收的脉冲包络中含有的角误差信息；
（b）由圆锥扫描馈源驱动器得到的参考信号

扫描的和波束转换雷达的性能相对于波束偏离角的关系在 Barton 的文献[22]中有介绍。最佳波束偏离是在波束偏移增加时，天线增益损失和对目标角偏移天线轴的灵敏度增加之间的折中。最佳偏移一般选成能使受信噪比和跟踪灵敏度影响所造成的角跟踪误差（均方根值）最小。具有非典型需求的特殊跟踪雷达应用可以选一个不同的最佳波束偏移。

扫描和波束转换雷达的主要局限性是在波束上下、左右移动时出现的对目标幅度波动的敏感性。它对来自干扰信号的错误调制也敏感。与天线波束位置无关的回波波动造成了错误的目标角度跟踪误差。

单脉冲雷达的研制是为了在和回波信号幅度波动无关的单个脉冲上比较目标回波幅度提供同时偏置的天线波束。然而，最初无法得到微波器件，而且最初的单脉冲系统复杂且笨重，天线效率也低。目前，现代的单脉冲雷达（如 9.2 节所述），有高稳定的、具有精密性能的高效的天线，通常已取代了扫描和波束转换跟踪雷达，以便满足越来越高的对每个脉冲的角度信息高精度和数据率的要求。然而，可能存在特殊的雷达跟踪要求，使圆锥扫描或波束转换的跟踪雷达可以更有效地提供适当的性能。

9.4 跟踪雷达的伺服系统

跟踪雷达的伺服系统是雷达的一个子系统，它接收跟踪误差电压作为输入量，并完成把天线波束向使天线轴对目标的瞄准误差减少到零的一个方向移动的任务。对于机械式天线转台的两个角跟踪，典型的情况是有分开的方位和仰角转轴，并有分开的伺服系统驱动天线绕各个轴转动。常规伺服系统由放大器、滤波器及电动机组成，并用电动机转动天线以保持天线轴指向目标。距离跟踪也由类似的系统来完成，即保持距离波门的中心对准所接收的回波脉冲。这可以用模拟技术或用数字式计数寄存器来实现，后者能够保存对应于目标距离的数字，以提供一个数字式的闭环距离跟踪回路。

伺服系统可以用液压驱动的电动机，也可以用经齿轮减速来驱动天线的一般电动机或者用直接驱动的电动机，这时天线的机械轴是电枢的一部分，电动机的磁场造在支撑箱里。对给定的同样的马力而言，直接驱动较重，但是它能够消除齿轮回差。也可以采用将一般电动机配上具有小的反向残留转矩的平行驱动电动机以减少接近零角速度时的回差。放大器增益、滤波器特性及电动机转矩和惯量确定速度和加速度能力或系统跟随目标高阶运动的能力。

人们希望天线波束尽可能紧跟目标中心，这就意味着伺服系统应当能够使天线快速转动。伺服系统的速度和加速度的组合特性可以用跟踪环路的频率响应曲线来描述，它基本上起一个低通滤波器的作用。增加带宽就增加伺服系统的快速性和紧密跟踪强的、稳定信号的能力。然而，典型目标会造成回波信号的闪烁，从而给出错误的误差检波器输出，并且在远距离时回波弱，这将使接收机噪声在误差检波器输出中引起附加的随机起伏。由此，宽的伺服带宽虽可减小滞后误差，却允许噪声引起跟踪系统的更大的错误运动。所以为了使总的性能最好，有必要把伺服带宽限定在能保证适当小的跟踪滞后误差所必需的最小值上。依据目标、目标的轨迹和其他一些雷达参数，我们可以选择出一个最佳带宽，使总的误差输出（包括跟踪滞后和随机噪声）的幅度最小。

角跟踪的最佳带宽是与距离有关的。以典型速度飞行的远距离目标，其角速度小，信噪比也低，于是一个较窄的伺服通带就可在对接收机热噪声的响应最小的同时，以适当小的滞后跟踪目标。在近距离时，信号是强的，压住了接收机噪声，但是正比于目标视角的目标角闪烁误差大，故在近距离时需要有一较宽的伺服带宽以保证跟踪滞后在合理值之内，但是一定不能比需要的更宽，否则和目标距离成反比增加的目标角闪烁误差将变得过大。

伺服系统的低通闭环特性曲线在零频时为 1，典型的情况是直到靠近低通截止频率之前都大致保持这个值，而在截止频率处可能形成较高增益的峰值，如图 9.15（a）所示。此峰值形成虽然是系统不稳定性的指征，但可以高到可容限值，对给定伺服驱动系统可以比等于 1 的增益高出约 3dB 以得到最大带宽。图 9.15（a）中的系统 A 是约 8dB 的峰值过高的情况。对伺服系统施加一个阶跃误差输入就可看出其高峰值的影响。当天线轴移动到对准目标时，低通特性上的峰值即引起一个过冲。高的峰值即引起一个大的过冲，并在回向目标时产生另一个过冲。在极端的情况下，如图 9.15（b）所示的 A 系统中，天线以衰减振荡的方式指向目标。一个最佳的系统应该兼顾响应速度和过冲，如在系统 B 中的天线产生一个小的过冲，然后以相当快的指数式行程回到目标。这相当于闭环低通特性具有约为 1.4dB 的峰值形成。

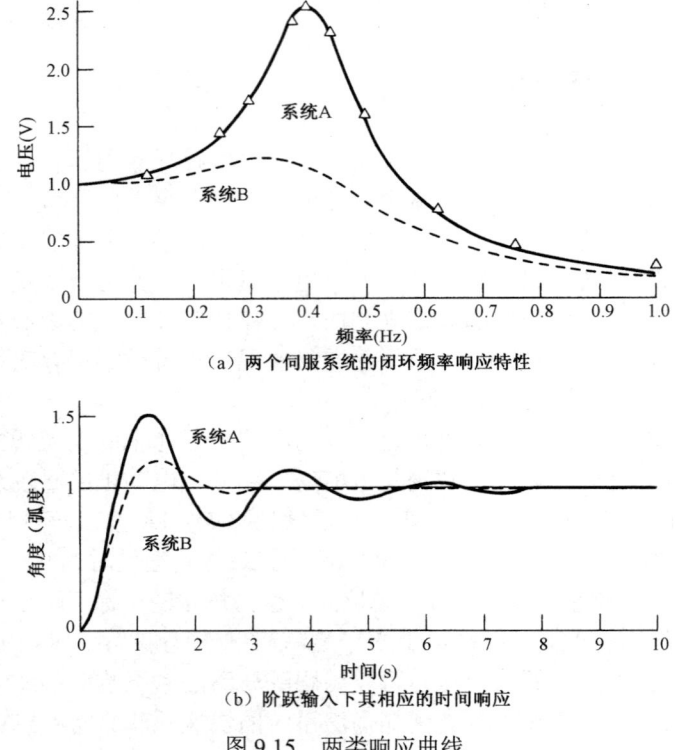

（a）两个伺服系统的闭环频率响应特性

（b）阶跃输入下其相应的时间响应

图 9.15　两类响应曲线

天线和伺服结构（包括结构基础，它是一个关键项目）的谐振频率必须保持在很高于伺服系统的带宽的值上，否则系统就会以谐振频率振荡。系统的谐振频率和伺服带宽之比最好至少大于 10。在使用大天线的情况下（像 AN/FPQ-6 雷达，天线为 29 英尺的抛物面天线）很难得到高的谐振频率，因为系统的质量大。这个比值就不得不定为最小大约 3，以得到规定的 3.5Hz 的伺服带宽。例如，12 英尺抛物面天线的较小的雷达能用一般的设计提供高达 7Hz 或 8Hz 的伺服带宽。

Locke[23]介绍了对给定目标轨迹的角跟踪滞后与时间和伺服系统特性组之间的关系的计算方法。距离跟踪滞后也可以用类似方法进行计算，但若采用典型的无惯性电子跟踪系统，跟踪滞后通常可忽略不计。

电扫描阵列提供了一种无惯性的角跟踪手段。由于它无惯性扫描的能力，因此这种系统能够依靠快速地将波束由一个目标转向另一个目标的方式跟踪多个目标，而不是连续地跟踪单个目标。

这种跟踪系统只不过是把波束放在预期出现目标的位置上，根据已知的角误差灵敏度把此位置时的误差电压折算成角度单位来校正指向误差，然后把波束移向下一个目标。系统确定目标的过去位置，并从这个目标的速度和加速度的计算预估下一次被波束照射时所应当出现的位置。这种情况下的滞后误差依赖于许多因系，其中包括用于把误差电压折算成角误差的角灵敏度值的准确度、上一次跟踪误差的大小及两次观测之间的时间间隔。

9.5 目标捕获和距离跟踪

距离跟踪是通过连续测量从发射射频脉冲起到回波信号由目标返回之间的时间延迟来实现的，并将往返的时延转换成距离单位。距离测量是雷达最精确的位置坐标的测量；一般，如果信噪比高，在几百英里的距离上，典型的距离精度在几米内。距离跟踪通常是用距离波门（时间门）把其他距离上的其他目标回波从误差检波的输出中消除掉，同时将想要的目标从其他目标中鉴别出来的主要方法（虽然也可使用多普勒频率和角度分辨）。距离跟踪电路还用于捕获想要的目标。距离跟踪需要的不仅是要测出脉冲往返该目标的时间，而且要识别出该回波是目标而不是噪声并且还要保持该目标的距离-时间历史数据。

虽然这里的讨论适用于典型的脉冲跟踪雷达，但距离测量也可以使用调频连续波的连续波雷达来完成，这种调制连续波通常是一种线性调频波，一般有线性的调频斜波。目标距离由回波信号和发射信号之间的频率差异决定。考虑到多普勒效应的调频连续波系统的性能见文献[1]。

捕获

距离跟踪器的第一个功能是捕获所需的目标。虽然这不是跟踪操作，但在典型的雷达中这是实现距离跟踪或角跟踪之前必需的第一步。对于窄波束跟踪雷达而言，为使天线波束指向目标的方向，必须具备有关目标角位置的某些信息。这个信息叫作**引导数据**，可以由搜索雷达或其他来源提供。引导数据可以足够精确地把窄波束指向目标或者可以要求跟踪器扫描一个较大的不确定区域。雷达距离跟踪的优点是能看到从近距离一直到雷达的最大距离上的所有目标。通常把这个距离分成小段，其中各段可以同时检验是否有目标存在。当需要波束扫描时，距离跟踪器可在短时间里（如 0.1s）检验各段情况，做出关于目标是否存在的判断。如果没有目标存在，就让波束移向新的位置。这个过程对机械式跟踪而言一般是连续的，因为机械式跟踪移动波束相当慢，所以使得在对各段距离进行检验的短时间内目标仍然留在波束宽度之内。

与搜索雷达一样，目标捕获牵涉到要考虑实现给定的探测概率和虚警率所需的信噪比门限和积累时间。然而，与搜索雷达相比，目标捕获可使用较高的虚警率，这是因为操作员知道目标是存在的，不存在等待目标时由于虚警而使操作员疲劳的问题。最佳虚警率的选择是以电路的性能为基础的，此电路可观察各距离间隔以判断哪一个间隔中有目标回波。

一种典型的技术是使门限电压足够高，以防止大多数噪声尖峰超过门限，可是又要低得足以让弱信号通过。在各个发射脉冲之后即进行一次观察，看检验的距离间隔内是否有信号超过了门限。积累时间允许雷达在判决是否有目标存在之前进行几次这种观察。噪声和目标之间的主要区别在于超过门限的噪声尖峰是随机的，但如果有目标存在，则它超过门限就比较有规律。一种典型的系统只计算在积累时间内超过门限的次数，并在超过的次数大于雷达发射次数的一半时，就指出有目标出现。若雷达脉冲重复频率是 300Hz，积累时间是 0.1s，如果有一个强而稳定的目标，雷达就能观察到 30 次超过门限。然而由于从弱目标来的回波加上噪声不一定总是超过门限，所以可以规定一个界限，如 15 次超过，在积累时间里，超过必须大于这一界限才判定有目标出现。例如，对于非闪烁目标，预期的性能为：在信噪比为每个脉冲 2.5dB 时，发现概率是 90%，虚警概率是 10^{-5}。AN/FPS-16 和 AN/FPQ-6 测量雷达均使用这些检测参数，每次捕获时使用 10 个邻接的波门，每个波门宽为 1000 码。这 10 个波门覆盖由搜索雷达粗略距离引导所获得的预计目标所在的距离处的 5n mile 的距离间隔。

距离跟踪

一旦目标在距离上被捕获，就希望在距离坐标上跟踪目标，以提供连续的距离信息（即到目标的斜距）。适当的定时脉冲提供距离波门选通，使角跟踪电路和电动增益控制电路可仅仅顾及一个预期出现回波脉冲的短的距离间隔（或时间间隔）。距离跟踪是用类似于角跟踪器的闭环跟踪器方法完成的。它检测出距离波门对于目标回波脉冲中心的误差，并产生误差电压，然后有一个响应于这个误差电压的电路，使波门向重新对准目标回波脉冲中心的方向移动。

距离跟踪误差可以用许多方法进行测量。最常用的方法是前、后波门技术（见图 9.16）。两个波门这样来定时：前波门在主距离波门开始时打开，在主距离波门的中心关闭；后波门在主距离波门中心处打开，在其结束时关闭；前、后波门各自让目标视频脉冲在波门开着的时间内对电容器充电；电容器的作用像积分器；前波门电容器充电到正比于目标视频脉冲的前半个区域面积的电压上，后波门电容器是负向充电，并正比于目标视频脉冲的后半个区域面积；当波门正确地对准了一个对称的视频脉冲时，两电容器就等量地充电，其充电所得的电压相加就产生一个零输出。

当两个波门没有对准目标视频中心，以致前波门超过了目标视频脉冲的中心时，正向充电波门电容器就收到较多的电荷，而后波门由于只套上脉冲的一小部分，因而得到较少的负电荷。两电容器的电压相加就得到正的电压输出[①]。

在误差大约在目标视频脉冲宽度±1/4 的范围内，输出电压基本上是定时误差的线性函数，且具有对应于误差方向的极性。捕获期间，用下面介绍的距离跟踪技术，即把目标中心对准 1000 码的捕获波门中，然后把该波门减小到约为雷达发射脉冲的宽度以进行常规的跟踪。

许多雷达距离跟踪系统利用高速采样电路在视频回波脉冲附近采 3～5 个样本。与前、后波门距离跟踪器的幅度比较类似，可对脉冲前、后两半样本的幅度进行比较以测出距离误差。

在某些情况下，雷达距离跟踪系统希望按回波前沿或后沿进行距离跟踪。这已在一些应用中得到实现，其方法就是加上一个偏置，使对误差灵敏的波门套在目标回波中心的前面或后面。这样可用波门抑制不需要的回波（如从目标附近来的其他回波）。门限装置也可用作按前沿或后沿工作的跟踪器，方法是通过观测目标视频超过给定门限的时间来完成。在超过门限的

---

① 原文疑有误——译者。

瞬间触发波门电路，以便从计时设备上读出目标距离或者产生一个标志目标出现的合成脉冲。

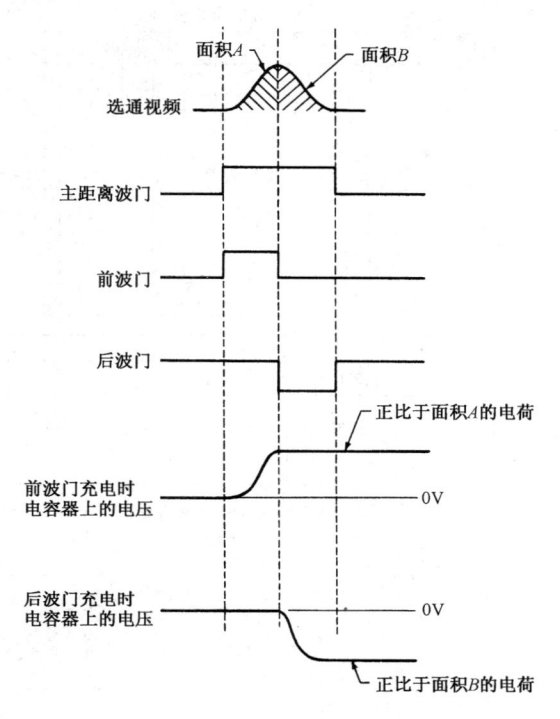

图 9.16 前、后波门距离误差敏感电路

雷达距离跟踪环的闭合可利用距离误差检波器输出来调整距离波门位置，并校正距离读数而完成。有一种技术使用由稳定振荡器驱动的高速数字计数器，在发射脉冲时使计数器复位到零。如图 9.17 所示，目标距离由数字系统寄存器中的数字表示。在数字计数器计达到距离寄存器中的数字时，重合电路就给出指示并进而产生距离波门，如图 9.18 所示的框图所示出的那样。由距离误差检波器检测而得到的距离误差电压，驱动一个电压控制的可变频率振荡器，依据误差电压极性的正、负来增加或减少距离寄存器中的计数。这就把距离寄存器里的数字改变到对应于目标距离的数值上。读出距离寄存器中的数就读出了目标的距离。譬如说，每个单位数对应于 2 码的距离步。

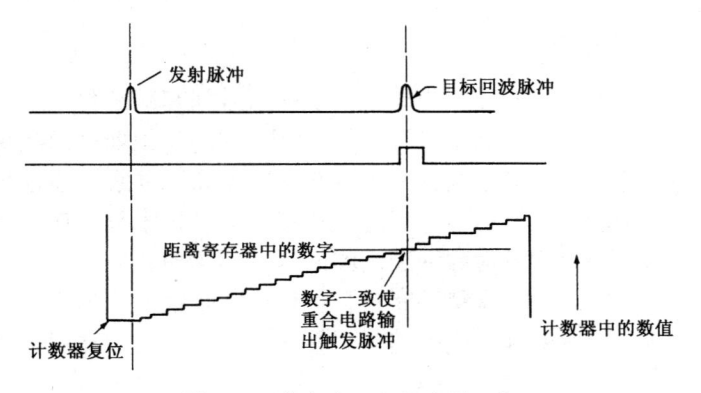

图 9.17 数字式距离跟踪器工作

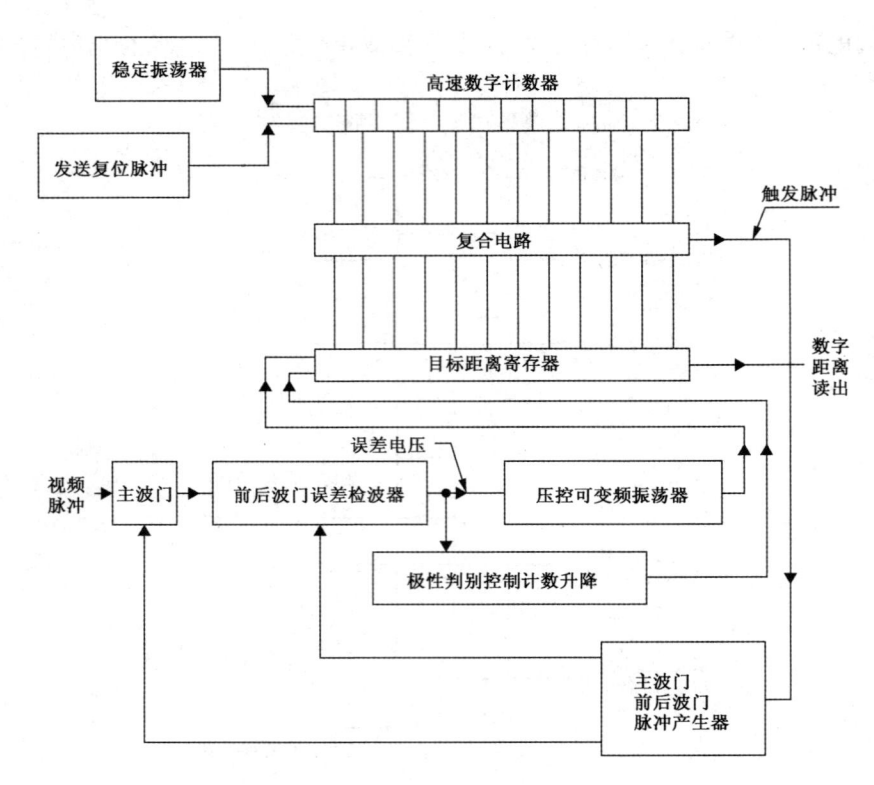

图 9.18　数字距离跟踪器框图

另一种技术使用一对振荡器——一个控制发射机触发,而另一个控制距离波门[24]。距离速率受两个振荡器之间的拍频控制,其中一个振荡器由距离误差检波器输出电压进行频率控制。拍频是 1Hz 的一小部分,而且作为发射脉冲周期和距离波门周期之间的相位速率可视性更好。改变中的相位使距离波门跟随移动目标。

电子式距离跟踪器是无惯性的,且可以有任何所需的转换速度,很容易做到既产生给自动检测电路的捕获波门,又产生发射机触发脉冲和导前触发脉冲。跟踪带宽通常被限制在跟踪所必需的数值,以便使对假目标和干扰的跟踪损耗为最小。还有许多其他电子式距离跟踪技术,它们同样具有以上优点的大部分[22]。

第 n 次发射之后才返回的跟踪

用减小脉冲重复频率来扩展非模糊距离会增加捕获时间和减小数据率。对这个问题的一种解决办法叫作"在第 n 个发射之后才返回的跟踪"。它能在预期有回波到达的时间避免发射,并能解距离模糊。这使雷达能在高脉冲重复频率下工作,并且不模糊地跟踪到远距离。在这种情况下,会有几个脉冲在雷达与目标之间传播,这种技术只有在目标正被跟踪时才有用。在捕获期间,雷达必须考察发射脉冲之间的间隔,初始捕获后,应在不解距离模糊的情况下闭合距离和角跟踪环路。下一步就是断定目标位于哪个距离间隔,也就是断定目标在哪一对发射脉冲之间。通过对发射脉冲进行编码,并计算在该编码脉冲回来之前有多少个脉冲来确定区 n。

测量雷达能提供第 n 次发射才返回的跟踪能力是因为火箭和宇宙飞船上有信标能在非常远的距离上提供足够的信号电平。

为了不使目标回波被发射脉冲掩盖，必须检测出目标在何时接近干扰区，并且移动干扰区。这可以通过改变 PRF 或者延迟一组数目等于传播中的脉冲数的发射脉冲来实现。这可自动完成来提供最佳 PRF 改变或具有正确脉冲数的脉冲组延时。

9.6 特殊单脉冲技术

双波段单脉冲

双波段单脉冲能装在一个天线上并组合两个特征互补的射频段特征[13, 25]。X 波段（9GHz）和 Ka 波段（35GHz）的组合是非常有用的。X 波段能够很好地实现探测量程和跟踪精度。其不足之处是有低角度的多路径范围，并且该波段的抗干扰性能差。Ka 波段虽然受大气衰减和雨衰减的限制，但它能在低角度多路径范围内提供很高的跟踪精确度，并且这个波段是电子干扰技术很难覆盖的一个波段。

美国海军研究实验室（NRL）已经设计出了一种叫 TRAKX（在 Ka 波段和 X 波段的跟踪雷达）的测量雷达，可用于导弹靶场和训练靶场[3]。设计这套系统的目的是在目标溅落时能够精确跟踪，并且在 X 波段受到干扰的环境中用 Ka 波段仍能精确跟踪。

荷兰 Signaal-apparaten 公司已开发出类似的 X 波段和 Ka 波段的系统用于战术上的用途。其中的一种雷达系统是地面型，被称为 Flycatcher，是机动防空武器系统的一部分[25]；而另一种雷达系统（Goalkeeper）则是用在舰载防空武器上，用作格林（Gatling）火炮的火控装置[26]。这两种系统都充分利用两个波段的优点，以提供多路径和 ECM 环境下的精确跟踪。

镜面扫描的天线（逆卡塞格伦）

使用可移动射频镜面扫描波束的天线，称为**镜面扫描天线**或**逆卡塞格伦天线**，在单脉冲雷达中十分有用。这种天线使用一个由天线罩支撑且可反射水平极化馈源能量的网形抛物面。极化方向平行于网络的波束由抛物面聚焦并由一个可移动的极化旋转的平面镜反射。基本极化旋转镜是一个金属平面，在金属平面上方 1/4 波长处有栅，而且栅方向定在相对于从抛物面反射出来的射频能量的 45° 方向上。射频能量可以看成是由平行于栅并从栅反射回来的分量和一个垂直穿过栅，以便从下面的金属镜面反射出来的分量组成。通过两次穿过这个 1/4 波长的空间，这个分量在相位上移了 180°。当它和来自栅反射的能量相加后，结果其极化就改变了 90°。来自旋转了 90°的镜面的总的反射的能量就有效地通过栅形抛物面天线。其优点如下：

（1）镜面和它的驱动机械装置是唯一用于移动波束的活动部分，馈源和由天线罩支撑的抛物面保持固定；

（2）波束移动通过镜面的反射完成，是镜面倾斜角度的 2 倍，对于给定的角度覆盖范围的要求，提供了紧凑的结构；

（3）在正常情况下，较轻的镜面和相对于镜面倾斜角为 2:1 的波束位移，使得尺寸可以减小，并且用小的伺服驱动功率得到很快的波束扫描。

紧凑的结构和较轻的质量对于机载的应用特别有吸引力，如法国"超军旗"飞机所用的 Thompson-CSF 公司的 AGAVE 雷达。该雷达为"飞鱼"导弹提供目标距离和引导数据。这种结构紧凑、滚动俯仰稳定的单脉冲雷达，其方位扫描角为 140°，俯仰扫描角为 60°[27]。以色列航空工业公司的 Elta 子公司应用这种天线技术也研制出一种机载跟踪雷达，可用于空对空格斗和向地面发射武器[28]。

地面和舰载实验用镜面天线系统概念是和有双波段单脉冲功能（3GHz 和 9.3GHz）一起研制的。其目的包括用于高数据率三坐标监视和多目标精确跟踪的快速波束移动[29]。双波段极化扭转镜面的设计是通过双层镜面网结构来实现的[30]。

轴上跟踪

当目标基本处在雷达天线轴线上时，雷达的跟踪性能最好。因此，为使跟踪精度最高，希望使跟踪滞后和影响波束指向的其他误差源为最小。研发出了轴上（on-axis）跟踪技术，它通过预测和跟踪回路中的最佳滤波使雷达轴线与目标的偏差最小[8, 31]。当目标的轨迹大体知道，如跟踪轨道上的卫星或者弹道目标时，这项技术特别有效。例如，跟踪回路中的计算机能引导雷达去跟踪一组已估算出的轨道参数。这项技术也能对雷达角误差检波器的输出进行最佳滤波以产生误差的趋势并根据它来更新假设的一组轨道参数，来校正雷达波束的移动以更新原来一组轨道参数。通过这种方法可使雷达天线轴能以最小的误差跟踪目标。

对其他可大致预知轨道的目标，轴上跟踪技术也可提高跟踪精度。但当跟踪目标具有不可预知的动机时，轴上跟踪的性能将受到限制。

9.7 误差源

在雷达跟踪性能中误差源很多。幸运的是，除非是高精度的跟踪雷达（例如靶场测量雷达，其角精度要达到 0.05 毫弧度（毫弧度为千分之一个弧度，或在 1000m 距离上，1m 所张的角度）。误差大部分并不重大。且很多误差源可以通过雷达设计或跟踪几何关系的修正来避免或减少。提供高精度跟踪能力的主要因素是费用。因此，了解允许的误差范围有多大、哪些误差源影响跟踪效果及满足精确度要求的费效比最高的措施是什么是非常重要的。

因为跟踪雷达不仅要在角度上，还要在距离上，有时还要在多普勒频率上跟踪目标。因此，每一个目标参数的误差都应该考虑在误差预算之内，本章的其他部分将指导如何确定主要的误差源及其大小。

了解什么是雷达信息实际的输出是很重要的。对于机械移动的天线而言，角度跟踪输出通常是从俯仰和方位天线轴的位置获得的，绝对的目标位置（相对于地理坐标）将包含天线底座的地理位置精确度。

相控阵测量雷达（如 MOTR——多目标跟踪雷达）可在±46°到大约±60°的有限的区域内提供电子波束移动，加上天线机械移动而移动要测量的扇区[16-19]。输出为垂直于阵面的机械轴位置加上从电子波束扫描得到的每个目标的数字角度信息。

9.8 目标引起的误差（目标噪声）

雷达对目标的跟踪是利用将照射在目标上的雷达发射脉冲反射回来的信号来实现的。这被称为**表皮跟踪**，以便与**信标跟踪**区分开来。在信标跟踪中，信标或应答机向雷达发射其信号并通常提供一个较强的点源信号。

由于大部分目标（如飞机）在外形上是非常复杂的，因此总的回波信号是由目标各个部分（如发动机、螺旋桨、机体及机翼边缘）回波信号的矢量叠加而成。目标相对于雷达的运动使得总的回波信号随时间变化，从而导致雷达的目标参数测量值有随机的起伏。不计大气的影响和雷达接收机噪声，只由目标本身产生的起伏称为**目标噪声**。

对目标噪声的讨论大多是基于飞机的，但是一般也适用于任何目标，包括陆地上具有复杂外形，且相对于波长来说是很大的目标。主要的区别在于目标的运动，但这里只是一般性的讨论，对任何目标环境都是适用的。

从复杂目标反射回来的回波与从点源反射回来的回波不同，其区别在于复杂目标回波有调制。调制是由于从目标各个部分反射回来的回波在幅度和相对相位上有变化而引起的。"调制"之所以用多数形式是因为有 5 种由复杂目标所引起的回波信号调制影响雷达，包括幅度调制、相位波前调制（闪烁）、极化调制、多普勒调制及脉冲时间调制（距离闪烁）。产生调制的基本机制是目标的运动，包括偏航、俯仰及翻转，使目标不同部分相对于雷达的距离产生了变化。

尽管目标的移动看上去是很小，但如果目标某一部分的相对距离有半个波长的变化，就会在相对相位上有 360°的变化（由于雷达信号路径是双程的）。在 X 波段，这大约是 1.5cm，小到可以同飞机各个部分之间的扭曲相比。

下面将讨论由复杂目标产生的 5 种调制。

幅度噪声

幅度噪声指由复杂外形目标产生的回波信号幅度的变化，但不包括目标距离变化而产生的影响。它是由复杂的目标产生的不同类型的回波信号调制中最明显的一种，实际上也可容易想象成相对相位随机变化的很多小矢量之和的一种起伏。尽管将它称为**噪声**，但是也可含有周期成分。幅度噪声一般可分为两类，即低频噪声和高频噪声。尽管这样的分类在某些方面会重叠，但是按两个频率范围分类却比较方便，因为它们是由不同的现象产生的，同时它们对雷达的不同功能又各自具有不同的影响。

低频幅度噪声

低频幅度噪声指从目标所有反射表面来的回波信号的矢量和随时间的变化。可以通过把目标看成是有常规偏航、俯仰和转动的刚体来想象这种变化。这种运动产生的各反射体相对距离的少许变化使得相对相位产生相应的"随机"变化。所以矢量和也随机起伏。通常，目标的随机运动只限制在某些小的姿态上的变化，以致在几秒内各反射体的回波幅度变化很小，而相对相位变化的贡献是主要的。具有窄反射方向图的大而扁平的表面除外。

目标结构的一个例子是目标上分布着一些反射表面。它们到雷达的距离随目标的运动有相对的距离变化。典型的脉冲幅度时间函数是缓慢变化的回波幅度[32]。低频幅度噪声占了噪声调制密度的大部分，在 X 波段中主要集中在约 10Hz 以下。大目标和小目标的幅度噪声频谱是相似的，这是因为相对距离变化率是角度偏航和雷达至飞机质心的距离的函数。因此，具有较低偏航率的较大翼展的大飞机产生的低频噪声频谱与具有较高偏频率和较小翼展的小飞机产生的噪声频谱相似。然而，由于主要反射体在飞机上分布的差异，因此大飞机通常具有较宽的噪声频谱。

雷达发射频率影响低频幅度噪声频谱的形状，其中频谱宽度和雷达频率近似的成比例（如果目标跨度可以假设为至少几个波长）。产生这种依从关系的原因是各个回波信号的相对相位为由目标随机运动产生的相对距离变化的波长数目的函数。因此对于较短的波长而言，给定的相对距离的变化将对应较多的波长数，从而产生较高的相位变化率，导致产生较高频率的噪声分量。回波脉冲包络的幅度起伏变化率大体上与雷达频率成正比。

典型飞机的一种低频幅度噪声的数学模型为

$$A^2(f) = \frac{0.12B}{B^2 + f^2} \tag{9.4}$$

式中，$A^2(f)$ 为（调制百分比）^{2}/Hz；B 为半功率带宽，单位为 Hz；f 为频率，单位为 Hz。

在 X 波段中，B 的典型值在 1.0~2.5Hz 之间，大型飞机由于较大的反射面（如发动机）沿着机翼散开而取值较高。这些具有较大间距的反射面将产生较高的频率，因为对给定的目标角度运动它们的相对距离变化较大。$A^2(f)$ 是调制功率密度，因而频谱可对它在某些频率范围内积分，算出感兴趣频段内的噪声功率，将此积分值取平方根就得到均方根调制量。

高频幅度噪声

高频幅度噪声由随机噪声和周期性调制组成。随机噪声大部分是由飞机振动和运转部分产生的，产生的相对平坦的噪声频谱可扩展到几百赫兹，这要根据飞机的类型而定。均方根噪声密度的典型值是每 $\sqrt{Hz}$ 百分之几的调制量。

图 9.19 的频谱中看上去很像尖峰的周期调制，是由飞机的高速旋转部分（如螺旋桨）产生的。当螺旋桨转动时，由于螺旋桨叶片姿态改变，反射的信号也在变化，这样就产生了周期性的调制，由飞机框架产生的背景噪声也可观测到。频谱中的尖峰来源于与螺旋桨每分钟转动次数和与叶片数相关的基本调制频率。由于它通常不是正弦波，因此在整个频谱中就有谐波频率，如图 9.19 所示。它是对有两个螺旋桨发动机的小飞机（SNB 型）进行测试的结果。这些尖峰的位置并不依赖于射频频率，这一点与低频幅度噪声相同。因为目标本身控制着调制的周期，而该周期仅由螺旋桨转速和叶片数决定。喷气式飞机也可能产生喷气发动机内部的旋转的风扇叶片反射的雷达信号的回波幅度调制。喷气发动机产生的调制叫作喷气发动机调制（JEM）谱调制线。高频率噪声调制将影响扫描型的跟踪雷达。这将提供与飞机类型有关的信息，在后面介绍。

幅度闪烁对雷达性能的影响

幅度噪声对所有类型雷达的探测概率和跟踪雷达的精确度都有一定程度的影响[32-36]。对各种类型的跟踪雷达的一种影响是幅度噪声的低频频谱、自动增益控制特性和角度噪声之间有相互作用（自动增益控制确定把慢波动平滑到什么程度）。对角度噪声的影响将在本节的后面介绍。那里介绍为什么常常宁愿选择快速自动增益控制来使总的跟踪精度最高。

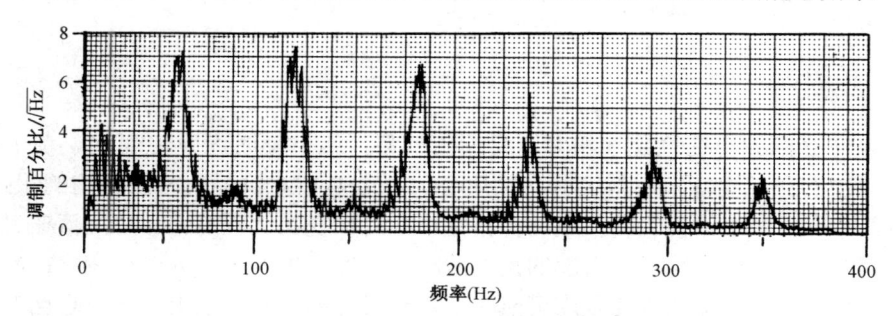

图 9.19 显示在飞行中的螺旋桨飞机上测得的螺旋桨调制的典型幅度频谱电压分布
（摘自 1959 年 IRE 中 Dunn、Howard 和 King[33]的图 4）

高频幅度噪声仅对圆锥扫描或顺序波束转换跟踪雷达起作用，因为单脉冲技术消除了这种影响。在圆锥扫描或顺序波束转换中，目标方位是通过测量至少两个不同的天线波束对跟踪轴位置的信号幅度而确定的。比如说，在方位角跟踪时，天线波束先在目标的左边，然后在目标的右边。如果目标是在天线轴上的，那么当天线波束（假设是对称的）在这两个方向各移动相同的数量时，信号下降的幅度也是相同的。每个波束位置的信号幅度均在角误差检波器中相减。因此，如果目标在天线轴线上，则输出就为 0；如目标向右或向左运动而偏离轴线，则输出将有限地变正或变负。

高频噪声能使幅度在天线波束从一个位置移到另一个位置期间发生变化，即使目标正在轴上，高频噪声也会使两个波束位置上的幅度不同，因此造成目标不在轴线上的错误指示。除接近扫描速率的噪声谱能量外，这种影响可采取取均值的办法消除。比如说，接近扫描速率的周期调制尖峰将使跟踪雷达天线在目标附近做圆周运动，其速度等于扫描速率和谱线频率之差，运动是顺时针方向还是逆时针方向取决于谱线比扫描速率高还是低，以及扫描是顺时针的还是逆时针的。伺服系统滤波器滤出所有超出扫描率加上伺服带宽与扫描率减伺服带宽之间的频率并输出一个角灵敏度常数（把均方根调制转化为均方根角度误差）。

利用这个关系计算由高频幅度噪声[22]引起的扫描和波束转换型跟踪雷达的均方根噪声的公式为

$$\sigma_s = \frac{\theta_B}{k_s}\sqrt{A^2(f_s)\beta} \tag{9.5}$$

式中，σ_s 是用与 θ_B 相同的角度单位表示的角度误差的均方根值；$A(f_s)$ 是在扫描速率附近的百分比调制噪声密度的均方根值；k_s 是圆锥扫描误差斜率（系统最佳时，$k_s = 1.6$[22]）；θ_B 是单程天线波束宽度；β 是伺服带宽，单位为 Hz。

计算的实例当 $f_s = 120$Hz 时，根据在大型喷气飞机上测得的数据 $A(f_s)$ 近似于 $0.018\sqrt{Hz}$，$\theta_B = 25$ 密位，则 $\sigma_s = 0.42$ 密位（均方根值）。

在周期性调制的情况下，谱线落在 $f_s \pm \beta$ 范围内，噪声均方根 $\sigma_s = 0.67\theta_B A(f_s)$，其中，$A(f_s)$ 为由谱线产生的调制百分比均方根值。最后的跟踪误差 σ（均方根）在频率 $f_s - f_t$（f_t 为谱线的频率）上周期性地变化。

幅度噪声对所有雷达的探测和目标的捕获都令人关注[2]，特别是在远距离处，因为此时信号很弱，幅度起伏可能会使信号在短时间内比噪声还低，所以会影响门限选择、捕获扫描速率及检测逻辑[34-36]。

角度噪声（闪烁）

角度噪声使目标的视在位置（相对于目标上的参考点）随时间发生变化。这个参考点通常是沿所感兴趣的目标坐标上反射率分布的**质心**。质心是指对目标长时间平均的跟踪角。"闪烁"有时用在角度噪声中，但它会形成一种错觉，即目标视在位置的偏移总是落在目标跨度之内。最初预期单脉冲雷达中由目标引起的角度波动是反射区中的质心的简单变化；然而，观察到了大得多的角误差。目标的视在角度可能完全落于目标界外的某点上。这一点已在理论上和实验中得到验证[37-38]。可以适当地分开一对散射面，使得具有闭环跟踪功能的跟踪雷达可多次把其天线轴线调准到离开散射体很多倍间隔的点上。如果散射体是静止的，则雷达天线将固定指向在这个大的错误方向上。图 9.20 是用一个双反射面目标验证该现象的实验数据。

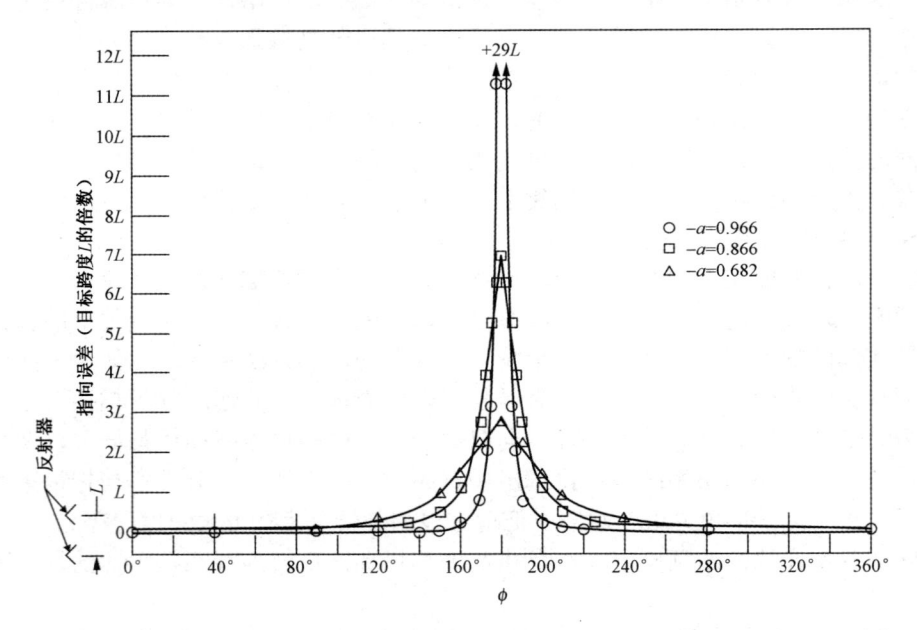

图 9.20　用跟踪雷达测得的对不同相对幅度值作为相对相位 ϕ 函数的双源目标的视在位置
（摘自 Howard 文献[37]的图 5）

角度噪声现象虽然影响所有类型的雷达，但主要影响的是需要对目标精确定位的跟踪雷达。为了想象为什么角度噪声可影响所有测量角度方向的雷达装置，人们分析了在空间传播的回波信号，证明在能量的传播过程中角度噪声是相位波前的畸变。来自双源的畸变的相位波前的理论曲线与在波动水池中用双振动探头[37]的实验中的辐射表面波动的相位波前的照片相比，十分相似。所有雷达的角度测量装置都要用这种或另一种方法来测量信号的相位波前，并指出目标处在垂直于该相位波前的方向。因此，相位波前的失真影响所有类型的测角雷达。

已经在许多种类的飞机上进行了大量角度噪声的测量，对理论研究的结果进行了验证。理论和测量结果都表明，用目标的视在位置偏离目标质心的距离（例如米）作为线性单位来表示的角度噪声与距离无关（除极近的距离之外）。因此，均方根角度噪声在目标位置处测量，以米为单位表示。结果表明，角度噪声的均方根值为 $\sigma_{ang} = R_0/\sqrt{2}$。这里，$R_0$ 为目标反射区域分布的回转半径[33]（沿感兴趣的角坐标取）①。

例如，如果一个目标反射面积具有 $\cos^2(\pi\alpha/L)$ 的分布形状，这里的 α 为变量，目标跨度在 $+L/2 \sim -L/2$，回转半径除以 $\sqrt{2}$ 后得到 σ_{ang} 等于 $0.19L$。实际飞机的 σ_{ang} 的典型值在 $0.15L \sim 0.2L$ 之间，主要取决于主反射区域的分布，例如发动机、机翼和油箱等。单引擎且机翼上没有明显的反射器的小飞机，从头部正视时 σ_{ang} 取值在 $0.1L$ 左右；具有外置发动机、可能在机翼上还有油箱的大飞机，σ_{ang} 的取值接近 $0.2L$。因为从飞机侧面观测的反射区域分布更加连续，其值也接近 $0.2L$。以目标跨度为单位表示的角度闪烁均方根值的估值可通过把如图 9.21 所示的近似目标分布与实际飞机的结构相联系来确定。

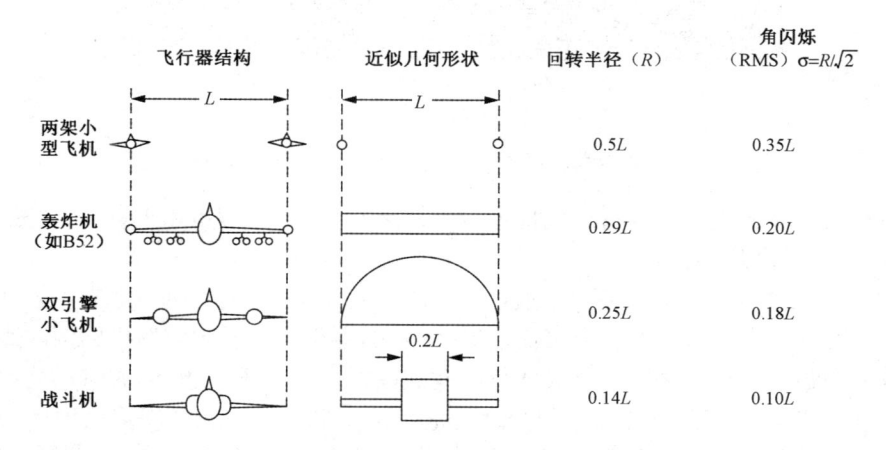

飞行器结构	近似几何形状	回转半径（R）	角闪烁（RMS）$\sigma = R/\sqrt{2}$
两架小型飞机		$0.5L$	$0.35L$
轰炸机（如B52）		$0.29L$	$0.20L$
双引擎小飞机		$0.25L$	$0.18L$
战斗机		$0.14L$	$0.10L$

图 9.21 基于目标上反射区域分布和回转半径的理论关系的角闪烁值（RMS）

如果假定目标的跨度至少为几个波长，那么复杂形状目标的 σ_{ang} 基本上是一个固定的数值，与射频频率无关，并与目标随机运动的速率无关。然而，如后面所述，角度噪声功率的谱分布直接受雷达频率、大气扰动和其他参数的影响。

目标角度噪声一般是高斯分布的。图 9.22 示出了测得的小型的双发动机飞机的视在目标角的分布例子。因为短时间的数据采样可违反高斯形状，所以需要相当长时间的采样。不寻常的目标可能有不是高斯分布的角度噪声。Delano[38] 给出的数据来自两架角度噪声呈高斯分布的编队飞机，这时，两架飞机完全无法分辨，但当飞机飞近时，由于其外形的变化，因此天线开始可以分辨这两架飞机（如 9.11 节中所述）。

虽然角度噪声的均方根值对给定的目标和姿态角基本上是一个常数，但是该能量的谱分布取决于雷达频率和目标的随机运动。一种典型的谱的形状为

$$N(f) = \sigma^2_{ang} \frac{2B}{\pi(B^2 + f^2)} \tag{9.6}$$

式中，$N(f)$ 是噪声功率谱密度，单位为功率/Hz；B 是噪声带宽，单位为 Hz；f 是频率，单位为 Hz。

---

① 用假定散射体的"质量"是其有效的雷达散射截面来计算回转半径。

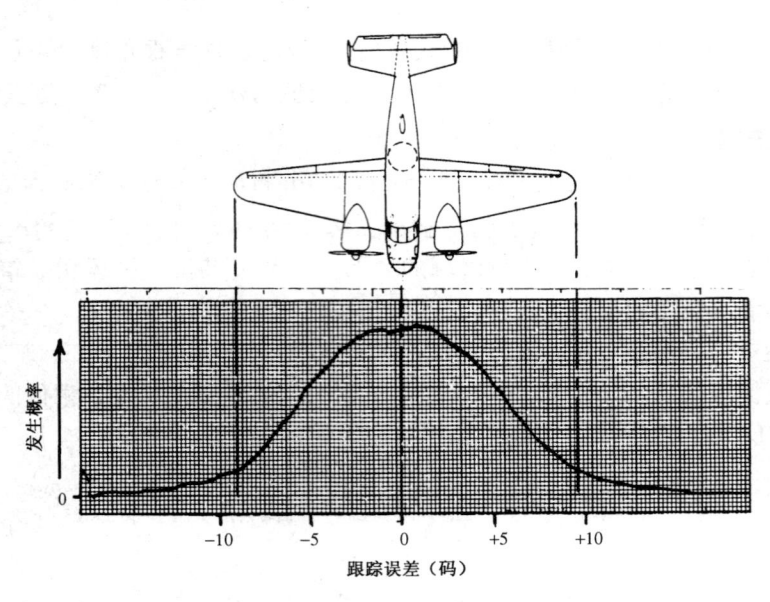

图 9.22 在小型双发动机飞机上测得的角度起伏幅值的概率分布

B 值与射频频率成正比并且与大气扰动对目标运动和目标姿态的影响有关。图 9.23 中给出一个测得的角度闪烁谱的例子。

在 X 波段，B 的典型取值：在扰动较大的空气中，小飞机时约为 1.0Hz，较大飞机时约为 2.5Hz。如果目标尺寸至少为几个波长，那么 B 的变化将与射频频率成比例。为了从测量数据中获得一个相对平滑的频谱，有必要长时间获取样本。至于上述 B 的值，为得到其长时间平均的特性，必须要有大约 7min 的数据。这是一个参考值，在其周围典型感兴趣的时间周期可以有相当大的变化。例如，如果只有 1min 数据，那么噪声功率 σ_{ang} 将在长时间平均 σ_{ang} 的 0.5～1.5 倍范围内变化。在较低的发射频率和较小的大气扰动情况下，B 的值可以比较小，但这时就必须有成比例的较长时间的样本。因此，对短时间的雷达性能样本，必须预计到会有大的统计上的变化。

要把在目标处测得的以线性单元表示的 σ_{ang} 转换为距离为 r 处雷达的以角度单位表示的 σ_{ang}，可用下列关系式。

$$\sigma_{ang}(角度，密位) = \frac{\sigma_{ang}(m)}{r(km)}$$

因为角度噪声产生的角度误差与距离成反比，所以主要在中距离和近距离要考虑角度噪声。通过减少伺服带宽来减少雷达对噪声高频分量的跟踪可以使系统的跟踪噪声减小。将角度噪声功率谱密度曲线中低于雷达伺服系统带宽所对应的频率的那一部分的面积与整个功率谱密度曲线下的面积相比较，可以估计噪声的减少量（功率密度谱曲线可通过对如图 9.23 所示中谱分布的纵坐标值取平方而得到）。

AGC 特性的选择也对跟踪天线跟随的角度噪声量有影响。AGC 电压是由和信号产生的，并且跟随回波信号的幅度起伏。角度噪声大小和回波信号大小之间存在着一定程度的相关性，使得角度噪声尖峰通常伴有幅度上的下沉和衰减。在快速变化期间，不保持恒定信号电平的慢速 AGC 系统允许在快速衰减期间的信号电平降低，从而在较大角度噪声尖峰期间降低灵敏度（伏特/角度误差），使慢速 AGC 系统引起较小的均方根跟踪噪声[39, 40]。

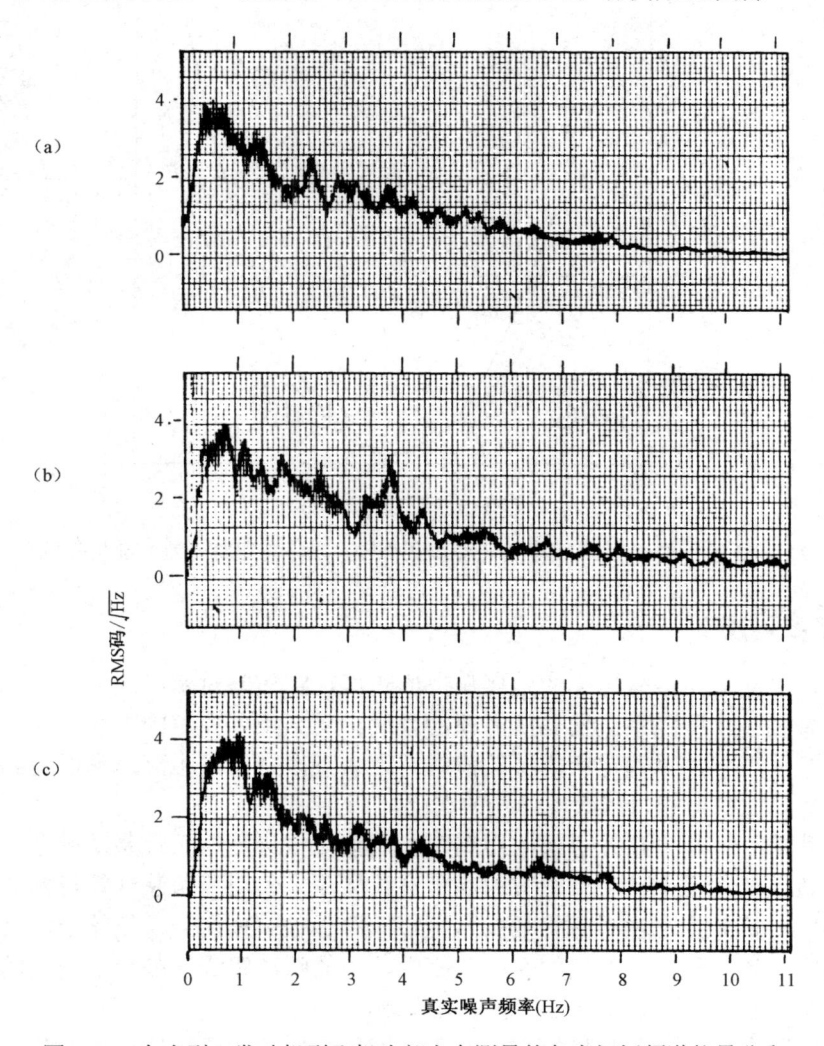

图 9.23　在小型双发动机型飞机头部方向测量的角度闪烁频谱能量分布

　　然而，这种推理忽略了一个附加的噪声项，它是由于 AGC 系统不能完全作用所引起的，且正比于跟踪滞后。跟踪滞后在角度测量器输出端引起一个直流误差电压，此电压值等于角度误差与角灵敏度的乘积。慢速 AGC 允许幅度噪声调制真实的跟踪误差电压，在角度跟踪过程中产生附加的噪声。因此，将存在正比于跟踪滞后并取决于 AGC 电路时间常数的附加的均方根角度误差[40]，如图 9.24 所示。

　　通常，由于慢速 AGC 会产生附加的噪声项和可能有大的均方根跟踪误差（它们可能比使用快速 AGC 时的角度噪声大得多），因而建议使用快速 AGC。如前所述，在目标角度速率最大的中、近距离范围内，角度噪声相当大。从图 9.24 可见，在慢速 AGC 系统中，仅仅目标跨度一半的跟踪滞后可引起较大的跟踪噪声。跟踪滞后越大，噪声越大，所以从总体性能上来看，建议使用快速 AGC。

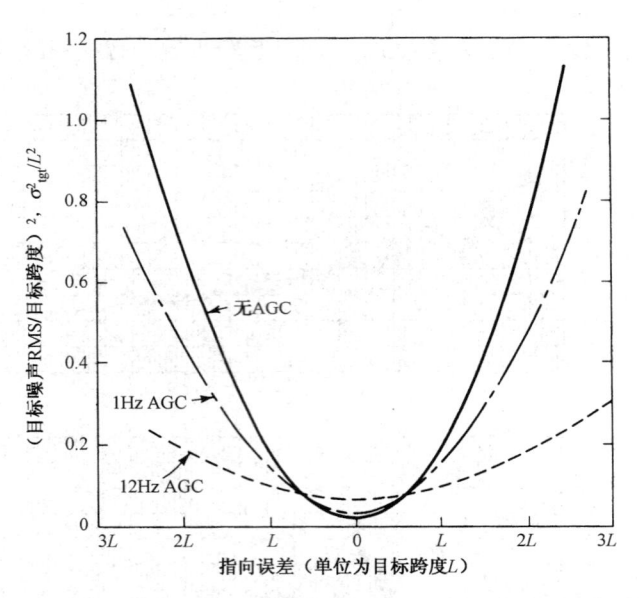

图 9.24 3 种不同 AGC 带宽条件下角度闪烁噪声功率与跟踪误差的函数关系 [33]

距离噪声（距离闪烁）

由复杂目标引起的距离坐标上的距离噪声或随机跟踪误差对距离跟踪是一个重要的基本限制。通过多普勒频率跟踪系统捕获所需要的谱线也受到距离噪声的限制。粗略的速度信息通过对距离的微分得到，以确定所需要的谱线。距离噪声是根据距离速率而得到的速度精度的一个主要限制，而且可能阻挡所需谱线的选择。

由有限尺寸的目标和多路径引起的距离跟踪误差在多边测量跟踪系统中会产生很大的角度跟踪误差。该系统利用来自多个位置的高精度距离测量值用三角法计算目标的角位置。多边测量跟踪系统，例如太平洋导弹靶场扩展区域跟踪系统（EATS），依赖于非常精确的距离测量值。在根据距离测量值计算出的目标角度中，小的距离跟踪误差会引起大的误差，为了评估多边测量系统的性能，必须充分了解这些误差。

目标引起的距离跟踪误差与目标引起的角度误差一样，比目标质心的漂移大，而且可能坐落在目标跨度以外[41]。图 9.25 所示为典型的不同目标结构的谱能量分布和概率密度函数的例子。距离噪声测量值是采用分离视频距离误差探测器在小飞机、大飞机和多飞机上进行的[42]。其特性非常接近沿着角坐标的目标角度噪声与目标结构回旋半径的关系。

对距离跟踪，有必要把距离噪声和目标反射系数沿距离坐标的分布联系起来。通常，均方根距离误差的长时间平均值大约为 0.8 乘以反射区域分布回转半径。这是在距离维上由对小飞机、大飞机、多架飞机的多次测量而得到的结果。以沿距离坐标的目标跨度作为计量单位，典型均方根值在 0.1~0.3 倍的目标跨度之间，由机尾和机头观察时接近 0.3，由侧面观察时接近 0.1。频谱形状可用与角度噪声所述的相同的频率函数和相同的带宽值来精确估计。作为目标反射体的相对相位和幅度的函数的误差与角度闪烁的相似。

合作目标上的信标能提供一个点源（单个脉冲的响应），从而可以消除目标引起的距离误差，但是需要非常稳定的电路来避免脉冲抖动和漂移。

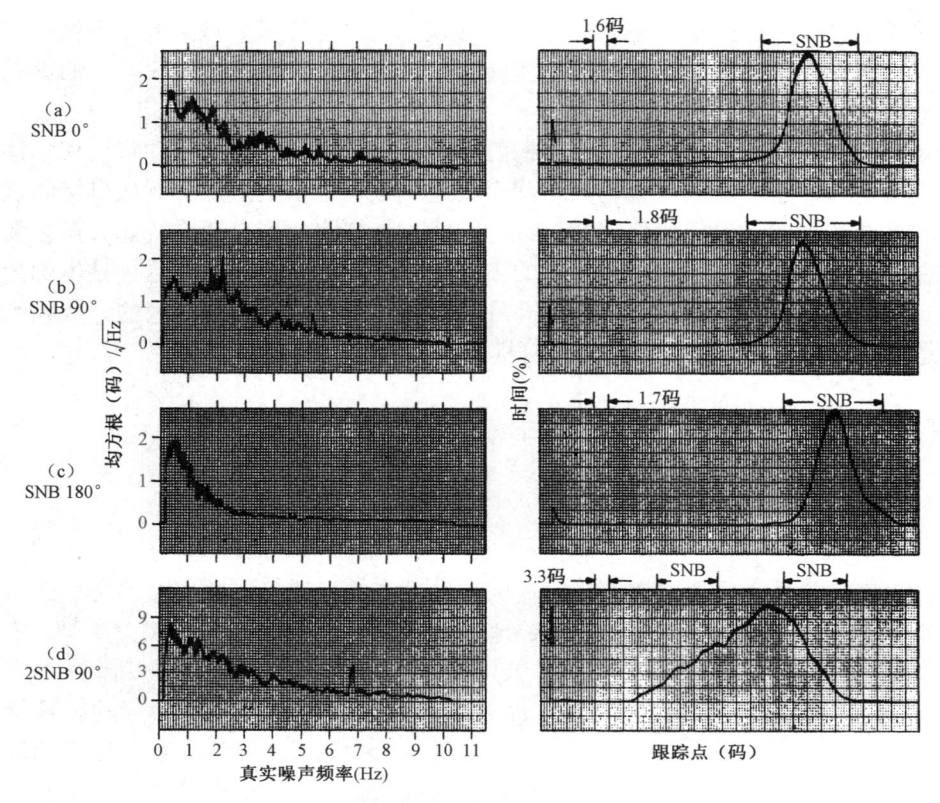

图 9.25　SNB 飞机的 3 种视图的典型谱能量分布
（a）头向视图；（b）侧视图；（c）尾部视图；（d）两架编队飞行的小型双发动机飞机

多普勒闪烁及谱线

复杂目标引起的多普勒闪烁可分为两种现象[43]：（1）飞机运动部分，如螺旋桨和喷气涡轮机上的叶片产生的谱线；（2）对高于和低于目标的平均多普勒频率对称的飞行中飞机运动引起的连续多普勒线谱线扩展。即使是在"固定"的航向上，飞机一般也有明显的随机摆动、起伏和翻滚运动。观察一架作"直线"飞行的飞机的典型飞机航向时间图，可发现存在典型的随机摆动。该摆动从该飞机的刚性结构的每个散射表面产生小的多普勒变化。相对于该飞机的平均多普勒，位于远离飞机中心的散射表面在该飞机左右摆动时将有相对多普勒频率的小量增加和减小。这就使得来自该飞机刚性体的回波的多普勒谱展宽，并伴有由飞机上的运动部分产生的谱线。

来自目标旋转或活动部分的回波分量形成一些多普勒谱线，这些谱线偏离机体的多普勒频谱。周期性调幅产生多对多普勒谱线，它们对称于机体速率的多普勒值。活动部分也能形成某些纯频率调制，这种频率调制在机体多普勒频谱的一侧产生单一的一组多普勒谱线[43]。

多普勒调制的重要意义是它对测量多普勒的雷达的影响。能自动跟踪回波谱线频率的多普勒跟踪系统可能遇到两个问题：（1）有可能锁定在由目标活动部分形成的错误谱线上；（2）在正确地锁定在机体多普勒频谱上时，多普勒读数中将有由瞬时频率随机波动所确定的噪声（如通过多普勒频谱扩展所观察到的）。相参的信标（它接收、放大并发射所接收到的雷达脉冲）可以提供无目标引起的频谱展宽和周期性调制的多普勒频移响应。人们提供时间延迟把信标响应与目标回波分开来。

目标多普勒闪烁也可提供有关目标结构的有用信息。正常的目标运动将会使刚性体目标的每个主要散射体产生不同的多普勒频移，而且这些频移是以某一点（例如目标随机运动的旋转中心）为参照点的散射体的位移的函数。因此，高分辨率多普勒系统能分辨主要的反射体并将它在横向距离（作为与参考反射体的多普勒差的函数）上定位。这种技术称为**逆合成孔径雷达（ISAR）**，它采用目标运动获取所需要的姿态变化，而不是常规的合成孔径雷达所使用的雷达运动，来得到详细的横向距离目标成像信息[44, 45]。

9.9 其他引起误差的外部因素

多路径

多路径角度误差是由物体或表面反射使回波脉冲走其他路径（除直接路径外还有其他到雷达的路径）引起的。这些误差在用于跟踪地球或海洋表面上低仰角目标时[46, 50]，有时称为**低角跟踪误差**。如图 9.26 中的几何关系所示，多路径误差通常是双点源角度噪声的特殊情况，其中，目标和其由表面反射波束而形成的镜像就是这两个回波源。在平滑的洋面上，它们只在仰角坐标上分开，所以大多数误差都出现在仰角跟踪通道中。仰角误差大会给方位通道造成一些该误差的交叉耦合。粗糙的表面会引起漫散射，这会在方位和仰角通道中都产生误差[46]。不同路径的

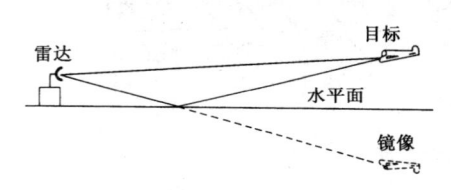

图 9.26 来自表面的反射从雷达看是一个表面下的镜像

几何形状（例如，不平坦的土地或建筑物）也可能在方位跟踪通道中产生大的误差。

低角度跟踪的主要难点是目标和其镜像基本上是相参的，且相对相位变化较慢，引起的角度误差很容易被角度跟踪系统所跟踪。其次，路径长度几乎相等，在大多数情况下，不能通过高距离分辨率技术来分辨开。数据的长时间平均值实际上并不能给出目标仰角，因此多路径问题没有简单的解决办法。通常只能通过使用窄波束天线来使其为最小。

当目标高度较低时，多路径误差较严重，这可从如图 9.27 所示的测量数据中看出。此数据是波束宽度为 2.7° 的 S 波段（3GHz）跟踪雷达，跟踪一个高度为 3300 英尺并带有信标的目标时得到的多路径误差数据。用 AN/FPS-16 跟踪雷达（1.1° 的波束宽度、C 波段频率为 5.7GHz），同时用窄波束跟踪，它在海平面上没有大的多径误差，以便为图 9.27 中的数据提供目标高度参考。在测量中大约有 0.25° 的偏置误差（在图 9.27 中观察到的）。

图 9.27 为雷达跟踪带有信标的目标的跟踪数据曲线，它给出了说明从镜像进入副瓣区到镜像进入主瓣区的区域内的典型的多路径误差。根据反射的镜像进入天线方向图的角度来预测多路径误差有 3 种方法。

在远距离时，镜像进入天线主波瓣，误差基本上是双反射体目标的闪烁误差，其近似计算公式如下[37]

$$e = 2h\frac{\rho^2 + \rho\cos\phi}{1+\rho^2+2\rho\cos\phi} \quad (9.7)$$

式中，e 是误差，单位与 h 相同，在目标的距离上相对于目标测得的；ρ 是表面反射系数幅值；h 是目标高度；ϕ 是由直接的和表面反射的信号路径的几何图形所确定的相对相位，如图 9.26 所示。

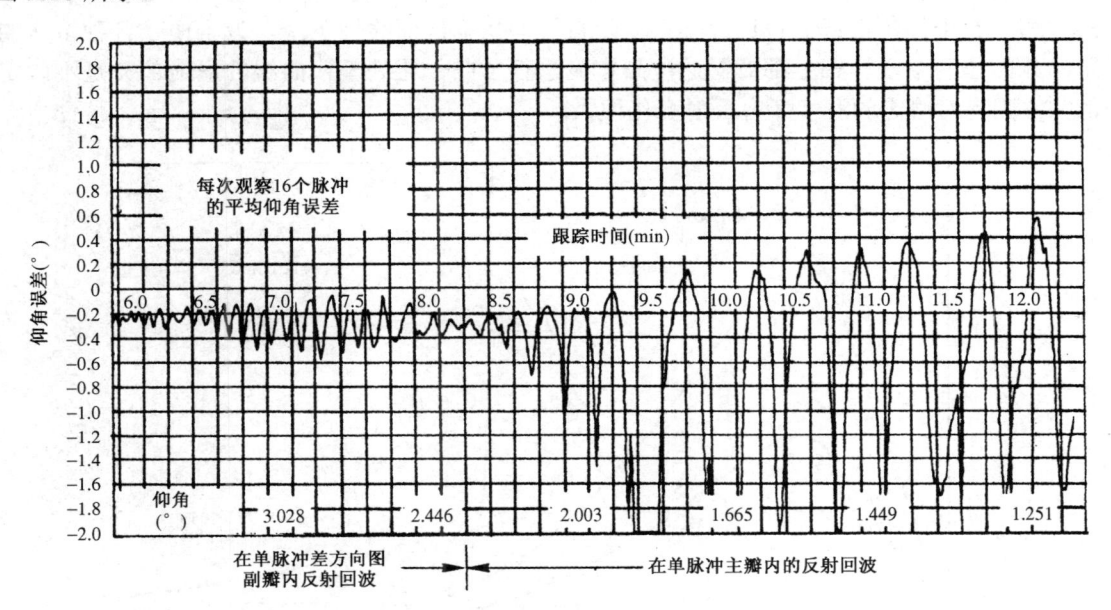

图 9.27 用一部 AN/FPS-16 雷达作为目标仰角参考时某 S 波段雷达所测得的仰角跟踪误差

虽然 ρ 和 ϕ 的波动使得实际跟踪与理论值不同，但该公式在跟踪点源（例如信标）时给出良好的误差预期值。然而，在低仰角上进行飞机的表皮跟踪时可能违背经典的周期误差与仰角的关系曲线，如图 9.27 所示，因为有目标角闪烁和多路径误差之间的相互影响，这可能会改变多路径误差的特性。

在近距离上跟踪点源时，雷达主波束位于镜像上方，但该镜像由差方向图的副瓣看到。最后所得的多路径误差是周期性的，接近于正弦，其均方根值可由下列公式来预测[46]。

$$\sigma_E = \frac{\rho\theta_B}{\sqrt{8G_{se}(\text{峰值})}} \quad (9.8)$$

式中，σ_E 是仰角多路径误差的均方根值，单位与 θ_B 相同；θ_B 是单程天线波束宽度；ρ 是反射系数；G_{se}（峰值）是在镜像信号到达角上，跟踪天线和方向图峰值与差方向图峰值副瓣电平的功率比。

周期性变化速率可以用下列公式近似得到。

$$f_m = \frac{2hE}{\lambda} \quad (9.9)$$

式中，f_m 是周期性多路径误差频率，单位为 rad/s；h 是雷达天线高度；λ 是波长（单位与高度相同）；E 是雷达所看到的目标仰角变化率，单位为 rad/s。

中间范围是指近距离区（其镜像出现在副瓣中）和远距离区（镜像出现在半功率点波瓣

宽度之内）之间的范围。在这个区域中很难计算误差，因为它处在天线方向图的非线性误差敏感部分，而且雷达的响应在很大程度上依赖于馈源的具体设计及误差处理技术。

然而，图 9.28[46, 47]为在这个区域内确定近似的多路径误差值提供了切合实际的方法。图中所示的曲线是计算出的多路径误差。它是以假定高斯形的和方向图和作为单脉冲差方向图的和方向图的导数为基础的。图 9.28 所示为高仰角的目标副瓣多路径误差的典型值，由上述等式预测；对于仰角很低的目标，其误差随目标仰角降低而线性下降。为了便于各种雷达的使用，此图在两个坐标轴上都对雷达波瓣宽度进行了归一化处理。曲线的虚线部分是不确定的部分，因为对给定的海情而言反射变化很大。

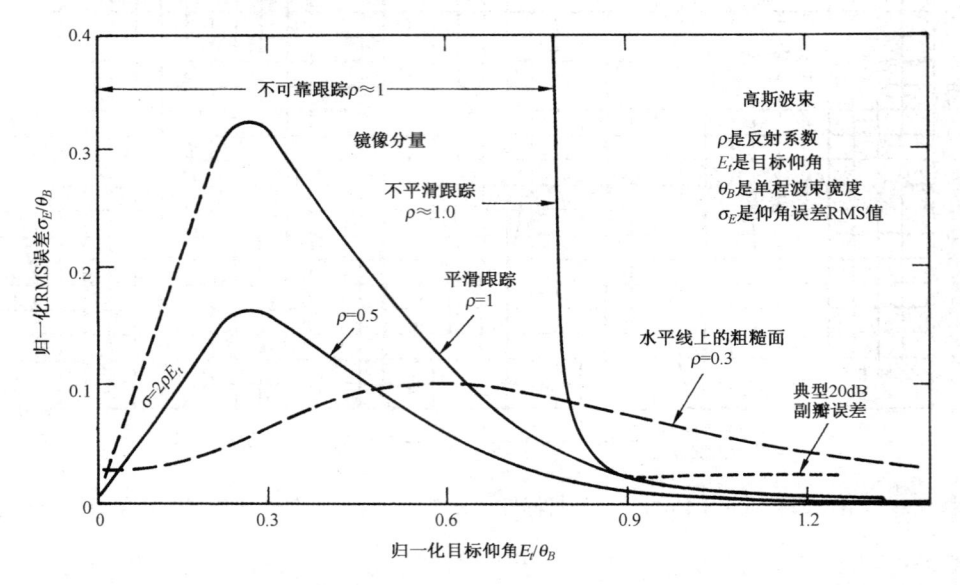

图 9.28　目标仰角 E_t 与计算的多路径误差 σ_E 的关系曲线（两个均对雷达波束宽度 θ_B 进行了归一化）

在中间范围，当目标仰角位于大约 0.3 倍波瓣宽度处时，误差上升到一个峰值。这个峰值依赖于几个因素，包括表面粗糙度（它部分地决定了 ρ 的值）、伺服带宽及在这个区域内的天线特性。误差是很严重的且当**不平滑跟踪**（伺服带宽宽）时，雷达可能中断跟踪或丢失目标轨迹。

当表面粗糙时，相应反射系数大约为 0.3，误差与仰角关系的特性发生变化，如图 9.28 所示。粗糙表面引起严重的漫反射而不是镜面反射。这改变了误差曲线的形状，而且当目标仰角下降到零时可导致一些剩余的仰角角误差。这同时也引起了一些严重的方位误差[46]。

正交极化能量引起的串扰

在雷达中，雷达天线正交极化的目标回波能量会产生串扰（交叉耦合）：方位误差会使仰角误差检波器产生输出；而且仰角误差会使方位误差检波器产生输出。通常这种影响可以忽略不计，因为正交极化能量是从典型目标接收到的极化的一小部分，而且常可通过天线设计将其减小约 20dB。但是，在特殊情况下，所产生的串扰可能非常高，并能引起一个大的跟踪误差，甚至可能丢失目标轨迹。例如，目标上的线性极化的信标的极化会随目标姿态变化而旋转，最坏的情况下，会接近交叉极化的情况。

从理论上说，当信号源正好在天线轴上时，天线正交极化能量的耦合是零，并且随着离开轴的位移而增加[51]。它对跟踪系统的影响是纯串扰，这样就使一个跟踪坐标上的小跟踪误差引起天线在另一个坐标上的移动。而第二个坐标上的误差接着又使天线在第一个坐标上更进一步地偏离信号源。当没有阻尼作用时，正交极化能量就使天线在双轴角跟踪坐标系统的目标象限中离开，至于是否离开，取决于把信号源移离精确的电轴位置之初始误差的方向[4, 51]。

对于导弹靶场测量雷达，当目标姿态的变化会使线极化旋转到一个正交极化的位置时，其解决的方法是用圆极化跟踪方式工作，把线极化信号耦合到圆极化天线，将导致 3dB 的信号损耗，但是此损耗在极化绕着朝雷达的方向转动时是与此线极化的方向无关的。

对流层传播

对流层一般是一个非均匀的传播媒质，会引起波束的随机弯曲。图 9.29 所示为角误差均方根值与各种大气情况的近似关系[22]。其最坏的情况是浓积云，这些积云产生气柱，由于云遮住太阳，它比周围的空气都冷，因此有不同的介电常数，当发射的能量穿过这种气柱时，其结果通常是波束随机弯曲。图 9.29 只适用于在对流层内的波束部分。一旦波束高于对流层（典型高度在 6～9km），就不会产生进一步的波束弯曲。

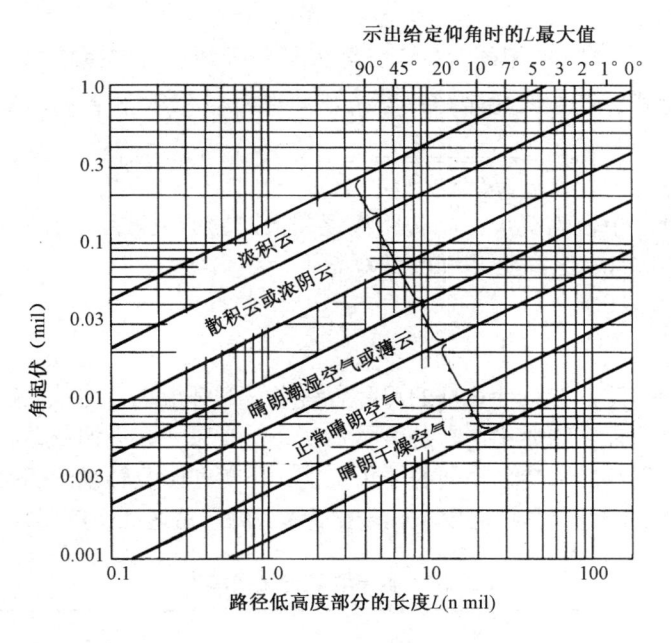

图 9.29　不同对流层条件下，角起伏与路径长度的函数关系（来自 RCA 公司根据 Bu Aer Noas 55-869C 合同所写的 AN/FPS-16 测量雷达的最终报告）

对流层也影响目标距离的测量，但是误差都很小，最大为 0.3～0.6m 的数量级。然而，在多边定位测量系统中，即使这种小的幅度误差也会引起严重的角误差。在该系统中，它通过计算来自不同地点的精确的距离测量值来确定目标的角度。

9.10 内部的误差源

接收机热噪声

在单脉冲跟踪系统中接收机热噪声引起的角度误差是

$$\sigma_t = \frac{\theta_B}{k_m\sqrt{B\tau(S/N)(f_r/B_n)}} \tag{9.10}$$

式中，k_m 是角误差检波器斜率。k_m 的值由天线差方向图的陡度确定，而且根据所使用的馈源形状可得到不同的值。这些值从最初的四喇叭馈源的 1.2 到 MIT 十二喇叭馈源的 1.9（最大值）。但是正如在馈源的讨论中讲过的那样，十二喇叭馈源的天线效率较低（58%），而最佳的多模单脉冲馈源的效率可达 75%，虽然它角灵敏度较小，约为 1.7。因此，要兼顾斜率和效率。目前四喇叭多模馈源的良好设计能给出的单脉冲雷达角误差检波器的斜率典型值为 1.57。

如果有明显的跟踪滞后或者对目标存在有意的波束偏移，那么在给定信噪比的情况下，接收机噪声引起的误差 σ_{t0} 可表示为

$$\sigma_{t0} = \sigma_t\sqrt{L[1+k(\theta_L/\theta_B)^2]} \tag{9.11}$$

式中，θ_L 是滞后角，单位与 θ_B 相同；L 是在角 θ_L 处的天线和方向图损耗。

同样，接收机噪声会产生距离跟踪误差 σ_{rt}，此误差与 SNR 和各系统参数的关系式为

$$\sigma_{rt} = \frac{\tau}{\sqrt{k_r(S/N)f_r/\beta_n}} \text{ 英尺（均方根值）} \tag{9.12}$$

式中，τ 是脉冲宽度，单位为英尺；k_r 是距离误差检波器的灵敏度（接收机带宽 $B=1.4$ 时，最大值为 2.5）；S/N 是信噪比；β_n 是伺服带宽。

其他内部误差源

还有许多内部误差源，在设计良好的跟踪雷达中它们都很小。这些误差源包括单脉冲接收机通道之间相对相位和幅度的变化，它是信号强度、射频频率、失调及温度的函数，也包括由于日晒而使天线坐发生弯曲、转台轴间的非正交性、齿轮间隙及轴承的摇摆，数据读出的离散性等许多其他因素也对误差有影响。表 9.1 给出了精密测量雷达 AN/FPS-16 的误差大小[22]。

表 9.1 距离误差分量清单①

分 量	偏 差	噪 声
雷达引起的跟踪误差	零距离设定 距离鉴别器漂移 伺服不平衡 接收机延迟	接收机热噪声 多路径 伺服电噪声 伺服机械噪声 接收机延迟的变化

① 摘自 D.K Barton 的《现代雷达》R.S.Berkowilz(ed),New York;John Wiley & Sons,1965，第 7 章 第 622 页。

续表

分量	偏差	噪声
雷达引起的转换误差	距离振荡器频率 数据提取的零点设定	距离分辨器误差 内部颤动 数据齿轮的非线性和回差 数据提取的非线性和量化 距离振荡器不稳定性
目标引起的跟踪误差	动态滞后 信标延迟	动态滞后 闪烁 起伏 信标信号的不稳定
传播误差	平均对流层折射 平均电离层折射	对流层折射的不规则性 电离层折射的不规则性

要使误差最小，校准是很重要的[22]。当需要最佳性能时，必须及时进行精确的校准。这个过程可能需要 4h 使雷达系统稳定。对测量雷达而言，跟踪事件的时间是已知的，因此刚好可在跟踪事件之前进行最后的校准，以便漂移误差最小。

9.11 误差来源总结

角度测量误差

角度测量误差来源的清单见表 9.2，除与雷达相关的来源外，还包括一些应当考虑的其他误差源。

表 9.2 角误差分量一览表

分量	偏差	噪声误差
雷达引起的跟踪误差（天线指向对目标方向的偏差）	瞄准轴的平行校正 电轴漂移由下列因素引起： • 射频和中频调谐； • 接收机相移； • 目标振幅； • 温度。 风力 天线不平衡 伺服不平衡	接收机热噪声 多路径（仅对仰角） 阵风 伺服电噪声 伺服机械噪声
雷达引起的转换误差（把天线位置转换或角坐标时引起的误差）	天线座的水平调整 正北的对准 天线座和天线的静态弯曲 各轴间的正交性 太阳加热	天线座和天线的动态偏差 轴承的颤动 数据齿轮的非线性和回差 数据提取的非线性和量化

续表

分 量	偏 差	噪 声 误 差
目标引起的跟踪误差	动态滞后	角闪烁 动态滞后的变化 幅度起伏 信标调制
传播误差	对流层的平均折射 电离层的平均折射	对流层折射的不规则性 电离层折射的不规划性
视角误差或仪器误差（对光学基准）	望远镜或基准仪器的稳定性 胶片乳胶和基座的稳定性 光学视差	望远镜、照相机或基准仪振动，胶片输送时的跳动 读数误差 量化误差 光学视差的变化

图 9.30 所示是 AN/FPS-16 雷达跟踪一个 6 英寸的金属球时测得的跟踪性能的例子。该金属球提供了一个点源目标以消除由目标引起的误差。这些数据显示了雷达距离不同区域的主要误差源及其特性与距离的关系。

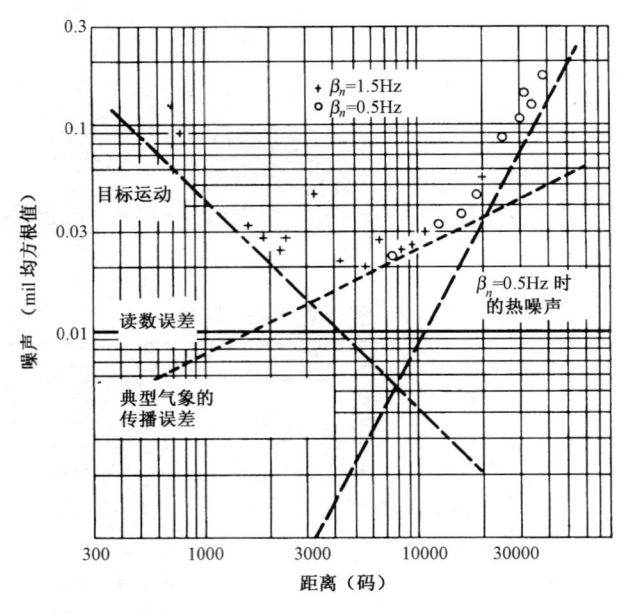

图 9.30 用装在气球内减小目标运动（其均方根值估计为 1.5 英寸）的 6 英寸金属球测出的距离与方位跟踪噪声（β_n 为伺服带宽）的关系曲线

在 9.8 节中讨论的由目标引起的误差包括了目标处在雷达 3dB 波瓣宽度内的常见跟踪情况。但是，像飞机编队这样的大目标可能扩展到天线方向图的线性角误差区域之外，并最终达到可分辨飞机的程度。图 9.31 显示了对大目标的角跟踪误差的例子。图 9.31（a）中可见到典型的类似高斯形的闪烁误差分布。当飞机之间的间隔变宽时，跟踪误差分布的形状发生变化。若飞机之间的间隔如图 9.31（b）所示时，则分布变成矩形。在间隔最宽时，飞机几乎可被分辨［见图 9.31（c）］，那么雷达将会跟踪一个飞机直到它消失和另一个飞机回波变大为止，然后雷达跟踪点再移到另一架飞机上。对每个目标的驻留将在两个目标之间随机切换，从而产生双峰状的误差分布。

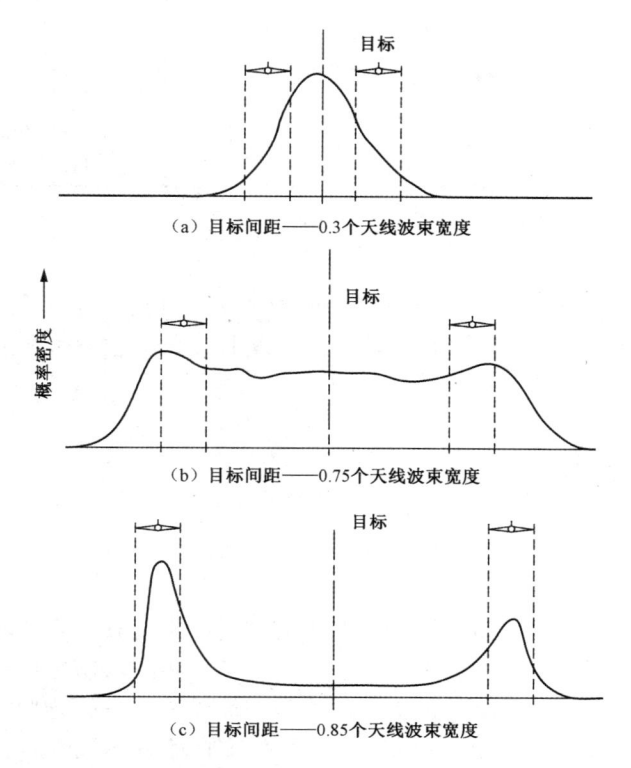

(a) 目标间距——0.3 个天线波束宽度

(b) 目标间距——0.75 个天线波束宽度

(c) 目标间距——0.85 个天线波束宽度

图 9.31　在跟踪两个目标时，雷达指向角的概率分布（其中左边的目标比右边的目标大 1.5dB 左右）

距离测量误差

目标距离测量误差的主要来源见表 9.3。精密距离跟踪雷达中目标距离测量中典型的偏移和噪声误差的总均方根值是 1.6m，详细说明见文献[22]的 10.3 节。

表 9.3　距离误差分量清单[①]

分　量	偏　差	噪　声
雷达引起的跟踪误差	零距离设定 距离鉴别器漂移 伺服不平衡 接收机延迟	接收机热噪声 多路径 伺服电气噪声 伺服机械噪声
雷达引起的转换误差	距离振荡器频率 数据提取零点设定	距离分辨误差 内部颤动 数据齿轮的非线性和回差 数据提取的非线性和量化 距离振荡器 不稳定性

① 摘自 D.K Barton 的《现代雷达》R.S.Berkowilz(ed),New York;John Wiley & Sons,1965，第 7 章第 622 页。

续表

分量	偏差	噪声
雷达引起的跟踪误差	动态滞后 信标延迟	动态滞后 闪烁 起伏 信标抖动
传播误差	对流层平均折射率 电离层平均折射率	对流层折射率中的不规则性 电离层折射率中的不规则性

性能的局限

Mitchell 等[52]介绍了 AN/FPQ-6 高度精密跟踪雷达在理想条件下，用仔细设计的轴线校准设施测得的基本性能局限性。这个任务提供了在那时最精确跟踪雷达的预计性能验证的数据。

9.12　误差减小技术

多路径误差的减小

如 9.9 节所述，高度非常低的目标将产生严重的仰角跟踪误差，这将产生无用的仰角跟踪数据，并有可能引起目标跟踪的丢失。已经开发出了许多方法来减小这些误差或降低这些误差对雷达跟踪的影响[53-58]。避免仰角上跟踪丢失的简单方法是打开仰角跟踪伺服环路，并把天线波束置于水平面以上约半个波束宽度[1]，方位闭环跟踪可以继续。虽然仰角角误差检波器的输出有很大的角度指示误差，但对它进行观察仍可以发现目标是否穿过波束向上运动。目标穿过波束上升将会产生一个正的角跟踪误差指示，于是闭环的仰角跟踪即可恢复。

减小多路径误差的一个非常有效而又直接的方法是使用一个很窄的波束，这通常是使用常用的微波跟踪孔径尺寸，但工作在很短波长（如波长为 8mm 的 35GHz 或 Ka 波段）上[13, 25, 26]。这种方法能通过两种效应来减小误差。第一，如图 9.28 所示，仰角多路径误差值的减小直接和波束宽度成比例。采用较短波长的第二个优点是，即使相对平滑的海表面（例如海表面状态 1）也会出现多个波长的浪高，表现出粗糙性，从而导致反射系数变小。由图 9.28 可看出，多路径误差这时是很小的。如 9.6 节所述，8mm 波长的单脉冲性能可以与微波波段的低端有效地结合，从而可利用两种波段的互补特性。

目标角度与距离闪烁的减小

目标引起的角度和距离跟踪误差能通过滤波（例如，减小跟踪伺服系统带宽）减小。但还必须保持足够的伺服系统带宽以跟踪目标弹道。遗憾的是，当工作在微波波段时，目标角度和距离闪烁功率密度通常集中在低于 1～2Hz 处，而且落在正常所需的伺服带宽范围内。

目标闪烁总噪声功率和频率之间是比较独立的，但是随着波长的减小，频谱能量在频率上倾向于向上扩伸，导致伺服通带内噪声功率密度较低。因此，工作波长越短，目标噪声对闭环跟踪的影响越小。

能够提供统计独立目标闪烁样本值的分集技术可减小目标闪烁的影响。最实际的方法是改变脉冲间射频频率的频率分集,它将改变来自目标主要反射面的回波间的相位关系[59-62]。频率变化量必须足够以使反射体之间有足够大的相对相位变化,从而在每个新频率都能产生统计独立的目标闪烁样本值。一个近似的规则是最小频率变化应达 $1/\tau$。τ 为在目标的前沿和后沿间雷达距离的延迟时间。角度和距离上目标闪烁的均方根值大约按 $1/\sqrt{n}$ 减少。其中,n 为频率跃变数。

内部产生的误差的减小

由接收机热噪声和目标闪烁引起的角误差都可通过使目标与跟踪轴尽可能保持接近而减至最小,如 9.6 节所述。这种称为"轴上跟踪"的技术通过在跟踪环路中放置一台计算机,使滞后最小化,并提供最佳的角误差滤波。

精确的系统校准也大大地减小了内部误差源。经常校准也可减小元件增益、相位及转台结构的漂移。其他已知其特性的内部误差源可进行自动校正以便使它们对输出数据的污染最小。

参考文献

[1] S. M. Sherman, *Monopulse Principles and Techniques*, Norwood, MA: Artech House, 1986.

[2] A. I. Leonov and K. I. Formichev, *Monopulse Radar*," Norwood, MA: Artech House, 1986.

[3] J. H. Dunn and D. D. Howard, "Precision tracking with monopulse radar," *Electronics*, vol. 33, pp. 51–56, April 22, 1960.

[4] P. Z. Peebles, Jr., "Signal Processor and accuracy of three-beam monopulse tracking radar," *IEEE Trans.*, vol. AES-5, pp. 52–57, January 1969.

[5] P. W. Hannan, "Optimum feeds for all three modes of a monopulse antenna, I: Theory; II: Practice," *IEEE Trans.*, vol. AP-9, pp. 444–460, September 1961.

[6] "Final report on instrumentation radar AN/FPS-16 (XN-2)," Radio Corporation of America, unpublished report NTIS 250500, pp. 4-123–4-125.

[7] D. K. Barton, "Recent developments in radar instrumentation," *Astron. Aerosp. Eng.*, vol. 1, pp. 54–59, July 1963.

[8] J. T. Nessmith, "Range instrumentation radars," *IEEE Trans.*, vol. AES-12, pp. 756–766, November 1976.

[9] J. A. DiCurcio, "AN/TPQ-27 precision tracking radar," in *IEEE Int. Radar Conf. Rec.*, Arlington, VA, 1980, pp. 20–25.

[10] D. D. Howard, "Single Aperture monopulse radar multi-mode antenna feed and homing device," in Proc. *IEEE Int. Conv. Mil. Electron. Conf.*, September 14–16, 1964, pp. 259–263.

[11] P. Mikulich, R. Dolusic, C. Profera, and L. Yorkins, "High gain cassegrain monopulse antenna," in *IEEE G-AP Int. Antenna Propag. Symp. Rec.*, September 1968.

[12] R. C. Johnson and H. Jasik, *Antenna Engineering Handbook*, 2nd Ed., New York: McGraw-Hill Book Company, 1984, Chap. 34.

[13] D. Cross, D. Howard, M. Lipka, A. Mays, and E. Ornstein, "TRAKX: A dual-frequency tracking radar," *Microwave J.*, vol. 19, pp. 39–41, September 1976.

[14] V. W. Hammond and K. H. Wedge, "The application of phased-array instrumentation radar in test and evaluation support," in *Electron. Nat. Security Conf. Rec.*, Singapore, January 17–19, 1985.

[15] J. W. Bornholdt, "Instrumentation radars: Technical evaluation and use," in *Proc. Int. Telemetry Council*, November 1987.

[16] W. B. Milway, "Multiple target instrumentation radars for military test and evaluation," in *Proc. Int. Telemetry Conf.* vol. XXI, 1985.

[17] R. L. Stegall, "Multiple object tracking radar: System engineering considerations," in *Proc. Int. Telemetry Council*, 1987.

[18] R. S. Noblit, "Reliability without redundancy from a radar monopulse receiver," *Microwaves*, pp. 56–60, December 1967.

[19] H. Sakamoto and P. Z. Peebles, Jr., "Conopulse radar," *IEEE Trans.*, vol. AES-14, pp. 199–208, January 1978.

[20] P. A. Bakut and I. S. Bol'shakov, *Questions of the Statistical Theory of Radar*, vol. II, Moscow: Sovetskoye Radio, 1963, Chaps. 10 and 11. (Translation available from NTIS, AD 645775, June 28, 1966.)

[21] M. I. Skolnik, *Introduction to Radar Systems*, 2nd Ed., New York: McGraw-Hill Book Company, 1980.

[22] D. K Barton, *Radar Systems Analysis*, Norwood, MA: Artech House, 1977.

[23] A. S. Locke, *Guidance, Princton*, NJ: D. Van Nostrand Company, 1955, Chap. 7.

[24] D. C. Cross, "Low jitter high performance electronic range tracker," in *IEEE Int. Radar Conf. Rec.*, 1975, pp. 408–411.

[25] D. L. Malone, "FLYCATCHER," *Nat. Def.*, pp. 52–55, January 1984.

[26] Hollandse Signaalapparaten B.V. advertisement, *Def. Electron.*, vol. 19, p. 67, April 1987.

[27] Editor, "Inside the Exocet: Flight of a sea skimmer," *Def. Electron.*, vol. 14, pp. 46–48, August 1982.

[28] Editor, "Special series: Israeli Avionics-2," *Aviat. Week Space Technol.*, pp. 38–49, April 17, 1978.

[29] D. C. Cross, D. D. Howard, and J. W. Titus, "Mirror-antenna radar concept," *Microwave J.*, vol. 29, pp. 323–335, May 1986.

[30] D. D. Howard and D. C. Cross, "Mirror antenna dual-band light weight mirror design," *IEEE Trans.*, vol. AP-33, pp. 286–294, March 1985.

[31] E. P. Schelonka, "Adaptive control technique for on-axis radar," in *Int. Radar Conf. Rec.*, 1975 pp. 396–401.

[32] I. D. Olin and F. D. Queen, "Dynamic measurement of radar cross section," *Proc. IEEE*, vol. 53, pp. 954–961, August 1965.

[33] J. H. Dunn, D. D. Howard, and A. M. King, "Phenomena of scintillation noise in radar-tracking systems," *Proc. IRE*, vol. 47, pp. 855–863, May 1959.

[34] M. I. Skolnik, *Introduction to Radar Systems*, New York: McGraw-Hill Book Company, 1962, Chap. 2.

[35] D. K. Barton, *Modern Radar System Analysis*, Norwood, Mass: Artech House, 1988, p. 388.

[36] G. Merrill, D. J. Povejsil, R. S. Raven, and P. Waterman, *Airborne Radar*, Boston: Boston Technical Publishers, 1965, pp. 203–207.

[37] D. D. Howard, "Radar target angular scintillation in tracking and guidance systems based on echo signal phase front distortion," in *Proc. Nat. Electron. Conf.*, vol. 15, October 1959.

[38] R. H. Delano, "A theory of target glint or angle scintillation in radar tracking," *Proc. IRE*, vol. 41, pp. 1778–1784, December 1953.

[39] R. H. Delano and I. Pfeffer, "The effects of AGC on radar tracking noise," *Proc. IRE*, vol. 44, pp. 801–810, June 1956.

[40] J. H. Dunn and D. D. Howard, "The effects of automatic gain control performance on the tracking accuracy of monopulse radar systems," *Proc. IRE*, vol. 47, pp. 430–435, March 1959.

[41] D. C. Cross and J. E. Evans, "Target generated range errors," in *IEEE Int. Radar Conf. Rec.*, Arlington, VA, April 21–23, 1975, pp. 385–390.

[42] D. J. Povejsil, R. S. Raven, and P. Waterman, *Airborne Radar*, Princeton, NJ: D. Van Nostrand Company, 1961, pp. 397–399.

[43] R. Hynes and R. E. Gardner, "Doppler spectra of S band and X band signals," *IEEE Trans. Suppl.*, vol. AES-3, pp. 356–365, November 1967.

[44] A. A. Ausherman, A. Kozma, J. L. Walker, H. M. Jones, and E. C. Poggio, "Development in radar imaging," *IEEE Trans.*, vol. AES-20, pp. 363–400, July 1984.

[45] G. Dike, R. Wallenberg, and J. Potenza, "Inverse SAR and its application to aircraft classification," in *IEEE Int. Radar Conf. Rec.*, pp. 20–25, 1980.

[46] D. K. Barton, "The low-angle tracking problem," presented at *IEE Int. Radar Conf.*, London, October 23–25, 1973.

[47] D. K. Barton and H. R. Ward, *Handbook of Radar Measurement*, Englewood Cliffs, NJ: Prentice-Hall, 1969.

[48] D. K. Barton, "Low-angle radar tracking," *Proc. IEEE*, vol. 62, pp. 687–704, June 1974.

[49] D. K. Barton, *Radar Resolution and Multipath Effects* in vol. 4 of *Radars*, Norwood, MA: Artech House, 1978.

[50] D. D. Howard, J. Nessmith, and S. M. Sherman, "Monopulse tracking error due to multipath: Causes and remedies," in *EASCON Rec.*, 1971 pp. 175–182.

[51] E. M. T. Jones, "Paraboloid reflector and hyperboloid lens antenna," *IRE Trans.*, vol. AP-2, pp. 119–127, July 1954.

[52] R. Mitchell et al., "Measurements of performance of MIPIR (Missile Precision Instrumentation Radar Set AN/FPQ-6)," *Final Rept., Navy Contract NOW61-0428d*, RCA, Missile and Surface Radar Division, Moorestown, NJ, December 1964.

[53] P. R. Dax, "Accurate tracking of low elevation targets over the sea with a monopulse radar," in *IEE Radar Conf. Publ. 105, Radar—Present and Future*, London, October 23–25, 1973, pp. 160–165.

[54] D. D. Howard, "Investigation and application of radar techniques for low-altitude target tracking," in *IEE Int. Radar Conf. Rec.*, London, October 25–26, 1977.

[55] D. D. Howard, "Environmental effects on precision monopulse instrumentation tracking radar at 35 GHz," in *IEEE EASCON '79 Rec.*, October 1979.

[56] R. J. McAulay and T. P. McGarty, "Maximum-likelihood detection of unresolved targets and multipath," *IEEE Trans.*, vol. AES-10, pp. 821–829, November 1974.

[57] W. D. White, "Techniques for tracking low-altitude radar targets in the presence of multipath," *IEEE Trans.*, vol. AES-10, pp. 835–852, November 1974.

[58] P. Z. Peebles, Jr., "Multipath error reduction using multiple target methods," *IEEE Trans.*, vol. AES-7, pp. 1123–1130, November 1971.

[59] F. E. Nathanson, *Radar Design Principles*, New York: McGraw-Hill Book Company, 1969, p. 37.

[60] G. Linde, "Reduction of radar tracking errors with frequency agility," *IEEE Trans.*, vol. AES-4, pp. 410–416, May 1968.

[61] G. Linde, "A simple approximation formula for glint improvement with frequency agility," *IEEE Trans.*, AES-8, pp. 853–855, November 1972.

[62] D. K. Barton, *Frequency Agility and Diversity*, in Vol. 6 of *Radars*, Norwood, MA: Artech House, 1977.

第 10 章 雷达发射机

10.1 引言

发射机在雷达系统中的作用

如果雷达系统设计师对雷达发射机提出什么性能要求，那么可能是下面所述的：

以需要的平均功率和峰值功率提供必要的发射能量以及要求的稳定度和低噪声，以便进行良好的多普勒处理；能高效率工作；带宽宽且容易调谐；能根据需要进行幅度、频率或相位调制；可靠性高及寿命长；只要求最少量的维护；没有危险的 X 射线辐射；有无人值守工作方式；成本可承担；根据应用场合具备合理的尺寸和质量。

当然，对特定的雷达发射机应用，并不需要全部达到这些性能。根据具体的应用，某些特性需要折中考虑。

搜索雷达（必须有规律地覆盖一个固定的空域）的雷达方程显示，此类雷达的最大探测距离与 $(P_{av}A)^{1/4}$ 成正比，P_{av} 为发射机的平均功率，A 为天线孔径的面积[1]。因此雷达测距性能的基本度量标准是**功率孔径积**。使用大天线、大功率发射机，或者联合使用两者，都能获得远的探测距离。在大多数情况下，雷达系统使用一部巨大、昂贵的天线配备一部小功率、便宜的发射机显然是不寻常的，反之亦然。这两个雷达的主要子系统之间必须有一个合理的平衡。（搜索雷达系统中根据简单的假设容易算出当发射机的成本等于天线的成本时雷达系统的总成本最少；但这是在除最小成本之外，没有其他要满足的准则时，才是正确的。）

众所周知，在雷达系统中，多普勒效应广泛用于在强杂波环境中检测动目标。这也是本手册中某些章节的基础。需要雷达在强杂波环境中采用多普勒频移信号来检测动目标时，某些类型的发射机远远优于其他类型的发射机。

从基本雷达方程可知，为探测远距离目标，作为雷达威力的度量标准，平均功率远比峰值功率重要。具有给定平均功率的真空管①，通常能设计成能耐高峰值功率需要的高压而不会击穿。固态发射机做不到这点。过去，雷达发射机的平均功率范围是由不足一瓦到兆瓦量级。

雷达发射机的类型

最早的"雷达"，例如 Heinrich Hertz（第一位雷达科学家）在 19 世纪 80 年代后期使用的那些雷达系统，以及 Christian Hulsmeyer（第一位雷达工程师）在 20 世纪初发明的船载雷达，都使用**火花隙**作为发射机。这是一种非常差的发射机，但在一种新的与以往不同的发展早期，这是常见的。不久以后 DeForest 发明了**栅控真空管**（三极真空管）。到 20 世纪 30 年

---

① 在美国，产生高频功率的器件称为 tube（真空管），而在英国则称为 valve（真空管）。一本关于微波功率源的书[4]建议将这种器件称为 microwave vacuum electronic devices（MVED）（微波真空电子器件），在本章中我们仍使用 tube（真空管）这个名词。

代早期，这种真空管得到较大发展，在第二次世界大战期间，交战国把它广泛地和成功地应用在用于防空的 VHF 和 UHF 频段的雷达上。一直到 21 世纪初期在一些 UHF 频段雷达中，栅控真空管仍然得到有效的使用，在 UHF 雷达领域它是非常有竞争力的功率源。栅控真空管的缺点是**渡越时间效应**，这限制了它在微波频段的应用，但栅控真空管的变种在直到约 1000MHz 的频段曾被成功地运用。

在第二次世界大战早期，1940 年英国发明了微波腔体**磁控管**，克服了渡越时间效应。磁控管的引入，允许了可配接小型天线的高频段大功率雷达的成功发展。（有趣的是，日本早在英国之前就发明了磁控管，而苏联工程师在 1944 年 3 月出版的《无线电工程师学报》，即现在的《IEEE 学报》上发表的论文中介绍了他们的磁控管，但在第二次世界大战期间苏联和日本军事上的发展都因战时混乱，使磁控管的发明并没有被这两个国家充分利用。）磁控管的发明非常重要，因为它允许超过 VHF 和 UHF 频段的限制，在更高的微波频段上研制雷达。由于德国人不知道英国和美国能制造微波雷达，它使得德国的电子对抗措施完全不起作用。美国和英国在第二次世界大战中有效应用了军事雷达，其中磁控管功不可没。

磁控管是所谓**正交场真空管**的一个例子，所谓正交场管采用一个磁场和一个和磁场正交的电场。磁控管只是一个振荡器，而栅控真空管不仅能以振荡器模式工作也能以放大器模式工作。本章介绍的其他电子管通常都是以放大器模式工作的。微波频段的放大器产生的功率一般能超过振荡器；但可能更重要的是，它们允许使用稳定的、调制的波形，而这种波形是脉冲压缩体制雷达和在杂波环境中依靠多普勒检测动目标的雷达所需要的。

微波**速调管**放大器比磁控管发明得更早。早在 1939 年 5 月出版的《应用物理杂志》中的一篇论文就介绍了速调管，但第二次世界大战期间在很大程度上，速调管放大器被忽略，没有引起雷达工程师的注意。直到 1953 年 11 月美国斯坦福大学工程师在《IEEE 学报》上发表了一篇论文，介绍了在直线加速器中使用的 S 波段多腔速调管产生了峰值功率 20MW，平均功率 2.4kW，这才引起了雷达工程师的注意。这在当时是一个伟大的成就。微波速调管放大器因具有输出功率大、效率高、稳定性高、宽频带（大功率时）等优点使一些雷达设计工程师认为在设计一部新型的高性能雷达时，速调管应该是首选的微波功率源。（曾经有过单腔速调管振荡器即所谓**反射**速调管，其输出功率小，主要用作接收机本地振荡器，但是现在通常已被固态器件代替，本章中不再讨论。）

速调管是**线性注管**的范例，因为加速电子注（又常称为电子束）的直流电场的方向同聚焦及约束电子注的磁场轴线指向相同。它产生一个高度集中的高能量线性电子注，电子注同微波结构（两个或更多个微波腔体）相互作用来进行放大。线性注管的另一个范例是行波管（TWT）放大器。它能产生的功率接近速调管，但在小功率时还具备非常宽的带宽，而速调管则不能。行波管的增益通常比速调管稍低一些，稳定度也低于速调管。值得指出的是，**行波管**的功率增大时，带宽减小；而速调管放大器的功率增大时，它的带宽也增大。因而，众多大功率雷达应用中，这两种线性注管是可比拟的。

另外还有速调管和行波管的**混合型**，因它具备有意义的特征也常在雷达应用中得到关注。

正交场放大器，像磁控管一样，属于正交场真空管，采用的磁场同电场正交。它能有宽带宽，一般体积小，并且不像线性注管那样需要极高的电压。尽管具备其他管子没有的一些优点，但它的增益比线性注管低（所以要求多级放大），噪声比线性注管高，导致在杂波中检测动目标的能力较弱。

回旋管是一种射频功率源，既能以振荡器工作，也能以放大器模式工作，在毫米波段能产生极大的功率。传统的微波功率源使用谐振结构，在其内部电磁场沿着射频结构传播的相位速度被减缓，使之非常接近电子注的速度，因而被称为是**慢波管**。慢波管射频结构增量的典型尺寸是一个波长的几分之一。频率增大（即波长减小）时它们的尺寸变得更小；尺寸小则意味着管子不能像大管子一样好地散热，因此微波功率管的功率容量近似以频率的平方减小。另一方面，回旋管由于使用所谓的**快波**结构，因而没有这种频率依赖性。它通常是一根平滑的波导或是一个较大的谐振腔。这种结构不减小其中电磁波传播速率。电子注不靠近射频结构，因此它不像慢波管结构一样，尺寸上有限制。快波管的大尺寸意味着在更高的频段可耐更大的功率。回旋管最主要的用途是在毫米波段的大功率应用。

在雷达应用上，**固态晶体管放大器**已经得到了特别的关注。设计者对固态器件的偏爱部分是因为在接收机和计算机中，它已经彻底取代了真空管。固态发射机将在第 11 章详细讨论。在本章末将给出它与真空管发射机的一个简单对比。固态发射机的主要优点是能工作在宽频带，具有很长的寿命，这是雷达购买者所期望的；但它不能用高峰值功率波形。由于固态发射机在峰值功率上的局限性，在进行雷达系统整体方案设计时要折中考虑。

放大器与振荡器的对比

在大功率高性能雷达系统中，作为发射机功率源，功率放大器相对功率振荡器来说，经常是首选的。放大器中，需发射的信号在小功率时精确产生，然后放大到要求的功率电平，经天线辐射。放大器有很多优点，如能产生稳定波形，进行编码或产生频率调制的脉冲压缩波形，可捷变频，也能功率合成或排成阵列。

磁控管是一种灵活性稍差的振荡器，噪声通常比线性注管放大器要大。每次发射一个脉冲时，它的相位与之前的一个是不相同的。这就是说，不同脉冲间的相位是随机的。为检测出多普勒频移以进行 MTI 处理，接收机中脉冲间相位不能是随机的。通过在每个发射脉冲的随机相位中抽取一个样品，然后在接收机内使用它重置本机振荡器的相位来匹配发射信号的相位，就可以克服这个限制。这就是所谓的**接收时相干**。通常，用磁控管获得的 MTI 改善因子不如用线性注管放大器获得的好。

过去，在高性能雷达发射机中使用振荡器还是使用放大器可能会有争论。现在毫无疑问，放大器通常是首选，除了在某些情况下同线性注管发射机相比，磁控管发射机的低成本比它提供的比线性注管低的 MTI 改善因子更重要。尽管如此，磁控管振荡器还是用于一些中短距雷达。磁控管发射机也广泛应用于民用航海雷达（见第 22 章），因为这种雷达只要求小功率，也不需要 MTI 能力。

10.2　线性注放大器[2]

速调管、行波管及两者的复合管在许多成功的雷达系统中一直都是重要的射频功率源。阴极发射的电子被形成长长的圆柱形电子注，在电子注进入微波互作用区之前，接收电场所有的电势能。由"电子枪"产生的电子注，在线性注管内基本上沿直线流动与微波电路相互作用，将输入信号放大。多种形式的线性注管的主要不同点在于所用微波电路种类和进行放大的互作用性质。限制栅控管高频性能的渡越时间效应，反而在线性注管中被利用来对匀速的电子注进行速度调制使电子聚束,并在真空管的出口处从中提取射频能量。线性注管作为放大器可以以较高的效率和高增益及宽带宽提供大功率。它们能产生兆瓦级的平均功率,也能以合适的尺寸提供上千瓦的平均功率用于军用战斗机/攻击机。

速调管

速调管放大器一直是许多雷达的一种重要的射频功率源。如上所述,它能提供高平均功率和高峰值功率、高增益、高效率、工作稳定、脉冲间噪声低、大功率时带宽宽;作为放大器,它能根据脉冲压缩需要,以频率调制或相位调制方式较好地工作。速调管工作频率可以从 UHF 波段到毫米波段,因此,速调管可应用于平均功率可能超过 1kW 的机场监测雷达、平均功率达 10kW 量级或更高的军用飞机,以及单管平均功率超过 100kW 的洲际弹道导弹远距离探测雷达。

图 10.1 展示了三腔速调管的主要部分。左边是**加热**,用于加热**阴极**,使其发射电子注,经过聚集后成为高电子密度狭长的圆柱形电子注。产生电子注的**电子枪**由阴极、**调制阳极**(也叫**电子注控制栅极**)和**阳极**组成,调制阳极提供控制电子注导通或关断的手段来产生脉冲。**射频腔**是谐振电路的微波等效体。在阳极收集电子并非是有意的(但在栅控管和正交场管是有意的)。电子在到达位于右边的集电极之前已经在输出腔把它的能量转换成射频能量,然后被集电极收集。小功率信号施加到第一个腔体的输入端,在**互作用间隙**馈出,当输入信号电压为正(正弦波的正半周)时,到达第一个互作用间隙的电子注的电子被加速;与之相反,输入信号的电压为负(正弦波的负半周)时,到达间隙的电子被减速。在第一个**漂移空间**,正半周时被加速的电子赶上了之前射频负半周时被减速的电子,结果出现了电子周期性的"群聚"。群聚现象可被认为是对电子密度的调制,群聚的电子越过第二个腔体互作用间隙,在那增强了**密度调制**,以加强群聚。产生速度随时间变化,使得初始速度均匀的电子注逐渐群聚的过程称为**速度调制**。为此可使用三个或更多的射频腔。输出腔的互作用间隙放在群聚电子最集中的地方,因此射频功率能够从密度调制的电子注获得,在功率稍小的管中可利用耦合环取出 RF 功率,从大功率管则可使用波导(图中未标示)取出。实质上,第一个腔体处电子注的直流能量利用速度调制过程,在输出腔转化成射频能量。腔体的个数越多,则速调管的增益越大。取决于带宽,四腔速调管的增益可超过 60dB。群聚电子将它们的射频能量输出之后,消耗掉能量的电子被**集电极**移走。

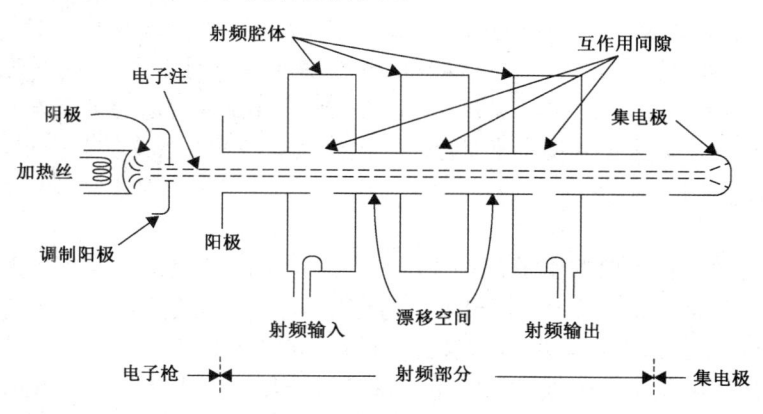

图 10.1 三腔速调管放大器主要部件图示

采用轴向磁场来抵消形成电子注的电子间的互斥作用。磁场将电子限制为相对细长的波束并阻止它们分散。磁场可由在外径上有铁屏蔽的长螺线管产生，或者通过质量轻一些的由一系列磁透镜组成的周期永磁系统（PPM）产生。

多腔速调管可以通过腔体参差调谐来增加带宽，这同超外差接收机为得到更宽带宽对IF放大器进行参差调谐相类似。比较而言，速调管进行参差调谐更复杂，因为每个互作用间隙的速度调制对其后的间隙贡献了一部分激励电流，这种现象在IF放大器中并不存在。早期的VA-87四腔体S波段速调管四个腔体同步调谐时，带宽为20MHz，增益达61dB；但采用参差调谐时，带宽为77MHz（2.8%），增益为44dB[3]。

理论证明，通过增加电流从而功率可有效地增加速调管带宽。例如，10MW峰值功率速调管，带宽达8%，相比之下，200kW的管子，带宽可能为2%，1kW管子仅有0.5%的带宽。大功率多腔速调管可设计成其带宽达10%~12%。有时认为速调管的带宽较窄，而行波管的带宽较宽；但对需要大功率的远程雷达来说，它们的带宽是不相上下的。遗憾的是，这个事实并不总被人理解[4]。

速调管，作为线性注管的范例，能够产生高输出功率，因为电子注的产生，电子注和磁场的交互作用，已经消耗能量的电子的收集是在管子的不同部分进行的，因此产生的热量可以有效地消散。

速调管和其他线性注管都可以有较长的寿命。Gilmour[5]报告说，雷达系统中11种不同应用的速调管的平均故障间隔时间（MTBF）为5000~75 000h，平均为37 000h（一年8760h）。在早期弹道导弹预警系统BMEWS（Ballistic Missile Early Warning System）中使用的VA-842大功率速调管，显示出寿命超过50 000h。据Symons[6]报告，当格陵兰的雷达被固态铺路爪雷达替代时，他设计的用于BMEWS的一个真空管已经工作了240 000h，而且仍在继续工作。VA-812E也是一个大功率UHF速调管，输出峰值功率20MW，1dB带宽25MHz，40dB增益，工作比0.015，脉宽40μs时，平均功率300kW。

VA-87E（最初是Varian Associates公司研制的）是一个6腔S波段速调管，工作在2.7~2.9GHz，输出峰值功率1~2MW，平均功率可达3.5kW，增益为50dB，效率在45%~50%，1dB带宽为39MHz。VA-87E的平均故障间隔时间（MTBF）证实为72 000h。它曾用于ASR-9机场监视雷达和WSR-88D Nexrad多普勒气象雷达（工作频段从2.7~2.9GHz），同样在其他雷达中也有应用。

直线加速器中使用非常大功率的速调管，如美国斯坦福直线加速器中心使用的速调管[7]。该速调管输出峰值功率达75MW，效率50%，使用螺线管产生磁场，或者使用周期永磁聚焦，此时峰值功率可达60~75MW，效率为60%。速调管作为雷达功率源方面的改进在下面对混合型管的小节中讨论。其中簇腔速调管是能提供大功率和宽带宽的一个很好的例子。

多注速调管（MBK）

速调管放大器是一种重要的用于大功率、高性能雷达的真空管。但需要大功率时要求很高的电压。高电压则导致尺寸较大，同时要求对产生的X射线进行屏蔽。把速调管中电子注的直流功率转化成电磁波的射频功率所需的总功率是电子注电流和电子注电压的乘积[8]。尽管速调管可工作在高电压下，但通常情况下，都尽可能使其工作在相对较低电压下，因为较低电压可使电源较简单，质量更轻，并且更可靠[9]。为获得同样的功率，速调管电子注电压的降低意味着要增大电子注电流。要增大电子注电流就得增大电流密度,这时空间电荷的效应不可忽略,电子间斥力增加,导致电子聚束相干性变坏。结果就是效率降低。大电流密度也要求更强的磁场来保持电子注聚焦,导致速调管体积更大,质量更重。因而,简单地降低电子注电压和增大电流密度通常不能得到纯粹的好处。

然而,将单个电子注分成多个稍小的所谓**小电子注**(beamlets),可以克服低电子注电压的限制,因此,每个小电子注都有足够小的的电流密度,避免了高电流密度电子注不期望的排斥效应。根据 Nusinovich[9]等的报道,每个小电子注通过它自己单独的漂移管(金属墙管)来传输,小电子注之间并行,但和其他小电子注是隔离的。仅允许这些小电子注在腔体间隙的小的轴向范围进行互作用,通过腔体间隙后,小电子注重新进入它们单独的漂移管,彼此之间隔离地传播。这种速调管被称为**多注速调管**(Multiple-Beam Klystrons,MBK)。据报道[10]多注速调管中小电子注的数量为 6~60。

多注速调管的主要发展动机是用比传统速调管低的电压,产生高效率的高射频功率。因为较低的电压(比传统速调管低 2~3 倍),使 MBK 更紧凑,要求磁铁质量更小(可比传统速调管小 10 倍),因此质量轻,体积小,产生的 X 射线少,效率更高(可达 65%),瞬时带宽比传统速调管更宽[9]。低工作电压使电源更简单、更轻、更便宜,并且更可靠。MBK 可产生更高的输出功率质量比,可能是同等单注速调管的 2~3 倍。电压减小后,它们的噪声同样也减小,相位对电压变化的灵敏度更低,这有助于在杂波中检测小雷达截面动目标。同正交场放大器相比,MBK 有更大的动态范围。同行波管相比,它的输出峰值功率和平均功率更高,抗震动性更强。

俄罗斯的"Federal State Unitary Enterprise RPC Istok 公司"(通常简称为 Istok)[11],在研制用于雷达的 MBK 方面具备不俗的研制能力。据报道他们研制的 X 波段 24 个小电子注的 MBK 可输出峰值功率 200kW,平均功率 17kW,6%的带宽,阳极电压 26kV,磁铁质量 16kg。此外,他们的 S 波段 36 个电子注的多注速调管,输出峰值功率 600kW,平均功率 12kW,阳极工作电压 31kV,带宽 6.5%,不包括磁铁质量为 25kg。

多电子注概念的一个显然的扩展是采用薄而宽的带状电子注,电流可大到其他条件限制的所能达到最大值。它被考虑用于大型直线加速器,作成超大功率速调管(150MW 峰值功率,周期永磁聚焦,或 PPM 聚焦)[12]。据报道它的电子注电流密度和聚焦磁场可减小,用更少的组件来制造,可靠性可能更高,并且采购费用和运转费用更低。带状电子注速调管一个可能的劣势在于带宽,它可能是窄带的。

多注线性注管的原理也可曾考虑用于行波管[9],但它是否比 MBK 有更大优势似乎并不明显。

行波管(TWT)

TWT 线性注管的阴极、射频电路和集电极都是彼此分离的,在这点上和速调管非常相似。但是相比之下,行波管的电子注和射频场持续的交互作用是在整个微波传播结构长度上进行的,而速调管仅仅在谐振腔体相当小的间隙处进行交互作用。行波管最初的构想是用一个慢波射频结构的螺旋体,如图 10.2 所示。电子注同速调管类似,它们都使用速度调制使得电子注周期群聚(密度调制)。电子注通过射频交互电路。如图 10.2 所示的慢波结构的螺旋体,射频信号被螺旋线降低前向速度,使得它的前进速度接近于电子注的速度。这种近似的速度匹配引起交互作用累积,交互作用将电子注的直流能量转换成在螺旋体上传播的电磁波的增强。将能量传递给射频场后，消耗掉能量的电子注被集电极吸收，通常是多级降压集电极。和速调管中一样，采用轴向磁场避免电子注在真空管中传播时分散开来。

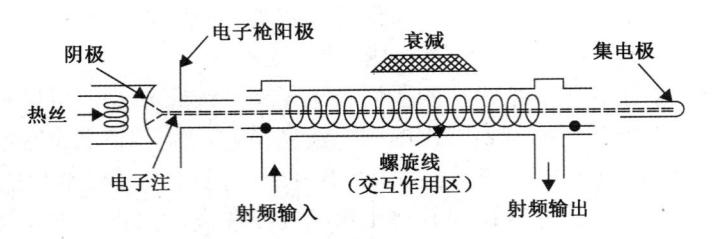

图 10.2 行波管主要部分图示，为简单起见给出的是螺旋线慢波电路

螺旋线行波管的带宽可超过一个倍频程（2:1），远远高于其他雷达用的真空管。通常都认为行波管是一种非常宽带真空管，但有宽带宽的螺旋线行波管在雷达应用中并不很重要，因为螺旋线行波管的峰值功率只限于几个 kW。这意味着如果用的话，螺旋线行波管最适合用于连续波或者高占空比雷达中。还有，因为电磁波频谱使用上的条例的限制，这种大带宽极少能在雷达中应用。为使 TWT 获得大功率，必须采用其他形式的慢波结构，通常这些结构提供的带宽要小于螺旋线的。此类结构是耦合腔[13]（如三叶草线路）、杆环和所谓的梯形网络。耦合腔行波管的带宽约为 10%～15%。杆环行波管比耦合腔电路的带宽宽，效率高，但它的输出功率不如耦合腔电路。因而，TWT 的功率增加时，它的带宽减少。另一方面，如上面所提到的，速调管的功率增大，则带宽也增大，因此，行波管和速调管的带宽在大功率雷达应用中是旗鼓相当的。

沿行波管的微波结构可同时传播前向波和后向波，这可能会导致出现返波振荡。图 10.2 中，为避免由于输出和输入端的反射产生振荡，沿着螺旋线有衰减器。衰减可能分散或者集中，但通常发现位于管子中部的三分之一处。尽管可以通过沿着慢波结构分散衰减来阻止发生振荡，但它导致效率的降低——在大功率真空管中不受欢迎。另一方法是，可以通过使用不连续性，即所谓切断器，来防止振荡，管子每隔 15～30dB 增益处都有一个切断器。每个切断器处，反向传输功率耗散在切断器负载中，而正向传输功率基本不受影响。切断器的负载可以放在管外，以减少射频结构内部的功率耗散。因为切断器的衰减引起的损耗，同时也因为整个结构的大部分地方都存在有较高的功率，TWT 的效率通常小于速调管。提高大功率行波管效率的一种技术是所谓**速度渐变**。这种技术是对慢波线最后几节的长度进行渐变，以便能与换能后失速的电子注相适应。速度渐变允许从电子注中取出更多的能量，并显著改善管子的功率带宽特性[3]。然而，大功率行波管在带边的功率输出一般有显著下降，因此它的额定带宽在很大程度上取决于整个系统所能允许的带边功率跌落。

如果采用耦合腔电路的行波管是阴极脉冲调制的（见 10.7 节），则在脉冲电压上升或下降过程中的某一时刻，电子注速度会和微波电路的截止频率（所谓的π模）同步，于是管子会产生振荡。在射频输出脉冲前后沿所产生的这些振荡，由于它们在功率与时间关系曲线上的特殊形状，被称为**兔耳**。很少能完全抑制这种振荡。然而，由于这种特殊的振荡取决于电子速度，而电子速度又取决于电子束电压，因此，采用脉冲调制阳极或栅极（见 10.7 节）可以防止它的产生。在这种情况下，只要保证不在加上高压期间就加上调制脉冲，而是等高压加到约 60%～80%的满值时，即超过引起振荡的值的范围时，再加上调制脉冲。

螺旋线慢波结构的一种修正是杆环电路，这种结构能用于峰值功率小于 100～200kW 之间的行波管。Raytheon QKW-1671A 是个例子，输出峰值功率 160kW，占空比 0.036，增益 50dB。它工作在 L 波段，1215～1400MHz。美国空军丹麦眼镜蛇（Cobra Dane）工作在 1175～1375MHz，是一部远距离雷达，位于阿留申群岛，使用 96 个杆环行波管（AKW-1723），每个输出峰值功率 175kW，平均功率 10.5kW。

S 波段 VA-125A 行波管放大器采用三叶草耦合腔慢波结构。使用液冷，输出 3MW 峰值功率，带宽超过 300MHz。占空比为 0.002，增益为 33dB，脉宽 2μs。这种行波管最初是为互换流行的 VA-87 速调管设计的，只是 VA-125A 行波管比 VA-87 速调管具备更宽的带宽。因为增益比速调管低，它要求输入信号的功率更大。当需要大功率时，人们更倾向使用速调管而不是行波管，因为速调管没有 TWT 的稳定性的问题。

Gilmour[14]给出了 9 种不同形式的耦合腔行波管的 MTBF，在 2200～17 800h 变化，所有 9 种管子的平均 MTBF 为 7000h。（他也说，太空用的行波管一般来说功率比雷达用行波管低一些，其 MTBF 可达 1000 000h。）

降压集电极

可通过使用所谓**降压集电极**[15,16]来提高行波管或者速调管的效率。使用单个集电极时，输入管子的相当一部分功率作为热耗散在集电极。若集电极电压下降（降压），低于管体电压，电子撞击集电极的速度也减小，从而集电极上产生的热也减少。因此，集电极回收一部分消耗掉功率的电子注的功率。使用中间电压的多个降压集电极，而不是单个集电极，更能在接近最佳的电压上捕获失能的电子。某些通信用的管子曾用过多于 10 级集电极的行波管，但 3 级大功率行波管是现代雷达中更典型的应用。降压集电极需要的几种不同电压使高压电源变得较为复杂，但是这些集电极电压并不像电子注电压那样要求严格的稳压。因为行波管的电子注有 20%的速度分布，而速调管的速度分布接近 100%[17]，因此通常情况下设计行波管的集电极相对更容易。由于传统的行波管的效率一般低于速调管的效率，有降压集电极的行波管的效率提高比速调管的效果更好。

速调管和行波管的变种

上面提到当速调管功率增大时，它的带宽也增大。将速调管和行波管两者的优点相结合，可比传统的速调管或行波管获得更大的带宽，更高的效率，以及更好的增益平坦度。这种管子的基本结构是速调管，但不用大量的单个腔体，而用复杂的多腔来代替每个单个腔体。三个变种分别为**行波速调管**、**扩展互作用速调管**和**簇腔速调管**（群腔速调管）。大部分高性能雷达速调管都倾向采用更复杂的腔体结构，因为这样可获得更好的性能。

不同线性注管结构的比较

图 10.3 所示为几种线性注管的射频电路的基本结构。

行波速调管

传统速调管的带宽主要受到输出谐振腔带宽的限制，若利用行波管使用的耦合腔慢波电路来代替速调管的输出谐振腔［见图 10.3（d）］，则能显著地增加速调管的带宽，并且也能略微提高效率。这就要求这种管子的中间腔和输入腔是参差调谐的，以适应输出电路增加的带宽。因为这种形式的管子部分是速调管，部分是行波管，所以叫做**行波速调管**。S 波段行波速调管 VA-145 的带宽达 14%，效率 35%，带宽中心增益 41dB，峰值功率 3.5MW，平均功率 7kW[19]。

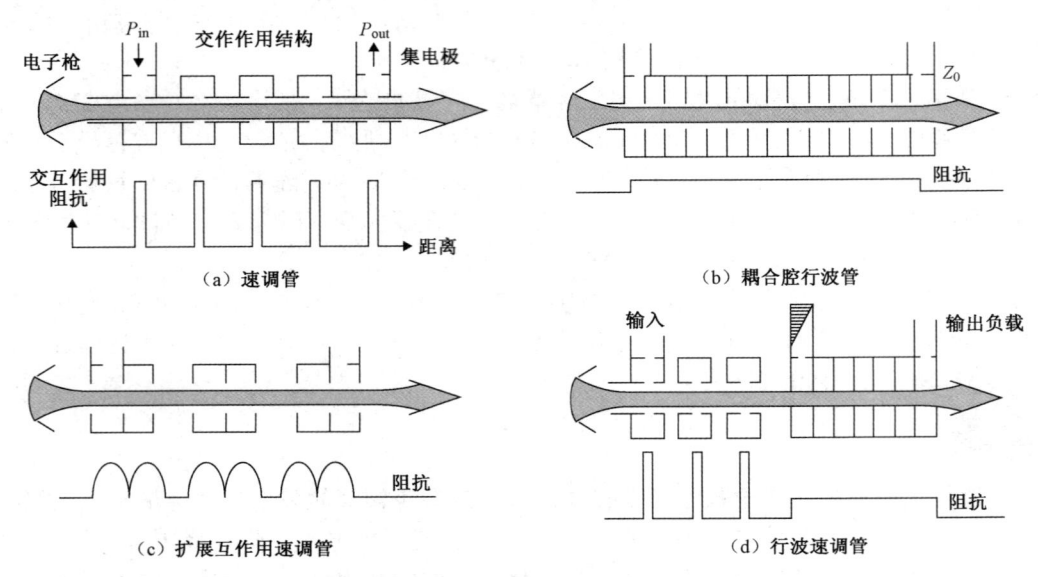

图 10.3 几种线性注管的基本结构（引自 Staprans 等[18]）

扩展互作用速调管（EIK）

EIK 中，使用包括两个或多个相互作用间隙的类似行波管的慢波谐振电路来代替速调管的单个间隙谐振腔［见图 10.3（c）］。这样的腔体可用作前部的腔体，也能用作输出腔。这比传统速调管放大器有更大的带宽，更大的功率。Staprans 等[2, 18]宣称，大功率 EIK VA-812C 能在 400～450MHz 工作（带宽 12%），峰值功率 8MW，平均功率 30kW，效率 40%。

EIK 装置对于毫米波应用一直有吸引力。根据 CPI 公司的手册，它的 VKB2475 毫米波 EIK 在中心频率为 94.5GHz 工作时，带宽达 1GHz，峰值功率 1.2kW，平均功率 150W，工作比 10%，增益 47dB，脉宽 20μs，液冷方式工作。在该频段它的功率比回旋速调管（以后讨论）低得多，但它的尺寸［18cm×10cm（直径）］小得多，成本也比回旋速调管低得多。

CPI 制造的一个类似的 EIK，已经用于 NASA CloudSat 星载雷达，该雷达提供云的垂直剖面，用于理解云对天气和气候的影响[20]。它的中心工作频率 94GHz，带宽 250MHz，峰值功率 1.5kW，脉宽 3.3μs，脉冲重复频率 4300Hz，效率 32%，采用传导冷却。每个腔体是依据梯形几何结构制作的短谐振慢波结构。管子重 6.2kg，可在–15～+60℃温度内工作。预计这种 EIK 可以 92%的置信水平连续工作两年。两套 EIK 均被 CloudSat 采用（一个主的，一个备用），以满足 99%置信水平的工作两年的要求。

簇腔速调管（群腔速调管）

这是一个用腔体成组技术提高速调管工作的精彩例子。利用品质因子 Q 仅有单个腔体二分之一到三分之一的两个或三个人工加载的低 Q 腔体替代多腔速调管的单个中间腔体。图 10.4

比较了传统参差调谐速调管和簇腔速调管的基本不同点。据说给定增益和带宽的乘积，这种结构形式使管子长度更短，因此能大大减少磁铁质量和电源质量。Symons[22]，簇腔速调管的发明者，宣称这些宽带的管子一个可以替代 AWCAS 雷达的两个窄带速调管。使用一个宽带簇腔速调管替代两个窄带速调管的每一个时，冗余工作方式能有更高的可靠性，而不需大大增加质量，因为这些簇腔速调管任何一个都能提供完全的工作能力，这类似于在 FAA 空中管制雷达通常采用的冗余方式。

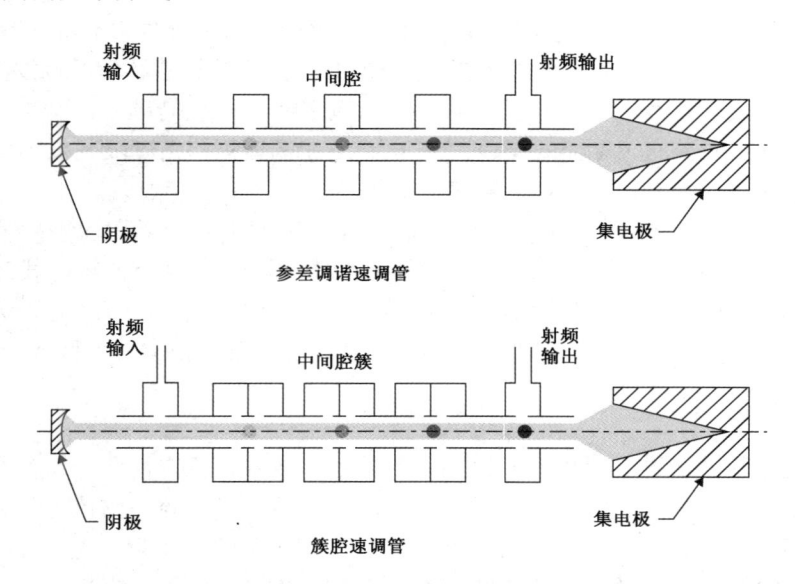

图 10.4 传统参差调谐速调管与簇腔速调管的结构比较[16]

微波功率模块（MPM）[23, 24]

新颖的与众不同的线性注管是**微波功率模块**，它采用固态微波集成电路放大器来驱动中等功率螺旋行波管，连同集成电路功率调节装置，所有这些都置于一个轻型包装中。它能提供高效率、宽瞬时带宽、低噪声，平均功率水平从几十瓦到几百瓦。据说它比同等性能行波管和固态功率源体积更小，质量更轻，能在更高的环境温度中工作。MPM 的增益额定值达 50dB，增益在固态驱动和行波管放大器 20/30～30/20 的比率之间分配。MPM 看起来最适合更高的微波频率，或许 2～40GHz。

严重约束 MPM 在雷达上应用的是螺旋行波管限制，它只能在连续波或高工作比（可能高于 50%）发射机中应用。它在许多雷达应用中也是比较中等功率的放大器。

10.3 磁控管

与通常用作放大的线性注管不同，磁控管是一个振荡器。一个早期常用的普通磁控管的例子是 5J26，它工作在 L 波段，1250～1350MHz 频带内可机械调谐，峰值功率 500kW，脉宽 1μs，脉冲重复频率 1000Hz 时，平均功率为 500W。其效率为 40%，这是那个年代磁控管的典型效率值。微波波段的磁控管尺寸紧凑，工作高效，使得第二次世界大战中雷达体积小到可应用在战机上，或在地面战中移动工作。但是，磁控管平均功率只有几千瓦，这限制了它的用处。此外还有稳定性的限制，因此，也限制了它们能达到的 MTI 雷达改善因子，寿命也常常比线性注管短。

由于磁控管只是一个振荡管，而不是放大管，故每个脉冲的起始相位都是随机的。在 MTI 雷达的接收机的相位检波器级中可用相干振荡器作为参考信号来适应相位的随机变化。对于每个脉冲，磁控管脉冲的相位决定了相干振荡器的相位。这样就使得接收到的每个脉冲信号看来都是相干的。这有时被称做**接收时相干**。用磁控管和接收时相干得到的 MTI 改善因子通常并不如用功率放大器做发射机的 MTI 系统的好。因磁控管的环境温度发生变化或自加热时，频率会产生缓慢漂移，为了保持接收机可以调谐到发射机的频率，常常需要用自动频率控制（Automatic Frequency Control，AFC）电路。在调谐机构精度限制范围内，AFC 可用于磁控管，使它能够保持在一个设定的频率上工作。

磁控管频率在 5%~10% 频率范围内可机械调谐，某些情况下可高达 25%。用悬挂于阳极腔体之上的开槽圆盘可以快速机械调节。当它旋转时，就交替地给腔体加载感性或容性负载，以提高或降低频率。这种旋转调谐的磁控管可以具备很快的调谐速度。例如，在转速 1800r/min 的情况下，对于一个具有 10 腔体的磁控管来说，可在带宽内每秒调谐 300 次。

同轴磁控管[25]

由于同轴磁控管的引进，原先形式磁控管的功率、效率、稳定性和寿命都得到了显著的改进。关键的不同处是加入了围绕传统磁控管腔的稳定腔，稳定腔与磁控管腔之间有耦合，以便为管子提供更好的稳定性。机械地移动稳定腔内的一个终端平板——又称**调谐活塞**，可以改变同轴磁控管的频率，调谐活塞可用在真空管之外的真空软管机械地定位。

在同轴磁控管中，每隔一个谐振腔的输出都耦合到围绕着阳极结构的稳定腔。功率从稳定腔中耦合输出。

π模工作

由于在阴极和谐振腔之间可存在不同的射频场结构，对于磁控管来说，无论是传统的还是同轴的，都能在很多个不同但很接近的频率上振荡。这些不同的射频场结构，以及磁控管谐振腔之间的耦合可产生不同的振荡模式。当电压或者磁控管感受的输入阻抗发生变化时，磁控管就从一个工作模式漂移到另一个，而且这种漂移几乎不可预测（这意味着频率漂移不可预测）。这种模式间的漂移被称作**跳模**。当雷达天线扫描时或者雷达正在观测不同的环境时，发生跳模是非常不利的。因此避免跳模非常重要。

磁控管首选工作模式是所谓的 π**模**，即邻近腔体之间射频相位改变 180°的射频场结构。π 模的优点就是它的频率能够容易地从其他可能的模式频率中分离出来。（一个 N 腔磁控管具有 $N/2$ 个可能模式，π 模只在单频上振荡，而其他模式可在两个不同频率上振荡，因此磁控管可以在 $N-1$ 个不同频率上振荡。）

同轴磁控管的寿命

磁控管能产生的功率取决于它的尺寸。大尺寸意味着更多谐振腔，这使得在传统磁控管中区分不同的振荡模式更难实现。然而稳定性由外部腔体控制的同轴磁控管可以在有很多腔体的情况下保持稳定工作，这样就使得功率更大。此外同轴磁控管的阳极和阴极结构可以做得很大，这进一步增大了功率。大尺寸结构使得同轴磁控管的设计可更为保守，结果是与传统磁控管相比，其寿命更长，可靠性更高，工作也更稳定。同轴磁控管的工作寿命据说可以达到 5000~10 000h[26]，和传统大功率磁控管相比增加了 5~20 倍。

磁控管的局限性

磁控管首次引进时，它提供的功率是早期用在雷达上的栅控管所不能达到的。随着时间的推移，提高了的雷达性能的要求超出了磁控管的能力。幸运的是，人们发明了克服磁控管局限性的其他类型的真空管。

虽然磁控管过去有过一些重要的应用，但它也有严重的局限性，大大限制了它在雷达中的用处。最大的问题就是稳定性很差，这限制了雷达在杂波中检测移动目标的能力，而且它的平均功率相对不高，为脉冲压缩，要调制信号不容易。还有其他的局限性，在下面一一讨论。

利用多普勒频移在强杂波回波中检测移动目标要求发射机能产生稳定信号和小的杂散噪声。由于磁控管稳定较性差且有带噪声的发射，这就限制了能达到的 MTI 改善因子，使其仅能达到 30dB 或 40dB，而许多雷达要求有更好的 MTI 改善因子。一些雷达也要求采用脉冲压缩波形，以得到短脉冲的分辨率但长脉冲的能量。当需要脉冲压缩时，对磁控管的波形很难进行相位或者频率调制。因此在应用脉冲压缩时几乎总是使用功率放大管。磁控管稳定性较差，不适合用于长脉冲（例如 100μs）场合，而初始抖动又限制了它在短脉冲上的应用（例如 0.1μs），这个问题在大功率和低频段的情况下尤其突出。此外，它的最大平均功率只有几千瓦，这又低于一些军用雷达的要求。因为磁控管是一个振荡器，每个脉冲起始相位都是随机的，不能像放大器发射机那样进行二次往返杂波回波对消，同样的，对多个磁控管功率输出进行合成也不具有吸引力。另外磁控管会在比信号带宽宽得多的带宽内产生相当大的电磁干扰（同轴磁控管在这方面会好一点）。而且，磁控管不能进行精确的频率控制也不能执行精确的频率跳变。

尽管磁控管有这些不利的特性，它还是可以考虑用于一些要求不是很高的雷达中。例如作为应用范围最广的雷达之一的民用航海雷达，在很长时间里都选用磁控管发射机，下面对其进行简要说明。

民用航海雷达用磁控管[27]

磁控管非常适合用在民用航海雷达上，这类雷达一般配置在小型游艇或者大型商船上。它的成功应用，部分原因是这类雷达只需要较小的发射功率，并且不需要进行从强固定杂波回波中提取移动目标信息的多普勒处理。因此，当磁控管应用于其他领域时可能会出现的许多问题在这个领域中就不会发生。重要的是，民用航海雷达的全球需求量很大，使得这个行业竞争相当激烈，为此，就要求为这种重要的雷达应用开发低成本、高可靠性的磁控管。

这类磁控管产生的峰值功率为 3~75kW，平均功率相对较低，几瓦到几十瓦。民用航海雷达磁控管的一个例子是 MG5241，由英国 Chelmsford 的 EEY 公司制造。它有 18 个腔，工作在 X 波段，一个固定频率上，频段为 9380~9440MHz，峰值功率 12.5kW，效率 43%。阳极工作电压 5.8kV，阳极电流 5.0A。典型脉宽 1.0μs，工作比 0.001。制造商宣称其典型期望寿命超过 10 000h，且保证最短寿命 3000h。

磁控管作为微波炉的功率源也取得了显著的成功。多年来，磁控管已发展成了非常适用于微波炉的一种低成本、高可靠性的微波发生器。

10.4 正交场放大器[28]

正交场放大器（CFA），和磁控管一样，磁场垂直于电场，但它是一个放大器而不是一个振荡器[29]。它的外观与磁控管相似，只不过它采用分开的射频电路给放大器提供所需的输入和输出连接。CFA 的效率为 40%~60%，使用的电压比线性注管低，质量更轻，尺寸更小，工作波段由 UHF 到 K 波段。但它的增益相对较低，稳定性和噪声性能不如线性注管好，所以在 MTI 雷达中的应用是有限的。由于 CFA 的低增益，正交场放大器发射机需要不止一级的 RF 放大，每级都要有自身的电源、调制器和控制，并且所有这些放大级都必须是稳定的以得到较好的 MTI 性能。

由于 CFA 的增益相对较低，它们有时只用于放大链功率最高的一级或两级中，提供优于其他管子的效率、工作电压、尺寸或质量。CFA 输出级的前级通常采用中功率行波管，由中功率行波管提供放大链的大部分增益（当 CFA 同线性注管进行比较时，需比较整个发射机系统，而不仅仅是管子本身），CFA 也曾考虑用于增强先前使用磁控管的雷达系统的输出功率。CFA 包括后向波管和前向波管，后向波管也称为**增幅管**。

某些 CFA 具有冷阴极，可以应用所谓 **DC（直流）** 工作来进行脉冲调制，这时发射机被接通或断开来产生脉冲波形而不需要大功率调制器。在直流工作方式中，高压连续施加于阳极和阴极之间，电流依靠射频激励启动，由控制电极的脉冲调制熄火（控制极包含在漂移区的阴极结构中）。为了防止管子在没有射频激励时启动，阴极必须保持低温以防止热发射。调制控制极只需要一个短的、中功率脉冲即可，典型值为阳极电压的 1/3 和阳极峰值电流的 1/3。由于每次加入脉冲时，控制极上有一定的能量损耗，而控制极又是一个绝缘的电极，所以对它冷却较为困难。控制极的发热限制了该类管能使用的最大脉冲重复频率，因此，尽管不需要调制器，由于诸多限制，直流工作模式仍然很少使用[30]。

正交场放大器过去在雷达中曾经使用过，但由于存在很大的缺点，使得它在未来的产品中不能得到广泛应用，就像在《雷达手册（第二版）》中提到的一样。

10.5 回旋管[31-33]

先前曾经指出，随着频率提高，微波管的功率容量下降。这是由于随着频率提高，这类管子的慢波微波电路的谐振结构越来越小，而尺寸越小就越难于把产生的热耗散掉。因此输出功率的减小与频率的平方近似成反比。

不过，回旋管 RF 功率发生器并没有这种限制，因为它不采用慢波谐振微波结构。这类器件采用的是诸如平滑圆形管子①的快波结构，这种结构中电磁波的相速度快于光速（慢波结构中，相速度慢于光速）。回旋管电路直径可以是很多个波长，而且电子注也不需贴近脆弱

---

① 管子在这里指的是根"空的长圆柱"。

的 RF 结构。由于快波结构而不是慢波结构的应用,随着频率的升高,这种管子没有其他微波功率源存在的尺寸限制。所以,它在较高频上,就能产生比其他射频功率源更大的功率,这种优势在毫米波段就特别具有吸引力了。

回旋管中的磁场与它在慢波器件中的功能不同。慢波器件中,磁场用来保持电子注的聚焦。在快波器件中,磁场决定了频率;而在传统慢波器件中,频率是由电路尺寸决定的。在外加轴向磁场 B_0 中的电子以所谓**电子回旋频率** $\omega_c = eB_0/m\gamma$ 旋转。其中,e 是电子电荷;m 是电子静止质量;相对论因子 $\gamma=[1+(e/mc^2)V_0]$,c 是光速,V_0 是电子注电压。回旋管中的电子注电压和相应的电子速度很高,因此将引起相对论效应。当存在具有横向电场分量的电磁波时,电子围绕磁场线,沿着螺旋路径行进。在这个过程中,一部分电子因辐射电磁波而耗散能量而变轻,同时积累相位超前;相应地,一部分电子因得到能量而变重,同时积累相位滞后,这样,相位超前的电子追赶上了相位滞后的电子。因此由于相对论性的质量变化的电子在回旋轨道上产生了相位群聚,这种回旋群聚也能在回旋管的谐波频率上产生,但在谐波频率上存在电路损耗较大以及同低次谐波工作模式竞争的问题,所以多数大功率回旋管在基频或者二次谐波上工作[33]。

由于回旋管的频率由磁场而非快波结构的尺寸决定,所以结构可以做得很大,这样就能在毫米波频率产生很大的功率,毫米波回旋管所需的大磁场常常必须由超导磁体产生。

单腔回旋管是一个振荡器,为了与采用若干谐振腔或者行波电路作为放大管的**回旋放大管**区分开来,它有时又称**回旋振荡管**,而使用若干谐振腔的回旋放大管则称为**回旋放大器**,使用几个谐振腔的回旋放大器称为**回旋速调管**,而使用行波电路的回旋放大器则称为**回旋行波管**。更常见的简称为 **gyro-TWT**。此外还有**回旋行波速调管**,它是由 TWT 电路替代输出谐振腔组成,以获得比谐振腔得到的带宽更宽的带宽。尽管回旋振荡管的功率容量比回旋放大管的高,但在雷达中更倾向于使用回旋放大管,理由是放大管更适合用于微波波段,特别是当多普勒处理是至关重要时。

以 VGB-8194[34, 35]为例说明用在雷达中的大功率回旋速调管。它用于美国海军实验室的 W 波段试验型 Warloc 雷达,共有 5 腔,中心频率为 94.2GHz,平均功率 10.2kW 时,带宽可超过 700MHz,峰值功率达 102kW,工作比 10%,效率 31%,电子注电压 55kV,电流 6A。它采用带有闭环冷却系统(不需要液体冷却剂)的超导磁体,能够提供 36.6kG 的磁场。这个 5 腔回旋速调管在平均功率 4kW 时,可得到 1050MHz 的带宽。雷达天线尺寸为直径 6 英尺,波束宽度 0.1°。这部 W 波段 Warloc 雷达装在面包车中,用于各种试验。该雷达性能比先前大部分毫米波雷达约高 3 个数量级。这部试验雷达在 W 波段用于演示动目标的 ISAR 成像,研究云层结构、低角度工作,研究异常大气,包括所谓的"气体尖峰"现象。

上面讨论的内容大多是关于回旋管放大器的。实际上,回旋管也曾用作振荡管,提供很大的功率。但在雷达设备中振荡管不像放大管那样受欢迎。这可能是由于用放大管能更好地产生雷达所需要的波形。

10.6 发射机频谱控制

民用和军用电磁频谱越来越拥挤,这就要求加强对雷达发射机的频谱控制,以避免与工作在其他频率的电磁频谱用户相互干扰。这里所涉及的是对射频管的选择和本章先前论述的发射机占有最小频谱等有影响的几个方面。

减小寄生信号输出

射频管的寄生输出可分为 3 类：谐波、邻频带和带内输出。

所有射频管都要产生一些谐波输出。通常在设计管子时对减小谐波输出做不了什么工作，不过用大功率滤波器能很好地将谐波滤除掉（减小 30～60dB）。

邻频带寄生输出也多发生在阴极调制行波管和正交场管中。它受射频管和调制器选择的影响。如果需要，同样可由大功率滤波器将其滤除。

所有射频管都产生一些带内背景噪声电平。在 1MHz 频带内，常规正交场管中，其典型值小于 50～60dB，低噪声高增益正交场管中小于 70～80dB，线性注管中小于 90dB 或更好。因为带内噪声与有用信号处于同一频率范围，所以通常不能用滤波器解决这个问题。试图用噪声衰减法减小射频管固有噪声电平受到某些限制。电源和调制器的不稳定也会引起带内寄生信号。

减小超过$(\sin x)/x$的频谱振幅

一个理想矩形脉冲的频谱具有为大家所熟知的$(\sin x)/x$形状，其中$x=\pi(f_0-f)\tau$，f_0是雷达载频；τ是脉冲宽度。如果把 $1/\tau$ 称作信号的标称带宽，则每带宽的倍频程的频谱包络幅值下降 6dB，这种减小一直持续到包络下降至发射机的固有噪声输出电平为止。这种频谱降落的速率太慢，不能满足大多数系统的要求。由于实际调制器和射频激励脉冲的形状在有限上升和下降期间会产生相位调制，根据管子的特性，未经特殊处理的实际频谱包络可能大大差于上述理想包络。在这种情况下，包络的前后沿都必须进行适当切割，或者（对于线性注管）在上升和下降期间不进行射频激励。虽然这样会稍微降低视在效率，但必须指出，在脉冲上升和下降期间有射频激励时，在频带 $1/\tau$以外产生的射频能量在接收机中不管怎么样是不用的。

用整形脉冲改善频谱

由于距中心频率 f_0 为$\pm 1/\tau$以外的频谱能量接收机不用，为了电磁兼容性，最好发射能量不超过上述频带范围。这个目标可以通过采用与常规和方便的矩形脉冲不同的脉冲波形来达到[36]。由于会有效率降低，高度整形脉冲不常在雷达系统中使用。（当用栅控管时，这个限制不存在，因为用的是**恒效率放大管**或者**感性输出管**，这将会在 10.7 节中论述。）

改善频谱另外一种方法就是修整矩形脉冲的前沿和后沿[37]。这样使频率远离 f_0 的频谱减小，而脉冲的平顶部分仍在大部分脉冲持续时间内保持发射机的高效率。因矩形脉冲发射机效率最高，但频谱最宽；而高度整形脉冲频谱窄些，但发射机效率低，因此，用来对脉冲前沿和后沿长度多长范围进行整形是很关键的一个决定。

虽然实际上频谱的改善程度最终受到脉冲上升和下降期间发射机相位调制的限制[38, 39]，但仍能获得显著的改善。例如，在射频激励经过适当整形的线性注管的发射机中，在下降 60dB 点的频谱宽度通常可能变窄大约一个数量级，而代价是发射机的效率损失约 1dB。

无论是真空管或固态放大链雷达系统中，经常都采用某些发射脉冲边沿整形来减小射频频谱宽度。一般只需放慢发射机激励信号上升和下降时间就可以做到这一点，这样通常足以满足军标和相关的系统要求。

多普勒雷达中的频谱噪声

多普勒频移广泛用于检测强杂波反射背景下的移动目标反射信号。如果雷达发射机产生噪声，或者脉冲波形在移动目标多普勒频率处有显著的频谱能量，那么不要的噪声或者频谱就会降低对预期目标的探测性能。发射机噪声有时被称为"发射杂波"[40]，它由杂波反射回来，并进入接收机。一些类型的微波管比其他的问题更多。在多普勒频移的目标回波频率处，离子震荡可能在微波放大管中产生附加的噪声。A.A.Acer[40]认为，"在视频上，发生在电子注中的周期性不稳定，会导致不是载频的信号，这对多普勒雷达性能会产生严重的影响"。他同时指出，离子震荡需要有限时间发展，所以如果真空管工作脉冲宽度小于 10μs，离子噪声通常可以不予考虑。

数字技术的发展允许采用一种方法来降低强杂波背景下影响雷达性能的脉冲内发射机噪声和电源不稳定性。这项技术称为"**发射机噪声补偿法**"[41]（TNC），它捕获并处理每个发射脉冲的精确样本。通过比较每个脉冲，用测量出的发射机误差来产生一个数字滤波器，以补偿进入接收机数字信号处理器的发射机噪声。TNC 不仅补偿脉冲内噪声，还可补偿电源的不稳定性。虽然 TNC 只能工作在单个不模糊的距离间隔内，但据说如果强杂波的范围不大于一个 PRF 间隔，那它也可以工作于一些中 PRF 雷达中。一个针对采用正交场管发射机的运行雷达所收集的数据试验装置表明，在杂波背景下 TNC 技术能够改善雷达对目标的探测性能 15dB 或更多。

10.7 栅控管

栅控管是 20 世纪早期经典电子三极或四极真空管的现代版。这些器件用一个阴极产生电子，有一个（对三极管）或两个（对四极管）控制栅，和一个阳极来收集电子。控制栅上加上的小电压用来控制从阴极到阳极的电子数目。电子流的电子密度受到加在控制栅上的信号的调制而产生放大，这个过程被称作**密度调制**。20 世纪后半期，栅控管成功应用于一些很重要的雷达设备，例如 HF 超视距雷达、VHF 和 UHF 空中监视雷达及卫星监视雷达等。栅控管具有大功率、宽带宽、高效率、固有长寿命的优点，但增益较低或中等。主要限制是工作频率不够高，最高接近于 1GHz。通过在其结构中采用微波技术，栅控管得以工作在 UHF 或者更高频率，如在同轴管上所作的那样。通过整形脉冲幅度，来减小它的远端频谱的干扰，它可以工作在恒效率状态，这是其他类型的微波真空管不能实现的。

同轴管

在高频段上，传统栅控管的性能受到电子从阴极到阳极渡越时间的限制。这个渡越时间必须小于要放大的射频信号的周期。为了减小不希望的渡越时间的影响，整个射频输入输出电路和电子互作用系统都放在真空壳中。这类栅控管称为**同轴管**[42]。在一种同轴管具体的结构中，电子互作用结构由圆柱阵列构成，其内部包含 48 个基本上独立的栅极接地的三极管单元。

Vingst 等描述的[42]，名称为 A15193F 的同轴管，工作频率 406~450MHz，峰值功率 1.25MW，脉宽 13μs，占空比 0.0039，平均功率仅仅比 5kW 稍低，板极效率 47%。这种同轴管成功应用于 UHF 雷达，包括机载 UHF 雷达上。

恒效率放大管（CEA）

据说[43]"自从 Lee Deforest 和 Ambrose Fleming 发明第一只电子放大器以来，恒效率放大管一直都是发射机设计师的目标"。凭借 CEA 栅控管，这个目标似乎实现了。

人们习惯于认为，传统雷达脉冲的形状是矩形的。然而具有非常短上升和下降时间的完美矩形波形是很少的，因为这种波形的带宽很宽，这从它的傅里叶变换可看出来。即便有宽带宽可用来得到矩形脉冲，如此宽的带宽将会干扰其他雷达和电磁系统。基于这个原因，政府频率分配署通常要求雷达频谱在其他频率上不能有较大的能量，随着发射机占有的电磁频谱日益拥挤，减小雷达发射机频谱远端变得越来越重要。减小雷达发射机频谱远端的经典方法就是对波形整形或者锥削，例如形成梯形、类高斯、截顶高斯、平台上的余弦或者其他非矩形波形。在本节所描述的传统发射机中采用整形波形，会造成效率的损失，因此雷达设计师很少用高度整形脉冲波形来减小辐射到雷达标称工作信号频带以外的频谱。但是，在 CEA 作为射频功率源的情况下，用非矩形脉冲或整形波形时，它的效率并不下降。CEA 已广泛应用于有高度调制的幅度非恒定的波形的商业电视发射机。

CEA 基于一种称为**感性输出管**（IOT）的栅控管［CEA 类似于速调三极管（Klystrode）[44]，但 CEA 采用的是带多级降压集电极的 IOT，与用在速调管和行波管中的相似[37]]。在 IOT 中，栅控管的线栅由不会截获电子的孔代替，且它有一个同轴磁场像速调管或者行波管中那样约束电子流。虽然有一个射频腔体用于 IOT 中，但电子注由于栅极的存在而进行密度调制或者群聚，这类似于三极或四极栅控管中的调制。这使得它比同等性能的速调管体积小，质量轻。密度调制的电子形成群聚，使电子注通过谐振腔，射频能量就被抽取出来。CEA 曾广泛用于 UHF-TV 发射机，在成本上具有很高的竞争力。据说在 UHF-TV 中，与传统真空管发射机相比，CEA 减小了 1/2 的初级功率[45]；与硅-碳固态发射机相比，减小了 1/3 的初级功率[46]。CEA 能达到这样的效率是由于它采用整形脉冲波形时，并不造成效率的损失，而其他微波真空管则会。这是它用于 UHF-TV 中，有时变的振幅波形时的重要原因。对于需要采用整形波形且频率高达 1000MHz 的雷达而言，当要求减小频谱远端能量时，这也应该是它的一个优势。

L-3 通信公司制造的一只 CEA 可工作在 UHF-TV 波段，470～806MHz，带宽 8MHz（TV 频道的频谱宽度），峰值功率 130kW，效率 60%，平均功率 6kW 或更大。单个输入腔可在整个波段调谐且有低 VSWR。

总的来说，恒效率放大管是一个栅控管，工作在 AB 类，由带多级降压集电极的感性输出管组成。它是一个线性放大器，初级功率与输出功率成比例，在很大的输出功率范围内，效率恒定。相对于其他类型的栅控管、固态或速调管，CEA 是 UHF-TV 发射机的首选。在雷达应用中，当频率高达 1000MHz 且需要高度整形脉冲时，CEA 也应当受到关注。

栅控管的应用

过去在 HF、VHF、UHF 雷达中，栅控管有重要的应用。如今，这些频段栅控管依然有价值，当工作于更低频率时，栅控管也应当列入备选范围。当为了控制辐射频谱而需要采用整形波形时，恒效率放大管由于较高的效率而应优选。

10.8 调制器

本节简要回顾**调制器**,有时也叫**脉冲发生器**,这是一个开启、关断发射管来产生所需形状脉冲的装置。更多信息可参考 L.Sivan 关于发射机的书第 9 章[47]、《雷达手册(第二版)》中由 T.A.Weil 编写的有关发射机的那章[48]、国际功率调制器讨论会的会议录、IEEE 脉冲功率会议的会议录。

发射管的类型在一定程度上决定了调制器的类型。调制器的基本组成包括:一个储能装置,这可以是一个电容器或脉冲形成网络;一个触发直流脉冲的开关。过去开关可以是真空管、闸流管、引燃管、可控硅整流器(SCR)、反向开关整流器、火花隙或磁性开关。然而,设计一个发射机调制器时,作为开关机制应选择固态开关器件。根据真空管的调制方式,调制器可划分为小功率和大功率的。

如调制管有栅极,可使用小型的造价低的调制器,但大功率管子通常没有栅极。小功率调制器上广泛使用的开关器件是金属氧化物场效应(MOSFET)晶体管[47]。

采用阳极调制的管子也能用在小功率调制器中,如线性注放大管。调制阳极是线性注管电子枪的一部分,与管体分离。为了改变电子注电流,加在调制阳极上的电压在大范围变化,但驱动调制阳极的功率很小,这是因为调制阳极截获的电流非常小。

非常大功率管不能采用阳极调制方式,因为控制电极不能处理这么大的功率。这时可采用**阴极调制**方式。阴极脉冲调制器必须同时提供开关电子注最大的电压和电流,这就需要提供很高的瞬时脉冲功率。调制器需直接或者通过耦合回路控制发射管的全电子注功率。储能设备可以是电容、电感或者两者的组合。脉冲形成网络就是两者的组合。储能设备中能量通过一个高能开关来释放。

线性调制器用一个延迟线或者脉冲形成网络(PFN)来作为储能元件,开关启动 PFN 中储能的释放,脉冲的形状和宽度取决于 PFN 中的无源元件,开关不能控制脉冲的形状,只能控制放电的起始时刻。PFN 充分放电后,脉冲就结束。这类工作方式的缺点就是脉冲的后沿不够陡峭,因这取决于 PFN 的放电特性。过去,线性调制器曾广泛应用于磁控管脉冲形成。

在**有源开关调制器**中,开关必须既能接通也能关断。起初,开关是一个真空管,而且称此类调制器为刚管调制器来区别于常常用在线性调制器中的充气管开关。由于非真空管也能作为开关用在有源开关调制器中,所以"刚管"(即真空管)的称呼就不太适用了。有源开关调制器与线性调制器不同,有源开关调制器中的开关能够控制脉冲的开始和结束。由于所用的储能器件是电容器,脉冲顶部会产生顶降,这可以通过只从电容器提取小部分储能来减小。这就要求电容很大,可通过多个电容器集合的**电容器组**来获得。有源开关调制器比线性调制器有较大的灵活性和精度。它可提供优良的脉冲形状、可变的脉冲宽度和脉冲重频,包括混合的脉冲长度和有短脉冲间隔的脉冲组。

微波管和它们的高电压开关器件有时会产生不需要的打火放电,这等效于在电源和/或给管子输送功率的调制器和管子之间形成短路。因为 50J 的能量就能对射频管(或开关器件)造成损害,而通常有源开关调制器的电容器组的储能必须远远大于 50J(以避免过大的顶降),这意味着当打火发生时,必须有转移储能的手段。这种设备被称作**撬棒**,之所以这样命名,是因为它等效于在电源两端放置一个很粗的导体(像一个撬棒)来释放能量,以此来防止能量通过管子释放，而造成严重的损害。因为在电容器组中储存了大量的能量，所以高压有源开关调制器需要撬棒；另一方面，线性调制器的脉冲形成网络中储能较少，所以通常不需要撬棒。

一些正交场放大器通过位于管子漂移区的控制电极来实现脉冲调制，而不需要独立的全功率脉冲调制器[49]，这称为**直流工作**。即便直流工作避免了大功率调制器，它还是很少使用，因为它需要很大的电容器组来限制电压顶降，同时也需要撬棒来消除管子打火的影响。撬棒会使工作中断数秒钟，而不只是中断单个脉冲的时间。另外，邻近雷达发射的强射频信号会通过天线返回到发射机，在错误的时刻导致直流工作的正交场管误触发。曾有这样的情形，大型雷达系统原始设计用的是基于直流工作的正交场管，但在系统开发的中期，不得不使用传统脉冲调制器的正交场管来代替直流工作的正交场管，这样的事情发生不止一例。

进入 21 世纪初，**固态调制器**取得了长足的进步，并开始用于雷达发射机，在其中作为阴极调制脉冲调制器或者调制阳极脉冲调制器，还有栅极脉冲调制器。固态调制器的参数（脉宽、脉冲重频、脉冲捷变、脉冲间一致性）可在大范围内变化，这可改善发射机的性能。由于固态开关模块固有的可靠性，比传统真空开关管减少了成本和所需的许多辅助元件[50, 51]。固态开关效率较高，维护费用低，对冷却要求也更低。固态调制器的器件寿命更长，因而可靠性更高。当检测到故障时，固态开关能够很快关断（小于 1μs），这就省去了撬棒。打火时，储能设备不放电，因此故障清除后，发射机能够在微秒级时间内恢复工作。固态阴极调制器单个脉冲宽度可在脉冲之间从 50ns 变化到"直流"，脉冲重频可高达 400kHz[52]。4~20 个晶体管串联组成高压固态开关模块，由这些模块构成的高压开关提供所需的发射机阴极脉冲电压，脉冲电压的上升时间可低至 30ns。

10.9 射频功率源的选择

这个问题没有一个好而简单的答案。本节我们将讨论其中涉及的一些问题。

本章简要描述了雷达采用的各种真空管，第 11 章将讨论也广泛应用于雷达中的固态发射机。很自然会问这样的问题：对于一些特殊的雷达应用，应该选择何种射频功率源？在多种可能性中做出选择，这是雷达系统设计师总是会遇到的问题。当试着做出用哪种 RF 功率源的决定时，可以通过采用每种有希望的射频功率源来分别设计雷达系统，从而做出选择。依据预先设定的准则判断每个设计的系统完成所要求任务的好坏，据此来决定用哪种射频功率源。不幸的是，很少这样做。有时，雷达系统设计师很可能会通过考虑雷达买主（或客户）的希望来决定选用何种功率源。偶尔，买主也会真正指定要交付的发射机的类型。对很多产品来讲，基于买主所想来制造产品是一个好的市场策略，但对于像雷达这类特殊的产品，应该选用何种射频功率源，还是应该由雷达系统设计师来决定，客户只需明确指定想要的性能就行。雷达设计一般由雷达系统设计师来决定，而不是制造商的市场部，通常这样会更好。雷达设计师与市场部的目标不总是一致的。然而，如果公司想保持业务，有时市场经理的观点必须占上风，这也是正确的。

众多不同类型的在雷达中用过的射频功率源曾被考虑用作射频功率源，在一些特定时期，并不是所有这些功率源都是流行的和希望的，但雷达系统设计师设计新雷达系统或者升级一些现有系统时，对它们都必须要仔细考虑，哪怕是简短的考虑。下面简短给出这里所提到的关于一些不同类型真空管发射机的用处和看法，但要提醒读者环境是会改变的，这些看法随之改变。这些看法并不是金科玉律，也不一定为所有雷达工作者广泛接受。这正是任何工程研制的特征。

关于不同雷达真空管用途的扼要看法

下面介绍射频功率源的类型，并没有特别的顺序。

栅控管

尽管有些人认为栅控管应该随着老式无线电真空管一起消失，但栅控管还是曾成功地应用于很多 HF、VHF 和 UHF 雷达上。对于这些雷达，如果要用固态发射机替换它们，费用经常很高，但得到的好处不多。为了对其他雷达的带内干扰最小化，需要整形的高频脉冲波形，这时作为恒效率放大管（CEA）及其前身（IOT 和 Klystrode）的栅控管是唯一工作高效的射频功率源。因此当设计新的 UHF 和更低频段雷达系统时，尤其当相互干扰是个潜在的问题时，CEA 应该是一个可能的选择。

磁控管

上面曾提到磁控管使微波雷达在 20 世纪 40 年代成为可能。至今，磁控管依然是像民用航海雷达这样小型、非多普勒雷达的选择之一，尽管这类雷达曾用固态发射机制造过。磁控管不大可能会用于高性能雷达中，特别是那些要求平均功率大于几千瓦，或者动目标改善因子要求大于 30～40dB 的雷达。例如，20 世纪 80 年代中期，采购 Nexrad 多普勒气象雷达时，曾经考虑过磁控管，但它不能满足杂波抑制的技术要求，这就是 Nexrad 采用速调管的原因。过去，一些远距空中交通管制和飞行路线监视雷达用过磁控管，但是速调管似乎是这类应用的更好选择。

正交场放大器

由于具有较高的效率、用相对低的电压、宽频带（接近 10%），正交场放大器曾经用在一些大型雷达中。但是它们现在不大可能再用了，因为噪声大（这影响多普勒处理性能）、相对低增益（这需要多级的发射机），还因为速调管通常是总体上更好的选择。

速调管

最初速调管用的是谐振腔，这限制了它的带宽。但是，它的带宽随着功率增加而增加。随后谐振腔由宽带电路代替，这种电路与用在 TWT 中的电路类型相关。这类速调管就是聚腔速调管、长互作用速调管和行波速调管。当考虑高性能雷达发射机时，这些派生速调管对多种应用就非常合适。速调管具有高稳定性和低噪声，当用多普勒频移在杂波中检测动目标时，能得到较好的 MTI 改善因子。大功率就必须要用高电压，此时就要防护高压产生的 X 射线。但是，如果用多注速调管（MBK），在较低电压下就能得到大功率。

行波管

曾提到，当管子产生大功率时，行波管和速调管有相似的带宽。除 TWT 稳定性不如速调管，增益稍低外，TWT 其他性能类似速调管。组合了螺旋行波管和固态器件的微波功率模块（MPM），至今还没有在雷达中大量应用。

回旋管

如果在毫米波频率需要非常高的功率，那么回旋管放大器或振荡器是唯一现有的射频功率源。EIK 可以用于小功率毫米波雷达。

雷达发射机用固态放大器

固态发射机和真空管发射机都可用于雷达，但它们有明显的不同。其中一些不同点将在第 11 章"固态发射机"11.1 节中提到。简单地说，固态发射机的支持者认为，固态器件不像真空管那样需要热阴极，不需要高电压或者磁铁，也不会像某些真空管那样产生 X 射线辐射，具有"故障弱化"功能，并具有可维护性高这一关键优点。而另一方面，真空管发射机的支持者可能认为，固态发射机雷达的峰值功率小，因而需要长脉冲和高工作比，这就需要使用脉冲压缩。短距时，长脉冲可能会遮挡近距离目标回波，从而需要额外发射短脉冲来使遮挡住的回波分出来。在长脉冲和脉冲压缩的情况下，采用灵敏度时间控制（接收机增益随距离可变）时，会造成压缩脉冲失真。据说固态发射机经常效率不高，质量还可能较重，成本高于同功率的真空管雷达系统。上述观点都曾经不同时期提到过，但对所有雷达应用而言，这些特性的重要性还没有形成普遍共识。

在特殊应用中，决定选用何种射频功率源时，雷达设计师不应当只简单比较固态发射机和真空管发射机的特殊不同，而应通过比较分别设计有效利用固态和有效利用真空管的雷达系统，从而做出选择。假定用固态器件和真空管设计的雷达的性能相同并满足要求，那时选择就应基于成本、尺寸、质量、可靠性和可维护性等的比较，还应包括其他任何对决策重要的系统要求。遗憾的是，往往并不总是这样做。不应鼓励雷达买主去坚持要求雷达设计者接受使用在当时看来是时尚的特殊技术，对特定应用这可能并不能得到最好的雷达。

固态发射机应用于高性能雷达至少有三种方式：（1）现有雷达中替换真空管发射机；（2）作为新设计雷达的发射机；（3）用于有源相控阵雷达。

美国海军的 AN/SPS-40，一部中性能的空情监视 UHF 雷达[53]，就是一个用固态发射机取代现有真空管发射机的例子。选择这部雷达来用晶体管放大器固态发射机取代其中的真空管发射机，是因为这部雷达已经用的是长脉冲波形、高工作比和脉冲压缩，这些正是通常固态雷达所要求的。固态发射机已经投入生产并安装在现有的雷达中。它就如所预料的那样，性能很好。但是，固态发射机相对于真空管发射机的优势并不明显。曾预期固态发射机占据与真空管发射机相同的面积，但它实际上占领了使用真空管的 AN/SPS-40 雷达的全部面积。此外，固态发射机比真空管发射机贵很多。SPS-40 固态版的一个最显著的优点就是，备用固态模块可以作为发射机的一部分，这样发射机维修时间可以减少。

ASR-12 机场监视雷达是应用固态雷达发射机第二种方式的例子。20 世纪 80 年代中期，由 Northrop Grumman（当时的 Westinghouse）公司开发出了 S 波段 ASR-9 空情监视雷达用于大型机场来管制当地空中交通[54]。这是一部性能优良的雷达，用久经考验的速调管放大器作为发射机，在美国全境都有配置（同样的管子也用在 Nexrad 多普勒气象雷达中）。20 世纪 90 年代后期，固态技术充分发展，于是 Northrop Grumman 公司开发了用固态发射机的 ASR-12,

它同样工作在 S 波段。雷达的总体性能类似 ASR-9，但雷达不仅仅只有发射机的替代，实际上是为有效利用固态发射机而做的新设计。自从 ASR-9 开发以来，数字接收机和数字处理器技术提高很快，ASR-12 充分利用这些技术显著改善了雷达的性能[55]。上面曾提到，固态发射机要求使用长脉冲。ASR-12 脉宽 55μs，峰值功率 21kW。这意味着用这个长脉冲，5n mile 之内的目标会被遮挡，从而可能检测不到。要检测由于长脉冲而被遮挡的目标，需要紧跟长脉冲之后发射第二个（短）脉冲，脉宽 1μs，且频率与长脉冲频率不同。它可以在 0.5n mile 或更少一直到 5.5n mile 之内检测到目标。为了达到空中交通管制雷达所需要的小于 1/8n mile 的距离分辨率，长脉冲采用非线性调频脉冲压缩技术，脉冲压缩比 55:1。非线性调频波形的典型时间副瓣低于峰值响应 58dB。Cole 等提到[55]"为确保制造功率放大器板的功率管的不间断供货，Northrop Grumman 专门开发了在公司内部的大功率 S 波段晶体管的生产能力"。

应用固态发射机第三种方式的例子是有源孔径相控阵雷达。相控阵雷达天线的每个单元上都有一个固态模块，称为 **T/R 组件**，它包括一个发射机、一部接收机和一个双工器。在这类应用中，真空管通常不具备竞争力。在第 5 章中，有源孔径雷达被称为**有源电扫天线**（AESA）。标题为"有源电扫阵列（AESA）"的子节（见 5.1 节）十分清楚地描述了固态发射机在军用战机中的应用，并列举了它的优点和它为什么重要的理由。文中还说"AESA 的一个最重要优点之一就是能够在很短时间的基础上（几十毫秒）控制功率和完成空间覆盖"，同时还提到要求"发射带宽几 GHz"，这都在固态发射机的能力范围之内。读者可以参考 5.1 节、第 11 章和 13.10 节获得固态的重要应用的进一步信息。

尽管这里所提到的任何一种射频功率源都能用于未来雷达系统，但对于采用机械扫描天线的高性能微波雷达，或者是不采用有源孔径的传统相控阵雷达，首先要考虑的射频功率源似乎应该是线性注管放大器，特别是一些派生速调管。而对于有源孔径相控阵雷达，固态晶体管放大器是必定的选择。

参考文献

[1] M. I. Skolnik, *Introduction to Radar Systems*, New York: McGraw-Hill 2001, p. 88.

[2] A. S. Gilmour, Jr., *Microwave Tubes*, Norwood, MA: Artech House, 1986.

[3] W. J. Dodds, T. Moreno, and W. J. McBride, Jr., "Methods for increasing the bandwidth of high power microwave amplifiers," *IRE WESCON Conv. Rec.* 1, pt. 3, 1957, pp. 101–110.

[4] R. J. Barker et al., *Modern Microwave and Millimeter-Wave Power Electronics*, New York: IEEE Press and Willey Interscience, 2005, p. 108.

[5] A. S. Gilmour, Jr., *Principles of Traveling Wave Tubes*, Boston, MA: Artech House, 1994, Sec. 18.4.

[6] R. S. Symons, "Tubes: Still vital after all theses years," *IEEE Spectrum*, vol. 35, pp. 52–63, April 1998.

[7] R. M. Phillips and D. W. Sprehn, "High-power klystrons for the next linear collider," *Proc. IEEE*, vol. 87, pp. 738–751, May 1999.

[8] R. H. Abrams, B. Levush, A. A. Mondelli, and R. K. Parker, "Vacuum electronics for the 21st century," *IEEE Microwave Magazine*, pp. 61–72, September 2001.

[9] G. S. Nusinovich, B. Levush, and D. Abe: "A review of the development of multiple-beam klystrons and TWTs," Naval Research Laboratory, Washington, DC, MR/6840-03-8673, March 17, 2003.

[10] R. H. Abrams, B. Levush, A. A. Mondelli, and R. K. Parker, "Vacuum electronics for the 21st century," *IEEE Microwave Magazine*, pp. 61–72, September 2001.

[11] A. N. Korolyov, E. A. Gelvich, Y. V. Zhary, A. D. Zakurdayev, and V. I. Poognin, "Multiple-beam klystron amplifiers: performance parameters and development trends," *IEEE Trans.*, vol. PS-32, pp. 1109–1118, June 2004.

[12] R. J. Barker et al., *Modern Microwave and Millimeter-Wave Power Electronics*, New York: IEEE Press and Willey Interscience, 2005, Sec. 3.5.3.

[13] W. H. Yocom, "High power traveling wave tubes: Their characteristics and some applications," *Microwave J.*, vol. 8, pp. 73–78, July 1965.

[14] A. S. Gilmour, Jr., *Principles of Traveling Wave Tubes*, Boston, MA: Artech House, 1994, Sec. 18.4.

[15] H. G. Kosmahl, "Modern multistage depressed collectors—A Review," *Proc. IEEE*, vol. 70, pp. 1325–1334, November 1982.

[16] A. S. Gilmour, Jr., *Microwave Tubes*, Norwood, MA: Artech House, 1986, Sec. 12.2.

[17] M. J. Smith and G. Phillips, *Power Klystrons Today*, New York: John Wiley, 1995, Sec. 7.2.3.

[18] A. E. Staprans, W. McCune, and J. A. Ruetz, "High-power linear-beam tubes," *Proc. IEEE*, vol. 61, pp. 299–330, March 1973.

[19] A. S. Gilmour, Jr., *Microwave Tubes*, Norwood, MA: Artech House, 1986, Sec. 11.3.

[20] A. Roitman, D. Berry, and B. Steer, "State-of-the-art W-band extended interaction klystron for the CloudSat program," *IEEE Trans.*, vol. ED-52, pp. 895–898, May 2005.

[21] R. S. Symons and J. R. M. Vaughan, "The linear theory of the clustered cavity klystron," *IEEE Trans.*, vol. PS-22, pp. 713–718, October 1994.

[22] R. S. Symons, "Tubes: Still vital after all these years," *IEEE Spectrum*, vol. 35, pp. 52–63, April 1998.

[23] R. H. Abrams, Jr., "The microwave power module: A 'supercomponent" for radar transmitters," *Record of the 1994 IEEE National Radar Conf.*, Atlanta, GA, pp. 1–6.

[24] C. R. Smith, C. M. Armstrong, and J. Duthie, "The microwave power module: A versatile building block for high-power transmitters," *Proc. IEEE*, vol. 87, pp. 717–737, May 1999.

[25] M. I. Skolnik, *Introduction to Radar Systems*, 3rd Ed., New York: McGraw-Hill, 2001, Sec. 10.4.

[26] N. Butler, "The microwave tube reliability problem," *Microwave J.*, vol. 16, pp. 41–42, March 1973.

[27] P. D. L. Williams, *Civil marine radar*, London: Institution of Electrical Engineers, 1999, Sec. 10.3.

[28] M. I. Skolnik, *Introduction to Radar Systems*, 3rd Ed., New York: McGraw-Hill Companies, 2001, Sec. 10.5.

[29] A. S. Gilmour, Jr., *Microwave Tubes*, Norwood, MA: Artech House, 1986, Sec. 13.3.

[30] L. L. Clampitt, "S-Band amplifier chain," Raytheon Company, Waltham. MA, presented at NATO Conf. Microwave Techniques, Paris, March 5, 1962.

[31] V. L. Granatstein and I. Alexoff, *High Power Microwave Sources*, Boston: Artech House, 1987.

[32] A. S. Gilmour, Jr., *Microwave Tubes*, Norwood, MA: Artech House, 1986, Chap. 14.

[33] K. L. Felch et al., "Characteristics and applications of fast-wave gyrodevices," *Proc. IEEE*, vol. 87, pp. 752–781, May 1999.

[34] M. Blank et al., "Development and demonstration of high-average power W-band gyro-amplifiers for radar applications," *IEEE Trans.* vol. PS-30, pp. 865–875, June 2002.

[35] G. J. Linde et al. (private communication), "Warloc: A high-power coherent 94 GHz radar."

[36] J. P. Murray, "Electromagnetic compatibility," Chap. 29 in *Radar Handbook*, 1st Ed., 1970, pp. 29.18 to 29.23.

[37] T. A. Weil, "Efficient spectrum control for pulsed radar transmitters," Chap. 27 in *Radar Technology*, E. Brookner (ed.), Norwood, MA: Artech House, 1977.

[38] J. P. Murray, "Electromagnetic capability," Chap. 29 in *Radar Handbook*, 1st Ed., M. Skolnik (ed.), New York: McGraw-Hill, 1970.

[39] E. Brookner and R. J. Bonneau, "Spectra of rounded trapezoidal pulses having an AM/PM modulation and its application to out-of-band radiation," *Microwave J.*, vol. 16, pp. 49–51, December 1983.

[40] A. A. Acker, "Eliminating transmitted clutter in doppler radar systems," *Microwave J.*, vol. 18, No. 11, pp. 47–50, November 1975.

[41] M. T. Ngo, V. Gregers-Hansen, and H. R. Ward, "Transmitter noise compensation—A signal processing technique for improving clutter suppression," *Proc. 2006 IEEE Conference on Radar*, 24–27 April 2006, pp. 668–672.

[42] T. E. Vingst, D. R. Carter, J. A. Eshleman, and J. M. Pawlikowski, "High-power gridded tubes—1972," *Proc. IEEE*, vol. 61, pp. 357–381, March 1973.

[43] R. S. Symons, "Tubes: Still vital after all these years," *IEEE Spectrum*, vol. 35, pp. 52–63, April 1998.

[44] V. L. Granatstein, R. K. Parker, and C. M. Armstrong, "Vacuum electronics at the dawn of the twenty-first century," *Proc. IEEE*, vol. 87, pp. 702–718, May 1999.

[45] R. S. Symons, "The constant efficiency amplifier," *NAB Broadcast Engr. Conf. Proc.*, 1977, pp 523–530.

[46] R. S. Symons et al., "The constant efficiency amplifier—A progress report," presented at NAB Broadcast Engr. Conf. Proc., 1998.

[47] L. Sivan, "The modulator," Chap. 9 in *Microwave Tube Transmitters*, London: Chapman & Hall, 1994.

[48] T. A. Weil, "Transmitters," Chap. 4 in *Radar Handbook*, 2nd Ed., New York: McGraw-Hill, 1990, Sec. 4.8, "Pulse modulators."

[49] T. A. Weil, "Transmitters," Chap. 4 in *Radar Handbook*, 2nd Ed., New York: McGraw-Hill 1990, pp. 4.13 to 4.14.

[50] M. P. J. Gaudreau et al., "Solid state radar modulators," presented at 24th International Power Modulator Symposium, June 2000. (Available from Diversified Technologies, Inc., www.divtecs.com.)

[51] M. Gaudreau et al., "Solid-state upgrade for the COBRA JUDY S-band phased array radar," presented at 2006 IEEE Radar Conference. (Available from DTI Internet site www.divtecs.com.)

[52] M. Gaudreau et al., "High performance, solid-state high voltage radar modulators," presented at 2005 Pulsed Power Conference. (Available from DTI Internet site www.divtecs.com.)

[53] K. J. Lee, C. Corson, and G. Mols, "A 250 kW solid-state AN/SPS-40 radar transmitter," *Microwave J*, vol. 26, pp. 93–105, July 1983.

[54] J. W. Taylor, Jr. and G. Brunnis, "Design of a new airport surveillance radar (ASR-9)," *Proc. IEEE*, vol. 73, pp. 284–289, February 1985.

[55] E. L. Cole et al., "ASR-12: A next generation solid state air traffic control radar," *Proc. for RADARCON 98, 1998 IEEE Radar Conference*, 12–14 May 1998, pp. 9–14.

第 11 章　固态发射机

11.1　引言

在商业应用方面，工作于 VHF 及更低频段的发射机中，晶体管已几乎取代了真空管技术。20 世纪 80 年代以来，各种固态技术的功率输出能力已提高到如此程度，使设计雷达发射机时积极采用它们来替代一些真空电子技术；然而，这并不是一个普遍有吸引力的解决方案。从大功率速调管、行波管（TWT）、正交场放大器（CFA）和磁控管到固态电子技术的过渡实际上是非常缓慢的，因为与典型的雷达要求相比，单个固态器件的输出功率十分有限。然而，发射机设计师已了解到，雷达发射机所需的大功率电平可通过固态技术得到，因为晶体管和晶体管放大器模块可以容易地并联以得到一个合成的等效大功率。如图 11.1 所示，这种设计特点有助于很好地扩展固态性能的范围，使之进入以前仅由真空电子技术统治的领域[1, 2]。刻画这些有时互相竞争的技术相对优势不是本章的目的，本章要描述固态技术在常用雷达频率范围中的限制、设计实践和特点。本章将阐述固态技术的优点，讨论一些关键半导体技术和器件，给出固态器件和发射机设计的一些范例。

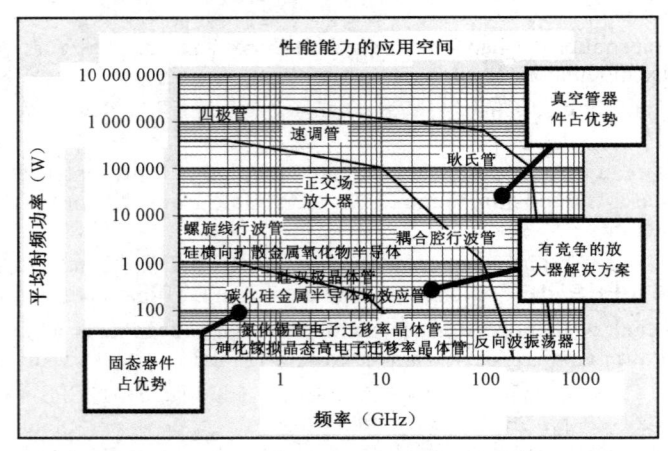

图 11.1　通过合成数千个晶体管放大器的输出，固态技术的累积平均功率输出能够有效地与真空管技术的性能进行竞争，如图中的中心重叠区域即为互相竞争的放大器解决方案的共存区域

11.2　固态器件的优点

虽然在固态和真空电子技术之间的性能差距可能很大，但是仍然存在包含成本、维护性和可靠性的交易问题。并且这种设计上的交易空间可以是很复杂的。一些人指出真空电子技术日益成熟[3]，并且提示在未来很多年中高性能雷达中真空管和固态器件都将是有吸引力的。另外的人仍然指出，当"合适的技术"[4]被用于可负担得起的军用电子设备中时，电子

设备的最好的价值才被体现出来；他们承认对于未来系统的要求，真空管和固态技术可能仍然是互补的设计解决方案。例如，在高性能毫米波雷达中，与固态功率放大器相比，微波功率真空管仍继续提供特别高的输出功率和效率[5]。和真空管相比，固态器件有以下优点。

（1）不需要热阴极。没有预热时间延迟，没有浪费掉的热丝加热功率，并且晶体管几乎没有工作寿命的限制。在某些的工作条件下，一些晶体管的预计中值产生故障时间（MTTF）可以超过 1000 年。

（2）晶体管放大器工作在低得多的电压上。电源电压在伏特量级而不是在千伏特的量级，这避免了需要比较大的空间、灌油或密封。和高压电源相比，低压电源较少使用非标准部件，并且通常较便宜。

（3）和真空管类型的发射机相比，用固态器件设计的发射机表现出更好的平均故障间隔时间（MTBF）。通过加速寿命试验，已经外推出放大器模块的 MTBF 超过 500 000h。已经有报到，一个代替速调管发射机的 S 波段固态发射机，其发射系统 MTBF 有 4 倍的改善[6]。

（4）当单个组件失效时系统性能出现缓慢的退化。器件失效时功率输出以 $20\lg(1-\beta)$ 的规律恶化，这里 β 是失效器件所占的比例[7]。这种结果是因为大量的固态器件必须被合成起来为雷达发射机提供功率，并且当单个单元失效时它们易于合成为输出功率缓慢退化的方式。

（5）演示出宽带能力是固态器件的重要特性。虽然大功率微波雷达真空管可获得 10%～20%的带宽，固态发射机模块能够获得高达 50%或更大的带宽且同时具有可接受的效率。

（6）可以实现灵活性。在相控阵雷达系统中，具有发射和接收通道的放大器模块（收/发组件）可以和每一个天线单元相连接。这样就可消除通常存在于真空管系统中，位于点源电子管放大器与天线阵面之间的射频分配损耗。另外，用于波束控制的移相器可装在有源阵列模块的输入馈电端的小功率电平上处，这就避免了辐射单元处移相器的大功率损耗，并提高了整机的效率。还有，由于输出功率只在空间合成，因此任一点的峰值射频功率相对较小。另外，输出幅度锥削可通过关断或减弱单个有源阵面放大器来实现。对于中等功率的相控阵系统，固态解决方案提供使其在作为雷达发射机基础方面具有吸引力的许多优点。

全面采用固态器件替代大功率微波真空管不是一帆风顺的。试图用固态发射机去替换现存的真空管发射机受到了现正在使用的硬件的外形、安装、功能替换等要求的阻碍。从前建造的能最佳利用真空管大峰值功率和低占空比能力的雷达发射波形不再有利于固态发射机。对于固态器件来说，低占空比的环境对固态器件不是性价比最高的解决方案，因为与被替换的真空管相比，晶体管表现出短得多的热时间常数，并且采用低合成峰值功率和高占空比会更加有效率地工作。作为一个两难的例子，一个能够输出平均功率 50W 的 L 波段微波晶体管在脉冲期间不过热的前提下，不能提供超过 300W 的峰值功率。因此，典型的具有短脉冲长度和低占空比的较老的真空管式雷达非常低效地利用了微波晶体管的平均功率能力。要取代 L 波段平均射频功率为 500W、典型占空比为 0.1%的久经考验的老磁控管 5J26，需要上面提到的 50W 的晶体管 2500～5000 个。然而，10%的占空比和平均功率 500W 的需求可以由 25～50 个 50W 的晶体管来提供。换句话说，若在较高占空比的条件下以较小的峰值功率提供所需的雷达系统平均功率时，微波晶体管的性能价格比将高得多。结果是，很少直接用固态发射机取代低占空比的老发射机。有一些主动地用固态发射机替换因花去了不少费用，没有看到一度预想的成功，例如固态 AN/SPS-40 的替换，它是受到模块化固态系统在可靠性、维护性和实用性方面所具有的吸引力的推动而做的。对于新的雷达系统，这些认识已经启发了系统设计师尽可能地选择高的占空比，这不但降低了峰值功率的要求，而且也允许在合适的价位上使用固态器件。

然而，决定使用高发射占空比对雷达系统其他部分产生了重大影响。工作在较高占空比的雷达系统，通常要求使用脉冲压缩技术以同时获得所要求的无模糊距离覆盖和合理的高距离分辨率。其他依次的影响是，使用脉冲压缩技术的宽发射脉冲会使雷达在近距离产生盲区，因此，必须发射和处理一个"填充"脉冲。为了防止强点杂波掩盖弱动目标信号，信号处理器必须获得低脉压时间副瓣和高杂波对消比。结果是设计一个固态发射机作为一个新雷达系统中的一部分，比用一个固态发射机改造一个不具有这些特性的老系统要容易得多。

固态器件的使用并没有消除发射机设计的所有问题。射频合成网络必须非常仔细和优良地设计，使合成时损耗最小化以保持发射机的高效性。必须与过大的驻波比合理隔离以保护微波晶体管免受不想要的工作压力的威胁，并且必须适当地滤除晶体管的谐波输出以满足MIL-STD-469和其他有关射频频谱质量规范的要求。同时，正如在真空管式发射机中一样，能量管理仍然很关键。每一个直流电源必须有一个足够大容量的电容器组以提供能量，用来在整个脉冲期间供给固态模块所取的能量，而且每个电源必须能在脉间平滑地给电容器组再充电，而不会从电源线上汲取过大的浪涌电流。

由于许多固态器件的输出合成过程中存在不可避免的损耗，又因为空间合成基本上无损耗，设计中更倾向于避免辐射之前的合成。因此，许多固态发射机由放大器模块组成，它们向阵列天线的行、列或单个阵元馈电。特别是最后一种情况，需要把模块（也可能还将其电源）装到阵列结构当中。通常，固态器件或模块以三种基本结构中的一种进行合成，来产生所需的发射机功率。图11.2 所示为这三种结构：要么将放大器输出合成到单个端口，再送入机械转动的天线，要么将平面二维阵列的许多固定单元中的电子相位控制和分布式放大进行合成。

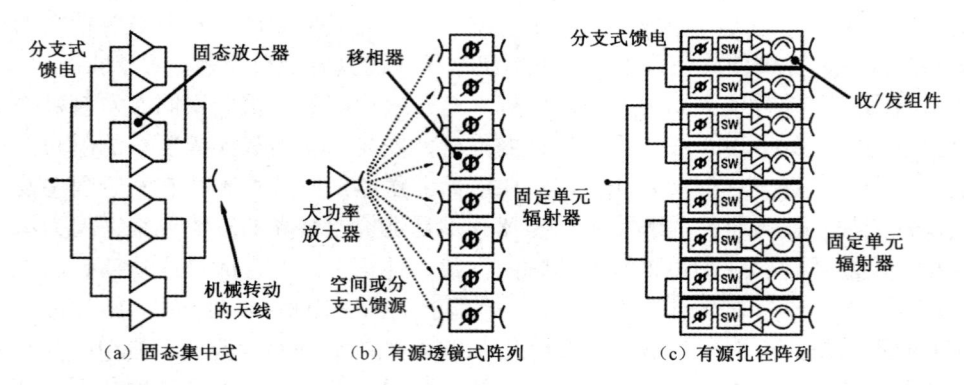

图 11.2 常用固态发射机结构可以（a）并联合成很多放大器到单个天线端口，或（b）使用移相单元来实现波束电扫描，或（c）利用每一个单元都具有移相能力的收/发组件来控制一个波束

由于一个典型的固态发射机是由许多模块组成的，因此，一个或少数几个模块有故障对整个发射机的性能影响很小。模块的输出是以电压矢量的形式相加的，例如，20%的模块故障将导致输出电压降为80%，而输出功率降为64%，这仅是 2dB 的损失（80%和64%功率之差消耗在合成器负载中或空间合成时的副瓣中）。"故障弱化"的结果使固态发射机的整机可靠性非常高，甚至维修工作可推迟到方便的规定时间来进行，但这一优势不应被滥用。试

举一例，当输出功率仍满足要求时，1000 个模块中的 20%可允许故障，而且假定维修工作计划每隔三个月进行一次。在此例中，只要求模块的平均无故障时间为 22 000h 便可对发射机在少于 3 个月内无故障提供 90%的可信度。但是，模块更换和人工劳动的费用不令人满意，因为每年发射机的近 40%不得不被更换。因此，为了确保固态发射机不仅可用，而且用得起，较高的平均无故障时间是必不可少的。值得庆幸的是，已经证明固态模块的可靠性甚至好于 MIL-HDBK-217 的预计。例如，AN/FPS-115（即 Pave Paws）雷达的平均无故障时间已提高到 141 000h，这是预计值的 2.3 倍。这包括实际的收/发组件 MTBF，其中有接收机收/发开关、移相器和功率放大器。实际上，测得的功率输出晶体管的平均无故障时间大于 1 100 000h。

11.3 固态器件

虽然相对于雷达发射机总的峰值功率和平均功率要求而言，单个固态器件产生功率的能力很小，但是，通过将许多相同的固态放大器的输出进行合成，晶体管可很高效地使用。一个特定器件的输出功率不仅与所选的技术有关，也与频率和其他条件有关，例如脉冲宽度、占空比、环境温度、工作电压和它的负载阻抗。

技术和结构

通常认为用来生产晶体管的半导体材料既非导体也非绝缘体。通过置入微量杂质离子或产生晶格缺陷的方法，可以显著地改变这些半导体材料的运载电荷特性，上述每种方法都能起到调节电子流动的作用。在固态雷达发射机中用来生产晶体管的半导体材料通常要么是硅，要么是所谓的合成半导体中的一种，例如砷化镓（GaAs）、磷化铟（InP）、碳化硅（SiC）、氮化镓（GaN）或锗化硅（SiGe）。像硅或砷化镓这样的半导体很早就被广泛接受，因为已证明在晶体管制造过程中，实际上可精确和重复地控制晶格缺陷。有一些半导体，例如氮化镓或碳化硅，被称为宽禁带半导体。在大多数雷达应用的频率上，有大的禁带值的半导体尤其能够产生非常大的输出功率，同时还具有可接受的增益。

晶体管是三端器件，并被划分为双极或单极的。图 11.3 有助于说明普通微波三端器件之间的结构差别，并且此图在随后的章节中还将被多次引用。之所以命名为双极晶体管（BJT），是因为晶体管中的导电通道利用了多数和少数两种载流子来建立半导体中的电流流动。它是一种电流控制器件，其集电极电流受到基极-发射极结之间流动的电流所控制。这是与场效应晶体管（FET）或单极晶体管相比而言的，后两者中只有一种载流子携带电荷。图 11.3 中其余的晶体管结构都是场效应晶体管的变种。一个加在场效应晶体管栅极端的外部电压控制位于栅极端下部的耗尽区的宽度。当耗尽区宽度变化时，漏极和源极接触之间的等效电阻也随之变化，相应地，这使得流经漏极和源极之间的电流被改变；因此场效应晶体管被归类于**电压控制器件**。由于有时有结构或材料上的细微差异，场效应晶体管存在大量的变种。其中包括 MOSFET（金属氧化物半导体场效应晶体管）、MESFET（金属半导体场效应晶体管）和 HFET（异质结构场效应晶体管）。常用的 HFET 器件是指 HEMT（高电子迁移率晶体管）和 PHEMT（拟晶态高电子迁移率晶体管）。

(a) 砷化镓金属场效应晶体管

(b) 砷化镓拟晶态高电子迁移率晶体管

(c) 硅金属氧化物半导体场效应晶体管

(d) 硅横向扩散金属氧化物半导体场效应晶体管

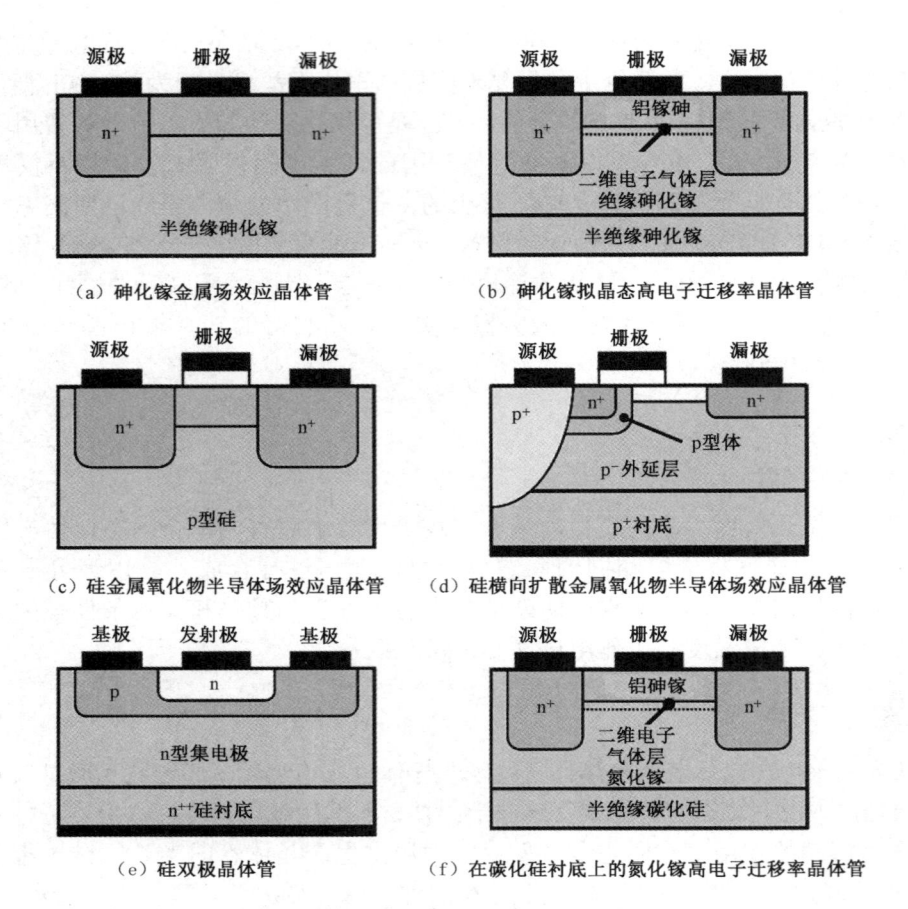

(e) 硅双极晶体管

(f) 在碳化硅衬底上的氮化镓高电子迁移率晶体管

图 11.3　用于雷达发射机设计的一些常用晶体管的横截面（晶体管是三端半导体器件，允许小的电压或电流控制大的电压或电流）

为了能用于雷达发射机放大器，晶体管必须能够以高效率工作在合适的高频率上，同时还能表现出有用的功率增益和适合的散热特性以确保高可靠性。没有一种晶体管类型或一种半导体材料能在横跨 UHF 到 W 波段的所有常用雷达频段中都是普遍有用的。事实上，在不同的雷达波段中，常有某种不同类型的器件占主导地位，与其相应的设计和制造方法一起为此波段提供最佳性能。

采用 FET 作为半导体器件的单级固态放大器的输出功率一阶近似[8]由以下关系式给出。

$$P_{\text{RFMAX}} = I_{\text{MAX}} \times (V_{\text{DGB}} - |V_P| - V_K)/8 \tag{11.1}$$

式中，I_{MAX} 是最大的开启沟道电流；V_{DGB} 是栅-漏击穿电压；V_P 是夹断电压；V_K 是拐点电压。这些晶体管参数在 I-V（电流-电压）平面定义了传输特性，I-V 平面的边界定义了晶体管的峰值功率性能的包络。并且，存在一个最佳的负载阻抗，能够使放大器输出最大的功率；在一阶精度估计上，此负载阻抗由一条从击穿电压区到拐点电压区的横跨 I-V 平面的直线所代表，如图 11.4 所示。晶体管在高频率上表现出增益的能力受半导体中载流子迁移率和饱和速度所影响。晶体管表现出高输出功率的能力受晶体管击穿电压、电流能力和拐点电压的影响。

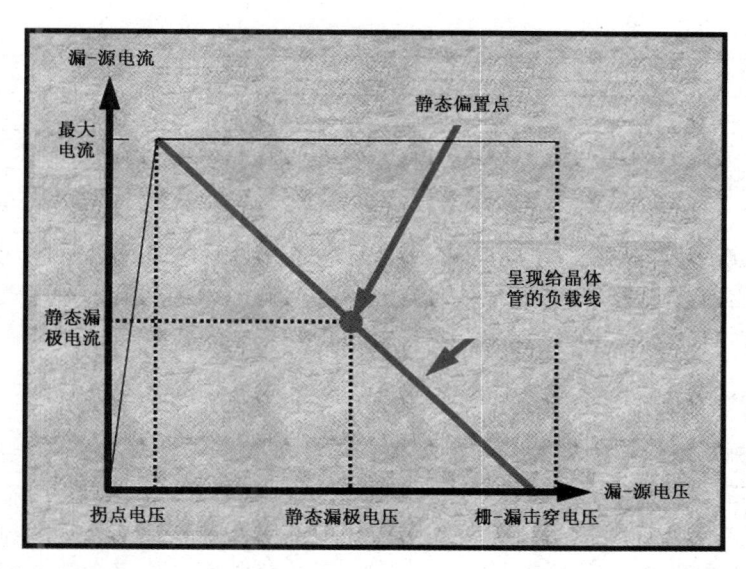

图 11.4 典型的晶体管电流-电压的集合（I-V 平面），对于所示的输出功率，图中给出了使用最佳负载线的关键 FET 直流性能限制。当最大沟道电流（I_{MAX}）和击穿电压（V_{DGB}）都增加时，可以获得更高的输出功率。最佳的放大器设计就放置如图所示的负载线

在较低的雷达频段，一般是 UHF 波段、L 波段直至 S 波段，硅型器件能够高性价比地满足可靠性、电性能、封装、冷却、可用性和可维护性的要求。这些器件通常被制造成分立封装的晶体管并且需要外部阻抗匹配电路以使其在放大器中适当地工作。在高于 S 波段的频率上，高性能的晶体管通常采用复合半导体材料来制作。这样的晶体管可以产生高的截止频率并且在比硅高得多的频段上表现出增益来。例如，在砷化镓（GaAs）中的电子运动速度大约是硅材料中的两倍。它具有更高的饱和电子速度和更高的电子迁移率，这使得它可在高至 W 波段的频率上工作。当工作在高频率时，砷化镓晶体管比硅器件产生更小的噪声，所以它们也用来制造高级低噪声放大器。使砷化镓成为有吸引力技术的一个关键特性是砷化镓场效应晶体管能够和无源电路完全集成起来，这些无源电路对于多级收/发组件设计中需要提供的偏置、负载、滤波和开关功能是必要的。和硅功率晶体管不同，砷化镓场效应晶体管和与它相关的成批制造的单片微波集成电路（MMIC）制造技术使得电路功能可被加工到能放在非常非常小的便于包装的芯片上。宽禁带半导体如碳化硅（SiC）和氮化镓（GaN）也可和 MMIC加工技术兼容，但它还有提供非常高的输出功率的能力。这些半导体具有导致高击穿电压和与之相称的高沟道电流的材料特性——达到了比砷化镓输出功率高一个量级（见表 11.1）。

表 11.1 固态发射机中用于产生功率的主要半导体的关键特性（碳化硅和氮化镓的高饱和速度、击穿场强和热传导率使它们在大功率放大器应用中更具吸引力）

参　　数	硅	砷化镓	磷化铟	碳化硅	氮化镓
禁带能量（eV）	1.1	1.4	1.3	3.2	3.4
射频功率密度（W/mm）	0.6~0.8	0.8~1.8	0.2~0.4	2.0~4.0	3.0~10.0
介电常数	11.8	12.8	12.5	9.7	9.0
击穿场强（10^6V/cm）	0.6	0.7	0.5	2.5	3.5

续表

参　数	硅	砷化镓	磷化铟	碳化硅	氮化镓
热传导率（W/m℃）	130	46	68	370	170
电子迁移率（cm²/V·s）	700	4700	5400	600	1600
饱和速度（10⁷cm/s）	1.0	2.0	0.9	2.0	2.5

对于固态微波频谱的高端，也就是毫米波范围，单端微波二极管可用作小功率振荡器。不幸的是，通常这些器件的功率输出和效率非常低，实际上，与对应的真空管相比，它们的效率低很多。然而，在高至 300GHz 的频率上都可得到连续波和脉冲的功率输出。

峰值和平均功率限制

对晶体管射频功率输出能力的首要限制是其击穿电压和最大电流处理能力。在此限制范围内，在给定的带宽内由一个晶体管可获得的最大实际功率输出取决于器件的热耗散限制。随着器件尺寸变大，从管芯顶面到管芯底层的耗散热流增加，结温上升到晶体管的热限温度。当增加到更高温度时，不论使用何种半导体，其电性能和工作寿命都会下降。

有一个复合热时间常数，它与晶体管结和安装了管子的散热器或冷板之间的大量的热阻层有关。出现这种情况是因为每一层（半导体、陶瓷衬底、金属基板等）都表现出热阻和热容。于是，对每一个封装材料层都有一个等效的热时间常数（τ）。这个热时间常数近似表示为[9]

$$\tau = 0.4053 * (F^2 \rho C / K_{TH}) \quad (11.2)$$

式中，F 是厚度单位为 cm；ρ 是密度，单位为 g/cm³；C 是比热，单位为 W·s/(g·℃)；K_{TH} 是热传导率，单位为 W/(cm·℃)。例如，图 11.5 示出：对于一个给定的砷化镓晶体管，当脉冲宽度和占空比分别从 20μs 和 10%增加到 3000μs 和 25%时，总的结温增加 70℃。虽然晶体管可以在较短脉冲宽度时可靠地工作在所需输出功率电平上，但如果它以较长脉冲宽度工作在相同的功率电平上，则将遭受长期可靠性降低的损害。因此，如果需要在长脉冲宽度上保持长期可靠性，则必须减少晶体管的热耗散，以使结温下降到一个可接受的水平。通过降低晶体管的耗散功率，也许就是通过降低工作电压和功率输出，来降额固有的短脉冲能力，这是获得所需可靠性的一种方法。另一种方法可以是通过在放大器的散热器中使用冷冻液来降低环境温度。这些不总是实用的解决方案，并且有人发现对于一个特殊的脉冲宽度和占空比，常常通过优化晶体管本身的布局来得到最低工作温度下的最佳性能和可靠性。

通常，芯片（芯片有时被称作晶片）表面上起晶体管作用的面积一般划分成易处理的单元（晶胞），晶胞尺寸经常根据特殊应用或某些应用范围优化。除频率考虑以外，脉冲宽度和占空比，或是由此产生的峰值和平均耗散功率，都是确定晶胞尺寸和芯片上晶胞排列的参数。晶体管的极限工作结温很大程度上取决于将要遇到的瞬时发热以及单个晶胞的布局和面积。设计为长脉冲或连续波工作的器件，将起晶体管作用的面积分割成小的热方面隔离的单元以提高晶体管平均功率能力。

因为典型功率晶体管晶片本身的总热时间常数在 100～200μs 的量级，因此对于脉冲宽度在 10～1000μs 范围并采用脉冲压缩的固态雷达来说，在峰值/平均功率和器件尺寸之间进行权衡是很重要的。例如，5 毫英寸厚度的硅晶片的热时间常数近似为 90μs，而 4 毫英寸厚度的砷化镓晶片的热时间常数近似为 170μs。因此，对于脉冲压缩固态雷达的典型工作脉冲宽度（约 300μs），硅晶片上的温升已达到其稳态值的 96%；但对于近距离火控雷达的典型工作脉冲宽度（约 20μs），硅晶片上的温升仅达到其稳态值的 20%。如果还未达到晶体管的电压和电流门限，更短的脉冲宽度工作使之能表现出非常大的功率能力。通常，在晶体管和放大器的设计中，需要使用有限元法进行非常详细的热分析来量化这些关系。

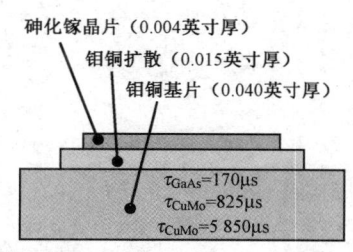

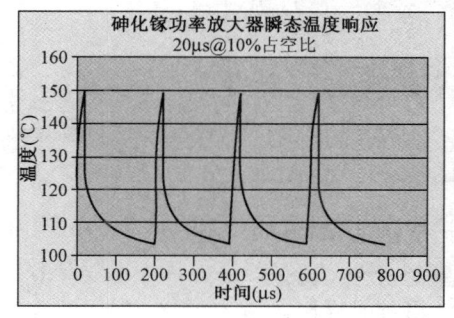

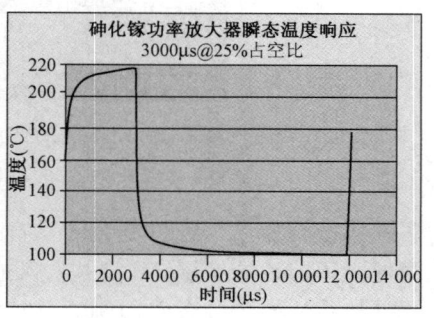

图 11.5　晶体管能力的一种限制取决于最大结温，而最大结温又由热时间常数确定，这会导致作为工作脉冲宽度和占空比函数的晶体管能力的显著不同

普通三端器件的背景和描述以及与在常用雷达频段所应用的有关的技术在随后的章节中介绍。

硅双极结型晶体管

硅双极结型晶体管（BJT）是微波功率器件中最早的一种，并且从 20 世纪 70 年代末开始，通过替代真空管发射机和用于相控阵雷达找到了出路。在更低的频率，特别是在 3GHz 以下，硅双极结型晶体管已经表现出很高的晶体管功率能力。直到 S 波段频率，放大器设计都是可实现的，但在此频段器件性能和系统费用之间的折中开始达到利润逐渐降低的转折点。现在硅双极结型晶体管技术十分成熟，但是对这些高性能器件的需求量却是低的，因为相对于商用硅电子产品，雷达系统所需的产品量较小。因此，能提供用于放大器设计的优质器件的制造商的数量趋向于变少。

硅基微波功率晶体管实际上可看作混合微电子电路，并且在一个有法兰密封封装内通常是单芯片或并联多芯片晶体管。晶体管经常包含某些形式的内部阻抗预匹配电路，以保持半导体芯片的固有带宽和使外部阻抗匹配任务更加容易。内匹配也提高了封装器件的终端阻抗，使外部电路内的元件损耗不再关键。图 11.6 是一个采用硅双极结型晶体管半导体技术的 230W 内匹配功率晶体管混合电路的一个例子。图中示出了晶体管晶片、电容和引线，这些引线被用作低通、高通阻抗匹配元件以达到一个可接受的阻抗预匹配水平。

图 11.6 一个在定制密封双引线低感抗封装内的 230W L 波段长脉冲和高占空比硅双极型功率晶体管，该管具有一个 0.4 英寸×0.45 英寸的总封装尺寸（照片由雷声公司特许提供）

微波功率硅双极结型晶体管总是 npn 垂直扩散剖面结构的［见图 11.3（e）］，也就是说，集电极接触面形成了芯片的底层。p 型基极区通过扩散或植入到集电极，n 型发射极扩散或植入到基极，并且从芯片的顶层表面均可触及基极和发射极区。集电极区由 n 型掺杂的低电阻率外延层组成，该层生成在极低电阻率的硅基底上。外延层的特性，即厚度和电阻率，决定了器件性能的上限，如强度、效率和饱和功率输出。

高频硅双极结型晶体管性能的基本限制是集电极到发射极的总延迟时间。如果一个信号引入基极或发射极，会遇到四个独立的衰减或时间延迟区：发射极-基极结的电容充电时间，基极渡越时间，集电极耗尽层的传输时间和集电极的阻容充电时间。高频晶体管的设计涉及对产生时延成分的物理参数进行优化[10]。

大功率硅双极结型晶体管的设计上的挑战是在最小温升条件下，在大发射极区上维持均匀的高电流密度。高频率器件要求在发射极区之下是薄、窄和高电阻的基极区，这将使流入器件的大部分电流堆积在发射极的周围。因此，为了使器件的电流承受能力最大化，由此使器件的功率输出能力最大化，发射极边界应最大化。因为集电极-基极结电容表现为有害的寄生电元件，发射极外围长与基极面积之比，即 Ep/Ba，应尽可能最大化。通常较高频率器件有较大的 Ep/Ba 值，而要获得大 Ep/Ba 值就要有很细的线形几何形状，这里的术语——几何形状指晶体管晶片的表面结构细节。

硅横向扩散金属氧化物半导体场效应晶体管（LDMOS FET）

硅横向扩散金属氧化物半导体（LDMOS）晶体管正开始取代硅双极型功率晶体管（BJT），尤其是在 VHF、UHF 和 L 波段等频段上。特别是在民用通信行业，硅基 LDMOS FET 在作为移动通信基站的功率放大器方面占有主导地位，因为其与硅双极型晶体管（Si BJT）相比，展示出了更高的增益、线性和效率。虽然是场效应管，但其结构特性、封装以及设计难点都非常类似于 Si BJT 的。

硅基 LDMOS FET［见图 11.3（d）］是在 p^+ 材料和轻度掺杂的 p 型外延层上加工形成的，正如硅 BJT 一样，也是通过植入多杂质来形成各种结。相比于其他半导体，如砷化镓（GaAs），硅基 LDMOS FET 仍被认为是一种较慢的器件，因为硅基 MOSFET 沟道中的电子迁移率相对较低。虽然硅的电子体迁移率低于 GaAs，但这并不能排除硅基 LDMOS FET 用作高频功率晶体管的可能。随着硅基 CMOS 工业处理和制造技术的持续发展，已生产出了形体尺寸为亚微米量级的成品晶体管，较小的形体尺寸可作为弥补，以使硅基 LDMOS FET 在较高频率范围的应用增多，也就是说，它能在直到 S 波段的频率内提供可用的增益。特别是，由于 LDMOS 是 p 型植入的横向扩散，这种结构使得形成短沟道成为可能。尽管硅的电子迁移率较低，但短沟道有助于改善高频响应。测得的击穿电压可超过 100V，因此该器件可以工作于较高电压。反之，对一个给定的工作电压，可得到较高的坚固性容限，这一优势在高可靠性功率放大器的应用中至关重要。

LDMOS 管晶片的下侧是源极连接，从而可以将芯片直接安装在一个金属封装板上。这一点与 Si BJT 不同，后者的芯片下侧是高压集电极触点。由于不必对 LDMOS 芯片的下侧进行电隔离，因此不需要在 Si BJT 生产线上使用普遍应用的、可能有毒的氧化铍封装。通过直接固定在封装外壳的金属法兰上可实现较低的源极电感，这使得在低于 2GHz 的频率范围内，在与 Si BJT 相当的功率量级上，LDMOS 管展示了较高的增益。但是目前，在 S 波段以上频率范围内它们不具吸引力。

LDMOS 器件的主要好处是热稳定性。因为其漏极电流具有一个负温度系数，所以 LDMOS FET 不易热击穿，并且不需要使用导致增益降低的电阻性发射极镇流技术，而 Si BJT 通常需要采用此技术来帮助使结温正常。一个热稳定性较高的器件使得一个封装内晶体管晶胞的功率合成效率更高。这有助于降低性能对负载失配的灵敏度——而这正是一个使 Si BJT 的设计过程复杂化的问题。对于给定的发射波形[11-14]，图 11.7 和 11.8 分别归纳了市场上可买到的硅双极型晶体管和硅基 LDMOS FET 的产品性能覆盖范围。

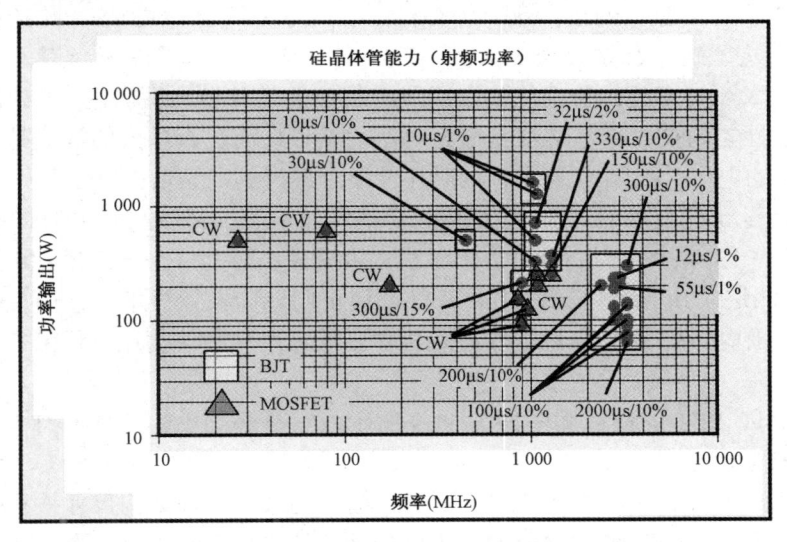

图 11.7　市场上可买到的硅功率晶体管的性能空间

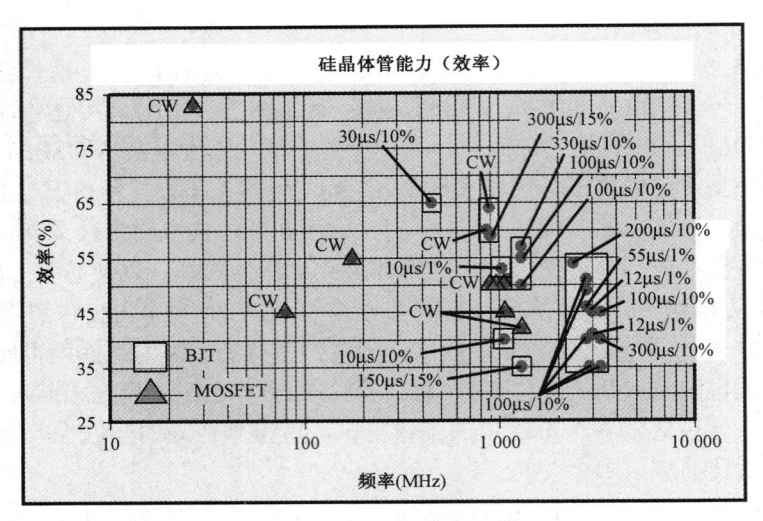

图 11.8 市场上能买到的硅功率晶体管的性能空间

GaAs PHEMT

砷化镓拟晶态高电子迁移率晶体管（PHEMT）实际上是一个由轻度应力失配的晶体层组成的异质结构材料［见图 11.3（b）］。简单地说，GaAs 衬底上是 InGaAs 沟道，再上面是 AlGaAs 层，从而形成了一个高质量的二维电子气体层，这常被称为 2DEG。由于沟道狭窄使载流子几乎没有碰撞机会，因此 2DEG 显示了优良的电子转移特性。这使得实现可在高于 W 波段频率上提供有用的增益的很高质量的晶体管成为可能。通过增加 FET 沟道中的铟的百分含量，可以在工程上得到较高的迁移率和电子速度。这只能做到铟的含量达到大约 25%这一点，超过这一点，晶格应力差会引起性能和可靠性变差。对于选定的材料，这些技术可以使晶体管具有其他方法达不到的更大的禁带宽度。这些晶体管的制造采用了高级的半导体处理技术，例如分子束外延（MBE）或分子有机化学气体沉积（MOCVD）构造技术，来实现高性能的特点。这些技术都是投资庞大的、获得高质量的沟道性能所必需的半导体处理方法，而微波或毫米波功率晶体管性能就取决于沟道性能。有时，将优化 FET 沟道的分子含量，以获得最佳性能的技术称作**禁带工程**。对器件工程师而言，最大的挑战是所开发的晶体管既能支持最高的电压/电流工作要求，同时还能展示最好的高频增益。

功率晶体管设计的复杂性，已超出确定基础场效应管（FET）所用的特殊材料制造技术。人们采用专门的结构技术来控制电场强度和提高击穿电压；一些增强技术，如场电极[15, 16]、双栅凹进[17]或自动腐蚀停止层[18]等都属于制造和设计技术，它们被用来在一个给定的工作频率范围内，将 PHEMT 的性能最优化，从而给半导体制造过程带来更高的价值、性能或可靠性。

GaAs PHEMT FET 的横截面图如图 11.9 所示，它是基础性的三指 FET 结构（漏极–栅极–源极），但有功率性能方面的局限。通过采用一种合理组织的设计方法，可以减弱此局限，从而获得高的输出功率。如图 11.10 所示，栅极的最小物理结构尺寸被称作**栅长**，较宽的一个尺寸称作**栅宽**。FET 的载流能力（也就是功率能力）随着栅宽的增加而提高。至于栅宽能增加到多少，存在一个限制条件，即栅宽增加引起的沿栅长的相位差和信号衰减不能对放大器性能造成坏的影响。实际上，在 S 波段、X 波段和 Ka 波段的频率上，可实现的栅宽分别为大约 400μm、150μm 和 60μm。

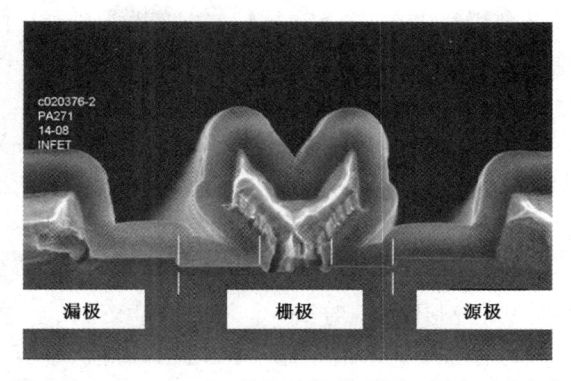

图 11.9　0.25μm 双栅凹进 GaAs PHEMT 晶体管横截面图，图中示出栅极、漏极和源极金属
（图片由雷声公司特许提供）

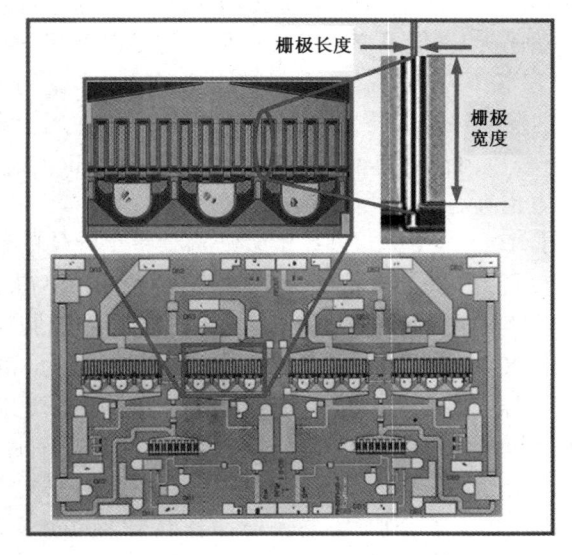

图 11.10　典型的两级 GaAs MMIC 功率放大器，在末级单元晶胞中的多个并联栅指如插图所示
（图片由雷声公司特许提供）

在有最大栅宽限制的条件下，只能通过将多个栅极并联获得附加的电流也即功率能力。栅极或是用常用的叫法"栅指"，通常指的是在阶梯的、重复的子结构（晶胞）中进行合理的分组来形成合成式晶体管所具有的对称、组合结构。所有栅指的输出要求同相合成并且阻抗需要匹配到合适的水平。一个行业内常用的评估半导体和单个 FET 能力的性能指数是功率输出密度，其单位是 W/mm，即总 FET 栅宽或栅极周长产生的功率。对于 7～10V 的工作电压，预计可得到 0.6～0.8W/mm 的额定功率输出密度；对于工作电压为 11～28V 的、更高级的 GaAs PHEMT 结构，额定功率输出密度预计可达到 1.1～2.0W/mm。这样，当工作电压为 15V 时，为了在 10GHz 达到 20W 的功率量级，大约需要用某种方式并联 80 个栅指来输出功率。较多的并联栅指的数量不可避免地会引起输入和输出阻抗的降低，这又进一步加大了在

所需带宽内进行阻抗匹配能力的复杂性。较高的阻抗变换比和较宽的带宽一定会引起匹配网络中的附加损耗，无论这些匹配网络是组合结构的或是 MMIC 结构。这些附加损耗会使本征 FET 的固有功率、增益和效率特性变差。对一个特定的应用，最合适的放大器设计需要对晶体管进行优化，并且在放大器的设计过程中，需要仔细关注所有那些影响优化效果的变量，如单元栅长、栅宽、平行栅指数量、晶胞结构、阻抗匹配电路和偏置网络。为了便于进一步地深入了解，已出版了记载相关行业的性能的书籍[19, 20]。这些参考书概括了从 1~100GHz 范围内的复合半导体的功率输出密度和效率的技术发展水平。

宽禁带半导体

Zolper[21]从固态技术发展之初开始，对第一、第二和第三代半导体材料，即（1）硅、（2）砷化镓或磷化铟、（3）所谓的宽禁带半导体（WBGS），提供了有关其发展历史的参考资料。碳化硅（SiC）MESFET 和氮化镓（AlGaN/GaN）异质结场效应管（HFET）在宽禁带半导体中占主导地位。第三代半导体的出现为大功率固态放大器领域开创了广阔的、崭新的发展前景。宽禁带半导体材料能够从高的母线电压（25~75V）中产生很高的功率输出值（5~20W/mm），并且比 Si 或 GaAs[22]工作温度更高，但仍保持像晶体管一样的特性。它们可应用在 S 波段、C 波段或 X 波段频率范围内。在军用高性能传感器和民用大功率无线基站放大器方面的应用需求促使其成为发展热点。特别是，GaN HFET 器件展示出的物理特性，使其可用作高增益器件，且在 W 波段内都具有很高的功率输出能力。SiC MESFET 可能在 L 波段到 C 波段的较低频率范围内也具有竞争力[23]。

SiC 衬底的导热性优于 GaAs 几乎一个数量级，宽禁带半导体的额定输出功率远远高于在任一电压上 GaAs 目前所能达到的功率。SiC 较高的导热性使得热控制更为有效。SiC MESFET 的高击穿电压和高沟道电流能力，已有报道[24]称由单个晶胞在漏极电源电压为 58V 时测得的连续波输出功率为 80W，3.1GHz 上的相关的大信号增益为 8dB。

在饱和漂移速度上，电压只要 20~30V，GaN HEMT 中的电子迁移率就足够实现很高的增益，同时实现大功率输出和高效率。用 GaN 外延层被处理在 SiC 衬底上的方法，目前在半导体行业内的几个生产第一线，都采用以下几个性能指标来描述晶体管性能的技术发展水平：（1）一个 1.25mm 的 FET 在 30V 和 10GHz 时，脉冲功率增大的效率（PAE）为 68%，以及在 30V 和 10GHz 时，1.25mm 的单管的 CW 功率为 5W[25]；（2）40GHz 时的功率密度为 8.6W/mm[26]；（3）28V 沟道温度为 150℃时，射频工作 15 000h 后，功率降低小于 0.2dB[27]，功率增加的效率是电路设计师的术语，由下式定义。

$$PAE = (P_O - P_I)/P_{DC} \tag{11.3}$$

式中，P_O 是射频输出功率；P_I 是射频输入功率；P_{DC} 是总的直流输入功率。

图 11.11 和图 11.12 说明了与具有相同物理几何尺寸的 GaAs PHEMT 晶体管相比，在 10GHz 时 GaN 的优点。在本例中，将总栅极周长为 1mm 的 GaAs PHEMT（见图 11.11）与栅极周长同为 1mm 的 GaN HEMT（见图 11.12）做了比较。这些绘出的曲线有输出功率（P_O）、功率增加的效率（PAE）和增益（G_n），每个性能参数值都是在 10GHz，连续波工作时得到的。

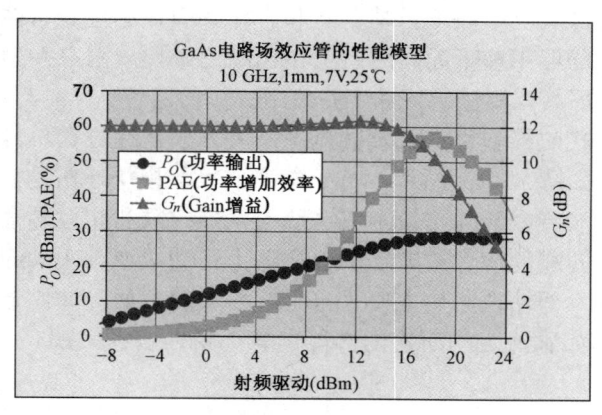

图 11.11　工作在+7V，连续波工作（工作比为 100%），周长为 1mm 的 GaAs PHEMT 的 10GHz 时的典型性能曲线

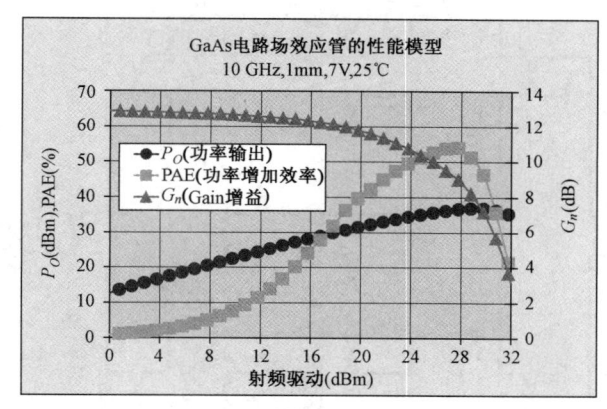

图 11.12　工作在+28V，连续波工作（工作比为 100%），周长为 1mm 的 GaN HEMT FET 的 10GHz 时的典型性能曲线

GaAs PHEMT 工作在 7V，而 GaN HEMT 工作在 28V。从这两个性能曲线可以看出，二者的小信号增益基本上是相同的，都是在 12～13dB。大信号效率也基本相同，但 GaN HEMT 的输出功率比相同尺寸的 GaAs PHEMT 高出 8dB。

11.4　固态集中式发射机的设计

对雷达发射机设计的要求总是一定要能从天线辐射出大量的功率，来实现最大作用距离，并能在接收机端保持最小可接受的信噪比。高辐射功率的要求对固态发射机设计的影响是最基本的——必须通过合成小功率放大器的输出来实现大功率，以达到所需的辐射功率量级。晶体管被合成为 MMIC 放大器；放大器又被合成为模块；模块进一步被合成为系统。通常，合成方法采用两种不同结构中的一种，即空间合成或组合合成结构。相控阵结构是空间合成的一个常见例子，其中每一天线辐射单元由一个放大模块馈电，然后在空中形成波前。组合合成设计的常见例子是"固态集中式发射机"，其中通过一个端口给机械旋转天线馈电，此端口处的功率为所有放大器模块输出功率之和。那些模块的位置可能是物理上设置在别处的，例如，在远离天线的船甲板下面。这些类型已经用来构成固态发射机的设计结构，每一种实现方法所需的模块都具有相似的特性，并使用相似的器件。

在采用组合合成方式的固态集中式发射机中，大功率是通过在单点合成多个功率放大器模块的输出来获得的。如图 11.13 所示，一个功率放大器模块通常是由许多完全相同的放大器组成的，通过采用微波合成和隔离技术将这些放大器并联和相互隔离。这个并联放大组的驱动功率通过使用幅相匹配的镜像微波功率分配器由驱动级或预驱动级提供。模块输出端的环行器通常用于保护放大器使之免受主要来自天线的大的负载驻波比造成的破坏。此外，还包括一些辅助电路，例如脉冲工作所需的储能电容、机内自检（BIT）传感器或自适应控制元件等。

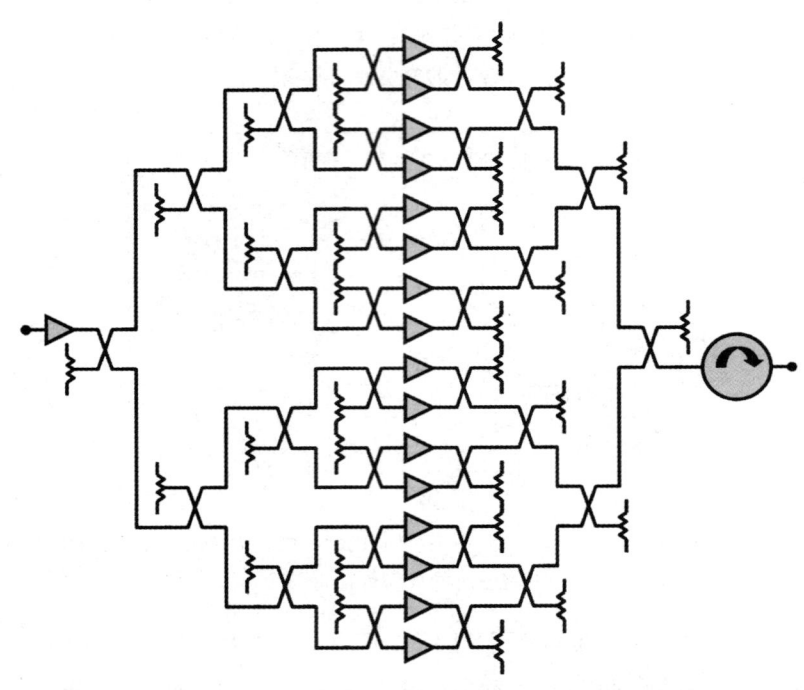

图 11.13　利用阻性隔离合成技术将幅相匹配的多个单级放大器合成得到固态放大器模块

放大器和模块设计

发射机中用的固态放大器的设计是用其工作类型分类的。放大器的工作类型分别定义为 A、B、AB、C、D、E、F 或 G 类。A、B、AB 和 C 类通常是指模拟放大器，而 D、E、F 和 G 类则是针对开关模式放大器的。每种模拟模式的工作类型是由晶体管的偏置方式来决定的；每种开关模式的工作类型是由晶体管的偏置方式和电压电流波形的控制方法来共同决定的。例如，A 类偏置放大器的电流摆动完全复制了输入信号，直到达到晶体管的电压和电流极限。实际上，A 类放大器线性度最高，但效率最低。高动态范围的线性接收机放大器采用 A 类放大器，为了保持输入信号的线性度，音频放大器可能也是 A 类工作的。放大器的 B 类偏置是指只有在输入电压的半个周期内，晶体管有导通电流流过。推挽放大器即为此种偏置方式，一个管子在正半周期工作，另一个在负半周期工作。与 A 类设计相比，其效率较高但失真较严重。AB 类工作的放大器采用了微静态电流技术，可在刚好大于 50%的周期内导通，通常此类放大器也用作推挽放大器。C 类偏置的放大器在小于 50%的输入电压周期内管子导通，这使得其效率最高，但这是以牺牲功率增益为代价的，并且线性度最差。实际上，在输入端没有射频信号时 C 类偏置的晶体管是关断的。用于雷达发射机的 C 类放大器的效率高于 A、B 和 AB 类放大器。实际上，C 类放大器可采用"自偏置"，并且在 UHF 波段、L 波段和 S 波段上，C 类工作为硅双极型晶体管的首选工作类型。由于这种工作类型固有的非线性特点，当晶体管在每个射频周期的关断和饱和状态之间调制时，谐波分量很高，因此在发射机输出端必须采用合适的滤波来滤掉不需要的高次频谱分量。D、E、F 和 G 类放大器是高效率的开关放大器结构，为了使放大器效率最大，这种结构需要专门的信号谐波（即滤波）的终端。虽然这在硬件实现上很复杂，但由此带来的效率递增对整个发射系统有益时还是值得采用的。

工作在 HF 到 S 波段频率范围内的硅 BJT 通常为 B 类或 C 类偏置。C 类工作是首选类型，因为对于一个给定的初级输入功率，C 类工作可使放大器的射频输出功率最大。通常，发射极-基极结是反向偏置的，并且集电极在小于半个射频周期内汲取电流。仅当输入电压超过输入端的反向偏压时，集电极才汲取电流，并在谐振调谐的负载的两端产生输出电压，从而得到高放大器的效率。C 类偏置放大器的实际含义如下：

（1）当器件未被驱动时，例如雷达处于接收状态时，不汲取静态直流电流。因此当发射机工作在此模式时，放大器内没有功率耗散。

（2）晶体管只需要一个集电极电压。C 类工作为自偏置，其中仅当输入端的射频电压摆动超过发射极-基极结的内电位时，晶体管才汲取集电极电流。电流流经基极或发射极回路的寄生电阻上会产生压降，从而会引入附加的反向偏置电压，在共基极工作方式中，这会导致增益变差。

（3）C 类偏置放大器对任何背离额定工作点的偏差非常灵敏。C 类偏置放大器对导致输出脉冲特性恶化的负载阻抗和射频驱动电平具有高灵感性。通常，单级 C 类偏置 BJT 放大器具有很窄的"线性"传输特性；其线性区可能仅在射频输入驱动的 1～3dB 这个狭窄的窗口内存在。当几个 C 类偏置放大器级联时，正如通常大多数放大器所采用的结构，这一点变得非常关键。串行放大链中的最后一级输出晶体管必须被前面的放大器推至饱和，并且随时间和温度的变化驱动功率必须保持相对恒定。由于这些器件具有上述狭窄的工作范围，对于一个多级放大器而言，略微减小射频输入驱动可能会导致器件最后一级不饱和。不准确控制这些条件，会导致输出脉冲保真度恶化到不可接受的程度。

简而言之，放大器模块的设计包括功率晶体管与合适阻抗值的匹配，以及在这些阻抗上的功率合成。一个典型封装的功率晶体管具有低的输入、输出阻抗，必须要将其转换成较高值，通常为 50Ω。因此，一般放大器的设计必须使用低耗、廉价的电抗性阻抗变换网络，来给晶体管提供合适的源阻抗和负载阻抗。具有该功能的常用媒介是微带传输线。微带线是准 TEM 波模式的传输线媒介，它通过在低耗、高质量的电介质基片上用光刻的技术来获得。阻抗匹配所必需的电抗性元件可用微带线的形式来近似。利用微带元件的互连模式能构成廉价的电抗匹配网络。串并联感性电抗及并联容性电抗最容易制作，并且是最常使用的匹配元件。

功率合成

功率合成器将各放大器的射频输出电压相参叠加，并把所有模块输出功率的总和减去合成器的损耗传送到单个端口。通常，采用有详细文献[28]记载的分配和合成技术（见图 11.14）来将相同的单级功率放大器的输出进行叠加。这些技术也提供并行放大器之间的隔离。相邻端口间的隔离意味着如果一个器件失效，功率合成器将给剩余器件提供一个恒定负载阻抗，但剩余有源器件的一半功率将耗散在合成器的隔离电阻上。为了使并行放大器的合成最高效，各放大器的幅相应尽可能相似。任何一点偏离于相同幅相的差别都会导致输出功率损耗在合成器的阻性终端上。由相位差或幅度差引起的功率损耗通过矢量加法来确定，并由下式给出

$$P_{\text{LOST}} = 20\lg((\text{SQRT}(P_1^2 + P_2^2 + 2P_1 P_2\cos\theta))/(P_1 + P_2)) \tag{11.4}$$

式中，θ 是两个被叠加的放大器之间的相位差值，单位为度；SQRT 表示"平方根"；P_1 和 P_2 是每个放大器的功率，单位为 W。图 11.15 量化了相位或幅度不平衡引起的性能损失。

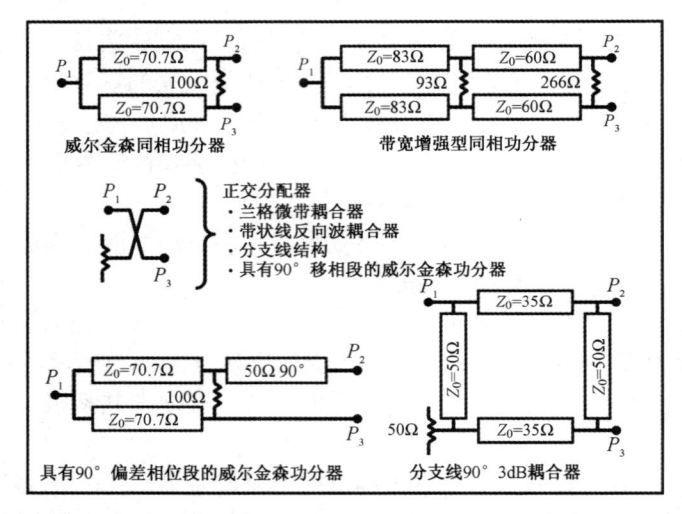

图 11.14　组合合成结构中的常用微波功率合成电路结构，在相邻并行放大器之间用来提供隔离

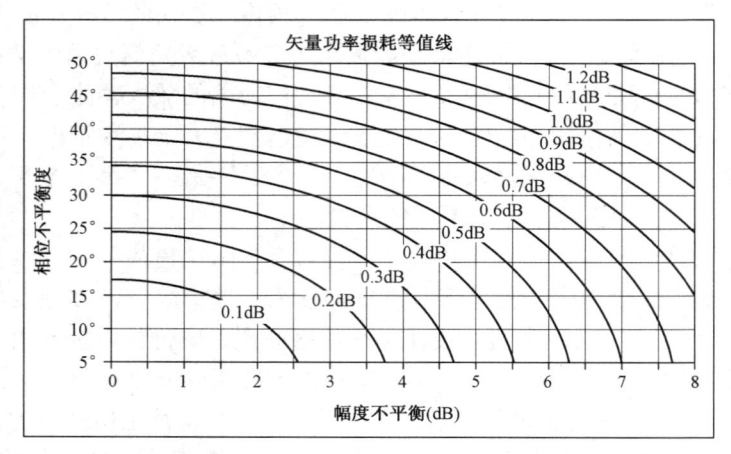

图 11.15　在两个被合成放大器的幅相不平衡范围内，隔离的功率合成器中损失在隔离电阻上的功率等值线。当幅度不平衡为 1dB 且相位不平衡为 30° 时，大约有 0.31dB 的功率损耗在功率合成器的隔离终端上

通常，对功率合成器的要求如下：

（1）合成器应具有低的插入损耗，以使发射机效率最大化。

（2）合成器在端口间应具有射频隔离，以使失效模块不影响其余工作模块的负载阻抗或合成效率。

（3）合成器应能给放大器模块提供一个可控的射频阻抗，使得放大器的性能不致降低。

（4）功率合成器终端负载承受功耗的能力应足以适应任一种放大器故障组合。

（5）合成器的机械封装应便于模块的维修。封装也应给放大器模块与合成器之间提供短的、等相位和低损耗的互连。

功率合成器要么是隔离型的，要么是电抗型的设计。在隔离型的设计中，被合成电压的任意相位和幅度的不平衡或差别都将送到阻性终端。最终结果是在任何条件下，甚至是合成级中相邻放大器发生故障时，其对放大器仍呈现恒定的负载阻抗。在电抗型合成器设计中，两个输入信号的任意功率或相位不平衡都将产生反射功率和驻波比增加（对驱动它的模块来说）。不当的使用这种结构可能会导致随频率变化的相位和幅度纹波比预计的大。

分配和合成网络也能为级联放大器间提供串行隔离和并行隔离。例如，当 C 类偏置晶体管脉冲工作时，它要经历截止区、线性区和饱和区。因此，输入和输出阻抗是动态变化的，并且输入阻抗变化显著。输入阻抗的显著变化将会给前面一级提供射频驱动功率的放大器提供一个不希望的负载。这很可能使前一级放大器进入有害的振荡状态。然而，一个正交分配网络，也就是一个具有 3dB 分配比和 90° 相移的功分器，可用来在分配器的输入端提供一个恒定阻抗值，而不管单个放大器的输入阻抗是多少（见图 11.16）。这确保了提供给驱动放大器的是匹配良好的负载。

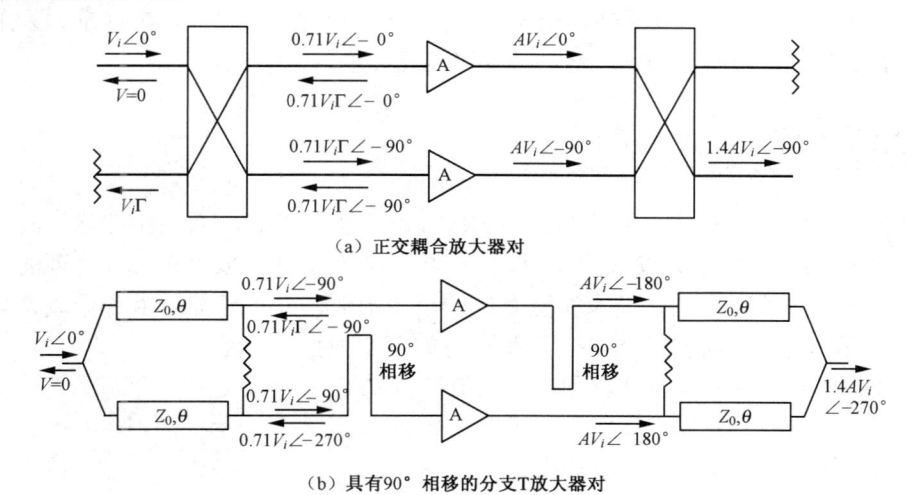

（a）正交耦合放大器对

（b）具有90°相移的分支T放大器对

图 11.16　具有最小输入端反射功率的功率放大器合成结构。放大器输入电压反射系数给出为Γ且放大器电压增益给出为 A（经 E.D.Ostroff 等人许可翻印）

用于构造大功率合成器的典型射频传输媒介包括同轴传输线、微带或带状传输线及波导。传输媒介的选择通常取决于许多参数，包括峰值和平均可承受功率、工作频率和工作带宽、机械封装的限制，当然还包括可容忍的总损耗。合成器的设计经常采用级联设计的分层结构来合成许多模块的输出；不过，也有采用把多个端口叠加成单个端口的独特结构。

幅度和相位敏感度

晶体管放大器对电源纹波的幅相敏感度可能影响到其所能达到的 MTI 改善因子。在多级放大器中，由串行级联级对电源敏感度导致的相位误差将相加。另外，细致的设计必须考虑由固态放大器多级级联所带来的相互影响。它们包括如下内容。

（1）级联各级的相位误差简单地相加。然而通过适当调整不同级电源纹波的相位，使相位误差相消也是可能的。类似地，在有 N 个并联模块的放大级中，且每个模块都有各自的高频功率受控电源，如果电源时钟特意使之不同步，通常可以认为总的相位纹波将减少 N 的平方根倍。

（2）因饱和的影响，级联各级的幅度误差并不简单相加，然而，驱动级的幅度误差将引起其下各级中由驱动引入的相位变化，如上所述，所有这些相位误差都必须加以考虑。

（3）级联各级的时间抖动将简单相加，除非采取措施对消或使其成为平方和的开方。另外，射频驱动的幅度起伏也将引起引入由驱动引起的抖动，它甚至可能超过电源电压纹波引入的抖动。因此，时间抖动必须认真加以测量。

谱辐射

当矩形射频驱动脉冲作用于单个模块上时，放大器通常显示出纳秒级的上升和下降时间。该脉冲波形的输出谱可能不满足谱辐射要求，于是可能有必要减缓上升和下降时间。然而放大器最佳效率工作区是在晶体管的饱和区，且对于一个大型发射机来说可能使用了多层级联的饱和放大器。对有如此多个级联饱和的放大器，引入到发射机功率传输函数中的非线性使得上升和下降时间变得难以控制。所以，为获得所要求的输出脉冲谱分量，采用具有极为夸张的慢的上升和下降时间的输入脉冲波形可能是必需的。

11.5　固态相控阵发射机的设计

与固态集中式发射机设计（主要损耗由合成电路产生）不同，固态相控阵天线采用了独立的、具有内部相移功能的收/发（T/R）组件。每个收/发组件被放置在二维阵列的一个相关辐射单元后面。通过这种方式，波束在更有效的空间形成，并且避免了组合合成方式中积累的损耗。收/发组件无论其复杂程度如何，都具有如下 5 种基本功能：

（1）在发射工作模式时提供增益和功率输出；

（2）在接收工作模式时提供增益和低噪声系数；

（3）在收、发工作状态之间进行切换；

（4）为收、发通道提供相移以进行波束扫描；

（5）为低噪声放大器提供自我保护。

第一个收/发组件是 20 世纪 60 年代中期由美国德州仪器公司开发出来作为由美国空军发起的"分子电子学在雷达中应用"项目（MERA）的一部分，以确定 X 波段收/发组件在固态相控阵雷达中应用的可行性[29]。随着收/发组件的不断发展，相控阵已被用于多种军事和通信系统中。相控阵发射机的优点包括：

（1）能从单个孔径中产生多个独立可控波束；

(2) 比机械扫描的波束定位速度高得多的电扫描波束定位速度;
(3) 由高效的空间合成取代在天线之前功率合成。

几种典型的收/发组件功能框图如图 11.17 所示。从功能上讲，它们都是等效的，但是电路功能的划分取决于所使用的 MMIC 的能力，并且可能需要采用不同的实现来达到关键的可靠性要求或关键的性能参数要求。例如，不使用两个较小功率放大器的合成，而是采用单个高性能功率放大器来实现同样的性能。这其中体现的成本、性能和可用性的兼顾，或许需要收/发组件设计师来考虑。

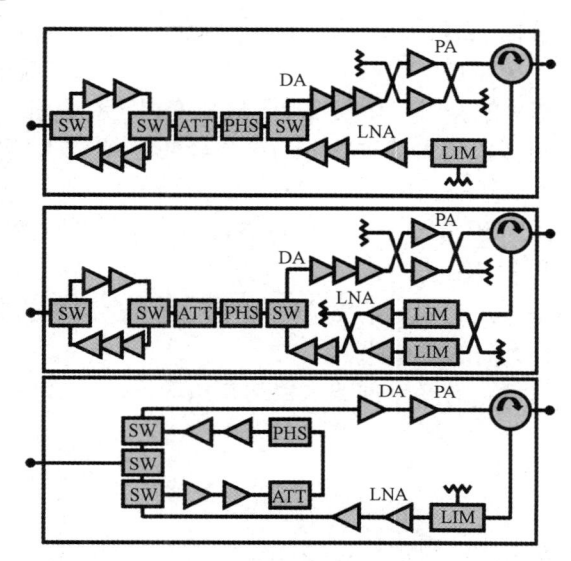

图 11.17　在相控阵天线中，通用的收/发组件结构使用功率放大器、低噪声放大器、双工器、开关和控制实施柜控阵面上的波束控制。结构变化可由元件能力的不同产生，以及由性能和封装的限制引起

微波单片集成电路（MMIC）

20 世纪 90 年代，微波单片集成电路（MMIC）进入了可实际应用阶段，使高频率相控阵得以实现。在收/发组件设计中应用 MMIC，使人们能设计出许多大胆而又新颖的组件结构，由此新颖的相控阵系统得以产生。因为在一类收/发组件框图中，一些较复杂的功能可以通过采用 MMIC 技术来实现，所以当无法用其他集成度较低的方法来设计系统结构时，可以采用那些能用 MMIC 技术实现的元件来建立系统构架。MMIC 设计法使用由一次工序生产出的有源和无源器件。通过各种沉积方案，有源和无源的电路元件在半绝缘的半导体基片上形成。用单片方法设计电路具有许多固有的优点：

（1）**电路成本低廉**。由于使用有源和无源元件的复杂电路结构被成批处理在同一基片上，因而不需要进行元器件组装。

（2）**可靠性提高**。从可靠性来看，成批生产的器件减少了零件数，从而延长了工作寿命。

（3）**性能可重复**。成批生产的电路或源于同一晶片的电路元件间具有一致的电气特性。

（4）**体积小、质量轻**。在单个芯片上集成有源和无源元件使单片集成电路成为具有多功能的高密度电路。总之，可将收/发组件做得比用分立元件小许多。

单片上收/发组件电路功能的划分通常体现了几个设计问题之间的折中，最终的电路结构兼顾了最佳射频性能、高集成度和产品成品率等几个设计目标，而产品成品率与砷化镓MMIC 的生产能力有关。已有报道，从 UHF 到毫米波频段采用单片电路设计的有功率放大器、低噪放大器、宽带放大器、移相器、衰减器、收/发开关及其他特殊功能的设计。值得注意的是，有关上述这些 MMIC 功能的设计考虑如下所述。

功率放大器

（1）总的栅指数（即总栅极周长）并联合成所消耗的面积通常是极受重视的。对于大功率设计而言，呈现给最后一个器件的负载阻抗必须细致选择，以使输出功率和效率最大。同样，栅极周长太长会增加芯片的面积，导致器件的成本变得没有吸引力。

（2）末级输出电路的损耗可大大减小输出功率和降低效率。对于给定的设计，为使输出功率最大，可能需要采用片外匹配。

（3）砷化镓导热性差。功率 FET 的设计要考虑散热问题。芯片的充分散热是必需的，并且可能成为高性能设计的一个限制因素。

（4）必须特别注意由瞬态过程引起的效应或负载阻抗变化引起的对功率放大器的事先没有预计的电压应力，以维持所需的可靠性。

（5）对于高效的多级设计，有必要使放大器的末级先于前一级达到饱和，这一点在电路设计中必须做到。

低噪声放大器

（1）多级线性的设计要求级联的级具有适当的器件尺寸以保持低的互调失真。

（2）第一级前的输入端电路损耗会使设计的噪声系数变差，因此，一些设计采用片外匹配。

（3）最佳噪声系数通常要求偏置状态接近于 FET 的夹断电压，而不是功率放大器的偏置状态。夹断电压是指当此电压加到栅极端时，晶体管沟道中的电流停止流动。因此，晶体管被"夹断"并且当设计不佳时，在此工作点周围的变化会导致电路性能的巨大变化。当 FET 偏置在接近于夹断时，增益和噪声系数都在很大程度上取决于夹断电压。由于用同一晶片制造的器件的夹断电压可能有差异，所以必须仔细选择偏置条件。

为了获得重复性，通常要牺牲增益和噪声系数。L 波段两级低噪放 GaAs MMIC 和 X 波段功率放大器 GaAs MMIC 分别如图 11.18 和 11.19 所示。

收/发开关

（1）对于开关应用，FET 的设计应选择成使 FET 的**通断**电阻比尽可能大。沟道的长度很大程度上决定导通状态的电阻，进而决定了器件的插入损耗。在短栅极长度（导致较低产品率）和插入损耗间的权衡必须进行论证。

（2）寄生漏-源电容值将影响器件断开状态的隔离度。这个电容量在很大程度上取决于 FET 几何结构的漏-源间距。关键的应用通常只是收/发组件的前端开关结构，即在接收低噪声放大器之前或发射放大器之后。

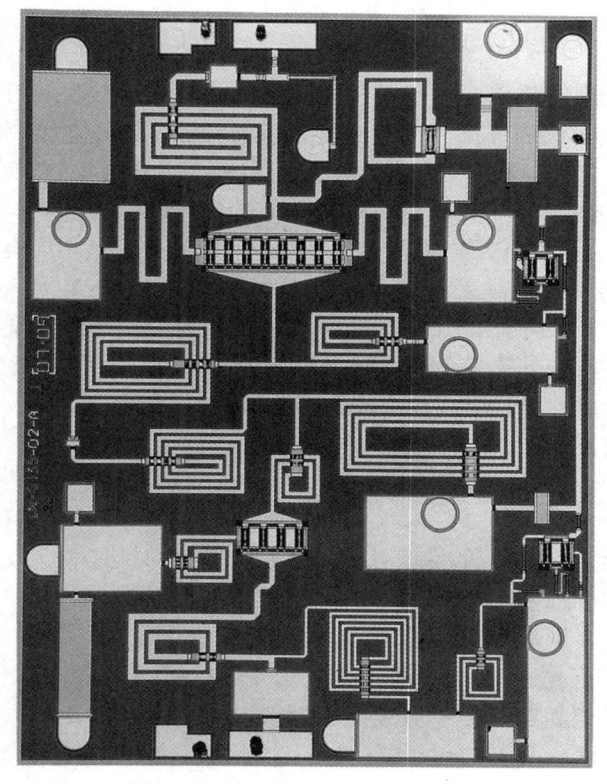

图 11.18 L 波段低噪放 MMIC。图中所示采用了螺旋式电感、金属–氮化物–金属电容器及过孔接地（图片由雷声公司特许提供）

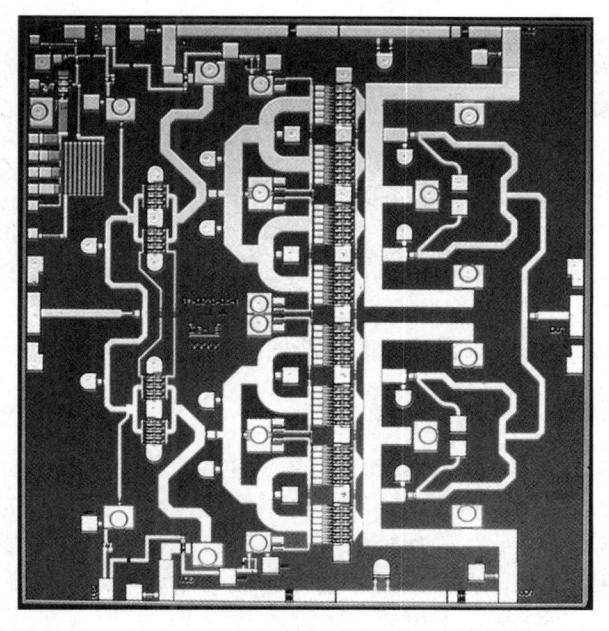

图 11.19 X 波段两级功率放大器 MMIC。在输出级采用了 FET 晶胞的并联合成。这个例子制作在 100μm 厚的 GaAs 衬底上。射频传输线采用微带 TEM 模传输线（图片由雷声公司特许提供）

移相器

数控移相器的设计通常采用开关线或负载线的电路结构,以及采用分布传输线元件或集中参数等效电路来实现多位相移。开关线结构依赖于 FET 开关来切换电路中的传输线的长度,并主要用于需要小芯片面积的高频段。负载线结构使用开关 FET 的寄生特性作为电路元件以产生所需的相位变化。

在砷化镓制造厂家之间,MMIC 芯片的主要加工和构造工序是相当类似的(见图 11.20)。在此图中,FET 的有源沟道区是采用多种布图技术中的任一种在半绝缘砷化镓基片上刻出来的,例如离子注入或分子束外延。FET 一旦形成,沉积电介质薄膜和金属层的组合用来形成无源元件(如金属–绝缘–金属电容)并互连电路的所有元件。标准电路元件库包括 FET(用作线性放大器、低噪声放大器、饱和功率放大器或开关)、电阻、电容、电感、二极管、传输线、连接线及金属化的接地孔。

收/发组件特性

天线阵面电性能要求是影响收/发组件内 MMIC 元件的封装的主要因素。每个辐射单元的数字移相的周期特性可在空间多个不同位置上产生寄生波束(栅瓣)。在阵列设计上,这一点是可以避免的,只要辐射单元间距(d)小于下式所述

$$d < \lambda(1+\sin\theta)^{-1} \tag{11.5}$$

式中,d 是相邻辐射单元间距;λ 是最高工作频率对应的波长;θ 是阵面最大扫描角。对半球面的相控阵的覆盖范围,最大扫描角可达到±60°,这取决于系统结构中所用阵面的数量。因此,对于要求大角度扫描的 X 波段阵列,辐射单元间距,同时也意味着排列在辐射单元后的收/发组件的最大可用间距必须是 0.5 英寸量级或更小。如果扫描域不需要扩展至全视野范围,可以允许降低封装要求。如图 11.21 所示,在直到毫米波频率的一些常用雷达频段内,满足式(11.5)的单元间距值是扫描角的函数。这张图的含义是收/发组件的所有功能都必须包含在平面阵之后的空间和体积中,这个要求给收/发组件设计师带来高难度的挑战,因为除此之外还要同时满足 RF 电特性、直流电特性、散热和可靠性的要求。MMIC 元件封装进收/发组件必须考虑[30-32]多个元件间电性能的相互影响问题。

电源调整考虑

脉冲工作发射放大器会消耗很大的直流电流,设计时必须特别注意寄生电感,因为它能产生很高的电压尖锋,从而导致 MMIC 功放损坏。另外,直流电源必须包括适当的储能电路,有时就位于模块内部,用以确保最小的脉冲顶降(作为时间的函数)。

环境保护考虑

MMIC 元件利用薄膜金属沉积技术来形成微波电路的精细特点。如果加有电压的电路暴露在空气中,导致湿气凝结在电路上时,这些电路易受腐蚀、金属迁移和树枝状结晶生长引起的潜在短期失效的作用。因此为确保长期可靠性,通常采用干燥、内部充满氮气的气密封装。但此气密封装也随之在壳体内带来了不需要的收集效应——某些排出来的气体分子成分留在了内腔。特别地,氢可能存在于内部金属镀层上,我们知道这会给一些 GaAs 放大器带来长期可靠性的问题。一个解决方法是在壳体内部使用吸氢剂来解决可靠性问题。吸氢剂是

一种用在组件壳体内、用来吸收残留氢气的材料。

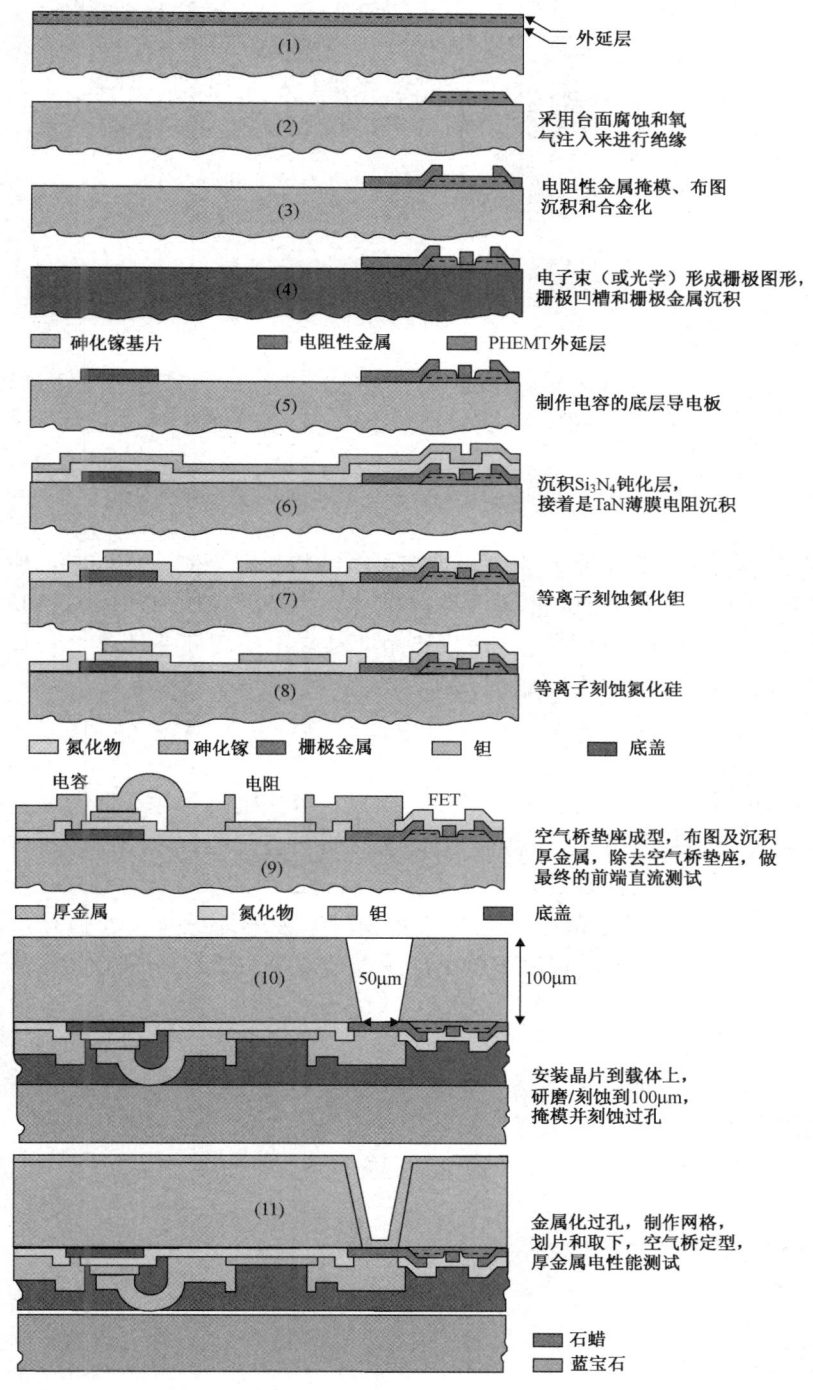

图 11.20 砷化镓 MMIC 的加工利用了沉积和蚀刻技术：首先制作晶体管的有源沟道区（1~4）；接着是金属沉积、电介质层及形成无源元件的电阻层（5~8）；然后是厚金属互连（9）；随后是后部加工，将射频地连接到顶层元件（10、11）

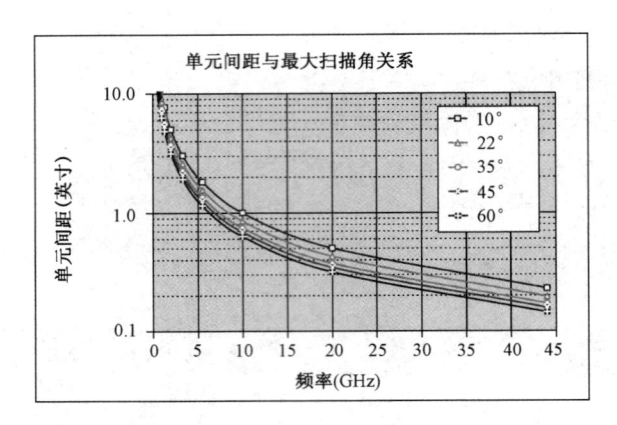

图 11.21 最大工作频率和最坏情况扫描角确定了相邻辐射单元之间可允许的最大间距。装配于每个辐射单元之后的收/发组件受此间距的限制

机械封装考虑

收/发组件壳体必须由能提供充分散热和长期可靠性的材料来制成。同时，所使用的材料必须能够耐受冲击、振动、温度循环以及有充分散热。设计壳体所采用的材料必须与半导体材料的热膨胀系数（CIE）紧密匹配，这样在热循环过程中半导体器件才不会发生破裂，这在正常工作或在装配和测试时的温度变化时会发生。

电互连考虑

收/发组件中 MMIC 单片的互连必须采用低损耗、可控阻抗传输线。因此，模块的微波电性能和机械性能设计必须采用一些高质量的微波介质材料的组合。热膨胀系数和可制造性会影响可用材料的选择。收/发组件通常也需要多至 6~12 个控制或偏置连接来实现放大器、控制电路及移相器的互连。互连密度，尤其在高频段，会成为封装设计的难点。频率超过 20GHz 以上时，由于全视角阵面的可用宽度小，所以常规接头通常是不能使用的。

可制造性考虑

根据定义，MMIC 元件的使用需要一套微电子组装、测试及生产制造的基础设备。低成本收/发组件的制造对能有效地生产出低造价阵面是极为重要的。一些设计方法，比如统计特性表示法常被用来使产量最大化。设计和制造过程的集成是产品制作成功的关键因素。

11.6 固态系统实例

铺路爪（UHF 频段预警雷达）

铺路爪（AN/FPS-115）雷达系统是 20 世纪 70 年代末由美国雷声公司设备部为美国空军电子系统部生产的 UHF 频段、全固态、有源孔径相控阵雷达[33]。该雷达是以探测、跟踪海射弹道导弹为主要使命的远程系统。该雷达为双面阵，其每个阵面用 1792 个有源收/发组件，每个组件向一个偶极子天线辐射单元馈电。接收时使用额外的天线单元和窄波束，并具备将来升级为每个阵列面安装 5354 个收/发组件的能力。每个装有 1792 个组件的阵面的输出峰值功率为 600kW，平均功率为 150kW。

在每个阵面的 1792 个组件中，每 32 个收/发组件作为一个子阵列。发射时，用一个大功率阵列预驱动器驱动 56 个子阵列驱动放大器。每一个这种功率放大器给一个子阵列中的 32 个组件提供足够的射频驱动功率。接收时，来自 56 个子阵列的信号送至接收波束形成网络。

收/发组件包括预驱动器、驱动器、末级发射输出放大器、收/发开关、低噪声放大器、限幅器、移相器和逻辑控制电路。收/发组件的框图如图 11.22 所示，照片如图 11.23 所示。收/发组件的发射部分包括 7 个丙类工作、工作电压为直流 31V 的硅双极功率晶体管。发射部分放大链是 1-2-4 结构，即由 1 个功率管驱动 2 个功率管，再由 2 个功率管驱动末级 4 个功率管，末级的每一只功率管输出的峰值功率为 110W，脉宽为 16ms，占空比为 25%。25 000 多个组件使用的晶体管数超过 180 000 个。将来在弹道导弹预警系统升级设计中将使用功率更大、效率更高的 Si LDMO 场效应管来增强其性能。

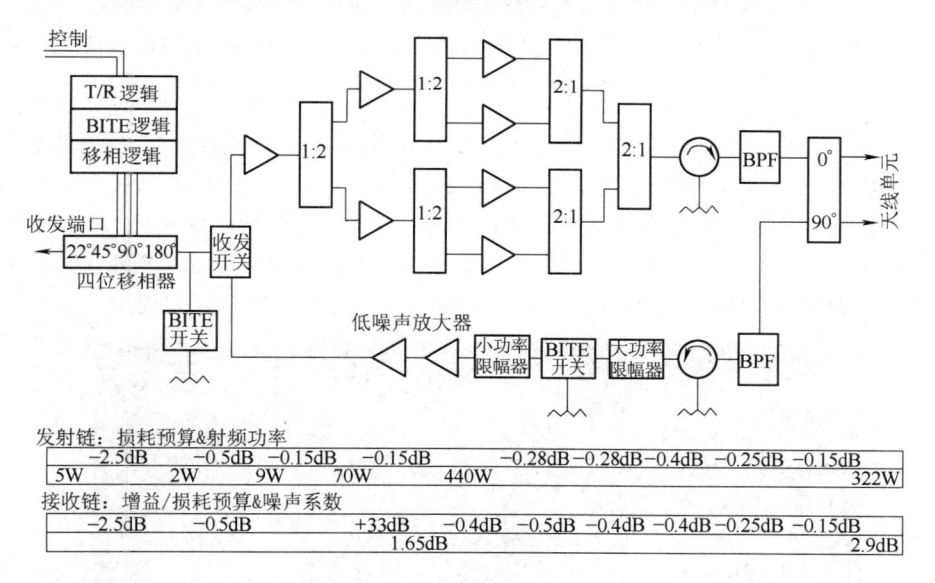

图 11.22　"铺路爪"雷达收/发组件框图，发射放大链是 1-2-4 驱动结构，输出端的正交功分器用来给辐射单元产生一定极化的馈电

AN/SPS-40 舰载搜索雷达

AN/SPS-40 雷达原是 UHF 频段、真空管型、远程、两坐标舰载搜索雷达系统，20 世纪 80 年代由（当时的）美国西屋电器公司为美国海军舰艇司令部进行改装，用新的固态发射机取代了真空管发射机[34]。原发射机的现有波形保持不变，只把固态单元作为直接改装部分安装在其中。这并不像通常的那样有太大的难度，因为原真空管系统已经采用了宽脉冲和脉冲压缩技术，而且脉冲的占空比接近 2%，远高于较早的 0.1%占空比系统。尽管期望有较高的占空比和较低的峰值功率，以使固态化改造更容易，但海军选择宁可不改造雷达中的其他子系统。

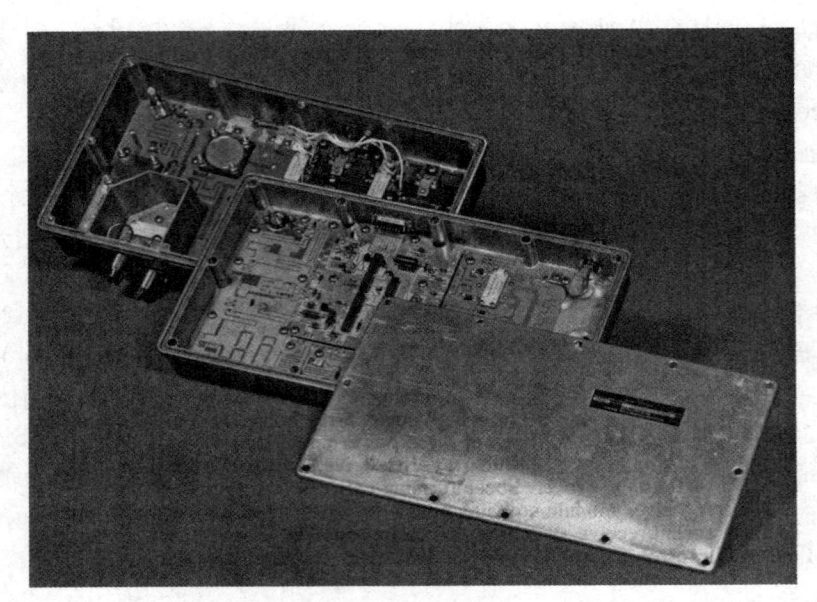

图 11.23 "铺路爪"雷达收/发组件包括发射模块和接收模块，它们被装在铝浇铸壳体的巢状结构中
（照片由雷声公司特许提供）

峰值功率为 250kW 的发射机总共使用了 128 个大功率放大器模块，它们和功率合成器、预驱动器、驱动器和控制电路被安装在三个独立的机柜内。共有 112 个末级功率输出模块，分成两组，每组 56 个。当脉宽为 60μs，占空比为 2%时，每个模块（见图 11.24）输出的峰值功率为 2500W，平均功率为 50W。两组末级输出模块的驱动功率为 17.5kW，由驱动器组中 12 个相同模块的输出合成来提供，预驱动器和备用预放大器作为前驱动级。

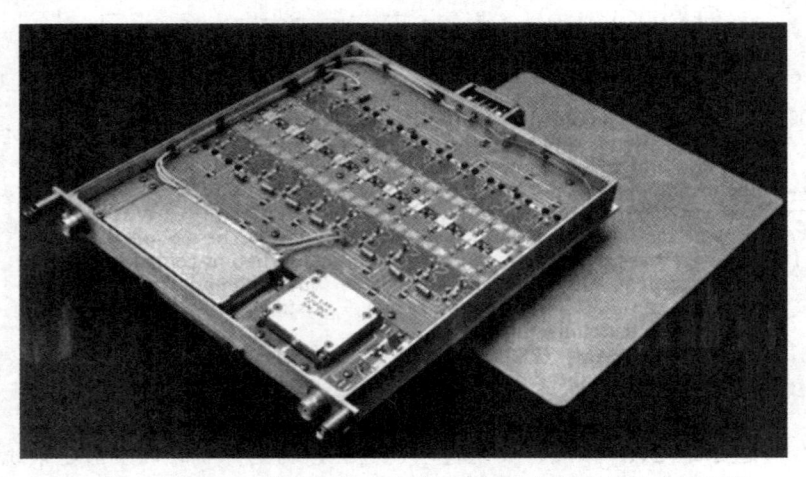

图 11.24 AN/SPS-40 发射机放大器模块（照片由西屋电器公司提供）

功率放大模块由 10 个相同的硅双极功率晶体管组成，为了在 400～450MHz 带宽内输出大于 2500W 的峰值功率，采用 2 驱动 8 的放大器结构。每个晶体管是按平衡推挽电路设计的、峰值功率为 400W 的器件。通过使用推挽结构，电路设计者避免了一些常见于大功率晶体管的低负载阻抗匹配问题。模块的射频驱动峰值功率为 120W，用于驱动两个器件。大于

600W 的合成功率被分成 8 路，分别驱动 8 个相同的输出级。输出环行器、末级功率合成的损耗和故障检测电路中的损耗将合成功率值降为 2500W。为保证正常的工作，输出模块采用液冷，但在主冷却系统故障时，提供了一个紧急备用的强迫风冷系统。由于系统工作于低占空比状态，热耗是可以接受的。

每一个输出机柜有一个 56:1 合成器将输出功率合成。电抗功率合成器由 7 组 8:1 合成器组成，这些合成器制造在接地面间距为 0.5 英寸的空气带状线上。这 7 组合成器的输出由一个接地面间距为 1.0 英寸的 7:1 空气带状线合成器来合成。两个 56:1 合成器的 130kW 输出由一个 2:1 的隔离混合电路合成，其中混合器由同轴传输线加工而成。广告称，2:1 和 56:1 合成器的损耗分别为 0.1dB 和 0.25dB。

RAMP（L 波段空中交通管制发射机）

雷达现代化计划（RAMP）雷达系统是雷声公司在 20 世纪 80 年代末期生产的 L 波段雷达系统，加拿大交通部用它取代担负空中交通管制任务的较早期的一次和二次警戒雷达[35, 36]。一次警戒雷达包括一个旋转反射面天线，由固态发射机馈电的喇叭和冗余的接收通道（包括接收机、激励器和信号处理器）组成。一次警戒雷达工作于 1250～1350MHz，输出峰值功率为 25kW，其探测距离为 80n mile，高度为 23 000 英尺，对 $2m^2$ 目标的探测概率为 80%；方位、距离分辨率分别为 2.25° 和 0.25n mile。接收机-激励器高效地利用了高占空比波形的固态发射机。在频率捷变系统中采用了一对脉冲，并通过动目标检测器来处理目标回波。脉冲对包括 1μs 宽的连续波脉冲和 100μs 的非线性调频脉冲，其中窄脉冲探测距离为 8n mile，宽脉冲探测距离至 80n mile。100μs 的脉冲被压缩为 1μs，这样可获得较高的占空比而不降低距离分辨率。发射机由 14 个模块组成，每个模块输出功率为 2000W（见图 11.25），合成后输出峰值功率大于 25kW。两个模块和一个 33V 直流电源组成一个发射组。模块由硅双极功率晶体管的 2-8-32 放大器结构组成，2 个末级输出器件和 8 个驱动器件用的是 100W 的晶体管，工作带宽大于 100MHz，占空比为 10%，集电极效率大于 52%。每个模块均采用风冷，当模块工作在平均占空比为 8.2%时，实测的效率大于 25%。模块的功率增益大于 16dB。模

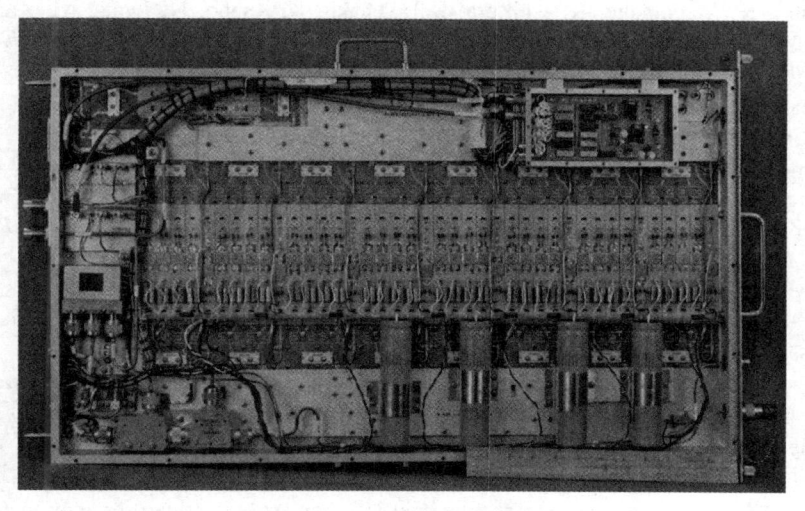

图 11.25 RAMP 发射机放大器模块（照片由雷声公司特许提供）

块的输出端装有环流器，用于防止天线反射回来的功率损坏 100W 的晶体管。在冷却系统故障时，模块中的控制电路可以自动关断模块。一个 14∶1 的大功率合成器采用电抗性和电阻性相结合的空气介质带状线功率合成技术制成，用于将 14 个模块的输出合成到 25kW。

参考文献

[1] M. Meth, "Industrial assessment of the microwave power tube industry," Department of Defense Report, April 1997, p. 3.

[2] V. Granatstein, R. Parker, and C. Armstron, "Scanning the technology: Vacuum electronics at the dawn of the 21st century," *Proceedings of the IEEE*, vol. 87, no. 5, pp. 702–716, May 1999.

[3] V. Gregers-Hansen, "Radar systems trade-offs, vacuum electronics vs. solid-state," in 5th International Vacuum Electronics Conference, April 27–29, 2004, pp. 12–13.

[4] R. Symons, "Modern microwave power sources," *IEEE AESS Systems Magazine*, pp. 19–26, January 2002.

[5] T. Sertic, "Idiosyncrasies of TWT amplifiers," presented at The Future of Electronic Devices Conference, Institute of Physics, March 22, 2003.

[6] M. Hanczor and M. Kumar, "12-kW S-band solid-state transmitter for modern radar SYSTEMS," *IEEE Transactions on Microwave Theory and Techniques*, vol. 41, no. 12, pp 2237–2242, December 1993.

[7] D. Rutledge, N. Cheng, R. York, R. Weikle, and M. DeLisio, "Failures in power combining arrays," *IEEE Transactions on Microwave Theory and Techniques*, vol. 47, no. 7, pp. 1077–1082, July 1999.

[8] L. B. Walker, *High Power GaAs FET Amplifiers*, Norwood, MA: Artech House, 1993, p. 5.

[9] Hewlett-Packard Application Notes, High Frequency Transistor Primer, Part 3, Thermal Properties, p. 6.

[10] H. Cooke, "Microwave transistors: theory and design," *Proceedings of the IEEE*, vol. 59, pp. 1163–1181, August 1971.

[11] Vendor transistor datasheet, Integra Technologies, Inc, www.integratech.com.

[12] Vendor transistor datasheet, Tyco Electronics, M/A-COM, www.macom.com.

[13] Vendor transistor datasheet, STMicroelectronic, www.st.com.

[14] Vendor transistor datasheet, Philips, www.datasheetcatalog.com.

[15] N. Sakura, K. Matsunage, K. Ishikura, I. Takenake, K. Asano, N. Iwata, M. Kanamori, and M. Kuzuhara, "100W L-band GaAs power FP-HFET operated at 30V," in *IEEE Microwave Theory and Techniques Symposium Digest*, 2000, pp. 1715–1718.

[16] T. Winslow, "Power dependent input impedance of field plate MESFETs," *Compound Semiconductor Integrated Circuit Digest*, pp. 240–243, 2005.

[17] J. Huang, G. Jackson, S. Shanfield, A. Platzker, P. Saledas, and C. Weichert, "An AlGaAs/InGaAs pseudomorphic high electron mobility transistor with improved breakdown voltage for X- and Ku-band power applications," *IEEE Transactions on Microwave Theory and Techniques*, vol. 41, no. 5, pp. 752–758, May 1993.

[18] K. Alavi, S. Ogut, P. Lymna, and M. Borkowski, "A highly uniform and high throughput double selective PHEMT process using an all wet etch chemistry," presented at GaAs MaTech Conference, 2002.

[19] C. Snowden, "Recent development in compound semiconductor microwave power transistor technology," *IEE Proc-Circuits Devices Syst.*, vol. 151, no. 3, pp. 259–264, June 2004.

[20] D. Miller and M. Drinkwine, "High voltage microwave devices: An overview," presented at International Conference on Compound Semiconductor Mfg., 2003.

[21] J. Zölper, "Scanning the special issue, special issue on wide bandgap semiconductor devices," *Proceedings of the IEEE*, vol. 90, no. 6, pp. 939–941, June 2002.

[22] U. Mishra, P. Parikh, and Y. Wu, "AlGaN/GaN HEMTs—An overview of device operation and applications," *Proceedings of the IEEE*, vol. 90, no. 6, pp. 1022–1031, June 2002.

[23] R. Trew, "SiC and GaN transistors—Is there one winner for microwave power applications?" *Proceedings of the IEEE*, vol. 90, no. 6, pp. 1032–1047, June 2002.

[24] S. Allen, R. Sadler, T. Alcorn, J. Palmour, and C. Carter, "Silicon carbide MESFETs for high power S-band applications," in *IEEE MTT-S International Microwave Symposium*, June 1997, pp. 57–60.

[25] Thomas Kazior (personal communication), Raytheon RF Components, August 2006.

[26] Y. Wu and P. Parikh, "High-power GaN HEMTs battle for vacuum-tube territory," *Compound Semiconductor Magazine*, January/February 2006.

[27] Colin Whelan (personal communication), Raytheon RF Components, August 2006.

[28] H. Howe, *Stripline Circuit Design*, Norwood, MA: Artech House, 1974, pp. 77–180.

[29] D. McQuiddy, R. Gassner, P. Hull, P., J. Mason, and J. Bedinger, "Transmit/receive module technology for X-band active array radar," *Proceedings of the IEEE*, vol. 79, no. 3, pp. 308–341, March 1991.

[30] G. Jerinic and M. Borkowski, "Microwave module packaging," in *IEEE Microwave Theory and Techniques Symposium Digest*, 1992, pp. 1503–1506.

[31] B. Kopp, M. Borkowski, and G. Jerinic, "Transmit/receive modules," *IEEE Transactions on Microwave Theory and Techniques*, vol. 50, no. 3, pp. 827–834, March 2002.

[32] B. Kopp, C. Moore, and R. Coffman, "Transmit/receive module packaging: Electrical design issues," *Johns Hopkins APL Technical Digest*, vol. 20, no. 1, pp. 70–80, 1999.

[33] D. Hoft, "Solid-state transmit/receive module for the PAVE PAWS phased array radar," *Microwave Journal*, pp. 33–35, October 1978.

[34] K. Lee, C. Corson, and G. Mols, "A 250 kW solid-state AN/SPS-40 radar transmitter," *Microwave Journal*, vol. 26, pp. 93–96, July 1983.

[35] J. Dyck and H. Ward, "RAMP's new primary surveillance radar," *Microwave Journal*, p. 105, December 1984.

[36] H. Ward, "The RAMP PSR, a solid-state surveillance radar," presented at IEE International Radar Conference, London, October 1987.

第 12 章　反射面天线

12.1 引言

雷达反射面天线的作用

雷达反射面天线的作用是把发射（接收）的能量及其伴随的波形辐射到（耦合自）自由空间。发射模式下，天线把来自发射机的导波辐射到自由空间，并把一般能量聚集在一定的角域或波束宽度内。接收状态下，反射面天线的工作则恰好相反，它从一定角域内接收雷达目标反射回来的能量（即回波）。这些回波然后转换成导波并在雷达接收机内加以放大和随后进行处理。

通常情况下，雷达反射面天线必须设计成能使波束扫描整个视场（FOV），扫描方式可以是机械的或电子的（或二者结合）。在 12.4 节将讨论用阵列馈电的波束电扫方法（一定视场范围内）。因此，反射面天线有如下几个重要功能：
（1）把来自发射机的导波转换成辐射波（接收时则相反）；
（2）将辐射能量集中或束缚在具有特定增益和波瓣宽度的定向波束中；
（3）收集雷达目标散射的反射能量；
（4）通过电子或机械的（或二者结合）手段实现波束扫描。

天线波束扫描

对于大多数雷达应用来说，选用反射面天线还是选用直接辐射的相控阵天线，通常取决于扫描速率、扫描空域和成本等因素。在下列几种情况下，雷达通常采用反射面天线：
（1）慢的扫描速率够用，于是机械扫描足以满足；
（2）要求非常高的孔径增益（电孔径大），而采用相控阵天线即电扫描阵列（ESA）成本昂贵；
（3）扫描范围有限时，可以采用阵列馈电的反射面天线来实现。

20 世纪 80 年代和 90 年代时期，移相器和收/发（T/R）组件技术日臻成熟，电扫描阵列天线的成本急剧降低。这些进展导致人们对电扫描阵列用于宽角扫描雷达愈来愈感兴趣，而阵列馈电的反射面天线则仅用于有限扫描场合。

雷达反射面天线的优点和应用

前段中提到，电扫描阵列天线在现代雷达系统中的大量应用主要是由于收/发组件成本的显著降低和其技术进步。在今天的诸多雷达系统设计中，电扫描雷达的优良性能也是说明反射面天线应用减少的一个原因。

然而，在某些雷达系统中仍然适合采用反射面天线，未来也将继续采用。以下是适合采用反射面天线的 3 类雷达应用的例子，简述如下：

低成本雷达

对于成本受限、而机械扫描速率已足够满足要求的雷达来讲,反射面天线仍然是首要选择。商用气象雷达(如 NEXRAD 和 TDWR)就是如此。

超高增益、远程雷达

对于要求超高增益的雷达应用来讲,电扫描阵列的高成本一般仍然令人望而却步,而反射面天线却是实现高增益的一种经济途径。两个必须具有高增益的远程雷达的例子是导弹防御雷达和星载雷达。

有限扫描雷达

有些雷达只需工作在一个有限的视场内,或者需要在较小的视场范围内快速扫描,而在大视场内慢速机械扫描。电扫描阵列馈电的反射面天线正好适用于这些雷达,这将在 12.3 节予以详细介绍。三个例子是:导弹防御雷达、星载雷达和地面搜索跟踪雷达(一维方位电扫足以适合这些应用)。

反射面天线的分类

雷达反射面天线可以有多种不同分类方法。一种有用的分类准则是电气设计,即反射面的光学结构。表 12.1 用这种分类方法对一些常用反射面天线结构的性能简要地做了比较。12.3 节将对这些天线结构的性能进行更为详细的分节论述。另一种分类方法是根据平台形式(车载)或者工作位置(地基,舰载,机载或星载)进行分类。平台对反射面天线提出了机械和环境的要求,而这也常常决定或限制了反射面的尺寸。反射面天线结构将在 12.3 节讨论和比较,机械和环境的设计考虑将在 12.6 节中论述。

表 12.1 各种反射面天线结构主要性能比较

	单抛物反射面	柱形反射面	双反射面(卡塞格伦或格利高里)	共焦抛物面	球面和圆环面
电扫描	• 俯仰和方位扫描范围有限 • 通过馈源切换实现	• 宽角一维扫描 • 利用电扫线源实现一维宽角电扫	• 俯仰和方位扫描范围有限 • 通过馈源切换实现	• 用平面电扫阵列作为馈源 • 扫描通常有限,但可改变放大率提高扫描范围	• 有实现一维宽角扫描(圆环面)或二维(球面)扫描的潜力 • 通过馈源切换实现
孔径效率与馈源类型	• 中至高 • 单喇叭馈源无电扫 • 阵列馈电可实现电扫(切换馈源)	• 中至高 • 一维电扫线源	• 高 • 单喇叭馈源无电扫 • 电扫阵列(切换馈源)	• 高 • 二维电扫平面阵馈源	• 中至低 • 在圆弧上(圆环面)或球弧上(球面)切换波束阵列
遮挡	• 通过偏馈降低馈源遮挡	• 通过偏馈降低馈源遮挡	• 通过偏馈降低馈源遮挡 • 可将馈源移至反射面后面	• 通过偏馈降低馈源遮挡	• 用于较宽角扫描时遮挡问题严重

本章结构

本章共分为 5 节。12.2 节概述反射面天线设计的基本原理和相关参数。12.3 节简要综述圆锥截面和反射面天线系统及其相关光学分类。12.4 节讨论各种类型反射面天线的馈源和相应的设计原理。12.5 节论述反射面天线的分析和综合方法，并介绍了相关的设计软件包。最后，12.6 节简要概述天线机械设计的问题和相关的考虑。

12.2 基本原理和参数

基本上反射面天线的工作原理与光学原理类似。接收状态下，反射面有如透镜聚光一样把能量聚集在焦点。发射状态下，增益较低的馈源发射波束较宽的球面波，经反射面反射后形成平面波从而得波束较窄、增益较高的波束。天线由于具有互易性，讨论的论据既可是发射的也可是接收的。这就意味着可以用孔径天线基本原理，预计无源天线的发射和接收性能参数，如方向图、增益、损耗等。本节通过一个典型实例，说明反射面天线设计的基本原理。

考虑圆孔径抛物面天线的例子，在位于中心的焦点用喇叭馈电。这种简单的反射面形状由下式确定。

$$z = \frac{x^2 + y^2}{4f} - f \tag{12.1}$$

式中，f是焦距，顶点位于$z = -f$处。所得天线波束指向z轴正方向。对于直径为D的圆反射面天线，其边缘是一个圆，而边缘尺寸由下式确定。

$$z_{\text{edge}}^2 + y_{\text{edge}}^2 = \frac{D^2}{4} \tag{12.2}$$

反射面天线如图 12.1 所示。

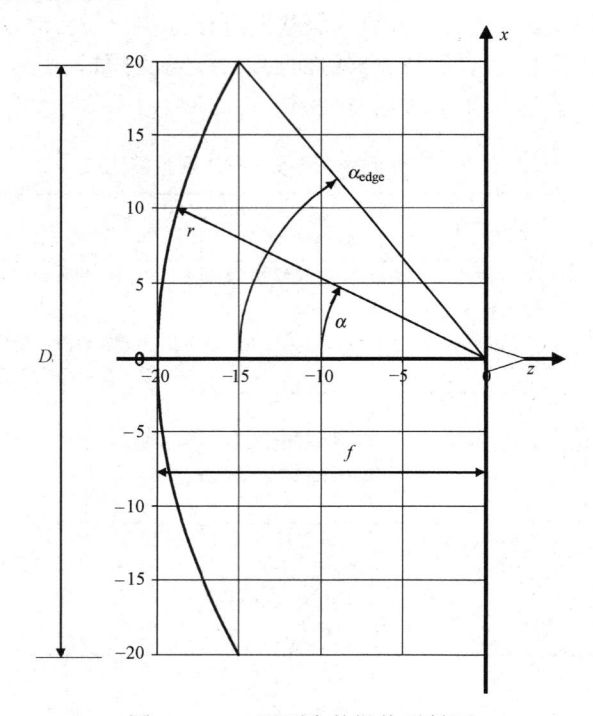

图 12.1 x-z 平面中的抛物反射面

人们经常关注的是反射面天线上任一点与 z 轴之间的夹角 α，由下式确定。

$$\alpha = 2\arctan\frac{\sqrt{x^2+y^2}}{2f} \quad (12.3)$$

因而，圆反射面边缘与 z 轴的夹角为

$$\alpha_{\text{edge}} = 2\arctan\frac{D}{4f} \quad (12.4)$$

另外一个有用参数是焦点与反射面上任意一点的距离 r

$$r = f + \frac{x^2+y^2}{4f} \quad (12.5)$$

孔径增益与损耗

反射面天线最重要的参数之一是孔径增益。用孔径面积 A 作为天线基本增益的极限来描述反射面天线增益是合适的，当孔径天线电尺寸足够大（约 25 个平方波长或更大）时，这个极限就是所谓孔径增益 G_{ap}

$$G_{\text{ap}} = \frac{4\pi A}{\lambda^2} \quad (12.6)$$

式中，λ 是波长。对于直径为 D 的圆孔径反射面天线，孔径增益可写成

$$G_{\text{ap}} = \left(\frac{\pi D}{\lambda}\right)^2 \quad (12.7)$$

实际上，反射面天线增益有时说成是孔径增益减去各种孔径辐射损耗，如溢出损失、锥削效率、馈源遮挡、反射面泄漏、表面变形、支架遮挡、馈源组合损耗等。这些损耗因素将在本节末详细论述。

方向性增益和馈源损耗

方向性增益或方向性系数是峰值功率与各向同性辐射器辐射的平均功率之比。各向同性辐射器就是在所有方向上辐射能量都相等的辐射器。方向性增益只考虑辐射功率，而天线的各种损耗如馈源失配、馈源损耗、波导和或电缆损耗等也必须加以考虑，雷达工程师在设计雷达时通常将这些损耗分别列出以便在其他雷达的计算中使用。得到天线方向性系数要进行大量的体积分运算，而反射面天线的方向图计算程序通常只用方向性系数描述方向图，而天线的损耗则分别考虑。下文中提到的反射面天线方向性是用各种辐射损耗和可实现的"孔径增益"来描述的。这种方法对雷达工程师比较直观。

孔径场分析方法

反射面孔径场分析方法基于射线追踪原理，特别适用于对称、中心馈电的抛物反射面。假设位于焦点的馈源辐射的是球面波并相干地反射，利用这种方法在 z>0 的 x-y 平面内计算孔径场分布（见图 12.1）。然后用该孔径场分布计算远场辐射方向图。但是，对于一些几何结构复杂的反射面（如偏馈反射面），这种方法就不如在 12.4 节中介绍的更严格的物理光学法（PO）准确。

对于图 12.1 中的中心焦点馈电的简单例子，比较简单的孔径场分析法是精确的且直截了

当，也容易进一步讨论辐射损耗。采用孔径场分析法，由馈源和空间衰减，容易得出孔面上 x-y 格点处的场强幅度分布函数 F_{grid}

$$F_{\text{grid}}(x,y) = F_{\text{feed}}(x,y,z)\frac{f}{r} = \frac{F_{\text{feed}}(x,y,z)}{1+\frac{x^2+y^2}{4f^2}} \tag{12.8}$$

式中，F_{feed} 是馈源的辐射方向图。该例中，由于馈源位于抛物面的焦点，因此电磁波从馈源出发经反射面反射后，到达孔径面的距离相同。该式惊人地简单，并且可准确地计算馈源与反射面间的转换和面积投影[1, 2]。

所得孔径场分布 F_{grid} 经空间变换后就可以得到远场方向图 $F(\hat{v})$：

$$F(\hat{v}) = \sum_{x,y} F_{\text{grid}}(x,y)\ e^{j\frac{2\pi}{\lambda}(x\hat{i}_x + y\hat{i}_y)\cdot\hat{v}} \tag{12.9}$$

式中，$\hat{v}$ 是指定方向上的单位矢量。注意，式（12.9）是一个二维空间的简单叠加，类似于计算阵列天线方向图的相加方法。

锥削效率

设计天线时，采用孔径锥削分布来降低副瓣。这样会使增益略微下降，波束变宽。但为了获得想要的低副瓣，人们通常愿意付出这些代价。锥削分布导致的增益损失可用锥削效率来表示。但是锥削分布所引起的损失与欧姆损耗不同，能量并没有消耗掉而是重新分布。用喇叭馈电时，锥削分布由喇叭的方向图、喇叭至反射面的距离及峰值辐射方向上的投影面积决定。对于径向对称的馈源辐射场和反射面，馈源的辐射场也是径向对称的，即 $F_{\text{grid}}(x,y) = g(r)$，效率 η 为

$$\eta = \frac{\left|\int g(r)2\pi r dr\right|^2}{\int g^2(r)2\pi r dr \int 2\pi r dr} \tag{12.10}$$

溢出损失

溢出损失是指馈源辐射的能量在反射面边缘泄漏或者溢出。在雷达反射面天线设计过程中，人们通常调整边缘照射电平来获得所需要的锥削分布和副瓣电平，这就导致了少量溢出损失。溢出损失是馈源辐射越过反射面边缘的辐射能量损失，用下式计算。

$$\text{溢出损失} = \text{馈源总辐射能量}\left[1 - \frac{\text{照射在反射面上的能量}}{\text{馈源总辐射能量}}\right] \tag{12.11}$$

当馈源和反射面径向对称时，计算是容易的。

天线的边缘绕射及由此产生的背瓣与馈源溢出的能量和边缘锥削度有关。对于任意给定的反射面天线，反射面边缘的照射会因绕射而在其背部产生辐射。这种产生反射面背瓣的绕射可以想象成是反射面边缘的再辐射引起的反射面后面的波瓣。对于图 12.2 所示的中心馈电的反射面天线，其主背瓣是由边缘绕射电流辐射相干相加引起的。人们常用天线的主波束增益与背瓣的增益之比即前后比 F/B 表示背瓣电平的大小。Knop 对一些常见反射面天线的边缘绕射效应和前后比 F/B 进行了分析[3]。

馈源遮挡[4, 5]

许多反射面天线系统都受到馈源和/或其支架某种程度的遮挡。对于中心馈电的反射面天线，由于馈源位于反射面可视区域，必然会产生遮挡。馈源遮挡会导致副瓣电平抬高，抬高的程度取决于遮挡面积的大小。遮挡还会导致增益损失，其损失大小由遮挡部分的电场强度与主电场强度之比 E_b/E_m 来决定，而这又由遮挡的能量与主反射面天线总能量之比 P_b/P_m 和遮挡物的增益与主反射面天线增益之比 G_b/G_m 共同决定，如下式所示。

$$\left(\frac{E_b}{E_m}\right)^2 = \frac{P_b}{P_m} \frac{G_b}{G_m} \quad (12.12)$$

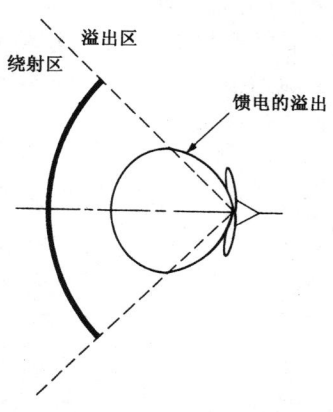

图 12.2 溢出损失的示意图

反射面天线的锥削分布常用径向幅度分布来近似表示[4]。

$$g(r) = 1 - r^2 \quad (12.13)$$

式中，r 是以反射面天线半径归一化后的距离，$g(r)$ 在边缘降为零。用该锥削分布，遮挡损失表示式可简化为

$$\frac{P_b}{P_m} = \frac{g^2(0)\int_0^1 2\pi r \mathrm{d}r}{\int_0^1 g^2(r) 2\pi r \mathrm{d}r} \frac{D_b^2}{D_m^2} \quad (12.14)$$

$$\frac{G_b}{G_m} = \frac{D_b^2}{\eta D_m^2}$$

式中，η 是式（12.10）确定的效率。文献[5]中，可以找到利用式（12.14）和式（12.13）得到的简单的遮挡损失表达式

$$\frac{E_b}{E_m} = 2\frac{D_b^2}{D_m^2}$$

$$遮挡损失 = \left(1 - \frac{E_b}{E_m}\right)^2 = \left(1 - 2\frac{D_b^2}{D_m^2}\right)^2 \quad (12.15)$$

式中，D_b 和 D_m 分别是遮挡直径和反射面天线直径。

产生遮挡的馈源喇叭有效尺寸并不一定等于它的实际物理尺寸。如果喇叭外壁没有锥削（见图 12.3），馈源遮挡的有效面积要大于遮挡的物理投影面积。对于导电壁馈源，H 面的有效宽度 w' 至少要增大四分之一波长，并随喇叭深度 D 的增大而增加。

$$w' = w + \max\{\lambda/4, \sqrt{\lambda D/2}\} \quad (12.16)$$

式中，max 表示取两个值的大者。有效遮挡宽度的增加有时可利用容性加载来降低。这时，有效遮挡宽度增加可限制在比其物理宽度宽四分之一波长。E 面的有效尺寸与实际的物理尺寸一致。

增益优化

上文详细解释了反射面天线增益损失的三个主要参数（锥削效率（损失）、溢出损失和遮

挡损失）。这些设计参数（损耗因子）彼此相互影响，通过调整可以优化天线的性能参数（如增益、副瓣电平等）。本节还将介绍另一个引起反射面损失的典型因素，即电阻损耗，它直接降低天线增益。

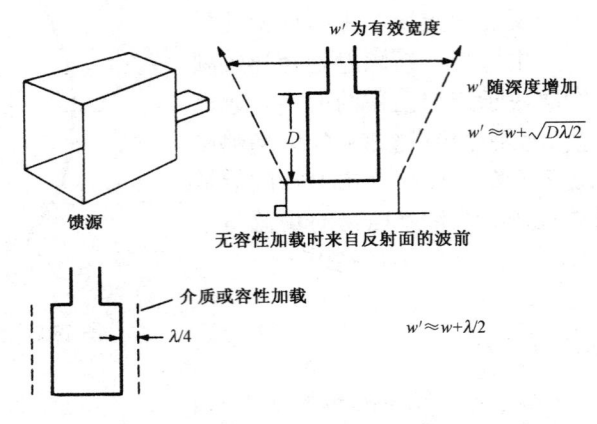

图 12.3 利用容性加载减小馈源遮挡

通过一个实例来阐述锥削效率、溢出损失和馈源遮挡的设计上的折中。图 12.4 给出计算的天线损耗，该天线是中心馈电的圆形反射面天线，直径为 20 个波长，焦距为 10 个波长，馈源为高斯喇叭（辐射方向图由高斯函数描述的喇叭）。本例中所假定的高斯馈源喇叭是一个假想的馈源，其辐射方向图径向对称分布且溢出能量很小，但大多数常用馈源喇叭的辐射方向图都可用高斯模型来近似。馈源的尺寸决定了边缘照射电平的大小，即馈源孔径越大，边缘照射电平越小，锥削越剧烈。图 12.4 是三种损失以及总损耗随边缘照射电平变化的曲线，边缘照射电平指馈源方向图照射在反射面边缘的功率和馈源方向图峰值功率之比。这样分析是因为馈源喇叭的方向图的测量与反射面无关。边缘照射电平低时，馈源喇叭辐射的能量几乎全部照射在反射面上，损耗就很小。随着锥削程度的减小，电磁能量溢出增加，馈源的能量没有全照射到反射面上，损耗增加。另一方面，锥削程度愈深，由于反射面受馈源照射的程度不够，锥削效率降低。

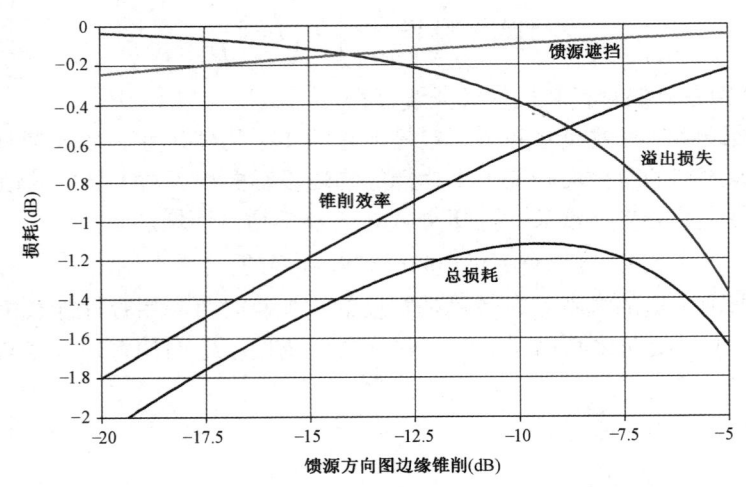

图 12.4 锥削效率、溢出损失、遮挡损失及总损耗与馈源边缘照射电平的关系

第 12 章 反射面天线

图 12.4 演示了天线增益的优化过程，这里假定了一个假想的馈源方向图、遮挡等参数。当边缘照射电平为-9.5dB 时，总损耗为 1.11dB（效率约为 77%）。虽然图 12.4 包含了锥削损失、遮挡损失和溢出损失，但是在评估总的天线效率时，还要加上一些额外损耗。这些额外损耗包括馈源遮挡、表面反射、馈源失配、电阻损耗等。天线形式不同，这些损耗也不同，通常可取为 0.8dB。加上这些额外损耗，总损耗变成 1.91dB，孔径效率为 64%（这对用于单反射面系统是典型的）。

对副瓣电平的要求必须加以考虑。如图 12.5 所示，对于相同的中心馈电反射面天线系统，通过减小边缘照射电平可降低天线副瓣。

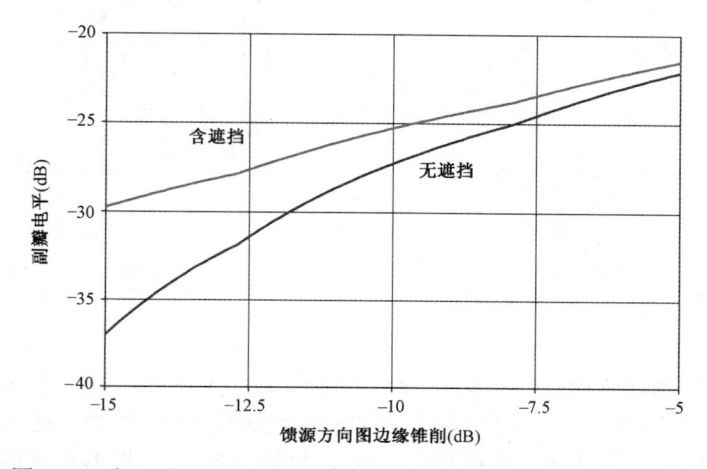

图 12.5　有、无遮挡的副瓣电平随馈源方向图边缘电平的变化曲线

图 12.5 还表明馈源遮挡也会抬高副瓣电平。例如当边缘照射电平为-10dB 时，有、无馈源遮挡的副瓣电平分别为-25.5dB 和-27.5dB。图 12.6 和 12.7 进一步表明了这种影响。遮挡影响可以看作天线口径上有个"空洞"，这个空洞可用一个宽波束和低增益方向图表示。从无遮挡的口径场分布中减去这个"空洞"就可以得到遮挡后的孔径分布，如图 12.6 所示。

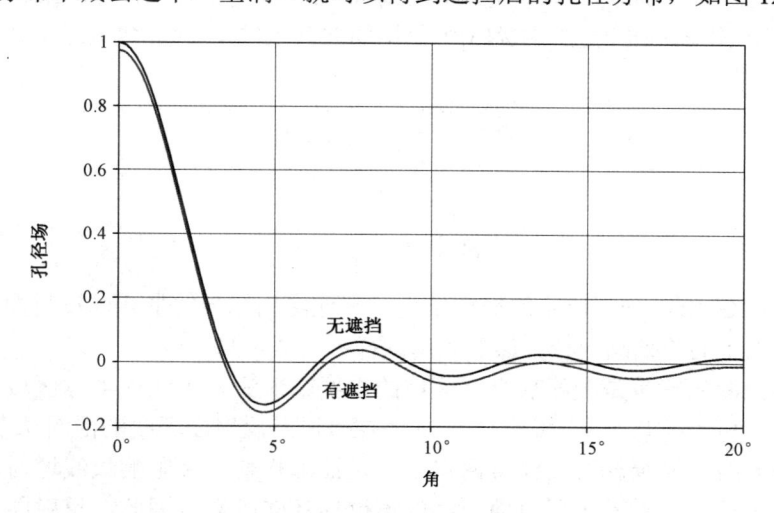

图 12.6　有、无馈源遮挡情况下的场分布

图 12.7 是有、无馈源遮挡的方向图。副瓣电平从高到低、再由低到高的依次交替变化反映了遮挡口径的特征。

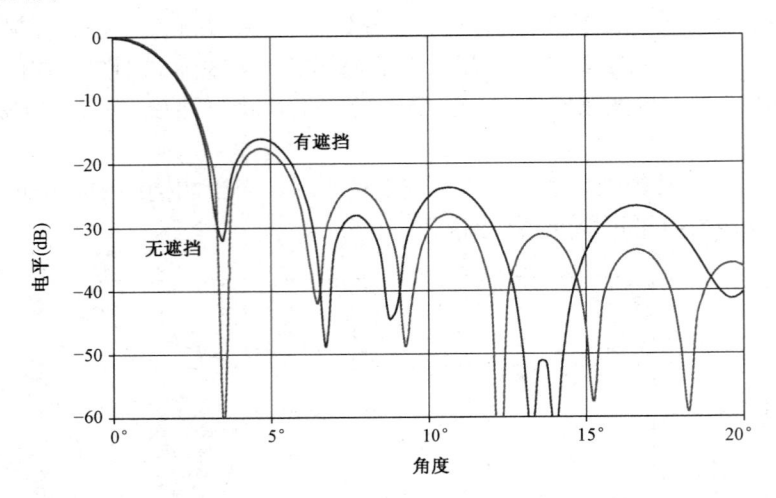

图 12.7　有、无馈源遮挡情况下的辐射方向图

表面泄漏损失

许多反射面天线设计成栅格状、网状或者金属化的纤维表面，以降低风阻、减少质量，和/或便于天线的储存和展开。常见的反射面网格形式如图 12.8 所示。通常网格间孔的尺寸应尽可能地大，但金属网格导线之间的缝隙 s 必须大大小于 $\lambda/2$，以截止和阻挡电磁能量穿过反射面。电磁波经过厚度为 t 的金属网格时，衰减大约为 $27t/s$ dB，再要加上近似为 $27(\lambda/2s-1)$ 的边缘损耗。

透过反射面天线的功率（即透过损耗）的大小可查图得到[6]。人们可以根据透过损耗的要求确定网格间距和网线半径。透过损耗引起的天线增益损失称为**泄漏损耗**，导体反射面（无欧姆损耗）的泄漏损耗和透过损耗之间的关系如图 12.9 所示。对于图 12.8（a）所示的反射面网格，可采用 Mumford[7]提出文献[6]中使用的并联电纳 b 的等效电路来计算泄漏损耗与间距的关系：

$$b = -\frac{\lambda}{s \ln\left(\dfrac{0.83}{1-e^{-\pi d/s}}\right)}$$

$$\text{泄漏损耗} = \frac{1}{1+b^2/4}$$

（12.17）

该图[6]常用于图 12.8（a）所示的简单结构。其他结构和导线形式的反射面天线，可先求出其相同横截面大小的等效圆半径，然后采用同样的公式计算。

透过反射面泄漏的能量是天线后半球区域的重要辐射源。天线后半球区域的辐射电平由初级馈源（喇叭）和次级源（反射面）之间的增益差以及反射面天线的泄漏功率共同决定。

分析反射面天线泄漏损耗时要注意两点：一是泄漏损耗直接影响天线增益，二是后半球区域的辐射电平是馈源增益减去反射面天线的透过损耗的函数。因此，反射面天线设计师必须要考虑泄漏损耗和透过损耗（见图 12.9）。

（a）管状　　（b）打洞的金属板　　（c）矩形

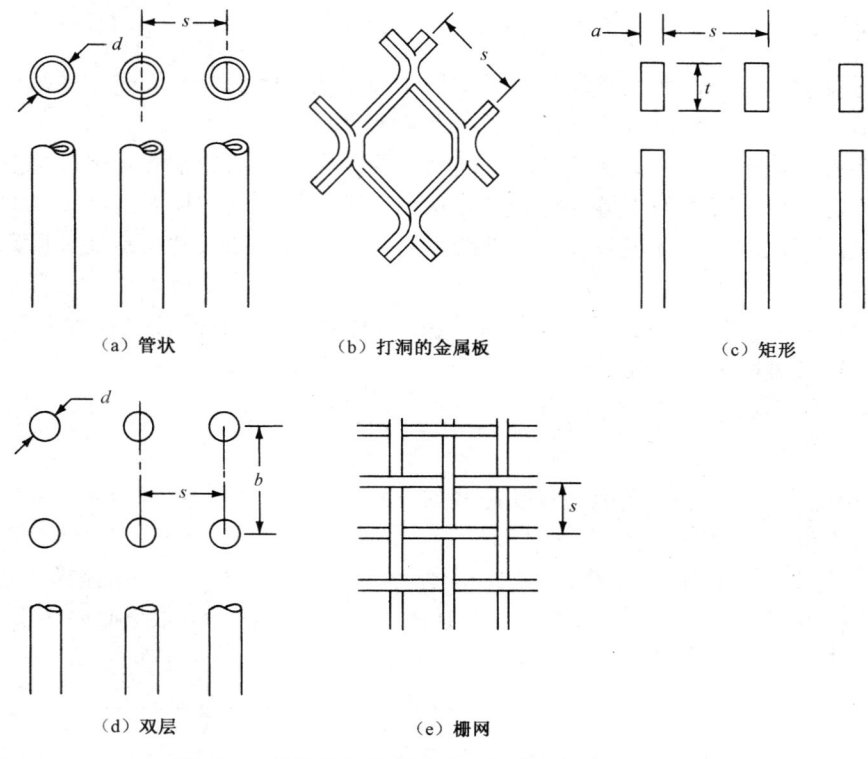

（d）双层　　（e）栅网

图 12.8　几种常见用于减少风阻的反射面表面形式

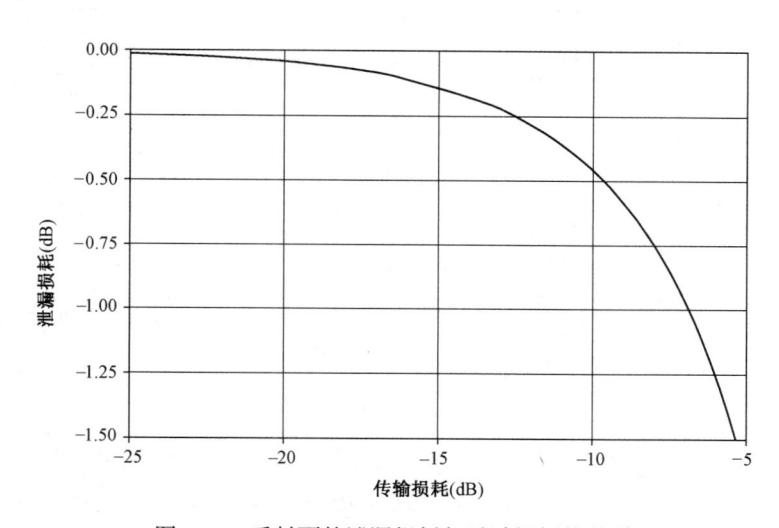

图 12.9　反射面的泄漏损耗与透过损耗的关系

然而，除表面泄漏产生的背瓣之外，还会产生不同的附加后向辐射瓣。这些附加瓣是由于反射面边缘绕射引起的，通常相干相加，一般会引起比较强的主背瓣。中心馈电的反射面天线，即从焦点到反射面边缘的距离相等，使能量在反射面边缘向后半球区域绕射时相干相加。这样的情况下，背瓣电平的大小与边缘照射电平直接相关[3]。

表面公差损耗

所有雷达反射面天线,尤其是那些可机械扫描或可展开的反射面天线,必须仔细考虑结构设计的细节。首先,反射表面设计制造成必须能保证很小的公差(通常是±0.03λ),甚至在机械振动和各种环境条件下也要保证精度。其次,馈源和反射面的轴线必须准确重合。当天线转动时,馈源支杆和反射面支撑结构必须能保证馈源位置不动和反射面精度。此外,还必须在风载、温度变化或其他环境条件下,保持反射面天线结构的尺寸稳定性,以确保方向图参数。

John Ruze 从统计学观点讨论了表面粗糙度对反射面天线增益损失的影响[8, 9]。表面公差很小时,增益损失可以用下式近似计算[9]。

$$\frac{G}{G_0} \approx 1 - \overline{\delta^2} = 1 - \left(\frac{4\pi\varepsilon}{\lambda}\right)^2 \qquad (12.18)$$

式中,$\overline{\delta^2}$ 是相位均方误差;ε 是表面误差有效均方根;λ 是波长;G_0 是无相位误差时天线的增益;G 是有相位误差时的增益。

图 12.10 是由式(12.18)计算得出的表面公差(代替相位误差)与增益损失之间的关系曲线。从图中的曲线可以看出,增益损失 0.1dB 时,表面公差的均方根值必须小于 0.01λ。为保持适度的损失,必须严格控制反射面公差。

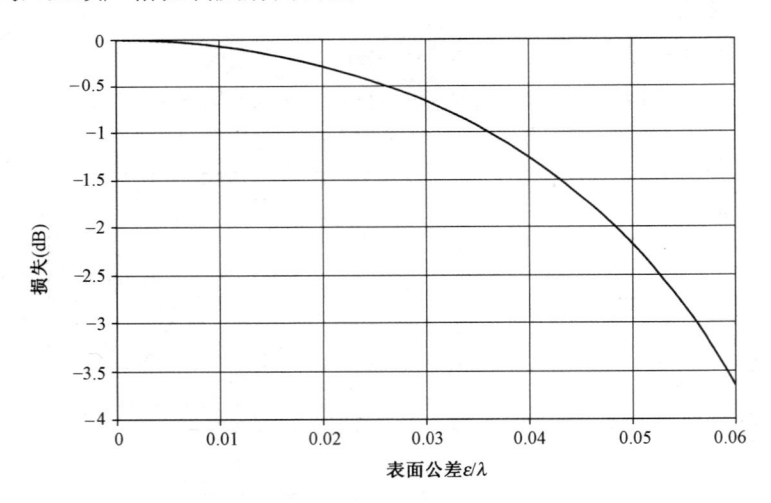

图 12.10 增益损失与表面公差(ε/λ)的关系

对于网格反射面天线来说,另外一个要考虑的问题是表面系统变形。许多反射面天线由金属或复合材料的背架支撑。太空可展开反射面的网格通常是非常薄的纤维状金属膜,该膜铺满整个表面后由若干个点支撑形成反射表面。在上两种情况下,支撑点之间的凹槽使反射面表面变形。这样形成的周期性凹槽就产生系统误差(见图 12.11)。由于周期性出现的凹槽之间的距离通常在几个波长左右,这样就会使天线方向图出现栅瓣。栅瓣因其出现的角度间隔明确而很容易分辨出来。当支撑点间距为 s 时,出现栅瓣的角度由下式确定

$$\theta = \arcsin(s/\lambda) \qquad (12.19)$$

栅瓣幅度大小取决于表面变形的深度(见图 12.11),通常可取为

$$栅瓣 = \left(\frac{4\pi\varepsilon}{\lambda}\right)^2 \quad (12.20)$$

式中，ε 是凹槽的深度。

馈源偏移

整个馈源反射面系统校准后的总的误差通常限制在 $\lambda/8$ 或者 $\pm\lambda/16$ 以内。基于这一准则，位于抛物反射面天线焦点的馈源最大位置偏差应在 $\pm\lambda/32$ 之内。馈源沿焦轴（图 12.1 中的 z 轴）方向的位移使孔径照射产生偶次方的相差。这样会使天线波束略微展宽，第一零点抬高，但一般有害影响不大。

馈源在 z 轴垂直方向上的位移会导致在孔径上的奇次方相差，结果引起波束某一边的副瓣抬高，甚至还会导致波束指向偏差。如果偏移量很小，固定不变，并且可测量，一般就可以通过校准来消除指向偏差。但如果偏移是随机的（比如因振动引起），波束指向偏差就是个问题。馈源位置偏轴位移量为 ε 时，反射面天线波束指向偏移角 θ（单位为弧度）是

$$\theta = \arctan(\varepsilon/f) \text{ rad} \quad (12.21)$$

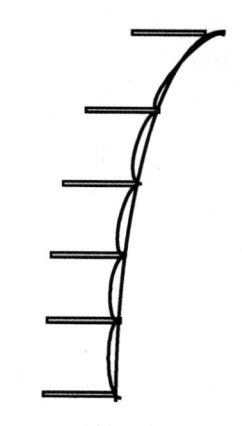

图 12.11 反射面支撑之间凹槽的表面系统位移

式中，f 是焦距。因此，如果馈源横向偏差为 ε，则波束指向偏差 $\Delta\theta$ 为

$$\Delta\theta = \frac{\varepsilon/f}{1+(\varepsilon/f)^2} \text{ rad} \quad (12.22)$$

支杆遮挡

支杆是用来支撑馈源的。中心馈电的反射面支杆通常做成三脚架形，如图 12.12 所示。支杆的散射比较复杂，它与支杆的尺寸、几何形状、场的极化状态及其他诸多因素有关。但一般情况下，只会在支杆轴的圆锥区域内产生电磁波的干扰性散射。平面波前照射支杆时，散射圆锥区域的一条边位于反射面轴线上（见图 12.13）。如果支杆与孔径面法向的夹角为

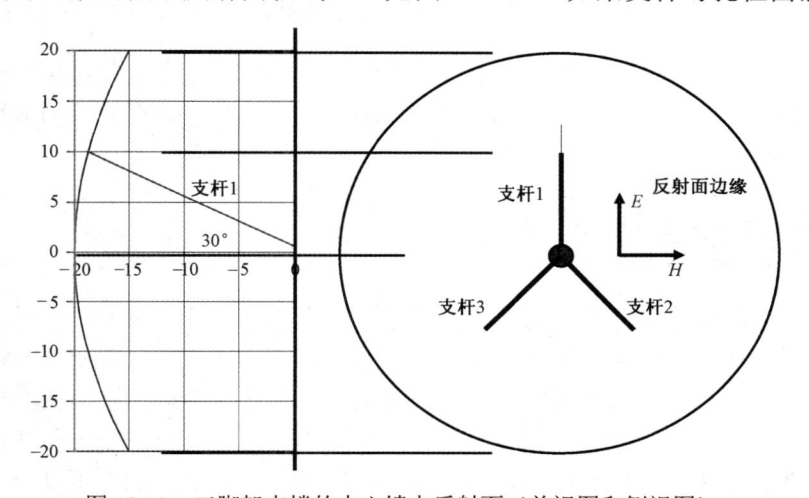

图 12.12 三脚架支撑的中心馈电反射面（前视图和侧视图）

30°，圆锥散射区域的最大角度将两倍于该夹角，即 60°。因此三根支杆的散射形成相互交叉的环，如图 12.14 所示。这三个环在方向图峰值方向上相交产生最大遮挡。

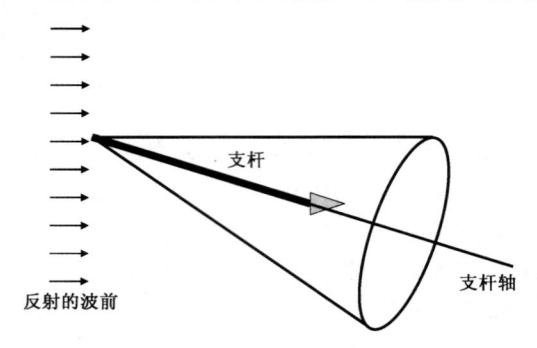

图 12.13　支杆 1 及其最大散射圆锥区域

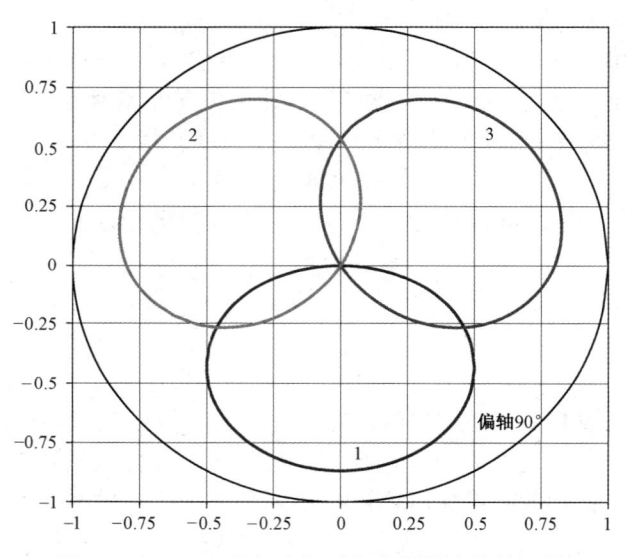

图 12.14　30°三脚架支杆对方向图影响的前视图

极化对支杆散射的影响也很大。图 12.12 所示的例子中，支杆 1 与电场方向平行，那么它的遮挡面积要比实际的物理截面积大。而下面的支杆 2 和 3 与电场 E 方向夹角为 60°，遮挡面积就比实际的物理截面积小。

12.3　反射面天线的结构

反射面天线制造成有各种各样的形状和尺寸，相应地照射反射面天线的馈电系统也各种各样，每种适用于特定的应用场合。图 12.15 列出了最常用的几种，后面几节将一一详细论述。图 12.15（a）中，抛物面天线将焦点处馈源的辐射聚焦成笔形波束，从而获得高增益和窄波束。图 12.15（b）中抛物柱面天线在一个平面聚焦，但在另一平面内允许使用线阵，从而可灵活控制该平面内的波束扫描或赋形。如果是波束赋形（不扫描），可以用单个馈源代替线阵，如图 12.15（c）所示。沿垂直轴方向的反射面赋形可扰乱该面内的波束形状，但由于在孔径上只改变了相位，对波束形状的控制不如抛物柱面天线［见图12.15（b）］能灵活调整线阵幅度和相位的抛物柱面。

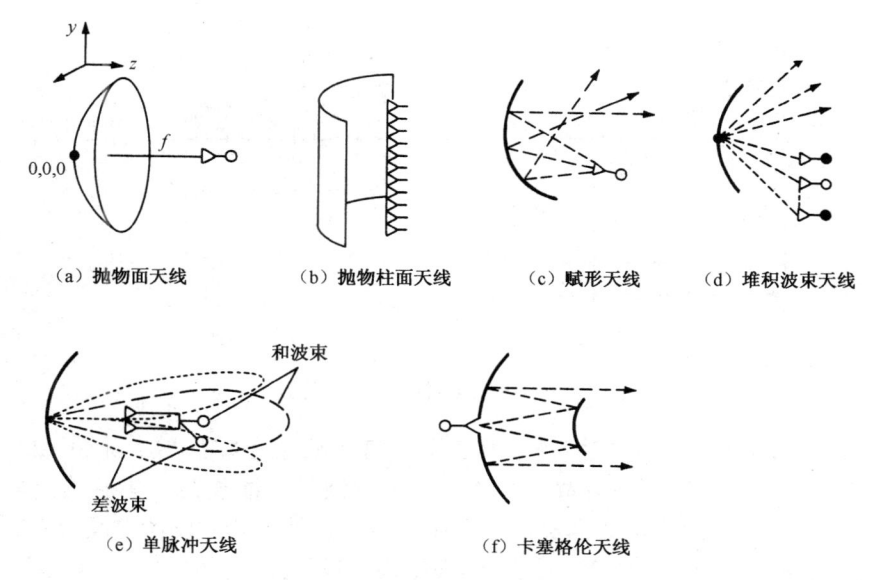

（a）抛物面天线　　（b）抛物柱面天线　　（c）赋形天线　　（d）堆积波束天线

（e）单脉冲天线　　（f）卡塞格伦天线

图 12.15　反射面天线的常用类型

雷达设计师常常需要用多个波束来实现空域覆盖或角度测量。图 12.15（d）给出多个离散位置上的馈源如何在不同角度上产生一组次级波束。这些附加的馈源必须偏离焦点放置，所造成的次级波束增益下降和方向图变形取决于馈源的偏置量。如果采用电扫馈源，反射面天线就可以在一定视角内实现波束扫描。12.4 节将进一步讨论采用现代电扫阵和类似电扫阵反射面馈源实现电扫描。特别常见的多波束设计是图 12.15（e）所示的单脉冲天线。顾名思义，它可只用单个脉冲确定角度。在该例中，第二个波束通常是差波束，它的零点正好位于第一个波束的峰值处。

典型的多反射面系统是图 12.15（f）所示的卡塞格伦天线，它通过主波束赋形和/或允许馈源系统方便地置于主反射体后面，提供一个更多的自由度。图中的对称放置存在明显的遮挡，而采用偏馈结构可以减小馈源的遮挡。

在现代反射面天线的设计中，广泛应用这些基本类型的组合和变形，但设计的目标就是在保证最小损耗、低副瓣的情况下，重点关注波束的增益、形状和位置等。

抛物反射面天线

抛物反射面天线的理论和设计在文献中已有广泛的讨论[13-17]。它的基本几何关系如图 12.16（a）所示，假定抛物反射面的焦距为 f，焦点 F 处有一个馈源。用几何光学原理可证明，从 F 入射到反射面的球面波经反射后变成沿 $+z$ 方向传播的平面波，如图 12.16（b）所示。

虽然反射面通常被描绘为具有圆形的轮廓或边缘，并具有中心馈电点，但实际使用的反射面孔径形状是多种多样的，如图 12.17 所示。经常，当要求水平和垂直波束宽度不同时，就需要如图 12.17（b）～（e）所示的扁长形孔径。

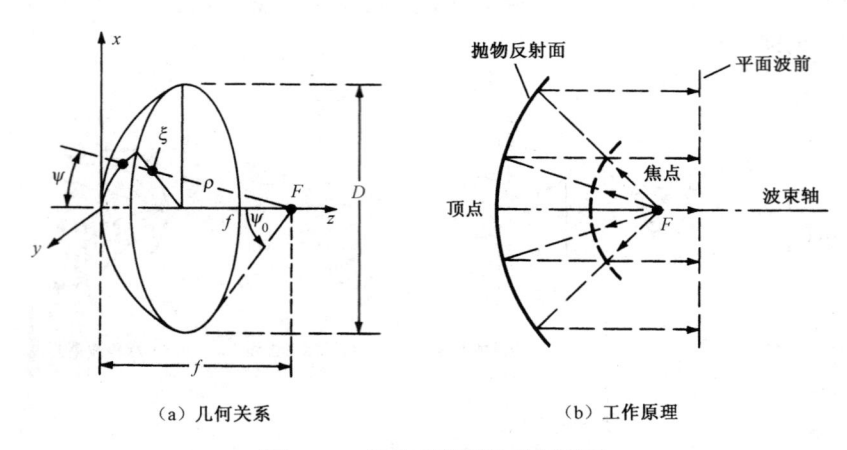

(a) 几何关系　　　　　　　　　　(b) 工作原理

图 12.16　抛物反射面的几何表示

如果要求有低的副瓣电平，馈源遮挡就不可容忍，这就需要采用偏置馈电［见图 12.17（c）］。馈源仍置于焦点，但使用部分抛物面做反射体。对于偏馈反射面天线，焦轴与反射面（下边缘）一般不相交，它的馈源通常对准反射面区域中心附近稍远处，以考虑反射面比较远的边缘的空间衰减或扩散损耗较大的情况。这种偏馈结构一般导致孔径照射稍微不对称。

大多数抛物反射面常用圆切角（未显示）或斜切角［见图 12.17（d）］，以减小基本无用表面积，特别是减小天线转动所需的转矩。这些切角部位的馈源照射一般很弱，去掉它们对增益影响不大。然而，圆和椭圆外形将在主平面和非主平面形成中等大小的副瓣。如果在非主平面内需要极低副瓣，有必要保持方形角，如图 12.17（e）上方所示。

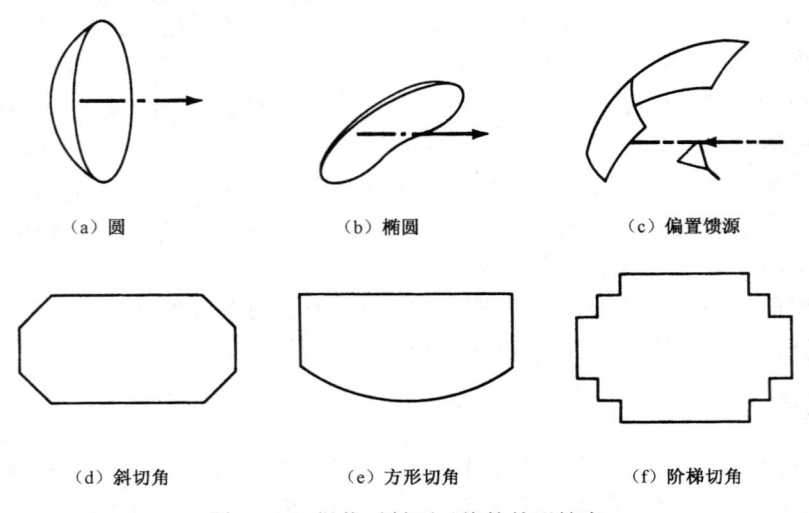

(a) 圆　　　　　　(b) 椭圆　　　　　　(c) 偏置馈源

(d) 斜切角　　　　　(e) 方形切角　　　　(f) 阶梯切角

图 12.17　抛物反射面天线的外形轮廓

抛物柱面天线[18, 19]

方位或俯仰面的波束需扫描和赋形十分普遍，用线阵馈电的抛物柱反射面天线可以用稍

抛物柱面天线可通过普通的孔径获得精确的赋形波束。AN/TPS-63（见图 12.18）在垂直方向上采用一列垂直线性馈源，可以很好地控制俯仰面波束，费用非常适当。俯仰面波束赋形后波束在水平线方向形成很陡峭的锐波束，以便雷达在低仰角工作时避免地面反射的影响。TPS-63 能够在水平线方向上产生比同高度的赋形抛物面更陡峭的锐波束。阵列馈源中所有馈源的波束在孔径的法向叠加，因而锥削效率很高（接近全孔径增益）。

抛物柱面几何形状如图 12.19 所示，其表面由下式确定。

$$z = \frac{y^2}{4f} - f \quad (12.23)$$

式中，z 是离焦平面的距离；f 是抛物柱面反射面的焦距；y 是水平尺寸。抛物柱面的形状不随着高度 x 变化。大多数情况下，馈源放在焦线上，抛物柱面的设计与抛物面设计有很多相似点。重大的差别是馈源的能量以柱面形式扩散而非球面地扩散，因此功率密度按 $1/\rho$ 而不是 $1/\rho^2$ 下降。

图 12.18　AN/TPS-63 雷达的抛物柱面天线
（原美国西屋电气公司提供）

抛物柱面 [见图 12.19（a）] 的高度必须与线阵馈源的波束宽度、形状和指向相适应。当线源的扫向与宽边的夹角为 θ 时，线源的初级波束形成锥面，与反射体顶部左右拐角的截距比中心处的会更远。因此，抛物柱反射面很少采用圆切角。

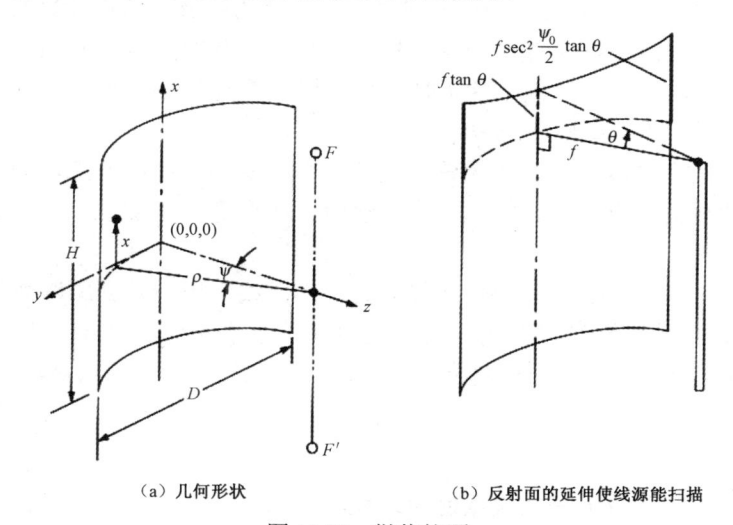

（a）几何形状　　　　　（b）反射面的延伸使线源能扫描

图 12.19　抛物柱面

赋形反射面

由于种种原因，需要具有特定形状的扇形波束。一种常见俯仰面内的赋形波束的要求是要对等高度的目标提供等量的回波信号。如果发射和接收波束相同并忽略一些次要因素，功率方向图正比于 $\csc^2\theta$ 就可以实现这个要求，θ 是仰角[13]。实际上，由于地球曲率及灵敏度时间控制（STC）特性，要对众所周知的余割平方方向图进行修正。

相对简单的波束赋形方法是对反射面赋形，如图 12.20 所示。反射面的每一部分设计成把入射能量的一部分反射到不同的方向上，并在几何光学原理成立的程度上，在该反射角度上的功率密度是来自反射面上馈电的相应部分的功率密度积分和。Silver[13]用图描述了用于实现余割平方波束确定反射面轮廓线的方法。然而，现在已有计算机软件包，利用迭代最优化技术，并结合基于物理光学的计算方向图的方法，可以综合出任意波束形状。这些分析方法和软件包将在 12.5 节中简要介绍。

偏馈抛物反射面经常用来减轻馈源遮挡。然而，反射面赋形也可减轻馈源遮挡，有时赋形用来改变反射的能量方向偏离馈源（见图 12.20）。图 12.21 表明，即使馈源在反射面的视场内，通过对反射面赋形也可几乎消除遮挡。

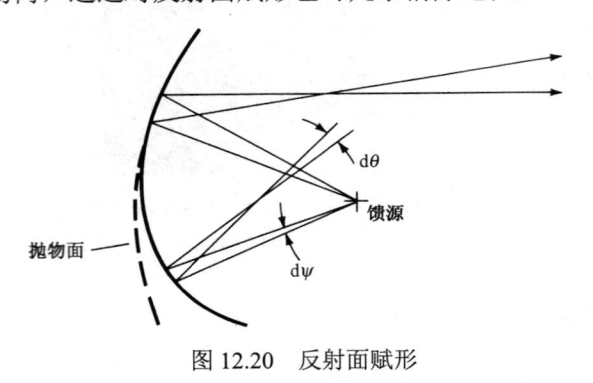

图 12.20　反射面赋形　　　　　图 12.21　遮挡的消除

大机场中常见的 ASR-9 天线是赋形反射面天线设计的代表。通过计算机辅助设计过程完成俯仰面波束赋形，而通过偏置馈源消除遮挡，在方位实现低副瓣。采用两个馈源喇叭实现两种线极化或圆极化波束。一个波束接近地面用于近目标，另外一个波束仰角较高，用于远距离目标探测，可少接收一些地面杂波。

赋形反射面的一个典型特性是孔径效率较低。由于要形成赋形波束，通常改变孔径上的相位，导致固有的波束变宽，孔径效率下降。然而，如果需要赋形波束，雷达设计师一般接受牺牲孔径效率的代价。

ASR-9 反射面（见图 12.22）的顶上装有另一部天线，用于独立跟踪系统。这是一个空中交通管制雷达信标系统的阵列天线，用来发射和接收水平波束较窄的和、差以及保护波束，所有波束都在俯仰上赋形。目标机上需要一部应答机，因天线的增益较小。

多反射面天线[20-30]

在抛物反射面天线系统上增加次反射面或者副反射面既有困难又有好处。副反射面的外形决定主反射面上的功率分布，除控制孔径上的相位外还对幅度进行某些控制，使得降低泄漏或形成特定低副瓣的分布成为可能。通过合理选择形状，可增大等效焦距，使得馈源尺寸的选取成为实际的和可用的。这对单脉冲工作有时是必要的。

图 12.22 ASR-9 雷达的具有偏置馈源的赋形反射面天线
和安装在其顶部的空中交通管制信标系统（ATCRBS）的阵列天线（原美国西屋电气公司提供）

源于光学望远镜设计的卡塞格伦双反射面天线（见图 12.23）是最流行的双反射面结构。图 12.23（a）给出了位于馈源和抛物面主反射面之间的小副反射面。馈源照射双曲副反射面，经反射后再照射到抛物主反射面上。馈源位于双曲面的一个焦点上，而抛物面焦点与双曲面的另一焦点重合。使用副反射面允许将馈源置于主反射面之后，更接近发射机和接收机，以减少传输线损耗。更有利的是，如果馈源置于主反射面之后，质心会偏向主反射面的顶点，由此可以简化结构和精密机械指向系统的设计。

格里哥利双反射面天线系统（图 12.23 未示出）与卡塞格伦天线类似，只不过用椭球副反射面取代双曲副反射面，使得反射面系统变长（沿焦轴方向）。

卡塞格伦天线参数间的关系式为[20]

$$\tan\frac{\psi_v}{2} = 0.25 \frac{D_m}{f_m}$$

$$\frac{1}{\tan\psi_v} + \frac{1}{\tan\psi_r} = 2\frac{f_c}{D_s} \quad (12.24)$$

$$1 - \frac{1}{e} = 2\frac{L_v}{f_c}$$

式中，双曲面的离心率 e 由下式给出。

$$e = \frac{\sin[(\psi_v + \psi_r)/2]}{\sin[(\psi_v - \psi_r)/2]}$$

等效抛物面[20]概念是用单反射面"等效"模型来分析辐射特性的一种方便方法。该方法利用一等直径而焦距更长的抛物面来模拟双反射面卡塞格伦天线系统。下式

$$f_c = \frac{D_m}{4\tan(\psi_r/2)} \quad (12.25)$$

确定等效焦距，而它与实际焦距的比值，即放大倍数 m 为

$$m = f_c/f_m = (e+1)/(e-1) \quad (12.26)$$

放大倍数 m 是一个有用的度量参数，它提供了用卡塞格伦天线代替单抛物反射面天线后，尺寸/长度在焦轴方向的缩减量。馈源设计成置于较长的焦距 f_c 上的，在 $\pm\psi_r$ 角度范围内产生合适照射的馈源。

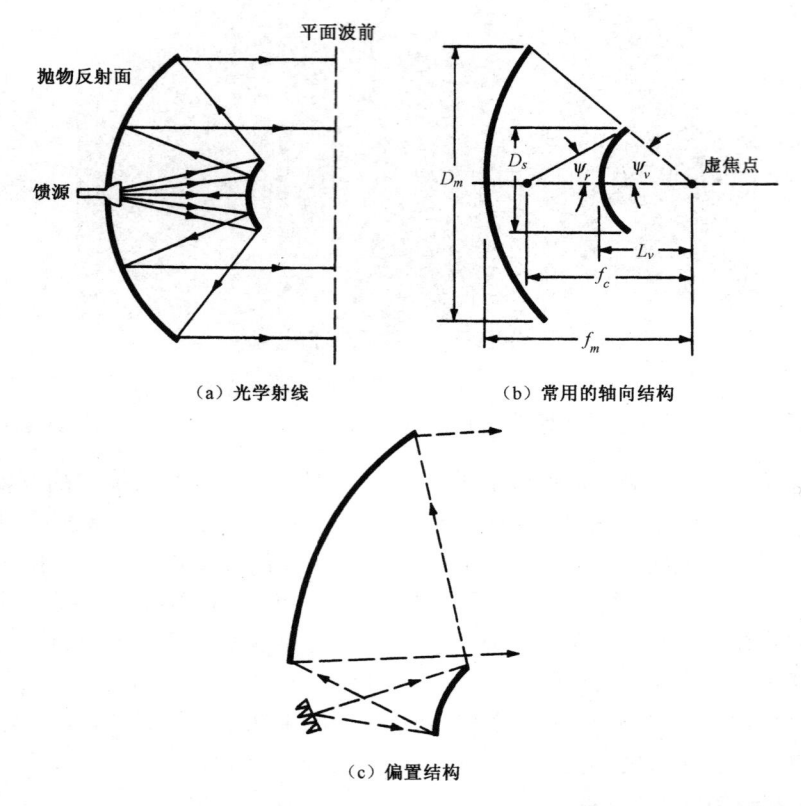

图 12.23 卡塞格伦双反射面天线系统（大的曲面是主反射面，小的是副反射面）

中心馈电的卡塞格伦天线的孔径遮挡较大。当副反射面的直径等于馈源的直径时，遮挡最小[20]，即当 D_s 满足下式时，遮挡最小。

$$D_s = \sqrt{2 f_m \lambda / k} \quad (12.27)$$

式中，k 是馈源孔径的直径与有效遮挡的直径之比，一般稍小于 1。对于以线极化工作的雷达，采用极化扭转反射面和由平行金属线制成的副反射面可以大大减小遮挡[24]。极化扭转反射面可以把波束极化方向旋转 90°，因此从主反射面反射出去的波束极化方向与副反射面的垂直，因而副反射面是透明的。

对馈源和副反射面都进行偏置可以消除遮挡［见图 12.23（c）］。由于遮挡、支杆和泄漏几乎完全消除，这种结构形式对于极低副瓣设计非常有用[24]。

正如上文所述，对于单反射面系统，综合考虑馈源锥削效率、溢出和降低其他损耗，孔径效率可以最大化，但通常也只有 55%～65%。然而，双反射面天线（如卡塞格伦天线）增加了一个自由度，且表面赋形也可用以减少锥削损耗，使孔径效率可以提高到 70%以上[25, 26]。

一种不同形式的双反射面系统特别适合用于有限电扫描，这就是所谓的共焦反射面系统[27-30]，如图 12.24 所示。该系统有两个抛物反射面，一主一副，共用一个焦点。该系统的光学原理是：首先，平面波（比如来自阵列）在副反射面上转换成球面波；然后，经副反射面反射后，馈源能量在共用焦点聚焦；再次以球面波发散；最后从主反射面反射出去。

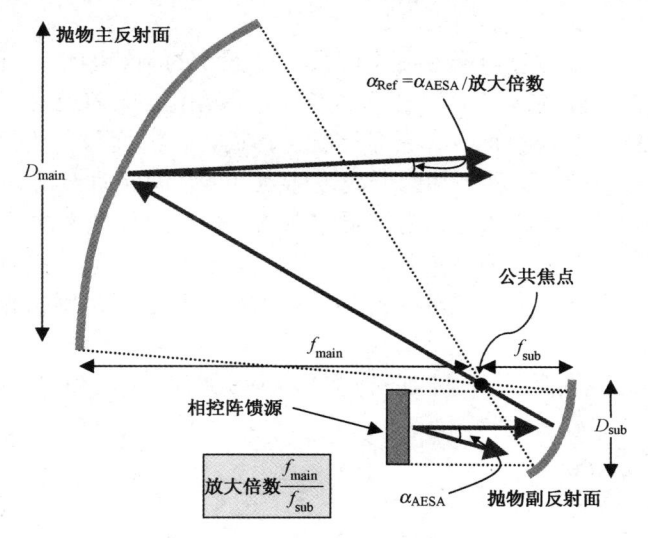

图 12.24 共焦双反射面天线

共焦系统几个有意义的特性与放大因子 M 有关。

$$M = f_M / f_S \tag{12.28}$$

式中，f_M 和 f_S 分别是主面和副面的焦距。第一个特性是反射面天线系统（它本质上是馈源的放大器）的增益 G_r。

$$G_r \approx G_f M^2 \cos\theta_r \tag{12.29}$$

式中，G_f 是馈源阵列增益；θ_r 是反射面（副面）波束的扫描角。第二个特性确定扫描，反射面扫描角 θ_r 由下式确定。

$$\theta_r \approx \theta_f / M \tag{12.30}$$

式中，θ_f 是馈源的扫描角。例如，如果放大因子为 10，电扫馈源阵列的扫描角度为 30°，则反射面波束将扫描约 3°。

当电扫阵列以理想的平面波激励时（线性相位倾斜），扫描像差会引起稍高的扫描损耗，波束的扫描角会偏离由式（12.29）和式（12.30）确定的扫描角。然而，控制电扫阵列（ESA）的幅度和相位通过孔径场共轭匹配，可以补偿扫描像差[29]。因此，采用电扫馈源阵列可以修复系统中像差引起的扫描损耗。

多年来，人们一直对共焦反射面天线做了大量的研究和分析工作，也研发了不少演示性的系统[25-28]。虽然共焦反射面还未广泛投入实际应用，但随着有关电扫阵列技术的日益成熟，共焦反射面很有可能成为下一代雷达的一部分。

球反射面[31-34]

当需要在非常宽角范围内扫描或实现多波束时，常采用球反射面天线[31]。其设计基本原理是，在有限的角域内，从任一球心与表面连线的中点来看，球面近似为抛物面。这就意味着馈源沿半径为 $R/2$ 的球面上移动（R 是球反射面的半径）时，次级波束即可被扫描。球反射面天线的大小（反射面部分占整球面积的大小）决定了波束指向范围。使用可移动的馈源或者可切换的馈源阵列可实现波束扫描。

球反射面自身的遮挡是球反射面系统中的另一个潜在的制约因素。然而，可采用极化设计来实现方位 360° 的扫描，它与上文[24]提到的卡塞格伦极化扭转反射面的工作原理类似。设计中，馈源极化倾斜 45°，与反射面导体带条平行。然而，反射面另一边的导体带条是 90° 扭转，因此可以透过反射能量。这种类型的天线被称为"半空间球面天线"。

如果只在一个平面（方位或俯仰）内需要实现宽角扫描，**环抛物面**[32]是一种简单可行的设计。抛物圆环面在一个截面（方位或俯仰）内为圆，另一个面则为抛物线。这种设计利用球形赋形实现宽角扫描，通过抛物赋形得到高孔径效率。反射面天线的俯仰高度由所需要的俯仰面波束宽度确定。

不同雷达系统采用了环抛物面，包括原先的 BMEWS 系统[33]和 SPS-30 及 SPQ-9B 系统[34]。

12.4 反射面的馈源

虽然现在的雷达系统经常选用相控阵天线，但是在过去，中高增益的天线主要还是选用反射面形式。显而易见，采用单喇叭馈源的金属反射面天线的成本远低于同孔径尺寸需要大量辐射单元、移相器、放大器、接收机等的相控阵天线。因此，很多现场在用的雷达采用的是反射面天线。其次，当扫描速度和扫描空域要求不高或者希望低成本时，现代雷达系统还是首选反射面天线。

很多遗留下来的雷达采用单喇叭（单元）或者具有形成固定波束的射频合成或分配网络的多喇叭（即阵列）馈电的反射面天线。图 12.25 所示为几种采用喇叭、波导和偶极子馈电的单馈源反射面天线形式。图 12.26 所示为一些常见的张角喇叭馈源。有时还用其他形式的馈源，如振子、微带贴片、开槽波导等，但单馈源反射面天线大都采用张角波导喇叭。馈源

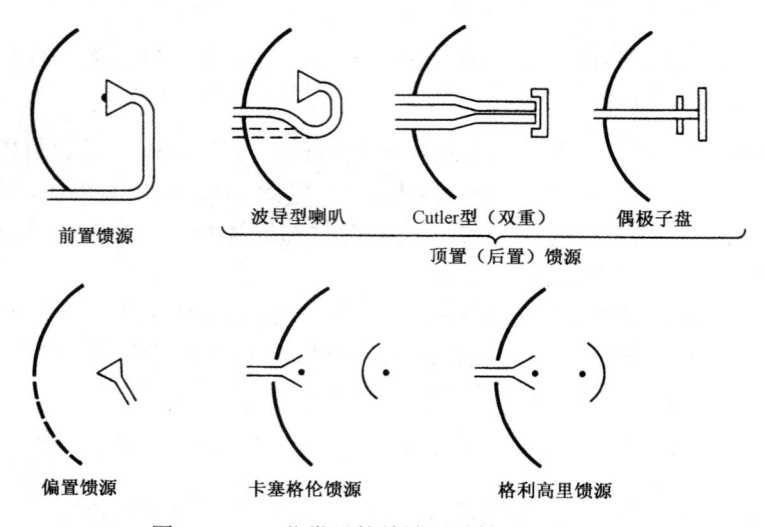

图 12.25 一些常见的单馈源反射面天线结构

和反射面必须在各种工作环境下满足天线的极化要求和耐大功率（峰值和平均功率）要求。设计馈源时，还需要考虑工作带宽以及其他可能的工作模式/方向图（如差波束等）。

图 12.25 所示的单馈源反射面天线通常采用精密机械指向系统来实现机械扫描。天线精密机械指向系统的设计与天线扫描速率、扫描区域、跟踪需求、天线尺寸、质量等因素密切相关。

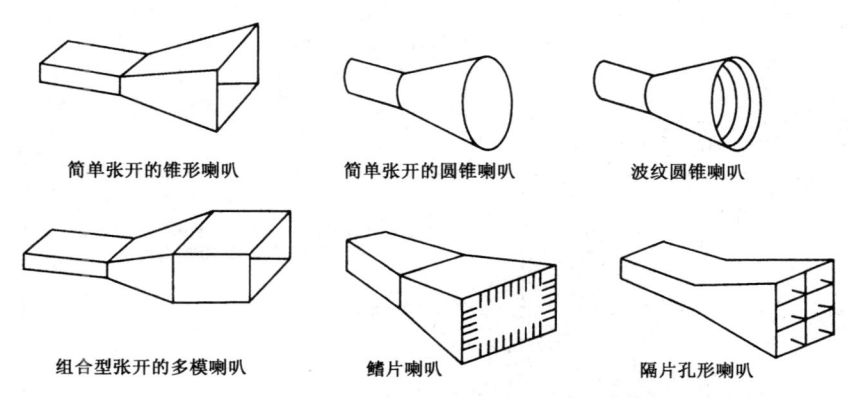

图 12.26 反射面天线用的各种形式的喇叭馈源

基本馈源[35, 36]

如果雷达仅需要简单的笔形波束，广泛采用单模波导喇叭，如角锥（TE_{01} 模）和圆锥（TE_{11} 模）喇叭。单模张角喇叭可提供线极化的笔形波束且一般耐大功率。当应用要求更高的天线性能（如跟踪模式、极化分集、高波束效率或超低副瓣）时，馈源设计相应地更为复杂。对于这些应用，常用到隔片喇叭、鳍片喇叭、多模和/或波纹喇叭等，如图 12.26 所示。多模馈源可用一个紧凑喇叭实现差波束，对跟踪雷达特别有用。

单脉冲馈源[37-40]

单脉冲是跟踪和警戒雷达常采用的工作方式，其波束可一直保持指向目标（跟踪）或者精确测量目标的角度（警戒）[37-40]。

比幅单脉冲系统如图 12.27 所示，它用两个馈源输出之和形成高增益、低副瓣波束，用两个馈源生成的两个斜波束之差，在视轴上形成精确的深零点。和波束既可用于发射，也可用于接收，以探测目标。差波束只用于接收，实现角度测量。大多数应用情况下，都实现方位和俯仰差波束。图 12.27 说明了比幅单脉冲系统的原理。反馈环路通过机械控制天线指向，保持差波束零点（对应于和波束峰值）对准目标，使差波束接收的回波信号最小。

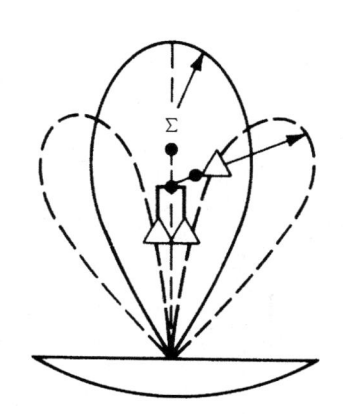

图 12.27 比幅单脉冲天线的和与差波束

反射面天线设计中，有很多方式可实现比幅单脉冲波束，但大部分设计可分为两类：(1) 多馈源 (2) 多模馈源。多馈源设计采用合成网络以形成差馈电分布。图 12.28 所示的四单元馈源阵列是一种最简单的多馈源单脉冲馈电形式，在水平和方位上形成单脉冲波束。在某些场合下，采用更多个馈源改变分布，以改善孔径效率和/或差波束斜率。

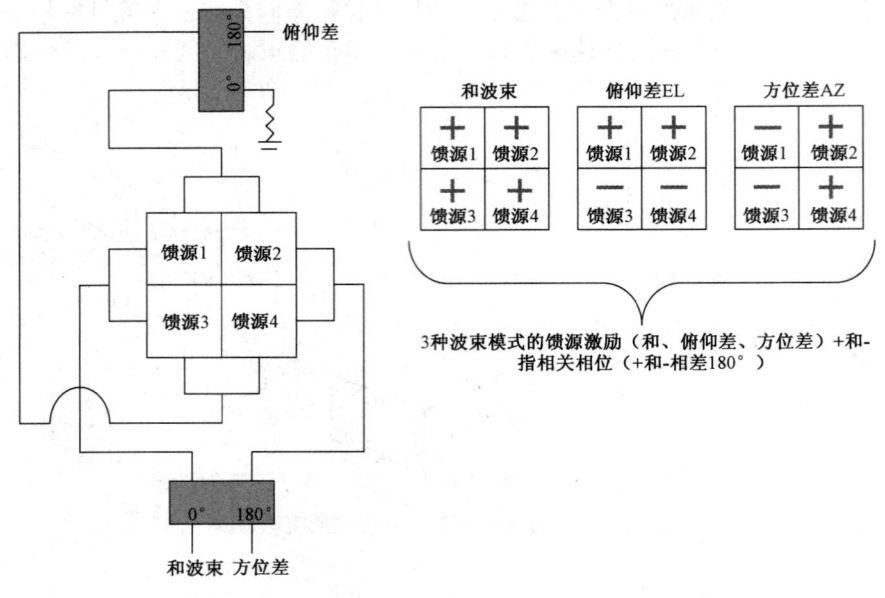

图 12.28 具有和、方位差、俯仰差端口的四单元单脉冲馈源

如果用简单的四单元馈源组合照射反射面天线，用单脉冲比较器产生高效率和波束与高斜率差波束这两个目标之间常会产生矛盾。前者要求馈源总尺寸要小，后者要求单个喇叭口的尺寸要大（见图 12.29）。已经提出了许多设计方法来解决这个问题以及相关的高差波束副瓣问题。这些方法要么采用不同的馈源组合形成和、差波束，要么对每个波束采用不同的幅/相加权网络。采用喇叭馈源时，一种方法是加大馈源，对和波束实现多模激励。Hannan 已对该方法做了阐述[24]。表 12.2 对几种常见的单脉冲馈源形式进行了比较。

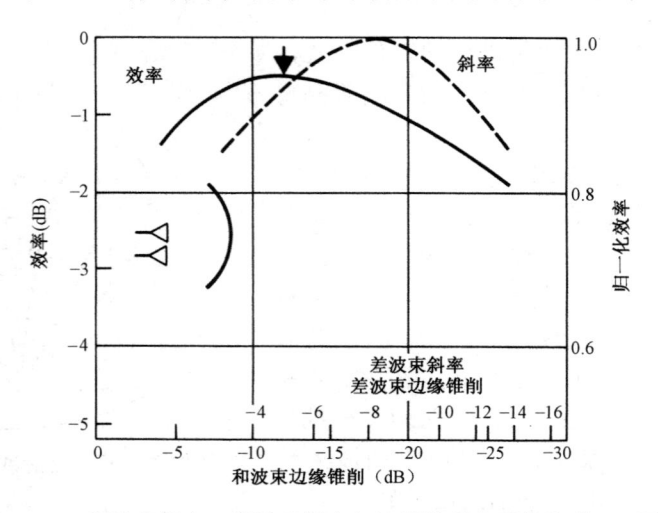

图 12.29 和波束效率、差波束斜率与边缘锥削电平的关系（H 面）

表 12.2 单脉冲喇叭馈源的性能

喇叭类型	H 面 和效率	H 面 差斜率	E 面 差斜率	副瓣电平（dB）和	副瓣电平（dB）差	馈源形式
简单四喇叭	0.58	1.2	1.2	19	10	
二喇叭双模	0.75	1.6	1.2	19	10	
二喇叭三模	0.75	1.6	1.2	19	10	
十二喇叭	0.56	1.7	1.6	19	19	
四喇叭三模	0.75	1.6	1.6	19	19	

阵列馈源

抛物面天线焦点处的单馈源形成与焦轴平行的波束。馈源偏离焦点形成的波束与焦轴有一定角度［见式（12.21）］。因此，可用一个有适当电性能的多馈源阵列照射反射面，以形成不同指向的多个波束或波束切换（即在离散角度上实现波束扫描）。这种形式的反射面天线系统可在较窄的视域内有效实现电扫描。然而，这种阵列馈源反射面结构有一个缺点。只有当馈源位于焦点时，抛物面才能将球面波反射为平面波。如果馈源偏离焦点，反射波就会变形，导致增益下降和波束畸变。图 12.30 表明当馈源偏轴移动时，这一畸变对中心馈电反射面天线方向图的影响。

在焦点区域放置相控阵（ESA）形式的馈源（平面或者曲面），如图 12.31（b）所示，可以改善性能。与波束切换的阵列多馈源反射面天线相比，相控阵馈源形式的反射面天线有两个方面的优势。它能在扫描视域内所有角度上连续地扫描，而阵列多馈源反射面天线只有有限个离散角度位置上的波束。另外它还有较高的孔径效率。因为它允许通过单元的幅度和相位的调整来减小因偏焦像差带来的扫描损耗。如果把反射面看成是在一定视域内平行光线的聚焦器，并查看聚焦射线的路径［见图 12.31（a）］，显而易见，适当尺寸的馈源区域截获了大部分的能量。如恰当设计相控阵馈源阵列，可以有效消除波束变形和扫描损耗（见图 12.30）。该方法就是使馈源阵列的幅相分布与焦平面的场分布相"匹配"，通常称为共**扼场匹配**[41]。

馈电阵列也被用于实现波束赋形和低副瓣方向图，例如图 12.31 和 12.32 所示的 ARSR-4 反射面天线。可用无源合成网络在俯仰上产生多个堆积接收波束和一个发射波束。接收波束要求在方位上有较低副瓣。一种传统的波束形成方法就是在焦平面上采用一个馈源阵列，每个馈源具有单个波束。由于馈源偏焦引起相位误差导致方位副瓣恶化。为了纠正这个问题，可以将阵列馈源放在方位焦点前面，对每个波束采用多个能够配相的馈源进行补偿并改善副瓣，如图 12.31（a）所示。该反射面天线有两个不同焦距，一个用于俯仰面，另一较长的用于方位面。馈源放置在用射线追踪法优化的曲面上，位于方位焦点前面。对阵列馈源的每一行进行幅相优化，实现方位面内的低副瓣波束。每行馈源单独形成的俯仰波束副瓣比较差，但对每个接收波束采用多行馈源来改善俯仰面内的副瓣。发射时，所有 24 行（整个阵列）馈源同时工作；接收时，9 组行馈源形成 9 个接收波束。

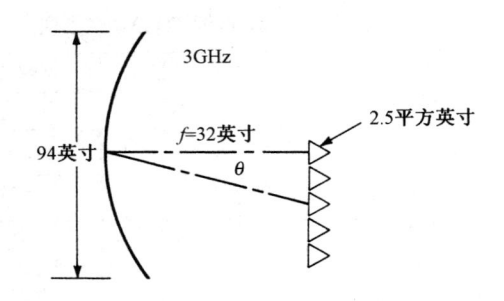

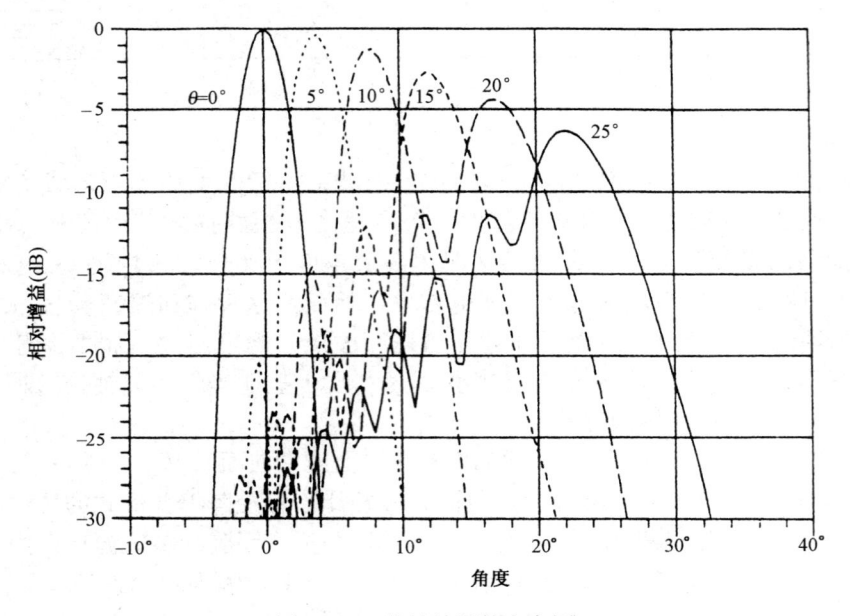

图 12.30　偏轴馈源的方向图

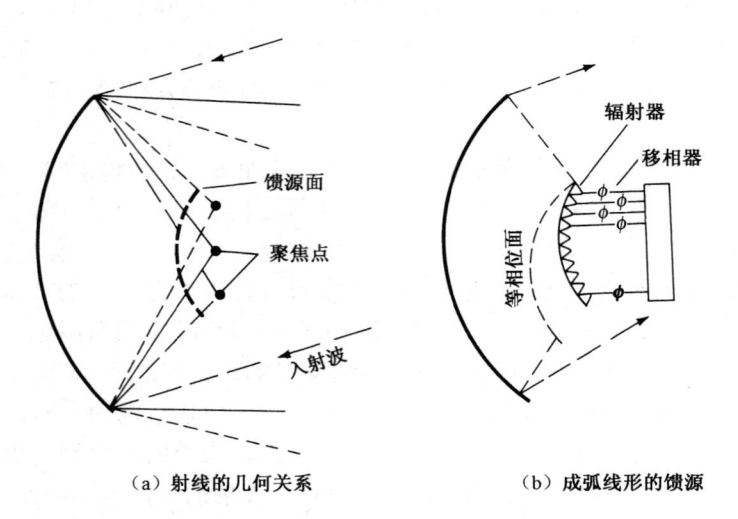

(a) 射线的几何关系　　(b) 成弧线形的馈源

图 12.31　扩大的馈电区域改善了偏馈的副瓣（用于 ARSR-4）

图 12.32 ARSR-4 偏馈阵列的低副瓣反射面（原美国西屋电气公司提供）

12.5 反射面天线分析

反射面天线的分析方法通常分为 3 类：
（1）物理光学法（PO）或感应电流法；
（2）几何光学法（GO），计及和不计及衍射项；
（3）精确法或全波分析法。

反射面天线的物理光学分析法

物理光学法（PO）由于比较准确，常用于大多数反射面天线的精确分析。该方法结合馈源的场特性，模拟反射面的合成场，可以用于计算交叉极化特性。另外，当馈源不在焦点、反射面也不是抛物面时，该方法也更准确。有很多文献很好地阐述了物理光学法的理论以及如何用来分析反射面天线[42-44]。物理光学法是一种非常一般性的"高频"分析法，对于大多数反射面天线，只要反射面尺寸足够大（比如其二维尺寸都大于 5 个波长），物理光学法都能得到精确的理论预测方向图。这里对物理光学法做一简介，以了解其基本原理。物理光学法可分为两步：
（1）计算反射面表面的感应电流；
（2）对感应电流进行积分（要选择适当的自由空间矢量格林函数）确定远场方向图。

首先计算反射面表面电流。假设馈源入射到反射面的辐射场有球面波前，且幅度锥削由馈源方向图确定。第一步，建立馈源的数学模型来确定反射面表面入射场的幅度和相位分布。根据设计中所用的馈源形式选择使用不同的数学模型，馈源形式例如有波导喇叭、微带贴片、偶极子等。如果有馈源的实测方向图数据，有时也用实测数据来代替数学模型。所有模型必须用指定的辐射功率电平（例如 1W）归一化。图 12.33 所示为典型的波导馈电喇叭模型和相关的局部坐标系。

根据等效原理和感应定理[42-44]，反射面天线表面的感应电流可由馈源照射到反射面的磁场 $\bar{H}$ 确定。等效原理的重要前提是从散射体（如反射面）来的场可以用与入射场 $\bar{E}$ 和 $\bar{H}$ 直接相关的"等效"电流 $\bar{J}$ 和磁流 $\bar{M}$ 表示。

$$\bar{J} = \hat{n} \times \bar{H} \tag{12.31}$$

$$\bar{M} = -\bar{n} \times \bar{E} \tag{12.32}$$

式中，$\hat{n}$ 是反射面表面法向单位矢量。在这里，基于物理光学法分析反射面天线的等效原理是一种特殊情况，只有当反射面是电导体，而且背面的表面电流的影响可忽略不计时才成立。运用镜像理论[42-41]，可以求出电场切向分量为零［式（12.32）］，而电流 $\bar{J}$ ［式（12.31）］加倍，于是，表面等效电流可表示为

$$\bar{J} = 2\hat{n} \times \bar{H} \tag{12.33}$$

现在考虑如图 12.34 所示的一般反射面天线。反射面表面分成面积为 dA 的矩形栅格，它们截获馈源的入射场。假定馈源的远场 H 面方向图是 $\bar{H}(\hat{v})$，极化方向为 $\hat{v}$，那么反射面表面的入射磁场就为

$$\bar{H} = \bar{H}(\hat{v})\,(\hat{v} \cdot \hat{n}) e^{-jkr} \mathrm{d}A / 4\pi r \tag{12.34}$$

联立式（12.33）和式（12.34），得到面积 dA 上的等效表面电流：

$$\bar{J} = 2\hat{n} \times \bar{H}(\bar{v})\,(\hat{v} \cdot \hat{n}) e^{-jkr} \mathrm{d}A / 4\pi r \tag{12.35}$$

式中，$\hat{n}$ 是表面法向单位矢量；$\hat{s}$ 是观察方向（见图 12.34）；r 是馈源到反射表面的距离；$k = 2\pi / \lambda$ 是波数；$e^{-jkr} / 4\pi r$ 是从馈源到反射表面的相位差和空间衰减。

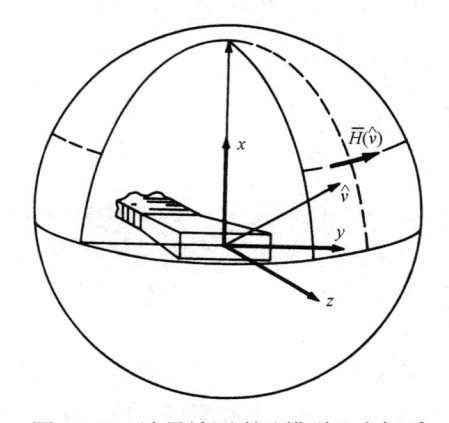

图 12.33　波导馈源喇叭模型及坐标系 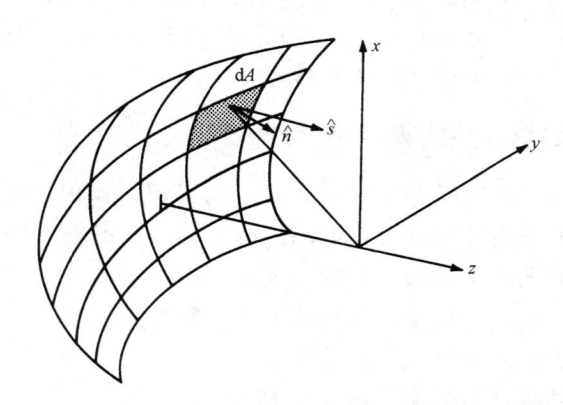　　　　图 12.34　一般反射面天线几何关系

用物理光学法求解方向图的最后一步是，通过对反射表面感应电流与自由空间格林函数乘积进行矢量积分，来计算反射面天线的远区场[44]。磁矢位 $\bar{A}$ 由下式确定。

$$\bar{A} = \iiint \frac{\bar{J} e^{-jk|r - r'|}}{4\pi |r - r'|} \mathrm{d}r' \tag{12.36}$$

电场矢量 $\bar{E}$ 和磁场矢量 $\bar{H}$ 与磁矢位 $\bar{A}$ 有关，通过简单的求导和矢量乘积运算即可得到。实际上，式（12.36）采用数值积分求和进行计算。场的解和方向图能否很好地收敛与栅格尺寸有

关。一般，可以通过不断地减小栅格尺寸直到结果稳定求出栅格尺寸。物理光学法计算反射面天线时，只需花费一定的时间（几分钟或更短）就可以得到足够满意的收敛结果，这对于现代的计算机来说已不成问题。

反射面天线的几何光学分析法（包括 GTD 和 UTD）

有很多基于几何光学分析反射面天线方向图的方法，所有这些方法都源于射线追踪理论。为了提高计算准确度，有时方法中还增加绕射项。虽然简单的几何光学法（无绕射项）卓有成效，但精度通常不如物理光学法。然而，有两种改进的方法，即几何绕射理论（GTD）和一致性绕射理论（UTD）[45]，它们包括边缘绕射项，可得到高得多的精度。UTD 实质上是 GTD 的改进，它对 GTD 的局部奇异点进行了修正。UTD 的绕射项提高了基于几何光学法的解的精度，并能较好地计算更一般形状反射面天线的方向图的不对称。和物理光学法一样，只要反射面天线的尺寸近似为 5 个波长或更大，对大多数反射面天线（中心馈电、偏置馈电、单馈源、双馈源等），GTD/UTD 法都能得到高精度的理论方向图预计。很多文献对 GTD/UTD 法进行了更为详细的介绍[45, 46]。

反射面天线的全波分析法

严格的或全波分析法包括矩量法（MOM）、有限元法（FEM）和时域有限差分法（FDTD）。虽然这些方法很严格，精度很高，但一般很少用于反射面天线设计/分析，这是因为它们的计算量非常大。这些方法更常用来精确分析微波器件或电气上"较小的"天线（如辐射器和馈源），它们的尺寸不超过几个波长。近年来，又开发出了结合 PO 或 GO/GTD 与 MOM、FEM、FDTD 的混合法。这些方法改进了馈源建模（和反射面天线一起分析），并对电小散射体（如小的副面或馈源支杆）精确建模。

反射面天线设计和分析的计算程序

很多企业或大学都开发了反射面天线系统的设计和分析程序。其中，两个非常著名且广泛使用的程序是 GRASP 和具有 NEC-REF 模块的 SATCOM 工作台。GRASP 是 TICRA（丹麦哥本哈根）公司基于 PO 法开发的反射面天线设计和散射问题分析的商用程序。SATCOM 工作台是由美国俄亥俄州大学电子科学实验室（OSU-ESL）开发的界面友好的计算程序。它集成了大量的软件模块，有些模块基于 OSU 以前开发的模块如 NEC-REF（OSU 反射面天线程序）。美国卫星工业程序联盟的会员都可以得到 SATCOM 工作台[47]。

TICRA GRASP 是一种基于 PO 理论的通用程序，既可用于反射面系统的设计与分析，又可用于散射分析。GRASP 有着流行的人机操作界面，可以在 Windows 操作系统（2000、2003、NT、XP）及 Linux 操作系统 PC 上运行。虽然 GRASP 基于 PO，但它也包含了物理绕射理论（PTD）和几何光学（GO）/一致几何绕射理论（UGTD）的选项，需要时可以选用。该程序比较通用，既可以对标准圆锥曲线轮廓的反射面天线建模，又可对所需任意形状的表面建模或散射体建模（如果需要）。它有一组馈源模型可直接引用，还有对阵列馈源建模的工具软件。图 12.35 是 GRASP 界面窗口的快照，包括阵列馈电的反射面天线和它的一簇方向图（即阵列馈源中每个馈电单元的方向图重叠）。GRASP 还有一些值得注意的特点，包括网格、频率选择表面或有耗反射面表面的散射建模，还包括对反射面或散射体处于馈源近场中这样的系统建模时用球面波展开（SWE）法的内容。最后，TICRA 公司还有许多其他天线软件模块，它们可以与 GRASP 一起联合使用。值得注意的模块是物理光学赋形模块（POS），它是一个可以对反射面赋形和阵列馈源幅相加权综合的优化模块。更多的信息可以查阅网站www.ticra.com。

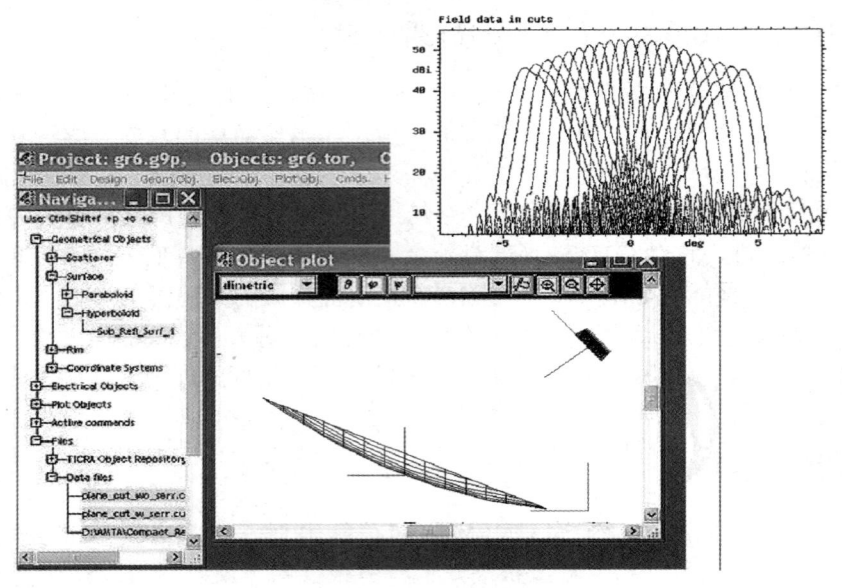

图 12.35　TICRA GRASP GUI，多波束阵列馈源反射面及其方向图

　　OSU-ESL SATCOM[47]工作台是基于微软 Windows 操作系统的模块化软件包，可以在装有 Windows 95/98/2000/XP 系统的 PC 上运行。它除具有计算反射面天线或散射通用 GO/GTD 软件内核外，还包含大量称作向导的模块。SATCOM 工作台中的 GO/GTD 反射面/散射的核心部分继承了 NEC-REF 和 NEC-BSC。与 GRASP 一样，EM 工作台非常通用，功能强大，它可以处理多种形状反射面天线和散射体及它们的组合，还有许多可以直接引用的馈源模型。它还能导出馈源和阵列，作为反射面天线馈源和散射体进行全波电磁建模。图 12.36 是

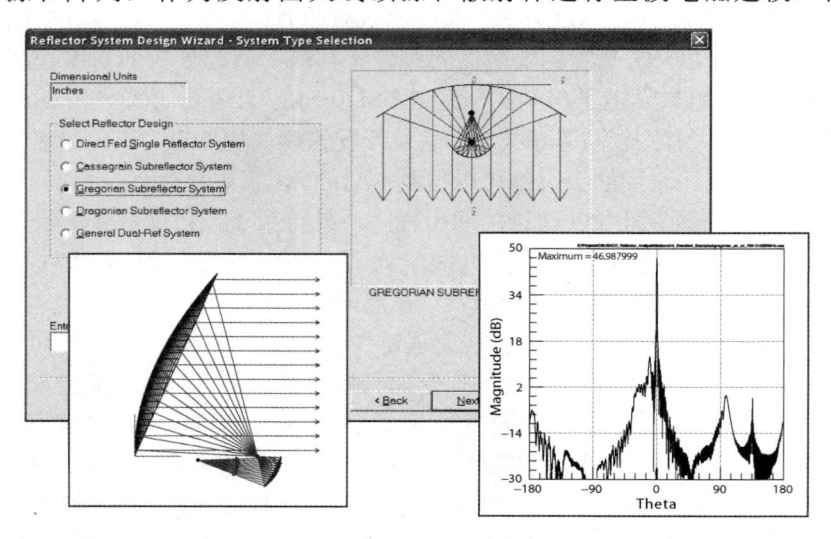

图 12.36　OSU-ESL SATCOM 工作台的界面，偏馈格里高利反射面模型及其方向图

工作台界面窗口快照，里面有一个偏馈反射面模型以及对应的波束方向图。更多的信息可以查询 esl.eng.ohio-state.edu 网站。

12.6 机械设计方面的考虑

反射面天线的机械设计是一门精细的学科，要考虑很多因素。依据诸如平台、天线尺寸、工作环境、工作频率、扫描/FOV 和成本等多种因素有多种不同的设计。限于篇幅，本节不对机械设计详细叙述，仅对设计须考虑的因素做一概括，提供有用的深入了解。

载车或安装场地等平台通常是包括天线在内的雷达传感器的重要承载部件。**平台**是载有雷达和天线的运输工具的统称。典型的雷达平台包括基座（固定站点）、地面汽车、舰船、飞机、无人驾驶飞行器、太空船或卫星等。下面一小段说明平台的影响和确定设计的关键因素。这些因素包括平台的质量、体积（折叠/展开）、精密机械指向系统、材料、机械公差等。最后，简要讨论了关于环境的设计上的考虑和天线罩。

安装是机械设计着重考虑的因素

安装平台一般是机械设计所要着重考虑的主要因素，因为它决定了工作环境（热、振动等），通常涉及雷达及反射面天线的体积、质量和功率（SWAP）。表 12.3 列出了平台上的雷达反射面天线的设计需求和特点的定性比较，平台形式包括地基、舰载、机载和星载。

表 12.3 反射面天线在不同平台下结构设计考虑的因素

	\multicolumn{4}{c	}{反射面天线结构设计的平台要求}
	地 基	舰 载	机 载	星 载
质量	• 通常不是主要因素。 • 如果要求在野外场地部署，需要考虑	• 通常不是主要因素	• 通常是重要因素。 • 主要取决于天线和平台的尺寸	• 主要因素：发射成本很高，需考虑与雷达有效载荷有关的体积和质量。 • 使用轻型材料十分重要
体积	• 通常不是主要因素。 • 如果需在野外部署，需要考虑	• 某些场合下是考虑因素	• 通常是重要考虑因素。 • 取决于天线和平台的尺寸，可以是需重点考虑的因素	• 主要因素：发射成本很高，需考虑与雷达有效载荷有关的体积和质量。 • 一旦进入太空，天线通常要展开等
热力	• 是一个主要考虑因素。 • 雷达通常有很大的功率。 • 馈源或馈源阵列上通常有很大的功率密度。 • 保持馈源温度的冷却系统设计是一个关键	• 可以是一个主要考虑因素。 • 雷达通常有很大的功率。 • 馈源或馈源阵列上通常有很大的功率密度。 • 保持馈源温度的冷却系统设计是一个关键	• 可以是一个主要考虑因素。 • 雷达通常有很大的功率。 • 馈源或馈源阵列上通常有很大的功率密度。 • 保持馈源温度的冷却系统设计是一个关键	• 是一个主要考虑因素。要建立复杂的模型，对整个轨道上的太阳照射进行热量计算。 • 通常采用无源冷却系统，如热管
振动	• 通常不是主要因素 • 但在运输时必须考虑振动的影响（汽车、飞机及其他）	• 通常不是主要考虑因素	• 通常是主要考虑因素	• 通常是主要考虑因素，发射时的火箭运载工具是主要因素
折叠和展开	• 如果系统可运输，可能是一项影响因素	• 通常不是一种要求	• 一般不需要，但不排除特殊情况	• 通常是主要考虑的设计因素。 • 主要关心展开的可靠性，要靠它展开后才能完成任务

续表

反射面天线结构设计的平台要求			
地 基	舰 载	机 载	星 载
其他：• 是否有运输性要求；是否有雷达天线暴露的多种环境要求	• 雷达天线装何处；是否需要天线罩；是否有水或浪击打	• 体积是主要限制，没有足够空间给天线口径	• 特殊的环境。 • 发射时的振动和声波负荷要重点考虑。 • 要考虑在某些轨道上的宇宙辐射照射。 • 要考虑极端的热环境，包括极大温差

质量、体积、折叠、展开和精密机械指向系统[①]

对于不同的反射面天线系统和安装平台，质量、体积、折叠、展开和精密机械指向系统等 5 个因素对反射面天线设计的影响程度各不相同，必须灵活设计。但设计反射面天线系统时，质量和体积通常是主要影响因素。此外，有时还需要考虑折叠和展开，特别是大型反射面。这些要求和约束影响到材料的选择、结构形式设计、机械自动控制或手动控制等。详细论述这些专题已经超出了本章的范畴。然而，举两个例子说明还是很有益的。

第一个例子是主反射面孔径为 9m 的地基双反射面天线，如图 12.37 所示。该反射面天线用于 S 频段的气象雷达[48]。铝板镶嵌制成的反射面天线通过精密指向系统（图中看不到）的转动进行机械扫描。图 12.37 中显示了双极化波导喇叭馈源。对于这样大型的反射面天线，在大风载、重力及热量梯度的情况下，反射面天线要保持较低的表面变形（小于 50 密耳）的结构设计是一项非常重要的工作。

第二个例子是空间可展开反射面天线。该反射面天线系网状，偏置馈电，圆投影孔径直径为 12.25m，折叠和展开两种状态如图 12.38 所示[49]。它是 North-Grumman 空间技术航天研发小组研制的 L 波段天线，已经成功发射并展开，目前正用于多颗通信卫星[50]。共有五部天线在空中运行，孔径为 9m、12m 和 12.25m。对于各种星载雷达，包括气象测量/监视雷达（NEXRAD）[51]和行星 SAR 成像雷达系统（探月和火星），人们对这种反射面天线的应用潜力进行了大量研究。这类反射面天线的重要特点是高表面精度、高强度、高稳定性、轻质量及可靠的展开性。例如，对于图 12.38 所示的反射面天线，在考虑所有误差源条件下，包括轨道上的热梯度［通过谨慎选择材料及正常材料的热膨胀系数（CTE）］匹配，反射面表面的均方根误差小于 50 密耳。经过在轨测量，由于日照热剧变引起的指向偏差小于 0.01°。[52]

Harris 公司为多种空间通信系统研制了很多可展开的星载反射面天线。更多细节可查阅 www.harris.com 网站。

由于大多数反射面天线电扫描范围有限，需要通过精密机械指向系统进行机械扫描以扩大雷达的空域覆盖。设计精密机械指向系统时，要着重关注的关键因素或技术要求包括扫描速率、回转、加速/减速、扭矩和载荷（反射面天线质量）、驱动功率等。了解精密机械指向系统的这些因素和实际设计时的限制，对于雷达系统设计师来说十分重要。

---

① 译者注：原文为 Gimbaling，即万向节，比较通俗形象。根据上下文以及天线专业的特点，译成"精密机械指向系统"比较合适。

（a）系统照片

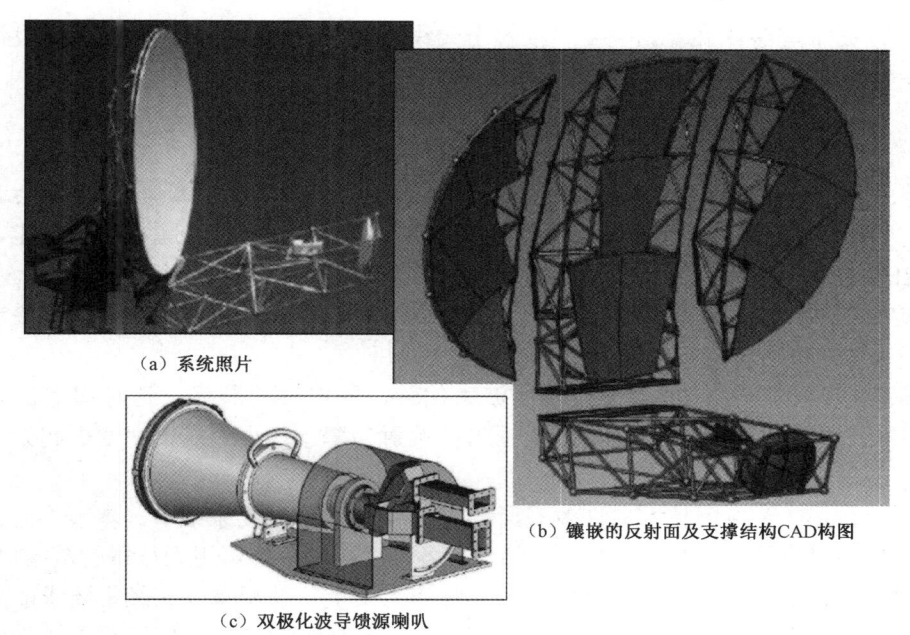

（b）镶嵌的反射面及支撑结构CAD构图

（c）双极化波导馈源喇叭

图 12.37　地基 S 波段 9m 双反射面天线和双极化馈源
（通用动力公司 C4 系统部提供）

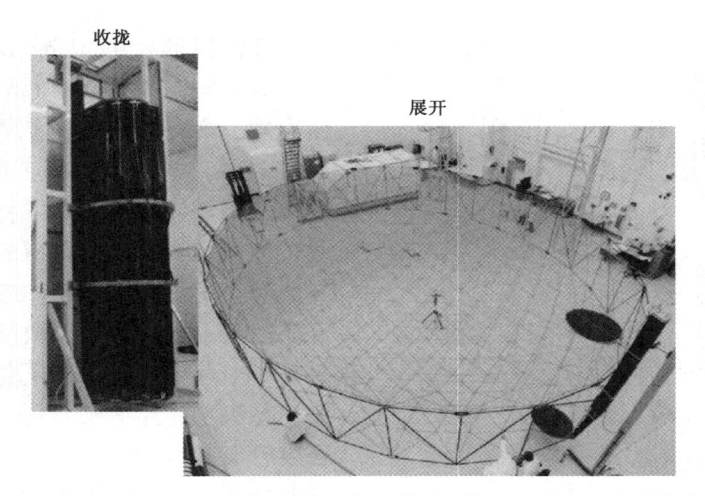

收拢

展开

图 12.38　星载可展开 L 波段 ASTROMesh 反射面天线，圆投影孔径直径为 12.25m
（诺斯罗普·格鲁曼公司提供）

环境因素及相应考虑

　　环境因素的影响各种各样，但常见的重要因素有温度、振动、暴露的外界环境（如盐、沙、水、辐射等）。对于空间传感器来说，要特别关注热作用，因为不同地点和时间的温度变化很大（温差经常会超过 100℃）。特别是对于机载和星载的反射面天线，振动是另一个要考虑的重要因素。这些平台上的反射面因飞机和发射设备（火箭）的环境而需承受特别大的振动。盐、风沙、水等潜在外界影响主要依赖于天线搭载平台和是否使用天线罩，设计时必须加以考虑。

天线罩

使用天线罩可保护天线免受恶劣环境条件的影响。理想上，天线罩应能完全透过来自（或到达）天线的 RF 辐射，但同时还能抵挡环境（如风、雨、冰雹、雪、冰、沙尘、盐雾、雷电和（在星载高速场合下）热、腐蚀及其他空气动力学效应）的影响。实际上，这些环境因素决定天线罩的机械设计，RF 透波的要求必须折中考虑，因为机械和电气要求往往相互矛盾。

天线罩对天线的电性能的主要影响：**波束偏转**，即电轴的漂移，这对跟踪雷达是关键的；**传输损耗**，即反射和吸收产生的能量损失；**反射功率**，在小天线罩中可引起天线失配，在大天线罩中则引起副瓣抬高。

天线罩设计是一类专门技术，许多书籍[53,54]都阐述了它的复杂细节。本节不想提供天线罩的设计信息，但目的是使雷达系统设计师了解各种应用中各类可用天线罩的基本概念。

在反射面天线应用场合，令人感兴趣的天线罩有三类：**馈源罩**，它经常要求能耐压力、耐高电压和耐热；**盖住反射面天线的罩**，以固定方式改变方向图；**外部天线罩**，天线在内运动。外部天线罩最常用，这里将重点介绍。每一类天线罩中，有各种蒙皮和蒙皮支撑设计可使电气性能受各种环境条件影响最小。天线罩蒙皮可以是刚性的，由框架支撑，也可以充气支撑。

最常用的刚性罩壁结构如图 12.39 所示，分别称为均匀单层、A-夹层、B-夹层、C-夹层、多夹层和内含金属的介质层。

单层。很多天线罩应用中都使用均匀单层天线罩。此类天线罩的材料是玻璃纤维增强的塑料、陶瓷、人造橡胶和整体式泡沫塑料。对于适当的入射角，单层的最佳厚度是介质材料中半波长的整数倍，但许多单层罩只是一个薄壁，接近零厚度。

A-夹层。A-夹层常用的罩壁截面由两层密度较高的薄蒙皮和一层较厚但密度较低的夹心构成。这种结构强度–质量比高。蒙皮

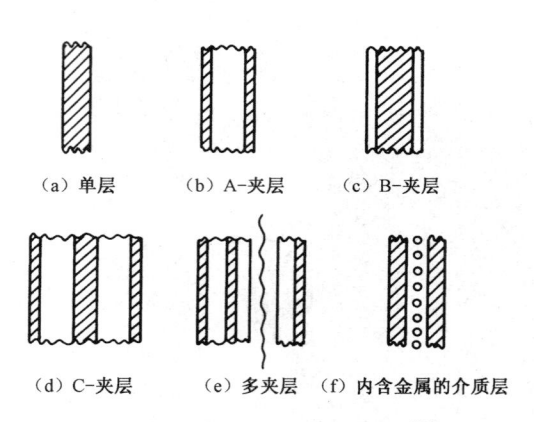

（a）单层　（b）A-夹层　（c）B-夹层
（d）C-夹层　（e）多夹层　（f）内含金属的介质层

图 12.39　常用的天线罩壁截面[54]

通常是玻璃纤维增强型塑料，夹心是泡沫或蜂窝状。为了适合高温应用，已经研制出无机的蒙皮和夹心层。通常，夹层的蒙皮对称或具有等厚度，以使频带中心频率的反射对消。

B-夹层。与 A-夹层不同，B-夹层是蒙皮的介电常数低于夹心材料的三层结构。它的壁截面比 A-夹层的重，因为夹心的密度较大。B-夹层不常用，因为对于好的匹配，夹心层的介电常数太高。

C-夹层。C-夹层是一种五层设计，由两个外蒙皮、中心蒙皮和两个中间夹心层构成。对称的 C-夹层可看做两个背对背的 A-夹层。当 A-夹层没有足够的强度或者无法满足某些电气性能指标时，采用这种结构。需要一层用作暖气道防冰时，也采用这种结构。

多夹层。要求强度高、电气性能好、质量轻时,采用具有 7、9、11 或更多层的多层夹层。有些这样的设计采用玻璃纤维薄板和低密度夹心薄层,可在很宽的频率范围获得好的传输性能。

内含金属的介质层。内含金属的介质层用来实现频率滤波、宽频带特性,或者降低天线罩厚度。内含金属薄层显示出有并联在传输线上的集总电路单元的传输线特性。例如,平行金属线栅格具有并联感性导纳传输线的性质。

还有许多关于天线罩设计的其他问题、特殊应用考虑和设计因素,但是这些已经超出了本章的讨论范畴,就不再赘述。

致谢

作者感谢本手册第二版(1990)[55]第 6 章"反射面天线"的作者 Helmut Schrank,Gary Evans,Daniel Davis(也是本章的合作者)。本章仍然保留第二版的部分内容,向他们所做的工作表示深切的感谢。

"天线罩"一小节的部分内容引自本手册第一版(1970)[56]的第 14 章,作者是 Vincent J.DiCaudo。

参考文献

[1] J. D. Kraus, *Antennas*, 2nd Ed., New York: McGraw-Hill Book Company, 1988: Sec. 2-34.

[2] W. L. Stutzman and G. A. Thiele, *Antenna Theory and Design*, Chapter 8, New York: John Wiley and Sons, 1981.

[3] C. M. Knop, "On the front to back ratio of a parabolic dish antenna," *IEEE Trans. Antennas Propag.*, vol 24, pp. 109–111, January 1976.

[4] W. V. T. Rusch, "Scattering from a hyperboloidal reflector in a cassegrain feed system," *IEEE Trans.*, vol. AP-11, pp. 414–421, July 1963.

[5] C. L. Gray, "Estimating the effect of feed support member blocking on antenna gain and sidelobe level," *Microwave J.*, pp. 88–91, March 1964.

[6] *Microwave Engineers Handbook and Buyers Guide*, New York: Horizon House, 1964, p. 143.

[7] W. W. Mumford, "Some technical aspects of microwave radiation hazards," *Proc. IRE*, pp. 427–447, February 1961.

[8] J. Ruze, "The effect of aperture errors on the antenna radiation pattern," *Nuovo Cimento, Suppl.*, vol. 9, no. 3, pp. 364–380, 1952.

[9] J. Ruze, "Antenna tolerance theory—A review," *Proc. IEEE*, vol. 54, pp. 633–640, April 1966.

[10] S. Silver (ed.), *Microwave Antenna Theory and Design*, MIT Radiation Laboratory Series, vol. 12, New York: McGraw-Hill Book Company, 1949.

[11] Y. T. Lo, "On the Beam Deviation Factor of a Parabolic Reflector," *IRE Trans.*, vol. AP-8, pp. 347–349, May 1960.

[12] P. D. Potter, "Application of spherical wave theory to Cassegrainian-fed paraboloids," *IEEE Trans.*, vol. AP-15, pp. 727–736, November 1967.

[13] R. C. Johnson and H. Jasik (eds.), *Antenna Engineering Handbook*, 2nd Ed., New York: McGraw-Hill Book Company, 1984, pp. 32–11, 32–12.

[14] Y. T. Lo and S. W. Lee (eds.), *Antenna Handbook: Theory, Applications and Design, Reflector Antennas*, Chapter 15, New York: Van Nostrand Reinhold Co. Inc., 1988.

[15] C. J. Sletten, "The theory of reflector antennas," Air Force Cambridge Res. Lab., AFCRL-66-761, Phys. Sci. Res., Paper 290, 1966.

[16] K. S. Kelleher and H. P. Coleman, "Off-axis characteristics of the paraboloidal reflector," Naval Res. Lab. Rept. 4088, 1952.

[17] A. W. Rudge and N. A. Adatia, "Offset parabolic reflector antennas: A review," *Proceedings IEEE*, vol. 66, no. 12, pp. 1592–1618, December 1978.

[18] D. G. Kielsy, "Parabolic cylinder aerials," *Wireless Eng.*, vol. 28, pp. 73–78, March 1951.

[19] R. L. Fante et al., "A parabolic cylinder antenna with very low sidelobes," *IEEE Trans.*, vol. AP-28, pp. 53–59, January 1980.

[20] P. W. Hannan, "Microwave antennas derived from the cassegrain telescope," *IRE Trans.*, vol. AP-9, pp. 140–153, March 1961.

[21] P. D. Potter, "Aperture illumination and gain of a Cassegrainian system," *IEEE Trans.*, vol. AP-11, pp. 373–375, May 1963.

[22] W. V. T. Rusch, "Scattering from a hyperboloidal reflector in a Cassegrainian feed system," *IEEE Trans.*, vol. AP-11, pp. 414–421, July 1963.

[23] E. J. Wilkinson and A. J. Applebaum, "Cassegrain systems," *IRE Trans.*, vol. AP-9, pp. 119–120, January 1961.

[24] C. J. Sletten et al., "Offset dual reflector antennas for very low sidelobes," *Microwave J.*, pp. 221–240, May 1986.

[25] W. V. Rusch, "The current state of the reflector antenna art," *IEEE Trans. Antennas Propag.*, vol. AP-32, no. 34, pp. 319–320, April 1984.

[26] T. Haeger and J. J. Lee, "Comparisons between a shaped and nonshaped small cassegrain antenna," *IEEE Trans. Antennas Propag.*, vol. 38, no. 12, December 1990.

[27] R. A. Pearson, E. Elshirbini, and M. S. Smith, "Electronic beam scanning using an array-fed dual offset reflector antenna," *IEEE AP-S Int. Symp. Dig.*, pp. 263–266, June 1986.

[28] E. P. Ekelman and B. S. Lee, "An array-fed, dual-reflector antenna system (of offset confocal paraboloids) for satellite antenna applications," *IEEE Symp. Antennas Propag.*, pp. 1586–1589, 1989.

[29] H. K. Schuman and D. R. Pflug, "A phased array feed, dual offset reflector antenna for testing array compensation techniques," *IEEE Symp. Antennas Propag.*, pp. 466–469, 1990.

[30] W. D. Fitzgerald, "Limited electronic scanning with a near-field Cassegrainian system," Technical Report 484, MIT Lincoln Laboratory, 24 September 1971.

[31] T. Lee, "A study of spherical reflectors as wide angle scanning antennas," *IEEE Trans. Antennas Propag.*, vol. 7, pp. 223–226, July 1959.

[32] T. Chu and P. P. Iannone, "Radiation properties of a parabolic torus reflector," *IEEE Trans. Antennas Propag.*, vol. 37, no. 7, July 1989.

[33] M. Skolnik, "A long range radar warning system for the detection of intercontinental ballistic missiles," MIT Lincoln Laboratory TR 128, August 15, 1956.

[34] M. Skolnik, *Introduction to Radar Systems*, 3rd Ed., New York: McGraw-Hill, 2002, pp. 662, 663.

[35] C. A. Balanis, *Antenna Theory Analysis and Design*, Chapters 13 and 15, New York: John Wiley and Sons, 1982.

[36] A. W. Love (ed.), *Electromagnetic Horn Antennas*, New York: IEEE Press, 1976.

[37] W. Cohen and C. M. Steinmetz, "Amplitude and phase sensing monopulse system parameters," *Microwave J.*, pp. 27–33, October 1959.

[38] D. R. Rhodes, *Introduction to Monopulse*, New York: McGraw-Hill Book Company, 1959.

[39] L. J. Ricardi and L. Niro, "Design of a twelve-horn monopulse feed," *IRE Int. Conv. Rec., part. 1*, March 1961, pp. 49–56.

[40] P. W. Hannan and P. A. Loth, "A monopulse antenna having independent optimization of the sum and difference modes," *IRE Int. Conv. Rec., part. 1*, March 1961, pp. 57–60.

[41] B. Saka and E. Yazgan, "Pattern optimization of a reflector antenna with planar-array feeds and cluster feeds," *IEEE Trans. Antennas Propagat.*, vol. 45, no. 1, January 1997.

[42] R. F. Harrington, *Time Harmonic Electromagnetic Fields*, New York: McGraw-Hill, pp. 106–116, 1961.

[43] L. Diaz and T. Milligan, *Antenna Engineering Using Physical Optics: Practical CAD Techniques and Software*, Boston: Artech House, 1996, pp. 193–196.

[44] C. A. Balanis, "Green's functions" in *Advanced Engineering Electromagnetics*, Chapter 14, New York: John Wiley and Sons, 1989.

[45] P. H. Pathak, "High frequency techniques for antenna analysis," *Proc. of the IEEE*, vol. 80, no. 1, January 1982.

[46] Y. T. Lo and S. W. Lee (eds.), *Antenna Handbook: Theory, Applications and Design, Techniques for High Frequency Problems*, Chapter 4, New York: Van Nostrand Reinhold Co. Inc., 1988.

[47] G. F. Paynter, T. H. Lee, and W. D. Burnside, "Expansion of existing EM Workbench for multiple computational electromagnetics codes," *IEEE Antennas and Propagation Magazine*, vol. 45, no. 3, June 2003.

[48] D. Brunkow, V. N. Bringi, P. C. Kennedy, S. A. Rutledge, V. Chandrasekar, E. A. Mueller, and R. K. Bowie, "A description of the CSU-CHILL National Radar Facility,". *J. Atmos. Ocean. Tech.*, 17, pp. 1596–1608, 2000.

[49] M. Thomson, "The astromesh deployable reflector," *IEEE Symp. Antennas and Propag.*, pp. 1516–1519, 1999.

[50] M. Thomson, "Astromesh Deployable Reflectors for Ku and Ka-Band Satellites," *AIAA Symp.*, 2002, pp. 1–4.

[51] J. K. H. Lin, H. Fang, E. Im, and U. O. Quijano, "Concept study of a 35m spherical reflector system for NEXRAD in space application," presented at 47th AIAA/ASME/ASCE/AHS/ASC Structures, Structural Dynamics, and Materials Conference, Newport, RI, May 1–4, 2006.

[52] R. Fowell and Wang, H., "Precision pointing of the Thuraya satellite." presented at 26th AAS Guidance and Control Conference, Breckenridge, CO, February 5–9, 2003.

[53] R. C. Hansen, *Microwave Scanning Antennas*, New York Academic Press, New York, 1966; Los Altos, CA: Peninsula Publishing, 1985.

[54] J. D. Walton, Jr. (ed.): *Radome Engineering Handbook*, New York: Marcel Dekker, 1970.

[55] M. Skolnik (ed.): *Radar Handbook*, 2nd Ed., New York: McGraw-Hill, 1990.

[56] M. Skolnik (ed.): *Radar Handbook*, 1st Ed., New York: McGraw-Hill, 1970.

第 13 章　相控阵雷达天线

13.1　引言

相控阵雷达

早期的雷达系统采用由独立辐射器组合而成的阵列天线。这种天线出现的年代可追溯到 20 世纪初期[1-3]。辐射器的几何位置及其激励的幅度和相位决定天线的性能。随着雷达发展到采用更短的波长，阵列就由较为简单的天线所代替，如抛物反射面天线。对于现代雷达的应用，电控移相器、开关和收/发组件的出现再次把人们的注意力吸引到阵列天线上。现在可以通过控制独立单元的相位来调制孔径激励，以实现波束的电扫描。相对于反射面天线，电扫描相控阵天线的显著优势是扫描波束所需的时间，以及扫描的灵活性。先前的雷达扫描波束到一个新位置需要几秒，而相控阵仅需要几微秒。此外，这一新位置可以是前半空域的任意位置。本章将专门研究这种类型的阵列。

多功能雷达

快速且精准的切换波束的能力保证了雷达通过时间交错的方式实现多种功能。电控阵列雷达可以跟踪多批次目标，通过用射频能量照射多个目标来引导导弹朝它们飞去。在执行完整的半球空域的搜索过程中，完成自动目标选择，并转为跟踪。这种类型的雷达甚至可以通过将高增益波束指向远距离的接收机和发射机扮演通信系统的角色。可实现完全的灵活性；在总使用时间所限定的范围内，可以根据特定环境需要，来调整搜索和跟踪率以达到最佳状态。可以改变天线波束宽度来实现部分空域的更快捷搜索但伴随增益降低。发射频率可以在脉间捷变，或者在脉内编码进行捷变。可由分布于孔径上的多个放大器功率合成后产生非常大的功率。电控阵列天线能够给雷达完成各种不同功能所需的灵活性，以便用最佳的方式来处理面临的特殊任务。这些功能可以自适应地编程到雷达能力的极限，以实施有效而自动的管理和控制。

20 世纪 60 年代，人们对相控阵理论进行了深入研究。到了 80 年代，随着技术的发展，产生了一系列的实用系统，发表了许多文献[4-15]。在性能提升方面，超低副瓣（小于–40dB）首先在 20 世纪 70 年代由原西屋电气公司生产的 AWACS（机载预警和控制系统）上实现，但要求结构和相位设置方面的严格容差。更多更好的计算机建模和复杂的测试设备（例如网络分析仪）的出现，导致了改进的设计匹配良好的阵面孔径方法。现在又有了更好的器件，如辐射单元、移相器和功分器。更为经济的固态器件和存储芯片确保了对孔径内随频率和温度变化的相位的精确控制。固态微波器件的发展许诺在未来的系统中每个辐射单元均可连接一个固态组件；还许诺在孔径控制、可靠性和效率方面有不断的改进。相控阵可自适应控制，特别是副瓣对消可自适应控制。这是一个理论和理解上都有很大进展的领域。在室内近场天线测试场方面也有巨大的进展[16]。可以通过多个频率上和扫描情况下的近场数据用计算机算出精确的二维方向图。

相控阵是很昂贵的。但随着技术的发展，预期成本将降低。同时，对用较低副瓣和宽带得到优异性能的需求又会使成本增加。

相控阵天线

相控阵天线的孔径由大量相同辐射单元（例如裂缝、偶极子或贴片）组成，每个单元可实现相位和幅度上的独立控制。由此可得到可精确预期的方向图和波束指向。

从一些在此处给出并将在以后还要详细讨论的简单公式，可以容易得到常规平面阵的一般特性。为避免生成多个波束（栅瓣），单元间距选为$\lambda/2$时（λ为波长），对笔形波束而言，辐射单元个数N与波束宽度的近似关系为

$$N \approx \frac{10\ 000}{(\theta_B)^2}$$

$$\theta_B \approx 100/\sqrt{N}$$

式中，θ_B是3dB波束宽度（单位为度）。当波束指向孔径法线方向时，相应的天线增益为

$$G_0 \approx \pi N \eta \approx \pi N \eta_L \eta_a$$

式中，η计入天线损耗η_L和单元非均匀幅度分布加权产生的增益下降η_a。当扫描到角度θ_0时，平面阵列增益减少到投影孔径的增益

$$G(\theta_0) \approx \pi N \eta \cos\theta_0$$

同样，扫描波束宽度由法线波束宽度增加到（端射$\theta_0=90°$附近除外）

$$\theta_B(\text{扫描}) \approx \frac{\theta_B(\text{法线})}{\cos\theta_0}$$

填满全空间的波束总数M（以法向波束宽度且方形堆积来考虑）近似地等于增益，当$\eta \approx 1$，它与N的简单关系为

$$M \approx \pi N$$

单元由并馈方式馈电（见13.8节）且通过移相（相位2π取模）实现扫描的阵列，带宽是有限的。要宽带工作，需要求路径长度相同而不是等相位。带宽的限制为

$$带宽(\%) \approx 波束宽度(度)$$

这等效于由下式给出的限制

$$脉冲宽度 = 2 \times 孔径尺寸$$

用上述准则，当频率在带内变化时，扫描60°的方向图指向将在该扫描角上偏移±1/4个该处的波束宽度。如果带内的所有频率均采用相同加权，那么带宽允许增加一倍（脉冲宽度减半）。当扫描角为θ_0时，波束指向随频率的改变以$\delta\theta$表示为

$$\delta\theta \approx \left(\frac{\delta f}{f}\right)\tan\theta_0 \quad (\text{rad})$$

对于较宽的带宽，必须引入时间延迟网络以补偿移相器。

共形阵[17, 18]

相控阵可以按要求与曲面共形，例如，嵌装在飞机或导弹表面上。如果表面有大的曲率

半径，以致所有的辐射单元大体上指向同一方向，那么即使必须考虑单元的精确三维位置以计算所需的相位，其特性也与平面阵列相似。当采用圆柱体（或球体）阵列覆盖360°时，只具有小的曲率半径。这时要关掉单元波束方向偏离希望指向的部分天线单元。这样的阵列，在匹配辐射单元和保持极化纯度方面可能会遇到困难。本章将集中讨论平面相控阵，而不是共形阵。

三维立体搜索

通过在方位和仰角两个方向上电扫描可实现三维（3D）立体搜索；可以随意加强重要区域（例如地平线处）的搜索，使搜索更加频繁。因为通过增加驻留，目标易于被确认，所以雷达可以用高于正常的虚警率工作。相位控制可使波束展宽，例如用以减少对仰角较高的区域搜索的时间，因为该区域内所需的探测距离近，只需较小的天线增益。为了额外的覆盖，可增加一个独立的旋转监视雷达系统（工作在另一个频率上），这样可以给3D雷达以更多的跟踪时间。

单脉冲跟踪

相控阵雷达很适合于单脉冲跟踪。阵列辐射单元可以用三种不同的方式组合来给出和波瓣、方位和俯仰上的差波瓣。在最佳幅度分布上，和波瓣与差波瓣的要求之间存在着矛盾[19]，但是，同其他天线系统一样，可以独立给予满足。和波瓣与差波瓣同时进行扫描。

在相控阵系统中，差波瓣零点给出良好的波束指向精度。在一直到60°的扫描范围内，已测出的绝对波束指向精度小于（扫描的）波束宽度的五十分之一[20]。此精度受相位和幅度误差的限制。由于采用的是移相装置而不是时延装置，当频率变化时，扫描波束的零点指向也发生改变，并且当频率升高时波束向孔径侧射方向移动。

赋形波束

改变孔径分布可以使阵列方向图赋形。只用相位即可得到好的方向图近似。特别是在孔径上应用球面相位分布或者三角形相位分布来近似，可以展宽波束。这种形式的波束容易形成，因而人们对此特别感兴趣。它们可以用于系统的发射，在这种系统中，接收天线有一簇同时存在的波束，或者如前面讨论的，它们可用于搜索系统，在较近的距离范围内可减少角单元数。

监控

电扫阵列由许多部分组成，其中包括使波束扫描的激励移相器的电子电路或开关。这种阵列总的可靠性是十分好的；性能下降是逐渐的，因为当10%部件失效时，所引起的增益损失仅仅只有1dB。但是，（低）副瓣会抬高。然而天线的工作是复杂的，必须提供测试和监控电路。在雷达控制系统中的某处，作出波束指向某一特定方向的决定。这个方向通常用两个方向余弦来确定。测试或监控电路应能确定各分机是否正常工作，其中包括所有波束指向的计算、电子激励器和移相器或开关，以及它们的所有相互连接。监控应能经常指示天线系统在正常工作或者能够进行正常工作。一种可能的方法是，对移相器进行编程，使其聚焦在附近的监控探头上，并扫描掠过它[21]。这将会产生与整个方向图形状极为相似的结果，在此方向图中可对增益和副瓣测量，并与先前的结果比较。也可以用这种线路来检测各单元的组合

孔径的布置

对于平面阵列，面阵扫描受孔径投影区面积的减少而导致的增益损失及波束宽度的增大限制。因此扫描的实际极限值是在 60°～70°范围之内。于是对半球覆盖而言，至少要有三个面阵孔径。几个天线可如图 13.1 所示安装，以使船上中心部分的建筑物不妨碍雷达观察。通常孔径应离垂直海面的方向向后倾斜以平衡仰角面内的上下扫描角。

图 13.1　图中的导弹巡洋舰显示出了四个相控阵天线中的两个（Litton 公司提供）

辐射单元

相控阵最常用的辐射器是偶极子、裂缝、开口波导（或小喇叭）和印制电路"贴片"（最初以其发明者命名，称为 **Collings 辐射器**[24]）。单元要足够小以适合阵列的几何尺寸，因此，把单元限制在比 $\lambda^2/4$ 略大的面积中。此外，需要许多个辐射器，所以辐射单元应是廉价的、可靠的，且所有辐射单元性能都是一样的。

由于辐射器在阵列中的阻抗和方向图主要是由阵列的几何形状决定的（参见 13.4 节），所以应选择辐射单元来适合馈电系统及天线的机械尺寸上的需要。例如，如果辐射器由带状线移相器馈电，那么带状线偶极子是合理的选择。如果用波导移相器，那么选择使用开口波导或裂缝则是方便的。在较低的频率上，由于主要采用同轴部件，这时用偶极子作为辐射单元是有利的。通常在平行的偶极子阵列后面大约 $\lambda/4$ 处放一接地面，以使天线只在前半球空域内形成波束。

对于有限扫描的情况（例如小于 10°），可以使用高方向性辐射器，它在高度和宽度上的尺寸为几个波长。由于相隔几个波长的单元之间的互耦效应很小，因此单元在阵列中的方向图和阻抗接近单元在自由空间中的方向图和阻抗。

必须选择单元来实现所要求的极化，通常是水平极化或垂直极化。后面将讨论圆极化的特殊情况。

如果需要极化分集，或者需要阵列发射某一极化，而接收为与之相垂直的或两者兼有的极化，那么可以用交叉偶极子及圆形或方形辐射器。应用适当的馈电系统，这两种辐射单元均能独立地提供垂直和水平极化，并且可以把它们组合起来，提供包括圆极化在内的任意极化。这样，在辐射单元这一层就需要两套馈电系统或开关，因此这种极化分集大大增加了系统的复杂性。

圆极化

从天线设计者的观点来看，虽然在大扫描角时匹配会遇到困难，但是实现圆极化是可能的。扫描时将产生不希望的正交极化分量[25]，因此应采取一些措施来吸收此能量[26]。在常规的圆极化天线中，像有圆极化馈源的抛物反射面，只能在主瓣的一部分上得到好的圆极化，而在波瓣的其余部分却迅速恶化。在平面阵列天线中，与极化有关的是阵列中单元的波束宽度，而不是阵列总的波束宽度。

如采用圆极化，接收单次反射目标（如球和平板）的回波信号需要一个与发射圆极化相反方向的天线。如果使用同一天线，那么，无法接收到单次反射目标信号。因此，采用这样的圆极化系统可以抑制雨滴回波[27]，理想情况下，抑制总量可达到如下数值：

$$20\lg(e^2+1)/(e^2-1) \quad (\text{dB})$$

式中，e 是电压圆极化轴比。Raytheon 反射阵的早期模型，给出了扫描到 30°时，轴比小于 1.5dB 的结果，相当于理论上对雨滴抑制至少有 15dB。同时，飞行目标的典型损失大约为 3dB，得到雨滴抑制相对净提高 12dB。

超宽带相控阵

具有在很宽的带宽内改变频率能力的雷达系统的优点是，能有效地使其发射信号适应下列各种因素：与频率相关的多路径传播特性、目标响应、环境条件、有意或无意干扰等。此外，超宽带处理能提供精细的距离分辨率。

相控阵有工作于很宽带宽的潜力。频带高端受到单元的实际尺寸限制，因为阵列中单元必须排得足够近，以避免产生栅瓣（见 13.2 节）。对于宽的瞬时带宽（而不是可调谐带宽），必须加入时延以防止频率改变时引起波束扫描。

在孔径上，辐射元的阻抗（如各单元紧密排列）大体上与频率无关，但是单元必须在宽带范围内匹配。为达到这一目的，而又在扫描时不激发有害的表面波是困难的。然而，已实现扫描±60°且在倍频程带宽内匹配。

有限扫描[28]

如果扫描局限于在小角度范围内，阵列就有可能大大简化。有源控制器的总数可减少到与波束数大致相等。可以组成子阵（见 13.8 节），每个子阵只有一个相位控制器，但子阵尺寸应能使子阵波束宽度覆盖所有的扫描角。另一种方法是，把小相控阵放置在大反射面的焦点区域，从而使反射面的窄波束在有限的扫描角度范围内扫描。

阵列扫描

相位扫描

天线波束总是指向与相位波前相垂直的方向。在相控阵中，通过分别控制每个辐射元激励的相位来调整相位波前，从而扫描波束，如图 13.2（a）所示。移相器由电子驱动来满足快速扫描的要求，并能在 $0\sim 2\pi$ 之间调整相位。如果单元间距为 s，当扫描角为 θ_0 时，相邻单元之间的相移增量为 $\psi=(2\pi/\lambda)s\sin\theta_0$。如果相位 ψ 不随频率变化，则扫描角 θ_0 与频率有关。

时延扫描

相位扫描对频率很敏感，时延扫描则与频率无关。如图 13.2（b）所示，可采用延迟线在单元之间提供一个延迟增量 $t=(s/c)\sin\theta_0$ 来代替移相器，式中 c 是电磁波传播速度。单独的时延电路（参见 13.7 节）通常太笨重，以致无法加到每一个辐射元上。而给一组各自带有移相器的单元（子阵）加上一个时延网络就能合理地兼顾了。

频率扫描[29]

可以利用相位扫描的频率敏感特性，使频率成为有作用的参数。图 13.2（c）所示为这种结构。在某一特定频率上，所有的辐射器都同相。当频率改变时，由于孔径上的相位线性偏移而使波束扫描。频扫系统比较简单并且实现起来比较便宜些。频扫系统已经得到开发和使用，过去它与水平机械旋转的雷达相结合，为三坐标雷达提供仰角扫描。本手册第一版中有一章曾讨论了这种方法，但从那时起越来越不引起人们的注意。因为频率对于获得高距离分辨率、电子对抗和多部雷达使用的频谱都是一个十分重要的参数，不能只把它用于天线波束扫描。现在已很少使用频率扫描了。

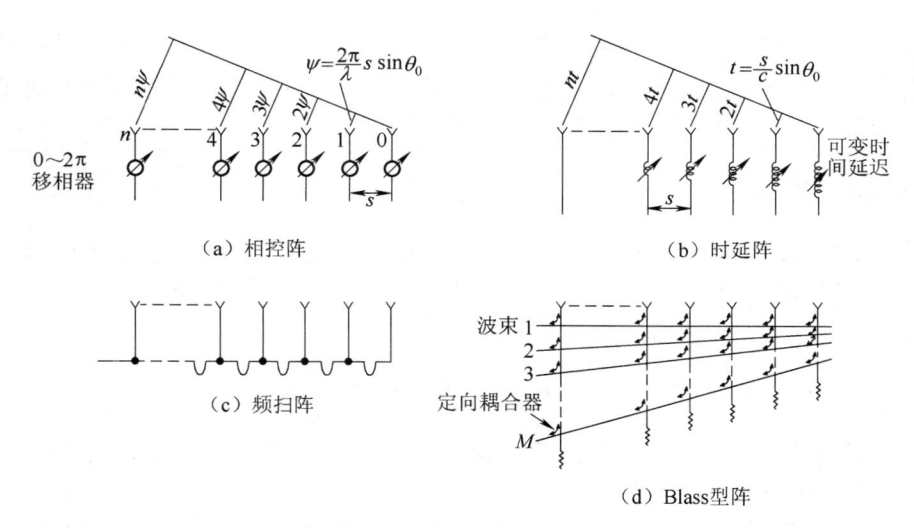

图 13.2　波束扫描的产生

中频扫描

对接收来讲，每个辐射元的输出均可以外差（混频）到一个中频，于是，所有不同的扫描方法都可能实现，包括后面叙述的波束开关系统，它能在中频实现，因中频放大器容易提供放大，并可应用集总参数电路。

数字波束形成[30-32]

对接收而言，每个辐射单元的输出可以加以放大和数字化。信号然后就能送到计算机中处理，这包括多波束同时形成（用合适的孔径照射加权形成）和为避免有意或无意干扰而自适应得出波瓣零点。是否能获得相应的模/数（A/D）转换器和它的价格以及它的频率和动态范围特性均造成了限制。只在子阵这一级上进行数字化来部分地实现是可能的。

波束切换

适当设计的透镜和反射面，用在其聚焦平面的馈源可形成多个独立波束。每个波束大体上都有整个天线的增益和波束宽度。Allen[33]证明，存在利用定向耦合器的等效的有效传输网络可以有同样的聚焦特性。以 Blass[34]命名的典型形式如图 13.2（d）所示。调整几何尺寸可以提供相等的路径长度，从而提供与频率无关的时延扫描。另一种提供宽带多波束的结构使用平行金属板，这组平行板包含一个宽角微波透镜[35, 36]。每一端口对应一个独立波束。透镜为孔径提供合适的时间延迟，给出随频率不变的扫描。可通过开关矩阵选择波束，这个矩阵需要（$M-1$）个单刀双掷（SPDT）开关，以选择 M 个波束中的一个。这些波束在空间上是固定的，并且大约在 4dB 处重叠。这与前面所讨论的扫描方法大不相同。前述方法可使波束精确地扫描到任一位置。所有波束都位于同一平面内。系统可与天线的机械旋转结合，为三维覆盖提供垂直切换扫描。在两个平面内切换波束的系统将复杂得多。

同时多波束

不用前文所述的切换波束，可以将所有波束与独立的接收机相连接，提供同时的接收多波束。发射机的方向图必须很宽以覆盖所有的接收波束。这种多波束系统已与机械旋转相结合用在三坐标雷达上。

多个独立扫描波束

通过修正孔径上的幅度和相位，可以用单个波束形成器产生独立的多个波束。例如，图 13.3 中，可产生两个独立波束。两个波束有相同的幅度（电压）分布 $F(x)$，但是有不同倾斜的线性相位波前。两个波束合成的孔径激励为

$$F(x,\psi) = F(x)e^{j2\psi_1(x/a)} + F(x)e^{j2\psi_2(x/a)} = 2F(x)\cos\left[(\psi_1 - \psi_2)\frac{x}{a}\right]e^{j(\psi_1+\psi_2)(x/a)}$$

这就是说，为产生两个独立波束所需的孔径幅度分布是按余弦变化的。而相位分布是线性的，并且具有平均的倾斜度。

在大多数相控阵系统中，仅有相位可以控制。通过叠加各种需要的移相器设置（模 2π），并忽略所需的幅度变化，仍能得出适于形成多波束良好的分布近似。在两个波束的情

况下，孔径相位斜率有平均的倾斜度，且周期性地从 0～π 变化。

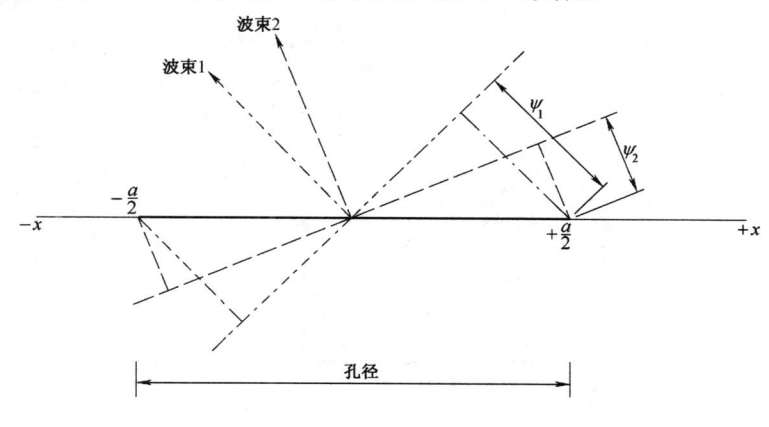

图 13.3　给出双波束的孔径分布

仅垂直扫描

如果不需要包括火力控制这样的多种功能，那么相控阵系统就可能大大简化，因火控要求波束必须能随时指向任意指定的方向。若阵列只在垂直面扫描，并且通过机械旋转提供方位上的覆盖，则相位控制点数就减少到水平行的数目。在舰船监视雷达情况下，天线应当设置得尽可能高，以避免被上层结构遮挡。由于用电子控制波束即可达到稳定，因而基座不必加以稳定。扫描形式可以是相位扫描，也可在接收中使用同时多波束，发射中使用宽的天线方向图。

13.2　阵列理论

二元阵

图 13.4 所示为两个间距为 s，等幅同相激励的各向同性单元。输入单位功率时，它们的电场矢量作为 θ 的函数在远区相加。其矢量和即是辐射方向图。

$$E_a(\theta) = \frac{1}{\sqrt{2}}\left[e^{j(2\pi/\lambda)(s/2)\sin\theta} + e^{-j(2\pi/\lambda)(s/2)\sin\theta}\right]$$

式中，θ 是从宽边法线方向算起的角度。按 $\theta = 0°$ 所定的幅度将上式归一化和简化可得

$$E_a(\theta) = \cos(\pi\frac{s}{\lambda}\sin\theta) \tag{13.1}$$

图 13.4 中绝对值 $|E_a(\theta)|$ 是作为 $\pi(s/\lambda)\sin\theta$ 的函数绘制而成的。若按 θ 的变化而绘制，波瓣将会随 $|\theta|$ 的增加而加宽。主瓣出现在 $\sin\theta = 0$ 处。其他的瓣具有与主瓣相同的幅度，并且通常称作**栅瓣**。栅瓣出现的角度由 $\sin\theta = \pm[m/(s/\lambda)]$ 决定，其中 m 是整数。对于由 $-90° < \theta < +90°$ 给定的半空间，共有 $2m'$ 个栅瓣，其中 m' 是小于 s/λ 的最大整数。如果 $s<\lambda$，则不会出现栅瓣最大值，在 ±90° 时瓣的数值为 $\cos(\pi s/\lambda)$。这个数值是对各向同性的辐射元而言的，如果辐射元具有方向性，这个数值将会降低。

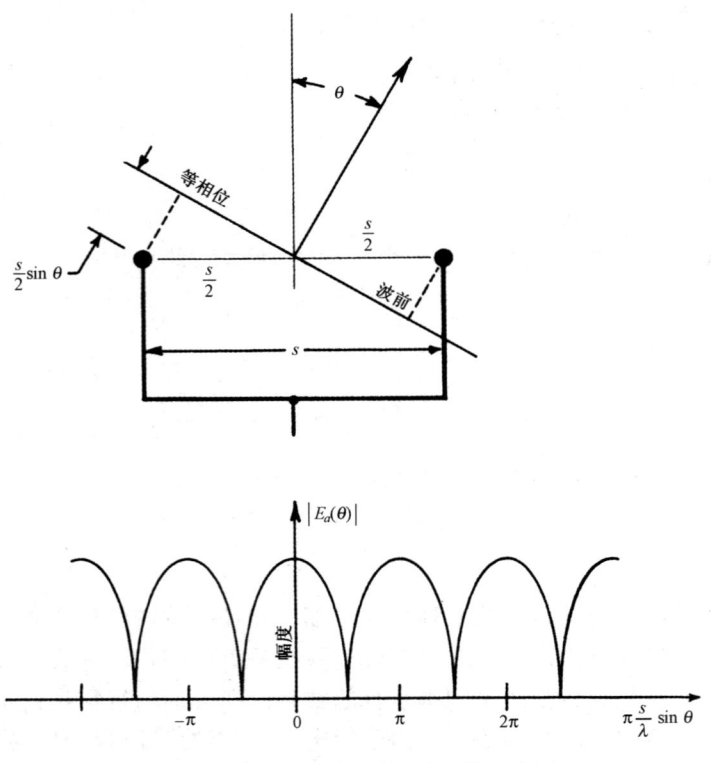

图 13.4 两个各向同性辐射元的方向图

线阵[37]

图 13.5 所示为 N 个等幅同相激励，单元间距为 s 的各向同性辐射元所组成的线阵。出现栅瓣的条件与上述简单的情况是一样的。它们都出现在相同的 $\pi(s/\lambda)\sin\theta$ 值上，但是波瓣的宽度变窄了，并被一些较小的副瓣隔开。当以零号单元为参考相位时，所有单元所产生的电场的矢量和为

$$E_a(\theta) = \frac{1}{\sqrt{N}} \sum_{n=0}^{N-1} e^{j(2\pi/\lambda) ns\sin\theta}$$

因子 $1/\sqrt{N}$ 表示每个单元均由（单位）输入功率的 $1/N$ 来激励。对法线方向 $\theta=0$ 的增益归一化后，方向图为

$$E_a(\theta) = \frac{\sin[N\pi(s/\lambda)\sin\theta]}{N\sin[\pi(s/\lambda)\sin\theta]} \tag{13.2}$$

$E_a(\theta)$ 给出了辐射单元为各向同性时的方向图，它被称为**阵因子**。图 13.6 所示为 $N=10$ 的情况。其波瓣是重复出现的，在 θ_1 和 θ_2 上的相邻栅瓣，间隔为 $\pi(s/\lambda)(\sin\theta_1-\sin\theta_2) = \pi$。

辐射单元实际上是非各向同性时，且有单元方向图 $E_e(\theta)$，称为**单元因子**或**单元波瓣**。于是合成的辐射波瓣 $E(\theta)$ 为阵因子与单元波瓣之乘积，即

$$E(\theta) = E_e(\theta)E_a(\theta) = E_e(\theta)\frac{\sin[N\pi(s/\lambda)\sin\theta]}{N\sin[\pi(s/\lambda)\sin\theta]} \tag{13.3}$$

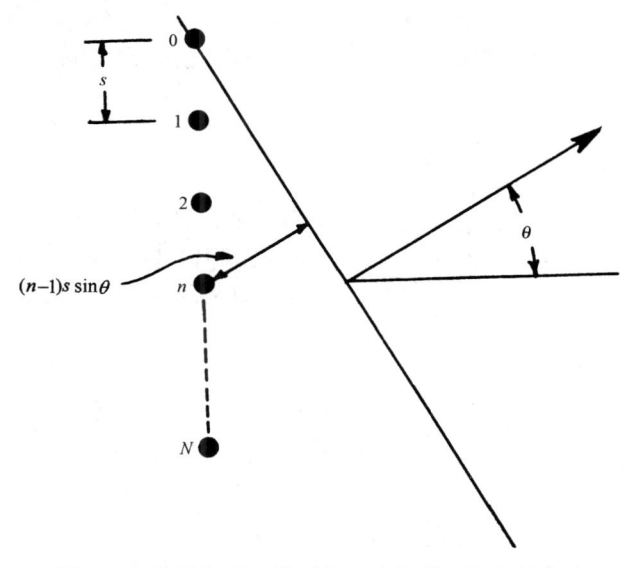

图 13.5 按等间距 s 排列的 N 个辐射元组成的线阵

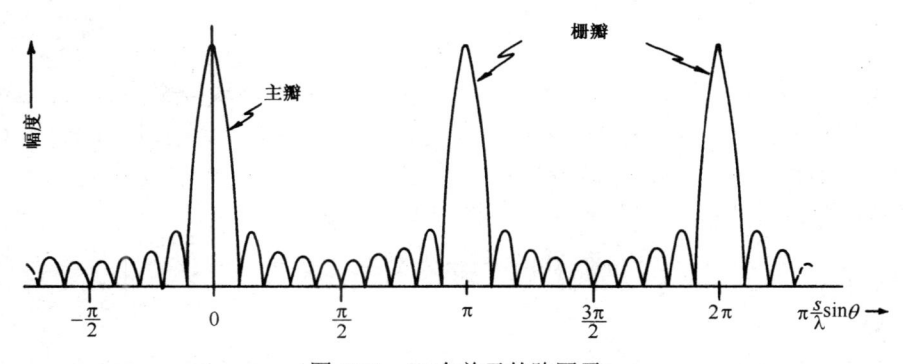

图 13.6 10 个单元的阵因子

式（13.2）的波瓣近似表达式为

$$E(\theta) = \frac{\sin[\pi(a/\lambda)\sin\theta]}{\pi(a/\lambda)\sin\theta} \tag{13.4}$$

式中，有效孔径 $a=Ns$，它从两个端单元的中心各向外延伸 $s/2$ 的长度。与阵因子不同的是，此波瓣仅有一个最大值，且不重复出现。它就是众所周知的连续等幅分布的傅里叶变换。对均匀照射，波束宽度为

$$\theta_B = \frac{0.886}{a/\lambda} \quad (\text{rad}) = \frac{50.8}{a/\lambda} \quad (°) \tag{13.5}$$

第一副瓣比主瓣最大值低 13.3dB。

对于较大的 θ，连续孔径的波瓣由式（13.4）用倾斜因子[38, 39] $(1/2)(1+\cos\theta)$ 进行修正。修正后得

$$E(\theta) = \frac{1}{2}(1+\cos\theta)\frac{\sin[\pi(a/\lambda)\sin\theta]}{\pi(a/\lambda)\sin\theta} \tag{13.6}$$

当单元靠得很近时，倾斜因子非常类似于最佳设计（匹配）辐射单元的幅度波瓣$(\cos\theta)^{1/2}$（对于 60°或 70°以内的值）。在更大的角上，单元波瓣的值比由$(\cos\theta)^{1/2}$给出的更大，且是单元总数的函数[40]。

扫描线阵

利用单元与单元之间加上相位线性递增，使相邻单元之间的相位差为 $2\pi(s/\lambda)\sin\theta_0$，即可扫描阵波瓣到$\theta_0$上。式（13.2）修正后，可以得到均匀照射阵列的归一化阵因子

$$E_a(\theta) = \frac{\sin[N\pi(s/\lambda)(\sin\theta - \sin\theta_0)]}{N\sin\pi(s/\lambda)(\sin\theta - \sin\theta_0)} \tag{13.7}$$

其波瓣为

$$E(\theta) = E_e(\theta)\frac{\sin[N\pi(s/\lambda)(\sin\theta - \sin\theta_0)]}{N\sin[\pi(s/\lambda)(\sin\theta - \sin\theta_0)]} \tag{13.8}$$

式（13.8）给出扫描阵列系统的基本结果。只要

$$\pi(s/\lambda)|\sin\theta - \sin\theta_0| < \pi$$

或

$$\frac{s}{\lambda} < \frac{1}{1+|\sin\theta_0|} \tag{13.9}$$

阵因子仅仅有一个单独的主瓣，即在−90°<θ<+90°范围内不出现栅瓣最大值。当(s/λ)<1/2时，这点总是成立的。扫描范围有限时，s/λ可增大，例如，最大扫描角为 60°时，s/λ<0.53，最大扫描角为±45°时，s/λ<0.59。

当s/λ值较大时，栅瓣将出现在θ_1上，其值由下式决定。

$$\sin\theta_1 = \sin\theta_0 \pm \frac{n}{s/\lambda} \tag{13.10}$$

式中，n是整数。

极限情况下，不等式（13.9）确实允许扫描到θ_0时，在 90°出现栅瓣峰值。即使乘以单元方向图可减小栅瓣，选单元单距使栅瓣的第一个零点而不是峰值出现在 90°是慎重的。对于N个单元这一更严格的限制条件由下式给出。

$$\frac{s}{\lambda} < \frac{N-1}{N} \times \frac{1}{1+|\sin\theta_0|} \tag{13.11}$$

式（13.8）可以再次用连续孔径照射的傅里叶变换近似为

$$E(\theta) = \frac{1}{2}(1+\cos\theta)\frac{\sin\pi(a/\lambda)(\sin\theta - \sin\theta_0)}{\pi(a/\lambda)(\sin\theta - \sin\theta_0)} \tag{13.12}$$

对于实际的幅度和相位分布，只要单元之间的间隔小到足以抑制栅瓣[42]，连续孔径的傅里叶变换之解[19, 41]即可作为波瓣的近似。单脉冲差波瓣可以以同样方法用相应的连续奇函数孔径分布的傅里叶变换来近似。

单元因子和平面阵增益

对于等幅照射，面积为A的无损耗孔径，阵列法向波束的最大增益为$G_{\max} = 4\pi A/\lambda^2$。对于非均匀孔径分布和存在损耗时，增益按效率$\eta$减小为

$$G_{max} = 4\pi \frac{A}{\lambda^2} \eta \qquad (13.13)$$

如果将孔径考虑为一部匹配接收机,则来自方向 θ_0 的能量正比于天线孔径的投影面积,因而扫描时的增益为

$$G(\theta_0) = 4\pi \frac{A\cos\theta_0}{\lambda^2} \eta \qquad (13.14)$$

如果孔径由 N 个相同的辐射单元组成,并匹配地接收入射功率,那么所有单元对总增益的贡献均相同,由此

$$G(\theta) = NG_e(\theta)\eta \qquad (13.15)$$

式中,G_e 是一个单元的增益。由式(13.14)得到的匹配单元功率波瓣为

$$G_e(\theta) = 4\pi \frac{A}{N\lambda^2} \cos\theta \qquad (13.16)$$

归一化的(匹配)单元幅度波瓣或(匹配)单元波瓣为

$$E_e(\theta) = \sqrt{\cos\theta} \qquad (13.17)$$

对于给定的单元间距 s,面积 A 内辐射元总数 $N = A/s^2$,于是由式(13.16)得

$$G_e(\theta) = 4\pi \left[\frac{s}{\lambda}\right]^2 \cos\theta$$

当单元间距 $s=\lambda/2$ 时,在所有扫描角上完全匹配的单元功率波瓣为

$$G_e(\theta) = \pi\cos\theta \qquad (13.18)$$

于是在扫描角方向 θ_0 上,天线最大增益为

$$G(\theta_0) = N\pi\eta\cos\theta_0 \qquad (13.19)$$

式中,效率因子 η 考虑损耗和非均匀孔径分布的影响。对于法线(侧射)方向波束,$\theta_0=0$,有

$$G_0 = N\pi\eta \qquad (13.20)$$

于是单元增益 $G_e = \pi$。

图 13.7 是扫描到 60°,单元间距 $s=\lambda/2$ 的 10 元阵的阵因子和单元因子以及合成波瓣图。由于单元方向图增益向着法线方向增加,所以波瓣图的最大值出现在小于 60° 的角度上。在 60° 上,相对于法线方向的最大值而言,单元功率波瓣之值为 $\cos 60°=0.5$,或幅度之

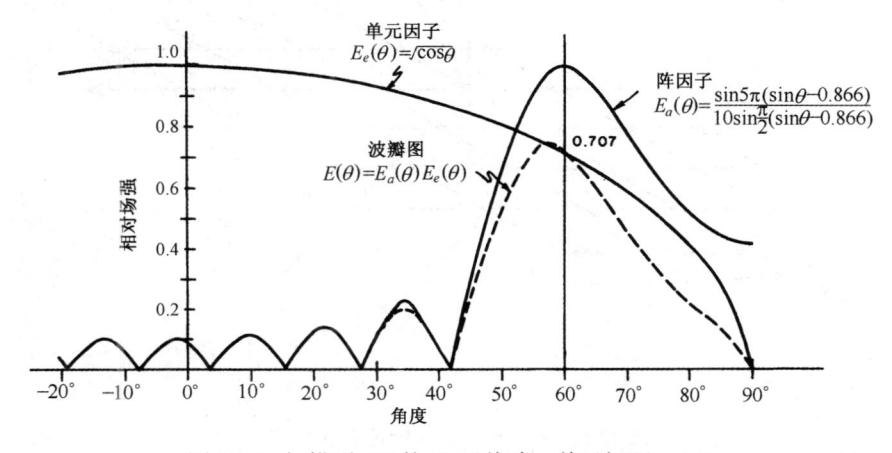

图 13.7 扫描到 60° 的 10 元线阵,单元间距 $s=\lambda/2$

值为 0.707，同预期的一样。在法线方向的附近区域内，由于单元波瓣近似为 1，所以副瓣没有降低。这样，相对于波束最大值，法线方向附近的副瓣场强增加约 3dB。

13.3 平面阵列和波束控制

平面阵列

平面阵列能在二维上控制波束。在球坐标系中，单位半径半球面上的点由两个坐标 θ 和 ϕ 确定，如图 13.8 所示，θ 是从法线量起的扫描角，而 ϕ 是从 x 轴量起的扫描平面角度。Von Aulock[43]提出了一种使波瓣图和扫描影响形象化的简单方法。他考虑将半球面上的点向一个平面上的投影（见图 13.9）；平面的轴是方向余弦 $\cos\alpha_x$、$\cos\alpha_y$。对于半球面上的任意方向，方向余弦为

$$\cos\alpha_x = \sin\theta\cos\phi$$
$$\cos\alpha_y = \sin\theta\sin\phi$$

扫描方向由方向余弦 $\cos\alpha_{xs}$、$\cos\alpha_{ys}$ 来表示。这里，扫描面由从 $\cos\alpha_x$ 轴反时针旋转测量的角度 ϕ 确定，并由下式给出。

$$\phi = \arctan\frac{\cos\alpha_{ys}}{\cos\alpha_{xs}}$$

扫描角 θ 由原点到点 $(\cos\alpha_{xs}, \cos\alpha_{ys})$ 的距离确定。这一距离等于 $\sin\theta$。为此，把这种表示称为 $\sin\theta$ 空间。$\sin\theta$ 空间的特征为天线波瓣形状对扫描方向而言是不变的。随着波束扫描，图形中的每一个点和波束最大值一样，在同一方向并以同样距离移动。

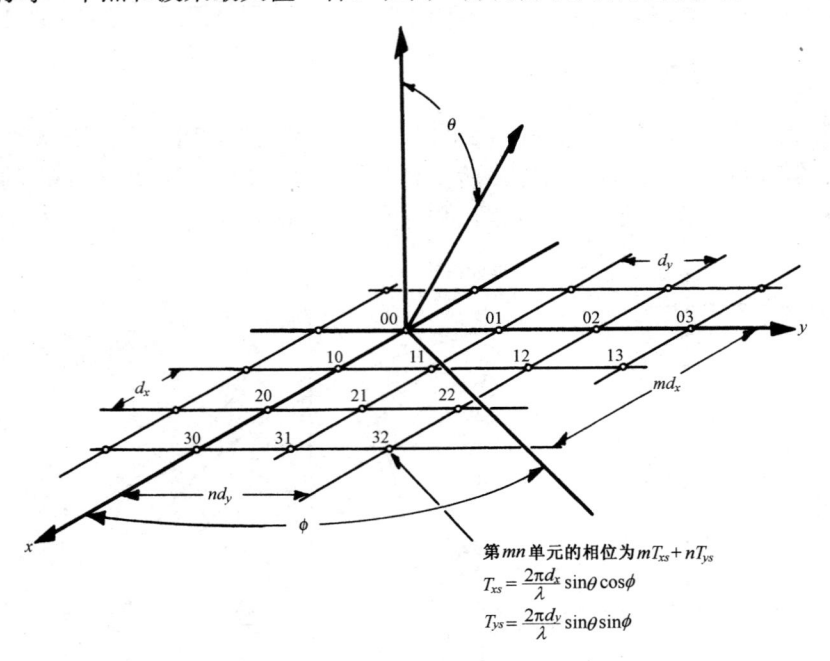

第 mn 单元的相位为 $mT_{xs} + nT_{ys}$
$T_{xs} = \frac{2\pi d_x}{\lambda}\sin\theta\cos\phi$
$T_{ys} = \frac{2\pi d_y}{\lambda}\sin\theta\sin\phi$

图 13.8 平面阵列单元的位置和相位

第 13 章 相控阵雷达天线

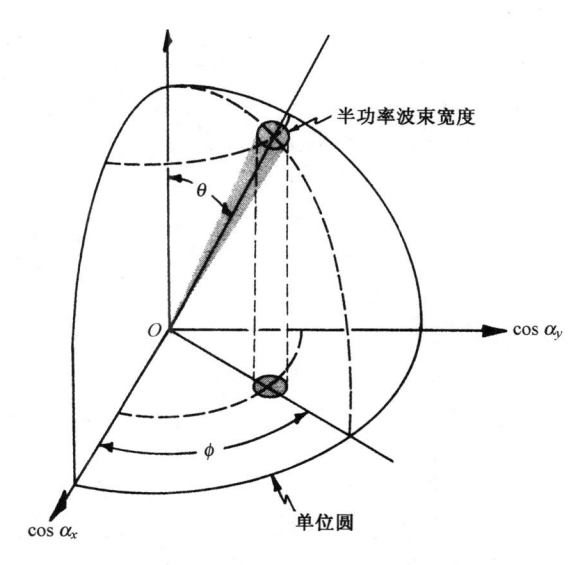

图 13.9 半球面上的点在阵列平面上的投影

在单位圆以内的范围，

$$\cos^2\alpha_x + \cos^2\alpha_y \leq 1$$

称为**实空间**，能量向这个半球内辐射。在单位圆以外的无穷大区域，称为**虚空间**。虽然没有功率辐射到虚空间，但在阵列扫描时，为观察栅瓣运动，这个概念是有用的。另外，虚空间中的波瓣匼表示储存的能量，并且它对阵列中的单元阻抗有影响。

最普通的单元点阵不是矩形格子就是三角形格子。如图 13.8 所示，第 mn 个单元位于 (md_x, nd_y)。三角形格子可以想象为每隔一个单元省去一个单元的矩形格子。在这种情况下，通过要求 $(m+n)$ 为偶数，可以确定单元的位置。

采用方向余弦坐标系，单元控制相位的计算大大简化。在这一系统中，由波束控制方向 $(\cos\alpha_{xs},\cos\alpha_{ys})$ 所确定的线性相位渐变可以在每个单元上实现累加。因此，第 mn 单元上的相位可用下式给出

$$\psi_{mn} = mT_{xs} + nT_{ys}$$

式中，$T_{xs} = (2\pi/\lambda)d_x\cos\alpha_{xs}$ 为在 x 方向上单元之间的相移；$T_{ys} = (2\pi/\lambda)d_y\cos\alpha_{ys}$ 为在 y 方向上单元之间的相移。

二维阵列的阵因子可以由阵列中各个单元在空间每一点贡献的矢量求和来计算。对于一个阵列扫到以方向余弦 $\cos\alpha_{xs}$ 和 $\cos\alpha_{ys}$ 方式给出的方向上时，对 $M \times N$ 排列的矩形辐射单元阵，其阵因子可以写成

$$E_a(\cos\alpha_{xs},\cos\alpha_{ys}) = \sum_{m=0}^{M-1}\sum_{n=0}^{N-1}|A_{mn}|e^{j[m(T_x-T_{xs})+n(T_y-T_{ys})]}$$

式中，$T_x = (2\pi/\lambda)d_x\cos\alpha_x$；$T_y = (2\pi/\lambda)d_y\cos\alpha_y$；$A_{mn}$ 是第 mn 个单元的幅度。

阵列可看成具有无限个栅瓣，但在实空间内希望仅有一个瓣（即主瓣）。当主波束位于法向时，绘出栅瓣位置，然后在波束扫描时观察栅瓣的运动是方便的。图 13.10 给出矩形和三角形排列时栅瓣的位置。对矩形阵列，栅瓣位于

$$\cos\alpha_{xs} - \cos\alpha_x = \pm\frac{\lambda}{d_x}p$$

$$\cos\alpha_{ys} - \cos\alpha_y = \pm\frac{\lambda}{d_y}q$$

$$p, q = 0, 1, 2, \cdots$$

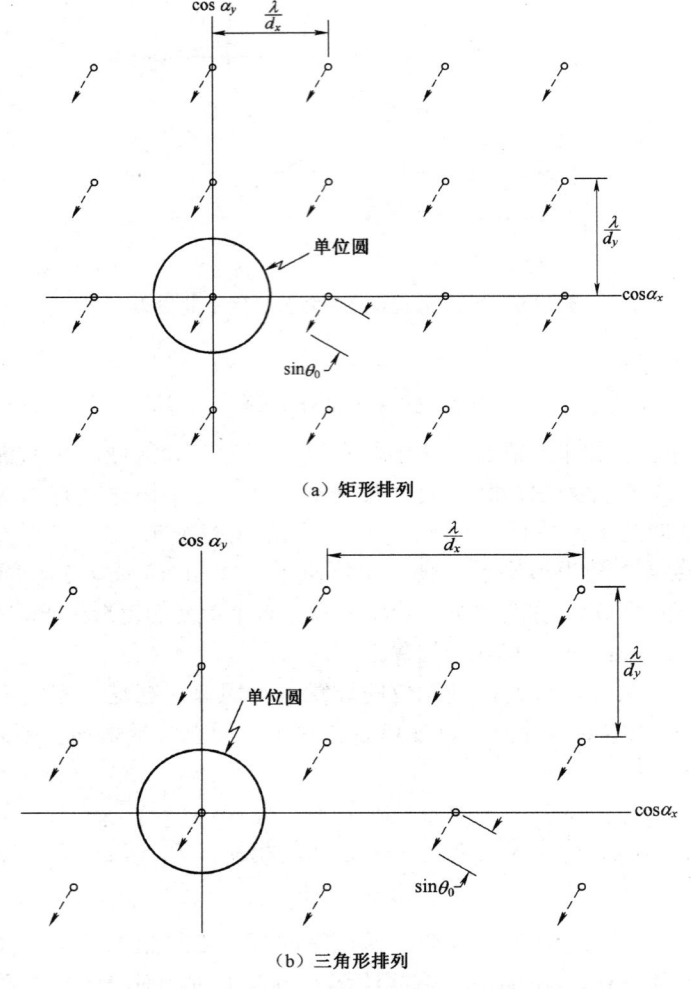

（a）矩形排列

（b）三角形排列

图 13.10　波束扫描到 θ_0 时，矩形排列和三角形排列的栅瓣移动情况

$p=q=0$ 处的瓣就是主瓣。用三角形排列抑制栅瓣比用矩形排列[44]更为有效，因此对于给定的孔径尺寸，所需的单元较少。如果三角形排列在（md_x, nd_y）上包含单元，这里 $m+n$ 是偶数，那么，栅瓣位于

$$\cos\alpha_{xs} - \cos\alpha_x = \pm\frac{\lambda}{2d_x}p$$

$$\cos\alpha_{ys} - \cos\alpha_y = \pm\frac{\lambda}{2d_y}q$$

式中，$p+q$ 是偶数。

由于通常只希望在实空间内有一个主瓣，因此一个合理的设计应是对于所有的扫描角仅有一个最大值，其余均放在虚空间内。如果单元间距大于 $\lambda/2$，随着扫描，原来在虚空间内的波瓣可能移进实空间。当阵列扫离法线时，每一个栅瓣（在 $\sin\theta$ 空间）在扫描面所决定的方向上将移动一段等于扫描角正弦的距离。为了保证没有栅瓣进入实空间，单元间距必须这样选择：即对于最大的扫描角 θ_m，栅瓣移动距离 $\sin\theta_m$ 并不能使之进入实空间。如果对每个扫描面都要实现扫离法向 60° 角，那么在 $1+\sin\theta_m = 1.866$ 为半径的圆内，不能存在栅瓣。满足这一要求的方形排列有

$$\lambda/d_x = \lambda/d_y = 1.866 \quad \text{或} \quad d_x = d_y = 0.536\lambda$$

其中，每个单元的面积为

$$d_x d_y = (0.536\lambda)^2 = 0.287\lambda^2$$

对于等边三角形阵列，需满足

$$\lambda/d_y = \lambda/\left(\sqrt{3}d_x\right) = 1.866 \quad \text{或} \quad d_y = 0.536\lambda,\ d_x = 0.309\lambda$$

因为每隔一个 mn 的值放置一单元，因此每一个单元面积为

$$2d_x d_y = 2(0.536\lambda)(0.309\lambda) = 0.332\lambda^2$$

对于同样的栅瓣抑制条件，方形排列需要大约多 16% 的单元数。

单元配相运算

通常需要用计算机来完成对相控阵天线的控制运算。它可以补偿因微波元件、工作环境和单元的实际位置所引起的许多已知相位误差。例如，如果插入相位和相位差异的变化（可能在移相器间出现）是已知的，那么可以在计算中加以考虑。知道阵面上温度变化所引起的相位误差也能补偿。最后，许多馈电（例如光学馈电或串联馈电）在每一个移相器输入端并不提供等相位激励。由这些馈电引起的相对相位激励是关于频率的已知函数。在这些情况下，计算机必须提供一个基于阵列中单元位置和工作频率的修正。

对于具有几千个单元的大型阵列，需要进行大量的计算，以确定各单元的配相。这些计算工作必须在很短的时间周期内完成。采用正交相位指令 mT_{xs}、nT_{ys} 有助于把这些计算工作量减到最少。一旦对给定的波束指向，算出了单元间的相位增量 T_{xs}、T_{ys}，那么 T_{ys} 的整数倍可以用于控制纵向的扫描（见图 13.8）。

13.4 孔径匹配和互耦[45]

孔径匹配的重要性

天线扮演着功率源与自由空间之间良好匹配的匹配设备的角色。如果天线与自由空间不匹配，则功率会反射回激励源，造成辐射功率的损失。另外，失配将在连接到天线的馈线上引起驻波。该驻波峰值电压比匹配传输线上的电压高 $(1+|\Gamma|)$ 倍。其中，Γ 是电压反射系数。这相当于功率比实际入射功率提高了 $(1+|\Gamma|)^2$ 倍。因此，天线辐射功率较少时，单个元件却必须设计成能承受更高的峰值功率。对不扫描的天线，失配通常可以用常规方法在尽量靠近

失配来源的点上调掉。

在扫描天线阵中，辐射单元的阻抗随着阵列扫描而变化。这使匹配问题更为复杂。和常规天线不同，常规天线不匹配仅仅影响辐射功率电平，而不会引起波瓣形状的变化，而在扫描天线阵中，失配可能会导致出现寄生瓣。有时甚至天线在法线方向良好匹配，却可能出现在某些扫描角上大部分功率被反射的情况。

单元阻抗和单元波瓣的变化是相邻靠得近的辐射单元之间互耦的表现。对于实际设计而言，下面两种经验方法是很有价值的。

（1）波导模拟器提供了一个仅仅用少量单元确定无限阵中单元阻抗的手段。基于这种测量而做的匹配结构的有效性也可由模拟器来确定。

（2）小阵是确定有源单元波瓣的最佳技术。采用激励一个单元并将其相邻单元接以匹配负载的方法来测有源单元波瓣，是全面测量整个天线阵性能之外的最好方法。如果在某个扫描角上存在大的反射，可以用单元波瓣中的零点来确认。小阵还可以提供单元间的互耦数据。此耦合数据可用来计算阵列扫描时阻抗的变化。

这两种方法将在本节的后面讨论。

互耦的影响

当两天线（或单元）相距比较远时，天线之间的能量耦合很小，一个天线对另一个天线的激励电流和波瓣的影响均可忽略不计。随着天线靠近，它们间的互耦将增强。通常单元间的距离、单元波瓣和单元邻近处的结构都影响互耦的大小。例如，偶极子的辐射波瓣在 $\theta=\pm 90°$ 的方向上为 0，而在 $\theta=0°$ 的平面内是全方向性的。所以可以预期排成一条线的偶极子之间是弱耦合，而平行的偶极子之间是强耦合。当单元处于由许多单元组成的阵中时，耦合的效果会很强烈，以致使阵列中单元的阻抗和波瓣均发生急剧的变化。

有源单元波瓣和**单元阻抗**这两个术语是对处于其工作环境下的单元而言的（即天线阵中与此单元相邻的单元均被激励）。在阵列中，每一个被激励单元都与所有其他单元之间有耦合。图 13.11 所示为几个单元对典型的 00 号中心单元的耦合情况。$C_{mn,pq}$ 表示 mn 号单元上感应的电压（幅度和相位）与第 pq 号单元激励电压之间关系的互耦系数。耦合信号矢量相加，会产生一个向 00 号辐射单元信号源方向传播的波，就像在 00 号辐射单元中产生了反射一样。当相邻单元相位改变而使波束扫描时，耦合信号的矢量和发生变化，并且引起 00 号单元阻抗发生明显变化。对某些扫描角，耦合电压趋于同相相加，因而引起大的反射并可能进而导致主瓣损失。大反射常常出现在栅瓣刚好进入实空间之前的扫描角上。但在某些情况下，这种反射也有可能会出现在较小的扫描角上。

以上描述的阻抗变化，并没有涉及馈电网络和移相器，且假定单元之间的耦合仅经过辐射孔径。耦合系数可以被测得，通过叠加，将来自阵列中每一个单元（至少是那些最邻近的单元）有相位的电压进行矢量求和，就产生向激励源反射的电压。在实际的阵列中，阻抗变化与馈电系统和移相器有关。如果考虑到这些情况，阻抗变化与上述模型所估计的会有所不同。在大多数分析中，考虑到的只是孔径的耦合。当孔径与其他影响相隔绝时，例如每个单元均独立馈电（即有自己的激励器和隔离器）时，上述描述给出了孔径上阻抗变化的深入理解。在这种情况下，就能够简单地测量任意一条线上的电压驻波比（VSWR）来精确确定阻抗和失配变化的范围。但对于许多馈电系统，这一点是做不到的，并且反射能量的测量将给出错误的信息和虚假的安全感。除非所有的反射都在某个中心点被吸收（或者使用独立的馈源），通常一部分反射能量将发生再反射，产生一些不希望有的大副瓣。

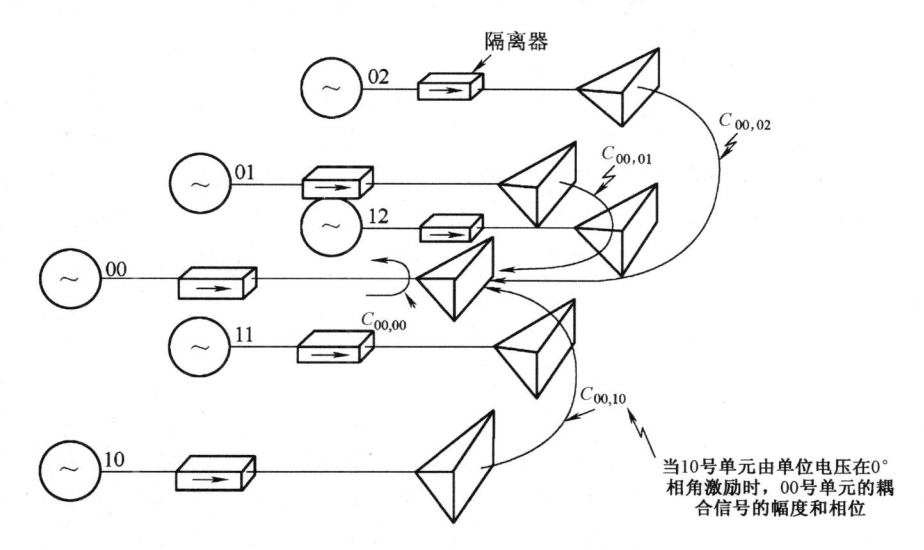

图 13.11　相邻单元对中心单元的耦合信号

对于大的天线阵，位于阵中心附近单元的阻抗通常被认为是阵列中每个单元的典型的阻抗。正如可预料的那样，这个单元受到与其最邻近单元最强的影响。当阵列扫描时，在几个波长的距离内单元的影响也很明显。对于接地面上的偶极子，单元之间的耦合强度随着间距增大而迅速减小。为了合理地表达阵列的特性，5×5 元阵的中心单元可以作为大阵中的典型单元。对于无接地面的偶极子，单元之间的耦合并不如此迅速地减少，故采用 9×9 元阵是比较合理的。对于终端开口波导阵列，采用 7×7 元阵就足够了。如果希望准确地预计阵列的特性，就需要采用比上面所述的还要多的单元[47, 48]。

经常，为方便起见，假定阵是一个无限大阵列，并且按等幅分布，单元之间的相位为线性渐变的。在这种情况下，阵中每一个单元均处于完全相同的环境，对任意一个单元的计算都同样适用于其他单元。这些假定可大大简化单元阻抗变化的计算。此外，用模拟器测量的阻抗相当于无限阵中的单元阻抗。尽管是假设，无限阵的模型还是以较高的精度，准确地预计了阵列阻抗和阻抗的变化。甚至一个适中面积的均匀阵（小于 100 单元）与无限阵推断的结果是相当一致的[49]。

单元波瓣

从能量的角度来考虑，具有等幅分布（$\eta=1$）的完全匹配阵列的方向性增益将随投影孔径面积的变化而改变，由式（13.14）给出，即

$$G(\theta_0) = \frac{4\pi A}{\lambda^2}\cos\theta_0$$

如果假定 N 元阵的每一个单元增益相同，则从式（13.16）可以得出单个单元的增益为

$$G_e(\theta_0) = \frac{4\pi A}{N\lambda^2}\cos\theta_0$$

如果单元失配,其随扫描角变化的反射系数为 $\Gamma(\theta,\phi)$,则单元增益波瓣减小为

$$G_e(\theta,\varphi) = \frac{4\pi A}{N\lambda^2}(\cos\theta)[1-|\Gamma(\theta,\phi)|^2]$$

可以看出,单元波瓣中包含着与单元阻抗有关的信息[50-53]。单元波瓣所辐射的总功率与投送到天线输入端的功率之差必须等于反射功率。从扫描阵的辐射波瓣来看,这意味着因为扫描的天线的波瓣画出单元波瓣,所以扫描波瓣的平均功率损耗等于单元波瓣因反射而产生的功率损耗。当存在接匹配负载的相邻的单元时,对单元进行匹配是不够的。单元将把能量传递给其周围的单元,这个功率损耗相当于扫描时的平均功率损耗。一个理想的、未必能实现的单元波瓣将向扫描区域辐射全部功率。所给出的波瓣类似于带台阶的余弦。这样,对于采用的单元数而言,将提供最大的天线增益。

稀疏阵

在主瓣形状没有明显恶化的情况下,可以将天线阵中辐射单元的数目减少到满阵时单元数目的一小部分。但是平均副瓣却随移走的单元数成比例地恶化。单元密度变稀,可以使幅度分布有效地渐变,同时间距又不产生相关性相加而形成栅瓣。图 13.12 所示

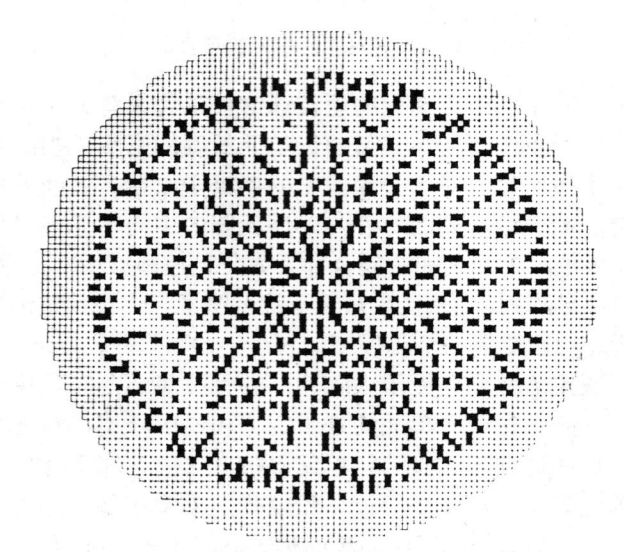

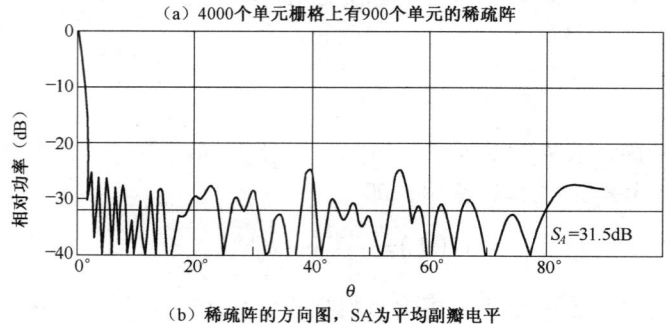

(a) 4000个单元栅格上有900个单元的稀疏阵

(b) 稀疏阵的方向图,SA为平均副瓣电平

图 13.12 从规则的栅格排列中随机抽去一些单元的稀疏孔径

(引自 Willey[54] © IRE1962. Courtesy of Bendix Radio.)

为从规则的栅格排列[54]中随机抽去一些单元的稀疏孔径。增益为实际单元数产生的增益 $NG_e(\theta)$，但是波瓣宽度则与满阵相同。例如，阵列的稀布率为只用满阵单元数的 10%，则其增益会损失 10dB。但是由于主瓣几乎并无变化，所以大约 90%的功率辐射到副瓣区域。稀疏阵很少被采用。

如果将所有移走的单元（在规则稀疏阵中）全用有匹配负载单元代替的话，则单元波瓣与规则阵中全部单元都激励的单元波瓣相同，单元波瓣与阵的激励无关，而且无论是稀疏阵、渐变阵或是均匀照射阵都损失了同样部分的功率（由于失配）。应当指出，只在采用独立馈电，且忽略边缘效应时，单元波瓣这一概念才对每一个单元都适用。

尽管通常不采用，但是稀疏阵可以采用不规则的单元间距实现。在这种情况下，单元增益（或阻抗）随着该单元周围环境的不同在单元之间各不相同。要获得阵列增益，必须对所有不同单元增益 $G_{en}(\theta)$ 求和，即

$$G(\theta) = \sum_n G_{en}(\theta)$$

自由空间的阻抗变化

人们对研究大型连续孔径的情况很感兴趣，这种连续孔径可看成是由许多非常小的单元所组成的阵列的极限情况[55]。自由空间阻抗 E/H 在 E 面上扫描时，随 $\cos\theta$ 变化，在 H 面上扫描时随 $\sec\theta$ 变化。从而媒质的阻抗依赖于传播方向，于是扫描孔径阻抗的变化是这种依存关系的必然结果。连续孔径代表了扫描阻抗变化的下限。Allen 的结果[56]指明了这一点。他计算了接地面上偶极子的阻抗随扫描变化的情况。偶极子靠得越近，不管互耦如何增大或正是由于这一点，其阻抗随扫描的变化却越小。尽管阻抗的变化减小了，偶极子的绝对阻抗也随之减小，使得它们在法线方向上更难匹配。为了获得比在自由空间小的阻抗变化，必须采用一些阻抗补偿。

互耦和表面波

在 H 面和 E 面上，两个独立小偶极子之间的互耦[57]分别按 $1/r$ 和 $1/r^2$ 减小（对于裂缝，E 面和 H 面情况相反）。耦合的测量[58]表明，在阵中衰减率比以上预计的要稍大些，这表示一部分能量传递给了阵中的其他单元，并可能被这些单元耗散掉和再辐射。同样的测试还表明，耦合给不同单元能量的相位差正比于它们离开激励单元的距离，这表示有表面波沿阵面传播，把能量泄漏给每个单元。为得到最佳性能，表面波的速度应该非常接近于自由空间的速度。如果阵列是由具有介质加载的波导或喇叭所组成，则速度略有减慢。此外，如果从辐射器突出一块介质或者在阵的前面采用一块介质片，则可引起表面波速度明显减小。这种表面波是很重要的，因为它对于一些扫描角会引起大的反射（伴随而来的是波束损耗）。研究相位设置情况可以清楚地看到，当从许多单元来的耦合同相相加时，在典型单元上会引起一个大的反射。

考虑一个表面波速度等于自由空间速度的阵列。相邻的一对单元向 00 单元耦合的电压相位差（图 13.13 中的 e_{00}）与扫描角有关，关系如下

$$\frac{2\pi s}{\lambda} + \frac{2\pi s}{\lambda}\sin\theta_0 = \frac{2\pi s}{\lambda}(1 + \sin\theta_0)$$

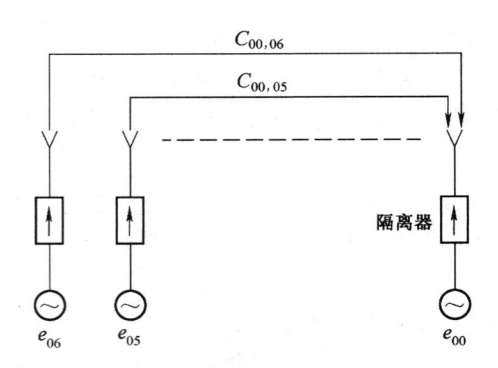

图 13.13 两个相邻单元对同一行中的另一单元的耦合

当 $\Delta\psi = 2\pi$，或者当

$$\frac{s}{\lambda} = \frac{1}{1 + \sin\theta_0}$$

时，耦合同相。可以看出，上式和前面决定栅瓣即将进入实空间的条件完全一样，故可以预料，当栅瓣将要进入实空间时，耦合电压趋于同相相加，并引起大的失配。

阵列模拟器

为了匹配阵列中的辐射单元，人们做了很多努力。采用 Wheeler 实验室开发的波导模拟器来做试验，可以不需要组建一个阵列来确定匹配结构。对工作于 TE_{10} 模的波导，可以认为有两个倾斜的平面波在波导中传播，每个平面波与纵向夹角（见图 13.14）由波导的 H 面尺寸来确定，并且模拟无限阵的扫描角

$$\sin\theta = \frac{\lambda}{\lambda_c} \tag{13.21}$$

式中，θ 是扫描角；λ 是自由空间波长；λ_c 是波导截止波长。

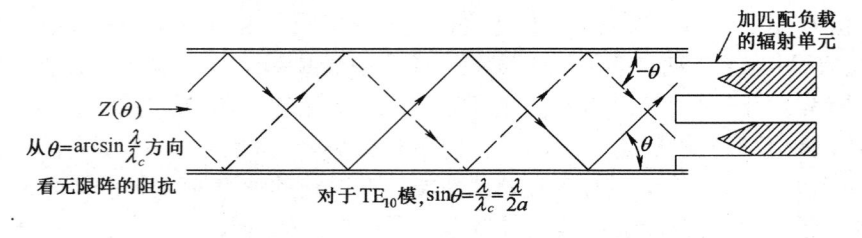

图 13.14 端接有两个假单元的阵列模拟器

附加的扫描角可以用激励其他模式的方法来模拟。波导尺寸应该这样选取：从放在波导中的一个辐射单元所看到的波导壁中的镜像间的间距和所模拟的阵列一样。矩形阵列和三角形阵列都可以模拟，如图 13.15 所示。观察端部接有假单元的波导模拟器可以测得阻抗。这等效于从式（13.21）所给出的扫描角从自由空间向无限阵列看的阻抗。根据模拟器阻抗数据而设计的匹配结构可以放在模拟器内测量它的效果。Hannan 和 Balfour[59]给出了几个不同模拟器的设计与结果，并且对这个主题进行了充分的讨论。此方法的限制在于，只能模拟几个离散的扫描角。通过在两个扫描面中的几个扫描角上模拟，可以给出阵列阻抗的一般概念。

第 13 章 相控阵雷达天线

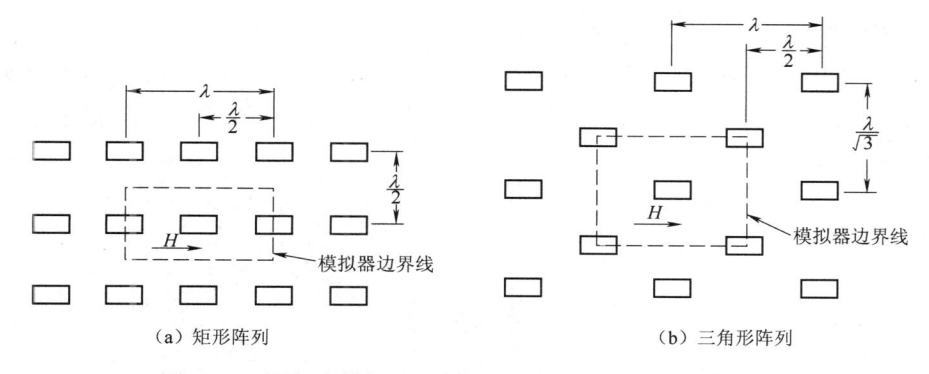

图 13.15 叠加有模拟器边界的矩形和三角形阵列几何结构

扫描阻抗变化的补偿

阵列中单元的阻抗已经讨论过,并已证明阻抗是随阵列的扫描而变化的。对于在法线方向匹配的阵列,预计在 60° 的扫描角上电压驻波比至少为 2:1。为了补偿阻抗的变化,必须要有一个与扫描有关的补偿网络。

小阵

单元波瓣是扫描阵列中阻抗匹配的最好指示。确定单元波瓣的一种方法是搭建一个小阵。中心单元被激励,所有其他的单元接匹配负载。此中心单元的波瓣是有源单元波瓣。Diamond[60]已经研究了要对无限阵中一个单元有合理近似的小阵所需要的单元数。他的结论是,为了提供好的近似需要 25~37 个单元。图 13.16 所示为当单元数增加时所测得的有源单元波瓣的变化。对于一个 41 元阵列,零点是很明显的。即便是 23 元阵列,也可清楚地看到增益随扫描的变化远大于 $\cos\theta$。

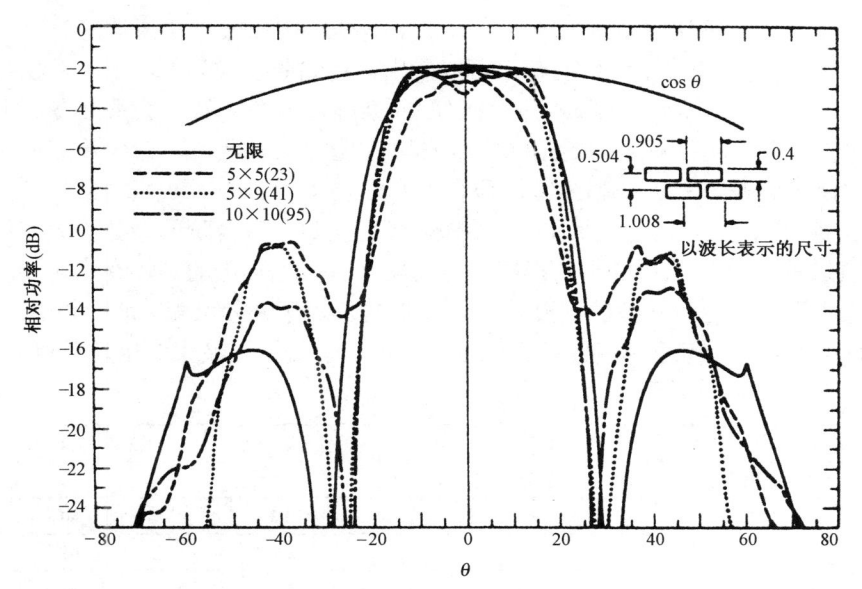

图 13.16 波导阵列中心单元的 H 面实测波瓣图(引自 Diamond[60] ©Artech house 1972)

小阵也可以像图 13.11 所示那样用来测量耦合系数。这些耦合系数可用来计算阵列扫描时阻抗的变化。Grove、Martin 和 Pepe[61]曾指出，为了使在工作环境中的单元是匹配的，其自耦系数必须恰好抵消来自所有其他单元的耦合。他们已使用这种技术，在超低副瓣宽带相控阵中提供良好的匹配。

波导模拟器和小阵的结合为分析技术补充了有力的实验工具。经验证明，只有在用小阵检验了单元波瓣之后，才能建造一个大型天线。

13.5 低副瓣相控阵

长期以来，低副瓣受到天线设计者的关注。这种关注随着干扰威胁到大多数军用雷达而不断增长。在 AWACS 雷达中，为杂波抑制而提出的低副瓣要求导致技术上目前可以实现副瓣电平比主瓣峰值低 50dB 以上[62, 63]。获得如此低副瓣所必须付出的代价包括：(1) 增益减小，(2) 波束宽度增大，(3) 容差控制更严格，(4) 成本增加，(5) 需要在无障碍物的环境中工作，否则容易抬升副瓣[64]。尽管存在这些缺点，但因为低副瓣能提供良好的对抗电子干扰 (ECM) 的能力，因此使用低副瓣天线的趋势在加速。

通过孔径幅度分布可以控制天线副瓣。对于相控阵，每个单元的幅度可独立控制，因此可实现优异的副瓣控制。低副瓣天线的设计过程可分为两步：

(1) 选择合适的照射函数，以获得所需的设计（无误差）副瓣电平。
(2) 控制引入随机副瓣的相位和幅度误差。

这两者中，误差控制基本上限制了副瓣性能。下面讨论照射函数和误差的影响。

照射函数

孔径照射和远场波瓣之间的关系已被仔细研究，并在文献中有充分的记载[65-68]。对于连续孔径，远场波瓣是孔径分布的傅里叶变换。对于阵列，则在每一个离散的位置上对连续分布采样。表 13.1 给出一些典型照射函数。可以看出，均匀照射（幅度不变）可实现最高的增益和最窄的波束宽度，代价是高副瓣。随着幅度的锥削，增益降低，波束展宽，但副瓣就可降低。对天线设计者来说，重要的是选择有效且可实现的照射函数，该函数能在增益损耗最小的条件下实现低副瓣。对于低副瓣雷达而言，和波瓣用 Taylor 照射函数[69, 70]，差波瓣用 Bayliss 照射函数[71]几乎已成为工业标准。Taylor 照射函数与有台阶的余弦平方相似，且易实现。Bayliss 照射是 Taylor 照射的导数形式，也易实现。应当指出的是，在许多相控阵中，差波瓣的副瓣性能是可以与和波瓣的副瓣性能相比拟的。对于和差波瓣，两者的副瓣都是参照和波瓣峰值而言的。对于宽度为 a 的孔径，波束宽度因子规定了波束宽度，单位为度。

表 13.1 照射函数表

照 射 函 数	效率 η	峰值副瓣 (dB)	波束宽度因子 (k)
线性照射函数：波束宽度 $= k\lambda/a$ (°)；a 是天线长度			
均匀	1	−13.3	50.8
余弦	0.81	−23	68.2
余弦平方 (Hamming)	0.67	−32	82.5
10dB 台阶上的余弦平方	0.88	−26	62

续表

照 射 函 数	效率 η	峰值副瓣（dB）	波束宽度因子（k）
20dB 台阶上的余弦平方	0.75	−40	73.5
Hamming	0.73	−43	74.2
Taylor　$\bar{n}$ =3	0.9	−26	60.1
Taylor　$\bar{n}$ =5	0.8	−36	67.5
Taylor　$\bar{n}$ =8	0.73	−46	74.5
圆照射函数：波束宽度=$k\lambda/D$（°）；D 是天线直径			
均匀	1	−17.6	58.2
Taylor　$\bar{n}$ =3	0.91	−26.2	64.2
Taylor　$\bar{n}$ =5	0.77	−36.6	70.7
Taylor　$\bar{n}$ =8	0.65	−45	76.4

图 13.17 给出了 Taylor 照射随着副瓣电平的变化，相应的，增益损耗和波束宽度因子的近似值。更为全面的论述可参看 Barton 和 Ward 的文献[72]。表 13.1 中预测的副瓣适用于孔径相位和幅度分布理想的天线。为考虑误差，常选择比要求峰值副瓣低的孔径照射。例如，如果天线指标中需要−40dB 的副瓣，通常选择可实现−45dB 副瓣的 Taylor 照射。术语 $\bar{n}$ 表示前 n 个副瓣保持在规定值上。

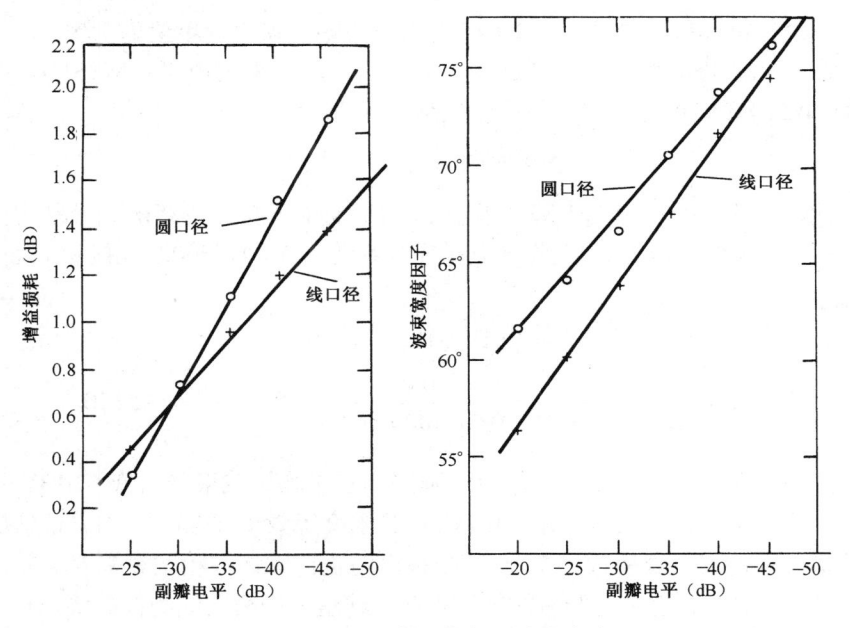

图 13.17　Taylor 照射：损耗和波束宽度因子

对矩形阵列而言，每个平面可分别选择不同的照射。如果对每个平面副瓣的要求不同，这样做就是合适的。于是总增益损耗便是每个平面增益损耗之和（以 dB 计）。

误差的影响

当相位或幅度产生误差时，能量会从主波束移走，并分配到副瓣中。如果误差纯粹是随机的，那么会产生随机副瓣，这种副瓣被认为是以单元增益和波瓣辐射的。若误差是相关的，副瓣能量将集中在远场的离散位置上。因此，相关的误差可造成较高的副瓣，但只出现在有限数目的位置上。相关副瓣和随机副瓣都是天线设计者所关心的，相关误差将在13.6节讨论。

误差远场影响的分析基于天线是线性设备这一事实。也就是说，远场波瓣是天线中每一辐射单元的电压（幅度和相位）之和。由于这个原因，远场电压波瓣可以认为是设计波瓣与仅由各误差产生的波瓣之和，即

$$E_T(\theta,\phi) = E_{设计}(\theta,\phi) + E_{误差}(\theta,\phi)$$

一般来说，在最后的合成波瓣中，可看出有 3 个部分：由单元波瓣带来的随机误差所产生的低噪声基底，由相关误差引起的少数峰值副瓣，以及由设计分布产生的带有副瓣的主波束。

随机误差

Allen[73] 和 Ruze[74] 就随机误差对天线的影响做过详细的分析。这里的讨论采用 Allen 的分析。如前文所述，幅度和相位误差从主波束取一部分能量并把它分配给副瓣。对于小的独立随机误差而言，这部分为

$$\sigma_T^2 = \sigma_\phi^2 + \sigma_A^2$$

式中，σ_ϕ 是均方根相位误差，单位为 rad；σ_A 是均方根幅度误差，单位为 V/V。

这些能量以单元波瓣的增益辐射到远场。为了确定均方副瓣电平（MSSL），必须把此能量与 N 元阵列的波瓣峰值相比较，于是均方副瓣电平为

$$\text{MSSL} = \sigma_T^2 / \left[\eta_a N \left(1 - \sigma_T^2 \right) \right] \quad (13.22)$$

注意，在此表达式的分母中归于阵列因子 N 的增益由于孔径效率 η_a 以及从主波束减去的误差功率 $(1-\sigma_T^2)$ 而减少。例如，考虑一个孔径效率为 70%的 5000 元阵列，σ_a=0.1V/V，σ_ϕ=0.1 rad，那么

$$\sigma_T^2 = (0.1)^2 + (0.1)^2 = 0.02$$

$$\text{MSSL} = \frac{\sigma_T^2}{[\eta_a N(1-\sigma_T^2)]} = \frac{0.02}{0.7 \times 5000 \times 0.98} = 5.8 \times 10^{-6} = -52\text{dB}$$

结果是该阵列存在一随机副瓣的平均电平基底，它平均比波束峰值低 52dB。这也表明，为获得低副瓣，要求极严格的误差容限。0.1V/V 的幅度等效于 0.83 dB 均方根值的总幅度标准偏差。总的均方根值相位误差为 5.7°。应当指出的是，有许多相位和幅度误差源，这些误差由移相器、馈电网络、辐射单元和机械结构引起。建造低副瓣天线的任务要求把每一种幅度误差减小到十分之几分贝，相位误差减小到几度。使用的单元数目越少，误差容限就越严格。

图 13.18 总结出相位和幅度误差及失效单元各自的影响[75]。合成的均方根副瓣以单个单元的增益为准，因此曲线可用于任何数目的具有独立误差的单元。例如，一个 5°均方根相位误差会产生比单元增益约低 21dB 的均方根副瓣电平。如果使用 1000 个单元（30dB），则均方根副瓣电平将比阵列增益低 51dB。这仅仅是随机相位误差的影响，幅度误差和失效单元造成的影响也必须包括进去。

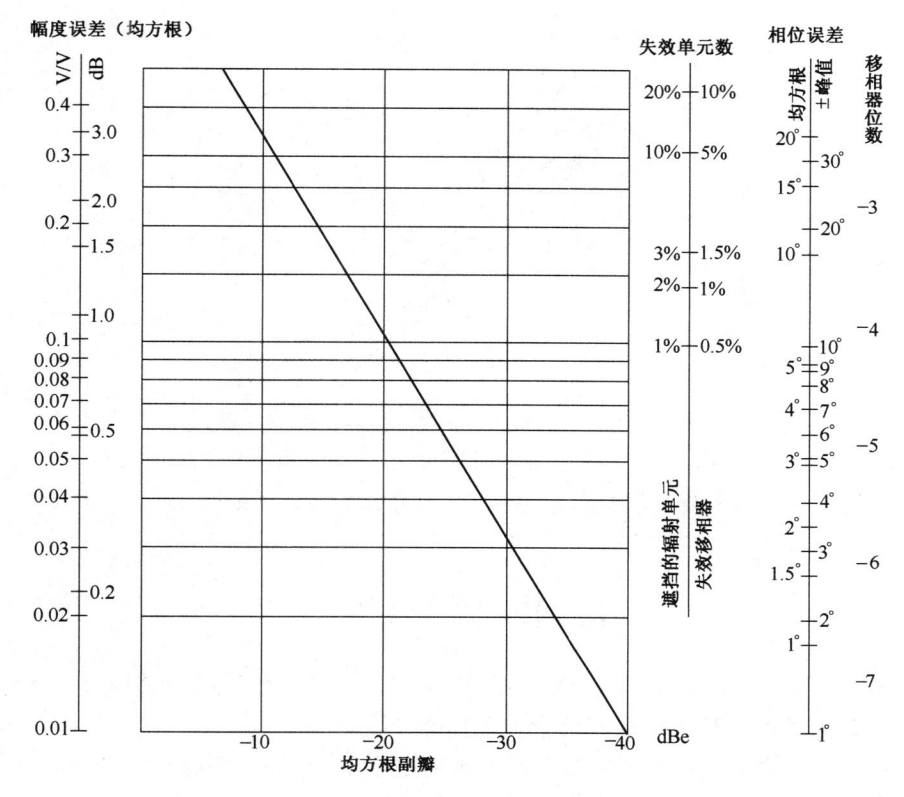

图 13.18 随机误差和均方根副瓣

上面的讨论适用于均方根副瓣电平。Allen 对这种分析进行了推广[73]，给出了保持单个副瓣低于给定电平的概率，以及保持若干副瓣低于给定电平的概率。如忽略单元波瓣，则包括失效单元的均方副瓣电平（MSSL）由下式给出：

$$\mathrm{MSSL} = \frac{(1-P) + \sigma_A^2 + P\sigma_\phi^2}{\eta_a PN}$$

式中，$1-P$ 为失效单元的概率。注意如果 $P=1$（没有失效单元），等式变为

$$\mathrm{MSSL} = \frac{\sigma_A^2 + \sigma_\phi^2}{\eta_a N} = \frac{\sigma_T^2}{\eta_a N}$$

除分母中没有 $(1-\sigma_T^2)$ 外，此式与式（13.22）相同，$(1-\sigma_T^2)$ 的影响对于低副瓣天线是不明显的。对于设计副瓣明显低于误差所引起的副瓣的情况，Allen 给出如图 13.19 所示的一组曲线。一个例子可用来说明这些曲线的用途。如果希望在空间中给定点的副瓣比波束峰值低 40dB 以上的概率为 0.99，那么可以从横坐标的 -40dB 处画一条垂直线，直至它与 $P=0.99$ 的曲线相交为止。从这个交点引一条水平线并读出均方副瓣的值，其值为 -47dB。于是有

$$\mathrm{MSSL} = -47\mathrm{dB}$$

或

$$\mathrm{MSSL} = 2\times 10^{-5} = \frac{(1-P) + \sigma_A^2 + P\sigma_\phi^2}{\eta_a PN}$$

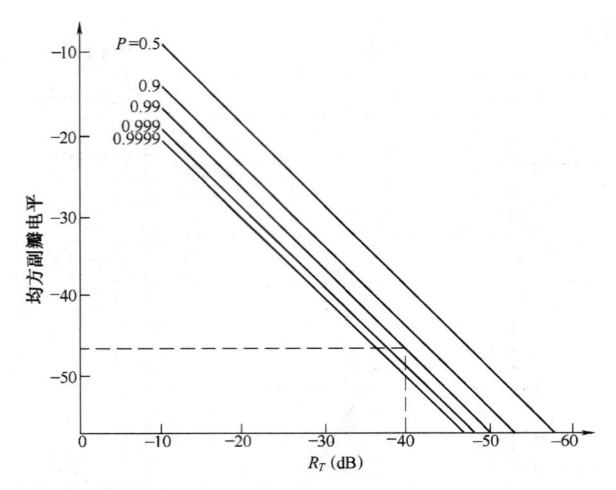

图 13.19　在不同概率条件下，要保持的副瓣电平与 R_T 的关系（引自 Allen[73]）

对于 10 000 个单元的阵列，有

$$0.2 = \frac{(1-p) + \sigma_A^2 + p\sigma_\phi^2}{\eta_a p}$$

对 $\eta_a=1$，此阵列可允许 $P=0.83$ 或 $\sigma_A=3.2$ dB 或 $\sigma_\phi=25.6°$，当然，应估计每一种类型的误差，并对失效单元、幅度误差和相位误差给出一个预算分配。

对于多个独立副瓣而言，n 个副瓣保持低于给定电平 R_T 的概率等于每一个副瓣保持低于该电平的概率之积。

$$P[n\text{个副瓣} < R_T] = \prod_{i=1}^{n} P[R(\theta_i) < R_T]$$

$$R(\theta_i) = \theta_i \text{ 处副瓣电平}$$

假设在每一个 θ_i 处对副瓣的要求相同，

$$P[n\text{个副瓣} < R_T] = \{1 - P[1\text{个副瓣} > R_T]\}^n$$

对 $P[1\text{个副瓣} > R_T] \ll 1$ 的情况，

$$P[n\text{ 个副瓣} < R_T] \cong 1 - nP[1\text{ 个副瓣} > R_T]$$

用一个简单的例子可说明这个过程。如果需要以 0.9 的概率使扇形区域内所有的 100 个副瓣保持低于 –40dB，则可按如下所示确定任何一个给定副瓣所需的概率。

$$0.9 = P[100\text{个副瓣} < 40\text{dB}]$$

于是，

$$0.9 = 1 - 100P[1\text{个给定副瓣} > 40\text{dB}]$$
$$0.001 = P[1\text{个给定副瓣} > 40\text{dB}]$$
$$0.999 = P[1\text{个给定副瓣} < 40\text{dB}]$$

也就是说，为了保证以 0.9 的概率使所有 100 个副瓣保持低于–40dB，必须以 0.999 的概率使任何一个给定的副瓣保持低于–40dB。由于副瓣的总数大致与阵列中的单元数相等，所以控制每个副瓣的过程是很困难的。对于 5000 元阵列，在任何单一位置上单个副瓣不超过 R_T 的概率为 0.999 的情况，若考虑所有 5000 个副瓣位置，则可预计还将有 5 个副瓣超过 R_T。

对于超低副瓣阵列，考虑到随机变化，允许少数副瓣超过均方副瓣值，达到 10～12dB 是合理的。这可以被看作图 13.19 中 $P=0.5$ 和 $P=0.999$ 之间的差异。如果不允许有这样的容差，那么天线将超标准设计。在规定精确的副瓣要求之前，做一些概率计算是值得的。

13.6 量化效应

本节所关注的是相控阵特有的误差，即由于幅度和相位量化所产生的误差，以及当这些误差周期性重复出现时所产生的波瓣的误差。而天线激励函数中的随机误差对增益和辐射波瓣的影响已在 13.5 节中讨论。

相位量化

13.9 节将介绍适用于相控阵的移相器。这类移相器中大部分都是数字控制式的，移相器的设置精度是其数字位数的函数。为了使相移的计算和工作简化，在使用二极管移相器的情况下为了插入损耗最小，并且成本最低，希望采用较小的位数。另一方面，为了使增益、副瓣和波束指向精度等方面的性能最佳，则要求很大的位数。

相位误差

一个 P 位移相器，相位设置到所希望数值的剩余误差为

$$\text{最大相位误差} = \alpha = \pm \pi/2^P \tag{13.23}$$

$$\text{均方根相位误差} = \sigma_\phi = \pi/(\sqrt{3} \times 2^P) \tag{13.24}$$

增益损耗

正如 13.5 节讨论的，增益损耗为 σ_ϕ^2，由式（13.24）可得到

$$\Delta G \approx \sigma_\phi^2 = \frac{1}{3}\frac{\pi^2}{2^{2P}} \tag{13.25}$$

在有许多阵列单元的情况下，此结果与幅度分布统计上无关。从式（13.25）可列出下表。

移相器位数 P	2	3	4
增益损耗 ΔG（dB）	1.0	0.23	0.06

因此，由增益观点来看，显然 3 位或 4 位就够了。

均方根副瓣

如上所述，相位量化使主瓣增益减小。损失的能量分配到副瓣中去了。因此，如图 13.18 所示，相对于单个单元的增益，由此引起的均方根副瓣是 σ_ϕ^2。

波束指向精度

采用单脉冲差波瓣可准确地确定目标方向。因此，差波瓣零点位置的精确度是很重要的。采用量化移相器，则此零点位置可间断移动，且移动量是移相器位数的函数。

按照 Frank 和 Ruze[76]的分析，图 13.20 给出间距为 s，偶数个 N 元的孔径。所有单元按等幅和反对称的相位激励来给出差波瓣。扫描增量可证明如下

$$\delta\theta = \frac{9}{N2^P}\theta_B \quad （扫描）$$

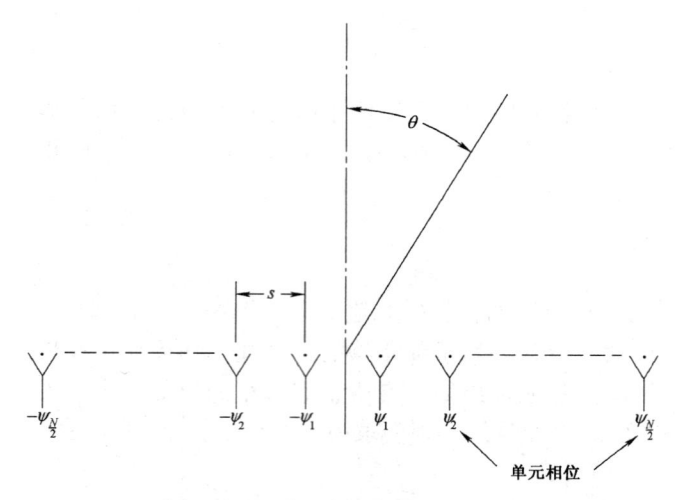

图 13.20　反对称相位激励相控阵

周期误差

周期的幅度和相位调制

幅度和相位的量化均可产生周期性的不连续性，此不连续性可引起类似于栅瓣的**量化副瓣**。

按照 Brown[77]的方法，幅度或者相位误差按照余弦变化时，可以简单地分析。图 13.21（a）所示为一个初始的幅度分布 $F(x)$，由于受到余弦纹波 $q\cos(2\pi x/s)$ 的扰动，给出一个新的分布 $F'(x)$，即

$$F'(x) = F(x) + qF(x)\cos(2\pi x/s)$$
$$= F(x) + \frac{q}{2}[F(x)e^{j(2\pi x/s)} + F(x)e^{-j(2\pi x/s)}]$$

当波束扫描到 θ_0 时，量化副瓣出现在角度 θ_1 处，此时

$$\sin\theta_1 = \sin\theta_0 \pm \frac{1}{s/\lambda}$$

孔径增益随 $\cos\theta$ 变化。量化副瓣的相对振幅按因子 $\sqrt{(\cos\theta_1)/(\cos\theta_0)}$ 进行修正。图 13.21（b）～（g）给出各种其他周期性孔径调制的影响。

移相器量化副瓣

通过考察实际孔径相位分布，Miller[78]推导出了最大的量化副瓣值。图 13.22 给出对某一扫描角 θ_0 的这种分布以及由于相位量化而引起的误差。虽然画出了一条连续曲线，但是只有对应于整数值 M 的点才有意义。

第 13 章 相控阵雷达天线

	幅度分布	相位分布	量化瓣幅度（副瓣在 θ_1）
(a) 余弦幅度调制		θ_0	$\dfrac{q}{2}\sqrt{\dfrac{\cos\theta_1}{\cos\theta_0}}$
(b) 余弦相位调制		θ_0	$\dfrac{\beta}{2}\sqrt{\dfrac{\cos\theta_1}{\cos\theta_0}}$
(c) 方波幅度调制		θ_0	$\dfrac{2}{\pi}q\sqrt{\dfrac{\cos\theta_1}{\cos\theta_0}}$
(d) 方波相位调制		θ_0	$\dfrac{2}{\pi}\beta\sqrt{\dfrac{\cos\theta_1}{\cos\theta_0}}$
(e) 单元到单元幅度纹波		θ_0	$q\sqrt{\dfrac{\cos\theta_1}{\cos\theta_0}}$
(f) 单元到单元相位纹波		θ_0	$\beta\sqrt{\dfrac{\cos\theta_1}{\cos\theta_0}}$
(g) 三角形相位调制		θ_0	$\dfrac{\beta}{\pi}\sqrt{\dfrac{\cos\theta_1}{\cos\theta_0}}$

图 13.21　周期性幅度调制和相位调制的影响（$\sin\theta_1=\sin\theta_0\pm\lambda/s$）

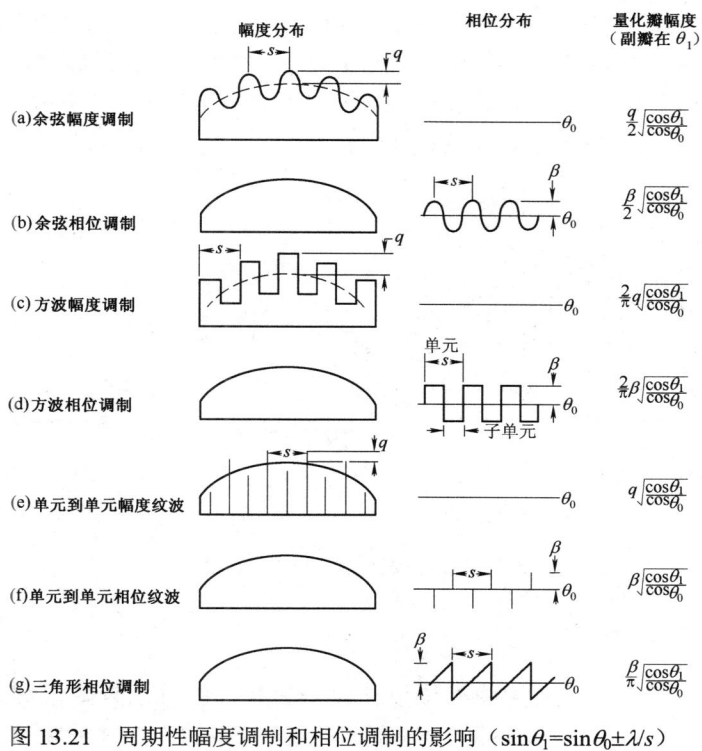

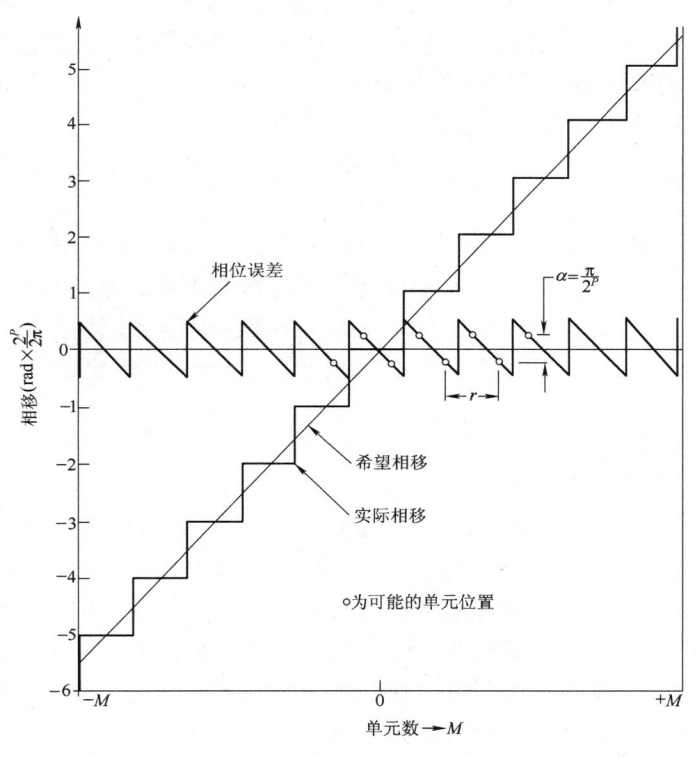

图 13.22　因相位量化引起的孔径相位误差（引自 Miller[78]）

最大的相位量化副瓣看来在这样一种相位坡度上出现：单元间距大约为 $\lambda/2$，或是其奇数倍。在这些情况下的相位误差具有单元到单元的相位纹波，此纹波的峰-峰值为 $\alpha = \pi/2^P$。图 13.21（f）和图 13.22 情况下的峰值相位量化瓣的值，在图 13.23 中给出。考察图 13.23 可见，峰值相位量化瓣是严重的，必须设法加以消除。

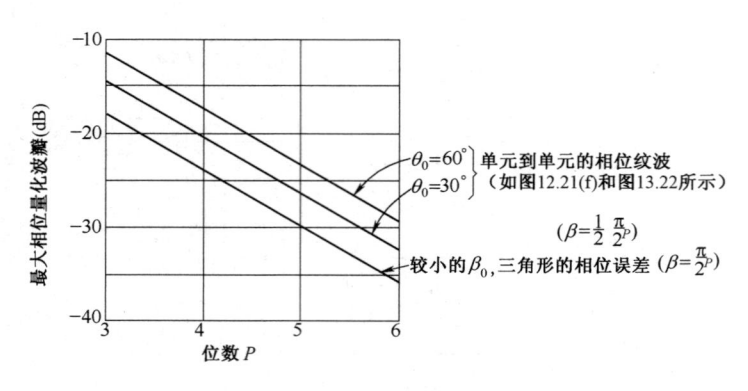

图 13.23　相位量化产生的最大副瓣

峰值相位量化副瓣的降低

Miller[78]指出，可以通过使用将相位量化误差去相关的方法来降低最大量化副瓣。通过以下的方法可以做到这一点：在到每一个辐射器的路径中加一个常数相移，其值从一个辐射器到另一辐射器不一样且与位数无关。在对可变移相器编程时，要计入这个附加的插入相位。插入相位按球或抛物线的规律变化时，像用光学馈电系统所得到的那样（参见 13.8 节），最大量化副瓣的降低等效于移相器在 100 元阵列中增加 1 位，在 1000 元阵列中增加 2 位，在 5000 元阵列中增加 3 位。

振幅量化

当相控阵的孔径被分为相同的子阵时，每个子阵上的振幅分布为常数。天线孔径渐变近似用子阵之间的幅度变化来逼近，这种不连续性引起量化副瓣。这些副瓣值可由如图 13.21 所示的各种结果来估计，或者在已知的量化副瓣（栅瓣）角度上把全部影响加起来进行实际的计算。随着子阵数目的增加，或者把子阵交错设置，分布就变得比较平滑。

13.7　相控阵的带宽

把来自每一个单元的能量在天线内某些期望点相位上同相相加就产生了阵列聚焦的现象。当能量垂直于阵列孔径入射时，每个单元接收到与频率无关的相同相位。当能量从非垂直方向的其他角度入射时，从平面相位波前到每一个单元的相位差是频率的函数，于是大多数有移相器的相控阵就变得与频率有关。在时域内也可观察到同一现象。如图 13.24 所示，当能量脉冲从非垂直方向的角度入射时，在阵列一个边缘比在另一个边缘要早一些接收到能量，要经过一段时间能量才能在所有的单元上出现。孔径渡越时间 $T=(L/c)\sin\theta_0$ 的概念不过是解释相控阵带宽的另一种方法。

第 13 章 相控阵雷达天线

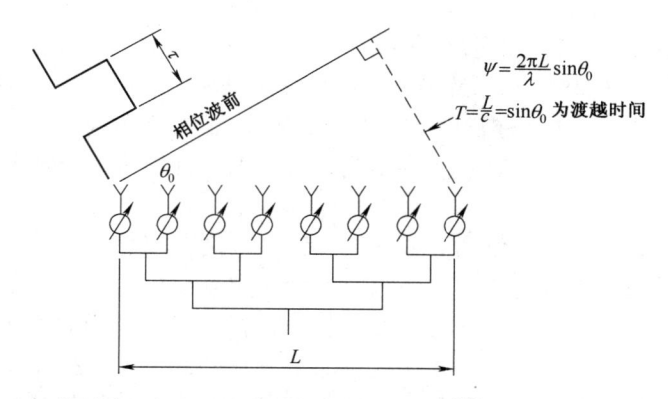

图 13.24 并馈阵列的孔径渡越时间（引自 Frank[79] © Artech House 1972）

Frank[79]把相控阵的带宽描述为由两种效应所构成：孔径效应和馈电效应。在两种效应中正是路径长度差影响相控阵的带宽灵敏度。对并馈阵列（等线长度）而言，馈电网络随频率并不引起相位的变化，因此只剩下孔径效应。下面先讨论孔径效应，再讨论馈电效应。

孔径效应

当能量不是垂直入射于阵列（见图 13.24）时，边缘单元上需要的相位是 $\psi=[(2\pi L)/\lambda]\sin\theta_0$。注意分母中的 λ。这说明要求的相位与频率有关。如果频率改变了而移相器没有进行改变，那么波束将会移动。对于等线长馈电而言，这不会使波束变形（在正弦空间内），并且当频率增大时，波束会移向法线。如果用时延网络代替移相器，则通过时延线网络的相移会随频率变化，波束将保持不动。

使用（独立于频率的）相移控制波束时，如将波束指向移至 θ_0，则对位于离阵中心距离为 x 的单元所需的相位为

$$\psi = \frac{2\pi x}{\lambda_1}\sin\theta_0 = \frac{2\pi x}{c}f_1\sin\theta_0$$

在频率 f_2 时，这一相同的相位设置会控制波束指向新的方向 $\theta_0+\Delta\theta_0$，这已由 Frank[79]证明是

$$\Delta\theta_0 = \frac{\Delta f}{f}\tan\theta_0 \quad (\text{rad}) \tag{13.26}$$

随着频率的增加，波束向法线方向移动一个角度，此角度与孔径尺寸或波束宽度无关。然而，波束用频率进行扫描可允许的量与波束宽度有关，因为波瓣和增益的恶化是扫描的波束百分比宽度的函数。另一方面，波束实际扫描的角度与百分比带宽有关。因此可用法线方向波束宽度定义带宽因子为

$$\text{带宽因子} = K = \frac{\text{带宽}(\%)}{\text{波束宽度}(°)}$$

限制带宽的一个合理准则以使波束随频率扫描不超过此时波束宽度的 ±1/4。

$$\text{准则：}\left|\frac{\Delta\theta_0}{\theta_B\,(\text{扫描的})}\right| \leqslant 1/4$$

当扫描角为 60°时，这给出 $K=1$，于是用法线方向的波束宽度表示的极限为

$$\text{带宽}(\%) = \text{波束宽度}(°) \quad (\text{连续波})$$

例如，如果阵列有 2°的波束宽度，则此准则容许在重置移相器之前有 2%的频率变化。这允许波束在频率变化 2%时，从所需方向一侧的 1/4 波束宽度移向另一侧的 1/4 波束宽度。由式（13.26）可见，在较小的扫描角上，影响会减少，能以较宽的带宽工作。

上述解释适用于工作在单一频率（连续波）的天线，且描述了当频率改变时波束将如何移动。

但是，大多数雷达是脉冲工作的，并在一个频带范围上辐射。对于已扫描离开法线的波束，每一个频谱分量被扫描到稍稍不同的方向。为确定频谱分量的合成效应，有必要把所有频谱分量的远场波瓣相加。这种分析已经做过[80, 81]。很显然，脉冲的天线总增益将小于单个频谱分量在期望方向上的最大增益。和连续波的情况一样，最大的损失发生在最大的扫描角上，此角度被假设为 60°。对于此种情况，所选择准则容许这样的频谱，即由于频率扫描的频谱分量而使它目标上的能量损失 0.8dB。如波束扫描到 60°，它变为

带宽（%）=2 波束宽度（°）　　　（脉冲波）

应当注意，这是连续波情况下所允许带宽的两倍。分析此现象的另一方法是，采用孔径渡越时间。如图 13.24 所示，能量孔径渡越的时间为

$$\tau = \frac{L}{c}\sin\theta_0$$

可见，如果选择的雷达脉冲宽度等于孔径渡越时间 $\tau = (L/c)\sin\theta_0$，那么这就等效于波束带宽（%）=2 波束宽度（°）。因此，如果脉冲宽度等于孔径渡越时间，那么可以预计有 0.8dB 的损失。较长的脉冲有较小的损失。损耗的精确数量取决于所发射的特定的频谱，但对于大多数波形，变化量将小于 0.2dB。Rothenberg 和 Schwartzman[82]进行了详细的叙述，并把此问题作为匹配滤波器来处理。

在前面的讨论中，假设了等路径长度馈电。然而，严格地提供等路径长度馈电是不可能的。将相互之间路径长度差保持在一个波长之内就可以了。这时可通过对移相器编程来校正引入的相位误差。这对于弄乱量化误差，从而减小量化瓣将是有益的。

馈电效应

如不使用等路径长度馈电，馈电网络会随频率产生相位变化。在某些情况下（Rotman 透镜[83]或等长度 Blass 矩阵[84]），馈电实际上可补偿孔径效应，且产生与频率无关的波束指向。然而，更常规的馈电会减小阵列的带宽。

端馈的串联馈电

本章稍后部分的图 13.31（a）给出了端馈的串联阵列。辐射单元是串联的，并且从馈电点一个比一个远地排下去。当频率改变时，辐射单元的相位变化正比于馈线长度，使孔径相位相应呈线性倾斜，并使波束扫描。这个效应对频率扫描技术有用，但就相控阵而言是不希望的，因为它降低了带宽。前面已经指出过，因为相控阵是调整相位，而不是调整时间延迟，故扫描波束的指向也随频率而变化 [参见式（13.26）]。在波束指向方面，这两种变化取决于扫描波束方向，可以相加或相减。这里考虑最坏的情况。

当频率变化时，具有自由空间传播特性且长度 L 等于孔径尺寸的无色散传输线将在孔径上产生线性相位变化，在边缘上具有最大值，即

$$\Delta\psi_{max} = \frac{\Delta f}{f}\frac{2\pi L}{\lambda} \quad \text{rad}$$

式中，$\Delta f/f$ 是频率的相对变化量。孔径上的线性相位变化会使波束移动一个角度。

$$\Delta\theta_0 = \frac{\Delta f}{f}\frac{1}{\cos\theta_0} \quad \text{rad}$$

对于扫描的一个方向，此效应将加到孔径效应上；对于相反的方向，它将抵消孔径效应。在波导中，波导波长表示为 λ_g，此效应更为明显且引起波束位置的改变为

$$\Delta\theta_0 = \frac{\lambda_g}{\lambda}\frac{\Delta f}{f}\frac{1}{\cos\theta_0} \quad \text{rad}$$

在分析端馈的串联馈电时，有必要一起考虑馈电效应和孔径效应。这种馈电的总频率扫描为

$$\Delta\theta_0 = \frac{\Delta f}{f}\tan\theta_0 \pm \frac{\lambda_g}{\lambda}\frac{\Delta f}{f}\frac{1}{\cos\theta_0} \quad \text{rad（连续波）}$$

中心馈电的串联馈电[85]

中心馈电阵（见图 13.25）可认为是两个端馈阵。每一馈电控制一孔径，此孔径是总的一半，因此具有两倍的波束宽度。当频率变化时，孔径的每一半在相反方向上扫描。起初，这产生较宽的波束且使增益减少。当频率继续变化时，两波束最终将会分裂。在法线方向上，因为每一半都扫描，中心馈电天线的性能比并联馈电性能差。然而，在 60° 方向，一个半阵列的补偿有助于使其增益能与并联馈电的增益相比拟。

（a）中心串馈

（b）因馈电引起的人字形相位

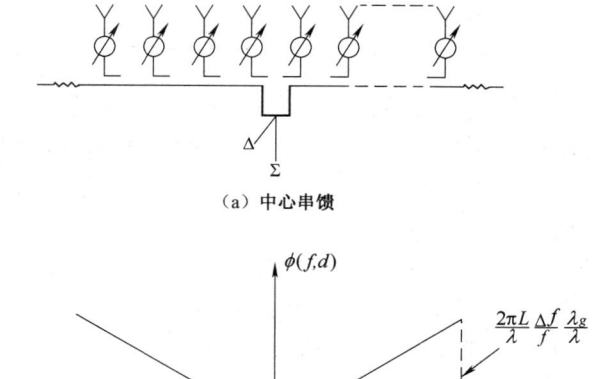

图 13.25　中心馈电串联阵列（引自 Frank[95]）

从增益减少的观点来看，中心馈电阵的准则是

$$\text{带宽（\%）} = \frac{\lambda}{\lambda_g}\text{波束宽度（°）} \quad \text{（连续波）}$$

式中，λ_g 是波导波长。

然而，从副瓣的观点来看，这个准则可能不可接受。对于低副瓣设计，不管是连续波或脉冲波，应当计算这种馈电的副瓣，因为频率的变化不再产生平移的波束，而产生由两个平移波束所组成的宽波束。

空间馈电

空间（光学）馈电可认为是介于并联馈电和中心馈电的串联馈电之间的一种馈电形式。对于很长的焦距，空间馈电近似于并联馈电。对于很短的焦距，它又近似于中心串馈。由于每一种馈电的带宽性能是大致相同的，故光学馈电的准则为

$$\text{带宽}(\%) = \text{波束宽度}(°) \quad \text{（连续波）}$$

表 13.2 总结出各种馈电网络的带宽准则，并给出连续波准则和可比的脉冲波的准则。

表 13.2 几种馈电网络的带宽准则[①]

馈　电	连续波带宽（%）	脉冲波带宽（%）
等路径长度馈电	波束宽度	2×波束宽度
端馈的串联馈电	$\dfrac{1}{\left(1+\dfrac{\lambda_g}{\lambda}\right)} \times$ 波束宽度	$\dfrac{2}{\left(1+\dfrac{\lambda_g}{\lambda}\right)} \times$ 波束宽度
中心馈电的串联馈电	$\dfrac{\lambda_g}{\lambda} \times$ 波束宽度	$2\dfrac{\lambda_g}{\lambda} \times$ 波束宽度
空间馈电（光学）	波束宽度	2×波束宽度

① 引自 Frank

注意：所有的波束宽度单位均为度，同时以法向波束宽度为参照；λ_g 是波导波长，λ 是自由空间波长。

宽瞬时带宽

为得到空间中与频率无关的固定波束，有必要使用时延网络而不是相位控制。在相控阵的每一个单元上提供时延网络是不切实际的，因为这些网络昂贵，有损耗且存在误差。一种替代方案是使用宽带波束开关技术，如等馈线长度 Blass 矩阵[84]或 Rotman[83]透镜。对于二维扫描，这些技术变得非常复杂。

另一项能大大改善带宽的技术是使用子阵阵列。相控阵的辐射单元可以组成子阵，在子阵中加进时延组件，如图 13.26 所示。天线可以看成是由子阵组成的阵列。子阵方向图形成单元因子；用移相器使其指向希望的方向，它随频率变化而扫描的方式如式（13.26）所示。而阵因子的扫描则靠调整与频率无关的时延组件来实现。所有的子阵是以同样的方法进行控制的。总辐射波瓣是阵因子和单元因子的乘积。频率的改变引起栅瓣，而不是主波束位置的移动。这一点可由图 13.27 看出。该图是一个在设计频率 f_0 上的子阵方向图，可看出它在栅瓣位置上有一个零点。当频率改变 δf 时，方向图就扫描。用虚线画出的方向图扫到比波束宽度一半多一点的地方。这显然扫得太多，因为阵因子与单元因子的乘积给出了两个等幅的波束。

由于频率改变的子阵扫描，其增益损耗和栅瓣大小是子阵百分比波束宽度的函数。该结果可以通过带宽因子 K 来表达（称为**子阵法线波束宽度**）。

图 13.28 给出扫描 60° 时，这些作为 K 的函数的数值。

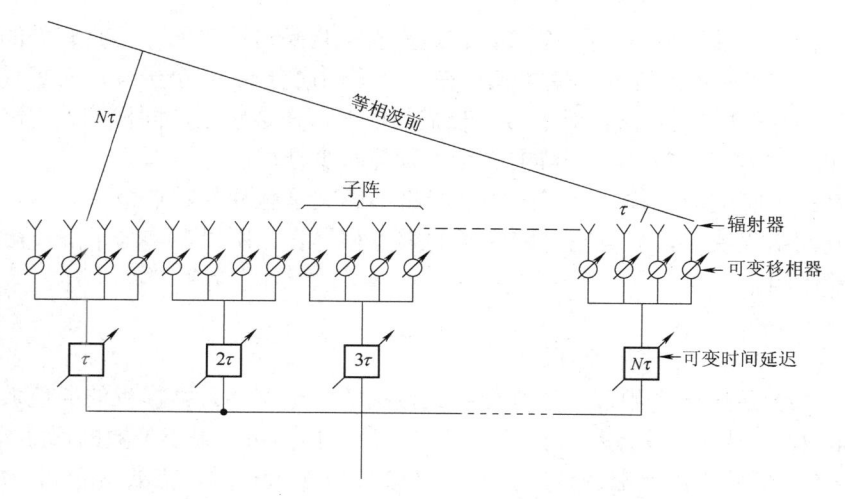

图 13.26　使用具有时延子阵组成的相控阵

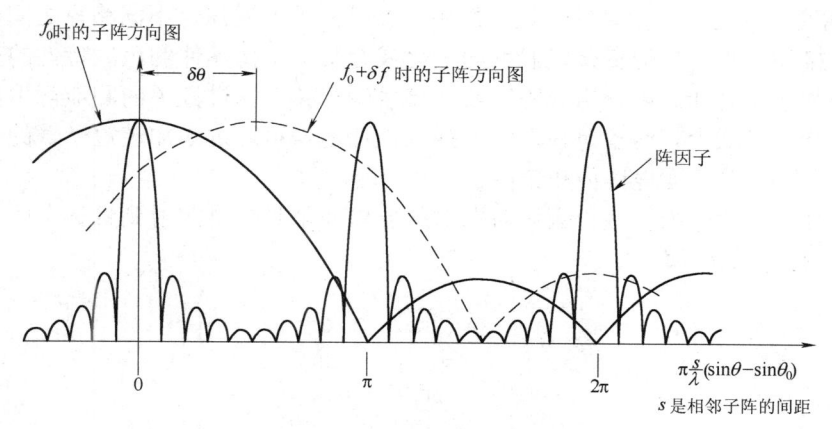

图 13.27　因频率改变而产生的栅瓣

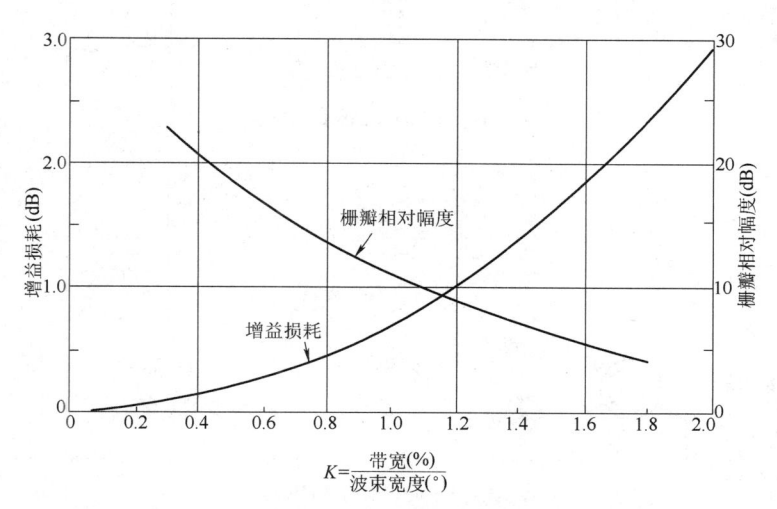

图 13.28　增益损耗和栅瓣幅度与带宽的函数关系
（具有时延的相控子阵列，60°扫描）栅瓣值将被单元波瓣修正

$K=1$ 是以前采用的扫描 60°的 K 值，在这里看来也是可接受的，这时有关的波束宽度是子阵的法线方向波束宽度。因此，如果孔径在一个平面内分成 N 个子阵，而每一个子阵具有时延网络，其带宽就增加 N 倍。对于 60°扫描的情况，在边频上，同样的带宽准则使得增益下降大约 0.7dB，栅瓣为-11dB。子阵的交错设置能减少栅瓣。

只要所有的子阵响应一样，则子阵的性能将不影响单脉冲的零点位置。零点位置仅由子阵后面的时延网络来决定，并且它与阵因子的零点相符合。所以，当与子阵波瓣相乘时，阵因子零点不受影响。

时延网络

图 13.29（a）示出一个用开关进行数字式控制的时延网络。需提供的非色散总延迟路径长度等于 $L\sin\theta_{max}$。式中，θ_{max} 是对孔径 L 而言的最大扫描角。最小位数的尺寸大约为 $\lambda/2$ 或 λ，再用附加的可变移相器精密调整。例如，1°波束扫描 60°时，需要一个 6 位时延器，最大的时延是 32 个波长，还需要一个附加的移相器。相位容差是严格的，在此情况下，大约为 20 000 分之几度，这是很难做到的。还可能由于漏过开关的漏泄、不同路径之间插入损耗的差异、在各个接头处小的失配变化、温度的变化或者某个电抗元件的色散特性的变化而出现问题，所以必须审慎设计。可以用二极管或环流器做开关。漏过开关的漏泄可由串在每条线上的附加另一开关来减少。两条路径之间的插入损耗之差可通过添加较短一臂的损耗而使它们相等。林肯实验室[45]全面地评估和分析了这些问题。

发射时对容差的要求松一些，因为对发射的要求通常是提供照射到目标上的功率，并不是准确的角度测量或低副瓣。

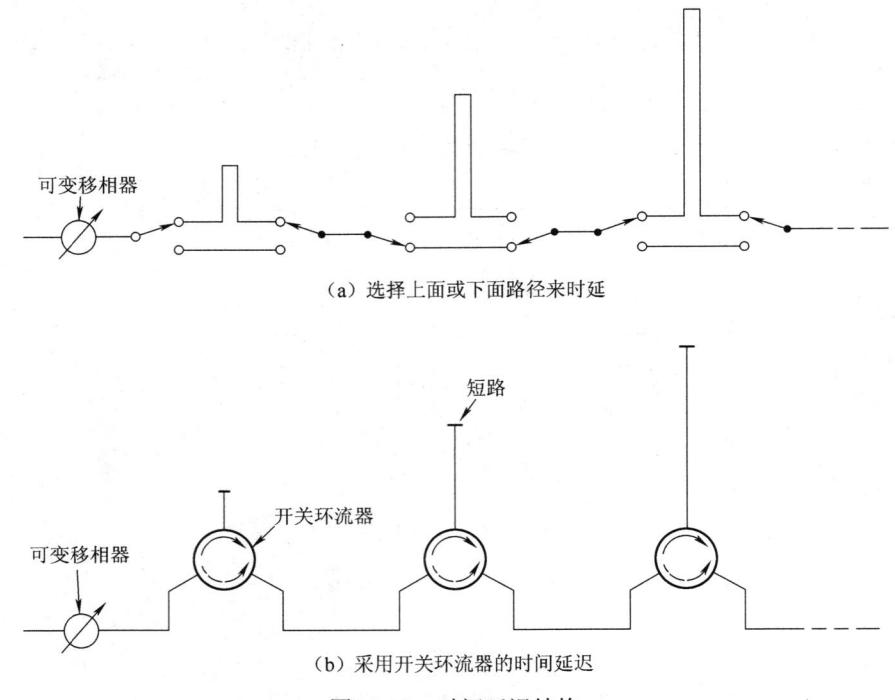

（a）选择上面或下面路径来时延

（b）采用开关环流器的时间延迟

图 13.29 时间延迟结构

图 13.29（b）示出另一种简便的结构。各可开关的环流器或直接连接（逆时针的）或者经过短路线连接。这里需要 30dB 以上的隔离度。很显然，对于大多数实用系统，时延回路的插入损耗很高。因此，它们在发射时放在最后一级功放之前，接收时放在前置放大器之后。

另一种提供时延的可能方法是把问题从微波领域转至中频，并在中频时延。

13.8 馈电网络（波束形成器）

光学馈电系统

相控阵可以采用透镜阵或反射阵的形式，如图 13.30 所示，这里光学馈电系统提供适当的孔径照射。透镜具有由移相器连接的输入和输出辐射器。透镜的两面都要求匹配。初级馈源应当仔细设计，而且可能比较复杂，以便以低的泄漏给出所需的孔径幅度分布。发射馈源和接收馈源之间可以有一个角 α 的间隔，如图 13.30 所示。然后，在发射和接收之间移相器要重新调整，以使得在两种情况下波束都指向同一方向。这个方法有使发射孔径分布为最佳的灵活性，以使目标上的功率为最大，以及分别使接收和、差波瓣为最佳以实现低副瓣等。因为馈源位置的变化与时间延迟扫描相对应，所以可增加附加馈源，以便为相应带宽的增加提供几个时延补偿的扫描方向。

对于球形相位波前，天线的相位设置必须加以修正。由图 13.30（a）可以看出，修正量为

$$\frac{2\pi}{\lambda}\left(\sqrt{f^2+r^2}-f\right) = \frac{\pi}{\lambda}\frac{r^2}{f}\left[1-\frac{1}{4}\left(\frac{r}{f}\right)^2+\cdots\right]$$

对于足够长的焦距，球形相位波前可近似为两个相互交叉的圆柱形相位波前，从而容许只用行和列的控制指令对相位差加以校正。

移相器对球形相位波前的校正减小了最大相位量化副瓣（参见 13.6 节）。因为所有控制电路必须拿出放在孔径旁边，在装配一个实际的系统时，特别是在频率较高时，会遇到空间位置问题。

进一步增加更多的初级馈源可以产生多波束。所有波束以等量的 $\sin\theta$ 值同时扫描。

图 13.30（b）所示的反射阵有和透镜相类似的一般特性。但它是用同一个辐射单元收集以及反射之后辐射能量。在反射器后面有放置移相器控制电路的宽裕空间。为了避免孔径被阻挡，初级馈源可以偏置，如图所示。和以前一样，发射和接收馈源可以分开。用附加馈源也可以得到多波束。

移相器必须是互易的，以便从两个方向通过这一装置后，有一个能控制的纯相移。这就排除了常用的非互易的铁氧体或石榴石移相器。

强制馈电

光学馈电系统非常简单地一步就把功率从馈源分配到孔径上的许多单元。与之相反，强制馈电系统需要很多步。对于一个高性能的低副瓣系统，功率分配的每一步必须在频带内匹配良好。如果出现失配，它们将分隔许多波长，并相加后在孔径上造成对频率敏感的相位和幅度扰动。通常，对于单脉冲的和与差波瓣，这些扰动是不同的，仅公共的平均值可通过校

准来补偿。

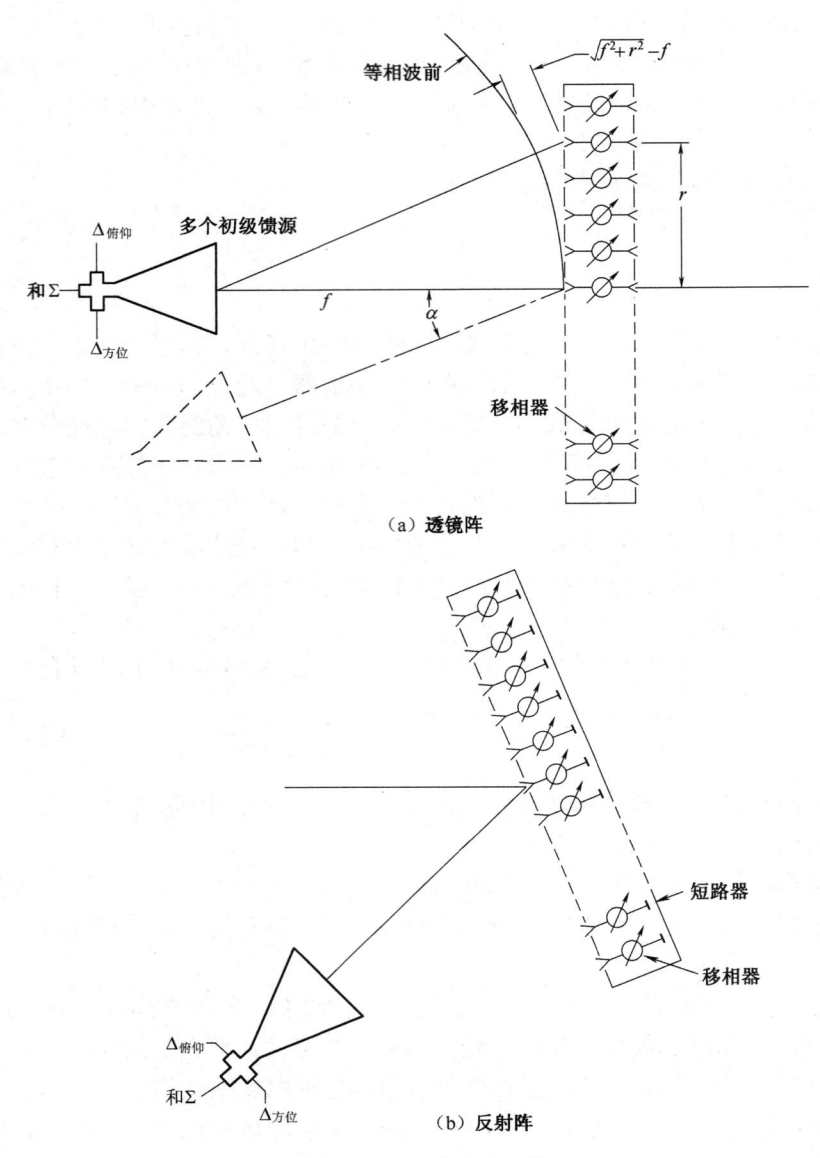

图 13.30 光学馈电系统

串联馈电

图 13.31 所示为几种串联馈电系统。在除图中（d）型以外的所有情况，设置移相器时到每个辐射单元的电路径长度必须作为频率函数来计算和加以考虑。（a）型是一个端馈阵，它对频率是敏感的，这就导致它比大多数其他馈电系统有更严格的带宽限制。（b）型是中心馈电，它具有与并馈网络基本相同的带宽。和波瓣与差波瓣输出都有，但它们对最佳幅度分布的要求有矛盾，两者不能同时满足。结果，或是可以获得好的和波瓣，或是可以获得好的差波瓣。以增加某些复杂性为代价，用图 13.31（c）所示的方法可以克服这一困难。其中用了

两根分开的中心馈电的馈线,它们在一个网络内混合,并给出和、差波瓣的输出[86]。对于这两个幅度分布进行独立的控制是可能的。为了能有效地工作,两根馈线所要求的分布是**正交**的,即它们产生的波瓣图中一个波瓣图的峰值对应于另一个的零点,孔径分布则分别为偶对称和奇对称的。

图 13.31(d)所示为一种具有等路径长度的频带非常宽的串馈系统。如果带宽已由相位扫描限制,那么以尺寸和质量明显增加的代价并没有换得多大好处。图 13.31(e)所示网络给出了一个编程简单的方案,因为每个移相器只需做同样的设置。插入损耗随接续的辐射器增加,同时设置相位所需要的容差也高。这种类型不常使用。

(a) 端馈

(b) 中心馈电

(c) 和差通道分别最佳化的中心馈电

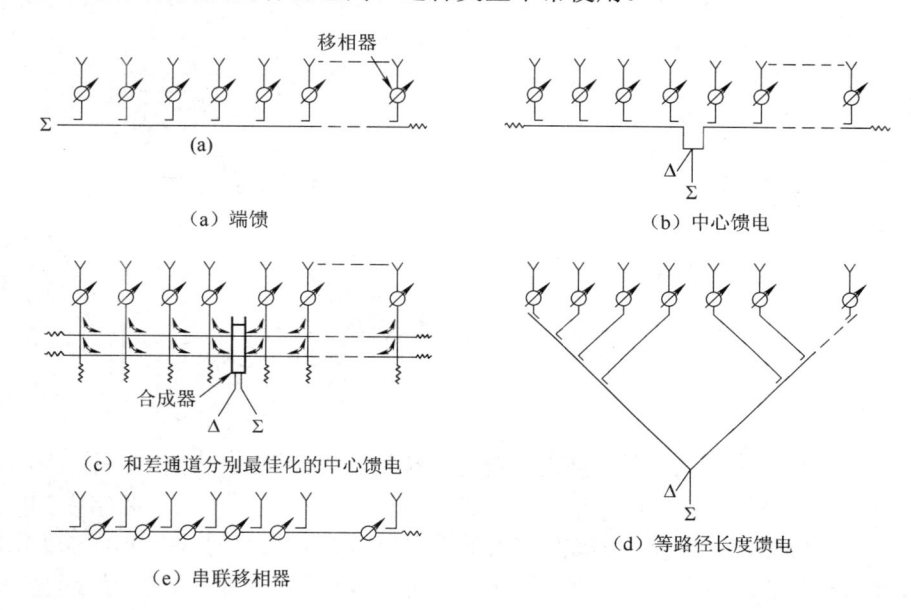

(d) 等路径长度馈电

(e) 串联移相器

图 13.31 串联馈电网络

并联馈电

图 13.32 所示为一些并联馈电系统。它们常常把若干个辐射器组合成子阵,然后子阵以串接方式或并接方式组合以形成和、差波瓣。

图 13.32(a)所示为一种**匹配组合馈电**,它是由一些匹配的电桥组合起来的。孔径的不匹配反射和其他不平衡反射引起的不同相的分量被终端负载吸收了。同相和平衡分量回到输入端。为了打破周期性并降低最大量化副瓣(参见 13.6 节),在各个馈线中可引入少量附加的固定相移,并可通过对移相器进行相应的调整来补偿。

图 13.32(b)所示的电抗性馈电网络比匹配结构简单。不能吸收不平衡的反射是它的缺点。这种不平衡的反射可能至少会部分重新辐射,于是便影响副瓣。图 13.32(c)所示为带状线功率分配器。图 13.32(d)所示为一种用电磁透镜的强制光学功率分配器。透镜可以省去,但要在移相器上进行修正。对于用非可逆移相器的情况,一部分从孔径反射的功率将再辐射(作为副瓣),而不回到输入端。喇叭口上的幅度分布是由波导模式给定的。对图示的一个 E 面喇叭,其幅度是恒定的。

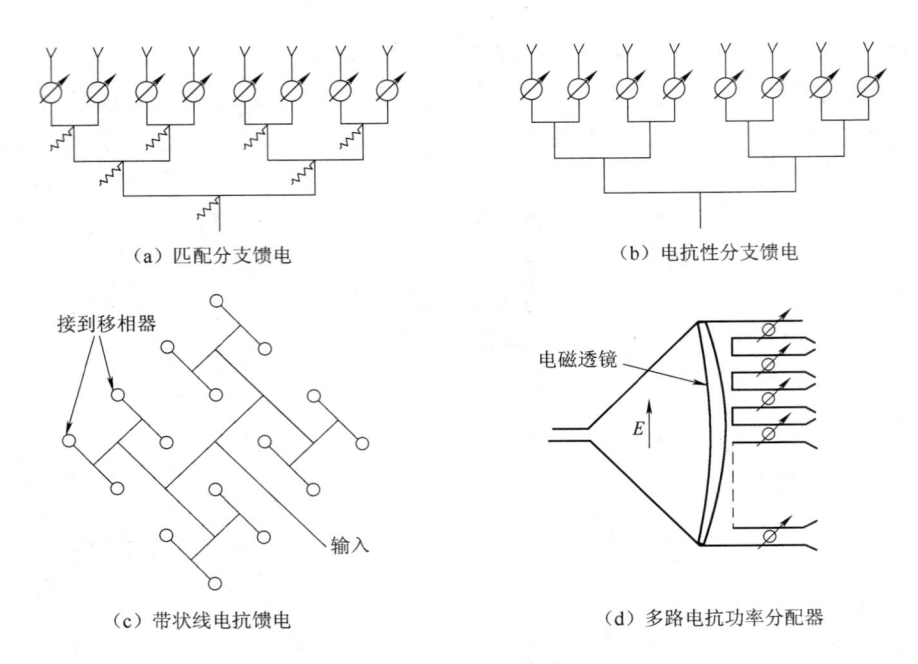

（a）匹配分支馈电　　　　　　　　（b）电抗性分支馈电

（c）带状线电抗馈电　　　　　　　（d）多路电抗功率分配器

图 13.32　并联馈电网络

子阵

　　相控阵孔径可以分成一些子阵，所有子阵是同样的，以便简化生产和装配。为形成适当的和、差方向图，形成波束时要求进行子阵组合。图 13.33（a）所示为一种组合对立的子阵，以得到它们的和与差的方法。所有的和通道通过适当的加权后相加以得到要求的幅度分布。可用独立的幅度加权对差通道做类似的处理。这个方法可扩展到包括其他平面内组合的情况。

　　对接收或对接收兼发射这两种情况，在子阵级进行放大都很方便。接收时，其噪声系数是由前置放大器确定的，故进一步处理可包括有损耗的电路，如图 13.33（b）所示。接收通道分为三路：和通道、俯仰差通道和方位差通道。然后将它们同其他子阵相应的输出进行加权后相加。发射时所有独立的功率放大器可等量地放大以对目标提供最大功率。在子阵级引入移相器简化了波束控制计算，可以使所有的子阵收到同样的波束控制指令。移相器可以用时延电路来代替，从而给出宽的瞬时带宽（参见 13.7 节）。

　　用四端口混合接头将子阵的两半组合起来，就可得到提供 TR（收/发）开关的简单方法。发射机输入到混合接头一端口，同相地激励孔径的两半。接到混合接头另一端口的接收机要求半个孔径的移相器在接收期间给出一个等于π的附加相移，这容易编程实现。

　　为形成接收多波束，可将放大后的各子阵的输出加以组合，需要多少个分离的波束就有多少个不同的组合方式。为防止过大的栅瓣，限制是波束必须位于子阵的波束宽度内。一束这样的同时接收波束要求有一个较宽的发射波束。这可有效地从具有人字形或球形相位分布的同一天线中获得。

　　对于同样的子阵，可加上有阶梯的希望的孔径幅度渐变（用以实现低副瓣），阶梯性取决于子阵的尺寸和形状。所产生的幅度阶梯将引起量化副瓣（参见 13.6 节）。

(a) 对立的子阵组合

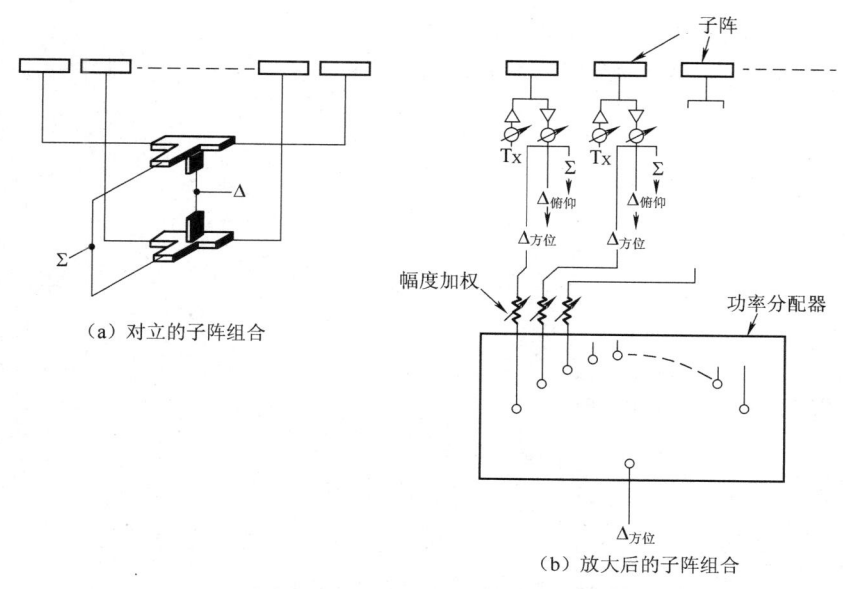

(b) 放大后的子阵组合

图 13.33　形成和差通道的子阵组合

13.9　移相器

电子波束控制的 3 种基本技术是频率扫描、波束开关和采用移相器的相位扫描。三种技术之中，移相器的使用最为流行，并且已投入很大力量来研制各种移相器。移相器可分为两类：可逆的和不可逆的。可逆移相器对方向不灵敏。也就是说，在某一方向上（如发射）的相移和相反方向上（如接收）的相移相同。因此，如果使用可逆移相器，则在发射和接收之间不必切换相位状态。若采用不可逆移相器，则在发射和接收之间必须有移相器的切换（即改变相位状态）。通常切换非可逆铁氧体移相器要花几微秒的时间。在此期间，雷达无法检测目标。对于低脉冲重复频率（PRF）的雷达，例如，每秒钟 200～500 个脉冲（pps），这不会引起问题。举例来说，如果 PRF 为 200pps（或 Hz），脉冲间隔时间为 500μs。如果移相器切换时间为 10μs，那么仅浪费 2%的时间，且只损失小于 1.0n mile 的最小距离。另一方面，如果 PRF 为 50kHz，脉冲间隔时间为 20μs，则不可能允许有 10μs 的静寂时间用于移相器的切换。

所有的二极管移相器以及某些类型的铁氧体移相器是可逆的。值得指出的是，由于与其磁特性有关的损耗，铁氧体移相器几乎不在低于 3GHz 的频率上使用。与此相反，当频率变低时，二极管移相器的性能却会提高。

目前有三种基本类型的移相器，常常竞相用于相控阵中。它们包括二极管移相器、非互易式铁氧体移相器和互易式（双模）铁氧体移相器。每一种都有其各自的长处，可根据雷达的需要来选择运用。我们将依次对每种进行讨论。对于固态系统，用二极管移相器，它可实现微秒级以下的切换。

二极管移相器[87-90]

通常使用三种技术之一来设计二极管移相器，这三种技术包括开关线、混合耦合和有载线。图 13.34 所示为这些技术。开关线只按二进制增量（如 180°、90°、45°）在线的长度上进行切换，每一位需要一组二极管。二极管用作使有关数位被激活的控制开关，以实现特定的相位状态。

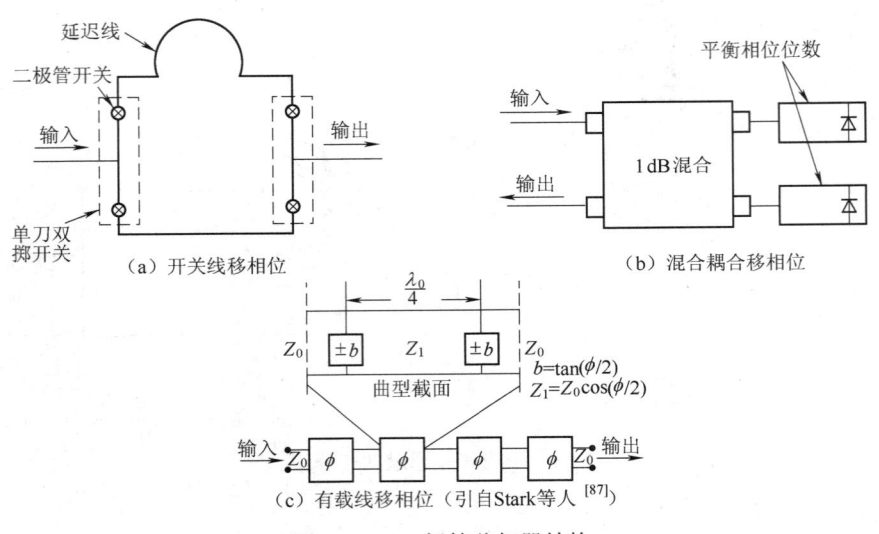

图 13.34　二极管移相器结构

混合耦合技术使用微波混合电路，能有效地改变发生反射的距离。这项技术经常用于二进制增量，且每一相位状态需要额外的一组二极管。

上述的二极管移相器在耐受高峰值功率的能力上受到限制。根据其尺寸和频率，它们通常被限制用在小于 1kW 的功率电平上。对于较高的功率电平，要使用有载线技术。二极管被用来在容抗增量和感抗增量间切换，这些增量可提供小的相位变化。由于二极管脱离了与主传输线的耦合，所以每个二极管只需耐受适量的功率。很大功率（即千瓦级的）的结构也是可能的。但这种技术需要许多二极管，与开关线和混合耦合技术相比，移相器通常较庞大。

二极管移相器的优点是体积小、质量轻（除大功率器件的二极管移相器之外）。它适合于带状线、微带线和单片结构。二极管移相器的主要缺点是每增加一位，通常需要增加一组二极管。当需要低副瓣天线时，位数便要增加。对于低副瓣天线，可能需要 5、6 或 7 位。当位数增加时，二极管移相器的成本和损耗也会增大。对于有源阵列，由于移相器通常放置在发射功率放大器之前及接收时低噪声放大器之后，因此其损耗带来的影响并不重要。而大多数铁氧体器件使用时并非这种情况。

铁氧体移相器

大多数铁氧体移相器是非互易的[91-93]。早期形式使用离散长度的铁氧体（见图 13.35）来实现每一位移相（180°、90°、45°等）。在这种结构中，电流脉冲通过每一位，铁氧体环便饱和。当电流断掉时，我们称铁氧体环被**锁定**，且由于它的磁滞特性而保留其磁化。如果电流处于正方向，那么，铁氧体以特定的相位（比如 180°）被锁定。铁氧体将保持此相位，直到加上相反方向的电流脉冲为止。然后铁氧体移相器被锁定到基准相位（0°）。这种随电流方向变化的相位变化是由器件的不可逆性产生的。如前所述，早期的器件使每一位饱和，所以需要一个铁氧体环和一个电激励器来分别控制每一位。其他形式的移相器使用单一的环形铁心和单个激励器[94, 95]。在这样的结构中，通过仅仅部分磁化铁氧体，把移相器锁定在较小的磁滞回线上。这项技术的明显优点是，仅使用单个环形铁氧体心便可实现任意的位数。铁氧体移相器还具有低耗和可工作于相对较大功率的优点。已经制造出能耐高达 100kW 峰值功率的器件。它适合于波导结构，但比二极管器件重且庞大。

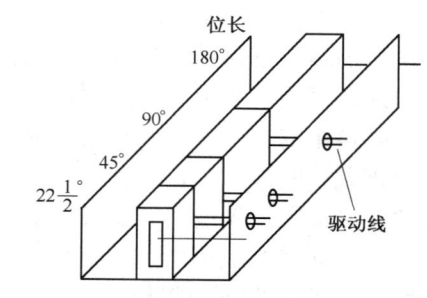

图 13.35 使用铁氧体环的数字铁氧体移相器
（引自 Stark[87]）

总而言之，二极管和非互易铁氧体、互易铁氧体移相器都是现实的竞争对手。在 L 波段和更低的频段，显然应选择二极管移相器。在 S 波段和更高频段，铁氧体应当在较大功率系统和在系统需要附加位以实现低副瓣天线所需的低相位误差时占据领先地位。这些看法不适用于下面要描述的固态系统。铁氧体移相器比二极管对温度更敏感，相位将随温度的变化而改变。这可以通过保持整个阵列温度不变（几度以内）来控制。更常用的技术是在阵列的几个位置检测温度，然后修正送到移相器的相位指令。

13.10　固态组件[96-98]

固态组件可以连接到相控阵天线的每一个辐射单元或每一个子阵上，组成所谓的**有源孔径**。其应用范围从用于警戒的超高频（UHF）到机载系统上的 X 波段乃至更高的频段。

图 13.36 给出了典型组件的简要构成。它由发射放大器链路、接收用前置放大器、带驱动电路的共用移相器，以及分隔发射和接收通道的环流器和（或）开关等组成（环路增益必须小于 1 以避免振荡）。

在单元级，发射用功率放大器的典型增益一般为 30dB 或更高，以补偿在波束形成器中功率分配的损失。晶体管能产生高的平均功率，但峰值功率较低。因此，需要高占空比的波形（10%～20%）以有效地发射足够的能量。缺乏高峰值功率是相控阵雷达中固态组件的主要缺点。在很大的程度上，这一点可通过在接收机中使用脉冲压缩来补偿，以及使用超宽带宽对抗干扰，但这要以增加信号处理为代价。晶体管的重要优点在于，它们具有宽带的潜力。

接收通道前端一般要求 10～20 dB 的增益以适当地实现一个低的噪声系数，同时顾及移相器和波束形成网络的损耗。组件在单元波瓣（不只是天线波瓣）覆盖范围内也

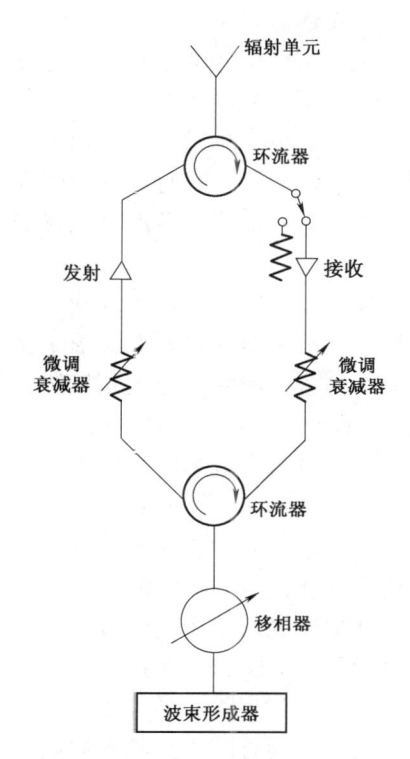

图 13.36　典型的固态组件

接收来自任意方向的、工作频带内的所有频率上的干扰信号。为得到低副瓣的性能，组件之间需要严格的容差来提供频带内幅度和相位的跟踪。电可编程的增益调整对于校正模块间的变化有帮助，可放松对模块性能规格严格的要求。对于特定的情况，微调装置可以为孔径控制提供一点自由度。由于噪声系数已确定，可以把馈电网络分开，以便为和、差通道的发射和接收提供独立的最佳孔径幅度分布。在另一种结构中，馈电网络可设计成提供等幅孔径分布，以便在目标上提供最高的发射功率，而接收器增益控制可用来提供和通道的幅度渐变。也许可以为差通道加上第二个馈电系统。Poirier[97]分析了这种情况，包括对噪声的影响以及因为幅度量化而引起的性能降低。

组件移相器在低的信号功率电平上工作。因为它在发射时后接放大器，在接收之前有放大器，可容许移相器有高的插入损耗。因此，甚至在许多位（例如，为实现低副瓣，5、6 或 7 位）的情况下，也完全允许使用二极管移相器。插入损耗的变化可用增益动态调整来补偿。

大功率一侧的环流器可为功率放大器提供阻抗匹配，并足以保护接收机。从图 13.36 中可见，添加的开关可使因天线失配而反射的功率被吸收，并能在发射期间为接收机提供额外的保护。如果质量是一个重要的考虑因素，如空基系统的情况，那么环流器可以用需要附加逻辑和激励电路的二极管开关来代替。

13.11 多个同时的接收波束

随着弹道导弹的激增，未来的舰载雷达系统很可能需要具备多任务能力，包括对空作战（AAW）和弹道导弹防御（BMD）能力。BMD 需要远程识别小雷达散射截面（RCS）的再入轨道飞行器（RV），这就要求有源阵列雷达具有大的功率乘孔径的增益/低噪声温度（PAG/LT），这是雷达灵敏度的一个衡量尺度。增加收/发组件的输出功率仅能增加 PAG 乘积中的发射功率分量。可是，阵列额外增加收/发组件将会增加 PAG 的每个分量：发射功率、接收孔径和发射增益。因此，具有 BMD 功能的雷达一般拥有众多单元，因而有巨大的孔径。由于大的天线孔径会产生窄的天线波束宽度，这就要求雷达拥有扫描非常多波束位置的立体搜索功能。

海军舰船需要既能在公海也能在近海（接近陆地）作战。临近陆地的作战要求舰载雷达具有抑制高杂波回波的能力。通常，通过在头几个俯仰波束位置上采用脉冲多普勒波形来实现高杂波抑制。此外，还可设计出许多种雷达波形使它们能工作到雷达的标示最大测量距离上。结果，每个波束位置上的驻留时间主要部分是脉冲传播到测量距离及返回所必需的时间。这一长传播时间和由窄天线波束宽度引起的很多波束位置，以及具有很多脉冲的多普勒波形，将导致使用单波束雷达时有无法令人满意的长搜索帧时间。

如果有源阵列雷达的规模适合于探测远距离弹道导弹，该雷达就很可能有足够的功率来探测其他目标。可以用一簇同时接收的多波束来用能量换取减少立体搜索的帧时间。使用同时接收的多波束可减少搜索帧时间，因为许多波束位置是同时被搜索的。使用同时接收的多波束时，可通过波束整形（beam spoiling）来展宽发射波束，使得其 3dB 波束宽度大于具有线性相位波前的均匀照射阵列的 3dB 宽度。发射时，波束展宽降低了发射波束的增益，但这一增益损失是实现对减少搜索帧时间这样的要求所必需的。接收时，同时产生一簇多波束来覆盖发射波束照射的立体角空域。每一个接收波束具有与相同孔径的单波束阵列相同的增益和波束宽度。在一簇接收波束中，每个接收波束从展宽（spoiled）的发射波束中心偏移到不同的方向。图 13.37 给出一簇四个同时接收波束的例子。要搜索与四波束簇覆盖的相同立体角空域，单波束雷达将花费约四倍的时间，因为其发射和接收波束需要顺序扫描到每个波束位置。增加接收簇中的波束数量，同时等量地增加发射波束的变宽程度就减少了帧搜索时间。

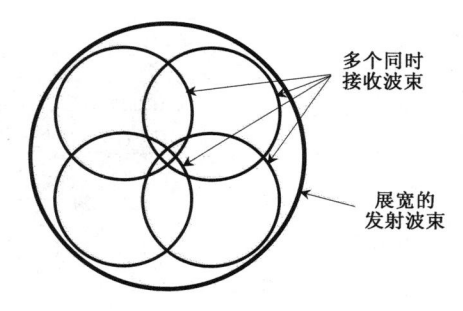

图 13.37　展宽的发射波束和一簇四个同时接收的波束

还有在产生同时接收多波束时并不要展宽发射波束的另一项技术。在该技术中，波形中的每个脉冲被分割成和波束位置一样多的段。一个脉冲段顺序发射向希望的波束位置中的每一个，一个发射脉冲紧跟一个。所有脉冲发射完后，同时接收的多波束在每个发射波束位置形成一个接收波束。在这种方法中，每个发射波束具有全阵增益。为实现与波束展宽技术类似的性能，每个波束位置上的发射脉冲段将是展宽波束技术中发射脉冲长度的 $1/N$ 倍。这里 N 是同时接收的波束的数量。这两种情况下，为了实现预期的搜索帧时间，必须用能量来换取时间。

同时接收的多波束簇可以通过几种不同的方法形成。如用模拟波束形成，接收信号可被分为 N 路进入 N 个独立的模拟波束形成器。每个模拟波束形成器设计成形成波束簇中 N 个偏轴波束中的一个。另外一种实现同时接收的多波束的方法是采用数字波束形成（DBF），下一节将详细讨论。当需要形成大量波束时通常首选 DBF。

13.12　数字波束形成

许多相控阵雷达采用模拟波束形成。在模拟波束形成器中，来自每个单元的接收信号在射频合成。在模拟波束形成器的输出端，集中式接收机把射频（RF）下变频到中频（IF），之后用模/数转换器（ADC）将中频信号数字化。在数字波束形成（DBF）中，在每一个独立单元上或子阵上的射频信号即被数字化。一旦信号被数字化，数字信号不同权值的组合被用于形成同时接收的多波束。图 13.38 所示模拟波束形成的阵列结构以及单元级和子阵级 DBF 的阵列结构。DBF 的优点包括增加的动态范围、当采用同时多波束时更快的帧搜索时间，以及实现自适应置零和低副瓣的幅度与相位更佳的控制。

舰载雷达过去主要设计用于公海环境下工作。然而，变化的世界要求舰载雷达能在更靠近陆地的环境下工作。因此，相对于现有的雷达系统，海军雷达必须具有高得多的杂波抑制能力和更大的动态范围。最近，数字波束形成被提议用于必须在严峻杂波环境中检测小 RCS 目标的雷达系统中[99]。

动态范围决定了接收机在线性工作区域内能处理的功率电平范围。雷达系统必须能处理大功率的杂波回波而又不使接收机饱和。未来雷达建议采用 DBF 的一个原因就在于相对于用集中式接收机的模拟波束形成，DBF 可以为雷达系统提供显著提升的动态范围。在 DBF 结构中，有 N 个数字接收机，每个对应一个单元或子阵。因此，相对于采用相同接收机的模拟波束形成雷达，DBF 雷达系统的动态范围提升了 $10\lg N$ 倍，条件是所有接收机中的每个接收机的噪声和失真是不相关的[100]。

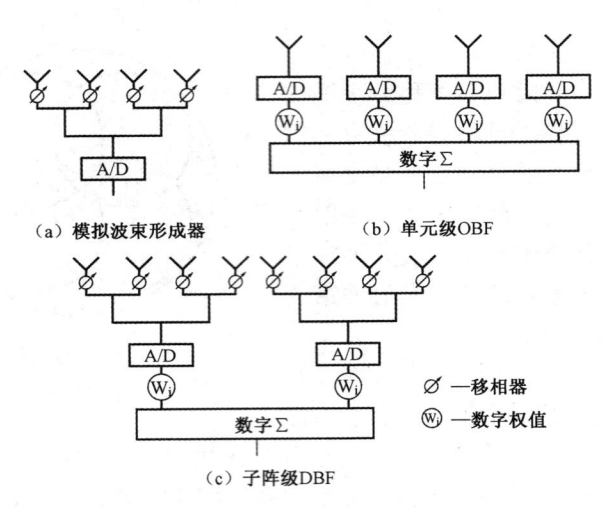

图 13.38 模拟和数字波束形成的阵列结构

DBF 既可以在单元级[101]实现，也可以在子阵级实现。单元级 DBF 要求每个单元有一数字接收机，它包含有下变频器和 ADC。子阵级 DBF 要求每一个子阵有一个数字接收机。单元级上有 DBF 的全数字阵列可实现同时多个独立波束。这些独立波束可以扫描到任意方向。子阵级 DBF 可以实现在子阵方向图内的同时多个波束簇。子阵级 DBF 在每个单元上使用移相器并采用模拟子阵波束形成器，而数字接收机位于每个子阵输出端。通过在子阵级采用数字时延来实现时延控制。用数字合成子阵形成同时多波束，它们彼此相互偏移。实际上常常在子阵级而不是单元级实现 DBF，这主要是要考虑尺寸、质量和数字接收机的高成本。比起单元级 DBF 来，子阵级 DBF 的另一个实际优点是为形成接收波束所需处理的数字数据量较少。

DBF 可以提供比单波束的模拟波束形成阵列更加有效的时间-能量管理。因为 DBF 可以产生同时多波束，如 13.11 节所论述的一样，可以用能量来换取帧搜索时间的减少。

13.13 辐射方向图置零

相控阵天线可以设计成具有确定的方向图和自适应的方向图。当不存在干扰信号时，用确定式方向图的相控阵天线一般利用整个阵面孔径的线性相位波前和产生预期的副瓣电平的幅度权。天线的性能可以通过一些参数，如波束宽度、增益、峰值和均方根（RMS）副瓣电平来表征。有意射频干扰信号如干扰机产生的，或者无意干扰信号如其他雷达或杂波产生的，都可显著降低静态方向图相控阵天线的性能。结果是在相控阵辐射方向图中在干扰方向上置零的方法就成为许多研究的主题[102-105]。确定式的射频置零或自适应置零都可用来在天线方向图上实现干扰源方向上的置零。

如果干扰源的位置是固定的且方向已知，可以在天线方向图的特定方向上设置射频零点。通过修正每个单元上的权值，可以把天线确定性方向图方向上的零点扫到特定的方向上。这些修正的权值可以是每个单元的幅度和相位，也可以仅是相位。不管使用幅相置零还是仅相位置零，对于确定性射频置零而言，每个单元上的权值都是非时变的。图 13.39 所示为在单元级采用幅相加权和仅相位加权实现确定性射频置零的阵列结构。

通过每个单元上的幅度和相位控制来实现确定性射频置零的性能要好于仅相位置零的性能。确定性射频置零可通过采用微扰技术生成每个单元的权值,进而产生具有零点的天线方向图[102]。对于微扰技术,首先计算生成不含零点的初始方向图的每个单元初始权值。之后,对初始权值微扰,在天线方向图的期望方向上产生零点。微扰算法的目的是实现信号与干扰加噪声比的最大化,同时实现初始单元权值与微扰后单元权值间偏差的最小化[104]。每个单元上完整的幅度和相位控制能够确保以最小的权值微扰来实现预期方向上置零的微扰的天线方向图[102]。然而,每个单元上仅相位控制有可能会导致在一些情况下不存在解[102]。图 13.40 给出了一个有置零控制和无置零控制的确定式天线方向图的例子。图 13.40 中的实线表示无干扰时,$\lambda/2$ 单元间距、25 元线阵的法向确定式天线方向图。这里假定了均匀照射且无幅度和相位误差。图 13.40 中的虚线表示同一阵列,当干扰源出现在+21°时,通过幅度和相位加权在方向图中干扰源方向上实现零点设置的天线方向图。

(a) 每个单元上幅度和相位控制

(b) 每个单元上仅相位控制

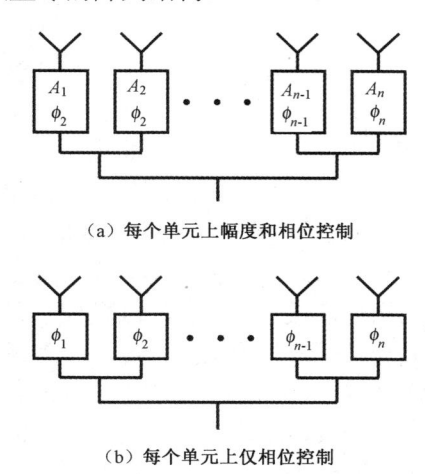

图 13.39 实现确定性射频置零的阵列结构

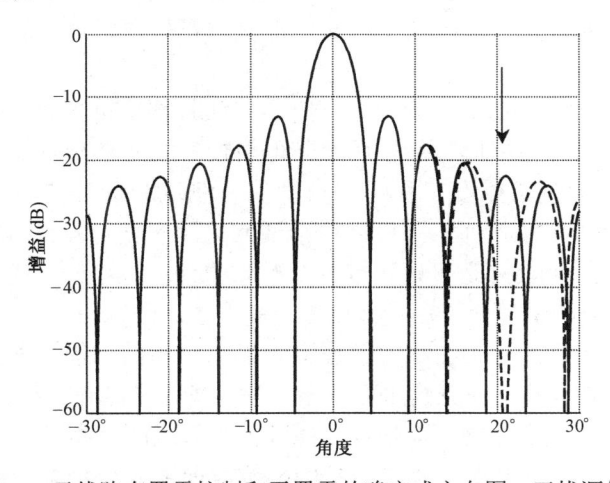

图 13.40 25 元线阵有置零控制和无置零的确定式方向图,干扰源位于+21°

雷达系统可以利用确定式射频置零在发射和接收方向图中设置零点。发射时,零点可以设置在强地杂波的方向,以减少反射回天线的杂波功率。有源阵列一般可以实现每个单元上的幅度和相位控制,这将允许使用全幅度和相位置零或仅相位置零。然而,发射时,希望整个孔径采用均匀照射来产生最高的孔径利用效率。同时,对于有源阵列,希望大功率的发射放大器保持在饱和状态。因此,发射置零时,希望使用仅相位置零来保持孔径效率。接收时,阵面的幅度权值一般用来产生希望的副瓣电平。因为这种幅度加权在接收时产生了锥削损耗,采用全幅度和相位控制对辐射方向图置零,在接收时比发射时不太令人关注。

具有自适应置零能力的相控阵天线使相控阵在接收时具有自适应的天线方向图。人们使用自适应技术来检测和自动对时变的干扰环境进行响应。其目的是保留想要的信号，又同时抑制不必要的干扰。这种实时方向图控制是通过调整每个接收机的权值达到信号与干扰加噪声比的最大化来达到的。每个接收机处信号的幅度和相位权值自适应计算和执行，以使期望信号相干合成，而干扰信号非相干合成。

自适应波束形成可以利用副瓣对消系统中辅助的接收机或者利用数字波束形成来实现。在 DBF 系统中，自适应波束形成既可以利用子阵接收机，也可用辅助接收机来实现。如果使用子阵接收机，方向图中可设置的零点数依赖于自由度（DOF）的数量。对于自适应波束形成，自由度的数量为 $N-1$，这里 N 是 DBF 阵列中接收机的数量[100]。如果采用数字波束形成来实现自适应波束形成，由于子阵级 DBF 自由度非常少，因此单元级 DBF 的性能将明显优于子阵级 DBF 的性能。然而，单元级 DBF 通常高得不可接受，除非阵列单元数目较少。因此，由于仅要求少得多的数字接收机，子阵级 DBF 常常被采用。然而，在自适应阵列中，DOF 数量给定时，子阵并不是最佳的阵列结构选择[106]。在子阵 DBF 中，每个子阵的主波束必须与阵列的主波束方向一致。当干扰源出现在副瓣区域时，由于在副瓣区域子阵增益低，使得子阵级 DBF 结构在感知这一干扰信号时性能很差[106]。

13.14 有源相控阵天线校准

为了确保天线的方向图符合天线性能指标要求，有源相控阵天线必须校准。副瓣电平和主波束增益，都是典型的规定的天线特征参数，但这些指标要求可以转化为对每个单元可容许的幅度和相位误差。

校准可分为两类：工厂级校准和阵地级校准[107]。工厂级校准仅进行一次，通常在相控阵制造商的天线测试场完成。当相控阵部署后，阵地级校准会在其全寿命周期内定期执行。工厂级校准所要求的天线测量可以在三种不同类型的天线试验场上实现：近场、紧缩场、远场。对于大型地基或舰载相控阵列，工厂级校准通常采用平面近场天线测量设备来完成[108, 109]。近场测量吸引人的一个特点是可以测量每个单元的幅度和相位，进而可以形成完整的前半空域天线方向图。近场测试适合于测量低副瓣、高增益天线[110]。

平面近场天线测量是通过探头在平行于被测天线的平面内扫描，并且测量出每个探头位置上的幅度和相位值来完成的。在直角坐标系中，探头的位置通过 (x, y, z) 给出。在扫描过程中，探头的 x 和 y 坐标是变化的，而扫描平面到被测天线的距离保持为常量 z_0。通常 z_0 的值选三个波长多一点。由探头位置上采样得到的相位波前需要满足奈奎斯特（Nyquist）采样定理，即在 x–y 平面上的采样点间的最大允许间隔为 $\Delta x = \Delta y = \lambda/2$。实际上，与探头位置协调好，一次只对有源阵单元中的一个馈电。已有的系统中，采用近场完成工厂级校准的例子有 THAAD 和 SAMPSON[108, 109]。

对于有源阵列，在发射和接收两种模式下，为了确定每个阵列单元的校准常数，必须对每个单元的相位和幅度测量。有源阵列完整的校准测量工作量很大。经常移相器和衰减器每个都多至 7 位或有 128 种不同状态。此外，有源组件也需要用工作频段内的几个频点及几段温度上的特性来表征。因此，要完全表征每个单元的性能需要数千次的测量。对于每个单元并非所有状态都必须测量，但是取消一些状态的测量将带来校准的幅度和相位误差的增加[108]。

在不同移相状态中，移相器通常会呈现出幅度的微小变化，而衰减器会在不同增益状态中呈现出相位的大幅变化。因此，最好首先校准衰减器。之后校准移相器时不再变化衰减器的设置[108]。一旦测量得到每个 T/R（收/发）通道的特性，即可计算得出修正系数并存储，以备将来使用。对于给定的雷达工作模式，应用合适的修正系数可使天线实现校准。

一旦有源相控阵被部署，为保持天线性能在指标范围内，必须实施阵地级校准。有源组件的时飘及老化影响也要求进行阵地级校准。已有几种不同的技术被建议用于阵地级校准，包括互耦法[111]、近场天线法[109]和射频采样法。

互耦技术利用相邻单元间的互耦路径来传输校准信号［见图 13.41（a）］。在该技术中，从一个阵列单元发射信号，该单元周边最近的单元用于接收发射的校准信号[111]。接收信号将与工厂级测试中预存参考信号进行比较。在给定时间，仅有一个单元发射，重复这一过程直到所有单元均被测量。互耦法校准可参插于雷达工作模式间，仅要求很少的雷达资源。

另一种阵地级校准技术是利用放置在阵列外围近场区域内的辐射器［见图 13.41（b）］。这些是外加的专门用于有源阵列校准的辐射器。阵列在接收模式校准，测试信号被发送到每个用于校准的辐射器[109]。将 T/R（收/发）组件接收的信号和工厂级测试得到的预存参考信号对比。之后修正校准常数，恢复天线，使它的校准结果尽可能地接近初始的厂级校准结果。这种技术要求增加几路专用于阵地级校准的发射和接收硬件通道。

射频采样技术也可用于有源相控阵的校准［见图 13.41（c）］。射频采样技术利用阵列内装的校准电路在 T/R 组件和辐射单元之间注入校准信号。该技术可用来测量射频输出功率、接收增益以及相位和衰减的每一位精度。之后将这些测量值与参考值比较。这种技术主要的缺点是它要求显著地增加硬件，包括一套独立的机内检测（BIT）装置。同时，校准路径不包括辐射单元。

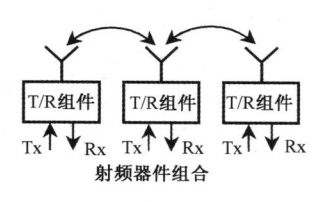

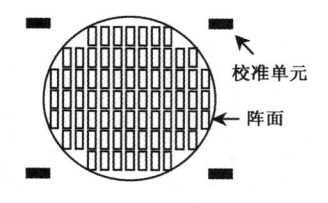

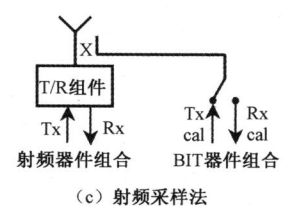

图 13.41 有源阵列校准技术

13.15 相控阵系统

已经建成许多相控阵系统[112]，现选有代表性的几种简单介绍如下。

洛克希德·马丁公司的相控阵雷达

以下资料由洛克希德·马丁公司提供。

AN/SPY-1[113, 114]

这种 S 波段相控阵雷达是美国海军"宙斯盾"（Aegis）武器系统中的一部分，它由 RCA 公司，即现在的洛克希德·马丁公司研制。它由四个相控阵孔径实现无障碍的半球覆盖（见图 13.1），在其早期结构中，接收时它使用带 68 个子阵的简单馈电系统，每个子阵包含

64 个波导型辐射器，总共 4352 个单元。发射时，子阵成对组合，32 个这样的子阵对给出 4096 个辐射器的发射孔径。移相器为 5 位、非互异、锁式石榴石结构，它直接向波导辐射器馈电。后来的型号是为实现低副瓣而设计的。子阵的规模不得不减为 2 个单元以避免量化瓣。相似地，移相器必须用 7 位来改进精度。合成的相控阵具有强制馈电结构和 4350 个波导形式辐射器组成的孔径。单脉冲和、差接收波瓣及发射波瓣分别独立优化。

COBRA

反炮位雷达（COBRA），C 波段固体相控阵雷达（见图 13.42），能定位火箭发射器、火炮群、迫击炮、炮弹落点和对干扰方向定位。可机械移位的天线具有 2720 个辐射单元，每个单元接一固态收/发组件以实现宽角电扫描覆盖。它由 Euro-Art GmbH 制造，这是一家由洛克希德·马丁 MS2（美国新泽西州穆尔镇）、德国 EADS 公司（德国 Unterschleisshem）、泰利斯（Thales）防空公司（法国 Bagneux）和英国泰利斯（Thales）有限公司（英国西苏塞克斯郡克劳利）等成立的联合企业。该雷达是为法国、德国及英国的国防部所研制的。

图 13.42　安装在雷达系统载车上的 COBRA 相控阵（洛克希德·马丁公司提供）

立体搜索雷达

S 波段立体搜索雷达（VSR）的相控阵（见图 13.43）为 DD（X）的双波段雷达系统，能提供搜索和 AAW（对空警戒）功能。它有 2688 只辐射单元，每只单元带一个收/发组件。虽然有源辐射孔径近似于圆形，但其角落也用接负载单元填充来形成矩形孔径，目的是使天线的雷达散射截面最小。所有的有源组件均可从背部方便取出，这样在舰载环境下更方便维护。

图 13.43　组装过程中的体搜索雷达 S 波段工程样机。安装在近场测试场内的前部（左）和背部照片。背部照片中显示了方便更换的最小可更换单元的细节

地基雷达（AN/TPS-59、AN/FPS-117 和 AN-TPS-77）

这些是洛克希德·马丁公司的几种远程、固态三维雷达系统（见图 13.44）。它们工作于 L 波段的 1.2～1.4GHz 范围内。这些系统可以提供商用飞机航线跟踪、对空警戒/防空、导航辅助、战术控制和战术弹道导弹（TBM）防御的位置数据。其中，AN/TPS-59 是世界首部全固态天线阵列。其后不久研制的 AN/FPS-117 通常安装并工作在固定场点，它也可安装在拖车上进行部署。AN/TPS-77 是一种机动/可运输系列的固态雷达系统。每个系统由一次警戒雷达、二次警戒雷达（IFF）、指令和控制显控台、通信设备等组成，并可以根据客户的特定需求有不同选项及定制运输方式。

(a) AN/TPS-59　　(b) AN/FPS-117　　(c) AN/TPS-77

图 13.44　地基雷达系统外形图片（由洛克希德·马丁公司提供）

这些系统的主要特点是，采用平面相控阵，为模块式结构全固态电子设备为分布式，包括 RF 功率源和俯仰轴向的电扫描设备。系统的天线能以 5、6 或 10、12r/min 后速度旋转，实现方位 360°覆盖，同时俯仰步进式电扫描。它以全性能覆盖从俯仰面标称的 20°直到 100 000 英尺的高度，在 TBM 跟踪时，俯仰角能覆盖到 60°。其天线/阵列含有单脉冲雷达技术。这些技术使用阵列和数据处理包中的三个数据通道——和、方位差（AZ）和俯仰差（EL）给出精确的目标角度位置。

数据处理对接收信号进行动目标显示（MTI）和多普勒处理以对目标探测产生杂波下可见度。工作频率的选择依赖于雷达的工作模式和操作者的频率选择。图 13.44 所示的天线/阵列由 54 根（AN/TPS-59）、44 根（AN/FPS-117）或 34 根（AN/TPS-77）相同的水平无源行馈网络组成，行馈间的中心距离为 6.6 英寸。每条行馈后面直接安装有一部专用的行发射机和接收机。每行上的行发射机和行接收机是相似的。他们完成所有的射频功能，包括射频功率产生、控制俯仰面天线波束的移相和提供低噪声系数的接收前置放大。在行发射机中的固态功放组件直接放大产生射频功率。这些发射组件的输出功率在行发射机内进行合成，并传输到行馈。从行馈来的射频功率在空间合成形成辐射波束。不像工作在高峰值功率和低占空比的电子管发射机，功放组件工作在低峰值功率和高占空比（10%～20%）。发射时采用长脉冲，而在接收时进行脉冲压缩来获得要求的距离分辨率。这种雷达系统设计有性能余量以允许分布式的阵列组件在预定的维护周期内在战场上性能降低。由于阵列组件的失效引起性能的逐步降低，维护可以在计划的周期上实施。通过性能监测和故障隔离（MFI）功能，检测和显示在线系统的灵敏度和性能水平。

这些远程、三维对空警戒雷达可提供货架产品的一次对空警戒需求的解决方案。它们设计成可在恶劣环境中遥控工作，早已建立的后勤支持、机内的性能监视和故障隔离、高可靠性及全球式投资，使得这些系统具有固有的低成本优势。

诺斯罗普·格鲁门公司的相控阵雷达

以下资料由诺斯罗普·格鲁门公司提供。

AWACS(机载预警与控制系统)[13, 14, 115]

机载预警与控制系统（AWACS）可提供全天候远程警戒、指挥、控制和通信。天线为 26 英尺×4.5 英尺椭圆状的超低副瓣阵列。阵列由 28 条裂缝波导组成，共计 4000 多个缝隙（见图 13.45）。天线安装在飞机机身上部的可旋转的天线罩内，该 S 波段天线方位面 360°机械扫描，俯仰面通过 28 只互易式波束控制移相器实现电扫描。此外，28 只非互易式波束偏移移相器实现俯仰扫描过程中接收波束相对发射波束的偏移以弥补对远程的飞机发射和接收往返的时间延迟。自从 20 世纪 70 年代初 AWACS 雷达研制出来以来，其雷达系统改进项目（RSIP）不断对 AWACS 雷达进行了大量的性能提升。RSIP 引入了新的波形和处理，不仅提升了作用距离和测角精度，而且提升了距离和角度分辨率。

图 13.45　AWACS 天线（诺斯罗普·格鲁门公司提供）

AN/TPS-78

AN/TPS-78 是诺斯罗普·格鲁门公司开发的 S 波段、三维战术雷达系列 AN/TPS-70/75 的更新型（见图 13.46）。图 13.46 所示的 AN/TPS-78 平面阵列实现了非常低的方位副瓣电平。阵列为裂缝波导，由 36 根波导组成，每根上有 94 个水平极化的裂缝。阵列由一部固态发射机馈电，并在俯仰面形成单个扇形波束，对该波束进行了优化实现在低空方向有最大增益。接收时，阵列输出合成六个同时俯仰窄波束，覆盖 0°～20°。每个接收波束在数字接收机中处理。通过采用相邻波束接收能量的幅度比较实现单脉冲技术，提取出精确的高度信息。发射、接收均为窄方位波束，堆垒的接收波束实现好的雷达角度分辨率。通过以标称的监视率旋转阵列实现方位面 360°覆盖。

图 13.46 AN/TPS-78 天线（诺斯罗普·格鲁门公司提供）

AN/TPS-78 阵列的一个独特的特性是阵列孔径内嵌入了一个一体的低副瓣 IFF 阵列。这不仅可以实现雷达和 IFF 回波间的优异对准能力，而且在雷达机动配置情况下运输时可快速安装和拆卸。

联合目标监视及攻击的雷达系统天线（Joint STARS Antenna）

联合目标监视及攻击的雷达系统（Joint STARS）提供远程机载监视，并有能够跟踪地面固定和移动目标（见图 13.47）的能力。该系统采用的相控阵天线为 24 英尺宽、2 英尺高的 X 波段平面缝隙阵列。该天线安装在位于 E-8A 飞机机腹下面的天线罩内，并可以在俯仰面机械旋转±100°，使其工作可以兼顾飞机的两侧。该系统既可以用合成孔径雷达绘图模式工作，也可以用三端口方位干涉仪地面动目标显示（GMTI）、目标探测和跟踪模式工作。接收时，利用三端口孔径提供干涉测量杂波抑制技术能力，使得操作者可以探测、精确定位，并在存在严重地杂波的条件下跟踪地面低速移动目标。

图 13.47 Joint STARS 天线和载机（诺斯罗普·格鲁门公司提供）

雷声公司的相控阵雷达

以下资料由雷声公司提供。

爱国者（PATRIOT）[116]

爱国者是由雷声公司为陆军研制的一种多功能相控阵雷达系统，该系统使用光学馈电的透镜阵列形式，如前面图 13.30 所示。和、差波瓣通过单脉冲馈源分别实现优化。孔径呈圆形，包含大约 5000 个单元。它采用了 4 位磁通驱动的非互易式铁氧体移相器，并在孔径的两面均采用波导型辐射器。天线如图 13.48 所示。它被安装在车辆上，并在运输时可收起放平。

图 13.48　爱国者多功能相控阵（雷声公司提供）

终端高空区域防御系统（THAAD）

THAAD 为地基系统，设计用于摧毁威胁到军队、军用设施和同盟领土的战区弹道导弹。THAAD 由直接命中摧毁型导弹、雷达、发射架以及战斗管理/指挥、控制和通信（BMC3）系统组成。

THAAD 雷达（见图 13.49）是一部 X 波段、相控阵体制的全固态雷达，具备远程搜索、威胁探测、分类和精确跟踪的功能。为了满足 THAAD 任务远程功能的要求，该雷达设计成具备大功率输出和波束/波形捷变。THAAD 各分机协同一致工作，通过提供导弹部队目标捕获、拦截器支援和拦截评估等功能，以探测、任务分配和摧毁来犯的短到中程弹道导弹。这些功能包括了警戒、THAAD 导弹跟踪、飞行中数据的上传/下行、目标分类/分型/识别和拦截评估。

该系统单面相控阵雷达长 12.5m，安装在重型加宽的机动式战术卡车上，并可用 C-130 "大力神"运输机运输。该雷达并不旋转，但具有 120°视场。雷达采用 9.2m^2 的全视场相控阵孔径来捕获距离 1000km 外的战区导弹。该雷达在相控阵中共采用了 25 344 只 X 波段固态收/发组件。

第 13 章　相控阵雷达天线　　　　　　　　　　　　　　　　　　　　　•535•

图 13.49　THAAD 雷达

X 波段雷达（XBR）

9 层楼高的 XBR 是世界上最大的 X 波段雷达，重 400 万磅（见图 13.50）。SBX 连同平台高于 250 英尺，其总排水量超过 50 000 吨。平台是一个半潜式石油作业平台，上面装着 XBR。XBR 是半潜式平台上主要的有效载荷，完成导弹防御局（MDA）弹道导弹防御系统（BMDS）中地基中段防御（GMD）的任务。SBX 的浮置平台，是一条改装的石油钻井船，设计得可在大风和风暴中异常平稳。该船宽 240 英尺，长 390 英尺，包括发电厂、船桥和控制室、生活区域、储藏区以及足够的平台空间和基础来支撑 X 波段雷达。

图 13.50　SBX 雷达

X 波段雷达本身位于浮置平台的顶端，是世界上最大的、最复杂的机电扫结合的 X 波段相控阵雷达。它由几千只被收/发组件驱动的单元组成。该 X 波段雷达，具有为地基中程防御系统提供完备的火力控制传感器功能，包括搜索、捕获、跟踪、识别和杀伤评估。

SPY-3

AN/SPY-3 多功能雷达（MFR）是美国海军第一部舰载有源相控阵多功能雷达。该 X 波段有源相控阵雷达设计成能满足海军全方位搜索和火控的要求。MFR 设计成用于探测低雷达截面反舰巡航导弹（ASCM）的威胁，并为多个导弹提供火控照射。MFR 综合了多部独立的海军战舰舰载雷达的功能，并支持新型舰艇设计中对本身低雷达反射截面及显著减少人员配置（甚至无人操作）的要求。

该雷达可以完成诸如水平面搜索、有限水平面上方搜索及火力控制和照射等功能，其最显著的设计特征之一是：在沿海海域常遇到的恶劣环境条件下，该雷达能提供对低空有威胁导弹的自动探测、跟踪和照射。

SPY-3 使用了 3 部固定面阵，每个面阵大约由 5000 只收/发（T/R）单元组成（见图 13.51）。这些单元与收/发集成多通道组件相连，每个组件驱动 8 个单元。各个组件设计成能滑动插入阵面结构中，同时提供一条高效热传导通道到阵面的冷却装置，并且该冷却装置和收/发组件本身无任何接触。

图 13.51　AN/SPY-3 多功能雷达（雷声公司提供）

参考文献

[1] A. Blondel, "Improvements in or relating to radiator systems for wireless telegraphy," Belgian Patent 163,516, 1902; British Patent 11, 427, 1903.

[2] S. G. Brown, "Improvements in wireless telegraphy," British Patent 14,449, 1899.

[3] R. M. Foster, "Directive diagrams of antenna arrays," *Bell System Tech. J.*, vol. 5, pp. 292–307, April 1926.

[4] R. C. Hansen, *Microwave Scanning Antennas*, Vols. I, II, and III, New York: Academic Press, 1964.

[5] N. Amitay, R. C. Pecina, and C. P. Wu, "Radiation properties of large planar arrays," *Bell Teleph. Syst. Monog.*, 5047, February 1965.

[6] A. A. Oliner and G. H. Knittel, *Phased Array Antennas*, Norwood, MA: Artech House, 1972.

[7] L. I. Stark, "Microwave theory of phased array antennas—A Review," *Proc. IEEE*, vol. 62, pp. 1661–1701, December 1974.

[8] R. J. Mailloux, "Phased array theory and technology," *Proc. IEEE*, vol. 70, March 1982.

[9] A. W. Rudge, K. Milne, A. D. Olver, and P. Knight, *The Handbook of Antenna Design*, Vol. 2, London: Peter Peregrinus, Ltd., 1983.

[10] R. C. Johnson and H. Jasik (eds.), *Antenna Engineering Handbook*, 2nd Ed., New York: McGraw-Hill Book Company, 1984.

[11] E. Brookner, "Phased array radars," *Sci. Am.*, vol. 252, pp. 94–102, February 1985.

[12] H. P. Steyskal, "Phased arrays 1985 symposium," in *RADC Rept. TR*-85-171, Rome Air Development Center, Bedford, MA, August 1985.

[13] E. Brookner, "A review of array radars," *Microwave J.*, vol. 24, pp. 25–114, October 1981.

[14] E. Brookner, "Radar of the 80's and beyond," *IEEE Electro 84*, May 1984.

[15] E. Brookner, "Array radars: An update," *Microwave J.*, vol. 30, pt. I, pp. 117–138, February 1987; pt. II, pp. 167–174, March 1987.

[16] W. A. Harmening, "A laser-based, near-field probe position measurement system," *Microwave J.*, pp. 91–102, October 1983.

[17] R. J. Mailloux, Chapter 21 in *Antenna Engineering Handbook*, R. C. Johnson and H. Jasik (eds.), 2nd ed., New York: McGraw-Hill Book Company, 1984.

[18] G. V. Borgiotti, Chapter 11 in *The Handbook of Antenna Design*, A. W. Rudge, K. Milne, A. D. Olver and P. Knight (eds.), vol. 2, London: Peter Peregrinus, Ltd., 1983.

[19] K. G. Schroeder, "Near optimum beam patterns for phase monopulse arrays," *Microwaves*, pp. 18–27, March 1963.

[20] J. Frank, "Phased array antenna development," Johns Hopkins University, Appl. Phys. Lab. Rept. TG 882, pp. 114–117, March 1967.

[21] W. E. Scharfman and G. August, "Pattern measurements of phased arrayed antennas by focussing into the near zone," in "Phased Array Antennas," A. A. Oliner and G. H. Knittel (eds.), Norwood, MA: Artech House, 1972, pp. 344–349.

[22] D. K. Alexander and R. P. Gray, Jr., "Computer-aided fault determination for an advanced phased array antenna," presented at Proc. Antenna Application Symp., Allerton, IL., September 1979.

[23] J. Ronen and R. H. Clarke, "Monitoring techniques for phased-array antennas," *IEEE Trans.*, vol. AP-33, pp. 1313–1327, December 1985.

[24] R. H. Collings, "Current sheet antenna," U.S. Patent 3,680,136, 1972.

[25] A. A. Oliner and R. G. Malech, Chapters 2–4 in *Microwave Scanning Antennas*, R. C. Hansen, vol. III, New York: Academic Press, 1964.

[26] L. I. Parad and R. W. Kreutel, "Mutual effects between circularly polarized elements," in *Symp. USAF Antenna Res. Develop., Antenna Arrays Sec., Abstr.*, University of Illinois, Urbana, 1962.

[27] M. I. Skolnik, *Introduction to Radar Systems*, 2nd Ed., New York: McGraw-Hill Book Company, 1980, pp. 504–506.

[28] J. M. Howell, "Limited scan antennas," presented at IEEE AP-5 Int. Symp., 1972.

[29] J. S. Ajioka, "Frequency-scan antennas," *Antenna Engineering Handbook*, Chap. 19, R. C. Johnson and H. Jasik (eds.), 2nd Ed., New York: McGraw-Hill Book Company, 1984.

[30] W. F. Gabriel, Guest editor, special issue on adaptive antennas, *IEEE Trans.*, vol. AP-24, September 1976.

[31] J. R. Forrest, Guest editor, special issue on phased arrays, *Proc. IEE (London)*, vol. 127, pt. F, August 1980.

[32] H. Steyskal, "Digital beamforming antennas—an introduction," *Microwave J.*, vol. 30, pp. 107–124, January 1987.

[33] J. L. Allen, "A theoretical limitation on the formation of lossless multiple beams in linear arrays," *IRE Trans.*, vol. AP-9, pp. 350–352, July 1961.

[34] J. Blass, "The multidirectional antenna: A new approach to stacked beams," in *IRE Int. Conv. Rec.*, vol. 8 pt. 1, 1960, pp. 48–50.

[35] H. Gent, The bootlace aerial, *Royal Radar Estab. J. (U.K.)*, pp. 47–57, October 1957.

[36] W. Rotman and R. F. Turner, "Wide angle microwave lens for line source application," *IEEE Trans.*, vol. AP-11, pp. 623–632, November 1963.

[37] S. A. Schelkunoff, "A mathematical theory of linear arrays," *Bell, Syst. Tech. J.*, vol. 22, pp. 80–107, January 1943.

[38] J. F. Ramsay, J. P. Thompson, and W. D. White, "Polarization tracking of antennas," presented at IRE Int. Conv., Session 8, Antennas I, 1962.

[39] P. M. Woodward, A method of calculating the field over a planar aperture required to produce a given polar diagram, *J. IEE (London)*, vol. 93, pt. 3A, pp. 1554–1558, 1946.

[40] R. C. Hansen, "Aperture theory," in *Microwave Scanning Antennas*, vol. I, New York: Academic Press, pp. 18–21.

[41] J. F. Ramsay, "Lambda functions describe antenna diffraction pattern," *Microwaves*, pp. 70–107, June 1967.

[42] A. Ksienski, "Equivalence between continuous and discrete radiating arrays," *Can. J. Phys.*, vol. 39, pp. 35–349, 1961.

[43] W. H. Von Aulock, "Properties of phased array," *IRE Trans.* Vol. AP-9, pp. 1715–1727, October 1960.

[44] E. D. Sharp," Triangular arrangement of planar-array elements that reduces number needed," *IRE Trans.*, vol. AP-9, pp. 126–129, March 1961.

[45] J. L. Allen et al., "Phased array radar studies," MIT Lincoln Lab. Tech. Rept. 381, March 1965.

[46] J. L. Allen and B. L. Diamond, "Mutual coupling in array antennas," MIT Lincoln Lab. Tech. Rept. 424, October 1966.

[47] R. W. Bickmore, "Note on effective aperture of electrically scanned arrays," *IRE Trans.*, vol. AP-6, pp. 194–196, April 1958.

[48] B. L. Diamond, Chapter 3 in *Mutual Coupling in Array Antennas*, J. L. Allen and B. L. Diamond (eds.), MIT Lincoln Lab. Tech. Rept. 424, pt. III, October 1966.

[49] J. Frank, "Phased array antenna development," *Johns Hopkins University, Appl. Phys. Lab. Rept. TG* 882, March 1967.

[50] P. W. Hannan, "Element-gain paradox for a phased-array antenna," *IEEE Trans.*, vol. AP-12, pp. 423–43, July 1964.

[51] W. Wasylkiwskyj and W. K. Kahn, "Element patterns and active reflection coefficient in uniform phased arrays," *IEEE Trans.*, vol. AP-22, March 1974.

[52] W. Wasylkiwskyj and W. K. Kahn, "Element pattern bounds in uniform phased arrays." *IEEE Trans.*, vol. AP-25, September 1977.

[53] W. K. Kahn, "Impedance-match and element-pattern constraints for finite arrays," *IEEE Trans.*, vol. AP-25, November 1977.

[54] R. E. Willey, "Space tapering of linear and planar arrays," *IRE Trans.*, vol. AP-10, pp. 369–377, July 1962.

[55] H. A. Wheeler, "Simple relations derived from a phased-array antenna made of an infinite current sheet," *IEEE Trans.*, vol. AP-13, pp. 506–514, July 1965.

[56] J. L. Allen, "On array element impedance variation with spacing," *IEEE Trans.*, vol. AP-12, p. 371, May 1964.

[57] P. W. Hannan, "The ultimate decay of mutual coupling in a planar array antenna," *IEEE Trans.*, vol. AP-14, pp. 246–248, March 1966.

[58] T. T. Debski and P. W. Hannan, "Complex mutual coupling measured in a large phased array antenna," *Microwave J.*, pp. 93–96, June 1965.

[59] P. W. Hannan and M. A. Balfour, "Simulation of a phased-array antenna in a waveguide," *IEEE Trans.*, vol. AP-13, pp. 342–353, May 1965.

[60] B. L. Diamond, "Small Arrays—Their analysis and their use for the design of array elements," in *Phased Array Antennas*, A. A. Oliner and G. H. Knittel (eds.), Norwood, MA: Artech House, 1972.

[61] C. E. Grove, D. J. Martin, and C. Pepe, "Active impedance effects in low sidelobe and ultra wideband phased arrays," *Proc. Phased Arrays Symp.*, 1985, pp. 187–206.

[62] G. E. Evans and H. E. Schrank, "Low sidelobe radar antennas," *Microwave J.*, pp. 109–117, July 1983.

[63] G. E. Evans and S. G. Winchell, "A wide band, ultralow sidelobe antenna," presented at Antenna Applications Symp., Allerton, IL, September 1979.

[64] S. G. Winchell and D. Davis, "Near field blockage of an ultralow sidelobe antenna," *IEEE Trans.*, vol. AP-28, pp. 451–459, July 1980.

[65] D. K. Barton and H. R. Ward, *Handbook of Radar Measurement*, Englewood Cliffs, NJ: Prentice-Hall, 1969, pp. 242–338.

[66] J. F. Ramsey, "Lambda functions describe antenna/diffraction patterns," *Microwaves*, p. 60, June 1967.

[67] W. M. Yarnall, "Twenty-seven design aids for antennas, propagation effects and systems planning," *Microwaves*, pp. 47–73, May 1965.

[68] F. J. Harris, "On the use of windows for harmonic analysis with the discrete Fourier transform," *Proc. IEEE*, vol. 66, pp. 51–83, January 1978.

[69] T. T. Taylor, "Design of line source antennas for narrow beamwidth and low sidelobes," *IEEE Trans.*, vol. AP-3, pp. 16–28, 1955.

[70] T. T. Taylor, "Design of circular apertures for narrow beamwidth and low sidelobes," *IEEE Trans.*, vol. AP-8, pp. 17–22, 1960.

[71] E. T. Bayliss, "Design of monopulse antenna difference patterns with low sidelobes," *Bell Syst. Tech. J.*, pp. 623–650, May–June 1968.

[72] D. K. Barton and H. R. Ward, *Handbook of Radar Measurement*, Englewood Cliffs, NJ: Prentice-Hall, 1969, pp. 256–266.

[73] J. L. Allen, "The theory of array antennas," MIT Lincoln Lab. Rept. 323, July 1963.

[74] J. Ruze, "Physical limitations on antennas," MIT Res. Lab. Electron. Tech. Rept. 248, October 30, 1952.

[75] T. C. Cheston, "Effect of random errors on sidelobes of phased arrays," *IEEE APS Newsletter—Antenna Designer's Notebook*, pp. 20–21, April 1985.

[76] J. Frank and J. Ruze, "Steering increments for antisymmetrically phased arrays," *IEEE Trans.*, vol. AP-15, pp. 820–821, November 1967.

[77] J. Brown (Private communication), 1951.

[78] C. J. Miller, "Minimizing the effects of phase quantization errors in an electronically scanned array," in *Proc. Symp. Electronically Scanned Array Techniques and Applications*, RADC-TDR-64-225, vol. 1, 1964, pp. 17–38.

[79] J. Frank, "Bandwidth criteria for phased array antennas," in *Phased Array Antennas*, A. A. Oliner and G. H. Knittel, Norwood, MA: Artech House, 1972, pp. 243–253.

[80] W. B. Adams, "Phased array radar performance with wideband signals," *AES Conv. Rec.*, November 1967, pp. 257–271.

[81] C. B. Sharp and R. B. Crane, "Optimization of linear arrays for broadband signals," *IEEE Trans.*, vol. AP-14, pp. 422–427, July 1966.

[82] C. Rothenberg and L. Schwartzman, "Phased array signal bandwidth," IN *IEEE Int. Symp. Antennas Propag. Dig.*, December 1969, pp. 116–123.

[83] W. Rotman and R. F. Turner, "Wide angle lens for line source applications," *IEEE Trans.*, vol. AP-11, pp. 623–632, 1963.

[84] J. Blass, "The multi-directional antenna: a new approach to stacked beams," in *Proc. IRE Conv.*, vol. 8, pt. I, 1960, pp. 48–51.

[85] R. F. Kinsey and A. Horvath, "Transient response of center-series fed array antennas," in *Phased Array Antennas*, A. A. Olinerand and G. H. Knittel (eds.), Norwood, MA: Artech House, 1972, pp. 261–271.

[86] A. R. Lopez, "Monopulse networks for series feeding an array antenna," in *IEEE Int. Symp. Antennas Propag. Dig.*, 1967.

[87] L. Stark, R. W. Burns, and W. P. Clark, Chapter 12 in *Radar Handbook*, M. I. Skolnik (ed.), 1st Ed., New York: McGraw-Hill Book Company, 1970.

[88] J. F. White, *Semiconductor Control*, Norwood, MA: Artech House, 1977.

[89] W. J. Ince, "Recent advances in diode and phase shifter technology for phased array radars," pts. I and II, *Microwave J.*, vol. 15, no. 9, pp. 36–46, and no. 10, pp. 31–36, 1972.

[90] J. F. White, "Diode phase shifters for array antennas," *IEEE Trans.*, vol. MTT-22, pp. 658–674, June 1974.

[91] M. A. Fruchaft and L. M. Silber, "Use of Microwave ferrite toroids to eliminate external magnets and reduce switching power," *Proc. IRE*, vol. 46, p. 1538, August 1958.

[92] J. Frank, C. A. Shipley, and J. H. Kuck, "Latching ferrite phase shifter for phased arrays," *Microwave J.*, pp. 97–102, March 1967.

[93] W. J. Ince and D. H. Temme, "Phase shifters and time delay elements," in *Advances in Microwaves*, vol. 4, New York: Academic Press, 1969.

[94] L. R. Whicker and C. W. Young, "The evolution of ferrite control components," *Microwave J.*, vol. 2, no. 11, pp. 33–37, 1978.

[95] J. DiBartolo, W. J. Ince, and D. H. Temme, "A solid state 'flux drive' control circuit for latching-ferrite-phase shifter applications," *Microwave J.*, vol. 15, pp. 59–64, September 1972.

[96] R. A. Pucel (ed.), *Monolithic Microwave Integrated Circuits*, New York: IEEE Press, 1985.

[97] J. L. Poirier, "An analysis of simplified feed architectures for MMIC T/R module arrays," *Rome Air Development Center Rept. RADC-TR-86-236 (AD A185474)*, February 1987.

[98] W. H. Perkins and T. A. Midford, "MMIC technology: better performance at affordable cost," *Microwave J.*, vol. 31, pp. 135–143, April 1988.

[99] B. Cantrell, J. de Graaf, F. Willwerth, G. Meurer, L. Leibowitz, C. Parris, and R. Stapleton, "Development of a digital array radar," *IEEE AEES Systems Magazine*, pp. 22–27, March 2002.

[100] H. Steyskal, "Digital beamforming antennas: an introduction," *Microwave J.*, pp. 107–124, January 1987.

[101] R. C. Hansen, *Phased Array Antennas*, New York: John Wiley & Sons, 1998.

[102] H. Steyskal, R. A. Shore, and R. L. Haupt, "Methods for null control and their effects on the radiation pattern," *IEEE Trans. Antennas and Propagation*, vol. AP-34, no. 3, pp. 404–409, March 1986.

[103] W. F. Gabriel, "Adaptive processing array systems," *Proc. of the IEEE*, vol. 80, no. 1, pp. 152–161, January 1992.

[104] S. P. Applebaum, "Adaptive arrays," *IEEE Trans. Antennas and Propagation*, vol. AP-24, no. 5, pp. 585–598, September 1976.

[105] R. J. Mailloux, *Phased Array Antenna Handbook*, Norwood, MA: Artech House, 2005.

[106] M. Zatman, "Digitization requirements for digital radar arrays," in *Proceedings of the 2001 IEEE Radar Conference*, May 1–3, 2001, pp. 163–168.

[107] G. H. C. van Werkhoven and A. K. Golshayan, "Calibration aspects of the APAR antenna unit," in *IEEE International Conference on Phased Array Systems and Technology*, May 21–25, 2000, pp. 425–428.

[108] J. K. Mulcahey and M. G. Sarcione, "Calibration and diagnostics of the THAAD solid state phased array in a planar nearfield facility," *IEEE International Symposium on Phased Array Systems and Technology*, 1996, pp. 322–326, October 15–18, 1996.

[109] M. Scott, "Sampson MFR active phased array antenna," in *IEEE International Symposium on Phased Array Systems and Technology*, October 14–17, 2003, pp. 119–123.

[110] D. Slater, *Near-field Antenna Measurements*, Norwood, MA: Artech House, 1991.

[111] H. M. Aumann, A. J. Fenn, and F. G. Willwerth, "Phased array antenna calibration and pattern prediction using mutual coupling measurements," *IEEE Trans. Antennas and Prop.*, vol. 37, no.7, pp. 844–850, July 1989.

[112] E. Brookner, "Phased arrays and radars – past, present, and future," *Microwave J.*, vol. 49, pp. 24–46, January 2006.

[113] R. M. Scudder and W. H. Sheppard, "AN/SPY-1 phased array antenna," *Microwave J.*, vol. 17, pp. 51–55, May 1974.

[114] R. L. Britton, T. W. Kimbrell, C. E. Caldwell, and G. C. Rose, "AN/SPY-1 planned improvements," in *Conf. Rec. Eascon '82*, September 1982, pp. 379–386.

[115] B. Walsh, "An eagle in the sky," *Countermeasures—The Military Electron. Mag.*, pp. 30–63, July 1976.

[116] D. R. Carey and W. Evans, "The PATRIOT radar in tactical air defense," *Microwave J.*, vol. 31, pp. 325–332, May 1988.

第 14 章　雷达截面积

14.1　引言

　　雷达能探测、跟踪目标，有时还能对它分类，仅仅是因为存在回波信号。因此，在设计和使用雷达时，能够定量或采用其他方式描述回波，尤其是用目标的特性（如大小、形状和指向）来描述回波，显得特别重要。为此目的，把目标描述为有一个有效面积即所谓雷达截面积（RCS）。一个目标的雷达截面积为一个与它有相等回波信号的金属球的投影面积，如果用球来替换它的话。

　　然而与球的回波不同的是，球体的回波与视角无关，而所有的目标回波（除最简单的目标外），都明显地随指向而变化。正如下面将指出的那样，特别当目标尺寸比波长大得多时这种变化十分快捷。

　　回波特性在很大程度上取决于暴露在雷达波束中的目标表面的大小和性质。电气小目标（目标尺寸小于约一个波长）的回波变化很小，这是因为入射波波长太长以至不能分辨目标细节的缘故。另一方面，平面的、单向弯曲和双向弯曲的电气大目标都有不同的反射特性。凹形结构（如喷气发动机的进气口和排气口）的回波通常很大。即使是飞机机翼的后缘也能成为重大的回波源。

　　如果简单物体的表面和坐标面一致，那么其雷达截面积就可以在该坐标系中通过求解波动方程来精确计算。精确解要求紧挨表面内外的电场和磁场满足某些条件，这些条件由构成物体的材料的电磁特性确定。

　　虽然解是很有意思的学术性练习，并且经某些分析，能够揭示出散射机制的本质，然而没有一种已知的战术目标是与这种解吻合的。因此，波动方程的精确解至多只是计算散射场的其他（近似）方法的一种检验标准。

　　另一种方法是求解分布在目标表面上的感应场的积分方程。最有用的求解方法是众所周知的**矩量法**，它将积分方程简化为线性齐次方程组。这种方法的吸引力在于物体表面形状不受限制，可以计算真实战术目标的散射。另一种是用普通的求解方法（如矩阵求逆和高斯消元）求解。然而当目标尺寸多至几十个波长时，这种方法将受到计算机内存和执行时间的限制。

　　除这些精确解法外，还有一些近似解法，可用于对电气大目标求解其 RCS，并有合理的精度。这些近似解法将在 14.3 节中讨论，它们包括几何光学和物理光学理论、几何绕射理论和物理绕射理论、等效电流法。本章中未涉及的一些近似解法请读者在章末的参考文献中查阅。

　　做实际工作的雷达工程师并不能完全依赖于这些预测和计算，最终还必须对目标的回波特性进行测量。测量时可以用全尺寸模型，也可用比例模型。小尺寸目标通常可在室内进行，但大尺寸目标则必须在室外测试场进行。这两种测试设备的特性将在 14.4 节中讨论。

某些目标的回波特性的控制在战术上十分重要，即**隐形性**。目前只有两种实用方法来减小回波：一是整形法；二是雷达吸收材料法。**整形**是指通过设计或选择目标表面形状使目标反射至雷达方向的能量降到极小甚至等于零。由于一旦目标成了一种批量生产的产品，再要改变其表面形状就比较困难，所以整形最好在目标批量生产决定做出前（即确定方案阶段）进行。雷达吸收材料实际上是一种吸收雷达波能量的材料，它也能使目标反射回雷达的能量缩减。但是采用这种涂敷材料总是成本很高的。这表现在一次性工程设计费用上以及全寿命周期维护费用的增加上，或者执行任务能力的降低上。有关这两种回波特性控制方法将在 14.5 节讨论，并且还将介绍四种隐形平台。

七种基本回波机制

在一个典型飞机目标上的七种基本回波源如图 14.1 所示。所有回波源都不同程度地依赖于雷达看到的目标姿态角。（其中）一些是占优势的散射源，而其他则很弱。（但）在其他种类的平台上（如军舰或军事地面车辆）并不是所有（散射源）都很显著。我们以显著性递减的顺序来简单讨论这七种源。

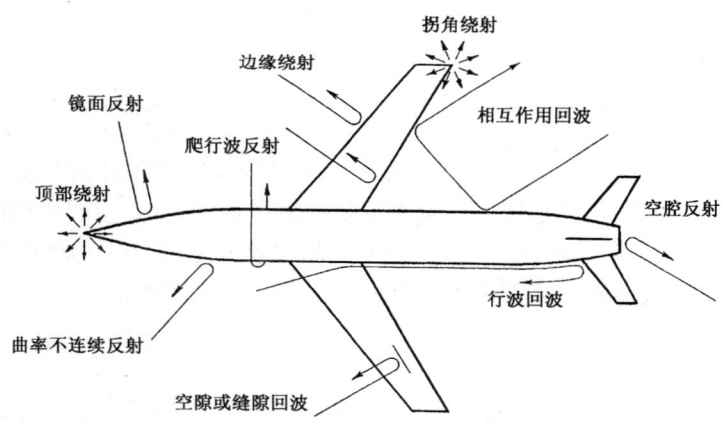

图 14.1 七种基本回波源机制的实例 [1]

凹结构

在图 14.1 的假想导弹上，凹结构只是其尾部的排气导管，但喷气飞机进气导管具有许多相同的性质。来自空腔，如进气导管、出气导管及座舱的回波很大，并且往往在 45°或 65°的姿态角范围内都很大。这是因为大部分的内导管面（即压缩级和涡轮面）是金属的，并且任何雷达波只要能进入结构就可以出来并返回至雷达。对于来自座舱罩内部的反射也是如此。

镜面散射体

一个镜面散射体是任何物体表面，且这个表面垂直于雷达视线的方向。平坦的表面在镜面方向提供特别的大回波，但是回波在离开这个方向时急剧地减弱。来自单曲的面和双曲的面（圆柱或球面）的镜面回波比来自平坦表面的回波稍低，但在姿态角变化时变化不大。

行波回波

当入射角是一个小的目标表面的擦地角时，可以引起表面行波。这个表面波将会在向着物体尾部的方向增加，并通常由尾部任一不连续性反射到前部。低擦地角时的行波回波与垂直入射角时的镜面回波几乎一样强。

顶部、边缘和拐角绕射

来自顶部、边缘和拐角的散射没有镜面回波大。因此，仅当大部分其他回波源被抑制时，才会令设计师感到为难。来自顶部和拐角的回波是局部的，并将随着波长（而不是任何表面特征的尺寸）的平方的增加而增加。因此，当雷达频率增加时，它们的重要性将逐渐减弱。

表面不连续性

大多数的飞机机体具有槽和间隙，在那里控制表面和固定的飞机机架相遇。槽、间隙以及甚至是铆钉头都可以将能量反射回雷达。因为这些往往只能产生很小的效应，故而不易将它们隔离出来及加以表征。

爬行波

爬行波是一种限于光滑、屏蔽的表面的波，它被引导成环绕爬行到光滑物体的后部，并且当其再次出现在另一面阴影的边缘时，会被反射回雷达。如 14.2 节所描述的，爬行波会使来自小球的回波随球尺寸变化而变化。这一机制同样可以出现在其他光滑物体上，如图 14.1 所示的一类导弹。爬行波机制对于军事和民用目标（却）从来影响都不显著。

相互作用

当两个物体表面指向能产生良好的波从一个面弹跳至另一个面，然后返回至雷达时，就会产生较强的回波，如图 14.1 所示的机身与右翼后缘之间的相互作用。当舱壁、围栏、桅杆及其他顶部特征和海平面成镜面反射时，也会出现相同的相互作用。

如 14.2 节描述，并不是所有这些机制都在选择简单和复杂目标时在它们的特征中得以揭示。

14.2 回波功率的概念

RCS 的定义

暴露在电磁波中的物体将入射能量向各个方向散开。这种能量的空间分布称为**散射**，物体本身常常称为**散射体**。散射到入射波源的散射能量（称为**后向散射**）形成物体的**雷达回波**。回波的强度用物体的雷达截面积明确描述。这里，缩写 RCS 已经被广泛认同。本专题的早期论文曾称之为**回波面积**或**有效面积**，这些术语在现代科技文献中仍有时提及。

RCS 的正式定义为

$$\sigma = \lim_{R \to \infty} 4\pi R^2 \frac{|E_S|^2}{|E_0|^2} \tag{14.1}$$

式中，E_0 是照射到目标上的入射波的电场强度；E_S 是雷达所在处的散射波的电场强度。表达式的推导中假定目标截获入射波功率，然后将该功率向各个方向均匀地辐射出去。虽然大多数目标并**不是**向每个方向均匀地散射功率，在定义中仍然这样假定。这样可以计算出以散射体为中心，半径为 R 的大球表面上的散射功率密度，R 的典型取值为雷达到目标的距离。

符号 σ 已被普遍接受用作目标 RCS 的记号，虽然起初并不是这样的[2, 3]。RCS 是一个金属球的投影面积，该金属球比波长大得多，并且如果用它代替目标，将有同样的功率返回到雷达。然而，除最简单的散射体外，所有散射体的 RCS 都随目标的指向有很大的起伏，因此，等效球体的观念不太有用。

式（14.1）中取极限的过程并不总是绝对必要的。无论是在测量还是在分析中，雷达接收机和发射机通常置于目标的远场（将在 14.4 节讨论），在这一距离上散射场 E_S 的衰减与距离 R 成反比。于是，式（14.1）分子中的 R^2 项可被分母中隐含的同样的 R^2 项消掉，因此 RCS 与 R 的关系及求极限的要求通常不会出现。

因此，RCS 是接收机处的散射功率密度与目标处的入射功率密度之比。在式（14.1）中，当用入射和散射的磁场强度代替电场强度时，可得到一个同样有效的 RCS 定义。常常有必要测量或计算向其他方向的而不是返回雷达的散射功率的情况（**双基地情形**）。双基地 RCS 的定义同后向散射一样，只要将 R 取为目标到接收机的距离。**前向散射**是双基地散射的特殊情形，其双基地角为 180°，对应的方向是目标后面的阴影区。

阴影本身可被看作强度几乎相等，但相位相差 180° 的两个场之和。一个是入射场，另一个则是散射场。阴影区的形成意味着前向散射是很大的，事实确实如此。然而，因为某些能量常常从目标侧面绕射到阴影区，目标后面的场很少正好为零。

RCS 特性举例

雷达截面积特征的讨论将首先考虑简单目标，其中球体是一个经典的例子。随后将讨论复杂目标，其中飞机是一个很好的例子。

简单物体

由于完美的径向对称性，理想导体球是所有三维散射结构中最简单的散射体。然而，尽管几何外形简单且回波不随取向变化，但它的 RCS 随电尺寸明显变化。导体球散射的精确解为熟知的 Mie 级数[4]，如图 14.2 所示。

注意图 14.2 被粗分成三个区域。在 $ka<1$ 以下的**瑞利区**，RCS 随球半径的四次幂增加。无论是否是球体，这都是电小结构的回波依赖特性。在这个区域中，入射波不能精确分辨物体长和宽之比的变化。在 $ka>10$ 之上的光学区，用于预测金属物体 RCS 的光学公式经常很合适。夹在瑞利区和光学区之间的是**谐振区**，在此区域，两个或多个机制相互同相和反相组合产生了 RCS 的起伏。

在球体情况下，谐振区中的起伏是由于对回波的两种截然不同的贡献产生的：一种是球体前面的**镜面反射**，另一种是绕过阴影区的**爬行波**。因为随着 ka 的增大使波源至接收机的电路径长度差不断增大，导致两种波随着球体的增大而同相和反相。因爬行波绕过阴影区的电路径越长丢失的能量越多，所以随着 ka 的增大，起伏逐渐减弱。

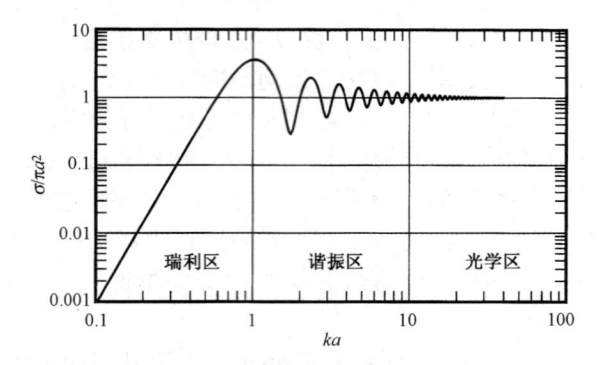

图 14.2 对光学值 πa^2 归一化的理想导体球的雷达截面积。参数 $ka=2\pi a/\lambda$ 为用波长表示的球的周长

如果只有镜面反射是显著的，理想导体球的光学区 RCS 可以简单表示为

$$\sigma = \pi a^2 \tag{14.2}$$

式中，a 是球的半径。但是可透过电波（介电）的物体的 RCS 要比良导体的复杂得多，因为电波能量能够进入物体内部并且在射出前经历几次内部弹跳。图 14.3 中画的 RCS 曲线所对应的介质球就是一个例子。由于介质材料有微小的损耗，正如由折射系数的非零虚部所指出的那样，球的 RCS 随电尺寸的增大逐渐减小。Atlas 等人更进一步比较了用于理解冰雹[6]散射的 Plexiglas 球体 RCS 的测量值和理论值。

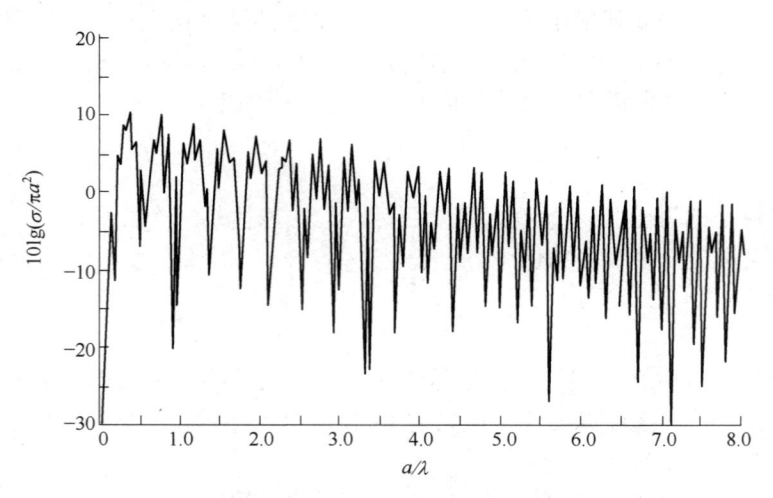

图 14.3 折射系数 $n=2.5+i0.01$ 的有耗介质球的 RCS[5]

然而，很细长的介电物体的 RCS 并不存在这样的复杂性，这是因为反射源（例如一个介电圆柱体的前后面）相互之间太靠近以至于入射波无法分辨它们的缘故。图 14.4 给出了一个细线侧向 RCS 的例子。这根线以 45°角穿过一个大型室内测试房的测试区域，并且对于四种发射-接收极化组合，RCS 被作为频率函数进行了测量。由于 HH 和 HV 测量值非常接近 VV 和 VH 值，所以只示出了共极化的 VV 和交叉极化的 VH 曲线。所测量的数据是种快速变化的踪迹，并且在统计上吻合，表示介电圆柱体两维波方程精确解的平滑变化踪迹。

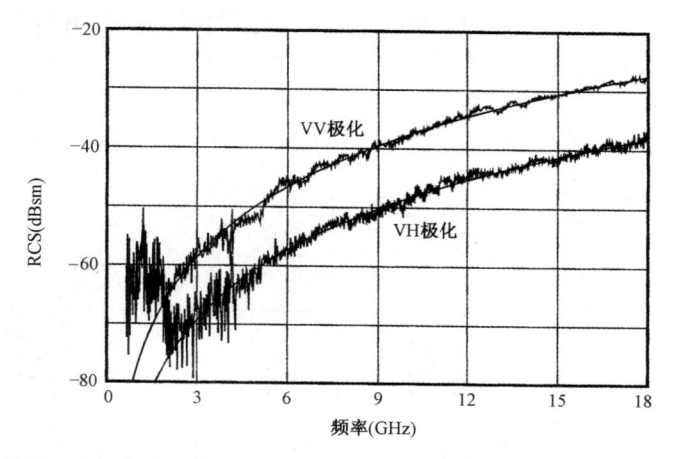

图14.4 被拉伸的以45°角穿过一个室内测试场的测试区域的线的RCS测量值和预测的侧面值[7]

这根线的直径是 0.012 英寸，并且估计其受照射长度为 37 英尺。基于所测量的 VV 和 VH 值平均分离为10.7dB，线的有效介电常数估算为 ε_r =2.646。用 RCS 测量值来估算线的介电常数，这也许是第一次。线之所以在 RCS 测量设备中被关注，是因为它们有时被用作目标"不可见"的支持。

短金属线偶极子的性能与长介电质线的明显不同。如图 14.5 所示，金属线的侧向回波显示了在奇数个半波长处的谐振。在谐振峰值之间有几乎不变的平稳段，这些平稳段随偶极子长度增加而升高，并且随着偶极子变得更粗更长，平台变得越来越不明显。最后，当偶极子变得足够胖和足够长时，平台就消失了。

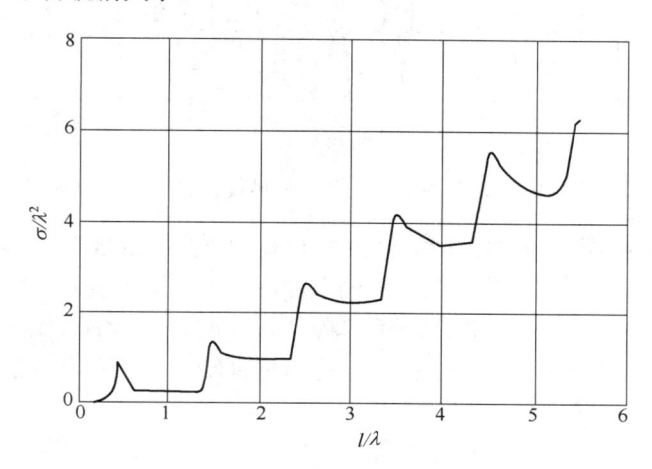

图14.5 细偶极子的测量的侧向回波 [8]

在端视向以及胖和瘦的物体侧面区域，RCS 可以达到很高电平。这些接近端视向的回波归因于向后辐射能量的表面行波。一个例子是橄榄体，它是通过将一段圆弧围绕其弦旋转而形成的一个纺锤形物体。图 14.6 为 39 个波长、15°半角的橄榄体在水平极化状态（入射电场在橄榄体轴线与视线构成的平面内）下所记录的 RCS 图，图中右边的大瓣是侧面扇区的镜面反射回波，左边的一系列峰值是在接近端视方向入射的表面行波的贡献。注意：正对端部入射时

RCS 非常小（这种情形下无法测量）。端视方向入射区的理论预估图形与对这一特定的物体的测量所得图形十分接近。

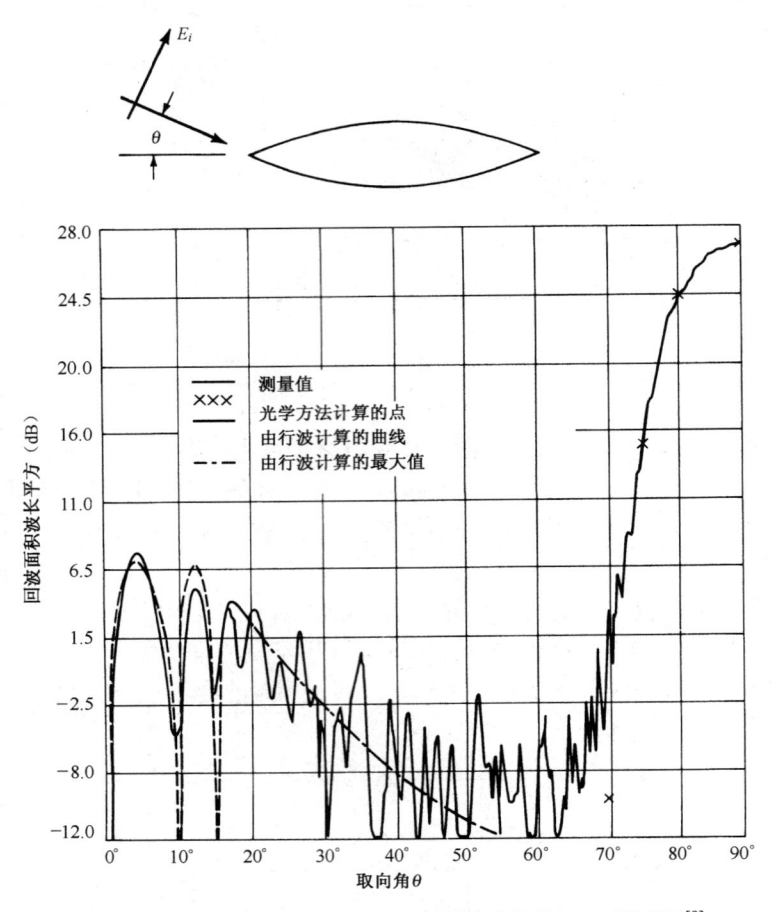

图 14.6　39 个波长、15°半角的金属橄榄体的 RCS 测试图[9]

金属板是比图 14.6 所示的橄榄体简单多的结构，但它的 RCS 图的复杂性却一点不小。图 14.7 重画了四个不同入射和接收极化组合的取样图。为了清晰表示，HH（点画线）和 HV（短虚线）的轨迹每个都下移了 5dB。然而，VV（长虚线）和 VH（实线）的轨迹却都"照原样"（没有移动）。金属板围绕平行于板子一边的垂直轴旋转，并且入射和接收极化分别平行于（V）或垂直于（H）该轴。

金属板放成垂直于入射波［图的中心位置（0°）］，并且从左侧和右侧（90°）可以看到边缘方向。来自位于图中心位置的金属板的大镜面回波可以用本节稍后介绍的表 14.1 中的平面平板公式进行精确预估。VV 极化时的边缘向回波同样也可以用表 14.1 中的直边缘公式进行精确预估。

这些波动状的金属板的 RCS 图形在姿态角 0°～30°的范围内均遵循(sinx)/x 变化规律，但超越这个范围后两图差异逐渐增大。(sinx)/x 表示的是均匀照射孔径特性，但与天线中的单程照射函数不同，平板的自变量 x 包含双程（环绕程）照射函数。因此，平板回波响应的波瓣宽度是同尺寸天线孔径的波瓣宽度的一半。在水平波瓣图中 70°～80°处的突出波瓣是由表面行波产生的。

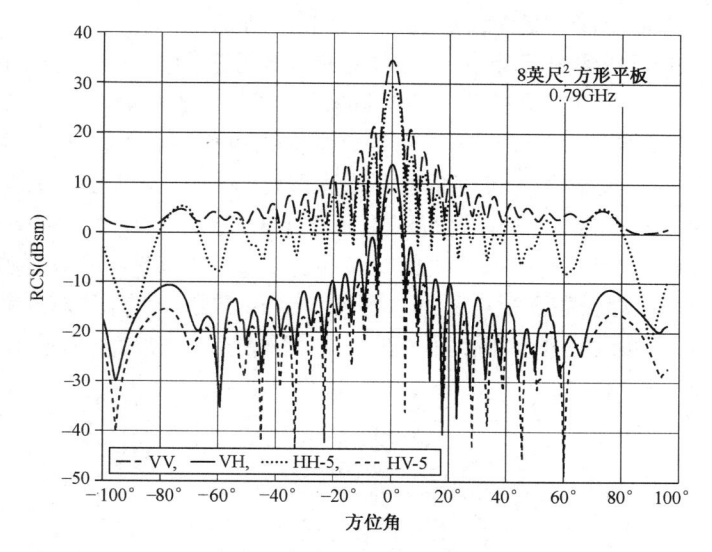

图 14.7 在 790MHz 上边长 96 英寸的方形平板 RCS 测量值[10]。为了清晰表示，HH 和 HV 图形人为降低了 5dB[10]

表 14.1 简单散射体的 RCS 近似值

散射体特征	指向（1）	近似 RCS	注
角反射体	对称轴沿 LOS（视线）	$4\pi A_{eff}^2 / \lambda^2$	(2)
平面平板	表面垂直于 LOS	$4\pi A^2 / \lambda^2$	(3)
单曲表面	表面垂直于 LOS	$2\pi a L^2 / \lambda$	(4)
双曲表面	表面垂直于 LOS	$\pi a_1 a_2$	(5)
直边缘	LOS 垂直于前边缘，并且 E 在平板面内	L^2 / π	(6)
曲边缘	边缘垂直于 LOS	$a\lambda / 2$	(7)
角锥体顶	轴向入射	$\lambda^2 \sin^4(\alpha/2)$	(8)
锐角平面金属角锥	LOS 垂直于后边缘，并且 E 在平板面内	$(\lambda/6)^2$	(9)
锐角平面金属角锥	LOS 沿角锥等分角线，并且 E 在平板面内	$(\lambda/40)^2$	(9)

注：(1) LOS 是视线方向；

(2) A_{eff} 是贡献多重内部反射的有效面积；

(3) A 是平板的实际面积；

(4) a 是平均曲率半径；L 是斜面的长度；

(5) a_1、a_2 是曲面在两个相互垂直的平面中的主曲率半径；

(6) L 是边缘长度；

(7) a 是边缘轮廓的半径；

(8) α 是角锥体的半角；

(9) 由 Knott、Shaeffer 和 Tuley 公布的经验值[14]。

与平板不同，角反射器的 RCS 图要宽得多，这是由于角反射器是一个凹形结构，无论取向如何（当然是在有限范围内），内部反射波都指向入射波源。角反射器由两个或三个平板垂直相交而成，射到第一个面上的波反射到第二个面，如果有第三个面，它还能接收前两个面反射的波，面与面相互正交保证最终反射波的方向指向源的方向。

角反射器的单个面可以是任意形状，最常见的是等边三角形构成的三面锥反射器以及由矩形构成的二面角反射器。沿对称轴看，角反射器的 RCS 等于实际面积与其有效面积相当的平板的 RCS。回波的大小可以通过求角锥的每一个面内可接收其他面的反射波并最终将波反射回波源的多边形的面积来确定。有效面积可以通过对每一个多边形在视线方向的投影面积求和来确定[11]，于是求得其 RCS 为有效面积的平方乘 4π 除以 λ^2。

图 14.8 是一组由三角形面构成的三面角反射器的 RCS 方向图。反射面由三块三角形胶合面板构成并镀有金属层以增大表面反射系数。因此，暴露于雷达的孔径为一个等边三角形，如图 14.9 所示。图 14.8 中的八幅 RCS 图为孔径平面与视线的上下倾斜角为不同的 ϕ 时测得。

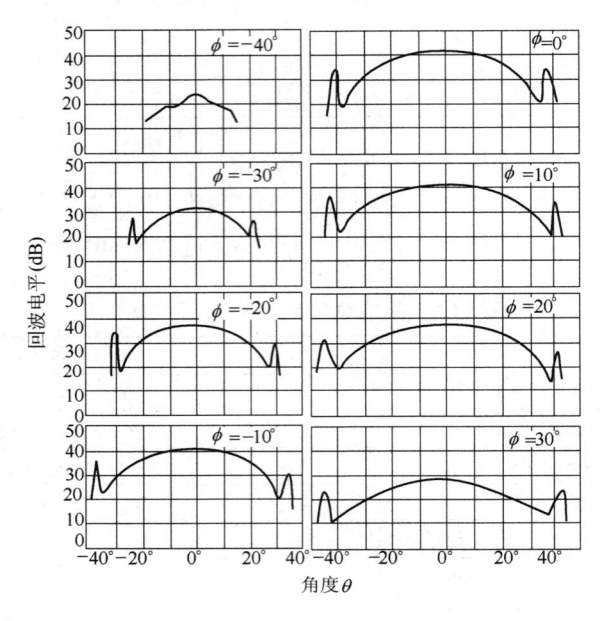

图 14.8 三面角反射器的 RCS 图。孔径边长=24 英寸，$\lambda = 1.25 \text{ cm}$ [3]

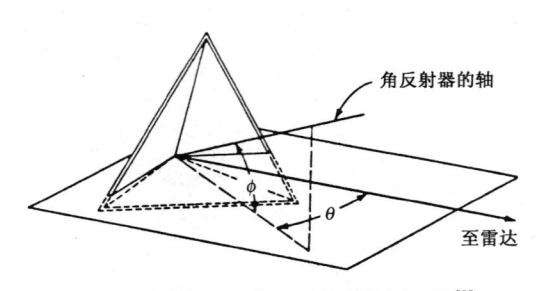

图 14.9 图 14.8 中 RCS 图的坐标系 [3]

这些图中较宽的中心部分是由于三个面间的三次弹跳机制形成的，图两边的"耳朵"则由来自各个面的平板散射的单次弹跳形成。沿图 14.9 中的三面角反射器的对称轴方向（$\theta=0°$，$\phi=0°$），RCS=$\pi L^4/3\lambda^2$，式中，L 是孔径一边的长度。三个面相互之间角度不是 90°时回波减少的情形没有给出。回波的减少取决于用波长表示的面的尺寸[12, 13]。

本节讨论的绝大多数简单散射特征的 RCS 可由表 14.1 中的简单公式估算。某些复杂目标的 RCS 可以这样估计：先把目标表示为散射体的集合（这些散射体由表 14.1 中所列类型组成），计算各个散射体的贡献，然后将每

第 14 章 雷达截面积

个散射体的贡献进行相参或非相参叠加，由计算的目的决定。

复杂物体

实际物体（如昆虫、鸟类、飞机、舰船和天线等）比前面讨论的各种结构要复杂得多，这或是由于它们包含多个散射体，或是由于其复杂的表面外形和介电常数。昆虫属于后者。

12 种昆虫的 RCS 测量值列于表 14.2。这些活的动物被麻醉使其活着但不动后用于测量。图 14.10 给出昆虫 RCS 与质量的关系，作为比较，还给出水滴的 RCS 变化曲线。表 14.3 列出了由 Schultz 等人[16]报道的人类 RCS 值。还对鸟类和昆虫进行了其他的比较[17]。

表 14.2 当频率为 9.4GHz[15]时测得的昆虫 RCS 值

昆虫	长度（mm）	宽度（mm）	侧向 RCS（dBsm）	端向 RCS（dBsm）
蓝翅蝗虫	20	4	−30	−40
黏虫蛾	14	4	−39	−49
紫花毛虫蝴蝶	14	1.5	−42	−57
工蜂	13	6	−40	−45
加州大蚂蚁	13	6	−54	−57
山中大蚊	13	1	−45	−57
绿头苍蝇	9	3	−46	−50
十二点黄瓜甲虫	8	4	−49	−53
瓢虫	5	3	−57	−60
蜘蛛（品种未鉴别）	5	3.5	−50	−52

注：报道的原始值单位用 cm^2，此处已变换成 dBsm（关于平方米的分贝）。

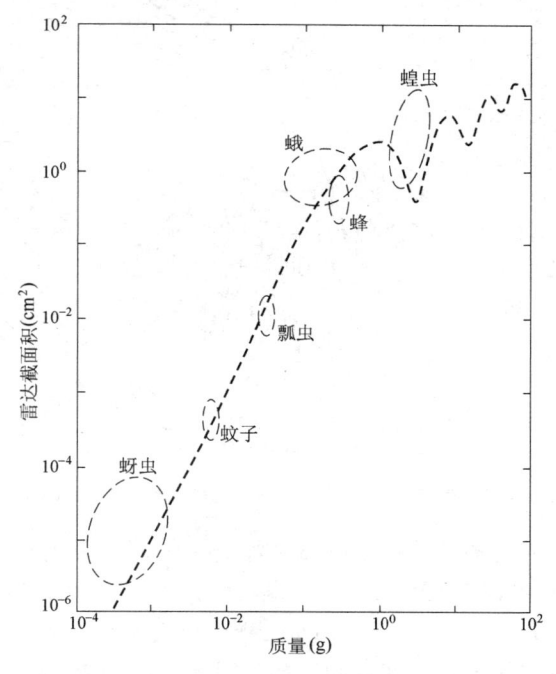

图 14.10 频率为 9.4GHz 时昆虫 RCS 的测量值取样，它是昆虫质量的函数（基于 Riley 的综述）。作为比较，以虚线画出水滴的 RCS 计算值[18]

表 14.3 人的 RCS 测量值[16]

频率（GHz）	RCS（m^2）
0.41	0.033～2.33
1.12	0.098～0.997
2.89	0.140～1.05
4.80	0.368～1.88
9.375	0.495～1.22

飞机的 RCS 举例如图 14.11 和图 14.12 所示。图 14.11 是在频率为 3GHz 条件下测得的 B-26 飞机 RCS 图。以显示为目的用极坐标是很有用的，但用作详细比较时不如图 14.12 所示的直角坐标形式方便。直角坐标系的图是 C-29 飞机的 1/3 大模型，并于 21 世纪早期在美国空军网站[20]上展示。C-29 是雷声（Raytheon）鹰（Hawker）800XP 中型商用喷气机的军用版。

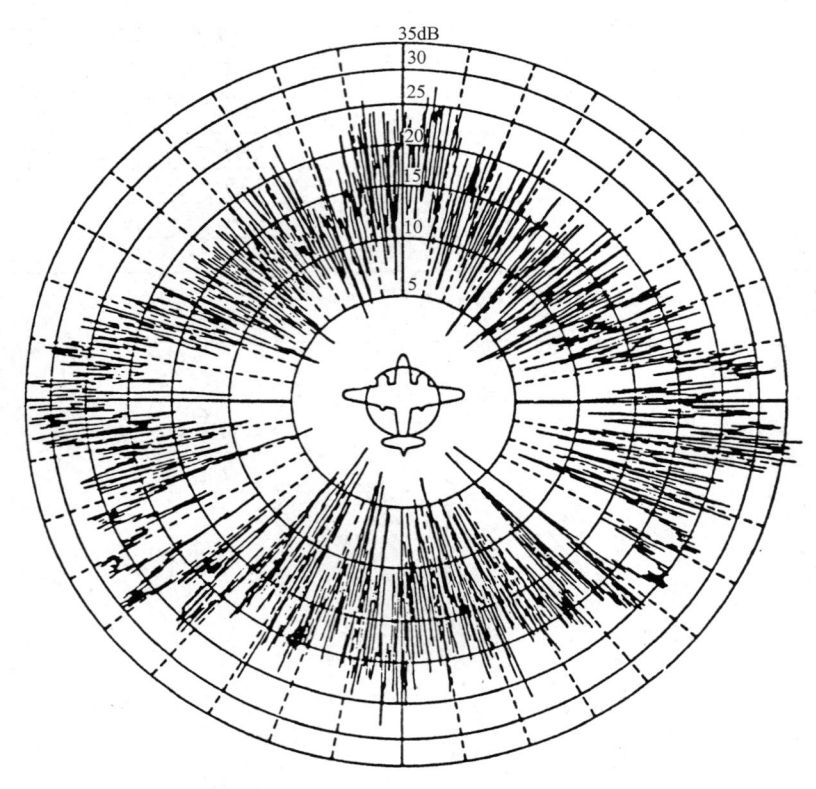

图 14.11 频率为 3GHz 时[19]，B-26 轰炸机的实测 RCS 图

关于进行数据收集的测试条件的技术细节（如测量频率和极化），这个空军网站揭示得很少，甚至 RCS 数据的单位都没有说明。但是，即使我们不知道测试频率或极化，我们却知道全尺寸的 RCS 将比图中显示的 RCS 高 10lg(3×3)=9.5dB（即高尺寸比例因子的平方倍）。我们估计迎面入射波在方向图的中心，并且测试频率时所标绘的 RCS 数据是用关于平方米的分贝表示的。

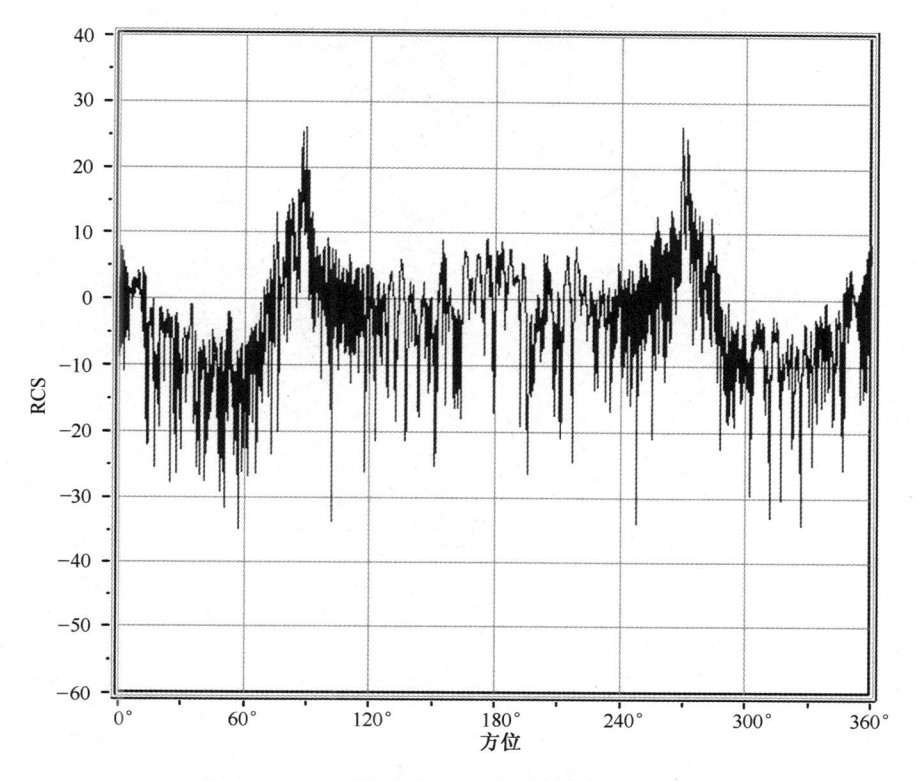

图 14.12 C-29 军用飞机 1/3 模型的 RCS 测量值[20]

图 14.13 画出水平极化、2.8 GHz 和 9.225 GHz 两种频率下一条船的 RCS 测量值，数据是通过海岸雷达的测量设施在切萨皮克海湾对以大圆周运动的船采集的。图中的三条曲线分别是姿态角方向"窗口"为 2°时所采集到的信号电平的 80%、50%和 20%。方向图是不对称的，特别是对较高的频率。应注意的是，RCS 可超过 1 英里^2（64.1dBsm）。

海军舰船 RCS 的经验公式为

$$\sigma = 52 f^{1/2} D^{3/2} \quad (14.3)$$

式中，f 是雷达频率，单位为 MHz；D 是舰船的满载排水量，单位为 kt[21, 22]。关系式是基于低擦地角时对一些舰船测得的，并表示成左、右舷及四个象限方向的 RCS 中值的均值，但不包括侧射方向的峰值。数据是在标称波长为 3.25cm、10.7cm 和 23cm，排水量在 2~17kt 条件下采集并进行统计处理的。

图 14.14 汇总出本节中讨论的各种目标的 RCS 大小，同时也给出作为其体积的函数的金属球的 RCS 以供比较。纵坐标为 RCS（m^2），横坐标为目标的体积（英尺^3）。由于此图只用来显示实际可能遇到的 RCS 的很宽范围，故图中目标的位置只是近似的。在给定的目标的种类之内，RCS 可能变化 20~30dB 之多，这取决于频率、姿态角及特定目标的特性。需要了解更多细节的读者可参阅本章末的参考文献。

(a) 2.8GHz

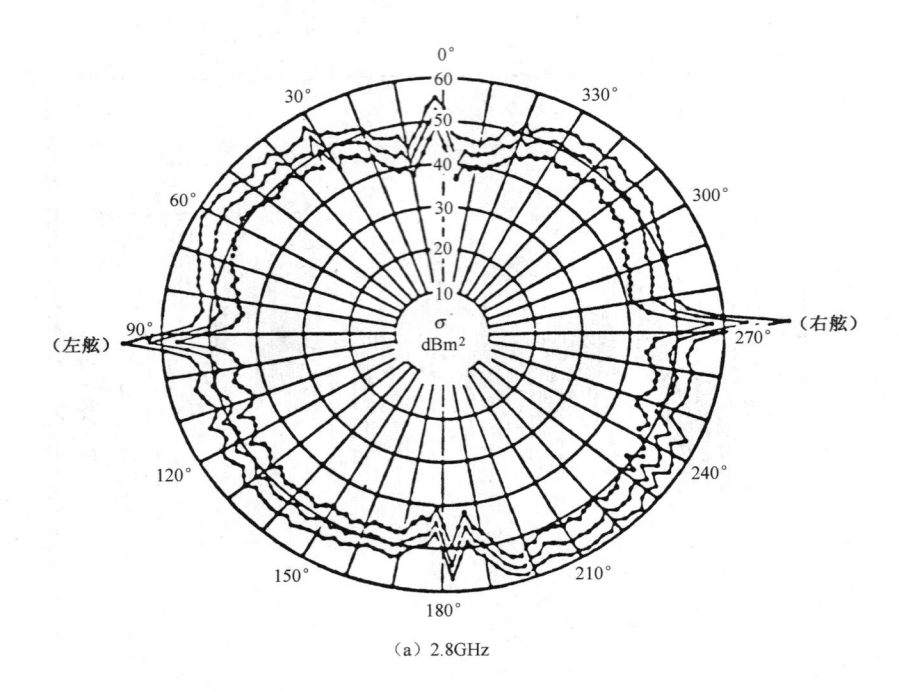

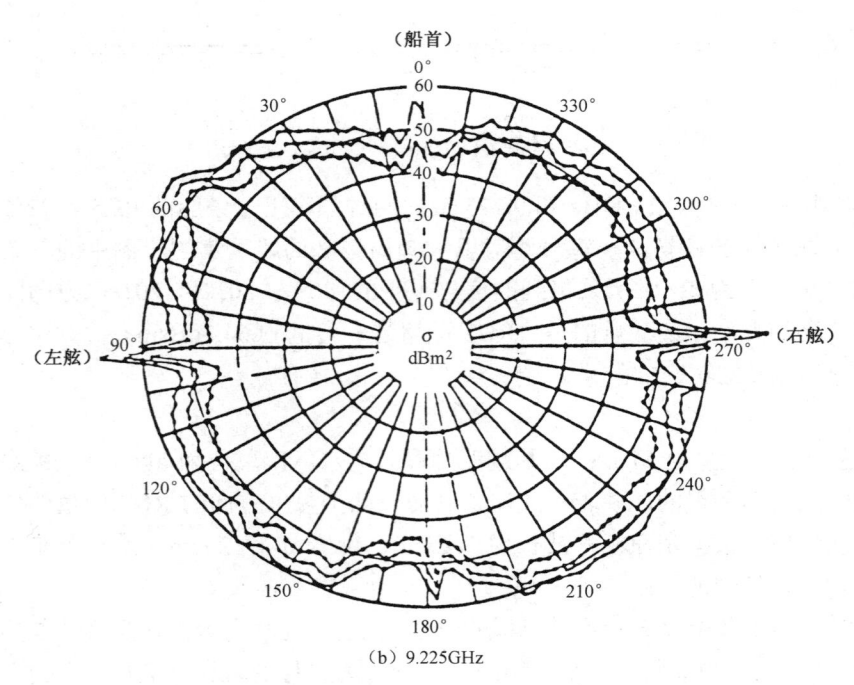

(b) 9.225GHz

图 14.13　在水平入射极化下大型海军辅助舰船的 RCS 测量图。
图中给出姿态角方向"窗口"为 2° 时所采集到的信号电平分别为 80%、50% 和 20% 的 3 条曲线
（图中，σ 的径向刻度以 $1m^2$ 为 0dB）

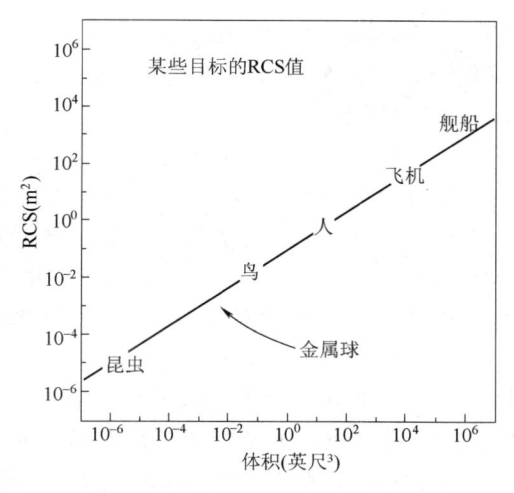

图 14.14 本节所讨论的目标的 RCS 大小的汇总。图中目标所在的位置只对一般的情况而言（图中字见图）

14.3 RCS 预估方法

如图 14.2 所示，散射物体通常根据其以波长为单位的体尺寸被大致归类为三种不同范畴。
- 瑞利区：典型体尺寸<λ
- 谐振区：λ<典型体尺寸<3λ
- 光学区：3λ<典型体尺寸

分隔三个区的边界是不清晰的。RCS 评估和计算方法的使用取决于我们是在上面几个尺寸范围内的哪一个内来分析目标的。

虽然大多数散射物体的尺寸和复杂性排除了应用预估雷达截面积的精确方法的可能性，但简单物体的精确解对评价近似方法是有价值的。精确方法限于位于瑞利区和谐振区内的相对简单和小的物体，而大多数近似方法是为光学区（也被称为**高频区**）开发的。当然，这些通常的局限性也有例外。如采用足够精确的计算方法，精确方法也可适用于光学区大的物体；而对适当电尺寸的物体，许多光学近似方法能延伸至谐振区。为瑞利区开发的低频近似方法也能向上扩展到谐振区。

精确方法

精确方法是以麦克斯韦方程组的积分和微分形式为基础的。

微分方程

麦克斯韦的四个微分方程简洁地描述了由电流和电荷产生的及由电场和磁场相互产生的电场和磁场之间的关系[23]。对各向同性的无源区域，由这四个方程可以导出波动方程

$$\nabla^2 \boldsymbol{F} + k^2 \boldsymbol{F} = 0 \qquad (14.4)$$

式中，$\boldsymbol{F}$ 是电场矢量或磁场矢量。式（14.4）为二阶微分方程，当给定散射体表面的场时，

可以作为边值问题求解。通常场可以表示成已知和未知分量之和（入射和散射场），而边界条件是已知的关系式。在恰好处于表面内外的场（电场和磁场二者）之间必须满足这些关系式。对实心导体或介电体而言，这些边界条件特别简单。

边界条件含矢量场的所有三个分量，并且物体表面必须与它所在的几何坐标系的一个坐标面一致。例如，坐标 r 是常量就表示一个球形表面。在坐标系中当波动方程可以分解为每一个变量的常微分方程时，它的解是最有用的。散射场一般可表示为无穷级数，它的系数在实际求解时决定。一旦得到解，就能够计算空间任一点上的场。在 RCS 问题中解的场就是距目标的距离为无穷远时场的极限值。于是波动方程的解可以用在式（14.1）中，用以确定散射截面积。

除了几种非常简单的物体，例如球体和无限长圆柱体，对式（14.4）求解的学术意义远大于实用价值。对其他结构体的求解，例如无限长抛物柱面和无限长椭圆柱面，是相当困难的，而且对许多其他结构表面即使它和某坐标面一致仍是没有方便的求解方法的。

最有用也最实用的精确方法的解就是上文中图 14.2 所示的理想导体球的解。金属球常规地被用作 RCS 测量的校准用目标，因为对其可以得到确切的解；金属球的制作并不很难；而且已有可用于得到确切解的有效计算机程序。其他任何一种散射体都不具备所有这些便利条件。

积分方程

麦克斯韦方程也可变换成一对积分方程（众所周知的 Stratton-Chu 方程[24]）

$$E_S = \oint \{ikZ_0(\boldsymbol{n}\times\boldsymbol{H})\psi + (\boldsymbol{n}\times\boldsymbol{E})\times\nabla\psi + (\boldsymbol{n}\cdot\boldsymbol{E})\nabla\psi\}\,\mathrm{d}S \qquad (14.5)$$

$$H_S = \oint \{-ikY_0(\boldsymbol{n}\times\boldsymbol{E})\psi + (\boldsymbol{n}\times\boldsymbol{H})\times\nabla\psi + (\boldsymbol{n}\cdot\boldsymbol{H})\nabla\psi\}\,\mathrm{d}S \qquad (14.6)$$

式中，n 是表面元 dS 的单位法向矢量，格林函数 ψ 为

$$\psi = \mathrm{e}^{ikr}/4\pi r \qquad (14.7)$$

式（14.7）中的距离 r 是从表面元 dS 至所需散射场点（可能是另一个表面元）的距离值。这些表达式表明，如果在一个完全闭合（标示为积分记号上的小圆）面 S 上总的电场和磁场分布已知，那么，空间任何一处的场都可通过在整个表面上求这些表面分布之和（积分）来计算。散射问题依赖于相同的两个方程，但不是测量在物体周围闭合面上的总场而是确定在物体自身表面上因入射波而引起的场，然后求解线性方程组。这些表面场就变成待定的未知场。两个方程是耦合的，因为未知量出现在两个方程的两边。求解方法是著名的矩量法（MOM）[25]，它将积分方程简化为可用矩阵技术求解的齐次线性方程组。

一旦规定了边界条件，就如图 14.15 所提示的那样，将表面 S 剖分成一组离散的面元。面元小块必须足够小（通常小于 $\lambda/5$），以使得每个面元上的未知电流和电荷可以看成是常数或者至少能用简单的函数描述。可将加权函数加在每个面元上。这样，当这些函数的幅度和相位被确定后，问题就基本上解决了。

将观察点下移至某一表面元上时，则式（14.5）和式（14.6）左边的场就是所有的其他面片的场的贡献，加上入射场和一个"自身场"。将"自身场"（或者自身电流或者自身电荷）移到方程的右边，方程左边就只剩下已知的入射场了。对表面上的每一片重复这一过程，将生成含 $2n$ 个未知数的 $2n$ 个线性齐次方程。若边界条件可以使方程间去耦，未知量的个数将减半（含 n 个未知数的 n 个方程）。

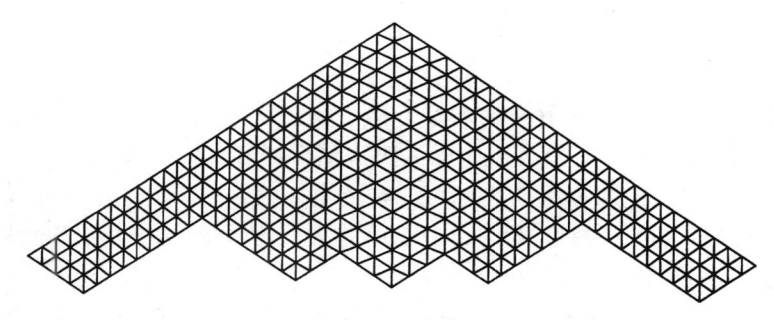

图 14.15　矩量法将物体表面剖分成一组离散的面元。
美国空军 B-2 "幽灵" 隐形轰炸机的平面图采用的是三角面元

所得矩阵的系数只包含按对选取的所有面元间的电距离（用波长表示），以及面元法矢量的取向。未知场可以通过将所得矩阵求逆，再与表示每元处的入射场的列矩阵相乘而求得。然后，以类似于式（14.5）和式（14.6）的积分运算将表面场叠加即可得到散射场，再将它代入式（14.1）即可计算出 RCS。

矩量法已经成为预估和分析电磁散射的强有力的工具，可用于天线设计和 RCS 预估。但这个方法有以下 3 个方面的限制。

第一，由于对计算机内存容量和处理时间的要求随物体电尺寸的增加而迅速增加，因此对可使用 MOM 的目标的最大电尺寸（以波长为单位）用计算机有适当的经济上的限制。第二，MOM 得到的是数值而不是公式，因此它是一种数字的实验工具。然而可通过变化一些参数（物体几何尺寸或构形，或入射角、频率、入射波）作为变化的参数来反复进行数字实验来建立变化趋势。第三，一些物体的解可能包含虚假谐振点，而这些谐振点实际上并不存在。因而，将这种方法用于任意结构时可信度会降低。

图 14.16 给出具有图 14.15 所示平面形状的零厚度大尺寸金属平板的边缘向的用 MOM 码算出的预估。为了便于说明，我们选取了一个模拟频率，使机翼的前缘长度为 5λ。入射波的入射极化和入射方向都在平板的平面内。机头向的入射位于图中心的零度姿态角，且机尾姿态角位于该图两边的 180° 角上。

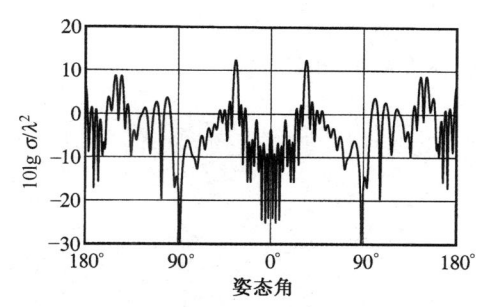

图 14.16　对机翼前缘长度 5λ、具有如图 14.15 所示平面形状的平板，
用 MOM 方法预估的方位面面对前缘的 RCS 图。入射电场在平板的平面内

与入射波垂直的长度为 L 的直边的 RCS 近似为 $\sigma = L^2/\pi$，见表 14.1。但是，该估值比图 14.16 中机头入射两侧 34° 上的前缘回波的峰值幅度低了大约 3dB。显然，在这些姿态角上还有其他较为难以捉摸的回波源也产生了 RCS，例如可能是表面行波的贡献。

近似方法

瑞利区和光学区都有计算散射场的近似方法。瑞利区近似可通过将波动方程式（14.4）展开成波数 k 的幂级数导出[26]。展开式中的高阶次项求解愈来愈困难。瑞利散射体的 RCS 图是很宽的，尤其当物体的横向和纵向尺寸相近时更是如此。回波的大小与物体体积的平方成正比，且随入射波频率的四次幂变化[27]。由于矩量法很适用于瑞利区问题的求解，预估电气小物体 RCS 的瑞利区解析展开法现在已不再用了。

光学区的近似方法有好几种，每一种都有其特别的优点和局限性。最成熟的是**几何光学**和**物理光学**方法，后者针对边缘和阴影边界场非连续性的绕射问题。通常，光学区近似方法的精度会随着散射体电气尺寸的变大而改善，但在某些情形下，即使物体小到一个波长左右，也能给出很精确的结果（1～2dB 以内）。

几何光学

几何光学（Geometric Optics，GO）理论基于虚拟的细长管（称为**射线**）内的能量守恒。传播方向沿着管线且等相位面与之垂直。在无耗媒质中，从一端进入管内的全部能量必须从另一端出去，但也可考虑进媒质内的能量损耗。入射波可以表示成一簇大数量的射线，当一条射线撞击表面时，能量的一部分被反射，一部分透过表面。反射和透射射线的幅度和相位取决于表面两边媒质的性质。如果表面是理想导电的，能量将全部被反射，没有能量穿过边界进入物体。当能量能通过表面时，透射线会弯曲。进入电稠密媒质（折射指数较大）时靠拢表面法向，进入电稀疏媒质时远离表面法向。这种射线的弯曲被称为**折射**。

依据表面的曲率和物体的材料，反射射线和透射射线可能发散，也可能汇聚。这一依赖关系是设计雷达波长的透镜和反射面的基础，也是设计光学波长的透镜和反射面的基础。当射线离开反射点后发散（扩散）时，强度的降低可由反射面的曲率和**镜像点**的入射波来计算，镜像点是反射角和入射角相等的表面上的点。表面的主曲率半径可在镜像点处的两个正交平面内度量，如图 14.17 所示。当入射波是平面波且感兴趣的方向是向后朝向波源的方向时，几何光学 RCS 就是

$$\sigma = \pi a_1 a_2 \tag{14.8}$$

式中，a_1 和 a_2 是在镜像点处物体表面的曲率半径。

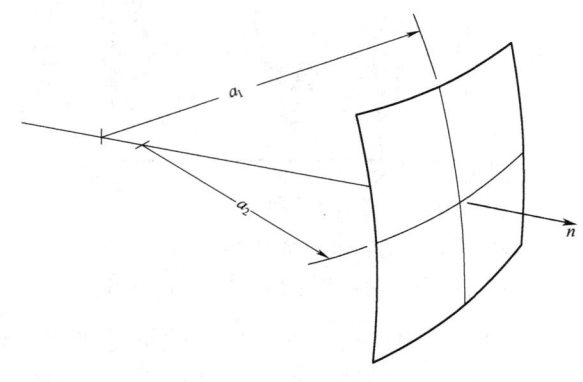

图 14.17　双曲率表面的几何光学 RCS 依赖于镜像点处主曲率半径。镜像点的法线指向雷达的方向

此公式在波长趋于零的光学极限下是精确的,且当曲率半径小到 $2\lambda \sim 3\lambda$ 时可以精确到 10%～15%。这里假定镜像点不靠近边缘。当用于介质物体时,表达式应乘以与物体的材料性质有关的电压反射系数的平方。内部反射也可加以考虑,而且内部反射线的相位应根据穿过物体的电路径长度进行调整。于是,净 RCS 值应计算为表面反射与所有有效的内部反射的相参求和。当镜像点处的曲率半径的一个或两个趋于无穷大时,式(14.8)失效,因为此时 RCS 为无穷大,这显然是错误的。对平板和单曲率表面会出现此种情况。

物理光学

物理光学(physical Optics,PO)理论适合于具有平板和单曲率表面特征的物体。这一理论基于应用式(14.5)和式(14.6)时的两个近似,两者在多数的实际情况下都是相当有效的。第一个是**远场近似**:它假定散射体到观测点的距离比散射体自身的尺寸要大得多,这使我们能将格林函数的梯度写成

$$\nabla \psi = ik\psi_0 s \tag{14.9}$$

$$\psi_0 = e^{-ikr \times s} e^{ikR_0} / 4\pi R_0 \tag{14.10}$$

式中,r 是积分元 dS 的位置矢量;s 是从物体内或物体附近的原点出发,指向远场观测点的单位矢量,通常向后朝向雷达;R_0 是从物体原点出发至远场观测点的距离。

第二个是**切平面近似**:在切平面内的切向场分量 $n \times E$ 和 $n \times H$ 用它们的几何光学值来近似,也就是说,作切平面通过面元 dS 的表面坐标,且假定 dS 处的表面为无限大的平面,则取总表面场为切平面上的场。实际上,我们并不知道这些场,但是我们对它们作最佳的猜想并把这个估值插入两个积分式的任一个中。此后,式(14.5)和式(14.6)的积分中的未知场可以全部用已知的入射场值来表示。于是,问题就变成求所选积分中的任一个,并将结果代入式(14.1)来得到 RCS。

如果表面是良导体,总的切向电场实际上为零,并且总的切向磁场是入射切向磁场振幅的两倍,即

$$n \times E = 0 \tag{14.11}$$

$$n \times H = \begin{cases} 2n \times H_i & \text{照射表面} \\ 0 & \text{阴影表面} \end{cases} \tag{14.12}$$

注意:电场和磁场的切向分量在入射波被其他的物体表面遮挡的那部分表面上取零值。对非导体表面,可用其他近似。例如,如果入射波长足够长,可以将肥皂泡和树叶的表面模拟成薄膜,其表面的电场和磁场均不为零。

对金属平板,物理光学积分是容易计算的,因为相位是积分内唯一变化的量,且在整个表面上线性变化。应用于矩形金属板,积分计算得到的 RCS 为

$$\sigma = 4\pi \left| \frac{A\cos\theta}{\lambda} \cdot \frac{\sin(kl\sin\theta\cos\phi)}{kl\sin\theta\cos\phi} \cdot \frac{\sin(kw\sin\theta\sin\phi)}{kw\sin\theta\sin\phi} \right|^2 \tag{14.13}$$

式中,$A=lw$ 是平板的物理面积;θ 是平板表面法向与雷达视线方向的夹角;ϕ 是包含视线的平面与长度为 l 的边缘间的夹角;w 是平板的宽度(对于有任意边数的多边形平板的双基地散射有更一般的物理光学公式[28, 29])。

如果我们设定 $\phi=0°$ 或 $90°$,得到**主平面 RCS 图**(入射方向与平面内一对边垂直)。当

$\phi=0°$ 时，式（14.13）变为

$$\sigma = 4\pi \left| \frac{A\cos\theta}{\lambda} \cdot \frac{\sin(kl\sin\theta)}{kl\sin\theta} \right|^2 \tag{14.14}$$

如果我们设定 $\phi=90°$ 以取代 $\phi=0°$，得到的答案几乎是一样的，除了式（14.14）中的 kl 变为 kw。物理光学积分不取决于入射波的极化形式，对于偏离法线入射角大于 30°的角度是不可靠的。

作为比较，圆形金属盘 RCS 的物理光学公式为

$$\sigma = 16\pi \left| \frac{A\cos\theta}{\lambda} \cdot \frac{J_1(kd\sin\theta)}{kd\sin\theta} \right|^2 \tag{14.15}$$

式中，A 是圆盘的物理面积；d 是直径；$J_1(x)$ 是第一类一阶贝塞尔函数。对垂直入射，式（14.13）到式（14.15）都简化成表 14.1 中对垂直入射所列出的形式。为了进一步比较，图 14.18 描绘了两个正方形平板和一个圆盘的物理光学图。

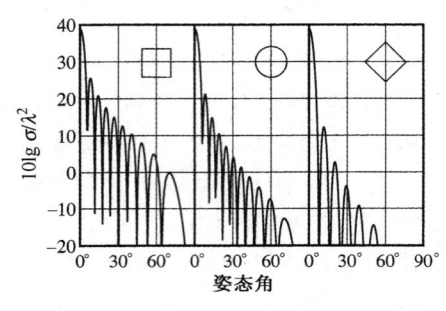

图 14.18 正方形平板、圆盘、第二个正方形平板的 RCS 物理光学图

三个方向图各自覆盖了从法线到侧边的 90°扇区，为了看得清楚，三个图被并排放置。所有三个平板的面积都设成是 $25\lambda^2$，因此所有三个方向图都在法线入射方向（零姿态角）上升到相同的幅度。中间的方向图是圆盘的，第一和第三个都是正方形平板的。但是，图中左边的正方形平板根据主平面方向图来摆放，而图中右边的则呈菱形（$\phi=45°$）。平板面积朝侧面的分布影响了副瓣电平。

当表面是单曲率面或双曲率面时物理光学积分稍复杂些。对沿对称轴方向看的圆柱和球冠可得到其精确解，但是沿非对称轴方向看的被截角锥或球冠不能得到精确解。即便如此，对圆柱的精确求解还包含圆柱边上阴影边界的虚假贡献，这些贡献在**驻相近似法**中并不出现[30]。

在积分面上基本表面元贡献的振幅变化缓慢，而相位变化很快。因此，相位快变化区的纯贡献基本上为零，可以忽略。另一方面，当接近镜像区时，相位变化缓慢下来，且通过镜像点时反转。这导致镜像区对积分的贡献不为零。阴影边界附近的相位变化很快，因而，那里的表面贡献在驻相近似法求解时被忽略，而精确求解时被包含，因为阴影边界是积分限。由于实际的表面场分布并不如理论所假定的那样在穿过阴影边缘时突然降到零，所以阴影边界的贡献是虚假的[31, 32]。这样看来，闭合曲面上的物理光学积分的驻相近似法比积分的精确求解更可靠。

基于这一点，圆柱体的驻相结果为

$$\sigma = kal^2 \left| \frac{\sin(kl\sin\theta)}{kl\sin\theta} \right|^2 \tag{14.16}$$

式中，a 是圆柱体半径；l 是圆柱体长度；θ 是偏离侧射的入射方向的角度。式（14.16）只包括圆柱体曲边的贡献，不包括其底面的贡献［使用式（14.15）可包括这一贡献］。式（14.16）还可以用来估算截直圆锥体的 RCS，只要将半径 a 用锥体的平均半径代替，l 用斜面长度代替即可。

对平板和单曲率面而言，物理光学理论较之几何光学理论有了很大的改进，但它仍遇到一些其他困难。虽然对被照射表面的大部分，人们得到了合适的结果，但正如以上所指出的，物理光学积分还给出来自阴影边界的虚假的贡献。而且，这一理论不能显示与入射波极化的关系，且当接收和发射互换时会得到不同的结果。这些结果与观测结果是矛盾的。最后，当观测方向远离镜像方向时，它会错得更多。Keller 的**几何绕射理论**（Geometrical Theory of Diffraction，GTD）在和极化的关系及宽角范围的预估值方面都有了改进[33, 34]。

几何绕射理论（GTD）

GTD 是一种射线跟踪方法，它对在光滑的阴影边界和表面不连续处绕射的场给定振幅和相位。由于后者在后向散射计算中比前者更重要，这里集中讨论边缘绕射。这一理论假设射线到达边缘后激励起一个绕射射线锥，如图 14.19 所示。这一**绕射锥**的半角等于入射线与边缘间的夹角。除非观测点在绕射锥上，绕射场不指定任何值。后向散射问题中的散射方向与入射方向相反，因此，绕射圆锥变成一个圆盘，且散射边缘单元与视线垂直。

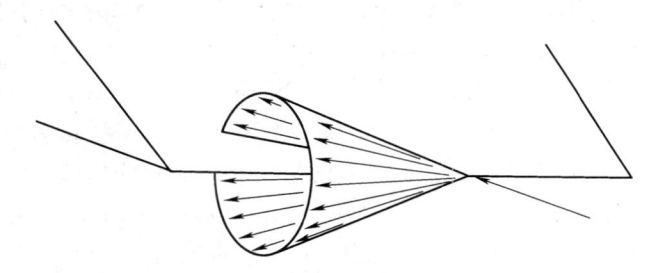

图 14.19 绕射射线的 Keller 锥

绕射场振幅由**绕射系数**和**发散因子**的乘积给出，其相位既与边缘激励的相位有关，也与观测点和绕射边缘单元间的距离有关。通常有两种情形，即入射场的极化是平行还是垂直于边缘。

绕射场由下面的公式给出。

$$E_d = \frac{\Gamma e^{iks} e^{i\pi/4}}{\sqrt{2\pi\ ks \sin\beta}} (X \mp Y) \tag{14.17}$$

式中，Γ 是发散因子；X 和 Y 是绕射系数；β 是入射线和边缘的夹角；s 是从绕射点到观测点的距离。两种绕射系数之差用于入射电场平行于边缘（**TM 极化**）的情形，而和被用于入射磁场平行于边缘（**TE 极化**）的情形。

发散因子定量描述射线离开边缘单元散开时产生的振幅下降，如果是曲面，例如被截圆柱体的端面，还包括边缘半径和入射相位波前的曲率半径的影响[35]。被平面波照射的二维边缘（无限长）的发散因子 $\Gamma=1/s$，绕射系数为

$$X = \frac{\sin(\pi/n)/n}{\cos(\pi/n) - \cos[(\phi_i - \phi_s)/n]} \tag{14.18}$$

$$Y = \frac{\sin(\pi/n)/n}{\cos(\pi/n) - \cos[(\phi_i + \phi_s)/n]} \tag{14.19}$$

式中，ϕ_i 和 ϕ_s 是入射平面和散射平面的角，从楔形的一个面（也就是被照射的那一个）算起，n 是用 π 归一化后楔形的外角。当在面对边缘观测金属平板且入射极化在平板的平面内的情况下计算这些表达式时，得到表 14.1 中列出的直边缘公式 $\sigma = L^2/\pi$。

Keller 的绕射系数基于无限（二维）金属楔精确求解应用于三维问题的近似上[36]。尽管这种使二维解适应三维范畴在大多数时候是相当有效的，但恰恰是在最需要的时候绕射系数会胀大起来，非常不便。对式（14.18）和式（14.19）稍加检查就会知道原因。

两个表达式的分母都含有两个余弦项的差，在两种不同情况下会使余弦项变得相等。当散射方向 ϕ_s 为沿阴影边界时（$\phi_i - \phi_s = \pi$），式（14.18）中的绕射系数 X 变成奇异的，这是一个没有意义的结果。当散射方向 ϕ_s 为沿镜像方向时，此时反射的局部角等于入射的局部角，则 $\phi_i + \phi_s = \pi$。在这种情况下，式（14.19）中的绕射系数 Y 变成了奇异的，同样是一个没有意义的结果。注意这两个奇异性与物体的几何形状无关，但与入射和散射方向的相对布局有关。

物理绕射理论

P. Ia. Ufimtsev 提出的**物理绕射理论**（Physical Theory of Diffraction，PTD）克服了 GTD 中的这些奇异性[37, 38]（尽管很难找到这些出版物，这里为完整起见仍引用它们。编者注：对该内容感兴趣的读者可以参看 Ufimtsev 的论文《论绕射原理和 RCS 削减方法》*Proc. IEEE*, vol. 84, pp. 1830-1851, 1996 年 12 月）。与 Keller 类似，Ufimtsev 也依赖二维楔形问题的近似（广角）解，但是，他区分了"均匀的"和"非均匀的"表面感应电流。均匀电流就是物理光学理论中所假定的表面电流，而非均匀电流则取为沿边缘本身的未定的线电流。Ufimtsev 从未试图去求解他的**边缘**线电流，但是取而代之的是，将其效应直接引入了远区散射场。

Ufimtsev 认识到，对远场来说，GTD 规则中导致式（14.18）和式（14.19）中 X 和 Y 奇异性的那部分就是远场物理光学的贡献，于是他就通过从历史悠久的广角楔形解中减除掉那些令人不悦的物理光学绕射系数，而提出了一组改进的绕射系数。这样就产生了一组新的绕射系数，其中只保留了边缘项，因而排除了任何的表面项。Ufimtsev 的 PTD 系数在空间的几乎所有方向上都表现优异，但有一个不足：为了计算任意边缘形状物体的 RCS，人们不得不对所有的 PTD 边缘贡献求和，**加上所有的物理光学和几何光学表面贡献**。但是，这个方法是可行的并有文献记载[40]。

增量长度绕射系数

GTD 和 PTD 两者都基于二维楔形问题的精确解，问题中入射和散射方向都垂直于边缘。当推广到斜入射情况时，观测方向必须沿着图 14.19 所示的 Keller 锥母线方向。如果边缘是直的且为有限长，如三维问题那样，Knott 的方程式 16[1]给出其 RCS 的近似表示。如果边缘是曲线，可以将它看成无穷个短直线段连接在一起的集合，于是可以通过对每个边缘小单元绕射产生的增量场求积分来计算散射场。这是 Mitzner 引入的概念[41]，且对边缘单元绕射的场求和意味着沿边缘轮廓求积分。

然而，Mitzner 求的是任意方向散射的场，而不只是沿局部的 Keller 锥方向。为此目的，他提出了**增量长度绕射系数**（Incremental Length Diffraction Coefficient，ILDC）的概念。他推广了 Ufimtsev 提供的例子，提出一组适用于任意入射和绕射方向的绕射系数。正如所料，这些系数比式（14.18）和式（14.19）中的那些 X 和 Y 更复杂。

Mitzner 将他的结果通过与入射平面平行和垂直的入射电场分量表示成平行和垂直于散射平面的绕射电场分量。这样的话，绕射系数可表示成三对独立的组合，即平行–平行、垂直–垂直、平行–垂直（或垂直–平行）。每一对中的一个是由绕射边缘的总表面电流（包括假定的边缘线电流）产生，另一个则是由均匀物理光学电流产生。Mitzner 将每对中的一个减去另一个，就单剩下边缘线电流的贡献。

此结果和 Ufimtsev 表达式形式相同，在其中从非物理光学系数中减去了物理光学系数，因此 Mitzner 的散射场表达式只包含边缘线电流的贡献。于是，将这一理论用于散射物体时，非线的表面感应电流的贡献必须单独计入，正如 Ufimstev 的物理绕射理论一样。当入射和散射方向与边缘垂直时，垂直–平行项消失，Mitzner 的绕射系数简化成 Ufimstev 绕射系数。

等效电流方法

Michaeli 在对楔形上感应的场进行了他所称的更严密的推算后，得到与 Mitzner 的总表面电流一样的结果，从而证实了 Mitzner 以前的工作结果。但是，他并没有明确地消除物理光学表面电流的贡献[42, 43]。因此，同 Keller 的 X 和 Y 类似，Michaeli 的绕射系数在反射和阴影边界方向的渡越区内变成奇异的。Michalie 后来研究了消除奇异点的问题，认为最好的办法是，沿楔形表面采用非正交坐标系[44, 45]。

虽然这些估算边缘单元散射场的方法可以用于光滑的无界边缘，但它们不能考虑拐角处的不连续性，在拐角处边缘会突然转向其他方向。Sikta 等人提出了处理这一问题的方法[46]。

14.4 RCS 测量方法

从科学查询到验证符合产品技术指标，任何一项都可能需要 RCS 测量。尚没有规定仪器和测量方法的正式标准，然而基于测量实践的非正式标准已经被认可好几十年。依据被测物体的大小、所使用的频率及其他测试要求，测量可在室内用测试设备进行或在室外场地上进行。由于人们很少只对物体的一个姿态角的 RCS 感兴趣，所有的静态测试场都采用转台或旋转装置来改变目标姿态角。尽管测试目的常常决定了将要进行的测量方法，Mack 和 Dybdal 对常规 RCS 测量提供了既好又全面的指南[47, 48]。

一般要求

对 RCS 测量最重要的要求是测试物体要被雷达波以可以接受的均匀振幅和相位所照射。好的实践要求入射波的振幅在目标的横向和纵向范围内偏差不超过 0.5dB，且相位偏差小于 22.5°。作为标准的测试过程，在某些测试场地，进行测试前实地探查入射场以验证入射波振幅的均匀性是第一步。

相位要求是远场距离准则的基础。

$$R > 2D^2/\lambda \qquad (14.20)$$

式中，R 是测量雷达与测试目标之间的距离；D 是目标在垂直视线方向上的最大的尺寸。其他误差来源固定时，满足远场要求时所得到的数据通常具有 1dB 或者更高的精度[49]。图 14.20 给出对各种频率和目标尺寸的远场要求。

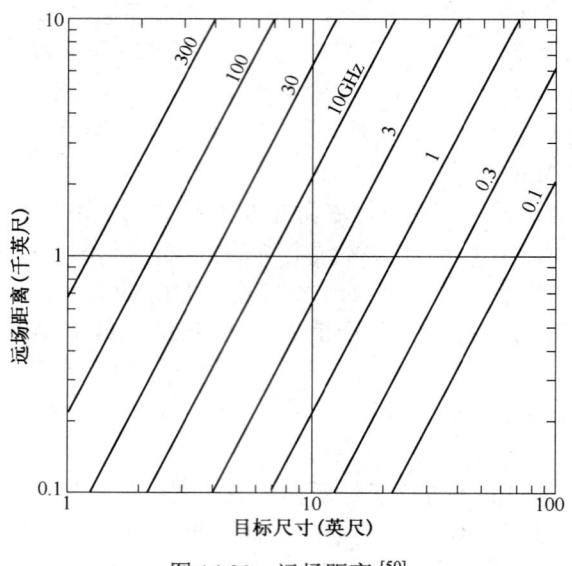

图 14.20　远场距离[50]

分配给雷达测量仪器的误差应是 0.5dB 或更小，这要求仔细的设计和选择器件。系统灵敏度的飘移在记录一幅 RCS 图的时间（有时接近 1 小时）内不应超过这个值。系统的动态范围应至少是 40dB，最好为 60dB。这整个范围内的线性应是 0.5dB 或更好。如果不是这样，应采取步骤通过校准接收机传递函数（增益特性）来修正测量数据。

RCS 测量应通过**替代法**进行校准，即用已知散射特性的物体替代被测目标。给定已知（已测量或已校准）的接收机增益特性后，该方法给出一个常数，用这一常数即可将接收机输出指示变换成 RCS 的绝对值。常用的校准目标有金属球、正圆柱体、平板和角反射器。这些物体的 RCS 可用 14.3 节给出的表达式进行计算。

因为残留的背景反射对想得到的目标回波信号有污染，故测试场地设计和测试工作应仔细，使得污染最小。室内测试场的内壁必须覆盖高质量的雷达吸收材料，外场的地表面应平滑且没有植被。目标支撑结构应专门设计成具有低回波特性。

不希望有的背景信号的影响如图 14.21 所示。因为背景信号和目标信号之间的相对相位是未知

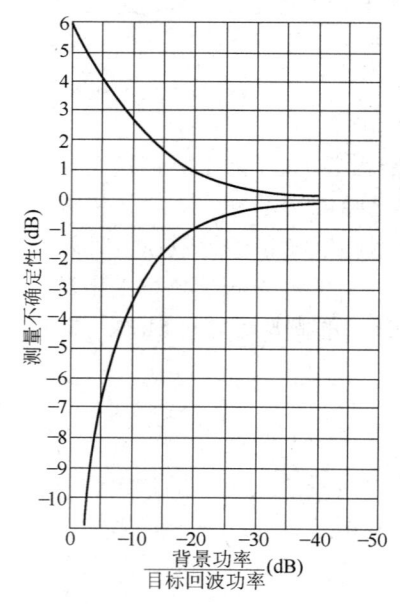

图 14.21　测量误差和相对背景功率电平的函数关系

的，所以显示了两条曲线。它们对应于理想的同相和反相情况。如果背景信号和回波信号相等（两者之比为 0dB）且两者同相，那么总的接收功率是接收的来自任何一个的 4 倍，如图 14.21 左上角显示的值（6dB）。如果是反相，则相互抵消，完全没有信号（图中左下角之外的值）。图 14.21 表明，如果由背景信号引起的误差为 1dB 或更小，则背景信号至少要比待测信号低 20dB。

已证实有 3 种不同的支撑结构在 RCS 测量中是很有用的。它们是低密度塑料泡沫柱、吊绳和细的金属塔架。来自塑料泡沫柱的回波是由两种机制产生的。一种是相参的表面反射，另一种是组成泡沫材料的成千上万个内部小单元的非相参体积贡献[51, 52]。泡沫柱应设计成它的表面与到雷达的视线的交角总是不小于 5°～10°（依据频率），从而使表面反射减少到最小。非相参体积回波是无法减小的，并且不受泡沫柱指向的影响。适当的泡沫柱支撑材料的体积回波在 10GHz 时一般为 $1.6 \times 10^{-6} m^2 /$英尺^3 左右[53]。

由于通常都能找到上方支撑点，吊绳方法在室内是最可行的，虽然有文献说这种方法也被认真地考虑用于室外[54]。有三种结构可供选择，但都需要定做的吊索或吊带来支撑目标。第一种用一个上方支撑点和连到安装在地面上转盘的拉线来使目标旋转。第二种将目标悬挂在上方的转盘上，这样安装费用稍有增加但减少了拉线和绳的负荷。第三种是最昂贵的，使用一对随动转盘，一个在天花板上，另一个在地板上。

来自绳的回波信号与绳的长度和直径、相对于入射波的倾斜角及绳的介电常数有关。不管绳的倾斜角是多少，目标旋转一周时它将两次与视线垂直，于是可能使 RCS 图中出现尖峰，并往往被错误地认为来自目标，除非另外想办法区分。在瑞利区，绳的 RCS 与它的直径的四次幂成正比（见图 14.4），但对给定的拉伸强度，直径只与被支撑负载的平方根成正比。因此，由于回波信号随所携带负载的平方增加，吊绳技术最适用于低频段轻物的测量。

金属目标支撑塔架最初在 1964 年提出[54]，但这一概念直到 1976 年才用于实践。塔架的结构简图如图 14.22 所示，它的电磁性能主要决定于其前边沿的尖锐程度和朝向雷达（在图 14.22 的左边）的倾斜角。已建成的塔台高 95 英尺，通常用雷达吸收材料覆盖来抑制前后边沿的回波。

与绳和塑料泡沫柱相比，金属塔架的明显优点是它的优良的携带重物的能力。然而，由于塔架的顶部很小，改变目标姿态角所必需的旋转机构必须装在目标的内部。这常常使目标丧失使用价值。这类塔架的大多数旋转装置都是双轴的，具有方位-俯仰旋转设计。当进行方位旋转角后倾（离开雷达）测量时，部分目标可能扫过塔架顶部所形成的阴影，从而降低测量精度。一种克服的方法是，倒置目标使转轴朝向雷达，而不是离开雷达。这要求旋转装置安装在目标顶部和底部。为这种装置而产生的

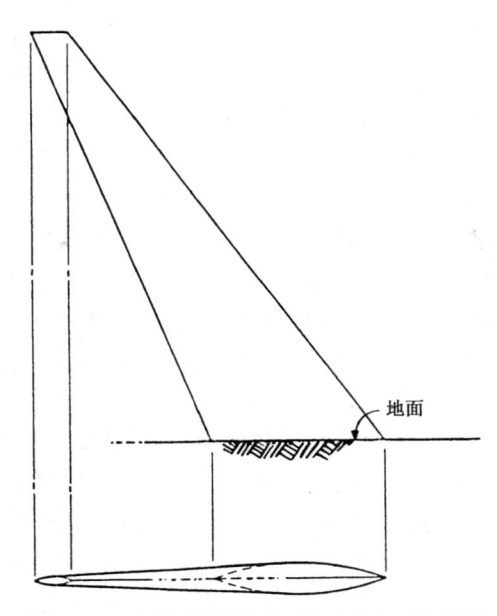

图 14.22 金属支撑塔架。针对从左边到达的入射波而设计[55]

无用的内部空腔必须通过覆盖或屏蔽来隐藏掉。

常常有必要进行缩比模型测量，这就需要应用缩比定律。由于非导体材料与良导体的缩比规律不同，不可能使由导体和非导体同时构成的任意目标都满足所有的缩比要求。然而，大多数需要缩比模型测试的目标主要是金属制品，通常可以认为用理想导体缩比定律就足够了。

当对波长的平方进行归一化时，如果目标尺寸具有同样的波长数，那么两个形状相同但尺寸不同的理想导体目标就将有完全一样的 RCS 图。例如，如果模型是全尺寸的十分之一，应该以全尺寸波长的十分之一（全尺寸频率的十倍）进行测量。全尺寸目标的 RCS 用缩尺模型测量结果就可以得到，方法是将缩尺模型的 RCS 值乘以两频率之比的平方，在这个例子中，因子是 10^2 或 20dB。

室外测试场

当被测目标太大以致不能在室内测试时，就需要用室外测试场。远场准则经常要求至目标的距离是几千英尺（见图 14.20）。由于地面上典型目标的高度至多几十英尺，雷达所看到的至目标的俯仰角，至多 1°，通常更小。在这样低的掠射角上，地面会受到天线的强烈照射，于是除非地面弹跳能受到抑制，目标将受到多路径场的照射。因此，在室外测试场的设计中必须做出一项决定：要么是利用地面弹跳，要么是消除它。通常，利用比消除要更为容易。

设计成利用多路径效应的测试场可以铺沥青来改善地面反射，虽然许多测试场都是在自然土壤上工作的。铺设场地能日复一日地保证地面特性的一致性，并且可用到较高的频率上。嵌在沥青中的导体屏可以改善反射。铺设场地也能减少对地面的维护，例如定期除草、平整不稳定的土壤上被风刮起来的隆起物。

入射角及沥青和自然土壤的电介质特性使电压反射系数的相位只与 180°差几度。对这种情况，通常能够选择目标和天线高度的组合，使地面反射到达目标的波与天线的直达波同相。以下是做到这一点可用于选择天线和目标高度的规则：

$$h_a h_t = \lambda R / 4 \quad (14.21)$$

式中，h_a 和 h_t 分别是天线高度和目标高度；R 是到目标的径向距离。

因为绝大多数测试场都在与永久性雷达设施相对的几个固定位置安装有转台或目标塔架，距离 R 常被限制在几个现有值。目标的安装高度 h_t 要高到足以使其与地面的杂散相互作用最小，但又要低得使目标支撑结构的尺寸和复杂性最小。因此，天线高度 h_a 最容易控制和调整，最便于用来优化垂直多路径干涉方向图中第一副瓣的位置。通过在一个载体上安装雷达天线，并使该载体能沿着装在建筑物或塔一边的轨道升降，就能很容易地实现上述内容。

理想地面提供一个比自由空间的同样测量条件多 12dB 的理论灵敏度增大值。实际的增大值比该值小，主要是由于天线的方向性和地面的非理想性。天线的方向性使目标不可能总是同时既垂直真实天线的视线又垂直它对地面的镜像的视线，且典型地面的反射系数通常从95%变化至 50%甚至更低。对所有的频率，除很高或很低的频率（毫米波和 VHF）外，典型的灵敏度只比自由空间高 7~10dB 的量级，而不是理想的 12dB。

当到目标的距离比较近且测试必须在很宽的频率范围进行时，尽力消除地面影响有时是有利的。一种选择是在雷达和目标之间设置一个倒 V 形的坡。坡的倾斜的顶部是为了将地面反射波偏转至目标区以外。另一种选择是在场地上安装一系列低的**雷达栅**，目的是通过屏蔽地面上的雷达和目标二者的镜像区来阻止地面反射波从雷达到达目标或反过来。栅的近边应倾斜以使能量向上偏转（离开目标测试区），并可涂敷吸收材料。然而，阻止雷达能量从栅的顶部通过绕射到达目标区，或者阻止由目标来的信号绕射以同样的机制到达雷达接收机是困难的。

由于室外场地上雷达至目标的距离很远，测量用雷达发出的峰值信号功率有时是 1～100kW 范围。昔日的大功率测量工作已经大多改在静态测试场进行，这里有用途更为多样的频率步进相参雷达，但是对于在动态测试场中飞过或驶过的目标来说，大功率系统对其动态测试还是有用的。静态测试场上的步进和扫频测量系统可在被测目标只旋转一次时就收集到几百个频率上的 RCS 图。在必要的时候，通过多次扫描或多步信号积累方法可改善信噪比。为这样的多样性所付出的代价就是每次目标旋转需要更多有源测试时间，因此增加了测量成本。

室内测试场

室内测试场不受天气影响，因而更便于进行更多的试验，但是除非场地特别大，最大目标尺寸被限制在约一、二十几英尺。由于靠近墙壁、地板和天花板，必须在地板、天花板和墙壁上涂敷高质量的吸收材料。工作频率越低，吸收材料越昂贵。现在通用材料的吸收壁标称反射系数达–50dB，这样的性能通常只有在金字塔形吸收材料设计中才可能实现[56]。

早期的室内测试室呈长方形，尽管在墙上安装了好的吸收材料，但 RCS 测量仍受到壁反射的污染。微波暗室最敏感的部位是后墙，它接收雷达辐射功率的 95%～99%，因此最好的吸收材料应置于后墙[57]。地板、天花板和侧壁也对误差有贡献，但属于四次反射而不像室外场地那样是属于地面反射。补救办法是采用渐变形微波暗室，它通过倾斜部分墙壁、地板和天花板使其远离暗室中线，就可以消除大部分侧壁反射[58-60]。

因为大多数微波暗室的长度都不大于 200 英尺，所以即使目标尺寸不太大，也不能在室内场地进行远场距离的测量。然而，通过**聚集**辐射波束来提供必需的均匀照射是可能的。在雷达和目标间插一个透镜[61, 62]，或者使雷达波束由一个聚集反射器反射，就可以做到这一点。后一概念称为**紧缩场**，因为与没有聚集器件的测试场相比，它能在较短的距离产生平行波束。

反射器提供了聚集波束的另一方法。如图 14.23 所示，与透镜放置在雷达和测试物体之间相反，雷达和测试物体在反射器的同一边。反射器通常为偏置抛物面，这意味着抛物面不包括抛物面的顶点。这样就允许激励反射器的馈源被放在朝向目标的反射波束之外。如果测试目标置于距反射器一至二倍焦距位置且反射器由设计适当的馈源所激励，那么反射波基本上是平面波[61]。

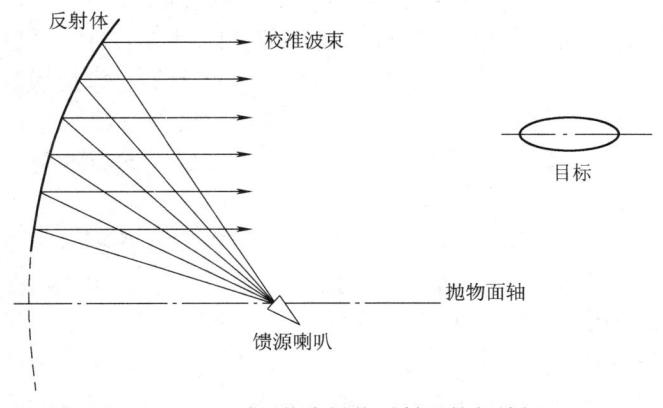

图 14.23 采用偏焦抛物反射器的紧缩场

然而，除非仔细设计反射面边缘，否则目标区的入射场还是会被反射面边缘产生的不需要的绕射场所污染。绕射使目标区的场分布的振幅和相位上都出现纹波。在有些情况下影响小到可以忽略不计，但在高质量的设施中这些纹波就会大到不能接受了。卷边设计，例如图 14.24 中主反射器上边缘，可以设计成使边缘绕射最小[62, 63]。但是，为这项性能改进所付出的代价是反射器结构变得更大和更复杂。

图 14.23 中所示的单反射面设计对小的测试目标来说还是工作得不错的，但是很快就会发现，在面对许多具有重要军事价值的目标时反射面必须大很多。这一点通过把反射面的尺寸增大两倍或三倍就可以实现，但是这又带来了一轮其他问题，主要是反射器焦距长度增加。尽管焦距长度可以缩短到能适应轴距限制（沿反射器视线），但由于馈源喇叭靠近，于是会更难控制反射面上的场幅度渐变。解决方法是在专门建造的地下坑道内增加一个更小的子反射面，如图 14.24 所示[63, 64]。

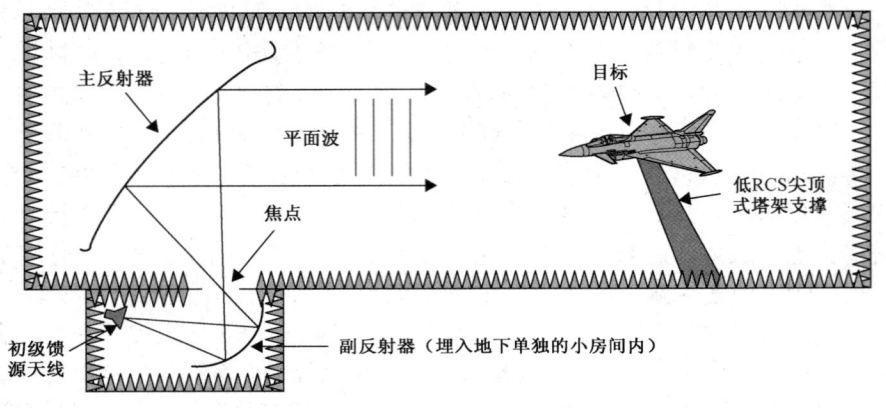

图 14.24　一类双反射器紧缩场结构简图[20]

子反射器有显著增加主反射器焦距长度的作用，使得优化其照射更为容易。这种特殊结构被称为**格里高利系统**，其特征是焦点在两个反射器之间，在这个点上两个反射器间的大多数射线都会聚集。在第二个被称为**卡塞格伦系统**的结构中，焦点是子反射器后的虚焦点。与卡塞格伦系统相比，格里高利系统使主室和子反射器坑道间的口径更小[65]。

像图 14.24 所示那样的大型紧缩场是非常昂贵的，只有大公司（或政府）才负担得起，因此场地时间是很宝贵的。有些公司会让它们的紧缩场每天 24 小时运作。

在室内测试的目标比室外测试时更靠近雷达，所以使用较小的发射功率就能进行有效的测量。早期的室内测量雷达依靠简单的 CW 源，而微波暗室的有害反射则采用对消方法加以抑制。在每个方面都要为测量做好准备，除了不将目标安装在支撑固定结构上。小的发射信号采样经可变衰减器和可变移相器，与这时的接收信号合成。然后，采样信号的振幅和相位被调整到与上述没有目标时接收的信号相消。

目前可采购到低价格锁相频率合成源，这使收集宽带 RCS 数据有吸引力。与单个频率上进行的 CW 测量相比，它包含多得多的目标散射信息。当相参 RCS 散射数据被适当处理后，就可能生成 **ISAR 图像**，或被测目标回波源的二维图[66]。

图 14.25 是这样一种图像的实例。在该例中，为生成这一图像，所需的处理是双傅里叶变换，一次是从频域到时域，另一次是从角域到横向距离域。频率–时间域处理几乎可以实

时完成（处理和在屏上显示只需一两秒），但是在这个例子中从角域到横向距离域的变换只能脱机处理。为加快处理过程总是采用快速傅里叶变换（FFT）。

图 14.25 中给出的成像数据是用步进频率信号收集的，信号带宽为 2.1GHz 且中心频率为 3.4GHz。姿态角在 35°宽的扇区内变化，以迎头姿态为中心。图示的各小图像轮廓相距 5dB 且总振幅变化为 30dB。

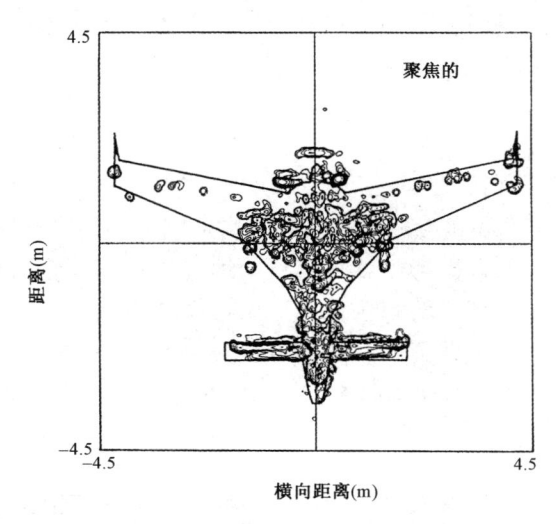

图 14.25 小型靶机的雷达图像。为了能看清楚增加了平面图轮廓线
（来源：Courtesy D. L. Mensa，美国海军太平洋导弹测试中心）

被处理图像的时间（距离）域分辨率与发射波形的带宽成反比。横向距离域分辨率与收集数据的姿态角窗口成反比。因此，测试系统的工作特性和方位数据采样速率必须在数据收集之前确定。由于最终图像的横向距离坐标垂直于目标的转轴，所以必须将坐标乘上一个缩尺因子，以便用所谓的目标平面视图有效地记录所生成的图像。

最后的数据可以以轮廓图的形式提供，如图 14.25 所示，或者以彩色代码或灰度像素形式提供。在这里，为了诊断分析，目标轮廓已经被叠加在成像数据上，且显示的特定姿态是对从机头入射而言的。若目标在一个足够宽的扇区内旋转（扇区宽至足以获得想得到的横向距离分辨率，并在该扇区内有足够的角度采样数），那么对其他入射角都能生成这种图像。实际上，是在目标连续转动时进行扫频数据或步进数据采集的。有一条经验规则：角速度必须足够低，使得在目标运动条件下扫频结束时回波相位与目标不运动时的回波相位之差在 22.5° 以内。

注意靶机的头部区因散射中心严重集中而满是斑点，这可能是来自内部结构特点的贡献。前方小翼的后边缘看上去是比前边缘更强的散射器。在收集成像数据的迎头姿态角上，机翼的前边缘几乎是看不见的。但是，沿一条与机翼后缘平行但略向前的线我们看到有几个回波源。如果目标以垂直于机翼之一的一个姿态角为中心旋转，该机翼的前边缘就会"亮起来"。

在主机翼根部区内，我们看到严重的回波源集中。其中的一些位于任何机翼表面的前方。虽然我们可想象多重反射的时延可以在任意物理散射物体后排成一列的视在源，但是很难想象在物体**前面**它们会排成一列的。我们确实看到几簇视在散射中心聚集在机尾后部，但是由于缺少任何详细的被测试物体的描述，我们无法解读其含义。

这些"幽灵般的"散射体的存在应归结于数据处理系统将散射体按距离和横向距离位置分类的方式。纵向距离位置按处理时延分类，而横向距离位置则按时延率分类，而不管是由于真实散射体的时延率还是由于散射体间的相互作用的时延率。即使某些散射中心的贡献可能包含不是沿雷达视线的其他方向来的传播，但系统没法分辨这一点。因此，尽管这类图像具有强有力的诊断价值，但是我们必须意识到，目标上单元间的多重相互作用可能产生不在其看上去的位置上的散射源。

14.5 雷达回波抑制

通过减小目标的雷达截面积可以降低它被敌方雷达发现的概率。缩减 RCS 的主要方法有目标整形和使用吸收材料。所谓整形，就是有目的地选择目标表面及其特征，使散射返回雷达方向的能量最小。整形包括特定的结构设计，如将雷达回波较大的引擎进气管内置，借助于目标的其他部分使引擎对入射波屏蔽。雷达吸收材料（Radar-Absorbing Material，RAM）的目的是吸收入射的雷达能量，从而使散射回雷达的能量最小。两种方法各有优缺点。

雷达波吸收材料

雷达波吸收材料的用途是衰减入射能量，从而减少散射或反射回雷达的能量。大多数吸收材料都设计成能减少从金属表面的镜面反射，但隐形技术促进了非镜面吸收体的发展，主要用于抑制因表面行波导致的回波。

最简单的镜面吸收材料是 **Salisbury** 屏，它是一种薄电阻片，安装在需与雷达隔离的金属表面上方四分之一波长处[67]。这种设计对与电阻片垂直的入射波效果最佳，而且如果它的电阻率可以达到 $377\ \Omega/m^2$（自由空间阻抗），那么入射波的所有能量都会被转移到电阻片上，没有任何反射。然而，单片 Salisbury 屏有若干局限性。它的薄片和低损耗衬垫易损坏，20dB 带宽勉强能达到 25%，而且随着入射角远离法线入射方向，其性能也会逐渐降低。

很难用坚固材料来克服易损坏的问题，但是带宽可以通过多个电阻片的层叠来改善，如图 14.26 所示。这样就创造出了所谓的 **Jaumann** 吸收体。其带宽随层数而上升，且四层设计就可以得到可观的 140%带宽，如图 14.27 所示。为这种带宽扩展所付出的代价是更厚、更笨重的材料，这对于战术军事目标来说是不现实的。

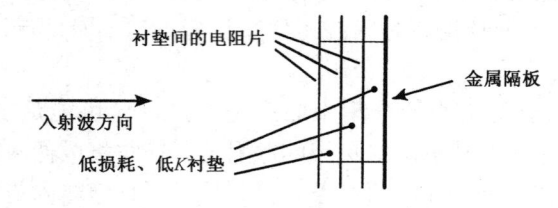

图 14.26　Jaumann 吸收体是一组层叠的薄电阻板，叠放在金属隔板之前，间距 $\lambda/4$，图中 K 是衬垫介电常数。经典 Salisbury 屏是退化为单片时的情况

和 Salisbury 屏相似，**Dällenbach** 层也是一种简单的吸收体，其整个体积内材料都是均匀的且是一种设计成具有特定折射率的混合化合物。可以由具有磁损耗的材料和具有电损耗的

碳微粒构成。因此，电纳和磁纳（相对电容率或相对磁导率）都有虚部，使折射率也有虚部。最终，传播常数的虚部使通过材料行进的波受到衰减。

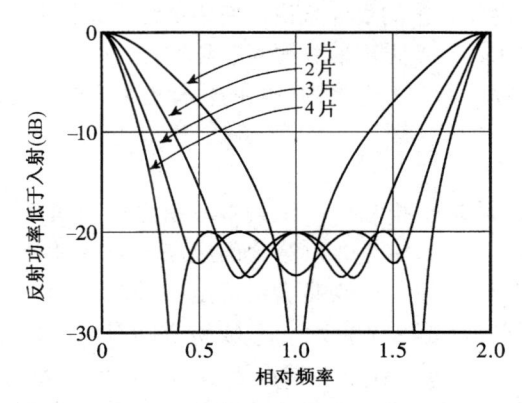

图 14.27　达到四层的 Jaumann 吸收体的性能。这四条曲线都是−20dB 电平上针对最大带宽优化过的，金属片的电阻率必须从内片的低值上升到外片的高值

大多数商用 Dällenbach 吸收层都是软的，可放在中等弯曲的表面上。介电吸收体通常用橡胶泡沫制成，有时也用浸入碳微粒的人造橡胶。浸入可通过将压紧的材料片浸入石墨悬浮液容器然后拧干来实现。磁 Dällenbach 层可用掺有羰基铁或铁氧体粉的天然橡胶或合成橡胶的混合物滚压制成。粉末含量越低，片的柔软性越好，但其电磁性能也越差。通常，电的和磁的 Dällenbach 层的厚度约在 1mm～1cm 范围内。磁性材料的密度可高达 320 磅/英尺^3，这使得它们对大多数战术应用来说并不实用。

Dällenbach 层的前面和金属衬底是仅有的反射源。使用实际可实现材料是不可能使它们中任何一个反射源的反射变为零的。因此，设计的目标是选择层的电特性，使这两种反射相互抵消。如果材料的性质是电效应占主导，层的最佳厚度接近四分之一波长（材料内的）。如果磁效应占主导，则层可薄得多。

和简单 Salisbury 屏的情况一样，Dällenbach 层也可进行层叠以试图扩展带宽，由此产生了所谓**渐变吸收体**。通常，为了得到最佳性能，层离金属隔板或底层越近，层的固有阻抗就应越小。在商用渐变电介质吸收体中已用到五层以上，但是商用级渐变磁性吸收体还局限在三层。重要的是，在设计过程中要考虑用于各层相互黏结的黏结膜的实际厚度和电性质。对大多数军事应用来说，这些材料都太脆弱或太重。

用于抑制微波暗室室内的壁反射的金字塔形吸收体代表一种改变从入射波方向"看"到的有效阻抗的行之有效的方法。吸收体用浸入碳的软塑料泡沫制作并削成金字塔形状。它当指向入射波方向且深度为 3～6 个波长量级时显示出最佳性能。为满足安全要求，常常将防火漆涂在金字塔形吸收体上，但是在高频时这种漆会使材料性能降低。尽管如此，只要深度足够，金字塔形吸收体的性能保证优于（小于）−50dB。由于这些吸收体不靠后表面反射与前表面反射对消，因而有很宽的带宽。一般来说，具有尖锐形状和均匀体衰减特性的金字塔形吸收体的带宽能超过 100∶1[60]。

非镜面吸收体不需要像镜面吸收体那样有很大的厚度。主要是为了抑制表面行波回波，非镜面材料有机会减小沿表面几个波长表面电流的建立。因而，仅仅是因为黏在金属表面上的薄层不必很重，就能获得很可观的性能。就这方面而言，长而光滑的表面上的表面行波的贡献是最容易抑制的。即使如此，为了优化性能，表面波吸收体的厚度和几何分布应该是可变化的。

至此已经很明显，对于易受攻击的目标来说，使用雷达吸收材料并不是加强其生存能力的非常有效的方法。这些材料很重，需要过度的表面保养和维护，带宽有限，而且价格还很高昂。如果在系统开发的一开始设计师就愿意考虑更为可行的目标整形方法，通常都是可以这样做的。

整形

整形就是审慎地调整目标表面和边缘，使其对总雷达回波贡献最小的结果。通常所指的是选择飞行器机体形状和舰船的船体轮廓，这个问题在一开始就让飞机和舰船设计师犯难。除非在方位上或俯仰上或在这二者上都能够确定特定的威胁方向，否则整形就没有意义。如果所有的方向都几乎是等同的，那么选择对一个威胁方向有利的表面取向的利就会被伴随另一个方向的增强的弊所抵消。然而，在许多情况下威胁方向通常是可以预知的。

图 14.28 给出采用整形可取得的 RCS 减缩。图中的曲线是依据理论和测量绘制的，并逐一给出头向（轴向）RCS 是如何随图 14.29 中所示的六个旋转对称金属物体的电尺寸而变化的。物体的直径和投影面积是相等的，体积最多相差两倍。除最上面的一条表示的球 RCS 曲线外，所有的物体都有同样的头向角（40°），且在六种形状中圆尖顶拱的 RCS 最小。因此，至少沿着这些特定物体的轴向，可以通过选择合适的表面形状使 RCS 最小。

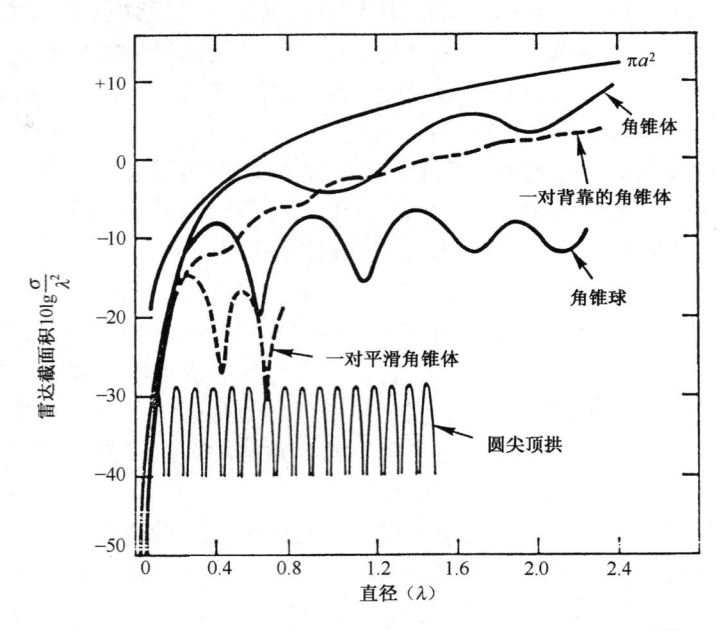

图 14.28　一组具有类似尺寸和投影面积的旋转体的 RCS[68]

然而，在姿态角的某些范围内，获得低的回波通常伴随着在其他角度上的较高回波电平。因此，最佳形状的选择总是应该包含对一定姿态角范围内 RCS 变化的估算，而且估算时姿态角范围应足够宽以便能覆盖可预期的威胁方向。这意味着要有对一组候选表面形状的物体测量或预估其 RCS 图的能力，或两者皆要。

整形过程中有两种方法可以考虑。一种是用曲表面代替平表面，从而消除窄而强的镜面

第 14 章 雷达截面积

波瓣。这并不非常有效，因为会增大附近姿态角的总回波电平。另一种方法是延伸平面和单曲表面使镜面波瓣进一步变窄，即使这将使其强度增加。这种方法的逻辑是探测概率与观测立体角范围内的平均 RCS 成比例，并且如果波瓣宽度足够窄，它对平均 RCS 的贡献就可能比波瓣较宽但强度较弱的情形的贡献要小。在确定可行的整形准则之前，应依靠任务分析建立对特定的运载工具方案所必需的 RCS 图水平。

对已经在生产的运载工具或目标进行整形很难，且实行起来也是很昂贵的，因为运载工具的配置和外形已经根据它的特殊任务用途被优选过。因而，在生产后改变配置可能损害其完成任务能力。如果将整形作为控制 RCS 的一个选项，那么在决定进行生产之前必须把整形包含在方案设计中。此外，整形对电尺寸不大的物体仍不是很有效的。

低雷达截面积运载工具

以下是早期低雷达截面积运载工具设计中的一些实例。

SR-71

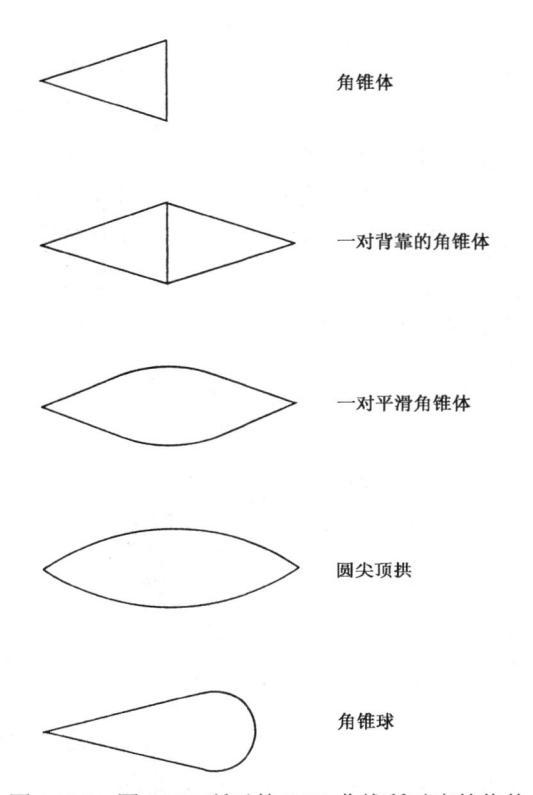

图 14.29　图 14.28 所示的 RCS 曲线所对应的物体

图 14.30　洛克希德公司的 SR-71 "黑鸟" 侦察机

从洛克希德公司著名设计师克拉伦斯（"凯利"）·约翰逊承担 A-12（SR-71 "黑鸟"侦察机的早期样机）研制任务时起，对低雷达截面积运载工具的设计可能就开始了。在洛克希德公司传奇的 Skunk 项目中，约翰逊认识到让 RCS 设计工程师加入核心设计团队的重要性。A-12 研发合同是在 1959 年获得的[69]，到 1964 年初 A-12 已在执行世界范围的飞行任务。

约翰逊的雷达特征专家的影响在图 14.30 中是显而易见的。SR-71 最突出的特点就是从机头一直延伸到三角翼底部的脊。在迎头区，雷达回波主要是引擎进气口的回波，此处脊的贡献无疑是可忽略不计的。当从侧面视角观测时，脊能减少来自如果前机身是圆的回波。要注意的是，尾翼是向内倾斜的，因此当从侧面看时入射雷达波是被向上偏转（远离雷达）的。这样的设计极大地降低了 SR-71 在窄的侧面角区内的回波。

F-117

　　SR-71 迎头区内的最大回波源可能就是引擎进气口了，因为它们在机翼前边缘上非常突出靠前的位置上。与其相反，F-117"夜鹰"的进气口安置在机翼上面和前边缘非常靠后的地方；从图 14.31 所示的 F-117 前视图上看它们就像小的黑钻石一样。如此一来，当 F-117 水平飞行时，这些进气口对地面雷达而言就被屏蔽了。即便如此，F-117 的研发者们还为进气口设计了一种鸡蛋盒子似的护罩，在理论上，这样可以防止接近的雷达波进入进气管，因为在进气管内雷达波会到处跑并最终回头出来，直接返回到雷达[70]。

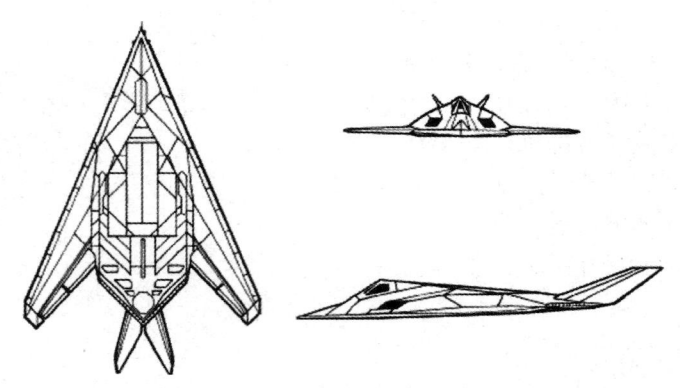

图 14.31　洛克希德公司的 F-117"夜鹰"战斗机

　　由于蛋盒式格架降低了空气流量，不得不扩大进气口以恢复正常气流量。后来，设计人员发现格架容易结冰，他们用电加热系统克服了这个问题。F-117 最显著的特点就是它的多面体（气动性差）表面形状及其后掠的尾翼。尾翼向外倾斜且后掠，双翼也呈尖锐后掠状。尽管洛克希德公司成功生产出了使用稀有材料的超声速 SR-71 机身，但是 F-117 诉求的低截面却要求一种亚声速机身。机身用薄的吸收材料涂覆，边缘呈锯齿形以降低装进机身的舱门和盖子和机身连接处的反射。

B-2"鬼怪"式轰炸机

　　B-2"鬼怪"式飞机的主承包商诺斯罗普公司遇到了与洛克希德公司在处理 F-117"夜鹰"战机时相同的引擎放置问题。解决方法相同：将引擎进气口嵌入机身的顶部。可能是因为 B-2 与 F-117 的任务不同，诺斯罗普公司没有在引擎进气口上安装鸡蛋盒子似的护罩。实际上，诺斯罗普公司的设计师们创造出了铰链式整流罩，在起飞和降落时打开以增加进入引擎的气流量。为了有最佳的推力和效率，在巡航速度时整流罩被收回。

　　为了降低机身的雷达回波，诺斯罗普公司的设计团队有意地制作了没有尾翼的 B-2。除此以外，有趣的是，F-117 和 B-2 具有某些共同之处。一个是圆的翼尖，有助于减小可能由机翼前缘变强的面行波反射。另一个是使用薄的吸收涂层，呈锯齿形环绕门、盖子和舱盖的边缘，用以抑制边缘不连续性所造成的反射。再一个事实就是 B-2 和 F-117 一样，具有亚声速机身。这就说明，尽管背的方案可能是为传奇的 Mach-3 SR-71 而制定的，但它决不是可行的降低机翼前缘回波的方法。

的确，B-2 机身的设计师们在设计工作早期显然已经明确地认识到，把他们的亚声速机身的前沿 RCS 降低到可接受的程度是几乎不可能的。既然是这样，他们就决定把所有的前后缘都调整成同样的扫描角：34°。他们的理念是，如果不能抑制边缘回波，那么次佳的方法就是在空间上把它们调整为四个相同的方向。这样一来，B-2 的所有后缘就都与前缘平行了。

X-45C 无人战机

波音公司在 2000 年中期揭开了其无人战机 C 型样机的面纱，距防御高级研究计划局（DARPA）资助该项计划还不到十年。图 14.32 是来自美联社的飞机样机照片。机身 49 英尺宽，39 英尺长。

图 14.32 波音公司的 X-45C 无人战机样机

平面图中的机头角几乎是 F-117 的两倍，但仅仅是 B-2 的一半，所以平面结构的机头角似乎是这两者的折中。要指出的是，没有座舱提高了机身的隐形性能。的确，引擎进气整流罩取代了驾驶座舱，甚至进气口的前缘也作成宽阔的锯齿形，用以减少其对雷达回波的贡献。没有任何尾翼以及平面结构中的后缘轮廓，明显是受到了 B-2 设计理念的影响。

低截面舰船

传统的舰船通常都结构巨大且有许多水平和垂直反射表面呈直角接合，构成了具有强回波的角反射体。它们还可能有许多会产生大的雷达截面的个体散射体。为了获得低的雷达截面，水平/垂直设计规划要加以改变，结果就是采用倾斜表面来破坏角反射器效应。表面倾斜还能将雷达入射角远远地移入舰船上大多数表面的远场副瓣内。如此一来，垂直的舱壁经常在船内也倾斜了[71]。

参考文献

[1] E. F. Knott, "Radar observables," in *Tactical Missile Aerodynamics: General Topics*, Vol. 141, M. J. Hemsch, ed., Washington, DC: American Institute of Aeronautics and Astronautics, 1992, Chap. 4.

[2] E. G Schneider, "Radar," *Proc. IRE*, vol. 34, pp. 528–578, August 1946.

[3] S. D. Robertson, "Targets for microwave navigation," *Bell Syst. Tech. J.*, vol. 26, pp. 852–869, 1947.

[4] J. A. Stratton, *Electromagnetic Theory*, New York: McGraw-Hill Book Company, 1941, pp. 414–420, 563–567.

[5] J. Rheinstein, "Backscatter from spheres: A short-pulse view," *IEEE Trans.*, vol. AP-16, pp. 89–97, January 1968.

[6] D. Atlas, L. J. Battan, W. G. Harper, B. M. Herman, M. Kerker, and E. Matijevic, "Back-scatter by dielectric spheres (refractive index ~ 1.6)," *IEEE Trans.*, vol. AP-11, pp. 68–72, January 1963.

[7] E. F. Knott, A. W. Reed, and P. S. P. Wei, "Broadside echoes from wires and strings," *Microwave Journal*, pp. 102 *et seq*, January 1999.

[8] S. S. Chang and V. V. Liepa, "Measured backscattering cross section of thin wires, University of Michigan, Rad. Lab. Rept. 8077-4-T, May 1967.

[9] L. Peters, Jr., "End-fire echo area of long, thin bodies," *IRE Trans.*, vol. AP-6, pp. 133–139, January 1958.

[10] P. S. P. Wei, A. W. Reed, C. N. Ericksen, and M. D. Bushbeck, "Study of RCS measurements from a large flat plate," in *Proc. 27th AMTA Conference, Antenna Measurement Techniques Association Symposium*, Newport, RI, October 31, 2005, pp. 3–8.

[11] E. F. Knott, "A tool for predicting the radar cross section of an arbitrary corner reflector," in *IEEE Publ., IEEE Southeastcon' 81 Conference*, 81CH1650-1, Huntsville, AL, April 6–8, 1981, pp. 17–20.

[12] E. F. Knott, "RCS reduction of dihedral corners," *IEEE Trans.*, vol. AP-25, pp. 406–409, May 1977.

[13] W. C. Anderson, "Consequences of non-orthogonality on the scattering properties of dihedral reflectors," *IEEE Trans.*, vol. AP-35, pp. 1154–1159, October 1987.

[14] E. F. Knott, J. F. Shaeffer, and M. T. Tuley, *Radar Cross Section*, Raleigh, NC: SciTech Publishing, Inc., 2004, p. 254.

[15] R. G. Hajovsky, A. P. Deam, and A. H. LaGrone, "Radar reflections from insects in the lower atmosphere," *IEEE Trans.*, vol. AP-14, pp. 224–227, March 1966.

[16] F. V. Schultz, R. C. Burgener, and S. King, "Measurements of the radar cross section of a man," *Proc. IRE*, vol. 46, pp. 476–481, February 1958.

[17] C. R. Vaughn, "Birds and insects as radar targets: A review," *Proc. IEEE*, vol. 73, pp. 205–227, February 1985.

[18] J. R. Riley, "Radar cross section of insects," *Proc. IEEE*, vol. 73, pp. 228–232, February 1985.

[19] L. N. Ridenour (ed.), *Radar System Engineering*, MIT Radiation Laboratory Series, Vol. 1, New York: McGraw-Hill Book Company, 1947, p. 76.

[20] U.S. Air Force web site, December 2005, *http://www.wrs.afrl.af.mil/other/mmf/compres.htm*.

[21] M. I. Skolnik, *Introduction to Radar Systems*, New York: McGraw-Hill Book Company, 1980, p. 45.

[22] M. I. Skolnik, "An empirical formula for the radar cross section of ships at grazing incidence," *IEEE Trans.*, vol. AES-10, p. 292, March 1974.

[23] S. Ramo and J. R. Whinnery, *Fields and Waves in Modern Radio*, 2nd Ed., New York: John Wiley & Sons, 1960, pp. 272–273.

[24] J. A. Stratton, Ref. 4, pp. 464–467.

[25] R. F. Harrington, *Field Computation by Moment Methods*, New York: Macmillan Company, 1968.

[26] R. E. Kleinman, "The Rayleigh Region," *Proc. IEEE*, vol. 53, pp. 848–856, August 1965.

[27] J. W. Crispin, Jr. and K. M. Siegel, eds., *Methods of Radar Cross Section Analysis*, New York: Academic Press, 1968, pp. 144–152.

[28] E. F. Knott, "A progression of high-frequency RCS prediction techniques," *Proc. IEEE*, vol. 73, pp. 252–264, February 1985.

[29] E. F. Knott et al., Ref. 14, p. 192.

[30] E. F. Knott et al., Ref. 14, pp. 194–195.

[31] T. B. A. Senior, "A survey of analytical techniques for cross-section estimation," *Proc. IEEE*, vol. 53, pp. 822–833, August 1965.

[32] I. J. Gupta and W. D. Burnside, "Physical optics correction for backscattering from curved surfaces," *IEEE Trans.*, vol. AP-35, pp. 553–561, May 1987.

[33] J. B. Keller, "Diffraction by an aperture," *J. Appl. Phys.*, vol. 28, pp. 426–444, April 1957.

[34] J. B. Keller, "Geometrical theory of diffraction," *J. Opt. Soc. Am.*, vol. 52, pp. 116–130, 1962.

[35] R. G. Kouyoumjian and P. H. Pathak, "A uniform theory of diffraction for an edge in a perfectly conducting surface," *Proc. IEEE*, vol. 62, pp. 1448–1461, November 1974.

[36] J. J. Bowman, P. L. E. Uslenghi, and T. B. A. Senior (eds.), *Electromagnetic and Acoustic Scattering by Simple Shapes*, Amsterdam: North-Holland, 1969, p. 258.

[37] P. Ia. Ufimtsev, "Approximate computation of the diffraction of plane electromagnetic waves at certain metal boundaries, Part I: Diffraction patterns at a wedge and a ribbon," *Zh. Tekhn. Fiz. (U.S.S.R)*, vol. 27, no. 8, pp. 1708–1718, 1957.

[38] P. Ia. Ufimtsev, "Approximate computation of the diffraction of plane electromagnetic waves at certain metal boundaries, Part II: The diffraction by a disk and by a finite cylinder," *Zh. Tekhn. Fiz. (U.S.S.R)*, vol. 28, no. 11, pp. 2604–2616, 1958.

[39] P. Ia. Ufimtsev, "Method of edge waves in the physical theory of diffraction," U. S. Air Force Systems Command, Foreign Technology Division Doc. FTD-HC-23-259-71, 1971. (Translated from the Russian version published by Moscow: Soviet Radio Publication House, 1962.)

[40] E. F. Knott et al., Ref. 14, pp. 209–214.

[41] K. M. Mitzner, "Incremental length diffraction coefficients," Northrop Corporation, Aircraft Div. Tech. Rept. AFAL-TR-73-296, April 1974.

[42] E. F. Knott, "The relationship between Mitzner's ILDC and Michaeli's equivalent currents," *IEEE Trans.*, vol. AP-33, pp. 112–114, January 1985. [In the last term of Eq. (15) in this reference, the dot preceding the minus sign should be deleted and β should be replaced by $\sin \beta$; in Eq. (20), the sign of the first term on the right side must be reversed.]

[43] A. Michaeli, "Equivalent edge currents for arbitrary aspects of observation," *IEEE Trans.*, vol. AP-32, pp. 252–258, March 1984. (See also correction, vol. AP-33, p. 227, February 1985.)

[44] A. Michaeli, "Elimination of infinites in equivalent edge currents, Part I: Fringe current components," *IEEE Trans.*, vol. AP-34, pp. 912–918, July 1986.

[45] A. Michaeli, "Elimination of infinites in equivalent edge currents, Part II: Physical optics components," *IEEE Trans.*, vol. AP-34, pp. 1034–1037, August 1986.

[46] F. A. Sikta, W. D. Burnside, T. T. Chu, and L. Peters, Jr., "First-order equivalent current and corner diffraction scattering from flat plate structures," *IEEE Trans.*, vol. AP-31, pp. 584–589, July 1983.

[47] R. B. Mack, "Basic design principles of electromagnetic scattering measurement facilities," Rome Air Development Center Rept. RADC-TR-81-40, March 1981.

[48] R. B. Dybdal, "Radar cross section measurements," *Proc. IEEE*, vol. 75, pp. 498–516, April 1987.

[49] R. G. Kouyoumjian and L. Peters, Jr., "Range requirements in radar cross section measurements," *Proc. IEEE*, vol. 53, pp. 920–928, August 1965.

[50] E. F. Knott et al, Ref. 14, p. 461.

[51] M. A. Plonus, "Theoretical investigation of scattering from plastic foams," *IEEE Trans.*, vol. AP-13, pp. 88–93, January 1965.

[52] T. B. A. Senior, M. A. Plonus, and E. F. Knott, "Designing foamed-plastic materials," *Microwaves*, pp. 38–43, December 1964.

[53] E. F. Knott and T. B. A. Senior, "Studies of scattering by cellular plastic materials," University of Michigan, Rad. Lab. Rept. 5849-1-F, April 1964.

[54] C. C. Freeny, "Target support parameters associated with radar reflectivity measurements," *Proc. IEEE*, vol. 53, pp. 929–936, August 1965.

[55] E. F. Knott et al., Ref. 14, p. 471.

[56] W. H. Emerson, "Electromagnetic wave absorbers and anechoic chambers through the years," *IEEE Trans.*, vol. AP-21, pp. 484–490, July 1973.

[57] L. Solomon, "Radar cross section measurements: How accurate are they?" *Electronics*, vol. 35, pp. 48–52, July 20, 1962.

[58] W. H. Emerson and H. B. Sefton, Jr., "An improved design for indoor ranges," *Proc. IEEE*, vol. 53, pp. 1079–1081, August 1965.

[59] H. E. King, F. I. Shimabukuro, and J. L. Wong, "Characteristics of a tapered anechoic chamber," *IEEE Trans.*, vol. AP-15, pp. 488–490, May 1967.

[60] R. B. Dybdal and C. O. Yowell, "VHF to EHF performance of a 90-foot quasi-tapered anechoic chamber," *IEEE Trans.*, vol. AP-21, pp. 579–581, July 1973.

[61] R. C. Johnson, H. A. Ecker, and R. A. Moore, "Compact range techniques and measurements," *IEEE Trans.*, vol. AP-17, pp. 568–576, September 1969.

[62] W. D. Burnside, M. C. Gilreath, B. M. Kent, and G. L. Clerici, "Curved edge modification of compact range reflector," *IEEE Trans.*, vol. AP-35, pp. 176–182, February 1987.

[63] R. C. Rudduck, M. C. Liang, W. D. Burnside, and J. S. Yu. "Feasibility of compact ranges for near-zone measurements," *IEEE Trans.*, vol. AP-35, pp. 280–286, March 1987.

[64] W. D. Burnside, C. W. Pistorius, and M. C. Gilreath, "A dual chamber Gregorian subreflector for compact range applications," *Proc. of the Antenna Measurement Techniques Association*, September 28–October 2, 1987, pp. 90–94.

[65] E. F. Knott, *Radar Cross Section Measurements*, New York: Van Nostrand Reinhold, 1993, pp. 33–38.

[66] D. L. Mensa, *High Resolution Radar Imaging*, Norwood, MA: Artech House, 1981.

[67] W. W. Salisbury, "Absorbent Body for Electromagnetic Waves," U.S. Patent 2,599,944, June 10, 1952.

[68] W. E. Blore, "The radar cross section of ogives, double-backed cones, double rounded cones, and cone spheres," *IEEE Trans.*, vol. AP-12, pp. 582–590, September 1964.

[69] M. D. O'Leary and Eric Schulzinger, *SR-71: Inside Lockheed's Blackbird*, Oseola, WI: Motorbooks International Publishers & Wholesalers, 1991.

[70] B. Sweetman and J. Goodall, *Lockheed F-117A*, Oseola, WI: Motorbooks International Publishers & Wholesalers, 1990.

[71] E. F. Knott, "RCSR Guidelines Handbook," Final Technical Report on EES/GIT Project A-1560-001," Engineering Experiment Station, Georgia Institute of Technology, April 1976.

第15章 海 杂 波

15.1 引言

　　就一部工作的雷达而言，海表面对发射信号的后向散射常常严重地限制雷达对舰船、飞机、导弹、导航浮标和其他和海表面同在一个雷达分辨单元内的目标的探测能力。这些干扰信号一般被称为**海杂波**或**海表面回波**。为了解这种重要的雷达干扰，研究是首先从采集和分析工作雷达的杂波数据着手的，目的是建立杂波信号与雷达参数和海环境参数的关系。许多早期研究工作开展于第二次世界大战期间，研究结果可参阅全面记载当时雷达研究工作的 RADLAB 丛书[1]。在 20 世纪 60 年代末之前，绝大多数的海杂波数据都是从孤立的实验中一点点收集起来的，对海表面的描述通常是不准确、不全面或误导的。

　　在实际中用的各种雷达和在各种环境参数条件下进行雷达测量，然后从测量数据中提炼出海杂波的特征似乎是一个简单的事情。但是，虽然和雷达系统与其工作配置相关的参数，如频率、分辨单元尺寸、极化方式和入射余角（擦地角）等均可规定，选择和量化环境参数则全然不同。首先，并不总是清楚哪些环境参数重要。例如，风速无疑会影响海杂波电平，但是舰船风速计读数和海杂波间的关系经常并不完全确定。海表面的搅动状态（**海态**）对海表面散射特性看起来似乎有很大的影响，但这仅是主观的量度，它与当地盛行的风之间的关系通常是不确定的。其次，人们还发现，所测得的风速与其形成的海浪（造成杂波的海浪）有关，但空气温度和海表面的温度能影响这种关系。可是，在过去海杂波测量的历史中，这些影响的重要性并没有得到人们的重视，因而很少记录下当时空气和海表面的温度。最后，即使人们已经意识到某个环境参数的重要性，但是要在实际的海洋条件下精确测量这个参数通常也是非常困难的（或代价太高）。

　　尽管海杂波在许多方面依然令人失望地模糊不清，但是早期的工作的确揭示了海杂波的某些一般规律，如在小和中等的入射余角范围内，海杂波信号的强度随入射余角的增大而增大，随风速（或海表面状态）的增强而增强，并且在垂直极化和逆风/顺风方向上杂波信号强度通常较大（可查阅以往的关于海杂波的综述著作，如 Skolnik[2]、Nathanson[3]或 Long[4]）。海杂波是个复杂的现象，它会根据雷达探测环境方法的不同而表现出不同的方面。例如，经常发现，在 A 显（信号幅度与距离显示器）上观测海杂波时，它的表现在很大程度上取决于分辨单元的尺寸或**雷达脚印**（radar footprint，雷达天线波束照射到海表面的覆盖区的大小）。对于大的分辨单元，海杂波在距离上呈现为**分布式**的，其特征可用平均表面截面积（它在一个均值上下轻微起伏）来描述。随着分辨单元尺寸的减小，海杂波越来越表现为有孤立（或**离散**）的类似于目标的时变的一系列回波。在更高分辨率情况下，离散回波在噪声背景中趋于能清晰显现（在两种极化条件下都是清晰可见的，并且在小的入射余角时，水平极化回波最清晰），它们被称为**海浪尖峰**（sea spikes）信号。在这种雷达工作模式中，海浪尖峰是常见的海杂波分量。十分清楚，全面了解海杂波的各个方面是个巨大的挑战。幸运的是，在遥感领域内，雷达和海洋学间的联系日益密切，并已积累了大量关于在雷达不同频率下的散射是如何与海洋变量相关的实验和理论信息。在许多方面，该信息可作为我们当前深入了解海杂波的基础。

在海杂波建模中，基于**理论**的方法和基于**表征**的方法存在着差异。基于理论的方法将海表面的物理散射特征与接收到的信号相关联；基于表征的方法是通过统计模型（如瑞利分布、对数正态分布、韦布尔分布和 K 分布）提供对海杂波数据的描述，尽管在某些时候它对散射的物理过程仅提供一些提示性的信息，但是最令雷达系统设计者感兴趣的是它能提供探测概率和虚警率。

历史上，人们从理论上解释所观测到的海杂波信号的特性的努力可追溯到第二次世界大战期间雷达工作者所从事的研究，这记录在上面提到的由 Kerr 编辑的著名的麻省理工学院（MIT）辐射实验室雷达丛书中[1]。令人遗憾的是，在这期间所开发的散射模型，以及在这之后 10 年间学者发表的绝大多数模型，都不能令人信服地解释海表面后向散射的特性。可是，Crombie 在 1956 年观测到，海表面对高频波长（几十米）的散射似乎是入射波与高度为入射波长一半的海浪谐振的相互作用的结果，也就是 Bragg 型[5]。由于有各种低浪高近似法理论含义和理想条件下的浪池（wave tank）测量的支持，因此许多研究者[6-8]在 20 世纪 60 年代中期便把 **Bragg 模型**引入到微波频带中。由于该模型涉及海波**频谱**，因而引发了一场思考海杂波起源的革命，并由此强化了海杂波物理学和海洋学的联系，产生了**无线电海洋学**。在微波散射中应用 Bragg 模型所遇到的基本概念问题，以及其不能给出测量的海杂波的关键特性，使人们多年来一直持续探索海浪散射的物理起源及如何建立最佳的模型[9-14]。由于这个原因，在以后几节关于海杂波的实验特征的讨论中，人们对海表面物理模型的推测将尽量减少。后续内容将单独讨论海杂波建模的问题。

15.2 海表面

对海表面的仔细观测揭示了它各种各样的特征，可描述为浪谷、浪楔、波浪、泡沫、旋涡、浪花，以及海浪下落时形成的大大小小各种质量的水花。所有这些面貌特征都对电磁波产生散射，形成海杂波。但对海表面的基本海洋学描述是**海波频谱**——尽管海波频谱很少提及这些特性的细节，但它包含了大量的一般海表面信息，而且还是应用 Bragg 散射假设的关键。因此，本节的内容包括一些用于描述海表面的频谱表征的内容及认为由海浪的破碎和其他海表面效应产生的海浪尖峰现象的简短讨论。

根据占主导地位的海表面恢复力是表面张力还是重力，表面波基本上可分为两种，即表面**张力波和重力波**。这两种波之间的过渡出现在波长 2cm 附近。因此，较小的表面张力波可显示海表面细微的结构，而重力波则组成更大的和最可见的海表面结构。风是海浪的最初源头，但这并不意味着"本地"风是其下面海浪形成的特别好的标志。为了使海表面处于**完全发展的**或**平衡的**状态，风必须在足够大的区域（**风浪作用区**）内吹且吹上足够长的时间（**持续时间**）。由风直接引起的波浪部分称为**风浪**。但是浪是传播的，因此由于远方波浪或是远方风暴的传播，即使在没有"本地"风的情况下，也可能存在明显的本地海浪运动。这种类型的海浪运动称为涌波。由于海表面对其上波的传播的作用类似于低通滤波器，因此**涌波**分量经常类似于长峰顶低频的正弦波。

海波频谱

用于描述海表面的**海波频谱**有几种形式。如果在一个固定点监视海表面高度随时间的历程，则通过处理获得的时间序列，便可得到海表面高度的频谱 $S(f)$。其中，$S(f)\mathrm{d}f$ 是波在频率 f 和 $f+\mathrm{d}f$ 之间的能量度量（即波高的平方）。在开阔的海洋中，人们已经对波长小至 1m 左右的重力波的波谱进行过测量。而要完成对表面张力波的开阔洋面上的测量却非常困难[15, 16]。

对于**重力波**，频率 f 和波数 K 的色散关系式为

$$f = (1/2\pi)(gK)^{1/2} \tag{15.1}$$

式中，g 是重力加速度；$K=2\pi/\Lambda$，Λ 是波长。尽管单个重力波都遵循该关系式，但是海表面上某点的波浪可来自任意方向。因而，重力波的特性要用二维传播**矢量 K** 来表示，它的正交分量是 K_x 和 K_y，式（15.1）中所用的 K 为其幅度 $|K|=(K_x^2+K_y^2)^{1/2}$。与 $S(f)$ 相关的海浪波数谱（wavenumber spectrum）是 K 矢量的两个分量的函数，通常表示为 $W(K_x,K_y)$。人们称之为**方向波谱**。方向波谱表示的是与风、海流、折射和孤立的涌的分量等相联系的不对称性。对于一个给定的非对称性源（如风），谱的不同部分将显示不同的方向特性。例如，在充分发展的海表面上，较大的海浪将趋向于在风的方向移动，较小的海浪则显得无方向性。方向波谱更难于测量，它通常是通过各种实验手段来获得的，如用测量多点的一个矩阵表面上高度的浪标阵列（array of wave staffs）、多轴加速计浮标和立体摄影术，甚至可通过处理雷达后向散射信号来获得。因在某一点上测到的频谱可能不包含海浪方向的信息，所以波数谱 $W(K)$ 通常用频谱 $S(f)$ 来定义。它们之间的关系式为

$$W(K) = S(f(K))(\mathrm{d}f/\mathrm{d}K) \tag{15.2}$$

式中，f 和 K 的关系由式（15.1）给出。为了考虑风的方向，$W(K)$ 有时乘上一个 K 的经验函数和一个与（逆）风方向有关的方向因子 ϕ。

海洋学学者关于频谱的形式并不总是完全意见一致的，不平衡的海波状态、不足的采样时间及海底实况不清楚等因素都污染了导出经验频谱的数据。但是通过认真选择实验数据以确保数据表示平衡的（全发展的）海表面及风速总是在相同的参考高度（通常为 10m）测量的条件下，Pierson 和 Moskowitz 建立了一个简单的经验频谱[17]。该经验频谱证明是广为接受的和有用的，其形式为

$$S(f) = Af^{-5}\mathrm{e}^{-B(f_m/f)^4} \tag{15.3}$$

式中，$f_m=g/2\pi U$，g 是重力加速度；f_m 对应于以风速 U 流动的海浪的频率；A 和 B 是经验常数。图 15.1 画出了几种不同风速的频谱曲线。风速增大的效应就是将低频截止点沿着高频 f^{-5} 渐近线移至更低的频率（必须指出的是，绝大多数海洋学学者采用的频谱都是在非常低的频率上测量得出的，所以当频率高于 2Hz 时，其结果不能过于认真相信。不过，在运用 Bragg 模型预测雷达海杂波时，在 20Hz 或更高的频率范围内，人们经常还是采用这些频谱形式）。

若利用式（15.2）将频谱转换为无方向的波数频谱，则可得到一个形式相似的谱，但频谱的渐近线为 K^{-4}。Phillips[17] 在量纲的基础上导出了这种渐近线特性并用锐截止线代替图 15.1 中的平滑峰值导出了一种应用广泛的简化。这一简化形式通常称为 **Phillips 频谱**，在波数空间中可写为

$$W(K) = \begin{cases} 0.005K^{-4} & K > g/U^2 \\ 0 & K < g/U^2 \end{cases} \quad (15.4)$$

式中，截止波数对应于式（15.3）中的峰值频率 f_m。与此简单形式相反的是越来越复杂的频谱形式，它们大多是在更仔细的经验研究[18]及更加复杂的理论考虑[19]的基础上推导出来的。

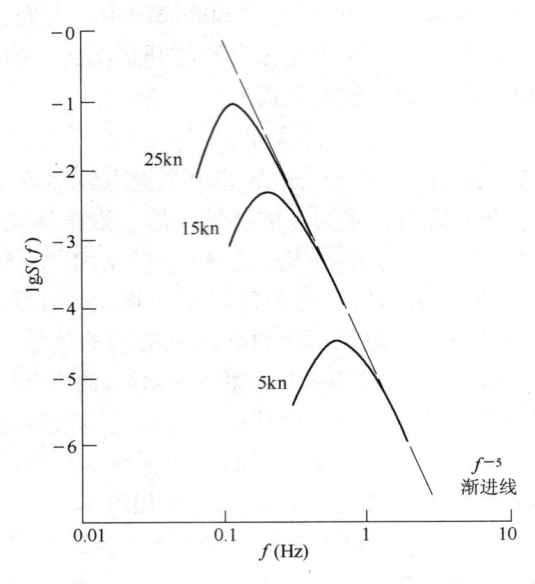

图 15.1 Pierson-Moskowitz 模型海波频谱，代表平衡状态的海表面

在讨论利用海表面频谱表征海表面时必须牢记的是，频谱是一种高度平均性的描述形式。它描述有海浪存在时，海表面**能量**在海表面波数或频率间是如何分布的。由于丢失了波的相位信息，因此频谱不包含海表面自身详细的形态信息，即产生散射场的复杂表面特性。这一点在后面还将提及。

一般性的海表面描述方法

图 15.1 中的曲线的形状表明海波浪系统是个有尖峰的系统，因此获得在频谱峰值上定义的周期（$1/f$）和波长（$2\pi/K$）的数据，人们便可以形成对海表面上主波特性的大致认识。这些数据指定给一个满足式（15.1）色散关系的波浪，并且这个波浪的相位速度 $C=2\pi f/K$ 等于风速 U。利用式（15.1），这样定义的周期 T' 和波长 Λ' 取下列形式：

$$T'=0.64U \quad \Lambda'=0.64U^2 \quad (15.5)$$

式中，U 的单位为 m/s。例如，对于 15kn（8m/s）的风速，平衡海表面上最大海浪的波长约为 135 英尺（41m），周期为 5s。

海表面上浪高的统计分布很接近高斯分布，对浪高谱在全频域（或波数空间）上积分可得到它的均方高值。对于类似于如图 15.1 所示的频谱，浪高的均方根值近似为

$$h_{\rm rms} = 0.005U^2 \text{ (m)} \quad (15.6)$$

均方根值浪高是海表面所有波浪共同作用的结果，但是人们最关心的经常是较大波浪的波峰至波谷间的高度。对航路中的船只或当雷达入射余角小时，处于被海表面遮挡情况下的船只，就属于这种情况。用**有效浪高**或浪群中最高浪的波峰至波谷间的浪高 1/3，可给出上

述高度的度量。该高度用 $H_{1/3}$ 表示，并取为频谱均方根幅度值的约 6 倍（见 Kinsman[20]，图 8.4-2）。对于 15kn 的风速，它约为 2 英尺，但对于 40kn 的暴风而言，有效浪高升高到 15 英尺以上，这可是一个相当可怕的海表面。

在观测海表面时，观测者可用一个**海表面状态**的主观术语来描述所看到的海表面，如"平静"、"剧烈"及"可怕"。如果将这些描述按照海表面状态恶劣的程度列出，并标上数字，就定义了**海表面状态**。风速也有一个类似的数字等级，即**蒲福风速等级**（beaufort wind scale）。它的级别的数字比对应的海表面状态数字大致高一个整数。这种表示方法在有关海杂波的参考书中很少使用。

于是就存在两种常用于指示海表面活动状况强弱的数字，即主观的海表面状态和实测的风速。只有当风在足够大的**风浪区**上吹且**持续足够长**的时间才能激起一个**充分发展**的海表面时，浪高和风速也才能不模糊地联系在一起。表 15.1 给出了与海杂波有关的海表面描述符相关的海表面状态、风速及与之相关的有效浪高。其中，风速的单位是节（kn），有效浪高的单位是英尺，平衡状态海面持续时间/风浪区的单位为小时/海里（h/n mile）。全世界海洋风速的中值是约 15kn，它对应于海表面状态 3，注意到这一点是有益的。

表 15.1 海表面描述符

海表面状态	风速（kn）	浪高 $H_{1/3}$（英尺）	持续时间/风浪区（h/n mile）
1（轻风）	<7	1	1/20
2（微风）	7～12	1～3	5/50
3（和风）	12～16	3～5	15/100
4（大风）	16～19	5～8	23/150
5（强风）	19～23	8～12	25/200
6（巨风）	23～30	12～20	27/300
7（狂风）	30～45	20～40	30/500

破碎海浪和其他海表面的扰动

最能提示尖锐的、孤立的雷达回波（**海浪尖锋**）起因的海表面可观测到的特征是尖锐的、孤立的海表面现象，其中包括各种尺寸大小的破碎海浪，这些破碎海浪不是由风就是由海波系统中的非线性相互作用引起的。大尺度的破碎海浪展现两种特征，一种是**溢出**，它是不稳定波峰破碎后产生的；另一种是**倒转**，是波峰自身的卷曲，撞碎在波的前面，像巨大的水团如瀑布似落下，最后混杂在一起[20]。另一种不同的现象是**小细浪**，它是小的，由阵风或其他一阵波浪的牵引力所引起的瞬态冲动面。上面已经指出，高度平均的波谱不能揭示海表面特征的形态，并且不幸的是，物理海洋学仍然不能够提供波浪破碎的真正令人满意的描述或表征[21]。然而，有两个有用的、启发式的参数将破碎海浪的元素与风速相联系。白顶浪密度是描绘破碎海浪活动的可视参数，且具有由 $\rho_{wb} \sim U^{3.5}$ 式给出的与风速相关的幂次关系[22]。以速度 c 移动的破碎海浪波前的平均长度也与风速有关，由参数 $\Lambda(c)$ 给出[23]。当我们下面讨论海杂波一些近来的模型时，这些参数将再次出现。小规模碎浪或其他高度非线性现象的一个辅助特征是出现随之运动的"寄生的"或"被束缚的"毛细波现象[20, 24]。它们一般具有小幅度特征，是孤立的并且是窄带的。

15.3 海杂波的经验特性

海杂波是多个参数的函数，其中一些参数显示出复杂的相互依赖性。因而我们再次强调，要建立海杂波详细的散射特性，并使其具有一定的可信度或精度不是一件简单的工作。例如，在一次正规的海杂波测量中，首先应确定极化方式、雷达频率、入射余角和分辨单元大小；其次必须在某个基准高度上测量风速和风向，并且如果其实验结果要和其他的实验结果进行比较，则为确保平衡海表面条件的标准化，还需有适当的**持续时间和风浪区**。由于这种测量得到的风况通过大气边界层和风结构有关，因而必须测量大气和海洋温度来确定边界层的形状。使情况更复杂的是人们发现海杂波还取决于长波浪的方向（包括测量区内的**涌波**），因而理想上，**方向波谱**也应测量。显然，每一次（或**任何**）海杂波测量时要精确记录所有环境参数是不大可能的；所以，不同实验者所收集的海杂波数据可预期存在相当大的基本条件不一致。在许多已发表的海杂波测量数据中，特别是在以前的著作中，可发现风速和浪高之间是有很大的不一致性的。注意到这一点是有益的。例如，风速为 5kn 所报告的浪高达 6 英尺；而 20kn 的风速，却报告只有 2 英尺的海浪。这些数据的配对与表 15.1 所描述的平衡海表面的数据不一致，表明它们忽视了或没有记录下大的涌波或非常不平衡风况的存在或者二者都被忽略了。甚至当正确指明所有变量的条件下，记录下的海杂波数据也可能分布在一个大的动态范围内，特别在小入射余角时。

因为人们通常认为，海杂波是一种在表面上分布的过程，所以将基本的海杂波参数取成是海表面的归一化的雷达截面积（NRCS）σ^0，通常称为σ**零**，用相对 $1m^2/m^2$ 分贝值来表示。将测量的被照射海表面面积的雷达截面积除以归一化面积就可得到σ^0。所以，面积定义的不同可导致报道的各个归一化雷达截面积测量数据间的不一致。分布式目标的散射是发射和接收天线波束照射到海表面的覆盖区（footprints）共同作用在目标上的结果。对于单基地雷达而言，这两个覆盖区覆盖相同的区域，并取决于脉宽、波束宽度、距离和入射余角。若假设覆盖区是矩形区域（即在半功率点内的幅度恒定，而在该点外的幅度迅速降为零），则由**雷达方程**导出的接收功率可推导出实际雷达截面积σ_c和归一化雷达杂波截面积σ^0的关系为

$$\sigma^0 = \sigma_c / A_f \tag{15.7}$$

设雷达天线波束宽度为 B，矩形脉冲宽度为 τ，入射余角为 ψ，观测海表面的距离为 R，则在波束宽度有限的条件下（如连续波雷达或大入射余角的宽脉冲雷达），A_f为

$$A_f = \pi(BR)^2 / 4\sin\psi \tag{15.8}$$

而当脉冲宽度有限时（如小入射余角的窄脉冲雷达），A_f为

$$A_f = (c\tau/2)BR/\cos\psi \tag{15.9}$$

实际的雷达，由于天线波束具有复杂的形状，并且脉冲是赋形的，所以实际雷达并不产生矩形的覆盖区。基于这个原因，有效 A 值的求取必须对覆盖区实际幅度的分布图求面积分，所得的 A 值将比式（15.8）或式（15.9）定义的 A 值要小。这将使得由测量值σ_c通过式（15.7）导出一个更大的σ^0值。在式（15.8）或式（15.9）中，大多数实验者都采用半功率点宽度，其误差通常仅为 1dB 或 2dB。

杂波统计

在几本关于雷达[2, 3]和雷达海杂波[4]的标准参考书中都可找到 1970 年之前对海杂波测量所做的总结。在此期间，最具雄心的是美国海军研究实验室（NRL）在 20 世纪 60 年代后期所进行的实验[25]。在该实验中，研究者采用一部机载 4 频率雷达（4FR 雷达），在 UHF 波段（428MHz）、L 波段（1228MHz）、C 波段（4455MHz）和 X 波段（8910MHz）分别用水平和垂直极化波且在风速为 5～50kn、入射余角为 5°～90°的条件下对顺风、逆风和侧风的海杂波进行了测量。该系统用从飞机上丢下的标准金属球来校准，用测量船只记录所观测海域的风速和浪高。

一般，给定一组雷达和环境参数的σ^0采样数据分散在一个大的范围内。美国海军研究实验室将这些数据处理成如图 15.2 所示的概率分布。在正常的概率刻度纸上用实线画出了这些数据，为便于比较，同时用虚线画出瑞利分布和对数正态分布曲线。其中，纵坐标是**采样数据超过横坐标的百分率**，横坐标是式（15.7）所定义的σ^0值，A值根据相应的条件分别来自式（15.8）或式（15.9）。在中等的入射余角（20°～70°）和中等的风速（约为 15kn）条件下，这种特殊分布是"雷达脚印（天线波束照射到海表面的覆盖区）"相对较大（脉宽约为 0.5μs 或 75m）时所测得的海杂波的典型分布。海杂波分布类似于瑞利分布，但当截面积较大

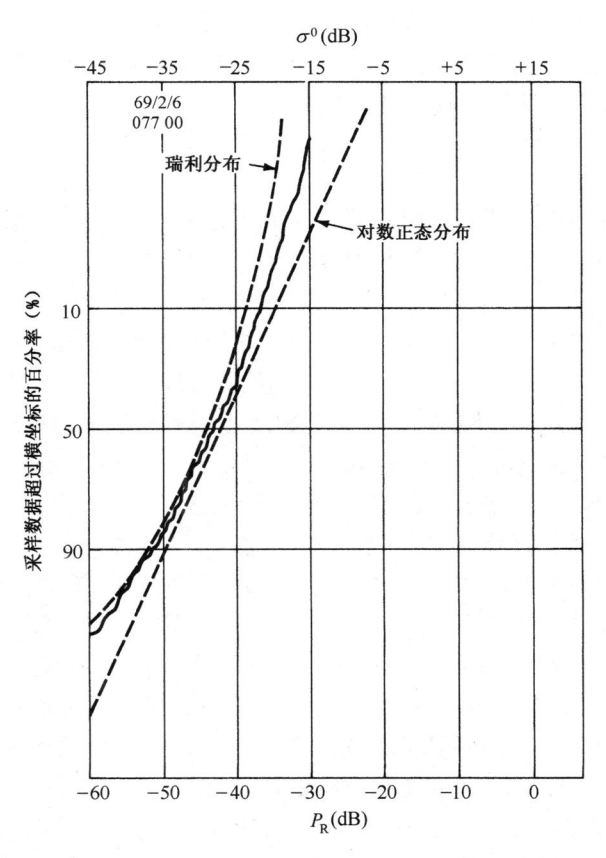

图 15.2　海杂波数据概率分布实例（引自 Daley 等人[25]）

时趋向于对数正态分布。对美国海军研究实验室 4FR 雷达数据进行更细致的统计分析后，Valenzuela 和 Laing[26]推断：海杂波截面积的分布是介于对数正态分布和指数分布之间的，至少按照这些数据是如此。

将数据样本组织成概率分布，使得**中值**（概率为 50%）成为海杂波截面积的一个方便的统计度量。但是，许多研究者处理他们自己的实验数据后给出的是海杂波截面积的**均值**，并且由于由中值到均值的转换要求已知截面积的概率分布函数，因此在比较不同实验的测量结果时，为避免产生模糊必须留心。美国海军研究实验室 4FR 雷达数据的最初分析是基于**中值**截面积的，并假设天线波束为锐截止［式（15.8）和式（15.9）的具体体现］[25-27]。随后，在这些数据的表达中[28]用 σ^0 **均值**代替了 σ^0 **中值**，把它增大了约 1.6dB；并根据更为现实的锥削形波束照射，重新定义了式（15.7）中的 A 值，它又增大了 1～2dB。这意味着相同的数据在早期和后期的表达上存在 3～4dB 的差异。同时，由于这些结果被广泛采用和引证，因此在将这些数据和其他实验者所获得的数据进行比较时或将这些数据用于海杂波预测时，采用正确的 σ^0 定义是非常重要的。

从图 15.2 可看出，甚至在中等的入射余角（20°～70°）条件下，海杂波分布也与严格意义上的瑞利分布不同。在小入射余角，特别是窄脉冲宽度条件下，可用多参数分布或复合分布（如韦布尔分布和 K 分布）拟合由于**海浪尖峰**或其他非高斯行为所引起的过多的较大幅度的回波。引入 K 分布是为了表征海环境中低入射余角条件下海杂波的特殊特征[29]。它的成功很可能是由于其与赖斯分布的关系，因赖斯分布描述噪声中稳定信号统计值，由此反映了瑞利背景中"类似目标"的海浪尖锋回波的统计[30]。

一般趋势

作为第一次在很宽的雷达频率范围内真正全面地收集的海杂波数据，4FR 雷达实验得出了很多的图表。它们表明了海杂波和入射余角、频率、极化方式、风向和风速的依赖关系。可是，将这些图表和早期或后期得出的图表比较表明：对于完全相同的一组参数，在不同的研究者所报告的海杂波测量结果中有较大的差别。这一点由如图 15.3（a）和图 15.3（b）所示可清楚地看出。图 15.3 比较了在 X 波段、风速约为 15kn 条件下，海杂波数据对入射余角的依赖关系，海杂波数据的 4 个出处分别为美国海军研究实验室 4FR 雷达数据[28]（它是逆风方向条件下的**平均结果**并包括上文提到的天线修正）、Masuko 等的机载测量结果（也为逆风方向）[31]、Skolnik[2]和 Nathanson[3]编著的雷达系统专著对数据的总结。不同数据组间的差异可解释为或至少可部分解释为早期的数据都是根据已发表的测量结果得出的，出处各异且没有指定风向。因此可假设这些测量结果代表了逆风、顺风和侧风的某种平均值。后面我们将看到，这个平均值比逆风回波约小 2～3dB。此外，在以前的数据总结中，人们大多顾意采用美国海军研究实验室 4FR 雷达实验的**早期数据**。而上面已经指出，早期的数据和后来的数据间存在 3～4dB 的差别。图 15.3 采用了**修正后的数据**。通过这些修正，曲线更趋于一致。尽管如此，若不加评判地使用已发表的海杂波数据，对相同的条件下，也可能会使雷达系统设计者们选取的海杂波估算值相去多个 dB。

NRL 4FR 雷达的海杂波数据是独一无二的。它是在如此宽的频率范围，如此大的入射余角和风速范围内，雷达在相同的地点同时对海杂波进行的测量结果。到目前为止尚没有可与之相提并论的其他测量计划的报道。图 15.4 显示了最小入射余角达 5°时的垂直和水平极化

第 15 章 海 杂 波

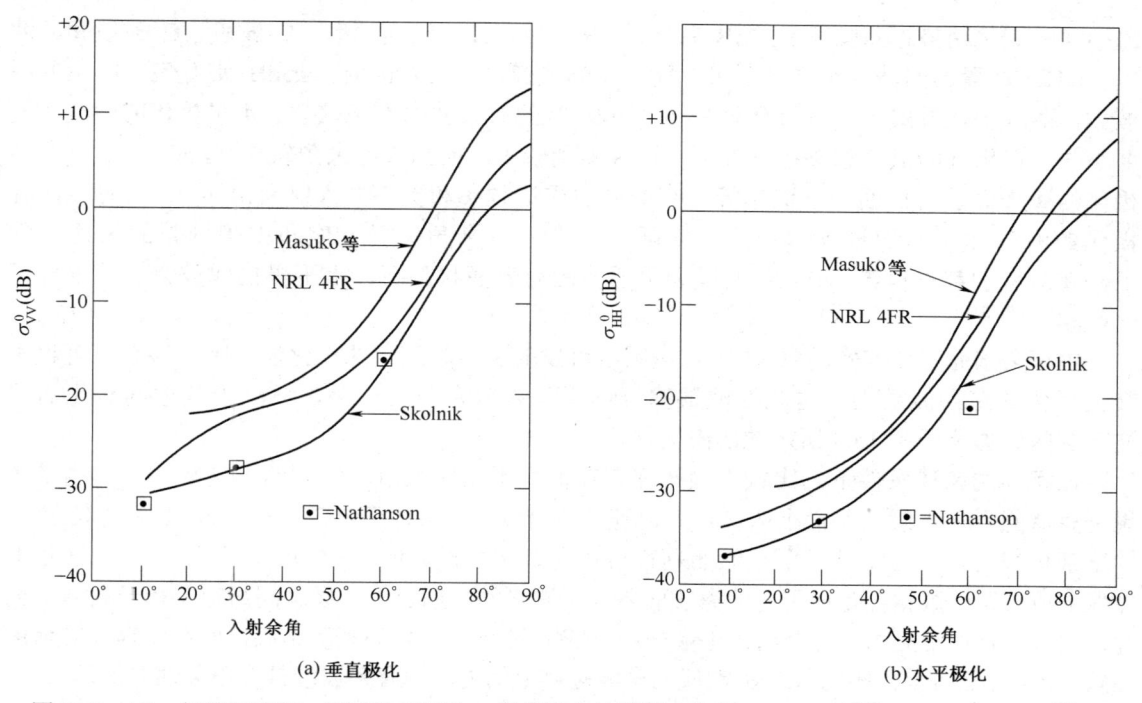

(a) 垂直极化

(b) 水平极化

图 15.3　15kn 标准风速下，不同数据源的 X 波段海杂波数据和依据 Masuko 等[31]、NRL 4FR 雷达[25]、Skolnik[2] 和 Nathanson[3] 的数据的比较

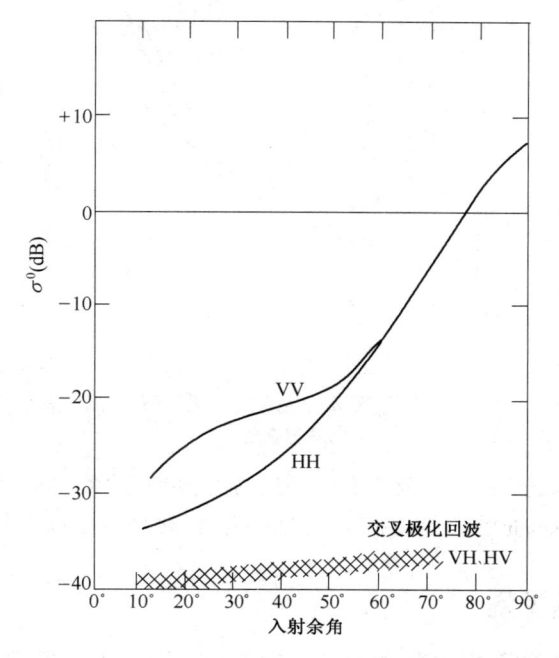

图 15.4　在平均风速（约 15kn）下，基于 NRL 4FR 雷达数据的海杂波特性变化的一般趋势曲线。所表示的数据变化对 L 波段、C 波段和 X 波段不超出 ±5dB

海杂波的变化趋势。曲线表示±5dB 带宽的中心，对 3 个较高频率（L 波段、C 波段和 X 波段，UHF 波段的回波要小几个分贝）而言，当风速高于 12kn 时，±5dB 带宽包含的主要回波。在两种极化方式下，入射余角在 5°～60°时的海杂波的差别较大，水平极化的回波幅度要小些。在更低的风速和频率条件下，这种差别较大。而当入射余角较大（>50°）时，两种极化的海表面散射截面积近似相等。在更高的雷达频率和更小的入射余角（<5°）时，两种极化的海表面截面积也近似相同。实际上，在入射余角小于几度和中等到强的风速条件下，观测者们都曾报告，在 X 波段和更恶劣的海表面状态下，水平极化回波会大于垂直极化回波[1, 32, 33]。

由于美国海军研究实验室 4FR 雷达系统可发射和接收正交的极化波，因而该系统可收集交叉极化的海杂波数据。这些回波数据倾向于与入射余角弱相关，并小于其他同极化的回波。这些数据位于图 15.4 所示的阴影区内。

在相同的风速条件下，比较不同研究者在世界不同区域所收集到的不同频率下的测量结果是有益的。在入射余角最小达 20°、风速约为 15kn 的条件下，C 波段、X 波段和 K 波段的三部机载雷达独立实验时所获取的垂直极化海杂波数据如图 15.5 所示[31, 34, 35]。尽管并不能保证所有这些数据都是在平衡的海表面条件下测量的，但这些结果之间却存在相当大的一致性，这一点是很明显的。这个结论也进一步验证了图 15.4 所示的观测结果，即在中等入射余角的条件下，若雷达频率位于 L~K 波段的微波频率范围内，则海杂波的频率相关性非常弱。

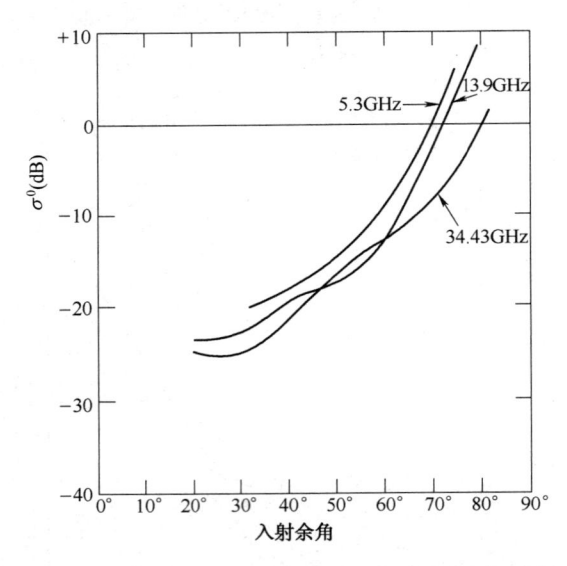

图 15.5 在风速约为 15kn 的条件下，海杂波与频率的关系，频率为 5.3GHz，Feindt[34]；13.9GHz，Schroeder[35]；34.4GHz，Masuko[31]

海杂波与风速、风向的关系

实验上海杂波与风速的关系是复杂而又不确定的，因为人们发现，这种关系几乎取决于所有描述海杂波特性的参数，如频率、入射余角、极化方式、海表面状态、风向、风速及测量平台（在飞机上测量还是在塔台上）[36]。

在海杂波截面积（用 dB 表示）和风速（或某些其他参数）的对数间寻求一个最佳的线性拟合（线性回归），这是组织海杂波数据的一种常用方法。当然，这同时给变量之间**强加**了一个幂函数关系：$\sigma^0 \sim U^n$。其中，n 由线的斜率决定。图 15.6 是一个实例[37]。另一方面，虽然美国海军研究实验室 4FR 雷达系统的所有结果对风速大于 20kn 时，似乎是饱和的。但是，在海表面不同的状态下，在不同的地点和不同的时间收集的大于和小于中等风速的海杂波数据，相同风速时的两组数据的不一致性又削弱了饱和结论的依据[38]。其他研究者甚至否定用幂函数形式来描述海杂波与风速间的关系，并提出有风速门限的存在，即当风速低于门限时没有海杂波，而当风速大于门限时则海杂波电平快速增大并趋向于饱和电平[18]。图 15.7 的曲线表明了这个观点，其中直线对应于不同的幂函数，曲线则由考虑海浪的频谱因素获得[18]。有可能发现沿着这样的曲线变化的数据例子，尽管同时这个例子也可按粗略线性回归幂函数表达，即如图 15.8[31]所描绘的在塔台上所测量的数据所表明的。这是一种常见的特性。

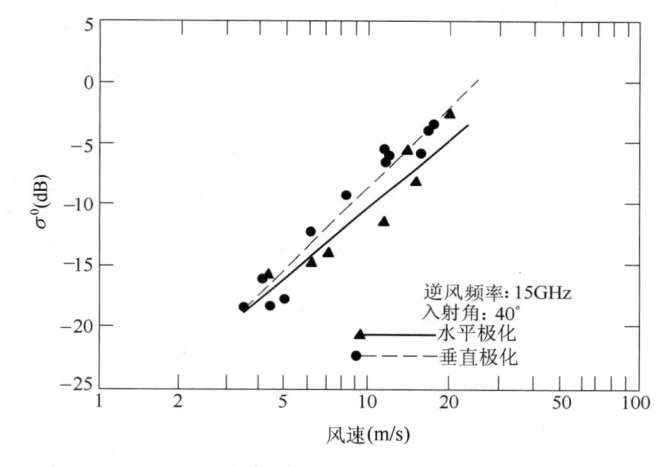

图 15.6 根据线性回归拟合，由塔台观测得到的海杂波数据与风速呈幂函数关系
（入射角 = 90°入射余角）（引自 Chaudhry 和 Moore[37],© 1984,IEEE）

尽管如此，这种强加的幂函数关系是**形象地**描述海杂波-风速特性**变化趋势**的一种方便的途径。前文[31, 34, 35]提及的各种机载雷达的测量结果加上在北海（north sea）塔台上获得的测量结果[36, 37]被用来得出 σ^0 作为风速和入射余角的幂函数关系曲线，如图 15.9（a）和图 15.9（b）所示。这类曲线提示在指定频率（X 波段）、风向（逆风）和极化条件下，海杂波与风速和入射余角间的关系。然而，在考察作为这些线性回归曲线基础的实际数据时，却发现点散点体有时像如图 15.6 所示，有时像如图 15.8 所示，有时又两者都不像，因此这些直线掩盖了相当多的不确定性。事实上，看来用现有的实验数据不可能有把握地建立风速与海杂波间的简单函数关系。尽管绝大多数的研究者可能同意，在中等入射余角的条件下，微波海杂波与风速的关系可粗略地描述为：微风（小于 6~8kn）时，海杂波小，变化大且难以定义；中速风（约为 12~25kn）时，海杂波可粗略地用如图 15.6 所示的幂函数来描述；强风（约大于 30kn）时，海杂波趋于稳定。事实上，图 15.9（a）和图 15.9（b）中，随着风速的增加，直线趋于收敛，这提示了海表面的反射率趋向于遵循兰伯特（Lambert）定律，即海杂波仅由海表面的**漫反射系统**（Albeto）或平均反射率决定，而与入射余角、频率或极化方式无关。

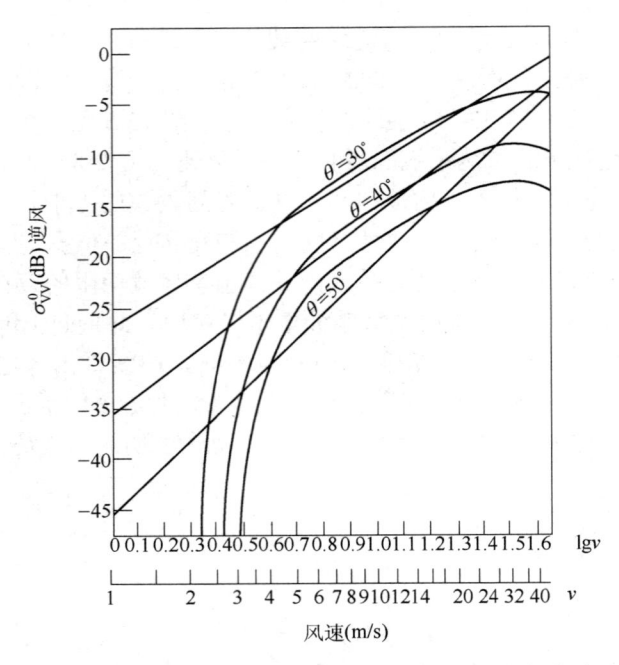

图 15.7 一种假设的海杂波-风速关系（曲线）与各种幂函数式关系（直线）的比较
（引自 Pierson 和 Donelan[18] © American Geophysical Union 1987）

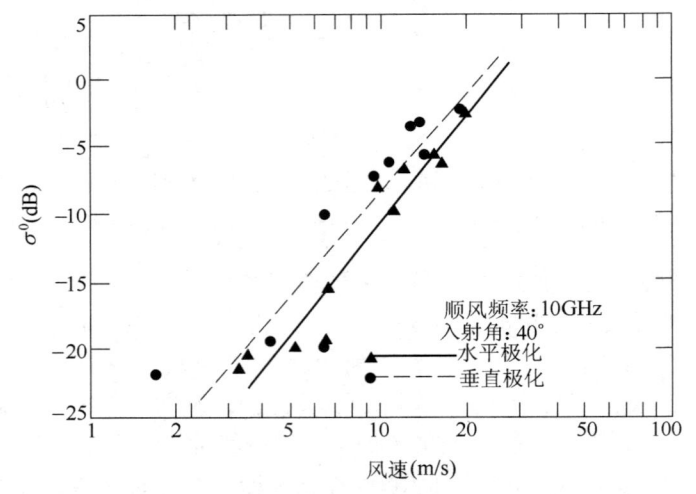

图 15.8 一个强加的幂函数式吻合曲线（与如图 15.6 所示的曲线相比）实例
（引自 Chaudhry 和 Moore[37], © 1984,IEEE）

在上面引用的几个实验中，当雷达环绕着海表面某点飞行时，通过记录该点的雷达回波，人们得到了海表面后向散射和相对于风向角度的关系。图 15.10（a）和（b）是入射余角约为 45°、风速接近 15kn 时海杂波特性的一个实例[31]。该图形包括 3 个不同小组独立实验获取的结果，显示出海杂波一般特性的典型情况：海杂波在逆风时最强，侧风时最弱，顺风时中等，总的变化量约为 5dB。其他研究者证实了海杂波的这种特性[39]。

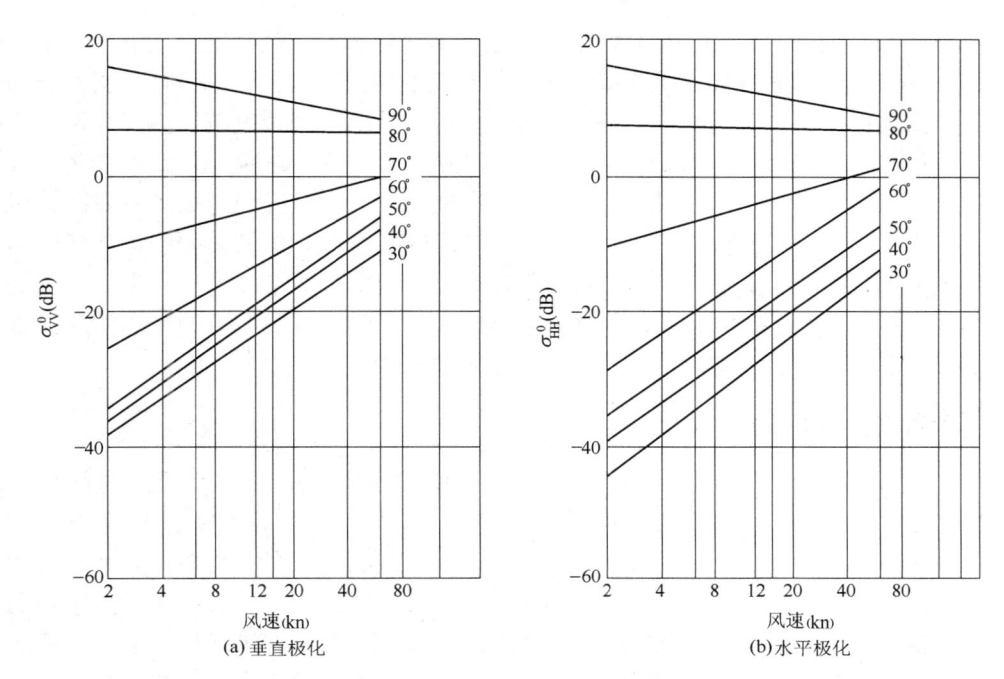

图 15.9　海杂波特性与风速和入射余角的关系实例。X 波段，逆风

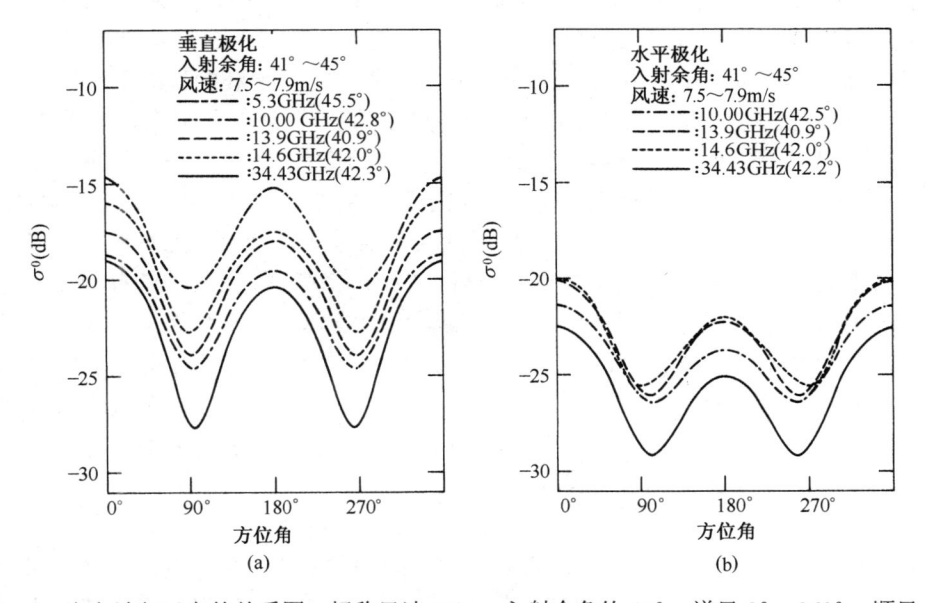

图 15.10　海杂波与风向的关系图：标称风速 15kn；入射余角约 45°；逆风 0°、360°；顺风 180°
（引自 Masuko 等人[31],ⓒ美国地球物理协会）

海杂波在大入射余角时的情况

图 15.9（a）和（b）顶部的线对应于入射余角为 90°时的数据，也就是说，雷达朝正下方照射海表面的情况。在严格的实验基础上，人们发现该角度的海杂波截面积几乎与频率无

关。在零风速时，它有一个最大值约为15dB（至少对于报道中所使用的天线波束和实验的配置而言），并随着风速的升高而逐渐下降。大入射余角的散射通常被认为是从倾斜海表面小片上的一种镜面散射。值得注意的是，看来在80°附近很小的一个角度范围内海表面截面积几乎完全与风速无关。由于这些角度对应于海表面均方值倾斜角（约为10°）的余角，或许可以证明：随着风速的升高，散射小片的面数量的增加而使海杂波**变强**平衡了海表面的粗糙度导致的杂波衰减。因此，这条线可以认为是区分**镜面散射**（海表面的截面积依照海表面的粗糙度的增加而衰减）与**漫散射**（海表面截面积随粗糙度的增加而增加）的界限。必须进一步指出的是，在这些大入射余角上的海杂波测量比较容易受到宽天线波束的平均效应的影响。在工作频率较低的机载雷达测量中，该效应可成为模糊的来源。

海杂波在小入射余角时的情况

小入射余角时，即低于平均海表面倾角（约为10°）时，海杂波呈现不同的特性。A显中开始出现类似目标的，被称为**海尖峰**的海杂波[1, 32, 40, 41]，并且概率分布呈现不同的形式[30, 42]。图15.11（a）和（b）示出在一个固定观测点上在125s的回波时间内所出现的多个海尖峰，这是在佛罗里达海岸，用一部可变分辨率X波段雷达以1.5°的入射余角测量中等（a）和平静（b）海面所获得的数据[24]。注意：尽管在中等和弱风条件下的海尖峰的**幅度**相差约40dB，而它们的**形状**却非常相似；但垂直极化回波显得略宽些，而水平极化回波则尖些，特别是用短脉冲测量平静海面时是这样。这些都是海杂波在小入射余角时的特性。

小入射余角时，海杂波的概率分布随风速变化而变化。许多例子可从Trizna在大西洋和太平洋上使用高分辨率（40ns）舰载雷达测量小入射余角的海杂波的试验得到[42]。海杂波截面积的概率分布如图15.12所示，它显示了水平极化X波段雷达在入射余角等于3°时测量所得的结果，分别对应于低速风、中速风和高速风（从左到右的顺序）三种概率分布情况。低风速曲线符合瑞利分布，而其他分段的直线则符合由不同参数对定义的双参数威布尔（Weibull）分布。很明显，若与如图15.2所示的大入射余角、宽脉冲时的海杂波特性相比，这种特性不仅不同而且更复杂。根据数据的特征，Trizna对三段曲线的解释如下：最低雷达截面积的线段主要是接收机的噪声；中等雷达截面积的线段对应于分布的（空间上非均匀）杂波；最大雷达截面积的线段是真实的海杂波尖峰，某些个体的绝对雷达散射截面积超过1000m^2。对于北大西洋平衡海表面上更大的风速，发现海尖峰的百分数随风速3.5次幂的增大而增大。有趣的是，这与海表面上能看到的白顶浪百分数所显示的风速相关性相同[22]，正如15.2节所提到的，是破碎海浪的描绘工具。

比较统计结果时须牢记：在海表面在时间和空间上可看成是一个平稳的均匀随机过程的程度上，这通常是一个特定实验的持续时间和空间范围的情况，这时散射截面积可说是**各态历经**的，也就是说，若样本数相同，则一个小单元的样本在某个时间内求均值所得到的统计结果等效于一个大单元在总体上求得的平均值[43]。由于这个原因，实验数据的统计含义只有在明确采样过程的细节后才能进行适当的比较。在迄今为止所得到的大部分的实验结果中，样本数已经足够多，因而例如图15.2和图15.12中所示的差别可认为是真实的，并且它与入射余角的差别有关，而与雷达分辨单元的尺寸大小无关。事实上，在早得多的时候就已经有人采用宽得多的脉冲宽度，通过类似的测量得到了与图15.12所示十分类似的分布[44]。其他测量继续证实了海杂波在低角条件下，A显中观测到的与统计学的描述之间的差别[45]。这些现象的物理上的起源将在 15.4 节进行讨论。

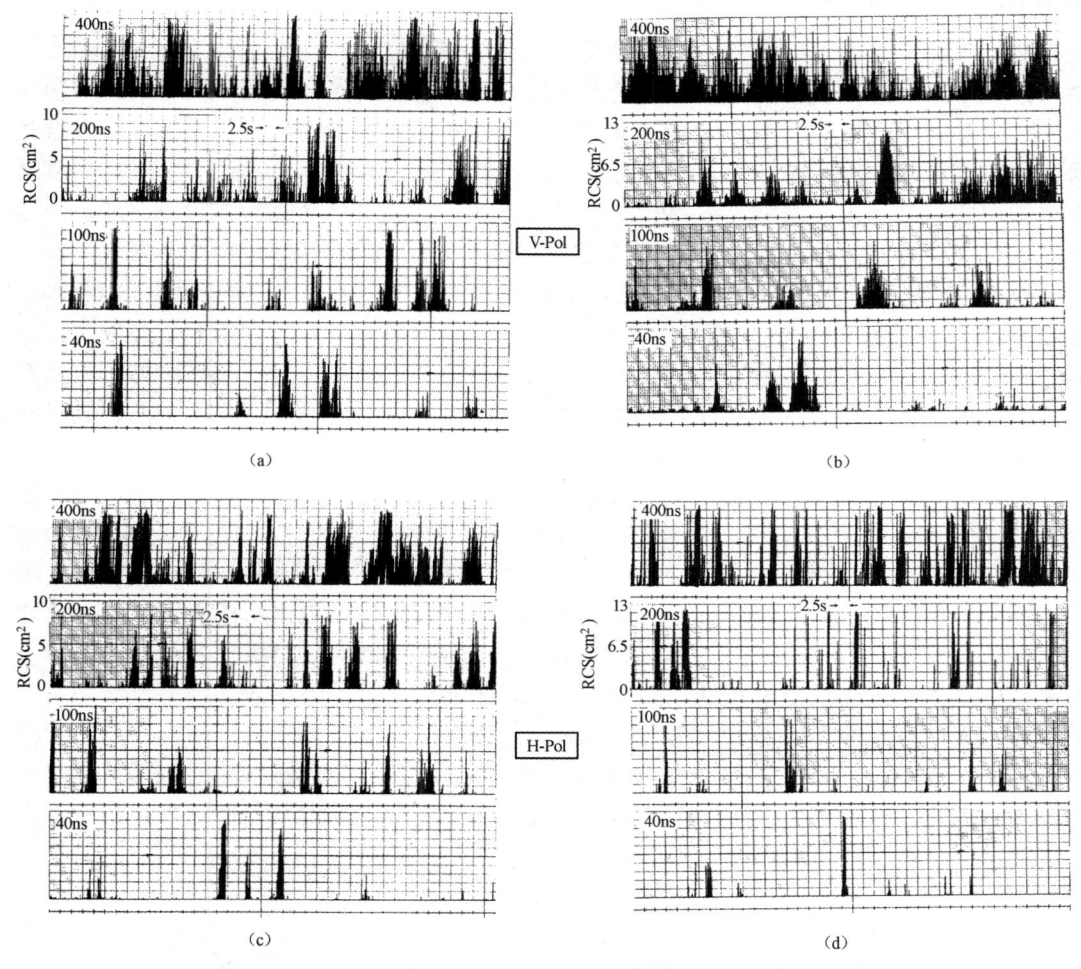

图 15.11 X 波段海杂波尖峰、1.5°入射余角和各种的脉冲宽度：（a）海态 3 和（b）海态 1。注意，两种极化的峰值幅度相等，并且中等和弱风之间海杂波强度相差 40dB（引自 J.P.Hansen 和 V.F.Cavaleri[41]）

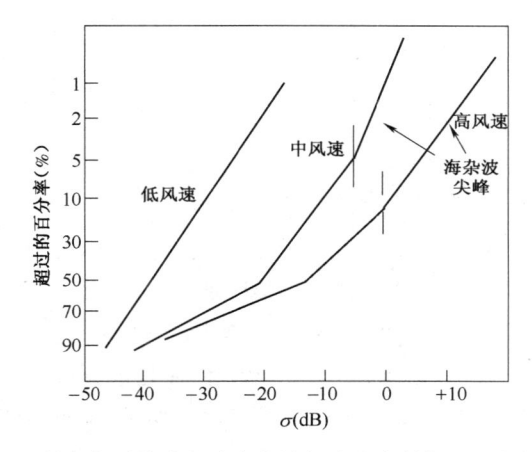

图 15.12 低入射余角时的分段式海杂波概率分布的例子（依据 Trizna[42]）

海杂波在极小入射余角时的情况

有些证据显示:当入射余角小于**临界角**(约在 1°附近)时,海杂波可能迅速衰减[4]。自从人们在早期的海杂波观测中第一次记录下这个临界角起,人们已经多次观察到该角(或雷达在一固定高度的**临界距离**)[1]。临界角被认为是引起海杂波散射的**目标**的直接反射波和经由海面反射的(完全的)波间相互干涉的结果,虽然这些目标还并未明确定义[46]。尽管从这个简单的图像可得到人们偶尔观察到的 R^{-7} 衰减规律,但经常这个临界角却不出现;而当它出现时,也不一定显示出随距离 R^{-7} 递减的规律(等效于随入射余角 4 次幂衰减的规律)[1]。海杂波这一特性的另一种解释(还适用于更高的微波频率)是一种基于逆风和顺风的**门限遮挡**(Threshold-shadowing)模型[12,47]上的。该模型表明,当入射余角低于几度时,其平均截面积急剧降低。在侧风条件下,若雷达沿着主海浪的凹槽观测时,则该模型中将会有一个非常微弱的遮挡函数。因此,在小入射余角条件下,海杂波的逆风-顺风特性和侧风特性之间有明显的区别。

在较大的风速条件下,Hunter 和 Senior[48]在英格兰的南海岸边,以及 Sittrop[49]在挪威的西海岸边各自独立完成了对海杂波的测量,在他们的测量结果中可找到极小入射余角海杂波特性的实例。与风向垂直的方向测量结果如图 15.13 所示,图中还包括了常规的屏蔽函数(shadowing function)[50]和门限-遮挡函数[47]的预测结果。看来,侧风区的传统遮挡函数(它按入射余角的一次方衰减)和逆风、顺风的门限-遮挡函数相结合可较好地解释人们所观测到的小入射余角海杂波特性。因此,小入射余角海杂波的衰减规律应取决于相对于风向的观测角度,它可能是 1~4 次幂之间的衰减规律。这只是人们观测到的结果[51]。但是,必须指出,小入射余角的**遮挡**是个复杂现象(见下文),人们对它的物理根源甚至临界角是否存在仍有争论。此外,非 X 波段的极小入射余角海杂波好数据相对较少,所以海杂波在这些角度的一般特性还是不确定的。

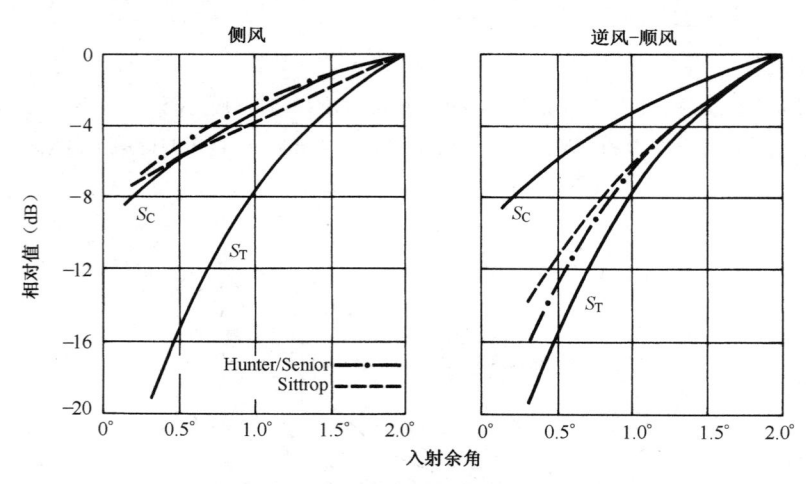

S_C 是常规的遮挡函数[50];S_T 是门限-遮挡函数[47]

图 15.13 极小入射余角时,海杂波对两种正交风向的不同特性
(数据摘自 I.M.Hunter 和 Senior[48]IEEE 1996 和 H.Sittrop[49])

高频和毫米波频率的情况

上述所有的测量结果都是在 UHF 波段（428MHz）～Ka 波段（35GHz）的微波频率范围内获得的。高频（HF）雷达的工作频率范围通常为 5～30MHz，相对应的波长为 60～10m。因为这些雷达是通过地波或通过天波（电离层）来跨越大的空间距离而工作的，所以它们的入射余角较小（0°～20°）。对于这些波长和入射余角，Crombie 的测量结果显示：1/2 雷达波长的海浪所产生的散射是海表面散射的根源[5]，即"Bragg"散射。从进行了这些早期的测量后，高频雷达和高频杂波领域相当活跃[52, 53]，它们的结果可总结如下：对于垂直极化波，高频海杂波信号的主要能量集中在某些谱线上，这些谱线位于载频两侧［频率偏移为波长等于 1/2 高频波长 λ（单位为 m）的海浪频率］。海杂波单元中超前和滞后 Bragg 谐波分量的比例则决定了正负谱线的相对强度。假设风速大于 $\sqrt{3\lambda}$ kn（λ 的单位为 m），平衡海表面的海杂波截面积 σ^0 约等于 -29dB，并与风速和频率大致无关（如何正确地定义地波、天波路径的天线增益和电离层的传播效应等问题使高频雷达 σ^0 的定义很复杂）。当风速升高时，海杂波谱趋向于填充上述谱线周围和谱线之间。水平极化波（它只在天波传播路径中，地球磁场会使得极化平面旋转时才可能）的海杂波截面积非常小，并随入射余角的降低呈现出 4 次幂衰减的特性。对这些波长为几十米的高频波，海表面相对平静，散射规律也简单。在第 20 章中还将详细讨论高频雷达。

在可能有用的雷达频谱的另一端，也就是在毫米波段，少量的雷达海杂波测量数据导致人们得出这样的结论：毫米波的后向散射特性与频率较低的微波频率的后向散射特性几乎相同。图 15.5 中对中等风速条件下的 K 波段海杂波曲线提示了这个结论，而且它也进一步被过去某些工作频率在 9GHz 和 49GHz 间的舰载雷达数据所支持[54]。应指出的是，对于海用雷达，海杂波信号的传播路径贴近海表面，那里的大气和水蒸气密度最高。这也意味着，在这些较高的频率上大气吸收效应严重影响海杂波信号。因此，在所有的测量结果中，由接收信号强度推算出的海表面散射截面积将取决于电波传播路径的长度。此外，**浪花**对电磁波的散射和吸收作用在该频段必定比在较低的微波频段更加重要。

要找到高于 Ka 波段频率的海杂波数据非常困难，但是人们还是发表过入射余角为 1°、频率为 95GHz 的水平和垂直极化海表面回波的数据，二者的值都接近 -40dB[55, 56]。

海杂波谱

产生海杂波的散射特性与受多种运动方式影响的海表面有关。当较大的海浪流经某海域时，海表面随它的轨迹速度而移动，海杂波特性本身也可能以海表面上的小的群速或相速移动。散射特性也可用支持它的海波系统的移动速度对流。在海浪喷出卷流时，散射体甚至可能与下面的海表面分离，就像从碎浪顶部喷出的浪花一样，而且它的移动速度大于海浪系统本身的速度[57]。在更高的雷达工作频率上和强风时，海表面吹起浪花，因而必须考虑这些浪花散射的可能性。所有这些复杂的运动表现在其散射的电磁波产生的多普勒频移上。不幸的是，很少有关于海杂波谱复杂现象的详细的物理解释。

对于实际海表面的微波海杂波谱的测量在以下引证的文献中有报道：仅有谱线形状的机载雷达测量结果[58, 59]，以及显示谱峰频移的固定雷达站海岸测量结果[60, 61]和在中等散射角条件下的舰载雷达测量结果[45]。其他海杂波谱的测量包括高频（HF）段中较低频率的测量结果，如所述人工海浪实验池中取得的测量结果，但它是否适用于实际海表面尚不得而知[62]，以及后面将说明的高分辨率和短平均时间的固定站测量结果。

从结果中发现，较小入射余角的微波海杂波谱的形状较为简单。图 15.14 说明了两种极化波的典型频谱特性，它是 Pidgeon 在逆风和入射余角为几度的条件下收集到的 C 波段海杂波数据[60]。

逆风海杂波谱的峰值频率看来由最大海浪的峰值轨迹速度决定，并且该速度还须加上一个风速引起的速度增量。速度增量包含风诱发的海表面水流，但并不能完全由此得到解释。**峰值轨迹速度** V_{orb} 被取成主波的速度，可通过有效浪高 $H_{1/3}$ 和峰值周期 T'（见 15.2 节）表示为

$$V_{\text{orb}} = \pi H_{1/3}/T = 0.15U \text{(m/s)} \tag{15.10}$$

假设海表面为**平衡海表面**，将式（15.6）中的 $H_{1/3}=6h_{\text{rms}}$ 和式（15.5）中的 T 代入式（15.10），就可得到上述近似的海杂波速度 V_{orb} 与风速 U 的相互关系。对此还必须加上一个约为 $3\%U$ 的风漂移速度和一个固定的**散射体**速度（在 X 波段和 C 波段中，它大致为 0.25m/s [60, 61, 63]）。若垂直极化 X 波段或 C 波段雷达以小入射余角逆风观测海杂波，则这些分量的总和可得到海杂波谱峰的视在多普勒速度，即

$$V_{\text{vir}} \approx 0.25 + 0.18U \text{(m/s)} \tag{15.11}$$

（如前所述，一旦把风速作为参数来描述一个取决于浪高的过程，读者都需加倍小心。因为只有在无涌波的条件下，平衡海表面和风速间才存在一个不模糊的关系），其他海杂波谱特性就可通过 V_{orb} 和 V_{vir} 来讨论。例如，**水平极化回波频谱峰值**与风速 U 的关系曲线也近似为一条直线，不过系数介于 0.20~0.30，从图 15.14 的简图可见到这一点。尽管水平极化回波频谱位于较高频率部分可能是由于较快运动的波浪体中水平极化回波占有优势所引起，但是对于两种极化回波频谱之间存在差别的原因依然不清楚[45, 64]。

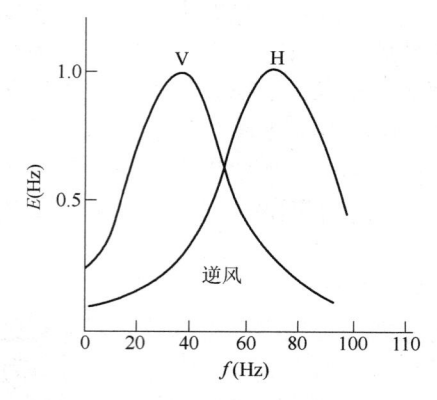

图 15.14 逆风和小入射余角条件下海杂波多普勒频谱的定性特征
（依据 V.W.Pidgeon 的 C 波段测量值[60] © American Geophysical Union 1968）

海杂波**速度**谱的（半功率点）**宽度** Δ 是个变量化很大的，取决于雷达的极化和海况。它看起来与等式（15.10）所给出的峰值轨迹速度紧密相关。Nathanson 给出了包含两种极化方式下谱宽的图表，这些数据来自数个研究者在多种未说明海况下的测量[65]。这些点分散得很广，但是可由表达式 $\Delta \sim 0.24U\text{(m/s)}$ 粗略地给出与风速的关系，但方差相当大，这个式子正好是等式（15.10）中的轨迹速度，但其系数处于对于垂直极化的值（约 0.15）和对于水平极

化的值（约 0.30）中间。对于观测方向不是逆风方向的海杂波谱，它的多普勒频率峰值遵循一个十分接近余弦的关系曲线：在侧风方向降为零；顺风方向则变为负值[29]。海杂波谱的**带宽**则保持相对恒定。

海杂波谱的细节表明，海杂波谱与雷达频率或入射余角的相关性较弱，至少在角度小于 10° 时是如此。在复核 4 个频率（UHF 波段、L 波段、C 波段和 X 波段）测量结果的过程中，Valenzuela 和 Laing[50]注意到了海杂波谱的一个相对较弱的变化趋势，即当入射余角介于 5°～30° 增大时，UHF 波段和 X 波段之间海杂波的带宽随频率的升高而降低。由于这两种变化可能伴随着雷达波束照射到海表面的覆盖区大小的变化，它们可归因于分辨单元尺寸与海杂波的相关性。但其他研究者发现，脉宽（其值在 0.25～10μs）对海杂波带宽的影响很小。

用**短平均时间**所获得的海杂波谱揭示了海杂波谱的某些起源。图 15.15 是 Keller 等人测得的 0.2s 谱序列，用的是全相参、垂直极化、X 波段雷达，其入射余角为 35°、分辨单元约为 10m²[66]。图中，零多普勒基准任意放在 −116Hz。频谱沿每条线展宽是由于它受到海表面上小尺度海浪运动的影响，而图中较大的弯曲是由流经测量单元大海浪的轨迹速度产生的。风速约为 8m/s，100Hz 的多普勒频移所对应的径向速度为 1.6m/s。在 8m/s 的风速和 35° 的入射余角条件下，图 15.15 勾画出期望的平均海杂波谱，并且由式（15.10）推出的海杂波谱的

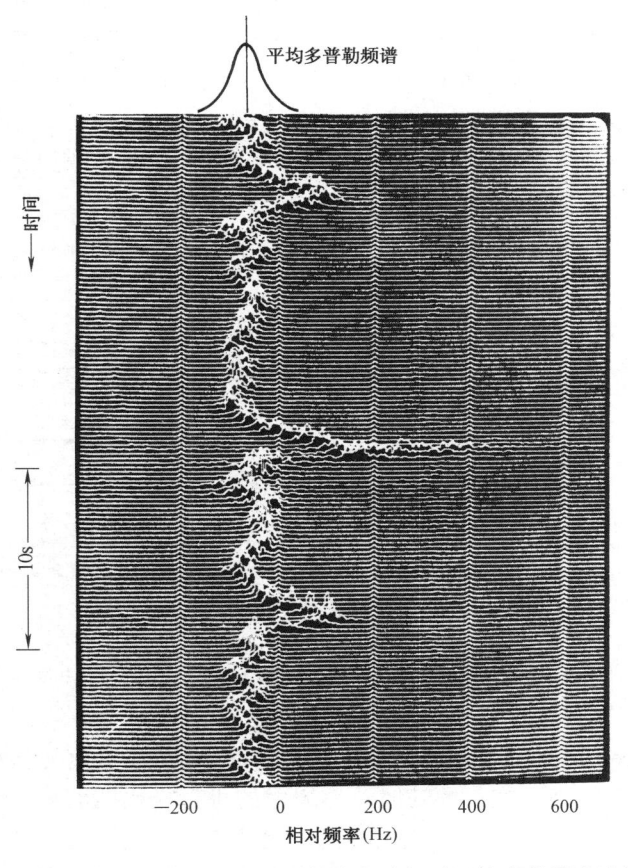

图 15.15　居中的 35° 入射余角、X 波段的海杂波短时平均多普勒谱计算谱的间隔是 0.2s（浅水数据是从固定在一个台柱上的固定站点得到的）（引自 W.C.Keller 等人[66]）

带宽也画在图上。出现在显示器中间的大的频谱尖峰毫无疑问是由于进入或靠近测量单元内的海浪破碎产生的。这个尖峰的多普勒频移提示，峰值散射体的速度约等于风速，而该风速又对应于海表面上最长波浪的速度。尽管这样的情况在 $10m^2$ 的固定区域内极少出现，但是它们却可能在大观察单元内频繁出现，并且常常具有大的散射截面积。类似的记录可见于 Ward 等人的文献中[29]。

其他环境因素的影响

雨

雨影响海杂波的早期证据主要来自一些奇闻异事。例如，开始下雨时，雷达操纵员报告海杂波趋于减小。但是，关于在远海由雨和风所引起的海表面散射相互作用的可信的、定量的实验资料极为少见。Moore 等人[67]采用人工降雨得到的实验室测量结果表明，在微风下后向散射电平随雨量的增加而升高，而对大风下雨的作用不大。在远海，用 Ku 波段雷达所进行的大量测量倾向于证实这种特性[68]。

Hansen[69]在切萨皮克海湾测量自然的雨对海杂波影响时发现：在中速风（6m/s）下，即使是轻微的降雨（2mm/h）也会通过引入一个重要的高频分量而改变海杂波的频谱特性。同时他还发现了一些支持雷达操纵员报告的证据，至少对绝大多数舰载雷达工作时的小入射余角和水平极化波而言是这样。图 15.16 比较了在风速为 15kn、雨量为 4mm/h 的条件下，海杂波（X 波段、小入射余角和水平极化）在有雨和无雨时的相关函数。尽管一般没有关于雨对海杂波谱影响的定量信息，但仍能得到以下结论：有雨时，海杂波的相关时间快速下降，这反映出海杂波谱的展宽。

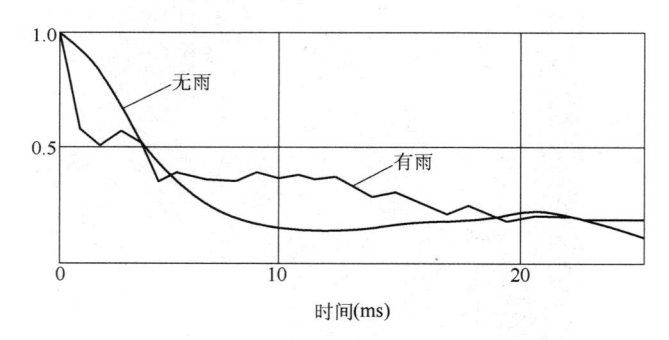

图 15.16　15kn 的风速、4mm/h 的雨量、水平极化和 X 波段下，雨对风所激起的
海杂波的相关函数的影响（引自 J.P.Hansen[69]）

在无风的条件下，Hansen 也研究了"平静"海表面上的降雨对海杂波的作用，其结果如图 15.17 所示[69]。在切萨皮克海湾无风海表面的一个固定点上，当雨量由 0mm/h 稳步增大到 6mm/h 时，Hansen 用入射余角约为 3°的 X 波段高分辨率雷达（脉宽为 40ns，波束宽为 1°）观测海表面的散射回波。在低雨速时，海表面的垂直极化截面积和水平极化截面积截然不同；但当雨量约为 6mm/h 时，二者趋于相同。**浪花截面积的幅度** σ^0 上升到约为-40dB，对应于 10kn 风速所产生的高度平均的由风引起的海杂波截面积（相同的入射余角）。进一步的实验室[70]和理论[71]研究表明，在这些条件下，海表面的主要散射特点是雨点冲击海表面后激

起的垂直**水柱**。此外，这些研究还表明：雨滴溅起的水花所产生的垂直极化回波对雨量仅轻微敏感，而水平极化回波则强烈取决于雨量和雨滴大小的分布。可从图 15.7 中的数据中见到该特性的表现。在大得多的入射余角情况下，在 Ku 波段在宽阔海域上进行测量[72]，结果表明对于风速、雨量和入射余角，海表面散射存在相当大的可变性，因此本节开始提到的不确定性仍未解决。

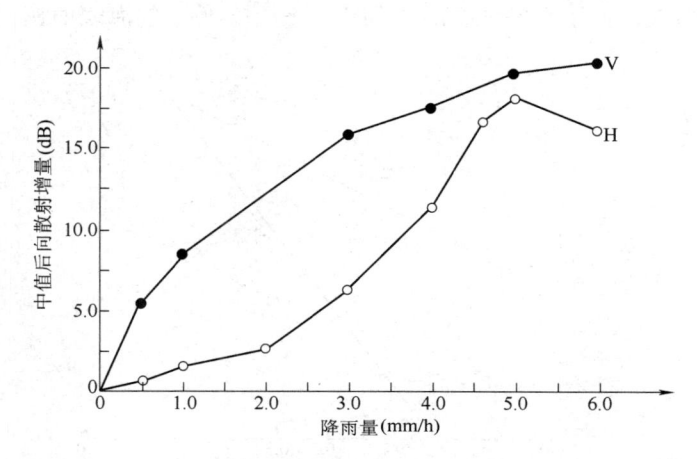

图 15.17 雨滴溅落在平静海表面上激起的海杂波（摘自 Hansen[69]）
（20dB 对应于 σ^0 约 –40dB）

除雨滴冲击海面会造成散射外，雨滴在海表面上方空域中的分布还会对海杂波造成另外两种影响：一种是降雨成为雷达传播路径上的吸收器/散射器，这一点人们已充分理解；另一种是作为风的质量添加物，影响了风至海面的动量传递，因而也就影响了风波自身的激励，这点人们还不大理解[73]。

大气波导

海杂波中另一个基本未研究过的课题是海表面上方大气边界层内的**传播效应**。大气的吸收效应在前面介绍毫米波海杂波时已经提到过，但是在极小入射余角时，电磁波在从雷达到海表面的大气边界层内传播时对折射的不均匀性非常敏感。当传播距离接近和超过常规光学视距时，这些扰动沿着表面照射的剖面可能产生很强的聚焦–散焦变化[74, 75]或使局部入射余角增大[47]。极小角度海杂波的波导传播效应的实验数据的例子如图 15.18 所示[51]。由于横坐标所表示的入射余角实际上是距离倒数的函数，因而海表面回波在边界层内传播时，由于波导传播效应使波能传播到一个量级以上的距离而引起的海表面散射截面积升高很可能是水蒸气层（海面上 10m 左右）折射造成局部入射余角的增大而引起的[47]，因此一旦雷达传播路径超出光学视距就必须考虑是否有这些效应的作用。

遮挡

观测海表面的入射余角小于海表面斜角的均方值时，必须认真考虑海表面遮挡的可能性。前面在讨论如图 15.13 所示的小入射余角海杂波特性时已经讨论了一些这方面的实例。事实上，在图 15.18 中，**非管道传播数据的急剧下降**进一步验证了早先提出的**门限遮挡**。然而，通常关于遮挡的概念都是源于几何光学中明暗快速转换的概念的。若考虑浪峰**绕射**的实质，则人们有可能确定可应用几何光学概念的雷达频率范围和风速范围。Wetzel[12]完成了该项工作。在小入射余角、雷达常用频率和实际工作中常遇到的风速条件下，该项工作说明了绕射（而非几何遮挡）是如何控制电磁波进入和离开海浪凹槽的。例如，在风速大于15kn时，Ka波段频率出现海表面遮挡，而在L波段频率却几乎不出现遮挡。稍后人们采用基于数字方法的分析解深入研究了高度理想的[76]和更一般[77]条件下的海表面遮挡的概念。

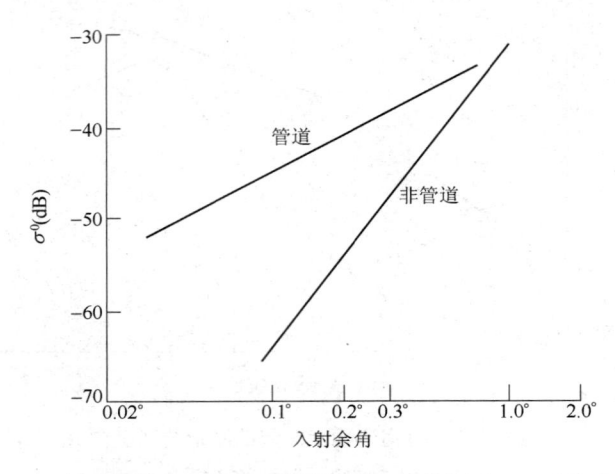

图 15.18　管道传播效应对小入射余角海杂波的影响：风速约为 10kn
（引自 F.B.Dyer 和 N.C.Currie[51] ©IEEE 1974）

海面水流

水流对海杂波最明显的影响是使海杂波多普勒的频谱峰值产生偏移，这与式（15.11）中提到的 3%风吹的气流的影响相似。另一个影响与表面波系统的激励取决于局部**视在风**（apparent wind）的事实有关。因而，浪高在风顺着水流方向吹和逆着水流方向吹时有明显的差别。根据式（15.6），浪高与风速的平方成正比，所以例如在墨西哥湾流中，若水流以 4kn 的速度流向北方，15kn 的北风所激起的浪高是同速南风对同样水流所激起浪高的 3 倍。即使在无风时，**强水流的剪切力**也能引发非常汹涌的海表面。船上的观测者曾报道过许多在平稳海表面上出现咆哮碎浪带的情况，这可能是大幅度的内部海浪与强大的表面水流剪切力共同作用的结果[78]。更复杂的是，受调制的水流也影响浅水域中 Bernoulli 效应产生的洋底的 SAR 图像[79]。在上面所引用的每个实例中，水流使海表面粗糙度发生变化，这预示海杂波截面积将发生变化。

油污

向有波海表面倒油是常见的做法，它使汹涌的海表面变得平坦和平静。在 19 世纪，每艘出海船只的救生装置舱都有一桶油，用于在暴风雨中平静海表面。尽管对这种方法的有效性总存在些争论，但是油在相对低的风速条件下能使一片海表面平静，这一点是不容置疑的。实际上，在世界海洋上的任何地方都能发现由细菌、藻类和浮游生物产生的生物油，并且在生物油浓度最大及风速最小的那些海域（如靠近大陆海岸线的海域），它们将形成天然的平坦海表面[80]。当然，人工油污也产生相同的效应。一个分子大小厚度的油层就能有效地影响海浪在海表面上的移动能力，但油层必须是连续的。相邻的分子之间相连而形成一薄膜，薄膜具有抗水平压缩的能力。于是海表面的弹性就变化了，表现为引入了一种纵向的黏性，因而若海表面浪高仅达几英寸，则海表面将变得稳定[81, 82]。

当海杂波是由海表面上小规模的凹凸不平而产生时（入射余角小于80°左右），如海表面上有油污应引起可测量的海杂波截面积的降低。但是如上所述，小海浪移动的降低要求海表面存在**连续的**单个油分子层；小片平坦水面的形成是一个形成-不形成的过程，它趋于具有一个相对明显的边界。Guinard 在使美国海军研究实验室 4FR 雷达系统如同合成孔径雷达成像一样操作时，获得了油层产生的小片平滑水面图像。他发现小片平滑水面是十分确定的，并且只需少量的油就能维持一可见的平滑水面，并且垂直极化波成像的对比度要优于水平极化波成像的对比度，以及风和海流可破坏这些平坦水面[83]。尽管在这个成像实验中没有记录下信号强度，但是后来其他人在 X 波段和 L 波段的测量结果[84]表明：在较大入射余角（约为45°）时，由**天然**油污水面上形形色色的油类物质所产生的海杂波降低非常小，数量级为百分之一。由于风速大于约 10kn 时所伴生的海浪活动驱散了这些油污海面，因而天然海污海表面对海杂波的影响可能不十分清晰，这也是由于天然油污面倾向于出现在低风速情况下，而这时人们对海况已不能明确确定。

在著名的"阳光闪烁（sun glitter）"测量中，Cox 和 Munk[85]定量测量了露天海域上海表面油污对海表面斜率的影响，结果表明："油污"海表面由风产生的均方根斜率分量，比由风所产生"清洁"海表面上的分量明显要小。在实验中，他们使用了大量的商用重油，这些油在一定风速范围内能有效地抑制小规模的海浪，并且风速远远超过那些在正常情况下能驱散比较轻的自然油面的风速。所以人们预期，溢出的油类物质对海杂波的影响可扩展到更高的风速范围。实际上，在 X 波段和 Ka 波段，并且入射余角为 30°～60°时，油类物质在这些较高风速下引起的雷达散射减小可达 10～20dB[86, 87]。

15.4 海杂波理论和模型

完整的海杂波理论除提出一个理论基础来"理解"海杂波现象外，还须能正确提供海杂波在所有可能环境条件下的各种特性的预测。尽管有超过 60 年的努力，但正如本节中我们将见到的，海杂波理论没有能很好地完成任何一项任务。

基于物理理论的海表面后向散射模型，它的建立有两种基本而又截然不同的方法。在海杂波的建模史上，第一种方法假设海杂波有从**障碍物**散射的根源，事实上这些障碍物出现在海表面或靠近海表面的空中。早期的散射模型包括雨（用于对浪花的建模）[88]、光滑金属圆盘表面[46, 89]、半无限平面的阵列[90]及半球形凸起的散射场[91]等。很明显，这些雷达散射障碍物的选择主要与按它们的形状而已经找到的散射解有关，而非由实际观测海表面所得。自那以后根据海表面的撞击、卷流[12,57]（依碎浪流体动力和浪的群特性而提出）及在多数自然海表面上观测到的撞击浪和 stoke 波的尖锐波峰[12, 32, 92, 93]提出的模型，对海浪的楔形散射面而提出的海杂波特征模型具有更大的真实性。

另一个理论建模的方法是用整体边界值问题（GBVP）方法来推导散射场。在 GBVP

中，海洋作为整体被视作一个边界面，并且边界面的波纹度用某种统计过程来描述。不仅由于雷达海表面散射的重要性，而且还由于雷达地面散射和海底声呐回响（sonar reverberation）（类似于雷达杂波的声杂波）的重要性，因此有大量的研究人员根据 GBVP 对表面散射理论进行了探讨。由于采用 GBVP 方法才得到了 Bragg 散射假说的解析表达式，20 世纪 60 年代后期以来，Bragg 假说支配了整个海表面的散射理论，以下简要地解释它的几个中心思想。

基于整体边界值问题的理论

尽管 GBVP 的一般表达式很漂亮，但它没有实用价值，必须采用某种近似才能获得有用的定量结果。和两种表述 GBVP 的方法有关的近似方法如下：

（1）小幅度近似法（海浪高远小于雷达波长）和瑞利假说一开始就相结合使用，方法中边界条件用于使向出的平面波的角频谱与入射场匹配[94-96]；

（2）无论是在小幅度近似法中[6, 97]还是在物理光学假设下（海表面曲率远大于雷达波长）[98-100]，都采取基于格林定理的一般积分表达式。

两种方法中的（1）有时也称为**小扰动法**（Small-Perturbation Method，SPM），经常总认为是和 Rice[94]的研究结果相关的。在这种方法中假设海表面**无论各处**的表面位移总远小于雷达波长，所以这个方法只能直接应用在如下的场合：波长为几十米的高频（HF）散射、低速到中速风、浪高至多到几米。其解的形式是一个海表面浪高与雷达波长比的幂级数，它可推算出一阶 Bragg 线和二阶谱填充。其中，二阶谱填充位于在前面论述高频（HF）海杂波时提到的谱线的周围。

另一方面，上文所提到的各类积分表述，通常从非常一般的关于海表面散射场的表达式开始，然后将其平方并对整个海面的现实求平均以得到返回到雷达天线的平均功率，再如式（15.7）那样对照射面积归一化。尽管初始表达式具有一般性，但是在绝大多数 σ^0 的最后表达式中，σ^0 要么出现在要么可被置于下面简化的一维表达式中来表示（参见 Holiday 等人[10]，Bechmann 和 Spizzichino[99]，Fung 和 Pan[101]，以及 Valenzuela[102]），即

$$\sigma^0(\psi) = Ak^2 F_p(\psi) \int_{-\infty}^{\infty} dy e^{i2k_1 y} [e^{-4k_2^2 h^2 [1-C(y)]} - e^{-4k_2^2 h^2}] \quad (15.12)$$

式中，A 是常数；$k_1 = k\cos\psi$，$k_2 = k\sin\psi$，k 是雷达波数（$2\pi/\lambda$）；$F_p(\psi)$ 是极化 p、入射余角 ψ 和海水导电性能的函数；h 是海表面浪高的均方根值；$C(y)$ 是表面相关系数。当然，将复杂的边界值问题简化为如此简单的形式，还要假设表面场和海表面高度分布满足一定的条件（其中，高斯分布就是一种较好的近似[20]）。但是，上述 SPM 方法需要一开始就假设 h/λ 较小，可是源于和式（15.12）类似的表达式的 GBVP 理论，对海表面的高度却预先没有限制。

海表面的统计特性通过上式积分中方括弧内的指数中的相关系数 $C(y)$ 进入，将式（15.12）的指数展开，$\sigma^0(\psi)$ 式可写为

$$\sigma^0(\psi) = Ak^2 F_p(\psi) e^{-4k_2^2 h^2} \sum_{n=1}^{\infty} \frac{(4k_2^2)^n}{n!} W^{(n)}(2k_1) \quad (15.13)$$

式中，

$$W^{(n)}(2k_1) = \int_{-\infty}^{\infty} d\tau e^{i2k_1\tau} [h^2 C(\tau)]^n \quad (15.14)$$

小幅度近似

在小比值（浪高均方根值与雷达波长之比）的极限情况下或更明确地说，

$$2kh \ll 1 \tag{15.15}$$

式（15.13）的级数仅留下第一项，于是截面积就变成有非常简单的形式：

$$\sigma^0(\psi) \approx 4\pi k^4 F_p'(\psi) W^{(1)}(2k\cos\psi) \tag{15.16}$$

式中明确给出了常数 A，而 F_p 则吸收了级数中的 $\sin^2$ 项；$W^{(1)}$ 是海表面相关函数的傅里叶变换，这使海表面相关函数就是海表面波数谱（在 15.2 节讨论的），且这个波数谱是在两倍（投影在海面上的）雷达波数上估算的，这个波数确定 **Bragg**（或**半波长**）谐振。可能除角度因子 F_p 的细节外，式（15.16）与上述讨论的用 SPM 法所获得的结果是等效的。尽管人们有时觉得由面积分推导可能有推广的潜力，但是它同时也带有相同的所有的限制条件。

在更进一步研究之前，仔细研究这些数学表达式的含义是有益的。注意在式（15.12）中，括号中被积函数的表达式是体现海面波浪特性的唯一地方。也就是说，横截面仅与海表面泛函的傅里叶变换成比例，因此，雷达起一个滤波器的作用，它调谐到"空间频率" $2k\cos\psi$ 上，并从海表面泛函表达的无论各类散射体的频谱中提取谱线，无论这些散射体是长浪成分、短波长的噪声、孤立的散射特性或乱滚的水球。只有在十分特殊的环境下，才会实际存在可识别的海表面波的可合理说明原来意义上的 **Bragg 共振**那个"频率"。毕竟，它是在离散散射体的有序晶格内的共振。尽管作者们经常提及"自由 Bragg 波"，这样的波主要存在于 15.2 节提及的**寄生毛细波**中或存在于下落的水滴撞击所产生的**环状波**中。这样，便对于如此常用的术语（如 Bragg 小波、Bragg 碎片等）的意义产生了疑问，好像它们是已经超出作为滤波器作用的结果而真正存在的。这种概念上的混淆可通过将雷达想象为从那些傅里叶表示中包含长度为 $\lambda/2\cos\psi$ 的波的海表面特征的频谱成分中提取"Bragg 线"的工具来避免，与这个波是否是个实体无关。

不过，雷达截面积和海洋学者对海面的描述符间的这种直接的线性关系深刻影响了人们对海杂波物理根源的思考。这种关系简单而具有吸引力，它提供了一种根据测量结果预测雷达截面积或海杂波谱的直接方法。反之，它也提供了一种根据雷达后向散射测量数据来提供海表面遥感和气象应用的方法，当然，条件是它确实能准确地描述这样的关系。

尽管式（15.16）能成功预测（一阶）高频雷达海杂波，但是在**微波**频率条件下，任一实际海表面都不符合小浪高假设。对于 X 波段雷达，式（15.15）所描述的小浪高条件意味着海表面与平面的最大偏差必须远小于 3mm。

其他计算策略

在式（15.12）的被积函数中，若不展开指数，则至少在原理上可直接用 $W(K)$ [$n=1$ 时，式（15.14）的反变换] 的傅里叶变换来代替 $C(y)$。从而，在没有小幅度近似的限制条件下，给出雷达截面积和海波谱间的一个直接的函数关系。这种繁杂的方法需完成非常大的运算量才能得到个别情况下的有限的结果，参见 Holliday 等人[10]的著作。

在另一个极限情况下，用光学近似法（大 k 值）求解基本的 GBVP 积分方程，其所得表达式通常称为**镜面回波**（specular return）。这是因为回波的根源可追溯到提供入射波反射点的

许多小表面[99-102]。对于高斯海面来说，它的表达式可写成

$$\sigma^0(\psi) = (|R|^2/s^2)\csc^4\psi \exp[-\cot^2\psi/s^2] \tag{15.17}$$

式中，s 是海表面的均方根坡度；R 是垂直入射时的平面反射系数。这种散射类型在 15.3 节讨论大入射余角回波时曾提到；并且在入射余角接近 90°（见图 15.3 和图 15.4）时，σ^0 曲线变平正是这一机理的结果。

由前面的论述可知，若想根据 GBVP 法严格求解析解是不可能的，因为形如式（15.12）的表达式难以处理，而形如式（15.16）的小幅度近似对实际海表面的微波散射没有多大意义，式（15.17）的光学极限最终与海表面镜面反射坡度的概率密度有关。可见，在微波频率条件下，应用积分表述来实际解决海杂波问题还需要更多的工作。

复合表面假说

若超出上述的近似限制，则如何扩展 GBVP 求解并不明确，因此人们开发了一个探索性模型。该模型假设海表面是一个 Bragg 散射的多个"小"波表面，这些小波被海表面上大浪的移动所调制[102-104]。这种**复合表面模型**通常被称为**双尺度模型**，在这模型中想象表面波频谱在某种方式上可分为两部分：一部分包含低幅度"Bragg 散射小波"，并且它们所集成的均方根值浪高满足式（15.16）的条件；另一部分仅包含使 Bragg 波形发生倾斜或拉长并产生调制的较长波浪，它通过**调制传递函数**[105]影响 Bragg 散射体，并且提供类似式（15.17）的镜面成分。其他假设包括：（1）短 Bragg 波的相关长度要足够大，足以使谐振的相互作用成为可能，但又小到海表面相邻区域间的作用只影响总信号的随机相位（注意"Bragg 波"在这里如何被视为物理的物体）；（2）使短波浪发生倾斜并使它被调制的长波浪所具有的曲率半径要足够大，使得横跨"Bragg 小散射面（Patches）"相关长度上的曲率在某种意义上来说较小。在该模型的最简单且最常使用的"倾斜"形式中，它将式（15.16）中的 $\sigma^0(\psi_0)$ 解读为局部入射余角 $\psi=\psi_0+\alpha$ 的小散射面的截面积。其中，α 是观测点海浪的局部坡度，ψ_0 是入射余角的平均值。在简单的一维情况下，若将这个量对海表面坡度角分布 $p(\alpha)$ 求平均值，则得到 σ^0 的平均值，即

$$\overline{\sigma^0}(\psi) = \int_{-\infty}^{\infty} \sigma^0(\psi_0+\alpha) p(\alpha) \mathrm{d}\alpha \tag{15.18}$$

对于更普遍的二维海表面，观测点局部入射余角是入射平面内海表面坡度和垂直于入射平面海表面坡度的函数，因而对每一种极化 p 来说，$\sigma^0(\psi)$ 中的角函数 $F_p(\psi)$ 是两种极化的角函数的混合。Plant[104]给出了该模型的更全面的讨论。利用导出**双尺度模型**的相同思路可将该模型扩展为**三尺度模型**[72, 106]。它在海杂波谱中最长和最短的波分量之间引入了一个额外的特定谱划分，但由此也仅能得到不大的改善[106]。

尽管复合表面模型留给人们的印象是从 GBVP 积分表述严格推算的结果，但是它明显不是一个散射**理论**，而是由一组或多或少似乎合理的假设所集成的对散射的**描述**。但是由于正规的 GBVP 理论没有能提供预测和理解海杂波的一般框架，所以这种模型就成为绝大多数海表面散射分析方法的基础。

采用基于纯 **SPM Bragg** 模型法［取式（15.16）的形式］对于垂直极化的海杂波的预测和对于水平极化采用双尺度模型［取式（15.18）的形式］的预测，在图 15.19 中将这些预测

结果和高风速条件下（大于22kn）的美国海军研究实验室4FR雷达系统测得的结果进行了比较。它所使用的波谱是由式（15.4）给出的Phillips谱。历史上，这一类的比较经常被用于支持Bragg散射假说[102, 104]，它们之间经常看来都吻合得较好，特别是对于在较大风速条件下的垂直极化。然而，为什么是这样的仍然令人感到迷惑。在本例中，风速之大使得海表面变得粗糙，但是上面已经指出：图15.19中应用的SPM近似需要浪高远小于1cm，因此该近似对这些数据是完全无效的。此外，Phillips谱被用作海表面谱，但是没有证据表明该谱在浪高小于1.5cm时仍成立。实际上，在这个尺寸范围内，海杂波谱的特性依然不确定，它被称为"海表面问题中最期待解决的问题之一"[16]。**双尺度模型**的主要效应仅仅是通过在式（15.18）中算入较高局部入射余角来提高对于水平极化不适用的SPM值，因这些SPM值随入射余角急剧下降。对于更加恒定的垂直回波，影响并不明显。最后，极化之间的差异本身已经表明这些差异完全源于海表面反射系数特性的不同（见Wright[6]和Wetzel[12]），因此它们不是Bragg假说的固有部分且可应用于**任何**海表面的微小扰动。然而，尽管条件明显不满足且与前面提出的论证不相符，以及缺乏正确的理论依据，图15.19示出的测量和预测结果的一致性依然支持Bragg散射假说的可信性。

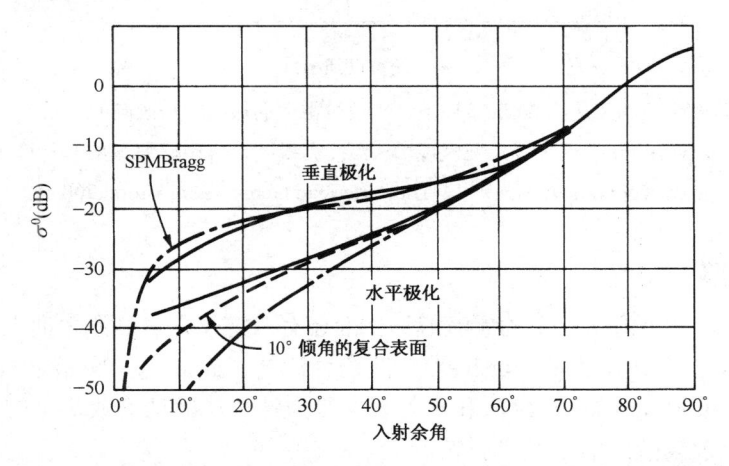

图15.19 在较大的风速（>20kn）条件下，Bragg假说预测结果与NRL 4FR雷达数据（粗线）的比较：点画线，SPMBragg；虚线，10°倾角的水平极化条件下的双尺度模型（依据Valenzuela[102]）

正如15.3节中所提到的，这种模型不能说明海尖峰和非Rayleigh回波，这就导致要增加双尺度复合表面内的分量来处理这些类型的回波，包括认为是尖峰等来源的碎波。最新的一种**双尺度加表面模型**可在Kudryavtsev等人[107, 108]的著作中找到，模型包括了基于Wetzel卷流模型的散射特性（见"海表面特征的散射"）。其中破碎海浪的影响通过Phillips[23]关于破碎海浪阵面的密度解析表达式得到，破碎海浪面的密度是风速［15.2节中提到的参数$\Lambda(c)$］的函数。这种方法通过强调散射场景内碎波的重要性，极大地改善了海面散射的预测。从图15.20示出的一个例子中我们可以看出这种改善的效果，其中**极化率**和风向关系的实验数据是通过Polrad96程序计算得到的。文献[107]认为Bragg模型成立的最主要的理由之一是它们看来能与测量到的海杂波回波的极化率大致吻合。在图15.19和图15.20中，对基于SPM法的Bragg模型，双尺度模型和双尺度加表面模型（它考虑碎波影响）的复合表面模型所得到的数据进行了比较。在这个例子中，我们可以很容易地发现Bragg模型和双尺度表面模型都不能很好地描述观测到的极化率，但是考虑破碎海浪影响的复合表面模型（全模型）却很好地与数据吻合，甚至是在入射余角高达 50°的情况下也是如此。在之前的图 15.10（a）和（b）中，相关的 X 波段数据同样可用来证实最后这种模型在类似的风速和入射余角范围时预测的准确性，因而更进一步地证实在这些风速和入射角度范围内，破碎海浪对大部分"粗糙海面"上的海杂波的影响更大。

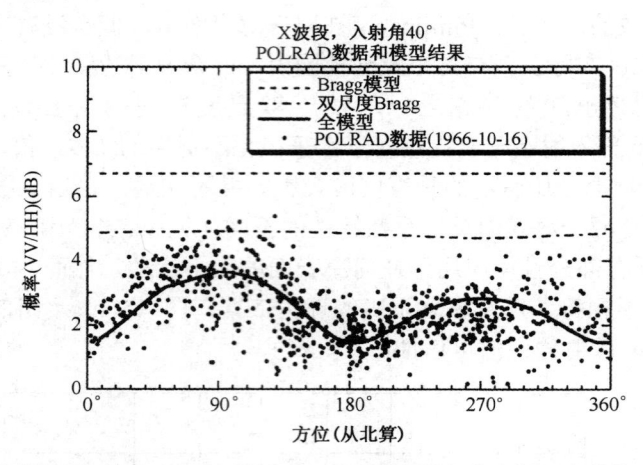

图 15.20 在 50°入射余角和风速约 20kn 条件下，X 波段雷达的极化率与风向的关系。点，Polrad96 试验的数据；虚线，纯 SPM Bragg；点画线，双尺度 Bragg；实线，包含破碎海浪的双尺度-加复合表面模型
（依据 Kudryatsev 等人[107] ©The American Geophysical Union 2003）

海表面特征的散射

破碎海浪的浪峰加上海水落下的卷流或许上面还有水雾仅是多种海表面上出现的散射元素的一种，其他元素包括楔形海浪（wedges）、凹槽分流劈（cusps）、小细浪（microbreakers）、水力冲击波（hydraulic shocks）、湍流和重力表面张力波（风驱动的或寄生的）等，任何一种或全部都可能对海杂波散射信号带来影响。

例如，常见的 Stokes 波[20]具有准摆动结构（quasi-trochoidal structure），就像是海表面上的一个楔形凹槽，因此楔形散射可能是描述海杂波的一个重要方面[11, 12, 92, 93]。散射模型常常是人们所熟悉的几何学绕射理论（GTD）[109]的某种变种，只有当楔形凹槽的棱边与入射平面垂直时，才能严格地将它运用于后向散射问题。不过，在低入射余角情况下，对于两种极化的截面积预测结果倾向于类似于 Bragg 或复合表面模型的预测结果[93]。

所有基于散射特征的模型的一个主要问题是缺乏特征自身的可靠信息，如形状、大小、指向、速度和持续时间及特征自身的统计数据。尽管它们经常有观测结果和理论的引导，这些模型的预测将还是要以对这些重要参数的不确定的假设为基础。例如，海表面稳定性的假设就排除了海浪波峰的内侧角低于 120°，于是内侧角在楔形散射模型中就成为楔形角的一个方便的度量。在图 15.21 中，人们通过调节根据 GTD 计算出的楔形散射截面积的总比例，使得这些海杂波截面积达到实际测量的水平。在低入射余角情况下，看来楔形模型能相当好地定性描述两种极化。

图 15.21 同样包含另两种简单的散射模型并用来进行比较。图 15.9（a）和（b）中提到

的 Lambert 定律用 $\sigma^0 = A\sin^2\psi$ 来表示截面积。其中，A 是**海表面的漫散射系数**。若选择 $A=-13dB$（对于微波的频率而言是合理的），则在较宽的入射余角范围内，它和垂直极化回波相符。图中显示了海浪速度为 20kn 的**小平面模型**[102]，它用式（15.17）表示，并认为可用于描述较大入射余角的海杂波。尽管为了得到与实验数据贴近的结果，它们都采用了太多的随意的假设，但是这两种模型所描述的海杂波的一般特性似乎和其他模型是一致的，所以这种一致性的意义很难评价。然而，我们可以从图 15.21 中推断尖锐物体（如楔形物）在较小的入射余角范围会对杂波起主要作用，平坦物体（如小平面物体）和粗糙物体则分别在较大入射角范围和中间入射角范围起主要作用。

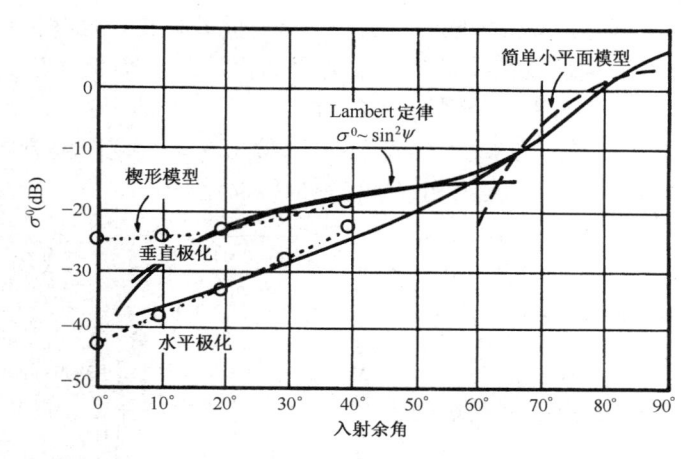

图 15.21 楔形模型和其他模型结果与 NRL 4FR 雷达数据的比较（与图 15.19 所示的数据一致）

破碎海浪的散射理论原先是想解释 Lewis 和 Olin 发现的[40]如图 15.20 所示在低入射余角情况下海尖峰的复杂特性的。这个理论基于最普通的**溅起的白浪卷流模型**，卷流从溅起的浪尖喷射出来后沿着浪的前沿落下[110]；其散射特征由包括来自海浪表面反射在内的多路径照射所形成[57]。对该模型的分析解释了人们观测到的海浪尖峰的许多复杂散射特性；然而，就像基于散射特征的其他模型一样，该模型必须适当假设散射卷流的大小、形状和持续时间。这些参数都是根据实际海表面观测数据推出的，并且所得到的预测结果是出奇的好。此外，它在双尺度加复合表面模型中的成功进一步提高了它的可信度。

尽管海表面的散射特征主要是针对低入射余角海杂波介绍的（更详细的讨论可参见 Wetzel[12]），但有证据使人相信特征的散射对所有入射余角都起作用。考虑到那些可以用如 GBVP 公式表述的散射理论在预测海杂波截面积时的局限性（它只能预测某些极限近似条件下的截面积），以及从自然海面微波散射的 Bragg 假说基本逻辑结构的不合理，使人们今后可能只要认真研究出现在实际海表面上的散射特征，即可更好地认识海杂波。

海表面几何学的含义

以上讨论的对 GBVP 的近似都是用频域的方法表示的，但一种海杂波的时域模型可指点出海表面回波可能的一般表面几何起源[13, 110]。这种模型认为基本的海表面散射元素都局限在海表面有**高度曲率**的地方，比如小的 Stokes 波尖峰处或者是和碎波前沿交叉的卷流的拐角处。通过利用 δ 函数作为测试脉冲，人们找到了散射截面与海表面曲率 $\mathcal{C}(r(t_0))$ 的近似关系式，其中 t_0 是雷达到海表面点 $r(t_0)$ 的往返时间：

$$\sigma(t_0) = B(\psi, s, t_0)\mathcal{C}^2(ct_0/2\cos\psi) \tag{15.19}$$

式中，B 是入射余角 ψ、表面倾斜度 s 以及 t_0 的一个复杂三角函数。它在镜面反射点取得最大值，所以式（15.19）表示了镜面闪烁点和尖锐弯曲的影响。尽管最初的理论[13]是基于一个标量场（矢量形式见 Sangston[111]）的物理光学表述，但是通过真实海表面的表面曲率平方图可以得到推论的一些证实。图 15.22（a）中是对港湾海流（gulf stream）[112]表面的一小部分测量得到的**表面倾斜度**数据，下半部分是相应的**曲率平方图**。由式（15.19）确定的杂波横截面显然和图 15.11 中所示的高分辨率回波有类似之处。除此之外，这些尖锐的回波和海表面的颠簸、褶皱和斜坡不连续性相关，后者在实验室储水池测量实验时都识别出是海尖峰的源[11, 113, 114]。图 15.22（b）示出一个例子，它通过超高分辨雷达观测一个表面逐渐形成的破碎海浪，其雷达回波绘于该图实线部分。我们可以发现海尖峰出现在海表面弯曲度最大的地方，尽管那些信号的峰值可能仅仅是最初浪破碎前的镜面反射。

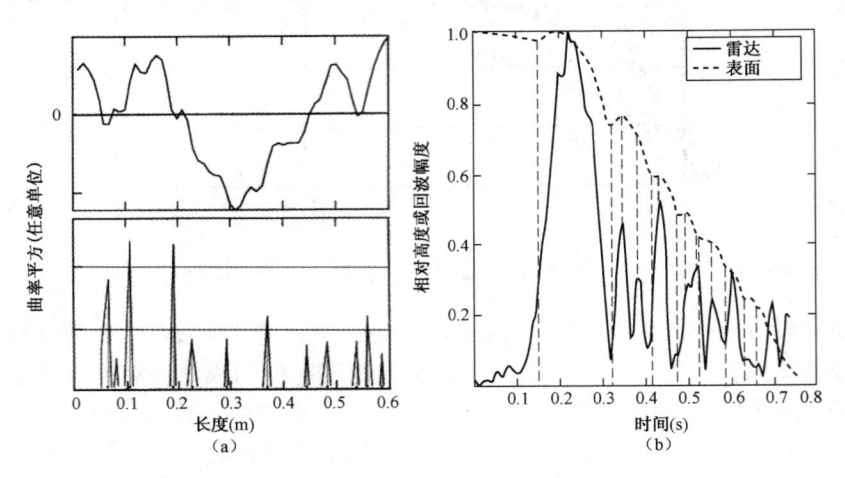

图 15.22 （a）对港湾海流表面抽样测量得到的表面倾斜度数据(上半部分曲线)[112]，下半部分是相应的曲率平方图；（b）在造波水池中测自含碎浪波的雷达散射，与海浪表面高度变化相关

（引自 M.A.Sletten 和 J.C.West[114] ©The American Geophysical Union 2003）

人们常常忽视了对海面散射的起源的假设通常与采用的测量仪器种类有关，而这又决定了最适合的理论的基础，如"基于实验的理论"。如果你出海时用的是 CW 雷达（平均波浪频谱仪），可能会通过长时间积累选择一根谱线，并将其起源理解为一种称为"Bragg 共振"的波效应。另一方面，如果你使用的是高分辨率的探测器（雷达显微镜），杂波的场景将会由高度局部化散射事物组成，或者是被短脉冲、宽带宽信号隔离出的**海浪尖峰**所组成。在这种情况下，最适合的"基于实验的理论"就是上面描述的时域表述形式。

其他按照海表面几何学观测海的方法都是将海和杂波表征为一个个部分的过程[115]，或者通过定义一些"奇怪的有吸引力的"参数来描述其复杂性[116]。不幸的是，这些研究都没有能够提供深入的对海表面物理散射过程的理解，除了或许可以得出海杂波是由于多种因素产生的结果，而这正是我们早就知道的。另一方面，识别这些过程的特征度量参数变化的方法

（如分部尺寸和包含尺寸）被提议用来识别杂波中存在的目标。

数字方法

随着计算机运算速度的飞速提升，使得用数字方法来处理散射问题变得可行，这就可避开前面介绍的需要引入近似的解析法。在海表面散射时，特别是对连续的海表面而言，矩量法的某些变种是人们优选的方法[117]。一个由照射场激发的**表面电流**的严格的积分方程式用点的网格的方法数字上求解。这种求解运算的灵活性和准确性基本上是由以下这些因素决定的：网格的间距、布满网格的被照射面大小，表面特征尺寸和照射波长的比及进行大量运算时采用的算法的效率。一旦对一组表面现实求出了解，就可以利用这些电流对每个表面进行散射积分的计算以得到一组**散射场**的结果，该组结果最终被平均为海表面散射截面积[118]。尽管这些方法被认为是进行散射运算的"黄金标准"，但是它们的难度和复杂性一般限制了它们只能用在实验室以及理想环境下的表面结构上，这些情况下它们仅仅确认 Maxwell 方程式在散射试验中仍然成立。然而，这种数字仿真能提供信息，这些信息能为识别特定种类的散射事件的来源提供帮助，如海尖峰，以及它们对入射余角、极化和频率等雷达参数的依赖性[119, 120]。

实验室研究的角色

海表面是一个遵循流体力学规律的自然系统。但是诸如一碗汤、一池水或者冲向前的激流也是同样的系统，它们都可能和海表面有着一些相同的特性，于是它们为研究散射现象提供了更为方便的地点。虽然在**规模**上存在着显著的差别，有些人或许会认为在一个小的实验室水池中得出的结果经过一些小的改动就可以运用到大的海洋中，这当然是不正确的。海表面是由大规模的风系统构成的，这在实验室条件下是无法复制的。因此，实验室几乎仅仅是专门用来仔细研究电磁波是如何和表面现象的某些有限的可控制的方面相互作用的，且认为这些方面都存在于广阔的洋面上。

过去的 45 年中大量的文献记录了各种实验室条件下关于扰动的水表面的微波散射实验。最早的实验是在 20 世纪 60 年代中期的一些仔细的小规模实验，用来验证厘米波是否存在 Bragg 散射[6]。另外有一些大规模的实验，利用把水翼艇浸入一个 7m 宽的循环水道中来模仿大规模的破碎海浪，该水翼艇喷气发动机的功率高达 1.5MW[121]。但是大多数的实验都是些中等规模的，比如一个 1~2m 宽的长水池，然后利用控制风或者造浪机来产生需要的浪。

为了演示一些实验和结果，Kwoh 和 Lake[11]在一个水浪池中对小的破碎海浪的 X 波段回波进行了测量。他们发现对这样的浪表面而言，镜面散射和曲率散射比 Bragg 散射更占优势。Keller 等人[122]在类似的浪池条件下同时测量了 X 波段回波和表面波频谱的情况，他们发现基于 Bragg 的理论可能更适合于中等入射余角和有较大风的情况，但是在其他条件下就不适合。Sletten 和 West[113, 114]建立了破碎海浪的金属模型，利用两端分叉的方法构造破碎海浪的散射器，并将其散射特性和数学计算结果相比较，然后再用水浪池验证真实海浪的散射特性。Ericson 等人[123]在一个小水渠中制造了一个固定的破碎海浪器，并将其散射特性和镜面散射的计算进行了比较。Coakley 等人[121]在一个大的河道中利用水翼艇造出一个大的破碎海浪正面，使得雷达的回波和由未扰动海浪正面的多径反射产生的极化率符合 Lambert 定律。

这些研究学者们，包括许多其他的一些人，在可能不断增进对海杂波的认识起重要的贡献的方式下对水面的雷达散射特性一直进行各种各样的研究。

15.5 总结和结论

在雷达的早期，需要了解海杂波环境的重要性使人们进行了许许多多不同条件下的实验。由于海底情况准确性和完整性、设备的校准及实验者经验不同，因此得到的结果也有较大的不一致，同时这些结果表明海杂波特性有时更像是实验行为的函数，而不是海杂波物理属性的函数。随着优质数据的积累，人们期望能更有信心地确定海杂波特性。但事实并不总是如此，使得我们只可粗略地将有关海杂波特性的情况粗略地概括如下：在世界海洋中发生概率超过 50%的风速（约大于 15kn）条件下，中等入射余角到大入射余角的微波海杂波几乎与频率无关，而风速的影响是不定的，海杂波似乎总是经常以混乱的方式依赖于极化、风向和入射余角。然而，如果仔细地定义和观察适当的参数，各种海杂波的经验描述和统计特性还是存在的，它们可以将许多有用的海杂波状态描述成对雷达领域具有实用价值的状态。但是，只要入射余角小于几度，且海表面照射开始受折射和绕射影响时，在任何风速情况下都会出现不确定性；而只要风速约小于 10kn，在**任何入射余角情况下也将出现不确定性**，此时在海表面粗糙性的形成过程中这些不确定显得更为突出。海用雷达工作在低入射余角时，海杂波就会变得尖锐和断断续续，在信号处理和雷达信号分析时需要特别注意。此外，海环境的特征，如雨、洋流、漂浮的油和不正常的折射都可能影响从杂波中可靠地区分出目标回波。

微波海杂波理论问题仍悬而未决。最通用的模型（双尺度 Bragg 模型）实际上是一些以偶然的事实为基础的假设组合，并且模型为什么能用尚无明确的理由。事实上，无论是从实验室的水池还是从真实的大海，越来越多的证据都表明该模型不能说明测量的海面散射特征的很多方面。通过对这种模型增加一项破碎海浪的影响可以改善其预测的效果，但是该模型依然保留了复合表面模型的特性。基于海表面特征的散射理论正显示出它有前途，至少这些特征之一：大块还是小块的破碎海浪逐渐被认为是海杂波的重要贡献者，特别是在低入射余角和短脉冲情况下是这样。以某种对定量推算有用方式对海表面特征的表征仍是个大问题。也许，如同海面精细尺度曲率的情况一样，用固有海面特性来描述海面散射特征，可引出现有的大大小小的海面散射理论的组织原则。

在本手册的第二版（1990）中，本章的最后一句话是"请留意在本书的下一版出版时有关海杂波理论取得的进展。"目前看来进展并不显著。但是，有证据表明海杂波散射理论正逐步摆脱令人麻痹的"Bragg 散射"唯一权威理论的影响，未来还是有希望的。

参考文献

[1] D. E. Kerr, *Propagation of Short Radio Waves*, New York: McGraw-Hill Book Company, 1951.

[2] M. I. Skolnik, *Introduction to Radar Systems*, 3rd Ed., New York: McGraw-Hill Book Company, 2001.

[3] F. E. Nathanson, *Radar Design Principles*, 2nd Ed., New York: McGraw-Hill Book Company, 1991.

[4] M. W. Long, *Radar Reflectivity of Land and Sea*, 3rd Ed., Norwood, MA: Artech House, 2001.

[5] D. Crombie, "Doppler spectrum of sea echo at 13.56 Mc/s," *Nature*, vol. 175, pp. 681–683, 1955.

[6] J. W. Wright, "A new model for sea clutter," *IEEE Trans.*, vol. AP-16, pp. 217–223, 1968.

[7] F. G. Bass, I. M. Fuks, A. I. Kalmykov, I. E. Ostruvsky, and A. D. Rosenberg, "Very high frequency radio wave scattering by a disturbed sea surface," *IEEE Trans.*, vol. AP-16, pp. 554–568, 1968.

[8] D. Barrick and Q. Peake, "A review of scattering from surfaces with different roughness scales," *Radio Sci.*, vol. 3, pp. 865–868, 1968.

[9] D. Atlas, R. C. Beal, R. A. Brown, P. De Mey, R. K. Moore, C. G. Rapley, and C. T. Swift, "Problems and future directions in remote sensing of the oceans and troposphere: a workshop report," *J. Geophys. Res.*, vol. 9(C2), pp. 2525–2548, 1986.

[10] D. Holiday, G. St-Cyr, and N. E. Woods, "A radar ocean imaging model for small to moderate incidence angles," *Int. J. Remote Sensing*, vol. 7, pp. 1809–1834, 1986.

[11] D. S. Kwoh and B. M. Lake, "A deterministic, coherent, and dual-polarized laboratory study of microwave backscattering from water waves, part 1: Short gravity waves without wind," *IEEE J. Oceanic Eng.*, vol. OE-9, pp. 291–308, 1984.

[12] L. B. Wetzel, "Electromagnetic scattering from the sea at low grazing angles," in *Surface Waves and Fluxes: Current Theory and Remote Sensing*, chap. 12, G. L. Geernaert and W. J. Plant (eds.), Dordrecht, Netherland: Reidel, 1989.

[13] L. B. Wetzel, "A time domain model for sea scatter," *Radio Sci.*, vol. 28, no. 2, pp. 139–150, March–April 1993.

[14] D. Middleton and H. Mellin, "Wind-generated solutions, A potentially significant mechanism in ocean surface wave generation and wave scattering," *IEEE J. Oceanic Eng.*, vol. OE-10, pp. 471–476, 1985.

[15] S. Tang and O. H. Shemdin, "Measurement of high-frequency waves using a wave follower," *J. Geophys. Res.*, vol. 88, pp. 9832–9840, 1983.

[16] W. J. Pierson and L. Moskowitz, "A proposed spectral form for fully developed seas based on the similarity theory of S. A. Kitaigorodskii," *J. Geophys. Res.*, vol. 69, pp. 5181–5190, 1964.

[17] O. M. Phillips, "Spectral and statistical properties of the equilibrium range in wind-generated gravity waves," *J. Fluid Mech.*, vol. 156, pp. 505–531, July 1985.

[18] W. J. Pierson, Jr. and M. A. Donelan, "Radar scattering and equilibrium ranges in wind-generated waves with application to scatterometry," *J. Geophys. Res.*, vol. 91(C5), pp. 4971–5029, 1987.

[19] S. A. Kitaigorodskii, "On the theory of the equilibrium range in the spectrum of wind-generated gravity waves," *J. Phys. Oceanogr.*, vol. 13, pp. 816–827, 1983.

[20] B. Kinsman, *Wind Waves*, Englewood Cliffs, NJ: Prentice-Hall, 1965.

[21] O. M. Phillips, F. L. Posner, and J. P. Hansen, "High range resolution radar measurements of the speed distribution of breaking events in wind generated waves: Surface impulse and wave energy dissipation rates," *J. Phys. Oceanog.*, vol. 21, 450, 2001.

[22] J. Wu, "Variations of whitecap coverage with wind stress and water temperature," *J. Phys Oceanogr.*, vol. 18, pp. 1448–1453, October 1988.

[23] O. M. Phillips, "Radar returns from the sea surface–Bragg scattering and breaking waves," *J. Phys. Oceanogr.*, vol. 18, pp. 1063–1074, 1988.

[24] W. P. Plant, "A new interpretation of sea surface slope probability density functions," *J. Geophys. Res.*, vol. 108, no. C9, p. 3295, 2003.

[25] J. C. Daley, J. T. Ransone, J. A. Burkett, and J. R. Duncan, "Sea clutter measurements on four frequencies," Naval Res. Lab. Rept. 6806, November 1968.

[26] G. R. Valenzuela and R. Laing, "On the statistics of sea clutter," Naval Res. Lab. Rept. 7349, December 1971.

[27] N. W. Guinard, J. T. Ransone, Jr., and J. C. Daley, "Variation of the NRCS of the sea with increasing roughness," *J. Geophys. Res.*, vol. 76, pp. 1525–1538, 1971.

[28] J. C. Daley, "Wind dependence of radar sea return," *J. Geophys. Res.*, vol. 78, pp. 7823–7833, 1973.

[29] K. D. Ward, C. J. Baker, and S. Watts, "Maritime surveillance radar Part 1: Radar scattering from the ocean surface," *IEE Proc.*, vol. 137, Pt F, no. 2, April 1990.

[30] S. Watts, K. D. Ward, and R.T. A. Tough, "The physics and modeling of discrete spikes in radar sea clutter," presented at 2005 IEEE International Radar Conference, 2005.

[31] H. Masuko, K. Okamoto, M. Shimada, and S. Niwa, "Measurement of microwave backscattering signatures of the ocean surface using X band and K_a band airborne scatterometers," *J. Geophys. Res.*, vol. 91(C11), pp. 13065–13083, 1986.

[32] A. I. Kalmykov and V. V. Pustovoytenko, "On Polarization features of radio signals scattered from the sea surface at small grazing angles," *J. Geophys. Res.*, vol. 81, pp. 1960–1964, 1976.

[33] I. Katz and L. M. Spetner, "Polarization and depression angle dependence of radar terrain return," *J. Res. Nat. Bur. Stand., Sec. D.* vol. 64-D, pp. 483–486, 1960.

[34] F. Feindt, V. Wismann, W. Alpers, and W. C. Keller, "Airborne measurements of the ocean radar cross section at 5.3 GHz as a function of wind speed," *Radio Sci.*, vol. 21, pp. 845–856, 1986.

[35] L. C. Schroeder, P. R. Schaffner, J. L. Mitchell, and W. L. Jones, "AAFE RADSCAT 13.9-GHz measurements and analysis: Wind-speed signature of the ocean," *IEEE J. Oceanic Eng.*, vol. OE-10, pp. 346–357, 1985.

[36] G. P. de Loor and P. Hoogeboom, "Radar backscatter measurements from Platform Noordwijk in the North Sea," *IEEE J. Oceanic Eng.*, vol. OE-7, pp. 15–20, January 1982.

[37] A. H. Chaudhry and R. K. Moore, "Tower-based backscatter measurements of the sea," *IEEE J. Oceanic Eng.*, vol. OE-9, pp. 309–316, December 1984.

[38] F. T. Ulaby, R. K. Moore, and A. K. Fung, *Microwave Remote Sensing, Active and Passive*, Vol. III, Reading, MA: Addison-Wesley Publishing Company, 1986, Sec. 20.2.

[39] B. Spaulding, D. Horton, and P. Huong, "Wind Aspect Factor in Sea Clutter Modeling," presented at 2005 IEEE International Radar Conference, 2005.

[40] B. L. Lewis and I. D. Olin, "Experimental study and theoretical model of high-resolution backscatter from the sea," *Radio Sci.*, vol. 15, pp. 815–826, 1980.

[41] J. P. Hansen and V. F. Cavaleri, "High resolution radar sea scatter, experimental observations and discriminants," Naval Research Laboratory Report No. 8557, 1982.

[42] D. Trizna, "Measurement and interpretation of North Atlantic Ocean Marine Radar Sea Scatter," Naval Res. Lab. Rept. 9099, May 1988.

[43] P. Beckmann, *Probability in Communication Engineering*, New York: Harcourt, Brace and World, Inc., 1967, Sect. 6.2.

[44] G. V. Trunk, "Radar properties of non-Rayleigh sea clutter," *IEEE Trans.*, vol. AES-8, pp. 196–204, 1972.

[45] P. H. Y. Lee, J. D. Barter, K. L. Beach, C. L. Hindman, B. M. Lake, H. Rungaldier, J. C. Shelton, A. B. Williams, R. Yee, and H. C. Yuen, "X band microwave scattering from ocean waves," *J. Geophys. Res.*, vol. 100, no. C2, pp. 2591–2611, February 1995.

[46] M. Katzin, "On the mechanisms of radar sea clutter," *Proc. IRE*, vol. 45, pp. 44–45, January 1957.

[47] L. B. Wetzel, "A model for sea backscatter intermittency at extreme grazing angles," *Radio Sci.*, vol. 12, pp. 749–756, 1977.

[48] I. M. Hunter and T. B. A. Senior, "Experimental studies of sea surface effects on low angle radars," *Proc. IEE*, vol. 113, pp. 1731–1740, 1966.

[49] H. Sittrop, "X- and K_u-band radar backscatter characteristics of sea clutter," in *Proc. URSI Commission II Specialist Meeting on Microwave Scattering from the Earth*, E. Schanda (ed.), Bern, 1974.

[50] B. G. Smith, "Geometrical shadowing of the random rough surface," *IEEE Trans.*, vol. AP-15, pp. 668–671, 1967.

[51] F. B. Dyer and N. C. Currie, "Some comments on the characterization of radar sea echo," in *Dig. Int. IEEE Symp. Antennas Propagat.*, July 10–12, 1974.

[52] D. E. Barrick, J. M. Headrick, R. W. Bogle, and D. D. Crombie, "Sea backscatter at HF: Interpretation and utilization of the echo," *Proc. IEEE*, vol. 62, 1974.

[53] C. C. Teague, G. L. Tyler, and R. H. Stewart, "Studies of the sea using HF radio scatter," *IEEE J. Oceanic Eng.*, vol. OE-2, pp. 12–19, 1977.

[54] J. C. Wiltse, S. P. Schlesinger, and C. M. Johnson, "Back-scattering characteristics of the sea in the region from 10 to 50 KMC," *Proc. IRE*, vol. 45, pp. 220–228, 1957.

[55] G. W. Ewell, M. M. Horst, and M. T. Tuley, "Predicting the performance of low-angle microwave search radars—Targets, sea clutter, and the detection process," *Proc. OCEANS 79*, pp. 373–378, 1979.

[56] W. K. Rivers, "Low-angle radar sea return at 3-mm wavelength," Final Tech. Rept., Georgia Institute of Technology, Engineering Experiment Station, Contract N62269-70-C-0489, November 1970.

[57] L. B. Wetzel, "On microwave scattering by breaking waves," in *Wave Dynamics and Radio Probing of the Ocean Surface*, Chap. 18, O. M. Phillips and K. Hasselmann (eds.), New York: Plenum Press, 1986, pp. 273–284.

[58] B. L. Hicks, N. Knable, J. Kovaly, G. S. Newell, J. P. Ruina, and C. W. Sherwin, "The spectrum of X-band radiation backscattered from the sea surface," *J. Geophys. Res.*, vol. 65, pp. 825–837, 1960.

[59] G. R. Valenzuela and R. Laing, "Study of doppler spectra of radar sea echo," *J. Geophys. Res.*, vol. 65, pp. 551–562, 1970.

[60] V. W. Pidgeon, "Doppler dependence of sea return," *J. Geophys. Res.*, vol. 73, pp. 1333–1341, 1968.

[61] Y. U. Mel'nichuk and A. A. Chernikov, "Spectra of radar signals from sea surface for different polarizations," *Izv. Atmos. Oceanic. Phys.*, vol. 7, pp. 28–40, 1971.

[62] J. W. Wright and W. C. Keller, "Doppler spectra in microwave scattering from wind waves," *Phys. Fluids*, vol. 14, pp. 466–474, 1971.

[63] D. Trizna, "A model for doppler peak spectral shift for low grazing angle sea scatter," *IEEE J. Oceanic Eng.*, vol. OE-10, pp. 368–375, 1985.

[64] P. H. Y. Lee, J. D. Barter, K. L. Beach, E. Caponi, C. L. Hindman, B. M. Lake, H. Rungaldier, and J. C. Shelton, "Power spectral lineshapes of microwave radiation backscattered from sea surfaces at small grazing angles," *IEE Proc.-Radar, Sonar Navig.*, vol. 142, no. 5, pp. 252–258, October 1995.

[65] F. E. Nathanson, *loc cit*, Sec. 7.5.

[66] W. C. Keller, W. J. Plant, and G. R. Valenzuela, "Observation of breaking ocean waves with coherent microwave radar," in *Wave Dynamics and Radio Probing of the Ocean Surface*, chap. 19, O. M. Phillips and K. Hasselmann (eds.), New York: Plenum Press, 1986, pp. 285–292.

[67] R. K. Moore, Y. S. Yu, A. K. Fung, D. Kaneko, G. J. Dome, and R. E. Werp, "Preliminary study of rain effects on radar scattering from water surfaces," *IEEE J. Oceanic Eng.*, vol. OE-4, pp. 31–32, 1979.

[68] R. F. Contreras, W. J. Plant, W, C. Keller, K. Hayes, and J. Nystuen, "Effects of rain on Ku band backscatter from the ocean," *J. Geophys. Res.*, vol. 108, no. C5, pp. 3165–3180, 2003.

[69] J. P. Hansen, "High resolution radar backscatter from a rain disturbed sea surface," presented at ISNR-84 Rec., Tokyo, October 22–24, 1984.

[70] J. P. Hansen, "A system for performing ultra high resolution backscatter measurements of splashes," in *Proc. Int. Microwave Theory & Techniques Symp.*, Baltimore, 1986.

[71] L. B. Wetzel, "On the theory of electromagnetic scattering from a raindrop splash," *Radio Sci.*, vol. 25, No. 6, pp. 1183–1197, 1990.

[72] R. Romeiser, A. Schmidt, and W. Alpers, "A three-scale composite surface model for the ocean wave-radar modulation transfer function," *J. Geophys. Res.*, vol. 99, pp. 9785–9801, 1994.

[73] B. LeMehaute and T. Khangaonkar, "Dynamic interaction of intense rain with water waves," *J. Phys. Oceanog.*, vol. 20, December 1990.

[74] L. B. Wetzel, "On the origin of long-period features in low-angle sea backscatter," *Radio Sci.*, vol. 13, pp. 313–320, 1978.

[75] P. Gerstoft, L. T. Rogers, W. S. Hodgkiss, and L. J. Wagner, "Refractivity estimation using multiple elevation angles," *IEEE J. of Oceanic Eng.*, vol. 28, no. 3, pp. 513–525, July 2003.

[76] D. E. Barrick, "Near-grazing illumination and shadowing of rough surfaces," *Radio Sci.*, vol. 30, no. 3, pp. 563–580, May-June 1995.

[77] J. M. Sturm and J. C. West, "Numerical study of shadowing in electromagnetic scattering from rough dielectric surfaces," *IEEE Tran. in Geosci. and Remote Sensing*, vol. 36, no. 5, September 1998.

[78] R. B. Perry and G. R. Schimke, "Large-amplitude internal waves observed off the northwest coast of Sumatra," *J. Geophys. Res.*, vol. 70, pp. 2319–2324, 1965.

[79] W. Alpers and I. Hennings, "A theory of the imaging mechanism of underwater bottom topography by real and synthetic aperture radar," *J. Geophys. Res.*, vol. 89. pp. 10529–10546, 1984.

[80] W. Garrett, "Physicochemical effects of organic films at the sea surface and their role in the interpretation of remotely sensed imagery," in *ONRL Workshop Proc.—Role of Surfactant Films on the Interfacial Properties of the Sea Surface*, F. L. Herr and J. Williams (eds.), November 21, 1986, pp. 1–18.

[81] H. Huhnerfuss, W. Alpers, W. D. Garrett, P. A. Lange, and S. Stolte, "Attenuation of capillary and gravity waves at sea by monomolecular organic surface films," *J. Geophys. Res.*, vol. 88, pp. 9809–9816, 1983.

[82] J. C. Scott, "Surface films in oceanography," in *ONRL Workshop Proc.—Role of Surfactant Films on the Interfacial Properties of the Sea Surface*, F. L. Herr and J. Williams (eds.), November 21, 1986, pp. 19–40.

[83] N. W. Guinard, "Radar detection of oil spills," presented at Joint Conf. Sensing of Environmental Pollutants, AIAA Pap. 71–1072, Palo Alto, CA, November 8–10, 1971.

[84] H. Hühnerfuss, W. Alpers, A. Cross, W. D. Garrett, W. C. Keller, P. A. Lange, W. J. Plant, F. Schlude, and D. L. Schuler, "The modification of X and L band radar signals by monomolecular sea slicks," *J. Geophys. Res.*, vol. 88, pp. 9817–9822, 1983.

[85] C. S. Cox and W. H. Munk, "Statistics of the sea surface derived from sun glitter," *J. Mar. Res.*, vol. 13, pp. 198–227, 1954.

[86] W. Alpers and H. Hühnerfuss, "Radar signatures of oil films floating on the sea surface and the Marangoni effect," *J. Geophys. Res.*, vol. 93, pp. 3642–3648, April 15, 1988.

[87] H. Masuko and H. Inomata, "Observations of artificial slicks by X and K_a band airborne scatterometers," in *Proc. Int. Geoscience and Remote Sensing Symp. (IGARSS'88)*, Edinburgh, September 12–16, 1988, pp. 1089–1090. Published by Noordwijk, Netherlands: European Space Agency, ESTEC, 1988.

[88] H. Goldstein, "Frequency dependence of the properties of sea echo," *Phys. Rev.*, vol. 70, pp. 938–946, 1946.

[89] A. H. Schooley, "Some limiting cases of radar sea clutter noise," *Proc. IRE*, vol. 44, pp. 1043–1047, 1956.

[90] W. S. Ament, "Forward and backscattering by certain rough surfaces," *Trans. IRE*, vol. AP-4, pp. 369–373, 1956.

[91] V. Twersky, "On the scattering and reflection of electromagnetic waves by rough surfaces," *Trans. IRE*, vol. AP-5, pp. 81–90, 1957.

[92] D. R. Lyzenga, A. L. Maffett, and R. A. Schuchman, "The contribution of wedge scattering to the radar cross section of the ocean surface," *IEEE Trans.* vol. GE-21, pp. 502–505, 1983.

[93] L. B. Wetzel, "A minimalist approach to sea backscatter—the wedge model," in *URSI Open Symp. Wave Propagat.: Remote Sensing and Communication*, University of New Hampshire, Durham, preprint volume, July 28–August 1, 1986, pp. 3.1.1–3.1.4.

[94] S. O. Rice, "Reflection of electromagnetic waves from slightly rough surfaces," *Commun. Pure Appl. Math.*, vol. 4, pp. 361–378, 1951.

[95] W. H. Peake, "Theory of radar return from terrain," in *IRE Nat. Conv. Rec.*, vol. 7, 1959, pp. 27–41.

[96] G. R. Valenzuela, "Depolarization of EM waves by slightly rough surfaces," *IEEE Trans.*, vol. AP-15, pp. 552–559, 1967.

[97] F. G. Bass and I. M. Fuks, *Wave Scattering from Statistically Rough Surfaces*, New York: Pergamon Press, 1979.

[98] C. Eckart, "The scattering of sound from the sea surface," *J. Acoust. Soc. Am.*, vol. 25, pp. 566–570. 1953.

[90] P. Beckmann and A. Spizzichino, *The Scattering of Electromagnetic Waves from Rough Surfaces*, New York: Macmillan Company, 1963.

[100] L. B. Wetzel, "HF sea scatter and ocean wave spectra," presented at URSI Spring Meet., National Academy of Sciences, Washington, April 1966.

[101] A. K. Fung and G. W. Pan, "A scattering model for perfectly conducting random surfaces: I. model development," *Int. J. Remote Sensing*, vol. 8, no. 11, pp. 1579–1593, 1987.

[102] G. R. Valenzuela, "Theories for the interaction of electromagnetic and oceanic waves—a review," *Boundary-Layer Meteorol.*, vol. 13, pp. 61–85, 1978.

[103] B. F. Kuryanov, "The Scattering of sound at a rough surface with two types of irregularity," *Sov. Phys. Acoust.*, vol. 8, pp. 252–257, 1963.

[104] W. J. Plant, "Bragg scattering of electromagnetic waves from the air/sea interface," in *Surface Waves and Fluxes: Current Theory and Remote Sensing*, chap. 12, G. L. Geernaert and W. J. Plant (eds.), Dordrecht, Netherlands: Reidel, 1988.

[105] A. Schmidt, V. Wismann, R. Romeiser, and W. Alpers, "Simultaneous measurements of the ocean wave radar modulation transfer function at L, C and X bands from the research platform Nordsee," *J. Geophys. Res.*, vol. 100, pp. 8815–8827, 1995.

[106] W. P. Plant, "A stochastic, multiscale model of microwave backscatter from the ocean," *J. Geophys. Res.*, vol. 107, no. C9, p. 3120, 2002.

[107] V. Kudryavtsev, D. Hauser, G. Caudal, and B. Chapron, "A semiempirical model of the normalized radar cross-section of the sea surface 1. Background model," *J. Geophys. Res.*, vol. 108, no. C3, 8054, 2003.

[108] V. Kudryavtsev, D. Hauser, G. Caudal, and B. Chapron, "A semiempirical model of the normalized radar cross-section of the sea surface 2. Radar modulation transfer function," *J. Geophys. Res.*, vol. 108, no. C3, 8055. 2003.

[109] E. F. Knott, J. F. Shaeffer, and M. T. Tuley, *Radar Cross Section*, 2nd Ed., Boston: Artech House, 1993.

[110] M. S. Longuet-Higgins and J. S. Turner "An 'entraining plume' model of a spilling breaker," *J. Fluid Mech.*, vol. 63, pp. 1–20, 1974.

[111] K. J. Sangston, "Toward a theory of ultrawideband sea scatter," in *IEEE National Radar Conference 1997*, May 13–15, 1997, pp. 160–165.

[112] D. Trizna (private communication), 1989.

[113] J. C. West and M. A. Sletten, "Multipath EM scattering from breaking waves at grazing incidence," *Radio Sci.*, vol. 32, no. 3, pp. 1455–1467, 1997.

[114] M. A. Sletten and J. C. West, "Radar investigations of breaking water waves at low grazing angles with simultaneous high-speed optical imagery," *Radio Sci.*, vol. 38, no. 6, p. 1110, 2003.

[115] J. Chen, T. Lo, J. Litva, and H. Leung, "Scattering of electromagnetic waves from a time-varying fractal surface," *Microwave and Optical Tech. Lett.*, vol. 6, no. 1, p. 87, 2003.

[116] S. Haykin, "Radar clutter attractor: implications for physics, signal processing and control," *IEE Proc. Radar: Sonar Navig.*, vol. 146, no. 4, p. 177, August 1999.

[117] R. Harrington, *Time-Harmonic Electromagnetic Fields*, New York: McGraw-Hill, 1961.

[118] D. J. Donohue, H-C Ku, D. R. Thompson, and J. Sadowski, "Direct numerical simulation of electromagnetic rough surface and sea scattering by an improved banded matrix iterative method," *Johns Hopkins APL Tech. Digest*, vol. 18, no. 2, pp. 204–215, 1997.

[119] C. L. Rino and H. D. Ngo, "Numerical simulation of low-grazing-angle ocean microwave backscatter and its relation to sea spikes," *IEEE PGAP*, vol. 46, no. 1, 133–141, 1998.

[120] J. C. West, J. M. Sturm, and A-J Ja: Low-Grazing Scattering from Breaking Water Waves Using an Impedance Boundary MM/GTD Approach, *IEEE Trans. Antennas Propagat.*, vol. 46, no. 1, pp. 93–100, January 1998.

[121] D. B. Coakley, P. M. Haldeman, D. G. Morgan, K. R. Nicolas, D. R. Penndorf, L. B. Wetzel, and C. S. Weller, "Electromagnetic scattering from large steady breaking waves," *Experiments in Fluids*, vol. 30, no. 5, pp. 479–487, May 2001.

[122] M. R. Keller, B. L. Gotwols, W. J. Plant, and W. C. Keller, "Comparison of optically-derived spectral densities and microwave cross-sections in a wind-wave tank," *J. Geophys., Res.*, vol. 100, no. C8, pp. 16163–16178, 1995.

[123] E. A. Ericson, D. R. Lyzenga, and D. T. Walker, "Radar backscatter from stationary breaking waves," *J. Geophys. Res.*, vol. 104, Issue C12, p. 29679, 1999.

[124] Y. G. Trokhimovski, "Gravity–capillary wave curvature spectrum and mean-square slope retrieved from microwave radiometric measurements (coastal ocean probing experiment)," *J. f Atmosph. Oceanic Tech.*, vol. 17, no. 9, pp. 1259–1270, 2000.

第 16 章 地 物 回 波

16.1 引言

雷达地物回波用微分散射截面积或散射系数（单位面积的散射截面积）σ^0 来描述，而不用离散目标所用的总散射截面积 σ[1]。因为某一片地面的总散射截面积 σ 是随照射面积的变化而变化的，而照射面积又取决于雷达的几何参数（脉冲宽度、波束宽度等），所以引入 σ^0 用于获得一个与这些几何参数无关的系数。

使用微分散射截面积意味着，地物回波是由大量相位彼此独立的散射单元产生的。这主要是由于各散射单元的距离差异所致，尽管这个差异仅是总距离很小的一部分，但却是波长的许多倍。且功率叠加可用于计算平均回波强度。如果这个条件不适用于某一特殊的地面目标，那么微分散射截面积的概念对这个目标也就失去了意义。例如，一部非常高分辨率雷达可以分辨出小轿车的一部分，但 σ^0 就不能正确描述小轿车的光滑表面。另一方面，分辨率较差的雷达可以看到大型停车场上的很多小轿车，这时就可确定停车场有效的 σ^0。

假定雷达在某一时刻照射的区域内包含 n 个散射单元，并且满足上述准则，则功率可以相加，平均功率的雷达方程变为

$$\overline{P}_r = \sum_{i}^{n} \frac{P_{ti} G_{ti} A_{ri} \sigma_i}{(4\pi R_i^2)^2} = \sum_{i}^{n} \frac{P_{ti} G_{ti} A_{ri} (\sigma_i / \Delta A_i) \Delta A_i}{(4\pi R_i^2)^2}$$

式中，ΔA_i 是面积元；P_{ti}（向点 i 发射的功率）、G_{ti}（点 i 方向的增益）和 A_{ri}（点 i 方向的等效接收孔径）是位于 ΔA_i 的单元对应的 P_t、G_t 和 A_r 值。在等式右面分子中，括号内的因子是第 i 个单元的散射截面积增量，但这个概念只对平均有意义。因此，平均回波功率由下式给出。

$$\overline{P}_r = \sum_{i}^{n} \frac{P_{ti} G_{ti} A_{ri} \sigma^0 \Delta A_i}{(4\pi R_i^2)^2}$$

式中，σ^0 用来表示 $\sigma_i / \Delta A_i$ 的平均值。在这种表述方式中，我们可以从有限的求和当 $n \to \infty$ 时求极限，即得到积分

$$\overline{P}_r = \frac{1}{(4\pi)^2} \int_{\text{照射面积}} \frac{P_t G_t A_r \sigma^0 \mathrm{d} A}{R^4} \tag{16.1}$$

这种积分实际上并不正确，因为任何实际的独立散射中心都有一个最小尺寸。然而，这个概念还是被广泛采用，并且只要照射面积大到足以包含许多这样的散射中心，就可以应用这个概念。

图 16.1 示出了有关式（16.1）的几何关系。注意：对矩形脉冲而言，P_t 要么为 0，要么为峰值发射机功率；但对其他形状的脉冲，P_t 随 t（或 R）有显著变化。实际脉冲经常都是用宽度等于其半功率宽度的矩形脉冲来近似表示的，并且实际脉冲通过实际发射机、天线和接收机带宽后也不可能是矩形。发射天线增益和接收天线孔径是俯仰角和方位角的函数，即

$$G_t = G_t(\theta,\phi) \qquad A_r = A_r(\theta,\phi) \tag{16.2a}$$

微分散射截面积本身是**视角**（θ,ϕ）和地面位置二者的函数，即

$$\sigma^0 = \sigma^0(\theta,\phi,\text{位置}) \tag{16.2b}$$

测量 σ^0 时，式（16.1）的积分必须进行翻转。对于窄波束和窄脉冲而言，翻转是比较容易的。但对很多测量中采用的宽波束和宽脉冲而言，所得结果有时还很不确定。

有些作者[2]采用单位投影面积上的散射截面积，而不用单位地面上的散射截面积。图 16.2 是地面和投影面之间差别的**侧视图**；地面面积与 $\Delta\rho$ 成正比，投影面积则要小一些。这样，

$$\sigma^0 A = \gamma \mathrm{d}(\text{投影面积}) = \gamma\cos\theta\, \mathrm{d}A$$

或

$$\sigma^0 = \gamma\cos\theta \tag{16.3}$$

因为 γ 和 σ^0 都称为散射系数，所以在阅读文献时，读者必须特别注意区分作者所用的散射系数指的是哪一个。

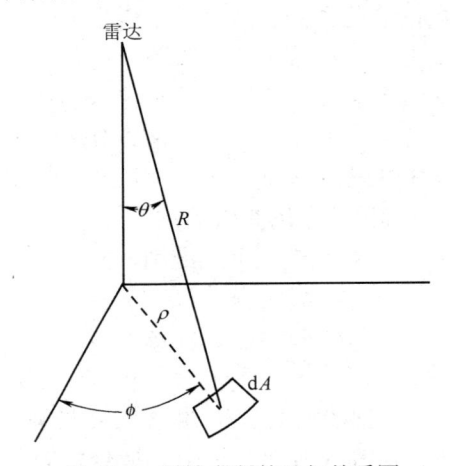

图 16.1 雷达方程的几何关系图

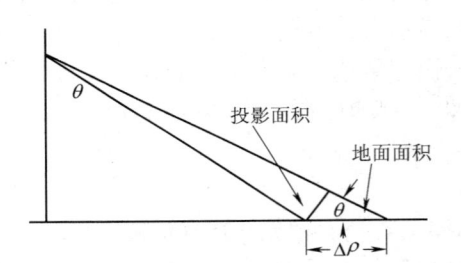

图 16.2 地面面积和投影面积

射电天文学家用一个不同的参数 $\sigma^{[3]}$，表示为

$$\sigma = \frac{\text{整个反射面上的总回波功率}}{\text{相同半径的理想各向同性球面的反射功率}} \tag{16.4}$$

由此计算的 σ 值一般远小于对行星垂直入射的 σ^0，而大于接近掠地入射（从行星边缘反射的回波）的 σ^0。

理论和经验论的相对重要性

雷达地物回波理论是很多出版物讨论的主题[4, 5]。各种理论，只要它们能被实验验证，就可提供判断地面的介电性质、地面粗糙度、植物或雪覆盖、雷达波长、入射角等诸因素变化对地物回波的影响的基础。雷达地物回波理论如看成有助于深入理解上述问题的工具是极其有帮助的。

任何地物回波理论的有效性必然依赖于描述地面状态的数学模型和为获得答案所需的近似。即使最简单的地面即海面，也难以精确描述。海面在表层以下的深度上是均匀的，包含着相对平滑的斜面，而且除浪花之外没有表面相互重叠的部分。当从入射余角方向入射时，海浪之间可能出现遮挡。陆地表面就更难描述了：设想如何对森林形状进行合适的数学描述

（每一片树叶和每一根松针都必须描述时）就明白了。此外，陆地表面很少在水平或深度两个方向上是均匀的。

由于用确切的数学模型来描述地面状态是不可能的，因此，必须用实验测量来描述自然表面的雷达回波。理论的作用是帮助解读这些测量数据，并提示如何进行外推。

现有的散射数据

1972 年以前，由于缺乏必须是长期的协同的研究项目，导致仅有美国俄亥俄州大学[2, 6]的实验数据是唯一一组真正有用的数据。在此之后，研究人员在卡车上和直升机上开展了广泛的测量实验，他们一组在堪萨斯大学[8, 9]，一组在荷兰[10, 11]，另外几组在法国[12-14]。这些测量主要集中在植被的散射特性上，但堪萨斯的测量实验也包括雪和大量海面冰层的散射特性。这些实验的入射角绝大多数都在 10°～80°之间。接近垂直方向的测量极少[15, 16]。除一个林肯实验室的重要项目外[17]，也很少有接近入射余角方向的受控的测量。

要研究更大范围的散射区域，必须利用飞机测量。虽然已经为了特殊目的做过大量的空中测量，但对一个已知均匀面积上的散射系数与角度的关系曲线却极为罕见。早期开展的工作是麻省理工学院辐射实验室[18]、Philco 公司[19]、Goodyear 航宇公司[20]、通用精密实验室[21]和美国海军研究实验室[22-25]的实验，这些都是早期比较重要的测量实验。加拿大遥感中心（CCRS）完成了大量的机载和地基散射仪测量实验[26-27]，特别是对海面冰层的测量实验。密歇根州环境研究所（ERIM）[28]、加拿大遥感中心[29]、欧洲空间局（ESA）[30]和喷气推进实验室（JPL）[31]采用合成孔径成像雷达（SAR）进行了某些散射测量，但是大多数测量都没有很好的校准。随着星载 SAR 的出现（SIR A、B 和 C，ERS 1 和 2，雷达卫星，环境卫星，JERS-1 和其他星载 SAR 系统），涌现了成百上千篇关于散射测量和雷达应用的论文。此外，JPL AIRSAR 已经环绕世界飞行，在其他国家也出现了其他几种遥感机载 SAR 及达几百篇的结果论文。读者应当自己找这些结果的文献，因为这些文献太多，在本书上不可能全部引证。许多新近的 SAR 系统[32-36]也提供有关极化响应的数据。

Ulaby、Moore、Fung[37]及 Ulaby 和 Dobson[38]总结了大多数测量的结果。Long[22, 39]和 Billingsley[17]的著作中比较完整地归纳了早期工作和接近入射余角的研究结果。在《遥感手册》Manual of Remote Sensing[40, 41]中也包括了许多应用综述，读者若想了解更多的详细信息，可参阅这些书籍。

16.2　影响地物回波的参数

雷达回波取决于系统参数和地面参数的组合。
（1）雷达系统参数 [式（16.1）、式（16.2a）和式（16.2b）]：
- 波长；
- 功率；
- 照射面积；
- 照射方向（方位角和俯仰角）；
- 极化（如有的话包括全极化矩阵）。

（2）地面参数：

- 复介电常数（电导率和介电常数）；
- 地面粗糙度；
- 次表层或从表面到波衰减到可忽略幅度深度的不均匀性。

地面上不同物体对不同波长的反应是不一样的。最早知悉和最引人注目的方向性效应是城市回波的**方位基点效应**：雷达沿着主要街道方向照射时比向其他方向照射时观察到的规则回波更强。与垂直极化波相比，水平极化波被水平电线、铁轨等反射更强；而垂直极化波至少在波长大于等于树干直径时，才能被诸如树干等垂直结构更强反射。

如果两个雷达目标的几何形状相同，则复介电常数较高的目标反射的回波较强，这是由于该目标中感应出的电流（位移电流或导电电流）更大。由于在自然界中没有几何形状相同而介电常数不同的物体，因此，这种差别很难测量。由于液态水的相对介电常数在 X 波段约为 60，在 S 波段或波长更长的波段约为 80，而大多数干燥固体的介电常数小于 8，所以地面目标的有效介电常数受湿度的影响很大。因同一材料的电导率通常在湿润时比干燥时高，因此，湿度对电磁波衰减的影响很大。图 16.3 和图 16.4 示出湿度对植物和土壤特性的影响。含水分高的植物介电常数很高，这意味着谷物反射的雷达回波强度即使不计谷物生长的影响，也将随其成熟而变化。

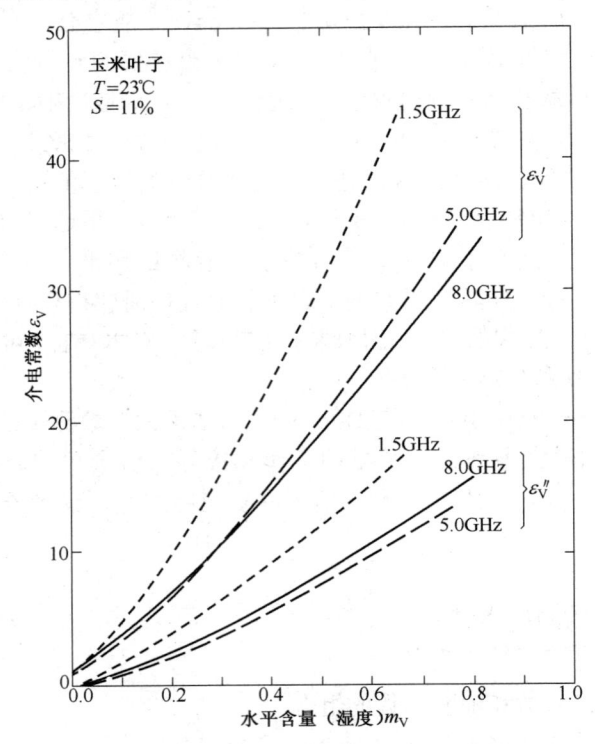

图 16.3　玉米叶子的介电常数在 1.5GHz、5.0GHz 和 8.0 GHz 时与湿度的实测关系。S 为千分之几的水分含盐度，$\varepsilon_V = \varepsilon_V' - j\varepsilon_V''$ 是以 Fm^{-1} 为单位的复介电常数，m_V 是以 $kg \cdot m^{-3}$ 为单位的容积含水率[37]

地面粗糙度（特别是自然表面）很难用数学方法描述，但却很容易定性理解。例如，容易理解新耕过的土地比经历风雨后的地面粗糙，森林天生就比田野或城市粗糙。城市中有街道镶边石、轿车、人行道和点缀着门窗的平坦墙壁，很难发现这种城市的粗糙度同自然地区的粗糙度之间的差别。

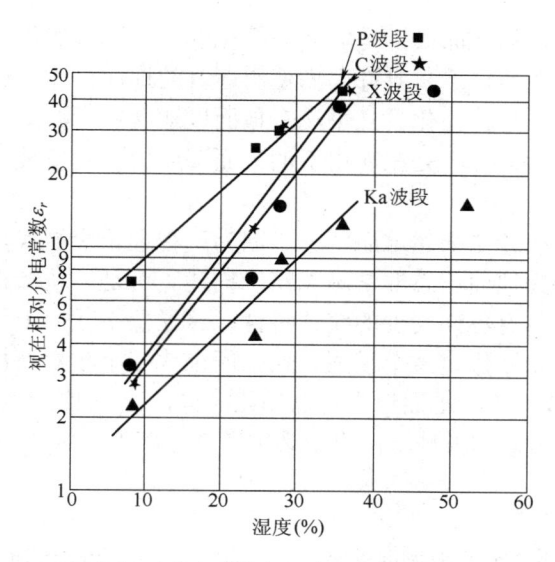

图 16.4　视在相对介电常数与湿度的关系图（肥沃泥土）[42]

相对光滑的表面倾向于沿菲涅尔反射方向（反射角等于入射角）反射无线电波，因此，后向散射仅在入射线与表面接近垂直时才会很强。另一方面，粗糙表面倾向于将入射波近乎均匀地向各个方向再辐射，因而，它们在任何方向的雷达回波都比较强。

由于雷达波能够深入地穿透很多物体表面和植被表层，使得回波由表面散射和内部反射组成，导致雷达散射问题复杂化。对田地谷物[43, 44]和草地[45]的衰减测量表明，如果植被并不茂密，绝大多数回波来自上层表面，部分来自土壤和下层。在 C 波段和更高频率，当树木枝叶茂密时，从树木返回的大多数雷达信号通常来自上层和中部的树枝[46-50]，尽管在冬天地表回波是雷达信号的主要组成部分。在 L 波段，尤其是 VHF 波段，雷达信号穿透更深，所以树干和地面即使在有树叶时也是主要的反射体[51]。

当雷达波束沿掠射方向入射时，会产生其他问题[17, 52]。由于与地面的夹角小，遮蔽现象频繁发生，即目标的某些部分被诸如插在中间的山丘或建筑物等遮盖。直射波束与地面反射波束之间的多路效应会改变部分抬高的区域的雷达回波信号。由于来自相对平坦表面的散射非常微弱，任何突出物的回波都强于背景回波，使统计结果产生歪曲，导致瑞利分布不再适用于平均回波信号。诸如树木、建筑物、防护栏柱和电力线等物体的局部回波比其周围环境回波要强。

此外，当俯角在掠射角几度范围内时，没有突出物的地面回波信号下降得非常快。这意味着，微小的局部斜坡可以显著调制回波信号，而不仅仅是遮蔽。

16.3　理论模型及其局限性

地面描述

许多雷达地物回波的理论模型都假定在空气和无限大的均匀的半空间之间有一个凹凸不平的边界面。某些理论模型还包括假设地面以及在植被或雪覆盖时具有水平或垂直均匀性。

适宜用于数学模型描述的地面必定是非常理想化的。在辽阔的自然区域内只有很少地方地面结构是真正均匀的。虽然计算机允许人们使用逼真的地面描述,但若要对地面详细形状进行数学推导处理,则必须进行简化。几乎没有地面以适合厘米波雷达的精度进行过测量;即使存在,也不能保证散射边界不处在表皮下的地面深度内。由植被和砾岩组成的地表复杂得完全无法描述。

绝大部分理论都采用统计法描述地面状态,因为一种理论应能代表某一类地面,而不是某种特殊地面,并且也因为地面状态非常难以精确描述。可是,统计描述自身必然是非常简化的。许多理论假定地面具有各向同性的统计特性,这显然不适用于犁过的农田或有栅格式街道的城市。绝大多数理论还假定某个模型只包括两个或三个参数(标准偏差、平均斜率、相关距离等),而自然(或人工)地面很少可以如此简单描述。用于植被和其他立体散射体的理论有更多参数。在近似掠射的条件下,模型必须考虑遮蔽现象。

简化的模型

同光学理论类似,早期的雷达地物回波理论假定很多目标都可用朗伯定律式的强度变化来描述,也就是说,微分散射系数随 $\cos^2\theta$ 而变化,这里 θ 为入射角。虽然这种"理想粗糙"假设在中等入射角时较好地近似了许多植被表面的反射回波,但人们很快发现了它的不足。

Clapp[18]描述了三种有不同间距、有或无反射地平面的球面组合模型。由这些模型可获得从 σ^0 与角度无关到 $\sigma^0 \propto \cos\theta$ 再到 $\sigma^0 \propto \cos^2\theta$ 的变化。由于球面模型是高度人为的模拟,所以只能研究最后得到的散射规律。绝大部分目标的回波在部分入射角范围内比这三种模型中的变化快,虽然森林和有某些深度的类似的粗糙目标的回波有时也会如此缓慢变化。

由于这些"粗糙表面"模型常常不能解释回波为何在接近垂直入射时增强,所以其他简化模型将朗伯定律和垂直入射时有镜面反射的其他粗糙表面散射模型结合起来,并在镜面反射值与粗糙表面预测值之间画出了一条平滑曲线。

镜面反射的定义是从光滑平面的反射服从菲涅耳反射定律的反射[53]。因此,在垂直入射时镜面反射系数为

$$\Gamma_R = \frac{\eta_g - \eta_0}{\eta_g + \eta_0}$$

式中,η_0 和 η_g 分别是空气和地球的固有阻抗。总入射功率被粗糙表面镜面反射出来的一部分功率为[7]

$$e^{-2(2\pi\sigma_h/\lambda)^2}$$

式中,σ_h 是表面高度变化的标准偏差;λ 是波长。

当 $\sigma_h = \lambda/2\pi$ 时,这一部分功率降低至 13.5%;而当 $\sigma_h = \lambda/(2\pi\sqrt{2})$ 时,降低至 1.8%。因此,在雷达常用的厘米波段很难发现明显的镜面反射。不过,这种简化模型在某些应用中还是很方便的。

通过观察有波纹的水面、道路和其他光滑表面反射的太阳光,人们提出了"小平面理论"假设[54, 55]。只有反射角等于入射角的小平面反射的太阳光才能从光滑表面(如水面)到达观察者,因此,观察到的光线可用**几何光学**的方法来描述。

当用几何光学来描述雷达散射时,地面可用许多片小平面表示。雷达地物回波假定仅是

由那些法向指向雷达的小平面产生的（垂直取向对后向散射是必要的，只有这样，反射波才会返回到信号源）。因此，如果小平面斜度分布的规律已知，则可确定与已知发散波束垂直的斜坡部分，并由此得到回波。几何光学假设波长为零，因此，这种理论所得结果与波长无关，这显然与实际观测不符。

小平面模型对定性讨论雷达地物回波非常有用，因此，对其做出适当修正使其更符合观察结果是合适的。可以采用两种修正方法（可单独使用或结合使用）：研究一定波长上一定尺寸小平面的实际再辐射方向图[55]和研究波长对确定有效小平面数量的影响[56]。因而，从小平面的散射实际上在其他方向上都有，而非只出现在反射角等于入射角的方向上，如图 16.5 所示。对于那些与波长比大型的小平面，绝大多数回波几乎都出现在垂直入射方向上；而对于较小的小平面，在偏离法线方向定向的水平面在很大角度内的散射没有明显减弱。随着波长的递增，已知小平面的类由大变小，最终小平面尺寸小于波长，此时其再辐射方向图几乎从该时刻起为各向均匀。在 1cm 波长上分离的小平面却在 1m 波长上连成一片，结果使反射面性质由粗糙变为光滑。图 16.6（a）示出一些贡献雷达回波的不同尺寸小平面。

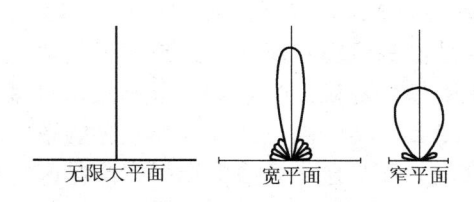

图 16.5　垂直入射的小平面再辐射方向图

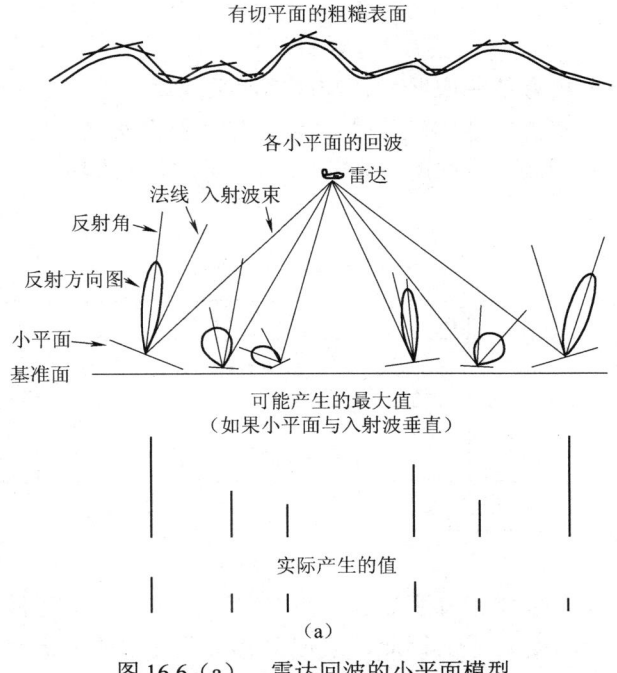

图 16.6（a）　雷达回波的小平面模型

物理光学模型

基于应用基尔霍夫–惠更斯原理的理论已得到彻底发展[37, 55, 57-59]。基尔霍夫法的近似是：流过局部弯曲（或粗糙）表面上每一点的电流和流过相同表面（若它是一个平面或是实际地面的切面）上同一点的电流相同。通过假设流经粗糙表面的电流幅度同流经光滑平面的相等，但相位扰动由平均平面与各个点的距离不同而设置，就可以构建出散射场。对于方位上假定为各向同性的表面而言，利用这种方法得出的积分式为

$$\frac{1}{\cos^3\theta}\int e^{-(2k\sigma_h\cos\theta)^2[1-\rho(\xi)]} J_0(2k\xi\cos\theta)\xi\, d\xi$$

式中，$\rho(\xi)$是表面高度的空间自相关函数；θ是与垂直线方向的夹角；σ_h是表面高度的标准偏差；$k=2\pi/\lambda$；J_0是一阶第一类贝塞尔函数。

地面高度随距离变化的自相关函数对地形是极少知晓的，尽管它可以通过对等高线图进行大规模分析确定[60]，并在某些地区以紧密间隔画出地形等高线，随后进行分析也得到过自相关函数。由于缺乏对实际自相关函数的知识，所以大多数理论都是用人为假定的函数开发出来的，并且这些函数的选择多半是因它们的可积分性，而不是因它们与自然条件符合。这些可积分函数的选择原则是基于它的哪种理论的散射曲线与实验散射曲线最接近。

最先采用的自相关函数是高斯函数[61]

$$\rho(\xi) = e^{-\xi^2/L^2} \tag{16.5}$$

式中，L是**相关长度**。该函数不仅容易进行积分，而且还可以得到与几何光学方法同样的结果[62]。同几何光学一样，由于这个函数不能解释频率上的变化，所以它不能真正代表相关函数，尽管它给出的散射曲线与接近垂直入射时的几条实验曲线相吻合。另一个最常用的函数是指数函数

$$\rho(\xi) = e^{-|\xi|/L} \tag{16.6}$$

上式与等高线图的分析有某些依据[60]，与高斯函数相比，它的结果在较大角度范围内符合地球表面和月球表面反射的雷达回波[60, 63]（但有时在接近垂直入射时不如高斯函数）。此外，它还具有给出了地物回波与频率的关系的优点。最后得到的功率（散射系数）变化表达式见表16.1。

表 16.1 散射系数的变化

相关函数	功率表达式	参考文献
$e^{-\xi^2/L^2}$	$\dfrac{K}{\sin\theta}e^{-(L^2/2\sigma_h^2)\tan^2\theta}$	Davies[61]
$e^{-|\xi|/L}$	$\dfrac{K\theta}{\cos^2\theta\sin\theta}(1+A\dfrac{\sin^2\theta}{\cos^4\theta})^{-3/2}$	Voronovich[5]

小扰动和双尺度模型

认识到现有的模型不足以描述海面散射，使人们认识到信号与表面上的小单元产生的谐振将严重影响接收信号的强度[64, 65]。因此，最初由Rice[66]提出的小扰动法就成为描述海洋散射最通用的方法，不久以后，该方法也用于描述陆地散射。

术语 **Bragg** 散射常用于描述小扰动模型的机理，该思路源于图16.6（b）所示的概念。

图16.6（b）示出一个复杂表面的单个正弦分量，入射雷达波的入射角为θ，雷达波长为λ，表面分量波长为Λ。当信号在信号源和两个连续波峰之间传播了$\lambda=2\Delta R$的额外距离时，则两个连续波峰回波信号之间的相位差为360°，因而所有回波信号都同相相加。若某个特殊

的Λ和θ满足该条件，则其他的θ和Λ都不满足该条件。因此，这是表面Λ特殊分量对已知θ的谐振选择。接收信号的强度正比于该分量的高度以及雷达照射到的波峰数量。如果表面有向下的弯曲，则满足谐振准则的雷达照射的波峰数量可以受基本平坦表面长度的限制，否则就受雷达分辨率的限制。

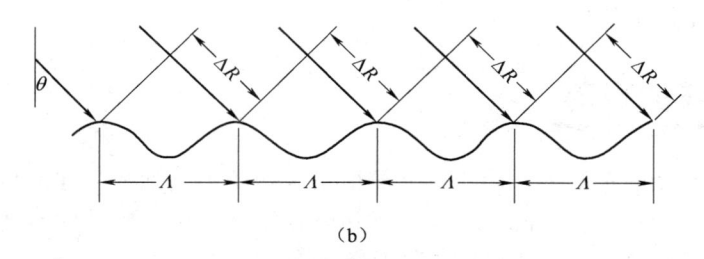

图 16.6（b） Bragg 散射的同相相加：$\Delta R = n\lambda/2$

散射系数的理论表达式为[67]

$$\sigma_{pq}^0 = 8k^4\sigma_1^2\cos^4\theta|\alpha_{pq}|^2 W(2k\sin\theta, 0) \tag{16.7}$$

式中，p、q 是极化下标（H 或 V）；$k = 2\pi/\lambda$（雷达的波数）；$\alpha_{HH} = R_1$（水平极化的菲涅耳反射系数）。

$$\alpha_{VV} = (\varepsilon_r - 1)\frac{\sin^2\theta - \varepsilon_r(1+\sin^2\theta)}{[\varepsilon_r\cos\theta + (\varepsilon_r - \sin^2\theta)^{1/2}]^2}$$

式中，ε_r 是相对介电常数 $\varepsilon' - j\varepsilon''$；$\alpha_{VH} = \alpha_{HV} = 0$；$W(2k\sin\theta, 0)$ 是归一化的粗糙度谱（表面自相关函数的傅里叶变换），它可写为 $W(K, 0)$，其中 K 是表面的波数。用表面的波长Λ表示，则

$$K = 2\pi/\Lambda$$

因此，满足 Bragg 谐振条件的表面分量为

$$\Lambda = \lambda/2\sin\theta \tag{16.8}$$

该式的意义是，对表面回波有最重要贡献的部分是波长为Λ的表面粗糙度分量。尽管其他分量可能**大得多**，但是 Bragg 谐振使该分量更加重要。这在海面上意味着，小波纹比数米高的海浪更重要；这同样适用于陆地表面散射。

在最初开发小扰动理论时，它仅适用于水平平坦表面的扰动，但人们很快对其修正用于大面积粗糙的表面。大面积粗糙被假设为是平坦表面的小**倾斜**，于是小扰动理论就可应用。这种方法的主要问题是，如何在表面频谱中确定引起倾斜的大分量和 Bragg 谐振的小分量之间的界限。许多文献都描述了该理论的演化。全面的综述，读者可参考 Fung 的文献[68]。

其他模型

关于立体散射体的理论已经有许多论文，并不断在产生。要想了解其中的某些方法，读者可查阅 Fung 的综述[69]，以及 Kong、Lang、Fung 和 Tsang 的论文。这些模型已比较成功地用于描述植被[80]、雪[71]和海冰[72]等散射体。用柱面来表征诸如麦之类的直的植被的模型已经取得一定成功[2, 73]。角反射器效应已用于描述非垂直入射角时建筑物反射的强回波[74, 75]。其他特殊的模型曾用于其他特殊情况。

关于表面回波的后续理论研究涉及解散射场的积分方程[76]。这种理论不仅用于验证其他

模型，也可以更好地描述已知粗糙表面的真实散射情况。这种方法往往计算量很大。关于散射的数值计算也是热门[77]。

不管使用哪种模型和方案来确定场强，理论研究仅能指导人们对地面散射的理解。实际地面异常复杂，难以用任何模型进行充分描述，并且人们很难知道信号穿透地面并在下面被散射的效果，因此难以进行估算。

16.4 地物回波的衰落

如果雷达装在移动的车辆上，由于移动照射了区域的不同部分使回波相位变化，雷达接收的地物回波幅度波动很大。实际上，即使雷达静止不动，由于植被的运动、风吹动电线等也常常观察到地物回波起伏。这种起伏被称为**衰落**。

由于必须考虑单一雷达回波样品与由 σ^0 描述的平均值差异很大这个事实，所以地物回波衰落对于雷达工程师非常重要。因此，系统必须能够处理可能超过 20dB 的衰落动态范围。

事实上不管用什么模型来描述地面状态，信号都是从不在一个平面上的各地位反射回来的。若雷达在照射某一地面时移过了一块地面，入射角就发生了变化，到照射表面各部分的相对距离也随之改变，结果使相对相移变化。这是求天线方向图时的和天线阵列相对相移随方向变化同一类的变化。对地物回波，距离是双倍的，所以长度为 L 的回波区方向图具有 $\lambda/2L$ 的波瓣宽度。这可和相同横向长度的天线具有的 λ/L 的波瓣宽度相比。由于散射阵列单元的激励是随机的，所以散射方向图在空间中也是随机的。

这种衰落现象通常用信号的多普勒频移来描述。由于目标不同部分所处的角度略有差别，因此，目标各部分反射信号的多普勒频移也略有差别。当然，多普勒频移就是运动引起的相位变化率。因此，已知目标的总相位变化率为

$$\omega = \omega_c + \omega_{di} = \frac{d\phi_i}{dt} = \frac{d}{dt}(\omega_c t - 2kR_i) \tag{16.9}$$

式中，ω_c 是载波角频率；ω_{di} 是第 i 个目标的多普勒角频率；ϕ_i 是第 i 个目标的相位；R_i 是雷达到第 i 个目标的距离。

多普勒频移可用速度矢量 $\boldsymbol{v}$ 表示为

$$\omega_{di} = -2k\frac{dR_i}{dt} = -2k\boldsymbol{v} \cdot \frac{\boldsymbol{R}_i}{R_i} = -2kv\cos(\boldsymbol{v}, \boldsymbol{R}_i) \tag{16.10}$$

其中黑体字母为矢量。因此，总场强由下式给出

$$E = \sum_i A_i \exp\left\{j\left[\omega_c t - \int_0^t 2k\boldsymbol{v} \cdot \frac{\boldsymbol{R}_i}{R_i} dt - 2kR_{i0}\right]\right\} \tag{16.11}$$

式中，A_i 是第 i 个散射体的场幅度；R_{i0} 是时间为零时的距离。

不同散射体标量积不同的唯一原因是速度矢量与至散射体方向之间的夹角不同。这就导致每一个散射体具有不同的多普勒频率。如果像大多数理论一样假定位置随机，则接收到的信号与具有随机相位和不相关频率的一组振荡源组产生的信号相同。对一组相位随机、频率不同的振荡器同样的模型常用于描述噪声。所以，**衰落信号的统计特性与随机噪声的统计特性相同**。

这就是说，接收到的信号的包络是一个幅度用瑞利分布描述的随机变量。对很多地面目标的回波，人们已经测量过其瑞利分布[23]。虽然实际的分布变化较大，但是对比较均匀的目

标，没有更好的描述方法。对瑞利分布，90%的衰落范围约为 18dB，因此一个单独脉冲的回波可以位于这个范围内的任意位置。

当目标信号由一个强回波（如金属屋顶反射的强回波）主导时，用噪声中的正弦波分布更合适描述这个目标的分布。如果这个强回波信号比其余回波信号的平均值大很多，则信号在强回波信号值附近趋近于正态分布。这种情况在近乎掠射条件下特别常见[17]。

为便于参考，下面给出两种分布[78]

$$p(v)\mathrm{d}v = \frac{v}{\psi_0}\mathrm{e}^{-(v^2/2\psi_0)}\mathrm{d}v \quad \text{（瑞利分布）}$$

$$p(v)\mathrm{d}v = \frac{v}{\psi_0^{1/2}}\mathrm{e}^{-(v^2+a^2)/2\psi_0}\mathrm{I}_0\left(\frac{av}{\psi_0}\right)\mathrm{d}v \quad \text{（正弦波＋瑞利分布）}$$

式中，v 是包络电压；ψ_0 是均方电压；a 是正弦波峰值电压；$\mathrm{I}_0(x)$是为虚自变量零阶第一类贝塞尔函数。

实际上，大型目标的分布比上述任何一种简单模型的分布都更复杂。确实，尤其在接近掠射时，回波信号常常用 K、威布尔或对数正态分布描述[79-81]。这些分布更常用于描述一个区域内不同回波之间的变化，而不是衰落信号。可以认为它们是当区域包含不同σ^0，且每个σ^0 的分布都是瑞利分布时会发生的情况。由于这一点，变化性的范围甚至会大于瑞利分布情况时的 18dB。

衰落速率的计算

计算多普勒频率是求衰落速率最容易的方法。为了在一个特定的多普勒频移范围内计算回波信号的幅度，必须将所有具有这种频移的信号相加。这就需要了解散射面上的多普勒频移等值线（等值多普勒频移线）。对于每一种特殊形状的几何都必须建立起这种多普勒频移等值线。下面用一个沿地球表面水平运动的简单例子来说明。它是普通巡航飞行飞机的一个典型实例。

假定飞机沿 y 方向飞行，z 代表垂直方向，高度（固定）$z = h$。于是有

$$\boldsymbol{v} = \mathbf{1}_y v$$
$$\boldsymbol{R} = \mathbf{1}_x x + \mathbf{1}_y y - \mathbf{1}_z h$$

式中，$\mathbf{1}_x, \mathbf{1}_y, \mathbf{1}_z$ 是单位矢量。因而

$$v_r = \boldsymbol{v} \cdot \frac{\boldsymbol{R}}{R} = \frac{vy}{\sqrt{x^2 + y^2 + h^2}}$$

式中，v_r 是相对速度。等相对速度曲线也是等多普勒频移曲线。该曲线的方程为

$$x^2 - y^2 \frac{v^2 - v_r^2}{v_r^2} + h^2 = 0$$

这是一根双曲线。零相对速度的极限曲线是一条垂直于速度矢量的直线。图 16.7 示出这样一组等多普勒频移曲线。

只要把雷达方程（16.1）稍加整理就可以计算衰落回波的频谱。因此，如果 $W_r(f_d)$是频率 f_d 和 $f_d+\mathrm{d}f_d$ 之间接收到的功率，则雷达方程变为

$$W_r(f_d)\,\mathrm{d}f_d = \frac{1}{(4\pi)^2} \int_{f_d \text{和} (f_d+\mathrm{d}f_d) \text{之间的照射区}} \frac{P_t G_t A_r \sigma^0 \mathrm{d}A}{R^4} = \frac{\mathrm{d}f_d}{(4\pi)^2} \int \frac{P_t G_t A_r \sigma^0}{R^4}\left(-\frac{\mathrm{d}A}{\mathrm{d}f_d}\right) \quad (16.12)$$

在此积分式中，f_d 和 $f_d+\mathrm{d}f_d$ 之间的面积元用沿着等值多普勒频移曲线的坐标和垂直于等值多普勒频移曲线的坐标来表示。对每一种特定情况都必须建立这两样的坐系。

图 16.8 示出水平传播时的几何形状。其中，坐标 ξ 是沿等值多普勒频移曲线方向；η 是垂直等值多普勒频移曲线方向。采用这种坐标，则式（16.12）可表示为

$$W_r f_d = \frac{\mathrm{d}\eta}{\mathrm{d}f_d}\left[\frac{\lambda^2}{(4\pi)^3}\right] \int_{n\text{条}}\left[\frac{P_t G^2 \sigma^0 \mathrm{d}\xi}{R^4}\right] \tag{16.13}$$

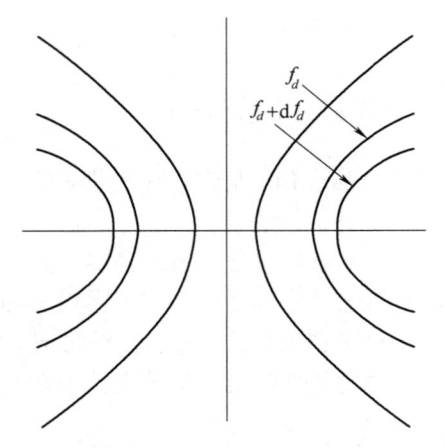

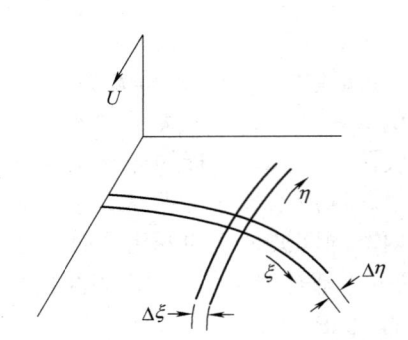

图 16.7 在地球平面上做水平运动时的多普勒频移等高线

图 16.8 计算复数衰落的几何关系图[37]

注意，积分中的发射功率 P_t 只有在照射到地面期间是非零的，其他时间为零。在脉冲雷达中，只有那些在特定时间内反射雷达回波的地面才被认为接收到有限的发射功率 P_t，并且脉冲、天线和最大速度都限制了回波出现的频率范围。

图 16.9 示出另一个例子，它是一种窄波束、窄脉冲、天线指向前方的雷达系统照射很小区域时的情况。在这种情况下线性近似不会有很大的误差。波束宽度为 ϕ_0 的天线发射一个宽度为 τ 的脉冲。为使问题简化，假定一个矩形的照射区 $R\phi_0 \times c\tau/(2\sin\theta)$。进一步，可忽略多普勒频移等高曲线的曲率。因此，可以认为所有最远点上的和所有最近点上的多普勒频率都相同。在这种假设之下，

$$f_{d\max} = \frac{2v}{\lambda}\sin\theta_{\max} \qquad f_{d\min} = \frac{2v}{\lambda}\sin\theta_{\min}$$

因此，多普勒频谱的总宽度为

$$\Delta f_d = \frac{2v}{\lambda}(\sin\theta_{\max} - \sin\theta_{\min})$$

对于窄脉冲和偏离垂直方向的情况，上式为

$$\Delta f_d \approx \frac{2v}{\lambda}\Delta\theta\cos\theta$$

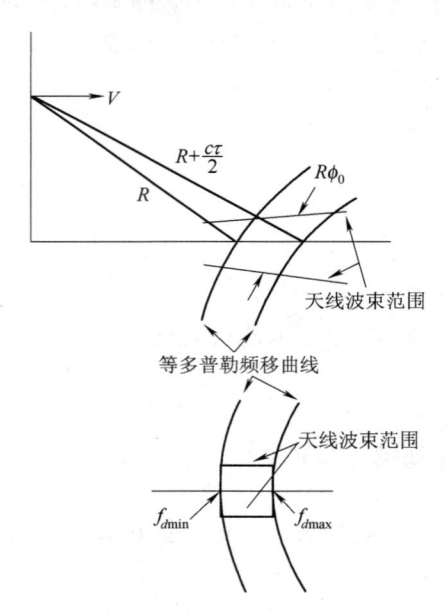

图 16.9 机载搜索雷达多普勒频移计算的几何关系图

用脉冲宽度表示，上式变为

$$\Delta f_d = \frac{vc\tau}{2h\lambda}\frac{\cos^3\theta}{\sin\theta} \tag{16.14}$$

如果在矩形照射区域内入射角的变化足够小，以致 σ^0 基本保持恒定，则多普勒频谱为一个从 f_{min} 到 f_{max} 构成的矩形。

实际上，天线波束并不是矩形的。这导致了侧视雷达的多普勒频谱不是矩形，而是和沿航迹方向的天线方向图形状相似。因而，若航迹方向的天线方向图是 $G = G(\beta)$，式中 β 是偏离波束中心的角度，则 β 可用多普勒频率 f_d 表示为

$$\beta = f_d \lambda / 2v$$

且频谱为

$$W(f_d) = \frac{\lambda^3 P_t \sigma^0 r_x}{2(4\pi)^3 R^3} G^2\left[\frac{\lambda f_d}{2v}\right]$$

式中，r_x 是距离方向的水平分辨率。当然，可用半功率点波束宽度来近似，结果产生式（16.13）给出的波束宽度。

检波的效应

文献中人们已广泛讨论过窄带噪声检波的效应。在这里仅需要说明上述例子检波后的频谱和考虑每秒钟内独立衰落样本的个数。图 16.10 分别示出平方律检波前后的频谱。如按平方律检波，则检波后的频谱是检波前频谱的自卷积。图中仅示出通过检波器中低通滤波器的部分。矩形**射频频谱**变成三角形**视频频谱**。

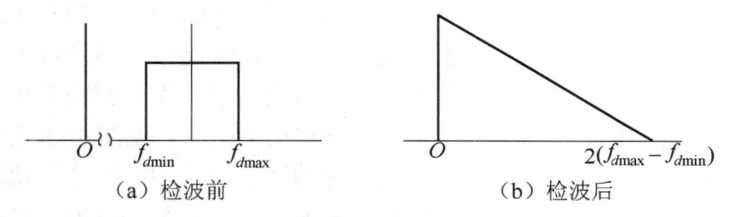

（a）检波前　　　　　（b）检波后

图 16.10　来自均匀小区域衰落的频谱

这一频谱描述了连续波雷达检波器输出端上的衰落。对于脉冲雷达，频谱是以脉冲重复频率抽样的。如果脉冲重复频率高到足以使整个频谱再现（脉冲重复频率高于奈奎斯特频率，$2\Delta f_d$），那么画出的图形就是在给定距离上所接收到的脉冲抽样频谱。图 16.11 示出移动雷达接收到的实际脉冲序列，后面接着在距离 R_1 上的样本序列。图 16.10 示出的频谱是距离 R_1 上的抽样包络的频谱（经低通滤波后）。根据式（16.13），在另一距离（或垂直角）上衰落的频谱是不同的。

为不同的目的，**独立样品**的数量很重要，因为这些样品可以使用非相关样品的基本统计原理进行处理。为进行连续积分，非相关样品的有效数量为[78]

$$N = \frac{\bar{P}_e^2 T}{2\int_0^T\left[1 - \frac{x}{T}\right]R_{sf}(x)\,dx} \tag{16.15}$$

式中，$\overline{P}_e$ 是包络平均功率；T 是积分（平均）时间；$R_{sf}(t)$ 是检波电压的自协方差函数。在许多实际应用中，若 N 足够大，上式可近似为

$$N \approx BT \tag{16.16}$$

式中，B 是有效中频带宽。短积分时间的影响可参考 Ulaby 等人的文献[82]。

当然，由于载车的运动使波束照射到地面上不同区域，则衰减样品也可以是独立的。因此，在一种特殊情况中，独立采样率可或由地面上照射区域的运动决定，或由多普勒效应决定，或者由两者的某种组合决定。

独立样品的数量决定了采用瑞利分布或其他分布的方式。因此，如果 100 个脉冲只给出 10 个独立的样品，则这些脉冲积累所得到平均值方差将远大于 100 个脉冲都独立时求得的值。

基于多普勒效应的系统，如多普勒导航仪、动目标指示器和 SAR 系统等，都依靠检波前频谱进行工作，因为它们是相参的，不用幅度或平方律检波。

动目标表面

杂波有时还有内部运动。当利用固定雷达观察海面和地面的运动时就会出现这种现象。在陆地上，虽然动物和机械运动会产生类似的效果，但杂波运动主要是由植被移动产生的。像图 16.8 所示的散射体集合产生的雷达回波，由于各散射体的运动会和雷达运动一样变化。所以，如果每个反射体是一棵树，风吹产生的树木摇动会使各散射体之间产生相对相移，导致回波衰落。对于固定雷达而言，这是除折射变化引起的非常缓慢衰减外唯一能观察到的衰落。如果表面单元是僵硬的，则它们不能充分移动来获得明显的多普勒扩展，于是衰落分布也不趋近于瑞利分布。固定雷达观察地面目标的更详细情况见本章的文献[17]和 Billingsley 的其他论文。而对于运动雷达而言，目标的这种运动改变了雷达和目标之间的相对速度，因此，其频谱不同于固定表面的频谱。由载车运动产生的频谱宽度决定了雷达探测这类目标运动的能力。

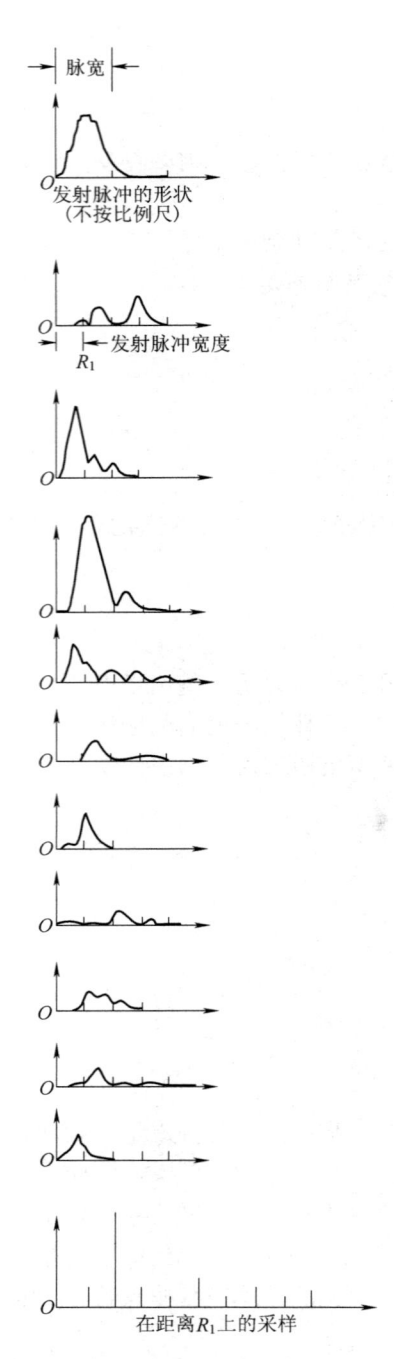

图 16.11 地面目标在运动雷达的接续脉冲中的衰减

16.5 地物回波测量技术

专用测量雷达和改装的标准雷达可用于测量地物回波。由于地物回波总是由散射作用引起的，因此，常把这些系统称为**散射仪**。这种系统既可以利用连续波信号（具有多普勒处理或没有多普勒处理），也可以使用脉冲或调频技术。能够测量大范围频率内响应的散射仪被称为**频谱仪**[83]。从笔形波束到扇形波束的各种天线方向图都可采用。测量全极化矩阵的系统必须使用谨慎设计的天线，以良好控制不同发射和接收极化之间的相位，并彻底抑制各个极化之间的渗漏。

连续波和调频连续波系统

最简单的散射仪采用固定的连续波雷达。这类系统并不灵活，但在这里对其详细讨论，以阐明那些也适用于更复杂系统的校正技术。

图 16.12 是连续波散射仪的方框图。为估算 σ^0，需要知道雷达发射功率与接收功率之比。图 16.12（a）所示系统分别测量发射机功率和接收机灵敏度。发射机通过定向耦合器将能量馈送到天线，以便有一小部分能量可馈送到功率计。接收机具有单独的（与发射天线电气隔离）天线。接收机的输出经检波、平均，并进行数字式记录。接收机灵敏度必须利用校准源检查。校准信号在发射机关机时馈入接收机。图 16.12（b）示出一个类似的安排，其中，发射信号衰减一个已知量，用于检查接收机增益。通过比较衰减过的发射输出信号和接收到的地物回波信号，就可判定散射截面积，而无须知道实际的发射功率和接收机增益。

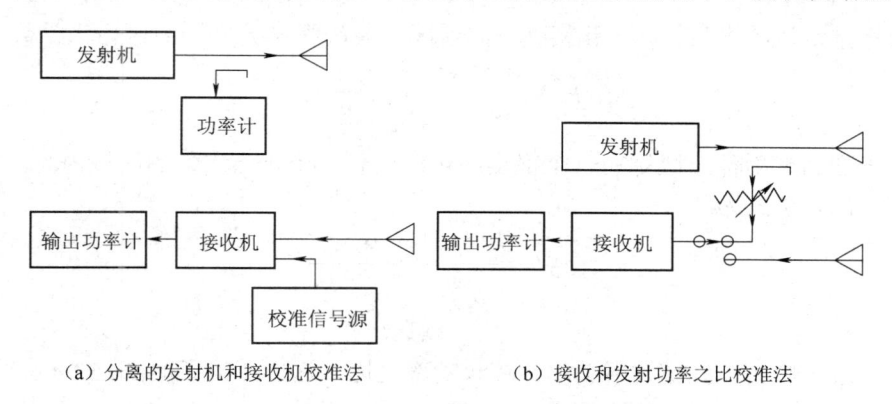

（a）分离的发射机和接收机校准法　　（b）接收和发射功率之比校准法

图 16.12　连续波散射仪系统框图

如不知天线方向图和其绝对增益，则图 16.12 所示的校准方法是不完全的。由于精确测量增益非常困难，因而，绝对校准可通过比较被测目标的接收信号（经适当的相对校正）和一个标准目标的接收信号获得。标准目标可以是金属球、Luneburg 透镜反射器、金属板、角反射器或有源雷达校准器（ARC，实际上是转发器）[84, 85]。在无源校准器中，Luneburg 透镜反射器最佳，因为它具有相对其体积大的截面积和很宽方向图，使对准的要求不苛刻。Luneburg 透镜反射器常用来生成小舰船的强雷达目标，并可从供应市场的公司购得。

关于不同无源校准目标方法相对优点的讨论，可参阅 Ulaby 等人的文献[86]。理想接收

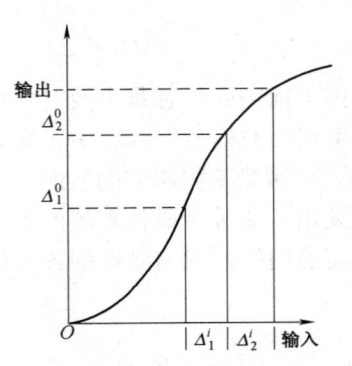

图 16.13　典型的接收机输入-输出曲线
（显示出非线性影响）

机与其输入成线性响应关系，因此，在某一输入电平上校准一次，就能满足对所有电平的校准。但是，由于检波器特性和强信号会使其放大器饱和等原因，一般接收机都具有一点非线性。图 16.13 示出一条典型的接收机输入-输出关系曲线。如图所示，输入信号中两个相等的增量（Δ^i）由于曲线的非线性在输出端产生不同的增量。由于这个原因，接收机必须在输入电平的一个范围内进行校准，并在数据处理过程中对非线性加以补偿。

连续波散射仪依靠天线波束来识别不同入射角度和不同目标。通常假定：天线方向图在实际的 3dB 点之内增益恒定，而在 3dB 点之外增益为零，显然，这不是一种精确的描述。如果大目标出现在主瓣的边侧或副瓣所照射的位置，则它们产生的信号对回波影响很大，以致回波发生显著变化。由于数据整理过程将认为这个改变了的信号来自主瓣方向，所以得到的 σ^0 值是错误的。由于垂直入射的回波信号一般都很强，垂直入射方向的响应常常会引起麻烦。故必须精确了解天线方向图，并在数据分析时予以考虑。带有强副瓣的方向图是显然不能采用的。

散射系数可用下式确定。

$$P_r = \frac{P_t \lambda^2}{(4\pi)^3} \int_{\text{照射区}} \frac{G_t^2 \sigma^0 \mathrm{d}A}{R^4}$$

式中，积分区是雷达的强照射区，包括副瓣照射区。通常假定 σ^0 在照射区内为常数，因此，

$$P_r = \frac{P_t \lambda^2 \sigma^0}{(4\pi)^3} \int_{\text{照射区}} \frac{G_t^2 \mathrm{d}A}{R^4} \tag{16.17}$$

只有当天线将辐射能量限制在一个很小的角度内和一个相当均匀的区域内时，上述假设才为真。得到的表达式为

$$\sigma^0 = \frac{(4\pi)^3 P_r}{P_t \lambda^2 \int_{\text{照射区}} \frac{G_t^2 \mathrm{d}A}{R^4}} \tag{16.18}$$

注意：在这里只需要知道发射功率与接收功率之比，这也证实了图 16.12（b）所示的方法。有时假定 R、G_t 或二者在照射区域内不变，但是，只有检查了这种近似假定对具体问题的有效性后才能考虑将其用于式（16.18）。

如果把式（16.18）的方法用于一系列测量的结果，表明 σ^0 在有效照射区域内的确很可能发生变化，则这一变化可用作一阶近似式来确定描述 σ^0 随 θ 变化的函数 $f(\theta)$，而下一阶近似成为

$$\sigma^0 = \frac{(4\pi)^3 P_r}{P_t \lambda^2 \int_{\text{照射区}} \frac{f(\theta) G_t^2 \mathrm{d}A}{R^4}} \tag{16.19}$$

正确的散射截面积测量要求对天线增益 G_t 进行精确而又完整的测量。这可能要花费很多

时间和费用，特别是在天线安装在飞机或其他金属物体上时。但是，完整方向图是正确散射体测量必需的。

测距系统

雷达具有的分辨不同距离上回波的能力与定向的天线波束一起可有利地简化散射测量。尽管测距散射仪可用更特殊的调制，但绝大多数测距散射仪采用脉冲调制或频率调制。这里只讨论脉冲调制测距系统，因为其他测距系统都可简化为等效的脉冲系统，所以这里讨论的大多数结果具有普遍意义。

图 16.14 示出脉冲调制测距所用的方法。图 16.14（a）所示为圆形笔状波束。在接近掠射角入射时，圆形天线方向图的照射区域变得相当长（照射区域为椭圆），于是利用脉冲长度将照射限制到区域的一部分是有益的。确实，对非常接近掠射的角度，这是分辨小区域的唯一令人满意的方法。许多系统采用波束宽度设定接近垂直方向的测量区，但采用距离分辨率来设定 60° 以外的测量区。

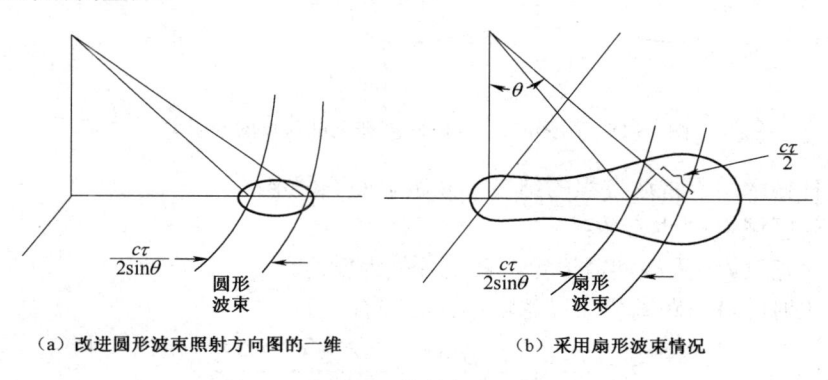

（a）改进圆形波束照射方向图的一维　　（b）采用扇形波束情况

图 16.14　适用于散射仪的距离分辨率

图 16.14（b）示出一种更好地利用测距性能的天线方向图。利用扇形波束在地面上照射出一个窄条，而距离分辨率则根据回波返回的时间分辨出由不同角度反射的回波。这种方法在远离垂直线的角度上特别有效，因为与接近擦地时相比，接近垂直入射时的分辨率差得多。

如果假设 σ^0 基本上保持不变，增益不变，矩形脉冲，并可忽略分辨单元内的距离差，则 σ^0 的表达式变为

$$\sigma^0 = \frac{P_r (4\pi)^3 R^3 \sin\theta}{P_t \lambda^2 G_0 \phi_0 r_R} \tag{16.20}$$

式中，r_R 是近距离分辨率。

Janza 详细报告了脉冲测距雷达散射仪的校准问题[87, 88]。

连续波-多普勒散射仪

一种便利的机载测量方法采用连续波系统同时测量多个角度上散射系数，其中，与不同角度对应的相对速度通过分离其多普勒频率进行区分。在这种系统中利用扇形波束可以同时测量雷达载机前方和后方目标的散射系数，如图 16.15 所示。图中也示出天线照射在地面上

的方向图与两条等值多普勒频谱线（恒定多普勒频率线）交叉的情况，以及两条谱线之间的频谱宽度。它们之间的距离为

$$\Delta\rho = R(\sin\theta_2 - \sin\theta_1)$$

及

$$\Delta f_d = \frac{2v}{\lambda}(\sin\theta_2 - \sin\theta_1)$$

因此，地面上的单元宽度与多普勒频率带宽的关系为

$$\Delta\rho = \frac{R\lambda}{2v}(\Delta f_d)$$

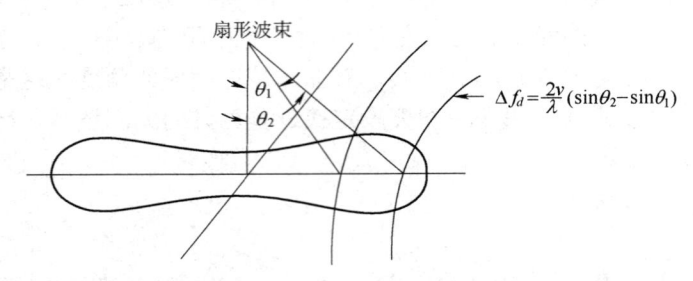

图 16.15 扇形波束连续波-多普勒散射仪的分辨率

这是将这种技术用于雷达方程的结果，并做了如下假定：
(1) 在照射区域内 σ^0 为常数；
(2) 在波束宽度 ϕ 内天线增益恒定，其余各处为零；
(3) 在小照射区域内距离变化可忽略不计。则有

$$P_r = \frac{P_t \lambda^2}{(4\pi)^3}\int\frac{G_t^2 \sigma^0 dA}{R^4} = \frac{P_t \lambda^4 \sigma^0 G_0^2 \phi \Delta f_d}{2vR^2} \tag{16.21}$$

因而

$$\sigma^0 = \frac{P_r}{P_t}\frac{2vR^2}{\lambda^2 G_0^2 \phi \Delta f_d} \tag{16.22}$$

多普勒散射仪不需采用前向-后向波束。Seasat[89]和 NSCATT[90]星载多普勒散射仪设计成有两个波束（斜视）指向地面轨迹法线的前后方向。

测量精度所需的独立抽样

瑞利分布很确切地描述了信号衰落的规律。如果假定信号按瑞利分布衰落，则图 16.16 中示出了给定某个精度所需的独立样品数。图中定义的**精度范围**是指在分布上 5%与 95%两点之间的平均值范围。这一精度范围与任何天线方向图校准和认知相关的精度问题无关。

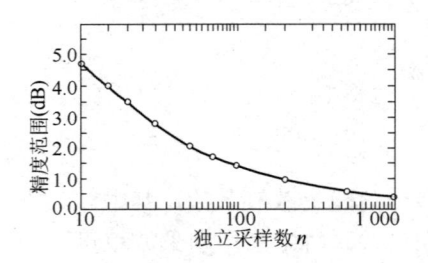

图 16.16 衰落信号的平均值精度

测量精度取决于**独立样品**的数目，而不是样品总数。通过适当的分析，由式（16.15）和式（16.16）可得到独立样品的数目。该分析假设只有多普勒影响衰落独立性，但从一个单元向另一个单元的运动

将增加独立样品数。因而，这类样品的总数约等于式（16.13）算出的数与平均地面单元数的乘积。图 16.17 示出了水平移动的散射仪波束指向前方时，几个入射角对独立样品数影响的实例。

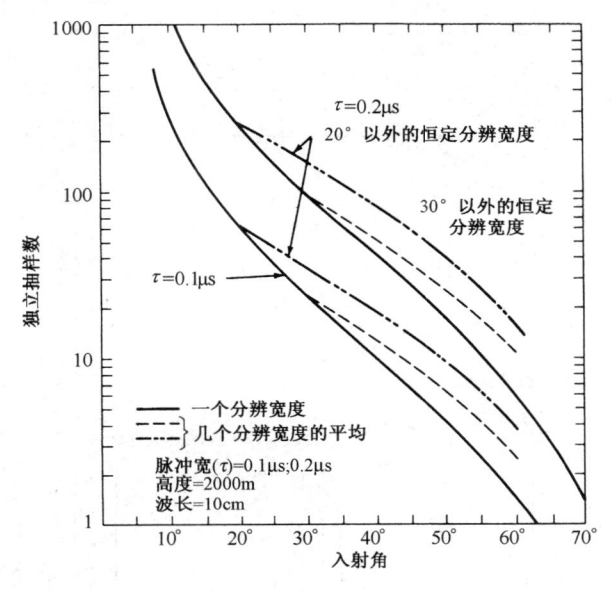

图 16.17 散射仪独立抽样数随入射角变化的实例

研究从此类分析中得到的结果表明，在散射系数不随角度迅速变化的区域内，尽可能宽的角度（利用更长脉冲或连续波－多普勒系统更宽的滤波器）可以给出沿地面上移动已知距离的独立样品最大数量。

接近垂直入射的问题

在大多数声称包含垂直入射散射的已发表雷达回波数据中，所给出的垂直入射散射系数太小。这是用有限的波束宽度或脉冲宽度测量接近垂直的入射的散射系数的一个基本问题的后果。随着入射角逐渐接近垂直方向，大部分目标的近乎垂直雷达回波都迅速下降。因此，进行测量的波束宽度或脉冲宽度一般都包含来自某些区域的回波信号，这些区域的 σ^0 值相差许多分贝数。由于散射系数在接近垂直入射时的变化比入射角度偏离垂直方向 10° 或 20° 以后的变化快得多，所以在垂直入射时问题最为严重。此外，由于垂直方向上角度标度中断，也使问题复杂化，这使得中心位于垂直方向上的波束使其方向图两侧目标的 σ^0 均减弱，而偏离垂直方向的波束使一侧目标的 σ^0 增强，另一侧目标的 σ^0 减弱。

图 16.18 示出 σ^0 随 θ 急剧下降时会产生什么后果。式（16.1）的雷达回波积分是卷积积分。图中示出了波束方向图与 σ^0 曲线的卷积。显然，结果表明接近垂直方向上的 σ^0 变化在垂直方向上的平均值低于它的实际变化。

图 16.19 是一个实例[91]，它基于"立体波观察计划"[92]报道的频谱推导出的海面理论散射系数。从图中可以清楚地看出不同波束宽度对散射系数的影响。

如上所示，采用脉冲或其他测距系统进行测量所报道的地面散射截面积值总是有误差的，因为在接近垂直方向上系统几乎不可能分辨窄的入射角度变化。在近距离上，我们可以对天线进行构造，使有一平面波打到地面。当做了这项工作后，接近垂直方向的散射系数就可以恰当描述它随角度的变化[93]。

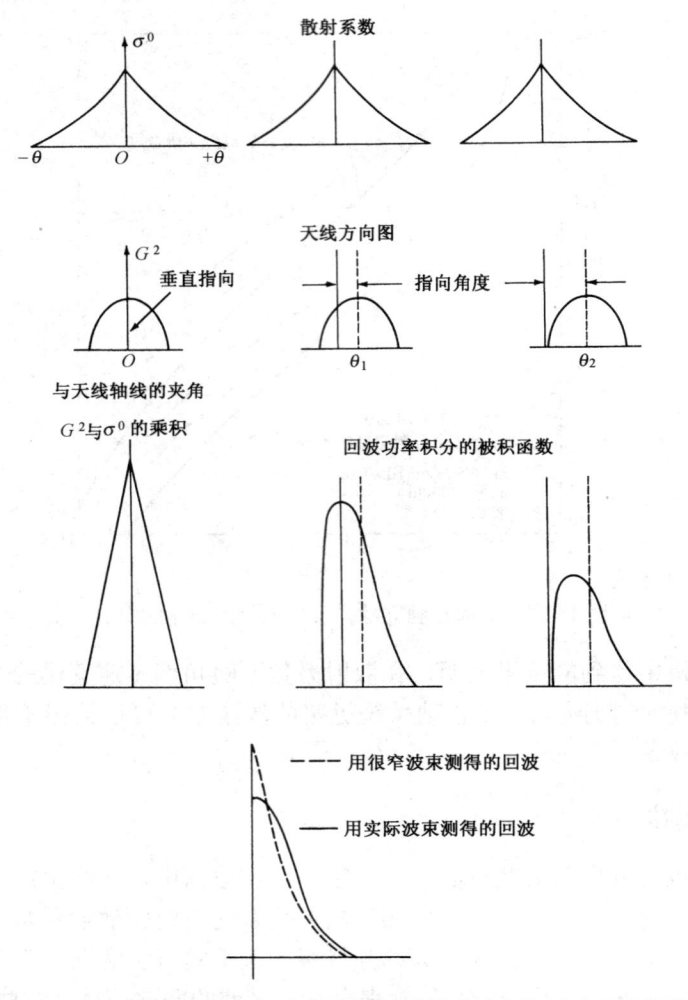

图 16.18　有限波束宽度如何在测量散射系统时引起接近垂直时的误差

地面的和直升机散射仪和频谱仪

许多地面散射测量都采用安装在吊车和直升机上的测量系统进行。它们中的绝大多数都是调频-连续波系统[94, 95]，使用大带宽来获取极额外的独立样品而非高分辨率。某些系统还采用超宽带来实现高距离分辨率，精确定位散射源[96]。此外，它们中的大多数都具有多极化能力，某些还有测定极化方式的能力，因为正交极化的两个接收信号相位可测。

调频-连续波散射仪的基本组成如图 16.20 所示。扫频振荡器必须产生线性扫频，用钇铁石榴石（YIG）调谐振荡器这很容易实现，但若用变容二极管调谐则需要线性化电路。许多系统使用数字波形合成来获得扫频波形。如果采用双天线（见图 16.20），则必须考虑波束重叠问题[98]。人们有时也采用带有环流器（隔离发射机和接收机）的单天线系统。由于环流器内部反射和泄漏，单天线系统的性能低于双天线系统。

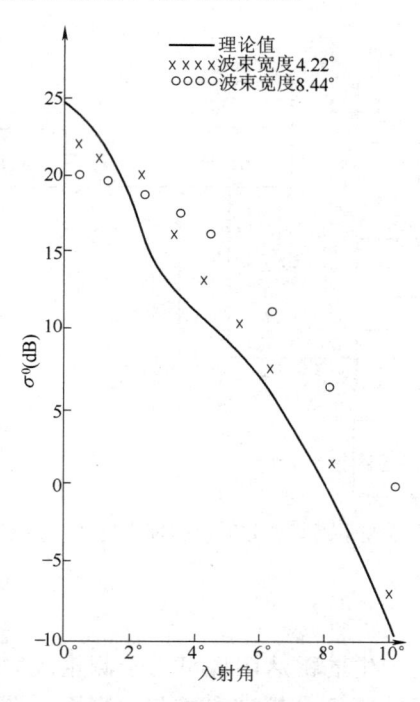

图 16.19　天线波束宽度对作为入射角的函数的散射系数测量的影响

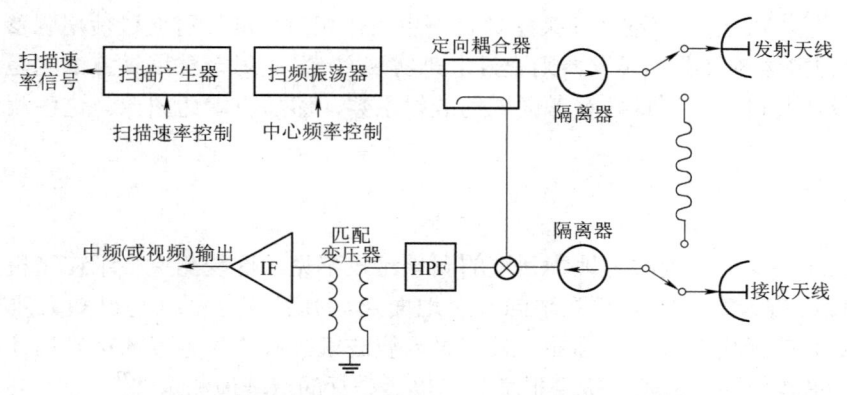

图 16.20　调频-连续波散射仪射频部分的基本框图

  图 16.21 示出一种能在一定空域内测量散射系数的系统。通过确定回波的频谱，用户可获得不同距离的散射系数。该系统已经用于判定植被[43-45]和雪地中的散射源。

  超声波在水中的传播可用于模拟电磁波在空气中的传播[99-101]。由于传播速度不同，1MHz 音频对应 1.5mm 的波长。对很多建模测量而言，这个波长很方便。当然，1MHz 频率范围内的设备在很多方面比微波范围内的设备容易操作。同时，这种设备肯定比工作在 1.5mm 波长的微波设备操作更简单，而且更经济。

  音频平面波和电磁平面波满足同样的边界条件。若散射表面不平，且当入射角相当倾斜时，声波和电磁波之间的类似性稍差。当然，声频系统不能模拟交叉极化。

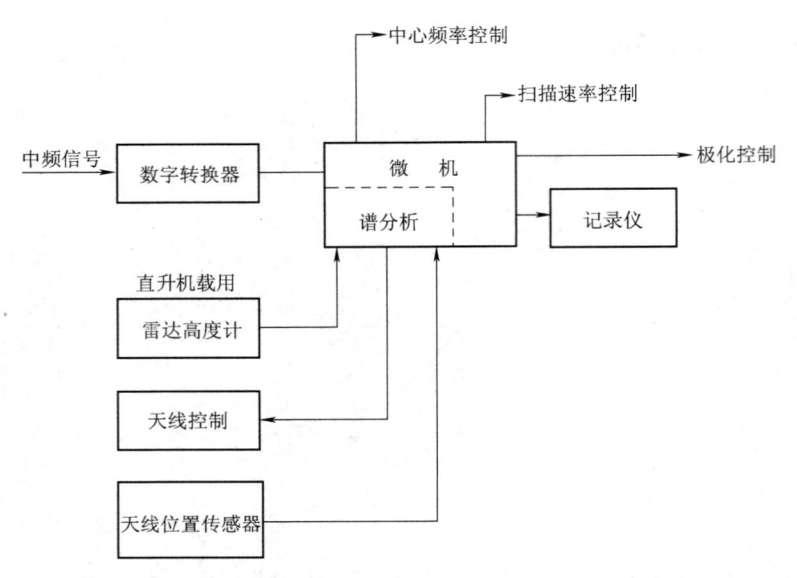

图 16.21 调频-连续波距离鉴别散射仪的基本框图：控制和数据处理系统

由图像测得的散射系数

实际雷达或合成孔径雷达产生的雷达图像可用于测量散射系数。但令人遗憾的是，大多数的这些系统都是未校准的，或者是校准得很差，因而当图像在不同日期产生时，它们的结果都或多或少具有不确定性，甚至在相对的基础上也如此。某些系统已经引入了相对校准[20, 28, 31, 102-104]。绝对校准（在某些场合下也用作相对校准）可通过使用强参考目标［具有 ARC（有源雷达校准器）转发器则更好］来实现[85, 105]。另一种用过方法则是，用已经校准过的地面或直升机系统测量各参考区域的散射系数，然后将雷达图像与这些测量值进行比较[102, 106]。

双基地测量

当发射机和接收机分置时，地物回波的测量比较罕见。这些测量很难在飞机上进行，因为发射机和接收机天线必须同时观察同一个地面点，并且信号必须与已知天线视角相关起来。此外，回波的极化方式难于确知，且有时天线波束公共照射区域的精确尺寸和形状也难以确定。由于这些原因，文献中极少报道从飞机上进行的双基地测量[107]。

水道试验站[42]和俄亥俄州立大学[2, 6]团队利用电磁波进行了实验室双基地测量，堪萨斯大学[100]团队利用声波做过同样的测量。贝尔电话实验室做过激光辐射双基地测量[108]。堪萨斯大学还完成了建筑物 C 波段双基地测量[109]。其他基于地表的测量也有报道[110, 111]。

由于发射机功率和接收机灵敏度都必须采用绝对基准，所以在实验室外进行双基地测量会更复杂。然而，在实验室中可利用类似于单基地测量的方法。

16.6 散射系数的一般模型（杂波模型）

20 世纪 70 年代开展的散射测量产生了大面积地面的平均后向散射模型。特别是，其中包括用美国天空实验室辐射计-散射仪（RADSCAT）[83, 112]和用堪萨斯大学车载微波有源频谱仪（MAS）[112, 113]进行的测量。人们在相同数据的基础上开发出了两个不同模型，一个是线性模型，另一个是用更加复杂方程描述的模型。在此仅给出线性模型。这些模型都是用于计算**平均**散射系数的，而且模型不包含系数在平均值周围的变化。但是，通过分析航天飞机成像雷达（SIR）数据，人们可估算不同大小照射面积的期望散射系数变化。

几十年以来，人们掌握了不同入射角上雷达后向散射的一般特性，如图 16.22 所示。对于类似极化波，散射可分解为三个角度区域：接近垂直区（**准镜面反射区**）；15°～80° 的中间角度区（**平台区**）；接近擦地入射区（**阴影区**）。交叉极化的散射没有独立的准镜面反射区和平台区（平台区延伸到垂直区），且对是否存在阴影区所知甚少。

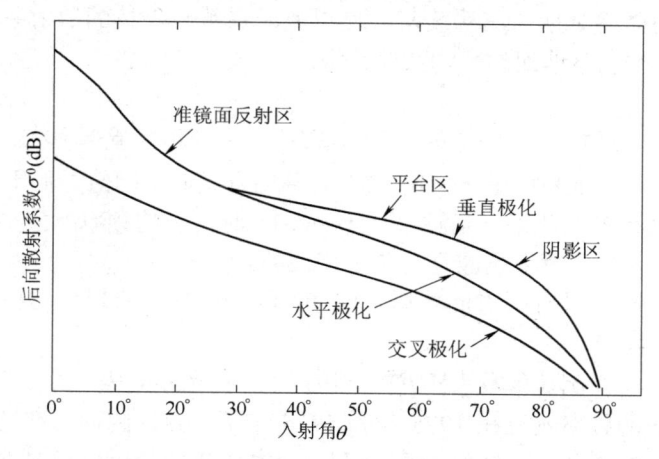

图 16.22　散射系数随入射角变化的一般特性 [37]

几乎每一种地形的测量数据都十分符合下面的形式：

$$\sigma^0 = A_i e^{-\theta/\theta_i} \tag{16.23a}$$

或

$$\sigma^0_{dB} = 10 \lg A_i - 4.3434(\theta/\theta_i) \tag{16.23b}$$

式中，值 A_i 和 θ_i 在接近垂直区和中间区是不同的常数。图 16.23 示出这种变化的一个实例。没有理论可得出这个结果，但几乎所有的测量数据都十分符合这个模型，并且在相关区域内该模型与大多数理论曲线极为近似。这个简单的结论表明，尽管许多遥感应用需要采用更复杂的模型，但是简单的杂波模型仍可开发应用。

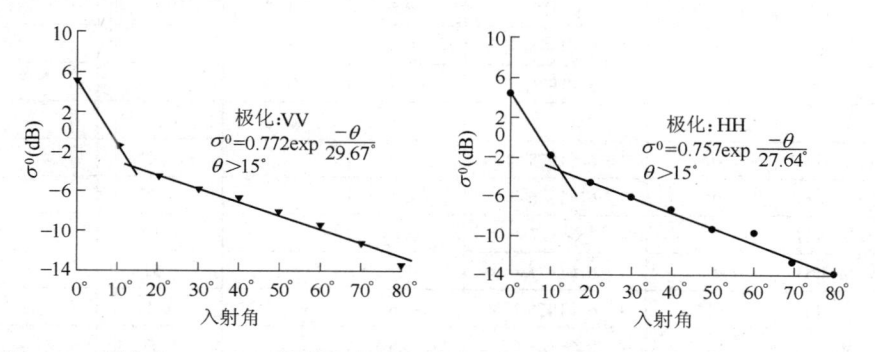

图 16.23　频率为 13.8 GHz 的微波有源散射仪在两年内测得的耕地数据平均值回归[14]

线性模型[114]的基础是空间实验室在北美地区的实验结果[115]和堪萨斯大学利用微波有源频谱仪（MAS）三个完整季节内对耕地的测量结果[116]的综合。空间实验室 13.9GHz 的辐射计-散射仪（RADSCAT）在地面上的有效照射区由垂直方向时的 10km 圆到入射角为 50° 时的 2km×30km 椭圆。而 1.1GHz 微波有源频谱仪在 50° 时，有效照射区为 5.5m×8.5m，17GHz 时为 1.4m×2.1m，且成百万计的测量结果取平均后应用于该模型。因为空间实验室的数据仅在一种频率下获得，并且在该频率下两实验的结果本质上是相同的，所以模型呈现的频率响应完全取决于微波有源频谱仪的测量数据。

空间实验室的夏季观测包括沙漠、草原、耕地和森林，而堪萨斯大学仅测量耕地。但是，耕地在生长季节的初期和后期基本上是裸露的，除水分含量不同外，它与夏季的沙漠相似。在农作物生长的鼎盛时期，庄稼茂密，使得散射系数与森林的散射系数相似。总之，整个模型似乎代表了夏季北美地面的平均散射系数。

该模型形式为

$$\sigma_{dB}^0(f,\theta) = A + B\theta + Cf + Df\theta \qquad 20° \leq \theta \leq 70° \qquad (16.24a)$$

式中，A、B、C、D 对高于和低于 6GHz 的不同极化方式取不同值。低于 6GHz 的频率响应比高于 6GHz 时陡峭得多。此外，当频率高于 6GHz 时，它的频率响应与入射角无关，因而 $D=0$。而在更低的频率时，频率响应是与角度相关的。

当角度小于 20° 时，只有两点的数据，即 0° 和 10° 的，所以在这些点分别进行频率回归。这些角度的模型为

$$\sigma_{dB}^0(f,\theta) = M(\theta) + N(\theta)f \qquad \theta = 0°,10° \qquad (16.24b)$$

由于低于 6 GHz 的频率响应在 1975 年和 1976 年不一致，因而，在这两年模型具有不同的常数值。堪萨斯州在 1976 年非常干燥，因此，1975 年的值可能更具有代表性，但在此仍给出这两年的值。常数值见表 16.2。图 16.24 表明，中等入射角范围的杂波模型是频率的函数。由于垂直极化和水平极化的结果相似，所以此图仅是对于垂直极化的。

表 16.2 线性散射模型的常量（夏季*）

方程式	极化方式	角度范围	频率范围（GHz）	常量 A 或 M (dB)	角度斜率 B 或 N (dB)	频率斜率 C (dB/GHz)	斜率修正 D (dB/((°)·GHz))
16.24a	V	20°～60°	1～6（1975 年）	-14.3	-0.16	1.12	0.0051
	V	20°～50°	1～6（1976 年）	-4.0	-0.35	-0.60	0.036
	V	20°～70°	6～17	-9.5	-0.13	0.32	0.015
	H	20°～60°	1～6（1975 年）	-15.0	-0.21	1.24	0.040
	H	20°～50°	1～6（1976 年）	-1.4	-0.36	-1.03	
	H	20°～70°	6～17	-9.1	-0.12	0.25	
16.24b	V 和 H	0°	1～6（1975 年）	7.6	...	-1.03	
	V 和 H	0°	1～6（1976 年）	6.4	...	-0.73	
	V 和 H	0°	6～17	0.9	...	0.10	
	V 和 H	10°	1～6（1975 年）	-9.1	...	0.51	
	V 和 H	10°	1～6（1976 年）	-3.6	...	-0.41	
	V 和 H	10°	6～17	-6.5	...	0.07	

*引自文献[114]。

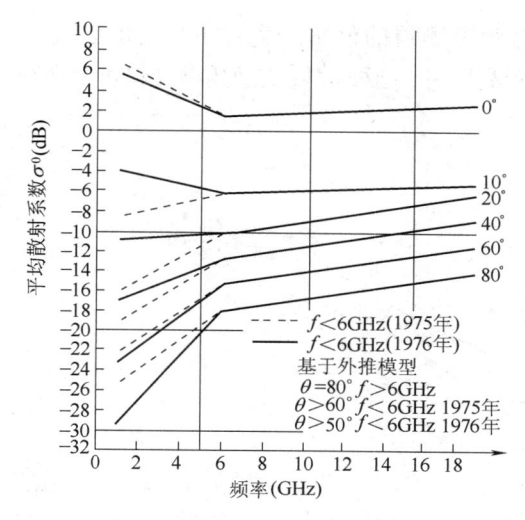

图16.24 一般地面散射杂波模型（垂直极化）；水平极化非常相似[114]

Ulaby 根据堪萨斯植被散射数据开发出一种不同的、更复杂的模型[117]。该模型符合测量数据的曲线，而不是直线。在大多数应用中，直线模型已经够用，且也更容易使用。

在非常有限数据[118, 119]的基础上，有雪覆盖的草地直线模型与植被的直线模型相似。这些数据仅仅是美国科罗拉多州一个季节的数据，当时雪的厚度仅为50cm。这也意味着，当频率低于 6GHz 时，电磁波可能穿透雪层到达地面。不过，该模型仍指示出这种重要状态下人们可期望的结果。表16.3给出式（16.24a）使用的常数。

表16.3 雪地地面测量值的回归结果*

时间	极化方式	频率范围 （GHz）	常数 A （dB）	角度斜率 B （dB/°）	频率斜率 C （dB/GHz）	斜率修正 D （dB/((°)·GHz)）
白天	V	1～8	−10.0	−0.29	0.052	0.022
白天	V	13～17	0.02	−0.37	−0.50	0.021
白天	H	1～8	−11.9	−0.25	0.55	0.012
白天	H	13～17	−6.6	−0.31	0.0011	0.013
夜晚	V	1～8	−10.0	−0.33	−0.32	0.033
夜晚	V	13～17	−10.9	−0.13	0.70	0.00050
夜晚	H	1～8	−10.5	−0.30	0.20	0.027
夜晚	H	13～17	−16.9	−0.024	1.036	−0.0069

*引自文献[114]。注：$\theta=20°\sim70°$。表中的系数值也认为是模型的系数值。

雪地散射强烈取决于雪的上表层自由水的含量，因而与夜晚干燥的雪地相比，白天潮湿雪地的散射非常弱（雪在太阳光照射下会溶化）。因此，通过比较图16.25所示的昼夜测量数据，说明白天和夜晚须使用不同的模型。在35GHz时，雪地昼夜之间的散射差异更显著，但是由于缺乏 17～35GHz 的散射数据，因而模型不包括35GHz。

尽管没有对森林开发出特别的杂波模型，空间实验室辐射计-散射仪和海洋探测卫星散射仪的结果表明，亚马孙雨林的散射几乎与入射角度无关，甚至在接近垂直入射时也同样如此[120]。13.9GHz、33°入射角时测得的值平均为-5.9dB±0.2dB。C 波段得到类似结果[121]。SIR-B、SIR-C 和 JERS-1 的观测表明，这种 σ^0 缺乏随角度变化也出现在 1.25GHz 频率上[122, 123]。

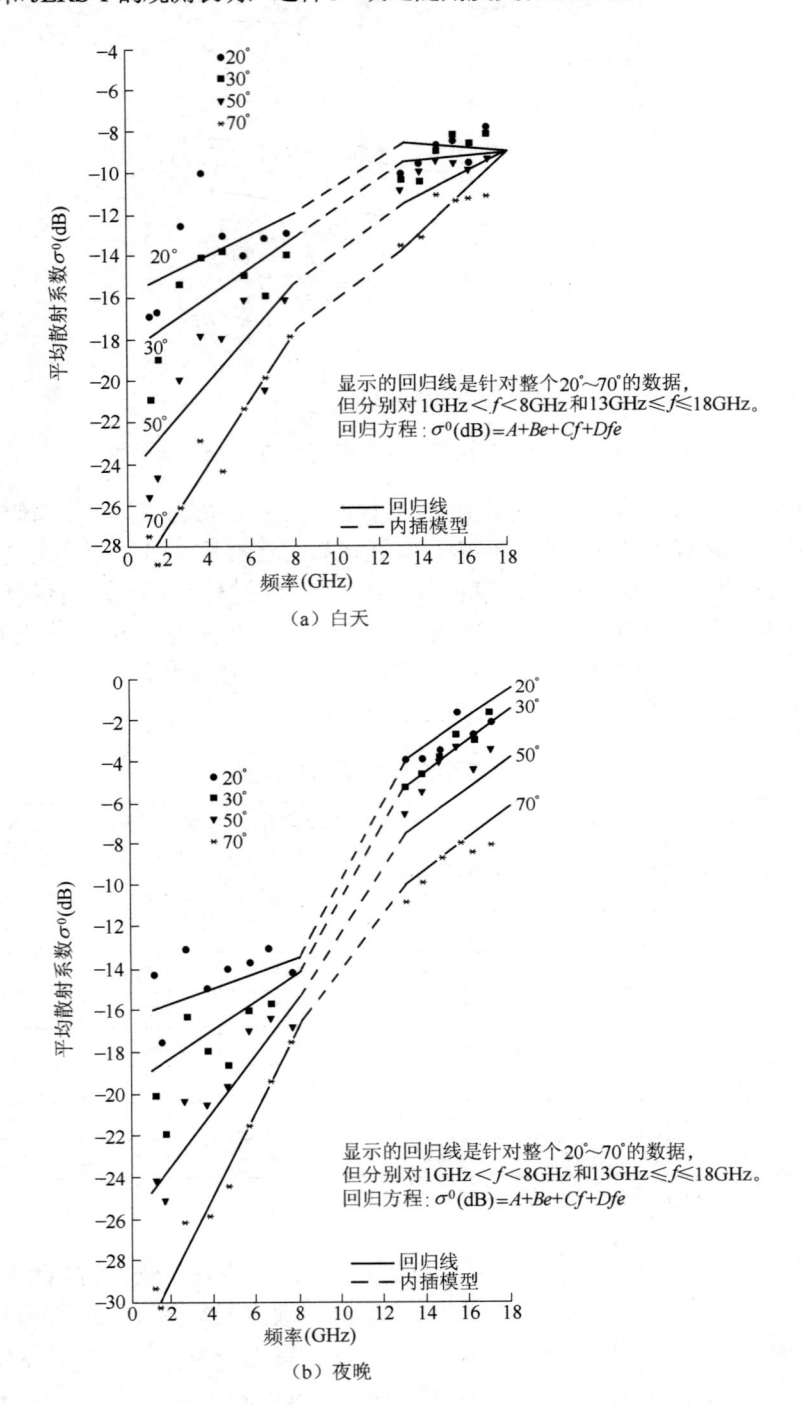

(a) 白天

(b) 夜晚

图 16.25　雪地垂直极化杂波模型的回归曲线。注意其中的巨大差别，水平极化与此类似[114]

上述的模型都是基于大观测区域上的平均值的。在这种情况下，地区到地区之间的变化较小,特别是在中等入射角度时。图 12.26 示出的是天空实验室辐射计-散射仪在北美测量到的最大、最小和平均值。在垂直方向附近散射截面积变化较大,显然是由水面的镜面反射效应造成的。有效照射区越小,σ^0 的变化越大。通过对 SIR-B 在不同波束照射区观察到的平均值的研究得到的散射变化如图 16.27 所示。对于小的波束照射区,大面积区域内的散射变化较大,系统设计师必须予以考虑。

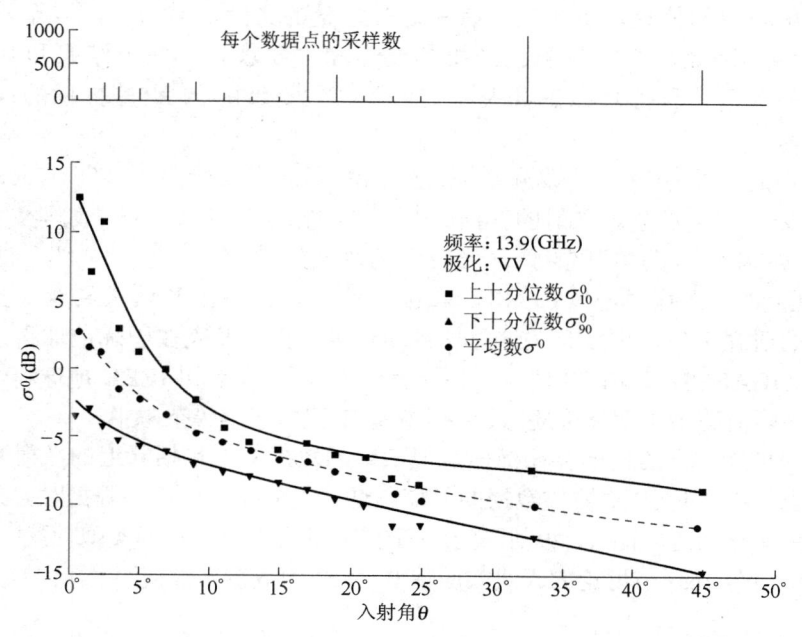

图 16.26 空间实验室散射仪在北美观测到的夏季最大、最小和平均的地面散射截面积 σ^0(dB)
(引自 Moore 等人 1975 年堪萨斯大学遥感实验室技术报告 243-12)

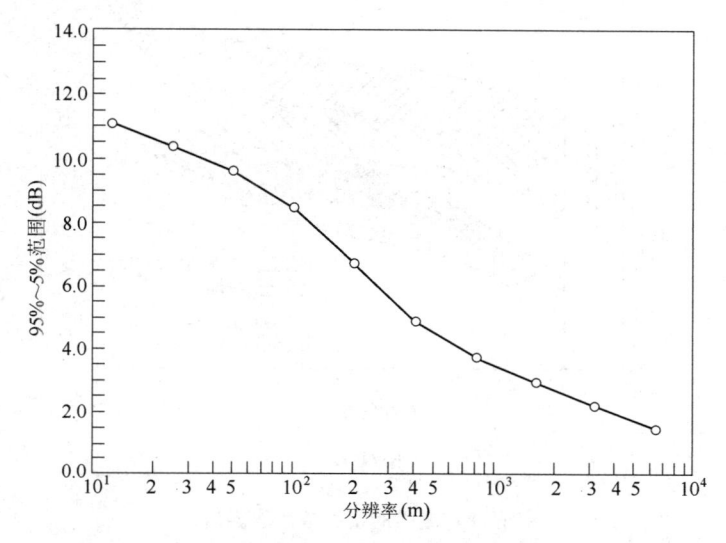

图 16.27 90%范围内的像素幅度与分辨率的关系曲线

16.7 散射系数数据

人们在 1972 年前就通过大量实验项目收集了雷达散射系数数据，而具有"地面实际"意义的大规模数据收集得却很少。但 1972 年后的几个重要项目改变了这种情况，收集了大量现在可利用的信息。事实上，有关这种息量的文献非常众多，以至几乎不可能对其进行透彻归纳。因此，本节仅给出结果的要点和主要项目。关于结果和文献的更多信息，读者可查阅关于这种信息的三篇主要文献[37, 38, 40]（注意：这些文献的许多章节中都涉及这种信息）。

许多值得提起的早期散射系数测量项目包括海军研究实验室[23, 24]、Goodyear 航空公司[20]、Sandia 公司（接近垂直入射的数据）[124, 125]和特别是俄亥俄州立大学[2, 6]测量计划。1972—1984 年，堪萨斯大学开展了一个最大的项目[8, 9, 37, 72, 83, 98, 126]。法国[12, 127]、荷兰[10, 128]、加拿大遥感中心（CCRS，海冰）[26, 129]、瑞士和澳大利亚（雪地）[130, 131]也开展了广泛的研究工作。许多有关这些项目的结果的摘要发表在国际地球科学和遥感会议论文集摘要中（IGARSS；IEEE 地球科学和遥感协会），以及诸如 **IEEE 地球科学和遥感及海洋工程学报、国际遥感杂志、环境遥感、摄影测量工程**与**遥感**等杂志中。

虽然对某些早期数据的校准存在疑问，但归纳的数据并不包括新近的散射数据。因此，图 16.28 只示出了主要基于 X 波段数据的早期归纳。人们在使用这些数据时必须小心，但是该曲线给出了总变化趋势。图 12.29 示出了关于接近垂直入射数据的类似曲线[132]。虽然这些系统校正得好，但是 16.5 节讨论的天线效应使 0°～5° 的散射系数值小。

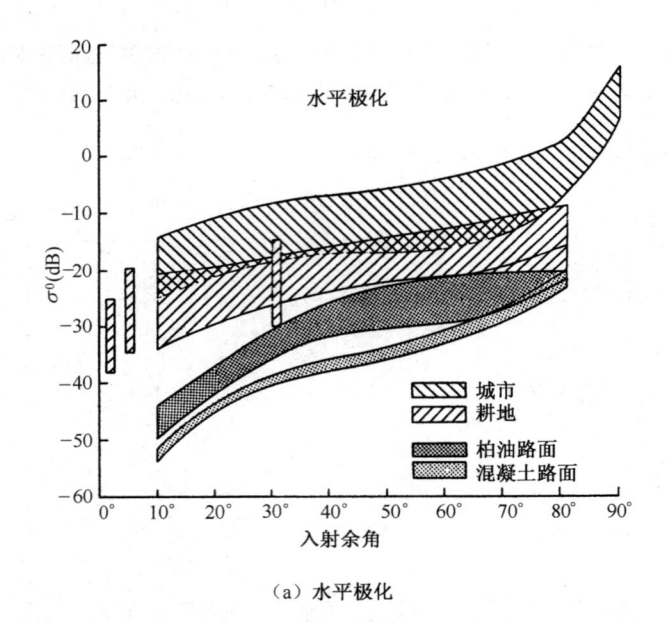

（a）水平极化

图 16.28　测得的雷达数据边界值

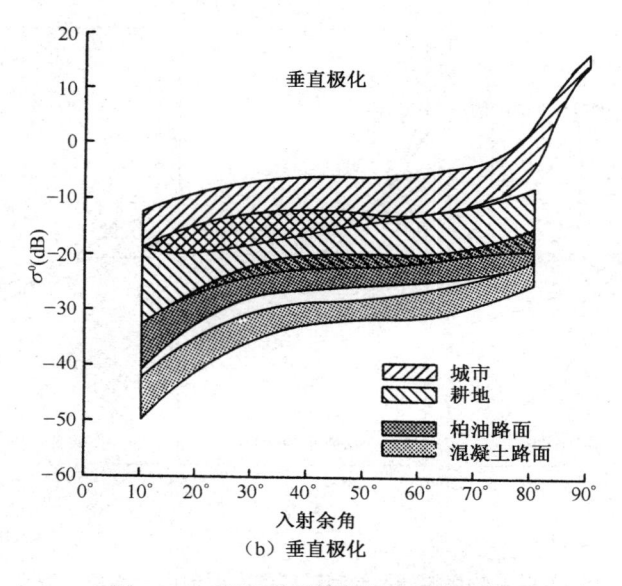

图 16.28 测得的雷达数据边界值（续）

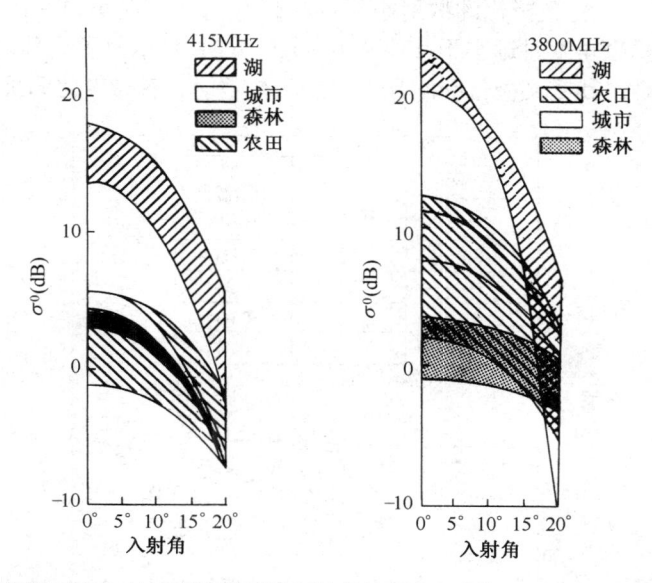

图 16.29 接近垂直入射时所测得雷达回波的边界值（根据 Sandia 公司的数据）[132]

粗糙度、潮湿度和植被覆盖的影响

与粗糙地面相比，光滑地面上散射随入射角下降的速度更快一些。因为影响雷达波束散射的粗糙度必须以波长为单位来测量，在长波长下光滑的表面可能在较短波长时变得粗糙。图 16.30 阐明了这一点[133]，它通过测量犁过的地面揭示了这些影响。当测量频率为 1.1 GHz 时，信号在最光滑地面上 0°～30° 之间变化 44dB，在最粗糙地面上仅变化 4dB。当频率为 7.25GHz 时，最光滑的地面已粗糙得足以使信号变化降低到 18dB。

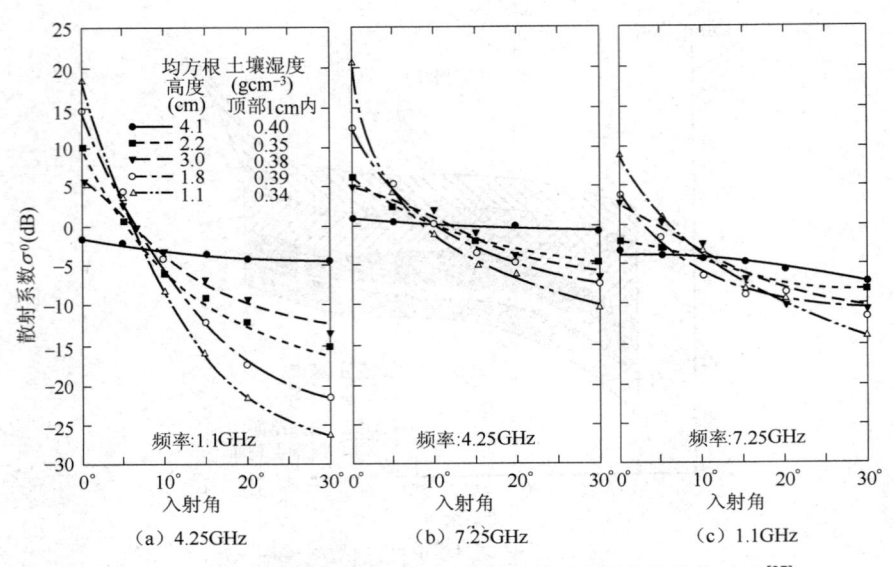

图 16.30 散射系数在 5 种不同粗糙度的潮湿地面上的角度响应[37]

对大多数地面而言，交叉极化的散射小于同极化散射，一般小 10dB 左右。光滑平面的交叉极化散射在接近垂直角度时远小于其他角度。图 16.31[134]示出了这种效应。当散射体中的单元与波长相比较大时，其交叉极化回波强于面的回波散射，有时仅比同极化的散射低 3dB。

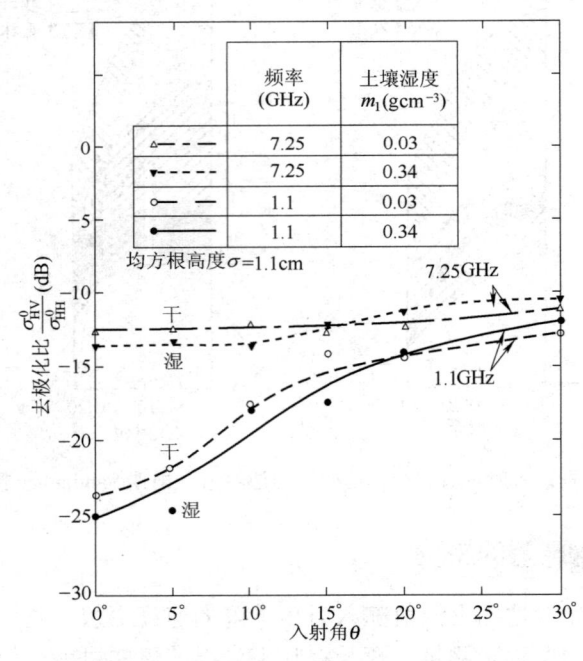

图 16.31 光滑表面去极化比与角度的相关性[37]

散射取决于介电常数，而介电常数又取决于潮湿度。因此，从潮湿泥土上非垂直入射时，散射通常远大于干燥地面的散射。图 16.32 示出了这一点[12]。这种影响可达许多分贝（图中为 9dB）。

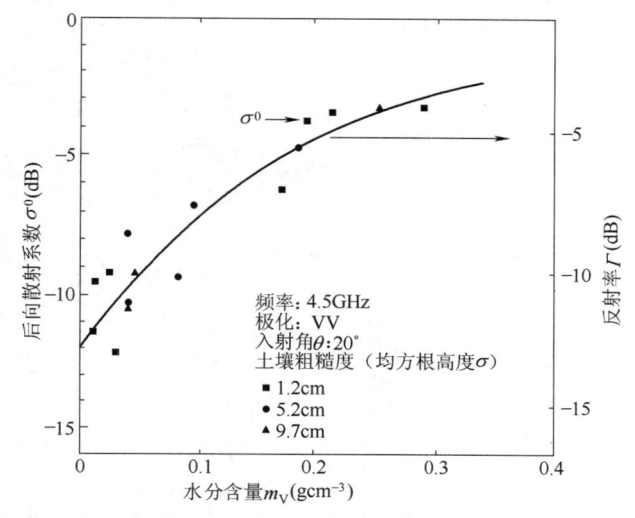

图 16.32　3 种表面粗糙度情况下作为土壤潮湿度的函数的散射系数 σ^0（左边刻度）实线是根据介电测量法计算得到的反射率 Γ（右边刻度）[12]

土壤表面的植被可以用各种方式产生散射，如图 16.33 所示[135]。图 16.34 示出一个实例[43]。整个植物的散射绝大多数来自顶部树叶，而根茎、底层树叶和土壤的散射回波则被上层树叶衰减为可测量但可忽略不计的大小。当没有这些叶子时，来自土壤和植被底部的散射信号近似相等，且远大于有叶子时它们的散射信号。

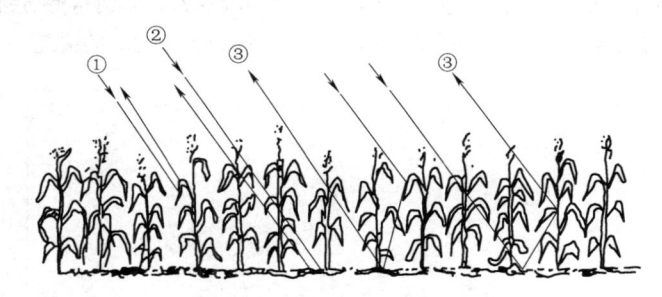

图 16.33　土壤表面上植被表层的后向散射组成：①植物的直接后向散射；②土壤的直接后向散射（包括植被的双路衰减）；③植物–土壤的多路散射[37]

由于浓密的植被，特别是树木主要是体散射物，所以 σ^0 几乎与入射角无关。图 16.35[136] 用森林的 X 波段成像结果示出了上述规律。该图是关于 γ 的曲线而不是 σ^0 的曲线（$\gamma = \sigma^0/\cos\theta$）。在诸如 VHF 等低频率，这种情况会由于透过叶子和分枝的衰减变小而发生变化。

土壤湿度

图 16.32 示出了土壤湿度对 σ^0 影响的程度。湿度影响对不同土壤是不同的。Dobson 和 Ulaby [98] 指出，若湿度用**土壤含水量**（Field Capacity）的百分数来表述，则它可改善 σ^0 和土壤水分含量之间的匹配。土壤含水量是一种土壤颗粒吸附水分强弱的量度。非吸附水对介电常数 ε 影响较大。土壤含水量（FC）的经验表达式为[99]

$$FC = 25.1 - 0.21S + 0.22C \quad （质量的百分数）$$

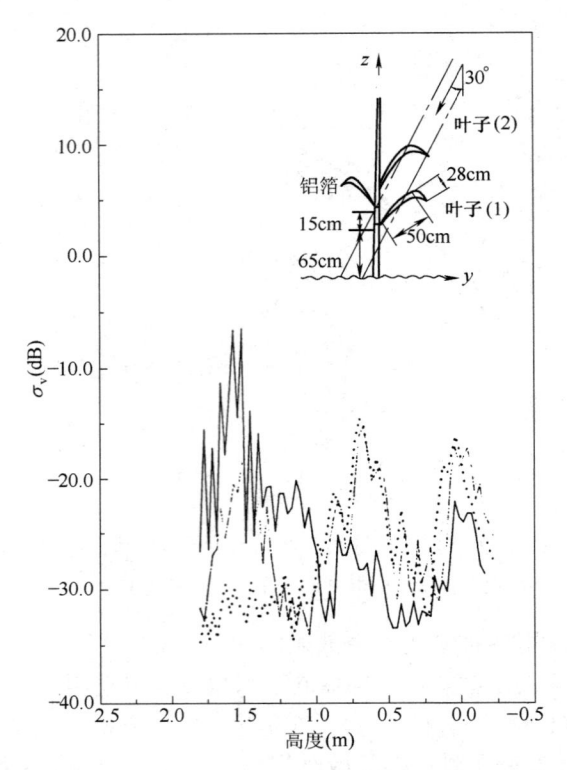

图 16.34 调频-连续波散射探测仪在 30° 时对玉米的测量情况。实线是植物完整的情况；点画线是去掉叶子（1）的情况；点线是去掉叶子（2）的情况[43]

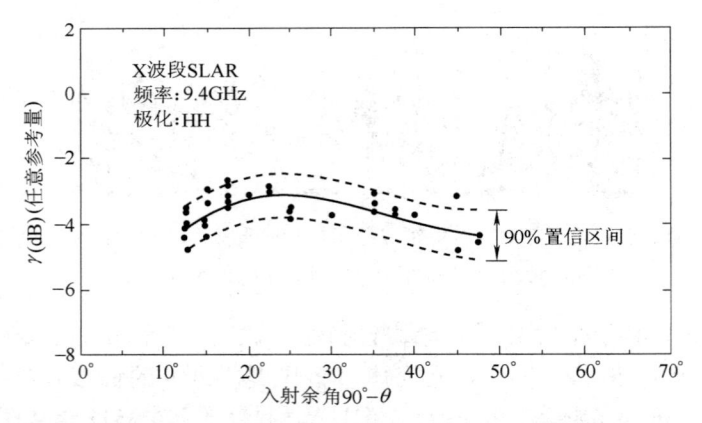

图 16.35 对一片老山毛榉树林测得的散射变化。注意纵坐标采用 γ（任意参考量）代替 σ^0 [136]

式中，S 和 C 分别是土壤中沙和黏土的质量百分数。用土壤含水量表述的土壤湿度为

$$m_f = 100 m_g / FC\%$$

式中，m_g 是水分在土壤中所占的质量百分数。若采用这种度量方法，即使在适度的植被覆盖下，σ^0（dB）与 m_f 之间仍为线性关系，如图 16.36 所示[140]。但是，当地面有植被和没植被时，该曲线的斜率略有不同。尽管 m_f 至少在表面上与 σ^0 的关系上明显与土壤水分

容量与σ^0的关系一样,但是人们已对其用途提出过质疑[141]。

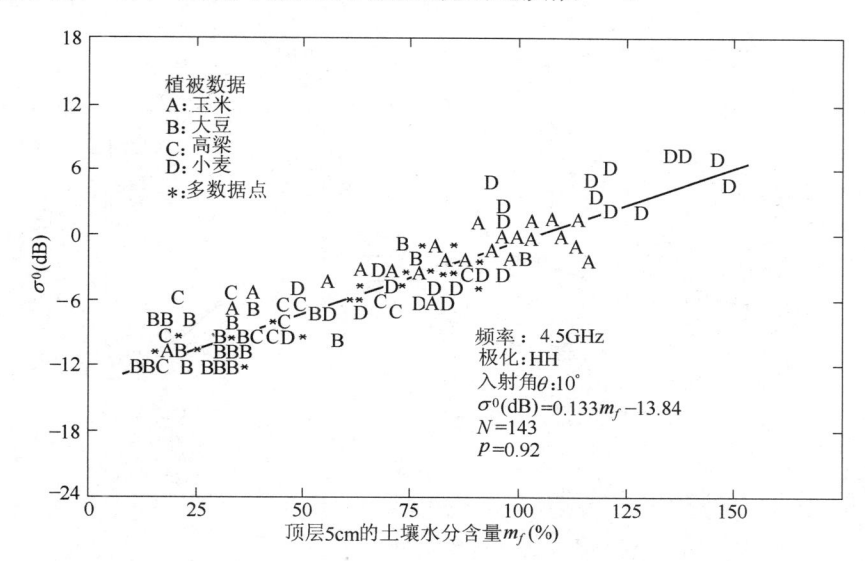

图 16.36　当频率为 4.5 GHz 时,植被覆盖的土地上散射系数与土壤湿度的关系[140]

美国海洋资源探测卫星的 L 波段 SAR 获得的图像已经证明,土壤湿度影响雷达成像[142]。仿真实验[143]表明,人们可以估计照片中 90%像素的土壤湿度(相对湿度范围在 20%以内)。此外,它也表明在这种应用中 100～1000m 间的分辨率优于为此目的的更高的分辨率。海洋资源探测卫星之后研制的大多数星载 SAR 已用于土壤湿度研究[144-146]。

植被

植被的后向散射取决于多个参量,并且变化较大。因而,尽管我们可以建立与 16.6 节所述模型类似的**平均**模型,但是细节更为复杂。σ^0 随季节、湿度、生长情况和每天时刻的变化而变化。

图 16.37[147]示出了玉米散射的季节性变化与文献提出的模型的比较。σ^0 的大得多的变化明显是由土壤及因此其湿度在垂直方向对散射的较大影响造成的。σ^0在 5 月 25 日—6 月 1 日期间 12dB 的快速变化源于土壤变干。即使入射角为 50°,植冠的衰减掩盖了土壤影响时,季节性变化仍然大于 8dB。昼夜间的变化相对较小、但有限。它们是由受植物湿度变化和形态变化(玉米作物实际上将叶子迎向太阳方向;早晨花开晚上花闭合)二者产生的。

大多数农作物都是成行种植的。这就使σ^0产生方位上的变化,如图 16.38 所示[148]。图示的调制是平行于农作物的行方向(更多植被)观测到的σ^0和垂直方向观测到的σ^0之比。这种现象在更低的频率会更明显。

由图 16.39 可见一些植被散射的一般特性[149]。在低频时,σ^0随θ在到 20°附近迅速衰减,而后变缓;大部分的σ^0陡变源于地表回波。当频率较高时,植被衰减抑制了强地表回波,使随角度变化均匀。垂直方向上的交叉极化信号可以忽略,因而甚至低频的交叉极化σ^0也均匀变化。交叉极化σ^0无论在高频还是低频都比同极化σ^0低 10dB。

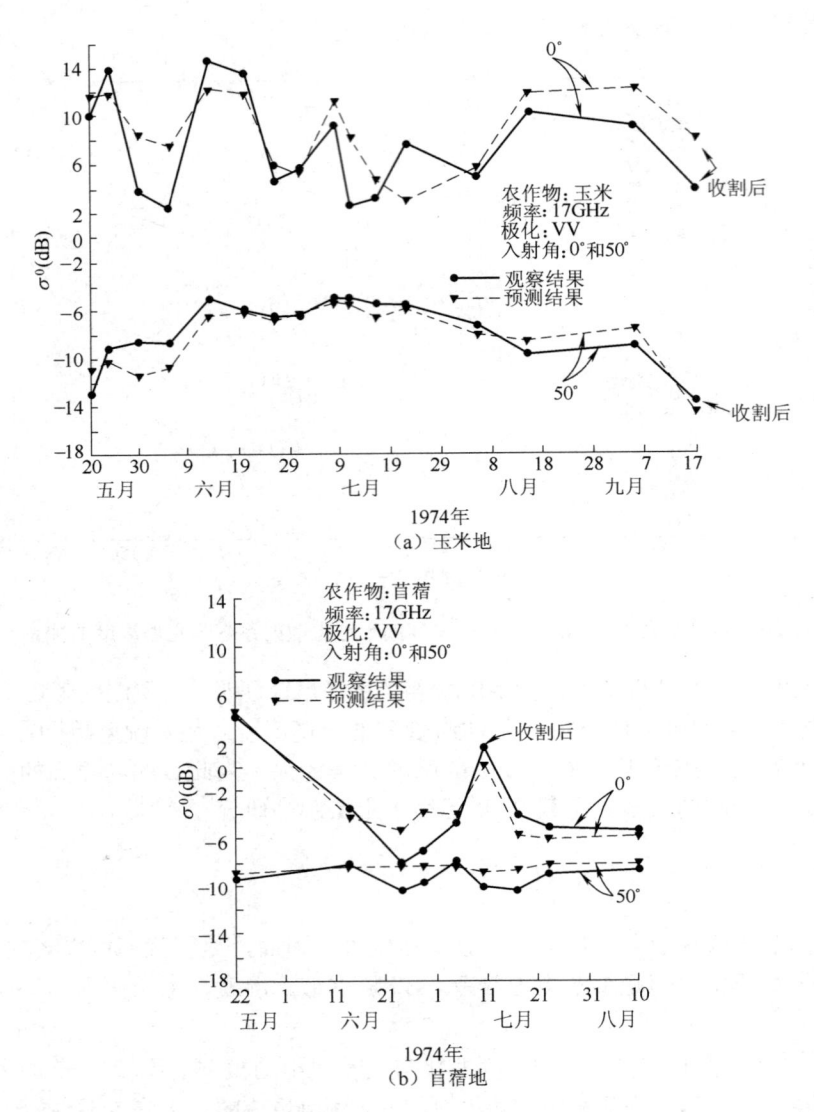

图 16.37　玉米地和苜蓿地散射在 0° 和 50° 入射角时随时间变化曲线[147]

雪

当大地被雪覆盖时，大量散射来自雪而不是其下面的地面。雪既是一种体积性的空间散射体，也是一种衰减媒质。当雪是干的时，散射来自较大体积；当雪潮湿时，散射体积由于衰减更强而小得多。结果是随着阳光融化雪层表面，σ^0 快速衰减。图 16.40[150]示出了 σ^0 的衰减速度，也示出了这种影响在衰减更剧烈的高频时更强烈。图 16.41[151]示出了有雪覆盖地面的散射的角度变化。非垂直入射的散射在频率更高时更强烈。对于图示的 58 cm 厚雪地，大部分散射在频率为 1.6 GHz 和 2.5 GHz 时可能来自雪下地表。

第 16 章 地物回波

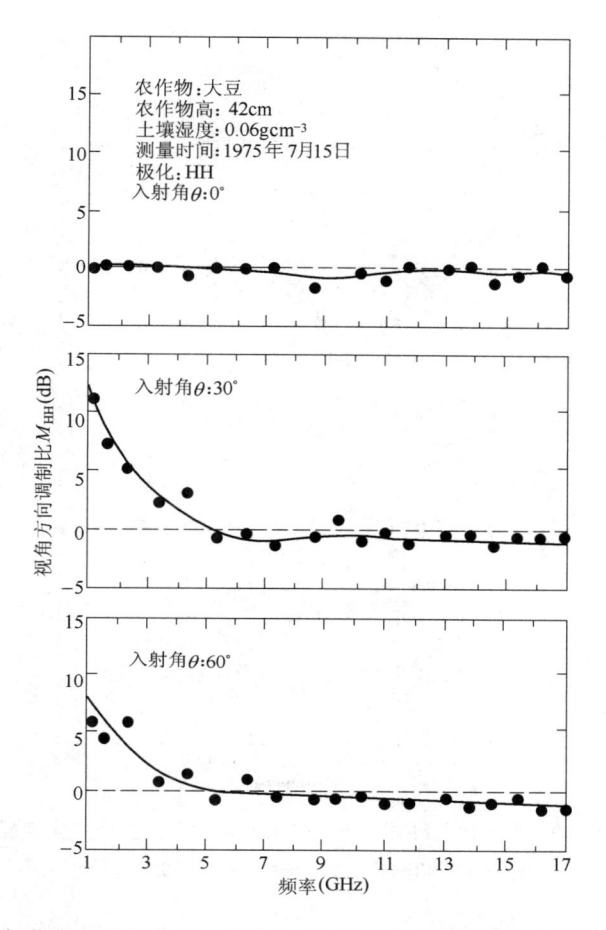

图 16.38 当水平极化且入射角为 0°、30° 和 60° 时，大豆地视角方向调制比的频率响应[37]

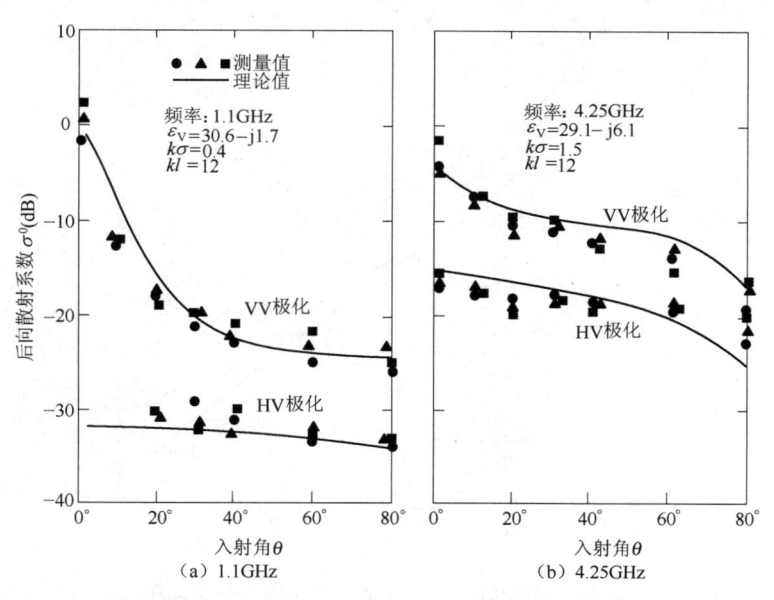

图 16.39 模型计算值与实际测量值的比较[149]

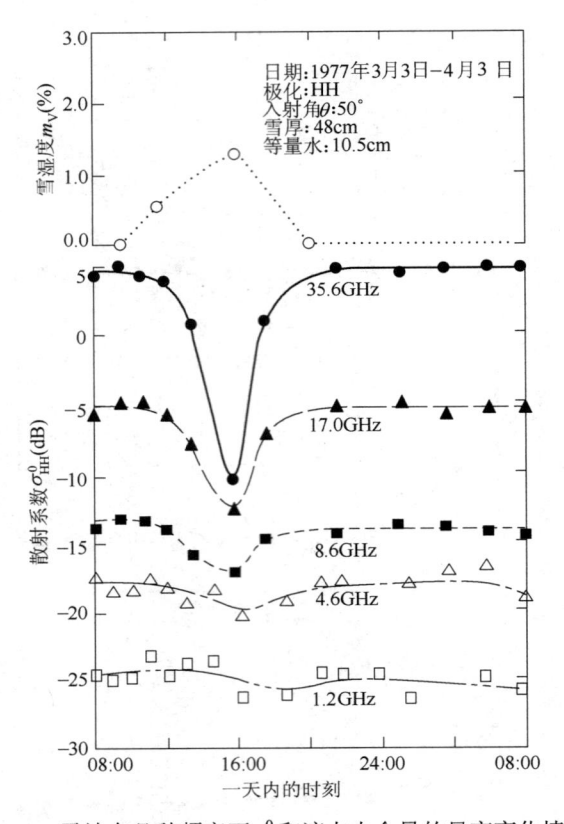

图 16.40　雪地在几种频率下 σ^0 和液态水含量的昼夜变化情况。
注意：当阳光开始溶化地表面雪时 Ka 波段的变化极大[150]

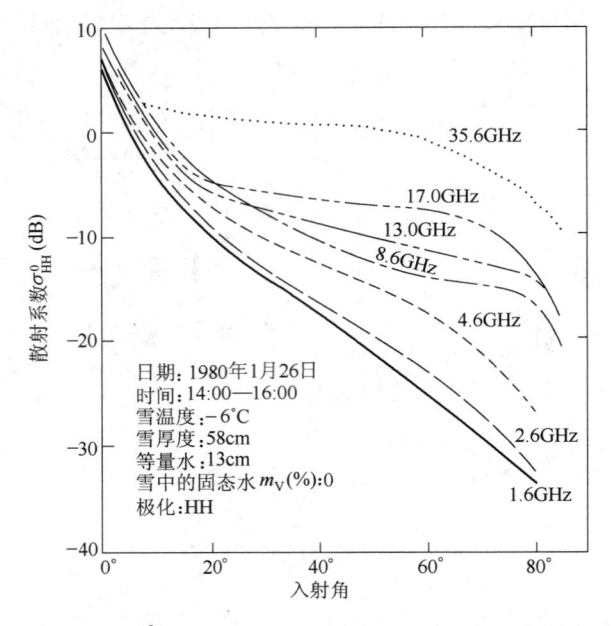

图 16.41　干雪在不同频率下的 σ^0 角度响应。低频的快速下降显然是由于电磁波穿透光滑地表[151]

一些报告声称，积雪层当中有许多**雷达热点**，特别是在 35GHz 频率上。这些报告是由对信号正态瑞利衰落引起的变化的不正确解释形成的。雪地散射来自照射体积内的许多中心，因而满足瑞利衰落的条件。若测量时在频率或照射角度上进行适当平均，则证明有雪覆盖的地面散射基本均匀，多路衰落效应除外。

海冰

海冰是种非常复杂的媒质。海冰观察者用许多由冰层厚度、年代和形成过程决定[152]的不同类别来表征海冰。因此，我们不能用任何一种简单的方式来表征海冰的雷达回波，从这种意义上讲，海冰与植被的散射类似。从雷达观测的角度看，最重要的冰层类型是首年冰（FY，1~2m 厚）、多年冰（MY，大于 2m 厚）和薄冰（小于 1m 厚）。

与雪地相似，受阳光融化和高于结冰温度影响的海冰所散射的微波与更为正常的表层结冰的散射相差很大。冬天时，多年冰的散射远大于首年冰。夏天时，多年冰的 σ^0 衰减到约与首年冰的 σ^0 大致相等。图 16.42[153] 示出这种变化和典型的角度响应。这些曲线是在 13.3GHz 频率下测量得到的，其结果类似于低至 S 波段内任何频率的结果。图 16.43[126] 示出了 σ^0 对各种冰层的频率变化。与海岸紧紧相连的冰层插根于海岸线海底；这种情况下的冰很可能是多年冰。灰色冰是厚度小于首年冰的一类冰。

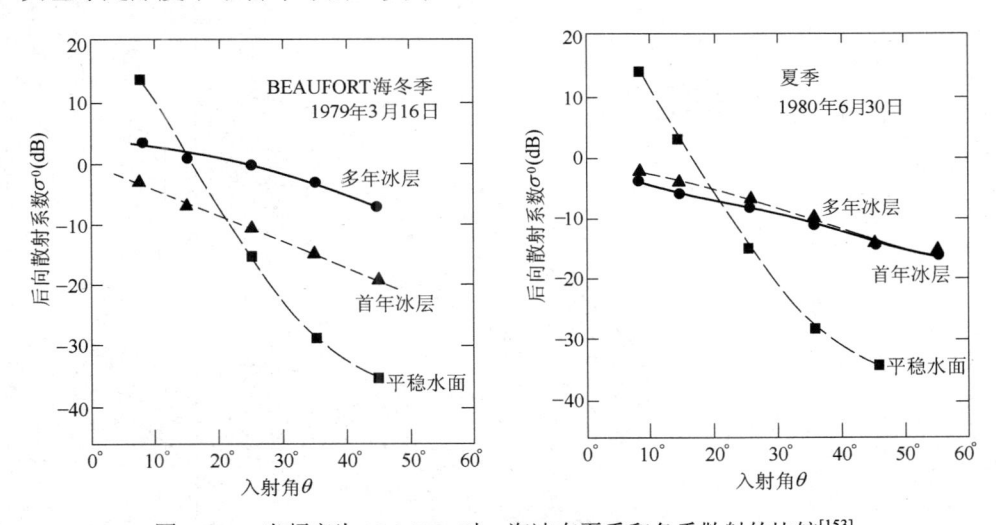

图 16.42　当频率为 13.9GHz 时，海冰在夏季和冬季散射的比较[153]

Kim[72] 提出一种解释海面冰层 σ^0 测量值大范围变化的理论。根据该理论和来自冰层特性文献的大量数据，图 16.44[91] 示出了冬季条件下首年冰和多年冰散射的变化范围。显然，高频率比低频率可以更好地识别冰层类型，但当频率约低于 5GHz 时不可能识别冰层的类型。在 L 波段和更低频率时，多年冰和首年冰的散射差异即使在冬天也相差无几。这意味着，较高频率的成像雷达在冬天（而非夏天）仅通过回波强度就能轻易地区分冰的类型。这是苏联和加拿大运转的冰层监视系统的基础，其中，苏联使用 Toros Ku 波段侧视机载雷达（SLAR）[154]，加拿大采用改进型 X 波段 APS-94 侧视机载雷达和 STAR-1 X 波段 SAR。加拿大雷达卫星 SAR 的主要动机是监视海冰，该系统自 1995 年以来一直成功进行着这项工作[156, 157]。俄罗斯的 Okean（海洋）系统 X 波段真实孔径雷达也用于类似目的[158-160]。

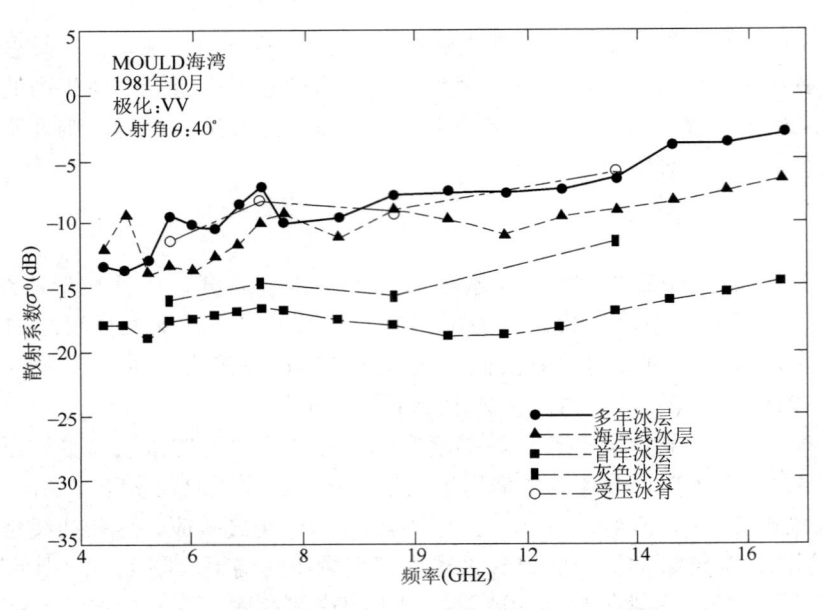

图 16.43　不同类型海冰σ^0的频率响应示例[72]

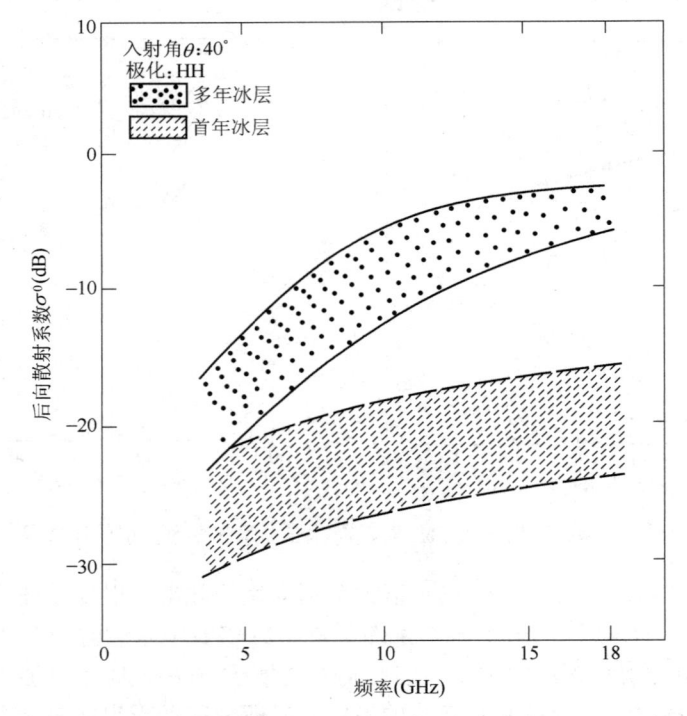

图 16.44　基于实测的首年冰和多年冰σ^0的理论变化。
变化范围通过使用已知冰层特性的变化确定[126]

冰上的雪层能够像地上的雪层一样掩盖冰自身的散射。由于北极相对干燥，大部分地区很少有雪，但雪有时的确会使对冰类型的区分变得困难。这种情况特别对海冰上雪很多的南极地区成立。

第16章 地物回波

由于在北极作业和气象的重要性，人们开展了大量研究海冰微波特性的项目。由于北极冬夜漫长、云层遮盖频繁和不易接近性，使得必须使用微波遥感监测北极冰层特性。

16.8 测极化法

有几种合成孔径成像雷达具有测量完整复极化矩阵的能力。这些系统中的第一个可能是美国国家航空和宇宙航行局喷气推进实验室建造的机载系统。太空中的第一个是航天飞机成像雷达-C（SIR-C）。虽然早在成像雷达初期就使用多极化技术，但直到20世纪80年代后期才开始测量不同极化接收信号之间的相位。全极化数据即使有也很少，这里指的是对上述单极化类型的全极化数据。关于雷达极化测量更为完整的讨论参见 Ulaby 和 Elachi[162]、Sletten 和 McLaughlin[163]以及 Van Zyl 和 Kim[164]的文献。

由于极化雷达发射和接收使用确定的相位，所以信号必须以椭圆极化使用的形式描述，如图16.45所示。

当$\chi=0$时，为线性极化，矢量E位于由ψ给定的方向上。当$\chi=\pm 45°$时，为圆极化，+45°左手，-45°右手。当$0<|\chi|<45°$时，为椭圆极化。

数学上，电场可以描述为

$$E = E_h \mathbf{1}_h + E_v \mathbf{1}_v \quad (16.25)$$

式中，$\mathbf{1}_h$ 和 $\mathbf{1}_v$ 是 h 和 v 方向的单位矢量。瞬时场由式（16.26）给出，其中两个δ表示E分量的不同相位，k是波数。

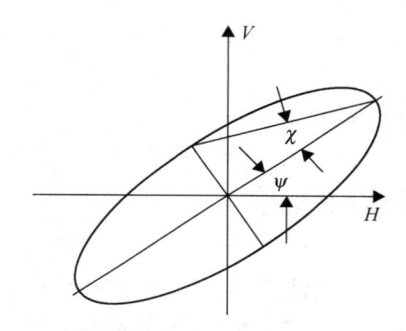

图16.45 极化椭圆：χ是椭圆度角，ψ为方向角，椭圆是矢量E终端在一个周期内的轨迹

$$e_h(t) = \mathrm{Re}\, E_h \mathrm{e}^{j(\omega t - kx + \delta_h)} \quad (16.26a)$$

且

$$e_v(t) = \mathrm{Re}\, E_v \mathrm{e}^{j(\omega t - kx + \delta_v)} \quad (16.26b)$$

在复数格式中

$$E_h = E_{h0} \mathrm{e}^{j\delta_h} \quad \text{和} \quad E_v = E_{v0} \mathrm{e}^{j\delta_v}$$

如果我们取$\delta = \delta_v - \delta_h$并设置$\delta_v = 0$为参照，我们可以写出

$$E = E_{h0} \mathrm{e}^{-j\delta} + E_{v0} \mathbf{1}_v$$

因此，对于单个的波，我们仅需要三个独立参数。在雷达（领域）中，我们必须研究发射和接收的极化信号，因此需要四个幅度和两个相位。

另一种描述极化测量信号的方式是使用 Stokes 参数矩阵：

$$F = \begin{bmatrix} I_0 \\ Q \\ U \\ V \end{bmatrix} = \begin{bmatrix} |E_h^2| + |E_v|^2 \\ |E_h^2| - |E_v|^2 \\ 2\mathrm{Re}(E_h E_v^*) \\ 2\mathrm{Im}(E_h E_v) \end{bmatrix} \quad (16.27)$$

各个 Stokes 参数 I_0、Q、U 和 V 的定义如式（16.27）所示。

一些来自分辨单元的回波信号保持了其在空间和时间上的极化特征，而其他回波信号具有随机极化。当极化椭圆随时间或小的角度差异而随机、快速改变性质时，这种现象就会像阳光一样发生。当固定部分和随机部分同时出现时，目标就说是部分极化的；当没有随机分量出现时，目标为全极化。雷达信号通常仅为部分极化的，尤其在目标区域内出现多次跳跃时是这样。

对于非随机部分，我们必须使用每个分量的总体均值来定义 Stokes 矢量；求平均必须在时间或视角上进行。因此有

$$F = \begin{bmatrix} \langle |E_h^2| + |E_v^2| \rangle \\ \langle |E_h|^2 - |E_v|^2 \rangle \\ \langle 2\,\text{Re}(E_h E_v) \rangle \\ \langle 2\,\text{Im}(E_h E_v) \rangle \end{bmatrix} \quad (16.28)$$

当波为完全极化时

$$I_0^2 = Q^2 + U^2 + V^2 \quad (16.29)$$

但当波为部分极化时

$$I_0^2 > Q^2 + U^2 + V^2 \quad (16.30)$$

实际上，当波是完全非极化时（例如阳光），E_v 和 E_h 不相关，U 和 V 都为零。

这种类型的波用于极化测量雷达中；然而，为了解散射系数是如何工作的，我们需要既研究入射波，又研究散射波。

现在，我们必须引入散射矩阵 $\overline{S}$。接收场可表示为

$$E^r = \frac{\text{e}^{-jkR}}{R} \overline{S} E^t \quad (16.31)$$

其中

$$E^r = \begin{bmatrix} E_v^r \\ E_h^r \end{bmatrix} \quad \text{和} \quad E^t = \begin{bmatrix} E_v^t \\ E_h^t \end{bmatrix}$$

以及

$$\overline{S} = \begin{bmatrix} S_{vv} & S_{vh} \\ S_{hv} & S_{hh} \end{bmatrix} \quad (16.32)$$

在通常的可逆媒介中，$S_{vh} = S_{hv}$。由于参考相位的选择是任意的，所以有三个独立幅度（$|S_{vv}|$，$|S_{hh}|$，$|S_{hv}|$），但仅有两个独立相位（$\angle S_{hh}$，$\angle S_{hv}$）。这些量可用于描述目标回波中极化部分的特性。

我们也可以使用与 Stokes 矩阵有关的 Mueller 矩阵描述散射。读者可以参考文献进一步了解 Mueller 矩阵[162, 165]。

获得极化响应的通常方式是交替发射垂直和水平极化脉冲。假设目标在脉冲间隔中几乎没有变化，则可组合极化响应来产生散射矩阵或 Mueller 矩阵。这种方法通过在处理过程中合成信号，可以合成具有任何椭圆率和方向的**等效发射极化**。

一种描述目标极化特性的常用方式是**极化标记**[32]，包括两种三维图形：第一种图形称为共极化的，使用与发射信号极化**相同的**接收信号分量；第二种图形使用与发射信号**正交的**接收信号分量。

图 16.46 给出了一个这类被广泛引用的显示旧金山图像的例子[166]。水平面中的轴是合成发射信号的指向角及其椭圆度角 χ_t。垂直轴为相对功率。当 ψ_t 的值为 0° 和 180° 时为水平极化，而当 ψ_t 的值为 90° 时为垂直极化。当 χ_t 的值为 0° 时出现线性极化，而当 χ_t 为 ±45° 时出现右旋圆极化和左旋圆极化。当最小值大于零时，小于它的平台信号与未极化信号对应。

图 16.46（a）中的海洋图像表示，极化主要为线性的，VV 信号强于 HH 信号。交叉极化响应表明线性发射时基本没有交叉极化信号，但对圆极化发射时有些交叉极化的信号。

图 16.46（b）中示出了公园，这时垂直极化的线性信号略高于水平极化信号。线性信号和一些非极化信号也存在某些交叉极化响应。对于示出的城市地区，最强响应方向在共极化和交叉极化情况都有倾斜。这种情况中，共极化响应的实际数目为 $\chi = 0°$（VV）和 $\psi = 20°$ [32]。文献中给出了分别表示极化响应和未极化响应的类似图形。

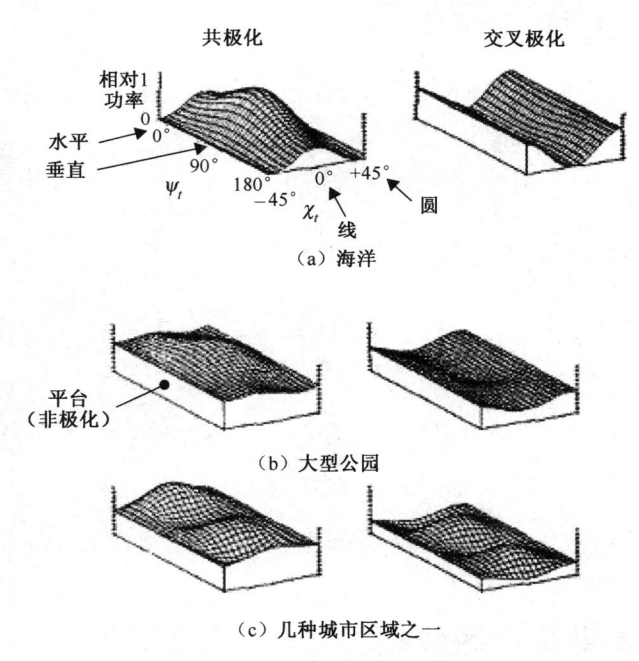

图 16.46　从旧金山 SAR 图像中选取的极化信号[32]

由于这种极化信号表示法和其他表示法的复杂性，使我们不能像单极化图像一样容易地提供响应曲线。因此，我们没有能找到许多有关极化散射响应的目录。

然而，许多作者描述了极化图像的使用。一些使用术语"极化"的论文实际上仅指使用 HH、VV 和 HV 极化，而不考虑相位。从这个意义上讲，这些作者使用这些图像的方式和自成像雷达开始使用后，使用类极化和交叉极化图像的方式一样[167]。但其他作者则充分利用全极化矩阵。

使用全极化矩阵的一种方式是合成或者强调或者压缩特殊目标类型的极化。例如在图 16.46（c）中，我们可以合成 20° 方向角的线性极化，强调这类目标类型或使用垂直极化压缩图片中的主要类型目标。不同作者[168, 169]已经证明，可以合成一种椭圆极化，增加例如有目标处的目标杂波比。Swartz 等人[169]在产生图 16.46 的旧金山图像中发现了一种能得到 9.4dB 目标杂波比的极化，其中目标是一个城市区域，杂波是公园。Swartz 发现这种极化是在发射机极化 $(\psi_e, \chi_t) = (-41.3°, -6.4°)$ 且接收机极化 $(\psi_e, \chi_t) = (60.3°, 3.5°)$ 时获得的。这种情况可与使用类似极化和交叉极化且没有 7.3dB 相位相关度的最佳结果相比。

其他作者使用散射矩阵的三个独立幅度和 HH 响应与 VV 响应之间的相位角 δ。研究表明，将 HH 与交叉极化联系起来的相位角中很少有用的信息。这些数据的通常用途是生成状态矢量，在区分目标区域时使用，这时矢量的分量是三个幅度和各个使用频率的相位角。这些矢量随后使用在各种统计算法中，以识别不同的目标类型[170-172]。这种方法也用于森林[173, 174]、农业地区[175, 176]、海冰[177]和雪[178]等其他情况，以及用于识别有地质意义的地表类型。

图 16.47 中示出了辨别亚马孙河盆地中地表类型的相位差应用示例[179]。注意大型植物和水淹森林在 C 波段和 X 波之间的巨大差异。这些差异可以作为鉴别器用于识别这些类型，但通常仅仅是统计算法中使用的状态矢量的附加元素。

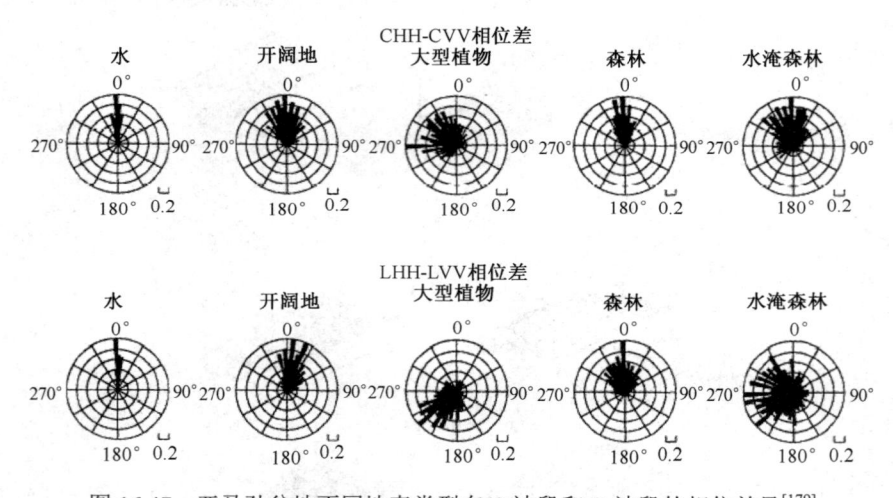

图 16.47 亚马孙盆地不同地表类型在 C 波段和 X 波段的相位差异[179]

16.9 掠射附近的散射系数数据

掠射入射附近的后向散射条件与陡峭角度入射的情况区别很大，足以使这两种情况必须分开描述。我们在这里利用 Billingsley 的著作[17]。他们在辽阔的地形区域内收集了大量数据，并与大多数前人在掠射附近的测量不同，他们也收集大量的"地面真实"信息并对雷达进行精确校准。此外，这些数据分布在很宽的频率上：VHF（167MHz）、UHF（435MHz）、L 波段（1.23GHz）、S 波段（3.24GHz）和 X 波段（9.2GHz）。他们在美国和加拿大西部许多部分有 43 个不同目标区域。

结果用被称为**杂波强度**的 $\sigma^0 F^4$ 描述。F 是一个考虑多路径、衰减等现象的传播系数，但不能分离地测量。

尽管**入射角**被用于描述指向极接近垂直方向的研究结果，但当处理入射角非常接近水平方向时，**俯角**或入射余角是更适合的描述。入射余角是入射角的余角。测量都在低**俯角**时进行，使用这个术语替换**入射余角**，因为它可以用天线指向定义，而入射余角也取决于既变化又一般未知的局部坡度。

在入射余角附近获取的图像往往是"多片状的"，因为地表之上的任何突出物（树木、山丘、楼房、栅栏、高压线、机械和车辆）都使地表与波束更垂直。因此，邻近像素可能具有几十个分贝差别的杂波强度。此外，面对雷达的小坡会增加入射余角，产生更强的回波，而远离雷达的坡度会减弱信号或用阴影湮没信号。

由于存在这种效应，入射余角附近回波的概率分布与中等入射角情况差异很大。虽然一些没有大突出物或前向斜坡的小区域可具有瑞利分布或（仅当出现一个大散射体时）Ricean 分布，大多数区域具有其他类型分布——经常为威布尔分布甚至对数正态分布。结果是平均的 $\sigma^0 F^4$ 估计值常常远远大于中值；少数高 10dB 或 20dB 的目标会使平均值抬高很多；哪怕目标仅占区域内的一小部分。因此，我们在使用平均值进行雷达设计时必须谨慎，中值更具有代表性。

Billingsley[17]用平均值和中值介绍了他的结果。我们在这里仅报告中值，因为与被偶尔强目标歪曲的值相比，中值对于雷达设计更有意义。对于大多数区域而言，在垂直极化与水平极化之间发现的差异很小，因此报道的结果是包括两种极化的数据组。图 16.48 示出了这些结果，并用目标类型进行分组。

对于图 16.48（a）和（b），参数是俯角和类型；而对于图 16.48（c），参数是地形坡度。除超低俯角的沙漠和草地外应用了二次回归，图中的线段都是基于在对数频率刻度上的线性回归上的。注意，与中等坡度的农业和未耕作土地相比，城市、山脉和森林往往具有相对较高的值。

16.10　成像雷达判读

具有真实孔径或合成孔径的侧视高分辨率成像雷达能产生很类似于航空照片的图像。地面不同部分上的阴影和 σ^0 的差异产生图像亮度变化，与照片中的亮度变化很相似。由于这个原因，照片判读员能够容易学会判读雷达图像。但是，雷达图像是由微波反射率造成的，而不是因为光学反射率，因而判读员必须了解这种差异，并且知道不同波长的雷达图像和光学图像实际上是互补的。此外，雷达图像的几何失真是指侧视测距系统的失真，而航空照片的失真则是俯视测角系统的失真，这一点也是判读员必须理解的。对雷达来说，在低入射余角时失真很小；但在低入射角时却很大。而且，照片上不存在雷达图像中的斑点。

现代成像雷达采用数字记录和数字处理，用胶片生成图像或直接用数字设备生成图像。由于侧视雷达生成条带图像，因而输出胶片也是长条形的。大多数照相机产生的照片是近似正方形的分别的照片。条带胶卷照相机和光学红外扫描仪生成的带状照片与雷达图像类似，但由于它们是测角装置而不是测距装置，因而失真不同。

所有使用空中摄影的每门理论科学和应用科学也可以使用雷达图像。这在多云的环境中特别有用，但因为雷达性能与一天内的时间和太阳角度无关，因而即便在天晴时，雷达也很有用。此外，雷达地面标志与可见光和红外情况中的不同。雷达已经应用于农业、林业、地质、水文、城市地理、区域研究、海洋学及冰层测绘等。

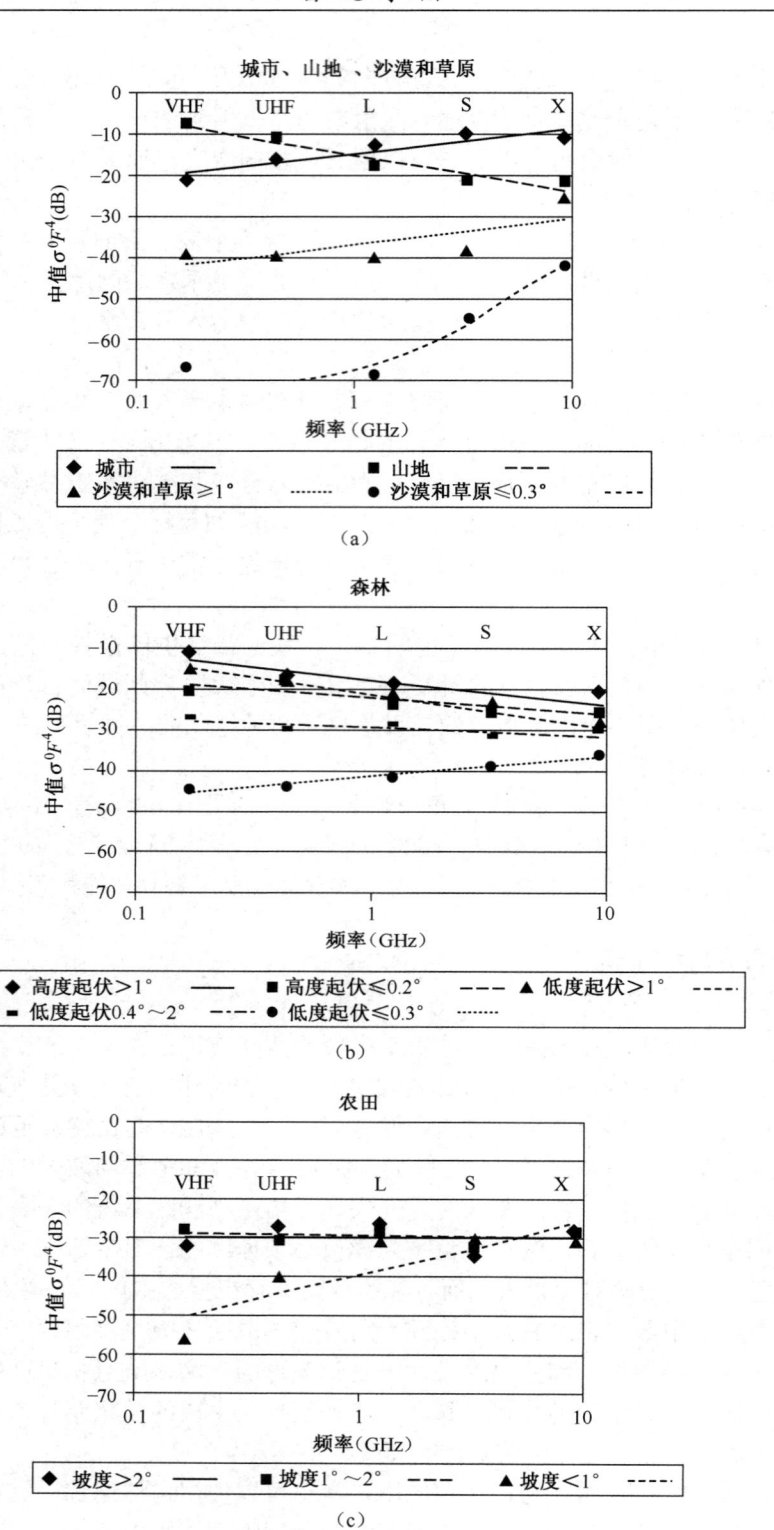

图 16.48 $\sigma^0 F^4$ 在低俯角时的中值（基于 Billingsley 的表 3.6[17]）

衰落产生的雷达图像**斑点**使图像判读复杂化。这意味着，对有斑点的图像通常必须经过平均处理。平均处理有时由处理器完成，有时由判读员靠智力完成，在解读图像时这一步是必需的。单视合成孔径雷达图像各个像素的亮度遵守瑞利分布（如果使用平方律检测，则实际是指数分布）。大多数合成孔径雷达处理器由于采用了平均处理，比如检测后四像素综合，而牺牲了一些空间分辨率。发射比距离分辨率所需带宽更宽的宽带脉冲，可在没有所需空间分辨率损失下达到要求的距离分辨率[180]，但这需要更大的发射功率。适当的频率捷变可达到相同的效果。

空间分辨率和测量精度之间存在折中。测量精度可用于定义**灰度级分辨率**[181]。然后，人们可用体积来考虑图像分辨率问题。

$$V = r_a r_y r_g \tag{16.33}$$

式中，r_a 是沿航迹方向的分辨率；r_y 是地面距离分辨率；r_g 是灰度级分辨率。上面提到的文献中的研究表明，图像的可解读性取决于 V 的大小，因此在 V 的三个元素之间折中是可能的。对判读员来说，当三个衰落的独立样本被平均后，可得到最佳图像结果。若忽视了这种衰落（斑点），则会对具体应用中需要的空间分辨率得出错误结论。

单频、单极化雷达图像是很有用的。但是使用多极化（尤其包括交叉极化）和多频率可以明显增强图像的价值。不同入射角适用于不同用途。例如，土壤湿度监测最好是采用 5GHz 左右的频率，并且入射余角在垂直方向 20° 范围内。但在更高频率和更大入射角时，对植物的判读更好。在某些应用中，使用包括相位的全极化矩阵比较有益。相位信息在评估如森林那样的散射机制时特别有帮助。

地物回波方面的文献众多，如果雷达工程师想了解更多内容，可参阅《遥感手册》[40, 41]、《微波遥感》[37]，特别是其第三卷、第二卷第 11 章，以及 16.7 节列出的期刊。

参考文献

[1] H. Goldstein, "Sea Echo," in *Propagation of Short Radio Waves*, D. E. Kerr (ed.), MIT Radiation Laboratory Series, Chap. 6, Vol. 13, New York: McGraw-Hill Book Company, 1951.

[2] R. L. Cosgriff, W. H. Peake, and R. C. Taylor, "Terrain scattering properties for sensor system design," *Terrain Handbook II*, Columbus: The Ohio State University, Eng. Exp. Sta. Antenna Lab., 1959.

[3] R. K. Moore, "Radar scattering cross-section per unit area and radar astronomy," *IEEE Spectrum*, p. 156, April 1966.

[4] A. K. Fung, *Microwave Scattering and Emission Models and Their Applications*. Boston: Artech House, 1994.

[5] A. G. Voronovich, *Wave Scattering from Rough Surfaces*. New York: Springer-Verlag, 1994.

[6] G. Ruck, D. Barrick, W. Stuart, and C. Krichbaum, *Radar Cross Section Handbook*, New York: Plenum Press, 1968.

[7] R. K. Moore, "Resolution of vertical incidence radar return into random and specular components," University of New Mexico, Eng. Exp. Sta., Albuquerque, 1957.

[8] J. M. Banhart (ed.) *Remote Sensing Laboratory Publication List 1964–1980*, Lawrence: University of Kansas, Remote Sensing Lab., 1981.

[9] J. M. Banhart (ed.), *Remote Sensing Laboratory Publication List 1981–1983*, Vol. TR-103, Lawrence: University of Kansas, Remote Sensing Lab., 1984.

[10] G. P. de Loor, P. Hoogeboom, and E. P. W. Attema, "The Dutch ROVE program," *IEEE Trans.*, vol. GE-20, pp. 3–11, 1982.

[11] B. A. M. Bouman and H. W. J. vanKasteren, *Ground-based X-band Radar Backscatter Measurements of Wheat, Barley and Oats*, Wageningen Netherlands: Center for Agrobiological Research, 1989.

[12] T. LeToan, "Active microwave signatures of soil and crops: significant results of three years of experiments," *Dig. Int. Geosci. Remote Sensing Symp. (IGARSS '82), IEEE 82CH14723-6*, vol. 1, 1982.

[13] Martinez, et al., "Measurements and Modeling of Vertical Backscatter Distribution in Forest Canopy," *IEEE Trans. on Geosc. and Remote Sensing*, vol. 38, pp. 710–719, 2000.

[14] R. Bernard and D. Vidal-Madjar, "C-band radar cross-section of the Guyana Rain Forest: possible use as a reference target for spaceborne radars," *Remote Sensing of Envir.*, vol. 27, pp. 25–36, 1989.

[15] A. R. Edison, R. K. Moore, and B. D. Warner, "Radar return measured at near-vertical incidence," *IEEE Trans. Ant. & Prop.*, vol. AP-8, pp. 246–254, 1960.

[16] S. P. Gogineni and K. Jezek, "Ultra-wideband radar measurements over bare and snow-covered saline ice," *Proc. IGARSS95*, vol. 2, pp. 859–861, 1995.

[17] J. B. Billingsley, *Low-Angle Radar Land Clutter: Measurements and Empirical Models*. Norwich, NY: William Andrew Publishing, 2002.

[18] R. E. Clapp, "A theoretical and experimental study of radar ground return," MIT Radiat. Lab. Rept. 6024, Cambridge, MA, 1946.

[19] T. S. George, "Fluctuations of ground clutter return in airborne radar equipment," *Proc. IEE (London)*, vol. 99, pp. 92–99, 1952.

[20] E. A. Reitz et al., "Radar terrain return study, final report: Measurements of terrain back-scattering coefficients with an airborne X-band radar," Goodyear Aerospace Corporation, *GERA-463*, Phoenix, 1959.

[21] J. P. Campbell, "Back-scattering characteristics of land and sea at X band," in *Proc. Natl. Conf. Aeronaut. Electron.*, 1958.

[22] F. C. MacDonald, "The correlation of radar sea clutter on vertical and horizontal polarization with wave height and slope," in *IRE. Conv. Rec.*, vol. 4, 1956, pp. 29–32.

[23] W. S. Ament, F. C. MacDonald, and R. Shewbridge, "Radar terrain reflections for several polarizations and frequencies," in *Proc. Symp. Radar Return, NOTS TP2359*, U.S. Naval Ordnance Test Station, Test Station, China Lake, CA, 1959.

[24] C. R. Grant and B. S. Yaplee, "Backscattering from water and land at centimeter and millimeter wavelengths," *Proc. IRE.*, vol. 45, pp. 972–982, 1957.

[25] Guinard et al., "Variation of the NRCS of the sea with increasing roughness," *J. Geophys. Res.*, vol. 76, pp. 1525–1538, 1971.

[26] C. E. K. Livingstone, P. Singh, and A. L. Gray, "Seasonal and regional variations of active/passive microwave signatures of sea ice," *IEEE Trans.*, vol. GE-25, pp. 159–173, 1987.

[27] H. McNairn et al., "Identification of agricultural tillage practices from C-band radar backscatter," *Canadian Journal of Remote Sensing*, vol. 22, 1996, pp. 154–162.

[28] R. W. Larson, R. E. Hamilton, and F. L. Smith, "Calibration of synthetic aperture radar, *Dig. IGARSS '81*, pp. 938–943, 1981.

[29] C. E. K. Livingstone et al., "Springtime C-band SAR backscatter signatures of Labrador Sea marginal ice: measurements versus modeling predictions," *IEEE Trans. on Geosc. and Remote Sensing*, vol. 29, pp. 29–41, 1991.

[30] A. Haskell and B. M. Sorensen, "The European SAR-580 project," *Dig. IGARSS '82, IEEE 82CH14723-6*, Sess. WA-5, pp. 1.1–1.5, 1982.

[31] D. N. Held, "The NASA/JPL multipolarization SAR aircraft program," *Dig. IGARSS 85*, pp. 454–457, 1985.

[32] D. L. Evans et al., "Radar polarimetry: analysis tools and applications," *IEEE Trans. Geosc. & Rem. Sens.*, vol. 26, pp. 774–789, 1988.

[33] Hoogeboom et al., "The PHARUS Project, Results of the Definition Study including the SAR Testbed PHARS," *IEEE Trans. on Geosc. and Remote Sensing*, vol. 30, pp. 723–735, 1992.

[34] Y.-L. Desnos et al., "The ENVISAT advanced synthetic aperture radar system," *Proc. IGARSS2000*, vol. 3, pp. 1171–1173, 2000.

[35] P. Fox, A. P. Luscombe, and A. A. Thompson, "RADARSAT-2 SAR modes development and utilization," *Canadian Jour. of Rem. Sens.*, vol. 30, pp. 258–264, 2004.

[36] H. Wakabayashi et al., "Airborne L-band SAR system: Characteristics and initial calibration results," *Proc IGARSS'99*, vol. 1, pp. 464–466, 1999.

[37] F. T. Ulaby, R. K. Moore, and A. K. Fung, *Microwave Remote Sensing: Active and Passive*, Vol. I and Vol. II, Reading, MA: Addison-Wesley Publishing Company, 1981 and 1982; Vol. III, Norwood, MA: Artech House, 1986.

[38] F. T. Ulaby and M. C. Dobson, *Handbook of Radar Scattering Statistics for Terrain*, Norwood, MA: Artech House, 1989.

[39] M. W. Long, *Radar Reflectivity of Land and Sea*, 2nd Ed., Norwood, MA: Artech House, 1983.

[40] R. N. Colwell, D. S. Simonett, J. E. Estes, F. T. Ulaby, G. A. Thorley, et al., *Manual of Remote Sensing*, 2nd Ed., Vols. I and II, Falls Church, VA: American Society of Photogrammetry, 1983.

[41] F. M. Henderson and A. J. Lewis, *Manual of Remote Sensing, Principles and Applications of Imaging Radar*, Vol. 2, 3rd Ed., New York: John Wiley & Sons, 1998.

[42] J. R. Lundien, "Terrain analysis by electromagnetic means: radar responses to laboratory prepared soil samples," *U.S. Army Waterways Exp. Sta., TR 3-639*, Vicksburg, MS, 1966.

[43] L. K. Wu, R. K. Moore, R. Zoughi, F. T. Ulaby, and A. Afifi, "Preliminary results on the determination of the sources of scattering from vegetation canopies at 10 GHz," pts. I and II, *Int. J. Remote Sensing*, vol. 6, pp. 299–313, 1985.

[44] L. K. Wu, R. K. Moore, and R. Zoughi, "Sources of scattering from vegetation canopies at 10 GHz," *IEEE Trans.*, vol. GE-23, pp. 737–745, 1985.

[45] R. Zoughi, J. Bredow, and R. K. Moore, "Evaluation and comparison of dominant backscattering sources at 10 GHz in two treatments of tall-grass prairie," *Remote Sensing Environ.*, vol. 22, pp. 395–412, 1987.

[46] R. Zoughi, L. K. Wu, and R. K. Moore, "Identification of major backscattering sources in trees and shrubs at 10 GHz," *Remote Sensing Environ.*, vol. 19, pp. 269–290, 1986.

[47] J. F. Paris, "Probing thick vegetation canopies with a field microwave spectrometer," *IEEE Trans.*, vol. GE-24, pp. 886–893, 1986.

[48] S. T. Wu, "Preliminary report on measurements of forest canopies with C-Band radar scatterometer at NASA/NSTL," *IEEE Trans.*, vol. GE-24, November 1986.

[49] D. E. Pitts, G. D. Badhwar, and E. Reyna, "The Use of a helicopter mounted ranging scatterometer for estimation of extinction and scattering properties of forest canopies," *IEEE Trans.*, vol. GE-26, pp. 144–152, 1988.

[50] R. Bernard, M. E. Frezal, D. Vidal-Madjar, D. Guyon, and J. Riom, "Nadir looking airborne radar and possible applications to forestry," *Remote Sensing Environ.*, vol. 21, pp. 297–310, 1987.

[51] S. L. Durden, J. D. Klein, and H. A. Zebker, "Polarimetric radar measurements of a forested area near Mt. Shasta," *IEEE Trans. on Geosc. and Remote Sensing*, vol. 29, pp. 444–450, 1991.

[52] D. K. Barton, "Land clutter models for radar design and analysis," *Proc. IEEE*, vol. 73, pp. 198–204, 1985.

[53] R. K. Moore, *Traveling Wave Engineering*, New York: McGraw-Hill Book Company, 1960.

[54] A. H. Schooley, "Upwind-downwind ratio of radar return calculated from facet size statistics of wind disturbed water surface," *Proc. IRE*, vol. 50, pp. 456–461, 1962.

[55] D. O. Muhleman, "Radar scattering from venus and the moon," *Astron. J.*, vol. 69, pp. 34–41, 1964.

[56] A. K. Fung, "Theory of cross polarized power returned from a random surface," *Appl. Sci. Res.*, vol. 18, pp. 50–60, 1967.

[57] I. Katz and L. M. Spetner, "Two statistical models for radar return," *IRE Trans.*, vol. AP-8, pp. 242–246, 1960.

[58] P. Beckmann and A. Spizzichino, *The Scattering of Electromagnetic Waves from Rough Surfaces*, New York: Macmillan Company, 1963.

[59] P. Beckmann, "Scattering by composite rough surfaces," *Proc. IEEE*, vol. 53, pp. 1012–1015, 1965.

[60] A. K. Fung and H. J. Eom, "An approximate model for backscattering and emission from land and sea," *Dig. IGARSS '81*, vol. I, pp. 620–628, 1981.

[61] H. S. Hayre and R. K. Moore, "Theoretical scattering coefficients for near-vertical incidence from contour maps," *J. Res. Nat. Bur. Stand.*, vol. 65D, pp. 427–432, 1961.

[62] H. Davies, "The reflection of electromagnetic waves from a rough surface," *Proc. IEE (London)*, pt. 4, vol. 101, pp. 209–214, 1954.

[63] A. K. Fung and R. K. Moore, "The correlation function in Kirchoff's method of solution of scattering of waves from statistically rough surfaces," *J. Geophys. Res.*, vol. 71, pp. 2929–2943, 1966.

[64] J. V. Evans and G. H. Pettengill, "The scattering behavior of the moon at wavelengths of 3.6, 68, and 784 centimeters," *J. Geophys. Res.*, vol. 68, pp. 423–447, 1963.

[65] J. W. Wright, "A new model for sea clutter," *IEEE Trans.*, vol. AP-16, pp. 217–223, 1968.

[66] F. G. Bass, I. M. Fuks, A. I. Kalmykov, I. E. Ostrovsky, and A. D. Rosenberg, "Very high frequency radiowave scattering by a disturbed sea surface," *IEEE Trans.*, vol. AP-16, pp. 554–568, 1968.

[67] S. O. Rice, "Reflection of electromagnetic waves by slightly rough surfaces," *Commun. Pure Appl. Math.*, vol. 4, pp. 351–378, 1951.

[68] Ref. 37, vol. II, p. 961.

[69] Ref. 37, vol. II, chap. 12.

[70] Ref. 37, vol. III, chap. 13.

[71] R. H. Lang and J. S. Sidhu, "Electromagnetic scattering from a layer of vegetation: a discrete approach," *IEEE Trans.*, vol. GE-21, pp. 62–71, 1983.

[72] A. K. Fung, "A review of volume scatter theories for modeling applications," *Radio Sci.*, vol. 17, pp. 1007–1017, 1982.

[73] Y. S. Kim, "Theoretical and experimental study of radar backscatter from sea ice," Ph.D. dissertation, University of Kansas, Lawrence, 1984.

[74] J. M. Stiles and K. Sarabandi, "Electromagnetic scattering from grassland—Part I: A fully phase-coherent scattering model," *IEEE Transactions on Geoscience and Remote Sensing*, vol. 38, pp. 339–348, 2000.

[75] H. O. Rydstrom, "Interpreting local geology from radar imagery," *Bull. Geol. Soc. Am.*, vol. 78, pp. 429–436, 1967.

[76] W. K. Lee, "Analytical investigation of urban SAR features having a group of corner reflectors," *IGARSS 2001*, vol. 3, pp. 1262–1264, 2001.

[77] M. F. Chen and A. K. Fung, "A study of the validity of the integral equation model by moment method simulation—cylindrical case," *Remote Sensing of Envir.*, vol. 29, pp. 217–228, 1989.

[78] A. K. Fung, M. R. Shah, and S. Tjuatja, "Numerical simulation of scattering from three-dimensional randomly rough surfaces," *IEEE Trans. on Geosc. and Remote Sensing*, vol. 32, pp. 986–994, 1994.

[79] S. O. Rice, "Mathematical analysis of random noise," pt. 1, *Bell Syst. Tech. J.*, vol. 23, pp. 282–332, 1944; pt. II, vol. 24, pp. 46–156, 1945.

[80] G. A. Shmidman, "Generalized radar clutter model," *IEEE Trans. on Aerosp. Elec. Sys.*, vol. 35, pp. 857–865, 1999.

[81] R. D. DeRoo et al., "MMW scattering characteristics of terrain at near-grazing incidence," *IEEE Trans. on Aerosp. Elec. Sys.*, vol. 35, pp. 1010–1018, 1999.

[82] J. B. Billingsley et al., "Statistical analyses of measured radar ground clutter data," *IEEE Trans. Aerosp. & Electron. Sys.* vol. 35, pp. 579–593, 1999.

[83] Ref. 37, vol. II, pp. 487–492.

[84] F. T. Ulaby, W. H. Stiles, D. Brunfeldt, and E. Wilson, "1-35 GHz microwave scatterometer," in *Proc. IEEE/MTT-S, Int. Microwave Symp.*, IEEE 79CH1439-9 MIT-S, 1979.

[85] D. R. Brunfeldt and F. T. Ulaby, "An active radar calibration target," *Dig. IGARSS '82*, IEEE 82CH14723-6, 1982.

[86] A. Freeman, Y. Shen, and C. L. Werner, "Polarimetric SAR calibration experiment using active radar calibrators," *IEEE Trans. on Geosc. and Remote Sensing*, vol. 28, pp. 224–240, 1990.

[87] Ref. 37, vol. II, pp. 766–779.

[88] F. J. Janza, "The analysis of a pulse radar acquisition system and a comparison of analytical models for describing land and water radar return phenomena," Ph.D. dissertation, University of New Mexico, Albuquerque, 1963.

[89] F. J. Janza, R. K. Moore, and R. E. West, "Accurate radar attenuation measurements achieved by inflight calibration," *IEEE Trans.*, vol. PGI-4, pp. 23–30, 1955.

[90] E. M. Bracalente, W. L. Jones, and J. W. Johnson, "The Seasat—a satellite scatterometer," *IEEE Trans.*, vol. OE-2, pp. 200–206, 1977.

[91] F. K. Li, D. Callahan, D. Lame, and C. Winn, "NASA scatterometer on NROSS—a system for global observations on ocean winds," *Dig. IGARSS '84*, 1984.

[92] R. K. Moore and W. J. Pierson, "Measuring sea state and estimating surface winds from a polar orbiting satellite," in *Proc. Int. Symp. Electromagn. Sensing of Earth from Satellites*, 1965, pp. R1–R26.

[93] L. J. Cote et al., "The directional spectrum of a wind-generated sea as determined from data obtained by the stereo wave observation project," *New York University Meterorol. Pap.*, vol. 2, no. 66, 1960.

[94] S. P. Gogineni et al., "Application of plane waves for accurate measurement of microwave scattering from geophysical surfaces," *IEEE Transactions on Geoscience and Remote Sensing*, vol. 33, pp. 627–633, 1995.

[95] T. F. Bush and F. T. Ulaby, "8–18 GHz radar spectrometer," University of Kansas, Remote Sensing Lab., vol. TR 177-43, Lawrence, September 1973.

[96] Ref. 37, vol. II, pp. 779–791; vol. III, chap. 14.

[97] R. Zoughi, L. K. Wu, and R. K. Moore, "SOURCESCAT: A very fine resolution radar scatterometer," *Microwave J.*, vol. 28, pp. 183–196, 1985.

[98] S. P. Gogineni, F. A. Hoover, and J. W. Bredow, "High-performance, inexpensive polarimetric radar for in situ measurements," *Proc. IGARSS89*, vol. 28, pp. 450–455, 1990.

[99] R. K. Moore, "Effect of pointing errors and range on performance of dual-pencil-beam scatterometers," *IEEE Trans.*, vol. GE-23, pp. 901–905, 1985.

[100] A. R. Edison, "An acoustic simulator for modeling backscatter of electromagnetic waves," Ph.D. dissertation, University of New Mexico, Albuquerque, 1961.

[101] B. E. Parkins and R. K. Moore, "Omnidirectional scattering of acoustic waves from rough surfaces of known statistics," *J. Acoust. Soc. Am.*, vol. 50, pp. 170–175, 1966.

[102] R. K. Moore, "Acoustic Simulation of radar returns," *Microwaves*, vol. 1, no. 7, pp. 20–25, 1962.

[103] M. C. Dobson, F. T. Ulaby, D. R. Brunfeldt, and D. N. Held, "External calibration of SIR-B imagery with area-extended and point targets," *IEEE Trans.*, vol. GE-24, pp. 453–461, 1986.

[104] D. Vaillant and A. Wadsworth, "Preliminary results of some remote sensing campaigns of the French Airborne SAR VARAN-S," *Dig. IGARSS '86*, pp. 495–500, 1986.

[105] H. Hirosawa and Y. Matsuzaka, "Calibration of cross-polarized SAR imagery using dihedral corner reflectors," *Dig. IGARSS '86*, pp. 487–492, 1986.

[106] D. R. Brunfeldt and F. T. Ulaby, "Active reflector for radar calibration," *IEEE Trans.*, vol. GE-22, pp. 165–169, 1984.

[107] P. Hartl, M. Reich, and S. Bhagavathula, "An attempt to calibrate air-borne SAR image using active radar calibrators and ground-based scatterometers," *Dig. IGARSS 86*, pp. 501–508, 1986.

[108] R. W. Larson et al., "Bistatic clutter measurements," *IEEE Trans.*, vol. AP-26, pp. 801–804, 1978.

[109] J. Renau and J. A. Collinson, "Measurements of electromagnetic backscattering from known rough surfaces," *Bell Syst. Tech. J.*, vol. 44, pp. 2203–2226, 1965.

[110] D. Kieu, "Effect of tall structures on microwave communication systems," M.S. thesis, University of Kansas, Lawrence, 1988.

[111] F. T. Ulaby et al., "Millimeter-wave bistatic scattering from ground and vegetation targets," *IEEE Trans. Geosc. & Rem. Sens.*, vol. GE-26, pp. 229–243, 1988.

[112] T.-K. Chan et al., "Experimental studies of bistatic scattering from two-dimensional conducting random rough surfaces," *IEEE Trans. on Geosc. and Remote Sensing*, vol. 34, pp. 674–680, 1996.

[113] W. H. Stiles, D. Brunfeldt, and F. T. Ulaby, "Performance analysis of the MAS (Microwave Active Spectrometer) systems: calibration, precision and accuracy," University of Kansas, Remote Sensing Lab., vol. TR 360-4, Lawrence, 1979.

[114] F. T. Ulaby et al., "1-35 GHz microwave scatterometer," *Proc. IEEE/MTT-S 1979 Intl. Microwave Symp.*, vol. '79CH1439-9 MTT-S', 1979.

[115] R. K. Moore, K. A. Soofi, and S. M. Purduski, "A radar clutter model: average scattering coefficients of land, snow, and ice," *IEEE Trans.*, vol. AES-16, pp. 783–799, 1980.

[116] R. K. Moore et al., "Simultaneous active and passive microwave response of the Earth—the Skylab RADSCAT experiment," in *Proc. Ninth Int. Symp. Remote Sensing Environ.*, University of Michigan, Ann Arbor, 1974, pp. 189–217.

[117] Ref. 21. See summaries in vol. II, chap. 11, and vol. III, chap. 21.

[118] F. T. Ulaby, "Vegetation clutter model," *IEEE Trans.*, vol. AP-28, pp. 538–545, 1980.

[119] W. H. Stiles and F. T. Ulaby, "The active and passive microwave response to snow parameters, part I: wetness," *J. Geophys. Res.*, vol. 85, pp. 1037–1044, 1980.

[120] F. T. Ulaby and W. H. Stiles, "The active and passive microwave response to snow parameters, part II: water equivalent of dry snow," *J. Geophys. Res.*, vol. 85, pp. 1045–1049, 1980.

[121] I. J. Birrer, E. M. Bracalante, G. J. Dome, J. Sweet, and G. Berthold, "Signature of the Amazon rain forest obtained with the Seasat scatterometer," *IEEE Trans.*, vol. GE-20, pp. 11–17, 1982.

[122] R. Bernard and D. Vidal-Madjar, "C-band radar cross-section of the Guyana rain forest: possible use as a reference target for spaceborne radars," *Remote Sensing of Envir.*, vol. 27, pp. 25–36, 1989.

[123] R. K. Moore and M. Hemmat, "Determination of the vertical pattern of the SIR-B antenna," *Int'l Jour. Rem. Sens.*, vol. 9, pp. 839–847, 1988.

[124] M. Shimada, "Long-term stability of L-band normalized radar cross section of Amazon rainforest using the JERS-1 SAR," *Canadian Jour. of Rem. Sens.*, vol. 31, pp. 132–137, 2005.

[125] A. R. Edison, R. K. Moore, and B. D. Warner, "Radar return measured at near-vertical incidence," *IEEE Trans.*, vol. AP-8, pp. 246–254, 1960.

[126] C. H. Bidwell, D. M. Gragg, and C. S. Williams: "Radar return from the vertical for ground and water surface," Sandia Corporation, Albuquerque, NM, 1960.

[127] Y. S. Kim, R. K. Moore, R. G. Onstott, and S. P. Gogineni, "Towards identification of optimum radar parameters for sea-ice monitoring," *J. Glaciol.*, vol. 31, pp. 214–219, 1985.

[128] T. LeToan et al., "Multitemporal and dual-polarization observations of agricultural vegetation covers by X-band SAR images," *IEEE Trans. on Geosc. and Remote Sensing*, vol. GE-27, pp. 709–718, 1989.

[129] B. A. M. Bouman and H. W. J. vanKasteren, *Ground-based X-band Radar Backscatter Measurements of Wheat, Barley and Oats*, Wageningen NETHERLANDS: Center for Agrobiological Research, 1989.

[130] B. Brisco, R. J. Brown, and G. J. Sofko, "The CCRS ground-based microwave facility," *IGARSS88*, vol. 1, pp. 575–576, 1988.

[131] E. Stotzer, V. Wegmuller, R. Huppi, and C. Matzler, "Dielectric and surface parameters related to microwave scatter and emission properties," *Dig. IGARSS '86*, pp. 599–609, 1986.

[132] T. Nagler and H. Rott, "Retrieval of wet snow by means of multitemporal SAR data," *IEEE Trans. on Geosc. and Remote Sensing*, vol. 38, pp. 754–765, 2000.

[133] F. J. Janza, R. K. Moore, and B. D. Warner, "Radar cross-sections of terrain near vertical incidence at 415 Mc, 3800 Mc, and extension of analysis to X band," University of New Mexico, Eng. Exp. Sta., TR EE-21, Albuquerque, 1959.

[134] Ref. 37, vol. III, Fig. 21.20, p. 1825.

[135] Ref. 37, vol. III, Fig. 21.22, p. 1827.

[136] Ref. 37, vol. III, Fig. 21.41, p. 1856.

[137] D. H. Hoekman, "Radar backscattering of forest stands," *Int. J. Remote Sensing*, vol. 6, pp. 325–343, 1985.

[138] D. H. Hoekman et al., "Land cover type and biomass classification using AirSAR data for evaluation of monitoring scenarios in the Columbian Amazon," *IEEE Trans. on Geosc. and Remote Sensing*, vol. 38, pp. 685–696, 2000.

[139] M. C. Dobson and F. T. Ulaby, "Microwave backscatter dependence on surface roughness, soil moisture and soil texture: Part III—soil tension," *IEEE Trans.*, vol. GE-19, pp. 51–61, 1981.

[140] T. J. Schmugge, "Effect of texture on microwave emission from soils," *IEEE Trans.*, vol. GE-18, pp. 353–361, 1980.

[141] F. T. Ulaby, A. Aslam, and M. C. Dobson, "Effects of vegetation cover on the radar sensitivity to soil moisture," University of Kansas, Remote Sensing Lab., TR 460-10, Lawrence, 1981.

[142] M. C. Dobson, F. Kouyate, and F. T. Ulaby, "A reexamination of soil textural effects on microwave emission and backscattering," *IEEE Trans.*, vol. GE-22, pp. 530–535, 1984.

[143] F. T. Ulaby, B. Brisco, and M. C. Dobson, "Improved spatial mapping of rainfall events with spaceborne SAR imagery," *IEEE Trans.*, vol. GE-21, pp. 118–121, 1983.

[144] F. T. Ulaby, M. C. Dobson, J. Stiles, R. K. Moore, and J. C. Holtzman, "A simulation study of soil moisture estimation by a space SAR," *Photogramm. Eng. Remote Sensing*, vol. 48, pp. 645–660, 1982.

[145] Z. Li et al., "Soil moisture measurement and retrieval using envisat asar imagery," *Proc. IGARSS04*, vol. V, pp. 3539–3542, 2004.

[146] J. Shi et al., "Estimation of soil moisture with L-band multipolarization radar," *Proc. IGARSS04*, vol. II, pp. 815–818, 2004.

[147] Y. Kim and J. van Zyl, "Vegetation effects on soil moisture estimation," *Proc. IGARSS04*, vol. II, pp. 800–802, 2004.

[148] E. Attema and F. T. Ulaby, "Vegetation modeled as a water cloud," *Radio Sci.*, vol. 13, pp. 357–364, 1978.

[149] Ref. 37, vol. III, p. 1873.

[150] H. Eom and A. K. Fung, "A scatter model for vegetation up to K_u-band," *Remote Sensing Environ.*, vol. 15, pp. 185–200, 1984.

[151] W. H. Stiles and F. T. Ulaby "The active and passive microwave response to snow parameters, Part I: Wetness," *J. Geophys. Res.*, vol. 85, pp. 1037–1044, 1980.

[152] W. H. Stiles, F. T. Ulaby, A. K. Fung, and A. Aslam, "Radar spectral observations of snow," *Dig. IGARSS '81*, pp. 654–668, 1981.

[153] A. V. Bushuyev, N. A. Volkov, and V. S. Loshchilov, *Atlas of Ice Formations*, Leningrad: Gidrometeoizdat, 1974. (In Russian with English annotations.)

[154] A. L. Gray, R. K. Hawkins, C. E. Livingstone, L. D. Arsenault, and W. M. Johnstone, "Simultaneous scatterometer and radiometer measurements of sea ice microwave signatures," *IEEE J.*, vol. OE-7, pp. 20–32, 1982.

[155] V. S. Loshchilov and V. A. Voyevodin, "Determining elements of drift of the ice cover and movement of the ice edge by the aid of the 'Toros' side scanning radar station," *Probl. Arktiki Antarkt* (in Russian), vol. 40, pp. 23–30, 1972.

[156] S. Haykin et al., *Remote Sensing of Sea Ice and Icebergs*, New York: Wiley-IEEE, 1994.

[157] R. K. Raney et al., "RADARSAT," Proc. IEEE, vol. 79, pp. 839–849, 1991.

[158] B. Ramsay et al., " Use of RADARSAT data in the Canadian ice service," *Canadian Journal of Remote Sensing*, vol. 24, pp. 36–42, 1998.

[159] G. I. Belchansky and D. C. Douglas, "Seasonal comparisons of sea ice concentration estimates derived from SSM/I, OKEAN, and RADARSAT data," *Rem. Sens. Envir.*, vol. 81, pp. 67–81, 2002.

[160] M. Nazirov, A. P. Pichugin, and Y. G. Spiridonov, *Radiolokatsia Poverchnosti Zemli Iz-Kosmoca (Radar Observation of the Earth from Space)*, Leningrad: Hydrometeoizdat, 1990. (In Russian.)

[161] Mitnik et al., "Structure and dynamics of the Sea of Okhotsk marginal ice zone from 'ocean' satellite radar sensing data," *J. Geophys. Res.*, vol. 97, pp. 7249–7445, 1992.

[162] M. R. Drinkwater, R. Hosseinmostafa, and S. P. Gogineni, "C-band backscatter measurements of winter sea-ice in the Weddell Sea, Antarctica," *International Journal of Remote Sensing*, vol. 16, pp. 3365, 1995.

[163] F. T. Ulaby and C. Elachi, *Radar Polarimetry for Geoscience Applications*. Boston: Artech House, 1990.

[164] M. A. Sletten and D. J. McLaughlin, "Radar polarimetry," in *Wiley Encyclopedia of Electrical and Electronics Engineering Online*, J. Webster (ed.), New York: John Wiley & Sons, Inc., 1999.

[165] J. van Zyl and Y. Kim, "Remote sensing by radar," in *Wiley Encyclopedia of Electrical and Electronics Engineering Online*, J. Webster (ed.), New York: John Wiley & Sons, Inc., 1999.

[166] W. M. Boerner et al., "On the basic principles of radar polarimetry: the target characteristic polarization state theory of Kennaugh, Huynen's polarization fork concept, and its extension to the partially polarized case," *Proc. IEEE*, vol. 79, pp. 1538–1550, 1990.

[167] J. J. van Zyl, H. Zebker, and D. N. Held, "Imaging radar polarization signatures: Theory and observation," *Radio Sci.*, vol. 22, pp. 529–543, 1987.

[168] S. A. Morain and D. S. Simonett, "K-band radar in vegetation mapping," *Photog. Eng. and Rem. Sens.*, vol. 33, pp. 730–740, 1967.

[169] P. C. Dubois and J. van Zyl, "Polarization filtering of SAR data," *Digest IGARSS88*, vol. 3, pp. 1816–1819, 1989.

[170] A. A. Swartz et al., "Optimal polarization for achieving maximum contrast in radar images," *J. Geophys. Res.*, vol. 93, pp. 15252–15260, 1988.

[171] S. R. Cloude and E. Pottier, "An entropy based classification scheme for land applications of polarimetric SAR," *IEEE Trans. on Geosc. and Remote Sensing*, vol. 35, pp. 68–78, 1997.

[172] J. van Zyl, "Unsupervised classification of scattering behavior using radar polarimetry data," *IEEE Trans. Geosc. Rem. Sens.*, vol. 27, pp. 36–45, 1989.

[173] Touzi et al., "Polarimetric discriminators for SAR images," *IEEE Trans. on Geosc. and Remote Sensing*, vol. 30, pp. 973–980, 1992

[174] S. L. Durden, J. D. Klein, and H. A. Zebker, "Polarimetric radar measurements of a forested area near Mt. Shasta," *IEEE Trans. on Geosc. and Remote Sensing*, vol. 29, pp. 111–450, 1991.

[175] Hoekman et al., "Biophysical forest type characterization in the Columbian Amazon by airborne polarimetric SAR," *IEEE Trans. on Geosc. and Remote Sensing*, vol. 40, pp. 1288–1300, 2002.

[176] P. Ferrazzoli et al., "The potential of multifrequency polarimetric SAR in assessing agricultural and arboreous biomass," *IEEE Trans. on Geosc. and Remote Sensing*, vol. 35, pp. 5–17, 1997.

[177] Inoue et al., "Season-long daily measurements of multifrequency (Ka, Ku, X, C, and L) and full-polarization backscatter signatures over paddy rice field and their relationship with biological variables," *Remote Sensing of Envir.*, vol. 81, pp. 194–204, 2002.

[178] S. V. Nghiem et al., "Polarimetric signatures of sea ice, 2, experimental observations," *J. Geophys. Res.*, vol. 100, pp. 13681–13698, 1995.

[179] A. Martini, L. Ferro-Famil, and E. Pottier, "Multi-frequency polarimetric snow discrimination in alpine areas," *Proc. IGARSS04*, vol. VI, pp. 3684–3687, 2004.

[180] L. L. Hess et al., "Delineation of inundated area and vegetation along the Amazon floodplain with the SIR-C synthetic aperture radar," *IEEE Trans. on Geosc. and Remote Sensing*, vol. 33, pp. 896–904, 1995.

[181] R. K. Moore, W. P. Waite, and J. W. Rouse, "Panchromatic and polypanchromatic radar," *Proc. IEEE*, vol. 57, pp. 590–593, 1969.

[182] R. K. Moore, "Tradeoff between picture element dimensions and noncoherent averaging in side-looking airborne radar," *IEEE Trans.*, vol. AES-15, pp. 696–708, 1979.

第17章 合成孔径雷达（SAR）

本手册绝大部分的讨论涉及**实孔径雷达（RAR）**，在这种体制的雷达中天线是一个先发射后接收的物理单元。现在我们把注意力转向由天线运动形成一个**合成孔径**的情况，由此产生了**合成孔径雷达（SAR）**。本章的概论是基于 Sullivan[1]和 Cutrona[2]的著作的，更为详细的内容可查阅文献[3~11]。

17.1 SAR 的基本原理

对于机载或星载地形测绘雷达，一直要求其具有更高的分辨率。我们将用**距离分辨率**来描述雷达到目标区域沿视线的分辨率，用**横向分辨率**来描述与雷达视线垂直方向并和地面平行方向上的距离分辨率。为了强调距离分辨率是沿雷达视线方向的，也经常称之为**径向分辨率**。还经常称**横向分辨率**为**方位分辨率**，因为它的测量是沿某条直线保持距离不变通过改变雷达视线的方位（可通过测量实际天线的位置得到）获得的。当（且仅当）雷达视线与飞行方向保持垂直时，距离分辨率才有时也称为**垂直航向分辨率**，横向分辨率有时也称为**沿航向分辨率**。

关于 SAR 的分辨率，首选的术语是**高分辨率**和**低分辨率**。好的分辨性能常常是**高分辨**的，可分辨单元很小；而差的分辨性能是**低分辨**，可分辨单元较大。这样可以避免术语上的模糊。当然，在实际中术语**高分辨率**（精分辨）和**低分辨率**（粗分辨）都是无模糊地使用的。

最初雷达是通过使用窄波束来获得横向分辨率的。天线的波束宽度 θ_B（用弧度表示）近似的等于波长 λ 除以孔径尺寸：$\theta_B = \lambda/D$。相应地，在距离 R 上的线性横向分辨率是

$$\delta_{cr} \approx \frac{R\lambda}{D} \quad \text{（实孔径）} \tag{17.1}$$

例如，如果 $\lambda = 3\text{cm}$（X 波段），$D = 2\text{m}$，$\theta_B = 0.015\text{rad}$。在距离 $R = 100\text{km}$ 处的横向距离分辨率为 $R\theta_B \approx 1.5\text{km}$，如此低的分辨率，几乎连建筑物和机动车辆这样的目标都无法分辨。然而，通过适当的相干处理，一个安装在某一平台（飞机或航天器——称之为平台）上的中等尺寸的天线，在空间沿一路径平移形成适当尺寸——**合成孔径**，理论上可以达到与尺寸为路径长度（合成孔径）L_{SA} 的实孔径雷达一样的横向分辨率

$$\delta_{cr} \approx \frac{R\lambda}{2L_{SA}} \approx \frac{\lambda}{2\Delta\theta} \quad \text{（合成孔径）} \tag{17.2}$$

式中，$\Delta\theta$ 是合成孔径角，也就是是从目标位置观察的合成孔径张成的角度。分母上多出的系数 2［与式（17.1）相比］是由于合成孔径处理引起的，将在后续内容中探讨。例如，路径长度为 5 km，上述例子中的横向分辨率近似为 30cm，与实孔径相比，分辨率得到了极大改善。

17.2 SAR 的早期历史

SAR 的最初概念是 Goodyear 公司的 Carl Wiley 在 1951 年首次提出的[12]，他当时称之为

多普勒波束锐化（DBS）。后来，SAR 的多普勒波束锐化模式被用来作为用可变斜视角模式产生部分平面位置指示（PPI）的名字。因此，在合成孔径雷达中 DBS 实际上有两个意思：（1）在 SAR 这个名字被使用之前，Wiley 所发明的合成孔径雷达的名字；（2）基于斜视 SAR 类平面位置指示模式的名字。

1952 年，Illinois 大学的研究人员演示了 SAR 的概念。1953 年，在启动 Michigan 研究计划的夏季研究班上，Michigan 大学的 L. J. Cutrona、Illinois 大学的 C. W. Sherwin、通用电气公司的 W. Hausz 及 Phiclo 公司的 J. Koehler 讨论了与合成孔径有关的概念[2]。由此产生了 Michigan 团队的一个十分成功的 SAR 计划[13]。Illinois 大学的研究团队也成功地演示了 SAR 成像[14]。Cutrona[13]和 Sherwin[14]等人的工作，加上其他许多有关 SAR 的早期论著，都被 Kovaly 编著成一本十分有用的书[15]。Curlander 和 McDonough[4]、Jackson 和 Apel[10]和 Ausherman 等人[11]都曾论述过 SAR 发展的详细历史。

17.3 SAR 的分类

当我们提到合成孔径雷达时，通常指的是**聚焦合成孔径雷达**。这一术语指出对相位信息进行了最佳的处理，以获得与理论极限值相当的分辨率。在合成孔径雷达的发展过程中，几种技术的发展早于聚焦合成孔径雷达，这些技术我们以越来越高的分辨率的顺序分别进行讨论。

聚焦合成孔径雷达的先驱

侧视机载雷达（SLAR）

SLAR 由一个安装在飞机上，指向与飞行方向垂直（因此称之为侧视）的实孔径雷达构成，它的横向分辨率约为 $R\lambda/D$。

多普勒波束锐化（DBS）

正如前面提到的，当 Wiley 第一次想出我们现在称为 SAR 的这一概念时，他称之为**多普勒波束锐化**。Wiley 是这样解释的："我有幸构想出这个我称之为多普勒波束锐化而不是合成孔径雷达的基本概念。就像所有的信号处理概念一样，合成孔径也可以从两方面解释。一是频域的解释，这就是多普勒波束锐化；如果有人喜欢，他可以从时域上分析这个系统，这就是合成孔径雷达。设备是同样的设备，仅仅是不同的解释而已。合成孔径雷达这一概念是 1951 年在 Goodyear 飞机公司的一个报告中被提出的。"[12]

后来，正如 Schleher 在文献[16] 8.1 节中描述的那样，DBS 被用来指这样一种机载扫描模式，在该模式中扫描的实际波束回波被多普勒处理，以获得比单单是真实波束本身更加良好的横向分辨性能；其横向分辨率是 $\approx R\lambda/2L_{DBS}$，其中 L_{DBS} 是一个目标驻留期形成的合成孔径长度。Stimson[5]这样解释："通常情况下，天线对感兴趣的区域进行不间断的扫描……，由于积累时间被限制在天线波束停留在一个地面区域的时间，也可以说合成天线的孔径尺寸如此受到限制，因此天线扫描情形下的分辨率要比不扫描时的分辨率低（第 434 页）。"

非聚焦合成孔径雷达

Cutrona[2]是这样描述这一类早期合成孔径雷达的:"将合成孔径天线阵列的各点处所接收的相参回波信号进行积累,而积累前不对信号进行移相。这种不进行相位调整的方式,使可形成的合成孔径长度有一个最大值的限制。当目标到达合成孔径中心的往返距离与目标到达该天线阵列边缘点往返距离之差为 $\lambda/4$ 时,这就是最大可能的合成孔径长度。"Cutrona 指出这种情形下横向分辨率近似等于 $\frac{1}{2}(\lambda R)^{1/2}$ [2]。

如今一般很少使用非聚焦合成孔径雷达,之所以被提及完全是为了说明 SAR 的发展过程。非聚焦合成孔径雷达在早期被应用是因为那时的技术难以实现聚焦合成孔径雷达。

聚焦合成孔径雷达的分类

在聚焦合成孔径雷达中,对每个脉冲的回波信号进行相位修正,这样的处理基本上可以达到式(17.2)所示的理论横向分辨率。

条带图模式合成孔径雷达(Stripmap SAR)

条带图模式 SAR(或者"条带"SAR)也经常被称为"搜索"SAR,这是因为它可以用较差的分辨率对大面积地面区域成像。在条带图模式合成孔径雷达中,波束始终垂直于飞行路径(假设为恒定高度上的直线),并且对与飞行路径平行的从某一最小距离 $R_{\min}$ 到最大距离 $R_{\max}$ 条形地面区域进行持续的观测。

对于条带图模式合成孔径雷达来说,合成孔径角 $\Delta\theta$ 基本上等于真实孔径的波束宽度 θ_B:

$$\Delta\theta \approx \theta_B \approx \frac{\lambda}{D} \tag{17.3}$$

因此

$$\delta_{\text{cr}} \approx \frac{\lambda}{2\Delta\theta} \approx \frac{D}{2} \tag{17.4}$$

理想条件下,只要满足 $D \gg \lambda$,且信噪比 SNR $\gg 1$,则天线的物理孔径越小,条带模式合成孔径雷达的横向分辨率就越好,而与目标的距离无关。

随着实际天线沿着合成孔径的方向运动,来自一个特定距离上点目标的回波信号的相位是二次函数(相位参照最近距离随时间作平方性改变),这点是地面上的目标的回波所特有的[2, 17]。一些条带模式合成孔径雷达用滤波的方法来利用这一现象[11]。事实上,对于地面上一个点目标的回波信号来说,线性调频回波信号在一个脉冲内的二次相位变化和由于平台运动引起的多个脉冲间的二次相位变化是十分类似的[5, 第 421 页]。也有些条带模式合成孔径雷达把每一条区域分割成许多小的**子区域**[3],然后对每一子区域利用聚束 SAR(下一节介绍)的处理方法(见文献[11]的 4.8 节)。

比较新的**距离徙动算法**(Range Migration Algorithm,RMA)(见 Carrara 等人的文献[3]第 10 章)原本是为地震方面的应用而开发的,它却在理论上为解决条带图像问题提供了正确途径。它不采取远场近似的做法,而把波阵面当作球面来处理。这一算法特别适用于大相对带宽和/或宽合成孔径角的 SAR 系统。距离徙动算法的计算复杂度较大,然而随着数字信号处理器的处理能力越来越强,计算复杂度这一限制已不是问题。**线性调频变标**（Chirp-Scaling）**算法**是距离徙动算法的一种更快捷更简便的版本（见文献[3]的第 11 章）。

斜视条带模式合成孔径雷达（Squinted Stripmap SAR）

这种情形下,天线的视轴与飞行路径不垂直。从上面往下看,**斜视角** θ_{sq} 是天线轴线与垂直于飞行路径的直线间的夹角。因此,对于一个侧视波束, $\theta_{sq}=0$,由此 $\delta_{cr} \cong D/2$ 。更一般的情况下,有下式成立。

$$\Delta\theta \cong \theta_B \cong \frac{\lambda}{D\cos\theta_{sq}}$$
$$\delta_{cr} \cong \frac{\lambda}{2\Delta\theta} \cong \frac{D\cos\theta_{sq}}{2} \tag{17.5}$$

这里假设合成孔径长度 L_{SA} 满足 $L_{SA} \ll R$,并且假设在数据采集期间斜视角 θ_{sq} 是一个常数。如果考虑得更细一些,这一假设条件仅在斜视角 $\theta_{sq}<45°$ 的情况下是成立的,因为对于一个给定的横向分辨率,当 θ_{sq} 增加时, L_{SA} 也增加,上述的假设条件将不再成立。

聚束合成孔径雷达（Spotlight SAR）

聚束合成孔径雷达（有时也称作点束 SAR）被用来获取感兴趣的特定地点或目标的更高分辨率的图像。随着飞行平台掠过目标,波束跟着移动以始终保持指向目标。通过这种方式, $\Delta\theta$ 可以比 θ_B 大得多,从而使得聚束合成孔径雷达的线性横向分辨率 δ_{cr} 小于条带模式合成孔径雷达的 δ_{cr} 。我们或许希望对合成孔径期间由距离变化引起的回波信号能量（正比于 $1/R^4$ ）的变化进行校正,但对于绝大多数聚束合成孔径雷达而言,这一变化量是可以不予考虑的,然而当照射转角很大时,这一因素是不能忽略的,例如,应用叶簇–穿透 SAR（FOPEN SAR）的情况（见 17.8 节）。

对于一个聚束 SAR 图像,采集数据需要的合成孔径时间 t_A ,由下式给出。

$$\delta_{cr} \approx \frac{\lambda}{2\Delta\theta} \approx \frac{\lambda R}{2L_{SA}\cos(\theta_{sq})} = \frac{\lambda R}{2Vt_A\cos(\theta_{sq})}$$
$$t_A \approx \frac{\lambda R}{2V\delta_{cr}\cos(\theta_{sq})} \tag{17.6}$$

式中, V 是平台的运动速度。

干涉合成孔径雷达（Interferometric SAR）

干涉合成孔径雷达（InSAR,有时也称做 IFSAR）采用两部天线,二者的信号相干合成。InSAR 原先是由喷气推进实验室开发,用于探测洋流或运动目标的[18, 19]。InSAR 的两部天线被水平分开（沿平行于地面的一条线）地安装在平台上,从而天线接收的来自运动目标的回波信号与固定目标相应的回波信号不同,从而可以检测出和分析运动目标。后来的研究者（Adams 等人[20]）将两副天线垂直分开地安装在平台上,从而来自某一地面（假定是平的）上方的目标的两个回波信号与地面上方的同一目标相应的两个回波信号不同,因此用这种方法可以估计目标的高度。这两种形式的干涉式合成孔径雷达将在 17.8 节中讨论。第一种形式的雷达将在"用于动目标显示（MIT）的干涉 SAR（InSAR）"内容中介绍，后一种形式的雷达将在"用于测高的干涉 SAR"内容中讨论。

逆合成孔径雷达（Inverse SAR）

Skolnik[21]论述了逆合成孔径雷达（ISAR）的概念。他指出，"在 SAR 系统中，假定目标是不动的而雷达是运动的，在 ISAR 系统中，目标运动产生的相对速度的变化引起目标上不同位置的不同多普勒频移"（见文献[21]的第 375～380 页）。Skolnik 还提供了一幅由美国海军研究实验室（NRL）（Musman 等人[22]）获取的船舶的 ISAR 图像。一部机载雷达获取了一系列在海上经受起伏/滚转/摇摆运动的船舶的图像，于是使用者可以从图像上辨别出船舶的型号和特点。Musman 等人讨论了特征提取、多帧处理等技术和对船舶的自动目标识别技术。ISAR 也被广泛地应用于室内外目标截面积的诊断测量，见 Knott 等人的文献[26]的第 516 页。

合成孔径雷达分辨率的改善

接下来的例子将揭示随着前述形式的机载测绘雷达的发展，合成孔径雷达的横向分辨率提高了多少。我们假设 $\lambda = 0.03 \text{m}$（X 波段），孔径尺寸 $D = 2 \text{m}$，$R = 100 \text{km}$，$\theta_{sq} = 0$，$V = 180 \text{m/s}$，$L_{DBS} = 10 \text{m}$（对应的角扫描速率为 15°/s），聚束合成孔径长度为 5km（$\Delta\theta \approx 3°$），则上述讨论的几种模式的雷达的横向分辨率如下所示：

侧视机载雷达：1500m　　多普勒波束锐化：150m　　非聚焦条带模式 SAR：27m
条带模式 SAR：1m　　　聚束 SAR：0.3m

17.4　合成孔径雷达的分辨率

本节我们将更详细地讨论合成孔径雷达的分辨率。与通常的用法一致，"分辨率"是指对一个点目标定位的精度而不一定指分辨两个点目标的能力。（关于此问题的阐述可见 Wolfe 和 Zissis 的文献[23]。）下面将更加详细地阐述这么定义的原因。

由于获得高的距离分辨率通常是由单个脉冲获得的，相应的处理方式被称作快速时间处理（fast-time processing）。而另一方面，获得高的横向分辨率需要多个脉冲，因此相应的处理方式称为慢速时间处理（slow-time processing）[3, 24, 25]。

距离分辨率

严格地说，SAR 是一种提高横向分辨率而不是距离分辨率的方法。然而，因为高的距离分辨率对于一个成功的合成孔径雷达来说是十分必要的，也因为距离分辨率和横向分辨率是类似的，所以在这里我们先简要地介绍一下距离分辨率。

通过发射并接收带宽为 B 的宽频带信号可以获得高的距离分辨率。举个例子，考虑一个载频 $f = 10 \text{GHz}$，10%带宽 $B = 1 \text{GHz}$ 的信号。实现这一宽带信号的一种方法（通常不是最好的方法，却是一种很容易描述的方法）是**频率步进**脉冲串法。脉冲串中每一个脉冲都具有单一频率，且该频率高于它前面一个脉冲的频率。（"单频率"脉冲是指由单频率的正弦信号与宽度为 τ 的矩形函数相乘得到的信号，τ 远大于正弦信号的周期。这样的脉冲并不是真正意义上的单频信号，而其频谱宽度近似为 $1/\tau$。例如，如果 $\tau=1\mu s$，则脉冲信号的频谱宽度为 $B=1MHz$，它比整个频率步进脉冲串的频谱宽度小得多，脉冲串的频谱宽度等于串中最后一个脉冲的频率与第一个脉冲的频率之差，它的典型值是几百 MHz。）

与线性调频脉冲压缩波形（见文献[3]的 2.6 节）相比，频率步进脉冲压缩在机载和星载雷达上并不成功，因此这一方式几乎不用。在实际运转的大功率雷达中线性调频信号是常用的波形，这是因为：(1) 每个脉冲都覆盖整个频带，因此全频带信号的发射和接收都比频率步进信号快得多，这对于运动的雷达例如合成孔径雷达是一个极大的优势；(2) 硬件相当成熟并且费用低廉。自从 20 世纪 70 年代以来，线性调频信号已经得到了成功的应用（如美国海军 AN/APS-116 和 AN/APS-137 系统）。频率步进脉冲信号成功应用的唯一一个例子是地基测量雷达，在这种应用中实现的费用并不昂贵而且有足够的数据采集时间（见 Knott 等人的文献[26]第 35 和第 540 页）。

然而，此处我们目前假设利用频率步进脉冲信号是因为它能为解释距离分辨率的原理提供一个简单得多的例子。假定雷达发射一个频率步进脉冲信号，该信号包含多组一样的脉冲串，每组脉冲串包含 $N(N\gg 1)$ 个宽度为 τ 的"单频"脉冲。在每组脉冲串中，每个脉冲的频率比它前一个脉冲的频率高 Δf，雷达每秒发射 PRF/N 组脉冲串，这里 PRF 是脉冲重复频率，信号的频谱宽度为 $(N-1)\Delta f \gg 1/\tau$。每个脉冲回波信号的幅度和相位被雷达以数字形式记录。如图 17.1 (a) 所示，对这组 N 个频域的复采样值进行离散傅里叶变换（DFT）——一般是快速傅里叶变换（FFT），得到时域的 N 个复数值，这些值对应于宽度近似为 $1/B$ 的窄脉冲回波信号（幅度和相位），采样间隔为 $\Delta t=1/B$，这是脉冲压缩的一个简单的例子。由于时延增量 Δt 对应的径向方向的距离增量为 $\Delta r=c\Delta t/2$，我们将 DFT 的输出结果乘以 $c/2$，就得到对应于径向上以距离像素宽度 $c\Delta t/2=c/2B$ 分隔开的一组地面回波。因此，带宽为 B 的频率步进脉冲信号的距离分辨率（严格地说是像素间隔）为

$$\delta_r = c/2B \tag{17.7}$$

尽管这不是本章讨论的范畴，可以证明为获得约 $c/2B$ 的距离分辨率，可以采取的信号波形有许多种，只要满足发射信号的频谱宽度为 B 即可。例如，在文献[1]的 7.2 节中，Sullivan[1]证明了该结论对线性调频信号的正确性。

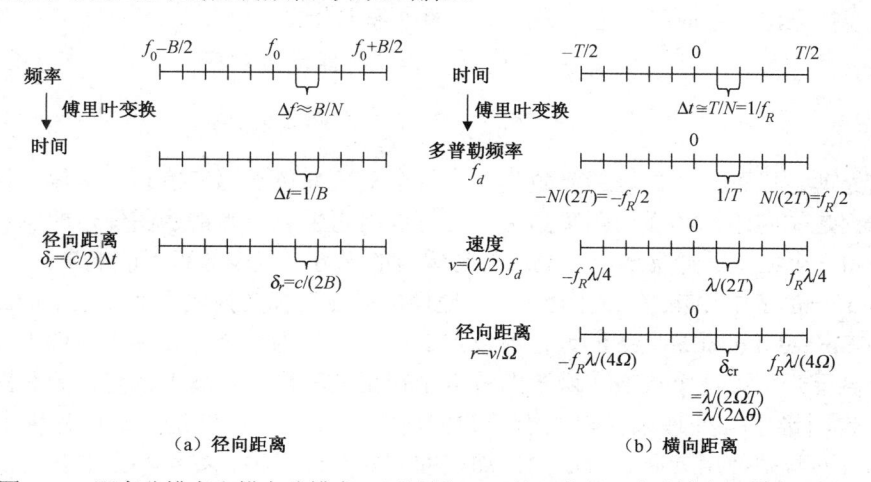

(a) 径向距离　　　　　　　　　　　(b) 横向距离

图 17.1　距离分辨率和横向分辨率：可以用 DFT 处理获得距离分辨率和横向分辨率

横向分辨率

现在假设一机载（或星载）合成孔径雷达正在对包含许多点目标的地球表面区域进行观测，雷达发射并接收 N 个频带宽度为 B 的相同脉冲（假定是线性调频信号，但未必一定是），它以 $c/2B$ 的距离分辨率确定每个目标的径向位置。

我们也假设合成孔径雷达在固定高度 H 上在某段时间 T 内以恒定速度 V 沿垂直于雷达视线的方向上作直线运动，合成孔径尺寸 $L_{SA}=VT$，L_{SA} 假设比雷达到目标区域中心的距离 R 小。从目标区域（尺寸也假设小于 R）看，合成孔径所张的合成孔径角近似为 $L_{SA}/R=VT/R$。当雷达沿合成孔径方向运动的时候，雷达观测目标区域的角度略微不同。为了简单起见，假定在这段时间内目标仍然在宽度为 $c/2B$ 的同一距离单元内。（这一假设将在 17.5 节 "距离徙动" 内容中讨论。）

从 SAR 的角度观察，目标区域好像是以角速度 $\Omega=V/R$ 在旋转。在数据采集期间，目标区域看上去转过的角度大小为 $\Delta\theta=\Omega T=VT/R$。一个特定点目标看上去有沿雷达视线的相对速度 Ωr，这里 r 是目标离雷达视线的横向距离。这些视在速度将产生多普勒频率（绝对值）$2v$（视在）$/\lambda=2\Omega r/\lambda$，这里 λ 是与载频相对应的波长。

对于每一个距离单元，有 N 个在时域中和不同雷达回波对应的数值。这 N 个时域回波数值经过离散傅里叶变换可得到一组 N 个频域回波数值，如图 17.1（b）所示。两个相继回波信号的频率间隔是 $\Delta f=1/T$，总的频率间隔是 $(N-1)/T \approx N/T = \text{PRF} = f_R$。我们假设所有的处理都是在基带上进行的，因此这些正在被讨论的频率正是目标的视在多普勒频率。把它乘以 $\lambda/2\Omega=\lambda R/2V$ 就可以转化成横向分辨率：

$$\delta_{cr} \approx \frac{\lambda}{2\Omega T} = \frac{\lambda}{2\Delta\theta} \approx \frac{\lambda R}{2L_{SA}} = \frac{\lambda R}{2VT} \tag{17.8}$$

注意，我们前面的假设 $R \gg VT$ 允许可对小角度 $\Delta\theta$ 所作小角度的近似处理。当 $\Delta\theta$ 比较大的时候，式（17.8）必须进行适当的修正。

合成孔径雷达分辨率总结

我们已经推导出了合成孔径雷达分辨率的两个基本公式

$$\delta_r = c/2B \qquad \text{距离分辨率}$$
$$\delta_{cr} = \frac{\lambda}{2\Delta\theta} \approx \frac{\lambda R}{2L_{SA}} \qquad \text{横向分辨率} \tag{17.9}$$

前述的处理生成了一个二维的复数阵列，每个复数都包含幅度值和相位值。这个有序排列的复数阵列是航向距离和横向距离的函数，可以用它生成一幅雷达**图像**，即每个像素点包含一个幅值和一个相位。通常情况下显示的是幅值的平方（代表像素点的能量）。

正如 Sullivan 的书中第 6 章指出的[1]，地面上的点目标转换成雷达图像上的二维**点散布函数**（Point-Spread Function, PSF），之所以这么称呼是因为一个点目标在图像上显示时，在某种程度上被展开了。这个点散布函数的特点是在距离和横向距离上都有**主瓣**和**副瓣**。通常采用**加权**（也叫锥削）处理来获得相当低的副瓣，这样做的代价是在某种程度上展宽了主瓣，这一代价通常是使用者愿意付出的，加权的方式有许多种。如果不采取任何加权，点散布函数（PSF）是形如 $(\sin(x)/x)^2$ 的所谓 $(\text{sinc})^2$ 函数。在这种情况下，上面 SAR 分辨率公式中使用的是主瓣峰值到第一零点的宽度。值得注意的是这里定义的 SAR 分辨率不同于通常使用的主瓣的半功率波束宽度。在不做任何加权的情况下，通常定义的半功率波束宽度是上面定义的峰值到零点波束宽度的 0.886 倍；因此这两种定义的区别并不大。我们倾向于使用前一个定义，原因是非加权情况下公式中不需要引入系数 0.886，使得公式更加简单。（关于加权情况的详细将在 17.6 节介绍。）

研究 SAR 至少有两种在数学上等价的方式。就目前为止我们定义的概念，横向分辨率可以认为来自不同视在的视线运动速度的区域引起的不同的多普勒频率。然而，也可以认为横向分辨率来自尺寸较大的合成孔径。正如一个尺寸较大的实孔径雷达也有较高的横向分辨率一样。按式（17.8），合成孔径雷达（SAR）的横向分辨率（峰值至第一零点宽度）要比同等尺寸的实孔径雷达（RAR）的横向分辨率高 2 倍。这一有趣结论的一种直观解释是，对于实孔径雷达（RAR），孔径上某处接收到的回波信号来自整个天线**各处**辐射信号的能量，而对于合成孔径雷达（SAR）而言，孔径上某处接收到的回波信号来自**某（已知）位置**上天线辐射信号的能量，即得到了更多的信息（详见 Carrara 等人的文献[3]第 36 页）。对于这一结果 Stimson[5] 给出了更加详细的解释（见文献[5]第 416～417 页）。

图 17.2 给出了实孔径雷达（RAR）与合成孔径雷达（SAR）的比较。

（a）实孔径雷达（RAR）
（λ=波长）

$\theta_B \approx \dfrac{\lambda}{D}$
$\delta_{cr} = R\theta_B = \dfrac{R\lambda}{D}$

（b）合成孔径雷达（SAR）

$\delta_{cr} = \dfrac{\lambda}{2\Delta\theta} \approx \dfrac{\lambda}{2(L_{SA}/R)} = \dfrac{R\lambda}{2L_{SA}}$

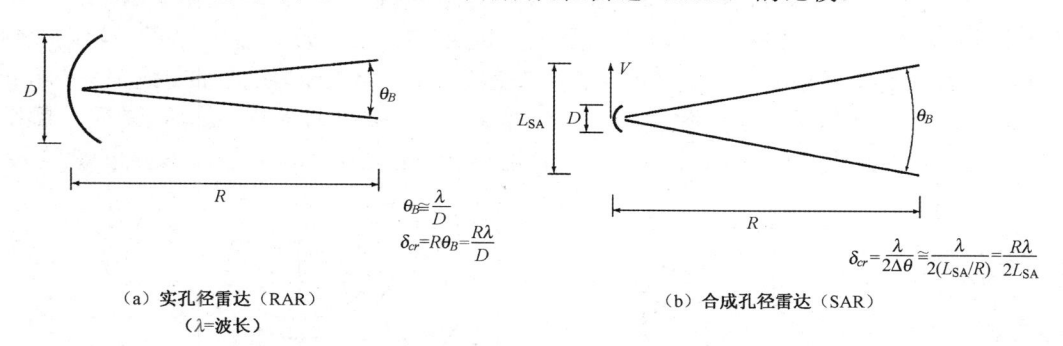

图 17.2　RAR 和 SAR 的对比：SAR 的横向分辨率（天线的峰值–第一零点波束宽度）是同尺寸 RAR 分辨率的一半大小（图片由 SciTech 出版社提供）

实孔径雷达（RAR）与合成孔径雷达（SAR）的副瓣也不一样。一个没有加权的实孔径雷达（RAR）天线，第一副瓣的峰值比发射强度低 13dB，因此该方向的目标回波信号的接收强度降低了 26dB。而对于合成孔径雷达（SAR），在数据采集期间图像上的整个区域都处在天线的主瓣内，真实天线的副瓣对此毫无影响。副瓣仅仅是由处理引起的，并且相对于主瓣，副瓣降低了 13dB（未加权）。

17.5　合成孔径雷达的关键方面

等距离线和等速度线

利用高的距离分辨率，雷达可以区分不同距离上的不同目标。一个特定的目标可以被确定处在某一等距离线上。在三维空间中，这些等距离线是以雷达为中心的同心球面，如

图 17.3（a）所示。

类似地，通过多普勒处理，雷达可以分辨出具有不同视在运动速度的目标。如果 V 是平台的运动速度，θ 是速度矢量 V 与雷达到固定目标的视线之间的夹角，则目标沿雷达视线方向的相对速度为 $V_{\text{LOS}} = -V\cos\theta$，如图 17.3（b）所示。在三维空间中，等 V_{LOS} 面是以雷达为顶点，V 为轴线，生成角度为 θ 的圆锥面。负号的产生是因为我们定义目标视线速度为 $\mathrm{d}R/\mathrm{d}t$，这里 R 是雷达与目标间的距离。因此，一个正的 $\mathrm{d}R/\mathrm{d}t$ 对应一个远离雷达的目标，产生一个负的多普勒频移；一个负的 $\mathrm{d}R/\mathrm{d}t$ 对应一个接近雷达的目标，产生一个正的多普勒频移。

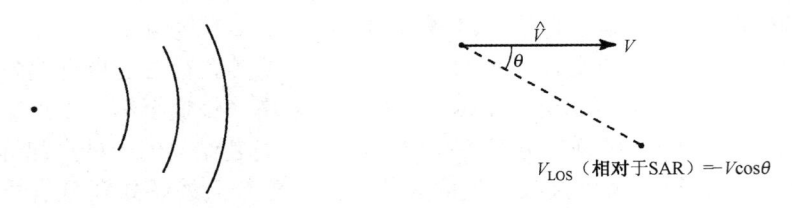

(a) 等距离线：以雷达为圆心的同心球面 (b) 等速度线：以 V 为轴的圆锥

图 17.3　三维空间中的等距离线和等速度线：（a）等距离线是以雷达为圆心的同心球面；（b）等速度线是以雷达为中心，以平台的速度方向为轴的锥面（图片由 SciTech 出版社提供）

考虑一个全向天线机载雷达，以恒定速度沿平行地面的直线飞行[3]，如图 17.4（a）所示。在地面上，等距离线是同心球面与地面的交线——以雷达在地面投影点为中心的一组同心圆，如图 17.4（b）所示。视线等速度线（也叫**等多普勒线**）是一组锥面与地面的交线——一组嵌套的双曲线，如图 17.4（c）所示。图 17.4（d）是将距离等值线与**等多普勒线**显示在同一幅图上的结果。图 17.4 中的"天底（nadir）线"是当雷达沿直线运动时雷达在地面投影点的轨迹。

(a) 收集数据的几何关系　(b) 等距离线是以雷达在地面投影点为中心的一组同心圆，"天底线"是雷达在地面投影点的轨迹

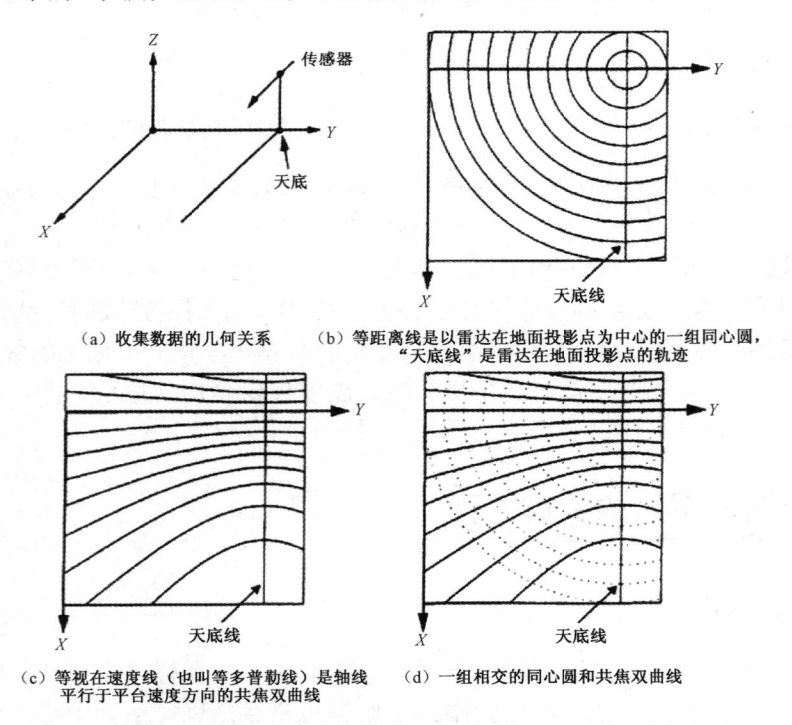

(c) 等视在速度线（也叫等多普勒线）是轴线平行于平台速度方向的共焦双曲线　(d) 一组相交的同心圆和共焦双曲线

图 17.4　地球表面上的等距离线和等速度线（图片由 SciTech 出版社提供）

通过适当的距离-多普勒处理，来自每一个交叉单元的回波可以被区别开来。在离侧向小角度范围内等距离线与等多普勒线基本上是互相正交的。所得雷达回波结果可以用一幅地面图像的形式显示出来。当斜视角度非零时，等多普勒线与等距离线并不正交；然而，经过一些附加的校正处理依然可以生成一幅基本上不失真的地面图像。

运动补偿

SAR 的基本原理依赖于这样一个假设，即 SAR 的天线随平台在某一高度上沿平行地面的一条直线匀速飞行。这并不完全成立，因此为了成功地进行 SAR 成像，有必要对天线相对于这种匀速直线飞行状态的偏差进行测量，记录和在处理中进行补偿。这一过程就是所谓**运动补偿**（有时也简写为 mocomp）。例如，在某一特定时刻，当某一频率的信号被发射出去时，如果天线估计偏离额定的沿视线的飞行路线的距离为 d，则对应的相位校正量为

$$\Delta\phi = \frac{4\pi d}{\lambda} = \frac{4\pi d f}{c} \tag{17.10}$$

带上适当的符号，与在频率 f 上测得的相位相加，就可以得到平台如不偏离正常路径时的相位的最优估计值。类似地，如果平台不是匀速运动的，对接收的数据进行插值处理，就可以获得如平台匀速运动时的最优估计值。

当平台是飞机时，机上的**惯性导航系统**（INS）利用加速度计和陀螺仪来测量这些偏差。有时也可以在雷达天线附近安装一个原理相同但体积更小的**惯性测量单元**（IMU）代替惯性导航系统。当没有一个绝对参考体系时，随着误差的累计，惯性导航系统或惯性测量单元的输出将随时间漂移。速度和位置的绝对参考体系可以从全球定位系统（GPS）中获得，GPS 是一个至少由 24 颗地球极地轨道卫星组成的卫星群，它不间断地为平台提供确定精确位置和速度所需的参考信号[28]。

倾斜平面和地平面

一个 SAR 图像形成之初，距离像素尺寸 δ_r 通常是一个常数。（通常情况下选择像素尺寸小于 $c/2B$，如 $0.75(c/2B)$，来保证适当的采样。）如图 17.5 所示，与这些距离采样点相对应的实际地面点在地面上并不是等间距的，在靠近场景中心的地方，它们之间的间隔是

$$\delta_g \cong \delta_r / \cos\psi \tag{17.11}$$

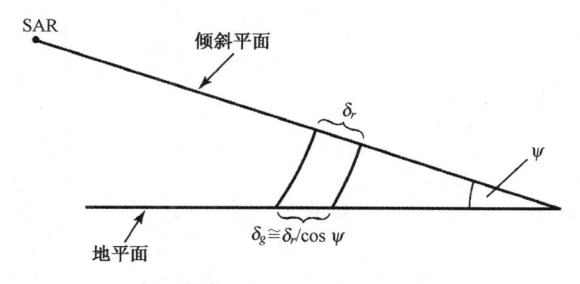

$\delta_g > \delta_r$：地平面距离分辨率比斜平面距离分辨率差

图 17.5 倾斜平面和地平面：倾斜面由雷达视线和雷达视线在地面上的垂线确定。
地平面的距离分辨率比倾斜平面的距离分辨率差（图片由 SciTech 出版社提供）

式中，ψ 是擦地角。在地面距离比较靠近雷达的区域，由于球面等距离线的影响它们之间的间隔更大。在靠近场景中心的区域，图像与地面在**倾斜面**上的投影相对应；该倾斜面由雷达视线和雷达视线在地面上的垂线确定。我们通常把这种图像称为**倾斜平面图像**。经过适当的插值和再采样，可以得到一个像素 $\delta_g = \delta_{cr}$ =常数的**地平面图像**。如果要和地图或传感器的成像比较，如其他 SAR 成像、光学传感器成像，该地平面图像必须有最小的失真。

合成孔径雷达对脉冲重复频率（PRF）的要求

对于侧视模式，目标场景的视在旋转角速度为

$$\Omega = \frac{V}{R} \tag{17.12}$$

相对于雷达，主波束第一零点对应的地面 A 点（见图 17.6）的相对速度为

$$v_A = -\Omega r = -\left(\frac{V}{R}\right)\left(\frac{\lambda R}{2D}\right) = -\frac{\lambda V}{2D} \tag{17.13}$$

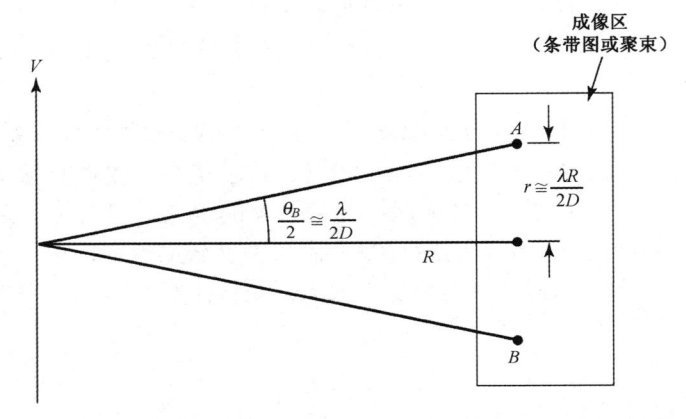

图 17.6　SAR 的最小 PRF：A 点的视在视线速度是朝向雷达的速度，而 B 点的视在视线速度是远离雷达的速度。这决定了最小 PRF 是 $2V/D$，其中 V 是平台速度，D 是天线的物理直径
（图片由 SciTech 出版社提供）

类似地，主瓣另一边的 B 点对应的相对速度是

$$v_B = \Omega r = \left(\frac{V}{R}\right)\left(\frac{\lambda R}{2D}\right) = \frac{\lambda V}{2D} \tag{17.14}$$

因此，平面场景上相对速度的变化范围是

$$\Delta v = \Omega r - (-\Omega r) = 2\Omega r = \frac{\lambda V}{D} \tag{17.15}$$

从场景平面上接收到的信号的多普勒频率范围是

$$\Delta f_d = \frac{2}{\lambda}\frac{\lambda V}{D} = \frac{2V}{D} \tag{17.16}$$

因此，为了避免速度模糊，PRF 至少要大于 $2V/D$，即

$$f_{R\,\min} = \frac{2V}{D} = \frac{1}{t_{R\,\max}} \tag{17.17}$$

第 17 章 合成孔径雷达（SAR）

即

$$Vt_{R\max} = \frac{D}{2} \tag{17.18}$$

因此，在脉冲间隔时间 t_R 内平台移动的距离必须不大于 $D/2$，并且当 SAR 的物理天线移过空间某一个固定点时 SAR 至少要发射两个脉冲。

我们也经常希望距离无模糊，这意味着

$$\frac{2V}{D} \leqslant f_R < \frac{c}{2R} \tag{17.19}$$

例如，如果 $V=180\text{m/s} \approx 350\text{kn}$，$D=2\text{m}$，$R=150\text{km}$，则脉冲重复频率 f_R 满足 $180\text{Hz} < f_R < 1000\text{Hz}$。

式（17.19）实际上是两个方程，在第二个方程中我们用"<"而不是"≤"的原因是当等号成立时，一个脉冲被发射的时候前一个脉冲刚好被接收，这样会导致遮挡和接收信息的损失。

Skolnik[21]（第 520~521 页）指出，由于条带模式合成孔径雷达的横向距离分辨率为 $\delta_{\text{cr}} \cong D/2$ [见式（17.14）]，式（17.19）变成

$$\frac{V}{\delta_{\text{cr}}} \leqslant f_R < \frac{c}{2R} \tag{17.20}$$

由此可得

$$\frac{R}{\delta_{\text{cr}}} \leqslant \frac{c}{2V} \tag{17.21}$$

所以，条带模式合成孔径雷达的无模糊距离 R_u 和横向分辨率不能独立选择。Skolnik 引用 Bayma 和 McInnes[29] 的观点进一步指出，更加仔细讨论得出的限制条件是

$$\frac{R_u}{\delta_{\text{cr}}} \leqslant \frac{c}{4.7V} \tag{17.22}$$

Skolnik[21] 继续说，"当从某一平台高度上对地面进行 SAR 成像时，无模糊距离可对应于待测绘区域近端和远端之间的距离。这要求仰角波束宽度裁剪成仅照射雷达要成像的条形带状区域 S。带状区域 S 经常比最大距离小得多，因此可以提高 PRF 使无模糊距离 R_u 包含 $S\cos\psi$，这里 ψ 代表擦地角"（第 521 页）。对于条带模式合成孔径雷达，式（17.22）变成

$$\frac{S}{\delta_{\text{cr}}} \leqslant \frac{c}{(4.7)V\cos\psi} \tag{17.23}$$

距离徙动

正如我们所见到的，一部合成孔径雷达可以获得的距离分辨率为 $\delta_r = c/2B$，这里 B 是信号带宽，并通过多普勒处理可以获得的横向分辨率为 $\delta_{\text{cr}} = \lambda/2\Delta\theta$。如果我们想避免**距离徙动**（在为形成图像收集数据的所需时间里点目标从一个距离单元移到另一个距离单元），录取数据期间（在合成孔径上）的距离变化量 ΔR 必须小于 δ_r。

我们考虑在孔径时间 t_A 内录取完数据后 SAR 图像的形成。SAR 在平坦地面以上以恒定高度沿直线匀速飞行，从 Levanon[17] 有

$$R_{\max} \cong R_0 + \frac{V^2(t_A/2)^2}{2R_0}, \qquad R_{\min} = R_0 \qquad (17.24)$$

式中，R_0 是数据录取的中间时刻雷达到场景区域中心的距离；$R_{\max}$ 是数据录取起始和结束时刻雷达到目标区域中心的距离。于是

$$\Delta R = R_{\max} - R_{\min} = \frac{(Vt_A)^2}{8R_0} = \frac{L_{SA}^2}{8R_0} = \frac{R_0(\Delta\theta)^2}{8} = \frac{R_0 \lambda^2}{32\delta_{cr}^2} < \delta_r \qquad (17.25)$$

最后一个不等式是无距离徙动必须满足的条件。例如，一部 SAR 的参数可以是：$R_0 = 200$km，$\lambda = 0.03$m，$\delta_r = \delta_{cr} = 1$m；于是 $\Delta R = 5.6$m $> \delta_r$，不满足条件。因此，**信号处理器通常必须校正距离徙动**。然而，这一步骤通常由现代 SAR 处理方法来完成[3]。对于聚束模式合成孔径雷达，通常采用**极坐标格式算法**（polar format algorithm）实现这一校正。

其他处理功能

Curlander 等人[4]对简单图像形成之外的 SAR 处理的其他关键选项进行了详细的讨论。
- 杂波锁定（见 Curlander 等人的文献[4]第 5 章）指的是利用接收信号中的信息确定地面回波（杂波）信号的中心频率，并对平台的横向偏移进行补偿。
- 自动聚焦（见 Curlander 等人的文献[4]第 5 章）指利用（复数）图像自身中的信息来估计和校正相位误差，然后进行再处理和锐化图像（也见 Carrara 等[3]）。
- 校准（见 Curlander 等人的文献[4]第 7 章）指利用地面上已知雷达截面积的目标获取每个像素雷达截面积的绝对值和由此单位面积地面的雷达截面积 σ^0。
- 地理定位（见 Curlander 等人的文献[4]第 8 章）指确定 SAR 图像上像素点的绝对纬度和经度的过程，一般利用 GPS 提供的信息。

17.6 SAR 图像质量

对于一个合成孔径雷达来说绘制高质量图像的重要性是显而易见的。图像质量通常用一些**图像质量指标**（image-quality metrics）来衡量，这些指标将在接下来的内容里介绍。Henderson 和 Lewis[30]以及 Oliver 和 Quegan[31]都给出了 SAR 图像的更加详细的阐述。

点扩散函数（Point-Spread Function）

一个点目标可以看成 SAR 处理器的一个冲激输入，则图像上的点扩散函数就可以认为是冲激响应（IPR）。对于大多数 SAR 而言，重要的指标是点扩散函数半功率点主瓣宽度，在半功率点上功率是主瓣峰值功率的一半，或者功率比主瓣峰值功率小 3dB。通常称该图像质量指标为"3dB 宽度"。

为了获得更好的距离或横向距离分辨率，可以对一组采样数据进行傅里叶变换。由于所有的采样数据基本上具有相同的幅度，因此基本上是在每一个距离和横向距离上进行矩形函数的傅里叶变换，生成一个 $(\text{sinc})^2$ 函数，即 $(\sin(x)/x)^2$，其 3dB 宽度是 $(0.886)\delta_{pn}$（δ_{pn} 是峰值-第一零点宽度）、第一副瓣比主瓣峰值小 13.3dB。

正如 17.4 节提到的，当用一个锥削或加权函数乘以矩形输入时，通常将得到一个比函

数$(\text{sinc})^2$的主瓣更宽、副瓣更低的输出（见文献[1]的 2.2.2 节）。SAR 处理中典型的加权函数是 Taylor 权，第一副瓣电平被限制在 –35 dB 以下 "$\bar{n}(\text{nbar}) = 5$"（见文献[3]的 D.2 节），其 3dB 主瓣宽度将达到 $(1.19)\delta_{pn}$。另一种权函数 Hanning 加权，产生更宽的主瓣宽度达 $(1.43)\delta_{pn}$，第一副瓣比主瓣峰值小 31.7dB，但与均匀加权和 Taylor 加权相比，它的远区副瓣要低得多。Harris 讨论了 20 多种权函数（不包括 Taylor 权函数）[32]。

信噪比（Signal-To-Noise Ratio, SNR）

对于实际的雷达，由于目标回波的准确相位永远是事先未知的，可获得的最大信噪比（SNR）是（见文献[1]和 4.22 节）

$$\text{SNR} = \frac{E}{kT_0 F} \tag{17.26}$$

$$E = P_{\text{Rx-avg}} t_A \tag{17.27}$$

式中，E 是接收信号能量；k 是玻耳兹曼常数 1.38×10^{-23} J/K；T_0 是标准温度（290 K）；F 是噪声系数，其典型值是 2；$P_{\text{Rx-avg}}$ 是接收信号功率的平均值；t_A 是形成合成孔径的时间。

式（17.26）分母成立的条件是仅当雷达的温度与场景区域温度相同时（见文献[1]的 1.11 节）：

$$E = \frac{P_{\text{Tx-avg}} G^2 \lambda^2 \sigma}{(4\pi)^3 R^4 (\text{Loss})} \cdot t_A = \frac{P_{\text{Tx-avg}} A^2 \eta^2 \sigma}{4\pi R^4 \lambda^2 (\text{Loss})} \cdot t_A \tag{17.28}$$

式中，$P_{\text{Tx-avg}}$ 是平均发射功率；G 是天线增益，σ 是目标截面积（RCS），A 是天线孔径面积，η 为天线效率，雷达损失用（Loss）表示。

对于 SAR，当 $\theta_{sq} = 0$ 时，从式（17.6）可得

$$t_A = \frac{\lambda R}{2V \delta_{cr}} \tag{17.29}$$

因此

$$\text{SNR} = \frac{P_{\text{Tx-avg}} G^2 \lambda^3 \sigma}{2(4\pi)^3 R^3 kT_0 F(\text{Loss}) V \delta_{cr}} = \frac{P_{\text{Tx-avg}} A^2 \eta^2 \sigma}{8\pi R^3 \lambda kT_0 F(\text{Loss}) V \delta_{cr}} \tag{17.30}$$

如果对一个平面区域进行观测，则

$$\sigma = \sigma^0 \delta_{cr} \delta_r / \cos\psi \tag{17.31}$$

式中，σ^0 表征单位面积地面的 RCS；δ_r 是斜距离的像素。于是信噪比（SNR）是

$$\text{SNR} = \frac{P_{\text{Tx-avg}} G^2 \lambda^3 \sigma^0 \delta_r}{2(4\pi)^3 R^3 kT_0 F(\text{Loss}) V \cos\psi} = \frac{P_{\text{Tx-avg}} A^2 \eta^2 \sigma^0 \delta_r}{8\pi R^3 \lambda kT_0 F(\text{Loss}) V \cos\psi} \tag{17.32}$$

这一结果与 Skolnik 在文献[21]中的式（14.15）和 Curlander 等人在文献[4]中的式（2.88）吻合。

噪声等价后向散射系数 σ^0（noise-equivalent sigma-zero，NEσ^0）是一个十分有用的技术参数，它的定义是接收能量等于热噪声能量的后向散射系数 σ^0，即 SNR=1。令 SNR = 1，则有

$$\text{NE}\sigma^0 = \frac{2(4\pi)^3 R^3 kT_0 F(\text{Loss}) V \cos\psi}{P_{\text{Tx-avg}} G^2 \lambda^3 \delta_r} = \frac{8\pi R^3 \lambda kT_0 F(\text{Loss}) V \cos\psi}{P_{\text{Tx-avg}} A^2 \eta^2 \delta_r} \tag{17.33}$$

例如，如果 $R=200\text{km}$，$T_0=290\text{K}$，$F=2$，$\text{Loss}=5$，$V=180\text{m/s}$，$\psi=10°$，$P_{\text{avg}}=700\text{W}$，$G=34\text{dB}$，$\lambda=0.03\text{m}$（X 波段），$\delta_r=0.3\text{m}$，则 $\text{NE}\sigma^0=-22\text{dB}$。

一幅清晰的 SAR 图像要求信噪比至少大于 5 dB，从 Barton 的文献[33]和 Sullivan 的文献[1]中 3.2 节的总结可知，上例中的 SAR 可以对树木丛生的山丘成像，即 $\sigma^0\approx-17\text{dB}$，$\text{SNR}\approx 5\text{dB}$；而当 $\sigma^0\approx-27\text{dB}$ 时，不能对平地（或许沙漠）成像，因 $\text{SNR}\approx-5\text{dB}$。

积分副瓣比（Integrated Sidelobe Ratio，ISLR）

实际的点扩散函数（PSF）与理论上的点扩散函数（PSF）类似，但是也有些不同之处，尤其是副瓣，这是由相位噪声、运动补偿不完善和其他"现实环境"的影响造成的。一个有用的指标是积分副瓣比，其定义是[3]

$$\text{ISLR}=\frac{\text{PSF 在副瓣上的积分}}{\text{PSF 在主瓣上的积分}} \qquad (17.34)$$

ISLR 通常以 dB 为单位，其典型值是 –20dB，显然期望 ISLR 的值越小越好。

乘性噪声比（Multiplicative Noise Ratio，MNR）

热噪声（当雷达是合成孔径雷达时主要是内部噪声）通常是**加性噪声**，由于它通常是叠加在目标场景上的而与场景的内容无关。SAR 图像背景中另一种不希望的噪声称为**乘性噪声**（严格意义上不是噪声），它与场景的平均强度成比例。

Carrara[3]等人给乘性噪声作了如下定义："乘性噪声的主要贡献者是系统冲激响应的积分副瓣、因距离和方位模糊效应产生的噪声能量以及数字（模拟到数字转换的量化）噪声"（第 332 页）。

SAR 图像的**乘性噪声比**[3]（MNR）定义为无回波区域（NRA）（不包括热噪声）的图像强度与亮区域（理论上不含热噪声）图像平均强度的比值。无回波区域指回波强度基本为零的区域，如阴影区域、一片非常平静的例如湖面区域或者一块特别建造的大铝板。

另一个类似的 SAR 图像质量指标是**对比度**（Contrast Ratio，CR），定义为 SAR 图像上典型明亮区域的平均亮度与无回波区域的亮度比。如果可忽略热噪声，则 $\text{CR}=1/\text{MNR}$。

SAR 图像与光学图像的对比

人的眼睛当然是利用可见光进行成像的系统。光线穿过晶状体在视网膜上聚焦成像，然后图像被传到大脑。经过成千上万年，人类已经完全习惯于察看并处理这些可见光图像。因此，当看到一幅 SAR 图像时，我们本能的以为它也具有可见光图像的一些特性，而事实上 SAS 图像并没有这些特性。光学图像是基于"角度–角度"原理的，而 SAR 图像是基于非常不一样的"距离–横向距离"原理的。

图 17.7（a）是一块平地面区域在人眼睛（或照相机）内的成像示意图。该区域被阳光照射，或者至少部分被大气漫射的阳光照射。在人的眼睛里，每个像素点张相同的方位角和俯仰角。因此，远距离像素点都较大（分辨率较差），其径向和横向尺寸都大于近距离像素点的尺寸。

图 17.7（b）是一幅 SAR 成像图，与光学图像情况有较大的区别（假设信噪比足够大）。距离像素的径向尺寸：

$$\delta_r \cong \frac{c}{2B} \cdot \frac{1}{\cos\psi} \qquad (17.35)$$

地形的光学图像

环境光线

靠近眼睛的像素（或EO传感器）的 δ_r 较小，即分辨率更好

眼睛

（a）

地形的SAR图像

SAR

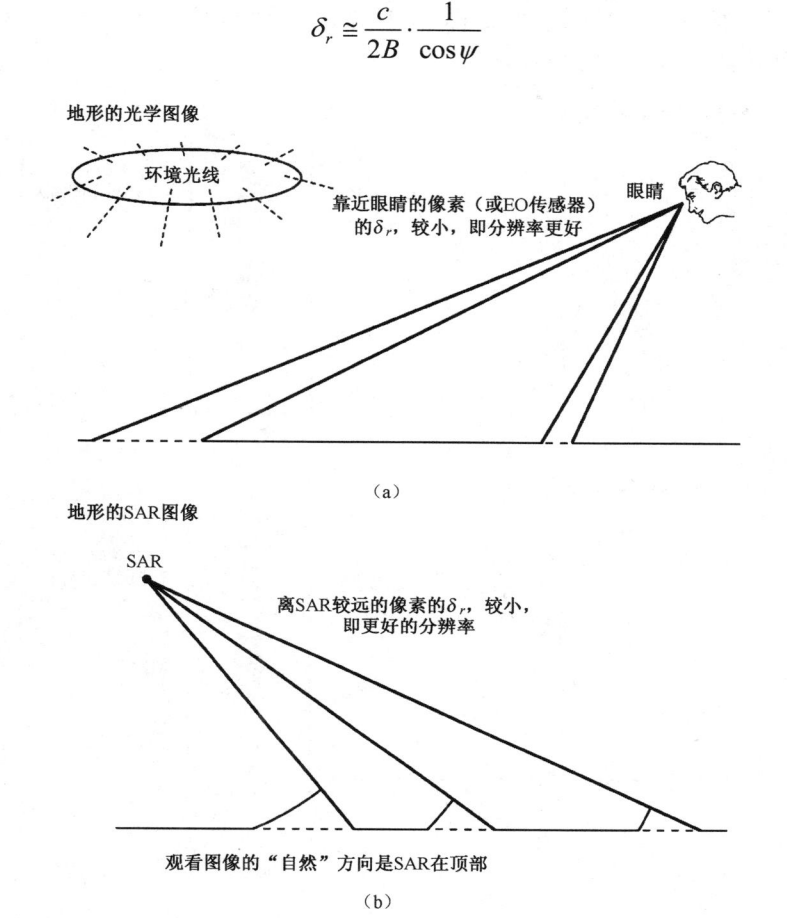

离SAR较远的像素的 δ_r 较小，即更好的分辨率

观看图像的"自然"方向是SAR在顶部

（b）

图 17.7　SAR 图像与光学图像的对比：光学图像是基于"角度-角度"原理的，而 SAR 图像是基于"距离-横向距离"原理的。对于观察者来说对同一目标的 SAR 成像图与光学成像图看起来是不一样的（图片由 SciTech 出版社提供）

距雷达远的像素点（视线倾角小，径向分辨率较高）的径向尺寸小于近距离像素点的径向尺寸；而横向分辨率与距离无关。

当我们显示一幅 SAR 图像时，尤其是大片地面区域的 SAR 成像图时，在图像的顶部标注上 SAR 的方向是令人十分满意的。分辨率高的像素点位于图像的下边，就像天然定向的光学图像上的像素点一样。这种定向对观察者来说看上去最自然。

因为 SAR 图像与光学图像成像的数据是用不同物理原理收集的，因此它们二者看起来有些不同是不必惊讶的。一个很好的例子是华盛顿纪念碑的一幅 SAR 图像，该图像是由原密歇根州环境研究中心（也就是现在的伊普西兰蒂通用动力公司）提供的。图 17.8（a）是光学成像几何关系和示意图，华盛顿纪念碑阴影的方向对着观察者。我们假设太阳位于纪念碑的南边，而观察者在纪念碑的北边。图中给出了由于光的直射在纪念碑北边形成的阴影图。图像上看到的纪念碑在北面，北面是被漫射的阳光照亮的区域。为了进行比较，图 17.8（b）给出了 SAR 成像的几何关系示意图和成像结果，阴影仍是位于北边的，但是这一次阴影是

SAR 自身引起的，图像中看到的一面是纪念碑的**南面**。图 17.9 给出了 SAR 成像图，它看起来完全不像光学图像，本来也不应该像。

华盛顿纪念碑的光学图像

（a）

华盛顿纪念碑的SAR图像

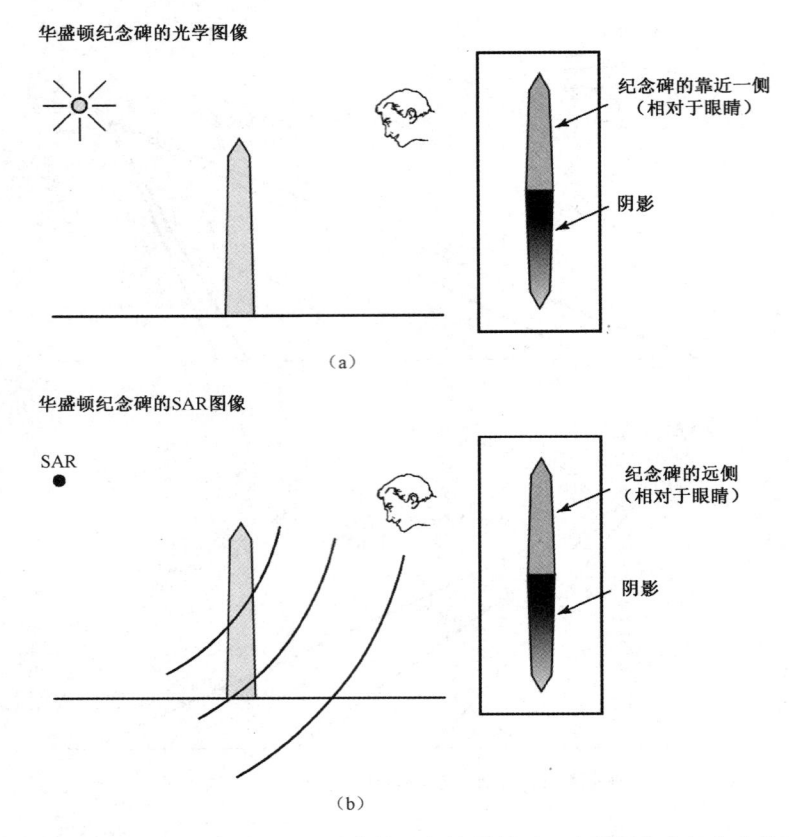

（b）

图 17.8　对华盛顿纪念碑的成像原理：如图中的几何关系所示，光学图像上纪念碑的可见部分与阴影部分在同一边，而 SAR 图像上的可见部分是阴影对面（图片由 SciTech 出版社提供）

　　SAR 图像与光学图像的另一个不同是 SAR 图像中**斑点**的出现（见 Henderson 和 Lewis 的文献[1]中 2-5.1 节内容）。我们考虑一个复杂地形区域复数图像上一个特定的像素点，如植被区域成像图上的一个像素点（这里的"像素点"指复数既包括幅度，也包含相位，也就是经过 SAR 处理后对应于地面上一个特定位置区域）。如果该块地面区域中仅有一个由像素表示的散射点，则像素点的幅度和相位值将是散射点精确位置的函数。由于由像素表示的区域通常包含多个散射点，因此像素点的复数值是每个散射点回波的复数之和。所以对于地形，特别是植被覆盖地形的 SAR 成像，一个特定像素点的幅度值（电压）是像素点中很多散射点相干回波的复数和的幅值。在相近的其他一个像素点，即便其地形特征与前一个像素点的地形特征一样，相干回波的叠加将不同，于是像素的幅值也有些不同。相干图像的这一特有的现象导致 SAR 图像比相应光学图像在像素点之间出现更多的起伏点（斑点）。

　　Stimson[5]指出，"有时实际天线的波束宽度足够宽，使得其能够对同一区域进行多次测绘而不需要改变天线的视角，称之为**多视测绘**（multilook mapping）。如果图像是经过多次测绘重叠获得的（即每个可分辨单元的相继回波的幅度被平均），闪烁的影响（如斑点）会得到降低"(第432页)。

图 17.9 华盛顿纪念碑的 SAR 成像图:SAR 图像上的可见部分是阴影的背面部分,这一点可能是违背人的直观感觉的(图片由密歇根州伊普西兰蒂通用动力公司提供)

17.7 SAR 公式小结

对 SAR 基本公式的回顾如下:
- 距离分辨率:$\delta_r \cong c/2B$(c 为光速,B 为脉冲带宽)
- 横向分辨率:$\delta_{cr} \cong \lambda/2\Delta\theta$($\lambda$ 为波长,$\Delta\theta$ 为合成孔径所张角度)
- 物理天线波束宽度 $\cong \lambda/D$(D 为天线直径)
- 条带模式 SAR 的横向分辨率:

$$\delta_{cr} \approx \frac{\lambda}{2\Delta\theta} \approx \frac{\lambda}{2(\lambda/D)} = \frac{D}{2} \qquad (17.36)$$

- 图像收集时间:$t_A = \lambda R/(2V\delta_{cr}\cos\theta_{sq})$
- 脉冲重复频率 PRF:$f_R = \text{PRF} \geqslant 2V/D$($V$ 为平台速度)
- 距离无模糊对 PRF 的限制要求 $f_R < c/2R$,有

$$\frac{2V}{D} \leqslant f_R < \frac{c}{2R} \qquad (17.37)$$

对于条带模式 SAR, $$\frac{S}{\delta_{cr}} \leqslant \frac{c}{4.7V\cos\psi} \qquad (17.38)$$

- 信噪比：

$$\text{SNR} = \frac{P_{\text{Tx-avg}} G^2 \lambda^3 \sigma^0 \delta_r}{2(4\pi)^3 R^3 kT_0 F(\text{Loss}) V \cos\psi} = \frac{P_{\text{Tx-avg}} A^2 \eta^2 \sigma^0 \delta_r}{8\pi R^3 \lambda kT_0 F(\text{Loss}) V \cos\psi} \tag{17.39}$$

17.8 SAR 的特殊应用

本节中，我们将简要的讨论一些有关 SAR 的特殊问题，具体包括极化 SAR、运动目标和振动目标的 SAR 成像、高度测量 SAR 和叶簇-穿透（foliage-penetration）SAR。

极化 SAR（Polarimetric SAR）

通常，当一部雷达以一种特定的极化辐射一个脉冲时（如水平极化 H 的脉冲），它也用同样的极化接收该脉冲回波。有些雷达能够用一种极化发射而用两种正交的极化（如水平极化[H]和垂直极化[V]或右旋极化[R]和左旋极化[L]）接收脉冲。此外，有些雷达可以通过两种正交极化中的任意一种正交极化发射，然后用二者中的任意一种接收；并且发射和接收的极化的选择可以在脉冲和脉冲之间改变。如果同时获得了回波信号的幅度和相位，则称这样的雷达是全极化的。我们可这样表示极化方式：水平-垂直极化（HV）指的是水平极化（H）发射、垂直极化（V）接收，以此类推。

全极化合成孔径雷达早已被演示过（见 Sullivan 等人的著作[34]和 Held 等人的著作[35]）。例如，Sullivan 等人[34]介绍了利用水平-水平（HH）和水平-垂直（HV）极化模式 X 波段的 SAR 对同一区域同时成像结果，他们在脉冲和脉冲之间交替地使用 HH 和 HV 两种模式。利用脉冲-脉冲间的交替模式，该 SAR 能够以 HH 模式发射和接收信号，接着以 HV 模式、VH 模式、VV 模式发射和接收，这样可以同时生成四幅同时收集的复数图像，并且四幅图像中对应像素点的相位之间有一种特定的关系，这种关系取决于目标类型。

Novak 等人[36]开发出了一种最佳的**极化白化滤波器**来增强全极化 SAR 的目标探测能力。利用一个频率为 33GHz 的全极化 SAR 的采样数据，他们指出在全极化 SAR 图像上两面角反射体与三面角反射体看起来有很大区别。Ka 波段的自然杂波中来自两面角反射体这样的杂波很少，因此如果一幅 SAR 图像的某一部分很像一个两面角反射体，那么该区域极有可能包含人造物体[37]。

SAR 图像中的运动目标

运动目标的位移

SAR 的基本理论中假定地面是静止不动的。场景中运动目标的位置和径向速度之间会有一种"错误的"关系。如果目标沿直线匀速运动，则目标图像的横向偏移为

$$r_{\text{displ}} = \frac{V_{\text{LOS}}}{\Omega} = \frac{V_{\text{LOS}} R}{V} \tag{17.40}$$

式中，Ω 是场景相对于雷达的视在转速；V_{LOS} 是目标速度沿雷达视线方向的分量。一般地，在 SAR 数据采集期间由于目标的复杂运动，形成一幅十分清晰的目标图像变得十分困难。

SAR 图像中的动目标检测

目前，已开发出许多种运动目标的检测和重新定位处理算法。

单孔径动目标显示 SAR

关于传统的单孔径 SAR，许多学者已经得出了很多重要的结论，这些人包括 Raney[38]、Freeman[39]、Freeman 和 Currie[40]以及 Werness 等人[41]。如果生成一幅 SAR 图像时的脉冲重复频率比需要的最小重复频率大，则有进一步可用的多普勒频带。可以利用这些频带来得到附加信息，于是对动目标的处理结果和固定目标的处理结果不同。Freeman[39]阐述了目标运动可能带来的结果，这些结果包括方位偏移、距离走动、方位散焦等。他指出："最坏的影响可能是使运动目标在方位方向上产生远离其地面上真实位置的偏移。我们描述的预滤波算法对做沿半径方向的运动目标处理是最佳的，经过处理后目标将出现在 MTI 图像的正确位置上。"

用于动目标显示（MTI）的干涉 SAR（InSAR）

正如 17.3 节中提到的，干涉合成孔径雷达（InSAR，有时也称为 IFSAR）指的是 SAR 采用两部天线，且二者的信号相干合成。当这两部天线水平分开放置时（沿平行地面的一直线），以用来检测和分析运动目标；当这两部天线垂直分开放置时，可以用来估计地形高度。下面将讨论这两种形式的干涉 SAR，前一种形式的干涉 SAR 将在本节中讨论，而后一种形式的干涉 SAR 将在后面"用于测高的干涉 SAR"中介绍。

探测运动目标用的 InSAR 最初是由喷气推进实验室开发的，用来探测洋流[18, 19]，后来几个作者对此进行了改进[42]。其中最尖端的技术之一是为联合 STARS 号飞机开发的，它将 SAR 和 MTI 技术巧妙相结合来探测和估计动目标[21]。

联合 STARS 的 SAR 模式包含一个经典的单接收机通道聚束 SAR，该聚束 SAR 在地面参考坐标系的指定区域上驻留一段时间，这会产生一个方形点扩散函数（也就是航向分辨率与横向分辨率相等）。MTI 模式可以探测并准确定位来自超杂波速度运动的目标（exoclutter）（目标运动速度比典型地面的视在速度快）和低于杂波速度的运动目标（endoclutter）（目标运动速度比典型地面的视在速度慢）回波，一般这些目标的雷达截面积比相应的只有主杂波的单元小。这是通过发射一串相干脉冲然后由三个线性排列的子阵（或干涉仪端口）接收回波实现这一功能的。在每一个通道中，脉冲经过快时间和慢时间处理成一组距离和多普勒单元，把这些单元的强度看做一幅地面场景的 SAR 图像（尽管其不具备 SAR 良好的距离和多普勒分辨率，也不比方形点扩散函数好）。每一个干涉仪端口产生一幅距离-多普勒"图像"（复数值的），可以称为"SAR"图像，这是因为它是由一系列相干脉冲形成的，并且接下来的有抑制杂波的复数加权的这些图像的复数成对合成可以看成是一种 InSAR 处理。另一方面，为了避免与测量目标高度的干涉式 SAR 模式的混淆，Joint STARS 设计队伍把它的处理称为"杂波抑制干涉仪（Clutter Suppression Interfermetry）"或简称为"CSI"。

Barbarossa 和 Farina[43]证明：利用多个子孔径可以大大改善对动目标的探测和定位，改善的程度可以比实波束的天线相位中心偏置（Displaced Phase-Center Antenna）技术更大（Staudaher[44]）。他们开发出了一种利用任意数量水平分置的子孔径去除地面杂波并对动目标成像的 SAR 处理方法。这一方法是空-时处理（见文献[1,25,45,46]中对空-时自适应处理（STAP）的讨论）和时-频处理的结合[47,48]。图 17.10（a）是杂波对消后的动目标点扩散函数的模拟图，图 17.10（b）是距离徙动补偿后点扩散函数的最终模拟图。

作者们指出："假定点目标在地面（忽略阴影的影响）上匀速运动，运动方向与雷达运动方向之间存在夹角。选择速度参数使目标图像的距离徙动和横向距离拖尾现象清楚可见。假设地面的反射率与目标反射率相同（这是一个悲观的假设，因为现实中目标的反射率更高）。比目标回波小 40dB 的接收热噪声也被叠加在接收信号上。利用一两阵元天线通过两个时间采样可以首先对消地面回波，这两部天线间的距离是 $d = vT$（v 为平台速度，T 为脉冲重复间隔）。然后利用常规技术形成一幅 SAR 图像。图 17.10（a）示出了结果，运动点目标的拖尾现象十分明显。在给定的运动参数下，目标徙动了 6 个距离单元。这就是目标图像甚至在距离上以及横向距离上展宽的原因。目标回波导致出现一次探测并启动运动估计通道。高分辨率的数据一开始在距离上被平滑来降低距离分辨率。然后处理器寻找输出能量最大的距离单元，并仅对该距离单元的信号计算其 Wigner-Ville 分布[48]。然后利用相位历史信息补偿距离徙动和高分辨率距离数据的相位偏移。最终的图像如图 17.10（b）所示。目标图像的尖锐程度已显然可见。"Barbarossa 和 Farina 假设在仿真中仅有一个点目标。他们获得了仿真运动点目标的准确位置，但没有宣告已给出对较大的运动目标如地面交通工具的仿真图像。

（a）消除杂波后的运动目标图像　　（b）距离徙动和相位补偿后的运动目标图像

图 17.10　利用多子孔径消除杂波的 SAR 动目标成像图（仿真数据）
（S.Barbarossa and Farina[43] IEEE 1994）

Guarino 和 Ibsen[49]描述了用 AN/APG-76 雷达做的一个实验。"雷达提供了一种独特的同时 SAR/GMIT（地面动目标显示）模式，在这种模式下检测到的目标以运动目标符号的形式显示在 SAR 图像中。这些符号被准确地定位在以图像中心为参考点的正确方位上，这个显示运动目标符号的 SAR 图像与 GMIT 同时被采集和处理。"作者还明确指出对于目标准确定位 GPS 的输入是关键的；对固定目标地理定位的准确度优于 3m，对移动交通工具的定位精度大约为 15m。Stimson[5]也讨论了 AN/APG-76 雷达的这些结论（第 434、554 页）。

SAR 图像中的动目标成像

Perry 等人[50]开发了一种地面运动目标的 SAR 成像方法，这些目标通常是以未知的恒定速度做直线运动的。他们对接收到的相位历史信息进行"梯形格式化（keystone formatting）"处理，消除了所有地面运动目标线性距离徙动的影响，不管它们未知的速度如何。这个处理过程然后对运动目标自动聚焦。图 17.11（a）是一幅常规方法处理的包含三个运动目标的 SAR 图像，这三个目标分别是一辆军用卡车（M813 型）、一辆拖挂拖拉机、一辆全尺寸仿制的导弹运输起竖发射车。图 17.11（b）是经过处理的拖挂拖拉机车的聚焦图像。两英尺的分辨率清楚地示出车的驾驶室和拖车的轮廓。

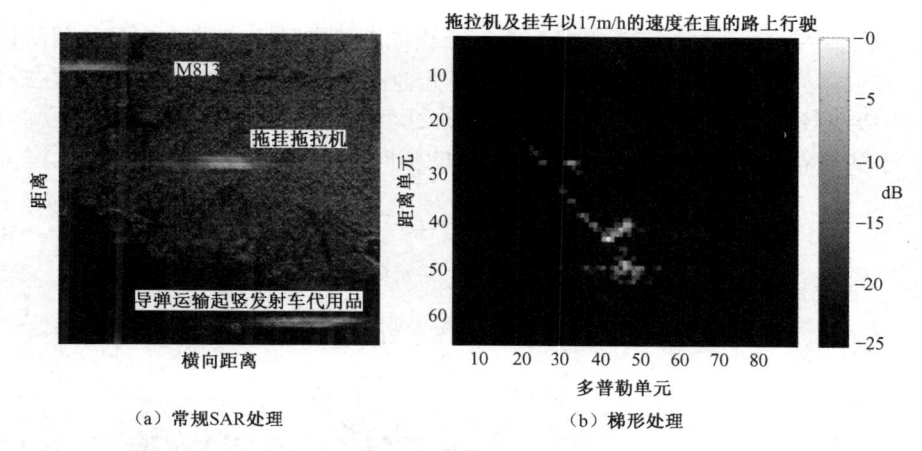

图 17.11 SAR 图像中的动目标成像：(a) 传统的实数据 SAR 图像上显示出模糊的交通工具：M813 型军用卡车、一辆拖挂拖拉机、一辆导弹运输起竖发射车；(b) "梯形（keystone）" 处理后的拖挂拖拉机图像；驾驶室在图像的下边，拖车在它的上面（R.P.Perry 等人[50]IEEE 1999）

SAR 图像中的振动目标

一个合成孔径雷达正在观测一块地面区域，该区域上有一目标正在做正弦运动（见 Carrara 等人的文献[3]中 9.4 节）。设振动幅度在与雷达视线平行方向的分量是 d，则雷达到目标距离的变化量是

$$\Delta R_{\text{tgt}}(t) = d\sin(2\pi f_{\text{vib}} t) \tag{17.41}$$

式中，f_{vib} 是振动频率。

设与固定像素点对应的归一化复指数回波信号是 $e^{j2\pi f_d t}$，其中 f_d 是该像素点的多普勒频移。（假设相对带宽很小，这等价于相对于发射信号中心频率的多普勒频移，见 Sullivan 的文献[1]中 8.5.1 节）。除这个回波外，包含目标的像素会产生附加的回波，该回波的周期性相位误差为

$$\phi_e = \frac{4\pi d}{\lambda}\sin(2\pi f_{\text{vib}} t) = \phi_0 \sin(2\pi f_{\text{vib}} t) \tag{17.42}$$

假设 $4\pi d \ll \lambda$，则 $\phi_0 \ll 1$。对应于该相位误差的复指数回波信号为

$$e^{j\phi_e} = e^{j\phi_0 \sin(2\pi f_{\text{vib}} t)} \tag{17.43}$$

$$\approx 1 + j\phi_0 \sin(2\pi f_{\text{vib}} t) \tag{17.44}$$

$$= 1 + \frac{\phi_0}{2}(e^{j2\pi f_{\text{vib}} t} - e^{-j2\pi f_{\text{vib}} t}) \tag{17.45}$$

对应于振动目标的归一化复指数回波信号是对应于固定点回波信号和对应于相位误差的复数信号的乘积

$$e^{j\phi_{\text{dop}}} = e^{j2\pi f_d t} e^{j\phi_e} \tag{17.46}$$

于是

$$e^{j\phi_{dop}} = e^{j2\pi f_d t} + \frac{\phi_0}{2}(e^{j2\pi t(f_d+f_{vib})} - e^{-j2\pi t(f_d-f_{vib})}) \quad (17.47)$$

在 SAR 图像中，振动的点目标将出现在三个横向距离位置上。绝大部分的目标能量出现在正确的位置上，然而也有一小部分的能量出现其他两点上，这两点与真实位置在横向上相隔 f_{vib} 的多普勒频率。因此，一个振动目标可以引起一对不同的回波。

相应的速度间隔是 $\Delta v = \pm f_{vib}\lambda/2$，于是对应的横向位移是

$$\Delta r = \frac{\Delta v}{\Omega} = \frac{\Delta v}{V}R = \pm\frac{f_{vib}\lambda_{avg}R}{2V} \quad (17.48)$$

式中，λ_{avg} 是平均波长（假设相对带宽很小）。这一对回波中每一个回波的相对大小幅度是

$$\text{电平：} \quad \frac{\phi_0}{2} = \frac{2\pi d}{\lambda_{avg}} \quad (17.49)$$

$$\text{能量：} \quad \left(\frac{\phi_0}{2}\right)^2 = \left(\frac{2\pi d}{\lambda_{avg}}\right)^2 \quad (17.50)$$

因此，这一对回波的幅度与振动幅度的平方成正比，并且侧向位移与振动频率成正比（见 Sullivan 的文献[1]中 7.5.2 节）。

对于明亮的类点目标，或者 $4\pi d$ 不小于 λ 的目标，式（17.44）中的附加项需要保留，此时一系列幅度渐减的回波对将出现在横向距离上。

图 17.12 是一幅 SAR 图像，图像中包含一个振动目标——一辆发动机在运转的卡车。图像中有两组回波对，对应于该观测卡车特有的两个振动频率。

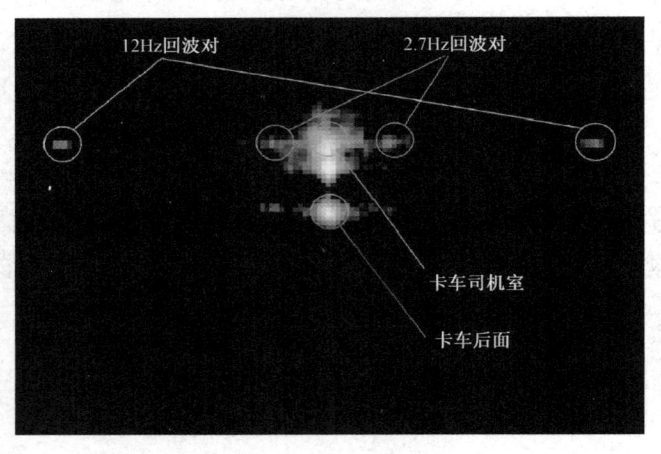

图 17.12 包含振动目标的 SAR 图像：水平方向代表横向，垂直方向代表距离。在 SAR 图像中横向上的回波对反映了振动目标（发动机在运转的卡车）的特性。这两个频率（2.7Hz 和 12Hz）是图像中的卡车独有的频率（图片由 Northrop-Grumman 公司提供）

目标高度的测量

SAR 的基本原理假设地面是平面，在某种程度上地面不是一个平面，因此 SAR 图像上将产生畸变。在某些情况下，可以利用这些畸变来测量地面上目标的高度。

阴影

测量目标高度的最简单方法是测量 SAR 照射下产生的目标影子的长度 L_{shodow}，然后根据已知的 SAR 高度 H 和它在地面上的距离 R_g 计算目标的高度 h：

$$h = L_{\text{shadow}} \cdot \frac{H}{R_g} \tag{17.51}$$

这一表达式的前提是假设地球表面是平面，如果 R_g 很大则可推广到弯曲的地球表面上，见 Sullivan 的文献[1]中 3.2.2 节。因此，这一算法仅适用于平整地面上的孤立、高度较高的目标（如图 17.9 中的目标）。

叠掩

合成孔径处理是根据目标的距离 R 和目标相对于平台的速度 v 把目标回波分到相应的门（像素）中。如果两个或更多的目标具有相同的 R 和 v，则它们将出现在 SAR 图像上同一位置上。

我们定义**叠掩线**为三维空间中点的轨迹，在叠掩线上任意一点的目标都将被分配到 SAR 图像上的同一位置。如图 17.13 所示，叠掩线是距离为 R 的球面与张角为 $\beta = \cos^{-1}(v/V)$、以平台运动方向为轴线的恒定速度锥面的交线，也就是平台前方半径为 $R\sin\beta$ 的圆。（$\beta > 90°$ 对应于目标在平台后方。）因此，我们可以称之为**叠掩圆**。如果一个竖立目标如高塔的顶部在叠掩圆上，并且地面是平面，那么这座塔的顶部将与叠掩圆和地面交叉的点上的目标出现在图像上同一位置处。这座塔将被"叠掩"，因此产生了这一术语。

如图 17.13 所示，我们考虑地面上高度 H 处作匀速直线运动的形成 SAR 图像的平台，图像中心处的倾斜距离为 $R_S \gg H$、斜视角为 θ_{sq}。假设一座高度为 h ($h \ll H$) 的塔处在被成像区域中。我们以坐标系 (x_1, y_1) 描述图像上点的位置。如果设塔底部坐标为 (x_{10}, y_{10})，则希望确定塔的顶部坐标。

图 17.13 (a) 是透视图。由于 $R_g \gg H$，等多普勒线 (y_1 轴) 与 y 轴的夹角为 θ_{sq}。图像中心到 x 轴的距离为 $S \cong R_g \cos\theta_{\text{sq}}$，其中 R_g 是雷达到图像中心的地面距离。图 17.13 (b) 是从 x 轴正方向观察的示意图，从图中可知叠掩圆与 x 轴垂直，并且示出图像上塔顶部与底部之间的距离（**叠掩距离**）为 $d \cong hH/R_g \cos\theta_{\text{sq}}$。图 17.13 (c) 是图像坐标系 ($x_1, y_1$) 中看到的塔的示意图，图像中塔的顶部坐标为

$$x_{11} = x_{10} + d\sin\theta_{\text{sq}}, \quad y_{11} = y_{10} - d\cos\theta_{\text{sq}}$$

例如，如果 $R_g = 100\text{km}$，$H = 5\text{km}$，$h = 100\text{m}$，$\theta_{\text{sq}} = 0$，则 $d = 5\text{m}$，$x_{11} = x_{10}$，$y_{11} = y_{10} - 5\text{m}$。因此在图像上，塔的顶部出现在比塔的底部距雷达近 5m 的地方。通常用这一原理来估计在相对平整地面上的孤立的塔状建筑物的高度：

$$h \cong \frac{dR_g \cos\theta_{\text{sq}}}{H} \tag{17.52}$$

恒定速度锥面与地平面的交线是双曲线。如果不满足 $H \ll R$，等多普勒线的方向将与航向不平行。几何关系将会更加复杂，但是仍然可以估计出叠掩长度和目标高度。

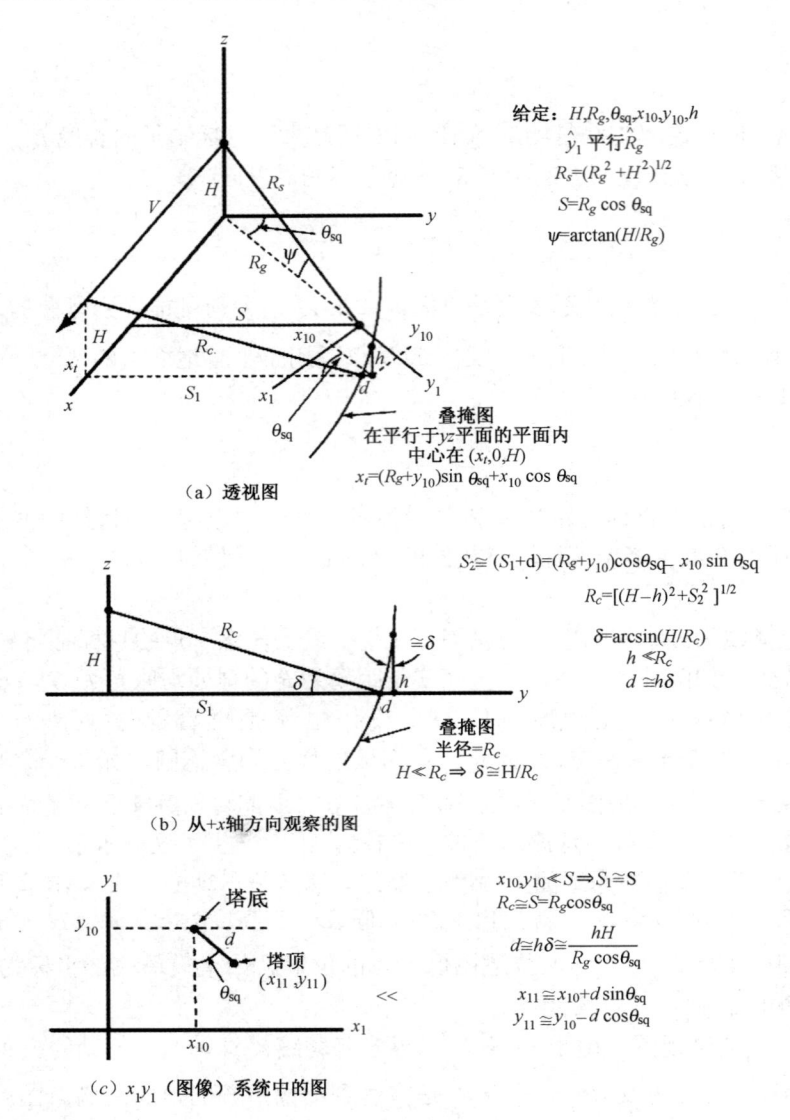

图 17.13 叠掩：(a) 透视图；(b) 沿平台飞行方向观察的示意图；(c) 从 SAR 图像坐标系观察的示意图（图片由 SciTech 出版社提供）

立体 SAR

可以从不同的位置获得同一地面区域的两幅 SAR 图像（见 Carrara 等人的文献[3]中 9.3.8.1 节）。利用这二者的非相干比较——立体定位技术可以估计目标高度。这一技术与人利用两只眼睛估计物体距离的方法类似。事实上，可以用两种不同的颜色把这两个 SAR 图像打印在一张纸上，观察者可以戴上特殊的眼镜保证左眼只看到一幅图、右眼只看到另一幅图，大脑将一起处理这两幅图的信息，眼前将出现 3D 图像。

用于测高的干涉 SAR

用来测量高度的干涉 SAR（InSAR）[42, 51, 52]包含由两个高度略微不同的天线形成的两幅

SAR 图像，通过相干比较获取关于地形高度或目标高度的高分辨率信息。（这种情况下，通常称之为 IFSARE，这里 E 强调仰角测量。）InSAR 可以由安装两部天线的平台实现（**单航过 InSAR**），也可以由一个平台两次飞过同一区域实现（**双航过 InSAR**）。Allen[42]给出了上述两种形式现场应用过的 InSAR 的多个例子。两个天线的相对位置是需要精确已知的。这两种形式 InSAR 的优点和缺点如下：

（1）**双航过 InSAR：**
- 不需要特别的硬件；常规的 SAR 在特定区域上飞两次即可。
- 运动补偿是一大挑战；在每次飞行中天线位置随时间的变化关系必须精确已知。
- 需要长基线（天线间的垂直距离）以提供高的垂直测量精度（但会有模糊）。
- 由于风的影响两次飞行中的场景可能会改变。
- Schuler 等人[53]给出了试验结果实例，他们实施了"多航过极化 SAR 地形测绘"试验。

（2）**单航过 InSAR：**
- 基线比较精确已知，保证了整个合成孔径期间的一致性。
- 由于数据是同时获取的，两幅图像的场景是完全一样的。
- 在线、实时处理是可能的。
- 需要更复杂（昂贵）的硬件设备：两部天线，两个接收通道，两组模/数（A/D）转换器。
- Adams 等人给出了试验结果实例[20]，展示了一幅密歇根大学露天大型运动场的 InSAR 图像，该图像可用两色眼镜查看。

为了便于理解 InSAR 理论，我们首先考虑两个垂直基线长度为 L 的天线 A 和 B，它们对水平地面上距离为 R 处的点目标进行观测；雷达视线与水平线的擦地角为 ψ_1（见图 17.14）。我们考虑两种可能情形：（1）一个天线发射信号，两个天线同时接收回波信号（$n=1$）；（2）天线 A 发射并接收信号，然后天线 B 发射并接收信号（$n=2$）。对于波长为 λ 的"单频率"脉冲，这两个天线接收的地面点目标的两回波信号的相位差为（见图 17.14）

$$\Delta\phi_1 = \frac{2\pi ns}{\lambda} = \frac{2\pi nL\sin\psi_1}{\lambda} \tag{17.53}$$

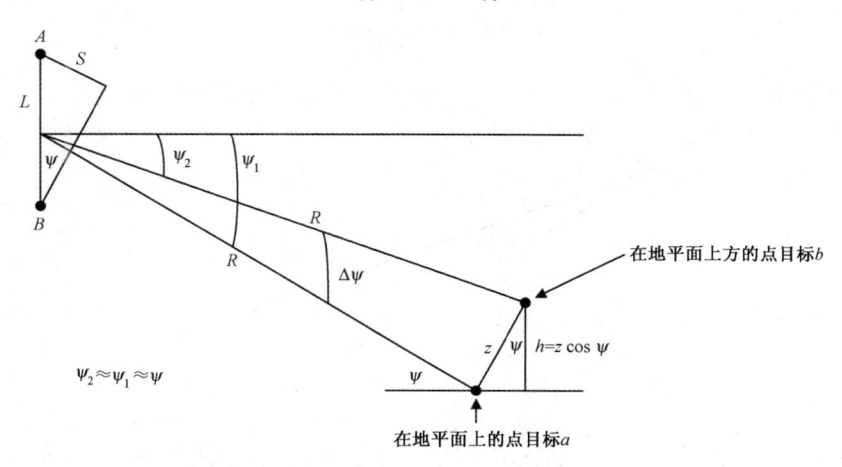

图 17.14　InSAR——垂直天线分离：垂直放置的天线间隔可以用来估计平均地平面高度上目标的高度，或者更一般的地形高度（图片由 SciTech 出版社提供）

现在我们考虑同样的天线 A 和 B 观测地面以上高度为 h、到雷达的距离仍为 R 的另一点目标 b；雷达视线与平行地面的水平线的擦地角为 ψ_2。这两个天线收到的来自点目标 b 的两个回波信号的相位差现在是

$$\Delta\phi_2 = \frac{2\pi nL\sin\psi_2}{\lambda} \tag{17.54}$$

我们考虑如下式子

$$\Delta\phi \equiv |\Delta\phi_2 - \Delta\phi_1| = \frac{2\pi nL}{\lambda}|\sin\psi_2 - \sin\psi_1| \tag{17.55}$$

假设 $h \ll R$，则 $\psi_2 \approx \psi_1 \approx (\psi_2+\psi_1)/2 = \psi$。那么从图 17.14 中可以看出，在 $\Delta\psi = |\psi_2 - \psi_1|$ 处：

$$\Delta\phi \approx \frac{2\pi nL}{\lambda}\cos\psi\Delta\psi = \frac{2\pi nL}{\lambda}\cos\psi\frac{h}{R\cos\psi} = \frac{2\pi nLh}{\lambda R} \tag{17.56}$$

现在考虑 h 的变化量 $|\delta h|$ 引起的 $\Delta\phi$ 的变化量 $|\delta(\Delta\phi)|$

$$|\delta(\Delta\phi)| = \frac{2\pi nL}{\lambda R}|\delta h| \tag{17.57}$$

天线 A 和 B 可被认为相隔一定垂直距离地安装在飞机上，因此 $\delta(\Delta\phi)$ 和地面高度变化量 δh 之间的关系是

$$|\delta h| = \frac{\lambda R|\delta(\Delta\phi)|}{2\pi nL} \quad \text{（天线垂直分开放置）} \tag{17.58}$$

用于地形高度测量的 InSAR 的两个天线也可以以间距 L 水平地（与航向垂直）安装在飞机上。飞机正在以角度 $\gamma > 0$ 倾斜转弯并以擦地角 ψ 从地面回波中采集数据（见图 17.5）。这时有效孔径（垂直于雷达视线）长度是 $L\sin(\psi+\gamma)$，而不是 $L\cos\psi$。从图 17.15 可得

$$|\delta h| = \frac{\lambda R|\delta(\Delta\phi)|\cos\psi}{2\pi nL\sin(\psi+\gamma)} \quad \text{（天线水平分开放置）} \tag{17.59}$$

在上面两种任意一种几何关系中，由于通道中都是含有噪声的，Levanon[17] 给出了相位差的期望精度（$1-\sigma$）为

$$\delta(\Delta\phi) = \frac{1}{\sqrt{\text{SNR}}}\sqrt{2} \tag{17.60}$$

式中，SNR 是信噪比（见 17.6 节）。因此，地形高度测量的理论精度为

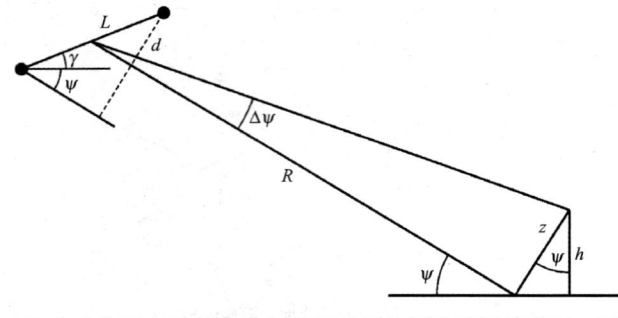

图 17.15 InSAR——天线水平分置：只要这两个孔径不都在雷达到目标的同一视线上，就可以通过比较这两个天线接收的回波信号的相位来测量地形高度（图片由 SciTech 出版社提供）

天线垂直分置（不转弯）：

$$\delta h = \frac{\lambda R}{\pi n L \sqrt{2\text{SNR}}} \qquad (17.61)$$

天线水平分置：

$$\delta h = \frac{\lambda R \cos\psi}{\pi n L \sin(\psi+\gamma)\sqrt{2\text{SNR}}} \qquad (17.62)$$

此外，当相位变化超过 2π，测量的地形高度中将出现模糊。式（17.58）和（17.59）中用 2π 取代 $\delta(\Delta\phi)$ 进行计算得到的高度差为

天线垂直分置（不转弯）：

$$\Delta h(\text{模糊}) = \frac{\lambda R}{nL} \qquad (17.63)$$

天线水平分置：

$$\Delta h(\text{模糊}) = \frac{\lambda R \cos\psi}{nL \sin(\psi+\gamma)} \qquad (17.64)$$

虽然我们是对单频单个脉冲得到了这些关系，对于 SAR 成像而言这些关系也是成立的，只需用 c/f_{avg} 替换公式中的 λ（见 Sullivan 的文献[1]中 8.1.5 节和 Carrara 等人的文献[3]中 9.3 节）。

美国国家航空航天局（NASA）成功地用 X/C 波段的单航过极化 InSAR 开展了航天飞机雷达地形测绘计划（Space Shuttle Radar Topography Mission，SRTM），利用装在飞机和飞机可伸展长臂上的双天线，对北纬 60° 和南纬 56° 之间近 80% 的地球表面进行了完整的三维成像，在 30m 的水平网格中垂直精度达到 6m。

簇叶穿透（Foliage-Penetration）SAR

虽然高频率（大于 2GHz）的微波信号穿透簇叶的能力不强，但低频率的微波信号穿透簇叶的能力却很强（见 Fleischman 等人的文献[55]，或 Ulaby 等人的文献[56]中 21-6 节）。例如，C 波段的信号通过一个典型森林区域时的衰减量 10～40dB 不等；衰减量小于 20dB 的概率近似为 0.2。另一方面，对于 UHF 波段的信号，衰减量 0～20dB 不等；并且半数时间衰减量不到 7dB。因此，对于簇叶穿透，有必要选择 UHF 波段：波长较短的信号不能穿透簇叶，然而对于机载应用，较长的波长又需要承受不了的大尺寸的天线。（具体的衰减量[dB/m]与俯仰角、树木的类型、簇叶的茂密程度以及湿度有关，不过前面所说的是综合考虑这些因素得到的一般结论，更详细的内容见 Felischman 等人的文献[55]。）

由式（17.6）可求得一幅 SAR 成像录取足够数据需要的孔径时间 t_A。例如，假设 $R=100$km，$V=180$m/s（350kn），$\theta_{\text{sq}}=0$，$\delta_{\text{cr}}=1$m。当 $f=10$GHz（X 波段，$\lambda=0.03$m），则 $t_A=8.3$s，相对带宽为 $B/f_0=0.015$。另一方面，当 $f_0=0.5$GHz（UHF 波段，$\lambda=0.6$m），则 $t_A=167$s $=2.8$min，$B/f_0=0.3$。如此大的相对带宽（**超宽带 SAR**）对硬件单元的设计提出了很大的挑战，如天线的设计，这要求硬件单元在全频带内是线性的[57]。此外，大的孔径时间给运动补偿也带来极大挑战，并且宽的实波束角度增加了信号处理的难度，极有可能需要距离徙动算法（RMA）处理（见 17.3 节）。除此之外，计算横向距离分辨率时的小角度近似条件也不成立。许多作者都报告了簇叶穿透 SAR 项目的成功结果，利用了

如密歇根州环境研究中心的 P-3 SAR[58, 59]、瑞典国家防御研究中心的 CARABAS 雷达[60]和斯坦福研究院的超宽带 SAR[61]的实验结果。此外，Moyer[62]提供了常规 SAR 和簇叶穿透 SAR 的成像结果，结果表明簇叶穿透 SAR 对树木下交通工具的成像效果要比常规 SAR 的成像效果好。成像图的例子如图 17.16 所示。

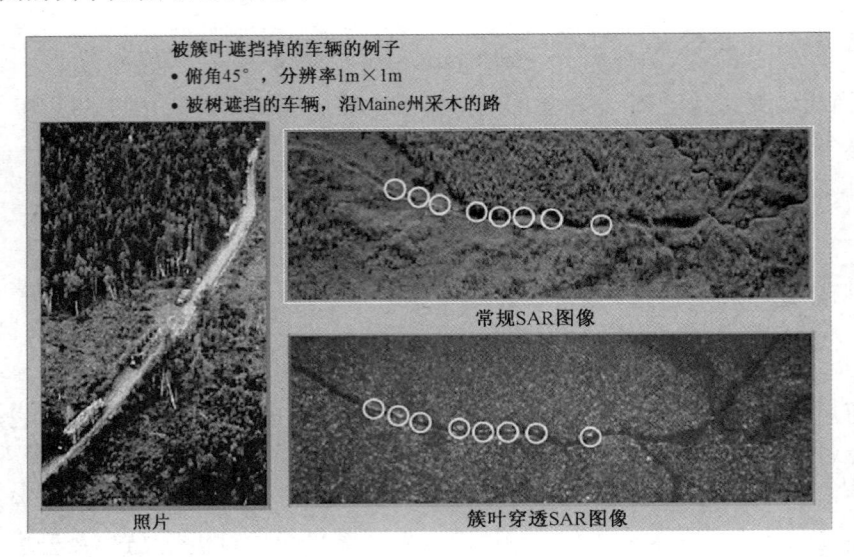

图 17.16 常规 SAR 图像和簇叶穿透 SAR 图像：在常规 SAR 图像中，目标车辆不可见，而在簇叶穿透 SAR 图像中车辆是十分明显的

（图片来源：http://www.darpa.mil/DARPATech2000/ Presentations/spo_pdf/4Moyer CCTB&W.pdf）

参考文献

[1] R. J. Sullivan, *Radar Foundations for Imaging and Advanced Concepts*, Raleigh, NC: SciTech, 2004; previously published as *Microwave Radar: Imaging and Advanced Concepts*, Norwood, MA: Artech House, 2000.

[2] L. J. Cutrona, "Synthetic aperture radar," in M. Skolnik, *Radar Handbook*, 2nd Ed., New York: McGraw-Hill, 1990; 1st Ed., New York: McGraw-Hill, 1970.

[3] W. G. Carrara, R. S. Goodman, and R. M. Majewski, *Spotlight Synthetic Aperture Radar*, Norwood, MA: Artech House, 1995.

[4] J. Curlander and R. McDonough, *Synthetic Aperture Radar*, New York: John Wiley and Sons, 1991.

[5] G. W. Stimson, *Introduction to Airborne Radar*, 2nd Ed., Mendham, NJ: SciTech, 1998.

[6] C. J. Jakowatz, Jr., D. E. Wahl, P. H. Eichel, D. C. Ghiglia, and P. A. Thompson, *Spotlight-Mode SAR: A Signal-Processing Approach*, Boston: Kluwer Academic Publishers, 1996.

[7] S. A. Hovanessian, *Introduction to Synthetic Array and Imaging Radars*, Norwood, MA: Artech House, 1980.

[8] R. O. Harger, *Synthetic Aperture Radar Systems: Theory and Design*, New York: Academic Press, 1970.

[9] R. Birk, W. Camus, E. Valenti, and W. McCandless, "Synthetic aperture radar imaging systems," *IEEE AES Magazine*, pp. 15–23, November 1995.

[10] C. Jackson and J. Apel (deceased; the book is dedicated to him), *Synthetic Aperture Radar Marine User's Manual*, Washington, DC: Department of Commerce, National Oceanic and Atmospheric Administration (NOAA), 2004.

[11] D. Ausherman, A. Kozma, J. Walker, H. Jones, and E. Poggio, "Developments in radar imaging," *IEEE Transactions on Aerospace and Electronic Systems*, vol. AES-20, no. 4, July 1984.

[12] C. Wiley, "Synthetic aperture radars," *IEEE Transactions Aerospace and Electronic Systems*, vol. AES-21, pp. 440–443, May 1985.

[13] L. J. Cutrona, W. E. Vivian, E. N. Leith, and G. O. Hall, "A high-resolution radar combat-surveillance system," *IRE Transactions on Military Electronics*, vol. MIL-5, no. 2, pp. 127–131, April 1961. (Reprinted in Kovaly.[15])

[14] C. W. Sherwin, J. P. Ruina, and R. D. Rawliffe, "Some early developments in synthetic aperture radar systems, *IRE Transactions on Military Electronics*, vol. MIL-6, no. 2, pp. 111–115, April 1962. (Reprinted in Kovaly.[15])

[15] J. J. Kovaly, *Synthetic Aperture Radar*, Norwood, MA: Artech House, 1976. (This is a collection of early classic papers concerning SAR.)

[16] D. C. Schleher, *MTI and Pulsed Doppler Radar*, Norwood, MA: Artech House, 1991.

[17] N. Levanon, *Radar Principles*, New York: Wiley-Interscience, 1988.

[18] R. M. Goldstein and H. A. Zebker, "Interferometric radar measurement of ocean currents," *Nature*, vol. 328, pp. 707–709, 1987.

[19] R. M. Goldstein, H. A. Zebker, and T. P. Barnett, "Remote sensing of ocean currents," *Science*, vol. 246, pp. 1282–1285, 1989.

[20] G. F. Adams et al., "The ERIM interferometric SAR: IFSAR," in *Proceedings of the 1996 IEEE National Radar Conference*, 1996, pp. 249–254. (Reprinted in *IEEE AES Systems Magazine*, December 1996.)

[21] M. Skolnik, *Introduction to Radar Systems*: 1st Ed., New York: McGraw-Hill, 1962; 2nd Ed., New York: McGraw-Hill, 1980; 3rd Ed., New York: McGraw-Hill, 2001.

[22] S. Musman, D. Kerr, and C. Bachmann, "Automatic recognition of ISAR ship images," *IEEE Transactions on Aerospace and Electronic Systems*, vol. 32, no. 4, pp. 1392–1404, October 1996.

[23] W. L. Wolfe and G. Zissis (eds.), *The Infrared Handbook*, rev. ed., Ann Arbor, MI: Environmental Research Institute of Michigan (now General Dynamics, Ypsilanti, MI), 1989.

[24] M. Richards, *Fundamentals of Radar Signal Processing*, New York: McGraw-Hill, 2005.

[25] R. Klemm, *Principles of Space-Time Adaptive Processing*," London: IEE, 2002.

[26] E. F. Knott, J. F. Shaeffer, and M. T. Tuley, *Radar Cross Section*, 2nd Ed., Raleigh, NC: SciTech, 2004.

[27] E. O. Brigham, *The Fast Fourier Transform and Its Applications*, Englewood Cliffs, NJ: Prentice Hall, 1988.

[28] E. D. Kaplan, *Understanding GPS, Principles and Applications*, Norwood, MA: Artech House, 1996.

[29] R. W. Bayma and P. A. McInnes, "Aperture size and ambiguity constraints for a synthetic aperture radar," in *Proc. 1975 International Radar Conference*, pp. 499–504. (Reprinted in Kovaly.[15])

[30] F. M. Henderson and A. J. Lewis (eds.), *Principles and Applications of Imaging Radar*, New York: Wiley, 1998.

[31] C. Oliver and S. Quegan, *Understanding Synthetic Aperture Radar Images*, Norwood, MA: Artech House, 1998.

[32] F. J. Harris, "On the use of windows for harmonic analysis with the discrete Fourier transform," *Proceedings of the IEEE*, vol. 66, no. 1, pp. 51–83, January 1978.

[33] D. Barton, *Radar Systems Analysis and Modeling*, Norwood, MA: Artech House, 2004.

[34] R. J. Sullivan, A. D. Nichols, R. F. Rawson, C. W. Haney, F. P. Dareff, and J. J. Schanne, Jr., "Polarimetric X/L/C-band SAR," in *Proceedings of the 1988 IEEE National Radar Conference*, 1988, pp. 9–14.

[35] D. N. Held, W. E. Brown, and T. W. Miller, "Preliminary results from the NASA/JPL multifrequency, multipolarization SAR," in *Proceedings of the 1988 IEEE National Radar Conference*, 1988, pp. 7–8. *See also* P. A. Rosen et al., "UAVSAR: New NASA airborne SAR system for research," *IEEE Aerospace and Electronic Systems Magazine*, vol. 22, no. 11, pp. 21–28, November 2007.

[36] L. M. Novak, M. C. Burl, and W. W. Irving, "Optimal polarimetric processing for enhanced target detection," *IEEE Transactions on Aerospace and Electronic Systems*, vol. 29, no. 1, pp. 234–243, January 1993.

[37] L. M. Novak, S. D. Halversen, G. J. Owirka, and M. Hiett, "Effects of polarization and resolution on SAR ATR," *IEEE Transactions on Aerospace and Electronic Systems*, vol. 33, no. 1, pp. 102–115, January 1997.

[38] R. K. Raney, "Synthetic aperture imaging radar and moving targets," *IEEE Transactions of Aerospace and Electronic Systems*, vol. AES-7, no. 3, pp. 499-505, 1971.

[39] A. Freeman, "Simple MTI using synthetic aperture radar," in *Proceedings of IGARSS 1984 Symposium*, ESA SP-215, 1984.

[40] A. Freeman and A. Currie, "Synthetic aperture radar (SAR) images of moving targets," *GEC J. Res.*, vol. 5, no. 2, pp. 106–115, 1987.

[41] S. Werness, W. Carrara, L. Joyce, and D. Franczak, "Moving target algorithms for SAR data," *IEEE Transactions on Aerospace and Electronic Systems*, vol. AES-26, no. 1, pp. 57–67, 1990.

[42] C. T. Allen, "Interferometric synthetic aperture radar," *IEEE GRS Society Newsletter*, pp. 6–13, November 1995.

[43] S. Barbarossa and A. Farina, "Space-time-frequency processing of synthetic aperture radar signals," *IEEE Transactions on Aerospace and Electronic Systems*, vol. 30, no. 2, pp. 341–358, April 1994.

[44] F. M. Staudaher, "Airborne MTI," Chapter 16 in *Radar Handbook*, M. Skolnik (ed.), 2nd Ed., New York: McGraw-Hill, 1990.

[45] J. Ward, *Space-Time Adaptive Processing for Airborne Radar*, Technical Report 1015, Lexington, MA: Lincoln Laboratory, Massachusetts Institute of Technology, 1994.

[46] J. Guerci, *Space-Time Adaptive Processing for Radar*, Norwood, MA: Artech House, 2003.

[47] V. C. Chen and H. Ling, *Time-Frequency Transforms for Radar Imaging and Signal Analysis*, Norwood, MA: Artech House, 2002.

[48] L. Cohen, "Time-frequency distributions–a review," *Proceedings of the IEEE*, vol. 77, no. 7, July 1989.

[49] R. Guarino and P. Ibsen, "Integrated GPS/INS/SAR/GMTI radar precision targeting flight test results," in *Proceedings Institute of Navigation GPS-95 Conference*, 1995, pp. 373–379.

[50] R. P. Perry, R. C. DiPietro, and R. L. Fante, "SAR imaging of moving targets," *IEEE Transactions on Aerospace and Electronic Systems*, vol. 35, no. 1, pp. 188–200, January 1999.

[51] J. Rodriguez and J. M. Martin, "Theory and design of interferometric synthetic aperture radar," *IEE Proceedings*, Part F, vol. 139, pp. 147–159, April 1992.

[52] R. Bamler and P. Hartl, "Synthetic aperture radar interferometry," *Inverse Problems*, vol. 14, pp. R1 to R54, August 1998. *See also* F. Gini and F. Lombardini, "Multibaseline cross-track SAR interferometry: A signal-processing perspective," *IEEE Aerospace and Electronic Systems Magazine*, vol. 20, no. 8, Part 2: Tutorials, pp. 71–93, August 2005 ; M. A. Richards, "A beginner's guide to interferometric SAR concepts and signal processing," *IEEE Aerospace and Electronic Systems Magazine*, vol. 22, no. 9, Part 2: Tutorials, pp. 5–29, September 2007.

[53] D. L. Schuler, J-S Lee, T. L. Ainsworth, and M. R. Grunes, "Terrain topography measurement using multipass synthetic aperture radar data," *Radio Science*, vol. 35, no. 3, May–June 2000, pp. 813–832.

[54] W. B. Scott, "Flight to radar-map Earth from space," *Aviation Week and Space Technology*, pp. 50–53, September 20, 1999 (Cover Story).

[55] J. G. Fleischman, S. Ayasli, E. M. Adams, D. R. Gosselin, M. F. Toups, and M. A. Worris, "Foliage penetration experiment," (series of three papers), *IEEE Transactions on Aerospace and Electronic Systems*, vol. 32, no. 1, pp. 134–166, January 1996. (This series of papers was awarded the 1996 M. Barry Carlton Award; see *IEEE Transactions on Aerospace and Electronic Systems*, vol. 35, no. 4, p. 1472, October 1999.)

[56] F. T. Ulaby, R. K. Moore, and A. K. Fung, *Microwave Remote Sensing*, 3 Volumes, Norwood, MA: Artech House, 1986.

[57] E. L. Ayers, J. M. Ralston, R. P. Mahoney, P. G. Tomlinson, and J. McCorkle, "Antenna measures of merit for ultra-wide synthetic aperture radar," in *Proceedings of the 1998 IEEE Radar Conference*, 1998, pp. 331–336.

[58] N. Vandenberg, D. R. Sheen, S. Shackman, and D. Wiseman, "P-3 ultrawideband SAR: System applications to foliage penetration," *Proceedings SPIE*, vol. 2757, pp. 130–135, 1996.

[59] M. F. Toups, L. Bessette, and B. T. Binder, "Foliage penetration data collections and investigations utilizing the P-3 UWB SAR", *Proceedings SPIE*, vol. 2757, p. 136–144, 1999.

[60] L. M. H. Ulander and P. O. Frolind, "Precision processing of CARABAS HF/VHF-band SAR data," *Proceedings IEEE Geoscience Remote Sensing Symposium IGARSS 1999*, Hamburg, Germany, vol. 1, 1999, p. 47–49. Also see L.M. Ulander et al., "Detection of concealed ground targets in CARABAS SAR images using change detection," *Proceedings SPIE*, vol. 3721, p. 243–252, *Algorithms for Synthetic Aperture Radar Imagery VI*, E. G. Zelnio (ed.), 1999.

[61] E. M. Winter, M. J. Schlangen, and C. R. Hendrikson, "Comparisons of target detection in clutter using data from the 1993 FOPEN experiments," *Proceedings SPIE*, vol. 2230, p. 244–254, Algorithms for Synthetic Aperture Radar Imagery, D. A. Giglio (ed.), 1994.

[62] L. Moyer, "Counter concealed target technologies," presented at DARPA Tech 2000, http://www.darpa.mil/DARPATech2000/Presentations/spo_pdf/4MoyerCCTB&W.pdf.

第 18 章 星载遥感雷达

18.1 展望

动机

在本章介绍的雷达运行期间，世界范围内对星载雷达（SBR）的投资每年约十亿美元。至少有七个国家正在研制或者已经发射了星载合成孔径雷达（SAR）系统，在这些系统中，1m 的分辨率已经成为标准。两种不同类型的地球观测 SBR（SAR 和雷达高度计）对地表高度变化的（距离）测量精度，目前已经达到可以测量出每年 1mm 量级的变化，这将在本章适当的小节中详细论述。一些国家正在资助探测月球和更远星球的雷达。和 SBR 相关的专利申请继续快速增长。简言之，SBR 是一个令人兴奋的、要求严格的、范围广阔的、不断扩展的课题。

星载雷达系统面临着关键性的挑战。SBR 中一些参数（如脉冲重复频率）可供选择的数值比机载系统受限得更多。同样，硬件环境也对硬件实现施加了更为严格的限制，并且 SBR 系统不具备使用中可人工维护和现场更换部件的条件。然而，由于太空提供了一个观察地球的独一无二的视角，并且是月球或行星的不可或缺的观察点，星载雷达的收效足以补偿这些挑战带来的损失。

涵盖和未涵盖的主题

本章介绍星载遥感雷达。重点放在第二类 SBR 上，包括绕地球轨道系统和其他行星轨道系统。第二类 SBR 在《雷达手册（第二版）》中已有概述。本章的内容在综览层次上力求完整，对某些选取的实例的论述详加展开以说明实际应用持有的实现或技术上的革新。1978 年发射的 Seasat 卫星（见图 18.1）是早期的一个杰出例子。就像它的名字提示的那样，它是为海洋观察而设计的。它的传感器中有三个是 SBR：一部合成孔径雷达、一个高度计和一个散射计。在本章中读者将会发现，Seasat 的这三种仪器为后来各种类型的几乎所有的雷达建立了最初的范例[1, 2]。

本章不涉及前面各版中回顾过的第一类的近程专用 SBR 系统，例如末段制导雷达或者交会雷达；也不涉及第三类的 SBR，例如对地面或空间监视的多航天器系统星载雷达。（尽管这些大型 SBR 的方案在原理上具有吸引力，但是它们的费用是一大障碍，尤其是当以前的赞助者希望它们的性能能够接近目前机载搜

图 18.1 Seasat 卫星，显示了它的三部雷达的天线（NASA 提供）

索雷达或者机载监视雷达的最高技术水平时。）本章中除提及一些基本的概念外，不再研究轨道学、宇航级硬件的实现等内容广泛的主题，也不再研究系统集成和测试。对这些内容感兴趣的读者可以查阅标准参考资料[3, 4]。

轨道的基本特性

不像机载平台那样可以在任何时间到任何地方去（当然受燃料和空域的限制），进入行星轨道的卫星，其位置和速度严格地遵从由开普勒定律简洁概括的轨道动力学。更进一步讲，SBR 进入指定的区域取决于行星的自转速率、卫星沿其轨道的位置和雷达的观察几何。因此，SBR 任务设计中最主要的参数包括轨道高度、航天器的在轨速度（由此轨道周期）、轨道倾角和行星的自转速率。

地球观测 SBR，例如 SAR，通常在运行于近圆近地轨道（LEO）的航天器上工作。典型 LEO 的轨道高度在 500～850km。轨道更低要承受较大的大气阻力，而轨道更高则需要较高的辐射功率和较远的雷达作用距离，这两点在大多数情况下都是不希望的。运行在 LEO 轨道高度上的航天器的速度大约是 7.5km/s，相应的轨道周期大约是 100min。地球的自转（速率约为 0.25°/min）使得卫星在赤道上的星下点的位置每圈都移动约 3300km。轨道高度的选择通常都要使卫星的轨道周期与地球的自转速度相协调，以获得周期为规定天数的精确的重复模式。尽管某些情况下需要非整数天数的重复周期，就像 TOPEX/Poseidon 雷达高度计具有 9.916 天的重复周期那样，但是通常情况下重复周期都是整数，例如 RADARSAT 的重复周期是 24 天。如果必须要维持诸如重复周期之类的轨道参数，就要靠操作航天器上的推进器获得微小的推进量来实现[4]，对于 LEO 任务这种操作通常每隔几个星期实施一次。对于给定的 SBR，其重访时间取决于雷达覆盖的距离幅宽、轨道的确切重复周期和感兴趣的观察点的纬度。某些 SBR 的偏离星下点[①]的视角可以调整以增加有效的重访率。注意轨道机动并不是提高观察点覆盖频率的实用方法，这是因为轨道高度（由此速度）的较大变化，尤其是轨道倾角（惯性轨道平面相对于地球赤道面的角度）的任何变化，都会消耗掉卫星上大量宝贵的燃料资源[3]。

主要由于地球的自转相对较快，两极变得较扁，这导致了轨道高度上重力场的非球形对称，由此对倾斜的轨道平面产生了较小的侧向作用力，其后果是使轨道在惯性空间产生了进动。轨道进动的量值、方向和速率可以通过选择轨道倾角和轨道平均高度来控制。许多卫星平台利用这种自由度来产生太阳同步轨道，太阳同步轨道的轨道面相对于太阳照射面整年都保持固定的角度。欧洲航天局的 Envisat 卫星是太阳同步 LEO 轨道的很好的例子，它的轨道倾角[②]约为 98.5°，轨道高度为 785km。搭载了光学设备的太阳同步轨道航天器（如日本的 ALOS）选择太阳的相角以利于太阳照射地球表面，这样通常会产生正午轨道。在正午轨道上观察地球表面大部分地区的时间，基本上都是在相同的当地时间：正午附近。这样的轨道意味着航天器必须有一半的时间来穿过地球的阴影区，这特别对热控子系统和电源子系统的设计有影响。与此相反，只搭载雷达的航天器，例如 RADARSAT，倾向于使太阳利于照射飞行器。这种情形自然会产生被称为晨昏轨道的飞行轨道。在晨昏轨道上的卫星——连同其

---

① 星下点是地心到航天器的矢径与地球表面的交点，该点在航天器的下方。

② 倾角大于 90°是逆行轨道，因为它们上升飞行时的东-西速度分量与地球的自转方向相反，这与倾角小于 90°的顺行轨道相反。

太阳能帆板电源系统——几乎在一年四季的所有时间内都能避免地球的阴影区。

在某些应用中，精确的重复轨道尤其得到了较好的运用。例如，如一组轨道在所关心的一个区域上方，都能落入一个较小的公共范围，那么从几条轨道上进行的几次雷达测量，它们之间就可做相干比较，这样就有可能对场景内不同观测之间的变化具有波长量级的灵敏度。对变化的这种相干检测是星载 SAR 干涉测量领域中的一种标准技术，在接下来的小节中会对其进行回顾。精确的重复轨道，是大多数雷达高度计采用的标准轨道，但是由于地球物理学的原因，它不是互相干应用中采用的标准轨道。在海洋探测高度计中，太阳同步性表现出了它自身的问题。在 18.3 节中将会对这些内容作详细评论。

如在本书的几章中讨论的，多普勒敏感雷达的性能是以它们所搭载的平台的速度为条件的。绕半径为 R_P、质量为 M_P 的行星运行的轨道高度为 h 的航天器，其速度为

$$V_{SC} = \sqrt{M_P G / (R_P + h)} \tag{18.1}$$

式中，G 是万有引力常数①$6.67 \times 10^{-11}$ Nm^2/kg^{-2}。表 18.1 列出了航天器绕太阳系中的星体运行的典型速度，这些星体使用距离-多普勒雷达访问过或者有可能使用这些雷达对其观察。切实可行的卫星高度的下限受到大气密度的限制。表中的最后一列列出了对应每条的高度和速度的乘积 hV_{SC}。要想在太空中部署 SBR，就会面对距离-多普勒空间的问题，而这一乘积就是表征距离-多普勒空间的定标因子。从地球到木星的卫星木卫二，该乘积参量的数值大约相差 40 倍。这说明为一种工作情形进行的雷达设计，可能根本不适合移植到另一种不同的行星场合。

表 18.1 航天器速度

星　体	质量（kg）	半径（km）	高度 h（km）	V_{SC}（m/s）	hV_{SC}（km^2/s）
地球	5.97×10^{24}	6380	800	7466	6000
金星	4.87×10^{24}	6052	300	7151	2200
火星	6.4×10^{23}	3397	400	3353	1600
木卫三	1.4×10^{23}	2631	100	1849	185
木卫四	1.08×10^{23}	2400	100	1697	170
月球	7.35×10^{22}	1737	100	1634	160
木卫二	4.8×10^{22}	1569	100	1385	140

人们经常说雷达是"全天候"的，但是显然这种说法并不是普遍正确的，尤其是对于 SBR。在太空中，电离层和/或大气可能会污染甚至阻止雷达电磁波的传播。电离层会产生法拉第旋转②，这会使发射和接收信号的极化特性退化或者破坏[4]。线极化 E 矢量的法拉第旋转角 β 与 RM λ^2 成正比，其中旋转测度 RM（Rotation Measure）是电离层电子密度的函数。电离层也会引起色散，在某些不利的情况下也会实际上阻断电磁波的传播。例如，5MHz 的 MARSIS 雷达探测器在白天不能探测火星表面，因为在那种情形下截止频率升至了 10MHz 左右。因此，MARSIS 在夜晚用作表面探测器而在白天用作电离层探测器。在 18.6 节可以找到关于 MARSIS 雷达的更多内容。麦哲伦金星雷达（在 18.4 节叙述）之所以选择 12cm 的波

---

① N 是牛顿的标准符号，为力学单位，量纲是 m·kg·s^{-2}。
② 法拉第发现的效应，即当 EM 电磁波穿过磁场时，它的极化平面受到它与磁场相互作用的干扰。

长,是为了平衡电磁波在稠密的金星大气层中的传播(这种情形对波长长有利)与合成孔径雷达系统上的考虑(这种情形波长短更好)之间的矛盾。电磁波沿从海洋观测高度计到地球的路径传播时,其速度比光速有非常微小的减慢,但是这一微小的减慢却足以使得距离测量误差达到很多米。要达到需要的厘米量级的精度,必须对这些误差进行估计和补偿,18.3 节对此进行了概括。

对硬件的评论

在美国一个很受欢迎的儿童电视节目中有一句话:"做一个没有经验的年轻人是不容易的。"用类似的话说,特别是作为一部航天器上的雷达也是不容易的。根据定义雷达必须发射信号,由于这个原因,雷达的近场辐射对航天器平台上的有效载荷和平台上的仪器和子系统是一种潜在的威胁。一旦解决了近场辐射的危险(或疯狂),就要考虑正常的航天器设计原则了。硬件上第一位要考虑的因素包括辐射和高能粒子、振动(尤其是在发射阶段)、严酷及高低温差别悬殊的热环境。这些因素表征了空间环境的特性(本质上是其特有的),它们增大了有效载荷的功耗。另外,也是一种对质量上的限制的挑战。

可能会让人吃惊,在地球轨道上和绕月轨道上,星载雷达必须遵从国际上规定的频谱分配。这些规定限制了能够利用的波段和带宽,从而影响系统的设计,也可能会限制某些性能指标,例如分辨率。

由于发射入轨费用昂贵,像其他星载系统一样,SBR 必须设计得质量最小、效率最高、寿命最长。质量、功率、寿命作为驱动的课题,要求系统实现保守的设计,有大量的冗余。除天线以外的其他子系统,即便不是全部也是大部分,其冗余通常都是通过双份硬件实现的。

本章的组织

章节上按宽泛意义上的测量主题进行组织。这些主题包括地球轨道合成孔径雷达(SAR)、雷达高度计(在 SBR 观测范围内,通常总是指对地球的海洋和具有大表面的水体的测量)、行星雷达(这里的"行星"包括其大卫星之类的小行星)、散射计(其测量数值将某个地球物理学参数,例如洋面风速,与所照射表面的校正后的雷达后向散射特性测量值相关联)和探空仪(包括探测空中目标和地表下目标的雷达系统)。每一小节都包括对所有相关 SBR 的概述,并指出了该主题发展过程中的关键转折点或者是技术创新的分水岭。所选的例子都做了更为深入的论述。对每一种引用的设备都给出了参考的在线网址,这些网址在本书出版的时候都能够访问[①]。

18.2 合成孔径雷达(SAR)

成像雷达最普遍的形式:设计用来提供被照射区域的距离和方位二维雷达后向散射图像的设备。星载微波成像器是合成孔径雷达(苏联早期的某些实孔径海洋观察系统除外)。和其

---

① 星载遥感雷达领域的变化很快。本章提供了 21 世纪早期的观点。作者鼓励读者通过网上资源去找当前有关课题的信息。使用诸如任务名称、国家、雷达之类的关键词,通常足以查找到一些参考资料。警告:并不是所有的网上资源都是精确的,建议读者多查资料并通过相互比较来鉴别信息的真伪。

他所有的成像系统一样，SAR 图像产品按照它们的分辨率划分等级，分辨率越"高"越"好"。较高的分辨率总意味着距离向和方位向都有较宽的带宽。方位向带宽来自因雷达相对于被照射区域运动而产生的多普勒特性。只靠分辨率自身还不足以决定对应用有重要价值的图像质量。SAR 图像受到被称为**斑点**的乘性自噪声的污染，这是相干性的直接后果；这种相干性是雷达处理器组合来形成合成孔径并由此提高分辨率所需要的。斑点噪声只能通过额外的非相干处理（使用 SAR 术语即是"多视"）来降低。额外的多视要求成比例加宽的带宽。显然，在这类雷达中，大的二维带宽（距离向和方位向）是驱动性的需求。

星载 SAR 系统激发了领域广泛的、定量的、硕果累累的专业化应用，这些在《成像雷达原理与应用》一书中深入论述过[5]。在本节结束的几段中列出了一些影响雷达系统和任务设计的主题，如 SpotSAR、ScanSAR、极化和干涉测量。

飞行系统

Carl Wiley 在 1951 年提出了 SAR 的概念[6]，在接下来的几年里，逐步从原理向实践发展。先是进行了仿真，然后进行了机载系统的概念验证[7]。仅仅在十多年以后，就发射了第一个星载 SAR——Quill（见表 18.2）。（这是一项非凡的成就——考虑到在当今时代，即使已经很好地确立了 SBR 的原理与技术，对于全新的 SAR，从方案研究到最终发射通常也需要将近 20 年的时间。）Quill 是不完善的，但是也成功地产生了足以形成图像的数据。考虑到使用大小相当的实孔径 SBR，能够指望的最好的分辨率将会是在几千米量级，Quill 标称的 100m 的分辨率在当时是激动人心的。然而，结果并没有达到资助者的要求，因而概念中的第二颗和第三颗卫星就没有发射。Quill 的数据先在星上进行光学存储，最后通过太空舱弹射返回地球，然后通过机载回收的方法进行搜集，它是美国唯一一个采用这种方法的 SBR。

表 18.2 合成孔径雷达（地球观察用）

卫星/SAR	网址	国 家	发射时间	分辨率（m）	波段	极化
Quill	1	美国	1964	（>100m）	X	—
Seasat	2	美国	1978	25	L	HH
SIR-A；SIR-B	3	美国	1981；1984	40；约 25	L	HH
SIR-C	4	美国，德国，意大利	1994；1994	约 30	L/C；X	全极化；HH
Kosmos 1870	5	苏联	1987	15～30	S	HH
Almaz	6	苏联	1991	15～30	S	HH
ERS-1	7	欧洲航天局	1991	25	C	VV
J-ERS-1	8	日本	1992	30	L	HH
RADARSAT-1	9	加拿大	1995	8, 25, 50, 100	C	HH
ERS-2	10	欧洲航天局	1995	25	C	VV
Priroda	11	俄罗斯/乌克兰	1996	50	S, L	HH, VV
SRTM	12	美国，德国，意大利	2000	约 30	C, X	HH, VV
ENVISAT	13	欧洲航天局	2002	10, 30, 150, 1000	C	VV 或 HH，双极化
IGS-1B	14	日本	2003+	1, +	X	多模式

续表

卫星/SAR	网址	国家	发射时间	分辨率（m）	波段	极化
PALSAR	15	日本	2006	2.5～100	L	全极化
JianBing-5（尖兵-5）	16	中国	2006	3～20	L	多极化
TerraSAR-X	17	德国	2007	1, 3, 15	X	多极化
RADARSAT-2	18	加拿大	2007	1, 3, 25, 100	C	全极化
COSMO	19	意大利	2007	1, 3, 25, 100	X	多极化
TecSAR	20	以色列	2007	1～8	X	多模式
Kondor-E	21	俄罗斯	2007	1, +	S	多模式
HJ-1-C	22	中国	2007	1, +	S	多模式
SAR-Lupe	23	德国	2007	0.12, +	X	多模式
Arkon-2	24	俄罗斯	2008	1～50	S, L, P	多模式
RISAT	25	印度	2008	1～50	C	全极化
Tandem-X	26	德国	2009	1, 3, 15	X	全极化
Radardat-C	27	加拿大	—	1, +	C	全极化
MAPSAR	28	巴西/德国	—	3～20	L	单极化，双极化，圆极化
Sentinel-1	29	欧洲	—	4～80	C（L）	全极化

1. http://www.skyrocket.de/space/index_frame.htm?http://www.skyrocket.de/space/sat_mil_usa.htm
2. http://www.astronautix.com/craft/seasat.htm
3. http://www.directory.eoportal.org/pres_SIRShuttleImagingRadarMissions.html
4. http://southport.jpl.nasa.gov/
5. http://www.astronautic.com/craft/almazt.htm
6. http://www.russianspaceweb.com/almazt.html
7. http://earth.esa.int/ers/
8. http://www.nasda.go.jp/projects/sat/jers1/index_e.html
9. http://www.space.gc.ca/asc/eng/satellites/radarsat1
10. http://en.wikipedia.org/wiki/Space-Based_Radar
11. http://www.astronautix.com/craft/priroda.htm
12. http://www2.jpl.nasa.gov/srtm/
13. http://envisat.esa.int/object/index.cfm?fobjectid=3772
14. http://www.space.com/spacenews/archive03/spyarch_040903.html
15. http://www.eorc.jaxa.jp/ALOS/about/palsar.htm
16. http://www.sinodefence.com/strategic/spacecraft/jianbing5.asp
17. http://www.caf.dlr.de/tsx/start_en.htm
18. http://www.space.gc.ca/asc/eng/satellites/radarsat2/inf_over.asp
19. http://directory.eoportal.org/pres_COSMOSkyMedConstellationof4SARSatellites.html
20. http://www.iai.co.il/Default.aspx?docID=32812&FolderID=14469&lang=en&res=0&pos=0
21. http://www.npomash.ru/space/en/space1.htm
22. http://www.eohandbook.com/eohb05/pdfs/missions_alphabetical.pdf#search=%22China%20HJ-1C%20satellite% 20radar%22
23. http://directory.eoportal.org/pres_SARLupeConstellation.html

24. http://industry.esa.int/ATTACHEMENTS/A112/nfm2005_04.pdf#search=%22Japan%20sapce%20radar%20IGS-R1%22
25. http://directory.eoportal.org/info_RISATRadarImagingSatellite.html
26. http://directory.eoportal.org/info_TanDEMXTerraSARXaddonforDigitalElevationMeasurement.html
27. http://www.mdacorporation.com/news/pr/pr2006031301.htm
28. http://elib.dlr.de/43957/
29. http://www.gmes.info/

Seasat

普遍公认的星载合成孔径雷达的先驱是 1978 年的 Seasat SAR（见图 18.1）。这个 L 波段的系统一直都是地球观察星载 SAR 的设计典范[8]。Seasat 阐明了很多民用地球观察 SAR 中共有的几个特点，包括天线的大小和长高比（10.74m×2.1m）、相对较陡的入射角（约 22°）、观测带幅宽（100km），以及线性调频（Chirp）脉冲波形的使用（压缩比 634:1）。尽管 Seasat SAR 的峰值功率比较可观（1kW），但是它的平均辐射功率相对较小（55W）。天线是无源的，由 8 个平面微带面板组成，辐射和接收 HH 极化。卫星上没有记录设备，因此数据是要下传的。当然，卫星必须要在四个地面站（分别位于美国、加拿大和英国境内）中某一个的无线电通信可见区之内，这四个地面站配置了接收数据的设备。遥测传输的是模拟量（20MHz 带宽，变频到视频），在地面可以转存至光介质（透明的薄膜软带）或者是进行数字化（5bit 量化）。图像生成（非实时①）的方法既可以是光学处理，也可以是数字处理。Seasat 卫星的初级电源系统遭受了重大的短路（短路位置在太阳能帆板的集电环组内），这就使得它工作仅三个月后就于 1978 年 10 月结束了自己的使命。

SIR SAR 系列

航天飞机成像雷达系列包括 SIR-A（它装在搭载科研用有效载荷的第一架航天飞机上）、SIR-B 和 SIR-C/X-SAR，基本上它们执行的是技术（和科学）验证任务[2, 9]，每一次都持续大约一周的时间或者略短一点。按照顺序，这些雷达在入射角、频率和极化方面依次有增强了的能力。SIR-C/X-SAR 工作于三个波段：C 和 L（美国的）以及 X（通过与德国和意大利的国际合作获得）。由于 SIR-C 具有全极化、多波段的对变化多样的场景覆盖的特点，对其数据一直以来都需求不断[10]。航天飞机雷达地形测绘器[11]（SRTM）是 SIR-C 的派生，它的接收天线（X 波段和 C 波段）装在一个可以伸长的 60m 长的支柱上，用来同时接收散射回波，然后处理成地形图。这是单航过星载干涉 SAR（InSAR）能力的首次验证，收集到了全球很大范围的陆地表面的数据。

Kosmos

虽然 Kosmos 没有在严格意义上被保密，但主要是在其技术上的继承者 Almaz 公司（在俄语和阿拉伯语中是未加工的钻石的意思）发射以后，Kosmos 才为人们所知。在这之前，苏联的 SAR 是一系列被称为 Okean（海洋和其他的名字）的实孔径雷达。Almaz 是一个非常有趣的雷达，因为它提供了关于地球表面的独特的 S 波段的 SBR 图像。该雷达及其他俄罗斯

---

① 最初数字处理的 Seasat SAR 的图像，生成四分之一帧图像（50km²）需要在大型计算机上运行 40h。

雷达系统的技术继续发展，最终发展到 Kondor-E 雷达和中国的 HJ-1-C SAR[12]，其中后者为双边技术交换项目的产物。这两部雷达都使用 6m 的抛物面反射天线，该天线最初是为 Priroda 研制的。Priroda 是和平号空间站联合体的最后一个组件。Priroda 上面的 Travers 雷达担负试验验证任务。各国的 X 波段 SAR 的队伍至少有三个成员，包括 TecSAR[13]（以色列）和 IGS-R 系列（日本）。第一颗 IGS-R 于 2003 年发射，后继的 2005 年的发射失败了。

ERS-1 和 ERS-2

欧洲航天局（ESA）的 C 波段 SAR 具备可实用的星载 SAR 工作能力[14]。自从第一颗欧洲雷达卫星（ERS-1）发射以来，ESA 系列的 SAR 一直保持着杰出的性能表现。ERS-1 及其后继者具备星上数据存储能力。ERS-1 和 ERS-2 都共同具有 4 视时约 25m 的分辨率、100km 的观测带幅宽、约 23° 的入射角，所有这些都和 Seasat SAR 的模式基本相同。这两颗 ERS SAR 几乎是完全相同的。通过 ESA 的组织，让 ERS-1 和 ERS-2 相互追逐，使得它们联合的重访间隔只有 1 天，ERS-1 和 ERS-2 就这样经历了大约一年的联合工作的时间。这就积累了独特的数据，这些数据对地形变化的相干检测[15]（双航过 InSAR）很有价值。ERS SAR 设备是一组雷达的一部分，这组雷达称为有源微波设备（AMI），它包括一个散射计、一个用于观测风/波浪的基于 SAR 模式的小型设备和 SAR 自身。（散射计模式在 18.5 节描述。）基于 SAR 的风/波浪模式设计成用来抓取 $10km^2$ 范围的洋面的快照图像。经过处理（星上或以后在地面上），可以根据雷达数据包含的图像的亮度和波浪的模样来估计风速和风向。在数据容量严格受限的情况下还要得到具有 SAR 质量的大面积的数据，这种需求促成了风/波浪模式的产生。海洋观测的要求使得 VV①也极化成为最有利的选择，这是因为海洋的后向散射在 C 波段、入射较陡②时，垂直极化的散射通常比水平极化的大。ERS-1 和 ERS-2 都搭载了雷达高度计（见 18.3 节）。因为有效载荷包括光学传感器，ESA 系列的卫星都使用正午太阳同步轨道。由此带来的后果是每一圈中有半圈处在阴影区，这限制了 SAR 每圈只能工作 10min。

J-ERS-1

日本的地球资源卫星[14]（J-ERS-1）上搭载的 SAR 与 Seasat 相似，工作在 L 波段，天线是 H 极化的，大小为 11.9m×2.4m。它的入射角为 38°③，比 Seasat 的大，这是因为它的轨道低、天线孔径大。它的峰值功率为 1.1kW，与 Seasat 的相当。天线垂直孔径较大的后果之一是观测带幅宽只有 75km，比 Seasat 的窄。J-ERS-1 的天线和连接器都出现了问题，因此它的灵敏度（噪声等效σ^0，即 NEqσ^0）只有-14dB，比设计的-20dB 损失了 6dB。其结果是，J-ERS-1 的图像产品的噪声比 Seasat 的大得多，因为 Seasat 的灵敏度为-23dB。尽管有这种缺

---

① 在雷达遥感技术中，通常使用一对字母简化地表示它们的极化；本例中表示发射和接收都是垂直极化。

② 星载 SAR 观察地面的角度通常比机载 SAR 更垂直一些。最常用的术语是入射角（被照射平面上照射点处的法线与入射线之间的夹角）。入射角是擦地角的余角，后者是机载雷达的习惯术语。入射角不同于俯仰角（航天器处的垂直方向与航天器到场景的方向之间的夹角），差别是由地球的曲率引起的。

③ 警告！日本的航天器上的 SAR 通常指定视角为俯仰角——尽管称它为"入射角"。因此，在大多数文献中都引用 35° 为 J-ERS-1 的入射角，如果在某个应用场合这个数值很重要，这种引用就可能导致混乱。该警告也适用于在后面的段落中叙述到的 PALSAR。

陷，J-ERS-1 数据（23cm 的波长）还是提供了巴西及其邻国的热带森林的第一次粗略的图像。这些数据为热带森林的考察建立了早期的"金科玉律"，因为在这种应用中 L 波段比相比自己波长短的波段适合得多。J-ERS-1 的 3 视分辨率是 18m，比 Seasat 的"好"50%——这种比较结果是基于它们各自的 SAR 图像质量因子上的（见 18.4 节）。J-ERS-1 工作了 8 年，比它 2 年的设计寿命长得多。

RADARSAT-1

RADARSAT-1 如图 18.2 所示，它是星载 SAR 发展中的一个重大的里程碑。它是第一个允许用户选择分辨率、入射角和观测带幅宽的系统[17]。这些特性的演变过程值得在此做一个简要的回顾。加拿大的需求覆盖了海洋监视（船只、石油钻井平台和海况）、陆地和海洋的冰体、农业、森林以及其他很多方面的各种各样的应用。海洋冰体方面的应用具有高度的优先级，它决定了极化的选择。由于在 C 波段和中等大小的入射角的情况下，水平极化在区分新的冰体和平静的海面方面具有优势，因此选择了水平极化。应用的多样性意味着优选的入射角范围是从大约 20°到 50°多一些。这就要求天线能够在俯仰维上扫描，从而发展出七种不同的标准俯仰维波束图形，且对这些波束进行电子扫描和赋形。可以预期，没有哪种应用会接受分辨率的降低。为了满足这种要求，雷达的设计使用三种带宽，以使得在所有的基准入射角范围内，都能达到标称的约为 25m 的地距分辨率。这必然会使得，在入射角较坡时使用较宽的带宽会得到更好的距离分辨率。天线的设计基于水平走向的 32 根波导，每一根都是中心馈电。每一根波导使用一个铁氧体移相器，用来控制发射和接收波束的形状和俯仰维视轴。波束的电子选择使得 RADARSAT-1 包含了 ScanSAR 功能①。因此，RADARSAT-1 的分辨率的选择范围是从 8m×8m（单视）/45km 幅宽（精细模式）到 100m×100m（8 视）/510km 幅宽（ScanSAR 宽幅模式）。包括扩展模式，入射角范围是 10°～60°。一共有七种标准模式，每一种都有自己的俯仰波束；这些模式标称的分辨率是 25m×28m（4 视）/100km 幅宽。NEqσ^0是 -20dB 或者更好，并且与模式有关。

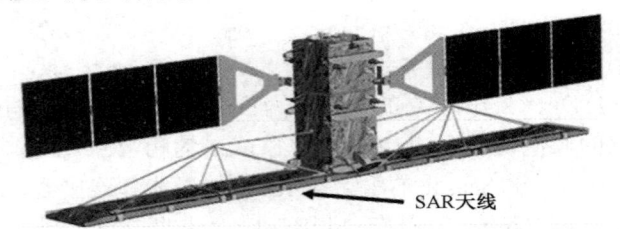

图 18.2 RADARSAT-2 与它的前任在外形上很相似。太阳能帆板与天线的顺轨轴平行，表明它是晨昏太阳同步轨道（加拿大航天局提供照片）

到 2006 年年末，RADARSAT-1 已经工作了 11 年，飞行了 60 000 圈以上，获得了足够多的数据——其数量等价于可将整个地球表面绘制成图 130 次。加拿大的冰体预报机关依靠 RADARSAT-1 的数据进行日常运作，每年需要 3000 多帧数据。因为 SAR 是 RADARSAT-1 唯一的有效载荷设备，所以选择了太阳同步晨昏轨道，以使太阳能帆板得到的照射最多，这

---

① 在本节后面的部分讨论。

样就允许 SAR 每圈可工作 20min。RADARSAT-1 沿轨道面向右侧视，这就使得它能观测到加拿大的北极地区乃至到北极。在任务期间，卫星曾两次偏航 180°飞行了几个星期，这就使得它完全覆盖了南极洲。把这样得到的数据进行融合，首次生成了整个南极大陆的高分辨率的图像[18]，而且在一些区域，重复的轨道覆盖支持了南极地区冰川移动速率的 InSAR 测量。RADARSAT-2 是 RADARSAT-1 的增强型[19]，表 18.3 列出了它的多种工作模式的概要[20]。

表 18.3   RADARSAT-2 工作模式

工作模式	幅宽 W (km)	可访宽度 (km)	分辨率（m） $Rg \times Az$ （距离×方位）	视数 $Rg \times Az$	$1/Q_{SAR}$	$W \cdot Q_{SAR}$
可选极化						
标准	100	250~750	25×26	1×4	162	0.62
宽幅	150	250~650	30×26	1×4	195	0.77
精细	50	525~750	8×8	1×1	64	0.78
ScanSAR 宽幅	500	250~750	100×100	4×2	1250	0.40
ScanSAR 窄幅	300	250~720	50×50	2×2	625	0.48
单极化						
低入射角	170	125~300	40×26	1×4	260	0.65
高入射角	70	750~1000	18×26	1×4	117	0.60
极化测量						
标准全极化	25	250~600	25×8	1×4	50	0.50
精细全极化	25	400~600	9×8	1×1	72	0.35
选择性单极化						
多视精细	50	400~750	8×8	2×2	64	3.12
超精细	20	400~550	3×3	1×1	9	2.2
试验模式						
MODEX（GMTI） 甚高分辨率	—		3×1	1×1	—	—

ENVISAT-1

搭载在 ESA 的 Envisat 上的先进 SAR[21]（ASAR）将 RADARSAT-1 的多功能性推进了一步：它增加了两种极化方式，发射和接收都有 H 和 V 两种极化。它的有源阵列天线大小为 10m×1.3m，包含 320 只 T/R 组件。在其他方面，它的模式反映了 RADARSAT-1 最基本的设计（很大程度上是由于来自加拿大——ESA 地球观测项目委员会的成员——顶尖的雷达专家加入了 ASAR 的方案设计团队）。发射极化和接收极化是相互独立的，因此在最高分辨率时可能的极化选择是 HH、VV 或者 HV 极化。注意这里的双极化模式实际上是**交替**极化，即在信号的发射之间或者接收之间切换极化状态，而脉冲重复频率没有增加。按定义，这种"双极化"对是不相干的，因为它对应着散射回波的交叉采样，采样时间是时分复用的，采样速率低于奈奎斯特速率。其结果是，得不到每个像素点的复采样对之间的相位差。ASAR 的交替极化模式提供了与机载系统相似的双极化图像——尽管直到 ENVISAT（SIR-B 和 SIR-C 除外）时，SBR 才获得了双极化图像，但是很多机载系统早在几十年前就已经获得了。

PALSAR

与 ASAR 的不相干的极化选择不同,日本 ALOS[①](2006 年 1 月发射)上的有源阵列 L 波段合成孔径雷达(PALSAR)包含了全极化[②]测量[22, 23]。PALSAR 的工作模式包括标准单极化成像模式、一个 ScanSAR 模式、几种双极化和正交极化模式,以及试验模式——包括 SpotSAR。早期的任务校准和验证研究证明了雷达正按预期方式运行。在本节的后面会有更多关于 PALSAR 的内容。

JianBing-5

JianBing-5(尖兵-5)是中国的第一个合成孔径雷达空间任务,它也被称为遥感卫星 1 号。卫星质量是 2700kg,它被发射到了高度约为 600km 的太阳同步轨道。任务目标包括多极化和干涉测量。在多种入射角范围内,两种基准的多视分辨率分别为 3m(40km 幅宽)和 20m(100km 幅宽)。它使用了有源相控阵天线。

TerraSAR-X

TerraSAR-X 是第一个民用的 X 波段的星载 SAR。二维有源天线大小为 4.8m×0.8m,含有 384 只 T/R 组件。它具有从 ScanSAR(分辨率 15m/幅宽 100km)到 SpotSAR(分辨率为 1m,每帧图像大小为 5km×10km)的多种工作模式。其条带成像模式的基准是 3m 分辨率/30km 幅宽。天线沿顺轨方向分为两部分,可用来进行两天线的顺轨干涉模式的 GMTI 试验,以及其他应用。模式选项中包括正交全极化方式。雷达是唯一的有效载荷设备,因此卫星设计成太阳同步晨昏轨道,其重复周期是 11 天。TerraSAR-X 发射几年之后,将会有一个同伴——Tandem-X,它打算是一个功能复制体[24]。这两颗卫星以精确协同的一对的方式沿轨道协同运行,以支持各种各样的双基地和干涉应用。

其他星载 SAR

星载 SAR 在世界范围内继续经历着颇具规模的发展。本节给出一些已知(截至本手册出版时)项目的概述,这些项目已经过了 A 阶段——这表明该飞行系统得到了重大资助,最有可能达到实现发射和飞行系统运行的最终结果。这些新兴系统的结构有两种典范的天线形式:二维有源相控阵天线和反射面天线。大多数任务在分辨率(相应的幅宽和覆盖范围)和极化(从不相干的双极化到全极化)方面具有多模式。在这些项目中至少有四项任务含有好几颗卫星,这几颗卫星或者是组成星座,或者是形成系列。在 21 世纪的第一个十年内,至少有八个不同的国家,总共会发射 20 多颗新的 SAR 卫星。接下来的段落中将会重点概括其中的几个系统。

COSMO-SkyMed

意大利有一系列 4 颗 COSMO-SkyMed X 波段 SAR 卫星。COSMO SAR 使用了多极化有

---

① 先进的陆地观测卫星,JAXA,日本。
② 在本节后面的部分讨论。

源相控阵天线，支持 1m 分辨率 SpotSAR、条带成像、ScanSAR 和 500km 宽幅成像等多种模式。在为加拿大的 RADARSAT-2 构造和飞行验证过的设计的基础上，构建了 COSMO 平台。

TecSAR

TecSAR 是以色列的第一颗星载 SAR，代表了他们国家卫星技术发展项目的特色[25]。卫星是由印度发射的，TecSAR 的标称条带成像模式是 X 波段多视 3m 分辨率。除此之外，主要的目标包括广域覆盖和高分辨率，分别对应着 ScanSAR 模式和 SpotSAR 模式。SpotSAR 的 1m 的分辨率约束了系统的设计，其结果之一是使用了架置在星体上的直径为 3m 的对称的伞状网孔反射器（0.5kg），反射器靠稍微偏离焦点位置处的 10 个馈电喇叭中的一个进行馈电。这种纵横比为 1 的天线显著偏离了之前大多数星载 SAR 中典型的矩形天线形式。通过有序选择合适的馈源实现 ScanSAR 的覆盖（覆盖范围与入射角有关，可以从 8m 分辨率时的 40km 幅宽到 20m 分辨率时的 100km 幅宽）。馈源喇叭有 H 极化的，也有 V 极化的，因此这种安排也支持极化的多样性。任务设计包括操纵航天器以调整斜视角度——相对于作为参考的正侧视的角度。大功率级包含 10 个并行的 TWTA[①]，其中的 8 个输出合成，另外的两个作为冗余备份。雷达的质量是 100kg（包括反射器和馈源）；卫星包括雷达的净质量约 300kg，这在当时是地球轨道上的最小 SAR 卫星的标准。在成像操作期间电源子系统的供电达到 1.6kW。卫星轨道倾角 143°，轨道高度约 550km，重复周期为 36 天。由于这不是太阳同步轨道，而且天线方向图是（一阶近似）对称的，卫星可以绕雷达的视轴旋转，来帮助两块太阳能帆板阵列维持太阳轨道面结构，以得到几乎全部的照射。雷达数据经过 6 至 3 位的分块浮点量化后记录在容量为 256Gb 的固态单元上。卫星的设计寿命为 5 年。

图 18.3 TecSAR 的特征是对称的反射面天线，这与 Seasat 开创的经典的具有大长高比的"广告牌"样式的天线不同（以色列 IAA 提供）

HJ-1-C

HJ-1-C 是中国 2002 年宣布的环境和灾害监视小卫星项目[24]中的 5 颗 SAR 卫星中的第一颗。这些系统的结构非常类似于俄罗斯的 Kondor-E 系列，这是因为它们都是基于双边发展项目的产物 S 波段 Priroda 雷达的结构。HJ-1-C 用的是反射面天线，展开后的有效孔径是 6m×2.8m。HJ-1-C 的条带成像模式具有多视时 5m 的分辨率/40km 幅宽，其 ScanSAR 模式具有 20m 的分辨率/100km 幅宽。SpotSAR 模式是通过控制卫星的偏航机动来获得支持的。系

---

① 行波管放大器。详见第 10 章。

列中所有的这些卫星（5 个雷达系统和 6 个光学系统）都使用高度约为 500km 的太阳同步轨道。该雷达的质量约 200kg。

SAR-Lupe

德国有 5 颗同样的 X 波段的卫星，分布在 3 个 500km 高的轨道上，轨道倾角大约是 80°。它们的 3.3m×2.7m 的天线的长高比表明占支配地位的目标是好的分辨率，这必然引起比较窄的距离幅宽。发表的技术指标指出滑动 SAR①模式设计的分辨率是 0.12m/图像帧大小 5km×5km。这些创新型的 SBR 相对较小，至少用地球观察卫星 SAR 的标准来衡量是这样的。它们的质量（航天器和雷达的总净质量）是 770kg，比 RADARSAT-2 的天线的质量还轻。SAR-Lupe 的设计也具有成本意识，它是基于刚性（不可展开的）反射天线的设计（"借用"于商用通信卫星的生产线），这种天线比有源阵列天线具有效率高和质量轻的固有优点。雷达电子设备直接来自于商业生产线。

RISAT

雷达成像卫星，或者简写成 RISAT（Radar Imaging Satellite），是印度的第一颗星载 SAR[27]，它是一系列光学遥感卫星和机载成像雷达发展项目的后续项目。RISAR 的可展开的天线（6m×12m）是有源相控阵天线，它包含 288 只 C 波段（5.35GHz）T/R 组件，每只组件的峰值功率为 10W。平均输出功率（200W）需要的平均输入直流功率是 3.1kW。每只 T/R 组件都连接到独自的分配网络，对 H 极化和 V 极化的天线单元馈电，从而支持了极化分集和俯仰波束的扫描。天线有两个并行接收通道（分别对应 H 极化和 V 极化天线单元）。RISAT 有五种工作模式，每一种都能以多种入射角工作。这些模式包括：精细分辨率条带成像 1（3m 分辨率/30km 幅宽，双极化）、精细分辨率条带成像 2（12m 分辨率/30km 幅宽，全极化）、中等分辨率 ScanSAR（25m 分辨率/120km 幅宽，双极化）、粗分辨率 ScanSAR（50m 分辨率/240km 幅宽，双极化）、高分辨率 SpotSAR（分辨率优于 2m，每帧图像大小正方 10km×10km，双极化）。SpotSAR 模式需要控制航天器偏航/纵倾±13°。覆盖地面航迹的两侧时，需要航天器进行滚动操作，以使天线方向图指向星下点的两侧。这种方法与 RADARSAT-2 相似。多种分辨率是由通过可编程的线性数字调频信号产生器得到的四种带宽（225MHz、75MHz、37.5MHz 和 18.75MHz）支持的。接收的数据下变频到基带，数字化成 8 位（I 和 Q），再在不同模式所允许的不同范围内按照用户选择的量化（通过分块浮点算法）量化成较少的位数（6 至 2 位）。所有的子系统（除了天线）都是双冗余的。标称的 PRF 是 3250Hz±450Hz。依据工作模式，数据率为 142～1478Mb/s。航天器的在轨质量约为 1750kg，SAR 有效载荷（包括天线）约占了其中的 950kg。星上数据存储容量是 240Gb，最大下传数据率是 640Mb/s（X 波段，双圆极化）。RISAT 是太阳同步晨昏轨道，轨道高度约为 609km，重复周期是 13 天。

---

① 滑动 SAR 是一种改进的 ScanSAR 模式，在该模式下天线方向图在地面上缓慢移动，其速度比通常的条带成像模式的慢。由此产生了宽的多普勒带宽，从而提高了方位向的分辨率，而且比单纯的 SpotSAR 所能达到的成像区域大。

MAPSAR

多用途 SAR（MAPSAR）[28]是巴西和德国共同研制的一个项目，其目标主要是评估和监视巴西的自然资源。经过几年的折中研究，最终选择了 L 波段（1.3GHz）。雷达围绕着近似对称的反射面天线（7.5m×5m）构建，反射面天线有 10 个馈源，偏离焦点放置，以使得波束能在俯仰面内电扫。空间分辨率为 3～20m，幅宽为 20～55km，与模式有关。高分辨率的指标受到了外部因素的限制，即 85MHz 的最大带宽是国际频谱分配协议的规定。雷达预备了全极化的配置。使用的太阳同步轨道能受控制，以保证具有可靠的 37 天的重访周期基准，用来支持干涉测量。标称的设备质量是 280kg。

PALSAR

尽管是在继承 J-ERS-1 的基础上进行的设计，PALSAR[29]仍然是多模式星载 SAR 早期杰出的代表。PALSAR 有 132 种模式（见图 18.4），包括标准单极化成像模式、ScanSAR 模式、一组双极化和全极化模式①，以及试验或验证模式——包括 SpotSAR。中心频率（1270MHz）位于 L 波段（23cm），它有两种带宽：28MHz（用于精细波束单极化模式）和 14MHz（用于双极化、全极化和 ScanSAR 模式）。中等观测带的入射角范围是 7.9°～60°②［注意日本通常引用"星下点视角"（9.9°～50.8°）③，指的是波束相对于航天器处的垂线的夹角，而不是波束相对于地面上照射点处的地球的平均扁平球面的垂线］。

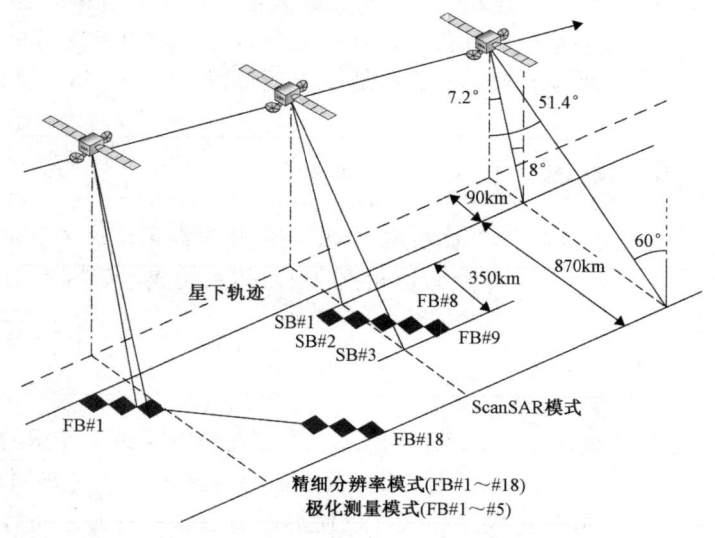

图 18.4　PALSAR 的观察几何的概况图。这些波束位置中的每一个都支持很多种极化组合，由此产生了数量很多的可用模式。太阳能帆板与轨道面正交，表明它是正午太阳同步轨道（此图由日本 JAXA 提供）

现代星载 SAR 的多模式能力来自有源电扫天线阵列。PALSAR 的天线含有 80 个固态 T/R 组件，它们分布在 4 块面板上，面板展开后的孔径是 3.1m×8.9m（分别对应垂直方向和

---

① 在本节后面的部分会讨论通常在遥感系统中使用的多极化的几种形式。

②和③译者注：这两处可能是作者笔误，可能分别应为 9.9°～60° 和 7.9°～50.8°。

水平方向）。航天器速度和天线长度对脉冲重复频率加上了下限，对于 PALSAR 的不同模式，其 PRF 的范围为 1.5~2.5kHz。峰值发射功率大约是 2kW，是 Seasat SAR 的两倍，由此得到的大多数模式的最终灵敏度（噪声等效 σ^0）都非常好，达到了-30dB 甚至更好。PALSAR 的平台 ALOS 卫星能进行偏航控制，以保持天线方位向的视轴指向对应零多普勒频率，这样可以提高前后航过之间的相干性，并且可以简化（在一定程度上）SAR 的图像生成处理。大多数模式的标称数据率都是 240Mb/s，使用日本的数据中继试验卫星（DRTS）进行数据下传。ScanSAR 模式只需要一半的数据率，即 120Mb/s，可以直接下传到地面站。ALOS 卫星上有容量为 96GB 的固态记录设备，可以缓存雷达输出的数据，也可以缓存其他有效载荷的数据。

PALSAR 数量众多、类型多样的模式既有好处也有坏处。PALSAR 的任务管理必须既要应付每一种模式的数据获取，又要安排得到的数据与 ALOS 有效载荷中的其他两个高数据率的设备分阶段使用通信链路。PALSAR 最初几年的在轨日程安排的标准策略是把任务集中在 6 个"默认"的模式上——4 个"运行"状态、2 个"半运行"状态。这样安排的模式表述为：（1）大多数情况下的数据获取使用 41.5°的固定"标准"星下点视角；（2）极化选项有 HH 单极化和 HH+HV 双极化；（3）为在预先选取的"超级地点"上的研发验证，使用 21.5°（星下点视角）下的全极化；（4）ScanSAR 使用了 5 个波束，HH 极化。除此之外，还有以下限制：在一个 46 天的重复周期内只运行一种模式；除低数据率的 ScanSAR 是在下降轨道阶段获取数据（与光学传感器相一致）外，以及除非标准入射角的特别的 InSAR 任务和海军的应用外，其他的大多数模式都优先选择在上升轨道阶段的黑夜期间运行；在 InSAR 任务中，所选地点的回归（重复）轨道的覆盖是以 8 个或者更多个 46 天的重复周期为一批的。

星载 SAR 设计相关的问题

星载 SAR 设计中可选的因素[30, 31]比机载 SAR 系统受限得多，这主要是受实际可行的轨道，尤其包括传感器的飞行速度，以及雷达距离（R）和系统成本等因素的限制。接下来的段落会讨论这些话题。

PRF 的限制

星载 SAR 中支配脉冲重复频率（PRF）的那些规则与机载系统中使用的相同，只不过它们的表现形式大不相同。最基本的要求是 PRF，即 f_P，要足够高，以便能对带宽为 B_{Dop} 的多普勒频谱进行不模糊采样；同时也要足够低，以使得在前后脉冲发射之间有时间接收来自斜距（时间域）宽度为 T_R 的目标区的散射回波数据。即

$$B_{Dop} < f_P < 1/T_R \tag{18.2}$$

实现时，上限和下限都必须留有足够的余量，因为还要考虑发射脉冲宽度，以及无论是多普勒频谱还是天线俯仰方向图都不是急剧截止的。

通常下限重新写成

$$B_{Dop} = \frac{2\beta V_{SC}}{\lambda} = \frac{2V_{SC}}{D_{Az}} < f_P \tag{18.3}$$

式中，V_{SC} 是航天器的轨道速度；β 是天线方位方向图的宽度[①]，λ 是雷达的波长。这表明 PRF 必须足够高，以使雷达沿航迹运动时每移动一个天线孔径长度 D_{Az}，就有两次发射。这种表达形式比较直观，因为单视方位分辨率约为天线沿航迹方向的宽度的一半，因此这个不等式要求在沿航迹方向的距离上能分解开的每个距离，至少要被采样一次。通常 PRF 下限的设置都比这条限制多留 25% 或者更多的余量。

在机载 SAR 中，PRF 的限制是从满足多普勒带宽的要求推导而来的，从而得出雷达最大不模糊作用距离。然而，在星载 SAR 中，无需赘言，最短的距离就是轨道高度，通常是 600km 或者更高。到目标场景的典型斜距会是 800km 甚至更远。因此，PRF 的上限不能由到场景的距离设定，而应该根据成像区域的距离幅宽来确定。随之而来的结果是，在任一时刻，雷达和场景之间都会分布着一系列因高 PRF 而产生的脉冲。脉冲间隔时间对应的空间距离必须比目标区域的幅宽大。例如，RADARSAT-1 的某些模式下产生的脉冲，同时"在飞"的有 7 个。开始接收这样的数据时，从目标场景散射回来的回波在第 7 个脉冲发射之后才会到达雷达处。

在许多机载系统中，PRF 选取得要比由到目标区的距离施加的限制高很多。在这种情况下，多出的 PRF 对信噪比的提高有贡献，但是代价是增大了平均数据率。数据率可以通过"预相加"降低——相邻的 n 次回波相干相加。当然，结果就是，有效的 PRF 降到了原先的 $\frac{1}{n}$。在星载 SAR 中，这种方法很少是可用的，因为这会导致方位模糊，除非在降低 PRF 之前先限制多普勒频谱的带宽。

模糊

当把数据分解到"慢时间"域（沿方位向）和"快时间"域（沿距离向）以后，PRF 就产生了一个二维的采样空间。在方位向，PRF 产生了天线主瓣照射回波信号的重影。这些重影的频谱分布在主瓣多普勒质心的两侧并位于与其相隔整数倍的 PRF 处。当然，采样后它们都折叠到了奈奎斯特频带内。这些重影就是方位模糊，在设计优良的系统中，依靠调谐良好的处理器，能把它们抑制掉，因而就看不到了。如果方位模糊确实出现了，就能相对容易地把它鉴别出（见图 18.5），这是因为它们是主瓣生成的图像特征的较弱的复制体（"鬼影"），所以，它们位于图像条带上较前或较后的位置。模糊图像相对于中心图像的方位移动量是 $\Delta X = R\lambda f_P/(2V_{SC})$ 的整数倍，这里 ΔX 是由 PRF 决定的空间位置偏移量。方位模糊，尤其是点目标的方位模糊，与主瓣波束内的散射体回波具有相同的多普勒调频率，因而它们能通过处理器进行聚焦并得以保留。

在距离向，同时有多个脉冲在空中传播，这带来的后果之一就是：会有一些来自不同距离的回波同时返回到雷达，这些回波在距离波门内的相对延时与来自目标区的回波相同。如果这些多出的回波足够强，就会产生赝生图像，这就是距离模糊。距离模糊并不像方位模糊那样容易鉴别，因为它们源自目标带以外的距离，因此并不是以另外方式形成的目标区的图像。根据定义，距离模糊对应的距离与处理器设置的距离是不同的，因此距离上模糊的点目

[①] 对于均匀照射天线，-3dB 波束宽度是 $\beta = 0.88\lambda/D_{Az}$。在 SAR 系统的分析中习惯上将此表达式近似表达为 $\beta \approx \lambda/D_{Az}$，并且认为 β 是与天线方向图有相同的峰值和面积的矩形的宽度。

标通常是散焦的。

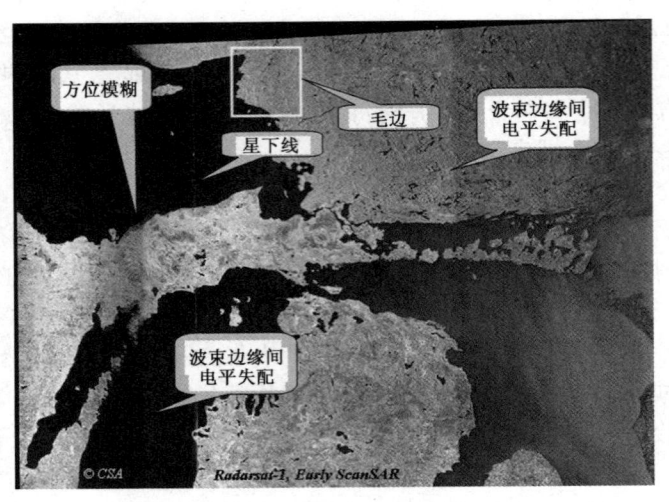

图 18.5 早期 RADARSAT-1 的 4 子带 ScanSAR 图像中出现的伪图像的例子。该图的垂直方向为飞行方向，左边是近边距（加拿大航天局和加拿大遥感中心提供）

抑制模糊的主要方法是限制天线的主瓣，使它不会照射到方位向和距离向潜在的模糊源，或者至少照射到时也能保证强度很弱。这个要求就提出了对天线的最小面积的限制。根据 PRF 的下限是 B_{Dop}、上限是 $1/T_R$，可以推导出

$$D_{E1}D_{Az} > 4RV_{SC}(\lambda/c)\tan\theta_{Inc} \tag{18.4}$$

式中，天线面积是长度 D_{Az} 和高度 D_{E1} 的乘积；θ_{Inc} 是成像带平均的入射角。表达式中的距离-速度乘积是由 SAR 观测的特定行星（或者卫星）本身固有的参数决定的（见表 18.1）。例如，假如某个天线面积为 $1m^2$ 的雷达可以观察月球，那么使用相同的雷达观察火星时，天线面积应为 $10m^2$，运行在地球轨道上观察地球时，天线面积应该接近于 $40m^2$。

因为大多数星载 SAR 都希望尽可能多地使用无模糊区，因此总是倾向于使用满足约束条件的更大面积的天线。实际上选用的天线面积通常至少比允许的最小值大两倍。模糊量与不希望要的散射回波的强度成正比，因此，它们增加了系统的乘性噪声[①]率（MNR）。处理器适当加权可以进一步抑制天线副瓣和模糊。这是以展宽脉冲响应宽度（IRW）为代价来降低 MNR 的一种折中方法。典型的距离方向信号带宽和多普勒带宽的设计，都比要求的距离和方位分辨率所对应的值多留 20% 的余量，以抵消加权带来的展宽损失。

星下点回波

距离模糊中可能有一个令人烦恼的成分，即来自航天器正下方地面的星下点回波。星下点回波总是比较强，尤其是当有镜面反射成分时。由于任何实际的天线方向图总有指向星下点方向的副瓣且不为 0，这种星下点反射就会表现在图像中。避免星下点模糊的主要策略是选择使星下点回波在雷达发射时返回到雷达的 PRF。这种时间选择对脉冲重复频率施加了进

---

① 乘性噪声是合成孔径雷达中的一种标准的噪声分类，它包括诸如模糊和量化噪声之类与接收到的信号的强度成正比的不需要的噪声成分。

一步的限制。如果其他的限制使得不能选择星下点允许的 PRF，就会出现不能避免星下点回波的情况。例如，ScanSAR 中对 PRF 的选择有其自身的限制条件，如果要使用 ScanSAR 模式，就会发生这种情况。

天线和发射机

星载 SAR 系统的先驱使用的全都是无源天线，例如 Seasat 使用的是 L 波段的贴片天线阵，ERS-1/2 和 Almaz 使用的是缝隙波导天线阵。第一个例外是 RADARSAT-1，已设计成卫星围绕着由 32 根水平放置的缝隙波导组成的阵列，每根波导都使用一个移相器从中心馈电，因此能够进行俯仰波束的电扫和波束赋形。更加雄心勃勃的（应读成"重大而昂贵的"）系统往往使用二维有源电扫阵列（ESA）天线，这些天线上装配了发射/接收（T/R）组件，经常都有两种极化（H 和 V）。这样的例子包括 RADARSAT-2、ENVISAT 的 ASAR、PALSAR、COSMO、TerraSAR-X 和 RISAT。有人认为有源阵列开辟了"故障弱化"的舞台，因为损失少数几只 T/R 组件对系统整体的性能影响很小。与此并行的另外一种典范样式 SAR 的天线强调比二维电扫天线简单、质量轻（以及成本低），它们就是反射面天线；中国的 HJ-1-C、德国的 SAR-Lupe、以色列的 TecSAR 和巴西的 MapSAR 都是很好的例子。如果反射面有多个馈源馈电，仍然可以实现波束扫描，尽管波束形状的多样性和控制的灵活性远不如 ESA。

星载雷达的发射机自然地分为两类，它们都与雷达天线的结构密切相关。如果天线是有源的，那么发射机（和接收机前端）就分布在天线阵面上。在这种情况下，有几百只 T/R 组件，每只峰值功率有几瓦，加在一起就有几百瓦或几千瓦的辐射峰值功率。这些组件的相位控制是一个关键的参数，通常需要自适应温度补偿以保证辐射信号波前的相干性。另外的选择通常总是仅限于行波管放大器（TWTA），尽管大功率固态器件近期的发展已经影响了星载 SAR 的设计。基于 TWTA 研制的雷达已经建立了令人印象深刻的长寿命记录，RADARSAT-1 和 ERS-2 就是证据，它们一直运行了十多年。

数据率

数据率正比于下列各项的乘积：脉冲重复频率 f_P、距离向采样点数 N_R（它与观测带的斜距幅宽加上未压缩的脉冲宽度成正比，与距离分辨率成反比）、每个采样点保留的量化位数 N_S，以及系数 2——对应于同相（I）和正交（Q）分量，因为信号流的幅度和相位都是需要的。一旦分辨率和幅宽确定了，可以调整的参数就只有采样点的量化位数了。通过自适应调整量化门限到平均信号电平，可以得到较好的 N_S，甚至能少到 2 位（每个 I 和每个 Q）。（关于这方面的更多内容请参见 18.4 节。）量化噪声（位数越小越大）正比于信号的强度，因此，它也是总的 MNR（乘积噪声比）的构成因素之一。一些要求苛刻的应用，例如干涉测量，如果数据处理子系统的数据率和容量允许，每个采样点的位数多一点好。

处理

尽管星载 SAR 的处理与机载系统在原理上相似，但在几个关键方面处理却不相同。在这里讨论一下最重要的部分，更完整的内容请查阅标准文献[30, 32]。对关键参数的简要介绍或许会有些帮助[33]。

很自然的出发点就是距离方程，从中可以看到在轨雷达的球形观察几何中特有的几个性质。在窄波束侧视的情况下，忽略掉地球的自转影响，雷达到目标的距离变化会产生点反射回波的相位历史，该反射点的最小斜距为 R_0，相位历史分布在长度为 T 秒的合成孔径时间内：

$$\Theta(t) = -\frac{4\pi}{\lambda}\left(R_0 + V_{SC}V_{Beam}\frac{t^2}{2R_0}\right) \tag{18.5}$$

式中，V_{Beam} 是天线方位方向图照在地面的"足迹"的移动速度。相位对时间的导数就是散射器回波的多普勒历史

$$f_D(t) = -\frac{2}{\lambda}\frac{V_{SC}V_{Beam}}{R_0}t \tag{18.6}$$

其中调频速率与有效速度 $V_{Eff} = (V_{SC}V_{Beam})^{1/2}$ 成正比[①]。这与机载中的情形不同，在机载中方位向多普勒的调频率与载机速度的平方成正比。为什么会不同呢？在机载系统中，合成孔径的基线是一条直线，然而在星载 SAR 中，其合成孔径是沿弧线形成的。这使得合成孔径的有效长度有了一个小而重要的增加量，并且也改变了调频率。结果星载 SAR 的标称单视方位分辨率就成了 $r_{Az} = (V_{Beam}/V_{SC})D_{Az}/2$，而不再是机载 SAR 中著名的"天线孔径长度的一半"。注意：V_{Beam} 总是比航天器速度小，而且随着轨道高度和入射角的增大而减小。警告：在有些关于 SAR 处理的文献中，星载情形中的有效速度表述为"雷达速度"，这是一个容易误解、不恰当的术语。

地球轨道中的星载 SAR 的平均数据率在 100Mb/s 的量级上，分辨率更高的系统和多极化系统还要高几倍。数据率的决定因素包括航天器的速度（约 7.5km/s）、距离分辨率和幅宽。很多用户都希望立刻得到处理后的数据，这就产生了星上处理的问题。星载 SAR 系统通常不进行星上成像处理。这有几个原因，其中包括数据率高。从原始的 SAR 数据生成图像会显著增加数据量，这就增加了数据下传的负担。更有说服力的原因或许是，一旦处理成测得的图像，特殊应用中的特定后处理就受到了限制。

与机载系统不同，星载 SAR 中大多数航天器姿态稳定，不需要进行运动补偿（除非要产生非常高的分辨率）。然而，确定方位频谱的多普勒质心相对于多普勒零频的偏移成了一个决定性的问题。如果天线的方位视轴与惯性轨道面完全垂直，地球的自转就会对接收到的数据产生一个多普勒频移[30]。在近地轨道（LEO）上，偏移量在 3° 的量级上，并且（一阶近似）按纬度成正弦变化，赤道上的偏移量最大，北极点和南极点为 0。控制航天器偏航使得天线的视轴总是指向零多普勒就可以去除这种影响。这样的调整使得方位视轴的垂面与地面上的星下点轨迹垂直，而不是与轨道面垂直。尽管两种方式下的 SAR 数据都能处理成满意的图像，但是在诸如雷达干涉测量之类要求苛刻的应用中，偏航控制的系统使用起来更好。偏航控制对航天器的姿态控制系统施加的额外要求微不足道，因为在每个轨道周期只需要 $\pm 3°$ 的机动。要注意 SAR 在侧视的同时也在下视，因此卫星轨道速度的垂直分量也会导致数据产生多普勒频移。原则上，垂直速度分量产生的多普勒频移也可以通过航天器的姿态调整加以去除，尽管在实际中通常不实施这种策略。在星载 SAR 数据的所有处理算法中，多普勒质心的估计都是一个核心功能。

---

① 译者注：应该是与有效速度 $V_{Eff} = (V_{SC}V_{Beam})^{1/2}$ 的平方成正比。

数据产品

星载 SAR 的数据产品实际上是图像,通常显现为雷达照射场景的黑白映像图。根据定义,这样的图像阵列中每个像素的数字量都是非负的实数。理论上,这些数字对应着散射场聚焦后的检测后的幅度的平方。实际上,大多数图像产品(如欧洲航天局的 SAR 图像)使用幅度表示,因为这样的图像看起来可以接受,并且其数据文件比使用幅度的平方表示的要小。如果把同一场景的多组数据组合起来,通常每组都进行色彩编码,于是就产生了彩色的图像产品。组成彩色图像的数据组可能来自不同的极化、不同的波长或者不同的观察时间。

人们都普遍将图像说成是归一化的后向散射功率 $\sigma^0(x,y)$ 的映像。警告:实际上,这很少是正确的。后向散射功率与幅度的平方成正比,而不是与幅度成正比。因此,用户首先必须确保数据确实是幅度的平方,然后才能运用其他处理工具,例如斑点滤波器——它通常是为 σ^0 的量纲设计的。其次,σ^0 意味着数据经过了校正——不仅是在雷达和处理器的辐射参数方面,而且还包括像素位置 (x,y) 处的当地入射角。尽管 ERS-1/2 的数据使用成像幅宽内的平均入射角进行了校正,但是没有进行幅宽内像素点级别上的对当地坡度的校正。有一种替代的方法是将(幅度的平方)的数值表示为 β^0,它就是每个像素的雷达功率[31]。在实际中这种方法已成了标准,例如 RADARSAT-1 的数据就是这样的。

标准的图像产品通常是"多视"的。"视"是星载 SAR 领域中常用的行话,指的是同一场景的统计上独立的图像版本。当这些"视"加在一起时,总的结果是降低斑点噪声、增强图像特征。每个这样的一视都是使用一段频谱生成的,该段频谱与其他视对应的频谱互不重叠。因此,对于给定的频带宽度,增加视数可以降低斑点噪声,但是这是以牺牲分辨率为代价的(关于这种折中的更详细的内容请参见 18.4 节)。

与常规的检测后图像不同,聚焦的 SAR 数据可以呈现为单视复数(SLC)产品。这些数据保持着雷达完全的分辨率,但最重要的是保留了后向散射场的相对相位。根据定义,SLC 文件包含幅度和相位,通常用每个像素点的同相分量(I)和正交分量(Q)的带符号的数据对的阵列来表示。SAR 干涉测量、极化测量和变化的相干检测都需要 SLC 数据。

模糊限制下的潜力挖掘

单视 SAR 的基线方位分辨率,与由侧视天线的方位波束宽度产生的多普勒带宽的分辨率成正比。相应的合成孔径的长度等价于天线方向图沿航向的扩展。当然,这个合成孔径的长度与距离成正比。以这种情况作为标准情况,要提高方位分辨率只有靠增加多普勒带宽。有两种方法可以增加多普勒带宽:增加天线的波束宽度,或者增加给定区域的天线照射的方位视角范围。后者是 Spotlight SAR[①] (聚束 SAR) 的基础。在 Spotlight SAR 中,雷达运动过程中天线始终指向目标区域,这样就产生了总宽更宽的多普勒带宽(以及更长的合成孔径)。其中的折中是航向上相邻的区域可能根本就不能成像。(通过展宽天线方向图的方法——既可以使用缩短天线长度的方法,又可以使用破坏波束的方法——提高方位分辨率,具有降低天线增益的缺点,通常不适合用于星载 SAR。而且,PRF 必须大于瞬时多普勒带宽,这样就会减小可允许的无模糊的距离向幅宽。)

---

① 另一种写法是 SpotSAR。

朝另一个方向走——减小多普勒带宽——会产生更粗的方位分辨率。可以通过简单的手段，即生成比标准情况短的合成孔径，来减小给定散射点原来的回波历史中包含的多普勒带宽。这种逻辑导致了"猝发模式"的产生，该模式在星载 SAR 中突出地以两种形式出现。沿单个成像条带的猝发模式可以降低数据率，这在行星或者月球任务之类要求能满足严格的数据率限制的场合中是需要的。另外一种方法是，"猝发"与"猝发"之间的间隙可以用来照射一些不同的距离条带，这样就可以不模糊地扩展成像区的范围。这就是 ScanSAR 模式背后的原理。

模糊空间折中

容易证明这些分辨率和覆盖范围的选项是与支配距离和方位模糊的原理相一致的。基本原则是如果要避免模糊，那么成像区域（被天线照射的区域）必须是"欠扩展"的[34]。欠扩展的条件是

$$T_R B_{\text{Dop}} < 1 \tag{18.7}$$

式中，T_R 是天线方向图的（斜）距离幅度深度；B_{Dop} 是对应的多普勒带宽。一阶近似的方位分辨率可表示为

$$r_{\text{Az}} = \frac{\beta R N_L}{T_{\text{Az}} B_{\text{Dop}}} \tag{18.8}$$

式中，β 是方位波束宽度；R 是斜距；N_L 是视数（这里假定方位域内的）；$(T_{\text{Az}} B_{\text{Dop}})$ 是方位时宽带宽积，由目标的照射时间和多普勒带宽构成。将多普勒带宽的表达式代入欠扩展条件，就得到了下面的约束

$$\frac{T_R \beta R N_L}{T_{\text{Az}} r_{\text{Az}}} < 1 \tag{18.9}$$

该式表明在满足基本模糊约束条件下，分辨率和目标的照射时间可如何相互折中。下面是实际使用情形中的 4 种重要的例子。

条带成像

标准的成像途径就是条带成像。在该模式下，无模糊空间是由可允许的幅宽、分辨率和视数（几乎完全）决定的。当然，在允许的空间内，可以通过成比例地降低视数来提高（方位）分辨率，而不损失幅宽。

聚束 SAR[35, 36]

如果（方位）分辨率是最主要的目标，那么只要成比例地增加积累时间 T_{Az}，就能减小 r_{Az}。在天线波束宽度固定的情况下，只有靠波束始终对着所要的目标进行照射才能增加积累时间，这就像在飞行的飞行器上用聚光灯凝视照射感兴趣的区域一样。聚束 SAR 模式中高分辨率带来的后果通常是距离幅宽较小，方位大小受限于并且小于天线"足迹"的宽度。所需要的凝视指向速率相对较慢，典型大小是每几秒只有几度。这既可以通过移动天线波束又可以通过航天器的偏航来实现。注意，雷达的 PRF 只需要大于由天线波束宽度确定的奈奎斯特采样率，而不需要大于整个合成孔径时间内总的多普勒带宽所需的奈奎斯特采样率。距离分辨率可使用通常采用的方法提高，即增加雷达发射信号的带宽，这时时频转换（Stretch）技术往往很有用。聚束模式的变形（滑动模式）是让天线足迹在地面移动，而不是凝视一个区域，这样会得到比单纯的聚束 SAR 差的方位分辨率，但同时能增大方位向的覆盖范围。

能挖掘出多大的潜力？假设目标的散射在整整 180°的扇区方向内都相干，那么可以证明[31]方位分辨率的极限是$\lambda/4$。顺便提一下，在地震学领域中已经接近实现了这种非凡的结果。

猝发模式[37]

如果平均数据率是最主要的考虑，那么积累时间 T_{Az} 可以减少到低于由天线方位波束宽度决定的标准限制。这是靠在收集到能满足方位分辨率要求的足够多的脉冲后就关闭发射机来实现的。这样的每一串脉冲都有与天线波束宽度（这决定了满足奈奎斯特采样率的 PRF 限制）对应的瞬时多普勒带宽，但是合成孔径长度变短了。猝发模式是行星或月球雷达标准的工作方式，因为那种情况下不需要高的图像分辨率，而航天器到地球的数据链是非常受限的。然而在猝发模式中，习惯上都把每一次猝发用作一次单视数据收集，设定猝发的重复频率，就可以得到在方位波束对应的合成孔径长度内需要的视数。问题是要校正天线方向图以使得所有猝发的小帧都能连接起来形成一幅连续的沿航向图像。失配表现为"毛刺现象"——在每两幅小帧的连接处出现系统的亮度调制。

ScanSAR[38-40]

如果幅宽是最主要的要求，那么为了增加距离覆盖可以用损失方位分辨率来交换。运用的技巧是多用几组猝发模式的数据，每一组都对应一个不同的距离子带。在猝发模式的这种形式中，发射机总是"开机"的，分配每一猝发对应的距离子带的任务就落到了天线上。

ScanSAR 要求快速扫描俯仰波束，这或者可通过相控阵天线（如 TerraSAR-X）来实现，或者通过在反射天线的距离向偏置的几个馈源中选用一个（如 HJ-1-C）来实现。除抑制毛刺现象外，好的 ScanSAR 图像需要将几个距离子带交叠连接以使得天线方向图之间的跨接不明显。RADARSAT-1 是第一颗实现（然后是完善地）运行 ScanSAR 的卫星，之后 ScanSAR 在很多星载 SAR 中都被采纳为一种标准的模式。其幅宽可以达到条带模式标称幅宽的 5 倍，这比模糊限制所允许的常规幅宽大很多。通常，方位分辨率的损失也相应地通过折中距离分辨率进行平衡，即留出多出的距离向带宽（可转换成多视）。举一个例子，对于幅宽为 100km、4 视分辨率为 25m×25m 的系统，可以得到在既不增加平均数据率也不增加发射功率的情况下，使幅宽变为 500km、8 视分辨率为 100m×100m 的比较合理的 ScanSAR 模式。

注意所有的这些模糊空间的折中处理都是从标准情况出发的，这些折中的结果也是相对于那个出发点的。例如，本身覆盖幅宽固有地较小的雷达，需要使用 ScanSAR 模式扩展距离幅宽到几十千米，这仍然会比使用这个雷达在条带成像模式下能达到的无模糊覆盖的范围大得多。

多通道：干涉测量和极化

两组或多组相干数据组之间的相位比较产生了大量的新的应用可能性，其中包括干涉测量[15]和极化测量[41]。这和星载 SAR 相关，因为星载 SAR 已经并将继续是丰富的数据资源，利用其多通道能力，可以进行多种多样的地表特征的定量的微波测量。接下来的段落中对这些主题的讨论一瞥，其目的在于引起读者的兴趣，并提供一些与这些浩如烟海的文献资料相关的线索。

干涉测量

用雷达进行干涉测量（见图 18.6）意味着基于通过对相同现象的两个不同观测进行的相位差的测量[42-45]。从微波尺寸量级的变化引起的相位差是由于不同的观测方向或场景中运动的单元引起的。一般地说，相位测量的灵敏度在一阶近似的程度上依赖于（1）雷达的波长，（2）起作用的数据组的空间或时间基线，（3）空间或时间差分信号的大小。干涉测量的基线随着距离和平台速度的增加而增加。因而对于星载雷达，从一个宇宙飞船平台进行常规的干涉 SAR 测量通常是不实际的，因为测量隐含的空间和时间的分离程度不是一颗卫星所能提供的。（细心的读者可能会意识到这个规律的一个明显例外，它就是前面描述的 SRTM，它将第二个干涉仪天线安装在一个 60m 的可伸展的杆上。）

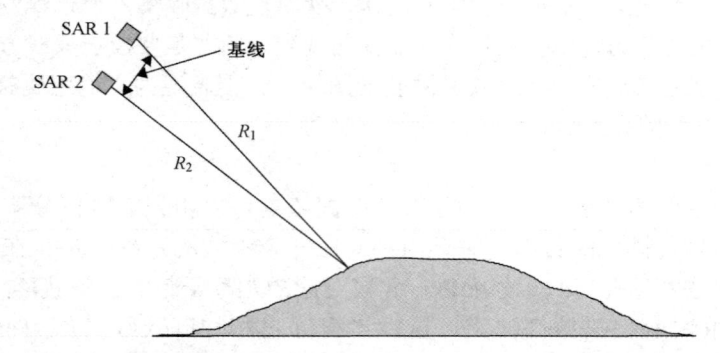

图 18.6　雷达干涉测量表示由两个相互相干的后向散射场生成的干涉。相位差干涉图（以 2π 为模）与被照射地形的相对高度相对应（在去除系统性斜距和地球曲率效应后）

卫星的轨道一般是很清楚的，且在相邻的两个重复周期内轨迹非常相似。因此星载环境就提供了一个有吸引力的选择：双航过干涉测量，最初由 Goldstein 提出[46]。如果在垂直平面内各航过的观测是分开的，那么干涉测量将能够导出相对的地形高度的估计值[47]。如果两次观测具有与轨道的重复周期相对应的时间延迟（典型值是 10～45 天），那么就可以测量出到低于波长的移动（在雷达的视线方向）[48]。这个技术还能通过成比例地增加时间基线来扩展成多航过，这将引出十分不寻常的结果。双航过的技术既十分适合于地形地貌测绘，也十分适合通过进行长期的相干的变化检测进行冰川移动或者陆地沉降测绘。如果感兴趣的是更短的时间间隔，比如要检测运动的交通工具（GMTI），那么需要更短的干涉基线，这意味着需要两个（或更多）相对紧密的共轨飞行的编队星载雷达。

基本的 SAR 干涉测量的环境需要一对相干的图像，其中包含的相位依赖于观测几何和场景的结构细节。相干合成的图像就是干涉图，通常包括表示两组数据之间的相位结构相互作用的条纹。信号处理就设计成估计这些相位差，并从测量的结果中导出地理参数[49]。

干涉测量信号模型在概念上是简单的。场景中任何地区，其输入的信号对可以由下式表示

$$s_1(t) = \Gamma_1 a \exp[-j\varphi] \tag{18.10}$$

$$s_2(t) = \Gamma_2 a \exp[-j\varphi + j\Delta\varphi(r, t_2 - t_1)] \tag{18.11}$$

式中，反射率 Γ 的下标表示两个信号在时间上可能是从不同的时间点获得的，还可以是从不同的空间观察方向获得的。目的是要估计相对相位差 $\Delta\varphi$，这通常是通过互相关运算得到的

$$E\left[s_1(t_2)\bar{s}_2(t_2)\right] = R_{12}(t_1,t_2)\,a\exp\left[-\mathrm{j}\Delta\varphi(r,t_2-t_1)\right] \quad (18.12)$$

上式表示成可使用复数图像数据来计算。这里，$E[\cdot]$是期望（平均）运算符。相位差$\Delta\varphi$可能是由于两次观测的几何或时间上的差别引起的。成功的干涉测量依赖于散射函数Γ_{t_1}和Γ_{t_2}的互相关$R_{12}(t_1,t_2)$。归一化的互相关函数是**互相干函数**：

$$\gamma_{12}(t_1,t_2) = \frac{R_{12}(t_1,t_2)}{\sqrt{E\left[|s_1|^2\right]}\sqrt{E\left[|s_2|^2\right]}} \quad (18.13)$$

与物理光学中遇到的类似[50]。γ是反映两次观测数据之间的相干性的量。一般来说，更短波长和两次观测之间时间更长将使场景相干性降低。

对于雷达干涉测量来说相互相干是一个重要的部分。相干意味着两条约束：空间的和时间的。空间约束是对两次航过之间的距离来说的。理想情况下，从两个轨道位置上投影到地面上每一个单元的雷达波长必须是相同的。由于两条轨道是分开的，且每一个单元将以略有不同的入射角被观测，这意味着两次航过投影到地面上的有效雷达波长将略有不同。仅在雷达信号的距离带宽足够宽，能包括所有所投影的波长时，才可以支撑干涉。随着轨道分离程度的增大这个要求将变得更加苛刻[51]。幸运的是，距离脉冲具有足够的带宽（通常大于15MHz），因此在处理的时候可以从数据中选择出互相干的距离带宽。轨道之间的间距增加导致的互相干性损失称为**基线去相干**[52]。可以证明对于相当平的地形，两个轨道之间的俯仰角的差$\Delta\theta_{\mathrm{Rad}}$的约束的上限是$\Delta\theta_{\mathrm{Rad}} = \lambda\tan\theta_{\mathrm{Rad}}/2r_R$，其中$r_R$是斜距分辨率，它与距离带宽成反比。（警惕：在有关SAR干涉测量的文献中，习惯上使用的俯仰角，定义为从雷达看，雷达视线和地球半径矢量的夹角。）对于典型的大时间-带宽乘积的信号，俯仰角约束意味着对于间距在1km左右的轨道来说，可使得回波信号对的相关性得以保持。然而，为了导出绝对的俯仰地图，需要有两次观测轨迹之间的1m左右的空间距离的准确知识。

时间相干性主要应用于场景。为了使两个回波信号能作为一个干涉对，它们各自的相位结构在卫星观测的时间间隔之间必须是相对稳定的。简而言之，在两个散射回波信号之间必须有相干性，即使它们是在不同的时间观测时也是这样。对于短的带有随机性的观测间隔来说这个要求是容易满足的。比如说为了验证这个概念的首先由Seasat使用的三天的重复轨道数据，对于稳定的地形特征，如无植被的岩石的山坡的数据这个要求都是满足的。对于冰或者农田来说这个要求不一定能满足，因为在两次观测之间反射和散射的细节将会发生变化。

在某些自然界和大多数城市场景中，将会有很多角反射器形状的特征，它们的相位在很长的时间内都能保持稳定。这些所谓的永久的（或稳定的）散射体[53]支持差分干涉测量，它可以跨越雷达的很多次重复访问，导致对慢运动现象的显著的敏感性。举例来说，对RASARSAT-1的多帧DInSAR①（差分干涉合成孔径雷达）分析得出了美国新奥尔良的沉降速度[54]，它在约3mm/年到超过15mm/年之间变化，灵敏度在大约2.5mm/年量级。

进行相位差测量的任何方法都要遇到相位估计算法的基本的2π模糊特性[55,56]。在很多雷达情景中，关于该雷达情景的物理约束条件的知识加上相位解缠绕算法已经足够来解决这个问题。

---

① 差分干涉合成孔径雷达。

极化测量

对于任何发射波形的特定极化，通常反射过程将在后向散射波中引起不同的极化。为了观察这些情况，雷达必须是双极化的。同样的，反射率是发射波的极化的函数。因此，如果散射函数本身要被完全表征，两个正交极化必须都被发射。在一些星载 SAR 系统中，已经越来越多地实现了多极化[41, 57]。实现全极化的雷达总是意味着更大的数据通道能力，更大的发射功率和更小的距离向条带覆盖。当然，天线——雷达的"极化通道"门——必须能够接收，可能也要能够发射多于一种的极化。

一般来说，对于一部星载 SAR 来说，多极化将有 4 种选择。它们是：

（1）**单极化（单基地）**。所有专门的星载 SAR（到 ENVISAT 的发射止）一般都具备 HH 或 VV 极化。这种习惯性的标记表示对于这种单极化的雷达来说，在发射和接收时都是水平或者垂直（线性）极化。

（2）**双极化**。传统的定义是发射一种极化（通常是线性的，比如 H），接收相同的极化和交叉极化分量（比如 H 和 V）。在传统的双极化雷达中，两组极化数据组中的相对相位数据是被丢弃的。例如，在面向地球的遥感雷达中，典型的组合包括 HH 和 HV 或者 HH 和 VV（这需要两组独立的发射极化）。ENVISAT 搭载的 ASAR 是这种多极化类型的第一个星载的例子。如果 4 种（线性）极化的可能性是非相干利用的，那么场景的后向散射函数可以由三个后向散射系数来表征（$\sigma_{HH}^0, \sigma_{VH}^0, \sigma_{VV}^0$），当然，是没有相位的。（注意互易性意味着 $\sigma_{HV}^0 = \sigma_{VH}^0$。）

（3）**相干双极化**。一部在两个接收的极化之间保留相对相位的双极化雷达与传统的双极化雷达显著不同。修饰词"相干"帮助我们来从前面一段描述的更普通的多极化雷达中区分出这种雷达。相干双极化还没有在轨道中的 SAR 中使用过（尽管它在地基雷达天文学中是一个标准的做法，通过如 Arecibo 雷达望远镜这样的仪器进行[58]）。试验表明在 H 或 V 发射极化下，相同的和交叉的极化的回波的相位中相对来说相位没有增加任何价值。然而，一种创新的方法是发射圆极化而相干接收两个正交线性极化分量。（参见 18.4 节更进一步的讨论。）

（4）**全极化**。这是内容最丰富的一个选择，因为可以在场景中所有分辨出的点处得出后向散射的复数矩阵的完整表征。利用机载系统和 SIR-C 的数据，这项技术在理论上和实践中都已经进行了广泛的研究。日本的 PALSAR 是第一个运行的具有全极化模式的星载系统。

人们对全极化雷达的兴趣主要来自更多的观察散射可能性，这些可能性是通过将标量的反射率用复数的反射率替代而揭示出来的[41, 57, 59]。这样，当 H 或 V 极化入射到一个散射单元上时，两种极化都依据下式散射

$$\begin{bmatrix} E_H^B \\ E_V^B \end{bmatrix} = \begin{bmatrix} S_{HH} & S_{HV} \\ S_{VH} & S_{VV} \end{bmatrix} \begin{bmatrix} E_H^T \\ E_V^T \end{bmatrix} \tag{18.14}$$

式中，上标 B 表示朝雷达反射回来的场分量。感兴趣的新的项代表场景的 2×2 散射矩阵，是 4 个复数的矩阵。这个散射矩阵中的每一个元素代表对发射场（上标 T）的照射响应的加在后向散射场上的（上标 B）幅度和相位，分别依赖于它们各自的极化。因此，散射矩阵是反射后的极化状态的变换的量的描述，也是每一个散射系数的幅度和相位的描述。在无旋转的假设下，场的极化在传播过程中通常是不改变的。在这种情况下，后向散射波的极化和到达雷达的波的极化是相同的。这个特性表征了大多数的极化测量理论，至少在遥感应用中是这样的，并反映在本章有关的段落中。（主要的例外是 Faraday 旋转，对于较长波长的系统，

如 P 波段和较小程度上 L 波段来说，这可能是一个重大的因素。）

对于无旋转的传播来说，雷达截获的部分后向散射场是由接收天线的极化矢量 $\begin{bmatrix} E^R \end{bmatrix}$ 决定的。进入系统的信号电压 v_{rec} 可以写成矢量矩阵的形式

$$v_{\text{rec}} = \begin{bmatrix} E_H^R & E_V^R \end{bmatrix} \begin{bmatrix} E_H^B \\ E_V^B \end{bmatrix} \tag{18.15}$$

对于 SAR 全极化测量来说这是起点。本质上，全极化 SAR 被控制成使发射机能够发射两个正交的极化。最终的全极化数据能够转换成表示所有可能的发射和/或接收的极化组合。然而，粗心将导致陷阱，这包括棘手的对坐标的约定[59]，表示数据的"标准"形式的最初令人混淆的多样性和数据分析的几个可选的方法。可是，对于通过成像雷达来量化场景特性来说，一旦掌握了上述几个问题，全极化 SAR 数据无疑是一个好标准。

星载全极化能力意味着巨大的代价。主要的要求是数据必须是互相干的。对于接收机来说这是比较容易的，仅仅需要有两个通道来同时捕获后向散射场的两个正交极化的相位和幅度就行。另一方面，一个时刻只能发射一种极化。用两种极化来照射一个场景需要发射机能够在正交的极化状态间切换。这个多工极化发射方案意味着对于发射的每一对正交极化的波，雷达的 PRF 必须加倍来满足最小的 Nyquist 同时采样频率。加倍的 PRF 意味着平均辐射功率必须加倍，不模糊距离条带则减半，这两者都是和仅仅发射一种极化的标准情况相比而言。注意平均数据率和双极化的情况相同，因为对于场景中的每一个点通过全极化模式采集的数据是双极化模式的两倍，但是条带宽度却减小了一半。

对于极化测量 SAR 数据的量化分析[60]的工具的开发不断有重大进展。当和干涉测量数据结合的时候[61]，这个领域就是所谓 Pol InSAR（极化干涉 SAR），在这个领域中经常有专门的会议。一个重要的方法学是目标分解[62]，通过目标分解场景中特别的后向散射类型（如双弹跳、Bragg 或者体积散射）可以与其他的类型分开，由此对它进行干涉分析。例如，利用这样的技术有可能估计有植被覆盖的地表地形。

应用

SAR 是星载遥感雷达中的最大的一个类型，这主要是它们有实际用处的结果。雷达固有的能够工作于夜晚，穿透云层、烟、雾等的能力，以及对于场景内的波长量级的变化的内在的敏感性，赋予了很多的应用以活力。雷达成像已被证明对于广泛的应用领域都是有价值的，从海洋观察（推动 Seasat 卫星的主题）到毫米级位移的测量（如城市沉降或火山喷发前的膨胀）。加拿大对于它北部的山脉和沿海的冰的近乎连续的监视的需要主要是由 RASARSAT 每年数千帧的数据来满足的。印度是星载成像雷达数据的第二大用户，用于农业和森林管理及阿尔卑斯冰川变化的测量。以美丽的热带雨林著称的巴西这样的国家依靠星载雷达图像持续监视和汇总出一年一度的森林采伐统计数据。由于雷达成像是对海洋表面浮油成像的可靠的方法，所以它是监视由沉没的邮轮或沿海地区在船底部非法抽出污油的船只导致的石油泄漏的首要途径。前面引用的成像雷达文献[5]提供了许多这些应用的极好的回顾。

18.3 高度计

高度计最普遍的形式是一部设计用来测量雷达和它下面的表面的垂直距离的一部雷达。

在机载应用情况，得到的"高度"是飞机下面的间距的测量。虽然一部星载高度计的主要目标也是测量雷达和地表面之间的距离，更普通的用途是确定当地海平面相对于地球的大地水准面[①]高度，而不是飞船的高度。测量的参考——飞船的轨道高度——必须通过其他的方法在几厘米的精度内确切地已知。海表面高度是很多地球物理学参数，如当前流速、厄尔尼诺现象和海洋深度的变化的函数。平均海面高度的相对小的变化（在厘米量级）可能在相应的地球物理学参数中对应于重要的差别。由此对于这类雷达来说，距离测量的**准确性**和**精度**是对它的关键的要求。一个高度计的高度测量的准确性主要依赖于飞船在轨道上的高度的知识和雷达回波的传播延迟的修正。海洋观测高度计的精度和雷达的距离分辨率成正比，和每一个数据点的组合的统计独立的测量（视数）数的平方根成反比。一般来说，海洋观测高度计有很大的 SNR。因此，带宽和视数成为系统设计的决定性要求。本节的重点放在高度计的精度上。

对海洋学、测地学、地球物理学和气候学等范围广泛的应用，海面高度测量已经成为关键问题[63]。除极地附近的冰外，地球轨道的海洋高度计在非水的表面上较少有应用。

星载高度计有系统地绕地球转动，沿着它的星下点轨迹生成地表的高度测量。这些从厄尔尼诺到测海的测量数据积累起来后，根本地改变了我们理解全球和局部现象知识的独一无二的数据。星载雷达高度计数据也提供了重大的浪高和风速的测量值。尽管可以认为高度计是比较简单的一维（距离测量）设备，但它们惊人的精确性和精度要求一流的微波设备和创新的信号处理。

概观

星载高度计的表面高度测量的目标可以归为 4 大类：大范围的动态海面地形学、动态中尺度[②]的海洋特性、静态的中尺度海面地形学和冰，包括海冰和陆地冰盖。每一个测量主题意味着轨道选择的更窄的约束、顶级的仪表和任务设计。专门用来确定海洋表面大尺度动态图的卫星高度计的性能是通过绝对海面高度（SSH）的 1s 内厘米级平均值的测量精确性来表征的，这时沿轨道长度超过 1000km，且轨道每 10~20 天回归它们的地面轨迹。相反，中尺度任务集中少于约 300km 长度的海面高度信号。这些更小范围的应用要求的不是绝对 SSH 精确性，而是要求足够支撑表面斜率测量精确性大致在 1 微弧度（在 1km 距离上的 1mm 的海面变化）的精度。对于由静态海面地形变化所表示的测地信号，要求轨道能够在轨迹与轨迹之间有密集的间距。海洋和极地冰盖观测要求高度计具有很稳定的距离和空间分辨率、精确性和精度而不管大陆冰河在轨迹向和垂直轨迹向的非零的平均面斜率。对于冰盖任务的适宜的轨道必须有近极地的倾角和几厘米的多年相对精度。

虽然这些仪器的目的是要确定雷达和地面之间的距离，但和任何雷达一样，高度计实际上测量的是回波往返延迟，而不是距离。对于海洋高度计所要求的精确性，距离和延迟时间的易使人上当的简单的比例关系中必须考虑虽然很小但是很重要的雷达波在传播中的延迟。这些仪器所要求的厘米级 SSH 的精确性远小于由电离层和大气层延迟引入的测距误差。由电离层引起的延迟是频率的函数。实际上，如果高度计以两个不同的频率来测量双程距离的

---

① 指无潮汐和洋流引起的海面高度动态扰动时的平均海平面。
② 在海洋学领域中，中尺度特性的尺度为几百公里，这和大得多的海盆（如北大西洋海盆）尺度不同。

话，那么就能够估计这些延迟并修正。由大气层引起的延迟由两个分量组成：干大气分量和水蒸气分量。干大气分量是人们熟知的，在很大空间尺度上都是稳定的；实际上，最后得到的延迟是依靠模型预测的方法来补偿的。在一直到几百公里的尺度，由大气层中的水蒸气引起的延迟是变化的（当通过暴风雪前面时尺度相对小一些）。标准的做法是在高度计下面的垂直的柱体中通过微波辐射计测量积累的水蒸气的贡献，为此需要两或三种频率。

测量误差主要受制于轨道高度的确定的精度和设备的固有精度。图 18.7 示出了这些因素的概要的历史。数据显示对于常规的高度计来说，2cm 的设备精确性是目前的技术水平。延迟多普勒设备（见下面）将进一步提高设备精度到 1cm[64]。

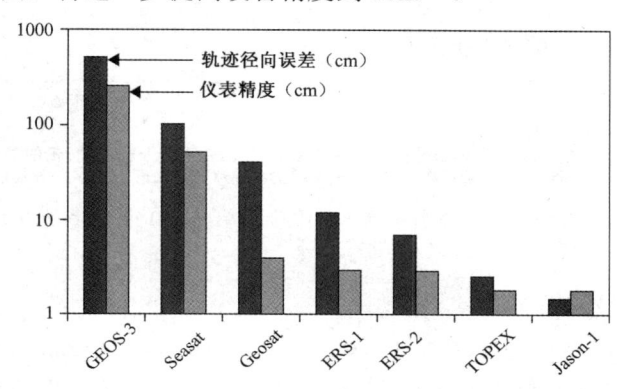

图 18.7 过去 30 年来最好的雷达高度计的定轨（POD）精确性和设备固有精度的发展历史。
垂直轴的单位是厘米。现代的精确定轨精确性依靠 GPS 和法国的 DORIS 系统。
精度受限于高度计的自由度（不相干的波形平均）

通过对很多回波在距离响应上的平均，在海洋学应用中可以达到厘米级距离精确性。每一个回波的距离分辨率典型值是 0.5m 量级。这些回波被积累，并在脉冲和脉冲间进行平均，它的形状收敛到平的脉冲的响应形状[65, 66]（见图 18.8）。海面高度（SSH）是由到波形的前沿上升的中点的时间延迟导出的。在 1s 内上千个或更多个这样的波形被平均对应于标准差在厘米量级的平均距离估计（实际上，它随着波浪高度的显著增加而降低）。对于运行的高度计来说，1s 平均是个标准，意味着沿轨迹的分辨率在 7km 量级，主要由卫星速度决定。在雷达高度计中平均是"把戏的名称"[67]。比如，由 TOPEX 和 Jason-1 这样的设备得到的全球数据已经被分析用来估计平均海面升高速率，达到 1mm/年的精确性。

除海面高度之外，卫星雷达高度计的波形还支持其他两种海洋学测量：巨浪高度（SWH）和海面风速（WS）。在基本平静的海上，一个脉冲限制的高度计的理想的平均波形是阶梯函数，它的抬升时间等于压缩后脉冲长度，它在时间延迟坐标轴上的位置是由高度计的高度确定的。如果海面是被波调制的，海面的高度距离就增加了，这将减小波形前沿的斜率。因此，SWH 与波形抬升时间成正比。如果海面是被风扰动的，其小尺寸的粗糙性将降低反射回高度计的脉冲功率。因此，对于超过两节的风速，WS 和平均波形功率成反比。实际上，理想平面响应函数的波形的弯曲是通过脉冲加权进行弱化的，波形是通过天线方向图的加权在时间上削弱的。

为了从波形数据中提取出 SWH 和 WS，已经开发出了极好的算法且在定位浮标的测量中得到了验证[63]。例如，TOPEX Ku 波段高度计测量大于 5.0m 的 SWH 时误差在 ±0.5m，测量超过 15m/s 的 WS 的误差在±1.5m/s。这些数据对应 1s 内的平均值，或者沿着高度计脚印的卫星下路径大约 7km，这个路径通常是 3～5km 宽，取决于平均的海情。

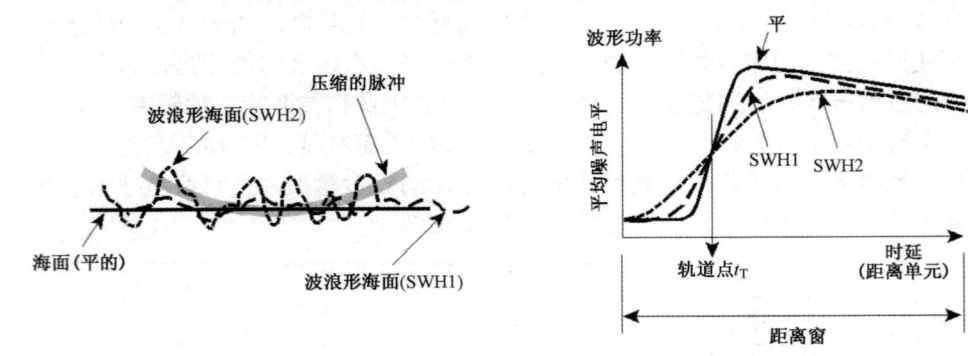

(a) 高度计的脉冲（典型值在压缩后是 0.5m 长）接续地碰到海面的波浪（高度在 20m 或更高）

(b) 海面高度（SSH）对应于波形前沿的中点，巨浪高度（SWH）与前沿的斜率对应，风速（WS）与反射能量成比例（反比）

图 18.8 画出的波形是理想化的；有用的"平滑度"需要 1000 或更多的雷达回波的不相干平均

飞行系统

卫星雷达高度计的主要性能归纳于表 18.4。1973 年以来，海洋高度测量精确性已经提高了，这主要归功于更有效的估计和校正系统误差的方法。性能改进也受益于创新的卫星上的硬件和算法及轨道的径向分量的精确测定。Jason-1 高度计在绝对海面高的测量精确性方面代表了当前的技术水平（到 2007 年）。

表 18.4 高度计

飞船	国家	年代	重复周期（天）	倾角	高度（km）	间距（km）	波段	H_2O（水汽）校正	精确性（cm）
Skylab（3）	美国	1973	无	约48°	435	未知	Ku	—	50m
GEOS-3	美国	1975—1978	无	115°	845	约60	Ku	—	50
Seasat	美国	1978	约17,3	108°	800	160,900	Ku	是	20
Geosat	美国	1985—1989	GM,17.05	108°	800	约5,160	Ku	—	10
ERS-1	ESA	1991—1996	3,35,176	98.5°	785	900,80,15	Ku	是	7
TOPEX/Poseidon	美国/法国	1992—2005	9.916	66°	1336	315	C,Ku / Ku	是	2 / 5
ERS-2	ESA	1995—	35	98.5°	785	80	Ku	是	7
GFO	美国	1998	17.05	108°	800	160	Ku	是	5
Jason-1	法国	2001—	9.916	66°	1336	315	C,Ku	是	1.5
Envisat	ESA	2002—	35	98.5°	785	80	S,Ku	是	7
Jason-2	法国	2008—	9.916	66°	1336	315	C,Ku	是	1.5
Altika-3	印度(Fr)	2009	35	98.5°	785	80	Ka	是	1.8
CryoSat-2	ESA	2009	369	92°	720	未知	Ku	—	5
Sentinel-3	欧洲	2010	35	98.5°	785	80	C,Ku	是	5

S-193 和 GEOS-3

S-193 设备[68]是在三次 Skylab 任务中进行概念验证的第一部卫星雷达高度计。它的目标是验证预测的波形对风和浪的响应，在垂直入射条件下测量海的雷达截面积，测量脉冲之间的相关性，观测偏离星下点天线指向的效果（散射计实验）。GEOS-3 是国际测地卫星计划中提供了第一次测地和地球物理测量的重要结果的星载高度计，结果包括海平面变化的第一批地图和海的大地水准面[69]。GEOS-3 和 S-193 高度计使用了常规的脉冲压缩技术。如表中所示，这两个早期的高度计都没有包括水蒸气测量计，每一个都仅仅使用一个频率，所以对于电离层或大气层传播延迟来说，它们没有内置的手段来校正。

Seasat 的高度计

Seasat 的高度计是第一种采用完全去斜①脉冲压缩的高度计[70]，它开创了很多海洋学应用所需要的获取非常小的距离分辨率的方法。去斜技术（下面将叙述）从那以后被所有的雷达高度计所采用。Seasat 被设计用来测量全球的海洋动态地形，以及浪高和海面风速。

Geosat

这种高度计的设计是对 Seasat 高度计的模仿[71]。Geosat 是一颗美国海军军用卫星，它的首要任务是以空前的精确性来绘制地球的海洋大地水准面图，为此需要一个不重复的轨道。从 1995 年数据公开发布以来，从最初的 18 个月测量任务中得到的数据已经成为变成工业标准的全球海洋测绘图的支柱[72, 73]。Geosat 的第二个任务是观测动态的中尺度的海洋现象，为了这个任务将它的轨道机动到一个准确的重复轨道（周期是 17.05 天）[74]。Geosat 的测地任务和精确重复的任务就是人们知道的相应的 GM 和 ERM。作为一个宇宙飞船，Geosat 是唯一一个完全利用无源重力梯度的方法进行姿态控制的地球观测计划卫星[74]，这一点可以由图 18.9 的伸展（垂直）的长杆来证明。姿态稳定的程度小于 1°，对于这样的特定性高度计的脉冲限制的距离测量是鲁棒的。

Geosat Follow-On（GFO）

GFO 设计作为 Geosat 准确重复任务的复制，目的是为了支撑美国海军的作战需求。

GFO 代表当前小型专用雷达高度计的技术水平。它包括一个 22GHz 和 37GHz 的双频水蒸气测量计（WVR），由它获得的数据被用来减小相应的传播不确定性到 1.9cm。这个雷达质量是 45kg（包括全备份和 WVR）；它的初级功耗小于 100W。这个飞船的总净质量是约 300kg（不包括推进剂和姿态控制的燃料）。

TOPEX/Poseidon

在 20 世纪 80 年代末期，卫星雷达高度计计划分成两个主要课题，这是由它们的测量的相对优先度确定的。如果高度计是主要载荷设备，那么轨道和任务设计就能够相应地优化。

---

① 全去斜（或去斜）是星载雷达高度测量中标准的术语。大多数雷达工程师更常用的称呼是 Stretch（时频转换）技术。

TOPEX/Poseidon（T/P）继承了这个主题，这是一个美国（NASA）和法国（CNES）的合作计划。TOPEX 设计成用来测量和绘制具有足够精度的确定大范围海洋环流的动态海洋地形图[75]。TOPEX 最重要的贡献是早期的观测和近乎实时地对厄尔尼诺现象的监视，厄尔尼诺现象表现在东太平洋地区赤道上的高度标志的典型值相对其平均值会增加大约 10～20cm。Poseidon 被认为是法国的贡献，是用于验证概念的，具有一台固态发射机。Poseidon 是 Jason 高度计和 CryoSat 卫星装载的 SIRAL 设备的先驱。

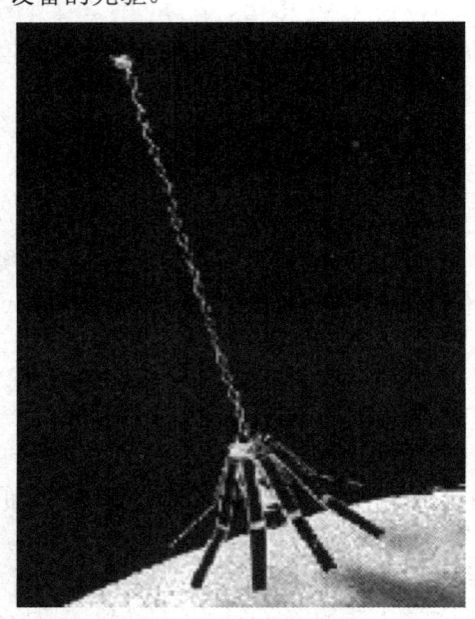

图 18.9 Geosat 雷达高度计：指向星下点的天线（反射面）隐藏于太阳能电池阵里面。飞船利用重力梯度保持垂直状态（用长杆和另一头的质量）。数据不受随机的偏航角（绕垂直轴）的影响。
（图片由约翰霍普金斯大学应用物理实验室提供）

T/P 轨道的重复周期经过仔细的选择以满足对占优势的混淆潮汐成分（dominant aliased tidal constituents）的适当观测。如果重复周期是一个整数天数，所有的太阳潮汐成分都将和其他的高度信号模糊在一起。对于 T/P，每一个随后在一天的时间里的观测时间大约滑动 2h。T/P 重复通过的脚印的定位精度优于±1km，这是一个由海洋大地水准面的横轨梯度所限制的要求。T/P 的设备包中包括一个三频的辐射计。TOPEX 是第一个使用双频（时间上多功）来估计和补偿由电离层的电子引起的传播延迟[76]的高度计。起初按 3 年任务进行的设计，后来延长到 5 年，在令人感动的 13 年中 T/P 提供了有价值的数据。T/P 正式退役是在 2005 年 12 月。

对大多数雷达来说成立的都是，由 TOPEX 产生的个别脉冲的接收回波会被相干的自身噪声（即我们所知道的斑点）所污染。斑点的标准差通过对很多统计独立的波形进行相加（平均）来减小。由雷达高度计观测到的连续回波之间的统计独立性主要依赖于雷达脉冲重复率、天线尺寸、飞船速度和海面情况[67]。1.5m 的反射面天线同时工作于高度计频带和辐射计频带。高度计设计中挑选出的参数见表 18.5。对 TOPEX 估计的脉冲间的统计独立性要求指出最大 PRF 应是 2.5kHz，然而实际上取的是 4.5kHz。这个脉冲频率超过了上限但改善了加性的 SNR，但是对斑点消除没有起作用。PRF 的统计独立性限制随着重大的浪高增加而减弱。

表 18.5 TOPEX 参数

参　数	数　值
LFM 率（MHz/μs）	3.125
脉冲宽度（μs）	102.4
脉冲带宽（辐射的）（MHz）	320
时间 X 带宽（无量纲）	32 768
脉冲分辨率（m）	0.469
载波（Ku 波段）（GHz）	13.6
载波（C 波段）（GHz）	5.2
中频频率（MHz）	500
展宽带宽（MHz）	3
距离时间间隔（ns）	400

Joson-1

形象而又确切地说，Joson-1 是沿着 TOPEX 的足迹行进的。在 Jason-1 发射到 T/P 轨道之后，TOPEX 就被机动到一个"一前一后"的位置。这样两个高度计的测量值就可相互校准。Jason-2 基本上和 Jason-1 是一样的。

ERS-1、ERS-2 和 ENVISAT

如果高度计不是主要载荷，那么任务和轨道就可能是由其他的要求来决定的，这可能影响测高。欧洲空间局（ESA）在 ERS-1 和 ERS-2 上的卫星高度计，以及在 ESA ENVISAT 上的高级雷达高度计[21]RA-2，与它们各自的卫星上的其他设备相比，任务优先度都是第二位的。它们的太阳同步轨道对于大多数的测高应用来说都不是最优的，主要是由于 8 次大潮汐分量中的 4 次都是太阳同步的[63]。这些轨道与 T/P 的轨道相比都在更低的高度上，这意味着保持轨道的机动必须很频繁，这将会使定轨的精度下降。在它的一部分的任务期间，ERS-1 的轨道被改变成一个长重复周期（176 天）。这个长重复周期产生一个相对密集的海面采样网点，对于估计海冰覆盖、测地学和测海学来说都是有用的。ERS-2 任务不改变它的重复周期。这些轨道特性的后果是所得数据对于测量海面每年的抬高是不太适合的，而它是与一个气候相关的关键变量。

CryoSat

这是第一个地球探测者机遇任务（Earth Explorer Opportunity Missions），它是欧洲空间局的生命星球计划的一部分。这个任务的概念[77]于 1999 年选定，发射于 2005 年 10 月。不幸的是发射工具出了故障。ESA 和它的成员国批准了一个替代计划。CryoSat 轨道是高倾角（92°）和长重复周期（369 天，子周期为 30 天）的轨道，这样设计是为了提供对极地地区密集的相互锁定的覆盖。它的目的是要通过检测地球大陆的冰盖和海洋冰层覆盖的厚度改变来研究可能的气候变化和趋势。CryoSat 将在随后的章节详细叙述。

AltiKa

本节的 AltiKa 和其他的海洋观测高度计不同，主要原因在于它使用了 Ka（35.75GHz）而不是 Ku 波段。第一台设备（来自法国）是印度的 Oceansat-3 卫星上的载荷的一部分。AltiKa[78]是单频的，因为在 Ka 波段由电离层引起的延迟足够的小，不需要测量和补偿。然而，大约 0.84cm 的波长易受大气层水蒸气的影响；预计 10%的数据将被雨所影响。33kg 的设备需要 80W 的输入功率。偏馈反射面天线直径 1m，结果波束宽度小于与其类似的 Ku 波段设备的一半。据称更窄的波束宽度有几个好处，包括可与陆地更接近地运行。另一方面，更窄的波束意味着波束对飞船的姿态误差更加敏感。AltiKa 的 500MHz 带宽导致一个由脉冲限制的大约小于一般水平 30%的脚印。PRF 是 4kHz，大约是大多数传统高度计的两倍，略大于脉冲之间的 3.75kHz 的统计独立条件。

轨道方面的考虑

假定有一个任选的好的雷达高度计，它的轨道将成为限制海面高度测量精度的支配性的因素[79]。对于海洋高度计来说轨道选择需要考虑轨道的倾角、重复周期和高度的影响。例如，如果目标在长时间范围和大的空间范围内有绝对海面高度的高精确性，那么一个更高的、具有相对适中的飞行倾角、相对短的非太阳同步重复周期的轨道将是唯一明智的出发点。

和主要由月亮和太阳的引力引起的潮汐的大约每天 1 到 2 个周期相比，高度计的重访周期是 10 天或更长。结果，通过高度计感知的所有的潮汐信号都是欠采样的。高度数据保持了由此来的混淆，但在大约一年左右的过程中是可以识别出的、可量化的和可校准掉的。必须选择高度计的轨道以使潮汐混淆和地球物理学感兴趣的信号相混淆。

T/P 的轨道

代表技术水平（至少在精度和大范围海流环流研究方面）的是 Jason-1，运行于最初为 TOPEX/Poseidon 设计的轨道上。轨道参数包括重复周期 9.9156 日历天（不幸的是，常常说是 10 天）、倾角 66°、重复轨道在赤道上间隔（316km）、高度 1336km。精密定轨（POD）的径向分量对于 T/P 来说大约是 2cm，Jason-1 的结果表明 POD 在 1.5cm 量级。尽管这些参数反映的是由很多人进行的折中研究的多年的成果[63]，但至少一个有害的特性保留下来了。K1 潮汐混淆非常接近每年两个周期，如此看来接近伴随着季节性影响的地球物理学的信号。K1 不能被忽视，因为它是最大的白天的因素，只比以月亮为主的因素在大小上处于第二位。

对一个轨道的重复地面轨迹的精确性的约束是一阶近似地通过在海面上表示的当地大地水准面的精细结构确定的[75]。例如，在靠近更深的海洋沟的地方，大地水准面上的横轨斜率（梯度）可能和 2×10^{-4} 一样大小。在这样一个极端的情况下，仅仅 1km 的横轨向位移将引起 20cm 的海面高度（SSH）变化。考虑到这一点，对于更大的横轨向大地水准面梯度的影响，已经开发了算法来校正 SSH 数据。约束高度计的横轨位移小于 1km 也是一个标准的作法。重复周期公差通常是进行主动的轨道机动的动机。

非重复轨道

Geosat 是这样的一个先例[71]，它的前 18 个月要用于测地学，对此来说一个非重复轨道是最理想的。测地学任务是绘制在平均海面的细微的局部倾斜中反映出的重力异常图。这些是小于大约 300km 的空间范围的静态中尺度的特征，由地形的特性、海底组成和稳定的海洋的水流确定。由 Geosat 提供的数据已经用于得出全球海洋的标准的测海学的图表[72, 80]。

Geosat ERM 轨道

唯一的其他一族专门的任务用的是 Geosat（1985—1989 年）的精确重复任务（ERM）的轨道，GFO 也使用了相同的轨道。这个轨道的周期是 17.0505 日历天（有时候不适当地缩写成 17 天），108°倾角（因此在赤道上的轨道之间的间距是 160km），轨道高度 784km①。从 Geosat 的轨道数据，一半的主要潮汐成分混入不希望的频率（接近零，一或两个周期每年）。特别是，主要的潮汐成分，通常的一天两次的月亮潮汐，变成 317 天，这接近一年的周期[81]。精密定轨只好到大约 7cm，这是相对大的量，在不小的程度上这是由于搭载的 GPS 导航子系统的失效引起的。

太阳同步轨道

太阳同步卫星 ERS-1、ERS-2 上载有欧空局（ESA）高度计，在 ENVISAT 上有 RA-1。它们都用相同的轨道：35.00 日历天的重复周期、98.5°倾角、781km 的平均赤道高度。基于 Delft 模型[82]的这些太阳同步轨道的径向的知识大约好到 5cm。由于是太阳同步的高度计，最大的太阳成分（每天两次）变成零，所有主要依赖于太阳引力的潮汐成分都变成为接近零频率的。

理论基础

下面的段落给出星载雷达高度计的关键特性的概述。还将给出从 TOPEX 的设计中取得的示例[83, 84]。

脉冲限制高度计

图 18.10 描述了脉冲限制的条件[85]。从一个相对高度为 h 公里的地方看，在平均半径为 R_E 的地球上通过一个长度为 τ 秒的脉冲在一个基准平面上划分的面积的半径 r_P 为

$$r_P = \sqrt{c\tau h / \alpha_R} \tag{18.16}$$

式中，$\alpha_R = (R_E + h)/R_E$ 是球形观测几何的结果。对于典型的卫星雷达高度计，在基本平的平面上的脉冲限制的脚印在直径上大约是 2km。脉冲限制的面积 A_P 是

$$A_P = \pi r_P^2 = (\pi c \tau h) / \alpha_R \tag{18.17}$$

随着脉冲不断冲击和延伸过表面，最终的脉冲限制的环形都和最初的脉冲限制的脚印具有相同的面积。因此，和最初的相应的峰值一样，接收的功率趋向于保持这个水平（见图 18.10）。脉冲限制的区域随着增大的大范围的海洋表面粗糙性而扩大，这在海洋学文献中表示成重大浪高（SWH）。脉冲限制高度计和波束限制高度计相比它的高度精度对于（小的）角度指向误差是不敏感的。

---

① Geosat ERM 轨道的选择既有政治上的原因，也有技术上的理由。它遵循了建立先例[70]的 Seasat 轨道（1978 年）。

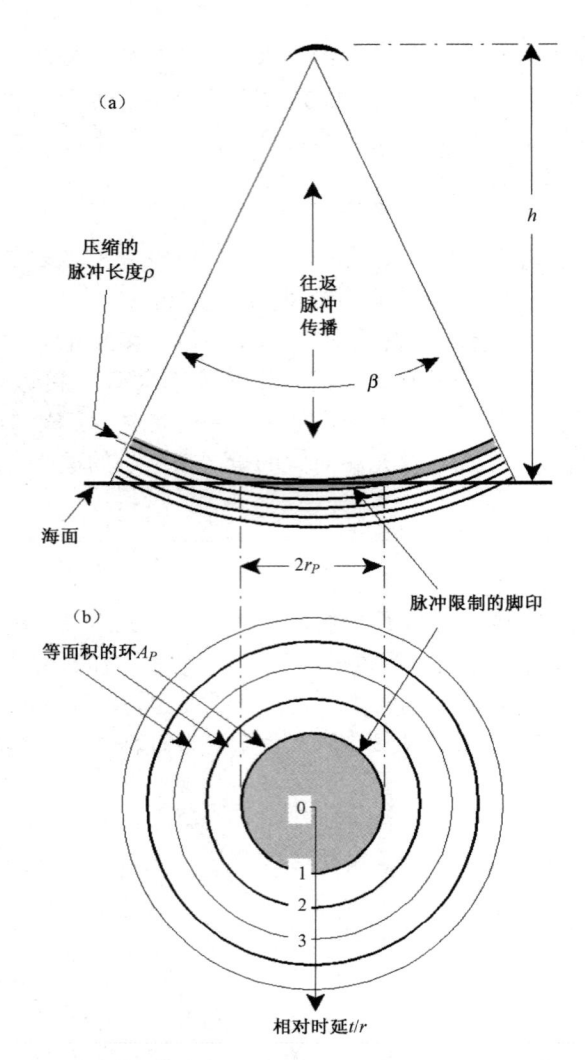

图 18.10 脉冲限制情形：在一个名义上平的水平面上，高度计的短脉冲
(a) 首先从一个可能远小于由天线波束；(b) 照射的脚印的面积上反射

自适应跟踪

一个星载雷达高度计需要准确测量距离，但是仅仅是对于基本上平的平面，且平面垂直于雷达的视线。保守的设计提示测量应当集中于那个面的反射附近。因此，海洋观测高度计具有一个小的距离窗口，它的位置跟踪表面反射的延迟和强度[70]。海面具有 20m 左右的大浪高。雷达后向散射主要是镜面散射，一般是跨越 3～20dB，如引用 TOPEX 高度计的测试中使用的参数。实际上，距离波门延迟和后向散射跟踪是用两个伺服调整器反馈环路（见图 18.11）来进行的。第一个环路是一个由距离定位（α 跟踪器）和距离变化率（β 跟踪器）组成的二阶高度跟踪器。第二个环路是接收机增益控制（AGC）。高度计高度测量值是通过距离延迟粗的和精细的值的设定给出的，并通过跟踪器中的波形位置的残余高度误差测量校正。海面风速和大浪高[63]分别从 AGC 值和波形形状中导出。

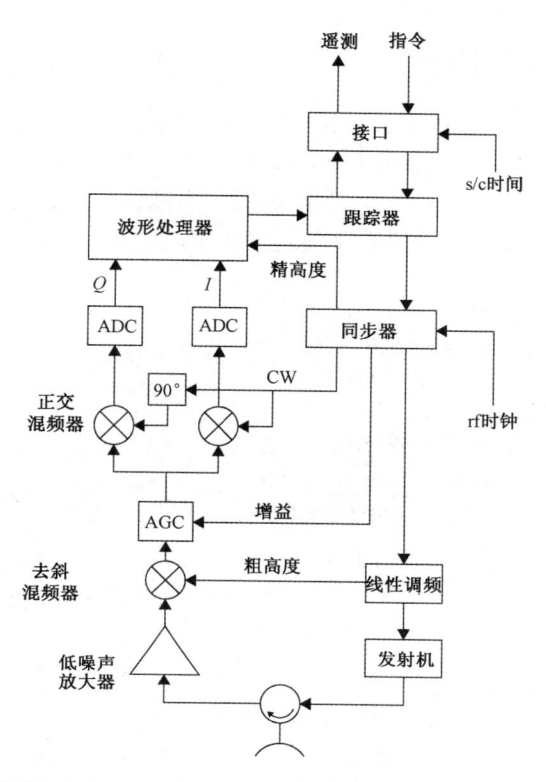

图 18.11 海洋观测雷达高度计的一类信号流程图。主要的反馈环路包括距离波门跟踪、粗（α环）和精速率跟踪（β环）及平均信号功率（AGC环）

一个单独的高度测量的精度是由距离分辨率和非相干波形的平均联合决定的。如果发射一个采样短脉冲，那么高度分辨率将和脉冲长度相等。短脉冲的主要缺点是它包含很少的能量。一个脉冲的固有分辨率和它的带宽成反比。星载雷达高度计对发射信号使用一些形式的调制来在更长的脉冲内保持大的带宽；这样，在不损失分辨率的情况下增加了发射能量。

接收去斜

星载雷达测高计给出了一个非常好的有关时频转换技术的具体实施方案[86]，这就是在星载雷达测高领域中所谓的**全去斜方法**。这种方法在海卫（Seasat）测高仪[70]上首次被 MacArthur 采用，从那之后对这一类雷达，这种方法就被作为一种标准的技术被采用。它的显著特点是在大的时间带宽积（TBP）信号中的两个关键参数之间作了一种很聪明的折中。在接收之后，解调将原来信号的"短时间、大带宽"的特点变为"长时间，小带宽"的信号。由于时间带宽积不变，那么它原先的分辨率就没有变化。由于海洋表面距离向的深度与在脉冲重复周期内的可用时间相比非常短，因此高度计采用这一方法是非常理想的。很明显，这种全去斜技术在随后的级中可以大大节省系统的带宽，但是距离向的分辨率却没有因此减小。表 18.5 中的数据示出 TOPEX 波形带宽与射频带宽的比率大约为 0.05%。在一些公开的文献中，TOPEX 测高仪的设计有更全面的描述[83, 84]。

测地卫星（Geosat）：测地任务

对于测量表现在海洋表面上的重力值的变化的当代技术，雷达的测高信息是基础，也就是海洋的深度测量的基础①。测地卫星雷达测高仪[73]的主要任务就是测量（沿航迹）海洋表面的倾斜度。倾斜是由小于几百公里空间范围内的引力偏转所引起的（见图18.12）。这些斜度由上面总结的 SSH 测定法得到，但是这种斜度的应用对系统设计有其独特的意义。下面几段将再次讨论一些重点。

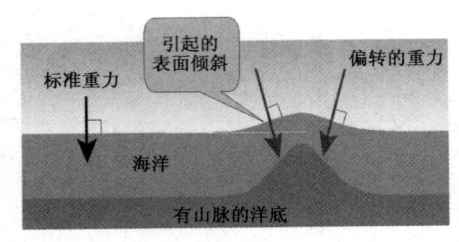

图 18.12　经过平均和去除动态(洋流引起的）特征后，平均海洋表面是本地重力梯度的直接表示。现代技术水平的雷达高度计能测量斜度到 1 微弧度精度

海洋表面斜度[87]

海洋表面斜度是从测量相邻两高度的差获得的，两相邻高度差产生的斜度的正切等于"升高值与产生升高的距离之比"。测量的关键词就是**精度**：即海洋表面测量平均值的标准偏差（噪声）。高度测量精度由雷达高度仪的处理后的距离分辨率和为每个估值得到的平均的量决定。注意如果平均值偏离准确值，精确测量仍可能有很低的准确性。当比较两相邻高度尺寸时，只要两个尺寸的测量误差相同，那么相减就可去掉常数偏差的影响。海洋表面斜度测量问题由于其所需的斜度信号小到百万分之一弧度而变得很复杂，因为这相当于沿卫星飞行方向（along-track）每隔 6km（run）只产生 6mm 的高度差异（rise）。

除高度精度外，相比于传统的测高仪，测地测高仪在飞行方向要求较小的分辨率但需要一种能累积密集横向覆盖的轨道。

高度仪的脚印分辨率应该小于 6km，这个分辨率与在海洋平坦表面可观测到的平均洋面扰动的最小半个波长的尺寸相对应。这种扰动是由地球的重力的空间上的变化引起的。轨道在大约 1.2 年内不应重复以产生间隔 6km 的关于地球表面重力信号的平均地面航迹。轨道的倾角应该在 50°～63°附近，这样可以近乎相等地解出北面和东面的斜度并且可以覆盖到现存信息还不充分的低纬度地区。注意海洋雷达测高仪任务（Topex/poseidon、Jason-1、ERS1/2、ENVISAT 和 Geosat ERM/GFO）一般都放在精确重复的轨道上（轨道周期 10～35 天），因此这种雷达在空间上有间隔很宽的地面轨迹。但这类轨道不能解出短波长二维的对于大地测量有用的表面斜度。

因为不需要绝对高度的准确性，那么测地雷达高度仪就可以是比较基本的仪器[88]。它们不需要补偿传播延时，因此它们只需要一个频率并且也不一定要安装水蒸气测量仪（Water Vapor Radiometer，WVR）。事实上，人们更喜欢选择简单的仪器。已经证实，为了修正路径

---

① 照字面的意思，就是测量平均海洋表面与本地海洋洋底之间的距离。

第18章 星载遥感雷达

延时产生的影响,所做的努力通常会将噪声加入到斜度的评估中[89]。Geosat 和 ERS-1(两者都是没有配备 WVR 的单一频率测高仪)提供了可一直维持到 2010 年的人们可获得的开阔洋面最高的分辨率。它们最终的深度分辨率在南北向大致受限到 25km 左右,由于东西方向斜度因素的影响,分辨率会更差一些。这些结果反映了两个测高仪的次于最优的分辨率、波形精度和轨道倾斜度。海洋表面的测地分辨率不会优于 6km(半个波长),这个限制是由海洋的平均深度决定的。

CryoSat:冰层测量任务

星载脉冲受限雷达的测高仪最好的工作条件是工作在比较平坦,斜度平均值为 0 的地形上,如海洋表面。在冰面上或陆地表面上,性能会恶化。恶化的原因是在更加凹凸不平的区域上足迹被扩大,正比于表面平均斜度的高度误差,最小距离测量值会从一个高度区到另一个高度区跳跃(数据分析师无法控制或了解)。但采用波束限制技术能避免上述的问题,激光测高仪就是其中极端的例子。但是这种技术可能含有自身的缺陷。

雷达测高仪的一个重大的潜在应用就是监测大片冰面的高度,如格陵兰岛或南极洲。这些地区冰面大约 95%倾斜度都小于 3°,尽管这个度数很小,但是足以使一个传统的高度仪产生非常大的高度误差。例如,一个未知的 1° 的倾斜度将会导致 120m 表面高度的误差,这对测量每年中厘米级的变化量就不可接受了。

CryoSat 测高仪[90]是最早的星载雷达测高仪,设计用于冰面测高(见图 18.13)。它的主要载荷就是 SAR/干涉测量雷达测高仪(SIRAL)。有三种工作模式:传统、SAR、干涉测量。传统模式(前文中已经介绍过的脉冲受限形式)反映了在后代波塞顿(Poseidon heritage)上。SAR 模式基于延时-多普勒结构,其优点是精度高、分辨率好、可容忍一定的沿飞行方向的表面倾斜度。干涉测量模式[92]设计用于测量与飞行方向垂直的斜度。这些先进的测高模式已经在 D2P 机载测高仪上被演示。

图 18.13 CryoSat 卫星及其 SIRAL 测高计:两个天线(干涉仪模式)是横跨速度矢量的,所以第一回波的差相位(模数 2π)表示最小距离反射表面的横向轨迹位置,实际上,这是平均表面梯度的横向轨迹成分的量度(欧洲空间局提供)

与上面介绍的雷达测高仪任务不同,CryoSat 实质上不在平台上实时处理数据,而是将所有的测高数据下传至地面,因为来自被冰面覆盖表面上的回波很复杂,在研究人员提取出所需信息之前需要反复开发更加合适的处理算法。传统工作模式用于无遮盖的海洋（旨在用于定标及定出海水表面高度参考）和大陆中央比较平的冰面。干涉测量模式则专供测量冰面比较陡斜的边缘区域。合成孔径模式主要用于测量海洋冰块，因这种模式有更高的空间分辨率和精度，可用来测量海洋平面和悬浮冰表面之间的差异（即超出水面的高度）。由于冰块的密度是已知的，这样对超出水面以上部分的测量可以转化为评估冰块的厚度。

18.4 行星探测雷达

行星探测雷达的历史在表 18.6 中进行了总结。金星一直是备受人们关注的行星探测的目的地[95]，主要是因为它有大量云层覆盖（因此其表面很难用光学仪器观察），它的质量和大小与地球相似，并且观察其光谱后发现其大气中 CO_2 的含量为 98%，那就意味着那里有大量的温室效应，使金星不可能是一个可居住的星球。用雷达进行行星探测的一个热门课题是找寻有水的证据，特别是水-冰的证据[96, 97]。由各次雷达飞行探测的数据可从 NASA 的行星数据系统获得[98]。

飞行系统

Venera-8 首次从太空船上执行了第一次简单的对金星的雷达探测，Venera-8 装载了一部脉冲调制雷达测高仪，在其脱离轨道至最终消失在金星表面的过程中送回了 35 份数据。

表 18.6 行星探测雷达

任 务	网站	行星	年份	雷 达
Venera-8；9/10（苏联）	1	金星	1972, 1975	雷达测高仪
Pioneer Venus Orbiter（PVO）（美国）	2	金星	1978—1992	ORAD：测高仪（也进行粗成像）；17cm
Venera-15/16（苏联）	3	金星	1983—1084	SAR 和测高仪；8cm 波长
Magellan（美国）	4	金星	1990—1994	SAR：12.6cm（125m、75m 像素）95%覆盖
Clementine（美国）	5	金星卫星	1994	双基散射仪试验雷达：6cm
Cassini（美国）	6	金星卫星	2004	TRM:2cm，SAR（分辨率 0.35～1.7km）以及测高仪
Chandrayaan-1（印度）	7	月球	2008	Forerunner Mini-RF（USA）：12cm SAR 散射仪雷达
Lunar Reconnaissance Orbiter LRO（美国）	8	月球	2008	Mini-RF：12cm 和 4cm SAR，成像及干涉测量

1. http://www.mentallandscape.com/V_RadarMapping.htm
2. http://heasarc.nasa.gov/docs/heasarc/missions/pvo.html1#instrumentation
3. http://en.wikipedia.org/wiki/Venera_16
4. http://www2.jpl.nasa.gov/magellan/
5. http://filer.case.edu/~sjr16/advanced/20th_close_clementine.html
6. http://saturn.jpl.nasa.gov/spacecraft/instruments-cassini-radar.cfm
7. http://www.lpi.usra.edu/meetings/lpsc2006/pdf/1704.pdf#search=%22chandrayaan-1%20radar%22
8. http://lunar.gsfc.nasa.gov/missions/scandinst.html

用多普勒数据读数及空气动力学计算估算太空舱的轨道，然后与雷达测高仪的绝对高度数据相减,就可以测算出地面轮廓。读数在竖直方向上距离跨度从 45.5km 下降到 0.9km,在这段距离对应的时间内太空舱水平方面漂移了 60km。对回波脉冲进行分析提供了飞过表面的海拔高度变化的评估。**Venera-9/10**（1975 年）首次演示了收/发分置的行星探测雷达所进行的观测。Venera-9/10 在绕轨道运行过程中共对金星表面进行了 55 个地面条带测绘,距离范围为 400～1200km,幅宽为 100～200km,遥测天线发射到金星表面的载波波长 32cm,直接的和经过金星反射的信号都被地面上的接收设备记录下来。对这些数据的初步分析得到了有关地域形状的一维测量,其分辨率为 20～80km。

Pioner Venns 上有 17 种试验仪器（总质量为 45kg）,包括一个雷达测高仪（ORAD）,通过 5r/min 旋转稳定,波束在垂直于轨道平面上扫描并产生了对表面粗略的成像。雷达整体需要平均输入功率为 18W,并且质量为 9.7kg,峰值发射功率为 20W。X 和 S 波段的通信系统采用一个反旋转天线,其直径为 1m,圆盘形状。雷达测高仪提供了许多年的信息,其高度精度可以达到 150m,直到 Magellan 之前,这是金星表面数据最好的信息。人们分析测高仪的波形强度和形状来判断表面的导电性及米级的凹凸性[99],卫星的 24h 轨道是椭圆度很高的（大多任务轨道的短半轴为 200km,长半轴为 22 900km）,雷达只在 4700km 以下的高度收集信息,其足迹在金星表面上沿航迹为 23km,垂直航迹方向上为 7km。

Venera 15/16 是两个"孪生"的项目,是第一部对另一个行星成像的星载合成孔径成像仪,它的成像范围为从北极到北纬 30°,连续工作 8 个月[100]。雷达有两种工作模式:成像模式和测高模式。工作波长为 8cm,成像分辨率约为 1km,每个飞船的质量为 4000kg,是一个长度为 5m 的圆柱体。合成孔径雷达的天线由 80W 行波管放大器提供能量,是一个尺寸为 6m×1.4m 抛物柱面反射面。Venera 通过采用编码的 180° 相移系列来调制连续波信号,而没有采用脉冲或线性调频。接收信号被数字化为 2540 个复数（4 位 I,4 位 Q）。雷达每 0.3s 进行一次观测,然后将观测数据存入 RAM 缓冲器,为跟上这一数据率,两台卫星上的记录仪交替记录数据。卫星每运行一圈下传一次数据（约 9Mb）,然后在地面设备上进行处理。每次成像航过产生 3200 幅雷达图像。这些图像最终组合为一个宽 120km 长 7500km 的勘测图。飞船上搭载了用于雷达测高仪的直径为 1m 的抛物面天线。在精确确定了轨道之后,测高仪就转到高分辨率的工作模式。采用了 31 单元的相位调制,高度模糊度为 7.15km。在后续的处理阶段中,通过多普勒频率分析,使有效"足迹"范围减小到 10km×40km。测高仪进行了超过 400 000 次的对金星的独立测量并和成像器的数据交织,首次得到了金星北部 1/3 的雷达高度图。通信系统采用了一个 2.6m 碟形专用天线。Venera 飞船的极地轨道运行周期大致为 24h,在北纬 62° 的短半轴长约 1000km,长半轴约为 65 000km。

Magellan 对金星 98% 的表面进行了成像（见图 18.14）,其成像分辨率优于之前的 Venera 任务约一个量级[101]。高度测量及辐射测量数据也测量了行星表面的地形及其电特性。Magellan 的椭圆形轨道的倾斜角度为 86°,这允许侧视 SAR 可以几乎完全测到行星表面。任务完成时,Magellan 传回的数据大大超过了之前所有行星探测任务所传回数据之和。Magellan 有三种工作模式:成像、测高、辐射测量。这三种模式在每次航过中交替工作。X 波段数据下载率为 268kb/s 或 115kb/s。直径为 3.7m 的高增益天线不仅用于雷达还用于通信。飞船的质量为 1035kg;雷达质量为 335kg,输入为 28V 直流电,功率为 210W。Magellan 在 S 波段工作,频率为 2.385GHz,辐射峰值功率为 325W,额定脉冲宽度为 26.5μs,可选的 PRF（范围为 4400～5800Hz）可以适应椭圆轨道距离上的大幅度变化以及入射角变化的需求。SAR 成像模式达到的分辨率为 150m，测高模式的分辨率达到 30m，辐射探测模式的分辨率为 2℃。从行星数据系统[98]可得到 Magellan 的所有数据。

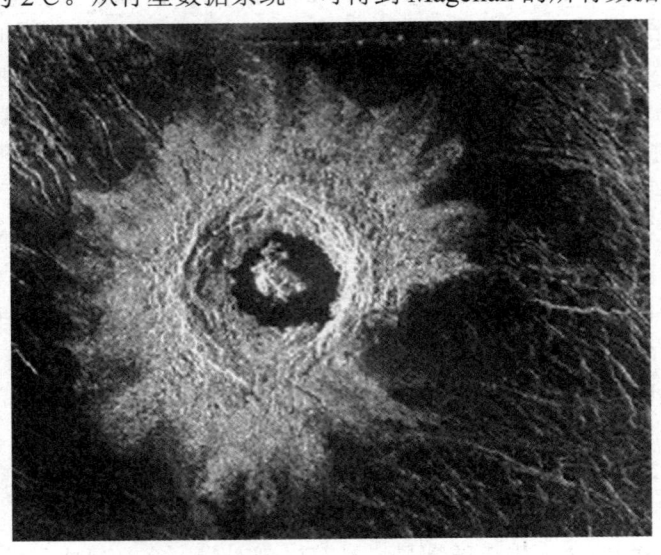

图 18.14　由 Magellan（S 波段，HH 极化）获得的在金星表面上的撞击坑 Golubkina。直径 30km 的坑有台阶的内壁和一个中央的尖峰，这是地球、月球和火星上大型撞击坑的特征。粗糙的排出物产生强的雷达回波，对行星地质感兴趣的人来说这是一件好事

Cassini 是一个多模式雷达成像仪[103]，继承了 Magellan，是 Cassini-Haygens 任务装载的 12 种仪器中的一种。卫星于 1997 年 10 月发射升空，2004 年开始了为期 4 年的绕土星及其卫星之旅。发射 Cassini 的目的与 Magellan 的相同，即要透过厚厚的云层，对行星 Titan 的表面进行测量。在对土星系统进行大量绕飞的过程中 Cassini-Haygens 要完成 35 次对 Titan 的飞越，其中 29 次的接近高度低于 4000km，有 15 次达到最小高度为约 1000km。2004 年 11 月进行了首次低靠近飞行，此次飞行第一次得到了对其表面的成像。雷达采用了 3.66mH 极化的高增益无线电通信天线，此结构与之前在 Magellan 上采用的结构相似。雷达可发射 7 种波束，每个波束的频率、宽度、视线方向各不相同，因需要多波束来支持多工的高度测量、散射测量以及成像和辐射测量。雷达的质量约为 40kg，需要的输入功率约为 110W。最大数据率为 360kb/s 量级。所有模式的工作频段为 Ku 波段（13.8GHz）。在最有利的低空成像几何中，对 4 次下视观察，地距和方位分辨率大致可达到 0.5km，在更高的高度上，需要更多次的对地观察以便部分抵消恶化的分辨率。雷达的噪声等效 σ^0 范围从高度很低的约 -25dB 到高度为 4000km 的约 -8dB。与 Magellan 所采用方案不同，在更高的高度上，用了更小的入射角和更窄的带宽。更窄的带宽有助于减小平均噪声水平，而较浅的入射角有助于用较窄的发射脉冲带宽保持距离上的分辨率。

Clementine 是第一次"又快又好又省"的任务。其主要目的包括激光测高，对月球表面光学成像，以及进行技术演示。主要仪器载荷为 4 个光学照相机，其中一个光学照相机上还带有激光测高仪。在 71 天的绕月飞行中，Clementine 所采集的数据提供了有关月球一些重要的新的信息。

Clementine 系统的任务就是用 S 波段（13.19cm）的 RF 数据系统，进行一项独特的收/发

分置的雷达试验，因此 Clementine 和本节内容联系紧密。Clementine 的通信天线（6W，圆极化）照射月球的南极，镜像点的反射由一个深空网络 DSN 天线在 4 次通过期间追踪。其中 3 次通过观察得到的反射信号特性与月球上的正常月球物质表土[①]一致，而第 4 次通过的数据似乎对应于经过沙克尔顿火山口[104]底时镜像反射的强信号。

这种高强度的反射，尤其是在"意想不到"的圆极化旋向下所得到的反射，表明有非常冷的冻结的挥发性物质如水冰（water-ice）的体积反射[105]，就像是由地基雷达对木星周围覆盖着冰的卫星观察所得到的反射强度一样。之后在月球上由雷达发现了水的宣告引起了学术界很大的兴趣。然而当独立分析了 Clementine 数据后，没能重现最初的结果[106, 107]，因此也就产生了大量的争议。NASA 的探索计划[108]的最主要目的就是发现和/或证实月球是否存在极冰。如果一旦被证实，这将是月球上适合人类居住的场所的水的来源。

雷达对行星上冰的探索

立体的冰引起两种不寻常的雷达响应。当被圆极化波照射后，大部分月球表面产生的后向散射有和入射相反的圆极化旋向。但是，从立体的冰的后向散射就与入射圆极化旋向相同。衡量这种效应的典型度量就是圆极化比（CPR），σ_{sc}/σ_{oc}，或者解释为"同旋向与反旋向"的圆极化的后向散射强度之比[97]。立体冰的总反射的能量比较强，至少对"干净"的沉积如此。用相干反向后向散射效应[109]（COBE）理论可以解释极化和雷达亮度效应。

好多年前人们就预测，有水冰在超过二十亿年前就开始累积在月球上火山口底部或是积累在具有一定深度和纬度的地形下面，地形的深度和纬度使它们永久处在太阳阴影处。唯一的热源来自背景的星光和月球内部的能量，因此这些地形的环境温度不会超过约 75K，当彗星上的水冰进入到这种低温的空间后，它就开始累积起来。人们一般接受这种过程来解释从水星极地火山口例如用无线电天文望远镜观察到的亮的雷达响应。由于月球转轴的倾斜度很小，因此像 Arecibo 这种的无线电望远镜就没有机会探索月球的极地火山口底部。

问题是比较大的 CPR 并不是立体冰所独有的，二面（二维）角反射器也以入射圆极化同样的旋向强烈反射。自然存在的二面角可以由受过大的冲击后产生的粗的岩石构成，这样的二面角可以产生假的水冰图像，为了减小潜在的 CPR 模糊和光度，雷达观测必须可重复，而且还应该与其他指标相关联。

Chandrayaan-1 和月球侦察轨道飞行器（Lunar Reconnaissance Orbiter，LRO）它们都配备了"小型-射频"雷达[110]。Chandnayaan-1 工作在 S 频段（波长 12cm），有 16 视 150m 的分辨率。LRO 雷达工作于两个频段：S（12cm）和 X（4cm）。LRO 雷达有两种分辨率：S 波段 16 视的分辨率为 150m，X 波段 8 视的分辨率为 15m。LRO 的雷达还包含干涉测量模式。与其他模式采用的脉冲串方法不同，此模式要求脉冲重复频率是连续的。Chandnayaan-1 和 LRO 都有中等的入射角（约 45°）、中等的幅宽（4～8km），并且在低高度上运行，分别为 100km 和 50km。由于距离-速度乘积小（见表 18.1），因此天线面积只需要约 $1m^2$ 就可满足最小面积的限制［见式（18.4）］。这两部雷达确实非常轻，包含各自天线后大概分别为 8kg、12kg。

两部雷达的主要目的就是寻找在月球极地区域永久阴影的地方存在冰沉积的证据。这就

---

① 表土存在于月球表面的各处，它实质是一种外表面覆盖了岩石的粒状岩石层。

要求它们必须能测量圆极化比。因此，它们发射圆极化，双极化接收。它们的天线由垂直和水平极化单元的无源线阵所组成。垂直和水平极化单元同时由相移 90°的信号馈电，这样辐射的极化就是圆极化（或左旋或右旋）。接收到的两种线性极化回波一直通过系统的其余部分到达图像处理器，然后输出结果。这将会导致下文所说的混合极化结构[111]。

Magellan：创新的金星成像器

Magellan（见图 8.15）不得不面对两个任务上的限制：成本与数据率。前者由 NASA 和美国政府的财政预算机构规定；后者由深空网络[112]信号处理能力的物理条件决定。当然，教训是只做好的（应理解为"大预算，星载的"）科研是不够的，还必须要做到高效，同时还要有耐心地去做。就 Magellan 而言，上面所说的两方面的限制促使产生了一个非常好的有创造性的雷达设计。

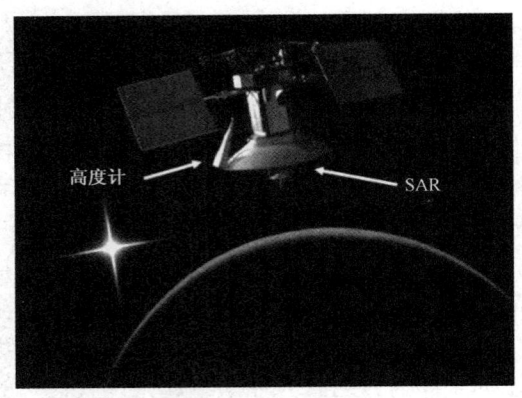

图 18.15　观察金星的 Magellan 的示意图。太阳从背面照射，示出雷达（和高增益通信）天线和高度计的小喇叭天线

成本

与原始金星轨道成像雷达（VOIR）探测任务所申请的资金相比，已批复的资金已经过严重的削减，这导致以下几个严重的后果。与传统的圆形轨道不同。Magellan 被重新设计成有一条倾斜的轨道（见图 18.16），这样可以降低很多成本与风险。另外，不同于以往星载 SAR 有代表性的大的高长宽比的天线，Magellan 不得不采用之前探测任务遗留下来的备用圆形通信天线。虽然看起来这好像是不大的改动，但是这迫使 SAR 设计团队进行创新性的改动。

天线

天线是任何星载 SAR 设计中的关键元件。天线决定了幅宽、所需要的最小发射机功率，而且还影响分辨率和数据率。Magellan 的天线为直径 3.7m 的圆盘。这与之前人们喜用的 SAR 的高度不对称的矩形天线截然不同。

天线垂直方向的尺寸（与距离、入射角和波长一起）决定了照射的表面上的幅宽。这样就提供了成像幅宽的上限。以 Magellan 为例，它的成像幅宽小于实际照射的幅宽。选择的成像的幅宽要略宽于由于行星的自转产生的金星表面轨道之间移动的宽度。椭圆轨道的周期选为大约 3h，这样卫星每一次飞过一周后，它的成像就可以接续地有一部分重叠，并且还扩展了之前飞过时成像表面的范围。

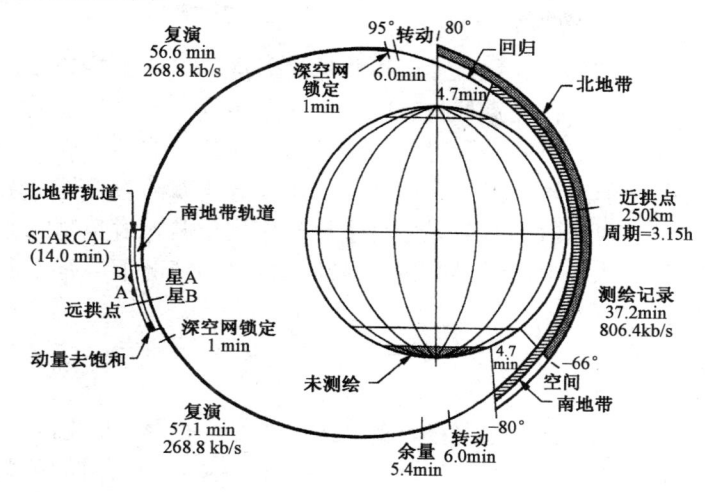

图 18.16　Magellan 的椭圆轨道细节。在每 3.3h 轨道周期内有约 37min 获取数据，2h 数据下传

在沿飞行方向上，天线的尺寸将会产生深远的后果，单视情况下，Magellan 天线理论上的分辨率可达到约 1.6m（见 18.2 节）。这比科学界所需要的 120m 的方位分辨率小了 75 倍，也就是说采集单视分辨率为 120m 的数据只需雷达工作 1/75 时间就行了。如果需要 N_L 次下视观察，那就意味着工作比是 $N_L/75$，大了 N_L 倍。结果是使用"猝发"模式（见 18.2 节），这时雷达以小于 100%的时间工作。为探测月球或是其他行星而设计的 SAR 所采用的标准方法就是猝发脉冲的工作模式，使用的 SAR 航迹向的天线尺寸要远小于数据的方位分辨率所要求的尺寸。视数 N_L 这一参数在下面有关星载 SAR 部分的总结中要再专门研究一下。

Magellan 的高增益天线既用于数据下传也用于 SAR。在每一个轨道的高段，卫星把天线指向地球。天线有两种馈源，S 波段的（HH 极化用于雷达）和 X 波段的（圆极化用于遥测）。在从一极到另一极的数据采集后，遥测装置将所积累的信息传到三个深空网络接收站中的一个，这样每一轨道的数据收集与数据下载将保持同步。

轨道

由轨道力学原理，可以直接得出进入金星倾斜轨道所需成本要比进入圆轨道所需成本小得多。财政拨款官员并不关心从椭圆轨道上连续成像有很大困难这一事实，可是这却使 SAR 设计团队人员更加地关注椭圆轨道的诸多限制，Magellan 雷达不得不适应远到 2000km（极点处）近到 250km（赤道附近）这样一个相对高度的变化。我们完全有理由期待最终的成像结果不会太理想，更不用说隐含的有关成像时间和成像比例的问题了。幸好此次项目的设计非常好，Magellan 极点到极点的成像质量出乎意料地一致。好的原因提供了非常重要的教训。

由于 Magellan 雷达的工作模式是脉冲串（猝发）方式，因此在每个脉冲串之前设定好模式参数是方便又必要的。通常情况下，脉冲串至脉冲串的参数是不同的。关键的参数包括 PRF、距离波门、脉冲串长度、脉冲串周期和飞船横滚。根据数据采集几何学事先准备好雷达参数数据，然后这些数据由雷达成像序列软件生成控制命令。结果会产生约 1000 种不同的结构，每一种结构列与轨道的特定段相对应。工作时，对于每个 3 天的成像间隔，合适的指令预先下载到卫星上的 SAR 控制处理器中。

为了补偿近 10 倍的距离变化对 SAR 成像质量的影响，SAR 的操作设计成采用可变入射角。每次在高空成像通过时，在极点处附近陡入射角开始变小，而在接近赤道时入射角已变成很浅。而在接近另外一个极点时，入射角又变陡。入射角的这种变化有助于补偿雷达到成像条幅距离上的大变化，但这也就意味着地面上的距离分辨率随着卫星高度的不同而变化。当雷达带宽一定时，浅入射角时的有效地面距离分辨率优于陡入射角时的有效地面距离分辨率。幸运的是，当入射角比较大的时候，也就是距离很远的情况下，有更多的时间收集更多视的数据。

成像质量

对由分散的散射体组成的自然地区进行的 SAR 成像，视数（looks）和分辨率一起决定成像质量（理解为"星球物理信息上的潜力"）。衡量 SAR 成像质量的参数为[31, 113]

$$Q_{SAR} = \frac{N_L}{r_{Rg} r_{Az}} \quad (18.18)$$

式中，N_L 是下视数（统计上独立的）；r_{Rg} 和 r_{Az} 分别是地面距离分辨率和地面方位分辨率。这里可以推广的重要结论是：增加下视数可以补偿距离向分辨率的降低（在合理范围内，对这种探索性的 SAR 数据）。注意视数和分辨率需要带宽来支持，于是 Q_{SAR} 与距离向和方位向的带宽的乘积成正比，因此在香农理论意义上与雷达的信息容量（二维）成正比。这一原理很有好处地被应用到 Magellan SAR 的总体设计中[114]，见表 18.7。从表中可以验证，尽管雷达距离、入射角、地面距离向的分辨率变化很大，但 Magellan 数据的图像质量从一极到另一极的变化只有 ±2%。

表 18.7 成像质量：Magellan 分辨率及视数

高度 （km）	入射角	距离分辨率 r_{Rg}（m）	方位分辨率 r_{Az}（m）	视数 N_L	$Q_{SAR}=N_L/r_{Rg}r_{Az}$
250	52°	110	122	4.8	3.6×10^{-4}
500	39°	137	121	6.0	3.6×10^{-4}
1000	28°	181	121	8.5	3.9×10^{-4}
1750	21°	247	120	11.6	3.9×10^{-4}
2100	19°	270	120	13.5	4.0×10^{-4}

数据率

从金星到地球，Magellan SAR 的数据是通过 DSN 中继传输的。这个大的通信系统对 SAR 的遥感数据限制为最大速率 270kb/s。这一数据率看起来似乎很大，但与星载 SAR 的标准相比是很小的。例如，ERS-1/2 上的数字数据率和 RADARSAT 对地观察 SAR 上的数据率达到 120Mb/s。更新的设计据称可以达到 400Mb/s。因为 Magellan 的目标是在任务期间以 120m 的分辨率对行星大部分的表面进行成像，DSN 的数据率成了对整个系统的最严格的要求。

原始的 SAR 数据率与图像质量因数、幅宽、飞船速度和每个采样值的比特数成正比。当然，如果飞船每一次航过都能先收集到数据然后以比较慢的速度重放，那么对它的平均数据率的要求就可降低。尽管将这一方法已用于 Magellan 的设计中，也符合倾斜轨道的情况，但是还是不足以解决 Magellan 的数据率的问题。

数据率预算中留下的唯一的自由度是在原始 SAR 数据流中的每一个采样所能保留的比特数。用 DSN 的限制计算后，最终的结果是 Magellan 的原始数据只能有 2 位。

2b 的 SAR，轨道 SAR 独特的特性再一次使这一点成为 Magellan 的设计中可接受的解决方案。这一范例的关键要求有两点：(1) 有效信号编码很长，(2) 成像环境密集，主要由随机分布的后向散射体构成。行星 SAR（以及许多对地观测的星载雷达）很容易满足这样的要求。成像雷达的长信号编码长度的度量之一是距离和方位向的时间带宽的乘积，或者等价地是它们可能的二维压缩比。在 SAR 数据的情况下，这一比值等于瞬时脉冲脚印所占的区域面积（天线宽度乘以投影脉冲长度）除以分辨单元面积（方位和距离向分辨率的乘积）。这一比值在 Magellan 的工作不同模式中有所变化。但是通常情况下远远超过 10 000。这变成从信号域到成像域的动态范围增益为 40dB。

"2 位方法"基于块自适应量化器[115]（Block-Adaptive Quantizer，BAQ）。其主要工作机理就是对原始 SAR 数据流中最有影响的数字采样（比特）采用自动增益控制的方法（AGC）进行选择。如 Magellan 设计的那样，数据量化成 8b，同相（I）和正交（Q）的。模/数转换阶段后是 BAQ 操作，它从每个 I、Q 数据对中选择出相对于之前接收到的脉冲串所得的平均信号水平最大的 2 位有效位。因为相邻脉冲串覆盖的场景单元基本相同，所以脉冲串与脉冲串之间的平均信号水平变化很慢。(AGC 设定的) 平均信号水平包含在每个脉冲串数据记录的标题中以用于后续 SAR 成像形成。

尽管 BAQ 运算输出的原始 SAR 数据的动态范围非常有限，但是最终成像数据的潜在动态范围大得多：它的上限是输入动态范围和 SAR 数据二维压缩率的乘积。因此，Magellan 成像处理后它的动态范围超过了 40dB。这也可以从 Magellan SAR 数据形成的成百上千张图片中加以说明。

混合极化结构

用于探测月球、火星或其他行星体雷达的第一位目标就是使测量潜力最大化，同时使对资源的要求（主要是能量与质量）最小化。如果对行星探测雷达要求它有对冻结挥发物是敏感的，那么系统就必须是双极化的，而且必须发射圆极化。正如 18.2 节所述，如果双极化雷达能保持两个以线性极化为基础的，如 E_H 和 E_V 的接收幅度数值和相对相位，双极化雷达就可使其测量能力最大化。早在 1852 年人们就了解准单色电磁场（quasi-monochromatic EM field）可以由 4 个 Stokes 参数表征[116]。用线性极化接收数据表示的 Stokes 参数是

$$\begin{aligned}
S_1 &= \langle |E_H|^2 + |E_V|^2 \rangle \\
S_2 &= \langle |E_H|^2 - |E_V|^2 \rangle \\
S_3 &= 2\operatorname{Re}\langle E_H E_V^* \rangle \\
S_4 &= 2\operatorname{Im}\langle E_H E_V^* \rangle
\end{aligned} \quad (18.19)$$

式中，*表示复数共轭；〈 〉表示几个采样的平均。显然，两种极化的相对相位，对 4 个中的 2 个 Stokes 参数是关键的因素。通过 Stokes 参数所表示的数据很适于用矩阵分解方法处理[60, 117]。

对于给定的发射极化，对于接收机的极化基，上述的 Stokes 参数的值是不变的。由此最优结构是混合极化[118]：圆极化发射然后线性双极化接收（见图 18.7）。在所有可能的选择中，这种结构需要较小的质量，提供更高效率，而且在后向散射场中还能捕获所有可能的信息。

如果两组线性阵列（如 H 和 V）的单元同时馈电并且相对相位等于 90°，那么天线将辐射圆极化波（见图 18.17）。实际上，阵列的相对相位和幅度加权很少是理想的。结果是辐射场将有点椭圆而不是纯的圆极化。由于混合极化结构具有自校准特性，因此对于上述不足不太敏感。总之，在 $\sigma_{HH}^0 = \sigma_{VV}^0$ 的条件下，两接收通道的平均信号水平应该相同（用 Stokes 参数表述，$S_2=0$）。当雷达垂直照射表面时，H 和 V 的后向散射系数总是相等的。因此，任何混合极化雷达在校准期间通过垂直照射水平面这一简单方法就可以建立起上述条件。从随机分布的场景收到的数据中可发现幅度和相位的不一致。在观察范围内没有必要设置作为参考的已知点目标。与这种测量相对应的 Stokes 参数足以表征发射场相对 H/V 相位，对于接收来说也一样。

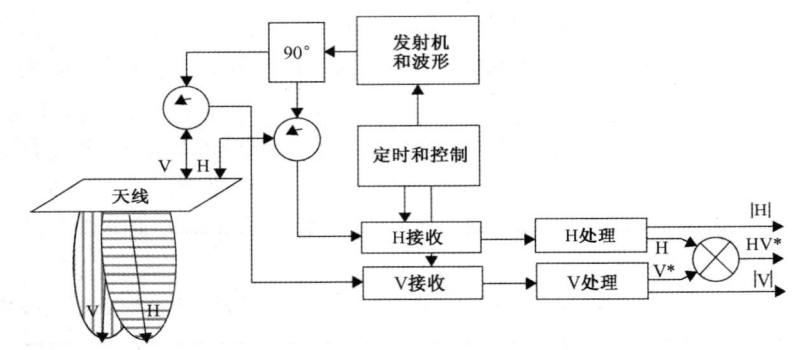

图 18.17 混合极化 SAR 结构。首次由在 Chandrayaan-1 和 LRO 上的 Mini-RF 月球雷达使用

18.5 散射计

星载遥感散射计以足够的精度和准确度测量归一化散射，并推导出有重要地球物理意义的一个或几个参数的值。例如，雷达收到的海面回波的功率强度是雷达波长尺度上的海面粗糙度的函数，而海面粗糙度又是雷达照射区域风的函数[119]。广阔海面风速和风向的估计是这类散射计的一个最普通的应用。在 21 世纪早期，EUMETSAT 就采用了风速散射计作为它的功能之一，其风速精度为±2m/s，风向精度±20°。除对宽阔海洋的观察外，这类 SBR（星载雷达）的已校准的数据还已经应用到多种大面积地面特征的调查方面，例如，确定海洋冰覆盖情况，对格陵兰岛主要冰覆盖区的边界制图或者热带森林砍伐情况的全球估计等。在所有这些应用中，重点是对大区域平均反射率的测量，而不是画出精细的空间细节。这类仪器分辨率一般在几十千米的量级上，具有大约 1000km 的幅宽或更大。

在海洋应用中，后向散射的相对细微变化都可以对应着检测到的风信息巨大变化①[120, 121]。

---

① http://www.eumetast.int/groups/ops/documents/document/pdf_tmo3_rev_scattometer_w.pdf

因此对这类雷达的主要要求是所接收回波功率的精确性和准确性[①]。然而，下一步，测出矢量风场，即将雷达后向散射功率转化成精确的风速和风向估计，绝非容易。确实，这种技术不能测出不能产生波长量级的表面粗糙度的非常低的风速，极限情况下，斜视雷达如散射计，对没有风驱动的波浪的海面几乎不能产生后向散射，即使在这一区域有浪涛。

矢量风的提取

由风变成粗糙的洋面的归一化后向散射系数 σ^0 首先取决于雷达波长、当地入射角、极化方式等。要估计的风的参数是风速和雷达视线与风向在水平面内的相对角度。海洋反射率也是其他一些因素的函数，包括海洋表面上的物质（如人为或自然的油膜）、空气-海洋温度差或大的波浪，但是这些因素对目前我们讨论的意义不大。

反射系数 σ^0 与风参数的关系是非线性的。图 18.8 示出了单极化响应的结果，横轴是相对风向，纵轴是归一化雷达后向散射系数。每一根曲线对应一个特定的风速。一般来说，逆风和顺风比正交风向有较大的后向散射，并且逆风比顺风后向散射要大一些。风场数据曾经通过机载散射计收集过，且飞机是在有风速测量仪器的测试场上空作真正圆形飞行的。多年来，做过很多的努力想建立这种行为的一个合理的数学模型，并取得了一定的成功[123]。目前，有几种提取矢量风的方法在应用，包括 CMOD-4 和神经网络模型。

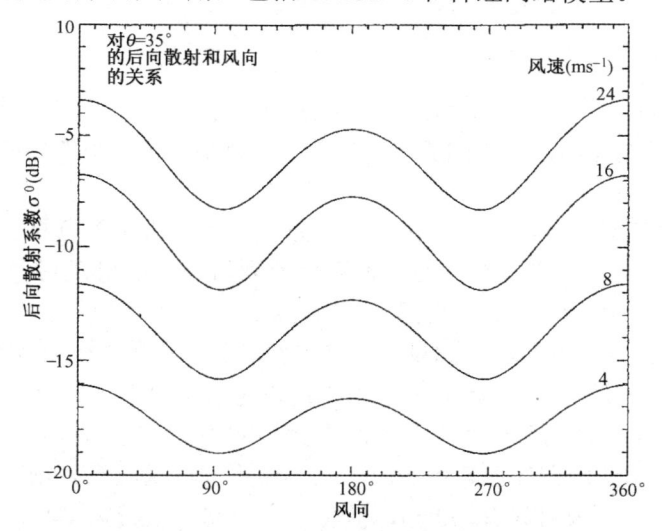

图 18.18 从由风驱动的海面得到的典型后向散射强度（垂直轴）作为风速（建模数据）、风向相对于雷达视向的函数（水平轴）。类似的曲线簇对应雷达的极化（通常 HH 或 VV）和入射角。诸如这些从一个模型（如 CMOD4）导出的曲线后来由广泛的机载测量得到了验证

数据清楚地显示仅在一个姿态角测量雷达后向散射是不足以决定风速和风向的。Seasat 散射计使用了两个视角（分离 90°），结果有多达 4 个可能解答，这显示出方向上的模糊[124]。

---

① 注意精度和准确性都需要。雷达后向散射本来就是一个有大的标准差的量，只有通过大量的平均才能减少。由于对散射数据地球物理学上的解读经常依靠对两个类似的 σ^0 的值的区分，结果非常依赖于减小估计值中的不确定性和使平均值准确。

星载风散射计的特征就是有不同的视角几何，不同视角几何都是从在物理上（或经济上）能够实现的限制下，抑制方向模糊的需要出发而设置的。

测量精度

很明显，σ^0 的测量必须有小于 1dB 的精度和准确度，只有这样才能提取出有用的风场数据。准确度依靠雷达的稳定度和校准。对星载散射计的挑战是设计出雷达使其精确度——σ^0 测量值的归一化标准偏差——足够高。用标准的散射计术语，经典参数是 K_P，即测量的归一化标准偏差[125]。在使用扇形波束的散射计并采用多普勒滤波的情况下，基本的表达式为

$$K_P = \frac{(1+2/\text{SNR}+1/\text{SNR})}{\sqrt{NTB}} \quad (18.20)$$

式中，N 是每一个 σ^0 测量中叠加的统计独立脉冲数；T 是发射脉冲长度；B 是测量单元的多普勒带宽；SNR 是信噪比。K_P 通常以百分比表示，目标是它的值为 5%或更好。注意，在高 SNR 情况下，K_P 收敛于 $1/\sqrt{NTB}$。在低风速下，K_P 取决于 SNR 和统计独立的视数。任何一个 K_P 表达式的具体形式都取决于它的基本统计模型。上面的经典 K_P 表达式是基于高斯模型的。然而，普遍的原理是散射计必须提供许多独立的视数，来减小 σ^0 测量的标准偏差，而不管海洋后向散射的统计分布是怎样的。

趋势

矢量风场数据已经被气象机构如 EUMETSAT 采用。在可预见的将来，微波雷达将继续使用，并提供这类数据。SeaWinds 的成功（后面将做介绍）预示圆锥扫描样式将是未来矢量风场散射计设计的基础。

用微波手段测量风场，有两种可选择的星载方式：有源的和无源的。在装有其他设备的空间飞行器上雷达不太受欢迎，因为其他设备会受到附近发射机发射的无线电频率的干扰（RFT）。雷达比无源系统需要平台供给更多的电能。这些和其他的一些有关的考虑推动了 WindSat 的开发。WindSat 是一种无源设备，它通过对海洋表面微波辐射的 Stokes 参数的分析估计海洋近表面的风场[126]。WindSat 是 Coriolis 卫星上两台设备之一，2003 年发射。无源风场数据比散射计测量数据的可靠性是否高仍是一个未定的问题。

散射测量数据还试图用在许多其他的应用上，而不仅仅是海洋风场的测量。虽然由星载散射计产生的"图像"分辨率只有 50km，但是，它的观测条带宽度和经常的重访很适合全球规模的气象观察。散射计雷达多年的数据记录给气候变化研究和监视气候季节变化提供了重要的数据。适合的应用包括海洋冰盖、大的冰山、陆地冰层、植被和土壤水分等[127-130]。

飞行系统

RadScat[131]（见表 18.8）是太空实验室上的 S-193 Ku 波段仪器的辐射计和散射计的名称。这个实验的顶级目的：（1）能接近同时地对陆地和海洋微波后向反射率及辐射率进行全球规模的测量；（2）为空间雷达测高计设计提供工程数据。这个设备共享一个万向天线。散射计测量海洋和地形的归一化后向散射系数和入射角的函数关系，入射角范围为 0°～48°。虽然只可能对所选位置稀疏地覆盖，但这些数据已充分显示了星载雷达对海面风场测量的潜力。S-193 观测区域是前方 48°以及飞船地面航迹两侧 48°。对所选的测量，在航迹方向波

束指向几个固定角度，这些角度为 0°、15.6°、29.4°、40.1°、48°，并且在每一个角度皆有充足的驻留时间以进行平均后得到 5%的精度。RadScat 收集的亚马逊雨林的归一化后向散射数据可以作为星载雷达的定标参考，这已经被证实是一种标准技术[132]。

SASS（Seasat-A Satellite Scatterometer）[133, 134]是第一部专门为测量海洋风设计的星载雷达。它是一个多扇形波束设备，由两套双极化（HH 和 VV）天线组成，每套约 3m 长，且扇形波束指向轨道平面两侧的 45°和 135°。入射角范围为 25°~55°，可以覆盖卫星两侧 500km 的区域。雨林上空获得的校准数据用来减小天线增益不稳定度到小于 0.4dB。由于 Seasat 卫星没有偏航控制，因此地球旋转前向与后向的足迹被错误配准，使在低纬度地区的有用观测区域宽度减小到约为 400km。对中度到剧烈的海况 K_P 值从 1%变到 3%，但是对于低风速情况变差到 15%，对非海洋面且非常低的后向散射率甚至差到 50%。对于 4~16m/s 风，风速和风向的准确度分别为±2m/s 和±20°，然而数据不足以避免方向模糊。标称分辨率为 50km，由天线方向图和多普勒等高线决定。雷达载频为 14.6GHz，发射峰值功率为 100W，占空比 17%，来自行波管（TWTA）放大器，波形为调制的连续波（CW）。接收机前端是隧道二极管放大器，在各种工作温度环境下，可以保持小于 5.7dB 的噪声系数。平均输入功率为136Wdc，设备质量为102kg。

表 18.8 散射计

名称	飞行器	国家/地区	年代	天线	波段	极化方式
RadScat	Skylab	美国	1973, 1974	笔形波束	Ku	VV、HH
SASS	Seasat	美国	1978	扇形波束	Ku	VV、HH
ESCAT	ERS-1	欧洲	1992—1996	扇形波束	C	VV
ESCAT	ERS-2	欧洲	1995—	扇形波束	C	VV
NSCAT	ADEOS I	美国/日本	1996—1997	扇形波束	Ku	VV、HH
SeaWinds	QuikSCAT	美国	1999—	圆锥扫描	Ku	VV、HH
SeaWinds	ADEOS II	美国/日本	2002—	圆锥扫描	Ku	VV、HH
CNSCAT	SZ-4	中国	2003	双圆锥扫描	Ku	VV、HH
ASCAT	MetOp-1	欧洲	2006	扇形波束	C	VV
Scat	Aquarius	美国	2009	3 波束	L	VV、VH、HV、HH

安装在欧洲空间局的 ERS-1 和 ERS-2 卫星上的 WS（气象卫星），其散射计模式内嵌于 C 波段 AMI 雷达设备上面[14]。这些散射计应用 3 个扇形波束天线，相对于卫星轨道方向，它的脚印指向 45°、90°、135°。两个外部天线 3.6m 长。由于地球自转，为了保持足迹几何关系，飞船应用了偏航控制技术。由于采用了与 SAR 模式相同的射频硬件，所以采用了 C 波段，这不同于以往星载散射仪。因此，SAR 模式和散射仪模式不能同时工作。和 Ku 波段不同，C 波段的数据受雨影响较少，对高风速数据证明可靠性更高[119]。天线观测条幅宽 500km，从中三个视方向的平均数据都在 50km 的分辨单元中，处在 25km 的网格上。

ASCAT（the Advanced Scatterometer）[135]先进散射计，安装在 Metop-1 上，基本上是 ERS-1/2 的改进版本。它是一部可以独立应用的雷达，不需要像 AMI 上的散射计那样需要分时共享在轨电子设备。它覆盖卫星地面航迹两侧的条幅。500km 宽条幅的近边界离星下点 384km，入射角跨度为 25°~65°。0.57dB 的辐射上准确的数据加以平均后可获得 K_P 值范围从 3%（高风速）～10%（低风速，侧风姿态）。结果对于近表面风矢量有 4～24m/的数值，准确度为±2m/s 和±20°。雷达载频为 5.2559Hz，发射 10ms 长的线性调频（LFM）脉冲信号，峰值功率为 120W，由并联的固态 GaAs FET 放大器获得。一次只能有一个天线工作（工作 0.2s），6 个天线按顺序依次循环工作。设备质量为 270kg，需要输入功率 251W。由于在轨处理，内部数据率从 1.4Mb/s 减小到送到 MetOp-1 数据处理系统只有 60kb/s 的平均数据率。

NSCAT（NASA Scatterometer）[134]提供给日本作为先进地球观察卫星（ADEOS）的一部分，是 SASS 的升级版本。NSCAT 用 6 个双极化棒形天线（3m 长），相对于地表航迹，其中的 4 个瞄准±45°（H 极化）和±135°（V 极化）。两个中间波束天线方向图瞄向 65°和 115°（分别为 H 和 V 极化）。两侧的第三个波束用来消除存在于 SASS 风数据提取中的四重定向模糊。覆盖两个 600km 宽的条幅，分辨率为 25km。为了在航迹方向上获得 25km 分辨率，雷达定序器必须使所有的天线方向图在 3.74s 内循环，这使得 8 个足迹中每一个的最大驻留时间为 470ms。波束横向的分辨率由多普勒分析决定。然而，由于平均多普勒频率偏移是天线方位（以及入射角）的函数，所以来自每一个方向的回波需要各自的本振偏移。天线峰值增益是 34dB，指向最大的距离。NSCAT 的质量是 280kg，要求输入功率为 275W。射频系统环绕着备份的 TWTA 构成，发射脉冲宽度为 5ms 的调制脉冲，PRF 为 62Hz，峰值功率为 110W。

SeaWinds 和以往风散射计棒形天线有很大的不同，它采用了盘形天线[137]，转速为 18r/min，使两个波束对以星下点中心的 1800km 宽条幅扫描（见图 18.19）。第一个"SeaWinds"安装在 QuickSCAT 上，由 NASA 推动，并于 1999 年 6 月发射，作为 1997 年 6 月 ADEOS 的提前失效的迅速反应。第二个"SeaWinds"安装在日本的"ADEOS-II"上。这两个设备都工作在 Ku 波段（13.4GHz），辐射功率为 110W，1.5ms 脉宽，PRF 为 190Hz，相等地分给两个天线波束。发射机是一个行波管放大器，继承了 NSCAT。调制脉冲带宽是 40kHz，接收机上采用了 80kHz 带宽的滤波器加以保持。接收的数据率需进行补偿

图 18.19 SeaWinds 散射计装在日本的 ADEOS-II 航天器上。雷达驱动圆锥扫描的反射面天线，它占了卫星观察地面方向上的大部分位置

来消除多普勒频移，频移在每一个天线旋转过程中以正弦变化且变化范围为 1MHz。设备质量为 191kg，需要的输入功率为 217W。这些数据说明了这台装置相对于棒形天线[138]装置的主要优点：以较小的质量和功率获得较大的观测区域。系统灵敏度可配合的σ^0 范围为-37～-2dB。天线为 1m 的反射器（增益约为 40dB），两个馈源，在 46°（H 极化）和 54°（V 极化）入射角上产生一对笔状波束。照射的几何图形同样也是有优势的，因为对所有姿态入射角都相同。由波束限制的足迹约为 30km×40km。在轨处理后，平均数据率是 40kb/s。SeaWinds 散射计性能[139]相对于其他风散射计设备至少是可比拟的，其风速在 3～20m/s 情况下，准确度为 2m/s，方向准确度为 20°。额定地面分辨率为 50km，先进的处理[140]能将分辨率提高到 25km。虽然幅宽为 1800km，但多种姿态角和极化将科学上可用的风矢量数据限制在地面航迹任一边 250～800km 的条带内。

Aquarius

Aquarius 的使命是绘制海洋表面盐度图。为此海洋辐射率的 L 波段辐射遥感是主要的测量方法。然而辐射率是海面粗糙度、温度、介电常数的函数[141]，粗糙度是感兴趣的自变量。Aquarius 上有 L 波段（1.26GHz）散射计用来测量海面粗糙度。散射计和辐射计共用一个直径为 2.5m 的天线，由 3 个偏置馈源照射，产生 3 个侧视波束（入射角为 29°、38°、45°）。因此，随着平台的运动，沿其轨迹产生条带扫描区域。散射计是全极化的（HH、VV、HV、VH）。峰值功率约 250W，脉冲宽度为 1ms，足以支持探测海面范围为 0～-40dB 的 σ^0。分辨率适中，约 150km。散射计和辐射计共用一套电子设备。组合的设备质量约为 400kg，要求的初级功率约 450W。

18.6 雷达探测器

雷达探测器最一般的形式是一种其发射信号用来穿透媒质体积的设备。通过后向散射接收到的波形显示介质在不同深度的差异①。当探测器航过照射区域时，一系列测距波形产生一个剖面，这一剖面是所调查体积的两维反射率的剖面。穿透深度随波长与功率增大而增加。另一方面，反射率也取决于内部层之间的介电差异；物质的介电常数同样是波长的函数。因此，星载雷达探测器必须在可用功率和天线孔径的限制条件下折中选择频段和带宽来平衡穿透性、反射率和分辨率之间相互矛盾的要求。

星载雷达探测器在表 18.9 中重点进行了介绍，自然分成两类：地表下探测雷达和大气或电离层探测雷达。从表中可以很明显地看出，所有地表下探测雷达都是在较低频段的。相反，大气探测雷达频率要高得多。MARSIS 电离层探测模式是特殊情况，在后面将详细介绍。

表 18.9 雷达探测器

设备	网址	飞行器	年代	目标	频率
ALSE	1	Apollo-17	1972	月球表面	5、15、150MHz
MARSIS	2	Mars Express	2003—	火星下表面	1.8、3、4、5MHz
SHARAD	3	MRO	2005—	火星下表面	15～25MHz
LRS	4	SELENE	2007	月球下表面	5MHz
PR	5	TRMM	1997—	雨	13.8GHz
MARSIS	6	Mars Express	2003—	火星电离层	0.1～5.4GHz
CPR	7	CloudSat	2006	地球云剖面	94GHz
DPR	8	GPM	—	雨	13.6、35.5GHz

1. http://nssdc.gsfc.nasa.goc/database/MasterCatalog?sc=1972-096A&ex=4
2. http://sci.esa.int/science-e/www/area/index/cfm?fareaid=9
3. http://mars.jpl.nasa.gov/mro/overview/
4. http://www.jsfws.info/selene_sympo/en/text/overview.html

---

① **测深器**这个名词通常是和声波回声测深相联系的。测深首先来自多世纪以来用铅垂线测量洋深的行动。从声学测深到电磁测深逻辑上的扩展相比之下只是一小步。

5. http://trmm.gsfc.nasa.gov
6. http://sci.esa.int/science-e/www/area/index.cfm?fareaid=9
7. http://coludsat.atmos.colostate.edu/
8. http://gpm.gsfc.nasa.gov/dpr.html

地表探测飞行系统

比起安装在地面上的地面穿透雷达（GPR）和非常低高度飞行的机载探地雷达，星载雷达的地表探测面对更多的挑战。当然，一旦雷达信号穿透地表，通常的体衰减和反射都会发生。和其他 GPR 一样，因为感兴趣信号和与之竞争的回波信号相比要低 50dB 或更多，所以大的动态范围是需要的。雷达若要探测到相当的深度，只有在干的物质情况下才可行，例如在月球浮土或非常冷的低损耗冰层的情况下。

除通常的 GPR 方面的考虑外，两个太空中的特殊问题也需要考虑。这两个问题都不能用通常增加雷达发射功率的办法来解决。第一个问题是杂波。在轨道高度上，远离星下点的散射体会产生较强的后向散射，并与深度的回波信号具有相同的雷达距离，如图 18.20 所示。这个问题伴随着高度的增加和为了较大的穿透性，要求长波长这一事实而变得更为复杂。另外，由于空间飞行器对安装天线尺寸的限制，使得照射方向图只有较小的方向性，甚至没有。通过对几组回波的处理来减小波束宽度是有益的。在航迹方向采用多普勒技术也是可行的[142]。然而，由于轨道的太大的高度-速度参数（见表 18.1），会使得无模糊距离-多普勒窗太小而不能用。减小垂直轨迹方向的有效天线方向图宽度，会有更大的困难。

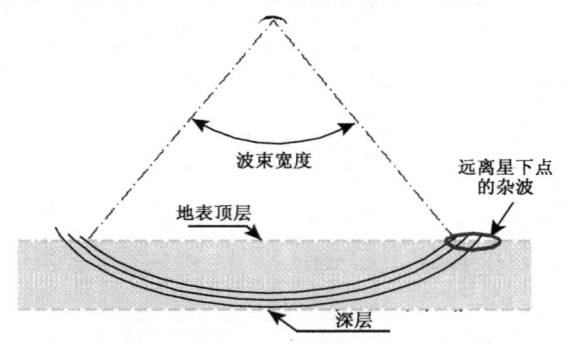

图 18.20 挑战星载地下探测的两个问题：（1）在来自深处需要的回波与地面杂波之间距离相同；
（2）来自星下点下面的极强回波引起的距离副瓣

第二个问题是距离副瓣。从轨道高度和一个实际的空间平台，发射一个简单的短脉冲并使其具有足够的能量以从一定深度上获得有用反射回波不一定能办得到。调制的长脉冲是唯一实用的方法。不幸的是，在为地表下探测所需要的长波长上，其产生的表面反射中的镜面反射分量非常强。对地表回波进行脉冲压缩产生距离副瓣，它会出现在地深处的距离，由此会很容易地淹没来自内部结构的微反射。一个标准的减轻这个问题的策略是最大地抑制副瓣，这就要求很重的脉冲幅度加权和严格的相位幅度线性的控制。

由于星载探测器大的足迹和提取来自深处信号的需要，标准的做法是假设地层的主要的回波来自镜面散射，因而来自扩展的水平层[143]。有贡献面积由第一菲涅耳（Fresnel）区域的半径决定，在自由空间中半径为 $r_F = \sqrt{h\lambda/2}$，h 是雷达离表层的高度。由于在地层中传播速度较慢使得球面波变平，在这种媒质中半径要大一些。

ALSE

ALSE（Apollo Lunar Sounder Experiment）阿波罗月球探测实验[144, 145]是成像器和探测器的合成。工作波长为 60m、20m、2m。ALSE 探测模式设计成能测量月球介电常数物质形成的表面下的水平层，并且在双边侧视和下视观测几何下进行。这个设备基于 SAR 原理。数据直接存储在 70mm 的照相胶片上，在"阿波罗 17"返回地面后，采用光学和数字处理方法处理数据（在 1972 年，数据处理的水平是光学处理）。透射深度证明是与波长约成比例的。雷达波形是受限的，以使超过 3 个压缩信号脉冲宽度之外的所有响应所有的副瓣比主波束峰值低 45dB。幅度和相位线性度做成分别优于 0.1% 和 0.001rad。发射的脉冲是线性调频脉冲，在 3 个波段都有 10% 的带宽。额定自由空间中的分辨率为 300m、100m、10m。天线增益为 -0.8dB、-0.7dB、7.3dB。这些低数值来自天线差的方向性。发射平均功率为 12W、4W、1.5W。预测的穿透深度为 1300m、800m、600m。结果与 ALSE 的性能一致。

MARSIS

欧洲空间局的 Mars Express 飞行器载有的火星先进雷达是表面下和电离层探测设备[146]，并且是 ALSE 之后的第一个轨道探测器。MARSIS 是一个多频率下视雷达，在 4 个波段中的一个发射频率为 1MHz 的脉冲，这 4 个波段位于表 18.9 所列频率的附近。Mars Express 卫星运行在一个椭圆轨道上。限制在 250~800km 的轨道高度上进行地表面下的探测。探测还会进一步受到电离层的限制。因为电离层会阻止频率小于等离子体频率 f_0 的无线电波传播到地面。火星电离层向阳面 f_0 约为 4MHz，背阳面约为 1MHz。依据电离层折射系数 n，电离层引起信号与频率有关的时间延迟，这里 $n = [1 - (f_0/f)^2]^{1/2}$。由此产生的色散会使雷达信号调制失真，这在脉冲压缩以前要进行补偿。指向垂直于轨道面的 40m 长的偶极子天线方向性很弱，只有 2.1dB 的增益。两个 20m 的偶极子臂在履行使命之后两年才打开，因为考虑天线打开过程可能会对卫星造成危害。正交于航迹方向的有效足迹尺寸为 25km，航迹方向的足迹宽度为 5km，这是在轨多普勒相干处理的结果。这种方法减少了由航迹方向上散射体产生的远离星下点的杂波的影响。这种技术使杂波下可见度改善 10dB 或更多。雷达的质量和输入功率分别为 17kg 和 64W，峰值发射功率 10W。系统噪声底低于平均表面回波约 50dB，这也建立了限制透射深度的动态范围。MARSIS 已按照预想运行[147]，如得到了极地层沉积物的早期结果。

SHARAD

Shallow Radar 探测器[148]是 MARSIS 探测器的补充。一般来说，它在较高的频率上有较高的分辨率，为火星表面几百米深度进行精细区分。SHARAD 发射以 20MHz 为中心带宽为 10MHz 的线性调频信号。在介质常数为 4 的物质中理论的垂直分辨率为 7.5m。10m 长的偶极子天线有随频率变化的双程增益，范围为 -5.7~0.2dB。多普勒处理后，有效波束脚印在航迹方向为约 0.5km，正交于航迹方向为约 5km。相对于表面回波，额定的 SNR 优于 50dB。设备质量约 17kg，输入功率约 45W。经过 6 个月的空中制动后，MRO 轨道成为圆轨道，然后 SHARAD 才于 2006 年下半年开始测量。

SELENE

日本"月球使命"（SELENE）[149]包括一个 5MHz 的月球雷达探测器（LRS）[150]，这个探测器是它的 14 个有效载荷设备中的一个。轨道高度 100km，圆形轨道。雷达发射 200μs 的线性调频信号，解调应用了时频转换技术，与雷达高度计类似。每一个脉冲幅度都通过正弦函数（0，π）加权抑制来自表面回波的副瓣达 30dB，否则，表面回波将会掩盖掉来自深处的希望的回波信号。在介电常数约为 4 的媒质中，额定分辨率约为 40m。雷达动态范围约为 50dB，以允许对表面下剖面几千米深处进行观测。天线由 2 组偶极子组成，端到端有 30m 长，具有几十千米的有效足迹。峰值输入功率为 800W。仪器质量为 24kg，输入功率为 50W。

大气和电离层探测飞行系统

这类雷达探测器的目的是产生位于轨道面内飞行器下方水或电子浓度剖面。通过雷达对大气进行探测要求对相对弱的后向散射有高的灵敏度、有效地对星下点回波的抑制、适度的距离分辨率，以及相对窄的视野。这些要求促使产生了工作在 Ku 波段或更高波段的高功率雷达、简单的脉冲波形和大的天线面积。

雷达探测器不应该与无源微波辐射计混淆，辐射计一般用在气象卫星上来估计大气中水分分布。多频辐射计产生粗的水蒸气密度剖面，剖面高度是频率的函数。无源微波探测装置的质量和功率要求分别是 50kg 和 75W，远小于有源雷达探测器。

TRMM

TRMM（热带雨林探测计划）是由 NASA 和 JAX（日本空间探测局）共同进行的。TRMM 上的 5 个设备中包括降雨雷达[151]（PR），由 JAXA（后来由 NASA）设计和建造。PR 是第一个在星载平台上运行的这类仪器。它运行在 400km 的进动轨道上，倾角为 35°，可以对热带陆地和海洋上空的大气在时间和空间上进行稀疏探测。雷达能够提供降雨从地面到 20km 高度的三维结构。当和无源微波辐射计（TMI）的数据结合后，PR 雷达数据可以提供提高了精度的降雨数据。这部雷达的 Ku 波段频率（约 2cm）是大多数地面气象雷达的 3 倍多，选这个频率为了在星载平台限制的天线面积为 2.1m×2.1m 条件下获得一个较窄的波束宽度（0.71°）。星下点水平分辨率为 4.3km。天线是 128 单元的裂缝波导相控阵天线，增益为 47dB，可实现在正交于航迹方向的 ±17° 的电扫描，扫描区域以星下点为中心有 220km 宽。峰值发射功率为 500W，由 128 个固态功率放大器（SSPA）产生，每根波导一个。250m 的距离分辨率由单位时间带宽积的 1.6μs 脉冲决定。雷达对小到 0.77mm/h 的降雨率有足够的灵敏度。仪器质量为 465kg，输入功率为 250W。

MARSIS 上的电离层模式（上面已介绍）主要是针对火星电离层在日照条件下，对低于 1200km 高度进行火星电离层[152]探测。雷达采用步进频率，频率间隔为 10.937kHz，范围为 100kHz～5.4MHz，步进总时间为 7.38s，在 500km 高度，额定信噪比（SNR）为 5.4dB，在 3MHz 时，增加到 21.3dB。

CloudSat

CloudSat 于 2006 年 4 月发射，主要载荷包括云层剖面雷达（CPR）[153]。CloudSat[154]运

行在太阳同步轨道上，与 CALIPSO 很靠近。CALIPSO 载有云剖面激光雷达，并与 AQUA、AURA、PARASOL 有松散的队形。这 6 个环境卫星组成了所谓的 A-Train。CloudSat 与 CALISPO 平均间隔约 460km，这相当于两者上面的雷达和激光雷达测量之间有 1min 的时间延迟。CPR 由 NASA 与加拿大空间局共同开发。它是一部 94GHz 的垂直下视实孔径雷达，以 PRF 为 4.3kHz 的频率发射 3.3μs 的脉冲，这正好填充一个从地面到 25km 高度的窗，并且产生垂直分辨率为 500m 的探测数据。由于卫星发射时保护罩的限制，天线直径为 1.95m，由此在航迹方向与正交于航迹方向的分辨率分别为 2.5km 和 1.4km。较大的航迹方向的分辨率反映了 0.3s 的回波积累时间。天线增益为 63dB、平均数据率为 15kb/s，动态范围为 70dB，最小可探测体积回波为 −26dBZ，PR 质量为 230kg，输入功率为 270W，峰值发射功率为 1.7kW。

CPR 上的高功率放大器（HPA）用的是长相互作用式速调管，第一次用在星载雷达上。速调管由固态前置放大器输出的 200mW 的信号驱动。速调管要求 20kV 的电压，由高压电源系统提供。这个电源系统也是首次在太空使用。HPA 是有完全冗余的。

DPR

DPR（双频降雨雷达）是全球降水测量中心观测站用的有源微波雷达[156]。DPR 基于一部和 TRMM 相似的 Ku 波段（13.55GHz）雷达，外加了一部 Ka 波段（35.5GHz）雷达。它们的两个相控阵裂缝波导天线尺寸和指向都设计成使它们的足迹相同。它们各自的波束扫描是同步的，以使它们共同覆盖的 100km 的观测区域的垂直剖面是几乎同时产生的。Ku 波段和 Ka 波段的天线面积分别为 2.4m×2.4m 和 1.4m×104m，都是由 148 根裂缝波导组成，并且由各自的固态功率放大器驱动。两部雷达的质量和输入功率是 450kg、330kg 和 384W、326W。峰值发射功率为 700W 和 140W。有效载荷的唯一其他设备是微波辐射计。为了获得更多纬度的覆盖，飞行器有比 TRMM 的 39°倾角更大的倾角。第二个频率和增加的功率的主要优点是能区分雨和雪，并增加对低到 0.2mm/h 降雨率的探测灵敏度。

参考文献

[1] D. E. Barrick and C. T. Swift, "The Seasat microwave instruments in historical perspective," *IEEE Journal of Oceanic Engineering*, vol. OE-5, pp. 74–79, 1980.

[2] D. L. Evans, W. Alpers, A. Cazenave, C. Elachi, T. Farr, D. Glackin, B. Holt, L. Jones, W. T. Liu, W. McCandless, Y. Menard, R. Moore, and E. Njoku, "Seasat–A 25-year legacy of success," *Remote Sensing of Environment*, vol. 94, pp. 384–404, 2005.

[3] M. D. Griffin and J. R. French, *Space Vehicle Design*, American Institute of Aeronautics and Astronautics, 2004.

[4] V. J. Pisacane, *Fundamentals of Space Systems*, 2nd Ed, Oxford: Oxford University Press, 2005.

[5] F. M. Henderson and A. J. Lewis (eds.), *Principles and Applications of Imaging Radar*, New York: J. Wiley & Sons Inc., 1998.

[6] C. A. Wiley, "Synthetic Aperture Radars—A paradigm for technology evolution," *IEEE Transactions on Aerospace and Electronic Systems*, vol. AES-21, pp. 440–443, 1985.

[7] H. Jensen, L. C. Graham, L. J. Porcello, and E. N. Leith, "Side-looking airborne radar," *Scientific American*, vol. 237, pp. 84–95, 1977.

[8] R. L. Jordan, "The Seasat-A synthetic-aperture radar system," *IEEE Journal of Oceanic Engineering*, vol. OE-5, pp. 154–164, 1980.

[9] R. L. Jordan, B. L. Huneycutt, and M. Werner, "The SIR-C/X-SAR synthetic aperture radar system," *Proceedings of the IEEE*, vol. 79, pp. 827–838, 1991.

[10] A. Freeman, M. Alves, B. Chapman, J. Cruz, Y. Kim, S. Shaffer, J. Sun, E. Turner, and K. Sarabandi, "SIR-C data quality and calibration results," *IEEE Transactions on Geoscience and Remote Sensing*, vol. 33, pp. 848–857, 1995.

[11] B. Rabus, M. Eineder, A. Roth, and R. Bamler, "The shuttle topography mission—a new class of digital elevation models acquired by spaceborne radar," *Photogrammetry and Remote Sensing*, vol. 57, pp. 241–262, 2003.

[12] W. Yirong, Z. Minhui, and H. Wen, "SAR activities in P.R. China," in *Proceedings, 6th European Conference on Synthetic Aperture Radar*, Dresden, Germany, VDE Verlag, 2006.

[13] Y. Sharay and U. Naftaly, "TECSAR: design considerations and programme status," *IEE Proc. Radar Sonar Navigation*, vol. 153, pp. 117–121, 2006.

[14] E. P. W. Attema, "The active microwave instrument on-board the ERS-1 satellite," *Proceedings of the IEEE*, vol. 79, pp. 791–799, 1991.

[15] R. Bamler, M. Eineder, B. Kampes, H. Runge, and N. Adam, "SRTM and beyond: Current situation and new developments in spaceborne InSAR," in *Proceedings, ISPRS Workshop on High Resolution Mapping from Space*, Hanover, Germany, 2003.

[16] Y. Nemoto, H. Nishino, M. Ono, H. Mizutamari, K. Nishikawa, and K. Tanaka, "Japanese earth resources satellite-1 synthetic aperture radar," *Proceedings of the IEEE*, vol. 79, pp. 800–809, 1991.

[17] R. K. Raney, A. P. Luscombe, E. J. Langham, and S. Ahmed, "RADARSAT," *Proceedings of the IEEE*, vol. 79, pp. 839–849, 1991.

[18] K. C. Jezek, K. Farness, R. Carande, X. Wu, and N. Labelle-Hamer, "RADARSAT-1 synthetic aperture radar observations of Antarctica: Modified Antarctic Mapping Mission, 2000," *Radio Science*, vol. 38, pp. 8067, 2003.

[19] A. Ali, I. Barnard, P. A. Fox, P. Duggan, R. Gray, P. Allan, A. Brand, and R. Ste-Mari, "Description of RADARSAT-2 synthetic aperture radar design," *Canadian J. Remote Sensing*, vol. 30, pp. 246–257, 2004.

[20] P. A. Fox, A. P. Luscombe, and A. A. Thompson, "RADARSAT-2 SAR modes development and utilization," *Canadian J. Remote Sensing*, vol. 30, pp. 258–264, 2004.

[21] C. Zelli, "ENVISAT RA-2 Advanced radar altimeter: Instrument design and pre-launch performance assessment review," *Acta Astronautica*, vol. 44, pp. 323–333, 1999.

[22] S. R. Cloude, G. Krieger, and K. P. Papathanassiou, "A framework for investigating space-borne polarimetric interferometry using the ALOS-PALSAR sensor," in *Proceedings IEEE Geoscience and Remote Sensing Symposium IGARSS2005*, Alaska, IEEE, 2005.

[23] M. Shimada, M. Watanabe, T. Moriyama, and T. Tadono, "PALSAR characterization and initial calibration," in *Proceedings IEEE International Geoscience and Remote Sensing Symposium IGARSS2006*, Denver, CO, IEEE, 2006.

[24] A. Moreira, G. Krieger, D. Hounam, M. Werner, S. Riegger, and E. Settelmeyer, "TanDEM-X: A TerraSAR-X add-on satellite for single-pass SAR interferometry," in *Proc. International Geoscience and Remote Sensing Symposium IGARSS 2004*, Anchorage, Alaska, IEEE, 2004.

[25] R. Levy-Nathansohn and U. Naftaly, "Overview of the TECSAR satellite modes of operation," in *Proceedings, 6th European Conference on Synthetic Aperture Radar*, Dresden, Germany, VDE Verlag, 2006.

[26] Y. Wu, M. Zhu, and W. Hong, "SAR activities in P. R. China," in *Proceedings of EUSAR*, Dresden, Germany, ITG VDE, 2006.

[27] T. Misra, S. S. Rana, V. H. Bora, N. M. Desai, C. V. N. Rao, and N. Rajeevjyothi, "SAR payload of radar imaging satellite RISAT) of ISRO," in *Proceedings, 6th European Conference on Synthetic Aperture Radar*, Dresden, Germany, VDE Verlag, 2006.

[28] R. Schroeder, J. Puls, F. Jochim, J.-L. Bueso-Bello, L. Datashvili, H. Baier, M. M. Quintino da Silve, and W. Paradella, "The MAPSAR mission: Objectives, design, and status," in *Proceedings of EUSAR*, Dresden, Germany, ITG VDE, 2006.

[29] H. Kimura and N. Itoh, "ALOS PALSAR: The Japanese second-generation spaceborne SAR and its application," *Proc. Society of Photo-optical Instrumentation Engineers (SPIE)*, vol. 4152, pp. 110–119, 2000.

[30] J. C. Curlander and R. N. McDonough, *Synthetic Aperture Radar: Systems and Signal Processing*, New York: John Wiley & Sons, Inc., 1991.

[31] R. K. Raney, "Radar fundamentals: technical perspective," in *Principles and Applications of Imaging Radar*, F. Henderson and A. Lewis (eds.), New York: Wiley Interscience, 1998, pp. 9–130.

[32] G. Franceschetti and R. Lanari, *Synthetic Aperture Radar Processing*, Boca Raton, FL: CRC Press, 1999.

[33] R. K. Raney, "Considerations for SAR image quantification unique to orbital systems," *IEEE Transactions Geoscience and Remote Sensing*, vol. 29, pp. 754–760, 1991.

[34] P. E. Green, Jr., "Radar measurements of target scattering properties," In *Radar Astronomy*, J. V. Evans and T. Hagfors (eds.), New York: McGraw-Hill, 1968.

[35] W. G. Carrara, R. S. Goodman, and R. M. Majewski, *Spotlight Synthetic Aperture Radar—Signal Processing Algorithms*, Boston: Artech House, 1995.

[36] C. V. Jakowatz, D. E. Wahl, P. H. Eichel, D. C. Ghiglia, and P. A. Thompson, *Spotlight-Mode Synthetic Aperture Radar: A Signal Processing Approach*, Boston: Kluwer Academic Publishers, 1996.

[37] R. Bamler, "Optimum look weighting for burst-mode and scanSAR processing," *IEEE Transactions on Geoscience and Remote Sensing*, vol. 33, pp. 722–725, 1995.

[38] K. Tomiyasu, "Conceptual performance of a satellite-borne, wide swath synthetic aperture radar," *IEEE Transactions on Geoscience and Remote Sensing*, vol. 19, pp. 108–116, 1981.

[39] R. K. Moore, J. P. Claasen, and Y. H. Lin, "Scanning spaceborne synthetic aperture radar with integrated radiometer," *IEEE Transactions on Aerospace and Electronic Systems*, vol. AES-17, pp. 410–421, 1981.

[40] A. Luscombe, A. Thompson, P. James, and P. Fox, "Calibration techniques for the RADARSAT-2 SAR system," in *Proceedings of EUSAR 2006*, Dresden, Germany, VDE Verlag, 2006.

[41] W. M. Boerner, H. Mott, E. Luneburg, C. Livingstone, B. Brisco, R. J. Brown, and J. S. Paterson, "Polarimetry in radar remote sensing: basic and applied concepts," in *Principles and Applications of Imaging Radar*, F. M. Henderson and A. J. Lewis (eds.), New York: John Wiley & Sons, Inc., 1998.

[42] L. Graham, "Synthetic interferometers for topographic mapping," *Proc. IEEE*, vol. 62, pp. 763–768, 1974.

[43] R. Gens and J. vanGenderen, "Review article: SAR interferometry—issues, techniques, applications," *Int. J. Remote Sensing*, vol. 17, pp. 1803–1835, 1996.

[44] P. Rosen, S. Hensley, I. Joughin, F. Li, S. Madsen, E. Rodriguez, and R. Goldstein, "Synthetic aperture radar interferometry," *Proc. IEEE*, vol. 88, pp. 333–382, 2000.

[45] R. F. Hanssen, *Radar Interferometry*, Dordrecht, The Netherlands: Klewer Academic Publishers, 2001.

[46] H. Zebker and R. Goldstein, "Topographic mapping from interferometric synthetic aperture radar observations," *J. Geophys. Res.*, vol. 91, pp. 4993–4999, 1986.

[47] S. Madsen, H. Zebker, and J. Martin, "Topographic mapping using radar interferometry," *IEEE Trans Geoscience and Remote Sensing*, vol. 31, pp. 246–256, 1993.

[48] A. Gabriel, R. Goldstein, and H. Zebker, "Mapping small elevation changes over large areas: Differential radar interferometry," *J. Geophys. Res.*, vol. 94, pp. 9183–9191, 1989.

[49] D. Massonnet and K. Feigl, "Radar interferometry and its application to changes in the Earth's surface," *Rev. Geophysics*, vol. 36, pp. 441–500, 1998.

[50] M. Born and E. Wolf, *Principles of Optics*, New York: Pergamon Press, Macmillan, 1959.

[51] F. Gatelli, A. Guarnieri, F. Parizzi, P. Pasquali, C. Prati, and F. Rocca, "The wavenumber shift in SAR interferometry," *IEEE Trans Geoscience and Remote Sensing*, vol. 32, pp. 855–865, 1994.

[52] H. Zebker and J. Villasenor, "Decorrelation in interferometric radar echoes," *IEEE Trans Geoscience and Remote Sensing*, vol. 30, pp. 950–959, 1992.

[53] A. Ferretti, C. Prati, and F. Rocca, "Nonlinear subsidence rate estimation using permanent scatterers in differential SAR interferometry," *IEEE Trans Geoscience and Remote Sensing*, vol. 38, pp. 2202–2212, 2000.

[54] T. H. Dixon, F. Amelung, A. Ferretti, F. Novali, F. Rocca, R. Dokka, G. Sella, S.-W. Kim, S. Wdowinski, and D. Whitman, "Space geodesy: Subsidence and flooding in New Orleans," *Nature*, vol. 441, pp. 587–588, 2006.

[55] D. Ghiglia and M. Pritt, *Two-dimensional Phase Unwrapping: Theory, Algorithms, and Software*, New York: Wiley, 1998.

[56] R. Goldstein and C. Werner, "Radar interferogram filtering for geophysical applications," *Geophysical Res. Letters*, vol. 25, pp. 4035–4038, 1998.

[57] J. J. van Zyl, H. A. Zebker, and C. Elachi, "Imaging radar polarization signatures: Theory and observation," *Radio Science*, vol. 22, pp. 529–543, 1987.

[58] P. E. Green Jr., "Radar measurements of target scattering properties," in *Radar Astronomy*, J. V. Evans and T. Hagfors (eds.), New York: McGraw-Hill Book Company, 1968, pp. 1–78.

[59] A. Guissard, "Meuller and Kennaugh matrices in radar polarimetry," *IEEE Transactions on Geoscience and Remote Sensing*, vol. 32, pp. 590–597, 1994.

[60] C. Lopez-Martinez, E. Pottier, and S. R. Cloude, "Statistical assessment of Eigenvector-based target decomposition theorems in radar polarimetry," *IEEE Trans. Geoscience and Remote Sensing*, vol. 43, pp. 2058–2074, 2005.

[61] S. R. Cloude and K. P. Papathanassiou, "Polarimetric SAR interferometry," *IEEE Trans Geoscience and Remote Sensing*, vol. 36, pp. 1551–1565, 1998.

[62] S. R. Cloude and E. Pottier, "An entropy based classification scheme for land applications of polarimetric SAR," *IEEE Trans. Geoscience and Remote Sensing*, vol. 35, pp. 68–78, 1997.

[63] L.-L. Fu and A. Cazanave (eds.), *Satellite Altimetry and the Earth Sciences*, San Diego: Academic Press, 2001.

[64] J. R. Jensen and R. K. Raney, "Delay Doppler radar altimeter: Better measurement precision," in *Proceedings IEEE Geoscience and Remote Sensing Symposium IGARSS'98*, Seattle, WA, IEEE, 1998, pp. 2011–2013.

[65] R. K. Moore and C. S. Williams, Jr., "Radar return at near-vertical incidence," *Proceedings of the IRE*, vol. 45, pp. 228–238, 1957.

[66] G. S. Brown, "The average impulse response of a rough surface and its applications, *IEEE Antennas and Propagation*, vol. 25, pp. 67–74, 1977.

[67] E. J. Walsh, "Pulse-to-pulse correlation in satellite radar altimetry," *Radio Science*, vol. 17, pp. 786–800, 1982.

[68] J. T. McGoogan, L. S. Miller, G. S. Brown, and G. S. Hayne, "The S-193 radar altimeter experiment," *Proceedings of the IEEE*, vol. 62, pp. 793–803, 1974.

[69] G. S. Hayne, "Radar altimeter mean return waveforms from near-normal incidence ocean surface scattering," *IEEE Antennas and Propagation*, vol. AP-28, pp. 687–692, 1980.

[70] J. L. MacArthur, C. C. Kilgus, C. A. Twigg, and P. V. K. Brown, "Evolution of the satellite radar altimeter," *Johns Hopkins APL Technical Digest*, vol. 10, pp. 405–413, October–December 1989.

[71] J. L. MacArthur, P. C. Marth, and J. G. Wall, "The GEOSAT radar altimeter," *Johns Hopkins APL Technical Digest*, vol. 8, pp. 176–181, 1987.

[72] W. H. F. Smith and D. T. Sandwell, "Bathymetric prediction from dense satellite altimetry and sparse shipboard bathymetry," *J. Geophys. Res.*, vol. 99, pp. 21803–21824, 1994.

[73] D. T. Sandwell and W. H. F. Smith, "Bathymetric estimation," in *Satellite Altimetry and Earth Sciences*, L.-L. Fu and A. Cazenave (eds.), New York: Academic Press, 2001, pp. 441–457.

[74] APL, Special sections, "Geosat science and altimeter technology," *Johns Hopkins APL Technical Digest*, vol. 10, 1989.

[75] D. B. Chelton, J. C. Ries, B. J. Haines, L.-L. Fu, and P. S. Callahan, "Satellite altimetry," in *Satellite Altimetry and Earth Sciences*, L.-L. Fu and A. Cazanave (eds.), San Diego: Academic Press, 2001, pp. 1–122.

[76] J. Goldhirsh and J. R. Rowland, "A tutorial assessment of atmospheric height uncertainties for high-precision satellite altimeter missions to monitor ocean currents," *IEEE Transactions Geoscience and Remote Sensing*, vol. 20, pp. 418–434, 1982.

[77] D. J. Wingham, l. Phalippou, C. Mavrocordatos, and D. Wallis, "The mean echo and echo cross-product from a beamforming interferometric altimeter and their application to elevation measurements," *IEEE Transactions on Geoscience and Remote Sensing*, vol. 42, pp. 2305–2323, 2004.

[78] P. Vincent, N. Steunou, E. Caubet, L. Phalippou, L. Rey, E. Thouvenot, and J. Verron, "AltiKa: a Ka-band altimetery payload and system for operational altimetry during the GMES period," *Sensors*, vol. 6, pp. 208–234, 2006.

[79] M. E. Parke, R. H. Stewart, D. L. Farless, and D. E. Cartwright, "On the choice of orbits for an altimetric satellite to study ocean circulation and tides," *Journal of Geophysical Research*, vol. 92, pp. 11693–11707, October 15, 1987.

[80] D. T. Sandwell and W. H. F. Smith, "Marine gravity anomaly from Geosat and ERS-1 satellite altimetry," *J. Geophys. Res.*, vol. 102, pp. 10039–10054, 1997.

[81] R. D. Ray, "Applications of high-resolution ocean topography to ocean tides," in *Report of the High-Resolution Ocean Topography Science Working Group Meeting*, D. Chelton (ed.), Corvallis, Oregon: Oregon State University, 2001.

[82] R. Scharroo and P. Visser, "Precise orbit determination and gravity field improvement for the ERS satellites," *J. of Geophysical Research*, vol. 103, pp. 8113–8127, 1998.

[83] A. R. Zieger, D. W. Hancock, G. S. Hayne, and C. L. Purdy, "NASA radar altimeter for the TOPEX/Poseidon project," *Proceedings of the IEEE*, vol. 79, pp. 810–826, June 1991.

[84] P. C. Marth, J. R. Jensen, C. C. Kilgus, J. A. Perschy, J. L. MacArthur, D. W. Hancock, G. S. Hayne, C. L. Purdy, L. C. Rossi, and C. J. Koblinsky, "Prelaunch performance of the NASA altimeter for the TOPEX/Poseidon Project," *IEEE Transactions on Geoscience and Remote Sensing*, vol. 31, pp. 315–332, 1993.

[85] D. B. Chelton, E. J. Walsh, and J. L. MacArthur, "Pulse compression and sea-level tracking in satellite altimetry," *Journal of Atmospheric and Oceanic Technology*, vol. 6, pp. 407–438, 1989.

[86] W. J. J. Caputi, "Stretch: a time-transformation technique," *IEEE Transactions on Aerospace and Electronic Systems*, vol. AES-7, pp. 269–278, 1971.

[87] D. T. Sandwell, "Antarctic marine gravity field from high-density satellite altimetry," *Geophys. J. Int.*, vol. 109, pp. 437–448, 1992.

[88] W. H. F. Smith and D. T. Sandwell, "Conventional bathymetry, bathymetry from space, and geodetic altimetry," *Oceanography*, vol. 17, pp. 8–23, 2004.

[89] M. M. Yale, D. T. Sandwell, and W. H. F. Smith, "Comparison of along-track resolution of stacked Geosat, ERS-1 and TOPEX satellite altimeters," *J. Geophys. Res.*, vol. 100, pp. 15117–15127, 1995.

[90] L. Phalippou, L. Rey, P. DeChateau-Thierry, E. Thouvenot, N. Steunou, C. Mavrocordatos, and R. Francis, "Overview of the performances and tracking design of the SIRAL altimeter for the CryoSat mission," in *Proceedings IEEE International Geoscience and Remote Sensing Symposium*, pp. 2025–2027, 2001.

[91] R. K. Raney, "The delay doppler radar altimeter," *IEEE Transactions on Geoscience and Remote Sensing*, vol. 36, pp. 1578–1588, 1998.

[92] J. R. Jensen, "Design and performance analysis of a phase-monopulse radar altimeter for continental ice sheet monitoring," in *Proceedings, IEEE International Geoscience and Remote Sensing Symposium IGARSS'95*, Florence, Italy, IEEE, 1995, pp. 865–867.

[93] R. K. Raney and J. R. Jensen, "An Airborne CryoSat Prototype: The D2P Radar Altimeter," in *Proceedings of the International Geoscience and Remote Sensing Symposium IGARSS'02*, Toronto, IEEE, 2002, pp. 1765–1767.

[94] S. Laxon, N. Peacock, and D. Smith, "High interannual variability of sea ice thickness in the Arctic region," *Letters to Nature*, vol. 425, pp. 947–950, 2003.

[95] A. J. Butrica, *To See the Unseen: A History of Planetary Radar*, Darby, PA: Diane Publications, 1997.

[96] S. J. Ostro, "Planetary radar astronomy," in *The Encyclopedia of Physical Science and Technology, 3rd Edition*, R. A. Meyers (ed.), San Diego, Academic Press, 2002, pp. 295–328.

[97] D. B. Campbell, R. S. Hudson, and J.-L. Margot, "Advances in planetary radar astronomy," Chapter 35, in *Review of Radio Science, 1999–2002*, R. Stone (ed.), Oxford: U.R.S.I, 2002, pp. 869–899.

[98] S. Slavney, R. E. Arvidson, K. Bennett, E. A. Guiness, and T. C. Stein, "Recent and planned Planetary Data System geosciences node activities," Paper 2232.pdf, *Proceedings, Lunar and Planetary Science XXXVII*, Houston, TX, vol., 2006.

[99] G. H. Pettengill, P. G. Ford, and B. B. Chapman, "Venus: surface electromagnetic properties," *J. Geophys. Res.*, vol. 93, pp. 14881-14892, 1988.

[100] B. A. Ivanov, "Venusian impact craters on Magellan images: View from Venera 15/16," *Earth Moon Planet*, vol. 50/51, pp. 159–173, 1990.

[101] G. H. Pettengill, P. G. Ford, W. T. K. Johnson, R. K. Raney, and L. A. Soderblom, "Magellan: Radar performance and data products," *Science*, vol. 252, pp. 260–265, 1991.

[102] W. T. K. Johnson, "Magellan imaging radar mission to Venus," *Proceedings of the IEEE*, vol. 79, pp. 777–790, 1991.

[103] C. Elachi, E. Im, L. E. Roth, and C. L. Werner, "Cassini Titan radar mapper," *Proceedings of the IEEE*, vol. 79, pp. 867–880, 1991.

[104] S. Nozette, C. L. Lichtenberg, P. Spudis, R. Bonner, W. Ort, E. Malaret, M. Robinson, and E. M. Shoemaker, "The Clementine bistatic radar experiment," *Science*, vol. 274, pp. 1495–1498, November 29, 1996.

[105] B. Hapke, "Coherent backscatter and the radar characteristics of outer planet satellites," *Icarus*, vol. 88, pp. 407–417, December 1990.

[106] R. A. Simpson and G. L. Tyler, "Reanalysis of Clementine bistatic radar data from the lunar South Pole," *J. Geophys. Res.*, vol. 104, pp. 3845–3862, February 25, 1999.

[107] D. B. Campbell, B. A. Campbell, L. M. Carter, J.-L. Margot, and N. J. S. Stacy, "No evidence for thick deposits of ice at the lunar south pole," *Nature*, vol. 443, pp. 835–837, 2006.

[108] M. T. Zuber and I. Garrick-Bethell, "What do we need to know to land on the Moon again?" *Science*, vol. 310, pp. 983–985, 2005.

[109] K. J. Peters, "Coherent-backscatter effect: A vector formulation accounting for polarization and absorption effects and small or large scatterers," *Physical Review B*, vol. 46, pp. 801–812, 1 July 1992.

[110] P. D. Spudis, C. L. Lichtenberg, B. Marinelli, and S. Nozette, "Mini-SAR: An imaging radar for the Chandrayaan-1 mission to the Moon," Paper 1153, *Proceedings, Lunar and Planetary Science XXXVI*, Houston, TX, vol., 2005.

[111] R. K. Raney, "Hybrid-polarity SAR architecture," in *Proceedings IEEE Geoscience and Remote Sensing Symposium*, Denver, CO, IEEE, 2006.

[112] D. J. Mudgway, *Big Dish: Building America's Deep Space Connection to the Planets*, Gainesville: University of Florida Press, 2005.

[113] R. K. Moore, "Trade-off between picture element dimensions and noncoherent averaging in side-looking airborne radar," *IEEE Transactions on Aerospace and Electronic Systems*, vol. 15, pp. 697–708, 1979.

[114] R. K. Raney, "The making of a precedent: the synthetic aperture radar (SAR) on Magellan," *V-GRAM (Jet Propulsion Laboratory)*, vol. 9, pp. 3–10, 1986.

[115] R. Kwok and W. T. K. Johnson, "Block adaptive quantization of Magellan SAR data," *IEEE Transactions on Geoscience and Remote Sensing*, vol. 27, pp. 375–383, 1989.

[116] G. G. Stokes, "On the composition and resolution of streams of polarized light from different sources," *Transactions of the Cambridge Philosophical Society*, vol. 9, pp. 399–416, 1852.

[117] S. R. Cloude and E. Pottier, "A review of target decomposition theorems in radar polarimetry," *IEEE Trans. Geoscience and Remote Sensing*, vol. 34, pp. 498–518, 1996.

[118] R. K. Raney, "Stokes parameters and hybrid-polarity SAR architecture," *IEEE Transactions Geoscience and Remote Sensing*, vol. 45, pp. 3397–3404, 2007.

[119] Y. Quilfen, B. Chapron, F. Collard, and D. Vandemark, "Relationship between ERS scatterometer measurement and integrated wind and wave parameters," *J. Atmospheric and Oceanic Technology*, vol. 21, pp. 368–373, 2004.

[120] R. K. Moore and A. K. Fung, "Radar determination of winds at sea," *Proceedings of the IEEE*, vol. 67, pp. 1504–1521, 1979.

[121] J. Kerkmann, *Review on Scatterometer Winds*, Darmstadt, Germany: European Organization for the Exploitation of Meteorological Satellites EUMETSAT, 1998, p. 77.

[122] A. Mouche, D. Hauser, and V. Kudryavstev, "Observations and modelling of the ocean radar backscatter at C-band in HH- and VV-polarizations," in *Proceedings International Geoscience and Remote Sensing Symposium*, Seoul, Korea, IEEE, 2005.

[123] M. Migliaccio, "Sea wind field retrieval by means of microwave sensors: a review," in *Proc. URSI Commission F Symposium*, Ispra, Italy, 2005.

[124] E. M. Bracalente, D. H. Boggs, W. L. Grantham, and J. L. Sweet, "The SASS scattering coefficient 60 algorithm," *IEEE Journal of Oceanic Engineering*, vol. OE-5, pp. 145–154, 1980.

[125] R. E. Fischer, "Standard deviation of scatterometer measurements from space," *IEEE Transactions on Geoscience Electronics*, vol. GE-10, pp. 106–113, 1972.

[126] P. W. Gaiser and C. S. Ruf, "Foreword to the special issue on the WindSat Spaceborne Polarimetric Radiometer—calibration/validation and wind vector retrieval," *IEEE Transactions on Geoscience and Remote Sensing*, vol. 44, pp. 467–469, 2006.

[127] I. H. Woodhouse and D. H. Hoekman, "Determining land-surface parameters from the ERS wind scatterometer," *IEEE Transactions on Geoscience and Remote Sensing*, vol. 38, pp. 126–140, 2000.

[128] D. G. Long, M. R. Drinkwater, B. Holt, S. Saatchi, and C. Bertoia, "Global ice and land climate studies using scatterometer image data," *EOS, Trans. American Geophysical Union*, vol. 82, pp. 503, 2001.

[129] M. R. Drinkwater, D. G. Long, and A. W. Bingham, "Greenland snow accumulation estimates from satellite radar scatterometer data," *J. of Geophysical Research*, vol. 106(D24), pp. 33935–33950, 2001.

[130] L. B. Kunz and D. G. Long, "Calibrating SeaWinds and QuikSCAT scatterometers using natural land targets," *IEEE Geoscience and Remote Sensing Letters*, vol. 2, pp. 182–186, 2005.

[131] R. K. Moore, "Simultaneous active and passive microwave response of the Earth: The Skylab RADSCAT experiment," in *Proceedings of the 9th International Symposium on Remote Sensing*, Ann Arbor, Michigan, 1974, pp. 189–217.

[132] M. Shimada and A. Freeman, "A technique for measurement of spaceborne SAR antenna patterns using distributed targets," *IEEE Transactions on Geoscience and Remote Sensing*, vol. 33, pp. 100–114, 1995.

[133] W. L. Grantham, E. M. Bracalente, L. W. Jones, and J. W. Johnson, "The Seasat-A satellite scatterometer," *IEEE Journal of Oceanic Engineering*, vol. OE-2, pp. 200–206, 1977.

[134] J. W. Johnson, L. A. Williams, Jr., E. M. Bracalente, F. B. Beck, and W. L. Grantham, "Seasat-A satellite scatterometer instrument evaluation," *IEEE Journal of Oceanic Engineering*, vol. OE-5, pp. 138–144, 1980.

[135] J. Figa-Saldana, J. J. W. Wilson, E. Attema, R. Gelsthorpe, M. R. Drinkwater, and A. Stoffelen, "The advanced scatterometer (ASCAT) on the meteorological operational (MetOp) platform: a follow-on for European wind scatterometers," *Canadian J. of Remote Sensing*, vol. 28, pp. 404–412, 2002.

[136] F. M. Naderi, M. H. Freilich, and D. G. Long, "Spaceborne radar measurement of wind velocity over the ocean—An overview of the NSCAT scatterometer system," *Proceedings of the IEEE*, vol. 79, pp. 850–866, 1991.

[137] C. Wu, J. Graf, M. H. Freilich, D. G. Long, M. W. Spencer, W.-Y. Tsai, D. Lisman, and C. Winn, "The SeaWinds scatterometer instrument," in *Proceedings, IEEE International Geoscience and Remote Sensing Symposium*, Pasadena, CA, pp. 1511–1515, 1994.

[138] M. W. Spencer, C. Wu, and D. G. Long, "Tradeoffs in the design of a spaceborne scanning pencil beam scatterometer: Application to Sea-Winds," *IEEE Transactions on Geoscience and Remote Sensing*, vol. 35, pp. 115–126, 1997.

[139] C. Wu, Y. Liu, K. H. Kellogg, K. S. Pak, and R. L. Glenister, "Design and calibration of the SeaWinds scatterometer," *IEEE Transactions on Aerospace and Electronic Systems*, vol. 39, pp. 94–109, 2003.

[140] M. W. Spencer, C. Wu, and D. G. Long, "Improved resolution backscatter measurements with the SeaWinds pencil-beam scatterometer," *IEEE Transactions on Geoscience and Remote Sensing*, vol. 38, pp. 89–104, 2000.

[141] S. H. Yueh, "Microwave remote sensing modeling of ocean surface salinity and winds using an empirical sea surface spectrum," in *Proceedings IEEE Geoscience and Remote Sensing Symposium*, Anchorage, AK, 2004.

[142] S. Gogineni, D. Tammana, D. Braaten, C. Leuschen, T. Atkins, J. Legarsky, P. Kanagaratnam, J. Stiles, C. Allen, and K. Jezek, "Coherent radar ice thickness measurements over Greenland ice sheet," *Journal of Geophysical Research*, vol. 106, pp. 33761–33772, 2001.

[143] S. H. Ward, G. R. Jiracek, and W. I. Linlor, "Electromagnetic reflection from a plane-layered lunar model," *Journal of Geophysical Research*, vol. 73, pp. 1355–1372, 1968.

[144] L. J. Porcello, R. L. Jordan, J. S. Zelenka, G. F. Adams, R. J. Phillips, W. E. Brown, Jr., S. H. Ward, and P. L. Jackson, "The Apollo lunar sounder radar system," *Proceedings of the IEEE*, vol. 62, pp. 769–783, 1974.

[145] W. J. Peeples, W. R. Sill, T. W. May, S. H. Ward, R. J. Phillips, R. L. Jordan, E. A. Abbott, and T. J. Killpack, "Orbital radar evidence for lunar subsurface layering in Maria Serenitatis and Crisium," *J. of Geophysical Research*, vol. 83, pp. 3459–3468, 1978.

[146] D. Biccari, F. Ciabattoni, G. Picardi, R. Seu, W. T. K. Johnson, R. L. Jordan, J. Plaut, A. Safaeinili, D. A. Gurnett, R. Orosei, O. Bombaci, F. Provvedi, and E. Zampolini, "Mars advanced radar for subsurface and ionosphere sounding (MARSIS)," in *Proc. 2001 International Conference on Radar*, Beijing, China, 2001.

[147] J. Farrell, J. Plaut, A. Gurnett, and G. Picardi, "Detecting sub-glacial aquifers in the North Polar layered deposits with Mars Express/MARSIS," *Geophysical Research Letters*, vol. 32, pp. L11204, June 10, 2005.

[148] M. Kato, Y. Takizawa, S. Sasaki, and the SELENE Project Team, "SELENE, the Japanese lunar orbiting satellite mission: present status and science goals," in *Proceedings, Lunar and Planetary Science XXXVII*, Houston, TX, pp. 1233.pdf, 2006.

[149] T. Ono, T. Kobayashi, and H. Oya, "Interim report of the Lunar Radar Sounder on-board SELENE spacecraft," in *Proceedings, 35th COSPAR Assembly*, Paris, France, pp. 3315, 2004.

[150] E. Im, E., S. L. Durden, S. Tanelli, and K. Pak, "Early results on cloud profiling radar post-launch calibration and operations," in *Proceedings of the IEEE International Geoscience and Remote Sensing Symposium*, Denver, CO, 2006.

[151] G. L. Stephens and D. G. Vane, "The CloudSat mission," in *Proceedings IEEE International Geoscience and Remote Sensing Symposium*, Toulouse, France, 2003.

[152] A. Roitman, D. Berry, and B. Steer, "State-of-the-art W-band extended interaction klystron for the CloudSat program," *IEEE Transactions on Electron Devices*, vol. 52, pp. 895–898, 2005.

[153] Y. Senbokuva, S. Satoh, K. Furukawa, M. Koiima, H. Hanado, N. Takahashi, T. Iquchi, and K. Nakamura, "Development of the spaceborne dual-frequency precipitation radar for the Global Precipitation Measurement mission," in *Proceedings International Geoscience and Remote Sensing Symposium*, Anchorage, Alaska, pp. 3566–3569, 2004.

[154] R. Seu, D. Biccari, R. Orosei, L. V. Lorenzoni, R. J. Phillips, L. Marinangeli, G. Picardi, A. Masdea, and E. Zampolini, "SHARAD: the MRO 2005 shallow radar," *Planetary and Space Science*, vol. 52, pp. 157–166, 2004.

[155] T. Kozu, T. Kawanishi, H. Kuroiwa, M. Kojima, K. Oikawa, H. Kumagai, K. Okamoto, M. Okamura, H. Nakatuka, and K. Nishikawa, "Development of precipitation radar onboard the Tropical Rainfall Measurement Mission (TRMM) satellite," *IEEE Transactions on Geoscience and Remote Sensing*, vol. 39, pp. 102–116, 2001.

[156] D. A. Gurnett, D. L. Kirchner, R. L. Huff, D. D. Morgan, A. M. Persoon, T. F. Averkamp, F. Duru, E. Nielsen, A. Safaeinili, J. J. Plaut, and G. Picardi, "Radar soundings of the ionosphere of Mars," *Science*, vol. 310, pp. 1929–1933, December 23, 2005.

第19章 气象雷达

19.1 引言

自从美国国家气象服务部（NWS）在20世纪50年代开始使用了标准的气象多普勒雷达后，这些气象雷达就成为雷达工程师及一般公众熟知的观测工具，并被天气预报人员广泛用于公共和私人领域。20世纪90年代，当美国国家气象服务部、联邦航空局（FAA）和美国空军联合安装了下一代WSR-88D多普勒雷达（通常被称为Nexrad雷达）国家网络时，气象雷达得到了重大技术改进。同样在这个时期，美国联邦航空局在美国主要机场安装了终端多普勒气象雷达（TDWR）系统。随后，美国联邦航空局对以上两个系统进行了多次技术升级，改进了在公共告警和飞行安全方面的性能[1,2]。与被替代的WSR-57和WSR-74C不同，WSR-88D系统能对暴风雪、降雨量、飓风、龙卷风及许多其他重大天气现象提供定量和自动的实时信息，并在空间上和时间上比以往具有更高的分辨率[3,4]。在航空领域安装在主要机场飞行区的终端多普勒气象雷达通过探测诸如微爆和强阵风前沿等有害风切变活动，提供了对安全离港和着陆至关重要的信息及其他能减少风灾的性能[5,6,7]。

目前存在多种其他类型的气象雷达。WSR-88D远距离监视多普勒雷达常常补充有由电视台使用的小型中程气象雷达以用于局部观测[8]。除常见的商用机载天气规避和探测雷达外，机载飓风监视可对正在接近的海岸飓风进行详细预报和告警[9]。固定波束垂直指向的风剖面系统常规地用于获得水平风的连续剖面[10]，而星载气象雷达则测量赤道上广泛的降水区域和风特性[11]。气象研究结果被定期传送到气象雷达界，以获得更高的空间和时间分辨率、提高数据质量并生出新的气象雷达产品，所有这些都在天气预报方面产生了重大改进。多普勒气象雷达详细测量矢量风场和降雨区域。小型高机动科研雷达具备许多与固定雷达等同的能力[12]。双极化技术[13,14]用于提高定量的降雨测量、探测冰雹[15]和辨别水（雨）中的冰雪微粒[16]。除此之外，地基科研雷达现在可以测量地表边界层中的大气湿度[17]。机载科研雷达具备许多相同的性能，且覆盖区域更大，机动性更强[18]。在科研和运转方面应用的多样性说明了气象雷达技术及其演变的生命力。

本章将向读者介绍气象雷达，特别是气象应用方面雷达独有的系统特性。关于这一点应当指出，大多数气象雷达与用于其他用途的雷达具有很多相似之处：脉冲多普勒系统远比连续波雷达普遍；主要使用的是焦点馈电的抛物面天线和低噪声固态数字式接收机，并通常使用磁控管、速调管、行波管及其他形式的发射机。

气象雷达和航空或军事等其他用途雷达的主要区分点是气象目标属性、雷达信号最终的特征以及为抑制人为因素，仅产生有意义的和关键的天气信息的气象回波的处理手段。重要的气象目标有大范围的散射回波强度（-20~70dBZ），分布在小于1km的距离到大于200km的远距离、接近地面高度100m以内到对天气情况很重要的大气顶部（距离地面20km）的空间内，通常占据数百万个雷达观察的空间分辨单元中的大部分。此外，为了估计降雨率、降雨类型、空气流动、湍流及风切变等参数，必须对雷达每个空间分辨单元（或气象目标）接收的信号特征进行定量的测量[19]。另外，由于大部雷达分辨单元内都含有用的信息，因此气象雷达需要高速数字信号处理器、对由数据密度产生的假目标进行抑制的有效手段、高数据率记录系统和对这些信息的有信息的显示。因此，相对于许多非气象雷达的任务是要在具有大面积天气、地物、海面、诱饵和鸟类等杂波的区域内探测、跟踪并详细表征相对少量的需要目标，而气象雷达却要对"气象杂波"本身的属性作出精确估测。无论航空/军事雷达，还是气象雷达，都需要繁重的处理活动，但由于在测量分布广泛的天气系统时，有大量用户需要提取的不同的重要信息，所以消化、记录、处理的数据量以及显示的处理工作量在气象雷达中常常更大。

本章中的论述参考了大量有用的教科书和参考资料。Lou Battan[20]编写的经典著作《雷达观测大气》，其清晰性和完整性值得特别提起，它一直是雷达气象学的标准课本。"纪念Battan 和雷达气象学 40 周年会议"出版了一本综述性论文集《气象学中的雷达》[21]，从历史、科学、技术和使用角度介绍了雷达气象学的第一个 40 年。Bean 等人[22]在 Skolnik 的《雷达手册（第一版）》中介绍了天气对雷达的影响。Doviak 和 Zrnic[23]特别强调了气象雷达的多普勒方面，而 Bringi 和 Chandra[24]重点讲述了极化测量雷达的各个方面，Lhermitte[25]则重点关注了毫米波（云）雷达。Rinehart 撰写的《气象学家的雷达》[26]对气象雷达的各个方面进行了全面、通俗易懂的概括。电气和电子工程师协会（IEEE）地球科学和电子学的《气象雷达专刊》[27]、Atlas 的《气象学中的雷达》[21]、Wakimoto 和 Srivastiva 的《雷达和大气科学——为纪念 David Atlas 的文集》[28]，以及 Meischner 的《气象雷达》[29]对气象雷达的许多方面提出了发展前景。最后，由美国气象学会（AMS）发起召开的一系列《气象雷达（国际）会议的会议录或预印本》[30]或许提供了有关该领域进展的最广泛、最完整的一组参考资料。这些文件可以在许多技术图书馆中找到，也可以在网上找到。此外，《欧洲雷达气象学会议论文集》[31]收录了优秀的参考资料。

19.2 气象目标的雷达方程

通常，从一般适用于雷达的多种表达式中任一个都可以推导出雷达从点目标获得的接收功率 P_r[23, 26, 32]。对于一个单个的点目标，一个容易推导出的简单表达式为

$$P_r = \frac{\beta\sigma}{r^4} \tag{19.1}$$

式中，β 是取决于雷达系统参数（发射功率 P_t，天线系统增益 G 和波长 λ）的常量；r 是到点目标的距离；σ 是雷达截面积（RCS）①。

正是在计算分布的气象目标的 σ 时，雷达方程不同于对点目标的方程，对于像降雨一样的分布式目标，其 σ 可写为

$$\sigma = \eta V \tag{19.2}$$

---

① 依照本章惯例，r 表示距离，而 R 表示降雨率。

式中，η是雷达反射率，计量单位为每单位体积的雷达截面积；V是雷达所取样的体积。η本身可以写为

$$\eta = \sum_{i=1}^{N} \sigma_i \tag{19.3}$$

式中，N是单位体积内的散射体数量；σ_i是第i个点散射体的后向散射截面积。一般来说，气象散射体具有各种形式，包括水滴、冰晶、冰雹、雪及其混合体。

Mie[33] 建立了一种光平面波撞击胶状悬浮体中的导电球后后向散射能量的一般理论。同样的理论适用于落下通过大气的球形雨滴，其后向散射能量是入射能量波长（λ）、粒子半径（a）及其复折射指数（m）的函数。比值 $2\pi a/\lambda$ 确定了粒子的主要散射特性。空气中的球形水滴在可见光区相对其散射波长较大；在所谓谐振散射区水滴尺寸和散射波长为同一量级，而在瑞利区则相对其散射波长较小。

当比值 $2\pi a/\lambda < 1$ 时，可以应用瑞利近似[20]，σ_i 变为

$$\sigma_i = \frac{\pi^5}{\lambda^4} |K|^2 D_i^6 \tag{19.4}$$

式中，D_i是第i个粒子的直径，并且有

$$|K|^2 = \left| \frac{m^2 - 1}{m^2 + 2} \right|^2 \tag{19.5}$$

式中，m是复折射指数。当温度为0～20℃、波长为厘米级时，如果粒子为水态，$|K|^2 \approx 0.93$，如果粒子为冰态，$|K|^2 \approx 0.20$。

式（19.3）现在可写为

$$\eta = \frac{\pi^5}{\lambda^4} |K|^2 \sum_{i=1}^{N} D_i^6 \tag{19.6}$$

于是我们将雷达反射率因子Z定义为

$$Z = \sum_{i=1}^{N} D_i^6 \tag{19.7}$$

在雷达气象学中，通常用毫米为单位表示水滴直径D_i，并对$1m^3$的单位体积内出现的水滴求和，得到体积密度表达式。因此，Z的通用单位为mm^6/m^3。对于冰粒，D_i有时用冰粒完全融化为水滴时得到的水滴直径表示。但是，雷达对多种形状和温度的冰粒散射过程非常复杂，不能给出确定的通用表达式。

为方便起见，常常将水滴或粒子大小分布视为数量密度$N(D)$的连续函数，这里$N(D)$是单位体积内直径在$D \sim D+dD$之间的粒子数量。在这种情况下，Z为粒子大小分布的第6阶矩，即

$$Z = \int_0^\infty N(D) D^6 dD \tag{19.8}$$

若雷达波束中充满了散射体，那么V的采样体积可近似为[10]

$$V \approx \frac{\pi \theta \phi r^2 c \tau}{8} \tag{19.9}$$

式中，θ和ϕ分别是方位和俯仰的波束宽度；c是光速；τ是雷达脉冲宽度。将式（19.3）和

式（19.9）代入式（19.2），我们看到分布式气象散射体的 RCS 与脉冲体积成正比，而脉冲体积由目标距离上的脉冲长度和天线波束决定。

然后，将式（19.2）、式（19.6）、式（19.9）合并并代入式（19.1），得

$$P_r = \frac{\beta \pi}{r^4} \frac{\theta \phi r^2 c \tau}{8} \frac{\pi^5}{\lambda^4} |K|^2 \sum_{i=1}^{N} D_i^6$$

$$= \frac{\beta \pi^6 \theta \phi c \tau |K|^2}{8 \lambda^4 r^2} Z \qquad (19.10)$$

$$= \frac{\beta' Z}{r^2}$$

这个表达式说明，分布式气象目标的接收功率：(1) 仅仅是 β'（取决于整个雷达系统的参数和物理参数的常量）的函数；(2) 与雷达反射率因子 Z 成正比；(3) 最重要的是与 r^2 成反比（与点目标情况中的 r^4 不同）。

包括在式（19.1）中 β 中的雷达系统参数包括峰值发射功率 P_t、天线增益 G 两次（一次发射，一次接收）和波长 λ。由于任何测量必须参照雷达系统中同一个点——通常是环流器附近的耦合器，我们在天线系统增益系数（天线罩、波导、旋转关节等）中包括了全部天线系统的损耗。由于天线增益在波束宽度内不均匀，如果假设增益是均匀的就会在计算 Z 时产生误差。Probert Jones[34] 使用类似推导方法时考虑了这种情况。他假设天线波束为高斯形，推导了如下接收功率的方程式，即

$$P_r = \frac{P_t G^2 \lambda^2 \theta \phi c \tau}{512 (2\ln 2) \pi^2 r^2} \sum_{i=1}^{N} \sigma_i \qquad (19.11)$$

式中，$2\ln 2$ 是高斯形波束的修正值。将式（19.3）、式（19.6）和式（19.7）代入式（19.11），接收功率可用反射率因子 Z 和距离 r 表示为

$$P_r = \frac{P_t G^2 \theta \phi c \tau \, \pi^3 |K|^2 \, Z}{512 (2\ln 2) \lambda^2 r^2} \qquad (19.12)$$

由于接收滤波器抑制了部分接收信号功率，P_r 必须减少 L_r 倍，L_r 取决于发射谱和接收机滤波器的细节，对典型波形和"匹配滤波器"通常为 1.6（2dB）。解出雷达反射率因子 Z，得

$$Z = [1024 \ln 2 \lambda^2 L_r / P_t G^2 \theta \phi c \tau \, \pi^3 |K|^2] P_r r^2 \qquad (19.13)$$

式中，反射率因子用接收功率和距离表示。

必须注意，在式（19.13）中使用的单位要一致。若用米-千克-秒制单位（mks），则从式（19.13）中计算得到的 Z 的量纲为 m^6/m^3。如需转换为更常用的单位 mm^6/m^3，则需乘以系数 10^{18}。此外，用常用单位 dBm（相对于 1mW 的 dB 数）和 km 表示 P_r 和 r 时，Z 也需要乘以 10^3。因为感兴趣的 Z 值范围跨越几个数量级，所以经常用对数标度来表示 Z 值。由此

$$dBZ = C + P_r(dBm) + 20 \lg r \,(km) \qquad (19.14)$$

式中，C[在式（19.13）中用方括号隔开]就是所谓的气象雷达常数；P_r 用 dBm 表示；r 用 km 表示。C 在运转的气象雷达中的典型值为 65~75dB。显然，当距离和接收功率固定时，雷达常数 C 的值越小，可观测到的反射率值（以 dBZ 表示）越小。因此，C 的值越小，对应的雷达灵敏度就越高。

当天线波束中充满了散射体时，以及当可以应用小散射粒子瑞利近似时，并且当散射体

为水态或冰态时，可以用式（19.13）测得反射率因子 Z。因为所有条件并不总能满足，所以通常用有效反射系数 Z_e 来代替 Z。使用 Z_e 时，通常理解假定了上述条件。雷达气象学领域中的专业人员经常将 Z_e 和 Z 互换使用，虽然这么做并不正确。

我们在推导雷达方程式时忽略的另一个因素是降雨和大气产生的衰减。波长为 10cm 时，衰减通常并不明显；然而当波长为 5cm、3cm 和 2cm 时，尤其是当更小的毫米波长时，在雷达方程式中必须考虑大气衰减，即增加一个依赖于距离的因数项 L_a。19.3 节将给出通常条件下估计这种衰减的细节。

最后，很重要的是要注意 Z 值的气象学意义，因为这些值与云的特性和实际降雨率 R 直接相关，见本章下面所述。对于非降雨的云，小到-40dBZ 的 Z 值是云层物理学研究所关注的。对于晴天的大气低边界层，数量级为-20dBZ～20dBZ 的"晴空"Z 值常常是由昆虫和鸟类产生的[35, 36]。在雨天，Z 的取值范围从 0～10dBZ 到高达 60dBZ，而 55dBZ～60dBZ 类型的降雨将引起严重的洪水。严重的大冰雹可使 Z 值高于 70dBZ。许多运转的雷达都设计成能探测会产生可测量的降雨的 Z 值（0～60dBZ）和 100km 内的"晴空"回波，因为在大于 100km 时地球曲率将妨碍基于地表的测量。因此，这种具备测量短距离的强降雨回波和远距离的弱降雨回波能力的雷达接收机的总动态范围为 90～95dB，同时，在出现强地杂波时测量微弱回波需要尽可能大的瞬时动态范围（>60dB）。近期实际运转的雷达和大多数科研雷达试图获得可能的最大灵敏度，以及可以探测短距离（例如 1km）内最小为-40dBZ 或更小的反射率数值。

过去的实际运转的雷达采用灵敏度时间控制（STC）来减少短距离内的增益和补偿附近的强回波；但近期雷达通常不使用灵敏度时间控制技术，因为接收机动态范围足够在必要的范围内处理重要的天气回波强度。科研雷达极少使用灵敏度时间控制技术，因为该技术会在近距离上产生灵敏度损失。

19.3 设计考虑因素

最影响气象雷达设计的四个重大因素是衰减、距离模糊、速度模糊度和地/海杂波。这些因素的组合以及需要获得足够空间分辨率的要求使大多用于降雨雷达的波长被选择在 3～10cm 范围内。

衰减的影响

衰减对气象雷达信号至少有两个方面的不利影响。

第一，如有降雨插在中间，则对远过降雨区的降雨的后散射能量的定量测量将变得非常困难。这种不能精确测量真实后散射截面积的情况要求在定量测量降雨率时对衰减尽可能进行校正。

第二，若由于雨或介入媒质引起的衰减很大，则来自强吸收区域后面降雨单元的信号就有可能被完全衰减掉。这种强吸收可能产生的严重后果的一个例子是会对波段大多为 3cm 的飞机暴风雨规避雷达产生影响。对于波长短的机载飞机气象雷达而言，会探测不到位于近距离、强衰减的雷暴后的强对流单元的情况非常常见。Hildebrand[37]和 Allen 等人[38]指出，具有高降雨率的强暴风雨甚至在 5cm 波长也会产生剧烈衰减。

在一些气象雷达应用中,希望再测量出沿所选定的传播路径上的衰减大小。这样做是因为吸收与液态水的含量有关,因而可以提供检测像冰雹之类现象的有用信息。这与 Eccles 和 Atlas[39]及 Vivek 等人[38]叙述的双波长技术是一致的。

下列小节中将给出降雨和衰减关系的定量表达式。这些式子大多取自 Bean、Dutton 及 Warner[22]和 Lhermitte[25]等人的论文。Battan[20]和 Oguchi[41]的著作也是关于降雨吸收特性的优秀补充信息源。

水汽的衰减

大气中的水蒸气值可高达 $25g/m^3$,并使衰减随水汽含量的变化而变化。但对于波长超过 3cm 的代表性气象雷达波长,衰减小于百分之几 dB/km 因而通常可忽略。气态氧气在这些厘米波长仅产生次要吸收影响,通常也可忽略。

云的衰减

这里把云微粒看作半径小于 100μm 或 0.01cm 的水粒或冰粒。当入射波长远超过 0.5cm 时,衰减主要取决于液态水含量,与微粒大小分布无关。被普遍认可的云衰减方程通常用液态水含量(g/m^3)来表示方程中的水分量。观察[42]表明,云中液态水的浓度一般在 1~2.5g/m^3 的范围内,但是 Weickmann 和 Aufm Kampe[43]报道的几例中,个别浓积云(经常产生强降雨的高塔型对流云)上部的液态水含量可达 4.0g/m^3;而在冰云中,水含量很少超过 0.5g/m^3,通常小于 0.1g/m^3。云微粒的衰减可写成

$$K = K_1 M \tag{19.15}$$

式中,K 是衰减量,单位为 dB/km;K_1 是衰减系数,单位为 dB/(km·g/m^3);M 是液态水含量,单位为 g/m^3,且

$$M = \frac{4\pi\rho}{3} \sum_{i=1}^{N} a_i^3 \tag{19.16}$$

$$K_1 = 0.4343 \frac{6\pi}{\lambda} \text{Im}\left(-\frac{m^2-1}{m^2+2}\right) \tag{19.17}$$

式中,a_i 是粒子的半径;ρ 是水密度;Im 代表虚部。在表 19.1 中列出了 Gunn 和 East[44]给出的不同波长和不同温度下冰云和水云的 K_1 值。

表 19.1 云的单程衰减系数值 K_1 [单位为 dB/(km·g/m^3) 液态水[44]

温度(℃)		波 长(cm)			
		0.9	1.24	1.8	3.2
水云	20	0.647	0.311	0.128	0.0483
	10	0.681	0.406	0.179	0.0630
	0	0.99	0.532	0.267	0.0858
	−8	1.25	0.684	0.34(外推值)	0.112(外推值)
冰云	0	8.74×10^{-3}	6.35×10^{-3}	4.36×10^{-3}	2.46×10^{-3}
	−10	2.93×10^{-3}	2.11×10^{-3}	1.46×10^{-3}	8.19×10^{-3}
	−20	2.0×10^{-3}	1.45×10^{-3}	1.0×10^{-3}	5.63×10^{-3}

表 19.1 说明了几个重要的事实。表中清楚地给出了衰减随波长的增加而减少，波长λ从 1cm 变到 3cm 时，衰减值大约变化一个数量级。表中的数据还说明，水云的衰减随着温度的下降而增加。冰云的衰减比具有同样水含量的水云衰减约小两个数量级。在实际应用中，冰云对微波的衰减可忽略不计。

雨的衰减

Ryde 兄弟[45]计算了降雨对微波传播的影响，并指出当微波频率较高，也就是波长接近于雨滴直径时，雨滴的吸收和散射效应十分明显。在 10cm 波段和更短的波长时，这种效应是相当大的；但是当波长超过 10cm 时，这种效应就大大地降低了。他们也清楚地表明，悬浮水（云）粒和雨的吸收率大于氧气和水汽结合的吸收率[46]。

在实际中，把雨的衰减表示为降水率 R 的函数十分方便，R 取决于液态水含量和水滴的落速，而雨滴的降速又取决于雨滴的尺寸。Ryde[47]研究了雨对微波的衰减，并采用 Laws 和 Parsons[48]的雨滴大小分布函数，推导出每公里衰减分贝数的近似值为

$$K_R = \int_0^{r_0} K[R(r)]^\alpha \, dr \tag{19.18}$$

式中，K_R 是总衰减，单位为 dB；$R(r)$是沿路径 r 的降雨率；r_0 是传播路径长度，单位为 km；K 是取决于频率和温度的常量；α是取决于频率的常量。

Medhurst[26]指出，$\alpha=1$ 是许多情况下的好假设。图 19.1 给出了 3 种载频（4GHz、6GHz 和 11GHz）的每英里路径损耗值。Lhermitte[25]将这个早期工作延伸到更高频率，证实了颗粒大小分布与衰减率之间的关系并加以说明，同时也综述了近期的经验数据。

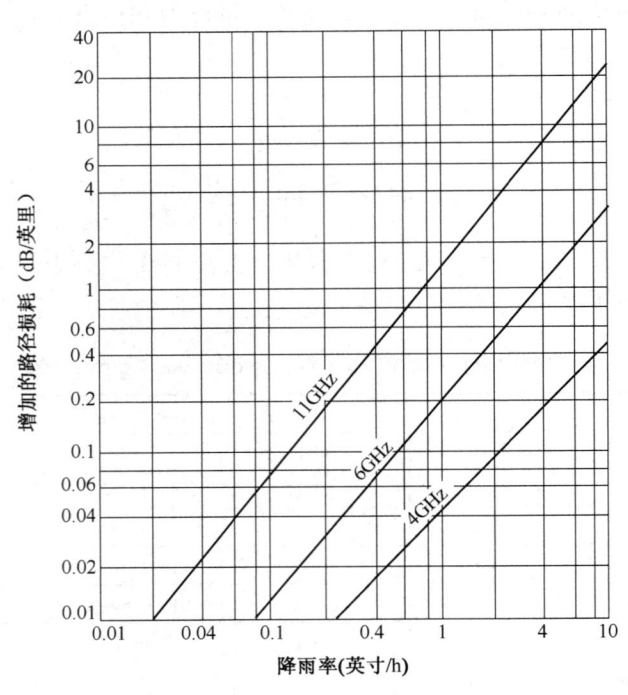

图 19.1 降雨衰减与降雨率的理论关系[45]

当基于理论公式估算降雨产生的衰减时，最大的不确定性来自缺乏不同气候和天气情况下对各种降速的雨滴大小分布的了解。Lhermitte[25]和 Uijlenhoet 等人[50]全面分析了水滴大小分布的解析式发展过程，描述了 Marshall-Palmer 实验及其得到的指数分布和更通用的三参数伽马分布，还分析了确定分布的参数和降雨率，以及降雨类型的相关性。虽然 Burrows 和 Attwood 的研究似乎指出最可能的水滴大小分布可以与已知雨水降速相关联[51]，但没有证据证明已知降雨率的雨滴具有唯一的水滴大小分布。表 19.2 列出了这一研究结果，给出不同直径（cm）和不同降雨率（mm/h）的雨滴占降雨总体积的百分数。根据这些结果，表 19.3 给出不同降雨率的吸收截面积，给出了 0.3～10cm 雷达波长时不同降雨率的每公里衰减的分贝值。

表 19.2 不同降雨率下的雨滴大小分布[51]

雨滴直径 D（cm）	降雨率 R（mm/h）							
	0.25	1.25	2.5	12.5	25	50	100	150
	已知体积内包含直径为 D 的雨滴百分数							
0.05	28.0	10.9	7.3	2.6	1.7	1.2	1.0	1.0
0.10	50.1	37.1	27.8	11.5	7.6	5.4	4.6	4.1
0.15	18.2	31.3	32.8	24.5	18.4	12.5	8.8	7.6
0.20	3.0	13.5	19.0	25.4	23.9	19.9	13.9	11.7
0.25	0.7	4.9	7.9	17.3	19.9	20.9	17.1	13.9
0.30	…	1.5	3.3	10.1	12.8	15.6	18.4	17.7
0.35	…	0.6	1.1	4.3	8.2	10.9	15.0	16.1
0.40	…	0.2	0.6	2.3	3.5	6.7	9.0	11.9
0.45	…	…	0.2	1.2	2.1	3.3	5.8	7.7
0.50	…	…	…	0.6	1.1	1.8	3.0	3.6
0.55	…	…	…	0.2	0.5	1.1	1.7	2.2
0.60	…	…	…	…	0.2	0.5	1.0	1.2
0.65	…	…	…	…	…	0.2	0.7	1.0
0.70	…	…	…	…	…	…	…	0.3

表 19.3 在 18℃时使用表 19.2 中的雨滴大小分布得到的不同降雨率每千米衰减分贝数[51]

降雨率 R（mm/h）	波 长 λ（cm）								
	λ=0.3	λ=0.4	λ=0.5	λ=0.6	λ=1.0	λ=1.25	λ=3.0	λ=3.2	λ=10
0.25	0.305	0.230	0.160	0.106	0.037	0.0215	0.00224	0.0019	0.0000997
1.25	1.15	0.929	0.720	0.549	0.228	0.136	0.0161	0.0117	0.000416
2.5	1.98	1.66	1.34	1.08	0.492	0.298	0.0388	0.0317	0.000785
12.5	6.72	6.04	5.36	4.72	2.73	1.77	0.285	0.238	0.00364
25.0	11.3	10.4	9.49	8.59	5.47	3.72	0.656	0.555	0.00728
50	19.2	17.9	16.6	15.3	10.7	7.67	1.46	1.26	0.0149
100	33.3	31.1	29.0	27.0	20.0	15.3	3.24	2.80	0.0311
150	46.0	43.7	40.5	37.7	28.8	22.8	4.97	4.39	0.0481

由于总衰减截面积[52]取决于温度（因为温度影响水的介电特性），所以估算温度不同于

表19.3 的雨滴降雨衰减是很重要的。表19.4 给出了有关衰减随温度变化的必要数据，可以同表19.3 一起使用。

为了确定降雨通过特定下降路径产生的总衰减，应必须了解或假设这次降雨本身的性质及其降雨率与雨滴大小在三维上的分布情况。

表19.4 降雨衰减的校正系数（倍乘系数）[51]

降雨率 R (mm/h)	波长 λ (cm)	0°C	10°C	18°C	30°C	40°C
0.25	0.5	0.85	0.95	1.0	1.02	0.99
	1.25	0.95	1.00	1.0	0.90	0.81
	3.2	1.21	1.10	1.0	0.79	0.55
	10.0	2.01	1.40	1.0	0.70	0.59
2.5	0.5	0.87	0.95	1.0	1.03	1.01
	1.25	0.85	0.99	1.0	0.92	0.80
	3.2	0.82	1.01	1.0	0.82	0.64
	10.0	2.02	1.40	1.0	0.70	0.59
12.5	0.5	0.90	0.96	1.0	1.02	1.00
	1.25	0.83	0.96	1.0	0.93	0.81
	3.2	0.64	0.88	1.0	0.90	0.70
	10.0	2.03	1.40	1.0	0.70	0.59
50.0	0.5	0.94	0.98	1.0	1.01	1.00
	1.25	0.84	0.95	1.0	0.95	0.83
	3.2	0.62	0.87	1.0	0.99	0.81
	10.0	2.01	1.40	1.0	0.70	0.58
150	0.5	0.96	0.98	1.0	1.01	1.00
	1.25	0.86	0.96	1.0	0.97	0.87
	3.2	0.66	0.88	1.0	1.03	0.89
	10.0	2.00	1.40	1.0	0.70	0.58

R 在高于一个测得的表面值时随离地高度增加而衰减，这种系统性的 R 的垂直变化，似乎适合成层降雨的特点[53]。这种成层降雨通常是由相当规模的气团结构引起的，如锋面结构和季风结构。R 的垂直变化形式为

$$R = R_0 e^{-dh^2} \tag{19.19}$$

这种形式可假设适合于持续降雨条件[54]。式中，R_0 是地表降雨率；h 是距离地表的高度；d 是常数，大约等于 0.2。但对流性降雨的特点明显不同，例如幡状云[53]（悬浮雨雪但到地面之前蒸发）伴随着许多干燥天气中的阵雨云出现，说明幡状阵雨轮廓更难建模。

雹的衰减

Ryde[23] 推断出雹的衰减是雨的 1%，冰晶云不会引起明显的衰减，即使是降 5 英寸/h 的大雪，衰减也是很小的。但是，当冰球外有一层不同介电常数的液态水同心膜时，其散射就

与 Ryde 得到的干燥晶粒的完全不同[55]。例如，当 0.2cm 半径的冰球中有 1/10 半径的冰被融化时，对 10cm 辐射波的散射大约是同样大小全部是水的水滴散射的 90%。

当波长为 1cm 和 3cm，2a = 0.126（a = 粒子半径）时，Kerker、Langleben 和 Gunn[55]发现，融化了少于 10%的冰粒产生的衰减截面积相当于全融粒。当融化的质量达到约 10%～20%时，衰减值大约是全融粒的 2 倍。这些计算表明，略低于 0℃等温线的融冰衰减实际上远大于刚刚在等温线上的雪区衰减，在某些情况下，也大于融化温度以下的降雨衰减。进一步融化，显然不会导致衰减更进一步地增加，而且由于融粒变成球状或破碎，导致融粒反射率下降。冰粒融化产生更强的后向散射，这一现象造成了 0℃等温线附近出现的"亮带"[53]。

Lhermitte[25]讨论了当谐振区（Mie）散射为主要散射结构时雹在波长更短的雷达情况下的衰减。他使用干燥雹的公认大小分布，给出了 3～150GHz 频率间隔上的衰减率，并指出在该频率间隔的低频部分，衰减率可以忽略，当频率高于 100GHz 时，衰减率渐进升高至约 3dB/km。

雾的衰减

雾的特征是使能见度降低。**能见度**[53]定义为"肉眼在给定方向上能辨认下列物体的最大距离：（1）在白天为水平方向上以天空为背景的显著黑色物体；（2）在夜间为一个已知的最好未聚焦的中等强度光源"。虽然能见度取决于水粒的大小和数目，而不完全取决于液态水含量，但实际上，能见度却是液态水含量的近似值，因此可以用来估计无线电波的衰减[56]。

在 Ryde 工作的基础上，Saxton 和 Hopkins[57]给出了云或雾在 0℃时的衰减值，见表 19.5。由于水的介电常数随温度变化，所以衰减也随着温度变化。因此，在 15℃和 25℃时，表 19.5 中的数值应分别乘以 0.6 和 0.4。从表 19.5 中可以立即看出，云或雾的衰减在λ=3.2cm 时比λ=10cm 时大一个数量级，在λ=3.2～1.25cm 时比λ=3.2cm 时大一个数量级。

表 19.5 雾或云的衰减（T=0℃）[57]

能见度 (m)	衰减值（dB/km）		
	λ=1.25cm	λ=3.2cm	λ=10cm
30	1.25	0.20	0.02
90	0.25	0.04	0.004
300	0.045	0.007	0.001

距离和速度模糊

气象雷达使用脉冲序列测量雷达反射率和多普勒特征。因为在恒定脉冲率雷达中，脉冲率决定了多普勒量的采样频率，所以，在固定脉冲重复频率（PRF）的雷达中无模糊的多普勒频率或奈奎斯特频率由下式给出，即

$$f_{\text{Nyq}} = \pm \text{PRF}/2 \tag{19.20}$$

式中，PRF 是脉冲重复频率。同时，无模糊距离间隔由下式给出，即

$$R_a = \frac{c}{2\text{PRF}} \tag{19.21}$$

而 $F_{Nyq}R_a$ 这一乘积可简单地表达为

$$F_{Nyq}R_a = \frac{c}{4} \tag{19.22}$$

因为多普勒频移 f 和目标径向速度 v 线性相关，则无模糊速度与奈奎斯特频率的关系为

$$V_a = \frac{\lambda}{2}F_{Nyq} \tag{19.23}$$

所以无模糊速度和无模糊距离的乘积为

$$V_aR_a = \frac{\lambda c}{8} \tag{19.24}$$

在脉冲重复频率恒定的雷达中，这个积通过将发射波长 λ 最大化而成最大。因此，使用更长的波长可以通过用无模糊距离交换无模糊速度将脉冲重复频率优化到最好。标准的脉冲重复频率恒定的雷达经常在关注的降雨测量中选择 10cm 的波长，这样使诸如雷达波束宽度、天线尺寸和衰减影响等设计参数变得可接受。

地杂波的影响

气象雷达的许多应用中要求检测地杂波中的降雨回波。特别在农业、水利及公共信息方面，近地面降雨测量非常受关注。地杂波重要的应用包括在机场用地基雷达探测低空风切变以及测量山区附近地区的降水，以进行山洪暴发预警。WSR-88D 雷达和终端多普勒气象网络雷达在设计中都考虑了超过 40dB 的杂波抑制能力[7, 58]。

虽然地杂波不能被消除，但可以通过精心地设计来减轻它的影响。主要的方法就是使用低副瓣的天线，尤其是在仰角方向上，这样当主波束略高于地平线时可抑制输入回波的杂波分量。另一种方法是使用更短的波长。采用短波长可以产生更高的信杂比，因为瑞利型散射的气象信号功率与 λ^4 成反比，而地杂波回波对波长的依赖性很小。若假设杂波信号与波长无关，天线波束宽度固定，那么可证明气象信号功率与杂波功率之比与 λ^2 成反比。

气象雷达通常使用数字信号处理技术来实现杂波滤波器，抑制零速度附近的杂波回波[59]。这种滤波器或者可对 I 和 Q 雷达视频数据（在早期模拟实现时，一种被称为**延迟线对消器**）使用时域杂波滤波器来抑制零速度地杂波分量，或者使用频域多普勒功率谱（一个**数字滤波器组**）达到相同的效果[32]。机械扫描气象雷达的时域滤波器通常是无限脉冲响应（IIR）滤波器，其宽度较窄，可调整，宽度大小为几 m/s，压缩电平为 40～60dB，并具有急剧上升的过渡区域[60]。这些时域滤波器的频率凹口中心位于零速度（频率）同时也抑制相同速度区域内存在的天气回波功率，并偏置反射率、速度和宽度的估计值。

另一方面，频域杂波滤波器使用离散傅里叶变换（DFT）抑制频域中的近零杂波分量，并可在这个区域内内插剩余的谱来保持大部分地杂波下面的（信号和噪声）频谱信息。WSR-88D 雷达用的另一种频域技术分别对杂波和气象信号建模为高斯形频谱，并用数字搜索算法分开多普勒谱的这两个分量，然后去掉这些杂波分量，同时保持气象信号不受影响[61]。因此，在适用高斯假设时，剩余气象信号谱提供了所有气象参数谱矩的估计的无偏估计值。

典型的气象雷达设计

没有一种通用的气象雷达系统设计能满足所有要求。机载气象雷达会受到大小和质量的

第19章 气象雷达

限制,而地面雷达会受到成本和选址考虑的限制。强风暴警戒雷达需要有较远的作用距离和高无模糊速度探测能力,并且必须穿透浓密的大雨,所以要求发射波长要长。用来检测非降雨云的雷达一般用短波长[62,63](8mm 和 3mm),以便在足够小的分辨体积内检测 10~100μm 数量级的小云粒时有足够的灵敏度。灵敏的近距离 FM-CW 雷达[64]具有高平均功率,可用于获得高距离分辨率,以检测在晴空边界云层中稀薄的散射层。

大多数的气象雷达是具有多普勒能力的脉冲雷达。用于强暴风雪研究或告警的地面雷达通常使用 S 波段(约 3GHz)或 C 波段(约 5.5GHz)发射机。机载天气规避和降雨雷达由于尺寸限制,主要使用 X 波段(约 10GHz)的发射机,或者偶尔为将衰减最小化而使用 C 波段发射机。机载和地面测云雷达及星载雷达主要工作在 Ku 波段(约 15GHz)、Ka 波段(约 35GHz)和 W 波段(约 94GHz)这样一些毫米波长。

作用距离较远的雷达通常使用的波束宽度不大于 1°。诚然,这种选择有些任意,但 1° 波束宽度的选择是建立在几十年经验基础上的。1° 的波束宽度可以在 60km 的距离上提供 1km 的横向距离分辨率。因为雷暴雨包含有重要的空间特性,如强降雨的轴线和上升气流核心在水平方向的数量级是 1~5km,所以 1° 波束宽度比较适合在几百千米距离外观测这些大气现象。虽然星载雷达可以在远距离(250~500km)上使用零点几度的波束宽度来保持可用的水平分辨率,但作用距离较近的机载气象雷达通常使用 2°~3° 的波束宽度,这是波长要求与天线尺寸限制之间的折中。

实际运转的气象雷达一般能够在脉宽 0.5~6μs 范围内进行长、短脉冲工作,并用 300~3000Hz 的脉冲重复频率进行远距离降雨预测。虽然通过脉冲宽度分集可以获得高分辨率(通常在近距离内),但为远距离探测更长的脉冲可以使灵敏度增加,并使波束方向和横波束方向上的分辨率一致。因为在短波长时要受到衰减的限制,波长更短的 Ku、Ka 和 W 波段雷达通常使用小于 1μs 的脉冲宽度,以获得更高的距离分辨率并使脉冲重复频率位于 3000~10 000Hz 之间来进行近距离测云。星载雷达也使用类似的高脉冲重复频率,但保持对飞往低于轨道高度气象区域的多个脉冲的跟踪。

式(19.12)表明,接收功率与脉冲宽度 τ 成正比。噪声功率 P_n 习惯上由下式给出,即

$$P_n = kTB \tag{19.25}$$

式中,k 是玻耳兹曼常数,单位为 1.38×10^{-23}W/(Hz·K);T 是接收机噪声温度,单位为 K;B 是接收机噪声带宽,单位为 Hz。

对于与脉冲宽度匹配的接收机滤波器

$$B \approx \frac{1}{\tau} \tag{19.26}$$

有时,气象雷达在近距离使用短脉冲进行高脉冲重复频率多普勒处理,当进行远距离监视扫描以监视远处天气时,使用更长的脉冲和低脉冲重复频率以获得更高的灵敏度。由于发射的峰值功率一般被限制为固定的,则发射的平均功率随 τ 线性增加。同样,匹配滤波器带宽和相关噪声功率随 τ 反比降低。如果雷达脉冲空域充满分布式气象散射体,则气象目标的雷达截面积也随 τ 增加[由式(19.9)和式(19.12)确定],接收功率的信噪比(SNR)与 τ^2 成正比

$$\frac{P_r}{N} \propto \frac{\tau}{kTB} \approx \frac{\tau^2}{kT} \tag{19.27}$$

因此，在这些常见条件下增加脉冲长度会增大信噪比和有效雷达距离。需要重点指出的是，分布式目标雷达的信噪比随 τ^2 而变化，这与点目标雷达中匹配滤波器信噪比等于脉冲能量与噪声谱密度的比（$2E/N_0=2P_t\tau/N_0$），即随 τ 线性变化不同。分布式散射体的平方关系是因为发射脉冲在 $c\tau/2$ 脉冲空间内由全部散射体散射功率（而不仅仅是由一个点目标），所以增加了气象散射体的雷达截面积。

气象雷达的脉冲重复频率范围很广，为了远距离探测，PRF 可以低到几百赫兹，而较短波长系统的脉冲重复频率可以达到几千赫兹，以得到较高的无模糊速度。一般而言，大多数气象多普勒雷达工作在单一脉冲重复频率模式上，这损害了雷达可无模糊地测距离或速度的分辨能力。但可以使用双脉冲重复周期模式脉冲序列，即发射几组恒定 PRF 脉冲或用"双（交错）脉冲重复间隔（PRT）"来解距离和速度模糊[65]。另一个方法是在脉冲序列间用随机[66]或确定[67]的脉冲之间的相位，分离重叠的回波。也研究了多脉冲重复时间间隔技术，但不常用[68]。距离模糊不能完全消除，但用这些方法可以有效地降低它们的影响。

讨论常用气象雷达的设计细节已超出了本章的范围。Rinehart[26] 给出了各类气象雷达的系统特征详表。在这里列出了 WSR-88D 雷达的某些重要特征是有用的，它们说明了现代实际运转的气象雷达的性能。表 19.6 包括了某些 WSR-88D 雷达的最初设计特性。

表 19.6 一些有关 NEXRAD 雷达的系统参数[69]

发射峰值/平均功率（速调管）	750kW/1500W
脉冲长度	225m，675m（1.57μs，4.50μs）
极化	线性水平
波长	10.6cm
接收机噪声温度	450K
动态范围	95dB
天线增益	45.5dB
波束宽度	0.95°
副瓣电平	<−27dB
最远距离（反射率数据）	460km
最远距离（多普勒数据）	230km
无模糊速度	±50m/s
杂波抑制（最大值）	55dB
系统灵敏度	50km 处，−7.5dBZ
旋转速率	10°/s～30°/s

图 19.2 示出了安装在密苏里州蒙大拿的代表性 WSR-88D 多普勒雷达。天线安装在塔上，以排除诸如建筑物和树木等周围的障碍物。电子设备在一个方舱内，备用发电机在另一个方舱内。

图 19.3 示出了位于俄克拉荷马州弗雷德里克的雷达反射率数据，强雷暴和产生的降雨像一条粗线穿过雷达作用区域。本章后面将讨论用于产生各种天气照片和结果的处理技术。

图 19.4 示出了（美国）国家大气研究中心（NCAR）使用的 S 波段（10cm）和 Ka 波段（0.8cm）双极化多普勒科研雷达[70]。系统可以同时测量两种波长上的反射率因子、S 波段波长的多普勒参数并进行两种波长的各种极化测量。其技术特征与 Nexrad 指标类似。天线波束

第 19 章 气象雷达

宽度约为 1°，大型 S 波段天线直径为 8.7m。峰值发射功率在 S 波段为 1MW，在 Ka 波段为 50kW。脉冲宽度约为 1μs。脉冲重复频率在 S 波段一般为 1000Hz，在 Ka 波段为 S 波段的几倍。该雷达系统是该研究领域当今技术的代表。

图 19.2 位于（美国）密苏里州蒙大拿的 Nexrad WSR-88D，安装在 15m 高的塔上，有两个设备舱，一个包括发射机、接收机、处理机和通信设备，另一个包括备用发电机

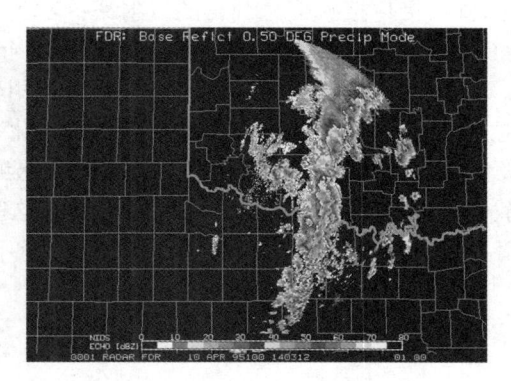

图 19.3 1995 年 4 月 10 日位于（美国）俄克拉荷马州弗雷德里克的 Nexrad 雷达反射率数据，示出了强对流单元和周围的降雨

图 19.4 S 波段极化：位于（美国）科罗拉多州玻尔得国家大气研究中心的多参数 S 波段和 Ka 波段极化测量科研雷达，指向太阳用于校准

极化测量雷达

使用双极化的气象雷达发射和接收水平和垂直极化来评估气象目标的附加特征[13, 14, 24]。雷达同时发射两种正交极化（SHV）或者以预定时序分别发射，并使用双并行数字接收机（每个位于一个极化通道上）来估计两种极化回波之间的差分量。我们可以以与水平极化信号和垂直极化信号差异相关的极化测量为函数自变量，推导更精确的降雨率（以及降雨的其他物理信息）。到目前为止，最常见极化参数是"差分反射率（Z_{dr}）"和"差分相位（ϕ_{dp}）"，它们可以给出气象目标的整体散射和传播特征。令 E_h 和 E_v 表示复接收信号电压，也表示水平和垂直极化的接收电场，现将要估计的重要极化参数给出如下[11]：

$$\text{差分反射率}\ Z_{dr} = \langle Z_h \rangle / \langle Z_v \rangle \qquad (19.28)$$

$$\text{差分相位}\ \Phi_{dp} = \langle \Phi_v \rangle - \langle \Phi_h \rangle \qquad (19.29)$$

$$\text{比差分相位}\ K_{dp} = d\langle \Phi_{dp} \rangle / dr \qquad (19.30)$$

$$\text{共极化相关比}\ \rho_{hv} = |\langle E_h * E_v \rangle| / \langle E_h * E_h \rangle^{1/2} \langle E_v * E_v \rangle^{1/2} \qquad (19.31)$$

$$\text{线性去极化比 LDR} = \langle Z_{cx\,v} \rangle / \langle Z_{co\,h} \rangle \qquad (19.32)$$

式中，Z_h 和 Z_v 是对水平和垂直共极化接收信号测得的反射率；Z_{dr} 以 dB 为单位；Φ_h 和 Φ_v 是相同极化的接收信号测得的相位；K_{dp} 是测得差分相位 Φ_{dp} 的经合适平滑的距离导数，常以°/km 为单位；ρ_{hv} 是 E_h 和 E_v 的共极化相关系数，这里假设其相位是同时测量的，也就是同时用水平极化和垂直极化发射和接收的情况；LDR 是线性去极化率，是用共极化水平反射率（$Z_{co\,h}$）归一化的交叉极化垂直反射率（$Z_{cx\,v}$）的比。由于极化测量增加了雷达信息的维数，同时由于这些测量与散射体的物理特征相关，所以适当结合这些数据会明显指示出降雨类型（雨、雪、冰粒、冰雨、雹等）[16, 71]，并可将雷达回波分为各个类别（降雨、地或海杂波、鸟类和昆虫、箔条等）[72]。

雷达校正

为有效使用雷达进行精确降雨估计，必须深入了解测量的反射率系数到接收回波功率的转换过程。各种雷达分量的增益（或转换常数）可以利用工程测试设备、制造商指标及现场测量获得。校正气象雷达常常意味着精确指定雷达方程式中的常数，并精确估计雷达系统测得的接收功率。校正也包括通过获得天线指向角和精确判定距离来获得散射体在三维空间中的体积等项目。

虽然可以使用浮动的球、四面反射体和其他已知雷达截面积的目标[26, 73]，但重要的"太阳校正"技术使用太阳位置调整天线指向和辐射的太阳能流量判定天线增益[74, 75]。和其他雷达参数测量值一起利用，可判定雷达常数。通过注入已知功率的测试信号，可以确定接收机增益转移函数。对于极化雷达，需要特别小心[76]。已经证实，除太阳流量以外，通过测量交叉极化功率可以获得差通道校正的精确估计[77]。美国气象学会成功举办了一次气象雷达校正会议[78]，发表了气象雷达校正的各个方面的文集。

19.4 信号处理

为了计算预报、告警和其他操作活动必需的各种气象数据，必须首先估计与接收功率、平均径向速度和多普勒频谱或速度宽度对应的头三个频谱矩量。Keeler 和 Passarelli[79]回顾了评估频谱矩量的标准评估技术和误差。为了获得最高分辨率的测量值，必须在雷达感知的每个距离波门上计算这些频谱矩量并转换它们为有意义的气象信息。将在后面讨论的分布式气象目标的性质会对评估这些矩量的处理技术施加特殊的要求，这与对一般坚硬、非起伏目标对处理技术的要求不同。

可以证明，用窄带高斯过程能很好地表示气象目标的接收信号[23]。这是因为：（1）脉冲体积中散射体的数目很大（大于 10^6）；（2）脉冲体积比发射波长大；（3）脉冲体积充满了多个点散射源，导致 $0\sim2\pi$ 范围内的所有相位合并和返回；（4）微粒由于受到湍流、风切变及变化的下降速度的影响而相对运动。

通过中心极限定理，大量微粒（各自具有不同的振幅和随机相位）的散射电场叠加可得到一个具有二维高斯概率密度函数信号。因此，返回信号的振幅起伏具有瑞利统计分布，而其相位均匀分布在 $0\sim2\pi$ 范围内。此外，信号强度（功率）为指数分布[80, 81]。由于取样体积内的所有微粒以某个平均径向速度运动，所以存在一个偏移于发射频率的多普勒谱平均频率。最后，因为微粒相对相互运动，所以也存在多普勒扩展，通常称为多普勒频谱宽度。Zrnic 描述了一种简单技术，可由表征特定脉冲体积[82]的参数化多普勒频谱合成数字气象雷达信号。Doviak 和 Zrnic[23]及 Bringi 和 Chandrasekar[24]详细推导了这些关系式，而 Keeler 和 Passarelli[79]总结了分布式目标数据特征，并将其与代表气象雷达和其他大气探空系统的取样数据集合进行了关联。

频谱矩量的估算

图 19.5 画出了一种气象信号的平均接收功率谱密度常用高斯模型[82]，可以解读如下。接收功率就是曲线下的积分（第零阶矩量），由下式给出

$$P_r = \int S(f)df = \int S(v)dv \tag{19.33}$$

式中，f 和 v 的关系为 $f = (2/\lambda)v$。

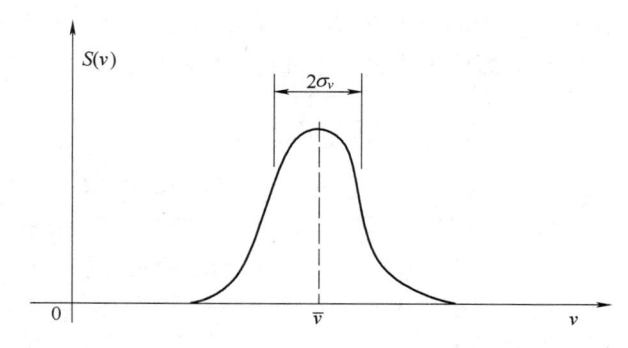

图 19.5 平均多普功率勒谱的高斯模型。由该频谱可以估算三个频谱矩量（接收功率、径向速度和谱宽度）与关注的气象变量直接相关

平均速度（$\bar{v}$）是多普勒谱的一阶矩量，即

$$\bar{v} = \frac{\int vS(v)dv}{\int S(v)dv} \tag{19.34}$$

取二阶中心矩的平方根可求出频谱（速度）宽度（σ_v），σ_v^2为

$$\sigma_v^2 = \frac{\int (v-\bar{v})^2 S(v)dv}{\int S(v)dv} \tag{19.35}$$

由于σ_v^2的计算与连续分布的随机变量方差等价，因此雷达气象学家有时把σ_v^2称作谱方差。简而言之，因为$S(v)$实际上是散射体积内粒子速度的反射率加权分布，所以它与v的概率密度函数相似。我们将称σ_v为谱宽度。显然，多普勒谱包含着测量气象上重要的信号参数所必需的信息。这些头三个矩通常称为**基础数据**，并经常经适当的变换后和用一定的单位标记为Z、V和W。

在最一般的情况下，使用正交相位检测可以得到复信号的实部和虚部。通常在雷达脉冲重复频率上对大量距离波门（≈ 1000）内的信号的实部和虚部进行数字化。在每个距离波门内得到的复时间序列然后可以通过快速傅里叶变换（FFT）进行处理，以得到多普勒功率谱的评估值[83]，并由此得到回波功率、平均速度和谱宽度。

Rummler最先描述了一种有效的矩量评估技术[84]，又由Doviak和Zrnic[23]重新进行了解读。这种估值器利用接收信号的复自相关函数具有下面普遍形式的事实，即

$$R(nT) = P_r \rho(nT) \exp\left[j\frac{4\pi\bar{v}}{\lambda}nT\right] \tag{19.36}$$

式中，$\rho(nT)$是时间序列数据的相关系数；nT是时滞。

可以证明，平均径向速度$\bar{v}$是第一个滞后$R(T)$的函数：

$$\bar{v} = \frac{\lambda}{4\pi T}\arg[R(T)] \tag{19.37}$$

还可以证明[85]

$$\sigma_v^2 \approx \frac{\lambda^2}{8\pi^2 T^2}\left[1 - \frac{R(T)}{R(0)-P_n}\right] \tag{19.38}$$

式中，P_n是噪声功率。

这种估值器过去被广泛应用于多普勒气象雷达的平均频率的估计。当多普勒谱对称时，这种估计在存在噪声情况下是无偏的。但它最大的吸引力在于计算的简单性。对脉冲重复周期为T的脉冲雷达，使用下面的简单表达式可由邻近的脉冲对计算出$R(T)$[86]

$$R(T) = \frac{1}{N}\sum_{k=0}^{N-1} s_{k+1} s_k^* \tag{19.39}$$

式中，s_k是在已知距离上的复同相（I）和正交（Q）信号的样本（以雷达脉冲重复周期采样）；s_k^*是它的复共轭。显然，这种算法只需对N个样本的时间序列进行N次复数乘法，而FFT算法则要进行$N\log_2 N$次乘法。这种算法通常被称为**脉冲对算法**，是一种有效的频谱矩量评估技术。但这种技术仅在确认白噪声中有一个纯气象信号时才可以使用，否则，其他频谱分量和非白噪声会偏移频谱矩量估计值。

过去许多运转的雷达优先选择脉冲对处理器技术，然而在许多研究性的应用中，为提高

数据质量控制，在计算频谱矩量（对应于关注的气象数据）之前先访问整个多普勒频谱并除去人为因素[79, 87]仍然是有利的。风廓线雷达将频谱处理技术广泛应用于去除人为因素和提高灵敏度[88]。一个更重要的任务是估计噪声底值，以去除其对频谱矩量估值的影响。通常使用两种技术[89, 90]。不断改进的可编程数字信号处理芯片和信号处理计算机使雷达气象学家可以使用各类频谱处理技术，与单个脉冲对处理算法相比，这可以大大提升数据质量。除此之外，使处理器本身适应于其经常工作的变化环境是可行的。数字信号处理器的灵活编程可以每天，甚至每个波束、每个波门地对处理器特征进行针对性的调整，使之适应应用情况。

测量精度

由于接收信号是高斯随机过程的样本函数，因此不能在有限的时间段内对多普勒谱及其各阶矩进行精确测量。所以，所有的测量都会有一些误差，这些误差是大气特性、雷达波长及分给测量的时间的函数。

对于 FFT 技术，Denenberg、Serafin 和 Peach[91]已创立了信号估计统计理论。Doviak 和 Zrnic[23]在文献中完整地阐述了这个理论，而 Keeler 和 Passarelli[79]出色地总结了所有这些评估技术和各自的测量误差表达式。以下是一些对平均功率和平均速度估计的均方误差有用的表达式。

功率估计

众所周知[80]，对于高斯随机过程，如采用平方律信号检测，则过程平均功率 P_r 的样本将是方差为 P_r^2 的指数分布。这种变化是由于处理本身而不是与测量相关的噪声造成的。对给定的测量时间 $T_0(s)$ 和信号带宽 σ_f (Hz)，就有近似为 $\sigma_f T_0$ 个的信号包络平方的独立样本。因此，在高信噪比情况下，该过程平均功率 $\hat{P}_r$ 估计值的方差或均方误差由下式给出，即

$$\text{var}(\hat{P}_r) \approx \frac{P_r^2}{\sigma_f T_0} \qquad (19.40)$$

用表达式 $\sigma_f = 2\sigma_v/\lambda$ 代替 σ_f，式中，σ_v 是多普勒谱宽度。式（19.40）就变为

$$\text{var}(\hat{P}_r) \approx \frac{\lambda P_r^2}{2\sigma_v T_0} \qquad (19.41)$$

此表达式在高信噪比情况下成立。

速度估计

多普勒谱的平均频率估计值的方差为

$$\text{var}(\hat{f}) = \frac{1}{P_r^2 T_0} \int f^2 S^2(f + \bar{f}) \text{d}f \qquad (19.42)$$

这是一个有趣的结果，它表明估计值 $\hat{f}$ 的方差仅仅是多普勒谱形状（主要是谱宽度）和分配给处理的积分时间 T_0 的函数。若谱可以用高斯形精确建模，且方差为 σ_f^2，则式（19.42）化为

$$\text{var}(\hat{f}) = \frac{\sigma_f}{4\sqrt{\pi}T_0} \qquad (19.43)$$

注意到 $\text{var}(\hat{v}) = (\lambda/2)^2 \text{var}(\hat{f})$，则我们可把 $\text{var}(\hat{v})$ 写成

$$\text{var}(\hat{v}) = \frac{\lambda \sigma_v}{8\sqrt{\pi}T_0} \qquad (19.44)$$

若将分子、分母同乘以 σ_v，则式（19.44）变成

$$\text{var}(\hat{v}) = \frac{\lambda \sigma_v^2}{8\sqrt{\pi}\sigma_v T_0} = \frac{\sigma_v^2}{4\sqrt{\pi}\sigma_f T_0} \qquad (19.45)$$

由此可看出，平均速度估计值 $\hat{v}$ 的方差与多普勒谱的方差成正比，而与独立样本的数目 $\sigma_f T_0$ 成反比。还要注意 $\text{var}(\hat{v})$ 与 λ 成正比，表明对于同样的处理时间 T_0 及同样的 σ_v，可以通过减小波长从而增加独立样本的数目来减小估计值的方差。

式（19.42）~式（19.45）适用于高信噪比的情况。频谱矩量估计值的不确定性来自表征气象回波的窄带随机过程的有限观测时间。Zrnic[85]给出了脉冲对的估计技术和高斯形谱情况下平均频率估计值 $\hat{f}$ 方差的更一般表达式，即

$$\text{var}(\hat{f}) = \frac{1}{8\pi^2 T_0 \rho^2(T) T} \left\{ 2\pi^{3/2}\sigma_f T + \frac{N^2}{S^2} + 2\frac{N}{S}[1-\rho(2T)] \right\} \qquad (19.46)$$

式中，ρ 是相关系数；N/S 是噪声信号比。式（19.46）适用于脉间周期为 T 的单个脉冲重复频率，并且假设在估计算法中使用了 T_0 内的所有脉冲。如果信噪比很大、频谱很窄，也就是说 $\rho(T) \approx 1$，则式（19.46）就简化为式（19.43）。读者可参考 Zrnic 的文献[85]以得到关于多普勒谱其他矩估计的更详细论述。

脉冲压缩

在气象雷达中不常使用脉冲压缩技术，因为短脉冲的峰值功率并不限制气象雷达系统性能。但 Keeler 和 Frush[92]描述了如何将大气中分布的目标群当作冻结（固定）的"板层"散射中心处理，使得当编码的雷达脉冲通过它们传播时目标群近似于多层非起伏散射体。这样，每片散射层产生一个回波信号，可由压缩滤波器以处理单独点目标相同的方式进行压缩。Keeler 和 Frush 指出，脉冲压缩可以使快速扫描雷达获益，在这种雷达中每个散射体积需要的驻留时间远小于气象回波的去相关时间。在这些情况下，将脉压测距值平均而不是对长驻留时间积分，可在非常短的波束观察时间内提供精确测量所需的大量独立样本。类似地，在其上进行平均的有效距离分辨率，可以是灵活的以满足变化的观测要求，即结构复杂的强降水暴风雨（通常是对流天气）的短距离间隔和更均匀但也更微弱的降雨（通常是层状云）的长距离间隔。在其他信号比较微弱的情况（例如风廓线应用和晴空边界层观测）中，脉冲压缩可在处理需要的距离分辨率的同时，通过使用长脉冲增加系统的平均功率来增加系统灵敏度[93]。距离分辨率和信噪比分别独立地由脉压波形设计参数决定。

在研究气象雷达的脉冲压缩时，需要关注与距离副瓣有关的问题。就像天线副瓣应减至最小一样，将距离副瓣最小化需要谨慎设计，以减轻由广阔动态范围内分布的气象目标所引起的解读误差的影响[94, 95]。将发射脉冲的幅度、频率和相位整形以及在接收机处理器内使用特殊副瓣抑制/压缩滤波器，可以在一个相当大的多普勒间隔（几十米每秒）内将距离副瓣压缩50dB 以上[96]。这些脉压滤波器与发射波形并不匹配，因此，可能出现一点信噪比下降和主波束中的距离分辨率降低等情况[95]。但这些损失在许多所关注的气象雷达测量中可以接受。

白化

脉冲压缩会牵涉到通常难以分配到的发射带宽的增加,因此可能限制了脉压技术在 S 波段和 C 波段的应用。用于增加距离分辨率和非相关样品数量的固定带宽的技术,就是在小于脉冲时宽几倍的时间间隔内对发射脉冲采样,并使用线性预测**白化滤波器**[97]将相关的信息从过采样的数据中去除的过程[98, 99]。这种白化过程增加了为求距离平均值的独立样本数量,这样就可改进参数评估精度,其代价是显著降低了信噪比。高速采样所需的接收机更大的噪声带宽和白化滤波器噪声的抬高导致信噪比减少约 L^2, L 是增加了的采样系数[100]。另一种表述是,白化滤波器有效地缩短了发射脉冲(约 L 倍),同时让增加(约 L 倍)的接收机噪声功率通过,因此是用距离分辨率换信噪比。幸运的是,甚至在白化过程后常用气象雷达的信噪比仍旧非常高,仍然高得足以有效利用大量独立样本,以提高基本数据评估或提高距离分辨率测量[101]。另一方面,如果信号较弱,噪声抬高将主导白化过程,于是丧失全部优点。很重要的事实是,发射脉冲与其带宽没有改变,结果使为利用更高的距离分辨率而增加频率分配不成问题。

短驻留时间谱(最大熵)

气象回波的频谱处理增加了另一种将信号从地杂波、其他干扰和噪声中辨别出来和估计关注的气象参数的自由度(频率维)。大多数频域处理需要相对长的同相/正交(I/Q)数据样品集,以进行离散傅里叶变换分析、构建窗口函数和进行可能的谱平均,以获得适于量化处理的频谱[102]。用于对快速演变的暴风雪进行快速采样的快速扫描雷达需要使用较少同相/正交数据样品的短驻留时间数据集合的频谱分析技术。诸如 Burg 最大熵[103]和 Capon[104]最大或然率估计等现代频谱分析技术允许使用短驻留时间采样数据来获得稳定的频谱估计器。这些技术属于一般类型的自回归(AR)估计器,它们根据傅里叶模型,对观测数据进行全极点过滤的白噪声建模而不是正弦值的加权和建模[105]。多次信号和地杂波可以像使用傅里叶估计器一样分解。这些短驻留时间自回归频谱然后可像推导气象参数的傅里叶数据模型谱估计器一样,用于估计气象谱的矩[87]。

处理器实现

现代气象雷达在可编程平台和交互式彩色显示器上利用数字信号处理技术,在解读气象回波时得到数量上的精度。现代气象雷达需要大动态范围来感知短距离上的强回波和远距离上的弱回波。因此,接收机和处理器的设计都试图使用动态自动增益控制(AGC)来在大范围内保持幅度和相位的线性度,这时通过使用快速切换衰减器或更常用的数字补偿,沿距离间隔调整接收机增益和相位。显然,这种接收机中的快速切换需要谨慎设计,避免转换的瞬态影响。避免瞬态影响的一种方法是采用两个并行中频接收机通道,每一个通道都具有适当的动态范围和固定的增益,并在与信号强度最匹配的通道中对信号进行采样。

所有这些方法都有可能达到数量级为 90dB 或更宽的线性动态范围,并可以用浮点数字处理。由浮点样品可以数字化评估反射率、平均多普勒速度和频谱宽度。处理可以用专用数字信号处理计算机或者用快速通用计算机完成,后者需要与使用数字信号处理(DSP)芯片或现场可编程门阵列(FPGA)装置的专用信号处理元件结合。持续的技术进步将使得诸如现代频谱处理和自适应滤波等先进但成熟的信号处理算法得到应用[87]。

19.5　操作应用

前面已经演示了气象雷达测量后向散射功率和径向速度参数。对雷达气象学家的挑战是如何把这些测量的参数、其空间分布及时间演变转换成对气象的定量估计。Serafin 和 Wilson[1] 及其他研究人员指出了现代气象雷达是怎样用于预报天气的。气象解读的水平差别很大，从粗略显示的人工解读到自动算法和现代多维显示以辅助人工解读。用于复制人工解读逻辑思考过程的专家系统方法已经获得有效使用[106, 107]。在 Nexrad 雷达系统的设计中，自动化的运用程度是很明显的。表 19.7 列举了 Nexrad 雷达输出的自动化气象信息。

表 19.7　Nexrad 雷达部分自动化输出信息列表

雷达基本反射率（全距离、每次扫描）
基准径向速度
基准谱宽
组合（所有高度的最大值）反射率
降雨回波顶部
恶劣天气概率
速度方位显示（VAD）风廓线
暴风雨相对平均径向速度
垂直积累的液体
暴风雨跟踪信息
冰雹可能性
中气旋和龙卷风漩涡信号
地面累计降雨（1h、3h、整个暴风雨的）
雷达回波分类器

降雨测量

降雨量是需要测量的重要参数之一，对于农业、淡水供应、暴雨泄流、潜在洪水警告等有关水资源管理的多个问题具有重要的意义。降雨率关于反射率因子的经验表达式为[108]

$$Z = aR^b \tag{19.47}$$

式中，a 和 b 是常数；R 是降雨率，通常它的单位为 mm/h。Battan[20] 在其著作中用了整整三页的篇幅罗列了几十种对一年每个季节、不同天气情况和世界不同地方的研究人员得到的 Z-R 的关系式。当我们注意到降雨雨滴大小分布变化很大时，那么对于变化无穷的天气情况来说，没有一个普遍适用的表达式就不足为奇了。在很多情况下，雨滴大小分布可以用一个指数函数表示为

$$N(D) = N_0 e^{-\Lambda D} \tag{19.48}$$

式中，N_0 和 Λ 是常数，且 ΛD_0=3.67，其中 D_0 是雨滴直径中值。如果 $N(D)$ 已知，就可以由式（19.8）计算出反射率因子。使用 Gunn 和 Kinzer[109] 的雨滴的终端落速数据，也可得到降雨率，以及 Z 与 R 如式（19.47）的关系。雨滴大小分布的指数形式通常与几个雨滴大小分布的平均值相符，而几种分布出现在对流和热带降雨的不同阶段，然后对空间或时间平均。但是，"伽马"雨滴大小分布代表了一种不同气象条件下与瞬时、自然变化的雨滴大小分布更好的符合。伽马雨滴大小分布[24]为

$$N(D) = N_0 D^\mu e^{-\Lambda D} \tag{19.49}$$

式中，μ>-1，且 ΛD_0=3.67+μ。参数 μ 控制分布的形状，当 μ=0 时，为指数分布。

显然，单波长、单极化雷达只能测量一个参数 Z 并且必须假设是瑞利散射。由于降雨率取决于两个参数，N_0 和 Λ，所以式（19.47）不通用也就并不为奇了。尽管如此，Battan[20] 还

是针对下述 4 种雨型列出了 4 个 "颇为典型" 的表达式,即

层状雨[110]

$$Z = 200R^{1.6} \tag{19.50}$$

山雨[111]

$$Z = 31R^{1.71} \tag{19.51}$$

雷暴雨[112]

$$Z = 486R^{1.37} \tag{19.52}$$

雪[113]

$$Z = 2000R^2 \tag{19.53}$$

层状雨[53]指的是范围广、相对均匀的雨,且使用众所周知的 Marshall-Palmer 雨滴大小分布。**山雨**[53]是由山或山脉诱发或引起的降雨,而**雷暴雨**[53]是对流降雨系统的代表。在上面的每个表达式中,Z 的单位为 mm^6/m^3;R 的单位为 mm/h。在式(19.53)中,R 是雪融化后的等价降雨量。Battan[20]给出了有关这个重要主题的较完整讨论。

Wilson 和 Brandes[114]全面讨论了如何利用雷达数据和雨量计数据以相互补充的方式测量大面积降雨。他们指出,用雷达对暴风雨情况下降雨的累加进行测量,在 75%的时间内,可精确到大小 2 倍左右。增加地面雨量计测量网络,就能使大面积测量提高 30%的精度。虽然雷达只测量高处的反射率,但人们主要关心的是在地面上的降雨估计。雨量测量器常常用于调整雷达的反射率值[115]。Zawadzki[116]描述了许多影响雷达测量降雨的因素。Joss 和 Lee[117]及其他人[118-120]成功利用反射率垂直轮廓(VPR)估计了表层降水率。Bridge 和 Feldman[121]论述了如何利用两种独立的测量(反射率因子和衰减)获得雨滴大小分布的两个参数并更精确地判断降雨率。

极化测量估计

已经证明,双极化雷达在具有气象雷达其他优点的同时,可以使降雨量估计得到改进[122]。极化雷达测量利用以扁球面(一个水平尺寸大于垂直尺寸的扁平球)近似的展平的雨滴形状及其传播和散射特性来获得精确的降雨估计值。Seliga 和 Bringi[123]及 Sachidananda 和 Zrnic[124]指出 Z 在水平(Z_h)和垂直(Z_v)极化上的共极化测量如何可实现两种独立测量,并由此得到比那些单一反射率测量更精确的降雨率测量。Bringi 和 Chandra[24]给出了下列在 10cm(S 波段)进行测量的降雨率估计器。由于 Mie 因子进入计算以及相位测量和波长的相关性,使其他波长有不同常数

$$R(Z_h, Z_{dr}) = 0.0067 Z_h^{0.93} Z_{dr}^{-3.43} \tag{19.54}$$

$$R(K_{dp}) = 50.7 K_{dp}^{0.85} \tag{19.55}$$

$$R(K_{dp}, Z_{dr}) = 90.8 K_{dp}^{0.93} Z_{dr}^{-1.69} \tag{19.56}$$

基于反射率的降雨估计器与 Marshall-Palmer($Z=200R^{1.6}$)和 Nexrad WSR-88D($Z=300R^{1.4}$)的对应关系是

Marshall-Palmer 情况: $R_{MP}(Z) = 0.0365 Z^{0.625}$ (19.57)

Nexrad WSR-88D 情况: $R_{88D}(Z) = 0.0170 Z^{0.714}$ (19.58)

极化降雨测量具有独特的特性,它不但能改进降雨测量,还改进数据质量特征[125]。水平与垂直极化(Z_{dr})之间的差分反射率允许估计有效水滴大小,而差分相位(K_{dp})则可以给出

对降雨率估计的额外信息和某些独立的信息。当雷达遇到代表性污染物，如波束阻挡、地杂波主导和校正误差等时，K_{dp} 就是一个尤其重要的参数。此外，Ryzhkov 和 Zrnic[126]已经证明，与基于功率的测量相比，基于 K_{dp} 的降雨测量对未知和变化的雨滴大小分布（DSD）的依赖性更小。同时，由极化测量得到的其他推论可以让我们估计雨滴大小分布的伽马函数参数[127]，这可以进一步提高对降雨的估计。极化降雨方差矩阵的自一致约束对反射率绝对测量产生了比较严格的界限，使我们可以校正反射率测量并改进降雨率估计[128]。对于短波长雷达，当利用反射率测量估计降雨率时，必须考虑 Mie 散射的影响。Lhermitte[25]和 Kolias 等人[129]分析了 Mie 散射，并指出，如果正确考虑 Mie 散射，降雨测量将非常精确。

极化雷达可以以不同的方式配置，用于不同测量情况。科研雷达通过交替水平和垂直极化脉冲来探索去极化率。但运转雷达推荐的配置是同时发射水平和垂直极化，并独立接收两个正交的信号，用于极化处理和允许接收重要的共极化量。每个发射极化相对的相位是任意的，但每种极化中，共极化接收信号的差分幅度和相位足以进行极化测量。

我们的观点是，降雨率测量是雷达气象学中吸引最多关注的主题。虽然已经逐步开发出了有用的经验表达式，且双极化技术显著改进了精度，但完全令人满意的方法仍然有待开发。

WSR-88D 雷达的极化测量可以使降雨测量更精确，对冰水相更了解，这些对于提高预报、将冬季降雨划分为水区和雪区以及探测对飞机有害的结冰条件等具有重要意义[130]。这些雷达使用相位编码算法可以分离多重时间（或多次往返）回波[67,131,132]并计算非混淆距离回波中的非混淆速度[133]；将来自降雨的回波从诸如地杂波、海杂波和昆虫回波等干扰中分离出来[72]；以适应灵活的扫描策略并改进距离和方位数据分辨率。通过安装更强、更灵活的信号和数据处理能力可以容易提升这些性能。

强暴风雨告警

气象雷达的主要目标之一就是要及时告警诸如龙卷风、破坏性大风、山洪暴发和台风登陆等恶劣天气现象。用数据同化和数字天气预报技术对这些恶劣天气现象的严重性等级和精确位置做出长期精确预测超出了现有技术的能力范围。然而，现役气象雷达能够检测这些天气现象并对严重事件的逼近提供局部告警，也可以检测暴风雨中的旋风，而旋风是引起地面飓风的前兆[134]。地面海岸雷达和机载雷达也可以测量逼近飓风的恶劣程度，并确定其最可能的登陆位置，发出撤离警告[135,136]。

龙卷风检测

单部多普勒雷达仅能测量矢量风场的径向分量，所以要精确测量某点的矢量风速一般是不可能的。然而，通过仅测量径向速度随方位角的变化就能检测出旋风或旋涡及其强度，如图 19.6 所示。雷达在方位上扫描，在恒定距离上对径向速度进行成对检测。方位切变的简单表达式为

$$\frac{dv_r}{dx} \approx \frac{2v_r}{r\alpha} \quad (19.59)$$

式中，x 位于垂直于旋转半径的方向；α 是距离 r 处圆风所张的角。

由于中气旋会孕育出龙卷风且其直径能达到几千米，所以波束宽度为 1°的雷达具有检测 60km 距离外中气旋的空间分辨率。显然，任何匀速直线运动都会改变所测得径向速度的绝

对值，但不会影响切变测量。方位切变值的数量级达到 $10^{-2}s^{-1}$ 或更大，并且垂直范围超过了中气旋的直径时，就被认为是发生龙卷风的必要条件[137]。

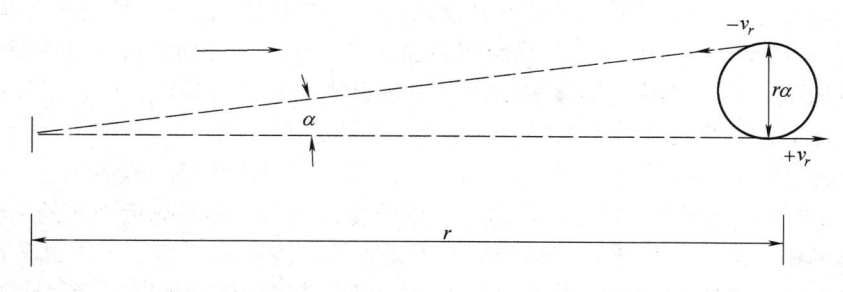

图 19.6　测量中气旋（一种旋转风群）的旋转或方位切变。方位切变由 $\frac{\Delta v}{\Delta x} = 2v_r/ra$ 给出

一般来说，用一般的气象雷达波束宽度检测 30km 外的龙卷风旋涡自身是不可能的，因为其水平范围仅为几百米。所以，除非龙卷风离雷达足够近，能被雷达的波束宽度分辨，否则不可能检测径向切变。在雷达波束能够完全地覆盖龙卷风的情况下，可利用多普勒频谱宽度来估计龙卷风的强度。然而在某些情况中，当龙卷风完全落入波束中时能同时检测出中气旋和初期的龙卷风。Wilson 和 Roesli[138]举了一个很好的早期的例子，描述了夹杂在较大中气旋中的飓风旋涡信号（TVS）。

微爆现象

Fujita 和 Caracena[139]首先发现 1975 年的客机坠毁事件是由于微爆现象所引起的。图 19.7 示出了微爆现象及其对飞机起飞和降落的影响。简单地说，微爆现象就是来自对流暴风雨的小规模、短持续时间的向下气流。这种气流"爆炸"碰撞地面后径向地扩散，形成高 0.3~1km、直径 2~4km、风速大于 10m/s、持续时间不足 20min 的**发散**气流环[53]。飞机在穿越微爆区时，首先遭遇增强的顶风，随后顶风持续减弱使飞机运转失灵，如飞机在刚要降落或正要起飞时遇到微爆，就会导致飞机坠毁。关于微爆及其对飞行安全的影响在 Fujita[140, 141]和 McCarthy、Serafin[142]的论文中有更完整的描述。

与探测龙卷风一样，检测微爆是通过估计切变完成的。然而，在微爆情况下，通常测量径向速度的径向切变。在彩色增强的径向速度监视器上，受过训练的观察员很容易对微爆信号进行人工解读[50]，且 TDWR 雷达系统已经

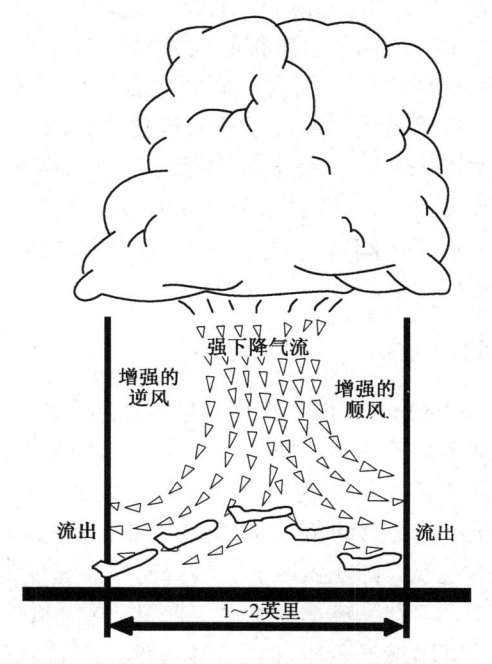

图 19.7　微爆图示及其对飞机起飞过程的影响。近地面发散风场中的飞行速度丧失是极其危险的。类似的近地面飞行速度丧失出现在着陆过程中

实现自动探测。微爆现象中可观察到 10~50m/s 的径向速度差异。如果喷气式飞机跑道长度上（≈3km）的径向速度差异超过 25m/s，那么就需要重点关注了。

一个和微爆现象有关的主要问题是其持续时间短，数量级为 15~20min，但峰值强度的持续时间只有 1~2min。现场研究[143]已经清楚地证明，使用多普勒雷达可以获得对微爆现象几分钟的报警时间。由于微爆现象发生在近地面且无降雨或轻微降雨，所以现役微爆探测雷达使用自动探测算法和高性能地杂波减轻技术。

优选 C 波段作为工作频段有几个方面的原因：第一，在尺寸相同的情况下，C 波段天线比 S 波段天线的波束宽度小，这样可以改进气流测量，强力抑制机场近地面的杂波；第二，由于近距离探测很重要，所以雷达衰减影响并不是主要关注内容；第三，C 波段能提供较高的信杂比性能，因为大量杂波目标由于 Mie 散射，雷达截面积受到限制，而大气中的沿风轨迹散射体很小且具有瑞利散射截面的物理性质。X 波段雷达除非位置非常接近机场跑道，否则其在大雨环境下会产生比较剧烈衰减而性能有限。20 世纪 90 年代中期，45 个主要机场部署了 C 波段终端多普勒气象雷达（TDWR）系统，用于探测有害的风切变情况、可能影响机场进出港跑道配置的接近的狂风前端和微爆[7]，并对飞机告警。该雷达网络与改进了的飞行员训练和警觉性相结合，几乎消除了微爆和其他强风切变导致的飞行事故。

冰雹

Nexrad 雷达使用冰雹检测算法，该算法将高反射率因子与回波高度、上层径向发散风速结合来检测冰雹的发生。极化雷达技术也可以提高对冰雹的定量检测。Bringi 等人[15]、Aydin 等人[144]及 Illingworth 等人[145]提出了一种利用差分反射率测量探测冰雹的技术，该技术利用如下事实：翻转的冰雹的差分反射率以及水平和垂直反射率的比值接近 1（≈0dB）。这一点与大雨截然不同，因为大雨时大量雨滴为水平指向，这个比值可能大到 5dB。对于大雨和冰雹，将绝对反射率因子和双极化差分反射率结合可以得到独特的标志，每种标志都可用高反射率因子表征。差分反射标志的区别容易解释。大雨滴在下落时取扁平形状（用扁椭球近似），因此后向散射水平极化的电场比垂直极化散射的电场要强。由于冰雹块形状不规则，一边下落一边翻转，因此平均起来不能显现出特定的方向。因此，水平和垂直散射电场接近同一个平均值。

风的测量

Lhermitte 和 Atlas[146]最先描述了出现降雨时，如何用单部多普勒雷达测量水平风场的垂直剖面。若雷达扫描区域中的风场均匀，这项技术将最为精确。这种方法取决于对仰角固定时全方位扫描期间测得的径向速度的分析。如图 19.8 所示，对任意斜距 r，测量的高度为 $r\sin\alpha$（α 为仰角），扫描区域的直径为 $r\cos\alpha$。若 β 为方位角，V_h 为水平风速，V_f 为粒子的降落速度，则在斜距 r 上测得的径向速度为

$$V_r(\beta) = V_h \cos\beta \cos\alpha + V_f \sin\alpha \qquad (19.60)$$

可用谐波分析（正弦波幅度、相位和偏置的最小平方拟合）得到 V_h、水平风速、$\cos\beta$ 最大处的风向及粒子的平均降落速度 V_f。所有这些都画成高度的函数。这种技术被称为速度-方位-显示（VAD）技术。后来，Browning 和 Wexler[147]指出了利用扩展了的谐波或傅

里叶级数分析，如何扩展这种技术来测量包括风场散度和畸变等其他风场参数。VAD 已被 Nexrad 雷达实现，已作为标准产品用于降雨和经常是晴空的情况。VAD 技术最常用于垂直指向并以相对较大仰角步进扫描的风廓线雷达中。另一种确定边界层风场的有效方法是利用单部气象雷达进行回波跟踪[148]。

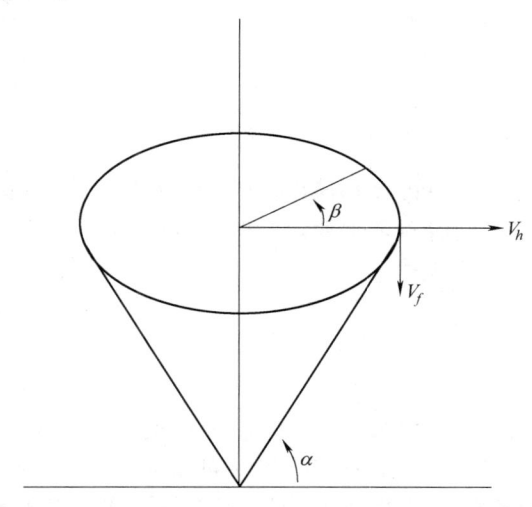

图 19.8　用单部多普勒雷达测量水平风的径向速度-方位-显示的几何关系图。以仰角 α 全方位扫描，测量径向速度，估计水平风的垂直轮廓

雷暴雨预测

Wilson 和 Schreiber[149]说明了如何用多普勒气象雷达来探测新一轮雷暴雨可能发生的位置。许多气象雷达有足够的灵敏度探测低至 2～4km、高至 50km 或 100km 大气中的晴空大气不连续性。这种现象的探测主要发生在夏季几个月里，这时后向散射结构可能是由低层大气边界层中的昆虫引起的，有时也可能因为 Bragg 散射的折射率不均匀性引起的。Wilson 和 Schreiber 发现，夏季发生在落基山脉前沿区域的 90%雷暴雨都出现在两种不同气团之间的"边界"上。因为这些边界可以在出现云之前探测到，以及用多普勒雷达测量有可能推断气团汇聚（或两个气团融合）。在气团汇聚处，昆虫沿这些边界聚集，所以可以更精确地预测雷暴雨的发生。从雷达设计师的观点来看，这类应用要求使用超低副瓣天线，低相位噪声发射机和接收机，以及具有显著杂波抑制能力的信号处理机。Nexrad 雷达系统配备有高质量天线和 50dB 的杂波抑制能力，非常适合于这类重要任务。

折射和水蒸气测量

常规气象雷达的处理一般设计为重点关注降雨和风场测量并抑制地杂波。但众所周知的是，大气折射导致的雷达波束弯曲和由此产生的不规则传播的地杂波回波可指示出低层大气的温度和湿度的垂直轮廓。此外，测量雷达脉冲在杂波目标（那些雷达直接看到的目标）之间的传播速度可以估计大气在这条传播路径上的折射系数。通过测量从固定地面杂波目标接收的雷达信号绝对相位，并将其与已知折射条件下的基准绝对相位测量值比较，我们就可以测量雷达脉冲沿这些途径的近表面传播速度。然后可以判定这些大气路径上的大气折射系数或折射率[17]。折射率是温度、压力和水分含量的函数。结果是，如果地面温度和压力可以获得且相互独立（经常如此），则折射系数测量可以转换为地面边界层中的水蒸气空间场测量。这类水蒸气测量对使用大气数字模型和仿真进行精确预报至关重要[150]。这种实验性测量技术的使用距离为 0～40km（40km 时，地球曲率妨碍对地面杂波目标的常规观测）。Nexrad 雷达正考虑应用该技术。

19.6 研究上的应用

实际运转的气象雷达都设计成可靠和操作简单，同时能提供应用所需的性能。科研雷达要复杂得多，因为前沿研究需同时对多个变量同时进行更详细、更灵敏的测量。在气象雷达研究界，多参数（极化和波长）雷达、多部多普勒雷达组网以及新一代机载和星载雷达研究受到了极大关注。

双极化/波长雷达

显然极化多普勒雷达能够显著增加从气象目标获得的有用信息。探测冰雹和更精确的估计降雨具有头等重要意义。多波长上的双极化测量可以提供更多的与最终解读不同类型云和降雨中雨滴大小分布、水相状态及其他水汽现象（水粒或冰粒）有关的信息。Bringi 和 Hendry[14]以及 Bringi 和 Chandra[24]的著作中还有 Hall[151]编辑的论文集中描述了多参数气象雷达的能力。虽然波长更长的雷达对于研究强暴风雨是必需的，但波长更短的毫米波雷达对于感知和探测新近生成的云团有用。研究人员经常同时需要这些能力。从雷达工程角度看，挑战很严峻，需要雷达设计师开发相干波形、极化分集和波长分集雷达。如上所述，目前世界上存在多部科研极化雷达和运转的极化雷达[26]。

多雷达系统

单部多普勒雷达只能测量速度的单个径向分量。Lhermitte[152]是描述如何利用两部或更多多普勒雷达共同扫描以取得降雨中三维气流场的首批人员之一。这项开拓性工作开辟了运用多普勒雷达网络研究个别云层的道路，目的是研究降雨中矢量气流场的三维结构。这里必须指出一点关于用两部多普勒雷达测量三维风的情况。由于从原则上讲，两个独立观测仅能测量矢量风运动的两个分量，必须引用关于大气团连续性的假设。大气连续性方程（$\nabla \cdot \bar{v} = 0$）[53]可用于获得第三维分量，式中，$\bar{v}$ 是大气运动矢量，在地面上限制为零。对大气连续性方程进行垂直向积分可以计算出垂直大气运动。

图 19.9 示出了用两部多普勒雷达观察到的一个单独暴风雪对流单元中的大气运动场。它示出了距离地球表面大约 100m 的平面上的水平矢量场。所测量的现象是一种中心偏右的低空发散气流（或微爆）。图 19.10 示出了另一例重叠在对流雷暴单元上的降雨强度和大气运动场。数据取自三部间隔 40km 的多普勒雷达。

与雷达间距相对较大的 WSR-88D 雷达网相比，不受地球曲率限制的发展中的短距离多普勒雷达网可以进行更详细的近地面观测。协同自适应感知大气（CASA）雷达网将包括多部安装在现有塔上的廉价、小功率、扫描、短波长雷达，这些站主要是手机基站塔，它们遍布美国各地[153, 154]。这些塔上的现有设备将和 CASA 雷达网共享基础设施。该雷达系统可以

第 19 章 气象雷达

对重要的低空大气扫描和跟踪进行智能决策,而低空大气特征对飞行、天气预报、交通和当地紧急响应应用户都非常重要。为协调使用数据,CASA 雷达可以相互通信并自适应更改工作参数,在给定时间最佳满足预定需求。CASA 网由于部署和使用的最终成本原因而可能只布置于诸如城市、机场等重要区域周围。

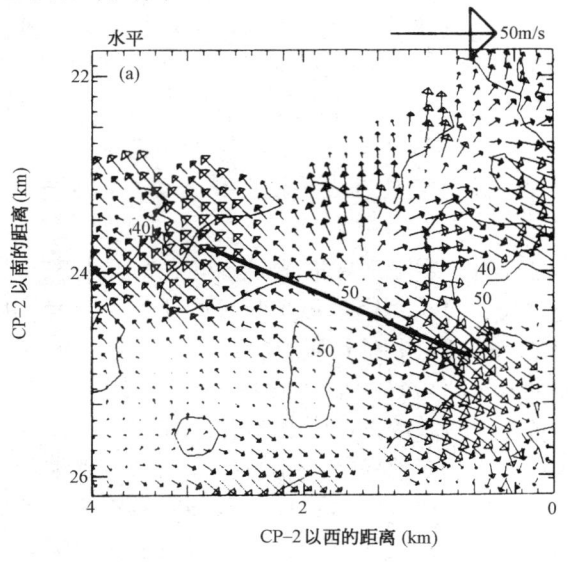

图 19.9 在美国科罗拉多州 Denver 附近用双多普勒雷达对夏季对流暴风雨的水平矢量风场的观察。图中的黑色实线表示喷气式飞机跑道的长度。微爆形成的分散气流表现为 15m/s 的迎头风在跑道长度上改变为尾风

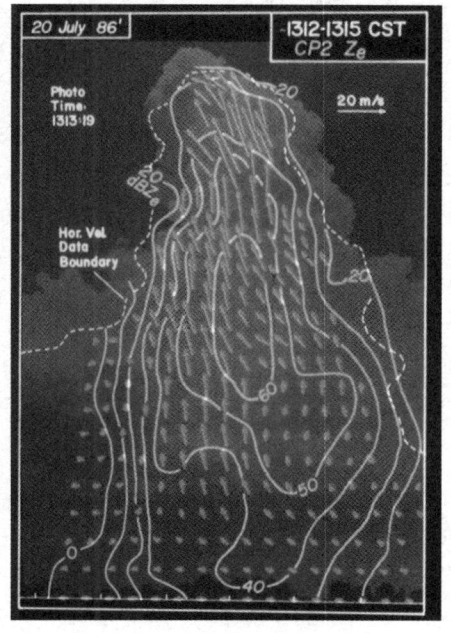

图 19.10 阿拉巴马州快速生长雷暴单元上叠加的雷达反射率等高线和气流矢量。数据显示了一股源自 60dBZ 超强降雨或冰雹中心的 30m/s 上升气流。风矢量来自三部邻近多普勒雷达的数据合成

快速扫描（相控阵）雷达

使用相控阵天线和复杂波形设计的多普勒气象雷达可应用于较困难的雷达气象观测上。使用多部多普勒雷达提供了有关大规模降雨系统中内部风的大量新信息，而这些信息是不能以其他方式得到的。尽管这种测量技术的能力很强，但是得到的三维气流场的空间分辨率一般低于 1km 的数量级。原因有几个：有限的波束宽度限制了在较远距离上的分辨率；对于较近距离，必须在大的空间立体角上进行扫描以覆盖暴风雨的所有区域，而对即使处于较好位置的暴风雨，整个扫描时间也得要 3～5min（这是精确测量时对目标驻留时间要求的必然结果）；最后，在测量期间，暴风雨本身也在发生演变和运动，导致时间和空间上的数据记录复杂化。

某些运转的和研究上的应用需要比常规机械扫描雷达更快速的扫描[155]。这些应用包括：对龙卷风告警的更长预警时间、对小范围暴风雨特征的研究、对暴风雨中气流运动与降水云气发展过程相互作用的研究、对云中电荷分离的研究等。Brook 和 Krehbiel[156]首先讨论了一种高速扫描雷达（虽然是非多普勒的）以有效地获得对流暴风雨的快照。Keeler 和 Frush[157]讨论了能力更强的快速扫描多普勒雷达设计所要考虑的因素。

一般来说，任何快速扫描方法都必须有两个特征：（1）发射波形必须具有较大的带宽以增加所需空间分辨单元中得到的独立样品数；（2）天线必须在需要的大气空域内快速机械扫描或电扫描。机械扫描的单频率（标准）气象雷达使用长驻留时间以获得足够数量的独立样品来精确估计气象测量所用的频谱矩数据。大带宽的系统（例如脉冲压缩雷达）能在短驻留时间内获得可以求平均的距离上独立样品，因此减少了每个波束的驻留时间并减少了覆盖总空域的扫描时间。由于波束在驻留时间内在空间上是固定的，快速机扫（大于 60°/s）会产生电子步进扫描容易避免的有害谱扩展影响[157]。一种优选的方法是使用俯仰上电扫、方位上缓慢旋转的一维相控阵[158]。这种方式，整个半球空间可以在 1～2min 内覆盖，小型扇区可以在小于 1min 以内覆盖[159]。有些军用雷达和航空雷达使用电扫波束，但全功能系统的代价妨碍了多部气象雷达系统的设计和建造[160, 161]。快速扫描相控阵雷达也在欧洲得到广泛研究[162]。

一种替代方法是采用数字波束形成或频率扫描技术来发射，并用并行接收机同时接收多波束。这类军用雷达已经服役几十年[163]了，但这些系统从没有设计用于气象测量或使用。已经在小型卡车上设计和建造了使用同时频扫波束的机扫多波束气象雷达。图 19.11 中示出的 X 波段"车轮上的快速多普勒"（快速 DOW）雷达使用裂缝波导相控阵产生 6 个同时频率控制波束（间隔几度）和独立的接收机，实现 1～3min 内对对流暴风雨的空间覆盖[164]。没有使用脉冲压缩。该系统的快速数据获取速度有潜力深入了解雷暴发展过程、登陆时的飓风、冰雹形成加上微爆、阵风前部和龙卷风起源机理，这些性能都可能逐步发展成为运转雷达的能力。

在 20 世纪 90 年代初期，联邦航空局引导了在电扫描和脉冲压缩技术基础上开发双用气象和飞机监视雷达[165]的努力，一个十年以后的计划继续研究用于民用的相控阵雷达[166]。最初设计成军用的雷达改装后用于气象探测并成功验证了方案[167]。在 2000 年代初，美国海军、（英国）国家大气服务部、（英国）国家恶劣暴风雨实验室以及俄克拉荷马大学联合研制出了位于俄克拉荷马州的诺曼的所谓国家气象雷达测试台设备。它是一台将转台上的单面 SPY-1 相控阵雷达与 WSR-88D 雷达的发射机和定制的接收机结合的设备[168]。虽然这部雷达不大可能是未来气象雷达的优选设计,但俄克拉荷马相控阵雷达测试台可用于探索电扫描策略以及新脉冲调制和处理方案,这些都可能会促成相控阵气象雷达系统的未来发展。

图 19.11 快速 DOW 雷达是一部机动 X 波段雷达,使用 6 个同时波束,在小于机扫单波束雷达的空域覆盖时间内覆盖大气空间。这种快速更新扫描对于测量剧烈对流暴风雨,尤其是图中所示的龙卷风非常重要

机载雷达

尽管商用航空气象雷达是前端安装的 X 波段雷达,用于恶劣天气和湍流探测与规避,但机载科研雷达必须具有更复杂[169]的结构,以进行更灵敏、更高分辨率的测量。这种强力技术使用的是运动的平台,因此可以测量地基雷达无法企及的地区。此外,飞机的机动性可以长期观测快速运动且长寿命暴风雨和云系,因此可更完整地研究这类天气系统的各个演变阶段[170]。

图 19.12 示出了 NCAR Eldora 机载多普勒雷达系统[171],包括两个安装在 P-3 飞机尾部的裂缝波导固定波束天线,系统由海军研究实验室运转并有旋转天线罩覆盖。一个波束指向前方 18°,另一个指向后方相同的角度,因此获得共同的目标区域内的两个径向分量。这样的系统中,每个天线在一个圆锥面内扫描,一个圆锥指向前方,另一个指向后方,因此,可以沿飞机航迹合成一部双多普勒雷达系统。飞机在暴风雨旁边飞行,合成双多普勒观测,因此获得矢量风。由于飞机无须沿正交的轨迹飞行,测量云系所需要的时间和测量误差都显著降低。此外,可以利用飞机在恶劣天气区域外全面观测恶劣暴风雨(不需在与轨迹垂直的方向上穿透)和飓风(这类飞机可以穿透)。

研究界有各种用于不同目的和用户群的机载雷达。国家航空航天局为高空 ER-2 飞机[172]开发了双波长(3cm 和 3mm)EDOP 雷达,为 DC-8 科研飞机[173]开发了 W 波段 94GHz 机载云层雷达。(美国)国家海洋和大气局使用类似于 ELDORA 雷达的 X 波段雷达,用于飓风跟踪和研究[174]。喷气推进实验室开发了 ARMAR 雷达[175],用于测试热带降雨测量任务(TRMM)中的太空雷达方案。怀俄明州大学使用安装在空军皇家飞机上的 3mm 测云雷达[176]。在 2000 年中期,(美国)国家海洋和大气局获得了用于环境研究的高性能测量机载平台（HAIPER，湾流第五代中型喷气式飞机）并设计了一部双波长（8mm 和 3mm）可移动的吊舱中安装的雷达，用于云层研究[177]。加拿大国家研究委员会研制了另一种类似的机载雷达系统[178]。

图 19.12　（英国）国家大气研究中心在海军研究实验室的 P-3 科研飞机上运转的尾部安装 ELDORA 多普勒气象雷达

星载雷达

今日研究人员面对的最大挑战是全球降雨测量。了解全球气候需要对全世界的降雨进行定量测量，尤其在赤道和海洋上空。卫星观测看来是提供这些测量的唯一实际手段。1997 年发射的 TRMM 卫星载有一部 Ku 波段单频率降雨雷达（PR）[179]和一个 2.4m 的单波束阵列天线，其波束可控制在航天飞机轨迹两侧 17°内。其相对较低的 350km 高的倾斜轨道能以 250m 距离分辨率和 250km 条幅上的 4.5km 覆盖区进行热带降雨测量。TRMM 后续计划——全球降雨测量（GPM）项目考虑将在 250km 高的轨道飞行并使用 Ku 和 Ka 波段的双波长降雨雷达（DPR）[180]和衰减技术[181, 182]，使降雨覆盖范围扩展到中纬度地区（南北纬 65°），以进行精确降雨估计。这两种雷达具有来自两部裂缝波导阵列天线的匹配波束，并覆盖航天飞机轨迹下类似于 TRMM 的范围。

CloudSat 是 2006 年发射的卫星，它在约 700km 高的太阳同步轨道绕地飞行，搭载一部 W 波段（3mm）云廓线雷达（CPR）[183]。发射机为一部使用延长相互作用速调管的大功率放大器，产生 3.3μs 的单频率脉冲，峰值功率 1.7kW。天线为直径 1.85m 的反射面，用准光学传输线偏馈，以极低的副瓣生成 0.12°的波束。这些雷达的设计参数允许地球表面的灵敏度高达−26dBZ。CloudSat 与被称为一串卫星群的其他四颗卫星成队绕地球飞行，提供用于地球研究的雷达、激光雷达和辐射测量的组合。CloudSat 上的 CPR 具有 500m 垂直分辨率和 1.4km 的足迹，这与飞行了多年的 NASA DC-8 飞机上搭载的 NASA 机载测云雷达类似[173]。将高分辨率测云和高灵敏度结合是获得云对地球气候影响有关新信息的技术目标之一。

晴空风廓线雷达

另一种尤其在研究界广泛使用的多普勒雷达形式是所谓的风廓线雷达[10]或"风廓仪"。

风廓线雷达通常采用 VHF 和 UHF 多固定波束系统，雷达天线垂直指向或指向距天顶约为 15°角，在测量区域内测量平均水平风剖面。这类雷达能够在距离地面几百米到 20km，甚至更高的范围内进行多普勒测量，测量距离取决于选择的波长和可用功率孔径积。这些雷达具有连续高分辨地测量风的能力，可以观测全球 12h 无线电探空测风仪（气球发射）网络不能获得的小范围的时空风场特性。这些小范围测量对于了解局部和区域天气并有效预报这些规模的气候具有重要意义。

因为它们具有对直到 60～100km 高度内大气层空间进行测量的能力，所以这种类型的大功率雷达被称做中间层－平流层－对流层（MST）雷达。世界上安装的几种主要 MST 雷达工作在 50MHz 附近的 VHF 频率上，观测上层大气（对流层和下面的同温层）风或更高的同温层和中间层风。工作在 400～450MHz 的短波长 UHF 风廓仪感知达 20～25km 的大气风，而"对流层风廓仪"最广泛用于实际气象观测。美国工作在 915MHz 和欧洲 1200～1300MHz 的 UHF 风廓仪覆盖高为 3～5km（或用大型天线高于几千米）的低空大气风，大气边界层中出现的强湿气起伏会在这些更短的波长上出现强散射信号。这些 UHF 边界层风廓仪通常用于大气污染监督和告警以及各种科研应用。

这类晴空雷达接收因自然大气湍流引起的折射率不均匀性产生的后向散射能量[184]。这些雷达的天线系统通常采用相控阵天线，形成几度宽的波束，转变为 3、4 或 5 个几乎垂直波束，每种存在时间为 1～2min，并在每 5～30min 内测量风的垂直轮廓。这些雷达的天线通常为同轴共线性型，而对更高频率雷达使用八木天线单元。频率更高的 UHF 风廓仪通常使用八木或微带片阵列天线。发射机一般采用大功率、全相参发射管或固态放大器。日本京都大学的天线发射机系统包含有 475 个交叉八木辐射单元，每个辐射单元都有其自己的固态发射机[185]。这种方法便于波束的灵活电扫描。（美国）国家海洋和大气局在美国中部运转的 30 部 404MHz 和 449MHz 风廓线雷达网络也使用固态发射机，它们连续提供直到 20km 高的风轮廓，用于改进用于航空的天气预报和当前上层大气的风信息[186]。

如果风是均匀的，认识到三波束多普勒系统可以在三个速度分量上精确测量水平风是非常重要的。四波束和五波束系统便于人们通过检测风的不均匀存在而决定测量质量。Carbone、Strauch、Heymsfield[187]和 Strauch 等人[188]详细地讨论了风测量的误差。读者可参阅 Rottger 和 Larsen[10]的综述文章，以详细了解风廓仪技术，还可参阅关于风和其他气象参数的对流层廓线文集系列[189]。

间隔天线技术

这些长波长雷达的另外优点是不仅具有直接测量径向垂直风分量的能力，并且具有测量平均水平风的能力，即无须扫描波束离开天顶就可以测出横向于垂直波束的水平风。这些风廓仪使用所谓间隔天线技术，用多部接收机处理回波移过两个邻近天线（通常指同一阵列天线的子阵）时回波结构的幅度和相位差，以测量水平或横向风的分量[190]。以这种方式，两个垂直子阵可以利用交叉频谱或相关处理技术测量水平风的分量[191]。由于测量直接在雷达上方的成对重叠波束中进行，在高于雷达的广阔区域内无须假设或要求风场水平均匀，和/或确保这种均匀性必需的长积分时间。当需要进行高时空分辨率测量时，例如详细估计边界层湍流场，就常常使用这些间隔天线技术。Zhang 和 Doviak 在电扫相控阵雷达中使用了双波束间隔天线技术进行研究，估计了任意扫描角上的横向以及径向风的分量[192]。

参考文献

[1] R. J. Serafin and J. W. Wilson, "Operational weather radar in the United States: Progress and opportunity," *Bull. Am. Meteorol. Soc.*, vol. 81, pp. 501–518, AMS, Boston, 2000.

[2] R. J. Serafin, "New nowcasting opportunities using modern meteorological radar," in *Proc. Mesoscale Analysis Forecast. Symp.*, European Space Agency, Paris, 1987, pp. 35–41.

[3] T. D. Crum and R. L. Alberty, "The WSR-88D and the WSR-88D Operational Support Facility [Now Radar Operations Center]," *Bull. Am. Meteorol. Soc.*, vol. 74, pp. 1669–1687, 1993.

[4] T. D. Crum, R. E. Saffle, and J. W. Wilson, "An update on the Nexrad program and future WSR-88D support to operations," *Weather and Forecasting*, vol. 13, pp. 253–262, 1998.

[5] J. McCarthy, J. Wilson, and T. T. Fujita, "The Joint Airport Weather Studies (JAWS) project," *Bull. Am. Meteorol. Soc.*, vol. 63, pp. 15–22, 1982.

[6] M. Michelson, W. W. Shrader, and J. G. Wieler, "Terminal doppler weather radar," *Microwave J.*, vol. 33, pp. 139–148, 1990.

[7] J. G. Wieler and W. W. Schrader, "Terminal Doppler Weather Radar (TDWR) system characterizations and design constraints," in *25th Int. Conf. on Radar Meteorol.* AMS, 1991, pp. J7–J9.

[8] National Research Council, *Assessment of Nexrad Coverage and Associated Weather Services*, Washington, DC: National Academy Press, 1995.

[9] H. W. Baynton, R. J. Serafin, C. L. Frush, G. R. Gray, P. V. Hobbs, R. A. Houze, Jr., and J. D. Locatelli, "Real-time wind measurement in extratropical cyclones by means of doppler radar," *J. Appl. Meteorol.*, vol. 16, pp. 1022–1028, 1977.

[10] J. Röttger and M. F. Larsen, "UHF/VHF radar techniques for atmospheric research and wind profiler applications," Chapter 21 in *Radar in Meteorology*, Atlas (ed.) Boston: AMS, 1990, pp. 235–281.

[11] V. Chandrasekar, R. Meneghini, and I. Zawadzki, "Global and local precipitation measurements by radar," Chapter 9 in *Radar in Atmospheric Science: A collection of essays in honor of David Atlas*, R. Wakimoto and R. Srivastava (eds.), Meteorological Monograph, vol. 30, Boston: AMS, 2003, pp. 215–236.

[12] J. Wurman, J. Straka, E. Rasmussen, M. Randall, and A. Zahrai, "Design and deployment of a portable, pencil-beam, pulsed, 3-cm doppler radar," *J. Atmos. Oceanic Technol.*, vol. 14, pp. 1502–1512, 1997.

[13] D. S. Zrnic, "Weather radar polarimetry: Trends toward operational applications," *Bull. Amer. Meteorol. Soc.*, vol. 77, pp. 1529–1534, 1996.

[14] V. N. Bringi and A. Hendry, "Technology of polarization diversity radars for meteorology," Chap. 19 in *Radar in Meteorology*, Atlas (ed.), Boston: AMS, 1990, pp. 153–189.

[15] V. N. Bringi, T. A Seliga, and K. Aydin, "Hail detection with a differential reflectivity radar," *Science*, vol. 225, pp. 1145–1147, 1986.

[16] J. Vivekanandan, D. S. Zrnic, S. M. Ellis, R. Oye, A. V. Ryzhkov, and J. Straka, "Cloud microphysics retrieval using S-band dual polarization radar measurements," *Bull. AMS*, vol. 80, pp. 381–388, 1999.

[17] F. Fabry, C. Frush, I. Zawadzki, and A. Kilambi, "On the extraction of near-surface index of refraction using radar phase measurements from ground targets," *J. Atmos. Ocean. Tech.*, vol. 14, pp. 978–987, 1997.

[18] P. H. Hildebrand and R. K. Moore, "Meteorological radar observations from mobile platforms," Chapter 22 in *Radar in Meteorology*, Atlas (ed.), Boston: AMS, 1990, pp. 287–322.

[19] R. J. Serafin and R. Strauch, "Meteorological radar signal processing in 'air quality meteorology and atmospheric ozone,'" *American Society for Testing and Materials*, pp. 159–182, Philadelphia, 1977.

[20] L. J. Battan, *Radar Observation of the Atmosphere*, Chicago: University of Chicago Press, 1973.

[21] D. Atlas (ed.), *Radar in Meteorology*, Boston: AMS, 1990.

[22] B. R. Bean, E. J. Dutton, and B. D. Warner, "Weather effects on radar," in *Radar Handbook*, 1st Ed., M. Skolnik (ed.), New York: McGraw-Hill Book Company, 1970, pp. 24-1–24-40.

[23] R. J. Doviak and D. S. Zrnić, *Doppler Radar and Weather Observations*, 2nd Ed., Mineola, NY: Dover Publications, 2006.

[24] V. N. Bringi and V. Chandrasekar, *Polarimetric Doppler Weather Radar: Principles and Applications*, Cambridge, UK: Cambridge Univ. Press, 2001.

[25] R. M. Lhermitte, *Centimeter & Millimeter Wavelength Radars in Meteorology*, Miami: Lhermitte Publications, 2002.

[26] R. E. Rinehart, *Radar for Meteorologists*, 4th Ed., Columbia, MO: Rinehart Publications, 2004.

[27] "Special issue on radar meteorology," *IEEE Trans. Geosci. Electron.*, GE-17, IEEE, October 1979.

[28] R. M. Wakimoto and R. C. Srivastava (eds.), *Radar and Atmospheric Science: A Collection of Essay in Honor of David Atlas*, Meteorological Monographs, Vol. 30, Boston: AMS, 2003.

[29] P. Meischner (ed.), *Weather Radar: Principles and Advanced Applications*, Berlin: Springer-Verlag, 2004.

[30] *Preprints and Proceedings of Conferences on Radar Meteorology*, 1947–present, Boston: AMS.

[31] *Proceedings of European Conferences on Radar in Meteorology and Hydrology*, 2000–present, Berlin, Germany: Copernicus GmbH.

[32] M. I. Skolnik, *Introduction to Radar Systems*, 3rd Ed., New York: McGraw-Hill, 2001, p. 772.

[33] G. Mie, "Beiträge zur Optic trüber Medien, speziell kolloidaler Metallösungen [Contribution to the optics of suspended media, specifically colloidal metal suspensions]," *Ann. Phys.*, vol. 25, pp. 377–445, 1908.

[34] J. R. Probert-Jones, "The Radar Equation in Meteorology," *Q. J. R. Meteorol. Soc.*, vol. 88, pp. 485–495, 1962.

[35] J. W. Wilson, T. M. Weckwerth, J. Vivekanandan, R. M. Wakimoto, and R. W. Russell, "Boundary layer clear air radar echoes: origin of echoes and accuracy of derived winds," *J. Atmos. Oceanic Technol.*, vol. 11, pp. 1184–1206, 1994.

[36] R. W. Russell and J. W. Wilson, "Radar-observed fine lines in the optically clear boundary layer: reflectivity contributions from aerial plankton and its predators," *Boundary Layer Meteorol.*, vol. 82, pp. 235–262, 1997.

[37] P. H. Hildebrand, "Iterative correction for attenuation of 5 cm radar in rain," *J. Appl. Meteorol.*, vol. 17, pp. 508–514, 1978.

[38] R. H. Allen, D. W. Burgess, and R. J. Donaldson, Jr., "Severe 5-cm radar attenuation of the Wichita Falls storm by intervening precipitation," in *19th Conf. Radar Meteorol.*, AMS, Boston, 1980, pp. 87–89.

[39] P. J. Eccles and D. Atlas, "A dual-wavelength radar hail detector," *J. Appl. Meteorol.*, vol. 12, pp. 847–854, 1973.

[40] R. E. Carbone, D. Atlas, P. Eccles, R. Fetter, and E. Mueller, "Dual wavelength radar hail detection," *Bull. Amer. Meteor. Soc.*, vol. 54, pp. 921–924, 1973.

[41] T. Oguchi, "Electromagnetic wave propagation and scattering in rain and other hydrometeors," *Proc. IEEE*, vol. 71, pp. 1029–1078, 1983.

[42] R. J. Donaldson, Jr., "The measurement of cloud liquid-water content by radar," *J. Meteorol.*, vol. 12, pp. 238–244, 1955.

[43] H. K. Weickmann and H. J. aufm Kampe, "Physical properties of cumulus clouds," *J. Meteorol.*, vol. 10, pp. 204–221, 1953.

[44] K. L. S. Gunn and T. W. R. East, "The microwave properties of precipitation particles," *Q. J. R. Meteorol. Soc.*, vol. 80, pp. 522–545, 1954.

[45] J. W. Ryde and D. Ryde, *Attenuation of Centimeter Waves by Rain, Hail, Fog, and Clouds*, Wembley, England: General Electric Company, 1945.

[46] B. R. Bean and R. Abbott, "Oxygen and water vapor absorption of radio waves in the atmosphere," *Geofts, Pura Appl.*, vol. 37, pp. 127–144, 1957.

[47] J. W. Ryde, "The attenuation and radar echoes produced at centimetre wavelengths by various meteorological phenomena," in *Meteorological Factors in Radio Wave Propagation*, London: Physical Society, 1946, pp. 169–188.

[48] J. O. Laws and D. A. Parsons, "The relationship of raindrop size to intensity," in *24th Ann. Meet. Trans. Am. Geophys. Union*, 1943, pp. 452–460.

[49] R. G. Medhurst, "Rainfall attenuation of centimeter waves: comparison of theory and measurement," *IEEE Trans. Ant. Prop.*, vol. AP-13, pp. 550–564, 1965.

[50] R. Uijlenhoet, M. Steiner, and J.A. Smith, "Variability of raindrop size distributions in a squall line and implications for radar rainfall estimation," *J. Hydrometeorol.*, vol. 4, pp. 43–61, 2003.

[51] C. R. Burrows and S. S. Attwood, *Radio Wave Propagation, Consolidated Summary Technical Report of the Committee on Propagation, NDRC*, New York: Academic Press, 1949, p. 219.

[52] W. J. Humphreys, *Physics of the Air*, New York: McGraw-Hill Book Company, 1940, p. 82.

[53] *Glossary of Meteorology*, 2nd Ed., Boston: AMS, 2000, p. 885.

[54] D. Atlas and E. Kessler III, "A model atmosphere for widespread precipitation," *Aeronaut. Eng. Rev.*, vol. 16, pp. 69–75, 1957.

[55] M. Kerker, M. P. Langleben, and K. L. S. Gunn, "Scattering of microwaves by a melting spherical ice particle," *J. Meteorol.*, vol. 8, p. 424, 1951.

[56] A. C. Best, *Physics in Meteorology*, London: Sir Isaac Pitman & Sons, Ltd., 1957.

[57] J. A. Saxton and H. G. Hopkins, "Some adverse influences of meteorological factors on marine navigational radar," *Proc. IEE (London)*, vol. 98, pt. III, p. 26, 1951.

[58] J. N. Chrisman and C. A. Ray, "A first look at the operational (data quality) improvements provided by the Open Radar Data Acquisition (ORDA) system," in *21st Int. Conf. on Infor. Processing Sys. (IIPS) for Meteorol., Oceanog., and Hydrol.*, San Diego, CA, P4R.10, 2005.

[59] M. Sachidananda and D. S. Zrnic, "Clutter filtering and spectral moment estimation for doppler weather radars using staggered pulse repetition time (PRT)," *J. Atmos. Ocean. Tech.*, 17, pp. 323–331, 2000.

[60] L. B. Jackson, *Digital Filters and Signal Processing*, 2nd Ed., Norwell, MA: Kluwer, 1989.

[61] A. D. Siggia and R. E. Passarelli, Jr., "Gaussian model adaptive processing (GMAP) for improved ground clutter cancellation and moment calculation," in *3rd European Conf. on Radar Meteoro.*, Visby, Island of Gotland, Sweden, 2004, pp. 67–73.

[62] F. Pasqualucci, B. W. Bartram, R. A. Kropfli, and W. R. Moninger, "A millimeter-wavelength dual-polarization doppler radar for cloud and precipitation studies," *J. Clim. Appl. Meteorol.*, vol. 22, pp. 758–765, 1983.

[63] R. Lhermitte, "A 94-GHz doppler radar for cloud observations," *J. Atmos. Ocean. Technol.*, vol. 4, pp. 36–48, 1987.

[64] J. H. Richter, "High-resolution tropospheric radar sounding," *Proc. Colloq. Spectra Meteorol. Variables, Radio Sci.*, vol. 4, pp. 1261–1268, 1969.

[65] R. J. Keeler, D. S. Zrnic, and C. L. Frush, "Review of range velocity ambiguity mitigation techniques," in *29th Conf. on Radar Meteorol.*, AMS, Montreal, 1999, pp. 158–163.

[66] B. G. Laird, "On ambiguity resolution by random phase processing," in *20th Conf. Radar Meteorol.*, Boston, AMS, 1981, p. 327.

[67] M. Sachidananda and D. S. Zrnic, "Systematic phase codes for resolving range overlaid signals in a doppler weather radar," *J. Atmos. Oceanic Technol.*, vol. 16, pp. 1351–1363, 1999.

[68] J. Pirttilä and M. Lehtinen, "Solving the range-doppler dilemma with the SMPRF pulse code," in *30th Conf. Radar Meteorol.*, Munich, AMS, 2001, pp. 322–324.

[69] National Research Council, *Weather Radar Technology beyond Nexrad*, Washington, DC: National Academy Press, 2002.

[70] R. J. Keeler, J. Lutz, and J. Vivekanandan, "S-Pol—NCAR's polarimetric doppler research radar," in *Proc. Int. Geosci. Remote Sens. Symp. [IGARSS 2000]*, IEEE, Honolulu, 2000, pp. 1570–1573.

[71] H. Liu and V. Chandrasekar, "Classification of hydrometeors based on polarimetric radar measurements: development of fuzzy logic and neuro-fuzzy systems and in-situ verification," *J. Atmos. Ocean. Technol.*, vol. 17, pp. 140–164, 2000.

[72] C. J. Kessinger, S. M. Ellis, and J. VanAndel, "The radar echo classifier: a fuzzy logic algorithm for the WSR-88D," presented at *83rd AMS Annual Meeting (3rd AI Conf.)*, P1.6, Long Beach, 2003.

[73] D. Atlas, "Radar calibration: some simple approaches," *Bull. Am. Meteorol. Soc.*, vol. 83, pp. 1313–1316, 2002.

[74] J. F. Pratt and D. G. Ferraro, "Automated solar gain calibration, preprints," in *24th Conf. Radar Meteorol.*, AMS, Tallahassee, 1989, pp. 619–622.

[75] D. Sirmans and B. Urell, "On measuring WSR-88D antenna gain using solar flux," NWS ROC Engineering Branch Report, 2001.

[76] E. Gorcucci, J. Scarchilli, and V. Chandrasekar, "Calibration of radars using polarimetric techniques," *IEEE Trans. Geosci. Rem. Sens.*, vol. 30, pp. 853–858, 1992.

[77] J. C. Hubbert, V. N. Bringi, and D. Brunkow, "Studies of the polarimetric covariance matrix. Part I: Calibration methodology," *J. Atmos. Ocean. Technol.*, vol. 20, pp. 696–706, 2003.

[78] Radar calibration workshop presented at *81st Annual Meeting of the Am. Meteorol. Soc.*, Albuquerque, 2001.

[79] R. J. Keeler and R. E. Passarelli, "Signal processing for atmospheric radars," Chapter 20 in *Radar in Meteorology*, Atlas (ed.), Boston: AMS, 1990, pp. 199–229.

[80] J. S. Marshall and W. Hitschfeld, "The interpretation of the fluctuating echo for randomly distributed scatterers," Pt. I, *Can. J. Phys.*, vol. 31, pp. 962–994, 1953.

[81] P. R. Wallace, "The interpretation of the fluctuating echo for randomly distributed scatterers," Pt. II, *Can. J. Phys.*, vol. 31, pp. 995–1009, 1953.

[82] D. S. Zrnic, "Simulation of weather-like doppler spectra and signals," *J. Appl. Meteorol.*, vol. 14, pp. 619–620, 1975.

[83] D. S. Zrnic and R. J. Doviak, "Velocity spectra of vortices scanned with a pulse-doppler," *J. Appl. Meteorolo.*, vol. 14, pp. 1531–1539, 1975.

[84] W. D. Rummler, "Introduction of a new estimator for velocity spectral parameters," *Tech. Memo MM-68-4121-5*, Bell Telephone Laboratories, Whippany, NJ, 1968.

[85] D. S. Zrnić, "Estimating of spectral moments for weather echoes," *IEEE Trans. Geosc. Electron.*, vol. GE-17, pp. 113–128, 1979.

[86] A. V. Oppenheim and R. W. Schaefer, *Digital signal processing*, Englewood Cliffs, NJ: Prentice-Hall, 1975.

[87] F. Fabry and R. J. Keeler, "Innovative signal utilization and processing," Chapter 8 in *Radar in Atmospheric Science: A Collection of Essays in Honor of David Atlas*, R. Wakimoto and R. Srivastava (eds.), Meteorological Monographs, Vol. 30, Boston: AMS, 2003, pp. 199–214.

[88] T. L. Wilfong, D. A. Merritt, R. J. Lataitis, B. L. Weber, D. B. Wuertz, and R. G. Strauch, "Optimal generation of radar wind profiler spectra," *J. Atmos. Ocean. Technol.*, vol. 16, pp. 723–733, 1999.

[89] P. H. Hildebrand and R. H. Sekhon, "Objective determination of the noise level in doppler spectra," *J. Appl. Meteorol.*, vol. 13, pp. 808–811, 1974.

[90] H. Urkowitz and J. P. Nespor, "Obtaining spectral moments by discrete Fourier transform with noise removal in radar meteorology," *Proc. Int. Geosci. Remote Sens. Symp. [IGARSS-92]*, IEEE, Houston, 1992, pp. 125–127.

[91] J. N. Denenberg, R. J. Serafin, and L. C. Peach, "Uncertainties in coherent measurement of the mean frequency and variance of the doppler spectrum from meteorological echoes," in *15th Conf. Radar Meteorol.*, AMS, Boston, 1972, pp. 216–221.

[92] R. J. Keeler and C. L. Frush, "Coherent wideband processing of distributed targets," in *Proc. Int. Geosci. and Remote Sensing Symp. [IGARSS-83]*, San Francisco, IEEE/URSI, 1983, pp. 3.1–3.5.

[93] R. G. Strauch, "A modulation waveform for short-dwell-time meteorological doppler radars," *J. Atmos. Oceanic Technol.*, vol. 5, pp. 512–520, 1988.

[94] R. J. Keeler and C. A. Hwang, "Pulse compression for weather radar," in *IEEE Int. Radar Conf.*, Washington, DC, 1995, pp. 1–7.

[95] A. Mudukutore, V. Chandrasekar, and R.J. Keeler, "Pulse compression for weather radars," *IEEE Trans. on Geosci. Rem. Sens.*, vol. 36, pp. 125–142, 1998.

[96] F. O'Hora and J. Keeler, "Comparison of pulse compression & whitening transform signal processing," in *4th European Radar Conf.*, Barcelona, 2006, pp. 109–112.

[97] E. A. Robinson, "Predictive decomposition of time series with application to seismic exploration," *Geophysics*, vol. 32, pp. 418–484, 1967.

[98] R. J. Keeler and L. J. Griffiths, "Acoustic doppler extraction by adaptive linear prediction filtering," *J. Acoust. Soc. Amer.*, vol. 61, pp. 1218–1227, 1977.

[99] A. C. Koivunen and A. B. Kostinski, "Feasibility of data whitening to improve performance of weather radar," *J. Appl. Meteorol.*, vol. 38, pp. 741–749, 1999.

[100] S. M. Torres and D. S. Zrnic, "Whitening in range to improve weather radar spectral moment estimates. Part 1: formulation and simulation," *J. Atmos. Oceanic Technol.*, vol. 20, pp. 1433–1448, 2003.

[101] T. Y. Yu, G. Zhang, A. B. Chalamalasetti, R. J. Doviak, and D. S. Zrnic, "Resolution enhancement technique using range oversampling," *J. Atmos. Ocean. Technol.*, vol. 23, pp. 228–240, 2006.

[102] A. V. Oppenheim and R. W. Schaefer, *Discrete Time Signal Processing*, Englewood Cliffs, NJ: Prentice-Hall, 1989.

[103] J. P. Burg, "The relationship between maximum entropy spectra and maximum likelihood spectra," Geophysics, vol. 37, pp. 375–376, 1972.

[104] J. Capon, "High resolution frequency-wavenumber spectrum analysis," *Proc. IEEE*, vol. 57, pp. 1408–1419, 1969.

[105] S. M. Kay, *Modern Spectral Estimation: Theory and Application,* New York: Prentice-Hall, 1988.

[106] S. D. Campbell and S. H. Olson, "Recognizing low-altitude wind shear hazards from doppler weather radar: an artificial intelligence approach," *J. Atmos. Ocean. Technol.*, vol. 4, p. 5–18, 1987.

[107] A. L. Pazmany, J. B. Mead, S. M. Sekelsky, and D. J. McLaughlin, "Multi-frequency radar estimation of cloud and precipitation properties using an artificial neural network," in *30th Int. Conf. on Radar Meteorol.*, Munich, AMS, pp. 154–156, 2001.

[108] D. Atlas, "Advances in radar meteorology," in *Advances in Geophysics*, Vol. 10, New York: Academic Press, 1964.

[109] R. Gunn and G. D. Kinzer, "The terminal velocity of fall for water droplets in stagnant Air," *J. Meteorol.*, vol. 6, pp. 243–248, 1949.

[110] J. S. Marshall and W. M. K. Palmer, "The distribution of raindrops with size," *J. Meteorol.*, vol. 4, pp. 186–192, 1948.

[111] D. C. Blanchard, "Raindrop size distribution in Hawaiian rains," *J. Meteorol.*, vol. 10, pp. 457–473, 1953.

[112] D. M. A. Jones, "3 cm and 10 cm wavelength radiation backscatter from rain," in *5th Weather Radar Conf.*, AMS, Boston, 1955, pp. 281–285.

[113] K. L. S. Gunn and J. S. Marshall, "The distribution with size of aggregate snowflakes," *J. Meteorol.*, vol. 15, pp. 452–466, 1958.

[114] J. W. Wilson and E. A. Brandes, "Radar measurement of rainfall—a summary," *Bull. Am. Meteorol. Soc.*, vol. 60, pp. 1048–1058, 1979.

[115] I. Zawadzki, "On radar-raingage comparison," *J. Appl. Meteorol.*, vol. 14, pp. 1430–1436, 1975.

[116] I. Zawadzki, "Factors affecting the precision of radar measurements of rain," in *22cd Conf. Radar Meteorol.*, AMS, Boston, 1984, pp. 251–256.

[117] J. Joss. and R. Lee, "Application of radar-gauge comparison to operation precipitation profile corrections," *J. Appl. Meteorol.*, vol. 34, pp. 2612–2630, 1995.

[118] U. Germann and J. Joss, "Mesobeta profiles to extrapolate radar precipitation measurements above the Alps to ground level," *J. Appl. Meteorol.*, vol. 41, pp. 542–547, 2002.

[119] B. Vignal, G. Galli, J. Joss, and U. Germann, "Three methods to determine profiles of reflectivity from volumetric radar data to correct precipitation estimates," *J. Appl. Meteorol.*, vol. 39, pp. 1715–1726, 2000.

[120] F. F. Marzano, E. Picciotti, and G. Vulpiani, "Rain field and reflectivity vertical profile reconstruction from C-band radar volumetric data," *IEEE Trans Geosci Rem. Sens.*, vol. 42, pp. 1033–1046, 2004.

[121] J. Bridges and J. Feldman, "An attenuation reflectivity technique to determine the drop size distribution of water clouds and rain," *J. Appl. Meteorol.*, vol. 5, pp. 349–357, 1966.

[122] D. S. Zrnic and A. Ryzhkov, "Polarimetry for weather surveillance radars," *Bull. Amer. Meteoro. Soc.*, vol. 80, pp. 389–406, 1999.

[123] T. A. Seliga and V. N. Bringi, "Potential use of radar differential reflectivity measurements at orthogonal polarizations for measuring precipitation," *J. Appl. Meteorol.*, vol. 15, pp. 69–76, 1976.

[124] M. Sachidananda. and D. S. Zrnic, "Rain Rate estimation from differential polarization measurements," *J. Atmos. Ocean. Tech.*, vol. 4, pp. 588–598, 1987.

[125] D. N. Moisseev, C. M. H. Unal, H.W. J. Russchenberg, and L.P. Ligthart, "Improved polarimetric calibration of atmospheric radars," *J. Atmos. Ocean. Tech.*, vol. 19, pp. 1968–1977, 2002.

[126] A. Ryzhkov and D. Zrnic, "Assessment of rainfall measurement that uses specific differential phase," *J. Appl. Meteorol.* 35, pp. 2080–2090, 1996.

[127] G. Zhang, J. Vivekanandan, and E. Brandes, "A method for estimating rain rate and drop size distribution from polarimetric radar measurements," *IEEE Trans. Geosci. Remote Sens.*, vol. 39, pp. 830–841, 2001.

[128] J. Vivekanandan, G. Zhang, S.M. Ellis, D. Rajopadhyaya, and S.K. Avery, "Radar reflectivity calibration using differential propagation phase measurement," *Radio Sci.*, vol. 38, pp. 14–1 to 14–14, 2003.

[129] P. Kollias, B. A. Albrecht, and F. Marks, Jr., "Why Mie?," *Bull. Amer. Meteor. Soc.*, vol. 83, pp. 1471–1483, 2002.

[130] R. J. Doviak, V. Bringi, A. Ryzhkov, A. Zahrai, and D. Zrnic, "Considerations for polarimetric upgrades to the operational WSR-88D radars," *J. Atmos. Ocean. Technol.*, vol. 17, pp. 257–277, 2000.

[131] C. Frush, R. J. Doviak, M. Sachidananda, and D. S. Zrnic, "Application of the SZ phase code to mitigate range-velocity ambiguities in weather radars," *J. Atmos. Ocean. Technol.*, vol. 19, pp. 413–430, 2002.

[132] J. C. Hubbert, G. Meymaris, and R. J. Keeler, "Range-velocity mitigation via SZ phase coding with experimental S-band radar data," in *31st Conf. on Radar Meteorol.*, AMS, Seattle, 2003 pp. 727–729.

[133] M. Sachidananda and D. S. Zrnic, "Clutter filtering and spectral moment estimation for doppler weather radars using staggered pulse repetition time (PRT)," *J. Atmos. Ocean. Technol.*, vol. 17, pp. 323–331, 2000.

[134] D. Burgess et al., "Final report on the Joint Doppler Operational Project (JDOP)," 1976–1978, *NOAA Tech. Memo.* ERL NSSL-86, 1979.

[135] W. C. Lee and M. M. Bell, "Rapid intensification, eyewall contraction and breakdown of Hurricane Charley (2004) near landfall," *Geophys. Res. Lett.*, vol. 34, L02802, doi:10.1029/2006GL027889, 2007.

[136] R. A. Houze Jr., S. S. Chen, W. C. Lee, R. F. Rogers, J. A. Moore, G. J. Stossmeister, J. L. Cetrone, W. Zhao, and M. M. Bell, "The Hurricane Rainband and Intensity Change Experiment (RAINEX): Observations and modeling of Hurricanes Katrina, Ophelia, and Rita (2005)," *Bull. Amer. Meteoro. Soc.*, vol. 87, pp. 1503–1521, 2006.

[137] R. J. Donaldson, Jr., "Vortex signature recognition by a doppler radar," *J. Appl. Meteorol.*, vol. 9, pp. 661–670, 1970.

[138] J. Wilson and H. P. Roesli, "Use of doppler radar and radar networks in mesoscale analysis and forecasting," *ESA J.*, vol. 9, pp. 125–146, 1985.

[139] T. Fujita and F. Caracena, "An analysis of three weather-related aircraft accidents," *Bull. Am. Meteorol. Soc.*, vol. 58, pp. 1164–1181, 1977.

[140] T. Fujita, "The downburst," Satellite and Mesometeorology Research Project, Department of the Geophysical Sciences, University of Chicago, 1985.

[141] T. Fujita, "The DFW microburst," Satellite and Meteorology Research Project, Department of the Geophysical Sciences, University of Chicago, 1986.

[142] J. McCarthy and R. Serafin, "The microburst: hazard to aviation," *Weatherwise*, vol. 37, pp. 120–127, 1984.

[143] R. D. Roberts and J. W. Wilson, "A proposed microburst nowcasting procedure using single doppler radar," *J. Appl. Meteorol.*, vol. 28, pp. 285–303, 1989.

[144] K. Aydin, T. A. Seliga, and V. Balaji, "Remote sensing of hail with dual linear polarization radar," *J. Clim. Appl. Meteorol.*, vol. 25, pp. 1475–1484, 1986.

[145] A. J. Illingworth, J. W. F. Goddard, and S. M. Cherry, "Detection of hail by dual polarization radar," *Nature*, vol. 320, pp. 431–433, 1986.

[146] R. M. Lhermitte and D. Atlas, "Precipitation motion by pulse doppler radar," in *9th Weather Radar Conf.*, AMS, Boston, 1961, pp. 218–223.

[147] K. A. Browning and R. Wexler, "A determination of kinematic properties of a wind field using doppler radar," *J. Appl. Meteorol.*, vol. 7, pp. 105–113, 1968.

[148] J. D. Tuttle and G. B. Foote, "Determination of the boundary layer airflow from a single doppler radar," *J. Atmos. Ocean. Technol.*, vol. 7, pp. 218–232, 1990.

[149] J. W. Wilson and W. E. Schreiber, "Initiation of convective storms at radar-observed boundary layer convergence lines," *Mon. Weather Rev.*, vol. 114, pp. 2516–2536, 1986.

[150] T. W. Weckwerth, C. R. Pettet, F. Fabry, S. J. Park, M. A. LeMone, and J. W. Wilson, "Radar refractivity retrieval: Validation and application to short-term forecasting," *J. Appl. Meteoro.*, vol. 44, pp. 285–300, 2005.

[151] M. Hall (ed.), "Special papers: Multiple parameter radar measurements of precipitation," *Radio Sci.*, vol. 19, 1984.

[152] R. M. Lhermitte, "Dual-doppler radar observations of convective storm circulations," in *14th Conf. Radar Meteorol.*, AMS, Boston, 1970, pp. 139–144.

[153] D. J. McLaughlin, V. Chandrasekar, K. Droegemeier, S. Frasier, J. Kurose, F. Junyent, B. Philips, S. Cruz-Pol, and J. Colom, "Distributed Collaborative Adaptive Sensing (DCAS) for improved detection, understanding and prediction of atmospheric hazards," presented at *85th AMS Annual Meeting*, San Diego, AMS, 2005.

[154] F. Junyent, V. Chandrasekar, D. Brunkow, P. C. Kennedy, and D. J. McLaughlin, "Validation of first generation CASA radars with CSU-CHILL," presented at *32cd Conf. Radar Meteorol.*, P10R4, AMS, Albuquerque, 2006.

[155] R. E. Carbone, M. Carpenter, and C. Burghart, "Doppler radar sampling limitations in convective storms," *J. Atmos. Ocean. Technol.*, vol. 2, pp. 358–361, 1985.

[156] M. Brook and P. Krehbiel, "A fast-scanning meteorological radar," in *16th Conf. Radar Meteorol.*, AMS, Boston, 1975, pp. 26–31.

[157] R. J. Keeler and C. L. Frush, "Rapid-scan doppler radar development considerations, Part II: technology assessment," in *21st Conf. Radar Meteorol.* AMS, Boston, 1983, pp. 284–290.

[158] P. L. Smith, "Applications of radar to meteorological operations and research," *IEEE Proc.*, vol. 62, pp. 724–725, 1974.

[159] C. L. Holloway and R. J. Keeler, "Rapid scan doppler radar: the antenna issues," in *26th Conf. on Radar Meteorol.*, AMS, Norman, 1993, pp. 393–395.

[160] L. Josefsson, "Phased array antenna technology for weather radar applications," in *25th Conf. on Radar Meteorol.*, AMS, Paris, 1991, pp. 752–755.

[161] R. J. Keeler, "Weather radars of the 21st century: a technology perspective," in *28th Conf. on Radar Meteorol.*, Austin, AMS, 1997, pp. 309–310.

[162] P. Meischner, C. Collier, A. Illingworth, J. Joss, and W. Randeu, "Advanced weather radar systems in Europe: The COST-75 action," *Bull. Amer. Meteoro. Soc.*, vol. 78, pp. 1411–1430, 1997.

[163] E. Brookner (ed.), *Practical Phased Array Antenna Systems*, Norwich, MA: Artech House, 1991.

[164] J. Wurman and M. Randall, "An inexpensive, mobile, rapid scan radar," in *30th Int. Conf. on Radar Meteorol.*, Munich, AMS, 2001, pp. 98–100.

[165] J. W. Rogers, L. Buckler, A. C. Harris, M. Keehan, and C. J. Tidwell, "History of the Terminal Area Surveillance System (TASS)," in *28th Conf. Radar. Meterol.*, AMS, Austin, 1997, pp. 157–158.

[166] W. Benner, W. G. Torok, N. Gordner-Kalani, M. Batista-Carver, and T. Lee, "MPAR program overview and status," presented at *23rd Int. Conf. on Interact. Info. Proc. Sys. (IIPS)*, AMS, San Antonio, 2007.

[167] T. Maese, J. Melody, S. Katz, M. Olster, W. Sabin, A. Freedman, and H. Owen, "Dual-use shipborne phased array radar technology and tactical environmental sensing," in *Proc. IEEE National Radar Conf.*, Atlanta, 2001, pp. 7–12.

[168] D. E. Forsyth, K. J. Kimpel, D. S. Zrnic, S. Sandgathe, R. Ferek, J. F. Heimmer, T. McNellis, J. E. Crain, A. M. Shapiro, J. D. Belville, and W. Benner, "The national weather radar testbed (phased array)," presented at *18th Int. Conf. on Interact. Info. Proc. Sys. (IIPS)*, AMS, Orlando, 2002.

[169] R. L. Trotter, "Design considerations for the NOAA airborne meteorological radar and data system," in *18th Conf. on Radar Meteorol.*, AMS, Atlanta, 1978, pp. 405–408.

[170] H. B. Bluestein and R. M. Wakimoto, "Mobile radar observation of severe convective storms," Chapter 5 in *Radar in Atmospheric Science: A collection of essays in honor of David Atlas*, R. Wakimoto and R. Srivastava (eds.), Meteorological Monograph, Vol. 30, Boston: AMS, 2003, pp. 105–136.

[171] P. H. Hildebrand, C. A. Walther, C. L. Frush, J. Testud, and F. Baudin, "The ELDORA/ASTRAIA airborne doppler weather radar: goals, design and first field test," *Proc. IEEE*, vol. 12, pp. 1873–1890, 1994.

[172] G. M. Heymsfield et al., "The EDOP radar system on the high altitude NASA ER-2 aircraft," *J. Atmos, Oceanic Technol.*, vol. 13, pp. 795–809, 1996.

[173] L. Li, G. M. Heymsfield, P. E. Racette, L. Tian, and E. Zenker, "A 94-GHz cloud radar system on a NASA high-altitude ER-2 aircraft," *J. Atmos. Oceanic Technol.*, vol. 21, pp. 1378–1388, 2004.

[174] D. P. Jorgensen, T. R. Shepherd, and A. S. Goldstein, "A dual-pulse repetition frequency scheme for mitigating velocity ambiguities of the NOAA P-3 airborne doppler radar," *J. Atmos. Oceanic Technol.*, vol. 17, pp. 585–594, 2000.

[175] S. L. Durden, E. Im, F. K. Li, W. Ricketts, A. Tanner, and W. Wilson, "ARMAR: An airborne rain mapping radar," *J. Atmos. Oceanic Technol.*, vol. 11, pp. 727–737, 1994.

[176] A. Pazmany, R. McIntosh, R. Kelly, and G. Vali, "An airborne 95 GHz dual-polarized radar for cloud studies," *IEEE Trans. Geosci. Remote Sens*, vol. 32, pp. 731–739, 1994.

[177] G. Farquharson, E. Loew, W. C. Lee, and J. Vivekanandan, "A new high-altitude airborne millimeter-wave radar for atmospheric research," presented at *Proc. Int. Geosci. Remote Sens. Symp. [IGARSS 2007]*, IEEE, Barcelona, 2007.

[178] M. Wolde and A. Pazmany, "NRC Dual-frequency airborne radar for atmospheric research," presented at *32cd Conf. Radar Meteorol.*, P1R.9, Albuquerque, 2005.

[179] T. Kozu et al., "Development of precipitation radar on-board the Tropical Rainfall Measuring Mission (TRMM) satellite," *IEEE Trans. Geosci. Remote Sens.*, vol. 39, pp. 102–116, 2001.

[180] E. Im et al., "Second-generation precipitation radar (PR-2)," Final Rep. JPL D-22997, NASA Earth Science Instrument Incubator Program, JPL, Calif. Inst. Tech., Pasadena, CA, 2002.

[181] R. Meneghini and D. Atlas, "Simultaneous ocean cross-section and rainfall measurements from space with a nadir-looking radar," *J. Atmos. Ocean. Technol.*, vol. 3, pp. 400–413, 1986.

[182] L. Liang and R. Meneghini, "A study of air/space-borne dual-wavelength radar for estimation of rain profiles," *Advances in Atmos. Sci,* vol. 22, pp. 841–851, 2005.

[183] G. L. Stephens, D. G. Vane, R. J. Boain, G. G. Mace, K. Sassen, Z. Wang, A. J. Illingworth, E. J. O'Connor, W. B. Rossow, S. L. Durden, S. D. Miller, R. T. Austin, A. Benedetti, C. Mitrescu, and the CloudSat Science Team, "The CloudSat mission and the A-train: a new dimension of space-based observations of clouds and precipitation," *Bull. Am. Meteorol. Soc.*, vol. 83, pp. 1771–1790, 2002.

[184] E. E. Gossard and R. G. Strauch, *Radar Observations of Clear Air and Clouds*, Amsterdam: Elsevier, 1983.

[185] S. Kato T. Tsuda, M. Yamamato, T. Sato, and S. Fukao, "First results obtained with a middle and upper atmosphere (MU) radar," *J. Atmos. Terr. Phys.*, vol. 48, pp. 1259–1267, 1986.

[186] S. G. Benjamin, B. E. Schwartz, E. J. Szoke, and S. E. Koch, "The value of wind profiler data in U.S. weather forecasting," *Bull. Amer. Meteor. Soc.*, vol. 85, pp. 1871–1886, 2004.

[187] R. E. Carbone, R. Strauch, and G. M. Heymsfield, "Simulation of wind profilers in distributed conditions," in *23rd Conf. Radar Meteorol.*, vol. I, AMS, Boston, 1986, pp. 44–47.

[188] R. G. Strauch, B. L. Weber, A. S. Frisch, C. G. Little, D. A. Merritt, K. P. Moran, and D. C. Welsh, "The precision and relative accuracy of profiler wind measurements," *J. Atmos. Ocean. Technol.*, vol. 4, pp. 563–571, 1987.

[189] *Proceedings of International Symposia on Tropospheric Profiling*, 1998–present.

[190] R. J. Doviak, R. J. Lataitis, and C. L. Holloway, "Cross correlations and cross spectra for spaced antenna wind profilers," *Radio Sci.*, vol. 31, pp. 157–180, 1996.

[191] J. S. Van Baelen and A. D. Richmond, "Radar interferometry technique: Three-dimensional wind measurement theory," *Radio Sci.*, vol. 26, pp. 1209–1218, 1991.

[192] G. Zhang and R. J. Doviak, "Spaced-antenna interferometry to measure crossbeam wind, shear and turbulence: Theory and formulation," *J. Atmos. Ocean. Technol.*, vol. 24, pp. 791–805, 2007.

第 20 章　高频超视距雷达（HFOTHR）

20.1　引言

　　工作在高频（HF）频段（3～30MHz）的雷达能够探测到视距以外直至数千千米远距离的地面目标。这种超远程探测是通过利用**天波**传播实现的，也就是利用由电离层反射的雷达信号。跨海的高频地波（表面波）传播曾用于中程但仍是超视距的探测，远达几百千米。高频雷达系统偶尔也会用于近程视距内的探测。本章重点介绍天波雷达，不过大部分论述同样适用于地波雷达。整个章节中并没有将两种雷达体制合二为一讨论，关于高频地波雷达的突出特性将在本章的附录中单独论述。

　　在一种意义上，高频天波雷达的研制工作可以追溯到 20 世纪 20 年代，当时识别出了天波回波信号[1]，不过头几部高频雷达系统直到 20 世纪 50 年代才正式部署[2]。自那以后，天波雷达一直得到发展并且应用逐渐变得广泛，如探测和跟踪飞机、弹道导弹、巡航导弹和舰船等[3-15]。除探测感兴趣目标的"表皮"回波信号之外，高频雷达还可以用于观测各种形式的高空大气电离现象，既包括极光和流星等自然现象，也包括太空飞行器/弹道导弹与电离层的等离子发生的相互作用[16-19]。而且，使用的波长与海洋表面的重力波具有相同的量级，这种一致性可以用来提供浪方向谱、海洋流，经过推断，还能提供海风等信息[5]。确实，从海洋散射的信号可用作雷达横截面（RCS）的幅度参考，而且是一个广泛应用的诊断工具。采用的窄带波形、低频及传播路径的特性都导致空间分辨率比更高频率的雷达要粗糙，但是其多普勒分辨率可以极其精细。在设置系统动态范围、频谱纯度和信号处理要求时，来自遥远的地球表面（经常称为**后向散射体**，不过这个术语一般应该用于单基地雷达）的回波的幅度值和多普勒分布是需要考虑的主要因素。

　　为使雷达能有效地工作，需要实时确定影响雷达性能的环境参数，实时定义为一段时间间隔，在这段时间间隔内电离层没有明显的变化。一般来说，这种间隔在 10～30min。传播路径信息一般来自辅助的垂直探测器和斜向探测器，以及用雷达自身作为探测器。还需要复杂到足以能够解释回波探测结果的电离层电子密度模型。电离层或传播路径的统计预估对于雷达设计和对场地特定的模型开发是非常必要的。另外，必须连续观测高频频谱的其他用户，使所选的工作频率免受干扰。

　　天波传播的基本特征如图 20.1 所示。当雷达频率低于**等离子频率**时，由充满自由电子的电离气体构成的电离层会反射所有的雷达信号。等离子频率由下式确定

$$f_P \cong 9\times 10^{-6}\sqrt{N_e} \qquad (20.1)$$

式中，f_P 的单位为 MHz；N_e 的单位为每立方米中的电子数。对于给定的仰角 α，如果在电离化达到最大的高度上，雷达频率超过了 $f_P/\sin\alpha$，对更高仰角发射的射线将会穿透电离层，导致所谓的"跳区"或"死区"，在该区域内地球表面无法被照射。在该跳区之外，能量会返回到地面，当离开天线的射线是水平时，作用距离达到最大值。有用的距离覆盖就在这

两种极限之间，称为"单次跳跃区"。

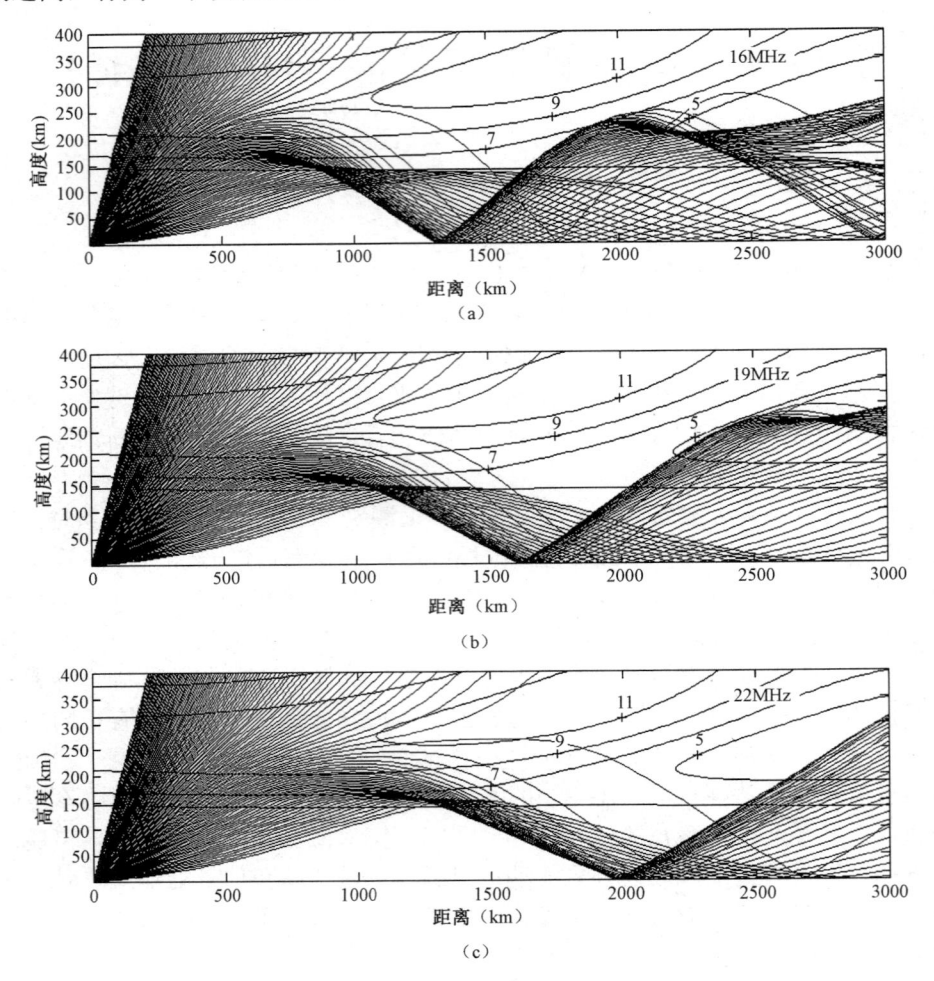

图 20.1 使用电离层模型的射线径迹图，表明雷达的足印会随着载波频率的变化而变化。等值线描述了等离子频率或电子密度

如图 20.2 所示，可以存在多次跳跃，能量甚至会环绕地球，来自这些遥远距离的杂波回波将严重降低雷达性能。比较图 20.1（a）、(b) 和（c）就会发现使用不同的工作频率可照射不同的距离范围，开始的作用距离越远，需要的频率就越高。在所示例子中，16MHz 的照射距离为 1300～3000km，19MHz 的照射距离为 1650～2750km，而 22MHz 的照射距离则为 1950～2750km。因此，足印的最远边缘不一定随着频率的增大而增大，而是取决于当时的电离条件。本例中，考虑的是单个电离层。正常情况下，会存在两个或三个分离的电离层，以致部分信号会穿透较低的电离层，然后被较高的电离层反射回来。结果，到目标的距离和测量得到的回波时间延迟之间的关系将是多值的，其中，电离层高度等未知参数必须使用多种技术进行估算，见本章的后面部分。

为了说明天波雷达的工作原理，图 20.3 给出了一部具有 360°方位覆盖功能的假想雷达需要执行的多个监视任务。图中共示出了五个当前监视扇区，每个扇区都有一个特定的任

第 20 章　高频超视距雷达（HFOTHR）

务，每个任务都包括一些**驻留询问区**（DIR）。电扫雷达按照某个指定的顺序发射波束，并且在这些 DIR 中逐渐步进，对每个 DIR 采用适当的波形在相应的时间间隔内进行照射，在此期间接收系统获得回波样本的相干时间序列。相干积累时间（CIT）取决于观测类型，但是大多数都在 1~100s。每个发射机的足印都通过同时生成多个持续的接收波束进行分析，在美国海军的 ROTHR 和澳大利亚 Jindalee 雷达和 JORN 雷达情况下，在 15MHz 生成 1/2° 宽的波束，这相当于在 1200km 距离上获得 10km 的横向距离分辨率。特定任务对 DIR 重访率的要求决定了 DIR 询问的顺序，当然也设定了执行任务的数量限制。

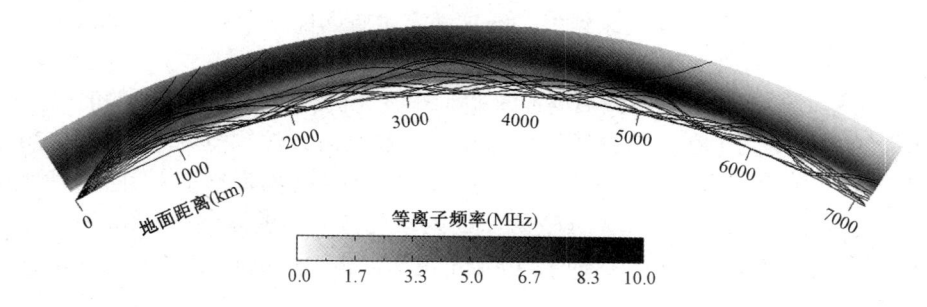

图 20.2　数字计算出的射线表示穿过赤道区的多次跳跃传播。
约 2500km 外靠近赤道附近的超高峰值电子密度为阿普顿异常

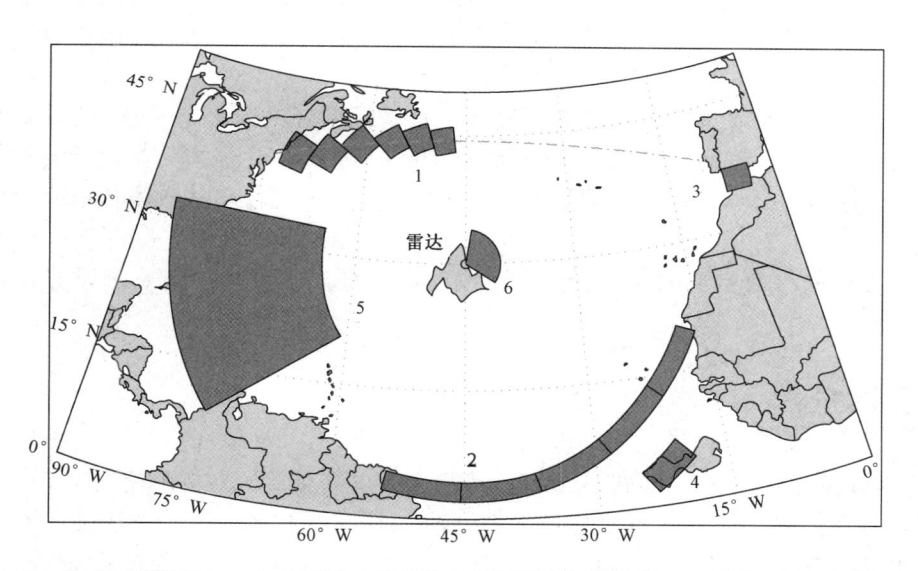

图 20.3　位于（假想的）一个大西洋中部岛屿上的假想高频雷达的一些覆盖范围和任务选项。
1~5 的覆盖区分别对应着：1—空中飞行路线监控；2—界线监视；3—战略水路监控；
4—弹道导弹发射探测；5—遥感和飓风跟踪。扇区 6 为高频地波雷达的典型覆盖图

以图 20.3 中的任务和 DIR 设置为例。如果假设飞机比较大，那么任务 1 仅需要很短的相参积累时间（CIT），比如 1~2s，重访率大概为 1min 一次，由于飞行路线估值不会机动，从而轨迹形状将会很正常，于是观察到的位置误差将归咎于电离层的波动。只有包含飞机的单个 DIR 需要进行询问。如果关心舰船交通，那么任务 2 "界线监视"可以让重访时间达到几十分钟，因为船只移动较慢。但是为了探测到舰船，需要 20~30s 的 CIT，以便将船只回波

从海杂波在多普勒频谱中区分出来。即便如此，雷达还可以跨越边界弧线，有足够的时间将任务 1 的驻留时间在任务二的连续 DIR 之间交替。如果任务 2 中含有飞机，相参积累时间为 1~2s，那么在飞机飞越边界之前，重返必须要多到足以获得所需的探测概率。一种方法就是通过处理更多的距离单元拓宽界线，或者减小波形带宽，允许距离单元变宽，但是如果随着距离深度的增大，电离层不支持信号传播，这种方法可能会失败。另外一种可能性就是在 DIR 的子集中延长重返时间间隔。任务 1 和任务 2 的相对优先性也需要考虑在内。

任务 4，弹道导弹发射探测，如果认为导弹发射可能会随时发生的话，对监视的次数要求更加频繁，否则导弹可能没有被探测到就逃离了雷达脚印的覆盖范围。假设 CIT 为 5s，而且允许的重访间隔为 10s。任务 1 和任务 4 可以交替进行，例如，首先执行任务 4 的 5 次驻留，然后执行任务 1 的 1 次驻留，然后周而复始。任务 3 的对象是缓慢移动的船只，因此重访间隔为几十分钟，但是为了在多普勒频谱中将船只回波与海杂波区分开来，需要 20~30s 的 CIT。在此期间，可能会违反任务 4 的要求。任务 3 和任务 4 之间根据定义是互相不兼容的。

任务 5（海洋情况遥感）的优先性较低，因为该任务处理的现象变化缓慢，因此只需要偶尔的回访。任务 6 的扇区较小，延伸至 400km 距离，是一部高频地波雷达的典型覆盖图，例如用于保护港口入口。

该例子对调度和资源分配问题是典型的，而这个问题对于高频天波雷达工作至关重要。折中方案通常是不可避免的。由于电离层传播条件的不断变化，情况就更加复杂了。因为较坏的电离层天气可能会阻碍某些任务的执行，因此必须对电离层传播条件进行监控并用来指导任务的执行。

几乎不变的是，即使对于给定的作用距离，扇区及扇区内的单个 DIR 也需要不同的载频，因为电离层可能会在有效覆盖范围的全程及方位扇区内变化很大。高频天波雷达的鲜明的特征是雷达操作员必须针对不同的任务选择最优频率，并将使这些频率自适应于不断变化的电离层。

本章主要介绍目前实现的高频天波雷达的基本特征，重点是决定系统设计和性能的物理上的考虑。

20.2 雷达方程

有一种形式的雷达方程，即式（20.2），可用来指出高频雷达与使用较高频率的雷达明显不同的各个方面。这些不同包括对环境的自适应、频率、波形选择、雷达截面积、路径损耗、多径效应、噪声、干扰、天线增益、空间分辨率及杂波等。对由噪声限制的检测，雷达方程的形式为

$$\frac{S}{N} = \frac{P_{av} G_t G_r T \lambda^2 \sigma F_p}{(4\pi)^3 L_p L_s N_0 R^4} \tag{20.2}$$

式中，S/N 是输出信噪比；P_{av} 是平均发射功率；G_t 是发射天线增益；G_r 是接收天线增益；T 是相参处理时间；λ 是波长；σ 是目标的雷达截面积；F_p 是传播路径因子；N_0 是每赫兹带宽的噪声功率；L_p、L_s 是传播路径和系统损耗；R 是目标与雷达间的距离。

上述参数的简要说明如下：

天线增益 G_t 和 G_r：高频雷达通常约定天线增益应包含地面对天线性能的影响，该约定此处依旧适用。例如，自由空间中的半波偶极子的最大增益比各向同性天线高 2.15dB。若将半波偶极子紧贴理想导电地面垂直放置但不接触地面，则其在 0° 仰角方向的最大增益将增加 4~6dB，变成 8.15dB。由于地面从来不是理想导体，因此其电导率与介电常数成为决定天线性能的因素。虽然地球的电性质对垂直极化的影响比对水平极化要大些，但是地貌特征和表面粗糙度对两种极化都是重要的因素。

相参处理时间 T：对于跳跃距离之外的距离范围，高频雷达的回波不可避免地会夹杂着与目标等距离的地面后向散射杂波。为了将目标与地面后向散射杂波区分开来，需要使用多普勒处理技术；因此，在间隔时间 T 内，需要获得多个相参样本。间隔时间通常在 1~20s，不过此时可能会超过 100s。

波长（λ）：为了使发射能量能被电离层反射，然后照射到指定的地面区域，必须选择波长或工作频率。发射频谱还必须得到限制，不得与其他用户发生干扰。由于无论是电离层还是高频段业务点分布都是时变的参数，因此要求雷达具有自适应管理能力。

雷达截面积（RCS），σ：通常，常规目标的雷达截面积是频率、极化及姿态角的函数。但是在高频，目标尺寸通常与波长具有相同的数量级，因此，散射特征与在更高频率观测到的散射特征不相同。散射还会由环境发生，即杂波，因此当自然散射体成为感兴趣的"目标"的时候，每单位陆地和海洋表面的散射系数模型，或者每单位体积湍流电离层的散射系数模型用来提供式（20.2）中的有效 RCS 值。这样一来，对于地球杂波的 RCS 来说，归一化的地面散射系数 σ^0 需要乘以分辨单元的面积 A。接收机天线波束宽度和频谱宽度等重要的分辨率单元面积尺寸因子并没有明显出现在式（20.2）中（杂波通常都会限制目标的可探测性；此时，更应该关注的应该是信号-杂波比而不是信号-噪声比。相应地，必须采用另一种不同的雷达方程式）。

传播因子（F_p）：根据关注的场景，几种传播现象包括法拉第极化旋转、地面反射多路径效应、多次跳跃传播和电离层聚焦等均需要包含在方程中。法拉第旋转指的是由于信号要通过磁化的电离等离子层传播，入射在目标上的信号极化方向会随着时间和距离而变化，线极化的发射信号在到达目标区的时候，极化轴通常会旋转，但基本上依旧是线性极化的。因为许多目标的 RCS 会随着极化方向的变化而发生变化，所以一个重要的结论是最有效的极化将周期性地照射目标。在雷达足印中，极化"带"的空间尺寸一般在 10~100km，为了在雷达足印中的一个给定位置上将极化面旋转 90°，所需的频率变化为 100kHz 量级，因此差分效应会很明显。当然，由于回波路径会随着时间而变化，极化还会在接收天线处产生波动。

噪声（N_0）：对于工作在 HF 波段的雷达来说，接收机的内部噪声几乎总是小于外部噪声。

损耗（L_p, L_s）：损耗项 L_p 为沿经过路径的双向损耗，包括电离层吸收和地面反射损耗。L_s 表示任何雷达系统的损耗。尽管电离层损耗可以在统计的基础上进行预估，但是在雷达实时工作中仍构成主要的未知因素。

距离（R）：式（20.2）中的作用距离为"倾斜距离"，即雷达与目标之间的天波路径的长度，而不是沿地球表面测量的距离。为了将这一斜距离变换成地面上的大圆距离，需要用到电离层反射高度。由于多径的存在，因此至特定目标的视在距离可能出现不止一个值。

有了这些解释后，当噪声而不是杂波限制了目标可探测性时，雷达方程（20.2）可以为天波雷达的性能进行建模。但需要指出的是，鉴于电离层传播和外部噪声环境的复杂性及统计特性，方程式的参数需要经常采用概率分布，而不是标量值。当目标速度的多普勒频移超出杂波回波的多普勒频移时，那么基于噪声的模型就是适用的，但也有两种情况例外。第一种情况是舰船探测，海杂波固有的多普勒频移经常超出了大多数舰船回波的多普勒频移。第二种情况是多普勒杂波扩散现象。这种情况是由于等离子的不稳定性和紊流引起的，尤其是发生在日落后和在高和低的纬度。这种类型杂波的等效速度能达到每秒几百米，甚至可以掩盖快速的飞机回波。关于这方面的话题请参见第20.8节。处理好由杂波限制的情况，是雷达设计师工作任务的极其重要部分，需要详细了解这些现象及其分布。

20.3 影响天波雷达设计的因素

高频雷达与微波雷达之间的主要差别

在下面各节详细分析高频天波雷达系统以及描述影响雷达设计和性能的环境属性之前，总结天波雷达和常规微波雷达之间的主要区别非常有意义，可以提醒你不要将微波雷达领域的一些熟悉的特性套用到高频雷达上。

高频天波雷达的作用距离超了微波远程对空监视雷达作用距离约一个量级。高频雷达的波长是微波雷达的几百倍，因此高频雷达的天线也成比例地增大。如果需要看舰船的话，那么天线的长度可达 2~3km；如果仅仅是为了探测飞机的话，那么天线长度可短得多。一部天波雷达的发射机平均功率大约在几百千瓦，而微波空中交通管制雷达的发射机平均功率才有区区几千瓦。天波系统的观测时间（CIT）从 1s 到几十秒不等，但是对于微波雷达来说，观测时间仅仅几十毫秒。天波雷达的长观测时间需要用于获得必要的回波信号能量，以保证可靠的目标探测，以及为有效的多普勒处理获得较长的积累时间。电离层对天波雷达具有主导性的影响，而对微波来说正常大气的影响甚微。天波雷达的频率及其他参数主要都是为了由电离层进行传播的需要而选取的。电离层传播的限制以及未占用频率通道的可用性都使得高频雷达的距离分辨率无法达到微波系统的程度。高频发射机不得不严格控制自身发射的信号频谱，以避免与高频频谱的其他用户发生干扰。（微波雷达也会发生这种情况，只是还没有达到高频雷达的那种程度。军用微波雷达为了进行电子保护和提取更多更详细的目标信息，偏向于使用较宽的频谱宽度，但是随着民用无线服务需求的快速增长，微波雷达的可用频谱日渐减小，以致达到了限制其性能的程度。）

微波雷达的灵敏度受到接收机噪声的限制，而限制高频雷达灵敏度的则是通过雷达天线进入接收机的外部噪声。这种外部噪声不仅仅来自自然现象，如雷暴雨，也来自全球的众多高频发射机。微波雷达和高频雷达都会受到来自陆地或海洋的强大回波信号的限制，但是对于高频天波雷达来说，问题尤其严重。在这种情况下，多普勒处理是个关键。对于某些飞机来说，在高频上的雷达横截面要明显大于微波上的。很多高频超视距雷达采用调频连续波波形，因此为了使得发射机能量漏入接收机程度达到最小，站点之间需要间隔很广。过去微波雷达曾使用过调频连续波波形，但是在多数情况下，这种波形已经被无需分隔发射机站点和接收机站点的波形所代替。

表 20.1 对每种类型的有代表性的雷达系统的关键雷达参数进行了比较，并且比较了限制两种雷达系统形式及功能的传播模式、散射、噪声和部署方式。

表 20.1 微波雷达与高频天波雷达之间的主要差别
（此处选用的参数值是为了具有广泛的代表性，而不涵括所有已知的系统）

	Ⅰ. 微波雷达	Ⅱ. 高频天波雷达
用来对比的雷达型号	远程 ATC 雷达，如 ARSR-3	飞机和舰船探测，双基地雷达，如 Jindalee、JORN 和 ROTHR
主天线尺寸（m）	10～15	1000～3000
平均发射功率（kW）	4	400
天线方向图	完全由天线结构决定	受到天线附近地面性质严重影响
典型作用距离（km）	280～450	1000～4000
最小作用距离（km）		1000
距离分辨率（m）	300	1500～15000
传播媒介	● 均匀媒质或成层媒质； ● 非色散媒质； ● 各向同性媒质； ● 稳定媒质； ● 线性媒质； ● 近乎不变的媒质	● 水平和垂直结构的，既有确定性的，也有随机的；多种尺寸； ● 频率色散； ● 各向异性（磁离子）媒质； ● 高度动态媒质； ● 弱非线性媒质； ● 随着日夜、季节等变化而动态变化的媒质
雷达信号传播路径	● 视线； ● 通常是唯一的；可能具有简单的多路径地面反射； ● 相对稳定	● 从电离层反射； ● 多个路径，导致从单个目标上得到多个回波，具有不同的视在距离、方位、仰角和多普勒频移； ● 不稳定； ● 知道得很少，需要从辅助的探测系统进行推断
对雷达信号的主要传播影响	● 直接信号和地面反射信号之间的干扰	● 衰减； ● 聚焦和散焦； ● 极化转换； ● 相位调制； ● 波前畸变
目标散射体制	光学（高频），也就是说，目标尺寸远大于雷达波长	瑞利（Rayleigh）散射–共振，也就是目标尺寸小于或约等于雷达波长
杂波	● 可能很严重，尤其是在近距； ● 可以通过窄波束、短脉冲和多普勒处理等手段使其最小	下视不可避免地导致在目标相同距离处产生很强的地面回波，一般比目标回波大 20～80dB
多普勒处理	广泛用于探测杂波中的动目标	对将动目标从强杂波回波中分离出来是关键
频率限制	因为宽带雷达系统的需求，以及来自通信和其他电磁服务对微波频谱的需求的竞争，可以很严重	● 为了天波传播能够到达所需的作用距离，频率具有上限； ● 频谱可用性、天线尺寸和目标 RCS 的快速下降使频率具有下限； ● 在拥挤的高频频谱中，不得干扰其他用户，因此限制了频率和带宽的选择； ● 必须不断地适应变化的电离层，以对当前目标区域保持照射
主导噪声	接收机内部噪声（热噪声等）	各种噪声源（大气、银河噪声、人为噪声）
场地限制	● 无阻挡的场地，首选高架站点	● 接收阵列场地必须电磁静默，一般在乡下，从而避免城市和工业高频的噪声； ● 大型阵列要求平整的和开放的空间，使得地形对波束图的影响达到最小； ● 如果采用了双基地或双站点的准单基地设计，两个站点的间隔距离要在 100km 左右，而且要根据各自的威力图，选择正确的地理位置关系； ● 地球上的位置必须能够保证极光和赤道扩散多普勒回波不会掩盖目标

天波雷达设计的含义

从表 20.1 可以清楚看出，天波雷达与微波雷达相比，并不简单地是尺寸上的变大约 1000 倍，也就是与波长成比例。根据雷达方程，损耗项 R^{-4} 表明，高频雷达的代表性的探测距离较微波雷达增加 10 倍，同时将增加 40dB 的额外距离损耗。而这种损耗是不能通过增大发射功率和增大天线增益弥补的，因为除电离层传播的限制之外，还有工程因素和成本因素的考虑。相参（多普勒）处理可以提供必要的处理增益，但是需要 1～100s 的处理时间，这会导致在执行广域监视时的重访率会低于可接受的水平，除非采取对多个接收波束的并行处理。设计师们已经探讨了多种不同的折中方案，多数情况下是集中在更宽的发射波束脚印中生成 15～30 个接收波束。减小的发射天线增益可以通过增大功率或者增长相参处理时间进行补偿。

即使是在晴好条件下，电离层也很少支持带宽大于约 200kHz 的高相参传播，甚至当出现不常见的无干扰通道，足以容纳这种波形时都是这样。更常见的是，无干扰通道在 10～50kHz，因此波形带宽通常选择在这个范围之内。相应的距离分辨率在 3～15km。在距离 R 处的距离分辨率单元横向尺寸 $L(R)$ 为 $L \approx \dfrac{R\lambda}{D}$，其中 D 为接收阵列孔径，而 λ 为雷达波长。

因此，当频率为 15MHz 时，为了在 1200km 获得 $L=10$km，而且分辨率单元形状上不能太扁，需要的阵列孔径大约在 2400m 左右。这种尺寸的阵列馈电需要几百千米长的电缆，在某些系统中，需要的是光纤电缆，并且对阵列校准提出了严峻的考验。假设发射波束中约 20 个接收波束，那么在该频率的发射阵列孔径只需约为 120m。

由雷达方程和上述的讨论可以得出，200～1000kW 范围内的发射功率对于探测很多情况下的小型飞机一般是适合的。为了有效地辐射功率，发射天线单元通常会很大，而且具有共振结构；例如，JORN 系统中使用的垂直对数周期天线高达 43m。相反，接收天线单元的选择通常要遵守这样一个规则：对于高频接收来说，效率的重要性稍次，因为外部噪声几乎总是大于内部噪声。一个更加有效的接收单元可以接收到更多的信号功率，但同样也会接收到更多的外部噪声，因此，显然在信噪比方面一无所得。但使用小型接收天线单元，成本会降低很多。常见的高度为 4～6m。

天波照射的下视几何会导致在与目标相同的距离单元内产生很强的杂波回波，因此需要很高的动态范围，来支持超过 80dB 的杂波/目标能量比。这对雷达波形生成器、发射和接收系统的频谱纯度和动态范围提出了苛刻的要求。高灵敏度产生的副作用是会暴露来自电离层中很多个天然散射体的回波，以及由于信号传播路径的波动而产生的地杂波频谱的多普勒扩散。为了识别并抑制这些能掩盖目标回波的无用回波，必须要理解其物理基础。

天波雷达有一个独特的要求，就是需要一套辅助系统，用来监控电离层的状态以及天波雷达可工作的未占用频道的存在。连续的环境监控、为充分利用现有条件而改动雷达参数和任务，这些都无法通过简单的低动态范围设备来满足，因为低动态范围可能会导致很多现象无法显示，而这些现象恰恰为目标探测和跟踪设置了门限。另外，为了跟上不断变化的环境，需要很高程度的自动化。

表 20.2 比较了几部现役和退役的高频天波雷达的主要设计参数，列出为了满足特定的任务目标，采用过的多种多样的工程方案。

第 20 章 高频超视距雷达（HFOTHR）

表 20.2　现役和退役的主要高频天波雷达系统的主要设计参数

（该信息来自不同的来源，可能不完整。某些地方只提供了部分信息，但仍旧可以用于比较。
注：① VLPA 指的是垂直对数周期天线，② 双波段（n 波段）线性阵列通常被造成相邻的共线阵。）

	"金达莱" Stage B	JORN Laverton	AN/FPS-118 ECRS/WCRS	AN/TPS-71 ROTHR	Nostradamus	Steel Yard (Komsomolskna Amur)
研制商	DSTO，澳大利亚	澳大利亚电信；GEC-马可尼；英国 RLM；美国、澳大利亚联合研制	美国通用电气	美国雷声公司	法国 ONERA 公司	俄罗斯 NIIDAR 公司
首次探测到目标年份	1982	2000	1983	1987	1994	1997
配置	准单基地	准单基地	准单基地	准单基地	真正的单基地	准单基地
收/发站点之间的间隔（km）	100	80	160	100，160	无信息	
最大发射机功率（kW）	160	300	1200	200	50	1500
发射增益（dB）		18~27	23			
ERP	76dBW	80dBW	80dBW	75dBW		
发射阵列设计	8 部（低波段）或 16 部（高波段）VLPA 天线构成的双波段线性阵列	用 VLPA 天线组成，两个双波段线性阵列；阵列之间的夹角为 90°	三个紧邻的六波段线性阵列，具有 41m 背屏的倾斜偶极子，每个波段 12 个阵元，阵列相互夹角为 60°	2×16VLPA 天线，双波段线性阵列	随机分布的 3×32 个双锥型阵元，Y 形阵列	2×垂直竖幕阵列，13 个桅杆×10 个垂直层叠的水平笼形偶极子
频率范围（MHz）	5~28	5~32	5~28	5~12 10.5~28	6~28	4~30
发射孔径（m）	137	160，160	304，224，167，123，92，68		3 臂×128（长）×80（宽）	
发射方位波束扫描	±45°	±45°	±30°	±32°	360°	
接收阵列设计	线性阵列，462 个 5m 扇形单极子对，组成 32 个重叠子阵	2 个线性阵列，每个有 480 对单极子阵元；阵列夹角 90°	3 个紧邻的线性阵列，246×5.4m 垂直单极子，20m 背屏；阵列夹角 60°	线性阵列，372×5.8m 垂直双联单极子	Y 形阵列，3×96 个 7m 双锥型阵元，组成 3×16 个子阵，随机分布	2×垂直竖幕阵列，30 个桅杆×10 个垂直层叠的水平笼形偶极子
接收孔径（m）	2766	2970	1518/2440	2580	3 臂×384（长）×80（宽）	500（长）×143（高）
接收通道数	32	480	82	372	48	5
接收方位波束控制	±45°	±45°	±30°	±45°	360°	

续表

	"金达莱" Stage B	JORN Laverton	AN/FPS-118 ECRS/WCRS	AN/TPS-71 ROTHR	Nostradamus	Steel Yard（Komsomolskna Amur）
波形体制	线性调频/连续波	线性调频/连续波	线性调频/连续波	线性调频/连续波	编码脉冲	二进制相位编码脉冲
波形重复频率（Hz）	约4~80	约4~80	10~60	5~60		10，16，20
波形带宽（kHz）	通常4~40	通常4~40	5~40	4.17~100		40
相参积累时间（s）	对空模式 1.5~5；舰船模式 15~40	对空模式 1.5~5；舰船模式 15~40	0.7~20.5	1.3~49.2		
主要任务	飞机探测	飞机探测	飞机探测	飞机探测	飞机探测	弹道导弹探测
次要任务	舰船探测；遥感	舰船探测；遥感	巡航导弹探测	舰船探测	舰船探测；遥感	飞机探测；巡航导弹探测

术语"准单基地"指的是发射和接收站点彼此相离，如同采用调频连续波波形的雷达系统那样，但是彼此间距并不远，对着目标的张角度不超过约5°，因此散射行为与真正单基地雷达观察到的散射行为相近。

20.4 电离层和无线电波传播

  导致地球高层大气电离的太阳活动会发生每日、季节性和长期的变化，同时有叠加的随机分量，偶尔还有大太阳风暴和其他紊流。另外，由于有向上传播的电波和辐射活动，地球低层大气也是与电离层耦合的，不过在电离层之外的地球磁层内太阳风直接与地球磁场相互作用是电离层上方发生扰动的源头。电离层对这些外力的响应不仅受到惯性效应的控制，同时也受到化学反应，以及连接电离等离子层和地球及星际媒质的其中的时变电场和磁场的控制。结果，电离层的结构在不同空间尺度和时间尺度上会发生很大的变化，这将在很大程度上影响其作为无线电传播媒质的属性。

  雷达系统设计的首要要求就是量化描述目标覆盖区域的传播特性。具体地说，雷达设计师需要一份统计的描述，使得发射信号、功率电平和天线增益图能够与频率跨度、噪声电平、传播损耗特性以及到达目标区域的射线路径相匹配。另外，雷达操作员需要一个具有足够复杂性的模型，以便为了工作参数选择、信号处理和数据分析，允许进行对实时探测数据的充分解读。对数据分析这一要求，单单统计描述是不够的，因为会丢失重要的特征。例如，在迅速变化的电离层条件下，雷达回波会经历时变的多普勒频移。通过在时间上进行平均，会导致多普勒频移趋向于零。很明显，这对于操作员补偿电离层运动并估计目标径向速度来说，毫无价值。再举一个例子，假设这样一种情况：在目标正在被跟踪时，一个大气重力波（AGW）在控制点（电离反射点）附近正在通过电离层进行传播。电离层在高频雷达感兴趣的高度仅有约 0.1%的电离，但是在中性气体中的重力波，在重力的恢复力作用下，通过碰撞将重力波的运动转移给自由电子。由于电子的分布确定雷达信号的"反射面"，随着电离层"反射面"跟随 AGW 发生波动，目标的视在方位和距离也会发生波动。这种波动被称作行进性电离层扰动（TID）。TID 可能具有几百千米的波长，速度达到 1000km/h。除非雷达对目标坐标进行适当的实时校正，否则跟踪精度会受到严重影响。

为了满足这些不同的需求，最好采用强调电离层各个方面及其对无线电传播，也就是对高频雷达的性能的影响的相应描述或模型。在很多实践上重要的情况中，原本为高频通信而开发的电离层模型被引用到雷达应用上，主要的差别在于雷达对动态过程观测的灵敏度更高。这主要是由于在有强杂波和外部噪声存在的条件下，为了适应并保留目标回波，需要极高的动态范围。

电离层结构

电离作用和复合过程的基本机理导致电离层本身自然地被分成多个区域。

D 区

该区为最底层，距离地面 50～90km，在白天，电子密度会随着高度的增高而迅速增大。其属性反映了由入射的太阳辐射流产生的自由电子和各种电子–离子/电子–中性粒子复合过程所造成的自由电子损耗之间的平衡。相应地，D 区最大的电离作用发生在赤道点附近，而且在太阳活动最强（太阳黑子最大）的时候，电离作用最强烈，尽管此时所产生的电子密度不足以反射或明显折射高频无线电波。在高频无线电传播中，D 区的主要作用是通过电子–中性粒子碰撞引起信号衰减；在这个中等高度上，中性粒子密度相对较高，因此碰撞很常见。在某些电离层模型中，D 区的影响并不明显示出，但可以通过经验上得到的路径损耗计算进行考虑。

E 区

该电离区高度约在 90～130km，日照时的最大高度为 110km。另外，可能会出现异常的电离作用，称作偶发性 E 区。这种电离作用层一般只有几千米厚，而且存在时间很短，通常小于 1h；该电离层要么平滑，要么成多块状，会随着日夜和季节发生变化，与太阳活动关系不大，趋向于发生在太阳黑子数目较少时，而且会随着高度变化。就传播属性来看，偶发性 E 区是能够为天波雷达在通常的相参积累时间内提供最稳定传播的电离层。由于该层仅距离地面约 100km，通过在 E 层进行一次跳跃，所能达到的最大作用距离仅约为 2000km。不过，由于该层通常都不会完全反射，所以某些能量会继续向上，到达 F 层，然后反射到地球表面，到达大得多的距离。

F 区

该区是天波传播所能达到的最高区域，同时也是电子密度最高的区域。在白天，尤其是在夏天，F 区内有时会出现两个子层。F1 区在 130～200km，和 E 区一样，该区也直接依赖于太阳辐射；在地方正午的 1h 后，该区的强度达到最大。F2 区会随着时间和地理位置的变化而变化。F2 区的顶端高度在中纬度一般在 250～350km。F2 区的电离作用显示出一天到另一天的显著变化，通常不像 E 区和 F1 区那样有规则地跟随着太阳变化。

为考虑外加的电场和磁场的影响，必须在低空和高空大幅改动由几个同心层组成的简单电离层图像。首先，地球的磁轴偏离其自转轴意味着电离层不能始终保持包含旋转中的地球的恒定形状。在地磁赤道附近，地磁场接近水平，大气潮汐及相关的风会驱动所谓的 E 区和

F 区发电机，使电离层等离子向上漂移，然后沿着地磁场力线下降。结果，电子密度在赤道处出现减损，在约 20°N/S 纬度附近出现对称式增强，这种现象被称为**阿普顿异常**或**赤道异常**。除导致预估的目标距离和方位出现误差之外，赤道附近倾斜的电离"反射面"会将入射的无线电波散射到低损耗抬高的跨赤道模式（弦模式），并从对面的半球返回具有极其不稳定相位的强杂波。

在极地区，近乎垂直的地磁场磁力线为带电粒子以及来自太阳和磁层的干扰提供了一条到达电离层高度的路径，并且对电离过程和等离子传输产生影响。此处最有名的现象就是集中出现在南北极的极光现象，极光集中在地球地磁场力线由封闭式（与其在另一个半球的镜像相连）转向开放式，也就是说，与行星际磁场相连的边界区内。该区域内存在各种等离子波和不稳定性，产生的不规则性导致电子密度很高，因此也造成了多个扩散型多普勒杂波源。这些杂波源会严重影响天波雷达系统。

电离层易变性

虽然所有的电离层属性都具有时变性，但从 OTHR 角度来看，还可以从"慢速"的或"结构"的可变性分离出"快速"过程或"动态"过程。对于雷达观测过程来说，如果这个过程发生在可比的时间刻度上，如（1）脉冲/波形重复间隔，（2）相参积累（驻留）时间，（3）扫描重访时间或（4）任务/跟踪期限等，那么它就被命名为**动态**现象。动态过程会对如何处理接收到的信号或进行跟踪产生直接的影响。慢速过程，如 11 年的太阳周期、季节变化、E 层/F 层的日夜周期一般可认为是准稳态背景过程，它构成了任何给定时间内的电离层结构，在这段时间内可能会发生快速过程。随着黎明和黄昏的逐渐结束，也就是昼夜更替时分，这种分类会出现例外。因为黎明或黄昏以 1600km/h 的速率掠过地球时，会让电离层产生突然的变化，并且引发大规模的不稳定性。

结构易变性

昼夜循环会导致电离层内的电离化分布发生剧烈的变化。在夜间，D 层消失，E 区和 F 区的电离大幅下降，且赤道和极地区更容易发生大规模的扰动。每日的变化程度如图 20.4 所示，该图给出了测量得到的电子密度 [用式（20.1）中定义的等离子频率表示] 与在中纬度位置[①]的有效高度和当日时间之间的函数关系。一般来说，每日变化要求雷达的工作频率发生倍频变化，以对固定的目标位置保持 24h 的持续监视。

更令人惊讶的是甚至是在中纬度的日-日之间的变化。这对高频雷达的性能产生明显的影响。因此，在雷达设计和规划时，需要认真考虑到这种变化无法可靠地预测，即使是提前一天预测都无法做到。

---

① 有效高度是在假定无线电波好像在自由空间中以光速传播的条件下，由信号时延计算出的反射高度。事实上，等离子体中的无线电波群速比光速低，所以真实的反射高度要低一些。对大多数目的来说，使用有效高度更方便，因为有两条定理可使实际计算大大简化。Martyn 定理表明复杂的倾斜天波经过真实反射点的射线路径可以在很好的近似程度上用简单的通过有效反射点反射的直线几何关系取代。Breit Tuve 定理证明在很好的近似程度之下，由于这个替代"飞行"时间并不改变。Davies[21]对这些有用的定理给了非常清晰的解释。

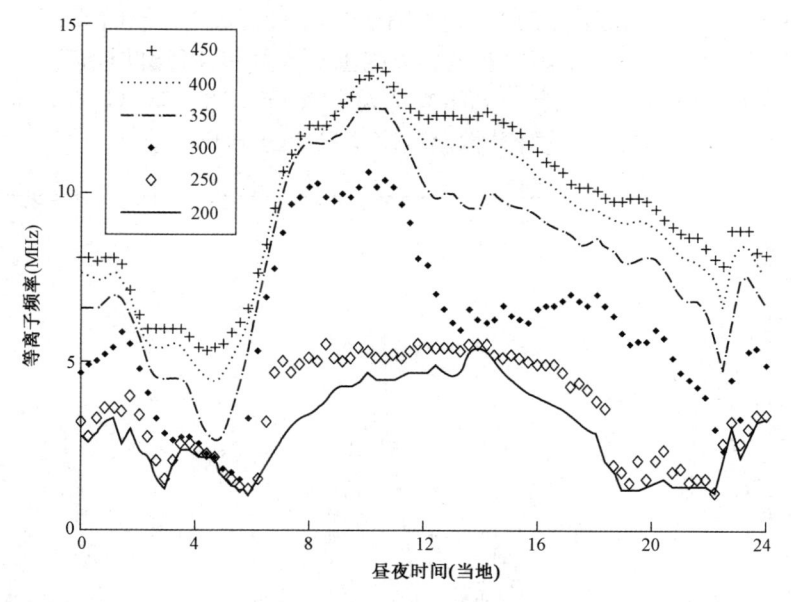

图 20.4 针对各种有效高度（km），通过等离子频率测得的电子密度日间变化图。数据是由一部位于南纬 18.0°、东经 144.9° 的垂直入射探测器在 2002 年 9 月 17 日，SSN=88 时记录的

图 20.5 示出了一个日-日之间的变化，其中记录了一个月当中每天的同一时刻上的 30 条垂直入射探测的数据。

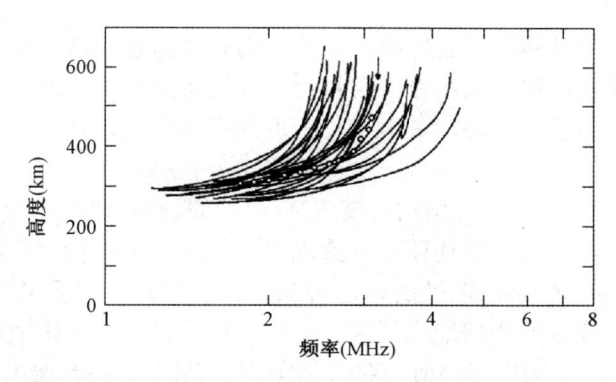

图 20.5 一个月中在每天的固定时间测量的垂直入射电离图比较，其中由小圆圈表示基于模型的中值预测

曲线描述了正常射线的有效高度与电波频率之间的函数关系。这种类型的探测——电离层图——测量一个信号到达某一高度（在此高度上电子密度足以反射该信号）再返回的时延，此高度是等离子频率 f_p 等于入射波频率的高度。

另外，图 20.5 中还示出了根据 Thomason 等人的模型[22]得到的相应的月中值线。考虑截止频率，也就是最高反射频率，它与电离层的峰值电子密度相对应。每月中的最高值和最低值一般偏离中值线约±25%。在这样的频率范围内，雷达方程式中的各项，如天线增益、目标 RCS 和倾斜距离会发生剧烈变化，因此雷达性能不可避免地是统计上分布的。尽管在进行许多雷达性能建模计算时，采用中值是有意义的，但是雷达设计师应采用一种保守方法，即假定最低的截止频率。

也许，引发系统性变化的最主要原因是太阳活动的 11 年周期。为了测量这种活动，采用了多种相关的参数，如 10.7cm 太阳辐射流、太阳黑子数量和各种磁场指数。图 20.6 示出了一个经过平滑处理的太阳黑子平均数，起始年份为 1956 年，这一年也是 OTHR（指的是美国海军实验室[2]的 MUSIC 雷达）首次开始探测到军事目标的一年。

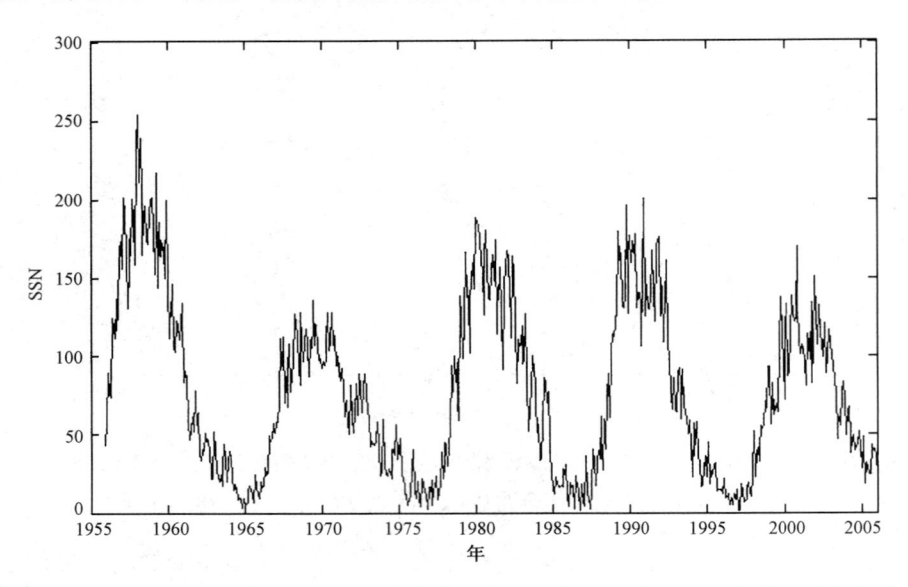

图 20.6　自从首部运转的天波雷达开始探测的 1956 年起，太阳黑子数的每月变化图

太阳活动的增强会以很多种方式影响电离层，但是从雷达来看，最重要的影响就是电离化程度大幅升高，且在夜间依旧保持在可用程度，因此可采用更高的雷达频率，这样能够获得的最小作用距离也变小了。另外，最大电子密度的高度升高，从而单跳跃传播能够达到的距离更远。

在一个给定的频率上，由于 D 层的密度较高，日间吸收也随之增加，但是可以通过增大工作频率得到补偿。较高的太阳活动还会导致磁暴和突发性电离扰动的次数和强度增大，日落后的等离子磁泡活动、在赤道地区的闪烁现象、太阳耀斑、日冕喷发等相关现象都会增加，而这些现象都会对稳定的传播造成影响。太阳耀斑是发生在太阳表面的巨大爆炸，一般发生在太阳黑子附近，产生的电离辐射会穿透到 D 区，从而明显增加电波吸收。导致的**突发性电离扰动**（SID）或**短波渐隐**现象会造成天波雷达在几分钟到几小时内完全丧失探测能力。也许更重要的是，尽管太阳耀斑本身无法预测，但是相关的粒子束会在几个小时后开始到达地球，喷发的大多数物质会在几天后到达地球，这些都将严重干扰 HF 的传播。在 20.13 节中，阐述雷达性能预测的同时，将对太阳活动的重要性进行讨论。

电离层动态

当雷达信号穿过电离层时，沿传播路径的等离子媒质的运动会在雷达信号上留有烙印，导致目标信息退化或被消除。天波雷达可设计成能识别出这些现象的特征，通过调整雷达频率、选择波形和处理方法，在需要时减轻这些效应的影响。有时，电离层运动实际上会对雷达有帮助，例如，可以使雷达能够辨别自然噪声和某些形式的人工干扰。因此，不仅理解电离层的结构及其为传播提供的机会,还有电离层中存在的运动和扰动都是至关重要的。

电离层中波形类型的多样性及其生成机制的不规则性非常庞大复杂,不仅包括自然产生的波形和不规则性,同时也包括很多感生现象,如地面电离层射频加热器(火箭)与周围等离子的相互作用。从雷达视角来看,最重要的现象如下:

(1)与电离的流星余迹相关的瞬时等离子体结构;在任何给定位置,流星的日变化很强而且具有方向性。这些流星总是存在的,构成了高频雷达的主要杂波源[19]。

(2)在低层大气中高能现象产生的大中型大气重力波(AGW)会一直向上传播,并且幅度越来越高,一直到非线性过程开始占主导地位,导致波破碎。大型的 AGW 会持续几小时,并且在全球范围内传播,引起入射无线电波发生严重的偏离[23]。这些重力波有时是产生跟踪误差的主要原因。

(3)磁扰起源于太阳风对磁层产生影响的区域;磁扰会朝向地球传播,导致穿过电离层的地磁场磁力线发生谐振的振荡。地磁场磁力线被"冻结"到电磁等离子体上,因此,电离层一般会在 $10^{-2} \sim 10^{0}$ Hz 频率之间发生局部振动,对任何发射的电波产生相应的调制[24]。正因为这种调制,使得舰船的回波变得模糊。

(4)赤道电子流,是由风力和潮汐发电作用驱动的全球磁场和电流系统的一部分,造成了具有速度扰动特征的小型沿场方向排列的不规则性[25]。某些小尺寸等离子体的不稳定性会持续几分之一秒,有些则持续几十秒,对雷达显示为扩散型多普勒杂波,它会妨碍小型目标的探测。

(5)赤道等离子泡经常出现在日落之后,并向上对流,进入 F 区,造成较强的多普勒弥散散射,称为扩散-F[26]。当发生这种情况时,探测所有的目标都是很困难的。

(6)极光现象是受到磁层中磁场和等离子流控制的动态结构;较强的和磁场排成一线的电场将会使电子加速向下进入电离层,造成的高度电离化结构将会有效地反射无线电波。得到的多普勒扩散回波如此之强,会使回波通过雷达的副瓣使得雷达完全丧失工作能力。

(7)地磁暴和亚暴来自太阳耀斑和日冕质量喷发。如前所述,硬 X 射线和紫外线辐射将明显增加 D 层的电离化,于是无线电波吸收也增加了。在 1h 之内和一天之后,耀斑产生的粒子束开始到达,并进入高纬度的磁场力线,导致电离层加热并扩散至更低纬度,以及各种磁场扰动。HF 传播经常受到严重的中断。

模型及应用

对特定的雷达部署的位置了解可能会出现的条件,对于雷达设计来说至关重要,这种了解同时还能指导回波的解读以及提供进行模拟和性能预测的手段。基于几十年来电离层观测和理论的这类信息已浓缩在容易得到和广泛应用的模型中。但是从操作层面上来说,甚至更重要的是,HF 雷达必须拥有一个与雷达分系统密切相连的实时电离层模型(RTIM),以引导频率选择、辐射功率、任务安排、坐标登记(从时延和入射角的雷达坐标转换成地理坐标)、电离层模式结构解读和单个目标多条航迹的相关等工作。与气象模型不同的是,RTIM 模型必须使用辅助的信标网络的信息进行连续更新。为了完成这个任务,需要布置多个倾斜和垂直入射探测仪和应答机。例如,JORN 雷达利用近 20 个探测仪和相关设施,沿澳大利亚海岸线分布。在大多数工作任务中,雷达性能由所采用的 RTIM 模型的保真度决定。

区分描述电离层物理(或物理-化学)状态的模型和描述无线电传播特性的模型是非常重要的,尽管后者经常是采用射线描迹方法由前一个模型推导出的,而前一个模型则主要来自无线电传播测量,如点对点连接统计和垂直入射角探测。这两种模型都具有通用性,既适合 HF 通信和地球物理勘测,同样适用于天波雷达。

电离层媒质模型

电离层的模型分成两类:

(1)气象模型基于探测仪、火箭和卫星测量的数据,衍生于统计数据,不提供实时"天气"、不规则性、波形和其他动态过程的明确信息,不过可以提供变化性的度量。很多早期的模型都起源于记录的电离层探测的大型数据库。这些电离层探测数据是在 1957—1958 年的国际地理物理年和 1964—1965 年的国际宁静太阳年获得的。这些模型更多地关注电子密度的空间分布,广泛应用于早期的 HF 雷达性能分析,包括 ITSA-1、ITS-78、RADAR C、IONCAP 和 AMBCOM[27-32]。Lucas[33]详细介绍了这些模型及其起源。有些预测方法虽然得到广泛的分发,但是并没有正式文件;另外,用户经常会"改进"某个模型和预测方法,以适应自己特定的需求。例如,RADAR C 模型[29]是美国海军实验室第 8321 号报告[22]中 Thomason 等人模型的基础;但是,后者增加了 D 区、碰撞频率分布、地球磁场、电离层上层电子分布、极光电子密度修正[34]以及其他使得该模型更加广泛有用的特性。美国海军实验室第 8321 号报告中描述的电离层模型已经应用到 20.13 节中的一些例子上。

国际参考电离层(IRI)也许是目前最现代的例子,最新版本为 IRI-2001[35-37]。HF 雷达应用的其他气象模型还包括 PIM[38, 39]、PRISM[40, 41]和 FAIM[42]。

(2)基于物理学或最原先的原理的模型,如 Huba 和 Joyce[45]开发的 USU GAIM[43]、JPL/USC GAIM[44]和 SAMI3 模型及 Khattatov 模型[46],它们能够解等离子动态问题和其组成的方程式,这些方程控制在全球 3D 栅格中的各种离子类型的密度变化、速度和温度,地球的磁场和现有的太阳指数是确定各参数的前提。这些模型需要设定一些初始条件,经常是一些限制条件。

对于这两种类型,可以通过处理来自地面探测仪的数据、从 GPS、UV 气辉数据衍生的总电子数(TEC)、来自卫星和其他来源的电子密度现场测量值,改进预报的准确性。经常处理工作是在一个扩展的 Kalman 滤波器框架内完成的。因此准确度预测只是一个副产品。另外,在特定场地中的应用可能会得益于修改使用的基础模型参数和系数。

电离层媒质的复杂结构和动态会通过自由电子密度分布的时空变化而影响 HF 天波传播。一种有效的简化办法就是把大型的电离层结构看成在被照射空域内确定传播几何关系的基础,而动态过程则对发射信号强行加以相应的调制。

计算方面和射线描迹

对于很多 OTHR 来说,用射线来表示无线电波场就足够了。射线描迹技术分成两类:分析型和数字型。分析型方法速度很快,但是依赖于将电子密度剖面的参数模型拟合电子密度剖面,因此对精度要求很高的运转雷达用处有限。该方法还无法处理磁离子对传播的影响。不过,该方法可以为群距离、相位路径、地面距离和其他参数提供闭合的解析表达式,因此很适用于系统优化等计算复杂的研究工作。基于 Croft's QP 技术[48]的 Hill 多准抛物线(MQP)模型[47]得到了广泛的应用,而 Newton 等[49]则提出了准立方模型。

数字型射线描迹软件是通用的,能够适应几乎任意的电离层结构,但代价是增加了计算负担。在多年来开发的多种数字型射线描迹软件中，Jones 和 Stephenson[50]的基于对一阶 Haselgrove 方程的积分求解方法得到了广泛的应用。Coleman[51]也开发出了另一种方案。

电离层无线电波传播模型

从 HF 天波雷达的角度来看，关注点通常并不在电离层本身，而是电离层如何决定无线电波传播。VOACAP[52]和 ASAPS[53]等模型可以针对用户规定的终端特性对点对点（电路）参数进行预测，包括最大/最小可用频率、仰角、群路径、模式概率、路径损耗、信噪比。Proplab[54]模型有更全面的能力。

因为这些模型都是基于和它们相应的气象数据库的，对 RTIM 等实时应用并无用处，而且对于认真的雷达设计来说也是不够的，因为雷达设计应该基于在部署场地取得的测量数据。不过这些模型可以用于回答某些问题，如"我的信号能够在 X 地接收到吗，如果能的话，那么 SNR 是多少？"

对需要中等精度的计算，基于 Martyn 定理的几何光学或虚拟射线描迹可以应用于存储的半经验电子密度剖面，或者更好地说，可以应用于 RTIM 生成的电离层"快照"。另外，对拟合到 RTIM 数据库的分析剖面可进行分析型射线描迹。最精确的预测来自将复杂的射线描迹程序应用到 RTIM 快照的数据库。当电波传播模型与雷达系统参数、目标散射特性和 HF 噪声分布结合起来时，可以通过解雷达方程（20.2）预测雷达的性能，如 20.13 节所述。例如，这是 RADAR C[29, 55, 56]中应用的基本方法。从运转型 HF 雷达的角度来看，使用这些传播模型仅限于雷达性能的统计研究和坐标登记等非实时的雷达支持应用，因为假设的电子密度分布的真实性差，而且几何射线描迹法存在缺陷。

其他模型和传播问题

低纬度的 HF 雷达性能研究表明，经常有必要采用动态过程模型，因为它们或是直接体现在雷达回波的多普勒结构中，或是因为它们是其他现象的体现的指示器。这一类的有用模型包括 HWM93[57]模型，该模型描述贯穿电离层的区域性的和经向的中性风，还包括 WBMDO[58]模型，该模型描述日落后电离层中的扩散型 F 现象引发的小规模不规则性引起的闪烁现象。这些模型对多普勒扩散杂波的分析和解读有重要应用。

尽管还有一些现象会对某些天波雷达系统构成影响，但是在上述的讨论中却忽略了这些现象。这些现象包括（1）在电离层传播过程中可能会发生的各种非线性过程[59]，（2）地球对极处聚焦的延时回波[60]，（3）绕地球的传播[61]。在电离层模型改进的试验中，可发现这类现象的重大实际利用。

20.5　HF 雷达的波形

决定 HF 雷达系统的波形选择的因素可分为两类。第一类，波形选择的考虑因素与微波雷达相同，也就是可以用模糊度函数描述并可针对目标探测和评估优化的作用距离和多普勒分辨率，硬件可实现性，对干扰敏感性，效率，以及关注的散射体的电属性。除此之外，HF 雷达还要满足以下要求。

（1）HF 雷达波形频带必须处于 HF 频率波段中的可用无干扰通道内，并受泄漏到其他用户通道严格的限制；

（2）HF 雷达波形必须兼容下列事实，那就是雷达工作在一个地球表面和电离层所构成的"波导"中，而且有独特的多条传播路径的可能性，包括绕地球传播，这将显著改变有效的模糊度函数。

（3）存在极强的地杂波时，雷达波形必须具有所需的测量能力。

（4）雷达波形必须设计成能使得电离层媒质引发的畸变或污染程度降到最低，或者至少要使这类畸变能够在接收后用信号处理被评估并减轻其影响。

（5）必须要考虑到 HF 发射设备和天线对峰值功率和平均功率的限制。

大多数运转的 HF 天波雷达中使用的波形为周期性线性调频连续波（LFM-CW）信号的变种。通常，在每次扫描的开始和结束的时候，对幅度整形有一些措施。Jindalee 雷达设计成在扫描中有多个幅度切口，使雷达可以以零幅度扫过相同频段的窄带用户，而不会造成干扰。另一变种是偏离线性调频。通过改变波形的频率-时间特性，可以降低距离副瓣并控制频谱泄漏。通过控制每次扫描结束到下一次扫描开始时的相位不连续性，可以为优化波形特性提供另一个自由度。通过放松波形必须是周期性的限制条件，可以进一步扩广 FM-CW 波形。这是一个控制距离模糊回波的强大工具，这时这种距离模糊回波可以在距离多普勒面中移动而露出以前遮住的目标回波。或许更重要的是，在拥挤的 HF 频谱中，拥有足够带宽来获得所需分辨率的无干扰通道是很稀少的，定义在两个或更多单独子波段中的 FM-CW 波形很容易进行合成。

大多数早期 HF 天波雷达采用的是脉冲波形，部分是因为当时的技术条件不支持有所需的频谱纯度的这种要求严格雷达的 FM-CW 波形，而且还因为脉冲波形具有某些不可否认的优势。首先，脉冲波形可以用在单个发射/接收站中，避免了采购适当地皮、复制多个设施以及同步两个分离很远的站点的成本和复杂性。其次，在时间上可选通回波的能力意味着只有脉冲足印内产生的杂波功率才对距离脉冲足印产生影响。这或多或少地降低了对波形产生器的动态范围要求，尤其是当极光杂波等现象可能会导致问题的时候。不过，在此时要想获得相同的探测概率，峰值功率必须增大，以保持等效的平均功率。再次，由于动态范围要求的降低，并假定频谱发射严格控制不再是问题的时候，可以采用更有效率的放大器，关于这点将在下一节进行阐述。最后，脉冲波形可以对某些形式的干扰不太敏感。

但是，脉冲波形也有缺点。第一，当要求获得发射许可证的时候，发射控制几乎总是一个很麻烦的问题。第二，除基本的目标探测外，有些雷达应用要求极高的频谱纯度，如探测低速的小型舰船。第三，天线设计必须能承受更高的场强度，不得出现产生噪声的电弧和火花。第四，与 FM-CW 不同，当无法获得宽的无干扰通道时，一般不太可能将来自单个 HF 频谱的子波段脉冲波形合成适用的波形。第五，很少有办法能够从相同的发射设备中同时发射多个波形。第六，对于大功率的 HF 雷达，与电离层中脉冲波形相关的附加功率密度原则上会因为非线性效应产生自我调制。

20.6 发射系统

发射机

大多数雷达的设计和任务都要求发射机平均功率为 10kW～1MW。天线通常是由辐射单元组成的阵列，通常的做法是一个单元用一个放大器驱动。这种方法允许在放大链中实现低电平的波束控制。每个发射机末级的有源器件可能是传统的真空管[62]，也可能是固态器件[63, 64]。大多数运转型 HF 雷达采用由多层次的模块组成的固态发射机，从单个放大器的功率大约为 500W 的开始，然后将这些放大器输出通过无源网络合成，直到获得最终的输出功率。相对的相移或时延被嵌入到放大器链中，驱动每个天线单元来扫描合成的波束。这种结构增强了可靠性，并且在模块发生故障时，使得性能能缓慢下降。

固态 HF 雷达发射机工作时效率低于采用真空管放大器的发射机。另外，真空管放大器更加坚固，已成功应用于多部 HF 天波雷达，如 AN/FPS-118。在 ROTHR 和 Jindalee/JORN 等雷达中采用固态发射机是因为需要在宽带宽中适应瞬时频率切换，同时保持高度线性和频谱纯度。这些雷达通常交替使用高度分离的载波频率 8MHz 和 24MHz，来交替执行不同的监视任务，例如每秒或每两秒切换一次，并且还符合频谱发射标准的严格要求。这种瞬时频率变化对高电平真空管射频电路提出了不可能完成的切换要求。为了实现波形的功率控制和幅度整形要求，要求放大器必须线性工作。

除了要满足国家和国际频谱管理机构的辐射要求，高频谱纯度也是很关键的，因为天波雷达采用多普勒处理将目标从杂波中分离开来，所以返回到发射机辐射的相位和幅度噪声边带上的杂波必须低于期望目标的回波功率。这对发射机辐射的信噪比提出了严格的要求，因此也就对波形产生器的信噪比提出了苛刻的要求。例如，为了探测某些关注的目标，在离载波 10Hz 的噪声频谱密度必须低于−100dBc。对于每个天线单元都采用一个放大器的设计，相对于 32 单元阵列的波束生成的噪声功率，辐射相位噪声一般非相参叠加因此可被抑制掉约 15dB。但是，事情还没有结束——发射机相位噪声将被遥远的地球表面反射，并在接收机通频带内积累，从而提高相位噪声在噪声背景中的分量，对于 FM-CW 波形来说，其提高倍数几乎和波形带宽与波形重复频率的比相等。在小功率电平上的信号放大器所增加的噪声基本上为零，但是大功率放大器的机械振动会增加相当大量的噪声，因此在设计风冷或液冷系统时要特别留意。

如果雷达要监视大的范围，就要求频繁地改变频率以覆盖不同的距离。另外也要求在每一个放大器链中有相对的相位或者时延的改变以实现方位扫描。因此对于一部 HF 雷达发射机来说，要求具有宽带性能并能容许变化的驻波比的负载。一般来说，在工作频率范围为 5～30MHz 的全功率模式下，可规定 VSWR<2，而且在小功率输出时，允许 VSWR 更高。由于天线单元是宽带的，可能需要谐波滤波器。例如，一种发射机与谐波滤波器的组合可具有 5～9MHz 的通带、10MHz 和更高频率的阻带；而另一种放大器和谐波滤波器的组合，其通带可达 17MHz，阻带可达 18MHz 以上，设计可如此继续到最高的工作频率。某些天波雷达设计要求多达 6 个波段。另外一个相关的问题就是发射阵列中的天线单元之间的互耦[65]。从相邻放大器耦合到某个放大器的能量能够达到导致交叉调制失真的电平，还能导致给放大器链带来麻烦的负载谐振。

天线

天线结构的选择与雷达的任务密切相关，一般由目标类型、雷达威力、覆盖率等确定。美国海军研究实验室（NRL）的磁鼓记录装置（MADRE）雷达[2]采用一部天线，以双工方式工作，既用于发射也用于接收。这个宽为 100m、高为 40m 的孔径在 HF 频段的高端为跟踪飞机提供了足够的增益和角分辨率。法国实验型的 OTH 雷达 Nostradamus[11-13]同样也采用一部天线阵列，构造成三个长度为 384m 的水平臂从一个中央控制中心进行辐射，尽管只有部分单元用于发射，但是所有的单元都用来接收。这种真正的单基地设计拥有特别的优势：向外传播到达目标的路径与返回路径几乎相同。拥有单独发射和接收天线的单基地雷达会随着天线间隔距离的增加以及涉及电离层的不同部分，两条路径之间会有解相关。单基地雷达的这二种形式可避免多个站点和相关通信基础设施的花费，而且也不用寻找具有适合的地理关系的合适站点，但是单基地雷达在波形选择和/或辐射功率方面受到限制，因既要避免同时发射和接收，而且又容易受到距离折叠杂波的干扰。特别是，FM-CW 波形之所以得到了广泛的采用，主要驱动原因还是在于要在额定雷达带宽范围之外限制频谱发射。出于这些原因，Jindalee、JORN 和 ROTHR 等雷达还是采用了分开的发射和接收天线站点设计，通常是一种准单基地的排列，站点之间的间隔距离大约为 50~100n mile，远远小于达到目标区域的距离，但足以在使用连续波形时防止自我干扰的产生，并在方位上区分发射和接收的距离模糊区。

发射辐射单元的选择主要是根据辐射频率的范围和波形带宽，但是同时必须考虑所需的作用距离、方位覆盖和相关的覆盖率，并和杂波，尤其是扩展多普勒杂波有关。垂直方向图将控制这些问题。天线单元的耐功率能力同样是一个考虑因素。

由于要获得足够的方向性及由此在目标上的功率密度，对发射阵列的孔径设置了下限；所需的灵敏度取决于感兴趣目标的尺寸。上限通常是由重访要求设置的——一般来说，雷达会在一个宽圆弧上进行步进，但是为了对机动目标保持跟踪，雷达必须对每个区域频繁地进行采样，因此发射波束宽度不能太窄。为了使 VSWR 保持在中等水平，通常采用 2~6 个阵列，每个工作在倍频程的子波段中。

由于采用多个同时接收波束的好处，某些考虑因素也会受到影响，从而一个能充有 10~30 个窄接收波束形状良好的宽发射波束是优先的选择。在极限条件下，发射阵列可能会照射整个覆盖扇区，其中填满的接收波束连续凝视。杂波源的不均匀会对没有阵列方向图控制的设计引起严重的问题。另外，HF 天线很少有较高的前后比，因此不能忽视被后瓣杂波掩盖信号的危险。对于线性阵列来说，偏置发射和接收阵列的轴线是中度有效措施，但这种折中手段是发射接收主波束重叠减少的代价。垂直极化的对数周期天线的线性阵列、水平偶极子的垂直平面阵、多层八木天线、高架菱形单元、倾斜单极子的线性阵列、双锥天线的两维阵列等均曾用于天波雷达的发射系统中，在某些情况下，还用反射屏来提高否则是差的前后比。

对常用的距离和反射高度，在垂直面中期望的辐射角为 0°~40°。垂直波束宽度要求足以照射所需的距离深度；一般来说，这会自动得到满足，因为一部能够生成在垂直面上更窄波束的天线的成本和复杂性都很高。在多数情况下，因为瞬时距离深度一般受到电离层效应的限制，提高天线仰角的方向性而获得雷达灵敏度的提高可直接改善雷达的性能。但是这与发射时的方位指向要求是矛盾的，因为随着增益的增大，覆盖面积将减小。对于受到噪声限制的探测来说，这可以通过减少驻留时间得到补偿，但是对于杂波限制的探测来说，覆盖率会受到损失。一些雷达采用具有多达约 100 个接收通道的水平二维阵列，从而在发射和接收上都会得到较高的垂直方向性。过去，MADRE 和其他苏联的天波雷达均采用的是垂直二维阵列，苏联的雷达高达 143m，宽 500m。

在低仰角，天线方向图会受到阵列周围和阵列前方地面的电磁属性的严重影响。要想在低仰角获得增益，标准的做法是安装一块地面屏蔽网；安装该屏蔽网的另外一个好处是，可以避免因为土壤成分的不均匀而产生的方向图失真。比如，Jindalee 的发射阵列坐落在一个占地约 80 公顷（约 2000 亩）的钢铁网上，阵列前方网延伸约 200m。

尽管垂直方向性具有多种优点，大多数天波雷达并不在仰角上采用可扫描的方向性，而是用一个宽仰角波束覆盖所有需要的辐射角。这种选择使得天线可以具有相对较小的垂直尺寸，因此可以降低成本，只不过会对天线的辐射效率的要求加上一个下限。

另外一个问题就是发射极化的选择。几乎所有运转的天波雷达均采用垂直极化，因为通过广泛应用的对数周期宽带天线，可以以适当的成本获得很好的垂直覆盖。苏联雷达的大型帘形天线阵采用的是水平偶极子单元，而美国空军的 AN/APS-118 则采用倾斜偶极子，以适应地面情况。发射时全极化控制的潜在优势已经得到了评估，并进行了大量的试验，但是还没有出现实战型系统。

用于 HF 广播电台的天线、功放与 HF 雷达的发射天线和功放几乎相同，也就是说，广播也是以对某些选定的区域获得规定的照射为目的的。为了实现这个目标，很多多频段和可扫描广播天线[66-68]均采用大垂直孔径。HF 雷达所用的天线有一些附加的严格限制：保证因风（风振动）而导致的天线机械运动降至最小，因为这些机械运动会引起发射信号的信号相位调制。在设计低高度天线时，这一要求较易被满足。仰角上的宽波束还具有尚待开发的优势，那就是在条件允许的情况下，能够照射到的距离深度会延长，提供目标探测作用距离之外的杂波图；这些杂波图可以用来安排后续的监视任务。

20.7 雷达截面积

目标的雷达散射特性决定了目标的可探测性及目标分类；因此，很多努力都围绕着针对某种既定的雷达，精确地确定如何描述目标特性。在 HF 天波雷达中，在电离层传播过程中不可避免的法拉第旋转效应曾被用来说明全极化的处理是没有必要的，因此通常用标量雷达截面积（RCS）表示散射行为。在对复杂的散射过程[69, 70]和目标分类研究[71]中，才采用全极化表述公式。

一般来说，飞机和舰船的尺寸处于谐振散射区内，但对 HF 频段的低端而言，最小的飞机和巡航导弹则处于瑞利散射区。这时 RCS 对姿态敏感性有限，但强烈依赖于目标的总尺寸。对飞机而言，其翼展、机身长度、尾翼和升降舵长度、垂直稳定翼和舵高，以及它们的相对位置是影响 RCS 的主要特征。尺寸远小于一个波长的目标形状不起作用。精确测量在 HF 的雷达散射是个难题，但是进行缩尺寸模型测量的设施是很多的，如微波暗室、室内压缩测试场、室外测试场[72]。在某些情况下，通过应用部署在目标区和经调制的校准的参考散射体或应答器，可以进行全尺寸试验测量，并可将其回波从目标和杂波回波中分离出来。对于表面导电性高的物体来说，散射截面积可以通过矩量法软件 NEC 等多种数字方法精确地计算出来[73]。作为粗略估算法则，在无须借助高度复杂的技术情况下，飞机的高频 RCS 可以计算到精确度 2～3dB（相对于测量值）。

当无须精确的 RCS 信息时，利用考察一些"规则"形状的物体的散射特性可对 RCS 进行粗略然而是有用的估计。图 20.7 给出一系列扁长形导体的 RCS 与雷达频率的关系曲线。标记为"$90°\lambda/2$ 偶极子"的直线给出了与电场平行的谐振半波长导电杆的 RCS。对杆而言，这种位置具有最大的 RCS。最上方的刻度给出与下面频率刻度相对应的半波长的长度。标记为"90°"的曲线是长为 11m、厚为 1m 的长形导体的 RCS。目标的长边再次和电场方向一致。最大 RCS 与标称半波长尺寸或第一谐振点一致。

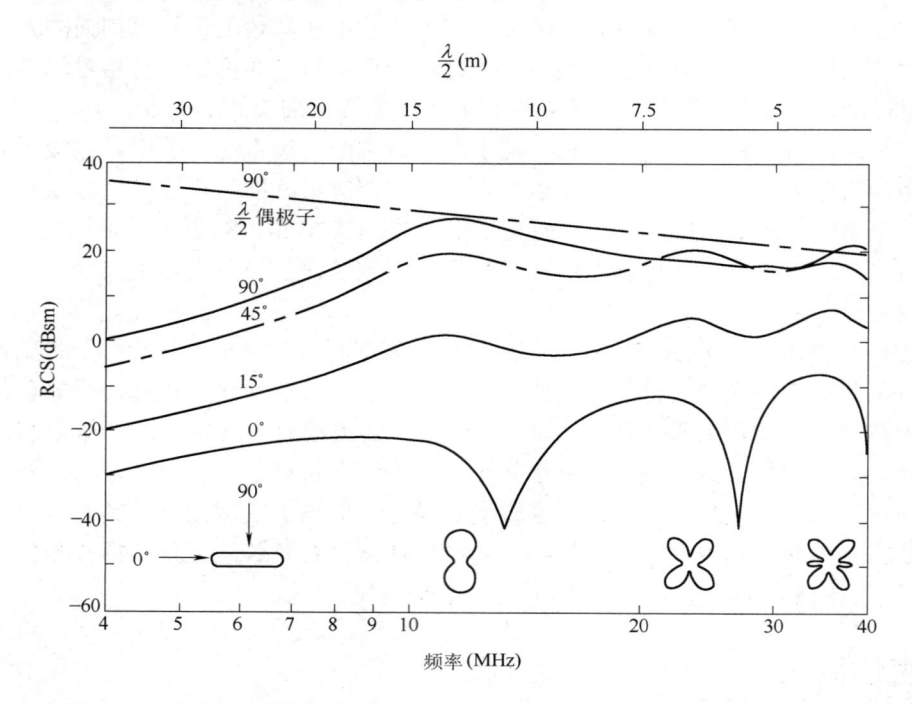

图 20.7 长为 11m、直径 1m 的长理想导电圆柱体的 RCS 与频率对不同照射方向的关系。矢量 E 与长为 11m 的边在同一平面内，示出了 0°（鼻锥）、15°、45°和 90°（宽边）的曲线，上面的虚线对应 90°谐振偶极子的情况。11m×1m 第一、第二和第三个谐振点处的小图示出 RCS 在这些频率附近怎样随照射方位变化

标记为"45°""15°""0°"的曲线给出目标在包含电矢量的平面内旋转相应角度后的 RCS。左边的小图给出物体形状，旁边依次是标称长度为 1/2 波长、1 个波长和 3/2 波长的 RCS 图形，以便以可视的方式了解 RCS 怎样随姿态角变化。对形状相近而尺寸不同的目标，通过沿 $\lambda/2$ 线滑动曲线使得一阶谐振点和 1/2 波长重合即可确定响应。正如前面所提到的，法拉第旋转效应导致入射极化发生变化，从而随着时间目标会产生有利的极化和失配的极化，结果是散射信号会衰落。当然，由于接收天线中出现时变极化失配，散射信号也还会出现附加的衰落。

图 20.8 给出了理想导电表面上的杆和半球的垂直极化 RCS。对这些典型形状，通过将 L 和 R 与目标的主要尺寸相匹配，可以大致估算出表面舰船的 RCS。对小船而言，桅高是最重要的[74]。对于海上目标来说，垂直极化波具有最大的 RCS，而且镜像场会产生 12dB 的天波 RCS 增强值。

为了更详细地说明一架常见飞机的 RCS 特性，图 20.9 给出了 F-18 战斗机的 RCS，它是通过 NEC2 计算出的，计算中用的是塑料模型飞机的线栅表示。这里给出的 RCS 是单基地（后向散射体）几何和水平共极化（HH）的。计算的频率为 12MHz、18MHz 和 30MHz。

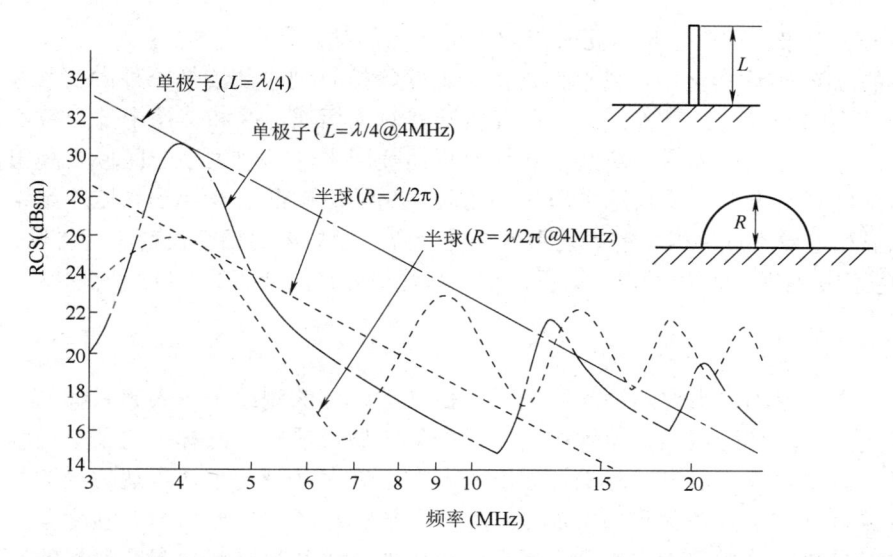

图 20.8 理想导体平面上垂直入射的半球和单极子的 RCS 和散射的极化与雷达工作频率的关系曲线

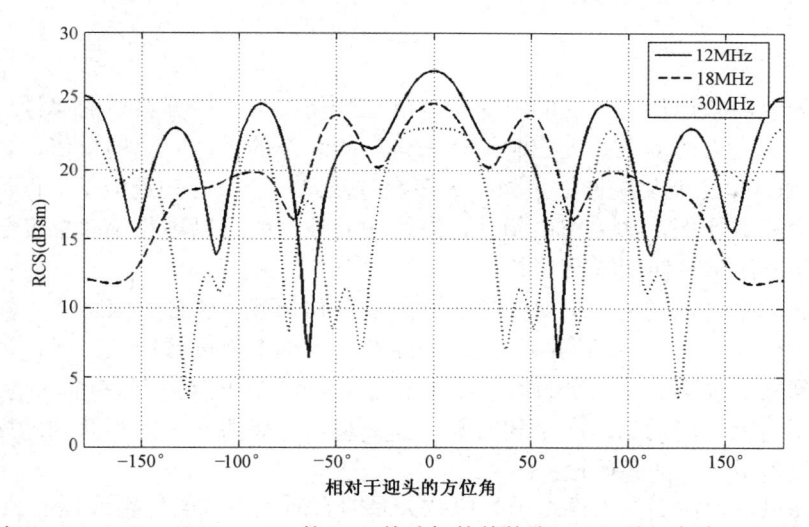

图 20.9 在 12MHz、18MHz、30MHz 的 F-18 战斗机的单基地 RCS，俯视角为 5°，并且 HH 极化

尽管对常规平台的 RCS 计算结果的真实度已经得到了很多次的验证，但是尚不清楚是否标准的计算方法同样适用于估算那些不能建模为简单的理想导体（PEC）的飞机目标或与海平面动态互动的小型"快艇"的 RCS[75]。

20.8 杂波：来自环境的回波

地球表面回波

天波照射的几何关系肯定目标回波是浸没在来自地球表面的回波（即杂波）中的。为了探测到目标，需要理解这种杂波的属性，以便选择恰当的频率、波形和信号处理，将目标回波从杂波中分离出来，同时也可以正确界定雷达所需的动态范围。

在早期的 HF 雷达实验中，曾经发现沿天波路径接收到的杂波是一种大信号并且能够指示出照射的地面的物理特征。美国海军研究实验室对大西洋地区和美国中部交替所进行的大量观测表明，对大范围平均后，海杂波功率电平比美国中部类似大小的区域要高出大约一个数量级。后来的观测表明，来自冰雪覆盖的格陵兰岛的后向散射非常小。这些结果与基于地球表面的地形和电属性预测得来的散射系数变化一致。以后采用精密校准的应答器的 Jindalee 雷达在对印度洋进行观测时，发现视海况而定，海洋散射系数会有约 25dB 的变化[76]。

地杂波

因为两个主要原因，来自陆地表面的天波后向散射体的测绘是令人感兴趣的。其一，强后向散射体所在的局部区域，如美国中部平原的某个城市或热带雨林中的某个山脉，可以提供地理参考，有助解决一直出现的坐标配准问题[77]（在某些情况下，雷达信号的射线路径不确定性会导致目标定位误差超过 100km）。其次，某些地区的植被和土壤湿度会呈现剧烈的季节性变化，反映在散射行为上也会出现可测出的变化。在解读地面上空目标的回波时，了解地面散射系数和地形的影响同样非常重要。

海杂波

与海岸线处或复杂地形上产生的散射行为剧烈变化不同，根据典型的海洋气象系统的尺度和海洋表面随风应力的变化的反应时间，来自广阔海洋的雷达回波的量值，也就是散射系数 σ^0，在距离和方位上变化缓慢。另外，大多数时候，一个很好的近似是，回波功率的大小与分辨单元的面积成比例，如果留心的话，海表面回波振幅可以用作绝对幅度基准。具体原因将在讨论雷达海洋学时详细解释。

比海洋回波的平均幅度更加重要的是回波的多普勒频谱中包含的信息[78]。海面的波浪会导致反射的雷达信号产生复杂的调制，具体表现在信号的多普勒频谱上。对该调制进行评估和解读，可得到关于时变海面几何的信息，对下面即将讨论的舰船探测有重大含义。

如果海洋不是太汹涌的话，一个相对简单的模型可考虑海杂波的观测到的属性，真实性也不错。该模型基于如下两条假设：

（1）海平面可以近似表示为满足下列色散关系的表面重力波的重叠或频谱 $S(\bar{\kappa})$

$$\omega^2 = g\kappa \tanh(\kappa d) \tag{20.3}$$

式中，ω 是波角频率；g 是重力加速度；κ 是水波的波数；d 是水深。对于深水，该公式可以简化为

$$\omega^2 = g\kappa \tag{20.4}$$

根据该公式，水波的相位速度可以写成：

$$v \equiv \frac{\omega}{\kappa} = \left[\frac{gL}{2\pi}\right]^{1/2} \tag{20.5}$$

式中，L 是水波的波长。

（2）对 HF 波长，海表面可以视为一种轻度粗糙的表面，因此可以用参数 ka，以扰动级数展开式形式近似地表示散射场，其中 k 为无线电波数，a 为典型的海洋波幅度。该方法最

初是由 Rice[79]提出用来表述静态海面，后来被 Barrick[80, 81]扩展用于根据色散关系［见式（20.4）］而变化的海洋表面，采用这种方法最终可以推导出反射的无线波的多普勒频谱

$$\sigma(\omega) = 2^6 \pi k_0^4 \sum_{m=\pm 1} S(-m(\vec{k}_{scat} - \vec{k}_{inc}))(\delta(\omega - \omega_B))$$
$$+ 2^6 \pi k_0^4 \sum_{m_1, m_2 \pm 1} \iint \Gamma(m_1\vec{\kappa}_1, m_2\vec{\kappa}_2)^2 S(m_1\vec{\kappa}_1) S(m_2\vec{\kappa}_2) \quad (20.6)$$
$$\delta(\omega - m_1\sqrt{g\kappa_1} - m_2\sqrt{g\kappa_2}) d\vec{\kappa}_1 d\vec{\kappa}_2$$

式中，$\vec{k}_{inc}$ 和 $\vec{k}_{scat}$ 是入射和散射无线电波矢量，$k_0 = |\vec{k}_{inc}|$；ω 是多普勒频率；$S(\vec{\kappa})$ 是海洋方向波频谱；$\delta(\cdot)$ 是 Dirac δ 函数；Bragg 频率 ω_B 为 $\omega_B = \sqrt{g|\vec{k}_{scat} - \vec{k}_{inc}|}$。核 $\Gamma(\vec{\kappa}_1, \vec{\kappa}_2)$ 将在下面进行讨论。式（20.6）表明，Barrick-Rice 解可用空间谐振或 Bragg 散射进行简单的解读。虽然看起来杂乱的海面被表示成无数个正弦波串傅里叶和，每个波都具有不同特征波数和方向，对散射场主要的"一阶"贡献只来自两个海洋波串[82]，即它们的波矢量满足如下关系的波串

$$\vec{\kappa}_{\pm} = \pm(\vec{\kappa}_{scat} - \vec{\kappa}_{inc}) \quad (20.7)$$

对于以掠射角入射的后向散射体简单的情况，单基地表面波雷达的几何关系为 $\vec{\kappa}_{scat} = -\vec{\kappa}_{inc}$，因此这些谐振的海洋波的波长等于雷达波长的 1/2，其中一个解对应着直接靠近雷达的波，另一个解则是远离雷达的波。相应的多普勒频移与谐振波的相速相关

$$f_d = \pm\sqrt{\frac{g}{\pi\lambda}} = \pm\sqrt{\frac{gf}{\pi c}} \approx \pm 0.102\sqrt{f(\text{MHz})} \quad (20.8)$$

式中，多普勒频移 f_d 以 Hz 为单位；g 是重力加速度（9.8ms^{-2}）；f 是雷达频率；c 是光速。

以这种了解，式（20.6）中的二阶项可以解读为"二次弹跳"过程，包括从第一个波串到另外一个波串的 Bragg 散射，且二次散射的无线电波指向接收机。当然，原则上有无数对波串满足这个条件，所以积分。还有另外一种复杂性。单个的海洋波串并不是完全独立的，它们相互之间会产生微弱的相互作用，产生渐渐消隐的非线性波，这种非线性波虽然不能自由传播，但会改变海洋表面的几何结构，并且同样通过 Bragg 散射效应对二阶散射场产生影响。因此，正如 Barrick[81]首次指出的，二阶散射核是由电磁项和液体动力项组成的，$\Gamma = \Gamma_{EM} + E_{HYD}$。最后得到的分段连续的二阶多普勒频谱通常会比一阶 Bragg 峰值低 20~30dB，但由于在多普勒中是扩散的，因此可能在更大的多普勒空间上掩盖舰船回波。式（20.6）对特定的海洋波谱进行的数字评估的例子，如图 20.10 所示。

极化相关性是通过 Γ 引起的。对于高度导电媒质，如海水，通过典型的高频雷达几何观察，共极化表面散射系数，或单位表面面积的 RCS，其垂直极化的要明显大于水平极化的。对于中等的双基地散射几何来说，交叉极化散射系数一般取中间值，$\sigma_{VV}^0 \gg \sigma_{HV}^0 \approx \sigma_{VH}^0 > \sigma_{HH}^0$，如图 20.10 所示。

式（20.6）对很多 HF 雷达应用有着基本的重要性，包括舰船探测、遥感测量（见下节）、波形选择和其他雷达管理功能。比如，图 20.11 给出了一个测量的多普勒频谱，上面叠加了可以用相同的雷达设计和波形参数从不同舰船类型获得的回波估计值。同时，该图的左边为杂波可能会掩盖舰船回波的速度带。用式（20.6）可以预测这些掩盖带的能力，可以在进行高频雷达设计和选址以及调度舰船探测任务的时候加以利用。因此，将式（20.6）和任

意地区的海洋波气象学结合,可以统计地预测雷达的舰船探测性能[83]。类似的,针对任何给定海况,通过将杂波功率频谱密度视作这些参数的函数进行计算,并考虑关于目标航向、速度和RCS的任何信息,可以指导波形频率和带宽的选择。

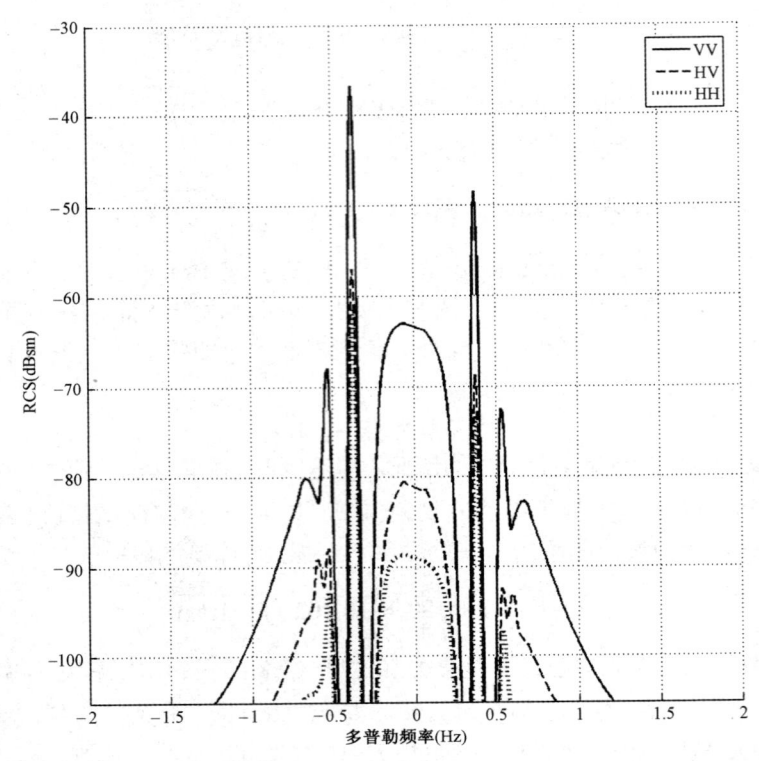

图 20.10　不同极化的海杂波计算的多普勒频谱。此时的雷达频率为15MHz,而采用的方向波谱为带有$\cos^4(\varphi/2)$角扩散图的Pierson-Moskowitz波数谱

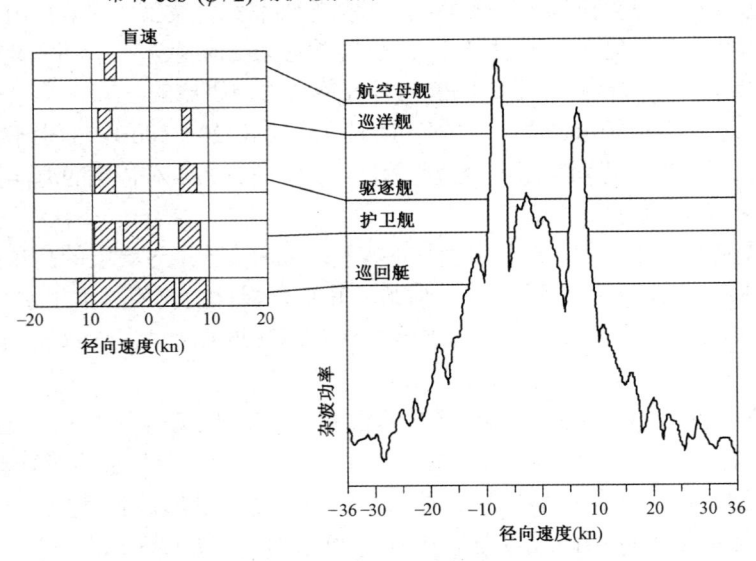

图 20.11　海杂波可能会掩盖舰船回波的盲速带示意图

此处在运转雷达上要着重考虑到一点，即对手很可能会利用海杂波频谱，将自身的舰船回波置于 Bragg 频率中，让海杂波掩盖舰船回波。对手通过选择使得朝向雷达的速度分量等于 Bragg 峰值的等效相位速度的航向和速度的任何组合，就能够让海杂波掩盖住舰船回波。雷达操作员必须利用他对频谱的详细结构及其随着雷达频率的变化而发生的变化的知识来对付这一情况并揭露出目标。

雷达海洋学

式（20.6）中表示的海平面的方向波谱 $S(\bar{k})$ 和由 HF 雷达测量得到的多普勒频谱之间存在的关系提供了可以用天波（或地波）雷达的遥感探测，确定海平面的详细状态的机会。为了从雷达多普勒频谱中提取海洋参数，并优化完成监视任务的雷达的参数选择，了解一些基本的海洋学知识是有帮助的。

对 HF 雷达回波贡献最多的海洋波，其波长范围在 5～100m，这些波是由海风激励的。如果海风以恒定速度吹的时间足够长和有足够大的送风距离，则将达到一种稳态条件。此时，风为海洋波提供刚好足够的能量，以补充浪破碎和其他能量消耗机制所造成的能量损失。另外，在这种动态平衡状态下，能量将主要传递给海浪波速几乎等于风速的海洋波，然后通过海洋波之间的非线性相互作用，在波数空间上重新分配能量，从而保持平衡的频谱形式。

已经提出了一些描述平衡频谱形式的模型，而且有些模型还试图完成更艰难的非平衡频谱进行建模的任务。大多数这种模型都是建立在试验性测量基础上的。图 20.12 给出了一个衍生于波浪浮标测量的频谱样例。这些波谱的一个共同特征就是，给定波长的波浪趋向于达

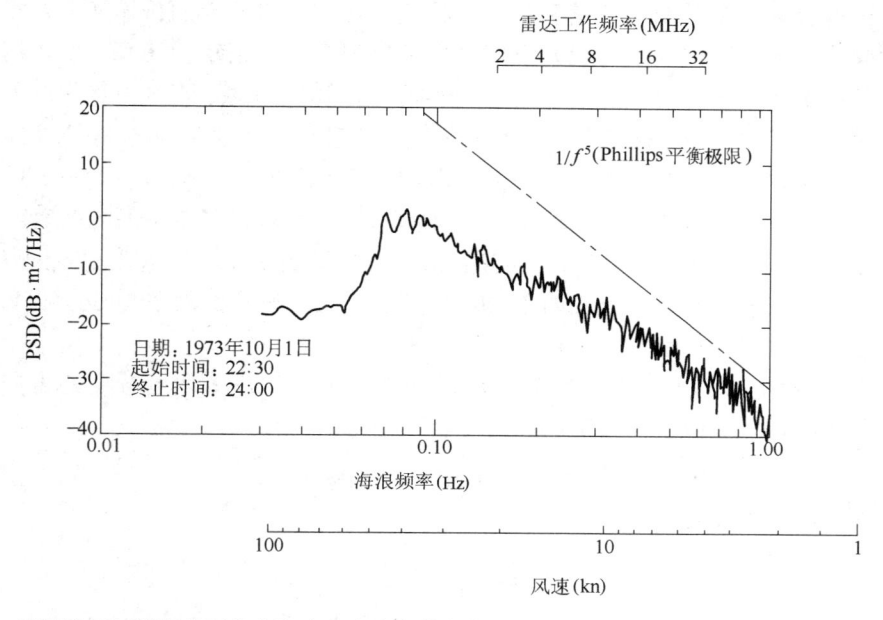

图 20.12　用波浪浮标测得的无方向海浪高度功率谱密度，具有幂律特征。直线为原始的 Phillips 饱和渐近线，在该例中，在较高的频率才会接近该线。标有"风速"的刻度线可以用来推算出高达 40kn 的风速所能激励的水波频率为 0.08Hz，但无论是存在时间还是逆风距离范围或两者都不足以产生完整的波浪。顶部的刻度线给出了对应于谐振后向散射体的雷达工作频率

到一种频谱密度的极限,超过这个频谱密度极限之外,能量的耗散过程和非线性转换到其他波数的过程阻止了波的进一步生长。对于造成高频上一阶散射的波浪来说,可以在中等风速也就是 5~10kn 达到这种条件——即"饱和"或"完全发育"状态。

在文献中报道的各种无定向海洋波模型中,Pierson 和 Moskowitz 的模型在雷达界应用最广。该模型基于经验数据[84]对完全发育的无定向频谱导出了如下关系式

$$F(\kappa) = \frac{\beta_e}{2\pi\kappa^4}\exp[-\nu(\frac{\kappa_c}{\kappa})^2] \qquad (20.9)$$

或者等效地,用波频率来表示

$$\tilde{F}(\omega) = \frac{\beta_e g^2}{\omega^5}\exp[-\nu(\frac{g}{\omega u})^4] \qquad (20.10)$$

式中,u 是风速;$\kappa_c = g/u^2$;$\nu = 0.74$;$\beta_e = 0.0081$。

指数项是对最大风速以上的波速在频谱上的衰减的近似。考虑到风应力的有限风程和有限持续时间的模型包括 JONSWAP 频谱模型[85]和 Elfouhaily 等模型[86],这些效应会导致 HF 多普勒频谱和由此目标可探测性发生重大的变化,因此在适用时就应该用这些模型。

波谱密度随着波数的下降而下降的程度接近于大多数模型所采用的幂律 κ^{-4},由于巧合,这种下降被式(20.6)中一阶散射系数的 k_0^4 因子所抵消,因此在出现幂律效应的频率范围内,所得到的 σ^0 大致不受频率的影响。一个很重要的结果就是,根据这一点,可以评估出传播路径的损耗。

为了测试这种想法,用位于 San Clemente 岛的高频表面波雷达[78]考察了 σ_{vv}^0 的值及其变化情况。该雷达设施具有几个有价值和独特的特征:在开阔海面上的传输路径、一个重复周期内可多频操作、经校准的天线、已知发射功率、以浪高形式记录的海底真实情况。当风速近似 20kn 时,这时对于海波频谱几乎充分发育的工作频率,σ_{vv}^0 的值恒定在几分贝的范围内,这些观察结果证实了 Barrick 的一阶理论[80]。通过使用上文中的对常规天线增益的约定,并假设一个半各向同性海波定向频谱,计算得出的 σ_{vv}^0 值为-29dB;在 5~20MHz 频率范围内,测量值集中在该值的-7~+3dB。该试验第一次直接测量了海平面的散射系数。

当然,如果 Bragg 谐振波没有完全发育的话,根据用 Jindalee 雷达[76]记录的逆风或顺风数据集,散射系数将成比例地减小,如图 20.13 所示。当风速不足以使 Bragg 谐振波达到饱和水平时,散射系数将低于峰值 20dB。

如果波系统的角频谱没有沿着在 Bragg 谐振波数上产生最大幅度分量的方向上进行采样,同样会导致散射系数值较低。定向波谱可以写成

$$S(\vec{k}) \equiv S(k,\varphi) = F(k).G(\phi,k) \qquad (20.11)$$

式中,$F(k)$ 是非定向频谱,

$$F(k) = \int_0^{2\pi} S(k,\phi)\mathrm{d}\phi$$

$G(\phi,k)$ 为归一化的角扩散函数,它描述波能是如何在方位上进行分布的。

$$\int_0^{2\pi} G(\phi,k)\mathrm{d}\phi = 1$$

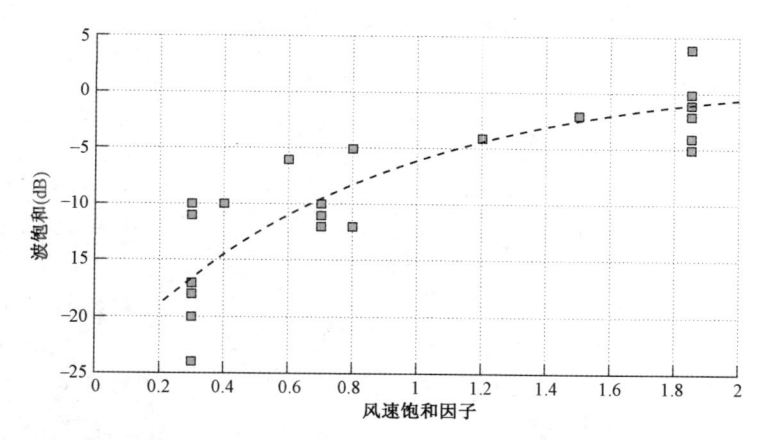

图 20.13 测量的散射系数-饱和海浪散射系数比的校准测量值。图示为迎风/逆风情况下的 Bragg 谐波的风速-相速比的函数

非零波谱并不限于具有和风向并行的 $\phi = 0$ 的分量的方向,也就是 $G(\phi,k)$ 对 $\frac{\pi}{2} \leqslant \phi \leqslant \frac{3\pi}{2}$,它也不是半各向同性的;对于 $\frac{-\pi}{2} \leqslant \phi \leqslant \frac{\pi}{2}$,$G(\phi,k) = \frac{1}{\pi}$。一般来说,角频谱在 360°上是非零的,其扩展函数取决于很多变量,包括最近的海面风史。HF 雷达具有足够的灵敏度,可以测量逆风的波浪的相对幅度,尽管这些波浪的功率谱密度(由此 RCS)比迎风波浪的功率谱密度低好几个量级。这些逆风传播的海洋波主要是由三阶非线性波-波的相互作用、反射过程、波-流相互作用、来自具有不同风应力的邻近区域的传播等因素引起的。它们对遥感非常重要,并且会严重影响目标探测,因为二阶散射过程很大程度上取决于 $G(\phi,k)$。它们还可充当后向散射系数评估的灵敏的指示器,因为只考虑一阶散射场:

$$\sigma^0 \propto [G(\phi - \phi_W, k) + G(\phi - \phi_W + \pi)]$$

式中,ϕ_W 是风向。为了对公式进行量化,如采用 Long 和 Trizna[87]的波角频谱模型,在逆风或顺风方向(纵向海浪)上的饱和海浪的 σ^0 最大值为-27dB,而在侧风方向(横向海浪)仅为-39dB。图 20.14 给出了这种情况和某些简单参数角扩散函数的散射系数和相对于风向的角度的函数关系,是从一阶贡献计算的结果。

总之,分辨单元中的海洋回波功率(1)通常是最大的回波信号;(2)通常存在于甚至是相对平静的开放海域;(3)随着谐振浪高的平方而变化,谐振浪高经常在较高频率会出现饱和;(4)会随着方向的变化而变化,在海浪朝向或远离雷达的时候达到最大。回波的多普勒频谱会发生尖锐的变化,需要认真处理以保留它。接收机和处理机必须既能够处理这种较大 RCS 引起的高电平信号,也要能够处理靠近非常强的杂波分量的目标的弱得多的信号。HF 雷达的设计必须保证它能适应这种杂波电平,即使该电平杂波并不在所有的时间或者任一时刻,在所有的区域存在,对较低的工作频率更是如此。

海况、波谱和海风评估

从测得的多普勒频谱中提取海洋波浪场信息的技术已经被多位作者报道过,这些作者几乎在所有情况下都致力于散射场的 Barrick 解,并且几乎只处理未受电离层传播干扰的高频

峰值谱后向散射系数

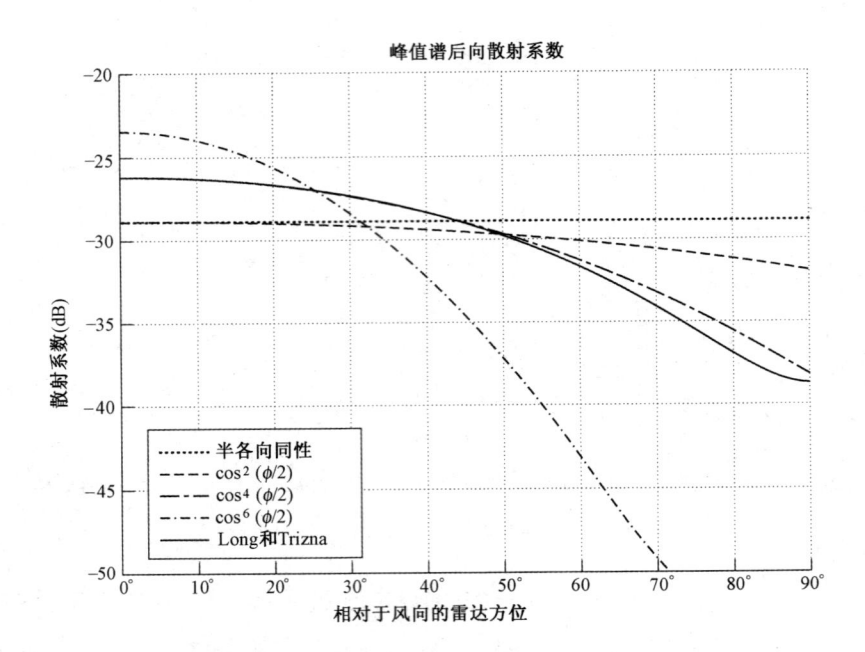

图例：
- ········ 半各向同性
- ─ ─ ─ $\cos^2(\phi/2)$
- ─── $\cos^4(\phi/2)$
- ─·─·─ $\cos^6(\phi/2)$
- ──── Long 和 Trizna

纵轴：散射系数(dB)
横轴：相对于风向的雷达方位

图 20.14　峰值后向散射系数变化图。表示为对于不同扩散函数的相对于雷达视向的风向的函数。假设海浪在 Bragg 谐波频率上充分发育

表面波雷达数据。对式（20.6）中的关系进行求逆，从而获得 $S(\bar{\kappa})$ 的估值在数学上并不是一件容易的事，需要其他一些附加的假设条件才可获得唯一的稳定的解。这些方法中的一些处理全定向波谱评估问题[88-89]，而其他方法则对例如有效浪高这一海面粗糙度的累积度量提供估计[91]。如果在雷达足印[92]中存在一个零多普勒参考（如一个小岛），那么就可以确定洋流。可以访问 NOAA 波浪监控网站[93]获得有效浪高图、主要的波浪周期和其他一些参数。在设计用于遥感应用的雷达时，这些信息是非常有用的。

除提供关于海面的信息之外，HF 雷达可以用来推断海风风速和方向[87, 94]。通常采用一阶谐振 Bragg 各峰值的比率以及该比率和相对于雷达视轴的海风风向之间的经验关系评估海风风向。Long 和 Trizna[87]在这一领域是先锋领军人物。通过扫描雷达的覆盖区，可以构建出一幅推断的风向图；海面风向图是 Jindalee 雷达的一个日常副产物[76]。

尽管浪高和波谱估算原则上可以从天波雷达海洋回波频谱的高阶特征中提取出来，但是由于电离层引起的无数种形式的污染和扭曲会产生重大的困难。为了估算并消除各种信号污染，开发出了多种技术[95-97]。作为一种替代方法，Trizna[98]、Pilton 和 Headrick[99]报道了一种通过在污染的雷达回波频谱上直接进行简单的测量对 σ^0 进行估算的方法。虽然这种方法对某些形式的污染仅是相对敏感，但是这种方法并不适用于完全不平衡的海况。

所有用来评估海况或散射系数的方法均要求很长的相参积累时间，而且为了获得清晰而稳定的频谱，通常还需要和对多个相参积累时间求非相参平均值相结合。雷达的这种工作方式常常是与雷达的其他任务不兼容的。但是因为海浪回波一般是大信号，在附近使用一个工作在适当的雷达模式的斜向探测仪就能够得到这种工作方式。

流星余迹和电离层中其他不规则性造成的散射

如 20.4 节中提到的电离层中的不规则性所造成的杂波会严重限制雷达的性能。与陆地或海洋环境中自然散射体的速度通常很慢不同，电离层中现象的速度通常都是 $10^2 \sim 10^3 \text{ms}^{-1}$ 或者更快，能够遮掩可发现人造物体的相关多普勒频谱的大部分。许多这些散射体的瞬时存在时间远远低于相参积累时间，因此常规的信号处理会造成散射体回波发生多普勒扩散和多普勒频移。术语**扩散多普勒杂波**用来指所有现象，在这种现象中，造成杂波的散射体没有确定的多普勒频移。该术语还用来描述一种完全不同的机制，即由于传播路径的迅速变化而不是散射体的运动，导致多普勒中出现杂波模糊不清。

流星及其余迹是无处不在的瞬时回波产生源[100-103]。对于任一给定的雷达站点，它们都显示出明确的每日分布和地理分布，但是它们会在大的距离范围上造成问题，因为它们会受到各种传播模式的照射[19]，如图 20.15 所示。图中所示的垂直入射角会造成最大的回波，但是同时也可看到倾斜入射的回波和来自流星"头部"的散射。图 20.16 对一个简单的预测模型和实际测量进行了比较，确认了观测到的行为是可以理解的，因此在雷达设计和操作时可以考虑进去。

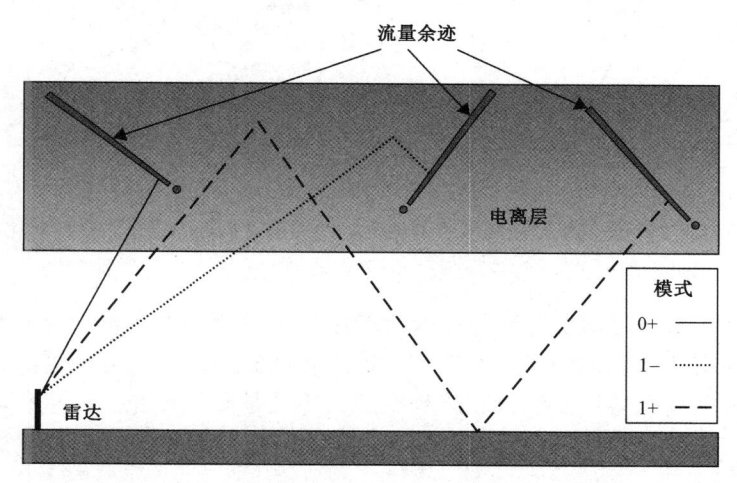

图 20.15　多种传播模式的流星余迹镜像散射几何图

流星通常被归类为**零星的**和**流星雨**，前者在地球围绕太阳旋转时或多或少地随机出现，而后者则发生在可预测的时间，这时流星轨道与地球轨道交叉，如狮子座流星雨和 Eta Aquarids 流星雨。在这些情况下，流星流量如此之高，以致严重遮掩了目标的回波。随着雷达变得更加的灵敏，雷达可以定位数量庞大的越来越小的流星，因此无数的小型流星余迹流量有时会确定有效的探测门限。

如果接收阵列具有垂直方向性，那么就可以在空域中对流星回波进行抑制，但是对于大多数雷达来说，唯一的选择就是通过信号处理进行抑制，即利用回波的瞬时特性，在时域中探测并删除这些回波。

来自极光的回波同样包含瞬时散射过程，在雷达数据中作为高度多普勒扩散的回波出现，具有遮盖目标的潜力。利用 Greenwald[17]推创的 SuperDARN 高频雷达网络对来自极光地区的散射已经做了大量的研究；而且 Elkins[104]还开发出一种极光回波散射模型；当传输路径经过极光区的时候，可以使用该模型对目标遮盖进行预测。如雷达远离极光区，那么通过波形选择，经常可以对距离多普勒空间中的杂波回波进行控制，找出以前被遮盖的目标。经常为了实现这个目的，将具有不同重复频率的几种波形进行交织。对于靠近极光区的雷达来说，可供选择的方案一般更加有限。

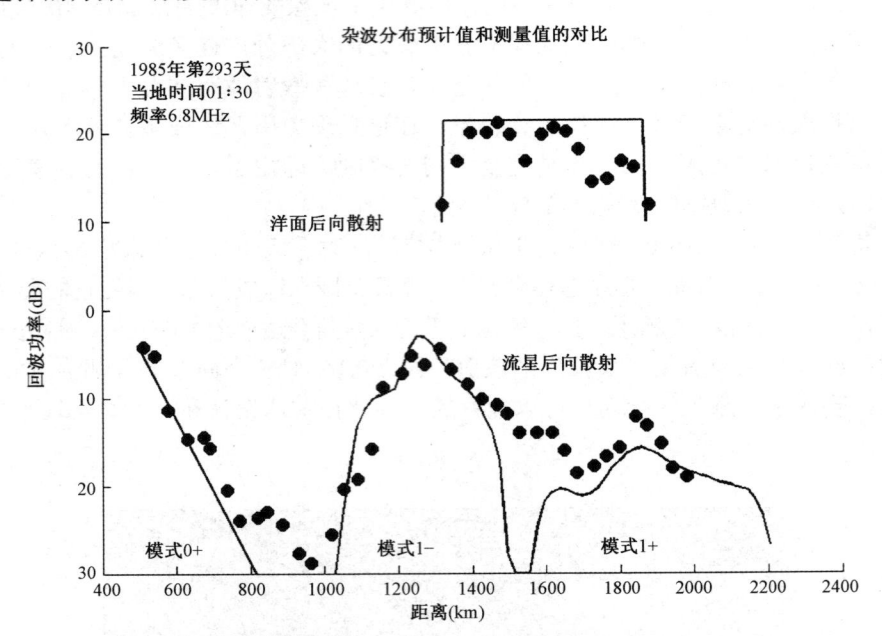

图 20.16　预测的流星回波强度与距离之间的关系和实际测量值之间的对比；
同时也给出了地面杂波回波。流星辐射源的分布决定了这种变化

在任意高度上，将信号散射回雷达接收机的电离层不规则性通常在夜间比在白天出现得更加频繁。恰当的雷达选址、确保天线的前后比、可能时采用垂直方向置零、采用自适应信号处理技术（或者至少保持较低的接收阵列副瓣）等均是降低极光、流星和其他电离层杂波的有效工具。

20.9　噪声、干扰和频谱占用

在 HF 波段，在 15MHz 左右的波段中的平均噪声功率谱密度可能超过-150dBW/Hz，而且通常超过-175dBW/Hz，而一般的接收机内部噪声谱密度可能在-195dBW/Hz 左右。因此，与微波雷达不同，高频雷达的外部噪声几乎总是主要的。这对接收系统的设计和信号处理有基本的含意。另外一个关键要素就是外部噪声电平的系统性变化，它对雷达性能有着直接的影响。

低频上的准连续背景噪声的主要来源就是闪电放电。它来自世界各地并经电离层传播后到达雷达（天电干扰）。在频段的高端，行星际噪声或银河系噪声可能比天电噪声大。如果接收地点选在周围电子设备使用较多的环境当中，则人为的噪声将是主要的。但是最重要的是，HF 频段常常被其他使用者密集地占用，尤其是那些为了获得满意的传播效果而占用频率窗口的大功率 HF 广播电台。在带宽通常比雷达信号的带宽宽很多的接收机前端设计中，甚至也要考虑波段外的信号电平。大量的广播电台都有 500kW 的发射机和增益大于 20dB 的

天线。在美国中大西洋海岸线完成的测量表明，HF 广播波段信号的强度为 5~10mV/m。在设计接收机时，必须顾及这些背景电平，因为快速而频繁的频率变化需要一个宽带接收机前端。

为 HF 雷达分配工作频率的实践是允许使用很宽的频带，但不得对现有服务造成明显干扰，而且还要对需要保护的频道提供闭锁功能。为此，作为 HF 雷达不可分割的部分是应配有一部频道占用分析仪，以实时提供可以利用的频道，如图 20.17 和图 20.18 所示。

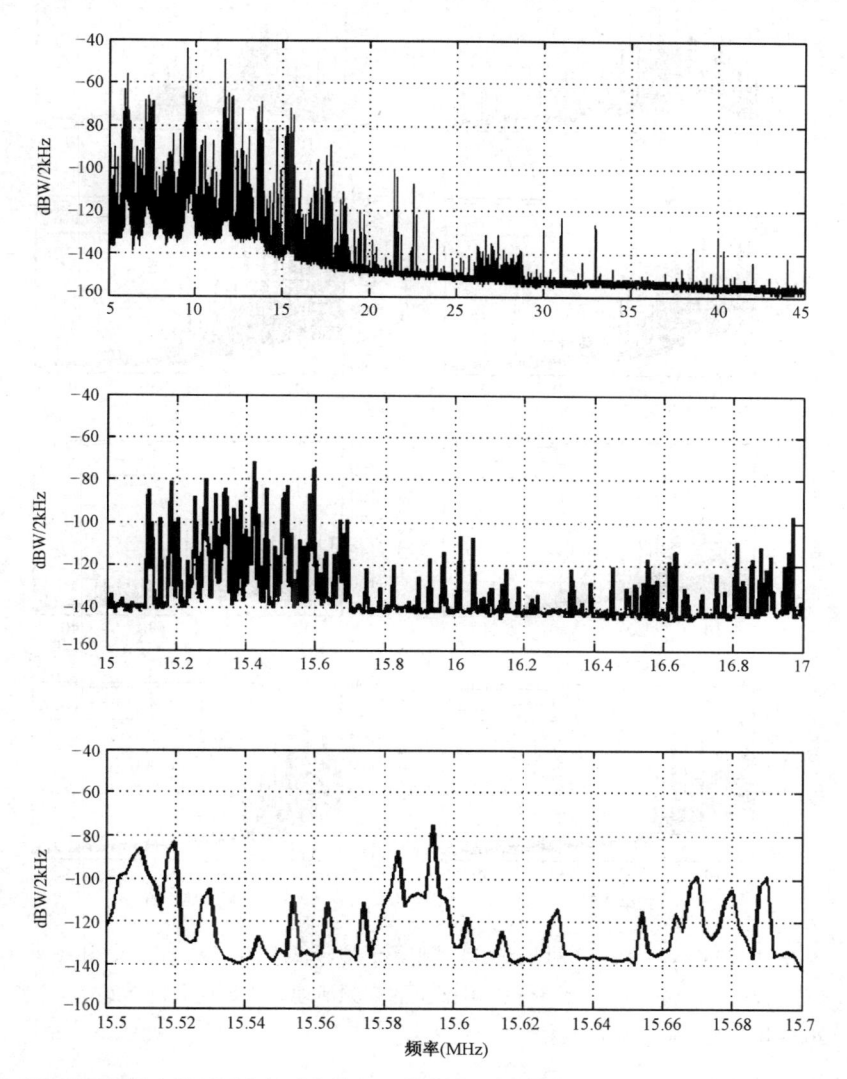

图 20.17 在太阳黑子数较少的夏季中午时分的 HF 频谱快照，该频谱逐渐放大后，显示出其中一段频谱中存在 20kHz 的无干扰频道，中心频率为 15.640MHz。记录该数据的地点是南纬 23.6°、东经 133.1°

几乎毫无例外，HF 雷达都是按照这种不干扰原则工作的，利用其他用户之间的无干扰频道。

频谱占用图

用频谱分析仪对 HF 频段进扫描时，可以发现一年四季在某一特定的钟点的频道占用情况是固定的。这是由于广播电台、固定的点对点发射机和许多其他频谱用户都有固定的工作时间表的缘故，如图 20.18 所示。图中给出了在强/弱太阳活动、夏季和冬季、白天和黑夜时，2kHz 分辨率的功率谱密度。

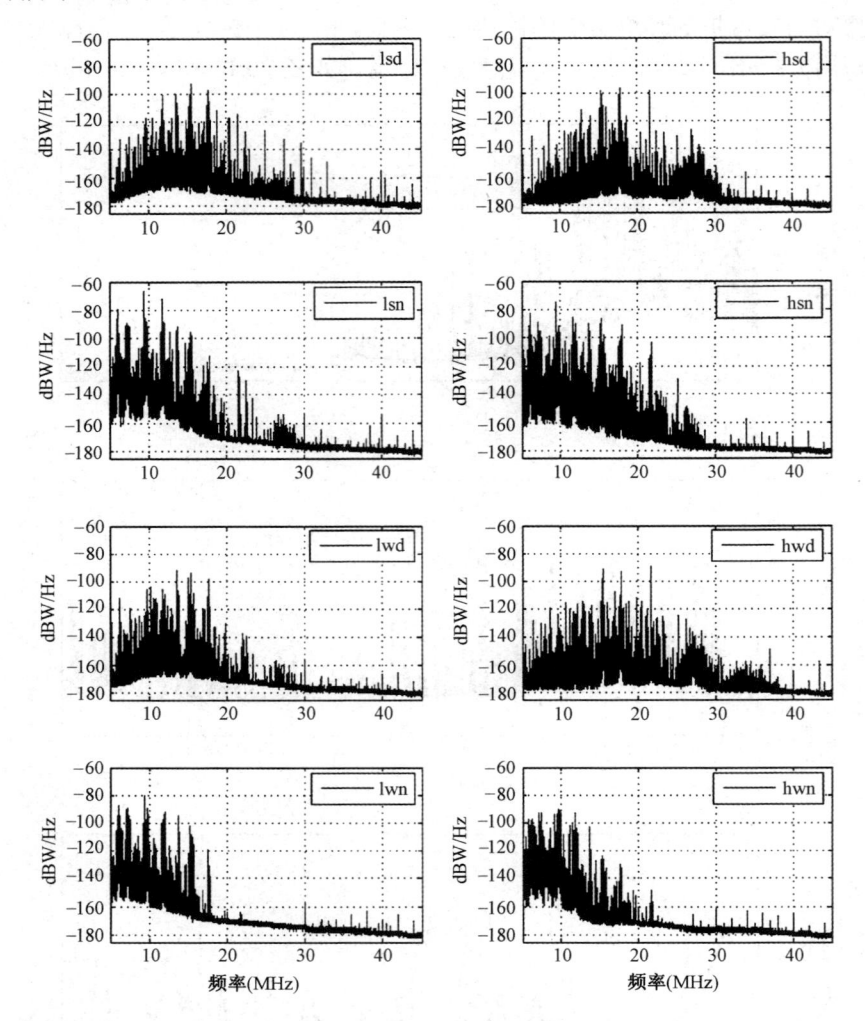

图 20.18 在南纬 23.6°、东经 133.1°测得的太阳黑子数较低/较高（l，h）、夏季/冬季（s，w）、白天/夜晚（d，n）时，在 5～45MHz 上的高频活动。该数据取自 2000 年的第 180 天和 2005 年的第 360 天中的数据

如前所述，在白天将能量反射到地球的最大频率可能比在夜间的最大频率大两倍，因此，夜间的频率占用情况要比白天密，还有由于夜间吸收较低，由此可接收更遥远信号所引起的问题。

从更长的时间范围上来看，会出现不同的占用图和趋势。最明显的是，11 年的太阳周期会迫使频谱使用和用户密度发生变化，从而对 HF 雷达的频道选择产生影响。最近几年变得突出的另一种趋势就是 HF 用户逐渐减少，因为服务逐渐转向卫星通信、微波中继、光纤和其他媒介。不过，HF 雷达的数量逐渐增大也造成了新的挑战：雷达之间的相互干扰以及需要频率仲裁。

噪声模型

广泛采用的关于噪声的文献是国际无线电通信咨询委员会（International Radio Consultative Committee，CCIR）的第 332 号报告[105]。该报告基于世界上的 16 个不同地点的测量数据。对测量和数据进行了分析，目的是排除个别收集点的本地雷电的贡献。Spaulding 和 Washburn[106]给修订的两份 CCIR 报告增加了苏联的数据。作为频率的函数的噪声电平中值也以世界地图的形式按季节和 4h 时区给出。Lucas 和 Harper[107]提供了数字化形式的 CCIR 332-1 报告以用于计算机计算，并借助于 Spaulding 和 Washburn 的工作进行过增订。这些数字化中值地图还标有十分位值以显示一个季节中的日分布。（Sailors[108]指出，CCIR322-3（1998）报告中存在明显的矛盾，因此需要谨慎使用。）这些噪声地图提供的是全向天线的接收电平。虽然各向同性的 CCIR 报告有局限，但它还确实为雷达初步设计提供了参考电平。很多实战型和试验型 HF 系统都积累了自己的噪声数据库，并且与 CCIR 模型数据进行了比较；Northey 和 Whitham 的报告给出了详细的分析[109]。

HF 雷达在设计时一般要利用环境所允许的条件，也就是说，接收机的噪声系数应当足够好，从而只有环境噪声是限制因素。

这里讨论 CCIR 332 报告数据中的一个例子。图 20.19 取自 Lucas 和 Harper 的报告[107]。针对三种不同的噪声源：银河噪声、大气噪声和人为噪声，图中给出了作为频率的函数的 1Hz 频段内相对于 1W（dBW）的噪声功率。实际上的做法是选择最大者。该例子是在美国东海岸线冬季的一个白天。3 条直线是对 3 个不同类型场地的人为噪声的估值。人为噪声曲线的形状可用下列方程式表达为

$$N_0 = -136 - 12.6\ln(f/3) \quad \text{（居民区）}$$
$$N_0 = -148 - 12.6\ln(f/3) \quad \text{（乡村）} \quad (20.12)$$
$$N_0 = -164 - 12.6\ln(f/3) \quad \text{（偏远乡村）}$$

式中，频率 f 的单位是 MHz；ln 是自然对数。

这些频率的变化趋势接近于许多人为噪声的测量值，但是理想上曲线应该基于在特定雷达站点得到的测量值。当银河系噪声最大且有路径穿过电离层时应选用银河系噪声曲线；对于较低的工作频率，这一路径在白天是不存在的。大气噪声由低频至大约 12MHz 逐渐上升，然后迅速下降。图 20.19（b）用于描述夜间情况。除大气噪声曲线外，所有的曲线都与图 20.19（a）中的一样。在 10MHz 处，白天与晚上的大气噪声电平相同；低于 10MHz 时，白天的大气噪声随频率降低而减小，夜间则随频率降低而增加。高于 10MHz 时，白天的大气噪声电平比夜间的大。造成这种效应的部分原因在于：在白天的远程路径损耗较大，衰减了较低频率上的远程噪声；而在夜间，较高频率上地面噪声源没有或者只有很少的几条天波路径。一般来说，对于选定距离上的天波照射，夜间噪声会大于白天噪声。这在图 20.20 中可以明显看出，该图的数据是在 UT+9 1/2 时区记录的。其他季节的大气噪声变化趋势与冬天相似。不过，在地球上其他地点的噪声电平可能会有很大的不同。

为了进行更详细的分析和系统优化，将噪声认为是各向同性场再也不是可接受的。天电场与方位角和仰角有很强的依赖性是不可避免的：对卫星[110]生成的地图检查后发现，热带雨林和其他雷暴雨多发地是主要的噪声源，由于天波传播的限制，这些地区均与某个给定的雷达站点相连。Coleman[111]将 Kotaki[110]的雷暴活动图与数字化射线描迹和建模的天线方向图结

合，证明噪声的方向可变性结合不同天线的方向特性会导致噪声输出发生显著的变化，从而使最佳的雷达设计发生变动。

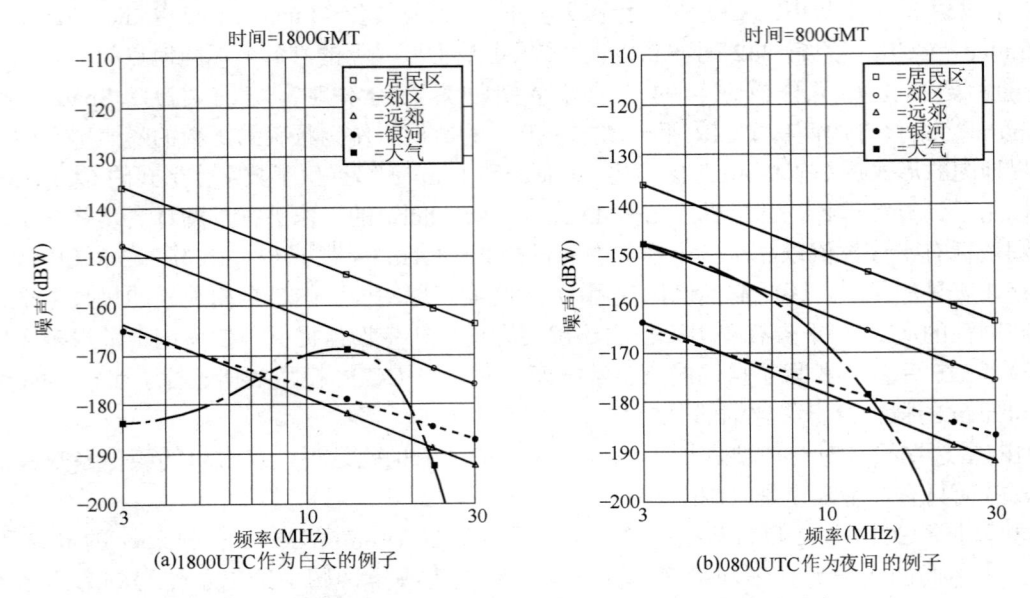

图 20.19 北纬 38.65°、西经 76.53°，冬天的每赫兹噪声功率

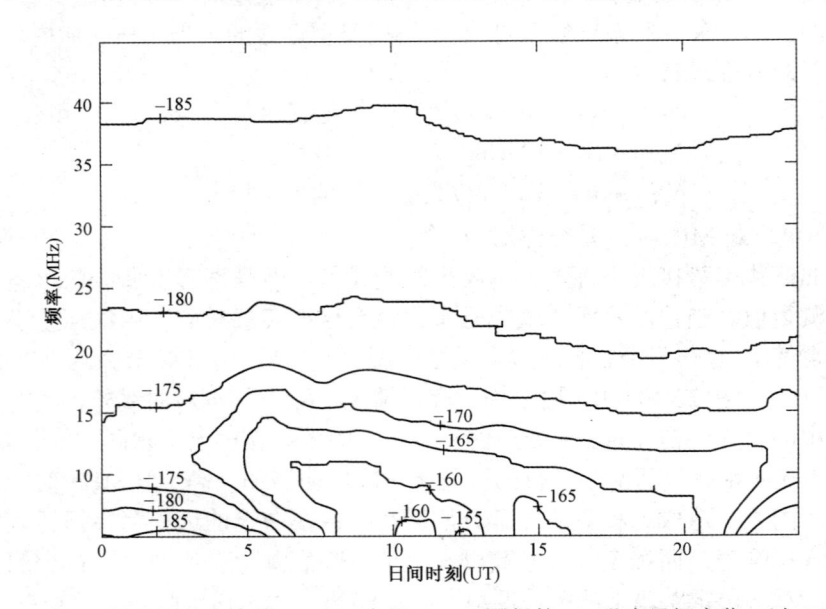

图 20.20 1995 年 11 月 5 日，在南纬 23.6°、东经 133.1°测得的 HF 噪声日间变化，以 dBW/Hz 为单位

另外一个重要的事项就是，外部噪声场作为时间函数的表现，也就是说是在相参积累间隔内的变化，因为这会严重影响信号处理的干扰抑制[112]。其他影响雷达性能的因素有时会错误地认为是上面讨论的**叠加噪声**。其中一项就是在 20.8 节中讨论过的扩散多普勒杂波，有时被称为**有源**或**乘积噪声**。这种类型的噪声更多地出现在夜间，而且在极光地区和地磁赤道附近更加常见。

20.10 接收系统

接收系统这里定义为仅包括接收天线阵列和通常能够在基带将天线输出转换为离散时间序列的接收机。为了便于参考，负责将接收机输出转换为标准雷达输出的常规信号处理过程将和更多的专门技术一起在20.11节进行阐述。

天线

从接收观点来看，出于如下几个原因方位分辨率需要很精细：（1）为了提高目标定位精度和跟踪性能；（2）为了获得更详尽的杂波图；（3）为了将杂波幅度电平降至系统动态范围和慢速目标探测要求的允许值。如前所述，大多数HF天波雷达采用较宽的发射波束，照射感兴趣的目标区域，然后通过很多个分辨率更高的同时"指形"波束对回波进行处理。众所周知，经典的阵列分辨率会随着孔径的增大而呈线性提高，直至由环境确定的极限值。2~3km的水平孔径或甚至更大孔径证明可以支持空间相参处理[113, 114]。因此，天波雷达的接收阵列孔径会在约0.3km到超过4km不等，前者为仅关注飞机和弹道导弹的系统，而后者的系统则是设计用于探测和跟踪舰船的。以3km的接收孔径为例，在15MHz的常规波束宽度约为0.5°，因此20条同时波束的跨度约为10°。这使该例中所需的发射孔径为120~150m，具体要取决于接收波束组上可容许的增益变化程度。最灵活的波束生成技术依赖于在每个阵列单元上都有一个接收机，但是随着单元数可能接近500个，这种方案的成本非常高昂。于是将阵列单元分成多个子阵列，子阵列可能重叠或单元共享，且每个子阵列有一个接收机。这种配置是很有优势的。例如，最初的Jindalee雷达将跨度为2.766km的462个单元分成32个重叠的子阵列[115]。虽然这会将波束限制在子阵列的角度响应图中，但是有通过抑制来自其他角扇区的干扰从而降低接收机的动态范围的好处。

线性阵列是获得较高的方位空间分辨率的最经济途径，不过由于信号接收上存在多路径效应，尤其是通过E、F1和F2层进行传播，驱使某些设计师采用二维阵列：水平或更高成本的垂直放置。这种设计的相对优点仅仅在指定给某个雷达不同任务的优先性上才可度量。

接收天线单元的选择传统上是建立在一个观念的基础上的：在高频的外部噪声几乎总是大大超过内部噪声。根据这种逻辑，提高天线效率会在增强所需信号的同时，等比例地提高外部噪声输出和干扰幅度，因此在信噪比（SNR）方面没有获得任何好处。天线单元类型的选择，如单极子、偶极子、行波天线、配相单极子端射列或双锥天线，可以根据在预期波段上的频率响应、对所选阵列几何的适配性、以及土壤导电性等地形限制进行选择。研究表明，在采用了先进的空-时自适应处理技术时，这种理由不一定成立，因为较高的干扰-内噪比增强了干扰抑制效果。

信号在电离层传播过程中，不可避免会发生时变极化转换，这是否会极大地降低到达接收阵列的信号的极化状态的可测性还存在很多争论。目前，尽管旨在评估天波雷达偏振测定法的试验[116]一直在进行，这仍旧是一个未决问题。

接收机

对OTH雷达的接收机有很多要求，包括高动态范围、线性、宽带宽、多接收系统中使用的多个接收机之间的一致性等。对于大多数民用飞机和舰船来说，目标在 HF 的 RCS 与微波 RCS 几乎处于同一量级，即飞机约为 10～20dBsm，舰船则约为 30～50dBsm，但是距离却大 10～100 倍，因此与 R^{-4} 相关的额外损耗在 40～80dB。另外，每个目标回波都混在照射足印的杂波中，该照射足印可能有几千平方千米的面积。而且，HF 信号环境包括全球各地的大功率广播站的（单向）发射，如前一节所述。接收机的不完美性导致在所需的雷达回波中叠加了某些这种噪声和杂波能量，要么是叠加性的，要么是乘积性的。因此，如果雷达设计师想要避免自己造成的性能限制[117]，就必须要认真设计接收机。

通过在接收机前端嵌入窄波段滤波器，试图降低外部广播信号的干扰，会牺牲雷达的高度捷变性，而雷达在切换任务时，需要不断地变化频率（一般是每秒变化几兆赫），这恰恰需要高度的捷变性。同时，还会因为以下几点付出代价：(1) 滤波器切换时间；(2) 安定时间；(3) 群时延色散造成的失真；(4) 存在几百个接收机时造成的可靠性降低。更进一步说，每个通道都要考虑每个滤波器的增益和相位变化，增加了波段切换的工作量。最好采用一个可变频本振在多个具有选择性的滤波器中把所需的一个或多个子波段定位于一个滤波器，这样就可用接收机的不切换的滤波器对准感兴趣的带宽。当然，切换 LO 也可能因为不完善而遭受不便，不过与几百个接收机相比，仅需要一个本地振荡器。不管选择的是哪一条设计路线，都会对接收机的线性和动态范围有着极其严格的要求。

已知共有 5 种主要的机制会导致 HF 雷达的接收机性能下降：模/数转换的非线性过程、波段外相互调制（IMD）、交叉调制、波段内相互调制和相互混频的伪线性过程。

模/数转换

模/数转换包含两个阶段——采样和量化，每个过程都有可能使接收信号失真。接收信号的采样必须具有足够的精度和一致性，以保存动态范围内各信号分量的固有频谱内容，信号的各个分量包括目标回波、杂波和外部噪声，并要考虑到尤其是在多接收机系统中[118, 119]量化和定时跳动所引入的人为噪声。

波段外相互调制（IMD）

波段外 IMD 是由于两个或更多个强大的干扰源的非线性混合所造成的，如广播电台的大功率信号进入到接收系统的前端，并且在被选择性滤波[120, 121]抑制之前，在雷达信号波段内生成 IMD 信号。

交叉调制

交叉调制包括一个强大的干扰源与接收到的雷达回波发生非线性混合，将干扰源上的调制转换到雷达信号上[120, 121]。

波段内相互调制

雷达足印中的单个分辨率单元的面积大约为 50～500km^2，而在雷达足印中有成百个单元，因此如采用典型的目标 RCS 值（见图 20.9）和表面散射系数 σ^0（见图 20.14），OTH 雷达接收机的信噪比在采用 FM-CW 波形的系统中可能低至-80dB。任一级的非线性都有可能将目标回波与杂波回波相混，从而导致目标回波被掩盖，生成的 IMD 信号会超出了杂波本身的多普勒波段。与波段外相互调制不同，波段内相互调制可能发生在接收机的任一级，因此即使二阶产品也会引起问题[122]。

相互混频

外差式设计的模拟接收机通常包括一些用于信号混频的本振和用来实现匹配滤波器的一个波形生成器。这些辅助源的频谱纯度不可避免地很有限，其相位噪声背景虽然非常低，但覆盖的频段很宽。任何进入接收机第一混频级的大功率干扰信号将与相位噪声结合，并有可能在雷达信号带宽中生成信号[123, 124]。在数字接收机中，噪声采样具有同样的效果。

数字接收机技术

HF 接收机可以在 RF 直接进行数字转换，从而避免了模拟设备的一些限制。相互混频等现象同样存在，不过存在形式稍微有些变化。与模拟设备相比，如果在接收机前端安装一个波段预选择滤波器，那么这种接收机设计将带来很少或没有麻烦。从另一方面说，这种设计还拥有多种明显优势，如同时接收不同频率的多个雷达信号，因此一部接收机可以为一部以上的雷达发射机服务。

校准

在一个理想的多通道接收系统中，常规的波束生成过程应对于入射到天线阵列上的某个平面波提供单个输出信号，指向正确的方向。由于天线定位的小误差、地屏的不均匀、预先放大器之间的差别、相互耦合、电缆失配、电缆特性的热变化和其他变化所产生的增益和相位不可避免的变化，以及接收机的所有模拟级都会导致的波束形状的变形（然后导致雷达分辨率下降）、副瓣增大（由此易受杂波和干扰）、指向误差（导致跟踪误差增大）和干扰源波前几何扰动（导致自适应波形生成的自由度被浪费）。

为了减轻这些影响，HF 雷达必须采用复杂的校准方案。已经尝试过以下几种方法：

（1）在阵列前方的近场中采用一个外部辐射单元。这种方案容易受到土壤的电磁属性变化的影响，如因为季节更替而发生的土壤潮湿度变化。

（2）通过一个独立的"开放环"信号馈电网络[125]，向天线或天线阵列后的接收机输入端注入一个校准波形。这种方案无法校准天线和最初的馈电器，仅能从注入信号的那个点开始可用。

（3）采用一个遥远的辐射源，通过天波或离散目标回波对阵列进行照射。该方案假设到达信号的波前在经过电离层反射之后，基本上仍是平面的或平滑的，不过情况并不总是这种[126]。

（4）联合分析多个离散流星回波[127, 128]。该方案很吸引人，但是依赖于有足够多的可识别离散回波。对于一个 32 单元的阵列来说，该方案一般可能是可行的，但对于一个 500 单元的阵列来说通常是不可行的。

（5）对注入的宽带噪声[129]进行接收机和平面波拒波测试。该方法可以提供校准质量的有效度量和相对性能，但是只能对接收机的输入端之后的信号进行校准，如上述的（2）。

在常规的（傅里叶）波束形成环境中，上述的每一种方法都具有自身的优势和不足。在采用自适应处理技术的时候，有效的视向与阵列的控制矢量相匹配同样很重要，否则需要的信号将会被对消。

20.11 信号处理和跟踪

信号分析和目标探测

信号处理的目的是为了探测和表征来自目标散射体的回波，是离散的回波（飞机或舰船）或延伸的回波（海平面），上述目的通常可通过将来自接收机的时序数据分解到雷达域的自然的维度上：群距离（基于时延）、到达方向（波束空间）和多普勒频率，从而可望将目标回波从不希望的杂波和噪声中分离出来。用来分解的标准工具就是 FFT，至少是在实战型天波雷达是这样，部分是因为使用通用型的计算软件，可以容易地在约 10^0 s 内将入射信号分析成约 10^2 个距离门、$10^1 \sim 10^2$ 个波束和约 10^2 个多普勒单元。因此，FFT（或用于短变换的 DFT）一般用于三个维中的分析。在某些系统中应用了其他一些分析技术，例如用来探测加速目标[130-132]，探测谐波上相关的信号[133]，以及在需要很高的多普勒分辨率，但雷达时间中的相干积累时间很短的时候[134]。

在对高质量的 HF 雷达数据进行分析时，出现了一些重要的处理器设计思路，如下面的例子所说明的。图 20.21 给出了一系列 AN/FPS-118 雷达的海杂波多普勒频谱，用接收功率幅度和多普勒频率关系表示。为了生成该图，从非重叠的时间间隔中计算出单个距离门的 15 个功率频谱，然后每 5 个并成一组并非相干地求均值。此例的波形重复频率（WRF）为

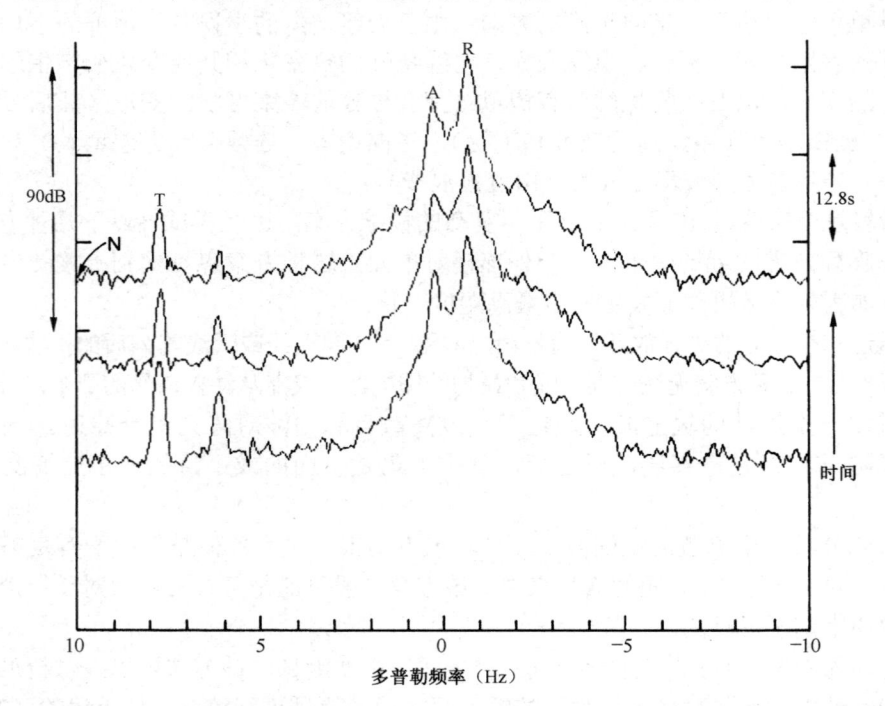

图 20.21 三个相邻时间间隔的非相参平均的功率频谱，为了清楚起见，图中做出了一些偏移。目标位于 Bragg 线清晰可见的杂波区之外，因此决定可探测性的是信号−噪声比，而不是信号−杂波比。注意在 128s 内电离层的变化导致了目标回波强度变化了约 10dB

20Hz，相参积累时间为 12.8s，得到标称的多普勒滤波器带宽为 0.08Hz。噪声（N）样本取样于最大的多普勒门，目标峰值上的目标样本（T）、Bragg 线幅度（A）和（R）则来自对应于第 20.8 节中描述的涨退谐振海洋波浪的杂波峰值。N、T、A 和 R 如图 20.22（a）所示。作为 HF 雷达中广泛应用的灵敏度度量的杂波下可见度（SCV）定义为 R/N，在该例中杂波下可见度为 76dB。（在微波雷达中，术语"杂波下可见度"顾名思义就是一种比率，即目标回波功率可弱于杂波功率，但是这时仍能够被探测到。在 HF 雷达文献中，历史上并不包含探测门限分量，因此 SCV 实质上是杂波-噪声比。）

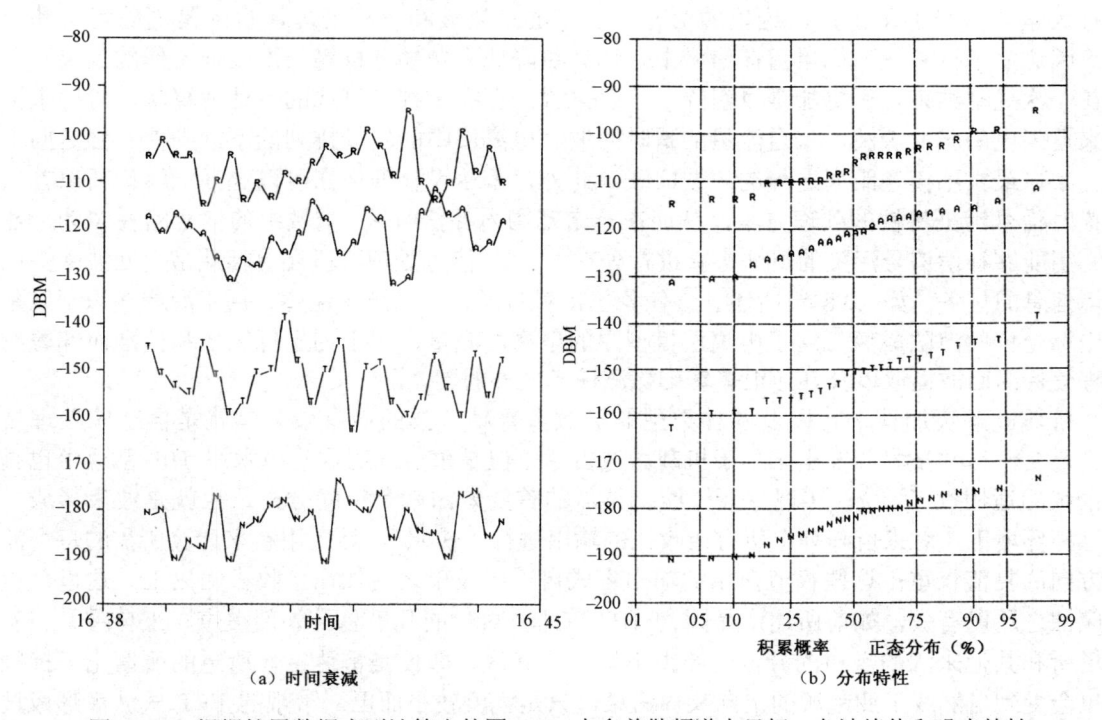

图 20.22　根据扩展数据序列计算出的图 20.21 中多普勒频谱中目标、杂波峰值和噪声特性

对于每分辨单元有代表性的有效杂波 RCS 为 65dBsm 的情况来说，目标 RCS 可估计为

$$RCS = 65 - R(dB) + T(dB) = 65 - 76 + 34 = 23dBsm$$

假设定位一次探测所需要的 SNR 为 15dB，那么在该例中，最小可检测到的 RCS（MDRCS）为

$$MDRCS = 65 - R + N + 15 = 65 - 76 + 15 = 4dBsm$$

该 RCS 值在 HF 上算是非常低的，指出条件适当时，HF 雷达有可能探测到非常小型的目标。

试验性的演示表明，有时杂波下可见度约为 80dB 的环境会迫使雷达设计者确保接收系统和信号处理操作不得无意中降低雷达的工作性能。下面给出了一些适当的设计思路：

（1）对具有大功率增益乘积 $P_{av}G_TG_R$ 的 HF 雷达应用至少具有 16 位精确度的模/数（A/D）转换器。

（2）接收孔径、波形带宽和相参积累时间应该提供足够多的样本和足够高的采样率，从而不模糊地分辨出杂波频谱的突出特性。在杂波频谱中进行这样的分辨会对目标的可探测性或者重要信息的提取产生影响。

（3）在对动态范围较高的数据直接进行变换时，用来控制常规频谱分析中防止泄漏的窗口函数必须要具有足够低的副瓣。

距离、方位和多普勒分析的基本步骤并不是信号处理的全部。如 20.4 节所述，HF 天波雷达信号容易受到各种形式的干扰和变形、许多是由电离层感生的，因此解决这些问题的方法长久以来一直是雷达信号处理工具箱中的重要部分[135, 136]。另外，随着接收系统的动态范围变大，揭露出更多的造成信号变形的诱因，处理好这些有害效应的需要变得更加迫切。因此，除要执行前述的基本分解并对接收机链的当前波形进行校准之外，信号处理阶段还需要进行大量的信号加工工作。这里的信号加工指的是滤波和定标处理，目的是消除污染和变形，因这些干扰和变形如果留在信号上，那么将降低多普勒分析等一次处理工作的效果，而且在一次处理结束之后更加难以消除。一般来说，存在多种（可选的）处理算法，可用来消除来自闪电的脉冲杂波、来自流星的瞬时回波、电离层中的沿场排列的不规则性、强定向干扰、来自最大不模糊距离之外的杂波回波。此外，雷达设计师现在可以选择能够诊断出首次扫描时信号污染特性的处理方案，从而在一定范围内补偿时域-空域中的信号路径波动，然后利用能够补偿信号污染的算法重新进行处理[96, 97]。信号处理阶段还包括从雷达回波中提取环境信息的任务，如 20.8 节所述。该任务包括对海洋风和海况的遥感、用于海岸线识别以帮助坐标定位的海陆成像、用于电离层模型中的电离层测量、用于为坐标记录和校准而部署的远程信标的回波提取以及其他很多基础探测任务之外的副产品。

目前，解决加性干扰以及各种类型的扩散多普勒杂波的最有效工具就是自适应处理技术。最初，这些技术开发出来用于机载微波雷达，但是事实证明这些技术在 HF 雷达中也具有很强的适用性[135-138]。实现主要性能上得益的首要方法就是空间分析，也就是波束形成。在这种环境下，对来自阵列上所有接收机的输出进行"快照"，然后用它来计算所需的每个波束方向的复值权重；这些权值在相加输出生成自适应波束之前加在接收机输出上。这里，自适应性之所以有效，如前所述，是因为 HF 雷达要对付的几乎总是外部噪声。来自雷暴、工业场所和其他来源的噪声的方位分布很不均匀。其次，即使是雷达工作所选的所谓无干扰频道也会受到自然或工业起源的定向噪声污染，只是程度较小而已。常规的 FFT 式波束形成技术不考虑这种定向噪声，因此大量的噪声能量通过指向强杂波源的（间隔匀称的）副瓣漏入每个计算得到的波束中。空间自适应处理（SAP）技术通过调整采样的接收机输出的幅度和相位，使得积累噪声功率泄漏达到最低，同时保存合成波束的增益/灵敏度，来减轻噪声的问题。

图 20.23 对同一个雷达数据块的常规处理和 SAP 处理进行了对比。在该例中，需要解决的问题是噪声，而不是杂波，最终噪声被降低了大约 20dB。此处方向图被自适应调整成使该图中的[-5,-1]Hz 和[1,5]Hz 多普勒波段中聚集的总能量最小，同时阵列响应还保持在指定的方向上。当然，依据噪声源的角度分布，阵列响应方向图的副瓣可能非常高，但是高副瓣将位于噪声电平最低的方向上。对于位于低多普勒波段[-1, 1]的杂波来说，这种情况不会发生，因为该波段区间内的杂波没有用来引导阵列响应的自适应。确实，最终的杂波频谱可能与波控方向中发现的杂波频谱迥异。这就是图 20.23 中例子的情况，图中 Bragg 线的比率急剧变化甚至出现反号。

在上述的例子中，SAP（空间自适应处理）权重在整个相参积累时间（CIT）中保持固定。当电离层发生扰动而引起外部噪声场快速变化时，有必要在相参积累时间中自适应调整权重，以当噪声的方位分布发生变化时，噪声依旧能够得到有效抑制，甚至在进行飞机探测，使用较短的驻留时间（约 1s）时也是这样。这就是空时自适应处理（STAP）的领域[136]。这里，用来确定权重的数据不仅仅是阵列输出的单个快照或者多个快照的均值，而是大量的阵列输出快照；然后，在波束形成和多普勒分析之前，该数据块就用来构建数据块的权重。STAP 对于舰船探测具有特别重要的意义，因为在舰船探测时，外部噪声场总是在较长的 CIT 内发生很大的变化。由于每次权重根据 SAP 规则改变时，即使主波束的幅度增益/灵敏度保持不变，但主波束也会发生相移，所以 STAP 非常复杂。这样，在整个 CIT 内，就加上一系列相移，也就是对接收信号加上调制。结果，强杂波回波发生了多普勒扩散，掩盖了目标。为了克服这个问题，Abramovich 等[139]研究出一种技术，也就是**随机限制法**，该方法对权重调整采用了不同的规则，不仅保存了增益，同时也很好地保存了通过主波束响应接收到的杂波的相位。

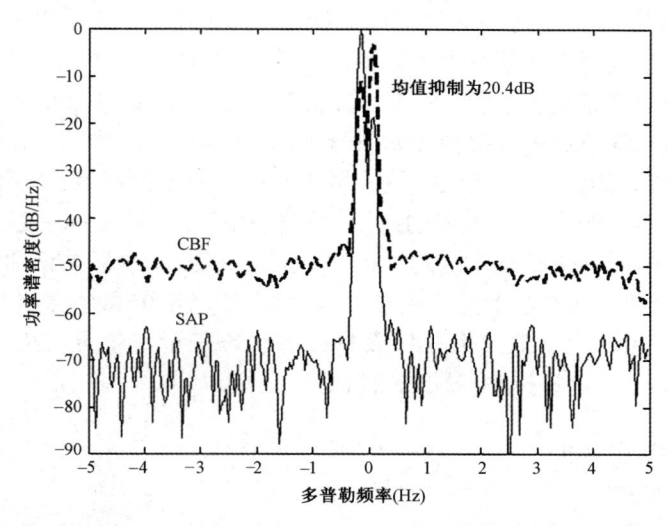

图 20.23 根据（1）常规波束形成（CBF）技术和（2）使低多普勒杂波之外的能量最小的空间自适应处理技术的多普勒频谱估值对比图。噪声（和任何快速杂波）降低了约 20dB，提高了快速目标的可探测性；由于新的阵列方向图，海杂波频谱会发生变化，即杂波频谱不一定代表来自感兴趣单元的杂波频谱

尽管这些现代的空时自适应处理技术证明非常有效[136]，但是计算量和数据量太大，以致最有效的处理形式大多数都无法进行实时处理。取而代之的是具有良好而次优效能的简化算法得到了采用[137, 138]。

考虑到同时要处理的空间单元的数量，探测通常是基于根据特定杂波环境而自适应的恒虚警率（CFAR）算法的。在大多数实现方式中，针对每个分辨单元，都计算出 CFAR 探测门限，该门限是从包括邻近距离门、天线波束和多普勒单元的窗口中的有序采样值中提取的顺序统计的线性组合，而且有在噪声功率或杂波功率发生巨大变化时，窗口形状可以改变的手段。经常，得出的结果类似于根据对数正态分布预测的结果，如图 20.22（b）中给出的试验数据所表明的。该图给出了图 20.21 中样例的功率电平分布。在良好条件下，一般都会出现这种近似对数正态的分布。

跟踪

也许，天波雷达与其他雷达的最基本差别就是多传播路径的存在，导致截然不同的时延、入射角、多普勒频移和起伏特性。跟踪阶段必须要处理单个目标的回波的众多性，并且通过提取和消化电离层的信息，推导真实目标的数量、目标的真实位置和速度以及或许目标高度等其他信息[140]。（估计飞机目标的高度是非常有用的，但是天波雷达还没有被证实可提供可靠的精确估值。）

将雷达坐标转换为地理坐标的问题被称为**坐标定位**（CR）。现在已经开发出几十种 CR 技术，包括（1）从区域电离层模型推导；（2）在雷达足印内部署一个转发器或信标的网络；（3）在雷达数据中将海岸线和陆地杂波-海杂波边界相关；（4）使散射系数等其他参数相关；（5）使用舰船和商务航班的报告等已知的目标信息；（6）定位航迹起始或结束的机场。牢靠的 CR 的关键是将所有可用信息融合到一致的随机框架中[141]。大多数雷达把目标跟踪当作一个独立的阶段，在候选目标被注册后，必要时启动、更新或中止跟踪。多种不同类型的跟踪方案的经验导致大量的实战型雷达都集中于采用基于随机数据相关（PDA）的变种的算法[142]，有时算法被推广到能保持多假设模型上[143]。与选定单个探测（比如峰值或点迹）来和每条保持的航迹相关的卡尔曼滤波器等传统跟踪滤波器不同，PDA 滤波器综合指定半径内所有候选峰值的影响来计算出航迹更新。在天波雷达应用中，这种滤波器获得了优良的结果。

在哪里实行坐标定位是一个很重要的决定。某些系统在雷达坐标中建立航迹，然后将航迹，包括来自单个目标的多条航迹，送到 CR 系统，该 CR 系统必须识别并融合任何多条航迹并进行定位。另一种方法是将目标跟踪的问题归入到确定电离层传播路径的问题中。利用表征传播路径结构的其他参数，增大代表目标的状态矢量，就可以用公式表述并解联合估计问题[144-147]。按此方法，目标就帮助注册自身的坐标。

20.12 雷达资源管理

HF 雷达工作环境的复杂性——电离层、杂波、噪声和波段的其他用户——导致系统设计也需要具有相当的复杂性，以便通过选择最佳频率（或频率组合[148]）、波形、信号处理、探测门限等，使得雷达能够适应现有条件，完成手头的任务。实现这种最优控制是非常重要的，因为经验表明，即使与最优设置有少许的偏差，也会导致 HF 天波雷达的性能急剧下降。因此，需要两种成分：（1）环境信息；（2）一种机制，或者至少是一种策略，以便用该信息控制雷达参数。

至少，HF 天波雷达必须保持了解实时的传播条件（传播条件是频率的函数），还要知道作用距离、方位和频率占用的详细情况。要得到这些信息，需要提供一些如下的辅助设备。（1）常规的电离层探测器（垂直和倾斜入射角）。它通过测量在一定的频率范围内反射的无线电波的飞行时间，确定电离层的电子密度剖面。这种电子密度剖面信息将用于局部的实时电离层模型中。（2）宽带后向散射探测器。这也就是一部小功率低分辨率雷达，该雷达扫描 HF 波段，测量回波强度和时延（群距离）的关系，从而确定哪个频率照射着给定的区域。（3）与后向散射探测器类似的迷你型雷达。该雷达采用窄带波形，对于选定的频率研究回波的多普勒结构和群距离之间的函数关系。（4）用来提供坐标定位的远程信标或应答器网络。（5）频率监控接收机。它用来定位可能使用的无干扰频道并评估这些频道的特性。关于 Jindalee 雷达的辅助设备的详细叙述见 Earl 和 Ward 等人的论文[149, 150]。

传统上，控制装置一直都是专家级的雷达操作员。出于很多原因，这种方法并不完全令人满意，因此探索了多种不同的替代方案，包括让技巧略逊的操作员调用的成套"处方"，还包括有人工智能结构的专家系统。

除需要适应变化的电离层和噪声环境之外，HF 雷达还经常要执行或多或少同时的、并且具有时变优先性的多种任务。这些任务通常会导致不同的波形、针对任务的频率限制（除传播上的考虑之外）、对可接受传播质量的不同要求等。同时要求搜索船只和飞机，便是一个常见的例子。相应地，优化资源的分配就成了一个关键的问题，对天波雷达的工作方式有重大意义。

在可用时间内纳入更多的任务的一种方法就是将雷达的发射和接收阵列以及发射机模块和接收机模块进行分区，这样当条件允许时，各个分区可以像独立的雷达一样工作，只是灵敏度和分辨率下降而已。例如，Jindalee 雷达和 JORN 雷达就可以动态地重新组配成一套或两个半套的雷达。另一种方法是或许可以采用一个两用波形，能够支持两项不同任务，只是性能不是最优，或者发射系统要发射多个正交波形，以便同时进行接收和处理，虽然每个发射波形的平均功率有成比例的损耗，但是空间方向性并没有损失。不过即使这些方法有时候是可用的，总需要对各种任务进行安排，以便在重要任务上保持可接受的重访时间，而对天气监控等低优先级别的任务起动较少的次数，而在适当传播条件发生时才启动有挑战性的任务[151]。

在资源管理方面，还有另一项重要的事项就是故障发生时的诊断能力。这不仅对于加快维修过程来说是非常必要的，而且能够使雷达改变其配置，让没有受损的设备发挥最大功效。例如，如果连接到天线阵列中间单元的接收机发生故障，那么波束形成的性能下降程度会比连接到天线阵列末端单元的接收机发生故障时造成的波束生成下降程度更糟糕。对这种故障进行自动检测并将一个末端单元接收机重新分配给阵列的中间单元会使这种性能下降程度降到最低。

20.13 雷达性能建模

建模是雷达设计过程中的一个关键组成部分，而且还是一种对无法接触的现有或提议的雷达进行性能预测的手段。在这些角色中，强调的重点是真实性。在 HF 天波雷达系统中，建模还具有另外一个角色——对现有条件下可能会发生事件的实时监控，如果出现由自然事件和与设备相关的或需要注意的人为事件产生的和模拟结果有偏差的情况，可以警告雷达操作员。

当讨论雷达性能的时候会遇到的一个问题是如何选择性能准则。从用户的视角来看，根据雷达建立给定目标航迹所需时间的平均时间和覆盖区域来评估性能是非常符合逻辑的，因为航迹是雷达提供给用户最关键的产品。当然，这会赋予跟踪系统重担，因此可能会退一步，选对给定目标可达到的 SNR（对时间和覆盖区平均的）作为性能准则。但是这种选择忽视了在绝对（地理）坐标中定位时意义上的两种分辨率的测量精度，这可能影响检测的有用程度。那么，是否选最小可探测目标作为性能准则？还是覆盖区域和覆盖率呢？或是舰船探测能力和飞机探测能力？很明显，没有单个优选的度量方法。

这里用于说明目的所选的度量方法是由雷达方程［式（20.2）］所确定的可达到的信噪比 SNR。方程中出现的组成变量在 20.4～20.11 节中已阐述过，强调了 HF 天波雷达设计中出现的独特考虑因素，因此就有了性能建模和分析的工具。如只考虑由噪声限制的探测，这特别适合探测飞机目标的情况，则可以避免额外由杂波限制的探测所引起的问题。在下列段落中，详细介绍对由噪声限制的探测进行性能建模的两种方法。

NRL-ITS 雷达性能模型

Lucas 等[152]开发的 NRL-ITS 雷达性能模型提供了多种用于雷达性能评估的工具。该模型没有采用全 3D 射线描迹，如 Jones 和 Stephenson[50]描述的软件，这种软件可以提供三维路径，包括普通射线和非常射线（见 20.4 节）的时延和损耗。当电子密度分布中具有很大不确定性时，有人说这种全面的计算量过大。海军实验室 2500 号备忘录报告[152]阐述了用于确定路径的基本技术。按球对称媒质的 Snell 定律，使辐射仰角依次增加 1°，进行一次简单的闭合形式的虚路径描迹。在整个雷达工作频段，这一过程的频率增量是 1MHz。在目前的例子中对所有的一跳路径，均使用达 700km 远的垂直探测器探测径向路径上的电子浓度分布；对两跳路径，则采用达 1400km 远的探测值。图 20.24 给出了一个白天和夜间的例子，该例子

(a) 1800UTC 白天的例子，单跳

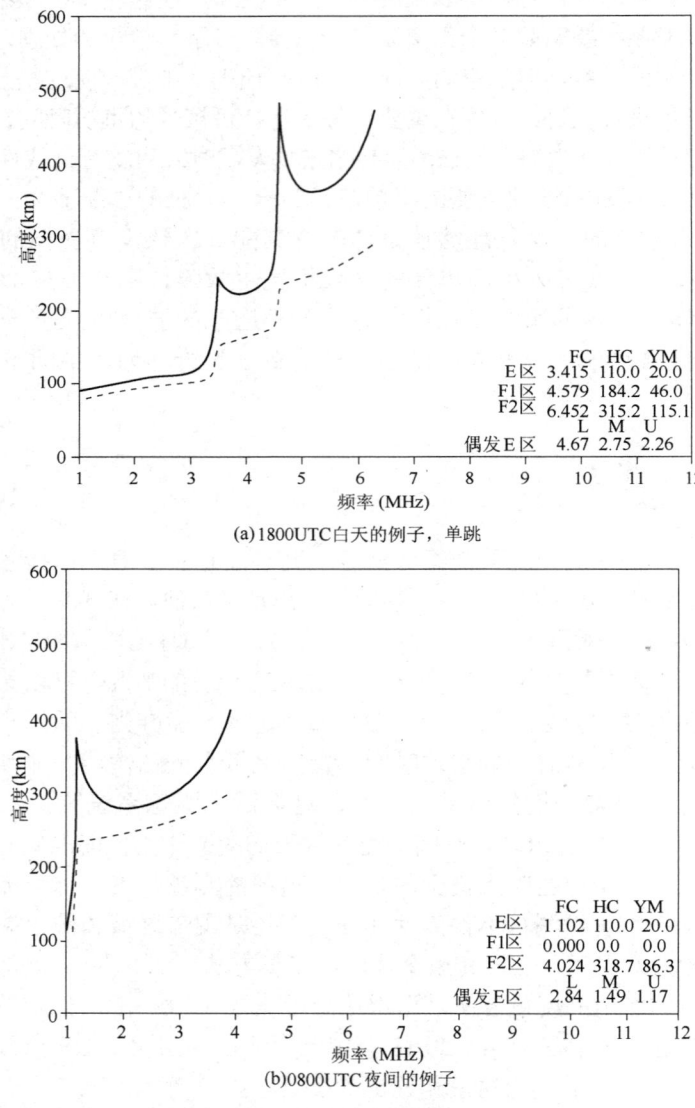

(b) 0800UTC 夜间的例子

图 20.24　7 月份、SSN=50、大西洋中部海岸线的雷达折射区的有效反射高度（实线）与真实反射高度（虚线）。关于图右下方表格中文字的解释见正文

中，电离层位于北纬 38.65°和西经 76.50°的雷达向东 700km。在夏天的平均太阳黑子数为 50 个时，对应的冬天情况则如图 20.25 所示。这些图可以用来确定传播到给定距离的频率。在大多数情况下，最优频率稍稍低于最大频率。对于图 20.24 和 20.25 中给出的小表格，FC 是截止频率，以 MHz 为单位；HC 是最大电离的最大高度或抛物线的顶点，以 km 为单位；YM 是半层厚度，以 km 为单位。Es 将分散 E 层的统计变化范围描述为 M（中值）、L（低十分位）和 U（高十分位）截止频率，以 MHz 为单位。

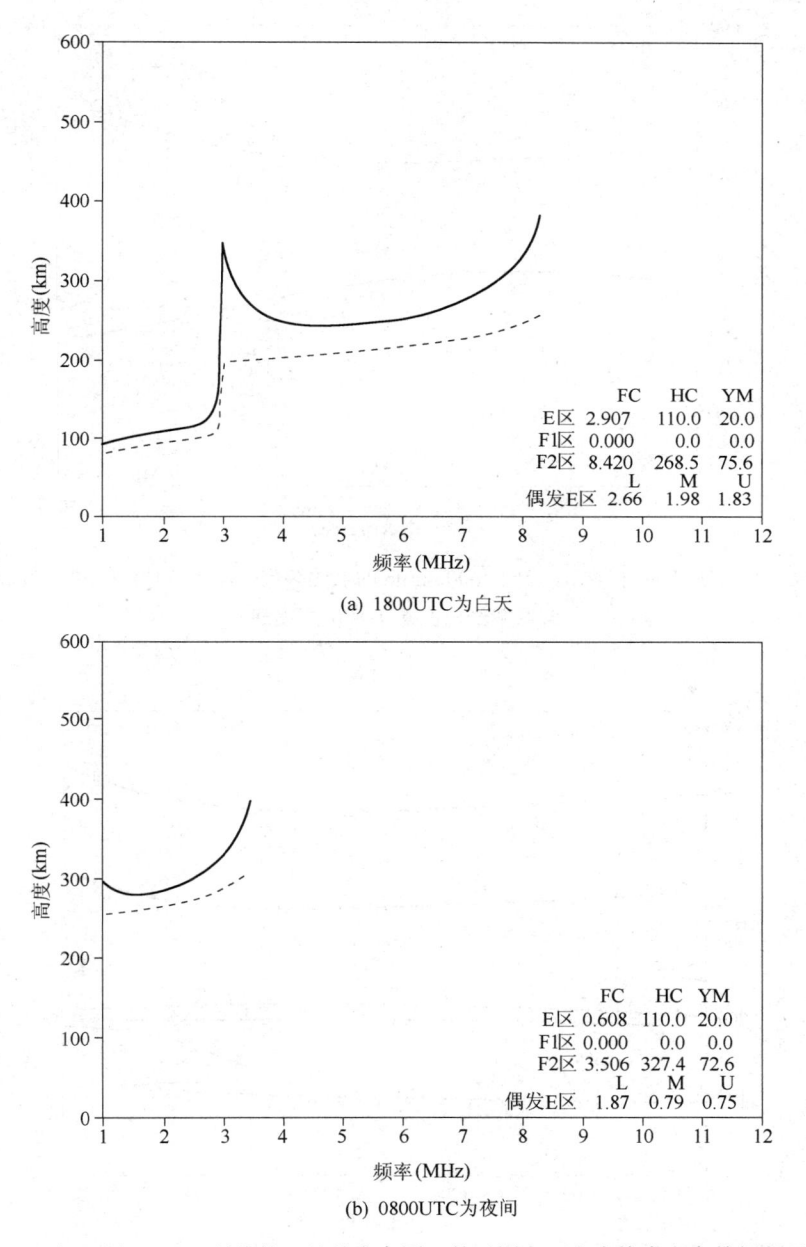

(a) 1800UTC为白天

	FC	HC	YM
E区	2.907	110.0	20.0
F1区	0.000	0.0	0.0
F2区	8.420	268.5	75.6
	L	M	U
偶发E区	2.66	1.98	1.83

(b) 0800UTC为夜间

	FC	HC	YM
E区	0.608	110.0	20.0
F1区	0.000	0.0	0.0
F2区	3.506	327.4	72.6
	L	M	U
偶发E区	1.87	0.79	0.75

图 20.25　如同图 20.24，预估的 1 月份电离图。关于图右下方表格中文字的解释见正文

图 20.26 和图 20.27 给出了等离子频率等值线和离雷达距离的关系，条件是 0800UTC、SSN=50、1 月份（夜间）和 1800UTC（白天），两图用来说明电离层的倾斜。对夜间情形，由 700km 斜距位置的同心球假定给出的路径比一跳距离稍长。对两跳距离，无梯度假定引起更大的偏差。一般来说，这类性质的误差对性能预估很少影响。然而，对有效距离和方位进行的相对于大圆距离的修正的准实时分析必须考虑倾斜或梯度的影响。白天的例子中几乎没

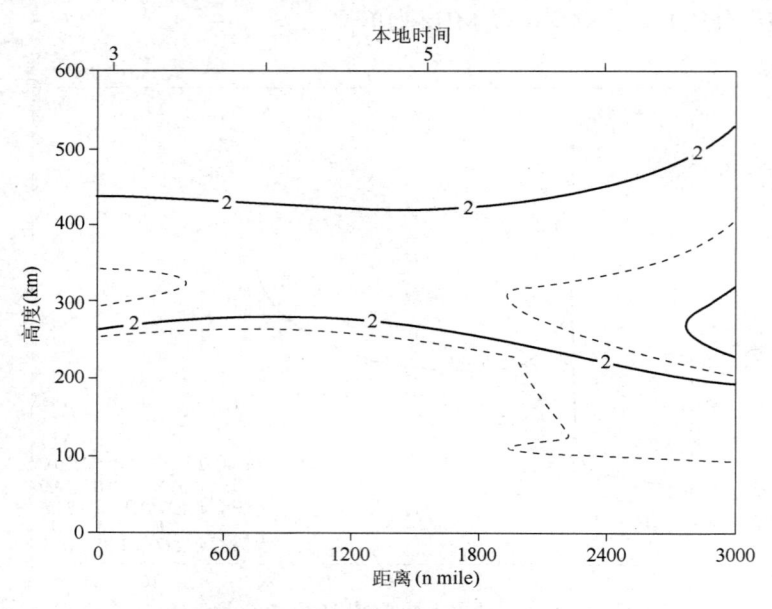

图 20.26 从雷达延伸到向东，径向 3000n mile 的点的等离子频率等值线，单位为 MHz，例图中给出的是 1 月份的夜间

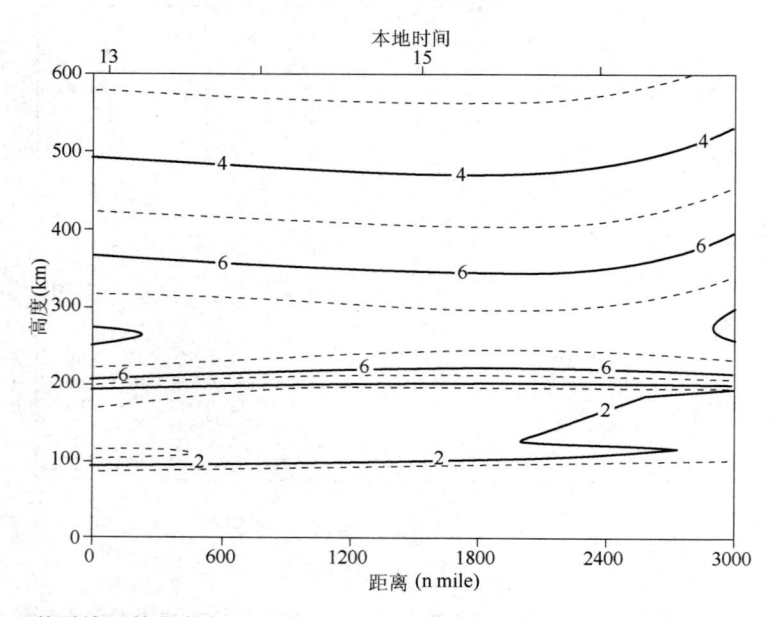

图 20.27 从雷达延伸到向东，径向 3000n mile 的点的等离子频率等值线，单位为 MHz，例图中给出的是 1 月份的白天

第 20 章 高频超视距雷达（HFOTHR）

有水平梯度，因此简化假定不产生差异。若需要更高的精度，则对每一个辐射角可以使用正确的垂直剖面，还有，也可以通过使电离层与地球不同心来对梯度模拟。在雷达性能评估和管理中，应该应用更加完整的路径分析，但是这些等离子密度等值线可以用于评估由球对称电离层假设所引起的误差值。

图 20.28 给出了倾斜探测形式的假想雷达的性能预估。一部典型的天波雷达装备有垂直探测器和斜向后向散射探测器，进行传播路径分析和帮助雷达频率管理。当然，雷达本身就是一个斜向探测器，但是它的探测数据受到实施主要监视任务的频率、波形的限制。附属的斜向探测器能够提供有关地面后向散射体的回波功率信息，形式如图 20.28 所示。噪声功率频谱密度的预估值来自 322-3 号 CCIR 报告，见 20.9 节所述。在这种预估中，以分贝为单位的 SNR 画成工作频率和大圆时延或地面距离的函数。横坐标（延迟 1ms 处）正上方的数字是低于 1W/Hz 的噪声功率的分贝数。在该图中，UTC 时间为 1800，SSN=50，P_{av}=200kW，G_tG_r=50dB，T=1s，σ=20dBsm。图 20.29 给出了相应的夜间曲线。

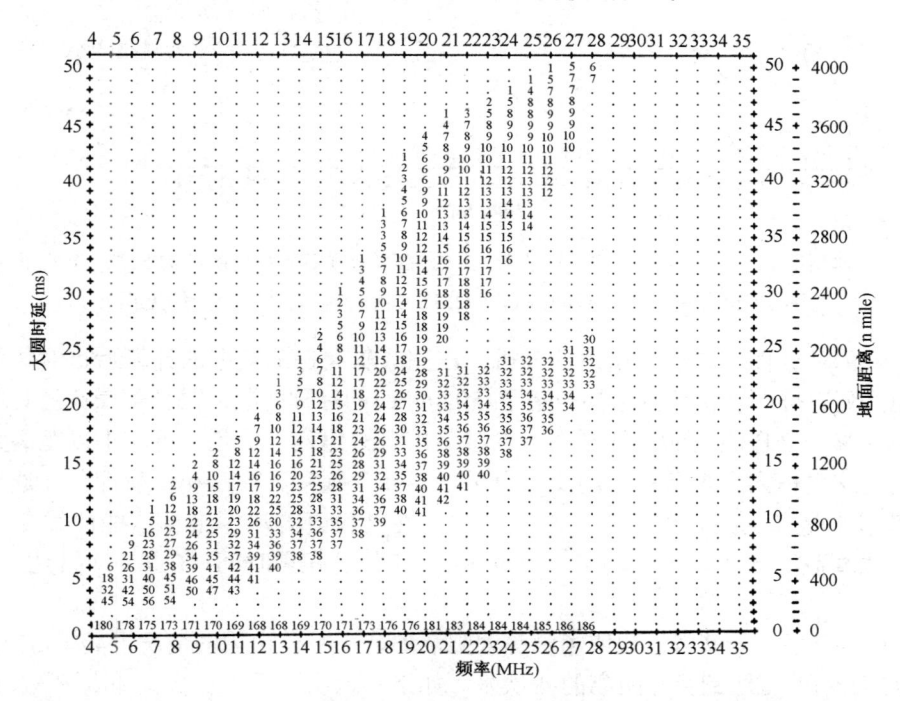

图 20.28 以典型的斜向后向散射探测数据的形式给出的作为频率和距离函数的 SNR（单位为 dB）：1 月份，1800GMT（白天），SSN50，北纬 38.65°和西经 76.53°，方位 90°。雷达参数介绍见正文

这些图形的形状与用诊断型斜向探测数据可得到的图形十分相似，只是电平一般较大。这是由于分辨单元面积乘以表面散射系数通常远大于 20dBsm 的缘故。白天与夜间的某些差异是明显的，如同样的距离上可利用的频率和噪声电平差别等。也应注意，在夜间，5MHz 的频率下限不能覆盖比大约 900km 更近的距离。要记住这是取 SSN 中值为 50 时的计算结果。如果要求夜间探测距离近到 900km，则频率下限的选择必须考虑到较低的太阳活动周期和临界频率分布。从曲线上可以看出，在单频工作时，在 1000km 距离间隔上，频率有小于±3dB 的变化。还有，如果频率选择采用 2MHz 间隔而不是使用的 1MHz，那么 SNR 将下降仅约 1dB。

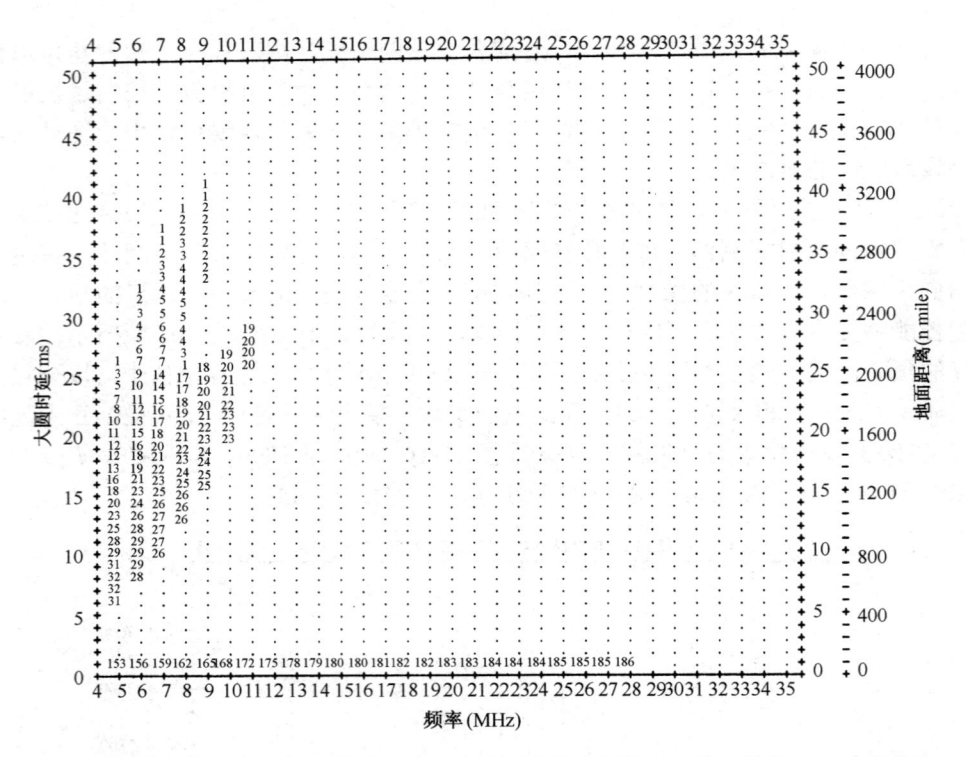

图 20.29 以典型的斜向后向散射探测数据的形式给出的作为频率和距离函数的 SNR（单位为 dB），与图 20.28 相同，只是时间为 0800GMT（夜间）。雷达参数介绍见正文

下面的性能估计图来自以上所述的分析。在完成斜向探测数据的计算后，对传播和噪声参数按照距离列出排序表。参量选择是基于 50n mile 的标称间隔内最佳信噪比进行的。但是所做的选择调整为来自临近的较低频率，以避免乐观的偏差。于是，可作出以距离为自变量的参数曲线。这里作为参数所采用的变量有传播损耗、频率、噪声和辐射仰角。选择距离作为独立变量似乎是人为的，但它是一种很有用的性能检查方法。根据这些曲线，可以预估出所选的天线增益方向图、发射功率、目标 RCS 和相参积累时间（CIT）对雷达 SNR 性能的影响。

图 20.30 给出了一个例子，说明了中等太阳活动期 1 月份白天的情况，其中 SSN=50。R^4 损耗是用 dB 表示的雷达到目标距离的 4 次幂。如果跳跃次数不止一次，那么 R^4+L 将增添无偏吸收、有偏吸收、分散 E 区遮掩和地面反射损耗。正好在 2000 n mile 之前的损耗突增是由于一跳至两跳的转换引起的，因为两跳穿越有耗的 D 区的次数加倍，还需增加地面的反射损耗；要求工作在较低的频率也使损耗增加。转换区的锯齿状曲线源于参量的选择过程，雷达工作时频率的选择应使转换效应最小。与这个地点和视向相对应的频率、辐射角和单位赫兹内的噪声功率也都被绘成曲线。

举一个例子来说明这种图的使用。将 1000n mile 选定为距离，于是频率为 20.5MHz（波长=14.6m，λ^2=23dB），噪声功率=−182dB，R^4+L=260dB。选 P_{av}=53dBW，G_t=20dB，G_r=30dB，T=0dBs，RCS=20dBsm，F_p=6dB，代入式（20.2）得

$$SNR = 53+20+30+23+0+20+6-33-260-(-182)=41dB$$

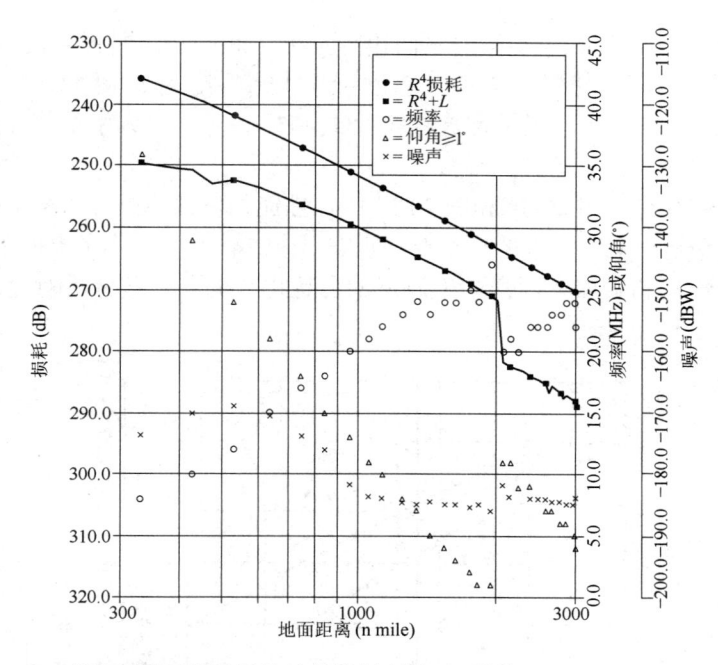

图 20.30 作为距离函数的雷达性能控制变量（1月份，1800UTC，SSN=50）

图 20.31 给出了对所有的距离均使用这些假定后所预示的性能。当估计对飞机目标的同相多径干扰时，选了路径因子增强为 6dB。波束宽度取为 5.7°，则表面散射系数为-35dB，

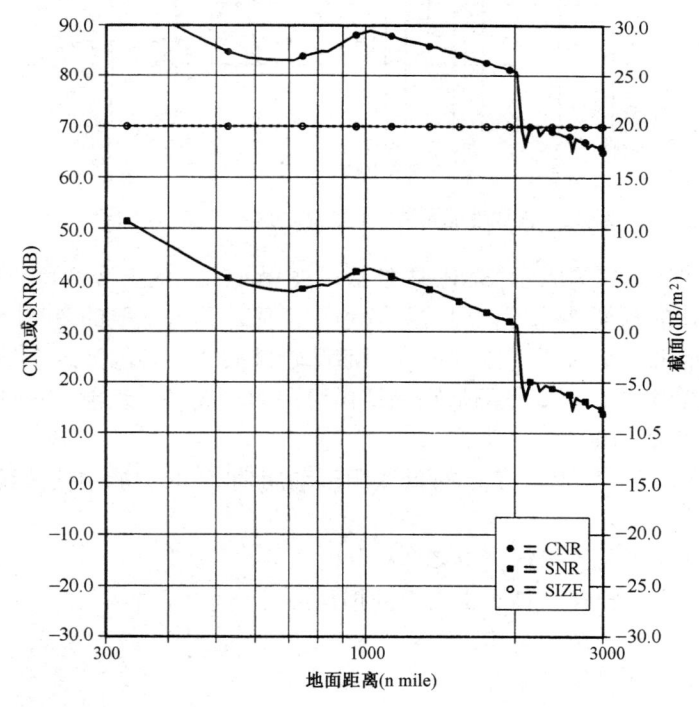

图 20.31 用图 20.30 所确定的 SNR 和杂波噪声比（CNR）的一个特例。目标 RCS 以"SIZE"标示，并且视为常数

而路径增强为 12dB，同时画出了杂波电平曲线图。在 1000n mile 处的杂波-噪声比（CNR）约为 88dB。对假定的不变波束宽度，杂波-信号比将随着距离的增加而增加，且在 1000n mile 处为 47dB。HF 雷达通常都具有较大的杂波-信号比；为了将目标从杂波中分离出来，要采用某种形式的多普勒滤波。

在图 20.32、图 20.33、图 20.34 和图 20.35 中，性能估值曲线是针对冬季和夏季、白天和黑夜以及低太阳活动给出的。允许的频率选择设在 5～28MHz，且不考虑低于 1° 仰角的天线辐射。分析是对一部远离美国大西洋中部海岸的雷达进行的。这些分析对通过中磁纬度的传输路径应是好的近似。

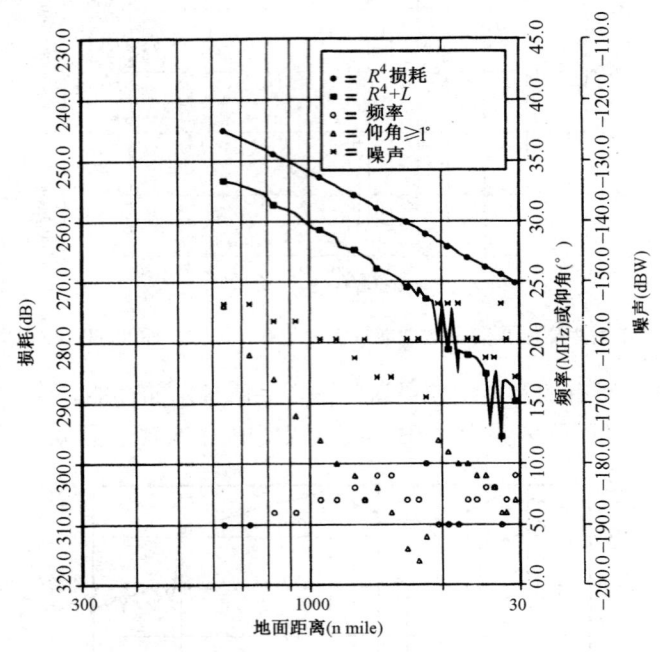

图 20.32 雷达性能预估，1 月份，0800UTC，SSN=10

这些性能预估曲线可用来表示 SNR 中的极端变化、所需的天线仰角和预期的杂波-噪声比。特定的雷达设计的预期性能可以用这些图进行评估，因为重要的变量在冬天和夏天会得到很好的考虑。性能曲线会几乎都限制在太阳活动较低的周期，因为这个周期一般是最困难的时间。图 20.36 给出了在较高太阳活动周期内可用的较高频率性能，该图的例子是针对 7 月份，UTC=1800，SSN=100 的。

根据（1）四季、（2）日夜、（3）高/低太阳活动周期[153]的性能预估曲线的分析，可以得出如下的一致的规律：

（1）夏天的损耗比冬天的损耗大得多；
（2）除夏天外，夜间损耗只稍小于白天的损耗；
（3）夜间噪声比白天噪声大得多；
（4）对具体的距离，最佳频率可变化 3:1。

这种 OTH 性能表达格式可以用来确定特定目标和任务所需的天线方向图和功率，或者可以用来预示现有设计的性能增强或下降周期[154]。

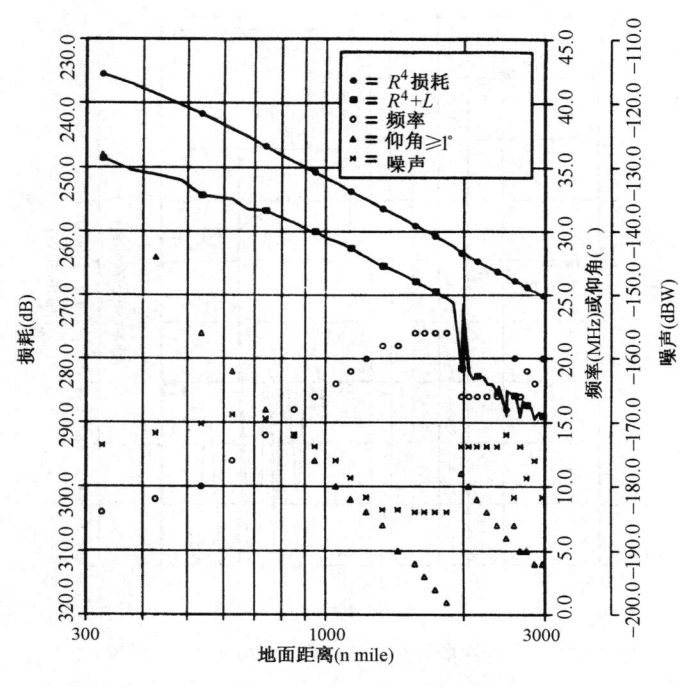

图 20.33　雷达性能预估，1 月份，1800UTC，SSN=10

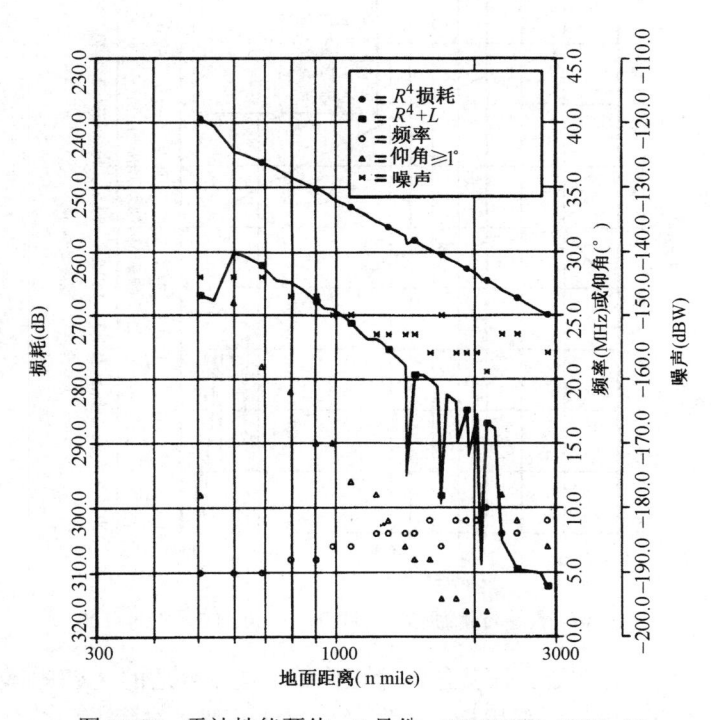

图 20.34　雷达性能预估，7 月份，0800UTC，SSN=10

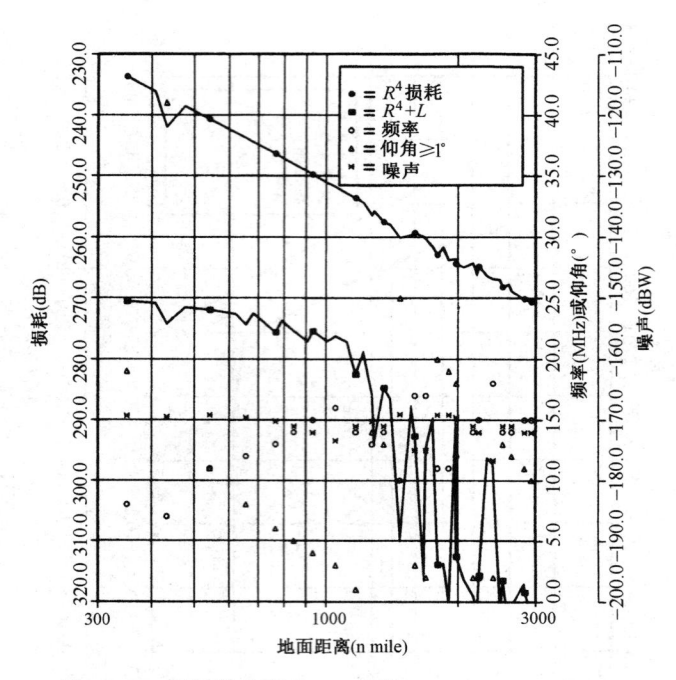

图 20.35　雷达性能预估，7 月份，1800UTC，SSN=10

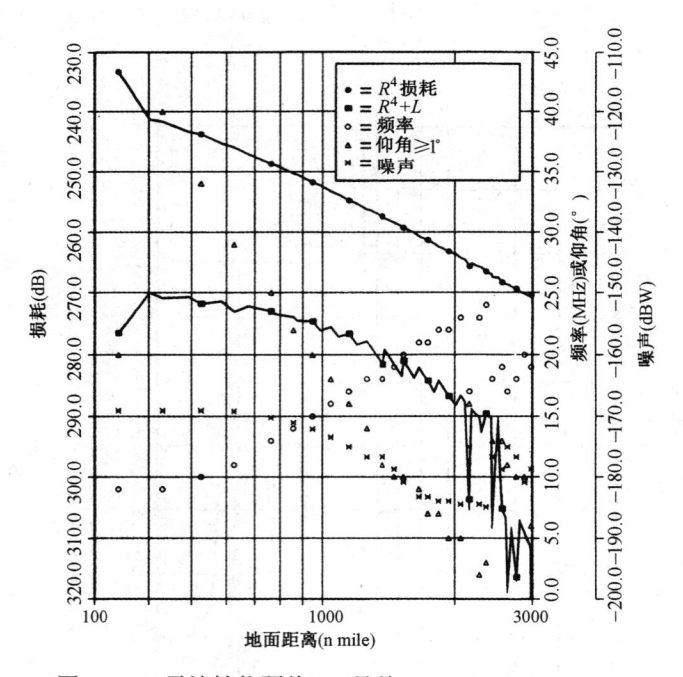

图 20.36　雷达性能预估，7 月份，1800UTC，SSN=100

几个限制条件应该牢记在心。在其他的地理位置应选用合适的 CCIR 噪声，或者最好选用当地的由测量得到的噪声。对采用极光区路径的雷达，要求进行专门的分析，并且必须考虑杂波扩散多普勒带来的目标遮掩。这几幅图给出的性能估计均假定了在设计雷达和波形时外部噪声是控制因素。对白天和夜间进行统一的讨论是合理的，但是，从夜间到白天的过渡非常陡峭，并且要求在雷达工作时进行仔细的频率管理。所用过的电离层描述指的是对被称为寂静电离层的电离层而作的，这种条件在大多数时间都是适用的。在扰动条件下，雷达性能将明显劣于预估的那样。

Jindalee 雷达性能模型

Jindalee 雷达性能模型利用了多个独特的数据库。自从 1984 年起，斜向后向散射探测数据的记录周期是 10min，扫描范围 5~30MHz 或 45MHz（备选）[149, 150]。在 90°弧度上，共生成 8 个同时波束。在 1991 年前，系统采用单部接收机扫描 8 个接收波束，每个接收波束对应后向散射电离图的 200kHz 中的各个 25kHz 部分。1991 年后，每个波束都拥有自己的不断地工作的接收机。与后向散射数据一起用于过剩功率分析的背景噪声数据是把同样的 8 个定向波束用作后向探测器收集到的。

尽管在这些时序中存在很多明显的缺口，但它们横跨两个太阳周期；另外，在向数据库输入新的数据之前，这些数据的完整性要经过广泛的审查。该数据库的独特优势在于，噪声数据和传播数据都是在相同的电离层条件下记录而得的，不过将如 IRI-2001 等独立的杂波和噪声统计模型与 322-3 号 CCIR 相结合，数据库之间的相关性不复存在，虽然相关性可能很强。

数据的分析和显示可以采用几种方式，不过最有用的方式也许就是（1）过剩功率和（2）最优频率的示意图。过剩功率参数的构建方法如下。假设一个特定的目标，其 RCS 已知或者是作为频率的函数估计出来。对于一年中的某个特定月份、特定的太阳黑子数量或者太阳周期年份，需要预估雷达的中值探测性能。

首先通过从数据库中选定一个与要求相符的月份开始进行分析。为了预估每个频率步进、每个波束和每个距离门的真实杂波下可见度（SCV），将同时的背景噪声数据和单独的后向散射电离层的数据配对并取它们的比值。下一步，采用一个特定的时间跨度——通常是 1h——根据单个 SCV 预估统计值，就可以计算出每个空间单元和时间间隔内的 SCV 中值。需要再次提醒的是，这些中值是 SCV 群的中值，而不是杂波中值与噪声中值相结合而得到的统计值。

SCV 中值直接与后向散射探测器的发射功率和发射天线增益直接相关。从雷达方程[式（20.2）]可以看出，SCV 可以缩放至具有不同辐射功率 P_T、孔径、雷达带宽的主雷达的 SCV。将这些缩放的 SCV 值与（1）海面后向散射系数和频率关系的模型（几乎所有的 OTH 雷达覆盖区域都是海洋，因此根据局部海浪的统计数据，采用了一个常量值–23dB）、（2）目标 RCS 和频率关系模型、（3）目标回波的信号处理损耗评估值（一般约为 12dB，该损耗主要是由于 FFT 分析引起的）相结合，就可以得到每个空间位置上目标的预估 SNR 中值与频率的函数关系。该值可以直接使用，不过将每个频率上的过剩功率按照下面的方法进行定义会更加方便。假设：

（1）在信号处理对某次探测进行定位之前，需要一个 M dB 的 SNR 门限。

（2）对覆盖区内特定距离–方位单元计算出来的 SNR 为 SNR(f) dB（该值可能是负数）。

这样，以 dB 为单位，

$$\text{过剩功率}(f) = M - \text{SNR}(f) + P_T - P_{\text{REF}}$$

上式的值为额外功率相对于任何选定的参考功率 P_{REF} 的总量,以获得作为频率的函数的检测。如果由该式得到负值,那么表明雷达的灵敏度高于要求。图 20.37 给出了一个表示为等值线图的例子。最让人特别感兴趣的第二个参数为最优频率,该频率定义为能够使给定目标的 SNR 达到最大的每个距离-时间位置上的频率值,此时雷达方程的所有因素都应考虑在内。另外,图 20.38 中使用的也是等值线图格式。

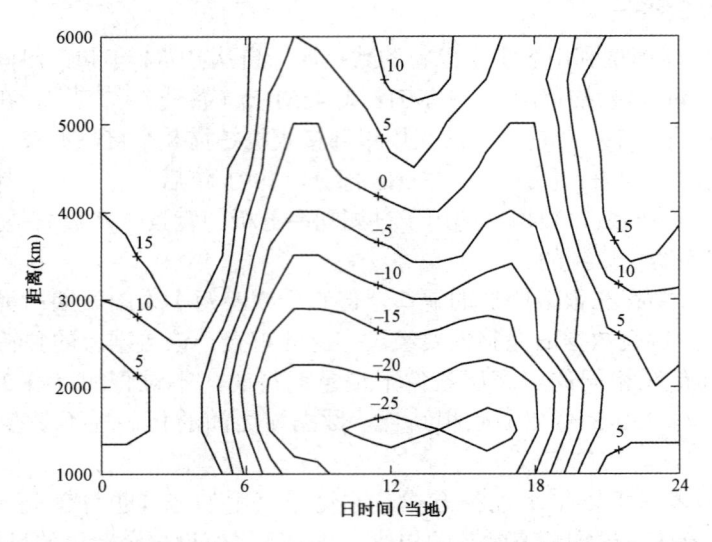

图 20.37 对于特定的月份和太阳活动强度,相对于 100kW 的参考功率 P_{REF},以距离和时间为函数自变量,探测特定目标所需功率的距离-时间图

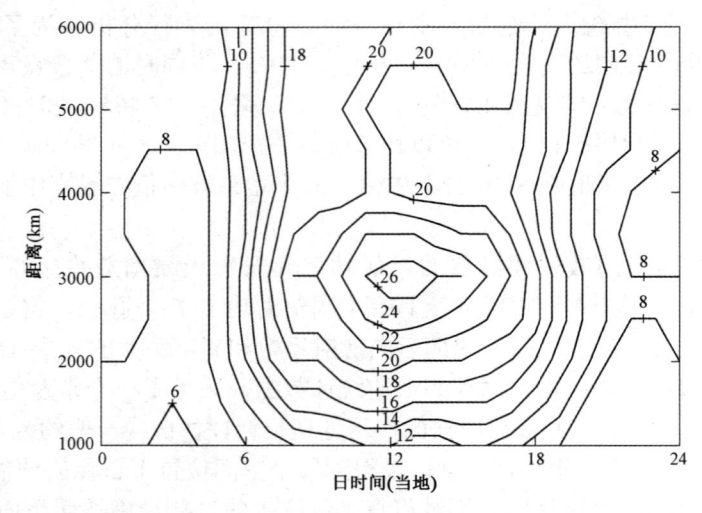

图 20.38 对于特定的月份和太阳活动强度,以距离和时间为函数自变量,探测特定目标的最优频率(以 MHz 为单位)的距离-时间图

其他建模方法

上面描述的模型是以雷达方程[式(20.2)]为基础的。另外一种方法就是采用相参"处

理模型",在该模型中,从发射机到接收机都要跟踪场幅度和相位。该方法已被用于模拟多路径效应、漫散射、极化效应和非线性[69, 70, 155]。例如,在考虑到多路径和法拉第旋转效应时,图 20.39 是最后得到的雷达横截面的预估分布图。相关的物理参量——粗糙表面前向散射系数、对混合多路径的双基地(在垂直面)自由空间目标散射横截面、法拉第旋转和差分法拉第旋转——都应用到参数模型中。模型源于根据蒙特·卡洛(Monte Carlo)仿真法得到的分布或电磁学计算和测量。

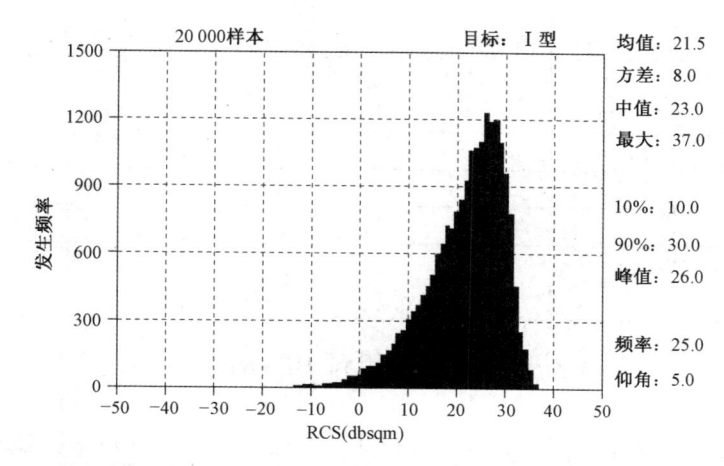

图 20.39 考虑到地面反射多路径效应和法拉第旋转效应,Aermacchi MB326H 训练喷气机在 1000 英尺高度的正面有效 RCS 的分布预测图

附录 HF 表面波雷达

一般特性和能力

尽管天波传播能够提供在几千千米外探测低空目标的独特能力,但是在 HF 上的其他形式传播也可以用于雷达方面的应用。最常见的就是**地波**或**表面波**传播,这种传播对于在海水等高度导电表面上传播的垂直极化无线电波非常有效。另外,还有一些适合视距传播或空间波传播的应用,如测量航天飞行器的高频 RCS。此外,在很多情况下可以采用双基地配置方案,这时可能对发射机-目标路径和目标-接收机路径采用不同的传播机制。由于我们已熟悉空间波传播和前面已对天波系统进行了讨论,因此在这里重点讲述高频表面波(或地波)雷达(HFSWR)的主要特征就够了。

HFSWR 系统可以分成两类:(1) 主要用于海洋遥感的小功率雷达,特别是洋流的遥感;(2) 将目标探测当做主要任务的较大和更强大的系统。前者在世界范围内得到了广泛的应用;后者只有很少数用于监视任务。小功率遥感雷达探测超视距舰船目标的能力虽然不强,但在一些双用途系统中已经得到了利用。

HFSWR 用作海洋监视雷达的主要优点在于该雷达能够探测远超可视视距之外的小型水面舰只和低空飞行的飞机。与天波雷达类似,表面波雷达的性能严重依赖于环境参数和目标参数,以及雷达设计。表 20.3 中引用的探测距离提供了几部已建立的 HFSWR 系统所宣称或报告的对水面舰只和低空飞行飞机的探测能力。

表 20.3　一些 HFSWR 系统标称或宣称的最大探测距离（km）
（SeaSonde 是一部主要用于遥感的小型小功率雷达，性能可以升级。给出的其他雷达用于监视。
对所有雷达来说，在恶劣的环境条件中，可能会比给出性能值下降很多。）

目标类型	SWR503 加拿大 雷声公司	HFSWR 英国 BAE 系统公司	SECAR 澳大利亚 Daronmont 公司	Podsolnukh-E 俄罗斯 Niidar	SeaSonde 美国 Codar 公司
护卫舰	520	>200	>400	260	190
近海拖捞船	450	85	>250	180	120
小型渔船			120		65
快艇			70		35
充气船		22			
低空飞行的战斗机尺寸的飞机		75	>200		

关于天波雷达讨论的大部分内容可直接引用到 HFSWR 雷达上，但是在某些方面的差别还是很明显的：

（1）天线必须设计成并放在表面波耦合模式中有较高的效率的位置。试验表明，当发射天线靠近海平面时，在超视距上产生的场强度要比在架高位置上安装发射天线时获得场强度要高；将天线放置在海平面上即使一个波长或两个波长的位置上，也会导致几分贝的额外损耗[156]。

（2）大多数 HFSWR 系统采用非常宽的"泛光"发射波束，照射整个覆盖扇区；为了填充扇区并同时跟踪所有航迹，形成多个同时接收波束。这降低了成本和复杂性，但是也导致了在探测由噪声限制的目标时，会损失一些灵敏度。

（3）相参积累时间可能扩大至几百秒，因为 HFSWR 并不依赖电离层作为传播媒介。

（4）只有垂直极化的电磁波能够在海洋上以表面波模式进行有效传播，因此 HFSWR 信号的接收天线必须是垂直极化的。另一方面，通过天波来的不需信号和干扰可能具有任何极化方式。这样，通过在极化空间进行滤波，就可以抑制干扰信号：与从水平极化的辅助接收天线上接收到的信号相关的任何信号都可以从垂直极化阵列的输出端抵消掉。

（5）如图 20.40 所示，在约 200km 的距离外传播的快速衰减表明，在较远距离上，发射功率的大幅提升，对探测性能的提高较小。

（6）如图 20.40 所示，表面波的衰减速率随着频率的提高而急剧升高，小目标的 RCS 趋向于迅速增大，而外部噪声下降。可见雷达设计对待探测目标的等级非常敏感。

（7）尽管 HFSWR 并不依赖于电离层，不过从电离层中不规则性反射回来的回波可能出现在约 100km 距离之外。类似的，通过斜向天波传播接收到的地面反射回波可能出现在约 200km 距离外。这些回波可能在多普勒中是扩散的，对 HFSWR 系统造成一些严重的问题。相应地，天线应设计成在较高的仰角上具有低增益。

表 20.4 中列出了一部典型的 HFSWR 系统——Daronmont SECAR 雷达的主要设计参数（天波雷达的对应值见表 20.2）。

表 20.4 设计用于监视 200n mile 专属经济区的 SECAR 高频表面波雷达的指标

雷 达		SECAR
制造商		Daronmont 技术公司
类型		双基地高频表面波雷达
发射站/接收站间隔距离（km）		50～150
平均功率（kW）		5
峰值功率（kW）		5
频带（MHz）		4～16
波形		线性 FM-CW
带宽（kHz）		10～50
波形重复频率（Hz）		4～50
发射天线设计		带有地面屏的单部垂直对数周期天线
接收天线设计		带有地面屏的 16 对或 32 对端射单极子
接收孔径（m）		200～500
波束宽度	4MHz	>9°
	16MHz	>2°
同时波束的数量		16 个或 32 个
瞬时距离深度（km）		100～500
距离门的数量		10～200
相参积累时间（s）		1～120
多普勒单元的数量		32～512
最大速度分辨率（ms^{-1}）		<0.5
主要任务		舰船探测
整个覆盖区的重访时间		等于 CIT
次要任务		飞机探测；遥感
可同时跟踪目标的数量		>200

HFSWR 系统的传播考虑因素

在很好的近似程度上，当感兴趣的目标位于 HFSWR 的光学水平线之上时，入射到目标上的场可以分解成几项：（1）直接视线；（2）海平面反射和（3）侧向波或贴在"表面上的波"。在水平线之外，表面波成为主要因素，不过在较短距离上，所有三个因素都要考虑。因此，（1）目标回波强度、（2）目标的距离和高度这二者之间的关系并不简单。此外，如果需要精确的预测，那么场分布的计算量将会非常庞大。当存在混合路径时，也就是覆盖区域一部分在有陆地上，例如一部分覆盖区域内有岛屿时，会难上加难。

我们把注意力集中在超视距探测方面。当雷达天线和目标都靠近海面的情况下，表面波会随着距离和频率的变化而衰减，如图 20.40 所示（以频率为参数）。这些曲线针对的是平滑的表面，并且利用 4/3 的地球半径来近似大气层的折射效应。这里使用的传播软件是由 Berry 和 Chrisman[157]开发的，具有很好的灵活性，可以自由设定天线高度和目标高度、表面电导率和介电常数、极化及频率。该例中的关键点是：（1）工作在低频可得到明显的好处，尽管天线尺寸会很大，噪声环境会很高，而且目标 RCS（经常）会降低等可抵消部分好处，但是此时的传播损耗却被降低到最低；(2) 在几百千米的距离外，信号强度急剧下降，增加 10dB 的额外发射功率可能只能增加 10km 的探测距离。

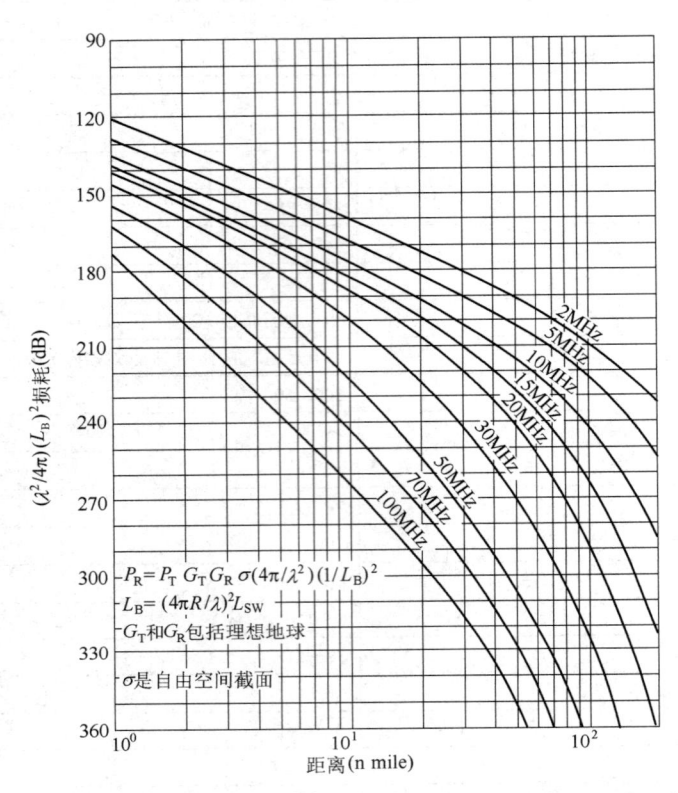

图 20.40 用来预估地波雷达性能的传播损耗和距离关系曲线图。假设地面是平滑的，目标和天线高度为 2m，电导率为 5S/m，介电常数为 80

另外一种更广泛使用的传播软件为 GRWAVE[158]，这种传播软件为了使计算效率达到最大化，针对距离和其他参数，对场采用了不同的数学表达式。该模型的精确度可以在图 20.41 中窥见一斑。在该图中，把 GRWAVE 模型的预测值与一部岸基 HFSWR 雷达接收到的信号强度的试验测量值进行了比较，此时的发射机安装在约 110km 外的一艘小型艇上[156]。为了避免天线的一些支节问题的影响，GRWAVE 曲线被归一化，从而与在 40km 距离处的测量值相符。很明显，通过归一化，在整个距离范围内，预测值与测量值相当吻合，只是有细微的系统性偏差。GRWAVE 模型似乎稍稍低估了在 7.72MHz 上的衰减值，而高估了在 12.42MHz 上的衰减值。此时的海洋粗糙度较低（1~2 级海况）。通过使用 Barrick 推导出的粗糙度损耗表达式[159]，就可以将海洋的粗糙度对信号幅度的影响考虑在内。

另外一种表面波传播建模软件是由 Sevgi[160]开发的，该模型尤其注意对穿过多个岛屿的混合路径传播的计算。

利用 Anderson 等[161]的多散射理论，可以计算出时变海洋粗糙度对信号幅度和波前结构的影响，具体表现在时延、多普勒频谱和接收信号的到达方向频谱上。

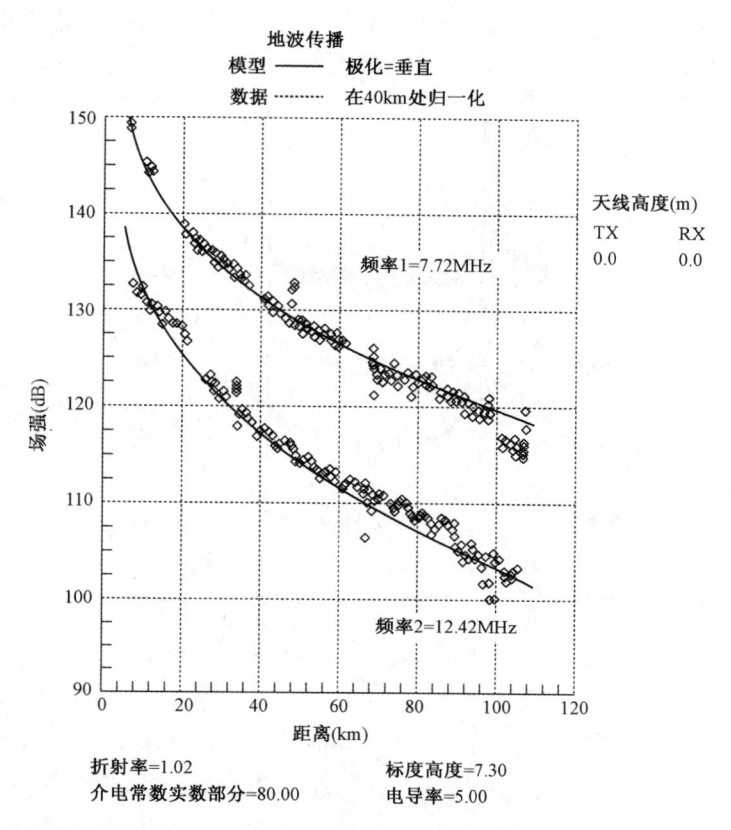

图 20.41　单程地波衰减的试验测量值与 GRWAVE 预估值的对比图。需要提醒的是，当源穿过 FFT 距离门时粗糙度损耗引起的起伏

散射：目标和杂波

在 20.7 节和 20.8 节中关于高频 RCS 和海杂波的讨论同样适用于 HFSWR。确实，由于电离层的干扰效应不存在，因此利用散射信号的空间更大。而且，尽管表面波在较高频率的衰减速率增大对用来探测一定距离范围内目标的频率加上了一定的上限的限制，但是限制条件绝不会和天波传播的限制条件一样苛刻。这增加了更有效使用多个频率的可能性，以便提取更多的目标信息和海况信息，挖出掩藏在杂波中的目标。

图 20.42 给出了一个使人信服的例子，图中的一个距离单元包含一艘以 13 节的速度行驶的舰船目标，该距离单元在 8 个雷达频率上被询问过，最终生成的多普勒频谱以一簇曲线的形式显示出来。

该图中的两列分别表示在标签所示的 8 个工作频率上靠近的目标（右列）和远离的目标（左列）的接收功率和多普勒频率的关系。横坐标以多普勒频率为单位，被归一化到谐波或 Bragg 频率上；因此，谐振波对应于±1 处的峰值。每条曲线的振幅范围为 60dB。位于零多普勒频率的峰值是由天线副瓣中的陆地引起的。目标多普勒在 4.93MHz 的雷达频率处与 Bragg 谱线频率一致；在雷达频率低于 4.93MHz 时，目标多普勒位于 Bragg 谱线之间；在雷达频率高于该频率时，目标多普勒位于 Bragg 谱线之外。正多普勒谐振波峰值大约比负多普勒峰值多 20dB，这表明风朝着雷达吹着海浪。用于算出这些曲线的处理时间是 200s（相参积累时间）和 30min（求平均）。

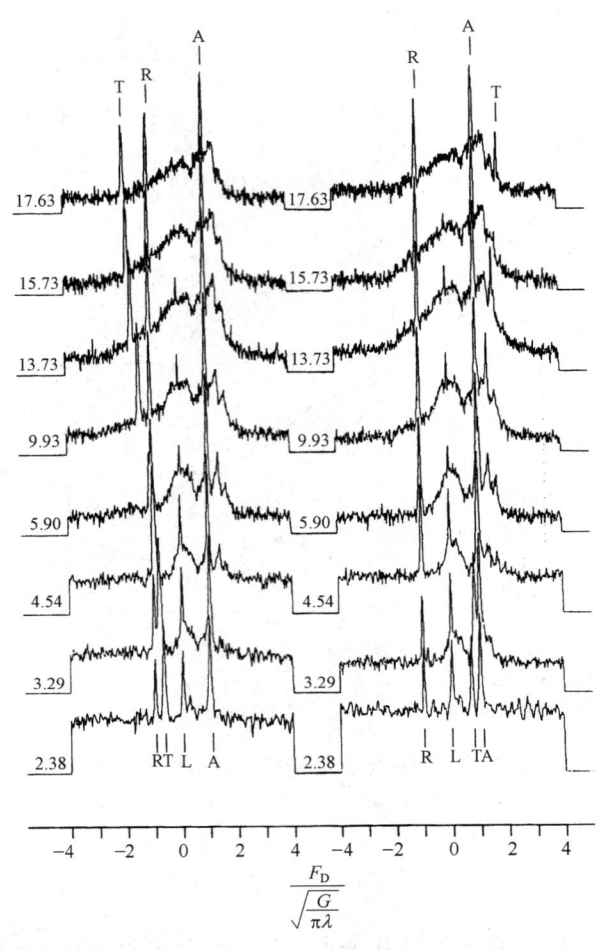

图 20.42 显示（1）目标和（2）杂波频谱特性的不同频率依赖性的多频 HFSWR 多普勒频谱。存在海浪回波时，给出了靠近雷达（右）和远离雷达（左）的目标 T，A 标记为靠近雷达的 Bragg 峰值，R 标记为远离雷达的 Bragg 峰值。该曲线画出了 8 个雷达工作频率上的接收功率和归一化多普勒频率（即以 Bragg 频率为单位）的关系。零频率处的峰值是由天线副瓣中的静止目标引起的

性能建模

HFSWR 系统性能建模的例子[161, 162]通常都是基于 20.12 节中的方案。这里的主要差别就在于有图 20.40 所示的各种路径损耗的描述。例如，假设一部雷达工作在 5MHz，平均功率为 10kW（40dBW），收/发天线增益积为 15dB，在 100n mile 处有一个目标，其 RCS 为 20dBsm；于是接收功率为

$$P_r = 40 + 15 + 20 - 222 = -147 \text{dBW}$$

采用图 20.19（b）中给出的 1 月份夜间噪声，

$$\text{SNR} = P_r - N = -147 + 153 = 6\text{dB}$$

如相参处理时间为 10s，那么

$$SNR = 16dB$$

如前指出的，传播损耗会随着距离的变化而加速增大，尤其是在较高频率上，而大气效应和海面粗糙度效应将会累积起来，并且通过天波路径接收到的回波受表面波回波的污染也会更加严重，所以要小心对待在约 200km 距离之外的对远距离的定量性能预估。

参考文献

[1] A. H. Taylor and E. O. Hulbert, "The propagation of radio waves over the earth," *Physical Review*, vol. 27, February 1926.

[2] L. A. Gebhard, "Evolution of naval radio-electronics and contributions of the Naval Research Laboratory," Naval Res. Lab. Rept. 8300, 1979.

[3] J. M. Headrick and M. I. Skolnik, "Over-the-Horizon Radar in the HF Band," *Proc. IEEE*, vol. 62, pp. 664–673, June 1974.

[4] D. A. Boutacoff, "Backscatter radar extends early warning times," *Defense Electronics*., vol. 17, pp. 71–83, May 1985.

[5] Guest editorial and invited papers in special issue on high-frequency and ice mapping and ship location, *IEEE J. Oceanic Eng.*, vol. OE-11, April 1986.

[6] J. R. Barnum, "Ship detection with high resolution HF skywave radar," *ibid.*, pp. 196–210, April 1986.

[7] J. M. Headrick, "Looking over the horizon," *IEEE Spectrum*, vol. 27, pp. 36–39, July 1990.

[8] D. H. Sinnott, "The Jindalee over-the-horizon radar system," *Conf. Air Power in the Defence of Australia*, Australian National University, Research School of Pacific Studies, Strategic and Defence Studies Centre, Canberra, Australia, July 14–18, 1986.

[9] J. Wylder, "The frontier for sensor technology," *Signal*, vol. 41, pp. 73–76, 1987.

[10] V. A. Yakunin, F. F. Evstratov, F. I. Shustov, V. A. Alebastrov, and Y. I. Abramovich, "Thirty years of eastern OTH radars: history, achievements and forecast," *L'Onde Electrique*, vol. 74, no. 3, May–June 1994.

[11] C. Goutelard, "The NOSTRADAMUS project: French OTH-B radar design studies," *47th AGARD Symposium on 'Use or Reduction of Propagation and Noise Effects in Distributed Military Systems'*, AGARD CP-488 (Supp.), Greece, October 1990.

[12] C. Goutelard, "STUDIO father of NOSTRADAMUS. Some considerations on the limits of detection possibilities of HF radars," *Int. Conf. HF Radio Systems and Techniques*, IEE Conference Publication no. 474, July 2000.

[13] V. Bazin, J. P. Molinie, J. Munoz, P. Dorey, S. Saillant, G. Auffray, V. Rannou, and M. Lesturgie, "A general presentation about the OTH-Radar NOSTRADAMUS," *IEEE Radar Conference*, Syracuse, NY, May 2006. Also reprinted in *IEEE AES Systems Magazine*, vol. 21, no. 10, pp. 3–11, October 2006.

[14] Zhou Wenyu and Mao Xu, "Bistatic FMCW OTH-B experimental radar," *Proc. Int. Conf. Radar ICR-91*, China Institute of Electronics, 1991, pp. 138–141.

[15] Guest editorial and invited papers reviewing OTH radar technology, with emphasis on recent progress, *Radio Science*, vol. 33, July–August 1998.

[16] A. A. Kolosov (ed.), *Fundamentals of Over-the-Horizon Radar*, in Russian, Radio i svyaz, 1984. Also a translation by W. F. Barton, Norwood, MA: Artech House, 1987.

[17] R. A. Greenwald, K. B. Baker, R. A. Hutchins, and C. Hanuise, "An HF phased array radar for studying small-scale structure in the high latitude ionosphere," *Radio Science*, vol. 20, pp. 63–79, January–February 1985.

[18] P. A. Bernhardt, G. Ganguli, M. C. Kelley, and W. E. Swartz, "Enhanced radar backscatter from space shuttle exhaust in the ionosphere," *J. Geophys. Res.*, vol. 100, pp. 23,811–23,818, 1995.

[19] R. M. Thomas, P. S. Whitham, and W. G. Elford, "Response of high frequency radar to meteor backscatter," *J. Atmos. Terr. Phys.*, vol. 50, pp. 703–724, 1988.

[20] A. Cameron, "The Jindalee operational radar network: its architecture and surveillance capability," *Proc. IEEE Int. Radar Conf.*, 1995, pp. 692–697.

[21] K. Davies, *Ionospheric Radio,* London: P. Peregrinus, 1990.

[22] J. Thomason, G. Skaggs, and J. Lloyd, "A global ionospheric model," Naval Res. Lab. Rept. 8321, August 20, 1979.

[23] K. Hocke and K. Schlegel, "A Review of atmospheric gravity waves and travelling ionospheric disturbances: 1982–1995," *Annales Geophysicae*, vol. 14, pp. 917–940, 1996.

[24] A. Bourdillon, J. Delloue, and J. Parent, "Effects of geomagnetic pulsations on the doppler shift of HF backscatter radar echoes," *Radio Science*, vol. 24, pp. 183–195, 1989.

[25] B.G. Fejer and M. C. Kelley, "Ionospheric irregularities," *Rev. Geophys. and Space Phys.*, vol. 18, pp. 401–454, 1980.

[26] C.-S. Huang, M. C. Kelley, and D. L. Hysell, "Nonlinear Rayleigh-Taylor instabilities, atmospheric gravity waves, and equatorial spread F," *J. Geophys. Res.*, vol. 9, pp. 15,631–15,642, 1993.

[27] D. L. Lucas and G. W. Haydon, "Predicting statistical performance indexes for high frequency telecommunications systems," ESSA Tech. Rept. IER 1 ITSA 1, U.S. Department of Commerce, 1966.

[28] A. L. Barghausen, J. W. Finney, L. L. Proctor, and L. D. Schultz, "Predicting long-term operational parameters of high-frequency sky-wave communications systems," ESSA Tech. Rept. ERL 110-ITS 78, U.S. Department of Commerce, 1969.

[29] J. M. Headrick, J. F. Thomason, D. L. Lucas, S. McCammon, R. Hanson, and J. L. Lloyd, "Virtual path tracing for HF Radar including an ionospheric model," Naval Res. Lab. Memo. Rept. 2226, March 1971.

[30] L. R., Teters, J. L. Lloyd, G. W. Haydon, and D. L. Lucas, "Estimating the performance of telecommunication systems using the ionospheric transmission channel—ionospheric communications analysis and prediction program users manual," Nat. Telecom. Inf. Adm. NTIA Rept. 83-127, July 1983.

[31] V. E. Hatfield, "HF communications predictions 1978 (An economical up-to-date computer code, AMBCOM)," *Solar Terrestrial Production Proc.*, vol. 4, in *Prediction of Terrestrial Effects of Solar Activity*, R. F. Donnelley (ed.), National Oceanic and Atmospheric Administration, 1980.

[32] D. Lucas, G. Pinson, and R. Pilon, "Some results of RADARC-2 equatorial spread doppler clutter predictions," *Proc. 7th Int. Ionospheric Effects Symp.*, Alexandria, Virginia, pp. 2A5-1–2A5-8, May 1993.

[33] D. L. Lucas, "Ionospheric parameters used in predicting the performance of high frequency skywave circuits," Interim Report on NRL Contract N00014-87-K-20009, Account 153-6943, University of Colorado, Boulder, April 15, 1987.

[34] D. C. Miller and J. Gibbs, "Ionospheric analysis and ionospheric modeling," AFCRL Tech. Rept. 75-549, July 1975.

[35] D. Bilitza, "International reference ionosphere," http://modelweb.gsfc.nasa.gov/ionos/iri.html.

[36] Index of /models/ionospheric/iri/iri2001, http://nssdcftp.gsfc.nasa.gov/models/ionospheric/iri/iri2001.

[37] A. G. Kim, Z. F. Zumbrava, V. P. Grozov, G. V. Kotovich, Y. S. Mikhaylov, and A. V. Oinats, "The correction technique for IRI model on the basis of oblique sounding data and simulation of ionospheric disturbance parameters," *Proc. XXVIIIth URSI General Assembly*, New Delhi, October 2005.

[38] R. E. Daniell, Jr. and D. N. Anderson, "PIM model 1995," http://modelweb.gsfc.nasa.gov/ionos/pim.html.

[39] Parameterized Ionospheric Model, Computational Physics, http://www.cpi.com/products/pim/.

[40] R.E. Daniell, L.D. Brown, D. N. Anderson, M. W. Fox, P. H. Doherty, D. T. Decker, J. J. Sojka, and R. W. Schunk, "Parameterized ionospheric model: A global ionospheric parameterization based on first principle models," *Radio Science*, vol. 30, pp. 1499–1510, 1995.

[41] R. E. Daniell, "PRISM: assimilating disparate data types for improved low latitude ionospheric specification," presented at the Ionospheric Determination and Specification for Ocean Altimetry and GPS Surface Reflection Workshop at the Jet Propulsion Laboratory, Pasadena, CA, 2–4 December 1997.

[42] D. N. Anderson, J. M. Forbes, and M. Codrescu, "A fully analytical, low- and middle-latitude ionospheric model," *J. Geophys. Res.* vol. 94, pp. 1520–1524, 1989.

[43] Global Assimilation of Ionospheric Measurements, Park City, Utah, 2001, http://gaim.cass.usu.edu/GAIM/htdocs/present.htm.

[44] Global Assimilative Ionospheric Model, JPL, http://iono.jpl.nasa.gov/gaim/index.html.

[45] J. D. Huba, G. Joyce, and J. A. Fedder, "SAMI2 (Sami2 is another model of the ionosphere), A new low-latitude ionosphere model," *J. Geophys. Res.*, vol. 105, 23,035–23053, 2000.

[46] B. Khattatov, M. Murphy, M. Gnedin, T. Fuller- Rowell, and V. Yudin, "Advanced modeling of the ionosphere and upper atmosphere," *Environmental Research Technologies Report*, A550924, June 2004.

[47] J. K. Hill, "Exact ray paths in a multisegment quasi-parabolic ionosphere," *Radio Science*, vol. 14, pp. 855–861, 1979.

[48] T. A. Croft and H. Hoogasian, "Exact ray calculations in a quasi-parabolic ionosphere with no Magnetic Field," *Radio Science*, vol. 3, pp. 69–74, 1968.

[49] R. J. Newton, P. L. Dyson, and J. A. Bennett, "Analytic ray parameters for the quasi-cubic segment model of the ionosphere," *Radio Science*, vol. 32, pp. 567–578, 1997.

[50] R. M. Jones and J. J. Stephenson, "A versatile three-dimensional ray tracing computer program for radio waves in the ionosphere," Office Telecom. Rept. 75–76, October 1975.

[51] C. J. Coleman, "A general purpose ionospheric ray-tracing procedure," DSTO Technical Report SRL-0131-TR, 1993.

[52] Jari Perkiömäki, "High-frequency (HF) ionospheric communications propagation analysis and prediction," VOACAP Quick Guide, http://www.voacap.com/.

[53] "Advanced stand alone prediction system," IPS Radio and Space Services, The Australian Space Weather Agency, http://www.ips.gov.au/Products_and_Services/1/1.

[54] PROPLAB-PRO version 2.0, http://www.spacew.com/www/proplab.html.

[55] B. T. Root and J. M. Headrick, "Comparison of RADARC High-frequency radar performance prediction model and ROTHR Amchitka data," Naval Res. Lab. Rept. NRL/MR/5320-93-7181, July 1993.

[56] J. M. Headrick, B. T. Root, and J. F. Thomason, "RADARC model comparisons with Amchitka radar data," *Radio Science*, vol. 30, pp. 729–737, May–June 1995.

[57] "New wind model," HWM 93, http://nssdcftp.gsfc.nasa.gov/models/atmospheric/hwm93/hwm93.txt.

[58] J. A. Secan, R. M. Bussey, E. J. Fremouw, and Sa. Basu, "An improved model of equatorial scintillation," *Radio Science, 30,* 607–617, 1995.

[59] A. V. Gurevich, *Nonlinear Phenomena in the Ionosphere,* New York: Springer-Verlag, 1978.

[60] V. A. Alebastrov, A. T. Mal'tsev, V. M. Oros, A. G. Shlionskiy, and O. I. Yarko, "Some characteristics of echo signals," *Telecomm. and Radio Eng.*, vol. 48, pp. 92–95, 1993.

[61] V. G. Somov, V. A. Leusenko, V. N. Tyapkin, and G. Ya. Shaidurov, "Effect of nonlinear and focusing ionospheric properties on qualitative characteristics of radar in the decametric-wave band," *J. Comm. Technology and Electronics*, vol. 48, pp. 850–858, 2003.

[62] ITT Avionics Division, Electro-Physics Laboratories, EPL Model ATL-75 Transmitter for Radar and Communication, IR&D Project Rept. 274, Results of performance measurements, January 1975.

[63] D. J. Hoft and Fuat Agi, "Solid state transmitters for modern radar applications," *CIE Int. Radar Conf. Record, Beijing,* November 4–7, 1986, pp. 775–781.

[64] F. A. Raab, P. Asbeck, S. Cripps, P. B. Kenington, Z. B. Popovic, N. Pothecary, J. F. Sevic, and N. O. Sokal, "Power amplifiers and transmitters for RF and microwave," *IEEE Trans. Microwave Theor. and Tech.*, vol. 50, pp. 814–826, March 2002.

[65] D. J. Netherway and Carson, C. T., "Impedance and scattering matrices of a wideband HF phased Array," *J. Electron. Eng. Aust.*, vol. 6, pp. 29–39, 1986.

[66] Guest editorial and invited papers in special issue on shortwave broadcasting, *IEEE Trans. Broadcast.*, vol. 34, June 1988.

[67] R. C. Johnson and H. Jasik (eds.), *Antenna Engineering Handbook*, 3rd Ed., New York: McGraw-Hill Book Company, 1993.

[68] A. G. Kurashov (ed.), *Shortwave Antennas,* 2 Ed., in Russian, *Radio i svyaz,* January 1985.

[69] S. J. Anderson, "Limits to the extraction of information from multi-hop skywave radar signals," *Proc. Int. Radar Conf.*, Adelaide, September 2003, pp. 497–503.

[70] S. J. Anderson, "The doppler structure of diffusely-scattered skywave radar echoes," *Proc. Int. Radar Conf.*, Toulouse, October 2004.

[71] S. J. Anderson, "Target classification, recognition and identification with HF radar, proc. NATO Research and Technology Agency," *Sensors and Electronics Technology Panel Symposium SET-080/RSY17/RFT 'TARGET IDENTIFICATION AND RECOGNITION USING RF SYSTEMS'*, Oslo, Norway, October 2004.

[72] E. K. Walton and J. D. Young, "The Ohio State University compact radar cross section measurement range," *IEEE Trans. Ant. Prop.*, vol. AP-32, pp. 1218–1223, November 1984.

[73] G. J. Burke and A. J. Poggio, "Numerical electromagnetic code (nec)-method of moments," NOSC Tech. Doc. 116, 1981.

[74] R. W. Bogle and D. B. Trizna, "Small boat radar cross sections," Naval Res. Lab. Memo. Rept. 3322, July 1976.

[75] R. Dinger, E. Nelson, S. Anderson, F. Earl, and M. Tyler, "High frequency radar cross section measurements of surrogate go-fast boats in Darwin, Australia," *SPAWAR System Center Tech. Rept. 1805*, September 1999.

[76] S. J. Anderson, "Remote sensing with the Jindalee Skywave Radar," *IEEE J. Ocean. Eng.*, vol. OE- II, pp. 158–163, April 1986.

[77] J. R. Barnum and E. E. Simpson, "Over-the-horizon radar target registration improvement by terrain feature localization," *Radio Science*, vol. 33, pp. 1067, July–August 1998.

[78] D. E., Barrick, J. M. Headrick, R. W. Bogle, and D. D. Crombie, "Sea backscatter at HF: Interpretation and utilization of the echo," *Proc. IEEE,* vol. 62, pp. 673–680, June 1974.

[79] S. O. Rice, "Reflection of electromagnetic waves from slightly rough surfaces," in *Theory of Electromagnetic Waves,* M. Kline (ed.), New York: Interscience Publishers, 1951, pp. 351–378.

[80] D. E. Barrick, "First order theory and analysis of MF/HF/VHF scatter from the sea," *IEEE Trans.*, vol. AP-20, pp. 2–10, January 1972.

[81] D. E. Barrick, "Remote sensing of sea state by radar," Chapter 12 in *Remote Sensing of the Troposphere*, V.E. Derr (ed.), Boulder, CO: NOAA/Environmental Research Laboratories, 1972, pp. 12.1–12.6.

[82] D. D. Crombie, "Doppler spectrum of the sea echo at 13.56 Mcs," *Nature,* vol. 175, pp. 681–682, 1955.

[83] J. W. Maresca, Jr. and J.R. Barnum, "Theoretical limitation of the sea on the detection of low doppler targets by over-the-horizon radar," *IEEE Trans. Ant. Prop.*, vol. AP-30, pp. 837–845, 1982.

[84] W. J. Pierson and L. Moskowitz, "A proposed spectral form for fully developed wind seas based on the similarity theory of S. A. Kitaigordskii," *J. Geophys. Res.*, vol. 69, no. 24, pp. 5181–5190, 1964.

[85] K. Hasselmann, D. B. Ross, P. Muller, and W. Sell, "A parametric wave prediction model," *J. Phys. Oceanogr*, vol. 6, pp. 200–228, 1976.

[86] T. Elfouhaily, B. Chapron, K. Katsaros, and D. Vandemark, "A unified directional spectrum for long and short wind-driven waves," *J. Geophys. Res.*, vol. 102, pp. 15782–15796, 1997.

[87] A. E. Long and D. B. Trizna, "Mapping of North Atlantic winds by HF radar sea backscatter interpretation," *IEEE Trans. Ant. Prop.*, vol. AP-21, pp. 680–685, September 1973.

[88] L. R. Wyatt, "A relaxation method for integral inversion applied to HF radar measurement of the ocean wave directional spectrum," *Int. J. Remote Sens.*, vol. 11, pp. 1481–1494, August 1990.

[89] Y. Hisaki, "Nonlinear inversion of the integral equation to estimate ocean wave spectra from HF radar," *Radio Science,* vol. 31, pp. 25–39, 1996.

[90] N. Hashimoto and M. Tokuda, "A Bayesian approach for estimation of directional wave spectra with HF radar," *Coastal Eng. J.*, vol. 41, pp.137–149, 1999.

[91] D. E. Barrick, "Extraction of wave parameters from measured hf radar sea-echo spectra," *Radio Science*, vol, 12, no. 3, p. 415, 1977.

[92] T. M. Georges, J. A. Harlan, R. R. Leben, and R. A. Lematta, "A test of ocean surface current mapping with over-the-horizon radar," *IEEE Trans. Geosci. and Rem. Sens.*, vol. 36. pp. 101–110, 1998.

[93] H. L. Tolman, WAVEWATCH III, National Weather Service, http://polar.ncep.noaa.gov/waves/wavewatch/wavewatch.html.

[94] J. L. Ahearn, S. R. Curley, J. M. Headrick, and D. B. Trizna, "Tests of remote skywave measurement of ocean surface conditions," *Proc. IEEE*, vol. 62, pp. 681–686, June 1974.

[95] D. B. Trizna and J. M. Headrick, "Ionospheric effects on HF over-the-horizon radar," in Goodman, J. M. (ed.), *Proc. Effect Ionosphere on Radiowave Systems,* ONR/AFGL-sponsored, April 14–16, 1961, pp. 262–272.

[96] J. Parent and A. Bourdillon, "A Method to correct HF skywave backscattered signals for ionospheric frequency modulation," *IEEE Trans. Ant. Prop.*, vol. AP-36, pp. 127–135, 1987.

[97] S. J. Anderson and Y.I. Abramovich, "A unified approach to detection, classification and correction of ionospheric distortion in HF skywave radar systems," *Radio Science*, vol. 33, pp.1055–1067, July–August 1998.

[98] D. B. Trizna, "Estimation of the sea surface radar cross section at HF from second-order doppler spectrum characteristics," Naval Res. Lab. Rept. 8579, May 1982.

[99] R. O. Pilon and J. M. Headrick, "Estimating the scattering coefficient of the ocean surface for high-frequency over-the-horizon radar," Naval Res. Lab. Memo. Rept. 5741, May 1986.

[100] J. Jones and P. Brown, "Sporadic meteor radiant distributions: orbital survey results," *Mon. Not. Roy. Astr. Soc.*, vol. 265, pp. 524–-532, 1993.

[101] M. A. Cervera and W. G. Elford., "The meteor response function: theory and application to narrow beam MST radar," *Planet. Space Sci.*, vol. 52, pp. 591–602, 2004.

[102] P. Brown and J. Jones, "A determination of the strengths of the sporadic radio-meteor sources," *Earth, Moon and Planets*, vol. 68, pp. 223–-245, 1995.

[103] M. A. Cervera, D. A. Holdsworth, I. M. Reid, and M. Tsutsumi, "The meteor radar response function: Application to the interpretation of meteor backscatter at medium frequency," *J. Geophys. Res.*, vol. A109, pp. 11309, 2004.

[104] T. J. Elkins, "A model for high frequency radar auroral clutter," RADC Rept. TR-80-122, March 1980.

[105] "World distribution and characteristics of atmospheric radio noise," CCIR Rept. 322, CCIR (International Radio Consultative Committee), International Telecommunications Union, editions 1964, 1983, and 1988.

[106] A. D. Spaulding and J. S. Washburn, "Atmospheric radio noise: Worldwide levels and other characteristics," NTIA Rept. 85-173, National Telecommunications and Information Administration, April 1985.

[107] D. L. Lucas and J. D. Harper, "A numerical representation of CCIR Report 322 high frequency (3-30 Mcs) atmospheric radio noise data," Nat. Bur. Stand. Note 318, August 5, 1965.

[108] D. B. Sailors, "Discrepancy in the International Radio Consultative Committee Report 322-3 radio noise model: The probable cause," *Radio Science*, vol. 30, pp. 713–728, 1995.

[109] B. J. Northey and P. S. Whitham, "A comparison of DSTO and DERA HF background Noise measuring systems with the International Radio Consultative Committee (CCIR) model data," DSTO Technical Report DSTO-TR-0855, November 2000.

[110] M. Kotaki and C. Katoh, "The global distribution of thunderstorm activity observed by the ionosphere satellite (ISS-b)," *J.Atmos. Terr. Phys.*, vol. 45, pp. 833–850, 1984.

[111] C. J. Coleman, "A direction-sensitive model of atmospheric noise and its application to the analysis of HF receiving antennas," *Radio Science*, vol. 37, pp. 3.1–3.10, 2002.

[112] Yu. I. Abramovich, N. K. Spencer, and S. J. Anderson, "Experimental study of the spatial dynamics of environmental noise for a surface-wave OTHR application," *Proc. 8th Int. Conf. HF Radio Systems and Techniques*, IEE Conference Publication no. 474, Guildford, UK, July 2000, pp. 357–362.

[113] L. E. Sweeney, "Spatial properties of ionospheric radio propagation as determined with half-degree azimuthal resolution," Stanford Electron. Lab. Tech. Rept. 155 SU- SEL-70-034, Stanford University, June 1970.

[114] J. T. Lynch, "Aperture synthesis for HF radio signals propagated via the F-layer of the ionosphere," Stanford Electron. Lab. Tech. Rept. 161 SU-SEL-70-066, Stanford University, September 1970.

[115] D. H. Sinnott and G. R. Haack, "The use of overlapped subarray techniques in simultaneous receive beam arrays," *Proc. Antenna Appl. Symp.*, University of Illinois, 1983.

[116] S. J. Anderson, Y. I. Abramovich, and W-M. Boerner, "Measuring polarization dynamics of the generalized HF skywave channel transfer function," *Proc. Int Symp. Ant. and Prop.*, ISAP 2000, Japan, August 2000.

[117] T. H. Pearce, "Receiving array design for over-the-horizon radar," *GEC J. Technology*, vol. 15, pp. 47–55, 1998.

[118] G. F. Earl and M. J. Whitington, "HF radar ADC dynamic range requirements," *3rd Int. Conf. on Advanced A/D and D/A Conversion Techniques*, July 1999.

[119] G. F. Earl, "FMCW waveform generator requirements for ionospheric over-the-horizon radar," *Radio Science*, vol. 33, pp. 1069–1076, 1998.

[120] G. F. Earl, "Receiving system linearity requirements for HF radar," *IEEE Trans. Instrum. Meas.*, vol. 40, pp. 1038–1041, 1991.

[121] G. F. Earl, P. C. Kerr, and P. M. Roberts, "OTH radar receiving system design using synoptic HF environmental database," *Proc. 5th Int. Conf. HF Radio Systems and Techniques*, July 1991, pp. 48–53.

[122] S. J. Anderson, "Simulation and modeling for the Jindalee over-the-horizon radar," *Math. and Comp. in Simulation*, vol. 27, pp. 241–248, 1985.

[123] G. F. Earl, "Consideration of reciprocal mixing in HF OTH radar design," *Proc. 7th Int. Conf. HF Radio Systems and Techniques*, IEE Conference Publication no. 441, July 1997, pp. 256–259.

[124] G. F. Earl, "HF radar receiving system image rejection requirements," *Proc. 6th Int. Conf. HF Radio Systems and Techniques*, September 1995, pp. 128–132.

[125] T. H. Pearce, "Calibration of a large receiving array for HF radar," *Proc. Int. Conf. HF Radio Systems and Techniques*, IEE Conference Publication No. 411, July 1997, pp. 260–264.

[126] D. M. Fernandez J. Vesecky, and C. Teague, "Calibration of HF radar systems with ships of opportunity," *Proc. of the 2003 IEEE Int. Geoscience and Remote Sensing Symp.*, New York, July 2003, pp. 4271–4273.

[127] I. S. D. Solomon, D. A. Gray, Y. I. Abramovich, and S. J. Anderson, "Over-the-horizon radar array calibration using echoes from ionized meteor trails," *IEE Proc. Radar, Sonar, and Navigation*, vol. 145, pp. 173–180, June 1998.

[128] I. S. D. Solomon, D. A. Gray, Y. I. Abramovich, and S. J. Anderson, "Receiver array calibration using disparate sources," *IEEE Trans. Ant. Prop.*, vol. 47, pp. 496–505, March 1999.

[129] G. J. Frazer and Y. I. Abramovich, "Quantifying multi-channel receiver calibration," DSTO Technical Report DSTO-TR-1152, 2001.

[130] G. J. Frazer and S. J. Anderson, "Wigner-Ville analysis of HF radar measurements of an accelerating target," *Proc. 5th Int. Symp. Signal Proc. Appl.*, Brisbane, August 1999, pp. 317–320.

[131] Y. Zhang, M. G. Amin, and G. J. Frazer, "High-resolution time-frequency distributions for maneuvering target detection in over-the-horizon radars," *IEE Proc. Radar, Sonar, and Navigation*, vol. 150, pp. 299–304, 2003.

[132] T. Thayaparan and S. Kennedy, "Detection of a maneuvering air target in sea-clutter using joint time-frequency analysis techniques," *IEE Proc. Radar, Sonar, and Navigation*, vol. 151, pp. 19–30, February 2004.

[133] G. J. Frazer and S. J. Anderson, "Estimating the frequency interval of a regularly spaced multicomponent harmonic line signal in colored noise," in *Defence Applications of Signal Processing*, D. A. Cochran, B. Moran, and L. White (eds.), New York: Elsevier, 2001, pp. 76–86.

[134] G. Fabrizio, L. Scharf, A. Farina, and M. Turley, "Ship detection with HF surface-wave radar using short integration times," *Proc. Int. Conf. Radar 2004*, Toulouse, 2004.

[135] D. O. Carhoun, J. D. R. Kramer Jr., and P. K. Rashogi, "Adaptive cancellation of atmospheric noise and ionospheric clutter for high frequency radar," MITRE Report, MTR 95B0000112, September 1995.

[136] Y. I. Abramovich, S. J. Anderson, A. Y. Gorokhov, and N. K. Spencer, "Stochastically constrained spatial and spatio-temporal adaptive processing for nonstationary hot-clutter cancellation," in *Applications of Space-time Adaptive Processing*, R. K. Klemm (ed.), London: Springer, 2004, pp. 603–697.

[137] Y. I. Abramovich, S. J. Anderson, A. Y. Gorokhov, and N. K. Spencer, "Stochastic constraints method in nonstationary hot clutter cancellation, part I: Fundamentals and supervised training applications," *IEEE Trans. AES*, vol. 34, pp. 1271–1292, October 1998.

[138] Y. I. Abramovich, S. J. Anderson, and N. K. Spencer, "Stochastic-constraints method in nonstationary hot clutter cancellation, part II: Unsupervised training applications," *IEEE Trans. AES*, vol. 36, pp. 132–149, January 2000.

[139] Y. I. Abramovich, V. N. Mikhaylyukov, and I. P. Malyavin, "Stabilisation of the autoregressive characteristics of spatial clutters in the case of nonstationary spatial filtering," *Sov. J. Commun. Technol. Electron.*, vol. 37, pp. 10–19, 1992, translation of *Radioteknika I Electronika*.

[140] R. Anderson, S. Kraut, and J. L. Krolik, "Robust altitude estimation for over-the-horizon radar using a state-space multipath fading model," *IEEE Trans. AES*, vol. 39, pp. 192–201, January 2003.

[141] D. J. Percival and K. A. B. White, "Multipath coordinate registration and track fusion for over-the-horizon radar," in *Defence Applications of Signal Processing*, D. A. Cochran, B. Moran, and L. White (eds.), Amsterdam: Elsevier, 2001, pp. 149–155.

[142] Y. Bar-Shalom and T. E. Fortmann, *Tracking and Data Association*, New York: Academic Press, January 1988.

[143] S. B. Colegrove and S. J. Davey, "PDAF with multiple clutter regions and target models," *IEEE Trans. AES*, vol. 39, pp. 110–124, January 2003.

[144] J. L. Krolik and R. H. Anderson, "Maximum likelihood coordinate registration for over-the-horizon radar," *IEEE Trans. Sig. Proc.*, vol. 45, pp. 945–959, 1997.

[145] M. G. Rutten and D. J. Percival, "Joint ionospheric and track target state estimation for multipath othr track fusion," *Proc. SPIE Conf. on Signal and Data Processing of Small Targets*, 2001, pp. 118–129.

[146] R. H. Anderson and J. L. Krolik, "Track association for over-the-horizon radar with a statistical ionospheric model," *IEEE Trans. Sig. Proc.*, vol. 50, pp. 2632–2643, November 2002.

[147] G. W. Pulford, "OTHR multipath tracking with uncertain coordinate registration," *IEEE Trans. AES*, vol. 40, pp. 38–56, 2004.

[148] S. J. Anderson, F. J. Mei, and J. Peinan, "Enhanced OTHR ship detection via dual frequency operation," *Proc. China Institute of Electronics Int. Conf. on Radar*, Beijing, October 2001.

[149] G. F. Earl and B. D. Ward, "Frequency management support for remote sea-state sensing using the JINDALEE skywave radar," *IEEE J. of Oceanic Engr.*, vol. OE-11, pp. 164–173, April 1986.

[150] G. F. Earl and B. D. Ward, "The frequency management system of the Jindalee over-the-horizon backscatter HF radar," *Radio Science*, vol. 22, pp. 275–291, 1987.

[151] R. Barnes, "Automated propagation advice for OTHR ship detection," *IEE Proc. Radar, Sonar, and Navigation*, vol. 143, pp. 53–63, February 1996.

[152] D. L. Lucas, J. L. Lloyd, J. M. Headrick, and J. F. Thomason, "Computer techniques for planning and management of OTH radars," Naval Res. Lab. Memo. Rept. 2500, September 1972.

[153] J. M. Headrick, "HF over-the-horizon radar," Chapter 24 in *Radar Handbook*, M. I. Skolnik (ed.), 2nd Ed., New York: McGraw-Hill, 1990.

[154] J. M. Hudnall and S. W. Der, "HF-OTH radar performance results," Naval Res. Lab. Tech. Rept. NRL/MR/5325-93-7326, 1993.

[155] R. Fante and S. Dhar, "A model for target detection with over-the-horizon radar," *IEEE Trans. AES*, vol. 26, pp. 68–83, January 1990.

[156] L. A. Berry and M. E. Chrisman, "A FORTRAN program for calculation of ground wave propagation over homogeneous spherical earth for dipole antennas," Nat. Bur. Stand. Rept. 9178, 1966.

[157] S. Rotheram, "Ground wave propagation, parts 1 and 2," *IEE Proc., Pt. F*, vol. 128, pp. 275–295, 1981.

[158] S. J. Anderson, P. J. Edwards, P. Marrone, and Y. I. Abramovich, "Investigations with SECAR—A bistatic HF surface wave radar," *Proc. IEEE Int. Conf. on Radar, RADAR 2003*, Adelaide, September 2003.

[159] D. E. Barrick, "Theory of HF and VHF propagation across the rough sea, pts. I and 2," *Radio Science*, vol. 6, pp. 517–533, May 1971.

[160] L. Sevgi, *Complex Electromagnetic Problems and Numerical Simulation Approaches*, Hoboken, NJ: IEEE Press, 2003.

[161] S. J. Anderson, J. Praschifka, and I. M. Fuks, "Multiple scattering of HF radiowaves propagating across the sea surface," *Waves in Random Media*, vol. 8, pp. 283–302, April 1998.

[162] G. H. Millman and G. Nelson, "Surface wave HF radar for over-the-horizon detection," *Proc. IEEE Int. Radar Conf.*, 1980, pp. 106–112.

第 21 章 地面穿透雷达

21.1 引言

　　术语地面穿透雷达（GPR）、地面探测雷达、地表下雷达或表面穿透雷达（SPR）是指基于雷达的一种电磁技术，主要设计用来定位埋藏在地表面之下的物体或位于视觉上不透明结构中的物体。GPR 是利用超宽带雷达的一个成功的例子，典型作用距离为 1m 的 GPR 工作在 0.3～3.3GHz 范围内。

　　尽管 GPR 与雷达系统有很多相似之处，但它们之间仍有一些关键的区别，所以当将它们与常规雷达相比时要重视这点。GPR 系统是超宽带（UWB）雷达系统的特殊的一类，它可以在带宽增至 10 倍的范围内辐射出几个 MHz 至 10GHz 的能量，但是通常更多的是 2～3 个倍频程。一般在所感兴趣的波段中积累的平均辐射能量可以达到毫瓦级，但每赫兹的能量可能低到皮瓦。

　　GPR 通常的工作环境是在有损耗的绝缘体中，目标只距天线孔径几个波长。依赖于材料特性，几个波长中的总路径损耗可以达到 100dB 或更多。许多 GRP 系统工作在辐射波长比目标尺寸大或与目标尺寸同一数量级的区域。这样，GPR 就工作在 Rayleigh 和 Mie 区域之间或者是目标尺寸的谐振区内。这与常规雷达相差很大，因在常规雷达中，目标尺寸比入射的波长长许多，也就是工作在光学区域中。

　　GPR 技术主要是面向应用的，并且整个设计理念及硬件通常依赖于目标类型和目标材料，以及其周围环境。在近距离上，GPR 易遭受极高电平杂波攻击，并且正是这点（而不是信号/噪声提取）成为 GPR 主要的技术挑战。规定对这个系统的要求时应该考虑这点。所有这些方面都向 GPR 提出了特殊的设计问题，这由 Daniel[1] 进行了详细描述。本章总结了该材料并且由 IEE 授权引用。

　　图 21.1 是一个典型的 GPR 系统，包括一对发射天线和接收天线，它们分别与发射机、接收机和处理器相连，放在一个密封机壳内，并且还包括一个电池和控制处理器及显示单元。轮子驱动一个触发数据获取的转轴编码器，因此显示器就与系统的运动同步。图 21.2 给出了显示器的例子，它采用由 GPR 观测到的地面横截面形式。水平刻度是每个标记 10cm，垂直刻度是时间，单位纳秒（51ns）。图像的解释随后在本章内提供。

　　GPR 系统设计可以分为两类。发射一个脉冲并用一个采样接收机接收来自目标的反射信号的 GPR 系统可被认为是工作在时域范围内的。以顺序方式发射单个频率并用一个频率转换接收机接收来自目标反射信号的 GPR 系统可以被认为是工作在频域范围内的。

　　电磁信号的第一次使用是确定遥远陆地上的金属物体的存在，通常这归功于 1904 年 Hülsenbeck 的工作；但是定位掩埋物体的使用的首次描述六年之后出现在德国，专利权归 Leimbach 和 Lowy。1926 年 Hülsenbeck 的工作是，第一次用脉冲技术来确定掩埋物体的结构。他注意到任何介质的变化，不一定非要包括导电性，也同样可以产生反射，并且由于可

较容易地实现方向性源,这个技术比地震方法具有优势。作为很深的冰层(Steenson[2]和

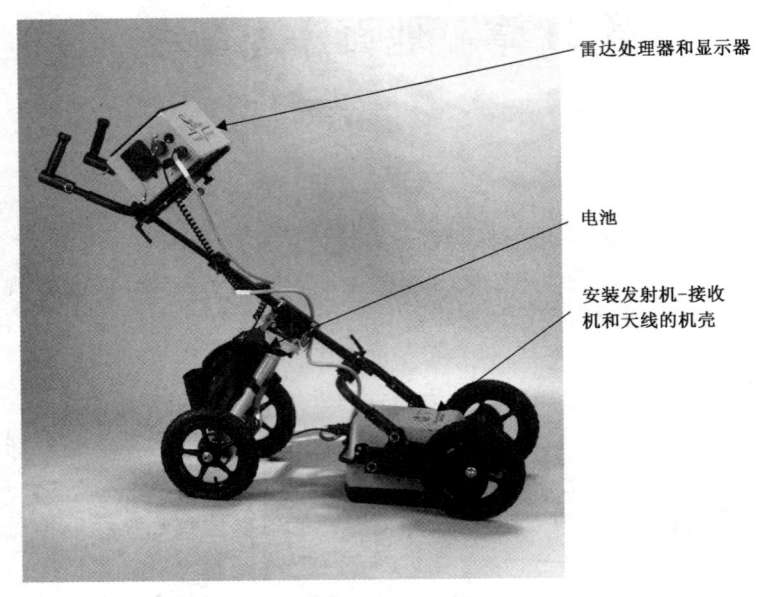

图 21.1 典型的 GPR 系统(美国雷达公司)

雷达处理器和显示器
电池
安装发射机-接收机和天线的机壳

图 21.2 典型的 GPR 雷达显示形式

表 21.1 GPR 的主要应用

考古研究
桥面板分析
埋藏地雷的探测(反人的和反坦克的)
法医调查(探测掩埋的尸体)
地球物理研究
管道和电缆探测
铁路轨道和路基检查
道路情况测量
雪、冰及冰河

Evans[3])、淡水、盐矿层(Unterberger[4])的一种探测方法,脉冲技术自 20 世纪 30 年代开发以来一直向前发展。Cook[7, 8]和 Roe[9]研究了对岩石和煤的探测,尽管后者材料的衰减度较高意味着超过几米的深度并不切实际。Nilsson[10]对 GPR 到 20 世纪 70 年代中期的发展给出了范围更扩大的叙述。自 20 世纪 70 年代以来,GPR 的应用范围已经稳步地扩大,到现在它已包括了表 21.1 中所列出的全部内容。为这些每一项应用特定制造的设备都已经开发出来了,并且现在的用户有更多的设备和技术方面的更好选择。

作为各种应用要求的结果,GPR 得到了快速发展。但是由于要求变得更为苛刻,这些设备、技术和数据处理方法都在不断地开发和改进。

GPR 发射一组有规则的顺序的低能量电磁脉冲至材料中或地面中,然后接收并探测来自

掩埋目标的微弱反射信号。能量形式可以是非常短的脉冲，或扫过一定频率范围的信号，或指定波段上的噪声辐射；或以伪随机编码顺序的脉冲。大部分 GPR 系统都需要遵循相应的国内或国际对无线电发射机的规章，其工作频率范围在 10MHz～10GHz，并可以达到几 GHz 的带宽。美国通信委员会（FCC）对超宽带（UWB）的要求将辐射能量限制在 -41dBmHz^{-1} 之下。雷达系统设计的课题已经在许多书中涵盖，可以在以下的文献中找到有用的信息：Daniels[11,12]Cook 和 Bernfeld[13]、Skolnik[14]、Nathanson[15]、Wehner[16]、Galati[17]，以及 Astanin 和 Kostylev[18]。

掩埋的目标可以是一个导体、一个介质体或是两者的结合。周围的主材料可以是土壤、土地物质、木头、岩石、冰、淡水或人造材料，如混凝土或砖块。典型的 GPR 的探测距离可以达到几米，但是一些特殊的系统可以穿透几百米或甚至几千米。少数 GPR 系统已经被用在飞机或卫星上来对埋在 Saharan（撒哈拉）沙漠下面的地质特征进行成像，以及测量月球深度和火星或彗星的特征。由于信号在地面物质中往返穿梭时造成的（信号）吸收，GPR 对地面的作用距离有限。GPR 在下列材料中工作得很好：花岗岩、干沙地、雪地、冰层和淡水，但是它不能穿透盐分含量高的黏土或盐水，这是因为这些材料具有高的电磁能量吸收性。为进行比较，使用 1GHz 的雷达时，从地球到月球往返距离为 356 400km 的路径损耗大于 200dB，并且目标雷达截面积的数量级为 10^{12}m^2；然而，GPR 雷达在探测距离小于 1m 时常会遭遇超过 70dB 的路径损耗。

在空气中，GPR 信号以光速传播，但是在地面物质中是传播速度会因介电常数下降，因此，真正的距离需要对每种材料进行校准。由于金属的传导性，GPR 不能穿透它。

现在已可以获得许多商业设备，并且技术水平在范围和能力上也正逐步发展。许多 GPR 系统是机动式的，并且安置在轮子上或滑轨上以便使用手推动；但是系统也可以用于车辆上通过天线阵列进行快速测量。其他 GPR 系统被设计为嵌入钻孔中来提供中间岩层的成像。表 21.2 列出了典型 GPR 系统的特征。

表 21.2 相对介电常数为 9、损耗因数为 0.1 的土壤中的 GPR 系统特性

脉冲宽度（ns）	中心频率（MHz）	距离（m）	深度分辨率
0.5	2000	<0.25	0.025
1	1000	<0.5	0.05
2	500	<1	0.1
4	250	<2	0.2
8	125	<4	0.4
16	63	<8	0.8
32	31	<16	1.6

大多数 GPR 系统都使用了独立的、可便携的发射和接收天线，它们放置在地面上并且在地面或所研究材料上按已知方式移动，这样就可以在显示屏上产生灰度或彩色的实时成像。通过以规则的栅格方式系统地测量一定面积，地面的雷达成像就可以建立。GPR 成像可以用二维表现法显示，使用水平（x 或 y）和深度（z）轴；或在给定的深度（z）上用水平面表示法显示（x,y）；或者用三维表示法显示。GPR 数据可以被分为 A 扫描、B 扫描或 C 扫描，这取决于成像平面（注意这些与常规雷达的 A、B 或 C 扫描不同）。GPR 的 A 扫描是在空间单

个固定点上的测量并且用幅度（y）和距离（x）显示；B 扫描通常是扫描平面（x,y 或 y,z）的灰度或彩色标记成像强度的表示；而 C 扫描描绘了给定深度上的水平平面（x,y）。另一方法是，GPR 可以被设计为当其移动时，提供目标存在的声音警告。

目标的 GPR 成像与其光学成像相差很大，这是因为照射辐射的波长与目标的尺寸相似。这将导致 GPR 成像的清晰度非常低，以及对地面传播特性的高度依赖。天线波束图形在介质体中广泛扩展，这降低了图像的空间分辨率，除非进行修正。地面的折射和各向异性的特征也会扭曲图像。对于一些远距离系统，使用合成孔径处理技术优化图像的分辨率，这将在后面讨论。

未处理的 GPR 图像常常会显示出由多个内部反射产生的"亮点"以及由传播速度变化引起的目标图像纵横比的变形。对称的目标，如球体或管子，会引起反射能量转移到双曲线图形上。GPR 图像可以经过处理来补偿这些影响，并且这常常是在脱机后进行的。GPR 可以被设计为通过极化的辐射和局部定位的物体（如立方体、球体和圆柱体）来探测特殊的目标，如道路、管道和电缆的接口。GPR 可以探测出几百年前的特征，因此，预计要开拓的地点在测量前应保持不挖掘，以便保存其信息。

图 21.3 给出了 GPR 环境中各种杂波源的简化图，可以看到各种信号的分离是识别所需信号的关键。

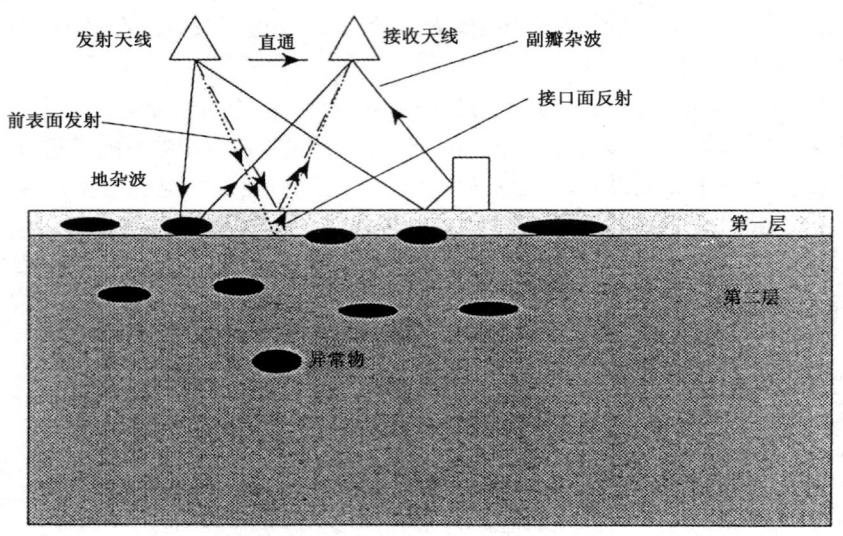

图 21.3　一般 GPR 系统的工作。给出目标和杂波源（IEE 提供）

不可避免的是，对 GPR 能力的有些宣传，已超出已知的物理可能性之外，但看来已被一些媒体宣传。一条宣传是某一特殊的 GPR 和其操作者可以在 8m 深的地方探测高尔夫球大小的目标。无疑，可以在土壤中传播 8m 的波长将比高尔夫球大小的目标大许多，这样后者（目标）的雷达截面积就会衰减到无意义状态，甚至比噪声更小。宣传者的说服性和一部分潜在使用者对基本物理缺乏理解使得这类宣传被认真考虑。一些宣传说已经开发出 GPR "可以提供地面或海面 45.7m 以下的物体的三维图像。这样的装置将允许验证的人识别地下武器设施，就像利比亚、伊拉克和朝鲜受关注的那些设施一样。水下探测能力也可以被用于检验关于安置在海床上的潜艇和核武器的条约"。如果已知雷达频率上海水的衰减，GPR 如何能够很好地穿过海水将是一个有趣的问题。一些对相同雷达的宣传的仔细分析由 Tuley[19] 发表，阅读一下也是很有趣的。

21.2 在物质中传播的物理特性

引言

除雨水、大气的吸收谱或电离大气层之外，常规雷达系统通常不会受到雷达信号所穿过的媒质传播特性的很大影响。这肯定与 GPR 不同，在那传输媒质可以是各向异性的，具有高介电常数和高损耗，并且可以是分层的。因此，对土壤和物质的传播特性的理解是重要的，本节描述物质中传播的物理上的关键特点。

麦克斯韦尔方程是考虑电磁波传播的基础。在自由空间里，磁化系数和介电常数是恒定的，也就是，它们与频率无关；并且媒质是不色散的。在零损耗正切的介质中，不会遇到因为衰减而产生的损耗，因此在那就不要考虑衰减，但衰减发生在实际的介质媒质中。

如果对物质施加交变电场，各个分子将被诱导以振动的方式围绕穿过其中心的轴旋转，分子的惯性阻止它们瞬时做出反应。类似地，可以产生平移。由施加场（如传播的雷达波）所产生的极化与分子的热运动性紧密相关，因此有强的温度依赖性。要注意的是，此处的极化与 EM（电磁）波的极化不同。一般，弛张时间（也可以表述为弛张频率）取决于活化能、极化粒子的固有振动频率和温度。弛张频率在不同物质之间变化很大。

例如，在最低频率（10^3Hz），冰中会产生最大吸收，然而在水中要在微波范围（$10^6 \sim 10^{10}$Hz）才产生最大吸收。因此在 GPR 采用的频率上，特别是如果在材料中存在湿气时，这种现象就会和材料介质特性有直接关系。还有许多其他机理会使正的电离子与负的电离子分离，这样就产生了极化。这些机理和围绕胶状粒子（特别是黏土矿物）的离子雾、吸收的水分和孔效应，以及粒子间的界面现象有关。

描述这些系统的频率依赖性的一般模型是 Debye[19] 弛张方程：

$$\varepsilon' - i\varepsilon'' = \varepsilon_\infty + \frac{\varepsilon_s - \varepsilon_\infty}{1 + i\omega\tau} \tag{21.1}$$

式中，ε'是介电常数的实部；ε''是介电常数的虚部；ε_∞是介电常数的高频极限值；ε_s是介电常数的低频极限值；ω是弧度角频率，为 $2\pi f$；τ是弛张时间常数；最大运动频率和损耗在$\omega=1/\tau$处产生。

一般，在自然系统中很少能观察到单独的弛张。但是有对应于尺寸分布的弛张分布影响电荷运动。有几个方程描述这样的分布系统，其中有符合 Cole 和 Cole 模型的最常见的实验观察[20]：

$$\varepsilon' - i\varepsilon'' = \varepsilon_\infty + \frac{\varepsilon_s - \varepsilon_\infty}{1 + (i\omega\tau)^\alpha} \tag{21.2}$$

式中，α描述来自单个弛张的时间常数分布宽度。$\alpha=1$，无限宽分布；$\alpha=0$，对应于普通的过程。不同的极化过程可以通过一系列具有不同α值和其他参数的 Cole-Cole 方程来描述。

掩埋目标的电磁性质必须与周围土壤或物质不同，这就在一阶近似的意义上意味着它的相对介电常数应该比主体土壤小许多或大许多。一般，大多数土壤会表现出一个相对介电常数，范围是 2～25。淡水的相对介电常数约为 80。应该指出的是土地和表面很可能是不均匀的并且包含不同尺寸的岩石以及人造碎片。这就提示了信号与杂波的比可能是一个重要的性能因素。杂波可能被认为是任何雷达回波,其与所希望的目标没有关联并需要根据特殊应用来定义。

衰减

经过自然媒质传播的电磁波其电场(E)或磁场(H)都会感受到损耗。这将引起原始电磁波的衰减。在许多实际情况中,平面波是真实波的一个很好的近似。更复杂的电磁波前可以被认为是平面波的叠加,用这个方法可获得对更复杂情况的深入理解。对于 GPR 感兴趣的大多数土壤,磁反应很弱并且不需要被考虑成复数,这与介电常数和电导率不一样。但是,在某些土壤类型中,如火山岩或其他铁含量高的土壤,必须充分考虑其磁性质。对于有损耗介质材料的情况,导电和介质效应都会引起电磁辐射的吸收。

描述这样一个系统的电磁材料性质的是复数传播常数 γ

$$\gamma = \mathrm{i}k = \alpha + \mathrm{i}\beta \tag{21.3}$$

式中,γ 是传播常数;k 是波数,$k=2\pi/\lambda$;α 是衰减常数,单位为 nA/m;β 是相位常数,单位为 rad/m;距源 z 处的场可表示为

$$E(z,t) = E_0 \cdot \mathrm{e}^{-\alpha \cdot z} \cdot \mathrm{e}^{\mathrm{j}(\omega t - \beta z)} \tag{21.4}$$

媒质中波长 λ(m)为

$$\lambda = \frac{2\pi}{\beta} = \frac{v}{f} \tag{21.5}$$

式中,f 是频率,单位为 Hz。

这些系统中的损耗可以用电场和磁场之间的损耗角 δ_e 的正切来表示。电损耗正切为

$$\tan\delta_e = \frac{\varepsilon''}{\varepsilon'} + \frac{\sigma}{\omega\varepsilon'}$$

对于低损耗材料可简化为

$$\tan\delta_e \approx \sigma/\omega\varepsilon' \tag{21.6}$$

它表示电荷传送和极化弛张损耗之和,以及电场和电流密度之间的相位角。集肤深度或衰减长度为 $1/\alpha$[m];这是电磁能量被衰减幅度到 $1/e$ 经过的距离。这个距离称为是透入深度 d,并且尽管在一些介质中可用距离可能会较远,但 d 可以为是 GPR 系统的有用穿透深度的初始指导值。

单独的传播常数可以写成

$$\alpha = \omega\sqrt{\frac{\mu\varepsilon'}{2}\sqrt{1+\left(\frac{\varepsilon''}{\varepsilon'}\right)^2}-1} \quad \beta = \omega\sqrt{\frac{\mu\varepsilon'}{2}\sqrt{1+\left(\frac{\varepsilon''}{\varepsilon'}\right)^2}+1}$$

式中,α 是衰减因子;β 是相位常数。并且无量纲因子 $\varepsilon''/\varepsilon'$ 更常用的名称为材料损耗角正切。

我们的讨论没有涉及电磁和磁损耗角正切,在特殊情况中这些可能需要考虑。

从上面的表达式中可以看出材料的衰减常数一阶近似的程度上与频率线性相关(dBm^{-1})。当想要确定频率范围为 10^7Hz 至 10^{10}Hz 的损耗角正切时,仅仅考虑低频电导率是不够的。当材料是干燥的及比较无损耗时,可合理地认为 $\tan\delta_e$ 在以上那个频率范围内为常数。但是,对于潮湿及有损耗的材料,这样的近似是不成立的。然而,还有许多其他因素影

响有效穿透深度，特别是来自所寻目标的反射强度以及系统能达到的杂波抑制能力。

对信号损耗的各种贡献的一阶估算可以用标准的雷达距离方程获得，尽管这只适用于远场情况，因此有一定限制。

$$P_r = \frac{P_t A G \sigma k}{(4\pi R^2)^2} e^{-\alpha 2R} \tag{21.7}$$

式中，P_t 是发射功率，单位为 W；P_r 是接收功率，单位为 W；A 是天线增益；G 是天线有效孔径；R 是距离，单位为 m；A 是目标雷达截面积；k 是校准系数。

累计损耗包括土地中的传输系数；扩展损耗描述 $1m^2$ 面积 R^{-4} 的目标损失；并且土壤的衰减损耗为 $\varepsilon_r=9$ 及 $\tan\delta=0.1$。固定损耗包括土壤中的传输损耗和目标的有效雷达截面积，这包括真实的雷达截面积和来自目标的反射损失。要注意的是，导电反射器具有低的回波损耗，而非导电反射器具有高的回波损耗。图 21.4 中，因为雷达距离方程在小于 1m 的距离上不是精确的模型，所以只推算了 1~10m 的值，并且上述解释的目的是为信号估算提供一阶近似的基础介绍。

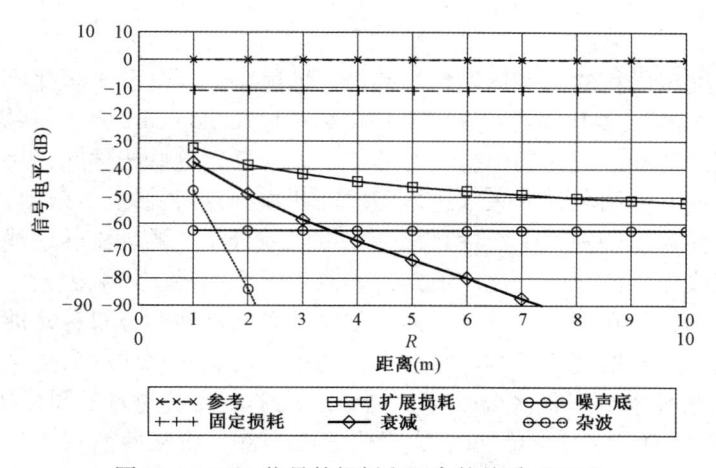

图 21.4 GPR 信号的损耗和距离的关系（IEE）

反射

在对接收信号电平做的任何一种估算中，当波穿过介质到目标时需要考虑反射和传输系数，并且 Snell 定律描述了入射、反射、传输和折射的相关角。在存在损耗材料的地方，可能会产生复数的折射角，这与简单的经典情况不一样，并且对于有定向的高长度比的物体，如管子、电线和断裂面，还可能需要极化和 Stoke's 矩阵。

媒质的固有阻抗 η 表示了电场 E、磁场 H 之间的关系并且是一个复数

$$\eta = \sqrt{\frac{-j\omega\mu}{\sigma - j\omega\varepsilon}} \tag{21.8}$$

在两种介质的边界上，有些能量将被反射，剩下的被传输。反射场强度用反射系数 r 表示

$$r = \frac{\eta_2 - \eta_1}{\eta_2 + \eta_1} \tag{21.9}$$

式中，η_1，η_2 分别是媒质 1 和媒质 2 的阻抗。

当 $\eta_2 > \eta_1$ 时，反射系数为正值，例如在介质材料中存在一个充满空气的空间的情况。对脉冲波形的影响就是改变反射小波的相位，因此具有对主材料不同相对介电常数的目标表现出不同的反射信号的相位。然而，主材料的传播参数（相对介电常数和损耗角正切）目标的几何特征以及其介电参数都影响反射信号的幅度。

杂波

GPR 系统工作的主要困难是材料中有杂波。**杂波**定义为不需要的反射源，它在有效带宽及雷达搜索窗口中产生并表现为空间上相干的反射器。杂波的定义很大程度上取决于所希望的目标。搜索管子的 GPR 系统操作员可能将路面层之间的界面分类成杂波，但是测量路面层厚度的系统操作员会将管子和电缆认为是杂波源。仔细的定义和理解对选择和操作最好的系统以及处理算法是至关重要的。杂波可以完全遮挡掩埋的目标，因此对杂波源及杂波对雷达的影响的正确理解是非常重要的。

极化

目标的雷达散射截面积的完整描述包括其极化散射特性（与分子极化不同）的描述。目标的极化性质通过 Stokes 参数描述，并且极化坐标可以在 Ponicare 球上描绘。所有这些都在关于光学和电磁理论的标准教科书中有很好的叙述。总之，这些描述允许用线性、椭圆和圆极化（左手圆极化或右手圆极化）来描述电磁波的状态。众所周知，线性目标，如电线，具有去极化的特性，并且围绕垂直于线性目标（如电线或管子）的轴旋转的线性极化的交叉偶极子天线将产生接收信号的正弦变化。但是，零点是一个明显的不利因素，因为这要求操作员能对不知道方向的管子在每个点都进行两次独立的轴向旋转测量以肯定能检测到管子。一个具有吸引力的技术是辐射圆极化波，它能在空间中自动旋转极化的矢量，因此可以消除信号零点的方向。这些技术可用于区分目标。例如，从平面反射的右手圆极化（RHCP）波将变成为左手圆极化（LHCP）波，但右手圆极化波的一部分将从薄的管子或电线中反射。这使得可将地面反射降低，而薄的管子或电线的反射被加强。

速度

自由空间中电磁波的传播速度近似为 3×10^8m/s，但在材料中会减速，这取决于材料的相对介电常数和磁导率。$\varepsilon_r = 9$ 的土壤中，电磁波传播速度将被降到 1×10^8m/s。因此，到位于 1m 深处的目标时间为 20ns，并且 GPR 系统工作在几纳秒至 200ns 的时间范围上，尽管一些用于探测冰层的系统可以使用至几十毫秒的时间范围。

一般，通过单次测量而没有实验孔洞（将探头插入预先钻好的洞中）或其他辅助信息来对传播速度或媒质的相对介电常数做出可靠估算是不可能的。即使在一个地点进行测量，也经常会发现距原始位置相对短的距离上会发生显著的速度变化。这会导致反射器的深度估算产生较大误差。有一个方案可以克服这个缺陷，就是公共深度点测量，它使用了工作在许多发射和接收位置的两个双基操作模式天线。

传播速度为 $v = (\mu_0 \mu_r \varepsilon_0 \varepsilon_r)^{-1/2}$，因此在 $\mu_r = 1$ 的材料中，速度为 $v = c/(\varepsilon_r)^{1/2}$。

相位速度为 $v = \omega/\beta$，且

$$\beta = \omega \sqrt{\left[\frac{\mu\varepsilon'}{2}\left(\sqrt{1+\left(\frac{\varepsilon''}{\varepsilon'}\right)^2}+1\right)\right]} \qquad (21.10)$$

相位速度同样也依赖于 $\varepsilon''/\varepsilon'$，也就是依赖于 $\tan\delta$。

从多次扫过目标的测量值中推导速度也是可能的，但是这仅在相对无杂波情况下才能进行得好，因那样情况下介质没有各向异性的特性。

色散

材料的介质特性依赖于频率会使宽带信号频率分量的相位速度经历不同的传播值。因此传播速度会随频率变化。表现这一现象的介质称为色散的。在这种情况下，宽带雷达脉冲中不同的频率分量将以稍稍不同的速度传播，这将导致脉冲形状随时间改变。但是，在大多数地下材料中，倍频频带雷达信号的传播性质大体上仍然不会受到色散的影响。在许多情况中，波在所感兴趣的频率范围中的传播速度的可能变化很小，可以忽略。

深度分辨率

对传统雷达系统而言，两个相同的目标如果它们间隔 0.8 个脉冲宽度就可以在距离上进行区分。在光学中，Lord Rayleigh 建议仪器的分辨能力就是指一个分量的主要强度与其他分量的第一强度最小值一致的情况。许多 GPR 脉冲采取了 Ricker 小波（高斯脉冲的第二阶微分）的形式，并且来自目标的两个脉冲例子在图 21.5 中给出，图中示出了两个脉冲及它们的包络线。如图 21.6 所示，当目标很靠近时，尽管可以区分它们的包络线，但分辨真正的脉冲变得越来越困难，这是由于会有单个目标产生的谐振；因此，当脉冲的包络线没有最小值时，0.8 个脉冲宽度的分辨标准就可能不是最佳的。

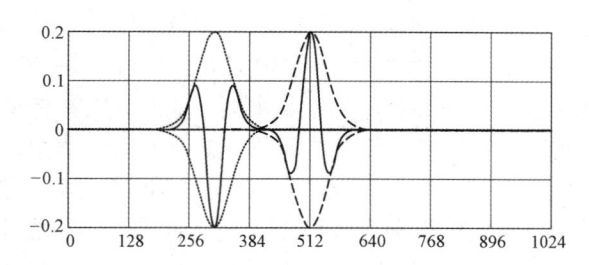

图 21.5　两个被分辨的 Ricker 小波

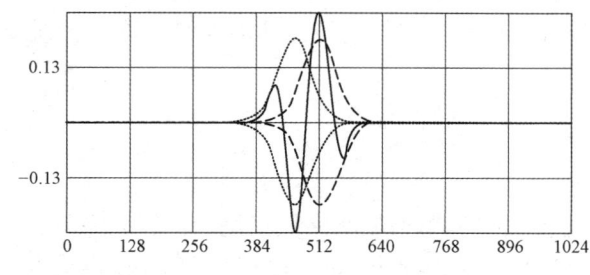

图 21.6　两个未被分辨的 Ricker 小波

基本上，距离分辨率是由接收信号的带宽确定的。根据材料的相对介电常数，超过

500MHz，一般为 1GHz 的接收机带宽可提供 5～20cm 的典型的分辨率。

当可能存在许多特性时，要求具有较宽带宽的信号区分各种目标，并且显示出目标的详细结构。在这种意义上，接收信号的带宽是重要的，而不是发射的小波带宽。材料起低通滤波器的作用，它根据传播媒质的电性能改动发射频谱。一些 GPR 应用，如道路层面厚度测量，感兴趣的特性是单个界面。在这样的情况下，如果传播速度已精确获悉，通过测量接收小波的前沿之间的经过时间可以足够精确地确定深度。

尽管对于给定的发射带宽，由于高介电常数材料中波长被缩短，可在较湿润的材料中获得较好的深度分辨率；但是具有很高含水量的地下材料却有较高的衰减特性。这一特性降低有效带宽，平衡了变化，因此在一定的范围内，分辨率可近似地认为独立于传播材料中的损耗。

在相邻界面间隔小于半波长时，难于将一个界面的反射信号与另一个界面的反射信号进行分辨。

应该注意的是，正规的雷达距离分辨准则不太适合弱目标靠近强目标这种情况，并且对于不同尺寸的目标没有公认的分辨率定义。

平面分辨率

当寻找局部存在的目标和当需要在同一深度区分不止一个目标时，GPR 系统的平面（平面定义为垂直于传播方向的平面）分辨率很重要。在对定位精度（主要是关于地形测量的功能）有要求之处，系统要求可稍稍降低。

平面分辨率由天线特性和所使用的信号处理的特性确定。在一般雷达系统（除了 SAR）中，要达到一个可接受的平面分辨率就要求有一个高增益天线。这就在发射的最低频率上必须有足够大的孔径。因此，为了得到小天线尺寸和高增益，就要求使用高载频，但高载频也许不能穿透材料至足够的深度。为特殊应用选择设备时，兼顾平面分辨率、天线尺寸、信号处理规模和穿透材料的能力是必需的。如果在具体的杂波情况下有足够的信号来区分，平面分辨率随着衰减的增加而提高。在低衰减媒质中，通过水平扫描技术获得的分辨率被降低，但是仅在这些条件下，合成孔径技术才会提高平面分辨率。基本上，地面衰减具有在 SAR 口径上放置一个"窗口"的作用，并且衰减越高窗口就越严重。因此，在高衰减土壤中，SAR 技术可能不能为 GPR 系统提供任何有用的改进。SAR 技术曾被用于 GPR，但经常是用于低衰减的干燥土壤。

一般，SAR 技术要求使用发射机和接收机成对地在许多天线位置上进行测量来产生一个合成孔径或聚焦图像。不像传统雷达那样，它们一般只使用一个天线，而大多数 GPR 系统使用独立的发射和接收天线来提供接收机隔离。GPR 界称这是双基模式，但实际上天线系统中两个天线间隔很近并且是可移动的。这与传统雷达界看法不同，传统雷达的术语**双基**意味着具有很大的间隔。

21.3　建模

GPR 情况下的模型包括简单的单独频率路径损耗的估算到完整的 GPR 及其周围环境的三维时域描述。建模技术包括单频率模型、时域模型、射线描绘、积分技术、矩量法（MoM）和离散单元法。有限差分时域（FDTD）技术已经成为一种流行的技术并可以开发成能相对有效地在大多数台式计算机上运行的程序。

应该注意的是，GPR 系统工作时常与地面紧密接触并非常靠近目标。这样，天线在近场辐射，而一些地球物理 GPR 系统在较远的距离工作（10m～2km），它们可以被认为是工作在 Fresnel 甚至是 Fraunhofer（远场）区域。当目标与天线非常接近时，它就会与天线的电抗场互相作用，精确的模型就应反映这个工作模式。

最基本的模型使用雷达距离方程就能够评估接收信号电平、动态范围和待估算的探测概率值。这种模型最明显的弱点是大部分近距离 GPR 系统工作在近场或甚至是天线电抗场内，而这个模型是一个适用于远场的模型。它可能更适合于远距离地球物理应用，在那里目标距离雷达好几十米远。

最初，许多 GPR 接收机都基于采样示波器技术，因此使用电压在实验上更为有用。用于评估电压信号电平的最基本模型是从雷达距离方程推导出的，它具有前面提到的限制。但是，它的确可以对所期望的信号电平进行一阶近似的评估，本节将给出一个例证。这个模型基于雷达方程来得到接收机的电压作为距离 r 和目标雷达截面积 σ 的函数，可参考 Rutledge 和 Muha[30]。

在图 21.7 所示的第一个模型中，天线被安置在目标（1cm 厚的绝缘圆筒，直径为 0.05～0.5m）上方 15cm 处。目标的 ε_r 值为 2.2，土壤的 ε_r=5，$\tan\delta$=0.2。辐射脉冲的中心频率为 1GHz，输出脉冲峰值电压为 10V。雷达接收机的等效带宽为 300MHz～3GHz，等效接收机噪声电压为 2.49×10^{-5}V。

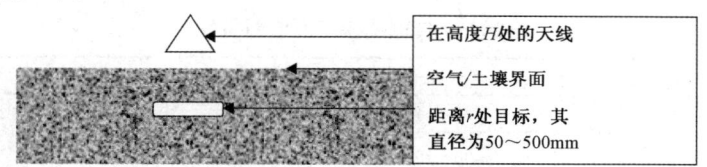

图 21.7　GPR 系统的实际物理布置

如图 21.8 所示，探测概率（PD）是从信噪比的误差函数推导出的。要注意的是，这些值仅仅与接收机噪声有关，并且不包括由于杂波产生的外部虚警源。

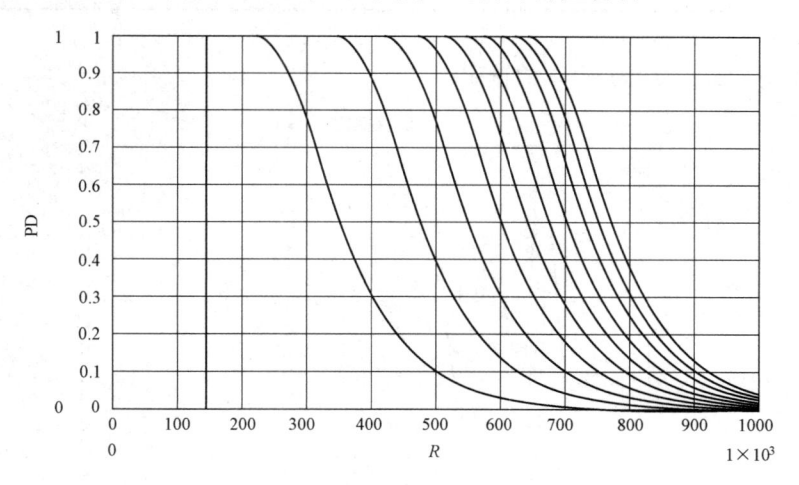

图 21.8　随目标距离（mm）和目标直径（从左手边 50mm 到右手边 500mm，每个增量为 50mm）成函数变化的探测概率图，用垂直线表示地面（IEE）

最基本的模型是等效传输线模型，对于评估实际物理条件的时域特征很有用。如图 21.9 所示，一种概念上简单的模型可以用来获得对工作最适宜的中心频率的深入了解。

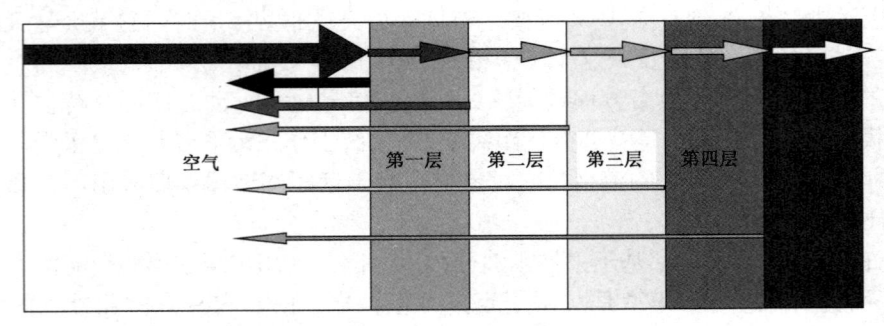

图 21.9　传输线模型的布置（IEE）

地下的每一层被建模成等效的阻抗，然后对每个界面的传输和反射系数进行计算。尽管模型不包括扩散损耗，但包括了传播速度和材料损耗。这是因为通常接收的 A 扫描具有在接收机和信号处理上时间上变化的增益，因此引入扩展损耗及随后进行补偿是一种低效的建模方式。在模型中，尽管每层中将产生多次内部反射而且全面的表述应该包括这些，但只计算第一次反射。各层的参数见表 21.3。

表 21.3　传输线模型的层面特性

层　面	距离（m）	相对介电常数 ε_r	损耗角正切	材　料
0	0	1	0	空气
1	0.3	6	0.31	有损耗层
2	0.6	1	0	空隙
3	0.85	9	0.01	干基
4	1	16	0.1	湿基
5	无限	25	0.1	湿基岩

图 21.10 和图 21.11 给出了模型的输出。

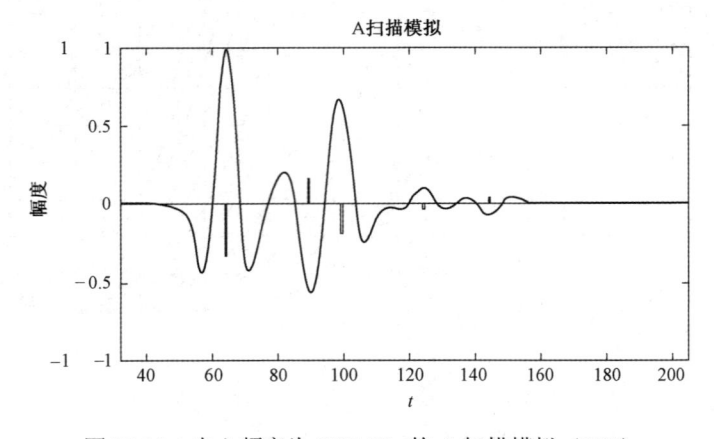

图 21.10　中心频率为 300MHz 的 A 扫描模拟（IEE）

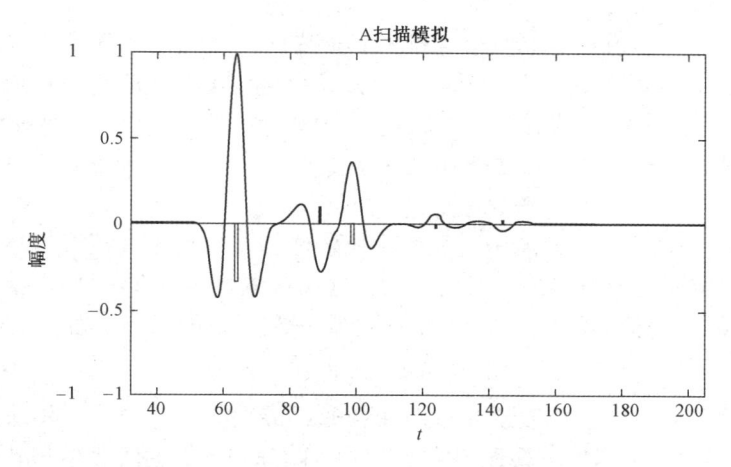

图 21.11　中心频率为 500MHz 的 A 扫描模拟（IEE）

有限差分时域（FDTD）法可以用来建立典型的 GPR 系统的场传播的模型。为了这个目的所使用的天线是一个电阻加载的 TEM 喇叭，如 Martel 等人[22]描述的。它 35cm 长，口径为 10cm×30cm。TEM 喇叭具有 200MHz～4GHz 的超宽带能力。图 21.12 显示此喇叭定位在埋在地下的金属目标的上方。喇叭口径与空/地界面之间的距离为 25cm（与早先的模型不同）。目标模型是一个圆柱体，半径为 3.5cm，高度为 5cm。它只是被浅浅地埋在空/地界面以下 2.5cm 处。土地被建模成一个均匀损耗的材料，相对介电常数为 13，电导率为 0.005S/m。空/地界面假设为完全平坦的。

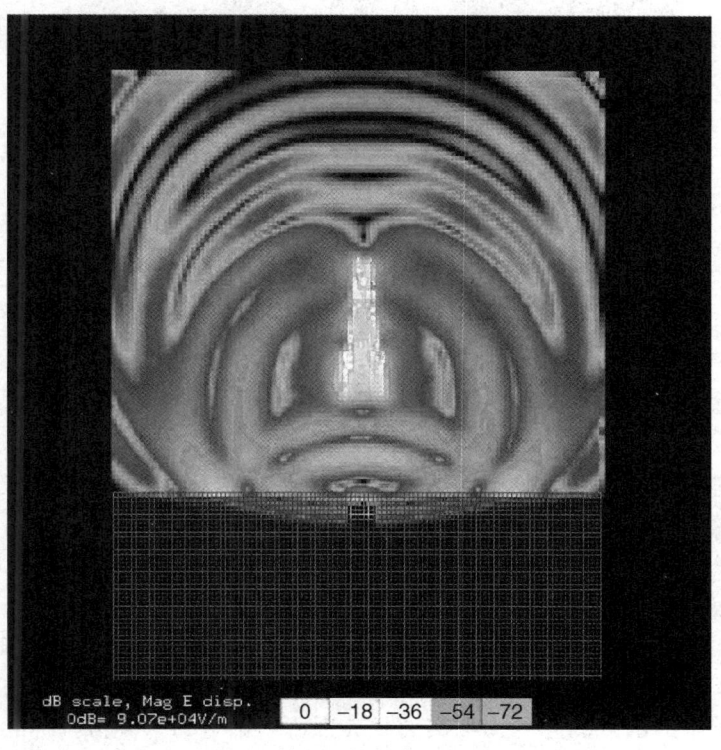

图 21.12　主要地面反射之后的垂直切割面上电场图（IEE）

人们可以从场的图中辨认出喇叭金属板上和板内的天线结构和强场范围。被埋藏的物体也是可见的。由空/地界面产生的主要反射返回天线系统，可以被清楚地看到。另外，来自被掩埋物体的较弱的反射开始形成并时间上跟随着空/地界面反射。这是远距离 GPR 系统的典型时域特征。而且，其他的物理现象也可以观测到，如自由空间路径损耗和地下传播速度的降低。

应该指出的是，如图 21.13 所示，天线系统物理扫过目标的过程将会产生双曲线的目标图像。对于已知恒定速度的材料的二维情况（x=地面位置，z=目标深度），至点反射体的测量时间为 t，那么至点反射体的距离为 $z=vt/2$。沿 x 轴任意一点的距离 z 为

$$z_i = \sqrt{(x_i - x_0)^2 + z_0^2} \tag{21.11}$$

这个方程表明：测量的波前表现为双曲线图像或最大凸起度曲线。移动技术可以被用来搬动或移动 A 扫描时间采样的一段至最大凸起曲线的顶点。双曲线需要与其他特征完全区分开，并且为了很好地工作，这个技术需要一个好的信噪比。

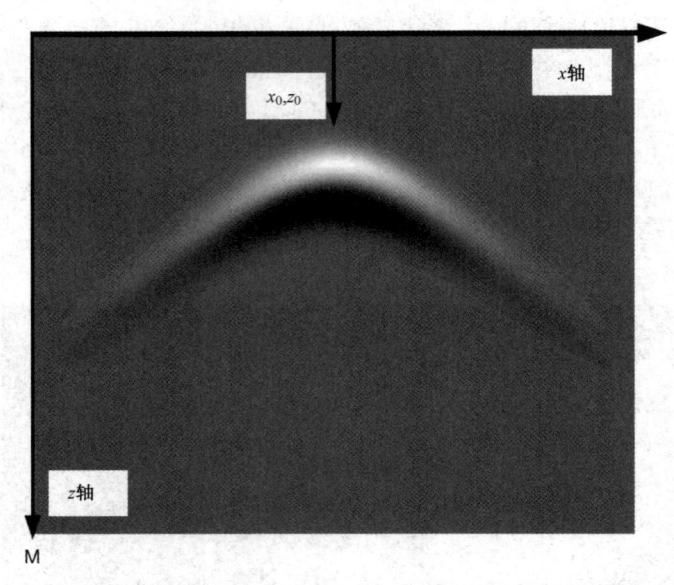

图 21.13 来自圆形截面积反射体的 GPR 数据的典型双曲线图像（IEE）

21.4 材料性质

确定地下材料的介电性质大体上仍然要依靠实验。岩石、土壤和混凝土都是复合材料，包含许多性质相差很大比例不同的矿物，并且即使在名称上相似的材料中，它们的介电参数也相差较大。大多数地下材料都包含潮气，并有一些盐分。由于水的相对介电常数大约是 80，那么即使是很少量的潮气也会导致材料相对介电常数的显著增加。许多工作人员都研究过材料的物理、化学、机械和电性能，特别是微波性能之间的关系。一般来说，他们曾设法开发出合适的模型来链接材料的性质和其电磁参数。这样的模型为理解介质中电磁波行为提供了基础。作为频率的函数的介电损耗实部和虚部可以由宽的频率范围标绘，典型的结果如图 21.14 所示。

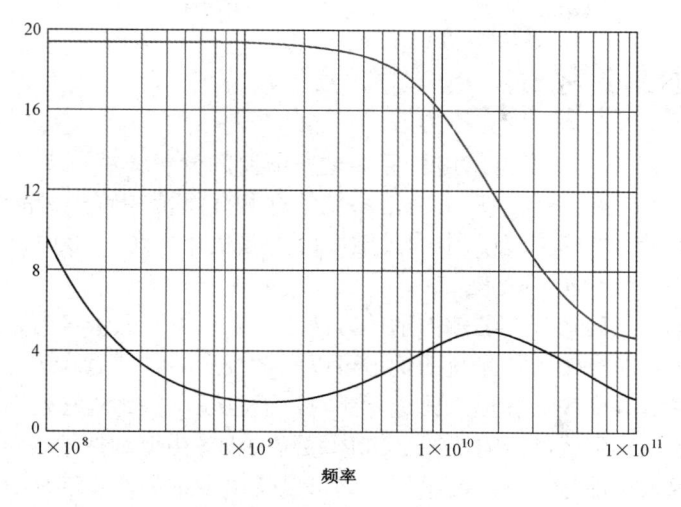

图 21.14　随频率成函数变化的损耗土壤的绝缘性质 ε'（上）和 ε''（下）

关于地下土壤的地质性质的信息可以在由联合国粮农组织出版的全球数字土壤地图和派生的土壤性质 CD 中找到。这使得全球 10 张地图可根据如 PH（氢离子浓度）、有机碳含量、C/N（碳氮）比、黏土矿物、土壤深度、土壤湿度含量和土壤排水级的参数进行分类。这些信息在评估 RF 技术的潜在能力上是有用的，特别是用于特定地理区域的 GPR。

理解涉及 GPR 的土壤性质有两点有益之处。第一个是理解 GPR 对特殊土壤的可应用性及由此了解使用 GPR 来探测掩埋的目标的可能性，如管子、电缆、地雷等。第二个是利用 GPR 来表征土壤和土壤性质。

GPR 可以提供详细的地表下地图，这个地图与传统的土壤测量方法相结合可以提供关于土壤类型、侧向宽度、深度、地下水位、土壤的分层和特性以及当地地质条件和历史情况的信息。

GPR 曾在美国被农业自然资源保护服务部（USDA-NRCS）用作土壤地图绘制和研究的质量控制工具。土壤测量工作中，GPR 的使用已经提供了用其他方法无法获得或不能经济地获得的土壤资源信息。图 21.15 是这一工作成果的例证。

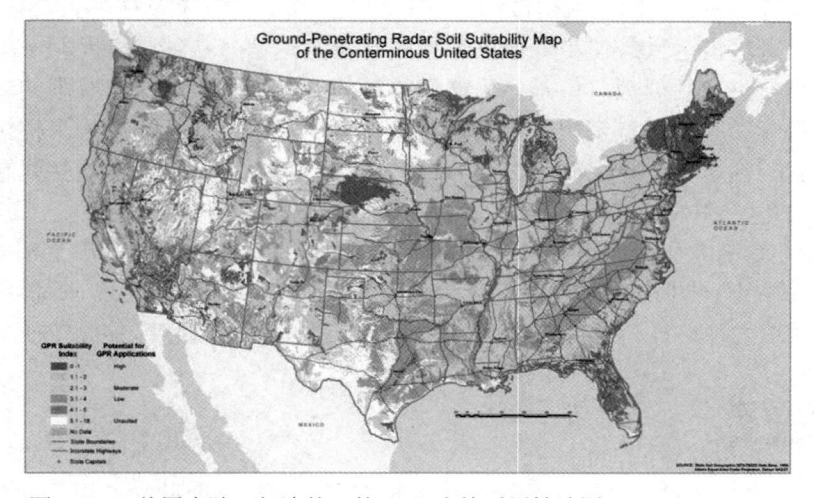

图 21.15　美国大陆（相连的）的 GPR 土壤适用性地图（USDA-NRCS）

21.5 地面穿透雷达系统

系统设计的选择在很大程度上是由目标类型、需要的分辨率和预期的地面衰减及杂波决定的。一旦选择了特殊的频率范围后，雷达系统的探测深度范围首先可能主要由土壤衰减决定。但是可以证明，竞争的系统设计中的灵敏度的大幅变化（10～30dB）实际上转换成相对较小的有损耗土壤中深度性能的变化。

至少根据分辨率为发射选择合适的波形的方法，可以认为是关于信号复杂包络线的持续时间的函数。来自大多数超宽带雷达系统的输出可以根据波形的时域显示进行比较。几乎所有类型的雷达不单可以通过其信噪比和信杂比进行比较，而且还可以比较它们固有的距离灵敏度。这样一种方法揭示了控制雷达性能的特征。GPR 系统的设计由调制技术确定。时域、频域和伪随机编码域的雷达也很可能被碰到。频率域雷达可以使用步进频率或连续扫描频率调频。它们在重复的基础上发射一个名义上幅度恒定的信号，它的频率从最低值到最高值线性地增加。

从噪声中提取接收机信号可以通过常规带通滤波器、匹配滤波器或 Wiener 滤波器获得。

匹配滤波器的基本操作是相关。输出信号每个点的幅度是对滤波器核如何与输入信号的对应部分匹配的度量。匹配滤波器的输出并不必看起来像被探测的信号，但是如果使用匹配滤波器，目标信号的波形必须是已知的。匹配滤波器是最佳的，意思是信号输出峰值与平均噪声之比比用任何其他线性滤波器可获得的都要大。对于时域波形，这并不是可以使用的最佳滤波器，此时对输出的保真度可能有要求。

Wiener 滤波器依据信号的频谱将它们分离。每个频率上 Wiener 滤波器的增益由信号的相对量和这个频率上的噪声确定。Wiener 和匹配滤波器必须通过**卷积**实现，这使它们只能极慢地执行。

匹配滤波器雷达接收机提供了一种存在噪声情况下的最佳雷达线性处理。雷达信号通过滤波器处理，这个滤波器将接收到的波形和具有发射波形且适当时延的波形进行互相关。输出中后者的幅度及其在滞后时间中的位置与目标雷达特性有关。这种类型的接收机被广泛用于处理线性、步进频率和伪随机编码波形，这些种波形的设计在文献中有大量描述。

许多商用的时域雷达系统使用一个采样接收机将雷达信号从纳秒时间帧下变换至毫秒时间帧，这样更容易进行后处理。但是，采样接收机的一个真正缺陷是其有限的动态范围，这是由于采样二极管和因为其宽带宽造成的内在高噪声电平引起的。典型的采样接收机细节可以在文献中找到，它基本上与采样示波器一样；并且一旦处理好了采样线性问题，这类设计就成为大多数的商用 GPR 系统的基础。

大部分 GPR 系统的一个关键参数是平均功率。时域雷达在重复的基础上发射短脉冲，从而，它的峰值功率比它的平均功率大许多。对于步进频率事实并非如此，每根频谱线的辐射功率都比时域雷达大，这样与脉冲 GPR 相比，它就在发射机峰值信号能力方面具有优势。

21.6 调制技术

主要有 3 种调制技术：时域、频域和伪随机编码。发射一个脉冲并用采样接收机接收来自目标的反射信号的 GPR 系统可以被认为是在时域上工作的。以顺序方式发射单独频率并用频率转换接收机接收来自目标的反射信号的 GPR 系统可以认为是在频域上工作的。后一种系统常常重建下变频的频率来恢复信号的时域复制品。

所有的 GPR 都要在 1m 数量级（自由空间中 6.6ns）的范围内探测来自比辐射信号低-50～-100dB 的目标的信号。另外，接收到的信号中将包括可以被利用的目标的时间散射信息。

接收信号的时间上的保真度需要被保存，这样 GPR 的设计师就必须保证接收机不会被发射信号饱和，天线不会引起时间副瓣，并且接收机不会扭曲接收信号。

时域雷达

大多数商用 GPR 系统使用短脉冲或 Ricker 小波脉冲，前面的图 21.5 所示。用于获得 RF 波形的高速顺序采样方法会产生低 SNR，这是因为采样脉冲的频谱对于接收脉冲的频谱而言是一个差的匹配。一般，采样接收机的动态范围典型值为 60dB，没有随距离（时间）变化的增益。随距离变化的增益的效应使来自较远距离上的目标的较低幅度信号被放大，以使它高于最小采样门限信号电平。这与有 90dB 或更大动态范围的线性接收机等效。采样的信号平均或积累可以使有效灵敏度由平均增加，一般可以达到 10～30dB。峰值发射信号与接收机噪声平均电平的比率最高可以达到 150dB。

可与时域 GPR 使用的天线被限于线性相位的设计，如电阻性加载偶极子、TEM 喇叭或脉冲辐射天线（IRA）。应该注意的是超宽带天线分成两类：一类是辐射具有低时间副瓣的合理短的脉冲并基本上具有线性相位-频率特性；另一类天线可以是对数周期天线，它具有宽带频率特性但有非线性相位-频率特性。基本上，后一类型将引起一个脉冲的不同频率分量在不同时间被辐射，因此色散了这个脉冲。如果把这样的天线与时域雷达一同使用，被使用的天线的色散性必须通过合适的后处理滤波来补偿。

时域雷达系统发射一系列脉冲，一般幅度在 20～200V，脉冲宽度在 200ps～50ns，脉冲重复间隔几百微秒至 1μs，这取决于系统的设计。脉冲产生器通常基于在短传输线上存储能量的快速放电技术。要达到此目的的最普通方法是用一个被用作快速开关的工作在雪崩击穿模式上的晶体管及一段非常短的传输线。在长重复间隔上，产生几十万伏的脉冲是完全可行的。接收天线的输出加到一个闪光（flash）A/D 或顺序采样接收机上。后者通常包括一个超高速采样及保持电路。决定采样时间的瞬间时刻的输入到采样和保持电路的控制信号在每个脉冲重复间隔上顺序增加。例如，t=100ps 的采样增量被加在前一个脉冲重复采样间隔上使接收信号在规则的间隔上采样，如图 21.16 所示。

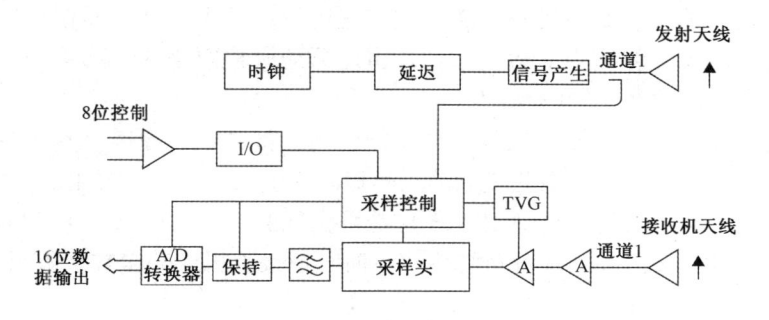

图 21.16 用于时域 GPR 系统的典型采样接收机

因此，采样接收机的原理就是纳秒时域的无线电频率信号下变至等效的微秒或毫秒时域信号。当如 256、512 或 1024 个顺序采样被收集到时，采样间隔的增量终止。然后重复这个过程。平均或"堆积"数据的方法有几种，或者是收集一组完整的采样及存储，并且更多组的数据可被增加至存储的数据组；或者对于预定的时间，采样间隔保持恒定来累积给定数量的单个采样并求平均。第一种方法需要一个数字存储器但它（也）具有优势，即如果雷达在地面上移动，每个波形组都会只遭到少量扭曲。

第二种方法不需要数字存储器并且可以只使用一个简单的低通模拟滤波器。但是，取决于已经被平均的采样数，如果雷达以任意速度移动，全部波形组会被空间上"散开"。定时增量的稳定性非常重要，而且一般应该是采样增量的 10%；但是，实际上可以达到 10~50ps 的稳定性。定时不稳定性的效应会导致扭曲，它与 RF 波形的变化速率有关。显然，在 RF 波形变化快的地方，采样电路中的斜动会导致一个非常嘈杂的重建波形。在信号变化率慢的时候，斜动不很明显。通常，采样转换器的控制来自脉冲产生器输出的采样，以保证后者定时的变化被自动补偿。这种类型雷达系统的关键部件是脉冲产生器、定时控制电路、采样检波器以及峰值保持和模/数转换器。

频域雷达

频域雷达的主要潜在优势是较宽的动态范围、较低的噪声系数以及可以被辐射的较高的平均功率。频域雷达有两种主要类型，调频载波（FMCW）和步进频率载波（SFCW），FMCW 雷达在所选择的频率范围内反复发射连续变化的频率。接收到的信号与发射波形的采样混频并产生一个差频，尽管它根本上与接收信号的相位有关，但它是时间延迟及由此目标距离的度量。如果需要等效于时域表示的信息（也就是重建一个脉冲），差频或中频（IF）必须来自一个 I/Q 混频对，因为单端混频器只能提供时域波形的模数。基本的 FMCW 雷达系统对某些参数特别敏感。特别是，它需要一个频率扫描随时间变化的高度线性关系来避免 IF 的频谱变宽以及由此导致的系统分辨率降低。Dennis 和 Gibbs[23]评估了时间副瓣电平对线性的敏感度，结果证明副瓣电平与峰值电平的比率取决于扫描线性度。实际上，百分之几的非线性度就会产生很大的时间副瓣，这需要在发射机调制器设计中予以补偿。

SFCW 雷达发射一系列的步进频率并存储接收到的 IF 信号，然后执行时域等效波形的傅里叶变换重建。因为对扫描速率的要求相对适中，SFCW 已经在 GPR 中有多种应用。对于这种设计，移动通信技术对降低雷达组件的成本具有重要的影响。有两种综合雷达的形式可以考虑：第一种也是最简单的是步进频率连续波雷达；第二种更复杂，即在发射之前，每个单独的频率在幅度和相位上被适当加权。通常，雷达要通过校准来建立测量的参考平面以及降低组件和天线频率特性的变化的影响。

有更广泛的一类天线可以被频域雷达设计师使用。接收机的噪声基底比时域噪声基底低许多，就是由于其较窄的带宽及由此较低的热噪声。一般可以见到-120dBm 的灵敏度并且系统峰值发射信号比平均接收机噪声高 180dB 也是可实现的。应该注意的是，FMCW 和 SFCW 系统中的接收机的 IF 带宽可以做得相对窄些，而时域接收机中的采样接收机却具有几 GHz 的带宽及由此导致的差的噪声性能。

步进频率或 FMCW GPR 的主要潜在优势是在天线有足够的频率通带情况下，它能调节操作频率范围来适应被研究的材料、目标和电磁环境。它可以在每根频谱线上辐射比时域雷达高的平均功率电平，并且它有积累接收信号电平的能力从而改善系统灵敏度。当然，雷达的校准依赖于稳定的系统特性和天线参数，这些参数不随地表面和天线的间隔变化而变化。尽管初步考虑会认为，由于较窄的 IF 接收机带宽和因此带来的热噪声，频域雷达应该提供比时域雷达更高的灵敏度；但是其接收机类型和辐射频谱的距离副瓣可能会在上面讨论的距离分辨率上产生一个等效的或更糟的灵敏度。

伪随机编码雷达

对 GPR 的伪随机编码调制技术已经做过研究。这种方法的主要优点是发射的能量在频谱上分散得比用其他任何调制方法都更均匀，因此对频谱其他使用者的干扰的可能性被最小化。另外，其他，如移动电话使用者，对 GPR 操作人员的干扰的机会也被降低。这样方法的平均功率是任何调制方案中最低的，这有助于满足条例的要求。

发射信号具有类似噪声的特性并且接收信号与发射信号的采样进行互相关。目标的距离由互相关信号的时间位置给出，幅度由互相关信号的峰值给出。互相关副瓣的控制对获得好的距离分辨率是至关重要的；而副瓣会受到天线和系统特性，以及发射波的持续时间和随机性的影响。进一步的信息由 Narayanan[24] 和 Sachs 等[25, 26]给出。

21.7 天线

对于超宽带情况，雷达天线是根据它们的传输函数而不是增益或有效孔径来考虑的。在许多情况下都使用单独的发射和接收天线；因此它们的传输函数可能是不一样的。在超宽带雷达中使用的天线类型在确定雷达性能方面起重要作用。

除非使用端部加载天线或分散加载天线技术，在这种情况下带宽可增加但是要以辐射效率的损失为代价的，单元天线是通过线性极化、低方向性和相对有限的带宽来表征的。与孔径天线（如喇叭）相比，单元天线是一个偶极子。就电流而言，由于它在单元末端的非连续性，用非常短的电流脉冲馈电的正常短偶极子天线将从馈电点和端点辐射。电流脉冲将从偶极子的末端被反射并在偶极子中向上和向下传播，产生一系列的辐射脉冲。这扩展了辐射波形的时间特征并降低了系统的距离分辨率。这个效应如图 21.17 所示，该图是加上几个脉冲之后的辐射方向图。外周表示在时间零上的辐射能量，相隔一定距离之后是来自馈电点和单元末端的辐射。

因为要求仅辐射非常短的脉冲，所以通过端部加载或降低到达端部的电荷及电流幅度来消除来自馈电点和天线端点的不连续性的反射是很重要的。电荷和电流在端点的减少可以通过在天线上进行电阻涂覆或用镍铬铁合金材料（它具有单位面积的一定损耗）制造天线来获得。在这种情况下，因为施加的电荷遍布在整个振子长度上，所以天线以完全不同的方式辐射；由此，辐射中心沿着天线长度分布。图 21.18 是电阻性加载偶极子的典型辐射场图形。但是，脉冲宽度的缩短是以效率的降低为代价的，并且加载天线的效率可能低至 10%。

对超宽带雷达的设计师有用的天线类型分为两组：色散的天线和非色散的天线。色散的天线具有非线性的相位/频率响应，而非色散的天线具有基本上线性的相位/频率响应。已经使用过的在超宽带雷达中的色散天线的例子有指数螺旋线、阿基米德（Archimedean）螺旋线、对数平板天线、Vivaldi 天线、裂缝天线和指数喇叭。这类天线的脉冲响应通常会产生一种波形，如果输入是脉冲的话，它的时间频率响应会被扩展（并且虽然具有非恒定的幅度，但类似于线性调频脉冲）。

图 21.17 来自导电偶极子单元因施加脉冲而产生的辐射场方向图（IEE）

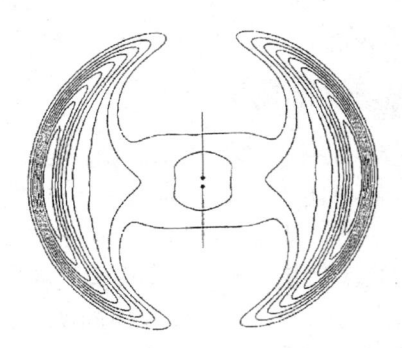

图 21.18 来自电阻性加载偶极子单元因施加脉冲而产生的辐射场方向图（IEE）

非色散天线的例子有 TEM 喇叭、双锥，蝴蝶结领结式，电阻、集中单元加载天线及连续电阻加载天线。脉冲雷达中输入至天线端的电压驱动函数一般为一个 200ps 的窄高斯脉冲，而这要求天线的脉冲响应极短。要求脉冲响应短的主要原因是因为天线不能扭曲输入函数及产生时间副瓣这点很重要。这些时间副瓣将会遮蔽那些在距离上与感兴趣目标靠得近的目标；换句话说，如果天线的响应脉冲被大大扩展的话，雷达的分辨率会降低。

但是原则上，所有的天线在一定程度上都是色散的，而非色散天线不需要信号处理的纠正，这将降低雷达处理的整个复杂性。许多 GPR 系统的非常短距离操作使得天线的工作方式并不遵循天线增益及孔径的传统分析模型。

喇叭天线在 FMCW 超宽带雷达中有最多的使用，在这种雷达中较高工作频率和对线性相位响应的要求的放松允许考虑使用这种类型的天线。FMCW 超宽带雷达曾使用过由脊形喇叭馈电的偏置抛物面。这一安排设计成以一个倾斜角将辐射集中进入地面来降低来自地面的反射电平。用这种安排时需要留心使来自馈源天线的背瓣和副瓣最小化，因为背瓣和副瓣很容易产生来自地表面的反射。

一种辐射圆极化的方法是使用一个等角螺旋天线。这种类型天线的色散特性会导致发射波形宽度增加，而且辐射脉冲会采用线性调频脉冲的形式，它首先辐射高频，接着是低频。一种"使成尖峰"滤波器（可以采用传统的匹配滤波器形式）可以补偿这个影响；或者可以采用一种更复杂的滤波器，如 Wiener 滤波器，它可以恢复施加在天线上的波形的原先形状。

了解与天线非常靠近的材料的影响很重要。通常，在大多数情况下，这种材料是土壤、岩石或冰，它们可以认为是损耗性电介质；并且它的加载效应在确定天线的低频性能及由此决定的 GPR 性能中起重要的作用。天线的工作性能与材料密切相关，而且对于钻孔雷达，天线实际上是在损耗性电介质中进行辐射的；而对于工作在地面上的 GPR 雷达，天线将从空中辐射进非常一小段的空气，然后再进入由材料形成的损耗性半空间。天线在损耗性电介质内部和上面的工作情况都已经充分报道。均匀导电土壤中的电磁脉冲的传播已由 Wait[27] 和 King[28] 建模，矩形源脉冲的色散效应提示接收脉冲的时域特性可以用作距离的指示。

天线和损耗性电介质半空间的相互作用同样也很重大，因为这将导致天线辐射特性在空间上和时间上都发生改变，因此在系统设计中应该考虑。对于天线被放置在界面上的情况，有两个最重要的参数：电流分布和辐射方向图。在界面上，天线上的电流以介于自由空间速度和电介质中速度之间的速度传播。一般，速度被延迟 $\sqrt{(\varepsilon_r+1)/2}$ 倍。最终结果是渐消波在空气中被激励；而在电介质中，能量被集中并以因子 $n^3:1$ 被诱导。

空气中和电介质中相应计算出的远场功率密度方向图已由 Rutledge[29]给出（见表 21.4）；针对相对电介质常数 9，它们被绘在图 21.19 和 21.20 中。为了比较，辐射到自由空间中的偶极子的远场方向图绘在图 21.21 中。

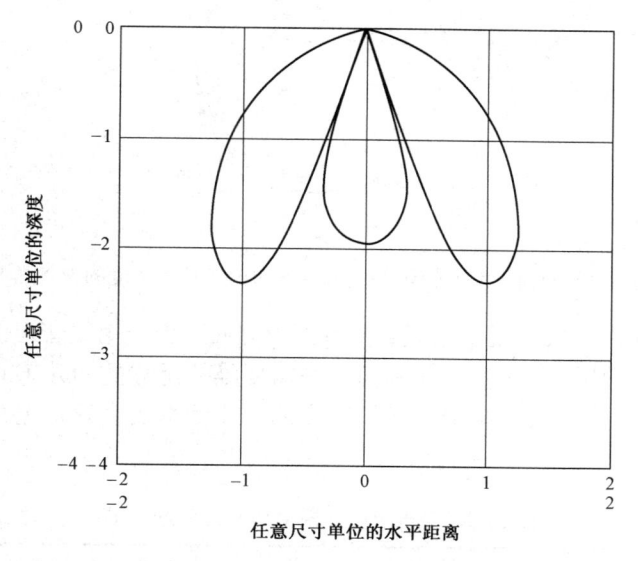

图 21.19　向介电常数为 9 的无损耗材料辐射的电流单元的远场功率密度的 E 平面图

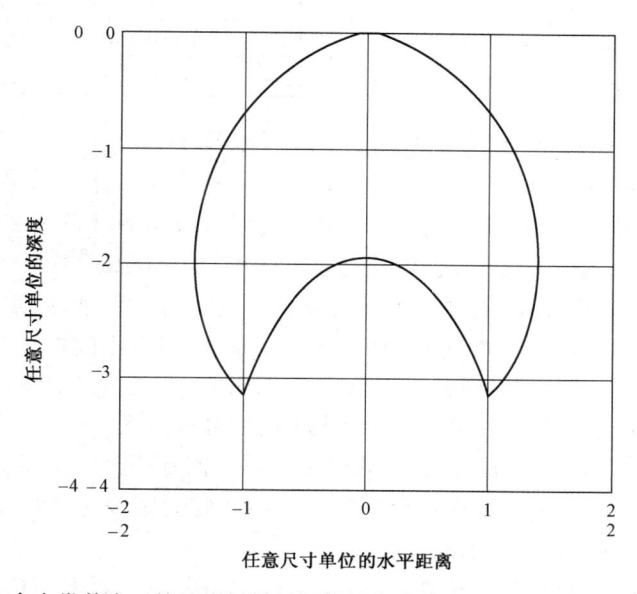

图 21.20　向介电常数为 9 的无损耗材料辐射的电流单元的远场功率密度的 H 平面图

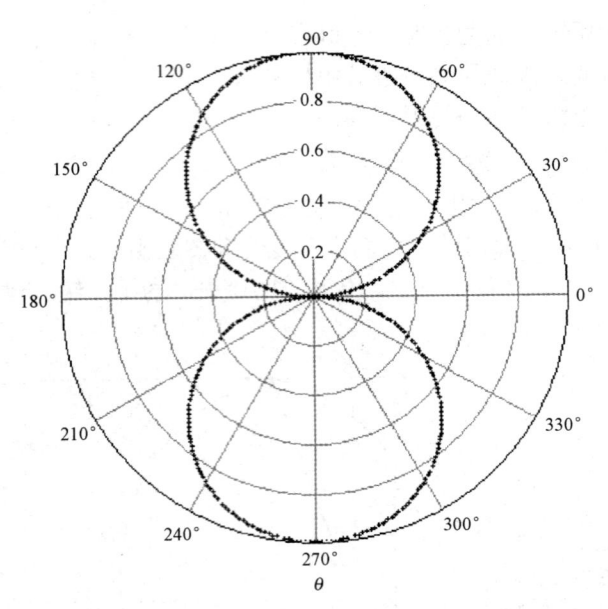

图 21.21 向自由空间辐射的电流单元的远场功率密度的 H 平面图

表 21.4 中上面的表达式假设了电流源接触到电介质，而一个更普遍的条件是天线刚好在电介质之上。许多应用中的一个重大实际问题是需要维持足够的间隙来避免对天线造成机械损伤。因此，可以体会到天线和半空间之间距离的变化的影响会导致电介质中的辐射方向图的显著变化。

表 21.4 空气及电介质中功率密度方向图

平面	功　率 电介质中 x 方向辐射图	功　率 电介质中 y 方向辐射图
H	$\alpha (\cos\theta_\alpha / (\cos\theta_\alpha + \eta\cos\theta_d))^2$	$\alpha \eta (\eta\cos\theta_\alpha / (\cos\theta_\alpha + \eta\cos\theta_d))^2$
E	$\alpha (\cos\theta_\alpha \cos\theta_d / (\eta\cos\theta_\alpha + \cos\theta_d))^2$	$\alpha \eta (\eta\cos\theta_\alpha \cos\theta_d / (\eta\cos\theta_\alpha + \cos\theta_d))^2$

一个可以支持向前传播 TEM 波的特别有用的天线是 TEM 喇叭。一般，这样的天线包括一对导体，其截面为平面的、圆柱的或圆锥的，形成一个 V 形结构，辐射将沿着 V 形结构的轴传播。尽管使用了电阻性终端，但是这种类型天线具有依赖于尺寸的 10～15dB 的方向性；因此即使有 3～5dB 的终端损耗仍可获得有用的增益。Martel[21]对 TEM 喇叭做了进一步的发展，其中的天线由一套伸展的"指头"组成来形成图 21.22 所示的喇叭形状。每个指头都是直径为 1mm 的电线，并沿着天线的长度被电阻性加载在不同位置上。天线的馈电部分由 50Ω同轴线组成，向一根宽 30mm、高 7mm 的锥削平行板波导进行馈电。沿着顶部平行板的宽度锥削用作一个过渡段将 50Ω的非平衡线转换成 50Ω的平衡。

图 21.23 给出了最佳设计的预测和实际时域脉冲。时域天线响应的形状与高斯信号二次导数类似。可以看到大多数内部反射已经被抑制。不需要的振铃现象的降低率高于 9dB/ns。100MHz～5.8GHz 的 VSWR 优于 2∶1。

有许多种天线构造可以使用，交叉偶极子和平行偶极子是最流行的。使用这两种天线的主要原因是对于 GPR 还没有足够快的 TR 转换开关。

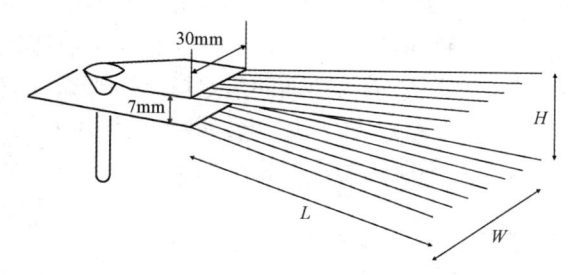

图 21.22　加载 TEM 喇叭的天线和馈线几何形状，L=30cm（IEE）

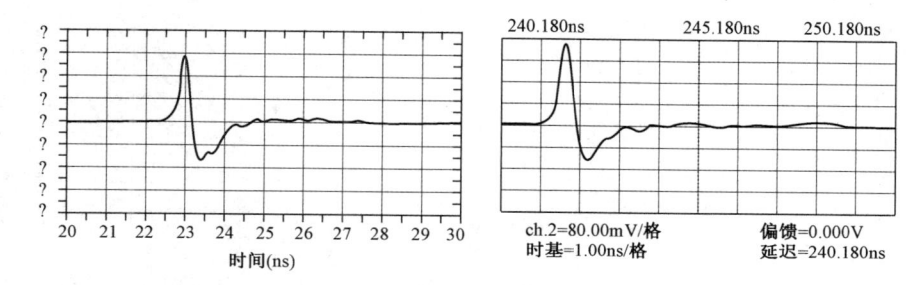

图 21.23　加载 TEM 喇叭天线的预测和实际脉冲响应（IEE）[①]

21.8　信号和图像处理

图 21.24 给出了 GPR 数据显示的三种基本排列。最基本的 GPR 数据记录是 A 扫描。A 扫描可以提供对目标的信号测量值的幅度-时间记录。但仅有幅度-距离信息被绘制。通常 GPR 被用于产生与地面上观察位置有关的一系列 A 扫描。这个系列可以被称作 B 扫描，图 21.24 给出了一个例子。它有效地表示了一个轴（z）深度和正交轴（x 或 y）线性位置。信号的幅度可以被显示成一系列重叠信号或"摆动图"（借自于地震术语）或灰度编码强度图、或伪色彩图像。在所显示的模型例子中可以看到目标空间响应的双曲线式扩展。如图 21.24 所示，C 扫描由平面视图组成（深度为 z 的确定距离上的 x,y 平面）。注意这些术语与常规雷达显示中所用的不一样。

接收到的时间波形可以描述为许多时间函数的卷积，每个函数都表示除来自各种源的噪声贡献外雷达系统中某个成分的脉冲响应。需要注意的是，使用了两个天线，一个发射和另一个接收。

$$s_r(t) = s_s(t) \otimes s_{af}(t) \otimes s_c(t) \otimes s_{gf}(t) \otimes s_t t \otimes s_{gr}(t) \oplus s_{ar}(t) + n(t) \qquad (21.12)$$

式中，$s_s(t)$ 是施加于天线的信号；$s_{ad}(t)$ 是天线脉冲响应；$s_c(t)$ 是天线交叉耦合响应；$s_{gd}(t)$ 是地面脉冲响应（d 表示方向——f 为向前，r 为反向）；$s_t(t)$ 是目标的脉冲响应；$n(t)$ 是噪声。

每个贡献都有它自己特殊的特性，在应用特别处理方案前需要仔细考虑。理想上，施加

---

① 图中纵坐标为问号，原文如此。

在天线上的信号应该是 δ（单位脉冲）函数，但实际上它更像是时间宽度一定的偏高斯脉冲。在地面穿透应用中使用的大多数天线都有一个有限的低频响应，并且往往趋向于起高通滤波器的作用，天线有效地微分施加的脉冲，由此产生时间上有限的函数。在大多数情况下，使用几乎相同的天线；并且如果它们与地面间隔足够远，那么 $s_{af}(t) = s_{ar}(t)$。当使用的天线非常靠近地面时，$s_{af}(t)$ 和 $s_{ar}(t)$ 二者都随着地面电参数的变化而变化。基本上，天线的阻抗会因为它靠近地面而改变；因此它不能认为具有稳定的脉冲响应。

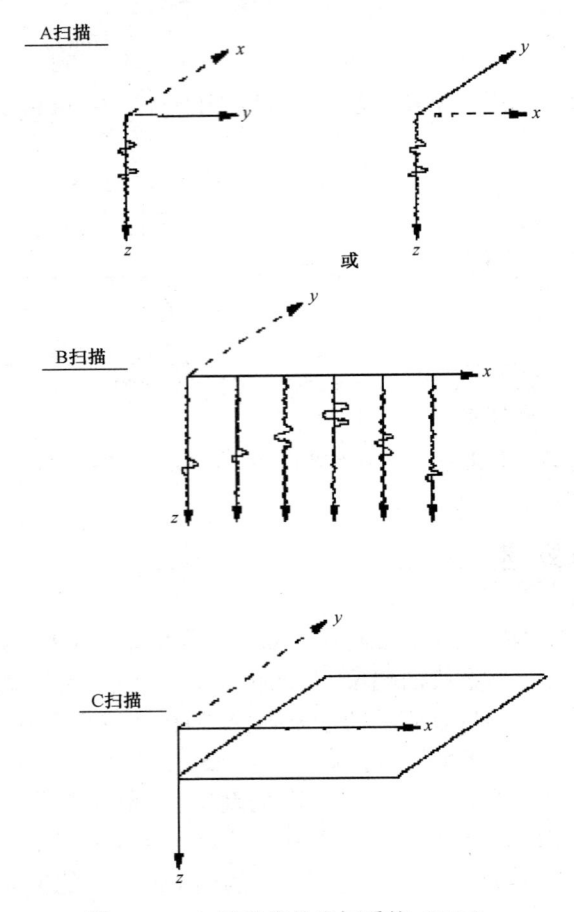

图 21.24　扫描种类的坐标系统（IEE）

任何依赖于恒定天线参数的处理方案都应该考虑天线的工作模式及实际上，可以实现的稳定度。天线交叉耦合响应 $s_c(t)$ 由因为空气中天线交叉耦合产生的固定成分 $s'_c(t)$ 和因为地面或邻近物体影响产生的可变成分 $s''_c(t)$ 组成。因此 $s_c(t) = s'_c(t) + s''_c(t)$。人们发现只要注意结构的精确度就可把 $s_c(t)$ 的幅度降到很低的电平，在交叉振子天线的情况下可低于-70dB，而在平行振子天线通过将适当吸收材料插入天线之间可降低到-60dB 以下，但是，$s''_c(t)$ 可以非常大并且 $s_c(t)$ 的总值可以被抬高至-40dB。$s_a(t)$ 的值由土壤中的局部不均匀性或覆盖的金属或矿物、蔬菜等材料确定。不幸的是几乎不能预测 $s''_c(t)$ 中的变化，而且许多处理运算法则也不能对它进行处理。交叉振子天线的 $s''_c(t)$ 变化比平行振子的大许多。地面脉冲响应 $s_g(t)$ 可以通过它的衰减和感兴趣的频率范围上的介电常数来确定。

目标脉冲响应可以由需要的目标响应和许多其他反射器的卷积构成，这些反射器可能不是使用者想要的，但是就电磁波而言它是有效的反射目标。目标之间的时间间隔与其物理间隔及传播速度有关，时间间隔可以随着材料性质变化而变化。

目标在距离上间隔很开的场合，区分雷达反射相对简单；但是随着目标越来越靠近，区分会变得越来越困难，因为反射的时域标志由可分变成混合在一起。

由于通常用于 GPR 的天线具有较差的方向性，B 扫描中反射波形的图形代表天线方向图和目标的空间卷积。读者可以参考前面的图 21.13，它说明了这个效应。空间图形并不代表感兴趣目标的图像，于是对根据 GPR 数据重建目标图像的方法进行了大量研究。

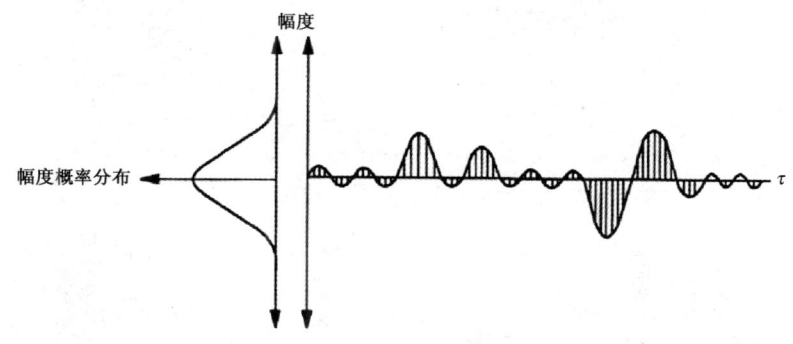

图 21.25　A 扫描采样时间序列的包络线（IEE）

可以使用如下任何处理方法来对图像去卷积：合成孔径处理、共轭梯度方法及逆时间移动已在文献中广泛报道。许多这些技术对孤立的目标如管子都能很好地工作，这样的目标具有明确的几何边界。当然，对于分层结构和各向异性材料，情况要更困难些。

当产生掩埋物体的重建图像时，无论是作为 B 扫描还是 C 扫描（位于特殊深度范围的区域）图像，都需要把雷达图像解读为由物理结构生成的。对于有杂波的情况这并不总是很容易的，而且这在很大程度上取决于操作者的经验。图 21.26 和 21.27 给出了 B 扫描未处理数据及对扩展损耗和衰减纠正过的 B 扫描数据。虽然 C 扫描基本上是对一个选定的 z 值的距离处的 x,y 平面，许多前一节描述的处理方法仍然适用。

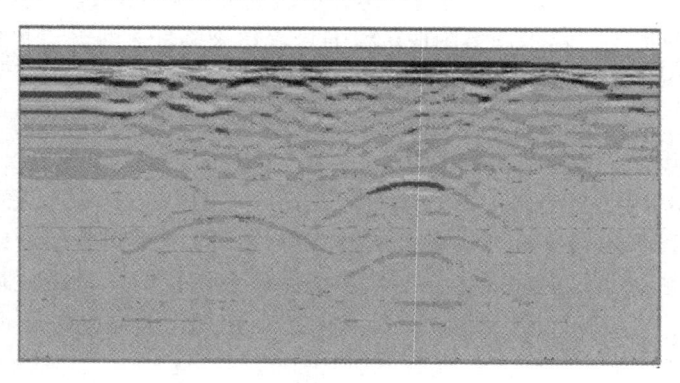

图 21.26　B 扫描未处理的数据（IEE）

记住 GPR 的 B 扫描产生目标的双曲线横截面，于是一个区域扫描（C 扫描）将产生一个回转双曲面，它的竖轴穿过目标。与这个竖轴正交的平面将产生一个圆形图案，它的半径随深度的增加而增加。图 21.28 给出了一个典型的例证，它显示了来自埋在不同深度的反坦克地雷的 C 扫描图，地面的中心显示为一个覆盖。这些图像是目标的未聚焦描绘，是目标和天线方向图的 3D 空间卷积。

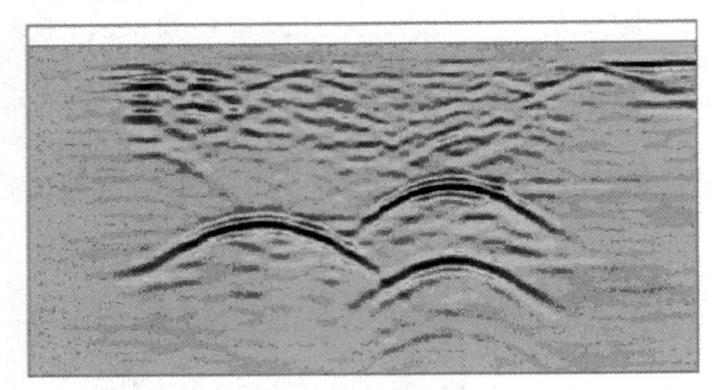

图 21.27 对扩展损耗和衰减纠正过的 B 扫描数据

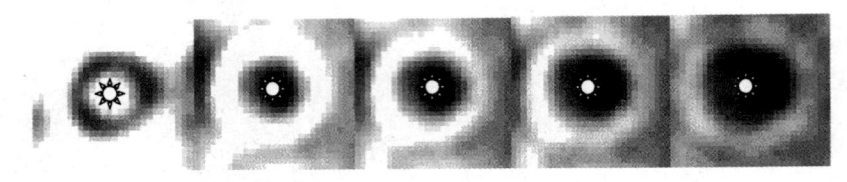

图 21.28 被掩埋在深度以 10mm 递增的一组 AT 地雷的未聚焦 C 扫描的序列（IEE）

当试图哪怕在图像处理后分类目标时，必须仔细考虑地面条件的可变性以及 EM 波传播和反射的物理特性。例如，一个空穴的深度图像常常看上去小于它的物理尺寸；任何合理尺寸的角反射器都会产生大的明显不连续的反射图像；而通过存储能量进行回响的导电目标会产生扩展的深度图像。当然，由 GPR 生成的掩埋目标图像不对应其几何图形，根本原因与辐射波长和目标物理尺寸之间的比率有关。在大多数情况下比率接近于 1。这与光学图像相比差别很大，光学图像是在比率比 1 大许多（一般是 100 000:1）的条件下获得的。在 GPR 应用中，散射平面组合的效应，如角反射器，可以引起图像中的"亮斑"，并且传播速度的变化会导致图像纵横比的扩大。尽管许多图像可以通过聚焦来降低天线波束扩展的影响，但是几何模型的重建是一个更复杂的过程并且通常并不做此尝试。

应用于 GPR 的信号处理的一般目标是呈现易于被操作者解读的图像或者根据已知测试程序或样板来区分目标回波。

一般在处理 GPR 数据中遇到的处理问题在最广泛的意义上是从时间数列提取局部小波函数，这个数列显示出与小波非常相似的时域特性。这个时间数列由来自地面和其他反射面的信号以及从雷达系统内部产生。不像传统雷达系统那样，与杂波相比目标通常可以被认为是在移动的；在 GPR 情况中，目标和杂波在空间上是固定的，而雷达天线相对环境移动。

通常假设数据是以足够分辨率记录的。大多数应用在地面穿透中的天线都有一个有限的低频响应，而且趋向于起一个能有效微分施加脉冲的高通滤波器的作用。因为大地是一个低通滤波器，它可以大致确定反射信号的带宽。当天线在与地面近距离情况下工作时，天线的特性可能会因为地面电参数的改变而变化。任何假设天线参数保持恒定的处理方案都需要考虑天线的工作模式及实际可以实现的稳定度。这对 GPR 来说是一个特殊的问题，并需要很小心来降低天线-地面互相作用的影响。

一些对于正式运转的 GPR 系统的辅助要求也要考虑。现在已有地下测量的可用于雷达的精确、高分辨、低成本的位置参考系统。重要的是数据可以与真实的地理参考相关连，特别是当存档于数字绘图系统中及用于确定义安全工作的区域的时候。

其他需要考虑的是电磁能量的极化平面。对于具有大尺寸面积的目标，如管子，当极化矢量与管子共线时，雷达散射截面将会较大。这意味着，任何被测量的区域，例如用平行偶极子测量必须从正交的方向进行测量来保证目标不被遗漏。对于交叉偶极子天线也有同样的要求。

21.9 应用

这里只可能为 GPR 提供多种应用的简单归纳。GPR 在一些情况下已成为确定的和常规的地下研究方法。在专家的手中，GPR 提供了一个安全和非侵入的进行推测探索的方法，而无需不必要的破坏和挖掘。图 21.29 给出了一个具有各种已识别出各种特征质的 GPR 图像的典型例证。

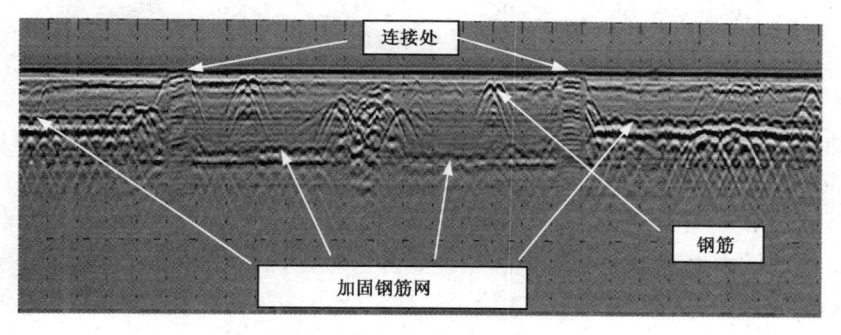

图 21.29 典型的水泥地板雷达成像，显示了后部、连接处、钢筋等
（脉冲宽度 1ns，水平刻度间隔 10cm，垂直刻度间隔 0.5m）（IEE）

GPR 已经显著提高了探测工作的效率，这项工作对建筑和民用工程工业、公安和法医部门、安全/情报部队及考古测量而言都是重要的。

GPR 已经被非常成功地用于法医调查。最有名的案件于 1994 年发生在英国，（当时）在 Fred West 屋子的水泥下面精确查到了系列谋杀者的受害者的墓地。在比利时，恋童癖者 Duteous 的受害者的墓地于 1996 年被发现。

GPR 的考古应用多种多样，从探查埃及和北美印地安遗址和城堡，到欧洲的修道院和城堡。雷达成像的质量可以超常的好，尽管正确的解读通常要求考古学家和雷达专家联合进行。1990 年以来，广场地球物理测量项目在苏格兰国家博物馆和格拉斯哥博物馆赞助下，已经在埃及广场上进行了地球物理和考古测量。广场构成了古埃及首都孟斐斯的城市的遗迹一部分。墓地从 Abu Roash 开始延伸，东至开罗，向南穿过 Giza、Abusir、Saqqara 及 Dahshur 直至南部约 20km 处的 Meidum。著名的第三代王朝统治者，Zoser 国王的台阶金字塔占据了塞加拉遗址的大部。所知道的重要纪念碑是 Gisr el-Mudir，它由一个从东到西 400m、从北到南 600m 的石头围墙构成。墙壁是非常粗糙的结构，但很巨大。这个纪念碑可能是埃及乃至世界最古老的石头建筑之一。这个项目的主要目标之一就是确定如果有的话，是什么东西位于这个围墙内。尽管探测了许多年，但除一小块泥砖路以外什么也没被找到。以前已经对这块区域进行了多次雷达剖面测量，然后考虑到磁测结果，雷达剖面被重新检查。这个剖面是在 25m 的中心区域进行测量的，因此在图 21.30 中纯粹偶然的雷达测量线直线向下测到一段台阶（被挖掘的），图 21.31 是雷达成像图。

图 21.30 寺庙台阶（IEE）

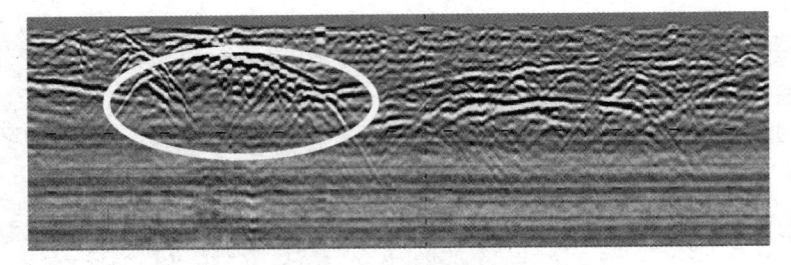

图 21.31 沿着一段台阶的雷达剖面图（IEE）

被遗弃的防步兵地雷和未爆炸的军火是许多国家战后恢复的主要障碍。它们对平民的影响是灾难性的，国际社会正在做重大努力来解决这个问题。大多数的发现是通过金属探测器获得的，它可对遗弃在战场区域中的大量金属碎片做出反应，而对探测小的金属或塑料地雷就很困难。作为降低虚警率和提供改善的低金属含量地雷探测性手段之一的 GPR 技术已经被用来解决这个问题。图 21.32 和图 21.33 给出了各种尺度的雷达成像的典型例证。

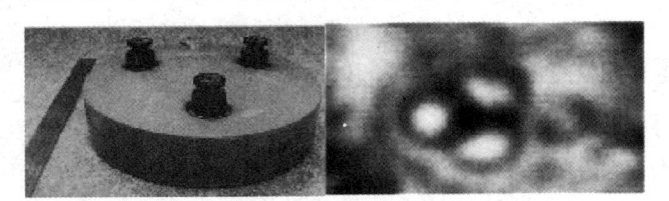

图 21.32 TMA3 AT 地雷的 GPR 成像图例子（IEE）

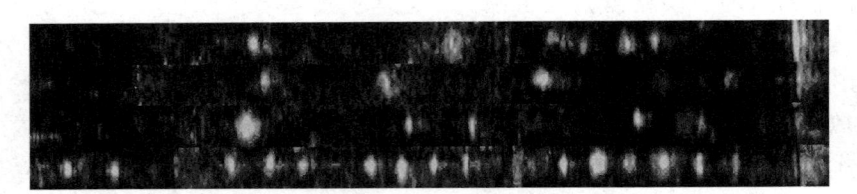

图 21.33 用 MINDER GPR 雷达在 20m×4m 测试场地上进行的 AT 地雷成像（IEE）

GPR 已经被用于探测许多不同类型的地质地层，从北极洲和南极洲冰盖以及北美的永久冻结带区域的探测，到花岗岩、石灰石、大理石和其他硬质岩石以及地球物理地层的测绘。

图 21.34 所示的雷达数据收集于挪威斯瓦尔巴特群岛的 Finsterwalderbreen 冰川,它是大约距挪威北部 80°处的一个小岛。这条冰川长 11km,地面终端冰川面积为 35km^2。冰川深度从 30m 处开始,并向下增加至 250m。在剖面图的开始处只看到底部回波;大致在水平距离 2km 处,可以看到来自冰川的一些内部散射。这些散射来自冰川内部的自由水。4～5km 处,由于散射的原因,很难看见底部回波。

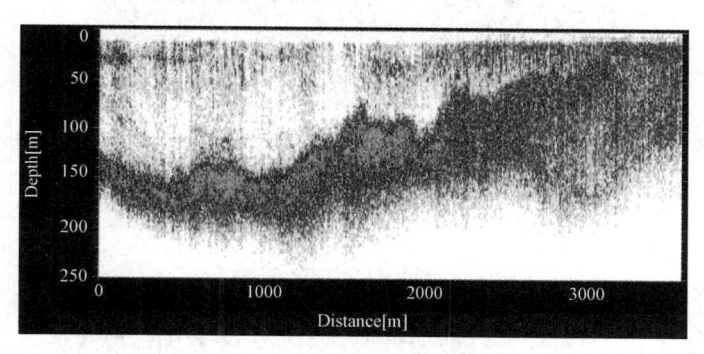

图 21.34 320～370MHz 上沿 Finsterwalderbreen 冰川中心线的雷达剖面(Hamran 等,2000)

道路的各层厚度可以通过 GPR 技术测量,如图 21.25 所示。这种方法的最大优点是非破坏性和高速(>40km/h),而且可以动态地使用来获得连续的剖面图或横滚图。由于地面的衰减特性,校准的精度往往以深度的函数降低。对地面的磨损,精度可能会达到足够高(即几毫米),但在深度为 1m 时会降到几厘米。

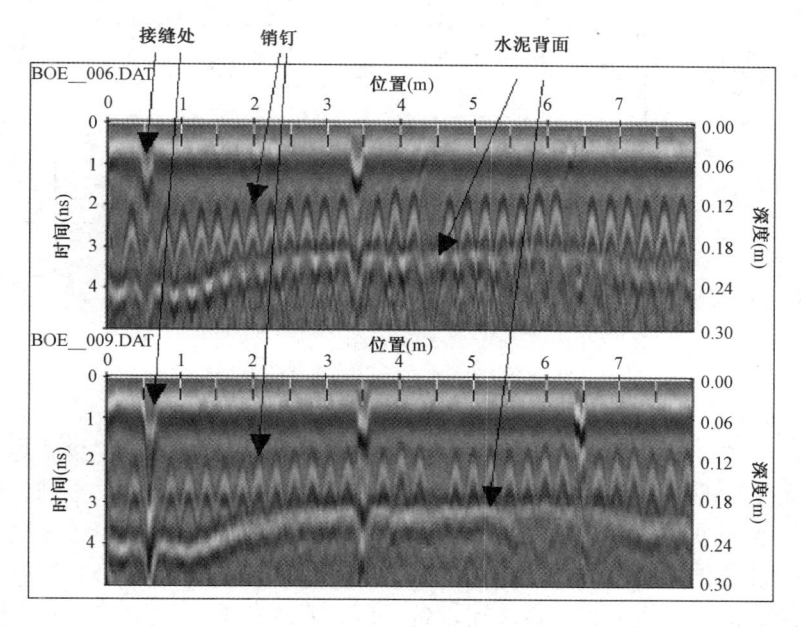

图 21.35 使用 1.5GHz 的脉冲宽度沿靠近公路水泥盖板接缝处一条 8m 长的横向轨迹的雷达成像图。上图:平行于销钉的极化;下图:垂直于销钉的极化(IEE)

已经证明,使用工作在 0.2～1GHz 频率范围上的机载雷达系统探测干燥土壤条件中的 AT(反坦克)地雷是可行的。图 21.36 给出了在 Yuma 沙漠上方 400m 处获得的雷达成像。雷达工作在 45°俯角上，并可达到 80cm 的名义分辨率。它可以探测埋在电导率为 8～10mMHOS/m 土壤中，深度为 15～30cm，直径为 30cm 的金属 AT 地雷。进一步的细节可从美国 SRI 国际公司获得。

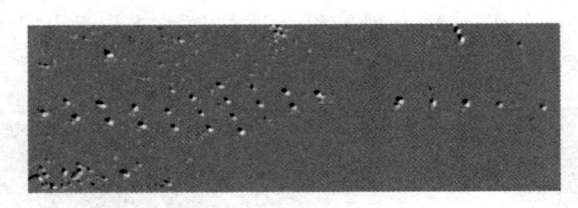

图 21.36　埋在 Yuma 沙漠中 AT 地雷的 UWB SAR 成像图，飞机位于 400m 高度
（美国 SRI 国际组织 Vickers 博士）

21.10　许可

所有国家都要求 GPR 系统应该被适当管理并根据国家和国际要求使用。使用者应该与他们的国家机构协商以确定管理环境。

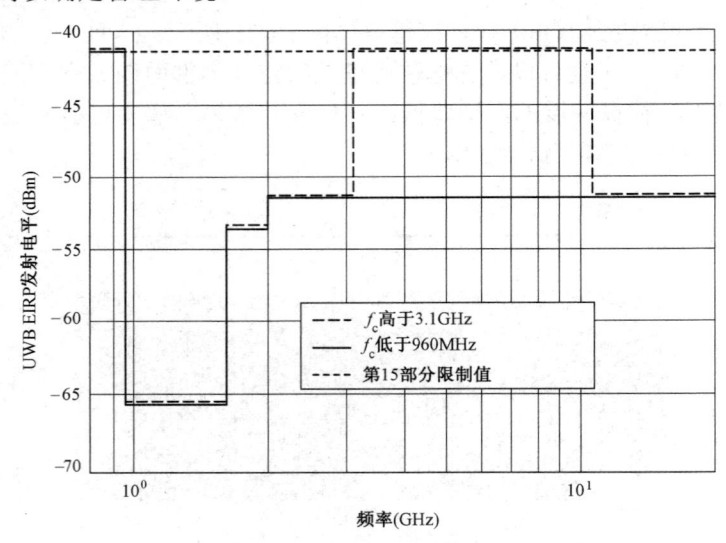

图 21.37　FCC 发射限制值

在欧盟（EU）中，管理 GPR 的使用有两个主要考虑事项。第一，设备是作为有意的无线电频率辐射器使用的；第二，设备应满足 EU 的 EMC（电磁兼容性）要求。欧洲电信标准研究所（ETSI）管理机构正在起草技术规范，并且可以在 http://www.etsi.org 找到有关信息，它包括了这样的设备作为有意的无线电频率辐射器的使用。立法和 ETSI 的产品技术规范意味着这种设备需要符合无线电和电信终端设备（R&TTE）指令。短期内，应该使用 EMC 指令直到新的产品技术规范被引入并且正式发布在欧洲共同体的官方刊物上为止。所有的设备，包括超宽带雷达或 GPR 的设备必须标有 CE（Conformité Européene）来说明它满足欧盟的有关指令。只有在所有其他相关 EU 指令，如安全性同样被证明时才能用上 CE 标志。美国的 FCC 网站[30]提供了当前的信息，并且图 21.37 给出了限制值。

参考文献

[1] D. J. Daniels, *Ground Penetrating Radar*, 2nd Ed. IEE Radar Sonar Navigation and Avionics Series, London: IEE Books, July 2004.

[2] B. O. Steenson, "Radar methods for the exploration of glaciers," Ph.D. dissertation, Calif. Inst. Tech., Pasadena, CA, 1951.

[3] S. Evans, "Radio techniques for the measurement of ice thickness," *Polar Record*, vol. 11, pp. 406–410, 1963.

[4] R. R. Unterberger, "Radar and sonar probing of salt," in *5th Int. Symp. on Salt*, Hamburg (Northern Ohio Geological Society), 1979, pp. 423–437.

[5] R. M. Morey, "Continuous sub-surface profiling by impulse radar," in *Proc. Conf. Subsurface Exploration for Underground Excavation and Heavy Construction*, Amer. Soc. Civ. Eng., 1974, pp. 213–232.

[6] P. K. Kadaba, "Penetration of 0.1 GHz to 1.5 GHz electromagnetic waves into the earth surface for remote sensing applications," in *Proc. IEEE S.E. Region 3 Conf*, 1976, pp. 48–50.

[7] J. C. Cook, "Status of ground-probing radar and some recent experience," in *Proc. Conf. Subsurface Exploration for Underground Excavation and Heavy Construction*, Amer. Soc. Civ. Eng., 1974, pp. 175–194.

[8] J. C. Cook, "Radar transparencies of mine and tunnel rocks," *Geophys.*, vol. 40, pp. 865–885, 1975.

[9] K. C. Roe and D. A. Ellerbruch, "Development and testing of a microwave system to measure coal layer thickness up to 25 cm," Nat. Bur. Stds., Report No.SR-723-8-79 (Boulder, CO), 1979.

[10] B. Nilsson, "Two topics in electromagnetic radiation field prospecting," Ph.D. dissertation, University of Lulea, Sweden, 1978.

[11] D. J. Daniels, *Surface Penetrating Radar*, IEE Radar Sonar Navigation and Avionics Series 6, London: IEE Books, 1996.

[12] See Reference 1.

[13] Cook and Bernfeld, *Radar Signals, An Introduction to Theory and Application*, Norwood, MA: Artech House, p. 9.

[14] M. Skolnik, *Radar Handbook*, 2nd Ed., New York: McGraw-Hill, 1990, Chap. 10.

[15] F. Nathanson, *Radar Design Principles*, New York: McGraw-Hill, 1969, Chap. 8.

[16] Wehner, *High Resolution Radar*, Chap 4.

[17] Galati, *Advanced Radar Techniques and Systems*, IEE Radar Sonar Navigation and Avionics Series Vol. 4 London: IEE Books, 1993, p. 104.

[18] Astanin and Kostylev, *Ultra-wideband Radar Measurements Systems*, IEE Radar Sonar Navigation and Avionics Series, Vol. 7, London: IEE Books, 1997, Chap. 1.

[19] M. T. Tuley, J. M Ralston, F. S. Rotondo, A. M. Andrews, and AE. M. Rosen, "Evaluation of EarthRadar unexploded ordnance testing at Fort A.P. Hill, Virginia," *IEEE Aerospace and Electronics Systems Magazine*, vol. 17, issue 5, pp. 10–12, May 2002.

[20] P. Debye, *Polar Molecules*, New York: Chemical Catalog Co., 1929.

[21] K. S. Cole and R. S. Cole, "Dispersion and absorption in dielectrics, I, alternating current characteristics," *J. Phys. Chem.*, vol. 9, pp. 341–351, 1941.

[22] D. J. Daniels, "Resolution of UWB signals," *IEE Proc. Radar Sonar and Navigation*, vol. 146, pp. 189–194, August 1999.

[23] C. Martel, M. Philippakis, and D. J. Daniels, "Time domain design of a TEM horn antenna for GPR," presented at Millennium Conference on Antennas and Propagation, April 2000.

[24] D. J. Daniels, "An assessment of the fundamental performance of GPR against buried landmines," presented at SPIE Detection and Remediation Technologies for Mines and Minelike Targets XII, Orlando, FL, April 2007

[25] G. Denniss "Solid-state linear FMCW systems –their promise and their problems," in *Proc. IEEE Int. Mic. Conf.*, Atlanta, GA, 1974, pp, 340–345.

[26] R. M. Narayanan, Y. Xu, P. D. Hoffmeyer, and J. O. Curtis, "Design, performance, and applications of a coherent random noise radar," *Optical Engineering*, 37(6), pp. 1855–1869, June 1998.

[27] J. Sachs, P. Peyerl, F. Tkac, and M. Kmec, "Digital ultra-wideband-sensor electronics integrated in SiGe-technology," in *Proc. of the EuMC*, vol. II, Milan, Italy, September 2002, pp. 539–542.

[28] J. Sachs and P. Peyerl, "Chip integrated UWB radar electronics," presented at Third DTIF Workshop, *Ground Penetrating Radar in Support of Humanitarian Demining*, JRC, Ispra, Italy, September 2002.

[29] J. R. Wait, "Propagation of electromagnetic pulses in a homogeneous conducting earth," *Appl. Sci. Res. B*, vol. 8, pp. 213–253, 1960.

[30] R. W. P. King and T. T. Nu, "The propagation of a radar pulse in sea water," *J. Appl. Phys.*, 73, (4), pp. 1581–1589, 1993.

[31] D. B. Rutledge and M. S. Muha, "Imaging antenna arrays," *IEEE Trans*, AP130, (Q), pp. 533–540, 1982.

[32] Federal Communications Commission, http://www.fcc.gov/aboutus.html.

第 22 章 民用航海雷达

22.1 引言

就世界范围内使用的系统数量而言，民用航海雷达（CMR）一直都是最大的雷达市场。目前，安装雷达的各种船舶的数量大约达到了三百万艘。但是，这个估计未得到官方数据的证实。

CMR 主要分为两个应用领域。大多数雷达被舰船和小艇用于海上和适于航行的航道上；其他的则被港口和海岸事务机构用来从陆地上对船只进行警戒。通常，后一种雷达称作**船舶交通管制服务**（VTS）①雷达。有可用于游艇、捕鱼船和商船的雷达，而且都工作于 3GHz 或 9GHz 波段。很多海军也使用标准的或者经特殊改造的 CMR 进行导航。它不仅仅是一种合适的导航工具，而且它的发射信号与常规商业性发射信号是一样的，这样就使得它可以进行安全地导航而不必突出船只的军事用途。

国际海事组织[1]（IMO）对舰载 CMR 要求的影响是最大的。作为一个位于伦敦的联合国机构，IMO 关心的是国际海洋安全和对海洋环境的保护。特别是，IMO 颁布了在商用舰船上安装和使用雷达设备的要求和指导方针。这些要求和方针在各个海洋国家以法律的形式强制执行。按照 IMO 的定义，舰载雷达的用途是"帮助安全导航和通过提供与本船有关的其他海面船只、障碍物、危险和航海物体、海岸线位置的提示来避免碰撞"[2]。国际航标协会[3]（IALA）对 VTS 雷达的使用和技术要求提出了建议。

本章从实际和管理的观点对 CMR 的特殊要求进行了阐述，并考察为满足这些要求所用的技术和系统方案。直到 21 世纪的最初十年中，CMR 舰载技术仅依靠于磁控管作为发射功率的基本来源。自 2004 年起，IMO 鼓励使用相参雷达来提高在严重的海杂波条件下对目标的探测。

在航海领域里，这些雷达称作**新技术雷达**。在不超过航海雷达的频谱限制的情况下[4]，允许发射 3GHz 的任意波形。这些界限得到了位于日内瓦的联合国机构——国际电信联盟[5]（ITU）的同意。

本章着重于商用船只，通常是超过 300gt（总公吨数）所用雷达的要求和设计。对于这些舰船来说，配备雷达是必需的，而且是受到高度管制的。在世界范围内，大约有 50 000 艘这样的船只，而且很多船舶要求配备不止一部雷达。有时，大型舰船会主动配备三部或者更多的雷达。雷达构成了船只所有导航设备的一个重要部分。越来越多地，人们按照一体化的概念来设计一艘舰船的船桥，包含导航、通信、引擎控制和货物监控设施。图 22.1 是安装于一艘巡航舰上的现代**综合船桥系统**（IBS）。可见雷达显示器是系统的一个显著组成部分。配备于小型捕鱼船和游艇的雷达与为舰船设计的雷达有很多共同的特点，但是必须更加紧凑。图 22.2 是一种典型的小型船舶雷达。在此章的相应部分将讨论到这些雷达不同于舰载雷达设

---

① 所有与航海有关的缩略语列表于本章末。

计的特殊要求。VTS 雷达将单独在 22.10 节中介绍。

图 22.1　舰船的综合船桥系统（SAM-Electronics GmbH 提供）

图 22.2　小型船舶雷达（Furuno USA，Inc.提供）

　　舰载雷达的设计者们所面临的挑战在 22.2 节中有详述。这些雷达必须满足的某些国际标准在 22.3 节中会讨论到。22.4 节重点集中在技术上。22.5 节研究目标跟踪。关于雷达目标逐渐地正与电子海图数据一起作为底图显示方面的内容和其他的用户界面问题在 22.6 节有略述。22.7 节着眼于雷达与相对较新的**自动识别系统**（AIS）之间的联系，这个系统复制了一些以前完全由雷达来提供的一些功能。航海雷达信标，包括雷达信号台、**搜救雷达应答器**（SART）和**雷达目标增强器**（RTE）在 22.8 节描述。22.9 节有一段简短的关于舰载雷达性能验证测试的讨论。舰载雷达的历史悠久。在 1945—1948 年这段时间内诞生后，它的前途是非常准确地被预言的，并且预言仍然在影响着 21 世纪。出于这个原因，本章后面的一个简短附录略述了舰载雷达全球标准演变进程中早期几个阶段的情况。

22.2　挑战

环境的挑战

　　民用航海雷达，尤其是舰载导航雷达是一项令人惊讶的、要求甚高的应用。CMR 的雷达天线头包含天线和旋转装置，下变频至中频或者数字格式的接收机以及经常还有发射机。雷达必须在极端的环境条件下工作，在超常的温度范围内（在世界上的有些地方温度会低至 −40℃）工作；在强风、强振动和冲击下工作；而且要在强降雨和盐水喷淋下工作。甚至在通常大型现代舰船的船桥里良好的环境条件下，显示器和雷达要能承受高强度的冲击和振动，必须能够经受温度的巨大变化（−15～+55℃）。在小型船舶上，显示器和雷达处理机通常要在最小限度封闭的条件下安装于有限的区域里，而且要能承受非常潮湿和有盐分的环境。在这样的环境下，雷达必须探测回波截面积从小于一平方米到数万平方米的目标；重要目标的相对速度能从静止到 100kn 或者更大；目标可能会处于极强的降雨之中或者海杂波环境中；而且，雷达天线安装在一个既不固定又不稳定的平台上。雷达是用来防止海上的碰撞和搁浅的。因此，它是一个重要的与安全相关的系统，要求完整和可靠。对于大多数商船，雷达需要满足严格的以及国际统一的性能标准。尽管有这些要求，雷达系统的市场竞争还是非常激烈的，因此，价格也需具有竞争力。雷达价格从 10 000 美元的一套完整 9GHz 系统到 40 000 美元或者以上的一套具备各项功能的 3GHz 系统不等。适用于休闲娱乐市场的雷达的价格可少于 1500 美元。

探测性能

在晴朗的条件下，对这些雷达的探测要求并不是特别的苛刻。IMO 规定的探测概率为 80%，虚警概率是 10^{-4}，见表 22.1[2]。

表 22.1　IMO 要求的在晴朗条件下的探测性能（由 IMO 提供）

目标描述	目标特点 海况（m）	探测距离（n mile）（对特定的目标大小） 9GHz	3GHz	目标类型
海岸线	上至 60	20	20	分布的
海岸线	上至 6	8	8	分布的
海岸线	上至 3	6	6	分布的
SOLAS 船*（>5000gt）	10	11	11	复杂的
SOLAS 船*（>500gt）	5.0	8	8	复杂的
配备满足 IMO 性能标准的雷达反射器的小型船只	4.0	5.0（7.5m²）	3.7（0.5m²）	点目标
无雷达反射器的长度小于 10m 的小型船只	2.0	3.4（2.5m²）	3.0（1.4m²）	复杂的
典型的导航浮标	3.5	4.6（5.0m²）	3.0（0.5m²）	未规定，假定为点目标
带角形反射器的导航浮标	3.5	4.9（10m²）	3.6（1.0m²）	点目标
典型水道标识器	1.0	2.0（1.0m²）	1.0（0.1m²）	未规定，假定为点目标

* 符合 IMO 国际海上人命安全公约（SOLAS[9]）规定的舰船。

把所有的性能要求都考虑在内，典型的商业船舶上所用的符合标准的系统的峰值发射功率为 4～60kW，只在 9GHz 系统内功率要低一些。典型的天线增益为 28～33dB，而相应的水平波束宽度在 2.5° 到小于 1° 的范围内。脉冲宽度是可切换的，通常为 50ns～1μs，而 PRF

从 350Hz 到 3000Hz 或者以上。游艇所用系统的峰值功率一般为 2~4kW，使用小至 450mm 的小水平口径以及增益大约为 24dB 的天线。它们都工作在 9GHz。在设计航海雷达中最大的技术挑战就是在高强度的海杂波和雨杂波下维持良好的目标探测性能。

雨杂波

众所周知，由于其反射大多能被交叉极化至入射的反向圆极化，所以圆极化（CP）能够对抗雨杂波。但是，尽管采用了 CP 以后，对雨杂波的抑制可以提高 10~20dB，很少有舰载导航雷达采用 CP，这主要归结于两个主要的原因。首先，圆形极化使得天线更加昂贵，更为甚者，IMO 要求 9GHz 的雷达必须在搜寻装有搜救应答器（见 22.8 节）的救生艇的时候至少能够切换至水平极化。其次，通过使用窄距离单元以及实施传统的信号微分技术，现代雷达，尤其是工作在 3GHz 的雷达，就能够在普通的雨杂波下表现出理想的性能。因此，用户和海事机构对线性极化系统在降雨中的性能通常还是满意的。

由于雨杂波是以一个较为均匀的方式分布的，所以通过确保平均杂波电平远在饱和以下，使接收到的波形通过一个微分器，就可突出包含在杂波中的目标。由于目标在时域上占的范围较小，微分器对普通目标的影响是很小的。这就意味着目标可见度被提高了。需要指出的是这个技术并不具备杂波下可见度的能力。通常，这种方法被称为**快速时间常数**（FTC）法。操作员可以通过雨杂波控制器调整微分器的时间常数，这样可以针对特定降雨情况优化目标杂波比。

舰载导航雷达的天线垂直方向图必须比较宽以应付舰船的俯仰和滚动，最大设定为 ±10°。（使用稳定平台不能满足市场的价格要求。）这就限制了垂直波束赋形，而垂直波束赋形能够减小雨杂波和垂直波束分裂效应。然而，大多数真正受到关注的目标的距离较近，这意味着受到雷达照射的降雨的体积也相对较少，这有助于微分器对杂波的抑制。这样的杂波大约是随功率的四次方而变化的，所以假设对于同样大小的杂波单元，一个 3GHz 的系统遇到的杂波固有地要比一个 9GHz 系统的小 19dB。出于此种原因，在同时配备了 3GHz 和 9GHz 雷达的舰船上，通常更倾向于使用 3GHz 雷达，除了船只在彼此靠近的情况下进行机动时，例如在港湾内时，那么通常更倾向于使用具有更好方位分辨率的 9GHz 雷达。

海杂波

将海杂波减少到用户能够接受的程度是一个更难的问题。到目前为止，商业雷达还不能满足用户的所有理想要求。小船和浮标能够轻易地隐藏于海杂波之中。在精密的**全球导航卫星系统**（GNSS），如 GPS 产生之前，舰船在低可见度的边海中的安全导航主要依靠于能够辨别例如浮标之类的航标的雷达。在高海情下，无源标识，包括那些由雷达反射器补充的，是很难以探测出来的。因此，一些标识由雷达信标进行补充（称为雷达信标 racon——见 22.8 节）。雷达信标较为昂贵，并且需要在通常较难接近的地点进行维护。所以，雷达信标的使用是有限的。而在电子海图应用逐步增多而所提供的性能提高的情况下，GNSS 就能很好地协助海员了解他们船只的精确位置，但雷达仍然被用作一个重要的第二位置信息源。仅仅依靠于 GNSS 是很多海上事故的根源。

航海雷达的主要用途就是避免碰撞事故。目测和雷达仍然是确定与其他船舶或者与漂浮物、冰、碰撞的风险的基本方法。自动识别系统（AIS，见 22.7 节）提供了避免与合作目标相撞的潜力，但是不能假定所有的船舶都装备了 AIS，尤其是小船，或者目标船只的 AIS 是正常工作的。

对于海员来说，优化雷达在海杂波下目标检测性能的传统方法就是仔细调整"增益"和"海杂波"控制。增益控制非常有效地改变着探测门限。对于现代航海雷达，海杂波控制方法最好描述为一种调整雷达**灵敏度时间控制**（STC）形状的方法，以便使之与当前杂波回波强度相匹配。STC 也通常被称为**扫描增益**。STC 法则以及通过手动控制进行变化的方式是复杂的。STC 的意图是减少收到波形的动态范围，并联合增益设置提供最佳门限。如今，STC 通常涉及复杂的自适应设门限技术，这在 22.4 节中有所讨论。

尽管 STC 有助于把门限设置到合适的水平，但是它不能消除海杂波中入侵的"尖峰"的成分，而这种成分会使得雷达很难发现想要的目标。然而，在一个航海雷达典型的天线扫描时间（2～3s）内，尖峰信号通常是不相关的，而目标回波通常都是相关的。因此，扫描间相关的应用可以提高目标杂波比，但是，它也会去除较弱并且快速移动的目标。许多年以前，Croney[6]指出可以通过确保以大于海杂波去相关时间周期的间隔进行积累来取得在海杂波中探测小目标性能的重大提高。他运用了一个转速高达 600r/min 的天线和 5kHz 的 PRF。这使得每个波束宽度里有两个被相关的脉冲。但是，下一次扫描中的脉冲，也即 0.1s 后，与前面的脉冲是去相关的。

Croney 指出天线的快速扫描允许操作员用眼睛/大脑的功能来执行扫描间相关。尽管现代的系统能够很容易地数字进行这种相关，但是困难在于有这种速度扫描的天线（目前主要是成本的问题），这个困难使得这种想法没有被付诸大量实施。然而，加拿大近期开展了很多工作来探测漂浮的危险的冰山，结果使这个想法重新复活。建议的天线扫描速率为 500r/min，PRF 为 12kHz[7]。一家名叫 Terma A/S 的丹麦公司，主要在非商业市场上提供高性能的航海雷达，制造了 Scanter^{TM} 雷达。该雷达能够从斜视波导裂缝阵面上同时在两个频率上进行发射，这样就能产生在方位上有几度差别的两个独立的波束。时域上的波束间隔能够使在波束之间海杂波去相关，这进一步加强了在杂波下对目标的探测能力。这项技术可能被固态 CMR 使用（见 22.4 节）。

在传统的舰载雷达上，经验丰富的操作员能够人工地设置探测门限来对任何给定的区域做出最好的设置，但是，这通常只是对整个雷达画面上一个小区域有效。使用自动门限设置能够在完整的一圈扫描中进行较好的探测，但是通常还是不能与一个能在有限的区域内进行探测最优化的熟练操作员相比。在某些情况下，尽管使用 50ns 的脉冲和复杂的杂波处理技术，现有的雷达都不能达到用户对性能的理想要求。

相参 CMR 可以具有杂波下可见性，并随着微波功率半导体（例如，使用氮化镓技术）、精密数控信号产生器以及快速数字信号处理机成本的持续下降，已能被人们所承受。在 22.4 节"固态 CMR"中对相参 CMR 有所讨论。

垂直波束分裂

杂波不是引起航海雷达性能损失的唯一因素。目标的直接反射到达雷达天线并与海面反射的目标反射波矢量结合。这种结果在雷达天线上产生了一个和信号，这个信号是目标高度和雷达天线海拔高度二者的函数，因为它们影响了直接反射和海面反射的路径长度差。显然，这种效应对于发射和接收路径是互逆的。对于一个点目标和已有一定不平整度的海域，用来确定最终效应的计算相对的较为简单，而且结果形式为典型的波束分裂（例如，见 Briggs[8]）。对于占一定垂直范围的目标，例如舰船，波束结构变得很复杂，很少可能产生棘手的零位。然而，经过雷达反射器加强后的小目标探测，例如浮标、休闲小艇，会产生显著的垂直波束分裂效应，这对于用户来说是个问题。特别是在非常平静的海面上，会出现明显的零位，于是对于用户来说，尽管条件很好，但从船桥的窗口能够清楚地看到的目标却不能在雷达显示器上看到。这种情况是非常令人不安的。由于平静的海面也会有雾，垂直波束分裂效应成了一个重大的问题，因为降低的可见度通常意味着雷达成为探测其他船只的唯一方法，没有海杂波会使用户对于安全有了假的感觉，就是觉得所有的目标这时都能被轻易地看见。因为雷达垂直波束分裂随频率空间上是不同的，所以对于同时配有 3GHz 和 9GHz 雷达的舰船，频率分集是非常有用的。令人惊讶的是尽管一些雷达公司提供这种选择，但是很少船舶拥有设施来把 3GHz 和 9GHz 的信号以自动处理的方式结合到一部雷达的显示器上从而使频率分集的好处最大化。一些大型的船舶会另外在船头、甲板的高度上放置一部 9GHz 的雷达。这样的做法有两个优点。其一，垂直波束分裂对于主要的架高 9GHz 雷达有一个不同（低）的角频率。其二，由于对海的入射角更接近水平，从而减少了杂波的反射系数，因而增强了雷达在海杂波中的性能。由于位置低，辅助系统的远距性能也无疑地会有所损失。

移动的平台

由于天线安装在一个不稳定的移动平台上，造成了舰载雷达的特殊复杂性。这种运动包含六个分量——三个平移分量和三个旋转分量，这六个分量一般都是变化的。这些运动是复杂的；平移分量波动、摇摆和起伏。旋转分量滚动、俯仰和偏转。由波浪运动引起的分量可能是准正弦式的。实际上，舰船的导航是基于地球和海洋上固定的坐标系统中的航线、航向和速度的。额外的由波产生的运动在雷达导出的信息中产生了未补偿误差，增加了船舶在航线、航向和速度上的测量误差。当显示雷达取得的数据时，获得的精度将受到影响，在 CMR 所用的各种雷达稳定模式之间切换时，数据将有所不同。例如，为了便于防撞和定位功能，舰载雷达显示器总有两种特别的稳定模式：船首向上和北向上。"上"方向指的是雷达显示器的垂直方向（y 轴）；"船首"指的是船的航向。船首向上使得与视觉景象的关系最佳化，而北向上帮助与纸制海图相比对。如今，还有航向向上模式可以消除雷达画面上的小的振荡，这些振荡是在显示器设置为船首向上时由于船的摇摆而出现的。每一种方向模式都可以设置成显示出相对于舰船运动、地面或平均海面运动的目标跟踪矢量。

22.3 国际标准

所有雷达使用的频谱包括频带和射频发射限制的范围都是由 ITU[5]控制的。根据 ITU 的要求，航海雷达允许的工作频段是 9.3～9.5GHz（X 波段）和 2.9～3.1GHz（S 波段）。

IMO 的国际海上人命安全公约（SOLAS）[9]是一套已经确定并被接受的准则和规范，旨在保证船只满足一定的要求以加强安全和对环境的保护。IMO 的成员政府（船旗国）已经同意把 SOLAS 要求包含在他们自己的国家海事法律法规中。在 SOLAS 的第 5 章——**导航安全**中，对导航设备的配置要求进行了定义。按照船的大小和用途，要求也有所不同。所有的客船和 300gt 以上的船必须配备至少一部配有跟踪设备的雷达。

SOLAS 第 5 章中的脚注确定了 IMO 建议的设备需要符合的性能标准。自 1971 年起，

IMO 就对雷达的性能标准[2]进行了建议，并以 IMO 决议附件的形式进行了公布。然而，到 1980 年，由于不同国家的海事部门对此的诠释不同，使得雷达的设计必须特定地满足各个船旗国的要求，因此，雷达生产商对此表示有困难。为补救这点而要求修改的技术细节水平超出了 IMO 的范围，因此 IMO 同意由国际电工委员会（IEC）[10]内的一个技术委员会（TC80）来确定 IMO 雷达性能标准的技术上的诠释。另外，IMO 同意在 IEC 标准中包含测试程序，可以由各国国家海事机构（例如美国的海岸警卫队）来测试生产商的特定设计是否与 IMO 和 ITU 的要求相符合。如今，几乎所有的国家实际上都使用 IEC 标准来评估雷达和大部分 IMO 规定的导航以及无线电通信设备。

IMO 性能标准和 SOLAS 公约定期地进行修改，因此，核对标准的最新状态是很重要的。IEC 62388[11]基于 IMO 雷达性能标准对技术和测试标准进行了规定。IEC 标准也是定期修改的。雷达的平均寿命一般都超过 10 年，因此，按照以前的标准设计和批准的雷达在新标准出现后将继续使用几年。翻新的设备必须满足最新的标准。

在 2008 年 7 月 1 日生效之前的 IMO 雷达性能标准要求和已有的雷达信标，在 9GHz 上，以及搜救雷达应答器相兼容。这就意味着短脉冲雷达还将继续使用。然而，对于 2008 年的标准，IMO 放弃了 3GHz 雷达和信标兼容的要求来鼓励提高海杂波性能，因此，可以允许使用其他调制形式来降低相应的相参处理技术的成本。由于所有在 300gt 以上的船必须配备至少一部 9GHz 雷达，这表示雷达信标（雷达搜救应答器）探测能力可以继续维持。这个方法使得 IMO 在确定 9GHz 雷达、雷达信标、搜救雷达应答器以后该是什么样之前有一段不明确的时期来评估新规则对海杂波中目标探测的影响。

对旧标准的另外一个较大的改动就是所有的新雷达必须能够显示自动识别系统（AIS）目标，以及雷达显示器应可以存取这些目标的相关信息。对于目标跟踪的要求也有一个大的改动，就是所有的雷达都要求配备自动跟踪设备。IMO 标准中还包含了把电子海图数据集成到雷达图像背景上的要求。配有这个选配设备的雷达被称为**海图雷达**。

在晴朗条件下最低的探测性能的要求在表 22.1 中已列出。距离测量精度需在 30m 以内（或者使用的最大量程的 1%以内）和方向 1°以内（方位角）。对具有表 22.1 列出的特点的导航浮标的最小探测距离需是 40m。两个距离间隔超过 40m 并且方位角一致的"点"目标必须被分辨出为两个不同的目标。方位分辨率要求为 2.5°。所有这些性能参数被看作是以标准点目标测量的峰值误差，并被认为是 95%的数值。IMO 性能标准认识到工作在杂波条件下的雷达性能不必与晴朗条件下规定的雷达性能相同。对生产商要求提供有效的手动和自动抗杂波功能，并且必须对 4mm/h 和 16mm/h 降雨条件下以及海情 2 级和 5 级，包括既有海杂波又有雨杂波条件下预计的性能下降进行详细的说明。

为传统船舶设计的雷达必须能够在高达 100kn 的相对速度下工作。对高速船只，例如多船体快速渡轮，雷达需要能在高达 140kn 的相对速度下工作。旧标准要求的最小天线转速为 20r/min，但是在新的标准里这个明确的要求被删除了，因为已对其他一些与之相关的要求进行了适当的规定，例如目标的最大相对速度和跟踪精度。IMO 的性能标准也规定了雷达设备必须满足 IEC 60945[12]规定的环境要求和测试程序。这是一套综合的要求，对所有舰船导航和无线电通信设备都适用。它们涵盖了很多方面，包括温度、冲击、振动、腐蚀、防水和防油能力等。对于电磁辐射和抗电磁环境性也发布了详细要求。IEC 60945 也明确说明了人类工程学、软件开发和安全性的一般要求。另外一套包含在 IEC 61162 系列[13]中的 IEC 标准对用于导航和无线电通信设备进行数字数据交换的文电进行了规定。一部船载雷达可能会接收来自很多导航设备的文电，例如 AIS、GPS、回转罗盘、测程器、回声探测仪，也可能与电子海图系统或者其他雷达显示器交流跟踪信息。

一些制造商生产为航行在世界主要内陆水道的船舶特别设计了雷达。这些雷达被称为**内河导航雷达**。它们有出众的短距性能以及为了获取航道上最大前视距离的"影像"格式显示器。在最小的刻度上典型的最大显示距离为 150m。通常按照满足航行在莱茵河上的船载雷达[14]的要求来设计这些雷达。

SOLAS 并不涵盖渔船和游艇所用的雷达。直到 2004 年，这种雷达也没有一个国际公认的标准来供制造商们遵循。目前，IEC 62252[15]是"不符合 IMO SOLAS 第 5 章的船只"认可的国际雷达标准，并且最初是在制造商的鼓动之下颁布的。现在，越来越多的国家海事部门坚持所有在他们管理权限内出售的新的小船上的雷达必须符合这个标准。IEC 62252 认可三类雷达。A 类是 150gt 以下的商业船只；B 类是娱乐用船；C 类是小型的娱乐用船。表 22.2 详细说明了主要的性能要求。

表 22.2 小船雷达性能要求（IEC 提供）

类别	波束宽度	最小显示器尺寸（mm）	海岸线探测距离（n mile）		点目标探测距离（n mile）		
			高达 60m	高达 6m	400m² 7.5m 高	10m² 3.5m 高	5m² 3.5m 高
A	≤4.0°	≥150	9	5	5	2	1
B	≤5.5°	≥85	5	3	3	1	无
C	≤7.5°	≥75	5	3	3	1	无

* IEC 62252 1.0 版。版权©2004 IEC，日内瓦，瑞士，www.iec.ch。

22.4 技术

天线

IEC 62388[11]和 IEC 62252[15]分别对 SOLAS 雷达和非 SOLAS 雷达的天线最大副瓣做了详细规定。表 22.3 对此进行了归纳。对于非 SOLAS 雷达，规定天线转速不小于 20r/min，但对 SOLAS 批准的雷达没有直接的规定。实际上，现有船载雷达通常的转速为 25～30r/min；在高速船只上，通常转速为 40～45r/min。对于 SOLAS 船舶，天线必须能够在相对风速高达 100kn 的情况下启动工作；对于天线系统的其他环境要求在 IEC 60945[12]中有详细的说明，其中有对于"暴露"设备的特定测试要求。

表 22.3 天线副瓣性能要求（IEC 提供）

雷达类别	最大副瓣电平（dB）	
	±10°以内	±10°以外
SOLAS	−23	−30
非 SOLAS A 类	−20	−23
非 SOLAS B+C 类	−18	−19

对于 SOLAS 批准的系统，对其他的天线指标无明确的要求，例如波束宽度和增益。但是，很明显，这些指标需要与雷达总的性能要求相一致。例如，方位分辨率必须优于 2.5°；目标方位必须被确定在 1°内；系统必须能在船在±10°横滚和俯仰运动的情况下工作。典型的天线增益和波束宽度在 22.2 节中已有概述。

自 20 世纪 60 年代起，船载雷达天线最常用的一种形式就是采用波导裂缝线性阵列安装在一个线性张角喇叭内。由于 9GHz SOLAS 雷达必须至少包含水平极化，通常裂缝天线阵在水平安装的波导的窄壁上开出裂缝。垂直裂缝（垂直于波导边缘）不耦合能量，但是由于裂缝是逐渐倾斜的，更多的功率被耦合出。通常，长度为谐振长度（波长的一半）的裂缝能耦合出足够的功率。这样，裂缝就延伸入波导的宽壁，并且也使它们更加容易被加工——概念上，可通过在窄壁上锯切的方法实现。在阵面末端剩余的功率（通常少于 5%）耗散至一个匹配负载。尽管，有时会使用中点馈电的方式，但是通常阵面都是底端馈电。

如果以波导波长的间隔把裂缝隔开以便在天线正面上获得等相的波前，那么在远场中将产生大的栅瓣。这种情况会发生是因为它们在自由空间内以大于一个波长的间隔被隔开了。为了克服这种情况，裂缝是以半个波导波长的长度被隔开的，但是交替地向不同垂直方向倾斜以产生必要的反相。实际上，裂缝以稍微偏离半个波长的间隔来放置以避免其在波导中产生的失配变成谐振。这样在阵面上就产生了一个倾斜的相前，它会使波束偏斜于一个取决于频率的角度。不同的制造商生产的雷达系统工作于有限的频率范围内，这个范围远远小于总的雷达频段的范围。这样就在替换磁控管时不需要特别的偏斜补偿。由于对副瓣性能的要求不是很苛刻（见表 22.3），所以简单的孔径分布是常用的，例如有底座的余弦平方。对各个倾斜裂缝产生的小的垂直极化场需要抑制，否则它们将导致阵面的高交叉极化副瓣，并会被裂缝间的交叉极化分量的反相进一步恶化，而产生交叉极化栅瓣。这个可以通过在阵面前安装一个印刷极化滤波器来实现或者在各个裂缝前制造一个短的开口波导作为结构的一部分，并且它的尺寸应能使其低于垂直极化的截止尺寸。

裂缝的特性表征通常是由测量来完成的，而不是通过详细的电磁分析。这就允许所有的构建细节包括极化滤波所要求的都可以具体表现在裂缝特性中；使用数字分析是很难获得足够的精度的。如果是非常仔细地进行特性表征并且有良好的制造工艺保障容差，那么生产出符合 IMO 要求的便宜天线是相当简单的。通常，要求的垂直波束宽度通过一个线性喇叭天线张口来获得。选择的喇叭天线的张角应能够在其孔径上产生相当常数的垂直分布相位。由于水平极化场，垂直幅度分布接近于余弦。在 3dB 处的垂直波束宽度一般为 25°。

对于特定的性能，成本很自然的是系统设计师选择天线的首要驱动因素。虽然传统的裂缝线性阵面被广泛使用，也有一些使用不同成本的方案的实例。例如，在裂缝波导阵面前直接安装一个介质块来替代喇叭天线的张角部分也曾是另一个选择。从介质块上面和底面泄漏出的能量与从其正面出现的能量相加，形成了正向增益。介质块的深度决定增益，有点类似于八木天线的长度。这种效应使得天线的高度与传统的设计相比下降了 3 倍，一般在 3GHz 从 300mm 下降至 100mm。这就意味着风荷载也大大地减少了。该介质块介电常数也可以很低，加上减少的风荷载，使得结构质量非常小。因此，天线的旋转装置的成本可以降低，安装也变得更加容易。图 22.3 是由 Kelvin Hughes 公司生产的此种类型天线的示例。

图 22.3　低剖面 3.9m 长 S 波段船载雷达天线（Kelvin Hughes Ltd.提供）

　　小型船只的雷达一些年来使用的是印制天线阵面和裂缝波导阵面。同时，也使用过喇叭馈电型的抛物面反射系统。通常，小型船只的天线是安放在天线罩内的。天线罩可以环境上保护天线和桅杆上的雷达电子设备，并且防止天线毁坏索具。特别的是，雷达天线可以安装在人们可以靠近的地方，因它可以确保转动机构不会对使用者造成危险。印制阵面天线使用整体印刷的功分器。阵面通常是二维的，省去了张口喇叭，并且通常使用辐射贴片，而不是印制偶极子。普通的水平孔径是 450mm 和 600mm。通常船载天线是不使用印刷技术的；对于大型的阵面，裂缝波导阵面仍然是性价比高的方式，尤其是，大功率将对印制功分器造成额外的复杂性。

　　在船舶以及小型船只上，不好的雷达位置也是引起雷达性能下降一个普遍的原因。尤其是在舰船上，令人感到惊讶的是仍有一些装置的安装对雷达造成了严重的遮挡。一般烟囱和其他上层结构会造成无光弧区，并且一些小型的结构件会造成重大的副瓣上升，例如 VHF 天线会造成靠近雷达天线的遮挡。

射频天线头

　　射频天线头通常包含发射机、下变频至 IF 或者数字边带的接收机以及天线和旋转机构。无论是基于磁控管的 SOLAS 雷达还是非 SOLAS 雷达，它们的设计都遵循传统的原则。磁控管通过一个双工器和旋转铰链与天线连接在一起。磁控管的典型工作寿命是大约 10 000h，而且它是迄今为止整个系统中寿命最短的器件。目前，双工器是一个三端口或者四端口的铁氧体环流器。人们更倾向于使用四端口的器件，因为对于磁控管来说，它能呈现更好的匹配负载，因此也就能提供更加干净的 RF 频谱。**低噪前端分系统**（LNFE）通过 PIN 二极管限幅器与环流器相连，这样在脉冲发射期间可以保护 LNFE。

　　磁控管的调制器通常是**脉冲形成网络**（PFN），基本上是由电容器和电感器组成的。操作员对于脉冲长度的控制实际上是在不同的电抗元件中切换。PFN 的放电由一个高压开关来控制，开关经常是一个可控硅整流器；也使用闸流晶体管和场效应晶体管（FET）。FET 调制器有时由一个脉冲输入来直接驱动，而不是由 PFN 驱动。最终，一个脉冲变压器使 PFN 与磁控管阴极上显示的阻抗相匹配。需要 10kV 左右的脉冲来起动磁控管。为了在大范围脉冲长度上获得良好的性能，在设计中采用了很多经验中取得的知识，并且，实际的电路也是非常的复杂。一个 50ns 的脉冲很难实现任何的稳定周期——上升时间通常被限制为 10ns 左右以限制带外干扰，而下降时间通常较长。如果设计中不能适当地解决相关问题，那么所含的特高压将会导致可靠性差。仔细的物理布局是关键的，同时，必须考虑在潜在的潮湿环境工作的影响。可以脉冲到脉冲特意地对脉冲定时进行抖动。虽然，探测性能有可能变差，但是通常能够被接受,而雷达处理器中的脉冲间相关可以有效地阻挡从其他雷达来的干扰。

在限幅器之后,LNFE 之前有一个带通滤波器用来减少带外干扰信号的影响。LNFE 包含一个 RF 放大器(典型的增益为 10dB 左右)、一个平衡混频器、本振和 IF 前置放大器。通常由专业的公司将这些设备作为一个完整的分机供应给雷达制造商。这个系统的噪声系数一般为 4~5dB,但是还可以取得更低的系数。本振的频率通常由一个来自 IF 放大器内的控制信号来驱动。它包含操作员进行手动频率控制的设备。后者是很有用的,例如,当在严重的海杂波中探测 SART 时,它可以对自身发射引起的回波不反应。本振使用耿氏二极管或者 FET,通常可提供 60MHz 的中频。

探测与处理

在 LNFE 之后,有个对数放大器用来减少所接收的信号的动态范围以防止限幅。一个 8 级放大器一般能获得 100dB 左右的动态范围。在 IF 放大器中,会进行与发射的脉冲长度相一致的滤波。对数放大器的输出进入基于二极管的包络检波器,将信号转换成基带以便进行后续的门限处理。门限设置已经变得和雷达的灵敏度时间控制(STC)紧密相关了。STC 基本的用途是除去接收信号与距离有关的动态范围。在近距离,按照基本原理,STC 遵循逆四次方法则,在海杂波很严重的区域,转至逆三次方法则。由于法则转换的距离是天线高度的函数,在最初安装系统时需要对此进行设置。操作员的手动海杂波控制是用来调整转换距离的。现今,STC 曲线的形状和手动控制的效果是基于不同制造商的实际经验的,这非常有助于一个特定的雷达在海杂波中的实际效果。即使是在手动控制之下,STC 曲线的详细形状内可能有一个复杂的适应元素来在更大的范围内优化门限。

在自动设置情况下,门限设置也日益变得复杂,但是仍然允许稍许的手动优化。曲线可以适应于对最后一个脉冲或者连续脉冲的回波进行的内部计算。它也可以包含更加复杂的杂波成图过程。所有的这些都是为了在整个雷达显示器上产生恒虚警率。由于雷达是放置在一个移动的平台上的,有复杂的运动,杂波成图的困难也就相应而生。然而,现代的处理器能够承担很复杂的门限算法。由于花了很大的精力研究经验优化法,因此,制造商们把自己的程序作为高度机密。人们发现理论的杂波模型通常不适合用于优化。即使对某个特定区域内发现的海情进行优化也会产生对其他区域不是最理想的解决方案,因此,需要使用许多区域的数据来设计一个全球有效的产品。

STC 和门限设置是在数字域中受控制的过程,但是也经常在 RF 和 IF(在对数放大之前和之后)以及数字域处理中应用模拟增益处理。与设置门限战略紧密相连的是信号处理,例如 FTC、脉冲积累、脉冲间和扫描间的相关过程。现代数字技术,凭借其处理速度,可用的字长以及大容量存储能力使得雷达设计者可以非常灵活地运用战略,以前完全属于模拟界的过程逐渐变成一体的数字过程。简单的设门限概念正被复杂的逻辑过程所取代,可以对潜在的目标是否存在进行详细的评估,甚至可能融入点迹提取和跟踪过程。

更加复杂的处理也可以产生对操作员有用的额外信息。例如,通过采用频谱分析技术,可能提取到包括大的海浪高度和周期、方向和速度[16]的精确海情信息。Miros A/S Wavex™ 系统确定以 m^2/Hz 为单位的方向波谱及如大海浪高度和平均海浪周期等参数。对通过逐次扫描采集的数据进行 FFT,通常用 32 次扫描的数据来进行分析。结果信息对于航行的速度高达 60kn 或者更大的大型高速船只是非常有用的。同时,它也可能对例如化学品运输船等怕受伤害船只有用，以确保在恶劣气候下可采取合适的措施，尤其是在夜晚或者低能见度下。海洋石油钻井作业也能从这样的系统中获益。显示给用户的信息形式将是主要参数的数字读出形式或者是图形显示的数据形式。安装的系统通常从现有的 9GHz 雷达提取原始数据，并在一个单独的处理器/显示系统上进行海波处理和完成显示功能。因为浮油降低了海表面毛细管波的幅度，这种类型的频谱分析也可以探测浮油[17]。这样的系统有助于协助清理船舶工作，以及早期发现石油钻井作业油溢漏。

曾建议[18]对接收到的雷达信号的交叉极化分量进行额外的处理，这样在海上有浮冰危险的情况下，可有益于航海作业。由于旧的浮冰中发生的结构变化会影响雷达能量的反射，这样就有可能区分潜在的具有危险性的旧浮冰，包括冰川（冰山）以及通常对航海威胁较小的单一季节的海上浮冰。这是因为与新的浮冰比较而言，旧的浮冰反射的交叉极化分量要高得多。问题在于如何经济地确定交叉极化分量。

实际上，人们发现出色的浮冰探测可以通过对传统航海雷达信号的最优化处理来实现[7]。由于感兴趣目标具有缓慢移动的性质，通过使用最优化的无限脉冲响应（IIR）滤波器把雷达图像在多次天线扫描上进行平均可以得到一个非常详细的图像以便用户区分浮冰和水域。特别是，这样的系统可以轻易地探测到小型浮冰的特征，例如冰山块（水线以上的宽度小于 5m、高度大于 1m 的冰山）和残碎冰山（宽度小于 2m，水线以上小于 1m）。积累时间以高于 128s 最为合适，天线转速为 120r/min。事实还证明高的天线转速能够获得更好的海杂波下（浮冰）目标探测能力。这些雷达可以产生例如图 22.4 所示的浮冰危险的显著图像。

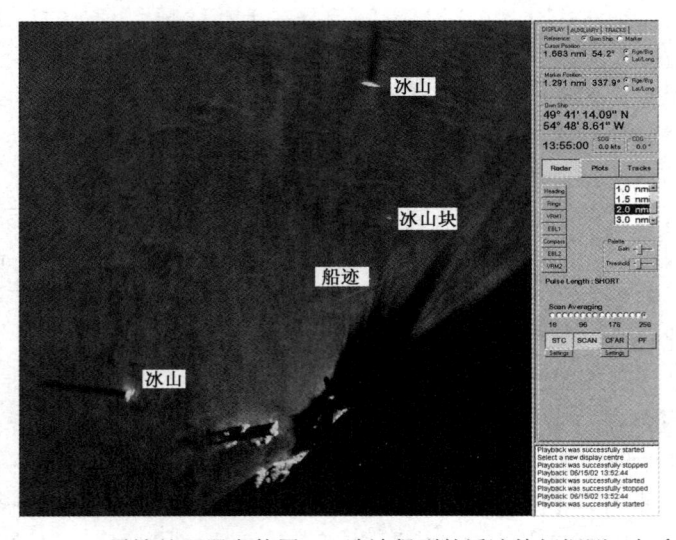

图 22.4　在 Rutter Sigma 6 雷达处理器上使用 IIR 滤波得到的浮冰特征探测（加拿大交通部提供）

固态 CMR

固态发射机民用航海雷达的引入有多个因素。其中最主要的因素就是基于磁控管的雷达不能满足在强海杂波和降雨杂波下工作的用户需求。这时在显示屏上，小型船只和浮标变得很难看见，这就会对生命造成危险。IMO 认识到了这个问题，并且为了不对雷达创新性设计的机会造成限制，取消了 3GHz 雷达与现有雷达信标相兼容的要求。

第 22 章　民用航海雷达

CMR 制造商将最初为宽带通信链路研制的氮化镓以及其他微波功率半导体[19]用于雷达发射机以取代基于磁控管的设计。脉冲压缩技术被用来减小要求的峰值功率。甚至单个的氮化镓器件就可以产生几百瓦的峰值功率，其平均功率对于 CMR 应用是足够的。并且，数字控制的波形产生器的发展使得设计者们能够创造出高精度、低成本的脉冲压缩波形。这些波形使得能够对接收到的信号进行相参处理，产生额外的多普勒信息用来帮助把信号从杂波中分离出来。由于信号产生技术的灵活性，可以提高目标探测能力的频率分集技术的应用变得经济实惠起来。成本因素使双磁控管发射机不再被使用。

来自其他服务部门的更高带宽的需求，尤其是来自移动通信操作者的需求，不断地对 ITU 确定的航海雷达频谱限制（例如见 Williams[20]）施加了压力。由于与磁控管雷达相比，固态 CMR 的峰值发射功率是很低的，例如，200W 与 30kW 相比，频谱干扰电平远远降低了，因此，此项技术的推广使用可以获得 RF 频谱的更好利用。而且，高度控制波形可以指望产生的频谱噪声比典型磁控管 CMR 发射机少。

Kelvin Hughes SharpEye™ 是固态相参雷达的一个例子——它是进入 CMR 市场上的第一个符合 IMO 要求的系统。它的峰值输出功率是 170W，占空比是 10%。图 22.5 是发射机电子设备的照片。为了获得要求的近距性能，它发射一帧不同长度的脉冲。帧内的每个脉冲被优化以便覆盖规定的距离段。总的说来，脉冲序列完全覆盖了量程，并确保满足 IMO 规定的最小距离要求。

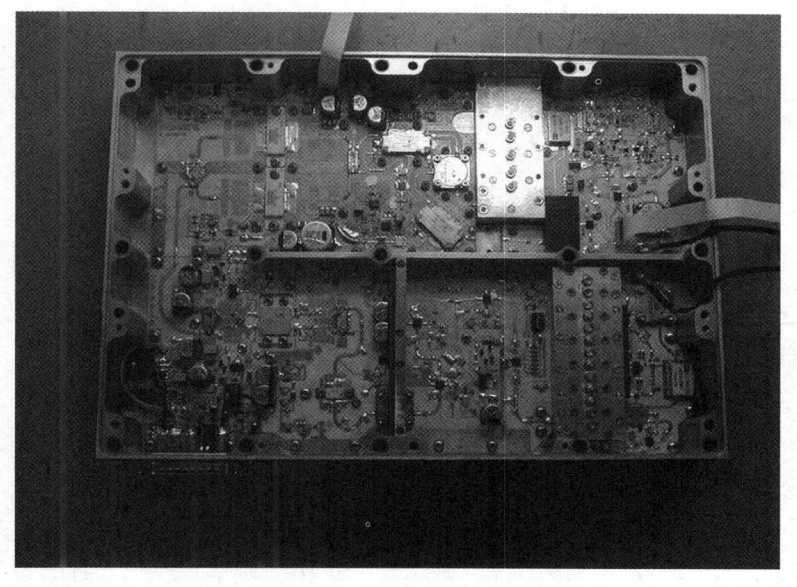

图 22.5　Kelvin Hughes SharpEye™ CMR S 波段固态发射机（Kelvin Hughes 公司提供）

在接收机内，帧被组合成脉冲组。一个脉冲组的时间大约等于天线方位波束两个 3dB 点扫过一个点目标所需的时间。由此，一个脉冲组里的脉冲数量直接与测量距离和天线转速有关。在一个脉冲组期间接收到的回波由一个滤波器组进行处理来提取目标和杂波的径向速度。在数字信号处理机内，滤波器组内每个滤波器的探测门限都是自适应计算的，目标是在将杂波抑制最大化和目标探测时提供对虚警率进行最优化的控制。为了符合 IMO 要求，同时也提供门限的手动控制。

在现代全固态雷达的设计中，很少需要模拟电路；全固态雷达工作在低电压上，没有例如磁控管之类的寿命有限的器件。这就使得它们非常稳定和可靠，而且购置成本较低，因此，它们能够满足船舶操作者们日益提高的需求。

在过去的年代里，船上需要有一位能够进行海上雷达修理的无线电人员。现在情况再也不是这样了。可靠性是最主要的考虑因素，雷达如果不能工作将迫使船舶滞留在港口，造成操作员将为此付出高额代价。

22.5 目标跟踪

船载导航雷达的目标跟踪功能历史上称为**自动雷达绘制辅助**（ARPA）。这个术语正逐渐荒废。现在，IMO 把这项过程定义为**目标跟踪**（TT），它包含了从 AIS 中获得的目标数据。对于小于 500gt 的船舶，对雷达目标跟踪能力的基本要求是最小 20 个目标；500～10 000gt 的船舶的要求是 30 个目标；10 000gt 以上的船舶的要求是 40 个目标。另外，10 000gt 以上的船舶还要求必须具备自动目标截获的能力。实际系统大都超过了这些最低的要求。最大相对速度为 100kn 的目标必须能被跟踪；在速度能够达到 30kn 以上的船只上的雷达，这项要求已经提高到 140kn。在船桥上，导航者对于辅助避免防撞的要求包括了解目标的**最近会遇点**（CPA）以及**到最近会遇点的时间**（TCPA）的需求，对于所有被跟踪的目标，这两项必须具备。表 22.4 列出了 95%跟踪目标精度的要求。

表 22.4 雷达跟踪目标精度要求（95%）[11]（IMO 提供）

稳定状态时间（min）	相对航向	相对速度（kn）	CPA（n mile）	TCPA（min）	真航向	真速（kn）
1min：趋势*	11°	1.5 或者 10%（取大者）	1.0	—	—	—
3min：运动#	3°	0.8 或者 1%（取大者）	0.3	0.5	5°	0.5 或者 1%（取大者）

*：趋势是（1min 后）目标速度和方向的早期指示。
#：运动是已建立的目标（3min 后）速度和方向判定。

由于基本的雷达测量是相对于舰船的运动而进行的，而显示器则是按照相对或者真运动进行设置的，因此跟踪问题被复杂化。另外，真运动可能是对地面稳定也可能是对海面稳定的。不管雷达显示器的参考系如何，目标矢量和相关的数据盒可以以真运动或相对运动显示。一艘舰船的相对北的方向是由回转罗盘或者"传送"磁罗盘——一种有数字接口的罗盘给出的。测程仪提供**对水速度**（STW）。它既可以是一个传统的由水的运动驱动的旋转传感器，也可以是一个测量反射信号多普勒的声变换器。后者可以被设置成用来判定相对于周围水或者相对于海床的速度，也即**对地航速**（SOG）。50 000gt 以上的舰船必须强制配备双轴测程仪（测量前向速度和横向速度）。这就是典型的多普勒测程仪。在小一点的船上，全球导航卫星系统被用来提供 SOG，并且即使是配备了多普勒测程仪的船只，它通常也是用户最中意的雷达地面稳定源。在一些类型的海床之上，例如软泥，多普勒测程仪并不总能提供较好的速度读数。必须提供能够允许使用例如明显雷达导航标志之类的固定的被跟踪目标的设备来提供地面参考。

根据设计，可以使用传统算法在船坐标系统或者地面/海面坐标系统上执行基本的跟踪功能。跟踪过程起始可以是手动或者自动的。在一个用户定义的区域内，由传统的点迹提取过程进行自动起始。定义的区域也可以有用户定义的禁止区。必须采用算法来防止通常会遇到的波的特性形成的点迹，点迹可能会持续几个扫描，例如行波波峰。手动选择实际上是一个在光标周围一个较小区域内进行的点迹提取过程。用 α-β 跟踪器或者其他滤波技术来平滑测量噪声。滤波器的特点必须适应接收到的目标信号的质量。如果是在地面坐标系统中进行跟踪，处理过程会自动考虑船只自身的运动。在基于相对运动的跟踪系统中，滤波器必须有船只自身数据的协助。

根据用户设定的模式，数据必须转换到正确的参考系并适当地显示。对于所有的被跟踪目标，CPA 和 TCPA 被不断地计算，以至于如果用户设定的界限被越过的话，就会启动报警。所有被跟踪的目标与它们的速度矢量会被显示在屏幕上。用户可以选择跟踪的目标，这样所有与选中目标有关的信息，包括 CPA 和 TCPA，会被显示在雷达屏幕的数据面板上。丢失的目标会产生视觉警报和声音警报。正常的跟踪终止通常发生于目标离开截获区的时候或者用手动取消的时候。操作者也可以设置警戒区域。这个区域可以和截获区一样，但是当任何跟踪目标进入这个区域时会报警。

与其他雷达跟踪装置一样，为了对付可能在某些扫描中目标的消失必须制定出相应的策略。IMO 要求当目标在 50%的扫描中不可见的时候，规定的性能必须被维持。而且，为一个有效的系统必须制定相关的策略来减少当目标相互靠近，然后分开的情况下目标信息被互换的概率。特别是，跟踪算法必须在一个目标船只转弯的时候努力应对潜在的雷达质心的巨大和快速变化。在最坏的情况下，对于大型舰船来说，变化量几乎等同于船舶的长度，大约 300m 左右。对于各种船舶速度，取得一个对于所有情况下，得到对不同船只速度都是最优化的，并且能够在没有过度延迟的情况下对航向变化能进行合适的指示的良好的跟踪设备是一项艺术。过阻尼系统可以提供目标航迹看上去稳定的指示，但是在目标改变航向的时候，它的指示就非常的不准确。从导航安全的角度来说，航向的改变通常是较为重要的参数。不同的制造商的目标跟踪设备的设计和优化策略是很不同的，因此，它们的性能也不尽相同。在 IEC 62388[11]中，对所有 SOLAS 批准的跟踪系统，规定了它们必须满足的测试场景。IMO 要求在 1min 内显示目标方向变化趋势，在 3min 内对目标运动做出预测，见表 22.4。

原则上，AIS 的数据（22.7 节）可以协助目标跟踪。然而，最好在雷达跟踪过程中不考虑 AIS 数据以便保持它们的独立性。一旦雷达航迹已经形成，可以自动将它们与 AIS 数据比较，并根据操作者的愿望，关联到一个单独的航迹上。这样就给了雷达和 AIS 取得的数据完全的独立性，因而加强了完整性检查。

22.6 用户界面

从用户的角度来说，航海雷达从最初的时期开始最显著和重要的变化就是基于处理器的显示器技术的研发。特别是，现代设计良好的显示器在外界各种不同的照明强度下都是可视的，它们对颜色进行了有效的利用并且可以简单清楚地存取雷达图像和相关数据。雷达屏幕只能在白天通过防护罩的开口在暗淡的长余辉单色 CRT（阴极射线显示器）上可视的日子早已过去。近期，高亮度彩色 CRT 正在被液晶平面显示器技术代替，这项技术使得显示器更方便用户访问——大型独立的雷达显控台不再是必须的，这样就允许了对船舶船桥的工作环境布局进行改进。

不同的制造商的用户输入设备也并不相同。有些不过是依赖于一个跟踪球加上三个控制键。另外的则有一些专用的开关和旋转控制器以及一个游标控制器，例如跟踪球或者控制杆。有时，也用了触摸屏的技术。逐渐地系统中加入了字母–数字一体化键盘，这允许容易地输入用户提供的数据，尤其是对于**海图雷达**（使用以电子海图为底图的雷达）和集成了 AIS 的雷达。为小型船只设计的雷达倾向于使用完全防水的用户界面，因为它们经常在暴露的环境下由操作者用潮湿和含盐的手进行操作。总的来说，尽管跟踪球能够进行精确的控制并在舰载雷达上比较普遍使用，但是在小型船只的环境和条件下不是令人满意的。作为替代，在小型船只上使用小型控制杆或者简单的四向摇杆开关。

尽管不再是一个强制性的要求，雷达显示器的操作区域通常还是圆形的。它起源于历史上锥形显示管的使用，并且因为它能够在操作区域外提供额外的空间进行数据和菜单的显示而一直被大多数的制造商沿用（见图 22.6）。最小操作显示区域是以直径定义的：对于小于 500gt 的舰船为 180mm；对于 500～10 000gt 的舰船为 250mm；对于 10 000gt 以上的舰船为 320mm。对于小型船只雷达的显示区域，建议的最小直径见表 22.2。对于雷达目标以及背景的颜色没有一定的要求。过去由原先的单色雷达 CRT 的余辉提供的目标尾迹现在必须由电子方式提供。尾迹长度要求能由用户按照时间单位进行选择。当选择真运动时，操作员可选择在真实坐标系或者舰船相对坐标系上显示尾迹。显示光标的位置总能够在数据框内根据自身舰船的距离和方位以及/或者经纬度坐标取得。正是这个光标用来选择和不选在工作的显示区域内的目标并刻画用户定义的海图。光标通常还用来设置距离和方位标志。

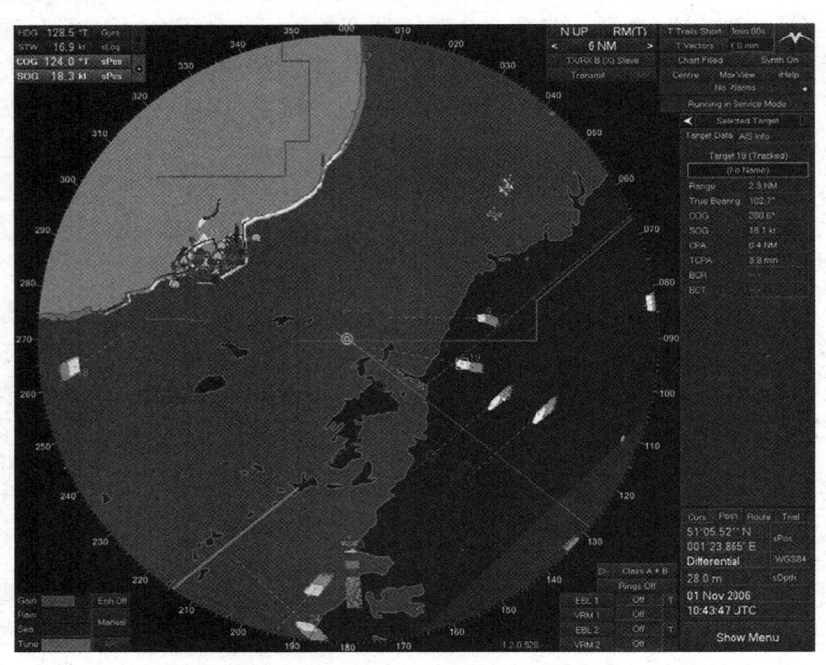

图 22.6　舰载雷达显示器（Northrop Grumman Sperry Marine BV 提供）

舰船上要确定一个**一致共用参考点**（CCRP）来给所有的雷达和其他导航数据做参考。在进行接近航行的导航计算时，这点显然起着很重要的作用。具有这样一个定义好的CCRP可以在选择了合适的短距离量程时，在雷达显示器上显示一个成比例的本船符号。这个符号和显示器上的其他符号和缩略语必须符合IMO的要求[21]。这样就可以保证操作员在其他舰船上工作时已熟悉雷达的显示。雷达显示器还必须满足IMO关于航海显示器的性能标准[22]。

某些距离量程（最大显示距离）是强制性的要求，为0.25~24n mile。实际上，通常提供的距离量程大于24n mile，典型的是高达96n mile的量程。操作员可以选择切入距离圈来帮助估计距离。精确的距离测量是用**活动距标**（VRM）来进行的。至少需要两个VRM，每个都在显示器的数据区域带有数字读出。精度要求是1%（但是不高于30m）。在操作显示器周边的方位刻度必须是可见的。这个刻度可以帮助用户通过观察必须显示在显示器上的**船首线**（HL）来确定舰船的方向，只允许HL的暂时消失。另外，舰船的航向通常可以在操作区域外的数据框内获得。用户可以将雷达的原点从操作区域的中心点偏移开；方位刻度也相应调整。

雷达必须提供有连续数字读出的两条或者以上的**电子方位线**（EBL）。尽管它们通常是置于舰船的中心（在CCRP），它们也可以偏移到任何的位置。可以设置相对于自身船只航向或者真北的读出。EBL原点也可以被设置成使它能跟随自身船只的运动或者是在地理上固定的。在显示器上，通常通过使用特定的菜单项目和对游标进行适当的控制来确定一点到另一点的距离和方位。EBL，VRM和偏置测量的实际执行通常由一个共同的绘图工具来完成，这个工具用游标在显示器上放置、拖动线条和圆圈。很多航海者发现使用以舰船为参考的**平行指向线**（PI）是非常有用的。PI是雷达显示器上的一条直线，由用户设置到一个固定的"罗盘"方位和从雷达原点起始的固定垂直距离。至少要提供的线的数量为4个。它们可以被单独地切入使用，并通过方位、船宽和长度进行设置。对于一个显著的地面固定雷达目标，PI的使用是为了确保舰船维持一个安全的地面航迹。

海图雷达

现代处理和显示系统的能力以及相对较低的价格使得它们能够在向用户呈现信息的时候有较大的灵活性。多年来，符合SOLAS的雷达能够使用用户定义的地图作为雷达图像的底图。同时，可以产生和存储很多地图以备将来所用。尽管这个设备仍在被广泛使用，用矢量化电子图表数据作雷达图像底图已经变得越来越普遍。用IMO的术语，它们称为**海图雷达**。所有被认可的海图雷达必须能够显示官方承认的矢量数据。这种数据被称为**电子航海图**（ENC）。它由国家权威机构发表，并遵从被称为S57[24]的一个国际海道测量组织[23]（IHO）标准。ENC数据通常显示在称为**电子海图显示和信息系统**（ECDIS）[25]的被认可的电子海图系统上，并且可以被舰船用来替代纸质海图。海道测量局定期发表更新的文件使得ENC数据总是最新的。一个IMO认可的海图雷达也必须能够接受这些更新版本。海图以及它们的更新版本由CD-ROM或者通过一个卫星通信链路上载。在一些系统上，海图雷达可以访问舰船上集中地将这些数据分配到需要海图信息的设备的服务器。

用户可以选择显示在海图雷达显示器上的ENC矢量层。例如，这可以仅包括海岸线、导航标志和单独的等海深线，这种海深认为对舰船的吃水是安全的。如果舰船按照ECDIS航行，而不是按纸质海图，很有可能的是雷达和ECDIS都会共同地设置到航向向上或者船首线向上模式。当海图不是局限于这样一种显示，例如纸质海图时，北点向上不再是一个特别的优点。大部分 ECDIS 设备可以选择地显示雷达获得的数据，通常是跟踪的目标矢量，有时也可以是雷达自身的图像。这个数据是通过一个数字接口从雷达处理器获得的，给予了 ECDIS 和雷达显示器视觉上的融合。当然，在基本设计水平上是对的，但是 IMO 希望区分这两者。ECDIS 是用来计划和监控通道的；而雷达则是基本用作防撞工具的，也帮助定位，尤其是识别包括海岸线在内的地面固定显著雷达目标。这就致使雷达和 ECDIS 显示器的详细要求有很多不同。然而，从设计的角度来看，显示处理的要求是非常相似的，因而可以使用几乎差不多的硬件。而且除节约设计成本外，还很容易过渡到**多功能显示器**（MFD）。MFD 可以在雷达和 ECDIS 之间以及其他功能之间迅速切换，这样就可以实现在舰船上的动态重新配置以便为特殊环境优化显示器的使用。由于安全和法定原因，所选模式的清楚指示变成必须。

现在所售的大多数小型船只雷达包括海图底图设备选项作为较低成本的一个选择。通常，它们使用非官方的，由专业的私人公司发布的矢量海图数据。这些数据比 ENC 更能让人可以承受，并且它们是面向这个特定市场的。由于成本和空间的限制，一个单独的显示器通常既为雷达用也用作电子海图的显示器。这些显示器实际上都是 MFD，因此，也能用作一个没有雷达输入的电子海图系统。

22.7　与 AIS 的集成

海上自动识别系统[26]（AIS）是一个目标信息系统，它执行与机载二次监视雷达（SSR）相类似的功能，如空中交通管制信标系统（ATCRBS）和敌我识别器（IFF）。然而，绝大多数的发射不是任何询问的结果，因为，它主要是作为一个基于**自组织时分多址**（SOTDMA）通信协议的广播系统而工作。通信链路，包括 SOTDMA，是由 ITU[27]定义的。舰船自动地在指配给 AIS 使用的 VHF 航海频段通道中发射当前航海数据和其他信息。发射的信息被其他舰船接收，也被海岸电台接收，例如沿海机构和 VTS 设施。海岸电台和舰船也能够特定地询问舰载 AIS 应答器以起动特殊数据的传送。AIS 有三个主要的用途：增强船长和领航员对情况的了解，协助 VTS 活动，提供协助国家安全的数据。IMO 的意图是舰船正常地在雷达屏幕上显示 AIS 数据作为雷达数据的补充，加强了目标存在、位置和速度的完整性，同时也提供了更多的目标信息。原则上，原本可以采用传统的二次雷达方案，但是国际上一致赞成 SOTDMA 方案，因为它能够提供更高水平的数据交换，尤其是能协助 VTS 和安全活动。选择 AIS 方案的一个重要的优点就是它的无线电频率。这个频率是非常低的，这样在没有视觉视线或者雷达视线的情况下可以保持合理的通信。这对于港口、河流、岛屿和河口区域的地形或者建筑会对雷达作用距离造成影响的地方是很重要的。

舰载 AIS 站广播的信息分为几组。它们包括静态数据，如舰船的名称、型号、长度和船宽；动态数据，包括位置、SOG、COG 和航向；与航行有关的数据，如目的港口、ETA、船底下方深度和危险品类型。动态数据以一个与船只速度和它是否改变路线相一致的速率被广播出去，见表 22.5。静态和与航行有关的数据通常每 6min 广播一次。为了提供足够的带宽，两个特定的 VHF 25kHz 通道被使用，对于每条信息，电台在通道间交替。每分钟每个通道有 2240 个信息槽。分钟是按照从一个集成的 GNSS 接收机获得的协调世界时来调整的。SOTDMA 算法有效地为互相处在接收范围内的电台保留了以后用的槽，这样就避免了相互的干扰。

表 22.5 AIS 位置报告的间隔（IMO 提供）

舰 船 运 动	报告间隔（s）
抛锚或者停泊，以及运动速度不超过 3kn	180
速度在 0～14kn	10
速度在 0～14kn，正变化路线	3.33
速度在 14～23kn	6
速度在 14～23kn，正变化路线	2
速度超过 23kn	2
速度超过 23kn，正变化路线	2

用于 SOLAS 用途的 AIS 被称为 **A 类 AIS**。还有 B 类系统设计用于非 SOLAS 用途[28]。B 类系统使用与 A 类系统相同的 VHF 通道，而且发射必须是兼容的。但是，为了避免 VHF 数据链（VDL）过载，B 类使用载波侦听 TDMA。这是旨在限制 B 类系统只使用未分配给 A 类用户使用的槽。如果没有槽的话，B 类系统将延迟它们的发射。（另外还有一个选项是基于 SOTDMA 的 B 类系统。）重要的是，A 类和 B 类系统接收互相的发射。

由于两个系统的互补性，AIS 和雷达数据的组合对于航海来说是有益的。从 AIS 获得的关于一个目标的相对距离、方位是完全独立于雷达对这些参数的测量的。显然，雷达和 AIS 观察到的位置之间的差异指出了某些过程中存在误差，如果这些误差在测量中预计的噪声之外的话。这个情况可以向用户强调。高度的位置相关性可以增强观测的完整性，特别是因为比较中还可以运用速度和航向测量值。即使没有相关也可以给用户提供可能有用的信息。如果仅仅接收到雷达数据，它可能表示目标未配备 AIS，意味着目标可能是一艘小船、漂浮的碎片或者是冰块。它也可能意味着船只的 AIS 不在工作或者正在发射错误的位置信息。如果只是接收到 AIS 数据，雷达图像可能被杂波、海岬或者甚至是较差的设置或者错误的雷达安装而遮挡。通常，仅仅有一些目标是不相关的，如果这些目标对于自身舰船航行很重要的话，这样就突出了这些目标需要额外的注意，至少直到它们被确实地识别以后，或许是目测识别以后。如果没有目标被相关，这就表示舰船本身存在重大的问题，可能是它的雷达、GNSS 位置问题或者更加普遍的是回旋罗盘偏置。

如果有良好的位置关系或者甚至是知道为什么可能缺少雷达信息，比如，由于严重的海杂波，AIS 发射的额外信息就非常有用。例如，目标的航向就是由 AIS 发射出来的。这个信息在雷达上是没有的（雷达只能确定路线），而航向是用来采取防止碰撞行动的基本信息。AIS 发射的航向信息应该对准目标的目视方向，也就是船舶上的航向灯。船舶的名字能够自动地加到雷达/AIS 显示器上的目标航迹上，于是如果需要与一个特定的目标在 VHF 上通信，AIS 数据上也可得到无线电呼叫符号。目的港和 ETA 在某些时候对确定目标可能的意图也是有用的，尽管这些设想必须被小心对待。

雷达的一个重大的优点是它不需要合作目标。它旨在探测所有潜在上需关注的目标。它固有的相对运动模式使得它特别适合防撞用途——尤其是因为在这个模式下，它不需要自身船只的地理位置。然而，雷达基本上限制于视线工作，它的性能会被杂波大大地降低，它的跟踪能力也在目标改变路线或者接近其他目标时打折扣。由于其较低的工作频率，AIS 在非视线状况下有较好的能力。如果目标船舶上有转弯数据率的话，AIS 能迅速地报告目标在航向或者路线上的变化。AIS 不受海杂波的影响，如果报告差分 GNSS 位置数据，它能准确地报告绝对位置——通常优于 10m 或者甚至 1m、2m。然而，AIS 要依靠合作目标，并在数据精度上有存在严重误差的倾向，这主要是由设置误差引起的；并且，AIS 完全依靠于可用的 GNSS 准确数据。有意或者无意的干扰引起的 GNSS 中断将会在可能很大的区域内以及在相当长的时间内阻止 AIS 成为一个有效的系统。

今后的系统可能会越来越多地利用雷达和 AIS 相互补充的方面。这样可以提高舰船总体的目标跟踪能力，并为在杂波中探测合作目标提供支持。从 AIS 传来的某个目标可能在一个特定的距离和方位上的信息可以指挥雷达在那个区域采取集中处理技术，或许也可在 AIS 报告的目标目前区域内使用模式匹配算法和优化虚警率。有讽刺意味的是，一个隐藏在杂波下的目标可以是不需强制配备 AIS 的小型船只。而且，B 类系统最多每 30s 发射一次，因此尽管它能有效地向领航员报警小型目标的存在，它在辅助雷达方面还是用处较小的。

把 AIS 用作**导航辅助设备**（AtoN）已经被提出作为替换雷达信标的一种可能性，我们将在 22.8 对此进行描述。原理上 AIS AtoN 可以取代雷达信标，但是实际上这将是后退的一步，因它们不能独立于例如 GNSS 这样的确定位置的系统而工作。但是，由于航标可能被拖移或者未固定，它们可以有用地用来指示航标的真实位置的完整性，以及指示其他额外的数据，如海流等。AIS 的收/发器不一定必须放置在真正的航标之上，它可以放置在海岸上来使得维护起来比较容易。按照这种方式使用的 AIS 被称为虚拟 AIS AtoN[29]。最新的关于航标的信息及其完整性可以由港务局以自动或者手动方式输入。这样的系统也可用来向海员对近来船的残骸位置和其他暂时的或许是无可视标识的航海危险进行报警。

22.8 雷达信标

雷达信标在雷达早期时代就已经在导航中起着重要的作用。基本上它们探测航海雷达的入射脉冲并且立即发射一个可以在雷达显示器上识别信标及其位置的特殊信号。这样的信标主要有三个用途。第一个用途是增强导航的目视手段，如浮标和陆标，使得它们能够在雷达显示器上被明显地识别出来。它们通常被称为**雷达信标** racon（是 radar beacons 的缩写）。这样的系统形成了一项深受海员喜欢的重要导航服务。第二个用途是用作**搜救雷达应答器**（SART），它主要是在海上发生事故之后部署在救生筏上的。第三类用途是增强小目标，例如娱乐用的小船的雷达信号。它们被称为雷达目标增强器（RTE）或者有源雷达反射器。

雷达信标

国际航标协会（IALA）设置了雷达信标的性能标准[30]。这些标准包含了在一个特定的 ITU-R 建议[31]中列出的技术特性。由于雷达信标通常只是 AtoN 的一个分系统，因此它们的尺寸必须小而且由于它们很少被接到交流电源上，所以必须是节能的。它们经常工作在极端的环境下，例如在被大海冲击的浮标之上。规定雷达信标需要满足的扩大的工作温度范围为 −40～+70℃。现代雷达信标工作方法是先探测入射脉冲，然后测量其频率并以同样的频率应答，如此就减少了可能对其他同频段内雷达的干扰。它们经常是双频段的（3GHz 和 9GHz）。ITU 建议，对于长度为 0.2μs 或者更长的脉冲，应答信号的频率精度必须在±1.5MHz 以内；对于短于 0.2μs 的脉冲，频率应在±3.5MHz 以内。扫频雷达信标实际上已被废弃了，但是仍然是被允许的。它们有个内部的 RF 源,用一个锯齿波形以 60s/200MHz 和 120s/200MHz 之间的速率在整个雷达频段内扫描而工作。扫频对所有接收到的脉冲进行应答,但是询问雷达只针对特定的发射,它的接收机在其带内时每隔一分钟或者两分钟接收一次雷达信标的一个脉组。

IALA 建议雷达信标有抑制技术来防止对雷达副瓣发射进行应答。这不是一项容易实现的任务,而且不太可能是绝对可靠的。基本上,雷达信标需要建立一个目前它正在接收的雷达信号的表格,主要基于频率和脉冲长度。然后,识别是否接收到同一个信号的高电平和低电平脉冲,并设想它们是来自同一部雷达。它为不同的雷达设置了门限,这样它只应答大功率主波束的询问。通常峰值发射功率约在 1~2W。天线在方位上通常是全向的,但是仰角波束宽度是有一定范围的,通常总增益在 6dB 左右。在平均交通流量中,初级功耗小于 1W。

雷达信标的应答信号的调制在雷达显示器上描绘出一个莫尔斯电码的图像。电码识别出一个特定的 AtoN 并出现在径向上,通常以一长划开始。由于雷达信标应答固有的延时,这个长划从 AtoN 的真实位置以外一小段距离上开始。然而,使延时引起的误差小于 100m 是很容易做到的。在良好的状况下,AtoN 一次雷达图像将显示在雷达屏幕上,如果一个无源雷达反射器也是 AtoN 的一部分,那它将会对雷达图像有所改进。雷达信标必须包含静默期来允许舰船雷达在雷达信标识别器附近搜寻小目标。

尽管海事机构正在评估现状,雷达信标的长远未来还是不确定的[32]。海员们喜欢它是因为它有用,对它熟悉而且能提供与舰船相关的数据。然而,困难的是很难想象当航海雷达逐渐不再使用基于磁控管的系统时,它们如何以原来的形式继续存在。况且,与雷达信标还是必需的设备的早期年代相比,出现了越来越多的导航辅助设备来帮助定位。这些设备包括各种 GNSS 服务、差分 GNSS、AIS 以及改进的 VTS 设备。舰船上的导航辅助设备例如电子海图、集成式导航系统等也得到了很大的改进。

依靠于单一系统的导航(如 GPS)或者单一种技术(如 GNSS)是不为海事界以及航空界所接受的。譬如,由于接收的信号幅度小,很容易地就能在一个很大的范围内干扰所有的 GNSS 用户。这就意味着雷达和其他定位系统很可能始终是基本的导航工具。对于舰船电子导航包括 VTS 报告系统等的总体要求正在由 IMO 和 IALA 进行考察,目的是确定将来的 e 导航概念(e 表示 electronic/enhanced)。对雷达信标延续的需求或者一项替代的技术将不可避免地成为此项计划的一部分。如果不能完全依靠可持续获得精确的位置信息,那么可能关键的是要有某些舰船设备来识别固定的导航标识。

SART

搜救雷达应答器[33](SART)是 IMO 全球海上遇难安全系统(GMDSS)的一部分,主要是在紧急状况下使用在救生艇(例如救生筏)上的 9GHz 雷达应答器。这些应答器相对较小而且比较便宜。通过雷达脉冲触发后,SART 发射一个覆盖 9.2~9.5GHz 的 12 周扫频锯齿波形。此范围内的低端扩展到 9.2GHz 就覆盖了搜索飞机所用的频段。快速的上行频率扫描在 0.4μs 内就完成了;下行扫描需要 7.5μs 的时间。这就形成了在雷达屏幕上显示的轨迹包含 12 个当上行和下行扫描通过雷达接收机通带的径向的点和划线的可能性,而第一点是在离 SART 位置稍远一点的距离处。实际上,上行扫描速度很快以至于通常在屏幕上无法看到点,而只能看到划线。即使这些也很难在严重的海杂波情况下进行定位。

在雷达屏幕上显示的第一条划线可能距离 SART 的真实位置多到 0.8n mile,因此当搜索艇逼近信号时必须采取预防措施以免撞到幸存船只上。在近距离，雷达的扫描增益可能会截短较近的划线。而且在近距离，由于没有副瓣抑制电路，SART 可被雷达副瓣触发。为了防止临近的 SART 不断地互相触发，在 SART 发射之后并在它可能被再次触发之前，有一个较短的延时。为了在严重的海杂波下探测 SART，最好对雷达的接收机进行解调来消除所有其他回波。有些雷达制造商提供 SART 搜索模式，对雷达进行 SART 探测最优化，包括抑制脉冲间相关和优化滤波带宽。目前，建议过基于 AIS 的 SART。由于很难在恶劣的情况下探测到基于雷达的 SART，它们最终可能替代基于雷达的 SART。

雷达目标增强器

由于尺寸较小，雷达目标增强器[35]（RTE）逐渐被越来越多的小型船只所使用。与无源反射器相比，它们能够对雷达截面积有较好的增强作用。原理上，它们是比较简单的设备。将接收到的带内信号进行放大并以最小的延时重新发射。延时可以被保持在几纳秒以内，小于船只的等效尺寸，以确保被增强信号和自然的雷达反射回波在同一位置。为了防止接收机和发射机之间的正反馈，通常在空间里，发射和接收天线是分开的。一个放置在另一个之上，以提供隔离。也可以通过在对接收信号正交的极化上发射信号来增加隔离度。如果它们是以线性增益工作，就不会因雷达副瓣询而有恶劣效果。然而，在近距离，雷达主波束来的信号可能会在 RTE 内饱和，实际上通过雷达副瓣增强了 RTE 接收信号的电平。ITU 对 RTE 的限制是 10W EIRP，最小增益为 50dB。

22.9 验证测试

影响雷达系统距离性能的因素是众所周知的，越来越复杂的设计方法在很大程度上提高了各种雷达的探测性能。然而，最终的证明就是雷达如何在海上实际地工作。如前所述，舰载雷达是通过独立验证符合 IEC 颁布的技术标准才算验证通过了符合 IMO 性能标准。IEC 标准包含了规定的测试方法。对于一个给定的目标和雷达天线高度，定义和执行确定雷达能够在给定距离和最小杂波场内探测到一个有特定回波面积的点源目标的测试是比较容易的。很难的是，把这个做法扩展到确定雷达在预先定义的杂波情况下以重复和定量的方式探测点目标的性能。出于这个原因，对于一些基本的性能测试的规定必须较为宽松，这样就允许获准进行测试的试验室可以对基本的雷达性能进行它们自己的定性判断，通常都是在各种机会情况下在海上和降雨中对雷达进行及时的测试。因此，对性能的判定就可以是很主观的，自然地会受到测试中遇到的真实情况的影响。出于成本的考虑测试程序的时间长短会严重地受到限制，因此也会限制所用的情景范围。进行产品定型的雷达通常安装在测试用船上进行此类测试，或者是用一个可以俯瞰大海的陆上站点。

安全和环境保护方面的要求的不断发展意味着必须确保产品定型测试的开展与要求一致，以及以定量的方式进行，所以场景就越来越不能令人满意。在为了解决这个问题的一次尝试中，人们进行了一些工作试图更好地将航海雷达杂波性能测试正式化，这中间的工作包括代表英国海事与海岸警卫队管理局[36]开展的一些研究。这个方法是为了尽量减小对被测雷达进行的任何特殊配置。它是基于产生模拟目标和杂波波形的系统之上的。它们由被测雷达天线从通常放置在距离雷达天线 100m 左右的一个邻近发射源测得的。与发射源放置在一起的是一个接收机,该接收机检测发射的雷达信号并在雷达天线旋转时持续地分析它的频率、脉冲长度和幅度。从这个信息中,基于脉冲到脉冲合成出一个信号波形,复制出目标和杂波的反射信号。从任何期望的理论模型中,这个合成过程计算适合的起伏目标和杂波回波。原则上,理论模型也可以包括来自真实目标的记录数据和从杂波反射中获得的模型。因为模拟信号主要从雷达天线副瓣进入雷达——除了当雷达主波束对准模拟器天线时,所以必须自动对合成信号的幅度进行调整以在模拟器方向上对真实的副瓣灵敏度进行补偿。实际上,综合器必须根据从雷达接收到的每个脉冲的幅度的倒数对发射的信号进行放大。设计一个经济实惠的系统的难题包括必须包含的大动态范围和确定发射信号特点所需的处理速度。

原则上,可以用国际协议建立许多杂波和目标模型,这样它们可以被看作在世界上各地情况的代表;然后就可以确定一致同意的测试标准,于是模拟器系统就可以在航海雷达产品定型试验室的基础上建立。人们发现如果将系统设立在靠近雷达反射物体附近,如建筑物,它将会受到不利的影响,因此理想上需要将它放置在相对空旷的地方,类似于天线远场测试场地。为了更加容易地进行测试,直接将测试目标和杂波注入 RF 通道是可行的。但是,这就引起了对被测雷达一定的调整,而这些调整可能会被认为是不适当的。

由于上述的系统是基于测试非相参脉冲雷达的,所以 3GHz 上向脉冲压缩雷达的可能发展为设计通用模拟器增加了额外的难题。必须设计出基于数字 RF 存储器的系统,以便存储后续要处理的波形。目标和杂波模型显然需要适当地考虑由它们的等效散射体的运动而引起的多普勒效应。

22.10　船舶跟踪服务

港口管制和海岸警戒系统用的雷达头的某些要求与舰载雷达的是一样的。这种情况最初致使很多知名的舰载雷达供应商加入这个领域中。由于雷达头子系统是大规模舰载雷达市场的派生物,因此供应商们可以提供较有吸引力的价格。随时间的流逝,市场变得越来越复杂,出于这个原因,现在主要是专业的组织来提供这种用途的系统。与主要的船舶跟踪服务操作(VTS)有关的巨大支出,包括大型天线塔、工作大楼、专门的软件、防灾宽带通信系统,意味着一个更加优化的雷达头的成本就经常变成一项相对来说不那么重要的额外支出。这也意味着在 VTS 系统上可切换的线性和圆极化模式将是更常用的。但是,基本的低成本 VTS 系统通常仍然使用舰载用途的子系统,这样与专门订制的系统相比就能较好地节约成本。

然而,对 VTS 雷达和舰载雷达的要求还是有重要的区别的。VTS 天线是安装在固定平台之上的。这样就可以对垂直方向图进行更优化的赋形。而且,由于设计不需要对付在舰载雷达桅杆上经受到的冲击、震动和不稳定性,因此较大型的天线是可行的。这就允许较窄的方位波束宽度,这样就减小了杂波单元的尺寸。需要覆盖的海岸区域可以是很大的,在高塔上放置少量雷达头来取得较好的距离覆盖要比使用很多较小的装置来得更加经济实惠。由于 VTS 经常都是国家安全网络的一部分,所以距离性能有必要比只进行港口工作的远。这就意味着经常需要很高的天线塔,在某些情况下,这个塔要高达 100m。这就更加加剧了垂直波瓣分裂效应,必须要用垂直方向图赋形来减小这种效应。即使 VTS 天线增益可以较高,远距离的要求经常意味着雷达必须要有比舰载雷达更大的发射功率。为了取得良好的抗杂波能力需要保持短的脉冲长度,但是同时远距离性能的要求进一步增加了需要的发射功率。因为很多操作员可以使用一个雷达头的数据，所以 VTS 雷达通常是不能由操作员进行配置的。

由于天线位置是固定的，可以有很多机会来加强雷达的性能。例如，由于天线位于固定平台上，海杂波成图变得较为简单。而且，由于工作在有限的地理区域，杂波情况变化较少，并且雷达不需要用罗盘输入来为舰船的航向进行补偿，雷达显示画面精度不会因此下降。特别是，雷达跟踪是在一个稳定和静止的平台上进行的。然而，雷达通常需要跟踪比舰载雷达要跟踪的更多的目标，而且 VTS 通常能够进行全自动点迹提取和航迹起始。另外，还需要更容易地获取更多关于被跟踪目标的信息。大部分这类附加信息可以自动地由 AIS 提供。雷达数据经常要被传递很多英里，可能要传递到一些操作中心。数据还可能需要与一些来自雷达头的数据相结合，这样就能在操作员的屏幕上综合地显示出来，减少各个操作员进行调整的可能性。广泛的数据通信网络变成了 VTS 性能的一个关键方面。出于安全、环境保护和保密方面的因素，系统要求有很高的可靠性。通常要求总的系统可用性在 99.9%，意思是每天的平均停机时间需小于 2min。

另外一个与舰载雷达的主要不同之处在于装置的定制性质。雷达头是固定的，而且针对特定的本地环境，雷达的某些性能参数要满足特殊的要求。尽管海杂波是变化的，它也有某些本地特征，使得雷达能够进行更有效的优化处理。特别是，能够根据设计要求对实际性能进行更加容易的测试。

VTS 高性能天线的设计与空中交通管制天线有一个相似之处，就是它们理想上都需要一个特制的仰角方向图。架高的 VTS 天线的理想方向图赋形要求在地平线上方具有锐截止和锥削的下部。在地平线以上的能量会增加雨杂波并且降低天线增益。在地平线以下的角度上，增益必须在名义上遵循一个余割平方幂定律，目的是从一个有固定 RCS 的目标提供恒定与距离无关的信号强度。它们通常被称为**逆余割平方天线**，以区别于在地平线以上角度赋形的空中交通管制雷达天线。这样的赋形对应用进行了优化，大大加强了总体的性能。一般地，方向图赋形可以由一个由点源主馈电器来馈电的双曲率反射面来获得。图 22.7 所示的例子是 Easat 公司的天线。这是一个 7.5m 的反射面天线，增益在 9.3GHz 为 35dB。它具有逆余割平

图 22.7　双极化双曲率 VTS 雷达天线（Easat 天线公司提供）

方仰角方向图，方位波束宽度是 0.3°。它通过远程控制发射水平或者圆形极化。垂直方向图赋形与雷达接收机 STC 相互作用，因此，必须在系统设计时将此考虑在内。为了提高探测性能，重大的系统上经常使用频率分集。

IALA 发布了对于 VTS 设备工作和技术性能要求的详细建议[37]。在这个建议中有很多有用的信息，它们对于 VTS 雷达设备的采购者和设计者都是很关键的。它们覆盖了安装在海岸和航道中的设备。世界上许多主要的河流在数量大得惊人的舰船上承载了大量的货物。

河流曲折的特性以及运河系统中比较突然的转折，和自然的及人造的对雷达造成的遮蔽一起意味着水路交通管制系统通常是由很多安装在相对较矮塔上的小功率雷达覆盖的。由于数量的原因以及因为它们要以较低的成本提供适合的性能，这类雷达倾向于是经最低限度地适应性改进的舰载雷达。

有趣的是，IALA 提出的建议中允许 CCTV 方案在低交通密度的情况下与雷达竞争。这时就要求对单独的目标进行自动跟踪。然而，对于基本上基于雷达的系统，IALA 希望它具有 100 个目标跟踪的能力以及一个在每转中能够处理 1000 个点迹的点迹录取器。对于一个先进的系统，可能必须跟踪 300 个以上的目标，并且具有在天线每转一次中处理 5000 个点迹的可能性。

附录 早期的 CMR

商业航海雷达的运用直接起源于第二次世界大战期间军事用途的雷达技术的快速发展。甚至早在 1944 年，就有人开始关注雷达为商业船只进行导航帮助的和平时期的任务。1946 年，在伦敦召开了一个"国际海上导航无线电辅助会议"，23 个国家[38]的代表参加了这个会议。会议由 Robert Watson-Watt 爵士主持。可以看出的是商业船只上的雷达在防撞、沿岸航行和领航决策中起着重要的作用。（**领航**是在航道中航行时要求船上有一个合格的领航员。）会上考虑了今后在舰船上强制配备雷达，同时也考虑了国际上一致约定的最小性能标准的愿望以及国家颁布的产品定型证书的要求。在国际海上避碰规则范围内使用雷达的需求以及用户鉴定的需求是很明显的。

1946 年，英国倾向于 9GHz 的工作频率，因为他们认为这个频率能够更经济地满足英国认定的 3°方位分辨率和 1°方位精度的要求。而美国发现 9GHz 的工作频率会在美国东部沿海极端的降雨情况下遇到问题。强降雨在早期的 9GHz 的系统上引起"盲区"——定义为小于 1 英里的有效作用距离。因此，美国倾向于 3GHz 的工作频率。当时可获得的最短脉冲长度（大约 250ns）会使得杂波单元很大，导致 9GHz 雷达易受雨杂波的影响，尤其因为当时杂波处理技术尚在萌芽期间。在 1946 年，甚至一个单独的雷达系统的费用也被认为是一项限制，一艘商业船同时负担一部 3GHz 和 9GHz 雷达是不可能的。出于成本的因素，人们考虑雷达应主要限制在一定级别的确实需要安装雷达的客船之上，尤其是哪些航行在北大西洋之中，在拥挤的海域或者会遇到迷雾和冰山的区域的客船。

在英国进行的早期试验集中在一艘海军舰艇上的单独的 9GHz 演示系统上。这个系统基于一个 40kW 的磁控管，它具有在 PRF 为 1000Hz 的 250ns 脉冲。有趣的是旋转速度可在 20～100r/min 间变化。尽管已经看到海图雷达的现代性，它当时是与一个可选的**海图比较器**相连的，这个海图比较器是一个允许将雷达图像和纸制海图同时显示出来的光学系统。可以进行"北向上"操作的设备已经被看作航海雷达一个至关重要的要求。在美国同时开展的相同试验是在一些候选系统上开展的，这些系统使用了较宽的频段范围。最初的试验是在五大湖上开展的，并由海岸警卫队监督。

1946 年提出的雷达标准没有被国际上接受，尽管英国在 1948 年颁布了基于此标准的国家性标准。英国的标准也被一些其他国家所接受。直到 1971 年，国际航海雷达标准才被政府间海事协商组织承认（IMCO，IMO 最初的名称）。但是，在舰船上使用雷达是在 1960 年以国际海上避碰规则的附件的形式被 IMO 正式承认的。1946 年建议的国际标准的影响在 1971 年的性能标准中是显而易见的，甚至在一些地方使用了一样的措辞。在 IMO 性能标准的最近版本中仍然明显看到性能要求的类似。例如，1946 年提议的性能技术条件包括需要能明确显示出 20 英里远高于 200 英尺的海岸线、7 英里处的 500 总登记吨位的船和 3 英里处的 30 英尺长的渔船。归纳在表 22.1 中的现代性能要求仍然使用这些数值，但除距离之外，参数用等效的公制单位给出。

1946 年会议的技术远见是很了不起的。比如，当时大家已看到在将来可以自动地将雷达数据叠加在海图之上，并显示在一个"电视机"式的屏幕之上。当时的这个想法在 50 年内未在商业系统上实现。并且，大家还注意到这种显示系统可以不只是完成一项功能，而且不仅仅是在海图上显示雷达数据。这预期了多功能显示器的概念，如今它已经运用在一体化船桥系统中了。

非常有趣的是指出在 1948 年 Kelvin Huges 和 Decca 公司为商业航海雷达第一次通过了产品定型鉴定。实际上，如今二家公司仍然在提供航海雷达。Kelvin Hughes 保留了它的名字，Decca 合并到了 Northrop Grumman 公司的 Sperry 航海机构。1948 年 Kelvin Hughes 的 1 型雷达的峰值功率为 30kW，脉冲宽度为 $0.2\mu s$，PRF 为 1000Hz。5 英尺（1.5m）盒形天线的水平和垂直波束宽度分别为 1.6°和 11°，旋转速度为 30r/min。天线具有加热器来防止结冰，发射机和接收机（至 IF）是"在桅杆之上的"（集成在天线旋转单元内）。显示器是一个 9 英寸（23cm）的阴极射线管平面位置显示器。它们与 21 世纪所出售的系统之间的相似之处可能要比两者之间那些显而易见的差别要更让人惊讶。

与航海雷达相关的缩略语表

AIS	自动识别系统
AtoN	导航辅助设备
CCRP	一致共用参考点
CMR	民用航海雷达
COG	对地航向
CPA	最近会遇点
EBL	电子方位线
ECDIS	电子海图显示和信息系统
ENC	电子航海图（ECDIS 数据）
FTC	快速时间常数（微分器）
GNSS	全球导航卫星系统

GPS	全球定位系统
gt	总吨数（公吨）
HL	船首线
IALA	国际航标协会
IBS	综合船桥系统
IEC	国际电工技术委员会
IMO	国际海事组织
ITU	国际电信联盟
MFD	多功能显示器
PI	平行指向线
NT Radar	新技术雷达（相参固态雷达的航海术语）
nm	海里，n mile（=1842m）
SART	搜救雷达应答器
SOG	对地航速
SOTDMA	自组织时分多址
STW	对水速度
TCPA	到最近会遇点的时间
VTS	船舶交通管制服务
UTC	协调世界时
VRM	活动距标

致谢

（1）在国际海事组织（IMO）的许可下，对 IMO 出版物的相关资料进行了引用。IMO 对所引用的材料的正确性不承担责任。在产生疑问的情况下，以 IMO 发表的正本为准。

（2）作者感谢国际电工技术委员会（IEC）给予引用其 IEC 62252 版本 1.0（2004）国际标准中相关信息的许可。所有这些摘录版权归位于瑞士日内瓦的 IEC 所有。更多关于 IEC 的信息可从www.iec.ch上获得。IEC 不对信息的引用以及作者引用这些摘录和内容的上下文负责，同时 IEC 也不对其中其他内容或者准确度负任何形式的责任。

参考文献

[1] International Maritime Organization, www.imo.org.
[2] "Revised recommendations on performance standards for radar equipment," Resolution MSC.192(79), International Maritime Organization, London, 2004.
[3] International Association of Marine Aids to Navigation and Lighthouse Authorities, www.iala-aism.org.
[4] "Technical characteristics of maritime radio-navigation radars," ITU-R Recommendation M.1313, International Telecommunication Union, Geneva.
[5] International Telecommunication Union, www.itu.int.
[6] J. Crony, "Civil marine radar," in *The Radar Handbook*, 1st Ed., M. I. Skolnik. (ed.), New York: McGraw-Hill, 1970, Chapter 31.

[7] J. Ryan and C. Kirby, "Iceberg detection performance analysis," Report TP 14391E, Transportation Development Centre, Transport Canada, 2005.

[8] J. N. Briggs, "Target detection by marine radar," Institution of Electrical Engineers (now the Institution of Engineering and Technology), London, 2004.

[9] "The international convention for the safety of life at sea (SOLAS), 1974," International Maritime Organization, London, as amended.

[10] International Electrotechnical Commission, www.iec.ch.

[11] "Maritime navigation and radiocommunication equipment and systems—Shipborne radar," IEC 62388, International Electrotechnical Commission, Geneva, 2007.

[12] "Maritime navigation and radiocommunication equipment and systems—General requirements," IEC 60945, International Electrotechnical Commission, Geneva, 2002.

[13] "Maritime navigation and radiocommunication equipment and systems—Digital interfaces," IEC 61162 (series), International Electrotechnical Commission, Geneva.

[14] "Regulations regarding the minimum requirements and test conditions for radar equipment used for River Rhine and inland waterways," Central Commission for the Navigation on the River Rhine, Strasbourg, 1989.

[15] "Maritime navigation and radiocommunication equipment and systems—Radar for craft not in compliance with IMO SOLAS Chapter V," IEC 62252, International Electrotechnical Commission, Geneva, 2004.

[16] R. Gangeskar and Ø. Grønlie, "Wave height measurements with a standard navigation ship radar, results from field trials," presented at Sixth International Conference on Remote Sensing for Marine and Coastal Environments, Charleston, South Carolina, 2000.

[17] R. Gangeskar, "Automatic oil-spill detection by marine X-band radars," *Sea Technology*, August 2004.

[18] T. K. Bhattacharya et al., "Cross-polarized radar processing," Report TP 13263E, Transportation Development Centre, Transport Canada, 1998.

[19] R. Pengelly, "Improving the linearity and efficiency of RF power amplifiers," *High Frequency Electronics*, September 2002.

[20] P. D. L. Williams, "Civil marine radar—a fresh look at transmitter spectral control and diversity operation," *The Journal of Navigation*, vol. 55, pp 405–418, 2002.

[21] "Guidelines for the presentation of navigation-related symbols, terms and abbreviations," Safety of Navigation Circular 242, International Maritime Organization, London, 2004.

[22] "Performance standards for the presentation of navigation-related information on shipborne navigational displays," Resolution MSC.191(79), International Maritime Organization, London, 2004.

[23] International Hydographic Organization, www.iho.shom.fr.

[24] "Transfer standards for digital hydrographic data," Publication S-57, International Hydrographic Organization, Monaco.

[25] H. Hecht, B. Berking, G. Büttgenbach, M. Jonas, and L Alexander, *The Electronic Chart*, 2nd Ed, Lemmer, Netherlands: GITC, 2006.

[26] "Operational use of AIS," Model Course 1.34, International Maritime Organization, London, 2006.

[27] "The technical characteristics for a universal shipborne automatic identification system (AIS) using time division multiple access in the maritime mobile band," ITU Recommendation M.1371-1, International Telecommunication Union, Geneva.

[28] "Maritime navigation and radiocommunication equipment and systems—Class B shipborne equipment of the automatic identification system (AIS)," IEC 62287-1, International Electrotechnical Commission, Geneva, 2006.

[29] "Recommendation A-126 on the use of the automatic identification System (AIS) in marine aids to navigation," Edition 1, International Association of Lighthouse Authorities (IALA), Paris, 2003.

[30] "Recommendation R-101 on marine radar beacons (racons)," Edition 2, International Association of Lighthouse Authorities (IALA), Paris, 2004.

[31] "Technical parameters for radar beacons (racons)," ITU Recommendation M.824-2, International Telecommunication Union, Geneva.

[32] A. P. Norris, "The future of racons," Final Report, Contract No 237293, General Lighthouse Authorities, London, 2006.

[33] "Global maritime distress and safety system (GMDSS)—Part 1: Radar transponder—Marine search and rescue (SART)," IEC 61097-1, International Electrotechnical Commission, Geneva, 1992.

[34] *GMDSS Handbook*, 2nd Ed., London: International Maritime Organization, 2000.

[35] "Technical parameters for radar target enhancers" ITU Recommendation M.1176, International Telecommunication Union, Geneva.

[36] T. P. Leonard and S. J. Brain, "Radar performance test Methods—final report," Research Project RP544, UK Maritime and Coastguard Agency, Southampton, 2005.

[37] "Recommendation V-128 on operational and technical performance requirements for VTS Equipment," Edition 2.0, International Association of Lighthouse Authorities (IALA), Paris, 2005.

[38] "International meeting on radio navigation aids to marine navigation, May 1946," vol. 1 *Record of the meeting and demonstrations*, His Majesty's Stationery Office, London, 1946.

第 23 章 双基雷达

23.1 概念和定义

双基雷达在分开的基地使用（各自的）天线，分别用于发射和接收。通常，可以将发射机和接收机放置在这样的基地里目的是使传输线损耗最小化。在几乎所有的双基操作中，选用天线分置可以获得一些操作、技术或成本上的好处，同时这种配置方式也是目标距离的一个重要组成部分[1]。双基雷达已经完成设计、研发、测试等阶段，并且在一些情况下，已部署用于军事、商业和科研用途。典型的军事应用包括空中和空间监视及距离测量；商业应用包括风场测量和交通监视；科学应用包括行星表面的测量、大气测量及电离层扰动的研究。23.4 节给出了一些例子。尽管这些例子既可信又有用，然而当与单基雷达的普遍应用相比，这些例子只是少量的应用。单基雷达仍然是**无线电探测和测距**的主要方法。

双基雷达可以用为双基操作设计，并由双基雷达控制的**专用发射机**进行工作，或与**时机发射机**共同工作；所谓时机发射机是为其他目的而设计的，但被发现是适用于双基操作的发射机，即使它不是由双基雷达控制的。当时机发射机来自单基雷达，这时双基雷达常被称为**搭载者**。当时机发射机来自一个无线广播电台或通信链，而不是来自雷达，那么双基雷达就有许多名称，包括**无源雷达**、**无源双基雷达**、**无源相干定位雷达**、**寄生雷达**和**背上雷达**[2]。在军事情况下，时机发射机可以被分为**合作式**或**非合作式**的，此时，合作式指联军或友方的发射机，非合作式指敌方或中立的发射机。

双基目标探测使用的过程类似于单基雷达的过程，即目标由发射机照射，目标回波被接收、探测并由接收机处理。当用 CW（连续波）或高占空度波形的发射机工作时，双基接收机可能需要通过空间和/或频谱对消来增加其空间隔离度，以降低发射机的**直接路径**馈电至可接收水平。双基雷达也可以使用一部分剩余的或未相消的直路发射信号作为**相关接收机**的参考，这种接收机对接收和发射信号进行互相关，这模仿匹配滤波器的操作。

双基目标定位使用的过程不同于单基雷达。一个典型的实现方法是：双基雷达测量（1）发射机至目标至接收机的传播时间，并转换为发射机-目标加上目标-接收机的**距离和**；（2）相对于接收机的目标到达方向（DOA）；（3）发射机-接收机距离或**基线**，来解发射机-目标-接收机三角形（称为**双基三角形**）。这个三角形通常用到接收基地的距离和角度来定位目标。其他的定位方案在 23.6 节给出。

当分开的发射天线和接收天线处于同一基地（如通常的 CW 雷达）时，由于这种雷达具有单基雷达的特征，所以不用双基这一术语来描述这样的系统。在某些特殊的场合下，尽管雷达的收/发天线放在不同的地点，但雷达仍被认为以单基工作模式操作。例如，超视距（OTH）雷达的站间距可达 100km 或更大以获得适合的发射信号隔离，但相对于几千千米外的目标而言，这一间隔距离很小，因此雷达工作仍具有单基的特征。

双基雷达的一个变种是**多基雷达**，它在不同的地方使用多个天线，一个天线用于发射以及多个天线（每个都在不同的地方）用于接收，或反之。同样，发射机或接收机通常与天线放在一起。目标定位以双基工作模式完成，每对发射-接收都在其他所有发射-接收对所共同的监视区域内进行独立的探测。目标定位一般测量基线，并用多个发射-接收对取得同时的距离和的测量值；它画成多个椭圆并在每个椭圆两个焦点处有一个发射-接收对。这些椭圆的交叉处或**恒定距离和的轮廓线**用于定位目标。由于仅仅使用距离测量来定位目标，这类似于**多边测量**[注]。

多基雷达也可以使用**三角测量**，通过来自已知位置的多个接收机同一时刻的目标 DOA 测量值来进行目标定位。它被 SPASUR[12]用作一种强有力的卫星定位技术。但是，由于在有用距离上获得足够精确的 DOA 测量值需要大孔径尺寸（或阵列长度），对于其他应用很少考虑用三角测量法。

为双基雷达开发的概念、数据和表达式常常也适用于多基雷达，如距离方程、目标多普勒、目标雷达截面积和表面杂波。这样，本章余下的内容将集中于双基雷达这个主题，仅当必要时才研究多基偏移和偏离。

无源接收系统或**电子支援措施（ESM）**系统，常使用两个或更多的接收阵地。一般它们的目的是探测、识别和定位如单基雷达的发射机。它们也被称为**发射机定位器**。目标定位是通过对来自各个阵地的角度测量值的综合或到达时间差和/或站间差分多普勒测量（如多边测量法）来实现的。通常这些系统设计的目的并不是用于探测和处理来自发射机照射的目标的回波。但是，它们可以被一个双基"搭载者"使用用来识别和定位适当的发射机。这样，尽管它们的许多要求和特性都与多基雷达相同，但它们不属于雷达范畴，在此不讨论。

上述双基雷达的定义是宽广的和习惯上采用的[13-16]，但在文献中绝不是统一的。资料中使用的术语还有**准双基**、**准单基**、**伪单基**、**三基**、**多基**、**真多基**、**多双基**和**组网式双基**等[17-20]。它们通常是上述广义双基定义的特殊情况。术语**伪单基**将被用来表征接近于单基操作的双基几何。

23.2 坐标系

本章采用的坐标系是以正北为基准方向的二维坐标系[21]。双基雷达的坐标系和参数如图 23.1 所示，它们确定双基雷达在 (x,y) 平面的操作。该平面也称为**双基平面**[22]。双基三角形处在双基平面内。发射机和接收机元间的距离 L 称为**基线距离**或简称**基线**。R_T 是发射机和目标之间的距离，R_R 是接收机与目标之间的距离。θ_T 和 θ_R 分别是发射机和接收机的**视角**，当从北方顺时针测量时，它们取正值。它们也被称为到达方向角（DOA）、到达角（AOA）或视线角（LOS）。**双基角** $\beta = \theta_T - \theta_R$，是以目标为顶点发射机和接收机之间的夹角，它也称为**交角**或**散射角**。用 β 来计算与目标相关的参数以及用 θ_T 或 θ_R 来计算与发射机或接收机相关的参数是方便的。

---

① 上面描述了非相干合成数据的多基操作。相干数据合成同样有可能，例如来自于每个接收阵地的同相和正交数据被综合形成一个大的接收孔径。例证包括稀疏的、随机的、畸变的和分布式的阵列[3-7]，干涉雷达[8, 9]以及无线电摄影机[10, 11]。这个主题在 Willis[1]中有进一步讨论。

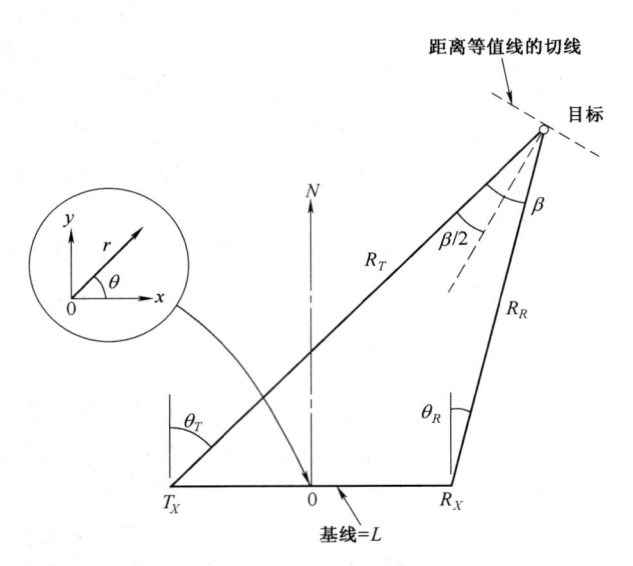

图 23.1 确定双基平面的二维双基雷达正北坐标系。双基三角形位于双基平面内

双基雷达测得的发射机-目标-接收机距离为距离和（R_T+R_R）。测量这个距离和的方法见 23.6 节。这个距离和定位了处于椭球表面上某处的目标，这个椭球的两个焦点分别为发射和接收基地。双基平面和这个椭球的交叉线形成了恒定人们熟悉的距离和或等距离线的椭圆。一个很有用的关系是：双基角的等分线正交于目标所在椭圆的切线。经常，在发射和接收波束公共区域内，这个切线是等距离线的很好的近似。

当双基雷达接收天线是一个相控阵列时，而且阵列法线也垂直于基线时，θ_R 直接由天线在任何一个双基平面内测得。这个偶然的情况是由**圆锥畸变**产生的，它是任何一个相控阵天线所固有的。然而，当阵列法线并不垂直于基线或当接收天线是机械控制或扫描时，θ_R 就不是直接测得的。经常 DOA 测量值被取为或转化为基于以接收阵地为中心的 x-y-z 坐标系统内的方位角和仰角，在此，z 轴与当地垂线共线。正北坐标系与 x-y-z 坐标系之间的转换在 Willis[1]的 5.3 节中有描述。

其他坐标系，包括三维坐标系，已经被用于定义双基雷达的操作[14, 23-29]。图 23.1 也示出了一个极坐标系。(r, θ) 坐标定位在以基线中点为原点的双基平面内。它对于标绘**卡西尼卵形线**是很有用的（见 23.3 节），并且在 Willis[1]中进行了细述。有时，夹角 θ_T' 和 θ_R' 被用于定义双基三角形中的发射机和接收机视角，这样 $\theta_T'+\theta_R'+\beta=180°$。在这种情况下，$\theta_T'=90°-\theta_T$ 和 $\theta_R'=90°+\theta_R$ 可用于将以北方为基准的方程转换成夹角方程。双基杂波数据的点迹使用一个单独及很神秘的坐标系，这在 23.8 节中进行定义。

几何关系是区分双基和单基雷达操作的一个主要因素。在评估双基雷达操作中，从几何不变的性能度量着手是很有用的，这个度量可通过设定 L=0（或 $R_T = R_R$ 及 $\beta = 0°$）获得。结果被定义为**等效单基距离**或**基准距离**，23.3 节中有细述。它对进行**健全性检查**同样是很有用的，因为在这些极限情况下，所有的双基雷达方程必须化成等效的单基方程。

23.3 双基雷达方程

基准距离概念

与单基雷达不同,双基雷达的距离性能是一个几何关系的函数,特别是基线距离 L 和天线视角(θ_T 或 θ_R)的函数。当下列因素如绕射、折射、多路径和遮蔽不存在或可忽略时,作为 L 和 θ_T 或 θ_R 这些变量的函数的双基距离可以用卡西尼卵形线标绘在双基平面上。当三角形顶点的两个邻边的乘积恒定及对边的长度固定时,卡西尼卵形线就是三角形顶点的轨迹。如图 23.1 所示,当应用到双基三角形时,顶点在目标处;R_T 和 R_R 是顶点的邻边,并且基线 L 是固定的对边长度。

传统上,卡西尼卵形线被绘成恒定接收信号功率或在固定基线距离 L 附近的接收信噪比的曲线。尽管这些与信号相关的等值线提供了双基雷达性能的感觉,但它们并不为可变基线及操作上感兴趣的参数提供最大/最小探测距离和覆盖范围。为了补救这一问题,引入了双基**基准距离**(或简称为**基准**)这一概念。它是按照下面的步骤[2]建立的。首先以完全类似于单基雷达的方法推导出双基雷达距离方程;然后求解方程得到**双基最大距离乘积**,$(R_T R_R)_\text{max}$;接着定义一个**等效单基最大距离**$(R_M)_\text{max}$,为了方便起见,省略"最大"(max)下标,如下所示:

$$R_M = (R_T R_R)^{1/2} \tag{23.1}$$

这个等效单基最大距离也被称为**几何平均距离**,它代表当发射机和接收机处于同一地点时,即当 $L=0$ 时,双基雷达的性能。它被定义为双基雷达的**基准距离**。因为基准距离是几何不变式,所以当将双基与单基距离性能相比较时,它是有用的。最后,卡西尼卵形线被建立成归一化到基准距离 R_M 上的基线距离 L 的函数。基于这个卵形线,最大和最小探测距离,以及覆盖范围都作为 R_M 的函数进行计算。这个过程也用于确定双基操作范围。

距离方程

连续波(CW)或相干脉冲雷达[30]的雷达距离方程被修改用于双基操作,然后对双基最大距离乘积 $(R_T R_R)_\text{max}$ 进行求解:

$$(R_T R_R)_\text{max} = \left[\frac{P_\text{av} t_0 G_T G_R \lambda^2 \sigma_B F_T^2 F_R^2}{(4\pi)^3 k T_0 F_n (E/N_0) L_T L_R} \right]^{1/2} \tag{23.2}$$

式中,R_T 是发射机至目标的距离,单位为 m;R_R 是接收机至目标距离,单位为 m;P_av 是发射平均功率,单位为 W;t_0 是信号观察(或积累)时间;G_T 是发射天线功率增益;G_R 是接收天线功率增益;λ=波长,单位为 m;σ_B 是双基雷达目标截面积,单位为 m^2;F_T 是发射机至目标路径的方向图传播因子;F_R 是目标至接收机路径的方向图传播因子;k 是玻耳兹曼常数(1.38×10^{-23} J/K);T_0 是标准温度(290K);F_n 是接收机噪声系数;E/N_0 是探测所需的接收能量与接收机噪声谱密度的比值;L_T 是发射系统损耗(>1);L_R 是接收系统损耗(>1)。

式(23.2)假设有一个匹配滤波器或一个等效匹配滤波器(如互相关器)用于接收。式(23.2)通过 $R_T R_R = R_M^2$ 和 $\sigma_M = \sigma_B$ 与对应的单基最大距离方程相关,式中 σ_M 是单基雷达截面积。对于脉冲雷达操作,$t_0 = n/f_p$,式中 n 是积累的脉冲数,f_p 是脉冲重复频率。还有,对于探测所需的信噪比，当 $B\tau \approx 1$ 时，$(S/N)_{req}=E/N_0$，式中，B 是接收机带宽，τ 是脉冲宽度。

信号处理时间 t_0 有时由多普勒扩展量或速度行走量决定，Δf_d 由动目标产生。具体地说，$\Delta f_d = (t_0)^{-1}=B_n$，式中 B_n 是接收机检波前滤波器的噪声带宽。对于单基情况，多普勒扩展为

$$(\Delta f_d)_m = [2a_r/\lambda]^{1/2} \qquad (23.3)$$

式中，a_r 是目标加速度的径向分量。式（23.3）同样适用于小双基角 β 的双基情况，特别是"过肩"操作，在那种情况下目标处于延伸超过接收机或发射机的基线（称为**延伸基线**）附近①。但是，对于较大的 β（一般情况），对准双基角等分线的径向分量将被减少。这些大 β 角条件下的经验公式为

$$(\Delta f_d)_b = [a_r/\lambda]^{1/2} \qquad (23.4)$$

式（23.4）用于设定 t_0，由此设定接收机检波前滤波器 B_n 的噪声带宽。因为 $(\Delta f_d)_b>(\Delta f_d)_m$，那么对双基信号处理时间的限制比对等效单基时间的限制要稍小些。

如同在单基方程中那样，发射和接收方向图传播因子 F_T 和 F_R，每个都包括两项：传播因子 F'_T 和 F'_R，以及天线方向图因子 f_T 和 f_R。天线方向图因子，是发射和接收天线辐射的自由空间内场的相对强度作为指向角的函数。每当目标不在波束峰值时，就使用这些因子。

习惯上，传播因子包括多路径效应、绕射和折射影响，以及包括在损失项里的大气吸收效应。如同单基雷达，双基雷达传播需要一个从发射机到目标以及目标到接收机的合适路径。但是，与单基雷达不同，传播效应在这两个双基路径上可以相差很大，并且必须分别处理。多路径是最主要的例子，取决于天线和目标的高度及地形条件，目标可以在一条路径的多路径瓣上以及在另一多路径零点上。

当相干接收机使用解调的直接路径 RF 信号作为其参考信号时，信号要受到干涉（多路径和 RFI），这种干涉与影响目标回波路径的干涉不同。如果相关器工作在其线性区域，回波加上其干涉，和参考加上其干涉的卷积可产生具有全匹配滤波器增益的期望信号加上具有由非匹配降低的增益的干涉，这些信号矢量相加从而修改方向图传播因子。然而，如果相关器工作在非线性区域内（这时常发生），就会产生降低回波匹配滤波器增益的交叉产品。损失量取决于干涉的大小，并被考虑在信号处理损耗项中[31]。

卡西尼卵形线

双基雷达的基准距离的自由空间中的最大探测等值曲线是以 R_M 为半径的圆，正如单基情况一样。这样的圆假设了恒定的雷达截面积和方向图传播因子，它们依赖于场景和几何条件。对于一般的双基情况，$L>0$，自由空间最大探测等值曲线变成了熟悉的卡西尼卵形线，同样适用上面谈到的关于单基情况的提醒。这样，这个卵形线（或多条卵形线）就提供了一个方便，但其有时过于简单化的双基距离覆盖的观点，必须小心地使用。

另一个双基方面的提醒是必需的。当目标在基线上或靠近基线时（也就是在接收机和发射机之间在那双基角 $\beta \rightarrow 180°$），就会产生一个完全不同的环境：来自两个目标的**前向散射**和杂波。在这种情况下，目标雷达截面积（RCS）和杂波散射系数（σ_0）会被大大增加，而距离和多普勒测量却被大幅变差。经常**正常的**双基操作不包括这个区域，因此一个顶点位于接

---

① 在接收机的基线情况下发射机超过接收机的肩照射目标；在发射机的基线情况下接收机超过发射机的肩观察目标。

收机并指向于发射机的一个 10°～20° 的楔形被从卵形线中切除。详细内容见 Willis[1]。

图 23.2 列出了归一到基准距离的卡西尼卵形线的四种情况：（a）基准，$L=0$；（b）单卵线，$L<2R_M$；（c）双纽线，$L=2R_M$；（d）双卵线，$L>2R_M$。所有情况中，发射机都位于卵形线左焦点（0）。接收机位于卵形线右焦点（0,1,2,3）。其他词和符号的定义在图 23.2 中。

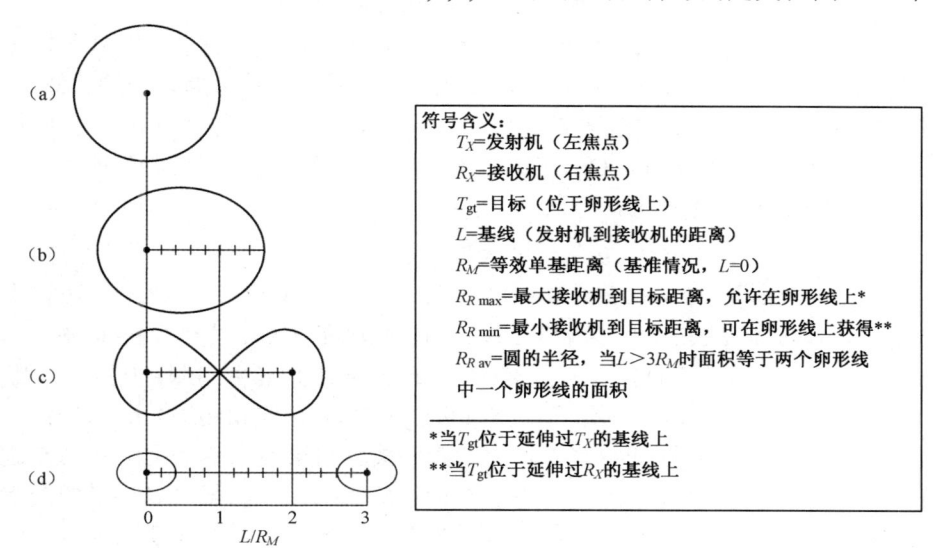

符号含义：
T_X=发射机（左焦点）
R_X=接收机（右焦点）
T_{gt}=目标（位于卵形线上）
L=基线（发射机到接收机的距离）
R_M=等效单基距离（基准情况，$L=0$）
$R_{R\,max}$=最大接收机到目标距离，允许在卵形线上*
$R_{R\,min}$=最小接收机到目标距离，可在卵形线上获得**
$R_{R\,av}$=圆的半径，当 $L>3R_M$ 时面积等于两个卵形线中一个卵形线的面积

* 当 T_{gt} 位于延伸过 T_X 的基线上
** 当 T_{gt} 位于延伸过 R_X 的基线上

图 23.2 归一化的卡西尼卵形线，处于双基平面内，该平面包含发射机、接收机和目标[2]（SciTech Inc.提供）

表 23.1 列出了计算四种情况下的卵形线面积和最大/最小接收机探测距离的表达式，同样也是参照基准距离 R_M① 的。对于图 23.2（d），当 $L>3R_M$ 时，卵形线可以方便地被近似为半径是 $R_{R\,av}\sim R_M^2/L$，对应面积为 $\pi R_M^4/L^2$ 的圆。对于在卵形线对面上的接收机（和发射机）距离表达式，很容易通过镜像对称来计算。同样要求注意的是，每个双基卵形线的面积通常都比单基圆的面积小。

表 23.1 一般卡西尼卵形线的面积和探测距离[2]

情况	L	面积（一个卵形）	$R_{R\,max}$（在 R_X 卵形线上）	$R_{R\,min}$（在 R_X 卵形线上）
圆（基准）	0	πR_M^2	R_M	R_M
一个卵形	$<2R_M$	$\sim \pi [R_M^2-L^4/(64R_M^2)]$	$(R_M^2+L^2/4)^{1/2}+L/2$	$(R_M^2+L^2/4)^{1/2}-L/2$
两个卵形线	$>2R_M$	$\sim \pi R_M^2[R_M^2/L^2]$	$L/2-(L^2/4-R_M^2)^{1/2}$	$(R_M^2+L^2/4)^{1/2}-L/2$
	$>3R_M$	$\sim \pi R_M^2[R_M^2/L^2]$	$\sim R_M^2/L$	$\sim R_M^2/L$

表 23.1 中的表达式也可以用来估计一阶双基雷达 LOS（视线）限制，在此，LOS 定义为切于地球表面的发射机天线和接收机天线之间的线。具体地说，对于一个给定的目标，给定的发射机和接收机高度，目标必须同时在至发射机和接收机站点的视线中。对于一个平滑的 4/3 地球模型，高度为 h_R 的接收机天线和高度为 h_t 目标之间的 LOS 距离 r_R 为

---

① 单卵面积公式是从 Willis[1] 中的方程（D.7a）导出的，它也用于计算双纽线的面积。双卵面积的公式是从 Willis[1] 中的方程（D.11a）导出的。如果需要更高的精度，可以用这些级数中的更多项。

$$r_R = 130(\sqrt{h_R} + \sqrt{h_t}) \qquad (23.5)$$

式中，所有的单位都是千米。类似地，高度为 h_T 的发射机天线与高度为 h_t 的目标之间的 LOS 距离 r_T 为

$$r_T = 130(\sqrt{h_T} + \sqrt{h_t}) \qquad (23.6)$$

这样，为了防止卵形线的 LOS 截断，$r_R \geq R_{R\max}$ 且 $r_T \geq R_{T\max}$。这些表达式忽略了绕射及多路径，而这些会很大程度地改变这些距离，因此，上二式必须被考虑为一阶近似。

双基空中监视雷达的一个典型任务是选择一个基线 L，使天线高度为 h_R 的接收机可以匹配天线高度为 h_T 的发射机的现有 LOS 覆盖范围。对于最糟的情况，过肩几何条件，要求将 LOS 覆盖范围匹配在延伸的基线上，$r_T = r_R + L$，从而

$$L = 130(\sqrt{h_T} - \sqrt{h_R}) \qquad (23.7)$$

例如，当 h_T=0.1km 及 h_R=0.01km，L=28km 时，由式（23.5）和（23.6），可以提供飞行在延伸基线之上，高度为 8.5m，距接收机 25km，距发射机 53km 的目标的 LOS。基线大于 100km 时会造成严重的目标 LOS 问题。例如：如果 L=120km 并且 h_T=0.3km，那么根据式（23.6）可得，发射机将只能照射到飞在接收机正上方，高度 h_t>0.14km 的目标。这样，目标容易低飞在照射之下，于是低空监视能力就会丢失。结果是，双基雷达必须在这样长的基线上使用大大抬高的发射机（1km），或在较短的基线上工作来获得可以接受的低空监视范围。需要注意的是，对于阵地位于不监视的卵形线中的情况，双卵形线情况也可以要求一个很高的阵地高度，如此之高以致阵地常常会变成机载类型的。

最后，当 $L \leq r_T + r_R$，h_t=0 时，发射天线将在接收机天线的直接 LOS 中，因此，再次以千米为单位有如下公式

$$L \leq 130(\sqrt{h_T} + \sqrt{h_R}) \qquad (23.8)$$

如果式（23.8）得以满足，通常会要求以非常的手段来抑制直接路径信号至目标可被探测到的电平，如 23.9 节中简述的。

23.4 应用

卡西尼卵形线可以被用来确定双基雷达的 3 个工作区域：**共基地区域、以接收机为中心的区域和以发射机为中心的区域**[1]。共基地区域对应于图 23.2（b），以接收机为中心的区域对应于图 23.2（d）中右边的卵形，以发射机为中心的区域对应于图 23.2（d）左边的卵形。发射机的类型有**专用的、合作式的**或**非合作式的**，完全组成了其分类。专用设计的发射机由双基或多基雷达控制，类似于单基雷达。合作式与非合作式发射机都是时机发射机——为其他功能而设计，包括雷达和通信，但发现其适合于双基操作。合作式发射机由联军或友方部队控制；而非合作式发射机由敌方或中立方控制。表 23.2 总结了双基雷达在这些工作区域①的应用。

表中专用发射机/共基地类中的各种雷达代表了一套完整的双基雷达——这些雷达包括为双基工作设计的发射机在内的所有分机。许多这些系统都是在 1980 之前开发、测试或部

---

① 具有公共空间覆盖要求的多基雷达几乎总是工作在共基区域。

署的。例如：用于 WWII[2]（第二次世界大战）中的法国、苏联和日本前向散射电子篱笆；用于防空补盲的 AN/FPS-23[2]、PARADOP 和 MIDOP 距离测量跟踪器[9]，用于空间监视的 SPASUR[12, 23]，以及用于防空的 Sanatuary[33, 34]；用于大炮、迫击炮和火箭定位的 BRWL[35]，俄罗斯 Struna-1 前向散射电子篱笆[36-38]，以及用于空间监视的法国 Graves 都是后来的改进产品。

表 23.2　双基雷达应用

接收机工作范围	距离关系	专用发射机	合作式发射机	非合作式发射机
共基	$L<2R_M$	• 空中监视 • 距离测量 • 卫星跟踪 • 入侵探测	• 空中监视 • 距离测量 • 电离层测量 • 风测量	空中监视
以接收机为中心	$L>2R_M$ $R_T>>R_R$		• 近距离空中监视 • 无声空–地攻击 • 行星探测	近距离监视
以发射机为中心	$L>2R_M$ $R_R>>R_T$		行星探测	• 空中威胁监视 • 导弹发射警报

专用发射机列中被省略的项目工作在长基线距离的接收机和发射机为中心的卵形中，它们由操作和成本确定：合作式与非合作式时机发射机通常都是可用的并可以支持所感兴趣的小范围内的双基操作。此外，这个方法便宜些，而且当使用非合作式发射机时，与使用一个专用发射机相比会有更多的隐蔽性和更少的风险。因此，对于这些应用通常不考虑专用发射机。

当发射机从属单基雷达时，合作式与非合作式发射机这一列中的项目常被称为**搭载者**。当发射机来自一个通信或广播系统时，也就是不来自于雷达时，项目被称为**无源双基雷达**（PBR）。

与合作式发射机共同工作在共基区域的"搭载者"的例子是**多基测量系统**，它与 TRADEX 共同工作用于提高双基导弹再入测量精度[40, 41]；以及商用的 Binet 公司的双基接收机，它与单基多普勒气象雷达共同工作来测量三维矢量风场[2, 42, 43]。图 23.3 是 Binet 公司开发的样机的框图。

与合作式发射机共同工作在以接收机为中心的区域的"搭载者"例子是 Covin Rest 工程，它与航天飞机雷达共同工作，用于 SAR（合成孔径雷达）地面绘图[44]；TBIRD 工程，与**联合 STARS** 共同工作，用于通过前视双基 SAR[2, 45]进行无声空–地攻击；以及 BAC 工程，与 AWACS（机载预警和控制系统）共同工作，用于警报和提示近距离机动防空系统[46, 47]。

使用合作式单基雷达发射机的"搭载者"同样具有抵制对抗其主雷达的后向干扰机的固有能力。因为干扰机使用一个高增益天线来后向引导发射机信号返回到发射机（由此至其单基接收机），所以空间上隔离的"搭载者"就可以被安置在那个天线的副瓣上，这样就能降低干扰的有效性。一条经验法则就是：每当双基角大于后向引导主波束预估的 3dB 宽度时，就可以预期"搭载者"性能增加。

与合作式广播发射机共同工作在共基区域的 PBR 的例子是 **Manastash Ridge** 雷达，它与 FM（调频）广播发射机合作用于对流层探测[2, 48]；**Silent Sentry**，与 FM 和 TV 广播发射机合作[49,50]；以及基于 **HDTV**（高清电视）的无源雷达，与高清 TV 广播发射机合作[51]；后两种配置用于空中监视。与合作式通信发射机共同工作在以接收机和发射机为中心的区域的 PBR 例子是用于行星探测的双基雷达。在以发射机为中心的区域里，它们在探测器车上使用一个数据链发射机，并且在以接收机为中心的区域[2,52]里，使用一个地面的指挥发射机。

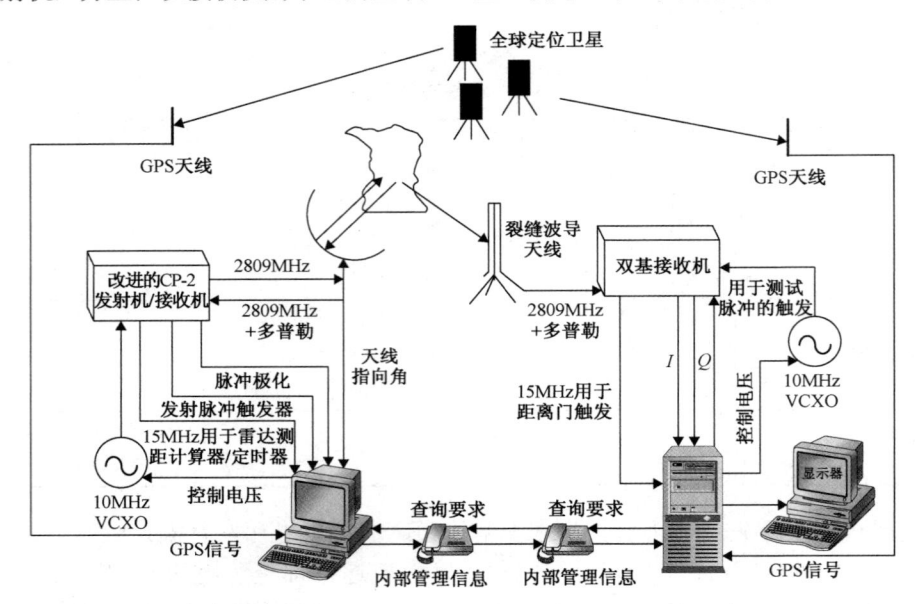

图 23.3 Binet 公司开发的双基风测量样机系统的简化框图。一个改进的 CP-2 单基气象雷达用窄波束天线进行发射和接收，而一个或多个双基接收基地在离 CP-2 10~20km 远的地方，通过宽天线波束双基接收来自相同的被照射的天气空域的散射能量，正如单基雷达一样，用一个发射/接收管来保护接收机。所有产生的频率被锁定于主 10MHz VCXO 上，而它又被锁定于 GPS 定时信号上。同步和其他内部管理数据用电话线传送。信号和数据处理是基于 PC 的（J.Wurman[43]©IEEE 1994）

合作式发射机这个名称稍稍有点误称。例如：一个合作式 TV 或 FM 站操作员并不想通过使用特殊波形或改变天线覆盖范围或改动广播内容，来和 PBR "合作"。另外，在正常工作或由于敌人的攻击，常会有发射机损坏的可能。这种事件将会降低与多个发射机合作的 PBR 的性能以及失去仅与这个（合作式）发射机合作的 PBR 的性能。结果，如果适用的话 PBR 可以自由地利用合作式（或非合作式）发射；但是，商业控制了与 PBR 的合作，使它成为一个时机的使用者，从而只能使用非最优波形（见 23.9 节）、有限制的仰角覆盖范围以及偶尔被降低或失去性能。

当"搭载者"雷达要利用合作式或非合作式单基雷达，特别当"搭载者"有天线扫描问题（见 23.9 节）时，也会有限制。但是，当使用一个适当定位的"搭载者"时，合作式单基雷达可提供对抗后向型干扰机的性能增强，不过这需要将合作式发射机与非合作式发射机区分。

在非合作式发射机这一列中，如果一个非合作式发射机和一个"搭载者"雷达定位在或靠近作战区域，"搭载者"就可以在共基区域里利用这个发射机，就像是合作式发射机一样。在第二次世界大战中，德国的 Klein Heidelberg 就搭载了英国的 Chain Home 雷达来完成对空监视任务[53,54]。位于或飞行在敌方区域上方的"搭载者"可以使用任何照射那个（敌方）区

第 23 章 双基雷达

域的大功率卫星发射机，在以接收机为中心的卵形中进行近距离警戒。

使用专用发射机的最重大系统是**空中警戒**（SPASUR）217MHz 多基雷达电子篱笆。1958 年开始它就部署在横跨越美国的 7 个基地上，用以探测和跟踪非合作式卫星[12, 32]。发射机安放在三个基地上，其中最大的可以从 3km 长的线性阵列中发射 1MW 的连续波，产生一个固定的扇形波束。6 个接收基地包括 7 个或 8 个尺寸约为 1km 的线性阵列，同样产生与发射波束共线的扇形波束。图 23.4 给出了典型的接收站内的数据流[12]。

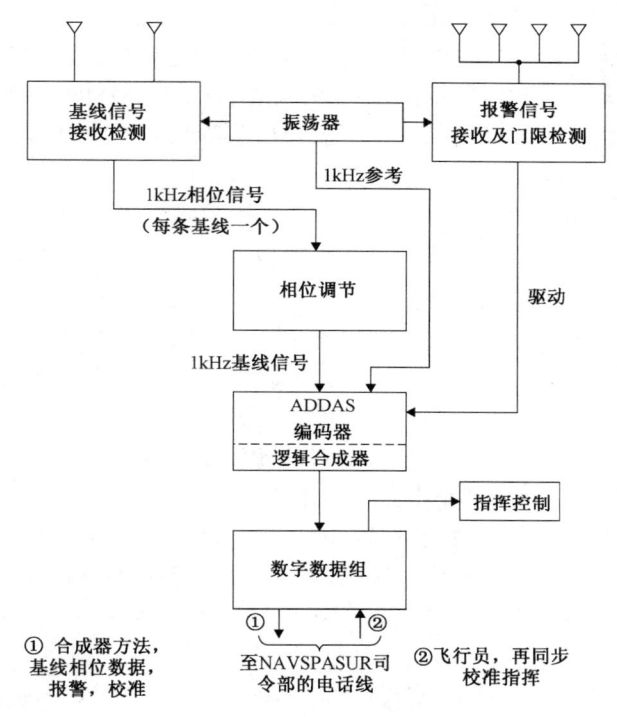

图 23.4 NAVSPASUR 接收站内的实时数据流。"卫星反射的发射机能量由接收机站的各种共线偶极子阵列接收……来自四个同线阵列的[信号]馈入报警接收机，用于探测超过预设门限电平的无线电能量的存在。反射的能量也被其他在东西方向间隔不同距离（基线）的阵列同时接收。来自任何两个（阵列）的信号可以被相加形成一对基线。基线接收机使用三次频率转换，这样从天线对接收到的信号相位差被保存在 1000Hz 的差频率中[在图中称为 1kHz 相位信号]……对每个基线对（12 个东西向和 3 个南北向）都有一个无线电接收机和 1000Hz 的相位[信号]。这个相位信号与 1000Hz 的参考信号相比并由 ADDAS 编码设备编码（数字化）。包含在 ADDAS 编码器中的数字合成器接收 1kHz 相位数据，并产生非模糊天顶角解。合成器输出及数字化相位信息和控制位（其中最主要的是"报警"），通过数字数据发射机施加到电话线上。"（美国海军 NAVSPASUR 系统定向手册[12]）

目标定位通过三角测量法建立，也就是来自两个或更多接收基地的天顶角测量值的相交（DOA）。随后，在美国南部德克萨斯州部署了三个基地的电子篱笆来评估用双基距离测量增加的定位精度[55]，但是它从来没有被持续使用过。

根据 Easton[32]，SPASUR 的设计是由成本驱动的：15 000n mile 探测距离要求非常高的平均功率，这由最低成本的连续波操作来满足。但这个解决方案又要求为隔离而用分开的站点，因此多基操作。当与扫描阵列或反射天线相比时，静止波束线性阵列也使成本最小化。简而言之，将波束固定并使卫星飞过它们。自1958年以来，它一直被持续使用。

在共基区域使用合作式雷达发射机的"搭载者"是**多基测量系统（MMS）**。1980年，它作为TRADEX L波段的单基雷达[40]的附属设备被放置在美国Kwajalein导弹靶场。TRADEX以正常的单基模式工作、获取、跟踪及照射弹道导弹再入器（RV）。距离TRADEX 40km处的两个无人操作、从属的接收站，以双基模式接收RV散射的回波并记录来自RV的双基距离、多普勒和特征数据。这个数据被用于计算RV位置和再入开始时大气穿孔点附近的动态特征。这个系统的设计目的是测量整个再入阶段中精度分别高于4m和0.1m/s的三维位置和速度[43]。

靶场测试显示：三角形测量网络中由任何测距雷达获得的MMS距离数据与TRADEX的单基距离数据的结合提供了外大气层RV位置的最精确估计值。1993年[56]，在单基雷达的测量精度被提高后[57]，MMS操作结束。

20世纪90年代中期，华盛顿大学开发了在共基区域内使用合作式FM广播发射机的PBR，称为**Manastash山脊雷达（MRR）**。其设计目的是通过距离、多普勒和DOA（经干涉测量法）测量数据[2,48]来研究电离层的扰动，特别是，极光E区域的不规则性。MRR开发的动机包括低成本、提高的安全性、频谱的可获得性及教学机会。MMR每半小时就向全球万维网提供距离-时间强度和距离-多普勒点迹。虽然，它并不受防空对多目标实时精确定位的严格要求的支配，但它已在正常工作过程中探测到流星和飞机。

被称为**基于HDTV无源雷达**[51]的第二个双基PBR，在共基区域使用了一个合作式高清TV发射机用于空域监视。作为单基空中监视雷达的补盲器，它使用来自位于发射机10km以内的四个接收机的距离多边测量法对低空飞行的飞机和直升机进行跟踪。对$1m^2$目标预计的探测和跟踪距离30km已经被实时演示，其2D（二维）跟踪误差一般小于50m。粗略的目标仰角也已测出。多普勒数据已经被用于解决幻影问题，也就是，当对目标进行多边测量时不可避免的虚假探测[2]。

PBR曾使用卫星通信发射机在以发射机和以接收机为中心的区域内测量月球和行星表面以及其大气特性。1967年，第一个成功的肩背操作采用以卡西尼发射机中心卵形为特征的下链接模式，使用了来自Luna-11探车的从月球表面散射出来并被地球上的基站接收到的数据连接信号。这些基站包括Arecibo天文观测站和NASA深空网络。随后的测量使用了Lunar Orbiter-1、Explorer-35和Apollo 14~16。火星双基雷达测量使用了Mariner-6，Mariner-7，Viking-1，Viking-2，Mars Global Surveyor（火星全球测量器）和Mars Express（火星快车）。金星测量使用了Veneras-9、Veneras-10、Magellan和Venus Express（金星快车）。图23.5是地球上的接收机[2]的简化示意图。

一个互易的但更为复杂并且昂贵的上行链模式，使用一个由探测器运载的双基接收机来收集首先从行星表面散射出并由卡西尼接收机为中心的卵形线表征的大功率地球发射指挥信号。它比链接余量高约30dB，最先用于火星Odyssey并计划用于未来的探测器。在两种配置中，双基三角形的两条边即使非常长（$>10^5$英里），但第三边可以足够短（约10英里），可在接收机[2]处产生强回波。

作为机器人或人类探索的前奏，这些肩背式工作的双基雷达已经简单地以及花费不多地提供了有用的行星表面性质勘测数据，特别是厘米至米范围的粗糙度和几厘米厚的表土顶层的密度。特殊的几何关系，如识别干净水冰的层积的近后向散射，同样也是双基雷达的一个

第23章 双基雷达

独特的优点。在离开行星赤道的纬度处观测前向散射的能力同样对探测表面特征有利。

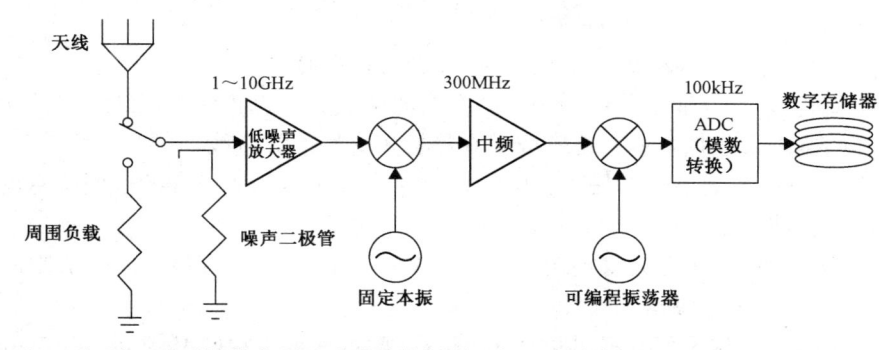

图 23.5 用于下行链双基雷达的典型地球系统的框图。低噪声放大器（LNA）是一个冷却的脉塞或一个场效应晶体管，并且可以在天线和周围负载之间切换，以允许输入的幅度校正。在双基操作过程中，来自低噪声二极管的信号，之前已针对周围负载进行了校正，可被注入来监视系统的实时性能。为了放大，微波输入（1～10GHz）混频成 300MHz 中频（IF）。可以纠正一阶多普勒效应的程控振荡器混频 IF 信号至基带，并且数字采样被存储用于后面的处理。尽管模/数转换（ADC）在图中显示是在输出端，但 ADC 实际上可以放在系统[2]任何一处（SciTech）

23.5 双基多普勒关系

当目标、发射机和接收机均在运动时，可用图 23.6 定义双基多普勒的几何关系和运动关系。目标速度矢量的大小为 V，相对于双基角平分线的视角为 δ。发射机和接收机速度矢量的大小分别为 V_T 和 V_R，以正北坐标系（见图 23.1）为参考的视角分别为 δ_T 和 δ_R。所有的矢量都是三维矢量在双基面上的投影。

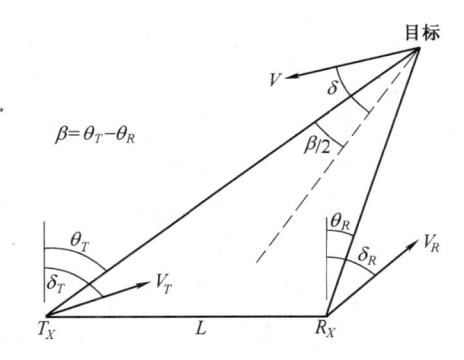

图 23.6 双基平面内的双基多普勒几何关系

目标多普勒

当发射机和接收机静止（$V_T=V_R=0$）时，目标在接收基地的双基多普勒频移 f_B 为

$$f_B = (2V/\lambda)\cos\delta\cos(\beta/2) \tag{23.9}$$

f_B 也定义了**多普勒拍频**，它是通过在接收机内混频目标的多普勒与直路信号而产生的。Willis[1]提供了所有三个站点都移动时的 f_B 的表达式。式（23.9）表明

(1) 当 $\beta=0°$ 时,对于定位在双基等分线上的单基雷达,f_B 化为单基多普勒频移。双基多普勒的大小永远不会大于这个单基多普勒的大小。

(2) 当 $\beta=180°$ 时,即前向散射情况,对于任何 δ,$f_B=0$。

(3) 当 $\delta=\pm90°$ 时,双基多普勒为 0。因为这些速度矢量也相切于在这一点的距离和的椭圆,所有这样的椭圆(包括基线)都变成了 0 目标多普勒的等值线。

(4) 当 $\delta=0°$ 时,双基多普勒最大。因为这个速度矢量也与距离和的椭圆垂直的双曲线相切,所有这样的双曲线都变成了最大目标多普勒的等值线。

(5) 当 $\delta=\pm\beta/2°$ 时,速度矢量指向发射机或接收机,并且 $f_B=(2V/\lambda)\cos^2(\beta/2)$,有时会在文献中作为式(23.9)的特例出现。

如果一个单基雷达位于发射基地并且双基"搭载者"位于接收基地,二者都分别测量目标多普勒 f_M 和 f_B,这两个测量值可以合成来估算双基面内的目标速度矢量(V, δ)。一种这样的估算式为

$$\delta = \arctan\{[f_M/f_B \sin(\beta/2)] - \cot(\beta/2)\} \quad (23.10)$$
$$V = \lambda f_B/2\cos\delta = \lambda f_M/2\cos(\delta - \beta/2) \quad (23.11)$$

式中,β 通过解双基三角形获得,例如,可通过使用单基距离,单基 LOS 和基线估算值获得。第三个"搭载者"基地允许以三维方式测量目标速度矢量。对于两个测量,这一过程被称为**双多普勒**,对于三个或多个测量,它被称为**多个多普勒**,并且已经被用于测量三维矢量风场[2, 42, 43, 58]。

多普勒等值线

当目标不动,发射机和接收机在运动时(如在机载平台上),接收站处的双基多普勒频移 f_{TR} 为

$$f_{TR} = (V_T/\lambda)\cos(\delta_T - \theta_T) + (V_R/\lambda)\cos(\delta_R - \theta_R) \quad (23.12)$$

式中各符号的定义同图 23.6。

地球表面上具有恒定多普勒频移的点的轨迹称为**多普勒等值线**。杂波回波由这些多普勒等值线表征,它们被称为**杂波多普勒频移**。对于单基情况和平坦地面而言,这些多普勒等值线是三个维中的圆锥截面,而在二维中是以雷达为原点发出的径向线。由于这些多普勒等值线与雷达视角一致,因此杂波被称为是**静止的**。双基多普勒等值线却是偏离视角的,这与几何位置关系和平台运动有关,并且杂波称为是**非静止的**。对于平坦地面和二维的情况,令式(23.12)中的 f_{TR} 为常数,然后求解 θ_R(或 θ_T),即可以解析地推导出双基多普勒等值线。

图 23.7 是在 $V_T = V_R = 250$ m/s、$\delta_T = 0°$、$\delta_R = 45°$ 及 $\lambda = 0.03$ m 条件下,二维双基平面上也就是发射机和接收机的高度为零或接近于零的平面上的双基多普勒等值线。

双基平面上的栅格尺寸是随意的,也就是多普勒等值线不随刻度变化而变化。在图 23.7 的左边和右边,多普勒等值线几乎是静止的,这是伪单基操作点。在别处,多普勒等值线是非静止的。在这些非静止区域,双基 SAR 图像的质量是有限的,并且当使用标准的单基雷达处理技术时,动目标显示(MTI)性能降低了。

自 20 世纪 90 年代就开始研究提高双基 SAR 图像的质量,那时图像限制于几秒[1]的相干积累时间,因此它在战术应用方面的用途有限。具体地说,人们降低本振相位不稳定性,开发了双基自动调焦算法来提高从天线相位中心到所成图像的距离的测量精度。双基自动调焦要求必须以小于波长的相对精度来跟踪发射机和接收机平台的位置,以修正作为成像过程一部分的

随时间变化的相位误差。这个结果允许相干积累时间增加,一般大于 10s,与单基 SAR 相差不大。于是,双基 SAR 成像质量被大大提高,如 Willis 和 Griffiths[2]在第 10 章中所述。

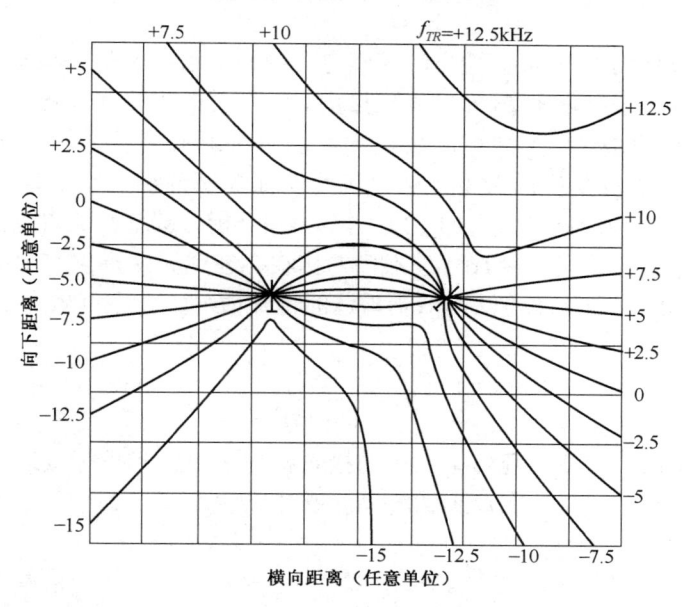

图 23.7　平坦地面二维双基多普勒等值线（Lee R.Moyer,技术服务公司）

双基时间空间自适应处理（STAP）也被开发出来提高运动的发射和接收平台的各自 MTI 性能。因为双基杂波显示出非稳态时空特征,所以双基 STAP 方法并不是单基方法的简单应用,而是一类新算法。具体地说,它们对在多个接收天线通道和脉冲收集到的电压进行与数据相关的加权。这种加权在角度和双基多普勒上动态修正滤波器响应来抑制地面杂波反射。这一操作要求数字波束形成[59, 60]。其他必需的元素包括估算时空杂波协方差矩阵（滤波器加权的和数据相关的元）的方法和对目标控制矢量的假设。一般,来自不同被测单元的距离单元的辅助数据被用来估算未知的但关键的杂波协方差矩阵。通过对非稳态行为的补偿,双基杂波抑制已经被大大提高,如 Wills 和 Griffiths[2]在第 11 章所报道的。

23.6　目标定位

双基定位

一部双基接收机一般使用距离和（R_T+R_R）来进行目标定位,这可以用两种方法进行估算。在第一种直接方法中,接收机测量发射信号的接收和目标回波的接收之间的时间间隔 ΔT_{rt}。随后计算距离和（R_T+R_R）=$c\Delta T_{rt}+L$。假设发射机和接收机之间有足够的 LOS,这个方法可以被用于任何适当调制的发射和任何类型的发射机（专用的、合作式的或非合作式的）。在非直接方法中,接收机和专用发射机使用预先同步的稳定时钟。接收机测量信号发射和目标回波接收之间的时间间隔ΔT_{tt}。随后计算距离和（R_T+R_R）=$c\Delta T_{tt}$。发射机至接收机的 LOS 并不被要求,除非在直路上进行周期的时钟同步。

将目标距离和转换成来自接收机的目标距离的传统方法是[13]

$$R_R = \frac{(R_T + R_R)^2 - L^2}{2(R_T + R_R + L\sin\theta_R)} \tag{23.13}$$

基线 L 可以通过使用 GPS 或其他方法来确定，例如使用用于非合作式发射机的发射机定位器。如 23.2 节所述，接收机视角 θ_R 可以直接由二维扫描的相控阵天线测得，或者目标方位和仰角测量可以被转换成 θ_R[1]。波束分裂技术可以用来降低测量误差。即使使用波束分裂法，θ_R 仍是建立 R_R 估算精度的关键参数，因为，如单基情况，它的误差与目标距离成正比。在 Willis[1]的 5.2 节中给出了式（23.13）的全误差分析。双基雷达自主操作显示，不使用与用于相同目的的单基接收机口径尺寸差不多的接收孔径就无法提供空中或空间目标的适当定位。对于使用直接距离和估算方法的双基雷达的特殊情况，当 $R_T + R_R \approx L$ 时，式（23.13）可以被近似为[1]

$$R_R = \frac{c\Delta T_{rt}}{1 + \sin\theta_R} \tag{23.14}$$

两个例子：工作在"过肩"几何条件中的接收机；接收机和目标接近地面的，工作在卫星上的发射机。对于 $0° < \theta_R < 90°$ 及 $L > 0.82(R_T + R_R)$ 或 $4.6c\Delta T_{rt}$，式（23.14）的误差小于 10%。当 $\theta_R < 0°$ 时，误差快速增长。

其他目标定位技术也是可能的[13, 14, 18, 29, 61-64]。例如：当双基"搭载者"利用单基雷达的发射机时，雷达的视角 θ_T 可以被用来代替 θ_R 或与其一同工作。后者的例子是 $\theta-\theta$ 定位技术，这时

$$R_R = L\cos\theta_T / \sin(\theta_T - \theta_R) \tag{23.15}$$

$\theta_T - \theta_R = \beta$。一部专用的或合作式单基雷达可以直接为"搭载者"提供 θ_T 的值。否则，"搭载者"必须估算这个值，例如：当可预测时，通过一个发射机定位器来测量雷达天线扫描速率。在这种情况下，目标定位精度通常由 θ_T 的估算误差设定。

多基定位[9, 14, 65]

多基定位一般使用与一个接收机共同操作的多个发射机或与一个发射机共同操作的多个接收机。来自每个发射机-接收机对的恒定距离和的椭圆，也就是距离等值线都被计算并在中心基地合成以生成相交的曲线，这可以定位目标①。因为不使用精度和距离有关的角度数据，所以多基交叉距离定位可以比单基或双基距离交叉定位要更精确。但是多基雷达必须使用具有重叠覆盖范围和可以同时进行测量的多个合适定位的基地，而这又要求宽发射和接收波束来达到这个精度。这些要求通常会合起来将多基对空监视性能限制到近距离或中等距离上。

精度的几何减弱（GDOP）

建立了多基定位准确度（和分辨率）并由 Willis 和 Griffiths[2]第 6 章中的 D.Barton 开发。GDOP 是多普勒等值线之间交角 α 的函数。因为双基角的等分线垂直于距离等值线，GDOP 可以容易地通过交叉角，以及这些双基等分线的角度 α 来确定。在最简单的情况下，径向距离误

---

① 等距离等值线在其他地方也相交。这些非目标的位置称为**幻影**，必须被去掉。在 Willis 和 Griffiths[2]的第 6 章中对此有讨论。

差σ_{dr}与$[\sqrt{2\cos(\alpha/2)}]^{-1}$成正比，并且横向距离误差$\sigma_{cr}$与$[\sqrt{2\sin(\alpha/2)}]^{-1}$成正比。

例如，当目标在其三边分别有一个接收基地、发射基地和另一个接收基地时，即$\alpha=90°$，$\sigma_{dr}=\sigma_{cr}=1$时，这个几何关系代表了单位 GDOP 因子的最优情况，它会产生一个圆形误差椭圆，半径等于一个发射-接收对的距离误差。相反，当目标离开这三个基地一些距离时，α被降低。例如，当$\alpha=5°$，$\sigma_{dr}=0.71$及$\sigma_{cr}=1.62$时。这样，径向距离误差就会稍稍降低，但是横向距离误差会大大提高，这很像通过使用角度数据来建立横向距离精度的雷达那样。

当地面多基基地要进行目标高度测量时，这些例子同样适用。例如，当基地包围目标时，当基地定位在环绕弹道导弹发射基地时，在导弹发射阶段，α仍然相对较大，可以产生精确的高度估算。当基地离开目标一些距离时，例如当进行空中或导弹警戒时，α较小，就带来精度差的高度估算。

通过使用窄带多普勒跟踪，双基和多基雷达在如下条件中都有潜力达到更好的定位精度：(1) 当积分多普勒数据时，可以以足够的精度建立初始条件（令人讨厌的积分常数）；(2) 当采用顺序多普勒测量时，目标的速度矢量保持恒定[64]或可预测[62]。例如：第二次世界大战后[9]，美国开发了许多只用多普勒的精确距离测量系统。信标辅助和表皮跟踪系统都被开发出来了。所有要求的跟踪数据的初始化都可以方便地由目标发射坐标提供。但是，如果目标回波瞬时减弱或询问机信号在飞行期间被打断以至轨迹丢失，那就无法重新启动新的跟踪数据，并且随后的定位估算会偏离或丢失。这些系统随后由精确的单基雷达或光学跟踪器取代。

23.7 目标截面积[14, 15, 30, 66-87]

与单基雷达截面积（RCS）σ_B一样，目标的双基雷达截面积（RCS）σ_M是目标在接收机方向上所散射能量的度量。由于σ_B是姿态角和双基角β[①]的函数，所以在光学区域双基截面积比单基截面积要复杂得多。在光学区域中，引起关注的双基 RCS 区域有三个，即伪单基区、双基区和前向散射区。每个区域都由双基角界定，其范围主要由目标的物理特性决定。

伪单基 RCS 区

Crispin 和 Siegal 单-双基等效定理可用于伪单基区[69]。对于非常短的波长，充分光滑的理想导体目标的双基 RCS 等于在双基角平分线上测得的单基 RCS。充分光滑目标包括球体、椭圆柱、圆锥和卵形体，允许伪单基区域延伸至$\beta=40°$，有时可至$\beta=90°$[1, 76-79]。

对于结构比较复杂的目标，伪单基区的范围大大缩小。Kell[74]开发出的等效定理的变种适用于小双基角。在某些情况下，双基角可小于 5°：复杂目标的双基 RCS 等于频率降低为原来的$\cos(\beta/2)$倍时双基角平分线上测得的单基 RCS。

Kell 的复杂目标定义为一组多个离散散射中心（简单散射中心，如平板；反射型散射中心，如角反射器；以及斜反射中心，如夹角不等于 90°的二面角反射器和爬行波的驻相区域）。当波长和目标尺寸相比较小时，这些复杂的目标模型近似于传统的飞机、舰船、地面车

---

① 但是在谐振区中，对许多空中目标一般是在 VHF 和低 UHF，β小于约 90°中的变化对σ_β影响很小，从而$\sigma_B \approx \sigma_M^2$。

辆和某些导弹。目标可由导电材料和介质材料构成。

在小的双基角上，$\cos(\beta/2)$ 倍的频率减小因子对 Kell 的伪单基区影响甚微。例如 10°双基角对应波长 0.4%的变化，通常可忽略。若目标散射媒质是互易的，则在发射机和接收机的位置互换时，两种形式的等效定理均成立。除了旋磁介质，如铁氧体材料和电离层，大多数媒质都是互易的。

双基 RCS 区

用等效定理预测双基 RCS 失效时的双基角标志着双基第二区的开始。在这个双基区内，双基 RCS 和单基 RCS 出现差异。对于复杂目标及与双基角平分线相对固定视线上的目标来说，Kell[41]指出了这种差异的三个来源：（1）各离散散射中心相对相位的变化；（2）各离散散射中心辐射强度的变化；（3）各散射中心存在情况的变化，即出现新的中心或原来有的中心消失。

第 1 个来源与单基 RCS 随目标姿态角变化而起伏相似，但目前这个效应是由双基角的变化引起的[87]。第 2 个来源产生在当包括平板的离散中心将能量再后向反射回发射机，并且接收机处于回射波束宽度的边缘或外侧时，因此接收到的能量减少。第 3 个来源的典型情况是由遮蔽引起的，如飞机机身的某一部分阻挡了某一条双基路径，即阻挡了发射机或接收机到散射中心的 LOS（视线）。

一般来说，这些差异可导致复杂目标的双基 RCS 比单基 RCS 小。例如，在发射机和接收机都为近擦地入射角时，Ewell 和 Zehner[81]测量了沿海货船在 X 波段下的单基和双基 RCS。按双基与单基 RCS 之比（σ_B/σ_M）绘制出了测得的数据，结果和 Kell 模型大致吻合：27 个点中的 24 个点表明双基 RCS 比单基 RCS 小。双基 RCS 在β=5°～10°开始下降，并且在β=50°时，趋于下降到σ_B/σ_M=−15dB。

这个相当严重的损失是在特殊条件下测得的：具有垂直面、二面角和三面角的目标在低擦地角时，产生一个大的单基 RCS。这样，由于镜面和再反射器的遮蔽及损失，当双基角增大时，双基 RCS 会变得非常低。对于具有混合型表面及结构不是很复杂的物体，如战斗机，双基损失不应那么严重。

双基 RCS 区中闪烁的减小

双基区内还会发生第二种效应。例如当双基 RCS 由于大的散射中心，如因为遮蔽丢失或衰减而减小时，目标的闪烁经常也会减小。目标闪烁是目标回波的视在相位中心的角位移，它是由雷达分辨单元内两个或多个主要散射点之间的相位干涉引起的。当目标姿态角发生变化时，相位干涉发生变化，从而移动视在相位中心，并且偏离值常常超出目标的实际尺寸。这些偏移会使角度跟踪或测量系统误差显著增加。当主要散射中心在双基区内的回波减小时，闪烁来源和由此闪烁偏离值也减小了。对战术飞机的测量结果表明，对 30°的双基角，闪烁偏离的峰值可衰减 1/2 或更大，而且大部分偏离都在目标的实际尺寸范围内[88]。这个减小可以被半主动寻的导弹利用，通过改变其弹道来维持在结束阶段β>20°～30°。

前向散射 RCS 区

双基角接近 180°的区域是第 3 个双基 RCS 区，即前向散射区。当β=180°时，Siege[66]根据物理光学原理证明，对于轮廓面积（投影面积）为 A 的目标，前向散射 RCS，σ_F 为

$$\sigma_F = 4\pi A^2 / \lambda^2 \tag{23.16}$$

式中，λ 是波长，小于目标尺寸。目标可以是平滑结构，也可以是复杂结构，而且根据巴比涅原理，目标还可以是全吸收结构[70, 75]。

当 $\beta<180°$ 时，前向散射 RCS 将偏离 σ_F。这种偏离是将**遮蔽面积** A 看作均匀照射的天线孔径的一种近似处理。当以偏离孔径法线的角度用 $(\pi-\beta)$ 代替时，**遮蔽孔径**的辐射方向图等于前向散射 RCS 的偏离值。若 $a/\lambda \gg 1$，半径为 a 的球体在 $(\pi-\beta) \approx \lambda/\pi a$ 处的偏离量为 3dB。直至 $\beta \approx 130°$，偏离量仍可近似为 $J_0(x)/x$。其中，J_0 是零阶贝塞尔函数。长度为 D 的线性孔径，如果姿态角垂直于发射机视线，那么在 $(\pi-\beta)=\lambda/2D$，当 $D/\lambda \gg 1$ 时将偏离 3dB，这里。在前向散射象限内（$\beta>90°$），前向散射 RCS 继续偏离，其副瓣近似为 $\sin x/x$[30]。对其他姿态角和具有复杂遮蔽孔径的目标而言，要计算它们的前向散射 RCS 的偏离量通常要用（计算机）仿真。

人们已经仿真和测量了许多较复杂形状物体的前向散射 RCS，既有反射型物体又有吸收型物体[67, 70, 71, 76, 82, 84-86]。图 23.8 示出了 35GHz 时，在三种固定的发射机-目标几何配置的情况下对 16cm×1.85cm 有 992 个小侧面的圆柱体的矩量法仿真结果。三种配置：（1）一端朝着发射机；（2）45° 姿态角；（3）一侧朝着发射机[84]。所有三种双基区域都在图中示出。对于一侧几何配置，$\beta<20°$ 时为伪单基区，$20°<\beta<140°$ 时为双基区，$\beta>140°$ 时为前向散射区。另外的两种几何配置示出了相似的但更宽的前向散射波瓣，这正是所预期的，因为轮廓面积小，所以遮蔽孔径小。45° 姿态几何配置特别受到关注，这是因为对于大多数双基角双基区的 RCS 都比单基的 RCS 大。$\beta=90°$ 时的大尖峰是双基镜面的反射瓣，类似于侧边配置的单基镜面反射瓣。虽然图 23.8 中只示出了双基 RCS 明显依赖于视线角和双基角，但是它也对那些使用过于简化的双基 RCS 模型进行计算的尝试提出警告，尤其是在双基区。

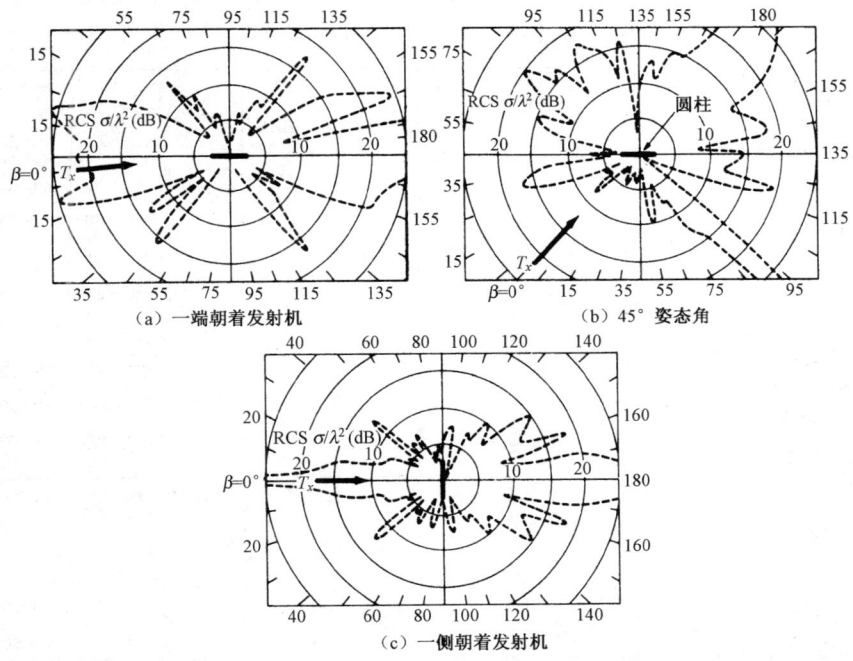

（a）一端朝着发射机

（b）45° 姿态角

（c）一侧朝着发射机

图 23.8 作为双基角的函数的，16cm×1.85cm 导电圆柱体的 35GHz HH 极化仿真双基 RCS[84]

23.8 表面杂波

和单基杂波的 RCS 一样，双基表面杂波的 RCS，σ_c，是杂波单元的面积 A_c 在接收机方向上散射能量的度量，它定义为 $\sigma_c = \sigma_B^0 A_c$。其中，$\sigma_B^0$ 是散射系数或是被照面上单位面积的杂波截面积。别处[1, 2]已经报道了受波束和受距离限制情况下的杂波单元面积 A_c。受多普勒限制的情况与平台运动有函数关系，而其又取决于具体情况。因此，它们是建立在具体情况基础上的。

双基散射系数

散射系数 σ_B^0 的值与表面组成、频率和几何关系成函数关系变化，并可以通过现场测量获得。1981 年，M.M.Weiner[89]记录并评估了 σ_B^0 所有非保密的测量值，但是，它的使用仍限于美国政府机构。1990 年，Willis 使用 Weiner 的文献来重建及评估了 Weiner 工作[89]中的数据，其在 Willis[1, 16]文献中成为可公开使用的。2003 年，Weiner 的工作被批准公开，可以在一份材料中找到 1980 年代的所有非保密的 σ_B^0 数据和分析。随后，Weiner 用 2005 年前的数据升级了他的工作并在双基雷达[2]进展这本书的第 9 章中发表。本节归纳及评论 Weiner 工作的基本内容。

微波频率上的地形和海杂波的可用数据库包括 9 个测量项目的结果，这在表 23.4 中进行了总结。表 23.3 中给出的测量角在图 23.9 中进行了定义，它是以杂波为中心的坐标系统，类似于所有测量项目中使用的坐标系统。由于地形和海是可逆媒质，θ_i 和 θ_s 在随后的数据中是可互换的。

表 23.3 双基散射系数 σ_B^0 测量项目的总结（平面内数据以黑体表示——见随后内容）

（MM，Weiner，第 9 章之后[2]，SciTech）

发表时间 参考文献	组织	作者	表面组成成分	数据曲线/图	频率（GHz）	极化	测量角（°） θ_i	θ_s	ϕ
1965 年[90] 1968 年[91]	俄亥俄州立大学天线实验室	Cost, Peake	光滑沙地，沃土，叶地，大豆地，粗糙沙地，草收割后沃土，草地	179/32	10	VV, HH, HV	60~85 20~80	60~85 0~85	0~145 0, **180**
					10	VV, HH, HV	20~85	0~85	0~**180**
1966 年[92] 1967 年[93]	约翰霍普金斯大学（应用物理实验室）	Pidgeon	海表面（海况 1,2,3 级） 海表面（蒲福 5 级风）	7/1 1/1	C 波段 X 波段	VV, VH HH	87~89.9 82~89	0~80 45~78	**180** **180**
1967 年[94] 1968 年[95] 1969 年[96]	GEC（电子）公司 英国	Domville	乡村地面，城区地面，森林，海表面，半沙地，湿	77/4	X 波段 X 波段 X 波段 X 波段	VV, HH VV, HH VV, HH VV, HH	0~90 0~90 0~90 0~90	0~90 0~90 0~90 0~90	0,165, **180** 0,165, **180** 0,165, **180** 0,165, **180**

续表

发表时间[参考文献]	组织	作者	表面组成成分	数据曲线/图	频率（GHz）	极化	测量角（°） θ_i	θ_s	ϕ
1977年[97] 1978年[98] 1979年[99]	密歇根州立大学（ERIM）	Larson, Heimiller, 等	有水泥滑行道的草地 杂草和灌木 果园，杂草，灌木 有雪覆盖	16/8 10/5 146/146	1.3,9.4 1.3,9.4 1.3,9.4	HH, HV HH, HV HH, HV	50～80 70, 75, 80 70, 75, 80 50～80 60, 70, 80 60～80	85 80 70 85 60～84 60～80	0～105 **0～180** 0～105 0～105 **0～180** **0～180**
1979年[100]	Wayland雷声公司	Cornwell, Lancaster	沙滩和沙丘 海面（海况2）	无	9.1	VV	低擦地角	低擦地角	$0(\beta\cong180°)$
1982年[101] 1984年[102]	乔治亚技术学院（EES）	Ewell Zehner	海表面（浪高0.9m,1.2～1.8m）	7/7	9.38	VV, HH	低擦地角	低擦地角	95～157
1988年[103]	密歇根州立大学（电机工程和计算机科学系）	Ulaby 等	目视平滑的沙地 粗糙沙地， 碎石	17/10	35	VV, HH VH, HV VH, HV	66 60 60	66 60 10～80	0～170 0～170 0～90
1992年[104]	麻省理工学院林肯实验室，马萨诸塞州	Kochanski	海面（海况1）	3/3	10	VH, VV	89.7	50～85	**180**
1994[105]	马萨诸塞州东北大学	McLaughlin 等	森林覆盖的山区	15/15	S波段	VV, HH	低擦地角	低擦地角	20～70
1995年[106]	马萨诸塞州东北大学				S波段	VH, HV			20～70
2002年[107]	马萨诸塞州大学				2.71	全极化			28～66

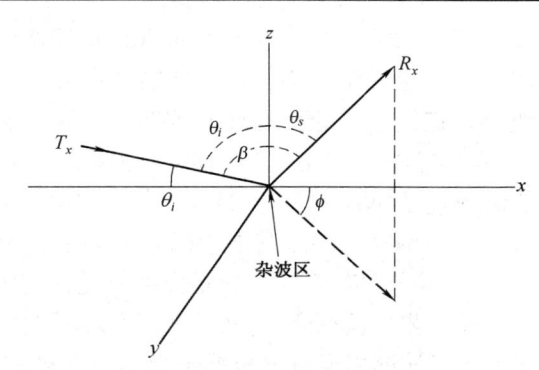

θ_i是入射角（在 xz 平面内），θ_s是散射角（在包含 z 轴的平面内），ϕ是平面外角（在 xy 平面内）

图23.9 双基杂波测量的坐标系

有两种测量是令人感兴趣的：平面内，$\phi=180°$ 处；平面外，$\phi<180°$ 处。当 $\phi=180°$ 时，$\beta=|\theta_s-\theta_i|$。在单基情况下，$\phi=180°$，$\beta=0$ 且 $\theta_s=\theta_i$。平面内的数据以黑体显示在表格中，平面外的数据通常被用于散射干扰（**热杂波**）计算。

根据图23.9所示的角度关系，通过使用方向余弦可计算双基角：

$$\beta = \arccos(\cos\theta_i \cos\theta_s - \sin\theta_i \sin\theta_s \cos\phi) \tag{23.17}$$

双基散射系数数据库的趋势由 Willis[1]（文献）、Weiner[89]（文献）和 Willis 与 Griffiths[2]所著第 9 章，总结如下：

(1) 大多数 σ_B^0 数据库在 X 波段，它们是 9 个数据库中的 7 个所记录的用于地形和海杂波的 650 条数据曲线中的 439 条。剩下的数据库包括 172 条 L 波段数据曲线（仅地形）、15 条 S 波段数据曲线（仅地形）、7 条 C 波段数据曲线（仅海）和 17 条 Ka 波段数据曲线（仅地形），每种都由一个数据库组织提供。在 VHF（甚高频）或超高频（UHF）没有数据。这样，仅仅 X 波段允许在数据中选择。Cost/Peake[90, 91]和 Domville[94, 95]平面内数据显示了很好的相关性[1, 108]。

(2) 人们已通过使用几何、统计和半经验技术来尝试建立数据 σ_B^0 模型，包括用于建立单基数据模型的技术的变种。但仅在平面数据的窄范围内获得了有意义的结果（$\phi=180°$）。

(3) 对于 ϕ 大于约 140°，σ_B^0 值与单基情况的相差不是很大（约在 5dB 内）。

(4) 以 $\phi=90°$ 为中心的宽角区域内的 σ_B^0 值比别处值低很多，并且一般比单基值低 10～20dB，因此可以在这些区域加强双基雷达警戒及降低热杂波。

(5) 在靠近前向散射、镜面散射方向 ($\phi=0°$，$\theta_i=\theta_s$) 处，σ_B^0 值比别处值大许多，并且在某些情况中，减少了增强的前向散射目标 RCS，特别是在频率高于 300MHz 处。

(6) 通常，用于建立某些目标 RCS 模型的双基-单基等效原理，除在某些区域中指示 σ_B^0 的上限外，对于杂波建模一般没有用。

除了这个数据库，双基反射率测量已经在光波[109]、声波[110]及建筑[111]、机场结构[112]和行星表面[2, 52]进行过。在每次测量中，反射率数据是以反射能量表述的，而不是 σ_B^0。

23.9 独特的问题和要求

在《雷达手册（第二版）》里，本节包括一些硬件问题，如受 20 世纪 80 年代的技术限制的发射机和接收机之间的时间及相位同步。相位稳定性同样也曾是一个问题。自那以后，数字信号相关和处理的巨大进步，连同执行这种处理的硬件成本的大幅降低已经减轻了这些问题。许多近来的双基雷达工程已经演示：使用现用商业硬件具有非常充分的同步性和稳定性，以及探测性能。著名的例子就是 NATO 防空试验[2, 113, 114]和测量电离层扰动[2, 48]的华盛顿大学 **Manastash Ridge** 雷达——两种无源双基雷达都利用 FM 广播发射机；而**基于 HDTV（高清 TV）的无源双基雷达**则利用一个高清 TV 广播发射机进行空中监视[2, 51]；价格不高的商业双基接收机搭乘气象雷达用于测量风场全矢量[2, 42]；而双基雷达则用于武器定位[35]。

另外，开发信号和数据处理算法的主要进展包括用于双基机载 MTI（见 23.5 节）的双基 SAR 自动调焦、图像成形和空-时自适应处理。但是有两个问题仍一直困扰着双基和多基雷达，并已成为本节的主题：(1) 双基雷达和雷达"搭载者"的波束同步扫描（scan-on-scan）；(2) 无源双基雷达的非合作式 RF 环境。这些问题和可能的补救方法在下面详述。

波束同步扫描

如果双基监视雷达的接收机和发射机都使用高增益窄波束扫描天线，则雷达能量就没有得到充分利用。这是因为在任一给定的时间，只有两个波束共有的空域才能被接收机观察到。对接收机来说,在波束公共空域之外的目标就被丢失了。图 23.10 给出了几何关系。当接收机试图搭乘单基监视雷达时,一般会产生这个问题。解决波束同步扫描的问题有 4 种可能的补救方法:步进扫描、泛光照射波束、多波束和时分复用波束,时分复用法在极限情况下被称为**脉冲追踪**。

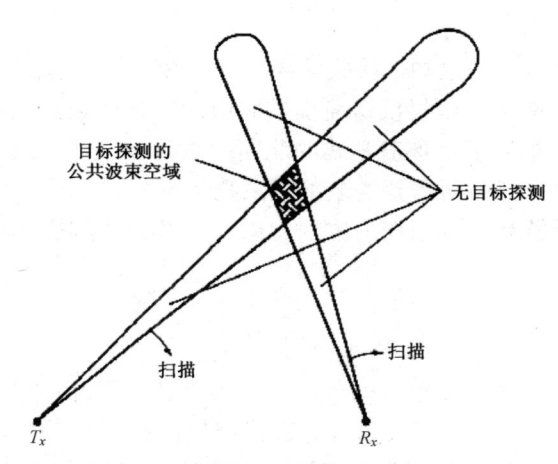

图 23.10 双基平面[2]内二维波束同步扫描覆盖问题(SciTech 提供)

步进扫描

对于"搭乘"模式,步进扫描补救包括固定接收天线波束并等待发射波束扫过监视区域。然后,接收波束步进一个波束宽度用于下一个发射波束扫描,以此下去,直到接收波束步进了整个监视区域。对于专用发射机,这个过程可以逆向:固定发射波束并扫描接收波束。这个补救方法使监视帧的时间增加了所要求的波束步进数倍,并且对于大面积监视通常是不可接受的。不过这可以在"过肩"几何条件中或当基线短的时候予以考虑。在这些情况下,发射和接收波束在伪单基几何形中会对得更近,这可以降低所要求的波束步进数量。**双基雷达武器定位测试项目**[35]就是一个例子。

泛光照射波束

泛光照射波束可以用于发射机或接收机。泛光照射发射机补救法要求一个设计用于照射全监视区域的专用发射机天线。然后,接收机用一个高增益天线来扫描这个区域。这个补救方法收回了通过步进扫描监视帧的时间的损失,但仍同时服务于多个接收机。但是,它也因发射天线增益的降低召来了探测距离的减小,并遭受副瓣杂波电平增加(的困难)。泛光照射接收机补救方法可被"搭载者"使用来全面照射发射波束扫描的区域,然后再恢复监视帧的时间。除距离上的代价外,接收机也会遭受杂波电平增加和角度误差增加的困难。尽管有这些限制因素,Binet 泛光照射接收机对于测量三维矢量风场[2, 42]是足够的。

多波束

双基接收机可以使用多个同时的固定接收波束来覆盖监视区域,这将再次恢复监视帧的时间。如果每个接收天线的增益等于初始单个接收天线的增益,距离性能也可以恢复。但是这个补救方法增加了接收机的成本及复杂性，这是因为需要一个专门的波束形成网络且每个波束都要求一部接收机和信号处理器（RSP）。多波束接收机可配合任何类型的发射机使用，包括泛光照射发射机，这样距离性能的损失可以通过目标驻留时间的增加而得到补偿，如后详述。

时分复用

如果发射机波束扫描时间表已知，接收波束（和 RSP）的数量可以在某些几何条件中，通过时分复用接收波束来减少，以仅仅覆盖当前照射的监视区域。例如，在"过肩"几何情况下，接收机可以使用一组波束来覆盖基线的北面；然后，当发射波束扫过接收机时，它切换到南面的一组波束，这样就将所需要的全部波束数量平分了。对于近距离空域监视[46, 47]，当搭乘 AWACS（机载预警和控制系统）发射机时，**双基报警和提示测试项目**使用了时分复用波束。

脉冲追踪

如果发射机波束扫描和脉冲发射时间表已知，可以考虑用脉冲追踪来进一步缓解多波束要付出的成本代价[1, 21, 115-118]。这在**双基雷达武器定位测试项目**[35]中已得到成功演示。最简单的脉冲追踪方案使用一个快速扫描发射机波束覆盖的空间的单波束和 RSP，（接收机和信号处理机）当脉冲从发射机中出来传播时追踪这个脉冲。接收波束扫描速率必须等于发射机脉冲传播速率，并需考虑通常的几何关系修正。这个速率 $\dot{\theta}_R$ 最初由 Jackson[21]发现，后来由 Moyer 和 Morgan[119]证明。

$$\dot{\theta}_R = c\tan(\beta/2)/R_R \tag{23.18}$$

对于在共基地区域的操作（见表 23.2），当 $R_T+R_R>L$ 时，$\dot{\theta}_R$ 可以从靠近基线的 $1°/\mu s$ 变化到 $0.01°/\mu s$。典型的 $\dot{\theta}_R$ 曲线在 Jackson[21]中给出。这些速率和速率变化率要求采用无惯性天线，如用二极管移相器的相控阵。通常，监视用的相控阵天线按程序以一个波束宽度为增量进行波束切换。小于波束宽度的切换可以通过改变阵列中的几对（对称的）移相器的相位来实现。如此就可以形成具有所需速率和速率变化[120]的伪连续波束。

由于从目标到接收机之间存在脉冲传播延迟，所以接收波束的指向角必须滞后于脉冲实际位置。对于形成双基角 $\beta/2$ 的瞬时脉冲位置而言，$\theta_R=\theta_T-\beta$。用双基三角表述，所需的接收波束指向角为[21]

$$\theta_R = \theta_T - 2\arctan\left(\frac{L\cos\theta_T}{R_T+R_R-L\sin\theta_T}\right) \tag{23.19}$$

在收/发波束重叠区的距离单元内，若接收波束要想截获所有的回波，则它的最小宽度 $(\Delta\theta_R)_m$ 近似为[21]

$$(\Delta\theta_R)_m \approx (c\tau_u\tan(\beta/2)+\Delta\theta_T R_T)/R_R \tag{23.20}$$

式中，τ_u 是未压缩的脉冲宽度；$\Delta\theta_T$ 是发射波束宽度。该近似式假设了发射波束和接收波束的各自射线都是平行的。当 $(R_T+R_R)>>L$ 或 $L>>c\tau_u$ 时，这种近似是合理的。式（23.20）指出，当接收波束扫出发射波束时，$(\Delta\theta_R)_m$ 发生变化。用数字波束成形器[59, 60]工作的相控阵天线可以适应这个变化。否则，固定波束宽度的使用会带来小的波束不匹配的损失。Willis[1]中给出了例证。

即使每次必须追踪上一个脉冲，工作在共基区域的"搭载者"有时间来追踪上来自于使用距离非模糊 PRF 单基雷达的所有脉冲。另外，当工作在发射为中心或接收为中心的卵形线中时（参见表 23.2），"搭载者"可以用距离模糊的 PRF 工作，例如，从机载雷达发射时。Willis[1]中给出了几个例证。

脉冲追踪的其他实现方案也是可能的。一种方案是，使用固定的多波束接收天线，两个 RSP（接收机和信号处理机）按时分复用横跨这些多波束工作。一个 RSP 步进处理偶数波束，另一个步进处理奇数波束，这样就能同时处理各波束对内的回波信号：（1，2），（2，3），（3，4）等。这种**蛙跳式**顺序是在收、发波束重叠区能截获所有的回波所需要的。

第二种方案是，用两个波束和两个 RSP 步进扫描由多波束天线覆盖的空域。它采用同样的蛙跳顺序。这两种方案都以一个波束宽度为单位进行波束取样或步进，从而降低了对分数波束扫描的要求。由于这两种方案在波束切换之前都处理来自两个波束宽度内的回波信号，因此波束驻留时间 $T_b \approx 2(\Delta\theta_R)_m R_R/c$，且步进率为 T_b^{-1}。这种近似假设相移时延和稳定时间都可忽略。动目标显示（MTI）可以和这些脉冲追踪实现方案一起使用，只要接收波束精确地在后续扫描中重复扫描图形以捕获在 MTI 处理时间内同样的杂波样本。

组合

可以考虑组合这些补救方法。例如，可以使用一个固定的多波束接收天线和一个固定的泛光照射发射天线。以目标/单元迁移的限制为条件，这种配置允许接收机积累更长时间，而这又可以恢复泛光照射天线的部分的距离性能损失。它同样具有增加数据率和同时服务多个接收机的好处。但它也会引起副瓣杂波电平增加以及结构复杂和成本升高。一些无源双基雷达以这种配置工作，泛光发射机由 TV 或 FM 广播电台[49, 50]提供。

用可以与一个单独的接收波束这样的一部发射天线共同工作，即该发射天线的波束被自适应地逐渐锥削以仅仅照射在给定视角上由接收天线覆盖的角度区域。这种锥削做成使接收机处的信噪比在沿着接收波束的所在位置上都保持恒定。这个方案类似于使用余割平方天线方向图的单基监视雷达，在那种雷达中对于恒定高度的目标[15]，回波独立于距离。这就有潜力恢复大部分的帧时间和距离性能，但是会引起副瓣杂波电平增加，发射机成本升高以及结构复杂。Willis[1]的文献中给出了一个例证。

非合作式射频（RF）环境

大多数无源双基雷达（PBR）的方案和开发都使用商业广播发射机作为它们的雷达照射源。FM 和高清（HD）TV 陆地广播发射机由于其大功率、类噪声波形和相对宽的带宽[49-51]而特别有吸引力。当这些广播发射机被适当地定位及工作时，它们可以支持许多类型的监视，特别是空中监视，而这对于工作在 VHF（超高频）/UHF（甚高频）区域的单基雷达常是个限制。这种监视可以是隐蔽的，因为即使发射机也不知道它被利用，且由于在 VHF/UHF 区域不可避免的飞机谐振，它也可以被用于反隐身。对于 PBR[2]，其他有吸引力的特征是较低的初级功率要求和较低的成本。

虽然 PBR 可以利用合作式和非合作式广播发射机，但 PBR 并不能控制它们的发射或波形特性，特别是发射时间表、有效辐射功率、空间覆盖范围、调制类型、调制内容和所得到的自相关函数，如以前所述的。此外，来自主发射器和其他发射器的干扰，特别是在城市和郊区，可以大大降低 PBR 性能。本节归纳了利用广播发射机的 PBR 所遇到的问题补救方法。

波形

广播发射机的有效辐射功率（ERP）可以从 TV 发射机的最大值约 1MW 变化到手机基站发射机的最小值约 10W。前者可以产生等效的 100~150km 的空中目标单基探测距离；后者的等效距离为 1~5km，这也是手机波形分辨率的量级，一般为 2km[2]。由此，对于近距离地面或空中目标定位[121]，当评价这些小功率发射机时，仅有可获得的多普勒（和粗略的 DOA）数据，这严格限制了定位能力，如 23.6 节所略述。这样，对于 PBR 监视，被可用带宽限制的发射机的低 ERP 导致了它们的有用性被大大降低。

广播发射机使用的调制类型非常重要。例如：1985 年伦敦[122]水晶宫 TV 发射机试验试图用模拟 TV 波形进行距离测量，但是却发现，生成了高距离副瓣（约 5dB）、每 9.6km 的距离模糊以及中等距离分辨率（约 4km），并且得到结论说这样的波形更适合多普勒测量。这个发现建立了后来的 PBR 开发优先顺序：TV 发射中的稳定的窄带载频线的多普勒利用，以及较宽带的 FM 发射的类似噪声频谱的距离/多普勒利用。

许多广播发射机的调制内容作为时间的函数而变化，因此使 PBR 接收机的匹配滤波变得复杂。具体地说，接收机必须采样并存储直接路径波形的片段，然后与返回的回波互相关，所有都是实时进行的。由于互相关必须在预期目标回波时间延迟和/或多普勒频移的范围内进行，所以相对于单基雷达[123]一般使用的匹配滤波器接收机，相关接收机的复杂性会增加。这样的互相关现在有实现的可能，但会使稳定的、更可预测的单基世界中其他已经很好应用的操作变得复杂。

一个相关的调制内容问题是没有任何信息广播的**广播间隙**。这样，广播发射机调制就会为零，并且距离测量误差会无限增加。当广播一个对话节目或经典音乐时就会产生这个情况，但对于流行或摇滚音乐[124]，这个情况会轻微一些。这种停止类型的出现频率并不显著，对于谈话广播[125]大致每秒出现一次。因此，每当建立一个轨迹后就可能会需要一个非线性跟踪滤波器将较大的误差尖峰编辑删除掉（见 Willis 和 Griffiths[2]第 6 章）。

无线电频率干扰

无源双基雷达性能会由于来自所使用的广播发射机和其他在空间或频率上接近的发射器的无线电频率干扰（RFI）而性能降低。这些发射器包括广播、通信和导航发射机，以及大功率工具、荧光灯、冷却用风扇和（老式）汽车点火装置，它们一般会产生脉冲噪声①。RFI 可由直接路径或多路径（传播）到达，并且包括来自地形或海面的散射，也被称为杂波。但是，来源于所利用的发射机，经过被称为直接路径的发射机-接收机路径到达的信号，几乎总是主要的 RFI 源。来自那个发射机的多路径信号不那么严重，但也对 RFI 有贡献。

来自所利用的发射机经直接路径的 RFI，也被称为**直接路径穿透**。除最简单的小功率 CW 雷达外，对其他所有雷达而言，它都是存在的。当接收机位于发射机的直接视线（LOS）上，RFI 变得特别严重；当要求监视低空目标时［式（23.5）~式（23.8）］，它一定会

---

① 天电噪声由太阳、银河和大气噪声组成，它是 RFI 的另一个来源，可在低于约 400MHz 的频率上增加接收机噪声温度 2~4 倍。但是这种增加通常比由其他源来的 RFI 小几个数量级，因此可忽略。

产生。如果直接路径信号没有衰减，接收信号会在距离上被遮挡，并且在多普勒上常被相关的直路信号的副瓣遮挡。

直接路径穿透效应与点噪声干扰机效应类似，并且可用系统噪声温度，$T_s=F_nT_0$ 的增加来表征，式中，F_n 是接收机噪声系数，$T_0=290K$。特别是，T_s 增加的量，由此将直接路径信号降低至 T_s 水平所需要的衰减量 C_{dp} 为

$$C_{dp} = P_T G_T (G_R)_T \lambda^2 / (4\pi)^2 BL^2 (kT_s) \quad (23.21)$$

式中，P_T、G_T、λ 和 k 由式（23.2）定义；$(G_R)_T$ 是发射机方向上接收天线功率增益；B 是输入 RF 带宽；L 是基线距离。

例如：如果 PBR 利用一个位于接收机视线上典型的 FM 广播发射机，且 $P_TG_T=250kW$，$\lambda=3m$，$B=50kHz$，$L=50km$。假设有一个固定接收天线波束在仰角上整形，并覆盖宽的方位区域，包括发射机基地，这时 $(G_R)_T$ 可能为 8dBi。同样假设有下面描述的 RFI 环境，噪声频谱密度 $kT_s=-179dBW/Hz$，因此 $C_{dp}=88dB$。

可以用地面遮挡、天线屏蔽、空间相消及频谱相消的组合来完成所要求的直接路径衰减。一个强力的补救方法就是在物理上用一个遮挡板或一个结构将发射信号与接收机阻隔开；或者如果覆盖允许的话，使用超视距分离。虽然使用遮挡或屏蔽技术有可能产生几个数量级的衰减，附加的削减几乎总是必需的。Howland 报道了一个两级空间噪声相消器，它以一个自适应的 M 级栅格预测器（$M=50$）作为第一级，以一个自适应抽头的延迟线作为第二级，结果可以达到窄带平稳直路信号[113, 114]的约 75dB 相消。这种相消与遮挡结合可以达到大于 90dB 的衰减，这可以满足上述例子中对 C_{dp} 的要求。Howland 还提到，接收机动态范围最终限制了可获得的相消，而这又由接收机的模/数转换器设定。

近处的发射器可以简单地通过来自邻近或靠近频带的频谱溢出信号来大幅度提高系统噪声电平。在美国，FCC 为许多广播发射机规定了高斯型频谱偏离，这足够阻止家用接收机受到来自邻近发射的单程干涉。但它对双程雷达接收机就不够了，因它必须工作在更低于接收机噪声[126]之处。

这个问题的严重性已由在密集城市环境[127]中进行的几个 VHF 和 UHF 波段的现场测量所量化。环境 VHF 噪声电平发现一般比热噪声高 45dB，并且直接路径照射信号还要再高 45dB 左右。即使用强力的相消技术，非抑制的这种 RFI 的残留也会将 PBR 的系统噪声系数增加几十分贝：城市或半乡村环境中，在 VHF 上，25dB 的噪声系数并不是不普通的[126]。这个值转换为$-179dBW/Hz$ 的噪声频谱密度。在 UHF 上也做了类似的测量，通过用一个最小二乘通道估计器[51]进行频谱相消时，获得了 20～25dB 的噪声系数。这些噪声系数比在美国为雷达指定的 VHF/UHF 通道中获得的那些要大许多，对使用时机广播发射机是一种代价。

参考文献

[1] N. J. Willis, *Bistatic Radar*, 2nd Ed., Silver Spring, MD: Technology Service Corp., 1995. Corrected and republished by Raleigh, NC: SciTech Publishing, Inc., 2005.

[2] N. J. Willis and H. D. Griffiths, (eds.), *Advances in Bistatic Radar*, Raleigh NC: SciTech Publishing Inc., 2007.

[3] R. C. Heimiller, J. E. Belyea, and P. G. Tomlinson, "Distributed array radar," *IEEE Trans.*, vol. AES- 19, pp. 831–839, 1983.

[4] B. D. Steinberg, *Principles of Aperture and Array System Design—Including Random and Adaptive Arrays*, New York: John Wiley & Sons, 1976.

[5] B. D. Steinberg and E. Yadin, "Distributed airborne array concepts," *IEEE Trans.*, vol. AES-18, pp. 219–226, 1982.

[6] B. D. Steinberg, "High angular microwave resolution from distorted arrays," *Proc. Int. Comput. Conf.*, vol. 23, 1980.

[7] T. C. Cheston and J. Frank, "Phased array antennas," Chapter 7 in *Radar Handbook*, M. I. Skolnik, (ed.), 2nd Ed., New York: McGraw-Hill, 1990.

[8] L. E. Merters and R. H. Tabeling, "Tracking instrumentation and accuracy on the Eastern Test Range," *IEEE Trans.*, vol. SET-11, pp. 14–23, March 1965.

[9] J. J. Scavullo and F. J. Paul, *Aerospace Ranges: Instrumentation*, Princeton, NJ: D. Van Nostrand Company, 1965.

[10] B. D. Steinberg, et al., "First experimental results for the Valley Forge radio camera program," *Proc. IEEE*, vol. 67, pp. 1370–1371, September 1979.

[11] B. D. Steinberg, "Radar imaging from a distributed array: The radio camera algorithm and experiments," *IEEE Trans.*, vol. AP-29, pp. 740–748, September 1981.

[12] "Handbook for NAVSPASUR System Orientation," vol. 1, Naval Space Surveillance System, Dahlgren, VA, July 1, 1976.

[13] M. I. Skolnik, "An analysis of bistatic radar," *IRE Trans.*, vol. ANE-8, pp. 19–27, March 1961.

[14] J. M. Caspers, "Bistatic and multistatic radar," Chapter 36 in *Radar Handbook*, M. I. Skolnik, (ed.), New York: McGraw-Hill Book Company, 1970.

[15] M. I. Skolnik, *Introduction to Radar Systems*, New York: McGraw-Hill Book Company, 1980.

[16] N. J. Willis, "Bistatic radar," Chapter 25, in *Radar Handbook*, M. I. Skolnik (ed.), 2nd Ed., New York: McGraw-Hill, 1990.

[17] E. F. Ewing, "The applicability of bistatic radar to short range surveillance," in *IEE Conf. Radar 77, Publ.* 155, London, 1977, pp. 53–58.

[18] E. F. Ewing and L. W. Dicken, "Some Applications of Bistatic and Multi-Bistatic Radars," in *Int. Radar Conf.*, Paris, 1978, pp. 222–231.

[19] A. Farina and E. Hanle, "Position accuracy in netted monostatic and bistatic radar," *IEEE Trans.*, vol. AES-19, pp. 513–520, July 1983.

[20] E. Hanle, "Survey of bistatic and multistatic radar," *Proc. IEE*, vol. 133, pt. F, pp. 587–595, December 1986.

[21] M. C. Jackson, "The geometry of bistatic radar systems," *IEE Proc.*, vol. 133, pt. F, pp. 604–612, December 1986.

[22] D. E. N. Davies, "Use of bistatic radar techniques to improve resolution in the vertical plane," *IEE Electron. Lett.*, vol. 4, pp. 170–171, May 3, 1968.

[23] J. R. Forrest and J. G. Schoenenberger. "Totally independent bistatic radar receiver with real-time microprocessor scan correction," *IEEE Int. Radar Conf.*, 1980, pp. 380–386.

[24] J. G. Schoenenberger and J. R. Forrest, "Principles of independent receivers for use with co-operative radar transmitters," *Radio Electron. Eng.*, vol. 52, pp. 93–101, February 1982.

[25] E. G. McCall, "Bistatic clutter in a moving receiver system," *RCA Rev.*, pp. 518–540, September 1969.

[26] H. A. Crowder, "Ground clutter isodops for coherent bistatic radar," *IRE Nat. Conv. Rec.*, pt. 5, New York, 1959, pp. 88–94.

[27] L. J. Cantafio (ed.), *Space-Based Radar Handbook*, Chapter 5, Norwood, MA: Artech House, 1989.

[28] A. Farina and F. A. Studer, *Radar Data Processing*, Vol. 2, *Advanced Topics and Applications*, UK: Research Studies Press Ltd., 1986.

[29] I. Stein, "Bistatic radar applications in passive systems," *Journal of Electronic Defense*, 13(3), pp. 55–61, March 1990.

[30] D. K. Barton, *Modern Radar System Analysis*, Norwood, MA: Artech House, 1988.

[31] D. K. Barton, private communication, June 2006.

[32] R. L. Easton and J. J. Fleming, "The Navy space surveillance system," *Proc. IRE*, vol. 48, pp. 663–669, 1960.

[33] R. J. Lefevre, "Bistatic radar: New application for an old technique," *WESCON Conf. Rec.*, San Francisco, 1979, pp. 1–20.

[34] F. L. Fleming and N. J. Willis, "Sanctuary radar," *Proc. Mil. Microwaves Conf.*, London, October 22–24, 1980, pp. 103–108.

[35] L. Bovino, "Bistatic radar for weapons location," U.S. Army Communications Electronics Command, Fort Monmouth, NJ, 1994.

[36] Russia's Arms Catalog, vol. 5, Air Defense, Moscow: Military Parade Ltd., 1997.

[37] "Barrier," Bistatical low flying target detection system, Nizhny Novgorod Scientific-Research Radiotechnical Institute, Moscow, 2000.

[38] A. G. Blyakhman et al., "Forward scattering radar moving object coordinate measurement," *IEEE International Radar Conference*, 2000.

[39] A. Thomson, *A GRAVES Sourcebook*, version of 2006-10-27, thomsona@flash.net.

[40] J. E. Salah and J. E. Morriello, "Development of a multistatic measurement system," in *IEEE International Radar Conference*, 1980, pp. 88–93.

[41] "Multistatic mode raises radar accuracy," *Aviation Week and Space Technology*, pp. 62–69, July 14, 1980.

[42] J. Wurman, S. Heckman, and D. Boccippio, "A bistatic multiple-doppler radar network," *Journal of Applied Meterology*, vol. 32, pp. 1802–1814, December 1993.

[43] J. Wurman, M. Randall, C. L. Frush, E. Loew, and C. L. Holloway, "Design of a bistatic dual-doppler radar for retrieving vector winds using one transmitter and a remote low-gain passive receiver," invited paper, *Proc. of the IEEE*, vol. 82, no. 12, December 1994, pp. 1861–1872.

[44] F. Johnson, *Synthetic Aperture Radar (SAR) Heritage: An Air Force Perspective*, Ohio: Air Force Avionics Laboratory, Wright Patterson AFB, June 2003.

[45] D. C. Lorti and M. Balser, "Simulated performance of a tactical bistatic radar system," *IEEE EASCON 77 Rec. Publ. 77 CH1255-9*, Arlington, VA, 1977, pp. 4-4A–4-40.

[46] "Bistatic Radars Hold Promise for Future System," *Microwave Systems News*, pp. 119–136, October 1984.

[47] E. C. Thompson, "Bistatic radar noncooperative illuminator synchronization techniques," in *Proc. of the 1989 IEEE National Radar Conference*, Dallas, TX, March 29–30, 1989.

[48] J. D. Sahr, "Remote sensing with passive radar at the University of Washington," *IEEE Geoscience and Remote Sensing Society Newsletter*, pp. 16–21, December 2005.

[49] "Passive system hints at stealth detection silent sentry—A new type of radar," *Aviation Week and Space Technology*, November 30, 1998, pp. 70–71.

[50] J. Baniak, G. Baker, A. M. Cunningham, and L. Martin, "Silent Sentry™ Passive Surveillance," *Aviation Week and Space Technology*, June 7, 1999.

[51] A. Andrews, "HDTV-based passive radar," presented at AOC 4th Multinational PCR Conference, Syracuse, NY, October 6, 2005.

[52] R. A. Simpson, "Spacecraft studies of planetary surfaces using bistatic radar," *IEEE Trans. Geoscience and Remote Sensing*, vol. 31 no. 2, March 1993.

[53] D. Prichard, *The Radar War: The German Achievement, 1904–1945*, Cambridge, UK: Patrick Stephens Ltd., 1989.

[54] A. Price, *Instruments of Darkness: The History of Electronic Warfare*, New York: Charles Scribner's Sons, 1978.
[55] P. J. Klass, "Navy improves accuracy, detection range," *Aviation Week and Space Technology*, pp. 56–61, August 16, 1965.
[56] *Technology in the National Interest*, Lexington, MA: MIT Lincoln Laboratory, 1995.
[7] A. Bernard, private communication, MIT Lincoln Laboratory, July 24, 2006.
[58] S. Satoh and J. Wurman, "Accuracy of wind fields observed by a bistatic doppler radar network," *Journal Ocean. Atmos. Tech.* vol. 20, pp. 1077–1091, 2003.
[59] A. E. Ruvin and L. Weinberg, "Digital multiple beamforming techniques for radars," in *IEEE Eascon '78 Rec.*, pp. 152–163.
[60] E. E. Swartzlander and J. M. McKay, "A digital beamforming processor," *Real Time Signal Processing III, SPIE Proc.*, vol. 241, pp. 232–237, 1980.
[61] A. Farina, "Tracking function in bistatic and multistatic radar systems," *Proc. IEE*, vol. 133, pt. F, pp. 630–637, December 1986.
[62] R. B. Patton, Jr., "Orbit determination from single pass doppler observations," *IRE Transactions on Military Electronics*, pp. 336–344, April–July, 1960.
[63] A. Farina, "Tracking function in bistatic and multistatic radar systems," *IEE Proc.*, 133(7), pt. F, pp. 630–637, December 1986.
[64] M. I. Skolnik, *Introduction to Radar Systems*, New York: McGraw Hill Book Co., 1962.
[65] D. K. Barton, *Radar System Analysis*, Dedham, MA: Artech House, Inc., 1976.
[66] K. M. Siegel, et al., "Bistatic radar cross sections of surfaces of revolution," *J. Appl. Phys.*, vol. 26, pp. 297–305, March 1955.
[67] K. M. Siegel, "Bistatic radars and forward scattering," in *Proc. Nat. Conf. Aeronaut. Electron.*, May 12–14, 1958, pp. 286–290.
[68] F. V. Schultz et al., "Measurement of the radar cross-section of a man," *Proc. IRE*, vol. 46, pp. 476–481, February 1958.
[69] J. W. Crispin, Jr. et al., "A theoretical method for the calculation of radar cross section of aircraft and missies," University of Michigan, Radiation Lab. Rept. 2591-1-H, July 1959.
[70] R. E. Hiatt et al., "Forward scattering by coated objects illuminated by short wavelength radar," *Proc. IRE*, vol. 48, pp. 1630–1635, September 1960.
[71] R. J. Garbacz and D. L. Moffett, "An experimental study of bistatic scattering from some small, absorber-coated, metal shapes," *Proc. IRE*, vol.49, pp. 1184–1192, July 1961.
[72] M. G. Andreasen, "Scattering from bodies of revolution," *IEEE Trans.*, vol. AP-13, pp. 303–310, March 1965.
[73] C. R. Mullin et al., "A numerical technique for the determination of the scattering cross sections of infinite cylinders of arbitrary geometric cross section," *IEEE Trans.*, vol. AP-13, pp. 141–149, January 1965.
[74] R. E. Kell, "On the derivation of bistatic RCS from monostatic measurements," *Proc. IEEE*, vol. 53, pp. 983–988, August 1965.
[75] W. I. Kock, "Related experiments with sound waves and electromagnetic waves," *Proc. IRE*, vol. 47, pp. 1200–1201, July 1959.
[76] K. M. Siegel et al., "RCS calculation of simple shapes—bistatic," Chapter 5 in *Methods of Radar Cross-Section Analysis*, New York: Academic Press, 1968.
[77] H. Weil et al., "Scattering of electromagnetic waves by spheres," University of Michigan, Radiat. Lab. Stud. Radar Cross Sections X, Rept. 2255-20-T, contract AF 30(602)-1070, July 1956.
[78] R. W. P. King and T. T. Wu, *The Scattering and Diffraction of Waves*, Cambridge, MA: Harvard Universities Press, 1959.
[79] R. F. Goodrich et al., "Diffraction and scattering by regular bodies—I: The sphere," University of Michigan, Dept. Electr. Eng. Rept. 3648-1-T, 1961.

[80] M. Matsuo et al., "Bistatic radar cross section measurements by pendulum method," *IEEE Trans.*, vol. AP-18, pp. 83–88, January 1970.

[81] G. W. Ewell and S. P. Zehner, "Bistatic radar cross section of ship targets," *IEEE J. Ocean. Eng.*, vol. OE-5, pp. 211–215, October 1980.

[82] "Radar cross-section measurements," General Motors Corporation, Delco Electron. Div. Rept. R81-152, Santa Barbara, CA, 1981.

[83] C. G. Bachman, *Radar Targets*, Lexington, MA: Lexington Books, 1982, p. 29.

[84] F. C. Paddison et al., "Large bistatic angle radar cross section of a right circular cylinder," *Electromagnetics*, vol. 5, pp. 63–77, 1985.

[85] J. I. Glaser, "Bistatic RCS of complex objects near forward scatter," *IEEE Trans.*, vol. AES-21, pp. 70–78, January 1985.

[86] C.-C. Cha et al., "An RCS analysis of generic airborne vehicles' dependence on frequency and bistatic angle," in *IEEE Nat. Radar Conf.*, Ann Arbor, MI, April 20, 1988, pp. 214–219.

[87] W. A. Pierson et al., "The effect of coupling on monostatic-bistatic equivalence," *Proc. IEEE*, pp. 84–86, January 1971.

[88] "Bistatic radars hold promise for future systems," *Microwave Syst. News*, pp. 119–136, October 1984.

[89] M. M. Weiner, "Multistatic radar phenomenology terrain & sea scatter," RADC-TR-81-75, vol. 1, May 1981, now unlimited distribution.

[90] S. T. Cost, "Measurements of the bistatic echo area of terrain at X-band," The Ohio State University, Antenna Laboratory, Report No. 1822-2, May 1965.

[91] W. H. Peake and S.T. Cost, "The bistatic echo area of terrain at 10 GHz," in *IEEE WESCON* 1968, Session 22/2, pp. 1–10.

[92] V. W. Pidgeon, "Bistatic cross section of the sea," *IEEE Trans.* AP-14(3), pp. 405–406, May 1966.

[93] V. W. Pidgeon, "Bistatic cross section of the sea for Beauford 5 sea," in *Science and Technology*, vol. 17 "Use of space systems for planetary geology and geophysics," San Diego: American Astronautical Society, 1968, pp. 447–448.

[94] A. R. Domville, "The bistatic reflection from land and sea of X-band radio waves, Part I," GEC (Electronics) Ltd., Stanmore, England, Memorandum SLM1802, July 1967.

[95] A. R. Domville, "The bistatic reflection from land and sea of X-band radio waves, Part II," GEC (Electronics) Ltd., Stanmore, England, Memorandum SLM2116, July 1968.

[96] A. R. Domville, "The bistatic reflection from land and sea of X-band radio waves, Part II-supplement," GEC (Electronics) Ltd., Stanmore, England, Memorandum SLM2116 (Supplement), July 1969.

[97] R. W. Larsen and R. C. Heimiller, "Bistatic clutter data measurement program," Environmental Research Institute of Michigan, RADC-TR-77-389, November 1977, AD-A049037.

[98] R. W. Larsen, A. L. Maffett, R. C. Heimiller, A. F. Fromm, E. L. Johansen, R. F. Rawson, and F. L. Smith, "Bistatic clutter measurements," IEEE Trans. AP-26(6), pp. 801–804, November 1978.

[99] R. W. Larsen, A. Maffett, F. Smith, R.C. Heimiller, and A. Fromm, "Measurements of bistatic clutter cross section," Environmental Research Institute of Michigan, Final Technical Report RADC-TR-79-15, May 1979, AD-A071193.

[100] P. E. Cornwell and J. Lancaster, "Low-altitude tracking over rough surfaces II: Experimental and model comparisons," in *IEEE EASCON-79 Record*, October 1979, pp. 235–248.

[101] G. W. Ewell and S. P. Zehner, "Bistatic sea clutter return near grazing incidence," in *IEE Int. Conf. Radar 82*, Publication No. 216, London, October 1982, pp. 188–192.

[102] G. W. Ewell, "Techniques of radar reflectivity measurement," Chapter 7 in *Bistatic Radar Cross-Section Measurements*, 2nd Ed., N. C. Currie (ed.), Norwood, MA: Artech House, 1984.

[103] F. T. Ulaby, T. E. Van Deventer, J. R. East, T. F. Haddock, and M. E. Coluzzi, "Millimeter-wave bistatic scattering from ground and vegetation targets," *IEEE Trans.* GRS-26(3), pp. 229–243, May 1988.

[104] T. P. Kochanski, M. J. Vanderhill, J.V. Zolotarevsky, and T. Fariss, "Low illumination angle bistatic sea clutter measurements at X-band," in *IEEE Int. Conf. Oceans-92: Mastering the Oceans Through Technology, Proc.*, vol. 1, October 26–29, 1992, pp. 518–523.

[105] D. J. McLaughlin, E. Boltniew, Y. Wu, and R. S. Raghavan, "Low grazing angle bistatic NCRS of forested clutter," *Electronics Letters*-30(18), pp. 1532–1533, September 1, 1994.

[106] D. J. McLaughlin, E. Boltniew, R. S. Raghavan, and M. J. Sowa, "Cross-polarized bistatic clutter measurements," *Electronics Letters*-31(6), pp. 490–491, March 16, 1995.

[107] D. J. McLaughlin, Y. Wu, W. G. Stevens, X. Zhang, M. J. Sowa, and B. Weijers, "Fully polarimetric bistatic radar scattering behavior of forested hills," *IEEE Trans.* AP-5O(2), pp. 101–110, February 2002.

[108] R. E. Vander Schurr and P. G. Tomlinson, "Bistatic clutter analysis," Decision-Sciences Applications, Inc., RADC-TR-79-70, April 1979.

[109] G. O. Sauermann and P. C. Waterman, "Scattering modeling: Investigation of scattering by rough surfaces," MITRE Corporation, Rept. MTR-2762, *AFAL-TR*-73-334, January 1974.

[110] J. G. Zornig et al., "Bistatic surface scattering strength at short wavelengths," Yale University, Dept. Eng. Appl. Sci. Rept. *CS-9, AD-A*041316, June 1977.

[111] E. N. Bramley and S. M. Cherry, "Investigation of microwave scattering by tall buildings," *Proc. IEE*, vol. 120, pp. 833–842, August 1973.

[112] A. E. Brindly et al., "A Joint Army/Air Force investigation of reflection coefficient at C and K_u bands for vertical, horizontal and circular system polarizations," IIT Research Institute, Final Rept., *TR*-76-67, *AD-A*031403, Chicago, IL, July 1976.

[113] P. E. Howland, D. Maksimiuk, and G. Reitsma, "FM radio based bistatic radar," *IEE Proc.-Radar Sonar Navig.*, vol. 152, no. 3, pp. 107–115, June 2005.

[114] P. E. Howland, "FM-radio based bistatic radar," presented at AOC 4th Multinational PCR Conference, Syracuse, NY, October 6, 2005.

[115] T. A. Soame and D. M. Gould, "Description of an experimental bistatic radar system," in *IEE Int. Radar Conf. Publ.* 281, 1987, pp. 12–16.

[116] E. Hanle, "Pulse chasing with bistatic radar-combined space-time filtering," in *Signal Processing II: Theories and Applications*, H. W. Schussler (ed.), North Holland: Elsevier Science Publishers B. V., pp. 665–668.

[117] J. G. Schoenenberger and J. R. Forrest, "Principles of independent receivers for use with co-operative radar transmitters," *Radio Electron. Eng.*, vol. 52, pp. 93–101, February 1982.

[118] N. Freedman, "Bistatic radar system configuration and evaluation," Raytheon Company, Independ. Dev. Proj. 76D-220, *Final Rept.* ER76-4414, December 30, 1976.

[119] L. R. Moyer, "Comments on 'Receiver antenna scan rate requirements needed to implement pulse chasing in a bistatic radar receiver,'" *IEEE Trans. on Aerospace and Electronic Systems*, vol. 38, no. 1, p. 300, January 2002, correspondence.

[120] J. Frank and J. Ruze, "Beam steering increments for a phased array," *IEEE Trans.*, vol. AP-15, pp. 820–821, November 1967.

[121] D. K. P. Tan, H. Sun, Y. Lu, M. Lesturgie, and H. L. Chan, "Passive radar using global system for mobile communication signal: Theory, implementation and measurements," *IEE Proc.-Radar Sonar Navig.*, vol. 152, no. 3, June 2005.

[122] H. D. Griffiths and N. R. W. Long, "Television-based bistatic radar," *IEE Proc.*, 133(7), Pt. F, pp. 649–657, December 1986.

[123] M. I. Skolnik, *Introduction to Radar Systems*, 3rd Ed., New York: McGraw-Hill, 2001.

[124] H. D. Griffiths et al., "Measurement and analysis of ambiguity functions of off-air signals for passive coherent location," *Electronics Letters*, vol. 39, no. 13, June 26, 2003.

[125] M. A. Ringer and G. J. Glazer, "Waveform analysis of transmissions of opportunity for passive radar," in *Fifth International Symposium on Signal Processing and its Applications*, Brisbane, Australia, August 1999, pp. 511–514.

[126] Richard Lodwig, private communication, Lockheed Martin Mission Systems, 2003.

[127] H. D. Griffiths and C. J. Baker, "Passive coherent location radar systems. Part 1: Performance prediction," *IEE Proc.-Radar Sonar Navig.*, vol. 152, no. 3, pp. 153–159, June 2005.

第 24 章 电子反对抗

24.1 引言

自第二次世界大战以来，雷达和电子战（EW）①的性能已发展到非常高的水平[1, 2]。现代军事力量在很大程度上依靠用于监视、武器控制、通信和导航的电磁（EM）系统；因此使用和控制 EM 频谱至关重要。电子对抗措施（ECM）很可能被敌对力量用来削弱电磁系统的效能[3-7]。直接的结果是电磁系统越来越多地装有所谓的电子反对抗（ECCM）设备，以便在敌方采取电子战措施时，仍能确保自己对电磁频谱的有效利用。

本章专门介绍 ECCM 技术和雷达受 ECM 威胁时应采用的 ECCM 措施的设计原则。24.2 节先回顾有关 EW 和 ECCM 的定义。24.3 节介绍雷达信号被 EW 装置截获的问题；雷达设计师首先采用的对策是努力防止雷达信号被对方电子设备截获。整个 24.4 节致力于主要 ECM 技术及策略的分析。理解 ECM 对雷达系统的威胁，以便有效地与之对抗是至关重要的。为了便于介绍种类繁多的 ECCM 技术（参见 24.6 节～24.10 节），24.5 节尝试给出一种 ECCM 技术分类的方法。然后，按照其应用于雷达的不同分系统，即天线、发射机、接收机和信号处理等，分别介绍这些技术。一些不能归类于电子措施的 ECCM 技术也扮演着关键角色，这包括人为因素、雷达操作方法和雷达部署战术（参见 24.10 节）。

随后的 24.11 节介绍上述技术在最常见的雷达家族中，即监视、跟踪、多功能、相控阵、成像和超视距雷达中的应用。对付 ECM 威胁所应遵循的主要设计原则，如发射功率的选择、频率、波形和天线增益的选择，也在这一节进行了相当详细的讨论。

本章最后给出了一种评估 ECCM 和 ECM 技术效能的方法（参见 24.12 节）。对于 ECCM 与 ECM 之间无休止的斗争，至今仍缺乏合适的量化理论。尽管如此，一种确定 ECM 对雷达系统影响的常用方法是估算雷达在干扰条件下的作用距离。使用特殊 ECCM 技术的得益可以通过计算雷达作用距离的恢复程度来加以评估。

本章最后给出了本章中用到的首字母缩写词一览表和参考文献。

24.2 术语

电子战（EW）定义为利用电磁能量以确定、利用、削弱或者防止雷达使用电磁频谱的军事行动[8-11]。电子战的作战使用依赖于通过电子情报（ELINT）设备捕捉雷达电磁发射，在支持数据库中进行信息排序分类，然后把信息用于解读电磁发射数据，理解雷达系统的功能，最后编制对抗雷达的行动。电子战由两大部分构成：电子支援措施（ESM）和电子对抗措施（ECM）。基本上，电子战界以减弱雷达能力为己任。而雷达界却以能在电子战条件下成功地运用雷达为目标；这一目标的实现依赖于 ECCM 技术。下面列出 ESM、ECM 和

---

① 本章最后在参考文献前给出了首字母缩写词一览表。

ECCM 的定义[8, 11, 12]。①

ESM 是 EW 的一部分，包括对辐射电磁能的搜寻、截获、定位、记录和分析等行动，以利用电磁辐射支援军事行动。因此，ESM 是电子战的信息源，可为进行 ECM、威胁检测、告警及逃逸提供所需的 EW 信息。ECM 是电子战的一部分，其功能是阻止或削弱雷达对电磁频谱的有效运用。ECCM 是雷达采用的一系列措施，尽管敌方使用 EW，这些措施仍能确保雷达有效地运用电磁频谱。

EW 的术语十分丰富，通常其中一些也在其他电子领域得到普遍应用。ECM 和 ECCM 中使用的术语完整汇编可在许多文献中找到[8, 11, 13]。

24.3 电子支援措施（ESM）

ESM 通常包括若干检测和测量接收机以及专门用于截获雷达发射的实时处理器板。对某些特定辐射源的识别是基于与战术或战略 ELINT 比较之上的[9, 14-17]。辐射源位置可通过某些其他方法得到，如自远地系统或单个平台顺序方位测量的三角测量、到达时间差（DToA）或双曲线定位以及相位差变化率（PDR）等。现代数字接收机技术，加上可清楚隔离和识别单个 EM 辐射源的分检信号处理的极大发展，将提高人们对形势的了解。使用诸如到达波时频差之类的技术将提高单个和多个平台的空间定位；这将使得 EW 可用于提示目标瞄准系统。

雷达截获是本节中特别令人感兴趣的问题，它依赖于对雷达发射的脉冲或连续波（CW）信号的接收和测量。ESM 操作的作战场景通常是拥挤的雷达脉冲信号，文献中常常引用的数据是 $5 \times 10^5 \sim 10^6$ 个脉冲/秒（pps）[9]。ESM 测量出每个被检测脉冲的中心频率、幅度、脉宽、到达时间（ToA）和方向，将其转换成数字格式，然后打包成一个脉冲描述字（PDW）。接着 PDW 信息串被送往脉冲分选处理器，该处理器将其分检为属于不同辐射源的顺序并识别出其脉冲重复间隔（PRI）值及调制规则（随机抖动、参差、切换）。再与辐射源数据库做进一步对比，这个数据库包含每个辐射源的特征参数的范围（频率、脉宽、PRI）、相关的捷变模式（随机、参差等）、天线扫描方向图形状及扫描周期以产生带识别评分的辐射源清单。ESM 接收机一般用于控制 ECM 的部署和运行；ESM 与 ECM 间的联系通常是自动的。

单个所接收的雷达脉冲信号由许多可测量的参数表征。设计分检系统时，测量数据的可用性、分辨率和精度必须全部加以考虑，这是因为所采用的处理方法依赖于现有的参数数据组。显然，参数测量的分辨率和精度越高，脉冲分选处理器完成任务越有效。但是，从 ESM 系统外部（如多路径）、ESM 系统内部（如定时限制、接收期间的静止时间）以及从成本效率考虑等，对测量过程有限制。由于目标方向在脉冲间不变化，到达角是实现有效分检的最重要的分类参数。因此，为了既达到 360° 空间覆盖，又获得基于脉冲的到达角测量，常采用比幅单脉冲天线或多基干涉测量（比相）系统。在截获时间不关键时（ELINT 的情况），也可用对工作环境进行顺序扫描的单脉冲旋转天线。

载频是用于分检的第二个最重要的脉冲参数。普通的频率测量方法是利用搜索式超外差

---

① 自本《雷达手册（第二版）》出版以来，美国空军更改了一些多年以来习惯使用的电子战术语。ECM 现在改为 EA（电子攻击），ECCM 改为 EP（电子保护），ESM 改为 ES（电子支援）。本章中不使用这些术语，因为雷达界很少使用这些术语，而似乎更喜欢更熟悉的表达词 ECM、ECCM 和 ESM 等。

接收机，其优点是具有高的灵敏度和好的频率分辨率以及对附近辐射源干扰的抗干扰性强[9]。不幸的是，与旋转定向测量系统相似，这种接收机的截获概率低。如果发射脉冲是频率捷变的（随机变化的），或者是频率跳变的（按规则变化的），情况将更坏。一种允许用于宽带频率测量的常用方法是基于干涉测量设备上的，这些设备可提供高精度瞬时频率测量并能抗低强度的信号干扰。在宽瞬时频带超外差接收机后接一组相邻接收机通道组，可提供更高的灵敏度和更高的截获概率。过去提出过诸如声表面波（SAW）滤波器和布喇格（Bragg）单元一类的技术[9]。当前首选的方法是数字接收机，它集成了宽带谱分析和一些后处理功能，如脉内调制测量和波形编码侦察。

由于多路径传输所导致的严重恶化，脉宽是一种不可靠的分类参数。多路径传输会使脉冲包络严重畸变，如脉冲出现长的拖尾，脉峰位置甚至会产生偏移。

脉冲的 ToA 可取为信号超过某一门限的瞬间，但是在有噪声和畸变存在时，这是一种结果多变的测量值。尽管如此，ToA 常用于测量雷达的 PRI。脉冲幅度取为其峰值。动态范围必须至少考虑信号幅度波动和扫描方向图起伏三个数量级的变化。实际上，60dB 的瞬时动态范围看来为最小值，在许多应用场合应更大。幅度测量（与 ToA 一起）可用于获取辐射源的扫描方向图[9]。

雷达截获系统的分类基于它们提供的电子环境的表征类型。雷达告警接收机（RWR）用作一种机载设备时，通过座舱显示器向飞行员通告敌方导弹上有制导雷达之类所构成的威胁的存在和相对的方向。虽然单程传播与双程传播相比具有作用距离的优势，这使得雷达能截获比自身的平台探测距离更远的距离来的信号，但是搜索雷达不是这些系统的主要目标。要求灵敏度值的范围是-38~-60dBm（相对于全向同性的 dBmW）。ESM 是最复杂的系统，通常具有产生其部署区域内完整电子作战等级画面的能力以及告警功能。这类系统可探测和分析辐射源波形与扫描模式。对工作环境侦察的反应时间可能小于 10s，虽然危险辐射源和告警功能要求更快的响应。要求的灵敏度范围为-55dBm 到好于-80dBm。ELINT 系统与 ESM 类似，但可能不要求 100%的截获概率。反应时间可能为几分钟或几小时。其目的不是在工作环境中辐射源一打开就探测到，而是提供辐射源的详细特征以为 RWR 和 ESM 系统产生识别数据库。ELINT 系统的灵敏度可能达到-90dBm，但它们不需要提供 360°监视，并且它们可以用几个定向天线达到这样的性能。

RWR 探测雷达辐射的距离主要受其接收机灵敏度及雷达辐射功率的影响。可以通过基本的**单程信标方程**计算告警距离，方程提供在 RWR 处的信噪比（SNR）。此信噪比 $\left(\dfrac{S}{N}\right)_{在\ RWR}$ 为

$$\left(\frac{S}{N}\right)_{在\ RWR} = \left(\frac{P}{4\pi R^2}\right) G_t \left(\frac{G_r \lambda^2}{4\pi}\right) \left(\frac{1}{kT_s B}\right) \frac{1}{L} \tag{24.1}$$

式中，P 是雷达辐射功率；R 是 RWR 到雷达的距离；G_t 是雷达发射天线增益；G_r 是 RWR 的接收天线增益；λ 是雷达波长；$kT_s B$ 是 RWR 的总系统噪声功率；L 是损耗。

式（24.1）是计算 RWR 性能的基础。需注意 RWR 的探测距离反比于 R^2，而雷达探测目标检测距离反比于 R^4，因此，RWR 可在远大于雷达本身探测距离的地方探测到辐射的雷达。在雷达与截获接收机的对抗中，雷达的优势在于使用匹配滤波器，这是截获接收机无法复制的（它不知道准确的雷达波形），而截获接收机却有 R^2 的距离优势，这是单程对双程雷

达传播带来的好处[15-18]。为了赢得"看得见但不被看到"这场战争，雷达应用低截获概率（LPI）技术，见 Schleher[19]的文章及其内参考文献。

24.4 电子对抗措施（ECM）

ECM 系统的目的是使雷达无法得到其一个或多个目标的探测、位置、跟踪初始化、航迹更新及分类信息，或使期望的雷达回波淹没在许多假目标中，以致真正的信息无法提取[3-7]。

ECM 的战术和技术可以通过很多方式分类，例如，根据主要目的、根据本身有源或无源、根据部署、根据所用平台的类型、根据被干扰的雷达类型或根据上列项目的组合[13-16, 20]。ECM 战术、技术大全可以在文献中找到[3, 13]，这里只对最常见的 ECM 类型做一些描述。

ECM 包含干扰和欺骗。**干扰**是有意或存心发射或重新发射幅度、频率、相位或其他调制的间歇或连续波及类噪声信号，以干扰、扰乱、利用、欺骗、掩盖或降低雷达系统对有用信号的接收[3-13]。干扰机是以干扰雷达系统为唯一或部分目的的可发射任何占空比信号的 ECM 装置[3-13]。

专用发射机发射无线电信号以干扰或阻止雷达系统正常运作叫**有源干扰**。它们在受害雷达系统的输入端制造阻碍雷达正常检测、识别有用信号及提取信号参数的背景。有源噪声干扰的几种最常用形式是点频噪声干扰、扫频噪声干扰和阻塞式噪声干扰。当受害雷达的中心频率和带宽已知且限于窄带时使用点频噪声。不过有许多雷达采用在宽带上频率捷变对付点频干扰。如果被干扰雷达的变频速率足够慢，干扰机仍可以跟踪其频率变化以保持点频干扰的效果。阻塞式或宽带干扰在雷达感兴趣的整个谱段同时辐射干扰。这种方法用于受害雷达捷变频频率变化太快以致无法跟踪或精确的频率参数不确知的情况。

干扰机的尺寸由**有效辐射功率**表征；ERP=$G_j P_j$，其中，G_j 是干扰机发射天线增益，P_j 是干扰机功率。

无源 ECM 与一些不需要能量的箔条、诱饵或其他反射物同义。箔条是一些可以悬浮在大气层或外大气层的天线单元式的无源反射器，其目的是扰乱、遮蔽或对电子系统造成其他不利影响。箔条的例子是金属箔、外敷金属的介质材料（最常见的是将铝、银、锌敷于玻璃纤维或尼龙之上）、线球、干扰绳和半导体材料等[3, 13]。箔条由长度被切削成半个雷达工作波长的偶极子组成。在实战应用中常把不同长度的偶极子箔条打包，以在宽频带内对雷达进行有效干扰。箔条的基本特性是有效散射面积、箔条云的特性及形成时间、箔条云反射信号的频谱、隐匿目标的带宽[3, 9, 21, 22]。对雷达而言，箔条特性与气象杂波的特性很相似，但它的频带可扩展到 VHF。箔条频谱的平均多普勒频率由平均风速决定，而其频谱的扩展与风的扰动以及随不同高度而变的风速引起的风切变效应有关[3]。

诱饵是另一种类型的无源 ECM。它是一类物理尺寸很小的雷达目标，其 RCS 通过使用反射器及龙伯（Luneburg）透镜来增加以模拟战斗机或轰炸机。诱饵的目的是分散防空系统的火力以增加突防飞机的存活率。但是如果诱饵过大，那么如果它们大到足以携带武器，它们就必须参与作战。

来袭的弹道导弹（BM）可使用突防辅助[23]。突防辅助诱饵只是几种可能的突防辅助中的一种。如果防御系统不能识别诱饵与再入飞行器，那么防御系统就不得不处理诱饵制造出的假目标。

另一种有源干扰机的主要类型是欺骗式 ECM（DECM）。**欺骗**是有意地发射或重新辐射幅度、频率、相位或其他调制间歇的或连续波信号,以误导电子系统对信息的解读或使用[3, 13]。欺骗的种类可以分为操纵的及模拟的,**操纵**意味着改变友好电磁信号以完成欺骗,而**模拟**将辐射引入雷达通道以模拟敌方的辐射。DECM 也可分为**应答机**与**转发机**[3]。应答机产生模拟雷达真实回波时间特性的非相参信号。转发机产生试图模拟真实雷达回波幅度、频率及时间特性的相参信号。转发机通常需要对微波信号进行某种形式的存储以产生雷达预期的回波,通常使用微波声学存储器或数字 RF 存储器(DRFM)来实现[3]。

在 DRFM 系统中,通常首先对输入 RF 信号进行下变频,然后用高速模/数转换器(ADC)进行采样。存储在存储器中的采样可在幅度、频率和相位上进行处理,以产生宽范围的干扰信号。存储的信号随后被重新调出,由数/模转换器(DAC)进行处理、上变频,最后向敌方被干扰雷达发射回去[24]。被截获雷达的信息内容主要载于信号相位中。于是通常都抛弃幅度信息,只有相位信息被量化和处理[25]。相位量化由 DRFM 完成,它用 M 位化成 $N = 2^M$ 级电平。在完成相位量化,由 DRFM 引入到信号上以后,最后将干扰信号向敌方被对抗雷达发射回去,但该干扰信号关于接收到的雷达信号有不断增加的延迟。这个延迟由一个距离波门牵引(RGPO)设备量化。距离波门牵引系统将量化后的信号作线性延迟,以产生一个恒定距离变化率的假目标。Greco、Gini 和 Farina[26]报道了 DRFM 中相位和延迟量化的共同效果分析。下变频中和 DRFM 设备中进行的信号调制/解调的不完善可引入到欺骗信号中作为其他人为假象。Berger 对这种误差进行了详细分析[27]。

DRFM 是实现欺骗式干扰机的基本手段;距离波门牵引通过给雷达距离跟踪电路输入假目标信息,把雷达的距离跟踪门从真目标的距离位置引开。转发式干扰机把雷达信号放大后转发回去。由于比雷达回波强,转发的欺骗干扰信号俘获了雷达距离跟踪电路。由于在干扰机中欺骗信号通过 RF 存储器进行了延迟,从而"牵引"雷达的距离波门偏离真实目标(RGPO 技术)。当距离波门被牵引到离真实目标足够远的距离后,欺骗干扰机关闭,迫使跟踪雷达进入目标重新获取方式[3]。欺骗的另一种方式是速度门牵引(VGPO);可联合使用 RGPO 和 VGPO。

另一种 DECM 技术称为**增益倒置(反转-增益)干扰**。它用来俘获圆锥扫描雷达的角度跟踪电路[3, 13]。这种技术复制出与目标雷达发射和接收天线合成的方向图相反的幅度调制接收信号。对于圆锥扫描跟踪雷达,增益倒置的重发干扰信号将导致正反馈,使跟踪雷达的天线远离而不是趋向目标。在许多情况下,同时使用增益倒置及 RGPO 技术来对付圆锥扫描跟踪雷达[3]。由于圆锥扫描容易被这种干扰攻击,所以推动了单脉冲跟踪系统的使用,这种单脉冲系统几乎始终用于当今所有军用跟踪雷达中。

为对付监视雷达的主波束,使用另一种 DECM 技术。这种技术利用宽脉冲来覆盖目标表皮回波,以扰乱雷达的信号处理系统,使其抑制真目标回波。

雷达如何对付 DECM 稍后讨论,参见 24.11 节。

在部署使用方面,ECM 可分为若干类[3]。一类是**远程干扰**(SOJ),干扰平台尽量接近但仍处于敌方武器系统攻击距离之外,并干扰这些系统以保护攻击飞机。远程 ECM 系统采用大功率噪声干扰以在远距离上渗入雷达接收天线副瓣。**随行干扰**(ESJ)是另一种 ECM 战术,干扰平台伴随攻击飞行器编队飞行并且干扰雷达,以掩护攻击飞行器。

相互支持或协同是各个战斗单元协同进行 ECM 的手段,用于对付目标截获雷达及武器控制雷达。相对于单平台 ECM,相互支持 ECM 的优势之一是可以从多个平台得到较大的 ERP。然而,其真正的价值是可采用协同的战术。例如,对付跟踪雷达,优选使用的战术是在雷达波束内的不同飞行器上的干扰机之间进行切换，这将在雷达跟踪电路中制造人为闪烁，如果频率合适（典型值为 0.1～10 Hz），将使雷达角度跟踪失效。此外，这种闪烁还可以扰乱指向干扰机方向[3]的靠辐射寻的的导弹。

近程干扰（SFJ）是一种 ECM 战术，其干扰平台处于武器系统及进攻飞行器之间并对雷达进行干扰，以保护进攻飞行器。近程干扰机通常要在敌方武器系统的有效杀伤距离内停留相当长的时间，所以只有使用相对低廉的遥控飞行器（RPV）才是实际的。RPV 可以通过在雷达防区内进行干扰、投放箔条、投放一次性雷达干扰机或诱饵，或者本身作为诱饵及实施其他的 ECM 战术来支援进攻飞行器或导弹。

自屏蔽干扰机（SSJ）用于保护其载机。这种情况强调 ECM 系统功率的能力、信号处理能力和 ESM 能力。

自保护（SP）诱饵干扰是一种机外技术，它的目的是通过把导弹导引头对目标的角跟踪转移到对诱饵的跟踪来实现角度欺骗。因此导弹将被导向诱饵而远离目标。大型战斗机、攻击机、轰炸机最可能采用自保护诱饵。SP 诱饵是一次性的或拖曳式的。一次性诱饵从飞机中弹射（或投放）出来，而拖曳式诱饵牵在飞机后面。一次性诱饵中包含微型干扰系统，这种系统可以小到可装入一个标准箔条/闪光物分送装置内。通过展开足够维持稳定飞行的低阻力气动力翅片，诱饵将自己定位于气流中。由于气流的影响和重力引起的降落，诱饵自然减速，因而偏离投放飞机的速度向量。典型情况下，诱饵在从飞机中投放出来以后就立即开始向导弹导引头辐射干扰信号，并在它的整个飞行过程中持续辐射。当雷达告警接收机（RWR）探测到来袭的雷达制导导弹后，通常就开始进行诱饵投放。有时要以预先决定的速率分送多个诱饵，以提高飞机生存的累积概率。

拖曳式诱饵是一种小的空气动力上稳定的物体，它装载一个微型干扰机。诱饵的放置是通过在飞机后面的电缆上将其抽出一固定距离或偏移。这个偏移的选择要满足即使导弹击中诱饵，飞机也不能有损毁。诱饵可由飞机通过电缆供电或自己供电。除给诱饵提供供电外，这条电缆也可用作控制干扰机工作的数据链路。一旦投放后，拖曳式诱饵就可开始向导弹导引头辐射干扰信号。当不再需要拖曳式诱饵时，可把它收回或丢弃。拖曳式诱饵的主要缺点是它们可能严重降低飞机的机动性。

以载体平台来划分，干扰机有机载、弹载、陆基及海基等种类。

一类特殊的弹载的对雷达的威胁是反辐射导弹（ARM），其目的是对雷达寻的及摧毁雷达。雷达信号首先被 ESM 系统分类与截获，然后传给 ARM，ARM 继续用自身的天线、接收机、信号处理器瞄准雷达。截获取决于雷达脉冲到达方向（DoA）、工作频带、载频、脉宽、PRI、扫描速率及雷达其他参数。ARM 靠雷达副瓣的连续辐射或主瓣的瞬时功率导向雷达。ARM 的优势在于雷达信号的单程衰减，但它的接收机灵敏度受失配损失的影响，而对雷达的定位精度受 ARM 天线有限尺寸的影响。

24.5 ECCM 技术的目的及分类法

当应用于雷达系统时，ECCM 技术的主要目的是，在与敌方 ECM 对抗的同时保证己方雷达任务的顺利完成。说得更详细一点，应用 ECCM 技术的好处在于（1）阻止雷达饱和；（2）提高信干比；（3）辨别定向干扰；（4）抑制假目标；（5）维持对目标的跟踪；（6）对抗

ESM；(7) 提高雷达系统生存能力[3]。

ECCM 可以分为两大类：电子技术（参见 24.6～24.9 节）与操作原理（参见 24.10 节）。特别的电子技术用于雷达的主要分系统内，即天线、发射机、接收机和信号处理机内。表 24.1 列出了一些 ECCM 技术的分类及其对付的 ECM 技术[5, 28]。如 24.11 节所述，这些技术可混合使用于各种雷达中。

以下内容限于主要的 ECCM 技术。读者可以在有关文献中找到按字母排序的 150 种 ECCM 技术及 ECCM 战术与技术的百科全书[8, 29]。许多其他文献讨论了 ECCM 技术，其中 Slocumb West[5]、Maksimov 等人[21]、Gros 等人[30]和 Johnson Stoner[31]的著作值得注意。

表 24.1 ECCM 技术及其对付的 ECM 技术
（经 Slocumb 和 West[5]©Artech House 2000，G.V.Morris[28]允许使用）

雷达分系统	ECCM 技术	对付的 ECM 技术分类					
		噪声	假目标	距离波门牵引	速度门牵引	角度
与天线相关的	低或超低副瓣	×	×			
	单脉冲角度跟踪					×
	低交叉极化响应					×
	SLB（副瓣消隐）	×	×			
	SLC（副瓣对消器）	×				
	电扫描		×	×		×
	自适应接收极化					×
	交叉极化相消					×
	低交叉极化天线					×
与发射机相关的	大功率	×				
	脉冲压缩	×				
	频率分集	×				
	频率捷变	×	×			
	PRF 抖动			×	×	
与接收机相关的	RGPO 存储器置零			×		
	带宽扩展		×		×	
	差频检波器	×		×		
	覆盖脉冲通道处理		×			
	对干扰寻的	×				
	前/后沿跟踪			×		
	窄带多普勒噪声检波器	×	×			
	速度卫门				×	
与信号处理相关的	VGPO 复位		×		×	
	信号现实		×	×		
	加速度限制		×	×		
	截尾或顺序统计 CFAR	×	×			
	多普勒/距离变化率比较			×	×	
	时间平均 CFAR	×				
	全功率测试	×				

24.6 与天线有关的 ECCM 技术

因为天线是雷达和环境之间的转换器,所以它处于电子反干扰的第一线。利用天线发射和接收阶段的方向性可将对空间方向的鉴别作为一种 ECCM 策略。空间鉴别技术包括天线覆盖及扫描控制、主波束宽度的减少、低副瓣、副瓣对消、副瓣消隐、副瓣对消器及自适应阵列系统。有些技术发射时有用,另一些只在接收阶段使用。此外,一些用于对付主瓣干扰,另一些有利于对付副瓣干扰。

当雷达扫描过有干扰机的方位扇区时,关掉接收机或减少扫描扇区可以防止雷达观察干扰机。某些欺骗干扰机要靠对波束扫描的预知或测量天线扫描速率来工作。随机电扫可以有效地阻止这类欺骗干扰机与天线扫描速率同步,从而战胜该类干扰机。使用高增益天线集中照射目标可以烧穿干扰机。多波束天线也能用于去掉含有干扰机的波束,并利用剩余的波束保持探测能力。虽然它们增加了天线的复杂度和造价,可能还有质量,但主瓣宽度的减少和对覆盖与扫描区域的控制对任何雷达来说都是值得为其付出代价的 ECCM 特性。

如果一部防空雷达工作于严重的 ECM 环境中,由于从副瓣中进入干扰的影响,其探测距离将会下降。发射时,辐射在主瓣外的能量会被敌方的 RWR 或 ARM 接收。由于这些原因,低副瓣在接收和发射时都是需要的(参见 Schrank[32]、Patton[33] 与 Farina[34] 书中的第 2 章)。有时,低副瓣会增加主波束宽度,从而恶化了主波束干扰问题。因此,在确定天线方向图时,这些后果都应仔细考虑。

副瓣的指标一般为一个数值,如-30dB,表示最大副瓣峰值比主瓣峰值低 30dB。平均或者均方根(rms)副瓣电平经常更重要。例如,如果副瓣中含有 10%的辐射功率,平均副瓣电平就是-10dB,此处的分贝数是指平均副瓣电平比一个全向(理想)辐射源的增益低的分贝数。理论上,极低的副瓣可以通过适当锥削的孔径照射函数得到。这将导致众所周知的在增益、波束宽度和副瓣电平之间的折中[35]。为了在保证低副瓣的情况下使波束宽度尽量窄,需要一个更大且更贵的天线(除非雷达使用有源孔径,否则造价也不会太大)。早期低副瓣天线的主要问题在于由于它是一个波导阵列而不是反射器,所以它有更多的机械加工问题。其他关于低副瓣天线设计的原理还有天线孔径周围使用雷达吸波材料、地面设施上应用栅栏、极化网和极化反射器。这意味着同具有类似增益和波束宽度的传统天线相比,超低副瓣天线在尺寸和复杂度方面造价很高。其次,当设计副瓣被压得越来越低时,小误差(随机误差)对散射能量的贡献或指向错误方向(系统误差)就会变得严重。实际上,介于-35~-30dB的副瓣峰值电平(平均副瓣电平介于-20~-5dB)容易用电扫的相控阵天线实现。要得到低于主瓣-45dB 以下的副瓣(平均副瓣电平低于-20dB),总体的相位误差要小于 5°rms。这在电扫阵列中是非常困难的,这是因为由移相器、有源器件及馈电元件所导致的误差都要包括在内。实际阵列天线副瓣峰值电平已接近-45dB,然而这些天线一般是机械扫描的,而且用的全是无源馈电元件。电扫相控阵的发展也预见了未来非常好的低副瓣性能。相关的发展状况请参见文献[36-40]。

另外两种可以阻止干扰通过副瓣进入的技术是副瓣消隐(SLB)和副瓣对消(SLC)。文献[31]中介绍了一种副瓣消隐和副瓣对消装置的实际有效性的例子,文中平面位置显示器(PPI)显示了 ECM 环境下,雷达装备和未装备副瓣对消和副瓣消隐系统的情况。

其他对抗方法是以极化为基础的。雷达的极化特性可以以两种方式应用于 ECCM 技术。第一，雷达天线的交叉极化（与主极化正交的极化）方向图应尽可能保持与雷达成本相一致的低水平。雷达天线方向图任一处的同极化主瓣峰值增益与正交极化增益之比要大于 25dB 以防止一般的交叉极化干扰。这被认为是一种 ECCM 技术，实际上只不过是一种好的天线设计。正交极化干扰在这种情况下是攻击设计有缺陷的雷达。在设计中对雷达天线系统良好正交极化性能的要求也扩展到了各种辅助 ECCM 天线。如果正交极化增益太高，那么像副瓣对消和副瓣消隐这样的 ECCM 技术在对付正交极化噪声和转发式干扰就不会有效[29]。

极化的第二个应用是，在雷达天线系统中除接收雷达波的同极化成分外还故意接收正交极化部分。这两种相互正交的极化成分可用来根据其极化信息的不同分辨处于箔条和干扰中的有用目标[41]。然而，即使是具有加倍的接收、信号处理系统和非常复杂的天线系统（例如，具有能够分别发射和接收雷达波的两种极化成分的相控阵天线），也只能得到有限的益处（只有几分贝的对消比）。

副瓣消隐（SLB）系统

副瓣消隐系统的目的是阻止强目标和干扰脉冲（它们可能出现在脉冲压缩后）通过天线副瓣进入雷达接收机。因此 SLB 主要用来消除来自其他脉冲的干扰以及故意的脉冲状干扰。另外，SLB 对相参转发式干扰（CRI）也有效。这里"相参"是指干扰试图模仿雷达发射的编码脉冲波形，因此在脉压后看起来像一个尖刺信号[34, 42-45]。一种实现方法是设置一个耦合到并行接收通道的辅助天线对来自同一信号源的两个信号进行比较。通过选择合适的天线增益，可以分辨出进入主瓣的信号和进入副瓣的信号，于是后者便可以被抑制掉。图 24.1（a）为主天线和低增益的辅助天线方向图。副瓣消隐处理器的一种实现方法如图 24.1（b）所示，两个相同的通道平方律检波器输出被进行比较，但它们的天线方向图是不一样的。两个并行通道所接收和处理的每一距离单元的脉冲都要进行比较。这样，SLB 设备在一次扫描和每一距离单元的基础上决定是否对主通道进行消隐。处于主瓣中的目标 A 在主通道中会产生一个大信号，在辅助接收通道中产生一个小信号，合适的消隐逻辑电路会允许这个信号通过。存在于副瓣中的目标或干扰或二者在主通道中产生小信号，但在辅助通道中产生大信号，于是这些信号被消隐逻辑电路抑制掉。以上分析中假设辅助天线的增益 G_A 比雷达天线副瓣的最大增益 G_{sl} 高。

副瓣消隐的性能可以通过考察所得到的不同输出来分析，这两个输出是一对处理后信号的序列（u,v），如图 24.1（b）所示。要进行 3 个假设检验：（1）对应于两个通道内存在噪声的零假设 H_0；（2）主波束内有目标的 H_1 假设；（3）对应于副瓣区域内有目标或干扰信号的 H_2 假设。零和 H_1 假设分别相对应通常的"没有检测到目标"和"检测到目标"的判决。当检测为 H_2 时发出消隐命令。

副瓣消隐的性能可用如下概率表示：（1）消隐雷达副瓣干扰的概率 P_B，即当 H_2 为真时，接收信号（u,v）与 H_2 联合的概率。P_B 是干扰–噪声比（干噪比）（JNR）、消隐门限 F 和辅助天线相对于雷达天线副瓣的增益容限（$\beta=G_A/G_{sl}$）的函数。（2）虚警概率 P_{FA}，它是当 H_0 为真时，接收信号（u,v）与 H_1 联合的概率；P_{FA} 是对噪声功率电平归一化的检测门限 α 和消隐门限 F 的函数。（3）主瓣中探测目标的概率 P_D，它是 H_1 为真时，接收信号（u,v）与 H_1 联合的概率，P_D 除其他因素外取决于信噪比 SNR、P_{FA}、消隐门限 F。（4）通过雷达副瓣进入的干扰产生假目标的探测概率 P_{FT}，它是 H_2 为真时，(u,v) 与 H_1 联合的概率。P_{FT} 是 JNR、门限 α 和 F 以及增益容限 β 的函数。(5) 消隐主瓣中接收到的目标的概率 P_{TB}，它是 H_1 为真时，(u,v) 与 H_2 联合的概率。P_{TB} 与 SNR、F 和相对于主瓣增益 G_t 归一化后的辅助增益 $w=G_A/G_t$ 有关。为了衡量副瓣消隐的性能所要考虑的最后一个参数是对主瓣中目标的检测损失 L。这可以通过比较有和没有副瓣消隐系统的情况下雷达系统为达到一定的 P_D 所需的 SNR 值而得到。L 是许多参数的函数，这些参数包括 P_D、P_{FA}、F、G_A、JNR 和 β。对这些性能参数的数值的估计可在文献中找到（尤其是 Farina[34] 的第 3 章，还有其他文献[42-50]）。

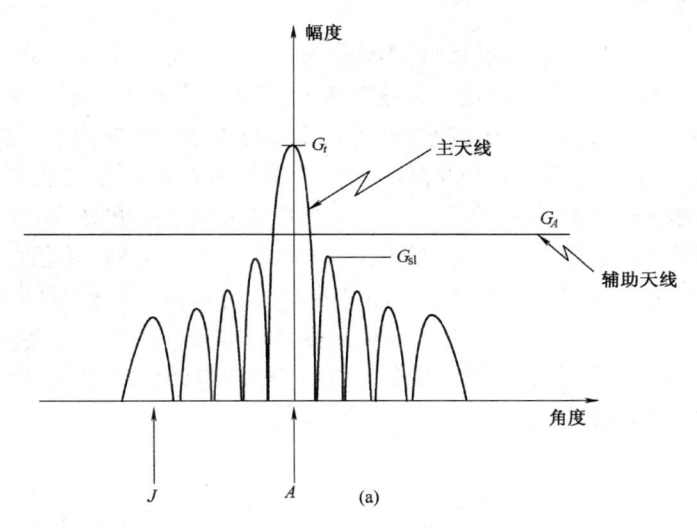

(a) SLB 系统的主天线与辅助天线方向图（根据 L Maiset[42] ©IEEE1968）

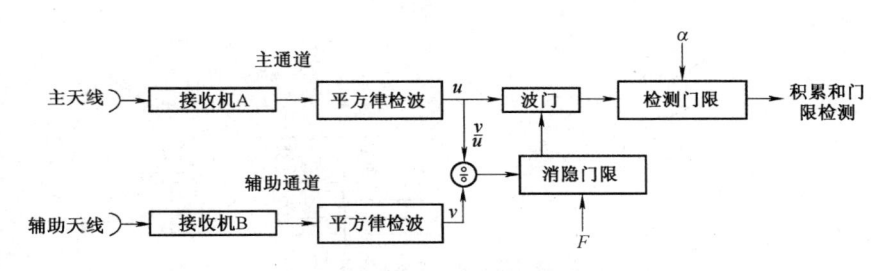

(b) 副瓣消隐系统的方案（根据 L Maiset[42] ©IEEE1968）

图 24.1 SLB 系统

副瓣消隐的设计要求适当地选择以下参数（Farina[34] 的第 3 章）：(1) 增益容限 β 和由此决定的辅助天线的增益 G_A。(2) 消隐门限 F 和归一化检测门限 α。事先已知的参数假设是雷达副瓣电平 G_{sl} 和 SNR 与 JNR 的值。设计参数可以按照使 P_B 和 P_{FA} 保持规定值的同时，使 P_D 尽可能大和使 P_{FT}、P_{TB}、L 尽可能小来进行选择。辅助天线位置的选择例如存在多径时对 SLB 的性能有影响，为了避免这个影响，主天线和辅助天线的相位中心必须安置于相对于地形表面的同一高度上。

现代雷达中，通过比较主波束和 SLB 通道距离滤波器地图（RFM）上同一单元的信号，可实现副瓣脉冲干扰的消隐。RFM 是一张二维地图，它收集所有距离单元的雷达回波（脉压后的）以及一串雷达脉冲中的所有多普勒滤波器。主信号和辅助信号的 RFM 分别独立产生，且在所有距离单元和所有多普勒滤波器上对主通道和辅助通道接收功率值进行测试。这与传统的 SLB 方法（如图 24.1 中说明的）不同，如果在某特定距离单元上检测到干扰/转发式干扰机的功率，那么这个距离单元必须进行有效消隐。因为转发式干扰必须出现在同一目标距离单元上且必须模仿相同的目标多普勒，所以基于 RFM 的 SLB 逻辑大大减小了成功模仿出有用目标的风险。

副瓣对消（SLC）系统

　　副瓣对消系统的目的是抑制通过雷达副瓣进入的具有高占空比或者甚至是连续的类噪声干扰（NLI）（如 SOJ）。其实现方法是，雷达具有一辅助天线阵列，它用来自适应地估计干扰的方向和功率，随后，调整雷达天线接收方向图，将零点置于干扰方向上。副瓣对消技术由 P. Howells 和 S. Applebaum 发明[51, 52]。在文献中列出了关于 SLC 的后续文献[34, 53-55]。

　　副瓣对消系统的概念如图 24.2 所示。辅助天线提供雷达天线副瓣中的干扰信号的副本。为此，辅助方向图要和雷达接收方向图的副瓣平均电平近似。另外，辅助天线要放置得离雷达天线相位中心足够近，以保证它们所获得的干扰样本与雷达干扰信号统计相关。还要注意的是，要抑制多少个干扰源就需要多少个辅助天线。在实际中，为了在主天线接收方向图中对 N 个指定方向置零，至少要有 N 个幅度和相位适当控制的辅助天线方向图。辅助天线可以是单独的天线，也可以是相控阵天线的一组接收单元。

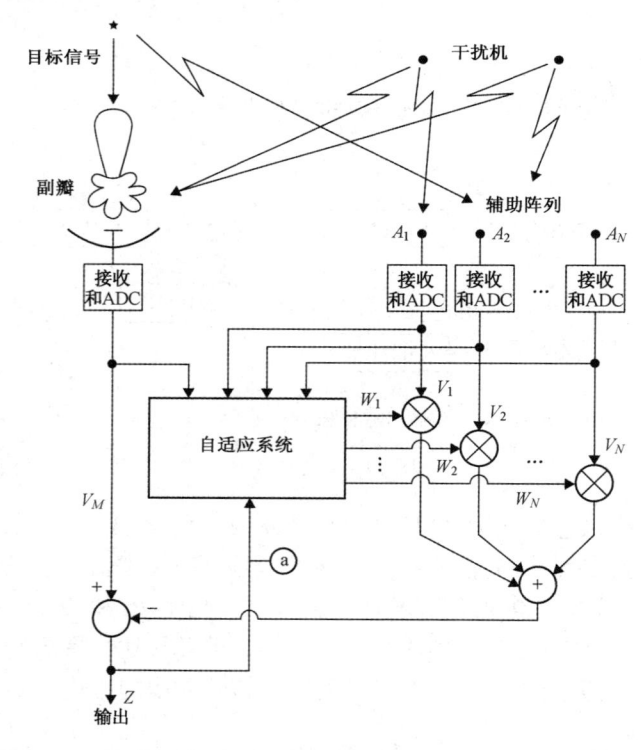

图 24.2　SLC 的工作原理（连线 a 只出现在闭环实现技术中）

　　N 个辅助天线所提供的信号幅度和相位受一组适当大小的权值控制，这组权值可表示为

一个 N 维矢量 $\boldsymbol{W}=(W_1,W_2,\ldots,W_N)$。干扰通过来自辅助天线和主天线的信号的线性组合对消掉。问题是寻找合适的方法控制线性组合的权值以最大限度地对消干扰。由于雷达中的干扰信号和辅助天线中的干扰信号的随机性以及假设信号为线性组合，所以采用随机过程线性预测理论是合理的。用 V_M 表示某一距离单元的雷达信号，用 N 维矢量 $\boldsymbol{V}=(V_1,V_2,\cdots,V_N)$ 表示同一距离单元来自辅助天线的一组信号。假设所有的信号均具有带通频谱，那么这些信号可以用它们的复包络表示，该包络调制一个不以显式表示的共同载频。各通道中的干扰信号可以看作均值为零且具有某种时间自相关函数的随机过程的采样值。对于线性预测问题，样本组 $\boldsymbol{V}$ 完全可由它的 N 维协方差矩阵 $\boldsymbol{M}=E(\boldsymbol{V}^*\boldsymbol{V}^\mathrm{T})$ 描述，此处 $E(\cdot)$ 表示统计期望，星号 $(\cdot)^*$ 表示复共轭，$\boldsymbol{V}^\mathrm{T}$ 是矢量 $\boldsymbol{V}$ 的转置。数学上，V_M 与 $\boldsymbol{V}$ 之间的统计关系通过 N 维协方差矢量 $\boldsymbol{R}=E(V_M\boldsymbol{V}^*)$ 来表示。最佳加权矢量 $\hat{\boldsymbol{W}}$ 根据使均方预测误差为最小的准则确定，均方预测误差等于输出剩余功率，即

$$P_Z = E\{|Z|^2\} = E\left\{\left|V_M - \hat{\boldsymbol{W}}^\mathrm{T}\boldsymbol{V}\right|^2\right\} \tag{24.2}$$

式中，Z 是系统输出。人们发现下面的基本等式成立：

$$\hat{\boldsymbol{W}} = \mu \boldsymbol{M}^{-1}\boldsymbol{R} \tag{24.3}$$

式中，μ 是任意常量。使用 SLC 的得益可以通过引入干扰对消比（JCR）来度量，它定义为有无 SLC 时输出噪声功率的比值

$$JCR = \frac{E\{|V_M|^2\}}{E\{|V_M - \hat{\boldsymbol{W}}^\mathrm{T}\boldsymbol{V}|^2\}} = \frac{E\{|V_M|^2\}}{E\{|V_M|^2\} - \boldsymbol{R}^\mathrm{T}\boldsymbol{M}^{-1}\boldsymbol{R}^*} \tag{24.4}$$

把式（24.3）和式（24.4）应用到只有一部辅助天线及一个干扰机的简单情形，可得到如下结果

$$\hat{\boldsymbol{W}} = \frac{E\{V_M V_A^*\}}{E\{|V_A|^2\}} \triangleq \rho \qquad JCR = \frac{1}{1-|\rho|^2} \tag{24.5}$$

从式中可以看出，最佳权重与主信号 V_M 和辅助信号 V_A 之间的相关系数 ρ 有关；相关系数 ρ 越大，JCR 越大。

实现最佳加权组（24.3）的困难在于，必须实时地估计 $\boldsymbol{M}$、$\boldsymbol{R}$ 及逆 $\boldsymbol{M}$。已有的处理几种方案可分为两大类。(1) 闭环技术：输出剩余（如图 24.2 所示的连线 a）反馈给自适应系统。(2) 直接处理法，常称为**开环**：只对输入信号 V_M 及 $\boldsymbol{V}$ 操作。泛泛而言，闭环法比直接处理法便宜且实施简单，Griffiths 描述了几种实际实现的方法[56]。由于其自校正性，它们不需要宽动态范围及高线性度的元器件，所以很适合于模拟实现方法。然而，闭环法受限于为得到稳定非噪声的稳态而必须对响应速度加以限制这一基本限制。另一方面，直接处理法虽然没有慢收敛的问题，但一般来说需要只能通过数字方法才能实现的高精度及大动态范围的器件。当然，闭环法也可以通过数字电路实现，在这种情况下，与直接处理法相比，可大大放松对数字精度的要求并大大减少运算量。现在大多数实现方法都采用数字开环技术。

考虑到实际因素（参见 Farina[34]第 4 章的详细分析），SLC 的对消能力通常限制 JCR 为 30~40dB，但它们的理论潜在性能要高得多。如果接收通道在雷达接收频段中能对幅度和相位正确匹配，那么可以较好地消除方向性干扰。这个条件对于将在各通道上测量的幅度和相位差异仅仅归因于脉冲干扰特性（功率和 DoA）是必需的。存在几种失配源，模拟接收通道

的不完全匹配是影响干扰对消的主要限制条件。文献中已经研究了这种失配对 JCR 的影响；参见 Farina[57]及其中的参考文献。

对于同时存在幅度和相位失配的情况，JCR 具有一个附录 2 中推导出来的表达式[57]。图 24.3 示出了这个等式的数值应用；Farina[57]引用了这个研究案例的参数值。图 24.3 示出了 JCR 等值线与模拟接收通道的归一化幅度失配 a_n 及相位失配 b（单位为度）之间的关系（关于这些参数的精确定义请参见 Farina[57]）。

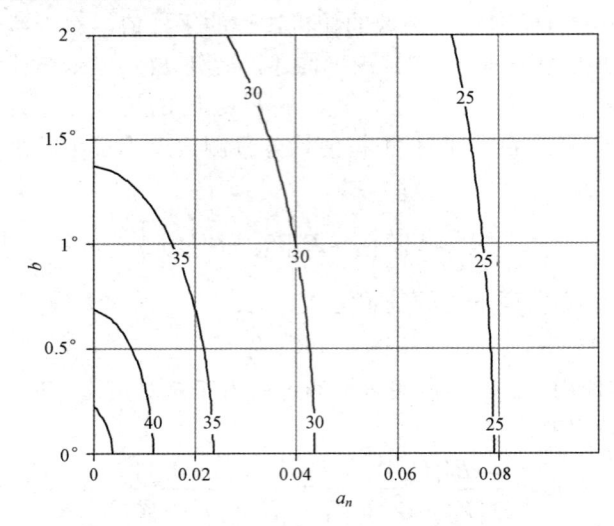

图 24.3 JCR（dB）等高线与模拟接收机通道的幅度（沿水平轴为自然数）
失配及相位（沿垂直轴为度数）失配之间的关系

从图中可以看出，为了得到 40dB 的 JCR，就必须为幅度失配（低于 1%）和相位失配（低于 0.7°）设置严格要求。这张图激发我们利用平衡数字滤波器来补偿辅助通道（在它们的模拟部分）对主通道的失配。Farina[57]及其文献中讨论了这个主题。下面列出了对消的其他可能限制因素[34, 53, 58, 59]：

（1）主信号与辅助信号间的失配，包括传输路径、主辅天线方向图、系统内部直到对消点的路径以及通道间的交叉干扰等之间的失配[60-62]；

（2）实际系统中辅助通道数比干扰信号数少；

（3）孔径–频率色散，常用孔径–带宽积表示[37, 59, 63]；

（4）与宽带阻塞式干扰机相比，实现式（24.3）的绝大多数方案的有限带宽，可看作多个窄带干扰机带宽在方位上的散布；

（5）同步（即 I, Q）检波器的正交误差[64-66]；

（6）数字接收机通道误差，如模/数转换器量化误差、采样/保持抖动与数字转换器偏置[67, 68]；

（7）为避免目标信号被对消，采取了限制自适应系统响应时间的脉冲宽度；

（8）辅助阵列中的目标信号可能导致不可忽略的辅助天线指向主瓣方向而引起目标相消；

（9）多径延迟，常以延迟–带宽积表达[69-70]；

（10）未完全去掉的杂波可能俘获自适应系统，导致在非干扰的方向上置零[37, 71]；

（11）必须在权值估计的精度和自适应系统响应时间之间进行折中；

（12）可用于估计干扰协方差矩阵的时间采样个数有限；如果自适应通道数为 N，则通常要有 $3N$ 个采样可用[101]；

（13）天线转动速度可能造成随时间快变化的功率和干扰 DoA[101]。

联合使用 SLB 和 SLC

SLB 对抑制脉压后的尖刺信号（如 CPI）很有效，而 SLC 对连续 NLI 有效。如前所述，两种技术都对付出现在主天线副瓣上的干扰。这两种技术可联合使用以对付同时出现的 CRI 和 NLI。一种方法是将 SLC 和 SLB 技术级联，如图 24.4 所示。该方案中画出了三个接收通道，每个通道有一部天线、一部接收机和一个模/数转换器；这三个通道给出的信号分别标记为 SLC、MAIN 和 SLB。左边的天线为低增益辅助天线，完成主通道和副瓣消隐通道中的 SLC 处理。中间的天线是高增益雷达天线，它完成脉冲状和类似噪声的干扰存在下的目标检测。右边的天线为低增益辅助天线，完成主通道的 SLB 处理。分别用自适应权 W_1 和 1 对 SLC 和 MAIN 信号进行线性组合，来实现对主天线接收到的 NLI 的自适应对消；最终的自适应的信号 MAIN′ 不再包含 NLI。与之类似，分别用自适应权 W_2 和 1 对 SLC 和 SLB 信号进行线性组合，可实现对第 r 个辅助天线接收到的 NLI 的自适应对消；最终的自适应信号 SLB′ 不再包含 NLI。一旦把 NLI 从这两个通道中去除，那么通过比较没有 NLI 的主通道幅度 |MAIN′| 和消隐通道幅度 |SLB′|，经典的 SLB 逻辑可用于对付 CRI[72]。

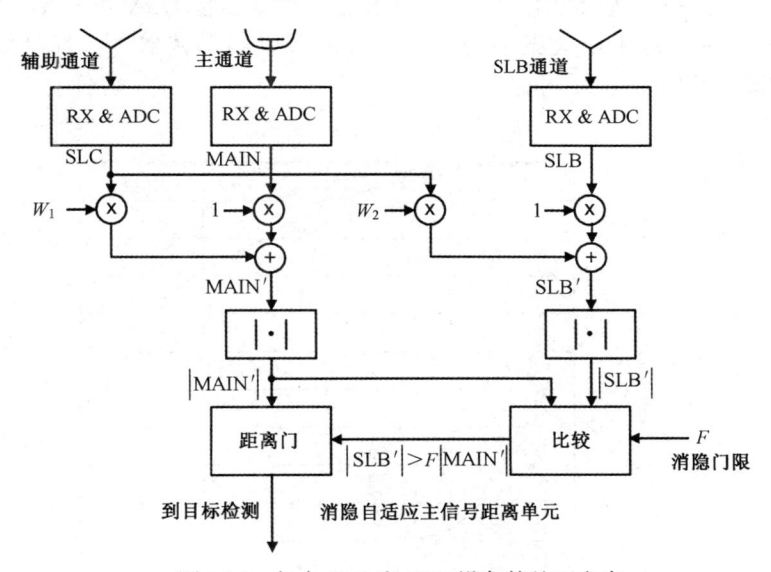

图 24.4 包含 SLC 和 SLB 设备的处理方案

由于三部天线（主天线与两部辅助天线）的相位中心是间隔排列的，通常大于 0.5λ（λ 是辐射电磁波的波长），所以由于栅瓣的存在会导致主通道与 SLB 通道的自适应方向图在平均曲线附近波动[72]。然而，在自适应的 SLB 的方向图与自适应的主天线的副瓣之间存在一个合理的增益余量；因此，当有自适应归零的 NLI 时，可期待有能将 CRI 消隐掉的概率。为了提高上述增益余量，也即提高 CRI 消隐概率，建议采样如下处理策略[72, 73]：空间分集和频率分集。

空间分集

空间分集的基本原理为使用两部低增益辅助天线（而不是如图 24.4 所示的一部）进行 SLB。由于这两部 SLB 天线的相位中心不同，所以栅瓣对它们的自适应的方向图的影响也不同。取两个自适应 SLB 信号中的大者，SLB 与主天线副瓣间的增益余量将增加，结果是消隐逻辑的性能提高。

频率分集

提高消隐性能的另一种技术是利用雷达载波频率分集。在这种情况下，我们只需要一部低增益天线（见图 24.4）进行 SLB。雷达工作于频率分集模式，即它发射一串 L 个（间隔 T 秒）载波频率稍有不同的脉冲[73]。自适应主天线及 L 个 SLB 方向图中的栅瓣将随载波频率的变化而变化。取 L 个 SLB 信号输出中的最大值就等价于对栅瓣进行平滑。在 Farina 和 Timmoner[73] 提出的一个特殊例子中，使用了两个载波频率，这时天线阵列接收单元的 d/λ（这里 d 是指单元间的距离）的值分别为 0.5 和 0.55。在两个载波频率上分别对接收数据进行消隐；随后，对这两个消隐位进行逻辑"或"（全局消隐逻辑）处理。图 24.5 是两个不同载频的消隐曲线以及逻辑"或"的消隐曲线。从图中可以看到频率分集和逻辑"或"提高了消隐概率；这是由于在这两个稍有不同的载频上，天线方向图的形状不同。图 24.5 也给出了一个主天线波束收到的有用目标被消隐的概率（P_{TB}）。这些概率是通过 200 次独立的蒙特卡洛仿真估计出来的。目标 SNR 为 20dB，JNR 为 20dB，并假设目标 DoA 在主波束宽度（[-4°，4°]）内均匀分布。关于这个研究案例的数值参数细节可参见文献[73]。需要注意的是对于 F=0dB，P_{TB} 可忽略，而 $P_B \geq 0.9$。

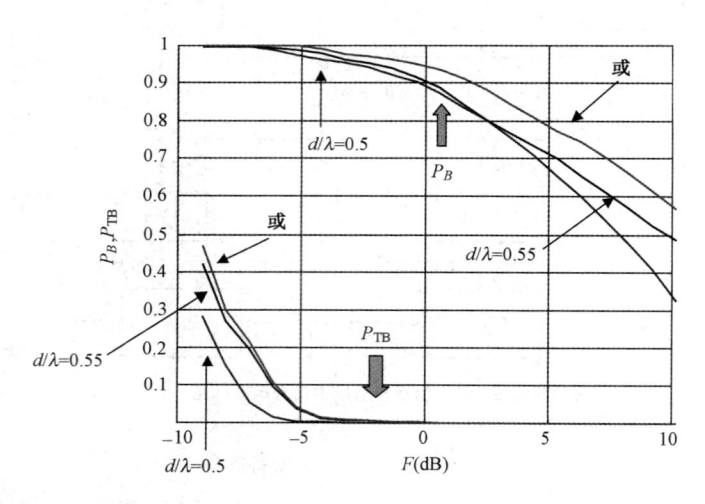

图 24.5 频率分集方案中消隐概率（P_B）及目标消隐概率（P_{TB}）与消隐门限 F（用 dB 表示）的关系

在对图 24.4 中给出的系统进行仔细的性能评估后，我们发现可能必须采用频率分集或空间分集来提高 SLB 性能。选择哪一种分集技术依赖于系统的总体考量，如考虑增加更多的辅助天线和/或用雷达发射适当的载频对系统的影响。另外，如果要求紧致的和高速的处理，那么利用脉动方案，空间分集和频率分集技术都可有效地实现。

SLB 和 SLC 的脉动方案

在寻找高效的并行处理时，脉动方案走进了我们的视野。文献[34，74，75]已经针对 SLC 实现及更一般的自适应阵列问题描述了它们的应用。Farina[34]的第 146～156 页和 Farina 与 Timmoneri 的文章[73]报道了处理 SLC 和主通道接收到的信号的脉动阵列的原理与使用。文献[73]中的图 1～图 4 描绘了一个应用于 SLC 和 SLB 的脉动处理方案。这些方案的优点在于将 NLI 自适应对消的复杂处理分解成一个简单的处理单元的网络，这个网络通常可映射到一个基于商用现货（COTS）技术或定制超大规模集成电路（VLSI）设备上的并行处理结构上。文献[76～80]中已经指出有很多技术可以使用，如现场可编程门阵列（FPGA），用 VLSI 与光子计算机实现的坐标旋转数字计算机（CORDIC）等。使用 CORDIC 进行自适应置零的先锋工作开始于麻省理工学院林肯实验室的科学家 C.Rader[81, 82]。脉动实现的优点在于它的高处理速度和高度紧致、轻质量及低硬件功耗。

自适应阵列天线

自适应阵列天线（见图 24.6）是 N 个带有接收机（RX）和模/数转换器（ADC）的天线的集合，天线的输出送到加权和求和网络，加权值随信号自动调整以减少不需要信号的影响，并/或加强理想信号或求和网络输出中的信号。输出信号 Z 经包络检波并与合适的门限 α 比较以检测有用的信号（见 Farina[35]的第 5 章及其他文献[53-57, 83, 84]）。自适应阵列天线是前面小节中描述的 SLC 系统概念的推广。我们首先考虑干扰对消及目标增强的基础理论，然后把注意力集中在下列论题上：主波束干扰对消、干扰中的目标 DoA 估计、用于联合杂波与干扰对消的二维自适应处理、子阵级的自适应以及超分辨率。自适应阵列天线的实现方案与数字波束形成技术[85-87]及数字阵列雷达（DAR）技术[88, 89]有着越来越紧密的联系。

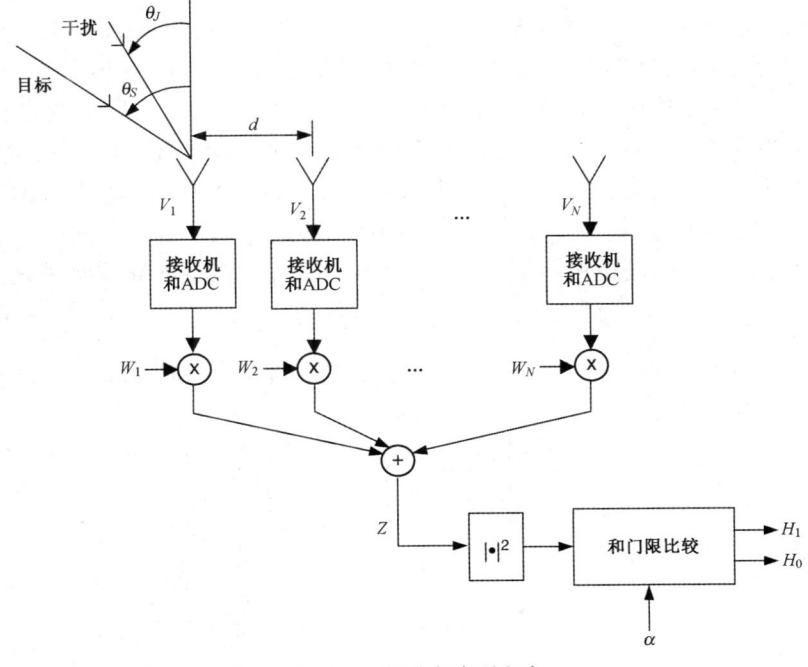

图 24.6 自适应阵列方案

干扰对消与目标信号增强

自 20 世纪 60 年代后期开始人们已经对自适应阵列天线的原理进行了彻底的数学研究[83, 84]。关于自适应天线阵列的发展简史请参见 Reed[90]。有关最小平方自适应处理在军事中的应用综述以及为祝贺 B. Widrow 在自适应信号处理上的开创性工作而授予其 B. Franklin 奖章的详情参见 Etter 等人的文章[91]。自适应阵列天线的原理和其在雷达上的应用已很好地建立，关于这方面的比较普及的出版物有 Haykin 与 Steinhardt[92]、Smith[93] 及 Fairna 等人[94] 的文章。最佳权矢量的表达式给出了基本的结果：

$$\hat{W} = \mu M^{-1} S^* \tag{24.6}$$

式中，$M = E(V^* V^T)$ 是阵列天线所接收的总扰动 V（噪声加干扰）的 N 维协方差矩阵；S 是 N 维矢量，包含在阵列中从某个方向来的目标的期望信号采样。可以看出式（24.6）和式（24.3）之间的相似性。

对于 SLC，自适应阵列天线技术有在消除扰动的同时增强目标信号的能力。自适应系统以最佳方式分配其自由度到增强目标信号上和消除干扰上。

自适应阵列基本理论的推广：(1) 目标模型 S 未知，而不是在式（24.6）中假设已知的；(2) 除空间滤波外，还进行多普勒滤波来消除杂波和箔条；(3) 在移动雷达平台中的应用，如在舰载、机载或星载中的应用。自适应天线阵列概念的一个相关进展是空–时自适应处理（STAP）[95-98]。

空–时自适应处理可被看成一种结合了接收波束形成和多普勒滤波的二维自适应滤波器。Ward[95] 中的图 1 是 STAP 的一个基本图示说明，其中给出了机载雷达看到的干扰环境的示意图与相应的自适应二维滤波器响应。图中也画出了由干扰和杂波引起的功率谱密度关于空间［即正弦（角度）］和时间（即多普勒）频率的函数。阻塞式噪声干扰出现为好像分布于特定角度上和全多普勒频段上的墙。从单独一块地块回来的杂波回波的多普勒频率取决于杂波地块和平台飞行方向之间的角度；从所有角度来的杂波呈现在空–时频率平面的对角脊上。主瓣目标要对抗主副瓣杂波以及干扰。STAP 产生一个空–时自适应滤波器响应，其主瓣沿期望的目标多普勒频率和目标到达角，并有沿干扰墙和沿杂波脊的很深零深。为了进行 STAP，雷达必须有 N 个天线的阵列，每个天线阵列都有自己的接收通道和 ADC。每个通道接收从 M 个相参脉冲发射串回来的 M 个回波。因此自适应共包括 NM 个回波。

对于一个截面积为常数的雷达模型，式（24.6）的最佳滤波器的探测概率 P_D 为[84]

$$P_D = Q(\sqrt{2 S^T M^{-1} S^*}, \sqrt{2 \ln(1/P_{FA})}) \tag{24.7}$$

式中，$Q(\cdot, \cdot)$ 是 Marcum Q 函数①；P_{FA} 是预先设定的虚警概率。可以证明，式（24.6）中的权矢量提供了最大的改善因子 I_f 的值，I_f 的定义如下

$$I_f = \frac{输出端信号与干扰 + 噪声功率比}{输入端信号与干扰 + 噪声功率比} \tag{24.8}$$

---

① Marcum Q 函数定义为

$$Q(a,b) = \int_b^\infty x \exp\left\{-\frac{x^2 + a^2}{2}\right\} I_0(ax) dx$$

式中，$I_0(\cdot)$ 是零阶修正贝塞尔函数。

对应于式（24.6）中最佳权矢量的 I_f 值为[84]

$$I_f = \frac{S^T M^{-1} S^*}{(SINR)_t} \quad (24.9)$$

信号与干扰+噪声功率比 $(SINR)_t$ 在天线阵列的每个接收单元的输入端测量，且指一个回波脉冲。I_f 代表自适应阵列的性能，它表示目标信号积累和干扰消除。以上方程的实际应用可在 Farina[34]的第 5 章中找到。干扰协方差矩阵 M 的特征值-特征矢量分解的概念对于理解自适应天线阵列方向图很关键，参见 Farina[34]的第 5 章以及 Testa 与 Vannicola[99]。可以减轻噪声矢量有害影响，从而在自适应阵列天线方向图中继续保持预设的低副瓣的一种重要技术就是所谓的对角线加载技术[100, 101]。

在成功地应用了 SLC、式（24.6）的应用以及更通用更强大的自适应天线阵概念（如 GSLC，推广的 SLC[34]）以后，自适应天线阵列才出现。很明显，自适应天线阵的效率取决于自由度（Dof）的数目以及接收通道的精度（如匹配程度）。在精度与通道数目之间存在某些折中，只有一个自由度的系统（且需要最高的精度）比 4 个自由度的系统效率低。从理论上说，一个有 N 个自由度的自适应系统可以抑制（$N-1$）个干扰；从实际上说，作为粗略的估算，只可以抑制 $N/2$ 或 $N/3$ 个干扰。如果干扰的个数多些，自适应天线阵仍然有用，这是因为某些干扰抑制是用相应减少的探测距离获得的。对自适应波束形成与低副瓣天线进行比较可发现自适应波束形成对靠近主波束的干扰更有效。另一方面，自适应天线阵列可在获得一些较低副瓣的同时实现干扰置零。在自适应天线阵列的实际可应用性方面有下面一些考虑。一些现役雷达系统是自适应的，在技术文献［38～40，102］中有对它们的描述。进行数字处理的现代雷达已经至少拥有 4 个数字通道（和、方位差、俯仰差和保护通道）。一般来说，已实现的接收通道的数目主要取决于成本。有人说具有几十个自适应自由度的雷达系统已经工作于微波频段。在超视距（OTH）雷达中的自适应自由度个数可能更多。

在可以预见的将来，拥有 1000 个单元的阵列的全自适应天线阵列（即在接收单元级具有自适应性）只有理论价值。有一些雷达是全自适应的，但它们只有在自适应天线阵中可以经济地处理有限数目的单元。接收单元数目很大的天线阵列需要进行某种形式的处理量降低。一种部分自适应的方法是将天线阵列单元组成子群，由子群形成自适应处理器的输入。必须仔细选择子群单元以防止栅瓣，在下节将会讨论这个问题。另一种简化全自适应天线阵列的方法是进行确定性空间滤波。这时在那些预计到会有干扰到来的方向或立体角上，确定性空间滤波对副瓣进行固定的降低。例如，由于干扰大多在地面上或者来自远方，所以一个可能的干扰区域是水平线方向的或其一部分。通过假设一个预知的协方差矩阵 M，权值预先脱线被计算好并存储在存储器中，存储器中有一个权值"菜单"可供操作员或自动判决系统进行选择（Farina[34]的第 277～283 页）。

主波束对消（MBC）系统

主波束对消的目的是抑制从雷达主波束接收的高占空比信息和 NLI（类噪声干扰）。MBC 的概念性方案与 SLC 的方案相似，然而它采用高增益波束替代低增益辅助天线。通过将从高增益波束和主天线来的信号进行线性组合消除干扰。需采用的权值可由式（24.3）计算。消除一定数量主波束干扰的能力依赖于可用的高增益波束数目。为主波束干扰对消，可应用所谓的四瓣方向图[103, 104]。与高增益波束联合使用低增益辅助天线使得副瓣和主波束干扰可以同时消除。

在副瓣和主波束干扰中的目标 DoA 估计

在存在自然和人为干扰的情况下要求用相控阵雷达检测、定位并跟踪目标。在面对 ECM 时，由于单脉冲比圆锥扫描难欺骗得多，所以单脉冲是一种判定目标角度坐标的优选技术。但是，采用自适应波束形成时（为了更好地削减强干扰），与其相关的和差波束形状会产生畸变，这会在传统的单脉冲技术中引入误差，特别是干扰靠近主波束时[105]。因此，不能采用传统的单脉冲技术[106]。可以考虑用于目标 DoA 估计的最大似然（ML）方法，这种方法推广了单脉冲的概念[104, 107-114]。

也是当存在主波束和副瓣干扰时，通过处理一组低增益和高增益波束接收的数据，目标的角坐标——方位和俯仰 (θ,ϕ) ——可由最大似然方法 ML 估计。接收到的雷达回波集合 $V \equiv bS(\theta_T,\phi_T) + d$ 依赖于目标的角坐标 (θ_T,ϕ_T)、复目标幅度 b 以及零均值白高斯噪声加上干扰扰动 d。S 是一个包含在一特定方向 (θ,ϕ) 上高增益和低增益天线方向图值的矢量。数据 V 由以目标未知参数为条件的高斯概率密度函数，也即 $p_v(V/b,\theta_T,\phi_T)$ 来表征。目标未知参数的 ML 估计由下式得到

$$(\hat{b},\hat{\theta}_T,\hat{\phi}_T) = \arg\min_{b,\theta,\phi}\{[V-bS(\theta,\phi)]^H M_d^{-1}[V-bS(\theta,\phi)]\} = \arg\min_{b,\theta,\phi}\{F(b,\theta,\phi)\} \quad (24.10)$$

式中，M_d 是扰动协方差矩阵，$M_d = \sigma_n^2 \cdot [I + \text{JNR} \cdot S(\theta_J,\phi_J) \cdot S(\theta_J,\phi_J)^H]$，它依赖于干扰的角坐标 (θ_J,ϕ_J)①以及干扰噪声功率比 $\text{JNR} = P_J/\sigma_n^2$。在式（24.10）中，$(\cdot)^H$ 表示复共轭转置运算。通过令要最小化的函数的一阶导数为零，可以单独估计幅度 b。将幅度估计值 $\hat{b}$ 代入要最小化的函数，可得下面的 DoA 估计式子

$$(\hat{\theta}_T,\hat{\phi}_T) = \arg\max_{\theta,\phi}\{U(\theta,\phi)\} = \arg\max_{\theta,\phi}\left\{\frac{|S^H(\theta,\phi)\cdot M_d^{-1}\cdot V|^2}{S^H(\theta,\phi)\cdot M_d^{-1}\cdot S(\theta,\phi)}\right\} \quad (24.11)$$

从式中可以看到泛函 $U(\theta,\phi)$ 的分子是一个拥有高增益和低增益天线方向图的推广的天线阵列的平方自适应输出（$|S^H(\theta,\phi)\cdot M_d^{-1}\cdot V|^2$）；分母 $[S^H(\theta,\phi)\cdot M_d^{-1}\cdot S(\theta,\phi)]$ 是一个归一化项，稍后我们将看到它所发挥的关键作用。某特定角度对 (θ,ϕ) 的函数 U 在与一个合适的门限做了比较之后，判定是否检测到目标。当扫过一组合适的 (θ,ϕ) 角度值时，同一泛函 U 通过式（24.11）给出目标的 DoA 估计。我们称式（24.11）及其实际实现为**推广的单脉冲技术**。

这个算法需要估计扰动协方差矩阵 M_d，它可由与被测试单元相邻的距离单元上的雷达回波获得，在被测试单元上要寻找潜在的目标。通过在感兴趣的 (θ,ϕ) 范围内进行穷尽搜索或者通过使用快速递归算法，可以估计出泛函 U 的最大值[114]。递归可用主波束指向的角坐标进行初始化。将估计出的扰动协方差矩阵代入泛函 U，就得到了恒虚警率（CFAR）检波器[115]。这样，将泛函 U 与一个合适的门限进行比较，使得目标检测时可保持预定的恒虚警率。仅对于检测出信号的距离单元，才取出雷达信号并由 ML 算法进行进一步处理以产生目标 DoA 估计。

目标 DoA 的 ML 估计算法的性能可采用 Cramer-Rao 下限（CRLB）和蒙特卡洛仿真研究[104, 107-109, 113, 114]。在这些研究中发现，泛函 U 的形状既描绘出目标的存在，也描绘了干扰

---

① 这里仅考虑一个干扰，但是数学方法可以很容易扩展到多于一个干扰的情况。

的存在。研究已经证明蒙特卡洛仿真与 CRLB 分析很一致。研究还发现用传统单脉冲波束（和、方位差和俯仰差）兼四瓣天线方向图可以提高干扰中目标 DoA 的估计。

自适应干扰与杂波联合对消

雷达中总是存在杂波。杂波对自适应干扰对消的性能有负面影响，因此必须用一些手段来有效对抗同时存在的杂波和干扰。当存在严重杂波时，SLC 和自适应天线阵将试图使自适应输出的功率最小化，而不区分杂波与其他形式的干扰。换句话说，自适应方向图将包含对准主波束天线方向的零点。有许多技术可用于避免由杂波存在而引起的问题。有一种特别适用于低 PRF（脉冲重复频率）雷达的技术是通过只在每个 PRI 的末尾选择不包含杂波的距离单元进行自适应来避免近程杂波回波对自适应权值的影响。这种技术不适用于工作在高 PRF 距离模糊模式下的雷达，在这种模式下所有的距离单元上都有明显的杂波。如果杂波和干扰不能在距离上或多普勒域上分开，那么可能需要一个二维（多普勒频率维和角度维）自适应滤波器，对于杂波和干扰的统计特性不能预知的情况下尤其如此。事实上，如果干扰或杂波的统计量不能独立估计，那么由于统计过程的相互污染，所以设计一个有效的空域滤波器以抑制干扰或设计一个时域滤波器以减轻杂波都是很困难的[116]。当杂波–干扰比接近 1 时，这个问题尤其突出。在这种情况下，将空域自适应处理器与时域自适应处理器级联的性能并不见得好。此时，多普勒域和角度域的联合二维自适应滤波是一种可联合消除而不是顺序消除合成扰动（即干扰和噪声叠加）的方法[117]。二维自适应的性能优点必须与计算成本进行折中。为了减轻计算量提出了很多不同的计算策略，例如，以比输入数据低的速率计算自适应二维权值，并以自然速率应用到雷达快照上。Bollini 等人[75]详细介绍了一种称为逆 QR 的提取权值的高效算法过程。其他可能的方法是利用现代计算技术，如 FPGA、PowerPC 或高速光处理器来支持二维自适应处理[80]。

子阵级上的自适应

对于一部拥有几千个单元的工作的相控阵雷达（PAR）来说，直接对从每个辐射单元来的信号进行自适应是不可能的。必须采用子阵来降低系统复杂度。一个子阵是天线基本辐射源的集合；整个天线可看作由这些超级单元组成的阵列。自适应处理可应用于每个子阵的输出信号，这样就降低了系统复杂度。假设子阵的配置合理，子阵的个数和接收通道误差（如通道失配）将决定对消性能。因此，子阵数的选择必须在硬件复杂度、成本和可达到的性能间进行折中。

我们特别希望 PAR 有低副瓣，这可通过以下几种方法获得：（1）用模拟技术（即在微波单元级）实现固定权值层，以减少所有地方的副瓣电平；（2）在数字子阵级固定权值，以达到预定的峰值–副瓣比（PSLR）；（3）用数字技术实现自适应权值层，以沿着高方向性波束（和、差、高增益杂波方向图）和可能是全向的低增益波束（如保护通道；Ω）的干扰 DoA 放置零点。图 24.7 是现代 PAR 的一个简化框图。

形成和差方向图

下面考虑在有子阵的 PAR 中，如何形成具有规定低副瓣的和差波束的问题。一种策略是在单元级采用锥削（即在模拟接收部分，在那里每个单元都可有一个衰减器；这样就可得到一个锥削函数，使得和差波束都能获得合理的低副瓣）。这样在子阵形成后，对每个通道采用固定数字锥削，且和差通道的权值不同。图 24.8 是一个产生一个和及一个差通道的均匀线性阵列（ULA）的示意图。图中描绘了一个有 24 个接收单元的 ULA，这些单元组合成 4 个相互不重叠且不规则的阵列[118]。

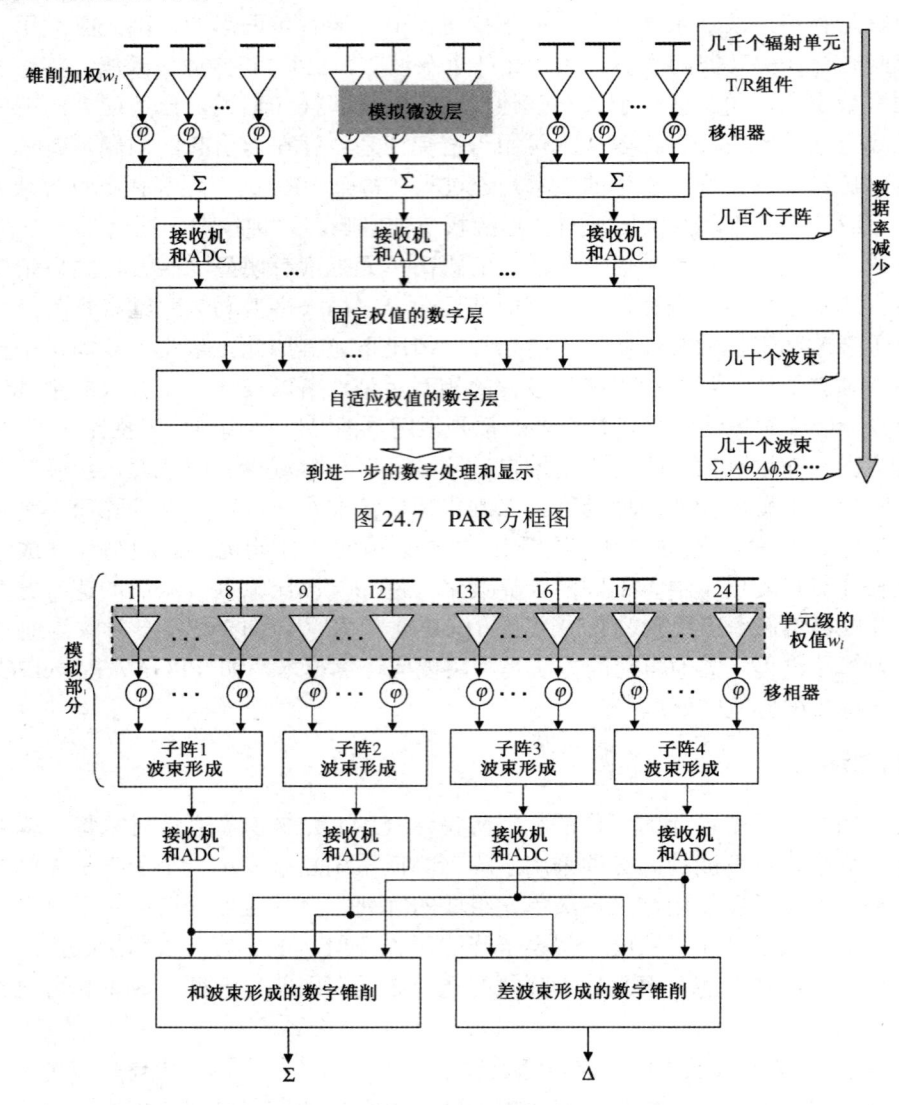

图 24.7　PAR 方框图

图 24.8　由子阵产生和差通道的 ULA 实例

模拟锥削的计算通过使虚拟的宽角度干扰置零来实现，这种干扰占据了和差波束副瓣必须保持为低的全部角度范围。Farina 等人[118]发现模拟锥削是泰勒加权（对和波束是最好的锥削）与贝利斯加权（对差波束是最好的锥削）的折中，折中的程度由为和差波束选择的虚拟 JNR 的数目决定。Farina 等人[118]报道了一个数值实例，这是一个 24 个单元的 ULA，虚拟干扰在和差波束的主波束之外均匀分布，和差波束的峰值-副瓣比（PSLR）分别为 17.5dB 和 16.5dB。

第 24 章 电子反对抗

下一步是在数字层为和差波束推导固定锥削,Nickel[119, 120]描述了一种合适的技术。这种方法的基本原理是通过在子阵级补偿单元级的模拟锥削来获得和波束,以使总体锥削更类似于泰勒加权;这可通过增加中心子阵权值(即图 24.8 中的子阵列 2 和 3)相对于边上子阵 1 和 4 权值的贡献实现。为了得到差波束,在子阵级补偿单元级的模拟锥削,以使总体的锥削函数更类似于贝利斯加权。这可通过减小中心子阵列 2 和 3 的贡献实现。

Farina 等人[118]报道了一个数值实例,它是一个单元数 N 为 24、子阵数 M 为 4 的 ULA。选择的权值是 PSLR 为 30dB 的泰勒锥削。它只有 4 个数字自由度,这意味着可达到的 PSLR 只有少量改进。然而,对于 24 个模拟权值和 4 个数字权值的组合,可以得到 25dB 的 PSLR。对于同样的 ULA,差通道可以达到 20dB 左右的 PSLR。

与子阵列自适应有关的考虑

由于每个子阵列中的单元数目不同,所以在天线阵列单元级进行锥削会在子阵列输出中产生不相等的噪声功率。自适应将试图均衡通道间的噪声,这样会抵消锥削的效果[119]。对子阵列结构[①]进行编码的变换 T 必须满足 $T^H T = I$。这样,子阵输出端的噪声相等;随后在子阵列输出上数字地加上缺失的锥削权重(加权重新调节)[119]。作为一个例子,考虑一个 12 个单元的、平台上加余弦的线性阵列。图 24.9 描绘了下面的曲线。连续曲线:在子阵列输出端没有进行噪声归一化的由子阵列组成的天线阵列的方向图,它近似于均匀锥削(虚线)。点线:由单元组成的阵列和由子阵组成的阵列在噪声归一化和重新加权后的方向图。

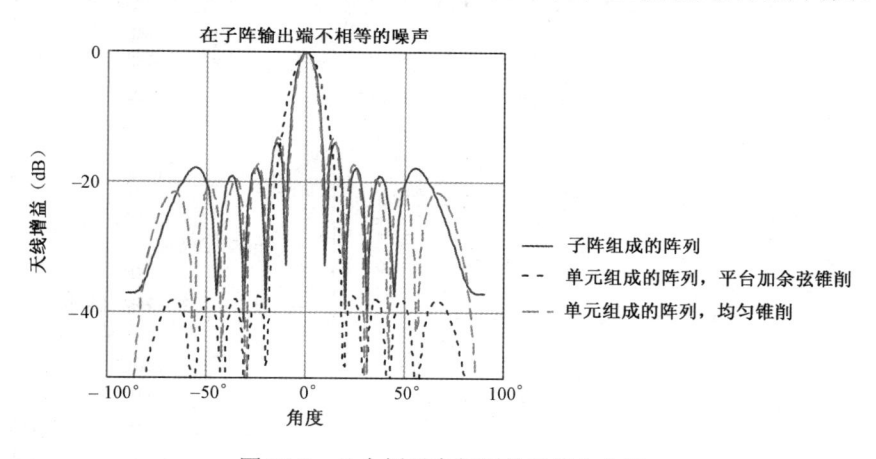

图 24.9 几个例子中得到的天线方向图

图 24.10 示出了一个数值实例的图,它画出了对一个干扰 DoA=-50°,JNR=30dB 的干扰的对消情况。连续线代表未自适应的方向图,在单元级进行锥削;而点线代表子阵级的自适应方向图。

通常选择不规则的子阵形状和位置以避免栅瓣。如果干扰进入栅瓣,则通过扭曲栅瓣及

---

① 子阵列结构可由矩阵 T 表示。矩阵 T 有 M 列 N 行,M 等于子阵列数目,N 等于基本辐射源个数。矩阵单元 t_{ij} 定义:如果第 i 个基本辐射源属于第 j 个子阵列,则 t_{ij} 等于 w_i,如果第 i 个基本辐射源不属于第 j 个子阵列,则 t_{ij} 等于 0,这里 w_i 是图 24.8 中模拟层的锥削加权。

由此的天线阵列主波束（栅坑），可将干扰消除。例如，考虑一个单元数 $N=12$ 的均匀线性阵列；然后，形成两种都有 $M=6$ 个子阵列的相互不重叠的子阵列配置。第一种配置是规则的，每个子阵列有两个单元。第二种配置是不规则的，每个子阵列分别有 2、1、4、2、1 和 2 个单元。图 24.11 是天线阵列输出端的 SINR 与 JDoA（干扰 DoA）的关系。目标 DoA 在 0°，SNR 为 0dB 且 JNR 为 30dB。三条曲线归纳了系统的性能。虚线是进行平台加余弦锥削的天线阵列方向图，画它是为了与另外两条 SINR 曲线进行比较。点线是静默（没有自适应）方向图的 SINR；它模仿了副瓣的倒数和主波束方向图。连续线是自适应不规则子阵结构的 SINR；SINR 的最大值为 10lg12 减去锥削损失。

图 24.10 子阵级的干扰对消

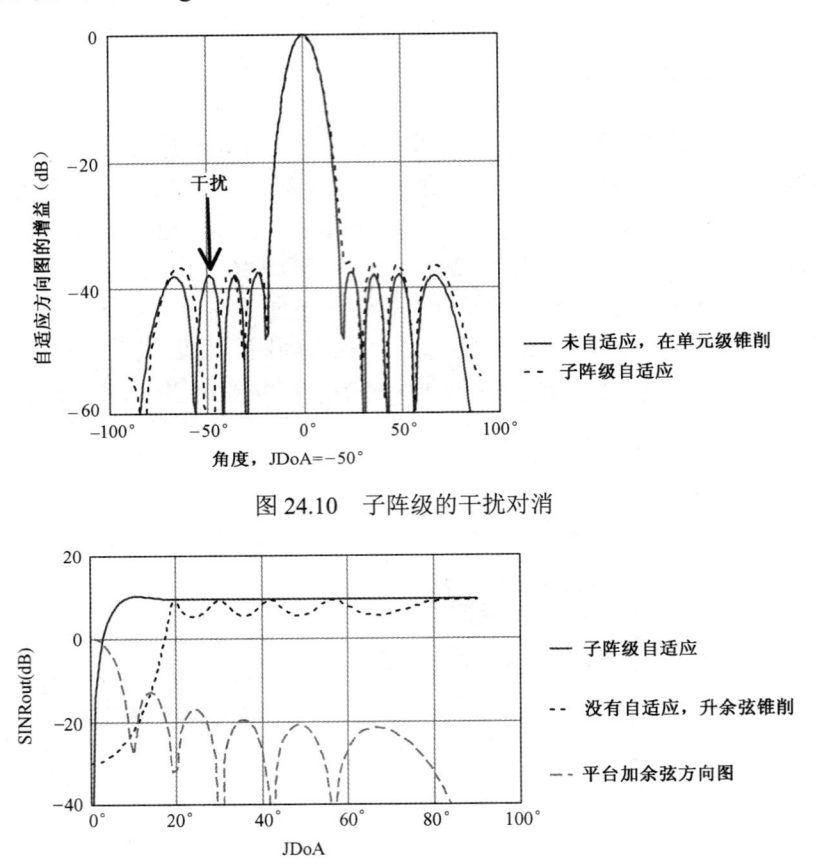

图 24.11 SINR 与 JDoA 的关系

图 24.12 画出了没有锥削的规则阵列配置的 SINR。从图中可以看到，当干扰 DoA 在 80°附近时，SINR 下降；这是由栅瓣引起的。因为没有锥削损失，所以 SINR 的最大值为 10.79dB=10lg12。

超分辨

常规天线的分辨率受限于众所周知的瑞利准则，即两个在角度上分开 $0.8\lambda/L$（以弧度计）的等幅噪声源可以被分辨，其中 λ 是波长，L 是孔径长度。当入射波的 JNR 较高时，原则上，自适应阵列天线可达到一个更窄的**自适应波束宽度**来获得更尖锐的入射波方向估计。

第 24 章 电子反对抗

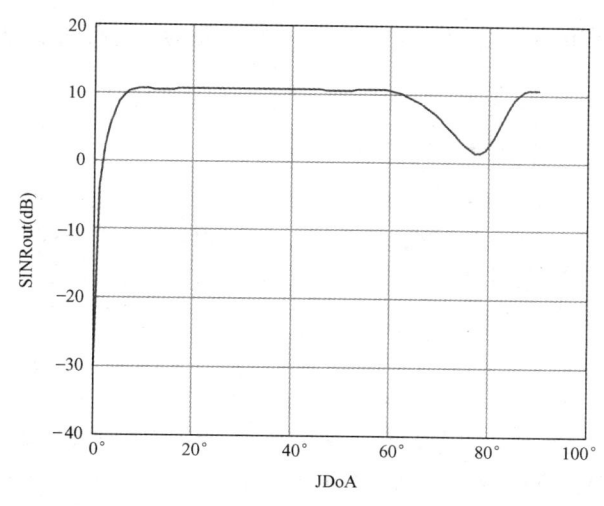

图 24.12　没有锥削的规则子阵结构的 SINR 与 JDoA 的关系

若能获得非常精确的干扰选通信号，就可利用它们在干扰方向上形成波束，而这些波束可用作自适应干扰抑制的辅助通道[121]。干扰方向也可用作确定性波束置零，特别是主波束置零[122]。除干扰源方向及干扰源强度外，该技术还可以提供其他信息，如干扰源数目及它们之间的互相关性（相参性）。这些信息可以用来跟踪及分类干扰源，以便更好地对其作出反应。干扰映射（一个在背景中运行的函数）对多功能雷达的模式选择（如可接受的指向与波形）以及一般性认知当前状况很有用。超分辨也许能分辨出多个独立源，由于副瓣叠加和屏蔽的问题，所以超分辨对于多个干扰情况下的干扰映射可能至关重要。对超分辨感兴趣的另一原因是超分辨是一种对抗导引头应用中的交叉眼干扰的 ECCM，见 Wirth 文章的 12.1 节[102]。

　　主要是 W. F. Gabriel 在海军实验研究室（美国）提出并分析了超分辨概念[123]。Gabriel 和后来其他学者描述了几种不同的方位估计方法[34, 124-130]。其一是 J.P.Burg 发明的最大熵方法（MEM）。该方法适用于除在干扰所在的方位上外具有全方位接收方向图的 Howells-Applebaum 自适应波束形成器。接收方向图中的零点指出了干扰的存在。因为零点总比天线波瓣尖锐，所以从自适应波束方向图可以更精确地测定干扰方位，结果就是超分辨。只要倒置自适应方向图就可以得到所需的空间谱方向图。正如 Gabriel 所指出的，并不存在一个真实的天线方向图，因为不存在可以产生一个有尖峰的空间方向图的阵列信号的线性组合。它只不过是从一个真实的自适应天线方向图的倒数计算出的一个函数。超分辨和用于干扰对消的自适应天线紧密相关。粗略地说，两者之间的区别仅在于，一个是零点向下的方向图（消除干扰的自适应天线），而另一个则是零点向上，即峰值的方向图（干扰的超分辨）。

　　超分辨技术的一个限制因素是它们通常要求接收信号遵守天线阵列流形的精确模型。由于传播效应（如空间扩散和非平稳性）和设备影响（如通道失配），这点常常不能做到。这些因素也影响自适应天线的干扰对消性能，但是模型失配会使超分辨技术的性能下降得更严重。要得到更高性能的超分辨技术就要求与假设模型更严格一致；如果模型不精确，这些严重依赖于模型的使用的技术将变得对模型非常敏感，且更可能工作得不好。

　　为了得到有效的超分辨，就需要一个有合适子阵数的天线阵列；这可能是该方法除试验目的之外在实际雷达系统中应用不多的原因。基于小量 SLC 配置的超分辨的效率不高，因为这种配置由于它们是非线性处理的最大熵或自回归方法会导致很有可能有伪峰。

实际经验指出分辨率的极限主要由实现和环境因素决定而不是由纯 JNR 考虑决定。

24.7 与发射机有关的 ECCM

不同类型的 ECCM 与辐射信号的功率、频率、波形的适当使用和控制有关。对付噪声干扰的一种强力的办法是加大雷达发射机功率。这种技术与使雷达天线波束聚焦在目标上的方法相结合可以获得更大的探测距离。但这样做是有代价的，即当雷达停在某一特定的方向上后，它将不能观察其他应该观察的方向。另外，这种烧穿模式对箔条、诱饵、转发器和欺骗式应答干扰等无效。

更有效的方法是使用复杂、可变化的、不相似的发射信号，让 ESM 和 ECM 感到有最大的负担。不同的工作方式指的是使用频率捷变、频率分集模式或宽瞬时带宽信号这样的发射频率变化[131-133]。**频率捷变**通常是指雷达发射频率脉间或脉组间可捷变。脉组间频率捷变允许多普勒处理，而脉间频率捷变与多普勒处理是不兼容的。脉间频率捷变波形中每个发射脉冲的中心频率以随机的或设置好程序的方式在大量的中心频率间变化，下一个脉冲的频率一般不可由当前的脉冲频率预知[134]。**频率分集**是指在雷达中使用多个互补的不同频率的发射，这些不同的频率要么来自一部雷达（如仰角上多波束雷达[38]，在每个波束上使用不同的频率），要么来自几部雷达。频率捷变和频率分集的目的是，强迫干扰机把能量在雷达捷变带宽上扩展以减小其干扰效果，这相当于减小干扰机的功率密度和由此获得的 ECM 有效性[29]。

Senrad 雷达是使用频域进行 ECCM 的一个很好的例子。Senrad 是海军研究实验室（美国）建造并测试的一部实验远程空中监视雷达[135]。Senrad 说明了如何建造一部雷达，使得干扰机被迫降低它在每单位带宽上的辐射能量；它既包括频率捷变也包括频率分集。这部雷达演示了它的不同寻常宽的带宽，从而降低了噪声干扰机的有效性，而这种干扰机可以严重干扰更窄带的雷达。

频率捷变、频率分集和瞬时宽带技术代表了 ECCM 的一种形式，它把信息载体信号在频率或空间或时间上尽可能展开以减小被 ESM、ARM 探测到的概率，并使干扰更加困难。这种 ECCM 技术属于波形编码领域[3, 136, 137]。

模糊函数（AF）是一种以分辨率、副瓣电平和模糊度来表征波形编码的工具[137]。在为一指定雷达应用选择波形时，必须针对雷达将来的工作环境测试 AF。所谓环境图描绘雷达环境（杂波，诸如箔条、故意干扰这样的 ECM，或可能从来自邻近 EM 设备的干扰）的频谱、空间和幅度特征，并用于帮助雷达波形设计。Levanon 和 Mozeson[137]的第 15 页给出了环境图的一个例子：在距离-多普勒平面上示出了一些区域，这些区域中预期可能有几种类型的杂波和高度较高的箔条。在同一张图中还叠加上了预计的目标轨迹以及比如一个脉冲群波形的 AF 等高线。当目标沿一条特定的轨迹运动时，AF 将相应移动，伪 AF 峰将滑过决定雷达回波强度和特性的杂波和箔条区。

波形编码包括脉冲重复频率抖动和重频参差，这对对付一些欺骗式干扰机有效而对噪声干扰无效。由于敌人不应知道或预计发射波形的精确结构，所以波形编码使得对雷达的欺骗干扰很困难。结果是，它保证了在这种类型干扰下的最大作用距离性能。为实现脉冲压缩而进行的脉内编码在提高目标探测能力方面特别有效，因为它能保证在辐射足够的雷达平均功率的同时，不超越雷达的峰值功率限制，并可提高距离分辨率（大带宽），这又反过来减小了箔条回波并且提高了目标分辨程度。

可以通过检查干扰信号，发现其发射频谱凹口来选择具有最低干扰电平的雷达发射频率。在对付脉冲 ECM、点噪声、非均匀阻塞噪声时该方法特别有用。该方法的效果主要依赖于雷达捷变带宽的范围、采集速度，以及对"智能"干扰机的频率跟踪。适用于这种目的的技术称为**自动频率选择技术**（AFS）[133, 138]。

另一个减少主瓣噪声干扰效果的技术是，提高发射机频率（相当于增大天线尺寸）以减小天线波束宽度，这样就限制了主瓣干扰的角度区域并提供了一个干扰机方向的选通脉冲。通过几部空间上分开的雷达所提供的选通信号可以将干扰机定位。

固态发射机技术[36-40]步入应用使得可以产生高占空比的波形，这对实现 LPI 雷达可能会有一些帮助。

总的说来，导致没有较好的 ECCM 性能的一个因素是分配给雷达的电磁频谱减少了。如前面讨论的，在宽频谱范围上工作对 ECCM 有很重要的优点，但是民用和商用无线通信系统占据了越来越多的频谱，这是以牺牲军事 ECCM 能力为代价的。

24.8　与接收机有关的 ECCM

经受了天线 ECCM 而保存下来的干扰信号如果足够大，将使雷达处理链饱和。需用宽动态范围接收机来避免饱和。

对数（log）接收机可以帮助对付噪声干扰，但是当使用多普勒处理时，对付杂波它有不利影响。对数接收机指视频输出信号与在指定距离上与 RF 输入信号的包络成对数关系的接收机。当存在强度可变的干扰噪声时，它可以防止接收机饱和。与之相比，小动态范围线性的接收机由于在中等噪声电平时已引起计算机饱和，因而不能检测到目标信号。对数接收机的主要缺点在于其对数特性引起接收回波的频谱扩展。如果杂波回波的频谱扩展到了目标回波预期的频谱区域中，那么就不可能在 MTI 或脉冲多普勒雷达中保持杂波抑制[21, 29]。

我们得到的主要信息是动态范围问题对于干扰抑制和杂波抑制都很重要，而杂波总是在雷达中存在的。因此，我们的建议是在现代雷达中实现一部宽线性动态范围（如 100dB）的接收机。模/数转换器也需要有合适的位数，以保持这个宽动态范围；粗略估算的方法是，每一位增加 6dB 的动态范围。

硬或软限幅器也可用来对付干扰信号。它们是非线性无记忆器件，可斩去大幅度的干扰信号。Dicke-Fix（宽-限-窄）接收机可以对付高扫频速率 CW 干扰和扫频点噪声干扰[29, 139]。在雷达接收机中，Dicke-Fix 使用一个宽带中频（IF）放大器、一个置于窄带中频放大器之前的限幅器。宽带放大器能从扫频干扰的影响中迅速恢复，限幅器则抑制掉干扰信号。当窄带目标信号从宽带放大器和限幅器中传送过来以后并没有受到明显影响，然后由与信号匹配的窄带滤波器对窄带目标信号进行积累。Dicke-Fix 中的单词 Fix 很多年前就存在了，它说明这是当时出现的问题的"修理"，将来会被更好的东西代替。它通常装有开关以在需要时关闭。现代雷达中，特别是采用多普勒处理的现代雷达中不再使用 Dicke-Fix；因此，很多雷达应用中不再对 Dicke-Fix 感兴趣。

雷达中还可使用其他一些特殊处理电路来避免饱和，即快时间常数（FTC）设备（可能在现代雷达中几乎没有用）、自动增益控制（AGC）以及 CFAR 等[8, 29, 31]。然而，不能说它们就是 ECCM 技术。例如，通过防止杂波使计算机饱和，FTC 允许检测比杂波大的信号。但 FTC 不提供杂波下可视能力。AGC 保持雷达接收机工作在其动态范围内，防止系统过载，并提供合适的归一化，以为雷达距离、速度和角度处理–跟踪电路提供标准化幅度的信号。总之，这些设备在雷达中占有一定地位，但不是用于 ECM 战斗的手段。

总而言之，除保证接收机能很好地完成自己的工作外，接收机并没有太多的手段来对抗 ECM。今天，现代相控阵多通道雷达将采用全数字、软件控制的接收机，就像在 DAR 中一样。这里我们所期望的性能优点是更宽的线性动态范围，以及能支持几十个通道自适应的接收机带内校准：这在对付方向性的噪声干扰中尤其具有优势。

24.9 与信号处理有关的 ECCM

数字相参信号处理对杂波及箔条干扰有很好的抑制作用[3, 140]，它是由运用相参多普勒处理技术如固定、自适应 MTI 或最优脉冲多普勒处理而得到启发的。由于相参处理对杂波、箔条以及干扰的抑制程度有限使对消后剩余的干扰依然是虚警的主要来源，所以非相参处理也是需要的。非相参处理中值得提到的有 CFAR 检测器[141-145]以及对抑制脉冲式干扰很有用的脉宽鉴别器。脉宽鉴别电路测量每个接收脉冲的脉宽，如果它与发射脉宽不近似相同，则拒绝接收。脉宽鉴别技术有助于对抗箔条干扰，因为来自箔条带的回波宽度要比发射脉宽要大得多。然而，如果目标位于箔条带中，则脉宽鉴别器也可能将目标消除掉。

相参处理

雷达可用的对抗箔条干扰最有效的技术是多普勒滤波，它利用目标和箔条不同的运动特性[3]。箔条干扰和气象杂波的特性相似，不同之处是，箔条的散射单元经切割后能对相当宽的雷达频谱响应。气象杂波及箔条干扰与地杂波的区别在于，它们的平均多普勒频移及扩展取决于风速及风切变，而切变是由风速随高度变化引起的。箔条随当地的风漂移，存在一些方法（自适应 MTI 和最优多普勒处理①）可将不想要的移动或静止回波置于 MTI 零点上[55, 136, 146]。一般采用两种基本多普勒滤波技术。第一种是 MTI，它采用可提供不模糊距离覆盖的 PRF，同时使用一个梳状多普勒滤波器，其零点调到箔条的平均径向速度上[3]。第二种是脉冲多普勒，它采用可提供不模糊多普勒覆盖的高 PRF，以及一个可将目标从箔条干扰中分离出来的多普勒滤波器组[3]。与箔条干扰有关的问题出现在当大气中存在严重的风切变时。存在风切变时，从箔条来的多普勒频谱的宽度可能很宽（除非俯仰波束非常窄，就像在俯仰上采用叠层波束的三坐标雷达中可能出现的一样[38]），因此消除移动箔条的回波很困难。脉冲多普勒雷达有更好的机会，但是它也有自己的问题，因为可能出现占据较大距离范围的杂波折叠。

相参多普勒处理器可能要求相对数量较多的脉冲（如大于 10 个），这些脉冲必须以稳定

---

① 自适应 MTI 估计移动杂波源的平均多普勒频率，并设置二项式 MTI 的零点。最优多普勒处理通过杂波协方差矩阵求逆，估计出杂波的整个频谱及形状，然后相应作对消滤波器；更进一步说，它利用多普勒滤波器组，积累来自移动目标的回波信号。将一个与式（24.6）相似的等式应用于由雷达发射的相参脉冲串接收的雷达回波，可计算出最优滤波器权。

的频率和重频发射。响应式干扰机可以测量第一个发射脉冲的频率，然后让干扰机集中频率来点频干扰后面的脉冲。同时，要求 PRF 稳定也排除了使用脉间抖动，而抖动是对抗欺骗式干扰最有效的技术之一，这是因为欺骗式干扰依赖于对雷达发射脉冲的预测。相参多普勒处理器通常也对脉冲式射频干扰较为敏感，特别是在雷达照射目标的相参脉冲数量有限时[147]。

另一种值得考虑的 ECCM 技术是通过匹配滤波实现脉冲压缩。这种技术与 24.7 节中讨论的波形编码关系紧密。脉冲压缩[136, 137, 141]是一种脉冲雷达技术，它发射长脉冲以提高照射目标的能量，同时又能保持短发射脉冲的目标距离分辨能力。这种技术几乎在所有雷达中使用，以获得高距离分辨率或减小峰值功率。脉冲压缩还具有一些后面将要讨论的对 ECCM 的优势[3, 148]。从 ESM 的角度出发，将脉冲压缩搜索雷达与具有同样脉宽的传统雷达比较，干扰平台上的敌方接收机将不会知道（在一般情况下）脉冲压缩参考编码，因此处于劣势。与使用不压缩宽脉冲的雷达相比，脉冲压缩提高了雷达对抗扩展的信号回波，如箔条和杂波的能力。另外，从干扰机来的噪声不能被脉压。扩展杂波看起来比较像噪声，所以也不会被脉压。这使得显示给操作员看的干扰少了[29]。脉冲压缩的不足之处与编码脉冲的较长持续时间有关，这给了 ECM 设备更多的时间来处理脉冲。在很多情况下，脉冲压缩为敌方 ECM 操作员提供了进行雷达干扰的简便手段。脉冲压缩对覆盖式脉冲干扰也很敏感，这种干扰中 ECM 脉冲以很高的 JNR 返回给雷达，这样正常的目标回波就被干扰脉冲覆盖了。ECM 脉冲的宽度通常大于雷达表皮回波[13]。这种类型的欺骗可以由某种 ECCM 技术对抗，例如有一个覆盖脉冲的通道，该通道中的跟踪是对 ECM 发射进行的而不是对从目标返回的表皮回波进行的[29]。

Dicke-Fix 接收机的数字相参处理的实现需要相参硬限幅器，它使信号幅度保持不变，但保留信号的相位信息①。相位编码信号雷达中，相参限幅器位于脉压滤波器之前。接收时，干扰和目标信号在幅度上被切割，但保留的目标信号的相位编码允许用对相位编码匹配的脉压滤波器对信号能量进行积累。Dicke-Fix 处理方案受三个方面的限制。一是当信号不和干扰对抗时的检测损耗，二是弱信号在距离上十分接近（与编码的空间扩展相比）强目标时的被屏蔽效应，三是它不能与多普勒处理联合使用。

CFAR

CFAR 是一种可以防止计算机由虚警造成过载的手段，计算机过载时雷达探测感兴趣目标的能力将会降低[141]。这种处理也是一种 ECCM。有 3 种原因推动人们使用这种技术。

首先，从广义上说，ECM 技术的目的范围包括损害雷达系统的探测和跟踪目标的性能。探测性能由探测概率度量，跟踪性能也由探测概率和虚警概率同时决定。当存在噪声干扰时，传统的（单元平均）CFAR 会提高门限，并减少检测到的目标个数。然而，由于将虚警概率保持在足够小的水平上，所以依旧能被检测到的目标将可以被有效地跟踪。由于虚假峰值（检测到的干扰）的数目相当多，使得跟踪器饱和，所以如果没有 CFAR 和合适的门限调整，那么可能一个目标也跟踪不上。传统 CFAR 并不是真地把干扰去除了，而只是对雷达操作员"隐藏"了干扰。但是，CFAR 使得跟踪器可对仍能检测到的目标进行有效跟踪。通过这种方式，CFAR 能防止雷达整体失效。在检测不到目标的极端情况下（即干扰功率非常强大），没有跟踪是否比有许多虚假跟踪更好仍值得讨论。

---

① 例如，它可与巴克码一同使用，其中的幅度限制不会损害相位编码。

其次，并不是所有干扰都是噪声干扰。有一些干扰确实在距离-多普勒空间中具有某种结构，而 CFAR 有可能被用来将这些不想要的信号降低到检测门限以下，从而再次避免对虚假跟踪的检测，这种错误检测从战术上说会给雷达操作员的判断带来很大困难。

再次，存在自适应 CFAR 检测器（例如 AMF，即自适应匹配滤波器[115]）。自适应 CFAR 检测器是真正的 ECCM 技术，即它们提高了在对抗结构化干扰（在空间和/或时间）时的探测概率，同时适当保持了恒虚警率，使得被检测到的目标能被有效跟踪而不是被众多的虚假检测所引开。这种类型的处理，或从推广的似然比测试（GLRT）导出的相似方法，已经用于一些实际雷达中了。

更进一步说，即使噪声可能在 CFAR 显示上不可见，任一部有一定水准的雷达系统都应使其操作员清楚地意识到由干扰引起的高噪声的存在，进行 CFAR 不能让操作员不知晓干扰的存在和检测门限已经被提高了的这个事实。

24.10　操作与部署技术

以上只讨论了电子 ECCM 技术，但是，雷达的操作原理及部署战术对雷达对抗 ECM、ESM、ARM 的能力有重要的影响，它们包括操作者、操作方法、雷达部署战术及支持 ECCM 等[8]的友邻 ESM。有一种对抗 ECM 的操作技术是使用具有对干扰寻的（HOJ）制导的导弹来拦截噪声干扰机。对干扰寻的导弹中的制导接收机使用自屏蔽的目标干扰信号来得到角度瞄准信息，使导弹可以指向那个目标。

操作员在 ECCM 链中的角色属于**人员因素** ECCM[29]。这类 ECCM 技术包括防空军官、雷达操作员、指挥军官以及/或任何其他与防空有关的人员，识别不同种类的 ECM，并分析其效果，来决定哪种 ECCM 更合适，并在个人指挥结构的范围内采取必要的 ECCM 行动。然而，当操作员面临同时多架敌机上的 ECM 时会力不从心。面对多种 ECM 和要用多种 ECCM 技术时，操作员会做错事或反应太慢，这时就不得不求助于自动 ECCM 技术。这也是当今的发展潮流。然而，某些时候这样做可能会损伤雷达的 ECCM 性能，因为一个训练良好的操作员常常可以判断发生了什么，而自动处理器只能基于预先编好并安装在其计算机中的逻辑做出判决，可能不能识别出异常（就像在干扰中）的发生。这也许是缺少决策操作员带来的负面影响。

操作方法包括发射控制（EMCON），即合理分配给不同雷达工作频率，使用综合 ECCM 对付综合 ECM，使用假发射机将 ECM 引到其他频率上等。EMCON 是对友方所有系统、军队或联合体的电磁辐射进行管理，以在给定情况下发挥对敌方情报数据的接收、探测、鉴别、导航、导弹定位等技术的最大优势。EMCON 在尽量减小向敌方情报接收器暴露位置、类型、力量大小或作战意图的前提下，允许进行基本操作。EMCON 包括对所有部队和设备辐射授权，对辐射的幅度、频率、相位、方向和时间等参数的控制，禁止辐射以及对联合体所有单元和设备的这些操作进行规划[29]。对雷达的开、关时刻表包括只有在需要警戒时才开机的时间段，有利于减少雷达位置被 DF（定向）装备或雷达定位和告警接收机发现的概率。雷达闪烁（多部雷达轮流开关机）可以迷惑 ARM 寻的器与制导或 DF 接收机。诱饵发射机从不位于雷达上的多个天线发射，也可用于混淆 DF 接收机和 ARM；这些诱饵也可与采取闪烁方式工作的雷达联合工作。

在固定建筑中的地基雷达的阵地正确选址可以提供某种程度的自然信号遮蔽,以减少例如被地基 ESM 装备发现的可能性。高机动战术雷达利用"发射了就跑"的战术以对付 DF 及相关的武器装备定位技术[3]。重复覆盖的雷达网有利于 ECCM 更好地发挥作用。在组网的单基地雷达情况下,为了减小干扰,雷达使用不同的频率,因此 ECM 必须考虑对重叠区域内的所有雷达进行干扰,从而减小了干扰机的效能,这就是 24.7 节讨论的频率分集技术。

最后,值得一提的是,友邻 ESM 可通过告警告知可能的敌意行为,并提供敌方干扰机角度位置和信息特征来支持 ECCM 行动。这些信息有助于合适的 ECCM 行动的选择。

24.11 ECCM 技术的应用

本节讲述前面介绍的 ECCM 技术在监视雷达、跟踪雷达、相控阵雷达、成像雷达和超视距雷达中的应用。ECCM 技术在其他雷达,诸如武器定位雷达、制导雷达和导航雷达方面的应用可参见有关文献[3]。

监视雷达

监视雷达的功能是在很大的空域中进行搜索并定位搜索范围内目标的位置。雷达的探测距离和方位–高度范围由雷达的特定用途决定。其关于目标的报告经处理后形成目标航迹。监视雷达的主要指标特性是在晴朗的、有杂波的或有干扰的环境下的探测距离与提取数据的精度、速率和虚警率。在下面的讨论中,主要介绍由雷达对付威胁的需要而驱动的设计原理[3]。

在晴朗的环境下进行检测是预警雷达的一个特性①,它主要在地平线之外较远的距离上探测高空目标,那里杂波的影响可以忽略。在这种条件下,简化分析指出雷达性能对发射机工作频率和波形较不敏感。实际上,由于在较低频率易于制出大尺寸天线和高平均功率,且雨杂波不重要,所以更倾向于采用较低的微波频率。监视雷达必须在一定时间周期内均匀地搜索一特定空间,其在自由空间中对具有一定雷达截面积 σ 的目标的最大探测距离取决于平均发射功率($\bar{P}$)与有效天线孔径(A_r)的乘积。它也同系统的噪声温度成反比,但这一点影响不大,因为噪声温度已不再是主要的设计关注点了。当要检测的目标是隐形目标时,情况更加复杂[149]。

波形设计和工作频率是战术和空域监视雷达的相关参数,因为这种雷达必须能检测借助地形掩护逃避雷达探测的来袭低飞目标,在这种情况下,波形设计和频率选择用来解决遮蔽、多路径、箔条、杂波和 ECM 的问题[134, 138, 150]。

对监视雷达的主要电子战威胁包括(1)噪声干扰;(2)箔条;(3)欺骗干扰;(4)诱饵及投掷式一次性干扰机;(5)ARM(反辐射导弹)。

干扰最普通的形式是主波束噪声干扰和副瓣噪声干扰。为对付这种威胁,良好的雷达 ECCM 性能是通过提高平均发射功率与天线有效孔径的乘积($\bar{P}A_r$)来实现的。军用雷达的功率孔径积应比标准设计高 20dB,然而通常这是不可能的。必须折中考虑低副瓣的要求以及相应的主波束宽度的展宽;加宽的主瓣宽度会使雷达更易受到来自主波束的干扰。

---

① 当然,这样的雷达也需要探测到较近的目标,在那里杂波回波可能遮蔽了目标回波,因此,所有远程民用空中交通管制雷达都采用了多普勒处理。

噪声干扰实际上是雷达和干扰机之间的一场能量战。在主波束噪声干扰情况下，这种斗争有利于干扰机，因为雷达要使信号走一个来回，能量有双程传播损失，而干扰机到雷达只是单个路程，只有单程能量传播损失。对于副瓣干扰，雷达设计师可利用低副瓣和副瓣对消技术进行对抗。对于主波束噪声干扰，雷达可通过增大发射平均功率、延长目标驻留时间和提高天线增益等方法使接收的目标能量达到最大。如果雷达的数据率是固定的，且均匀的角度搜索速率已由机械因素和搜索方式决定，那么雷达的唯一选择就是增加它的平均发射功率。下一个选择是控制数据率以便在指定的空间区域延长对目标的驻留时间（烧穿模式），从而提高雷达的性能。以最佳的方式改变数据率是相控阵雷达的主要优点之一[3]。

另一个对付主波束噪声干扰的 ECCM 设计原理是减少雷达对干扰能量的接收。这种方法通过尽可能增宽雷达的发射的频率范围，从而迫使干扰机进入阻塞干扰模式。采用频率捷变和/或频率分集可以实现这种方法。某些雷达与自动频率选择（AFS）设备协同工作，使雷达频率能转换到包含最小干扰能量的频率范围上[133, 138]。

依据搜索雷达方程（参见 24.12 节），ECCM 性能（明显地）看来对频率不敏感[①]。如果保持天线孔径和雷达数据率一定，提高雷达工作频率不影响雷达分辨单元内信干能量比。频率的提高使天线增益和雷达必须搜索的分辨单元数增加同等数量，结果使目标回波功率增加倍数等于目标驻留时间减少倍数，这就使得目标对干扰的能量比保持恒定。不过，实际上主波束的噪声干扰可通过增加雷达工作频率而减少。频率较高的雷达其天线波束较窄且与低频雷达相比工作频带更宽（为中心频率的 5%～10%）。这样，比起低频雷达来主波束干扰只消隐高频雷达较小的区域。此外，窄波束雷达的主波束干扰提供干扰方向的选通，于是可用三角法获得干扰机的位置。雷达带宽宽，加上合适的编码，可迫使干扰机把它的能量分布在较宽的频带内，从而稀释了有效的干扰能量[3]。

对付主波束噪声干扰的 ECCM 设计原理同样适用于副瓣噪声干扰，只是还要求在干扰方向上把副瓣响应做到最小。现代的超低副瓣技术可使副瓣低于天线主波束响应 45dB。有时用超低副瓣天线来控制副瓣噪声干扰是不合适的，因为这会使主波束宽度增加 2～3 倍。此外，很多现役雷达都没有采用超低副瓣（低于-40dB）或低副瓣（-40～-30dB）天线，其天线副瓣为-30～-20dB，平均副瓣比全方向天线低 0～5dB。SLC 有潜力减弱通过副瓣来的干扰，它已在现有雷达中为此获得应用[3]。

如 24.9 节中所解释的那样，对抗箔条的 ECCM 技术大多基于相参多普勒处理[3, 152]。文献[152]特别描述了固定的和自适应的多普勒对消器用于一组箔条数据时的比较，这组箔条数据是由一部 S 波段的多功能相控阵雷达录取的。两种对消器都处理一个 8 脉冲相参脉冲串。固定（即非自适应）处理是副瓣电平比峰值低 60dB 的 Dolph-Chebyshev 滤波器。基于最优多普勒滤波（参见 24.9 节及相应文献[55, 136, 146]）的自适应滤波器的权值由对扰动（箔条和噪声）协方差矩阵的估计和求逆来建立。对抗厚箔条云时评估目标的可检测性能。从记录

[①] 如前所述，因为常用的雷达方程没有包含所有相关因素，所以远程监视雷达可能更愿意选择较低的频率。在存在干扰的情况下，必须考虑频率较低时，飞机上干扰天线的增益也较低，所以干扰功率密度在低频上可能较小。同样的，当多径效应很重要时，通过恰当选择雷达频率将其置于干扰机发射天线的零点，也可以减少接收到的干扰功率。在低频上，箔条干扰可能不那么容易部署[115]。总之，雷达频率较低时可能更健壮，这与我们通过观察传统雷达方程得到的结论一样。

的特定测量值中可以看出自适应滤波器比非自适应滤波器性能有很大提高。

另一类 ECCM 技术针对欺骗性 ECM。雷达可以利用欺骗性干扰的许多特性来判定它们的存在。最显著的是，每个欺骗性干扰必然紧跟着干扰机载体的真实回波，并且在雷达 PRI 中处于同一方位上。如果欺骗干扰的延迟超过一个 PRI 来产生假目标回波，则脉间 PRI 抖动将发现假目标回波。要产生与干扰载机方向不同的假目标，需要把脉冲干扰信号注入雷达副瓣。许多雷达用 SLB（参见 24.6 节）来对付这类 ECM。

真实目标回波对固定频率雷达在扫描间倾向于起伏，而对频率捷变雷达则是脉间起伏。应答式干扰机通常把它们接收到的所有高于某门限的信号以同幅度发射出去，因此并不模拟实际目标的闪烁的响应。此外由于雷达天线扫描对真实目标的调制效应，所以这种信号在方位角上比真实目标宽。重发式干扰机可以模拟真实目标的实际幅度响应，因此从 ECM 角度看，比应答式干扰机更加有效。如果雷达在目标上驻留的时间足够长，那么加上一个基于多普勒频谱分析的雷达工作模式可将有用目标从应答式和重发式干扰中区分开来。其他对抗欺骗式干扰的高成本方法可以基于对回波信号角度和极化特征的测量与分析。

相同的 ECCM 考虑也适用于具有真实目标一般特性且很难识别为假目标的诱饵目标。有时使用一种方法来测试被检测到的目标的闪烁特性，以确定它们是否跟随真实目标变化。由于经济条件的限制，所设计的一次性干扰机经常只发出一个稳定的信号。利用多普勒频谱分析可以寻找从目标转动部件来的回波，这是任何有动力的目标都有的。这类例子有与飞机目标关联的喷气发动机或螺旋桨的调制回波。

ARM 对监视雷达的威胁很大。监视雷达对 ARM 进攻能存活的手段主要是波形编码（在频域内稀释能量），在时间和角度扇区上控制辐射能量，以及采取低副瓣发射。这些措施可使 ARM 很难对雷达寻的。当检测到 ARM 攻击后，可打开距离较远的诱饵发射机将 ARM 从雷达站点引开。用雷达组网进行闪烁可得到更好的效果。ARM 通常选择从雷达的顶空进行攻击，因为雷达对上方的检测能力最小。这样，就需要一部补充的对顶空有高探测能力的补盲雷达。补盲雷达选择低发射频率（UHF 或 VHF）工作有些好处，因为 ARM 的 RCS 随雷达的波长接近它的尺寸而变大，这时出现谐振效应[3]。低频雷达不易受 ARM 攻击，这是因为导弹的孔径有限，很难制造出一个低频天线[151]。但是，低频雷达的角分辨率不高。

跟踪雷达

跟踪雷达可以提供良好的分辨率和对目标运动参数（位置、速度和加速度）的精确测量。随时间流逝，测量更新的估计和预测运动参数是建立目标航迹的处理步骤。有了目标的航迹即可以对友军进行引导和控制，对威胁进行评估并可控制武器攻击敌方目标。有四种方式可实现跟踪：（1）专门的雷达跟踪器（有时称为**单目标跟踪器**，STT），它感知对真实目标位置的偏差并通过伺服控制系统不断修正这个误差，将其天线始终指向单个目标。这样就有两种不同类型的在过去称为**边扫描边跟踪**（TWS）的雷达。（2）一种是有限角度扫描雷达，如一些防空雷达和飞机着陆雷达，它快速搜索（如每秒 10~20 次）有限的角度范围。（3）另一种边扫描边跟踪（TWS）雷达，现在称为自动探测与跟踪（ADT）。通过使用一系列扫描间的目标测量作为天线对目标路径的采样，ADT 系统可同时跟踪多个目标。（4）多功能相控阵雷达，它用多个独立波束跟踪多个目标，波束均由同一天线孔径形成，并分配给不同目标。本小节只讨论源自威胁需求的专门雷达跟踪器的设计原理[3, 153]。后续小节将讨论多功能相控阵雷达。

在雷达实际可用的最高频率上辐射足够大的平均发射功率，并采用尽可能低的副瓣可以获得良好的 ECCM 性能。对固定天线尺寸来说，提高发射频率就增大了天线增益 G_t，于是这又使接收功率增大 G_t^2 倍。对于主波束噪声干扰，接收到的干扰功率增大 G_t 倍，这样信干比提高因子与天线增益 G_t 成正比。这里要注意监视雷达和跟踪雷达的基本区别：对于固定尺寸的天线，提高发射频率意味着增大跟踪雷达的探测距离，这是因为天线增益随频率增大而增大，将有更多的能量集中到目标上。这些增加的功率在反比于伺服控制环带宽的时间段内被积累。而对监视雷达而言，在成比例的短时间里采集到增加的功率，因为天线波束变窄，雷达必须在相同的时间内搜索更多的单元。

对于副瓣干扰，接收到的干扰功率与天线的副瓣增益 G_{sl} 成正比，这样把信干功率比提高了 $G_t G_{sl}^{-1}$ 倍。和监视雷达一样，如 24.6 节中所述，副瓣噪声干扰与欺骗干扰可以利用 SLC 结合 SLB 来进一步予以削弱。

比起监视雷达，跟踪雷达提高发射频率，一般受噪声干扰的影响变小。另外，战术跟踪雷达可以在角度上跟踪噪声干扰。两部在空间上分离的雷达在角度上对噪声干扰进行跟踪可提供足够的信息以精确地定位干扰。

DECM 是对跟踪雷达威胁较大的一种 ECM。这种干扰比噪声干扰所需的能量少得多（这对空间有限的战术飞机来说是尤其重要的一个特性）。不过它们在俘获和欺骗距离波门（利用 RGPO 技术）、速度门（利用 VGPO 技术）以及角度跟踪电路时特别有效。对抗 RGPO 的主要 ECCM 方法是使用脉冲前沿距离跟踪器。其假设是欺骗干扰机需要一个反应时间，因而回波的脉冲前沿不会被干扰所覆盖。脉冲重复频率抖动及频率捷变都有助于确保干扰机无法预测雷达脉冲并超前于实际的真目标。另一种方法是跟踪雷达也可以使用多距离波门跟踪系统同时跟踪真目标和假目标。这种方法利用真假目标来自同一方向角的事实，所以雷达的角跟踪电路始终锁定在真实目标上[3]。

将 VGPO 引入雷达跟踪电路的方法与引入 RGPO 的方法类似。开始时设置好频移，使重发的信号处于包含目标回波的多普勒滤波器的通带内。这是要使雷达通过 AGC 俘获包含目标的多普勒滤波器。然后重复式干扰信号进一步被频移到雷达预计的最大多普勒频率。接着关掉重复式信号，迫使雷达重新获取目标[3]。相参跟踪雷达可以比较由多普勒测量得到的径向速度和由距离微分所获得的径向速度数据。异常的差别将警告可能存在欺骗干扰。当 RGPO 和 VGPO 同时工作时，最好的防御方法是同时在距离及多普勒频率维跟踪真的和假的目标。通过切换多模式雷达的工作方式（高、中、低 PRF），也可以有效地对付距离波门与速度门窃取。

角度门窃取在对付圆锥扫描或顺序波束转换跟踪雷达时特别有效。正是由于这个原因，这类跟踪雷达不能用于军事上。这些雷达的根本问题是它们通过对整个扫描期内目标回波幅度的调制信号进行解调来实施角度跟踪。要有效地干扰这类雷达，需要以扫描速率用假幅度调制信号来俘获雷达的角度跟踪误差传感电路，而且假信号的相位与目标回波的完全不同。当圆锥扫描或波束转换调制加在发射和接收波束上时，干扰机只需倒置并复制其发射信号的调制信号（增益倒置重发器）[154]就可合成合适的干扰信号。这可以利用仅接收时圆锥扫描（COSRO）系统来对抗，该系统辐射不扫描的发射波束，但用圆锥扫描的波束进行接收。这样，干扰机就无法获得圆锥扫描接收波束的相位而不得不采用试探–修正的方法来扫描干扰的调制，直至在跟踪雷达波束中出现明显的反应为止（这种干扰技术常称为**慢步检测**）[13]。仅顺序接收时波束转换（LORO）系统可使可能的干扰机不知道转换速率[3]。圆锥扫描与顺序式波束转换都将被单脉冲技术取代,所以 COSRO 与 LORO 正变得过时。

单脉冲跟踪对来自单个点源发射的角度欺骗干扰固有地不敏感。这是由单脉冲角度误差传感机理决定的,即对每个回波脉冲形成一个与目标方向和天线视轴方向之间角度成比例的误差。这由比较在两个或更多天线波束中同时接收的信号完成,与诸如波束转换或圆锥扫描等角度信息需要多个脉冲的技术不同。有效的单脉冲干扰技术一般利用单脉冲雷达对目标闪烁及多径信号的敏感性[13]。

有一种所谓**斜视**的干扰方法用来对付单脉冲雷达。它对单脉冲跟踪环路制造人为闪烁来干扰单脉冲雷达[13]。斜视技术最初由 B.Lewis(NRL,USA)与 D.Howard 在 1958 年发明,可参见他们的专利[155]。斜视仪是天线装在飞机翼尖的两源干涉仪。两个天线尽量分开,从每个翼尖天线接收到的信号送至相对的另一个天线后复制并移相 180°,在一条线路中引导干涉零点对准被干扰雷达。实际上,这样就使雷达看到的目标方向有明显的变化。需要大增益的转发器以产生大的干信比,否则,表面回波将大大超过干涉仪方向图零点中的干扰信号。斜视方法的最大有效性要求在转发信号中有相当大的时间延迟(约 100ns 的量级),该延时由接收机和发射机天线之间的传输线和放大器造成。对斜视干扰有效的 ECCM 措施是脉冲前沿及多距离波门跟踪[3, 13]。

地形反弹干扰或地形散射干扰(TSI)或热杂波是另一种对付半主动导弹导引头与机载跟踪雷达的单脉冲干扰技术。干扰飞机照射其前面或下面的地表,这样,半主动导弹就打向被照射地面上的点而不是干扰载机。地形散射参数的不确定性及地表面反射的去极化效应是与该技术有关的问题[3]。

文献[156~158]详细描述了对抗机载雷达的 TSI 及相应的解决技术。对于军事机载雷达来说,TSI 是一个非常严重的问题。事实上,主波束里的目标信号通常很微弱,却不仅要与直接传播的干扰竞争,还要与从下方的地形多径传播来的干扰竞争。减轻 TSI 的技术着眼于估计直接干扰信号,估计由多径产生的线性系统,以及从主接收雷达信号中去除反射干扰信号的估计[158];这也可以通过使用瞄准热杂波的参考波束来实现[157]。自适应对消技术必须能考虑由机载雷达与干扰机平台间的相对运动引入的多普勒,还要考虑由双基地几何产生的干扰信号不平稳性。Aramovich 等在文献[159]中描述了在超视距(OTH)雷达中减轻 TSI 的方法。

使用抛物面反射面天线的单脉冲雷达对经由反射面表面产生的从正交极化波瓣进入的干扰很敏感[3, 13]。这是由于角度误差鉴别器对正交极化信号有相反的斜率,从而使角度跟踪伺服系统反馈为正而不是跟踪所需要的负反馈。用平面阵列天线的单脉冲雷达对正交极化干扰有很好的对抗性能(参见 Wirth[102]的 11.5 节)。与反射面天线相比,阵列天线的每个天线单元都有同样的极化方向图。这个方向图与阵列因子相乘并应用于和差方向图。这样波束方向图的最终合成将与极化无关。因此,单脉冲工作将不会被干扰[102]。

相控阵雷达

在本小节我们用一个数值实例说明多功能 PAR 中的调度机在对抗 ECM 时所扮演的角色。为此,我们求助于文献中描述的一项基准性的研究,研究中定义了典型的 ECM 威胁、工作场景和主要根据 ECM 下目标跟踪而得的相控阵性能。仿真基准[160]包括两类 ECM,即 SOJ 和 RGPO。SOJ 安装在载机上,向雷达发射宽带噪声。SOJ 在 3050m 的高度,以 168m/s 的速度,按顺时针方向沿跑道形轨迹飞行。它大约距离雷达 150km,以加速度 1.5g 完成两个圆形转弯。发射的 SOJ 噪声以不超过接收机噪声功率 8 倍的功率 γ_0 干扰雷达。这样，SOJ 将不会完全掩盖目标，因而可用更高能量的波形与之对抗。RPGO 中，被跟踪的目标延迟并放大雷达脉冲，然后重发，将雷达距离波门从目标上引开。控制延迟时间，以使假目标以线性运动或加速（二次方）运动与真实目标分开。线性运动情况下，假目标的距离 R_k^{ft} 与真实目标的距离 R_k^t 的关系为

$$R_k^{ft} = R_k^t + v_{po}(t_k - t_0) \tag{24.12}$$

式中，v_{po} 是曳引速率；t_k 是目标被观测到的时刻；t_0 是 RGPO 假目标的初始参考时间。对二次方运动则有

$$R_k^{ft} = R_k^t + \frac{1}{2}a_{po}(t_k - t_0)^2 \tag{24.13}$$

式中，a_{po} 是曳引加速度。

雷达调度

调度与跟踪功能紧密合作。两者相互作用并用当前的测量值，对目标的状态矢量进行更新，并做出必要的预测使下一次观测目标时雷达波束能指向目标，选择辐射的波形种类，并为雷达检测选择合适的门限。图 24.13 是调度与跟踪交互作用的一个概念性方框图，其中 r_k、b_k、e_k 分别是时刻 t_k 的距离、方位与俯仰的测量值；SNR_k 是时刻 t_k 观测到的 SNR；t_{k+1} 是下一次目标观测的指令的时间；$r_{k+1|k}$、$b_{k+1|k}$、$e_{k+1|k}$ 是时刻 t_{k+1} 的波束指向控制预测的距离、方位和俯仰；W_{k+1} 是时刻 t_{k+1} 的波形选择；β_{k+1} 是为时刻 t_{k+1} 设置的驻留的检测门限；而 $X_{k|k}$、$P_{k|k}$ 是时刻 t_k 由雷达 t_k 前所有测量值所算出的目标滤波状态估计和协方差矩阵。这个方案建立于两个闭环之上：（1）包含雷达模型、跟踪滤波器和调度程序的环路；（2）跟踪滤波器环路。雷达在时刻 t_k 进行场景观测，雷达模型提供 r_k、b_k、e_k 及 SNR_k 的测量值。跟踪滤波器在时刻 t_k 更新以前的目标状态估计 $X_{k-1|k-1}$ 及其协方差矩阵 $P_{k-1|k-1}$，给出新的估计值 $X_{k|k}$ 和 $P_{k|k}$，以及下一时刻 t_{k+1} 的 $r_{k+1|k}$、$b_{k+1|k}$、$e_{k+1|k}$ 值。调度程序提供时刻 t_{k+1} 要辐射的波形 W_{k+1} 和用于目标检测的门限 β_{k+1}。

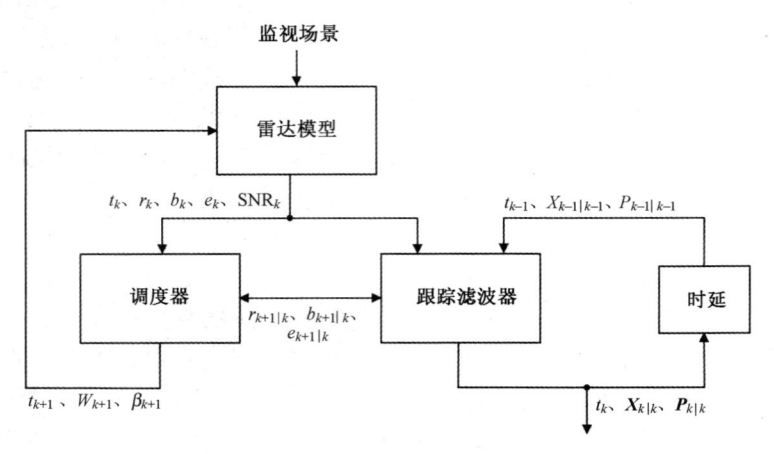

图 24.13 雷达调度器与跟踪滤波器的交互作用

采样周期选择

在有限个可能的不同值中选择采样周期是基于对目标运动的考虑（估计的速度）以及是否发生探测丢失的。如果没有测量值要与目标相关，则设置采样周期为 $T_s = 0.1$s 并选择能量最高的波形，以避免可能由低目标雷达截面引起的二次检测丢失。相反，采样周期的选择法如下：

（1）对于估计速度大于 400m/s 的目标，$T_s = 0.5$s。
（2）对于估计速度在 100~400m/s 的目标，$T_s = 2$s。
（3）对于估计速度小于 100m/s 的目标，$T_s = 3$s。

即使目标可能加速或机动，为了简化起见，只根据目标估计速度选择采样周期。

选择检测门限

干扰信号的存在可能使虚警个数和错误的点迹轨迹关联增加到不可接受的程度，因而会明显提高被跟踪目标的丢失概率。因此，重要的是雷达接收机必须装备 CFAR。因为虚警概率与检测门限相关，所以检测门限必须根据扰动强度在线自适应。

波形选择

基准[161]包括 8 种波形，由 i 编号，它们的脉冲宽度 $\tau_e(i)$ 不同，这样可选择波形使其能提供比检测门限高的 SNR，因而可保持指定的目标探测概率。这可通过以下步骤实现：首先估计时刻 t_k 的平均目标 RCS_k[①]，然后为每个波形 i 计算预测的 $SNR_k(i)$，最后选择波形索引 i 对应的 $SNR_k(i)$ 恰好大于期望的检测门限加上一个给定的容限[161]。

ECCM: A-SOJ 和 A-RGPO

下面将描述反 **SOJ**（A-SOJ）和反 **RGPO**（A-RGPO）的技术。

A-SOJ 基于对干扰位置与功率电平的估计，然后用这些估计去在线适应雷达检测门限。

（1）**干扰状态估计**。每当雷达工作在被动模式，即不发射脉冲时，测量干扰的方位 b_k^j 和俯仰 e_k^j、相对标准方差 δ_k^{jb} 和 δ_k^{je}、干噪比 ρ_k^j（下面以 dB 表示）。这允许跟踪滤波器可以估计由四个状态分量组成的干扰状态：两个角度位置（方位和俯仰）和两个相对角速度。用雷达给出的前两个测量值对干扰跟踪进行初始化。

（2）**干扰功率电平估计**。通过选择合适的滤波器参数 $\alpha_j \in (0,1)$，用 $\gamma_0(t_1^j) = 1$ 初始化的一阶线性滤波器可得功率电平的估计。

$$\gamma_0(t_k^j) = \alpha_j \cdot \gamma_0(t_{k-1}^j) + (1-\alpha_j) \cdot 10^{\rho_k^j/10} \tag{24.14}$$

（3）**检测门限的自适应**。对于给定的检测门限 β（以 dB 表示），虚警概率为

$$P_{fa} = \exp\left(-\frac{10^{\beta/10}}{\gamma_0 G_{stc}(R)(\Sigma_k^j)^2 + 1}\right) \tag{24.15}$$

因此，在每个时刻 t_k，可选择检测门限为

---

① RCS 肯定是一个随时间变化的量，它也依赖于目标姿态角度。然而，如果照射目标的时间足够长，则对 RCS 的估计就可以足够精确。

$$\beta_k = \max\left\{9.64, 10\lg\left[-\gamma_0(t_{k-1}^j)G_{\text{stc}}(r_{k|k})(\Sigma_k^j)^2+1\right]\ln P_{\text{fa}}\right\} \quad (24.16)$$

式中，$\gamma_0(t_{k-1}^j)$ 是最近噪声功率电平的现有估计；$\beta_k=9.64\,\text{dB}$ 是在没有噪声时，使期望的虚警概率为 $P_{\text{fa}}=10^{-4}$ 的门限；$r_{k|k}$ 是目标距离的滤波后的估计；$G_{\text{stc}}(\cdot)$ 是灵敏度时间控制增益；Σ_k^j 是雷达主动模式中计算的接收信号的归一化天线增益[161]。

因为这里考虑的相控阵雷达是多功能雷达，它也具有可能被 RGPO 影响的跟踪模式，所以可认为 A-RGPO 是一种 ECCM 技术。每当 RGPO 动作时，会由雷达接收到两个高幅度信号：真实目标回波和 RGPO 引诱信号。由于跟踪算法不知道被跟踪目标激活 RGPO 的时刻，所以跟踪算法首先必须识别出 RGPO 在活动，然后才能实现一个合适的 A-RGPO 技术。为了确认 RGPO 是否活动，可以采取下面的测试。令 N 为超过检测门限 3dB 的测量值个数。那么如果 $N<2$，就认为 RGPO 没有激活，不需要采取 A-RGPO 行动；否则，如果 $N=2$，则使用下面描述的 A-RGPO ECCM。请注意这个测试的目的也是要辨别活动的 ECM 类型，即 SOJ 或 RGPO。事实上，一旦噪声干扰进入天线主波束，就会引入许多高干噪比的虚假测量值；在这种情况下，有 $N>2$，于是认为 RGPO 没有活动。当干扰不再位于目标的视线上时，则有可能出现多个测量值超过检测门限的情况，但是在实际中超过检测门限 3dB 这个条件非常难以实现。一旦确认 RGPO 是活动的，可以采用几种设备来避免被跟踪目标的丢失。

（1）第一种方法是保持两个跟踪，直到 RGPO 不再活动。

（2）第二种方法是在数据关联中，轻视测量距离大于 SNR 高于检测门限测量出的平均距离的测量值。

（3）第三种方法更厉害，它把两个超过检测门限 3dB 的测量值中距离较大的那个丢弃。

在 RGPO 下，重要的是必须保证目标的高信噪比。事实上，有可能出现假目标产生的信号超过检测门限，而真实目标的信号低于检测门限，这会导致关联错误，因而可能给目标跟踪带来严重后果。因此，一旦 RGPO 开始工作，就必须选择高能量波形。进一步的防范措施如下：如果在最后的三次扫描中至少有两次检测丢失，就立刻在搜索驻留模式以采样间隔 $T_s=0.1\text{s}$ 进行回访。在搜索模式下，距离波门为 10km 而不是 1.5km，因此通过这种方式，可以获得一个新的目标测量值来更新跟踪滤波器，从而避免了目标丢失。

仿真结果

为了评估以上描述的 ECCM 方法的效果，执行了用基准的蒙特卡洛仿真实验[160]。更具体地说，检测门限的自适应被用作 A-SOJ 方法，而基于丢弃距离值较高的测量值的技术被用作 A-RGPO 方法。考虑了三种类型的目标（编号为 1、5 和 6）：目标 1 代表运输机，而目标 5 和 6 分别表示具有更高机动性的战斗机和攻击机。对每个实验给出以下结果：目标丢失数（在 50 次蒙特卡洛试验中）、T_s（雷达采样时间）、T_{ave}（雷达为进行跟踪需要的总工作时间中平均的时间分数）、P_M（平均功率）、位置误差与速度误差。表 24.2 给出了相互作用多模型（IMM）跟踪[162]算法在没有 ECM 时的仿真结果。表 24.3 给出了存在 SOJ 不存在 A-SOJ 时的结果，表 24.4 给出了存在 SOJ 也存在 A-SOJ 时的结果。与之相似，表 24.5 报道了有 RGPO，没有 A-RGPO 的结果，而表 24.6 报道了既有 RGPO，又有 A-RGPO 的结果。观察这些表格可以发现如果不采取适当的 ECCM，那么 ECM 的存在会使跟踪性能大大降低。与之相反，采用上面描述的 A-SOJ 和 A-RGPO 技术可以获得在没有相应 ECM 时的性能。

表 24.2　没有 ECM 的仿真结果

目 标 编 号	丢失目标数	T_s（s）	T_{ave}（s）	P_M（W）	位置误差（m）	速度误差（m/s）
1	0	1.958	$0.5106×10^{-3}$	5.7985	116.8	65.26
5	1	0.6772	$1.477×10^{-3}$	68.898	95.39	61.29
6	1	1.112	$0.899×10^{-3}$	10.774	82.94	58.43

表 24.3　有 SOJ 没有 A-SOJ 的仿真结果

目 标 编 号	丢失目标数	T_s（s）	T_{ave}（s）	P_M（W）	位置误差（m）	速度误差（m/s）
1	34	1.919	$0.521×10^{-3}$	6.6179	127.5	71.09
5	15	0.6923	$1.444×10^{-3}$	68.411	103	66.78
6	50					

表 24.4　有 SOJ 也有 A-SOJ 的仿真结果

目 标 编 号	丢失目标数	T_s（s）	T_{ave}（s）	P_M（W）	位置误差（m）	速度误差（m/s）
1	1	1.944	$0.5144×10^{-3}$	6.6179	127.5	71.09
5	1	0.6888	$1.452×10^{-3}$	68.411	103	66.78
6	4	1.118	$0.8944×10^{-3}$	15.11	80.49	59.59

表 24.5　有 RGPO 没有 A-RGPO 的仿真结果

目 标 编 号	丢失目标数	T_s（s）	T_{ave}（s）	P_M（W）	位置误差（m）	速度误差（m/s）
1	48	1.963	$0.5095×10^{-3}$	5.044	120.5	66.6
5	50					
6	50					

表 24.6　有 RGPO 也有 A-RGPO 的仿真结果

目 标 编 号	丢失目标数	T_s（s）	T_{ave}（s）	P_M（W）	位置误差（m）	速度误差（m/s）
1	0	1.889	$0.5295×10^{-3}$	6.6179	127.5	71.09
5	1	0.7045	$1.419×10^{-3}$	68.411	103	66.78
6	0	1.156	$0.8651×10^{-3}$	15.586	124.9	80.26

成像雷达

这里讨论两种类型的成像雷达：合成孔径雷达（SAR）与逆合成孔径雷达（ISAR）。

SAR

SAR 可使我们得到关于从被观测场景后向散射体来的电磁能量的一张高分辨率地图。更准确地说，雷达数据在极坐标中获取，即斜距和方位，同时提供直角坐标 (x, y) 中的二维图像。通过发射大时宽–带宽积的编码波形和对回波信号进行相参处理，也即与回波信号波形匹配的滤波器，可在斜距上获得高分辨率。通过形成合成孔径，可在横向上得到高分辨率。这要求：（1）把雷达放置在一个运动平台上，如飞机或卫星上；（2）记录从由接续时刻上的运动天线波束照射的每个散射体来的电磁信号；（3）通过合适的方位匹配滤波器相参合成信号，这样就将滑动的天线方向图聚焦成更窄的合成波束。另一个关键因素是辐射测量分辨率，它与 SAR 基于物体电磁反射性，在场景中分辨不同物体的能力有关。辐射测量分辨率决定了雷达分辨具有相似电磁反射特性的物体的能力。这是一个非常重要的参数，特别是对于那些想利用目标极化特性和分类的应用来说。因此，对所有类型的后向散射体，为更好地说明扩展目标，必须使辐射测量分辨率最优化。为了减小斑点噪声，SAR 图像形成常常使用多视处理。传统数字多视处理包括将同一场景的多幅独立图像（视数）非相参相加。多视可以通过将现有的信号带宽（距离和/或方位）分割并独立处理每视来获得。将每视的像素逐个进行非相参相加，最后得到最终的图像。当选择处理的视数时，必须考虑几何分辨率与辐射测量分辨率之间的直接折中。一视处理意味着带宽的全相参使用（最佳几何分辨率）。在这种情况下，斑点噪声将服从指数分布，其标准偏差等于强度图像中的平均值（乘法特性）。对于多视的处理，当视数上升时几何分辨率将下降，强度图像的斑点噪声统计特性将服从伽马分布，其标准偏差随独立视数的平方根下降[163]。

SAR 图像在监视和侦察应用中很有用。然而，干扰可以使 SAR 图像变得不可用。因此使用 ECCM 来减小 SAR 对干扰的敏感性很重要。Goj 描述了从 SAR 截获信号的敏感性以及 SAR 对干扰的敏感性[164]。一种仿真噪声干扰在 SAR 图像上产生了条纹，这说明干扰对目标如强点状散射体（电力线塔）以及低反射的大片农田和沙漠的有效性。文献[165，166]讨论在海上侦察任务中，空载 SAR 对 ECM 非常敏感这一情况。在 1978 年，从美国海洋资源探测卫星来的典型图像指明了 SAR 的几个特征，这些特征使得 SAR 成为一种功能强大的海上监视传感器。船只以及由船只运动产生的尾迹均被成像。由于船只相对于太空船移动引起的多普勒频移，所以船只图像（斑点）看起来偏离了它的尾迹。但是，可以从尾迹判断出船只在成像时刻的位置以及船只的航线。船只的速度也可由船只离其尾迹的偏离状况计算出来。只有 SNR 足够大，使得操作员或自动处理器可以识别这些图像特征时，才能获得以上信息。因此，如果背景噪声很高，使得 SAR 图像退化，以至于不再能从图像中辨别出船只和尾迹，那么应用于海上监视的 SAR 中就存在潜在的对干扰敏感性。文献[165，166]从干扰接收机灵敏度和发射功率的角度考虑了点噪声干扰的一些关键方面，并推导出了系统要求，以确定这种干扰的可行性和实用性。已经给出了 SAR 与典型干扰系统间相互对抗的计算机仿真结果，以评估 ECM 的有效性。

对 SAR 的威胁有阻塞式干扰、点干扰、随机脉冲干扰和转发式干扰。转发式/欺骗干扰因为不可识别，所以是主要的威胁，而其他的干扰至少从原理上说是可识别出的。本节的剩余部分描述每种威胁的影响和可能的对抗措施。

（1）**阻塞式干扰**。扰动噪声散布在整个 SAR 图像的条带上并且通常表现出均匀的强度。被阻塞噪声干扰的雷达图像中将出现斑点，即从一个分辨单元到另一个分辨单元表现出亮度变化。另外，由于许多噪声采样非相参累加，所以干扰噪声的多视趋向平滑掉从像素到像素的强度变化，就像热噪声的情况一样。

(2) **点干扰**。它也覆盖了整个条带，与阻塞式干扰一样，扰动噪声强度均匀分布。然而，它的图像与阻塞式干扰的不同，因为带宽较窄的干扰噪声的傅里叶变换引起的斑点在距离维的尺寸上比热噪声的或杂波的大。处理后的横向距离维则仍然等于杂波或热噪声的距离维。点干扰噪声看起来在距离上有拉伸。

(3) **随机脉冲干扰**。干扰脉冲也能以随机间隔发射，从而这种噪声脉冲可能出现在距离条带的任意部分。当观测了足够多的采样后，噪声脉冲将在一个采样或另一个采样中占据距离条带的所有部分。方位处理器在一个合成孔径长度内，根据所有采样形成噪声功率之和。这个和将等于孔径内的所有噪声功率，它与平均干扰噪声功率成正比。同样，在这种情况下，与点噪声干扰的情况一样，斑点的尺寸看起来在距离上作了拉伸。然而，与点干扰或阻塞式干扰相比，随机脉冲干扰斑点的亮度变化更明显，这是因为进行非相参相加的噪声采样少了，所以减小了多视的平滑效果。

(4) **转发式干扰**[167]。敌人可能利用发射的雷达发送一个 SAR 带宽内的信号来混淆 SAR 系统的接收机。干扰信号使得 SAR 接收并处理错误的信息，这会引起 SAR 图像质量的严重退化和/或形成不存在的目标的图像。欺骗式干扰可通过 DRFM 构成雷达发射信号的许多受控副本。Hyberg[168]研究了防止 SAR 受相参 DRFM 干扰成像的可能性。他开发了一种软件模型，并在地基 DRFM 干扰的情况下用几次飞行试验验证了这个模型。

用于 SAR 的 ECCM 技术可以分为基于天线的技术（低副瓣、自适应阵列）和基于发射机/接收机/处理的技术（频率捷变、脉冲编码）。

(1) **低副瓣**。低副瓣的 SAR 天线可减小接收的干扰功率电平，还可减小被 ECM 站点（在副瓣区域内）截获的可能性[169]。与低副瓣有关方面做如下评论。在传统雷达中，低副瓣的效果是很清楚的，但是在 SAR 中却有所不同，因为 SAR 的波束宽度比其他雷达应用要宽得多。原则上，分辨率越高，SAR 物理天线就应越小，其波束宽度也越宽。这样，与其他雷达相比，由于 SAR 的主波束很宽，所以在 SAR 中更可能出现主波束干扰。为了让假目标进入 SAR，就必须让它从主波束中进入，因此欺骗式干扰与低副瓣的关系不大。同样地，与副瓣干扰相比主波束干扰对 SAR 的威胁可能更大。

(2) **自适应阵列**。文献[170～172]讨论了利用自适应空间置零抑制阻塞式噪声干扰的问题。假如为 SAR 系统装配一种分成几区的天线，这种天线分成几个子孔径分别联到并行通道上（即多通道 SAR），这样可以用空间自适应处理抑制干扰信号。Farina 和 Lombardo[170]用 SAR 的冲激响应、点目标的检测性能以及扩展场景的辐射测量分辨率评估了这种技术的性能。Ender[171]显示了一幅由四通道试验 SAR 录取的图像，这部 SAR 被一个 1W 的小噪声干扰机干扰，当干扰穿过主波束的中心时，原始数据的 JNR 大约为 30dB。所示出的用自适应空间抑制去干扰后的图像演示了自适应空间对消的良好性能。文献[171]提供了抗干扰空间自适应技术的全面研究，包括空间/慢时间抗干扰滤波器和合适的图像重建算法。结果表明与仅进行空间滤波相比，慢时间 STAP 的干扰对消性能好得多。SAR 通常包括需要自适应置零技术和特殊算法的宽带处理。有效的宽带干扰置零必须用空间/快时间（即距离单元）处理来对抗[172]。期望的空间自由度数无需更高，我们只需要加上时间上的自由度即可。SAR 处理总是空-时处理（典型情况下为后多普勒），必须在 SAR 处理中实现自适应波束形成算法。Rosenberg 和 Gray[173]研究了减轻 SAR 主波束中存在机载宽带干扰的问题。除此之外，被称为热杂波的来自地面的多径反射将增加图像中的非平稳干扰成分。作者们指出热杂波的存在引起了图像质量的退化、多通道空间成像和慢时间 STAP 所能提供的有限的恢复以及快时间 STAP 是如何提高最终的图像质量的。

（3）**频率捷变**。为了得到合成孔径，SAR 处理需要相位相参，因此频率捷变的使用必须小心。在合成孔径长度的时间内改变频率会引起被照射目标相位历史的焦距变化（二次相位项的不同系数），这会造成横向距离分辨率降低。工作在脉冲串模式下的 SAR 可以在视间改变它的中心频率，而不会造成图像质量的任何下降。在简单的宽带干扰有效和现代 ESM 情况下，我们可以得出这样的结论：频率捷变对 SAR ECCM 的帮助并不大。

（4）**脉冲编码**[167]。对抗 DRFM 转发式干扰的一种有效 ECCM 是在 PRI 间改变雷达的发射脉冲编码。雷达保持相同的载频和带宽，但脉冲编码成它们之间近似正交（即它们的互相关近似等于零），这样的雷达对 DRFM 转发式干扰的敏感性比较低，这是因为：由于雷达信号在 PRI 间变化，所以干扰机不容易适应；在给定 PRI 上 DRFM 转发式干扰机所发射的信号（即 SAR 在前一个 PRI 上使用的雷达信号）与 SAR 在当前 PRI 上使用的雷达信号近似正交，因此与当前 PRI 雷达信号匹配的匹配滤波器将削弱 DRFM 转发式干扰信号。Soumekh[167] 提出了一种新方法，将前面提到的脉冲分集雷达信号与一种对测量数据进行相参二维处理的新方式结合起来以有效地抑制 DRFM 转发式干扰。

ISAR（逆 SAR）

逆 SAR 是一种在距离和横向距离（多普勒）域上重建运动目标（如船舶、飞机）高分辨率二维 EM 强度图像的方法。ISAR 成像在军事应用中很重要，如可用来提示给武器系统目标的识别与分类（因为它通常可以识别目标的种类）。相参对抗这些成像雷达是电子战的高度优先的内容。文献[174, 175]提出了一种流水式全数字图像合成器的设计，它可根据一系列被截获的 ISAR chirp 脉冲产生假目标图像，这样就提供了 RF 图像诱饵能力。图像合成器根据存储被截获的 ISAR 脉冲的相位采样 DRFM 对相位采样进行调制。图像合成器也必须合成由目标的许多反射表面引起的时间延长和幅度调制，且必须为每个表面产生一个逼真的多普勒轮廓。假目标图像在距离上的位置由延迟读出数据传到图像合成器的时间控制。Pace 等人[175]合成了一艘有 32 个距离单元的船只的距离–多普勒图像。对抗这种类型干扰信号的 ECCM 技术与为 SAR 提出的那些技术类似。

超视距雷达

高频（HF）超视距（OTH）雷达在防御中所起的重要角色，是它提供空中和船舶目标的预警探测和跟踪能力。通过使用电离层作为传播媒质，**天波**超视距雷达的工作距离可以非常长，能达到 500～3000km 的探测和跟踪能力。另一方面，**表面波**超视距雷达利用垂直极化 HF 信号（3～30MHz）以及海水的传导特性来探测最远约位于 250km 处的目标。这个上限通常适用于大型船舶和低 HF 频段的频率[176, 177]。

对付超视距雷达的 ECM

不管是天波还是表面波超视距雷达系统，电离层都会把不想要的干扰信号传给雷达站，特别是在晚上，电离层更易于传播从非常远的距离来的射频干扰（RFI）源。RFI 是由在用户非常拥挤的 HF 频段中故意或非故意的人为发射以及干扰源引起的。干扰源可能位于目标自身的平台上（自遮蔽）并由天线主波束接收，或从分开的位置（远离）辐射过来并主要通过天线波束的副瓣接收。干扰信号可能与雷达波形不相参，并以"点"或"阻塞"方式工作，在距离和多普勒搜索空间提高噪声基底，最终损害探测性能；或者干扰信号可能与雷达波形相参，就像在欺骗式干扰中的情况一样，它可能产生假目标并潜在地可破坏跟踪系统使其不能跟随真实目标。

电离层的影响

区别视线系统与超视距雷达的一个重要方面是电离层传播媒质对接收的干扰的特性的影响。电离层分成不同的反射层，因此单一的干扰源会分成多个多径成分，其 DoA 在俯仰（由于反射点高度不同）和方位（由与层有关的电离层倾斜或梯度引起）上都不同。除多径效应以外，由于存在各个反射层内的电子密度不规则性的动态特性，使得每个干扰成分在时域和频域都产生畸变[178]。这种物理现象不仅使干扰波前偏离期望的平面波前，产生波前变形，同时也在不同干扰成分中，在与超视距雷达相参处理间隔相当的时间间隔上引入显著的空间不平稳性（几秒到几十秒的量级）[179, 180]。

与干扰信号有关的方面

在雷达威力范围内的干扰源（如机载平台上）可在距离上潜在地遮蔽平台，并损害相似方位上但在不同距离上的其他目标的检测。因为选择的工作频率通常是对威力范围优化的，所以对于雷达接收机来说这样的源可能有很好的传播性能。当干扰源较远且在监视区域内任意分布（如地基辐射源）时，传播条件通常是次优的。然而这些源可以具有更大的功率和更高天线增益，使得有时在通过高度扰动的和非平稳的电离层（经常在赤道和两极地区发生）路径传播以后，信号到达雷达接收机时的强度达到相当大的程度。在正常环境下，超视距雷达在用户拥挤的 HF 频谱内寻找相对干净的频率通道，所以通过选择合适的频率，可以有效减少由其他人工源来的扰动。当存在人为干扰时，雷达可能需要对抗比正常水平高得多的干扰，这会降低雷达性能。因为这个原因，用 ECCM 技术进行保护就变得非常必要。

ECCM 技术

空域和时域自适应信号处理可为超视距雷达天线阵列提供电子防护。人们特别为 HF 环境开发了随机约束自适应波束形成和 STAP 方法[181-184]，以在抑制非平稳扰动的同时保护杂波多普勒频谱特性。一种时变空域自适应处理（TV-SAP）[185]方法也针对同样的问题。由于这种方法在实时应时应用时计算量小，而在多普勒处理后保留杂波下可见性方面又表现得更健壮，所以在实际实现中更吸引人。Fabrizio 等人[186]讨论了减少由强副瓣目标和空间结构的（非高斯分布的）RFI 引起的虚警问题，并指出了自适应子空间检测器相对于传统方法的优越性。Farina 等人[187]提出了一些具有按 PRI 间隔（即慢时间）的时间自由度的 STAP 技术。当 RFI 和杂波的强度相似但都不能隔离出来进行估计时，这些技术可以将 RFI 和杂波一起消除。而 Fabrizio 等人[188]提出了另一种低维 STAP 表述，其时域节点以距离单元间隔（即快时间）排列，它可将在距离上表现出相关性的副瓣和主波束 RFI 一起消除。超视距雷达中使用的 STAP 方法在概念上与用于机载雷达，特别是以前的节点结构的 STAP 非常相似[187]。主要差别在于，在良好条件下（没有显著的同一通道干扰①），因为与主波束杂波相比副瓣杂波一般不会遮蔽多普勒频移的目标，所以 STAP 并不是超视距雷达所必需的②。舰载 HF 表面波雷达可能是一个例外③，虽然这种系统已被提出，但是它们还没有显示出实际可用性。

24.12　ECCM 和 ECM 效能

当装备了 ECCM 设备的雷达面临 ECM 威胁的时候，就需要对一种或多种 ECCM 技术的效能进行定量的测量。一种在未受干扰的搜索雷达上普遍使用的性能度量是测量在系统噪声背景下特定目标的探测距离，这称作在干净环境下的探测。当雷达被干扰时，考虑到自我保护、远距离和护航干扰机，计算探测距离的降低是有意义的。这些计算适用于搜索和跟踪雷达。对于跟踪雷达，干扰引起的测量精度和分辨率的下降也是值得考虑的。通过适当地修改雷达方程中的参数可以很容易近似地估计出使用诸如频率捷变、相参多普勒处理、超低副瓣天线和 SLC 技术等此类 ECCM 技术的好处。例如，用 SLC 对抗 SOJ，其效果是按 SLC 可提供的干扰对消比倍数来减小干扰的功率。

雷达探测距离的预测是困难的，因为许多因素难以用具有需要精度的模型描述。这些因素涉及要探测的目标（有未知统计特性的目标回波）、目标所处的自然环境（例如杂波回波、无意干扰、不可控制的环境折射与吸收）、干扰的随机特性和雷达本身（系统噪声温度、信号失真等）。尽管如此，在中等条件下的雷达距离预测提供了一个初步的和有用的在 ECM 威胁情况下的系统性能和 ECCM 设计效能的指示，这可产生在仿真和工作测试前的基准值。文献[189]是一本经典书籍，它提出了在多种实际环境中的许多精确的探测距离方程。在本节的第二部分中，回顾了可在干扰和箔条情况下预测距离方程的软件工具。

当然，雷达方程是一个评估 ECM-ECCM 相互作用的简化了的方法。ECCM 效能的度量应该涉及雷达在其中工作的整个武器系统。效能的度量应该由被摧毁的攻击者数目和雷达生存概率来描述。参考文献探讨了评估 ECCM 效能的方法[190-194]。

仿真是评估雷达和武器系统 ECCM 效能的另一种方法[193]。这种方法的优点在于能够人为地产生不同类型的干扰，并观察雷达[160, 161]和武器系统的反应。然而，这样一个复杂系统的仿真是困难的、费时的，有时要使用适合于仿真的特定编程语言。

复杂系统在数字计算机上的仿真是一种用于分析、设计和测试复杂系统的技术，如果复杂系统性能不易通过分析与计算来评估的话。仿真的步骤基本上包括用计算机程序重新产生被测系统合适模型的算法。根据最接近于真实系统的工作条件，利用相同的计算机程序给模型以适当的输入。获得的输出与一些参考值（预期的或理论上的）进行比较以评估系统的性能。当输入随机的数据时，进行一些统计上独立的试验，以获得有意义的输出值样本，利用

---

① 超视距雷达的同通道干扰主要指 HF 频段中全部或部分与雷达带宽重叠的其他发射。
② 由于平台相对地面运动引起杂波的角度-多普勒耦合，所以机载雷达接收到的主波束和副瓣杂波的多普勒频移可能非常不同。然而在超视距雷达中，因为雷达是固定的，所以从单一电离层模式来的主波束和副瓣杂波通常具有相似的多普勒频谱特性。这意味着副瓣杂波与主波束杂波表现出几乎一样的多普勒频移，因而可有效地利用多普勒滤波来检测目标，通常并不特别需要在空域进行副瓣杂波抑制。
③ 显然在舰载 HF 表面波雷达中情况会有所变化，这是因为平台相对于海洋表面波是移动的，因此出现了与机载雷达遇到的杂波在概念上相似的情形。

这些值可估计出可靠的统计特性。

根据仿真的目的和对结果的精度要求，模型的精度和细节可从粗略的系统功能描述变到非常精确的表示。然而，应该限制仿真工具的复杂度，以便程序易于管理，结果容易解读。每个系统功能的表示精度，取决于它和雷达系统性能的关系。需要对一个非常复杂系统仿真时，一般最好采用几个复杂度有限的程序，而不是用一个单一的大仿真程序来完成。这种方法相应于将整个系统分成几个子系统，并对每个子系统进行详细的建模。从每个小系统的仿真中，提取有限数目的相关特征，最后用这些特征构建整个系统的简化模型。

仿真对于说明现代雷达系统的自适应属性（如 CFAR、自适应波束形成、自动雷达管理、自适应跟踪、自适应杂波对消等）特别重要[195]。在这种情况下，传统的静态度量，如特定目标的探测距离将不再能恰当确定雷达系统的能力。雷达动态特性（如处理器对过载的敏感性或适应变化条件所需的自适应时间）的度量更重要。评估雷达对标准化的变化场景响应的建模和仿真代表了一种有吸引力的技术解决方案[195]。

仿真总是有价值的，然而只要可能，ECM 和 ECCM 的效能最终都是通过在真实世界条件下测试对抗实际雷达系统的真实电子战能力来完成的。这对装备了自适应技术的雷达尤其重要，因为它们必须工作在真实的世界环境中，在仿真中不可能完全建模。

干扰和箔条环境中的雷达方程

Farina[34]的第 14～19 页中报道了一个在噪声干扰下雷达距离性能的例子，其中也指出了由低副瓣天线的雷达所扮演的重要角色。今天已经广泛使用计算机程序预测雷达在干扰、杂波和箔条环境下以及当存在各种改进的传播模型时的性能。不同的雷达公司开发了各种内部用程序[196]，有些在市场上已经可以买到[197]。

雷达工作站（RWS）是已开发的内部程序的一个实例[196]。RWS 源于用来完成几种场景下的雷达性能预测的建模和仿真活动。RWS 的一个主要目的是用一个基于普遍认同的、灵活的和文档化的数学模型为雷达分析员和系统设计师提供一个友好而全面的工具包以完成雷达性能预测。它覆盖多种雷达类型（两坐标、多波束三坐标、相控阵）、复合杂波、ECM 和传播场景以及目标的运动和 RCS 特征等。输入/输出数据可以存储、加载并输出给相似的应用或一般应用程序（即用于数据分析的微软 Office 工具）。第二个目的是为在站点建立系统或通过外场测试完成验收测试的技术人员和工程师提供方便、可靠的工具，它不仅提供软件工具和模型，还在需要时提供预测结果的数据库，因此不需要翻阅大量参考文档就可简单完成参数浏览。简而言之，从 RWS 可得到的最有价值的结果是：相参和非相参雷达在干净的、ECM 和多径传播环境中的雷达距离计算和雷达俯仰覆盖图；在复杂场景（多个杂波源、用户定义的轨迹）中根据信号–扰动功率比和探测概率得到的距离和速度的响应；雷达距离和高度精度计算，利用适当的数据提取逻辑完成的雷达分辨率评估。RWS 套件包括下列主要模块：C/C++和 Fortran 代码库（用来计算特殊函数如 Gamma 和 Bessel K）；用来画覆盖图的 Windows API（应用程序接口）标准库；一个实现矩阵代数的模板库；基于微软 Office Excel 的应用程序以对 Blake 表①编码；一套用来评估某些雷达特性（例如 ADC 抖动、大气损耗、

---

① 事实上这是一张推广的 Blake 表（它改进了原始 Blake 表），它以适当的电子格式包含了如天线方向图、处理、系统损耗等细节。

锥削损耗等）的 Visual Basic 工具；以及与性能、环境、轨迹、地形高度和波形有关的未格式化的雷达数据档案，如简单的 ASCII 文件。为用户和研发者提供的用户友好界面，运行在低成本平台（PC）上和通用环境中（Windows 98、Windows NT、Windows 2000、Windows XP、Windows Vista）。

在 RWS 中，用体积大小、电磁反射性和多普勒频谱来表征箔条体杂波模型。根据箔条在空间中的位置、天线接收方向图和辐射的雷达波形决定信号–噪声加箔条比。可以应用雷达方程，于是可以模拟信号处理方案来确定箔条干扰减轻的程度。根据有效辐射功率（ERP）和工作频段来为阻塞式干扰机建模。基于 JdoA 和天线接收方向图来确定信号–噪声加干扰比；然后可应用雷达方程；并模拟合适的 ECCM 信号处理方案来判定干扰被减小的程度。

计算机辅助雷达性能评估工具（CARPET）是一种市场上可买到的软件。在 CARPET 1.0 手册中[197]，第 59 和 60 页上描述了用于计算箔条干扰（体杂波）在信号–干扰比中的贡献的方程，第 61 页描述了计算噪声干扰（阻塞式和应答式）贡献的方程。CARPET 用 C++编程，且有与 Windows XP 兼容的用户友好的图形界面。

首字母缩略词一览表

ADC	模/数转换器
ADT	自动探测与跟踪
AF	模糊函数
AFS	自动频率选择
AGC	自动增益控制
AMF	自适应匹配滤波器
API	应用程序接口
A-RGPO	反距离波门牵引
ARM	反辐射导弹
A-SOJ	反远程干扰机
BM	弹道导弹
CARPET	计算机辅助雷达性能评估工具
CFAR	恒虚警率
CORDIC	坐标旋转数字计算机
COSRO	仅接收时圆锥扫描
COTS	商用现货
CRI	相参转发式干扰
CRLB	Cramer-Rao 下限
CUT	被测试单元
CW	连续波
DAC	数/模转换器
DAR	数字阵列雷达
DECM	欺骗式 ECM

DF	定向
DoA	到达方向
Dof	自由度
DRFM	数字射频存储器
DToA	到达时间差
EM	电磁
EA	电子攻击
ECCM	电子反对抗措施
ECM	电子对抗措施
ELINT	电子情报
EMCON	发射控制
EP	电子保护
ERP	有效辐射功率
ES	电子支援
ESM	电子支援措施
EW	电子战
FFT	快速傅里叶变换
FPGA	现场可编程门阵列
FTC	快时间常数
GA	遗传算法
GSLC	通用副瓣对消器
HOJ	对干扰寻的
HF	高频
IF	中频
IMM	相互作用多模型
ISAR	逆合成孔径雷达
JCR	干扰对消比
JDoA	干扰到达方向
JNR	干扰–噪声比
LORO	仅接收时波束转换
LPI	低截获概率
MBC	主波束对消器
MEM	最大熵方法
ML	最大似然
MTD	动目标检测器
MTI	动目标指示器
NLI	类噪声干扰
OTH	超视距
PAR	相控阵雷达

PDR	相位差变化率
PDW	脉冲描述字
Penaids	渗透辅助诱饵
PPI	平面位置显示器
PRF	脉冲重复频率
PRI	脉冲重复间隔
PSLR	峰值-副瓣比
RCS	雷达截面积
RF	无线电频率（射频）
RFI	无线电频率干扰（射频干扰）
RFM	距离滤波器地图
RGPO	距离波门牵引
RWR	雷达告警接收机
Rms	均方根
RWS	雷达工作站
RX	接收机
SAR	合成孔径雷达
SAW	声表面波
SINR	信号-干扰加噪声比
SLB	副瓣消隐
SLC	副瓣对消器
SNR	信噪比
SOJ	远程干扰
SP	自我保护
SSJ	自遮蔽干扰
STAP	空-时自适应处理
STT	单目标跟踪器
ToA	到达时间
TSI	地形散射干扰
TV-SAP	时变空域自适应处理
TWS	边扫描边跟踪
UHF	超高频
ULA	均匀线性阵列
VGPO	速度门牵引
VHF	特高频
VLSI	超大规模集成电路

致谢

作者对同行们在本著作中的合作表示诚挚感谢：Timmoneri 博士、L. Ortenzi 博士、

E. Andreta 博士（意大利 SELEX Sistemi Integrati）、G. A. Fabrizio 博士（澳大利亚 DSTO）、U. Nickel 博士（德国 FGAN）、L. Chisci 教授、A. Benavoli 博士、S. Romagnoli 博士（意大利佛罗伦萨大学）、M. Grazzini 博士（意大利 Elettronica Spa）以及 S. Kogon 博士（美国麻省理工学院林肯实验室）。

参考文献

[1] S. L. Johnston, "World War II ECCM history," suppl. to *IEEE Int. Radar Conf. Rec.*, May 6–9, 1985, pp. 5.2–5.7.

[2] A. E. Hoffmann-Heiden, "Anti-jamming techniques at the German AAA radars in World War II," suppl. to *IEEE Int. Radar Conf. Rec.*, pp. 5.22–5.29, May 6–9, 1985.

[3] D. C. Schleher, *Introduction to Electronic Warfare*, Norwood, MA: Artech House, Inc., 1986.

[4] D. C. Schleher, *Electronic Warfare in the Information Age*, Norwood, MA: Artech House, Inc., 1999.

[5] B. J. Slocumb and P. D. West, "ECM modeling for multitarget tracking and data association," in *Multitarget-Multisensor Tracking: Applications and Advances*, vol. III, Y. Bar-Shalom and W. D. Blair (eds.), Norwood, MA: Artech House, Inc., 2000, pp. 395–458.

[6] F. Neri, *Introduction to Electronic Defense*, 2nd Ed., Norwood, MA: Artech House, Inc., 2001.

[7] L. Nengjing and Z. Yi-Ting, "A survey of radar ECM-ECCM," *IEEE Trans.*, vol. AES–31, no. 3, pp. 1110–1120, July 1995.

[8] S. L. Johnston (ed.), *Radar Electronic Counter-Countermeasures*, Norwood, MA: Artech House, Inc., 1979.

[9] Special Issue on electronic warfare, *IEE Proc.*, vol. 129, pt. F, no. 3, pp. 113–232, June 1982.

[10] W. A. Davis, "Principles of electronic warfare: Radar and EW," *Microwave J.*, vol. 33, pp. 52–54, 56–59, February 1980.

[11] L. B. Van Brunt, *The Glossary of Electronic Warfare*, Dunn Loring, VA: EW Engineering, Inc., 1984.

[12] Department of Defense, Joint Chiefs of Staff, *Dictionary of Military and Associated Terms*, JCS Pub-1, September 1974.

[13] L. B. Van Brunt, *Applied ECM*, vol. 1, Dunn Loring, VA: EW Engineering, Inc., 1978.

[14] R. G. Wiley, *Electronic Intelligence: The Analysis of Radar Signals*, Norwood, MA: Artech House, Inc., 1985.

[15] R. G. Wiley, *Electronic Intelligence: The Interception of Radar Signals*, Norwood, MA: Artech House, Inc., 1986.

[16] R. G. Wiley, *ELINT: The Interception and Analysis of Radar Signals*, Norwood, MA: Artech House, Inc., 2006.

[17] R. A. Poisel, *Electronic Warfare Target Location Methods*, Norwood, MA: Artech House, Inc., 2005.

[18] E. P. Pace, *Detecting and Classifying Low Probability of Intercept Radar*, Norwood, MA: Artech House, Inc., 2003.

[19] D. C. Schleher, "LPI radar: Fact or fiction," *IEEE AES Magazine*, vol. 21, no. 5, pp. 3–6, May 2006.

[20] S. L. Johnston, "Philosophy of ECCM utilization," *Electron. Warfare*, vol. 7, pp. 59–61, May–June, 1975.

[21] M. V. Maksimov, et al., *Radar Anti-Jamming Techniques*, Norwood, MA: Artech House, Inc., 1979. (Translated from Russian, Zaschita at Radiopomekh, Soviet Radio, 1976.)

[22] D. Clifford Bell, "Radar countermeasures and counter-countermeasures," *Mil. Technol.*, pp. 96–111, May 1986.

[23] J. A. Adam and M. A. Fischetti, "Star Wars. SDI: The grand experiment," *IEEE Spectrum*, vol. 23, no. 9, pp. 34–46, September 1985.

[24] S. J. Roome, "Digital radio frequency memory," *Electronic & Communication Engineering Journal*, pp. 147–153, August 1990.

[25] J. W. Goodman and M. Silvestri, "Some effects of Fourier Domain Phase Quantization," *IBM J. Res. Develop.*, pp. 478–484, September 1970.

[26] M. Greco, F. Gini, and A. Farina, "Combined effect of phase and RGPO delay quantization on jamming signal spectrum," *Proc. of IEEE Int. Conf. on Radar*, Radar 2005, Washington, DC (USA), May 10–12, 2005, pp. 37–42.

[27] S. D. Berger, "Digital radio frequency memory linear gate stealer spectrum," *IEEE Trans.*, vol. AES–29, no. 2, pp. 725–735, April 2003.

[28] G. V. Morris et al., "Principles of electronic counter-countermeasures," short lecture notes, Georgia Institute of Technology, 1999.

[29] L. B. Van Brunt, *Applied ECM*, vol. 2, Dunn Loring, VA: EW Engineering, Inc., 1982.

[30] P. J. Gros, D. C. Sammons, and A. C. Cruce, "ECCM Advanced Radar Test Bed (E/ARTB) systems definition," *IEEE Nat. Aerosp. Electron. Conf. NAECON 1986*, May 19–23, 1986, pp. 251–257.

[31] M. A. Johnson and D. C. Stoner, "ECCM from the radar designer's view point," *Microwave J.*, vol. 21, pp. 59–63, March 1978.

[32] H. E. Schrank, "Low sidelobes phased-array and reflectors antennas," in *Aspects of Modern Radar*, E. Brookner (ed.), Norwood, MA: Artech House, Inc., 1988.

[33] W. T. Patton, "Low Sidelobe Antennas for Tactical Radars," *IEEE Int. Radar Conf. Rec.*, April 28–30, 1980, pp. 243–254.

[34] A. Farina, *Antenna Based Signal Processing Techniques for Radar Systems*, Norwood, MA: Artech House, Inc., 1992.

[35] F. J. Harrys, "On the use of windows for harmonic analysis with the Discrete Fourier Transform," *Proc. IEEE*, vol. 66, pp. 51–83, January 1978.

[36] E. Brookner, "Trends in radar systems and technology to the year 2000 and beyond," in *Aspects of Modern Radar*, E. Brookner (ed.), Artech House, Inc., Norwood, MA, 1988.

[37] E. Brookner, "Phased-array around the world. Progress and future trends," *IEEE Int. Symp. on Phased-Array Systems and Technology 2003*, Boston (USA), October 14–17, 2003, pp. 1–8.

[38] M. Cicolani, A. Farina, E. Giaccari, F. Madia, R. Ronconi, and S. Sabatini, "Some phased-array systems and technologies in AMS," *IEEE Int. Symp. on Phased-Array Systems and Technology*, Boston (USA), October 14–17, 2003, pp. 23–30.

[39] W. Kuhn, W. Sieprath, L. Timmoneri, and A. Farina, "Phased-array radar systems in support of the Medium Extended Air Defense System (MEADS)," *IEEE Int. Symp. on Phased-Array Systems and Technology*, Boston (USA), October 14–17, 2003, pp. 94–100.

[40] A. R. Moore, D. M. Salter, and W. K. Stafford, "MESAR (Multi-Function, Electronically Scanned, Adaptive Radar)," *Proc. of Int. Conf. Radar 97*, Edinburgh, October 14–16, 1997, Publication no. 449, London, UK: IEE, pp. 55–59.

[41] D. Giuli, "Polarization diversity in radars," *Proc. IEEE*, vol. 74, pp. 245–269, February 1986.

[42] L. Maisel, "Performance of sidelobe blanking systems," *IEEE Trans.*, vol. AES–4, no. 1, pp. 174–180, March 1968.

[43] P. O. Arancibia, "A sidelobe blanking system design and demonstration," *Microwave J.*, vol. 21, pp. 69–73, March 1978; reprinted in Ref. 8, 1979.

[44] D. H. Harvey and T. L. Wood, "Designs for sidelobe blanking systems," *IEEE Int. Radar Conf. Rec.*, April 1980, pp. 41–416.

[45] M. O'Sullivan, "A comparison of sidelobe blanking systems, *IEE Int. Conf. Radar–87*, Conf. Pub. 281, London, UK, October 19–21, 1987, pp. 345–349.

[46] A. Farina and F. Gini, "Calculation of blanking probability for the sidelobe blanking (SLB) for two interference statistical models," *IEEE Signal Processing Letters*, vol. 5, no. 4, pp. 98–100, April 1998.

[47] A. Farina and F. Gini, "Blanking probabilities for SLB system in correlated clutter plus thermal noise," *IEEE Trans.*, vol. SP–48, no. 5, pp. 1481–1485, May 2000.

[48] A. Farina and F. Gini, "Design of SLB systems in presence of correlated ground clutter," *IEE Proc.*, vol. 147, pt. F, no. 4, pp. 199–207, 2000.

[49] A. De Maio, A. Farina, and F. Gini, "Performance analysis of the sidelobe blanking system for two fluctuating jammer models," *IEEE Trans.*, vol. AES–41, no. 3, pp. 1082–1090, July 2005.

[50] D. A. Shnidman and S. S. Toumodge, "Sidelobe blanking with integration and target fluctuation," *IEEE Trans.*, vol. AES–38, no. 3, pp. 1023–1037, July 2002.

[51] P. W. Howells, "Intermediate Frequency Sidelobe Canceler," U.S. Patent 3,202,990, August 24, 1965.

[52] S. P. Applebaum, P. W. Howells, and C. Kovarik, "Multiple Intermediate Frequency Side-Lobe Canceler," U.S. Patent 4,044,359, August 23, 1977.

[53] R. A. Monzingo and T.W. Miller, *Introduction to Adaptive Arrays*, New York: John Wiley & Sons, 1980.

[54] J. Hudson, *Adaptive Array Principles*, London: Peter Peregrinus Ltd., 1981.

[55] R. Nitzberg, *Adaptive Signal Processing for Radar*, Norwood, MA: Artech House, Inc., 1992.

[56] H. D. Griffiths, "A four-element VHF adaptive array processor," *Proc. 2nd IEE Int. Conf. on Antennas and Propagation*, IEE Conf. Pub. no. 195, pt.1, York (UK), April 13–16, 1981, pp. 185–189.

[57] A. Farina, "Digital equalisation in adaptive spatial filtering: a survey," *Signal Processing*, Elsevier, vol. 83, no. 1, pp. 11–29, January 2003.

[58] B. D. Carlson, L. M. Goodman, J. Austin, M. W. Ganz, and L. O. Upton, "An ultralow-sidelobe adaptive array antenna," *The Lincoln Laboratory Journal*, vol. 3, no. 2, pp. 291–310, 1990.

[59] W. F. Gabriel, "Adaptive digital processing investigation of DFT sub-banding vs. transversal filter canceler," Naval Research Laboratory, NRL Report 8981, July 28, 1986, Washington, DC (USA).

[60] A. Farina and R. Sanzullo, "Performance limitations in adaptive spatial filtering," *Signal Processing*, Elsevier, vol. 81, no.10, pp. 2155–2170, October 2001.

[61] K. Gerlach, "The effects of IF bandpass mismatch errors on adaptive cancellation," *IEEE Trans.*, vol. AES–26, no. 3, pp. 455–468, May 1990.

[62] A. Farina, G. Golino, L. Timmoneri, and G. Tonelli, "Digital equalisation in adaptive spatial filtering for radar systems: Application to live data acquired with a ground-based phased-array radar," *Radar 2004*, Toulouse, France, October 19–21, 2004.

[63] R. Fante, R. Davis, and T. Guella, "Wideband cancellation of multiple mainbeam jammers," *IEEE Trans.*, vol. AP–44, no. 10, pp. 1402–1413, October 1996.

[64] F. E. Churchill, G. W. Ogar, and B. J. Thompson, "The correction of I and Q errors in a coherent processor," *IEEE Trans.*, vol. AES–17, no. 1, pp. 131–137, January 1981.

[65] K. Gerlach, "The effect of I, Q mismatching errors on adaptive cancellation," *IEEE Trans.*, vol. AES–28, no. 7, pp. 729–740, July 1992.

[66] K. Gerlach and M. J. Steiner, "An adaptive matched filter that compensates for I, Q mismatch errors," *IEEE Trans.*, vol. SP–45, no. 12, pp.3104–3107, December 1997.

[67] A. Farina and L. Ortenzi, "Effect of ADC and receiver saturation on adaptive spatial filtering of directional interference," *Signal Processing*, Elsevier, vol. 83, no. 5, pp. 1065–1078, 2003.

[68] A. Farina, R. Sanzullo, and L. Timmoneri, "Performance limitations and remedies in adaptive spatial filtering with timing errors," *Signal Processing*, Elsevier, vol. 82, no. 2, pp. 195–204, February 2002.

[69] D. R. Morgan and A. Aridgides, "Adaptive sidelobes cancellation of wide-band multipath interference," *IEEE Trans.*, vol. AP–33, no. 8, pp. 908–917, August 1985.

[70] R. L. Fante, "Cancellation of specular and diffuse jammer multipath using a hybrid adaptive array," *IEEE Trans.*, vol. AES–27, no. 10, pp. 823–837, September 1991.

[71] A. Farina and L. Timmoneri, "Cancellation of clutter and e.m. interference with STAP algorithms. Application to live data acquired with a ground-based phased-array radar demonstrator," *Proc. of 2004 IEEE Radar Conf.*, Philadelphia (USA), April 26–29, 2004, pp. 486–491.

[72] A. Farina, L. Timmoneri, and R. Tosini, "Cascading SLB and SLC devices," *Signal Processing*, Elsevier, vol. 45, no. 2, pp. 261–266, 1995.

[73] A. Farina and L. Timmoneri, "Systolic schemes for Joint SLB, SLC and adaptive phased-array," *Proc. of Int. Conf. on Radar*, Radar 2000, Washington, DC, USA, May 7–12, 2000, pp. 602–607.

[74] L. Timmoneri, I. K. Proudler, A. Farina, and J. G. McWhirter, "QRD-Based MVDR algorithm for adaptive multipulse antenna array signal processing," *IEE Proc.*, vol. 141, pt. F, no. 2, pp. 93–102, April 1994.

[75] P. Bollini, L. Chisci, A. Farina, M. Giannelli, L. Timmoneri, and G. Zappa, "QR versus IQR algorithms for adaptive signal processing: performance evaluation for radar applications," *IEE Proc.*, vol. 143, pt. F, no. 5, pp. 328–340, October 1996.

[76] A. Farina and L. Timmoneri, "Real time STAP techniques," *Electronics & Communications Engineering Journal, Special Issue on STAP*, vol. 11, no.1, pp. 13–22, February 1999.

[77] P. Kapteijin, E. Deprettere, L. Timmoneri, and A. Farina, "Implementation of the recursive QR algorithm on a 2*2 CORDIC test-board: a case study for radar application," *Proc. of the 25th European Microwave Conf.*, Bologna (Italy), September 4–7, 1995, pp. 500–505.

[78] A. D'Acierno, M. Ceccarelli, A. Farina, A. Petrosino, and L. Timmoneri, "Mapping QR decomposition on parallel computers: a study case for radar applications," *IEICE Trans. on Communications*, vol. E77–B, no. 10, pp. 1264–1271, October 1994.

[79] A. Farina and L. Timmoneri, "Parallel processing architectures for STAP," in *Applications of Space-Time Adaptive Processing*, R. Klemm (ed.), London, UK, IEE Radar, Sonar and Navigation Series 14, 2004, pp. 265–302.

[80] A. Farina, A. Averbouch, D. Gibor, L. Lescarini, S. Levit, S. Stefanini, and L. Timmoneri, "Multi-channel radar: Advanced implementation technology and experimental results," *Proc. of Int. Radar Symp.*, IRS2005, Berlin (Germany), September 6–8, 2005, pp. 317–329.

[81] C. M. Rader, "Wafer scale integration of a large scale systolic array for adaptive nulling," *The Lincoln Laboratory Journal*, vol. 4, no. 1, pp. 3–29, 1991.

[82] C. M. Rader, "VLSI systolic array for adaptive nulling," *IEEE Signal Processing Magazine*, vol. 13, no. 4, pp. 29–49, July 1996.

[83] S. P. Applebaum, "Adaptive arrays," Syracuse University Research Corporation Rept. SPL TR 66–1, 1966. This report is reproduced in *IEEE Trans.*, vol. AP–24, pp. 585–598, September 1976.

[84] L. E. Brennan and I. S. Reed, "Theory of adaptive radar," *IEEE Trans.*, vol. AES-9, no. 1, pp. 237–252, March 1973.

[85] B. Wardrop, "The role of digital processing in radar beamforming," *GEC J. Res.*, vol. 3, no. 1, pp. 34–45, 1985.

[86] P. Valentino, "Digital beamforming: new technology for tomorrow's radars," *Def. Electron.*, pp. 102–107, October 1984.

[87] H. Steyskal, "Digital beamforming antennas: an introduction," *Microwave J.*, pp. 107–124, January 1987.

[88] B. Cantrell, J. de Graaf, L. Leibowitz, E. Willwerth, G. Meurer, C. Parris, and R. Stapleton, "Development of a Digital Array Radar (DAR)," *Proc. of IEEE Radar Conf. 2001*, Atlanta (Georgia), May 1–3, 2001 pp. 157–162.

[89] M. Zatman, "Digitization requirements for digital radar arrays," *IEEE Radar Conf. 2001*, Atlanta (Georgia), May 1–3, 2001, pp. 163–168.

[90] I. S. Reed, "A brief history of adaptive arrays," *Subdury/Wayland Lecture Series*, Raytheon Div. Education, notes 23, October 1985.

[91] D. Etter, A. Steinhardt, and S. Stoner, "Least squares adaptive processing in military applications," *IEEE Signal Processing Magazine*, vol. 19, no. 3, pp. 66–73, May 2002. On occasion of the 2001 B. Franklin Medal awarded to B. Widrow for pioneering work on adaptive signal processing.

[92] S. Haykin and A. Steinhardt, *Adaptive Radar Detection and Estimation*, New York: John Wiley & Sons, Inc., 1992.

[93] S. T. Smith, "Adaptive Radar," in *Wiley Encyclopedia of Electrical and Electronic Engineering*, J. G. Webster (ed.), vol. 1, New York: Wiley, 1999 (updated 13 July 2007), pp. 263–289.

[94] A. Farina, C. H. Gierull, F. Gini, and U. Nickel (eds.), Special Issue "New trends and findings in antenna array processing," *Signal Processing*, Elsevier, vol. 84, no. 9, pp. 1477–1688, September 2004.

[95] J. Ward, "Space-time adaptive processing for airborne radar," MIT Lincoln Laboratory Technical Report TR–1015, December 13, 1994.

[96] R. Klemm, *Principles of Space-Time Adaptive Processing*, 3rd Ed., London, UK: IET Radar, Sonar and Navigation Series 21, 2006.

[97] R. Klemm (ed.), *Applications of Space-Time Adaptive Processing*, London, UK: IEE Radar, Sonar and Navigation, Series 14, 2004.

[98] J. R. Guerci, *Space-Time Adaptive Processing for Radar*, Norwood, MA: Artech House, Inc., 2003.

[99] B. Testa and V. Vannicola, "The physical significance of the eigenvalues in adaptive arrays," *Digital Signal Processing*, vol. 15, pp. 91–96, 1995.

[100] B. D. Carlson, "Covariance matrix estimation errors and diagonal loading in adaptive arrays," *IEEE Trans.*, vol. AES-24, no. 3, pp. 397–401, July 1988.

[101] A. Farina, P. Langsford, G. C. Sarno, L. Timmoneri, and R. Tosini, "ECCM techniques for a rotating, multifunction, phased-array radar," *Proc. of the 25th European Microwave Conf*, Bologna (Italy), September 4–7, 1995, pp. 490–495.

[102] W. D. Wirth, *Radar Techniques Using Array Antennas*, London, UK: IEE Radar, Sonar, Navigation and Avionics, Series 10, 2001.

[103] J. B. Hoffman and B. L. Gabelach, "Four-channel monopulse for main beam nulling and tracking," *Proc. of IEEE National Radar Conf. NATRAD '97*, Syracuse, New York, May 13–15, 1997, pp. 94–98.

[104] A. Farina, P. Lombardo, and L. Ortenzi, "A unified approach to adaptive radar processing with general antenna array configuration," Special Issue on "New trends and findings in antenna array processing for radar," *Signal Processing*, Elsevier, vol. 84, no. 9, pp. 1593–1623, September 2004.

[105] R. C. Davis, L. E. Brennan, and I. S. Reed, "Angle estimation with adaptive arrays in external noise field," *IEEE Trans.*, vol. AES-12, no. 2 pp. 179–186, March 1976.

[106] P. Langsford A. Farina, L. Timmoneri, and R. Tosini, "Monopulse direction finding in presence of adaptive nulling," presented at IEE Colloquium on Advances in Adaptive Beamforming, Romsey, UK, June 13, 1995.

[107] F. C. Lin and F. F. Kretschmer, "Angle measurement in the presence of mainbeam interference," *Proc. of IEEE 1990 Int. Radar Conf.*, Arlington (VA), USA, May 7–10, 1990, pp. 444–450.

[108] U. Nickel, "Monopulse estimation with adaptive arrays." *IEE Proc.*, vol. 130, pt. F, no. 5, pp. 303–308, October 1993.

[109] M. Valeri, S. Barbarossa, A. Farina, and L. Timmoneri, "Monopulse estimation of target DoA in external fields with adaptive arrays," *IEEE Symp. of Phased-Array Systems and Technology*, Boston (MA), USA, October 15–18, 1996, pp. 386–390.

[110] U. Nickel, "Performance of corrected adaptive monopulse estimation," *IEE Proc.*, vol. 146, pt. F, no. 1, pp. 17–24, February 1999.

[111] J. Worms, "Monopulse estimation and SLC configurations," *Proc. of IEEE Radar Conf.* 1998, Dallas, TX, May 11–14, 1998, pp. 56–61.

[112] U. Nickel, "Overview of generalized monopulse estimation," *IEEE AES Magazine*, vol. 21, no. 6, part 2 of 2, pp. 27–56, June 2006.

[113] A. Farina, G. Golino, and L. Timmoneri, "Maximum likelihood estimator approach for the estimation of target angular coordinates in presence of main beam interference: Application to live data acquired with a ground-based phased-array radar," *Proc. of IEEE 2005 Int. Radar Conf.*, Alexandria (VA), USA, May 9–12, 2005, pp. 61–66.

[114] A. Farina, G. Golino, and L. Timmoneri, "Maximum likelihood estimate of target angular coordinates under main beam interference: Application to recorded live data," in *Advances in Direction-of-Arrival Estimation*, S. Chandran (ed.), Norwood, MA: Artech House, Inc., 2006, pp. 285–303.

[115] J. Robey, D. Fuhrmann, E. Kelly, and R. Nitzberg, "A CFAR adaptive matched filter detector," *IEEE Trans.*, vol. AES-28, no. 1, pp. 208–216, January 1982.

[116] A. Farina, G. Golino, and L. Timmoneri, "Comparison between LS and TLS in adaptive processing for radar systems," *Proc. of IEE*, vol. 150, pt. F, no. 1, pp. 2–6, February 2003.

[117] A. Farina and L. Timmoneri, "Cancellation of clutter and e.m. interference with STAP algorithm. Application to live data acquired with a ground-based phased array radar," *Proc. of IEEE 2004 Radar Conf.*, Philadelphia (USA), April 26–29, 2004, pp. 486–491.

[118] A. Farina, G. Golino, S. Immediata, L. Ortenzi, and L. Timmoneri, "Techniques to design sub-arrays for radar phased-array antennas," *IEE Int. Conf. on Antennas and Propagation (ICAP) 2003*, March 31– April 3, 2003, pp. 17–23.

[119] U. Nickel, "Sub-array configurations for digital beamforming with low sidelobes and adaptive interferences suppression," *Proc. IEEE 1995 Int. Radar Conf.*, Alexandria (VA), USA, May 8–11, 1995, pp. 714–719.

[120] U. Nickel, "Monopulse estimation with sub-array output adaptive beam forming and low side lobe sum and difference beams," *IEEE Symp. on Phased-Array Systems and Technology*, Boston (MA), USA, October 15–18, 1996, pp. 283–288.

[121] E. Brookner and J. M. Howells, "Adaptive-Adaptive Array Processing," *IEE Int. Conf. Radar–87*, Conf. Pub. 281, London, October 19–21, 1987, pp. 257–263.

[122] L. W. Dicken, "The use of null steering in suppressing main beam interference," *IEE Int. Conf. Radar–77*, Conf. Pub. 155, London, October 25–28, 1977, pp. 226–231.

[123] W. F. Gabriel, "Spectral analysis and adaptive array superresolution techniques," *Proc. IEEE*, vol. 68, pp. 654–666, June 1980.

[124] U. Nickel, "Fast subspace methods for radar applications," in *Advanced Signal Processing: Algorithms, Architectures and Implementation VII*, F. T. Luk (ed.), SPIE Proc. Series vol. 3162 (Conf. Rec. SPIE San Diego 1997), pp. 438–448.

[125] U. Nickel, "Aspects of implementing superresolution methods into phased array radar," *Int. Journal Electronics and Communications* (AEÜ), vol. 53, no. 6, pp. 315–323, 1999.

[126] U. Nickel, "Spotlight MUSIC: Superresolution with sub-arrays with low calibration effort," *IEE Proc.*, vol. 149, pt. F, no. 4, pp. 166–173, August 2002.

[127] U. Nickel, "Superresolution and jammer suppression with broadband arrays for multi-function radar," Chapter 16 in *Applications of Space-Time Adaptive Processing*, R. Klemm (ed.), London: IEE, 2004, pp. 543–599.

[128] H. Lee, "Eigenvalues and eigenvectors of covariance matrices for signal closely spaced in frequency," *IEEE Trans.*, vol. SP–40, no. 10, pp. 2518–2535, October 1992.

[129] Special Issue on Superresolution, *The Lincoln Laboratory Journal*, vol. 10, no. 2, pp. 83–222.

[130] S. T. Smith, "Statistical resolution limits and complexified Cramer-Rao bound," *IEEE Trans.*, vol. SP–53, no. 5, pp. 1597–1609, May 2005.

[131] D. K. Barton, *Radar*, vol. 6, *Frequency Agility and Diversity*, Norwood, MA: Artech House, Inc., 1977.

[132] B. Bergkvist, "Jamming frequency agile radars," *Def. Electron.*, vol. 12, pp. 75.78–81.83, January 1980.

[133] S. Strappaveccia, "Spatial jammer suppression by means of an automatic frequency selection device," *IEE Int. Conf. Radar–87*, Conf. Pub. 281, London, October19–21, 1987, pp. 582–587.

[134] C. H. Gager, "The impact of waveform bandwidth upon tactical radar design," *IEE Int. Conf. Radar-82*, London, October 18–20, 1982, pp. 278–282.

[135] M. I. Skolnik, G. Linde, and K. Meads, "Senrad: An advanced wideband air surveillance radar," *IEEE Trans.*, vol. AES–37, no. 4, pp. 1163–1175, October 2001.

[136] B. L. Lewis, F. F. Kretschmer, and W. W. Shelton, *Aspects of Radar Signal Processing*, Norwood, MA: Artech House, Inc., 1986.

[137] N. Levanon and E. Mozeson, *Radar Signals*, New York: John Wiley & Sons, Inc., 2004.

[138] G. Petrocchi, S. Rampazzo, and G. Rodriguez, "Anticlutter and ECCM design criteria for a low coverage radar," *Proc. Int. Conf. Radar*, Paris, France, December 4–8, 1978, pp. 194–200.

[139] V. G. Hansen and A. J. Zottl, "The detection performance of the Siebert and Dicke-Fix CFAR detectors," *IEEE Trans.*, vol. AES–7, pp. 706–709, July 1971.

[140] S. L. Johnston, "Radar electronic counter-countermeasures against chaff," *Proc. Int. Conf. Radar*, Paris, France, May 1984, pp. 517–522.

[141] M. I. Skolnik, *Introduction to Radar Systems*, 3rd Ed., New York: McGraw-Hill, 2001.

[142] A. Farina and F. A. Studer, "A review of CFAR detection techniques in radar systems," *Microwave Journal*, pp. 115–128, September 1986.

[143] E. Conte and A. De Maio, "Mitigation techniques for non-gaussian sea clutter," *IEEE Journal of Oceanic Engineering*, vol. 29, no. 2, pp. 284–302, April 2004.

[144] E. Conte, A. De Maio, A Farina, and G. Foglia, "CFAR behavior of adaptive detectors: an experimental analysis," *IEEE Trans.*, vol. AES–41, no. 1, pp. 233–251, January 2005.

[145] M. C. Wicks, W. J. Baldygo, and R. D. Brown, "Expert System Application to Constant False Alarm Rate (CFAR) Processor," U.S. Patent 5, 499, 030, March 12, 1996.

[146] A. Farina (ed.), *Optimised Radar Processors*, London: Peter Peregrinus, Ltd., 1987.

[147] E. Fong, J. A. Walker, and W. G. Bath, "Moving target indication in the presence of radio frequency interference," *Proc. IEEE 1985 Int. Radar Conf.*, Arlington (VA), USA, May 6–9, 1985, pp. 292–296.

[148] L. B.Van Brunt, "Pulse-compression radar: ECM and ECCM," *Def. Electron.*, vol. 16, pp. 170–185, October 1984.

[149] H. Kushel, "VHF/UHF. Part 1: characteristics," *Electronics & Communications Engineering Journal*, vol. 14, no. 2, pp. 61–72, April 2002.

[150] R. J. Galejs, "Volume surveillance radar frequency selection," *Proc. of IEEE 2000 Int. Radar Conf.*, Alexandria (VA), USA, May 7–12, 2000, pp. 187–192.

[151] H. Kushel, "VHF/UHF. Part 2: operational aspects and applications," *Electronics & Communications Engineering Journal*, vol. 14, no. 3, pp. 101–111, June 2002.

[152] W. N. Dawber and N. M. Harwood, "Comparison of doppler clutter cancellation techniques for naval multi-function radars," *IEE Int. Conf. Radar 2002*, Conf. Pub. No. 490, Edinburgh, UK, 15-17 October 2002, pp. 424-428.

[153] A. I. Leonov and K. J. Fomichev, *Monopulse Radar*, Norwood, MA: Artech House, Inc., 1987.

[154] S. L. Johnston, "Tracking radar electronic counter-countermeasures against inverse gain jammers," *IEE Int. Conf. Radar–82*, Conf. Pub. 216, London, October 1982, pp. 444–447.

[155] B. L. Lewis and D. H. Howard, "Security Device," U.S. Patent, 4, 006, 478, February 1, 1977, filed August 15, 1958.

[156] R. L. Fante and J. A. Torres, "Cancellation of diffuse jammer multipath by an airborne adaptive radar," *IEEE Trans.*, vol. AES–31, no. 2, pp. 805–820, April 1995.

[157] S. Kogon, "Algorithms for mitigating terrain-scattered interference," *Electronics & Communications Engineering Journal*, vol. 11, no. 1, pp. 49–56, February 1999.

[158] S. Bjorklund and A. Nelander, "Theoretical aspects on a method for terrain scattered interference mitigation in radar," *Proc. of IEEE 2000 Int. Radar Conf.*, Alexandria (VA), USA, May 9–12, 2005, pp. 663–668.

[159] Y. Abramovich, S. J. Anderson, and A. Y. Gorokov, "Stochastically constrained spatial and spatio-temporal adaptive processing for non-stationary hot clutter cancellation," Chapter 17 in *Applications of Space-Time Adaptive Processing*, R. Klemm (ed.), London: IEE Radar, Sonar and Navigation, Series 14, 2004, pp. 603–697.

[160] W. D. Blair, G. A. Watson, T. Kirubarajan, and Y. Bar-Shalom, "Benchmark for radar allocation and tracking in ECM," *IEEE Trans.*, vol. AES–34, no.4, pp.1097–1114, 1998.

[161] T. Kirubarajan, Y. Bar-Shalom, W. D. Blair, and G. A. Watson, "IMMPDAF for radar management and tracking benchmark with ECM," *IEEE Trans.*, vol. AES–34, no.4, pp.1115–1134, 1998.

[162] H. Blom and Y. Bar-Shalom, "The interacting multiple model algorithm for systems with Markovian switching coefficients," *IEEE Trans.*, vol. AC–33, no. 8, pp. 780–783, August 1988.

[163] A. Moreira, "Improved multilook techniques applied to SAR and SCANSAR imagery," *IEEE Trans. on Geoscience and Remote Sensing*, vol. 29, no. 4, pp. 529–534, July 1991.

[164] W. Goj, *Synthetic Aperture Radar and Electronic Warfare*, Dedham, MA: Artech House, Inc., 1989.

[165] C. J. Condley, "The potential vulnerability to increased background noise of synthetic aperture radar in the maritime environment," *IEE Colloquium on Synthetic Aperture Radar*, November 29, 1989, pp. 10/1–10/5.

[166] C. J. Condley, "Some system considerations for electronic countermeasures to synthetic aperture radar," *IEE Colloquium on Electronic Warfare Systems*, January 14, 1991, pp. 8/1–8/7.

[167] M. Soumekh, "SAR-ECCM using phased-perturbed LFM chirp signals and DRFM repeat jammer penalizer," *IEEE Trans.*, vol. AES–42, no. 1, pp. 191–205, January 2006.

[168] P. Hyberg, "Assessment of modern coherent jamming methods against synthetic aperture radar (SAR)," *Proc. of EUSAR '98, European Conf. on Synthetic Aperture Radar*, Friedrichshafen, Germany, May 25–27, 1998, pp. 391–394.

[169] C. Boesswetter, "ECCM effectiveness of a low sidelobe antenna for SAR ground mapping," AGARD AVP Symp. *"Multifunction Radar for Airborne Applications,"* Toulouse, 1985.

[170] A. Farina and P. Lombardo, "SAR ECCM using adaptive antennas," *Proc. of IEEE Long Island Section, Adaptive Antenna Systems Symp.*, Long Island, USA, November 1994, pp. 79–84.

[171] J. H. Ender, "Anti-jamming adaptive filtering for SAR imaging," *Proc. of IRS '98, Int. Radar Symp.*, Munich, Germany, September 15–17, 1998, pp. 1403–1413.

[172] J. A. Torres, R. M. Davis, J. D. R. Kramer, and R. L. Fante, "Efficient wideband jammer nulling when using stretch processing," *IEEE Trans.*, vol. AES–36, no. 4, pp. 1167–1178, October 2000.

[173] L. Rosenberg and D. Gray, "Anti-jamming techniques for multi-channel SAR imaging," *IEE Proc.*, pt. F, vol. 133, no. 3, pp. 234–242, June 2006.

[174] P. E. Pace, D. J. Fouts, S. Ekestrom, and C. Karow, "Digital false target image synthesizer for countering ISAR," *IEE Proc.*, pt. F, vol. 149, no. 5, pp. 248–257, October 2002.

[175] P. E. Pace, D. J. Fouts, and D. P. Zulaica, "Digital image synthesizer: Are enemy sensors really seeing what's there?," *IEEE Aerospace and Electronic Systems Magazine*, vol. 24, no. 2, pp. 3–7, February 2006.

[176] L. Sevgi, A. Ponsford, and H. C. Chan, "An integrated maritime surveillance system based on high-frequency surface-wave radars, part 1: Theoretical background and numerical simulations," *IEEE Antennas and Propagation Magazine*, vol. 43, no. 5, pp. 28–43, October 2001.

[177] A. Ponsford, L. Sevgi, and H. C. Chan, "An integrated maritime surveillance system based on high-frequency surface-wave radars, part 2: Operational status and system performance," *IEEE Antennas and Propagation Magazine*, vol. 43, no. 5, pp. 52–63, October 2001.

[178] G. A. Fabrizio, "Space-time characterization and adaptive processing of ionospherically-propagated HF signals," Ph.D. dissertation, Adelaide University, Australia, July 2000.

[179] G. A. Fabrizio, D. A. Gray, and M. D. Turley, "Experimental evaluation of adaptive beamforming methods and interference models for high frequency over-the-horizon radar," *Multidimensional Systems and Signal Processing – Special Issue on Radar Signal Processing Techniques*, vol.14, no. 1/2/3, pp. 241–263, January–July 2003.

[180] G. A. Fabrizio, Y. I. Abramovich, S. J. Anderson, D. A. Gray, and M. D. Turley, "Adaptive cancellation of nonstationary interference in HF antenna arrays," *IEE Proc.*, vol. 145, pt. F, no. 1, pp. 19–24, February 1998.

[181] Y. I. Abramovich, A. Y. Gorokhov, V. N. Mikhaylyukov, and I. P. Malyavin, "Exterior noise adaptive rejection for OTH radar implementations," *IEEE Int. Conf. on Acoustics, Speech, and Signal Processing 1994, ICASSP'94*, Adelaide (Australia), 1994, pp. 105–107.

[182] S. J. Anderson, Y. I. Abramovich, and G. A. Fabrizio, "Stochastic constraints in non stationary hot clutter cancellation," *IEEE Int. Conf. on Acoustics, Speech, and Signal Processing 1997, ICASSP-97*, Munich, Germany, vol. 5, pp. 21–24, April 1997, vol. 5, pp. 3753 – 3756.

[183] Y. I. Abramovich, N. Spencer, and S. J. Anderson, "Stochastic constraints method in non stationary hot clutter cancellation–part 1: Fundamentals and supervised training applications," *IEEE Trans.*, AES–34, no. 4, pp. 1271–1292, 1998.

[184] Y. I. Abramovich, N. Spencer, and S. J. Anderson, "Stochastic constraints method in non stationary hot clutter cancellation–part 2: Unsupervised training applications," *IEEE Trans.*, vol. AES–36, no. 1, pp. 132–150, 2000.

[185] G. A. Fabrizio, A. B. Gershman, and M. D. Turley, "Robust adaptive beamforming for HF surface wave over-the-horizon," *IEEE Trans.*, vol. AES–40, no. 2, pp. 510–525, April 2004.

[186] G. A. Fabrizio, A. Farina, and M. D. Turley, "Spatial adaptive subspace detection in OTH radar," *IEEE Trans.*, vol. AES–39, no. 4, pp. 1407–1428, October 2003.

[187] A. Farina, G. A. Fabrizio, W. L. Melvin, and L. Timmoneri, "Multichannel array processing in radar: State of the art, hot topics and way ahead," *Proc. Sensor Array and Multichannel Signal Processing IEEE Workshop* (invited paper), Sitges, Spain, July 18–21, 2004, pp. 11–19.

[188] G. A. Fabrizio, G. J. Frazer, and M. D. Turley, "STAP for Clutter and Interference Cancellation in a HF Radar System," *IEEE Int. Conf. on Acoustics, Speech, and Signal Processing 2006*, ICASSP 2006, Toulouse, France, May 2006.

[189] D. K. Barton, *Radar System Analysis and Modeling*, Norwood, MA: Artech House, Inc., 2005.

[190] S. L. Johnston, "The ECCM improvement factor (EIF): illustration examples, applications, and considerations in its utilization in radar ECCM performance assessment," *Int. Conf. Radar*, Nanjing (China), November 4–7, 1986, pp. 149–154.

[191] J. Clarke and A. R. Subramanian, "A game theory approach to radar ECCM evaluation," *Proc. of IEEE 1985 Int. Radar Conf.*, Arlington (VA), USA, May 6–9, 1985, pp. 197–203.

[192] L. Nengjing, "Formulas for measuring radar ECCM capability," *IEE Proc.*, vol. 131, pt. F, pp. 417–423, July 1984.

[193] L. Nengjing, "ECCM efficacy assessment in surveillance radar analysis and simulation," *IRS '98, Int. Radar Symp.*, Munich, Germany, September 15–17, 1998, pp. 1415–1419.

[194] D. H. Cook, "ECM/ECCM systems simulation program, electronic and aerospace systems record," *IEEE Conv. Rec. EASCON '68*, September 9–11, 1968, pp. 181–186.

[195] S. Watts, H. D. Griffiths, J. R. Hollaway, A. M. Kinghorn, D. G. Money, D. J. Price, A. M. Whitehead, A. R. Moore, M. A. Wood, and D. J. Bannister, "The specification and measurement of radar performance," *IEE Int. Conf. Radar 2002*, Conf. Pub. no. 490, Edinburgh, UK, October 15–17, 2002, pp. 542–546.

[196] F. A. Studer, M. Toma, and F. Vinelli, "Modern software tools for radar performance assessment," *Proc. of IRS '98, Int. Radar Symp.*, Munich, Germany, September 15–17, 1998, pp. 1079–1090.

[197] A. G. Huizing and A. Theil, *CARPET 2.11 Software + User Manual*, The Hague, The Netherlands: TNO Defense, Security and Safety, 2004.

第 25 章　雷达数字信号处理

25.1　引言

自 20 世纪 80 年代以来，数字技术呈指数式发展，相应地成本大幅下降，这对雷达系统设计方式产生了深远影响。越来越多的过去用模拟硬件实现的功能现在用数字方式完成，导致了系统的性能与灵活性提高，并减小了尺寸与成本。模/数转换器（ADC）与数/模转换器（DAC）技术的发展正在推动模拟与数字处理之间的界限越来越接近天线端。

例如，图 25.1 示出了在 1990 年左右可能设计的一个典型雷达系统的接收机前端的简化方框图。注意这个系统采用的是模拟脉冲压缩（PC）。为了产生带宽足够小的基带同相信号（I）和正交信号（Q），使得当时的模/数转换器（ADC）可采样这些信号，这个系统也包括了几级模拟下变频。然后数字化的信号被馈入数字多普勒/MTI 和检测处理器。

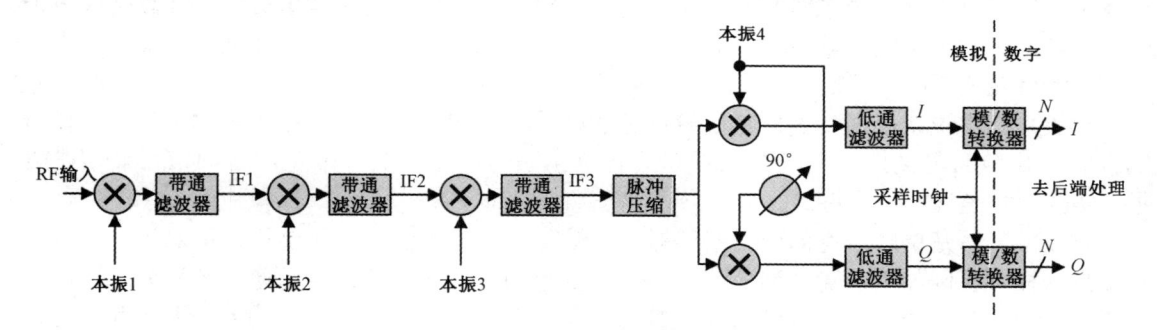

图 25.1　1990 年的典型雷达接收机前端设计

与之相反，图 25.2 画出了一部典型的雷达前端数字接收机。射频（RF）输入通常通过一到两级模拟下变频以生成中频（IF）信号，然后用模/数转换器直接对中频信号采样。数字下变频器（DDC）以较低速率将数字化的信号采样转换成复数形式，以便通过数字脉冲压缩器去后端处理。注意模/数转换器的输出在数字信号线上标有一条斜线，其上有一字母。该字母表示数字化输入信号的位数，且表示模/数转换器最大可能的动态范围。如后所述，与模拟方法相比，使用数字信号处理（DSP）经常可以提高动态范围、稳定性和系统的总体性能，同时又可减小体积和成本。

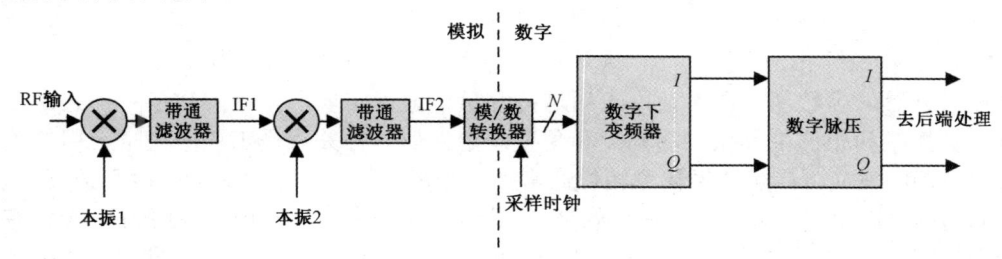

图 25.2　典型数字接收机前端

本章将为自本手册第二版出版以来进入实际应用的雷达系统的主要数字处理技术提供一个高层次的概述，并给出一些需要考虑的设计折中。

25.2 接收通道处理

模/数转换器和数字计算机技术的重大进展已经改变了雷达系统的接收机前端，使之能以更低的成本提供更好的性能。本节将描述这些新技术是如何应用于雷达系统的以及它们给系统性能带来的得益。

信号采样基础

数字信号处理器是采样后的信号系统。**采样**是这样一个过程：在规则时间间隔（**采样间隔**）上测量连续（模拟）信号，生成一个离散数值（采样）序列，这个序列表示信号在采样时刻的值。**采样频率**是采样间隔的倒数，通常用 f_s 表示。采样系统要服从奈奎斯特定律[1]，它指出了在没有**混淆**污染，即频谱分量不重叠时，从采样值重建未采样信号所需的采样率最低下限。这个界限称为**奈奎斯特频率**或**奈奎斯特速率**，它等于双边信号带宽 B。双边信号带宽既考虑了正频率分量又考虑了负频率分量。以低于奈奎斯特速率的采样率进行采样总会造成混淆，但是高于它也不能保证一定没有混淆。我们将看到对于带通信号，在某些情况下，为了避免混淆可能需要比奈奎斯特速率高的采样率。

一般人们常说奈奎斯特速率是信号带宽的两倍，但这是对只有正频率的单边带实数信号而言的。我们的定义指的是既有正频率又有负频率的双边带信号带宽，这种信号通常是复数，实数信号是它的一个特例。

双边带宽总是单边带宽的两倍吗？对于复数信号一般来说并不是这样，但对于实数信号确实是这样。原因如下：对任何信号，不管是实数的还是复数的，当用傅里叶积分（逆傅里叶变换）表达时都可看作 $Ae^{j2\pi ft}$ 形式的频谱分量的组合。采样后的信号有 $t = nT$，其中 T 是采样间隔，n 是整数时间，不管采样不采样，基本的分量形式都是一样的。无论是否进行采样，复振幅 A 都是频率 f 的函数，为了简化起见，我们将 $A(f)$ 写作 A。

于是用这些术语来说，实数信号的特殊之处表现在一条经简单推导就可得出的傅里叶变换性质要求实数信号的傅里叶分量以共轭对的形式出现，因此如果在频率 f 存在复振幅为 A 的分量 $Ae^{j2\pi ft}$，那么在频率 $-f$ 就存在该复振幅的复数共轭 A^* 的分量 $A^*e^{-j2\pi ft}$。如果频谱分量占据 $f_1 \sim f_2$ 的正频率频段，那么相应的 $-f_2 \sim -f_1$ 的负频率频段也被频谱分量占据，因此双边带宽必须是单边带宽的两倍。

实数信号的频率分量为共轭对是因为使用以极坐标形式 $A = re^{j\theta}$ 表示的复振幅，有

$$Ae^{j2\pi ft} + A^*e^{-j2\pi ft} = 2\operatorname{Re}\{Ae^{j2\pi ft}\} = 2\operatorname{Re}\{re^{j\theta}e^{j2\pi ft}\}$$
$$= 2r\operatorname{Re}\{e^{j(2\pi ft+\theta)}\} = 2r\cos(2\pi ft + \theta)$$

共轭谱分量的虚数部分已对消，表明这些分量一起确实表示一个实数信号，它是一条正弦曲线，其振幅和相位由复振幅的幅度和角度规定。后一种关系是工程中大量应用的关系，在不是很精确的意义下，术语**振幅**和**相位**通常指一个复数信号在某时刻的幅度和角度。

下面的几个图说明了奈奎斯特速率的来源。请想象在一张很长的纸上画出了一个具有**低通**信号频谱的双边带宽为 B 的实数信号，如图 25.3（a）所示。在图中，信号的正频率谱分量

用深色阴影表示，信号的负频率分量用浅色阴影表示。为了看出以奈奎斯特速率 B 对这个信号进行采样的效果，这条长纸被分割成较小的段，第一个分割点在零频处，其余的分割点在正频率和负频率上以采样速率（本例中为 B）间隔切开。这些较小的段一张一张摞起来，如图 25.3（b）左边所示。将层叠的纸的谱加起来，最终得到采样后信号频谱从 0 到采样速率 B 的部分，如图 25.3（b）右边所示。请注意频谱的浅色负频率部分现在出现在采样后频谱的右边，且与深色正频率部分不重叠。只要采样后信号的这两部分不重叠，信号就不混淆。如图 25.3（c）所示，把这一段的副本首尾相连排列，产生以间隔 B 采样的信号频谱的 0 到 B 部分，于是就得到采样后信号的全谱。

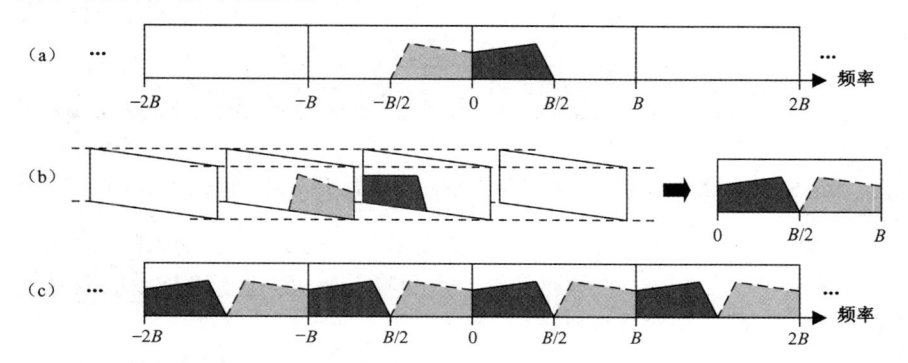

图 25.3 （a）采样前的带限实数信号频谱；（b）采样后信号 0～B 的频谱部分；
（c）采样后信号的全部频谱

图 25.4 给出了以低于奈奎斯特速率进行采样的结果。图 25.4（a）显示了与前一个例子相同的带限信号，但是这次以低于奈奎斯特速率 B 的某个采样率采样。图 25.4（b）和 25.4（c）示出的最终采样后信号的频谱包含了重叠的或混淆的频率分量，这些分量叠加起来表示了信号受到了污染。

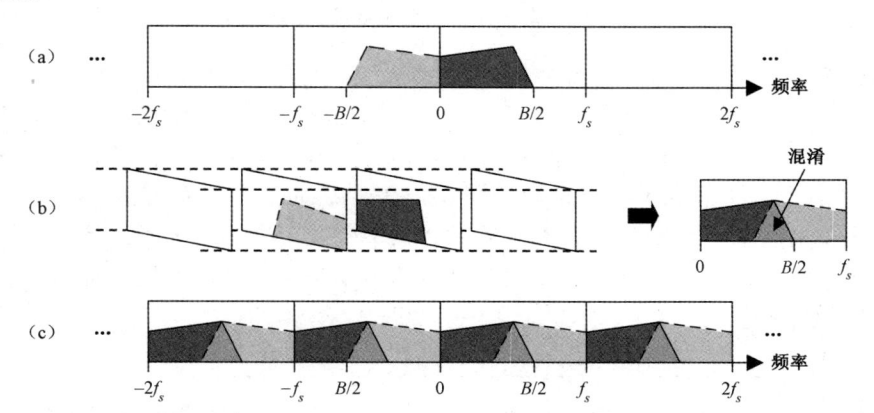

图 25.4 （a）采样前的带限低通信号频谱；（b）以速率 $f_s < B$ 采样的采样后有混淆的低通信号频谱；
（c）混淆的采样后信号频谱

图 25.5 对一个不包含 0Hz 或其附近频率分量的**带通信号**重复了上述奈奎斯特分析。图 25.5（a）示出一个实数带通信号，其双边带宽为 B，且包含带宽分别为 $B/2$ 的正频率和负频率谱分量，这两个分量是互为复共轭的镜像图像。奈奎斯特速率是信号的双边带宽，而不

管信号在频谱中所处的特定位置。因此，这个信号的奈奎斯特速率为 B，即使信号包含的实际频率有大于 B 的分量。图 25.5（b）显示了这个信号以奈奎斯特速率采样的结果。信号的两部分谱采样后的谱没有重叠，因此采样后的信号没有混淆。如本章中后面将要详细描述的那样，这种技术——**带通采样**是一种强大的工具，它使得可以用性能相对较低的数字转换器采样频率相对较高的信号，这将大大节约成本。

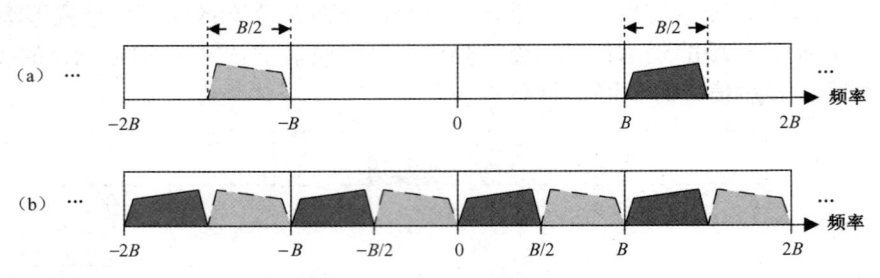

图 25.5 （a）采样前的带限实数带通信号频谱；（b）采样后的信号频谱

图 25.6（a）示出了一个带宽为 B 的更一般复数信号在采样前的频谱。注意这个信号并不是复共轭谱对称的。图 25.6（b）示出了以奈奎斯特频率 B 进行采样后的信号频谱。可以看到不存在混淆。

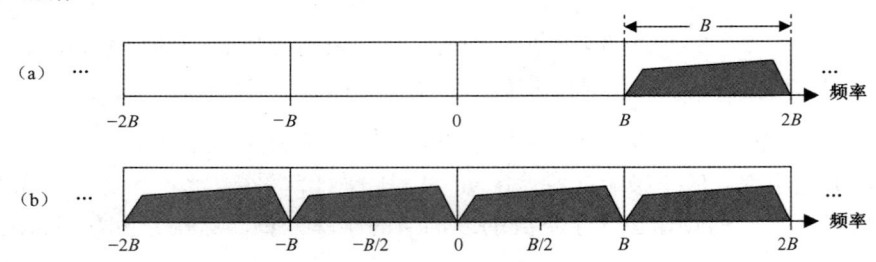

图 25.6 （a）在用奈奎斯特频率 B 采样前的非实数信号频谱；（b）采样后的信号频谱

奈奎斯特速率是信号的**最小**采样频率，是一个界限，满足这个界限是保证不出现混淆的必要条件但不是充分条件。请考虑图 25.7（a）所示的情况，其信号是与图 25.5 中一样的带限带通信号，但是在频率上有移动，因此它不是恰好从 B 开始的。图 25.7（b）中的采样后信号频谱表明虽然采样率满足奈奎斯特约束，但采样后的信号仍有混淆。为了解决这个问题，可以在采样前将信号移动到一个不同的中心频率上或者增加采样率。系统设计师必须永远小心地开发采样系统的频率计划，以确定合适的采样频率和保证不发生混淆。关于这个论题 Lyons 有全面的讨论[2]。

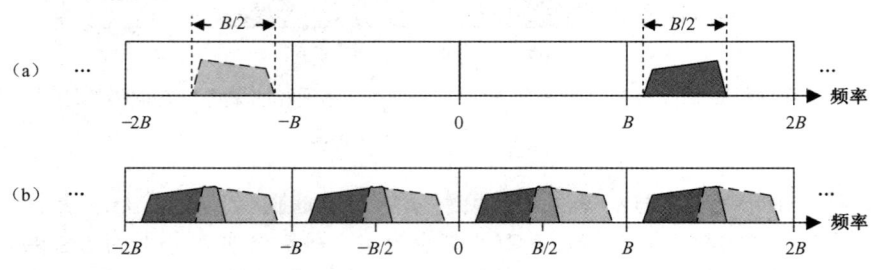

图 25.7 （a）采样前的带限实数通带信号频谱；（b）采样后的信号频谱

在实际系统中，通常信号在采样前要通过一个**抗混淆**滤波器，这个滤波器是一个模拟低通或带通滤波器，它给信号带宽设置了上限。滤波器需要提供足够的阻带抑制，使得任何混淆的分量都微不足道。当然，实际滤波器的通带不会恰好延伸到阻带边缘。由于滤波器输出可能包含中间过渡带中的成分，所以为了确定奈奎斯特速率，中间过渡带的宽度必须算作双边信号带宽 B 的一部分，否则可能会引起明显混淆。

数字下变频（DDC）

应用数字技术进行 IQ 解调，这只不过是将中频信号下变频到复数基带，就大大提高了相参系统的性能。这里我们探讨两种形式的数字下变频，其中一种一般的形式在结构上与传统的模拟下变频平行，另一种有限的形式直接进行数字下变频，这种形式在使用时更经济。

模拟下变频与采样

如图 25.8 中频域所示，数字下变频的一般方法源自模拟下变频和采样。第 1 行和"="行上的频谱表示系统中不同节点上的信号，"∗"行和"×"行上的频谱分别表示把那些把信号相关起来的**频谱卷积**以及逐点**频谱相乘**运算。

图中第 1 行画出了一个实数中频（IF）信号示意图，这个信号的单边带宽和双边带宽分别为 40MHz 和 80MHz，正频率分量和负频率分量的中心分别位于 75MHz 和−75MHz。图 25.8 中的第二行用一个−75MHz 的本振频率通过频谱卷积将中频信号频移（很快我们将看到这是如何用硬件实现的）。第 3 行上的结果的频率分量中心位于 0Hz 和−150MHz。与第 4 行中的低通滤波器频率响应相乘，于是去除了−150MHz 的分量，只留下第 5 行的复数基带信号，这个信号有一个双边带宽和 40MHz 的奈奎斯特频率。第 6 行上的频率卷积对应于在时域上将第 5 行表示的信号与一个以 50MHz 采样频率采样的均匀脉冲序列相乘。在时域中，结果就是一个 50MHz 的采样脉冲序列，其值是第 5 行信号在采样时刻的采样值（我们忽略比例因子）。当然，我们在硬件中不会生成第 7 行中的脉冲，而是在寄存器中以数来数字地实现脉冲区域。

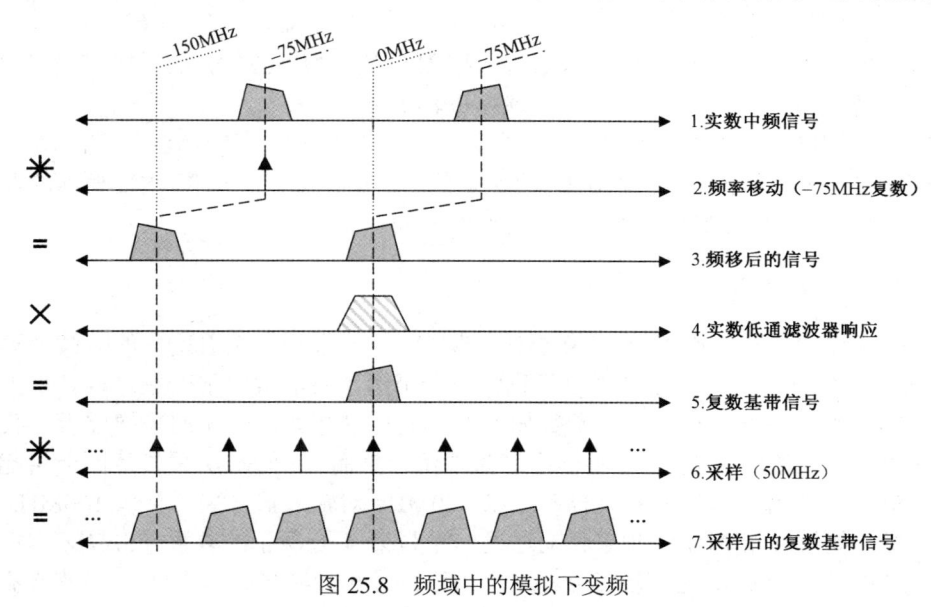

图 25.8　频域中的模拟下变频

图 25.9 中的方框图说明了如何用硬件实现这个过程。中频信号被送到两个混频器。在一个混频器中中频信号与 75MHz 余弦相位的本振进行混频，在另一个混频器中，中频信号与负正弦相位的同一本振进行混频，因此两个混频器是以正交 90°工作的。混频器的输出一起作为一对复值对形成了一个复数信号，其频谱如图 25.8 第 3 行所示。然后将这些信号通过低通滤波器（LPF）以去除以 –150MHz 为中心的频谱分量，否则这些分量将会在后面的采样步骤中引起混淆。

传统上人们用标记 I（同相）和 Q（正交）来指示复数时域信号的实数和虚数部

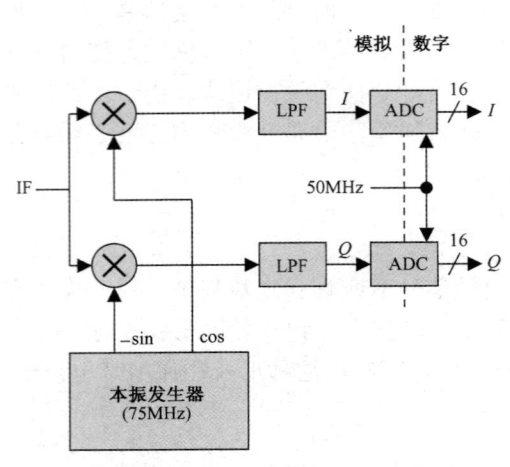

图 25.9　典型的模拟下变频到基带和数字转换器

分，这里也一样，它们用实数信号对来实现。如图 25.9 所示，垂直切割该图，得到一个 I 信号和一个 Q 信号，其表示的穿过这条切割线的复数信号就是 $I+jQ$。图中，在低通滤波器块之前和之后切割得到的复数信号的频谱分别如图 25.8 第 3 行和第 5 行所示。第 3 行的信号按照下式在时域中产生

$$[\text{line 3}] = [\text{line 1}]e^{-j2\pi f_{\text{LO}}t} = [\text{line 1}]\cos(2\pi f_{\text{LO}}t) - j[\text{line 1}]\sin(2\pi f_{\text{LO}}t) = [I_3 + jQ_3]$$

式中，$f_{\text{LO}} = 75\text{MHz}$，line 为行。与之类似，用 * 表示时域卷积（用冲激响应滤波），有

$$[\text{line 5}] = [\text{line 3}]*h(t) = [I_3 + jQ_3]*h(t) = (I_3 * h(t)) + j(Q_3*h(t)) = I_5 + jQ_5$$

当滤波器输出被看作复数信号[第 5 行]$= I_5 + jQ_5 = Ae^{j\theta}$ 时，则复数幅度 A 和角度 θ 给出了中频信号的振幅（用或不用比例因子）和相位，因为初始的 IF 信号可以用第 5 行的信号在时域中重建（用或不用比例因子），即[第 1 行]$= \text{Re}\{[\text{line 5}]e^{j2\pi f_{\text{LO}}t}\}$，因此有

$$[\text{第 1 行}] = \text{Re}\{Ae^{j\theta}e^{j2\pi f_{\text{LO}}t}\} = A\text{Re}\{e^{j(2\pi f_{\text{LO}}t+\theta)}\} = A\cos(2\pi f_{\text{LO}}t + \theta)$$

在最后一步，滤波后的 I 和 Q 基带信号由模/数转换器以 50MHz 的采样率进行数字化，产生 I_7 和 Q_7 的输出采样或与之等价的复数输出采样 I_7+jQ_7。

图 25.9 中模/数转换器的输出上有一条斜线上面标有"16"，表明 ADC 产生 16 位的数字输出。模/数转换器每位大约能提供 6dB 的动态范围，所以如果忽略模/数转换器的非线性，那么 16 位的模/数转换器能提供大约 96dB 的动态范围。

数字下变频的一般方法

在数字下变频中，首先用模/数转换器对模拟 IF 信号采样，接着所有的后续处理都以数字方式完成。图 25.10 再次在频域画出了我们前一个例子中的数字下变频过程。最上面一行画出了一个实数中频信号示意图，其参数如前例。通过进行如前所述的采样分析，我们发现将采样速率设置为双边信号带宽 80MHz 会产生混淆。然而，100MHz 采样率不会引起混淆，因此在图中第 2 行使用了 100MHz 采样率。以 100MHz 对输入信号采样会以 100MHz 的间隔复制信号频谱，如第 3 行所示。频率移动通过信号与第 4 行所示的复数–75MHz 本振的频率卷积完成，产生第 5 行所示的频移信号。这个频移信号在频域与第 6 行所示的滤波器响应进

第 25 章 雷达数字信号处理

行相乘,以去除负频率信号分量的副本,产生第 7 行所示的复数基带信号。这个信号现在有一双边带宽和 40MHz 奈奎斯特频率,将它与第 8 行中位于频域原点和 50MHz 的脉冲进行频域卷积,有效实现了信号的二抽一[3]。第 9 行中的最终基带信号的采样率为 50MHz。

图 25.10 频域中的数字下变频

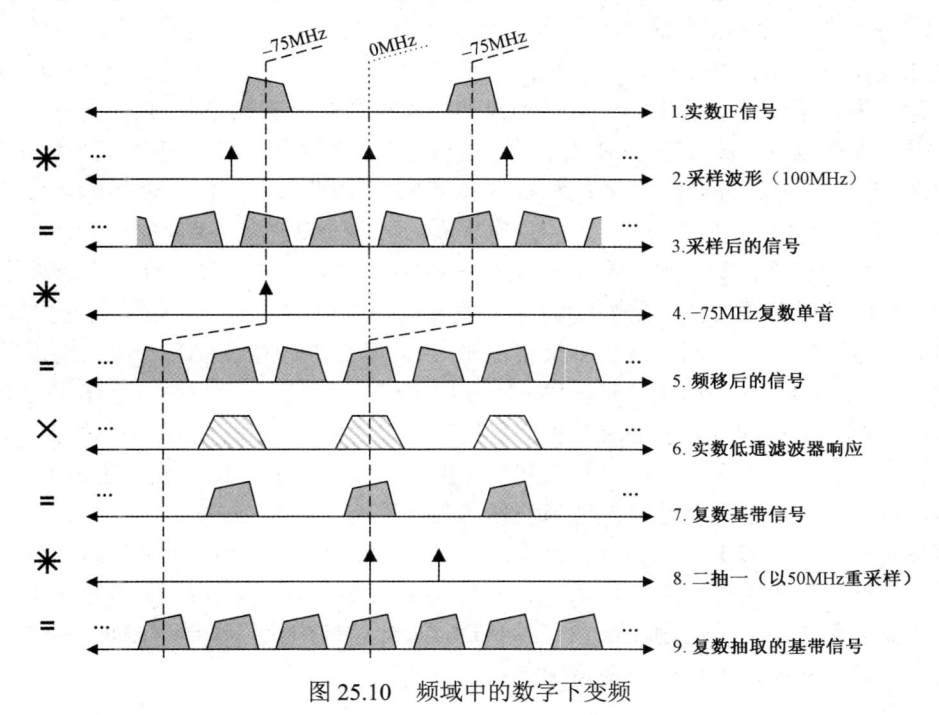

图 25.11 画出了这个 DDC 结构的硬件实现。中心位于 75MHz 的 IF 信号由一个模/数转换器直接数字化。除处理是以数字方式进行之外,在模/数转换之后的结构与模拟下变频非常相似。在该例中,我们选择用 16 位 ADC 以 100MHz 采样 IF 信号。这个结构用一个数控振荡器(NCO)实现本振。NCO 产生的数字表示以数/模转换器采样速率采样的本振频率的余弦和负正弦信号,这里本振频率为 75MHz。从 NCO 来的正弦和余弦信号与数字化的 IF 信号然后进行数字相乘。在这个特例中,本振频率与采样速率之间的关系使得所需的 NCO 和乘

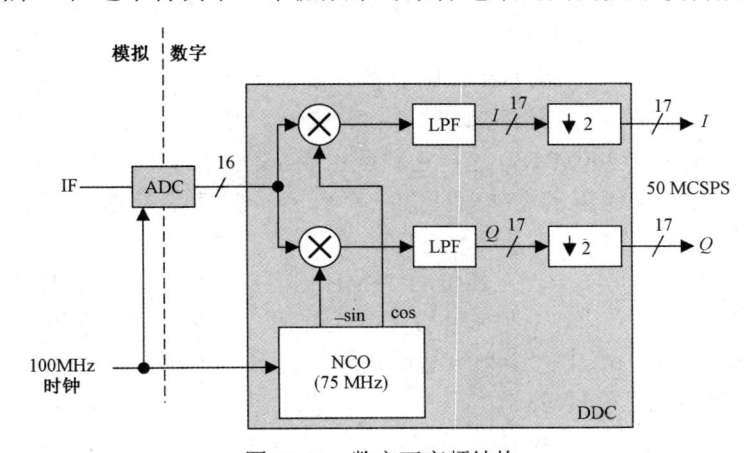

图 25.11 数字下变频结构

法器都非常简单，这是因为每个所需 NCO 输出值都为 0 或±1，后面将讨论这种特殊情况。目前假设这个结构不存在这种特殊情况，于是需要一个通用的 NCO/乘法器结构。通用 NCO 的设计将在 25.3 节中讨论。在乘法以后，数字低通滤波器当它们的输出被二抽一后生成以 50MHz 速率采样的复数输出时将防止混淆。在本图中，MCSPS 表示**每秒百万个复数采样**。

低通滤波器还减小带外噪声，因此提高了信噪比（SNR）。为了保持这个 SNR 得益，可能需要增加用来表示滤波器输出的位数。如果滤波器把数据带宽减小到 $1/R$ 同时又不影响感兴趣的信号，那么以 dB 表示的 SNR 增加为 $10\lg R$。在我们的例子中，带宽减小到 1/2，导致 SNR 大约有 3dB 增加。每一位表示大约 6dB 的 SNR，因此表示滤波后信号所需要的最小位数可能从 16 增加到 17。

在实际应用中，系统设计师需要分析采样和数字处理的效果并确定计算中需要多少位以在保持 SNR 的同时防止溢出。需要考虑的事项包括系统前端噪声，它通常允许关掉模/数转换器输出的两位或更多位（四位或更多量化电平）。同时，因为存在 ADC 引入的误差，所以一个实际的 N 位 ADC 从来不能精确提供 $6N$dB 的 SNR。例如，一个典型的 16 位 ADC 通常可提供大约 14 位也即 84dB 的 SNR。在信号处理过程中使用 16 位可提供大约 96dB 的动态范围。在这种情况下，意识到滤波过程仅将信号的 SNR 增加到 87dB，这仍然与 16 位的数据通路兼容，设计师可以选择让通过低通滤波器的数据通路保持在 16 位。

与模拟下变频相比 DDC 可提供几种得益。模拟方法会受各种硬件误差的影响，包括混频器失配、本振信号不是准确地 90° 正交、增益失配、直流漂移或 I 和 Q 信号支路的频率响应。数字下变频避免了这些问题，虽然它对 ADC 采样时钟的相位噪声、ADC 的非线性和数学舍入噪声敏感。实现最大性能需要特别注意设计细节。

直接数字下变频

如果设计师在选择 IF 中心频率或 ADC 采样速率上有一些灵活性，那么可以考虑简化的 DDC 结构，即直接数字下变频[4, 5]。如果 ADC 采样率是 IF 信号中心频率的 4 倍，那么采样过程也可将频谱移到基带，于是不再需要通用数字下变频中的 NCO 和有关的乘法器。总的来说，直接变换到基带是一种简单而经济的 DDC 方法，当被采样信号总以单一频率为中心时可采用这种方法。当被采样信号的中心频率动态改变时，DDC 的本振也被迫相应改变，这时可能需要使用标准数字下变频结构。

为了有个直观感受，首先让我们在时域上看一看直接数字下变频，然后我们可以仔细推导频域中的结构。假设 DDC 的结构如图 25.11 所示，IF 以 75MHz 为中心，本振也为 75MHz，同时 NCO 设置在 300MHz，这样它就产生图 25.12（a）所示的采样后的正弦和余弦曲线，其中垂直线和点分别表示采样时间和值。因为采样速率是本振频率的 4 倍，所以 (cos,-sin) 本振采样对在 (1,0)、(0,-1)、(-1,0) 和 (0,1) 之间循环。

下一步，假设 IF 信号是一个任意相位的 75MHz 正弦信号，如图 25.12（b）所示。DDC 混频器输出 I 和 Q，即（b）行的中频信号与（a）行的两个本振信号的乘积，如图 25.12（c）所示。因为假设图 25.12（b）中的中频信号恰是采样速率的四分之一，所以 I 和 Q 都是常数，即 IF 信号相位角的正弦和余弦。

图 25.13 示出了同样的 75MHz 中频信号，不过是以 100MHz 和 60MHz 采样的，它们是最初采样速率 300MHz，即 4 倍 IF 中心频率的奇数整约数（1/3 和 1/5）。请注意奇数采样点

仍然在 I 与 $-I$ 之间循环，偶数采样在 Q 和 $-Q$ 之间切换。因此 4 倍中频频率的奇数整约数是可行的备选采样速率。奈奎斯特界限的应用要求双边中频带宽小于采样速率。

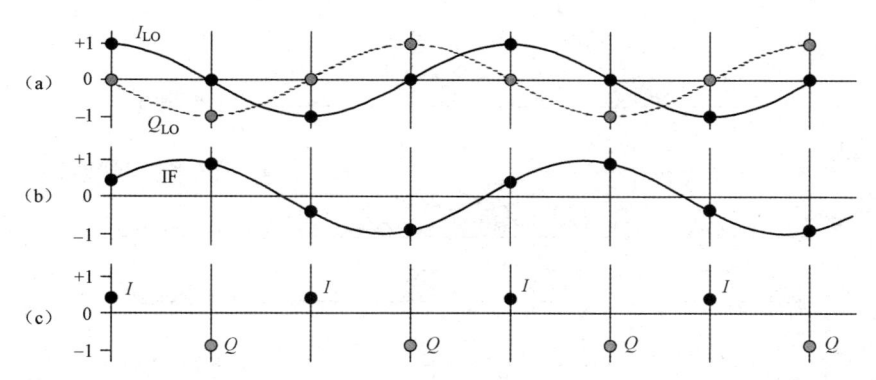

图 25.12 以 300MHz 采样的各个信号：(a) 75MHz 余弦和负正弦本振信号；(b) 75MHz IF 信号；(c)(a) 采样和 (b) 采样相乘的结果

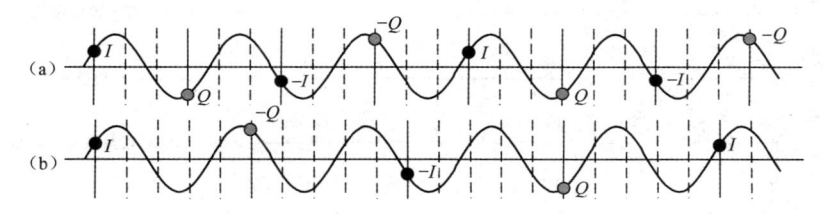

图 25.13 75MHz 信号：(a) 以 100MHz（4/3×IF）采样；(b) 以 60MHz（4/5×IF）采样

现在让我们在频域仔细推导直接 DDC 结构。再次假设一个实数 IF 信号，中心频率为 75MHz，与图 25.13（a）中一样用 100MHz 对其进行采样。图 25.14 的前三行在频域中说明了这一点，第 3 行显示了采样后的 IF 信号。第 4 行上的带通滤波器响应去除了不需要的频率分量以产生第 5 行上的复数带通信号。然后对这个信号进行二抽一并移动 -75MHz 以产生如第 9 行所示的用 50MHz 采样率采样的期望的复数基带信号。

图 25.15 是相应的方框图。图 25.14 第 4 行上的频率响应的幅度既不是奇函数也不是偶函数，因此对应的冲激响应既不是纯粹的实数也不是纯粹的虚数。将冲激响应写作 $h(n) = h_I(n) + jh_Q(n)$，$h_I(n)$ 和 $h_Q(n)$ 为实数函数，则第 4 行的操作变为

$$[\text{line 5}] = [\text{line 3}] * h(n) = [\text{line3}] * [h_I(n) + jh_Q(n)]$$
$$= ([\text{line 3}] * h_I(n)) + j([\text{line 3}] * h_Q(n)) = I_5 + jQ_5$$

式中最后一步运用了第 3 行在时域是实数这个事实。因此在图 25.15 中，采样后的 IF 信号通过不同的 FIR 滤波器（关于 FIR 滤波器的叙述见 25.4 节），顶部和底部的滤波器分别用于系数的实数和虚数部分。等价的复数冲激响应滤波器的频率响应如图 25.14 第 4 行所示，因为它的频率响应与其频移半个周期后的信号之和为常数，所以这个滤波器是一个半频带滤波器。这个性质使得它的冲激响应几乎一半的系数为零。图 25.16（a）说明了这种应用的一个典型滤波器的系数。除中心以外的所有奇数号系数都为零，因为零系数不需要乘法器，所以这个滤波器非常易于实现。频率响应对采样率的 1/4 对称，这使得偶数号系数和奇数号系

数分别为纯粹的实数和纯粹的虚数，因此偶数号系数和奇数号系数分别被用来产生 I 和 Q，如图25.16（b）和25.16（c）所示。

图 25.14　频域的直接数字下变频

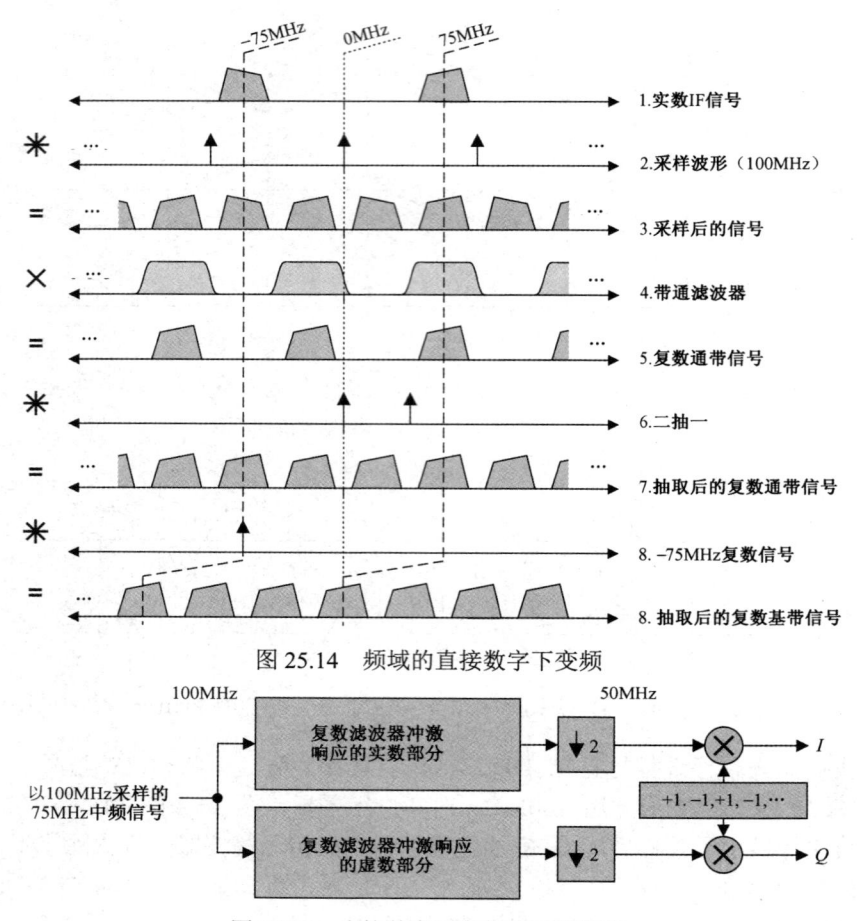

图 25.15　直接数字下变频的时域实现

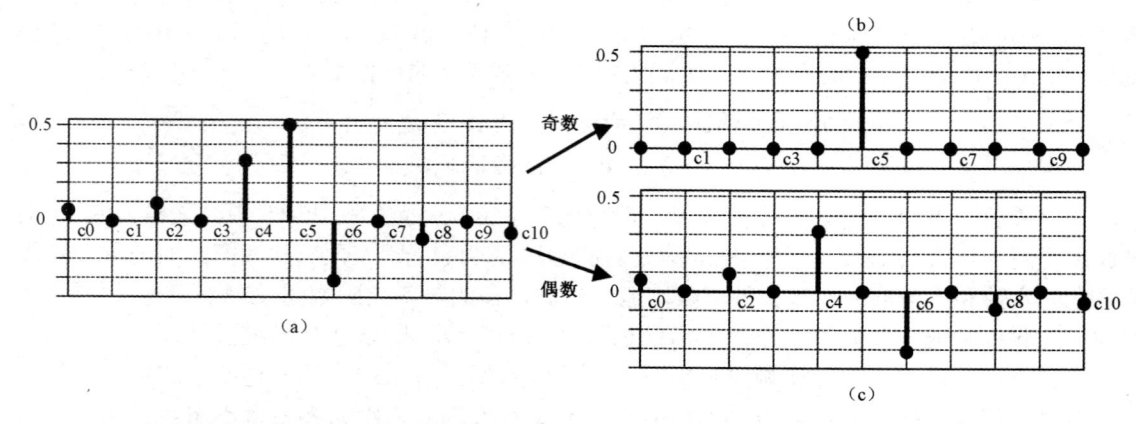

图 25.16　（a）直接数字下变频的半频带带通滤波器系数；（b）复数冲激响应的实数（奇数）部分；
（c）复数冲激响应的虚数（偶数）部分

经过滤波以后，复数信号被二抽一产生 50MHz 的输出采样率。最终与 −75MHz 信号的频率卷积通过每隔一个采样取负值实现。

图 25.17 中，我们变换图 25.15 中的系统使得它的计算效率更高。我们从图 25.17（a）的结构开始，它示出了滤波的细节，其中 τ 表示每个时钟间隔延迟。图 25.16 冲激响应的实数部分 $h_I(n)$ 的一个非零系数的位置对应于一个奇数号延迟，因此可用单一延迟和一些双延迟来实现 $h_I(n)$。与之相反，冲激响应的虚数部分 $h_Q(n)$ 只在偶数号延迟上有非零系数，因此它仅用双延迟实现。

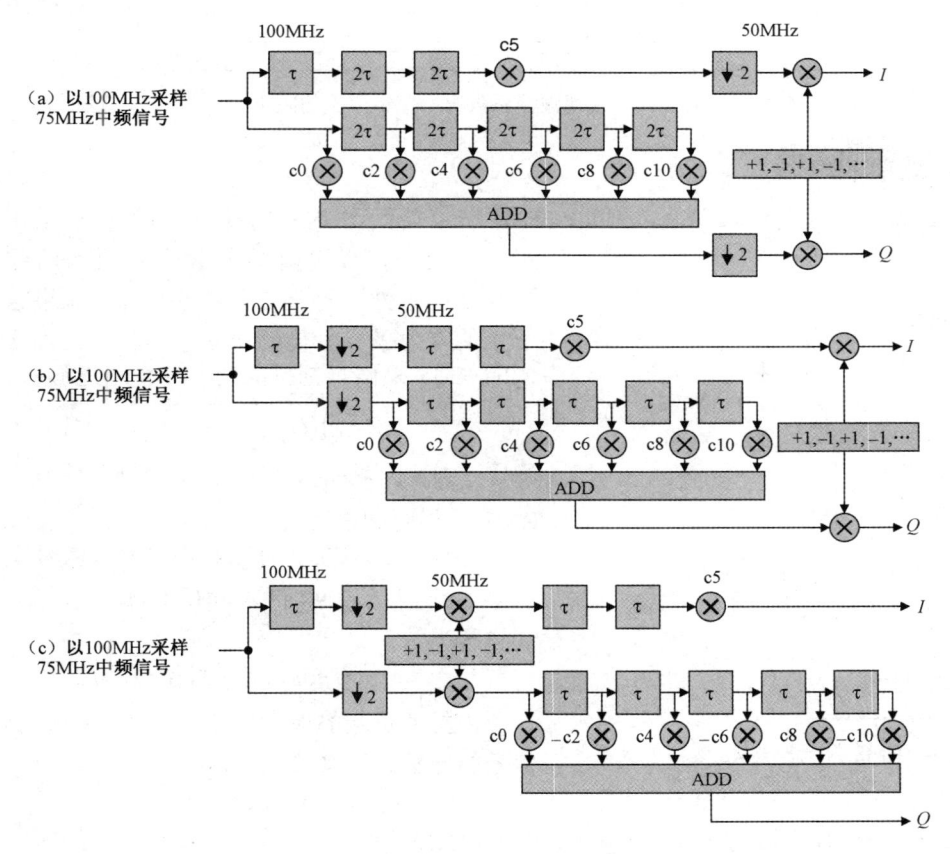

图 25.17 直接数字下变频器

如图 25.17（b）所示，将抽样置于 2τ 延迟前可以进一步简化结构。这将每个双延迟改变成时钟速率较低的单延迟，这样滤波运算的定时就更有效了。另外可选的方法是，在输出处交错采样的取反可以移动到抽取输出处。在这种变换中取反所跨越的每个延迟使得信号符号发生改变，因此在老位置与新位置之间的包含了奇数个延迟的每条信号路径，要求系数取反进行补偿。图 25.17（c）设计的结果取反了 Q 滤波器中的交错系数。

刚才叙述的可选的取反-移动变换使得系统工作的解读很简单。图 25.12 示出：图 25.17（c）的前 τ 个延迟、抽样、符号取反操作协同工作，控制 I 和 Q 采样分别送至滤波器的上下路径，当采样通过剩下的处理后，采样在时间上就对齐了，但是它们并不真正对应于 IF 信号输入时间线上的同一点，这是因为 I 和 Q 是从交错的 ADC 采样得到的。然而，图 25.18 所示的

取反的交错系数的 Q 滤波器实际上逼近于重新对齐两条路径中的数据所需的半采样延迟，这使得 I 和 Q 的输出值可在同一时刻被有效采样。

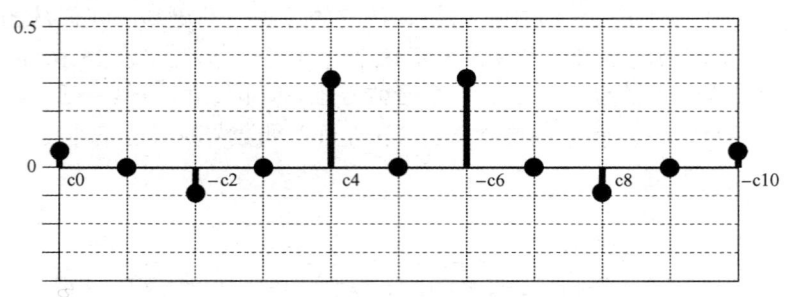

图 25.18　Q 滤波器系数符号交错取反的版本

信号采样方面的考虑

实际设备和信号会引入误差。例如，如图 25.19 所示，时钟抖动会引起 ADC 的采样输出误差。另外，真实模/数转换器也引入内部抖动或**孔径不确定性**，这是必须考虑的[6]。如果这些抖动引入的有效采样时刻的误差互不相关，那么它们引入的 RMS 采样时刻抖动的一个合理近似 t_J 为

$$t_J = \sqrt{[(t_{J(\text{ADC})})^2 + (t_{J(\text{CLOCK})})^2]}$$

式中，$t_{J(\text{ADC})}$ 和 $t_{J(\text{CLOCK})}$ 分别是 ADC 和时钟引入的 RMS 采样时间抖动。

振幅为 A 和频率为 f 的正弦输入信号表示为

$$v(t) = A\sin(2\pi ft)$$

其导数为

$$dv(t)/dt = A2\pi f\cos(2\pi ft)$$

由抖动引起的最大误差出现在 $t = 0$ 时刻，即当信号的导数达到其峰值时，或

$$dv(0)/dt = A2\pi f$$

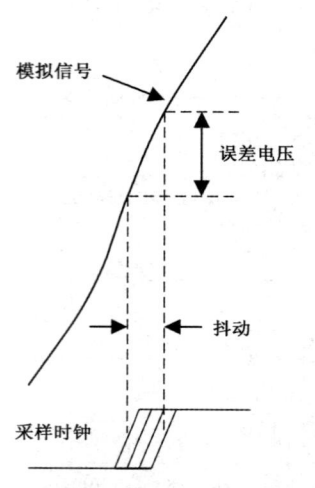

图 25.19　RMS 抖动与 RMS 噪声的关系

由 RMS 采样时间抖动 t_J 产生的 RMS 误差电压 V_e 为

$$V_e = A2\pi ft_J$$

误差电压限制了 ADC 的理论最大 SNR 为

$$\text{SNR}_{\max} = 20\lg(A/V_e) = -20\log(2\pi ft_J)$$

图 25.20 示出了这个关系，相对于模拟频率和不同的 RMS 采样抖动值，它分别在左轴和右轴上画出了 SNR 和等价的 ADC 有效位数或 ENOB（=SNR/6dB）。由于 ADC 内部的各种误差源（孔径不确定性、非线性、加性噪声等），一个 ADC 的额定 ENOB 总是小于它提供的位数。例如，14 位的 ADC 其典型 ENOB 为 12。

利用前面描述的带通采样技术，这时 ADC 可以用比被采样的模拟频率低得多的速率进行采样。看起来很吸引人的是完全不需要接收机，并直接采样射频信号。虽然这是可能的，但是 ADC 的局限性限制了这种结构的性能。首先，ADC 的模拟前端有一个由生产厂家指定

的 3dB 截止频率。ADC 的输入频率必须保持大大低于这个截止频率。其次，如以前图 25.20 所示，直接采样射频信号将大大增加送给 ADC 的信号的转换率，因此要求 RMS 时钟抖动的水平很低。同时，ADC 固有的非线性会在其输出中产生毛刺，随着输入频率的增加，这个问题会越来越严重。ADC 的数据手册中指出了器件**没有毛刺的动态范围**（SFDR），这个范围通常定义为当输入一个单频信号时，期望信号与在 ADC 输出处测量到的最大毛刺之间的以 dB 表示的信号电平差。典型 ADC 的 SFDR 比它规定的 SNR 高。不幸的是，存在很多种 SFDR 定义，因此在这点上建议设计师仔细阅读生产厂家的数据手册。如前面所提到的，通过滤波消除部分不用频谱的噪声，可以提高采样信号的 SNR。然而，ADC 产生的毛刺可能位于感兴趣的频段中，那么滤波就不太合适。因此，在通过滤波减小了 ADC 噪声以后，比未滤波噪声电平低的毛刺会变得相对较为显著。

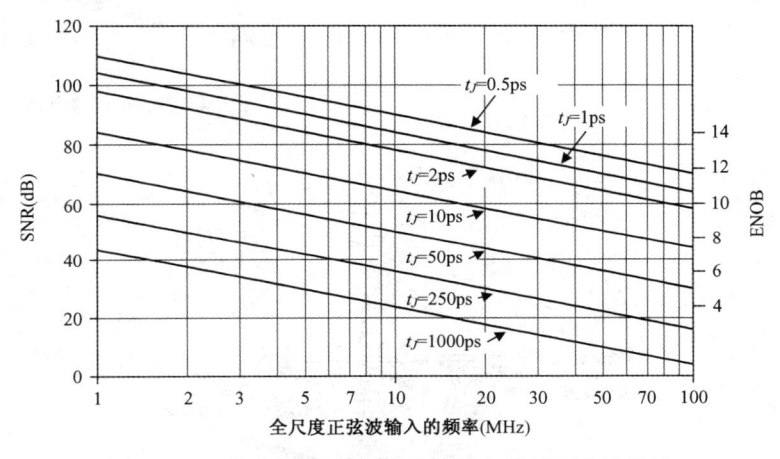

图 25.20　不同采样抖动下的信噪比与模拟频率的关系

数字多波束的波束形成

　　数字技术的一个重要应用是在相控阵天线系统中实现波束形成的功能。图 25.12（a）画出了一个模拟波束形成系统。所示的波前可看作从感兴趣目标来的回波。注意波前会在不同时刻击中每个阵列单元。为了在特定的方向上形成波束，阵列的每个单元后必须跟一个时间延迟单元，这个延迟单元把每个阵列单元收到的信号进行适当的延时，这样当将时间延迟后的所有输出全部加起来时，它们将相参相加，在期望的方向形成一个波束。如果系统的带宽窄（带宽小于射频频率的约 5%），且天线波束宽度不是太窄（因此以角度表示的 3dB 波束宽度大于百分比带宽），那么可用移相器近似时间延迟。为了形成波束和保持带宽，宽的带宽系统需要"真正的"时间延迟。如图所示，接收机跟在模拟波束形成器后面。图 25.21（b）显示了数字波束形成的一个极端应用情况，其中每个单元后都有一部接收机和一个 ADC。在这个系统中，时间延迟既可以用数字移相实现，也可用数字延迟实现，其后跟随一个数字求和器。这种配置使得可在任何方向上形成波束，如果希望，还可用同样的采样数据同时形成多个波束并用不同的时延方法形成不同的波束。然而，在写本文时，在每个天线单元后放一部数字接收机其造价很高，且对大多数大天线（即对于有几千个单元的系统）应用来说通常也不可行。图 25.21（c）示出了一个折中的解决方案，其中使用模拟波束形成来实现子阵列，子阵列后再跟数字接收机和数字时间延迟。

(a) 模拟波束形成器

(b) 每个单元的数字波束形成器

(c) 子阵数字波束形成器

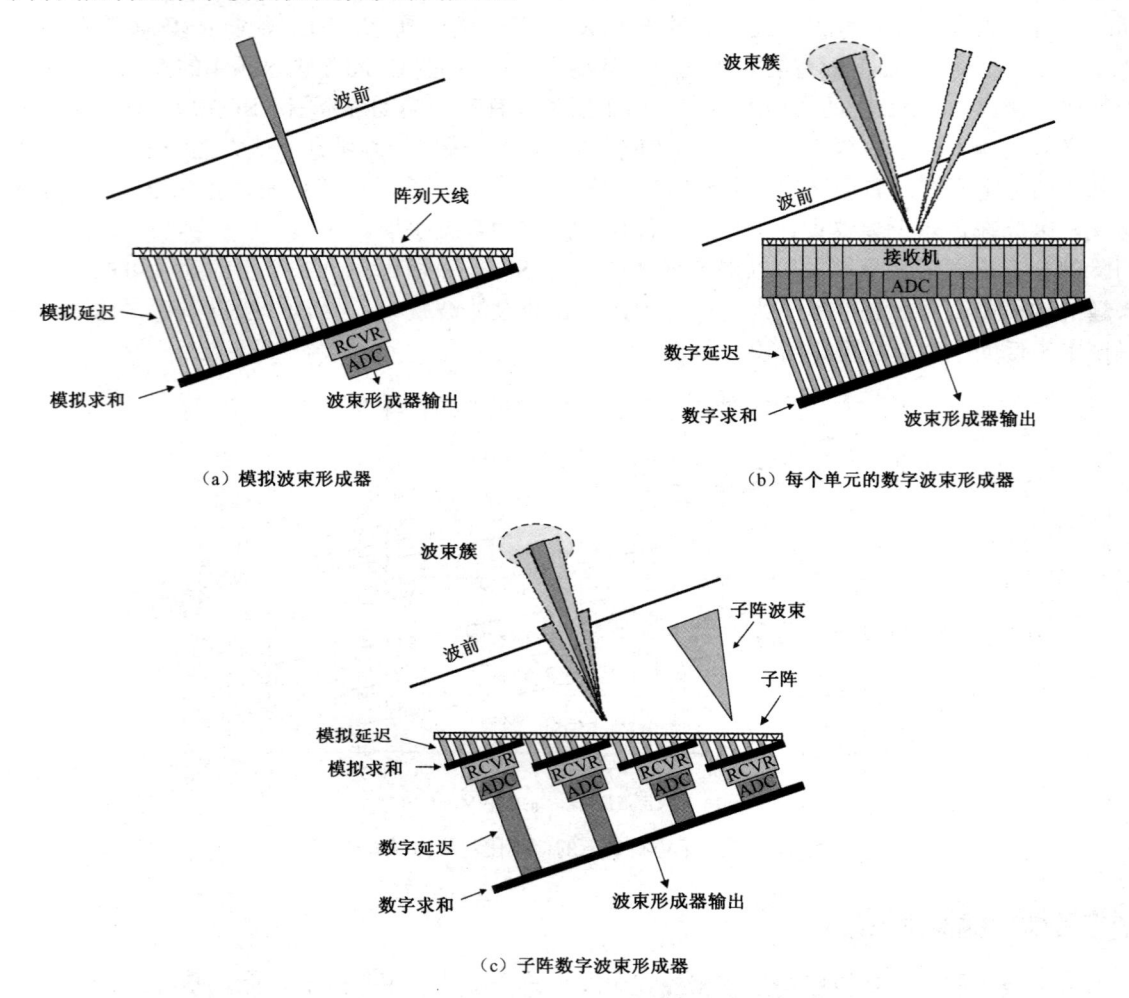

图 25.21　波束形成

与模拟波束形成相比，数字波束形成有一些优越性。使用模拟波束形成，通常一个时间只能形成一个波束。一般要求雷达完成多种功能，例如空域监视、目标确认、跟踪等。如果在一个时间只有一个波束，那么可能没有足够的时间去完成所有要求的功能。数字波束形成器允许同时形成多个波束，使得可以更快地进行空域监视功能，因而有更多的时间做其他事情。当然，为了同时形成多个接收波束，发射波束必须更宽以包含所有接收波束，这可能要求发射机功率更大或接收时更长时间积累以提供与单波束系统相同的性能。

另一个优越性与动态范围有关。在模拟波束形成系统中，只有一部接收机和 ADC，动态范围性能受限于单通道能力。在数字波束形成系统中，有多部接收机和 ADC，它们组合起来决定系统的动态范围。例如，假设每个 ADC 引入的噪声幅度相等且互不相关，那么如果 100 个 ADC 的输出组合起来形成一个波束，则与使用相同 ADC 的单接收机系统相比，系统动态范围将提高 20dB。

图 25.22 示出了一个典型数字波束形成系统的方框图。天线单元或子阵的每个天线输出端口后跟一个数字下变频器和一个均衡滤波器（EQU FIR）。均衡滤波器通常是一个复数有限冲激响应（FIR）滤波器（后面叙述），它调整每个通道的频率响应，使其在波束形成器中与其他通道相加之前，通带的相位和幅度与其他通道匹配。该滤波器的系数通过一个校准过程确定。校准时，将一个测试信号送给所有通道的射频输入。这种信号通常是一个扫频信号或覆盖整个通道带宽的噪声输入。同时采集所有通道的 ADC 采样，并为均衡滤波器计算复数权值以使每个通道的频率响应匹配。一旦通道均衡了，就可为每个要形成的波束实现唯一的时间延迟。如前面所提到的，对于窄带系统可以用移相实现这个时间延迟，对于宽带系统可以用时间延迟实现。可以用复数乘法或 CORDIC 操作实现移相，后面将叙述这两种方法。时间延迟可用一个 FIR 滤波器实现，这个滤波器在信号的频率上叠加了一个线性变化的相位移动。一旦在每个通道中实现了时间延迟，就可将所有通道的合适的复数时间延迟的信号相加形成一个波束。为了形成 M 个波束需要 M 个复数加法器。

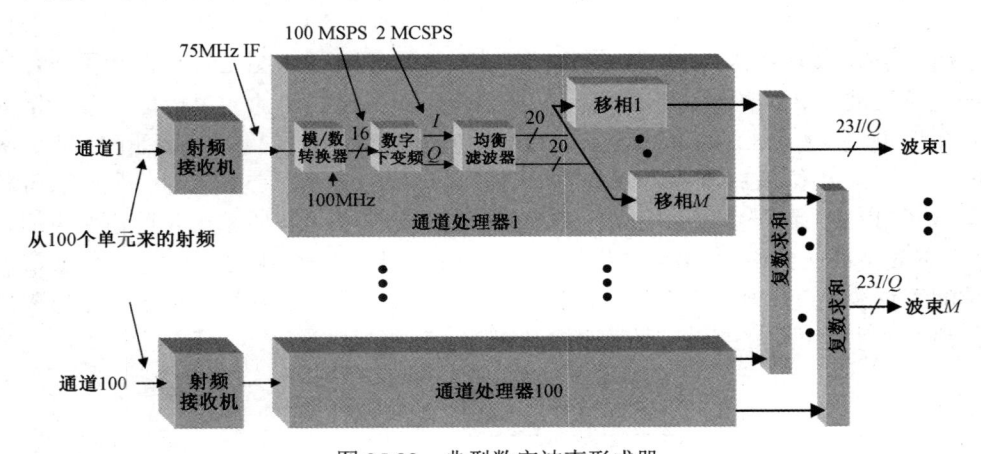

图 25.22 典型数字波束形成器

数字脉冲压缩

脉冲压缩是雷达系统中另一种主要由数字完成的信号处理功能。然而，在写本章时，还存在很多采用模拟延迟线的脉冲压缩系统。在这些系统中，模拟脉冲压缩在中频完成，处理链中后面跟 ADC。因为脉冲压缩增加了信号的 SNR，所以在采样前进行脉压增加了对 ADC 的动态范围要求。在数字脉冲压缩系统中，ADC 放在脉冲压缩器之前，只需要满足信号脉压前的动态范围，这大大降低了要求。数字化的信号被变换到基带并送到数字脉冲压缩器。在数字计算中要增加位数以适应由脉冲压缩得益而增加的动态范围。

第 8 章专门讨论脉冲压缩雷达。概括地说，有两种实现数字脉冲压缩的基本方法：时域和频域卷积。一类时域卷积器包括一个复数 FIR 滤波器，其系数是按时间反转顺序排列的发射基带波形采样的复共轭（这也是发射信号匹配滤波器的定义）。这种结构可以压缩任意波形。当调制是二相位码时就可得到这个结构的简化版本。在这种情况下，系数不是+1就是−1，因此对每个采样进行的数学运算是一个复数加法或减法而不是全复数相乘。

脉冲压缩也可在频域实现，这时称为**快速卷积**。在这种情况下，接收数据的基带采样和参考发射波形通过快速傅里叶变换（FFT），数据的 FFT 输出与参考 FFT 输出的复共轭逐点相乘，然后用逆 FFT 把结果重新变换回时域。一般来说，系数个数较少时进行时域卷积的硬件效率更高，系数个数多时（多于 8 或 16）频域卷积的效率更高。

25.3 发射通道处理

在数字技术可以广泛应用之前，一般采用模拟技术产生雷达发射波形。简单的脉冲系统使用模拟 RF 开关控制 LO 的开与关。用声表面波（SAW）器件产生频率调制信号。也可用类似于伪随机噪声波形的简单二进制相位调制方案。然而，数字技术给雷达系统设计师提供了更多的选择，如果需要还可在脉冲至脉冲之间对任意调制的发射波形进行修正。本节描述几种数字产生雷达发射信号的常用技术。

直接数字综合器（DDS）

图 25.23 是这种技术的方框图，图中一个数控振荡器（NCO）产生一个数字化的正弦信号，然后用一个数/模转换器（DAC）将其转换成一个模拟信号。图 25.24 演示了 NCO 如何工作以产生正弦波。n 位的调谐字实际上是决定正弦波输出频率的一个相位增量。相位增量以二进制角度测量（BAM）的格式表示，其中字的最高有效位（MSB）表示 180°，次高位表示 90° 等等。在相位累加器中，调谐字与实时和的输出相加，它实现为一个加法器后面跟一个寄存器（REG）。这产生了一个均匀增加的相位，这个相位按照系统时钟速率增加。实时和的 m 个有效位被送到相位-幅度转换器，这个转换器是一张查找表，产生 k 位数值，表示输入相位的正弦波幅度。如果我们用 M 表示调谐字，f_s 表示采样频率，n 表示相位累加器中的位数，那么输出正弦波的频率可表示为 $Mf_s/2^n$。

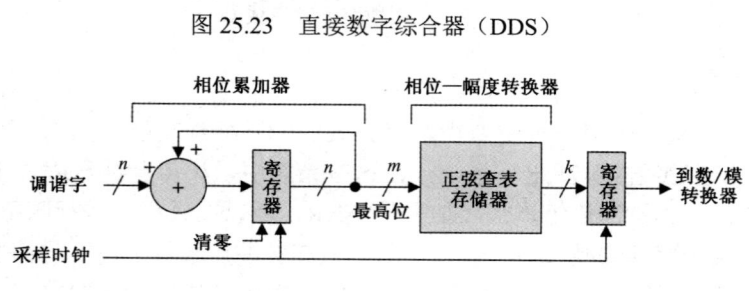

图 25.23　直接数字综合器（DDS）

图 25.24　NCO 方框图

在这个方案中，当实时和表示的相位穿越 360° 时会溢出。因为 360° 相移等同于 0°，所以以 BAM 符号表示相位的好处在于它允许以 2π 为模的算法，并会自动考虑溢出。例如，假如我们有一个 3 位的 BAM 符号，它意味着最低位（LSB）代表相移 45°。我们还假设每个时钟相位增加 45° 的调谐字用 001 表示。实时和相位将在每个时钟边沿稳定增加，变为 000（0°）、001（45°）、…、110（270°）和 111（315°）。在下一个时钟边沿，相位将用 1000 表示 360°。然而，我们只提供一个 3 位的加法器，因此就将最高位丢掉了，给我们留下的相位编码为 000（0°），它与 360° 是一样的。因此，最终的相位波形的形状为锯齿状，从 0°以线性斜坡上升到不全为 360°，然后复位为 0°并重新呈斜坡状上升。

雷达应用中 NCO 的一个重要特性是示出的清零信号送到相位累加器寄存器。对于一个相参雷达激励器的实现，每个发射信号的脉冲必须从同一相位开始。否则，脉冲间发射的信号将有任意相位，使得多普勒处理很困难，要不就根本不可能。"清零"控制提供了实现这一要求的手段。在某些应用中，例如发射波束形成器，为了扫描波束，每个通道的起始相位可能需要有所不同。在这种情况下，我们不是简单地将相位清零，而是要提供一种机制在每个脉冲的开始将相位设置为想要的值。

DDS 也可用来产生线性和非线性调频波形。这可通过一个电路实现，该电路对每个采样改变调谐字以得到期望的频率（或相位）调制。例如，一个线性调频波形要求相位根据平方律随时间变化。这可通过在每个采样上线性增加或减少调谐字（或相位步长大小）来实现。

数字上变频（DUC）

另一种流行方法是通过数字上变频，也称为**任意波形发生**实现发射波形。在这种技术中，通常从一个存储器中读出数字复数基带波形，然后首先将这个波形插值到更高采样速率，再用数字化的正弦或余弦信号调制这个波形生成被调制的载波。图 25.25 给出了 DUC 的方框图，它将一个复数基带信号变换到 25MHz 中频。基带 I 和 Q 信号以 2MCSPS 的速率进入 DUC，首先按照 50 的比例因子被采样。这通过在每个输入之间插入 49 个零并把时钟速率增加到 100MHz 来实现。这个信号然后通过一个完成插值的数字低通滤波器。这些信号然后与数字化的为调制载波频率的正弦和余弦信号相乘，产生复数调制中频作为输出。这些信号进行数字求和，然后通过 DAC 变换成模拟信号，再通过带通滤波器生成 IF 输出。对于较大的提高采样率，级联的积分梳状（CIC）内插器提供了一个有效的实现方法，这将在 25.4 节中叙述。

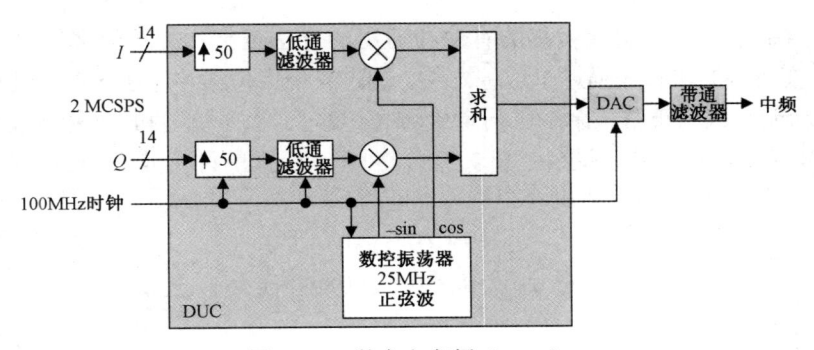

图 25.25 数字上变频（DUC）

25.4 DSP 工具

本节将描述 DSP 工程师可用的各种处理结构和技术。

相移

相移是 DSP 设计的核心元素，有几种方法可实现。最直接的方法是进行复数乘法，如图 25.26 所示。在这个例子中，复数输入采样记作 $A+jB$，它与复数系数 $C+jD$ 相乘，得

$(AC-BD)+\mathrm{j}(AD+BC)$ 从而影响相移。这个操作需要 4 个乘法器和两个加法器。

经过一些运算后，可得到下式：
$$I = (AC-BD) = D(A-B)+A(C-D)$$
$$Q = (AD+BC) = C(A+B)-A(C-D)$$

注意到两个等式中的最后一项相同，我们看到这个乘法器可用仅仅 3 个实数乘法器和五个实数加法实现。如果希望优先使用实数乘法器，那么这一点就很重要。图 25.27 是这种结构的方框图。

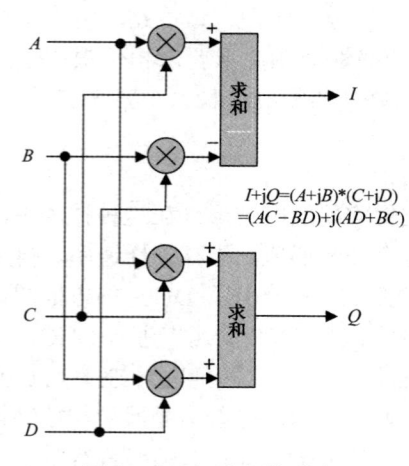

图 25.26　标准复数乘法

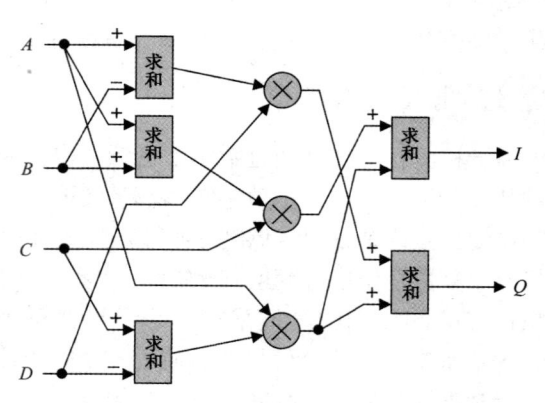

图 25.27　用 3 个实数乘法器实现的复数相乘

CORDIC 处理器

一种不使用乘法器就能实现相移的有效和通用的方法是坐标旋转数字计算（CORDIC）功能。Volder[7]在 1959 年首先描述了这种方法。通过只使用位移和加法的迭代过程，CORDIC 可以实现多种功能，包括正弦、余弦、向量旋转（相移）、极坐标–直角坐标变换和直角坐标–极坐标变换、反正切、反正弦、反余弦和求矢量大小[8]。下面的讨论描述 CORDIC 算法。

把复数 $I_0+\mathrm{j}Q_0$ 的相位移动角度 θ 得到 $I_1+\mathrm{j}Q_1$ 的等式如下
$$I_1 = I_0(\cos(\theta))-Q_0(\sin(\theta))$$
$$Q_1 = I_0(\sin(\theta))+Q_0(\cos(\theta))$$

整理等式得
$$I_1 = \cos(\theta)[I_0-Q_0(\tan(\theta))]$$
$$Q_1 = \cos(\theta)[Q_0+I_0(\tan(\theta))]$$

通过实现多步相移，CORDIC 算法利用以上关系式来近似任意相位移动，其中每个相继步骤中相移的正切是下一步的 2 的幂次分之一，且乘以该数值并通过将输入数据移动整数位可以实现这个乘法。前几步如下所示：
$$I_1 = \cos(\theta_0)[I_0-Q_0(\tan(\theta_0))] = \cos(\theta_0)[I_0-Q_0(1)]$$
$$Q_1 = \cos(\theta_0)[Q_0+I_0(\tan(\theta_0))] = \cos(\theta_0)[Q_0+I_0(1)]$$
$$I_2 = \cos(\theta_1)[I_1-Q_1(\tan(\theta_1))] = \cos(\theta_1)[I_1-Q_1(1/2)]$$
$$Q_2 = \cos(\theta_1)[Q_1+I_1(\tan(\theta_1))] = \cos(\theta_1)[Q_1+I_1(1/2)]$$

表 25.1 示出了 8 级 CORDIC 处理器的这些参数。表中每一行表示相继的算法迭代。$\tan(\theta_i)$ 列表示 I 和 Q 值每次迭代乘以的因子。注意这些值是 2 的幂次分之一,因此乘法可通过把 I 和 Q 的二进制值右移 i 位实现。θ_i 列显示了这个因子的反正切,它也可被看做每次迭代应用的相位移动。$\cos(\theta_i)$ 列示出了这个角度的余弦,如上面的等式所示,它必须与每次迭代的结果相乘。然而在实际应用中,并不是每次迭代都要进行这个余弦相乘。在每一步中,为了得到正确结果而需要与这一步的 I、Q 输出相乘的隐含因子是到目前点为止的所有余弦的乘积,如 $P[\cos(\theta_i)]$ 列所示。对于很多次迭代来说,余弦积收敛于 0.607253。在大多数情况下,这个尺度因子可在处理的后续阶段中补偿。对于很多迭代,这个因子的倒数 1.6467 是加于 CORDIC 的 I、Q 结果上的处理得益。如果进行整数算术,那么为了适应这个信号电平的增加,需要在加法器的最高位端再增加一位。

表 25.1 头八级的 CORDIC 参数

i	$\tan(\theta_i)$	$\theta_i(°)$	$\cos(\theta_i)$	$P[\cos(\theta_i)]$
0	1	45.000	0.707107	0.707107
1	1/2	26.565	0.894427	0.632456
2	1/4	14.036	0.970143	0.613572
3	1/8	7.1250	0.992278	0.608834
4	1/16	3.5763	0.998053	0.607648
5	1/32	1.7899	0.999512	0.607352
6	1/64	0.8951	0.999878	0.607278
7	1/128	0.4476	0.999970	0.607259

图 25.28 是表示实现相移的 CORDIC 算法的流程图。算法的输入为 I_{in}、Q_{in} 和 ϕ_{in}(期望相移)。变量 i 表示进行处理的步数且初始化为 0。基本算法可在 ±90° 之间进行相移。如果期望相移在这个范围之外,则首先对输入 I 和 Q 值取反,叠加一个 180° 相移,且从期望的相移中减去 180°。现在新的相移落于 ±90° 之间,算法可正常进行了。

接着,算法循环进行 N 次迭代以使剩余相位误差 ϕ 接近 0。在每次迭代中,将前一个 ϕ 值加上或减去该步骤的相移(表中的 θ_i)计算出新的 ϕ 值。如果 $\phi < 0$,那么将 ϕ 与 θ_i 相加。否则,ϕ 减去 θ_i。在每一步中,将 Q(或 I)输入右移 i 位,也即除以 2^i,然后根据 ϕ 的符号在 I(或 Q)输入上加上或减去这个值。变量 i 不断加 1,重复处理直到 $i > N$,此时就得到了移相结果。

图 25.29 是一个实现相移的 8 级 CORDIC 处理器的方框图,其中每一级表示流程图中的一次迭代。一个 N 级的处理器提供的相移精度可达到

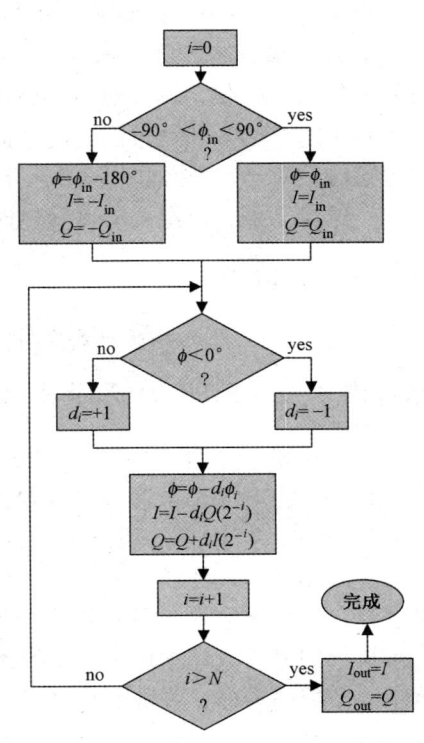

图 25.28 CORDIC 算法流程图

±θ_N°（见表 25.1），因此处理器的级数越多，那么结果就越精确。输入 I 和 Q 值在假设采样时钟的上升沿上变化。在第一级中，在 ADD/SUB 块中的 Q 值加上或减去 I 值。根据前面叙述的算法，图底部的控制块决定每一级是进行加法还是减法。如果 Q 通道中的 ADD/SUB 块进行的是加法，那么 I 通道中的同样的块将进行减法，或反之。ADD/SUB 块的结果在下一个时钟沿上存储在一个寄存器（REG）中并传递给处理的下一级。在这种实现中，如果期望相移超过算法的±90°范围，那么标记为 PASS/INV 的最后一块将执行所需的 I 和 Q 反转。如前所述，最后的与常数相乘是可选的。

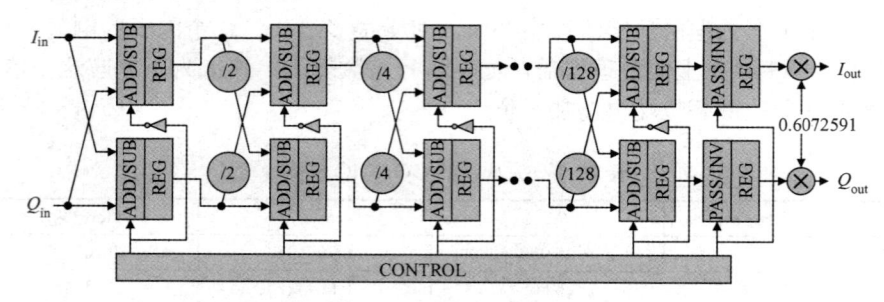

图 25.29 8 级 CORDIC 处理器

图 25.29 所示的结构是**流水**处理器的一个好的例子，其中一部分处理进行完后，在采样时钟的每个上升沿将结果存储在一个寄存器中，并传给处理的下一级。如果去掉寄存器，处理器仍能工作。然而在那种情况下，当输入的 I 和 Q 值变化时，直到新输入值的结果经过了所有处理步骤，最终的输出才可用，这个时间通常很长让人难以接受。流水处理器中，一次只进行全部计算中的一小部分，其结果存储在寄存器中并传给下一级处理。这种结构比非流水结构的**吞吐率**更高，这意味着可以以更高的采样速率产生最终结果，因采样速率和单级延迟时间的倒数成比例。流水处理器的**等数**时间指的是新数据采样进入处理器的时间与在输出端得到基于这个输入的结果的时间之间经历的延迟。图中所示的 8 级流水 CORDIC 处理器的等效等数时间等于 8 个时钟周期，吞吐率等于时钟速率（即一旦流水线被填满且在输出端得到第一个结果，那么后继的时钟将以时钟速率产生新的输出）。

数字滤波器与应用

本节描述几种主要的数字滤波器形式以及如何在雷达信号处理中使用它们。

有限冲激响应（FIR）和无限冲激响应（IIR）滤波器

图 25.30 是一个直接型数字 FIR 滤波器的方框图。输入采样馈给一个移位寄存器，其中每个标记为 τ 的方块表示移位寄存器中一个采样的延迟。输入采样和移位寄存器每一级的输出都与唯一的系数相乘，乘法器的输出求和产生滤波输出。当用户提供的所期望滤波器特性，如滤波器类型（低通、高通、带通等）、采样速率、截止和阻带频率、期望的通带纹波和阻带衰减，有一些软件工具可以生成这些系数以及所需的个数。因为输入数据和系数是实数值，且执行的是实数算术运算，所以所示的滤波器称为实数 FIR 滤波器。在一个复数 FIR 滤波器中，数据的采样、系数和算术运算都是复数的。

因为在输入端输入冲激（一个单个采样"1"，周围被 0 采样包围）将产生有限长度的输出，所以这种类型的滤波器称为**有限冲激响应**。如图 25.31 中的有 7 个系数的 FIR 滤波器（通常称为 7 阶 FIR 滤波器）所示，随着"1"传递经过移位寄存器，输出为滤波器的系数。在这个例子中，时钟首先将零值采样打入 FIR 滤波器移位寄存器，将移位寄存器填零，并使得滤波器的输出为零。当时钟将值为"1"的采样打入滤波器时，因为滤波器中的其他采样仍然为零，所以滤波器输出产生第一个系数 a_0。在下一个时钟时刻，"1"移动到移位寄存器的第二个节拍，而时钟将"0"打入第一个节拍，这迫使滤波器输出第二个滤波器系数 a_1。在后续的时钟时刻，"1"输入传过移位寄存器，而时钟同时将零打入移位寄存器输入，从而在输出端按顺序产生所有滤波器系数。FIR 滤波器只使用前馈项，这意味着输出值只依赖于没有反馈项的输入值。

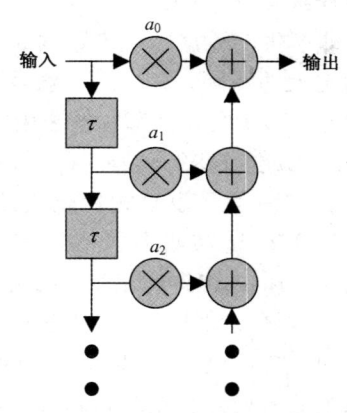

图 25.30　通用直接型 FIR 滤波器方框图

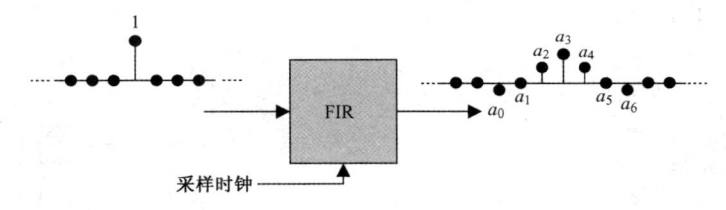

图 25.31　7 阶 FIR 滤波器的冲激响应

图 25.32 描绘无限响应（IIR）滤波器的一般形式。IIR 滤波器使用前馈和反馈项。因为在滤波器输入端输入冲激时，理想情况下滤波器将产生无限长度非零序列，所以这种类型的滤波器称为**无限**冲激响应。

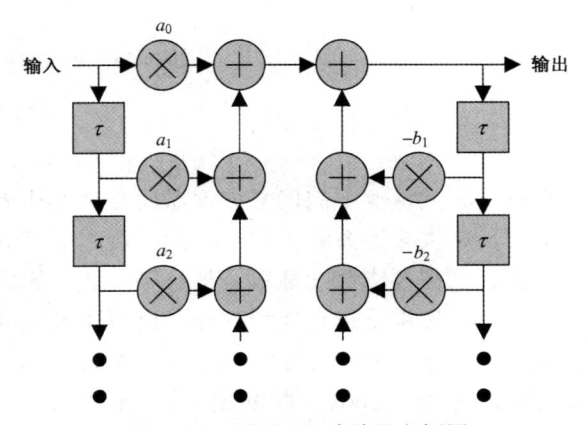

图 25.32　通用 IIR 滤波器方框图

与 FIR 滤波器相比，IIR 滤波器有一些优越性。一般来说，实现相似的功能它需要的处理量和存储空间较少。将一些滤波器响应按照 IIR 实现比按照 FIR 实现也相对容易。然而，如果不仔细设计，IIR 滤波器的响应可能对系数量化的限制非常敏感并且可能表现出**溢出**的倾向（即产生的输出超过由数据通道位数决定的处理器的动态范围）。虽然由于这些原因以及很多历史上的原因，IIR 滤波器几乎从未用于雷达系统，一个小心的设计者还是可能找到一个 IIR 滤波器使用起来有利的应用。

与之相反，FIR 滤波器天生很稳定。系数对称的实数 FIR 滤波器自动提供频率上的线性相移，滤波后信号没有相位畸变或引入的相位畸变很小，这对于很多应用来说是非常期望的。因为 FIR 滤波器不需要反馈，而高速应用通常要求在下一个输出采样形成之前就计算出输出采样，所以 FIR 比 IIR 滤波器更适用于速度非常高的应用。复数 FIR 滤波器的每个节拍上都要进行复数乘法，它可用来实现均衡滤波器、时间延迟和脉冲压缩滤波器。

图 25.33 示出了 FIR 滤波器的另一种可选类型，称为**转置型** FIR 滤波器。在这种配置中，每个输入采样都立即与所有系数相乘，而求和器输出之间只存在采样延迟。

如果一个 FIR 滤波器的系数对称，从而滤波器中心任意一边的系数都是另一边的镜像（如线性相位滤波器的情况），于是可以通过首先将与同一系数相乘的采样相加来节省乘法器，因此只需要大约一半的乘法器，如图 25.34 中的 7 阶例子所示。

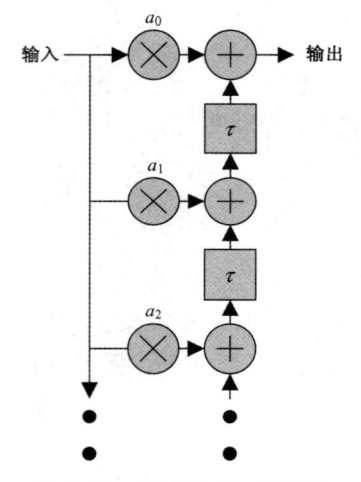

图 25.33 转置型 FIR 滤波器 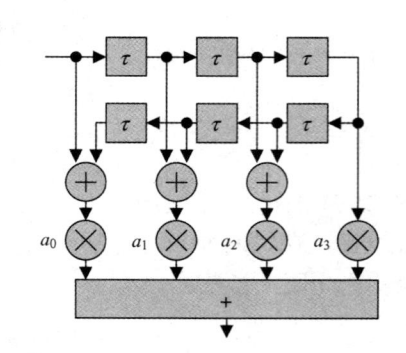　　图 25.34 系数对称的 7 阶 FIR 滤波器

抽样滤波器

如前所述，根据所需系统资源的量实现的信号处理器的复杂度和成本通常随数据采样速率成线性变化。由于这个原因，在大多数系统应用中，为了成本上有效，将数据采样速率减少到恰好适于支持系统带宽的值。在要降低（抽取）信号采样速率的应用中，首先要减少信号的频率分量，使得新采样速率能够满足奈奎斯特准则。这可通过下列步骤实现：首先将信号通过一个数字 FIR 滤波器以约束信号的带宽到小于抽取后采样速率的一半，然后如前面关于抽样的讨论所述，通过只选第隔 R 个采样，将滤波后信号的采样速率降低至 $1/R$。认识到只需计算所用的滤波器输出，设计师可以利用抽样。例如，如果一个 FIR 滤波器的输出要进行四抽一，则只需要计算每第四个滤波器输出，这就将需要的处理量减少到1/4。

内插滤波器

内插是信号采样率增加的过程，例如图 25.35 所示的准备把信号上变频到中频的情况。内插器通常是具有低通滤波器响应特性的 FIR 滤波器。为了把采样速率增加 R 倍，首先要在低速率数据采样之间插入 $R-1$ 个零，产生采样速率比输入速率快 R 倍的数据流（上采样）。这个数据流然后通过低通 FIR 滤波器生成内插高采样速率输出。当然，FIR 滤波器必须工作在高数据速率时钟上。图 25.35 用采样速率增加 4 倍的例子说明了这个过程。

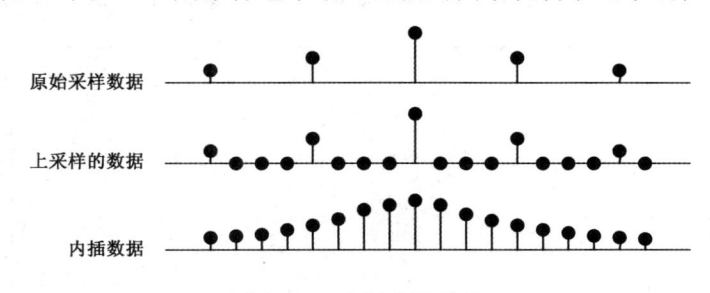

图 25.35　内插滤波说明

级联积分器—梳状（CIC）滤波器

在速率改变因子很大（典型情况下为 8 倍或更大）的抽样或内插应用中，由于需要的滤波器阶数很大，FIR 滤波器实现可能成本太高以致不能接受。CIC 滤波器是 Hogenauer[9]引入的一类滤波器，它提供一种不需要乘法器就能实现这些滤波器功能的非常有效的手段。Lyons[2]和 Harris[10]给出了关于这类滤波器的精彩描述，这构成了下面讨论的基础。

图 25.36（a）示出了一个单级 CIC 抽样器。该滤波器包含一个由单采样延迟和加法器组成的积分器，后面跟一个由 D 级移位寄存器（记作 $D\tau$ 块）和减法器组成的梳状滤波器。梳状滤波器因其频率响应看上去像整流后的正弦波因而像梳齿而得名。完成梳状滤波后，信号每 R 个采样取一实现 R 抽一（记作 ↓R 块）。在大多数应用中，移位寄存器的级数 D 等于速率变化比例因子 R。图 25.36（b）画出了一个 CIC 内插器，其中 R 倍上采样（记作 ↑R 块）后跟一节梳状滤波和一个积分器。上采样按照前面小节中描述的插零，也即"内插滤波器"完成。请注意这种处理只包括延迟和加法。

（a）CIC抽样滤波器　　　　　　（b）CIC内插滤波器

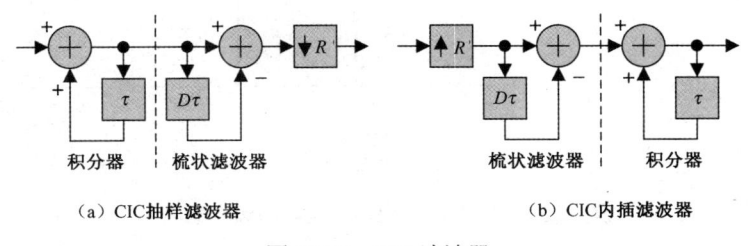

图 25.36　CIC 滤波器

图 25.37（a）示出了一个单级 CIC 抽样器的$(\sin x)/x$ 的频率响应，其中 $R=D=8$。期望的通带是以 0Hz 为中心，带宽为 BW 的浅色阴影区域。图 25.37（a）中带宽为 BW 的深色阴影区域表示 8 抽 1 后与基带信号重叠的信号，如图 25.37（b）所示（根据 Lyons[2]）。请注意除

非 BW 很小，否则大部分带外信号将折叠进入抽样后的基带信号。用来改善这个滤波器响应的典型方法是通过增加更多的级数来增加滤波器的阶数。图 25.38 示出了一个三级 CIC 抽样滤波器，其在 8 抽 1 前后的频率响应分别如图 25.39（a）和 25.39（b）所示。请注意与单级 CIC 滤波器频率响应相比，重叠成分的幅度显著减小，且主通带朝边沿的衰减更大。在典型应用中，CIC 抽样器后跟一个 FIR 低通滤波器和一个最后的 2 抽 1 抽样器。也就是说，一个 16 抽 1 滤波器包括一个 8 抽 1 CIC 滤波器，后面再跟一个 2 抽 1 FIR 滤波器。可以剪裁 FIR 滤波器，以在最后抽样前去除不想要的残余分量。FIR 滤波器还可以配置成能补偿通带响应中的下垂。

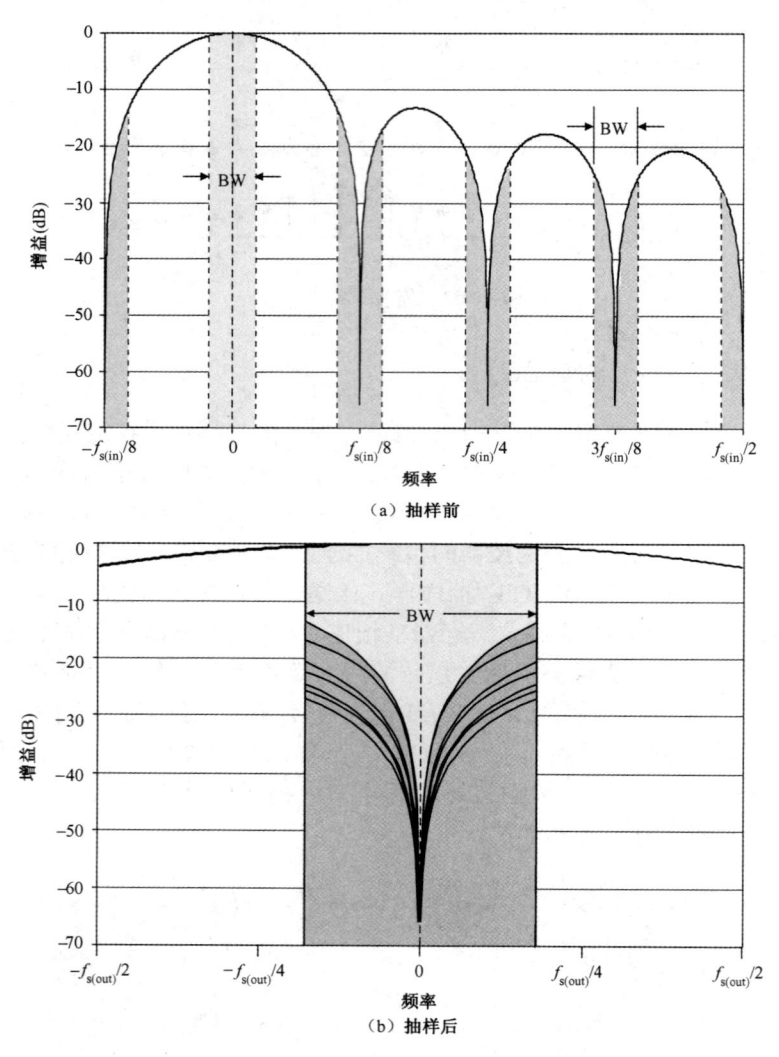

（a）抽样前

（b）抽样后

图 25.37　单级 CIC 抽样滤波器的频率响应

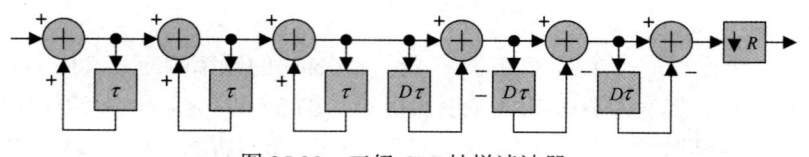

图 25.38　三级 CIC 抽样滤波器

第 25 章 雷达数字信号处理

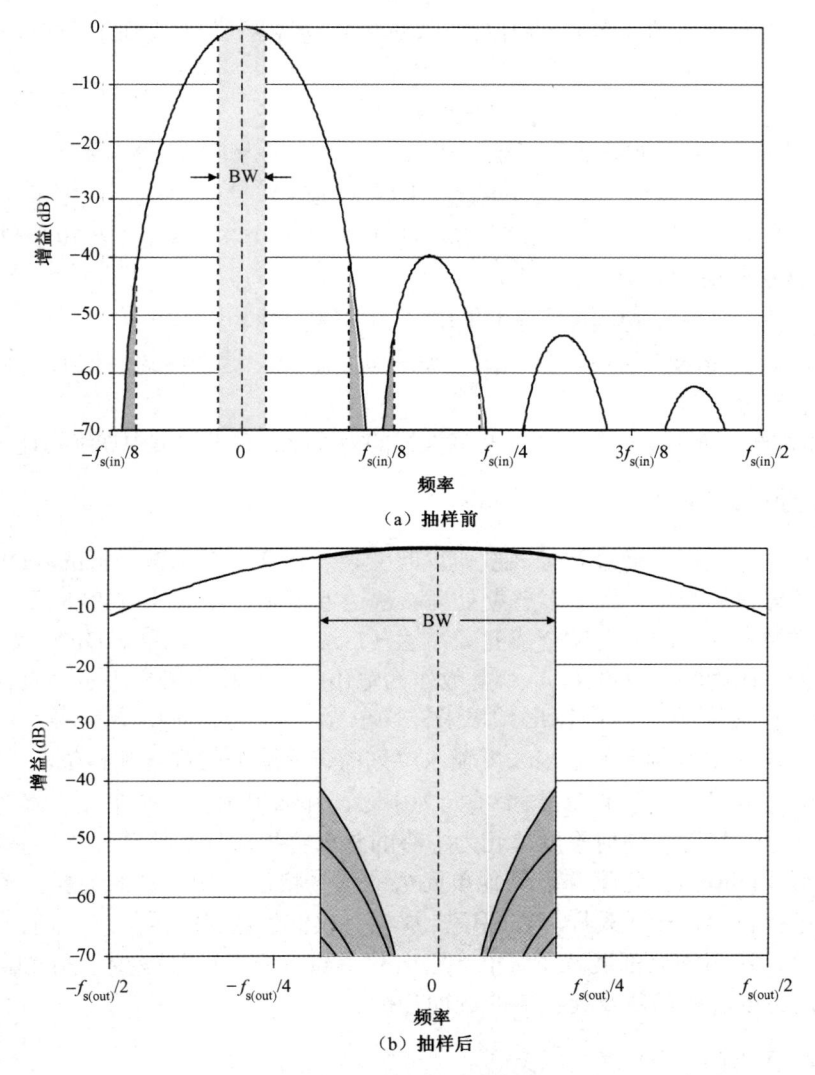

图 25.39 三级 CIC 抽样滤波器的频率响应

图 25.40 示出了 CIC 抽样滤波器的一个等效形式，其中抽样紧跟在积分器部分之后，且在梳状滤波器部分之前。梳状滤波器中的延迟值变为 $N\tau$，其中 N 等于 D/R。这允许梳状滤波器部分可以在抽样的采样速率上工作，因此容易实现。由于这种简化，CIC 抽样器通常都用这种形式实现。

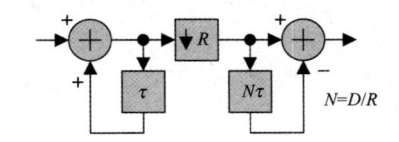

图 25.40 积分器后跟抽样的 CIC 滤波器

仔细观察抽样器的结构可以发现一个与积分器有关的潜在问题。输入采样不断加到实时和上，肯定会产生溢出的情况。这个结构的奥妙之处就在于只要加法器的位数足够表示最大期望输出值，且滤波器是用二进制补码算术实现的，那么它就允许溢出，并在梳状滤波器部分补偿溢出。如 Harris[10] 所述，加法器需要的位数（b_{ADDER}）为

$$b_{\text{ADDER}} = b_{\text{DATA}} + \text{CEIL}[\log_2(\text{GAIN})]$$

式中，b_{DATA} 是输入数据的位数；CEIL[]表示对方括号中的数舍入到下一个最大的整数，GAIN 为

$$\text{GAIN} = R^K$$

式中，R 是抽样因子；K 是滤波器的级数，代入上式，结果为

$$b_{\text{ADDER}} = b_{\text{DATA}} + \text{CEIL}[\log_2(R^K)]$$

例如，假设我们有 12 位的输入数据（b_{DATA}=12）和一个 10 抽 1（R=10）的三级 CIC 滤波器（K=3）。将这些值代入等式得

$$b_{\text{ADDER}} = 12 + \text{CEIL}[\log_2(10^3)] = 12 + \text{CEIL}[9.966] = 12 + 10 = 22$$

在实践中，如 Harris[10]所述，虽然第一加法级必须支持这个位数，但后续级中的加法器中可以删去低位部分。

CIC 内插滤波器前面要有一个基于 FIR 滤波器的内插器。参考文献中详细描述了 CIC 内插器。

离散傅里叶变换（DFT）

许多采样数据系统都是通过进行离散傅里叶变换（DFT）实现谱分析的。DFT 构成了许多雷达信号处理算法的基础，例如多普勒处理、快速卷积脉冲压缩（在第 8 章中有叙述）以及诸如合成孔径雷达（SAR）和逆合成孔径雷达（ISAR）的雷达功能。DFT 取 N 个数据采样（实数或复数）作为输入，产生 N 个复数作为输出，这个输出采样表示输入数据序列的频率成分。对于采样速率 f_s，每个输出频率采样（单元）的宽度为 f_s/N。第 m 个输出采样 $X(m)$ 表示以 mf_s/N 为中心频率的有限长度输入序列的频率成分的幅度和相位。

如果输入信号恰好以一个 DFT 频率单元为中心，那么输出在这个单元上将有最大值且其他单元上的值为零。然而，任何不以单元为中心的频率将扩散到其他单元中。基本 DFT 单元的频率响应类似于$(\sin x)/x$，这意味着其他单元中的信号将以 13dB 的衰减扩散到 DFT 单元中。为了对此进行补偿，输入采样可在幅度上加权。权值的选择范围很广，例如 Hanning 权和 Hamming 权，这两种权都展宽了 DFT 输出的主瓣响应，但是减少了副瓣响应的幅度。Harris[11]给出了 DFT 加权函数及其影响的透彻分析。

快速傅里叶变换（FFT）

DFT 的实现的计算量很大，需要 N^2 个复数乘法。如果 N 是 2 的幂次，快速傅里叶变换（FFT）[12]是实现 DFT 的一种高效技术，它仅需要$(N/2)\log_2 N$个复数乘法。

如图 25.41 所示，FFT 的基本运算单元是**蝶形单元**。在蝶形运算中，输入首先进行移相，然后从第二个输入中加上和减去这个移相后的值形成两个输出。因为这种结构有 2 个输入所以称为基 2 蝶形运算。对于某些 FFT 结构，基 4 或更高基的蝶形运算可节省一些计算量。

图 25.42 示出了一个基 2 的 8 点 FFT。相移用复数权 W_N^k 表示，其中 N 是 FFT 的点数，k 表示使用的特定相移。W_N^k 表示$2k\pi/N$的相移。这些权值常被称为**旋转因子**。图 25.43 示出了与各种旋转因子有关的相移[2]。

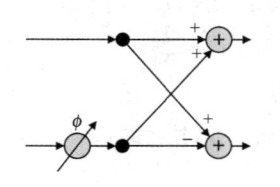

图 25.41 基 2 蝶形运算

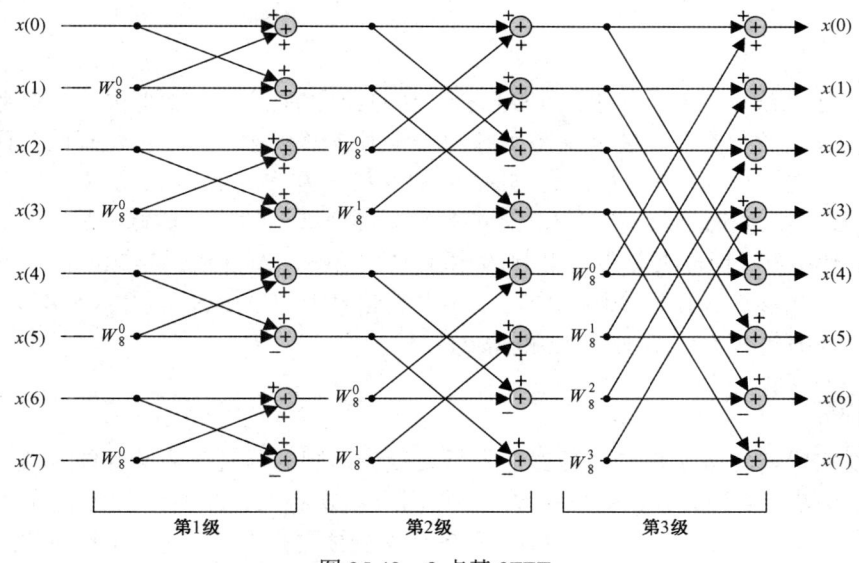

图 25.42 8 点基 2FFT

请注意 8 点 FFT 包括三级。每级的所有运算要在转到下一级之前执行。同时也请注意第一级中的相移 W_8^0 等于 0，它不需要任何计算。

因为每一级中都要进行加法，所以每一输出级采样的幅度可能是输入采样的两倍或更大。如果使用定点运算，那么动态范围的增加导致表示这个值所需位数的增长，必须采取某种策略来适应。

通常有几种技术可用来处理定点 FFT 中这个增加的动态范围。一种方案是保证计算级有足够的位数以适应位数增长。例如，在 8 点 FFT 例子中，如果假设输入采样是 12 位复数值，且如果我们假设复数值的幅度不会超过 12 位，于是最终 FFT 输出与输入相比将增加 3 位，那么可以用 15 位或更多位的加法器进行 FFT 运算。这也意味着乘法器将必须处理输入上更大的位数。这种方法不太适用于大型 FFT。

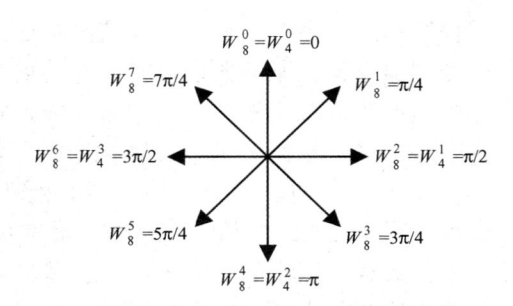

图 25.43 用各种旋转因子表示的相移

另一种方法是用因子 0.5 自动缩尺每一级的输出，这使得输出不会增长。不幸的是这也可能限制了 FFT 可能提供的任何处理得益。

第三种方法称为**块浮点**运算。它在每一级运算后检查所有输出的幅度，并给所有输出值提供唯一指数。如果任一输出溢出了或接近溢出，那么用因子 0.5 缩小所有输出，且公共指数加 1。在最终尾数中要有足够的位数以适应动态范围的增长。因为这种方法只在绝对必需时才缩小输出值，所以很流行。

25.5 设计中的考虑

本节讨论雷达 DSP 系统设计中需要考虑的事项以及各种实现方案。

时间依赖性

在相参雷达系统中,所有本振(LO)和产生系统定时的时钟都要从一个参考振荡器得到。然而,仅仅这个事实并不能保证每个脉冲的发射波形从同一射频相位开始,而这是相参系统的要求。考虑一个参考振荡器为 5MHz 的系统,从参考振荡器可以得到中心频率为 75MHz 的中频(发射和接收)和 30MHz 的复数采样速率。粗略的估算法是,用来产生脉冲重复间隔(PRI)的时钟需要是发射和接收中频中心频率以及复数采样频率的公共分母,以保证脉间相位的相参性。在这个例子中,中频中心频率为 75MHz,复数采样率为 30MHz,因此允许的 PRI 时钟频率包括 15MHz 和 5MHz。

硬件实现技术

过去实现实时雷达数字信号处理器通常需要设计定制的需几千块高性能集成电路(IC)的计算机。这些机器的设计、研发和改进都很困难。数字技术的进步已经到了这样的地步,即现在已有几种实现方案,它们可使得处理机的可编程性更强,因而更易于设计和改变。

并行通用计算机

这种结构采用多个通过高速通信网络连接的通用处理器。这种类型中包括高端服务器和嵌入式处理器结构。服务器通常是同样的处理器,其中所有处理节点都是相同的并通过一条性能非常高的数据总线结构连接起来。嵌入式处理器结构通常由单板计算机(刀片处理器)组成,它包含多个通用处理器并是插在一个标准背板上的结构,如 VME。这种配置灵活性高,可支持多种结构,其中各种不同的处理板或接口板可以插在标准背板上配置成整个系统。在本章写作之时,背板正在从数据通常按照 32 位或 64 位传输的并行结构向串行数据链过渡。串行数据链传输单个位的时钟速率非常高(目前超过每秒 3Gb/s)。这种串行数据链通常为点对点连接。为了进行和多板通信,每块板的串行链都连至一块高速交换板,这块交换板将合适的源和目的串行链连接起来形成**串行结构**。本章写作之时流行的串行结构背板的例子包括 VXS、VPX 和 ATCA。显然随着数据带宽的一直增加,高速串行链将成为未来多处理器机的主要通信机制。

并行处理器结构的好处在于可用高级语言编程,如 C 和 C++。与之相关的优点是编程者不需要知晓硬件的内部细节就可设计系统。同时,作为技术更新周期的一部分,为实现系统而开发的软件通常可以相对容易地移植到一个新的硬件结构中去。

在负的方面,这些系统可能很难编程来实现实时信号处理。需要在现有处理器中合理分割所需的运算,然后需要恰当地融合各个处理器的结果以形成最终的结果。这些应用中的一个主要挑战是支持的处理系统等待时间要求,因它确定了产生结果所允许的最大时间长度。处理器的等待时间定义为观测到处理器输入改变对其输出的影响所需要的时间量。为了缩短等待时间,通常要求给每个处理器分配少量的工作,因此需要更多的处理器和更贵的系统。雷达应用中这些系统面临的另一大挑战是复位时间。在军事应用中,当为修复一个问题而需要系统复位时,系统必须在非常短的时间内回到全工作状态。这种多处理器系统通常需要很长的时间从中心程序存储中重启,因此很难满足复位要求。为解决这些缺憾而开发的技术是目前研究的活跃领域。最后,这些处理器通常用于非实时或近实时数据处理,如目标跟踪和显示处理。自 20 世纪 90 年代以来，它们开始被逐步用于实时信号处理应用中。虽然对于相对窄带系统它们的性价比还好，但是在 21 世纪早期，由于需要大量处理器，所以它们在宽带 DSP 系统中的应用成本通常过于昂贵，以致难以承受。随着时间的推移，将出现越来越快的处理器，这种情况有望得到改善。

用户定制设计的硬件

在整个 20 世纪 90 年代，实时雷达 DSP 系统都是用分立逻辑电路搭建的。这些系统的研发和修改非常困难，但是为了达到要求的系统性能，这是唯一的选择。许多系统是用专用集成电路（ASIC）搭建的。ASIC 是一种为完成某种特定功能而定制设计的器件。ASIC 的使用使得 DSP 系统体积变得很小且性能很高。然而，它们的开发（过去是现在也是）非常困难且成本很高，在器件完全可用之前经常需要几次设计迭代。如果需要修改一个基于 ASIC 的系统，那么需要重新设计 ASIC，费用巨大。通常情况下，如果能卖出几千个或几万个单元，从而研发成本可以摊销在单元的生命周期上，那么使用 ASCI 才有意义。雷达系统通常不是这种情况。然而，为通信工业已经研发了很多 ASIC，例如数字上变频器、下变频器，这些都可用于雷达系统。

20 世纪 80 年代中现场可编程门阵列（FPGA）的引入预示了实时 DSP 系统设计方式的革命。FPGA 是一种集成电路，它包括了一个很大的可配置逻辑单元阵列，这些单元通过可编程的互连结构连接起来。在本章写作之时，FPGA 也可包括几百个速率高达每秒 5 亿次运算的乘法器、存储块、微处理器以及可支持速度达每秒几吉比特的数据传输的串行通信连接。电路通常是用硬件描述语言（HDL）设计的，例如 VHDL（VHSIC 硬件描述语言）或 Verilog。软件工具将处理器的这种高级描述转换成一个文件传送给器件以告诉器件如何配置自己。高性能的 FPGA 将它们的配置存储在闪存中，当掉电时其内容就会丢失，这使得可以无限次重新对器件进行编程。

FPGA 允许设计师能够非常有效地构建复杂的信号处理结构。在典型的大型应用中，基于 FPGA 的处理器的体积和成本都是基于通用处理器的系统的十分之一（或更小）。这是因为大多数微处理器只有一个或非常少的处理单元，而 FPGA 拥有海量的可编程逻辑单元和乘法器。例如，为了在一个只有一个乘法器和累加器的微处理器中实现一个 16 阶 FIR 滤波器，完成乘法将需要 16 个时钟周期。在 FPGA 中，我们将给这个任务分配 16 个乘法器和 16 个累加器，因此滤波可在 1 个时钟周期内完成。

为了以最有效的方式使用 FPGA，我们必须充分利用 FPGA 提供的所有资源。这些资源不仅包括大量的逻辑单元、乘法器和存储块，还包括这些单元可以工作的时钟速率。在前一个例子中，假设数据采样速率是 1MHz，还假设乘法器和逻辑单元可以工作在 500MHz。如果我们只是为每个系数分配一个乘法器，那么我们将使用 16 个工作在 500MHz 的乘法器。因为数据率只有 1MHz，所以每个乘法器每微秒只进行一次乘法，而在这 1μs 的其他 499 个时钟周期中则处于空闲状态，这是非常低效的。在这种情况下，可以用一个乘法器完成尽可能多的乘运，这样有效得多。这种技术称为**时域复用**，它需要额外的逻辑以控制系统并在恰当的时间给乘法器提供正确的操作数。由于 FPGA 可以包括数百个乘法器，所以你可以想象这种技术的威力了。

不好的一面是最大限度地利用 FPGA 通常要求设计师对器件中的可用资源有深入理解。

基于通用处理器的设计并不需要详细了解处理器的结构,所以这常常使得高效的基于 FPGA 的系统比基于通用处理器的系统更难设计。另外,FPGA 的设计倾向于以某特定系列的器件为目标,并充分利用该系列器件提供的资源。硬件供应商不断地推出新产品,这些新产品一定会包含新的和改进的性能。随着时间推移,在一个**技术更新周期**中,旧器件渐渐过时并需要被新器件所替代。当几年后技术更新终于发生时,通常最新 FPGA 中的可用资源已经发生了改变或使用的是完全不同系列的器件,这就可能需要重新设计。另一方面,为了将为通用处理器开发的软件搬移到新处理器上,可能只需要重新编译程序。目前出现了可以将 C 或 Matlab 代码综合成 FPGA 设计的工具,但是这些工具的效率通常不是很高。为解决这些问题,FPGA 设计工具的演变是一个需要进行很多研究和开发的领域。

混合处理器

虽然通过只编写 C 代码就可实现一个复杂雷达信号处理器的想法很诱人,但是 21 世纪早期的现实是:对于很多系统,实现这样一个系统的费用过于高昂或者引起主要性能下降过多。虽然处理器吞吐率的稳步提高可能在某一天改变这种状况,但在本章写作之时的事实是高性能雷达信号处理器通常是针对特定应用的和可编程的处理器的混合结构。专用处理器,例如 FPGA 或 ASIC 通常用于雷达信号处理器的高速前端,来完成诸如数字下变频和脉冲压缩这些要求很高的功能,在后端则跟随一个可编程处理器,完成速率较低的任务,如检测处理。分割这两个区域的界线位置是根据应用而定的,但是随着时间的推移,这条界线正不断地向系统前端移动。

25.6 总结

本章的目的是给出有关数字信号处理如何改变了雷达系统设计的综述,并对这些技术以及设计师必须考虑的折中进行了一些深入的探讨。随着制造商不断生产出更快更强大的模/数转换器、DSP 器件以及通用处理器,越来越多的雷达系统前端将从模拟设计转向数字设计。例如,图 25.2 示出了雷达前端的一部典型数字接收机,它需要进行两级模拟下变频以将射频信号变换到中频,这样模/数转换器才能采样。这是由 ADC 的特性决定的。当输入模拟信号频率太高时,ADC 的信噪比(SNR)和无杂散动态范围(SFDR)会变差。当 ADC 直接采样射频或高中频信号时就会出现这种情况。然而,有了更快的 ADC 后就可以适应更高的模拟输入频率,同时还能提供足够的 SNR 和 SFDR,于是系统就可以设计成直接采样射频,如图 25.44 所示。在本章写作之时,ADC 技术的发展已经使得可以为 HF 和 VHF 频段的雷达设计性能较好的直接采样系统。毫无疑问,未来的元件将把这个性能扩展到更高的射频频率上。

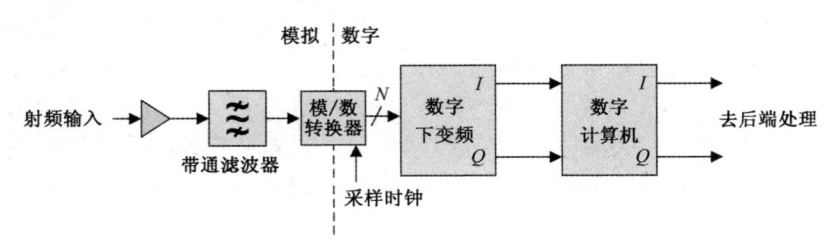

图 25.44 直接采样雷达数字接收机

致谢

本文作者对以下人员的努力和帮助怀着深切感激之情,他们为本章的准备提供了巨大的帮助。首先要感谢 NRL 的 Gregory Tavik 先生,他仔细阅读并检查了本章,提出了许多宝贵的意见。还要感谢圣迭戈州立大学的 Fred Harris 博士和 Richard Lyons 先生,他们认真阅读并检查了本章的部分小节并提出了一些建议,我们采纳了所有这些建议。

参考文献

[1] A. V. Oppenheim and R. W. Schafer, *Digital Signal Processing*, 2nd Ed., Englewood Cliffs, NJ: Prentice-Hall, 1989.

[2] R. G. Lyons, *Understanding Digital Signal Processing*, 2nd Ed., Upper Saddle River, NJ: Prentice Hall, 2004.

[3] J. O. Coleman, "Multi-rate DSP before discrete-time signals and systems," presented at First IEEE Workshop on Signal Processing Education (SPE 2000), Hunt, TX, October 2000.

[4] W. M. Waters and B. R. Jarrett, "Bandpass signal sampling and coherent detection," *IEEE Trans. On Aerospace Electronic Systems*, vol. AES-18, no. 4, pp. 731–736, November 1982.

[5] D. P. Scholnik and J. O. Coleman, "Integrated I-Q demodulation, matched filtering, and symbol-rate sampling using minimum-rate IF sampling," in *Proc. of the 1997 Symposium on Wireless Personal Communication*, Blacksburg, VA, June 1997.

[6] B. Brannon and A. Barlow, "Aperture uncertainty and ADC system performance," Analog Devices Application Note AN-501, Rev. A, March 2006.

[7] J. E. Volder, "The CORDIC trigonometric computing technique," *IRE Trans. on Electronic Computers*, vol. EC-8, pp. 330–334, 1959.

[8] R. Andraka, "A survey of CORDIC algorithms for FPGA-based computers," in *ACM/SIGDA International Symposium on Field Programmable Gate Arrays*, Monterey, CA, February 1998, pp. 191–200.

[9] E. B. Hogenauer, "An economical class of digital filters for decimation and interpolation," *IEEE Trans. on Acoustics, Speech, and Signal Processing*, ASSP-29(2), pp. 155–162, April 1981.

[10] F. J. Harris, *Multirate Signal Processing for Communication Systems*, Upper Saddle River, NJ: Prentice Hall, 2004.

[11] F. Harris, "On the use of windows for harmonic analysis with the discrete Fourier transform," *Proc. IEEE*, vol. 66, no. 1, January 1978, pp. 51–83.

[12] J. Cooley and J. Tukey, "An Algorithm for the machine calculation of complex Fourier series," *Mathematics of Computation*, vol. 19, no. 90, pp. 297–301, April 1965.

第 26 章　雷达方程中的传播因子 F_p

26.1　前言

随着雷达技术的发展，雷达方程也在不断地发展。由于工程上的考虑因素，例如探测概率、虚警概率、信号损耗因子和信噪比使得雷达距离方程能充分发展得对于雷达性能分析有用，而发展中的计算机技术又催生出更为复杂的雷达距离方程求解方法。因此，雷达距离方程的求解技术从笔头和纸面"工作单"向简单的计算机程序转变，随着信号处理和环境建模技术的发展，这些"工作单"程序又向更为复杂的自动化的计算机程序发展。

本章的内容分两个方面。第一方面集中于对雷达距离方程一个特殊因子，即传播因子 F_p（在 26.6 节中定义）的研究。传播因子中包括自然环境中对传播产生影响的所有因素。这些影响包括空气和水的能量吸收、绕射、折射、多径干扰、地表介质、地形干扰和其他许多自然环境因素。

本章的另一个重点是对传播因子计算机建模的描述。在早期的求解方法中，为便于计算，传播因子常常取作 1，即表示自由空间的状态。在通过计算机实现的传播模型中，自由空间的假设不再是一个限定因素。这里，我们给出这样一个传播模型，即先进传播模型（APM）及其图形用户接口程序和"先进折射效应预测系统（AREPS）"[1]。本章中对 AREPS 的关注是为了更好地理解传播因子在雷达距离方程中的重要性，但 AREPS 的意义远超过一个传播因子工具。AREPS 为雷达工程师和雷达操作人员提供了一种容易使用而且效果强大的方法，可以用来从各种资源数据确定自然大气环境；管理、生成和确定各种不同的地形数据；执行合适的传播模型来完成手头的任务；并通过多种不同形式和可重构图形和文本显示方式提供结果，包括为输入到其他应用目的而输出几种格式的计算数据。AREPS 不仅仅限于应用于雷达，它和 APM 以及其他嵌入式传播模型能够对 LF 到 EHF 通信（地波和天波）、攻击和电子干扰、电子支援措施（ESM）易损性及其他许多应用进行评估。AREPS 和 APM 是位于 San Diego 的空间和海战系统中心（SPAWARSYSCEN）所属的大气传播分部的产品。AREPS 可以在安装有微软操作系统 Windows NT、Windows 2000 或 Windows Vista 的个人计算机上运行，无需其他特殊硬件。AREPS 可以通过在参考文献[1]中列出的 URL 免费获取。

在继续讨论电磁（EM）传播模型和评估系统之前，讨论一下自然环境及其对 EM 系统性能的影响是合适的。

26.2　地球大气层[1]

结构和特性

地球大气层是由许多种气体和液体以及固体悬浮粒子组成的一个集合。除了各种成分可变的元素，如水汽、臭氧、二氧化硫及尘土外，氮气和氧气占据整个大气体积的 99%，而氩和二氧化碳则是接下来两个含量丰富的气体。从地球表面到大约 80km 的高度，热驱动的气流使大气层各成分机械上混合，从而使大气层中元素均匀分布。在大约 80km 的高度，这种混合程度下降，那里气体根据其质量开始出现分层。

大气层中，较低的能够很好混合的那部分称为**均匀气层**，而较高的出现分层的那部分称为**非均匀气层**。非均匀大气层中包含**电离层**。均匀气层的底部被称为**对流层**。

对流层[1]

对流层高度从地球表面延伸到 8~10km（极地纬度）、10~12km（中纬度）、18km（赤道）。其特点是温度随高度而下降。温度停止随高度下降的那一点被称为**对流层顶**。对流层的平均垂直温度梯度在 6~7℃/km 之间变化。

除水汽外，对流层气体元素的浓度随高度的变化很小。对流层的水汽来自海洋、湖泊、河流和水库的水的蒸发。陆地和海洋表面不同的加热产生垂直和水平风循环，从而使水汽在对流层中分布。对流层中水汽含量随着高度急剧下降。在 1.5km 的高度，水汽含量接近地面上的一半。在对流层顶端，水汽含量仅是地表面的几千分之几。

1922 年，应国家航空顾问委员会（NACA）的要求，气象局主要以美国纬度 40°的平均条件为基础，准备了一个用于科学和工程目的的标准大气层。1925 年，使用 NACA 所采用的常数，计算公式扩展到了 20 000m。一个扩展到 120 000m 的标准大气层于 1947 年完成。

标准大气层主要基于这样一个假设，即到对流层顶端温度随高度呈线性下降而上面是一个同温层。此外，还包括其他一些假设：

（1）空气是干燥的；
（2）空气是理想气体，遵守 Charles 和 Boyle 定律；
（3）在所有高度，引力为常数；
（4）同温层中大气的温度为-55℃；
（5）温度随高度线性下降，-6.5℃/km。

国际航空导航委员会（ICAN）采用 1924 NACA 标准大气层，只进行了少许变动，主要是引力值和同温层区域的温度。对于雷达一类的研究以及其他雷达应用，比如测高雷达的目标高度计算，考虑的正是穿过这一标准大气层的传播。

26.3 折射[2]

折射指数

折射一词指电磁波穿过一媒质时，此媒质弯曲电磁波的特性。折射量的度量是折射指数 n，它定义为自由空间（没有地球和其他物体影响）的传播速度 c 与媒质中速度 v 的比值，即

$$n = \frac{c}{v} \tag{26.1}$$

折射率和对流层中的修正折射率

对地球表面附近的大气层，折射指数的正常值在 1.000250~1.000400 变化。对传播的研

究来说，折射指数不是一个很方便的数值，因此，人们又定义了一个称为**折射率**的**缩比折射指数** N。在微波频段及以下，对含有水汽的空气，折射指数 n 和折射率 N 之间的关系由下式给出

$$N = (n-1)10^6 = \frac{77.6p}{T} + \frac{e_s 3.73 \times 10^5}{T^2} \tag{26.2}$$

式中，e_s 是水汽的局部压力（mbar），即

$$e_s = \frac{rh 6.105 e^x}{100} \tag{26.3}$$

$$x = 25.22 \frac{T - 273.2}{T} - 5.31 \log_e \left(\frac{T}{273.2}\right) \tag{26.4}$$

式中，p 是大气层的大气压力，单位为 mbar；T 是大气层的绝对温度，单位为 K；rh 是大气层的相对湿度，单位为%。

因此，接近地球表面的大气层折射率一般在 $250N \sim 400N$ 单位之间变化。

由于大气层的大气压力和水汽含量随着高度快速下降，而温度随着高度慢慢降低，因此，折射指数，以及由此折射率一般随着高度的上升而减小。

雷达工程师可能喜欢用 N 单位来考虑折射，因为它提供了一个更好的物理观点，AREPS 用户可能不是一个雷达工程师，而是一个战术操作员，比如作战飞行员。在用图形检查折射梯度及其对传播的影响时（比如 26.5 节中描述的通道现象），用修正的折射率代替折射率，定义为

$$M = N + 0.157h \quad \text{（对高度 } h\text{，单位为 m）} \tag{26.5}$$
$$M = N + 0.048h \quad \text{（对高度 } h\text{，单位为英尺）} \tag{26.6}$$

图解 N 单位与高度图示出与高度成负斜度（降低 N 单位）变化，图解 M 单位与高度图则示出斜度的变化，从标准大气条件下的正值（提高 M 单位）变化到管道大气层条件下的负斜率（降低 M 单位）。因此，对寻找最佳攻击飞行高度的战术雷达操作员来说，M 单位类型的显示更易于理解。

26.4 标准传播[2]

标准传播的机理指的是存在于标准大气层中的一些机理和过程。这些传播机理是标准折射、自由空间传播、多径干扰（或表面反射）、绕射和对流层散射。

正常/标准折射

大气层中的折射率分布与高度几乎成指数函数关系。接近地球表面（1km 以内），N 随高度的下降非常平滑，而且可以用一个线性函数来近似指数函数。此线性函数称为**标准梯度**，其特征是每千米下降 39 个 N 单位，或每千米上升 118 个 M 单位。标准梯度使行进中的电磁波从直线向下弯曲。能够引起类似于标准梯度的效应，但在每千米从 0 变到 $-79N$ 单位，或每千米从 $79M$ 到 $157M$ 单位之间变化的梯度，被称为**正常梯度**。

自由空间传播

电磁波传播最简单的一种情况就是在自由空间中，电磁波在发射机和接收机之间的传

输。自由空间被定义为具有这些特性的一个区域：各向同性、均匀、没有损失，即没有地球大气层和地表的影响。在自由空间中，来自各向同性辐射器的电磁波波前在离发射机的所有方向上均匀扩展。

多径干扰和表面反射

当电磁波碰到一接近光滑的巨大表面时，比如海洋，部分能量会从表面反射，并继续沿与表面成一定角度（与入射波角度相同）的路径传播，如图 26.1 所示。

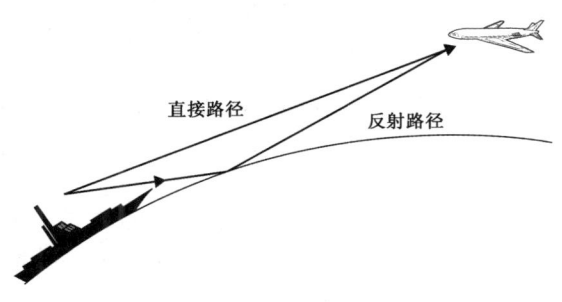

图 26.1　表面反射

反射波的强度由反射系数确定，此值取决于辐射频率和极化、入射角度以及反射表面的粗糙程度。

对浅的入射角和光滑的海面，反射系数的典型值接近 1（即反射波几乎与入射波一样强）。随着风速的增大，海洋表面变得粗糙一些，于是反射系数下降。对接近表面的发射机，反射过程导致视线内到接收机有两个路径。

如前所述，反射之后，部分能量沿着初始波运动方向传播。一部分能量也反射回发射机。这些后向反射回来的能量也被雷达接收，并可能影响雷达判别所需目标的能力。这些后向反射回的能量称为**杂波**。

不仅反射波的大小降低，而且波的相位也改变了。对低擦地角的水平或垂直极化波，反射后相位的变化大约为 180°。不管什么时候，当在不同路径上传播的两个或多个波串在空间上一点交叉时，就说它们产生干涉（多径干涉）。如果两个波同相到达同一个点，它们就称为产生叠加性干涉，而且所产生的电场强度要比任意一个波单独产生的电场强度大。如果两个波反相到达同一点，它们就产生对消性干涉，合成后的场强降低。

随着发射机和接收机几何关系的变化，直接路径和反射路径的相对长度也在变化，这导致到达接收机的直接波和反射波的相位差也出现不同数量的变化。接收信号强度（直接和反射波信号强度的矢量和）可能会在向上 6dB 和自由空间值向下 20dB 或更低变化。

绕射

能量一般倾向于沿着物体的弯曲表面传递。绕射的程度取决于波的极化形式和产生绕射物体相对于波长的大小。绕射过程中，电磁波辐射方向被改变，从而使其能够进入辐射场中非透明物体的几何阴影区域。在地球-大气层系统中，当发射机与接收机之间的直线距离与地球表面刚好相切时，会出现绕射。对均匀大气层来说，与地球的切点被称为**几何地平线**。在雷达和光学频率上，对非均匀大气层（使用有效地球半径）来说，切点分别被称为**雷达和**

光学地平线。

电磁波通过绕射在地平线以外传播的能力很大程度上取决于频率。频率越低，电磁波绕射越厉害。在雷达工作的微波频段，相对于地球大小，波长很小，因此能量绕射也少。而在光学频段或雷达波长很短时，光学地平线表示传播区域和无传播区域之间的近似边界。

对流层散射

在远远超过地平线的地方，传播损耗主要由对流散射决定。对流散射区的传播是大气层折射结构内小的非均匀性引起的散射的结果。在雷达频段，对于雷达距离的性能一般不考虑对流散射。但是，在用接收机（与雷达本身不同地点部署的）进行目标探测，或用电子支援措施（ESM）系统对雷达发射进行探测时，对流散射就是需要考虑的重要因素。

26.5 异常传播[2]

异常或非标准电磁波传播一般是指非标准折射相对于标准折射方面的考虑。这些非标准折射的条件会引起超水平线路径、减低的水平线路径、简单的表面折射和多路径干涉的异常。

亚折射

如果大气层运动产生了这样的情形，即温度和湿度分布使 N 值随着高度提高，电磁波路径实际上会向上弯曲，电磁波能量会从地球向外传播。这种现象称为**亚折射**。尽管这种情形在自然界很少产生，但在评估电磁系统性能时还是必须加以考虑的。例如，部署在 Delaware Bay 入海口附近的一部大西洋海岸舰船交通管制雷达，观察到其探测距离从 37km 下降到了 17km。有时，在雷达屏幕上观察到舰船前，人们在雷达观察塔上就已经用眼看到舰船了。这种雷达探测距离的降低常常会延续几个小时，而且在雾天常常出现[3]。

对流层的亚折射层将引起传播能量向上弯曲或从地球表面向外传播，因而会引起探测距离降低，并缩短了无线电水平线距离。

亚折射层可能出现在地球表面或高处。在地表面温度高于 30℃、相对湿度小于 40%（即大沙漠和大草原）的区域，太阳加热会产生一个近乎均匀的表层，一般有几百米厚。由于这个层是不稳定的，所以出现的对流过程将把所有湿气都集中到此层的顶部。这又产生一个正的 N 梯度或在上方产生亚折射层。这一层会将亚折射特性一直保持到傍晚时分，尤其是当出现逆向太阳辐射，在两个稳定层之间夹住水汽的时候更是如此。

地表面温度在 10~30℃、相对湿度在 60%以上的区域（地中海西部、红海、印度尼西亚西南部的太平洋），地表的亚折射层可能会出现在夜里或是清早。这些层的特征是它们是由于相对干冷表面上空的温暖潮湿空气的对流所引起的。当 N 梯度比上面描述的更强时，此层一般不厚。类似情况还可能出现在温暖的正面活动区域。

超折射

如果对流层温度随高度升高（温度逆转）和/或水汽含量随高度快速减少，折射率梯度将从标准值往下降。与正常情况相比，电磁波将从一直线向下弯曲更多。随着折射率梯度的继续下降，电磁波路径的曲率半径将接近地球曲率半径。使这两个曲率半径相等的折射梯度被称为**临界梯度**。在临界梯度上，电磁波将在地面上方沿一固定高度传播，即与地球表面平行传播。正常梯度与临界梯度之间的折射称为**超折射**。

超折射条件在很大程度上与接近地球表面的温度和湿度变化有关。由于大规模下沉，上方的逆转将形成上方的超折射层。超折射层将提升雷达探测距离，并使无线电地平线延伸。

超折射层对基于地表的雷达系统的影响直接与其在地球表面的高度有关。对机载系统来说，超折射层的影响取决于发射机和接收机相对于此层的位置。这些因素都与电磁波的层穿透角度有关。穿透角越陡，此层对传播的影响越小。

俘获

由于两者的气象条件相同，所以俘获是超折射的延伸。只要折射率梯度下降超过临界梯度，电磁波的曲率半径将比地球曲率半径小。电磁波要么将撞击地球并产生地面反射，要么进入标准折射区并向上折射回来，只是重新进入引起向下折射的折射率梯度区域。这种折射条件称为俘获，因为电磁波被俘获到对流层的一个窄小区域内。通常对这一俘获区域的称呼是"对流层管道"或"对流层波导"。应该注意的是，对流层波导并非真正意义上的波导，因为它没有阻止能量从波导装置中溢出的坚硬墙壁。

折射率梯度及其相关的折射条件总括在表 26.1 中。

表 26.1 折射率梯度及条件

条件	N 梯度	M 梯度
俘获	$<-157\,N/\mathrm{km}$ 或 $<-48N/$ 千英尺	$<0\,M/\mathrm{km}$ 或 $<0\,M/$ 千英尺
超折射	$-157\,N \sim 79\,N/\mathrm{km}$ 或 $-48\,N \sim -24N/$ 千英尺	$0 \sim 79\,M/\mathrm{km}$ 或 $0 \sim 24\,M/$ 千英尺
正常	$-79\,N \sim 0\,N/\mathrm{km}$ 或 $-24\,N \sim 0N/$ 千英尺	$79\,M \sim 157\,M/\mathrm{km}$ 或 $24\,M \sim 48\,M/$ 千英尺
标准	$-39\,M/\mathrm{km}$	$118\,M/\mathrm{km}$
亚折射	$>0\,N/\mathrm{km}$ 或 $>0N/$ 千英尺	$>157\,M/\mathrm{km}$ 或 $>48\,M/$ 千英尺

大气管道

管道就是电磁能量能够在很大距离上传播的一个通道。为了在管道中传播能量，电磁系统能量与管道形成的角度必须很小，通常小于 1°。一般来说，较厚管道能够支持较低频率的俘获。为了评估在任意特殊频率上管道的影响，对一给定情形折射率的垂直分布以及发射机和接收机与管道之间的几何关系必须加以考虑。

管道厚度与其俘获特殊频率能力之间的一个简单关系由下式给出

$$\lambda_{\max} = 2.5 \times 10^{-3} \left(\frac{\delta N}{t} - 0.57 \right)^{0.5} t^{1.5} \tag{26.7}$$

式中，$\lambda_{\max}$ 是所俘获的最大频率；δN 是跨过管道的折射指数变化；t 是管道厚度[4]。

除扩展雷达距离外，大气管道（以及其他传播效应，比如多径干扰）还对雷达性能有其他显著影响。通过评估系统（比如 AREPS）可提供的高度和距离图，可以将这些影响直观地显示出来。图 26.2 显出了这样的一张图。在此图中，不同深度的阴影对应于不同的传播损耗值（以后通过传播模型进行计算时再确定）。实际值对此图来说并不重要，因为重要的特性是管道传输的后果。在此图中，人们可以清楚地看到多径干扰引起的零深和波瓣结构。在讨论管道传输条件对电磁波传播影响时，通常关心的是超过正常水平线的传播，但管道传输在地平线之内也有影响。管道传输可以改变由直接射线和面反射射线的干扰所引起的正常瓣状图形。两条射线的相对幅度会改变，直接和反射路径间的相对相位也会改变。管道对视线传播的影响是降低了最低波瓣的角度，使其与地面更接近[5]。

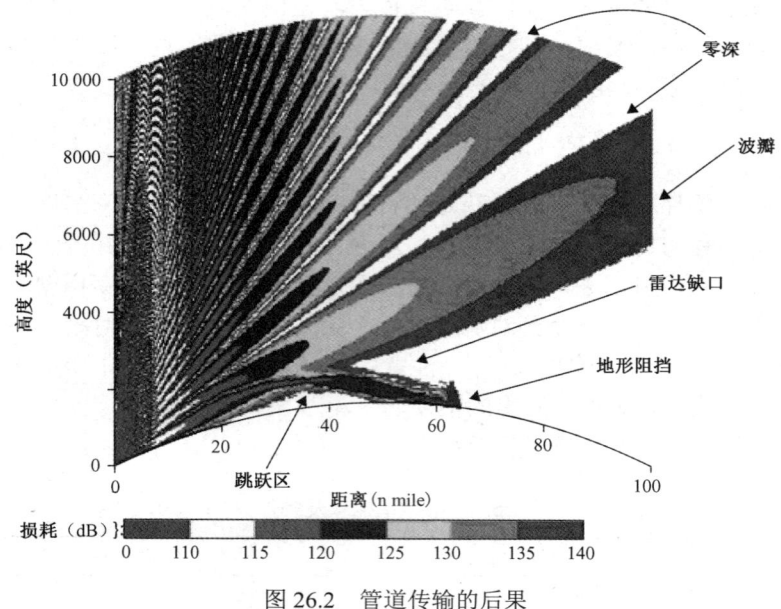

图 26.2　管道传输的后果

管道不仅扩展了管道内系统的雷达探测距离，而且还可对超越管道边界的发射机/接收机系统具有很大的影响。例如，一般情况下，当雷达在管道内或刚好在管道上方，而可能被探测到的空中目标也正好在管道上方时，目标可能会丢失。这一覆盖范围减小的区域称为"雷达缺口（radar hole）"或"阴影区（shadow zone）"。

地表管道的另一个有趣特征是接近正常地平线的跳跃区（skip zone），管道对此没有影响。值得注意的是，由地表上的俘获层所产生的地表管道没有这种跳越区现象。

测高雷达常常根据正常环境中对能量路径的假设来确定高度。前面所讨论的非标准折射条件将使能量路径偏离这些假设，导致高度计算出现误差。图 26.3 示出了与表面管道条件有关的向下偏离的路径与正常条件下路径的对比。可以看出，雷达目标的实际高度比测高雷达所计算的目标高度要低。在舰船自我防御中，这一误差可能会引起非常严重的战术后果。

关于管道影响的实际例子可以阅读"尖峰的战争"[6]。1942 年夏天，两支美国海军舰队被派遣去清除阿拉斯加 Attu 岛上的日军。7 月 25 日晚上，美国海军 Mississippi 号获得雷达信息，相信日本舰队正向 Attu 移动以便撤出日军。海军 New Mexico，Portland 和 Wichita 号上的雷达也确认了这些雷达信息。在舰队司令 Giffen 的命令下，美国海军舰队开火了。炮火持续了半小时，其间发射了 518 发 14 英寸口径的炮弹和 487 发 8 英寸口径的炮弹。据报告，日军在 80 英里外的 Kiska 发现了美军的炮火。另外两驱逐舰 San Francisco 和 Santa Fe 没有接到雷达信息，但它们通过炮弹击打水面而探测到了炮火。结果什么都没有发现。8 月 15 日，当美军和加拿大部队登上 Attu 时发现此岛已被放弃了。7 月 28 日，在雨雾的掩护下，

5000 日军已全部撤离。事后调查发现,在美国炮火攻击时,日军撤离船只位于 Kiska 西南 500 英里的地方。雷达信息实际上是陆地的回波,在超地平线距离上沿管道传播。

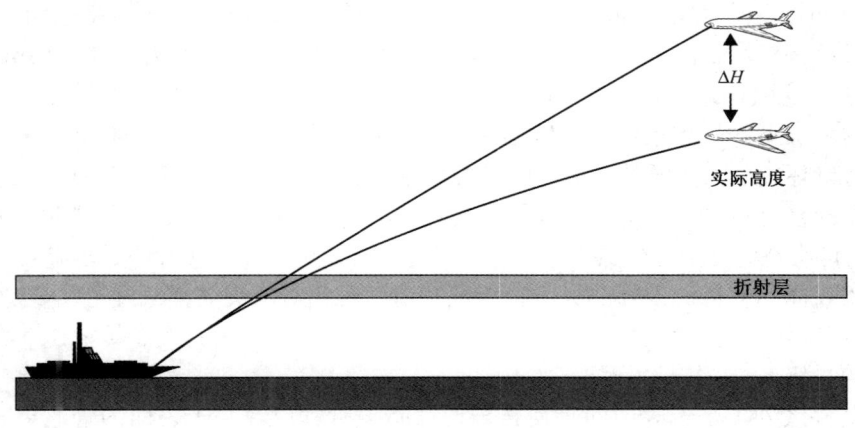

图 26.3 高度误差

有几种气象条件会引起管道的产生。这些条件存在的地方以及这些条件是什么决定着这些管道的名字和特性。

表面管道

如果气象条件引起俘获层产生,以致产生的管道底层在地球表面,就形成了表面管道。根据俘获层与地球表面的关系,表面管道有三种类型。俘获层通过实的黑 M 单位与高度线的关系曲线来图示,此线的斜率为负值(M 单位随高度降低)。

第一类管道是由基于表面的俘获层所产生的一种表面管道。这种管道称为**表面管道**,并在图 26.4 中示出。图中短画线显示出管道从底到顶的垂直尺寸。第二类表面管道由升高的俘获层产生。这种管道一般称为**基于表面的管道**,示于图 26.5 中。注意,用短画线表示的这种管道,包含俘获层及下面的"正常"梯度层。第三类表面管道是由于海面与空气紧密相连处相对湿度的急剧下降所产生。这种管道称为**蒸发管道**。由于蒸发管道对于水面上的电磁波传播非常重要,所以需要进行详细讨论。其讨论见下面专门章节。

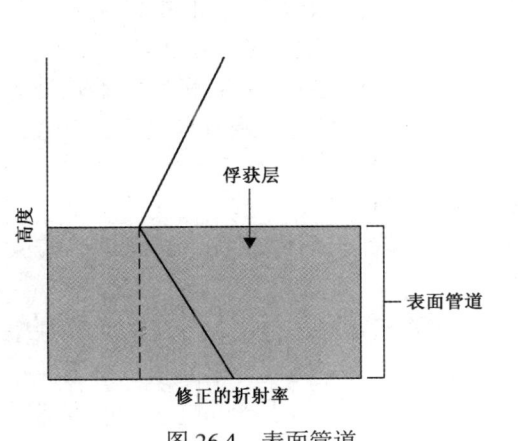

图 26.4 表面管道

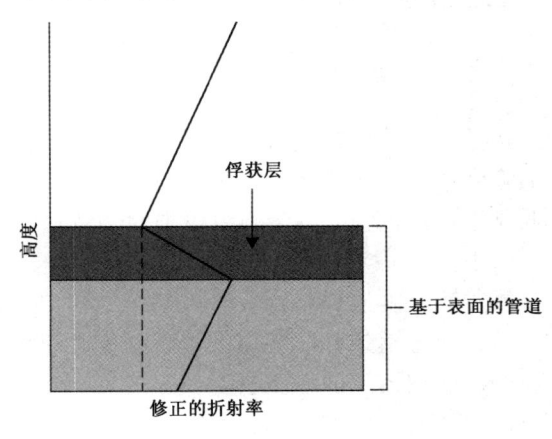

图 26.5 基于表面的管道

当相比于地表面的空气，上方空气特别温暖和干燥时，会产生基于表面的管道。几种气象条件可能会导致形成基于表面的管道。

海洋上方和接近陆地的地方，温暖干燥的大陆空气可能会对流到较为凉的水面上方。这种对流的例子有南加利福尼亚的 Santa Ana、南地中海的 Sirocco、波斯湾的 Shamal。这种对流导致表面的温度逆转。此外，通过蒸发，空气中增加了水汽，产生水汽梯度，从而强化了俘获梯度。这种类型的气象条件一般会导致产生表面管道（由基于表面的俘获条件产生）。但是，当你从海岸环境进入大洋时，这种俘获层可能会从地表上升，因而产生基于地表的管道。这种基于地表的管道倾向于出现在陆地的背风侧，而且白天和夜晚都有可能产生。此外，基于表面的管道可能会在海洋上延伸数百千米，而且持续时间可能很长（持续好多天）。

产生基于表面的管道的条件的另一种情况是雷雨时相对凉爽的空气发散（蔓延）。尽管这种情况不像其他情况一样常常出现，它依然可能会增强雷雨期间的表面传播，存在时间常常是几个小时的量级。

除雷雨条件之外，基于表面的管道传导还与晴天有关以致基于表面的管道更多地出现在温暖的月份和赤道纬度。任何时候，只要对流层能够由诸如峰面活动或与大风条件等很好地混合，则基于表面的管道现象将会减少。

蒸发管道

并不伴随温度变化时，湿气分布的变化也会导致俘获性的传播折射率梯度。与海洋表面接触的空气饱含水汽。水面以上几米，空气通常是不饱和的，因此从水面到水面以上，水蒸气压力会下降到一定值。水蒸气的快速下降起初会使修正折射率 M 随高度下降，但在较高的高度，水蒸气分布将使 M 达到最小值，随后又随着高度升高。M 达到最小值的高度称为**蒸发管道高度**，如图 26.6 所示。

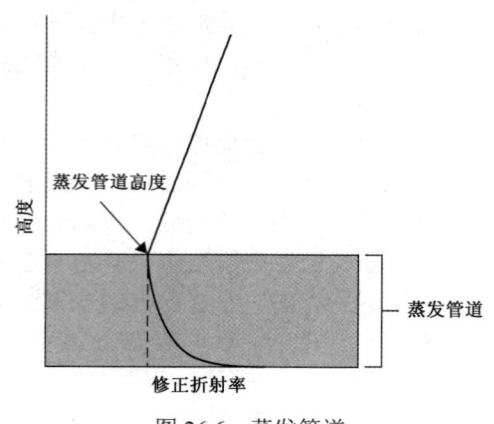

图 26.6 蒸发管道

一定程度上，蒸发管道几乎在所有时间都会出现在海洋上空。管道高度是变化的，从冬季北纬的一两米到夏季赤道纬度的 40 多米。从世界平均值来看，蒸发管道高度大约为 13m。必须强调的是，蒸发管道"高度"并不是为了延伸传播，天线必须定位于下面的高度，而是与管道俘获辐射的强度或能力有关的一个值。管道强度也是风速的函数。对不稳定的大气条件（冷空气层覆盖在暖空气层上），一般来说，与弱风相比，较强的风会导致较强的信号强度（或较小的传播损耗）。

由于蒸发管道比基于表面的管道弱得多，其俘获能量的能力高度依赖于频率。一般来说，蒸发管道仅强到能影响 3000MHz 以上的电磁系统。

对表面管道条件，管道的垂直范围足以允许使用上升的无线电探空仪、下降的火箭探空仪或一些航空器上的微波折射仪来进行测量。但是，对蒸发管道来说，管道的垂直范围并不重要，重要的是管道内的折射梯度。垂直高度上折射梯度的变化哪怕小于几毫米，就可能对管道的俘获能力产生巨大影响。因此，评定蒸发管道最好通过表面气象测量进行，并根据海空交界处的气象过程来推断管道高度，而不是采用传统的无线电探空仪、火箭探空仪或微波折射仪来直接测量。随着一种可以从船上放低到水面的新型高分辨率探空仪的问世，它给人的印象是蒸发管道也许可以直接测量。但是在实际应用中，这种印象是错的，因此不要尝试直接测量。由于海洋表面上对流层的湍流性质，一段时间内测量的折射率图与另一段时间测量的极可能并不相同，即使两次测量时间上仅相差几秒。因此，任何测量所得的分布图都不能代表平均蒸发管道条件，而这些条件正是评价系统所必须考虑的。

抬高的管道

如果气象条件引起上空出现俘获层，则地球表面上空会出现管道基底，于是这个管道就称为抬高的管道，如图 26.7 所示。再一次注意显示 M 单位梯度比显示 N 单位梯度的好处。从图 26.7 可以看出，管道由俘获层顶部向下延伸，直到与 M 单位线相交，在这里管道顶端的 M 单位与管道底端的 M 单位是一样的（用短画线表示）。

集中于南北纬 30° 左右的巨大半永久性水面高气压系统覆盖着世界的海洋部分。这些系统的朝南北极方向使中纬度吹西风，而朝赤道方向则吹热带东风或信风。在这些高气压系统中，当大范围的空气下沉会引起加热，因为空气受到了挤压，导致生成一个温暖干燥的空气层覆盖在凉爽潮湿的空气上（常常称为**海上边界层**）。

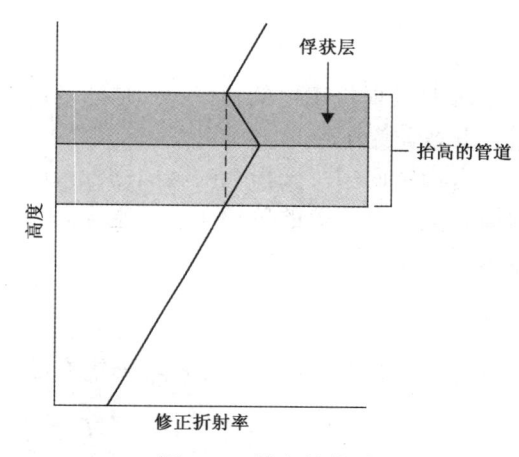

图 26.7 抬高的管道

最终导致的逆转称为信风逆转，可在海上边界层顶端产生很强的管道传播条件。抬高的管道可从热带海洋东部区域水面上空几百米变化到西部区域的几千米。例如，沿着南加利福尼亚海岸，平均有 40%的时间出现抬高的管道，平均顶部海拔为 600m。而沿着日本海岸，平均有 10%时间出现抬高的管道，平均顶部海拔为 1500m。

应该指出的是，基于表面的管道所必需的气象条件与抬高的管道必需的气象条件是一样的。事实上，当温暖干燥的大陆空气滑到凉爽潮湿的海洋空气上时，基于表面的管道可能会向上倾斜变成抬高的管道。信风逆变也可能会增强，因而将抬高的管道变为表面管道。

26.6 传播建模[2, 7]

有许多理由可以说明，无线电波建模非常重要。这些理由可以归纳成工程研究和作战性能两大类。对工程研究来讲，传播影响可以在新的系统设计或对现有系统的长期性能评估中加以考虑。对作战性能来说，考虑传播效应常常以单次测量或预测的大气为基础，从而可通过改变系统的应用战术对这些效应加以利用或减轻其影响。多年来，考虑对特殊应用非常重要的效应，人们开发出了许多种传播模型。这些模型从可快速执行但低逼真度（某些传播机制的简化模型或完全忽略）到执行起来相对慢但高逼真度（所有传播机制均严格建模及包括了所有传播机制）的范围。

球形扩展或自由空间传播模型

最简单的传播模型是球形扩展，其发射机和接收机远离地球表面和大气层，即自由空间。自由空间定义为具有各向同性、均匀和无损耗特性的一个区域。球形扩展模型只考虑以发射机为中心的球体表面积的增大及在所有方向上都均匀的辐射。任意一点的场强与发射机和这一点之间距离的平方成反比。这称为**自由空间路径损耗**。自由空间中球面上任意点的功率密度为

$$P_a = \left(\frac{P_t G_t}{4\pi r^2}\right) (\text{W}/\text{m}^2) \tag{26.8}$$

式中，P_t 是发射机辐射的功率；r 是球半径；G 是发射天线增益。对无损耗的各向同性天线来说，其增益为 1。

在自由空间中，无损耗的各向同性接收天线的功率密度为整个球形表面上的功率密度乘以接收机天线所覆盖的球形面积，也称为天线的有效孔径 A_e。有效孔径与辐射波长（λ）有如下关系：

$$A_e = \frac{G\lambda^2}{4\pi} \tag{26.9}$$

因此，对各向同性辐射和接收天线来说（$G_t = G_r = 1$），接收机功率 P_r 为

$$P_r = P_a A_e = \frac{P_t \lambda^2}{(4\pi r)^2} \tag{26.10}$$

自由空间路径损耗 L_{fs} 用球半径 r 和波长 λ 表示（其中 r 和 λ 单位相同），为

$$L_{fs} = 10\lg\left(\frac{P_t}{P_r}\right) = 10\lg\left[\frac{(4\pi r)^2}{\lambda^2}\right] \tag{26.11}$$

自由空间路径损耗 L_{fs} 用距离和频率表示（dB）为

$$L_{fs} = 32.45 + 20\lg f + 20\lg r \tag{26.12}$$

式中，f 是频率，单位为 MHz；r 是发射机和接收机间的距离，单位为 km。作为其他传播效应的参考，自由空间包括在许多建模的应用中。

如果在损耗计算时考虑各向异性天线的辐射方向图，此损耗称为传播损耗而非路径损耗。传播损耗可通过传播因子（F）来描述，它定义为空间中一点的实际场强与自由空间中相同距离上所存在场强的比值，此时发射机波束指向考虑的点。用符号可表示为

$$F = \frac{|E|}{|E_0|} \tag{26.13}$$

式中，E_0 是自由空间条件下的电场幅度；E 是要研究的相同点上的电场幅度。

传播因子是一个人们所期望的量，因为在多数雷达方程中它是一个可识别的参数。如前所述，它还包含考虑自然环境效应所必需的所有信息。因此，如果 F 的函数形式知道了，则任意一点的传播损耗就可以确定了，因为自由空间场的计算很简单。传播损耗（包括天线参数）等效于

$$L = L_{fs} - 20\lg F \tag{26.14}$$

有效地球半径模型

由于大多数人类的活动都发生在地球大气层中，自由空间传播模型常常不足以用于传播评估的应用，其他传播机制需要加以考虑。在标准或正常大气条件下，无线电射线以低于地球表面的曲率向下弯曲。有效地球半径概念[8]用一个更大的半径取代半径很大的真实地球半径，然而保持射线和地球表面间的相对曲率，于是射线变成一条直线。有效地球半径 a_e 和真实地球半径 a 之间的关系可以通过有效地球半径因子 k 来表示，即

$$a_e = ka \tag{26.15}$$

k 可以用下式计算，即

$$k = \frac{1}{[1+a(\mathrm{d}n/\mathrm{d}h)]} \tag{26.16}$$

式中，$\mathrm{d}n/\mathrm{d}h$ 是垂直折射指数梯度。用地球平均半径 6371km 和折射率梯度-39/km 可求出 k 值为 1.33 或大约 4/3。

除考虑折射外，其他标准传播机理，比如多径干扰、绕射、对流层散射和地形都可考虑在内。一类有效地球半径模型包括标准传播模型（F 因子）[2]、地形集成粗糙地球模型（TUREN）[8]、不规则地形模型（ITM，也称 Longley-Rice）模型[9]、球形地球刃锋（SEKE）模型[10]等。

这些有效地球半径模型具有相同的特性，但它们并不等同地实现不同的传播机理。例如，F 因子模型可适当地实现水上表面的多径传播，而 TIREM 模型则以刃锋绕射技术为基础，从而使 TIREM 模型不适于水上应用。又如，对流层散射可能对有源雷达应用来说并不重要，其影响需包括在由其他传感器对雷达的截获应用中。

波导模型

随着工程对逼真度的要求越来越高，也开发出来了其他建模技术。其中一种建模技术是使用正态模理论来计算标准或非标准折射条件下的场强。这类模型被称为波导模型。波导模型的应用可以追溯到 20 世纪初期，当时它们被用来解释环绕地球表面的长波长无线电波是如何在地球和电离层形成的波导中传播的。对波导模型的描述超出了本章的范围，但可以在 Budden[11]的本书中找到相关内容。

波导模型对垂直折射率剖面不沿着传播路径（均匀环境）变化的情形最有用，但在一项称为**模式变换**（mode conversion）的技术中，通过将波导分成一些板的方法，它们也可以用于非均匀的环境。虽然得到了成功的应用，但这一技术比其他建模技术计算效率低，因此，波导模型一般不用于要求有快速执行时间的评估系统。波导模型可充当"实验室基准"模型，其他模型技术的结果可以和它对照。MLAYER 就是这样的一种波导模型，来源于 Baumgartner 的开创性研究[12]。

抛物线方程模型

1946 年，Fock[13]使用抛物线方程（PE）方法描述了垂直上分层的对流层中电磁波的传播。1973 年，Hardin 和 Tappert[14]在快速傅里叶变换（FFT）的基础上，开发出了一种被称为分步傅里叶的实用有效方法。此方法已广泛应用于解决海洋声学传播问题。PE 方法及其使

用分步傅里叶的求解为复杂的折射率结构，为接近、在内和超过地平线等效应影响的情形提供了一种非常坚实的模型，尤其适用于不规则地形上的传播。因此，PE 模型允许在许多重要应用中用单个模型进行评估。有三个这样的 PE 模型，即地形抛物线方程模型（EPEM）[15]、对流层电磁抛物线方程程序（TEMPER）[16]和变化的地形无线电抛物线方程（VTRPE）[17]。

混合模型

虽然 PE 模型很有吸引力，但它们也有其不足之处。最大的不足可能就是它们需要占用非常巨大的计算机资源（内存和执行时间方面），尤其是对涉及高频、高仰角、高终端和远距离应用来说更是如此。在一些情形下，将其他不同模型的一些最好特性集合到一个混合模型中可使这种计算负担减轻。这样的模型有 Barrios[18]提出的先进传播模型（APM）。在 APM 中，PE 模型与不同的射线光学和其他现象模型结合起来形成一个混合模型，对计算上有压力的情况，其计算速度比 PE 模型快 100 倍。其他三个混合模型是无线电物理光学（RPO）模型[19]、Signal Science Limited 公司提出的 TERPEM 模型[20]以及由 Marcus 提出的，计算不规则地形上空非均匀大气层中传播损耗的一种混合方法[21]。

在 APM 中，评估空间分为 4 个区域或子模型，如图 26.8 所示。在 2500m 距离范围内和所有大于 5°的仰角上，APM 使用忽略折射和地球曲率效应的偏平地球（FE）模型。对 FE 区域以外的距离（这里，来自发射机的反射射线的擦地角超过一个小的极限值），人们采用一个考虑了折射和地球曲率效应的全射线光学（RO）模型。PE 模型用于 RO 区域以外的距离，但仅限于低于最大 PE 高度［由允许的最大快速傅里叶变换（FFT）尺寸决定］以下的高度。对 RO 区域以外和 PE 区域上方的范围，一个扩展光学（XO）方法被采用，它在最大 PE 高度时由 PE 模型来起始，并使用射线光学方法来向更高高度传播信号。仔细选择极限 RO 擦地角和最大 PE 传播角度，每个区域边界的解的连续性可保持小于 0.1dB。

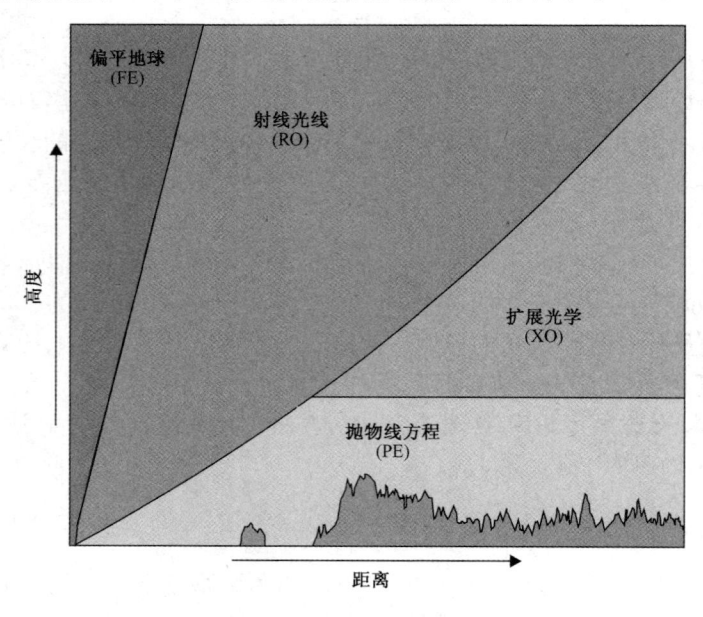

图 26.8 APM 子模型区域

APM 中的传播模型还可以与其他环境效应模型结合起来，比如气体吸收和表面杂波，来形成一个完整的传播程序包。APM 2.0.01 版本考虑的物理传播效应见表 26.2。APM 考虑了几乎每种环境效应，使它成为用于评估复杂系统的一种非常理想的模型。

表 26.2　APM 模型建模的传播效应

传播效应机理	海洋	地形	大气层	APM 2.0.01
与距离相关的折射条件			●	√
地形变化		●		√
多径	●	●	●	√
绕射		●		√
地形掩蔽		●		√
对流层散射			●	√
粗糙（海）表面	●			√
高频表面波	●			√
与距离相关的介质				√
障碍增益		●		√
表面杂波	●			√
气体吸收				√
雨衰减				×
植被		●		×

26.7　EM 系统评估程序

将个人计算机的能力与 EM 系统和环境传播建模结合起来，现有评估程序和相关软件可以让用户定义和操纵折射率及其他自然环境数据，根据此数据运行传播模型，并对实际或提议中的电磁系统的期望性能显示出结果。虽然在美国和其他不同国家有几个评估系统在使用，但下面的讨论仅限于 AREPS。AREPS 被美国国防部（DOD）及其他联邦政府机构、美国私人公司和它们对应的外国合作伙伴及个人所广泛使用。

AREPS 起源于在地形影响占主导的环境中，军事作战对雷达性能和传播建模的迫切需求。评估系统的要求包括了对所有自然环境进行建模，并具有快速执行能力，并能在微软 Windows 操作系统个人计算机上执行。对不同传播模型优点和弱点的评估很快表明，只有混合模型是可以接受的解决方法。人们建立了 AREPS 图形的用户接口，并与 APM 连接，为用户提供一端至另一端的雷达传播评估工具。电磁传播效应不仅局限于雷达频率，随着时间的推移，最初对 AREPS 的雷达需求已扩大至超出简单的雷达探测的应用，还包括了通信和电子战领域。AREPS 是唯一得到美国海军首席信息官办公室应用程序和数据库管理系统（DADMS）批准的电磁系统评估程序。APM 是唯一得到海军作战部长认可的用于海军系统的电磁传播（2MHz～57GHz）模型。AREPS 和 APM 二者都得到了海军建模和仿真办公室（NMSO）的认可。AREPS 还是得到军事委员会气象小组/工作小组、战场区域气象系统支持以及合作伙伴认可的北大西洋条约组织（NATO）的应用程序。

AREPS 版本 3.6 包含几个可应用于不同频率的 EM 传播模型。对 2MHz～57GHz 的频率，AREPS 使用 APM。对高频天波通信，AREPS 使用一套高频建模程序[22]，包括一个全三维电离层射线跟踪模型、一个高频场强模型和一个高频噪声模型。除这些电磁传播模型外，AREPS 还可选择地使用两个国际上认可的电离层模型：参数化电离层模型（PIM）[23]和国际参考电离层（IRI）[24]。除传播模型外，AREPS 还包含一个雷达系统性能模型。这将在 26.8 节讨论。

AREPS 考虑从表面特性来的与距离和方位角相关的一些影响，包括地形高度、有限导电系数、地面介电常数和散射效率因子。地形高度数据可以从国家地理空间情报局（NGA）的数字地形高度数据资料（DTED）或从其他合适的渠道获取。有限导电系数和地面介电常数可通过国际通信联盟、国际无线电咨询委员会（CCIR）确定的文件[25]或其他合适的渠道获取。

AREPS 中考虑通过无线电探空仪、其他传感器或中间比例气象模型［比如美国海军耦合海洋/大气层中间比例预测系统（COAMPS）[26]］对上层空气观察所获得的与距离和方位相关的大气折射率数据。从许多不同数据源获得的探空仪数据可以人工输入，或由世界气象组织（WMO）观察信息格式或自由列格式自动解码。此外，气象折射条件可从 921WMO 站——世界范围的报告数据库选取。对海洋报告站或海洋上的数值气候预报栅格点，AREPS 自动计算蒸发管道折射剖面，并将其添加到上层空气观察层的底端，以便对传播环境进行全面描述。

AREPS 计算并显示一些电磁系统性能评估战术决策辅助手段。这包括雷达探测概率、ESM 易损性、LF 到 EHF 的通信、同时雷达探测和 ESM 易损性，以及表面搜索探测距离。所有决策辅助手段都以距离、方位角和/或高度的函数形式显示。探测概率、ESM 易损性以及通信评估都是以存储在用户定义的可改变数据库中的 EM 系统参数为基础的。除正常的雷达参数外，用户还可以完全定义天线辐射方向图以考虑副瓣情况。数据库还包括对雷达目标的描述以及平台的 EM 发射设备。

图 26.9 是 AREPS 四面显示器的一个图示。该显示器创造出来用于支持 2006 年 2 月 5 日举行的"第四十届超级杯"时的国内防御。"第四十届超级杯"是在美国举行的冠军足球赛。超过 60 000 名观众观看比赛，所有观看比赛的人都拥挤在一个狭窄的运动场中，极容易成为恐怖袭击的目标。该显示器可以显示出一个距离与高度的关系图上的雷达探测概率、在一个固定高度上雷达探测概率与距离的关系图以及在一个固定距离上雷达探测概率与高度的关系图。该显示器上的图是由位于 Utah 州 Hill 空军基地的第 84 雷达评估中队提供的。所描述的雷达为位于 Michigan 州 Canton 的 ARSR-1E（美国空中航线监视雷达）。感兴趣目标为一些小型私人飞机。

随着 AREPS 的个人计算机版本的开发，它还变成了一种称为海军集成战术环境分系统（NITES）的应用。这是全球指挥和控制系统海上（GCCS-M）的部分。在 NITES 中，个人计算机的 AREPS 功能用 Java 编码，并与通用作战图（COP）接口。COP 实时显示战术信息和当前部队的位置。因此，AREPS 提供的雷达评估可显示为作战图上的战术覆盖。图 26.10 就是这种 COP 显示器的一个图例。在此图中，除显示 AREPS 个人计算机版最典型的高度与距离覆盖关系外，还显示出了三个海岸监视雷达的雷达覆盖图。

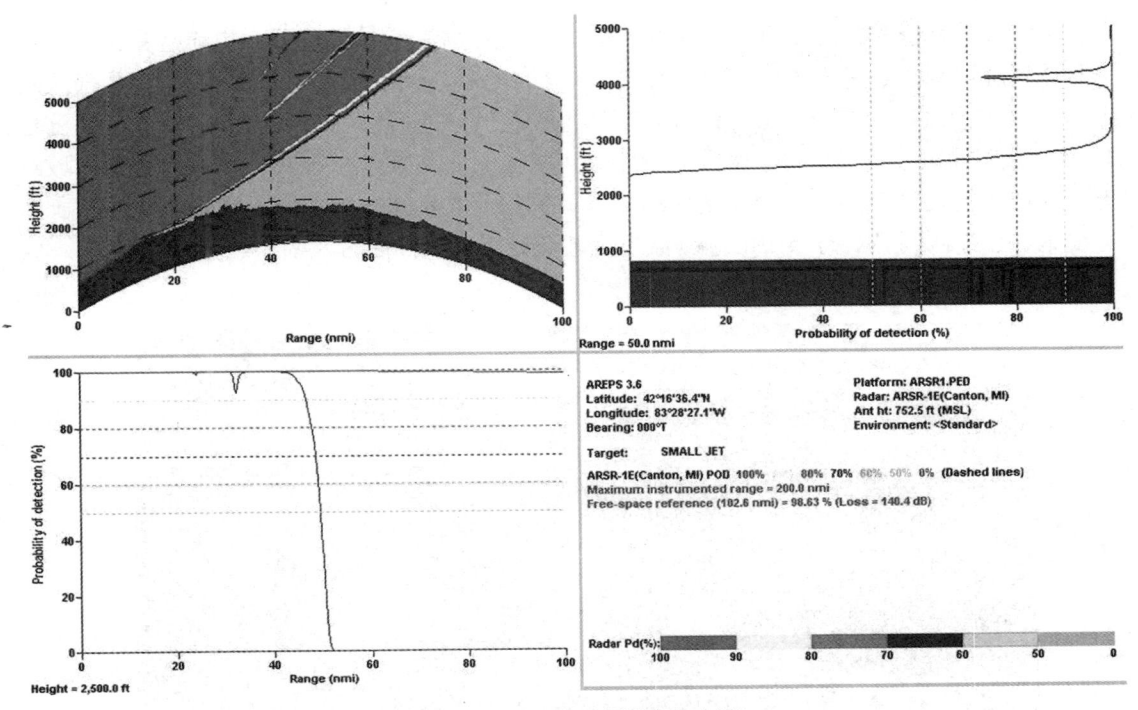

图 26.9　AREPS 本国防御应用

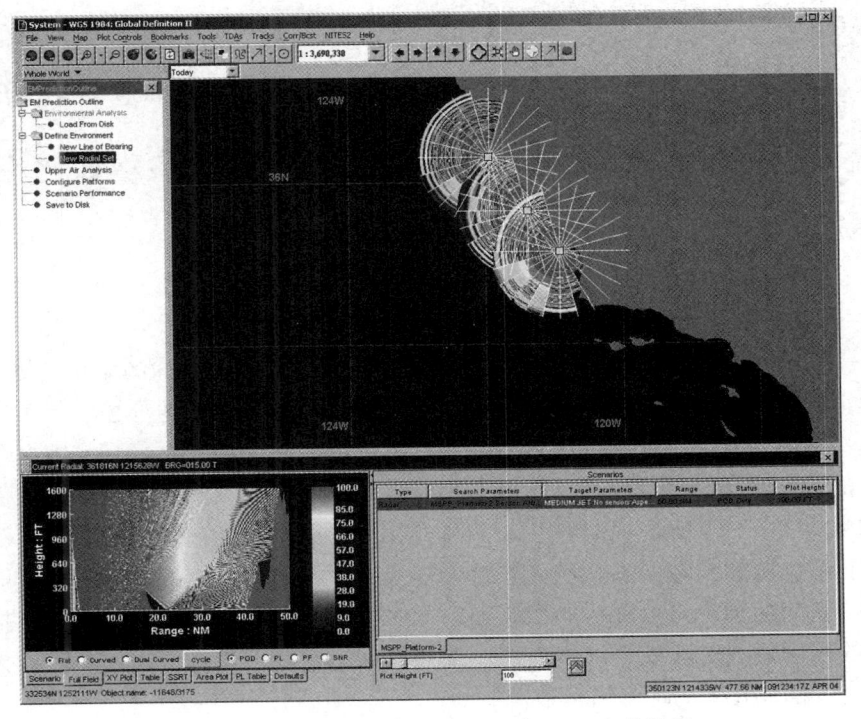

图 26.10　在 NITES 中，AREPS 在 COP 上的显示

随着海军向基于网络应用方向的发展，AREPS 对战术决策辅助的显示也随着变化。一种基于网络的应用例子是海军的部队网，有点类似于 GCCS-M 的应用。图 26.11 示出了部队网应用的一个图示。在此图中，部队网 COP 的背景是假想的海洋和岛屿作战区域。一些符号（如小圆、方块和半圆）表示不同部队（如舰船和飞机）的部署。多个椭圆和扇形阴影区域对应于不同作战雷达对不同目标的雷达探测概率。例如，显示器右上角的小扇形阴影区域表示地基雷达可能探测到（具有一定的探测概率）某一特定飞机目标的区域。

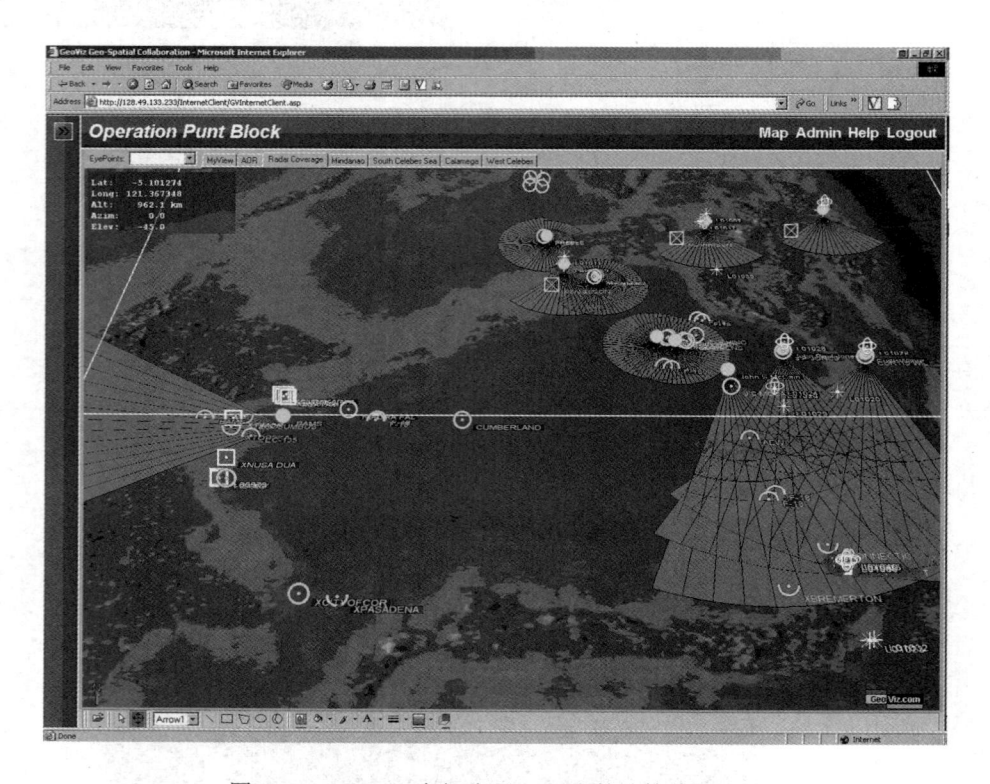

图 26.11　AREPS 在部队网 COP 上的计算结果显示

AREPS 的一个可选功能是能向外部应用程序提供计算出的雷达探测概率、传播损耗或传播因子。因此，战术应用开发者无须具有雷达传播建模技术或对其他环境进行考虑的知识，依赖 AREPS 即可为自己的应用提供显示数据。这样的一种应用是由华盛顿特区的海军研究实验室开发的仿真和显示系统（SIMDIS^{TM}）[27]。图 26.12 是在 SIMDIS^{TM} 中三维显示的 AREPS 计算数据的一个图形。在此图中，视角是由南加利福尼亚向北看的。San Clemente 岛的东部地形显示在图的左边中部。从目前这个视角，配备一台对空搜索雷达的舰船部署在岛的北边区域。在岛的上空向上延伸的涂黑的扇形区域表示雷达在岛屿上空向南扫描时，雷达对某一目标的探测概率。对处于岛屿前部、位置很低的目标，显示器显示此目标无法为雷达所探测，因为目标被介入的地形所掩盖。

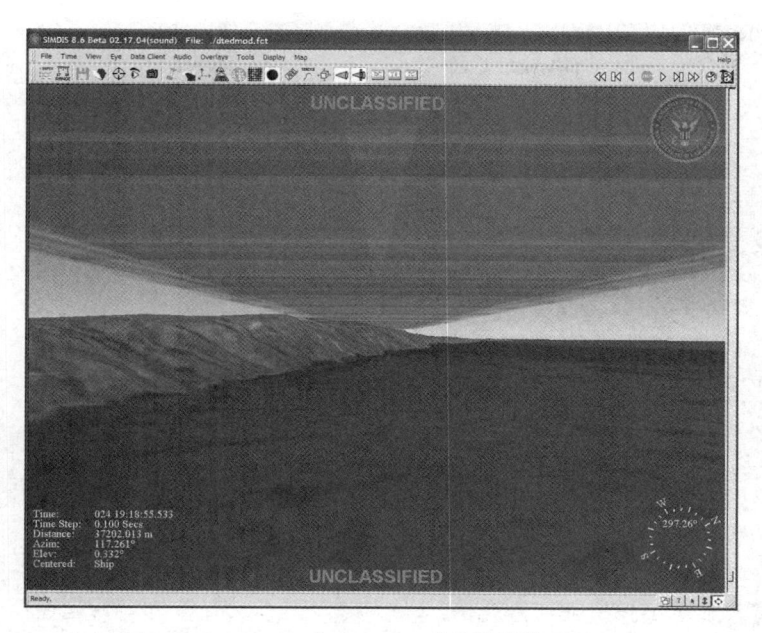

图 26.12　AREPS 在 SIMDIS 中的计算结果显示，
图中示出了一个小型目标在地形掩盖影响下的雷达探测概率

26.8　AREPS 雷达系统评估模型

　　AREPS 的主要目的是为雷达操作员可视化地提供不同自然环境条件下己方雷达探测威胁目标或己方平台被敌方威胁雷达探测到的情况。主要的可视化是雷达探测概率的高度和距离关系的显示。这里，用百分比表示的雷达探测概率对应于离雷达的高度和距离的某个能量级别。APM 计算传播损耗（dB）。为了确定雷达性能，AREPS 需要对自由空间中的传播损耗和地球环境下的传播损耗（由 APM 计算）进行对比。因此，AREPS 包含一个相当简单化的脉冲雷达模型，以便根据雷达系统参数（如频率、脉冲长度等）来计算自由空间中的传播损耗。进行此项计算的模型取自 Blake[28]，并在 AREPS 在线帮助和 AREPS 操作手册中有详细描述。因此，这里不再重复 AREPS 的雷达系统评估模型。本节的目的是示出 AREPS 程序所需的雷达系统和雷达目标的输入。这些输入如图 26.13 和图 26.14 所示。要想了解每个输入参数的详细描述，可参考 AREPS 在线帮助或 AREPS 操作员手册。

　　为了辅助 AREPS 用户，除许多单位选项外，这些和其他输入窗口有许多"罐装"的默认值。以发射天线方向图为例，APM 将考虑发射天线的整个天线方向图。AREPS 提供一些基本的"罐装的"天线方向图，如全向、(sinx)/x、余割平方和一类测高计。对一用户定义的天线类型，操作员可直接输入方向图角度和因子。除从键盘直接输入天线方向图，AREPS 还提供通过 ASCII 码文本文件（你可能已由其他应用程序生成）来输入天线方向图的能力。多种单位的例子是发射机的峰值功率。峰值功率的默认单位为千瓦。右击与峰值功率相关联的标签，可以选择其他的输入单位。AREPS 甚至可以将输入数值自动从一个单位转换成其他单位。

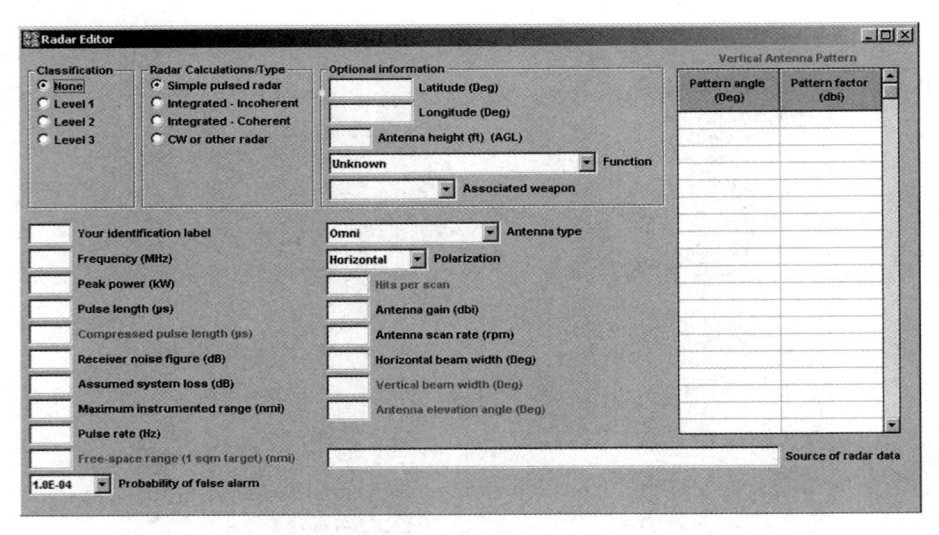

图 26.13　AREPS 的雷达窗口

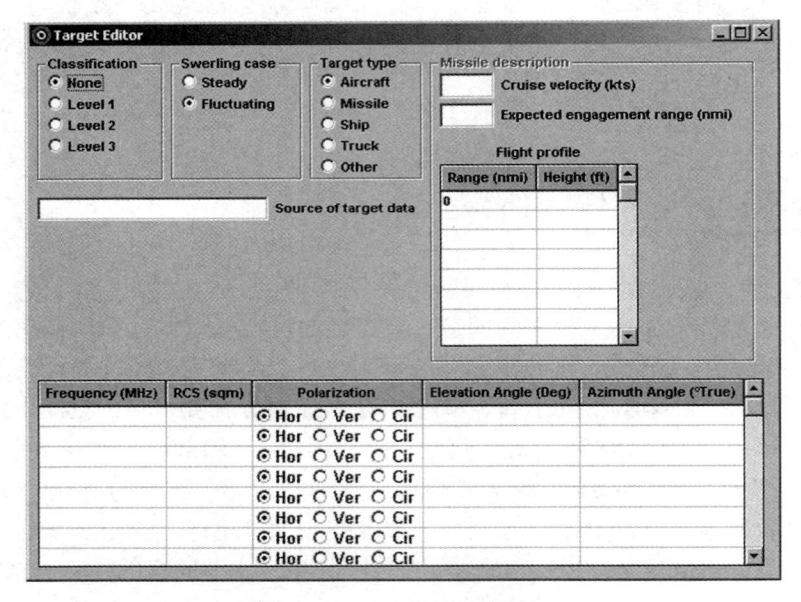

图 26.14　AREPS 的目标窗口

26.9　AREPS 的雷达显示

在默认设置下，传播模型计算结果以适合战术雷达操作员的方式显示，即用高度和距离关系来显示雷达探测概率（百分比），如图 26.15 所示。这种显示器可看作一个战术决策辅助手段，因为它允许雷达操作员来进行一些战术决策。例如，叠加在这种战术决策辅助手段上的是目标导弹的飞行剖面图（实线从右向左向原点下斜）。大气环境是基于表面的管道。除目标飞行图，无探测跳跃区清晰可见，允许操作员可以看到目标探测概率是如何随着距离和高度变化的。有了这种知识，就可以做出什么时候对导弹攻击的决策。

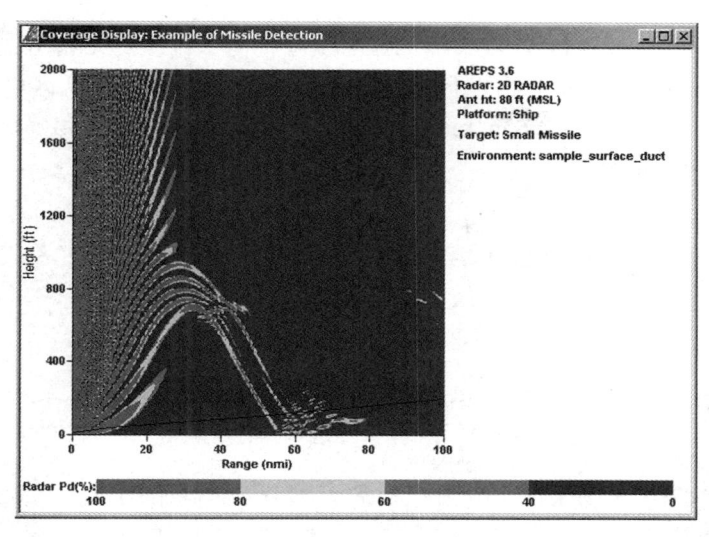

图 26.15 面搜索雷达和小型导弹目标的 AREPS 高度和距离覆盖——探测概率

对雷达工程师来说，图 26.15 示出的那种显示并不是很有用的，因为传播因子 F_p 是雷达距离方程所需要的量，而不是通过 APM 计算得到的传播损耗。传播损耗和传播因子之间存在着一个简单的关系，即

$$F_p = L_{\text{fs}} - L_{\text{dB}} \tag{26.17}$$

式中，L_{fs} 是用式（26.12）计算得到的自由空间传播损耗；L_{dB} 是用 APM 计算出的传播损耗（dB）。为方便雷达工程师，AREPS 也用传播因子来显示 APM 输出。因此，当用传播因子来显示时，用雷达探测概率（百分比）显示的图 26.15 将变成图 26.16。

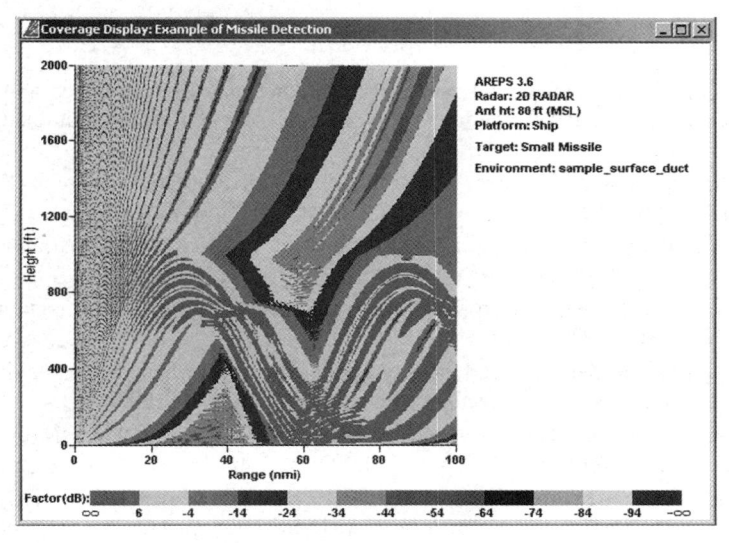

图 26.16 面搜索雷达和小型导弹目标的 AREPS 高度和距离覆盖——传播因子

除默认的高度和距离显示外，AREPS 还包含其他许多显示方式和数据输出选项。例如，以相同的导弹探测为例，图 26.17 是叠加了杂波噪声比（根据 8m/s 风速计算得到）的信噪比与距离关系图。显示高度为海拔 100 英尺。人们可以看到距离 0～20n mile 内多径干扰的影

响。在多径干扰区以外，人们会发现信噪比显著下降，而杂波噪声比则出现在基于表面通道的跳跃区（20～50n mile 范围）内。但是要注意，比值上升是在跳跃区以外的范围。事实上，人们甚至可以发现，在 55～65n mile 范围内，杂波噪声比超过了信噪比。因此，对这些范围，雷达回波被杂波掩盖。

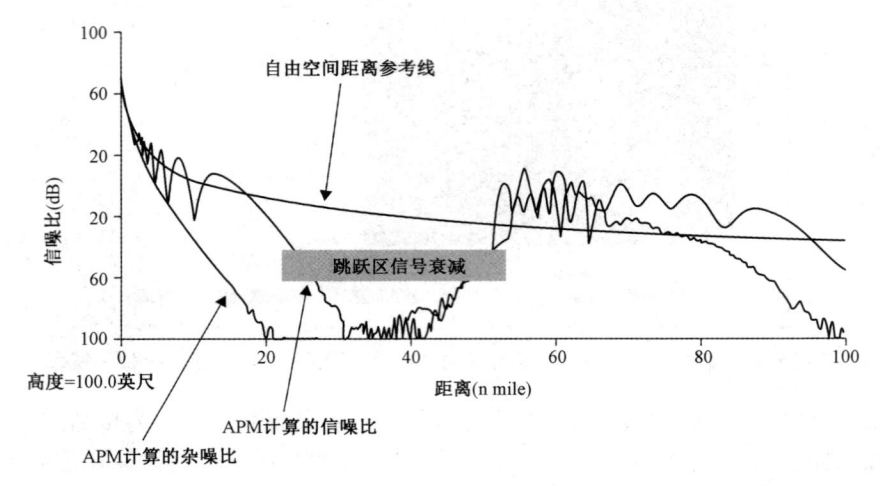

图 26.17　面搜索雷达和小型导弹目标的 AREPS 信噪比和距离关系——杂波噪声比叠加在上

虽然图形可能对目视检查有用，但它对工程分析任务并没有什么用处。AREPS 还有许多其他种显示的内容。例如，图 26.16 所示的传播因子值还可以用其他多种不同的文本格式输出，用于其他工程应用。

参考文献

[1] W. L. Patterson, "Advanced refractive effects prediction system," Space and Naval Warfare Systems Center TD 3101, January 2000. AREPS may be freely obtained at http://areps.spawar.navy.mil.

[2] W. L. Patterson et al., "Engineer's Refractive Effects Prediction System (EREPS)," Naval Command, Control, and Ocean Surveillance Center TD 2648, May 1994.

[3] E. Brookner, "Radar performance during propagation fades in the Mid-Atlantic region," *IEEE Transactions on Antennas and Propagation*, vol. 46, No. 7, July 1998.

[4] M. P. M. Hall, "Effects of the troposphere on radio communications," London: Institution of Electrical Engineers, 1979, p. 30.

[5] K. D. Anderson, "Radar detection of low-altitude targets in a maritime environment," *IEEE Transactions on Antennas and Propagation*, vol. 43. no. 6, June 1995.

[6] S. E. Morison, "Aleutians, Gilberts and Marshalls, June 1942–April 1944. History of United States Naval Operations in World War II, Volume VII," *Military Affairs*, vol. 15, no. 4, pp. 217–218, 1951.

[7] H. V. Hitney, "Refractive effects from VHF to EHF, part B: propagation models," Advisory Group for Aerospace Research & Development, AGARD-LS-196, pp. 4A1–4A13, September 1994.

[8] J. R. Powell, "Terrain Integrated Rough Earth Model (TIREM)," Rep. TN-83-002, Electromagnetic Compatibility Analysis Center, Annapolis, MD, September 1983.

[9] A. G. Longley and P. L. Rice, "Predictions of troposphere radio transmission loss over irregular terrain: A computer method," Environmental Science Services Administration Tech. Rep. ERL 70-ITS 76, U.S. Govt. Printing Office, Washington, DC, 1968.

[10] S. Ayasli, "SEKE: A computer model for low altitude radar propagation over irregular terrain," *IEEE Transactions on Antennas and Propagation*, vol. AP-34, no. 8, August 1986.

[11] K. G. Budden, *The Wave-Guide Mode Theory of Wave Propagation*, Inglewood Cliffs, NJ: Prentice-Hall, Inc., 1961. Also London: Logos Press, 1961.

[12] G. B. Baumgartner, "XWVG: A waveguide program for trilinear tropospheric ducts," Naval Ocean Systems Center TD 610, June 1983.

[13] V. A. Fock, *Electromagnetic Diffraction and Propagation Problems*, New York: Pergamon, 1965.

[14] R. H. Hardin and F. D. Tappert, "Application of the split-step Fourier method to the numerical solution of nonlinear and variable coefficient wave equations," SIAM Rev., 15, 2, p. 423, 1972.

[15] A. E. Barrios, "A Terrain Parabolic Equation Model for Propagation in the Troposphere," *IEEE Transactions on Antennas and Propagation*, vol. 42, no. 1, pp.90–98, January 1994.

[16] G. D. Dockery, "Modeling electromagnetic wave propagation in troposphere using the parabolic equation," *IEEE Transactions on Antennas and Propagation*, vol. 36, pp. 1464–1470, October 1988.

[17] F. J. Ryan, "Analysis of electromagnetic propagation over variable terrain using the parabolic wave equation," Naval Ocean Systems Center TR-1453, October 1991.

[18] A. E. Barrios, "Advanced Propagation Model (APM) Computer Software Configuration Item (CSCI)," Space and Naval Warfare Systems Center TD 3145, August 2002.

[19] H. V. Hitney, "Hybrid ray optics and parabolic equation methods for radar propagation modeling," in *Radar 92*, IEE Conf. Pub. vol. 365, October 12–13, 1992, pp. 58–61.

[20] Ken Craig and Mireille Levy, http://www.signalscience.com.

[21] S. W. Markus, "A hybrid (Finite Difference-surface Green's Function) method for computing transmission losses in an inhomogeneous atmosphere over irregular terrain," *IEEE Transactions on Antennas and Propagation*, vol. 40. no.12, p. 1451–1458.

[22] R. B. Rose, "Advanced prophet HF assessment system," Naval Ocean Systems Center, San Diego, January 1984.

[23] R. E. Daniel, Jr., L. D. Brown, D. N. Anderson, M. W. Fox, P. H. Doherty, D. T. Decker, J. J. Sojka, and R. W. Schunk, "Parameterized ionospheric model: A global ionospheric parameterization based on first principal models," *Radio Science*, vol. 30, pp. 1499–1510, 1995.

[24] K. Rawer, S. Ramakrishnan, and D. Bilitza, "International reference ionosphere 1978," International Union of Radio Science, URSI Special Report, pp. 75, Bruxelles, Belgium, 1978.

[25] "Propagation in Non-ionized Media," International Telecommunication Union, International Radio Consultative Committee (CCIR), vol. V, Report 879-1, p 82.

[26] "U.S. Navy Coupled Ocean/Atmosphere Mesoscale Prediction System (COAMPS)," Naval Research Laboratory, Marine Meteorology Division, NRL Publication 7500-03-448, May 2003.

[27] Naval Research Laboratory, Washington, DC, https://simdis.nrl.navy.mil, simdis@enews.nrl.navy.mil.

[28] L. V. Blake, *Radar Range Performance Analysis*, Lexington, MA: Lexington Books, D.C. Heath and Co., 1980.

第 27 章 雷达系统与技术发展趋势

27.1 引言

雷达从 20 世纪初诞生以来,其发展经历了简单脉冲雷达、脉冲多普勒雷达、相控阵雷达、数字阵雷达等重要发展阶段。雷达发明的最初目的是测量敌方来袭飞机的距离和方向,为己方提供预警和指示信息[1]。随着信号产生技术、高功率发射技术、天线技术、信息处理技术等电子信息技术的发展,雷达的作用距离、测量精度、分辨率不断提高。先进的雷达当前不仅能够远程探测隐身飞机、弹道导弹、地上兵力、海上编队,还能够精确控制打击武器对目标跟踪制导,以及对重点区域进行连续的侦察监视,获取高清晰战场情报[2-5]。雷达融入"观察-确认-决策-打击"(OODA)作战流程环的程度越来越深,在信息化联合作战中发挥着举足轻重的作用。

近年来,雷达技术的发展进入新阶段。美国国防部 2014 年发起"第三次抵消战略",试图通过作战概念创新、颠覆性技术创新、武器装备创新,谋求在 2030 年以前形成新一轮绝对军事优势。在此背景下,下一代战争作战样式、前沿创新技术、颠覆性武器装备将成为军事和科技界的热门话题。对这些问题的深入思考,对雷达系统需求分析、指标论证和部署使用具有十分重要的意义。

27.2 下一代战争对雷达系统的需求

下一代战争的定义

在科学技术发展的推动下,基于战争手段和作战能力的不断变更,人类经历了冷兵器战争、热兵器战争、机械化战争和信息化战争 4 个阶段,目前正处于信息化战争的后半期[6-8]。基于下一代战斗机、下一代轰炸机、高超声速打击武器、动能打击武器、定向能打击武器、网络攻击等雷达主要威胁的发展规划,本章将下一代战争定义为 2030 年之后一段时期的战争。这一时期代表信息化战争的高级阶段[9-12]。

下一代战争的特点

如图 27-1 所示,信息化战争高级阶段的作战在作战空间、打击时间、技术形态都将表现出不同的特点。

作战空间全域化。作战武器可能从太空、临近空间、空中、陆地、水上、水下等发起全高度、多方位、全距离、多样式的攻击。

作战时间敏捷化。高超声速飞行器、高能微波、高能激光武器将显著压缩从信息获取到目标摧毁的时间,实现敏捷打击。

作战对象隐身化。 作战对象除前向隐身外，侧向和后向隐身将得到增强，隐身频段得到扩展。

作战平台无人化。 各种体积、重量、用途的无人平台将得到应用，无人平台承担更多的作战任务。

作战方式协同化。 有人/无人平台、空空平台、空面平台等通过信息共享、任务协同实现高效作战。

作战效果精确化。 基于高精度探测、定位、跟踪、制导等手段，实现外科手术式精准"点穴"打击，降低附带损伤。

作战背景复杂化。 作战区域杂波类型多样，自然干扰、无意干扰、欺骗式干扰、压制式干扰、主瓣干扰、副瓣干扰等电磁干扰交织。

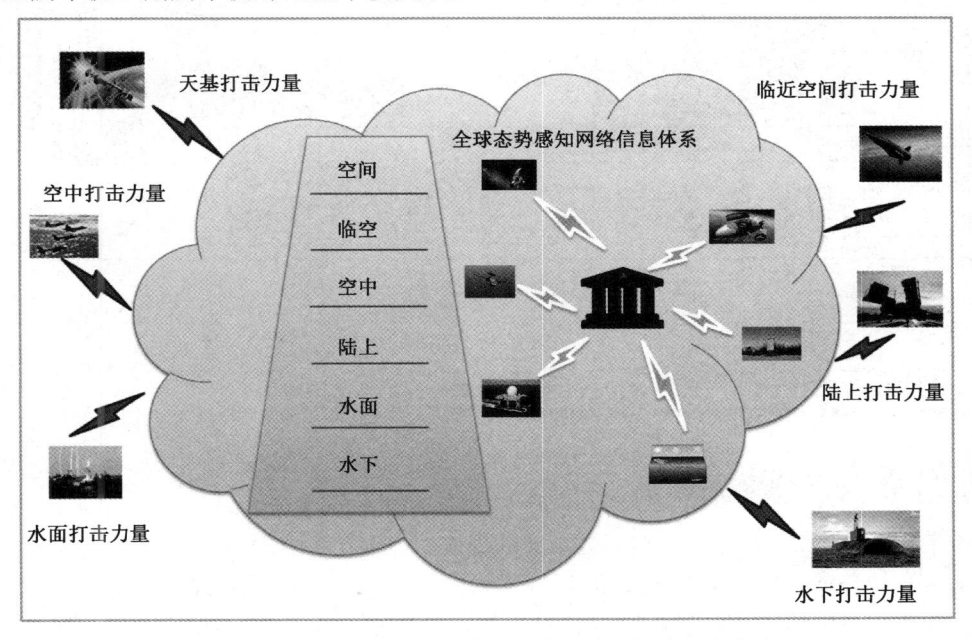

图 27-1 下一代战争面临全方位多层次多样式打击方式

下一代战争对雷达系统的需求

针对下一代战争的特点和雷达完成远程探测、稳定跟踪、精确制导和武器攻击的使命任务，雷达系统需要具有体系协同、多功能多任务、精细处理、智能决策的能力。

在功能上，从感知平台扩展到感知打击一体化平台。 感知打击一体化平台可在态势感知和目标攻击模式间快速切换，实现发现后"零时延"打击，实现 OODA 的闭环。

在性能上，战术指标显著提高。 通过发展新体系、新体制、新频段、新处理技术，提高雷达灵敏度，增加对隐身目标等低可观测目标的探测距离，提高对高超声速目标的跟踪稳定性，改善对远程小尺寸目标的分辨率，提升复杂环境下的杂波干扰抑制能力和识别效果，满足不同任务场景的作战需求。

雷达与平台和谐共生。 通过发展共形阵、机会阵、分布式相参阵列，增加孔径面积，降低雷达对承载平台空间、功率的需求，提高平台适装性。

下一代战争态势感知平台体系如图 27-2 所示。

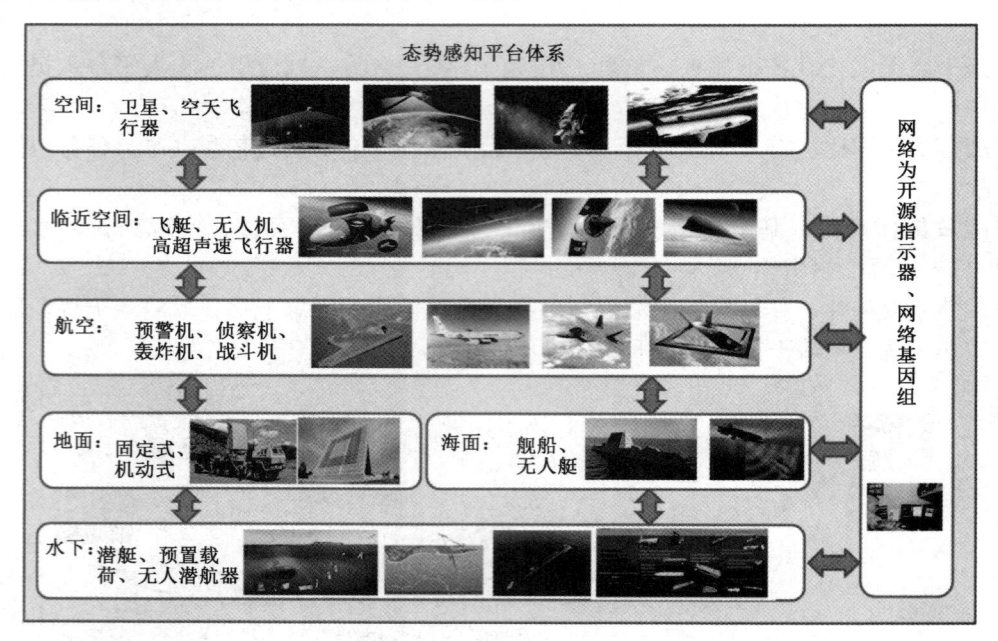

图 27-2　下一代战争态势感知平台体系

27.3　面向下一代战争的雷达系统

面向下一代战争的预警探测体系

针对下一代雷达探测目标全域打击、高超机动、隐蔽精准的特点，以及对雷达远程探测、全维监视、精确识别、精准制导的任务需求，只有从预警探测体系着眼，构建分布式高度协同的雷达探测网络，才能适应下一代战争的任务需求。

反导作战

反导作战体系着眼于战略级、战术级导弹防御，依托天基预警卫星、地基远程预警雷达、地基多功能雷达、海基防空反导雷达，为弹道导弹拦截提供助推段、中段和末段的多层次信息保障。

全球监视和打击作战

全球监视和打击体系依托天基预警卫星、多功能侦察卫星、探干侦通多功能卫星、高超声速平台载雷达，为全球高价值目标的侦察、监视和快速打击提供信息保障。

战区联合作战

战区联合作战通过情报雷达、战术多功能雷达、空防空管雷达、无源雷达、预警机雷达、传感器飞机雷达等传感器间多层次信息融合与控制，构建网络化群雷达系统，实现从传感器到射手的直接交联。

远洋作战

远洋作战在缺乏地基情报支援下，在天基监视系统的支持下，依靠舰载预警机雷达、舰载直升机雷达、舰载无人机多功能雷达、航母多功能雷达、驱逐舰多功能雷达、水下目标探测等装备，构建编队协同探测系统，为远洋护航和目标精确打击提供情报支撑。

面向下一代战争的雷达系统

针对下一代武器装备功能性能特征，探索智能集群、多功能一体化、天基海洋监视雷达、临近空间无人机预警雷达、凝视雷达、广域监视无源雷达等新一代雷达系统，构建应对下一代威胁的装备体系。研究高超声速平台载雷达、毫米波有源相控阵导引头雷达、探攻一体雷达，提高超高速、超精确、"零延时"打击能力。

智能集群探测系统

智能集群探测系统自组织形成灵活多变的编队构型，采用数据融合、信号融合和孔径综合等多层次信息联合处理，提高预警机编队、战斗机编队、有人/无人机混合编队、无人机蜂群等的协同能力，提升编队探测威力、测量精度、目标识别、电子对抗能力。

智能集群探测系统随智能控制、数据传输、信息处理能力的发展而进步，从初期的情报级协同发展到信号级协同，从有人平台之间的协同发展到有人/无人平台之间的协同以及将来无人自主平台之间的协同，从同类型同频段传感器之间的协同发展到异质传感器间协同，极大地提高战场态势感知能力，催生崭新的作战方式[13, 14]。

多功能一体化探测系统

多功能一体化探测系统利用电磁波承载信息的本质，发掘探测、侦收、通信、干扰等功能条件下信号、信道、信息的同构性及差异性，实现资源集约化、功能互增强、能力自重构和装备活性化的下一代军事电子系统。

为解决作战平台上天线数量众多导致的电磁干扰、遮挡、大 RCS、维护困难等问题，美国空军、海军、DARPA 等单位从 20 世纪 80 年代以来就开展了 ASAP、MARFS、InTop、宝石柱、ISS、MIRFS、RECAP 等项目，开展综合射频技术的研究，相关技术成果已在美国四代机、先进舰艇上使用。

综合射频系统使用宽带技术解决了在同一孔径上雷达、通信、电子战同时工作的问题，随着频谱资源的紧张，使用同一波形、同一频段同时完成雷达、通信等功能的综合化波形体制逐渐引起重视。这种波形在雷达波形上调制通信数据或在通信波形上调制雷达信号，或者将独立的雷达波形和通信波形叠加合成，形成综合化波形。接收时，使用通信接收机和雷达接收机分别提取通信信息和雷达探测信息[15-18]。

星载海洋监视雷达

星载海洋监视雷达依托组网卫星平台，能够克服地球曲率和领土主权的限制，实现对全球海域，特别是大洋深处全天时、全天候、大范围、低重访间隔监视。星载海洋监视雷达不需要目标辐射电磁信号就可实现对目标的探测，不会受到战时目标无线电静默和无线电欺骗战术的影响。星载海洋监视雷达的主要问题在于雷达工作需要较大的功率孔径积，因此需要卫星平台具有较高的初级电源和承重能力。当前高效太阳能电池已可提供 10kW 左右的初级电源，有能力支撑雷达来监视海洋中活动的大中型船只[19]。

临近空间太阳能无人机预警雷达

临近空间太阳能无人预警机将机载预警雷达与临近空间太阳能无人机一体化设计，发挥雷达反隐身探测和无人机平台"高空、长航时、无人化"的"亚卫星"特性，能够弥补现有预警机滞空时间短和预警卫星重访周期长的不足，实现对威胁地区持续预警。当前，美国国家航空航天局（NASA）临近空间太阳能无人机已发展了四代，第四代"太阳神"预计最迟到 2026 年之前可在 30km 高空进行长达 6 个月的昼夜飞行。临近空间太阳能无人机预警雷达与传感器飞机、临近空间飞艇载雷达协同，可结合临近空间飞艇平台速度慢、面杂波频谱展宽小、对地面低速目标检测性能好的优势，实现对战场空中和地面各类低动态和高动态目标的实时大范围监视。

临近空间高、中、低速平台雷达对空、对面协同预警探测系统如图 27-3 所示。

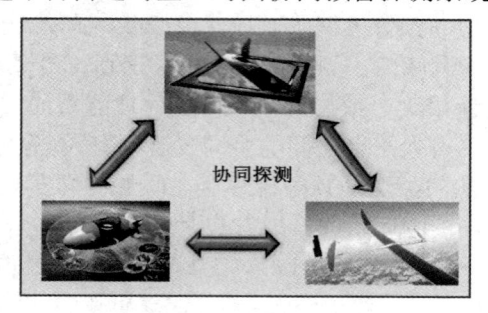

图 27-3　临近空间高、中、低速平台雷达对空、对面协同预警探测系统

基于星载辐射源的广域监视雷达

基于星载辐射源的外辐射源广域监视雷达除具有常规外辐射源雷达生存能力强、反隐身、结构简单等优势外，还有接收天线俯仰角高，受地杂波及多径干扰影响小，以及战时辐射源不易受到攻击，生存能力强等优势[20]。与使用通信卫星、星载雷达信号相比，使用全球导航定位系统（包括 GPS、GALIEO、GLONASS）的外辐射源雷达具有信号全球覆盖、系统同步简单等特点，可将接收机放置在舰船、飞机、飞艇、无人机等平台上，实现对偏远地区和远洋的持续监视。

在欧盟地平线 2020 研究和创新项目的资助下，英国伯明翰大学联合意大利罗马大学开展了基于 GALIEO 卫星机会照射源的外辐射源雷达系统研究，开发了试验样机，并进行了实际海上目标捕获实验，验证了方案的可行性[21]。南京理工大学通过对北斗卫星信号的模糊函数和回波信噪比的分析，论证了北斗卫星信号作为外辐射源对目标进行有效定位的可行性[22]。

凝视雷达

凝视雷达是针对临近空间高超声速飞行器探测需求而提出的雷达系统，利用全向发射和覆盖整个观测空域的多个接收波束,通过长时间相参积累提高动目标检测性能。由于临近空间高超声速目标飞行速度快、机动能力强、隐身性能好、信号特征微弱,因此存在跨波束、跨距离单元和多普勒单元等"三跨"现象。针对"三跨"现象,提出了 Keystone、Dechirping、Radon-分数傅里叶变换(RFRFT)等补偿技术实现长时间积累[23]。

高超声速飞行器制导雷达

高超声速飞行器制导雷达以高超声速飞行器为平台,为高超声速平台提供远程探测、目标定位、成像识别、跟踪制导等功能,是高超声速打击平台态势感知和精确打击的重要手段[24]。高超声速飞行器飞行高度高,面临的杂波和干扰范围大,飞行速度快。雷达工作频率高,杂波多普勒频谱范围大,同时存在距离和多普模糊与折叠[25]。高超声速飞行器的狭小空间、热约束、对天线罩的烧蚀也对制导雷达的体积、温控和视线误差补偿提出了特殊要求。

毫米波宽带有源相控阵导引头雷达

毫米波宽带有源相控阵导引头雷达探测距离远、测量精度高、目标识别能力强,是导弹武器实现远程打击、精确打击和智能打击的重要保障,集成度高、体积小、重量轻、功耗低,易与平台集成[26]。目前,美国、俄罗斯、德国和英国已经在毫米波雷达导引头引入了相控阵技术。毫米波宽带有源相控阵导引头要满足捷联去耦天线指向精度,一次性使用低成本、高效散热、高效算法等导弹平台要求[27]。

探攻一体雷达

探攻一体雷达通过雷达和微波武器功能的结合,利用宽带 AESA 和空间功率合成技术生成大功率。作战时,先用雷达模式对目标进行探测和识别,确认威胁目标后立即切换到高功率微波武器模式,对目标进行干扰或摧毁。探攻一体雷达颠覆了传统完全基于火力打击的攻击模式,彻底解决信息链、打击链分割独立的问题。早在 2005 年,美国空军就确认正研制具有攻击能力的有源相控阵雷达[28]。对 E-10 飞机 AESA 雷达的计算表明,该雷达具有使雷达、通信、导航等系统敏感器件性能降低和失效的能力[29]。探攻一体雷达需要解决的关键问题是高功率微波源小型化以及雷达与高功率天线的集成[30]。

27.4 面向下一代战争的雷达技术

回溯战争的发展史,无数的科幻变成了现实,今天的科幻同样有发展成未来科技的可能。脉冲压缩技术、脉冲多普勒技术、单脉冲技术、相控阵技术、合成孔径技术等催生了一代代雷达体制,也构成了雷达基本工作方式和功能生成模式。立足现在展望的雷达技术,有可能成为下一代战争中雷达系统的实用科技。

基于新理论、新机理、新频段的雷达系统

人工智能雷达

人工智能雷达是将人工智能技术与雷达技术相结合产生的新一代雷达系统,采用闭环系

统架构，以学习积累知识为核心，以信息熵为理论，以自适应优化发射接收为手段，以目标特征为探测依据，以精确化、高精度、自主化感知目标和环境为目的，能够基于数据提取特征，减轻模型误差，提升探测识别能力；能够自主学习优化，提升环境适应能力；能够融合历史数据和多源数据，实现精细化处理。在2017年海洋环境下信息技术交流大会上，南京电子技术研究所作了"人工智能雷达研究进展"的报告，首次系统完整地论述了人工智能雷达的概念，将人工智能技术嫁接到雷达领域。

量子雷达

量子雷达将量子技术引入雷达探测领域，通过对量子资源的利用，实现高灵敏度检测和高维度量子态调制，解决传统雷达在抗干扰、反隐身及目标识别等方面的技术瓶颈。量子雷达具有探测距离远、发射功率低、探测手段丰富、抗干扰能力强等优势，在新型机载远程反隐身预警系统、无人机反导系统等领域具有潜在应用前景[31]。南京电子技术研究所使用基于超导单光子探测器的量子雷达系统在青海湖开展了真实大气环境下的探测试验，对目标的探测距离达 132km（见图 27-4）。目前，国内外对量子雷达的试验验证均集中在光频段，在微波频段虽进行了理论探讨，但由于该波段单光子能量低，尚未开展实验验证。量子探测理论架构、量子元器件等基础科技有待攻关，量子雷达的实用化还有一段距离。

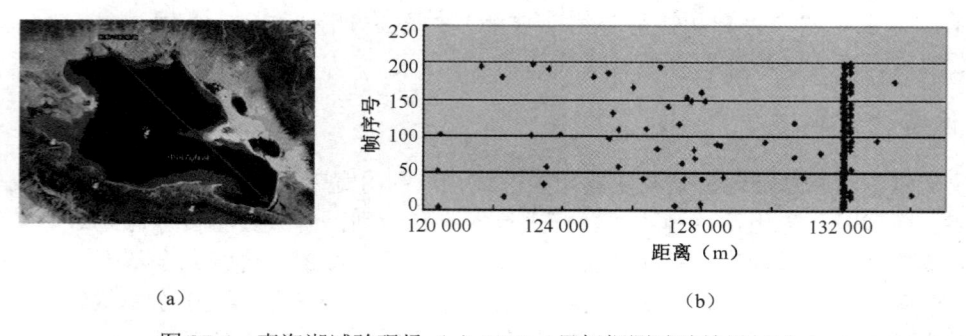

图 27-4 青海湖试验现场（a）132km 目标探测试验结果（b）

微波光子雷达

微波光子雷达用微波光子技术代替传统雷达中基于电子技术的射频微波链路，能有效克服传统电子元器件的技术瓶颈，满足多频段、大带宽、抗干扰、可重构和多功能的雷达技术需求，是新一代多功能、软件化雷达的基础。微波光子雷达能够实现轻量小型化的雷达阵面，可作为下一代战斗机、无人飞艇的智能蒙皮[32]。美国、俄罗斯、意大利、中国等对微波光子雷达进行了研究。在近期进行的意大利双波段微波光子雷达系统（见图 27-5）现场试验中，成功检测到多个海上目标，并精确跟踪了 8n mile 外的船只，最小可检测信号在 S 和 X 频段分别达到 -122dBm 和 -124dBm，与最先进的相参雷达系统相当[33]。俄罗斯透露成功研制出微波光子雷达收发样机。南京航空航天大学、南京电子技术研究所、中国科学院也研制出微波光子实时成像验证系统。南京航空航天大学和南京电子技术研究所联合研制的微波光子雷达系统如图 27-6 所示。

图 27-5　意大利双波段微波光子雷达系统　　图 27-6　南京航空航天大学和南京电子技术研究所联合研制的微波光子雷达系统

软件化雷达

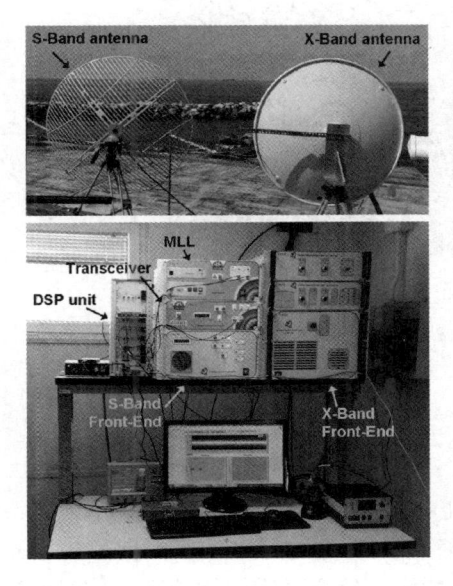

软件化雷达是具有通用开放式体系架构，系统功能可通过软件定义、扩展和重构的新一代雷达。软件化雷达以面向任务为核心，软/硬件充分解耦，任务部署和功能配置具有高度的灵活性，适合未来雷达多任务、多功能、快速升级的需求。美国成立开放式雷达系统架构（ROSA）研究工作组推动软件化的发展，相关研究成果已经在 3DELRR 雷达上进行了验证，并被林肯实验室成功应用于靶场雷达的升级改造[34]。诺·格公司对其机载软件化雷达进行了飞行测试，在 GMTI 和 SAR 等工作模式下表现出了优良性能。

视频合成孔径雷达（ViSAR）

ViSAR 是一种工作在极高频段，能够以视频流形式成像的合成孔径雷达。ViSAR 每 0.2s 就可对场景完成成像，成像分辨率达 0.2m，集成度高、体积小、重量轻，能够安装在可活动的万向节上，具有隐身目标探测能力，可对未来战场上的隐身舰船、隐身坦克、隐身装甲车有效探测。ViSAR 不受烟雾、沙尘、云层等的遮挡，对复杂的战场环境有更好的适应性[35-37]。ViSAR 高帧率、高分辨、高精度、高集成以及全天候、全天时工作的优势将显著改善武装直升机、无人机、对地攻击机等平台对地面目标、海面目标等的侦察定位、成像识别和跟踪打击能力，引领下一代对空地、空海协同作战的潮流。DARPA 开发的 ViSAR 搭载 DC-3 运输机已成功进行飞行测试，成功获取了被云层遮蔽的地面目标的实时、全运动视频图像，标志着 ViSAR 项目由研制阶段进入试飞验证阶段。DARPA ViSAR 构成和安装方式如图 27-7 所示。

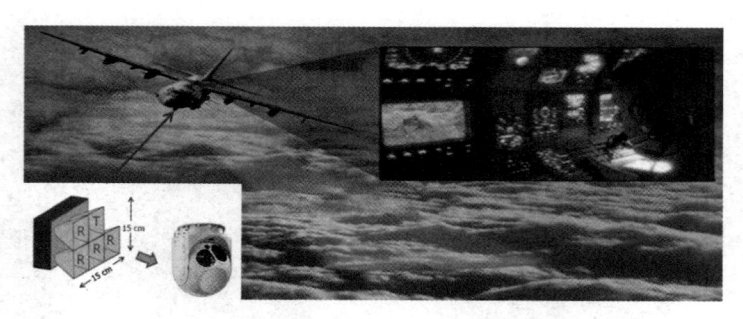

图 27-7　DARPA ViSAR 构成和安装方式

基于新型阵列的雷达系统

机会阵雷达

机会阵雷达是美国海军研究生院于 2000 年为下一代隐身反导驱逐舰 DD（X）提出的新型雷达概念。该雷达以平台隐身设计为核心，以数字阵列雷达为基础，在平台上机会式布置天线[37]。机会阵雷达天线布置与工作模式如图 27-8 所示。机会阵雷达能够突破传统天线阵列孔径的布局和尺寸限制，提高雷达探测威力、覆盖范围，改善平台隐身性、机动性和作战能力。当前国内外的研究集中在机会阵雷达波束优化、信号处理、波形设计等方面[38, 39]。

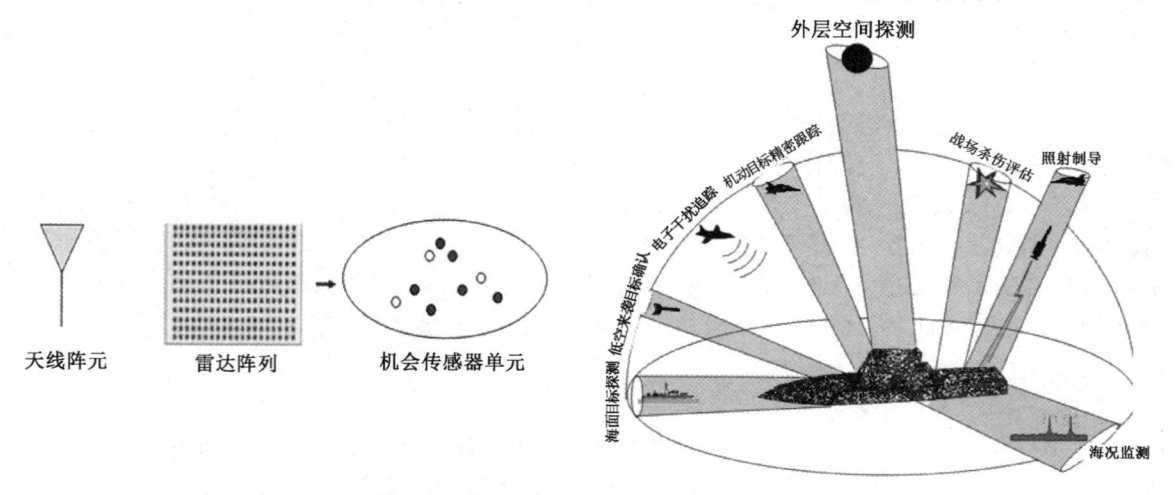

图 27-8　机会阵雷达天线布置与工作模式

频控阵雷达

频控阵雷达是在每个天线阵元使用不同频率信号的阵列雷达，能够形成具有距离依赖性的发射波束指向，克服了传统相控阵雷达不能有效控制发射波束的距离指向问题，具有射频隐身、检测和分辨能力强等优势。自 2006 年 ANTONIK 等人首次提出频控阵雷达概念以来，国内外学者对频控阵雷达的方向图特征、波束形成、波形设计、参数估计、自适应目标检测和跟踪算法做了研究，并提出将频控阵应用于雷达成像等领域[40]。

MIMO 雷达

MIMO 雷达是利用多个发射天线同步发射特定波形,使用多个接收天线接收回波信号并集中处理的新体制雷达系统。MIMO 雷达具有更大的自由度,能够平滑 RCS 起伏、提高空间分辨率和参数估计精度。根据 MIMO 雷达天线的间隔距离,MIMO 雷达分为相干 MIMO 雷达(又称分布式相干雷达)和统计 MIMO 雷达。相干 MIMO 雷达最大可获 N^3 倍单个子雷达的信噪比增益[41]。相干的关键在于通道回波时间对齐和相位补偿精度,需要子雷达具有较高的信噪比[42]。密歇根大学联合应用物理实验室提出"开环相干分布阵列"概念,通过精确测量天线节点间距离、单元指向,每个单元精确时间同步,分布式节点不需要外部输入信号即可实现相干协同工作[43]。"开环相干分布阵列"雷达工作原理如图 27-9 所示。

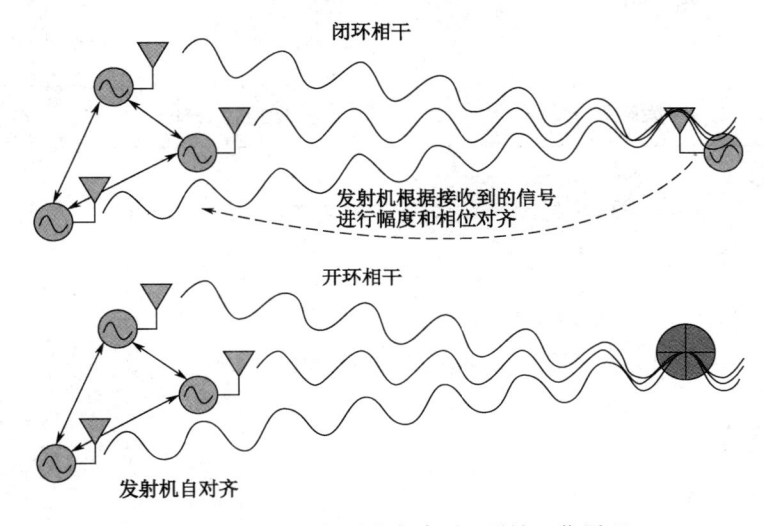

图 27-9 "开环相干分布阵列"雷达工作原理

孔径级同时收/发阵列雷达

孔径级同时收/发实现原理如图 27-10 所示。孔径级同时收/发阵列雷达利用单元级数字阵波束形成和优化技术,形成高隔离度收发波束,并在接收端使用自适应信号处理技术去除接收机中的直达波和干扰,在单个雷达孔径的不同区域上同时实现同频段发射和接收,解决了传统连续波雷达近距离隔离难题[44]。林肯实验室已开发出八通道同时收/发数字相控阵雷达样机,并进行了实验验证。

理想波束方向图

无副瓣、宽带宽角扫描无损耗等理想特性的波束方向图是天线研究人员的一致追求。美国罗切斯特大学电气与计算机工程部发明了一种针形波束方向图,针形脉冲波束方向图向空间传播过程中不断缩小,无副瓣,避免了传统上杂波和干扰从副瓣进入的可能途径[45]。林肯实验室先进能力与系统团队开发出一种新的电扫天线,其电磁偶极子沿矢量排列,且相互正交,能够在方位和仰角任意方向(4π立体角)发射不会产生任何扫描损失的波束[46]。

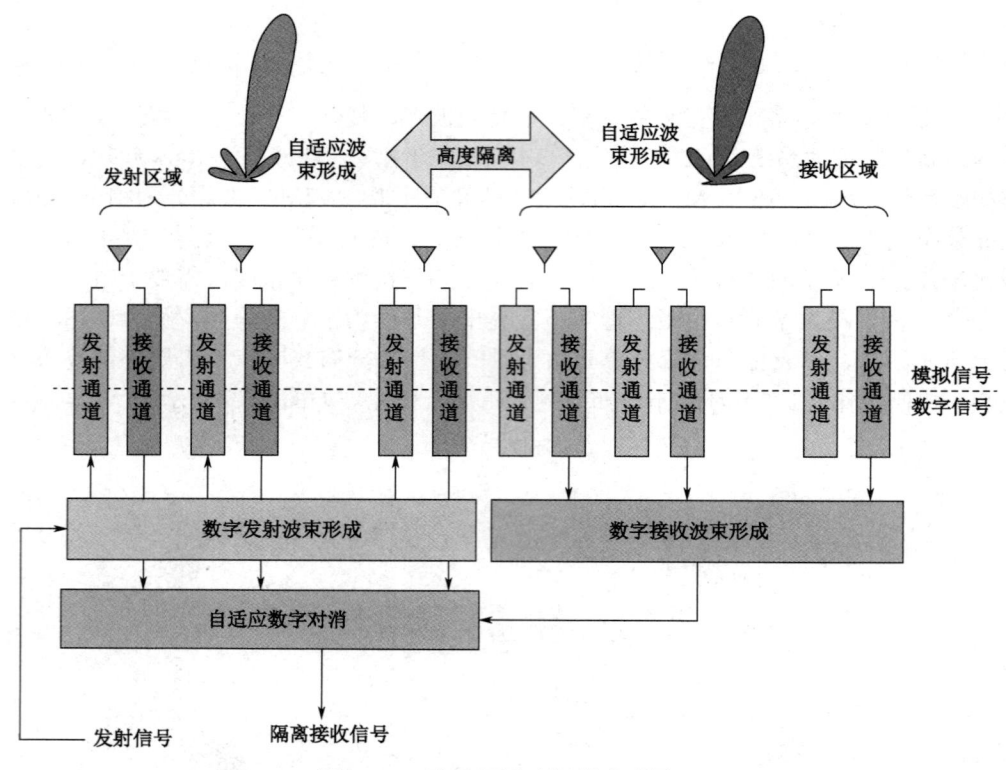

图 27-10　孔径级同时收/发实现原理

雷达信息处理技术

微弱目标检测

　　雷达目标检测是跟踪、识别、制导等后续行动的前提。面向下一代战争，目标探测的复杂性一方面来自探测目标的小尺寸、隐身、距离远、速度快、机动能力强等特征，还与电磁环境和杂波背景有关。微弱目标的共同特点是目标在距离和多普勒分辨单元中的信杂（噪）比低，在与杂波和干扰的竞争中处于劣势。提高微弱目标检测能力的重要手段是增加目标信号能量，这通常通过增加积累时间来实现。相参积累将回波信号矢量相加，是一种理想的积累手段，但随着雷达距离分辨率的提高和目标的机动，回波包络的距离徙动和目标的多普勒徙动导致回波能量发散，降低了相参积累增益。针对该问题的解决方法成为微弱目标检测技术的研究热点。在文献[47]中，针对距离徙动补偿，提出了包络相关法、Keystone 变换（KT）、Radon 傅里叶变换（RFT）等；针对多普勒徙动补偿，提出了 De-chirp 法、Chirp-傅里叶变换法、多项式相位法和分数阶傅里叶变换法（FRFT）等。

杂波抑制

　　机载预警雷达、星载监视雷达等运动平台对地对海观测时会产生严重的地面杂波，杂波的强度不仅远远强于目标回波，还具有时间非平稳、空间非均匀等特性。随着平台速度的增加，杂波的杂波谱展宽，降低了对空中、海面、陆上等重要目标的探测能力。对杂波的抑制技术经历了时域抑制、空域抑制、频域抑制、极化抑制、自适应抑制等阶段,当前和今后的一段时间基于知识和学习的智能化抑制将成为杂波抑制的研究热点[48]。基于环境认知的雷达系统利用环境先验信息,建立环境知识库,获得先验地理环境信息,提升非均匀杂波条件下的空时极化自适应杂波抑制性能,提升雷达在城市、丘陵、山区、海上等背景中的探测能力[49]。

干扰对抗

雷达和干扰作为一对矛盾体,相伴而生,在对立中不断发展。当前压制式干扰、欺骗式干扰、灵巧式干扰已在战场中广泛使用,能够对雷达造成全方位、全频段、全样式的干扰,主瓣干扰是雷达面临的难题。下一代战争中电子侦察会更灵敏更精细,干扰功率会更强,干扰手段会更丰富,干扰效果会更明显,不仅会造成软杀伤,还可能导致硬摧毁。除了大力发展无源雷达、分布式雷达、量子雷达等新体制雷达外,还需要采用盲源分离、认知处理等新的信号处理理论和技术,通过对干扰更好地感知和估计,优化干扰对抗手段,对提升下一代雷达复杂电磁环境对抗能力具有重要作用[50, 51]。

目标识别

下一代战争需要的不是影响指挥员决策效率和决心的海量概要信息,而是面向应用和任务的确切情报,目标识别将成为拨开战场迷雾的重要手段[52]。雷达目标识别技术经过几十年的发展,从窄带识别发展到宽带识别、成像识别和微多普勒特征识别,成为反导反卫、对空情报、对海侦察、精确制导判断真假目标和敌方行动意图的核心技术。下一代战争智能化、精确化、无人化的特征必将推动雷达走向自主、智能,目标识别技术将成为支撑智能雷达自主决策、快速决策的关键。在今后一段时间,针对远距离识别难题的低信噪比目标识别技术、针对非完备库目标识别问题的电磁仿真技术、减少人工干预和判读的自动化识别技术将成为目标识别的重要研究方向[53]。

前视超分辨

战斗机、无人机、导弹等运动平台前视探测时,由于探测区域方位向的多普勒带宽几乎为零,不满足多普勒波束锐化(DBS)和合成孔径成像技术处理的条件,方位分辨率由天线 3dB 波束宽度决定,将制约高超声速临近空间飞行器、导弹等体积受限平台对目标的准确识别能力和精确打击能力[54]。近年来,双基 SAR、前视 SAR、稀疏布阵高精度测角和限制迭代解卷积技术成为前视超分辨技术的研究热点。

前沿交叉学科技术

学科是人类为了方便认识自然和社会而人为划分的研究领域,而知识本身没有学科的界限。借助其他学科,特别是交叉学科对科研创新具有重要作用,雷达技术的发展也可从今天快速发展的生物学、脑科学、数学等得到启发。

仿生学

世界著名动物学家 Nachtigall 将仿生学定义为"学习自然界的现象作为技术创新模式的科学"。路甬祥院士将仿生学定义为"仿生学是研究生物系统的结构、性状、原理、行为以及相互作用，从而为工程技术提供新的设计思想、工作原理和系统构成的科学技术"[55]。雷达技术本身与蝙蝠回声定位的原理非常类似。近年来，各种各样的仿生学方法用在雷达天线设计、杂波抑制和 SAR 图像处理中。西安电子科技大学提出将基于生物免疫机制的方法用于 SAR 图像分割[56]，将遗传算法用于星载天线干扰抑制[57]。空军预警学院提出了将改进遗传算法用于天波超视距雷达二维阵列稀疏优化设计等[58]。国外将仿生学技术在雷达和声呐中的应用做了系统研究，在 2012 年的"IET 雷达、声呐与导航"杂志上连续刊发了 7 篇专题文章，论述蝙蝠、海豚等生物的感知机理及在雷达与声呐高精度定位、高分辨、精确识别、杂波抑制、SAR 图像边缘检测中的应用[59-65]。在 2017 年的 IEEE 国际雷达会议上，AETHER 公司提出仿生苍蝇复眼结构的"复眼雷达"概念[66]；英国国防研究院克兰菲尔德大学提出了一种类似于蝙蝠听觉系统的频谱相关转换（SCAT）接收机，用于研究类蝙蝠信号处理在目标分辨方面的优劣[67]。

信息几何

信息几何是近年来发展起来的用微分几何的方法研究统计学问题的一门学科，已在神经网络、信息理论、系统理论等多个领域得到广泛应用。在雷达信号处理领域，Barbaresco 将信息几何应用于多普勒雷达 CFAR 检测、STAP 等领域，改善了多普勒雷达成像和检测性能[68]。国防科大对信息几何理论在信息分辨、信号检测、参数估计、传感器网络等雷达信号处理问题中的应用进行了研究，为雷达信号处理提供了新途径。

其他

信息融合技术将雷达数据与光学、ESM、敌我识别等传感器获得的数据协同处理，相互印证，可以减少雷达电磁辐射，提高雷达工作的隐蔽性，提高信息准确度；大数据、云计算能够将数据优势和计算优势转化成信息优势；增强现实、脑机接口能够增强雷达操作员对信息的理解和判断，提高反应速度和决策科学性。将这些前沿性交叉技术与雷达技术结合，将为雷达适应下一代战争提供新途径。

雷达基础支撑技术

雷达数字化仿真设计技术、智能制造技术、集成工艺、封装技术、散热技术、测试技术等基础性技术作为雷达装备实物成形的基础，是支撑下一代雷达发挥作战效能的重要保证。

数字化设计

雷达数字化样机能够根据对下一代战争设定的作战场景、作战任务、作战对象、工作环境以及客观条件，事先进行作战场景分析和仿真验证，确定雷达具体功能，并将雷达战术指标分解为较为可信的技术指标，形成技术指标体系，为构建雷达系统架构和确定关键技术提供支撑。雷达数字化样机是雷达物理样机功能和电性能在计算机内的一种映射，能够全面、准确地反映真实雷达在功能、电性能等方面的特征，能够在虚拟环境下仿真测试。数字化样机代替物理样机对产品进行设计、测试和评估，具有开发成本低、周期短、灵活性强、设计质量高、验证充分、用户体验度高等特点[69]。

微系统

微系统以更高的系统集成度、功率密度和智能程度，将成为改变雷达作战形态和技术形态的重要支撑，扮演着微纳尺度撬动大战争的作用。微系统将传感、通信、处理、执行、微能源等功能单元在维纳尺度上采用异构、异质方法集成在一起，顺应了雷达系统芯片化发展的潮流。在微系统的发展上，DARPA 提出了两个 "100 倍"，及探测能力、带宽和速度比目前的电子系统提高 100 倍以上的目标，体积、重量和功耗下降到目标电子系统的 1/100～1/1000，需要解决高密度堆叠、光电互联、散热等多项技术难题[70]。

超材料

具有人工复合结构的左手材料、光子晶体、超磁性材料等超材料具有天然材料所不具备的超常物理性质，对于提高雷达射频隐身能力、减少天线单元间的干扰、提高天线方向性具有重要作用[71]。2017 年 3 月，美国杜克大学对基于动态超材料表面孔径的合成孔径雷达进行了 2D 和 3D 成像测试，通过控制超表面，能够形成窄波束增强信号强度，或在方向图上形成零点回避干扰，也可使用宽波束观察大范围区域，甚至可以同时形成多个波束探测多个位置。

27.5 结束语

本章从讨论下一代战争的特点出发提出未来战争对雷达的需求，并总结分析了可能在未来战争中发挥重要作用的雷达系统和技术。作战需求和技术发展作为雷达创新的一体两翼，驱动雷达在百年历程中螺旋发展，遵循从低级到高级、从简单到复杂、由量变到质变的发展主线，深刻把握这一发展规律有助于更好地认识和发展雷达技术。

回顾雷达的发展和应用，可以发现雷达本质上是一种信息装备，本身无军用和民用之分，雷达可用于军事安全，也可为经济建设服务。随着我国"全球命运共同体""一带一路""人工智能发展战略""国家大数据战略""网络强国战略""国家安全战略""海洋强国"等新型发展理念和发展战略的提出和推进，雷达的技术开发和装备使用也应主动与国家战略对接，服务国家战略需求，这本身对于雷达的发展也具有巨大的推动作用。

参考文献

[1] 杨建宇. 雷达技术发展规律和宏观趋势分析[J]. 雷达学报，2012, 1(1): 19-27.

[2] 邵春生. 相控阵雷达研究现状与发展趋势[J]. 现代雷达，2016, 38(6): 1-5.

[3] 贲德. 机载有源相控阵火控雷达的新进展与发展趋势[J]. 现代雷达，2008, 30(1): 1-4.

[4] 吴剑旗. 反隐身与发展先进米波雷达[J]. 雷达科学与技术，2015, 13(1): 1-4.

[5] 金林. 弹道导弹防御系统综述[J]. 现代雷达，2012, 34(12): 1-7.

[6] 陆军, 杨云祥. 战争形态演进及信息系统发展趋势[J]. 中国电子科学研究院学报，2016, 11(4): 329-335.

[7] 蒋琪, 申超, 张冬青. 认知/动态与分布式作战对导弹武器装备发展影响研究[J]. 战术导弹技术，2016 年第三期: 1-7.

[8] 张静, 肖疆, 王宁武. 情报融合视角下的美国空军"作战云"概念[J]. 情报杂志, 2017, 36(11): 1-8.
[9] 蒋琪, 葛悦涛, 张冬青. 高功率微波导弹武器发展情况分析[J]. 战术导弹技术, 2017, (6): 42-47.
[10] 高劲松, 邵咏松, 陈哨东. 美国空、海军下一代战斗机信息征询书概要和比较[J]. 电光与控制, 2014, 21(5): 53-57.
[11] 陈黎, 薛建华. 俄罗斯下一代轰炸机技术特点分析与未来发展前景[J]. 航空科学技术, 2013 年 3 月: 7-10.
[12] 刘杨, 李继勇, 赵明. 国外高超声速武器技术路线分析及启示[J]. 战略导弹技术, 2015 年第 5 期: 47-51.
[13] 孙晓闻. 无人/有人机协同探测/作战应用研究. 中国电子科学研究院学报, 2014, 9(4): 331-334.
[14] 吴雄君, 马宁. 多弹协同探测综述[5]. 制导与引信, 2016, 37(2): 1-5.
[15] 徐艳国, 胡学成. 综合射频技术及其进展[J]. 中国电子科学研究院学报, 2009, 4(6): 551-559.
[16] 陈兴波, 王小谟、曹晨, 等. 雷达通信综合化波形设计技术分析[J]. 现代雷达, 2013, 35(12): 56-63.
[17] 谷亚彬, 张林让, 周宇. 采用 FRFT-OFDM 的雷达通信功能共享方法[J]. 西安电子科技大学学报（自然科学版）, 2017, 44(6): 52-58.
[18] Hugh Griffiths, Izzat Darwazeh, Michael Inggs, Waveform Design for Commensal Radar[C]// 2015 IEEE Radar Conference: 1456-1460.
[19] 林幼权, 星载海洋监视雷达系统[J]. 现代雷达, 2012, 34(11): 6-10.
[20] 范梅梅, 廖东平, 丁小峰. 基于北斗卫星信号的无源雷达可行性研究[J]. 信号处理, 2010, 26(4): 631-636.
[21] H.Ma, M.Antoniou, M.Cherniakov, etc.Maritime Target Detection Using GNSS-Based Radar Experimental Proof of Concept[C]// 2017 IEEE Radar Conference: 0464-0469.
[22] 吴盘龙, 彭帅、姬存慧. 基于北斗信号辐射源的无源雷达定位技术[J]. 中国惯性技术学报, 2012, 20(3): 307-310.
[23] 关键, 陈小龙, 于晓涵. 雷达高速高机动目标长时间相参积累检测方法[J]. 信号处理, 2017, 33(3A): 1-8.
[24] 陈安宏, 穆育强, 余颖, 等. 高超声速飞行器精确制导对雷达技术的要求[J]. 制导与引信, 2015, 36(1): 14-18.
[25] 李龙, 刘峥, 陈熠, 等. 高超声速平台雷达杂波特性研究[J]. 现代雷达, 2013, 35(11): 80-83.
[26] 王栋, 董胜波、王秀君, 等. 毫米波宽带相控阵导引头关键技术综述. 宇航计测技术, 2013, 33(3): 8-10.
[27] 徐艳国. 机载火控雷达技术发展及对导引头的启示[J]. 航空兵器, 2016 年第六期, 33-39.
[28] 贺成, 苏五星. 超宽带雷达和高功率微波武器一体化设计[J]. 舰船电子工程, 2009, 29(2): 83-87.
[29] 黄裕年, 刘淑英. 有源电子扫描阵列雷达与高功率微波武器. 信息与电子工程, 2006, 4(5): 321-325.
[30] 徐艳国. 高功率微波武器与雷达的对立及统一[J]. 中国电子科学研究院学报, 2011, 6(2): 117-121.
[31] 金林. 量子雷达研究进展[J]. 现代雷达, 2017, 39(3): 1-7.
[32] 潘时龙, 张亚梅. 微波光子雷达及关键技术[J]. 科学导报, 2017, 35(20): 36-52.
[33] Filippo Scotti, Francesco Laghezza, Daniel Onori, Antonella Bogoni. Field trial of a photonics-based dual-band fully coherent radar system in a marine scenario, IET Radar, Sonar & Navigation, 2017, 11(3): 420-425.

[34] 张荣涛，杨润婷，王兴家，等. 软件化雷达技术综述[J]. 现代雷达，2016, 38(10): 1-3.

[35] 邓楚强、李崇谊，刘振华，等. 太赫兹合成孔径雷达的运动补偿[J]. 天赫兹科学与电子信息学报，2015, 13(4): 550-555.

[36] 赵雨露，张群英，李超，等. 视频合成孔径雷达振动误差分析与补偿方案研究[J]. 雷达学报，2015, 4(2).

[37] Bartee J A. Genetic Algorithms as a tool for opportunistic phased array radar design [D]. California: Naval Postgraduate School, 2002.

[38] 龙伟军，龚树风，韩清华，等. 基于不确定相关机会规划的机会方向图综合[J]. 系统工程与电子技术，2017, 39(1).

[39] 龚树风，贲德，潘明海. 基于HGSAA的机会阵雷达离散频率编码波形设计[J]. 系统工程与电子技术，2013, 35(9): 1854-1860.

[40] 王文钦，邵怀宗，陈慧. 频控阵雷达：概念、原理与应用[J]. 电子与信息学报，2016, 38(4): 1000-1011.

[41] 鲁耀兵，张履谦、周荫清，等. 分布式阵列相参合成雷达技术研究[J]. 系统工程与电子技术，2013, 35(8): 1657-1662.

[42] 袁赛柏，金胜，朱天林. MIMO雷达技术发展综述[J]. 现代雷达，2017, 39(8): 5-8.

[43] Jeffrey A.Nanzer, Thomas M.Comberiate. Open –Loop Coherent Distributed Array. IEEE Transactions on Microwave Theory and Techniques. 2016: 1-11.

[44] Jonathan P.Doane, Kenneth E.Kolodziej, Bradley T.Perry.Simultaneous Transmit and Receive with Digital Phased Arrays[C] // 2016 IEEE Radar Conference.

[45] Kevin J.Parker, Miguel A.Alonso.Longitudinal Iso-phase Condition and Needle Pulses[J], Optics Express, 2016, 24(25).

[46] Robert J.Galejs, Alan J.Fenn. Novel Compact Steerable Antenna with Radar Applications//[C], 2015 IEEE Radar Conference: 1536-1540.

[47] 陈小龙，刘宁波，王国庆，等. 基于Radon-分数阶傅里叶变换的雷达动目标检测方法[J]. 电子学报，2014, 42(6): 1074-1080.

[48] 孙俊. 智能化认知雷达中的关键技术[J]. 现代雷达，2014, 36(10): 14-19.

[49] 吴迪军，徐振海，熊子源，等. 机载雷达极化空时联合域杂波抑制性能分析[J]. 电子学报，2012, 40(7): 1429-1433.

[50] 王建明，武光新，周伟光. 盲源分离在雷达抗主瓣干扰中的应用研究[J]. 现代雷达，2010, 32(10): 46-49.

[51] 张良，祝欢，杨予昊，等. 机载预警雷达技术及信号处理方法综述[J]. 电子与信息学报，2016, 38(12): 3298-3306.

[52] 邢文革. 基于信息优势的预警探测系统的发展和特征[J]. 现代雷达，2010, 32(5): 1-3.

[53] 李明. 雷达目标识别技术研究进展及发展趋势分析[J]. 现代雷达，2010, 32(10): 1-8.

[54] 管金称，杨建宇，黄钰林，等. 机载雷达前视探测方位超分辨算法[J]. 信号处理，2014, 30(12): 1450-1456.

[55] 任露泉，梁云虹. 仿生学导论[M]. 北京：科学出版社，2016.

[56] 薄华，马缚龙，焦李成. 基于免疫算法的 SAR 图像分割方法研究[J],电子与信息学报，2007, 29(2): 375-378.

[57] 权琳，陶海红，廖桂生. 基于多目标遗传算法的星载天线干扰抑制算法[J]. 雷达科学与技术，2007, 5(6): 470-476.

[58] 严韬，陈建文，鲍拯. 基于改进遗传算法的天波超视距雷达二维阵列稀疏优化设计[J]. 电子与信息学报，2014, 36(12): 3014-2020.

[59] F. Schillebeeckx, D.Vanderelst, J.Reijniers, etc. Evaluating three-dimensional localisation information generated by bio-inspired in-air sonar [J]. IET Radar, Sonar and Navigation, 2012, 6(6): 516-525.

[60] W.W.L.Au, S.W.Martin.Why dolphin biosonar performs so well in spite of mediocre 'equipment'[J], IET Radar, Sonar and Navigation, 2012, 6(6): 566-575.

[61] G.H.Chua, P.R.White, T.G.Leighton.Use of clicks resembling those of the Atlantic bottlenose dolphin (Tursiops truncatus) to improve target discrimination in bubbly water with biased pulse summation sonar[J], IET Radar, Sonar and Navigation, 2012, 6(6): 510-515.

[62] A.Balleri, H.D.Griffiths, C.J.Baker, etc. Analysis of acoustic echoes from a bat-pollinated plant species: insight into strategies for radar and sonar target classification[J], IET Radar, Sonar and Navigation, 2012, 6(6): 536-544.

[63] J.A.Simmons, J.E.Gaudette. Biosonar echo processing by frequency-modulated bats [J], IET Radar, Sonar and Navigation, 2012, 6(6): 556-565.

[64] Q.W.Li, G.Y.Huo, H.Li.Bionic vision-based synthetic aperture radar image edge detection method in non-subsampled contourlet transform domain [J], IET Radar, Sonar and Navigation, 2012, 6(6): 526-535.

[65] D.C.Finfer, P.R.White, G.H.Chua, etc. Review of the occurrence of multiple pulse echolocating echolocation clicks in recordings from small odontocetes[J]. IET Radar, Sonar and Navigation, 2012, 6(6): 545-555.

[66] Ashok Gorwara, Pavlo Molchanov, Fly Eye Radar Concept[J], The 18th International Radar Symposium IRS 2017, June 28-30, 2017, Prague, Czech Republic.

[67] Krasin Georgiev, Alessio Balleri, Andy Stove, etc. Bio-inspired Two Target Resolution at RF frequencies[J] 2017 IEEE International Conference.

[68] Barbaresco F. New Foundation of Radar Doppler Signal Processing Based on Advanced Differential Geometry of Symmetric Space: Doppler Matrix CFAR and Radar Application [C]:// International Radar Conference(Radar 2009), Bordeaux,France, 2009.

[69] 李明. 雷达电讯虚拟样机构建与仿真技术研究[J]. 现代雷达，2017, 39(4): 1-8.

[70] 汤晓英. 微系统技术发展和应用[J]. 现代雷达，2016, 38(12): 45-50.

[71] 胡明春，周志鹏，高铁. 雷达微波新技术[M]. 北京：电子工业出版社，2013.